Janeway Immunologie

Kenneth Murphy · Casey Weaver

# Janeway Immunologie

9. Auflage

Mit Beiträgen von Allan Mowat, Leslie Berg und David Chaplin

Mit Dank an Charles A. Janeway jr., Paul Travers
und Mark Walport

Aus dem Englischen übersetzt von Lothar Seidler

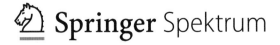 Springer Spektrum

Kenneth Murphy
School of Medicine
Washington University
St. Louis, USA

Casey Weaver
School of Medicine
University of Alabama at Birmingham
Birmingham, USA

ISBN 978-3-662-56003-7 ISBN 978-3-662-56004-4 (eBook)
https://doi.org/10.1007/978-3-662-56004-4

Die Deutsche Nationalbibliothek verzeichnet diese Publikation in der Deutschen Nationalbibliografie; detaillierte bibliografische Daten sind im Internet über http://dnb.d-nb.de abrufbar.

Springer Spektrum
Übersetzung der amerikanischen Ausgabe: Janeway´s Immunobiology, 9th edition, von Kenneth Murphy und Casey Weaver
© 2018 by W.W. Norton & Company, Inc. Alle Rechte vorbehalten.
Authorized translation from English language edition published by W.W. Norton & Company, Inc.
© Springer-Verlag GmbH Deutschland, ein Teil von Springer Nature 1995, 1997, 2002, 2009, 2014, 2018

Verantwortlich im Verlag: Frank Wigger
Übersetzung: Lothar Seidler (unter Übernahme von Teilen der Übersetzung der Vorauflage von Lothar Seidler und Ingrid Haußer-Siller)
Redaktion: Birgit Jarosch

Gedruckt auf säurefreiem und chlorfrei gebleichtem Papier

Springer Spektrum ist Teil von Springer Nature
Die eingetragene Gesellschaft ist Springer-Verlag GmbH Deutschland
Die Anschrift der Gesellschaft ist: Heidelberger Platz 3, 14197 Berlin, Germany

# Vorwort

Dieses Buch ist für Medizin- und Biologiestudenten gedacht, sowohl für Anfänger als auch für Fortgeschrittene, durch die Gründlichkeit und den Umfang der Ausführungen eignet es sich aber auch als Nachschlagewerk für Immunologen in Ausbildung und Beruf. Die Darstellung erfolgt aus der Sicht des Körpers in seinem Kampf mit der Welt der Mikroorganismen – durch diese Perspektive wird zwischen „Immunologie" und „Mikrobiologie" unterschieden. Andere Aspekte der Immunologie, etwa Autoimmunität, Immunschwächen, Allergien, Gewebeabstoßung bei Transplantationen sowie neue Entwicklungen bei der Immuntherapie gegen Krebs werden ebenfalls ausführlich behandelt. Das Begleitbuch *Case Studies in Immunology* enthält Beispiele aus der klinischen Praxis für Erkrankungen, die mit dem Immunsystem zusammenhängen.

In der neunten Auflage haben wir die bisherige Einteilung in fünf Hauptabschnitte und sechzehn Kapitel beibehalten, zur besseren Übersicht und um Wiederholungen zu vermeiden, wurde der Inhalt jedoch neu strukturiert. Die einzelnen Kapitel wurden aktualisiert und über 100 neue Abbildungen hinzugefügt. Teil I (Kap. 1–3) umfasst die neuesten Entwicklungen in der Erforschung der angeborenen Sensormechanismen und behandelt aktuelle Erkenntnisse über angeborene lymphatische Zellen wie auch das Prinzip der Immuneffektormodule, das im gesamten Buch angewendet wird. Die Behandlung der Chemokinnetzwerke wurde insgesamt aktualisiert (Kap. 3 und 11). Teil II (Kap. 4–6) enthält neue Forschungsergebnisse über die Antigenerkennung der $\gamma{:}\delta$-T-Zellen und die Steuerung der aktivierungsinduzierten Cytidin-Desaminase (AID) während der Rekombination beim Isotypwechsel. Teil III (Kap. 7 und 8) wurde ebenfalls umfänglich aktualisiert und enthält neue Lerninhalte über Integrinaktivierung, Umstrukturierung des Cytoskeletts und Signalgebung von Akt und mTOR. In Teil IV werden die Kenntnisse über die Untergruppen der CD4-T-Zellen vertieft (Kap. 9), wobei auch die follikulären T-Helferzellen zur Sprache kommen, die den Isotypwechsel und die Affinitätsreifung regulieren (Kap. 10). In Kap. 11 werden jetzt die angeborene und die adaptive Immunität im Zusammenhang mit dem Prinzip der Effektormodule erläutert; hier finden sich auch neue Erkenntnisse über geweberesidente T-Gedächtniszellen. Kap. 12 wurde ebenfalls aktualisiert und ist auf dem sich rasant weiterentwickelnden Gebiet der mucosalen Immunität auf dem neuesten Stand. In Teil V wurde die Darstellung der primären und sekundären Immunschwächen neu strukturiert und aktualisiert, wobei der Frage, wie Pathogene der Immunantwort entkommen, und auch dem Thema HIV/AIDS mehr Platz eingeräumt wurde (Kap. 13). In Kap. 14 findet sich eine aktualisierte und ausführlichere Darstellung von Allergien und allergischen Erkrankungen, das Gleiche gilt für Autoimmunität und Organtransplantationen in Kap. 15. Kap. 16 wurde schließlich um die Besprechung neuer Errungenschaften bei der Immuntherapie gegen Krebs erweitert, etwa im Hinblick auf Checkpoint-Blockaden und T-Zell-Therapien mit chimären Antigenrezeptoren.

Die Wiederholungsfragen am Ende jedes Kapitels wurden in der neunten Auflage vollständig erneuert und beinhalten nun eine Reihe verschiedener Aufgabenformate; die Antworten können online abgerufen werden. Anhang I (Die Werkzeuge der Immunologen) hat eine umfassende Auffrischung erfahren, indem neue Methoden hinzugefügt wurden, beispielsweise das CRISPR/Cas9-System und Massenspektrometrie/Proteomik. Wir haben auch einen Fragenkatalog entwickelt, der Dozenten die Examensvorbereitung erleichtern soll, indem er die Studierenden motiviert, den Stoff jedes Kapitels zu rekapitulieren und eigene Gedanken zu entwickeln (nur in englischer Sprache auf der Website des Originalverlags für registrierte Dozenten zugänglich).

Auch dieses Mal war für uns bei der Durchsicht von Kap. 12 die Expertise von Allan Mowat sehr hilfreich und wir konnten Beiträge der neuen Autoren David Chaplin und Leslie Berg hinzufügen. David hat mit seinen klinischen und immunologischen Kenntnissen viel zur Verbesserung von Kap. 14 beigetragen und Leslie konnte ihr Wissen über Signaltransduktion in die Kap. 7 und 8 sowie in Anhang I einbringen. Außerdem hat sie aufgrund ihrer Erfahrungen als Lehrkraft den neuen Fragenkatalog für Dozenten entwickelt. Zahlreiche Personen haben einen besonderen Dank verdient. So hat etwa Gary Grajales alle Fragen an den Kapitelenden formuliert. Neu in dieser Auflage des Buches ist, dass wir unsere wichtigste Leserschaft und vielleicht auch unsere besten Kritiker mit einbezogen haben – die Studierenden der Immunologie im Praktikum, die ihre Ansichten zu unseren Entwürfen der einzelnen Kapitel und zu den Anhängen II–IV äußerten. Auch die aufmerksamen Kollegen, die die achte Auflage durchgesehen haben, waren für uns sehr hilfreich. Sie werden unter den Danksagungen entsprechend gewürdigt.

Wir haben das große Glück, mit einem hervorragenden Team bei Garland Science zusammenzuarbeiten. Wir danken der Planerin Monika Toledo, die für die Koordination des gesamten Projekts zuständig war und uns sanft, aber bestimmt, nie die Richtung verlieren ließ, wobei sie von Allie Bochicchio und Claudia Acevedo-Quiñones hilfreich unterstützt wurde. Wir danken unserer Verlegerin Denise Schanck, die uns wie gewohnt den Weg vorgab, uns unterstützte und ihren Weitblick offenbarte. Wir danken Adam Sendroff, der die Immunologen weltweit über dieses Buch informiert. Matt McClements hat wie bei allen früheren Auflagen seine große Begabung – und seine Geduld – in das Projekt eingebracht, indem er die Entwurfszeichnungen der Autoren zu gekonnten Illustrationen umgestaltet hat. Wir freuen uns, unsere neue Lektorin Elizabeth Zayetz begrüßen zu dürfen, die die Aufgabe von Eleanor Lawrence übernommen hat, die uns immer wie ein Leuchtfeuer war. Die Autoren wollen auch ihren wichtigsten Mitwirkenden danken – ihren Partnerinnen Theresa und Cindy Lou, die diese Bemühungen großzügig mit ihrer Zeit, ihren eigenen Kompetenzen im Lektorat und ihrer niemals endenden Geduld unterstützt haben.

Als die derzeitigen Sachwalter des Erbes von Charlie, das heißt von *Janeway's Immunobiology*, hoffen wir stark, dass auch die neunte Auflage nicht aufhören wird, die Studierenden anzuregen – wie Charlie selbst es getan hat –, die Feinheiten der Immunologie für sich zu entdecken. Wir wollen unsere Leser ermuntern, uns mitzuteilen, wenn wir irgendwo einen Fehler gemacht haben, sodass die nächste Auflage ein weiterer Schritt auf dem Weg zur „Vollkommenheit" werden kann. Viel Freude beim Lesen!

Kenneth Murphy

Casey Weaver

# Angebote für Studierende

Auf der Website www.springer.com/978-3-662-56003-7 finden Sie

- die Antworten auf die Fragen an den Kapitelenden
- Links zu über 40 (englischsprachig kommentierten) Videos und Animationen; diese behandeln eine Reihe immunologischer Themen, liefern einen Überblick über die wissenschaftlichen Grundlagen und veranschaulichen den Ablauf von Experimenten.

Zum Originalbuch *Janeway's Immunobiology* sind unter http://books.wwnorton.com/books/webad.aspx?id=4294997126 zusätzlich zu den Antworten und den Videos noch die folgenden englischsprachigen Angebote für Studierende aufrufbar:

- Flashcards: Jedes Kapitel enthält an den Seitenrändern sogenannte Flashcards, die auf der Website implementiert sind. Dort ist es den Studierenden möglich, bestimmte zentrale Begriffe im Text noch einmal nachzulesen.
- Glossar: Das umfassende Glossar der Schlüsselbegriffe steht auch online zur Verfügung und kann mit einem Browser durchsucht werden.

**Für Dozenten** bietet Norton unter http://books.wwnorton.com/books/webad.aspx?id=4294997126 zahlreiche weitere Ressourcen für die Lehre an. Der Zugang erfordert aber eine Registrierung.

# Danksagung

Wir möchten den folgenden Fachleuten danken, welche die jeweils angegebenen Kapitel der achten amerikanischen Auflage vollständig oder in Auszügen gelesen und uns für die Realisierung der jetzt vorliegenden neuen Auflage überaus wertvolle Ratschläge gegeben haben.

**Kapitel 2:**

- Teizo Fujita, *Fukushima Prefectural General Hygiene Institute*
- Thad Stappenbeck, *Washington University*
- Andrea J. Tenner, *University of California, Irvine*

**Kapitel 3:**

- Shizuo Akira, *Osaka University*
- Mary Dinauer, *Washington University in St. Louis*
- Lewis Lanier, *University of California, San Francisco*
- Gabriel Nuñez, *University of Michigan Medical School*
- David Raulet, *University of California, Berkeley*
- Caetano Reis e Sousa, *Cancer Research UK*
- Tadatsugu Taniguchi, *University of Tokyo*
- Eric Vivier, *Université de la Méditerranée Campus de Luminy*
- Wayne Yokoyama, *Washington University*

**Kapitel 4:**

- Chris Garcia, *Stanford University*
- Ellis Reinherz, *Harvard Medical School*
- Robyn Stanfield, *The Scripps Research Institute*
- Ian Wilson, *The Scripps Research Institute*

**Kapitel 5:**

- Michael Lieber, *University of Southern California Norris Cancer Center*
- Michel Neuberger, *University of Cambridge*

- David Schatz, *Yale University School of Medicine*
- Barry Sleckman, *Washington University School of Medicine, St. Louis*
- Philip Tucker, *University of Texas, Austin*

**Kapitel 6:**

- Sebastian Amigorena, *Institut Curie*
- Siamak Bahram, *Centre de Recherche d'Immunologie et d'Hematologie*
- Peter Cresswell, *Yale University School of Medicine*
- Mitchell Kronenberg, *La Jolla Institute for Allergy & Immunology*
- Philippa Marrack, *National Jewish Health*
- Hans-Georg Rammensee, *Universität Tübingen*
- Jose Villadangos, *University of Melbourne*
- Ian Wilson, *The Scripps Research Institute*

**Kapitel 7:**

- Oreste Acuto, *University of Oxford*
- Francis Chan, *University of Massachusetts Medical School*
- Vigo Heissmeyer, *Helmholtz-Zentrum, München*
- Steve Jameson, *University of Minnesota*
- Pamela L. Schwartzberg, *NIH*
- Art Weiss, *University of California, San Francisco*

**Kapitel 8:**

- Michael Cancro, *University of Pennsylvania School of Medicine*
- Robert Carter, *University of Alabama*
- Ian Crispe, *University of Washington*
- Kris Hogquist, *University of Minnesota*
- Eric Huseby, *University of Massachusetts Medical School*
- Joonsoo Kang, *University of Massachusetts Medical School*
- Ellen Robey, *University of California, Berkeley*

- Nancy Ruddle, *Yale University School of Medicine*
- Juan Carlos Zúñiga-Pflücker, *University of Toronto*

- Robert Schleimer, *Northwestern University*
- Dale Umetsu, *Genentech*

**Kapitel 9:**

- Francis Carbone, *University of Melbourne*
- Shane Crotty, *La Jolla Institute of Allergy and Immunology*
- Bill Heath, *University of Melbourne, Victoria*
- Marc Jenkins, *University of Minnesota*
- Alexander Rudensky, *Memorial Sloan Kettering Cancer Center*
- Shimon Sakaguchi, *Osaka University*

**Kapitel 10:**

- Michael Cancro, *University of Pennsylvania School of Medicine*
- Ann Haberman, *Yale University School of Medicine*
- John Kearney, *University of Alabama in Birmingham*
- Troy Randall, *University of Alabama in Birmingham*
- Jeffrey Ravetch, *Rockefeller University*
- Haley Tucker, *University of Texas in Austin*

**Kapitel 11:**

- Susan Kaech, *Yale University School of Medicine*
- Stephen McSorley, *University of California, Davis*

**Kapitel 12:**

- Nadine Cerf-Bensussan, *Université Paris Descartes-Sorbonne, Paris*
- Thomas MacDonald, *Barts and London School of Medicine and Dentistry*
- Maria Rescigno, *European Institute of Oncology*
- Michael Russell, *University at Buffalo*
- Thad Stappenbeck, *Washington University*

**Kapitel 13:**

- Mary Collins, *University College London*
- Paul Goepfert, *University of Alabama in Birmingham*
- Paul Klenerman, *University of Oxford*
- Warren Leonard, *National Heart, Lung, and Blood Institute, NIH*
- Luigi Notarangelo, *Boston Children's Hospital*
- Sarah Rowland-Jones, *Oxford University*
- Harry Schroeder, *University of Alabama in Birmingham*

**Kapitel 14:**

- Cezmi A. Akdis, *Swiss Institute of Allergy and Asthma Research*
- Larry Borish, *University of Virginia Health System*
- Barry Kay, *National Heart and Lung Institute*
- Harald Renz, *Philipps University Marburg*

**Kapitel 15:**

- Anne Davidson, *The Feinstein Institute for Medical Research*
- Robert Fairchild, *Cleveland Clinic*
- Rikard Holmdahl, *Karolinska Institute*
- Fadi Lakkis, *University of Pittsburgh*
- Ann Marshak-Rothstein, *University of Massachusetts Medical School*
- Carson Moseley, *University of Alabama in Birmingham*
- Luigi Notarangelo, *Boston Children's Hospital*
- Noel Rose, *Johns Hopkins Bloomberg School of Public Health*
- Warren Shlomchik, *University of Pittsburgh School of Medicine*
- Laurence Turka, *Harvard Medical School*

**Kapitel 16:**

- James Crowe, *Vanderbilt University*
- Glenn Dranoff, *Dana-Farber Cancer Institute*
- Thomas Gajewski, *University of Chicago*
- Carson Moseley, *University of Alabama in Birmingham*
- Caetano Reis e Sousa, *Cancer Research UK*

**Anhang I:**

- Lawrence Stern, *University of Massachusetts Medical School*

An dieser Stelle möchten wir auch besonders folgenden Studierenden danken:

- Alina Petris, *University of Manchester*
- Carlos Briseno, *Washington University in St. Louis*
- Daniel DiToro, *University of Alabama in Birmingham*
- Vivek Durai, *Washington University in St. Louis*
- Wilfredo Garcia, *Harvard University*
- Nichole Escalante, *University of Toronto*
- Kate Jackson, *University of Manchester*
- Isil Mirzanli, *University of Manchester*
- Carson Moseley, *University of Alabama in Birmingham*
- Daniel Silberger, *University of Alabama in Birmingham*
- Jeffrey Singer, *University of Alabama in Birmingham*
- Deepica Stephen, *University of Manchester*
- Mayra Cruz Tleugabulova, *University of Toronto*

# Kurzinhalt

# Inhaltsverzeichnis

## Teil II  Die Erkennung von Antigenen

**Teil III  Die Entstehung des Rezeptorrepertoires von reifen Lymphocyten**

Teil IV  Die adaptive Immunantwort

**Teil V    Das Immunsystem bei Gesundheit und Krankheit**

# Einführung in die Immunologie und die angeborene Immunität

I

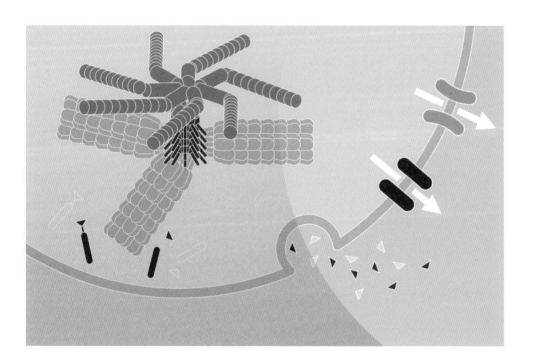

# Grundbegriffe der Immunologie

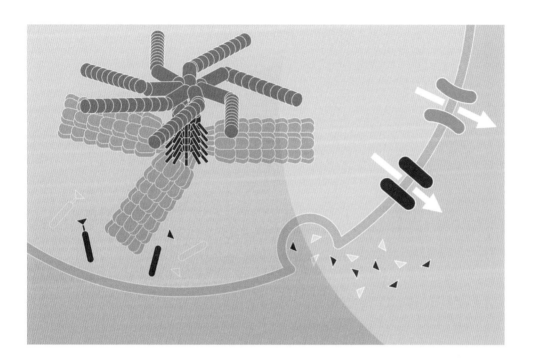

© Springer-Verlag GmbH Deutschland, ein Teil von Springer Nature 2018
K. Murphy, C. Weaver, *Janeway Immunologie*, https://doi.org/10.1007/978-3-662-56004-4_1

**Abb. 1.1 Edward Jenner.** Porträt von John Raphael Smith. (Mit freundlicher Genehmigung der Yale University: Harvey Cushing/John Hay Whitney Medical Library)

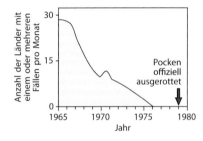

**Abb. 1.2 Die Ausrottung der Pocken durch Schutzimpfungen.** Nachdem drei Jahre lang keine Fälle von Pocken mehr aufgetreten waren, erklärte die Weltgesundheitsorganisation (WHO) die Krankheit 1979 für ausgerottet und beendete die Impfungen (*obere Grafik*). Einige wenige Laborstämme werden jedoch aufbewahrt und es gibt Befürchtungen, dass sich das Virus von dort aus erneut ausbreiten könnte. Ali Maow Maalin (Foto) war 1977 als letzter Patient in Somalia an den Pocken erkrankt und überlebte. (Foto mit freundlicher Genehmigung von Dr. Jason Weisfeld)

In der **Immunologie** untersucht man die Abwehr einer Infektion durch den Körper. Wir sind ständig Mikroorganismen ausgesetzt, von denen viele Krankheiten verursachen. Trotzdem werden wir nur selten krank. Wie kann sich der Körper selbst verteidigen? Wie kann der Körper bei einer Infektion den Eindringling entfernen und sich selbst heilen? Und wie können wir gegen viele Infektionskrankheiten, von denen wir nur einmal betroffen waren und die wir überwunden haben, eine lang andauernde Immunität entwickeln? Diese Fragen werden in der Immunologie behandelt, mit der wir uns beschäftigen wollen, um zu verstehen, wie die Abwehrmechanismen unseres Körpers gegen Infektionen auf zellulärer und molekularer Ebene funktionieren.

Der Beginn der Immunologie als Wissenschaft wird üblicherweise **Edward Jenner** und seinen Arbeiten im späten 18. Jahrhundert zugeschrieben (▶ Abb. 1.1). Das Grundprinzip der Immunologie, dass man vor einer Krankheit besser geschützt ist, wenn man sie einmal überlebt hat, war schon im antiken Griechenland bekannt. Die sogenannte **Variolation**, also die Einnahme oder die Übertragung in oberflächliche Hautwunden von Material aus Pockenpusteln, wurde spätestens seit dem 15. Jahrhundert im Mittleren Osten und in China angewendet, um Menschen vor der Krankheit zu schützen. Auch Jenner war dies bekannt. Er hatte beobachtet, dass die relativ harmlos verlaufende Krankheit Kuhpocken (Vaccinia) anscheinend einen Schutz vor der häufig tödlichen Krankheit Pocken vermittelte. 1796 zeigte er, dass eine Impfung mit Kuhpocken tatsächlich vor den Pocken schützen konnte. Sein wissenschaftlicher Beweis bestand darin, dass die geimpfte Person zwei Monate nach der Impfung absichtlich infektiöses Pockenmaterial verabreicht bekam. Dieser wissenschaftliche Versuch war sein eigentlicher Forschungsbeitrag.

Jenner bezeichnete sein Verfahren als *vaccination*; dieser Begriff steht im Englischen und in der Fachsprache (**Vakzinierung**) auch heute noch für die Schutzimpfung einer gesunden Person mit abgeschwächten oder attenuierten Krankheitserregern. Obwohl Jenner mit seinem gewagten Experiment Erfolg hatte, vergingen fast zwei Jahrhunderte, bis die Schutzimpfung gegen Pocken überall auf der Welt eingeführt war. 1979 gab die Weltgesundheitsorganisation (WHO) schließlich bekannt, die Pocken seien ausgerottet, was zweifellos den größten Triumph der modernen Medizin darstellt (▶ Abb. 1.2).

Die Entdeckungen anderer bedeutender Mikrobiologen des 19. Jahrhunderts ermöglichten die Übertragung von Jenners Impfverfahren auf andere Krankheiten. **Robert Koch** bewies, dass Infektionskrankheiten durch spezifische Mikroorganismen verursacht werden. In den Achtzigerjahren des 19. Jahrhunderts stellte **Louis Pasteur** in Hühnern einen Choleraimpfstoff her. Des Weiteren gelang ihm mit einem Impfstoff gegen die Tollwut ein spektakulärer Erfolg, als er erstmals einen Jungen impfte, den ein tollwutkranker Hund gebissen hatte.

Dem Durchbruch in der Praxis folgten die Suche nach den Schutzmechanismen, die Impfungen zugrunde liegen, und die Entwicklung der immunologischen Wissenschaft. In den frühen 1890er-Jahren fanden **Emil von Behring** und **Shibasaburo Kitasato** heraus, dass das Blutserum von Tieren, die gegen Tetanus oder Diphtherie immun waren, eine spezifische „antitoxische Aktivität" enthielt, die bei Menschen einen kurzzeitigen Schutz gegen die Auswirkungen des Diphtherie- oder Tetanustoxins herbeiführen konnte. Diese Aktivität konnte man später auf Proteine zurückführen, die wir heute als **Antikörper** bezeichnen, welche spezifisch an die Toxine binden und ihre Aktivität neutralisieren. Die Entdeckung des **Komplements**, eines Serumbestandteils, der bei der Vernichtung von pathogenen Bakterien mit den Antikörpern zusammenwirkt, durch **Jules Bordet** im Jahr 1899 bestätigte dann, dass diese Antikörper für die Immunität von entscheidender Bedeutung sind.

Wird eine spezifische **Immunantwort** (oder **Immunreaktion**) ausgelöst, wie die Erzeugung von Antikörpern gegen ein bestimmtes Pathogen oder seine Produkte, spricht man von einer **adaptiven** oder **erworbenen Immunantwort**, da ein Mensch sie während seines Lebens als Anpassung an eine Infektion mit einem spezifischen Krankheitserreger entwickelt. Davon unterscheidet sich die **angeborene Immunantwort** oder angeborene Immunität, die bereits in der Zeit bekannt war, in der von Behring seine Serumtherapie gegen Diphtherie entwickelte, vor allem durch die Arbeiten des großen russischen Immunologen **Ilja Metchnikoff**. Er fand heraus, dass phagocytotische Zellen Mikroorganismen aufnehmen und vernichten können, also eine unspezifische Abwehr von Infektionen bewerkstelligen. Diese Zellen, die Metchnikoff als Makrophagen bezeichnete, sind immer vorhanden und bereit aktiv zu werden. Sie gehören zur vorderen Verteidigungslinie der angeborenen Immunantworten. Im Gegensatz dazu benötigt eine adaptive Immunantwort Zeit, um sich zu entwickeln, und sie ist hochspezifisch.

Bald stellte sich heraus, dass der Körper spezifische Antikörper gegen ein enorm breites Spektrum von Substanzen hervorbringen kann, die man als **Antigene** bezeichnete, da sie die Bildung von Antikörpern auslösen können. **Paul Ehrlich** entwickelte die Anwendung eines **Antiserums** zur Diphtheriebehandlung weiter und entwickelte auch Methoden, um therapeutische Seren zu standardisieren. Die Bezeichnung Antigen bezieht sich heute auf jede Substanz, die vom adaptiven Immunsystem erkannt werden kann. Typische Antigene sind häufig vorkommende Proteine, Glykoproteine und Polysaccharide von Krankheitserregern, aber dazu gehört noch ein viel größeres Spektrum von chemischen Verbindungen, etwa Metalle wie Nickel, Wirkstoffe wie Penicillin und organische chemische Verbindungen wie die Urushiole (ein Gemisch aus Pentadecylcatecholen) in den Blättern des Giftsumachs. Ehrlich und Metchnikoff teilten sich 1908 den Nobelpreis für ihre beachtlichen Arbeiten zur Immunität.

Dieses Kapitel gibt zunächst eine Einführung in die Grundlagen der angeborenen und adaptiven Immunität, die Zellen des Immunsystems und die Gewebe, in denen sie sich entwickeln und zirkulieren. Danach beschreiben wir die spezifischen Funktionen der verschiedenen Zelltypen und die Mechanismen, mit deren Hilfe sie Infektionen beseitigen.

## 1.1 Der Ursprung der Immunzellen bei den Wirbeltieren

Der Körper ist durch eine Reihe verschiedener Effektorzellen und Moleküle, die zusammen das **Immunsystem** bilden, vor Krankheitserregern, ihren Toxinen und den Schäden, die sie verursachen, geschützt. Sowohl die angeborenen als auch die adaptiven Immunantworten basieren auf Aktivitäten der weißen Blutzellen oder **Leukocyten**. Die meisten dieser Zellen gehen aus dem **Knochenmark** hervor und viele von ihnen entwickeln sich und reifen dort auch heran. Einige jedoch, vor allem bestimmte geweberesidente Populationen von Makrophagen (etwa die Mikroglia des zentralen Nervensystems), entstehen während der Embryonalentwicklung im Dottersack oder in der fetalen Leber. Diese besiedeln die Gewebe vor der Geburt und bleiben während des gesamten Lebens als unabhängige, sich selbst erneuernde Populationen erhalten. Sobald Immunzellen gereift sind, halten sie sich in den peripheren Geweben auf, zirkulieren im Blut oder in einem spezialisierten Gefäßsystem, das man als **Lymphsystem** bezeichnet. Es leitet extrazelluläre Flüssigkeit und freie Zellen aus den Geweben ab, transportiert sie als **Lymphflüssigkeit** durch den Körper und führt sie schließlich in das Blut zurück.

Alle zellulären Bestandteile des Blutes – zu ihnen gehören die roten Blutkörperchen, die den Sauerstoff transportieren, die Blutplättchen, die in verletzten Geweben die Blutgerinnung auslösen, und die weißen Blutzellen des Immunsystems – stammen letztendlich von den gleichen Vorstufen oder **Vorläuferzellen** ab: den **hämatopoetischen Stammzellen** (**HSCs**) im Knochenmark. Da aus diesen Stammzellen alle Blutzelltypen entstehen können, bezeichnet man sie häufig auch als pluripotent. Aus ihnen entwickeln sich Stammzellen mit eingeschränktem Potenzial: die direkten Vorläuferzellen der roten Blutkörperchen, der Blutplättchen und der beiden Hauptgruppen der weißen Blutzellen, der **lymphatischen** und der **myeloischen** Zelllinie. ▶ Abb. 1.3 fasst die verschiedenen Blutzelltypen und ihre Entwicklungslinien zusammen.

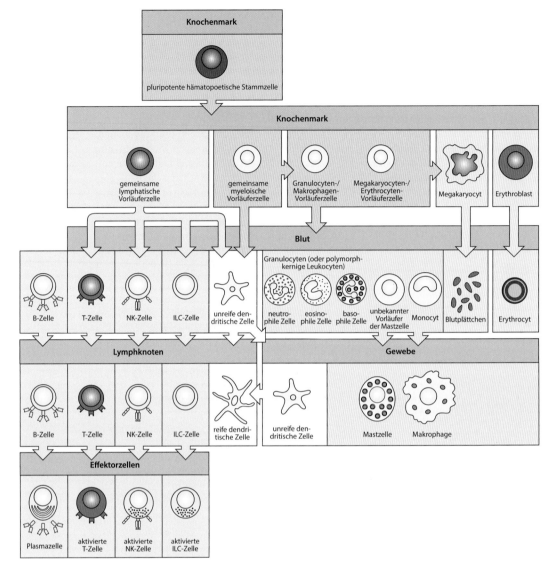

**Abb. 1.3 Alle zellulären Bestandteile des Blutes (einschließlich der Zellen des Immunsystems) entstehen aus hämatopoetischen Stammzellen im Knochenmark.** Diese pluripotenten Zellen teilen sich und erzeugen so zwei Typen von Stammzellen: eine gemeinsame lymphatische Vorläuferzelle, aus der sich die lymphatische Zelllinie (*blau unterlegt*) der weißen Blutzellen oder Leukocyten bildet – die angeborenen lymphatischen Zellen (ILCs), die natürlichen Killerzellen (NK-Zellen) sowie die T- und B-Lymphocyten. Aus einer gemeinsamen myeloischen Vorläuferzelle geht die myeloische Zelllinie hervor (*rosa und gelb unterlegt*), aus der sich die übrigen Typen der Leukocyten (weiße Blutzellen), die Erythrocyten (rote Blutkörperchen für den Sauerstofftransport) und Megakaryocyten (für die Erzeugung von Blutplättchen, die bei der Blutgerinnung von Bedeutung sind) entwickeln. T- und B-Lymphocyten unterscheiden sich von den anderen Leukocyten durch den Besitz von Antigenrezeptoren und untereinander durch den Ort, an dem sie sich ausdifferenzieren – im Thymus beziehungsweise im Knochenmark. B-Zellen differenzieren sich nach Kontakt mit einem Antigen zu antikörpersezernierenden Plasmazellen, während sich T-Zellen zu T-Effektorzellen mit einer Reihe verschiedener Funktionen entwickeln. Im Gegensatz zu T- und B-Zellen besitzen ILC- und NK-Zellen keine Antigenspezifität. Die übrigen Leukocyten umfassen Monocyten, dendritische Zellen sowie die basophilen, eosinophilen und neutrophilen Zellen. Die letzten drei zirkulieren im Blut und man bezeichnet sie auch als Granulocyten, da sie cytoplasmatische Granula enthalten, durch deren charakteristische Färbung die Zellen in Blutausstrichen gut zu erkennen sind; man nennt sie aufgrund ihrer unregelmäßig geformten Zellkerne auch polymorphkernige Leukocyten. Unreife dendritische Zellen (*gelb unterlegt*) sind Phagocyten, die in die Gewebe eindringen; sie reifen, nachdem sie auf einen potenziellen Krankheitserreger getroffen sind. Die Mehrzahl der dendritischen Zellen im Körper entwickelt sich aus den gemeinsamen myeloischen Vorläuferzellen, einige aber möglicherweise auch aus der gemeinsamen lymphatischen Vorläuferzelle. Monocyten dringen in Gewebe ein und differenzieren sich dort zu phagocytotischen Makrophagen oder dendritischen Zellen. Mastzellen dringen ebenfalls in Gewebe ein und beenden ihre Reifung dort

# 1.2 Grundlagen der angeborenen Immunität

In diesem Teil des Kapitels wollen wir uns mit den Grundzügen der angeborenen Immunität beschäftigen und die Moleküle und Zellen beschreiben, die eine ständige Abwehr gegen das Eindringen von Krankheitserregern bilden. Die weißen Blutzellen, die als **Lymphocyten** bezeichnet werden, besitzen die äußerst wirksame Fähigkeit, pathogene Mikroorganismen zu erkennen und anzugreifen. Sie benötigen die Mitwirkung des angeborenen Immunsystems, um ihre Aktivität in Gang zu setzen und zu entwickeln. Tatsächlich bedienen sich die adaptive und die angeborene Immunität vielfach derselben Zerstörungsmechanismen, um eingedrungene Mikroorganismen zu beseitigen.

## 1.2.1 Kommensale Organismen verursachen beim Wirt nur geringe Schäden, während Krankheitserreger durch verschiedene Mechanismen Gewebe zerstören

Wir kennen vier große Gruppen von **Pathogenen**, also Mikroorganismen, die Krankheiten hervorrufen: **Viren**, **Bakterien** und Archaeen, **Pilze** sowie ein- und vielzellige eukaryotische Organismen, die man insgesamt als **Parasiten** bezeichnet (▶ Abb. 1.4). Diese Mikroorganismen unterscheiden sich außerordentlich in der Größe und auch darin, wie sie die Gewebe des Wirts schädigen. Am kleinsten sind die Viren. Ihre Größe reicht von fünf bis zu wenigen Hundert Nanometern und sie sind grundsätzlich intrazelluläre Krankheitserreger. Viren können Zellen direkt töten, indem sie während ihrer Replikation die Lyse der Zelle auslösen. Etwas größer sind intrazelluläre Bakterien und Mycobakterien. Diese können Zellen direkt töten oder durch die Produktion von Toxinen schädigen. Viele einzellige intrazelluläre Parasiten, etwa Spezies aus der Gattung *Plasmodium*, die Malaria hervorrufen, töten infizierte Zellen ebenfalls direkt. Pathogene Bakterien und Pilze, die sich im extrazellulären Raum vermehren, können einen Schock oder eine Sepsis hervorrufen, indem sie im Blut oder in Geweben Toxine freisetzen. Die größten Krankheitserreger – parasitische Würmer oder Helminthen – sind zu groß, um Wirtszellen zu infizieren, aber sie können das Gewebe verletzen, indem sie Cysten erzeugen, die in den Geweben, in die der Wurm eindringt, schädliche Zellreaktionen in Gang setzen.

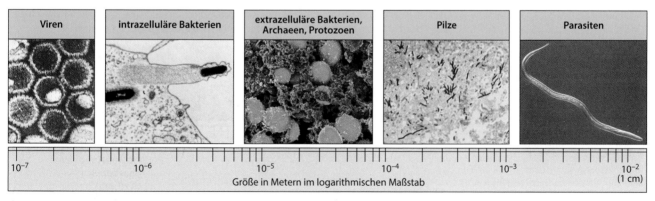

**Abb. 1.4 Krankheitserreger zeigen große Unterschiede in Bezug auf ihre Größe und ihre Lebensform.** Zu den intrazellulären Krankheitserregern gehören Viren, etwa das Herpes-simplex-Virus (*erstes Bild*), und verschiedene Bakterien wie *Listeria monocytogenes* (*zweites Bild*). Viele Bakterien, beispielsweise *Staphylococcus aureus* (*drittes Bild*) und Pilze, etwa *Aspergillus fumigatus* (*viertes Bild*), können sich im extrazellulären Raum vermehren und direkt in Gewebe eindringen, wie beispielsweise einige Archaeen und Protozoen (*drittes Bild*). Viele Parasiten, wie der Nematode *Strongyloides stercoralis* (*fünftes Bild*), sind vielzellige Organismen, die sich in einem komplexen Lebenszyklus durch den gesamten Körper bewegen können. (Zweites Fenster mit Erlaubnis der Rockefeller University Press: Tilney, L.G., Portnoy, D.A.: Actin filaments and the growth, movement, and spread of the intracellular bacterial parasite, Listeria monocytogenes. *J. Cell. Biol.* 1989, 109: 1597–1608)

Nicht alle Mikroorganismen sind Krankheitserreger. Viele Gewebe, vor allem Haut, Mundschleimhaut, Bindehaut der Augen und der Verdauungstrakt sind dauerhaft von mikrobiellen Gemeinschaften besiedelt. Dieses sogenannte **Mikrobiom** umfasst Archaeen, Bakterien und Pilze, fügt aber dem Wirt keinen Schaden zu. Man spricht hier auch von **kommensalen Mikroorganismen**, da sie mit dem Wirt in einer Symbiose leben. Tatsächlich besitzen einige kommensale Organismen wichtige Funktionen, etwa die Bakterien, die in den Mägen der Wiederkäuer zur Verdauung von Cellulose beitragen. Der Unterschied zwischen kommensalen Organismen und Krankheitserregern besteht darin, ob sie Schäden hervorrufen oder nicht. Selbst die riesige Anzahl von Mikroorganismen im Mikrobiom des Darms verursacht normalerweise keine Schäden, da die Mikroben im Darm von einer schützenden Schleimschicht umgeben sind, während pathogene Bakterien diese Barriere durchdringen, Zellen des Darmepithels schädigen und sich in die darunter befindlichen Gewebe ausbreiten können.

## 1.2.2 Anatomische und chemische Barrieren bilden die erste Abwehrlinie gegen Krankheitserreger

Ein Wirtsorganismus kann mit drei verschiedenen Strategien auf die Bedrohung reagieren, die von Mikroorganismen ausgeht: **Vermeidung**, **Abwehr** und **Toleranz**. Mechanismen zur Vermeidung verhindern, dass der Körper mit Mikroorganismen in Kontakt kommt. Dazu gehören sowohl anatomische Barrieren als auch Veränderungen des Verhaltens. Wenn es zu einer Infektion gekommen ist, zielt die Abwehr darauf ab, die Zahl der Krankheitserreger zu verringern oder den Erreger vollständig zu beseitigen. Um die große Vielfalt von Mikroorganismen abzuwehren, besitzt das Immunsystem zahlreiche molekulare und zelluläre Funktionen, die man insgesamt als Mediatoren oder **Effektormechanismen** bezeichnet. Sie sind gut geeignet, die verschiedenen Arten von Krankheitserregern abzuwehren. Sie zu beschreiben ist ein zentrales Anliegen dieses Buches. Die Toleranz schließlich umfasst Reaktionen, die es den Geweben ermöglichen, Schädigungen durch Mikroorganismen besser zu widerstehen. In diesem Sinn wurde der Begriff „Toleranz" bis jetzt vor allem im Zusammenhang mit der Krankheitsanfälligkeit von Pflanzen verwendet und weniger bei der Immunität von Tieren. So ist beispielsweise die Aktivierung von ruhenden Meristemen, also von undifferenzierten Zellen, zu neuem Wachstum, das neue Pflanzenteile hervorbringt, ein häufiger Toleranzmechanismus als Reaktion auf eine Schädigung. Davon ist der Begriff der **immunologischen Toleranz** zu unterscheiden, der sich auf Mechanismen bezieht, die eine Immunreaktion gegen körpereigene Gewebe verhindern.

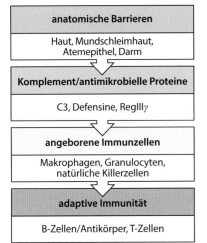

**anatomische Barrieren**

Haut, Mundschleimhaut, Atemepithel, Darm

**Komplement/antimikrobielle Proteine**

C3, Defensine, RegIIIγ

**angeborene Immunzellen**

Makrophagen, Granulocyten, natürliche Killerzellen

**adaptive Immunität**

B-Zellen/Antikörper, T-Zellen

**Abb. 1.5 Der Schutz vor Krankheitserregern beruht auf verschiedenen Ebenen der Abwehr.** Als erstes kommt die anatomische Barriere des Körperoberflächenepithels. Auf der zweiten Ebene wirken in der Nähe dieser Epithelien unterschiedliche chemische und enzymatische Systeme als unmittelbare antimikrobielle Barrieren; hierzu gehört auch das Komplement. Wenn ein Epithel durchbrochen wird, können verschiedene in der Nähe befindliche lymphatische Zellen des angeborenen Immunsystems koordiniert eine schnelle, zelluläre Abwehrreaktion entwickeln. Überwindet der Krankheitserreger auch diese Barrieren, werden die langsamer wirkenden Abwehrmechanismen des adaptiven Immunsystems aktiviert

Anatomische und chemische Barrieren sind die erste Abwehrlinie gegen eine Infektion (▶ Abb. 1.5). Die Haut und die Oberflächen der Schleimhäute dienen einer Vermeidungsstrategie, die verhindert, dass innere Gewebe mit Mikroorganismen in Kontakt kommen. Bei den meisten anatomischen Barrieren verstärken zusätzliche Verteidigungsmechanismen die körpereigene Abwehr. So erzeugen beispielsweise Schleimhäute eine Reihe unterschiedlicher **antimikrobieller Proteine**, die als natürliche Antikörper fungieren und Mikroorganismen daran hindern, in den Körper zu gelangen.

Werden diese Barrieren durchbrochen oder umgangen, kommen weitere Bestandteile des angeborenen Immunsystems zum Einsatz. Wir haben bereits die Entdeckung des **Komplements** durch Jules Bordet erwähnt, das mit Antikörpern zusammenwirkt, um Bakterien zu lysieren. Das Komplementsystem umfasst eine Gruppe von etwa 30 verschiedenen Plasmaproteinen, die zusammen agieren und im Serum und im Darmgewebe einen der wichtigsten Effektormechanismen bilden. Das Komplement wirkt nicht nur gemeinsam mit Antikörpern, sondern kann Fremdorganismen auch dann angreifen, wenn kein spezifischer Antikörper vorhanden ist. So trägt es sowohl zu Reaktionen des angeborenen als auch des erworbenen Immunsystems bei. In Kap. 2 wollen wir uns genauer mit anatomischen Barrieren, antimikrobiellen Proteinen und dem Komplement beschäftigen.

### 1.2.3 Das Immunsystem wird durch Entzündungsinduktoren aktiviert, die das Auftreten von Krankheitserregern oder Gewebeschäden anzeigen

Ein Krankheitserreger, der die anatomischen und chemischen Barrieren des Körpers überwindet, trifft auf die zelluläre Abwehr der angeborenen Immunität. Zellvermittelte Immunreaktionen entstehen, wenn **Entzündungsinduktoren** von **Sensorzellen** erkannt werden (▶ Abb. 1.6). Die Sensorzellen umfassen viele Zelltypen, die **Entzündungsmediatoren** erkennen, indem sie viele **angeborene Erkennungsrezeptoren** exprimieren, die wiederum von einer relativ geringen Anzahl von Genen codiert werden. Diese Gene bleiben während der gesamten Lebenszeit eines Menschen unverändert. Zu den Entzündungsinduktoren, die diese Rezeptoren aktivieren, gehören molekulare Komponenten, die nur bei Bakterien oder Viren vorkommen, etwa bakterielle Lipopolysaccharide, oder Moleküle wie ATP, die normalerweise nicht im extrazellulären Raum vorhanden sind. Die Aktivierung dieser Rezeptoren kann Zellen des angeborenen Immunsystems dazu anregen, verschiedene Mediatoren zu erzeugen, die entweder eingedrungene Mikroorganismen direkt zerstören oder auf andere Zellen einwirken, die die Immunantwort voranbringen. So können beispielsweise Makrophagen Mikroorganismen aufnehmen und toxische chemische Mediatoren produzieren, die sie töten, zum Beispiel durch abbauende Enzyme oder reaktive Sauerstoffspezies. Dendritische Zellen können Cytokinmediatoren hervorbringen, beispielsweise viele Cytokine, die Zielgewebe wie Epithelien oder andere Immunzellen aktivieren, sodass sie eingedrungenen Mikroorganismen wirksamer widerstehen. Wir werden diese Rezeptoren hier nur kurz und dann in Kap. 3 genauer besprechen.

Die Reaktionen des angeborenen Immunsystems erfolgen schnell, sobald es zum Kontakt mit einem infektiösen Organismus kommt (▶ Abb. 1.7). Im Gegensatz dazu benötigen die Reaktionen des adaptiven Immunsystems nicht nur wenige Stunden, sondern mehrere Tage, um sich zu entwickeln. Dennoch kann das adaptive Immunsystem Infektionen viel wirksamer bekämpfen, da die Antigenerkennung durch die Lymphocyten außerordentlich spezifisch ist. Anders als bei dem begrenzten Repertoire von Rezeptoren, die das angeborene Immunsystem produziert, exprimieren die Lymphocyten hoch spezialisierte **Antigenrezeptoren**, die insgesamt eine riesige Bandbreite an Spezifitäten abdecken. Dadurch kann das adaptive Immunsystem im Prinzip auf jeden Krankheitserreger reagieren und die Ressourcen wirksam darauf konzentrieren, Krankheitserreger zu vernichten, die der angeborenen Immunität entkommen sind beziehungsweise diese überrannt haben. Das adaptive Immunsystem interagiert jedoch mit Zellen des angeborenen Immunsystems und nutzt viele von dessen Funktionen. In den nächsten Abschnitten werden die Hauptbestandteile des angeborenen Immunsystems eingeführt, auch als Vorbereitung für die Besprechung der adaptiven Immunität weiter unten in diesem Kapitel.

### 1.2.4 Die myeloische Zelllinie umfasst die meisten Zellen des angeborenen Immunsystems

Die **gemeinsame myeloische Vorläuferzelle** (*common myeloid progenitor*, **CMP**) ist die Vorstufe der Makrophagen, Granulocyten (die zusammenfassende Bezeichnung der neutrophilen, basophilen und eosinophilen weißen Blutzellen), Mastzellen und dendritischen Zellen des angeborenen Immunsystems. Makrophagen, Granulocyten und dendritische Zellen bilden die drei Arten der Phagocyten im Immunsystem. Die CMP bringt auch noch die Megakaryocyten und roten Blutkörperchen hervor, mit denen wir uns aber hier nicht beschäftigen werden. Die Zellen der myeloischen Zelllinie sind in ▶ Abb. 1.8 dargestellt.

Makrophagen kommen in fast allen Geweben vor. Viele geweberesidente Makrophagen entstehen während der Embryonalentwicklung, aber einige Makrophagen, die sich erst im ausgewachsenen Tier bilden, sind die gereifte Form der **Monocyten**, die im Blut zirkulieren und ständig in die Gewebe einwandern, wo sie sich ausdifferenzieren. Makrophagen sind

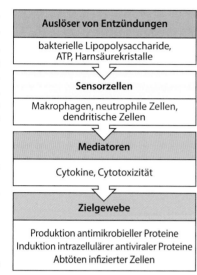

| Auslöser von Entzündungen |
|---|
| bakterielle Lipopolysaccharide, ATP, Harnsäurekristalle |

| Sensorzellen |
|---|
| Makrophagen, neutrophile Zellen, dendritische Zellen |

| Mediatoren |
|---|
| Cytokine, Cytotoxizität |

| Zielgewebe |
|---|
| Produktion antimikrobieller Proteine Induktion intrazellulärer antiviraler Proteine Abtöten infizierter Zellen |

**Abb. 1.6 Die zellvermittelte Immunität entwickelt sich in einer Reihe von Schritten.** Entzündungsinduktoren sind chemische Strukturen, die das Vorhandensein eingedrungener Mikroorganismen oder zellulärer Schäden anzeigen, die von ihnen hervorgerufen werden. Sensorzellen erkennen diese Induktoren, indem sie unterschiedliche Rezeptoren des angeborenen Immunsystems exprimieren und als Reaktion verschiedene Mediatoren produzieren, die entweder direkt bei der Abwehr mitwirken oder die Immunantwort voranbringen. Zu den Mediatoren gehören zahlreiche Cytokine. Die Mediatoren wirken auf unterschiedliche Zielgewebe, beispielsweise auf Epithelzellen, wodurch sie die Produktion antimikrobieller Proteine auslösen und die intrazelluläre Vermehrung von Viren unterbinden. Auch können sie auf andere Immunzellen einwirken, etwa auf ILCs, die weitere Cytokine hervorbringen und so die Immunreaktion verstärken

| Phasen der Immunantwort | | |
|---|---|---|
| Reaktion | | normaler Zeitpunkt nach der Infektion für den Beginn der Reaktion | Dauer der Reaktion |
| angeborene Immunantwort | Entzündung, Komplementaktivierung, Phagocytose und Zerstörung des Pathogens | Minuten | Tage |
| adaptive Immunantwort | Wechselwirkung zwischen antigenpräsentierenden dendritischen Zellen und antigenspezifischen T-Zellen; Antigenerkennung; Anheftung; Costimulation; Proliferation und Differenzierung der T-Zellen | Stunden | Tage |
| | Aktivierung antigenspezifischer B-Zellen | Stunden | Tage |
| | Bildung von T-Effektorzellen und T-Gedächtniszellen | Tage | Wochen |
| | Wechselwirkung von T-Zellen mit B-Zellen; Bildung von Keimzentren; Bildung von B-Effektorzellen (Plasmazellen) und B-Gedächtniszellen; Antikörperproduktion | Tage | Wochen |
| | Auswandern der Effektorlymphocyten aus den peripheren lymphatischen Organen | wenige Tage | Wochen |
| | Vernichtung der Pathogene durch T-Effektorzellen und Antikörper | wenige Tage | Wochen |
| immunologisches Gedächtnis | Stabilisierung der B- und T-Gedächtniszellen und Aufrechterhalten eines hohen Antikörperspiegels im Serum oder in den Schleimhäuten; Schutz vor einer erneuten Infektion | Tage bis Wochen | möglicherweise ein Leben lang |

**Abb. 1.7 Phasen der Immunantwort**

relativ langlebige Zellen, sie sind in der gesamten angeborenen und der anschließenden adaptiven Immunantwort für verschiedene Funktionen zuständig. Eine besteht darin, eindringende Mikroorganismen aufzunehmen und zu töten. In dieser Funktion als Phagocyten bilden sie eine wichtige erste Abwehrlinie der angeborenen Immunität, und sie beseitigen auch Krankheitserreger und infizierte Zellen, die von der adaptiven Immunantwort angegriffen werden. Sowohl Monocyten als auch Makrophagen sind Phagocyten, aber die meisten Infektionen treten im Gewebe auf, sodass es vor allem die Makrophagen sind, die diese wichtige Schutzfunktion übernehmen. Eine weitere und entscheidende Funktion der Makrophagen ist die maßgebliche Beteiligung bei Immunantworten: Sie tragen zur Entstehung von Entzündungen bei, die – wie wir feststellen werden – eine Voraussetzung für eine erfolgreiche Immunantwort ist, und sie produzieren viele Entzündungsmediatoren, die Zellen des Immunsystems aktivieren und zu einer Immunantwort rekrutieren.

Lokale Entzündungen und die Phagocytose von eingedrungenen Bakterien können auch durch die Aktivierung des Komplementsystems ausgelöst werden. Die Oberflächen von Bakterien können das Komplementsystem aktivieren, wobei eine Kaskade von proteolytischen Reaktionen in Gang gesetzt wird, die die Mikroorganismen mit Fragmenten von spezifischen Komplementproteinen umhüllen. Auf diese Weise markierte Mikroben werden von spezifischen Komplementrezeptoren auf Makrophagen und neutrophilen Zellen er

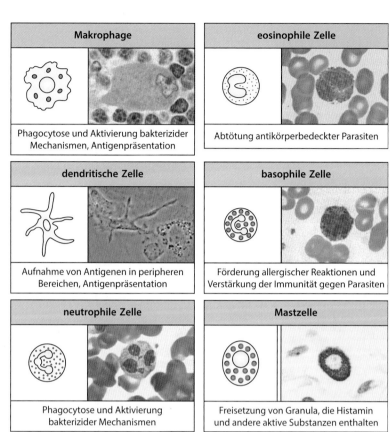

**Abb. 1.8 Myeloische Zellen bei der angeborenen und bei der erworbenen Immunität.** Die Bilder auf der linken Seite zeigen sie schematisch in der Form, wie sie auch sonst im Buch dargestellt sind. Die Bilder rechts zeigen lichtmikroskopische Aufnahmen von jedem Zelltyp. Makrophagen und neutrophile Zellen sind primär phagocytotische Zellen, die Krankheitserreger aufnehmen und in intrazellulären Vesikeln zerstören; diese Funktion übernehmen sie sowohl bei der angeborenen als auch bei der erworbenen Immunantwort. Unreife dendritische Zellen sind Phagocyten und können Krankheitserreger aufnehmen. Nach der Reifung fungieren sie als spezialisierte Zellen, die den T-Zellen Antigene so präsentieren, dass diese sie erkennen können, und lösen erworbene Immunreaktionen aus. Makrophagen können ebenfalls den T-Zellen Antigene präsentieren und die T-Zellen aktivieren. Die anderen myeloischen Zellen sind primär sekretorisch. Sie setzen den Inhalt ihrer deutlich hervortretenden Granula frei, nachdem sie während einer erworbenen Immunreaktion durch Antikörper aktiviert wurden. Von eosinophilen Zellen nimmt man an, dass sie am Angriff auf große, mit Antikörpern eingehüllte Parasiten (wie etwa Würmer) beteiligt sind. Auch die basophilen Zellen wirken wahrscheinlich an der gegen Parasiten gerichteten Immunität mit. Mastzellen, eosinophile und basophile Zellen spielen außerdem bei allergischen Reaktionen eine wichtige Rolle. (Fotos mit freundlicher Genehmigung von N. Rooney, R. Steinman und D. Friend)

kannt, über Phagocytose aufgenommen und zerstört. Neben ihrer besonderen Funktion im Immunsystem fungieren Makrophagen im Körper als allgemeine Fresszellen (*scavenger cells*), indem sie tote Zellen und Zelltrümmer beseitigen.

Die **Granulocyten** erhielten ihre Bezeichnung aufgrund der deutlich anfärbbaren Granula im Cytoplasma. Wegen ihres unregelmäßig geformten Zellkerns nennt man sie manchmal auch **polymorphkernige Leukocyten**. Die drei Arten von Granulocyten – neutrophile, eosinophile und basophile Zellen – unterscheidet man aufgrund der verschiedenen Färbungseigenschaften ihrer Granula, die jeweils besondere Funktionen besitzen. Alle Granulocyten sind verhältnismäßig kurzlebig, das heißt, sie existieren nur wenige Tage. Sie reifen im Knochenmark heran und werden während einer Immunantwort in zunehmender Zahl produziert, wenn sie zu Infektions- oder Entzündungsherden wandern. Die phagocytotischen **neutrophilen Zellen** bilden die umfangreichste und wichtigste zelluläre Komponente der angeborenen Immunantwort: Sie nehmen durch Phagocytose unterschiedliche Mikroorganismen auf und zerstören sie effizient in intrazellulären Vesikeln. Das geschieht mithilfe von abbauenden Enzymen und anderen antimikrobiellen Molekülen, die in cytoplasmatischen Granula gespeichert sind. Bei erblichen Fehlfunktionen der neutrophilen Zellen können bakterielle Infektionen überhand nehmen, die ohne eine Behandlung tödlich enden. Ihre Funktion wird in Kap. 3 genauer besprochen.

**Eosinophile** und **basophile Zellen** sind weniger häufig als neutrophile Zellen, besitzen aber wie diese Granula, die eine Reihe verschiedener Enzyme und toxischer Proteine enthalten, die bei Aktivierung der Zellen freigesetzt werden. Man nimmt an, dass beide Zelltypen vor allem bei der Abwehr von Parasiten, die zu groß sind, um von Makrophagen oder neutrophilen Zellen aufgenommen zu werden, eine Rolle spielen. Sie können aber zu allergischen Entzündungsreaktionen beitragen. Hier wirken sie eher zerstörend als schützend.

**Mastzellen** beginnen ihre Entwicklung im Knochenmark, aber sie wandern als unreife Vorläuferzellen und reifen in den peripheren Geweben heran, vor allem in der Haut, im Darm und in den Schleimhäuten der Atemwege. Ihre Granula enthalten zahlreiche Entzündungsmediatoren, etwa Histamin und unterschiedliche Proteasen, die dazu beitragen, die inneren Körperoberflächen gegen Krankheitserreger zu schützen, unter anderem gegen parasitische Würmer. Wir beschäftigen uns mit den eosinophilen und basophilen Zellen sowie mit den Mastzellen in Kap. 10 und 14.

Die **dendritischen Zellen** wurden in den 1970er-Jahren von **Ralph Steinman** entdeckt, wofür er im Jahr 2011 den Nobelpreis erhielt. Diese Zellen sind die dritte Klasse von phagocytotischen Zellen des Immunsystems. Zu ihnen gehören mehrere verwandte Zelllinien, deren verschiedene Funktionen noch untersucht werden. Die meisten dendritischen Zellen besitzen komplexe membranöse Fortsätze, ähnlich den Dendriten der Nervenzellen. Unreife dendritische Zellen wandern vom Knochenmark über das Blut in die Gewebe. Sie nehmen sowohl partikuläres Material durch Phagocytose als auch große Mengen an extrazellulärer Flüssigkeit und deren Inhaltsstoffe durch die sogenannte **Makropinocytose** auf. Sie zerstören die aufgenommenen Krankheitserreger, aber ihre Hauptfunktion im Immunsystem ist nicht die Beseitigung von Mikroorganismen. Stattdessen sind dendritische Zellen eine wichtige Gruppe von Sensorzellen, die beim Zusammentreffen mit Krankheitserregern angeregt werden, Mediatoren zu produzieren, die wiederum andere Immunzellen aktivieren. Die dendritischen Zellen wurden aufgrund ihrer Funktion entdeckt, eine besondere Gruppe von Lymphocyten des adaptiven Immunsystems zu aktivieren – die T-Lymphocyten. Wir werden uns mit diesen Aktivitäten in Abschn. 1.3.8 weiter beschäftigen, wenn wir die Aktivierung der T-Zellen besprechen. Aber die dendritischen Zellen und die Mediatoren, die sie produzieren, spielen auch bei der Kontrolle von Zellreaktionen des angeborenen Immunsystems eine wichtige Rolle.

### 1.2.5 Sensorzellen exprimieren Mustererkennungsrezeptoren, die an einer ersten Unterscheidung zwischen körpereigen und nicht körpereigen beteiligt sind

Lange bevor die Mechanismen der angeborenen Immunerkennung entschlüsselt wurden, hatte man beobachtet, dass aufgereinigte Antigene wie Proteine bei einem Immunisierungsexperiment keine Immunreaktion hervorriefen – das heißt, die Antigene waren nicht **immunogen**. Das Auslösen einer starken Immunantwort gegen aufgereinigte Proteine erforderte vielmehr den Zusatz von mikrobiellen Bestandteilen, beispielsweise abgetöteten Bakterien oder Bakterienextrakten. **Charles Janeway** nannte dies das „schmutzige kleine Geheimnis" des Immunologen (Anhang I, Abschn. A.1 bis Abschn. A.4). Dieses hinzugefügte Material bezeichnete man als **Adjuvans**, da es dazu beitrug, die Reaktion auf ein immunisierendes Antigen zu verstärken (Lateinisch *adjuvare* für „helfen"). Wir wissen heute, dass Adjuvanzien zumindest teilweise notwendig sind, um die Rezeptoren der verschiedenen angeborenen Sensorzellen zu aktivieren, die wiederum zur Aktivierung von T-Zellen beitragen, selbst wenn keine Infektion vorliegt.

Makrophagen, neutrophile und dendritische Zellen sind wichtige Gruppen von Sensorzellen, die Infektionen erkennen und Reaktionen des angeborenen Immunsystems auslösen, indem sie Entzündungsmediatoren produzieren, wobei andere Zellen, sogar Zellen des adaptiven Immunsystems, auch zu dieser Funktion beitragen können. Wie in Abschn. 1.2.3 erwähnt, exprimieren diese Zellen eine begrenzte Anzahl von unveränderlichen Erkennungsrezeptoren des angeborenen Immunsystems, durch die Krankheitserreger oder die von ihnen verursachten Schäden erkannt werden können. Man bezeichnet diese auch als **Mustererkennungsrezeptoren** (*pattern recognition receptors*, **PRRs**), die einfache Moleküle und regelmäßige Muster molekularer Strukturen erkennen, die als **pathogenassoziierte molekulare Muster** (*pathogen-associated molecular patterns*, **PAMPs**) bekannt und Bestandteile zahlreicher Mikroorganismen, jedoch nicht der körpereigenen Zellen, sind. Zu diesen Strukturen gehören mannosereiche Oligosaccharide, Peptidoglykane und Lipopolysaccharide der bakteriellen Zellwand, außerdem unmethylierte CpG-DNA, die bei vielen Krankheitserregern vorkommt. Alle diese mikrobiellen Bestandteile wurden im Lauf der Evolution konserviert, sodass sie aufgrund ihrer Unveränderlichkeit ausgezeichnete Erkennungssignale darstellen (▶ Abb. 1.9). Einige PRRs sind Transmembranproteine, beispielsweise die **Toll-like-Rezeptoren** (**TLRs**), die PAMPs erkennen, welche aus extrazellulären Bakterien stammen oder von Bakterien, die durch Phagocytose in die vesikulären Reaktionswege aufgenommen wurden. Die Funktion des Toll-Rezeptors für die Immunität wurde zuerst von **Jules Hoffmann** bei *Drosophila melanogaster* entdeckt und später von Charles Janeway und **Bruce Beutler** in Form der homologen TLRs bei Mäusen nachgewiesen. Hoffman und Beutler teilten sich für ihre Arbeiten über die Aktivierung der angeborenen Immunität die andere Hälfte des Nobelpreises im Jahr 2011 (Abschn. 1.2.4). Weitere PRRs sind cytoplasmatische Proteine wie die **NOD-like-Rezeptoren** (**NLRs**), die eine intrazelluläre Invasion von Bakterien erkennen. Noch andere cytoplasmatische Rezeptoren erkennen Virusinfektionen aufgrund der unterschiedlichen Struktur und Lokalisierung der mRNA der Wirtszelle und der viralen RNA, Ähnliches gilt für die verschiedenen DNA-Moleküle. Einige Rezeptoren, die von Sensorzellen exprimiert werden, erkennen zelluläre Schäden, die von Krankheitserregern hervorgerufen werden, und weniger die Krankheitserreger selbst. Ein großer Teil unserer Erkenntnisse über die angeborene Immunerkennung stammt aus den vergangenen 15 Jahren und es wird auf diesem Gebiet noch aktiv geforscht. Wir beschäftigen uns mit

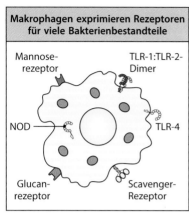

**Makrophagen exprimieren Rezeptoren für viele Bakterienbestandteile**

**Abb. 1.9 Makrophagen exprimieren eine Anzahl von Rezeptoren, durch die sie verschiedene Krankheitserreger erkennen können.** Makrophagen exprimieren eine Reihe unterschiedlicher Rezeptoren, die spezifische Komponenten von Mikroorganismen erkennen. Einige dieser Rezeptoren wie der Mannose-, der Glucan- und der Scavenger-Rezeptor binden Kohlenhydrate der Zellwände von Bakterien, Hefen und Pilzen. Die Toll-like-Rezeptoren (TLRs) sind eine wichtige Familie von Mustererkennungsrezeptoren, die auf Makrophagen, dendritischen Zellen und anderen Immunzellen vorkommen. TLRs erkennen verschiedene mikrobielle Komponenten, beispielsweise bindet ein Heterodimer aus TLR-1 und TLR-2 bestimmte Lipopeptide von Krankheitserregern, etwa von grampositiven Bakterien, während TLR-4 sowohl Lipopolysaccharide von gramnegativen als auch Lipoteichonsäuren von grampositiven Bakterien bindet

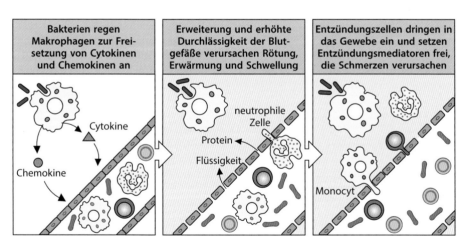

**Abb. 1.10 Eine Infektion löst eine Entzündungsreaktion aus.** Makrophagen, die im Gewebe auf Bakterien oder andere Arten von Mikroorganismen treffen, setzen Cytokine frei (*links*), welche die Durchlässigkeit der Gefäßwände erhöhen, sodass Proteine und Flüssigkeit in das Gewebe gelangen können (*Mitte*). Makrophagen erzeugen auch Chemokine, welche die neutrophilen Zellen zum Infektionsherd dirigieren. Die Adhäsivität der Endothelzellen in der Gefäßwand erhöht sich, sodass sich zirkulierende Zellen des Immunsystems dort anheften und hindurchgelangen können. Die Abbildung zeigt, wie zuerst Makrophagen und dann neutrophile Zellen aus einem Blutgefäß in das Gewebe wechseln (*rechts*). Die Ansammlung von Flüssigkeit und Zellen am Infektionsherd verursacht eine Rötung, Schwellung, Erwärmung und Schmerzen, also die Symptome einer Entzündung. Neutrophile Zellen und Makrophagen sind die hauptsächlichen Entzündungszellen. Im späteren Stadium der Immunantwort tragen auch aktivierte Lymphocyten zur Entzündung bei.

dieser angeborenen Immunerkennung auch in Kap. 3 und in Kap. 16 besprechen wir, wie Adjuvanzien als Bestandteile von Impfstoffen eingesetzt werden.

## 1.2.6 Sensorzellen lösen Entzündungsreaktionen aus, indem sie Mediatoren wie Chemokine und Cytokine freisetzen

Die Aktivierung von PRRs auf Sensorzellen, etwa auf Makrophagen und neutrophilen Zellen, können direkt in diesen Zellen Effektorfunktionen auslösen, beispielsweise die Phagocytose und die Zerstörung der aufgenommenen Bakterien. Sensorzellen verstärken aber auch die Immunantwort, indem sie Entzündungsmediatoren produzieren. Zwei bedeutende Gruppen dieser Mediatoren sind sezernierte Proteine, die man als Cytokine und Chemokine bezeichnet. Sie wirken ähnlich wie Hormone, da sie anderen Immunzellen wichtige Signale übermitteln.

**Cytokine** ist die allgemeine Bezeichnung für alle Proteine, die von Zellen sezerniert werden und das Verhalten von nahe gelegenen Zellen beeinflussen, welche geeignete Rezeptoren besitzen. Es gibt über 60 verschiedene Cytokine; einige werden von vielen verschiedenen Zelltypen produziert, andere nur von wenigen spezifischen. Einige Cytokine beeinflussen viele unterschiedliche Arten von Zellen, andere wiederum nur einige wenige, abhängig vom Expressionsmuster jedes spezifischen Cytokinrezeptors. Die Reaktion, die ein Cytokin in einer Zielzelle auslöst, dient normalerweise dazu, in der Zielzelle einen Effektormechanismus zu verstärken, wie im nächsten Abschnitt veranschaulicht werden soll. Wir wollen hier nicht alle Cytokine auf einmal vorstellen, sondern jedes einzeln einführen, sobald wir bei unserer Beschreibung der zellulären und funktionellen Reaktionen darauf stoßen. Alle Cytokine, die sie erzeugenden Zellen, die Zielzellen sowie ihre allgemeinen Funktionen sind in Anhang III aufgeführt.

**Chemokine** sind eine spezialisierte Untergruppe von sezernierten Proteinen, die als Chemoattraktoren wirken, indem sie Zellen, die Chemokinrezeptoren tragen, beispielsweise neutrophile Zellen und Monocyten, aus dem Blut zu Infektionsherden locken (▶ Abb. 1.10). Darüber hinaus tragen Chemokine dazu bei, die verschiedenen Zellen in den abgegrenzten Regionen der Lymphgewebe zu organisieren, wo dann die spezifischen Reaktionen stattfinden. Es gibt etwa 50 unterschiedliche Chemokine, die alle in ihrer Struktur verwandt sind, aber zwei große Gruppen bilden. In Anhang IV sind alle Chemokine, ihre Zielzellen und ihre allgemeinen Funktionen aufgeführt. Wir werden die Chemokine immer dann besprechen, wenn die Beschreibung bestimmter zellulärer Immunprozesse dies erfordert.

Die Cytokine und Chemokine, die von aktivierten Makrophagen freigesetzt werden, dienen dazu, Zellen aus dem Blut zu infizierten Geweben zu locken. Dies bezeichnet man als **Entzündung**; diese trägt dazu bei, Krankheitserreger zu vernichten. Durch eine Entzündung verstärkt sich der Strom der Lymphflüssigkeit. Diese transportiert Mikroorganismen oder Zellen, die deren Antigene tragen, aus den infizierten Geweben in die nahe gelegenen Lymphgewebe, wo die adaptive Immunantwort ausgelöst wird. Sobald die adaptive Immunität aktiviert wurde, lenkt die Entzündung auch diese Effektorkomponenten zum Infektionsherd.

Eine Entzündung wird klinisch durch die vier lateinischen Begriffe *calor, dolor, rubor* und *tumor* (Wärme, Schmerz, Rötung und Schwellung) beschrieben. Diese Symptome beruhen sämtlich auf Auswirkungen von Cytokinen und anderen Entzündungsmediatoren auf die lokalen Blutgefäße. Hitze, Rötung und Schwellung entstehen durch die Erweiterung und zunehmende Durchlässigkeit der Blutgefäße während einer Entzündung, sodass sich der lokale Blutfluss verstärkt und Flüssigkeit und Blutproteine in die Gewebe austreten. Cytokine und Komplementfragmente haben bedeutsame Auswirkungen auf das **Endothel**, das die Blutgefäße auskleidet. Die **Endothelzellen** erzeugen als Reaktion auf eine Infektion ihrerseits Cytokine. Diese verändern die Adhäsionseigenschaften der Endothelzellen und veranlassen zirkulierende Leukocyten, sich an die Endothelzellen zu heften und zwischen ihnen hindurch zum Infektionsherd zu wandern, indem sie von Chemokinen dorthin gelockt werden. Das Einwandern von Zellen ins Gewebe und ihre Aktivitäten vor Ort verursachen die Schmerzen.

Die vorherrschenden Zelltypen, die man während der ersten Phasen einer Entzündungsreaktion beobachten kann, sind Makrophagen und neutrophile Zellen, wobei Letztere in großer Zahl in das entzündete, infizierte Gewebe gelockt werden. Deshalb bezeichnet man Makrophagen und neutrophile Zellen auch als **Entzündungszellen**. Kurz nach dem Zustrom der neutrophilen Zellen treten verstärkt Monocyten hinzu, die sich rasch zu Makrophagen differenzieren und so die angeborene Immunantwort verstärken und aufrechterhalten. Im weiteren Verlauf der Entzündung wandern auch eosinophile Zellen in die entzündeten Gewebe ein und tragen zur Zerstörung der eingedrungenen Mikroorganismen bei.

## 1.2.7 Die Lymphocyten der angeborenen Immunität und die natürlichen Killerzellen sind Effektorzellen, die mit lymphatischen Zelllinien des adaptiven Immunsystems übereinstimmende Merkmale besitzen

Aus der **gemeinsamen lymphatischen Vorläuferzelle** (*common lymphoid progenitor*, **CLP**) im Knochenmark gehen die antigenspezifischen Lymphocyten des adaptiven Immunsystems und mehrere angeborene Zelllinien hervor, die keine antigenspezifischen Rezeptoren besitzen. Die B- und T-Lymphocyten wurden zwar bereits in den 1960er-Jahren entdeckt, die **natürlichen Killerzellen (NK-Zellen)** (▶ Abb. 1.11) des angeborenen Immunsystems jedoch erst in den 1970er-Jahren. NK-Zellen sind große, den Lymphocyten ähnliche Zellen, die ein charakteristisches granuläres Cytoplasma besitzen. Sie wurden durch ihre Fähigkeit identifiziert, bestimmte Tumorzellen und mit Herpesviren infizierte Zellen zu erkennen und zu töten. Zuerst war der Unterschied zwischen diesen Zellen und den T-Lymphocyten unklar. Heute wissen wir aber, dass NK-Zellen eine eigene Zelllinie bilden, die im Knochenmark aus der CLP-Zelle hervorgeht. Sie besitzen keine antigenspezifischen Rezeptoren wie die Zellen des adaptiven Immunsystems, sondern exprimieren Rezeptoren der angeborenen Immunität, die zu verschiedenen Molekülfamilien gehören. NK-Zellen reagieren auf zellulären Stress und auf Infektionen durch spezifische Viren. Sie sind von Bedeutung bei der frühen angeborenen Immunantwort auf Virusinfektionen, bevor sich die adaptive Immunreaktion entwickelt hat.

Vor Kurzem hat man weitere Zelllinien identifiziert, die mit den NK-Zellen verwandt sind. Insgesamt bezeichnet man diese Zellen als **angeborene lymphatische Zellen** (*innate lymphoid cells*, **ILCs**). Sie gehen aus der CLP-Zelle hervor und halten sich in den peripheren Geweben auf, beispielsweise im Darm, wo sie Mediatoren für Entzündungsreaktionen freisetzen. Die Funktionen der NK- und der ILC-Zellen werden in Kap. 3 besprochen.

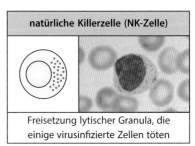

**natürliche Killerzelle (NK-Zelle)**

Freisetzung lytischer Granula, die einige virusinfizierte Zellen töten

**Abb. 1.11 Natürliche Killerzellen (NK-Zellen).** Es handelt sich um große granuläre lymphocytenähnliche Zellen mit wichtigen Funktionen bei der angeborenen Immunität, besonders gegen intrazelluläre Infektionen, und sie können Zellen töten. Im Gegensatz zu Lymphocyten besitzen sie keine antigenspezifischen Rezeptoren. (Foto mit freundlicher Genehmigung von B. Smith)

### Zusammenfassung

Vermeidungs-, Abwehr- und Toleranzmechanismen sind verschiedene Arten, mit Krankheitserregern umzugehen. Anatomische und diverse chemische Barrieren wie das Komplementsystem und antimikrobielle Proteine lassen sich als eine primitive Art der Vermeidung auffassen und bilden die erste Abwehrlinie gegen das Eindringen von kommensalen Organismen und von Krankheitserregern in Körpergewebe. Wenn diese Barrieren durchbrochen werden, verlagert sich der Schwerpunkt der Aktivität des Immunsystems bei Wirbeltieren auf die Abwehr. Entzündungsinduktoren, das heißt entweder für Mikroorganismen charakteristische chemische Strukturen (PAMPs) oder chemische Signale, die Gewebeschäden anzeigen, wirken auf Rezeptoren, die von Sensorzellen exprimiert werden, wodurch das Immunsystem über eine Infektion „informiert" wird. Sensorzellen sind typische Zellen des angeborenen Immunsystems, wie Makrophagen oder dendritische Zellen. Sie können entweder direkt durch Effektoraktivitäten oder durch Freisetzung von Entzündungsmediatoren wirken. Diese sind meistens Cytokine und

Chemokine, die andere Immunzellen beeinflussen, beispielsweise die angeborenen NK- und ILC-Zellen. Diese Zellen werden dann in Zielgewebe gelenkt, wo sie bestimmte Arten von Effektoraktivitäten der Immunantwort ausführen, etwa das Abtöten von Zellen oder die Produktion von Cytokinen, die eine direkte antivirale Aktivität besitzen. Das alles zielt darauf ab, die Infektion durch die Krankheitserreger abzuschwächen oder zu beseitigen. Durch Mediatoren ausgelöste Reaktionen in den Zielgeweben können verschiedene Arten von Entzündungszellen aktivieren, die jeweils auf die Vernichtung von Viren, intrazellulären Bakterien, extrazellulären Krankheitserregern oder Parasiten spezialisiert sind.

## 1.3 Grundlagen der adaptiven Immunität

Wir kommen nun zu den Bestandteilen der adaptiven Immunität, den antigenspezifischen Lymphocyten. Sofern nicht anders angegeben, verwenden wir ab hier den Begriff Lymphocyten ausschließlich für die antigenspezifischen Lymphocyten. Lymphocyten sind in der Lage, auf eine riesige Zahl von Antigenen der verschiedenen Krankheitserreger zu reagieren, mit denen ein Mensch im Laufe seines Lebens in Kontakt kommen kann, und eine wichtige Eigenschaft ist, dass sie ein immunologisches Gedächtnis entwickeln. Die Lymphocyten ermöglichen das gemeinsam mithilfe der hoch variablen Antigenrezeptoren an ihrer Oberfläche, durch die sie Antigene erkennen und binden können. Jeder Lymphocyt reift heran und trägt dabei eine spezifische Variante eines Antigenrezeptorprototyps, sodass die Population von Lymphocyten ein riesiges Repertoire von Rezeptoren exprimiert. Unter den etwa eine Milliarde Lymphocyten, die im Körper zu einem beliebigen Zeitpunkt zirkulieren, werden sich immer einige befinden, die ein bestimmtes fremdes Antigen erkennen können.

Eine besondere Eigenschaft des adaptiven Immunsystems besteht darin, dass es ein **immunologisches Gedächtnis** hervorbringen kann. Das heißt, sobald ein Mensch mit einem Krankheitserreger in Kontakt gekommen ist, wird die Reaktion auf dieses Pathogen schneller und stärker ausfallen, wenn es erneut auftritt. Dieser Mensch besitzt dann eine schüt-

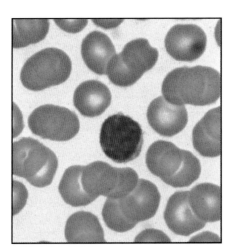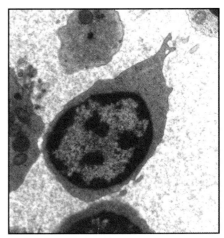

**Abb. 1.12 Lymphocyten sind vor allem kleine und inaktive Zellen.** Die lichtmikroskopische Aufnahme *links* zeigt einen kleinen Lymphocyten, umgeben von roten Blutkörperchen (die keinen Zellkern besitzen). Der Zellkern des Lymphocyten wurde mit Hämatoxylin und Eosin *violett* gefärbt. Man beachte die *dunkler violett* gefärbten Flecke des kondensierten Chromatins im Zellkern des Lymphocyten, die auf eine geringe Transkriptionsaktivität hindeuten, und das wenige Cytoplasma. *Rechts* ist eine transmissionselektronenmikroskopische Aufnahme eines kleinen Lymphocyten zu sehen. Auch hier sind Anzeichen für die funktionelle Inaktivität zu erkennen: das kondensierte Chromatin, das wenige Cytoplasma sowie das Fehlen eines rauen endoplasmatischen Reticulums. (Fotos mit freundlicher Genehmigung von N. Rooney)

zende Immunität gegen dieses Pathogen. Herauszufinden, wie sich eine lang andauernde Immunität gegen solche Krankheitserreger erzeugen lässt, die das nicht auf natürliche Weise tun, ist heute eine der größten Aufgaben der Immunologie.

## 1.3.1 Die Wechselwirkung von Antigenen mit ihren Antigenrezeptoren veranlasst die Lymphocyten, Effektor- und Gedächtnisfunktionen auszuführen

Im Immunsystem der Wirbeltiere gibt es zwei Gruppen von Lymphocyten – **B-Lympho-cyten (B-Zellen)** und **T-Lymphocyten (T-Zellen)**, Diese exprimieren unterschiedliche Arten von Antigenrezeptoren und besitzen sehr unterschiedliche Funktionen im Immunsystem, wie man in den 1960er-Jahren herausgefunden hat. Die meisten Lymphocyten, die im Körper zirkulieren, wirken als unscheinbare kleine Zellen mit wenigen Organellen im Cytoplasma und einem kondensierten, offensichtlich wenig aktiven Chromatin im Zellkern (▶ Abb. 1.12). Lymphocyten zeigen nur eine geringe funktionelle Aktivität, bis sie auf ein spezifisches Antigen treffen, das mit dem Antigenrezeptor an ihrer Oberfläche in Wechselwirkung tritt. Lymphocyten, die noch nicht von einem Antigen aktiviert wurden, bezeichnet man als **naive (ungeprägte)** Lymphocyten. Diejenigen, die mit ihrem Antigen in Kontakt gekommen sind, werden aktiviert und differenzieren sich weiter zu voll funktionsfähigen Lymphocyten, die man als **Effektorlymphocyten** bezeichnet.

B-Zellen und T-Zellen unterscheiden sich durch die Strukturen ihrer Antigenrezeptoren, die sie exprimieren. Der **B-Zell-Antigenrezeptor** oder **B-Zell-Rezeptor** (*B-cell receptor*, **BCR**) wird von denselben Genen produziert, die die Antikörper, eine Gruppe von Proteinen, die man auch als **Immunglobuline (Ig)** bezeichnet, codieren (▶ Abb. 1.13). Den Antigenrezeptor von B-Lymphocyten bezeichnet man daher auch als **Membranimmunglobulin (mIg)** oder **Oberflächenimmunglobulin** (*surface immunoglobulin*, **sIg**). Der **T-Zell-Antigenrezeptor** oder **T-Zell-Rezeptor** (*T-cell receptor*, **TCR**) ist mit den Immunglobulinen verwandt, unterscheidet sich aber in der Struktur und den Bindungseigenschaften.

Nachdem ein Antigen an den B-Zell-Antigenrezeptor oder B-Zell-Rezeptor (BCR) gebunden hat, bildet der Lymphocyt durch Proliferation und Differenzierung **Plasmazellen**. Das ist die Effektorform von B-Lymphocyten, die Antikörper produziert. Diese sind die sezernierte Form des B-Zell-Rezeptors und besitzen dieselbe Antigenspezifität wie der B-Zell-Rezeptor der Plasmazelle. Das Antigen, das eine bestimmte B-Zelle aktiviert, wird also zum Ziel für die Antikörper, die von den Nachkommen dieser Zelle produziert werden.

Wenn eine T-Zelle zum ersten Mal mit einem Antigen in Kontakt tritt, das an ihren Rezeptor binden kann, bildet sie durch Proliferation und Differenzierung einen von mehreren Typen der **T-Effektorlymphocyten**. Wenn T-Effektorzellen in der Folge auf das Antigen treffen, können sie drei generelle Arten von Aktivitäten entwickeln. **Cytotoxische T-Zellen** töten andere Zellen, die mit Viren oder anderen intrazellulären Krankheitserregern infiziert sind und die das Antigen tragen. **T-Helferzellen** liefern Signale, häufig in Form von spezifischen Cytokinen, welche die Funktionen anderer Zellen aktivieren, etwa die Antikörperproduktion durch B-Zellen und das Abtöten von Krankheitserregern durch Makrophagen, die diese Pathogene aufgenommen haben. **Regulatorische T-Zellen** unterdrücken die Aktivität von anderen Lymphocyten und unterstützen die Kontrolle der Immunantworten; sie werden in Kap. 9, 11, 12 und 15 besprochen.

Einige der durch das Antigen aktivierten B- und T-Zellen differenzieren sich zu **Gedächtniszellen**. Diese Lymphocyten sind für die lang anhaltende Immunität verantwortlich, die nach dem Kontakt mit einer Krankheit oder nach einer Impfung folgt. Gedächtniszellen differenzieren sich bei einem zweiten Kontakt mit ihrem spezifischen Antigen leicht zu Effektorzellen. Das immunologische Gedächtnis wird in Kap. 11 beschrieben.

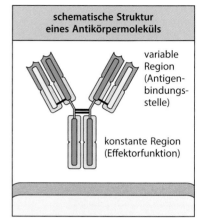

schematische Struktur eines Antikörpermoleküls

variable Region (Antigen-bindungs-stelle)

konstante Region (Effektorfunktion)

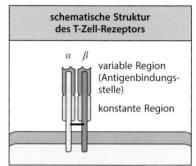

schematische Struktur des T-Zell-Rezeptors

α  β

variable Region (Antigenbindungs-stelle)

konstante Region

**Abb. 1.13 Schematische Darstellung von Antigenrezeptoren.** *Oben*: Ein Antikörpermolekül, das von aktivierten B-Zellen als antigenbindendes Effektormolekül freigesetzt wird. Eine membrangebundene Form dieses Moleküls fungiert als B-Zell-Antigenrezeptor (nicht dargestellt). Ein Antikörper besteht aus zwei identischen schweren Ketten (*grün*) und zwei identischen leichten Ketten (*gelb*). Jede Kette enthält einen konstanten Teil (*blau unterlegt*) und einen variablen Teil (*rot unterlegt*). Jeder Arm des Antikörpermoleküls besteht aus einer leichten Kette und einer schweren Kette, sodass die variablen Teile der beiden Ketten zusammenliegen und so eine variable Region bilden, die die Antigenbindungsstelle enthält. Der Stamm besteht aus den konstanten Teilen der schweren Ketten und kommt in einer begrenzten Anzahl von Formen vor. Diese konstante Region wirkt bei der Beseitigung des gebundenen Antigens mit. *Unten*: Ein T-Zell-Antigenrezeptor. Auch dieses Molekül besteht aus zwei Ketten, einer α-Kette (*gelb*) und einer β-Kette (*grün*), wobei jede aus einem konstanten und einem variablen Anteil besteht. Wie bei dem Antikörpermolekül bilden die variablen Teile der beiden Ketten eine variable Region, die die Antigenbindungsstelle bildet. Der T-Zell-Rezeptor wird nicht als sezernierte Form produziert

Teil I

### 1.3.2 Antikörper und T-Zell-Rezeptoren bestehen aus konstanten und variablen Regionen, die jeweils für bestimmte Funktionen zuständig sind

Antikörper hat man mithilfe herkömmlicher biochemischer Methoden analysiert, lange Zeit bevor es durch die DNA-Rekombinationstechnik möglich wurde, die membrangebundenen Formen der Antigenrezeptoren der B- und T-Zellen zu untersuchen. Dabei stellte sich heraus, dass Antikörpermoleküle aus zwei unterschiedlichen Regionen bestehen. Die eine ist die **konstante Region**, die man auch als Fc-Fragment (Fc für *fragment crystallizable*) bezeichnet und die nur in vier oder fünf biochemisch unterschiedlichen Formen vorkommt (▶ Abb. 1.13). Im Gegensatz dazu kann die variable Region aus einer riesigen Zahl verschiedener Aminosäuresequenzen bestehen, durch die Antikörper eine fast ebenso große Zahl verschiedener Antigene erkennen können. Aufgrund der Einheitlichkeit der Fc-Region im Vergleich zur variablen Region konnten **Gerald Edelman** und **Rodney Porter** schon in früher Zeit eine Röntgenstrukturanalyse durchführen. Sie wurden im Jahr 1972 mit dem Nobelpreis für ihre Arbeiten über die Struktur von Antikörpern ausgezeichnet.

Das Antikörpermolekül besteht aus zwei identischen **schweren Ketten** und zwei identischen **leichten Ketten**. Schwere und leichte Ketten enthalten variable und konstante Regionen. Die variablen Regionen einer schweren und einer leichten Kette bilden zusammen die Antigenbindungsstelle, welche die Antigenspezifität des Antikörpers bestimmt. So tragen sowohl die schwere als auch die leichte Kette zur Antigenspezifität des Antikörpermoleküls bei. Auch besitzt jeder Antikörper zwei identische variable Regionen und damit zwei identische Antigenbindungsstellen. Die konstante Region bestimmt die Effektorfunktion des Antikörpers, das heißt, wie der Antikörper mit den verschiedenen Immunzellen in Wechselwirkung tritt und dabei mit dem Antigen agiert, sobald es einmal gebunden ist.

Der T-Zell-Rezeptor ähnelt in vielfacher Hinsicht dem B-Zell-Rezeptor und dem Antikörper (▶ Abb. 1.13). Er besteht aus zwei Ketten, der TCR$\alpha$- und der TCR$\beta$-Kette. Diese besitzen etwa die gleiche Größe und durchspannen die Membran der T-Zelle. Wie der Antikörper besitzt auch die T-Zell-Rezeptor-Kette eine variable und eine konstante Region, und durch die Kombination der variablen $\alpha$- und $\beta$-Kette entsteht eine einzelne Antigenbindungsstelle. Die Strukturen der Antikörper und T-Zell-Rezeptoren werden in Kap. 4 genauer besprochen, die Funktionseigenschaften der konstanten Regionen der Antikörper in Kap. 5 und 10.

### 1.3.3 Antikörper und T-Zell-Rezeptoren erkennen Antigene auf grundlegend unterschiedliche Weise

Im Prinzip kann das adaptive Immunsystem jede chemische Struktur als Antigen erkennen, aber die Antigene, die üblicherweise bei einer Infektion auftreten, sind Proteine, Glykoproteine und Polysaccharide der Krankheitserreger. Ein einzelner Antigenrezeptor oder Antikörper erkennt einen kleinen Teil der molekularen Struktur eines Antigenmoleküls, den man als **Antigendeterminante** oder **Epitop** bezeichnet (▶ Abb. 1.14). Proteine und Glykoproteine enthalten normalerweise viele verschiedene Epitope, die von unterschiedlichen Antigenrezeptoren erkannt werden können.

Antikörper und B-Zell-Rezeptoren erkennen Epitope von nativen Antigenen im Serum oder im extrazellulären Raum. Es ist möglich, dass verschiedene Antikörper ein Antigen gleichzeitig an seinen unterschiedlichen Epitopen erkennen; die Beseitigung oder Neutralisierung des Antigens ist dadurch effektiver.

Während Antikörper fast jede Art von chemischen Strukturen erkennen können, binden T-Zell-Rezeptoren normalerweise nur Proteinantigene und unterscheiden sich dadurch deutlich von Antikörpern. Der T-Zell-Rezeptor erkennt ein Peptidepitop, das aus einem teilweise

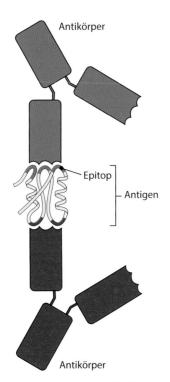

Antikörper

Epitop

Antigen

Antikörper

**Abb. 1.14 Antigene sind die Moleküle, die durch die Immunantwort erkannt werden, Epitope sind hingegen Bereiche innerhalb von Antigenen, an die Antigenrezeptoren binden.** Antigene können komplexe Makromoleküle wie Proteine sein (*gelb*). Die meisten Antigene sind größer als die Bereiche von Antikörpern oder Antigenrezeptoren, die an sie binden. Den Anteil des Antigens, der tatsächlich gebunden wird, bezeichnet man als Antigendeterminante oder Epitop für den jeweiligen Rezeptor. Große Antigene wie Proteine können mehr als ein Epitop enthalten (*rot und blau*) und es können verschiedene Antikörper daran binden (Darstellung in derselben Farbe wie das gebundene Epitop). Antikörper erkennen ein Epitop generell an der Oberfläche eines Antigens

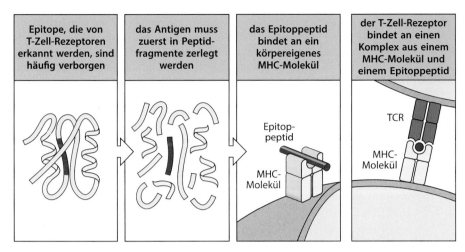

**Abb. 1.15 T-Zell-Rezeptoren binden einen Komplex aus Antigenfragment und körpereigenem Molekül.** Im Gegensatz zu den meisten Antikörpern können T-Zell-Rezeptoren Epitope erkennen, die im Inneren von Antigenen verborgen sind (*erstes Bild*). Diese Antigene müssen zuerst von Proteasen abgebaut werden (*zweites Bild*). Das Peptidepitop wird von einem körpereigenen Molekül gebunden, einem sogenannten MHC-Molekül (*drittes Bild*). T-Zell-Rezeptoren (TCRs) wiederum erkennen Antigene nur in der Form aus Peptid und MHC-Molekül (*viertes Bild*)

abgebauten Protein stammt, jedoch nur dann, wenn das Peptid an spezielle Glykoproteine der Zelloberfläche gebunden ist, die **MHC-Moleküle** (▶ Abb. 1.15). Die Mitglieder dieser großen Glykoproteinfamilie werden von einer Gruppe von Genen codiert, die man als **Haupthistokompatibilitätskomplex** (*major histocompatibility complex*, **MHC**) bezeichnet. Die von T-Zellen erkannten Antigene können von Proteinen aus intrazellulären Krankheitserregern, beispielsweise Viren, oder von extrazellulären Krankheitserregern stammen. Ein weiterer Unterschied zum Antikörpermolekül besteht darin, dass es von den T-Zell-Rezeptoren keine sezernierte Form gibt. Die Funktion des T-Zell-Rezeptors ist nur, der T-Zelle zu signalisieren, dass er ein Antigen gebunden hat. Die anschließenden immunologischen Effekte beruhen auf den Aktivitäten der T-Zellen selbst. Wir werden uns in Kap. 6 noch genauer damit befassen, wie Epitope von Antigenen an MHC-Proteine gebunden werden, und in Kap. 9 geht es darum, wie T-Zellen ihre weiteren Funktionen ausführen.

### 1.3.4 Die Gene der Antigenrezeptoren werden durch somatische Genumlagerungen von unvollständigen Gensegmenten neu zusammengesetzt

Das angeborene Immunsystem erkennt Signale einer Entzündung mithilfe einer relativ begrenzten Anzahl von Sensoren, beispielsweise TLR- oder NOD-Proteinen; insgesamt sind es weniger als 100 verschiedene Arten. Antigenspezifische Rezeptoren des adaptiven Immunsystems umfassen eine fast unbegrenzte Zahl von Spezifitäten, die aber von einer begrenzten Anzahl von Genen codiert werden. Die Grundlage für diese außerordentliche Vielzahl an Spezifitäten wurde im Jahr 1976 von **Susumu Tonegawa** entdeckt, wofür er 1987 den Nobelpreis erhielt. Die variablen Regionen der Immunglobuline werden als Gruppen von **Gensegmenten** vererbt, von denen jedes einen Teil der variablen Region in einer der Immunglobulinketten codiert. Während der Entwicklung der B-Zellen im Knochenmark werden diese Gensegmente durch einen Vorgang, den man als DNA-Rekombination bezeichnet, irreversibel miteinander verknüpft. Dadurch entsteht ein DNA-Abschnitt, der eine vollständige variable Region codiert. Bei den Genen für die T-Zell-Rezeptoren gibt es einen ähnlichen Mechanismus während der Entwicklung der T-Zellen im Thymus.

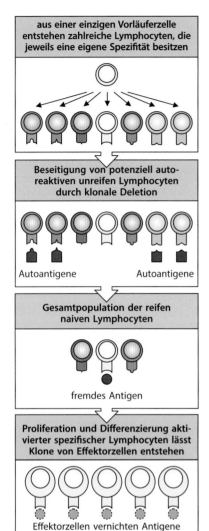

**Abb. 1.16 Die klonale Selektion.** Jede Lymphocytenvorläuferzelle bringt eine große Zahl Lymphocyten hervor, von denen jeder einen bestimmten Antigenrezeptor trägt. Lymphocyten mit Rezeptoren für ubiquitäre Autoantigene werden beseitigt, bevor sie vollständig reifen können; so wird die Toleranz gegenüber Autoantigenen sichergestellt. Wenn ein fremdes Antigen (*roter Punkt*) an den Rezeptor eines gereiften naiven Lymphocyten bindet, wird die Zelle angeregt und beginnt sich zu teilen. Es entsteht ein Klon von identischen Nachkommenzellen, deren Rezeptoren alle das gleiche Antigen binden können. Die Antigenspezifität wird demnach aufrechterhalten, wenn die Nachkommenzellen proliferieren und sich zu Effektorzellen differenzieren. Sobald das Antigen von den Effektorzellen beseitigt wurde, endet die Immunantwort, wobei einige Lymphocyten erhalten bleiben und das immunologische Gedächtnis bilden

Nur einige wenige Hundert unterschiedliche Gensegmente können auf verschiedene Weise miteinander verknüpft werden, aber es entstehen dadurch Tausende von unterschiedlichen Rezeptorketten. Durch diese **kombinatorische Vielfalt** ist es möglich, dass eine geringe Menge an genetischem Material eine wirklich beeindruckende Vielfalt von Rezeptoren codieren kann. Während des Rekombinationsvorgangs werden an den Verknüpfungsstellen der Gensegmente in einem Zufallsprozess Nucleotide hinzugefügt oder entfernt; so entsteht zusätzlich noch eine **junktionale Diversität**. Die Vielfältigkeit wird noch dadurch verstärkt, dass jeder Antigenrezeptor zwei verschiedene variable Ketten enthält, die jeweils von einer anderen Gruppe von Gensegmenten codiert werden. Wir befassen uns mit diesem Vorgang der Genumlagerung, aus dem die vollständigen Antigenrezeptoren hervorgehen, in Kap. 5.

### 1.3.5 Lymphocyten werden durch Antigene aktiviert, wobei Klone antigenspezifischer Zellen entstehen, die für die adaptive Immunität verantwortlich sind

Die Entwicklung der Lymphocyten ist durch zwei Eigenschaften gekennzeichnet, durch die sich die adaptive Immunität von der angeborenen unterscheidet. Zum einen erfolgt der oben beschriebene Prozess, der die Antigenrezeptoren aus unvollständigen Gensegmenten zusammensetzt, in einer Weise, die sicherstellt, dass jeder sich entwickelnde Lymphocyt nur eine einzige Rezeptorspezifität exprimiert. Während die Zellen des angeborenen Immunsystems viele verschiedene Mustererkennungsrezeptoren exprimieren und Merkmale erkennen, die viele Krankheitserreger gemeinsam haben, erfolgt die Expression der Antigenrezeptoren bei den Lymphocyten „klonal". Dadurch unterscheidet sich jeder gereifte Lymphocyt aufgrund der Spezifität seines Antigenrezeptors von den übrigen Lymphocyten. Da zum anderen der Vorgang der Genumlagerung die DNA irreversibel verändert, erben alle Nachkommen des Lymphocyten dieselbe Rezeptorspezifität. Daher entsteht aufgrund der Proliferation eines einzelnen Lymphocyten ein **Klon** mit identischen Antigenrezeptoren.

Ein einziger Mensch verfügt zu jedem beliebigen Zeitpunkt über mindestens $10^8$ unterschiedliche Spezifitäten, die zusammen das **Repertoire der Lymphocytenrezeptoren** bilden. Diese Lymphocyten durchlaufen ständig einen Prozess, der der natürlichen Selektion ähnlich ist: Nur diejenigen Lymphocyten, die mit einem Antigen in Kontakt kommen, das an ihren Rezeptor bindet, werden aktiviert, wodurch sie proliferieren und sich zu Effektorzellen differenzieren. Diesen Selektionsmechanismus formulierte erstmals **Frank Macfarlane Burnet** in den 1950er-Jahren und er postulierte das Vorhandensein vieler verschiedener Zellen, die potenziell dazu in der Lage sind, Antikörper zu produzieren. Jede dieser Zellen kann Antikörper einer anderen Spezifität hervorbringen, die auf der Zelloberfläche in membrangebundener Form vorliegen. Der Antikörper dient dabei als Rezeptor für ein Antigen. Durch die Bindung eines Antigens wird die Zelle zur Teilung angeregt und sie erzeugt auf diese Weise viele identische Nachkommen, ein Vorgang, den man als **klonale Expansion** bezeichnet. Dieser Klon aus identischen Zellen kann nun **klonotypische** Antikörper mit derselben Spezifität wie der Oberflächenrezeptor freisetzen, der zu Beginn die Aktivierung und klonale Expansion ausgelöst hat (▶ Abb. 1.16). Burnet nannte dies die **Theorie der klonalen Selektion** der Produktion von Antikörpern. Seine vier grundlegenden Hypothesen sind in ▶ Abb. 1.17 aufgeführt.

### 1.3.6 Lymphocyten mit autoreaktiven Rezeptoren werden normalerweise während der Entwicklung beseitigt oder in ihrer Funktion inaktiviert

Als Burnet seine Theorie formulierte, waren weder Antigenrezeptoren noch die Funktionsweise der Lymphocyten selbst bekannt. In den frühen 1960er-Jahren entdeckte **James Gowans**, dass es durch Entfernen der kleinen Lymphocyten aus Ratten zu einem Verlust

| Grundforderungen der Theorie der klonalen Selektion |
|---|
| jeder Lymphocyt trägt einen einzigen Rezeptortyp von einmaliger Spezifität |
| die Wechselwirkung zwischen einem fremden Molekül und einem Rezeptor, der dieses Molekül mit großer Affinität bindet, aktiviert den entsprechenden Lymphocyten |
| die ausdifferenzierten Effektorzellen, die von einem aktivierten Lymphocyten abstammen, tragen Rezeptoren von derselben Spezifität wie die Mutterzelle |
| Lymphocyten mit Rezeptoren für ubiquitäre körpereigene Moleküle werden bereits während einer frühen Entwicklungsphase der Lymphocyten beseitigt und sind deshalb im Repertoire der reifen Zellen nicht mehr enthalten |

**Abb. 1.17 Die vier Grundprinzipien der Theorie der klonalen Selektion**

aller bekannten adaptiven Immunreaktionen kam. Ersetzte man die kleinen Lymphocyten wieder, wurden auch die Immunreaktionen wiederhergestellt. Das führte zu der Erkenntnis, dass es sich bei den Lymphocyten um die Grundeinheiten der klonalen Selektion handelt. Die Biologie dieser Zellen wurde zum Schwerpunkt des neuen Forschungsgebiets der **zellulären Immunologie**.

Die klonale Selektion von Lymphocyten mit verschiedenen Rezeptoren lieferte zwar eine elegante Erklärung für die adaptive Immunität, verursachte jedoch ein bedeutendes gedankliches Problem: Wenn die Antigenrezeptoren der Lymphocyten während der Lebensdauer eines Organismus nach einem Zufallsprinzip entstehen, besteht die Möglichkeit, dass einige Rezeptoren auf körpereigene Antigene (**Autoantigene**) reagieren. Wie lässt sich dann verhindern, dass die Lymphocyten Antigene der körpereigenen Gewebe erkennen und angreifen? **Ray Owen** hatte bereits in den späten 1940er-Jahren gezeigt, dass genetisch unterschiedliche Zwillingskälber mit einer gemeinsamen Plazenta und damit mit einem gemeinsamen Blutkreislauf gegen das Gewebe des jeweils anderen Tieres **tolerant** waren. **Peter Medawar** zeigte dann 1953, dass Mäuse, die man während ihrer Embryonalentwicklung mit fremden Geweben in Kontakt brachte, gegenüber diesen Geweben immunologisch tolerant wurden. Burnet postulierte, dass sich entwickelnde Lymphocyten, die potenziell autoreaktiv sind, vor der Reifung vernichtet werden; diesen Vorgang kennt man heute unter der Bezeichnung **klonale Deletion**. Medawar und Burnet teilten sich 1960 den Nobelpreis für ihre Arbeiten zur immunologischen Toleranz. In den späten 1980er-Jahren ließ sich dieser Vorgang auch im Experiment nachweisen. Einige Lymphocyten, die während ihrer Entwicklung über ihre Antigenrezeptoren entweder zu starke oder zu schwache Signale empfangen, werden durch einen Mechanismus der Selbsttötung eliminiert. Diesen Vorgang bezeichnet man als **Apoptose** (nach dem griechischen Wort für den Blätterfall von Bäumen) oder als **programmierten Zelltod**. Man hat seit damals weitere Mechanismen der **immunologischen Toleranz** entdeckt, die darauf beruhen, dass ein inaktiver Zustand erzeugt wird, die sogenannte **Anergie**. Auch kennt man inzwischen Mechanismen, die eine aktive Suppression von autoreaktiven Lymphocyten bewirken. Kap. 8 behandelt die Lymphocytenentwicklung und die Toleranzmechanismen, die das Rezeptorrepertoire der Lymphocyten bestimmen. In Kap. 14 und 15 besprechen wir dann, wie die angeborenen Mechanismen der Immuntoleranz auch versagen können.

## 1.3.7 Lymphocyten reifen im Knochenmark oder im Thymus und sammeln sich dann überall im Körper in den Lymphgeweben

Lymphocyten zirkulieren im Blut und in der Lymphflüssigkeit, und sie kommen in großer Zahl in den **lymphatischen Geweben** oder **lymphatischen Organen** vor. Dies sind strukturierte Ansammlungen von Lymphocyten in einem Netzwerk von nichtlymphatischen

Zellen. Die lymphatischen Organe lassen sich grob unterteilen in die **zentralen** oder **primären lymphatischen Organe**, wo die Lymphocyten entstehen, und die **peripheren** oder **sekundären lymphatischen Organe**, in denen reife naive Lymphocyten stabilisiert und adaptive Immunantworten ausgelöst werden. Die zentralen lymphatischen Organe sind das Knochenmark und der **Thymus** (ein großes Organ im oberen Brustbereich). Die peripheren lymphatischen Organe umfassen die **Lymphknoten**, die **Milz** und die mucosalen lymphatischen Gewebe des Darms, der Nasen- und Atemwege, des Urogenitaltrakts und von anderen Schleimhäuten. Die Lage der wichtigsten Lymphgewebe ist in ▶ Abb. 1.18 schematisch dargestellt; die einzelnen lymphatischen Organe werden weiter unten in diesem Kapitel genauer beschrieben. Lymphknoten sind untereinander durch ein System von Lymphgefäßen verbunden, die über die Lymphknoten extrazelluläre Flüssigkeit aus den Geweben ableiten und in das Blut zurückführen.

Die Vorläuferzellen, aus denen die B- und T-Lymphocyten hervorgehen, stammen aus dem Knochenmark. B-Lymphocyten reifen dort auch heran. Das „B" der B-Lymphocyten stand ursprünglich für **Bursa Fabricii**, ein lymphatisches Organ bei jungen Küken, in dem die Lymphocyten reifen; es kann aber auch für den englischen Begriff *bone marrow* (Knochenmark) stehen. Die unreifen Vorläufer der T-Lymphocyten wandern in den Thymus, nach dem sie auch bezeichnet werden, und reifen dort. Nach ihrer vollständigen Reifung gelangen beide Arten von Lymphocyten als reife naive Lymphocyten in das Blut. Sie zirkulieren durch die peripheren lymphatischen Gewebe.

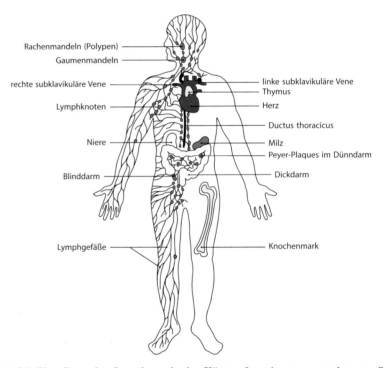

**Abb. 1.18 Die Verteilung der Lymphgewebe im Körper.** Lymphocyten entstehen aus Stammzellen des Knochenmarks und differenzieren sich in den zentralen lymphatischen Organen (*gelb*): B-Zellen im Knochenmark und T-Zellen im Thymus. Von diesen Geweben aus gelangen sie mit dem Blutstrom in die peripheren lymphatischen Organe (*blau*): in die Lymphknoten, die Milz und die mucosaassoziierten lymphatischen Gewebe (wie die darmassoziierten Mandeln, Peyer-Plaques und den Blinddarm). Die peripheren lymphatischen Organe sind die Bereiche, in denen die Lymphocyten durch Antigene aktiviert werden. Die Lymphocyten zirkulieren zwischen dem Blut und diesen Organen, bis sie auf ein Antigen treffen. Die Lymphgefäße leiten die extrazelluläre Flüssigkeit aus den peripheren Geweben über die Lymphknoten in den Ductus thoracicus, der in die linke subklavikuläre Vene (Unterschlüsselbeinvene, Vena subclavia) mündet. Diese Flüssigkeit, die man als Lymphe bezeichnet, transportiert Antigene, die von dendritischen Zellen und Makrophagen aufgenommen wurden, zu den Lymphknoten, und zirkulierende Lymphocyten von den Lymphknoten zurück in das Blut. Lymphgewebe sind auch mit anderen Schleimhäuten assoziiert, beispielsweise mit der Schleimhautauskleidung der Bronchien (nicht abgebildet)

### 1.3.8 Adaptive Immunreaktionen werden in den sekundären lymphatischen Geweben durch Antigene und antigenpräsentierende Zellen ausgelöst

Adaptive Immunantworten werden ausgelöst, wenn B- oder T-Lymphocyten mit Antigenen in Kontakt kommen, auf die ihre Rezeptoren spezifisch reagieren, unter der Voraussetzung, dass passende Entzündungssignale vorhanden sind, die die Aktivierung unterstützen. Bei den T-Zellen erfolgt die Aktivierung über Kontakte mit dendritischen Zellen, die an Infektionsherden Antigene aufgenommen haben und zu den sekundären lymphatischen Geweben gewandert sind. Die Aktivierung der PRR-Rezeptoren durch PAMPs am Infektionsherd stimuliert die dendritischen Zellen in den Geweben, den Krankheitserreger aufzunehmen und in der Zelle abzubauen. Diese Zellen nehmen auch durch rezeptorunabhängige Makropinocytose extrazelluläres Material auf, beispielsweise Viruspartikel und Bakterien. Diese Vorgänge führen dazu, dass die dendritischen Zellen Peptidantigene auf MHC-Molekülen präsentieren. Dadurch werden die Antigenrezeptoren von Lymphocyten aktiviert. Die Aktivierung von PRRs veranlasst dendritische Zellen auch dazu, auf der Zelloberfläche bestimmte Proteine, sogenannte **costimulierende Moleküle**, zu exprimieren. Diese unterstützen die T-Lymphocyten bei der Proliferation und Differenzierung zu ihrer endgültigen und vollständig funktionsfähigen Form (▸ Abb. 1.19). Deshalb bezeichnet man die dendritischen Zellen auch als **antigenpräsentierende Zellen** (**APCs**). Damit bilden sie eine entscheidende Schnittstelle zwischen der angeborenen Immunantwort und dem adaptiven Immunsystem (▸ Abb. 1.20). In bestimmten Situationen können Makrophagen und B-Zellen auch als antigenpräsentierende Zellen fungieren, aber die dendritischen Zellen sind darauf spezialisiert, die adaptive Immunantwort auszulösen. Freie Antigene können ebenfalls die Antigenrezeptoren der B-Zellen stimulieren, aber die meisten B-Zellen benötigen noch die „Hilfe" von aktivierten T-Helferzellen, um eine optimale Antikörperreaktion zu bewerkstelligen. Die Aktivierung von naiven T-Lymphocyten ist deshalb bei praktisch allen adaptiven Immunreaktionen die erste essenzielle Phase. Kap. 6 widmet sich erneut den dendritischen Zellen; dort geht es darum, wie Antigene prozessiert werden, damit T-Zellen sie präsentieren können. Kap. 7 und 9 befassen sich mit der Costimulation und Lymphocytenaktivierung und in Kap. 10 besprechen wir, wie T-Zellen die B-Zellen bei der Aktivierung unterstützen.

 Video 1.1

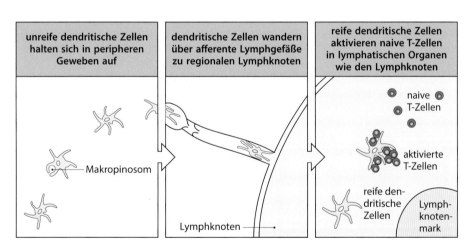

| unreife dendritische Zellen halten sich in peripheren Geweben auf | dendritische Zellen wandern über afferente Lymphgefäße zu regionalen Lymphknoten | reife dendritische Zellen aktivieren naive T-Zellen in lymphatischen Organen wie den Lymphknoten |

Makropinosom

Lymphknoten

naive T-Zellen

aktivierte T-Zellen

reife dendritische Zellen

Lymphknotenmark

**Abb. 1.19 Dendritische Zellen lösen erworbene Immunreaktionen aus.** Unreife dendritische Zellen, die sich in Geweben aufhalten, nehmen durch Makropinocytose und rezeptorvermittelte Phagocytose Krankheitserreger und deren Antigene auf. Das Vorhandensein und die Erkennung von Pathogenen veranlassen diese Zellen, über die Lymphgefäße zu regionalen Lymphknoten zu wandern, wo sie als vollständig gereifte nichtphagocytotische dendritische Zellen ankommen. Sie präsentieren sowohl das Antigen als auch die costimulierenden Moleküle, die für die Aktivierung einer naiven T-Zelle notwendig sind, die das Antigen erkennt, und stimulieren so die Proliferation und Differenzierung der Lymphocyten

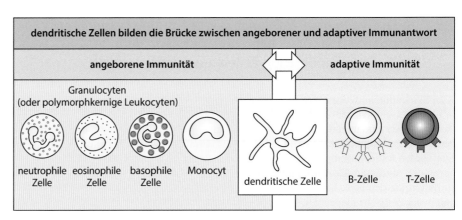

**Abb. 1.20 Dendritische Zellen bilden eine entscheidende Schnittstelle zwischen zwischen dem angeborenen und dem adaptiven Immunsystem.** Wie die übrigen Zellen der angeborenen Immunität erkennen dendritische Zellen Krankheitserreger über unveränderliche Zelloberflächenrezeptoren für Moleküle von Pathogenen und werden dadurch in einer frühen Infektionsphase aktiviert. Die dendritischen Zellen in den Geweben sind Phagocyten. Diese sind darauf spezialisiert, ein breites Spektrum von Krankheitserregern aufzunehmen und deren Antigene so auf der Zelloberfläche zu präsentieren, dass T-Zellen sie erkennen können

## 1.3.9 Lymphocyten treffen in den peripheren lymphatischen Organen auf Antigene und reagieren darauf

Antigene und Lymphocyten kommen schließlich in den peripheren lymphatischen Organen – den Lymphknoten, der Milz und den lymphatischen Geweben der Schleimhäute (▶ Abb. 1.18) – miteinander in Kontakt. Reife naive Lymphocyten zirkulieren kontinuierlich durch diese Gewebe, in die auch Antigene der Krankheitserreger vor allem durch dendritische Zellen aus Infektionsherden transportiert werden. Die peripheren lymphatischen Gewebe sind darauf spezialisiert, antigentragende dendritische Zellen festzuhalten und das Auslösen von adaptiven Immunantworten zu ermöglichen. Die peripheren lymphatischen Organe bestehen aus Ansammlungen von Lymphocyten in einem Netzwerk von Stromazellen, die keine Leukocyten sind. Diese bilden die grundlegende Organisationsstruktur des Gewebes und geben Überlebenssignale ab, um das Überleben der Lymphocyten zu sichern. Neben den Lymphocyten enthalten die peripheren lymphatischen Organe auch dauerhaft dort befindliche Makrophagen und dendritische Zellen.

Wenn es in einem Gewebe, beispielsweise in der Haut, zu einer Infektion kommt, wandern freie Antigene und antigentragende dendritische Zellen vom Infektionsherd durch afferente Lymphgefäße in die **ableitenden Lymphknoten** (▶ Abb. 1.21), die peripheren lymphatischen Gewebe, wo sie antigenspezifische Lymphocyten aktivieren. Die aktivierten Lymphocyten durchlaufen eine Phase der Proliferation und Differenzierung. Danach verlassen die meisten dieser Zellen als Effektorzellen die Lymphknoten über das efferente Lymphgefäß. Dieses bringt sie schließlich in den Blutkreislauf zurück (▶ Abb. 1.18), durch den sie dann in die Gewebe gelangen, in denen sie aktiv werden. Der gesamte Vorgang dauert ab Erkennen des Antigens vier bis sechs Tage. Das bedeutet, dass eine adaptive Immunantwort auf ein Antigen, mit dem der Körper noch nie in Kontakt gekommen ist, nicht vor einer Woche nach Beginn der Infektion wirksam wird (▶ Abb. 1.7). Naive Lymphocyten, die ihr Antigen nicht erkennen, verlassen den Lymphknoten ebenfalls durch das efferente Lymphgefäß und werden in das Blut zurückgeführt. Von dort aus zirkulieren sie wieder durch die Lymphgewebe, bis sie ein Antigen erkennen oder absterben.

Die Lymphknoten sind hoch organisierte lymphatische Organe und befinden sich dort, wo die Gefäße des Lymphsystems zusammenlaufen. Dies ist ein ausgedehntes Gefäßsystem, das die extrazelluläre Flüssigkeit aus den Geweben sammelt und in das Blut zurückführt (▶ Abb. 1.18). Die extrazelluläre Flüssigkeit entsteht durch fortwährende Filtration aus dem

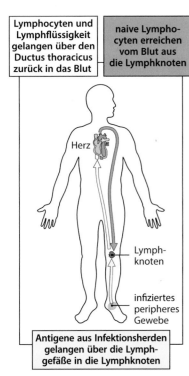

**Abb. 1.21 Zirkulierende Lymphocyten treffen in peripheren lymphatischen Geweben auf Antigene.** Naive Lymphocyten patrouillieren ständig durch die peripheren lymphatischen Gewebe, hier dargestellt in Form eines poplitealen Lymphknotens (ein Lymphknoten hinter dem Knie). Bei einer Infektion im Fuß ist dies der ableitende Lymphknoten, in dem Lymphocyten auf ihre spezifischen Antigene treffen und aktiviert werden können. Sowohl aktivierte als auch nichtaktivierte Lymphocyten werden über das lymphatische System in den Blutkreislauf zurückgeführt

Blut – man bezeichnet sie als **Lymphe**. Die Lymphe fließt aufgrund des Drucks der ständigen Neuproduktion aus den peripheren Geweben ab und wird in den **Lymphgefäßen** transportiert. Ventilklappen in den Lymphgefäßen verhindern einen Rückfluss und die Bewegungen von einem Teil des Körpers im Verhältnis zu einem anderen tragen in bedeutender Weise zur Bewegung der Lymphe bei.

Wie oben bereits erwähnt, leiten die **afferenten Lymphgefäße** Flüssigkeit aus den Geweben ab und transportieren auch Krankheitserreger und antigentragende Zellen aus infizierten Geweben in die Lymphknoten (▶ Abb. 1.22). Freie Antigene diffundieren einfach durch die extrazelluläre Flüssigkeit in den Lymphknoten. Die dendritischen Zellen hingegen wandern, angelockt von Chemokinen, aktiv in den Lymphknoten. Dieselben Chemokine locken auch Lymphocyten aus dem Blut an. Diese gelangen in die Lymphknoten, indem sie sich durch die Wände von spezialisierten Blutgefäßen hindurchdrücken, die man aufgrund des dickeren und stärker abgerundeten Erscheinungsbilds der Endothelzellen (im Vergleich zu anderen Regionen) als **Venolen mit hohem Endothel** (*high endothelial venules*, HEVs) bezeichnet. Die B-Zellen sind in den Lymphknoten in **Follikeln** lokalisiert, die den äußeren **Cortex** des Lymphknotens bilden, während die T-Zellen eher unregelmäßig auf die umgebenden **Paracorticalzonen** verteilt sind, die man auch als tiefer liegenden Cortex oder **T-Zell-Zonen** bezeichnet (▶ Abb. 1.22). Lymphocyten, die vom Blut in die Lymphknoten wandern, gelangen zuerst in die Paracorticalzonen. Dort sind auch antigenpräsentierende dendritische Zellen und Makrophagen lokalisiert, da diese von denselben Chemokinen angelockt werden.

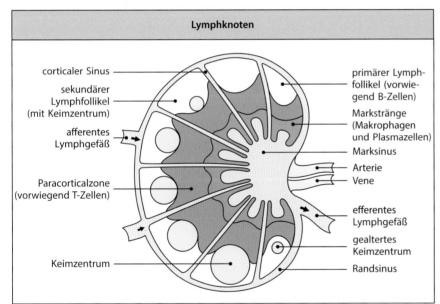
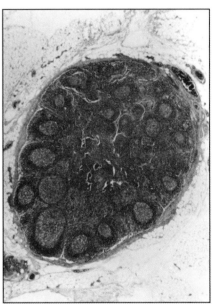

**Abb. 1.22 Aufbau eines Lymphknotens.** Die schematische Darstellung *links* zeigt einen Lymphknoten im Längsschnitt. Der Lymphknoten besteht aus einem äußeren Cortex (Rinde) und einer inneren Medulla (Mark). Der Cortex enthält in seinem äußeren Bereich B-Lymphocyten, die in Lymphfollikeln organisiert sind. Die daran angrenzenden Paracorticalzonen bestehen vor allem aus T-Zellen und dendritischen Zellen. Während einer Immunreaktion enthalten einige der B-Zell-Follikel – die man als sekundäre Lymphfollikel bezeichnet – zentrale Bereiche mit intensiver Proliferation, die sogenannten Keimzentren. Die ablaufenden Reaktionen sind sehr stark und führen schließlich zu gealterten Keimzentren. Der Lymphstrom aus den Extrazellularräumen des Körpers transportiert Antigene in phagocytotischen dendritischen Zellen und Makrophagen von den Geweben über afferente Lymphgefäße zu den Lymphknoten. Die Lymphflüssigkeit strömt direkt von den Sinusregionen in die zellulären Bereiche des Lymphknotens und verlässt den Knoten über das efferente Lymphgefäß in der Medulla. Diese besteht aus Strängen von Makrophagen und antikörpersezernierenden Plasmazellen (Markstränge). Naive Lymphocyten treten aus dem Blut durch spezielle postkapilläre Venolen in den Knoten ein (nicht dargestellt) und verlassen ihn ebenfalls durch das efferente Lymphgefäß. Die lichtmikroskopische Aufnahme (*rechts*) zeigt einen Lymphknoten im Querschnitt mit hervortretenden Follikeln, in denen sich Keimzentren befinden. Vergrößerung × 7. (Foto mit freundlicher Genehmigung von N. Rooney)

Freie Antigene, die durch den Lymphknoten diffundieren, können dort von diesen dendritischen Zellen und Makrophagen festgehalten werden. Dieses Zusammentreffen von Antigenen, antigenpräsentierenden Zellen und naiven T-Zellen erzeugt die geeignete Umgebung im T-Zell-Bereich, in der die naiven T-Zellen ihr Antigen binden und so aktiviert werden.

Wie bereits erwähnt, erfordert die Aktivierung von B-Zellen normalerweise nicht nur ein Antigen, das an den B-Zell-Rezeptor bindet, sondern auch die Unterstützung durch aktivierte T-Helferzellen, die zu den T-Effektorzellen gehören. Der Aufenthaltsort der B- und

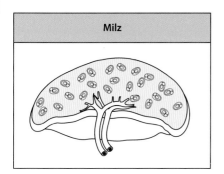

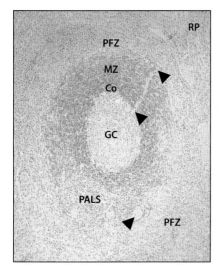

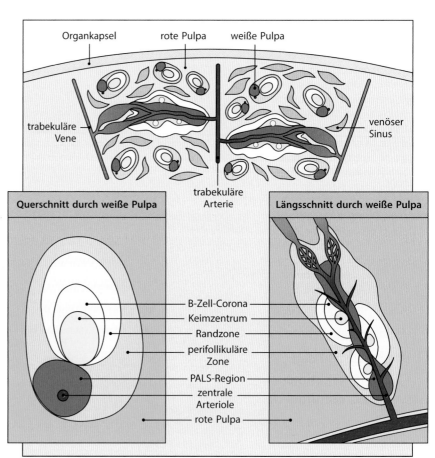

**Abb. 1.23 Aufbau des Lymphgewebes in der Milz.** Die schematische Darstellung *oben links* zeigt die rote Pulpa der Milz (*rosa*), in der Blutzellen abgebaut werden und die von lymphatischer weißer Pulpa durchzogen ist. Die Vergrößerung eines kleinen Ausschnitts der Milz (*oben rechts*) zeigt die Anordnung der abgesetzten Bereiche der weißen Pulpa (*gelb und blau*) um zentrale Arteriolen. Die meisten Teile der weißen Pulpa erscheinen im Querschnitt, zwei Bereiche sind im Längsschnitt dargestellt. Die beiden Zeichnungen darunter zeigen die Vergrößerung eines Quer- (*unten Mitte*) und eines Längsschnitts (*unten rechts*) der weißen Pulpa. Die PALS-Region umgibt die zentrale Arteriole. Die PALS-Region besteht aus T-Zellen; Lymphocyten und antigentragende dendritische Zellen treffen hier aufeinander. Die Follikel bestehen vor allem aus B-Zellen; in den Sekundärfollikeln befindet sich ein Keimzentrum, das von einer B-Zell-Corona umgeben ist. Die Follikel sind von einer Randzone aus Lymphocyten umgeben. In jedem Bereich der weißen Pulpa fließt das Blut, das sowohl Lymphocyten als auch Antigene transportiert, von einer trabekulären Arterie in eine zentrale Arteriole. Von dieser Arteriole gehen kleinere Blutgefäße aus, die schließlich in einem spezialisierten Bereich der menschlichen Milz enden, die man als perifolliculäre Zone (PFZ) bezeichnet und die jede Randzone umgibt. Zellen und Antigene gelangen durch offene, mit Blut gefüllte Bereiche in die perifolliculäre Zone. Die lichtmikroskopische Aufnahme *unten links* zeigt einen Querschnitt durch die weiße Pulpa, die immunologisch für reife B-Zellen gefärbt wurde. Sowohl die Follikel als auch die PALS-Region sind von der perifolliculären Zone umgeben. Die folliculäre Arteriole geht von der PALS-Region aus (*Pfeil unten*), durchquert den Follikel, verläuft durch die Randzone und öffnet sich in die perifolliculäre Zone (*obere Pfeilspitzen*). Co, folliculäre B-Zell-Corona; K, Keimzentrum; MZ, Marginalzone; RP, rote Pulpa; *Pfeilspitzen,* zentrale Arteriole. (Foto mit freundlicher Genehmigung von N. M. Milicevic)

T-Zellen im Lymphknoten wird aufgrund ihres Aktivierungszustands dynamisch reguliert. Nach ihrer Aktivierung wandern B- und T-Zellen an den Rand des Follikels und der T-Zell-Zone, wo die T-Zellen zum ersten Mal ihre Helferfunktion an den B-Zellen ausführen. Einige B-Zell-Follikel enthalten **Keimzentren**, in denen die B-Zellen stark proliferieren und sich zu Plasmazellen differenzieren. Diese Vorgänge werden in Kap. 10 im Einzelnen beschrieben.

Beim Menschen ist die **Milz** ein Organ von der Größe einer Faust, das direkt hinter dem Magen liegt (▶ Abb. 1.18). Die Milz hat keine direkte Verbindung zum Lymphsystem; sie sammelt stattdessen die Antigene aus dem Blut und wirkt bei Immunantworten gegen Krankheitserreger im Blut mit. Lymphocyten gelangen durch die Blutgefäße in die Milz und verlassen sie so auch wieder. Die Struktur des Organs ist in ▶ Abb. 1.23 schematisch dargestellt. Ein Großteil der Milz besteht aus der **roten Pulpa**, in der die roten Blutkörperchen abgebaut werden. Die Lymphocyten umgeben die Arteriolen, die das Organ durchziehen, und bilden so die Bereiche der **weißen Pulpa**. Die Hülle der Lymphocyten um eine Arteriole bezeichnet man als **PALS-Region** (PALS für *periarteriolar lymphoid sheath*); sie enthält hauptsächlich T-Zellen. In bestimmten Abständen befinden sich Lymphfollikel, die vor allem B-Zellen enthalten. Der Follikel ist von einer **Randzone** umgeben, in der nur einige wenige T-Zellen, aber zahlreiche Makrophagen vorkommen, außerdem eine ortsfeste, nichtzirkulierende Population von B-Zellen, die man als **B-Zellen der Randzone** bezeichnet. Diese B-Zellen können schnell Antikörper produzieren, die eine geringe Affinität für Polysaccharide von Bakterienkapseln besitzen. Diese Antikörper, die in Kap. 8 besprochen werden, bieten einen gewissen Schutz, bevor die adaptive Immunantwort vollständig in Gang gesetzt ist. In der Randzone filtern Makrophagen und unreife dendritische Zellen Mikroorganismen, lösliche Antigene und Antigen:Antikörper-Komplexe aus dem Blut. Genauso wie unreife dendritische Zellen aus den peripheren Geweben in die T-Zell-Bereiche der Lymphknoten wandern, so wandern dendritische Zellen aus der Randzone der Milz in die T-Zell-Bereiche der Milz, sobald sie Antigene aufgenommen haben und aktiviert wurden; in der Milz präsentieren sie die Antigene dann den T-Zellen.

## 1.3.10 Die Schleimhäute besitzen spezialisierte Immunstrukturen, die Reaktionen auf Kontakte mit Mikroorganismen aus der Umgebung steuern

Die meisten Krankheitserreger dringen über die Schleimhäute in den Körper ein. Diese sind zudem einer sehr großen Belastung durch andere potenzielle Antigene aus der Luft, der Nahrung und der natürlichen mikrobiellen körpereigenen Mikroflora ausgesetzt. Mucosale Oberflächen werden von einem ausgedehnten System von lymphatischen Geweben geschützt, die man allgemein als **mucosales Immunsystem** oder **mucosaassoziiertes lymphatisches Gewebe** (*mucosa-associated lymphoid tissues*, **MALT**) bezeichnet. Das mucosale Immunsystem enthält schätzungsweise insgesamt so viele Lymphocyten wie der übrige Körper. Diese bilden eine spezielle Population von Zellen, die teilweise hinsichtlich der Rezirkularisierung anderen Mechanismen unterliegt als die Zellen in den übrigen peripheren lymphatischen Organen. Die **darmassoziierten lymphatischen Gewebe** (*gut-associated lymphoid tissues*, **GALT**), zu denen die **Rachenmandeln**, die **Gaumenmandeln** und der **Blinddarm** sowie spezialisierte Strukturen (die **Peyer-Plaques**) im Dünndarm gehören, sammeln Antigene von den Oberflächenepithelien des Gastrointestinaltrakts. In den Peyer-Plaques – den wichtigsten und am höchsten organisierten unter den genannten Geweben – werden die Antigene von spezialisierten Epithelzellen gesammelt, den **M-Zellen (Mikrofaltenzellen)** (▶ Abb. 1.24). Die Lymphocyten bilden einen Follikel, bestehend aus einer zentralen Wölbung aus B-Lymphocyten, die von einer geringeren Anzahl von T-Lymphocyten umgeben ist. Dendritische Zellen, die sich in den Peyer-Plaques aufhalten, präsentieren den T-Lymphocyten Antigene. Die Lymphocyten gelangen über das Blut in die Peyer-Plaques und verlassen sie durch die efferenten Lymphgefäße. Effektorlymphocyten, die sich in den Peyer-Plaques gebildet haben, wandern durch das lymphatische

**Peyer-Plaques sind von einer Epithelschicht bedeckt, die die spezialisierten M-Zellen mit den charakteristischen Kräuselstrukturen enthält**

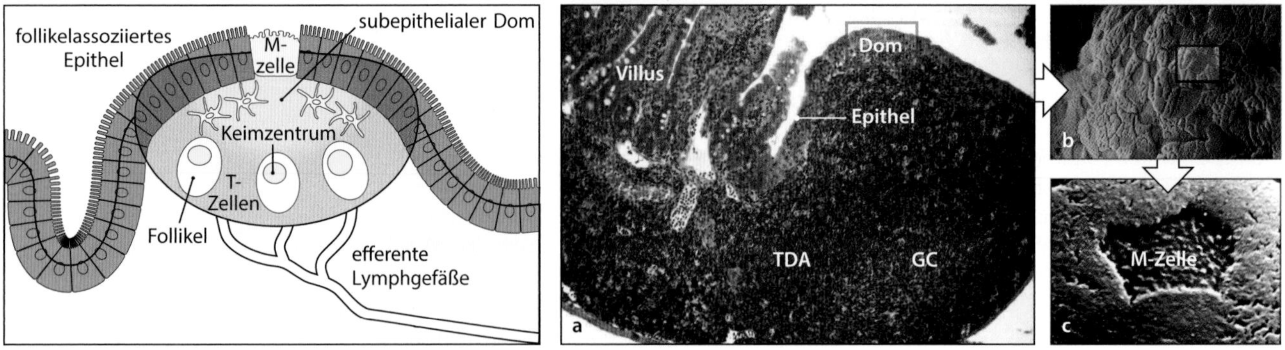

**Abb. 1.24  Der Aufbau eines Peyer-Plaques in der Darmschleimhaut.** Wie die schematische Darstellung *links* zeigt, enthält ein Peyer-Plaque zahlreiche B-Zell-Follikel mit Keimzentren. Die Bereiche zwischen den Follikeln, die T-Zell-abhängigen Bereiche, werden von T-Zellen eingenommen. Die Schicht zwischen dem Oberflächenepithel und dem Follikel bezeichnet man als subepithelialen Dom; hier befinden sich dendritische Zellen, T-Zellen und B-Zellen. Die Peyer-Plaques besitzen keine afferenten Lymphgefäße und die Antigene gelangen direkt vom Darm über ein spezialisiertes Epithel aus M-Zellen (Mikrofaltenzellen) in die Plaques. Dieses Gewebe sieht zwar deutlich anders aus als andere lymphatische Organe, aber die grundlegende Einteilung wurde beibehalten. Wie bei den Lymphknoten gelangen die Lymphocyten aus dem Blut über die Wände von Venolen mit hohem Endothel in die Plaques (nicht dargestellt) und verlassen sie über ein efferentes Lymphgefäß. **a** zeigt eine lichtmikroskopische Aufnahme eines Schnittes durch einen Peyer-Plaque in der Darmwand der Maus. Der Peyer-Plaque ist unterhalb der Epithelgewebe zu erkennen. **b** zeigt eine rasterelektronenmikroskopische Aufnahme des follikelassoziierten Epithels, das in **a** eingerahmt ist. Hier sind M-Zellen, die keine Mikrovilli besitzen, und die Schleimschicht, die auf normalen Zellen liegt, zu erkennen. Alle M-Zellen erscheinen als eingesunkene Bereiche in der Epitheloberfläche. **c** enthält eine Ansicht der eingerahmten Region in **b**. Hier ist die charakteristische geriffelte Oberfläche der M-Zellen zu erkennen. M-Zellen sind das Eintrittstor für viele Krankheitserreger und andere Partikel. GC, Keimzentrum; TDA, T-Zell-abhängiger Bereich. **a** Färbung mit Hämatoxylin und Eosin, Vergrößerung × 100; **b** × 5000; **c** × 23.000. (Fotografien von Mowat, A., Viney, J.: The anatomical basis of intestinal immunity. *Immunol. Rev.* 1997, 156:145–166)

System und in den Blutkreislauf, von wo aus sie sich wieder auf die mucosalen Gewebe verteilen und ihre Effektoraktivitäten ausführen.

Ähnliche, aber weniger gut organisierte Ansammlungen von Lymphocyten kommen auf den Schleimhäuten der Atemwege und auf anderen Schleimhäuten vor: das **nasenassoziierte lymphatische Gewebe** (**NALT**) und das **bronchienassoziierte lymphatische Gewebe** (**BALT**) befinden sich in den Atemwegen. Diese Lymphgewebe werden wie die Peyer-Plaques ebenfalls von M-Zellen bedeckt, durch die eingeatmete Mikroorganismen und Antigene, die im Schleim festgehalten werden, hindurchgelangen können. Das mucosale Immunsystem wird in Kap. 12 besprochen.

Obwohl sich Lymphknoten, Milz und die mucosaassoziierten lymphatischen Gewebe deutlich in ihrem Erscheinungsbild unterscheiden, zeigen sie doch alle denselben Grundaufbau. Jedes der Gewebe funktioniert nach demselben Prinzip. Antigene und antigenpräsentierende Zellen aus Infektionsherden werden festgehalten, sodass den wandernden kleinen Lymphocyten Antigene präsentiert werden können. Diese wiederum lösen dann adaptive Immunantworten aus. Die peripheren lymphatischen Gewebe geben auch den Lymphocyten, die nicht sofort auf ihr spezifisches Antigen treffen, stabilisierende Signale, sodass sie überleben und weiter zirkulieren.

Da sie beim Auslösen der adaptiven Immunantworten mitwirken, sind die peripheren lymphatischen Gewebe keine statischen Strukturen, sondern unterliegen starken Veränderungen, abhängig davon, ob eine Infektion vorliegt oder nicht. Die undeutlichen lymphatischen Gewebe der Schleimhäute können als Reaktion auf eine Infektion in Erscheinung treten und danach wieder verschwinden, während sich der Aufbau von organisierten Geweben bei einer Infektion auf genauer festgelegte Weise ändert. So dehnen sich beispielsweise die B-Zell-Follikel der Lymphknoten bei der Proliferation der B-Zellen aus und bilden Keimzentren (▶ Abb. 1.22). Außerdem vergrößert sich der gesamte Lymphknoten, ein Effekt, den man umgangssprachlich als „geschwollene Drüsen" bezeichnet.

Schließlich gibt es noch spezialisierte Populationen von Lymphocyten und lymphatischen Zellen des angeborenen Immunsystems, die sich an bestimmten Stellen über den Körper verteilen und nicht in Form von Lymphgeweben organisiert sind. Solche Bereiche sind die Leber und die Lamina propria des Darms, außerdem die Basis des inneren Darmepithels, Epithelien der Fortpflanzungsorgane, sowie bei Mäusen, aber nicht beim Menschen, die Epidermis. Diese Lymphocytenpopulationen spielen anscheinend für den Schutz dieser Organe vor Infektionen eine wichtige Rolle (Kap. 8 und 12).

## 1.3.11 Lymphocyten, die durch ein Antigen aktiviert wurden, proliferieren in den peripheren lymphatischen Organen und erzeugen dadurch Effektorzellen und das immunologische Gedächtnis

Aufgrund der großen Vielfalt der Lymphocytenrezeptoren gibt es normalerweise immer einige Lymphocyten, die einen Rezeptor für ein bestimmtes fremdes Antigen besitzen. Neuere Experimente deuten darauf hin, dass in einer Maus vielleicht jeweils wenige Hundert solcher Zellen vorhanden sind, was für die Entwicklung einer Immunantwort gegen einen Krankheitserreger bestimmt nicht ausreichen würde. Um genügend spezifische Effektorlymphocyten zur Bekämpfung einer Infektion zu erzeugen, wird ein Lymphocyt mit der richtigen Rezeptorspezifität zuerst aktiviert, um zu proliferieren. Erst wenn ein großer Klon aus identischen Zellen erzeugt wurde, differenzieren sich diese schließlich zu Effektorzellen. Ein solcher Vorgang dauert vier bis fünf Tage. Das bedeutet, dass die adaptive Immunantwort gegen einen Krankheitserreger mehrere Tage nach der ersten Infektion, die vom angeborenen Immunsystem erkannt wurde, in Erscheinung tritt.

Nachdem ein naiver Lymphocyt sein Antigen auf einer aktivierten antigenpräsentierenden Zelle erkannt hat, hört er auf zu wandern, das Volumen des Zellkerns und des Cytoplasmas nimmt zu und eine Neusynthese von RNA und Proteinen setzt ein. Nach wenigen Stunden hat sich das Aussehen der Zelle vollständig verändert und man bezeichnet sie als **Lymphoblast**. Sich teilende Lymphoblasten können sich drei bis fünf Tage lang alle 24 Stunden zwei- bis viermal verdoppeln. Ein ungeprägter Lymphocyt kann also etwa 1000 Tochterzellen identischer Spezifität hervorbringen. Diese differenzieren sich zu Effektorzellen. Die B-Zellen sezernieren als differenzierte Effektorzellen (Plasmazellen) Antikörper; die T-Effektorzellen sind entweder cytotoxische Zellen, die infizierte Zellen zerstören, oder Helferzellen, die andere Zellen des Immunsystems aktivieren (Abschn. 1.3.1).

Effektorlymphocyten zirkulieren nicht wie naive Lymphocyten. Einige Effektorzellen erkennen Infektionsherde und wandern aus dem Blut dorthin; andere bleiben in den lymphatischen Geweben, wo sie B-Zellen aktivieren. Einige antikörperfreisetzende Plasmazellen verbleiben in den peripheren lymphatischen Organen, aber die meisten Plasmazellen, die in den Lymphknoten und der Milz erzeugt werden, wandern in das Knochenmark und halten sich dann dort auf, wobei sie große Mengen an Antikörpern in den Blutkreislauf abgeben. Effektorzellen, die im mucosalen Immunsystem gebildet werden, verbleiben im Allgemeinen in den mucosalen Geweben. Die meisten Lymphocyten, die bei einer klonalen Expansion entstehen, sterben schließlich ab. Es bleibt jedoch eine relevante Anzahl von aktivierten antigenspezifischen B- und T-Zellen erhalten, nachdem das Antigen beseitigt wurde. Diese Zellen bezeichnet man als **Gedächtniszellen**; sie bilden die Grundlage für das immunologische Gedächtnis. Sie können viel rascher als naive Lymphocyten aktiviert werden und stellen so sicher, dass die Reaktion auf eine erneute Infektion mit demselben Krankheitserreger schneller und wirksamer erfolgt. So bildet sich normalerweise eine lang anhaltende Immunität heraus.

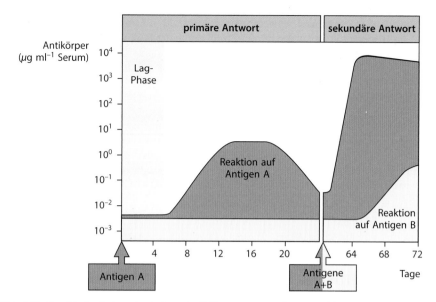

**Abb. 1.25 Der Verlauf einer typischen Antikörperantwort.** Das erste Zusammentreffen mit einem Antigen führt zu einer primären Antwort. Antigen A, zum Zeitpunkt 0 gegeben, trifft nur auf wenige spezifische Antikörper im Serum. Nach einer Lag-Phase (*hellblau*) erscheinen Antikörper gegen das Antigen A (*dunkelblau*). Ihre Konzentration erreicht ein Plateau und fällt dann ab. Das ist der charakteristische Verlauf einer primären Immunantwort. Gegen ein anderes Antigen B (*gelb*) gibt es nur wenige Antikörper, wie sich im Serum nachweisen lässt. Das zeigt die Spezifität der Antikörperantwort. Setzt man das Tier später einer Mischung aus den Antigenen A und B aus, tritt eine schnelle, intensive sekundäre Reaktion gegen A ein, eine Folge des immunologischen Gedächtnisses. Darum verabreicht man nach einer ersten Impfung sogenannte Booster-Injektionen. Die Reaktion auf B ähnelt der ersten (primären) Immunantwort gegen A, da dies das erste Zusammentreffen des Organismus mit dem Antigen B ist

Die Besonderheiten des immunologischen Gedächtnisses lassen sich gut beobachten, indem man die Antikörperantwort eines Lebewesens bei einer ersten oder **primären Immunisierung** mit der Reaktion desselben Lebewesens auf eine zweite oder **sekundäre Immunisierung** (Booster-Immunisierung) mit dem gleichen Antigen vergleicht. Wie ▶ Abb. 1.25 zeigt, setzt die **sekundäre Antikörperantwort** nach einer kürzeren Verzögerungsphase ein und erreicht ein deutlich höheres Niveau als bei der primären Immunantwort. Bei der sekundären Immunantwort können Antikörper von stärkerer **Affinität** oder Bindungsstärke für das Antigen entstehen. Diesen Vorgang bezeichnet man als **Affinitätsreifung**. Sie erfolgt in spezialisierten Keimzentren in den B-Zell-Follikeln (Abschn. 1.3.9). Wichtig ist dabei, dass T-Helferzellen für die Affinitätsreifung erforderlich sind, T-Zell-Rezeptoren jedoch keine Affinitätsreifung durchlaufen. Im Vergleich zu naiven T-Zellen besitzen T-Gedächtniszellen eine niedrigere Aktivierungsschwelle. Dies ist eine Folge der erhöhten Reaktivität der Zelle und nicht einer Veränderung des Rezeptors. Kap. 5 und 10 beschreiben die zugrunde liegenden Mechanismen der Affinitätsreifung.

Die klonale Expansion und die klonale Differenzierung von Zellen, die für das auslösende Antigen spezifisch sind, bilden die zelluläre Grundlage für das immunologische Gedächtnis, das demnach vollständig antigenspezifisch ist. Erst das immunologische Gedächtnis ermöglicht eine erfolgreiche Impfung und verhindert die erneute Infektion mit Krankheitserregern, die bereits einmal von der adaptiven Immunantwort abgewehrt wurden. In Kap. 11 werden wir uns noch einmal mit dem immunologischen Gedächtnis beschäftigen, das die wichtigste biologische Folge der Entwicklung der adaptiven Immunität ist.

### Zusammenfassung
Während das angeborene Immunsystem auf unveränderlichen Mustererkennungsrezeptoren beruht, die häufig auftretende mikrobielle Strukturen oder die durch Krankheitserreger

verursachten Schäden erfassen, basiert das adaptive Immunsystem auf einem Repertoire von Antigenrezeptoren, die Strukturen erkennen, welche für bestimmte Krankheitserreger spezifisch sind. Dadurch besitzt die adaptive Immunität eine größere Sensitivität und Spezifität. Die klonale Expansion von auf ein Antigen reagierenden Lymphocyten ermöglicht außerdem ein immunologisches Gedächtnis, das den Schutz gegen eine erneute Infektion mit demselben Pathogen verstärkt.

Es gibt zwei Haupttypen von Lymphocyten: B-Zellen reifen im Knochenmark und sind der Ursprung der zirkulierenden Antikörper. T-Zellen reifen im Thymus und erkennen Peptide von Krankheitserregern, die von MHC-Molekülen auf infizierten oder antigenpräsentierenden Zellen präsentiert werden. Bei einer adaptiven Immunantwort kommt es zu einer Selektion und Amplifizierung von Klonen aus Lymphocyten, die Rezeptoren für das fremde Antigen tragen. Mit dieser Theorie der klonalen Selektion der Lymphocyten lassen sich alle Schlüsselmerkmale der erworbenen Immunität verstehen.

Jeder Lymphocyt trägt an seiner Oberfläche Rezeptoren einer einzigen Spezifität. Diese Rezeptoren entstehen durch die zufällige Kombination variabler Rezeptorgensegmente und die paarweise Zusammenlagerung verschiedener variabler Proteinketten – der schweren und der leichten Kette bei den Immunglobulinen oder der zwei Ketten der T-Zell-Rezeptoren. Das große Antigenrezeptorrepertoire der Lymphocyten kann praktisch jedes Antigen erkennen. Die adaptive Immunität wird ausgelöst, wenn die angeborene Immunantwort eine neue Infektion nicht beseitigen kann und aktivierte antigenpräsentierende Zellen – normalerweise dendritische Zellen, die Antigene von Krankheitserregern und costimulierende Rezeptoren tragen – in das ableitende Lymphgewebe gelangen.

Immunreaktionen werden in mehreren Lymphgeweben ausgelöst. Die Milz dient als Filter für Infektionen im Blut. Die Lymphknoten leiten aus verschiedenen Geweben Flüssigkeit ab. Die mucosa- und darmassoziierten lymphatischen Gewebe (MALT und GALT) sind in Form spezifischer Bereiche organisiert, in denen B- und T-Zellen durch antigenpräsentierende Zellen oder T-Helferzellen wirksam aktiviert werden können.

Trifft ein zirkulierender Lymphocyt in den peripheren lymphatischen Geweben auf ein fremdes Antigen, wird er zur Proliferation angeregt, wobei sich die Nachkommen zu T- und B-Effektorzellen differenzieren, die einen Erreger vernichten können. Ein Teil dieser proliferierenden Lymphocyten differenziert sich zu Gedächtniszellen, die schnell auf ein erneutes Auftreten desselben Krankheitserregers reagieren können. Die Einzelheiten der Vorgänge bei Erkennung, Entwicklung und Differenzierung bilden die Hauptthemen in den mittleren drei Teilen des Buches.

## 1.4 Effektormechanismen der Immunität

Damit die aktivierten Immunzellen der angeborenen und adaptiven Immunität Krankheitserreger vernichten können, benötigen sie für jedes Pathogen geeignete Effektormechanismen. Die unterschiedlichen Typen der Krankheitserreger (▶ Abb. 1.26) haben verschiedene Lebensweisen und erfordern unterschiedliche Reaktionen, sowohl um sie zu erkennen als auch um sie zu vernichten. Deshalb verwundert es nicht, dass die Abwehrmechanismen gegen die unterschiedlichen Pathogene in Form von **Effektormodulen** strukturiert sind, die den verschiedenen Lebensweisen entsprechen. Ein Effektormodul dieser Art ist eine Kombination von zellulären und humoralen Mechanismen, sowohl angeborenen als auch erworbenen, die zusammenwirken und so die Vernichtung von Krankheitserregern einer bestimmten Kategorie bewerkstelligen. So kann beispielsweise die Abwehr von extrazellulären Pathogenen durch phagocytotische Zellen und B-Zellen erfolgen. Letztere erkennen extrazelluläre Antigene und werden zu Plasmazellen, die Antikörper in die extrazelluläre Umgebung freisetzen. Die Abwehr von intrazellulären Krankheitserregern erfordert T-Zellen, die Peptide erkennen, welche im Inneren einer infizierten Zelle erzeugt wurden. Einige T-Effektorzellen töten Zellen, die mit intrazellu-

| das Immunsystem schützt vor vier Klassen von Pathogenen | | |
|---|---|---|
| **Art der Pathogene** | **Beispiele** | **Erkrankungen** |
| Viren (intrazellulär) | Variola<br>Influenza<br>Varicella | Pocken<br>Grippe<br>Windpocken |
| intrazelluläre Bakterien, Protozoen, Parasiten | *Mycobacterium leprae*<br>*Leishmania donovani*<br>*Plasmodium falciparum*<br>*Toxoplasma gondii* | Lepra<br>Leishmaniose<br>Malaria<br>Toxoplasmose |
| extrazelluläre Bakterien, Parasiten, Pilze | *Streptococcus pneumoniae*<br>*Clostridium tetani*<br>*Trypanosoma brucei*<br>*Pneumocystis jirovecii* | Lungenentzündung<br>Tetanus<br>Schlafkrankheit<br>*Pneumocystis*-Lungen-entzündung |
| parasitische Würmer (extrazellulär) | *Ascaris*<br>*Schistosoma* | Ascariasis<br>Bilharziose |

**Abb. 1.26** Die wichtigsten Arten von Krankheitserregern, mit denen das Immunsystem konfrontiert ist, und einige der Krankheiten, die sie verursachen

lären Krankheitserregern wie Viren infiziert sind, direkt ab. Darüber hinaus differenzieren sich aktivierte T-Zellen zu drei Arten von **T-Helferzellen**, die verschiedene Kombinationen von Cytokinen produzieren. Diese drei Zelltypen, die im Folgenden besprochen werden, spezialisieren sich allgemein so, dass sie die Abwehr von Krankheitserregern unterstützen, die zu drei unterschiedlichen Lebensformen gehören. Die T-Helferzellen können intrazelluläre Infektionen bekämpfen, extrazelluläre Bakterien und Pilze vernichten oder gegen Parasiten eine Immunbarriere aufbauen. T-Zellen stimulieren auch die Abwehr von extrazellulären Pathogenen, indem sie B-Zellen dabei unterstützen, Antikörper zu produzieren.

Die meisten anderen Effektormechanismen der adaptiven Immunantwort, die Krankheitserreger bei einer adaptiven Immunantwort beseitigen, sind mit denen der angeborenen Immunität identisch. Dabei sind Zellen wie Makrophagen und neutrophile Zellen sowie Proteine wie das Komplement von Bedeutung. Wahrscheinlich hat sich die adaptive Immunantwort der Vertebraten in Form spezifischer Erkennungsmechanismen in der Evolution als Ergänzung der bereits vorhandenen angeborenen Immunität entwickelt. Dies wird durch neuere Befunde unterstützt, die besagen, dass die angeborenen lymphatischen Zellen (ILCs) bei der Entwicklung verschiedener cytokinproduzierender Zellen ähnliche Differenzierungsmuster zeigen wie die T-Zellen.

## 1.4.1 Den angeborenen Immunreaktionen stehen zur Abwehr der verschiedenen Typen von Krankheitserregern mehrere Effektormodule zur Auswahl

Wie bereits in Abschn. 1.2.7 erwähnt, umfasst das angeborene Immunsystem unterschiedliche Zelltypen – NK- und ILC-Zellen –, die den Lymphocyten, insbesondere den T-Zellen, ähnlich sind. NK-Zellen besitzen, anders als die T-Zellen, keine antigenspezifischen Rezeptoren, können aber die Cytotoxizität der T-Zellen entfalten und einige Cytokine produzieren, die auch T-Effektorzellen freisetzen. ILC-Zellen entstehen im Knochenmark aus denselben Vorläuferzellen wie die NK-Zellen und besitzen ebenfalls keine antigenspezifischen Rezeptoren. Neueste Untersuchungen deuten darauf hin, dass die ILCs mehrere eng verwandte Zelllinien umfassen, die sich durch die spezifischen Cytokine unterscheiden, welche sie bei ihrer Aktivierung produzieren. Eine Besonderheit ist dabei, dass sich die Muster der Cytokine, die von den Untergruppen der ILCs und der T-Helferzellen produziert werden, auffällig ähneln (siehe oben). Anscheinend sind die einzelnen ILC-Untergruppen homologe Formen ihrer Gegenstücke bei den T-Helferzellen und die NK-Zellen sind die angeborene homologe Form der cytotoxischen T-Zellen.

Wie Bereits in Abschn. 1.2.6 erwähnt, gibt es eine große Zahl von Cytokinen mit jeweils unterschiedlichen Funktionen (Anhang III). Es ist durchaus sinnvoll, die Wirkungen der Cytokine systematisch einzuordnen, indem man die Effektormodule zugrunde legt, die die einzelnen Cytokine jeweils unterstützen. Einige wirken zum Beispiel bei der Bekämpfung von intrazellulären Krankheitserregern mit, wie **Interferon-$\gamma$** (IFN-$\gamma$). Dieses Molekül aktiviert Phagocyten, intrazelluläre Pathogene wirksamer zu töten, und es bewirkt in bestimmten Geweben, dass intrazelluläre Krankheitserreger besser abgewehrt werden. Das bezeichnet man als **Immunität vom Typ 1**. IFN-$\gamma$ wird von einigen, aber nicht von allen Subtypen der angeborenen und adaptiven Lymphocyten produziert; die Untergruppe der ILCs, die IFN-$\gamma$ freisetzt, bezeichnet man als **ILC1**. Andere ILC-Subtypen produzieren Cytokine, die vor allem die Effektormodule unterstützen, die zu einer **Immunität vom Typ 2** und **Typ 3** führen. Diese koordinieren die Bekämpfung von parasitischen beziehungsweise extrazelluären Krankheitserregern. Der modulare Aufbau der Effektorfunktionen des Immunsystems wird uns in diesem Buch immer wieder beschäftigen. Eine Grundregel scheint darin zu bestehen, dass aktivierte Sensorzellen, entweder des angeborenen oder des adaptiven Immunsystems, verschiedene Untergruppen der angeborenen oder adaptiven Lymphocyten aktivieren können. Diese wiederum sind darauf spezialisiert, bestimmte Effektormodule zu verstärken, die gegen die unterschiedlichen Arten von Krankheitserregern gerichtet sind (▸ Abb. 1.27).

| Effektormodul | Zelltypen, Funktionen und Mechanismen |
|---|---|
| Cytotoxizität | NK-Zellen, CD8-T-Zellen |
| | Vernichtung von virusinfizierten Zellen und Zellen unter metabolischem Stress |
| intrazelluläre Immunität (Typ 1) | ILC1-, $T_H$1-Zellen |
| | Vernichtung intrazellulärer Pathogene, Aktivierung von Makrophagen |
| Immunität der Schleimhäute und Epithelbarrieren (Typ 2) | ILC2-, $T_H$2-Zellen |
| | Vernichtung und Ausstoß von Parasiten; Anlocken von eosinophilen und basophilen Zellen und von Mastzellen |
| extrazelluläre Immunität (Typ 3) | ILC3-, $T_H$17-Zellen |
| | Vernichtung extrazellulärer Bakterien und Pilze; Anlocken und Aktivierung von neutrophilen Zellen |

**Abb. 1.27 Lymphocyten des angeborenen und des adaptiven Immunsystems besitzen verschiedene übereinstimmende Funktionen.** Die unterschiedlichen Effektormodule werden sowohl von angeborenen als auch von adaptiven Immunmechanismen unterstützt. Zu jedem der vier Haupttypen der angeborenen Lymphocyten gibt es eine entsprechende Art von T-Zellen mit generell ähnlichen Funktionsmerkmalen. Jede Gruppe der angeborenen Lymphocyten und der T-Zellen besitzt eine Effektoraktivität, die generell gegen eine bestimmte Art von Krankheitserregern gerichtet ist

## 1.4.2 Antikörper richten sich gegen extrazelluläre Krankheitserreger und ihre toxischen Produkte

Antikörper kommen im flüssigen Bestandteil des Blutes (**Plasma**) und in extrazellulären Flüssigkeiten vor. Da die Körperflüssigkeit früher als Humor bezeichnet wurde, spricht man auch von der **humoralen Immunität**.

Antikörper sind Y-förmige Moleküle mit zwei identischen Antigenbindungsstellen und einer konstanten Fc-Region. Wie bereits in Abschn. 1.3.2 erwähnt, gibt es fünf Formen der konstanten Region eines Antikörpers, die man als **Klassen** oder **Isotypen** bezeichnet. Die konstante Region bestimmt die funktionellen Eigenschaften eines Antikörpers – also welche Effektormechanismen er in Gang setzt, die dann das Antigen beseitigen, nachdem es erkannt wurde. Jede Klasse führt ihre spezifische Funktion aus, indem sie eine bestimmte Kombination von Effektormechanismen auslöst. Kap. 5 und 10 beschreiben die Isotypen und ihre Reaktionen im Einzelnen.

Die erste und direkteste Reaktion, mit deren Hilfe Antikörper einen Organismus vor Krankheitserregern oder ihren toxischen Produkten schützen können, ist die Bindung der Antigene, um deren Wechselwirkung mit Zellen, die sie infizieren oder zerstören würden, zu blockieren (▶ Abb. 1.28, links). Man bezeichnet diesen Vorgang als **Neutralisierung**. Sie ist für die Abwehr von Krankheitserregern wie Viren von Bedeutung, die so daran gehindert werden, in Zellen einzudringen und sich zu replizieren, außerdem werden bakterielle Toxine neutralisiert.

Die Bindung von Antikörpern reicht jedoch allein nicht aus, um die Vermehrung von Bakterien zu stoppen. In diesem Fall besteht die Aufgabe des Antikörpers darin, einem Phagocyten, etwa einem Makrophagen oder einer neutrophilen Zelle, zu ermöglichen, das Bakterium aufzunehmen und zu zerstören. Viele Bakterien entgehen dem angeborenen Immunsystem, da sie eine äußere Hülle besitzen, die von den Mustererkennungsrezeptoren der Phagocyten nicht erkannt wird. Antigene in der Hülle können jedoch von Antikörpern erkannt werden und Phagocyten besitzen **Fc-Rezeptoren**, die an die konstante Region von Antikörpern binden und so die Phagocytose ermöglichen (▶ Abb. 1.28, Mitte). Man bezeichnet das Einhüllen von Krankheitserregern und Fremdpartikeln mit Antikörpern als **Opsonisierung**.

Die dritte Funktion der Antikörper ist die **Komplementaktivierung**. In Abschn. 1.2.2 sind wir kurz auf Bordets Entdeckung des Komplementsystems als Serumfaktor eingegangen, das die Aktivität von Antikörpern ergänzt (komplementiert). Das Komplementsystem kann auch ohne Unterstützung durch Antikörper allein durch die Oberflächen von Mikroorganismen aktiviert werden. Dadurch kommt es zur kovalenten Anlagerung bestimmter Komplementproteine auf der Bakterienoberfläche. Wenn jedoch ein Antikörper zuerst an die Oberfläche eines Bakteriums bindet, bildet seine konstante Region eine Plattform, die das Komplementsystem viel wirksamer aktiviert als die mikrobiellen Strukturen allein. Sobald also Antikörper erzeugt werden, kann die Komplementaktivierung erheblich zunehmen.

Bestimmte Komplementfaktoren, die an die Oberfläche von Bakterien binden, können bei einigen Bakterien die Membranen direkt zerstören, was bei einigen bakteriellen Infektionen von großer Bedeutung ist (▶ Abb. 1.28, rechts). Die Hauptfunktion des Komplementsystems – wie auch der Antikörper selbst – besteht jedoch darin, die Oberfläche von Krankheitserregern zu bedecken und so den Phagocyten die Aufnahme und Zerstörung von Bakterien zu ermöglichen, die sie sonst nicht erkennen würden. Die meisten Phagocyten produzieren **Komplementrezeptoren**, die bestimmte Komplementproteine erkennen können. Diese Rezeptoren binden an die Komplementproteine auf der Oberfläche der Bakterien und ermöglichen so deren Phagocytose. Einige weitere Komplementproteine verstärken ebenfalls bakterizide Wirkung der Phagocyten. Letztendlich werden alle Krankheitserreger und freien Moleküle, an die Antikörper gebunden haben, durch Phagocyten aufgenommen, abgebaut und aus dem Körper entfernt (▶ Abb. 1.28, unten). Das Komplementsystem und die Phagocyten, die durch Antikörper aktiviert werden, sind selbst nicht antigenspezifisch. Ihre Wirkung beruht darauf, dass Antikörpermoleküle die Partikel als fremd markieren.

**Abb. 1.28 Antikörper können auf drei Arten an der Immunabwehr beteiligt sein.** Die *linke* Spalte zeigt Antikörper, die ein bakterielles Toxin binden und neutralisieren, sodass es nicht mit Körperzellen in Wechselwirkung treten und pathologische Effekte verursachen kann. Im Gegensatz zu dem Komplex aus Antikörper und Toxin kann freies Toxin mit den Rezeptoren der Körperzellen reagieren. Durch Bindung an Viruspartikel und Bakterienzellen können Antikörper auch diese Eindringlinge neutralisieren. Der Komplex aus Antigen und Antikörper wird schließlich von den Makrophagen aufgenommen und abgebaut. Durch die Umhüllung mit Antikörpern wird ein Antigen für die Phagocyten (Makrophagen und neutrophile Zellen) als körperfremd erkennbar. Diesen Vorgang nennt man Opsonisierung. Das Antigen wird dann aufgenommen und abgebaut. Die mittlere Spalte zeigt die Opsonisierung und die Phagocytose einer Bakterienzelle. Der Antikörper bindet zuerst mit seinen variablen Regionen an Antigene (*rot*) auf der Bakterienzelle. Dann bindet die Fc-Region des Antikörpers an einen Fc-Rezeptor (*gelb*), der von Makrophagen und anderen Phagocyten exprimiert wird und der die Phagocytose ermöglicht. In der *rechten* Spalte ist dargestellt, wie Antikörper durch Anlagerung an ein Bakterium das Komplementsystem aktivieren. Gebundene Antikörper bilden eine Plattform, die das erste Protein des Komplementsystems aktiviert, das dann weitere Komplementproteine an die Oberfläche des Bakteriums heftet. In einigen Fällen kann es zur Bildung einer Pore kommen, die das Bakterium direkt lysiert. Im Allgemeinen werden die Komplementproteine auf der Bakterienoberfläche jedoch von Komplementrezeptoren auf Phagocyten erkannt, die dadurch zur Aufnahme und Zerstörung des Bakteriums stimuliert werden. So können Antikörper Krankheitserreger und deren Produkte für eine Beseitigung durch Phagocyten vorbereiten

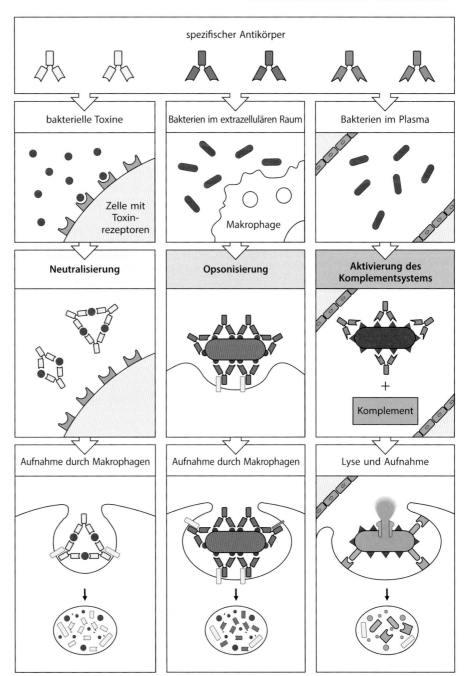

### 1.4.3 T-Zellen steuern die zellvermittelte Immunität und regulieren die B-Zell-Reaktionen auf die meisten Antigene

Einige Bakterien und Parasiten sowie alle Viren vermehren sich innerhalb der Zellen, wo sie nicht von den Antikörpern erreicht werden können, die nur im Blut und in der extrazellulären Flüssigkeit vorkommen. Die Vernichtung von intrazellulären Eindringlingen ist die Aufgabe der T-Lymphocyten, die für die **zellulären Immunantworten** der adaptiven Immunität zuständig sind. Die T-Lymphocyten sind jedoch an den Reaktionen gegen ein breites Spektrum von Krankheitserregern beteiligt, etwa auch gegen extrazelluläre Organismen, sodass sie eine große Vielfalt von Effektoraktivitäten entfalten müssen.

Es gibt mehrere Arten von T-Lymphocyten, die sich alle im Thymus entwickeln. Sie sind durch den Typ des T-Zell-Rezeptors gekennzeichnet, den sie exprimieren, außerdem durch die Bildung bestimmter Markermoleküle. Die beiden Hauptgruppen der T-Zellen exprimieren ein bestimmtes Protein auf der Zelloberfläche, entweder **CD8** oder **CD4**. Das sind keine willkürlich ausgewählten Moleküle, sondern sie sind für die Funktion der T-Zellen von Bedeutung, da sie bestimmen, welche Wechselwirkungen sie mit anderen Zellen eingehen. In Abschn. 1.3.3 haben wir bereits besprochen, dass T-Zellen Peptide erkennen können, die von fremden Antigenen stammen und von MHC-Molekülen auf der Zelloberfläche präsentiert werden. CD8 und CD4 sind an der Erkennung von Antigenen beteiligt, wobei sie an unterschiedliche Regionen der MHC-Moleküle binden. Außerdem wirken sie bei der Signalgebung des T-Zell-Rezeptors mit, der mit seinem Antigen in Wechselwirkung tritt. CD4 und CD8 bezeichnet man deshalb auch als **Corezeptoren**. Sie sind für die Funktionsunterschiede zwischen CD8- und CD4-Zellen verantwortlich.

Wichtig ist dabei auch, dass es zwei verschiedene Arten von MHC-Molekülen gibt, die man mit **MHC-Klasse I** und **MHC-Klasse II** bezeichnet. Sie besitzen etwas unterschiedliche Strukturen, enthalten jedoch beide an der Oberfläche eine längere Furche, die ein Peptid binden kann (▶ Abb. 1.29). Das Peptid wird während der Synthese und des Zusammenbaus des MHC-Moleküls im Inneren der Zelle in der Furche befestigt. Anschließend wird der Peptid:MHC-Komplex zur Zelloberfläche transportiert und den T-Zellen präsentiert (▶ Abb. 1.30). Da CD8 eine Region im MHC-Klasse-I-Protein erkennt, CD4 jedoch im MHC-Klasse-II-Protein, unterscheiden sich die T-Zellen aufgrund ihrer beiden Corezeptoren. Deshalb erkennen CD8-T-Zellen ausschließlich Peptide, die an MHC-Klasse-I-Moleküle gebunden sind, CD4-T-Zellen nur Peptide, die von MHC-Klasse-II-Molekülen präsentiert werden.

Die unmittelbarste Aktivität der T-Zellen ist die Cytotoxizität. Cytotoxische T-Zellen sind T-Effektorzellen, die virusinfizierte Zellen bekämpfen. Antigene der Viren, die sich im Inneren einer infizierten Zelle vermehren, werden auf der Zelloberfläche präsentiert, wo sie von den Antigenrezeptoren der cytotoxischen T-Zellen erkannt werden. Diese T-Zellen können die Infektion unter Kontrolle bringen, indem sie die infizierten Zellen direkt töten, bevor die Vermehrung der Viren abgeschlossen ist und die Viren freigesetzt werden (▶ Abb. 1.31). Cytotoxische T-Zellen tragen CD8 und erkennen deshalb Antigene, die von MHC-Klasse-I-Molekülen präsentiert werden. Die MHC-Klasse-I-Moleküle werden von fast allen Körperzellen exprimiert und dienen so einem bedeutsamen Mechanismus zur Abwehr von Virusinfektionen. MHC-Klasse-I-Moleküle, die virale Peptide tragen, werden von CD8-tragenden cytotoxischen T-Zellen erkannt, die dann die infizierte Zelle töten (▶ Abb. 1.32).

CD4-T-Zellen erkennen Antigene, die von MHC-Klasse-II-Proteinen präsentiert werden. Diese MHC-Moleküle werden von den meisten antigenpräsentierenden Zellen des Immunsystems exprimiert: von dendritischen Zellen, Makrophagen und B-Zellen (▶ Abb. 1.33). CD4-T-Zellen erkennen also vor allem Antigene, die durch Phagocytose aus der extrazel-

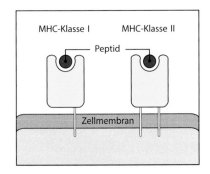

**Abb. 1.29 MHC-Moleküle präsentieren die Peptidfragmente von Antigenen auf der Zelloberfläche.** MHC-Moleküle sind Membranproteine, deren äußere extrazelluläre Domänen eine Vertiefung bilden, in der ein Peptidfragment gebunden ist. Diese Fragmente stammen sowohl von körpereigenen als auch von körperfremden Proteinen, die in der Zelle abgebaut wurden. Die Peptide werden von den neu synthetisierten MHC-Molekülen gebunden, bevor diese die Zelloberfläche erreichen. Es gibt zwei MHC-Klassen (I und II), die zwar verwandte, aber doch unterschiedliche Strukturen und Funktionen besitzen. Sowohl MHC-I- als auch MHC-Klasse-II-Moleküle sind eigentlich Trimere aus zwei Proteinketten (nicht dargestellt) und dem gebundenen körpereigenen oder körperfremden Peptid

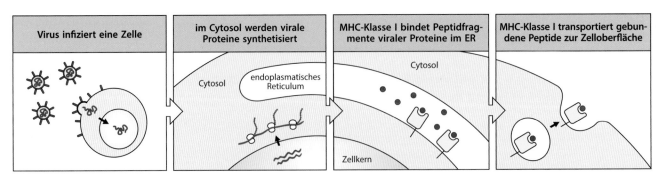

**Abb. 1.30 MHC-Klasse-I-Moleküle präsentieren Antigene, die aus Proteinen im Cytosol stammen.** In Zellen, die mit Viren infiziert sind, werden im Cytosol virale Proteine synthetisiert. Peptidfragmente der viralen Proteine werden in das endoplasmatische Reticulum transportiert, wo sie an die MHC-Klasse-I-Moleküle binden, welche die Peptide zur Zelloberfläche bringen

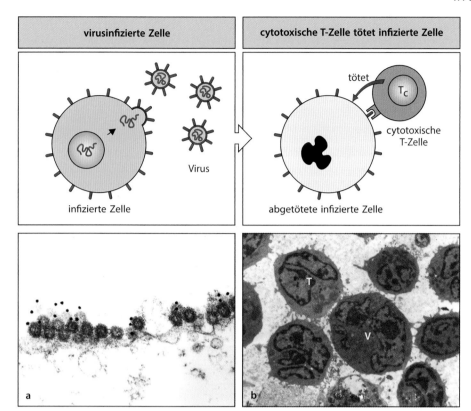

| virusinfizierte Zelle | cytotoxische T-Zelle tötet infizierte Zelle |

tötet

$T_C$

cytotoxische T-Zelle

Virus

infizierte Zelle

abgetötete infizierte Zelle

a

b

**Abb. 1.31 Immunabwehr intrazellulärer Virusinfektionen.** Spezialisierte T-Zellen (die cytotoxischen T-Lymphocyten) erkennen virusinfizierte Zellen und töten sie direkt ab. Dabei werden unter anderem Caspasen aktiviert, die in ihrem aktiven Zentrum ein Cystein besitzen und Zielproteine hinter Asparaginsäureresten spalten. Die Caspasen wiederum aktivieren im Cytosol eine Nuclease, welche die DNA des Wirtes und des Virus zerstört. **a** ist eine transmissionselektronenmikroskopische Aufnahme der Plasmamembran einer CHO-Zelle (CHO für *Chinese hamster ovary*), die mit dem Influenzavirus infiziert wurde. Zu erkennen sind zahlreiche Viruspartikel, die aus der Zelloberfläche austreten. Einige von ihnen sind mit einem monoklonalen Antikörper markiert, der für ein virales Protein spezifisch ist. Er ist an Goldpartikel gekoppelt, die als schwarze Punkte erscheinen. **b** ist eine transmissionselektronenmikroskopische Aufnahme einer virusinfizierten Zelle (V), die von cytotoxischen T-Lymphocyten- umgeben ist. Man beachte die enge Zusammenlagerung der Membranen der infizierten Zelle und der T-Zelle (T) *links oben* in **b** und die Ansammlung von cytoplasmatischen Organellen zwischen dem Zellkern des Lymphocyten und der Kontaktstelle zur infizierten Zelle. (Fotos mit freundlicher Genehmigung von M. Bui und A. Helenius (**a**), N. Rooney (**b**).)

lulären Umgebung aufgenommen werden. CD4-T-Zellen sind die Helferzellen die in diesem Kapitel bereits erwähnt wurden. Sie entwickeln sich zu einer Reihe verschiedener Untergruppen von Effektorzellen. Diese bezeichnet man als **$T_H1$** (T-Helferzelle Typ 1), **$T_H2$**-, **$T_H17$** und so weiter. Sie produzieren Cytokine nach einem ähnlichen Muster wie die ILC-Untergruppen (siehe oben), die Effektormodule aktivieren, welche vor unterschiedlichen Krankheitserregern schützen können. Diese zellulären Untergruppen sind vor allem an Infektionsherden und an verletzten Stellen in den peripheren Geweben aktiv. In den Lymphgeweben interagiert eine Untergruppe der CD4-T-Zellen, die **follikulären T-Helferzellen** (**$T_{FH}$-Zellen**), mit den B-Zellen und reguliert so die Antikörperproduktion während der Immunantwort. Mit den verschiedenen Untergruppen der T-Helferzellen befasst sich Kap. 9.

Beispielsweise wirken CD4-T-Zellen der $T_H1$-Untergruppe bei der Bekämpfung bestimmter Bakterien mit, die sich in membranumschlossenen Vesikeln innerhalb von Makrophagen aufhalten. Sie produzieren IFN-$\gamma$, dasselbe Cytokin wie die ILC1-Zellen, das Makrophagen aktivieren kann, um ihr intrazelluläres Abtötungspotenzial zu verstärken und diese Bakte-

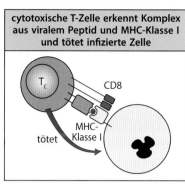

| cytotoxische T-Zelle erkennt Komplex aus viralem Peptid und MHC-Klasse I und tötet infizierte Zelle |

$T_C$

CD8

MHC-Klasse I

tötet

**Abb. 1.32 Cytotoxische CD8-T-Zellen erkennen Antigene, die von MHC-Klasse-I-Molekülen präsentiert werden, und töten die Zelle.** Eine antigenspezifische cytotoxische T-Zelle erkennt den Komplex aus Peptid und MHC-Klasse-I-Protein auf einer virusinfizierten Zelle. Cytotoxische T-Zellen sind so programmiert, dass sie Zellen töten, die sie erkennen

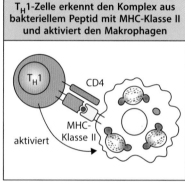

| $T_H1$-Zelle erkennt den Komplex aus bakteriellem Peptid mit MHC-Klasse II und aktiviert den Makrophagen |

$T_H1$

CD4

MHC-Klasse II

aktiviert

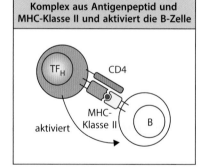

| follikuläre T-Helferzelle erkennt Komplex aus Antigenpeptid und MHC-Klasse II und aktiviert die B-Zelle |

$TF_H$

CD4

MHC-Klasse II

B

aktiviert

**Abb. 1.33 CD4-T-Zellen erkennen Antigene, die von MHC-Klasse-II-Molekülen präsentiert werden.** Nachdem $T_H1$-Zellen ihr spezifisches Antigen auf einem infizierten Makrophagen erkannt haben, aktivieren sie den Makrophagen, was zur Zerstörung der intrazellulären Bakterien führt (*oben*). Wenn follikuläre T-Helferzellen ($T_{FH}$-Zellen) ein Antigen auf B-Zellen erkennen (*unten*), regen sie diese Zellen dazu an, zu proliferieren und sich zu antikörperproduzierenden Plasmazellen zu differenzieren

rien zu vernichten. Wichtige Infektionskrankheiten, die durch diese Funktion eingedämmt werden, sind Tuberkulose und Lepra, die von den Bakterien *Mycobacterium tuberculosis* beziehungsweise *M. leprae* verursacht werden. Mycobakterien können in den Zellen überleben, weil sie verhindern, dass die von ihnen besetzten Vesikel mit den Lysosomen fusionieren, welche unterschiedliche abbauende Enzyme und antimikrobielle Substanzen enthalten (▶ Abb. 1.34). An seiner Oberfläche präsentiert ein infizierter Makrophage dennoch Antigene der Mycobakterien, die von aktivierten antigenspezifischen $T_H1$-Zellen erkannt werden und daraufhin den Makrophagen veranlassen, die Blockade der Vesikelfusion aufzuheben. Die Untergruppen $T_H2$ und $T_H17$ produzieren spezielle Cytokine, die Reaktionen gegen Parasiten beziehungsweise extrazelluläre Bakterien und Pilze stimulieren. CD4-T-Zellen und ihre spezialisierten Untergruppen sind in der adaptiven Immunität von besonderer Bedeutung und wir werden ihnen in diesem Buch immer wieder begegnen, etwa in Kap. 8, 9, 11 und 12.

### 1.4.4 Angeborene und erworbene Defekte des Immunsystems führen zu einer erhöhten Anfälligkeit für Infektionen

Wir halten die Fähigkeit unseres Immunsystems, den Körper von Infektionen zu befreien und ihr erneutes Auftreten zu verhindern, oft für selbstverständlich. Bei einigen Menschen versagen jedoch Teile des Immunsystems. Bei den schwersten dieser **Immunschwächekrankheiten** fehlt die adaptive Immunität vollständig, sodass überhandnehmende Infektionen bereits im Kleinkindalter zum Tod führen, wenn man nicht umfangreiche Gegenmaßnahmen ergreift. Bei anderen, weniger katastrophalen Fehlfunktionen kommt es immer wieder zu Infektionen mit bestimmten Pathogenen, was von der jeweiligen Art der Immunschwäche abhängt. Durch die Erforschung dieser Immunkrankheiten, von denen viele durch erbliche genetische Defekte verursacht werden, konnte man vieles über die Bedeutung der verschiedenen Komponenten des Immunsystems des Menschen erfahren. Um die Besonderheiten von Immunschwächekrankheiten zu verstehen, sind genaue Kenntnisse der normalen Immunmechanismen erforderlich. Deshalb besprechen wir die meisten dieser Krankheiten erst in Kap. 13.

Vor über 30 Jahren trat eine verheerende Form der Immunschwäche in Erscheinung, das **erworbene Immunschwächesyndrom** (*acquired immune deficiency syndrome*, **AIDS**), das von bestimmten Krankheitserregern ausgelöst wird, den humanen Immunschwächeviren HIV-1 und HIV-2. Die Krankheit zerstört T-Zellen, dendritische Zellen und Makrophagen, die CD4 tragen, sodass es zu Infektionen durch intrazelluläre Bakterien und andere Krankheitserreger kommt, die normalerweise von diesen Zellen in Schach gehalten werden. Diese Infektionen sind die hauptsächliche Todesursache bei dieser immer weiter um sich greifenden Erkrankung. Mit ihr sowie mit den erblichen Immunschwächen befasst sich Kap. 13.

### 1.4.5 Kenntnisse über die adaptive Immunantwort sind wichtig für die Bekämpfung von Allergien, Autoimmunkrankheiten und der Abstoßung von transplantierten Organen

Die wichtigste Funktion unseres Immunsystems besteht darin, den menschlichen Körper vor Krankheitserregern zu schützen. Viele medizinisch bedeutsame Krankheiten sind jedoch mit einer unangemessenen Immunreaktion gegen bestimmte Antigene verknüpft, oft ohne dass eine Infektionskrankheit vorliegt. Immunantworten gegen nichtinfektiöse Antigene treten bei **Allergien** auf (hier ist das Antigen eine an sich unschädliche Fremdsubstanz), bei **Autoimmunerkrankungen** (als Reaktion auf ein Autoantigen) und bei der **Transplantatabstoßung** (das Antigen befindet sich auf einer übertragenen fremden Zelle, Kap. 15). Die wichtigsten Antigene, die eine Transplantatabstoßung hervorrufen, sind tatsächlich die MHC-Moleküle, da beide in der menschlichen Population in vielen verschiedenen Formen

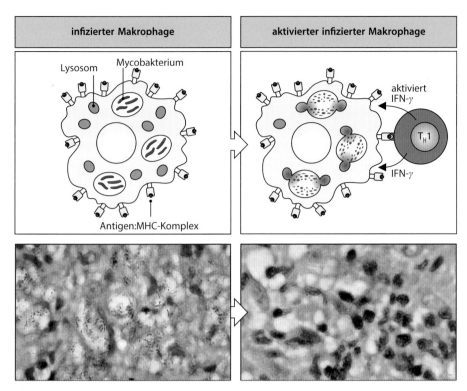

**Abb. 1.34 Immunabwehr intrazellulärer Infektionen durch Mykobakterien.** Makrophagen nehmen Mykobakterien auf, die dann jedoch einer Zerstörung widerstehen, da die Fusion von intrazellulären Vesikeln, in denen sich die Bakterien befinden, mit Lysosomen, die bakterizide Substanzen enthalten, blockiert ist. Die Bakterien werden also vor dem Abtöten geschützt. In ruhenden Makrophagen überleben Mykobakterien in diesen Vesikeln und vermehren sich. Wenn jedoch eine $T_H1$-Zelle einen infizierten Makrophagen erkennt und aktiviert, fusionieren die phagocytotischen Vesikel mit den Lysosomen und die Bakterien können vernichtet werden. Die Aktivierung von Makrophagen wird durch die $T_H1$-Zellen kontrolliert, zum einen um Gewebeschäden zu vermeiden und zum anderen um Energie zu sparen. Die lichtmikroskopischen Aufnahmen (*untere Reihe*) zeigen mit *M. tuberculosis* infizierte ruhende (*links*) und aktivierte Zellen (*rechts*). Die Zellen wurden mit einem säurestabilen roten Farbstoff angefärbt, um die Mykobakterien sichtbar zu machen, die in den ruhenden Makrophagen deutlich als *rot* gefärbte Stäbchen hervortreten, während sie in den aktivierten Makrophagen beseitigt sind. (Fotografien von Kaplan, G., et al.: Efficacy of a cell-mediated reaction to the purified protein derivative of tuberculin in the disposal of *Mycobacterium leprae* from human skin. *PNAS* 1988, 85:5210–5214)

vorkommen – das heißt, sie sind hochgradig **polymorph** – und die meisten nichtverwandten Menschen exprimieren eine andere Kombination von MHC-Molekülen. Dies bezeichnet man als den jeweiligen „Gewebetyp". Der MHC-Locus wurde ursprünglich von Peter Goren in den 1930er-Jahren bei den Mäusen als Genlocus entdeckt, der sogenannte **H-2-Locus**, der die Annahme oder Abstoßung von übertragenen Geweben kontrolliert. Später untersuchte **George Snell** die Bedeutung der MHC-Moleküle für die Gewebetransplantation, indem er Mäusestämme entwickelte, die sich nur an diesen Histokompatibilitätsloci unterschieden. Die humanen **MHC-Moleküle** entdeckte man hingegen während des Zweiten Weltkriegs bei Versuchen, Piloten und Bombenopfern mit schweren Verbrennungen durch Hauttransplantate zu helfen. Die Patienten stießen das übertragene Gewebe ab, das als „fremd" erkannt wurde. Wann wir von einer erfolgreichen Immunantwort oder deren Versagen sprechen, oder ob wir eine Immunantwort als schädlich oder vorteilhaft für den Körper erachten, hängt nicht von der Reaktion selbst ab, sondern von der Art des Antigens und den Bedingungen, unter denen eine Immunantwort auftritt (▶ Abb. 1.35). Snell erhielt 1980 den Nobelpreis für seine Arbeiten über den MHC, gemeinsam mit **Banuj Benacerraf** und **Jean Dausset**.

Allergische Erkrankungen, zu denen auch das Asthma gehört, sind in den Industrieländern immer häufiger der Grund für Arbeitsunfähigkeit. Bei vielen bedeutsamen Krankheiten wird inzwischen eine Autoimmunität als Ursache erkannt. Eine Autoimmunreaktion gegen die β-Zellen des Pankreas ist die häufigste Ursache von juvenilem Diabetes. Bei Allergien und Autoimmunkrankheiten führen die sonst so wirkungsvollen Schutzmechanismen der adaptiven Immunantwort zu gravierenden Gesundheitsschäden.

Immunantworten gegen „harmlose" Antigene, körpereigene Gewebe oder Transplantate sind wie alle anderen Immunreaktionen hochspezifisch. Zurzeit behandelt man solche Reaktionen mit **Immunsuppressiva**, die alle Immunantworten unterbinden – ob erwünscht oder unerwünscht. Wäre es möglich, nur diejenigen Lymphocytenklone zu unterdrücken, die für eine unerwünschte Reaktion verantwortlich sind, könnte man eine solche Krankheit heilen oder ein transplantiertes Organ schützen, ohne notwendige Immunreaktionen zu unterbinden. Zum heutigen Zeitpunkt ist eine antigenspezifische Immunregulation mit einer medikamentösen Behandlung nicht möglich. Wie wir jedoch in Kap. 16 besprechen werden, hat man in letzter Zeit viele neue Wirkstoffe entwickelt, mit denen eine selektivere Immunsuppression möglich ist, um Autoimmunkrankheiten und andere unerwünschte Immunreaktionen unter Kontrolle zu bringen. Dazu gehören auch Therapieformen, die auf hochspezifischen **monoklonalen Antikörpern** basieren; diese wurden ermöglicht durch **Georges Köhler** und **César Milstein**, die sich im Jahr 1984 für die Entwicklung des Herstellungsverfahrens den Nobelpreis teilten. Wir wollen den aktuellen Stand der Erforschung von Allergien, Autoimmunkrankheiten, Gewebeabstoßung und Immunsuppressiva in Kap. 14 bis 16 besprechen, und in Kap. 15 werden wir erfahren, wie die Mechanismen der Immunregulation aufgrund tiefgreifenderer Erkenntnisse über die funktionellen Untergruppen der Lymphocyten und der Cytokine, die sie steuern, allmählich klarer erkannt werden.

### 1.4.6 Impfung ist die wirksamste Methode, Infektionskrankheiten unter Kontrolle zu bringen

Die Immunologie hat innerhalb der zwei Jahrhunderte seit Jenners bahnbrechendem Experiment in der Praxis zahlreiche Erfolge auf dem Gebiet der beabsichtigten Stimulation einer Immunantwort, das heißt der Immunisierung, Impfung oder Schutzimpfung, erzielt. Massenimpfungsprogramme haben praktisch zur Ausrottung mehrerer Krankheiten geführt, die immer mit hohen Erkrankungshäufigkeiten (Morbidität) und Sterberaten (Mortalität) verknüpft waren (▶ Abb. 1.36). Die Immunisierung gilt als so sicher und wichtig, dass zum Beispiel in den meisten Bundesstaaten der USA eine Impfpflicht für Kinder gegen bis zu sieben der häufigsten Kinderkrankheiten besteht. So beeindruckend das Erreichte auch ist, es gibt immer noch viele Krankheiten, für die wirksame Impfstoffe fehlen. Und selbst wenn in den Industrieländern Impfstoffe zum Beispiel gegen Masern wirksam eingesetzt werden können, verhindern technische und wirtschaftliche Probleme unter Umständen eine breite

| Antigen | Wirkung der Reaktion auf das Antigen | |
|---|---|---|
| | **normale Reaktion** | **ungenügende Reaktion** |
| Pathogen | schützende Immunität | wiederholte Infektionen |
| harmlose Substanz | Allergie | keine Reaktion |
| Transplantat | Abstoßung | Annahme |
| körpereigenes Gewebe | Autoimmunität | Selbst-Toleranz |
| Tumor | Immunität gegen Tumoren | Krebs |

**Abb. 1.35 Je nach Art des Antigens können Immunantworten nützlich oder schädlich sein.** Nützliche Reaktionen sind mit weißem Hintergrund dargestellt, schädliche als farbige Flächen. Ist eine Reaktion nützlich, so ist ihr Fehlen schädlich

Anwendung in den Entwicklungsländern, in denen die Sterberate bei diesen Krankheiten immer noch hoch ist.

Die Methoden der modernen Immunologie und der Molekularbiologie werden eingesetzt, um neue Impfstoffe zu entwickeln und die alten zu verbessern; Kap. 16 befasst sich mit den Fortschritten auf diesen Gebieten. Die Aussicht auf eine Bekämpfung dieser gravierenden Krankheiten ist ausgesprochen erfreulich. Eine gute Gesundheitsversorgung ist ein entscheidender Schritt in Richtung einer Kontrolle des Bevölkerungswachstums und einer wirtschaftlichen Entwicklung. Mit nur wenigen Cent pro Person lassen sich viel Not und Leid lindern.

Viele gefährliche Krankheitserreger haben den Bemühungen widerstanden, Impfstoffe gegen sie zu entwickeln, häufig weil sie den Schutzmechanismen der adaptiven Immunantwort ausweichen können oder sie unterlaufen. In Kap. 13 untersuchen wir einige Ausweichstrategien von erfolgreichen Krankheitserregern. Die Überwindung von vielen weltweit vorherrschenden Krankheiten wie auch die neuere Bedrohung durch AIDS hängt davon ab, dass wir die Krankheitserreger, die die Erkrankungen verursachen, und ihre Wechselwirkungen mit dem Immunsystem besser kennenlernen.

## Zusammenfassung

Die Reaktionen auf eine Infektion lassen sich verschiedenen Effektormodulen zuordnen, die gegen unterschiedliche Lebensweisen von Krankheitserregern gerichtet sind. Sensorzellen der angeborenen Immunität, die eine Infektion erkennen, erzeugen Mediatoren, die angeborene lymphatische Zellen (ILCs) und T-Zellen aktivieren, die wiederum die Immunantwort verstärken und auch verschiedene Effektormodule in Gang setzen. Zu den angeborenen lymphatischen Zellen gehören unterschiedliche Untergruppen, die verschiedene Cytokine produzieren und diverse Effektormodule aktivieren. T-Zellen umfassen zwei Hauptklassen, die auf der Expression der Corezeptoren CD8 und CD4 basieren. Diese T-Zellen erkennen Antigene, die von MHC-Klasse-I- beziehungsweise MHC-Klasse-II-Proteinen präsentiert werden. Diese Untergruppen der T-Zellen unterstützen wie die entsprechenden ILCs außerdem die Aktivitäten der einzelnen Effektormodule. NK-Zellen und CD8-T-Zellen können eine cytotoxische Wirkung entfalten und so gegen intrazelluläre Infektionen, beispielsweise durch Viren, aktiv vorgehen. Andere Untergruppen der angeborenen lymphatischen Zellen und der T-Helferzellen können Mediatoren freisetzen, die weitere Effektorfunktionen aktivieren, welche gegen intrazelluläre Bakterien, extrazelluläre Bakterien und Pilze sowie gegen Parasiten gerichtet sind. T-Zellen geben auch Signale, die die Regulation der B-Zellen unterstützen und diese stimulieren, Antikörper zu produzieren. Spezifische Antikörper führen zur Bekämpfung und Beseitigung von löslichen Toxinen und extrazellulären Krankheitserregern. Sie interagieren nicht nur mit den Toxinen oder Antigenen auf Mikroorganismen, sondern auch über ihre Fc-Region mit spezifischen Rezeptoren, die viele Arten von Phagocyten exprimieren. Phagocyten produzieren außerdem Rezeptoren für Komplementproteine, die sich an die Oberfläche von Mikroorganismen heften, besonders in Gegenwart von Antikörpern.

Ein Versagen der Immunität kann durch genetische Defekte oder Infektionen hervorgerufen werden, die wichtige Komponenten des Immunsystems angreifen. Fehlgeleitete Immunreaktionen können Körpergewebe zerstören, etwa bei einer Autoimmunität oder Allergie, oder auch zum Versagen transplantierter Organe führen. Während die Impfung weiterhin die wichtigste Methode der Immunologie ist, um Krankheiten zu bekämpfen, sind durch die moderne Forschung neue Instrumente hinzugekommen, etwa die monoklonalen Antikörper, die in den vergangenen zwei Jahrzehnten für Therapien immer wichtiger geworden sind.

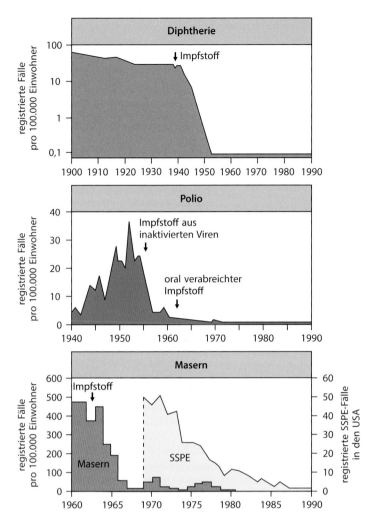

**Abb. 1.36 Erfolgreiche Impfkampagnen.** Diphtherie, Polio und Masern wurden zusammen mit ihren Folgeerscheinungen in den USA praktisch ausgerottet, wie die drei Grafiken verdeutlichen. SSPE steht für die subakute sklerosierende Panencephalitis, eine Erkrankung des Gehirns, die als Spätfolge einer Maserninfektion bei einigen wenigen Patienten auftritt. 15–20 Jahre nachdem es gegen die Masern eine Vorbeugung gab, verschwand auch die SSPE. Da diese Krankheiten weltweit jedoch nicht ausgerottet wurden, muss die Immunisierung der Bevölkerung weiterhin zu einem hohen Prozentsatz aufrechterhalten werden, um einem Wiederauftreten vorzubeugen

# Kapitelzusammenfassung

Das Immunsystem verteidigt den Organismus gegen Infektionen. Die angeborene Immunität dient der ersten Abwehr. Sie kann jedoch Krankheitserreger nicht spezifisch erkennen und auch keinen gezielten Schutz gegen eine erneute Infektion entwickeln. Die adaptive (erworbene) Immunität basiert auf der klonalen Selektion von Lymphocyten, die eine Vielzahl hochspezifischer Rezeptoren besitzen, aus einem bestehenden Repertoire. Dadurch kann das Immunsystem jedes beliebige fremde Antigen erkennen. Bei der adaptiven Immunantwort vermehren sich die antigenspezifischen Lymphocyten und differenzieren sich zu Effektorzellen, welche die Krankheitserreger vernichten. In ▸ Abb. 1.7 sind die Phasen der Immunantwort und ihre ungefähre zeitliche Abfolge dargestellt. Die Immunabwehr benötigt unterschiedliche Erkennungssysteme und ein breites Spektrum an Effektormechanismen, um Krankheitserreger, die in großer Vielfalt überall im Körper und an dessen Oberfläche vorkommen können, aufzufinden und zu zerstören. Die adaptive Immunantwort kann nicht nur Krankheitserreger beseitigen. Sie erzeugt gleichzeitig durch klonale Selektion eine erhöhte Zahl ausdifferenzierter Gedächtniszellen. Dies ermöglicht bei einer erneuten Infektion eine schnellere und wirksamere Reaktion. Immunantworten regulieren zu können – das heißt, sie zu unterdrücken, wenn sie unerwünscht sind, oder sie zur Vorbeugung einer Infektionskrankheit zu stimulieren – ist das wichtigste medizinische Ziel der immunologischen Forschung.

# Aufgaben

**1.1 Multiple Choice:** Welches der folgenden Beispiele beschreibt den Vorgang der Impfung?
**A.** Eine Person wird mit Kuhpocken infiziert, um sie vor den Pocken zu schützen.
**B.** Man verabreicht einer ansteckungsgefährdeten Person Serum aus einem Tier, das gegen Diphtherie immun ist, um die Person vor dem Diphtherietoxin zu schützen.
**C.** Eine Infektion durch Bakterien, die zur Aktivierung des Komplementsystems führt, wodurch die Krankheitserreger beseitigt werden.
**D.** Eine Person erkrankt an Windpocken, entwickelt diese Krankheit danach allerdings nicht mehr, weil sich ein immunologisches Gedächtnis gebildet hat.

**1.2 Multiple Choice:** Welche der folgenden Definitionen beschreibt das immunologische Gedächtnis?
**A.** Der Mechanismus, durch den ein Organismus verhindert, dass sich eine Immunreaktion gegen körpereigenes Gewebe entwickelt.
**B.** Der Mechanismus, durch den ein Organismus verhindert, mit Mikroorganismen in Kontakt zu kommen.
**C.** Das Fortbestehen pathogenspezifischer Antikörper und Lymphocyten, nachdem die ursprüngliche Infektion abgeklungen ist, wodurch eine erneute Infektion mit dem Krankheitserreger verhindert wird.
**D.** Der Vorgang, durch den ein Krankheitserreger in der Anzahl verringert oder ganz beseitigt wird.

**1.3 Richtig oder falsch:** Toll-like-Rezeptoren (TLRs) erkennen intrazelluläre Bakterien, während NOD-like-Rezeptoren (NLRs) extrazelluläre Bakterien erkennen.

**1.4 Bitte zuordnen:** Welche der folgenden Zellen gehören zur lymphatischen, welche zur myeloischen Linie?
**A.** eosinophile Zellen
**B.** B-Zellen
**C.** neutrophile Zellen
**D.** NK-Zellen
**E.** Mastzellen
**F.** Makrophagen
**G.** rote Blutkörperchen

**1.5 Multiple Choice:** Mit dem „schmutzigen kleinen Geheimnis" des Immunologen ist gemeint, dass man Bestandteile von Mikroorganismen zusetzt, um eine starke Immunantwort gegen ein bestimmtes Proteinantigen hervorzurufen. Welche der folgenden Moleküle sind keine Rezeptoren und keine Rezeptorfamilie, die mikrobielle Produkte erkennen und eine starke Immunantwort auslösen können?
**A.** Toll-like-Rezeptoren (TLRs)
**B.** T-Zell-Antigenrezeptoren (TCRs)
**C.** NOD-like-Rezeptoren (NLRs)
**D.** Mustererkennungsrezeptoren (PRRs)

**1.6 Richtig oder falsch:** Hämatopoetische Stammzellen können sich zu jeder beliebigen Körperzelle entwickeln.

**1.7 Bitte zuordnen:** Welche der Aussagen 1–4 gehört zu welchem der Begriffe A–D?

**A.** Allergien \_\_\_\_

**B.** Immuntoleranz \_\_\_\_

**C.** Autoimmunkrankheit \_\_\_\_

**D.** Transplantatabstoßung \_\_\_\_

**1.** Immunreaktion gegen ein Antigen, das sich auf einer transplantierten fremden Zelle befindet

**2.** Immunreaktion gegen ein Antigen, das eine eingedrungene fremde Substanz ist

**3.** Immunprozess, der eine Immunreaktion auf körpereigene Antigene verhindert

**4.** Immunreaktion gegen ein körpereigenes Antigen

**1.8 Multiple Choice:** Welcher der folgenden Mechanismen dient nicht dazu, eine Immuntoleranz aufrechtzuerhalten?
**A.** klonale Deletion
**B.** Anergie
**C.** klonale Expansion
**D.** Unterdrückung autoreaktiver Lymphocyten

**1.9 Bitte zuordnen:** Welche der folgenden lymphatischen Organe sind als zentral/primär zu bezeichnen, welche als peripher/sekundär?
**A.** Knochenmark
**B.** Lymphknoten
**C.** Milz
**D.** Thymus
**E.** Blinddarm

**1.10 Bitte zuordnen:** Welcher der folgenden Begriffe (Region, Struktur, Kompartiment) gehört zu welchem Organ?

**A.** Lymphknoten \_\_\_\_

**B.** Milz \_\_\_\_
**C.** Schleimhaut des Dünndarms \_\_\_\_

**1.** PALS-Region (PALS für periarteriolar lymphoid sheath)

**2.** Peyer-Plaques
**3.** Venolen mit hohem Endothel

**1.11 Multiple Choice:** Welches der folgenden Phänomene tritt bei einer Entzündung nicht auf?
**A.** Freisetzung von Cytokinen
**B.** Freisetzung von Chemokinen
**C.** Rekrutierung von Zellen des angeborenen Immunsystems
**D.** Verengung der Blutgefäße

**1.12 Bitte ergänzen:** _____ T-Zellen können infizierte Zellen abtöten, während T-_____zellen andere Zellen des Immunsystems aktivieren.

**1.13 Richtig oder falsch:** Sowohl T- als auch B-Zell-Rezeptoren durchlaufen den Prozess der Affinitätsreifung, wodurch sie während einer Immunantwort eine höhere Affinität zu einem Antigen entwickeln.

**1.14 Richtig oder falsch:** Jeder Lymphocyt trägt Rezeptoren mit multipler Antigenspezifität an seiner Zelloberfläche.

**1.15 Multiple Choice:** Welcher Zelltyp bildet eine wichtige Verbindung zwischen der angeborenen und der adaptiven Immunantwort?
**A.** dendritische Zellen
**B.** neutrophile Zellen
**C.** B-Zellen
**D.** angeborene lymphatische Zellen (ILCs)

**1.16 Multiple Choice:** Welcher der folgenden Mechanismen hat nichts damit zu tun, dass ein Antikörper vor einem Krankheitserreger schützen kann?
**A.** Neutralisierung
**B.** Costimulation von T-Zellen
**C.** Opsonisierung
**D.** Aktivierung des Komplementsystems und Anlagerung seiner Komponenten

**1.17 Richtig oder falsch:** $T_H2$-Zellen besitzen keine MHC-Klasse-I-Moleküle.

# Literatur

## Historischer Hintergrund

- Burnet, F.M.: *The Clonal Selection Theory of Acquired Immunity*. London: Cambridge University Press, 1959.
- Gowans, J.L.: **The lymphocyte—a disgraceful gap in medical knowledge.** *Immunol. Today* 1996, **17**:288–291.
- Landsteiner, K.: *The Specificity of Serological Reactions*, 3rd ed. Boston: Harvard University Press, 1964.
- Metchnikoff, É.: *Immunity in the Infectious Diseases*, 1st ed. New York: Macmillan Press, 1905.
- Silverstein, A.M.: *History of Immunology*, 1st ed. London: Academic Press, 1989.

## Biologischer Hintergrund

- Alberts, B., Johnson, A., Lewis, J., Morgan, D., Raff, M., Roberts, K., and Walter, P.: *Molecular Biology of the Cell*, 6th ed. New York: Garland Science, 2015.
- Berg, J.M., Stryer, L., and Tymoczko, J.L.: *Biochemistry*, 5th ed. New York: W.H. Freeman, 2002.
- Geha, R.S., and Notarangelo, L.D.: *Case Studies in Immunology: A Clinical Companion*, 7th ed. New York: Garland Science, 2016.
- Harper, D.R.: *Viruses: Biology, Applications, Control*. New York: Garland Science, 2012.
- Kaufmann, S.E., Sher, A., and Ahmed, R. (eds): *Immunology of Infectious Diseases*. Washington, DC: ASM Press, 2001.

Teil I

- Lodish, H., Berk, A., Kaiser, C.A., Krieger, M., Scott, M.P., Bretscher, A., Ploegh, H., and Matsudaira, P.: *Molecular Cell Biology*, 6th ed. New York: W.H. Freeman, 2008.
- Lydyard, P., Cole, M., Holton, J., Irving, W., Porakishvili, N., Venkatesan, P., and Ward, K.: *Case Studies in Infectious Disease*. New York: Garland Science, 2009.
- Mims, C., Nash, A., and Stephen, J.: *Mims' Pathogenesis of Infectious Disease*, 5th ed. London: Academic Press, 2001.
- Ryan, K.J. (ed): *Medical Microbiology*, 3rd ed. East Norwalk, CT: Appleton-Lange, 1994.

## Lehrbücher für Fortgeschrittene, Kompendien und so weiter

- Lachmann, P.J., Peters, D.K., Rosen, F.S., and Walport, M.J. (eds): *Clinical Aspects of Immunology*, 5th ed. Oxford: Blackwell Scientific Publications, 1993.
- Mak, T.W., and Saunders, M. E.: *The Immune Response: Basic and Clinical Principles*. Burlington: Elsevier/Academic Press, 2006.
- Mak, T.W., and Simard, J.J.L.: *Handbook of Immune Response Genes*. New York: Plenum Press, 1998.
- Paul, W.E. (ed): *Fundamental Immunology*, 7th ed. New York: Lippincott Williams & Wilkins, 2012.
- Roitt, I.M., and Delves, P.J. (eds): *Encyclopedia of Immunology*, 2nd ed. (4 vols.). London and San Diego: Academic Press, 1998.

# Die angeborene Immunität

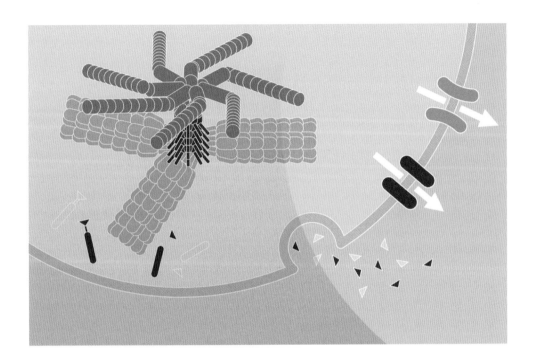

© Springer-Verlag GmbH Deutschland, ein Teil von Springer Nature 2018
K. Murphy, C. Weaver, *Janeway Immunologie*, https://doi.org/10.1007/978-3-662-56004-4_2

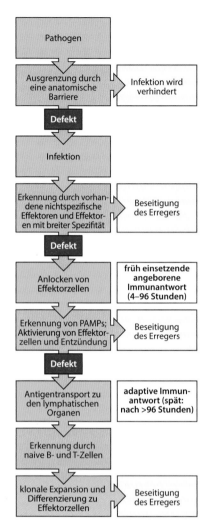

**Abb. 2.1 Die Reaktion auf eine erstmalige Infektion verläuft in drei Phasen.** Dabei handelt es sich um die angeborene Phase, die frühe induzierte angeborene Immunantwort und die adaptive Immunantwort. Die ersten beiden Phasen beruhen darauf, dass keimbahncodierte Rezeptoren des angeborenen Immunsystems die Krankheitserreger erkennen, während bei der erworbenen Immunität variable antigenspezifische Rezeptoren – das Ergebnis von Gensegmentumlagerungen – von Bedeutung sind. Die adaptive Immunantwort setzt spät ein, da sich die seltenen B- und T-Zellen, die für das eindringende Pathogen spezifisch sind, zunächst durch klonale Expansion vermehren müssen, bevor sie sich zu Effektorzellen differenzieren, welche die Infektion beseitigen. Die Effektormechanismen, die den Krankheitserreger beseitigen, sind in jeder Phase ähnlich oder stimmen überein

Wie bereits in Kap. 1 besprochen, können die körpereigenen Abwehrmechanismen der **angeborenen Immunität** die meisten mikrobiellen Eindringlinge innerhalb von Minuten oder Stunden erkennen und vernichten. Diese Abwehrmechanismen beruhen nicht darauf, dass sich antigenspezifische Lymphocyten vermehren. Das angeborene Immunsystem nutzt eine begrenzte Anzahl von sezernierten Proteinen und zellulären Rezeptoren, um eine Infektion zu erkennen und zwischen Krankheitserregern und körpereigenem Gewebe zu unterscheiden. Man bezeichnet sie als angeborene Rezeptoren, da sie von Genen codiert werden, die direkt von den Eltern eines Individuums vererbt werden und nicht wie die Antigenrezeptoren der Lymphocyten erst durch eine Genumlagerung entstehen (Abschn. 1.3.4). Die Bedeutung der angeborenen Immunität lässt sich anhand mehrerer Immunschwächekrankheiten veranschaulichen, die sich bei einer Störung der angeborenen Immunität entwickeln (Kap. 13). Durch solche Krankheiten nimmt die Anfälligkeit für Infektionen zu, selbst wenn das adaptive Immunsystem intakt ist.

Wie ▶ Abb. 1.5 zeigt, beginnt eine Infektion, sobald ein Krankheitserreger eine der Körperbarrieren überwindet. Einige Mechanismen der angeborenen Immunität setzen sofort ein (▶ Abb. 2.1). Dazu gehören mehrere Arten von bereits vorhandenen löslichen Molekülen, die in der extrazellulären Flüssigkeit, im Blut und in epithelialen Sekreten vorkommen und einen Krankheitserreger sofort töten oder seine Wirkung abschwächen können. **Antimikrobielle Enzyme** wie Lysozym beginnen damit, die Zellwand von Bakterien abzubauen; **antimikrobielle Peptide** wie die Defensine lysieren bakterielle Zellmembranen direkt und ein System von Plasmaproteinen, das Komplement, greift Krankheitserreger an, sodass sie entweder lysiert oder von Zellen des angeborenen Immunsystems, beispielsweise von Makrophagen, durch Phagocytose aufgenommen werden. Wenn das nicht gelingt, werden angeborene Immunzellen über Mustererkennungsrezeptoren (*pattern recognition receptors*, PRRs) aktiviert, die pathogenassoziierte molekulare Muster (PAMPs) erkennen (Abschn. 1.2.5), die für Mikroorganismen charakteristisch sind. Die aktivierten Zellen des angeborenen Immunsystems können verschiedene Effektormechanismen auslösen, um eine Infektion zu beseitigen. Weder die löslichen noch die zellulären Komponenten der angeborenen Immunität können von sich aus ein lang andauerndes immunologisches Gedächtnis entwickeln. Nur wenn ein infektiöser Organismus die ersten beiden Abwehrlinien überwindet, werden Mechanismen aktiviert, die eine adaptive Immunantwort in Gang setzen. Das ist die dritte Phase der Reaktion auf einen Krankheitserreger. Dabei kommt es zur Vermehrung antigenspezifischer Lymphocyten, die speziell gegen den Krankheitserreger gerichtet sind, und zur Herausbildung von Gedächtniszellen, die zu einer lang andauernden Immunität führen.

Dieses Kapitel befasst sich mit der ersten Phase der angeborenen Immunantwort. Zuerst betrachten wir die anatomischen Barrieren, die den Körper vor einer Infektion schützen, und untersuchen die sofort einsetzenden angeborenen Abwehrmechanismen, die von verschiedenen freigesetzten, löslichen Proteinen ausgehen. Die anatomischen Barrieren bilden eine feste Abwehr gegen Infektionen; sie bestehen aus Epithelien, die die innere und äußere Oberfläche des Körpers bedecken. Dazu gehören auch die Phagocyten, die unter allen Epitheloberflächen vorkommen. Diese Phagocyten entfalten ihre Wirkung direkt, indem sie eingedrungene Mikroorganismen aufnehmen und abbauen. Epithelien werden außerdem durch viele Arten von chemischer Abwehr geschützt, etwa durch antimikrobielle Enzyme und Peptide. Als nächstes behandeln wir das Komplementsystem, das einige Mikroorganismen direkt tötet und mit anderen interagiert, sodass sie leichter von phagocytotischen Zellen aufgenommen werden können. Das Komplementsystem bezeichnet man zusammen mit den anderen zirkulierenden löslichen Proteinen als angeborene **humorale** Immunität (nach dem alten Wort „humor" für Körperflüssigkeiten). Wenn diese früh einsetzenden Abwehrmechanismen nicht erfolgreich sind, tragen die Phagocyten am Infektionsherd dazu bei, neue Zellen und zirkulierende Effektormoleküle zu rekrutieren. Diesen Vorgang bezeichnet man als Entzündung (Kap. 3).

# 2.1 Anatomische Barrieren und erste chemische Abwehrmechanismen

Mikroorganismen, die für Menschen oder Tiere pathogen sind, dringen in bestimmte Regionen des Körpers ein und lösen dort über eine Vielzahl von Mechanismen Krankheitssymptome aus. Mikroorganismen, die Erkrankungen und Schädigungen von Gewebe verursachen, das heißt pathologische Auswirkungen haben, bezeichnet man als **pathogene Mikroorganismen** oder **Krankheitserreger** (**Pathogene**). Während die angeborene Immunität die meisten Mikroorganismen vernichtet, die gelegentlich eine anatomische Barriere durchqueren, haben Krankheitserreger in der Evolution Mechanismen entwickelt, durch die sie die angeborene Abwehr effektiver als andere Mikroorganismen überwinden können. Sobald sich eine Infektion festgesetzt hat, sind normalerweise sowohl die angeborene als auch die adaptive Immunantwort gefordert, um die Krankheitserreger aus dem Körper zu entfernen. Selbst in diesen Fällen erfüllt jedoch das angeborene Immunsystem eine wichtige Funktion, indem es die Anzahl der Krankheitserreger verringert, während sich das adaptive Immunsystem darauf einstellt, seine Aktivitäten zu entfalten. Im ersten Teil dieses Kapitels werden wir die verschiedenen Arten von Krankheitserregern und ihre Infektionsstrategien kurz umreißen, um dann auf die angeborenen Abwehrmechanismen einzugehen, die in den meisten Fällen verhindern, dass sich eine Infektion durch Mikroorganismen entwickeln kann.

## 2.1.1 Infektionskrankheiten werden durch verschiedene Organismen verursacht, die sich in ihrem Wirt vermehren

Pathogene lassen sich in fünf Gruppen unterteilen: Viren, Bakterien, Pilze, Protozoen und bestimmte Würmer (Helminthen). Protozoen und Würmer fasst man normalerweise unter dem Oberbegriff Parasiten zusammen; sie werden von der Parasitologie untersucht, während Viren, Bakterien und Pilze Untersuchungsobjekte der Mikrobiologie sind. In ▸ Abb. 2.2 sind einige Beispiele aus den verschiedenen Gruppen von krankheitsverursachenden Mikroorganismen und Parasiten aufgelistet. Die charakteristischen Merkmale der einzelnen Erreger sind die Art und Weise ihrer Übertragung und ihrer Vermehrung, ihre **Pathogenese** (die Art, wie sie eine Krankheit hervorrufen) sowie die Immunantwort, die sie im Wirt auslösen. Die verschiedenen Lebensräume und Lebenszyklen der Krankheitserreger bedeuten, dass eine ganze Reihe unterschiedlicher angeborener und adaptiver Immunitätsmechanismen erforderlich ist, um sie zu vernichten.

Infektiöse Organismen können sich in verschiedenen Kompartimenten des Körpers vermehren (▸ Abb. 2.3). In Kap. 1 haben wir bereits die beiden Hauptkompartimente kennengelernt: den Intrazellularraum und den Extrazellularraum. Sowohl die angeborenen als auch die adaptiven Immunantworten reagieren auf Krankheitserreger, die in diesen beiden Kompartimenten vorkommen, auf unterschiedliche Weise. Viele bakterielle Krankheitserreger leben und vermehren sich in extrazellulären Räumen, entweder innerhalb von Geweben oder an der Oberfläche von Epithelien, die die Körperhöhlen auskleiden. Extrazelluläre Bakterien sind normalerweise für Phagocyten zugänglich, die sie abtöten – eine wichtige Abwehrwaffe des angeborenen Immunsystems. Es gibt jedoch einige Krankheitserreger – Spezies von *Staphylococcus* und *Streptococcus* –, die von einer Kapsel aus Polysacchariden geschützt sind, welche eine Aufnahme in die Zelle verhindert. Dies wiederum wird teilweise durch die Mitwirkung eines anderen Bestandteils der angeborenen Immunität aufgehoben – wodurch die Bakterien für die Phagocytose zugänglich werden. Bei der adaptiven Immunantwort werden Bakterien durch eine Kombination aus Antikörpern und Komplement für die Phagocytose noch besser zugänglich gemacht.

Die Symptome und Auswirkungen von Infektionskrankheiten unterscheiden sich, abhängig davon, wo sich der verursachende Krankheitserreger im Körper vermehrt – im intrazellulären oder extrazellulären Raum – und welche Schäden er hervorruft (▸ Abb. 2.4). Obligat intra-

**Teil I**

| Infektionswege für Pathogene | | | | |
|---|---|---|---|---|
| **Eintrittsweg** | **Übertragungsart** | **Pathogen** | **Erkrankung** | **Art des Pathogens** |
| **Schleimhäute** | | | | |
| Mund und Atemwege | infektiöses Material wird eingeatmet oder mit der Nahrung aufgenommen | Masernvirus | Masern | Paramyxovirus |
| | | Influenzavirus | Grippe | Orthomyxovirus |
| | | Varicella-zoster-Virus | Windpocken | Herpesvirus |
| | | Epstein-Barr-Virus | Mononucleose | Herpesvirus |
| | | *Streptococcus pyogenes* | Tonsillitis | grampositives Bakterium |
| | | *Haemophilus influenzae* | Lungenentzündung, Meningitis | gramnegatives Bakterium |
| | | *Neisseria meningitidis* | Meningokokken-Meningitis | gramnegatives Bakterium |
| | Sporen | *Bacillus anthracis* | Lungenmilzbrand | grampositives Bakterium |
| Verdauungstrakt | kontaminiertes Wasser oder Nahrungsmittel | Rotavirus | Durchfall | Rotavirus |
| | | Hepatitis-A-Virus | Gelbsucht | Picornavirus |
| | | *Salmonella* Enteritidis, *S.* Typhimurium | Lebensmittelvergiftung | gramnegatives Bakterium |
| | | *Vibrio cholerae* | Cholera | gramnegatives Bakterium |
| | | *Salmonella* Typhi | Typhus | gramnegatives Bakterium |
| | | *Trichuris trichiura* | Trichuriasis | Helminthe |
| Geschlechtsorgane | Übertragung durch sexuellen Kontakt/ infiziertes Blut | Hepatitis-B-Virus | Hepatitis B | Hepadnavirus |
| | | humanes Immun-schwächevirus (HIV) | erworbenes Immun-schwächesyndrom (AIDS) | Retrovirus |
| | Übertragung durch sexuellen Kontakt | *Neisseria gonorrhoeae* | Gonorrhö | gramnegatives Bakterium |
| | | *Treponema pallidum* | Syphilis | Bakterium (Spirochäte) |
| opportunistische Infektionen | residente Mikroorganismen | *Candida albicans* | Candidiasis, Soor | Pilz |
| | residente Mikroflora der Lunge | *Pneumocystis jirovecii* | Lungenentzündung | Pilz |
| **äußere Epithelien** | | | | |
| äußere Oberfläche | physischer Kontakt | *Trichophyton* | Fußpilz | Pilz |
| Wunden und Abschürfungen | kleinere Hautabschürfungen | *Bacillus anthracis* | Anthrax | grampositives Bakterium |
| | punktuelle Verletzungen | *Clostridium tetani* | Tetanus | grampositives Bakterium |
| | Berührung infizierter Tiere | *Francisella tularensis* | Tularämie | gramnegatives Bakterium |
| Insektenstiche | Mückenstiche (*Aedes aegypti*) | Flavivirus | Gelbfieber | Virus |
| | Zeckenbisse | *Borrelia burgdorferi* | Lyme-Borreliose | Bakterium (Spirochäte) |
| | Mückenstiche (*Anopheles*) | *Plasmodium* spp. | Malaria | Protozoon |

**Abb. 2.2 Viele verschiedene Mikroorganismen können Krankheiten verursachen.** Es gibt fünf Haupttypen pathogener Organismen: Viren, Bakterien, Pilze, Protozoen und Würmer. Aus jeder Gruppe sind einige häufige Vertreter aufgeführt

| | extrazellulär | | intrazellulär | |
|---|---|---|---|---|
| | **Interstitium, Blut, Lymphe** | **epitheliale Oberflächen** | **im Cytoplasma** | **in Vesikeln** |
| **Ort der Infektion** |  | 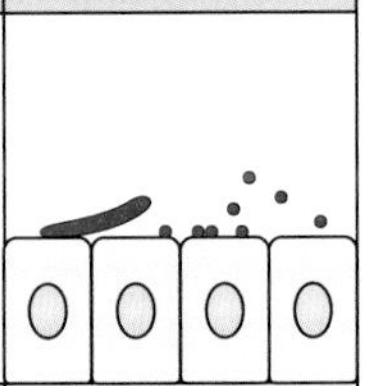 |  |  |
| **Organismen** | Viren Bakterien Protozoen Pilze Würmer | *Neisseria gonorrhoeae Streptococcus pneumoniae Vibrio cholerae Helicobacter pylori Candida albicans* Würmer | Viren *Chlamydia* spp. *Rickettsia* spp. Protozoen | *Mycobacterium* spp. *Yersinia pestis Legionella pneumophila Cryptococcus neoformans Leishmania* spp. |
| **Immunschutz** | Komplement Phagocytose Antikörper | antimikrobielle Peptide Antikörper, insbesondere IgA | NK-Zellen cytotoxische T-Zellen | von T- und NK-Zellen abhängige Aktivierung von Makrophagen |

**Abb. 2.3 Krankheitserreger können in verschiedenen Kompartimenten des Körpers vorkommen, wo sie mit unterschiedlichen Abwehrmechanismen bekämpft werden müssen.** Nahezu alle Krankheitserreger haben in ihrem Infektionszyklus eine extrazelluläre Phase, in der sie für zirkulierende Moleküle und Zellen der angeborenen Immunität und für Antikörper der adaptiven Immunantwort anfällig sind. Alle diese Faktoren führen vor allem dadurch zu einer Beseitigung der Mikroorganismen, dass sie die Phagocytose durch die Phagocyten des Immunsystems stimulieren. Krankheitserreger wie Viren sind während der intrazellulären Phase nicht für solche Mechanismen zugänglich. Stattdessen wird die infizierte Zelle durch NK-Zellen des angeborenen Immunsystems oder die cytotoxischen T-Zellen des adaptiven Immunsystems angegriffen. Die Aktivierung von Makrophagen als Folge der Aktivität von NK-Zellen oder T-Zellen kann den Makrophagen veranlassen, die Krankheitserreger in seinen Vesikeln zu töten

zelluläre Krankheitserreger wie Viren müssen in Wirtszellen eindringen, um sich zu vermehren. Fakultativ intrazelluläre Krankheitserreger wie die Mycobakterien hingegen können sich innerhalb oder außerhalb der Zelle vermehren. Es gibt zwei Mechanismen der angeborenen Immunität, die intrazelluläre Krankheitserreger bekämpfen. Zum einen werden die Erreger vernichtet, bevor sie Zellen infizieren können. Dafür besitzt die angeborene Immunität lösliche Komponenten wie antimikrobielle Peptide, aber auch phagocytotische Zellen, die Krankheitserreger aufnehmen und zerstören können, bevor sie in die Zellen eindringen. Andererseits kann das angeborene Immunsystem Zellen erkennen, die mit Krankheitserregern infiziert sind, und sie töten. Das ist die Aufgabe der natürlichen Killerzellen (NK-Zellen), die geeignet sind, bestimmte Virusinfektionen in Schach zu halten, bis die cytotoxischen T-Zellen des adaptiven Immunsystems einsatzbereit sind. Intrazelluläre Erreger lassen sich noch weiter unterteilen in Mikroorganismen, die sich frei in der Zelle vermehren, etwa Viren und bestimmte Bakterien (beispielsweise *Chlamydia*, *Rickettsia* und *Listeria*), sowie in solche, die sich in zellulären Vesikeln vermehren (wie Mycobakterien). Krankheitserreger, die in den Vesikeln von Makrophagen leben, können abgetötet werden, nachdem der Makrophage durch Aktivitäten von NK-Zellen oder T-Zellen stimuliert wurde (▶ Abb. 2.3).

Viele der gefährlichsten extrazellulären Krankheitserreger verursachen eine Krankheit, indem sie Proteintoxine freisetzen, die man als **Exotoxine** bezeichnet (▶ Abb. 2.4). Das angeborene Immunsystem besitzt dagegen nur geringe Abwehrmöglichkeiten. Die hochspezifischen Antikörper, die vom adaptiven Immunsystem produziert werden, dienen dazu, die Aktivität solcher Toxine zu neutralisieren (▶ Abb. 1.28). Die Schäden, die ein bestimmter Krankheitserreger hervorruft, hängen auch immer von dem Ort ab, an dem er sich an-

| | direkte Gewebeschädigung durch Pathogene | | | indirekte Gewebeschädigung durch Pathogene | | |
|---|---|---|---|---|---|---|
| | Produktion von Exotoxinen | Endotoxin | direkte Zellschädigung | Immun-komplexe | gegen den Wirt gerichtete Antikörper | zelluläre Immunität |
| pathogener Mechanismus | | | | | | |
| Erreger | *Streptococcus pyogenes* *Staphylococcus aureus* *Corynebacterium diphtheriae* *Clostridium tetani* *Vibrio cholerae* | *Escherichia coli* *Haemophilus influenzae* *Salmonella* Typhi *Shigella* *Pseudomonas aeruginosa* *Yersinia pestis* | Variolavirus Varicella-zoster-Virus Hepatitis-B-Virus Poliomyelitisvirus Masernvirus Influenzavirus Herpes-simplex-Virus humanes Herpes-virus 8 (HHV8) | Hepatitis-B-Virus Malaria *Streptococcus pyogenes* *Treponema pallidum* die meisten akuten Infektionen | *Streptococcus pyogenes* *Mycoplasma pneumoniae* | LCM-Virus Herpes-simplex-Virus *Mycobacterium tuberculosis* *Mycobacterium leprae* *Borrelia burgdorferi* *Schistosoma mansoni* |
| Erkrankung | Mandelentzündung, Scharlach Furunkel, toxisches Schocksyndrom, Lebensmittel-vergiftung Diphtherie Tetanus Cholera | gramnegative Sepsis Meningitis, Lungen-entzündung Typhus Bakterienruhr Wundinfektion Pest | Pocken Windpocken, Gürtelrose Hepatitis Poliomyelitis Masern, subakute sklerosierende Panencephalitis Influenza Herpes labialis Kaposi-Sarkom | Nierenerkrankung Ablagerungen in Blutgefäßen Glomerulonephritis Nierenschädigung im syphilitischen Endstadium vorübergehende Ablagerungen in den Nieren | rheumatisches Fieber hämolytische Anämie | aseptische Meningitis stromale Herpes-keratitis Tuberkulose tuberkuloide Lepra Lyme-Arthritis Bilharziose |

**Abb. 2.4 Krankheitserreger können Gewebe auf verschiedene Weise schädigen.** In der Tabelle sind die Mechanismen der Gewebeschädigung, typische infektiöse Organismen sowie die allgemeine Bezeichnung der jeweils ausgelösten Erkrankung aufgeführt. Einige Mikroorganismen setzen Exo-toxine frei, die an der Oberfläche der Wirtszellen ihre Wirkung entfalten, indem sie zum Beispiel an Rezeptoren binden. Endotoxine sind innere Strukturelemente von Mikroben; sie regen Phagocy-ten zur Ausschüttung von Cytokinen an, die lokale oder systemische Symptome hervorrufen. Viele Krankheitserreger schädigen die Zellen, die sie infizieren, direkt. Bei adaptiven Immunreaktionen gegen einen Erreger können schließlich Antigen:Antikörper-Komplexe entstehen, die wiederum Neutrophile und Makrophagen aktivieren, ferner Antikörper, die mit Wirtsgewebe kreuzreagieren, oder T-Zellen, die infizierte Zellen töten; sie alle haben ein gewisses Potenzial, das Wirtsgewebe zu schädigen. Darüber hinaus sezernieren die in den Anfangsstadien der Infektion dominierenden Neutrophilen viele Proteine und kleine Mediatormoleküle der Entzündung, die sowohl die Infektion kontrollieren als auch Gewebe zerstören

gesiedelt hat. So verursacht *Streptococcus pneumoniae* in der Lunge eine Lungenentzün-dung, im Blut jedoch eine schnell tödlich verlaufende systemische Erkrankung, eine Pneumokokkensepsis. Nichtsezernierte Bestandteile der bakteriellen Strukturen, die Pha-gocyten zur Freisetzung von Cytokinen mit lokal begrenzten oder systemischen Auswir-kungen anregen, bezeichnet man hingegen als **Endotoxine**. Ein Endotoxin, das in der Medizin große Bedeutung besitzt, ist das **Lipopolysaccharid (LPS)** der äußeren Zellmem-bran von gramnegativen Bakterien, beispielsweise von *Salmonella*. Viele Krankheitssymp-tome einer Infektion durch diese Art von Bakterien – etwa Fieber, Schmerzen, Hautaus-schlag, Blutungen, septischer Schock – sind zu einem großen Teil auf LPS zurückzuführen.

Die meisten pathogenen Mikroorganismen können die angeborene Immunantwort über-winden und weiter wachsen, was uns krank macht. Um sie zu beseitigen und eine spätere erneute Infektion zu verhindern, ist eine adaptive Immunantwort notwendig. Bestimmte Krankheitserreger werden niemals vollständig durch das Immunsystem vernichtet und blei-ben jahrelang im Körper bestehen. Die meisten Krankheitserreger sind jedoch nicht universell letal. Diejenigen, die schon seit Tausenden von Jahren in der menschlichen Population leben, sind hoch entwickelt, ihre menschlichen Wirte auszubeuten. Sie können ihre Pathogenität nicht ändern, ohne den Kompromiss aufzugeben, den sie mit dem Immunsystem des Menschen erreicht haben. Wenn ein Krankheitserreger jeden Wirt schnell töten würde, in dem er lebt, wäre das für das langfristige Überleben genauso wenig geeignet als wenn er durch das Immunsystem beseitigt würde, bevor er jemand anders infiziert. Kurz gesagt, wir haben uns bei vielen Mikroorganismen daran angepasst, mit ihnen zu leben, und umgekehrt. Dennoch ist man aktuell durch hochgradig pathogene Stämme der Vogelgrippe beunruhigt und auch der Ausbruch des schweren akuten respiratorischen Syndroms (SARS) in den Jahren 2002–2003, verursacht durch ein von Fledermäusen übertragenes Coronavirus, das beim Menschen eine schwere Lungenentzündung hervorruft, weist darauf hin, dass neue und tödliche Infektionen vom Tier auf den Menschen übertragen werden können. Eine solche Übertragung war anscheinend auch für die Epidemie mit dem Ebolavirus in Westafrika in den Jahren 2014–2015 verantwortlich, die man als **zoonotische** Infektionen bezeichnet. Wir müssen immer wachsam sein, um das Auftreten von neuen Krankheitserregern und neuen gesundheitlichen Bedrohungen frühzeitig zu bemerken. Das humane Immunschwächevirus, das AIDS verursacht (Kap. 13), dient als Warnung davor, dass wir weiterhin verwundbar sind.

## 2.1.2 Die Epitheloberflächen des Körpers bilden die erste Barriere gegen Infektionen

Unser Körper ist an der Oberfläche durch Epithelien geschützt, die zwischen dem inneren Bereich und der äußeren Welt, in der sich Krankheitserreger befinden, eine physikalische Barriere bilden. Zu den Epithelien gehören die Haut und die Auskleidung der Röhrensysteme im Körper, also der Atemwege, des Urogenital- und des Magen-Darm-Trakts. Die Epithelien in diesen Bereichen sind auf ihre besonderen Funktionen spezialisiert und besitzen eigene angeborene Abwehrmechanismen gegen die Mikroorganismen, denen sie normalerweise ausgesetzt sind (▸ Abb. 2.5 und 2.6).

Die Epithelzellen werden von Tight Junctions zusammengehalten, die gegenüber der äußeren Umgebung eine wirksame Barriere bilden. Die inneren Epithelien bezeichnet man als **mucosale Epithelien** (Schleimhautepithelien), da sie eine viskose Flüssigkeit (Schleim, **Mucus**) freisetzen. Diese enthält zahlreiche Glykoproteine, die **Mucine**. Der Schleim besitzt eine Reihe von Schutzfunktionen. Mikroorganismen, die mit Schleim bedeckt sind, können daran gehindert werden, sich an einem Epithel anzuheften. In den Atemwegen werden Mikroorganismen durch einen beständigen Strom von Schleim nach außen befördert, der von

| | Haut | Darm | Lunge | Augen/Nase/Mund |
|---|---|---|---|---|
| mechanisch | Epithelzellen sind durch Tight Junctions miteinander verbunden | | | |
| | Längsbewegung von Luft oder Flüssigkeit | Längsbewegung von Luft oder Flüssigkeit | Bewegung des Schleims durch Cilien | Tränen Cilien in der Nase |
| chemisch | Fettsäuren | niedriger pH | Lungentensid | Enzyme in Tränenflüssigkeit und Speichel (Lysozym) |
| | | Enzyme (Pepsin) | | |
| | β-Defensine lamelläre Granula Cathelicidin | α-Defensine (Cryptidine) RegIII (Lekticidine) Cathelicidin | α-Defensine Cathelicidin | Histatine β-Defensine |
| mikrobiologisch | normale Mikroflora | | | |

**Abb. 2.5 Viele Barrieren verhindern, dass Krankheitserreger Epithelien durchqueren und das Gewebe besiedeln.** Oberflächenepithelien bilden mechanische, chemische und mikrobiologische Barrieren gegen eine Infektion

**Abb. 2.6 Epithelien bilden spezialisierte physikalische und chemische Barrieren, die in verschiedenen Körperregionen als angeborene Abwehr wirken.** *Oben*: Die Epidermis besteht aus mehreren Schichten von Keratinocyten in unterschiedlichen Differenzierungsstadien, die aus der basalen Schicht der Stammzellen hervorgehen. Differenzierte Keratinocyten im Stratum spinosum produzieren β-Defensine und Cathelicidine, die in sekretorische Organellen, die lamellären Granula (*gelb*), eingeschleust und in den Interzellularraum freigesetzt werden, wo sie eine wasserdichte Lipidschicht (das Stratum corneum) mit antimikrobieller Aktivität bilden. *Mitte* (Lunge): Die Atemwege sind mit einem cilienbesetzten Epithel ausgekleidet. Durch das Schlagen der Cilien bewegt sich ein ständiger Strom aus Schleim (*grün*), der von den Becherzellen sezerniert wird, nach außen. Dadurch werden potenzielle Krankheitserreger festgehalten und abtransportiert. Typ-II-Pneumocyten in den Lungenalveolen (nicht dargestellt) produzieren ebenfalls antimikrobielle Defensine und setzen sie frei. *Unten*: Im Darm bilden die Paneth-Zellen – spezialisierte Zellen in den epithelialen Krypten – verschiedene Arten von antimikrobiellen Proteinen: α-Defensine (Cryptidine) und das antimikrobielle Lektin RegIII. (Oberstes Fenster mit Genehmigung der AAAS: Button, B., et al.: A periciliary brush promotes the lung health by separating the mucus layer from airway epithelia. *Science* 2012, 337:937–941)

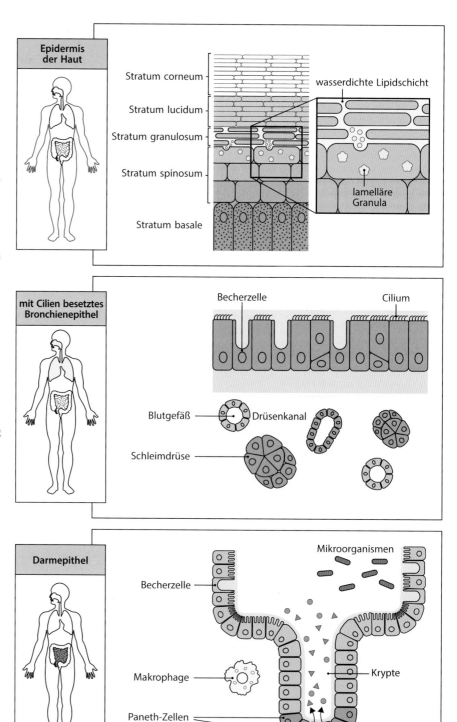

den schlagenden Cilien auf der Schleimhaut bewegt wird (▶ Abb. 2.7). Die Bedeutung dieses Schleimflusses für die Beseitigung von Infektionen zeigt sich bei Personen, die an der erblichen Krankheit **cystische Fibrose** leiden. Durch Defekte im *CFTR*-Gen, das im Epithel einen Chloridkanal codiert, wird der Schleim aufgrund der Dehydratisierung ungewöhnlich dickflüssig. Bei diesen Patienten kommt es häufig zu Lungeninfektionen durch Bakterien, die das Epithel besiedeln, es aber nicht durchqueren (▶ Abb. 2.7). Im Darm ist die Peristaltik ein wichtiger Mechanismus, der dafür sorgt, dass sowohl die aufgenommene Nahrung als auch Mikroorganismen durch den Körper transportiert werden. Ein Versagen der Peristaltik geht üblicherweise mit einer übermäßigen Vermehrung pathogener Bakterien im Darmlumen einher.

Auf den meisten gesunden Epitheloberflächen befinden sich große Populationen von normalerweise nichtpathogenen Bakterien, die man als **kommensale Bakterien** oder **Mikrobiota** bezeichnet. Diese tragen dazu bei, Krankheitserreger in Schach zu halten. Die Mikrobiota können ebenfalls antimikrobielle Substanzen produzieren, beispielsweise Milchsäure, die von vaginalen Lactobazillen freigesetzt wird. Einige dieser Stämme wiederum produzieren auch antimikrobielle Peptide (Bacteriocine). Kommensale Bakterien lösen auch Reaktionen aus, die die Barrierefunktionen der Epithelien unterstützen, indem sie die Epithelzellen anregen, selbst antimikrobielle Peptide freizusetzen. Wenn kommensale Mikroorganismen durch eine Behandlung mit Antibiotika abgetötet wurden, treten häufig Krankheitserreger an ihre Stelle und verursachen Krankheiten (▶ Abb. 12.20). Unter bestimmten Bedingungen können kommensale Mikroorganismen auch selbst Krankheiten hervorrufen, wenn ihre Vermehrung nicht in Schach gehalten wird oder wenn das Immunsystem beeinträchtigt ist. In Kap. 12 werden wir uns weiter damit beschäftigen, welche große Bedeutung kommensale Mikroorganismen für die normale Immunität besitzen, vor allem im Darm. In Kap. 15 werden wir erfahren, wie diese normalerweise nichtpathogenen Organismen im Zusammenhang mit vererbbaren Immunschwächen Krankheiten verursachen können.

### 2.1.3 Um einen Infektionsherd im Körper bilden zu können, müssen Erreger die angeborenen Abwehrmechanismen des Wirtes überwinden

Der menschliche Körper ist ständig Mikroorganismen ausgesetzt, die in der Umgebung vorhanden sind. Hierzu gehören auch Krankheitserreger, die von infizierten Individuen freigesetzt wurden. Über äußere oder innere Epitheloberflächen kann es zum Kontakt mit diesen Mikroorganismen kommen. Damit sich eine Infektion entwickeln kann, muss ein Mikroorganismus zuerst in den Körper eindringen, indem er an ein Epithel bindet oder dieses durchquert (▶ Abb. 2.8). Wenn das Epithel geschädigt wird, meist durch Wunden, Verbrennungen oder bei einem Zusammenbruch von Epithelien im Inneren des Körpers, sind Infektionen eine der Hauptursachen für Krankheit und Tod. Der Körper repariert geschädigte Epitheloberflächen zwar schnell, aber selbst ohne eine Schädigung können Krankheitserreger durch spezifisches Anheften an eine Epitheloberfläche und deren Besiedlung eine Infektion in Gang setzen. Mithilfe der Anheftung verhindern die Organismen, dass sie durch einen Luft- oder Flüssigkeitsstrom abtransportiert werden.

Eine Krankheit entsteht, wenn es einem Mikroorganismus gelingt, die angeborene Abwehr des Wirtes zu umgehen oder auszuschalten, einen lokalen Infektionsherd zu bilden und sich so zu vermehren, dass eine weitere Ausbreitung im Körper möglich ist. Das Epithel, das die Atemwege auskleidet, eröffnet für Mikroorganismen, die durch die Luft übertragen werden, einen Weg, um ins Gewebe einzudringen; die innere Schicht des Verdauungstrakts übernimmt dies für Mikroorganismen, die mit Nahrung oder Wasser aufgenommen werden. Die Darmpathogene *Salmonella* Typhi (Typhuserreger) und *Vibrio cholerae* (Erreger der Cholera) werden durch Wasser, das mit Fäkalien verunreinigt ist, beziehungsweise durch verunreinigte Nahrungsmittel übertragen. Über Insektenstiche oder Wunden ist es Mikroorganismen ebenfalls möglich, die Haut zu durchdringen, und bei direktem Körperkontakt können Infektionen durch die Haut, den Darm oder die Geschlechtsorgane übertragen werden (▶ Abb. 2.2).

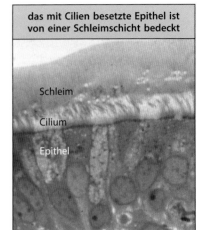

das mit Cilien besetzte Epithel ist von einer Schleimschicht bedeckt

Schleim

Cilium

Epithel

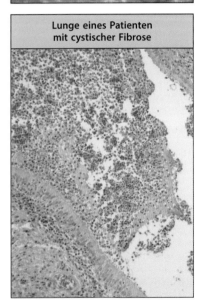

Lunge eines Patienten mit cystischer Fibrose

**Abb. 2.7 Das cilienbesetzte Atemepithel transportiert die darauf befindliche Schleimschicht, wodurch die Mikroorganismen, die aus der Umgebung stammen, beseitigt werden.** *Oben:* Das mit Cilien besetzte respiratorische Epithel der Atemwege in der Lunge ist von einer Schleimschicht bedeckt. Die Cilien transportieren den Schleim nach außen und tragen so dazu bei, eine Besiedlung der Atemwege mit Bakterien zu verhindern. *Unten:* Schnitt durch die Lunge eines Patienten mit cystischer Fibrose. Die Schicht aus dehydratisiertem Schleim beeinträchtigt den Transport des Schleims durch die Cilien, sodass es häufig zu einer Besiedlung der Atemwege mit Bakterien und zu Entzündungen kommt. (Fotos mit freundlicher Genehmigung von J. Ritter)

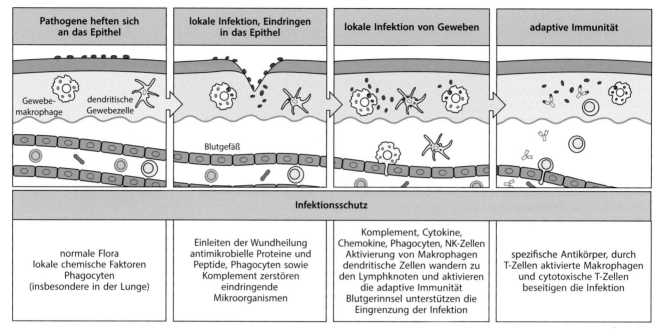

| Pathogene heften sich an das Epithel | lokale Infektion, Eindringen in das Epithel | lokale Infektion von Geweben | adaptive Immunität |
|---|---|---|---|

Gewebe-makrophage  dendritische Gewebezelle

Blutgefäß

**Infektionsschutz**

| normale Flora lokale chemische Faktoren Phagocyten (insbesondere in der Lunge) | Einleiten der Wundheilung antimikrobielle Proteine und Peptide, Phagocyten sowie Komplement zerstören eindringende Mikroorganismen | Komplement, Cytokine, Chemokine, Phagocyten, NK-Zellen Aktivierung von Makrophagen dendritische Zellen wandern zu den Lymphknoten und aktivieren die adaptive Immunität Blutgerinnsel unterstützen die Eingrenzung der Infektion | spezifische Antikörper, durch T-Zellen aktivierte Makrophagen und cytotoxische T-Zellen beseitigen die Infektion |

**Abb. 2.8 Eine Infektion und die durch sie ausgelösten Immunantworten lassen sich in mehrere Stadien einteilen.** Diese sind hier für einen infektiösen Organismus dargestellt, der über eine Hautverletzung in den Körper gelangt. Der Erreger muss sich zunächst an die Zellen des Epithels heften und diese dann durchqueren. Eine lokale angeborene Immunreaktion kann verhindern, dass sich die Infektion etabliert. Gelingt dies nicht, trägt sie zumindest dazu bei, die Infektion einzudämmen, und bringt den Krankheitserreger durch einen Transport in der Lymphflüssigkeit und innerhalb von dendritischen Zellen zu den lokalen Lymphknoten. Dadurch kommt es zu einer adaptiven Immunantwort

Obwohl der Körper auf diese Weise ständig infektiösen Organismen ausgesetzt ist, kommt es glücklicherweise verhältnismäßig selten zu Infektionskrankheiten. Die meisten Mikroorganismen, die dennoch über ein Epithel eindringen, werden von den angeborenen Abwehrmechanismen in den darunter liegenden Gewebeschichten wirkungsvoll vernichtet, sodass sich keine Infektion bilden kann. Es ist schwer festzustellen, wie viele Infektionen auf diese Weise abgewehrt werden, da sie keine Symptome entwickeln und unentdeckt bleiben.

Pathogene Mikroorganismen unterscheiden sich von der Vielzahl der Mikroorganismen in der Umgebung generell dadurch, dass sie in besonderer Weise angepasst sind, dem Immunsystem zu entkommen. In einigen Fällen wie beim Fußpilz bleibt die ursprüngliche Infektion lokal begrenzt und verursacht keine ausgeprägten Krankheitssymptome. In anderen Fällen, etwa bei Tetanus, setzt das Bakterium *Clostridium tetani* ein starkes Nervengift frei. Die Infektion führt zu einer schweren Erkrankung, da sie sich über die Lymphgefäße oder mit dem Blutstrom ausbreitet, in Gewebe eindringt und diese zerstört, und die Körperfunktionen nachhaltig schädigt.

Die Ausbreitung von Krankheitserregern ist häufig von einer **Entzündungsreaktion (inflammatorische Reaktion)** begleitet, die aus lokalen Blutgefäßen weitere Effektorzellen und -moleküle des angeborenen Immunsystems rekrutiert und außerdem im Blutkreislauf nachgeschaltete Gerinnungsreaktionen auslöst, damit sich die Mikroorganismen im Blut nicht ausbreiten können (▶ Abb. 2.8). Die zellulären Reaktionen der angeborenen Immunität sind einige Tage lang aktiv. Während dieser Zeit kann auch die adaptive Immunantwort einsetzen, wenn Antigene des Pathogens mit dendritischen Zellen in das lymphatische Gewebe gelangt sind (Abschn. 1.3.8). Die angeborene Immunantwort kann zwar einige Infektionen beseitigen, aber eine adaptive Immunantwort kann gegen bestimmte Stämme und Varianten von Krankheitserregern gerichtet sein und den Körper vor einer erneuten Infektion mit dem gleichen Krankheitserreger schützen. Das geschieht entweder durch T-Effektorzellen oder Antikörper, die ein immunologisches Gedächtnis bilden.

## 2.1.4 Epithelzellen und Phagocyten produzieren verschiedene Arten von antimikrobiellen Proteinen

Unsere Oberflächenepithelien sind jedoch mehr als nur eine physikalische Barriere gegen Infektionen. Sie produzieren auch chemische Substanzen, die Mikroorganismen töten oder deren Wachstum hemmen. So erzeugt beispielsweise das saure Milieu im Magen zusammen mit den Verdauungsenzymen, Gallensäuren, Fettsäuren und Lysolipiden im oberen Gastrointestinaltrakt eine starke chemische Barriere gegen Infektionen (▶ Abb. 2.5). Eine wichtige Gruppe von antimikrobiellen Proteinen umfasst Enzyme, die für die bakterielle Zellwand charakteristische chemische Strukturen angreifen. Dazu gehören das **Lysozym** und die **sekretorische Phospholipase A₂**, die in Tränen und Speichel vorhanden sind sowie von Phagocyten freigesetzt werden. Lysozym ist eine Glykosylase, die im Baustein **Peptidoglykan** der bakteriellen Zellwand eine bestimmte chemische Bindung spaltet. Peptidoglykan ist ein alternierendes Polymer aus $N$-Acetylglucosamin

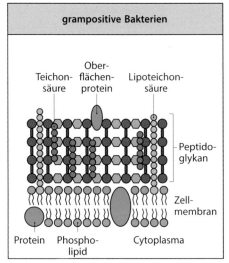
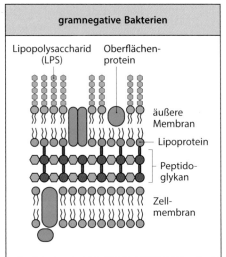
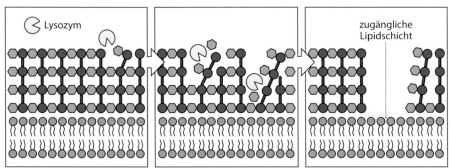

**Abb. 2.9 Lysozym baut die Zellwand von gramnegativen und grampositiven Bakterien ab.** *Oben*: Das Peptidoglykan der bakteriellen Zellwände ist ein Polymer aus abwechselnden Resten von $\beta$-(1,4)-glykosidisch verknüpftem $N$-Acetylglucosamin (GlcNAc) (*große türkisfarbene Sechsecke*) und $N$-Acetylmuraminsäure (MurNAc) (*violette Punkte*), die untereinander durch Peptidbrücken (*rote Linien*) zu einem dichten dreidimensionalen Netzwerk verbunden sind. Bei grampositiven Bakterien (*oben links*) bildet Peptidoglykan die äußere Schicht, in die andere Moleküle eingebettet sind, etwa Teichonsäuren oder Lipoteichonsäuren, welche die Peptidoglykanschicht mit der bakteriellen Membran verbinden. Bei gramnegativen Bakterien (*oben rechts*) wird eine dünne innere Peptidoglykanschicht von einer äußeren Lipidmembran bedeckt, die Proteine und Lipopolysaccharide (LPS) enthält. Lipopolysaccharide bestehen aus dem Lipid A (*türkisfarbene Punkte*), das mit einem Polysaccharidkern (*kleine türkisfarbene Sechsecke*) verbunden ist. Lysozym (*unten*) spaltet $\beta$-(1,4)-glykosidische Verbindungen zwischen GlcNAc und MurNAc. Dadurch wird die Peptidoglykanschicht geschädigt und die darunterliegende Zellmembran wird für andere antimikrobielle Faktoren zugänglich. Lysozym ist gegen grampositive Bakterien wirksamer als gramnegative, da das Peptidoglykan hier besser zugänglich ist

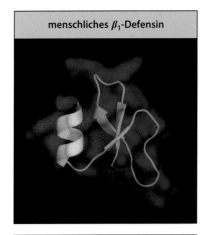

menschliches $\beta_1$-Defensin

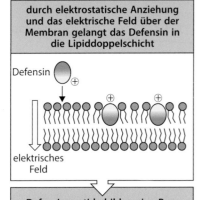

durch elektrostatische Anziehung und das elektrische Feld über der Membran gelangt das Defensin in die Lipiddoppelschicht

Defensin

elektrisches Feld

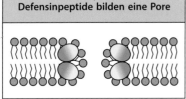

Defensinpeptide bilden eine Pore

**Abb. 2.10 Defensine sind amphipathische Peptide, die die Zellmembranen von Mikroorganismen aufbrechen.** *Oben*: Struktur des humanen $\beta_1$-Defensins, Es besteht aus einer kurzen $\alpha$-Helix (*gelb*), die sich an drei antiparallele Stränge eines $\beta$-Faltblatts (*grün*) lehnt. Sodass ein amphipathisches Peptid mit geladenen und hydrophoben Resten entsteht, die in voneinander getrennten Regionen liegen. Dieses allgemeine Merkmal kennzeichnet alle Defensive der Pflanzen und Insekten und ermöglicht es ihnen, mit der geladenen Oberfläche der Zellmembran zu interagieren und in die Lipiddoppelschicht einzudringen (*Mitte*). Die Einzelheiten sind zwar noch unbekannt, aber durch eine Neuordnung der Defensine innerhalb der Membran kommt es zur Ausbildung von Poren und die Integrität der Membran geht verloren

(GlcNAc) und *N*-Acetylmuraminsäure (MurNAc), verstärkt durch Peptidbrücken, die der Quervernetzung dienen (▶ Abb. 2.9). Lysozym spaltet selektiv die $\beta$-(1,4)-glykosidische Bindung zwischen diesen beiden Zuckern und ist bei der Bekämpfung grampositiver Bakterien, bei denen die Peptidoglykanzellwand frei zugänglich ist, wirksamer als bei gramnegativen Bakterien, bei denen die Peptidoglykanschicht von einer äußeren LPS-Schicht bedeckt wird. Lysozym wird auch von den **Paneth-Zellen** produziert. Das sind spezialisierte Epithelzellen an der Basis der Krypten des Dünndarmepithels, die viele antimikrobielle Proteine in den Darm freisetzen (▶ Abb. 2.6). Paneth-Zellen produzieren auch die sekretorische Phospholipase $A_2$. Dieses stark basische Enzym kann in die bakterielle Zellwand eindringen und Phospholipide in der Zellmembran abbauen, wodurch die Bakterien getötet werden.

Die zweite Gruppe der antimikrobiellen Faktoren, die von Epithelzellen und Phagocyten freigesetzt werden, sind **antimikrobielle Peptide**. Diese bilden eine der ältesten Formen der Infektionsabwehr. Epithelzellen sezernieren diese Peptide in die Flüssigkeit, die die Schleimhaut bedeckt. Phagocyten hingegen sezernieren die Peptide in die Gewebe. Die drei wichtigsten Gruppen von antimikrobiellen Peptiden der Säuger bezeichnet man als **Defensine**, **Cathelicidine** und **Histatine**. Die Defensine bilden eine in der Evolution konservierte Gruppe von antimikrobiellen Peptiden, die von zahlreichen eukaryotischen Lebewesen produziert werden, etwa von Säugern, Insekten und Pflanzen (▶ Abb. 2.10). Es handelt sich um kurze kationische Peptide aus 30–40 Aminosäuren, die normalerweise drei Disulfidbrücken aufweisen, Dadurch wird die allen Peptiden gemeinsame **amphipathische** Struktur stabilisiert – eine positiv geladene Region ist dabei von einer hydrophoben Region getrennt. Defensine wirken innerhalb von Minuten, indem sie die Zellmembran von Bakterien, Pilzen und die Membranhüllen einiger Viren zerstören. Der Mechanismus besteht wahrscheinlich darin, dass die hydrophobe Region in die Membrandoppelschicht eindringt und eine Pore bildet, sodass die Membran durchlässig wird (▶ Abb. 2.10). Die meisten Vielzeller produzieren viele verschiedene Defensine – beispielsweise 13 bei der Pflanze *Arabidopsis thaliana* und 15 bei der Taufliege *Drosophila melanogaster*. Die Paneth-Zellen des Menschen bringen 21 verschiedene Defensine hervor, von denen viele in einem Gencluster auf Chromosom 8 codiert werden.

Aufgrund der Aminosäuresequenzen unterscheidet man drei Unterfamilien, die $\alpha$-, $\beta$- und $\theta$-Defensine. Die Mitglieder der einzelnen Familien zeigen unterschiedliche Aktivitäten. Einige wirken gegen grampositive, einige gegen gramnegative Bakterien, während wiederum andere gegen pathogene Pilze gerichtet sind. Die Defensine entstehen wie alle antimikrobiellen Peptide durch proteolytische Prozessierung aus inaktiven **Propeptiden** (▶ Abb. 2.11). Beim Menschen produzieren sich entwickelnde neutrophile Zellen $\alpha$-**Defensine**, indem sie mithilfe von Proteasen ein ursprüngliches Propeptid aus 90 Aminosäuren prozessieren, wodurch ein anionisches Präfragment entfernt wird und das reife kationische Defensin entsteht, das in **primären Granula** der neutrophilen Zellen gespeichert wird. Diese primären Granula sind spezialisierte, von einer Membran umgebene Vesikel, ähnlich den Lysosomen, die neben Defensinen noch eine Reihe anderer antimikrobieller Faktoren enthalten. In Kap. 3 wollen wir uns damit befassen, wie diese primären Granula in den neutrophilen Zellen aktiviert werden, mit phagocytotischen Vesikeln (Phagosomen) zu fusionieren, nachdem die Zelle einen Krankheitserreger aufgenommen hat, der dann getötet wird. Die Paneth-Zellen des Darms produzieren ständig $\alpha$-Defensine, die man als **Cryptidine** bezeichnet. Sie werden von Proteasen prozessiert, etwa bei Mäusen von der Metalloproteinase Matrilysin oder beim Menschen von Trypsin, bevor sie in das Darmlumen freigesetzt werden. Den $\beta$-**Defensinen** fehlt das lange Präfragment der $\alpha$-Defensine. Sie werden immer als Reaktion auf das Vorhandensein mikrobieller Produkte spezifisch gebildet. $\beta$-Defensine (und einige $\alpha$-Defensine) werden von Epithelien außerhalb des Darms produziert, vor allem in den Atemwegen und im Urogenitaltrakt, von der Haut und der Zunge. $\beta$-Defensine werden in der Epidermis von Keratinocyten und in der Lunge von Typ-II-Pneumocyten erzeugt und in **lamellären Granula** (▶ Abb. 2.6) verpackt. Das sind lipidreiche sekretorische Organellen, die ihren Inhalt in den Extrazellularraum freisetzen, sodass sich in der Epidermis und an der Oberfläche der Lunge eine wasserdichte Lipidschicht bildet. Die $\theta$-Defensine sind bei den Primaten entstanden, wobei das einzige humane $\theta$-Defensin-Gen durch eine Mutation inaktiviert ist.

**Abb. 2.11 Defensine, Cathelicidine und RegIII-Proteine werden durch Proteolyse aktiviert.** Wenn α- und β-Defensine synthetisiert werden, enthalten sie ein Signalpeptid (nicht dargestellt); ein Präfragment (*blau*), das bei den β-Defensinen kürzer ist; und eine amphipathische Domäne (AMPH, *grün/gelb*). Das Präfragment blockiert das Eindringen der amphipathischen Domäne in Membranen. Nach Freisetzung der Defensine aus der Zelle oder in Phagosomen werden sie von Proteasen gespalten und die amphipathische Domäne wird in einer aktiven Form freigesetzt. Neu synthetisierte Cathelicidine enthalten ein Signalpeptid, eine Cathelindomäne, ein kurzes Präfragment und eine amphipathische Domäne. Auch sie werden durch proteolytische Spaltung aktiviert. RegIII enthält eine C-Typ-Lektin-ähnliche Domäne (CTLD), die auch als Kohlenhydraterkennungsdomäne (CRD) bezeichnet wird. Nach Abtrennen des Signalpeptids reguliert die weitere proteolytische Spaltung von RegIII dessen antimikrobielle Aktivität

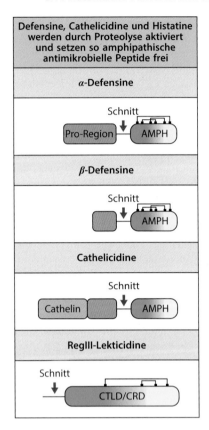

Defensine, Cathelicidine und Histatine werden durch Proteolyse aktiviert und setzen so amphipathische antimikrobielle Peptide frei

Die antimikrobiellen Peptide, die zur Familie der Cathelicidine gehören, besitzen keine Disulfidbrücken zur Stabilisierung wie die Defensine. Menschen und Mäuse verfügen über ein Cathelicidin-Gen, bei einigen anderen Säugern jedoch, beispielsweise bei Rindern und Schafen, gibt es mehrere. Cathelicidine werden von neutrophilen Zellen und Makrophagen konstitutiv produziert, von den Keratinocyten der Haut und den Epithelzellen in Lunge und Darm nur als Reaktion auf eine Infektion. Sie werden als inaktive Propeptide gebildet, die aus zwei miteinander verknüpften Domänen bestehen, und vor der Freisetzung prozessiert (▶ Abb. 2.11). In den neutrophilen Zellen werden die inaktiven Cathelicidinpropeptide in einer anderen Form von spezialisierten Granula im Cytoplasma gespeichert, den **sekundären Granula**. Cathelicidin wird nur dann durch proteolytische Spaltung aktiviert, wenn primäre und sekundäre Granula mit den Phagosomen fusionieren. Dort erfolgt die Spaltung durch die **Neutrophilen-Elastase**, die in den primären Granula gespeichert war. Durch die Spaltung werden die beiden Domänen getrennt und die zugehörigen Produkte bleiben entweder im Phagosom oder sie werden von der neutrophilen Zelle durch Exocytose freigesetzt. Das carboxyterminale Fragment ist ein kationisches amphipathisches Peptid, das Membranen aufbricht und auf zahlreiche Mikroorganismen toxisch wirkt. Das aminoterminale Fragment ähnelt in der Struktur einem Protein mit der Bezeichnung **Cathelin**, einem Inhibitor von Cathepsin L (dieses lysosomale Enzym wirkt bei der Antigenprozessierung und beim Abbau von Proteinen mit). Die Funktion von Cathelin bei der Immunantwort ist jedoch unbekannt. In den Keratinocyten werden Cathelicidine wie die β-Defensine in den lamellären Granula gespeichert und prozessiert.

Die Histatine sind eine Gruppe von antimikrobiellen Peptiden, die konstitutiv in der Mundhöhle durch die Ohrspeicheldrüse, die Unterzungendrüse und die Glandula submandibularis produziert werden. Diese kurzen, histidinreichen, kationischen Peptide wirken gegen pathogene Pilze wie *Cryptococcus neoformans* und *Candida albicans*. Neuere Forschungen haben gezeigt, dass Histatine die schnelle Wundheilung, wie sie für die Mundhöhle charakteristisch ist, befördern können, wobei jedoch der Mechanismus dafür unbekannt ist.

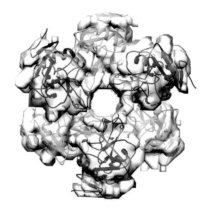

**Abb. 2.12 Porenbildung durch RegIIIα.** *Oben*: Das Modell der RegIIIα-Pore wurde durch Einfügen der Pro-RegIIIα-Struktur des Menschen (PDB-ID: 1UV0; *violette und türkisfarbene Bändermodelle*) in die kryoelektronenmikroskopische Aufnahme des RegIIIα-Filaments erzeugt. LPS der gramnegativen Bakterien blockiert die Porenbildung durch RegIIIα, wodurch sich die selektive bakterizide Wirkung gegen grampositive Bakterien erklären lässt. *Unten*: Elektronenmikroskopische Aufnahme von RegIIIα-Poren in Lipiddoppelschichten. (Mikrofotografie bearbeitet von Mukherjee, S., et al.: Antibacterial membrane attack by a pore-forming intestinal C-type lectin. *Nature* 2014, 505:103–107)

Eine andere Art von bakteriziden Proteinen, die von Epithelien produziert werden, sind kohlenhydratbindende Proteine oder **Lektine**. **C-Typ-Lektine** benötigen Calcium für die Bindungsaktivität ihrer Kohlenhydraterkennungsdomäne (*carbohydrate recognition domain*, CRD), die eine variable Oberfläche für die Bindung von Kohlenhydratstrukturen besitzt. C-Typ-Lektine der RegIII-Familie umfassen mehrere bakterizide Proteine, die bei Mäusen und Menschen vom Darmepithel exprimiert werden und die Familie der Lekticidine bilden. Bei den Mäusen produzieren die Paneth-Zellen **RegIIIγ**, das dann in den Darm freigesetzt wird. Dort bindet es an die Peptidoglykane der bakteriellen Zellwände und entfaltet eine direkte bakterizide Aktivität. Wie andere antibakterielle Peptide wird auch RegIIIγ als inaktive Form synthetisiert und von der Protease Trypsin gespalten. Dadurch wird ein kurzes aminoterminales Fragment entfernt und so die bakterizide Wirkung von RegIIIγ im Darmlumen aktiviert (▸ Abb. 2.11). RegIIIα des Menschen (auch als **HIP/PAP** für *hepatocarcinoma-intestine-pancreas/pancreatitis associated protein* bezeichnet) tötet Bakterien direkt durch Bildung einer sechseckigen Pore in der bakteriellen Membran (▸ Abb. 2.12). Proteine der RegIIIγ-Familie töten vor allem grampositive Bakterien, bei denen das Peptidoglykan von außen an der Oberfläche zugänglich ist (▸ Abb. 2.19). Tatsächlich hemmt das LPS der gramnegativen Bakterien die Porenbildung durch RegIIIα, sodass sich die RegIII-Selektivität für die grampositiven Bakterien noch verstärkt.

### Zusammenfassung

Die Immunantwort der Säuger gegen eindringende Organismen geht in drei Phasen vor sich, beginnend mit den sofort einsetzenden, angeborenen Abwehrmechanismen, dann folgen induzierte angeborene Reaktionen und schließlich die adaptive Immunität. Die erste Phase der Immunabwehr umfasst Mechanismen, die ständig verfügbar und bereit sind, einen Angreifer abzuwehren. Die Oberflächen der Epithelien bilden eine physikalische Barriere gegen das Eindringen von Krankheitserregern, aber sie verfügen auch über weitere, stärker spezialisierte Mechanismen. Mucosale Oberflächen sind durch eine Schleimschicht geschützt. Mithilfe besonderer Wechselwirkungen an den Zelloberflächen schützen sich hochdifferenzierte Epithelien sowohl vor der Besiedlung durch Mikroorganismen als auch vor deren Eindringen. Zu den Abwehrmechanismen der Epithelien gehört, dass sich Krankheitserreger nicht anheften können, antimikrobielle Enzyme und bakterizide Peptide freigesetzt werden und dass Cilien Schleim befördern. Antimikrobielle Peptide und die bakteriziden Lektine der RegIII-Familie entstehen aus inaktiven Vorstufen, die mithilfe eines Proteolyseschritts aktiviert werden müssen, um Mikroorganismen töten zu können, indem sie in deren Zellmembranen Poren erzeugen. Die Aktivitäten der antimikrobiellen Enzyme und Peptide, die in diesem Teil des Kapitels beschrieben wurden, richten sich häufig gegen spezielle Glykan/Kohlenhydrat-Strukturen der Mikroorganismen. Diese löslichen Abwehrkomponenten sind demnach Mustererkennungsrezeptoren und Effektormoleküle in einem und bilden die einfachste Form der angeborenen Immunität.

## 2.2 Das Komplementsystem und die angeborene Immunität

Wenn ein Krankheitserreger die Epithelbarrieren und erste antimikrobielle Abwehrmechanismen des Körpers überwunden hat, trifft er als nächstes auf eine Hauptkomponente der angeborenen Immunität, die man als **Komplementsystem** bezeichnet. Dabei handelt es sich um eine Reihe löslicher Proteine, die im Blut und in anderen Körperflüssigkeiten vorkommen. Das Komplement wurde in den 1890er-Jahren von **Jules Bordet** als hitzeinstabile Komponente im normalen Plasma entdeckt, deren Aktivität die antibakterielle Aktivität von Immunseren ergänzen (komplementieren) kann. Teil dieser Reaktion ist die **Opsonisierung**. Dabei wird ein Krankheitserreger mit Antikörpern und/oder Komplementproteinen bedeckt, sodass er von phagocytotischen Zellen leichter aufgenommen und zerstört werden kann. Das Komplementsystem wurde zwar als Effektor der Antikörperreaktion entdeckt, heute wissen wir aber, dass es sich ursprünglich als Teil der angeborenen Immunität in der Evo-

Teil I

lution entwickelt hat und auch weiterhin in frühen Infektionsphasen eine Schutzfunktion besitzt, solange noch keine Antikörper vorhanden sind. Auslöser sind ältere Reaktionswege der Komplementaktivierung.

Das Komplement besteht aus über 30 verschiedenen Plasmaproteinen, die vor allem in der Leber produziert werden. Wenn keine Infektion vorliegt, zirkulieren diese Proteine in einer inaktiven Form. Bei Anwesenheit von Krankheitserregern oder an Krankheitserreger gebundenen Antikörpern wird das Komplement „aktiviert". Bestimmte **Komplementproteine** treten miteinander in Wechselwirkung und bilden verschiedene Reaktionswege der Komplementaktivierung aus, wobei alle dasselbe Ziel haben – das Abtöten der Krankheitserreger, entweder direkt durch Erleichtern der Phagocytose oder durch Auslösen von Entzündungsreaktionen, die das Bekämpfen der Infektion unterstützen. Es gibt drei Wege der **Komplementaktivierung**. Da der von Antikörpern induzierte Reaktionsweg zuerst entdeckt wurde, nennt man ihn den klassischen Weg der Komplementaktivierung. Den als nächstes gefundenen Weg bezeichnet man als alternativen Weg; dieser kann allein von Krankheitserregern aktiviert werden. Zuletzt hat man noch den Lektinweg entdeckt, der von Proteinen des Lektintyps aktiviert wird, die Kohlenhydrate an der Oberfläche von Krankheitserregern erkennen und daran binden.

In Abschn. 2.1.4 haben wir besprochen, dass es durch Proteolyse möglich ist, antimikrobielle Proteine zu aktivieren. Dies ist auch eine feststehende Eigenschaft des Komplementsystems. Viele Komplementproteine sind Proteasen, die sich nacheinander gegenseitig spalten und aktivieren. Die Proteasen des Komplementsystems werden als inaktive Vorstufen, **Zymogene**, synthetisiert, die nur nach einer proteolytischen Spaltung, im Allgemeinen durch ein anderes Komplementprotein, enzymatisch aktiv werden. Die Reaktionswege des Komplements werden von Proteinen in Gang gesetzt, die als Mustererkennungsrezeptoren das Vorhandensein von Krankheitserregern erkennen können. Dadurch wird das erste Zymogen aktiviert, das dann eine Proteolysekaskade anstößt. Dabei werden die Komplementproteine nacheinander aktiviert, wobei jedes zu einer aktiven Protease wird, die viele Moleküle des nächsten Zymogens im Reaktionsweg spaltet und aktiviert. Auf diese Weise wird das Signal verstärkt, während sich die Kaskade fortsetzt. Das führt schließlich zur Aktivierung von drei unterschiedlichen Effektorwegen – **Entzündung**, **Phagocytose** und **Angriff auf Membranen** – die dazu beitragen, den Krankheitserreger zu beseitigen. So kann selbst das Auftreten einer geringen Anzahl von Pathogenen eine schnelle Reaktion auslösen, die sich bei jedem Schritt deutlich verstärkt. Das Reaktionsschema des Komplementsystems ist als Übersicht in ▸ Abb. 2.13 dargestellt.

Die Nomenklatur der Komplementproteine erscheint verwirrend, sodass wir zuerst die Bezeichnungen erklären wollen. Die zuerst entdeckten Proteine gehören zum klassischen Reaktionsweg. Sie sind alle durch den Buchstaben C gekennzeichnet, dem eine Zahl folgt. Bei den nativen Komplementproteinen – den inaktiven Zymogenen – ist die Nummerierung einfach, zum Beispiel C1 und C2. Ungünstig ist dabei, dass sie in der Reihenfolge nummeriert sind, in der sie entdeckt wurden, und nicht nach ihren aufeinanderfolgenden Reaktionen. So ist die Reaktionsfolge des klassischen Komplementwegs C1, C4, C2, C3, C5, C6, C7, C8 und C9 (nicht alle davon sind Proteasen). Bei den Produkten der Spaltungsreaktionen wird an die Bezeichnung ein kleiner Buchstabe gehängt. So entstehen durch die Spaltung von C3 das kleine Proteinfragment C3a und das größere Fragment C3b. Gemäß einer Vereinbarung wird das große Fragment auch der anderen Faktoren mit einem kleinen b versehen, mit Ausnahme von **C2** und seinem großen Fragment, das von seinen Entdeckern mit C2a bezeichnet wurde. Dieses System hat sich in der Literatur etabliert, sodass wir es hier beibehalten. Eine weitere Ausnahme sind die Bezeichnungen C1q, C1r und C1s. Sie sind keine Spaltprodukte von C1, sondern unterschiedliche Proteine, die zusammen C1 bilden. Die Proteine des alternativen Komplementwegs wurden später entdeckt und man hat sie mit verschiedenen großen Buchstaben bezeichnet, beispielsweise die Faktoren B und D. Bei der Bezeichnung ihrer Spaltprodukte werden ebenfalls die kleinen Buchstaben a und b angehängt. Das große Fragment von B ist also Bb, das kleine dann Ba. Die aktivierten Komplementbestandteile werden manchmal durch eine horizontale Linie gekennzeichnet, zum Beispiel $\overline{\text{C2a}}$, darauf verzichten wir jedoch. Alle Bestandteile des Komplementsystems sind in ▸ Abb. 2.14 aufgeführt.

**Phasen der Komplementaktivität**

Auslösen durch Mustererkennung

Verstärkung durch Proteasekaskade/C3-Konvertase

Entzündung

Phagocytose

Angriff auf die Membran

**Abb. 2.13 Das Komplementsystem schreitet bei der Vernichtung von Krankheitserregern in einzelnen Phasen voran.** Proteine, die zwischen körpereigenen und mikrobiellen Oberflächen unterscheiden können (*gelber Kasten*), aktivieren eine proteolytische Verstärkungskaskade. Diese führt letztendlich zur Bildung der entscheidenden enzymatischen Aktivität (*grüner Kasten*) der C3-Konvertase, bei der es sich um eine ganze Proteasefamilie handelt. Diese Aktivität bildet den Ausgangspunkt von drei Effektorwegen des Komplements, die eine Entzündung hervorrufen (*violett*), die Phagocytose der Mikroorganismen unterstützen (*blau*) und die Membranen der Mikroorganismen lysieren (*rosa*). Das Farbschema der Abbildung verwenden wir überall in diesem Kapitel, um zu veranschaulichen, welche Aktivität die einzelnen Komplementproteine besitzen

| funktionelle Proteinklassen des Komplementsystems | |
| --- | --- |
| Bindung an Antigen:Antikörper-Komplexe und Pathogenoberflächen | C1q |
| Bindung an Kohlenhydratstrukturen wie Mannose oder GlcNAc auf mikrobiellen Oberflächen | MBL<br>Ficoline<br>Properdin<br>(Faktor P) |
| aktivierende Enzyme* | C1r<br>C1s<br>C2a<br>Bb<br>D<br>MASP-1<br>MASP-2<br>MASP-3 |
| oberflächenbindende Proteine und Opsonine | C4b<br>C3b |
| entzündungsvermittelnde Peptide | C5a<br>C3a<br>C4a |
| membranangreifende Proteine | C5b<br>C6<br>C7<br>C8<br>C9 |
| Komplementrezeptoren | CR1<br>CR2<br>CR3<br>CR4<br>CRIg |
| komplementregulatorische Proteine | C1INH<br>C4BP<br>CR1/CD35<br>MCP/CD46<br>DAF/CD55<br>H<br>I<br>P<br>CD59 |

**Abb. 2.14 Funktionelle Proteinklassen im Komplementsystem.** In diesem Buch wird das größere, aktive Fragment von C2 mit C2a bezeichnet

Video 2.1

Neben den Aktivitäten in der angeborenen Immunität wirkt sich das Komplementsystem auch auf die adaptive Immunität aus. Die Opsonisierung von Krankheitserregern durch das Komplement erleichtert deren Aufnahme in phagocytotische antigenpräsentierende Zellen, die Komplementrezeptoren exprimieren. So verstärkt sich die Präsentation von Antigenen aus Krankheitserregern gegenüber den T-Zellen (Kap. 6). B-Zellen exprimieren Rezeptoren für Komplementproteine, welche die Reaktionen der B-Zellen auf Antigene verstärken, die mit Komplement beschichtet sind (Kap. 10). Darüber hinaus können verschiedene Komplementfragmente die Cytokinproduktion durch antigenpräsentierende Zellen beeinflussen, was sich auch auf die Richtung und das Ausmaß der anschließenden adaptiven Immunantwort auswirkt (Kap. 11).

## 2.2.1 Das Komplementsystem erkennt Merkmale von mikrobiellen Oberflächen und markiert diese durch Einhüllen in C3b für die Zerstörung

▶ Abb. 2.15 enthält eine stark vereinfachte Übersicht der Initiationsmechanismen und der Ergebnisse der Komplementaktivierung. Die Aktivierung der drei Komplementwege wird auf unterschiedliche Weise eingeleitet. Der **Lektinweg** wird von löslichen kohlenhydratbindenden Proteinen in Gang gesetzt – dem mannosebindenden Lektin (MBL) und den Ficolinen –, die an bestimmte Kohlenhydratstrukturen auf den Oberflächen von Mikroorganismen binden. Spezifische Proteasen, die man als MBL-assoziierte Serinproteasen (MASPs) bezeichnet und die an diese Erkennungsproteine binden, regen dann die Spaltung der Komplementproteine und die Aktivierung des Reaktionswegs an. Der **klassische Weg der Komplementaktivierung** wird von dem Komplementfaktor C1 aktiviert, der aus einem Erkennungsprotein C1q und den zwei Proteasen C1r und C1s besteht. C1 erkennt eine mikrobielle Oberfläche direkt oder bindet an Antikörper, die ihrerseits an den Krankheitserreger gebunden haben. Der **alternative Weg der Komplementaktivierung** schließlich kann durch die spontane Hydrolyse und Aktivierung des Komplementproteins C3 in Gang gesetzt werden, das dann direkt an mikrobielle Oberflächen binden kann.

Diese drei Reaktionswege laufen am zentralen und wichtigsten Schritt der Komplementaktivierung zusammen. Wenn irgendeiner dieser Reaktionswege mit der Oberfläche eines Krankheitserregers in Wechselwirkung tritt, entsteht die enzymatische Aktivität der **C3-Konvertase**. Es gibt davon verschiedene Typen, abhängig vom aktivierenden Reaktionsweg, jedoch bestehen alle aus mehreren Untereinheiten und besitzen eine Proteasefunktion für **C3**. Die C3-Konvertase ist kovalent an die Oberfläche des Pathogens gebunden, wo sie C3 spaltet. Dadurch entstehen große Mengen des wichtigsten Komplementeffektorproteins **C3b**, außerdem wird **C3a** gebildet, ein kleines Peptid, das an spezifische Rezeptoren bindet und zum Auslösen einer Entzündung beiträgt. Die Spaltung von C3 ist der entscheidende Schritt der Komplementaktivierung und führt direkt oder indirekt zu allen Effektoraktivitäten des Komplementsystems (▶ Abb. 2.15). C3b bindet kovalent an die Oberfläche von Mikroorganismen und wirkt als Opsonin, sodass Phagocyten, die Komplementrezeptoren tragen, C3b-umhüllte Mikroorganismen aufnehmen und zerstören können. Weiter unten in diesem Kapitel werden wir uns mit den verschiedenen Komplementrezeptoren befassen, die C3b binden und in diese Komplementfunktion eingebunden sind. Außerdem soll es darum gehen, wie C3b von einer Serumprotease zu den inaktiven kleineren Fragmenten **C3f** und **C3dg** abgebaut wird. C3b kann auch an die C3-Konvertase binden, die über den klassischen und den Lektinweg entsteht, und bildet so ein weiteres Enzym aus mehreren Untereinheiten, die **C5-Konvertase**. Diese spaltet C5 und setzt das hochgradig proinflammatorische Peptid C5a frei, wobei auch C5b entsteht. C5b löst die „späten" Ereignisse der Komplementaktivierung aus, bei denen weitere Komplementproteine mit C5b in Wechselwirkung treten und sich schließlich auf der Oberfläche von Pathogenen ein **membranangreifender Komplex (MAC)** bildet. Dadurch entsteht in der Zellmembran eine Pore, die zur Lyse der Zelle führt (▶ Abb. 2.15, unten rechts).

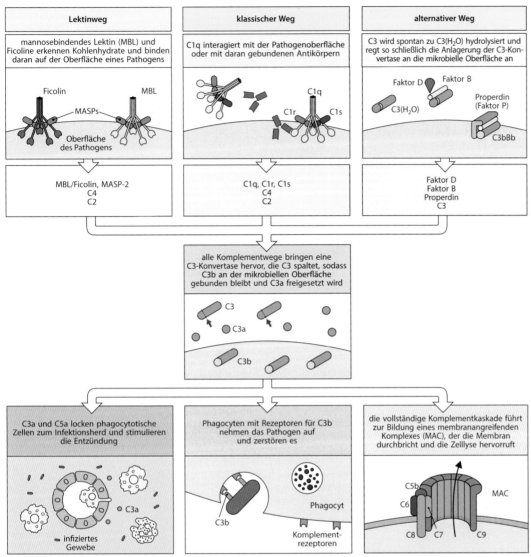

**Abb. 2.15 Das Komplement ist ein System aus löslichen Mustererkennungsrezeptoren und Effektormolekülen, die Mikroorganismen erkennen und zerstören.** *In der oberen Reihe* sind die Pathogenerkennungsmechanismen der drei Komplementaktivierungswege dargestellt, außerdem die Komplementfaktoren der proteolytischen Kaskaden, die schließlich zur Bildung der C3-Konvertase führen. Dieses Enzym spaltet das Komplementprotein C3 in das kleine lösliche Protein C3a und das größere Fragment C3b, das kovalent an die Oberfläche des Krankheitserregers bindet (*Bildmitte*). Die einzelnen Bestandteile sind nach ihrer Funktion in Abb. 2.14 zusammengefasst, genauere Darstellungen finden sich in Abbildungen weiter unten im Text. Der Lektinweg der Komplementaktivierung (*oben links*) wird ausgelöst, indem sich entweder das mannosebindende Lektin (MBL) oder Ficoline an Kohlenhydratreste auf Zellwänden und -kapseln von Mikroorganismen heften. Der klassische Komplementweg (*oben Mitte*) wird von C1 in Gang gesetzt, indem C1 entweder an die Oberfläche des Krankheitserregers oder an Antikörper bindet, die bereits an den Krankheitserreger gebunden haben. Beim alternativen Komplementweg (*oben rechts*) wird C3 in der flüssigen Phase spontan hydrolysiert, sodass C3(H$_2$O) entsteht. Dies wird durch die Faktoren B, D und P (Properdin) noch verstärkt. Alle Reaktionswege laufen bei der Bildung von C3b zusammen, das an den Krankheitserreger gebunden ist. Dadurch werden die Effektorfunktionen des Komplements aktiviert (*untere Reihe*). Das an einen Krankheitserreger gebundene C3b wirkt als Opsonin, sodass Phagocyten, die Rezeptoren für C3b exprimieren, den komplementbedeckten Mikroorganismus leichter in sich aufnehmen können (*unten Mitte*). C3b kann auch an die C3-Konvertase binden, sodass die C5-Konvertase entsteht (hier nicht dargestellt), die C5 in C5a und C5b spaltet. C5 initiiert die späten Ereignisse des Komplementwegs, bei dem sich die letzten Komponenten des Weges – C6 bis C9 – zu einem membranangreifenden Komplex (MAC) zusammenlagern, der die Membranen bestimmter Krankheitserreger perforieren kann (*unten rechts*). C3a und C5a fungieren als Chemoattraktoren, indem sie Zellen des Immunsystems zu Infektionsherden dirigieren und eine Entzündung auslösen (*unten links*)

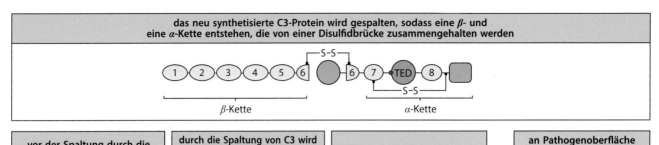

das neu synthetisierte C3-Protein wird gespalten, sodass eine β- und eine α-Kette entstehen, die von einer Disulfidbrücke zusammengehalten werden

β-Kette

α-Kette

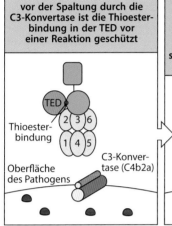

vor der Spaltung durch die C3-Konvertase ist die Thioesterbindung in der TED vor einer Reaktion geschützt

Thioesterbindung

Oberfläche des Pathogens

C3-Konvertase (C4b2a)

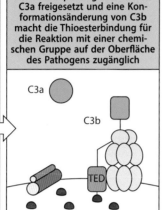

durch die Spaltung von C3 wird C3a freigesetzt und eine Konformationsänderung von C3b macht die Thioesterbindung für die Reaktion mit einer chemischen Gruppe auf der Oberfläche des Pathogens zugänglich

C3a

C3b

TED

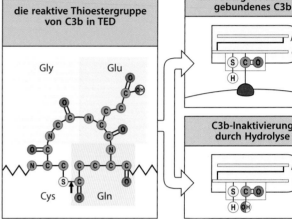

die reaktive Thioestergruppe von C3b in TED

Gly          Glu

Cys          Gln

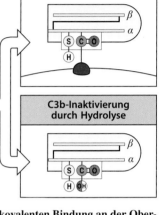

an Pathogenoberfläche gebundenes C3b

β
α

C3b-Inaktivierung durch Hydrolyse

β
α

**Abb. 2.16 Die C3-Konvertase aktiviert C3 zur Bildung einer kovalenten Bindung an der Oberfläche von Mikroorganismen, spaltet das Protein in C3a und C3b und legt die hochreaktive Thioesterbindung in C3b frei.** *Oben*: C3 im Blutplasma besteht aus einer α- und einer β-Kette, die durch proteolytische Spaltung aus dem nativen C3-Polypeptid hervorgehen und von einer Disulfidbrücke zusammengehalten werden. Die TED-Domäne der α-Kette, die den Thioester enthält, besitzt auf diese Weise eine potenziell hochreaktive Thioesterbindung (*roter Punkt*). *Unten links*: Die Spaltung durch die C3-Konvertase (dargestellt ist hier die Konvertase C4b2a des Lektinwegs) und die Freisetzung von C3a vom Aminoterminus der α-Kette führt zu einer Konformationsänderung in C3b, wodurch die Thioesterbindung zugänglich wird. Diese kann nun mit einer Hydroxyl- oder Aminogruppe in Molekülen an der Oberfläche eines Mikroorganismus reagieren, an die C3b dadurch kovalent bindet. *Unten rechts*: Grafische Darstellung der Thioesterreaktion. Kommt mit der mikrobiellen Oberfläche keine kovalente Bindung zustande, wird der Thioester schnell hydrolysiert (das heißt durch Wasser gespalten) und C3b damit inaktiviert

| C3-Konvertase | |
| --- | --- |
| Lektinweg | C4b2a |
| klassischer Weg | C4b2a |
| alternativer Weg | C3bBb |
| flüssige Phase | C3(H$_2$O)Bb |

| C5-Konvertase | |
| --- | --- |
| Lektinweg | C4b2a3b |
| klassischer Weg | C4b2a3b |
| alternativer Weg | C3b$_2$Bb |

**Abb. 2.17 Die C3- und die C5-Konvertase der Komplementwege.** Die C5-Konvertase des alternativen Komplementwegs besteht aus zwei Untereinheiten C3b und einer Untereinheit Bb

Die entscheidende Eigenschaft von C3b ist die kovalente Bindung an die Oberfläche von Mikroorganismen. Dadurch kann die angeborene Erkennung von Mikroorganismen in Effektorreaktionen umgesetzt werden. Die Bildung von kovalenten Bindungen wird durch die hochreaktive Thioesterbindung ermöglicht, die tief im Inneren des gefalteten C3-Proteins liegt und erst reagieren kann, wenn C3 gespalten wurde. Wenn die C3-Konvertase C3 spaltet und das C3a-Fragment freisetzt, kommt es in C3b zu starken Änderungen der Konformation, sodass die Thioesterbindung mit einer nahen Hydroxyl- oder Aminogruppe auf der mikrobiellen Oberfläche reagiert (▶ Abb. 2.16). Wenn keine Bindung entsteht, wird der Thioester schnell hydrolysiert und C3b inaktiviert. Dies ist ein möglicher Mechanismus, durch den bei gesunden Individuen der alternative Komplementweg abgeschaltet wird. Wie wir weiter untern erfahren werden, unterscheiden sich einige Komponenten der C3- und der C5-Konvertase in den verschiedenen Komplementwegen (▶ Abb. 2.17).

Reaktionswege, die solch starke entzündungsfördernde und zerstörerische Auswirkungen haben und eine Folge von Verstärkungsschritten beinhalten, müssen streng reguliert werden. Ein wichtiger Schutzmechanismus besteht darin, dass die entscheidenden aktivierten Komplementfaktoren schnell inaktiviert werden, wenn sie nicht an die Oberfläche eines Krankheitserregers binden, an der die Aktivierung ausgelöst wurde. Es gibt auch mehrere Kontrollstellen in den Reaktionswegen, an denen regulatorische Proteine die Aktivierung des Komplements an der Oberfläche von gesunden Körperzellen verhindern und diese damit vor einer zufälligen Schädigung zu bewahren (siehe unten). Das Komplementsystem kann jedoch auch von absterbenden Zellen aktiviert werden, etwa bei Schädigungen aufgrund von Sauerstoffmangel, aber auch durch Zellen, die eine Apoptose (den programmierten Zelltod) durchlaufen. In diesen Fällen unterstützt die Bindung des Komplements die Phagocyten dabei, die toten und absterbenden Zellen vollständig zu beseitigen. So wird das Risiko verringert, dass Zellinhaltsstoffe freigesetzt werden und eine Autoimmunreaktion auslösen (Kap. 15).

Da wir nun einige der wichtigen Komplementfaktoren kennengelernt haben, können wir uns genauer mit den drei Reaktionswegen beschäftigen. Um in den Tabellen dieses Kapitels die jeweiligen Funktionen der einzelnen Komplementfaktoren darzustellen, verwenden wir den Farbcode der ▶ Abb. 2.13 und 2.14: gelb für Erkennung und Aktivierung, grün für Verstärkung, violett für Entzündung, blau für Phagocytose und rosa für den Angriff auf Membranen.

## 2.2.2 Der Lektinweg basiert auf löslichen Rezeptoren, die Oberflächen von Mikroorganismen erkennen und daraufhin die Komplementkaskade auslösen

Mikroorganismen tragen an ihrer Oberfläche charakteristische, sich wiederholende Muster von molekularen Strukturen. Diese bezeichnet man als pathogenassoziierte molekulare Muster (*pathogen-associated molecular patterns*, PAMPs). So bestehen beispielsweise die Zellwände von grampositiven und gramnegativen Bakterien aus einer Matrix von Proteinen, Kohlenhydraten und Lipiden in einer sich wiederholenden Anordnung (▶ Abb. 2.9). Die Lipoteichonsäuren der Zellwand grampositiver Bakterien und die Lipopolysaccharide der äußeren Membran von gramnegativen Bakterien kommen auf tierischen Zellen nicht vor und sind daher bedeutend für die Erkennung der Bakterien durch das angeborene Immunsystem. Ein ähnliches Beispiel sind die Glykane an Zelloberflächenproteinen von Hefen, die üblicherweise mit Mannose- und nicht mit Sialinsäureresten (*N*-Acetylneuraminsäure-

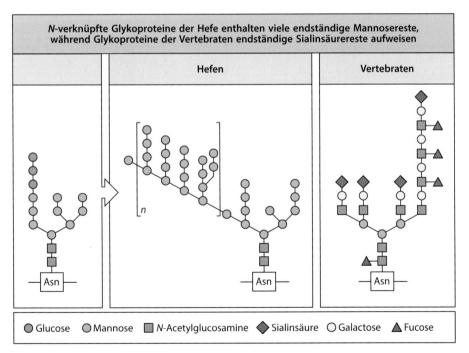

**Abb. 2.18 Die Kohlenhydratseitenketten von Glykoproteinen enden bei Hefen und Vertebraten mit einem unterschiedlichen Muster von Zuckerresten.** Die *N*-gekoppelte Glykosylierung bei Pilzen und Tieren beginnt mit dem Anhängen der gleichen Oligosaccharidvorstufe, Glc$_3$-Man$_9$-GlcNAc$_2$ (*links*) an einen Asparaginrest. Bei vielen Hefen entstehen so Glykane mit einem hohen Mannoseanteil (*Mitte*). Im Gegensatz dazu wird bei den Vertebraten das erste Glykan verkürzt und prozessiert, sodass die N-gekoppelten Glykoproteine endständige Sialinsäurereste tragen (*rechts*)

resten) enden, wie sie am Ende der Glykane von Vertebraten vorkommen (▶ Abb. 2.18). Der Lektinweg basiert auf diesen drei Eigenschaften von mikrobiellen Oberflächen, um Krankheitserreger zu erkennen und darauf zu reagieren.

Der Lektinweg kann durch einen von vier verschiedenen Mustererkennungsrezeptoren, die im Blut und in der extrazellulären Flüssigkeit zirkulieren und Kohlenhydrate an der Oberfläche von Mikroorganismen erkennen, in Gang gesetzt werden. Der als erstes entdeckte Rezeptor dieser Art ist das **mannosebindende Lektin** (**MBL**; ▶ Abb. 2.19), das in der Leber synthetisiert wird. MBL ist ein oligomeres Protein, das aus einem Monomer mit einer aminoterminalen kollagenähnlichen Domäne und einer carboxyterminalen C-Typ-Lektin-Domäne besteht (Abschn. 2.1.4). Proteine dieser Art bezeichnet man als **Kollektine**.

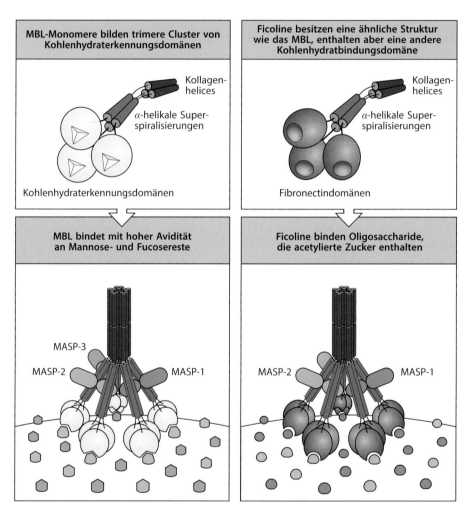

**Abb. 2.19 Das mannosebindende Lektin und die Ficoline bilden Komplexe mit Serinproteasen und erkennen bestimmte Kohlenhydrate an der Oberfläche von Mikroorganismen.** Das mannosebindende Lektin (MBL, *links*) ist ein Proteinoligomer, bei dem zwei bis sechs Gruppen von kohlenhydratbindenden Köpfen aus dem zentralen Stiel herausragen, den die kollagenähnlichen Schwänze der MBL-Monomere bilden. Ein MBL-Monomer besteht aus einer Kollagenregion (*rot*), einer α-helikalen, halbförmigen Region (*blau*) und einer Kohlenhydraterkennungsdomäne (*gelb*). Drei MBL-Monomere assoziieren zu einem Trimer und zwei bis sechs Trimere lagern sich zu einem reifen MBL-Molekül zusammen (*unten links*). Ein MBL-Molekül bindet an MBL-assoziierte Serinproteasen (MASPs). Ein MBL heftet sich auch an bakterielle Oberflächen, die eine bestimmte räumliche Anordnung von Mannose- und Fucoseresten aufweisen. Die Ficoline (*rechts*) ähneln dem MBL in der Gesamtstruktur, sind mit MASP-1 und MASP-2 assoziiert und können C4 und C2 aktivieren, nachdem sie an Kohlenhydratmoleküle auf der Oberfläche von Mikroorganismen gebunden haben. Die kohlenhydratbindende Domäne der Ficoline ist eine fibrinogenähnliche Domäne, also keine Lektindomäne wie beim MBL

MBL-Monomere setzen sich zu Trimeren zusammen, indem zwischen ihren kollagenähnlichen Domänen eine Dreifachhelix entsteht. Die Trimere lagern sich schließlich über Disulfidbrücken zwischen den cysteinreichen kollagenähnlichen Domänen zu Oligomeren zusammen. Das MBL im Blut besteht aus zwei bis sechs Trimeren, wobei die Hauptformen beim Menschen Trimere und Tetramere dieser Trimere sind. Eine einzelne MBL-Kohlenhydraterkennungsdomäne besitzt nur eine geringe Affinität für Mannose-, Fucose- und N-Acetylglucosaminreste (GlcNAc), die in mikrobiellen Glykanen häufig vorkommen, bindet aber keine Sialinsäurereste, die das Ende von Glykanen der Vertebraten bilden. Das multimere MBL besitzt also insgesamt eine hohe Bindungsstärke, **Avidität**, für sich wiederholende Kohlenhydratstrukturen auf den Oberflächen einer Vielzahl verschiedener Mikroorganismen (grampositive und gramnegative Bakterien, Mykobakterien, Hefen, einige Viren und Parasiten), wobei es mit körpereigenen Zellen keine Wechselwirkungen gibt. MBL kommt meistens in geringer Konzentration im Plasma vor. Im Fall einer Infektion nimmt die MBL-Produktion jedoch während der **Immunantwort der akuten Phase** zu, die zur induzierten Phase der angeborenen Immunantwort gehört (Kap. 3).

Die anderen drei Moleküle für die Pathogenerkennung im Lektinweg sind die **Ficoline**. Sie sind zwar in ihrer Gesamtstruktur und Funktion mit dem MBL verwandt, enthalten aber keine Lektindomäne, sondern eine fibrinogenähnliche Domäne, die über einen kollagenähnlichen Stiel befestigt ist (▸ Abb. 2.19). Die fibrinogenähnliche Domäne verleiht den Ficolinen eine allgemeine Spezifität für Oligosaccharide, die acetylierte Zuckerreste enthalten, bindet aber keine mannosehaltigen Kohlenhydrate. Der Mensch verfügt über drei Ficoline: L-Ficolin (Ficolin-2), M-Ficolin (Ficolin-1) und H-Ficolin (Ficolin-3). L- und H-Ficolin werden in der Leber produziert und zirkulieren im Blut, M-Ficolin wird in der Lunge und von Blutzellen synthetisiert und freigesetzt.

Das MBL im Plasma bildet Komplexe mit den **MBL-assoziierten Serinproteasen MASP-1**, **MASP-2** und **MASP-3**, die als inaktive Zymogene mit dem MBL assoziieren. Wenn ein MBL an die Oberfläche eines Krankheitserregers bindet, kommt es bei MASP-1 zu einer Konformationsänderung. Dadurch kann die Protease das MASP-2-Molekül im selben MBL-Komplex spalten und aktivieren. Das aktivierte MASP-2 kann dann die Komplementfaktoren C4 und C2 (▸ Abb. 2.20) spalten. Wie MBL lagern sich auch die Ficoline zu Oligomeren zusammen, die mit MASP-1 und MASP-2 einen Komplex bilden, der wiederum Komplementfaktoren aktiviert, nachdem Ficolin eine mikrobielle Oberfläche erkannt hat. **C4** enthält wie C3 eine verborgene Thioesterbindung. Wenn MASP-2 C4 spaltet, wird C4a freigesetzt und durch die nun mögliche Konformationsänderung von C4b wird der reaktive Thioester wie bei C3b zugänglich (▸ Abb. 2.16). C4b heftet sich über diesen Thioester in der Nähe kovalent an die Oberfläche des Mikroorganismus und bindet noch ein C2-Molekül (▸ Abb. 2.20). C2 wird durch MASP-2 gespalten. Dabei entsteht C2a, eine aktive Serinprotease, die an C4b gebunden bleibt, sodass **C4b2a** entsteht. Das wiederum ist die C3-Konvertase des Lektinwegs. (Zur Erinnerung: C2a ist die Ausnahme in der Komplementnomenklatur.) C4b2a spaltet nun viele C3-Moleküle in C3a und C3b. Die C3b-Fragmente binden kovalent an die Oberfläche des Krankheitserregers und das freigesetzte C3a löst eine lokale Entzündungsreaktion aus. Der Komplementaktivierungsweg, der durch die Ficoline aktiviert wird, setzt sich wie der MBL-Lektinweg (▸ Abb. 2.20) fort.

Patienten, die nicht über MBL oder MASP-2 verfügen, leiden in der frühen Kindheit deutlich häufiger an Infektionen der Atemwege durch verbreitete extrazelluläre Bakterien, was die Bedeutung des Lektinwegs für die Körperabwehr veranschaulicht. Diese Anfälligkeit unterstreicht die besondere Bedeutung der angeborenen Abwehrmechanismen für die frühe Kindheitsphase, wenn sich die adaptiven Immunreaktionen noch nicht vollständig entwickelt haben, aber die über die Placenta und Muttermilch übertragenen Antikörper nicht mehr vorhanden sind. Andere Vertreter der Kollektinfamilie sind die **Surfactant-Proteine SP-A** und **SP-D**, die in der Flüssigkeit vorkommen, welche die Oberflächenepithelien der Lunge benetzt. Dort binden sie an die Oberfläche von Krankheitserregern und umhüllen sie, sodass sie für die Phagocytose durch Makrophagen, die die subepithelialen Gewebe verlassen haben und in die Alveolen der Lunge einwandern, besser zugänglich sind. Da SP-A und SP-D nicht mit MASP assoziiert sind, aktivieren sie das Komplementsystem nicht.

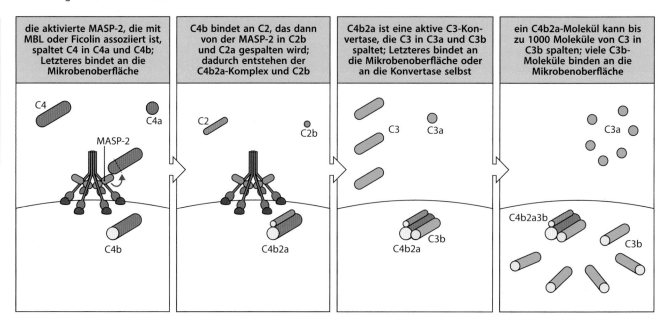

**die aktivierte MASP-2, die mit MBL oder Ficolin assoziiert ist, spaltet C4 in C4a und C4b; Letzteres bindet an die Mikrobenoberfläche**

C4
C4a
MASP-2
C4b

**C4b bindet an C2, das dann von der MASP-2 in C2b und C2a gespalten wird; dadurch entstehen der C4b2a-Komplex und C2b**

C2
C2b
C4b2a

**C4b2a ist eine aktive C3-Konvertase, die C3 in C3a und C3b spaltet; Letzteres bindet an die Mikrobenoberfläche oder an die Konvertase selbst**

C3
C3a
C4b2a
C3b

**ein C4b2a-Molekül kann bis zu 1000 Moleküle von C3 in C3b spalten; viele C3b-Moleküle binden an die Mikrobenoberfläche**

C3a
C4b2a3b
C3b

**Abb. 2.20 Die Aktivitäten der C3-Konvertase führen dazu, dass eine große Zahl von C3b-Molekülen an die Oberfläche des Pathogens binden.** Die Anheftung von mannosebindendem Lektin oder Ficolinen an ihre Kohlenhydratliganden auf den Oberflächen von Mikroorganismen führt dazu, dass MASP-1 die Serinprotease MASP-2 spaltet und aktiviert. MASP-2 spaltet dann C4. Dabei wird die Thioesterbindung in C4b freigelegt, die kovalent an die Oberfläche des Krankheitserregers bindet. C4b bindet dann C2, sodass C2 für eine Spaltung durch MASP-2 zugänglich wird und letztendlich die C3-Konvertase C4b2a entsteht. C2a ist die aktive Proteasekomponente der C3-Konvertase und spaltet viele C3-Moleküle. Dabei entstehen C3b, das an die Oberfläche des Krankheitserregers bindet, und der Entzündungsmediator C3a. Die kovalente Anheftung von C3b und C4b an die Oberfläche des Krankheitserregers ist von Bedeutung, da sich dort in der Folge die Komplementaktivität entfalten kann

Wir haben das MBL hier als Grundform für einen Aktivator des Lektinwegs eingeführt, die Ficoline kommen jedoch im Plasma häufiger vor als das MBL und sind deshalb wahrscheinlich von größerer Bedeutung. L-Ficolin erkennt acetylierte Zuckerreste wie GlcNAc und *N*-Acetylgalactosamin (GalNAc) sowie vor allem Lipoteichonsäure, einen Bestandteil der Zellwände von grampositiven Bakterien, der GalNAc enthält. L-Ficolin kann an verschiedene kapseltragende Bakterien binden und so das Komplementsystem aktivieren. M-Ficolin erkennt ebenfalls acetylierte Zuckerreste. H-Ficolin bindet hingegen vor allem D-Fucose und Galactose und besitzt daher eine enger begrenzte Spezifität. Man konnte dem Molekül nur eine Aktivität gegen das grampositive Bakterium *Aerococcus viridans* zuordnen, das die bakterielle Endocarditis hervorruft.

### 2.2.3 Der klassische Komplementweg wird durch Aktivierung des C1-Komplexes ausgelöst und ist zum Lektinweg homolog

In seiner Struktur insgesamt entspricht der klassische Komplementweg dem Lektinweg, mit der Ausnahme, dass darin der **C1-Komplex (C1)** als Pathogen-Sensormolekül eine Rolle spielt. Da C1 mit einigen Krankheitserregern direkt interagiert, aber auch mit Antikörpern in Wechselwirkung tritt, kann der klassische Komplementweg seine Aktivität sowohl in der angeborenen Immunität, mit der wir uns hier beschäftigen, als auch in der adaptiven Immunität entfalten (Kap. 10).

Der **C1-Komplex** besteht wie der MBL-MASP-Komplex aus einer großen Untereinheit (**C1q**), die als Sensormolekül für Pathogene fungiert, und zwei Serinproteasen (**C1r** und **C1s**), die zu Beginn in einer inaktiven Form vorliegen (▶ Abb. 2.21). C1q ist ein Hexamer von Trimeren, die ihrerseits aus Monomeren bestehen. Diese tragen am Aminoterminus eine globuläre Domäne und am Carboxyterminus eine kollagenähnliche Domäne. Die Trimere entstehen durch Wechselwirkungen der kollagenähnlichen Domänen der Monomere. Dabei bilden die globulären Domänen eine globuläre Kopfstruktur. Sechs solcher Trimere assoziieren zum vollständigen C1q-Molekül, das sechs globuläre Köpfe besitzt, die wiederum von den Kollagenschwänzen zusammengehalten werden. C1r und C1s sind mit MASP-2 eng verwandt, weiter entfernt auch mit MASP-1 und -3. Wahrscheinlich sind alle fünf Enzyme durch Verdopplung aus einem gemeinsamen Vorfahrengen entstanden. C1r und C1s interagieren nichtkovalent und bilden Tetramere, die sich in die Arme von C1q hineinfalten, wobei zumindest ein Teil des C1r:C1s-Komplexes außerhalb von C1q liegt.

Die Erkennungsfunktion von C1 befindet sich in den sechs globulären Köpfen von C1q. Wenn zwei oder mehr dieser Köpfe mit einem Liganden interagieren, wird die autokatalytische Enzymaktivität von C1r stimuliert. Die aktive Form von C1r spaltet dann das assoziierte C1s-Molekül, sodass eine aktive Serinprotease entsteht. Das aktivierte C1s-Molekül wirkt auf C4 und C2 ein, die beiden nächsten Komponenten des klassischen Komplementwegs. C1 spaltet C4, wodurch C4b entsteht, das wie im Lektinweg kovalent an die Oberfläche des Krankheitserregers bindet (▶ Abb. 2.20). C4b bindet dann auch ein C2-Molekül, das von C1s zur Serinprotease C2a gespalten wird. Dadurch entsteht die aktive C3-Konvertase C4b2a des klassischen und des Lektinwegs. Da C4b2a zuerst als Bestandteil des klassischen Komplementwegs entdeckt wurde, bezeichnet man das Molekül auch als **klassische C3-Konvertase** (▶ Abb. 2.17). Die Proteine des klassischen Komplementwegs und ihre aktiven Formen sind in ▶ Abb. 2.22 aufgeführt.

C1q kann sich auf unterschiedliche Weise an die Oberfläche von Pathogenen heften. Bei einigen Bakterien ist dies durch direkte Bindung an Bestandteile der Oberfläche möglich, beispielsweise an bestimmte Proteine der bakteriellen Zellwand und Polyanionstrukturen wie die Lipoteichonsäuren auf gramnegativen Bakterien. Auch kann C1q an das C-reaktive Protein binden, das im Plasma des Menschen als Akute-Phase-Protein vorkommt und an Phosphocholinreste in bakteriellen Oberflächenmolekülen bindet (etwa im C-Polysaccharid der Pneumokokken, daher auch die Bezeichnung C-reaktiv). Die Proteine der

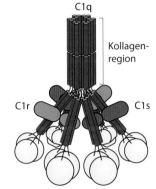

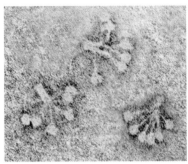

**Abb. 2.21 Das erste Protein des klassischen Weges der Komplementaktivierung ist C1, ein Komplex aus C1q, C1r und C1s.** Wie in der mikroskopischen Aufnahme und in der Grafik zu erkennen ist, setzt sich C1q aus sechs gleichen Untereinheiten mit globulären Köpfen (gelb) und langen, kollagenähnlichen Schwänzen (rot) zusammen, ähnlich einem Tulpenstrauß. Die Schwänze binden zusammen an je zwei Moleküle C1r und C1s und bilden so den C1-Komplex $C1q:C1r_2:C1s_2$. Die Köpfe binden an die konstanten Domänen von Immunglobulinen oder direkt an die Oberfläche von Pathogenen. Dies führt zu einer Konformationsänderung von C1r, wodurch wiederum das C1s-Zymogen gespalten und aktiviert wird. Vergrößerung × 500.000. (Foto mit freundlicher Genehmigung von K.B.M. Reid)

| Proteine des klassischen Weges der Komplementaktivierung | | |
|---|---|---|
| **native Komponente** | **aktive Form** | **Funktion der aktiven Form** |
| C1<br>(C1q:<br>$C1r_2:C1s_2$) | C1q | bindet direkt an Pathogenoberflächen oder indirekt an pathogengebundene Antikörper; ermöglicht so die Autoaktivierung von C1r |
| | C1r | wandelt C1s in eine aktive Protease um |
| | C1s | spaltet C4 und C2 |
| C4 | C4b | bindet kovalent an das Pathogen und opsonisiert es; bindet C2 für die Spaltung durch C1s |
| | C4a | Peptidentzündungsmediator (schwache Aktivität) |
| C2 | C2a | aktives Enzym der C3/C5-Konvertase des klassischen Weges; spaltet C3 und C5 |
| | C2b | Vorstufe des vasoaktiven C2-Kinins |
| C3 | C3b | bindet an die Pathogenoberfläche und wirkt als Opsonin; setzt die Verstärkung über den alternativen Weg in Gang; bindet C5 für die Spaltung durch C2a |
| | C3a | Peptidentzündungsmediator (mittlere Aktivität) |

**Abb. 2.22 Die Proteine des klassischen Weges der Komplementaktivierung**

akuten Phase werden in Kap. 3 behandelt. Die Hauptfunktion von C1q bei einer Immunantwort besteht jedoch darin, an die konstanten (Fc-)Regionen der Antikörper zu binden (Abschn. 1.3.2), die über ihre Antigenbindungsstellen an Krankheitserreger gebunden haben. C1q verknüpft also die Effektorfunktionen des Komplementsystems mit der Erkennung durch die adaptive Immunität. Das scheint den Nutzen von C1q für die Bekämpfung der ersten Phasen einer Infektion einzuschränken, bevor dann die adaptive Immunität pathogenspezifische Antikörper hervorbringt. Einige Antikörper jedoch, die man als **natürliche Antikörper** bezeichnet, werden selbst dann vom Immunsystem produziert, wenn offensichtlich keine Infektion vorliegt. Diese Antikörper besitzen eine niedrige Affinität für zahlreiche pathogene Mikroorganismen und zeigen eine starke Kreuzreaktion, erkennen also häufig vorkommende Membranbausteine wie Phosphocholin und erkennen sogar Antigene auf körpereigenen Zellen (Autoantigene). Natürliche Antikörper werden wahrscheinlich als Reaktion auf die kommensale Mikroflora oder Autoantigene produziert, sind aber anscheinend keine Folge der adaptiven Immunantwort auf eine Infektion durch Krankheitserreger. Die meisten natürlichen Antikörper gehören zum Isotyp (zur Immunglobulinklasse) IgM (Abschn. 1.3.2 und 1.4.2) und bilden wahrscheinlich einen erheblichen Anteil der gesamten IgM-Population beim Menschen. IgM ist die Klasse der Antikörper, die C1q am effektivsten bindet. Dadurch sind die natürlichen Antikörper ein wirksames Mittel für die Aktivierung des Komplementsystems auf mikrobiellen Oberflächen unmittelbar nach einer Infektion und sie führen zur Beseitigung von Bakterien wie *Streptococcus pneumoniae* (Pneumokokken), bevor diese gefährlich werden.

### 2.2.4 Die Aktivierung des Komplementsystems beschränkt sich größtenteils auf die Oberfläche, an der die Initiation erfolgte

Der klassische und der Lektinweg der Komplementaktivierung werden durch Proteine in Gang gesetzt, die an die Oberfläche von Krankheitserregern binden (siehe oben). Während der anschließenden *triggered enzyme*-Kaskade ist von Bedeutung, dass die aktivierenden Ereignisse in demselben Bereich stattfinden, damit auch die C3-Aktivierung an der Oberfläche des Pathogens erfolgt und nicht im Plasma oder an Oberflächen von Körperzellen. Dies wird hauptsächlich durch die kovalente Bindung von C4b an die Oberfläche des Pathogens erreicht. Bei der angeborenen Immunität wird die C4-Spaltung durch einen Ficolin- oder einen MBL-Komplex katalysiert, der an die Oberfläche des Pathogens gebunden ist. C4b kann an benachbarte Proteine oder Kohlenhydrate auf der Oberfläche des Krankheitserregers binden. Wenn C4b diese Bindung nicht schnell ausbildet, wird die Thioesterbindung durch eine Reaktion mit einem Wassermolekül gespalten und diese Hydrolysereaktion inaktiviert C4b irreversibel. Dies hindert C4b daran, von der Aktivierungsstelle an der Oberfläche des Mikroorganismus weg zu diffundieren und sich an gesunde Körperzellen anzulagern.

C2 wird nur dann für die Spaltung durch C1s zugänglich, wenn es an C4b gebunden ist. Dadurch bleibt auch die Aktivität der C2a-Serinprotease auf die Oberfläche des Pathogens beschränkt, wo sie mit C4b assoziiert bleibt und die C3-Konvertase (C4b2a) bildet. Die Spaltung von C3-Molekülen zu C3a und C3b erfolgt also ebenfalls an der Oberfläche des Pathogens. C3b wird wie C4b durch Hydrolyse inaktiviert, wenn nicht die freigelegte Thioesterbindung schnell eine kovalente Bindung ausbildet (▶ Abb. 2.16). Dadurch kann C4b nur die Oberfläche opsonisieren, an der die Komplementaktivierung stattgefunden hat. Die Opsonisierung von Krankheitserregern durch C3b ist effizienter, wenn Antikörper an die Oberfläche des Pathogens gebunden sind, da Phagocyten sowohl für das Komplement als auch für die Fc-Region von Antikörpern Rezeptoren besitzen (Abschn. 1.4.2 und 10.2.6). Da die reaktiven Faktoren C3b und C4b mit jedem angrenzenden Protein oder Kohlenhydrat eine kovalente Bindung ausbilden können, wird ein Teil des reaktiven C3b oder C4b mit den Antikörpermolekülen selbst verknüpft. Diese Kombination aus Antikörpern, die mit dem Komplement chemisch quervernetzt sind, ist wahrscheinlich das wirkungsvollste Signal für das Auslösen der Phagocytose.

## 2.2.5 Der alternative Komplementweg ist eine Verstärkerschleife für die Bildung von C3b, die in Gegenwart von Krankheitserregern durch Properdin beschleunigt wird

Der alternative Komplementweg wurde zwar erst als zweiter „alternativer" Weg nach dem „klassischen" Weg entdeckt, ist aber wahrscheinlich der älteste aller Aktivierungswege des Komplements. Seine wichtigste Eigenschaft besteht darin, dass er spontan aktiviert werden kann. Er besitzt eine eigene C3-Konvertase, die man als **C3-Konvertase des alternativen Komplementwegs** bezeichnet. Sie unterscheidet sich von der C4b2a-Konvertase des Lektin beziehungsweise des klassischen Weges (▶ Abb. 2.17). Die C3-Konvertase des alternativen Komplementwegs besteht aus C3b mit dem daran gebundenen Bb-Molekül, einem Spaltungsfragment des Plasmaproteins **Faktor B**. Diese C3-Konvertase mit der Bezeichnung **C3bBb** besitzt bei der Komplementaktivierung einen besonderen Stellenwert, da sie sich durch die Produktion von C3b selbst vermehren kann. Das bedeutet, dass der alternative Komplementweg als Verstärkerschleife wirken und die C3b-Produktion schnell steigern kann, sobald sich, durch welchen Weg auch immer, schon einige C3b-Moleküle gebildet haben.

Der alternative Komplementweg kann auf zwei verschiedene Weisen aktiviert werden. Die Aktivierung kann zum einen durch den Lektin- oder den klassischen Weg erfolgen. Wenn C3b durch einen dieser Wege gebildet wurde und kovalent an die mikrobielle Oberfläche gebunden ist, kann Faktor B daran binden (▶ Abb. 2.23). Dadurch verändert sich die Konformation von Faktor B, sodass die Plasmaprotease **Faktor D** das B-Molekül in Ba und Bb spaltet. Bb bleibt mit C3b fest assoziiert, wodurch die C3-Konvertase entsteht. Die zweite Möglichkeit, den alternativen Komplementweg zu aktivieren, ist die spontane Hydrolyse (*tickover*) der Thioesterbindung im C3-Molekül, wobei C3($H_2$O) entsteht (▶ Abb. 2.24). Dieses Molekül kann an Faktor B binden, der dann von Faktor D gespalten wird. Dabei entsteht eine kurzlebige **C3-Konvertase der flüssigen Phase, C3($H_2$O)Bb**. Die Konvertase C3($H_2$O)Bb wird zwar beim C3-*tickover* nur in einer geringen Menge gebildet, kann aber viele C3-Moleküle in C3a und C3b spalten. Ein großer Teil dieser C3b-Moleküle wird durch Hydrolyse inaktiviert, einige heften sich jedoch über ihre Thioesterbindung an die Oberfläche von Mikroorganismen, die gerade vorhanden sind. Auf diese Weise gebildete C3b-Moleküle unterscheiden sich nicht von C3b-Molekülen, die im Lektinweg oder im klassischen Weg entstanden sind, und binden genauso an Faktor B, was zur Bildung der C3-Konvertase und zu einer Steigerung der C3b-Produktion führt (▶ Abb. 2.23).

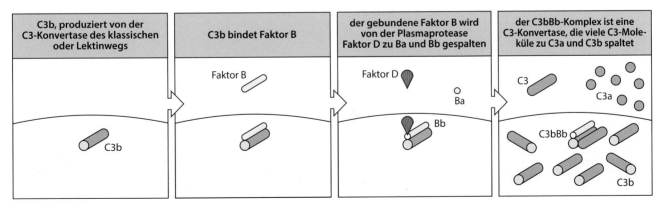

**Abb. 2.23 Der alternative Weg der Komplementaktivierung kann den klassischen oder den Lektinweg verstärken, indem er eine alternative C3-Konvertase erzeugt und mehr C3b-Moleküle auf dem Pathogen abgelagert werden.** C3b, das durch den klassischen oder den Lektinweg angelagert wurde, kann Faktor B binden. Danach kann dieser von Faktor D gespalten werden. Der C3bBb-Komplex ist die C3-Konvertase des alternativen Weges der Komplementaktivierung. Ihre Tätigkeit führt, ähnlich wie bei C4b2a, zur Ablagerung vieler C3b-Moleküle auf der Pathogenoberfläche

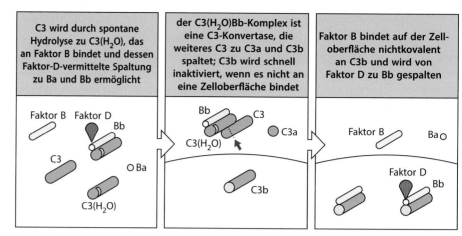

| C3 wird durch spontane Hydrolyse zu C3(H₂O), das an Faktor B bindet und dessen Faktor-D-vermittelte Spaltung zu Ba und Bb ermöglicht | der C3(H₂O)Bb-Komplex ist eine C3-Konvertase, die weiteres C3 zu C3a und C3b spaltet; C3b wird schnell inaktiviert, wenn es nicht an eine Zelloberfläche bindet | Faktor B bindet auf der Zelloberfläche nichtkovalent an C3b und wird von Faktor D zu Bb gespalten |

**Abb. 2.24 Der alternative Weg der Komplementaktivierung kann durch spontane Aktivierung von C3 in Gang gesetzt werden.** C3 wird im Serum spontan zu C3(H₂O) hydrolysiert. C3(H₂O) bindet Faktor B, der dann durch Faktor D gespalten wird (*erstes Bild*). Die entstehende lösliche C3-Konvertase spaltet C3 zu C3a und C3b. Letzteres kann sich an die Oberfläche von Körperzellen oder Pathogenen heften (*zweites Bild*). Kovalent an die Zelloberfläche gebundenes C3b bindet Faktor B, der daraufhin von Faktor D schnell in Bb und Ba gespalten wird. Bb bleibt an C3b gebunden, sodass eine C3-Konvertase entsteht, während Ba freigesetzt wird (*drittes Bild*). Diese Konvertase wirkt im alternativen Weg der Komplementaktivierung wie die C3-Konvertase C4a2b im Lektinweg und im klassischen Weg der Komplementaktivierung (▶ Abb. 2.17)

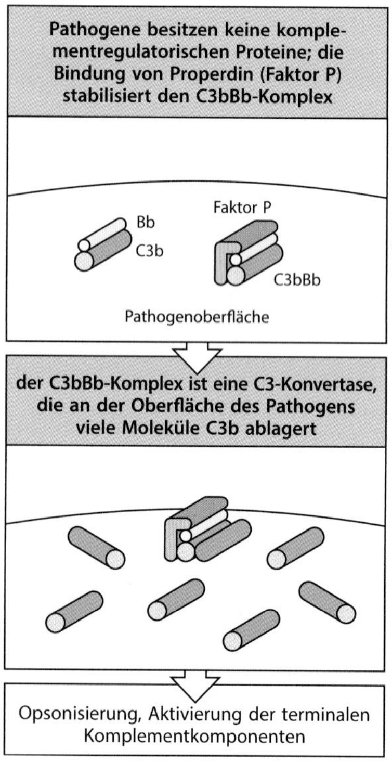

Die C3-Konvertasen des alternativen Komplementaktivierungswegs, C3bBb und C3(H₂O) Bb sind sehr kurzlebig. Sie werden jedoch durch Bindung an das Plasmaprotein **Properdin (Faktor P)** stabilisiert (▶ Abb. 2.25). Properdin wird von neutrophilen Zellen produziert und in sekundären Granula gespeichert. Properdin wird freigesetzt, wenn die neutrophilen Zellen durch die Anwesenheit von Krankheitserregern aktiviert werden. Es besitzt anscheinend einige Eigenschaften eines Mustererkennungsrezeptors, da es an die Oberfläche bestimmter Mikroorganismen binden kann. Patienten mit einem Properdinmangel sind für Infektionen mit *Neisseria meningitidis* besonders anfällig. Die Eigenschaft von Properdin, an bakterielle Oberflächen zu binden, lenkt wahrscheinlich die Aktivität des alternativen Komplementwegs auf diese Krankheitserreger und trägt so zu deren Beseitigung durch Phagocytose bei. Properdin kann auch an Säugerzellen binden, die eine Apoptose durchlaufen oder durch Sauerstoffmangel, eine Virusinfektion oder die Bindung von Antikörpern geschädigt wurden. So werden C3b-Moleküle auf diesen Zellen abgelagert, die dann durch Phagocytose leichter entfernt werden. Die einzelnen Bestandteile des alternativen Weges der Komplementaktivierung sind in ▶ Abb. 2.26 aufgeführt.

**Abb. 2.25 Properdin stabilisiert die C3-Konvertase des alternativen Komplementaktivierungswegs.** Bakterielle Oberflächen exprimieren keine regulatorischen Proteine des Komplementsystems und unterstützen so die Bindung von Properdin (Faktor P), wodurch die C3bBb-Konvertase stabilisiert wird. Diese Konvertaseaktivität entspricht der C4b2a-Konvertase des klassischen Aktivierungswegs. C3bBb spaltet dann viele weitere C3-Moleküle, sodass der Krankheitserreger von gebundenem C3b eingehüllt wird

## 2.2.6 Membran- und Plasmaproteine, die die Bildung und Stabilität der C3-Konvertase regulieren, bestimmen das Ausmaß der Komplementaktivierung unter verschiedenen Bedingungen

Mehrere Mechanismen stellen sicher, dass die Komplementaktivierung nur an der Oberfläche eines Krankheitserregers oder einer geschädigten Körperzelle stattfindet, nicht jedoch auf normalen Körperzellen und Geweben. Nach der ersten Aktivierung des Komplementsystems durch irgendeinen der Komplementwege hängt das Ausmaß der Verstärkung durch den alternativen Weg entscheidend von der Stabilität der C3-Konvertase C3bBb ab. Diese Stabilität wird sowohl durch positive als auch negative regulatorische Proteine kontrolliert. Wir haben bereits erläutert, wie Properdin als positiv regulatorisches Protein auf fremde Oberflächen wirkt, etwa von Bakterien oder geschädigten Körperzellen, indem es C3bBb stabilisiert.

| Proteine des alternativen Weges der Komplementaktivierung | | |
|---|---|---|
| native Komponenten | aktive Fragmente | Funktion |
| C3 | C3b | bindet an Pathogenoberfläche; bindet B für die Spaltung durch D; C3Bb ist eine C3-Konvertase, und C3b₂Bb ist eine C5-Konvertase |
| Faktor B (B) | Ba | kleines Fragment von B, Funktion unbekannt |
| | Bb | Bb ist das aktive Enzym der C3-Konvertase C3bBb und der C5-Konvertase C3b₂Bb |
| Faktor D (D) | D | Plasmaserinprotease; spaltet B zu Ba und Bb, wenn es an C3b gebunden ist |
| Properdin (P) | P | Plasmaprotein, das an bakterielle Oberflächen bindet und die Konvertase C3bBb stabilisiert |

**Abb. 2.26 Die Proteine des alternativen Weges der Komplementaktivierung**

Normale Körperzellen sind durch mehrere negative regulatorische Proteine vor einer Komplementaktivierung geschützt. Diese Proteine kommen im Plasma und in den Membranen der Körperzellen vor und schützen die normalen Zellen vor den schädlichen Auswirkungen einer unpassenden Komplementaktivierung auf ihren Oberflächen. Diese komplementregulatorischen Proteine treten mit C3b in Wechselwirkung und verhindern entweder die Bildung der Konvertase oder sie bewirken deren schnelle Dissoziation (▶ Abb. 2.27). So konkurriert etwa ein an der Membran angeheftetes Protein, das man als **DAF** (*decay-accelerating factor*) oder **CD55** bezeichnet, an der Zelloberfläche mit Faktor B um die Bindung an C3b und kann Bb aus der Konvertase verdrängen, wenn diese sich bereits gebildet hat. Die Spaltung von C3b zum inaktiven iC3b verhindert ebenfalls die Bildung der Konvertase. Dafür verantwortlich ist die Plasmaprotease **Faktor I**, wobei als Cofaktoren C3b-bindende Proteine wie der **Membrancofaktor der Proteolyse** (**MCP** oder **CD46**) als weiteres Membranprotein der Körperzelle mitwirken (▶ Abb. 2.27). Der Komplementrezeptor **CR1** (**CD35**) auf der Zelloberfläche zeigt bei der Hemmung der C3-Konvertase-Bildung und der Stimulation des C3b-Abbaus zu inaktiven Produkten ähnliche Aktivitäten wie DAF und MCP, seine Verteilung im Gewebe ist jedoch stärker begrenzt. **Faktor H** ist ebenfalls ein komplementregulatorisches Protein im Plasma, das an C3b bindet und wie auch CR1 mit Faktor B konkurriert und Bb in der Konvertase ersetzen kann; außerdem wirkt Faktor H als Cofaktor für Faktor I. Faktor H bindet bevorzugt an C3b, das wiederum an Vertebratenzellen gebunden ist, da es eine Affinität für Sialinsäurereste besitzt, die auf den Oberflächen dieser Zellen vorhanden sind (▶ Abb. 2.18). So kann sich die Verstärkungsschleife des alternativen Komplementwegs an der Oberfläche eines Krankheitserregers oder einer geschädigten Körperzelle fortsetzen, nicht jedoch auf normalen Zellen oder Geweben, die diese negativ regulatorischen Proteine exprimieren.

Die C3-Konvertasen, die durch die Aktivierung des klassischen oder Lektinwegs (C4b2a) und des alternativen Komplementwegs (C3bBb) entstehen, unterscheiden sich offensichtlich. Jedoch lässt sich das Komplementsystem leichter verstehen, wenn man die enge evolutionäre Verwandtschaft zwischen den verschiedenen Komplementproteinen kennt (▶ Abb. 2.28). Demnach sind die Komplementzymogene Faktor B und C2 eng verwandte Proteine, die von homologen Genen codiert werden. Diese sind auf dem menschlichen Chromosom 6 im Haupthistokompatibilitätskomplex (MHC) tandemartig angeordnet. Darüber hinaus enthalten ihre jeweiligen Bindungspartner C3 und C4 Thioesterbindungen, mit deren Hilfe die C3-Konvertasen kovalent an die Oberfläche von Pathogenen binden können.

Nur eine einzige Komponente des alternativen Komplementwegs scheint mit den funktionell äquivalenten Komponenten des klassischen und Lektinwegs keinerlei Verwandtschaft zu besitzen. Dabei handelt es sich um die Serinprotease Faktor D, die den alternativen Weg in

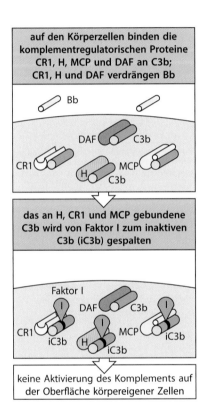

**Abb. 2.27 Die Komplementaktivierung verschont die körpereigenen Zellen, die durch komplementregulatorische Proteine geschützt sind.** Wenn sich C3bBb an der Oberfläche von Körperzellen bildet, wird der Komplex von komplementregulatorischen Proteinen der Körperzelle schnell inaktiviert; dies sind Komplementrezeptor 1 (CR1), DAF und der Membrancofaktor der Proteolyse (MCP). Die Oberflächen von Körperzellen begünstigen außerdem die Bindung vom Faktor H aus dem Plasma. CR1, DAF und Faktor H verdrängen Bb von C3b, und CR1, MCP und Faktor H katalysieren die Spaltung von gebundenem C3b durch die Plasmaprotease Faktor I; dabei entsteht das inaktive C3b (iC3b)

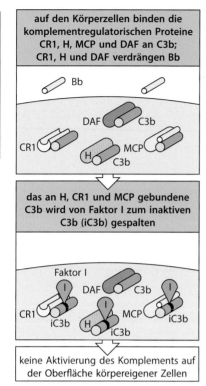

**auf den Körperzellen binden die komplementregulatorischen Proteine CR1, H, MCP und DAF an C3b; CR1, H und DAF verdrängen Bb**

Bb

DAF · C3b
CR1
H · C3b
MCP

**das an H, CR1 und MCP gebundene C3b wird von Faktor I zum inaktiven C3b (iC3b) gespalten**

Faktor I

DAF · C3b
CR1 · iC3b
iC3b
H · iC3b
MCP · iC3b

**keine Aktivierung des Komplements auf der Oberfläche körpereigener Zellen**

**Abb. 2.28 Zwischen den Faktoren des alternativen, des Lektin- und des klassischen Weges der Komplementaktivierung besteht eine enge evolutionäre Verwandtschaft.** Die meisten Faktoren sind entweder identisch oder es sind homologe Produkte von Genen, die erst dupliziert wurden und dann in der Sequenz divergierten. Die Proteine C4 und C3 sind homolog und enthalten jeweils die instabile Thioesterbindung, über die das größere Fragment, C4b beziehungsweise C3b, kovalent an Membranen bindet. Die C2- und B-codierende Gene liegen benachbart in der MHC-Region des Genoms; sie sind durch Genverdopplung entstanden. Die regulatorischen Proteine Faktor H, CR1 und C4BP enthalten eine Sequenzwiederholung, die bei zahlreichen komplementregulatorischen Proteinen vorkommt. Die einzelnen Wege unterscheiden sich am stärksten in ihrer Aktivierung. Beim klassischen Weg bindet der C1-Komplex entweder an bestimmte Pathogene oder an gebundene Antikörper; im zweiten Fall dient der C1-Komplex dazu, die Antikörperbindung in eine enzymatische Aktivität auf einer spezifischen Oberfläche umzusetzen. Beim Lektinweg lagert sich das mannosebindende Lektin (MBL) an MASP-1 und MASP-2 an, die dadurch aktiviert werden, und erfüllt so dieselbe Funktion wie C1r:C1s, während beim alternativen Weg Faktor D diese Enzymaktivität enthält

Gang setzt. Dieses Protein ist die einzige aktivierende Protease des Komplementsystems, die als aktives Enzym zirkuliert und nicht als Zymogen. Dies ist für das Auslösen des alternativen Weges durch spontane Spaltung von Faktor B notwendig, der an das spontan aktivierte C3 gebunden ist, bedeutet aber auch Sicherheit für den Körper, da Faktor D nur Faktor B als Substrat erkennt, wenn dieser an C3b gebunden ist. Das heißt, dass Faktor D sein Substrat nur an den Oberflächen von Pathogenen und in sehr geringen Mengen im Plasma findet, wo der alternative Weg der Komplementaktivierung ablaufen darf.

## 2.2.7 Das Komplementsystem hat sich schon früh in der Evolution der vielzelligen Organismen entwickelt

Das Komplementsystem kannte man ursprünglich nur bei den Vertebraten. Aber inzwischen hat man bei Wirbellosen zu C3 und B homologe Faktoren sowie einen urtümlichen „alternativen Komplementaktivierungsweg" entdeckt. Das ist insgesamt nicht verwunderlich, da das C3-Molekül, das von Serinproteasen gespalten und aktiviert wird, in der Evolution mit dem Serinproteaseinhibitor $\alpha_2$-Makroglobulin verwandt ist, der wahrscheinlich in einem Vorfahren der heutigen Vertebraten zum ersten Mal in Erscheinung trat. Der Ursprung der Verstärkungsschleife des alternativen Komplementwegs liegt ebenfalls schon lange Zeit zurück, da man diesen Reaktionsweg auch bei Stachelhäutern (zu denen etwa die Seeigel und Seesterne gehören) gefunden hat. Er basiert ebenfalls auf einer C3-Konvertase, die aus den homologen Proteinen der Stachelhäuter für C3 und B gebildet wird. Diese Faktoren werden von phagocytischen Zellen exprimiert, die man als **amöboide Coelomyceten** bezeichnet; sie kommen in der Coelomflüssigkeit vor. Die Expression von C3 durch diese Zellen ist in Anwesenheit von Bakterien erhöht. Dieses einfache System ist anscheinend in der Lage, Bakterienzellen und andere Fremdpartikel zu opsonisieren und deren Aufnahme durch die Coelomyceten zu erleichtern. Zu C3 homologe Moleküle bei den Wirbellosen sind eindeutig miteinander verwandt. Sie alle enthalten eine charakteristische Thioesterbindung und bilden die Familie der **thioesterhaltigen Proteine** (**TEPs**). Bei der Stechmücke *Anopheles* wird die Produktion des Proteins TEP1 als Reaktion auf eine Infektion in Gang gesetzt und das Protein bindet wahrscheinlich direkt an die Oberfläche von Bakterien, um die Phagocytose von gramnegativen Bakterien zu stimulieren. Eine gewisse Form von C3-Aktivität reicht in der Evolution womöglich noch weiter zurück als bis zu den Bilateria (Tiere mit einer zweiseitigen Symmetrie, wobei Fadenwürmer die primitivsten heutigen Vertreter sind); in den Genomen gibt es Hinweise darauf, dass die Faktoren C3, B und einige später im Reaktionsweg aktive Komplementfaktoren bereits bei den Anthozoen (Korallen und Seeanemonen) vorkommen.

Nach dem ersten Auftreten des Komplementsystems in der Evolution hat es sich anscheinend durch den Erwerb neuer Aktivierungswege weiterentwickelt, sodass nun mikrobielle Oberflächen spezifisch angegriffen werden können. Von diesen Aktivierungswegen ist wahrscheinlich der Ficolinweg als erster entstanden. Er ist sowohl bei den Vertebraten als auch bei einigen eng verwandten Wirbellosen vorhanden, etwa bei den Manteltieren. In der Evolution sind die Ficoline möglicherweise eine Vorstufe der Kollektine, die ebenfalls bei den Manteltieren vorkommen. Im Genom der Seescheide *Ciona* (eines Organismus aus der Klasse der Ascidien, die zu den Manteltieren gehört) hat man zu MBL und zum Faktor C1q des klassischen Aktivierungswegs homologe Proteine gefunden (beide Faktoren sind Kollektine). Bei *Ciona* hat man außerdem zwei Faktoren identifiziert, die zu den MASP-Molekülen homolog sind; sie können wahrscheinlich C3 spalten und aktivieren. Das rudimentäre Komplementsystem der Stachelhäuter hat sich also offensichtlich bei den Manteltieren erweitert, indem ein spezifisches Aktivierungssystem hinzugekommen ist, das die C3-Ablagerung auf mikrobiellen Oberflächen gezielt bewerkstelligt. Das deutet auch darauf hin, dass bei der viel späteren Evolution der adaptiven Immunität die ursprünglichen Antikörper das Komplementsystem über ein bereits diversifiziertes C1q-ähnliches Kollektin aktivieren konnten. Das Komplementaktivierungssystem hat sich dann weiterentwickelt, indem dieses Kollektin und die zugehörigen MASP-Moleküle zu den auslösenden Faktoren des klassischen Aktivierungswegs wurden, also C1q, C1r, C1s.

## 2.2.8 Die oberflächengebundene C3-Konvertase lagert große Mengen von C3b-Fragmenten an der Oberfläche von Krankheitserregern ab und erzeugt die C5-Konvertase

Wir wenden uns nun wieder dem heute anzutreffenden Komplementsystem zu. Die Bildung der C3-Konvertasen ist der Punkt, an dem die drei Aktivierungswege des Komplements zusammenlaufen. Die Konvertase C4b2a des Lektin- und des klassischen Weges und die Konvertase C3bBb des alternativen Weges lösen dieselben Folgereaktionen aus – sie spalten C3 in C3b und C3a. C3b bindet kovalent über seine Thioesterbindung an benachbarte Moleküle auf der Oberfläche von Krankheitserregern; wenn nicht, wird es durch Hydrolyse inaktiviert. C3 ist das häufigste Komplementprotein im Plasma, mit einer Konzentration von 1,2 mg/ml. Bis zu 1000 C3b-Moleküle können direkt in der Umgebung einer einzigen aktiven C3-Konvertase binden (▶ Abb. 2.23). Die Hauptwirkung der Komplementaktivierung ist also die Ablagerung von C3b in großen Mengen auf der Oberfläche von infizierenden Krankheitserregern. Dort bildet C3b eine kovalent befestigte Hülle, die Signale an die Phagocyten sendet, das Pathogen zu vernichten.

Im nächsten Schritt der Komplementkaskade werden die C5-Konvertasen erzeugt. C5 gehört zur selben Proteinfamilie wie C3, C4, $\alpha_2$-Makroglobulin und die thioesterhaltigen Proteine (TEPs) der Wirbellosen. C5 bildet während seiner Synthese keine aktive Thioesterbindung, sondern wird wie C3 und C4 von einer spezifischen Protease in die Fragmente C5a und C5b gespalten. Beide entfalten in der Folge spezifische Aktivitäten, die für die Weiterführung der Komplementkaskade wichtig sind. Im klassischen und im Lektinweg entsteht eine C5-Konvertase, indem C3b an C4b2a bindet; das Ergebnis ist **C4b2a3b**. Die C5-Konvertase des alternativen Komplementwegs wird gebildet, indem C3b an C3bBb bindet und **C3b₂Bb** entsteht. Diese C5-Konvertase-Komplexe binden ein C5-Molekül über eine Akzeptorstelle auf C3b. C5 wird dadurch für eine Spaltung durch die Serinproteasen C2a oder Bb zugänglich. Diese Reaktion, die C5b und C5a hervorbringt, ist wesentlich stärker begrenzt als die Spaltung von C3, da C5 nur dann gespalten werden kann, wenn es an C3b bindet, das daraufhin an C4b2a oderC3bBb bindet, wodurch der aktive C5-Konvertase-Komplex entsteht. Das Komplementsystem, das über alle drei Reaktionswege aktiviert wird, führt so zur Ablagerung großer Mengen von C3b-Molekülen auf der Oberfläche des Krankheitserregers und es wird eine geringere Menge an C5b-Molekülen erzeugt. Außerdem wird C3a und eine geringere Menge C5a freigesetzt (▶ Abb. 2.29).

## 2.2.9 Rezeptoren für gebundene Komplementproteine vermitteln die Aufnahme von komplementmarkierten Krankheitserregern durch die Phagocyten

Die wichtigste Aufgabe des Komplements ist, die Aufnahme und Zerstörung von Pathogenen durch phagocytotische Zellen zu erleichtern. Dies geschieht dadurch, dass **Komplementrezeptoren (CRs)** auf Phagocyten gebundene Komplementkomponenten spezifisch erkennen. Diese Komplementrezeptoren binden an Pathogene, die mit Komplementkomponenten opsonisiert wurden. Die Opsonisierung von Pathogenen ist eine Hauptfunktion von C3b und seinen proteolytischen Derivaten. C4b wirkt ebenfalls als Opsonin, spielt aber nur eine relativ geringe Rolle, hauptsächlich weil viel mehr C3b als C4b entsteht.

Die bekannten Rezeptoren für gebundene Komplementkomponenten sind mit ihrer Funktion und Verteilung in ▶ Abb. 2.30 aufgeführt. Der C3b-Rezeptor CR1 (Abschn. 2.2.6) ist ein negativer Regulator der Komplementaktivierung (▶ Abb. 2.27). CR1 wird von vielen verschiedenen Arten von Immunzellen exprimiert, beispielsweise von Makrophagen oder neutrophilen Zellen. Die Bindung von C3b an CR1 allein kann die Phagocytose nicht anregen, dafür sind weitere Immunmediatoren erforderlich, die Makrophagen aktivieren. So kann das kleine Komplementfragment C5a Makrophagen aktivieren, Bakterien aufzunehmen, die an ihre CR1-Rezeptoren gebunden sind (▶ Abb. 2.31). C5a bindet an den **C5a-**

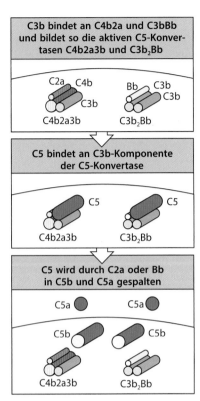

**Abb. 2.29 Die Bindung der Komplementkomponente C5 durch ein C3b-Molekül, das Teil des C5-Konvertase-Komplexes ist, führt zur Spaltung von C5.** Wie im *oberen Bild* dargestellt, entstehen C5-Konvertasen entweder, wenn C3b an die C3-Konvertase des klassischen und Lektinwegs (C4b2a) bindet und C4b2a3b bildet, oder wenn C3b an die C3-Konvertase des alternativen Weges (C3bBb) bindet, sodass C3b₂Bb entsteht. C5 lagert sich in diesen Komplexen an C3b an (*Mitte*). Das *untere Bild* zeigt die Spaltung von C5 durch das aktive Enzym C2a oder Bb, bei der C5b und das entzündungsvermittelnde C5a gebildet werden. Anders als C3b und C4b bindet C5b nichtkovalent an die Zelloberfläche. Die Produktion von C5b führt zum Zusammenfügen der terminalen Komplementkomponenten

| Rezeptor | Spezifität | Funktionen | Zelltypen |
|---|---|---|---|
| CR1 (CD35) | C3b, C4bi | fördert den Zerfall von C3b und C4b stimuliert die Phagocytose (C5a erforderlich); Erythrocytentransport von Immunkomplexen | Erythrocyten, Makrophagen, Monocyten, polymorphkernige Leukocyten, dendritische Zellen |
| CR2 (CD21) | C3d, iC3b, C3dg | Teil des B-Zell-Corezeptors verstärkt die B-Zell-Reaktion auf Antigene, an die C3d, iC3b und C3dg gebunden ist; Rezeptor des Epstein-Barr-Virus | B-Zellen, FDC |
| CR3 (Mac-1) (CD11b: CD18) | iC3b | stimuliert die Phagocytose | Makrophagen, Monocyten, polymorphkernige Leukocyten, FDC |
| CR4 (gp150, 95) (CD11c: CD18) | iC3b | stimuliert die Phagocytose | Makrophagen, Monocyten, polymorphkernige Leukocyten, dendritische Zellen |
| CRIg | C3b, iC3b | Phagocytose von zirkulierenden Pathogenen | geweberesidente Makrophagen, hepatische sinusoide Makrophagen |
| C5a-Rezeptor (CD88) | C5a | die Bindung von C5a aktiviert das G-Protein | neutrophile Zellen, Makrophagen, Endothelzellen, Mastzellen |
| C5L2 (GPR77) | C5a | Köder; reguliert den C5a-Rezeptor | neutrophile Zellen, Makrophagen |
| C3a-Rezeptor | C3a | die Bindung von C3a aktiviert das G-Protein | Makrophagen, Endothelzellen, Mastzellen |

**Abb. 2.30 Verteilung und Funktion von Zelloberflächenrezeptoren für Komplementproteine.** Eine Reihe verschiedener Rezeptoren sind für das gebundene C3b und seine Abbauprodukte (iC3b und C3dg) spezifisch. CR1 und CR3 sind wichtig für die Induktion der Phagocytose von Bakterien, an deren Oberfläche Komplementkomponenten gebunden sind. CR2 kommt hauptsächlich auf B-Zellen vor, wo es auch zum Corezeptorkomplex der B-Zelle gehört. CR1 und CR2 enthalten Strukturmerkmale, die sich auch bei komplementregulatorischen Proteinen finden, welche C3b und C4b binden. CR3 und CR4 sind Integrine und bestehen aus dem Integrin $\beta2$ und dem Integrin $\alpha$M (CD11b) beziehungsweise dem Integrin $\alpha$X (CD11c) (Anhang II). CR3 (auch als Mac-1 bezeichnet) ist auch bei der Adhäsion und Wanderung der Leukocyten von Bedeutung, während CR4 offenbar nur bei Reaktionen der Phagocyten eine Rolle spielt. Die C5a- und C3a-Rezeptoren sind G-Protein-gekoppelte Rezeptoren mit sieben membrandurchspannenden Helices. FDC, follikuläre dendritische Zellen (sie sind an der angeborenen Immunität nicht beteiligt, siehe Kapitel weiter unten)

**Rezeptor**, der ebenfalls von Makrophagen exprimiert wird. Dieser Rezeptor enthält sieben membrandurchspannende Domänen. Rezeptoren dieser Art übertragen ihre Signale durch guaninnucleotidbindende Proteine (G-Proteine) im Zellinneren und man bezeichnet sie deshalb allgemein als **G-Protein-gekoppelte Rezeptoren** (**GPCRs**; Abschn. 3.1.2). **C5L2** (**GPR77**) wird von neutrophilen Zellen und von Makrophagen exprimiert. Er ist ein nichtsignalisierender Rezeptor, der für C5a als eine Art Köder (*decoy receptor*) fungiert und wahrscheinlich die Aktivität des C5a-Rezeptors reguliert. Auch Proteine, die mit der extrazellulären Matrix assoziiert sind wie Fibronectin, können zur Aktivierung von Phagocyten beitragen; diese Proteine sind von Bedeutung, wenn Phagocyten in das Bindegewebe gelockt und dort aktiviert werden.

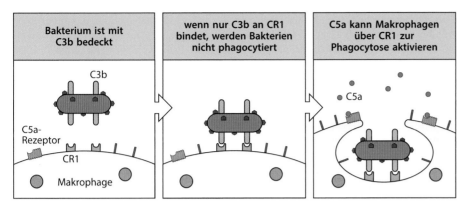

**Abb. 2.31 Das Anaphylatoxin C5a kann bei einer angeborenen Immunantwort die Phagocytose von opsonisierten Mikroorganismen verstärken.** Die Komplementaktivierung führt zur Anlagerung von C3b an die Oberfläche des Mikroorganismus (*links*). Der Komplementrezeptor CR1 an der Oberfläche von Phagocyten kann C3b binden, dies allein reicht jedoch nicht aus, um die Phagocytose zu aktivieren (*Mitte*). Phagocyten exprimieren aber auch Rezeptoren für das Anaphylatoxin C5a und die C5a-Bindung aktiviert die Zelle zur Phagocytose der Mikroorganismen, die über CR1 gebunden sind (*rechts*)

Vier weitere Komplementrezeptoren – **CR2**, auch unter der Bezeichnung **CD21** bekannt, **CR3 (CD11b:CD18)**, **CR4 (CD11c:CD18)** und **CRIg** (Komplementrezeptor der Immunglobulinfamilie) – binden an Formen von C3b, die von Faktor I gespalten wurden, aber an die Pathogenoberfläche angeheftet bleiben. Wie verschiedene andere Schlüsselkomponenten des Komplements kann C3b durch einen regulatorischen Mechanismus in Derivate gespalten werden, beispielsweise iC3b, die keine aktive Konvertase bilden können. Das an die mikrobielle Oberfläche gebundene C3b-Molekül kann durch Faktor I und MCP gespalten werden, wodurch das kleine Fragment C3f entfernt wird und das inaktive iC3b an die Oberfläche gebunden bleibt (▶ Abb. 2.32). iC3b wird von verschiedenen Komplementrezeptoren erkannt – CR2, CR3, CR4 und CRIg. Anders als die Bindung von iC3b an CR1, reicht die Assoziierung von iC3b mit CR3 aus, um die Phagocytose zu stimulieren. Faktor I und CR1 spalten iC3b, sodass C3c freigesetzt wird und C3dg an das Pathogen gebunden bleibt. C3dg wird nur von CR2 erkannt. Dieser Rezeptor kommt auf B-Zellen als Teil des

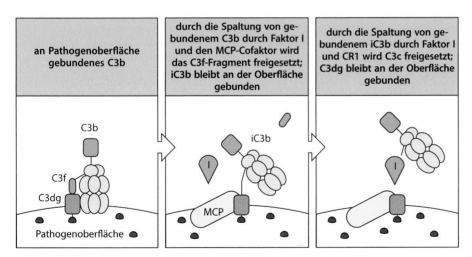

**Abb. 2.32 Die Abbauprodukte von C3b werden von verschiedenen Komplementrezeptoren erkannt.** Nachdem sich C3b an die Oberfläche eines Krankheitserregers angelagert hat, kann das Molekül unterschiedliche Konformationsänderungen durchlaufen, die seine Wechselwirkung mit den Komplementrezeptoren verändern. Faktor I und MCP können das C3f-Fragment von C3b abspalten, wodurch iC3b entsteht, das wiederum ein Ligand für die Komplementrezeptoren CR2, CR3 und CR4 ist, nicht jedoch für CR1. Faktor I und CR1 spalten iC3b und setzen dabei C3c frei, während C3dg gebunden bleibt. C3dg wird dann von CR2 erkannt

Corezeptorkomplexes vor, der das über den antigenspezifischen Immunglobulinrezeptor empfangene Signal verstärkt. So erhält eine B-Zelle, deren Antigenrezeptor für ein Antigen auf einem Pathogen spezifisch ist, nach Bindung dieses Pathogens ein starkes Signal, wenn das Antigen oder das Pathogen zudem mit C3dg bedeckt ist. Die Komplementaktivierung kann daher zur Erzeugung einer starken Antikörperantwort beitragen.

Die Bedeutung der Opsonisierung durch C3b und seine inaktiven Fragmente für die Zerstörung von extrazellulären Pathogenen zeigt sich an den Auswirkungen verschiedener Komplementmangelkrankheiten. So zeigen beispielsweise Personen, denen C3 oder Moleküle fehlen, welche die C3b-Anlagerung katalysieren, eine erhöhte Anfälligkeit für Infektionen mit einem breiten Spektrum extrazellulärer Bakterien, darunter auch *Streptococcus pneumoniae* (Kap. 13).

### 2.2.10 Die kleinen Peptidfragmente einiger Komplementproteine können eine lokale Entzündungsreaktion auslösen

Die kleinen Komplementfragmente C3a und C5a wirken auf spezifische Rezeptoren auf Endothelzellen und Mastzellen (▶ Abb. 2.30) und rufen dadurch lokale Entzündungsreaktionen hervor. C3a gibt wie C5a seine Signale über einen G-Protein-gekoppelten Rezeptor weiter (Kap. 3). C4a wird durch die C4-Spaltung erzeugt, kann aber keine Entzündung auslösen und ist an den C3a- und C5a-Rezeptoren unwirksam; möglicherweise gibt es für C4a überhaupt keinen Rezeptor. Wenn C3a und C5a in großer Menge gebildet oder systemisch injiziert werden, lösen sie einen allgemeinen Kreislaufkollaps aus und verursachen ein schockähnliches Syndrom, ähnlich einer systemischen allergischen Reaktion unter Mitwirkung von IgE-Antikörpern (Kap. 14). Solch eine Reaktion bezeichnet man als **anaphylaktischen Schock** und die kleinen Fragmente des Komplements demzufolge häufig als **Anaphylatoxine**. C5a besitzt die höchste spezifische biologische Aktivität, aber sowohl C3 als auch C5 induzieren Kontraktionen der glatten Muskulatur, steigern die Gefäßdurchlässigkeit und wirken auf Endothelzellen, die Blutgefäße auskleiden, und sie induzieren die Synthese von Adhäsionsmolekülen. Darüber hinaus können C3a und C5a Mastzellen aktivieren, die in Geweben unterhalb von Schleimhäuten vorkommen und anschließend Mediatoren wie Histamin und den Tumornekrosefaktor TNF-$\alpha$ freisetzen, die ähnliche Effekte hervorrufen. Die Veränderungen, die C5a und C3a verursachen, rekrutieren Antikörper und das Komplementsystem und locken Phagocyten zu Infektionsherden (▶ Abb. 2.33). Das erhöhte Flüssigkeitsvolumen in den Geweben beschleunigt die Bewegung von antigenpräsentierenden Zellen, die Pathogene enthalten, zu den lokalen Lymphknoten und trägt damit zum schnellen Auslösen der adaptiven Immunantwort bei.

C5a wirkt außerdem direkt auf neutrophile Zellen und Monocyten und verstärkt so ihre Anheftung an Gefäßwände, ihre Wanderung zu Stellen mit Antigenablagerungen und ihre Fähigkeit, Partikel aufzunehmen. Außerdem steigert C5a die Expression von CR1 und CR3 auf der Oberfläche dieser Zellen. So wirken C5a und, weniger ausgeprägt, C3a mit anderen Komplementkomponenten zusammen, um die Zerstörung von Pathogenen durch Phagocyten zu beschleunigen.

### 2.2.11 Die terminalen Komplementproteine polymerisieren und bilden Poren in Membranen, die bestimmte Pathogene töten können

Ein wichtiger Effekt der Komplementaktivierung ist die Zusammenlagerung der terminalen Komplementkomponenten (▶ Abb. 2.34), wodurch ein membranangreifender Komplex entsteht. Die Reaktionen, die zur Bildung dieses Komplexes führen, sind in ▶ Abb. 2.35 schematisch und in Form von elektronenmikroskopischen Aufnahmen dargestellt. Das

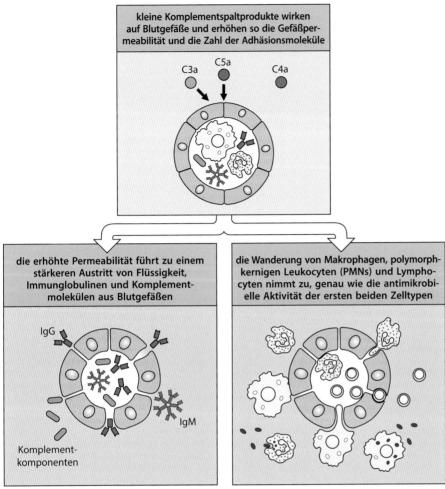

kleine Komplementspaltprodukte wirken
auf Blutgefäße und erhöhen so die Gefäßpermeabilität und die Zahl der Adhäsionsmoleküle

C3a    C5a    C4a

die erhöhte Permeabilität führt zu einem
stärkeren Austritt von Flüssigkeit,
Immunglobulinen und Komplement-
molekülen aus Blutgefäßen

IgG

IgM

Komplement-
komponenten

die Wanderung von Makrophagen, polymorph-
kernigen Leukocyten (PMNs) und Lymphocyten nimmt zu, genau wie die antimikrobielle Aktivität der ersten beiden Zelltypen

**Abb. 2.33 Kleine Komplementfragmente, besonders C5a, können lokale Entzündungsreaktio-
nen auslösen.** Die kleinen Komplementfragmente sind unterschiedlich aktiv, C5a mehr als C3a,
C4a wenig bis gar nicht. C5a und C3a führen zu lokalen Entzündungsreaktionen, indem sie direkt
auf lokale Blutgefäße einwirken. Dabei kommt es zu einer Erhöhung der Fließgeschwindigkeit des
Blutes, zu einer erhöhten Gefäßpermeabilität und zu einer verstärkten Bindung von Phagocyten an
Endothelzellen. C3a und C5a aktivieren auch Mastzellen (nicht dargestellt), Mediatoren wie Histamin und TNF-α freizusetzen, die zur Entzündungsreaktion beitragen. Der vergrößerte Durchmesser
und die verstärkte Permeabilität der Gefäße führen zu einer Ansammlung von Flüssigkeit und Protein
im umgebenden Gewebe. Die Flüssigkeit steigert den Lymphfluss, wodurch Pathogene und ihre
Antigenkomponenten zu den lokalen Lymphknoten gebracht werden. Die Antikörper, Komplementproteine und Zellen, die so angelockt werden, tragen zur Beseitigung der Pathogene durch eine verstärkte Phagocytose bei. Die kleineren Komplementfragmente erhöhen die Aktivität der Phagocyten
auch direkt

Endergebnis ist eine Pore in der Lipiddoppelschicht, wodurch die Integrität der Membran
zerstört wird. Vermutlich tötet dies den Erreger, indem der Protonengradient über der Pa-
thogenmembran zerstört wird.

Der erste Schritt bei der Bildung des membranangreifenden Komplexes ist die Spaltung
von C5 durch eine C5-Konvertase unter Freisetzung von C5b (► Abb. 2.29). In den nächsten Phasen (► Abb. 2.35) leitet C5b das Zusammenlagern der späteren Komplementkomponenten und ihren Einbau in die Zellmembran ein. Zuerst bindet ein C5b-Molekül an ein
**C6**-Molekül. Der C5b6-Komplex lagert sich dann an ein Molekül **C7** an. Diese Reaktion
führt zu einer Konformationsänderung bei den beteiligten Molekülen, sodass ein hydrophober Bereich auf C7 zugänglich wird. Dieser schiebt sich in die Lipiddoppelschicht.
Hydrophobe Stellen werden auf ähnliche Weise bei den späteren Komponenten **C8** und **C9**

| die terminalen Komplementkomponenten, die den membrangreifenden Komplex bilden | | |
|---|---|---|
| natives Protein | aktive Komponente | Funktion |
| C5 | C5a | kleine Peptidentzündungsmediatoren (hohe Aktivität) |
| | C5b | regt Bildung des membranangreifenden Komplexes an |
| C6 | C6 | bindet C5b; bildet Anlagerungsstelle für C7 |
| C7 | C7 | bindet C5b6; amphipathischer Komplex integriert in die Lipiddoppelschicht |
| C8 | C8 | bindet C5b67; löst die Polymerisierung von C9 aus |
| C9 | C9n | polymerisiert an C5b678 und bildet so den membrandurchspannenden Kanal; Zelllyse |

**Abb. 2.34  Die terminalen Komplementkomponenten**

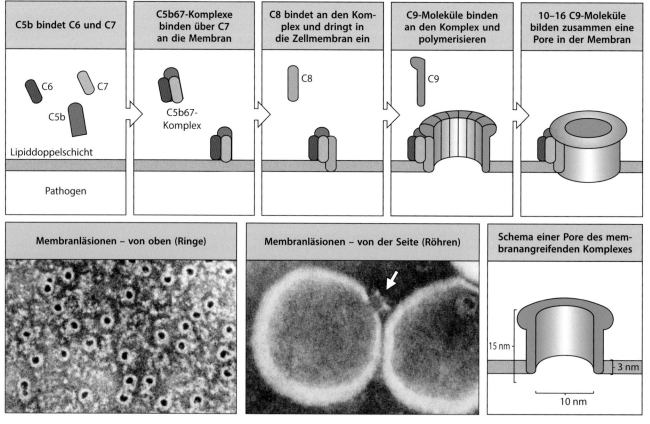

**Abb. 2.35  Die Zusammenlagerung des membranangreifenden Komplexes erzeugt eine Pore in der Lipiddoppelschicht der Membran.** Die Abfolge der Schritte und ihr ungefähres Auftreten sind hier in schematischer Form dargestellt. C5b löst die Zusammenlagerung von je einem C6-, C7- und C8-Molekül (in dieser Reihenfolge) aus. C7 und C8 ändern ihre Konformation und hydrophobe Domänen werden exponiert, die dann in die Membran eindringen. Dieser Komplex verursacht von sich aus schon eine leichte Membranschädigung. Außerdem induziert er die Polymerisierung von C9, wiederum mit Exposition einer hydrophoben Stelle. Bis zu 16 C9-Moleküle bilden dann zusammen in der Membran einen Kanal von etwa 10 nm Durchmesser. Dieser durchbricht die äußere Bakterienmembran und tötet das Bakterium. Die elektronenmikroskopische Aufnahme zeigt Erythrocytenmembranen mit membranangreifenden Komplexen in zwei Orientierungen, von oben und von der Seite. (Nachgezeichnet mit Genehmigung von Bhakdi, S., et al.: Functions and relevance of the terminal complement sequence. *Blut* 1990, 60:309–318. © Springer-Verlag 1990.)

exponiert, wenn sie an den Komplex binden; so ist es ihnen möglich, ebenfalls in die Lipid-doppelschicht einzudringen. C8 ist ein Komplex aus zwei Proteinen: C8$\beta$ und C8$\alpha$-$\gamma$. Das C8$\beta$-Protein bindet an C5b und durch die Bindung von C8$\beta$ an den membranassoziierten C5b67-Komplex ist es der hydrophoben Domäne von C8$\alpha$-$\gamma$ möglich, in die Lipiddoppel-schicht einzudringen. Schließlich induziert C8$\alpha$-$\gamma$ die Polymerisierung von 10–16 C9-Molekülen zu einer porenbildenden Struktur, die man als membranangreifenden Komplex bezeichnet. Dieser besitzt eine hydrophobe äußere Oberfläche, wodurch er mit der Lipid-doppelschicht assoziieren kann, hat jedoch einen hydrophilen inneren Kanal. Der Durch-messer dieses Kanals beträgt etwa 10 nm. Damit können gelöste Moleküle und Wasser frei durch die Lipiddoppelschicht gelangen. Die Schädigung der Lipiddoppelschicht durch die Poren führt zum Verlust der zellulären Homöostase, zur Zerstörung des Protonengradienten über der Membran, zum Eindringen von Enzymen wie Lysozym in die Zellen und schließ-lich zur Zerstörung des Pathogens.

Obwohl die Effekte des membranangreifenden Komplexes sehr dramatisch sind, wie sich vor allem bei Experimenten zeigte, bei denen man Antikörper gegen Erythrocytenmem-branen einsetzte, um die Komplementkaskade auszulösen, scheint die Bedeutung dieser Komponenten für die Immunabwehr eher begrenzt zu sein. Bis heute wurde ein Mangel an den Komplementkomponenten C5 bis C9 nur mit einer Anfälligkeit für *Neisseria* in Ver-bindung gebracht. Dieses Bakterium verursacht die sexuell übertragbare Krankheit Gonor-rhö und eine verbreitete Form der bakteriellen Meningitis. Die opsonisierenden und in-flammatorischen Aktivitäten der früheren Komponenten der Komplementkaskade sind daher für die Abwehr einer Infektion zweifellos am wichtigsten. Die Bildung des mem-branangreifenden Komplexes ist anscheinend nur für das Abtöten einiger weniger Krank-heitserreger von Bedeutung, sie spielt aber möglicherweise bei Immunerkrankungen eine wichtige Rolle (Kap. 15).

## 2.2.12 Komplementregulatorische Proteine steuern alle drei Reaktionswege der Komplementaktivierung und schützen den Körper vor deren zerstörerischen Effekten

Die Aktivierung des Komplements erfolgt normalerweise an der Oberfläche eines Krank-heitserregers und die aktivierten Komplementfragmente, die dabei entstehen, binden in der Nähe an die Pathogenoberfläche oder werden durch Hydrolyse schnell inaktiviert. Außer-dem werden alle Komplementkomponenten im Plasma mit einer geringen Rate spontan aktiviert; die aktivierten Komplementfaktoren binden manchmal an Proteine auf Körper-zellen. In Abschn. 2.2.6 wurden die löslichen körpereigenen Proteine Faktor I und Faktor H sowie die membrangebundenen Proteine MCP und DAF eingeführt, die den alternativen Weg der Komplementaktivierung regulieren. Darüber hinaus gibt es mehrere weitere lös-liche und membrangebundene komplementregulatorische Proteine, die die Komplement-kaskade an verschiedenen Stellen kontrollieren können, um die normalen Körperzellen zu schützen, während die Komplementaktivierung an der Oberfläche von Pathogenen zuge-lassen wird (▶ Abb. 2.36).

Die Aktivierung von C1 wird vom **C1-Inhibitor** (**C1INH**) kontrolliert. Dies ist ein **Serin-proteaseinhibitor** oder **Serpin**. C1INH bindet an die aktiven Enzyme C1r:C1s und bewirkt, dass sie von C1q dissoziieren (▶ Abb. 2.37), welches am Pathogen gebunden bleibt. Auf diese Weise begrenzt C1INH die Zeit, während der das aktive C1s C4 und C2 spalten kann. Genauso begrenzt C1INH die spontane Aktivierung von C1 im Plasma. Die Bedeutung dieses Inhibitors wird beim **erblichen Angioödem** (*hereditary angioedema*, **HAE**) deutlich, das von einem C1INH-Defekt verursacht wird. Dabei kommt es durch eine chronische spontane Komplementaktivierung zu einer übermäßigen Produktion der Spaltstücke von C4 und C2. Die großen aktivierten Fragmente aus dieser Spaltungsreaktion, die normaler-weise zusammen die C3-Konvertase bilden, schädigen bei diesen Patienten keine Körper-zellen, da C4b im Plasma durch Hydrolyse schnell inaktiviert wird und sich die Konvertase nicht bildet. **C2b**, das kleine Fragment von C2, wird jedoch weiter zum Peptid C2-Kinin

| regulatorische Proteine des klassischen und des alternativen Komplementwegs | | | |
|---|---|---|---|
| **lösliche Faktoren der Komplementregulierung** | | | |
| **Bezeichnung** | **Ligand/bindender Faktor** | **Aktivität** | **Auswirkung bei einem Defekt** |
| C1-Inhibitor (C1INH) | C1r, C1s (C1q); MASP-2 (MBL) | verdrängt C1r/s und MASP-2; hemmt die Aktivierung von C1q und MBL | erbliches Angioödem |
| C4-bindendes Protein (C4BP) | C4b | verdrängt C2a; Cofaktor für die C4b-Spaltung durch Faktor I | |
| CPN1 (Carboxypeptidase N) | C3a, C5a | inaktiviert C3a und C5a | |
| Faktor H | C3b | verdrängt Bb; Cofaktor für Faktor I | altersabhängige Makuladegeneration; atypisches hämolytisch-urämisches Syndrom |
| Faktor I | C3b, C4b | Serinprotease; spaltet C3b und C4b | niedriger C3-Spiegel, hämolytisch-urämisches Syndrom |
| Protein S | C5b67-Komplex | hemmt Bildung von MAC | |
| **membrangebundene Faktoren der Komplementregulierung** | | | |
| **Bezeichnung** | **Ligand/bindender Faktor** | **Aktivität** | **Auswirkung bei einem Defekt** |
| CRIg | C3b, iC3b, C3c | hemmt Aktivierung des alternativen Weges | erhöhte die Anfälligkeit für Infektionen im Blut |
| Komplementrezeptor 1 (CR1, CD35) | C3b, C4b | Cofaktor für Faktor I; verdrängt Bb von C3b sowie C2a von C4b | |
| *decay-accelerating factor* (DAF, CD55) | C3-Konvertase | verdrängt Bb von C3b sowie C2a von C4b | paroxysmale nächtliche Hämoglobinurie |
| Membrancofaktor der Proteolyse (MCP, CD46) | C3b, C4b | Cofaktor für Faktor I | atypische hämolytische Anämie |
| Protectin (CD59) | C8 | hemmt Bildung von MAC | paroxysmale nächtliche Hämoglobinurie |

**Abb. 2.36** **Die löslichen und membrangebundenen Proteine, die die Komplementaktivität regulieren**

abgebaut, das starke Schwellungen verursacht. Am gefährlichsten ist die lokale Schwellung im Kehlkopf, die zur Erstickung führen kann. Auch Bradykinin, das in seinen Aktivitäten dem C2-Kinin ähnelt, wird bei dieser Krankheit unkontrolliert gebildet, da die Hemmung von Kallikrein, einer weiteren Plasmaprotease, ebenfalls gestört ist. Das Enzym ist eine Komponente des Kininsystems (Abschn. 3.1.3), die durch Gewebeschäden aktiviert wird und ebenfalls unter der Kontrolle von C1INH steht. Man kann das erbliche Angioödem vollkommen heilen, wenn man C1INH ersetzt. Eine ähnliche, außerordentlich seltene Krankheit des Menschen ist die Folge eines teilweisen Mangels an **Carboxypeptidase N** (**CPN**). Diese Metalloproteinase inaktiviert die Anaphylatoxine C3a und C5a sowie Bradykinin und Kallikrein. Menschen mit einem partiellen CPN-Mangel leiden an wiederkehrenden Angioödemen, da C3a und Bradykinin im Serum verzögert inaktiviert werden.

**Abb. 2.37 Die Komplementaktivierung wird von einer Reihe von Proteinen reguliert, die dazu dienen, die Wirtszelle vor zufälliger Schädigung zu schützen.** Die Proteine wirken in verschiedenen Stadien der Komplementkaskade. Sie zerlegen Komplexe oder katalysieren den enzymatischen Abbau kovalent gebundener Komplementproteine. Die Komplementkaskade ist *links* schematisch dargestellt, die regulatorischen Reaktionen *rechts*. Die C3-Konvertase des alternativen Weges wird ebenfalls von DAF, CR1, MCP und Faktor H reguliert

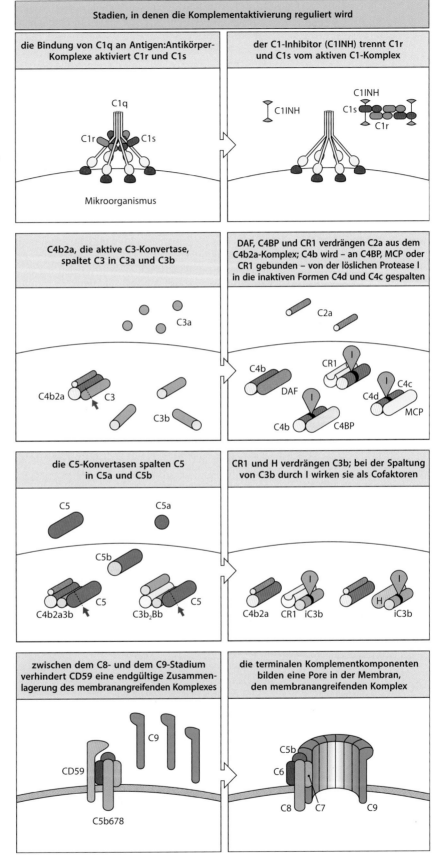

Da die hochreaktive Thioesterbindung der aktivierten C3- und C4-Moleküle nicht zwischen Akzeptorgruppen auf Körperzellen und Pathogenoberflächen unterscheiden kann, haben sich Mechanismen entwickelt, die verhindern, dass die geringen Mengen von C3 und C4, die auf Körperzellen abgelagert werden, eine vollständige Komplementaktivierung auslösen. Im Zusammenhang mit der Kontrolle des alternativen Komplementwegs haben wir diese Mechanismen bereits vorgestellt (▶ Abb. 2.27), aber sie dienen auch als wichtige Regulatoren für die Konvertase des klassischen Weges (▶ Abb. 2.37, zweite und dritte Reihe). In Abschn. 2.2.6 wurden die Proteine besprochen, die jedes C3b- oder C4b-Molekül inaktivieren, das an eine Körperzelle gebunden hat: Das sind Faktor I im Plasma und seine beiden membrangebundenen Proteincofaktoren MCP und CR1. Der zirkulierende Faktor I ist eine aktive Serinprotease, kann aber C3b und C4b nur spalten, wenn sie an MCP und CR1 gebunden sind. Unter diesen Bedingungen spaltet Faktor I C3b zuerst zu iC3b und dann später zu C3dg, was zur dauerhaften Inaktivierung von C3b führt. C4b wird auf ähnliche Weise durch Spaltung zu C4c und C4d inaktiviert. MCP oder CR1 kommen auf den Zellwänden von Mikroorganismen nicht vor, sodass C3b und C4b dort nicht abgebaut werden. Stattdessen wirken diese Faktoren als Bindungsstellen für die Faktoren C2 und B, wodurch die Komplementaktivierung stimuliert wird. Die Bedeutung von Faktor I zeigt sich bei Personen mit einem genetisch bedingten **Faktor-I-Mangel**. Aufgrund der unkontrollierten Komplementaktivierung werden die Komplementproteine schnell ausgedünnt und die Betroffenen leiden an wiederholten Infektionen durch Bakterien, vor allem mit ubiquitären eitererregenden Bakterien.

Es gibt auch Plasmaproteine, die für Faktor I als Cofaktor fungieren können, insbesondere das **C4b-bindende Protein (C4BP)** (▶ Abb. 2.36). Es bindet an C4b und wirkt vor allem in der flüssigen Phase als Regulator des klassischen Komplementwegs. Faktor H hingegen bindet C3b sowohl in der flüssigen Phase als auch an einer Zellmembran und trägt so dazu bei, zwischen C3b auf der Oberfläche von Körperzellen und C3b auf mikrobiellen Oberflächen zu unterscheiden. Faktor H kann durch seine größere Affinität für Sialinsäurereste auf den Glykoproteinen der körpereigenen Zellmembranen Faktor B aus der Bindung an C3b auf Körperzellen verdrängen. Außerdem ist C3b auf Zellmembranen von den Cofaktorproteinen DAF und MCP gebunden. Faktor H, DAF und MCP konkurrieren effektiv mit Faktor B um die Bindung an C3b, das sich an eine Körperzelle geheftet hat, sodass das gebundene C3b-Molekül durch Faktor I zu iC3b und C3dg abgebaut und die Komplementaktivierung blockiert wird. Im Gegensatz dazu bindet Faktor B bevorzugt an C3b auf mikrobiellen Membranen, wo DAF und MCP nicht exprimiert werden und wo es keine Sialinsäurereste gibt, die Faktor H anziehen. Da Faktor B auf einer mikrobiellen Oberfläche in einer größeren Menge vorkommt, wird dadurch mehr von der C3-Konvertase C3bBb gebildet und die Komplementaktivierung verstärkt.

Das entscheidende Gleichgewicht zwischen der Blockierung und Aktivierung des Komplements an Zelloberflächen zeigt sich bei Personen, die für Mutationen in einem der regulatorischen Proteine MCP, Faktor I oder Faktor H heterozygot sind. In diesen Fällen ist die Konzentration an funktionsfähigen regulatorischen Proteinen verringert und die Verschiebung des Gleichgewichts in Richtung der Komplementaktivierung führt zu einer Prädisposition für das **atypische hämolytisch-urämische Syndrom**. Aufgrund der ineffektiv regulierten Komplementaktivierung ist diese Erkrankung gekennzeichnet durch eine Schädigung der Blutplättchen und der roten Blutkörperchen sowie eine Nierenentzündung. Ein weiteres gravierendes Problem für die Gesundheit, das mit einer Komplementfehlfunktion zusammenhängt, ist das signifikant erhöhte Risiko für eine **altersbedingte Maculadegeneration**, die bedeutendste Ursache für Blindheit bei älteren Menschen in den Industriestaaten. Die Erkrankung hängt vor allem mit Einzelnucleotidpolymorphismen im Faktor-H-Gen zusammen. Bei Polymorphismen in anderen Komplementgenen hat man ebenfalls festgestellt, dass sie die Krankheit befördern oder vor ihr schützen können. Demnach können selbst geringe Veränderungen in der Aktivierung oder Regulation dieses wirksamen Effektorsystems zur Entwicklung degenerativer oder entzündlicher Krankheiten beitragen.

Die Konkurrenz zwischen DAF oder MCP und Faktor B um die Bindung an das oberflächengebundene C3b ist ein Beispiel für den zweiten Mechanismus zur Hemmung der Komplementaktivierung auf Körperzellen. Durch die Bindung an C3b und C4b auf der Zelloberfläche blockieren diese Proteine kompetitiv die Bindung von C2 an das zellgebundene C4b-Molekül und von Faktor B an das C3b-Molekül, wodurch die Bildung der Konvertase verhindert wird. DAF und MCP schützen auch durch einen dritten Mechanismus vor dem Komplement, indem sie die Dissoziation von C4b2a- und C3bBb-Konvertasen, die sich bereits gebildet haben, verstärken. CR1 gehört wie DAF zu den Membranproteinen der Körperzellen, die das Komplementsystem über beide Mechanismen regulieren, indem sie die Dissoziation der Konvertase stimulieren und als Cofaktor wirken. Alle Proteine, welche die homologen C4b- und C3b-Moleküle binden, besitzen jeweils eine oder mehrere Kopien von einem gemeinsamen Strukturelement, das man als kurze Konsensuswiederholung (*short consensus repeat*, SCR) oder (speziell in Japan) als Sushi-Domäne bezeichnet.

Neben den Mechanismen, die die Bildung der C3-Konvertase und die Anlagerung von C4 und C3 an Zellmembranen hemmen, gibt es weitere inhibitorische Mechanismen, die ein unerwünschtes Eindringen des membranangreifenden Komplexes in Membranen verhindern. Wie wir in Abschn. 2.2.11 festgestellt haben, polymerisiert der membranangreifende Komplex an C5b-Molekülen, welche die C5-Konvertase freigesetzt hat. Der MAC-Komplex dringt vor allem neben der Position der C5-Konvertase in Zellmembranen ein, also in der Nähe zur Komplementaktivierung auf einem Krankheitserreger. Einige neu gebildete membranangreifende Komplexe können jedoch von der Stelle der Komplementaktivierung weg diffundieren und in Membranen von angrenzenden Körperzellen eindringen. Mehrere Plasmaproteine, darunter vor allem **Vitronectin** (das auch als **S-Protein** bezeichnet wird), binden an die C5b67-, C5b678- und C5b6789-Komplexe und hemmen so deren zufälliges Eindringen in Zellmembranen. Membranen von Körperzellen enthalten auch das intrinsische Protein **CD59** (oder **Protectin**), das die Bindung von C9 an den C5b678-Komplex hemmt (▶ Abb. 2.37, untere Reihe). CD59 und DAF sind beide, wie viele andere Membranproteine auch, über einen **Glykosylphosphatidylinositol-(GPI-)Anker** mit der Zelloberfläche verknüpft. Eines der Enzyme, die an der Synthese der GPI-Schwänze beteiligt sind, wird vom *PIGA*-Gen auf dem X-Chromosom codiert. Tritt beim Menschen eine somatische Mutation in diesem Gen in einem Klon von hämatopoetischen Stammzellen auf, kommt es zu einem Funktionsverlust von CD59 und DAF. Das führt zur Krankheit **paroxysmale nächtliche Hämoglobinurie**, bei der es in den Blutgefäßen zu einer episodischen Zerstörung von roten Blutkörperchen durch das Komplement kommt. Rote Blutkörperchen, denen nur CD59 fehlt, können ebenfalls aufgrund der spontanen Aktivierung der Komplementkaskade leicht zerstört werden.

## 2.2.13 Krankheitserreger produzieren verschiedene Arten von Proteinen, die die Komplementaktivierung blockieren können

Pathogene Bakterien haben unterschiedliche Mechanismen entwickelt, durch die sie die Aktivierung des Komplementsystems blockieren können und so der Vernichtung durch diese erste Abwehrlinie der angeborenen Immunität entkommen (▶ Abb. 2.38). Viele Pathogene nutzen dafür einen Mechanismus, durch den sie die Oberfläche von Körperzellen nachahmen, indem sie Komplementregulatoren des Wirtes zu ihrer eigenen Oberfläche dirigieren. Das geschieht dadurch, dass sie Oberflächenproteine exprimieren, die lösliche regulatorische Komplementproteine wie C4BP und Faktor H binden. So produziert beispielsweise das gramnegative pathogene Bakterium *Neisseria meningitidis* das **Faktor-H-bindende Protein (fHbp)**, das den Faktor H an sich zieht (Abschn. 2.2.6), und das Protein **PorA** der äußeren Membran, das an das C4BP bindet. Durch die Rekrutierung von Faktor H und C4BP kann der Krankheitserreger C3b inaktivieren, das an seiner Oberfläche angelagert wurde, und kann so den Folgen der Komplementaktivierung entgehen. Das Komplement ist für die Abwehr von *Neisseria*-Spezies von Bedeutung und verschiedene Komplementschwächen gehen mit einer erhöhten Anfälligkeit für dieses Bakterium einher.

Ein weiterer Mechanismus der Krankheitserreger ist die Freisetzung von Proteinen, die die Komplementfaktoren direkt hemmen. Das grampositive pathogene Bakterium *Staphylococ-*

| Pathogen | Evasionsmolekül | Zielmolekül des Komplements | Mechanismus |
|---|---|---|---|
| **Membranproteine** | | | |
| *Neisseria meningitidis* | Faktor-H-bindendes Protein (fHbp) | Faktor H | inaktiviert gebundenes C3b |
| *Borrelia burgdorferi* | outer surface-Protein E (OspE) | Faktor H | inaktiviert gebundenes C3b |
| *Streptococcus pneumoniae* | Pneumokokken-Oberflächenprotein C (PspC) | Faktor H | inaktiviert gebundenes C3b |
| **sezernierte Proteine** | | | |
| *Neisseria meningitidis* | PorA | C4BP | inaktiviert gebundenes C3b |
| *Staphylococcus aureus* | clumping factor A (CfA) | Faktor I | inaktiviert gebundenes C3b |
| *Staphylococcus aureus* | Staphylokokkenprotein A (Spa) | Immunoglobulin | bindet an Fc-Regionen und stört C1-Aktivierung |
| *Staphylococcus aureus* | Staphylokinase (SAK) | Immunoglobulin | spaltet Immunglobuline |
| *Staphylococcus aureus* | Komplementinhibitor (SCIN) | C3-Konvertase (C3b2a, C3bBb) | Hemmung der Konvertaseaktivität |

**Abb. 2.38** Von unterschiedlichen Krankheitserregern erzeugte Proteine, die das Komplementsystem unwirksam machen

*cus aureus* verfügt über mehrere dieser Mechanismen. Das **Staphylokokkenprotein A (Spa)** bindet an die Fc-Region von Immunglobulinen und stört dadurch die Rekrutierung und Aktivierung von C1. Diese Bindungsspezifität hat man schon früher als biochemisches Verfahren für die Aufreinigung von Antikörpern genutzt. Das Protein **Staphylokinase** (SAK) spaltet Immunglobuline, die an die Oberfläche der mikrobiellen Membran gebunden haben, und verhindert dadurch die Komplementaktivierung, wodurch das Bakterium der Phagocytose entgeht. Der **Staphylokokken-Komplementinhibitor (SCIN)** bindet an die C3-Konvertase des klassischen Weges, an C4b2a sowie an die C3-Konvertase C3bBb des alternativen Weges und blockiert deren Aktivität. Andere Phasen der Komplementaktivierung, etwa die Bildung der C5-Konvertase, können ebenfalls durch Proteine gehemmt werden, die von diesem oder anderen Pathogenen produziert werden. Wir werden auf die Regulation des Komplementsystems zurückkommen, wenn wir uns in Kap. 13 damit befassen, wie das Immunsystem manchmal versagt oder durch Krankheitserreger ausmanövriert wird.

### Zusammenfassung

Das Komplementsystem ist einer der wichtigsten Mechanismen, durch die eine Pathogenerkennung in eine wirkungsvolle Verteidigung gegen beginnende Infektionen umgesetzt wird. Das Komplement ist ein System von Plasmaproteinen, das direkt durch Krankheitserreger oder indirekt durch die an Pathogene gebundenen Antikörper aktiviert werden kann. Dies führt zu einer Kaskade von Reaktionen, die auf der Oberfläche von Krankheitserregern abläuft und aktive Komponenten mit verschiedenen Effektorfunktionen erzeugt. Es gibt drei Arten der Komplementaktivierung: den Lektinweg, der durch die Mustererkennungsrezeptoren MBL und Ficoline aktiviert wird, den klassischen Weg, der direkt durch die Bindung von Antikörpern an die Oberfläche von Pathogenen ausgelöst wird, und den alternativen Weg, der durch die spontane Anlagerung von C3b auf mikrobiellen Oberflächen in Gang gesetzt und durch Properdin verstärkt wird und eine Verstärkungsschleife für die beiden anderen Wege darstellt. Die frühen Ereignisse bestehen bei allen drei Wegen aus einer Abfolge von Spaltungsreaktionen, bei denen das größere Spaltprodukt kovalent an die Oberfläche des Erregers bindet und zur Aktivierung der nächsten Komponente beiträgt. Die Wege haben als gemeinsamen Schritt die Bildung einer C3-Konvertase, die C3 spaltet und die aktive Komplementkomponente C3b bildet. Die Bindung vieler C3b-Moleküle an das Pathogen ist das zentrale Ereignis der Komplementaktivierung. Spezifische Komplementrezeptoren erkennen gebundene Komplementkomponenten, besonders C3b und seine inaktiven Fragmente. Diese Rezeptoren befinden sich auf phagocytotischen Zellen, die Pathogene aufnehmen, welche von C3b und seinen inaktiven Fragmenten opsonisiert wurden. Die kleinen Spaltprodukte von C3 und C5 binden an spezifische Rezeptoren, die an trimere G-Proteine gekoppelt sind, und locken so Phagocyten, beispielsweise neutrophile Zellen, zu Infektionsherden und aktivieren sie. Zusammen sorgen all diese Vorgänge für die Aufnahme und Zerstörung von Pathogenen durch Phagocyten. Die C3b-Moleküle, die an die C3-Konvertase selbst binden, lösen auch die späten Ereignisse der Komplementaktivierung aus, indem sie C5 binden und so dessen Spaltung durch C2a oder Bb ermöglichen. Das größere C5b-Fragment setzt die Bildung des membranangreifenden Komplexes in Gang, der zur Lyse bestimmter Pathogene führen kann. Ein System aus löslichen und membrangebundenen komplementregulatorischen Proteinen schränkt die Komplementaktivierung auf Körpergewebe ein und verhindert so Schädigungen durch die unangebrachte Bindung von aktivierten Komplementfaktoren oder die spontane Komplementaktivierung im Plasma. Viele Krankheitserreger produzieren eine Reihe verschiedener löslicher und membranassoziierter Proteine, die der Komplementaktivierung entgegenwirken und so die Infektion durch den Mikroorganismus unterstützen.

# Kapitelzusammenfassung

In diesem Kapitel haben wir uns mit den bereits existierenden, konstitutiven Bestandteilen der angeborenen Immunität beschäftigt. Die Epitheloberflächen des Körpers bilden eine beständige Barriere gegen das Eindringen von Krankheitserregern und sie besitzen spezialisierte Anpassungen wie etwa Cilien, verschiedene antimikrobielle Moleküle und eine Schleimschicht, die zusammen die einfachste Form der angeborenen Immunität bilden. Das Komplementsystem ist ein stärker spezialisiertes System, das die direkte Erkennung von Mikroorganismen mit einem komplexen Effektorsystem kombiniert. Von den drei Reaktionswegen, die das Komplementsystem aktivieren können, gehören zwei zur angeborenen Immunität. Der Lektinweg basiert auf Mustererkennungsrezeptoren, die an Membranen von Mikroorganismen binden können, während der alternative Weg auf der spontanen Komplementaktivierung beruht, die auf den Membranen der Körperzellen durch körpereigene Moleküle herunterreguliert wird. Das wichtigste Ereignis der Komplementaktivierung ist die Anhäufung von C3b-Molekülen auf mikrobiellen Membranen, die wiederum von Komplementrezeptoren auf phagocytotischen Zellen erkannt werden. So werden Zellen, die durch C3a und C5a zu Infektionsherden gelenkt wurden, dazu stimuliert, die Mikroorganismen zu beseitigen. Darüber hinaus initiiert C5b den membranangreifenden Komplex, der Mikroorganismen direkt lysieren kann. Die Komplementkaskade wird reguliert, um einen Angriff auf Körpergewebe zu verhindern, wobei genetische Varianten der regulatorischen Mechanismen zu Autoimmunerkrankungen und altersbedingten Gewebeschädigungen führen können.

# Aufgaben

**2.1 Multiple Choice:** Die häufig angewendeten $\beta$-Lactam-Antibiotika wirken vor allem gegen grampositive Bakterien. Diese Antibiotika blockieren den Transpeptidylierungsschritt bei der Synthese von Peptidoglykan, dem Hauptbestandteil der bakteriellen Zellwand, der für das Überleben des Mikroorganismus essenziell ist. Welcher der folgenden Faktoren gehört zu den antimikrobiellen Enzymen, die das gleiche bakterielle Strukturelement angreifen wie die $\beta$-Lactam-Antibiotika?

**A.** Phospolipase A

**B.** Lysozym

**C.** Defensine

**D.** Histatine

**2.2 Kurze Antwort:** Warum ist die Oligomerisierung von Trimeren des mannosebindenden Lektins (MBL) wichtig für deren Funktion?

**2.3 Multiple Choice:** Welche der folgenden Aussagen beschreibt Ficoline korrekt?

**A.** C-Typ-Lektin-Domäne, Affinität für Kohlenhydrate wie Fucose und *N*-Acetylglucosamin (GlcNAc), werden in der Leber produziert

**B.** fibrinogenähnliche Domäne, Affinität für Oligosaccharide mit acetylierten Zuckerresten, werden in der Leber produziert

**C.** C-Typ-Lektin-Domäne, Affinität für Oligosaccharide mit acetylierten Zuckerresten, werden in der Leber produziert

**D.** fibrinogenähnliche Domäne, Affinität für Kohlenhydrate wie Fucose und *N*-Acetylglucosamin (GlcNAc), werden in der Leber und in der Lunge produziert

**2.4 Bitte ergänzen:** Setzen Sie die passenden Begriffe aus der Liste in die Leerstellen in den Aussagen. Nicht alle Begriffe kommen vor, aber davon jeder nur einmal. Die Ficoline bilden wie MBL Oligomere mit _____ und _____. Durch diese Wechselwirkung kann das Oligomer die Komplementfaktoren _____ und _____ spalten. Danach bilden diese Faktoren _____, eine C3-Konvertase, die wiederum _____ spaltet und so die Bildung des membranangreifenden Komplexes ermöglicht.

| | |
|---|---|
| MASP-1 | C2 |
| MASP-1 | C4a |
| C4 | C4b2a |
| C4b2b | C3 |
| C2a | C3b |

**2.5 Kurze Antwort:** Der alternative Weg der Komplementaktivierung kann unter anderem durch die spontane Hydrolyse der C3-Thioesterbindung aktiviert werden. Diese Bindung dient normalerweise dazu, das Molekül kovalent an die Oberfläche von Pathogenen zu binden. Wie kann der alternative Aktivierungsweg bis zur Bildung des membranangreifenden Komplexes voranschreiten, wenn die C3-Konvertase, die die Reaktion in Gang setzt, löslich ist?

**2.6 Bitte ergänzen:** Bei der Krankheit paroxysmale nächtliche Hämoglobinurie kommt es in den Blutgefäßen zu einer episodischen Zerstörung von roten Blutkörperchen, bei denen die Expression von _____ und _____ verloren gegangen ist, sodass sie anfällig werden für die Lyse durch den _____ Aktivierungsweg des Komplementsystems.

| | |
|---|---|
| CD59 | C3b |
| klassischen | DAF |

| Lektin- | alternativen |
| Faktor 1 | C1-Inhibitor (C1INH) |

**2.7   Bitte zuordnen:** Welches der folgenden komplementregulatorischen Proteine A–C gehört zu welcher pathologischen Veränderung (1–3), die sich entwickelt, wenn der Faktor seine Funktion nicht erfüllt?

**A.** C1INH         **1.** atypisches hämolytisch-urämisches Syndrom
**B.** Faktor H/Faktor I     **2.** erbliches Angioödem
**C.** DAF            **3.** paroxysmale nächtliche Hämoglobinurie

**2.8   Multiple Choice:** Bei Krankheiten wie der Cryoglobinämie und dem systemischen Lupus erythematosus kommt es aufgrund der Aktivierung des klassischen Komplementwegs zu einem niedrigen C3- und C4-Spiegel im Blut. Im Gegensatz dazu ist bei Krankheiten wie der C3-Glomerulonephritis (dense deposit disease) der C3-Spiegel verringert, weil der alternative Komplementweg aktiviert wird. Was ist für den C2- und den C4-Spiegel von Patienten zu erwarten, die an C3-Glomerulonephritis leiden?
**A.** normal
**B.** hoch
**C.** niedrig
**D.** C4 hoch und C3 niedrig

**2.9   Richtig oder falsch:** Mucine, die an einer mucosalen Oberfläche sezerniert werden, entfalten eine direkte antimikrobielle Aktivität.

**2.10  Kurze Antwort:** *Neisseria meningitidis* und *Staphylococcus aureus* verhindern die Komplementaktivierung auf unterschiedliche Weise. Warum ist das so?

**2.11  Richtig oder falsch:** Sowohl die neutrophilen Zellen als auch die Paneth-Zellen des Darms sezernieren antimikrobielle Peptide, beispielsweise Defensine, nur nach einer Stimulation.

**2.12  Kurze Antwort:** Welche zwei Produkte erzeugt die C3-Konvertase? Welche drei Folgeereignisse können durch die Bildung dieser Produkte eintreten und dazu führen, dass ein Mikroorganismus beseitigt wird?

**2.13  Richtig oder falsch:** CD21 (CR1) ist ein Komplementrezeptor, der auf B-Zellen exprimiert wird, C3dg (ein Abbauprodukt von C3b) bindet und als Corezeptor Signale verstärkt, sodass die Antikörperreaktion stimuliert wird.

---

# Literatur

## Literatur zu den einzelnen Abschnitten

### Abschnitt 2.1.1

- Kauffmann, S.H.E., Sher, A., and Ahmed, R.: *Immunology of Infectious Diseases.* Washington, DC: ASM Press, 2002.
- Mandell, G.L., Bennett, J.E., and Dolin, R. (eds): *Principles and Practice of Infectious Diseases*, 4th ed. New York: Churchill Livingstone, 1995.

### Abschnitt 2.1.2

- Gallo, R.L. and Hooper, L.V.: **Epithelial antimicrobial defense of the skin and intestine.** *Nat. Rev. Immunol.* 2012, **12**:503–516.

### Abschnitt 2.1.3

- Gorbach, S.L., Bartlett, J.G., and Blacklow, N.R. (eds): *Infectious Diseases*, 3rd ed. Philadelphia: Lippincott Williams & Wilkins, 2003.
- Hornef, M.W., Wick, M.J., Rhen, M., and Normark, S.: **Bacterial strategies for overcoming host innate and adaptive immune responses.** *Nat. Immunol.* 2002, **3**:1033–1040.

### Abschnitt 2.1.4

- Cash, H.L., Whitham, C.V., Behrendt, C.L., and Hooper, L.H.: **Symbiotic bacteria direct expression of an intestinal bactericidal lectin.** *Science* 2006, **313**:1126–1130.
- De Smet, K. and Contreras, R.: **Human antimicrobial peptides: defensins, cathelicidins and histatins.** *Biotechnol. Lett.* 2005, **27**:1337–1347.
- Ganz, T.: **Defensins: antimicrobial peptides of innate immunity.** *Nat. Rev. Immunol.* 2003, **3**:710–720.
- Mukherjee, S., Zheng, H., Derebe, M.G., Callenberg, K.M., Partch, C.L., Rollins, D., Propheter, D.C., Rizo, J., Grabe, M., Jiang, Q.X., and Hooper, L.V.: **Antibacterial membrane attack by a pore-forming intestinal C-type lectin.** *Nature* 2014, **505**:103–107.
- Zanetti, M.: **The role of cathelicidins in the innate host defense of mammals.** *Curr. Issues Mol. Biol.* 2005, **7**:179–196.

### Abschnitt 2.2.1

- Gros, P., Milder, F.J., and Janssen, B.J.: **Complement driven by conformational changes.** *Nat. Rev. Immunol.* 2008, **8**:48–58.
- Janssen, B.J., Christodoulidou, A., McCarthy, A., Lambris, J.D., and Gros, P.: **Structure of C3b reveals conformational changes that underlie complement activity.** *Nature* 2006, **444**:213–216.
- Janssen, B.J., Huizinga, E. G., Raaijmakers, H.C., Roos, A., Daha, M.R., Nilsson-Ekdahl, K., Nilsson, B., and Gros, P.: **Structures of complement component C3 provide insights into the function and evolution of immunity.** *Nature* 2005, **437**:505–511.

### Abschnitt 2.2.2

- Bohlson, S.S., Fraser, D.A. and Tenner, A.J.: **Complement proteins C1q and MBL are pattern recognition molecules that signal immediate and long-term protective immune functions.** *Mol. Immunol.* 2007, **44**:33–43.
- Fujita, T.: **Evolution of the lectin-complement pathway and its role in innate immunity.** *Nat. Rev. Immunol.* 2002, **2**:346–353.
- Gál, P., Harmat, V., Kocsis, A., Bián, T., Barna, L., Ambrus, G., Végh, B., Balczer, J., Sim, R.B., Náray-Szabó, G., *et al.*: **A true autoactivating enzyme. Structural insight into mannose-binding lectin-associated serine protease-2 activations.** *J. Biol. Chem.* 2005, **280**:33435–33444.
- Héja, D., Kocsis, A., Dobó, J., Szilágyi, K., Szász, R., Závodszky, P., Pál, G., Gál, P.: **Revised mechanism of complement lectin-pathway activation revealing the role of serine protease MASP-1 as the exclusive activator of MASP-2.** *Proc. Natl Acad. Sci. USA* 2012, **109**:10498–10503.

Teil I

■ Wright, J.R.: **Immunoregulatory functions of surfactant proteins.** *Nat. Rev. Immunol.* 2005, **5**:58–68.


## Abschnitt 2.2.3

■ McGrath, F.D., Brouwer, M.C., Arlaud, G.J., Daha, M.R., Hack, C.E., and Roos, A.: **Evidence that complement protein C1q interacts with C-reactive protein through its globular head region.** *J. Immunol.* 2006, **176**:2950–2957.


## Abschnitt 2.2.4

■ Cicardi, M., Bergamaschini, L., Cugno, M., Beretta, A., Zingale, L.C., Colombo, M., and Agostoni, A.: **Pathogenetic and clinical aspects of C1 inhibitor deficiency.** *Immunobiology* 1998, **199**:366–376.


## Abschnitt 2.2.5

■ Fijen, C.A., van den Bogaard, R., Schipper, M., Mannens, M., Schlesinger, M., Nordin, F.G., Dankert, J., Daha, M.R., Sjoholm, A.G., Truedsson, L., *et al.*: **Properdin deficiency: molecular basis and disease association.** *Mol. Immunol.* 1999, **36**:863–867.
■ Kemper, C. and Hourcade, D.E.: **Properdin: new roles in pattern recognition and target clearance.** *Mol. Immunol.* 2008, **45**:4048–4056.
■ Spitzer, D., Mitchell, L.M., Atkinson, J.P., and Hourcade, D.E.: **Properdin can initiate complement activation by binding specific target surfaces and providing a platform for de novo convertase assembly.** *J. Immunol.* 2007, **179**:2600–2608.
■ Xu, Y., Narayana, S.V., and Volanakis, J.E.: **Structural biology of the alternative pathway convertase.** *Immunol. Rev.* 2001, **180**:123–135.


## Abschnitt 2.2.6

■ Golay, J., Zaffaroni, L., Vaccari, T., Lazzari, M., Borleri, G.M., Bernasconi, S., Tedesco, F., Rambaldi, A., and Introna, M.: **Biologic response of B lymphoma cells to anti-CD20 monoclonal antibody rituximab** *in vitro*: **CD55 and CD59 regulate complement-mediated cell lysis.** *Blood* 2000, **95**:3900–3908.
■ Spiller, O.B., Criado-Garcia, O., Rodriguez De Cordoba, S., and Morgan, B.P.: **Cytokine-mediated up-regulation of CD55 and CD59 protects human hepatoma cells from complement attack.** *Clin. Exp. Immunol.* 2000, **121**:234–241.
■ Varsano, S., Frolkis, I., Rashkovsky, L., Ophir, D., and Fishelson, Z.: **Protection of human nasal respiratory epithelium from complement-mediated lysis by cell-membrane regulators of complement activation.** *Am. J. Respir. Cell Mol. Biol.* 1996, **15**:731–737.


## Abschnitt 2.2.7

■ Fujita, T.: **Evolution of the lectin-complement pathway and its role in innate immunity.** *Nat. Rev. Immunol.* 2002, **2**:346–353.
■ Zhang, H., Song, L., Li, C., Zhao, J., Wang, H., Gao, Q., and Xu, W.: **Molecular cloning and characterization of a thioester-containing protein from Zhikong scallop** *Chlamys farreri*. *Mol. Immunol.* 2007, **44**:3492–3500.

### Abschnitt 2.2.8

- Rawal, N. and Pangburn, M.K.: **Structure/function of C5 convertases of complement.** *Int. Immunopharmacol.* 2001, **1**:415–422.

### Abschnitt 2.2.9

- Gasque, P.: **Complement: a unique innate immune sensor for danger signals.** *Mol. Immunol.* 2004, **41**:1089–1098.
- Helmy, K.Y., Katschke, K.J., Jr., Gorgani, N.N., Kljavin, N.M., Elliott, J.M., Diehl, L., Scales, S.J., Ghilardi, N., and van Lookeren Campagne, M.: **CRIg: a macrophage complement receptor required for phagocytosis of circulating pathogens.** *Cell* 2006, **124**:915–927.

### Abschnitt 2.2.10

- Barnum, S.R.: **C4a: an anaphylatoxin in name only.** *J. Innate Immun.* 2015, **7**:333-339.
- Kohl, J.: **Anaphylatoxins and infectious and noninfectious inflammatory diseases.** *Mol. Immunol.* 2001, **38**:175–187.
- Schraufstatter, I.U., Trieu, K., Sikora, L., Sriramarao, P., and DiScipio, R.: **Complement C3a and C5a induce different signal transduction cascades in endothelial cells.** *J. Immunol.* 2002, **169**:2102–2110.

### Abschnitt 2.2.11

- Hadders, M.A., Beringer, D.X., and Gros, P.: **Structure of C8α-MACPF reveals mechanism of membrane attack in complement immune defense.** *Science* 2007, **317**:1552–1554.
- Parker, C.L. and Sodetz, J.M.: **Role of the human C8 subunits in complement-mediated bacterial killing: evidence that C8γ is not essential.** *Mol. Immunol.* 2002, **39**:453–458.
- Scibek, J.J., Plumb, M. E., and Sodetz, J.M.: **Binding of human complement C8 to C9: role of the N-terminal modules in the C8α subunit.** *Biochemistry* 2002, **41**:14546–14551.

### Abschnitt 2.2.12

- Ambati, J., Atkinson, J.P., and Gelfand, B.D.: **Immunology of age-related macular degeneration.** *Nat. Rev. Immunol.* 2013, **13**:438–451.
- Atkinson, J.P. and Goodship, T.H.: **Complement factor H and the hemolytic uremic syndrome.** *J. Exp. Med.* 2007, **204**:1245–1248.
- Jiang, H., Wagner, E., Zhang, H., and Frank, M.M.: **Complement 1 inhibitor is a regulator of the alternative complement pathway.** *J. Exp. Med.* 2001, **194**:1609–1616.
- Miwa, T., Zhou, L., Hilliard, B., Molina, H., and Song, W.C.: **Crry, but not CD59 and DAF, is indispensable for murine erythrocyte protection in vivo from spontaneous complement attack.** *Blood* 2002, **99**:3707–3716.
- Singhrao, S.K., Neal, J.W., Rushmere, N.K., Morgan, B.P., and Gasque, P.: **Spontaneous classical pathway activation and deficiency of membrane regulators render human neurons susceptible to complement lysis.** *Am. J. Pathol.* 2000, **157**:905–918.
- Smith, G.P. and Smith, R.A.: **Membrane-targeted complement inhibitors.** *Mol. Immunol.* 2001, **38**:249–255.
- Spencer, K.L., Hauser, M.A., Olson, L.M., Schmidt, S., Scott, W.K., Gallins, P., Agarwal, A., Postel, E.A., Pericak-Vance, M.A., and Haines, J.L.: **Protective effect of comple-**

ment factor B and complement component 2 variants in age-related macular degeneration. *Hum. Mol. Genet.* 2007, **16**:1986–1992.

- Spencer, K.L., Olson, L.M., Anderson, B.M., Schnetz-Boutaud, N., Scott, W.K., Gallins, P., Agarwal, A., Postel, E.A., Pericak-Vance, M.A., and Haines, J.L.: **C3 R102G polymorphism increases risk of age-related macular degeneration.** *Hum. Mol. Genet.* 2008, **17**:1821–1824.

## Abschnitt 2.2.13

- Blom, A.M., Rytkonen, A., Vasquez, P., Lindahl, G., Dahlback, B., and Jonsson, A.B.: **A novel interaction between type IV pili of *Neisseria gonorrhoeae* and the human complement regulator C4B-binding protein.** *J. Immunol.* 2001, **166**:6764–6770.
- Serruto, D., Rappuoli, R., Scarselli, M., Gros, P., and van Strijp, J.A.: **Molecular mechanisms of complement evasion: learning from staphylococci and meningococci.** *Nat. Rev. Microbiol.* 2010, **8**:393–399.

# Die induzierten Reaktionen der angeborenen Immunität

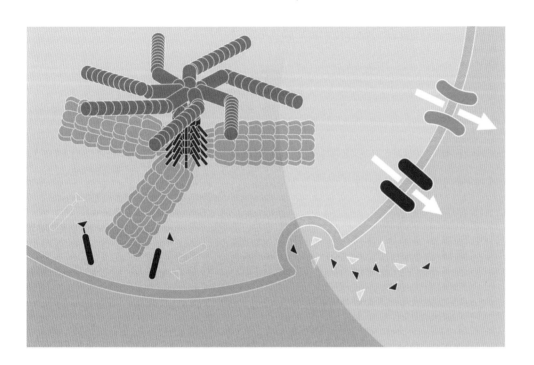

© Springer-Verlag GmbH Deutschland, ein Teil von Springer Nature 2018
K. Murphy, C. Weaver, *Janeway Immunologie*, https://doi.org/10.1007/978-3-662-56004-4_3

In Kap. 2 haben wir die Abwehrmechanismen der angeborenen Immunität eingeführt – beispielsweise Epithelbarrieren, freigesetzte antimikrobielle Proteine und das Komplementsystem – die unmittelbar nach einem Kontakt mit Mikroorganismen den Körper vor einer Infektion schützen sollen. Wir haben auch die phagocytotischen Zellen vorgestellt, die sich unterhalb der Epithelbarrieren aufhalten und bereitstehen, eingedrungene Mikroorganismen, die vom Komplementsystem für die Zerstörung markiert wurden, aufzunehmen und abzubauen. Diese Phagocyten lösen auch die nächste Phase der angeborenen Immunantwort aus, indem sie eine Entzündungsreaktion in Gang setzen, die neue phagocytotische Zellen und zirkulierende Effektormoleküle zum Infektionsherd lenkt. In diesem Kapitel soll es darum gehen, wie phagocytotische Zellen des angeborenen Immunsystems Mikroorganismen oder die von ihnen verursachten Schäden erkennen, wie sie die Krankheitserreger beseitigen und wie sie durch Produktion von Cytokinen und Chemokinen (als Chemoattraktoren wirkende Cytokine) die späteren Entzündungsreaktionen dirigieren. Wir wollen uns auch mit weiteren Zellen des angeborenen Immunsystems beschäftigen, die eine recht heterogene Gruppe von spezialisierten angeborenen lymphatischen Zellen (*innate lymphoid cells*, ILC) bilden, etwa die natürlichen Killerzellen (NK-Zellen), und zu den angeborenen Abwehrmechanismen gegen Viren und andere intrazelluläre Krankheitserreger beitragen. In dieser Infektionsphase lösen dendritische Zellen adaptive Immunantworten aus, sodass eine vollständige Immunantwort einsetzen kann, wenn die angeborene Immunität nicht in der Lage ist, die Infektion zu beseitigen.

## 3.1 Mustererkennung durch Zellen des angeborenen Immunsystems

Die Grundlagen für das beträchtliche Potenzial des adaptiven Immunsystems, Antigene zu erkennen, sind schon lange bekannt. Im Gegensatz dazu hat man erst in den 1990er-Jahren entdeckt, worauf die Erkennung mikrobieller Produkte durch angeborene Immunsensoren beruht. Zu Beginn nahm man an, dass die angeborene Immunität auf relativ wenigen **pathogenassoziierten molekularen Mustern** (*pathogen-associated molecular patterns*, **PAMPs**) basiert. Wir haben bereits Beispiele für eine solche Erkennung von mikrobiellen Oberflächen durch das Komplementsystem vorgestellt (Kap. 2). In den vergangenen Jahren wurden immer mehr Rezeptoren der angeborenen Immunität entdeckt. So wissen wir nun, dass die angeborene Erkennung eine viel größere Anpassungsfähigkeit besitzt, als wir gedacht haben.

Im ersten Teil dieses Kapitels beschäftigen wir uns mit den Zellrezeptoren, die Krankheitserreger erkennen und Signale für eine angeborene Immunantwort aussenden. Bei vielen Mikroorganismen gibt es regelmäßige Muster der molekularen Struktur, die bei körpereigenen Zellen nicht vorkommen. Rezeptoren, die diese Merkmale erkennen, werden von Makrophagen, neutrophilen und dendritische Zellen exprimiert und ähneln den freigesetzten Molekülen wie den Ficolinen und Histatinen (Kap. 2). Die allgemeinen Eigenschaften dieser **Mustererkennungsrezeptoren** (**PRRs**) stehen den antigenspezifischen Rezeptoren der adaptiven Immunität gegenüber (▶ Abb. 3.1). Nach neueren Erkenntnissen können körpereigene Moleküle induziert werden, die eine zelluläre Infektion, Zellschäden, zellulären Stress oder eine Transformation anzeigen. Einige angeborene Rezeptoren erkennen solche Proteine, um schließlich Reaktionen der angeborenen Immunzellen auszulösen. Solche Indikatormoleküle bezeichnet man als **DAMPs** (*damage-associated molecular patterns*) und einige Moleküle dieser Art werden von Rezeptoren erkannt, die auch bei der Erkennung von Krankheitserregern mitwirken, etwa durch die Toll-like-Rezeptoren (TLRs).

Die Koordination der angeborenen Immunantwort basiert auf den Informationen, die die vielen Rezeptortypen liefern. Mustererkennungsrezeptoren können aufgrund ihrer zellulären Lokalisierung und ihrer Funktionen in vier Hauptgruppen eingeteilt werden: freie Rezeptoren im Serum, beispielsweise Ficoline und Histatine (Kap. 2), membrangebundene Rezeptoren der Phagocyten, membrangebundene Signalrezeptoren sowie Signalrezeptoren im Cytoplasma. Die Rezeptoren der Phagocyten signalisieren, dass die Mikroorganismen,

| Eigenschaft der Rezeptoren | angeborene Immunität | adaptive Immunität |
|---|---|---|
| Spezifität über das Genom vererbt | ja | nein |
| in allen Zellen eines bestimmten Typs exprimiert (z. B. Makrophagen) | unterschiedlich | nein |
| aktiviert die Sofortreaktion | ja | nein |
| erkennt ein breites Spektrum von Pathogenen | ja | nein |
| tritt mit verschiedenen molekularen Strukturen in Wechselwirkung | ja | nein |
| wird in mehreren Genabschnitten codiert | nein | ja |
| erfordert eine Genumlagerung | nein | ja |
| klonale Verteilung | nein | ja |
| kann selbst zwischen eng verwandten molekularen Strukturen unterscheiden | ja | ja |

**Abb. 3.1 Vergleich der Rezeptoren des angeborenen und adaptiven Immunsystems.** Die Rezeptoren des angeborenen Immunsystems werden von vollständigen Genen codiert, deren Vererbung über die Keimbahn erfolgt. Im Gegensatz dazu werden die Antigenrezeptoren des adaptiven (erworbenen) Immunsystems, die eine einmalige Spezifität besitzen, von unvollständigen Gensegmenten codiert, die während der Lymphocytenentwicklung zusammengefügt werden. Bei den Antigenrezeptoren des adaptiven Immunsystems bilden die jeweils zugehörigen Lymphocyten und ihre Nachkommen Klone. Die Rezeptoren des angeborenen Immunsystems werden nicht von Klonen exprimiert, das heißt, sie kommen auf allen Zellen eines bestimmten Typs vor. NK-Zellen exprimieren jedoch verschiedene Kombinationen von NK-Zell-Rezeptoren aus mehreren Familien. Dadurch unterscheiden sich die einzelnen NK-Zellen voneinander. Ein bestimmter NK-Zell-Rezeptor muss nicht von allen NK-Zellen exprimiert werden

die sie erkennen, durch Phagocytose aufgenommen werden sollen. Eine vielgestaltige Gruppe von Rezeptoren, zu denen auch die chemotaktischen Rezeptoren gehören, trägt dazu bei, Zellen zu Infektionsherden zu lotsen. Weitere Rezeptoren wie PRRs und Cytokinrezeptoren können die Aktivität von Effektormolekülen an Infektionsherden kontrollieren.

Im diesem Teil des Kapitels betrachten wir zuerst die Erkennungseigenschaften der Rezeptoren von Phagocyten und Signalrezeptoren, die Abtötungsmechanismen der Phagocyten gegen Mikroorganismen aktivieren. Als nächstes behandeln wir ein in der Evolution schon altes Erkennungs- und Signalsystem gegen Krankheitserreger, die Toll-like-Rezeptoren (TLRs), die als erstes angeborenes Sensorsystem entdeckt wurden, und mehrere vor Kurzem entdeckte Systeme, die intrazelluläre Infektionen erkennen können, indem sie mikrobielle Zellwandbestandteile, fremde RNA oder fremde DNA im Cytoplasma aufspüren.

## 3.1.1 Nach dem Eindringen in das Gewebe werden viele Mikroorganismen von Phagocyten erkannt, aufgenommen und getötet

Wenn ein Mikroorganismus eine Epithelbarriere überwindet und beginnt, sich in den Wirtsgeweben zu vermehren, wird er in den meisten Fällen von phagocytotischen Zellen erkannt, die sich in den Geweben aufhalten. Die Hauptgruppen der Phagocyten des angeborenen Immunsystems sind die Makrophagen und Monocyten, Granulocyten und dendritische Zellen. **Makrophagen** bilden die wichtigste Phagocytenpopulation, die bei Homöostase in den meisten Körpergeweben vorkommt. Sie können aus Vorläuferzellen hervorgehen, die

 Video 3.1

während der Embryonalentwicklung in die Gewebe einwandern, und erneuern sich dann im Laufe des Lebens in Form eines Fließgleichgewichts oder sie entwickeln sich aus zirkulierenden **Monocyten**. Untersuchungen deuten darauf hin, dass die embryonalen Vorläuferzellen entweder in der fetalen Leber, im Dottersack oder in einer embryonalen Region nahe der dorsalen Aorta entstehen, die man als **Aorta-Gonaden-Mesonephros (AGM)** bezeichnet, wobei die relative Gewichtung auf diese drei Ursprungsorte noch unklar ist. Makrophagen kommen in besonders großer Zahl im Bindegewebe vor, etwa in der submucosalen Schicht des Verdauungstrakts, der Bronchien und im Interstitium der Lunge (Gewebe und Interzellularraum um die Alveolen) sowie in den Alveolen selbst und außerdem entlang einiger Blutgefäße in der Leber und in der gesamten Milz, wo sie abgestorbene Blutzellen beseitigen. Im Verlauf der historischen Entwicklung hat man den Makrophagen in den verschiedenen Geweben unterschiedliche Bezeichnungen gegeben wie Mikrogliazellen im Nervengewebe und **Kupffer-Zellen** in der Leber. Die Selbsterneuerung dieser beiden Zelltypen hängt von einem Cytokin mit der Bezeichnung Interleukin-34 (IL-34) ab, das in diesen Geweben produziert wird und auf denselben Rezeptor wie der Makrophagen-Kolonie-stimulierende Faktor (M-CSF) wirkt.

Video 3.2

Während einer Infektion oder Entzündung können Makrophagen auch aus Monocyten hervorgehen, die den Blutkreislauf verlassen und in die Gewebe einwandern. Bei Mäusen und beim Menschen entwickeln sich Monocyten im Knochenmark und zirkulieren im Blut in Form zweier Hauptpopulationen. Beim Menschen gehören 90 % der zirkulierenden Monocyten zu den **„klassischen" Monocyten**, die CD14 exprimieren, einen Corezeptor für einen PRR (siehe unten). Während einer Infektion besteht ihre Funktion darin, in Gewebe einzuwandern und sich dort zu aktivierten Entzündungsmonocyten oder zu Makrophagen zu differenzieren. Bei Mäusen exprimiert diese Monocytenpopulation den Oberflächenmarker Ly6C in großen Mengen. Die **patrouillierenden Monocyten** bilden eine kleinere Population. Sie zirkulieren nicht frei im Blut, sondern rollen das Endothel entlang. Beim Menschen exprimieren sie CD14 und CD16, einen bestimmten Fc-Rezeptor (FcγRIII, Abschn. 10.1.13). Man nimmt an, dass sie Verletzungen im Endothel aufspüren können, sich aber nicht zu Gewebemakrophagen differenzieren. Bei Mäusen exprimieren sie nur geringe Mengen von Ly6C.

Die zweite Hauptfamilie der Phagocyten umfasst die Granulocyten, zu denen die **neutrophilen**, **eosinophilen** und **basophilen Zellen** gehören. Dabei zeigen die neutrophilen Zellen die stärkste phagocytotische Aktivität, sie werden als erste Zellen der angeborenen Immunität gegen Krankheitserreger aktiviert. Man bezeichnet sie auch als polymorphkernige neutrophile Leukocyten (PMNs oder „Polys"). Sie sind kurzlebig und kommen im Blut in großer Zahl vor, nicht jedoch in gesunden Geweben. Makrophagen und Granulocyten sind bei der angeborenen Immunität von entscheidender Bedeutung, da sie zahlreiche Krankheitserreger ohne Unterstützung durch die adaptive Immunantwort erkennen, aufnehmen und zerstören können. Phagocytotische Zellen, die eindringende Krankheitserreger beseitigen, bilden einen schon lange existierenden Mechanismus der angeborenen Immunität, da sie sowohl bei Wirbellosen als auch bei Vertebraten vorkommen.

Die dritte Gruppe der Phagocyten im Immunsystem sind die unreifen **dendritischen Zellen**, die in den lymphatischen Organen und den peripheren Geweben vorkommen. Es gibt zwei funktionelle Haupttypen: die **konventionellen (klassischen) dendritischen Zellen (cDCs)** und die **plasmacytoiden dendritischen Zellen (pDCs)**. Beide Zelltypen entstehen im Knochenmark aus Vorläuferzellen, die ursprünglich aus Zellen mit myeloischem Potenzial hervorgegangen sind. Sie wandern über das Blut zu allen Geweben im Körper und zu den peripheren lymphatischen Organen. Dendritische Zellen nehmen Mikroorganismen auf und zerstören sie, ihre primäre Funktion während der Immunantwort besteht jedoch anders als bei Makrophagen und neutrophilen Zellen nicht darin, an vorderster Linie Mikroorganismen in großer Zahl zu töten. Eine wichtige Funktion der cDC-Zellen ist die Prozessierung aufgenommener Mikroorganismen, um Peptidantigene zu produzieren, die T-Zellen aktivieren und so adaptive Immunantworten auslösen können. Als Reaktion auf die Erkennung von Mikroorganismen produzieren sie auch Cytokine, die andere gegen eine Infektion wirkende Zelltypen aktivieren. cDCs bilden also offensichtlich eine Brücke zwischen der angeborenen und der adaptiven Immunantwort. pDC-Zellen sind die hauptsächlichen Produzenten einer

Gruppe von Cytokinen, die man als Typ-I-Interferone oder antivirale Interferone bezeichnet, und man betrachtet sie als Teil der angeborenen Immunität (siehe unten in diesem Kapitel).

Da die meisten Mikroorganismen über die Schleimhäute des Darms und der Atemwege, über die Haut oder den Urogenitaltrakt in den Körper eindringen, sind die Makrophagen in den Geweben der Submucosa meistens die ersten Zellen, die mit den Krankheitserregern in Kontakt kommen, sie werden aber bald durch die Rekrutierung zahlreicher neutrophiler Zellen zu den Infektionsherden unterstützt. Makrophagen und neutrophile Zellen erkennen Krankheitserreger mithilfe von Rezeptoren auf der Zelloberfläche, die zwischen den Oberflächenmolekülen von Pathogenen und körpereigenen Zellen unterscheiden können. Makrophagen und neutrophile Zellen sind zwar jeweils Phagocyten, aber bei der angeborenen Immunität besitzen sie unterschiedliche Eigenschaften und Funktionen.

Der Vorgang der **Phagocytose** wird ausgelöst, wenn bestimmte Rezeptoren auf der Zelloberfläche – im Allgemeinen bei einem Makrophagen, einer neutrophilen oder einer dendritischen Zelle – mit der Oberfläche des Mikroorganismus in Kontakt kommen. Der gebundene Krankheitserreger wird zuerst von der Plasmamembran des Phagocyten umschlossen und dann in ein großes, von einer Membran umschlossenes Vesikel aufgenommen, das man als **Phagosom** bezeichnet. Das Phagosom fusioniert mit einem oder mehre-

**Abb. 3.2 Makrophagen exprimieren Rezeptoren, mit deren Hilfe sie Mikroorganismen durch Phagocytose aufnehmen können.** *Oben*: Makrophagen kommen überall im Körper in den Geweben vor; sie sind die ersten Zellen, die mit Krankheitserregern in Kontakt kommen und darauf reagieren. Auf der Zelloberfläche tragen sie Rezeptoren, die an verschiedene Moleküle auf Mikroorganismen binden (vor allem Kohlenhydrate und Lipide), und sie lösen die Phagocytose des gebundenen Materials aus. *Mitte*: Dectin-1 gehört zur Familie der C-Typ-Lektin-ähnlichen Rezeptoren, der eine einzige C-Typ-Lektinähnliche Domäne (CTLD) besitzt. Die allgemeine Grundstruktur von Lektinen ist eine Kohlenhydraterkennungsdomäne (CRD). Der Mannoserezeptor der Makrophagen enthält viele CTLDs, dazu eine fibrinogenähnliche Domäne und eine cysteinreiche Region am Aminoterminus. Klasse-A-Scavenger-Rezeptoren wie MARCO bestehen aus kollagenähnlichen Domänen, die ein Trimer bilden. Das Protein CD36 ist ein Klasse-B-Scavenger-Rezeptor, der Lipide erkennt und in die Zelle aufnimmt. Verschiedene Komplementrezeptoren binden komplementbedeckte Bakterien und bewirken deren Aufnahme in die Zelle. *Unten*: Bei der Phagocytose wird rezeptorgebundenes Material in der Zelle in Phagosomen aufgenommen, die mit Lysosomen fusionieren und ein saures Phagolysosom bilden. Hier wird das aufgenommene Material von lysosomalen Hydrolasen abgebaut

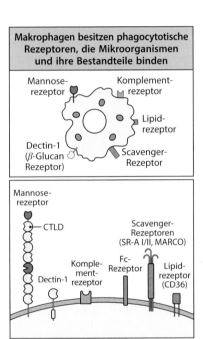

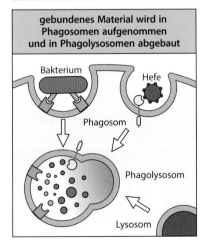

ren Lysosomen, wodurch sich das **Phagolysosom** bildet, in dem nun die lysosomalen Inhaltsstoffe freigesetzt werden. Das Phagolysosom wird zudem angesäuert und erhält antimikrobielle Peptide und Enzyme. Außerdem finden enzymatische Prozesse statt, bei denen hochreaktive Superoxid- und Stickstoffradikale entstehen, die zusammen den Mikroorganismus töten (▶ Abb. 3.2). Neutrophile Zellen sind für das intrazelluläre Abtöten von Mikroorganismen hochgradig spezialisiert und sie enthalten im Cytoplasma verschiedene Arten von Granula – **primäre** und **sekundäre Granula** (Abschn. 2.1.4). Diese fusionieren mit Phagosomen und setzen weitere Enzyme und antimikrobielle Peptide frei, die den Mikroorganismus angreifen. Ein anderer Reaktionsweg, bei dem extrazelluläres Material (auch von Mikroorganismen) in ein endosomales Kompartiment aufgenommen und dann abgebaut wird, ist die **rezeptorvermittelte Endocytose**; sie ist nicht auf Phagocyten beschränkt. Dendritische Zellen und andere Phagocyten können Krankheitserreger auch durch einen unspezifischen Prozess aufnehmen, den man als **Makropinocytose** bezeichnet. Dabei werden große Mengen an extrazellulärer Flüssigkeit und ihre Bestandteile aufgenommen.

Makrophagen und neutrophile Zellen exprimieren konstitutiv eine Reihe von Zelloberflächenrezeptoren, die die Phagocytose und das intrazelluläre Abtöten von daran gebundenen Mikroorganismen stimulieren. Einige von ihnen erzeugen auch Signale über andere Wege, wodurch Reaktionen wie die Cytokinproduktion ausgelöst werden. Zu diesen phagocytotischen Rezeptoren gehören verschiedene Vertreter der Typ-C-Lektin-Familie (▶ Abb. 3.2). So wird beispielsweise **Dectin-1** von Makrophagen und neutrophilen Zellen in großer Menge exprimiert; der Rezeptor erkennt $\beta$-1,3-verknüpfte Glucane (Polymere der Glucose), die allgemein in den Zellwänden der Pilze vorkommen. Dendritische Zellen exprimieren ebenfalls Dectin-1 sowie einige weitere C-Typ-Lektin-ähnliche Rezeptoren (Kap. 9). Ein weiteres C-Typ-Lektin ist der **Mannoserezeptor** (**MR**), der von Makrophagen und dendritischen Zellen exprimiert wird. Er erkennt verschiedene mannosylierte Liganden, die auf Pilzen, Bakterien und Viren vorkommen. Ursprünglich dachte man, dass dieser Rezeptor bei der Immunabwehr von Mikroorganismen eine wichtige Rolle spielt. Experimente mit Mäusen, denen dieser Rezeptor fehlt, bestätigen diese Vermutung jedoch nicht. Der Mannoserezeptor der Makrophagen dient wahrscheinlich nur als Rezeptor zur Beseitigung von körpereigenen Glykoproteinen (beispielsweise $\beta$-Glucuronidase und lysosomale Hydrolasen), die mannosehaltige Kohlehydratseitenketten besitzen und deren extrazelluläre Konzentrationen während einer Entzündung zunehmen.

Eine zweite Gruppe von phagocytotischen Rezeptoren der Makrophagen bezeichnet man als **Scavenger-Rezeptoren**. Diese erkennen verschiedene anionische Polymere und acetylierte Lipoproteine mit geringer Dichte. Sie besitzen heterogene Strukturen und umfassen mindestens sechs verschiedene Molekülfamilien. Klasse-A-Scavenger-Rezeptoren sind Membranproteine, die aus Trimeren von kollagenähnlichen Domänen bestehen (▶ Abb. 3.2). Dazu gehören **SR-A I**, **SR-A II** und **MARCO** (Makrophagenrezeptor mit Kollagenstruktur), die alle an verschiedene Bestandteile von bakteriellen Zellwänden binden und dazu beitragen, Bakterien in die Zelle aufzunehmen, wobei die Grundlagen ihrer Spezifität noch kaum bekannt sind. Klasse-B-Scavenger-Rezeptoren binden Lipoproteine mit hoher Dichte und bewirken die Aufnahme von Lipiden in die Zellen. Einer der Rezeptoren ist CD36, der viele Liganden bindet, beispielsweise langkettige Fettsäuren.

Eine dritte Gruppe von Rezeptoren mit besonderer Bedeutung bei Makrophagen und neutrophilen Zellen sind die Komplementrezeptoren und die Fc-Rezeptoren, die bereits in Kap. 1 und 2 vorgestellt wurden. Diese Rezeptoren binden an komplementbedeckte Mikroorganismen oder an Antikörper, die an eine mikrobielle Oberfläche gebunden haben und bei einer Vielzahl von Mikroorganismen die Phagocytose erleichtern.

## 3.1.2 G-Protein-gekoppelte Rezeptoren auf Phagocyten verknüpfen die Erkennung von Mikroorganismen mit einer erhöhten Effizienz beim Abtöten dieser Mikroorganismen in der Zelle

Wenn Makrophagen und neutrophile Zellen Mikroorganismen durch Phagocytose aufnehmen, werden die Mikroorganismen anschließend im Inneren der Phagocyten normalerweise getötet. Neben den phagocytotischen Rezeptoren besitzen Makrophagen und neutrophile Zellen weitere Rezeptoren, deren Signale das Abtöten der Mikroorganismen stimulieren. Diese Rezeptoren gehören zu einer Molekülfamilie, die in der Evolution schon sehr lange existiert. Dabei handelt es sich um die **G-Protein-gekoppelten Rezeptoren** (**GPCR**), die durch sieben membrandurchspannende Abschnitte gekennzeichnet sind. Vertreter dieser Familie sind für die Funktion des Immunsystems von entscheidender Bedeutung, da sie auch Reaktionen auf Anaphylatoxine (etwa das Komplementfragment C5a, Abschn. 2.2.10) und viele Chemokine steuern, Phagocyten zu Infektionsherden lenken und Entzündungen fördern.

Der **fMet-Leu-Phe-(fMLF-)Rezeptor** ist ein G-Protein-gekoppelter Rezeptor, der die Anwesenheit von Bakterien feststellt, indem er bestimmte Merkmale von bakteriellen Polypeptiden erkennt. Die Proteinsynthese der Bakterien beginnt im Allgemeinen mit einem $N$-Formylmethioninrest (fMet); diese Aminosäure kommt nur bei Prokaryoten und nicht bei Eukaryoten vor. Der fMLF-Rezeptor ist nach dem Tripeptid Formylmethionyl-Leucyl-Phenylalanin benannt, für das er eine hohe Affinität besitzt, doch bindet er auch andere Peptidmotive. Bakterielle Polypeptide, die an diesen Rezeptor binden, aktivieren in der Zelle Signalwege, die die Zelle veranlassen, sich zu der Stelle mit der höchsten Ligandenkonzentration zu bewegen. Signale des fMLF-Rezeptors induzieren auch die Produktion von antimikrobiell wirkenden **reaktiven Sauerstoffspezies (ROS)** im Phagolysosom. Der C5a-Rezeptor erkennt das kleine Fragment, das beim klassischen und beim Lektinweg der Komplementaktivierung entsteht. Das geschieht normalerweise, wenn Mikroorganismen auftreten (Abschn. 2.2.10), und der Signalweg des fMLF-Rezeptors verläuft in ähnlicher Weise. Die Stimulation dieser Rezeptoren lenkt sowohl Monocyten als auch neutrophile Zellen zu Infektionsherden und führt zu einer Verstärkung der antimikrobiellen Aktivitäten. Diese Zellreaktionen können direkt durch Erkennen von bakteriellen Produkten oder durch Signalmoleküle wie C5a aktiviert werden, die anzeigen, dass ein Kontakt mit einem Mikroorganismus bereits stattgefunden hat.

 Video 3.3

Die G-Protein-gekoppelten Rezeptoren erhielten die Bezeichnung aufgrund der Tatsache, dass die Bindung eines Liganden ein Protein aus einer Gruppe von GTP-bindenden Faktoren aktiviert, den **G-Proteinen**. Um diese von der Gruppe der kleinen GTPasen (mit Ras als typischem Vertreter) zu unterscheiden, spricht man hier auch von **heterotrimeren G-Proteinen**. Diese setzen sich aus den drei Untereinheiten G$\alpha$, G$\beta$ und G$\gamma$ zusammen. Dabei ähnelt die $\alpha$-Untereinheit den kleinen GTPasen ($\blacktriangleright$ Abb. 3.3). Im Ruhezustand ist das G-Protein inaktiv, nicht mit dem Rezeptor assoziiert und an die $\alpha$-Untereinheit ist ein Molekül GDP gebunden. Wenn ein Ligand an den Rezeptor bindet, ändert sich die Konformation des Rezeptors, sodass er an das G-Protein binden kann. Dadurch wird GDP aus dem G-Protein verdrängt und durch GTP ersetzt. Das aktive G-Protein dissoziiert in zwei Komponenten: G$\alpha$ und einen Komplex aus der G$\beta$- und G$\gamma$-Untereinheit. Jede dieser Komponenten kann mit anderen Signalmolekülen in der Zelle in Wechselwirkung treten. So wird das Signal übertragen und verstärkt. G-Proteine können ein breites Spektrum von Zielenzymen aktivieren, etwa die Adenylatcyclase, die den Second Messenger zyklisches AMP (cAMP) produziert, und die Phospholipase C, durch deren Aktivierung die Second Messenger Inositol-1,4,5-trisphosphat (IP$_3$) und Diacylglycerin entstehen und Ca$^{2+}$ freigesetzt wird.

Die Signalübertragung durch die fMLF- und C5a-Rezeptoren beeinflussen die Mobilität, den Stoffwechsel, die Genexpression und das Teilungsverhalten der Zellen, indem verschiedene Proteine aus der **Rho-Familie der kleinen GTPasen** aktiviert werden. Die $\alpha$-Untereinheit des aktivierten G-Proteins aktiviert indirekt **Rac** und **Rho**, während die $\beta\gamma$-Unter-

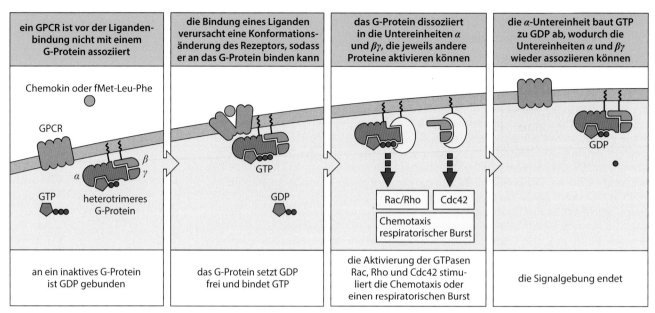

| ein GPCR ist vor der Ligandenbindung nicht mit einem G-Protein assoziiert | die Bindung eines Liganden verursacht eine Konformationsänderung des Rezeptors, sodass er an das G-Protein binden kann | das G-Protein dissoziiert in die Untereinheiten α und βγ, die jeweils andere Proteine aktivieren können | die α-Untereinheit baut GTP zu GDP ab, wodurch die Untereinheiten α und βγ wieder assoziieren können |

Chemokin oder fMet-Leu-Phe

GPCR

β
γ
α

GTP      heterotrimeres
G-Protein

GTP

GDP

Rac/Rho   Cdc42

Chemotaxis
respiratorischer Burst

GDP

| an ein inaktives G-Protein ist GDP gebunden | das G-Protein setzt GDP frei und bindet GTP | die Aktivierung der GTPasen Rac, Rho und Cdc42 stimuliert die Chemotaxis oder einen respiratorischen Burst | die Signalgebung endet |

**Abb. 3.3 G-Protein-gekoppelte Rezeptoren übertragen Signale, indem sie an intrazelluläre heterotrimere G-Proteine binden.** *Erstes Bild*: G-Protein-gekoppelte Rezeptoren (GPCR) wie der fMet-Leu-Phe-Rezeptor und Chemokinrezeptoren übertragen ihre Signale über GTP-bindende Proteine, die man als heterotrimere G-Proteine bezeichnet. Im inaktiven Zustand bindet die α-Untereinheit eines G-Proteins GDP und ist mit der β- und der γ-Untereinheit assoziiert. *Zweites Bild*: Wenn ein Ligand an den Rezeptor bindet, kommt es zu einer Konformationsänderung, durch die der Rezeptor mit dem G-Protein interagieren kann. Dabei wird GDP verdrängt und GTP bindet an die α-Untereinheit. *Drittes Bild*: Durch die GTP-Bindung dissoziiert das G-Protein in die α-Untereinheit und die βγ-Untereinheit, die jeweils andere Proteine an der Innenseite der Plasmamembran aktivieren können. Bei der fMLF-Signalübertragung in Makrophagen und neutrophilen Zellen aktiviert die α-Untereinheit indirekt die GTPasen Rac und Rho, während die βγ-Untereinheit die GTPase Cdc42 indirekt aktiviert. Durch die Reaktionen dieser Proteine wird schließlich die NADPH-Oxidase zusammengefügt und es kommt zu einem respiratorischen Burst. Die Signalübertragung durch Chemokine erfolgt auf ähnliche Weise und aktiviert chemotaktische Mechanismen. *Viertes Bild*: Die ausgelöste Reaktion endet, sobald die intrinsische GTPase-Aktivität der α-Untereinheit GTP zu GDP hydrolysiert und die α-Untereinheit wieder an die βγ-Untereinheit bindet. Die intrinsische GTP-Hydrolyse durch die α-Untereinheit erfolgt relativ langsam und die Signalübertragung wird durch zusätzliche GTPase-aktivierende Proteine reguliert (nicht dargestellt), wodurch sich die Geschwindigkeit der GTP-Hydrolyse erhöht

einheit die kleine GTPase Cdc42 aktiviert (▶ Abb. 3.3). Die Aktivierung dieser drei GTPasen wird von den **Guaninnucleotidaustauschfaktoren** (*guanine exchange factors*, **GEF**) reguliert (▶ Abb. 7.4), die das an die GTPase gebundene GDP durch GTP ersetzen. Die durch fMLF aktivierten G-Proteine aktivieren das GEF-Protein **PREX1** (*phosphatidylinositol 3,4,5-trisphosphate-dependent Rac exchanger 1*), das Rac direkt aktivieren kann. Andere GEF, etwa Faktoren der Vav-Proteinfamilie, die von anderen Arten von Rezeptoren kontrolliert werden (Abschn. 7.2.13), können Rac ebenfalls stimulieren und ihre Reaktionen verlaufen synergistisch mit denen der fMLF- und C5a-Rezeptoren.

Die Aktivierung von Rac und Rho trägt dazu bei, das antimikrobielle Potenzial der Makrophagen und neutrophilen Zellen, die Krankheitserreger aufgenommen haben, zu verstärken. Nach der Phagocytose von Mikroorganismen produzieren Makrophagen und neutrophile Zellen eine Reihe toxischer Moleküle, die das Abtöten der aufgenommenen Mikroorganismen unterstützen (▶ Abb. 3.4). Am wichtigsten sind dabei die antimikrobiellen Peptide (Abschn. 2.1.4), reaktive Stickstoffspezies wie Stickstoffmonoxid (NO) und ROS wie das Superoxidanion $/O_2^-$ und Wasserstoffperoxid ($H_2O_2$). Stickstoffmonoxid wird von der induzierbaren NOS2 (iNOS2), einer hochaktiven Form der Stickstoffmonoxid-Synthase, produziert. Die Expression dieses Enzyms wird durch verschiedene Reize ausgelöst, unter anderem durch fMLF.

| antimikrobielle Strategien von Phagocyten | | |
|---|---|---|
| Strategie | Produkte von Makrophagen | Produkte von Neutrophilen |
| Ansäuerung | pH 3,5–4,0; bakteriostatisch oder bakterizid | |
| toxische Sauerstoffprodukte | Superoxid ($O_2^-$), Wasserstoffperoxid ($H_2O_2$), Singulettsauerstoff ($^1O_2^{\cdot}$), Hydroxylradikal ($^{\cdot}OH$), Hypochlorit ($OCl^-$) | |
| toxische Stickstoffoxide | Stickstoffmonoxid, NO | |
| antimikrobielle Peptide | Cathelicidin, Makrophagen-Elastase-abgeleitetes Peptid | $\alpha$-Defensine (HNP1–4), $\beta$-Defensin HBD4, Cathelicidin, Azurocidin, bakterienpermeabilisierendes Protein (*bacterial permeability inducing protein*, BPI), Lactoferricin |
| Enzyme | Lysozym baut die Zellwände einiger grampositiver Bakterien ab; saure Hydrolasen (z. B. Elastase und andere Proteasen) bauen aufgenomme Mikroorganismen ab | |
| kompetitive Liganden | | Lactoferrin ($Fe^{2+}$-Fänger), Vitamin-$B_{12}$-bindendes Protein |

**Abb. 3.4 Antibakterielle Faktoren, die nach der Aufnahme von Mikroorganismen durch Phagocyten produziert oder freigesetzt werden.** Die meisten der hier aufgeführten Faktoren wirken auf Mikroorganismen direkt toxisch und können ihre Aktivität unmittelbar im Phagolysosom entfalten, sie können aber auch in die extrazelluläre Umgebung freigesetzt werden. Viele dieser Substanzen sind für körpereigene Zellen toxisch. Andere Produkte der Phagocyten entziehen der extrazellulären Umgebung für die Mikroorganismen essenzielle Nährstoffe, die diesen dann nicht mehr zur Verfügung stehen, wodurch das mikrobielle Wachstum gehemmt wird. Die Ansäuerung der Lysosomen hat neben der direkten bakteriostatischen oder bakteriziden Wirkung vor allem den Effekt, dass viele saure Hydrolasen aktiviert werden, die den Vakuoleninhalt abbauen

Die Aktivierung der fMLF- und C5a-Rezeptoren geht direkt mit der Erzeugung von ROS einher. Das Superoxid wird von einer membrangebundenen **NADPH-Oxidase (Phagocytenoxidase)** produziert, die aus mehreren Untereinheiten besteht. In nichtstimulierten Phagocyten ist das Enzym inaktiv, da es noch nicht vollständig zusammengesetzt ist. Eine Gruppe von Untereinheiten ist der Cytochrom-$b_{558}$-Komplex (bestehend aus p22 und gp91). Dieser ist in den Plasmamembranen von ruhenden Makrophagen und neutrophilen Zellen lokalisiert und kommt in Lysosomen vor, sobald sie zu Phagolysosomen gereift sind. Die übrigen Bestandteile p40, p47 und p67 befinden sich im Cytosol. Die Aktivierung der Phagocyten führt dazu, dass die cytosolischen Komponenten an den membranassoziierten Cytochrom-$b_{558}$-Komplex binden (▶ Abb. 3.5). Die fMLF- und C5a-Rezeptoren tragen zum Prozess bei, indem sie Rac aktivieren. Rac unterstützt dann die Bewegung der cytosolischen Komponenten zur Membran, wo die aktive NADPH-Oxidase zusammengesetzt wird.

Die Reaktion der NADPH-Oxidase führt zu einem temporären Anstieg des Sauerstoffverbrauchs durch die Zelle. Diesen Effekt bezeichnet man als **respiratorischen Burst** (*respiratory burst*). Dabei entsteht im Lumen des Phagolysosoms das Superoxidanion, das von dem Enzym Superoxid-Dismutase (SOD) in $H_2O_2$ umgewandelt wird. Durch weitere chemische und enzymatische Reaktionen wird aus $H_2O_2$ eine Reihe von toxischen ROS, etwa das Hydroxylradikal ($^{\bullet}OH$), Hypochlorit ($OCl^-$) und Hypobromit ($OBr^-$), gebildet. Auf diese Weise aktiviert die direkte Erkennung von Polypeptiden bakterieller Herkunft oder die vorher erfolgte Erkennung des Pathogens durch das Komplementsystem einen starken Abtötungsmechanismus im Inneren von Makrophagen und neutrophilen Zellen, die mithilfe ihrer phagocytotischen Rezeptoren Mikroorganismen aufgenommen haben. Die Aktivierung von Phagocyten kann jedoch auch eine gravierende Gewebeschädigung mit sich bringen, da in den Interzellularraum hydrolytische Enzyme, membranzerstörende Peptide und reaktive Sauerstoffspezies freigesetzt werden können, die für Körperzellen toxisch sind.

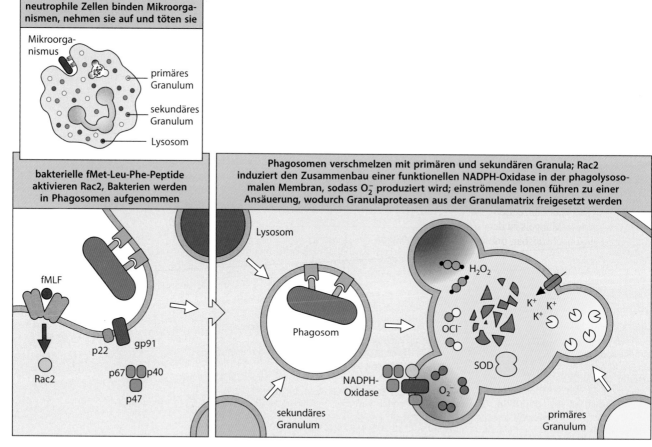

**Abb. 3.5 Der antimikrobielle respiratorische Burst in den Phagocyten wird ausgelöst, sobald die Phagocyten-NADPH-Oxidase nach einer Aktivierung zusammengesetzt wurde.** *Erstes Bild*: Neutrophile Zellen sind hochgradig darauf spezialisiert, Krankheitserreger aufzunehmen und abzutöten. Sie enthalten verschiedene Arten von cytoplasmatischen Granula, etwa die hier dargestellten primären und sekundären Granula. Diese enthalten wiederum antimikrobielle Peptide und Enzyme. *Zweites Bild*: In ruhenden neutrophilen Zellen sind die Cytochrom-$b_{558}$-Untereinheiten (gp91 und p22) der NADPH-Oxidase in der Plasmamembran lokalisiert. Die übrigen Bestandteile (p40, p47 und p67) der Oxidase befinden sich im Cytosol. Die Signalübertragung durch phagocytotische Rezeptoren und fMLF- und C5a-Rezeptoren wirken synergistisch an der Aktivierung von Rac2 mit und induzieren das Zusammensetzen der vollständigen und aktiven NADPH-Oxidase in der Membran des Phagolysosoms. Dieses ist durch die Fusion des Phagosoms mit Lysosomen und primären und sekundären Granula entstanden. *Drittes Bild*: Die aktive NADPH-Oxidase überträgt ein Elektron von ihrem FAD-Cofaktor auf molekularen Sauerstoff, wodurch im Lumen des Phagolysosoms das Superoxidanion $O_2^-$ (*blau*) und andere freie Sauerstoffradikale entstehen. Dann werden Kalium- und Wasserstoffionen in das Phagolysosom gezogen, die das geladene Superoxidanion neutralisieren, wodurch der Säuregehalt im Vesikel steigt. Durch die Ansäuerung dissoziieren Enzyme der Granula wie Cathepsin G und Elastase (*gelb*) aus der Proteoglykanmatrix. Dadurch können sie von lysosomalen Proteasen gespalten und aktiviert werden. $O_2^-$ wird durch die Superoxid-Dismutase (SOD) in Wasserstoffperoxid ($H_2O_2$) umgewandelt. Dieses Molekül kann wiederum Mikroorganismen töten oder von der Myeloperoxidase in das antimikrobielle Hypochlorit ($OCl^-$) umgewandelt werden. Durch die chemische Reaktion mit Eisen-II-Ionen ($Fe^{2+}$) kann aus $H_2O_2$ auch das Hydroxylradikal ($^\bullet OH$) entstehen

Neutrophile Zellen nutzen den oben beschriebenen respiratorischen Burst für ihre Reaktion auf eine Infektion in der frühen Phase. Neutrophile Zellen halten sich nicht in den Geweben auf und müssen aus dem Blutkreislauf zu einem Infektionsherd gelenkt werden. Ihre einzige Funktion besteht darin, Mikroorganismen aufzunehmen und zu zerstören. Neutrophile Zellen können zwar bei einigen akuten Infektionen in viel größerer Zahl auftreten als Makrophagen, sie sind aber kurzlebig und sterben ab, sobald sie den Durchlauf einer Phagocytose absolviert und ihren Vorrat an primären und sekundären Granula verbraucht haben.

Tote und sterbende neutrophile Zellen sind ein Hauptbestandteil von **Eiter**, der sich in Abszessen und Wunden bildet, die von bestimmten extrazellulären kapselbildenden Bakterien infiziert wurden, beispielsweise Streptokokken und Siaphylokokken. Diese bezeichnet man deshalb als **eiterbildende** oder **pyogene Bakterien**. Makrophagen sind dagegen langlebig und produzieren ständig neue Lysosomen.

Patienten, die an einer **chronischen Granulomatose** (*chronic granulomatous disease*, **CGD**) leiden, haben einen genetisch bedingten Mangel an NADPH-Oxidase. Dadurch produzieren ihre Phagocyten keine toxischen Sauerstoffderivate, wie sie für den respiratorischen Burst charakteristisch sind. Die Zellen können so die aufgenommenen Mikroorganismen weniger gut abtöten und die Infektion beseitigen. Die häufigste Form der CGD ist eine X-gekoppelte Erbkrankheit, die durch eine mutationsbedingte Inaktivierung der gp91-Untereinheit von Cytochrom $b_{558}$ hervorgerufen wird. Menschen mit diesem Defekt sind ungewöhnlich anfällig für Infektionen durch Bakterien und Pilze, vor allem in der frühen Kindheit, wobei die Anfälligkeit das ganze Leben über fortbesteht. Eine autosomal-rezessive Form des NADPH-Oxidase-Mangels ist der p47phox-Defekt. Dabei ist die Aktivität zwar sehr niedrig, aber zumindest nachweisbar, und die Ausprägung der CGD ist milder.

Neben dem Abtöten von phagocytotisch aufgenommenen Mikroorganismen verfügen neutrophile Zellen über einen weiteren, ziemlich neuen Mechanismus zur Vernichtung von extrazellulären Krankheitserregern. Während einer Infektion durchlaufen einige aktivierte neutrophile Zellen eine besondere Form des Zelltods, bei dem das Chromatin des Zellkerns nicht wie bei der Apoptose abgebaut, sondern in den Extrazellularraum freigesetzt wird. Dort bildet das Material eine fibrilläre Matrix, die man als **NET** (*neutrophile extracellular trap*) bezeichnet (▶ Abb. 3.6). Solche NET-Strukturen können Mikroorganismen festhalten, die dann von anderen neutrophilen Zellen oder Makrophagen durchaus effektiver aufgenommen werden. Für die NET-Bildung ist die Erzeugung von ROS notwendig. Bei CGD-Patienten ist die NET-Bildung verringert, was wahrscheinlich zu deren Anfälligkeit für Mikroorganismen beiträgt.

Makrophagen können Pathogene durch Phagocytose aufnehmen und den respiratorischen Burst herbeiführen, unmittelbar nachdem sie mit einem Mikroorganismus in Kontakt gekommen sind. Das kann bereits ausreichen, um zu verhindern, dass sich eine Infektion etabliert. Im 19. Jahrhundert war der Immunologe **Ilja Metchnikoff** überzeugt, dass die angeborene Makrophagenantwort die gesamte Immunreaktion umfasst. Tatsächlich besitzen Wirbellose wie der Seestern, den er damals untersuchte, nur eine angeborene Immunität, um Infektionen zu bekämpfen. Das ist zwar beim Menschen und bei anderen Vertebraten nicht so, aber die angeborene Makrophagenantwort bildet eine wichtige Abwehrlinie, die von Mikroorganismen erst überwunden werden muss, damit eine Infektion auf einen neuen Wirt übertragen werden kann.

Krankheitserreger haben jedoch eine Vielfalt von Strategien entwickelt, um der sofortigen Zerstörung durch Makrophagen und neutrophile Zellen zu entgehen. Viele extrazelluläre pathogene Bakterien umgeben sich mit einer dicken Polysaccharidkapsel, die von keinem phagocytotischen Rezeptor erkannt wird. Allerdings kann das Komplementsystem solche mikrobiellen Oberflächen erkennen und bedeckt sie dann mit C3b, wodurch sie für die Phagocytose durch Komplementrezeptoren markiert werden (Kap. 2). Andere Pathogene, beispielsweise die Mycobakterien, haben Mechanismen entwickelt, durch die sie sich im Inneren der Phagosomen von Makrophagen vermehren können, indem sie ein Ansäuern und die Fusion mit den Lysosomen blockieren. Wenn ein Mikroorganismus nicht über solche Fähigkeiten verfügt, muss er in ausreichender Zahl in den Körper eindringen, um die sofort einsetzenden Abwehrmaßnahmen des Wirts zu überlaufen und einen Infektionsherd zu etablieren.

 Video 3.4

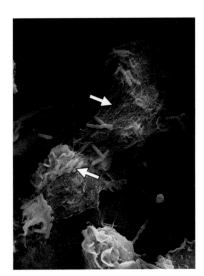

**Abb. 3.6 NET-Strukturen, die neutrophile Zellen hervorbringen, können Bakterien und Pilze festhalten.** Diese rasterelektronenmikroskopische Aufnahme von aktivierten humanen neutrophilen Zellen bei einer Infektion mit einem virulenten Stamm von *Shigella flexneri* (rötliche Stäbchen) zeigt die stimulierten neutrophilen Zellen, die NET-Strukturen bilden (*blau, siehe Pfeile*). Erkennbar sind auch durch die in NET-Strukturen festgehaltenen Bakterien (*unterer Pfeil*). (Foto mit freundlicher Genehmigung von Arturo Zychlinsky)

### 3.1.3 Durch das Erkennen von Mikroorganismen und bei Gewebeschäden kommt es zu einer Entzündungsreaktion

Ein bedeutender Effekt der Wechselwirkung zwischen Mikroorganismen und Gewebemakrophagen ist die Aktivierung von Makrophagen und anderen Immunzellen – kleine Proteine, die **Cytokine** und **Chemokine**, sowie weitere chemische Mediatoren freizusetzen. Diese Proteine lösen zusammen im Gewebe einen Zustand der **Entzündung** aus, locken Monocyten und neutrophile Zellen zum Infektionsherd und ermöglichen den Zugang von Plasmaproteinen aus dem Blut in das Gewebe. Eine Entzündungsreaktion wird normalerweise innerhalb von Stunden nach einer Infektion oder Verletzung ausgelöst. Makrophagen werden durch Wechselwirkungen mit Mikroorganismen beziehungsweise deren Produkten über spezifische Rezeptoren, die von den Makrophagen exprimiert werden, dazu angeregt, **proinflammatorische** Cytokine wie TNF-$\alpha$ und Chemokine freizusetzen. Wir wollen uns weiter unten im Kapitel damit befassen, wie die Cytokine mit Krankheitserregern interagieren. Zuerst wollen wir jedoch einige allgemeine Aspekte von Entzündungen und ihren Beitrag zur Immunabwehr besprechen.

Eine Entzündung besitzt bei der Bekämpfung einer Infektion drei entscheidende Funktionen. Erstens gelangen dabei weitere Effektormoleküle und -zellen aus dem Blut zu Infektionsherden, um das Abtöten der eingedrungenen Mikroorganismen zu verstärken. Zweitens entsteht durch eine lokal induzierte Blutgerinnung eine physikalische Barriere, die ein Ausbreiten der Infektion im Blutkreislauf verhindert, und drittens wird die Heilung des geschädigten Gewebes gefördert.

Entzündungsreaktionen sind durch Schmerz, Rötung, Hitze und Schwellung an der Infektionsstelle gekennzeichnet. Dies weist auf vier Arten von Veränderungen in den lokalen Blutgefäßen hin (▶ Abb. 3.7): Bei der Ersten handelt es sich um eine Vergrößerung des Gefäßdurchmessers, die den lokalen Blutfluss verstärkt – also zu Hitze und Rötung führt – und gleichzeitig die Fließgeschwindigkeit des Blutes verringert, insbesondere entlang der Oberfläche kleiner Blutgefäße. Die zweite Veränderung betrifft die Endothelzellen, die das Blutgefäß auskleiden. Sie werden aktiviert, um **Adhäsionsmoleküle** zu exprimieren, welche die Bindung von zirkulierenden Leukocyten verstärken. Die Kombination aus verlangsamtem

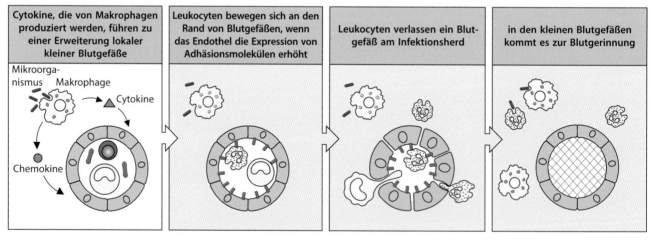

| Cytokine, die von Makrophagen produziert werden, führen zu einer Erweiterung lokaler kleiner Blutgefäße | Leukocyten bewegen sich an den Rand von Blutgefäßen, wenn das Endothel die Expression von Adhäsionsmolekülen erhöht | Leukocyten verlassen ein Blutgefäß am Infektionsherd | in den kleinen Blutgefäßen kommt es zur Blutgerinnung |

**Abb. 3.7 Eine Infektion stimuliert Makrophagen, Cytokine und Chemokine freizusetzen, die eine Entzündungsreaktion auslösen.** Cytokine, die von Gewebemakrophagen am Infektionsherd produziert werden, führen zu einer Erweiterung der lokalen kleinen Blutgefäße und zu Veränderungen der Endothelzellen in den Gefäßwänden. Diese Veränderungen bewirken, dass Leukocyten wie neutrophile Zellen oder Monocyten aus dem Blutgefäß in das infizierte Gewebe einwandern (Extravasation) und dabei von Chemokinen angelockt werden, die von den aktivierten Makrophagen stammen. Die Blutgefäße werden auch durchlässiger, sodass Plasmaproteine und Flüssigkeit in die Gewebe austreten können. Diese Veränderungen verursachen zusammen die charakteristischen Anzeichen einer Entzündung am Infektionsherd: Hitze, Schmerz, Rötung und Schwellung

Blutfluss und Expression von Adhäsionsmolekülen ermöglicht es den Leukocyten, sich an das Endothel zu heften und in die Gewebe einzuwandern. Diesen Vorgang bezeichnet man als **Extravasation**. Die von den aktivierten Makrophagen und Parenchymzellen erzeugten proinflammatorischen Cytokine und Chemokine lösen alle diese Veränderungen aus.

Nach Einsetzen der Entzündung werden als erste weiße Blutzellen neutrophile Zellen zum Infektionsherd gelockt. Ihnen folgen die Monocyten (▶ Abb. 3.8), die man nach ihrer Aktivierung als **inflammatorische Monocyten** bezeichnet und die dann verschiedene proinflammatorische Cytokine produzieren. Aufgrund der fehlenden Expression des G-Protein-gekoppelten Adhäsionsrezeptors E1 (der häufig mit F4/80 bezeichnet wird), unterscheiden sie sich von den Makrophagen. Aus Monocyten können in den Geweben auch dendritische Zellen hervorgehen, was von den Signalen abhängt, die sie aus ihrer Umgebung erhalten. In späteren Entzündungsstadien gelangen andere Leukocyten wie eosinophile Zellen und Lymphocyten an den Infektionsherd.

Die dritte wichtige Veränderung der lokalen Blutgefäße ist die erhöhte Durchlässigkeit der Gefäßwand. Die Endothelzellen, die das Blutgefäß auskleiden, halten nicht mehr fest zusammen, sondern lösen sich voneinander, sodass Flüssigkeit und Proteine aus dem Blut austreten und sich lokal im Gewebe anreichern. Das führt zu einer Schwellung oder einem **Ödem** und zu Schmerzen – außerdem zur Akkumulation von Plasmaproteinen im Gewebe, beispielsweise Komplementfaktoren und MBL, die an der Immunabwehr mitwirken. Die Veränderungen im Endothel, die als Folge der Entzündung auftreten, bezeichnet man allgemein als **Endothelaktivierung**. Die vierte Veränderung, die Blutgerinnung in den Blutkapillaren beim Infektionsherd, verhindert, dass sich die Krankheitserreger über das Blut ausbreiten können.

Für diese Veränderungen sind eine Reihe verschiedener Entzündungsmediatoren verantwortlich, die nach der Erkennung eines Krankheitserregers durch die Makrophagen, später

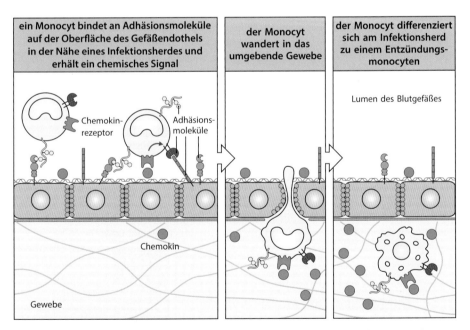

**Abb. 3.8 Monocyten, die im Blut zirkulieren, verlassen den Blutkreislauf und wandern zu Infektions- und Entzündungsherden.** Adhäsionsmoleküle auf den Endothelzellen der Blutgefäße halten den Monocyten zuerst fest und bewirken, dass sich die Zelle an das Gefäßendothel heftet. Chemokine, die an das Gefäßendothel gebunden sind, signalisieren dem Monocyten, das Endothel zu durchqueren und in das darunterliegende Gewebe zu wandern. Der Monocyt, der sich nun zu einem Makrophagen differenziert, setzt seine Bewegung zum Infektionsherd unter dem Einfluss von Chemokinen, die bei den Entzündungseffekten freigesetzt wurden, fort. Monocyten, die das Blut auf diese Weise verlassen, können sich auch zu dendritischen Zellen differenzieren (nicht dargestellt), abhängig von den Signalen, die sie aus ihrer Umgebung erhalten

auch durch neutrophile Zellen und weitere Blutzellen freigesetzt werden. Makrophagen und neutrophile Zellen setzen Lipidmediatoren der Entzündung frei – **Prostaglandine**, **Leukotriene** und den **plättchenaktivierenden Faktor** (*platelet activating factor*, **PAF**), welche innerhalb kurzer Zeit durch enzymatische Reaktionen entstehen, die die Membranphospholipide abbauen. Nach diesen Substanzen entfalten die Cytokine und Chemokine ihre Wirkung; sie werden von den Makrophagen und inflammatorischen Monocyten als Reaktion auf Pathogene erzeugt. Das Cytokin **Tumornekrosefaktor $\alpha$ (TNF-$\alpha$)** ist beispielsweise ein starker Aktivator von Endothelzellen. Wir befassen uns mit TNF-$\alpha$ und damit verwandten Cytokinen in Abschn. 3.2.1.

Das Peptid C5a stimuliert nicht nur den respiratorischen Burst der Phagocyten und wirkt als Attraktor für neutrophile Zellen und Monocyten, sondern fördert auch die Entzündung, indem es die Durchlässigkeit von Gefäßwänden erhöht und die Expression bestimmter Adhäsionsmoleküle auf dem Endothel induziert. C5a aktiviert zudem lokale **Mastzellen** (Abschn. 1.2.4). Diese werden dadurch angeregt, Granula freizusetzen, die das Entzündungsmolekül Histamin, TNF-$\alpha$ und Cathelicidine enthalten.

Bei einer Verletzung lösen beschädigte Blutgefäße unmittelbar zwei schützende Enzymkaskaden aus. Eine ist das **Kininsystem** aus Plasmaproteasen, das von Gewebeschäden ausgelöst wird und mehrere Polypeptide erzeugt, die den Blutdruck, die Blutgerinnung und das Schmerzempfinden regulieren. Wir können uns hier nicht mit all diesen Faktoren beschäftigen, doch einer dieser Entzündungsmediatoren sei genannt: das gefäßaktive Peptid **Bradykinin**, das die Gefäßpermeabilität erhöht, wodurch sich der Zustrom von Plasmaproteinen in den geschädigten Gewebebereich verstärkt. Bradykinin ruft auch Schmerzen hervor, die – so unangenehm sie sein mögen – die Aufmerksamkeit auf das Problem lenken und den betroffenen Körperteil immobilisieren, was wiederum die Ausbreitung der Infektion begrenzt.

Das **Gerinnungssystem** ist eine weitere Proteasekaskade, die nach der Beschädigung von Blutgefäßen aktiv wird (eine vollständige Beschreibung würde jedoch den Rahmen hier sprengen). Durch die Aktivierung kommt es zur Bildung eines Fibringerinnsels, dessen normale Funktion darin besteht, einen Blutverlust zu verhindern. In Bezug auf die angeborene Immunität grenzt das Gerinnsel die infektiösen Mikroorganismen jedoch physikalisch ein und verhindert deren Eindringen in den Blutkreislauf. Die Kinin- und die Blutgerinnungskaskade werden ebenfalls durch aktivierte Endothelzellen ausgelöst und können so bei der Entzündungsreaktion auf Krankheitserreger wichtige Funktionen übernehmen, selbst wenn es nicht zu einer Verwundung oder einer umfangreichen Verletzung des Gewebes gekommen ist, da beide Kaskaden auch durch die Aktivierung von Endothelzellen ausgelöst werden. So verursacht die Entzündungsreaktion innerhalb von Minuten nach dem Eindringen von Krankheitserregern in das Gewebe einen Einstrom von Proteinen und Zellen, die die Infektion in Grenzen halten. Zudem entsteht durch die Blutgerinnung eine physikalische Barriere, welche die Ausbreitung der Infektion begrenzt. Gewebeschäden können auch dann auftreten, wenn keine Infektion durch Mikroorganismen vorliegt, etwa bei einem physischen Trauma, bei Sauerstoffmangel, bei Stoffwechselstörungen und bei Autoimmunerkrankungen. Bei einer solchen **sterilen Verletzung** können viele der Veränderungen stattfinden, die mit einer Infektion zusammenhängen, etwa die Rekrutierung neutrophiler Zellen, die Aktivierung des Kininsystems und die Bildung von Blutgerinnseln.

### 3.1.4 Die Toll-like-Rezeptoren bilden ein schon lange bestehendes Erkennungssystem für Krankheitserreger

In Abschn. 1.2.5 haben wir die Mustererkennungsrezeptoren (PRRs) eingeführt, die als Sensoren für pathogenassoziierte molekulare Muster (PAMPs) fungieren. Signale dieser PRRs, die von zahlreichen verschiedenen Komponenten der Krankheitserreger ausgelöst werden können, stimulieren Makrophagen, Cytokine und Chemokine freizusetzen. Die Existenz dieser Rezeptoren war bereits von **James Janeway Jr.** vorhergesagt worden, bevor man die Mechanismen der angeborenen Immunerkennung kannte, einfach aufgrund der Tatsache, dass Adjuvanzien notwendig sind, um Immunreaktionen anzutreiben, die durch aufgereinigte Antigene hervorgerufen werden. **Jules Hoffmann** entdeckte den ersten dieser Rezeptoren, wofür er im Jahr 2011 mit dem Nobelpreis für Physiologie oder Medizin ausgezeichnet wurde. Das Gen für das Rezeptorprotein **Toll** war bereits vorher identifiziert worden; es kontrolliert die korrekte dorsoventrale Musterbildung im Embryo der Taufliege *Drosophila melanogaster*. Im Jahr 1996 entdeckte Hoffmann jedoch, dass die Toll-Signale in der adulten Fliege die Expression verschiedener Mechanismen der Immunabwehr aktivieren, beispielsweise die Freisetzung von antimikrobiellen Peptiden wie Drosomycin. Diese Rezeptorsignale sind für die Bekämpfung von pathogenen grampositiven Bakterien und Pilzen essenziell.

Mutationen im Toll-Rezeptor oder in Signalproteinen, die von Toll aktiviert werden, führen bei *Drosophila* zu einer verringerten Produktion von antimikrobiellen Peptiden und zu einer Anfälligkeit der adulten Tiere für Pilzinfektionen (▶ Abb. 3.9). In der Folge entdeckte man bei anderen Tieren, etwa bei Säugern, homologe Formen des Toll-Rezeptors, die **Toll-like-Rezeptoren** (**TLRs**). Diese Rezeptoren hängen mit der Abwehr von Infektionen durch Viren, Bakterien und Pilzen zusammen. Bei Pflanzen gibt es Proteine mit Domänen, die den Ligandenbindungsregionen der TLRs ähneln. Diese sind an der Produktion antimikrobieller Peptide beteiligt, was darauf hinweist, dass diese Domänen schon seit langer Zeit mit der Immunabwehr assoziiert sind.

**Abb. 3.9 Der Toll-Rezeptor ist bei *Drosophila melanogaster* für Immunreaktionen gegen Pilze erforderlich.** Fliegen mit einem Defekt des Toll-Rezeptors sind für Pilzinfektionen wesentlich anfälliger als der Wildtyp. Das zeigt sich hier in Form eines unkontrollierten Wachstums von Pilzhyphen (*Pfeil*) von *Aspergillus fumigatus*, einem normalerweise nur schwach wirkenden Krankheitserreger. (Foto mit freundlicher Genehmigung von J. A. Hoffmann)

### 3.1.5 Die Toll-like-Rezeptoren werden durch viele verschiedene pathogenassoziierte molekulare Muster aktiviert

Beim Menschen gibt es zehn exprimierte *TLR*-Gene, bei Mäusen sind es zwölf. Jeder TLR erkennt bestimmte molekulare Muster, die grundsätzlich nicht auf gesunden Zellen der Vertebraten vorkommen. Ursprünglich hat man diese Moleküle **pathogenassoziierte molekulare Muster** (**PAMPs**) genannt, aber es handelt sich um allgemeine Komponenten sowohl von pathogenen als auch von nichtpathogenen Mikroorganismen, sodass man manchmal auch die Bezeichnung MAMPs (*micobial associated molecular patterns*) verwendet. Die TLRs der Säuger erkennen Moleküle, die für gramnegative und grampositive Bakterien, Pilze und Viren charakteristisch sind. Dazu gehören die **Lipoteichonsäuren** der grampositiven Bakterien und das **Lipopolysaccharid** (**LPS**) der äußeren Membran von gramnegativen Bakterien (▶ Abb. 2.9). Beide sind für die Erkennung von Bakterien durch das angeborene Immunsystem von besonderer Bedeutung und werden von den TLRs erkannt. Andere mikrobielle Bestandteile besitzen ebenfalls eine Wiederholungsstruktur. Die Flagellen der Bakterien bestehen aus der sich wiederholenden Untereinheit **Flagellin**. Bakterielle DNA enthält eine große Zahl von Wiederholungen des **nichtmethylierten CpG-Dinucleotids**, das in der Säuger-DNA häufig methyliert vorliegt. Bei vielen Virusinfektionen gehört eine doppelsträngige RNA-Zwischenstufe zum viralen Lebenszyklus und die RNA von Viren enthält häufig Modifikationen, durch die sie sich von normalen RNA-Spezies des Wirtes unterscheiden.

Die Säuger-TLRs und ihre bekannten mikrobiellen Liganden sind in ▶ Abb. 3.10 aufgeführt. Da es nur relativ wenige *TLR*-Gene gibt, besitzen die TLRs im Vergleich zu den Antigenrezeptoren des adaptiven Immunsystems nur eine begrenzte Bandbreite von Spezifitäten. Sie können jedoch Komponenten der meisten pathogenen Mikroorganismen erkennen und werden auch von vielen Zelltypen exprimiert, etwa von Makrophagen, dendritischen Zellen, B-Zellen, Stromazellen und bestimmten Epithelzellen. So kann in vielen Geweben eine antimikrobielle Reaktion ausgelöst werden.

 Video 3.5

TLRs sind Sensoren für Mikroorganismen im Extrazellularraum. Einige TLRs der Säuger sind Rezeptoren auf der Zelloberfläche wie der Toll-Rezeptor von *Drosophila*, andere sind hingegen auch in der Zelle lokalisiert, das heißt in den Membranen der Endosomen, wo sie Krankheitserreger oder deren Bestandteile erkennen können, die durch Phagocytose, rezeptorvermittelte Endocytose oder Makropinocytose in die Zelle aufgenommen wurden

| angeborene Immunerkennung durch Toll-like-Rezeptoren der Säuger | | |
|---|---|---|
| **Toll-like-Rezeptor** | **Ligand** | **Verteilung unter hämatopoetischen Zellen** |
| TLR-1:TLR-2-Heterodimer | Lipomannane (Mycobakterien)<br>Lipoproteine (Diacyllipopeptide, Triacyllipopeptide)<br>Lipoteichonsäuren (grampositive Bakterien)<br>β-Glucane der Zellwände (Bakterien und Pilze)<br>Zymosan (Pilze) | Monocyten, dendritische Zellen, Mastzellen, Eosinophile und Basophile |
| TLR-2:TLR-6-Heterodimer | | |
| TLR-3 | doppelsträngige RNA (Viren, Poly(I:C)) | Makrophagen, dendritische Zellen, Darmepithel |
| TLR-4<br>(sowie MD-2 und CD14) | LPS (gramnegative Bakterien)<br>Lipoteichonsäuren  (grampositive Bakterien) | Makrophagen, dendritische Zellen, Mastzellen, Eosinophile |
| TLR-5 | Flagellin (Bakterien) | Darmepithel, Makrophagen, dendritische Zellen |
| TLR-7 | einzelsträngige RNA (Viren) | plasmacytoide dendritische Zellen, Makrophagen, Eosinophile, B-Zellen |
| TLR-8 | einzelsträngige RNA (Viren) | Makrophagen, Neutrophile |
| TLR-9 | DNA mit nichtmethyliertem CpG<br>(Bakterien und Herpesviren) | plasmacytoide dendritische Zellen, Eosinophile, B-Zellen, Basophile |
| TLR-10 (nur Mensch) | unbekannt | plasmacytoide dendritische Zellen, Eosinophile, B-Zellen, Basophile |
| TLR-11 (nur Mäuse) | Profilin und profilinähnliche Proteine<br>(*Toxoplasma gondii*, uropathogene Bakterien) | Makrophagen, dendritische Zellen<br>(auch Leber, Niere und Blase) |
| TLR-12 (nur Mäuse) | Profilin (*Toxoplasma gondii*) | Makrophagen, dendritische Zellen<br>(auch Leber, Niere und Blase) |
| TLR-13 (nur Mäuse) | einzelsträngige RNA (ribosomale RNA von Bakterien) | Makrophagen, dendritische Zellen |

**Abb. 3.10 Die angeborene Immunerkennung durch Toll-like-Rezeptoren.** Jeder TLR des Menschen oder der Maus, dessen Spezifität bekannt ist, erkennt eines oder mehrere mikrobielle Muster. Das geschieht im Allgemeinen durch eine direkte Wechselwirkung mit den Molekülen auf der Oberfläche der Krankheitserreger. Einige Toll-like-Rezeptoren bilden Heterodimere (zum Beispiel TLR-1:TLR-2 und TLR-6:TLR-2). LPS, Lipopolysaccharid

(► Abb. 3.11). TLRs sind Transmembranproteine mit einer einzigen membrandurchspannenden Domäne und einer extrazellulären Region, die aus 18–25 Kopien einer **leucinreichen Wiederholung** (*leucine-rich repeat*, **LRR**) besteht. Jede LRR- der TLR-Proteine besteht aus etwa 20–25 Aminosäuren und mehrere LRRs bilden ein hufeisenförmiges Proteingerüst, das sich an die Bindung und Erkennung verschiedener Liganden anpassen kann, und zwar sowohl an der äußeren (konvexen) als auch an der inneren (konkaven) Oberfläche. Die Signalübertragung der TLRs von Säugern wird aktiviert, wenn die Bindung eines Liganden zur Bildung eines Dimers führt oder sich so bei einem bereits gebildeten Dimer die Konformation ändert. Alle TLR-Proteine von Säugern enthalten in ihrem cytoplasmatischen Schwanz eine **TIR-(Toll-IL-Rezeptor-)Domäne**, die mit weiteren Domänen des TIR-Typs in anderen Signalmolekülen interagiert. Eine TIR-Domäne kommt auch im cytoplasmatischen Teil des Rezeptors für das Cytokin **Interleukin-1β (IL-1β)** vor. Noch Jahre nach der Entdeckung der TLRs wusste man nicht, ob die Rezeptoren direkt mit den mikrobiellen Bestandteilen in Kontakt treten oder ob sie das Vorhandensein von Mikroorganismen auf indirekte Weise feststellen. So erkennt beispielsweise der Toll-Rezeptor von *Drosophila* die Produkte von Pathogenen nicht direkt, sondern wird stattdessen aktiviert, wenn er an eine abgebaute Form des Eigenproteins Spätzle bindet. Bei *Drosophila* gibt es andere Moleküle für eine direkte Pathogenerkennung. Diese setzen eine proteolytische Kaskade in Gang, die mit der Spaltung von Spätzle endet. Toll ist kein klassischer Mustererkennungsrezeptor. Röntgenstrukturanalysen von mehreren dimeren TLRs, die ihre Liganden gebunden haben, zeigen jedoch, dass zumindest einige der Säuger-TLRs mit ihren mikrobiellen Liganden in direkten Kontakt treten.

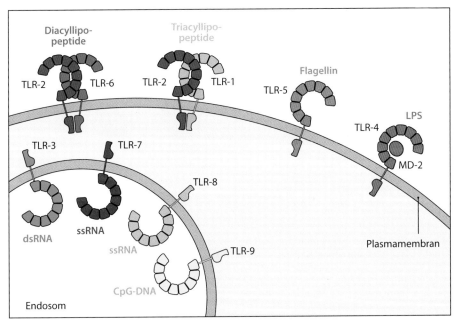

**Abb. 3.11 Die zelluläre Lokalisierung der Toll-like-Rezeptoren der Säuger.** TLRs sind Transmembranproteine, deren extrazelluläre Region 18–25 Kopien der leucinreichen Wiederholung (LRR) enthält; zur Vereinfachung sind hier nur neun dargestellt. Einige TLRs liegen auf der Oberfläche von dendritischen Zellen, Makrophagen und weiteren Zellen, wo sie extrazelluläre Moleküle von Pathogenen erkennen können. Man nimmt an, dass TLRs als Dimere funktionieren. Hier sind nur die Heterodimere als solche dargestellt, die übrigen bilden Homodimere. In der Zelle lokalisierte TLRs, etwa in den Wänden der Endosomen, können mikrobielle Bestandteile wie DNA erkennen, die erst zugänglich werden, wenn ein Mikroorganismus abgebaut wurde. Die Diacyl- und Triacyllipopeptide, welche die heterodimeren Rezeptoren TLR-6:TLR-2 beziehungsweise TLR-1:TLR-2 erkennen, stammen aus den Lipoteichonsäuren in den Zellwänden von grampositiven Bakterien, die Lipoproteine hingegen aus der Oberfläche von gramnegativen Bakterien

Die Rezeptoren **TLR-1**, **TLR-2** und **TLR-6** der Säuger sind Rezeptoren auf der Zelloberfläche, die von verschiedenen Liganden aktiviert werden, etwa von Lipoteichonsäuren der grampositiven Bakterien und die **Diacyl-** und **Triacyllipopeptide** der gramnegativen Bakterien. Diese Rezeptoren kommen auf Makrophagen, dendritischen, eosinophilen und basophilen Zellen sowie auf Mastzellen vor. Durch die Bindung eines Liganden kommt es zur Bildung von Heterodimeren aus TLR-2 und TLR-1 oder TLR-2 und TLR-6. Die Röntgenstruktur von TLR-1 und TLR-2 mit einem daran gebundenen künstlichen Triacyllipopeptidliganden zeigt genau, wie die Dimerisierung entsteht (▶ Abb. 3.12). Zwei der drei Lipidketten binden an die konvexe Oberfläche von TLR-2, während die dritte an die konvexe Oberfläche von TLR-1 bindet. Die Dimerisierung bringt die cytoplasmatischen TIR-Domänen der TLR-Ketten zusammen, sodass die Signalübertragung ausgelöst wird. Wahrscheinlich kommt es mit den Diacyllipopeptiden zu ähnlichen Wechselwirkungen, wenn die Dimerisierung von TLR-2 und TLR-6 induziert wird. Der Scavenger-Rezeptor CD36, der langkettige Fettsäuren bindet, und Dectin-1, das $\beta$-Glucane bindet (Abschn. 3.1.1) wirken jeweils bei der Ligandenerkennung mit TLR-2 zusammen.

**TLR-5** wird auf der Oberfläche von Makrophagen, dendritischen Zellen und Zellen des Darmepithels exprimiert. Der Rezeptor erkennt Flagellin, eine Proteinuntereinheit der Bakteriengeißel. TLR-5 erkennt eine stark konservierte Region von Flagellin, das in der zusammengesetzten Geißel im Inneren verborgen und nicht zugänglich ist. Das bedeutet, dass der Rezeptor nur durch das Flagellinmonomer aktiviert wird, wenn es beim Abbau von begeißelten Bakterien im Extrazellularraum frei wird. Mäuse, nicht jedoch Menschen, exprimieren **TLR-11** und **TLR-12**, die wie TLR-5 ein intaktes Protein erkennen können. TLR-11 wird von Makrophagen und dendritischen Zellen gebildet, außerdem in der Leber, den Nieren und in den Zellen des Blasenepithels.

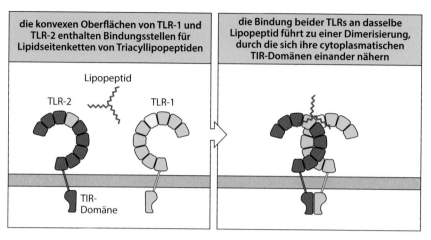

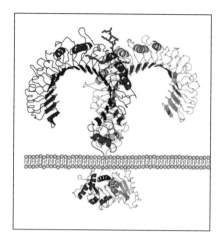

**Abb. 3.12 Die direkte Erkennung von pathogenassoziierten molekularen Mustern durch TLR-1 und TLR-2 führt zur Dimerisierung der beiden TLRs und zum Auslösen eines Signals.** TLR-1 und TLR-2 liegen an Zelloberflächen (*links*), wo sie bakterielle Triacyllipopeptide direkt erkennen können (*Mitte*). In der Röntgenstruktur (*rechts*) ist der Ligand ein synthetisches Peptid, das TLR-1:TLR-2-Dimere aktivieren kann. Es enthält drei Fettsäureketten, die an ein Polypeptidrückgrat gebunden sind. Zwei Fettsäureketten binden in einer Tasche auf der konvexen Bindungsoberfläche der äußeren Domäne von TLR-2, die dritte Kette bindet in einem hydrophoben Kanal an der konvexen Bindungsfläche von TLR-1. Dadurch dimerisieren die beiden TLR-Untereinheiten und bringen so ihre cytoplasmatischen Toll-IL-1-Rezeptor-(TIR-)Domänen zusammen und lösen die Signalübertragung aus. (Nachgedruckt mit Genehmigung von Jin, M.S., et al.: Crystal structure of the TLR1-TLR2 heterodimer induced by binding of a triacylated lipopeptide. *Cell* 2007, 130:1071–1082. Mit Genehmigung von © Elsevier 2007)

TLR-12 wird ebenfalls von Makrophagen und dendritischen Zellen synthetisiert, von hämatopoetischen Zellen jedoch in einem breiteren Rahmen als TLR-11. TLR-12 kommt allerdings in den Epithelien, in denen TLR-11 gebildet wird, gar nicht vor. Mäuse mit einem TLR-11-Defekt entwickeln Infektionen in den Harnwegen, die von uropathogenen *Escherichia-coli*-Stämmen hervorgerufen werden, wobei der bakterielle Ligand für TLR-11 noch unbekannt ist. Die Funktionen von TLR-11 und TLR-12 überlappen sich, da beide Rezeptoren parasitische Protozoen wie *Toxoplasma gondii* und *Plasmodium falciparum* erkennen. Sie binden an Proteinmotive, die in dem actinbindenden Protein **Profilin** der Protozoen vorkommen, nicht jedoch in den Profilinen der Säuger. Bei Makrophagen und konventionellen dendritischen Zellen sind TLR-11 und TLR-12 erforderlich, damit die Zellen durch das Profilin von *T. gondii* aktiviert werden, wobei TLR-12 von größerer Bedeutung ist. Mäuse, denen TLR-11 fehlt, entwickeln bei einer Infektion mit *Toxoplasma* gravierendere Gewebeschäden als normale Mäuse. Mäuse ohne TLR-12 hingegen sterben nach einer Infektion sehr schnell. Menschen exprimieren TLR-10, wobei *TLR-10* bei Mäusen ein Pseudogen ist. Der zugehörige Ligand und auch die Funktion sind noch unbekannt.

Nicht alle TLRs der Säuger liegen als Rezeptoren auf der Zelloberfläche. Die TLRs, die Nucleinsäuren erkennen, liegen in den Membranen der Endosomen; dorthin gelangen sie durch den Transport im endoplasmatischen Reticulum. **TLR-3** wird von Makrophagen, konventionellen dendritischen Zellen und Darmepithelzellen exprimiert. Der Rezeptor erkennt **doppelsträngige RNA (dsRNA)**, die bei zahlreichen Viren während der Replikation als Zwischenstufe gebildet wird, nicht nur von Viren mit einem RNA-Genom. Die dsRNA wird entweder durch direkte Endocytose von Viren mit einem doppelsträngigen RNA-Genom aufgenommen, etwa beim Rotavirus, oder durch Phagocytose von absterbenden Zellen, in denen sich Viren vermehren. Die TLRs treten mit der dsRNA in Kontakt, wenn das eintretende endocytotische Vesikel oder Phagosom mit dem Endosom fusioniert, das die TLRs enthält. Röntgenstrukturanalysen zeigen, dass TLR-3 direkt an die dsRNA bindet. Die äußere Domäne von TLR-3 (die Ligandenbindungsdomäne) enthält zwei Kontaktstellen für die Bindung von dsRNA, eine am Aminoterminus und eine zweite am Carboxyterminus in der Nähe der Membran. Die zweifache Symmetrie der dsRNA ermöglicht, dass sie gleichzeitig an zwei äußere Domänen von TLR-3 bindet. Dadurch kommt es zu einer Dimerisierung, welche die beiden TIR-Domänen von TLR-3 zusammenbringt und die intrazelluläre Signalübertragung auslöst. Das lässt sich zeigen, indem man die Signalübertragung mithilfe von poly(I:C), einem synthetischen Polymer aus Inosinylat und Cytidylat, künstlich auslöst. Poly(I:C) bindet an TLR-3 und wirkt als Analogon für dsRNA. Das Polymer wird häufig im Experiment benutzt, um diesen Reaktionsweg zu aktivieren. Mutationen in der äußeren Domäne von TLR-3 beim Menschen, die einen dominanten Funktionsverlust des Rezeptors mit sich bringen, können zu einer Encephalitis führen, die von dem nicht mehr kontrollierbaren Herpes-simplex-Virus verursacht wird.

**TLR-7**, **TLR-8** und **TLR-9** sind wie TLR-3 endosomale Nucleotidsensoren, die an der Erkennung von Viren mitwirken. TLR-7 und TLR-9 werden von plasmacytoiden dendritischen Zellen, B-Zellen und eosinophilen Zellen synthetisiert, TLR-8 wird vor allem von Monocyten uind Makrophagen produziert. TLR-7 und TLR-8 werden durch **einzelsträngige RNA (ssRNA)** aktiviert, die zwar in gesunden Säugerzellen vorhanden ist, aber normalerweise auf den Zellkern und das Cytoplasma begrenzt bleibt und nicht in den Endosomen vorkommt. Viele Virusgenome bestehen jedoch aus ssRNA, etwa das Genom von Orthomyxoviren (beispielsweise der Influenzaerreger) und das von Flaviviren (beispielsweise das West-Nile-Virus). Wenn extrazelluläre Partikel dieser Viren von Makrophagen oder dendritischen Zellen durch Endocytose aufgenommen worden sind, werden in der sauren Umgebung der Endosomen und Lysosomen die Virushüllen entfernt, und die ssRNA wird für TLR-7 zugänglich. Mäuse, denen TLR-7 fehlt, zeigen eine gestörte Immunantwort gegen Viren wie dem Influenzaerreger. Unter anormalen Bedingungen kann TLR-7 auch durch körpereigene ssRNA aktiviert werden. Normalerweise bauen extrazelluläre RNasen die bei einer Gewebeschädigung aus apoptotischen Zellen freigesetzte ssRNA ab. Aber in einem Mausmodell für Lupus nephritis, einer entzündlichen Erkrankung der Niere, hat man festgestellt, dass die körpereigene ssRNA zur Krankheit beiträgt. In verschiedenen Untersuchungen hat man Polymorphismen im humanen TLR-7-Gen gefunden, die mit einem erhöhten Risiko auf die Autoimmunerkrankung systemischer Lupus erythematodes gekoppelt sind, also möglicherweise für die Krankheit von Bedeutung sind. Die Funktion von TLR-8 wurde mithilfe von Mausmodellen noch nicht so genau herausgearbeitet wie die von TLR-7. TLR-9 erkennt **nichtmethylierte CpG-Dinucleotide**. In der genomischen DNA von Säugern methylieren DNA-Methyltransferasen häufig das Cytosin der CpG-Nucleotide. In den Genomen von Bakterien und zahlreichen Viren werden CpG-Dinucleotide dagegen nicht methyliert; die Nicht-Methylierung von CpG ist demnach ein weiteres pathogenassoziiertes molekulares Muster.

Die Übertragung von TLR-3, TLR-7 und TLR-9 aus dem endoplasmatischen Reticulum zum Endosom beruht auf deren spezifischer Wechselwirkung mit dem Protein **UNC93B1**, das zwölf Transmembrandomänen besitzt. Bei Mäusen, denen dieses Protein fehlt, gibt es keine Signale von endosomalen TLRs. Beim Menschen hat man selten auftretende Mutationen in UNC93B1 identifiziert, die wie bei TLR-3 zu einer Anfälligkeit für eine Herpes-simplex-Encephalitis führen. Die Immunität gegen zahlreiche andere pathogene Viren ist jedoch nicht beeinträchtigt, möglicherweise weil es noch weitere Virussensoren gibt, die weiter unten in diesem Kapitel besprochen werden.

## 3.1.6 TLR-4 erkennt bakterielle Lipopolysaccharide, die an die körpereigenen akzessorischen Proteine MD-2 und CD14 gebunden sind

Nicht alle TLRs der Säuger binden ihre Liganden direkt. TLR-4 wird von verschiedenen Zellen des Immunsystems exprimiert, etwa von dendritischen Zellen und Makrophagen. Der Rezeptor spielt eine wichtige Rolle bei der Erkennung zahlreicher Infektionen durch Bakterien und der Immunantwort darauf. TLR-4 erkennt das LPS der gramnegativen Bakterien durch einen teilweise direkten und teilweise indirekten Mechanismus. Ein systemisches Einbringen von LPS in den Körper führt zu einem Zusammenbruch des Kreislaufs und des respiratorischen Systems, das heißt zu einem Schockzustand. Beim Menschen zeigen sich diese drastischen Effekte in Form eines **septischen Schocks**, der durch eine unkontrollierte systemische Bakterieninfektion (**Sepsis**) hervorgerufen wird. LPS bewirkt, dass übermäßige Mengen an Cytokinen, vor allem TNF-$\alpha$ (Abschn. 3.2.1), freigesetzt werden. Die Folge ist eine systemisch auftretende Durchlässigkeit von Blutgefäßen als unerwünschte Wirkung im Gegensatz zur normalen Funktion, lokale Infektionen einzudämmen. Mutierte Mäuse, denen die TLR-4-Funktion fehlt, sind zwar gegen einen durch LPS ausgelösten septischen Schock resistent, aber hochgradig anfällig für Pathogene, die LPS tragen, wie *Salmonella* Typhimurium, ein natürlich vorkommender Krankheitserreger bei Mäusen. TLR-4 wurde durch positionelles Klonieren des zugehörigen Gens aus dem LPS-resistenten Mäusestamm C3H/HeJ als LPS-Rezeptor identifiziert. C3H/HeJ trägt eine natürlich aufgetretene Mutation im cytoplasmatischen Teil von TLR-4, wodurch dem Rezeptor keine Signalübertragung mehr möglich ist. Für diese Entdeckung erhielt **Bruce Beutler** im Jahr 2011 einen Teil des Nobelpreises für Physiologie oder Medizin.

Die Zusammensetzung von LPS unterscheidet sich bei den verschiedenen Bakterien, aber es ist immer ein Polysaccharidkern mit dem daran befestigten amphipathischen Lipid A vorhanden, das wiederum eine unterschiedliche Anzahl von Fettsäureketten pro Molekül enthalten kann. Um LPS zu erkennen, ist für die äußere Domäne von TLR-4 das akzessorische Protein **MD-2** erforderlich. Es bindet zu Beginn innerhalb der Zelle an TLR-4 und hat zwei Funktionen: Es ist für den korrekten Transport von TLR-4 zur Zelloberfläche notwendig ist und kann LPS erkennen. MD-2 bindet auf einer Seite an die zentrale Region der gekrümmten äußeren Domäne (▶ Abb. 3.13). Wenn der TLR-4-MD-2-Komplex mit LPS in Kontakt tritt, binden fünf Lipidketten von LPS in einer tiefen hydrophoben Tasche von MD-2, nicht jedoch direkt an TLR-4. Die sechste Lipidkette bleibt auf der Oberfläche von MD-2 zugänglich. Diese letzte Lipidkette und Teile des LPS-Polysaccharidrückgrats können dann bei einer weiteren äußeren Domäne von TLR-4 an die konvexe Seite binden. Das bewirkt die Dimerisierung von TLR-4, wodurch wiederum Signalwege innerhalb der Zelle aktiviert werden.

An der Aktivierung von TLR-4 durch LPS sind neben MD-2 noch zwei weitere akzessorische Proteine beteiligt. LPS ist normalerweise ein integraler Bestandteil der äußeren Membran von gramnegativen Bakterien. Während einer Infektion kann es sich jedoch von der Membran ablösen und wird dann von einem **LPS-bindenden Protein** aufgenommen, das im Blut und in der extrazellulären Flüssigkeit in den Geweben vorkommt. LPS wird dann auf das zweite Protein, CD14, übertragen, das sich auf der Oberfläche von Makropphagen, neutrophilen und dendritischen Zellen befindet. CD14 kann für sich allein als phagocytotischer Rezeptor fungieren, ist jedoch auf Makrophagen und dendritischen Zellen auch ein akzessorisches Protein von TLR-4.

### 3.1.7 TLRs aktivieren die Transkriptionsfaktoren NF$\kappa$B, AP-1 und IRF, wodurch die Expression von inflammatorischen Cytokinen und Typ-I-Interferonen ausgelöst wird

Die TLR-Signale in verschiedenen Typen von Säugerzellen führen zu einer großen Bandbreite intrazellulärer Reaktionen, die insgesamt zur Produktion von inflammatorischen Cytokinen, chemotaktischen Faktoren, antimkrobiellen Peptiden und der antiviralen Cytokine **Interferon-$\alpha$** und **-$\beta$** (**IFN-$\alpha$** und **IFN-$\beta$**) (**Typ-I-Interferone**) führen. Durch die TLR-Signale werden dafür verschiedene Signalwege in Gang gesetzt, die jeweils unterschiedliche Transkriptionsfaktoren aktivieren. Wie bereits erwähnt, werden die beiden cytoplasmatischen TIR-Domänen von zwei TLRs. durch eine ligandeninduzierte Dimerisierung der äußeren Domänen zusammengebracht, sodass sie mit den TIR-Domänen von Adaptormolekülen im Cytoplasma interagieren können. Diese wiederum lösen die Signalübertragung in der Zelle aus. Für die TLRs der Säuger gibt es vier solcher Adaptormoleküle: **MyD88** (myeloischer Differenzierungsfaktor 88), **MAL** (*MyD88 adaptor-like*; auch als TIRAP [*TIR-containing adaptor protein*] bezeichnet), **TRIF** (*TIR domain-containing adaptor-inducing IFN-β*) und **TRAM** (*TRIF-related adaptor molecule*). Auffällig ist dabei, dass die TIR-Domänen der verschiedenen TLRs mit unterschiedlichen Kombinationen

**Abb. 3.13 TLR-4 erkennt LPS in Verbindung mit dem akzessorischen Protein MD-2. a** Seitenansicht des symmetrischen Komplexes aus TLR-4, MD-2 und LPS. Das Polypeptidrückgrat der beiden TLR-4-Moleküle ist grün und dunkelblau dargestellt. Die Struktur zeigt die gesamte extrazelluläre Region von TLR-4, die aus der LRR-Region (*grün und dunkelblau*) besteht, wobei die intrazelluläre Signalregion fehlt. Das MD-2-Protein ist in der Grafik hellblau dargestellt. Fünf der LPS-Acylketten (*rot*) liegen in der hydrophoben Tasche innerhalb von MD-2. Die übrigen Bereiche des LPS-Glykans und eine Lipidkette (*orange*) treten in Kontakt mit der konvexen Oberfläche eines TLR-4-Monomers. **b** Bei der Sicht von oben auf die Struktur ist zu erkennen, wie ein LPS-Molekül mit der konvexen (äußeren) Oberfläche eines TLR-4-Monomers interagiert, während es auch an ein MD-2-Molekül bindet, das an der anderen TLR-4-Untereinheit befestigt ist. Das MD-2-Protein bindet an eine Seite der TLR-4-LRR-Region. **c** Schematische Darstellung der relativen Orientierung von LPS bei der Bindung an MD-2 und TLR-4. (Struktur nachgedruckt mit Genehmigung der Macmillan Publishers Ltd.: Park, B.S., et al.: The structural basis of lipopolysaccharide recognition by the TLR4-MD-2 complex. *Nature* 2009, 458:1191–1195)

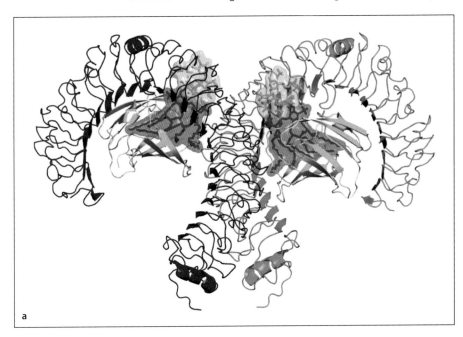

a

b

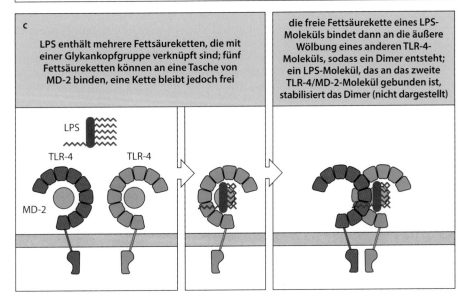

c

LPS enthält mehrere Fettsäureketten, die mit einer Glykankopfgruppe verknüpft sind; fünf Fettsäureketten können an eine Tasche von MD-2 binden, eine Kette bleibt jedoch frei

die freie Fettsäurekette eines LPS-Moleküls bindet dann an die äußere Wölbung eines anderen TLR-4-Moleküls, sodass ein Dimer entsteht; ein LPS-Molekül, das an das zweite TLR-4/MD-2-Molekül gebunden ist, stabilisiert das Dimer (nicht dargestellt)

LPS

TLR-4    TLR-4

MD-2

Teil I

| TLR | Adaptorprotein |
|---|---|
| TLR-2/1 | MyD88/MAL |
| TLR-3 | TRIF |
| TLR-4 | MyD88/MAL TRIF/TRAM |
| TLR-5 | MyD88 |
| TLR-2/6 | MyD88/MAL |
| TLR-7 | MyD88 |
| TLR-8 | MyD88 |
| TLR-9 | MyD88 |
| TLR-11/12 | MyD88 |
| TLR-13 | MyD88 |

**Abb. 3.14 TLRs der Säuger treten mit verschiedenen Adaptormolekülen für die TIR-Domänen in Wechselwirkung, wodurch sich anschließende Signalwege aktiviert werden.** Die vier Adaptormoleküle für die Signalübertragung, die mit den TLRs der Säuger in Kontakt treten, sind MyD88, MAL, TRIF und TRAM. Außer dem Rezeptor TLR-3, der nur mit TRIF wechselwirkt, interagieren alle TLR mit MyD88. In der Tabelle sind alle bekannten Wechselwirkungsmuster zwischen den Adaptormolekülen und den TLR aufgeführt

dieser Adaptormoleküle in Kontakt treten (▶ Abb. 3.14). Die meisten TLRs interagieren jedoch nur mit dem MyD88-Protein, das für die Übertragung ihrer Signale zuständig ist.

TLR-3 interagiert nur mit TRIF. Die übrigen TLRs nutzen entweder MyD88 in Kombination mit MAL oder TRIF in Kombination mit TRAM. Für die Signalübertragung. durch die TLR-2-Heterodimere (TLR-2/1 und TLR-2/6) ist MyD88/MAL erforderlich. Die TLR-4-Signale laufen über beide Adaptorpaare, MyD88/MAL und TRIF/TRAM, wobei Letzteres für die endosomalen Signale von TLR-4 zuständig ist. Wichtig ist dabei, dass die jeweils involvierten Adaptormoleküle bestimmen, welche weiteren Signale durch die TLRs aktiviert werden.

Die Signale der meisten TLRs aktivieren den Transkriptionsfaktor NFκB (▶ Abb. 3.15), der mit dem Faktor DIF verwandt ist, welcher wiederum bei *Drosophila* durch den Toll-Rezeptor aktiviert wird. Die TLRs der Säuger aktivieren über einen zweiten Signalweg verschiedene Vertreter der **IRF**-Transkriptionsfaktorfamilie (IRF für *interferon regulatory factors*), außerdem über den Signalweg der **mitogenaktivierten Proteinkinasen (MAPK)** Vertreter der **Aktivatorprotein-1-(AP-1-)**Proteinfamilie wie c-Jun. Durch die Aktivität von NFκB und AP-1 wird vor allem die Produktion von proinflammatorischen Cytokinen und chemotaktischen Faktoren stimuliert. Die IRF-Faktoren IRF3 und IRF7 sind für die Induktion der antiviralen Typ-I-Interferone von besonderer Bedeutung, während der verwandte Faktor IRF5 bei der Produktion proinflammatorischer Cytokine mitwirkt. Wir wollen uns hier damit befassen, wie die TLR-Signale die Transkription verschiedener Cytokingene auslösen; weiter unten im Kapitel soll auch erklärt werden, wie die Cytokine ihre diversen Aktivitäten entfalten.

Zuerst betrachten wir den Signalweg, der von den TLRs ausgelöst wird, die mit MyD88 kooperieren. Für die Funktion von MyD88 als Adaptor sind zwei seiner Proteindomänen zuständig. MyD88 enthält am Carboxyterminus eine TIR-Domäne, die mit den TIR-Domänen der cytoplasmatischen TLR-Schwänze assoziiert. Am Aminoterminus von MyD88 befindet sich eine **Todesdomäne** (*death domain*, DD), deren Bezeichnung daher rührt, dass man sie ursprünglich bei Signalproteinen gefunden hat, die bei der Apoptose (einer Art von programmiertem Zelltod) mitwirken. Die Todesdomäne von MyD88 verbindet sich mit ähnlichen Todesdomänen von anderen intrazellulären Signalproteinen. Beide MyD88-Domänen sind für die Signalübertragung erforderlich, wie einige selten auftretende Mutationen in der einen oder der anderen Domäne zeigen, die mit dem Auftreten einer Immunschwäche gekoppelt sind, die beim Menschen durch wiederkehrende bakterielle Infektionen gekennzeichnet ist. Die Todesdomäne von MyD88 rekrutiert und aktiviert die zwei Serin/Threonin-Proteinkinasen **IRAK4 (IL-1-assoziierte Kinase 4)** und **IRAK1** über deren Todesdomänen. Dieser IRAK-Komplex erfüllt zwei Funktionen: Er rekrutiert Enzyme, die ein **Signalgerüst** erzeugen, und aktiviert dann über dieses Gerüst weitere Moleküle, die wiederum von den IRAK-Kinasen phosphoryliert werden.

Für die Bildung eines Signalgerüsts aktiviert der IRAK-Komplex die Enzyme **TRAF6 (TNF-Rezeptor-assoziierter Faktor 6)**. Dabei handelt es sich um eine E3-**Ubiquitin-Ligase**, die mit der E2-Ubiquitin-Ligase **UBC13** und dem Cofaktor **Uve1A** zusammenwirkt (die Bezeichnung für diesen Komplex ist **TRIKA1**) (▶ Abb. 3.15). Die gemeinsame Aktivität von TRAF6 und UBC13 besteht darin, ein Ubiquitinmolekül (über eine chemische Bindung) an ein anderes Protein zu binden, das auch Ubiquitin sein kann, sodass Proteinpolymere entstehen. In dem Polyubiquitin, das hier bei der Signalübertragung eine Rolle spielt, ist immer Lysin-63 eines Ubiquitinmoleküls mit dem Carboxyterminus des nächsten Ubiquitinmoleküls verbunden (**K63-Verknüpfungen**). Die Bildung der Polyubiquitinkette beginnt an anderen Proteinen, auch an TRAF6 selbst. Möglich ist allerdings auch die Bildung freier linearer Ubiquitinpolymere. Diese Gebilde können zu **Polyubiquitinketten** verlängert werden, die dann als Plattform (Gerüst) dienen, woran weitere Signalmoleküle binden. Als nächstes rekrutiert das Gerüst einen Signalkomplex, der aus den ubiquitinbindenden Adaptorproteinen **TAB1** (TAK-bindendes Protein) und **TAB2** sowie der Serin/Threonin-Kinase **TAK1** (*transforming growth factor-β-activated kinase 1*) besteht (▶ Abb. 3.15). Die TAK1-Kinase wird vom IRAK-Komplex phosphoryliert, sobald sie zum Gerüst gebracht wurde. Die aktivierte TAK1-Kinase setzt die Signalübertragung fort, indem

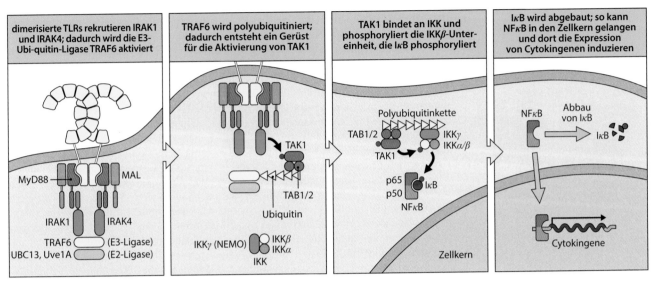

**Abb. 3.15 Die TLR-Signale. können den Transkriptionsfaktor NF$\kappa$B aktivieren, der dann die Expression von proinflammatorischen Cytokinen in Gang setzt.** *Erstes Bild*: TLRs senden Signale über ihre cytoplasmatischen TIR-Domänen, die durch die ligandeninduzierte Dimerisierung ihrer äußeren Domänen zusammengebracht werden. Bei einigen TLRs läuft die Signalgebung über das Adaptorprotein MyD88, bei anderen über das MyD88/MAL-Paar. Die Todesdomäne von MyD88 rekrutiert die Serin/Threonin-Kinasen IRAK1 und IRAK4, gemeinsam mit der E3-Ubiquitin-Ligase TRAF6. IRAK aktiviert sich selbst und phosphoryliert TRAF6, wodurch die E3-Ligase aktiviert wird. *Zweites Bild*: TRAF6 wirkt mit der E2-Ligase UBC13 und dem Cofaktor Uve1A zusammen, um Polyubiquitingerüste (*gelbe Dreiecke*) aufzubauen. Dabei werden die Ubiquitinreste über Lysin-63 (K63) verknüpft. Dieses Gerüst rekrutiert einen Proteinkomplex, der aus der Kinase TAK1 und den zwei Adaptorproteinen TAB1 und TAB2 besteht. TAB1 und TAB2 binden an Polyubiquitin und bringen TAK1 in die Nähe der IRAK-Kinase, sodass TAK1 phosphoryliert wird (*roter Punkt*). *Drittes Bild*: Die aktivierte TAK1-Kinase aktiviert den I$\kappa$B-Kinase-(IKK-)Komplex. Zuerst bindet die IKK$\gamma$-Untereinheit NEMO an das Polyubiquitingerüst und bringt den IKK-Komplex in die Nähe von TAK1. TAK1 phosphoryliert und aktiviert dann das IKK$\beta$-Protein, das wiederum I$\kappa$B phosphoryliert, den cytoplasmatischen Inhibitor von NF$\kappa$B. *Viertes Bild*: Der phosphorylierte I$\kappa$B-Komplex wird ubiquitinyliert (nicht dargestellt), was schließlich zu seinem Abbau führt. Dadurch wird NF$\kappa$B (bestehend aus den Untereinheiten p50 und p65) in den Zellkern freigesetzt, wo nun die Transkription zahlreicher Gene aktiviert wird, beispielsweise die Gene der inflammatorischen Cytokine. TAK1 stimuliert auch die Aktivierung der mitogenaktivierten Proteinkinasen (MAPK) JNK und p38, die wiederum die AP-1-Transkriptionsfaktoren phosphorylieren und aktivieren (nicht dargestellt)

sie bestimmte MAP-Kinasen aktiviert, beispielsweise die Jun-Kinase (JNK; *c-Jun terminal kinase*) und MAPK14 (p38-MAPK). Diese aktivieren wiederum Transkriptionsfaktoren der AP-1-Familie, die bei der Transkription von Cytokingenen beteiligt sind.

TAK1 phosphoryliert und aktiviert auch den I$\kappa$B-Kinase-(IKK-)**Komplex**, der aus drei den Proteinen **IKK$\alpha$**, **IKK$\beta$** und **IKK$\gamma$** besteht (Letzteres wird auch als NEMO [*NF$\kappa$B essential modifier*] bezeichnet). NEMO bindet an Polyubiquitinketten, sodass der IKK-Komplex in die Nähe von TAK1 dirigiert wird. TAK1 wiederum phosphoryliert und aktiviert IKK$\beta$ und dieses phosphoryliert **I$\kappa$B** (Inhibitor von $\kappa$B; nicht zu verwechseln mit IKK$\beta$). I$\kappa$B ist ein Protein im Cytoplasma, das konstitutiv an den Transkriptionsfaktor NF$\kappa$B bindet, der wiederum aus den beiden Untereinheiten **p50** und **p65** besteht. Durch die Bindung von I$\kappa$B wird das NF$\kappa$B-Protein im Cytoplasma festgehalten. Die Phosphorylierung durch IKK führt zum Abbau von I$\kappa$B, wodurch NF$\kappa$B freigesetzt wird und in den Zellkern gelangen kann, um dort die Transkription von Genen der proinflammatorischen Cytokine wie TNF-$\alpha$, IL-1$\beta$ und **IL-6** zu stimulieren. Die Aktivitäten dieser Cytokine bei der angeborenen Immunantwort sind Gegenstand des zweiten Teils dieses Kapitels. Das Ergebnis der TLR-Aktivierung kann abhängig vom Zelltyp, in dem diese stattfindet, unterschiedlich ausfallen. So führt beispielsweise die Aktivierung von TLR-4 über MyD88 in spezialisierten Epithelzellen wie den Paneth-Zellen des Darms (Abschn. 2.1.4) zur Produktion antimikrobieller Peptide. Hier zeigt sich an einem Beispiel bei den Säugern die Funktion der schon sehr alten Toll-like-Proteine.

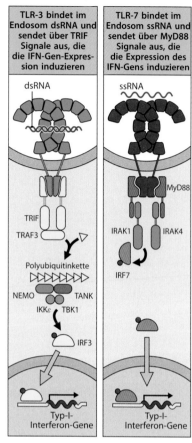

**TLR-3 bindet im Endosom dsRNA und sendet über TRIF Signale aus, die die IFN-Gen-Expression induzieren**

dsRNA

TRIF

TRAF3

Polyubiquitinkette

NEMO | TANK

IKKε | TBK1

IRF3

Typ-I-Interferon-Gene

**TLR-7 bindet im Endosom ssRNA und sendet über MyD88 Signale aus, die die Expression des IFN-Gens induzieren**

ssRNA

MyD88

IRAK1 | IRAK4

IRF7

Typ-I-Interferon-Gene

**Abb. 3.16 Die Expression antiviraler Interferone als Reaktion auf virale Nucleinsäuren kann durch zwei verschiedene Signalwege, die von zwei verschiedenen TLR ausgehen, stimuliert werden.** *Links*: TLR-3 wird von dendritischen Zellen und Makrophagen exprimiert und fungiert als Sensor für doppelsträngige virale RNA (dsRNA). TLR-3 überträgt seine Signale mithilfe des Adaptorproteins TRIF, das die E3-Ligase TRAF3 stimuliert, K63-verknüpfte Polyubiquitinketten zu produzieren. Dieses Gerüst rekrutiert NEMO und TANK (*TRAF family member associated NFκB-activator*), die wiederum mit den Serin/Threonin-Kinasen IKKε und TBK1 assoziieren. TBK1 phosphoryliert den Transkriptionsfaktor IRF3 (*roter Punkt*). IRF3 wandert in den Zellkern und induziert die Expression von Genen für Typ-I-Interferone. *Rechts*: TLR-7 wird von plasmacytoiden dendritischen Zellen exprimiert und erkennt einzelsträngige RNA (ssRNA); die Signalgebung erfolgt über MyD88. Hier wird das in plasmacytoiden dendritischen Zellen ebenfalls stark exprimierte IRF7 durch IRAK1 direkt rekrutiert und phosphoryliert. Anschließend wandert IRF7 in den Zellkern und aktiviert dort die Expression von Typ-I-Interferonen

Die Aktivierung von NFκB durch die TLRs ist ein essenzieller Bestandteil ihrer Funktion, das Immunsystem für die Bekämpfung bakterieller Pathogene zu stimulieren. In bestimmten seltenen Fällen führen inaktivierende Mutationen im IRAK4-Gen beim Menschen zu einer Immunschwäche. Ein **IRAK4-Defekt** ist wie der MyD88-Defekt durch wiederkehrende Infektionen mit Bakterien gekennzeichnet. Mutationen im NEMO-Gen führen beim Menschen zu einem Syndrom mit der Bezeichnung **X-gekoppelte hypohidrotische ektodermale Dysplasie mit Immunschwäche (HED-ID** oder **NEMO-Defekt)**. Diese geht einher mit einer Immunschwäche und mit Entwicklungsstörungen.

Die Nucleinsäuresensoren TLR-3, TLR-7, TLR-8 und TLR-9 aktivieren Proteine der IRF-Familie. IRF-Proteine kommen im Cytoplasma vor und sind so lange inaktiv, bis sie an einem Serin- oder Threoninrest in ihrem Carboxyterminus phosphoryliert werden. Dann wandern sie in den Zellkern und aktivieren Transkriptionsfaktoren. Von den neun Vertretern der IRF-Familie sind IRF3 und IRF7 von besonderer Bedeutung für die TLR-Signalübertragung und die Expression antiviraler Typ-I-Interferone. Beim TLR-3-Rezeptor, der von Makrophagen und konventionellen dendritischen Zellen exprimiert wird, interagiert die cytoplasmatische TIR-Domäne mit dem Adaptorprotein TRIF. Dieses wiederum tritt in Wechselwirkung mit der E3-Ubiquitin-Ligase **TRAF3**, die wie TRAF6 ein Polyubiquitingerüst erzeugt. Bei der TLR-3-Signalübertragung rekrutiert dieses Gerüst einen Multiproteinkomplex, der die Kinasen **IKKε** (IκB-Kinase ε) und **TBK1** (TANK-bindende Kinase 1) enthält und IRF3 phosphoryliert (▶ Abb. 3.16). TLR-4 aktiviert durch Bindung an TRIF ebenfalls diesen Signalweg, aber die IRF3-Reaktion, die von TLR-4 ausgelöst wird, ist im Vergleich zu der von TLR-3 in Gang gesetzten Reaktion relativ schwach, und ihre Bedeutung *in vivo* ist weiterhin unklar. Anders als TLR-3 senden TLR-7, TLR-8 und TLR-9 ihre Signale ausschließlich über MyD88 aus. Bei den Signalen von TLR-7 und TLR-9 in plasmacytoiden dendritischen Zellen rekrutiert die MyD88-TIR-Domäne den IRAK1/IRAK4-Komplex (siehe oben). Hier führt der IRAK-Komplex eine andere Funktion aus als die Aktivierung von TRAF-Faktoren, die dann ein Signalgerüst erzeugen. In diesen Zellen kann IRAK1 auch physikalisch an das IRF7-Protein binden, das in diesen Zellen stark exprimiert wird. So kann IRF7 von IRAK1 phosphoryliert werden, was zur Induktion von Typ-I-Interferonen führt (▶ Abb. 3.16). Nicht alle IRF-Faktoren regulieren Typ-I-Interferon-Gene: So ist beispielsweise IRF5 an der Induktion von proinflammatorischen Cytokinen beteiligt.

Die gemeinsame Aktivität der TLRs, sowohl IRF als auch NFκB zu aktivieren, bedeutet, dass sie je nach Bedarf entweder antivirale oder antibakterielle Reaktionen auslösen können. Bei einem IRAK4-Mangel hat man beim Menschen keine besondere Anfälligkeit für Virusinfektionen festgestellt. Das deutet darauf hin, dass die IRF-Aktivierung nicht gestört und die Produktion antiviraler Interferone nicht beeinträchtigt ist. TLRs werden von unterschiedlichen Zelltypen exprimiert, die an der angeborenen Immunität beteiligt sind, außerdem von einigen Stroma- und Epithelzellen, wobei sich die jeweils ausgelösten Reaktionen abhängig vom Zelltyp in einigen Merkmalen unterscheiden.

### 3.1.8 Die NOD-like-Rezeptoren sind intrazelluläre Sensoren für bakterielle Infektionen und Zellschäden

Die TLRs, die auf der Plasmamembran oder auf endocytotischen Vesikeln vorkommen, sind in erster Linie Sensoren für extrazelluläre mikrobielle Produkte. Seit der Entdeckung der Toll-Rezeptoren und der TLRs bei den Säugern hat man weitere Proteinfamilien von angeborenen Sensoren gefunden, die mikrobielle Produkte im Cytoplasma erkennen. Eine große Gruppe solcher Sensoren besitzt eine zentrale **nucleotidbindende Oligomerisierungsdomäne (NOD)** und weitere variable Domänen, die mikrobielle Produkte oder zelluläre Schäden erkennen oder gemeinsam Signalwege aktivieren. Dies sind die **NOD-like-Rezeptoren (NLRs)**. Einige NLRs aktivieren NFκB, wodurch die gleichen Entzündungsreaktionen wie durch die TLRs ausgelöst werden, während andere NLRs einen bestimmten Signalweg aktivieren, der zum Zelltod und zur Produktion von proinflammatorischen Cytokinen führt. Man betrachtet die NLRs als eine sehr alte Familie der an-

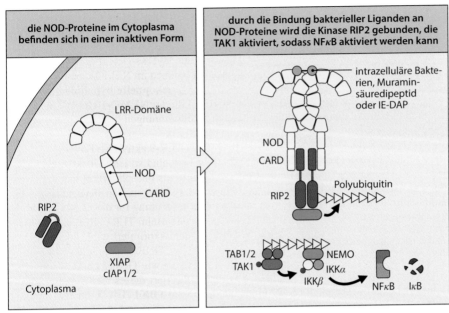

**Abb. 3.17 Intrazelluläre NOD-Proteine erkennen über die Wechselwirkung mit bakteriellen Peptidoglykanen die Anwesenheit von Bakterien und aktivieren NFκB, wodurch die Expression proinflammatorischer Cytokine ausgelöst wird.** *Links*: NOD-Proteine befinden sich in einem aktiven Zustand im Cytoplasma, wo sie als Sensoren für verschiedene bakterielle Komponenten fungieren. *Rechts*: Durch den Abbau von Peptidoglykanen aus der bakteriellen Zellwand entstehen Muraminsäuredipeptide, die von NOD2 erkannt werden. NOD1 erkennt γ-Glutamyldiaminopimelinsäure (iE-DAP), ein Abbauprodukt des Peptidoglykans aus den Zellwänden gramnegativer Bakterien. Die Bindung dieser Liganden an NOD1 oder NOD2 führt zur Assoziation der Rezeptoren, sodass die CARD-abhängige Serin/Threonin-Kinase RIP2 rekrutiert wird, die dann an E3-Ligasen bindet, darunter XIAP, cIAP1 und cIAP2. Diese E3-Ligase-Aktivität produziert wie bei der TLR-Signalübertragung ein Polyubiquitingerüst. Die Assoziation von TAK1 und dem IKK-Komplex mit diesem Gerüst führt zur Aktivierung von NFκB (▶ Abb. 3.15). In diesem Signalweg fungiert RIP2 als Gerüst für die Rekrutierung von XIAP, wobei die RIP2-Kinase-Aktivität für die Signalübertragung nicht erforderlich ist

geborenen Immunrezeptoren, da die Resistenzproteine (R-Proteine), die zur Immunabwehr der Pflanzen gehören, zu den NLRs homolog sind.

Unterfamilien der NLRs lassen sich anhand der anderen Domänen in diesen Proteinen unterscheiden. Die **NOD**-Unterfamilie besitzt eine aminoterminale **CARD**-Domäne (CARD für *caspase recruitment domain*, Caspaserekrutierungsdomäne) (▶ Abb. 3.17). Die CARD-Domäne ist ursprünglich bei den **Caspasen** (Cystein/Asparaginsäure-Proteasen), einer Familie von Proteasen, entdeckt worden. Diese Proteasen spielen in vielen intrazellulären Signalwegen eine wichtige Rolle, beispielsweise bei Wegen, die zum Zelltod durch Apoptose führen. Die CARD-Domäne ist strukturell mit der TIR-Todesdomäne von MyD88 verwandt und kann für die Signalübertragung mit CARD-Domänen von anderen Proteinen dimerisieren (▶ Abb. 3.18). NOD-Proteine erkennen Fragmente von Peptidoglykan aus bakteriellen Zellwänden, wobei nicht bekannt ist, ob dies durch direkte Bindung oder mithilfe akzessorischer Proteine geschieht. **NOD1** erkennt **γ-Glutamyldiaminopimelinsäure (iE-DAP)**, ein Abbauprodukt des Peptidoglykans von gramnegativen Bakterien, beispielsweise von *Salmonella*, und einigen grampositiven Bakterien wie *Listeria*. **NOD2** erkennt hingegen das **Muraminsäuredipeptid (MDP)**, das in den Peptidoglykanen der meisten grampositiven und gramnegativen Bakterien vorkommt. NOD-Liganden können infolge einer intrazellulären Infektion oder durch Material, das bei einer Endocytose aufgenommen wurde, in das Cytoplasma gelangen. Mäuse, denen der Oligopeptidtranporter SLC15A4 fehlt, der in den Lysosomen vorkommt, zeigen deutlich verringerte Reaktionen auf NOD1-Liganden.

Sobald NOD1 oder NOD2 ihren jeweiligen Liganden erkennen, rekrutieren sie die Serin/Threonin-Kinase **RIP2** (die auch als RICK oder RIPK2 bezeichnet wird) und eine CARD-

| Domäne | Proteine |
|---|---|
| TIR | MyD88, MAL, TRIF, TRAM, alle TLRs |
| CARD | Caspase 1, RIP2, RIG-I, MDA-5, MAVS, NODs, NLRC4, ASC, NLRP1 |
| Pyrin | AIM2, IFI16, ASC, NLRP1–14 |
| DD (Todesdomäne) | MyD88, IRAK1, IRAK4, DR4, DR5, FADD, FAS |
| DED (Todeseffektordomäne) | Caspase 8, Caspase 10, FADD |

**Abb. 3.18 Proteinwechselwirkungsdomänen, wie sie in verschiedenen Signalmolekülen des Immunsystems vorkommen.** Signalproteine enthalten Proteinwechselwirkungsdomänen, welche die Zusammenlagerung größerer Komplexe ermöglichen. Die Tabelle enthält Beispiele für Proteine mit einer solchen Domäne, die in diesem Kapitel besprochen werden. Proteine können mehr als eine Domäne enthalten, etwa das Adaptorprotein MyD88, das über seine TIR-Domäne mit den TLRs und über seine Todesdomäne (DD) mit IRAK1/4 interagiert

Domäne enthält (▶ Abb. 3.17). RIP2 bindet an die E3-Ligasen cIAP1 (zellulärer Inhibitor der Apoptose 1), cIAP2 und XIAP (X-gekoppelter Inhibitor des Apoptoseproteins), die wie bei der TLR-Signalgebung ein Polyubiquitingerüst aufbauen. Dieses Gerüst rekrutiert TAK1 und IKK und führt schließlich zur Aktivierung von NFκB (▶ Abb. 3.15). NFκB stimuliert dann die Expression von Genen der inflammatorischen Cytokine und von Enzymen, die bei der Produktion von **Stickstoffmonoxid** (**NO**) mitwirken, das für Bakterien und intrazelluläre Parasiten toxisch ist. NOD-Proteine werden in Zellen produziert, die regelmäßig mit Bakterien in Kontakt kommen, und fungieren so als Sensoren für bakterielle Bestandteile. Zu diesen Zellen gehören Epithelzellen, die eine Barriere bilden, welche die Bakterien erst überwinden müssen, um im Körper eine Infektion zu etablieren. Außerdem gehören Makrophagen und dendritische Zellen dazu; sie nehmen Bakterien auf, die erfolgreich in den Körper eingedrungen sind. Makrophagen und dendritische Zellen exprimieren sowohl TLRs als auch NOD1 und NOD2 und werden über beide Signalwege aktiviert. Bei Epithelzellen ist NOD1 ein bedeutender Aktivator für Reaktionen gegen bakterielle Infektionen, wobei NOD1 auch als systemischer Aktivator der angeborenen Immunität wirkt. Anscheinend werden Peptidoglykane der Darmflora in ausreichenden Mengen durch das Blut transportiert, um die Grundaktivierung der neutrophilen Zellen zu verstärken. Mäuse, denen NOD1 fehlt, zeigen eine erhöhte Anfälligkeit selbst für Krankheitserreger, die keine NOD-Liganden besitzen (beispielsweise der Parasit *Trypanosoma cruzi*), da die Anzahl der mittels NOD1 aktivierten neutrophilen Zellen verringert ist.

Video 3.6

NOD2 besitzt anscheinend eine speziellere Funktion. Das Protein wird in den Paneth-Zellen des Darms stark exprimiert und reguliert dort die Expression von stark antimikrobiell wirksamen Peptiden, beispielsweise von α- und β-Defensinen (Kap. 2). Dementsprechend entwickelt sich beim Menschen bei Funktionsverlustmutationen von NOD2 die entzündliche Darmerkrankung **Morbus Crohn** (Kap. 15). Einige der betroffenen Patienten tragen Mutationen in der LRR-Domäne von NOD2, wodurch die Erkennung von MDP und die Aktivierung von NFκB gestört sind. Das führt wahrscheinlich zu einer verringerten Produktion von Defensinen und anderen antimikrobiellen Peptiden und so zu einer Schwächung der natürlichen Barrierefunktion des Darmepithels. Die damit einhergehende Entzündung ist für diese Krankheit charakteristisch. Funktionsgewinnmutationen in NOD2 gehen einher mit entzündlichen Erkrankungen wie der **infantilen Sarkoidose** und dem **Blau-Syndrom**, die beide durch spontane Gewebeentzündungen, etwa in der Leber oder in den Gelenken, Augen und der Haut, gekennzeichnet sind. Aktivierende Mutationen in der NOD-Domäne stimulieren anscheinend die Signalkaskade, ohne dass ein Ligand vorhanden ist, was bei Abwesenheit von Krankheitserregern zu einer fehlgeleiteten Entzündungsreaktion führt. Die NOD-Familie umfasst neben NOD1 und NOD2 noch weitere Proteine, beispielsweise NLRX1 und NLRC5, wobei deren Funktion noch weniger gut bekannt ist.

## 3.1.9 NLRP-Proteine reagieren auf eine Infektion oder eine Zellschädigung mit der Bildung eines Inflammasoms, was zum Zelltod und zu einer Entzündung führt

Bei einer weiteren Unterfamilie der NLR-Proteine befindet sich am Aminoterminus anstelle der CARD-Domäne eine Pyrindomäne, sodass man diese Proteine als **NLRP-Familie** bezeichnet. Pyrindomänen sind strukturell mit den CARD- und TIR-Domänen verwandt und sie interagieren mit anderen Pyrindomänen (▶ Abb. 3.19). Menschen verfügen über 14 NLR-Proteine, die eine Pyrindomäne enthalten. Am besten bekannt ist derzeit **NLRP3** (auch mit NALP3 oder Cryopyrin bezeichnet), wobei die molekularen Einzelheiten der Aktivierung noch erforscht werden. NLRP3 kommt als inaktive Form im Cytoplasma vor, wo die LRR-Domänen wahrscheinlich an das Hitzeschockchaperon HSP90 und das Cochaperon SGT1 gebunden sind, die möglicherweise den inaktiven Zustand von NLRP3 aufrechterhalten (▶ Abb. 3.19). Verschiedene Ereignisse können anscheinend NLRP3-Signale auslösen: eine verringerte Kaliumkonzentration in der Zelle, die Erzeugung von reaktiven Sauerstoffspezies (ROS) oder das Aufbrechen von Lysosomen durch kristallines Material. Der Verlust von zellulärem Kalium durch einen Efflux kann bei einer Infektion beispielsweise mit intrazellulären Bakterien wie *Staphylococcus aureus* eintreten, wenn diese Bakterien porenbildende Toxine produzieren. Durch den Tod benachbarter Zellen kann es zu einer Freisetzung

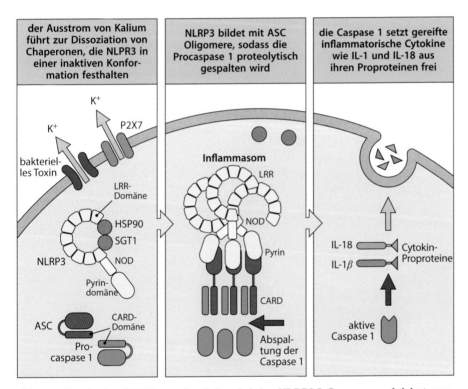

**Abb. 3.19 Durch eine Schädigung der Zelle wird das NLRP3-Inflammasom aktiviert, proinflammatorische Cytokine zu produzieren.** Die LRR-Domäne von NLRP3 bindet an die Chaperone HSP90 und SGT1, welche die Aktivierung von NLRP3 blockieren. Bei einer Schädigung von Zellen durch porenbildende bakterielle Toxine oder die Aktivierung des P2X7-Rezeptors durch extrazelluläres ATP kommt es zu einem Efflux von $K^+$-Ionen aus der Zelle, was zur Dissoziation der Chaperone von NLRP3 und zur Assoziation mehrerer NLRP3-Moleküle über die NOD-Domänen führen kann. Reaktive Sauerstoffspezies (ROS) und das Aufbrechen von Lysosomen können NLRP3 ebenfalls aktivieren (siehe Text). Die Konformation der assoziierten NLRP3-Moleküle bringt mehrere NLRP3-Pyrindomänen zusammen, die dann mit den Pyrindomänen des Adaptorproteins ASC (PYCARD) interagieren. In dieser Konformation lagern sich die ASC-CARD-Domänen zusammen, die wiederum die CARD-Domänen der Procaspase 1 assoziieren lassen. Dadurch kommt es zu einer proteolytischen Selbstspaltung der Procaspase 1, die dadurch zur aktiven Form der Caspase 1 wird. Diese wiederum spaltet die unreifen Formen der proinflammatorischen Cytokine. Die so entstehenden reifen Cytokine werden schließlich sezerniert

von ATP in den Extrazellularraum kommen; dieses ATP kann den **purinergen Rezeptor P2X7** aktivieren, der selbst ein Kaliumkanal ist und das Ausströmen von K⁺-Ionen ermöglicht. Eine mögliche Erklärung ist, dass die Verringerung der zellulären K⁺-Konzentration die NLRP3-Signalgebung auslöst, da dadurch HSP90 und SGT1 dissoziieren. Ein denkbarer Mechanismus für die ROS-induzierte NLRP3-Aktivierung ist die vorübergehende Oxidation bestimmter Sensorproteine, die man insgesamt als **Thioredoxin (TRX)** bezeichnet. TRX-Proteine sind normalerweise an ein **thioredoxinbindendes Protein (TXNIP)** gebunden, aber die Oxidation von TRX durch ROS führt zur Dissoziation von TXNIP und TRX. Das freie TXNIP könnte dann HSP90 und SGT1 von NLRP3 verdrängen, was auch zu dessen Aktivierung führt. In beiden Fällen kommt es bei der NLRP3-Aktivierung zu einer Zusammenlagerung von mehreren Monomeren über ihre LRR- und NOD-Domänen (die auch als NACHT-Domänen bezeichnet werden), wodurch dann die Signalübertragung ausgelöst wird. Schließlich kann die Phagocytose von partikulärem Material, beispielsweise des Adjuvans **Alum** (ein kristallines Salz aus Aluminiumkaliumsulfat), zum Aufbrechen der Lysosomen und zur Freisetzung der aktiven Protease Cathepsin B führen. Diese kann dann NLRP3 durch einen noch unbekannten Mechanismus aktivieren.

Anders als bei den NOD1- und NOD2-Signalen, die NFκB aktivieren, führen die Signale von NLRP3 zur Produktion proinflammatorischer Cytokine und durch die Bildung des **Inflammasoms** (ein Multiproteinkomplex, ▸ Abb. 3.19) zum Zelltod. Die Aktivierung des Inflammasoms erfolgt in mehreren Stufen. Zu Beginn assoziieren die LRR-Domänen mehrerer NLRP3- oder anderer NLRP-Moleküle aufgrund eines spezifischen Auslösers oder Erkennungsereignisses. Durch diese Assoziation interagieren die Pyrindomänen von NLRP3 mit den Pyrindomänen des **ASC**-(PYCARD-)Proteins. ASC ist ein Adaptorprotein, das aus einer aminoterminalen Pyrindomäne und einer carboxyterminalen CARD-Domäne besteht. Sowohl die Pyrin- als auch die CARD-Domäne können filamentöse Polymerstrukturen bilden (▸ Abb. 3.20). Die Wechselwirkung von NLRP3 mit ASC verstärkt die

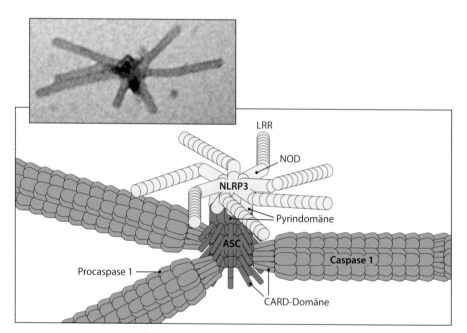

**Abb. 3.20 Das Inflammasom setzt sich aus mehreren filamentösen Proteinpolymeren zusammen, die durch die Assoziation von CARD- und Pyrindomäne entstehen.** *Oben*: Elektronenmikroskopische Aufnahme von Strukturen, die aus dem vollständig ausgebildeten ASC-Komplex, der Pyrindomäne von AIM2 und der CARD-Domäne der Caspase 1 bestehen. Der dunkle Bereich in der Mitte entsteht durch eine Anti-ASC-Färbung mit einem 15-nm-Gold-markierten Antikörper. Die langen, nach außen gerichteten Filamente sind die Polymere, die aus den CARD-Domänen der Caspase 1 bestehen. *Unten*: Grafische Darstellung des NLRP3-Inflammasoms. Bei diesem Modell lagern sich die CARD-Regionen von ASC und die Caspase 1 zu einer Filamentstruktur zusammen. Das Adaptorprotein ASC überträgt die Assoziation von NLRP3 in eine Assoziation der Procaspase 1. (Elektronenmikroskopische Aufnahme mit freundlicher Genehmigung von Hao Wu)

Bildung des polymeren ASC-Filaments, wobei die Pyrindomänen im Inneren liegen und die CARD-Domänen nach außen zeigen. Diese CARD-Domänen interagieren dann mit den CARD-Domänen der inaktiven **Procaspase 1** und lösen eine CARD-abhängige Polymerisierung zu einzelnen Caspase-1-Filamenten aus. Diese Zusammenlagerung führt anscheinend zur Selbstspaltung der Procaspase 1 und das aktive Caspase-1-Fragment wird aus den autoinhibitorischen Domänen freigesetzt. Die aktive Caspase 1 katalysiert nun eine ATP-abhängige Prozessierung der proinflammatorischen Cytokine, vor allem von IL-1$\beta$ und IL-18, in ihre aktiven Formen (▶ Abb. 3.19). Die Aktivierung der Caspase 1 induziert auch eine Form des Zelltods, die man als **Pyroptose** („Feuertod") bezeichnet, wobei der Mechanismus unbekannt ist, der aber aufgrund der proinflammatorischen Cytokine, die nach der Zerstörung der Zelle freigesetzt werden, mit der Entzündung zusammenhängt.

Damit das Inflammasom für die Bildung von inflammatorischen Cytokinen aktiviert werden kann, ist ein vorbereitender Schritt erforderlich. Dabei induzieren und translatieren die Zellen mRNA-Moleküle, die die Vorstufen von IL-1$\beta$, IL-18 und weiterer Cytokine codieren. Dieser Initiationsschritt kann von TLR-Signalen ausgelöst werden und stellt wahrscheinlich sicher, dass die Aktivierung des Inflammasoms vor allem bei Infektionen stattfindet. So kann man beispielsweise im Experiment mithilfe des TLR-3-Antagonisten Poly(I:C) (Abschn. 3.1.5) Zellen veranlassen, in der Folge das Inflammasom zu bilden.

Einige weitere Proteine der NLR-Familie bilden Inflammasome mit ASC und Caspase 1, die diese proinflammatorischen Cytokine aktivieren. NLRP1 wird von Monocyten und dendritischen Zellen stark exprimiert und wie NOD2 direkt von MDP aktiviert, was aber auch durch andere Faktoren möglich ist. Beispielsweise exprimiert *Bacillus anthracis* eine Endopeptidase, die man als Anthrax-**Letalfaktor** bezeichnet. Durch diesen Faktor kann der Krankheitserreger dem Immunsystem entkommen, indem das Toxin Makrophagen tötet. Der Anthrax-Letalfaktor spaltet NLRP1, aktiviert dadurch das NLRP1-Inflammasom und induziert bei infizierten Makrophagen eine Pyroptose. **NLRC4** fungiert zusammen mit **NAIP2** und **NAIP5**, zwei weiteren NLR-Proteinen, als Adaptorprotein. Dieses dient dazu, verschiedene bakterielle Proteine zu erkennen, die über spezialisierte Sekretionssysteme der Pathogene in die Zellen gelangen. Durch diese Sekretionssysteme wird Material aus den Pathogenen in die Zelle gebracht oder es werden Nährstoffe aus der Wirtszelle abgezogen. Ein solcher Faktor ist **PrgJ** aus *Salmonella* Typhimurium. Das Protein gehört zum **Typ-III-Sekretionssystem** (T3SS), das einen nadelförmigen makromolekularen Komplex bildet. Nach der Infektion von Wirtszellen durch *Salmonella* dringt PrgJ in das Cytoplasma ein und wird dann von NLRC4 unter Zusammenwirkung mit NAIP5 erkannt. Einige NLR-Proteine regulieren die angeborene Immunität wahrscheinlich auch in negativer Form, beispielsweise **NLRP6**. Mäuse, denen dieses Protein fehlt, zeigen gegenüber bestimmten Pathogenen eine verstärkte Resistenz. NLRP6 wird jedoch im Darmepithel stark exprimiert, wo es anscheinend eine positive Wirkung entfaltet, indem es die normale Barrierefunktion der Mucosa mit aufrechterhält und für die normale Freisetzung der Mucusgranula in den Darm durch die Becherzellen notwendig ist. **NLRP7** gibt es nur beim Menschen, nicht aber bei der Maus. Der Rezeptor erkennt acylierte Lipopeptide von Mikroorganismen und bildet ebenfalls mit ASC und Caspase 1 ein Inflammasom, das dann IL-1$\beta$ und IL-18 produziert. Über NLRP12 ist nicht so viel bekannt, aber wie bei NLRP6 nahm man ursprünglich an, dass es eine inhibitorische Funktion besitzt. Spätere Untersuchungen an Mäusen, denen NLRP12 fehlte, deuten darauf hin, dass der Rezeptor bei der Erkennung von bestimmten Bakterienspezies und deren Bekämpfung eine Rolle spielt, etwa bei *Yersinia pestis*, dem Erreger der Beulenpest, doch sind die Grundlagen dieser Erkennung noch nicht bekannt.

Bei der Aktivierung von Inflammasomen können auch Proteine der **PYHIN**-Familie mitwirken. Diese enthalten eine aminoterminale Pyrindomäne, besitzen jedoch keine LRR-Domäne wie die Proteine der NLR-Familie. PYHIN-Proteine enthalten eine HIN-(H-Inversions-)Domäne. Die Bezeichnung leitet sich aus der HIN-DNA-Konvertase von *Salmonella* ab, welche die DNA-Inversion zwischen den H-Antigenen der Bakteriengeißeln katalysiert. Beim Menschen gibt es vier PYHIN-Proteine, bei der Maus sind es 13. Eines davon ist **AIM2** (*absent in melanoma 2*); hier erkennt die HIN-Domäne doppelsträngige DNA-Genome und initiiert die Aktivierung der Caspase 1 über Wechselwirkungen der Pyrindomäne mit ASC. AIM2 kommt im Cytoplasma vor und ist *in vitro* für Reaktionen auf das Vacciniavirus erforderlich. Seine Funktion *in vivo* ließ sich anhand von Mäusen mit einem AIM2-Defekt zeigen, die für Infektionen mit *Francisella tularensis* (dem Erreger der Tularämie) anfälliger waren. Das verwandte Protein **IFI16** (IFN-$\gamma$-induzierbares Protein 16) enthält zwei HIN-Domänen; es kommt vor allem im Zellkern vor und erkennt doppelsträngige DNA von Viren (Abschn. 3.1.11).

Ein Caspase-1-unabhängiger Signalweg des **„nichtkanonischen" Inflammasoms** basiert auf **Caspase 11** (ebenfalls eine Protease), die intrazelluläres LPS erkennt. Bei der Entdeckung dieses Signalwegs ging man zuerst fälschlicherweise davon aus, dass er Caspase-1-abhängig sei, da zwischen den im Experiment eingesetzten Mäusestämmen ein spezifischer genetischer Unterschied bestand. Caspase 11 wird vom *Casp4*-Gen der Maus codiert und ist zu den Caspasen 4 und 5 des Menschen homolog. Die Mäuse, bei denen man das *Casp1*-Gen ursprünglich zerstört und untersucht hatte, erwiesen sich als resistent gegen einen tödlichen Schock (Abschn. 3.2.6), der bei Verabreichung von LPS hätte eintreten sollen. Das veranlasste die Forscher zu der Annahme, dass die Caspase 1 an der Entzündungsreaktion auf LPS beteiligt sein musste. Später entdeckte man jedoch, dass dieser Mäusestamm eine natürliche Mutation trug, die das verwandte *Casp4* inaktivierte. Da das *Casp1*- und das *Casp4*-Gen in einem Bereich von 2 kbp auf Chromosom 9 des Mausgenoms liegen, segregierten sie bei den anschließenden experimentellen Rückkreuzungen mit anderen Mäusestämmen nicht unabhängig voneinander. Die Mäuse, von denen man annahm, dass ihnen nur das Caspase-1-Protein fehlte, besaßen aber auch keine funktionsfähige Caspase 11. Später wurden Mäuse erzeugt, denen nur die Caspase 1 fehlte, indem nun *Casp4* als künstlich übertragenes Gen exprimiert wurde. Diese Mäuse waren dann für einen LPS-induzierten Schock anfällig. Man hat auch Mäuse erzeugt, die nur keine Caspase 11 besaßen; diese erwiesen sich als resistent gegen einen LPS-induzierten Schock. Die Ergebnisse zeigten, dass Caspase 11 (und nicht wie zuerst angenommen Caspase 1) für das Entstehen eines LPS-induzierten Schocks verantwortlich ist. Caspase 11 löst zwar die Pyropotose aus, ist aber nicht für die Prozessierung von IL-1$\beta$ oder IL-18 zuständig. Man hat angenommen, dass TLR-4 nicht der LPS-Sensor sein kann, der das nichtkanonische Inflammasom aktiviert, da Mäuse, denen TLR-4 fehlt, für einen LPS-induzierten Schock unverändert anfällig sind. Neuere Befunde deuten darauf hin, dass die Caspase 11 selbst ein intrazellulärer LPS-Sensor ist und damit zu den Proteinen gehört, die sowohl Sensor als auch Effektor sind.

Die unangebrachte Aktivierung von Inflammasomen kann zu verschiedenen Erkrankungen führen. Viele Jahre lang hat man angenommen, dass Gicht in den Knorpelgeweben Entzündungen hervorruft, indem dort Mononatriumsalze der Harnsäure eingelagert werden; nur wusste man nicht, wie die Kristalle eine Entzündung auslösen können. Der genaue Mechanismus ist zwar weiterhin ungeklärt, aber man weiß inzwischen, dass Harnsäurekristalle das NLRP3-Inflammasom aktivieren können. Dadurch werden inflammatorische Cytokine induziert, die mit den Gichtsymptomen in Zusammenhang stehen. Mutationen in der NOD-Domäne von NLRP2 und NLRP3 können das Inflammason in falscher Weise aktivieren; sie sind die Ursache für einige erbliche **autoinflammatorische Erkrankungen**, bei denen Entzündungen auch ohne eine Infektion auftreten. Beim Menschen gehen Mutationen in NLRP3 mit erblichen Syndromen einher, bei denen es zu periodischem Auftreten von Fieber kommt, etwa dem **FCAS**-Syndrom (FCAS für *familial cold autoinflammatory syndrome*) oder dem **Muckle-Wells-Syndrom** (Kap. 13). Die Makrophagen der Patienten mit diesen Erkrankungen zeigen eine spontane Produktion von inflammatorischen Cytokinen wie etwa IL-1$\beta$. In Kap. 13 wollen wir auch besprechen, wie Krankheitserreger die Bildung von Inflammasomen stören können.

### 3.1.10 Die RIG-I-like-Rezeptoren erkennen virale RNA im Cytoplasma und aktivieren MAVS, sodass es zur Produktion von Typ-I-Interferonen und proinflammatorischen Cytokinen kommt

TLR-3, TLR-7 und TLR-9 erkennen extrazelluläre virale RNA und DNA, die mittels Endocytose in die Zelle gelangen. Virale RNA wird jedoch auch von einer eigenen Proteinfamilie, den **RIG-I-like-Rezeptoren** (**RLRs**), erkannt. Diese Proteine fungieren als Virussensoren, indem sie virale RNA über eine RNA-Helikase-ähnliche Domäne in ihrem Carboxyterminus binden. Die RLR-Helikase-ähnliche Domäne enthält ein DExH-Tetrapeptidmotiv und ist eine Untergruppe der Proteine der DEAD-Box-Familie. Die RLR-Proteine enthalten außerdem zwei aminoterminale CARD-Domänen, die mit Adaptorproteinen interagieren und Signale auslösen, durch die nach der Bindung von viraler RNA Typ-I-Interferone produziert werden. Der erste Sensor dieser Art, den man entdeckt hat, ist **RIG-I** (**retinsäureinduzierbares Gen I**). RIG-I wird in vielen verschiedenen Gewebe- und Zelltypen exprimiert und fungiert als intrazellulärer Sensor für verschiedene Arten von Infektionen. Mäuse mit einem RIG-I-Defekt sind besonders anfällig für Infektionen durch bestimmte Viren mit einzelsträngiger RNA, beispielsweise Paramyxoviren, Rhabdoviren, Orthomyxoviren und Flaviviren, nicht jedoch durch Picornaviren.

RIG-I kann körpereigene und virale RNA unterscheiden, indem der Rezeptor das 5′-Ende von einzelsträngigen RNA-Transkripten nach Unterschieden absucht. Eukaryotische RNA wird im Zellkern transkribiert und trägt eine 5′-Triphosphatgruppe am ersten Nucleotid, das eine weitere enzymatische Modifikation erfährt, das sogenannte **Capping**, bei dem an das 5′-Triphosphat ein 7-Methylguanosin angehängt wird. Die meisten RNA-Viren jedoch replizieren sich nicht im Zellkern, wo das Capping normalerweise stattfindet; ihre RNA-Genome werden daher nicht modifiziert. Biochemische Untersuchungen haben gezeigt, dass RIG-I das nichtmodifizierte 5′-Triphosphat am Ende des einzelsträngigen viralen RNA-Genoms erkennt. Die RNA-Transkripte des Flavivirus enthalten wie die Transkripte vieler anderer ssRNA-Viren das nichtmodifizierte 5′-Triphosphat, das von RIG-I erkannt wird. Im Gegensatz dazu replizieren sich die Picornaviren, zu denen das Poliovirus und das Hepatitis-A-Virus (HAV) gehören, durch einen Mechanismus, bei dem ein Virusprotein kovalent an das 5′-Ende bindet, sodass das 5′-Triphosphat unzugänglich ist. Das erklärt, warum RIG-I an der Erkennung dieser Viren nicht beteiligt ist.

**MDA-5** (*melanoma differentiation-associated 5*, auch als **Helicard** bezeichnet) besitzt eine ähnliche Struktur wie RIG-I, erkennt aber dsRNA. Anders als Mäuse mit einem RIG-I-Defekt sind MDA-5-defiziente Mäuse für Picornaviren anfällig. Das deutet darauf hin, dass diese beiden Sensoren für virale RNA bei der Immunabwehr essenzielle, aber unterschiedliche Funktionen besitzen. Inaktivierende Mutationen in RIG-I- oder MDA-5-Allelen wurden bereits beim Menschen gefunden, aber diesen Mutationen konnte keine Immunschwäche zugeordnet werden. Das Protein **LGP2** der RLR-Familie (das von *DHX58* codiert wird), besitzt eine Helikasedomäne, aber keine CARD-Domäne. LGP2 wirkt anscheinend mit RIG-I oder MDA-5 zusammen. Diese Kooperation bei der Erkennung von Viren durch LGP2 beruht offensichtlich auf der Helikasedomäne, da bei Mäusen nach Beseitigung der ATPase-Aktivität in dieser Domäne während der Reaktion auf verschiedene RNA-Viren die Produktion von IFN-$\beta$ gestört ist.

Wenn RIG-I und MDA-5 virale RNA erkennen, werden sie aktiviert und senden Signale aus. Dadurch nimmt die Produktion von Typ-I-Interferonen zu, passend zur Abwehr viraler Infektionen (▶ Abb. 3.21). Vor einer Infektion durch Viren befinden sich RIG-I und MDA-5 im Cytoplasma in einer selbstinaktivierten Konfiguration, die durch Wechselwirkungen zwischen CARD- und Helikasedomänen stabilisiert wird. Diese Wechselwirkungen werden von einer Infektion gestört, wenn virale RNA an die Helikasedomäne von RIG-I oder MDA-5 bindet. Dadurch werden die beiden CARD-Domänen für andere Wechselwirkungen frei. Der dem Aminoterminus nähere Bereich der beiden CARD-Domänen kann dann E3-Ligasen rekrutieren, etwa **TRIM25** und **Riplet** (codiert von *RNF153*). Diese beginnen damit, K63-verknüpfte Polyubiquitin-Signalgerüste aufzubauen (Abschn. 3.1.7), teilweise als freie Ketten oder gebunden an die zweite CARD-Domäne. Die Einzelheiten sind noch nicht genauer geklärt, aber durch das Gerüst können RIG-I und MDA-5 anscheinend mit dem Adaptorprotein **MAVS** (mitochondriales antivirales Signalprotein) in Wechselwirkung treten. MAVS ist an die äußere Membran der Mitochondrien gebunden und enthält eine CARD-Domäne, an die sich wiederum RIG-1 und MDA-5 heften können. Diese Assoziation von CARD-Domänen kann dann wie beim Inflammasom die Assoziation von MAVS in Gang setzen. In dieser Phase stimuliert MAVS bestimmte Signale, indem das Protein verschiedene E3-Ubiquitin-Ligasen der TRAF-Familie rekrutiert, etwa TRAF2, TRAF3, TRAF5 und

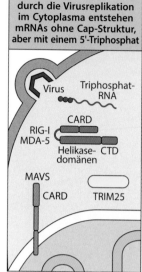

**durch die Virusreplikation im Cytoplasma entstehen mRNAs ohne Cap-Struktur, aber mit einem 5'-Triphosphat**

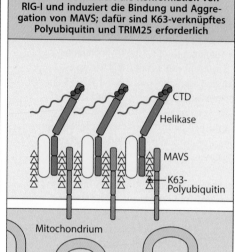

**Virus-RNA verändert die Konformation von RIG-I und induziert die Bindung und Aggregation von MAVS; dafür sind K63-verknüpftes Polyubiquitin und TRIM25 erforderlich**

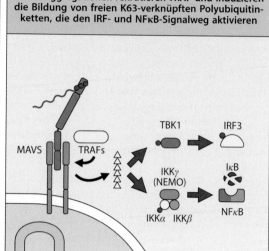

**MAVS-Aggregationen rekrutieren TRAF und induzieren die Bildung von freien K63-verknüpften Polyubiquitinketten, die den IRF- und NFκB-Signalweg aktivieren**

**Abb. 3.21 RIG-I und andere RLRs sind cytoplasmatische Sensoren für virale RNA.** *Erstes Bild*: Bevor RIG-I und MDA-5 virale RNA erkennen, befinden sich die beiden Proteine im Cytoplasma und liegen durch Autoinhibition in einer inaktiven Konformation vor. Das Adaptorprotein MAVS ist an die äußere Membran der Mitochondrien gebunden. *Zweites Bild*: Wenn RIG-I 5'-Triphosphat-RNA ohne Cap-Struktur und MDA-5 virale doppelsträngige RNA erkennen, ändert sich die Konformation ihrer CARD-Domänen, sodass diese nun frei sind, um mit der aminoterminalen CARD-Domäne von MAVS in Wechselwirkung zu treten. Dadurch kommt es schließlich zur Produktion von K63-verknüpftem Polyubiquitin durch die E3-Ligasen TRIM25 oder Riplet, wobei die strukturellen Einzelheiten noch nicht geklärt sind. *Drittes Bild*: Die Assoziation führt dazu, dass eine prolinreiche Region von MAVS mit TRAF-Proteinen interagiert (siehe Text) und weitere K63-verknüpfte Polyubiquitine zum Gerüst hinzugefügt werden. Wie bei der TLR-Signalgebung rekrutiert dieses Gerüst TBK1- und IKK-Komplexe (▶ Abb. 3.15 und 3.16), wodurch IRF und NFκB aktiviert werden und Typ-I-Interferone sowie proinflammatorische Cytokine produziert werden

TRAF6. Die relative Bedeutung der einzelnen E3-Ligasen unterscheidet sich wahrscheinlich bei den verschiedenen Zelltypen, aber die weitere Produktion von K63-verknüpftem Ubiquitin durch diese Ligasen führt zur Aktivierung von TBK1 und IRF3 sowie zur Produktion von Typ-1-Interferonen (TLR-3-Signalgebung; ▶ Abb. 3.16); außerdem wird NFκB aktiviert. Einige Viren haben Gegenmaßnahmen entwickelt, um den Schutz durch die RLRs zu unterlaufen. Beispielsweise vermehrt sich das Influenzavirus mit seinem Antisense-RNA-Genom zwar im Zellkern, jedoch erhalten einige der Transkripte, die bei der Virusreplikation entstehen, keine Cap-Struktur, müssen aber im Cytoplasma translatiert werden. Das Nichtstrukturprotein 1 (**NS1**, *nonstructural protein 1*) blockiert die Aktivität von TRIM25 und stört damit die möglichen antiviralen Aktivitäten von RIG-I gegen die Infektion.

## 3.1.11 Cytosolische DNA-Sensoren vermitteln ihre Signale über STING, was zur Produktion von Typ-I-Interferonen führt

Angeborene Sensoren, die cytoplasmatische RNA erkennen, nutzen dafür spezifische Modifikationen wie die 5'-Cap-Struktur, um zwischen körpereigenem und viralem Ursprung zu unterscheiden. Die zelluläre DNA ist grundsätzlich auf den Zellkern begrenzt, während DNA von Viren, Mikroben oder Protozoen während der verschiedenen Phasen einer Infektion auch im Cytoplasma vorkommen kann. Man hat mehrere angeborene Sensoren für DNA im Cytoplasma identifiziert, die jeweils die Produktion von Typ-I-Interferonen als Reaktion auf eine Infektion auslösen können. Eine Komponente des Signalwegs der DNA-Erkennung ist **STING** (Stimulator von Interferongenen); das Protein wurde entdeckt, als man nach Faktoren suchte, die die Expression von Typ-I-Interferonen auslösen können.

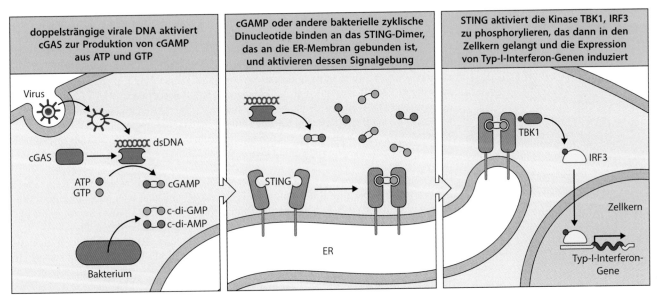

**Abb. 3.22 cGAS ist ein cytosolischer DNA-Sensor, der seine Signale über STING aussendet und dadurch die Produktion von Typ-I-Interferonen stimuliert.** *Erstes Bild*: cGAS befindet sich im Cytoplasma und fungiert als Sensor für doppelsträngige DNA (dsDNA) von Viren. Wenn das cGAS-Protein dsDNA bindet, wird seine enzymatische Aktivität stimuliert und zyklisches GMP-AMP (cGAMP) wird gebildet. Bakterien, die Zellen infizieren, produzieren Second Messenger, beispielsweise zyklische Dinucleotide wie das zyklische Diguanylatmonophosphat (c-di-GMP) und das zyklische Diadenylatmonophosphat (c-di-AMP). *Zweites Bild*: cGAMP und bakterielle Dinucleotide können an das STING-Dimer auf der ER-Membran binden. *Drittes Bild*: In dieser Phase wird TBK1 von STING aktiviert, wobei die Einzelheiten dieser Wechselwirkung noch nicht geklärt sind. Das aktive TBK1 aktiviert IRF3 (▶ Abb. 3.16)

STING (codiert von *TMEM173*) ist über eine aminoterminale Domäne mit vier Transmembranstrukturen in der Membran des endoplasmatischen Reticulums verankert. Die carboxyterminale Domäne ragt ins Cytoplasma und bildet mit der carboxyterminalen Domäne eines weiteren Proteins durch gegenseitige Wechselwirkung ein inaktives STING-Homodimer.

STING fungiert als Sensor für intrazelluläre Infektionen. Grundlage ist die Erkennung von bakteriellen **zyklischen Dinucleotiden (CDNs)**, beispielsweise das zyklische Diguanylatmonophosphat (c-di-GMP) und zyklisches Diadenylatmonophosphat (c-di-AMP). Diese Moleküle sind Second Messenger von Bakterien; sie werden von Enzymen produziert, die in den meisten bakteriellen Genomen codiert werden. CDN aktivieren die STING-Signalgebung, indem sie die Struktur des STING-Homodimers verändern. Dieses Homodimer rekrutiert und aktiviert TBK1, die wiederum IRF3 phosphoryliert und aktiviert. Das führt schließlich zur Produktion von Typ-I-Interferonen (▶ Abb. 3.22), ähnlich der Signalwege mit TLR-3 und MAVS (▶ Abb. 3.16 und 3.21). TRIF (stromabwärts von TLR-3), MAVS und STING enthalten am Carboxyterminus jeweils ein ähnliches Aminosäuresequenzmotiv, das bei der Aktivierung dieser Moleküle an einem Serinrest phosphoryliert wird. Anscheinend kann dieses Motiv nach der Phosphorylierung sowohl TBK1 als auch IRF3 binden, sodass IRF3 nun von TBK1 effizient phosphoryliert und aktiviert werden kann.

STING ist auch bei Virusinfektionen von Bedeutung. So sind etwa Mäuse, denen STING fehlt, anfällig für Infektionen durch das Herpesvirus. Bis vor Kurzem war noch nicht bekannt, ob STING virale DNA direkt erkennt oder nur stromabwärts eines unbekannten DNA-Sensors aktiv ist. Man fand heraus, dass beim Einschleusen von DNA in Zellen auch ohne Infektion mit Organismen ein weiterer Second Messenger erzeugt wird, der STING aktiviert. Dieser Second Messenger wurde als **zyklisches Guanosinmonophosphat-Adenosinmonophosphat** (zyklisches GMP-AMP) oder **cGAMP** identifiziert. cGAMP bindet wie die bakteriellen CDN an beide Untereinheiten des STING-Dimers und aktiviert die STING-Signalgebung. Dieses Ergebnis deutete auch daraufhin, dass es stromaufwärts von

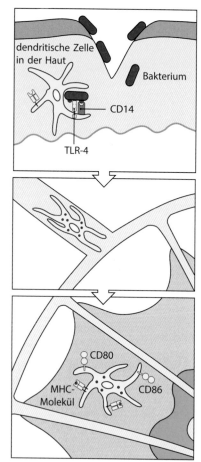

**Abb. 3.23 Bakterielles LPS induziert Veränderungen der dendritischen Zellen und stimuliert sie, zu wandern und das adaptive Immunsystem durch Aktivierung von T-Zellen gegen die Infektion in Gang zu setzen.** *Oben*: Unreife dendritische Zellen in der Haut zeigen starke Aktivitäten bei Phagocytose und Makropinocytose, können aber keine T-Lymphocyten aktivieren. Die dendritischen Zellen in der Haut nehmen Mikroorganismen und ihre Produkte auf und bauen sie ab. Bei einer Bakterieninfektion werden dendritische Zellen von verschiedenen angeborenen Sensoren aktiviert; dabei kommt es zu zwei verschiedenen Arten von Veränderungen. *Mitte*: Die dendritischen Zellen wandern aus den Geweben in das Lymphsystem und beginnen dort zu reifen. Sie verlieren die Fähigkeit, Antigene aufzunehmen, können dafür aber nun T-Zellen stimulieren. *Unten*: In den regionalen Lymphknoten werden sie zu reifen dendritischen Zellen. Sie verändern die Moleküle an ihrer Oberfläche, wobei sie dort die Zahl der MHC-Moleküle erhöhen und die costimulierenden Moleküle CD80 (B7.1) und CD86 (B7.2) exprimieren.

STING noch einen aktiven Sensor geben muss. Durch Aufreinigung des Enzyms, das cGAMP als Reaktion auf cytosolische DNA produziert, fand man ein bis dahin unbekanntes Protein, das die Bezeichnung **cGAS** (*cyclic GAMP synthase*) erhielt. cGAS enthält ein Proteinmotiv, das auch in der Enzymfamilie der Nucleotidyltransferasen (NTasen) vorkommt. Dazu gehören unter anderem die Adenylatcyclase (das Enzym, das den Second Messenger cAMP erzeugt) und verschiedene DNA-Polymerasen. cGAS kann direkt an cytosolische DNA binden, wodurch seine enzymatische Aktivität stimuliert wird, im Cytoplasma aus GTP und ATP cGAMP zu erzeugen; und dadurch wird dann STING aktiviert. Mäuse mit einem inaktivierten *cGAS*-Gen zeigen eine erhöhte Anfälligkeit für Infektionen mit Herpesviren, was die Bedeutung dieses Sensors für die Immunität unterstreicht.

Es gibt mehrere weitere Faktoren, die als DNA-Sensoren infrage kommen, man weiß jedoch nur sehr wenig über ihre Erkennungs- und Signalmechanismen oder auch über ihre Aktivität *in vivo*. IFI16 (IFN-$\gamma$-induzierbares Protein 16) gehört zur PYHIN-Proteinfamilie und ist mit AIM2 verwandt. Das Protein besitzt möglicherweise die Funktion eines DNA-Sensors und entfaltet seine Aktivität über STING, TBK1 und IRF3, nicht jedoch über die Aktivierung eines Inflammasomsignalwegs. **DDX41** (DEAD-Box-Polypeptid 41) ist ein RLR und mit RIG-I verwandt. Es gehört zur DEAD-Box-Proteinfamilie, sendet seine Signale aber anscheinend über STING und nicht über MAVS. **MRE11A** (*meiotic recombination 11 homolog a*) kann im Cytosol doppelsträngige DNA erkennen und aktiviert dann den STING-Signalweg, aber seine Funktion bei der angeborenen Immunität ist bis jetzt noch unbekannt.

### 3.1.12 Die Aktivierung von angeborenen Sensoren der Makrophagen und dendritischen Zellen führt zu Veränderungen der Genexpression, die weitreichende Auswirkungen auf die Immunantwort haben

Neben der Stimulation von Effektorfunktionen und der Cytokinproduktion hat die Aktivierung der angeborenen Erkennungssignalwege noch einen weiteren Effekt: die Induktion **costimulierender Moleküle** auf gewebespezifischen dendritischen Zellen und Makrophagen (Abschn. 1.3.8). Wir wollen uns weiter hinten im Buch noch genauer mit diesen Molekülen beschäftigen, sie aber hier schon einmal erwähnen, da sie eine wichtige Schnittstelle zwischen der angeborenen und der adaptiven Immunantwort bilden. Zwei wichtige costimulierende Moleküle sind die Oberflächenproteine **B7.1** (**CD80**) und **B7.2** (**CD86**). Sie werden als Reaktion auf den Kontakt mit Krankheitserregern durch angeborene Sensoren (beispielsweise TLRs) auf Makrophagen und gewebespezifischen dendritischen Zellen induziert (► Abb. 3.23). B7.1 und B7.2 werden von spezifischen **costimulierenden Rezeptoren** erkannt, die von Zellen der adaptiven Immunantwort exprimiert werden, vor allem von CD4-T-Zellen, und ihre Aktivierung durch B7 ist ein bedeutender Schritt bei der Aktivierung der adaptiven Immunantwort.

Substanzen wie LPS, die costimulierende Aktivitäten auslösen, werden bereits seit Jahren in Gemischen angewendet, die man zusammen mit Proteinantigenen injiziert, um deren Immunogenität zu verstärken. Diese Substanzen bezeichnet man als **Adjuvanzien** (Anhang I, Abschn. A.1). Auf empirische Weise hat man dabei herausgefunden, dass die besten Adjuvanzien mikrobielle Bestandteile enthalten, die Makrophagen und gewebespezifische dendritische Zellen zur Synthese von costimulierenden Molekülen und Cytokinen anregen. In Kap. 9 und 11 werden wir erfahren, dass die Cytokine, die als Reaktion auf eine Infektion erzeugt werden, die funktionellen Eigenschaften der sich dann entwickelnden adaptiven Immunantwort beeinflussen. Auf diese Weise nutzt der Körper die Fähigkeit des angeborenen Immunsystems, die verschiedenen Typen von Krankheitserregern zu unterscheiden, um dann ein geeignetes Modul der adaptiven Immunantwort zu aktivieren.

## 3.1.13 Bei *Drosophila* erfolgen die Signale der Toll-Rezeptoren stromabwärts einer eigenen Gruppe von Molekülen zur Erkennung von Pathogenen

Bevor wir die angeborene Pathogenerkennung verlassen, wollen wir uns noch kurz damit beschäftigen, wie die Rezeptoren Toll, TLR und NOD in der angeborenen Immunität der Wirbellosen ihre Funktion ausüben. Der Toll-Rezeptor spielt zwar bei *Drosophila* in der Abwehr von pathogenen Bakterien und Pilzen eine zentrale Rolle, ist aber selbst kein Mustererkennungsrezeptor, sondern liegt stromabwärts von anderen Proteinen, die Krankheitserreger erkennen (▶ Abb. 3.24). Bei *Drosophila* gibt es 13 Gene, die **Peptidogly-**

**Abb. 3.24 Der Toll-Rezeptor von *Drosophila* wird am Ende einer proteolytischen Kaskade aktiviert, die durch eine Pathogenerkennung ausgelöst wurde.** Das Peptidoglykanerkennungsprotein PGRP-SA und GNBP1 wirken bei der Bindung von pathogenen Bakterien zusammen und aktivieren das erste Enzym einer Proteasekaskade, die schließlich zur Spaltung des *Drosophila*-Proteins Spätzle führt (erstes Bild). Durch die Spaltung ändert sich die Konformation von Spätzle, sodass das Protein an den Toll-Rezeptor bindet und dessen Dimerisierung auslöst (zweites Bild). Die cytoplasmatischen TIR-Domänen des Toll-Rezeptors binden das Adaptorprotein dMyD88 (drittes Bild). Dadurch wird ein Signalweg ausgelöst, der dem Weg sehr ähnlich ist, der bei Säugern zur Freisetzung von NFκB von seinem cytoplasmatischen Inhibitor führt. Das Gegenstück zu NFκB bei *Drosophila* ist der Transkriptionsfaktor DIF, der dann in den Zellkern wandert und die Transkription von Genen für antimikrobielle Proteine aktiviert. Die Erkennung von Pilzen führt ebenfalls über diesen Signalweg zur Spaltung von Spätzle und zur Produktion antimikrobieller Peptide, wobei die Erkennungsproteine für Pilze noch nicht bekannt sind

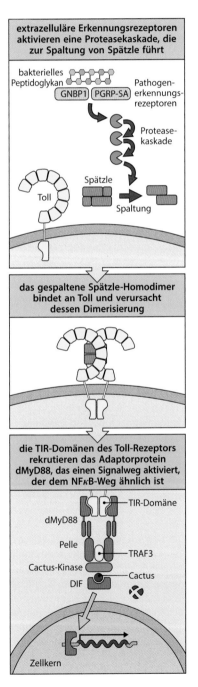

kanerkennungsproteine (**PGRPs**) codieren. Diese Proteine binden Peptidoglykankomponenten aus bakteriellen Zellwänden. Eine andere Familie sind die **GNBPs** (*Gram-negative binding proteins*) die LPS und $\beta$-1,3-glykosidisch verknüpfte Glucane binden. GNBPs erkennen gramnegative Bakterien und, wie nicht unbedingt zu erwarten ist, auch Pilze, nicht jedoch grampositive Bakterien. Die Proteine GNBP1 und PGRP-SA wirken bei der Erkennung von Peptidoglykanen von grampositiven Bakterien zusammen. Sie interagieren mit der Serinprotease **Grass**, die eine proteolytische Kaskade auslöst, an deren Ende das Spätzle-Protein gespalten wird. Eines der dabei entstehenden Fragmente bildet ein Homodimer, das an den Toll-Rezeptor bindet und dessen Dimerisierung auslöst. Dies wiederum stimuliert die antimikrobielle Reaktion. Ein Protein zur spezifischen Erkennung von Pilzen ist GNBP3, das auch eine proteolytische Kaskade in Gang setzt, die ebenfalls Spätzle spaltet und Toll aktiviert.

Die Fettkörperzellen und Hämocyten von *Drosophila* sind phagocytotische Zellen, die einen Teil des Immunsystems der Taufliege bilden. Wenn das Spätzle-Dimer an Toll bindet, synthetisieren die Hämocyten antimikrobielle Peptide und sezernieren sie. Der Toll-Signalweg bei *Drosophila* aktiviert den Transkriptionsfaktor DIF, der mit NF$\kappa$B der Säuger verwandt ist. DIF wandert in den Zellkern und induziert die Transkription von Genen für antimikrobielle Peptide wie etwa Drosomycin. Ein weiterer Faktor aus der NF$\kappa$B-Familie bei *Drosophila* ist **Relish**. Dieser Faktor induziert die Produktion antimikrobieller Peptide als Reaktion auf den **Imd-Weg** (*immunodeficiency pathway*), der bei *Drosophila* von bestimmten PGRPs ausgelöst wird, die gramnegative Bakterien erkennen. Relish aktiviert die Expression der antimikrobiellen Peptide Diptericin, Attacin und Cecropin, die sich von den Peptiden unterscheiden, die über den Toll-Signalweg produziert werden. So aktivieren der Toll- und der Imd-Signalweg Effektormechanismen, die dazu dienen, Infektionen durch unterschiedliche Pathogene zu beseitigen. Man kennt vier PGRP-homologe Faktoren bei Säugern, wobei sich deren Aktivität von der bei *Drosophila* unterscheidet. So wird beispielsweise PGLYRP-2 sezerniert und fungiert als Amidase, um bakterielle Peptidoglykane zu hydrolysieren. Die Übrigen kommen in den Granula der neutrophilen Zellen vor und wirken durch ihre Interaktion mit dem Peptidoglykan in der bakteriellen Zellwand bakteriostatisch.

### 3.1.14 Die TLR- und NOD-Gene haben sich bei den Wirbellosen und bei einigen primitiven Chordata stark diversifiziert

Bei den Säugern gibt es nur etwa ein Dutzend TLR-Gene, aber einige Organismen haben ihr Repertoire von angeborenen Erkennungsrezeptoren diversifiziert. Das gilt in besonderem Maß für Rezeptoren mit LRR-Domänen. Der Seeigel *Strongylocentrotus purpuratus* verfügt in seinem Genom über die sonst unerreichte Anzahl von 222 verschiedenen *TLR*-Genen wie auch über je 200 Gene für NOD-like- und Scavenger-Rezeptoren. Der Seeigel besitzt auch eine größere Zahl von Proteinen, die wahrscheinlich an der Signalübertragung dieser Rezeptoren beteiligt sind. So gibt es beispielsweise vier Gene, die dem einzigen *MyD88*-Gen der Säuger ähnlich sind. Die Anzahl der stromabwärts liegenden Zielmoleküle, beispielsweise die Vertreter der Familie der NF$\kappa$B-Transkriptionsfaktoren, ist jedoch anscheinend nicht größer. Das deutet darauf hin, dass die letztendliche Wirkung der TLR-Signale beim Seeigel der Wirkungsweise bei anderen Organismen sehr ähnlich sein muss.

Die TLR-Gene des Seeigels lassen sich grob in zwei Gruppen einteilen. Die eine umfasst eine geringe Anzahl von insgesamt elf ziemlich unterschiedlichen Genen. Bei der anderen handelt es sich um eine große Familie mit 211 Genen, die innerhalb bestimmter LRR-Regionen ein hohes Maß an Sequenzvarianten aufweisen. Das deutet zusammen mit der großen Zahl von Pseudogenen in dieser Familie auf eine schnelle evolutionäre Entwicklung hin. Die Spezifitäten der Rezeptoren ändern sich demnach anscheinend sehr rasch, anders als bei den wenigen stabilen *TLR*-Genen der Säuger. Die Spezifitäten der Seeigel-TLR sind zwar unbekannt, aber die Hypervariabilität in den LRR-Domänen könnte dazu dienen, ein hoch diversifiziertes Pathogenerkennungssystem zu erzeugen, das auf Toll-like-Rezeptoren basiert. Eine ähnliche Erweiterung des Repertoires an angeborenen Rezeptoren hat bei einigen Chordata stattgefunden; zu diesem Tierstamm gehören auch die Vertebraten. *Amphioxus* (das Lanzettfischchen) ist ein nichtvertebraler Vertreter der Chordata ohne ein adaptives Immunsystem. Das *Amphioxus*-Genom umfasst 71 Gene für TLRs, über 100 Gene für NOD-like-Rezeptoren und über 200 Gene für Scavenger-Rezeptoren. Wie wir in Kap. 5 besprechen werden, kommt es bei kieferlosen Fischen, einer primitiven Form von Vertebraten ohne Immunglobulin- und T-Zell-basierte adaptive Immunität, zu somatischen Umlagerungen bei LRR-codierenden Genen, sodass eine Art adaptive Immunität entsteht (Abschn. 5.4.2).

**Zusammenfassung**

Die angeborenen Immunzellen exprimieren verschiedene Rezeptorsysteme, die Mikroorganismen erkennen und sowohl schnelle als auch verzögerte zelluläre Abwehrreaktionen auslösen. Verschiedene Scavenger- und lektinähnliche Rezeptoren auf neutrophilen Zellen, Makrophagen und dendritischen Zellen tragen dazu bei, Mikroorganismen durch Phagocytose zu beseitigen. G-Protein-gekoppelte Rezeptoren für den C5a-Faktor (der bei der Aktivierung der angeborenen Pathogenerkennung durch das Komplementsystem entstehen kann) und für das bakterielle Peptid fMLF wirken mit phagocytotischen Rezeptoren zusammen, um die NADPH-Oxidase in den Phagosomen zu aktivieren, sodass antimikrobielle reaktive Sauerstoffspezies produziert werden. Toll-like-Rezeptoren (TLRs) auf der Zelloberfläche und in den endosomalen Membranen können Mikroorganismen außerhalb der Zelle erkennen und verschiedene Signalwege für die körpereigene Abwehr aktivieren. Die NF$\kappa$B- und IRF-Signalwege, die stromabwärts dieser Rezeptoren liegen, induzieren proinflammatorische Cytokine, beispielsweise TNF-$\alpha$, IL-1$\beta$ und IL-6 sowie antivirale Cytokine wie die Typ-I-Interferone. Andere Rezeptorfamilien erkennen Infektionen durch Mikroorganismen im Cytosol. NOD-Proteine erkennen bakterielle Produkte im Cytosol und aktivieren NF$\kappa$B und die Produktion proinflammatorischer Cytokine. Die Proteine der verwandten NLR-Familie erkennen Anzeichen von zellulärem Stress oder zelluläre Schäden wie auch bestimmte mikrobielle Komponenten. Die Signale der NLRs werden vom Inflammasom weitergeleitet, das wiederum proinflammatorische Cytokine erzeugt und die Pyroptose, eine Form des Zelltods, auslöst. RIG-I und MDA-5 erkennen Virusinfektionen, indem sie das Vorhandensein viraler RNA feststellen und den MAVS-Signalweg aktivieren, während Sensoren für cytosolische DNA, etwa cGAS, den STING-Signalweg aktivieren. Beide Signalwege führen schließlich zur Produktion von Typ-I-Interferonen. Die Signalwege, die von all diesen Primärsensoren für Krankheitserreger in Gang gesetzt werden, aktivieren eine Reihe verschiedener Gene, etwa für Cytokine, Chemokine und costimulierende Moleküle, die für die sofort einsetzende Immunantwort und für die Steuerung der adaptiven Immunantwort im weiteren Verlauf einer Infektion von grundlegender Bedeutung sind.

# 3.2 Induzierte angeborene Reaktionen auf eine Infektion

Wir wollen uns nun mit den Reaktionen der angeborenen Immunität befassen, die unmittelbar ausgelöst werden, sobald die Sensoren, die wir im vorherigen Teil des Kapitels besprochen haben, ein Pathogen erkennen. Wir wollen dabei den Schwerpunkt auf die wichtigsten Phagocyten legen – neutrophile Zellen, Makrophagen und dendritische Zellen – und auf die Cytokine, die sie produzieren und die dazu dienen, Entzündungen auszulösen und aufrechtzuerhalten. Zuerst sollen die Familien der Cytokine und Chemokine vorgestellt werden, die zahlreiche zelluläre Reaktionen koordinieren, etwa die Rekrutierung von neutrophilen und anderen Zellen des Immunsystems zu Infektionsherden. Wir wollen auch die verschiedenen Adhäsionsmoleküle besprechen, die auf Immunzellen in Erscheinung treten, wenn sie im Blut zirkulieren, und auch bei Endothelzellen in den Blutgefäßen vorkommen, wo sie die Bewegung von Zellen aus dem Blut in infizierte Gewebe koordinieren. Zudem besprechen wir etwas genauer, wie von Makrophagen freigesetzte Chemokine und Cytokine die kontinuierliche Zerstörung von infizierenden Mikroorganismen unterstützen. Das geschieht zum einen dadurch, dass die Erzeugung und Rekrutierung neuer Makrophagen angeregt wird, zum anderen durch das Auslösen eines weiteren Stadiums der angeborenen Immunantwort – der Akute-Phase-Reaktion, in der die Leber Proteine erzeugt, die opsonisierend wirken und die Aktivitäten des Komplementsystems verstärken. Außerdem wollen wir die Mechanismen besprechen, durch welche die antiviralen Typ-I-Interferone ihre Aktivität entfalten, und uns zum Schluss mit der immer größer werdenden Gruppe der angeborenen lymphatischen Zellen (ILCs) befassen, zu denen unter anderem die schon lange bekannten NK-Zellen gehören, die in der angeborenen Immunität gegen Viren und andere intrazelluläre Krankheitserreger aktiv sind. ILC-Zellen entfalten ein großes Spektrum von Effektorfunktionen, die zu einer schnellen angeborenen Immunantwort gegen eine Infektion beitragen. Sie reagieren auf früh einsetztende Cytokinsignale, die von angeborenen Sensorzellen stammen, und verstärken die Reaktion, indem sie verschiedene Arten von Effektorcytokinen produzieren. Wenn eine Infektion nicht durch die ausgelöste angeborene Immunantwort beseitigt werden kann, schließt sich eine adaptive Reaktion an, die vielfach auf denselben Effektormechanismen beruht wie das angeborene Immunsystem, wobei diese aber deutlich zielführender eingesetzt werden. Die hier beschriebenen Effektormechanismen dienen als Einstieg in den inhaltlichen Schwerpunkt der adaptiven Immunität, dem die weiteren Abschnitte dieses Buches gewidmet sind.

### 3.2.1 Cytokine und ihre Rezeptoren bilden eigene Familien strukturell verwandter Proteine

Cytokine sind kleine Proteine (etwa 25 kDa), die im Allgemeinen als Reaktion auf einen aktivierenden Reiz von verschiedenen Zelltypen im Körper freigesetzt werden und dann Reaktionen auslösen, wenn sie an spezifische Rezeptoren binden. Cytokine können **autokrin** wirken, indem sie das Verhalten der Zelle beeinflussen, die das Cytokin freisetzt, oder sie wirken **parakrin**, indem sie benachbarte Zellen beeinflussen. Einige Cytokine sind stabil genug, sodass sie **endokrin** wirken können, indem sie entfernt liegende Zellen beeinflussen, Das hängt allerdings davon ab, ob die Moleküle in den Blutkreislauf gelangen und welche Halbwertszeit sie im Blut haben. Um eine standardisierte Nomenklatur für die Moleküle zu entwickeln, die von Leukocyten aktiviert werden oder auf sie wirken, werden viele Cytokine mit **Interleukin (IL)** bezeichnet, woran sich eine Zahl anschließt (beispielsweise IL-1 oder IL-2). Es wurden jedoch nicht alle Cytokine in das System aufgenommen; so sehen sich Studierende der Immunologie weiterhin mit einer etwas verwirrenden und schwierigen Aufgabe konfrontiert. Die Cytokine sind in Anhang III in alphabetischer Reihenfolge zusammen mit ihren Rezeptoren aufgeführt.

Cytokine kann man aufgrund ihrer Strukturen in Familien einteilen – die IL-1-Familie, die Hämatopoetinsuperfamilie, die Interferone (Abschn. 3.1.7) und die TNF-Familie. Ihre Rezeptoren lassen sich in ähnlicher Weise in Gruppen einteilen (▶ Abb. 3.25). Die **IL-1-Familie** umfasst elf Mitglieder, darunter IL-1$\alpha$, IL-1$\beta$ und IL-18. Die meisten Proteine dieser Familie werden als inaktive Proteinvorstufen produziert, von denen ein aminoterminales Peptid abgespalten wird, sodass das reife Cytokin entsteht. Die Ausnahme von dieser Regel bildet IL-1$\alpha$; hier sind sowohl die Vorstufen als auch die Spaltprodukte biologisch aktiv. Wie bereits besprochen, entstehen die reifen Formen von IL-1$\beta$ und IL-18 in Makrophagen durch die Aktivität der Caspase 1 als Reaktion auf TLR-Signale und die Aktivierung des Inflammasoms. Die Rezeptoren der IL-1-Familie enthalten TIR-Domänen in ihren cytoplasmatischen Regionen und sie leiten ihre Signale über den NF$\kappa$B-Weg, der bereits bei den TLRs besprochen wurde. Der IL-1-Rezeptor wirkt mit einem zweiten Transmembranprotein, IL1RAP (*IL-1 receptor accessory protein*), zusammen, das für die IL-Signalübertragung notwendig ist.

Die **Hämatopoetinsuperfamilie** der Cytokine ist ziemlich groß und umfasst Wachstums- und Differenzierungsfaktoren, die nicht zum Immunsystem gehören, wie das Erythropoetin (das die Entwicklung der roten Blutkörperchen stimuliert) und Wachstumshormone, aber auch Interleukine mit Funktionen in der angeborenen und adaptiven Immunität. IL-6 gehört zu dieser Superfamilie, genauso wie das Cytokin GM-CSF, das die Erzeugung neuer Monocyten und Granulocyten im Knochenmark anregt. Viele der löslichen Cytokine, die von aktivierten T-Zellen produziert werden, gehören ebenfalls zur Hämatopoetinfamilie. Die Rezeptoren der Hämatopoetincytokine sind mit Tyrosinkinasen assoziierte Rezeptoren, die Dimere bilden, sobald ihr Cytokinligand bindet. Durch die Dimerisierung setzt eine intrazelluläre Signalübertragung ein, die von den Tyrosinkinasen ausgeht, die mit den cytoplasmatischen Domänen des Rezeptors assoziiert sind. Einige Arten von Cytokinrezeptoren bestehen aus zwei identischen, andere aus zwei verschiedenen Untereinheiten. Eine wichtige Eigenschaft der Cytokinsignale besteht darin, dass die Rezeptoren eine große Vielzahl verschiedener Kombinationen von Untereinheiten aufweisen.

Diese Cytokine und ihre Rezeptoren können ebenfalls in Unterfamilien eingeteilt werden, die jeweils durch ähnliche Funktionen und die genetische Kopplung ihrer Vertreter gekennzeichnet sind. So besitzen beispielsweise IL-3, IL-4. IL-5, IL-13 und GM-CSF verwandte Strukturen, ihre Gene liegen im Genom dicht nebeneinander und sie werden häufig zusammen von denselben Zelltypen produziert. Darüber hinaus binden sie an eng verwandte Rezeptoren, die zur Familie der **Klasse-I-Cytokinrezeptoren** gehören. Die Rezeptoren für

| homodimere Rezeptoren | | Rezeptoren für Erythropoetin und Wachstumshormone |
|---|---|---|
| heterodimere Rezeptoren mit einer gemeinsamen Kette | $\beta_c$ | Rezeptoren für IL-3, IL-5, GM-CSF haben CD131 oder $\beta_c$ als gemeinsame Kette (gemeinsame $\beta$-Kette) |
| | $\gamma_c$ | Rezeptoren für IL-2, IL-4, IL-7, IL-9 und IL-15 haben CD132 oder $\gamma_c$ als gemeinsame Kette (gemeinsame $\gamma$-Kette) |
| heterodimere Rezeptoren ohne gemeinsame Kette | | Rezeptoren für die IL-1-Familie |
| | | Rezeptoren für IL-13, IFN-$\alpha$, IFN-$\beta$, IFN-$\gamma$, IL-10 |
| TNF-Rezeptor-Familie | | TNF-Rezeptoren I und II, CD40, Fas (Apo1, CD95), CD30, CD27, Rezeptor für den Nervenwachstumsfaktor |
| Chemokin-rezeptorfamilie | | CCR1–10, CXCR1–5, XCR1, CX3CR1 |

**Abb. 3.25 Die Cytokinrezeptoren gehören zu Familien von Rezeptorproteinen, die jeweils unterschiedliche Strukturen besitzen.** Viele Cytokine wirken mit ihrem Signal auf Rezeptoren ein, die zur Hämatopoetinrezeptor-Superfamilie gehören, zu der auch der Erythropoetinrezeptor gehört. Sie umfasst homodimere und heterodimere Rezeptoren, die aufgrund ihrer Proteinsequenz und -struktur in Unterfamilien eingeteilt werden. Beispiele dafür stehen in den ersten drei Zeilen der Tabelle. Heterodimere Klasse-I-Cytokinrezeptoren enthalten eine $\alpha$-Kette, die häufig die Ligandenspezifität des Rezeptors bestimmt. Teilweise haben sie mit anderen Rezeptoren eine gemeinsame $\beta$- oder $\gamma$-Kette, die für die intrazelluläre Signalfunktion zuständig ist. Heterodimere Klasse-II-Cytokinrezeptoren besitzen keine gemeinsamen Ketten; hierher gehören Rezeptoren für Interferon oder interferonähnliche Cytokine. Alle Cytokinrezeptoren leiten ihre Signale über den JAK-STAT-Weg weiter. Die IL-1-Rezeptoren enthalten extrazelluläre Immunglobulindomänen. Sie bilden Dimere und übertragen ihre Signale über die TIR-Domänen in ihren cytoplasmatischen Regionen und über MyD88. Weitere Superfamilien von Cytokinrezeptoren sind die TNFR-Familie der Tumornekrosefaktorrezeptoren und die Familie der Chemokinrezeptoren. Letztere gehört zur sehr großen Familie der G-Protein-gekoppelten Rezeptoren. Die Liganden der TNFR-Familie sind in Form von Trimeren aktiv und wahrscheinlich stärker mit der Zellmembran assoziiert, werden also nicht freigesetzt

IL-3, IL-5 und GM-CSF bilden mit ihrer **gemeinsamen $\beta$-Kette** eine Untergruppe. Eine andere Untergruppe der Klasse-I-Cytokinrezeptoren ist durch die **gemeinsame $\gamma$-Kette ($\gamma$c)** des IL-2-Rezeptors gekennzeichnet. Diese Kette kommt in Rezeptoren für die Cytokine IL-2, IL-4, IL-7, IL-9, IL-15 und IL-21 vor; sie wird von einem Gen auf dem X-Chromosom codiert. Mutationen, welche $\gamma_c$ inaktivieren, führen zum **X-gekoppelten schweren kombinierten Immundefekt (X-SCID)**, da die Signalwege für mehrere Cytokine (IL-7, IL-15 und IL-2), die für die normale Entwicklung der Lymphocyten notwendig sind, abgeschaltet werden (Abschn. 13.1.3). Der Rezeptor für IFN-$\gamma$ ist damit entfernter verwandt und gehört zu einer kleinen Familie von heterodimeren Cytokinrezeptoren mit bestimmten Ähnlichkeiten zur Familie der Hämatopoetinrezeptoren. Diese **Klasse-II-Cytokinrezeptoren** (die auch als Interferonrezeptoren bezeichnet werden) umfasst die Rezeptoren für IFN-$\alpha$ und IFN-$\beta$ sowie für IL-10. Alle Hämatopoetin- und Interferonrezeptoren übertragen ihre Signale durch den JAK-STAT-Weg (siehe unten) und sie aktivieren STAT-Kombinationen mit unterschiedlichen Wirkungen.

Die **TNF-Familie** mit TNF-$\alpha$ als „Prototyp" umfasst mehr als 17 Cytokine mit wichtigen Funktionen in der adaptiven und angeborenen Immunität. Anders als die meisten übrigen immunologisch relevanten Cytokine sind viele Vertreter der TNF-Familie Transmembranproteine. Dadurch besitzen sie besondere Eigenschaften und ihr Aktivitätsspektrum ist begrenzt. Einige können jedoch unter bestimmten Bedingungen auch aus der Membran freigesetzt werden. Im Allgemeinen liegen sie als Homotrimere von membrangebundenen Untereinheiten vor, wobei es auch einige Heterotrimere mit unterschiedlichen Untereinheiten gibt. TNF-$\alpha$ (manchmal auch einfach als TNF bezeichnet) wird anfangs als trimeres membrangebundenes Cytokin exprimiert und kann aus der Membran freigesetzt werden. Die Wirkungen von TNF-$\alpha$ werden durch einen von zwei **TNF-Rezeptoren** übertragen. Der TNF-Rezeptor 1 (TNFR1) wird von einer Vielzahl verschiedener Zellen exprimiert, beispielsweise auf Endothelzellen und Makrophagen, während TNFR2 vor allem von Lymphocyten exprimiert wird. Die Rezeptoren für Cytokine der TNF-Familie sind in der Struktur nicht mit den oben beschriebenen Rezeptoren verwandt, müssen sich aber ebenfalls zusammenlagern, um aktiviert zu werden. Da die Cytokine der TNF-Familie als Trimere produziert werden, bewirkt die Bindung dieser Cytokine, dass sich drei identische Rezeptoruntereinheiten zusammenlagern. Der von diesen Rezeptoren aktivierte Signalweg wird in Kap. 7 beschrieben, wo wir auch feststellen werden, dass die Signalübertragung durch Vertreter der TRAF-Familie erfolgt und dabei der nichtkanonische NF$\kappa$B-Weg aktiviert wird.

Vertreter der Chemokinrezeptorfamilie sind zusammen mit den Chemokinen, die sie erkennen, in Anhang IV aufgeführt. Diese Rezeptoren enthalten eine siebenteilige Transmembranstruktur und die Signalübertragung erfolgt durch Wechselwirkung mit G-Proteinen (Abschn. 3.1.2).

### 3.2.2 Cytokinrezeptoren der Hämatopoetinfamilie sind mit Tyrosinkinasen der JAK-Familie assoziiert, die STAT-Transkriptionsfaktoren aktivieren

Video 3.7

Die signalübertragenden Proteinketten der Hämatopoetinfamilie der Cytokinrezeptoren sind nichtkovalent mit Proteinkinasen der **Januskinasen-(JAK-)Familie** assoziiert. Diese Enzyme enthalten zwei tandemkinaseähnliche Domänen und gleichen so dem römischen Gott Janus mit seinen zwei Köpfen (daher die Bezeichnung). Die JAK-Familie umfasst vier Proteine: Jak1, Jak2, Jak3 und Tyk2. Mäusen, denen einzelne dieser Kinasen fehlen, zeigen unterschiedliche Phänotypen. Deshalb muss jede Kinase eine eigene Funktion besitzen. Beispielsweise überträgt Jak3 Signale von $\gamma_c$, die von einigen der oben beschriebenen Cytokine stammen. Mutationen, die Jak3 inaktivieren, führen zu einer Form von **SCID**, die nicht X-gekoppelt ist.

Die Dimerisierung beziehungsweise Zusammenlagerung der Signalübertragungsketten von Rezeptoren bringt die JAK-Kinasen in direkte Nähe zueinander. Dadurch wird jede JAK-Kinase an einem Tyrosinrest phosphoryliert, was wiederum deren Kinaseaktivität stimuliert. Die aktivierten JAK-Kinasen phosphorylieren dann ihre assoziierten Rezeptoren an spezifischen Tyrosinresten. Ein solches Phosphotyrosin und die spezifische Aminosäuresequenz in seiner Umgebung bildet eine Bindungsstelle, die von **SH2-Domänen** in anderen Proteinen erkannt wird. Dabei handelt es sich vor allem um **STAT**-Transkriptionsfaktoren (STAT für *signal transducers and activators of transcription*) (▶ Abb. 3.26).

Es gibt sieben STAT-Transkriptionsfaktoren (1–4, 5a, 5b, 6), die im Cytoplasma als inaktive Form vorliegen, bis sie von Cytokinrezeptoren aktiviert werden. Vor der Aktivierung bilden die meisten STAT-Faktoren aufgrund einer spezifischen homotypischen Wechselwirkung zwischen den Domänen am Aminoterminus Homodimere. Die Rezeptorspezifität jedes STAT-Faktors wird von der individuellen Phosphotyrosinsequenz auf jedem aktivierten Rezeptor festgelegt, die von den verschiedenen SH2-Domänen der STAT-Faktoren erkannt werden. Die Bindung eines STAT-Faktors an den aktivierten Rezeptor bringt den Faktor in die Nähe der aktivierten JAK-Kinase, die dann einen konservierten Tyrosinrest am Carboxyterminus des STAT-Faktors phosphoryliert. So kommt es zu einer Umlagerung, durch die der Phosphotyrosinrest jedes STAT-Proteins an die SH2-Domäne eines anderen STAT-Proteins bindet. Diese Konfiguration kann nun mit hoher Affinität DNA binden. Aktivierte STAT-Faktoren bilden vor allem Homodimere, wobei ein bestimmtes Cytokin immer nur einen STAT-Typ aktivieren kann. So aktiviert beispielsweise IFN-$\gamma$ STAT1 und führt zur Bildung von STAT1-Homodimeren, während IL-4 STAT6 aktiviert und STAT6-Homodimere erzeugt. Andere Cytokinrezeptoren können mehrere STAT-Faktoren aktivieren und

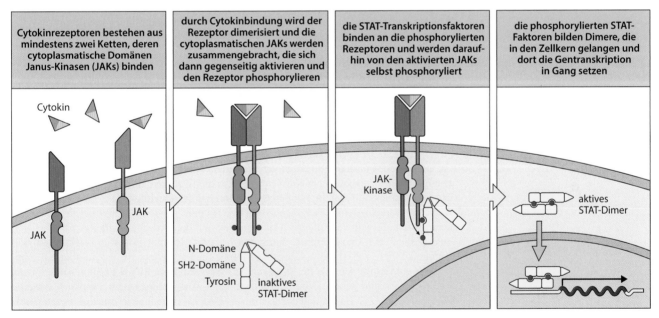

**Abb. 3.26 Viele Cytokinrezeptoren übertragen ihre Signale mithilfe des schnellen JAK-STAT-Signalwegs.** *Erstes Bild*: Viele Cytokine entfalten ihre Aktivität über Rezeptoren, die mit den cytoplasmatischen Januskinasen (JAKs) assoziiert sind. Ein solcher Rezeptor besteht aus mindestens zwei Proteinketten, die jeweils an eine spezifische JAK-Kinase gebunden sind. *Zweites Bild*: Die Bindung eines Liganden bringt die beiden Ketten zusammen, sodass die JAK-Kinasen phosphoryliert werden können und sich gegenseitig aktivieren, um dann spezifische Tyrosine in den Rezeptorschwänzen zu phosphorylieren (*rote Punkte*). Die Transkriptionsfaktoren der STAT-Familie enthalten eine aminoterminale Domäne, durch die sie im Cytosol Homodimere bilden können, bevor sie aktiviert werden. Außerdem besitzen sie eine SH2-Domäne, die an die Rezeptorschwänze mit den phosphorylierten Tyrosinresten binden. *Drittes Bild*: Nach der Bindung werden die STAT-Homodimere von den JAK-Kinasen phosphoryliert. *Viertes Bild*: Nach der Phosphorylierung lagern sich die STAT-Proteine zu einem Dimer um, das durch die Bindung der SH2-Domäne an Phosphotyrosinreste des anderen STAT-Proteins stabilisiert wird. Die Dimere wandern dann in den Zellkern, wo sie an verschiedene Gene binden, die für die adaptive Immunität von Bedeutung sind, und aktivieren deren Transkription

es können sich auch einige STAT-Heterodimere bilden. Das phosphorylierte STAT-Dimer wandert in den Zellkern, wo es als Transkriptionsfaktor wirkt und die Expression bestimmter Gene in Gang setzt, die für die Regulation von Wachstum und Differenzierung bestimmter Unterguppen der Lymphocyten zuständig sind.

Da die Signalübertragung durch diese Rezeptoren auf der Phosphorylierung von Tyrosin beruht, ist die Dephosphorylierung des Rezeptorkomplexes durch **Tyrosinphosphatasen** ein möglicher Weg für die Zelle, die Signalübertragung anzuhalten. Man hat bereits eine Reihe verschiedener Tyrosinphosphatasen mit der Dephosphorylierung von Cytokinrezeptoren, JAK-Kinasen und STAT-Faktoren in Verbindung gebracht. Dazu gehören etwa die Nichtrezeptortyrosinphosphatasen SHP-1 und SHP-2 (codiert von *PTPN6* und *PTPN11*) und die Transmembranrezeptortyrosinphosphatase **CD45**, die auf vielen hämatopoetischen Zellen in diversen Isoformen exprimiert wird. Die Signalgebung von Cytokinen kann auch durch eine negative Rückkopplung mit spezifischen Inhibitoren, die durch die Cytokinaktivierung induziert wurden, beendet werden. Die **Suppressoren der Cytokinsignale (SOCS)** bilden eine Gruppe von Inhibitoren, die die Signalgebung von vielen Cytokin- und Hormonrezeptoren beenden können. SOCS-Proteine enthalten eine SH2-Domäne, durch die sie an die phosphorylierte JAK-Kinase oder den phosphorylierten Rezeptor binden. Sie können auch die JAK-Kinasen direkt hemmen, um den Rezeptor konkurrieren sowie eine Ubiquitinierung und den anschließenden Abbau von JAK- und STAT-Proteinen in Gang setzen. SOCS-Proteine werden durch die STAT-Aktivierung induziert und hemmen dann die Signalübertragung des Rezeptors, nachdem das Cytokin seine Wirkung entfaltet hat. Bei Mäusen mit SOCS1-Mangel kommt es zu einer inflammatorischen Infiltration der Organe, die durch eine verstärkte Signalübertragung von Interferonrezeptoren, $\gamma_c$-haltigen Rezeptoren und TLRs hervorgerufen wird. Eine andere Gruppe von inhibitorischen Proteinen sind **Proteininhibitoren für aktivierte STAT-Faktoren (PIAS)**, die anscheinend auch zum Abbau von Rezeptoren und Signalwegkomponenten beitragen.

### 3.2.3 Chemokine, die von Makrophagen und dendritischen Zellen freigesetzt werden, locken Zellen zu Infektionsherden

Alle Cytokine, die von Makrophagen während der angeborenen Immunreaktionen produziert werden, haben bedeutsame lokale und systemische Auswirkungen und tragen sowohl zur angeborenen als auch zur adaptiven Immunität bei (Zusammenfassung in ▶ Abb. 3.27). Die Erkennung verschiedener Klassen von Krankheitserregern durch Phagocyten und dendritische Zellen kann die Signalübertragung durch unterschiedliche Rezeptoren (beispielsweise die verschiedenen TLRs) auslösen und so eine gewisse Variabilität der Cytokine hervorrufen, die von stimulierten Makrophagen und dendritischen Zellen exprimiert werden. Dies ist ein Mechanismus, durch den passende Immunantworten selektiv aktiviert werden können, weil die freigesetzten Cytokine immer die jeweils nächste Phase der Immunabwehr bestimmen. Als Reaktion auf die Aktivierung von PRR-Rezeptoren sezernieren Makrophagen und dendritische Zellen eine Reihe verschiedenartiger Cytokine, darunter IL-1$\beta$, IL-6, IL-12, TNF-$\alpha$ und das Chemokin CXCL8 (früher auch mit IL-8 bezeichnet).

Video 3.8 ▶

Zu den Cytokinen, die in den allerersten Phasen einer Infektion in dem betroffenen Gewebe freigesetzt werden, gehören Vertreter einer Familie von chemotaktisch aktiven Cytokinen, die man als Chemokine bezeichnet. Diese kleinen Proteine induzieren eine gerichtete **Chemotaxis** bei in der Nähe vorhandenen reaktiven Zellen. Das führt dazu, dass sich diese Zellen auf die Quelle der Chemokine zu bewegen. Man hat die Chemokine erstmals in Funktionstests nachgewiesen und aus diesem Grund ursprünglich eine Reihe verschiedener Bezeichnungen gegeben, die zusammen mit der standardisierten Nomenklatur in Anhang IV aufgeführt sind. Alle Chemokine besitzen ähnliche Aminosäuresequenzen und ihre Rezeptoren sind an G-Proteine gekoppelt (Abschn. 3.1.2). Der Signalweg, der von Chemokinen stimuliert wird, führt zu Veränderungen der Zelladhäsion und des zellulären Cytoskeletts, sodass eine gerichtete Bewegung entsteht. Chemokine werden von vielen verschiedenen Zelltypen produziert und freigesetzt, nicht nur von Zellen des Immunsystems.

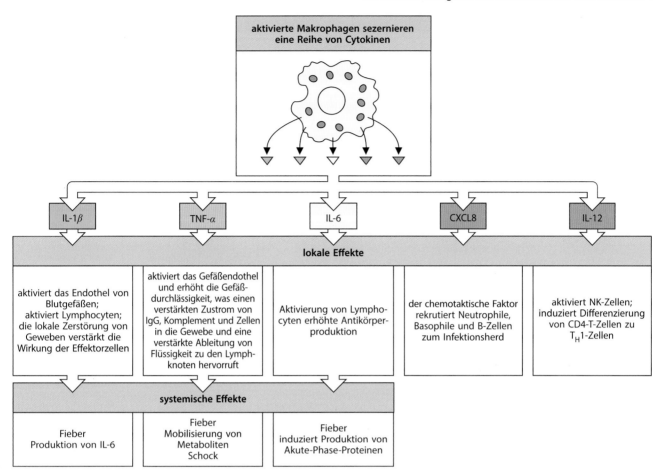

**Abb. 3.27 Zu den wichtigen Cytokinen und Chemokinen, die von dendritischen Zellen und Makrophagen als Reaktion auf bakterielle Bestandteile freigesetzt werden, gehören unter anderem IL-1β, IL-6, CXCL8, IL-12 und TNF-α.** TNF-α stimuliert lokale Entzündungsreaktionen, die zur Eindämmung der Infektion beitragen. Der Faktor hat auch systemische Effekte, von denen viele schädlich sind (Abschn. 3.2.6). Das Chemokin CXCL8 ist ebenfalls an lokalen Entzündungsreaktionen beteiligt und lockt neutrophile Zellen zum Infektionsherd. IL-1β, IL-6 und TNF-α spielen eine wichtige Rolle beim Auslösen der Akute-Phase-Reaktion in der Leber. Sie rufen Fieber hervor, was eine effektive Immunabwehr auf verschiedene Weise begünstigt. IL-12 aktiviert natürliche Killerzellen und fördert im Zusammenhang mit der adaptiven Immunität die Differenzierung von CD4-T-Zellen zu $T_H$1-Zellen

Im Immunsystem wirken Chemokine vor allem als Chemoattraktoren für Leukocyten, sie rekrutieren Monocyten, neutrophile Zellen und weitere Effektorzellen der angeborenen Immunität aus dem Blut zu Infektionsherden. Sie dirigieren auch Lymphocyten der adaptiven Immunität (Kap. 9 bis 11). Einige Chemokine sind auch an der Entwicklung und Wanderung der Lymphocyten beteiligt und wirken bei der Angiogenese (dem Wachstum neuer Blutgefäße) mit. Bis jetzt sind über 540 Chemokine bekannt. Diese beeindruckende Vielfalt unterstreicht durchaus ihre Bedeutung, Zellen zu den Bestimmungsorten zu lenken – in Bezug auf die Lymphocyten ist das offensichtlich die Hauptaufgabe. Einige Chemokine, die von Zellen des angeborenen Immunsystems produziert werden oder diese beeinflussen, sind in ► Abb. 3.28 aufgeführt.

Chemokine lassen sich in zwei verwandte, aber eigenständige Gruppen einteilen. Die **CC-Chemokine** tragen zwei nebeneinanderstehende Cysteine an ihrem Aminoterminus, während die beiden Cysteinreste bei den **CXC-Chemokinen** durch eine einzelne Aminosäure getrennt sind. Die CC-Chemokine stimulieren die Wanderung der Monocyten, Lymphocyten und anderer Zelltypen. Ein für die angeborene Immunität wichtiges Molekül ist zum Beispiel CCL2. Es bindet Monocyten über den CCR2B-Rezeptor und veranlasst die Zellen,

| Klasse | Chemokin | produziert von | Rezeptoren | angelockte Zellen | Hauptwirkung |
|---|---|---|---|---|---|
| CXC | CXCL8 (IL-8) | Monocyten Macrophagen Fibroblasten Epithelzellen Endothelzellen | CXCR1 CXCR2 | Neutrophile naive T-Zellen | Mobilisierung, Aktivierung, Degranulierung neutrophiler Zellen Angiogenese |
| | CXCL7 (PBP, $\beta$-TG, NAP-2) | Blutplättchen | CXCR2 | Neutrophile | aktiviert Neutrophile Abbau von Blutgerinnseln Angiogenese |
| | CXCL1 (GRO$\alpha$) CXCL2 (GRO$\beta$) CXCL3 (GRO$\gamma$) | Monocyten Fibroblasten Endothel | CXCR2 | Neutrophile naive T-Zellen Fibroblasten | aktiviert Neutrophile Fibroblasten Angiogenese |
| CC | CCL3 (MIP-1$\alpha$) | Monocyten T-Zellen Mastzellen Fibroblasten | CCR1, 3, 5 | Monocyten NK- und T-Zellen Basophile dendritische Zellen | konkurriert mit HIV-1 Abwehr von Viren fördert $T_H$1-Immunität |
| | CCL4 (MIP-1$\beta$) | Monocyten Makrophagen Neutrophile Endothelzellen | CCR1, 3, 5 | Monocyten NK- und T-Zellen dendritische Zellen | konkurriert mit HIV-1 |
| | CCL2 (MCP-1) | Monocyten Macrophagen Fibroblasten Keratinocyten | CCR2B | Monocyten NK- und T-Zellen Basophile dendritische Zellen | aktiviert Makrophagen Histaminfreisetzung durch Basophile fördert $T_H$2-Immunität |
| | CCL5 (RANTES) | T-Zellen Endothel Blutplättchen | CCR1, 3, 5 | Monocyten NK- und T-Zellen Basophile Eosinophile dendritische Zellen | Degranulierung basophiler Zellen aktiviert T-Zellen chronische Entzündung |
| CXXXC (CX3C) | CX3CL1 (Fractalkine) | Monocyten Endothel Mikrogliazellen | CX3CR1 | Monocyten T-Zellen | Leukocyten-Endothel-Adhäsion Entzündung des Gehirns |

**Abb. 3.28 Eigenschaften ausgewählter Chemokine beim Menschen.** Chemokine lassen sich hauptsächlich in zwei verwandte, aber eigenständige Gruppen einteilen: die CC-Chemokine, die in der Nähe des Aminoterminus zwei nebeneinanderstehende Cysteinreste aufweisen, und die CXC-Chemokine, bei denen die entsprechenden Cysteinreste durch eine einzelne Aminosäure getrennt sind. Beim Menschen liegen die Gene der CC-Chemokine größtenteils in einem Cluster auf Chromosom 4, die Gene der CXC-Chemokine vor allem in einem Cluster auf Chromosom 17. Die beiden Gruppen der Chemokine wirken auf verschiedene Gruppen von Rezeptoren, die aber alle an G-Proteine gekoppelt sind. CC-Chemokine binden an die Rezeptoren CCR1–10, CXC-Chemokine an die Rezeptoren CXCR1–7. Die verschiedenen Rezeptoren werden von unterschiedlichen Zelltypen exprimiert, sodass jedes Chemokin einen bestimmten Zelltyp herbeilocken kann. So stimulieren die CXC-Chemokine, die unmittelbar vor dem ersten Cysteinrest ein Glu-Leu-Arg-Tripeptid enthalten (beispielsweise CXC8), die Wanderung von neutrophilen Zellen. Die meisten der übrigen CXC-Chemokine enthalten dieses Motiv nicht, zum Beispiel die Chemokine, die mit den Rezeptoren CXCR3, CXCR4 und CXCR5 interagieren. Fractalkin ist in mehrfacher Hinsicht ungewöhnlich: Das Molekül enthält drei Aminosäuren zwischen den beiden Cysteinresten und es kommt in zwei verschiedenen Formen vor: zum einen membrangebunden an Endothel- und Epithelzellen, die es auch exprimieren und wo es als Adhäsionsprotein fungiert; zum anderen in löslicher Form, die von der Zelloberfläche freigesetzt wird und für ein breites Spektrum von Zelltypen als Chemoattraktor wirkt. Eine ausführlichere Liste der Chemokine findet sich in Anhang IV

den Blutkreislauf zu verlassen und Gewebemakrophagen zu werden. Im Gegensatz dazu wird die Wanderung von neutrophilen Zellen durch CXC-Chemokine stimuliert, etwa durch CXCL8 und den CXCR2-Rezeptor. Neutrophile Zellen werden dadurch im Knochenmark mobilisiert, verlassen schließlich das Blut und wandern in die umgebenden Gewebe ein. CCL2 und CXCL8 besitzen daher in der angeborenen Immunantwort ähnliche, aber komplementäre Funktionen, indem sie Monocyten beziehungsweise neutrophile Zellen anlocken.

Chemokine besitzen für die Rekrutierung von Zellen eine doppelte Funktion. Zum einen wirken sie an Entzündungsherden auf die Leukocyten ein, die an den Endothelzellen entlang rollen, wobei die Rollbewegung in eine stabile Bindung übergeht, da sich die Konformation der Adhäsionsmoleküle (Integrine) der Leukocyten ändert. Dadurch können die Integrine fest an ihre Liganden auf den Endothelzellen binden und die Leukocyten sind in der Lage, die Blutgefäßwand zu durchqueren, indem sie sich zwischen den Endothelzellen hindurchdrücken. Zum anderen steuern Chemokine die Wanderung der Leukocyten entlang eines Gradienten aus Chemokinmolekülen, die an die extrazelluläre Matrix und die Oberflächen der Endothelzellen gebunden sind. Die Konzentration dieses Gradienten nimmt in Richtung auf den Infektionsherd zu.

 Video 3.9

Chemokine werden von einer großen Zahl verschiedener Zelltypen erzeugt, als Reaktion auf bakterielle Produkte, Viren und Substanzen, die physikalische Schäden hervorrufen (etwa Silicium- und Aluminiumsalze, oder auch Harnsäurekristalle, wie sie bei der Gicht auftreten). Komplementfragmente wie C3a und C5a, aber auch bakterielle fMLF-Peptide wirken ebenfalls als Chemoattraktoren für neutrophile Zellen. Eine Infektion oder eine physikalische Schädigung von Geweben führen also zur Erzeugung von Chemokingradienten, die Phagocyten dorthin lenken können, wo sie gebraucht werden. Neutrophile Zellen erreichen Infektionsherde schnell und in großer Zahl. Gleichzeitig erfolgt die Rekrutierung von Monocyten, die sich allerdings langsamer an Infektionsherden ansammeln, möglicherweise weil sie im Blutkreislauf weniger zahlreich vorhanden sind. Das Komplementfragment C5a und die Chemokine CXCL8 und CCL2 aktivieren ihre jeweiligen Zielzellen, sodass nicht nur neutrophile Zellen und Monocyten zu potenziellen Infektionsherden gelangen. Bei diesem Vorgang werden sie so ausgestattet („bewaffnet"), dass sie die Krankheitserreger, auf die sie vor Ort treffen, bekämpfen können. Das bedeutet vor allem, dass die von C5a und CXCL8 ausgelösten Signale bei den neutrophilen Zellen dazu dienen, den respiratorischen Burst zu verstärken, bei dem Sauerstoffradikale und Stickstoffmonoxid gebildet werden. Die neutrophilen Zellen werden dadurch angeregt, den Inhalt ihrer gespeicherten antimikrobiellen Granula freizusetzen (Abschn. 3.1.2).

Chemokine sind nicht allein für die Zellrekrutierung zuständig. Sie benötigen die Mitwirkung von gefäßaktiven Mediatoren, die die Leukocyten in die Nähe der Blutgefäßwand bringen (Abschn. 3.1.3), und von Cytokinen wie TNF-$\alpha$, um die erforderlichen Adhäsionsmoleküle auf den Endothelzellen zu induzieren. Wir werden in weiteren Kapiteln wieder auf die Chemokine zu sprechen kommen, wenn sie im Zusammenhang mit der adaptiven Immunantwort behandelt werden. Hier wollen wir uns nun mit den Molekülen beschäftigen, die es den Leukocyten ermöglichen, sich an das Endothel zu heften, und anschließend wollen wir Schritt für Schritt besprechen, wie der Prozess der Extravasation funktioniert, durch die Monocyten und neutrophile Zellen zu Infektionsherden gelangen.

### 3.2.4 Zelladhäsionsmoleküle steuern bei einer Entzündungsreaktion die Wechselwirkung zwischen Leukocyten und Endothelzellen

Die Rekrutierung von aktivierten Phagocyten zu Infektionsherden ist eine der wichtigsten Funktionen der angeborenen Immunität. Die Rekrutierung ist Teil der Entzündungsreaktion und wird von Zelladhäsionsmolekülen vermittelt, deren Expression auf der Oberfläche der Endothelzellen lokaler Blutgefäße induziert wird. Hier wollen wir uns mit den Funktionen

 Video 3.10

befassen, die innerhalb von Stunden oder Tagen nach Etablierung einer Infektion bei der Rekrutierung von Entzündungszellen eine Rolle spielen.

Wie bei den Komponenten des Komplements ist die Nomenklatur ein eindeutiges Hindernis für das Verständnis der Zelladhäsionsmoleküle. Die meisten dieser Moleküle, besonders auf Leukocyten, deren Funktion sich relativ einfach untersuchen lässt, erhielten ihre Bezeichnung ursprünglich aufgrund der Wirkung von monoklonalen Antikörpern gegen diese Moleküle. Daher haben ihre Namen keinen Bezug zu ihrer Strukturklasse. So gehören die **funktionellen Leukocytenantigene** LFA-1, LFA-2 und LFA-3 zu zwei verschiedenen Proteinfamilien. In ▶ Abb. 3.29 sind die für die angeborene Immunität relevanten Adhäsionsmoleküle entsprechend ihrer molekularen Struktur angeordnet, die schematisch dargestellt ist; außerdem finden sich dort ihre verschiedenen Bezeichnungen, ihre Expressionsorte und Liganden. Für die Rekrutierung von Leukocyten sind drei Strukturfamilien von Adhäsionsmolekülen von Bedeutung. Die **Selektine** sind membranständige Glykoproteine mit einer distalen lektinähnlichen Domäne, die spezifische Kohlenhydratgruppen bindet. Vertreter dieser Familie werden auf aktiviertem Endothel induziert und lösen Wechselwirkungen zwischen Endothel und Leukocyten aus, indem sie an fucosylierte Oligosaccharidliganden auf vorbeikommenden Leukocyten binden (▶ Abb. 3.29).

Der nächste Schritt der Leukocytenrekrutierung beruht auf einer festeren Adhäsion. Dafür sind die **interzellulären Adhäsionsmoleküle (ICAMs)** auf dem Endothel verantwortlich, die an heterodimere Proteine der Familie der **Integrine** auf den Leukocyten binden. ICAM sind Membranproteine mit nur einer membrandurchspannenden Domäne, die zur großen Superfamilie der **immunglobulinähnlichen Proteine** gehören. Diese enthalten Proteindomänen, die mit den Domänen der Immunglobuline verwandt sind. Die extrazellulären ICAM-Regionen bestehen aus mehreren immunglobulinähnlichen Domänen. Ein Integrinmolekül setzt sich aus den beiden Transmembranproteinketten $\alpha$ und $\beta$ zusammen, von denen es viele verschiedene Typen gibt. Untergruppen der Integrine besitzen eine gemeinsame $\beta$-Kette, die mit verschiedenen $\alpha$-Ketten gepaart sein kann. Die für die Extravasation wichtigen Leukocytenintegrine sind **LFA-1** ($\alpha_L{:}\beta_2$, andere Bezeichnung **CD11a:CD18**) und **CR3** ($\alpha_M{:}\beta_2$, Komplementrezeptor vom Typ 3, andere Bezeichnungen **CD11b:CD18** oder Mac-1). Wir haben CR3 in Abschn. 2.2.9 bereits als Rezeptor für iC3b kennengelernt, aber dieses Integrin bindet auch andere Liganden. Sowohl LFA-1 als auch CR3 binden an **ICAM-1** und **ICAM-2** (▶ Abb. 3.30). Selbst wenn keine Infektion vorliegt, verlassen Monocyten ständig den Blutkreislauf und wandern in bestimmte Gewebe ein, wo sie zu residenten Makrophagen werden. Damit sie aus dem Blutgefäß austreten können, müssen sie wahrscheinlich an ICAM-2 binden, das auf dem nichtaktivierten Endothel in geringer Menge exprimiert wird. CR3 bindet auch an Fibrinogen und Faktor X; beide sind Substrate in der Blutgerinnungskaskade.

Die Induktion von ICAM-1 auf einem entzündeten Endothel und die Aktivierung einer Konformationsänderung bei LFA-1 und CR3 führen zu einer starken Adhäsion zwischen Leukocyten und Endothelzellen. Integrine können zwischen einem „aktiven" Zustand, in dem sie stark an ihre Liganden binden, und einem „inaktiven" Zustand wechseln, in der die Bindung leicht gelöst werden kann. Dadurch ist es den Zellen möglich, als Reaktion auf Signale, welche die Zelle entweder über das Integrin selbst oder über andere Rezeptoren erhalten hat, die integrinvermittelte Adhäsion einzugehen oder aufzuheben. Im aktivierten Zustand ist ein Integrinmolekül über das intrazelluläre Protein **Talin** mit dem Actincytoskelett verbunden. Bei wandernden Leukocyten erzeugen die Chemokine, wenn sie an ihre Rezeptoren auf den Leukocyten binden, intrazelluläre Signale, die dazu führen, dass Talin an die cytoplasmatischen Schwänze der $\beta$-Ketten von LFA-1 und CR3 bindet. Dadurch nehmen die extrazellulären Regionen des Integrins die aktive Konformation an. Die Bedeutung der Leukocytenintegrine für die Rekrutierung von Entzündungszellen zeigt sich bei **Leukocytenadhäsionsdefekten** (LADs). Diese Krankheiten können als Folge eines Defekts der Integrine selbst oder der Proteine entstehen, die für die Steuerung der Adhäsion notwendig sind. Patienten mit diesen Erkrankungen leiden wiederholt an bakteriellen Infektionen und gestörter Wundheilung.

| | Bezeichnung | Gewebe | Ligand |
|---|---|---|---|
| **Selektine**<br><br>binden Kohlenhydrate, leiten Leukocyten-Endothel-Wechselwirkung ein | P-Selektin<br><br>P-Selektin | P-Selektin (PADGEM, CD62P) | aktiviertes Endothel und Blutplättchen | PSGL-1, Sialyl-Lewis$^x$ |
| | | E-Selektin (ELAM-1, CD62E) | aktiviertes Endothel | Sialyl-Lewis$^x$ |
| **Integrine**<br><br>binden an Zelladhäsionsmoleküle und die extrazelluläre Matrix; starke Adhäsion | LFA-1<br><br>$\alpha$ $\beta$ | $\alpha_L{:}\beta_2$ (LFA-1, CD11a:CD18) | Monocyten, T-Zellen, Makrophagen, Neutrophile, dendritische Zellen, NK-Zellen | ICAM-1, ICAM-2 |
| | | $\alpha_M{:}\beta_2$ (CR3, Mac-1, CD11b:CD18) | Neutrophile, Monocyten, Makrophagen, NK-Zellen | ICAM-1, iC3b, Fibrinogen |
| | | $\alpha_X{:}\beta_2$ (CR4, p150.95, CD11c:CD18) | dendritische Zellen, Makrophagen, Neutrophile, NK-Zellen | iC3b |
| | | $\alpha_5{:}\beta_1$ (VLA-5, CD49d:CD29) | Monocyten, Makrophagen | Fibronectin |
| **Immunglobulin-superfamilie**<br><br>verschiedene Funktionen bei der Zelladhäsion, Liganden für Integrine | ICAM-1 | ICAM-1 (CD54) | aktiviertes Endothel, aktivierte Leukocyten | LFA-1, Mac1 |
| | | ICAM-2 (CD102) | ruhendes Endothel, dendritische Zellen | LFA-1 |
| | | VCAM-1 (CD106) | aktiviertes Endothel | VLA-4 |
| | | PECAM (CD31) | aktivierte Leukocyten, Zell-Zell-Verbindungen im Endothel | CD31 |

**Abb. 3.29 Adhäsionsmoleküle bei Wechselwirkungen von Leukocyten.** Bei Wanderung, Homing und Zell-Zell-Wechselwirkungen der Leukocyten spielen mehrere Strukturfamilien von Adhäsionsmolekülen eine Rolle: Selektine, Integrine und Proteine der Immunglobulinsuperfamilie. Die Abbildung enthält in schematischer Darstellung für jede Familie ein Beispiel, außerdem sind weitere Vertreter jeder Gruppe aufgeführt, die an den Wechselwirkungen der Leukocyten beteiligt sind; ihre Verteilung auf die Zellen sowie ihre jeweiligen Liganden bei adhäsiven Wechselwirkungen sind ebenfalls angegeben. Hier sind nur Vertreter der einzelnen Gruppen dargestellt, die an Entzündungsreaktionen und anderen Mechanismen des angeborenen Immunsystems mitwirken. An der erworbenen Immunität sind dieselben sowie weitere Moleküle beteiligt (Kap. 9 und 11). Die Nomenklatur der verschiedenen Moleküle in diesen Familien ist verwirrend, da häufig nur ersichtlich ist, in welcher Reihenfolge die Moleküle entdeckt wurden, und nicht, welche strukturellen Merkmale sie besitzen. Alternativ verwendete Bezeichnungen stehen jeweils in Klammern. Sulfatiertes Sialyl-Lewis$^x$, das von P- und E-Selektin erkannt wird, ist ein Oligosacharid an den Glykoproteinen der Zelloberfläche von zirkulierenden Leukocyten

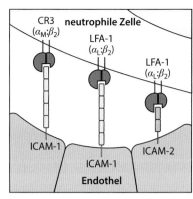

**Abb. 3.30 Integrine vermitteln die Adhäsion der Phagocyten an das Gefäßendothel.** Wenn das Gefäßendothel durch Entzündungsmediatoren aktiviert wird, exprimiert es zwei Adhäsionsmoleküle – ICAM-1 und ICAM-2. Dies sind Liganden für Integrine, die von Phagocyten exprimiert werden – $\alpha_M{:}\beta_2$ (andere Bezeichnung CR3, Mac-1 oder CD11b:CD18) und $\alpha_L{:}\beta_2$ (LFA-1 oder CD11a:CD18)

Wechselwirkungen mit Cytokinen der Makrophagen, speziell mit TNF-$\alpha$, fördern die Aktivierung des Endothels. TNF-$\alpha$ induziert in den Endothelzellen die schnelle Freisetzung von Granula, die man als **Weibel-Palade-Körperchen** bezeichnet. Diese Granula enthalten vorher gebildetes **P-Selektin**, das auf diese Weise innerhalb von Minuten nach der Erzeugung von TNF-$\alpha$ durch Makrophagen, die auf Mikroorganismen reagieren, auf der Oberfläche von lokalen Endothelzellen erscheint. Kurz nach dem Erscheinen von P-Selektin auf der Zelloberfläche wird eine mRNA synthetisiert, die **E-Selektin** codiert, und innerhalb von zwei Stunden exprimieren die Endothelzellen vor allem dieses Protein. Beide Proteine treten mit der **sulfatierten Sialyl-Lewis$^x$-Einheit** in Wechselwirkung. Diese Sialyl-Lewis$^x$-Einheit kommt als sulfatierte Form einer Kohlenhydratstruktur, die auch als Blutgruppenantigen eine Rolle spielt, auf der Oberfläche von Leukocyten vor, und ihre

Wechselwirkungen mit P-Selektin und E-Selektin sind für das Entlangrollen der neutrophilen Zellen am Endothel von großer Bedeutung. Mutationen in den Enzymen, die an der Synthese der Sialyl-Lewis$^x$-Einheit beteiligt sind, etwa in der Fucosyltransferase, führen zu einer ungenügenden Produktion der Einheit und dadurch zur Immunschwächekrankheit **Leukocytenadhäsionsdefekt Typ 2**.

Integrine eignen sich gut als Oberflächenmarker, um verschiedene Zelltypen zu unterscheiden. Dendritische Zellen, Makrophagen und Monocyten exprimieren unterschiedliche Integrin-$\alpha$-Ketten und präsentieren deshalb unterschiedliche $\beta_2$-Integrine an ihrer Oberfläche. Das vorherrschende Leukocytenintegrin auf konventionellen dendritischen Zellen ist $\alpha_X{:}\beta_2$, das man auch als **CD11c:CD18** oder Komplementrezeptor 4 (**CR4**) bezeichnet (▶ Abb. 3.29). Dieses Integrin ist ein Rezeptor für das C3-Komplementspaltungsprodukt iC3b, für Fibrinogen und für ICAM-1. Im Gegensatz zu konventionellen dendritischen Zellen exprimieren die meisten Monocyten und Makrophagen nur geringe Mengen an CD11c, aber sie exprimieren vor allem das Integrin $\alpha_M{:}\beta_2$ (CD11b:CD18; CR3). Die Expressionsmuster der Integrine können jedoch variieren. So exprimieren bestimmte Gewebemakrophagen, beispielsweise in der Lunge, CD11c:CD18. Bei der Maus lassen sich die beiden Hauptlinien der konventionellen dendritischen Zellen aufgrund der Expression von CD11b:CD18 unterscheiden: Die eine Linie ist durch eine starke Expression von CD11b:CD18 gekennzeichnet, bei der anderen Linie kommt CD11b:CD18 dagegen nicht vor.

Plasmacytoide dendritische Zellen (pDC) exprimieren geringere Mengen an CD11c, lassen sich aber von den konventionellen dendritischen Zellen mithilfe anderer Marker unterscheiden. Beim Menschen exprimieren pDC-Zellen das C-Typ-Lektin **BDCA-2** (*blood dendritic cell antigen 2*), bei der Maus exprimieren diese Zellen **BST2** (*bone marrow stromal antigen*). Keines von beiden wird jedoch von konventionellen dendritischen Zellen exprimiert.

### 3.2.5 Neutrophile Zellen sind die ersten Zellen, welche die Blutgefäßwand durchqueren und in Entzündungszonen eindringen

Das Austreten von Leukocyten aus Blutgefäßen (Extravasation) ist die Reaktion auf Signale, die am Infektionsherd erzeugt wurden. Unter normalen Bedingungen treiben Leukocyten nur in der Mitte von kleinen Blutgefäßen, wo die Fließgeschwindigkeit am höchsten ist. In Entzündungsherden, wo die Gefäße erweitert sind, ermöglicht es die geringere Fließgeschwindigkeit den Leukocyten, in großer Zahl mit dem Gefäßendothel in Wechselwirkung zu treten. Während einer Entzündungsreaktion werden durch die Expression von Adhäsionsmolekülen auf den Endothelzellen von Blutgefäßen in infizierten Geweben sowie durch induzierte Veränderungen der Adhäsionsmoleküle, die auf Leukocyten exprimiert werden, zirkulierende Leukocyten in großer Zahl zum Infektionsherd geleitet. Wir werden den Prozess so beschreiben, wie er für Monocyten und neutrophile Zellen bekannt ist (▶ Abb. 3.31).

Video 3.11 ▶

Die Extravasation erfolgt in vier Phasen. In der ersten führt die Induktion der Selektine dazu, dass die Leukocyten am Endothel entlangrollen. P-Selektin erscheint wenige Minuten nach einem Kontakt mit Leukotrien B4, C5a oder einem Histamin, das von Mastzellen als Reaktion auf C5a freigesetzt wird. P-Selektin kann auch von TNF-$\alpha$ oder LPS induziert werden und beide induzieren die Synthese von E-Selektin, das auf den Endothelzellen einige Stunden später in Erscheinung tritt. Wenn die sulfatierte Sialyl-Lewis$^x$-Einheit auf Monocyten und Makrophagen mit diesen offen zugänglichen P- und E-Selektinen interagiert, heften sich diese Zellen reversibel an die Gefäßwand und beginnen damit, das Endothel entlangzurollen (▶ Abb. 3.31 oben). Diese Adhäsion ermöglicht die stärkeren Wechselwirkungen beim nächsten Schritt der Leukocytenwanderung. Neutrophile Zellen sind beim Entlangrollen am Endothel besonders effizient, selbst bei Fließgeschwindigkeiten, bei denen andere Zellen dazu nicht mehr in der Lage sind. Ein solches **scherkraftresistentes**

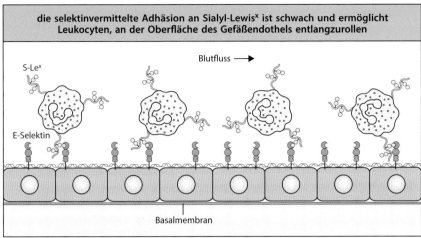

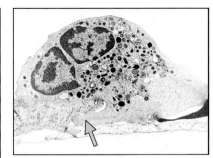

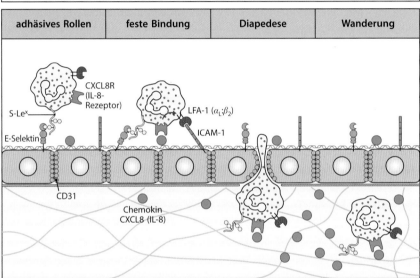

**Abb. 3.31 Neutrophile Zellen verlassen das Blut und wandern in einem mehrstufigen Prozess, der durch Adhäsion vermittelt wird, zu Infektionsherden, wobei Cytokine und Chemokine aus Makrophagen die Wechselwirkungen regulieren.** *Oben*: Der erste Schritt ist die schwache Bindung einer neutrophilen Zelle an das Gefäßendothel aufgrund von Wechselwirkungen zwischen den auf den Endothelzellen induzierten Selektinen und den entsprechenden Kohlenhydratliganden auf der neutrophilen Zelle. Hier ist dieser Vorgang für E-Selektin und seinen Liganden, die Sialyl-Lewis$^x$-Einheit (s-Le$^x$), dargestellt. Diese Bindung ist nicht stark genug, um den Scherkräften des Blutstroms zu widerstehen, sodass die Zellen am Endothel entlangrollen, indem sie ständig neue Verbindungen ausbilden und alte wieder lösen. *Unten*: Die Bindung ermöglicht jedoch stärkere Wechselwirkungen, aber nur dann, wenn ein Chemokin wie CXCL8 an seinen spezifischen Rezeptor auf der neutrophilen Zelle die Aktivierung der Integrine LFA-1 und CR3 (Mac-1) auslöst (nicht dargestellt). Entzündungsspezifische Cytokine wie TNF-$\alpha$ sind ebenfalls erforderlich, um auf dem Gefäßendothel die Expression von Adhäsionsmolekülen wie ICAM-1 und ICAM-2 zu induzieren, die Liganden dieser Integrine sind. Die stabile Bindung zwischen ICAM-1 und den Integrinen beendet die Rollbewegung und ermöglicht es der neutrophilen Zelle, sich zwischen den Endothelzellen, welche die Wand der Blutgefäße bilden, hindurchzuzwängen (Extravasation). Für diesen Vorgang und für die Wanderung entlang eines Gradienten von chemischen Lockstoffen sind die Leukocytenintegrine LFA-1 und CR3 notwendig. Auch die Adhäsion zwischen CD31-Molekülen, die sowohl auf der neutrophilen Zelle als auch an der Verbindung zwischen den Endothelzellen exprimiert werden, trägt wahrscheinlich zur Extravasation bei. Die neutrophile Zelle muss außerdem die Basalmembran durchqueren. Dies geschieht mithilfe der Matrixmetalloproteinase MMP-9, die auf der Zelloberfläche exprimiert wird. Schließlich wandert die neutrophile Zelle einen Konzentrationsgradienten von Chemokinen entlang (in unserem Beispiel CXCL8), die von Zellen am Infektionsherd ausgeschüttet werden. Die elektronenmikroskopische Aufnahme *oben links* zeigt eine neutrophile Zelle, die zwischen Endothelzellen hindurchwandert. Der *blaue Pfeil* markiert das Pseudopodium, das die neutrophile Zelle zwischen zwei benachbarte Endothelzellen zwängt. Vergrößerung × 5500. (Foto mit freundlicher Genehmigung von I. Bird und J. Spragg)

**Rollen** (*shear-resistant rolling*) der neutrophilen Zellen beruht auf den langen Fortsetzen der Plasmamembran, den sogenannten **Schlingen** (*slings*), die an das Endothel binden und sich beim Rollen um die Zelle winden. Dabei befestigen sie die Zelle schließlich so fest am Endothel, dass sie schnell zu einem Infektionsherd übertreten kann.

Video 3.12

Der zweite Schritt ist abhängig von Wechselwirkungen zwischen den Leukocytenintegrinen LFA-1 und CR3 und Adhäsionsmolekülen des Endothels wie ICAM-1 (dessen Expression auf Endothelzellen durch TNF-$\alpha$ induziert werden kann) und ICAM-2 (▶ Abb. 3.31, unten). LFA-1 und CR3 binden ihre Liganden normalerweise nur schwach, aber CXCL8 oder andere an Proteoglykane auf der Oberfläche von Endothelzellen gebundene Chemokine binden an spezifische Chemokinrezeptoren auf dem Leukocyten. Sie signalisieren der Zelle, bei LFA-1 und CR3 auf dem rollenden Leukocyten eine Konformationsänderung auszulösen, wodurch sich die Adhäsionskapazität des Leukocyten stark erhöht (Abschn. 3.2.4). Anschließend heftet sich der Leukocyt fest an das Endothel und das Rollen endet.

Video 3.13

Im dritten Schritt durchqueren die Leukocyten das Endothel und verlassen die Blutgefäße. Dabei spielen wieder die Integrine LFA-1 und CR3 eine Rolle sowie eine weitere adhäsive Wechselwirkung, an der das immunglobulinähnliche Molekül **PECAM** oder **CD31** beteiligt ist. Das Protein wird sowohl auf den Leukocyten als auch an den Verbindungsstellen zwischen den Epithelzellen exprimiert. Diese Wechselwirkungen erlauben es den Phagocyten schließlich, sich zwischen die Endothelzellen zu drängen. Sie durchstoßen die Basalmembran mithilfe von Enzymen, welche die Proteine der extrazellulären Matrix in der Basalmembran zerstören. Die Passage durch die Basalmembran bezeichnet man als **Diapedese**. Sie ermöglicht es den Phagocyten, in das Gewebe jenseits des Epithels einzudringen.

Im vierten und letzten Schritt der Extravasation wandern die Leukocyten unter dem Einfluss von Chemokinen durch das Gewebe. Wie bereits in Abschn. 3.2.3 ausgeführt, werden Chemokine wie CXCL8 und CCL2 an Infektionsherden produziert und binden an Proteoglykane in der extrazellulären Matrix sowie an den Oberflächen von Endothelzellen. So entsteht ein matrixassoziierter Konzentrationsgradient von Chemokinen auf einer festen Oberfläche, an dem entlang Leukocyten zum Infektionsherd wandern können (▶ Abb. 3.31). Makrophagen, die zuerst auf ein Pathogen treffen, setzen CXCL8 frei, das neutrophile Zellen anlockt, die während der ersten Phase der induzierten Antwort in großer Zahl in das infizierte Gewebe einwandern. Dieser Influx erreicht normalerweise während der ersten sechs Stunden einer Entzündungsreaktion sein Maximum. Monocyten werden durch die Aktivität von CCL2 rekrutiert, sammeln sich aber langsamer an als die neutrophilen Zellen. Sobald neutrophile Zellen das entzündete Gewebe erreicht haben, können sie viele Pathogene durch Phagocytose vernichten. Bei einer angeborenen Immunantwort erkennen neutrophile Zellen mithilfe ihrer Komplement- oder Mustererkennungsrezeptoren (Abschn. 3.1.1) die Krankheitserreger oder deren Bestandteile direkt oder nach der Opsonisierung durch das Komplementsystem (Abschn. 2.2.9). Darüber hinaus wirken sie auch bei der humoralen adaptiven Immunität als phagocytotische Effektoren mit (Kap. 10), indem sie mit Antikörpern bedeckte Mikroorganismen mithilfe spezifischer Rezeptoren aufnehmen.

Die Bedeutung der neutrophilen Zellen für die Immunabwehr zeigt sich besonders deutlich bei Erkrankungen oder Behandlungsmethoden, welche die Zahl der neutrophilen Zellen stark verringern. Solche Patienten leiden an einer **Neutropenie**; sie sind hochgradig anfällig für tödlich verlaufende Infektionen durch zahlreiche verschiedene Pathogene. Diese Anfälligkeit lässt sich jedoch durch eine Transfusion von Blutfraktionen mit angereicherten neutrophilen Zellen oder durch Stimulation der Neutrophilenproduktion mit spezifischen Wachstumsfaktoren größtenteils beseitigen.

## 3.2.6 TNF-$\alpha$ ist ein wichtiges Cytokin, das die lokale Eindämmung von Infektionen aktiviert, aber bei systemischer Freisetzung einen Schock verursacht

Die Einwirkung von TNF-$\alpha$ auf Endothelzellen stimuliert die Expression von Adhäsionsmolekülen und unterstützt die Extravasation von Zellen wie Monocyten und neutrophile Zellen. Eine weitere wichtige Funktion von TNF-$\alpha$ ist die Stimulation von Endothelzellen zur Expression von Proteinen, die eine lokale Gerinnung des Blutes verursachen. Die Gerinnsel verschließen die kleinen Blutgefäße und unterbinden dadurch den Blutfluss. Dies verhindert, dass die Erreger in den Blutstrom gelangen und sich dadurch im ganzen Körper ausbreiten. Wie wichtig TNF-$\alpha$ für die Eindämmung von lokalen Infektionen ist, wird durch Experimente deutlich, bei denen man Kaninchen lokal mit einem Bakterium infiziert. Normalerweise bleibt die Infektion auf den Bereich der Injektion beschränkt. Injiziert man jedoch zusätzlich zu den Erregern Anti-TNF-$\alpha$-Antikörper, welche die Wirkung des Moleküls unterbinden, dann breitet sich die Infektion über das Blut auch in andere Organe aus. Parallel dazu transportiert die Flüssigkeit, die anfangs aus der Blutbahn in das Gewebe übergetreten ist, die Erreger, die normalerweise in dendritischen Zellen eingeschlossen sind, mit der Lymphflüssigkeit zu den regionalen Lymphknoten, wo eine adaptive Immunreaktion ausgelöst werden kann.

Sobald eine Infektion das Blut erreicht, haben dieselben Mechanismen, durch die TNF-$\alpha$ eine lokale Infektion so effektiv in Schach hält, katastrophale Folgen (▶ Abb. 3.32). TNF-$\alpha$ wird zwar als membrangebundenes Cytokin produziert, kann aber von der Protease **TACE** (TNF-$\alpha$-konvertierendes Enzym, codiert vom *ADAM17*-Gen) spezifisch gespalten und von der Membran als lösliches Cytokin freigesetzt werden. Das Auftreten einer Infektion im Blutkreislauf, das man als Sepsis (Blutvergiftung) bezeichnet, geht einher mit der starken Freisetzung von löslichem TNF-$\alpha$ durch Makrophagen in Leber, Milz und anderen Körperbereichen. Die systemische Freisetzung von TNF-$\alpha$ in das Blut verursacht eine Gefäßerweiterung, die zu einer Erniedrigung des Blutdrucks und zu einer erhöhten Permeabilität der Gefäßwände führt, sodass das Blutplasmavolumen abnimmt und schließlich ein Schock eintritt. Diesen bezeichnet man als septischen Schock, da eine Bakterieninfektion zugrunde liegt. Das bei einem septischen Schock freigesetzte TNF-$\alpha$ löst in den kleinen Blutgefäßen des gesamten Körpers eine Blutgerinnung aus, die man als **disseminierte intravaskuläre Gerinnung** (DIG, *disseminated intravascular coagulation*; auch Verbrauchskoagulopathie) bezeichnet. Dabei kommt es zu einem enormen Verbrauch an Gerinnungsproteinen, sodass eine angemessene Blutgerinnung nicht mehr möglich ist. Die DIG führt häufig zum Versagen lebenswichtiger Organe wie etwa von Nieren, Leber, Herz und Lunge, die bei einer ungenügenden Blutversorgung schnell geschädigt werden. Dementsprechend ist die Mortalitätsrate beim septischen Schock hoch.

Bei Mausmutanten mit defekten oder ohne TNF-$\alpha$-Rezeptoren kommt es niemals zu einem septischen Schock. Solche Mutanten sind allerdings auch nicht in der Lage, eine lokale Infektion einzudämmen. Mäuse, bei denen das *ADAM17*-Gen in den myeloischen Zellen gezielt inaktiviert wurde, bekommen ebenfalls keinen septischen Schock. Das bedeutet, dass die Freisetzung von löslichem TNF-$\alpha$ in den Blutkreislauf von der TACE-Protease abhängt, die aber auch hauptsächlich für den septischen Schock verantwortlich ist. Die Blockierung der TNF-$\alpha$-Aktivität, entweder durch spezifische Antikörper oder mithilfe löslicher Proteine, die dem Rezeptor nachgebildet sind, erweist sich als erfolgreiche Behandlungsmethode für verschiedene Entzündungskrankheiten wie die rheumatoide Arthritis. Durch diese Behandlung kann es jedoch bei scheinbar gesunden Patienten, die Symptome einer früheren Infektion zeigen (etwa bei einem Hauttest), zur Reaktivierung einer Tuberkulose kommen. Dies ist ein direkter Beleg dafür, dass TNF-$\alpha$ für die lokale Eindämmung von Infektionen große Bedeutung besitzt.

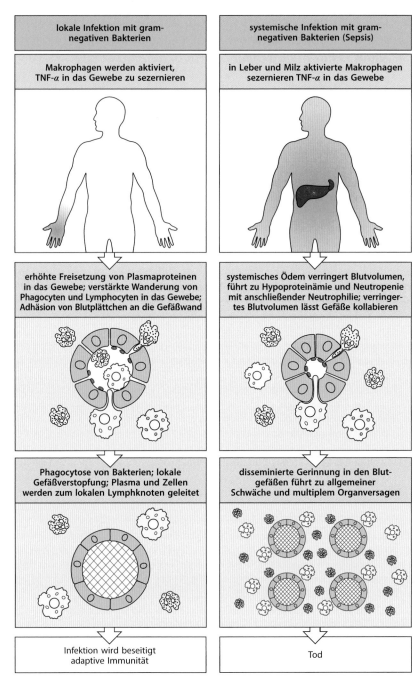

**Abb. 3.32 Die Ausschüttung von TNF-α durch Makrophagen induziert lokale schützende Effekte, TNF-α kann jedoch bei systemischer Freisetzung schädliche Wirkungen haben.** *Links* sind die Ursachen und die Folgen einer lokalen, *rechts* die einer systemischen Freisetzung von TNF-α dargestellt. In beiden Fällen wirkt TNF-α auf Blutgefäße, besonders auf Venolen, sodass sich der Blutfluss erhöht, die Durchlässigkeit für Flüssigkeit, Proteine und Zellen zunimmt und sich die Adhäsion von Leukocyten und Blutplättchen verstärkt (*Mitte*). Durch die lokale Freisetzung strömen Flüssigkeit, Zellen und Proteine, die sich an den Abwehrreaktionen beteiligen, in das infizierte Gewebe. Später bilden sich in den engen Gefäßen Blutgerinnsel, sodass sich die Infektion nicht über das Gefäßsystem ausbreiten kann (*unten links*). Die angesammelte Flüssigkeit und die Zellen werden in die regionalen Lymphknoten abgeleitet, wo die Initiation einer adaptiven Immunreaktion stattfindet. Wenn eine systemische Infektion (Sepsis) durch Bakterien vorliegt, die eine TNF-α-Produktion auslösen, geben Makrophagen in Leber und Milz TNF-α in das Blut ab; der Faktor wirkt dann in ähnlicher Weise auf alle kleinen Blutgefäße (*unten rechts*). Dies führt zum Schock, zu einer disseminierten intravaskulären Gerinnung, dadurch zur Erschöpfung der Vorräte an Gerinnungsfaktoren und folglich zu Blutungen, zum Ausfall zahlreicher Organe (Multiorganversagen) und häufig zum Tod

## 3.2.7 Von Phagocyten freigesetzte Cytokine aktivieren die Akute-Phase-Reaktion

Neben ihren wichtigen lokalen Effekten haben die von den Makrophagen produzierten Cytokine auch langfristige Auswirkungen, die zur Immunabwehr beitragen. Eine davon ist die Erhöhung der Körpertemperatur durch TNF-$\alpha$, IL-1$\beta$ und IL-6. Man nennt diese Substanzen auch **endogene Pyrogene**, weil sie Fieber auslösen und aus einer inneren (körpereigenen) Quelle und nicht aus Bakterien stammen wie LPS, das ein **exogenes Pyrogen** ist. Endogene Pyrogene verursachen Fieber, indem sie die Synthese von Prostaglandin E2 durch das Enzym Cyclooxygenase 2, das heißt die Expression dieses Enzyms, induzieren. Prostaglandin E2 wirkt auf den Hypothalamus, was zu einer verstärkten Hitzeerzeugung durch die Metabolisierung von braunem Fett und zur Zurückhaltung von Wärme im Körper durch Gefäßverengung (Vasokonstriktion) führt. Dadurch wird das Abführen von überschüssiger Wärme durch die Haut herabgesetzt. Exogene Pyrogene können Fieber sowohl über eine stimulierte Produktion von endogenen Pyrogenen als auch durch direkte Induktion der Cyclooxygenase 2 über ein Signal von TLR-4 und die anschließende Produktion von Prostaglandin E2 hervorrufen. Fieber nützt im Allgemeinen der Immunabwehr. Die meisten Krankheitserreger wachsen besser bei etwas niedrigeren Temperaturen, die adaptiven Immunantworten dagegen sind bei höheren Temperaturen intensiver. Zudem sind die Wirtszellen bei erhöhten Temperaturen vor den zerstörerischen Effekten von TNF-$\alpha$ geschützt.

Die Wirkungen von TNF-$\alpha$, IL-1$\beta$ und IL-6 sind in ▶ Abb. 3.33 zusammengefasst. Einer der wichtigsten Vorgänge findet in der Leber statt und löst eine Reaktion aus, die man auch als **Akute-Phase-Reaktion** bezeichnet (▶ Abb. 3.34). Die Cytokine wirken auf die Hepatocyten, die daraufhin die Zusammensetzung der Proteine verändern, die sie in das Blutplasma abgeben. Dies geschieht aufgrund der Wirkung von IL-1$\beta$, IL-6 und TNF-$\alpha$ auf die Leberzellen (Hepatocyten). Bei der Akute-Phase-Reaktion sinkt der Spiegel einiger Plasmaproteine ab, während sich die Konzentration anderer Plasmaproteine deutlich erhöht. Die

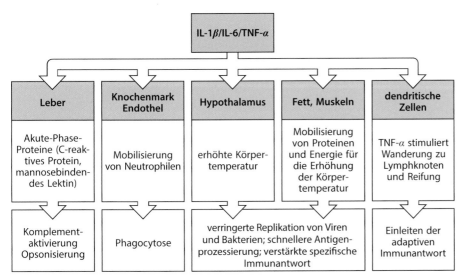

**Abb. 3.33 Die Cytokine TNF-$\alpha$, IL-1$\beta$ und IL-6 haben ein breites Spektrum an biologischen Wirkungen, die dazu beitragen, die Reaktionen des Körpers auf eine Infektion zu koordinieren.** IL-1$\beta$, IL-6 und TNF-$\alpha$ stimulieren Hepatocyten zur Synthese von Akute-Phase-Proteinen und regen das Endothel des Knochenmarks an, neutrophile Zellen freizusetzen. Die Akute-Phase-Proteine wirken opsonisierend; diese Wirkung wird durch die Rekrutierung neutrophiler Zellen aus dem Knochenmark noch gesteigert. IL-1$\beta$, IL-6 und TNF-$\alpha$ sind darüber hinaus endogene Pyrogene, welche die Körpertemperatur erhöhen und so vermutlich zur Beseitigung von Infektionen beitragen. Die wichtigsten Ziele dieser Cytokine sind der Hypothalamus, der die Regulation der Körpertemperatur vermittelt, sowie Muskel- und Fettzellen, wo die beiden Substanzen die Energiemobilisierung antreiben, um die Temperaturerhöhung zu ermöglichen. Bei erhöhter Temperatur ist die bakterielle und virale Vermehrung weniger effizient, während die adaptive Immunantwort wirksamer arbeitet

**Abb. 3.34 Bei der Akute-Phase-Reaktion werden Moleküle gebildet, die an Krankheitserreger, nicht aber an körpereigene Zellen binden.** Leberzellen produzieren als Reaktion auf Cytokine, die in Gegenwart von Bakterien von Phagocyten freigesetzt werden, Akute-Phase-Proteine (*oben*). Zu diesen Proteinen zählen das Serumamyloidprotein (SAP; bei Mäusen, aber nicht bei Menschen), das C-reaktive Protein (CRP), Fibrinogen und das mannosebindende Lektin (MBL). CRP bindet an Phosphocholin auf der Oberfläche von Bakterien, erkennt dieses jedoch nicht in der Form, in der es gewöhnlich in den Wirtszellmembranen vorliegt (*Mitte*). SAP und CRP sind in ihrer Struktur homolog; beide sind Pentraxine, die fünfgliedrige Scheiben bilden, wie hier für SAP dargestellt ist (*unten*). SAP kann selbst als Opsonin wirken oder, indem es durch Bindung an C1q die Opsonisierung fördert, die klassische Komplementkaskade aktivieren. MBL gehört zur Kollektinfamilie, zu der auch die Surfactant-Proteine SP-A und SP-D gehören. Wie CRP kann MBL allein als Opsonin wirken, so auch SP-A und SP-D. (Modellstruktur nachgedruckt mit Genehmigung der Macmillan Publishers Ltd.: Emsley, J., et al.: Structure of pentameric human serum amyloid P component. *Nature* 1994, 367: 338–345.)

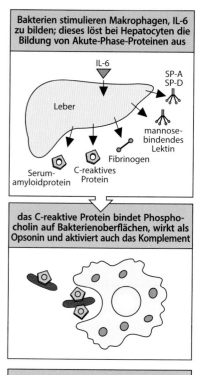

Bakterien stimulieren Makrophagen, IL-6 zu bilden; dieses löst bei Hepatocyten die Bildung von Akute-Phase-Proteinen aus

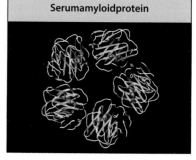

das C-reaktive Protein bindet Phosphocholin auf Bakterienoberflächen, wirkt als Opsonin und aktiviert auch das Komplement

Serumamyloidprotein

Proteine, deren Synthese von IL-1$\beta$, IL-6 und TNF-$\alpha$ angeregt wird, nennt man auch **Akute-Phase-Proteine**. Zwei dieser Proteine sind besonders interessant, da sie die Wirkung von Antikörpern imitieren. Sie besitzen jedoch im Gegensatz zu Antikörpern eine breite Spezifität für Molekülmuster von Pathogenen (PAMPs), und ihre Produktion hängt nur davon ab, ob Cytokine vorhanden sind.

Eines der Akute-Phase-Proteine, das **C-reaktive Protein**, gehört zur Familie der **Pentraxine**, deren Bezeichnung darauf hinweisen soll, dass die Proteine aus fünf identischen Untereinheiten bestehen. Das C-reaktive Protein ist ein weiteres Beispiel für ein mehrlappiges Molekül zur Erkennung von Pathogenen. Es bindet den Phosphocholinanteil bestimmter Lipopolysaccharide in der Zellwand von Bakterien und Pilzen. Phosphocholin kommt auch in den Phospholipiden der Zellmembranen von Säugerzellen vor, kann hier aber nicht an das C-reaktive Protein binden. Wenn sich das C-reaktive Protein an ein Bakterium heftet, kann es nicht nur dessen Oberfläche opsonisieren, sondern auch die Komplementkaskade auslösen, indem es C1q bindet, die erste Komponente des klassischen Weges der Komplementaktivierung (Abschn. 2.2.3). An der Wechselwirkung mit C1q sind die kollagenähnlichen C1q-Abschnitte und nicht die globulären Köpfe beteiligt, die an die Oberflächen von Pathogenen binden; die ausgelöste Reaktionskaskade ist jedoch dieselbe.

Ein weiteres Akute-Phase-Protein ist das mannosebindende Lektin (MBL). Es ist ein angeborenes Erkennungsmolekül, das den Lektinweg der Komplementaktivierung in Gang setzt (Abschn. 2.2.2). Im Blut von gesunden Personen ist es nur in geringen Mengen vorhanden. Es wird jedoch im Verlauf der akuten Immunantwort verstärkt gebildet und erkennt Mannosereste auf der Oberfläche von Mikroorganismen. Dabei wirkt MBL als Opsonin für Monocyten, die den Mannoserezeptor der Makrophagen nicht exprimieren. Die **Surfactant-Proteine SP-A** und **SP-D** sind zwei weitere Proteine mit opsonisierenden Eigenschaften, die während der akuten Phase in großen Mengen von der Leber und einer Reihe verschiedener Epithelien produziert werden. Sie treten beispielsweise zusammen mit Makrophagen in der Alveolarflüssigkeit der Lunge auf, in die sie von den Pneumocyten sezerniert werden, und stimulieren die Phagocytose von Atemwegspathogenen wie *Pneumocystis jirovecii* (frühere Bezeichnung *P. carinii*), das eine der Hauptursachen für eine Lungenentzündung bei AIDS-Patienten ist.

Innerhalb von ein bis zwei Tagen stellt die Immunantwort der akuten Phase also zwei Moleküle mit den funktionellen Eigenschaften von Antikörpern zur Verfügung, die sich an viele verschiedene Bakterien heften können. Im Gegensatz zu Antikörpern (Kap. 4 und 10) besitzen sie jedoch keine strukturelle Vielfalt und werden auf jeden Reiz hin gebildet, der die Freisetzung von TNF-$\alpha$, IL-1$\beta$ und IL-6 auslöst. Ihre Synthese erfolgt also nicht gezielt und spezifisch.

Schließlich bewirken die von Phagocyten produzierten Cytokine noch eine **Leukocytose**, das heißt eine Erhöhung der Anzahl zirkulierender neutrophiler Zellen. Die Leukocyten stammen aus zwei Quellen: dem Knochenmark, wo reife Leukocyten in großer Zahl freigesetzt werden, und aus bestimmten Bereichen der Blutgefäße, in denen die Leukocyten locker an den Endothelzellen haften. Die Wirkungen dieser Cytokine tragen dazu bei, Infektionen unter Kontrolle zu halten, während sich die adaptive Immunantwort entwickelt. Wie in ▶ Abb. 3.33 dargestellt, fördert TNF-$\alpha$ die Wanderung dendritischer Zellen von den peripheren Geweben zu den Lymphknoten und ihre Reifung zu nichtphagocytotischen, aber hochgradig costimulierenden antigenpräsentierenden Zellen.

## 3.2.8 Durch eine Virusinfektion induzierte Interferone tragen auf verschiedene Weise zur Immunabwehr bei

Die Infektion mit Viren induziert die Produktion von Interferonen, die man ursprünglich so bezeichnet hat, weil sie mit der Virusreplikation in zuvor nicht infizierten Zellen in Kultur „interferieren". Interferone besitzen *in vivo* eine ähnliche Funktion, das heißt, sie hindern Viren daran, auf nichtinfizierte Zellen überzugreifen. Es gibt zahlreiche Gene, die antivirale (Typ-I-)Interferone codieren. Am besten bekannt sind die IFN-$\alpha$-Familie mit zwölf eng verwandten Genen beim Menschen und **IFN-$\beta$**, dem Produkt eines einzigen Gens. Weniger gut erforscht sind IFN-$\kappa$, IFN-$\varepsilon$ und IFN-$\omega$. **IFN-$\gamma$** ist das einzige **Typ-II-Interferon**.

Typ-III-Interferone sind eine neu definierte IFN-Familie, die die Produkte von drei **IFN-$\lambda$-Genen** (IL-28A, IL-28B und IL-29) umfasst. Sie binden an einen heterodimeren **IFN-$\lambda$-Rezeptor**, der aus einer speziellen IL-28R$\alpha$-Untereinheit und der $\beta$-Untereinheit des IL-10-Rezeptors besteht. Während Rezeptoren der Typ-I-Interferone und IFN-$\gamma$ in den verschiedenen Geweben weit verbreitet sind, ist das Vorkommen der Typ-III-Rezeptoren stärker begrenzt. Sie werden beispielsweise von Epithelzellen exprimiert, von Fibroblasten jedoch nicht.

Typ-I-Interferone sind induzierbar und werden nach einer Infektion, die von verschiedenartigen Viren ausgehen kann, von vielen Zelltypen produziert. Fast alle Zelltypen können IFN-$\alpha$ und IFN-$\beta$ als Reaktion auf die Aktivierung verschiedener angeborener Sensoren produzieren. So werden zum Beispiel Typ-I-Interferone durch RIG-I und MDA-5 (die Sensoren für virale RNA im Cytoplasma) stromabwärts von MAVS und durch Signale von cGas (den Sensor für cytoplasmatische DNA) stromabwärts von STING (Abschn. 3.1.10 und 3.1.11) induziert. Einige Immunzellen sind jedoch anscheinend für diese Aufgabe spezialisiert. In Abschn. 3.1.1 haben wir die plasmacytoiden dendritischen Zellen (pDCs) eingeführt. Plasmacytoide dendritische Zellen beim Menschen, die man auch als **interferonproduzierende Zellen** (**IPCs**) oder **natürliche interferonproduzierende Zellen** bezeichnet, hat man ursprünglich als in geringen Zahlen vorkommende periphere Blutzellen identifiziert, die sich bei einer Virusinfektion in den peripheren lymphatischen Geweben ansammeln und große Mengen an Typ-I-Interferonen (IFN-$\alpha$ und IFN-$\beta$) bilden, bis zu 1000-mal mehr als andere Zelltypen. Diese beträchtliche Synthese von Typ-I-Interferonen ist wahrscheinlich das Ergebnis einer wirksamen Kopplung zwischen der Erkennung von Viren durch TLRs mit den Reaktionswegen der Interferonproduktion (Abschn. 3.1.7). Die plasmacytoiden dendritischen Zellen exprimieren Untergruppen der TLRs wie TLR-7 und TLR-9, die als endosomale Sensoren für virale RNA und die nichtmethylierten CpG-Nucleotide in den Genomen zahlreicher DNA-Viren fungieren (▶ Abb. 3.11). Die Notwendigkeit von TLR-9 für die Erkennung von Infektionen mit DNA-Viren zeigt sich beispielsweise darin, dass plasmacytoide dendritische Zellen, die kein TLR-9 besitzen, als Reaktion auf Herpes simplex keine Typ-I-Interferone produzieren. Plasmacytoide dendritische Zellen exprimieren CXCR3, einen Rezeptor für die Chemokine CXCL9, CXCL10 und CXCL11, die von T-Zellen freigesetzt werden. So ist es den pDC-Zellen möglich, aus dem Blut in die Lymphknoten zu wandern, wo eine Entzündungsreaktion gegen einen Krankheitserreger abläuft.

Interferone tragen auf verschiedene Weise zur Bekämpfung von Virusinfektionen bei (▶ Abb. 3.35). IFN-$\beta$ ist hier von besonderer Bedeutung, da es Zellen anregt, IFN-$\alpha$ zu produzieren und so die Interferonreaktion zu verstärken. Interferone können alle Zellen in einen Zustand versetzen, dass sie Virusinfektionen bekämpfen. IFN-$\alpha$ und IFN-$\beta$ binden an einen gemeinsamen Rezeptor auf der Zelloberfläche, den **Interferon-$\alpha$-Rezeptor** (**IFNAR**), der mit den **JAK**- und **STAT**-Signalwegen gekoppelt ist (Abschn. 3.2.2). IFNAR aktiviert über die Kinasen Tyk2 und Jak1 die Faktoren **STAT1** und **STAT2**, die mit **IRF9** interagieren und den **ISGF3**-Komplex bilden. Dieser bindet an die Promotoren von vielen **interferonstimulierten Genen** (**ISGs**).

Ein ISG codiert das Enzym **Oligoadenylat-Synthetase**, das die Polymerisierung von ATP zu einer Reihe von 2′-5′-verknüpften Oligomeren katalysiert. Diese aktivieren eine Endoribonuclease, die ihrerseits dann die virale RNA abbaut. (In den Nucleinsäuren sind die Nucleotide normalerweise 3′-5′ miteinander verbunden.) Ein zweites durch IFN-$\alpha$ und IFN-$\beta$ aktiviertes Protein ist die dsRNA-abhängige **PKR**-Kinase. Diese Serin/Threonin-Kinase phosphoryliert die $\alpha$-Untereinheit des **eukaryotischen Initiationsfaktors 2** (**eIF2$\alpha$**), hemmt dadurch die Proteintranslation und trägt so zur Blockierung der viralen Replikation bei. Die **Mx**-Proteine (Mx für myxomaresistent) werden ebenfalls durch Typ-I-Interferone induziert. Der Mensch und Wildtypmäuse besitzen die beiden einander sehr ähnlichen Proteine **Mx1** und **Mx2**. Beide sind GTPasen und gehören zur Dynaminproteinfamilie. Wie sie die Virusreplikation beeinflussen, ist allerdings noch nicht bekannt. Seltsamerweise sind bei den häufig verwendeten Laborstämmen der Mäuse beide Mx-Gene inaktiviert und bei diesen Mäusen bietet IFN-$\beta$ keinen Schutz vor Infektionen mit dem Influenzavirus.

In den vergangenen Jahren hat man mehrere neue ISGs identifiziert und antiviralen Funktionen zugeordnet. Die **IFIT**-Familie (IFIT für *IFN-induced protein with tetratricoid repeats*, IFN-induziertes Protein mit Tetratricopeptidwiederholungen) umfassen beim Menschen vier und bei der Maus drei Proteine, die dazu beitragen, die Translation viraler RNA zu Proteinen zu hemmen. **IFIT1** und **IFIT2** können beide die Translation normaler mRNA, die eine Cap-Struktur enthält, blockieren, indem sie an Untereinheiten des **eukaryotischen Initiationsfaktors 3** (**eIF3**) binden. Dadurch kann eIF3 nicht mit eIF2 interagieren, um den 43S-Präinitiationskomplex zu bilden (▶ Abb. 3.36). Diese Aktivität ist wahrscheinlich zumindest teilweise dafür verantwortlich, dass sich bei einer Induktion der Typ-I-Interferone die zelluläre Proliferation verringert. Mäuse, denen IFIT1 oder IFIT2 fehlt, zeigen eine erhöhte Anfälligkeit für Infektionen mit bestimmten Viren, etwa dem vesikulären Stomatitisvirus.

Eine weitere Funktion der IFIT-Proteine besteht darin, die Translation von Virus-RNA zu blockieren, die nicht die normale 5′-Cap-Modifikation trägt. Zur Erinnerung: Bei Säugern

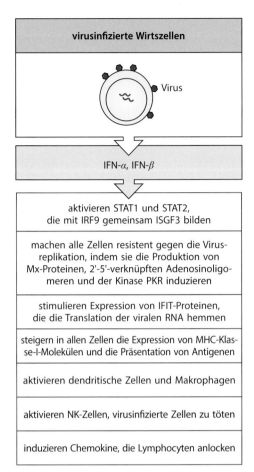

**Abb. 3.35 Interferone sind antivirale Proteine, die von Zellen als Reaktion auf eine Virusinfektion gebildet werden.** Die Interferone IFN-$\alpha$ und IFN-$\beta$ haben drei Hauptfunktionen. Erstens erzeugen sie in nichtinfizierten Zellen eine Resistenz gegen die Virusreplikation, indem sie Gene aktivieren, die mRNA abbauen und die Translation von viralen Proteinen und einigen Wirtsproteinen hemmen. Dazu gehören die Mx-Proteine, die Oligoadenylat-Synthetase, PKR und die IFIT-Proteine. Zweitens induzieren sie in den meisten Körperzelltypen die Expression von MHC-Klasse-I-Molekülen; dadurch erhöhen sie deren Resistenz gegen NK-Zellen. Sie können auch in Zellen, die neu mit einem Virus infiziert wurden, die Synthese von MHC-Klasse-I-Molekülen steigern, sodass diese für die Abtötung durch cytotoxische CD8-T-Zellen empfindlich werden (Kap. 9). Drittens aktivieren sie NK-Zellen, die wiederum selektiv die virusinfizierten Zellen töten

wird die normale 5′-Cap-Struktur durch die 5′-5′-Verknüpfung mit einem 7-Methylguanosinmolekül am ersten Riboserest der mRNA initiiert, wodurch die Cap-0-Struktur entsteht. Diese wird im Cytoplasma durch eine Methylierung der 2′-Hydroxylgruppe des ersten und zweiten Riboserestes der mRNA weiter modifiziert. Die Methylierung des ersten Riboserestes führt zu einer Struktur, die man mit Cap-1 bezeichnet; durch Methylierung der zweiten Ribose entsteht Cap-2. Einige Viren wie das Sindbisvirus (aus der Familie der Togaviridae) zeigen keine 2′-O-Methylierung und werden so durch IFIT1 an der Vermehrung gehindert. Viele Viren wie das West-Nile-Virus und das SARS-Coronavirus haben zusätzlich eine **2′-O-Methyltransferase** (**MTase**), die Cap-1- oder Cap-2-Strukturen an viralen Transkripten befestigt. Diese Viren entgehen so der Restriktion durch IFIT1.

Die Vertreter der **IFITM-Familie** (interferoninduzierte Transmembranproteine) werden von vielen Geweben auf einem Grundniveau exprimiert, aber durch Typ-I-Interferone stark induziert. Beim Mensch und bei der Maus gibt es jeweils vier funktionelle IFITM-Gene. Diese codieren Proteine, die zwei Transmembrandomänen enthalten und in den vesikulären Bereichen der Zelle lokalisiert sind. IFITM-Proteine hemmen Viren bereits in einer frühen Infektionsphase. **IFITM1** stört die Fusion der Virusmembran mit der lysosomalen Mem-

Teil I

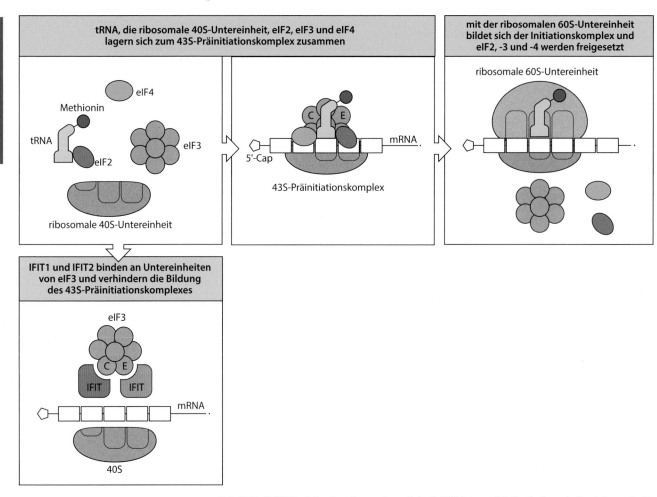

**Abb. 3.36 IFIT-Proteine fungieren als antivirale Effektormoleküle, indem sie Reaktionsschritte der RNA-Translation blockieren.** *Oben links*: Die Bildung eines 43S-Präinitiationskomplexes ist ein früher Reaktionsschritt bei der Translation von RNA in Protein am 80S-Ribosom. Dafür sind eine beladene Met-tRNA, die ribosomale 40S-Untereinheit sowie die eukaryotischen Initiationsfaktoren eIF4, eIF2 und eIF3 erforderlich. *Mitte*: Die eIFs und die beladene Methionin-tRNA bilden den 43S-Präinitiationskomplex. *Rechts*: Der mRNA-gebundene Präinitiationskomplex erkennt die 5′-Cap-Struktur und bindet an die ribosomale 60S-Untereinheit. Dabei werden eIF2, eIF3 und eIF4 freigesetzt und es bildet sich das funktionsfähige 80S-Ribosom. *Unten*: eIF3 besteht aus 13 Untereinheiten (a–m). IFIT-Proteine können mehrere Schritte der Proteintranslation blockieren. Bei der Maus interagieren IFIT1 und IFIT2 mit eIF3C, beim Menschen mit eIF3E, wodurch sich der 43S-Präinitiationskomplex nicht bilden kann. IFIT-Proteine können auch andere Translationsschritte stören und zudem an virale mRNA ohne Cap-Struktur binden und so die Translation verhindern (nicht dargestellt). Die Expression der IFIT-Proteine wird bei Virusinfektionen durch stromabwärts wirkende Signale von Typ-I-Interferonen ausgelöst

bran, was bei einigen Viren für das Einschleusen der Genome in das Cytoplasma notwendig ist, wobei die molekularen Grundlagen im Einzelnen noch unklar sind. Viren, die mit den Lysosomen fusionieren müssen, beispielsweise das Ebolavirus, werden durch IFITM1 blockiert. In ähnlicher Weise stört **IFITM3** die Membranfusion der späten Endosomen und blockiert so das Influenzavirus, das an dieser Stelle angreift. Die Bedeutung dieses Mechanismus zeigt sich bei Mäusen, denen IFIT3 fehlt; hier kommt es bei einer Infektion mit dem Influenza-A-Virus zu einer erhöhten Viruslast und einer erhöhten Sterblichkeit.

Interferone stimulieren auch die Produktion der Chemokine CXCL9, CXCL10 und CXCL11, die Lymphocyten zu Infektionsherden lenken. Sie bewirken auch, dass bei allen Zelltypen die Expression von MHC-Klasse-I-Molekülen verstärkt wird. Dadurch können die cytotoxischen T-Zellen die virusinfizierten Zellen besser erkennen, da infizierte Zellen virale Peptide mithilfe der MHC-Klasse-I-Moleküle an ihrer Oberfläche präsentieren (▶ Abb. 1.30). Aufgrund dieser Effekte unterstützen Interferone indirekt das Abtöten von virusinfizierten Zellen durch die cytotoxischen CD8-T-Zellen. Außerdem aktivieren Interferone Populationen der angeborenen Immunzellen, beispielsweise NK-Zellen, die virusinfizierte Zellen ebenfalls töten können (siehe unten).

## 3.2.9 Verschiedene Arten von angeborenen lymphatischen Zellen besitzen in der frühen Infektionsphase eine Schutzfunktion

Ein kennzeichnendes Merkmal der adaptiven Immunität ist die klonale Expression von Antigenrezeptoren, die durch somatische Genumlagerung gebildet werden, sodass die B- und T-Lymphocyten über eine außerordentliche Vielfalt verschiedener Spezifitäten verfügen (Abschn. 1.3.4). In der Immunbiologie hat man jedoch seit Jahrzehnten immer wieder Zellen mit lymphatischen Eigenschaften identifiziert, die keine spezifischen Antigenrezeptoren besitzen. Am längsten kennt man die **natürlichen Killerzellen (NK-Zellen)**, aber in den vergangenen Jahren wurden weitere unterschiedliche Gruppen solcher Zellen entdeckt. Sie werden jetzt insgesamt als **angeborene lymphatische Zellen (ILCs)** bezeichnet, zu denen auch die NK-Zellen (▶ Abb. 3.37) zählen. Die ILC-Zellen entwickeln sich im Knochenmark aus derselben **gemeinsamen lymphatischen Vorläuferzelle (CLP)**, aus der auch die B- und T-Zellen hervorgehen. Die Expression des Transkriptionsfaktors Id2 (Inhibitor der DNA-Bindung 2) in der CLP-Zelle blockiert den Werdegang als B- oder T-Zelle und ist für die Entwicklung aller ILC erforderlich. ILCs sind daran zu erkennen, dass sie keine B-Zell- oder T-Zell-Antigenrezeptoren besitzen, aber den Rezeptor für IL-7 exprimieren. Sie wandern aus dem Knochenmark in die Lymphgewebe und die peripheren Organe, vor allem in die Lederhaut, die Leber, den Darm und die Lunge.

ILC-Zellen fungieren in der angeborenen Immunität als Effektorzellen, die die Signale der angeborenen Immunerkennung verstärken. Sie werden durch Cytokine stimuliert, die von anderen angeborenen Immunzellen produziert werden, etwa von Makrophagen oder dendritischen Zellen, die wiederum durch angeborene Sensoren für mikrobielle Infektionen oder geschädigte Zellen aktiviert wurden. Man unterscheidet drei ILC-Untergruppen, abhängig von der Art der Cytokine, welche die einzelnen Zellen produzieren. **Gruppe-I-ILCs (ILC1)** erzeugen IFN-$\gamma$ als Reaktion auf die Aktivierung durch bestimmte Cytokine, insbesondere durch IL-12 und IL-18, die von dendritischen Zellen und Makrophagen freigesetzt werden. ILC1-Zellen tragen zum Schutz vor Infektionen mit Viren oder intrazellulären Bakterien bei. NK-Zellen gehören nach heutiger Auffassung ebenfalls zu den ILC-Zellen. ILC1- und NK-Zellen sind eng miteinander verwandt, besitzen aber unterschiedliche Funktionen und unterscheiden sich auch in den Faktoren, die sie für ihre Entwicklung benötigen. In ihrer Funktion ähneln die NK-Zellen mehr den CD8-T-Zellen, während die ILC1-Zellen

| Hauptgruppen der angeborenen lymphatischen Zellen (ILCs) und ihre Eigenschaften | | | |
|---|---|---|---|
| angeborene lymphatische Zellpopulation | auslösendes Cytokin | produzierte Effektormoleküle | Funktion |
| NK-Zellen | IL-12 | IFN-$\gamma$, Perforin, Granzym | Immunität gegen Viren und intrazelluläre Pathogene |
| ILC1 | IL-12 | IFN-$\gamma$ | Abwehr von Viren und intrazellulären Pathogenen |
| ILC2 | IL-25, IL-33, TSLP | IL-5, IL-13 | Ausstoßen von extrazellulären Parasiten |
| ILC3, LTi-Zellen | IL-23 | IL-22, IL-17 | Immunität gegen extrazelluläre Bakterien und Pilze |

**Abb. 3.37 Die Hauptgruppen der angeborenen lymphatischen Zellen (ILCs) und ihre Eigenschaften**

der $T_H1$-Untergruppe der CD4-T-Zellen ähnlicher sind (Abschn. 3.2.10). NK-Zellen unterscheiden sich von den vor Kurzem entdeckten ILC1-Zellen auf verschiedene Weise. NK-Zellen kommen innerhalb von Geweben vor, aber sie zirkulieren auch im Blut, während ILC1-Zellen anscheinend vor allem nichtzirkulierende, geweberesidente Zellen sind. Bei der Maus exprimieren die konventionellen NK-Zellen Integrin-$a_2$ (CD49b), während ILC1-Zellen beispielsweise in der Leber nicht über CD49b verfügen, stattdessen aber das Oberflächenprotein **Ly49a** exprimieren. Sowohl NK- als auch ILC1-Zellen benötigen für ihre Entwicklung den Transkriptionsfaktor Id2. NK-Zellen benötigen darüber hinaus das Cytokin IL-15 sowie die Transkriptionsfaktoren **Nfil3** und **Eomesodermin**, ILC1-Zellen hingegen das Cytokin IL-7 und den Transkriptionsfaktor **T-bet**.

**ILC2-Zellen** produzieren die Cytokine IL-4, IL-5 und IL-13 als Reaktion auf unterschiedliche Cytokine, insbesondere das **thymusstromale Lymphopoetin** (**TSLP**) und IL-33. Die ILC2-Cytokine unterstützen die Immunität der physikalischen Barrieren und Schleimhäute und wirken beim Schutz vor Parasiten mit. **ILC3-Zellen** reagieren auf die Cytokine IL-1$\beta$ und IL-23 und produzieren selbst mehrere Cytokine, etwa IL-17 und IL-22, die zur Abwehr von extrazellulären Bakterien und Pilzen beitragen. IL-17 stimuliert die Produktion von Chemokinen, die neutrophile Zellen rekrutieren, während IL-22 auf Epithelzellen direkt einwirkt und dadurch die Produktion von antimikrobiellen Peptiden anregt, beispielsweise RegIII$\gamma$ (Abschn. 2.1.4).

Die systematische Einteilung der ILC-Untergruppen und die Untersuchung ihrer Entwicklung und Funktion werden noch aktiv betrieben, auch um die relative Bedeutung dieser Zellen für die Immunreaktionen herauszufinden. Die bis jetzt gefundenen ILC-Untergruppen zeigen starke strukturelle Parallelen zu den Untergruppen der CD8- und CD4-T-Effektorzellen, die man im Verlauf der letzten drei Jahrzehnte erforscht hat. Die Transkriptionsfaktoren, welche die Entwicklung der verschiedenen ILC-Untergruppen kontrollieren, sind nach bisherigen Erkenntnissen anscheinend dieselben wie bei den entsprechenden Untergruppen der T-Zellen. Aufgrund dieser Ähnlichkeiten wollen wir uns in Kap. 9 mit der Entwicklung der ILC- und der T-Zellen genauer beschäftigen.

## 3.2.10 NK-Zellen werden durch Typ-I-Interferone und durch Cytokine von Makrophagen aktiviert

NK-Zellen sind größer als T- und B-Zellen, sie besitzen abgegrenzte cytoplasmatische Granula, die cytotoxische Proteine enthalten. In einem Funktionstest erkennt man sie daran, dass sie ohne eine spezifische Immunisierung *in vitro* bestimmte Tumorzelllinien abtöten können. NK-Zellen töten andere Zellen, indem sie ihre cytotoxischen Granula freisetzen, die den Granula der cytotoxischen T-Zellen ähnlich sind und die gleiche Wirkung haben (Kap. 9). Der Inhalt der cytotoxischen Granula, die Granzyme und das porenbildende Perforin enthalten, werden an der Oberfläche der Zielzelle freigesetzt und durchdringen die Zellmembran, um dann in der Zelle den programmierten Zelltod auszulösen. Anders als bei den T-Zellen wird jedoch der Tötungsmechanismus der NK-Zellen durch keimbahncodierte Rezeptoren aktiviert, die Moleküle auf der Oberfläche von infizierten oder bösartig transformierten Zellen erkennen. Ein zweiter Signalweg der NK-Zellen, der zum Abtöten anderer Zellen führt, verläuft über das **TRAIL**-Protein (TRAIL für *tumor necrosis factor-related apoptosis-inducing ligand*) aus der TNF-Familie. NK-Zellen exprimieren TRAIL an ihrer Oberfläche. TRAIL interagiert mit den beiden „Todesrezeptoren" **DR4** und **DR5** (codiert von *TNFSF10A* und *TNFSF10B*) aus der TNFR-Superfamilie, die von vielen Zelltypen exprimiert werden. Wenn NK-Zellen eine Zielzelle erkennen, stimuliert TRAIL DR4 und DR5, das Proenzym **Caspase 8** zu aktivieren, was schließlich zur **Apoptose** führt. Anders als die Pyroptose, die als Folge einer Inflammasomaktivierung durch die Caspase 1 eingeleitet wird (Abschn. 3.1.9), ist die Apoptose nicht mit der Freisetzung proinflammatorischer Cytokine verbunden. Weitere Einzelheiten von Mechanismen der caspaseinduzierten Apoptose besprechen wir in Kap. 9 im Zusammenhang mit dem Tötungsmechanismus der cytotoxischen T-Zellen. NK-Zellen exprimieren zudem Fc-

Rezeptoren (Abschn. 1.4.2). Die Bindung dieser Rezeptoren aktiviert die NK-Zellen, ihre cytotoxischen Granula freizusetzen; den Vorgang bezeichnet man als **antikörperabhängige zellvermittelte Cytotoxizität** (*antibody-dependent cellular cytotoxicity,* **ADCC**) (Kap. 10).

Die Fähigkeit der NK-Zellen, Zielzellen zu töten, kann durch Interferone oder bestimmte Cytokine verstärkt werden. NK-Zellen, die sensitive Zielzellen töten können, lassen sich auch aus nichtinfizierten Individuen isolieren, aber diese Aktivität wird 20- bis 100-fach verstärkt, wenn NK-Zellen mit IFN-$\alpha$ und IFN-$\beta$ oder IL-12 in Kontakt kommen; IL-12 ist ein Cytokin, das von Makrophagen und dendritischen Zellen bei Infektionen mit verschiedenen Arten von Krankheitserregern produziert wird. Aktivierte NK-Zellen haben die Funktion, Virusinfektionen einzudämmen, während die adaptive Immunantwort antigenspezifische cytotoxische T-Zellen und neutralisierende Antikörper hervorbringt, die eine Infektion beseitigen können (▶ Abb. 3.38). Hinweise auf die physiologische Funktion der NK-Zellen finden sich etwa bei den seltenen Fällen von Patienten, denen diese Zellen fehlen und die häufig für Infektionen mit Herpesviren anfällig sind. So entsteht eine selektive NK-Zell-Defizienz, beim Menschen beispielsweise durch Mutationen im MCM4-Gen (MCM4 für *minichromosome maintenance-deficient 4*); diese gehen einher mit einer Anfälligkeit für Virusinfektionen.

IL-12 zeigt eine synergistische Wirkung mit dem Cytokin IL-18, das von aktivierten Makrophagen freigesetzt wird und NK-Zellen dazu stimulieren kann, große Mengen des Interferons IFN-$\gamma$ zu sezernieren. Dies ist ein wichtiger Effekt zur Eindämmung bestimmter Infektionen, bevor das von den cytotoxischen CD8-T-Zellen produzierte IFN-$\gamma$ verfügbar ist. IFN-$\gamma$, dessen Rezeptor nur den STAT1-Transkriptionsfaktor aktiviert, unterscheidet sich in der Funktion ziemlich stark von den antiviralen Interferonen IFN-$\alpha$ und IFN-$\beta$ und wird auch nicht direkt durch eine Virusinfektion induziert. Die Produktion von IFN-$\gamma$ durch NK-Zellen in einer frühen Phase der Immunantwort kann Makrophagen direkt aktivieren, ihr Potenzial zum Abtöten von Krankheitserregern zu verstärken, sodass die angeborene Immunantwort an Intensität gewinnt. Aber auch die adaptive Immunität wird durch die Einwirkung von IFN-$\gamma$ auf dendritische Zellen und die Regulation der Differenzierung von CD4-T-Zellen zu proinflammatorischen **T$_H$1**-Zellen beeinflusst. Diese wiederum produzieren ebenfalls IFN-$\gamma$. NK-Zellen produzieren zudem TNF-$\alpha$, den **Granulocyten-Makrophagen-Kolonie-stimulierenden Faktor** (**GM-CSF**) und die Cytokine CCL3 (MIF 1-$\alpha$), CCL4 und CCL5 (RANTES), die Makrophagen anlocken und aktivieren.

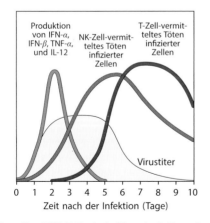

**Abb. 3.38 Natürliche Killerzellen (NK-Zellen) sind bereits früh an der Immunreaktion auf eine Virusinfektion beteiligt.** Experimente mit Mäusen haben gezeigt, dass zuerst die Interferone IFN-$\alpha$ und IFN-$\beta$ sowie die Cytokine TNF-$\alpha$ und IL-12 auftreten. Ihnen folgt eine Welle von NK-Zellen. Gemeinsam halten sie die virale Vermehrung auf einem niedrigen Niveau, eliminieren die Viren jedoch nicht. Dies geschieht erst, wenn spezifische CD8-T-Zellen produziert werden. Ohne NK-Zellen ist die Anzahl mancher Viren in den ersten Tagen der Infektion sehr viel höher und kann zum Tod führen, wenn keine Behandlung mit antiviralen Wirkstoffen erfolgt

### 3.2.11 NK-Zellen exprimieren aktivierende und inhibitorische Rezeptoren, durch die sie zwischen gesunden und infizierten Zellen unterscheiden können

Damit NK-Zellen Viren und andere Pathogene bekämpfen können, müssen sie zwischen infizierten und nichtinfizierten gesunden Zellen unterscheiden. Der Mechanismus dafür ist bei den NK-Zellen nur geringfügig komplizierter als die Pathogenerkennung der B- und T-Zellen. Man nimmt allgemein an, dass die einzelnen NK-Zellen verschiedene Kombinationen von keimbahncodierten **aktivierenden Rezeptoren** und **inhibitorischen Rezeptoren** exprimieren. Die genauen Einzelheiten sind zwar noch nicht bekannt, aber wahrscheinlich bestimmt das Wechselspiel aller Signale dieser Rezeptoren, ob eine NK-Zelle eine Zielzelle angreift und tötet oder nicht. Die Rezeptoren auf einer NK-Zelle sind so abgestimmt, dass sie die veränderte Expression verschiedener Oberflächenproteine der Zielzelle (*dysregulated self*) erkennen können. Die aktivierenden Rezeptoren erkennen Zelloberflächenproteine, die bei den Zielzellen durch metabolischen Stress induziert werden, etwa durch eine bösartige Transformation oder eine Infektion mit Mikroorganismen. Diese Veränderungen bezeichnet man als *stress-induced self*. Spezifische zelluläre Ereignisse wie eine Schädigung der DNA, Proliferationssignale, Stress durch Hitzeschock und Signale von angeborenen Sensoren (beispielsweise TLRs) können zu einer übermäßigen Expression von körpereigenen Zelloberflächenproteinen führen, die an die aktivierenden Rezeptoren auf den NK-Zellen binden. Die Stimulation der aktivierenden Rezeptoren erhöht die Wahrscheinlichkeit, dass die NK-Zelle Cytokine wie IFN-$\gamma$ freisetzt und die Abtötung der stimulierenden Zelle durch freigesetzte cytotoxische Granula in Gang setzt.

Im Gegensatz dazu erkennen die inhibitorischen Rezeptoren der NK-Zellen Oberflächenmoleküle, die von den meisten Zellen konstitutiv in großer Menge exprimiert werden. Wenn es hier zu einem Verlust kommt, bezeichnet man das als *missing self*. Inhibitorische Rezeptoren können außer **MHC-Klasse-I-Proteinen** auch andere Moleküle erkennen, wurden aber im Zusammenhang mit Ersteren bis jetzt am meisten erforscht. MHC-Moleküle sind Glykoproteine, die von fast allen Zellen im Körper exprimiert werden. Wir besprechen die Funktion der MHC-Proteine bei der Antigenpräsentation gegenüber T-Zellen in Kap. 6, hier sollen nur deren Hauptgruppen vorgestellt werden. Anders als MHC-Klasse-I-Moleküle, die eigentlich nur von roten Blutkörperchen nicht exprimiert werden, ist die Expression von MHC-Klasse-II-Molekülen enger begrenzt, vor allem auf die Immunzellen.

Inhibitorische Rezeptoren, die MHC-Klasse-I-Moleküle erkennen, verhindern, dass NK-Zellen normale Körperzellen töten. Je mehr MHC-Klasse-I-Moleküle auf einer Zelloberfläche vorkommen, umso besser ist diese Zelle vor einem Angriff durch NK-Zellen geschützt. Interferone induzieren die Produktion von MHC-Klasse-I-Molekülen und schützen so nichtinfizierte Körperzellen davor, von NK-Zellen getötet zu werden. Andererseits aktivieren Interferone die NK-Zellen, virusinfizierte Zellen zu töten. Viren und einige intrazelluläre Pathogene können die Menge der MHC-Klasse-I-Moleküle herunterregulieren, wodurch sie verhindern, das Antigene in Form von Peptiden den T-Zellen präsentiert werden (Kap. 6). NK-Zellen können eine verringerte Expression von MHC-Klasse-I-Molekülen an den geringeren Signalen ihrer inhibitorischen Rezeptoren erkennen. Die Abnahme der MHC-Klasse-I-Expression ist ein Beispiel für ein *missing self* und erhöht so die Wahrscheinlichkeit, dass eine NK-Zelle eine Zielzelle tötet. Wahrscheinlich bestimmt das Zusammenspiel der Signale aus *stress-induced self* und *missing self*, ob eine bestimmte NK-Zelle angeregt wird, eine bestimmte Zielzelle zu töten (▶ Abb. 3.39). Die Rezeptoren, die auf den NK-Zellen exprimiert werden, führen die Signale von zwei Arten der Oberflächenerkennung zusammen und kontrollieren so die cytotoxische Aktivität und Cytokinproduktion dieser Zellen.

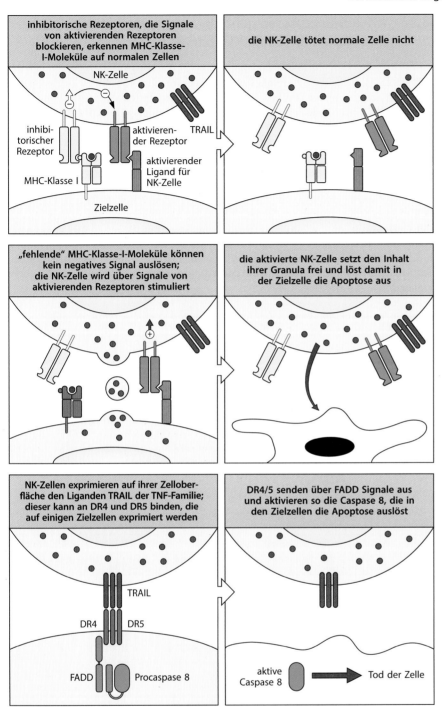

**Abb. 3.39 Ob NK-Zellen eine Zielzele töten, hängt vom Wechselspiel zwischen aktivierenden und inhibitorischen Signalen ab.** NK-Zellen verfügen über mehrere verschiedene Rezeptoren, die der NK-Zelle signalisieren, wenn sie eine gebundene Zelle töten soll. NK-Zellen werden jedoch von einer Gruppe inhibitorischer Rezeptoren an einem generellen Angriff gehindert. Diese Rezeptoren erkennen MHC-Klasse-I-Moleküle (die bei fast allen Zelltypen vorkommen) und blockieren das Abtöten einer Zielzelle, indem sie die Signale der aktivierenden Rezeptoren überdecken. Diese inhibitorischen Signale verschwinden, wenn eine Zielzelle keine MHC-Klasse-I-Moleküle mehr exprimiert, etwa wenn sie mit Viren infiziert ist. Viele Viren können die MHC-Klasse-I-Expression spezifisch hemmen oder sie verändern die MHC-Klasse-I-Konformation und werden so von CD8-T-Zellen nicht erkannt. NK-Zellen können Zielzellen auch durch die Expression des TNF-Proteins TRAIL abtöten, das an die TNF-Rezeptoren DR4 und DR5 bindet, die von einigen Zelltypen exprimiert werden. DR4 und DR5 leiten ihre Signale über FADD weiter, ein Adaptorprotein, das die Procaspase 8 aktiviert und so bei der Zielzelle die Apoptose auslöst

### 3.2.12 NK-Zell-Rezeptoren gehören zu verschiedenen Strukturfamilien: KIR, KLR und NCR

Die Rezeptoren, welche die Aktivität der NK-Zellen regulieren, gehören zu zwei großen Proteinfamilien, die neben den NK-Rezeptoren weitere Zelloberflächenrezeptoren umfassen (▶ Abb. 3.40). Die **killerzellenimmunglobulinähnlichen Rezeptoren (KIRs)** enthalten Immunglobulindomänen in unterschiedlicher Anzahl. Einige, etwa KIR-2D, besitzen zwei solcher Domänen, während andere, wie KIR-3D, drei davon haben. Die KIR-Gene sind Teil eines größeren Clusters von Genen für immunglobulinähnliche Rezeptoren, beispielsweise für den **Leukocytenrezeptorkomplex (LRC)**. Eine weitere Familie umfasst die **killerzellenlektinähnlichen Rezeptoren (KLRs)**; es sind C-Typ-Lektin-ähnliche Proteine, deren Gene in einem Gencluster mit der Bezeichnung **NK-Zell-Rezeptor-Komplex (NKC)** liegen. Mäuse verfügen nicht über KIR-Gene und exprimieren stattdessen vor allem **Ly49-Rezeptoren**, die im NKC auf dem Chromosom 6 der Maus codiert sind und die Aktivitäten der NK-Zellen kontrollieren. Eine wichtige Eigenschaft der Population der NK-Zellen besteht darin, dass jede NK-Zelle von dem potenziellen großen Repertoire nur einen Teil der Rezeptoren exprimiert und dadurch die einzelnen NK-Zellen nicht alle identisch sind.

Aktivierende und inhibitorische Rezeptoren kommen in derselben Strukturfamilie vor. Ob ein KIR-Protein aktivierend oder inhibitorisch wirkt, hängt davon ab, ob in der cytoplasmatischen Domäne bestimmte Signalmotive vorhanden sind oder nicht. Inhibitorische KIR-Rezeptoren tragen lange cytoplasmatische Schwänze, die ein **ITIM** (*immunoreceptor tyrosine-based inhibition motif*) enthalten. Die ITIM-Konsensussequenz ist V/I/LXYXXL/V, wobei X für eine beliebige Aminosäure steht. So enthält beispielsweise die cytoplasmatische Domäne der Rezeptoren KIR-2DL und KIR-3DL zwei ITIM-Sequenzen (▶ Abb. 3.41). Wenn Liganden an einen inhibitorischen KIR-Rezeptor binden, wird das in der ITIM-Sequenz liegende Tyrosin durch die Aktivität von **Tyrosinkinasen der Src-Familie** phosphoryliert. Dadurch kann die ITIM-Sequenz die intrazellulären Tyrosinphosphatasen **SHP-**

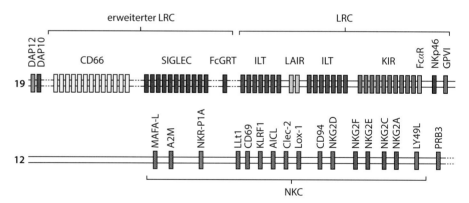

**Abb. 3.40 NK-Rezeptor-Gene gehören zu zwei großen Familien.** Der erste, der Leukocytenrezeptorkomplex (LRC), umfasst einen großen Cluster von Genen, die eine Familie von Proteinen codieren, die aus immunglobulinähnlichen Domänen zusammengesetzt sind. Dazu gehören die killerzellenimmunglobulinähnlichen Rezeptoren (KIRs), die von den NK-Zellen exprimiert werden, die ILT-Klasse (ILT für *immunoglobulin-like transcript*) und die Genfamilien der leukocytenassoziierten immunglobulinähnlichen Rezeptoren (LAIR). Die Signallektine (SIGLECs) und Mitglieder der CD66-Familie befinden sich in der Nähe. Beim Menschen liegt dieser Komplex auf Chromosom 19. Der zweite Gencluster, den man als NK-Zell-Rezeptor-Komplex (NKC) bezeichnet, codiert killerzellenlektinähnliche Rezeptoren, eine Rezeptorfamilie, zu der die NKG2-Proteine und CD94 gehören, wobei CD94 und einige NKG2-Moleküle zusammen einen funktionellen Rezeptor bilden. Dieser Komplex liegt auf dem menschlichen Chromosom 12. Einige NK-Rezeptor-Gene befinden sich außerhalb dieser beiden Hauptgencluster. So liegen die Gene für die natürlichen Cytotoxizitätsrezeptoren NKp30 und NKp44 innerhalb des Haupthistokompatibilitätskomplexes auf Chromosom 6. (Die Abbildung beruht auf Daten, die freundlicherweise von J. Trowsdale, University of Cambridge, zur Verfügung gestellt wurden)

**Teil I**

**1** (*Src homology region 2-containing protein tyrosine phosphatase 1*) und **SHP-2** binden, die so in die Nähe der Zellmembran gelangen. Diese Phosphatasen blockieren die Signale, die von anderen Rezeptoren ausgehen, indem sie in anderen intrazellulären Signalmolekülen Phosphatgruppen von Tyrosinresten entfernen.

Aktivierende KIR-Rezeptoren enthalten kurze cytoplasmatische Schwänze, beispielsweise KIR-2DS und KIR-3DS (▶ Abb. 3.41). Diese Rezeptoren besitzen keine ITIM-Sequenz, sondern stattdessen einen geladenen Rest in ihrer Transmembranregion, der an das akzessorische Signalprotein **DAP12** bindet. Das ist ebenfalls ein Transmembranprotein, das in der cytoplasmatischen Domäne ein **ITAM** (*immunoreceptor tyrosine-based activation motif*) mit der Konsensussequenz YXX[L/I]X$_{6-9}$YXX[L/I] enthält und in der Membran ein Homodimer bildet, das von einer Disulfidbrücke zusammengehalten wird. Wenn ein Ligand an einen aktivierenden KIR-Rezeptor bindet, werden die Tyrosinreste in der ITAM-Sequenz phosphoryliert. Dadurch werden in der Zelle Signalwege ausgelöst, die die NK-Zelle aktivieren und dadurch zur Freisetzung der cytotoxischen Granula anregen. Die phosphorylierten ITAM-Sequenzen binden an intrazelluläre Tyrosinkinasen wie Syk und ZAP-70 und aktivieren sie. So werden weitere Signale ausgelöst, die den Signalen für T-Zellen ähnlich sind (Kap. 7).

Auch die KLR-Familie umfasst sowohl aktivierende als auch inhibitorische Rezeptoren. Bei den Mäusen tragen die Ly49-Rezeptoren in ihrer cytoplasmatischen Domäne eine ITIM-Sequenz, die SHP-1 bindet. Die Bedeutung dieser Phosphatase zeigt sich bei Mäusen, die die ***motheaten***-Mutation tragen, die SHP-1 inaktiviert. Bei diesen Mäusen kann Ly49 die NK-Aktivierung nach Bindung von MHC-Klasse I nicht verhindern. Beim Menschen und bei der Maus exprimieren NK-Zellen ein Heterodimer aus den zwei unterschiedlichen C-Typ-Lektin-ähnlichen Rezeptoren **CD94** und **NKG2**. Dieses Heterodimer interagiert mit nichtpolymorphen MHC-Klasse-I-ähnlichen Molekülen, beispielsweise HLA-E beim Menschen und Qa-1 bei der Maus. HLA-E und Qa-1 sind insofern ungewöhnlich, da sie anstelle von Peptiden aus Krankheitserregern Fragmente des **Signalpeptids** binden, das bei der Prozessierung anderer MHC-Klasse-I-Moleküle im ER entsteht. So können CD94:NKG2 das Vorhandensein verschiedener MHC-Klasse-I-Varianten erkennen, deren Expression von Viren beeinflusst sein kann. Dadurch werden Zellen getötet, bei denen die MHC-Expression insgesamt geringer ist. Beim Menschen umfasst die NKG2-Familie vier eng verwandte Proteine – NKG2A, C, E und F (codiert von *KLRC1–4*) – und das entfernter verwandte Protein NKG2D (codiert von *KLRK1*). NKG2A enthält beispielsweise eine ITIM-Sequenz und ist damit inhibitorisch, während NKG2C einen geladenen Rest in der Transmembranregion aufweist, an DAP12 bindet und aktivierend wirkt (▶ Abb. 3.41). NKG2D wirkt ebenfalls aktivierend, unterscheidet sich jedoch ziemlich deutlich von den übrigen NKG2-Rezeptoren (siehe unten).

Die letztendliche Reaktion der NK-Zellen auf Unterschiede in der MHC-Expression ist aufgrund des ausgeprägten Polymorphismus der KIR-Gene noch komplizierter, wobei man bei verschiedenen Personen aktivierende und inhibitorische Gene in unterschiedlicher Anzahl findet. Das erklärt vielleicht, warum NK-Zellen für die Transplantation von Knochenmark ein Hindernis darstellen, da die NK-Zellen des Empfängers auf die MHC-Moleküle des Spenders stärker reagieren als auf die körpereigenen MHC-Moleküle, mit denen zusammen sie sich entwickelt haben. Ein ähnliches Phänomen kann aufgrund der Unterschiede zwischen den MHC-Molekülen des Fetus und der Mutter auch während einer Schwangerschaft auftreten (Abschn. 15.4.10). Die Vorteile eines so ausgeprägten KIR-Polymorphismus sind noch unklar und einige genetisch-epidemiologische Untersuchungen deuten sogar darauf hin, dass zwischen bestimmten KIR-Allelen und dem früheren Einsetzen einer rheumatoiden Arthritis (jedoch nicht bezüglich der Häufigkeit des Auftretens) bestehen kann. Mäuse besitzen keinen KIR-Gen-Cluster, aber einige Spezies, beispielsweise unter den Primaten, tragen Gene aus der KIR- und KLR-Familie. Das könnte darauf hindeuten, dass beide Gencluster schon relativ alt sind und aus irgendeinem Grund beim Menschen und bei der Maus jeweils einer verloren gegangen ist.

Signale der inhibitorischen NK-Zell-Rezeptoren blockieren die Tötungsaktivität und die Cytokinproduktion der NK-Zellen. Das bedeutet, dass NK-Zellen keine gesunden, gene-

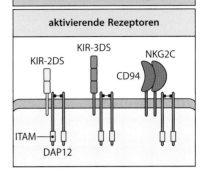

aktivierende und inhibitorische Rezeptoren von NK-Zellen können zur selben Strukturfamilie gehören

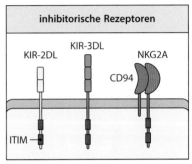

**Abb. 3.41 Die Strukturfamilien der NK-Rezeptoren codieren sowohl aktivierende als auch inhibitorische Rezeptoren.** In den Familien der killerzellenimmunglobulinähnlichen Rezeptoren (KIRs) und der killerzellenlektinähnlichen Rezeptoren (KLRs) gibt es Moleküle, die der NK-Zelle aktivierende Signale übermitteln (*oben*), und Moleküle, die inhibitorische Signale aussenden (*unten*). Vertreter der KIR-Familie werden entsprechend ihrer Anzahl an immunglobulinähnlichen Domänen und der Länge ihrer cytoplasmatischen Schwänze bezeichnet. Aktivierende KIR-Rezeptoren besitzen kurze cytoplasmatische Schwänze, ihre Bezeichnung enthält ein „S". Sie assoziieren über einen geladenen Aminosäurerest in der Transmembranregion mit dem Signalprotein DAP12. Die cytoplasmatische Region von DAP12 enthält ITAM-Aminosäuresequenzen, die an der Signalübertragung beteiligt sind. NKG2-Rezeptoren gehören zur KLR-Familie und bilden, unabhängig davon, ob sie aktivierend oder inhibitorisch wirken, Heterodimere mit CD94, einem anderen Vertreter der C-Typ-Lektin-Familie. Die inhibitorischen KIR-Rezeptoren besitzen längere cytoplasmatische Schwänze, ihre Bezeichnung enthält ein „L". Sie assoziieren nicht konstitutiv mit Adaptorproteinen, sondern enthalten das ITIM-Signalmotiv, das von inhibitorischen Phosphatasen erkannt wird, wenn es phosphoryliert ist

tisch identischen Körperzellen mit einer normalen Expression von MHC-Klasse-II-Molekülen töten. Virusinfizierte Zellen können jedoch aufgrund einer Reihe verschiedener Mechanismen für einen Angriff durch NK-Zellen empfindlich werden. Zum einen hemmen einige Viren die gesamte Proteinsynthese in ihren Wirtszellen, sodass die Produktion der MHC-Klasse-I-Moleküle in infizierten Zellen blockiert ist, während sie bei nicht-infizierten Zellen durch die Wirkung von Typ-I-Interferonen stimuliert wird. Die verringerte MHC-Klasse-I-Expression führt bei infizierten Zellen zwangsläufig dazu, dass sie NK-Zellen über deren MHC-spezifische Rezeptoren weniger gut hemmen können, sodass sie für eine Tötung anfälliger werden. Zum anderen können viele Viren das Ausschleusen von MHC-Klasse-I-Molekülen zur Zelloberfläche gezielt verhindern oder sie induzieren deren sofortigen Abbau, sobald sie dorthin gelangt sind. So kann die infizierte Zelle zwar der Erkennung durch cytotoxische T-Zellen entkommen, sie ist aber für einen Angriff durch NK-Zellen empfindlicher. Virusinfizierte Zellen können selbst dann noch von NK-Zellen getötet werden, wenn die Zellen die MHC-Moleküle nicht herunterregulieren, vorausgesetzt dass Liganden für aktivierende Rezeptoren induziert werden. Einige Viren können jedoch die Liganden für die aktivierenden Rezeptoren auf den NK-Zellen angreifen, die Erkennung durch NK-Zellen unterlaufen und ein Abtöten der infizierten Zellen verhindern.

## 3.2.13 NK-Zellen exprimieren aktivierende Rezeptoren, die Liganden erkennen, welche von infizierten Zellen oder Tumorzellen präsentiert werden

Neben den KIR- und KLR-Rezeptoren, deren Funktion darin besteht, die Menge der MHC-Klasse-I-Moleküle auf anderen Zellen zu erkennen, exprimieren NK-Zellen auch Rezeptoren, die das Vorhandensein einer Infektion oder andere Störungen in einer Zelle direkter erkennen. Aktivierende Rezeptoren für die Erkennung von infizierten Zellen, Tumorzellen und Zellen, die durch physikalische oder chemische Einwirkungen geschädigt wurden, sind beispielsweise die **natürlichen Cytotoxizitätsrezeptoren** (NCRs) NKp30, NKp44 und NKp46, die immunglobulinähnliche Rezeptoren sind, sowie **Ly49H** und **NKT2D** als Vertreter der C-Typ-Lektin-Familie (▶ Abb. 3.42). Bei den NCRs ist nur NKp46 beim Menschen und bei der Maus konserviert und gleichzeitig der wichtigste selektive Marker für NK-Zellen bei den Säugern. Die Liganden, die von den natürlichen Cytotoxizitätsrezeptoren erkannt werden, sind noch nicht genau bekannt, wobei es Hinweise gibt, dass die Rezeptoren virale Proteine erkennen, beispielsweise das Glykoprotein **Hämagglutinin** (HA) des Influenzavirus. Ly49H ist ein aktivierender Rezeptor, der das Virusprotein m157 erkennt, das eine MHC-Klasse-I-ähnliche Struktur besitzt und vom Cytomegalievirus der Maus exprimiert wird. Der Ligand für NKp30 ist das Protein B7-H6, das zur Familie der costimulierenden Proteine gehört (Abschn. 1.3.8, Kap. 7 und 9).

NKG2D besitzt eine besondere Funktion bei der Aktivierung von NK-Zellen. NKG2-Rezeptoren bilden Heterodimere mit CD94 und binden das MHC-Klasse-I-Molekül HLA-E. Andererseits bilden zwei NKG2D-Moleküle ein Homodimer, das an verschiedene MHC-Klasse-I-ähnliche Moleküle bindet, die durch unterschiedliche Arten von zellulärem Stress induziert werden. Das sind beispielsweise die MIC-Moleküle **MIC-A** und **MIC-B** sowie die **RAET1**-Proteinfamilie (▶ Abb. 3.43). Die wiederum sind homolog zur $\alpha_1$- und $\alpha_2$-Domäne von MHC-Klasse-I-Molekülen. Die RAET1-Familie umfasst zehn Proteine, von denen drei ursprünglich als Liganden des **UL16-Proteins** aus dem **Cytomegalievirus** charakterisiert wurden und deshalb als **UL16-bindende Proteine** (ULBPs) bezeichnet werden. Mäuse exprimieren keine Rezeptoren, die zu den MIC-Molekülen äquivalent sind, und die Liganden von NKG2D der Maus besitzen eine sehr ähnliche Struktur wie die RAET1-Proteine, zu denen sie wahrscheinlich homolog sind. Tatsächlich wurden diese Liganden zuerst bei Mäusen als **RAE1-Familie** (RAE1 für *retinoic acid early inducible 1*) identifiziert. Dazu gehören auch die Proteine H60 und MULT1 (▶ Abb. 6.26). Wir besprechen die MHC-ähnlichen Moleküle in Abschn. 6.3.3 im Zusammenhang mit der Struktur der MHC-Moleküle.

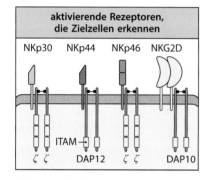

**Abb. 3.42 Aktivierende Rezeptoren der NK-Zellen sind die natürlichen Cytotoxizitätsrezeptoren und NKG2D.** Die natürlichen Cytotoxizitätsrezeptoren sind iimmunglobulinähnliche Proteine. NKp30 und NKp40 besitzen beispielsweise eine extrazelluläre Domäne, die einer einzelnen variablen Domäne eines Immunglobulinmoleküls ähnlich ist. NKp30 und NKp40 aktivieren die NK-Zelle durch ihre Assoziation mit Homodimeren der CD3ζ-Kette oder der Fc-Rezeptor-γ-Kette (nicht dargestellt). Beide Signalproteine assoziieren auch mit anderen Rezeptortypen, eine genauere Beschreibung findet sich in Kap. 7. NKp44 aktiviert die NK-Zelle durch Bindung an DA12-Homodimere. NKp46 ähnelt KIR-2D-Molekülen, da es zwei Domänen enthält, die wiederum den konstanten Domänen eines Immunglobulinmoleküls ähneln. NKG2D gehört zur C-Typ-Lektin-Familie und bildet ein Homodimer. Außerdem assoziiert es mit DAP10. Bei Mäusen bindet eine durch alternatives Spleißen entstandene Form von NKG2D an DAP12 (nicht dargestellt)

Die Liganden von NKG2D werden als Reaktion auf zellulären oder metabolischen Stress exprimiert, das heißt, sie werden bei Zellen hochreguliert, die mit intrazellulären Bakterien oder Viren infiziert sind, oder auch bei Tumorzellen im Anfangsstadium, die bösartig transformiert wurden. Die Erkennung durch NKG2D wirkt also als allgemeines „Alarmsignal" für das Immunsystem. Neben einer Untergruppe der NK-Zellen exprimieren auch verschiedene T-Zellen NKG2D, etwa beim Menschen alle CD8-T-Zellen, $\gamma{:}\delta$-T-Zellen, bei der Maus aktivierte CD8-T-Zellen und die invarianten NKT-Zellen (Kap. 8). Eine Erkennung von NKG2D-Liganden durch diese Zellen liefert ein starkes costimulierendes Signal, das ihre Effektorfunktionen verstärkt.

NKG2D unterscheidet sich auch aufgrund des Signalwegs, den der Rezeptor innerhalb der Zelle auslöst, von den übrigen aktivierenden Rezeptoren. Diese sind mit Signalproteinen wie der CD3$\zeta$-Kette, der $\gamma$-Kette des Fc-Rezeptors und DAP12 assoziiert, die alle ITAM-Sequenzen enthalten. Im Gegensatz dazu bindet NKG2D das Adaptorprotein **DAP10**, das keine ITAM-Sequenz enthält und die intrazelluläre Lipidkinase **Phosphatidylinositol-3-Kinase** (PI-3-Kinase) aktiviert. Dadurch wird in der NK-Zelle eine andere Signalfolge ausgelöst (Abschn. 7.1.4). Man nimmt an, dass die PI-3-Kinase allgemein das Überleben der Zellen stärkt, in denen das Enzym aktiviert wurde, und deren Effektoraktivitäten verbessert. Bei den NK-Zellen ist die Aktivierung der PI-3-Kinase direkt mit dem Auslösen der cytotoxischen Aktivität gekoppelt. Bei Mäusen sind die Wirkweisen von NKG2D sogar noch komplizierter, da der NKG2D-Rezeptor in zwei Formen exprimiert wird, die durch unterschiedliches Spleißen entstehen. Eine Form bindet DAP12 und DAP10, die andere nur DAP10. Der NKG2D-Rezeptor der Maus kann also beide Signalwege aktivieren, beim Menschen leitet NKG2D die Signale nur über DAP10 weiter und aktiviert so den PI-3-Signalweg. Außerdem exprimieren NK-Zellen mehrere Rezeptoren der **SLAM**-Familie (*signaling lymphocyte activation molecules*). **2B4**, ein Protein dieser Familie, erkennt das Zelloberflächenmolekül **CD48**, das auf vielen Zellen und auch auf NK-Zellen vorkommt. Wechselwirkungen zwischen 2B4 und CD48 auf benachbarten NK-Zellen können Signale auslösen, die über das SLAM-assoziierte **SAP**-Protein und die Src-Kinase Fyn zum Überleben und zur Proliferation beitragen.

### Zusammenfassung

Die Bindung von Liganden an angeborene Sensoren auf den verschiedenen Zellen – besonders von neutrophilen Zellen, Makrophagen und dendritischen Zellen – aktiviert nicht nur die jeweiligen Effektorfunktionen dieser Zellen, sondern stimuliert auch die Freisetzung von proinflammatorischen Chemokinen und Cytokinen, die zusammen bewirken, dass weitere phagocytotische Zellen zum Infektionsherd gelockt werden. Besonders auffällig ist die frühe Rekrutierung von neutrophilen Zellen und Monocyten. Darüber hinaus können Cytokine, die von geweberesidenten Phagocyten freigesetzt werden, weitere systemische Effekte auslösen, beispielsweise Fieber und die Produktion von Akute-Phase-Proteinen wie dem mannosebindenden Lektin, dem C-reaktiven Protein, Fibrinogen und den Surfactant-Proteinen der Lunge, die den allgemeinen Zustand der angeborenen Immunität verstärken. Diese Cytokine rekrutieren auch antigenpräsentierende Zellen, welche die adaptive Immunantwort in Gang setzen. Zum angeborenen Immunsystem gehören mehrere erst vor Kurzem entdeckte Untergruppen von angeborenen lymphatischen Zellen, die auf der gleichen Stufe wie die schon lange bekannten NK-Zellen stehen. Die ILC-Zellen zeigen als Reaktion auf verschiedene Signale unterschiedliche spezialisierte Effektoraktivitäten und tragen dazu bei, die Immunantwort zu verstärken. Die Produktion von Interferonen als Reaktion auf eine Infektion mit Viren dient dazu, die Replikation der Viren zu hemmen und NK-Zellen zu aktivieren. Diese wiederum können gesunde von virusinfizierten, transformierten oder unter Stress stehenden Zellen unterscheiden, da die von diesen Zellen exprimierten MHC-Klasse-I-Proteine und die damit verwandten Moleküle Liganden der NK-Rezeptoren sind. Wie wir in diesem Buch noch besprechen werden, gehören Cytokine, Chemokine, phagocytotische Zellen und NK-Zellen zu den Effektormechanismen, die auch von den variablen Rezeptoren aktiviert werden, um spezifische Antigene von Krankheitserregern gezielt anzugreifen.

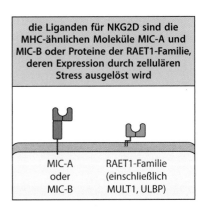

**die Liganden für NKG2D sind die MHC-ähnlichen Moleküle MIC-A und MIC-B oder Proteine der RAET1-Familie, deren Expression durch zellulären Stress ausgelöst wird**

MIC-A oder MIC-B

RAET1-Familie (einschließlich MULT1, ULBP)

**Abb. 3.43 Die Liganden für den aktivierenden NK-Rezeptor NKG2D sind Proteine, die bei zellulärem Stress exprimiert werden.** Die MIC-Proteine MIC-A und MIC-B sind MHC-ähnliche Moleküle, die in epithelialen oder anderen Zellen durch Stress induziert werden, beispielsweise bei Schädigung der DNA, zellulärer Transformation oder einer Infektion. Die Proteine der RAET1-Familie, etwa die Untergruppe, die man als UL16-bindende Proteine (ULBPs) bezeichnet, ähneln ebenfalls einem Bereich des MHC-Klasse-I-Moleküls, der $\alpha_1$- und der $\alpha_2$-Domäne. Die meisten (nicht alle) sind über einen Glykosyl-phosphatidylinositolanker mit der Zelle verknüpft. Anders als die MHC-Klasse-I-Moleküle binden die NKG2D-Liganden keine prozessierten Peptide

## Kapitelzusammenfassung

Die angeborene Immunität kann eine Reihe von induzierten Effektormechanismen nutzen, um eine Infektion zu erkennen und zu beseitigen oder so lange einzudämmen, bis der Krankheitserreger vom adaptiven Immunsystem erkannt wird. Keimbahncodierte Rezeptoren auf vielen Zelltypen, die Moleküle von Mikroorganismen oder die Schädigung körpereigener Zellen erkennen können, regulieren all diese Effektormechanismen. Die ausgelösten Reaktionen des angeborenen Immunsystems beruhen auf mehreren unterschiedlichen Komponenten. Sobald die ersten Barrieren – die Körperepithelien und die löslichen antimikrobiellen Moleküle, die in Kap. 2 beschrieben wurden – überwunden sind, gehen die wichtigsten Abwehrmechanismen von Gewebemakrophagen und weiterer geweberesidenten Sensorzellen aus, beispielsweise von dendritischen Zellen. Makrophagen erfüllen eine zweifache Funktion: Durch ihre Phagocytose und antimikrobiellen Aktivitäten ermöglichen sie eine schnelle zelluläre Abwehr an den Rändern der Infektion und mithilfe ihrer verschiedenen angeborenen Sensoren aktivieren sie eine Entzündungsreaktion, bei der weitere Zellen zum Infektionsherd dirigiert werden. Angeborene Sensoren aktivieren Signalwege, die zur Produktion proinflammatorischer und antiviraler Cytokine führen. Diese wiederum stimulieren angeborene Effektorreaktionen und tragen auch dazu bei, eine adaptive Immunantwort in Gang zu setzen. Die Mechanismen der Pathogenerkennung, die in diesem Kapitel besprochen wurden, sind noch Gegenstand intensiver Forschung. Dabei lassen sich neue Erkenntnisse über autoinflammatorische Erkrankungen beim Menschen wie Lupus erythematodes, Morbus Crohn und Gicht gewinnen. Die Induktion hochwirksamer Effektormechanismen durch die angeborene Immunerkennung aufgrund von keimbahncodierten Rezeptoren birgt tatsächlich einige Gefahren. Es ist eine Art zweischneidiges Schwert, wie sich am Beispiel der Wirkungen des Cytokins TNF-$\alpha$ zeigt. Bei lokaler Freisetzung ist es hilfreich, bei systemischer Produktion jedoch katastrophal. Hier zeigt sich auch die evolutionäre Gratwanderung, die bei allen angeborenen Mechanismen der Immunantwort festzustellen ist. Die angeborene Immunität lässt sich als Abwehrsystem betrachten, das vor allem die Etablierung eines Infektionsherdes bekämpft. Reicht es zur Erfüllung dieser Aufgabe jedoch nicht aus, hat es zumindest – durch Rekrutierung und Aktivierung der dendritischen Zellen – den Beginn der adaptiven Immunantwort ausgelöst. Diese bildet dann beim Menschen einen wesentlichen Teil der Infektionsabwehr.

Nach der Einführung in die Immunologie mit Blick auf die angeborenen Immunfunktionen wollen wir uns als Nächstes den Funktionen der adaptiven Immunantwort zuwenden. Zu Beginn wollen wir die Struktur und Funktion der Antigenrezeptoren besprechen, die von den Lymphocyten exprimiert werden.

## Aufgaben

**3.1 Bitte zuordnen:** Welcher Toll-like-Rezeptor gehört zu welchem Liganden?

| | |
|---|---|
| A. TLR-2:TLR-1 oder TLR-2:TLR-6 | i. ssRNA |
| B. TLR-3 | ii. Lipopolysaccharid |
| C. TLR-4 | iii. Lipoteichonsäure und Di-/Triacyllipoproteine |
| D. TLR-5 | iv. dsRNA |
| E. TLR-7 | v. Flagellin |
| F. TLR-9 | vi. nichtmethylierte CpG-DNA |

**3.2 Bitte zuordnen:** Welche Erbkrankheit hängt mit welchem Gen zusammen?

A. chronische Granulomatose
B. X-gekoppelte hypohidrotische ektodermale Dysplasie mit Immunschwäche
C. Morbus Crohn
D. X-SCID
E. SCID (nicht X-gekoppelt)
F. FCAS-Syndrom

**i.** NOD2
**ii.** IKKγ (NEMO)
**iii.** Jak3
**iv.** NADPH-Oxidase
**v.** NLRP3
**vi.** γ$_c$

**3.3 Multiple Choice:** Welches der folgenden Symptome tritt bei einer Entzündungsreaktion nicht auf?
A. lokale Blutgerinnung
B. Reparatur von geschädigtem Gewebe
C. Aktivierung der Endothelzellen
D. verringerte Gefäßdurchlässigkeit
E. Extravasation von Leukocyten in das entzündete Gewebe

**3.4 Kurze Antwort:** Welcher Unterschied besteht zwischen konventionellen (cDCs) und plasmacytoiden dendritischen Zellen (pDCs)?

**3.5 Multiple Choice:** Welcher der folgenden Faktoren ist ein G-Protein-gekoppelter Rezeptor?
A. fMLF-Rezeptor
B. TLR-4
C. IL-1R
D. CD14
E. STING
F. B7.1 (CD80)

**3.6 Richtig oder falsch:** Alle Formen der Ubiquitinierung führen zu einem Abbau im Proteasom.

**3.7 Bitte ergänzen:**
A. Toll-like-Rezeptoren (TLRs) enthalten eine cytoplasmatische TIR-Signaldomäne, die auch bei _____ vorkommt.
B. Cytokinrezeptoren der Hämatopoetinfamilie aktivieren Tyrosinkinasen der _____-Familie, sodass diese Signale aussenden, die _____-Transkriptionsfaktoren rekrutieren, die eine SH2-Domäne besitzen.
C. Der einzige Rezeptor der verschiedenen TLRs, der seine Signale sowohl über die Adaptorpaare MyD88/MAL als auch über TRIF/TRAM weiterleitet, ist _____.

**3.8 Richtig oder falsch:** Cytosolische DNA wird vom cGAS-Rezeptor erkannt, der seine Signale auf STING überträgt, während cytosolische ssRNA und dsRNA von RIG-I beziehungsweise MDA-5 erkannt werden, die beide stromabwärts mit dem Adaptorprotein MAVS in Wechselwirkung treten.

**3.9 Multiple Choice:** Welche der folgenden Aussagen trifft nicht zu?
A. CCL2 lockt über CCR2 Makrophagen an.
B. IL-3, IL-5 und GM-CSF sind eine Untergruppe von Klasse-I-Cytokinrezeptoren, die eine gemeinsame β-Kette besitzen.
C. IL-2, IL-4, IL-7, IL-9, IL-15 und IL-21 besitzen eine gemeinsame γ$_c$-Kette.
D. Das Inflammasom ist ein großes Oligomer, das aus dem Sensor NLRP3, dem Adaptorprotein ASC und Caspase 8 besteht.
E. CXCL8 lockt neutrophile Zellen über CXCR2 an.

**F.** ILC1-Zellen sezernieren IFN-γ, ILC2-Zellen sezernieren IL-4, IL-5 und IL-13, ILC3-Zellen sezernieren IL-17 und IL-22.

**3.10 Richtig oder falsch:** Natürliche Killerzellen (NK-Zellen) besitzen killerzellenimmunglobulinähnliche Rezeptoren (KIRs), die Peptide von Krankheitserregern auf körpereigenen MHC-Molekülen erkennen.

**3.11 Bitte zuordnen:** Welche Phase bei der Rekrutierung von neutrophilen Zellen, damit diese zu entzündetem Gewebe wandern, gehört zu welchem entscheidenden Effektor?

**A.** Aktivierung der Endothelzellen

**i.** LFA-1 der neutrophilen Zelle interagiert mit ICAM-1 der Endothelzelle.

**B.** Entlangrollen

**ii.** lokale Freisetzung von TNF-α und anderen Cytokinen

**C.** Integrin der neutrophilen Zellen nimmt eine „aktive" Form an.

**iii.** CXCL8-Signale über CXCR2 führen zur Aktivierung von Talin.

**D.** starke Adhäsion

**iv.** CD31 bei Endothelzellen und neutrophilen Zellen

**E.** Diapedese

**v.** Wechselwirkung von endothelialem P- und E-Selektin mit der sulfatierten Sialyl-Lewis$^x$-Einheit

**3.12 Kurze Antwort:** Welche costimulierenden Moleküle werden nach der Erkennung eines Krankheitserregers auf Makrophagen und dendritischen Zellen induziert und welche Funktion haben sie?

---

# Literatur

## Literatur zu den einzelnen Abschnitten

### Abschnitt 3.1.1

- Aderem, A. and Underhill, D.M.: **Mechanisms of phagocytosis in macrophages.** *Annu. Rev. Immunol.* 1999, **17**:593–623.
- Auffray, C., Fogg, D., Garfa, M., Elain, G., Join-Lambert, O., Kayal, S., Sarnacki, S., Cumano, A., Lauvau, G., and Geissmann, F.: **Monitoring of blood vessels and tissues by a population of monocytes with patrolling behavior.** *Science* 2007, **317**:666–670.
- Cervantes-Barragan, L., Lewis, K.L., Firner, S., Thiel, V., Hugues, S., Reith, W., Ludewig, B., and Reizis, B.: **Plasmacytoid dendritic cells control T-cell response to chronic viral infection.** *Proc. Natl Acad. Sci. USA* 2012, **109**:3012–3017.
- Goodridge, H.S., Wolf, A.J., and Underhill, D.M.: **Beta-glucan recognition by the innate immune system.** *Immunol. Rev.* 2009, **230**:38–50.
- Greaves, D.R. and Gordon, S.: **The macrophage scavenger receptor at 30 years of age: current knowledge and future challenges.** *J. Lipid Res.* 2009, **50**:S282–S286.
- Greter, M., Lelios, I., Pelczar, P., Hoeffel, G., Price, J., Leboeuf, M., Kündig, T.M., Frei, K., Ginhoux, F., Merad, M., and Becher, B.: **Stroma-derived interleukin-34 controls the development and maintenance of Langerhans cells and the maintenance of microglia.** *Immunity* 2012, **37**:1050–1060.
- Harrison, R.E. and Grinstein, S.: **Phagocytosis and the microtubule cytoskeleton.** *Biochem. Cell Biol.* 2002, **80**:509–515.

- Lawson, C.D., Donald, S., Anderson, K.E., Patton, D.T., and Welch, H.C.: **P-Rex1 and Vav1 cooperate in the regulation of formyl-methionyl-leucyl-phenylalanine-dependent neutrophil responses.** *J. Immunol.* 2011, **186**:1467–1476.
- Lee, S.J., Evers, S., Roeder, D., Parlow, A. F., Risteli, J., Risteli, L., Lee, Y.C., Feizi, T., Langen, H., and Nussenzweig, M.C.: **Mannose receptor-mediated regulation of serum glycoprotein homeostasis.** *Science* 2002, **295**:1898–1901.
- Linehan, S.A., Martinez-Pomares, L., and Gordon, S.: **Macrophage lectins in host defence.** *Microbes Infect.* 2000, **2**:279–288.
- McGreal, E.P., Miller, J.L., and Gordon, S.: **Ligand recognition by antigen-presenting cell C-type lectin receptors.** *Curr. Opin. Immunol.* 2005, **17**:18–24.
- Peiser, L., De Winther, M.P., Makepeace, K., Hollinshead, M., Coull, P., Plested, J., Kodama, T., Moxon, E.R., and Gordon, S.: **The class A macrophage scavenger receptor is a major pattern recognition receptor for *Neisseria meningitidis* which is independent of lipopolysaccharide and not required for secretory responses.** *Infect. Immun.* 2002, **70**:5346–5354.
- Podrez, E.A., Poliakov, E., Shen, Z., Zhang, R., Deng, Y., Sun, M., Finton, P.J., Shan, L., Gugiu, B., Fox, P.L., *et al.*: **Identification of a novel family of oxidized phospholipids that serve as ligands for the macrophage scavenger receptor CD36.** *J. Biol. Chem.* 2002, **277**:38503–38516.

## Abschnitt 3.1.2

- Bogdan, C., Rollinghoff, M., and Diefenbach, A.: **Reactive oxygen and reactive nitrogen intermediates in innate and specific immunity.** *Curr. Opin. Immunol.* 2000, **12**:64–76.
- Brinkmann, V. and Zychlinsky, A.: **Beneficial suicide: why neutrophils die to make NETs.** *Nat. Rev. Microbiol.* 2007, **5**:577–582.
- Dahlgren, C. and Karlsson, A.: **Respiratory burst in human neutrophils.** *J. Immunol. Methods* 1999, **232**:3–14.
- Gerber, B.O., Meng, E.C., Dotsch, V., Baranski, T.J., and Bourne, H.R.: **An activation switch in the ligand binding pocket of the C5a receptor.** *J. Biol. Chem.* 2001, **276**:3394–3400.
- Reeves, E.P., Lu, H., Jacobs, H.L., Messina, C.G., Bolsover, S., Gabella, G., Potma, E.O., Warley, A., Roes, J., and Segal, A.W.: **Killing activity of neutrophils is mediated through activation of proteases by K$^+$ flux.** *Nature* 2002, **416**:291–297.
- Ward, P.A.: **The dark side of C5a in sepsis.** *Nat. Rev. Immunol.* 2004, **4**:133–142.

## Abschnitt 3.1.3

- Chertov, O., Yang, D., Howard, O.M., and Oppenheim, J.J.: **Leukocyte granule proteins mobilize innate host defenses and adaptive immune responses.** *Immunol. Rev.* 2000, **177**:68–78.
- Kohl, J.: **Anaphylatoxins and infectious and noninfectious inflammatory diseases.** *Mol. Immunol.* 2001, **38**:175–187.
- Mekori, Y.A. and Metcalfe, D.D.: **Mast cells in innate immunity.** *Immunol. Rev.* 2000, **173**:131–140.
- Svanborg, C., Godaly, G., and Hedlund, M.: **Cytokine responses during mucosal infections: role in disease pathogenesis and host defence.** *Curr. Opin. Microbiol.* 1999, **2**:99–105.
- Van der Poll, T.: **Coagulation and inflammation.** *J. Endotoxin Res.* 2001, **7**:301–304.

## Abschnitt 3.1.4

- Lemaitre, B., Nicolas, E., Michaut, L., Reichhart, J.M., and Hoffmann, J.A.: **The dorsoventral regulatory gene cassette spätzle/Toll/cactus controls the potent antifungal response in *Drosophila* adults.** *Cell* 1996, **86**:973–983.

Teil I

■ Lemaitre, B., Reichhart, J.M., and Hoffmann, J.A.: **Drosophila host defense: differential induction of antimicrobial peptide genes after infection by various classes of microorganisms.** *Proc. Natl Acad. Sci. USA* 1997, **94**:14614–14619.


## Abschnitt 3.1.5

■ Beutler, B. and Rietschel, E.T.: **Innate immune sensing and its roots: the story of endotoxin.** *Nat. Rev. Immunol.* 2003, **3**:169–176.

■ Diebold, S.S., Kaisho, T., Hemmi, H., Akira, S., and Reis e Sousa, C.: **Innate antiviral responses by means of TLR7-mediated recognition of single-stranded RNA.** *Science* 2004, **303**:1529–1531.

■ Heil, F., Hemmi, H., Hochrein, H., Ampenberger, F., Kirschning, C., Akira, S., Lipford, G., Wagner, H., and Bauer, S.: **Species-specific recognition of single-stranded RNA via Toll-like receptor 7 and 8.** *Science* 2004, **303**:1526–1529.

■ Hoebe, K., Georgel, P., Rutschmann, S., Du, X., Mudd, S., Crozat, K., Sovath, S., Shamel, L., Hartung, T., Zähringer, U., *et al.*: **CD36 is a sensor of diacylglycerides.** *Nature* 2005, **433**:523–527.

■ Jin, M.S., Kim, S.E., Heo, J.Y., Lee, M. E., Kim, H.M., Paik, S.G., Lee, H., and Lee, J.O.: **Crystal structure of the TLR1-TLR2 heterodimer induced by binding of a tri-acylated lipopeptide.** *Cell* 2007, **130**:1071–1082.

■ Lee, Y.H., Lee, H.S., Choi, S.J., Ji, J.D., and Song, G.G.: **Associations between TLR polymorphisms and systemic lupus erythematosus: a systematic review and meta-analysis.** *Clin. Exp. Rheumatol.* 2012, **30**:262–265.

■ Liu, L., Botos, I., Wang, Y., Leonard, J.N., Shiloach, J., Segal, D.M., and Davies, D.R.: **Structural basis of Toll-like receptor 3 signaling with double-stranded RNA.** *Science* 2008, **320**:379–381.

■ Lund, J.M., Alexopoulou, L., Sato, A., Karow, M., Adams, N.C., Gale, N.W., Iwasaki, A., and Flavell, R.A.: **Recognition of single-stranded RNA viruses by Toll-like receptor 7.** *Proc. Natl Acad. Sci. USA* 2004, **101**:5598–5603.

■ Lund, J., Sato, A., Akira, S., Medzhitov, R., and Iwasaki, A.: **Toll-like receptor 9-mediated recognition of herpes simplex virus-2 by plasmacytoid dendritic cells.** *J. Exp. Med.* 2003, **198**:513–520.

■ Schulz, O., Diebold, S.S., Chen, M., Näslund, T.I., Nolte, M.A., Alexopoulou, L., Azuma, Y.T., Flavell, R.A., Liljeström, P., and Reis e Sousa, C.: **Toll-like receptor 3 promotes cross-priming to virus-infected cells**. *Nature* 2005, **433**:887–892.

■ Tanji, H., Ohto, U., Shibata, T., Miyake, K., and Shimizu, T.: **Structural reorganization of the Toll-like receptor 8 dimer induced by agonistic ligands.** *Science* 2013, **339**:1426–1429.

■ Yarovinsky, F., Zhang, D., Andersen, J.F., Bannenberg, G.L., Serhan, C.N., Hayden, M.S., Hieny, S., Sutterwala, F.S., Flavell, R.A., Ghosh, S., *et al.*: **TLR11 activation of dendritic cells by a protozoan profilin-like protein.** *Science* 2005, **308**:1626–1629.


## Abschnitt 3.1.6

■ Beutler, B.: **Endotoxin, Toll-like receptor 4, and the afferent limb of innate immunity.** *Curr. Opin. Microbiol.* 2000, **3**:23–28.

■ Beutler, B. and Rietschel, E.T.: **Innate immune sensing and its roots: the story of endotoxin.** *Nat. Rev. Immunol.* 2003, **3**:169–176.

■ Kim, H.M., Park, B.S., Kim, J.I., Kim, S.E., Lee, J., Oh, S.C., Enkhbayar, P., Matsushima, N., Lee, H., Yoo, O.J., *et al.*: **Crystal structure of the TLR4-MD-2 complex with bound endotoxin antagonist Eritoran.** *Cell* 2007, **130**:906–917.

■ Park, B.S., Song, D.H., Kim, H.M., Choi, B.S., Lee, H., and Lee, J.O.: **The structural basis of lipopolysaccharide recognition by the TLR4-MD-2 complex.** *Nature* 2009, **458**:1191–1195.

## Abschnitt 3.1.7

- Fitzgerald, K. A., McWhirter, S.M., Faia, K.L., Rowe, D.C., Latz, E., Golenbock, D.T., Coyle, A.J., Liao, S.M., and Maniatis, T.: **IKKε and TBK1 are essential components of the IRF3 signaling pathway.** *Nat. Immunol.* 2003, **4**:491–496.
- Häcker, H., Redecke, V., Blagoev, B., Kratchmarova, I., Hsu, L.C., Wang, G.G., Kamps, M.P., Raz, E., Wagner, H., Häcker, G., *et al.*: **Specificity in Toll-like receptor signalling through distinct effector functions of TRAF3 and TRAF6.** *Nature* 2006, **439**:204–207.
- Hiscott, J., Nguyen, T.L., Arguello, M., Nakhaei, P., and Paz, S.: **Manipulation of the nuclear factor-κB pathway and the innate immune response by viruses.** *Oncogene* 2006, **25**:6844–6867.
- Honda, K. and Taniguchi, T.: **IRFs: master regulators of signalling by Toll-like receptors and cytosolic pattern-recognition receptors.** *Nat. Rev. Immunol.* 2006, **6**:644–658.
- Kawai, T., Sato, S., Ishii, K.J., Coban, C., Hemmi, H., Yamamoto, M., Terai, K., Matsuda, M., Inoue, J., Uematsu, S., *et al.*: **Interferon-alpha induction through Toll-like receptors involves a direct interaction of IRF7 with MyD88 and TRAF6.** *Nat. Immunol.* 2004, **5**:1061–1068.
- Puel, A., Yang, K., Ku, C.L., von Bernuth, H., Bustamante, J., Santos, O.F., Lawrence, T., Chang, H.H., Al-Mousa, H., Picard, C., *et al.*: **Heritable defects of the human TLR signalling pathways.** *J. Endotoxin Res.* 2005, **11**:220–224.
- Von Bernuth, H., Picard, C., Jin, Z., Pankla, R., Xiao, H., Ku, C.L., Chrabieh, M., Mustapha, I.B., Ghandil, P., Camcioglu, Y., *et al.*: **Pyogenic bacterial infections in humans with MyD88 deficiency.** *Science* 2008, **321**:691–696.
- Werts, C., Girardinm, S.E., and Philpott, D.J.: **TIR, CARD and PYRIN: three domains for an antimicrobial triad.** *Cell Death Differ.* 2006, **13**:798–815.

## Abschnitt 3.1.8

- Inohara, N., Chamaillard, M., McDonald, C., and Nunez, G.: **NOD-LRR proteins: role in host-microbial interactions and inflammatory disease.** *Annu. Rev. Biochem.* 2005, **74**:355–383.
- Shaw, M.H., Reimer, T., Kim, Y.G., and Nuñez, G.: **NOD-like receptors (NLRs): bona fide intracellular microbial sensors.** *Curr. Opin. Immunol.* 2008, **20**:377–382.
- Strober, W., Murray, P.J., Kitani, A., and Watanabe, T.: **Signalling pathways and molecular interactions of NOD1 and NOD2.** *Nat. Rev. Immunol.* 2006, **6**:9–20.
- Ting, J.P., Kastner, D.L., and Hoffman, H.M.: **CATERPILLERs, pyrin and hereditary immunological disorders.** *Nat. Rev. Immunol.* 2006, **6**:183–195.

## Abschnitt 3.1.9

- Fernandes-Alnemri, T., Yu, J.W., Juliana, C., Solorzano, L., Kang, S., Wu, J., Datta, P., McCormick, M., Huang, L., McDermott, E., *et al.*: **The AIM2 inflammasome is critical for innate immunity to *Francisella tularensis*.** *Nat. Immunol.* 2010, **11**:385–393.
- Hornung, V., Ablasser, A., Charrel-Dennis, M., Bauernfeind, F., Horvath, G., Caffrey, D.R., Latz, E., and Fitzgerald, K. A.: **AIM2 recognizes cytosolic dsDNA and forms a caspase-1-activating inflammasome with ASC.** *Nature* 2009, **458**:514–518.
- Kofoed, E.M. and Vance, R.E.: **Innate immune recognition of bacterial ligands by NAIPs determines inflammasome specificity.** *Nature* 2011, **477**:592–595.
- Martinon, F., Pétrilli, V., Mayor, A., Tardivel, A., and Tschopp, J.: **Gout-associated uric acid crystals activate the NALP3 inflammasome.** *Nature* 2006, **440**:237–241.
- Mayor, A., Martinon, F., De Smedt, T., Pétrilli, V., and Tschopp, J.: **A crucial function of SGT1 and HSP90 in inflammasome activity links mammalian and plant innate immune responses.** *Nat. Immunol.* 2007, **8**:497–503.

■ Muñoz-Planillo, R., Kuffa, P., Martínez-Colón, G., Smith, B.L., Rajendiran, T.M., and Núñez, G.: **K⁺ efflux is the common trigger of NLRP3 inflammasome activation by bacterial toxins and particulate matter.** *Immunity* 2013, **38**:1142–1153.

## Abschnitt 3.1.10

■ Brightbill, H.D., Libraty, D.H., Krutzik, S.R., Yang, R.B., Belisle, J.T., Bleharski, J.R., Maitland, M., Norgard, M.V., Plevy, S.E., Smale, S.T., *et al.*: **Host defense mechanisms triggered by microbial lipoproteins through Toll-like receptors.** *Science* 1999, **285**:732–736.

■ Hornung, V., Ellegast, J., Kim, S., Brzózka, K., Jung, A., Kato, H., Poeck, H., Akira, S., Conzelmann, K.K., Schlee, M., *et al.*: **5′-Triphosphate RNA is the ligand for RIG-I.** *Science* 2006, **314**:994–997.

■ Kato, H., Takeuchi, O., Sato, S., Yoneyama, M., Yamamoto, M., Matsui, K., Uematsu, S., Jung, A., Kawai, T., Ishii, K.J., *et al.*: **Differential roles of MDA5 and RIG-I helicases in the recognition of RNA viruses.** *Nature* 2006, **441**:101–105.

■ Konno, H., Yamamoto, T., Yamazaki, K., Gohda, J., Akiyama, T., Semba, K., Goto, H., Kato, A., Yujiri, T., Imai, T., *et al.*: **TRAF6 establishes innate immune responses by activating NF-κB and IRF7 upon sensing cytosolic viral RNA and DNA.** *PLoS ONE* 2009, **4**:e5674.

■ Martinon, F., Mayor, A., and Tschopp, J.: **The inflammasomes: guardians of the body.** *Annu. Rev. Immunol.* 2009, **27**:229–265.

■ Meylan, E., Curran, J., Hofmann, K., Moradpour, D., Binder, M., Bartenschlager, R., and Tschopp, J.: **Cardif is an adaptor protein in the RIG-I antiviral pathway and is targeted by hepatitis C virus.** *Nature* 2005, **437**:1167–1172.

■ Pichlmair, A., Schulz, O., Tan, C.P., Näslund, T.I., Liljeström, P., Weber, F., and Reis e Sousa, C.: **RIG-I-mediated antiviral responses to single-stranded RNA bearing 5′-phosphates.** *Science* 2006, **314**:935–936.

■ Takeda, K., Kaisho, T., and Akira, S.: **Toll-like receptors.** *Annu. Rev. Immunol.* 2003, **21**:335–376.

## Abschnitt 3.1.11

■ Cai, X., Chiu, Y.H., and Chen, Z.J.: **The cGAS-cGAMP-STING pathway of cytosolic DNA sensing and signaling.** *Mol. Cell* 2014, **54**:289–296.

■ Ishikawa, H. and Barber, G.N.: **STING is an endoplasmic reticulum adaptor that facilitates innate immune signalling.** *Nature* 2008, **455**:674–678.

■ Li, X.D., Wu, J., Gao, D., Wang, H., Sun, L., and Chen, Z.J.: **Pivotal roles of cGAS-cGAMP signaling in antiviral defense and immune adjuvant effects.** *Science* 2013, **341**:1390–1394.

■ Liu, S., Cai, X., Wu, J., Cong, Q., Chen, X., Li, T., Du, F., Ren, J., Wu, Y.T., Grishin, N.V., and Chen, Z.J.: **Phosphorylation of innate immune adaptor proteins MAVS, STING, and TRIF induces IRF3 activation.** *Science* 2015, **347**:aaa2630.

■ Sun, L., Wu, J., Du, F., Chen, X., and Chen, Z.J.: **Cyclic GMP-AMP synthase is a cytosolic DNA sensor that activates the type I interferon pathway.** *Science* 2013, **339**:786–791.

## Abschnitte 3.1.12 und 3.1.13

■ Dziarski, R. and Gupta, D.: **Mammalian PGRPs: novel antibacterial proteins.** *Cell Microbiol.* 2006, **8**:1059–1069.

■ Ferrandon, D., Imler, J.L., Hetru, C., and Hoffmann, J.A.: **The *Drosophila* systemic immune response: sensing and signalling during bacterial and fungal infections.** *Nat. Rev. Immunol.* 2007, **7**:862–874.

■ Gottar, M., Gobert, V., Matskevich, A.A., Reichhart, J.M., Wang, C., Butt, T.M., Belvin, M., Hoffmann, J.A., and Ferrandon, D.: **Dual detection of fungal infections in *Droso-***

*phila* via recognition of glucans and sensing of virulence factors. *Cell* 2006, **127**:1425–1437.

■ Kambris, Z., Brun, S., Jang, I.H., Nam, H.J., Romeo, Y., Takahashi, K., Lee, W.J., Ueda, R., and Lemaitre, B.: *Drosophila* immunity: a large-scale *in vivo* RNAi screen identifies five serine proteases required for Toll activation. *Curr. Biol.* 2006, **16**:808–813.

■ Pili-Floury, S., Leulier, F., Takahashi, K., Saigo, K., Samain, E., Ueda, R., and Lemaitre, B.: *In vivo* RNA interference analysis reveals an unexpected role for GNBP1 in the defense against Gram-positive bacterial infection in *Drosophila* adults. *J. Biol. Chem.* 2004, **279**:12848–12853.

■ Royet, J. and Dziarski, R.: Peptidoglycan recognition proteins: pleiotropic sensors and effectors of antimicrobial defences. *Nat. Rev. Microbiol.* 2007, **5**:264–277.

## Abschnitt 3.1.14

■ Rast, J.P., Smith, L.C., Loza-Coll, M., Hibino, T., and Litman, G.W.: Genomic insights into the immune system of the sea urchin. *Science* 2006, **314**:952–956.

■ Samanta, M.P., Tongprasit, W., Istrail, S., Cameron, R.A., Tu, Q., Davidson, E.H., and Stolc, V.: The transcriptome of the sea urchin embryo. *Science* 2006, **314**:960–962.

## Abschnitt 3.2.1

■ Basler, C.F. and Garcia-Sastre, A.: Viruses and the type I interferon antiviral system: induction and evasion. *Int. Rev. Immunol.* 2002, **21**:305–337.

■ Boulay, J.L., O'Shea, J.J., and Paul, W.E.: Molecular phylogeny within type I cytokines and their cognate receptors. *Immunity* 2003, **19**:159–163.

■ Collette, Y., Gilles, A., Pontarotti, P., and Olive, D.: A co-evolution perspective of the TNFSF and TNFRSF families in the immune system. *Trends Immunol.* 2003, **24**:387–394.

■ Ihle, J.N.: Cytokine receptor signalling. *Nature* 1995, **377**:591–594.

■ Proudfoot, A.E.: Chemokine receptors: multifaceted therapeutic targets. *Nat. Rev. Immunol.* 2002, **2**:106–115.

■ Taniguchi, T. and Takaoka, A.: The interferon-α/β system in antiviral responses: a multimodal machinery of gene regulation by the IRF family of transcription factors. *Curr. Opin. Immunol.* 2002, **14**:111–116.

## Abschnitt 3.2.2

■ Fu, X.Y.: A transcription factor with SH2 and SH3 domains is directly activated by an interferon α-induced cytoplasmic protein tyrosine kinase(s). *Cell* 1992, 70:323–335.

■ Krebs, D.L. and Hilton, D.J.: SOCS proteins: Negative regulators of cytokine signaling. *Stem Cells* 2001, **19**:378–387.

■ Leonard, W.J. and O'Shea, J.J.: Jaks and STATs: biological implications. *Annu. Rev. Immunol.* 1998, **16**:293–322.

■ Levy, D.E., and Darnell, J.E., Jr.: Stats: transcriptional control and biological impact. *Nat. Rev. Mol. Cell Biol.* 2002, **3**:651–662.

■ Ota, N., Brett, T.J., Murphy, T.L., Fremont, D.H., and Murphy, K.M.: N-domain-dependent nonphosphorylated STAT4 dimers required for cytokine-driven activation. *Nat. Immunol.* 2004, **5**:208–215.

■ Pesu, M., Candotti, F., Husa, M., Hofmann, S.R., Notarangelo, L.D., and O'Shea, J.J.: Jak3, severe combined immunodeficiency, and a new class of immuno-suppressive drugs. *Immunol. Rev.* 2005, **203**:127–142.

■ Rytinki, M.M., Kaikkonen, S., Pehkonen, P., Jääskeläinen, T., and Palvimo, J.J.: PIAS proteins: pleiotropic interactors associated with SUMO. *Cell. Mol. Life Sci.* 2009, **66**:3029–3041.

Teil I

- Schindler, C., Shuai, K., Prezioso, V.R., and Darnell, J.E., Jr.: **Interferon-dependent tyrosine phosphorylation of a latent cytoplasmic transcription factor.** *Science* 1992, **257**:809–813.
- Shuai, K. and Liu, B.: **Regulation of JAK-STAT signalling in the immune system.** *Nat. Rev. Immunol.* 2003, **3**:900–911.
- Yasukawa, H., Sasaki, A., and Yoshimura, A.: **Negative regulation of cytokine signaling pathways.** *Annu. Rev. Immunol.* 2000, **18**:143–164.

### Abschnitt 3.2.3

- Larsson, B.M., Larsson, K., Malmberg, P., and Palmberg, L.: **Gram-positive bacteria induce IL-6 and IL-8 production in human alveolar macrophages and epithelial cells.** *Inflammation* 1999, **23**:217–230.
- Luster, A.D.: **The role of chemokines in linking innate and adaptive immunity.** *Curr. Opin. Immunol.* 2002, **14**:129–135.
- Matsukawa, A., Hogaboam, C.M., Lukacs, N.W., and Kunkel, S.L.: **Chemokines and innate immunity.** *Rev. Immunogenet.* 2000, **2**:339–358.
- Scapini, P., Lapinet-Vera, J.A., Gasperini, S., Calzetti, F., Bazzoni, F., and Cassatella, M.A.: **The neutrophil as a cellular source of chemokines.** *Immunol. Rev.* 2000, **177**:195–203.
- Shortman, K. and Liu, Y.J.: **Mouse and human dendritic cell subtypes.** *Nat. Rev. Immunol.* 2002, **2**:151–161.
- Svanborg, C., Godaly, G., and Hedlund, M.: **Cytokine responses during mucosal infections: role in disease pathogenesis and host defence.** *Curr. Opin. Microbiol.* 1999, **2**:99–105.
- Yoshie, O.: **Role of chemokines in trafficking of lymphocytes and dendritic cells.** *Int. J. Hematol.* 2000, **72**:399–407.

### Abschnitt 3.2.4

- Alon, R. and Feigelson, S.: **From rolling to arrest on blood vessels: leukocyte tap dancing on endothelial integrin ligands and chemokines at sub-second contacts.** *Semin. Immunol.* 2002, **14**:93–104.
- Bunting, M., Harris, E.S., McIntyre, T.M., Prescott, S.M., and Zimmerman, G.A.: **Leukocyte adhesion deficiency syndromes: adhesion and tethering defects involving β2 integrins and selectin ligands.** *Curr. Opin. Hematol.* 2002, **9**:30–35.
- D'Ambrosio, D., Albanesi, C., Lang, R., Girolomoni, G., Sinigaglia, F., and Laudanna, C.: **Quantitative differences in chemokine receptor engagement generate diversity in integrin-dependent lymphocyte adhesion.** *J. Immunol.* 2002, **169**:2303–2312.
- Johnston, B. and Butcher, E.C.: **Chemokines in rapid leukocyte adhesion triggering and migration.** *Semin. Immunol.* 2002, **14**:83–92.
- Ley, K.: **Integration of inflammatory signals by rolling neutrophils.** *Immunol. Rev.* 2002, **186**:8–18.
- Vestweber, D.: **Lymphocyte trafficking through blood and lymphatic vessels: more than just selectins, chemokines and integrins.** *Eur. J. Immunol.* 2003, **33**:1361–1364.

### Abschnitt 3.2.5

- Bochenska-Marciniak, M., Kupczyk, M., Gorski, P., and Kuna, P.: **The effect of recombinant interleukin-8 on eosinophils' and neutrophils' migration** *in vivo* and *in vitro*. *Allergy* 2003, **58**:795–801.
- Godaly, G., Bergsten, G., Hang, L., Fischer, H., Frendeus, B., Lundstedt, A.C., Samuelsson, M., Samuelsson, P., and Svanborg, C.: **Neutrophil recruitment, chemokine receptors, and resistance to mucosal infection.** *J. Leukoc. Biol.* 2001, **69**:899–906.
- Gompertz, S. and Stockley, R.A.: **Inflammation—role of the neutrophil and the eosinophil.** *Semin. Respir. Infect.* 2000, **15**:14–23.

- Lee, S.C., Brummet, M. E., Shahabuddin, S., Woodworth, T.G., Georas, S.N., Leiferman, K.M., Gilman, S.C., Stellato, C., Gladue, R.P., Schleimer, R.P., *et al.*: **Cutaneous injection of human subjects with macrophage inflammatory protein-1α induces significant recruitment of neutrophils and monocytes.** *J. Immunol.* 2000, **164**:3392–3401.
- Sundd, P., Gutierrez, E., Koltsova, E.K., Kuwano, Y., Fukuda, S., Pospieszalska, M.K., Groisman, A. and Ley, K.: **'Slings' enable neutrophil rolling at high shear.** *Nature* 2012, **488**:399–403.
- Worthylake, R.A., and Burridge, K.: **Leukocyte transendothelial migration: orchestrating the underlying molecular machinery.** *Curr. Opin. Cell Biol.* 2001, **13**:569–577.

## Abschnitt 3.2.6

- Croft, M.: **The role of TNF superfamily members in T-cell function and diseases.** *Nat. Rev. Immunol.* 2009, **9**:271–285.
- Dellinger, R.P.: **Inflammation and coagulation: implications for the septic patient.** *Clin. Infect. Dis.* 2003, **36**:1259–1265.
- Georgel, P., Naitza, S., Kappler, C., Ferrandon, D., Zachary, D., Swimmer, C., Kopczynski, C., Duyk, G., Reichhart, J.M., and Hoffmann, J.A.: ***Drosophila* immune deficiency (IMD) is a death domain protein that activates antibacterial defense and can promote apoptosis.** *Dev. Cell* 2001, **1**:503–514.
- Pfeffer, K.: **Biological functions of tumor necrosis factor cytokines and their receptors.** *Cytokine Growth Factor Rev.* 2003, **14**:185–191.
- Rutschmann, S., Jung, A.C., Zhou, R., Silverman, N., Hoffmann, J.A., and Ferrandon, D.: **Role of *Drosophila* IKKγ in a *toll*-independent antibacterial immune response.** *Nat. Immunol.* 2000, **1**:342–347.

## Abschnitt 3.2.7

- Bopst, M., Haas, C., Car, B., and Eugster, H.P.: **The combined inactivation of tumor necrosis factor and interleukin-6 prevents induction of the major acute phase proteins by endotoxin.** *Eur. J. Immunol.* 1998, **28**:4130–4137.
- Ceciliani, F., Giordano, A., and Spagnolo, V.: **The systemic reaction during inflammation: the acute-phase proteins.** *Protein Pept. Lett.* 2002, **9**:211–223.
- He, R., Sang, H., and Ye, R.D.: **Serum amyloid A induces IL-8 secretion through a G protein-coupled receptor, FPRL1/LXA4R.** *Blood* 2003, **101**:1572–1581.
- Horn, F., Henze, C., and Heidrich, K.: **Interleukin-6 signal transduction and lymphocyte function.** *Immunobiology* 2000, **202**:151–167.
- Manfredi, A.A., Rovere-Querini, P., Bottazzi, B., Garlanda, C., and Mantovani, A.: **Pentraxins, humoral innate immunity and tissue injury.** *Curr. Opin. Immunol.* 2008, **20**:538–544.
- Mold, C., Rodriguez, W., Rodic-Polic, B., and Du Clos, T.W.: **C-reactive protein mediates protection from lipopolysaccharide through interactions with FcγR.** *J. Immunol.* 2002, **169**:7019–7025.

## Abschnitt 3.2.8

- Baldridge, M.T., Nice, T.J., McCune, B.T., Yokoyama, C.C., Kambal, A., Wheadon, M., Diamond, M.S., Ivanova, Y., Artyomov, M., and Virgin, H.W.: **Commensal microbes and interferon-λ determine persistence of enteric murine norovirus infection.** *Science* 2015, **347**:266–269.
- Carrero, J.A., Calderon, B., and Unanue, E.R.: **Type I interferon sensitizes lymphocytes to apoptosis and reduces resistance to *Listeria* infection.** *J. Exp. Med.* 2004, **200**:535–540.

- Honda, K., Takaoka, A., and Taniguchi, T.: **Type I interferon gene induction by the interferon regulatory factor family of transcription factors.** *Immunity* 2006, **25**:349–360.
- Kawai, T. and Akira, S.: **Innate immune recognition of viral infection.** *Nat. Immunol.* 2006, **7**:131–137.
- Liu, Y.J.: **IPC: professional type 1 interferon-producing cells and plasmacytoid dendritic cell precursors.** *Annu. Rev. Immunol.* 2005, **23**:275–306.
- Meylan, E. and Tschopp, J.: **Toll-like receptors and RNA helicases: two parallel ways to trigger antiviral responses.** *Mol. Cell* 2006, **22**:561–569.
- Pietras, E.M., Saha, S.K., and Cheng, G.: **The interferon response to bacterial and viral infections.** *J. Endotoxin Res.* 2006, **12**:246–250.
- Pott, J., Mahlakõiv, T., Mordstein, M., Duerr, C.U., Michiels, T., Stockinger, S., Staeheli, P., and Hornef, M.W.: **IFN-lambda determines the intestinal epithelial antiviral host defense.** *Proc. Natl Acad. Sci. USA* 2011, **108**:7944–7949.

### Abschnitt 3.2.9

- Cortez, V.S., Robinette, M.L., and Colonna, M.: **Innate lymphoid cells: new insights into function and development.** *Curr. Opin. Immunol.* 2015, **32**:71–77.
- Spits, H., Artis, D., Colonna, M., Diefenbach, A., Di Santo, J.P., Eberl, G., Koyasu, S., Locksley, R.M., McKenzie, A.N., Mebius, R.E., *et al.*: **Innate lymphoid cells—a proposal for uniform nomenclature.** *Nat. Rev. Immunol.* 2013, **13**:145–149.

### Abschnitt 3.2.10

- Barral, D.C. and Brenner, M.B.: **CD1 antigen presentation: how it works.** *Nat. Rev. Immunol.* 2007, **7**:929–941.
- Gineau, L., Cognet, C., Kara, N., Lach, F.P., Dunne, J., Veturi, U., Picard, C., Trouillet, C., Eidenschenk, C., Aoufouchi S., *et al.*: **Partial MCM4 deficiency in patients with growth retardation, adrenal insufficiency, and natural killer cell deficiency.** *J. Clin. Invest.* 2012, **122**:821–832.
- Godshall, C.J., Scott, M.J., Burch, P.T., Peyton, J.C., and Cheadle, W.G.: **Natural killer cells participate in bacterial clearance during septic peritonitis through interactions with macrophages.** *Shock* 2003, **19**:144–149.
- Lanier, L.L.: **Evolutionary struggles between NK cells and viruses.** *Nat. Rev. Immunol.* 2008, **8**:259–268.
- Salazar-Mather, T.P., Hamilton, T.A., and Biron, C.A.: **A chemokine-to-cytokine-to-chemokine cascade critical in antiviral defense.** *J. Clin. Invest.* 2000, **105**:985–993.
- Seki, S., Habu, Y., Kawamura, T., Takeda, K., Dobashi, H., Ohkawa, T., and Hiraide, H.: **The liver as a crucial organ in the first line of host defense: the roles of Kupffer cells, natural killer (NK) cells and NK1.1 Ag+ T cells in T helper 1 immune responses.** *Immunol. Rev.* 2000, **174**:35–46.
- Yokoyama, W.M. and Plougastel, B.F.: **Immune functions encoded by the natural killer gene complex.** *Nat. Rev. Immunol.* 2003, **3**:304–316.

### Abschnitte 3.2.11 und 3.2.12

- Borrego, F., Kabat, J., Kim, D.K., Lieto, L., Maasho, K., Pena, J., Solana, R., and Coligan, J.E.: **Structure and function of major histocompatibility complex** (MHC) class I specific receptors expressed on human natural killer (NK) cells. *Mol. Immunol.* 2002, **38**:637–660.
- Boyington, J.C. and Sun, P.D.: **A structural perspective on MHC class I recognition by killer cell immunoglobulin-like receptors.** *Mol. Immunol.* 2002, **38**:1007–1021.
- Brown, M.G., Dokun, A.O., Heusel, J.W., Smith, H.R., Beckman, D.L., Blattenberger, E.A., Dubbelde, C.E., Stone, L.R., Scalzo, A.A., and Yokoyama, W.M.: **Vital involve-**

ment of a natural killer cell activation receptor in resistance to viral infection. *Science* 2001, **292**:934–937.

- Long, E.O.: **Negative signalling by inhibitory receptors: the NK cell paradigm.** *Immunol. Rev.* 2008, **224**:70–84.
- Robbins, S.H. and Brossay, L.: **NK cell receptors: emerging roles in host defense against infectious agents.** *Microbes Infect.* 2002, **4**:1523–1530.
- Trowsdale, J.: **Genetic and functional relationships between MHC and NK receptor genes.** *Immunity* 2001, **15**:363–374.
- Vilches, C. and Parham, P.: **KIR: diverse, rapidly evolving receptors of innate and adaptive immunity.** *Annu. Rev. Immunol.* 2002, **20**:217–251.
- Vivier, E., Raulet, D.H., Moretta, A., Caligiuri, M.A., Zitvogel, L., Lanier, L.L., Yokoyama, W.M., and Ugolini, S.: **Innate or adaptive immunity? The example of natural killer cells.** *Science* 2011, **331**:44–49.
- Vivier, E., Tomasello, E., Baratin, M., Walzer, T., and Ugolini, S.: **Functions of natural killer cells.** *Nat. Immunol.* 2008, **9**:503–510.

## Abschnitt 3.2.13

- Brandt, C.S., Baratin, M., Yi, E.C., Kennedy, J., Gao, Z., Fox, B., Haldeman, B., Ostrander, C.D., Kaifu, T., Chabannon, C., *et al.*: **The B7 family member B7-H6 is a tumor cell ligand for the activating natural killer cell receptor NKp30 in humans.** *J. Exp. Med.* 2009, **206**:1495–1503.
- Gasser, S., Orsulic, S., Brown, E.J., and Raulet, D.H.: **The DNA damage pathway regulates innate immune system ligands of the NKG2D receptor.** *Nature* 2005, **436**:1186–1190.
- Gonzalez, S., Groh, V., and Spies, T.: **Immunobiology of human NKG2D and its ligands.** *Curr. Top. Microbiol. Immunol.* 2006, **298**:121–138.
- Lanier, L.L.: **Up on the tightrope: natural killer cell activation and inhibition.** *Nat. Immunol.* 2008, **9**:495–502.
- Moretta, L., Bottino, C., Pende, D., Castriconi, R., Mingari, M.C., and Moretta, A.: **Surface NK receptors and their ligands on tumor cells.** *Semin. Immunol.* 2006, **18**:151–158.
- Parham, P.: **MHC class I molecules and KIRs in human history, health and survival.** *Nat. Rev. Immunol.* 2005, **5**:201–214.
- Raulet, D.H. and Guerra, N.: **Oncogenic stress sensed by the immune system: role of natural killer cell receptors.** *Nat. Rev. Immunol.* 2009, **9**:568–580.
- Upshaw, J.L. and Leibson, P.J.: **NKG2D-mediated activation of cytotoxic lymphocytes: unique signaling pathways and distinct functional outcomes.** *Semin. Immunol.* 2006, **18**:167–175.
- Vivier, E., Nunes, J.A., and Vely, F.: **Natural killer cell signaling pathways.** *Science* 2004, **306**:1517–1519.

# Die Erkennung von Antigenen

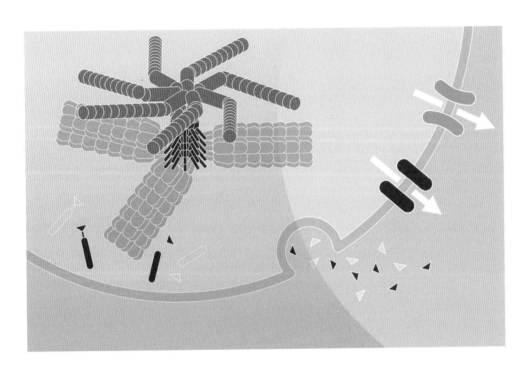

# Antigenerkennung durch B-Zell- und T-Zell-Rezeptoren

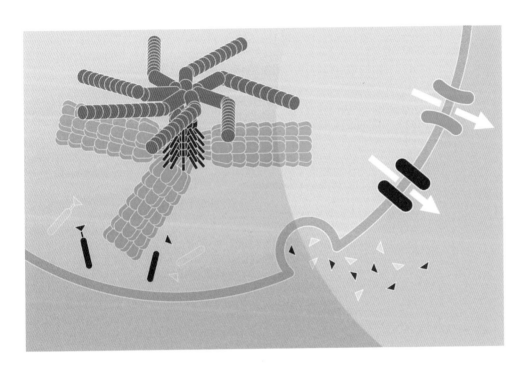

© Springer-Verlag GmbH Deutschland, ein Teil von Springer Nature 2018
K. Murphy, C. Weaver, *Janeway Immunologie*, https://doi.org/10.1007/978-3-662-56004-4_4

Zuerst verteidigen die angeborenen Immunantworten den Körper gegen Infektionen. Diese Immunantworten kontrollieren aber nur Pathogene, die bestimmte Molekülmuster aufweisen oder die Produktion von Interferonen und andere unspezifische Abwehrformen induzieren. Um das große Spektrum von Pathogenen, mit dem ein Individuum in Berührung kommen kann, zu erkennen und zu bekämpfen, haben die Lymphocyten des adaptiven Immunsystems in der Evolution die Fähigkeit entwickelt, eine Vielzahl unterschiedlicher **Antigene** von Bakterien, Viren und anderen krankheitserregenden Organismen zu erkennen. Antigene sind alle Moleküle oder Teile von Molekülen, die von den hoch spezialisierten Erkennungsproteinen der Lymphocyten erkannt werden können. Bei den B-Zellen sind das die **Immunglobuline (Ig)**, die von den B-Zellen mit einem großen Spektrum von Antigenspezifitäten produziert werden, wobei jede B-Zelle ein Immunglobulin mit einer einzigen Spezifität synthetisiert (Abschn. 1.3.5). Eine membrangebundene Form des Immunglobulins auf der B-Zell-Oberfläche dient als Antigenrezeptor der Zelle und heißt **B-Zell-Rezeptor (BCR)**. Die sezernierte Form eines Immunglobulins mit derselben Antigenspezifität ist der **Antikörper**, der von ausdifferenzierten B-Zellen – den Plasmablasten und Plasmazellen – produziert wird. Die Sekretion von Antikörpern, welche Pathogene oder ihre toxischen Produkte in den extrazellulären Räumen des Körpers binden (Abb. 1.25), ist die wesentliche Funktion der B-Zellen in der erworbenen Immunität.

Von den an der spezifischen Immunantwort beteiligten Molekülen wurden zuerst die Antikörper charakterisiert, von denen inzwischen viele Einzelheiten bekannt sind. Das Antikörpermolekül hat zwei unterschiedliche Funktionen: Die eine besteht darin, das Pathogen oder seine Produkte spezifisch zu binden, welche die Immunantwort hervorgerufen haben, die zweite darin, andere Zellen und Moleküle zu rekrutieren, die das Pathogen zerstören, wenn der Antikörper daran gebunden ist. Die Bindung durch einen Antikörper kann zum Beispiel Viren neutralisieren und Pathogene markieren, die dann von Phagocyten und dem Komplement zerstört werden (Kap. 2 und 3). Die Erkennungs- und Effektorfunktionen sind innerhalb des Antikörpermoleküls strukturell voneinander getrennt. Ein Teil erkennt und bindet spezifisch das Pathogen oder Antigen, während der andere für verschiedene Eliminierungsmechanismen zuständig ist. Die antigenbindende Region ist von Antikörper zu Antikörper sehr unterschiedlich. Man bezeichnet diesen Bereich daher als die **variable Region (V-Region)**. Die Unterschiedlichkeit der Antikörper erlaubt es jedem dieser Moleküle, ein ganz bestimmtes Antigen zu erkennen. Die Summe aller Antikörper, die ein einzelnes Individuum herstellt (sein Antikörperrepertoire), kann nahezu jede Struktur erkennen. Die Region des Antikörpermoleküls, die für die Effektormechanismen des Immunsystems zuständig ist, variiert nicht in der gleichen Weise und heißt daher **konstante Region (C-Region)**. Es gibt davon fünf Hauptformen, die man als **Isotypen** bezeichnet und die jeweils auf die Aktivierung unterschiedlicher Effektormechanismen spezialisiert sind. Der membrangebundene B-Zell-Rezeptor verfügt nicht über diese Effektorfunktionen, da die konstante Region in der Membran der B-Zelle eingebaut bleibt. Er fungiert als Rezeptor, der ein Antigen mit seinen variablen Regionen, die sich auf der Zelloberfläche befinden, erkennt und bindet, und er vermittelt dadurch ein Signal, das eine B-Zell-Aktivierung hervorruft und zur klonalen Expansion und spezifischen Antikörperproduktion führt. Für diese Funktion ist der B-Zell-Rezeptor mit einer Reihe intrazellulärer Signalproteine assoziiert (Kap. 7). Aufgrund ihrer hochspezifischen Aktivitäten sind Antikörper inzwischen zu einer wichtigen Form von Wirkstoffen geworden, deren therapeutische Anwendung wir in Kap. 16 besprechen.

Die antigenerkennenden Moleküle der T-Zellen existieren ausschließlich als membrangebundene Proteine, die mit einem intrazellulären Signalübertragungskomplex assoziiert sind; ihre Funktion besteht lediglich darin, T-Zellen ein Signal zur Aktivierung zu geben. Diese **T-Zell-Rezeptoren (TCR)** sind mit Immunglobulinen sowohl hinsichtlich der Proteinstruktur – beide haben variable und konstante Regionen – als auch hinsichtlich des genetischen Mechanismus verwandt, der ihre große Variabilität erzeugt (Kap. 5). Der T-Zell-Rezeptor unterscheidet sich jedoch vom B-Zell-Rezeptor in einem wesentlichen Punkt: Er erkennt und bindet ein Antigen nicht als solches, sondern erkennt kurze Peptidfragmente von Proteinantigenen eines Pathogens, die von **MHC-Molekülen** auf der Oberfläche von Körperzellen präsentiert werden.

Die MHC-Moleküle sind Transmembranglykoproteine, die von einer großen Gruppe von Genen codiert werden, dem **Haupthistokompatibilitätskomplex** (*major histocompatibility* *complex*, **MHC**). Das auffälligste strukturelle Merkmal von MHC-Molekülen ist eine Spalte an ihrer Oberfläche außerhalb der Zelle, in der Peptide gebunden werden können. MHC-Moleküle sind hoch **polymorph**, das heißt, innerhalb der Bevölkerung gibt es von jedem Typ von MHC-Molekül viele verschiedene Versionen. Diese werden von jeweils etwas unterschiedlichen Varianten der einzelnen Gene, die man als **Allele** bezeichnet, codiert. Die meisten Menschen sind daher heterozygot für MHC-Moleküle, das heißt, sie exprimieren zwei unterschiedliche Formen jedes Typs von MHC-Molekülen. Dies erhöht die Zahl der von Pathogenen stammenden Peptide, die gebunden werden können. T-Zell-Rezeptoren erkennen Merkmale des Peptidantigens und auch des MHC-Moleküls, an das dieses gebunden ist. Dies eröffnet eine neue Dimension für die Antigenerkennung durch T-Zellen, die sogenannte **MHC-Restriktion** (MHC-Abhängigkeit). Jeder T-Zell-Rezeptor ist spezifisch für ein bestimmtes Peptid und das jeweilige MHC-Molekül, an welches das Peptid gebunden ist.

In diesem Kapitel konzentrieren wir uns auf die Struktur und die antigenbindenden Eigenschaften von Immunglobulinen und T-Zell-Rezeptoren. Obwohl B- und T-Zellen fremde Moleküle auf unterschiedliche Weise erkennen, haben die Rezeptormoleküle, die sie dafür benutzen, eine sehr ähnliche Struktur. Wir werden sehen, wie diese Grundstruktur Möglichkeiten für eine große Variabilität der Antigenspezifität bietet und wie sie es Immunglobulinen und T-Zell-Rezeptoren ermöglicht, ihre Funktionen als Antigenerkennungsmoleküle der adaptiven Immunantwort wahrzunehmen. Mit diesem Grundwissen werden wir uns dann wieder mit den Auswirkungen des MHC-Polymorphismus auf die Antigenerkennung und die Entwicklung der T-Zellen beschäftigen (Kap. 6 beziehungsweise Kap. 8).

## 4.1 Die Struktur eines typischen Antikörpermoleküls

Antikörper sind die sezernierte Form des B-Zell-Rezeptors. Da Antikörper löslich sind und in großen Mengen in das Blut sezerniert werden, kann man sie leicht isolieren und untersuchen. Daher stammt das meiste, was wir über den B-Zell-Rezeptor wissen, aus Untersuchungen an Antikörpern.

Antikörpermoleküle besitzen ungefähr die Form eines Y, wie ▸ Abb. 4.1 in drei verschiedenen Darstellungen zeigt. Dieser Teil des Kapitels erläutert, wie sich diese Struktur bildet und wie sie es dem Antikörpermolekül ermöglicht, seine zweifache Aufgabe zu erfüllen: die Bindung einer Vielzahl von Antigenen und die Bindung an Effektormoleküle und Zellen, die das Antigen zerstören. Für jede dieser Aufgaben ist ein anderer Teil des Moleküls zuständig. Die Enden der beiden „Arme" des Y – die V-Regionen – binden das Antigen. Ihre genauen Strukturen variieren bei den einzelnen Antikörpern. Das „Bein" des Y – die C-Region – ist bei Weitem nicht so variabel und interagiert mit den Effektormolekülen und Effektorzellen. Es gibt fünf verschiedene **Klassen** von Immunglobulinen, die sich anhand der verschiedenen Strukturen und Eigenschaften ihrer C-Regionen unterscheiden. Man bezeichnet sie mit **Immunglobulin M (IgM)**, **Immunglobulin D (IgD)**, **Immunglobulin G (IgG)**, **Immunglobulin A (IgA)** und **Immunglobulin E (IgE)**.

Alle Antikörper sind auf die gleiche Weise aus paarigen schweren und leichten Ketten aufgebaut; die Gattungsbezeichnung Immunglobulin verwendet man für alle diese Proteine. Noch feinere Unterschiede innerhalb der variablen Region sind für die Spezifität der Antigenbindung verantwortlich. Am Beispiel des IgG-Antikörpermoleküls werden wir die allgemeinen strukturellen Merkmale von Immunglobulinen beschreiben.

### 4.1.1 IgG-Antikörper bestehen aus vier Polypeptidketten

IgG-Antikörper sind große Moleküle mit einer Molekülmasse von ungefähr 150 kDa, die aus zwei verschiedenartigen Polypeptidketten zusammengesetzt sind. Die eine Kette mit

**Abb. 4.1 Struktur eines Antikörpermoleküls. a** Die Röntgenstruktur eines IgG-Antikörpers ist als Bändermodell des Rückgrats der Polypeptidketten dargestellt, die beiden schweren Ketten in *gelb* und *violett*, die beiden leichten Ketten in *rot*. Drei globuläre Bereiche bilden eine Y-förmige Struktur. Die beiden Antigenbindungsstellen befinden sich an den Enden der Arme, die über eine bewegliche Gelenkregion mit dem Bein des Y verbunden sind. Gekennzeichnet sind die variable ($V_L$-) und die konstante ($C_L$-)Region der leichten Ketten. Die variable ($V_H$-)Region und die $V_L$-Region bilden zusammen die Antigenbindungsstelle des Antikörpers. **b** Schematische Darstellung der Struktur von **a**. Die Immunglobulindomänen sind als voneinander getrennte Rechtecke zu erkennen. Die Gelenkregion, welche die erste konstante ($C_H$1-) Region jeder schweren Kette mit ihrer zweiten ($C_H$2-) Region verbindet, ist als *dünne violette oder gelbe Linie* dargestellt. Die Antigenbindungsstellen sind in Form von konkaven Bereichen in der $V_L$- und $V_H$-Kette angedeutet. Positionen von Kohlenhydratmodifikationen und Disulfidbrücken sind ebenfalls eingezeichnet. **c** Eine vereinfachte schematische Darstellung eines Antikörpermoleküls, wie sie in diesem Buch verwendet wird. Die variable Region ist *rot* und die konstante Region *blau* dargestellt. (**a** mit freundlicher Genehmigung von R. L. Stenfield und I. A. Wilson)

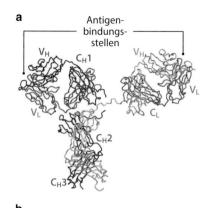

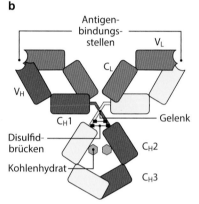

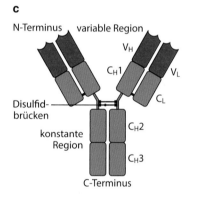

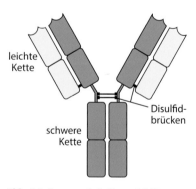

**Abb. 4.2 Immunglobulinmoleküle bestehen aus zwei verschiedenen Arten von Polypeptidketten, den schweren Ketten und den leichten Ketten.** Jedes Immunglobulinmolekül besteht aus zwei mit einem Gelenk versehenen schweren Ketten (*grün*) und zwei leichten Ketten (*gelb*), die über Disulfidbrücken so verknüpft sind, dass jede schwere Kette mit einer leichten Kette und die beiden schweren Ketten miteinander verbunden sind

annähernd 50 kDa bezeichnet man als die **schwere** (*heavy*) oder **H-Kette**, die andere mit 25 kDa als die **leichte** (*light*) oder **L-Kette** (▶ Abb. 4.2). Jedes IgG-Molekül besteht aus zwei schweren und zwei leichten Ketten. Die beiden schweren Ketten sind durch Disulfidbrücken miteinander verbunden und jede schwere Kette ist ebenfalls durch eine Disulfidbrücke mit einer leichten Kette verknüpft. In jedem Immunglobulinmolekül sind jeweils die beiden schweren Ketten und die beiden leichten Ketten identisch; das Antikörpermolekül hat damit zwei identische Antigenbindungsstellen. So kann ein Antikörper gleichzeitig an zwei identische Antigene an einer Oberfläche binden, sodass die Stärke der Wechselwirkung insgesamt ansteigt. Die Stärke der Wechselwirkungen insgesamt bezeichnet man als **Avidität**. Die Stärke der Wechselwirkung zwischen einer einzelnen Antigenbindungsstelle und ihrem Antigen bezeichnet man als **Affinität**.

Es gibt in Antikörpern zwei Typen von leichten Ketten, die man als **Lambda-($\lambda$-)** und **Kappa-($\kappa$-)**Kette bezeichnet. Ein Immunglobulin hat entweder nur $\kappa$-Ketten oder nur $\lambda$-Ketten, nie jeweils eine. Zwischen Antikörpern mit $\lambda$-Ketten und solchen mit $\kappa$-Ketten ließen sich bis jetzt keine funktionellen Unterschiede feststellen und beide Typen von leichten Ketten können in jeder der fünf Hauptklassen von Antikörpern vorhanden sein. Das Verhältnis der beiden Typen von leichten Ketten variiert von Spezies zu Spezies. Bei Mäusen beträgt das Verhältnis von $\kappa$ zu $\lambda$ 20:1, bei Menschen 2:1 und bei Rindern 1:20. Der Grund für diese Unterschiede ist nicht bekannt. Abweichungen von diesen Werten lassen sich manchmal dazu verwenden, eine anormale Proliferation eines B-Zell-Klons aufzudecken, da dann sämtliche Nachkommen einer bestimmten B-Zelle die gleiche leichte Kette exprimieren. So kann beispielsweise ein anormal hoher Titer von leichten Ketten des $\lambda$-Typs bei einem Menschen auf einen $\lambda$-Ketten-produzierenden B-Zell-Tumor hinweisen.

Die Klasse und damit die Effektorfunktion eines Antikörpers werden von der Struktur seiner schweren Kette festgelegt. Es gibt fünf **Hauptklassen** von schweren Ketten oder **Isotypen**, von denen einige mehrere Subtypen haben; sie bestimmen die funktionelle Aktivität eines Antikörpermoleküls. Die fünf wichtigsten Immunglobulinklassen bezeichnet man mit IgM, IgD, IgG, IgA und IgE und ihre schweren Ketten mit dem entsprechenden kleinen griechischen Buchstaben ($\mu$, $\delta$, $\gamma$, $\alpha$, und $\varepsilon$). So bezeichnet man die konstante Region der schweren Kette von IgM mit $C\mu$. IgG kommt am weitaus häufigsten vor und hat noch mehrere Unterklassen (beim Menschen IgG1, 2, 3 und 4). Die charakteristischen funktionellen Eigenschaften der einzelnen Klassen und Unterklassen der Antikörper erhalten die schweren Ketten durch ihre carboxyterminale Hälfte, die nicht mit der leichten Kette in Verbindung steht. Die allgemeinen Struktureigenschaften aller Isotypen ähneln sich, besonders in Bezug auf die Antigenbindung. Hier betrachten wir IgG als typisches Beispiel für ein Antikörpermolekül, doch wir wollen die Strukturen und Funktionen der verschiedenen schweren Ketten in Kap. 5 besprechen.

Die Struktur des B-Zell-Rezeptors ist mit der seines entsprechenden Antikörpers identisch, mit Ausnahme eines kleinen Teilstücks im Carboxyterminus in der C-Region der schweren Kette. Das Carboxylende besteht im B-Zell-Rezeptor aus einer hydrophoben Sequenz, die das Molekül in der Membran verankert, im Antikörpermolekül dagegen aus einer hydrophilen Sequenz, die die Sekretion ermöglicht.

## 4.1.2 Die schweren und leichten Ketten der Immunglobuline setzen sich aus konstanten und variablen Regionen zusammen

Man kennt inzwischen die Aminosäuresequenzen vieler leichter und schwerer Immunglobulinketten. Sie zeigen zwei wichtige Merkmale von Antikörpermolekülen. Erstens besteht jede Kette aus einer Reihe von ähnlichen, jedoch nicht identischen Sequenzen, die jeweils ungefähr 110 Aminosäuren lang sind. Jede dieser Wiederholungen entspricht einem eigenen, kompakt gefalteten Abschnitt der Proteinstruktur, der **Immunglobulindomäne** oder **Ig-Domäne**. Die leichte Kette besteht aus zwei Ig-Domänen, die schwere Kette des IgG-Antikörpers dagegen enthält vier (▶ Abb. 4.2). Das lässt vermuten, dass sich die Immunglobulinketten durch wiederholte Verdopplungen eines Ur-Gens entwickelt haben, das einer einzelnen Ig-Domäne entspricht.

Das zweite wichtige Merkmal besteht darin, dass die aminoterminalen Sequenzen sowohl der schweren als auch der leichten Ketten zwischen verschiedenen Antikörpern erheblich variieren. Die Variabilität beschränkt sich auf die ersten 110 Aminosäuren, was der ersten Immunglobulindomäne entspricht. Dagegen sind die übrigen Domänen in den Immunglobulinketten desselben Isotyps konstant. Die aminoterminalen **variablen Domänen** oder **V-Domänen** der schweren und leichten Ketten ($V_H$ beziehungsweise $V_L$) bilden zusammen die variable Region des Antikörpers und bestimmen seine Antigenspezifität. Die **konstanten Ig-Domänen** (**C-Domänen**) der schweren und leichten Ketten ($C_H$ beziehungsweise $C_L$) dagegen bilden die konstante Region (▶ Abb. 4.1). Die schwere Kette ist aus mehreren konstanten Domänen aufgebaut, die man vom Aminoterminus zum Carboxylende durchzählt, zum Beispiel $C_H1$, $C_H2$ und so weiter.

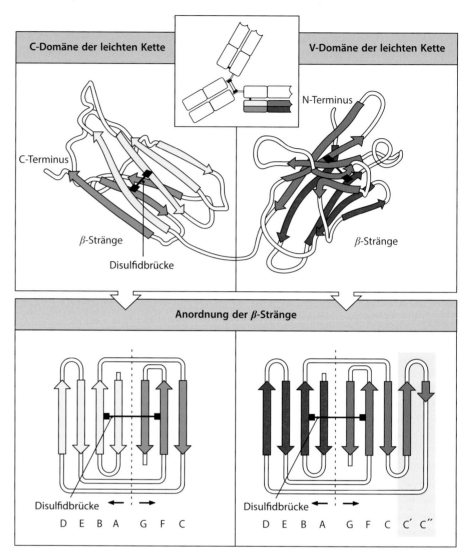

**Abb. 4.3 Die Struktur der variablen und konstanten Immunglobulindomänen.** Die *oberen* Teilabbildungen zeigen schematisch das Faltungsmuster der variablen und der konstanten Domäne einer leichten Immunglobulinkette. Jede Domäne hat die Struktur eines flachgedrückten Zylinders (*β*-Sandwich), in der mehrere Polypeptidketten (*β*-Stränge) antiparallel zu zwei *β*-Faltblättern gepackt sind (*grün* und *gelb* in der Darstellung der C-Domäne, *rot* und *blau* in der Darstellung der V-Domäne), die von einer Disulfidbrücke zusammengehalten werden. Die Anordnung der Polypeptidketten ist besser zu sehen, wenn die Faltblätter ausgebreitet sind, wie in den *unteren* Teilabbildungen. Die *β*-Stränge sind entsprechend ihrem Auftreten innerhalb der Aminosäuresequenz der Domänen der Reihe nach mit Buchstaben bezeichnet; die Anordnung in jedem *β*-Faltblatt ist charakteristisch für Immunglobulindomänen. Die *β*-Stränge C' und C'', die es nur in variablen und nicht in konstanten Domänen gibt, sind *hellblau* hinterlegt. Die charakteristischen Vier-plus-drei-Stränge-Muster (Domänentyp der C-Region) oder Vier-plus-fünf-Stränge-Muster (Domänentyp der variablen Region) sind typische Bausteine der Immunglobulinsuperfamilie, die man sowohl in Antikörpern als auch in T-Zell-Rezeptoren und in einer Reihe anderer Proteine findet

### 4.1.3 Alle Domänen eines Immunglobulinmoleküls besitzen eine ähnliche Struktur

Die schweren und leichten Immunglobulinketten bestehen aus einer Reihe von Immunglobulindomänen mit jeweils ähnlich gefalteter Struktur. Innerhalb dieser grundlegenden Struktur gibt es Unterschiede zwischen den variablen und konstanten Domänen. Diese lassen sich der Darstellung einer leichten Kette in ▶ Abb. 4.3 entnehmen. Jede V- oder C-Domäne besteht aus zwei *β*-Faltblättern. Ein *β*-Faltblatt wiederum besteht aus mehreren *β*-Strängen. Das sind Proteinregionen, in denen das Peptidrückgrat mehrerer aufeinanderfolgender Polypeptidketten in einer gestreckten oder flachen Konformation vorliegt. *β*-Stränge in Proteinen werden häufig als Band mit Pfeilspitze dargestellt, um die Richtung des Polypeptidrückgrats anzudeuten (▶ Abb. 4.3). *β*-Stränge können sich Seite an Seite nebeneinanderlegen, wobei benachbarte Stränge lateral durch jeweils zwei oder drei Wasserstoffbrücken des Peptidrückgrats stabilisiert werden. Diese Anordnung bezeichnet man als *β*-Faltblatt. Die Ig-Domäne enthält zwei *β*-Faltblätter, die wie zwei Brotscheiben übereinandergefaltet sind, ein *β*-Sandwich. Die beiden „Scheiben" werden von einer Disulfidbrücke zwischen Cysteinresten jedes *β*-Faltblatts zusammengehalten. Diese besondere Struktur bezeichnet man als **Immunglobulinfaltung**.

Die Ähnlichkeiten und Unterschiede der V- und C-Domänen sind in den beiden unteren Teilabbildungen von ▶ Abb. 4.3 zu sehen. Dort sind die Immunglobulindomänen ausgebreitet; man sieht so, wie sich die Polypeptidkette zu den einzelnen *β*-Faltblättern faltet und zwischen aufeinanderfolgenden *β*-Strängen, wo sich die Richtung der Peptidkette jeweils ändert, flexible Schleifen bildet. Der Hauptunterschied zwischen den Strukturen der V- und C-Domänen besteht darin, dass die V-Domäne größer ist als die C-Domäne und die zusätzlichen *β*-Stränge C′ und C″ besitzt. Die flexiblen Schleifen zwischen einigen der *β*-Stränge in den V-Domänen tragen zur Antigenbindungsstelle des Immunglobulinmoleküls bei.

Viele der Aminosäuren, die bei den C- und V-Domänen von Immunglobulinketten übereinstimmen, liegen im Zentrum der Immunglobulinfaltung und sind entscheidend für die Stabilität der Struktur. Man hat andere Proteine mit ähnlichen Sequenzen wie die Immunglobuline entdeckt, die Domänen mit einer ähnlichen Struktur besitzen, die man als **immunglobulinähnliche Domänen** bezeichnet. Diese Domänen gibt es in vielen Proteinen des Immunsystems, etwa bei den KIR-Rezeptoren der NK-Zellen (Kap. 3). Diese sind häufig an Zell-Zell-Erkennungsprozessen und Adhäsionsphänomenen beteiligt. Zusammen mit den Immunglobulinen und den T-Zell-Rezeptoren bilden sie die große **Immunglobulinsuperfamilie**.

## 4.1.4 Das Antikörpermolekül lässt sich leicht in funktionell unterschiedliche Fragmente spalten

Fertig zusammengebaut besteht das Antikörpermolekül aus drei gleich großen globulären Teilen, wobei die beiden „Arme" mit dem „Bein" über ein bewegliches Stück der Polypeptidkette (die **Gelenkregion**, *hinge*) miteinander verknüpft sind (▶ Abb. 4.1b). Jeder Arm dieser Y-förmigen Struktur setzt sich aus einer leichten Kette und der aminoterminalen Hälfte einer schweren Kette zusammen; die $V_H$- und die $V_L$-Domäne sowie die $C_H1$- und $C_L$-Domäne sind miteinander verbunden. Die beiden Antigenbindungsstellen an den Enden der beiden Arme werden jeweils gemeinsam von den verknüpften variablen Domänen $V_H$ und $V_L$ gebildet (▶ Abb. 4.1b). Das Bein des Y wird von den aneinandergelagerten carboxyterminalen Hälften zweier schwerer Ketten gebildet. Auch die beiden $C_H3$-Domänen interagieren miteinander, nicht jedoch die $C_H2$-Domänen, da zwischen den beiden schweren Ketten Kohlenhydratseitenketten von $C_H2$ liegen.

Proteolytische Enzyme (Proteasen) waren bei den ersten Untersuchungen der Antikörperstruktur ein wichtiges Werkzeug und es ist durchaus sinnvoll, die damit verbundene Terminologie noch einmal zusammenzufassen. Durch eine partielle Spaltung mit der Protease Papain entstehen aus den Antikörpermolekülen drei Fragmente (▶ Abb. 4.4). **Papain** schneidet das Antikörpermolekül an der aminoterminalen Seite von Disulfidbrücken, die die beiden schweren Ketten verbinden, sodass die beiden Arme des Antikörpermoleküls als zwei identische Fragmente freigesetzt werden, die jeweils eine Antigenbindungsstelle enthalten. Deshalb bezeichnet man diese als **Fab-Fragmente** (Fab für *fragment antigen binding*). Das andere Fragment enthält keine antigenbindende Aktivität, aber da es leicht zu kristallisieren

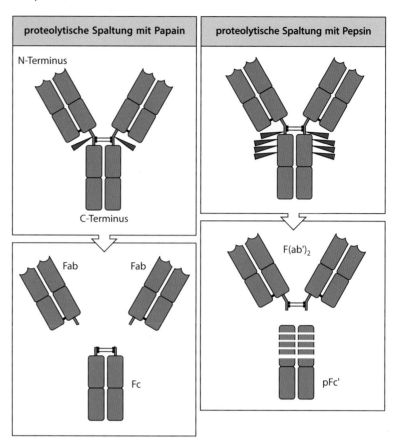

**Abb. 4.4 Das Y-förmige Immunglobulinmolekül kann durch Proteasen partiell gespalten werden.** *Oben*: Papain schneidet das Immunglobulinmolekül in drei Stücke: zwei Fab-Fragmente und ein Fc-Fragment. Das Fab-Fragment enthält die variablen Regionen und bindet Antigene. Das Fc-Fragment lässt sich kristallisieren und enthält die konstanten Regionen. *Unten*: Die Spaltung mit Pepsin ergibt ein F(ab′)$_2$-Fragment und viele kleine Stücke des Fc-Fragments; das größte bezeichnet man als pFc′-Fragment. F(ab′)$_2$ hat einen Strichindex erhalten, da es einige Aminosäuren mehr enthält als Fab (unter anderem die Cysteine, welche die Disulfidbrücken bilden)

ist, bezeichnete man es als **Fc-Fragment** (Fc für *fragment crystallizable*). Es entspricht den aneinandergelegten C$_H$2- und C$_H$3-Domänen. Das Fc-Fragment ist der Teil des Antikörpermoleküls, der nicht mit Antigenen, sondern mit Effektormolekülen und Effektorzellen interagiert und für die Unterschiede zwischen den Isotypen der schweren Kette verantwortlich ist.

Eine andere Protease, **Pepsin**, spaltet in der gleichen Region des Antikörpers, jedoch auf der carboxyterminalen Seite der Disulfidbrücken (▶ Abb. 4.4). Dadurch entsteht das **F(ab′)$_2$-Fragment**, in dem die beiden antigenbindenden Arme des Antikörpermoleküls miteinander verknüpft bleiben. Das restliche Stück der schweren Kette wird von Pepsin in mehrere kleine Fragmente geschnitten. Das F(ab′)$_2$-Fragment besitzt genau dieselben Bindungseigenschaften für das Antigen wie der ursprüngliche Antikörper, kann jedoch nicht mit Effektormolekülen (etwa C1q- oder Fc-Rezeptoren) in Wechselwirkung treten. So lässt es sich im Experiment einsetzen, um die Funktion der Antigenbindung von den Effektorfunktionen getrennt untersuchen zu können.

Mithilfe gentechnischer Methoden ist es möglich, aus Antikörpern abgeleitete Moleküle herzustellen. Heute nutzt man viele Antikörper und daraus abgeleitete Moleküle, um eine Reihe verschiedener Krankheiten zu behandeln. Wir werden uns damit noch einmal in Kap. 16 beschäftigen, wenn wir die verschiedenen therapeutischen Antikörper besprechen, die in den vergangene zwei Jahrzehnten entwickelt wurden.

| mikroskopische Aufnahme (× 300.000) | Winkel zwischen den Armen 60° | Winkel zwischen den Armen 90° |
|---|---|---|
| 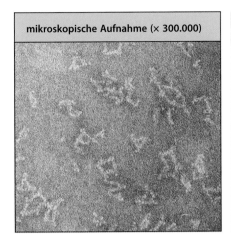 | 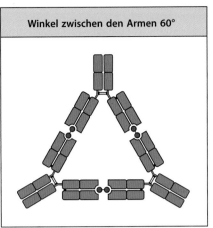 | 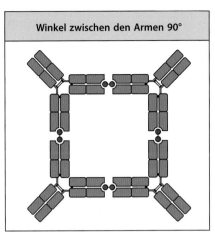 |

**Abb. 4.5 Die Antikörperarme sind durch ein flexibles Gelenk verbunden.** Ein Antigen aus zwei Haptenmolekülen (*rote Kugeln in den Schemazeichnungen*), das zwei Antigenbindungsstellen miteinander verknüpfen kann, dient der Herstellung von Antigen:Antikörper-Komplexen, die in der elektronenmikroskopischen Aufnahme zu erkennen sind. Wie man sieht, bilden die Komplexe lineare, dreieckige und viereckige Formen mit kurzen Ausläufern oder Stacheln. Eine partielle Spaltung mit Pepsin entfernt diese Stacheln (nicht dargestellt), die demnach dem Fc-Anteil des Antikörpers entsprechen; die F(ab')$_2$-Stücke bleiben durch das Antigen verknüpft. Die schematischen Darstellungen zeigen die Interpretation von einigen der Komplexe. Der Winkel zwischen den Armen der Antikörpermoleküle ist unterschiedlich. In den dreieckigen Formen ist der Winkel 60° und in den viereckigen Formen 90°, was zeigt, dass die Verbindung zwischen den Armen beweglich ist. (Fotografien von Green, N.M.: Electron microscopy of the immunoglobulins. *Adv. Immunol.* 1969, 11:1–30. Mit Genehmigung von © Elsevier 1969)

## 4.1.5 Durch die Gelenkregion ist das Immunglobulinmolekül für die Bindung vieler Antigene ausreichend beweglich

Die Gelenkregion zwischen dem Fc- und dem Fab-Anteil des Antikörpermoleküls ermöglicht bis zu einem gewissen Grad unabhängige Bewegungen der beiden Fab-Arme. So sind beispielsweise im Antikörpermolekül in ▶ Abb. 4.1a nicht nur die beiden Gelenkregionen unterschiedlich geneigt, sondern auch die Winkel zwischen der V- und der C-Domäne in jedem der beiden Fab-Arme unterscheiden sich. Aufgrund dieser Beweglichkeit nennt man das Verbindungsstück zwischen den beiden Domänen auch „molekulares Kugelgelenk". Diese Flexibilität lässt sich bei Untersuchungen von Antikörpern zeigen, die an kleine Moleküle, **Haptene**, gebunden haben. Dies sind kleine Moleküle unterschiedlichster Art, typischerweise so groß wie eine Tyrosinseitenkette. Sie werden zwar von einem Antikörper erkannt, können jedoch nur die Produktion von Anti-Hapten-Antikörpern auslösen, wenn sie an ein Protein gebunden sind (Anhang I, Abschn. A.1). Ein Antigen aus zwei identischen Haptenmolekülen, verbunden durch eine kurze flexible Region, kann zwei oder mehr Anti-Hapten-Antikörper verknüpfen, sodass sich Dimere, Trimere, Tetramere und so weiter bilden, die im Elektronenmikroskop sichtbar sind (▶ Abb. 4.5). Die Formen dieser Komplexe zeigen, dass Antikörper an der Gelenkregion beweglich sind. Das Verbindungsstück zwischen der V- und der C-Domäne besitzt ebenfalls eine gewisse Flexibilität, sodass die V-Domäne gegenüber der C-Domäne gebogen und gedreht werden kann. Eine Flexibilität in der Gelenkregion und im V-C-Verbindungsstück ist notwendig, damit die beiden Arme des Antikörpermoleküls an Stellen binden können, die unterschiedlich weit voneinander entfernt sind. Das ist zum Beispiel bei den Polysacchariden der bakteriellen Zellwand der Fall. Die Beweglichkeit des Gelenks ermöglicht auch die Wechselwirkung der Antikörper mit den antikörperbindenden Proteinen, die Immuneffektormechanismen vermitteln.

**Zusammenfassung**

Der IgG-Antikörper besteht aus vier Polypeptidketten: zwei identischen leichten und zwei identischen schweren Ketten. Man kann sie sich als bewegliche Y-förmige Struktur vorstellen. Jede der vier Ketten besitzt eine variable (V-)Region an ihrem Aminoterminus, die zur antigenbindenden Stelle beiträgt, und eine konstante (C-)Region. Die leichten Ketten sind über viele nichtkovalente Wechselwirkungen und Disulfidbrücken an die schweren Ketten gebunden. Die variablen Regionen der schweren und leichten Ketten legen sich paarweise zusammen. So entstehen zwei identische antigenbindende Stellen, die an den Spitzen der Arme des Y liegen. Dadurch können Antikörpermoleküle Antigene vernetzen und sie stabiler und mit höherer Avidität binden. Das Bein des Y, das Fc-Fragment, besteht aus den carboxyterminalen Domänen der beiden schweren Ketten. Und diese Domänen bestimmen den Isotyp des Antikörpers. Die flexiblen Gelenkregionen verbinden die Arme des Y mit seinem Bein. Das Fc-Fragment und die Gelenkregionen unterscheiden sich bei Antikörpern verschiedener Isotypen. Unterschiedliche Isotypen besitzen verschiedene Eigenschaften und unterscheiden sich dadurch in ihrer Wechselwirkung mit Effektormolekülen und den verschiedenen Zelltypen. Der allgemeine Aufbau aller Isotypen ist jedoch ähnlich.

## 4.2 Die Wechselwirkung des Antikörpermoleküls mit einem spezifischen Antigen

In diesem Teil des Kapitels werden wir die Antigenbindungsstelle näher betrachten und die verschiedenen Weisen erörtern, wie Antigene an Antikörper binden können. Außerdem wenden wir uns der Frage zu, wie die Variabilität der Sequenzen in den V-Domänen des Antikörpers die Spezifität für ein Antigen bestimmt.

### 4.2.1 Bestimmte Bereiche mit hypervariabler Sequenz bilden die Antigenbindungsstelle

Die variablen Regionen eines bestimmten Antikörpers unterscheiden sich von denen jedes anderen Antikörpers. Die Sequenzvariabilität ist jedoch nicht gleichmäßig über die V-Regionen verteilt, sondern konzentriert sich in bestimmten Abschnitten. Die Verteilung von variablen Aminosäuren lässt sich am besten mit einem **Variabilitätsplot** darstellen (▶ Abb. 4.6), der die Sequenzen vieler verschiedener variabler Antikörperregionen miteinander vergleicht. Es gibt drei besonders variable Regionen in den $V_H$- und $V_L$-Domänen. Man nennt sie **hypervariable Regionen** und bezeichnet sie mit HV1, HV2 und HV3. In den schweren Ketten liegen sie ungefähr zwischen den Aminosäuren 30–36, 49–65 und 95–103, in den leichten Ketten ungefähr zwischen den Aminosäuren 28–35, 49–59 und 92–103. Der variabelste Teil der Domäne liegt in der HV3-Region. Die Abschnitte zwischen den hypervariablen Regionen, die den Rest der variablen Domäne bilden, zeigen weniger Variabilität. Man nennt sie **Gerüstregionen** (*framework regions*). Es gibt in jeder V-Domäne vier davon: FR1, FR2, FR3 und FR4.

Die Gerüstregionen, das heißt die strukturelle Basis der Immunglobulindomäne, bilden $\beta$-Faltblätter. Die Sequenzen der hypervariablen Region entsprechen drei Schleifen an einem Rand des $\beta$-Sandwichs (▶ Abb. 4.7). Die Sequenzvielfalt ist also nicht nur auf ganz bestimmte Teile der variablen Regionen beschränkt, sondern auch räumlich einem bestimmten Bereich der Oberfläche des Moleküls zugeordnet. Darüber hinaus kommen durch das Aneinanderlagern der $V_H$- und $V_L$-Immunglobulindomänen im Antikörpermolekül die hypervariablen Schleifen jeder Domäne zusammen und bilden so einen einzigartigen hypervariablen Bereich an der Spitze jedes Arms des Moleküls. Dies ist die **Antigenbindungsstelle** (*antigen binding site* oder *antibody combining site*), welche die Antigenspezifität des Antikörpers bestimmt. Diese sechs hypervariablen Schleifen bezeichnet man mehr verallgemeinert als **komplemen-**

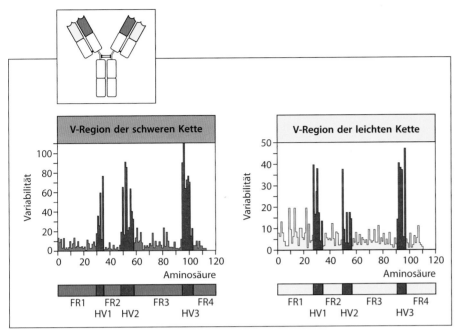

**Abb. 4.6 In den variablen Domänen gibt es definierte hypervariable Bereiche.** Die hypervariablen Regionen der schweren und der leichten Kette tragen zur Antigenbindung durch das Antikörpermolekül bei. Die Abbildung zeigt einen Variabilitätsplot: eine Sequenzvergleichsanalyse von mehreren Dutzend variabler Regionen aus schweren und leichten Ketten. Der Variabilitätsgrad an jeder Aminosäureposition ist gleich dem Quotienten aus der Anzahl verschiedener Aminosäuren, die man bei Betrachtung aller Sequenzen an der entsprechenden Stelle findet, und der Häufigkeit der an dieser Stelle üblichsten Aminosäure. Rot dargestellt sind drei hypervariable Bereiche (HV1, HV2 und HV3). Sie sind umgeben von den weniger variablen Gerüstregionen FR1, FR2, FR3 und FR4 (*blau oder gelb*)

taritätsbestimmende Regionen (*complementarity determining regions*, **CDRs**), weil die Oberfläche, die sie zusammen bilden, zum Antigen komplementär ist, das sie binden. Es gibt von der schweren und von der leichten Kette jeweils drei CDRs (CDR1, CDR2 und CDR3). Meistens tragen die CDRs der $V_H$- wie auch der $V_L$-Domäne zur antigenbindenden Stelle bei, sodass letztendlich die Kombination der schweren und der leichten Kette die Antigenspezifität bestimmt (▶ Abb. 4.6). Es gibt jedoch einige Fab-Kristallstrukturen, bei denen die Wechselwirkung mit dem Antigen nur durch die schwere Kette erfolgt. So geht beispielsweise in einem Anti-Influenza-Fab die Antigenwechselwirkung größtenteils von der $V_H$-CDR3-Region aus, während es mit den übrigen CDRs nur geringe Kontakte gibt. Eine Möglichkeit, wie das Immunsystem Antikörper unterschiedlicher Spezifitäten erzeugen kann, besteht also darin, unterschiedliche Kombinationen von variablen Regionen schwerer und leichter Ketten zu bilden. Das bezeichnet man als **kombinatorische Vielfalt**. In Kap. 5 werden wir eine zweite Form dieser kombinatorischen Vielfalt kennenlernen, wenn wir uns damit beschäftigen, wie die Gene, welche die variablen Regionen der schweren und der leichten Ketten codieren, aus kleineren DNA-Segmenten zusammengesetzt werden.

## 4.2.2 Antikörper binden Antigene durch Kontakte mit Aminosäuren in den CDRs, die zur Größe und Form des Antigens komplementär sind

Für die ersten Untersuchungen der Bindung von Antigenen an Antikörper dienten Tumoren von antikörpersezernierenden Zellen als einzig verfügbare Quelle für große Mengen eines bestimmten Antikörpertyps. Die Antigenspezifitäten der Antikörper aus Tumoren waren unbekannt. Daher musste man viele Verbindungen überprüfen, um Liganden zu identifizieren, die sich für Untersuchungen der Antigenbindung eigneten. Es stellte sich heraus,

**Abb. 4.7 Die hypervariablen Regionen liegen in bestimmten Schleifen der gefalteten Struktur.** *Erstes Bild*: Positionen der hypervariablen Regionen (*rot*) auf der Karte einer codierenden Region der V-Domäne. *Zweites Bild*: In der Darstellung als zweidimensionales Bändermodell ist zu erkennen, dass die hypervariablen Regionen in Schleifen angeordnet sind, die bestimmte *β*-Stränge miteinander verbinden. *Drittes Bild*: In der gefalteten Struktur der V-Domäne liegen diese Schleifen (*rot*) beieinander und bilden die antigenbindende Region. *Viertes Bild*: Im vollständigen Antikörpermolekül führt die Paarung der schweren und leichten Ketten die hypervariablen Schleifen beider Ketten zusammen. So entsteht eine hypervariable Oberfläche, welche die Antigenbindungsstelle an der Spitze jedes Arms bildet. Da die hypervariablen Regionen zur Antigenoberfläche komplementär sind, bezeichnet man sie allgemein auch als komplementaritätsbestimmende Regionen (CDRs). N, aminoterminales Ende; C, carboxyterminales Ende

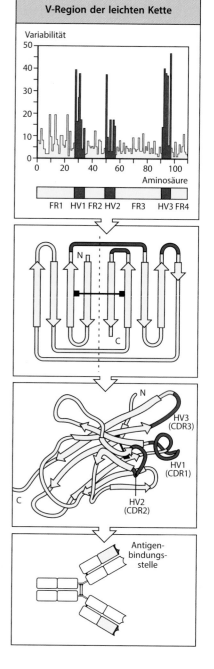

dass im Allgemeinen Haptene wie Phosphorylcholin oder Vitamin $K_1$ an diese Antikörper binden (Abschn. 4.1.5). Die Strukturanalyse von Antikörperkomplexen mit ihren Haptenliganden lieferte den ersten direkten Beweis dafür, dass die hypervariablen Regionen die Antigenbindungsstelle bilden, und zeigte die strukturelle Grundlage für die Haptenspezifität. Die Entdeckung von Methoden zur Herstellung monoklonaler Antikörper (Anhang I, Abschn. A.7) ermöglichte es dann, große Mengen vieler verschiedener reiner Antikörper zu produzieren, die jeweils nur für ein Antigen spezifisch sind. So entstand ein umfassenderes Bild davon, wie Antikörper mit ihren Antigenen interagieren. Es bestätigte und erweiterte das Wissen über Antikörper-Antigen-Wechselwirkungen aus den Untersuchungen von Haptenen.

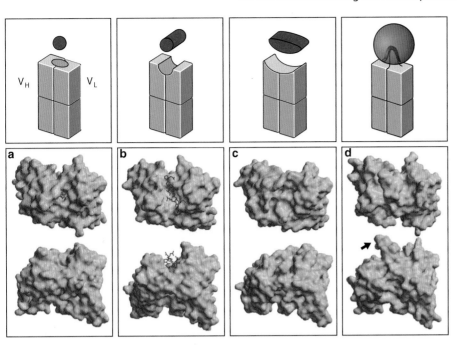

**Abb. 4.8 Antigene können in Taschen, Furchen oder an ausgedehnte Oberflächen innerhalb der Bindungsstellen von Antikörpern binden.** Die Grafiken in der *oberen* Reihe zeigen schematisch die verschiedenen Typen von Bindungsstellen in einem Fab-Fragment eines Antikörpers: *links* eine Tasche, dann eine Furche, eine ausgedehnte Oberfläche und *rechts* eine vorgewölbte Oberflächenstruktur. Darunter sind Beispiele für jeden Typ zu sehen. **a** Das *obere Bild* zeigt die molekulare Oberfläche der Wechselwirkung eines kleinen Haptens mit den komplementaritätsbestimmenden Regionen (CDRs) eines Fab-Fragments; der Blick geht in die Antigenbindungsstelle hinein. Das Hapten Ferrocen (*rot*) ist in der antigenbindenden Tasche (*gelb*) gebunden. Auf dem *unteren Bild* (und entsprechend bei **b**, **c** und **d** ist das Molekül um 90° gedreht, sodass man auf die Bindungsstelle schaut. **b** Im Komplex eines Antikörpers mit einem Peptid aus dem HI-Virus bindet das Peptid (*rot*) längs einer Furche (*gelb*) zwischen den variablen Regionen der leichten und schweren Kette. **c** Komplex aus dem Lysozym des Hühnereiweißes und dem Fab-Fragment seines spezifischen Antikörpers (HyHel5). Die Oberfläche, die mit dem Lysozym in Kontakt steht, ist gelb gefärbt. Alle sechs CDRs des Antikörpers sind an der Bindung beteiligt. **d** Ein Antikörpermolekül gegen das HIV-gp120-Antigen hat ausgedehnte CDR3-Schleifen, die in eine Vertiefung an einer Seite des Antigens ragen. Die Struktur des Komplexes aus diesem Antikörper und gp120 ist inzwischen aufgeklärt. In diesem Fall interagiert nur die schwere Kette mit gp120. (Computergrafiken mit freundlicher Genehmigung von R. L. Stanfield und I. A. Wilson)

Dort, wo auf der Oberfläche des Antikörpermoleküls CDRs von schweren und leichten Ketten nebeneinander liegen, befindet sich die Antigenbindungsstelle. Da die Aminosäuresequenzen der CDRs in verschiedenen Antikörpern unterschiedlich sind, unterscheiden sich natürlich auch die Formen der Oberflächen, die von diesen CDRs gebildet werden. Prinzipiell binden Antikörper Liganden, deren Oberflächen komplementär zu denen der Antigenbindungsstelle sind. Ein kleines Antigen wie ein Hapten oder ein kurzes Peptid bindet im Allgemeinen in einer Tasche oder Furche zwischen den V-Domänen der schweren und leichten Ketten (▶ Abb. 4.8a,b). Andere Antigene, zum Beispiel ein Proteinmolekül, sind möglicherweise gleich groß oder größer als das Antikörpermolekül und passen nicht in eine Furche oder Tasche. Dann ist die Kontaktfläche zwischen den Molekülen oft eine ausgedehnte Oberfläche, die alle CDRs und, in einigen Fällen, auch einen Teil der Gerüstregion des Antikörpers umfasst (▶ Abb. 4.8c). Diese Oberfläche muss nicht unbedingt konkav sein, sondern kann auch flach, gewellt oder sogar konvex sein. Manchmal können Antikörpermoleküle mit fingerförmigen Ausläufern in eine kleine Vertiefung auf der Oberfläche des Antigens hineinragen; ein Beispiel ist ein Antikörper gegen das HIV-gp120-Antigen, der eine lange Schleife in sein Ziel hineinstreckt (▶ Abb. 4.8d).

### 4.2.3 Antikörper binden mithilfe nichtkovalenter Kräfte an strukturell passende Bereiche auf den Oberflächen von Antigenen

Die biologische Funktion von Antikörpern besteht darin, an Pathogene und deren Produkte zu binden und ihre Entfernung aus dem Körper zu erleichtern. Ein Antikörper erkennt im Allgemeinen nur eine kleine Region auf der Oberfläche eines großen Moleküls, zum Beispiel eines Polysaccharids oder Proteins. Die Struktur, die von einem Antikörper erkannt wird, bezeichnet man als **Antigendeterminante** oder **Epitop**. Einige der wichtigsten Krankheitserreger besitzen Polysaccharidhüllen. Antikörper, die Epitope aus den Zuckeruntereinheiten dieser Moleküle erkennen, sind wichtig für den immunologischen Schutz vor solchen Pathogenen. In vielen Fällen sind jedoch Proteine die Antigene, die eine Immunantwort auslösen. Antikörper, die vor Viren schützen, erkennen zum Beispiel virale Hüllproteine. In solchen Fällen liegen die Strukturen, die der Antikörper erkennt, auf der Oberfläche des Proteins. Die Aminosäuren derartiger Stellen auf Proteinoberflächen stammen wahrscheinlich von verschiedenen Teilen der Polypeptidkette, die durch Faltungsvorgänge nebeneinander zu liegen kommen. Antigendeterminanten dieser Art bezeichnet man als **Konformations-** oder **diskontinuierliche Epitope**, da die erkannte Stelle aus Abschnitten des Proteins besteht, die in der Primärsequenz nicht unmittelbar zusammenhängen, in der dreidimensionalen Struktur jedoch nahe beieinander liegen. Ein Epitop, das aus einem einzigen Segment einer Polypeptidkette besteht, bezeichnet man dagegen als **kontinuierliches** oder **lineares Epitop**. Die meisten Antikörper, die gegen intakte, vollständig gefaltete Proteine gerichtet sind, erkennen diskontinuierliche Epitope. Einige binden jedoch auch Peptidfragmente des Proteins. Umgekehrt binden Antikörper gegen Peptidfragmente eines Proteins oder gegen synthetische Peptide, die einem Teil seiner Sequenz entsprechen, gelegentlich auch an das native gefaltete Protein. Daher lassen sich in einigen Fällen in Impfstoffen synthetische Peptide verwenden, die die Bildung von Antikörpern gegen ein intaktes Protein eines Krankheitserregers anregen sollen.

Die Wechselwirkung zwischen einem Antikörper und seinem Antigen kann durch hohe Salzkonzentrationen, extreme pH-Werte, Detergenzien und manchmal auch durch eine Verdrängungsreaktion mit hohen Konzentrationen des reinen Epitops gestört werden. Die Bindung ist also eine reversible, nichtkovalente Wechselwirkung. ► Abb. 4.9 zeigt die Kräfte oder Bindungsarten, die daran beteiligt sind. **Elektrostatische Wechselwirkungen** gibt es zwischen geladenen Aminosäureseitenketten, wie bei Ionenbindungen, oder zwischen elektrischen Dipolen, wie bei Wasserstoffbrücken, und durch Van-der-Waals-Kräfte, die über kurze Entfernungen wirken. Hohe Salzkonzentrationen und extreme pH-Werte schwächen elektrostatische Interaktionen und/oder Wasserstoffbrücken und zerstören so die Antigen-Antikörper-Bindung. Dieses Prinzip wird bei der Aufreinigung von Antigenen über eine Affinitätschromatographie an immobilisierten Antikörpern oder beim entsprechenden Verfahren zur Reinigung von Antikörpern mithilfe von Antigenen angewandt (Anhang I, Abschn. A.3). Zu **hydrophoben Wechselwirkungen** kommt es, wenn zwei hydrophobe Oberflächen unter Ausschluss von Wasser zusammenkommen. Die Stärke hydrophober Interaktionen ist proportional zur Größe der Oberfläche, die dem Wasser abgewandt ist. Bei einigen Antigenen sind wahrscheinlich die hydrophoben Wechselwirkungen für den größten Teil der Bindungsenergie verantwortlich. In einigen Fällen werden Wassermoleküle in Taschen zwischen Antigen und Antikörper festgehalten. Diese Wassermoleküle, besonders zwischen polaren Aminosäureresten, tragen möglicherweise auch zur Bindung und damit zur Spezifität bei.

Der Beitrag jeder dieser Kräfte zur Gesamtwechselwirkung zwischen Antigen und Antikörper hängt von dem jeweiligen Antikörper und dem Antigen ab. Ein wesentlicher Unterschied zu anderen natürlichen Protein-Protein-Wechselwirkungen besteht darin, dass Antikörper an ihren Antigenbindungsstellen viele aromatische Reste besitzen. Diese sind vor allem an Van-der-Waals-Wechselwirkungen und hydrophoben Wechselwirkungen beteiligt sowie manchmal auch an Wasserstoffbrücken und **Kation-π-Wechselwirkungen**. Tyrosin zum Beispiel kann sich sowohl an Wasserstoffbrücken als auch an hydrophoben Wechselwirkungen beteiligen und ist daher besonders geeignet, zur Vielfalt der Antigenerkennung beizutragen; in

| nichtkovalente Kräfte | Ursache | |
|---|---|---|
| elektrostatische Kräfte | Anziehung zwischen entgegengesetzten Ladungen | $\overset{\oplus}{-NH_3}$  $\overset{\ominus}{OOC-}$ |
| Wasserstoffbrücken | gemeinsames Wasserstoffatom zwischen elektronegativen Atomen | $\underset{\delta^-}{\overset{}{>N}} - \underset{\delta^+}{H} - - \underset{\delta^-}{O} = C<$ |
| Van-der-Waals-Kräfte | Fluktuationen in den Elektronenwolken von Molekülen führen zur entgegengesetzten Polarisierung benachbarter Atome | 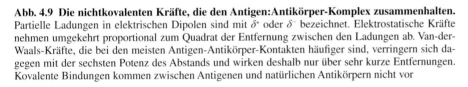 |
| hydrophobe Kräfte | die Wechselwirkung hydrophober Gruppen mit Wasser ist ungünstig, sodass sich diese Gruppen zusammenlagern und Wassermoleküle ausschließen; an der Anziehung sind auch Van-der-Waals-Kräfte beteiligt | |
| Kation-π-Wechselwirkung | nichtkovalente Wechselwirkung zwischen einem Kation und der Elektronenwolke einer nahe gelegenen aromatischen Gruppe | |

**Abb. 4.9 Die nichtkovalenten Kräfte, die den Antigen:Antikörper-Komplex zusammenhalten.** Partielle Ladungen in elektrischen Dipolen sind mit $\delta^+$ oder $\delta^-$ bezeichnet. Elektrostatische Kräfte nehmen umgekehrt proportional zum Quadrat der Entfernung zwischen den Ladungen ab. Van-der-Waals-Kräfte, die bei den meisten Antigen-Antikörper-Kontakten häufiger sind, verringern sich dagegen mit der sechsten Potenz des Abstands und wirken deshalb nur über sehr kurze Entfernungen. Kovalente Bindungen kommen zwischen Antigenen und natürlichen Antikörpern nicht vor

Antigenbindungsstellen ist Tyrosin demzufolge überrepräsentiert. Im Allgemeinen wirken die hydrophoben Wechselwirkungen und Van-der-Waals-Kräfte nur über kurze Entfernungen und halten zwei Oberflächen zusammen, die in ihrer Struktur komplementär sind. Hügel auf der einen Oberfläche müssen in Täler auf der anderen passen, damit eine feste Bindung entsteht. Andererseits umfassen elektrostatische Bindungen zwischen geladenen Seitenketten und Wasserstoffbrücken zwischen Sauerstoff- und/oder Stickstoffatomen spezifische chemische Wechselwirkungen und verstärken gleichzeitig die Gesamtwechselwirkung. Die Seitenketten von aromatischen Aminosäuren mit geladenen Seitenketten wie Tyrosin können über ihr ϖ-Elektronensystem mit in der Nähe befindlichen Kationen interagieren. Das können auch stickstoffhaltige Seitenketten sein, die im protonierten Zustand ein Kation darstellen.

## 4.2.4 Die Wechselwirkung zwischen einem Antikörper und dem vollständigen Antigen wird durch sterische Blockaden beeinflusst

Ein Beispiel für den Einfluss einer bestimmten Aminosäure in einem Antigen beim Kontakt mit dem Antikörper ist der Komplex aus Hühnereiweißlysozym und dem Antikörper D1.3 (▶ Abb. 4.10). In dieser Struktur bilden sich starke Wasserstoffbrücken zwischen dem

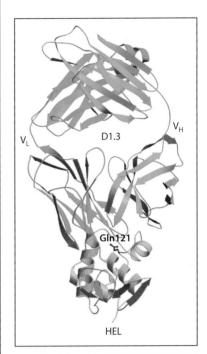

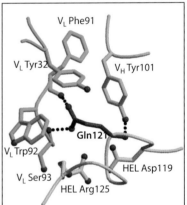

**Abb. 4.10 Der Komplex von Lysozym mit dem Antikörper D1.3.** *Oben*: Dargestellt ist die Wechselwirkung des Fab-Fragments von D1.3 mit Hühnereiweißlysozym (HEL), wobei HEL *gelb*, die schwere Kette ($V_H$) *türkis* und die leichte Kette ($V_L$) *grün* eingezeichnet sind. *Unten*: Die Seitenkette (*rot*) eines Glutaminrestes (Gln121), der aus HEL (*gelb*) herausragt, ragt zwischen die $V_L$- und die $V_H$-Domäne (*Farben wie oben*) der Antigenbindungsstelle hinein und bildet mit den Hydroxylgruppen (*rote Punkte*) der jeweils markierten Aminosäuren beider Domänen Wasserstoffbrücken aus. Diese Wasserstoffbrücken sind wichtig für die Bindung zwischen Antigen und Antikörper. (Mit freundlicher Genehmigung von R. Mariuzza und R. J. Poljak)

Teil II

**E16-Fab bindet vier nach außen gerichtete Schleifen des WNV-DIII-Hüllproteins**

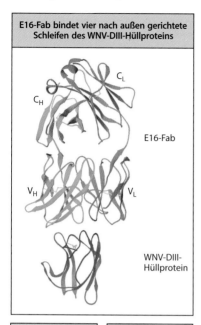

| Molekülmodell von E16-Fab, das an ein gereiftes WNV-Partikel gebunden hat | kryoelektronen-mikroskopische Aufnahme von E16-Fab, gebunden an ein gereiftes WNV-Partikel |
|---|---|

**Abb. 4.11 Eine sterische Blockade verhindert die Bindung eines Antikörpers an sein natives Antigen im West-Nile-Virion.** *Oben:* Der monoklonale Antikörper E16 erkennt DIII, eine von drei Strukturdomänen im Glykoprotein E des West-Nile-Virus. Dargestellt ist die Röntgenstruktur des E16-Fab-Fragments, das an das DIII-Epitop gebunden ist. *Unten links:* Mithilfe eines Computermodells hat man das E16-Fab-Fragment an das reife West-Nile-Virion angedockt. Die E16-Fragmente konnten an 120 von 180 DIII-Epitopen binden. Sechzig der in Fünfergruppen angeordneten DIII-Epitope sind durch die Bindung von Fab an vier nahe gelegene DIII-Epitope sterisch blockiert. Ein Beispiel für ein solches ausgeschlossenes Epitop ist der *blaue* Bereich, auf den der *Pfeil* zeigt. *Unten rechts:* Die Rekonstruktion der Struktur aus gefrierelektronenmikroskopisch gewonnenen Daten von der gesättigten Bindung des E16-Fab-Fragments an das West-Nile-Virion bestätigte die vorhergesagte sterische Blockade. Die Mittelsenkrechten des eingezeichneten Dreiecks markieren die ikosaedrischen Symmetrieachsen

Antikörper und einem bestimmten Glutaminrest im Lysozymmolekül, das in den Spalt zwischen den $V_H$- und $V_L$-Domänen hineinragt. Die Lysozyme von Rebhuhn und Truthahn enthalten an dieser Stelle statt Glutamin eine andere Aminosäure und binden daher nicht an den Antikörper. Der Komplex aus Hühnereiweißlysozym und einem anderen Antikörper mit hoher Affinität, HyHel5 (▶ Abb. 4.8c), enthält zwei Ionenbindungen zwischen zwei basischen Argininresten auf der Oberfläche des Lysozyms und zwei Glutaminsäureresten, die in der CDR1- beziehungsweise in der CDR2-Schleife der $V_H$-Kette liegen. Lysozyme, denen einer der beiden Argininreste fehlt, besitzen eine 1000-fach niedrigere Affinität zu dem Antikörper. Demnach leistet anscheinend die Summe der komplementären Oberflächen zusammen einen wichtigen Beitrag zur Wechselwirkung zwischen Antigen und Antikörper. In den meisten bisher detailliert untersuchten Antikörpern tragen jedoch nur einige wenige Aminosäuren wesentlich zur Bindungsenergie und damit zur eigentlichen Spezifität bei. Natürliche Antikörper binden ihre Liganden mit hoher Affinität, aber im nanomolaren Bereich. Mithilfe gentechnischer Methoden wie der ortsspezifischen Mutagenese ist es möglich, einen Antikörper gezielt so zu verändern, dass er sogar noch stärker an sein Epitop bindet.

Selbst wenn Antikörper eine Affinität für Antigene auf einer größeren Struktur besitzen, etwa auf einem vollständigen Viruspartikel, kann die Bindung des Antikörpers aufgrund der besonderen Anordnung dieser Antigene behindert sein. So besteht beispielsweise das West-Nile-Virion aus einem ikosaedrischen Gerüst aus 90 Homodimeren des in einer Membran verankerten Hüllglykoproteins E, das die drei Domänen DI, DII und DIII umfasst. Die DIII-Domäne enthält vier Polypeptidschleifen, die aus dem Viruspartikel herausragen. E16, der neutralisierende Antikörper gegen das West-Nile-Virus, erkennt diese Schleifen der DIII-Domäne (▶ Abb. 4.11).Theoretisch sollte es auf dem West-Nile-Virions 180 mögliche Antigenbindungsstellen geben. Mithilfe einer Kombination aus Röntgenstrukturanalysen und elektronenmikroskopischen Aufnahmen ließ sich zeigen, dass selbst bei einem Überschuss des E16-Fab-Fragments nur etwa 120 der insgesamt 180 DIII-Domänen ein E16-Fab-Fragment binden können (▶ Abb. 4.11).

Das ist anscheinend die Folge der sterischen Blockade, durch die ein gebundenes Fab-Fragment verhindert, dass ein weiteres Fragment an einige nahe gelegene E-Proteinstellen bindet. Eine solche sterische Blockade wirkt sich bei dem vollständigen Antikörper wahrscheinlich noch gravierender aus als bei dem kleineren Fab-Fragment. Aus diesen Untersuchungen ergaben sich auch Hinweise darauf, dass Antikörper – je nach Orientierung des erkannten Antigens – nicht immer mit beiden Antigenbindungsstellen an das Antigen binden müssen. Diese Beschränkungen wirken sich auf die Fähigkeit der Antikörper aus, ihr Antigen zu neutralisieren.

### 4.2.5 Einige Spezies erzeugen Antikörper mit alternativen Strukturen

Der Schwerpunkt dieses Kapitels lag bis jetzt auf der Struktur von Antikörpern, die der Mensch hervorbringt. Diese stimmt bei den meisten Säugerspezies im Prinzip überein, beispielsweise auch bei den Mäusen, die in der immunologischen Forschung ein wichtiger Modellorganismus sind. Einige Säuger können jedoch auch eine andere Form von Antikörpern erzeugen, die darauf beruht, dass eine einzelne $V_H$-Domäne ohne $V_L$-Domäne mit einem Antigen interagieren kann (▶ Abb. 4.12). Es ist schon seit einiger Zeit bekannt, dass das Serum von Kamelen große Mengen an immunglobulinähnlichen Molekülen enthält, die aus Dimeren der schweren Kette bestehen, die nicht mit leichten Ketten assoziiert sind und trotzdem weiterhin Antigene binden können. Diese Antikörper bezeichnet man als **hcIgGs** (*heavy-chain-only IgGs*). Die Form gibt es auch bei anderen Camelidae, etwa bei Lamas und Alpakas. Diese Spezies besitzen zwar noch die Gene für die leichten Ketten der Immunglobuline und einige IgG-ähnliche Moleküle enthalten assoziierte leichte Ketten, aber es ist nicht geklärt, was in der Evolution zu dieser partiellen Anpassung geführt hat. Die Camelidae erzeugen hcIgGs aufgrund von Mutationen, die ein alternatives Spleißen der mRNA für die schweren Ketten ermöglichen, sodass das $C_H1$-Exon verloren geht und die $V_H$-Domäne im Protein direkt mit der $C_H2$-Domäne verknüpft wird. Weitere Mutationen stabilisieren diese Struktur auch ohne $V_L$-Domänen.

Knorpelfische, insbesondere der Hai, verfügen ebenfalls über ein Antikörpermolekül, das sich deutlich von den Antikörpern von Mensch und Maus unterscheidet (▶ Abb. 4.12). Wie die Camelidae besitzen auch die Haifische Gene, die sowohl die schwere als auch die leichte Immunglobulinkette codieren, und sie erzeugen Immunglobuline, die beide Arten von Ketten enthalten. Haifische produzieren aber auch einen **IgNAR**-Rezeptor (*immunoglobulin new antigen receptor*) und einen Antikörper nur aus schweren Ketten (*heavy-chain-only antibody*), bei dem die $V_H$-Domäne an das $C_H1$-Exon gepleißt ist. Hier wird dieses Exon also nicht wie bei den Camelidae durch das Spleißen entfernt. Diese Unterschiede deuten darauf hin, dass die Erzeugung von hcIgGs bei Haifischen und Camelidae auf eine konvergente Evolution zurückzuführen ist. Die Fähigkeit der $V_H$-Domänen bei den Camelidae, mit Antigenen effizient zu interagieren, bildet die Grundlage für die Produktion von **Einzelkettenantikörpern** (*single chain antibodies*). Die Reduktion auf nur eine einzige Domäne für die Antigenerkennung hat inzwischen dazu geführt, dass monoklonale Antikörper mit nur einer Kette als Alternative zur Standardform für Therapiezwecke infrage kommen (Kap. 16).

## Zusammenfassung

Röntgenstrukturanalytische Untersuchungen von Antigen:Antikörper-Komplexen haben ergeben, dass die hypervariablen Schleifen (das heißt die komplementaritätsbestimmenden Regionen, CDRs) der variablen Immunglobulinregionen die Spezifität von Antikörpern festlegen. Der Kontakt zwischen einem Antikörpermolekül und einem Proteinantigen erfolgt normalerweise in einem großen Areal seiner Oberfläche, das zu der erkannten Oberfläche des Antigens komplementär ist. Elektrostatische Wechselwirkungen, Wasserstoffbrücken, Van-der-Waals-Kräfte, hydrophobe und Kation-$\pi$-Wechselwirkungen können zur Bindung beitragen. Je nach Größe des Antigens treten Aminosäureseitenketten in den meisten oder allen hypervariablen Schleifen mit dem Antigen in Kontakt und bestimmen sowohl die Spezifität als auch die Stärke der Interaktion. Andere Teile der variablen Region spielen beim direkten Kontakt mit dem Antigen normalerweise kaum eine Rolle, liefern jedoch ein stabiles strukturelles Gerüst für die hypervariablen Schleifen und tragen dazu bei, Position und Konformation festzulegen. Antikörper gegen native Proteine binden ge-

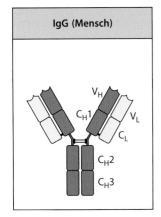 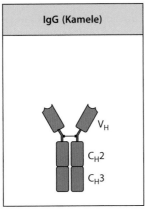 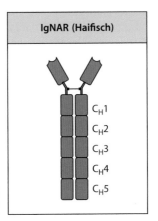

**Abb. 4.12 Antikörper der Camelidae und von Haifischen können nur aus einer einzigen Kette bestehen.** In den Antikörpern mit nur einer schweren Kette bei den Camelidae kann durch einen Spleißvorgang in der mRNA der reifen schweren Kette das Exon entfernt werden, das die $C_H1$-Region der schweren Kette codiert. Dadurch entsteht im Leseraster eine Gelenkregion, welche die $V_H1$- mit der $C_H2$-Region verbindet. Beim Haifisch bleibt hingegen die $C_H1$-Kette erhalten. Das deutet darauf hin, dass diese Antikörperform möglicherweise vor der Evolution der leichten Ketten entstanden ist. In beiden Fällen kommt es für die Erzeugung des Repertoires der Antigenbindungsstellen in der langen CDR3-Region der $V_H$-Domäne zu umfangreichen Variationen

wöhnlich an die Oberfläche des Proteins und treten mit Aminosäureresten in Kontakt, die in der Primärstruktur des Moleküls nicht nebeneinander liegen. Sie können jedoch gelegentlich auch mit Peptidfragmenten des Proteins in Wechselwirkung treten. Antikörper gegen Peptide, die von einem Protein stammen, lassen sich manchmal dazu verwenden, das native Proteinmolekül aufzuspüren. Normalerweise binden Peptide im Spalt zwischen den variablen Regionen der schweren und leichten Ketten an Antikörper, wo sie spezifische Kontakte mit einigen, aber nicht notwendigerweise mit allen hypervariablen Schleifen eingehen. Dies ist auch die übliche Art der Reaktion mit Kohlenhydratantigenen und kleinen Molekülen wie Haptenen.

## 4.3 Die Antigenerkennung durch T-Zellen

Im Gegensatz zu den Immunglobulinen, die mit Krankheitserregern und ihren toxischen Produkten in den Extrazellularräumen des Körpers interagieren, erkennen T-Zellen nur fremde Antigene, die von den Oberflächen körpereigener Zellen präsentiert werden. Diese Antigene können von Pathogenen wie Viren oder intrazellulären Bakterien stammen, die sich innerhalb von Zellen replizieren, oder von Pathogenen oder deren Produkten, die Zellen durch Endocytose aus der extrazellulären Flüssigkeit aufgenommen haben.

T-Zellen können die Anwesenheit eines intrazellulären Krankheitserregers erkennen, weil infizierte Zellen auf ihrer Oberfläche Peptidfragmente tragen, die von den Proteinen des Pathogens stammen. Spezialisierte Glykoproteine der Wirtszelle, die MHC-Moleküle, transportieren diese fremden Peptide zur Zelloberfläche. Diese Glykoproteine werden von einer großen Gruppe von Genen codiert, die man aufgrund ihrer starken Wirkung auf die Immunantwort auf transplantierte Gewebe entdeckte. Aus diesem Grund bezeichnete man diesen Genkomplex als Haupthistokompatibilitätskomplex (*major histocompatibility complex*, MHC) und die peptidbindenden Glykoproteine als MHC-Moleküle. Eine der charakteristischen Aufgaben von T-Zellen ist die Erkennung eines Antigens in Form eines kleinen Peptidfragments, das an ein MHC-Molekül gebunden ist und auf der Zelloberfläche präsentiert wird. Mit dieser Funktion wird sich dieser Teil des Kapitels vor allem beschäftigen. In Kap. 6 werden wir dann erfahren, wie Peptidfragmente von Antigenen entstehen und Komplexe mit MHC-Molekülen bilden.

In diesem Teil des Kapitels beschreiben wir die Struktur und die Eigenschaften des T-Zell-Antigenrezeptors oder T-Zell-Rezeptors, kurz TCR. Wie man aufgrund ihrer Funktion als hoch variable Antigenerkennungsstrukturen erwarten sollte, sind T-Zell-Rezeptoren hinsichtlich der Struktur ihrer Gene eng verwandt mit Immunglobulinen. Es bestehen jedoch auch wichtige Unterschiede zwischen T-Zell-Rezeptoren und Immunglobulinen, die die besonderen Merkmale der Antigenerkennung durch den T-Zell-Rezeptor widerspiegeln.

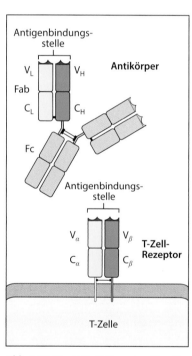

**Abb. 4.13 Der T-Zell-Rezeptor ähnelt einem membrangebundenen Fab-Fragment.** Das Fab-Fragment von Antikörpermolekülen ist ein durch Disulfidbrücken verknüpftes Heterodimer. Jede Kette enthält eine konstante Immunglobulindomäne und eine variable Domäne. Die nebeneinanderliegenden variablen Domänen bilden die Antigenbindungsstelle (Abschn. 4.2.1). Der T-Zell-Rezeptor ist ebenfalls ein durch Disulfidbrücken verknüpftes Heterodimer. Jede Kette enthält eine den Immunglobulinen ähnliche konstante und eine variable Region. Wie im Fab-Fragment bilden die nebeneinanderliegenden variablen Domänen die Antigenbindungsstelle

### 4.3.1 Das TCR-$\alpha$:$\beta$-Heterodimer ähnelt dem Fab-Fragment eines Immunglobulins

T-Zell-Rezeptoren wurden erstmals mithilfe von monoklonalen Antikörpern identifiziert, die nur an eine bestimmte klonierte T-Zell-Linie binden konnten und die Antigenerkennung durch diesen T-Zell-Typ spezifisch blockierten oder aktivierten, indem sie das Antigen imitierten (Anhang I, Abschn. A.20). Mit diesen **klonotypischen** Antikörpern ließ sich dann zeigen, dass jede T-Zelle etwa 30.000 Antigenrezeptoren auf ihrer Oberfläche trägt. Jeder Rezeptor besteht aus zwei verschiedenen Polypeptidketten, der **T-Zell-Rezeptor-$\alpha$-(TCR$\alpha$-)** und der **T-Zell-Rezeptor-$\beta$-(TCR$\beta$-)Kette**. Jede Kette des $\alpha$:$\beta$-Heterodimers besteht aus zwei IgG-Domänen und die beiden Ketten sind durch eine Disulfidbrücke verbunden, ähnlich dem Fab-Fragment eines Immunglobulins (▶ Abb. 4.13). Die α:β-Heterodimere sind für die Antigenerkennung durch die meisten T-Zellen verantwortlich. Eine Minderheit der T-Zellen trägt einen anderen, strukturell ähnlichen Typ des T-Zell-Rezeptors aus anderen Polypeptidketten, die mit γ und δ bezeichnet werden. **γ:δ-T-Zell-Rezeptoren** besitzen anscheinend andere Antigenerkennungseigenschaften als **α:β-T-Zell-Rezeptoren**. Die Funktionen der γ:δ-T-Zellen innerhalb der Immunantwort werden anhand der verschiedenen Liganden, die sie erkennen, immer noch erforscht (Abschn. 6.3.5). Im Rest des Kapitels und auch im übrigen Buch bezieht sich der Begriff T-Zell-Rezeptor, wenn nicht anders angegeben, auf den α:β-Rezeptor. Beide T-Zell-Rezeptor-Typen unterscheiden sich von dem membrangebundenen Immunglobulin, das als B-Zell-Rezeptor dient, im Wesentlichen in zweierlei Hinsicht: Ein T-Zell-Rezeptor hat nur eine Antigenbindungsstelle, ein B-Zell-Rezeptor dagegen zwei, und T-Zell-Rezeptoren werden nie sezerniert, während Immunglobuline als Antikörper sezerniert werden können.

Weitere Hinweise auf die Struktur und Funktion des α:β-T-Zell-Rezeptors lieferten Untersuchungen von klonierter cDNA, die die Rezeptorketten codiert. Die Aminosäuresequenzen, die sich aus den T-Zell-Rezeptor-cDNAs ableiten ließen, zeigten, dass beide Ketten des Rezeptors eine aminoterminale variable Region mit Homologie zu V-Domänen von Immunglobulinen besitzen, ferner eine konstante Region mit Homologie zu C-Domänen von Immunglobulinen und eine kurze Stielregion mit einem Cysteinrest für die Disulfidbrücke zwischen den Ketten (▸ Abb. 4.14). Jede Kette durchdringt die Lipiddoppelschicht mit einer hydrophoben Transmembrandomäne und endet in einem kurzen cytoplasmatischen Schwanzstück. Diese Gemeinsamkeiten der T-Zell-Rezeptor-Ketten und der schweren und leichten Immunglobulinketten ermöglichten erstmals die Voraussage, dass das T-Zell-Rezeptor-Heterodimer und ein Fab-Fragment eines Immunglobulins strukturell sehr ähnlich sind.

Die mithilfe von Röntgenstrukturanalysen ermittelte dreidimensionale Struktur des T-Zell-Rezeptors zeigt (▸ Abb. 4.15), dass die Proteinketten des T-Zell-Rezeptors größtenteils genauso gefaltet sind wie die Proteinregionen, die das Fab-Fragment in ▸ Abb. 4.1a bilden. Es gibt jedoch einige wichtige strukturelle Unterschiede zwischen T-Zell-Rezeptoren und Fab-Fragmenten. Der wesentliche Unterschied besteht in der $C_\alpha$-Domäne: Dort findet man eine andere Faltung als bei allen übrigen immunglobulinähnlichen Domänen. Die Hälfte der $C_\alpha$-Domäne, die direkt neben der $C_\beta$-Domäne liegt, bildet ein β-Faltblatt, ähnlich dem in anderen immunglobulinähnlichen Domänen, aber die andere Hälfte der Domäne besteht aus locker gepackten Strängen und einem kurzen Segment einer α-Helix (▸ Abb. 4.15b). Die intramolekulare Disulfidbrücke, die in immunglobulinähnlichen Domänen normalerweise zwei β-Stränge verknüpft, verbindet in einer $C_\alpha$-Domäne einen β-Strang mit diesem Stück α-Helix.

Es bestehen auch Unterschiede hinsichtlich der Wechselwirkungen zwischen den Domänen. Die Kontaktfläche zwischen den V- und C-Domänen beider T-Zell-Rezeptor-Ketten ist ausgedehnter als in Antikörpern. Außerdem vermutet man bei der Interaktion zwischen der $C_\alpha$- und $C_\beta$-Domäne die Mitwirkung eines Kohlenhydrats; ein Zuckerrest aus der $C_\alpha$-Domäne bildet dabei eine Reihe von Wasserstoffbrücken mit der $C_\beta$-Domäne (▸ Abb. 4.15b). Schließlich zeigt ein Vergleich der variablen Bindungsstellen, dass sich die Schleifen der komplementaritätsbestimmenden Region (CDR) zwar recht gut mit denen des Antikörpers zur Deckung bringen lassen; relativ zum Antikörpermolekül gibt es jedoch auch Strukturverschiebungen (▸ Abb. 4.15c). Diese sind besonders ausgeprägt in der $V_\alpha$-CDR2-Schleife. Aufgrund einer Verlagerung in dem β-Strang, der ein Ende der Schleife von einer Seite der Domäne an der anderen befestigt, steht die $V_\alpha$-CDR2-Schleife ungefähr im rechten Winkel zur entsprechenden Schleife in der variablen Domäne des Antikörpers. Eine Strangverschiebung verursacht in manchen $V_\beta$-Domänen auch eine Änderung der Orientierung der $V_\beta$-CDR2-Schleife. Diese Unterschiede zu Antikörpern haben Auswirkungen darauf, wie die T-Zell-Rezeptoren ihre spezifischen Antigene erkennen (nächster Abschnitt). Neben den drei hypervariablen Regionen, die T-Zell-Rezeptoren mit den Immunglobulinen gemeinsam haben, gibt es noch in beiden Ketten die vierte hypervariable Region HV4 (▸ Abb. 4.15c). Diese Regionen liegen entfernt von der Antigenbindungsstelle des Rezeptors und man hat ihnen andere Funktionen des T-Zell-Rezeptors zugeordnet, beispielsweise die Bindung von Superantigenen (Abschn. 6.2.5).

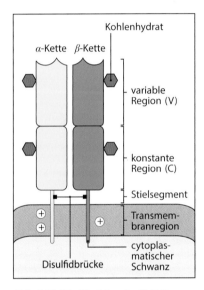

**Abb. 4.14 Die Struktur des T-Zell-Rezeptors.** Das T-Zell-Rezeptor-Heterodimer besteht aus den beiden Transmembranglykoproteinketten α und β. Der extrazelluläre Teil jeder Kette besteht aus zwei Domänen, die den variablen beziehungsweise konstanten Immunglobulindomänen ähneln. Beide Ketten weisen an jeder Domäne Kohlenhydratseitenketten auf. Ein kurzes Stielsegment, analog der Gelenkregion im Immunglobulin, verbindet die immunglobulinähnlichen Domänen mit der Membran und enthält das Cystein, das an der Disulfidbrücke zwischen den Ketten beteiligt ist. Die Transmembranhelices beider Ketten sind insofern ungewöhnlich, als sie positiv geladene (basische) Reste innerhalb des hydrophoben Transmembransegments enthalten. Die α-Kette besitzt zwei solche Reste, die β-Kette einen. (Modellstruktur nachgedruckt mit Genehmigung der AAS: Garcia, K.C., et al.: An αβ T cell receptor structure at 2.5 Å and its orientation in the TCR-MHC complex. *Science* 1996, 274:209–219)

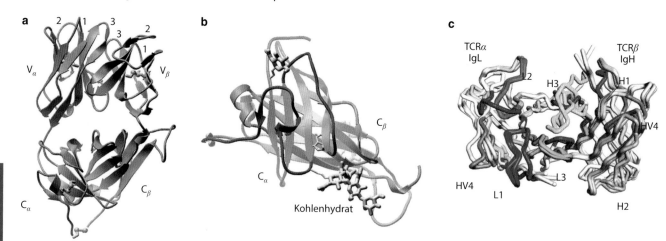

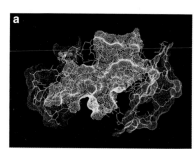

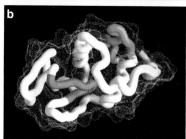

**Abb. 4.16 Unterschiede bei der Erkennung von Hühnereiweißlysozym durch Immunglobuline und T-Zell-Rezeptoren.** Röntgenkristallographische Untersuchungen zeigen, dass Antikörper an Epitope auf der Oberfläche von Proteinen binden können. **a** Epitope für drei Antikörper (*in unterschiedlichen Farben*) auf der Oberfläche des Hühnereiweißlysozyms (siehe auch ▶ Abb. 4.10). Dagegen müssen die Epitope, die T-Zell-Rezeptoren erkennen, nicht auf der Oberfläche des Moleküls liegen, da der T-Zell-Rezeptor nicht das antigene Protein selbst, sondern ein Peptidfragment des Proteins erkennt. **b** zeigt die Peptide, die zwei T-Zell-Epitopen des Lysozyms entsprechen; ein Epitop (*blau*) liegt auf der Oberfläche, aber ein zweites (*rot*) liegt größtenteils im Zentrum und ist im gefalteten Protein unzugänglich. Daraus folgt, dass T-Zell-Rezeptoren ihre Epitope nicht im nativen Protein erkennen. (**a** mit freundlicher Genehmigung von S. Sheriff)

**Abb. 4.15 Die Kristallstruktur eines α:β-T-Zell-Rezeptors bei einer Auflösung von 0,25 nm.** Auf den Bildern **a** und **b** sind die α-Kette *rosa*, die β-Kette *blau* und die Disulfidbrücken *grün* dargestellt. **a** Seitenansicht des T-Zell-Rezeptors, wie er auf der Zelloberfläche sitzen würde. Die CDR-Schleifen (mit 1, 2 und 3 bezeichnet), die die Antigenbindungsstelle bilden, sind über seine verhältnismäßig flache Oberseite verteilt. **b** Abgebildet sind die C_α- und die C_β-Domäne. Die C_α-Domäne faltet sich nicht zu einer typischen immunglobulinähnlichen Domäne; die von C_β abgewandte Seite der Domäne besteht vor allem aus unregelmäßigen Polypeptidsträngen und nicht aus einem β-Faltblatt. Die intramolekulare Disulfidbrücke verbindet einen β-Strang mit diesem Segment, das eine α-Helix enthält. Die Interaktion zwischen der C_α- und C_β-Domäne kommt mithilfe eines Kohlenhydrats zustande (*grau* und in der Abbildung beschriftet), wobei ein Zuckerrest aus der C_α-Domäne Wasserstoffbrücken mit der C_β-Domäne bildet. **c** Der T-Zell-Rezeptor ist mit den Antigenbindungsstellen von drei verschiedenen Antikörpern zur Deckung gebracht. Man blickt in die Antigenbindungsstelle hinein. Die V_α-Domäne des T-Zell-Rezeptors liegt parallel zu den V_L-Domänen der Antigenbindungsstellen der Antikörper und die V_β-Domäne parallel zu den V_H-Domänen. Die CDRs des T-Zell-Rezeptors und der Immunglobulinmoleküle sind farbig markiert: CDR1, 2 und 3 des TCR sind *rot*, die HV4-Schleife *orange* dargestellt. Von den variablen Immunglobulindomänen sind die CDR1-Schleifen der schweren (H1) und der leichten Kette (L1) *hell- und dunkelblau*, die CDR2-Schleifen (H2, L2) *hell- und dunkelviolett* gezeigt. Die CDR3-Schleifen der schweren Kette (H3) sind *gelb*, die der leichten Kette (L3) *hellgrün* dargestellt. Zu den HV4-Schleifen des TCR (*orange*) gibt es in Immunglobulinen kein hypervariables Gegenstück. (Modelle mit freundlicher Genehmigung von I. A. Wilson)

## 4.3.2 T-Zell-Rezeptoren erkennen ein Antigen in Form eines Komplexes aus einem fremden Peptid und einem daran gebundenen MHC-Molekül

Die Antigenerkennung durch T-Zell-Rezeptoren unterscheidet sich deutlich von der Erkennung durch B-Zell-Rezeptoren und Antikörper. Das Immunglobulin auf B-Zellen bindet direkt an das native Antigen und wie in Abschn. 4.2.3 beschrieben, binden Antikörper typischerweise an die Oberfläche von Proteinantigenen und treten in Kontakt mit Aminosäuren, die in der Primärstruktur nicht direkt hintereinander liegen, sondern erst im gefalteten Protein zusammenkommen. α:β-T-Zellen dagegen reagieren mit kurzen zusammenhängenden Aminosäuresequenzen in Proteinen. Wie in Abschn. 1.3.3 bereits beschrieben, liegen diese Sequenzen oft tief in der nativen Struktur des Proteins verborgen. Deshalb können Antigene von T-Zell-Rezeptoren nicht direkt erkannt werden, wenn das Proteinantigen nicht entfaltet und in Peptidfragmente prozessiert wird (▶ Abb. 4.16). In Kap. 6 werden wir erfahren, wie dies geschieht.

Wie ein Antigen beschaffen sein muss, damit es von T-Zellen erkannt werden kann, wurde bei der Entdeckung deutlich, dass Peptide, die T-Zellen stimulieren, nur dann erkannt werden, wenn sie an ein MHC-Molekül gebunden sind. Der Ligand, den die T-Zelle erkennt, ist also ein Komplex aus Peptid und MHC-Molekül. Der Nachweis für die Beteiligung des MHC an der Erkennung von Antigenen durch T-Zellen wurde zunächst indirekt erbracht; den endgültigen Beweis lieferte die Stimulation von T-Zellen mit gereinigten Peptid:MHC-Komplexen. Der T-Zell-Rezeptor interagiert mit diesen Liganden, indem er sowohl mit dem MHC-Molekül als auch mit dem antigenen Peptid in Kontakt tritt.

### 4.3.3 Es gibt zwei Klassen von MHC-Molekülen mit unterschiedlichem Aufbau der Untereinheiten, aber ähnlichen dreidimensionalen Strukturen

Es gibt zwei Klassen von MHC-Molekülen – **MHC-Klasse I** und **MHC-Klasse II** –, die in ihrer Struktur und dem Expressionsmuster in Geweben des Körpers unterschiedlich sind. Trotz der strukturellen Unterschiede innerhalb der Untereinheiten ähneln sich MHC-Klasse-I- und MHC-Klasse-II-Moleküle jedoch stark in ihrer Gesamtstruktur (▶ Abb. 4.17 und ▶ 4.18). In beiden Klassen ähneln die beiden gepaarten Proteindomänen, die der Membran am nächsten liegen, Immunglobulindomänen. Die beiden entfernt von der Membran lokalisierten Domänen falten sich und bilden zusammen einen langen Spalt oder eine Furche, worin dann ein Peptid gebunden wird. Einzelheiten der Struktur von MHC-Molekülen und der Art, wie sie Peptide binden, ergaben sich aus der strukturellen Charakterisierung von gereinigten Peptid:MHC-Klasse-I- und Peptid:MHC-Klasse-II-Komplexen.

Der Aufbau von MHC-Klasse-I-Molekülen ist in ▶ Abb. 4.17 dargestellt. Die Moleküle dieser Klasse bestehen aus zwei Polypeptidketten, einer größeren $\alpha$-Kette, die im MHC-Locus codiert ist (beim Menschen auf Chromosom 6), und einer kleineren, nichtkovalent angelagerten Kette, dem **$\beta_2$-Mikroglobulin**, die auf einem anderen Chromosom codiert ist (beim Menschen auf Chromosom 15). Nur die Klasse-I-$\alpha$-Kette durchspannt die Membran. Das vollständige MHC-Klasse-I-Molekül besitzt vier Domänen. Drei werden von der MHC-codierten $\alpha$-Kette gebildet, eine steuert das $\beta_2$-Mikroglobulin bei. Die $\alpha_3$-Domäne und das $\beta_2$-Mikroglobulin haben eine gefaltete Struktur, die einer Immunglobulindomäne stark ähnelt. Die gefalteten Domänen $\alpha_1$ und $\alpha_2$ bilden die Wände eines Spaltes auf der Oberfläche des Moleküls: Dieser stellt den **peptidbindenden Spalt** dar. MHC-Moleküle sind hoch polymorph und die wesentlichen Unterschiede liegen an der antigenbindenden Stelle, womit die Peptide, die sie binden können, bestimmt und die Spezifität der Antigenerkennung von T-Zellen beeinflusst werden. Im Gegensatz dazu ist das $\beta$-Mikroglobulin, das nicht direkt zur Bindung von Peptiden beiträgt, nicht polymorph.

Ein MHC-Klasse-II-Molekül besteht aus einem nichtkovalenten Komplex der zwei Ketten $\alpha$ und $\beta$, die beide die Membran durchspannen (▶ Abb. 4.18). Die MHC-Klasse-II-$\alpha$-Kette ist ein anderes Protein als die MHC-Klasse-I-$\alpha$-Kette. Die MHC-Klasse-II-$\alpha$- und -$\beta$-Ketten sind jeweils im MHC-Locus codiert. Die Kristallstruktur des MHC-Klasse-II-Moleküls zeigt, dass seine gefaltete Struktur derjenigen des MHC-Klasse-I-Moleküls sehr ähnlich ist. In MHC-Klasse-II-Molekülen wird der peptidbindende Spalt jedoch von zwei Domänen verschiedener Ketten gebildet, der $\alpha_1$- und der $\beta_1$-Domäne. Der wesentliche Unterschied besteht darin, dass die Enden des Spaltes bei MHC-Klasse-II-Molekülen weiter geöffnet sind. Dies hat vor allem zur Folge, dass die Enden eines Peptids, das an ein MHC-Klasse-I-Molekül gebunden ist, größtenteils im Inneren des Moleküls verborgen sind, wohingegen die Enden von Peptiden, die an MHC-Klasse-II-Moleküle gebunden sind, zugänglich sind. Sowohl in MHC-Klasse-I- als auch in MHC-Klasse-II-Molekülen liegen die gebundenen Peptide zwischen den jeweiligen $\alpha$-helikalen Bereichen (▶ Abb. 4.19). Der T-Zell-Rezeptor interagiert mit diesem Ligandenkomplex und geht Kontakte sowohl mit dem MHC-Molekül als auch mit dem Peptidantigen ein. Wie bei den MHC-Klasse-I-Molekülen liegen die hoch polymorphen Stellen bei MHC-Klasse-II-Molekülen im peptidbindenden Spalt.

### 4.3.4 Peptide werden fest an MHC-Moleküle gebunden und dienen auch der Stabilisierung des MHC-Moleküls auf der Zelloberfläche

Ein Lebewesen kann von vielen verschiedenen Pathogenen infiziert werden, deren Proteine nicht notwendigerweise gemeinsame Peptidsequenzen aufweisen. Da T-Zellen ein äußerst breites Spektrum möglicher Infektionen erkennen können, sollten die MHC-Moleküle (der Klassen I und II) eines Individuums in der Lage sein, fest an viele unterschiedliche Peptide zu binden. Dieses Verhalten unterscheidet sich deutlich von dem anderer peptidbindender Rezeptoren wie denjenigen für Peptidhormone, die üblicherweise nur ein einziges Peptid ganz spezifisch binden. Die Kristallstrukturen von Pep-

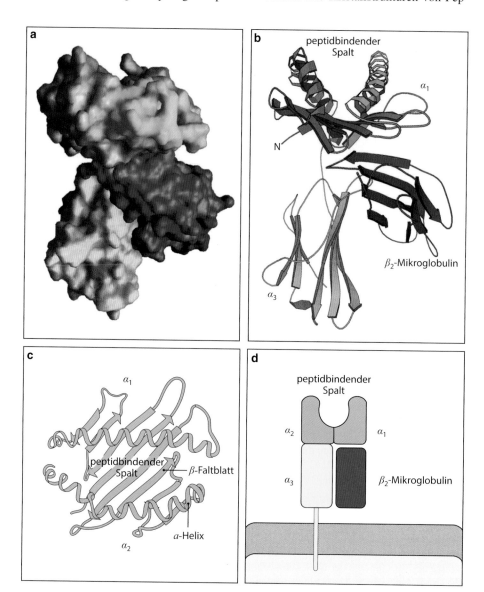

**Abb. 4.17 Die Struktur eines MHC-Klasse-I-Moleküls, bestimmt durch Röntgenkristallographie. a** Computergrafische Darstellung des menschlichen MHC-Klasse-I-Moleküls HLA-A2, das durch das Enzym Papain von der Zelloberfläche abgespalten wurde. Man sieht die Oberfläche des Moleküls, die Domänen sind in allen Abbildungen farbig gleich markiert. **b, c** Bändermodelle dieser Struktur. Wie **d** schematisch zeigt, ist das MHC-Klasse-I-Molekül ein Heterodimer einer $\alpha$-Kette (43 kDa), die sich durch die Membran erstreckt und nichtkovalent mit dem $\beta_2$-Mikroglobulin (12 kDa) assoziiert ist. Dieses Molekül durchspannt die Membran nicht. Die $\alpha$-Kette faltet sich in die drei Domänen $\alpha_1$, $\alpha_2$ und $\alpha_3$. Die $\alpha_3$-Domäne und das $\beta_2$-Mikroglobulin weisen in ihrer Aminosäuresequenz Ähnlichkeiten mit konstanten Domänen von Immunglobulinen auf und haben eine ähnliche gefaltete Struktur. Die $\alpha_1$- und die $\alpha_2$-Domäne falten sich dagegen zusammen zu einer Struktur aus zwei getrennten $\alpha$-Helices, die auf einem Faltblatt aus acht antiparallelen $\beta$-Strängen liegen. Die Faltung der $\alpha_1$- und der $\alpha_2$-Domäne erzeugt einen langen Spalt oder eine Furche. Dort binden Peptidantigene an die MHC-Moleküle. Bei den Klasse-I-Molekülen ist diese Furche nur zu einer Seite hin offen. Die Transmembranregion und das kurze Peptidstück, das die externen Domänen mit der Zelloberfläche verbindet, sind in **a** und **b** nicht zu sehen, da sie durch die Spaltung mit Papain entfernt wurden. **c** zeigt einen Blick von oben auf das Molekül. Wie man sieht, werden die Seiten des Spaltes von den Innenseiten der beiden $\alpha$-Helices gebildet, während das flache $\beta$-Faltblatt aus den gepaarten Domänen $\alpha_1$ und $\alpha_2$ den Boden des Spaltes bildet

Teil II

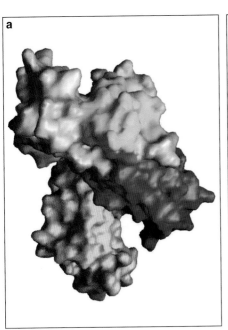

a

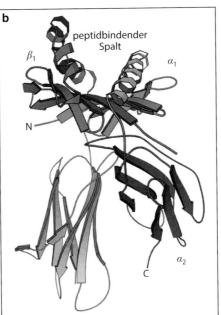

b

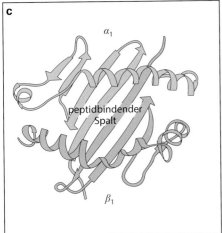

c

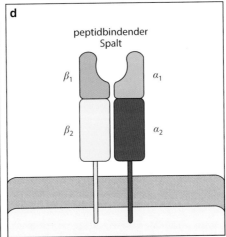

d

**Abb. 4.18 MHC-Klasse-II-Moleküle ähneln in ihrer Struktur MHC-Klasse-I-Molekülen.** Das MHC-Klasse-II-Molekül besteht, wie schematisch in **d** dargestellt, aus den zwei Transmembranglykoproteinketten $\alpha$ (34 kDa) und $\beta$ (29 kDa). Jede Kette hat zwei Domänen. Beide Ketten bilden zusammen eine kompakte Struktur aus vier Domänen, die der des Klasse-I-Moleküls ähnelt (▶ Abb. 4.17). **a** zeigt eine Computergrafik der Oberfläche des MHC-Klasse-II-Moleküls (in diesem Fall das humane Protein HLA-DR1) und **b** das entsprechende Bändermodell. Die $\alpha_2$- und die $\beta_2$-Domäne haben, wie die Domänen $\alpha_3$ und $\beta_2$-Mikroglobulin des MHC-Klasse-I-Moleküls, ähnliche Aminosäuresequenzen und Strukturen wie die konstanten Domänen von Immunglobulinen. Im MHC-Klasse-II-Molekül gehören die beiden Domänen, die den peptidbindenden Spalt bilden, zu verschiedenen Ketten und sind daher nicht durch eine kovalente Bindung verknüpft (**c, d**). Ein weiterer wichtiger Unterschied, der aber nicht aus der Abbildung hervorgeht, besteht darin, dass der peptidbindende Spalt bei MHC-Klasse-II-Molekülen an beiden Enden offen ist. N, Aminoterminus; C, Carboxyterminus

tid:MHC-Komplexen zeigten, wie eine einzelne Bindungsstelle ein Peptid mit hoher Affinität binden kann, während gleichzeitig die Fähigkeit erhalten bleibt, eine Reihe vieler verschiedener Proteine zu binden.

Ein wichtiges Merkmal der Bindung von Peptiden an MHC-Moleküle besteht darin, dass MHC-Moleküle die Peptide als integralen Bestandteil ihrer Struktur binden; ohne Peptid sind sie instabil. Diese Abhängigkeit von der Bindung eines Peptids findet sich sowohl bei

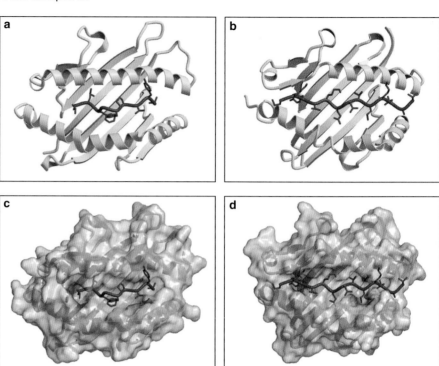

**Abb. 4.19 MHC-Moleküle binden Peptide fest innerhalb des Spaltes.** Wenn man MHC-Moleküle mit einem einzigen synthetischen Peptidantigen kristallisiert, kann man Einzelheiten der Peptidbindung erkennen. MHC-Klasse-I-Moleküle (**a** und **c**) binden das Peptid in einer ausgestreckten Konformation, wobei seine beiden Enden an dem jeweiligen Ende des Spaltes fest gebunden sind. MHC-Klasse-II-Moleküle (**b** und **d**) binden das Peptid ebenfalls in ausgestreckter Konformation. Die Enden des Peptids sind jedoch nicht fest gebunden und das Peptid ragt über den Spalt hinaus. T-Zellen erkennen die Oberseite des Peptid:MHC-Komplexes, die sich aus Aminosäureresten des MHC-Moleküls und des Peptids zusammensetzt. Die Aminosäureseitenketten des Peptids ragen in Taschen hinein, die sich im peptidbindenden Spalt des MHC-Moleküls befinden. Diese Taschen wiederum sind mit Aminosäureresten ausgekleidet, die innerhalb des MHC polymorph sind. **c** und **d** zeigen die Oberflächen der einzelnen Taschen für die verschiedenen Aminosäuren in unterschiedlichen Farben. (Strukturen mit freundlicher Genehmigung von R. L. Stanfield und I. A. Wilson)

MHC-Klasse-I- als auch bei MHC-Klasse-II-Molekülen. Diese feste Bindung ist wichtig, da es sonst an der Zelloberfläche zum Austausch von Peptiden kommen würde und die Peptid:MHC-Komplexe somit keine verlässlichen Indikatoren für eine Infektion oder die Aufnahme eines spezifischen Antigens wären. Die Stabilität führt dazu, dass die gebundenen Peptide bei der Isolierung der MHC-Moleküle aus Zellen mit aufgereinigt und so analysiert werden können. Dabei eluiert man die Peptide aus den MHC-Molekülen durch Denaturierung des Komplexes mit Säure, reinigt sie auf und sequenziert sie. Es ist auch möglich, reine synthetische Formen dieser Peptide in leere MHC-Moleküle einzubauen und die Struktur des Komplexes zu bestimmen. So lassen sich Einzelheiten der Kontakte zwischen dem MHC-Molekül und dem Peptid ermitteln. Durch solche Untersuchungen erhielt man ein genaues Bild von den Wechselwirkungen bei der Bindung. Wir werden zunächst die peptidbindenden Eigenschaften von MHC-Klasse-I-Molekülen besprechen.

### 4.3.5 MHC-Klasse-I-Moleküle binden die beiden Enden von kurzen, acht bis zehn Aminosäuren langen Peptiden

Die Bindung eines Peptids in der peptidbindenden Spalte eines MHC-Klasse-I-Moleküls wird an beiden Enden durch Kontakte zwischen Atomen in den freien Amino- und Carboxylenden des Peptids und den unveränderlichen Bereichen stabilisiert, die sich an jedem

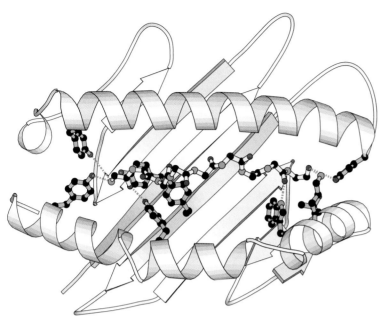

**Abb. 4.20 Peptide sind über ihre Enden an MHC-Klasse-I-Moleküle gebunden.** MHC-Klasse-I-Moleküle interagieren mit dem Rückgrat eines gebundenen Peptids (gelb) durch eine Reihe von Wasserstoffbrücken und ionische Wechselwirkungen (*punktierte blaue Linien*) an jedem Ende des Peptids. Der Aminoterminus des Peptids zeigt nach links, der Carboxyterminus nach rechts. Die *schwarzen Kreise* sind Kohlenstoffatome, während die *roten* Sauerstoff und die *blauen* Stickstoff darstellen. Die Aminosäuren, die diese Bindungen im MHC-Molekül eingehen, sind in allen MHC-Klasse-I-Molekülen gleich und ihre Seitenketten sind im Bändermodell der MHC-Klasse-I-Furche grau eingezeichnet. Eine Gruppe von Tyrosinresten, die alle MHC-Klasse-I-Moleküle besitzen, bildet die Wasserstoffbrücken zum Aminoterminus des gebundenen Peptids. Eine zweite Gruppe von Resten bildet Wasserstoffbrücken und ionische Wechselwirkungen mit dem Peptidrückgrat am Carboxylende und mit dem Carboxyterminus selbst

Ende der Spalte aller MHC-Klasse-I-Moleküle befinden (▶ Abb. 4.20). Man nimmt an, dass diese Kontakte die wesentlichen stabilisierenden Bindungen für die Peptid:MHC-Klasse-I-Komplexe darstellen, da synthetische Peptidanaloga ohne endständige Amino- und Carboxylgruppen MHC-Klasse-I-Moleküle nicht stabil binden können. Andere Reste im Peptid dienen als zusätzliche Verankerungen. Peptide, die an MHC-Klasse-I-Moleküle binden, sind gewöhnlich acht bis zehn Aminosäuren lang. Man nimmt an, dass längere Peptide zwar ebenfalls Bindungen eingehen können, insbesondere an ihren Carboxylenden, dann jedoch von Exopeptidasen des endoplasmatischen Reticulums, wo die Bindung stattfindet, auf acht bis zehn Aminosäuren verkürzt werden. Das Peptid liegt längs der Furche in ausgestreckter Konformation; Unterschiedliche Peptidlängen lassen sich anscheinend in den meisten Fällen durch Knicken des Peptidrückgrats anpassen. In einigen Fällen werden jedoch Längenunterschiede auch dadurch ausgeglichen, dass das Peptid an seinem Carboxylende über die Furche im MHC-Klasse-I-Molekül herausragt.

Diese Wechselwirkungen verleihen den MHC-Klasse-I-Molekülen ihre breite Peptidbindungsspezifität. Außerdem sind MHC-Moleküle äußerst polymorph. Wie bereits erwähnt, gilt dies auch für die entsprechenden Gene. Es gibt Hunderte von verschiedenen Versionen oder **Allelen** der MHC-Klasse-I-Gene in der menschlichen Population und jedes Individuum trägt nur eine kleine Auswahl davon. Die Hauptunterschiede zwischen den allelischen MHC-Varianten finden sich an bestimmten Stellen im peptidbindenden Spalt, wodurch unterschiedliche Aminosäuren an den Schlüsselpositionen für die Peptidwechselwirkung lokalisiert sind. Dadurch binden unterschiedliche MHC-Varianten bevorzugt unterschiedliche Peptide. Die Peptide, die an eine bestimmte MHC-Variante binden können, haben an zwei oder drei definierten Positionen innerhalb der Peptidsequenz dieselben oder sehr ähnliche Aminosäurereste. Die Aminosäureseitenketten an diesen Stellen ragen in Taschen des MHC-Moleküls, die mit den polymorphen Aminosäureresten ausgekleidet sind. Da die

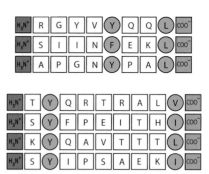

**Abb. 4.21 Peptide binden über strukturell verwandte Verankerungsreste an MHC-Moleküle.** *Oben* und *unten* sind Peptide dargestellt, die aus zwei unterschiedlichen MHC-Klasse-I-Molekülen herausgelöst wurden. Die Verankerungsreste (*grün*) unterscheiden sich bei Peptiden, die unterschiedliche Allele von MHC-Molekülen binden, sie ähneln sich dagegen bei allen Peptiden, die an dasselbe MHC-Molekül binden. Die Verankerungsreste, die ein bestimmtes MHC-Molekül binden, müssen nicht identisch sein. Sie sind aber immer verwandt (so sind sowohl Phenylalanin (F) als auch Tyrosin (Y) aromatische Aminosäuren, während Valin (V), Leucin (L) und Isoleucin (I) große hydrophobe Aminosäuren sind). Peptide binden auch mit ihren Amino- (*blau*) und Carboxylenden (*rot*) an MHC-Klasse-I-Moleküle

Bindung dieser Seitenketten das Peptid am MHC-Molekül verankert, spricht man bei den entsprechenden Aminosäuren von **Verankerungsresten** (▶ Abb. 4.21). Diese können sich, je nach MHC-Klasse-I-Variante, die das Peptid bindet, sowohl in der Position als auch in der Aminosäure an sich unterscheiden. Die meisten Peptide, die an MHC-Klasse-I-Moleküle binden, haben jedoch einen hydrophoben (oder manchmal basischen) Verankerungsrest am Carboxylende, der auch dazu dient, das Peptid in der Furche zu verankern. Der Austausch eines Verankerungsrestes kann die Bindung des Peptids verhindern. Umgekehrt binden nicht alle synthetischen Peptide mit passender Länge und den richtigen Verankerungsresten an das entsprechende MHC-Klasse-I-Molekül. Die Bindungsfähigkeit muss also auch von anderen Aminosäuren an anderen Positionen im Peptid abhängen. In manchen Fällen besetzen bestimmte Aminosäuren bevorzugte Positionen, manchmal verhindern bestimmte Aminosäuren die Bindung. Man bezeichnet diese zusätzlichen Positionen als sekundäre Verankerungsreste. Diese Eigenschaften der Bindung von Peptiden führen dazu, dass ein einzelnes MHC-Klasse-I-Molekül ein breites Spektrum verschiedener Peptide binden kann. Darüber hinaus können unterschiedliche allelische MHC-Klasse-I-Varianten verschiedene Peptidgruppen binden. In Kap. 15 werden wir erfahren, dass sich die MHC-Polymorphismen auch auf die Bindung von Peptiden auswirken können, die von körpereigenen Proteinen stammen, was wiederum die individuelle Anfälligkeit für verschiedene Autoimmunkrankheiten beeinflusst.

### 4.3.6 Die Länge der Peptide, die von MHC-Klasse-II-Molekülen gebunden werden, ist nicht beschränkt

Wie MHC-Klasse-I-Moleküle sind auch MHC-Klasse-II-Moleküle instabil, wenn sie kein Peptid gebunden haben. Die Bindung von Peptiden an MHC-Klasse-II-Moleküle hat man ebenfalls durch Elution von gebundenen Peptiden und Röntgenstrukturanalysen untersucht. Sie unterscheidet sich von der Bindung der Peptide an MHC-Klasse-I-Moleküle in mehrfacher Hinsicht. Natürliche Peptide, die an MHC-Klasse-II-Moleküle binden, sind mindestens 13 Aminosäuren lang oder sogar wesentlich länger. Die Gruppen von konservierten Aminosäuren, die bei MHC-Klasse-I-Molekülen an die Peptidenden binden, kommen bei MHC-Klasse-II-Molekülen nicht vor; die Peptidenden werden nicht gebunden. Das Peptid liegt stattdessen in ausgestreckter Konformation in dem peptidbindenden Spalt des MHC-Klasse-II-Moleküls. Dort wird es von Peptidseitenketten festgehalten, die in flache und tiefe Taschen hineinragen, die wiederum mit polymorphen Aminosäureresten ausgekleidet sind. Außerdem interagiert das Peptidrückgrat mit Seitenketten konservierter Aminosäure-

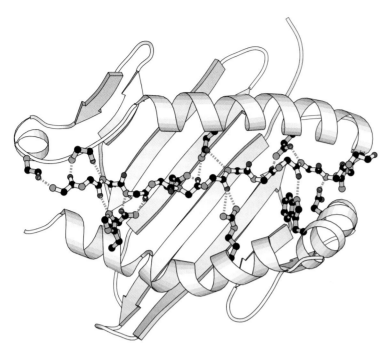

**Abb. 4.22 Peptide binden durch Wechselwirkungen entlang des bindenden Spalts an MHC-Klasse-II-Moleküle.** Ein Peptid (*gelb*; nur als Peptidrückgrat dargestellt; Aminoterminus *links*, Carboxyterminus *rechts*) ist über eine Reihe von Wasserstoffbrücken (*punktierte blaue Linien*), die entlang des Peptids verteilt liegen, an ein MHC-Klasse-II-Molekül gebunden. Die Wasserstoffbrücken mit dem Aminoterminus des Peptids bilden sich mit dem Rückgrat der MHC-Klasse-II-Polypeptidkette; über die ganze Länge des Peptids entstehen dagegen Bindungen mit Aminosäureresten, die in allen MHC-Klasse-II-Molekülen hoch konserviert sind. Die Seitenketten dieser Reste sind in dem Bändermodell der MHC-Klasse-II-Furche *grau* dargestellt

reste, die alle MHC-Klasse-II-Bindungsfurchen auskleiden (▶ Abb. 4.22). Strukturdaten zeigen, dass die Seitenketten der Aminosäuren 1, 4, 6 und 9 eines MHC-Klasse-II-gebundenen Peptids in diesen Bindungstaschen festgehalten werden können.

Diese Taschen können ein größeres Spektrum an verschiedenen Aminosäureseitenketten aufnehmen als beim MHC-Klasse-I-Molekül, sodass es schwieriger ist, Verankerungsreste zu bestimmen und vorherzusagen, welche Peptide an bestimmte Varianten der MHC-Klasse-II-Moleküle binden können (▶ Abb. 4.23). Dennoch findet man im Allgemeinen durch Sequenzvergleich bekannter bindender Peptide Bindungsmuster von „zulässigen" Aminosäuren für verschiedene Allele von MHC-Klasse-II-Molekülen und kann nachvollziehen, wie die Aminosäuren dieses Peptidsequenzmotivs mit denen interagieren, die den peptidbindenden Spalt bilden. Weil das Peptidrückgrat gebunden wird und das Peptid an beiden Seiten des bindenden Spalts herausragen kann, gibt es im Prinzip keine Längenbegrenzung für die Peptide, die an MHC-Klasse-II-Moleküle binden. Ein Beispiel dafür ist das Protein, das als **invariante Kette** bezeichnet wird und von dem schon während der Synthese der MHC-Klasse-II-Moleküle im endoplasmatischen Reticulum ein Abschnitt quer zum peptidbindenden Spalt des entstehenden MHC-Moleküls liegt. In Kap. 6 werden wir uns mit der Funktion der invarianten Kette bei der Beladung von MHC-Klasse-II-Molekülen beschäftigen. Meistens werden längere Peptide nach ihrer Bindung an MHC-Klasse-II-Moleküle von Peptidasen auf eine Länge von 13–17 Aminosäuren verkürzt.

Teil II

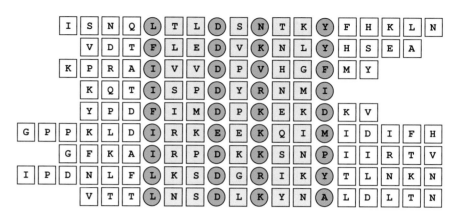

**Abb. 4.23 Peptide, die an MHC-Klasse-II-Moleküle binden, sind unterschiedlich lang und ihre Verankerungsreste sind von den Enden des Peptids unterschiedlich weit entfernt.** Im *oberen* Teil sind die Sequenzen einer Gruppe von Peptiden dargestellt, die an das MHC-Klasse-II-A$^k$-Molekül der Maus binden. Sie enthalten alle dieselbe Kernsequenz (*grau schattiert*), unterscheiden sich jedoch in der Länge. Im *unteren* Teil sind verschiedene Peptide gezeigt, die an das MHC-Klasse-II-Molekül HLA-DR3 des Menschen binden. Die Verankerungsreste sind als *grüne Kreise* dargestellt. Die Länge dieser Peptide kann variieren; darum erhält der erste Verankerungsrest laut Konvention die Bezeichnung 1. Allen Peptiden ist ein hydrophober Rest an Position 1 und ein negativ geladener Rest – Asparaginsäure (D) oder Glutaminsäure (E) – an Position 4 gemeinsam. Außerdem haben sie oft sie einen basischen Rest – Lysin (K), Arginin (R), Histidin (H), Glutamin (Q) – an Position 6 und einen hydrophoben Rest – Tyrosin (Y), Leucin (L), Phenylalanin (F) – an Position 9

### 4.3.7 Die Kristallstrukturen mehrerer Peptid:MHC:T-Zell-Rezeptor-Komplexe zeigen eine ähnliche Orientierung des T-Zell-Rezeptors in Bezug auf den Peptid:MHC-Komplex

Zusammen mit der ersten röntgenkristallographisch ermittelten Struktur eines T-Zell-Rezeptors wurde auch die Struktur desselben T-Zell-Rezeptors, gebunden an einen Peptid:MHC-Klasse-I-Liganden, veröffentlicht. Diese Struktur zeigte, dass der T-Zell-Rezeptor diagonal über dem Peptid und dem peptidbindenden Spalt liegt (► Abb. 4.24). Die TCR-$\alpha$-Kette liegt über der $\alpha_2$-Domäne und dem Aminoterminus des gebundenen Peptids, die $\beta$-Kette des T-Zell-Rezeptors über der $\alpha_1$-Domäne und dem Carboxylende des Peptids (Seitenansicht in ► Abb. 4.24a). Die TCR-$\beta$-Kette befindet sich über der $\alpha_1$-Domäne des MHC-Moleküls und näher am Caboxyterminus des Peptids. ► Abb. 4.24b zeigt diese Struktur so, als würde man durch einen transparenten T-Zell-Rezeptor hindurchblicken, sodass erkennbar ist, wo der Kontakt mit dem MHC-Molekül erfolgt. Die CDR3-Schleifen der T-Zell-Rezeptor-$\alpha$- und -$\beta$-Kette treffen sich über den zentralen Aminosäuren des Peptids. Der T-Zell-Rezeptor schlängelt sich durch eine Vertiefung zwischen den beiden Erhebungen auf den beiden umgebenden $\alpha$-Helices, die die Wände des peptidbindenden Spalts bilden. Das ist in ► Abb. 4.25 zu erkennen, wo man vom Ende des Spalts auf den Peptid:MHC-Klasse-II:T-Zell-Rezeptor-Komplex blickt. Ein Vergleich verschiedener Peptid:MHC:T-Zell-Rezeptor-Komplexe zeigt, dass die Achse des TCR bei der Bindung an die Oberfläche des MHC-Moleküls relativ zum peptidbindenden Spalt des MHC-Moleküls etwas gedreht ist (► Abb. 4.24b). In dieser Orientierung tritt die V$_\alpha$-Domäne vor allem mit der aminoterminalen Hälfte des gebundenen Peptids in Kontakt, die V$_\beta$-Domäne hingegen vor allem mit dessen carboxyterminaler Hälfte. Beide Ketten interagieren auch mit den $\alpha$-Helices des MHC-Klasse-I-Moleküls (► Abb. 4.24). Die Kontakte des T-Zell-Rezeptors sind nicht sym-

**Abb. 4.24 Der T-Zell-Rezeptor bindet an den Peptid:MHC-Komplex. a** Der T-Zell-Rezeptor bindet an die Oberseite des Peptid:MHC-Klasse-I-Komplexes und berührt dabei die Helices der $\alpha_1$- und $\alpha_2$-Domäne. Die CDR des T-Zell-Rezeptors sind farbig dargestellt: die CDR1- und CDR2-Schleife der $\beta$-Kette *hellblau* beziehungsweise *dunkelblau*; die CDR1- und CDR2-Schleife der $\alpha$-Kette *hell-* beziehungsweise *dunkelviolett*. Die CDR3-Schleife der $\alpha$-Kette ist gelb, die der $\beta$-Kette *grün* dargestellt. Die HV4-Schleife der $\beta$-Kette ist *orange* gezeigt, die *dicke gelbe Linie* von P1 bis P8 stellt das gebundene Peptid dar. **b** Der Umriss der Bindungsstelle des T-Zell-Rezeptors (*dicke schwarze Linie*) ist über die Oberseite des Peptid:MHC-Komplexes gelegt (das Peptid ist *hellgelb* hinterlegt). Der T-Zell-Rezeptor liegt etwa diagonal über dem Peptid:MHC-Komplex, wobei die CDR3-Schleifen der $\alpha$- und $\beta$-Ketten des T-Zell-Rezeptors ($3\alpha$ – *gelb*, $3\beta$ – *grün*) mit dem Zentrum des Peptids in Kontakt stehen. Die CDR1- und CDR2-Schleife der $\alpha$-Kette ($1\alpha$ – *hell-*, $2\alpha$ – *dunkelviolett*) kontaktieren die MHC-Helices am Aminoende des gebundenen Peptids, während die CDR1- und CDR2-Schleife der $\beta$-Kette ($1\beta$ – *hell-*, $2\beta$ – *dunkelblau*) Kontakte mit den Helices am Carboxylende des gebundenen Peptids eingehen. (Modellstruktur nachgedruckt mit Genehmigung der AAS: Garcia, K.C., et al.: An $\alpha\beta$ T cell receptor structure at 2.5 Å and its orientation in the TCR-MHC complex. *Science* 1996, 274:209–219)

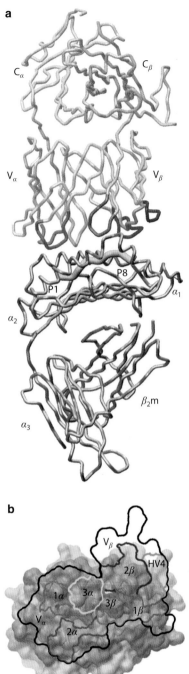

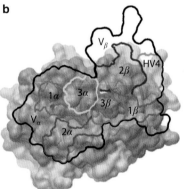

metrisch über das MHC-Molekül verteilt. Die CDR1- und CDR2-Schleife von $V_\alpha$ stehen dagegen in engem Kontakt mit den Helices des Peptid:MHC-Komplexes am Aminoterminus des gebundenen Peptids. Die CDR1- und CDR2-Schleife der $V_\beta$-Region, die mit dem Komplex am Carboxylende des gebundenen Peptids in Wechselwirkung treten, tragen jedoch unterschiedlich zur Bindung bei.

Ein Vergleich der dreidimensionalen Struktur des T-Zell-Rezeptors mit der desselben T-Zell-Rezeptors im Komplex mit seinem Peptid:MHC-Liganden zeigt, dass der T-Zell-Rezeptor die Konformation seiner dreidimensionalen Struktur etwas ändert (induzierte Anpassung, *induced fit*), wenn er seinen spezifischen Liganden bindet, und zwar insbeson-

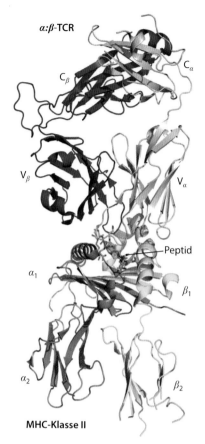

α:β-TCR

C_β

C_α

V_β

V_α

Peptid

α_1

β_1

α_2

β_2

MHC-Klasse II

**Abb. 4.25 Der T-Zell-Rezeptor interagiert mit MHC-Klasse-I- und MHC-Klasse-II-Molekülen auf ähnliche Weise.** Dargestellt ist die Struktur eines T-Zell-Rezeptors, der für ein Peptid aus Cytochrom *c* von Hühnern spezifisch ist und an ein MHC-Klasse-II-Molekül gebunden hat. Diese Bindung des T-Zell-Rezeptors erfolgt an einer äquivalenten Stelle und in äquivalenter Orientierung wie bei dem MHC-Klasse-I-Molekül in ▶ Abb. 4.24. Die α- und β-Kette des T-Zell-Rezeptors ist *hell-* beziehungsweise *dunkelblau*, das Cytochrom-*c*-Peptid *orange* dargestellt. Der T-Zell-Rezeptor sitzt in einer Art flachem Sattel, den die α-helikalen Regionen der α- und β-Kette (*braun* beziehungsweise *gelb*) des MHC-Klasse-II-Moleküls in einem Winkel von ungefähr 90° zur Längsachse des MHC-Klasse-II-Moleküls und zum gebundenen Peptid bilden. (Mit freundlicher Genehmigung von E.-L. Reinherz und J.-H. Wang)

dere innerhalb der V_α-CDR3-Schleife. Geringfügige Unterschiede bei den Aminosäuren, die mit dem T-Zell-Rezeptor in Kontakt treten, können jedoch deutlich verschiedene Wirkungen haben, wenn dieselbe T-Zelle eines der beiden Peptide im Komplex mit dem MHC erkennt. Diese beiden Strukturen verdeutlichen die Flexibilität der CDR3-Schleife und helfen zu verstehen, wie der T-Zell-Rezeptor Konformationen annehmen und so verwandte, aber unterschiedliche Peptidliganden erkennen kann.

Die Spezifität der T-Zell-Erkennung umfasst sowohl das Peptid als auch sein präsentierendes MHC-Molekül. Kinetische Analysen der Bindung von T-Zell-Rezeptoren an Peptid:MHC-Liganden lassen vermuten, dass die Interaktionen zwischen dem T-Zell-Rezeptor und dem MHC-Molekül zu Beginn des Kontakts dominieren, dass aber anschließende Wechselwirkungen mit dem Peptid und dem MHC-Molekül das letztendliche Ergebnis bestimmen – also Bindung oder Dissoziation. Wie bei den Interaktionen zwischen Antikörper und Antigen sind wahrscheinlich nur wenige Aminosäuren an der Grenzfläche für die wesentlichen Kontakte verantwortlich, die die Spezifität und die Stärke der Bindung beeinflussen. Selbst der Austausch eines Leucinrestes durch einen Isoleucinrest im Peptid reicht beispielsweise aus, die T-Zell-Antwort so stark zu verändern, dass anstelle eines schnellen Abtötens überhaupt keine Reaktion mehr erfolgt. Mutationen einzelner Reste in den präsentierenden MHC-Molekülen können die gleiche Wirkung haben. Diese doppelte Spezifität der Antigenerkennung durch T-Zellen ist die Grundlage für die MHC-Restriktion der T-Zell-Antworten; dieses Phänomen war lange vor den peptidbindenden Eigenschaften von MHC-Molekülen bekannt. Eine weitere Folge dieser doppelten Spezifität ist, dass T-Zell-Rezeptoren eine gewisse inhärente Spezifität besitzen müssen, um in der richtigen Weise mit der antigenpräsentierenden Oberfläche der MHC-Moleküle interagieren zu können. In Kap. 6 werden wir uns diesem Thema wieder zuwenden, wenn wir die Entdeckung der MHC-Restriktion im Zusammenhang mit der Antigenerkennung durch T-Zellen und den MHC-Polymorphismen besprechen. Und in Kap. 8 behandeln wir die Auswirkungen dieser Phänomene auf die Entwicklung der T-Zellen im Thymus.

## 4.3.8 Für eine effektive Immunantwort auf Antigene sind die T-Zell-Oberflächenproteine CD4 und CD8 notwendig, die mit MHC-Molekülen in direkten Kontakt treten

In Abschn. 1.4.3 haben wir die zwei Hauptgruppen der T-Zellen eingeführt, die sich durch die Zelloberflächenproteine **CD4** und **CD8** unterscheiden. CD8-Proteine werden von cytotoxischen T-Zellen exprimiert, CD4 hingegen von T-Zellen, deren Funktion darin besteht, andere Zellen zu aktivieren. CD4 und CD8 kannte man bereits als Marker für diese funktionellen Gruppen von T-Zellen, als man entdeckte, dass sie auch eine wichtige Rolle bei der Erkennung von MHC-Molekülen spielen. Heute wissen wir, dass CD8 an MHC-Klasse-I-Moleküle bindet, während CD4 MHC-Klasse-II-Moleküle erkennt. Bei der Antigenerkennung assoziiert je nach T-Zell-Typ das CD4- oder das CD8-Molekül auf der T-Zell-Oberfläche mit dem T-Zell-Rezeptor und bindet an unveränderliche Stellen auf dem MHC-Teil des Peptid:MHC-Komplexes, die entfernt von der Peptidbindungsstelle liegen. Diese Bindung ist für eine effiziente Reaktion der T-Zelle notwendig. Aus diesem Grund bezeichnet man CD4 und CD8 als **Corezeptoren**.

CD4 ist ein einzelkettiges Molekül aus vier immunglobulinähnlichen Domänen (▶ Abb. 4.26). Die ersten beiden Domänen ($D_1$ und $D_2$) des CD4-Moleküls sind fest zu einem starren Stab mit einer Länge von ungefähr 6 nm verpackt. Dieser ist über ein flexibles Gelenk mit einem ähnlichen Stab aus der dritten und vierten Domäne ($D_3$ und $D_4$) verbunden. Die MHC-bindende Region liegt vor allem an der seitlichen Oberfläche der $D_1$-Domäne. CD4 bindet im Bereich einer hydrophoben Spalte der Verbindungsstelle der $α_2$- und $β_2$-Domäne des MHC-Klasse-II-Moleküls (▶ Abb. 4.27a). Diese Stelle ist recht weit von der Stelle entfernt, an die der T-Zell-Rezeptor bindet, wie in der vollständigen Kristallstruktur eines T-Zell-Rezeptors, der an einen Peptid:MHC-Klasse-II-Komplex gebunden ist, an das wiederum CD4 gebunden hat, zu erkennen ist (▶ Abb. 4.28). Diese Struktur zeigt,

Teil II

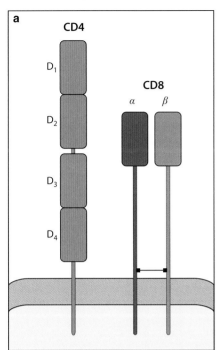
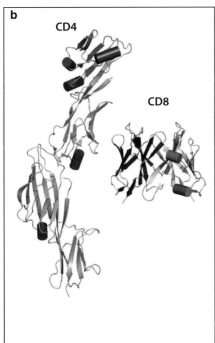

**Abb. 4.26 Die Struktur des CD4- und CD8-Corezeptor-Moleküls.** Das CD4-Molekül enthält vier immunglobulinähnliche Domänen. **a** zeigt eine schematische Darstellung, **b** ein Bändermodell der kristallisierten Struktur. Die aminoterminale Domäne $D_1$ besitzt eine ähnliche Struktur wie eine variable Immunglobulindomäne. Die zweite Domäne $D_2$ ist zwar deutlich verwandt mit den Immunglobulindomänen, unterscheidet sich jedoch von V- und C-Domänen und wird als C2-Domäne bezeichnet. Die ersten beiden Domänen des CD4-Moleküls bilden eine starre stabförmige Struktur, die mit den beiden carboxyterminalen Domänen flexibel verbunden ist. An der Bindungsstelle für MHC-Klasse-II-Moleküle ist vor allem die $D_1$-Domäne von CD4 beteiligt. Das CD8-Molekül ist ein Heterodimer aus einer α- und einer β-Kette, die kovalent über eine Disulfidbrücke verbunden sind; eine weitere Form von CD8 existiert als Homodimer von α-Ketten. Das Heterodimer ist in **a** dargestellt, während **b** ein Bändermodell des Homodimers zeigt. Die CD8α- und CD8β-Kette sind sehr ähnlich strukturiert. Jede besitzt eine einzelne Domäne, die einer variablen Immunglobulinregion ähnelt, und ein Stück Polypeptidkette, das, wie man annimmt, in einer relativ ausgestreckten Konformation vorliegt und die V-ähnliche Domäne in der Zellmembran verankert

dass das CD4-Molekül und der T-Zell-Rezeptor gleichzeitig mit demselben Peptid:MHC-Klasse-II-Komplex reagieren können. Durch CD4 erhöht sich die Empfindlichkeit einer T-Zelle für Antigene und sie ist mit CD4 etwa um den Faktor 100 empfindlicher als ohne CD4. Die Verstärkung kommt zustande, indem der intrazelluläre Anteil von CD4 an die cytoplasmatische Tyrosinkinase **Lck** binden kann. Wie wir in Kap. 7 besprechen werden, unterstützt die Assoziation von Lck mit dem T-Zell-Rezeptor die Aktivierung einer Signalkaskade, die von der Antigenerkennung ausgelöst wird.

CD8 ist dagegen ein Dimer aus zwei verschiedenen Ketten, α und β, die durch eine Disulfidbrücke miteinander verbunden sind und je eine immunglobulinähnliche Domäne enthalten, welche über ein langgestrecktes Polypeptidsegment mit der Membran verknüpft ist (▶ Abb. 4.26). Dieses Segment ist vielfach glykosyliert, wodurch nach derzeitiger Ansicht seine ausgestreckte Konformation stabilisiert wird und so vor dem Abbau durch Proteasen geschützt ist. CD8α-Ketten können Homodimere bilden; diese treten jedoch normalerweise nicht auf, wenn CD8β exprimiert wird. Naive T-Zellen exprimieren CD8αβ, aber das CD8αα-Homodimer kann von aktivierten T-Effektor- und T-Gedächtniszellen exprimiert werden. CD8αα wird auch von einer Lymphocytenpopulation in den Epithelien exprimiert, die man als **mucosaassoziierte invariante T-Zellen** (**MAIT-Zellen**) bezeichnet. Diese Zellen erkennen Stoffwechselprodukte der Folsäure, die von Bakterien produziert werden, wenn an sie das nichtklassische MHC-Klasse-I-Molekül **MR1** gebunden ist (Kap. 6).

Teil II

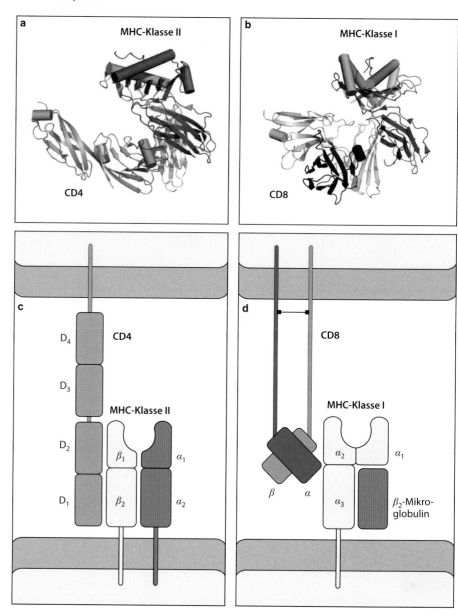

**Abb. 4.27 Die Bindungsstellen für CD4 und CD8 auf MHC-Klasse-II- und -Klasse-I-Molekülen liegen in den immunglobulinähnlichen Domänen.** Die Bindungsstellen für CD8 und CD4 auf MHC-Klasse-I- beziehungsweise -Klasse-II-Molekülen liegen in den immunglobulinähnlichen Domänen ganz nahe an der Membran und weit entfernt vom peptidbindenden Spalt. In **a** ist die Bindungsstelle von CD4 an das MHC-Klasse-II-Molekül in einem Bändermodell, in **c** schematisch dargestellt. Die $\alpha$-Kette des Klasse-II-Moleküls ist *violett*, die $\beta$-Kette *weiß*, CD4 *goldfarben*. **a** zeigt nur die $D_1$- und die $D_2$-Domäne von CD4. Die Bindungsstelle für CD4 liegt an der Basis der $\beta_2$-Domäne eines MHC-Klasse-II-Moleküls in der hydrophoben Vertiefung zwischen der $\beta_2$- und $\alpha_2$-Domäne. In **b** ist die Bindungsstelle für CD8 an das MHC-Klasse-I-Molekül im Modell, in **d** schematisch dargestellt. Die schwere Kette des MHC-Klasse-I-Moleküls ist *weiß*, $\beta_2$-Mikroglobulin *violett* und die beiden Ketten des CD8-Dimers sind *hellviolett* (CD8$\beta$) und *dunkelviolett* (CD8$\alpha$). Die Bindungsstelle von CD8 auf dem MHC-Klasse-I-Molekül liegt an einer ähnlichen Position wie diejenige von CD4 auf MHC-Klasse-II-Molekülen, aber sie umfasst auch die Basis der $\alpha_1$- und $\alpha_2$-Domäne. Daher entspricht die Bindung von CD8 an MHC-Klasse I nicht vollständig derjenigen von CD4 an MHC-Klasse II. Die Strukturen wurden aus PDB 3S4S (CD4/MHC-Klasse-II) und PDB 3DMM (CD8$\alpha\beta$/MHC-Klasse-I) abgeleitet. (Mit freundlicher Genehmigung von K. C. Garcia)

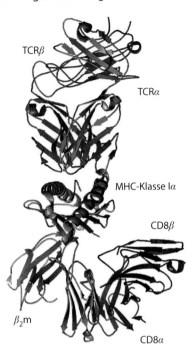

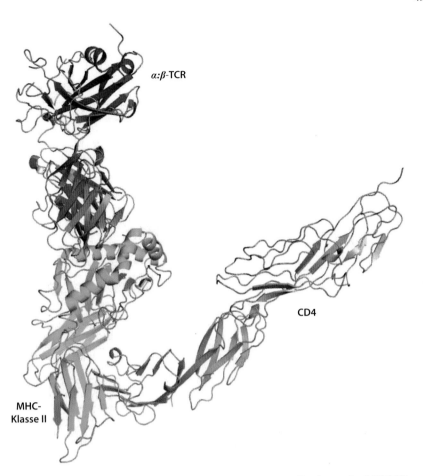

**Abb. 4.28 CD4 und der T-Zell-Rezeptor binden an verschiedene Regionen des MHC-Klasse-II-Moleküls.** Dargestellt ist ein Bändermodell, das aus der Kristallstruktur eines vollständigen ternären $\alpha$:$\beta$-TCR:Peptid:MHC:CD4-Komplexes abgeleitet wurde. Die $\alpha$-und die $\beta$-Kette des T-Zell-Rezeptors (TCR) sind *blau* beziehungsweise *rot*, das MHC-Klasse-II-Molekül *grün*, das gebundene Peptid *grau* und CD4 *orangefarben* dargestellt. Die Struktur wurde aus PDB 3TOE abgeleitet. (Mit freundlicher Genehmigung von K. C. Garcia)

**Abb. 4.29 CD8 bindet an eine Stelle im MHC-Klasse-I-Molekül, die von der Bindungsstelle des Rezeptors entfernt liegt.** In dieser hypothetischen Darstellung der Wechselwirkung des T-Zell-Rezeptors und des CD8-Moleküls mit dem MHC-Klasse-I-Molekül ($\alpha$-Kette in *dunkelgrün* und $\beta_2$-Mikroglobulin in *hellgrün*) sind die relativen Bindungspositionen der beteiligten Moleküle zu erkennen. Die $\alpha$- und die $\beta$-Kette des T-Zell-Rezeptors sind *braun* beziehungsweise *violett* dargestellt. Das CD8$\alpha\beta$-Heterodimer hat an die MHC-Klasse-I-$\alpha_3$-Domäne gebunden. Die CD8$\alpha$-Kette ist *blau*, die CD8$\beta$-Kette *rot* dargestellt. (Mit freundlicher Genehmigung von Chris Nelson und David Fremont)

CD8$\alpha\beta$ bindet schwach an eine unveränderliche Stelle in der $\alpha_3$-Domäne von MHC-Klasse-I-Molekülen (▶ Abb. 4.27b). Die CD8$\beta$-Kette interagiert mit Aminosäureresten an der Basis der $\alpha_2$-Domäne des MHC-Klasse-I-Moleküls, während die $\alpha$-Kette weiter unten mit der $\alpha_3$-Domäne des MHC-Klasse-I-Moleküls in Wechselwirkung tritt. Die Stärke der Bindung von CD8 an das MHC-Klasse-I-Molekül ist abhängig von der Glykosylierung von CD8; mit zunehmender Anzahl von Sialinsäureresten an den Kohlenhydratketten von CD8 verringert sich die Intensität der Interaktion. Das Sialylierungsmuster von CD8 ändert sich während der Reifung von T-Zellen und auch nach deren Aktivierung; es ist anzunehmen, dass es eine Rolle bei der Modulierung der Antigenerkennung spielt.

Wie bei den Wechselwirkungen der MH-Klasse-II-Moleküle können auch der T-Zell-Rezeptor und CD8 gleichzeitig mit einem MHC-Klasse-I-Molekül interagieren (▶ Abb. 4.29). Wie CD4 bindet auch CD8 über den cytoplasmatischen Schwanz der $\alpha$-Kette an die Lck-Kinase und CD8$\alpha\beta$ erhöht die Empfindlichkeit der T-Zellen für Antigene, die von MHC-Klasse-I-Molekülen präsentiert werden, um etwa das Hundertfache. Die molekularen Einzelheiten sind zwar noch unklar, aber anscheinend ist das CD8$\alpha\alpha$-Homodimer als Corezeptor weniger effizient als CD8$\alpha\beta$ und reguliert möglicherweise die Aktivierung auf negative Weise. Anders als CD8 dimerisiert CD4 wahrscheinlich nicht.

Teil II

| Gewebe | MHC-Klasse I | MHC-Klasse II |
|---|---|---|
| **Lymphgewebe** | | |
| T-Zellen | +++ | +* |
| B-Zellen | +++ | +++ |
| Makrophagen | +++ | ++ |
| dendritische Zellen | +++ | +++ |
| Epithelzellen des Thymus | + | +++ |
| **andere kernhaltige Zellen** | | |
| Neutrophile | +++ | − |
| Hepatocyten | + | − |
| Niere | + | − |
| Gehirn | + | −† |
| **Zellen ohne Zellkern** | | |
| rote Blutkörperchen | − | − |

**Abb. 4.30 Die Expression von MHC-Molekülen unterscheidet sich in verschiedenen Geweben.** MHC-Klasse-I-Moleküle gibt es auf allen kernhaltigen Zellen. Am stärksten ist die Expression jedoch in hämatopoetischen Zellen. MHC-Klasse-II-Moleküle werden gewöhnlich nur in einer Untergruppe der blutbildenden Zellen und von Zellen des Thymusstromas exprimiert. Allerdings können andere Zelltypen nach Einwirkung des inflammatorischen Cytokins Interferon-γ (IFN-γ) ebenfalls MHC-II-Moleküle exprimieren. *Beim Menschen exprimieren aktivierte T-Zellen MHC-Klasse-II-Moleküle, während bei Mäusen alle T-Zellen MHC-Klasse-II-negativ sind. †Im Gehirn sind die meisten Zellen MHC-Klasse-II-negativ. Die mit den Makrophagen verwandten Mikroglia sind jedoch MHC-Klasse-II-positiv

## 4.3.9 Die beiden Klassen von MHC-Molekülen werden auf Zellen unterschiedlich exprimiert

MHC-Klasse-I- und -Klasse-II-Moleküle kommen auf unterschiedlichen Zelltypen vor. Dies spiegelt die verschiedenen Effektorfunktionen der T-Zellen wider, die sie erkennen (▶ Abb. 4.30). MHC-Klasse-I-Moleküle präsentieren Peptide von Krankheitserregern (im Allgemeinen Viren) den cytotoxischen CD8-T-Zellen. Diese Zellen sind darauf spezialisiert, jede Zelle zu töten, die sie spezifisch erkennen. Da Viren jede Zelle infizieren können, die einen Zellkern besitzt, exprimieren fast alle diese Zellen MHC-Klasse-I-Moleküle. Der Umfang der konstitutiven Expression variiert jedoch zwischen den einzelnen Zelltypen. Zellen des Immunsystems tragen zum Beispiel sehr viele MHC-Klasse-I-Moleküle auf ihrer Oberfläche, während es bei Leberzellen (Hepatocyten) verhältnismäßig geringe Mengen sind (▶ Abb. 4.30). Kernlose Zellen wie die roten Blutkörperchen der Säugetiere exprimieren wenige oder überhaupt keine MHC-Klasse-I-Moleküle. Darum ist das Innere von roten Blutkörperchen ein Ort, an dem eine Infektion von cytotoxischen T-Zellen nicht entdeckt wird. Bei einer viralen Infektion hat das keine großen Auswirkungen, da sich rote Blutkörperchen für die Replikation von Viren nicht eignen. Dagegen sind die fehlenden MHC-Klasse-I-Moleküle wahrscheinlich der Grund dafür, dass die *Plasmodium*-Parasiten, die Malaria verursachen, in dieser besonderen Umgebung überleben können.

Die Hauptfunktion der CD4-T-Zellen, die MHC-Klasse-II-Moleküle erkennen, ist im Gegensatz dazu die Aktivierung anderer Effektorzellen des Immunsystems. Darum findet man MHC-Klasse-II-Moleküle normalerweise auf dendritischen Zellen, B-Lymphocyten und Makrophagen (diese antigenpräsentierenden Zellen sind Teil des Immunsystems), nicht jedoch auf anderen Gewebezellen (▶ Abb. 4.30). Die von MHC-Klasse-II-Molekülen auf dendritischen Zellen präsentierten Peptide können naive CD4-T-Zellen aktivieren. Wenn bereits aktivierte CD4-T-Zellen Peptide erkennen, die an MHC-Klasse-II-Moleküle auf B-Zellen gebunden sind, sezernieren die T-Zellen Cytokine, die sich auf den Antikörperisotyp auswirken können, den diese B-Zellen schließlich produzieren. Nachdem CD4-T-Zellen Peptide erkannt haben, die von MHC-Klasse-II-Molekülen auf Makrophagen präsentiert werden, aktivieren sie diese Zellen, auch hier teilweise durch Cytokine, die Krankheitserreger in ihren Vesikeln zu zerstören.

Cytokine (insbesondere Interferone), die im Verlauf einer Immunantwort freigesetzt werden, regulieren sowohl die Expression der MHC-Klasse-I- als auch die der MHC-Klasse-II-Moleküle. Interferon-α (IFN-α) und IFN-β können beispielsweise die Expression von MHC-Klasse-I-Molekülen bei allen Zelltypen verstärken, während IFN-γ die Expression von MHC-Klasse-I- und -Klasse-II-Molekülen verstärkt und bei bestimmten Zelltypen die Expression von MHC-Klasse-II-Molekülen auslösen kann, die diese Moleküle normalerweise nicht herstellen. Interferone unterstützen auch die antigenpräsentierende Funktion von MHC-Klasse-I-Molekülen, indem sie die Expression von wichtigen Bestandteilen des intrazellulären Apparats induzieren, der für die Beladung der MHC-Moleküle mit Peptiden zuständig ist.

## 4.3.10 Eine bestimmte Untergruppe von T-Zellen trägt einen alternativen Rezeptor aus einer γ- und einer δ-Kette

Bei der Suche nach dem Gen für die α-Kette des T-Zell-Rezeptors entdeckte man unerwartet ein anderes T-Zell-Rezeptor-ähnliches Gen. Dieses Gen nannte man TCRγ, und seine Entdeckung führte zur Suche nach weiteren T-Zell-Rezeptor-Genen. Mithilfe eines Antikörpers gegen die vorhergesagte Sequenz der γ-Kette fand man noch eine weitere Rezeptorkette und bezeichnete sie als δ-Kette. Bald erkannte man, dass eine kleine Population von T-Zellen einen eigenen Typ des T-Zell-Rezeptors aus γ:δ-Heterodimeren trägt. In Abschn. 8.2.2 und 8.2.3 beschreiben wir die Entwicklung dieser Zellen.

Die $\gamma$:$\delta$-T-Zellen kommen wie die $\alpha$:$\beta$-T-Zellen in den lymphatischen Geweben aller Vertebraten vor, aber man kennt sie auch als Lymphocytenpopulationen in den Epithelien, vor allem in der Haut und im weiblichen Genitaltrakt, wobei deren Rezeptoren nur eine sehr begrenzte Diversität aufweisen. Anders als die $\alpha$:$\beta$-T-Zellen erkennen jedoch die $\gamma$:$\delta$-T-Zellen nicht nur Antigene in Form von Peptiden, die von MHC-Molekülen präsentiert werden, und die $\gamma$:$\delta$-T-Rezeptoren sind nicht auf die „klassischen" MHC-Klasse-I- und -Klasse-II-Moleküle beschränkt, die Peptide binden und sie den T-Zellen präsentieren. $\gamma$:$\delta$-T-Zell-Rezeptoren können ihre Zielantigene anscheinend auch direkt erkennen und sind deshalb wahrscheinlich in der Lage, Moleküle, die viele verschiedene Zelltypen exprimieren, zu erkennen und schnell darauf zu reagieren. Ihre Liganden ließen sich nur schwierig identifizieren, aber einige sind inzwischen bekannt und lassen darauf schließen, dass $\gamma$:$\delta$-T-Zellen eine intermediäre Funktion zwischen vollständig angeborenen und vollständig adaptiven Immunantworten besitzen.

Wie die Liganden des NK-Zell-Rezeptors, etwa die Proteine MIC und RAET1 (Abschn. 3.2.13), werden auch viele Liganden der $\gamma$:$\delta$-T-Zellen durch zellulären Stress oder Zellschäden hervorgebracht. $\gamma$:$\delta$-T-Zellen binden auch möglicherweise Antigene, die von „nichtklassischen" **MHC-Klasse-Ib-Molekülen** präsentiert werden (Kap. 6). Diese Proteine sind in ihrer Struktur mit den MHC-Proteinen verwandt, die wir bereits besprochen haben. Aber sie besitzen andere Funktionen als die Bindung von Peptiden zur Präsentation. Weitere Liganden können Hitzeschockproteine und Nichtpeptidliganden sein, beispielsweise phosphorylierte Moleküle oder Lipidantigene der Mycobakterien. $\gamma$:$\delta$-T-Zellen können auch auf ungewöhnliche Nucleotide und Phospholipide reagieren. Die Erkennung von Molekülen, die aufgrund einer Infektion exprimiert werden, und weniger die Erkennung der pathogenspezifischen Antigene selbst, unterscheidet die intraepithelialen $\gamma$:$\delta$-T-Zellen von den übrigen Lymphocyten, sodass sie wohl mehr in die Gruppe der angeborenen Immunzellen gehören. Aus diesem Grund hat man den Begriff der **transitionalen Immunität** entwickelt, um die Funktion der $\gamma$:$\delta$-T-Zellen zu verdeutlichen, da deren Funktion anscheinend tatsächlich zwischen angeborener und adaptiver Immunität liegt.

Die kristallographische Struktur eines $\gamma$:$\delta$-T-Zell-Rezeptors zeigt, dass seine Gestalt der von $\alpha$:$\beta$-T-Zell-Rezeptoren ähnelt. ▸ Abb. 4.31 zeigt die Kristallstruktur eines $\gamma$:$\delta$-T-Rezeptor-Komplexes, der an eines der oben erwähnten nichtklassischen MHC-Klasse-I-Moleküle gebunden ist, das man mit **T22** bezeichnet. Die Struktur zeigt, dass sich die Orientierung des $\gamma$:$\delta$-T-Zell-Rezeptors zum MHC-Molekül insgesamt von der des $\alpha$:$\beta$-T-Zell-Rezeptors deutlich unterscheidet, indem er nur mit einem Ende des T22-Moleküls interagiert. Die CDR3-Regionen des $\gamma$:$\delta$-T-Zell-Rezeptors spielen für die Erkennung weiterhin eine entscheidende Rolle, ähnlich wie bei den Antikörpern und den $\alpha$:$\beta$-T-Zell-Rezeptoren. Außerdem ist die CDR3-Region des $\gamma$:$\delta$-T-Zell-Rezeptors länger als bei den beiden anderen Antigenrezeptoren. Das hat wahrscheinlich Auswirkungen auf die Art von Antigenen, die der $\gamma$:$\delta$-T-Zell-Rezeptor erkennt, da auch die CDR3-Region innerhalb des Repertoires der $\gamma$:$\delta$-T-Zell-Rezeptoren eine beträchtliche kombinatorische Vielfalt aufweist. In Kap. 6 und 8 werden wir diese Liganden und die Entwicklung der $\gamma$:$\delta$-T-Zellen genauer besprechen.

## Zusammenfassung

Der Antigenrezeptor auf den meisten T-Zellen ist der $\alpha$:$\beta$-T-Zell-Rezeptor. Er besteht aus zwei Proteinketten, der T-Zell-Rezeptor-$\alpha$-(TCR$\alpha$-) und der T-Zell-Rezeptor-$\beta$-(TCR$\beta$-) Kette. Er ähnelt in vieler Hinsicht einem einzelnen Fab-Fragment eines Immunglobulins. $\alpha$:$\beta$-T-Zell-Rezeptoren sind immer membrangebunden und erkennen einen zusammengesetzten Liganden aus einem Peptidantigen und einem daran gebundenen MHC-Molekül. Jedes MHC-Molekül bindet an eine Vielzahl von verschiedenen Peptiden, aber jede der Varianten erkennt bevorzugt Gruppen von Peptiden mit spezieller Sequenz und besonderen physikalischen Eigenschaften. Das Peptidantigen entsteht intrazellulär und wird fest in einem peptidbindenden Spalt auf der Oberfläche des MHC-Moleküls gebunden. Es gibt zwei Klassen von MHC-Molekülen, die in ihren nichtpolymorphen Domänen von CD8- und CD4-Molekülen gebunden werden, welche wiederum zwei funktionell unterschiedliche Klassen von $\alpha$:$\beta$-T-Zellen charakterisieren. CD8 bindet an MHC-Klasse-I-Moleküle und potenziell auch gleichzeitig an denselben Peptid:MHC-Klasse-I-Komplex, der von einem

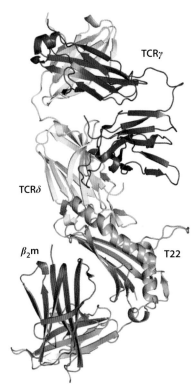

**Abb. 4.31 Strukturen des $\gamma$:$\delta$-T-Zell-Rezeptors, der an das nichtklassische MHC-Klasse-I-Molekül T22 gebunden ist.** Der $\gamma$:$\delta$-T-Zell-Rezeptor besitzt insgesamt eine kleinere Struktur als der $\alpha$:$\beta$-T-Zell-Rezeptor und das Fab-Fragment eines Immunglobulinmoleküls. Die C$_\delta$-Domäne ähnelt mehr einer Immunglobulindomäne als die entsprechende C$_\alpha$-Domäne des $\alpha$:$\beta$-T-Zell-Rezeptors. In dieser Struktur unterscheidet sich die Orientierung des $\gamma$:$\delta$-T-Zell-Rezeptors relativ zum nichtklassischen MHC-Molekül T22 deutlich von der Orientierung eines $\alpha$:$\beta$-T-Zell-Rezeptors zum MHC-Klasse-I- oder -Klasse-II-Molekül. Der $\gamma$:$\delta$-T-Zell-Rezeptor liegt nicht direkt über dem peptidbindenden Spalt, sondern bindet viel mehr an einem Ende und weniger an dem anderen. Das passt zum fehlenden Peptidkontakt und zur nicht vorhandenen MHC-Restriktion bei der Erkennung

T-Zell-Rezeptor erkannt wird; CD8 kann also als Corezeptor agieren und die T-Zell-Antwort verstärken. CD4 bindet MHC-Klasse-II-Moleküle und agiert als Corezeptor für T-Zell-Rezeptoren, die Peptid:MHC-Klasse-II-Komplexe erkennen. T-Zell-Rezeptoren interagieren direkt mit dem antigenen Peptid und mit polymorphen Abschnitten des MHC-Moleküls, von dem es präsentiert wird. Diese zweifache Spezifität unterliegt der MHC-Restriktion von T-Zell-Antworten. Ein zweiter Typ der T-Zell-Rezeptoren besteht aus einer $\gamma$- und einer $\delta$-Kette. Er ähnelt dem $\alpha$:$\beta$-T-Zell-Rezeptor strukturell, bindet aber andere Liganden, beispielsweise Nichtpeptide, nichtpolymorphe nichtklassische MHC-Moleküle und bestimmte Lipide. Man nimmt an, dass er nicht der MHC-Restriktion unterliegt. Man findet den Rezeptor in einer kleinen Population von T-Zellen, den $\gamma$:$\delta$-T-Zellen.

## Kapitelzusammenfassung

B-Zellen und T-Zellen verwenden unterschiedliche, aber strukturell ähnliche Moleküle zur Erkennung von Antigenen. Die Antigenerkennungsmoleküle von B-Zellen sind Immunglobuline. Sie entstehen als membrangebundene Rezeptoren für Antigene, die B-Zell-Rezeptoren, sowie als sezernierte Antikörper, die Antigene binden und humorale Effektorfunktionen auslösen. Die Antigenerkennungsmoleküle von T-Zellen existieren dagegen nur als Rezeptoren auf der Zelloberfläche und lösen nur zelluläre Effektorfunktionen aus. Immunglobuline und T-Zell-Rezeptoren sind hoch variable Moleküle; die Vielfalt konzentriert sich in der variablen (V-)Region des Moleküls, die das Antigen bindet. Immunglobuline binden an viele verschiedene, chemisch unterschiedliche Antigene. Die Hauptform des T-Zell-Rezeptors, der $\alpha$:$\beta$-T-Zell-Rezeptor, erkennt dagegen hauptsächlich Peptidfragmente fremder Proteine, wenn sie an MHC-Moleküle gebunden sind, die auf allen Zelloberflächen vorkommen.

Die Bindung von Antigenen durch Immunglobuline hat man vor allem mithilfe von Antikörpern untersucht. Die Bindung eines Antikörpers an sein entsprechendes Antigen ist hochspezifisch; diese Spezifität ergibt sich aus der Gestalt und den physikochemischen Eigenschaften der Antigenbindungsstelle. Der Teil des Antikörpers, der die Art der Effektorfunktionen festlegt, die der Antikörper hervorruft, liegt an dem der Antigenbindungsstelle entgegengesetzten Ende des Moleküls und wird als konstante oder Fc-Region bezeichnet. Es gibt fünf funktionelle Hauptklassen von Antikörpern; jede hat einen anderen Typ der konstanten Region. Wie wir in Kap. 10 sehen werden, interagieren diese jeweils mit unterschiedlichen Bestandteilen des Immunsystems, lösen damit eine Entzündungsreaktion aus und eliminieren das Antigen.

T-Zell-Rezeptoren unterscheiden sich in mehrfacher Hinsicht von den Immunglobulinen der B-Zellen. Einer der wichtigsten Unterschiede besteht darin, dass es keine sezernierte Form des Rezeptors gibt. Das spiegelt die funktionellen Unterschiede zwischen T-Zellen und B-Zellen wider. B-Zellen haben es mit Pathogenen und ihren Proteinprodukten zu tun, die im Körper zirkulieren. Durch die Freisetzung eines löslichen Antigenerkennungsmoleküls kann die B-Zelle in den gesamten extrazellulären Räumen des Körpers zur Beseitigung des Antigens beitragen. T-Zellen dagegen sind auf die aktive Überwachung von Krankheitserregern spezialisiert, und bei der Antigenerkennung durch T-Zellen sind keine löslichen, sezernierten Rezeptoren beteiligt. Einige dieser Zellen, beispielsweise die CD8-T-Zellen, können intrazelluläre Infektionen erkennen und infizierte Zellen töten, die fremde antigene Peptide auf ihrer Oberfläche tragen. Andere, etwa die CD4-T-Zellen, interagieren mit Zellen des Immunsystems, die ein fremdes Antigen aufgenommen haben und es auf der Zelloberfläche präsentieren.

Der T-Zell-Rezeptor erkennt auch einen zusammengesetzten Liganden aus einem fremden Peptid und einem körpereigenen MHC-Molekül, also kein vollständiges Antigen. Das heißt, dass T-Zellen nur mit einer Körperzelle interagieren können, die das Antigen präsentiert, nicht mit dem intakten Pathogen oder Protein. Jeder T-Zell-Rezeptor ist spezifisch für eine ganz bestimmte Kombination aus einem körpereigenen Peptid und einem Selbst-MHC-Molekül. MHC-Moleküle werden von einer Familie hoch polymorpher Gene codiert. Die Expression einer Vielzahl verschiedener MHC-Moleküle, von denen jedes ein anderes Spektrum von Peptiden bindet, trägt dazu bei, dass die T-Zellen eines Individuums zumindest einige Peptide von nahezu jedem Pathogen erkennen können.

# Aufgaben

**4.1  Richtig oder falsch:** Aus einem Antikörper, der von Papain proteolytisch gespalten wird, geht ein Fragment hervor, das eine höhere Avidität für das zugehörige Antigen besitzt als der Antikörper, der von Pepsin gespalten wird.

**4.2  Kurze Antwort:** Warum ist die Bindung der CD4- und CD8-Corezeptoren wichtig für die Signalgebung der T-Zell-Rezeptoren?

**4.3  Kurze Antwort:** Warum und auf welche Weise ist es vorteilhaft, wenn der MHC-Locus heterozygot ist?

**4.4  Bitte zuordnen:** Welcher Begriff passt am besten zu welcher Beschreibung?

A. Antigendeterminante

B. Konformationsepitope, diskontinuierliche Epitope

C. Lineare Epitope, kontinuierliche Epitope

D. hypervariable Region

i. die Struktur (das Epitop), die ein Antikörper erkennt

ii. Bereiche der V-Region, die eine signifikante Sequenzvariabilität aufweisen

iii. ein Epitop, das aus einem einzigen Abschnitt einer Polypeptidkette besteht

iv. ein Epitop, das sich aus Aminosäuren von verschiedenen Teilen einer Polypeptidkette zusammensetzt, die durch die Proteinfaltung zusammengebracht werden

**4.5  Bitte ergänzen:** Die meisten Vertebraten, so auch der Mensch und die Maus, produzieren Antikörper, die aus _____ und _____ Ketten bestehen. Diese enthalten _____ Regionen, die Antigene erkennen, und _____ Regionen, welche die Klasse und den Isotyp der Antikörper festlegen. Camelidae und Knorpelfische produzieren jedoch _____ beziehungsweise _____, welche die Grundlage für die Herstellung von Einzelkettenantikörpern für klinische Anwendungen bilden.

**4.6  Multiple Choice:** Welche der folgenden Aussagen trifft *nicht* zu?

A. Die $\alpha$- und die $\beta$-Kette der T-Zell-Rezeptoren lagern sich zusammen, aber die $\alpha$-Kette kann durch eine $\gamma$- oder eine $\delta$-Kette ersetzt werden.

B. Zwischen geladenen Aminosäuren kommt es zu elektrostatischen Wechselwirkungen (beispielsweise in Form einer Ionenbindung).

C. Zwischen zwei hydrophoben Oberflächen kommt es zu hydrophoben Wechselwirkungen, wodurch Wasser ausgeschlossen wird.

D. Antikörper enthalten in ihrer Antigenbindungsstelle häufig mehrere aromatische Aminosäuren wie Tyrosin.

E. Die MHC-Restriktion ist ein Effekt, durch den T-Zellen eine spezifische Gruppe von Peptiden erkennen, die an ein bestimmtes MHC-Molekül gebunden ist.

**4.7** **Multiple Choice:** Welches der folgenden Immunglobuline kommt bei ausgewachsenen gesunden Menschen oder Mäusen am häufigsten vor?

**A.** IgA

**B.** IgD

**C.** IgE

**D.** IgG

**E.** IgM

**4.8** **Multiple Choice:** Welche der folgenden Aussagen beschreibt die Struktur einer Immunglobulinfaltung?

**A.** zwei antiparallele $\beta$-Faltblätter mit einem $\alpha$-helikalen Verbindungsstück und einer Disulfidbrücke als Verknüpfung

**B.** zwei $\beta$-Stränge, die durch eine Disulfidbrücke verbunden sind

**C.** vier $\alpha$-Helices, die durch zwei Disulfidbrücken verbunden sind

**D.** sieben antiparallele $\alpha$-Helices nacheinander

**E.** ein $\beta$-Sandwich aus zwei $\beta$-Faltblättern, die zusammengefaltet und durch eine Disulfidbrücke verbunden sind

**4.9** **Multiple Choice:** Antikörper sind an verschiedenen Stellen im Molekül beweglich, besonders in der Gelenkregion zwischen der Fc- und der Fab-Region sowie zu einem gewissen Maß an der Verbindungsstelle zwischen der V- und der C-Region. Welche der folgenden Eigenschaften eines Antikörpers werden durch diese Flexibilität nicht beeinflusst?

**A.** Bindung kleiner Antigene (Haptene)

**B.** Avidität gegenüber einem Antigen

**C.** Affinität gegenüber einem Antigen

**D.** Wechselwirkung mit antikörperbindenden Proteinen

**E.** Bindung von räumlich getrennten Antigenen

**4.10** **Multiple Choice:** Welche Region des Antigenrezeptors der B- und der T-Zellen besitzt für die Antigenerkennung und die Antigenspezifität die größte Bedeutung?

**A.** FR1

**B.** CDR1

**C.** FR2

**D.** CDR2

**E.** FR3

**F.** CDR3

**G.** FR4

# Literatur

## Allgemeine Literatur

- Garcia, K.C., Degano, M., Speir, J.A., and Wilson, I. A.: **Emerging principles for T cell receptor recognition of antigen in cellular immunity.** *Rev. Immunogenet.* 1999, **1**:75–90.
- Garcia, K.C., Teyton, L., and Wilson, I. A.: **Structural basis of T cell recognition.** *Annu. Rev. Immunol.* 1999, **17**:369–397.

- Moller, G. (ed): **Origin of major histocompatibility complex diversity.** *Immunol. Rev.* 1995, **143**:5–292.
- Poljak, R.J.: Structure of antibodies and their complexes with antigens. *Mol. Immunol.* 1991, **28**:1341–1345.
- Rudolph, M.G., Stanfield, R.L., and Wilson, I.A: **How TCRs bind MHCs, peptides, and coreceptors.** *Annu. Rev. Immunol.* 2006, **24**:419–466.
- Sundberg, E.J. and Mariuzza, R.A.: **Luxury accommodations: the expanding role of structural plasticity in protein-protein interactions.** *Structure* 2000, **8**:R137–R142.

## Literatur zu den einzelnen Abschnitten

### Abschnitt 4.1.1

- Edelman, G.M.: **Antibody structure and molecular immunology.** *Scand. J. Immunol.* 1991, **34**:4–22.
- Faber, C., Shan, L., Fan, Z., Guddat, L.W., Furebring, C., Ohlin, M., Borrebaeck, C.A.K., and Edmundson, A.B.: **Three-dimensional structure of a human Fab with high affinity for tetanus toxoid.** *Immunotechnology* 1998, **3**:253–270.
- Harris, L.J., Larson, S.B., Hasel, K.W., Day, J., Greenwood, A., and McPherson, A.: **The three-dimensional structure of an intact monoclonal antibody for canine lymphoma.** *Nature* 1992, **360**:369–372.

### Abschnitte 4.1.2 und 4.1.3

- Barclay, A.N., Brown, M.H., Law, S.K., McKnight, A.J., Tomlinson, M.G., and van der Merwe, P.A. (eds): *The Leukocyte Antigen Factsbook*, 2nd ed. London: Academic Press, 1997.
- Brummendorf, T. and Lemmon, V.: **Immunoglobulin superfamily receptors: cis-interactions, intracellular adapters and alternative splicing regulate adhesion.** *Curr. Opin. Cell Biol.* 2001, **13**:611–618.
- Marchalonis, J.J. Jensen, I., and Schluter, S.F.: **Structural, antigenic and evolutionary analyses of immunoglobulins and T cell receptors.** *J. Mol. Recog.* 2002, **15**:260–271.
- Ramsland, P.A. and Farrugia, W.: **Crystal structures of human antibodies: a detailed and unfinished tapestry of immunoglobulin gene products.** *J. Mol. Recog.* 2002, **15**:248–259.

### Abschnitt 4.1.4

- Porter, R.R.: **Structural studies of immunoglobulins.** *Scand. J. Immunol.* 1991, **34**:382–389.
- Yamaguchi, Y., Kim, H., Kato, K., Masuda, K., Shimada, I., and Arata, Y.: **Proteolytic fragmentation with high specificity of mouse IgG—mapping of proteolytic cleavage sites in the hinge region.** *J. Immunol. Methods.* 1995, **181**:259–267.

### Abschnitt 4.1.5

- Gerstein, M., Lesk, A.M., and Chothia, C.: **Structural mechanisms for domain movements in proteins.** *Biochemistry* 1994, **33**:6739–6749.
- Jimenez, R., Salazar, G., Baldridge, K.K., and Romesberg, F.E.: **Flexibility and molecular recognition in the immune system.** *Proc. Natl Acad. Sci. USA* 2003, **100**:92–97.
- Saphire, E.O., Stanfield, R.L., Crispin, M.D., Parren, P.W., Rudd, P.M., Dwek, R.A., Burton, D.R., and Wilson, I. A.: **Contrasting IgG structures reveal extreme asymmetry and flexibility.** *J. Mol. Biol.* 2002, **319**:9–18.

Teil II

### Abschnitt 4.2.1

- Chitarra, V., Alzari, P.M., Bentley, G.A., Bhat, T.N., Eiselé, J.-L., Houdusse, A., Lescar, J., Souchon, H. and Poljak, R.J.: **Three-dimensional structure of a heteroclitic antigen-antibody cross-reaction complex.** *Proc. Natl Acad. Sci. USA* 1993, **90**:7711–7715.
- Decanniere, K., Muyldermans, S., and Wyns, L.: **Canonical antigen-binding loop structures in immunoglobulins: more structures, more canonical classes?** *J. Mol. Biol.* 2000, **300**:83–91.
- Gilliland, L.K., Norris, N.A., Marquardt, H., Tsu, T.T., Hayden, M.S., Neubauer, M.G., Yelton, D.E., Mittler, R.S., and Ledbetter, J.A.: **Rapid and reliable cloning of antibody variable regions and generation of recombinant single-chain antibody fragments.** *Tissue Antigens* 1996, **47**:1–20.
- Johnson, G. and Wu, T.T.: **Kabat Database and its applications: 30 years after the first variability plot.** *Nucleic Acids Res.* 2000, **28**:214–218.
- Wu, T.T. and Kabat, E.A.: **An analysis of the sequences of the variable regions of Bence Jones proteins and myeloma light chains and their implications for antibody complementarity.** *J. Exp. Med.* 1970, **132**:211–250.
- Xu, J., Deng, Q., Chen, J., Houk, K.N., Bartek, J., Hilvert, D., and Wilson, I. A.: **Evolution of shape complementarity and catalytic efficiency from a primordial antibody template.** *Science* 1999, **286**:2345–2348.

### Abschnitte 4.2.2 und 4.2.3

- Ban, N., Day, J., Wang, X., Ferrone, S., and McPherson, A.: **Crystal structure of an anti-anti-idiotype shows it to be self-complementary.** *J. Mol. Biol.* 1996, **255**:617–627.
- Davies, D.R. and Cohen, G.H.: **Interactions of protein antigens with antibodies.** *Proc. Natl Acad. Sci. USA* 1996, **93**:7–12.
- Decanniere, K., Desmyter, A., Lauwereys, M., Ghahroudi, M.A., Muyldermans, S., and Wyns, L.: **A single-domain antibody fragment in complex with RNase A: non-canonical loop structures and nanomolar affinity using two CDR loops.** *Structure Fold. Des.* 1999, **7**:361–370.
- Padlan, E.A.: **Anatomy of the antibody molecule.** *Mol. Immunol.* 1994, **31**:169–217.
- Saphire, E.O., Parren, P.W., Pantophlet, R., Zwick, M.B., Morris, G.M., Rudd, P.M., Dwek, R.A., Stanfield, R.L., Burton, D.R., and Wilson, I. A.: **Crystal structure of a neutralizing human IgG against HIV-1: a template for vaccine design.** *Science* 2001, **293**:1155–1159.
- Stanfield, R.L. and Wilson, I. A.: **Protein–peptide interactions.** *Curr. Opin. Struct. Biol.* 1995, **5**:103–113.
- Tanner, J.J., Komissarov, A.A., and Deutscher, S.L.: **Crystal structure of an antigen-binding fragment bound to single-stranded DNA.** *J. Mol. Biol.* 2001, **314**:807–822.
- Wilson, I. A. and Stanfield, R.L.: **Antibody–antigen interactions: new structures and new conformational changes.** *Curr. Opin. Struct. Biol.* 1994, **4**:857–867.

### Abschnitt 4.2.4

- Braden, B.C. Goldman, E.R., Mariuzza, R.A., and Poljak, R.J.: **Anatomy of an antibody molecule: structure, kinetics, thermodynamics and mutational studies of the antilysozyme antibody D1.3.** *Immunol. Rev.* 1998, **163**:45–57.
- Braden, B.C., and Poljak, R.J.: **Structural features of the reactions between antibodies and protein antigens.** *FASEB J.* 1995, **9**:9–16.
- Diamond, M.S., Pierson, T.C., and Fremont, D.H.: **The structural immunology of antibody protection against West Nile virus.** *Immunol Rev.* 2008, **225**:212–225.
- Lok, S.M., Kostyuchenko, V., Nybakken, G.E., Holdaway, H.A., Battisti, A.J., Sukupolvi-Petty, S., Sedlak, D., Fremont, D.H., Chipman, P.R., Roehrig, J.T., *et al.*: **Binding of a neutralizing antibody to dengue virus alters the arrangement of surface glycoproteins.** *Nat. Struct. Mol. Biol.* 2008, **15**:312–317.

■ Ros, R., Schwesinger, F., Anselmetti, D., Kubon, M., Schäfer, R., Plückthun, A., and Tiefenauer, L.: **Antigen binding forces of individually addressed single-chain Fv antibody molecules.** *Proc. Natl Acad. Sci. USA* 1998, **95**:7402–7405.

## Abschnitt 4.2.5

■ Hamers-Casterman, C., Atarhouch, T., Muyldermans, S., Robinson, G., Hamers, C., Songa, E.B., Bendahman, N., and Hamers, R.: **Naturally occurring antibodies devoid of light chains.** *Nature* 1993, **363**:446–448.
■ Muyldermans, S.: **Nanobodies: natural single-domain antibodies.** Annu. Rev. Biochem. 2013, **82**:775–797.
■ Nguyen, V.K., Desmyter, A., and Muyldermans, S.: **Functional heavy-chain antibodies in Camelidae.** *Adv. Immunol.* 2001, **79**:261–296.

## Abschnitt 4.3.1

■ Al-Lazikani, B., Lesk, A.M., and Chothia, C.: Canonical structures for the hypervariable regions of T cell αβ receptors. *J. Mol. Biol.* 2000, **295:**979–995.
■ Kjer-Nielsen, L., Clements, C.S., Brooks, A.G., Purcell, A.W., McCluskey, J., and Rossjohn, J.: **The 1.5 Å crystal structure of a highly selected antiviral T cell receptor provides evidence for a structural basis of immunodominance.** *Structure (Camb.)* 2002, **10**:1521–1532.
■ Machius, M., Cianga, P., Deisenhofer, J., and Ward, E.S.: **Crystal structure of a T cell receptor Vα11 (AV11S5) domain: new canonical forms for the first and second complementarity determining regions.** *J. Mol.* Biol. 2001, **310**:689–698.

## Abschnitt 4.3.2

■ Garcia, K.C. and Adams, E.J.: **How the T cell receptor sees antigen—a structural view.** *Cell* 2005, **122**:333–336.
■ Hennecke, J. and Wiley, D.C.: **Structure of a complex of the human αβ T cell receptor (TCR) HA1.7, influenza hemagglutinin peptide, and major histocompatibility complex class II molecule, HLA-DR4 (DRA*0101 and DRB1*0401): insight into TCR cross-restriction and alloreactivity.** *J. Exp. Med.* 2002, **195**:571–581.
■ Luz, J.G., Huang, M., Garcia, K.C., Rudolph, M.G., Apostolopoulos, V., Teyton, L., and Wilson, I. A.: **Structural comparison of allogeneic and syngeneic T cell receptor–peptide–major histocompatibility complex complexes: a buried alloreactive mutation subtly alters peptide presentation substantially increasing Vβ interactions.** J. Exp. Med. 2002, **195**:1175–1186.
■ Reinherz, E.L., Tan, K., Tang, L., Kern, P., Liu, J., Xiong, Y., Hussey, R.E., Smolyar, A., Hare, B., Zhang, R., *et al.:* **The crystal structure of a T cell receptor in complex with peptide and MHC class II.** *Science* 1999, **286**:1913–1921.
■ Rudolph, M.G., Stanfield, R.L., and Wilson, I. A.: **How TCRs bind MHCs, peptides, and coreceptors.** *Annu. Rev. Immunol.* 2006, **24**:419–466.

## Abschnitte 4.3.3 und 4.3.4

■ Bouvier, M.: **Accessory proteins and the assembly of human class I MHC molecules: a molecular and structural perspective.** *Mol. Immunol.* 2003, **39**:697–706.
■ Dessen, A., Lawrence, C.M., Cupo, S., Zaller, D.M., and Wiley, D.C.: **X-ray crystal structure of HLA-DR4 (DRA*0101, DRB1*0401) complexed with a peptide from human collagen II.** *Immunity* 1997, **7**:473–481.
■ Fremont, D.H., Hendrickson, W.A., Marrack, P., and Kappler, J.: **Structures of an MHC class II molecule with covalently bound single peptides.** *Science* 1996, **272**:1001–1004.

Teil II

■ Fremont, D.H., Matsumura, M., Stura, E.A., Peterson, P.A., and Wilson, I. A.: **Crystal structures of two viral peptides in complex with murine MHC class 1 H-2Kb.** *Science* 1992, **257**:919–927.

■ Fremont, D.H., Monnaie, D., Nelson, C.A., Hendrickson, W.A., and Unanue, E.R.: **Crystal structure of I-Ak in complex with a dominant epitope of lysozyme.** *Immunity* 1998, **8**:305–317.

■ Macdonald, W.A., Purcell, A.W., Mifsud, N.A., Ely, L.K., Williams, D.S., Chang, L., Gorman, J.J., Clements, C.S., Kjer-Nielsen, L., Koelle, D.M., *et al.*: **A naturally selected dimorphism within the HLA-B44 supertype alters class I structure, peptide repertoire, and T cell recognition.** *J. Exp. Med.* 2003, **198**:679–691.

■ Zhu, Y., Rudensky, A.Y., Corper, A.L., Teyton, L., and Wilson, I. A.: **Crystal structure of MHC class II I-Ab in complex with a human CLIP peptide: prediction of an I-Ab peptide-binding motif.** *J. Mol. Biol.* 2003, **326**:1157–1174.

### Abschnitt 4.3.5

■ Bouvier, M. and Wiley, D.C.: **Importance of peptide amino and carboxyl termini to the stability of MHC class I molecules.** *Science* 1994, **265**:398–402.

■ Govindarajan, K.R., Kangueane, P., Tan, T.W., and Ranganathan, S.: **MPID: MHC-Peptide Interaction Database for sequence–structure–function information on peptides binding to MHC molecules.** *Bioinformatics* 2003, **19**:309–310.

■ Saveanu, L., Fruci, D., and van Endert, P.: **Beyond the proteasome: trimming, degradation and generation of MHC class I ligands by auxiliary proteases.** *Mol. Immunol.* 2002, **39**:203–215.

■ Weiss, G.A., Collins, E.J., Garboczi, D.N., Wiley, D.C., and Schreiber, S.L.: **A tricyclic ring system replaces the variable regions of peptides presented by three alleles of human MHC class I molecules.** *Chem. Biol.* 1995, **2**:401–407.

### Abschnitt 4.3.6

■ Conant, S.B. and Swanborg, R.H.: **MHC class II peptide flanking residues of exogenous antigens influence recognition by autoreactive T cells.** *Autoimmun. Rev.* 2003, **2**:8–12.

■ Guan, P., Doytchinova, I. A., Zygouri, C., and Flower, D.R.: **MHCPred: a server for quantitative prediction of peptide–MHC binding.** *Nucleic Acids Res.* 2003, **31**:3621–3624.

■ Lippolis, J.D., White, F.M., Marto, J.A., Luckey, C.J., Bullock, T.N., Shabanowitz, J., Hunt, D.F., and Engelhard, V. H.: **Analysis of MHC class II antigen processing by quantitation of peptides that constitute nested sets.** *J. Immunol.* 2002, **169**:5089–5097.

■ Park, J.H., Lee, Y.J., Kim, K.L., and Cho, E.W.: **Selective isolation and identification of HLA-DR-associated naturally processed and presented epitope peptides.** *Immunol. Invest.* 2003, **32**:155–169.

■ Rammensee, H.G.: **Chemistry of peptides associated with MHC class I and class II molecules.** *Curr. Opin. Immunol.* 1995, **7**:85–96.

■ Rudensky, A.Y., Preston-Hurlburt, P., Hong, S.C., Barlow, A., and Janeway Jr., C.A.: **Sequence analysis of peptides bound to MHC class II molecules.** *Nature* 1991, **353**:622–627.

■ Sercarz, E.E. and Maverakis, E.: **MHC-guided processing: binding of large antigen fragments.** *Nat. Rev. Immunol.* 2003, **3**:621–629.

■ Sinnathamby, G. and Eisenlohr, L.C.: **Presentation by recycling MHC class II molecules of an influenza hemagglutinin-derived epitope that is revealed in the early endosome by acidification.** *J. Immunol.* 2003, **170**:3504–3513.

## Abschnitt 4.3.7

- Buslepp, J., Wang, H., Biddison, W.E., Appella, E., and Collins, E.J.: **A correlation between TCR Vα docking on MHC and CD8 dependence: implications for T cell selection.** *Immunity* 2003, **19**:595–606.
- Ding, Y.H., Smith, K.J., Garboczi, D.N., Utz, U., Biddison, W.E., and Wiley, D.C.: **Two human T cell receptors bind in a similar diagonal mode to the HLA-A2/Tax peptide complex using different TCR amino acids.** *Immunity* 1998, **8**:403–411.
- Garcia, K.C., Degano, M., Pease, L.R., Huang, M., Peterson, P.A., Leyton, L., and Wilson, I. A.: **Structural basis of plasticity in T cell receptor recognition of a self peptide-MHC antigen.** *Science* 1998, **279**:1166–1172.
- Kjer-Nielsen, L., Clements, C.S., Purcell, A.W., Brooks, A.G., Whisstock, J.C., Burrows, S.R., McCluskey, J., and Rossjohn, J.: **A structural basis for the selection of dominant αβ T cell receptors in antiviral immunity.** *Immunity* 2003, **18**:53–64.
- Newell, E.W., Ely, L.K., Kruse, A.C., Reay, P.A., Rodriguez, S.N., Lin, A.E., Kuhns, M.S., Garcia, K.C., and Davis, M.M.: **Structural basis of specificity and cross-reactivity in T cell receptors specific for cytochrome c-I-E(k).** *J. Immunol.* 2011, **186**:5823–5832.
- Reiser, J.B., Darnault, C., Gregoire, C., Mosser, T., Mazza, G., Kearney, A., van der Merwe, P.A., Fontecilla-Camps, J.C., Housset, D., and Malissen, B.: **CDR3 loop flexibility contributes to the degeneracy of TCR recognition.** *Nat. Immunol.* 2003, **4**:241–247.
- Sant'Angelo, D.B., Waterbury, G., Preston-Hurlburt, P., Yoon, S.T., Medzhitov, R., Hong, S.C., and Janeway Jr., C.A.: **The specificity and orientation of a TCR to its peptide-MHC class II ligands.** *Immunity* 1996, **4**:367–376.
- Teng, M.K., Smolyar, A., Tse, A.G.D., Liu, J.H., Liu, J., Hussey, R.E., Nathenson, S.G., Chang, H.C., Reinherz, E.L., and Wang, J.H.: **Identification of a common docking topology with substantial variation among different TCR–MHC–peptide complexes.** *Curr. Biol.* 1998, **8**:409–412.

## Abschnitt 4.3.8

- Chang, H.C., Tan, K., Ouyang, J., Parisini, E., Liu, J.H., Le, Y., Wang, X., Reinherz, E.L., and Wang, J.H.: **Structural and mutational analyses of CD8αβ heterodimer and comparison with the CD8αα homodimer.** *Immunity* 2005, **6**:661–671.
- Cheroutre, H., and Lambolez, F.: **Doubting the TCR coreceptor function of CD8αα.** *Immunity* 2008, **28**:149–159.
- Gao, G.F., Tormo, J., Gerth, U.C., Wyer, J.R., McMichael, A.J., Stuart, D.I., Bell, J.I., Jones, E.Y., and Jakobsen, B.Y.: **Crystal structure of the complex between human CD8αα and HLA-A2.** *Nature* 1997, **387**:630–634.
- Gaspar Jr., R. Bagossi, P., Bene, L., Matko, J., Szollosi, J., Tozser, J., Fesus, L., Waldmann, T.A., and Damjanovich, S.: **Clustering of class I HLA oligomers with CD8 and TCR: three-dimensional models based on fluorescence resonance energy transfer and crystallographic data.** *J. Immunol.* 2001, **166**:5078–5086.
- Kim, P.W., Sun, Z.Y., Blacklow, S.C., Wagner, G., and Eck, M.J.: **A zinc clasp structure tethers Lck to T cell coreceptors CD4 and CD8.** *Science* 2003, **301**:1725–1728.
- Moody, A.M., North, S.J., Reinhold, B., Van Dyken, S.J., Rogers, M. E., Panico, M., Dell, A., Morris, H.R., Marth, J.D., and Reinherz, E.L.: **Sialic acid capping of CD8β core 1-O-glycans controls thymocyte-major histocompatibility complex class I interaction.** *J. Biol. Chem.* 2003, **278**:7240–7260.
- Walker, L.J., Marrinan, E., Muenchhoff, M., Ferguson, J., Kloverpris, H., Cheroutre, H., Barnes, E., Goulder, P., and Klenerman, P.: **CD8αα expression marks terminally differentiated human CD8+ T cells expanded in chronic viral infection.** *Front Immunol.* 2013, **4**:223.
- Wang, J.H. and Reinherz, E.L.: **Structural basis of T cell recognition of peptides bound to MHC molecules.** *Mol. Immunol.* 2002, **38**:1039–1049.

■ Wang, R., Natarajan, K., and Margulies, D.H.: **Structural basis of the CD8αβ/MHC class I interaction: focused recognition orients CD8β to a T cell proximal position.** *J. Immunol.* 2009, **183**:2554–2564.

■ Wang, X.X., Li, Y., Yin, Y., Mo, M., Wang, Q., Gao, W., Wang, L., and Mariuzza, R.A.: **Affinity maturation of human CD4 by yeast surface display and crystal structure of a CD4-HLA-DR1 complex.** P*roc. Natl Acad. Sci. USA* 2011, **108**:15960–15965.

■ Wu, H., Kwong, P.D., and Hendrickson, W.A.: **Dimeric association and segmental variability in the structure of human CD4.** *Nature* 1997, **387**:527–530.

■ Yin, Y., Wang, X.X., and Mariuzza, R.A.: **Crystal structure of a complete ternary complex of T-cell receptor, peptide-MHC, and CD4.** *Proc. Natl Acad. Sci. USA* 2012, **109**:5405–5410.

■ Zamoyska, R.: **CD4 and CD8: modulators of T cell receptor recognition of antigen and of immune responses?** *Curr. Opin. Immunol.* 1998, **10**:82–86.

### Abschnitt 4.3.9

■ Steimle, V., Siegrist, C.A., Mottet, A., Lisowska-Grospierre, B., and Mach, B.: **Regulation of MHC class II expression by interferon-γ mediated by the transactivator gene CIITA.** *Science* 1994, **265**:106–109.

### Abschnitt 4.3.10

■ Adams, E.J., Chien, Y.H., and Garcia, K.C.: **Structure of a γδ T cell receptor in complex with the nonclassical MHC T22.** *Science* 2005, **308**:227–231.

■ Allison, T.J. and Garboczi, D.N.: **Structure of γδ T cell receptors and their recognition of non-peptide antigens.** *Mol. Immunol.* 2002, **38**:1051–1061.

■ Allison, T.J., Winter, C.C., Fournie, J.J., Bonneville, M., and Garboczi, D.N.: **Structure of a human γδ T-cell antigen receptor.** *Nature* 2001, **411**:820–824.

■ Das, H., Wang, L., Kamath, A., and Bukowski, J.F.: **Vγ2Vδ2 T-cell receptor-mediated recognition of aminobisphosphonates.** *Blood* 2001, **98**:1616–1618.

■ Luoma, A.M., Castro, C.D., Mayassi, T., Bembinster, L.A., Bai, L., Picard, D., Anderson, B., Scharf, L., Kung, J.E., Sibener, L.V., et al.: **Crystal structure of Vδ1 T cell receptor in complex with CD1d-sulfatide shows MHC-like recognition of a self-lipid by human γδ T cells.** *Immunity* 2013, **39**:1032–1042.

■ Vantourout, P. and Hayday, A.: **Six-of-the-best: unique contributions of γδ T cells to immunology.** *Nat. Rev. Immunol.* 2013, **13**:88–100.

■ Wilson, I. A. and Stanfield, R.L.: **Unraveling the mysteries of γδ T cell recognition.** *Nat. Immunol.* 2001, **2**:579–581.

■ Wingren, C., Crowley, M.P., Degano, M., Chien, Y., and Wilson, I. A.: **Crystal structure of a γδ T cell receptor ligand T22: a truncated MHC-like fold.** *Science* 2000, **287**:310–314.

■ Wu, J., Groh, V., and Spies, T.: **T cell antigen receptor engagement and specificity in the recognition of stress-inducible MHC class I-related chains by human epithelial γδ T cells.** *J. Immunol.* 2002, **169**:1236–1240.

Teil II

# Die Entstehung von Antigenrezeptoren in Lymphocyten

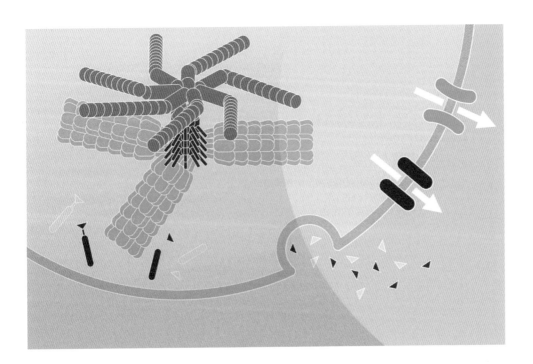

© Springer-Verlag GmbH Deutschland, ein Teil von Springer Nature 2018
K. Murphy, C. Weaver, *Janeway Immunologie*, https://doi.org/10.1007/978-3-662-56004-4_5

Ein Lymphocyt exprimiert viele genaue Kopien eines einzigen Antigenrezeptors, der eine spezifische Antigenbindungsstelle enthält (Abschn. 5.3.1). Die klonale Expression der Antigenrezeptoren bedeutet, dass jeder Lymphocyt unter Milliarden von Lymphocyten, über die jeder Mensch verfügt, einmalig ist. In Kap. 4 haben wir uns mit den Strukturmerkmalen der Immunglobuline und T-Zell-Rezeptoren, also mit den Antigenrezeptoren auf den B- beziehungsweise T-Zellen beschäftigt. Dabei haben wir erfahren, dass das riesige Repertoire der Antigenrezeptoren durch Variationen der Aminosäuresequenzen an der Antigenbindungsstelle zustande kommt, die sich aus zwei **variablen Regionen** der beiden Proteinketten des Rezeptors zusammensetzt. Bei den Immunglobulinen sind dies die **variable Region der schweren Kette** ($V_H$) und die **variable Region der leichten Kette** ($V_L$), bei den T-Zell-Rezeptoren die $V_\alpha$- und die $V_\beta$-Regionen. Die Immunglobulindomänen dieser Regionen enthalten drei Schleifen, die drei **hypervariable Regionen** oder **komplementaritätsbestimmende Regionen (CDRs)** umfassen (Abschn. 4.2.1). Diese bilden die Antigenbindungsstelle und ermöglichen die scheinbar unbegrenzte Vielfalt an Spezifitäten.

In den 1960er- und 1970er-Jahren erkannte man in der Immunbiologie, dass die begrenzte Größe des Genoms (knapp drei Milliarden Nucleotide) nicht ausreicht, eine genügend große Zahl von Genen für die beobachtete Vielfalt der Antigenrezeptoren zu codieren. Wenn beispielsweise jeder Antikörper von einem eigenen Gen codiert würde, wäre es ein Leichtes, damit das gesamte Genom auszufüllen. Wie wir aber feststellen werden, werden die variablen Regionen der Rezeptorketten nicht von einem einzigen DNA-Abschnitt direkt als vollständige Immunglobulindomäne codiert. Stattdessen sind die variablen Regionen in **Gensegmenten** angelegt, die jeweils nur einen Teil der Immunglobulindomäne codieren. Während der Entwicklung jedes einzelnen Lymphocyten werden diese Gensegmente durch den Prozess der **somatischen DNA-Rekombination** neu geordnet, sodass eine vollständige und einmalige codierende Sequenz für die variable Region entsteht. Diesen Vorgang bezeichnet man als **Genumlagerung**. Eine vollständig zusammengesetzte Sequenz der variablen Region entsteht durch die Kombination von zwei oder drei Arten von Gensegmenten, die im Keimbahngenom jeweils mit mehreren Kopien vorhanden sind. Die letztendliche Vielfalt des Rezeptorrepertoires kommt während der Entwicklung der Lymphocyten zustande, bei der für jeden aus den vielen verschiedenen Gensegmenten der einzelnen Typen ein vollständiger Antigenrezeptor zusammengesetzt wird. Durch diesen Prozess erhält jeder Lymphocyt nur eine der vielen verschiedenen möglichen Kombinationen von Antigenrezeptoren. So entsteht das Repertoire der diversen Antigenspezifitäten der naiven B- und T-Zellen.

Im ersten und zweiten Teil dieses Kapitels beschäftigen wir uns mit den Genumlagerungen, durch die das primäre Repertoire der Immunglobuline und T-Zell-Rezeptoren entsteht. Der Mechanismus der Genumlagerung ist bei B- und T-Zellen gleich und seine Evolution hat möglicherweise entscheidend zur Evolution des adaptiven Immunsystems der Vertebraten beigetragen. Im dritten Teil dieses Kapitels wollen wir klären, wie der Übergang von aktivierten B-Zellen, welche Transmembranimmunglobuline produzieren, zu Plasmazellen erfolgt, die dann Antikörper sezernieren. Immunglobuline können entweder als Transmembranrezeptoren oder sezernierte Antikörper synthetisiert werden. Das unterscheidet sie von den T-Zell-Rezeptoren, die nur in der Transmembranform vorkommen. Antikörper können außerdem als Isotypen mit unterschiedlichen Arten der konstanten Regionen produziert werden (Abschn. 4.1.1). Hier beschreiben wir, wie die Expression der Isotypen IgM und IgD reguliert wird. Den Vorgang des Isotypwechsels besprechen wir jedoch erst in Kap. 10, da dieser Prozess und die Affinitätsreifung der Antikörper normalerweise im Zusammenhang mit einer Immunantwort vor sich gehen. Der letzte Teil des Kapitels befasst sich kurz mit alternativen Formen der Genumlagerungen, die sich in der Evolution bei anderen Spezies herausgebildet haben.

# 5.1 Primäre Umlagerung von Immunglobulingenen

Nahezu jede Substanz kann eine Antikörperantwort hervorrufen und die Antwort auf ein einzelnes Epitop umfasst viele unterschiedliche Antikörpermoleküle, von denen jedes eine etwas andere Spezifität für das Epitop und eine eigene **Affinität** oder Bindungsstärke besitzt. Die vollständige Sammlung von Antikörperspezifitäten in einem Individuum nennt man das **Antikörperrepertoire** oder **Immunglobulinrepertoire**. Es umfasst beim Menschen mindestens $10^{11}$ verschiedene Antikörpermoleküle, wahrscheinlich sogar noch um einige Größenordnungen mehr. Die Zahl der Antikörperspezifitäten, die zu einem bestimmten Zeitpunkt vorhanden sind, ist jedoch limitiert durch die Gesamtzahl von B-Zellen in einem Individuum, aber auch durch die erfolgten Begegnungen des Individuums mit Antigenen.

Bevor man Immunglobulingene direkt untersuchen konnte, stellte man zwei Haupthypothesen zur Entstehung ihrer Vielfalt auf. Nach der einen, der **Keimbahntheorie**, gibt es für jede Immunglobulinkette ein eigenes Gen, und das Antikörperrepertoire wird weitgehend vererbt. Im Gegensatz dazu gehen die Theorien der **somatischen Diversifikation** davon aus, dass eine begrenzte Zahl vererbter Gensequenzen für variable Regionen (V-Regionen-Sequenzen) in B-Zellen während des Lebens eines Individuums Veränderungen durchmachen und so das beobachtete Repertoire schaffen. Die Klonierung der Gene, die Immunglobuline codieren, zeigte, dass beide Theorien zum Teil recht hatten. Die DNA-Sequenz, die jede variable Region codiert, entsteht durch Umlagerungen einer verhältnismäßig kleinen Gruppe vererbter Gensegmente. Die Vielfalt wird durch den Prozess der **somatischen Hypermutation** in gereiften aktivierten B-Zellen noch vergrößert. Insofern hat sich die Theorie der somatischen Diversifikation durchaus als richtig erwiesen, aber auch die Keimbahntheorie mit ihrem Konzept der multiplen Keimbahngene trifft zu.

## 5.1.1 In den Vorläufern der antikörperproduzierenden Zellen werden Immunglobulingene neu geordnet

▶ Abb. 5.1 zeigt den Zusammenhang zwischen der Antigenbindungsstelle und der Domänenstruktur in der variablen Region der leichten Kette und des Gens, das diese codiert. Grundelement der variablen Regionen der schweren und der leichten Ketten ist die **Immunglobulinfaltung** aus neun β-Strängen. Die Antigenbindungsstelle besteht aus drei Schleifen von Aminosäuren, die man als die hypervariable Regionen HV1, HV2 und HV3 oder auch als CDR1, CDR2 und CDR3 bezeichnet (▶ Abb. 5.1a). Diese Schleifen liegen zwischen den Paaren der β-Stränge B und C, C′ und C″ sowie F und G (▶ Abb. 5.1b). In einer reifen B-Zelle werden die variablen Regionen der schweren und der leichten Kette von jeweils einem einzigen Exon codiert, sind jedoch innerhalb dieser codierenden Sequenz voneinander getrennt (▶ Abb. 5.1c). Das Exon steht im Gen an der zweiten Position (Exon 2). Das erste Exon der variablen Regionen codiert die Leader-Sequenz des Antikörpers, die den Antikörper in das endoplasmatische Reticulum dirigiert, entweder zur Expression auf der Oberfläche oder zur Sekretion.

Anders als bei den meisten übrigen Genen gibt es die vollständige DNA-Sequenz des Exons der variablen Region nicht in der Keimbahn eines Individuums, sondern sie wird am Anfang von zwei getrennten DNA-Segmenten codiert (▶ Abb. 5.2). Diese beiden DNA-Segmente werden während der Entwicklung der B-Zelle im Knochenmark zusammengespleißt und bilden so das vollständige Exon 2. Die ersten 95–101 Aminosäuren der variablen Region, welche die β-Faltblätter A–F und die ersten beiden hypervariablen Regionen ausmachen, stammen aus dem **V-Gen-Segment** (▶ Abb. 5.2). Dieses Segment trägt auch einen Teil zur dritten hypervariablen Region bei. Weitere Abschnitte der dritten hypervariablen Region und die übrige variable Region einschließlich des β-Faltblatts G (bis zu 13 Aminosäuren) stammen aus dem **J-Gen-Segment** (J von *joining* für verbindend). Wir bezeichnen das

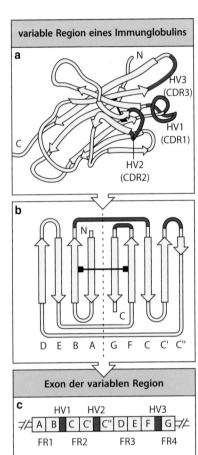

**variable Region eines Immunglobulins**

**Exon der variablen Region**

**Abb. 5.1 Ein einziges Exon codiert die drei hypervariablen Regionen.**
**a** Grundelement der variablen Region ist die Immunglobulinfaltung, die von Gerüstregionen (*framework regions*, FRs) getragen wird (*gelb*). Sie umfasst neun β-Stränge (*gelb*) und enthält drei hypervariable (HV-)Regionen (*rot*), welche die Antigenspezifität festlegen. **b** Die drei HV-Regionen sind Schleifen zwischen den β-Strängen B und C, C′ und C″ sowie F und G. **c** Eine vollständige variable Region in einem Lymphocyten wird von einem einzigen Exon des gesamten Antigenrezeptorgens codiert. Die drei HV-Regionen liegen verteilt zwischen vier FRs, die aus den β-Strängen der Ig-Domäne bestehen

**Abb. 5.2 Die CDR3-Region entsteht aus zwei oder mehr einzelnen Gensegmenten, die bei der Lymphocytenentwicklung zusammengesetzt werden. a** Die vollständige variable Region der leichten Kette mit der CDR1-, CDR2- und CDR3-Schleife wird von einem einzigen Exon codiert. **b** Die vollständige variable Region stammt aus zwei getrennten Keimbahn-DNA-Sequenzen. Ein V-Gen-Segment codiert die CDR1- und die CDR2-Schleife, während die CDR3-Schleife aus Sequenzen am Ende des V-Gen-Segments und vom Anfang des J-Gen-Segments gebildet wird. Außerdem sind hier Nucleotide von Bedeutung, die hinzukommen oder verloren gehen, wenn diese Gensegmente während der Lymphocytenentwicklung miteinander verknüpft werden. Das Exon für die CDR3-Schleife der schweren Kette entsteht durch die Verknüpfung der Sequenzen aus dem V-, D- und J-Gen-Segment (nicht dargestellt)

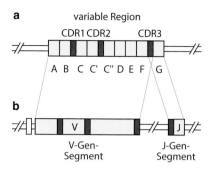

Exon, das die gesamte variable Region codiert und durch Zusammenspleißen dieser beiden Gensegmente entsteht, vereinbarungsgemäß als Gen der **V-Region**.

In den nichtlymphatischen Zellen bleiben die Gensegmente der V-Region in ihrer ursprünglichen Keimbahnkonfiguration bestehen und sind auch sehr weit von der Sequenz für die konstante Domäne entfernt. In reifen B-Lymphocyten liegen dagegen die zusammengebauten V-Region-Sequenzen viel näher an denen der konstanten Region, da die DNA des Gens gespleißt wird. Die Entdeckung der Umlagerung von Immunglobulingenen machte man bereits vor fast 40 Jahren, als es mithilfe von Restriktionsanalysen zum ersten Mal möglich war, die Organisation der Immunglobulingene in B-Zellen und nichtlymphatischen Zellen zu untersuchen. Bei diesen Experimenten zeigte sich, dass Segmente der genomischen Immunglobulingen-DNA in der Zelllinie der B-Lymphocyten umgelagert werden, nicht jedoch in anderen Zellen. Diesen Umlagerungsvorgang bezeichnet man als somatische DNA-Rekombination, um sie von der meiotischen Rekombination bei der Gametenbildung zu unterscheiden.

### 5.1.2 Durch die somatische Rekombination separater Gensegmente entstehen die vollständigen Gene für eine variable Region

▶ Abb. 5.3 zeigt, wie die Umlagerungen vor sich gehen, die schließlich das Gen für die leichte und die schwere Immunglobulinkette hervorbringen. Bei der leichten Kette führt die Verknüpfung eines $V_L$- und eines $J_L$-Gen-Segments zu einem Exon, das die gesamte variable Region der leichten Kette ($V_L$-Region) codiert. Vor der Umlagerung liegen die Gensegmente für die variable Region relativ weit entfernt von denen für die konstante Region ($C_L$-Region). Die $J_L$-Gen-Segmente liegen dagegen nahe bei der $C_L$-Region und die Verknüpfung eines $V_L$-Gen-Segments mit einem $J_L$-Gen-Segment bringt auch das $V_L$-Gen-Segment näher an eine $C_L$-Region-Sequenz. Das $J_L$-Gen-Segment einer umgeordneten $V_L$-Region ist nur durch ein Intron von den Genabschnitten der $C_L$-Region getrennt. Zur Vervollständigung einer mRNA für die leichte Kette eines Immunglobulins wird das V-Region-Exon mit der C-Region-Sequenz nach der Transkription durch RNA-Spleißen verknüpft.

Bei der schweren Kette ist die Situation etwas komplizierter. Die variablen Regionen der schweren Kette ($V_H$) werden nicht von zwei, sondern von drei Genabschnitten codiert. Zusätzlich zu den V- und J-Gen-Segmenten (zur Unterscheidung von den Gensegmenten der leichten Kette, $V_L$ und $J_L$, mit $V_H$ und $J_H$ bezeichnet) gibt es einen dritten Genabschnitt, der als **$D_H$-Gen-Segment** bezeichnet wird (D von *diversity* für Vielfalt). Dieser Abschnitt liegt zwischen dem $V_H$- und dem $J_H$-Gen-Segment. ▶ Abb. 5.3 (rechts) zeigt, wie die Re-

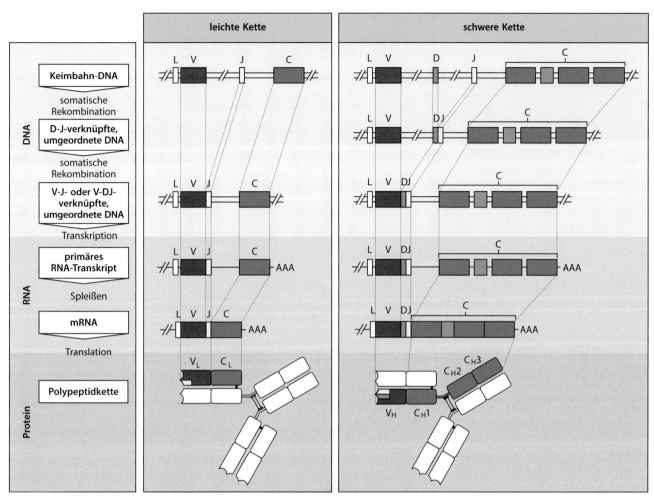

**Abb. 5.3 Gene der variablen Regionen werden aus Gensegmenten aufgebaut.** Die Gene der variablen Regionen der leichten Kette entstehen aus zwei Segmenten (*Mitte*). Ein V-Gen-Segment und ein J-Gen-Segment aus der genomischen DNA werden zusammengefügt, sodass ein vollständiges Exon für die variable Region einer leichten Kette entsteht. Die Immunglobulinketten sind extrazelluläre Proteine. Vor dem V-Gen-Segment liegt ein Exon, das ein Leader-Peptid (L) codiert; dieses schleust das Protein in die sekretorischen Stoffwechselwege der Zelle ein und wird anschließend abgespalten. Ein separates Exon codiert die konstante Region der leichten Kette. Durch Spleißen der mRNA der leichten Kette wird es mit dem Exon der variablen Region verknüpft. Dabei werden die Introns zwischen L und V sowie zwischen J und C entfernt. Die variablen Regionen der schweren Kette entstehen aus drei Gensegmenten (*rechts*). Zuerst werden das D- und das J-Gen-Segment miteinander verknüpft. An die kombinierte DJ-Sequenz wird dann das V-Gen-Segment angefügt und es entsteht ein vollständiges $V_H$-Exon. Ein Gen für die konstante Region der schweren Kette wird von mehreren Exons codiert. Die Exons der konstanten Region werden während der Prozessierung des RNA-Transkripts der schweren Kette zusammen mit dem Leader-Peptid (L) an die Sequenzen der variablen Domäne gespleißt. Die Leader-Sequenz wird nach der Translation entfernt und es bilden sich die Disulfidbrücken, welche die Polypeptidketten verknüpfen. Die Gelenkregion ist *violett* dargestellt

kombination vor sich geht, die eine vollständige variable Region der schweren Kette hervorbringt. Der Vorgang umfasst zwei Phasen: Zuerst wird ein $D_H$-Gen-Segment mit einem $J_H$-Gen-Segment verknüpft. Anschließend lagert sich ein $V_H$-Gen-Segment an die $DJ_H$-Sequenz, sodass ein vollständiges Exon für die variable Region der schweren Kette entsteht. Wie bei der leichten Kette erfolgt die Verbindung der zusammengebauten V-Region-Sequenz mit dem benachbarten C-Region-Gen durch RNA-Spleißen nach der Transkription.

## 5.1.3 Jeder Immunglobulinlocus besteht aus vielen hintereinanderliegenden V-Gen-Segmenten

| Zahl der funktionellen Gensegmente in den Immunglobulinloci des Menschen | | | |
|---|---|---|---|
| **Segment** | **leichte Kette** | | **schwere Kette** |
| | $\kappa$ | $\lambda$ | H |
| Variabilität (V) | 34–38 | 29–33 | 38–46 |
| Vielfalt (D) | 0 | 0 | 23 |
| Verknüpfung (J) | 5 | 4–5 | 6 |
| konstant (C) | 1 | 4–5 | 9 |

**Abb. 5.4 Die Anzahl funktioneller Gensegmente für die variablen Regionen der schweren und leichten Kette in der DNA des Menschen.** Die angegebenen Zahlen wurden durch umfassende Klonierung und Sequenzierung der DNA eines einzelnen Menschen ermittelt, wobei alle Pseudogene (mutierte und nichtfunktionelle Varianten einer Gensequenz) ausgeklammert sind. Aufgrund des genetischen Polymorphismus gelten die Zahlen nicht für alle Menschen

Der Einfachheit halber haben wir bisher über die Bildung vollständiger variabler Immunglobulingensequenzen gesprochen, als ob es von jedem Gensegment nur eine einzige Kopie gäbe. In Wirklichkeit liegen in der Keimbahn-DNA alle Gensegmente als multiple Kopien vor. Die zufällige Auswahl eines Gensegments von jedem Typ für den Zusammenbau zu einer V-Region bringt die große Vielfalt von variablen Regionen innerhalb der Immunglobuline hervor. Die Anzahl funktioneller Gensegmente für jeden Typ im Humangenom hat man durch Genklonierung und Sequenzierung ermittelt (▶ Abb. 5.4). Nicht alle entdeckten Gensegmente sind funktionsfähig, da sich in einigen Mutationen angehäuft haben, die verhindern, dass sie ein funktionelles Protein codieren. Man bezeichnet sie als **Pseudogene**. Da es in der Keimbahn-DNA viele V-, D- und J-Gen-Segmente gibt, ist keines von ihnen essenziell, was zu einer relativ großen Zahl von Pseudogenen führt. Manche dieser Pseudogene können sich wie ein normales funktionelles Gensegment umordnen. Daher wird in einem signifikanten Anteil der Umlagerungen ein Pseudogen eingebaut, wodurch ein nicht funktionsfähiges Gensegment entsteht.

Im Abschn. 4.1.1 haben wir erfahren, dass es drei Gruppen von Immunglobulinketten gibt: die schwere Kette und zwei gleichwertige Typen von leichten Ketten, die $\kappa$- und $\lambda$-**Kette**. Die Immunglobulingensegmente, die jede dieser Ketten codieren, liegen in drei Clustern oder **Genloci** vor: im $\kappa$- und $\lambda$-Locus und im Locus für die schwere Kette. Diese Cluster sind auf verschiedenen Chromosomen lokalisiert, wobei jeder etwas anders aufgebaut ist; ▶ Abb. 5.5 zeigt die Organisation beim Menschen. Am $\lambda$-Locus der leichten Kette auf Chromosom 22 gibt es einen Cluster von $V_\lambda$-Gen-Segmenten, an den sich vier (bei manchen Individuen auch fünf) $J_\lambda$-Gen-Segmente, jedes verbunden mit einem $C_\lambda$-Gen, anschließen. Am $\kappa$-Locus der leichten Kette auf Chromosom 2 liegt hinter der Gruppe von $V_\kappa$-Gen-Segmenten eine Gruppe von $J_\kappa$-Gen-Segmenten und danach ein einzelnes $C_\kappa$-Gen.

Die Organisation des Locus der schweren Kette auf Chromosom 14 enthält separate Gruppen von $V_H$-, $D_H$- und $J_H$-Gen-Segmenten sowie von $C_H$-Genen. Der Locus der schweren Kette unterscheidet sich jedoch in einem wesentlichen Punkt: Anstatt einer einzelnen C-Region enthält er eine ganze Reihe von C-Regionen hintereinander, wobei jede einem anderen Immunglobulinisotyp entspricht (▶ Abb. 5.19). Der $C_\lambda$-Locus enthält zwar mehrere separate C-Regionen, diese codieren jedoch einander ähnliche Proteine mit der jeweils gleichen Funktion. Im Gegensatz dazu unterscheiden sich die verschiedenen Isotypen der schweren Kette deutlich in ihrer Struktur und sie besitzen unterschiedliche Funktionen.

B-Zellen exprimieren anfänglich schwere Ketten der Isotypen $\mu$ und $\delta$ (Abschn. 4.1.1), ein Ergebnis alternativen RNA-Spleißens, und produzieren daraufhin die Immunglobuline IgM und IgD, wie wir in Abschn. 5.3.3. sehen werden. Die Expression anderer Isotypen, beispielsweise IgG, erfolgt als Folge einer DNA-Umlagerung, die man als **Isotyp-** oder **Klassenwechsel** bezeichnet; dies findet in einer späteren Entwicklungsphase statt. Den zugehörigen Mechanismus besprechen wir in Kap. 10.

Die V-Gen-Segmente des Menschen lassen sich in Familien einteilen, in denen die Mitglieder mindestens 80 % der DNA-Sequenzen gemeinsam haben. Sowohl die V-Gen-Segmente der schweren als auch die der $\kappa$-Kette kann man in sieben solcher Familien unterteilen. Demgegenüber gibt es acht Familien von $V_\lambda$-Gen-Segmenten. Die Familien lassen sich weiterhin in sogenannten Klanen zusammenfassen. Dabei ähneln sich Familien eines Klans stärker als Familien anderer Klane. Die $V_H$-Gen-Segmente des Menschen gliedern sich in drei solcher Klane. Alle bisher identifizierten $V_H$-Gen-Segmente von Amphibien, Reptilien und Säugetieren gehören ebenfalls denselben drei Gruppierungen an. Das lässt darauf schließen, dass alle Klane dieser modernen Tiergruppen einen gemeinsamen Vorfahren haben. Die V-Gen-Segmente, die es heute gibt, sind also in der Evolution durch eine Reihe von Genduplikationen und Diversifikation entstanden.

**λ-Locus der leichten Kette**

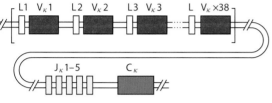

**κ-Locus der leichten Kette**

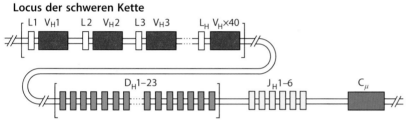

**Locus der schweren Kette**

**Abb. 5.5 Die genomische Organisation der Loci für die schweren und leichten Immunglobulinketten in der Keimbahn des Menschen.** Je nach individueller Ausstattung umfasst der Genlocus der leichten λ-Kette auf Chromosom 22 zwischen 29 und 33 funktionelle $V_λ$-Gen-Segmente sowie vier oder fünf Paare von funktionellen $J_λ$-Gen-Segmenten und $C_λ$-Genen. Der κ-Locus auf Chromosom 2 (*mittlere Reihe*) ist ähnlich organisiert: Hier gibt es ungefähr 38 funktionelle $V_κ$-Gen-Segmente sowie einen Cluster von fünf $J_κ$-Segmenten, aber nur ein einziges $C_κ$-Gen. Bei ungefähr 50 % aller Individuen hat sich die Gruppe von $V_κ$-Gen-Segmenten dupliziert (der Einfachheit halber nicht dargestellt). Der Locus für die schwere Kette auf Chromosom 14 (*untere Reihe*) besitzt ungefähr 40 funktionelle $V_H$-Gen-Segmente. Außerdem findet man einen Cluster von etwa 23 $D_H$-Segmenten, die zwischen den $V_H$-Gen-Segmenten und sechs $J_H$-Gen-Segmenten liegen. Der Locus für die schwere Kette enthält auch einen großen Cluster von $C_H$-Genen (▶ Abb. 5.19). Der Einfachheit halber sind alle V-Gene in derselben chromosomalen Orientierung dargestellt, es ist nur das erste $C_H$-Gen ($C_μ$) abgebildet, wobei die einzelnen Exons nicht eingezeichnet sind, außerdem wurden die Pseudogene weggelassen. Die Abbildung ist nicht maßstabsgetreu, da der Cluster für die schweren Ketten insgesamt zwei Megabasen (2 Mio. Basen) umfasst, einige der D-Segmente jedoch nur sechs Basen lang sind

## 5.1.4 Die Umlagerung der V-, D- und J-Gen-Segmente wird durch flankierende DNA-Sequenzen gesteuert

Damit eine vollständige Kette eines Immunglobulins oder eines T-Zell-Rezeptors exprimiert wird, müssen die DNA-Umlagerungen an den richtigen Stellen bezüglich der codierenden Sequenzen eines V-, D- oder J-Gen-Segments stattfinden. Außerdem müssen diese DNA-Umlagerungen so reguliert erfolgen, dass ein V-Gen-Segment mit einem D- oder J-Segment verbunden wird und nicht mit einem anderen V-Segment. DNA-Umlagerungen werden in der Tat von konservierten DNA-Sequenzen gesteuert, die sich neben den Stellen befinden, an denen die Rekombination erfolgt, den **Rekombinationssignalsequenzen** (**RSSs**). Die Struktur und die Umordnung der RSSs sind in ▶ Abb. 5.6 für die Loci der leichten λ- und κ-Kette sowie der schweren Kette dargestellt. Eine RSS-Sequenz besteht aus einem konservierten Block von sieben Nucleotiden (dem **Heptamer** 5'-CACAGTG-3'), der immer direkt auf die codierende Sequenz folgt. Daran schließt sich ein nichtkonservierter **Spacer** (Abstandhalter) von zwölf oder 23 Basenpaaren (bp) an, dem noch ein zweiter konservierter Block von neun Nucleotiden folgt (das **Nonamer** 5'-ACAAAAACC-3').

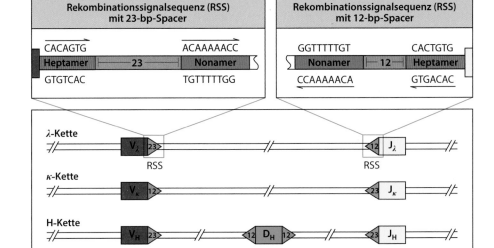

**Abb. 5.6 Rekombinationssignalsequenzen sind konservierte Heptamer- und Nonamersequenzen, die die Gensegmente flankieren, welche die V-, D- und J-Regionen von Immunglobulinen codieren.** Rekombinationssignalsequenzen (RSSs) bestehen aus dem Heptamer CACAGTG und dem Nonamer ACAAAAACC; dazwischen liegen entweder zwölf oder ungefähr 23 bp. Die Sequenz aus Heptamer-12-bp-Spacer-Nonamer ist hier mit einer orangefarbenen Pfeilspitze dargestellt, das Motiv mit dem 23-bp-Spacer als violette Pfeilspitze. An einer Verknüpfung von Gensegmenten ist fast immer je ein Rekombinationssignal von 12 bp und von 23 bp beteiligt; sie folgt also der 12/23-Regel. Hier ist die Anordnung der RSSs der V- (*rot*), D- (*grün*) und J- (*gelb*) Gensegmente schwerer (H) und leichter (λ und κ) Immunglobulinketten abgebildet. Die RAG-1-Rekombinase (Abschn. 5.1.5) schneidet die DNA exakt zwischen dem letzten Nucleotid des V-Gen-Segments und dem ersten C-Nucleotid des Heptamers oder zwischen dem G des Heptamers und dem ersten Nucleotid des D- oder J-Gen-Segments. Entsprechend der 12/23-Regel schließt die Anordnung der RSSs in den Gensegmenten der schweren Immunglobulinkette eine direkte Verknüpfung von V und J aus

Angegeben sind hier die Konsensussequenzen, aber es kann zwischen den einzelnen Gensegmenten starke Unterschiede geben, sogar im selben Individuum, da die Erkennung dieser Sequenzen durch die Rekombinationsenzyme eine gewisse Flexibilität zulässt. Die Sequenzen der Spacer variieren; ihre Länge hingegen ist konserviert und entspricht einer (12 bp) oder zwei (23 bp) Windungen einer DNA-Doppelhelix. Auf diese Weise liegen wahrscheinlich das Heptamer und das Nonamer auf derselben Seite der DNA-Doppelhelix, sodass sie mit dem Proteinkomplex in Wechselwirkung treten können, der die Rekombination katalysiert. Allerdings fehlt dafür noch der eindeutige Beweis. Die Struktur Heptamer-Spacer-Nonamer, die RSS, befindet sich direkt neben der codierenden Sequenz von V-, D- oder J-Gen-Segmenten. Zu einer Rekombination kommt es normalerweise nur zwischen Gensegmenten, die auf demselben Chromosom liegen. Der Prozess gehorcht normalerweise der **12/23-Regel**: Ein Gensegment, das von einer Rekombinationssignalsequenz mit einem 12 bp langen Spacer flankiert ist, kann nur mit einem Gensegment verknüpft werden, das von einer RSS mit 23 bp langem Spacer flankiert ist.

Hier ist wichtig festzuhalten, dass sich das Muster der 12- und 23-bp-Spacer, die bei den verschiedenen Gensegmenten jeweils vorkommen, bei den Loci der λ- und κ-Kette sowie der schweren Kette (▶ Abb. 5.6) unterscheidet. Auf diese Weise kann für die schwere Kette ein $D_H$- mit einem $J_H$-Gen-Segment und ein $V_H$- mit einem $D_H$-Gen-Segment fusionieren; eine direkte Verknüpfung von $V_H$- mit $J_H$-Gen-Segmenten ist dagegen nicht möglich, da $V_H$- und $J_H$-Gen-Segmente von 23-bp-Spacern flankiert sind. Sie können jedoch mit einem zwischen ihnen liegenden $D_H$-Gen-Segment verknüpft werden, da sich bei den $D_H$-Gen-Segmenten auf beiden Seiten 12-bp-Spacer befinden.

In der Antigenbindungsstelle eines Immunglobulins werden CDR1 und CDR2 im V-Gen-Segment selbst codiert (▶ Abb. 5.2). CDR3 wird von der zusätzlichen DNA-Sequenz codiert, die durch die Verknüpfung von V- und J-Gen-Segmenten für die leichte Kette und V-,

D- und J-Gen-Segmenten für die schwere Kette entsteht. Das Antikörperrepertoire kann sich noch zusätzlich durch CDR3-Regionen vervielfältigen, die anscheinend durch die Verknüpfung eines D-Gen-Segments mit einem anderen D-Gen-Segment vor der Verknüpfung mit einem J-Gen-Segment zustande kommen. Das kommt nicht häufig vor, eine direkte D-D-Verknüpfung verletzt offensichtlich die 12/23-Regel. Bei Menschen findet man in nahezu 5 % der Antikörper D-D-Fusionen; sie sind der Hauptgrund für die ungewöhnlich langen CDR3-Schleifen mancher schwerer Ketten.

**Abb. 5.7 Gensegmente für variable Regionen werden durch Rekombination verknüpft.** *Oben*: Bei jedem Rekombinationsereignis innerhalb einer variablen Region müssen die Rekombinationssignalsequenzen (RSSs), welche die Gensegmente flankieren, zusammengeführt werden. Die RSSs mit 12-bp-Spacer sind *orange*, die RSSs mit 23-bp-Spacer *violett* dargestellt. Der Einfachheit halber ist hier die Umlagerung bei leichten Ketten gezeigt. Damit eine funktionsfähige variable Region bei schweren Ketten entsteht, sind zwei getrennte Rekombinationsereignisse nötig. *Links*: In den meisten Fällen haben die V- und J-Segmente im Chromosom die gleiche Transkriptionsrichtung. Durch Nebeneinanderlegen der Rekombinationssignale stülpt sich die dazwischenliegende DNA als Schleife aus. Die Rekombination erfolgt an den Enden der Heptamersequenzen in den RSSs, wodurch eine Signalverknüpfungssequenz entsteht und die dazwischenliegende DNA als geschlossenes zirkuläres Fragment entfernt wird. Anschließend bildet sich bei der Verbindung des V- und J-Gen-Segments die codierende Verknüpfungssequenz in der chromosomalen DNA. *Rechts*: In anderen Fällen unterscheiden sich die ursprünglichen Transkriptionsrichtungen des V- und des J-Gen-Segments. Das Zusammenbringen der RSSs erfordert dann eine komplexe Schleifenbildung der DNA (eine einfache Schleife genügt hier nicht). Die Verknüpfung der beiden Heptamersequenzen führt nun zu einer Inversion und dem Einbau der dazwischenliegenden DNA an einer anderen Stelle im Chromosom. Auch hier bringt die Verbindung von einem V- mit einem J-Gen-Segment ein funktionsfähiges Exon für eine variable Region hervor

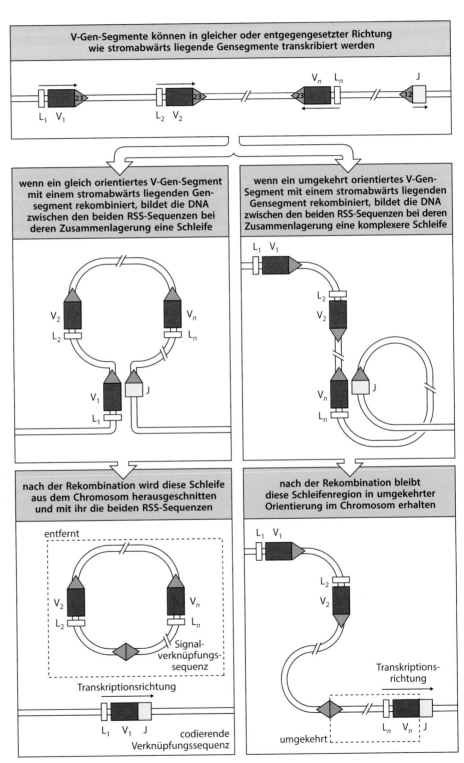

Video 5.1

Der Mechanismus der DNA-Umlagerung ist bei schwerer und leichter Kette ähnlich. Für die Gene der leichten Kette ist nur ein Fusionsereignis erforderlich, für ein vollständiges V-Gen einer schweren Kette dagegen zwei. Wenn zwei Gensegmente innerhalb der Keimbahn-DNA die gleiche Transkriptionsrichtung haben, stülpt sich bei der Umlagerung die DNA zwischen zwei Gensegmenten aus und wird deletiert (▶ Abb. 5.7, links). Bei zwei Gensegmenten mit entgegengesetzter Transkriptionsrichtung (▶ Abb. 5.7, rechts) verbleibt dagegen die dazwischenliegende DNA in umgekehrter Orientierung im Chromosom. Dieser Rekombinationsmechanismus ist seltener, aber für etwa die Hälfte der Fusionen zwischen $V_\kappa$- und $J_\kappa$-Segmenten verantwortlich, da die Transkriptionsrichtung der Hälfte der $V_\kappa$-Gen-Segmente des Menschen entgegengesetzt zu derjenigen der $J_\kappa$-Gen-Segmente ist.

### 5.1.5 An der Reaktion, die V-, D- und J-Gen-Segmente rekombiniert, sind sowohl lymphocytenspezifische als auch ubiquitäre DNA-modifizierende Enzyme beteiligt

Die enzymatischen Mechanismen der DNA-Umlagerung in der V-Region, das heißt die **V(D)J-Rekombination**, sind in ▶ Abb. 5.8 zusammengefasst dargestellt. Zwei RSSs werden durch Wechselwirkungen zwischen Proteinen zusammengebracht, die spezifisch die Länge der Spacer erkennen und damit der 12/23-Rekombinationsregel folgen. Das DNA-Molekül wird dann an zwei Stellen genau geschnitten und in einer anderen Konfiguration wieder zusammengefügt. Die Enden der Heptamersequenzen verbinden sich Kopf-an-Kopf zu einer **Signalverknüpfungssequenz**. Meistens gehen zwischen den beiden Heptamersequenzen keine Nucleotide verloren oder werden hinzugefügt, sodass im DNA-Molekül die doppelte Heptamersequenz 5′-CACAGTGCACAGTG-3′ entsteht. Wenn die Verknüpfungssegmente gleich orientiert sind, befindet sich die Sequenz in einem Stück ringförmiger, extrachromosomaler DNA, das dem Genom verloren geht, wenn sich die Zelle teilt (▶ Abb. 5.7, links). Die V- und J-Gen-Segmente, die auf dem Chromosom bleiben, verbinden sich zu einer **codierenden Verknüpfungssequenz**. Wenn die verknüpften Segmente im Chromosom zueinander entgegengesetzt orientiert sind (▶ Abb. 5.7, rechts) verbleibt die Signalverknüpfungssequenz ebenfalls im Chromosom und der DNA-Abschnitt zwischen dem V-Gen-Segment und die RSS des J-Gen-Segments wird bei der Bildung der codierenden Verknüpfungssequenz umgedreht. Dies bezeichnet man als **Umlagerung durch Inversion**. Wie wir später noch sehen werden, ist diese Verknüpfung ungenau, sodass beim Umlagerungsprozess zwischen den verknüpften Segmenten Nucleotide hinzugefügt werden oder verloren gehen können. Diese Ungenauigkeit bei der Bildung der codierenden Verknüpfungssequenz bewirkt eine zusätzliche Variabilität in der V-Region-Sequenz. Man bezeichnet diesen Effekt als **junktionale Diversität** (Vielfalt der Verknüpfungsstellen).

Den Komplex aus verschiedenen Enzymen, die gemeinsam die somatische V(D)J-Rekombination katalysieren, bezeichnet man als **V(D)J-Rekombinase**. Die Produkte der beiden Gene *RAG-1* und *RAG-2* (**rekombinationsaktivierende Gene**), **RAG-1** und **RAG-2**, stellen die lymphocytenspezifischen Bestandteile der Rekombinase dar. Dieses Genpaar ist für die V(D)J-Rekombination unbedingt erforderlich und es wird nur in sich entwickelnden Lymphocyten exprimiert, während sie ihre Antigenrezeptoren zusammenstellen (ausführlicher beschrieben in Kap. 8). Sie sind wesentlich an der V(D)J-Rekombination beteiligt. Werden diese Gene zusammen in nichtlymphatischen Zellen wie Fibroblasten exprimiert, können sie diesen die Fähigkeit verleihen, exogene DNA-Segmente mit passenden RSSs umzulagern; auf diese Weise hat man *RAG-1* und *RAG-2* ursprünglich entdeckt.

Die übrigen Enzyme des Rekombinasekomplexes gehören zum stark exprimierten **NHEJ**-Weg (NHEJ für *nonhomologous end joining*, Verknüpfung nichthomologer Enden) der DNA-Reparatur. Dieser Mechanismus wird auch als **Doppelstrangbruchreparatur (DSBR)** bezeichnet und ist in allen Zellen dafür zuständig, dass die beiden Enden eines Doppelstrangbruchs in der DNA wieder verknüpft werden. Der Prozess erfolgt ungenau, es werden also an der Verknüpfungsstelle häufig zusätzliche Nucleotide eingefügt oder es gehen welche verloren. Das ist für die Evolution von Bedeutung, da es für die meisten

**Abb. 5.8 Enzymkatalysierte Schritte bei der RAG-abhängigen V(D)J-Umlagerung.** Die Rekombination von Gensegmenten, die Rekombinationssignalsequenzen (RSSs; *Dreiecke*) enthalten, beginnt mit der Bindung von RAG-1 (*blau*), RAG-2 (*violett*) und HMG-Proteinen (nicht dargestellt) an eine der RSSs, die neben den codierenden zu verknüpfenden Sequenzen liegen (*zweite Reihe*). Der RAG-Komplex bindet dann auch die zweite RSS. Bei der Spaltung erzeugt die RAG-Endonucleaseaktivität im DNA-Rückgrat Einzelstrangbrüche genau zwischen jedem codierenden Segment und seiner RSS. So entsteht an jeder Schnittstelle eine 3′-Hydroxylgruppe, die dann mit einer Phosphodiesterbindung auf dem gegenüberliegenden DNA-Strang reagiert, wodurch eine Haarnadelstruktur und am Ende der RSS ein stumpfer Doppelstrangbruch entsteht. Anschließend wird mit den beiden DNA-Enden etwas unterschiedlich verfahren. An den codierenden Enden (*links*) binden essenzielle Proteine wie Ku70:Ku80 (*grün*) an die Haarnadelstruktur. Ku70:Ku80 bildet eine ringähnliche Struktur in Form eines Homodimers, aber die Monomere lösen die DNA-Ringstruktur nicht auf. Der DNA-PK:Artemis-Komplex (*violett*) bindet an den Komplex und seine Endonucleaseaktivität öffnet die DNA-Haarnadelstruktur an einer zufälligen Stelle, wodurch, abhängig von der genauen Lage des Schnittes, entweder zwei glatte DNA-Enden oder ein einzelsträngiges, überstehendes DNA-Ende entsteht. Das so geschnittene DNA-Ende wird dann von der Terminalen Desoxyribonucleotidyltransferase (TdT, *rosa*) und von Exonucleaseaktivitäten modifiziert, die zufällig Nucleotide hinzufügen beziehungsweise entfernen (dieser Vorgang ist in ▶ Abb. 5.11 genauer dargestellt). Zum Schluss werden die beiden codierenden Enden von der DNA-Ligase IV in Verbindung mit XRCC4 (*türkis*) verknüpft. An den Signalenden (*rechts*) bindet Ku70:Ju80 an die RSSs, aber die Enden werden nicht weiter modifiziert. Stattdessen verbindet ein Komplex aus DNA-Ligase IV:XRCC4 die beiden Signalenden exakt zur Signalverknüpfungssequenz

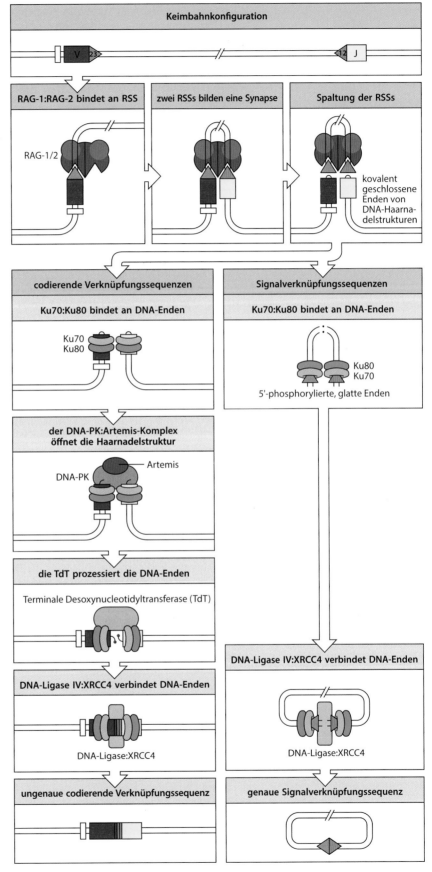

Zellen nicht unbedingt von Vorteil ist, Nucleotide hinzu zu gewinnen oder zu verlieren, wenn Doppelstrangbrüche repariert werden. Bei den Lymphocyten ist jedoch diese Ungenauigkeit entscheidend für die junktionale Diversität und für die adaptive Immunantwort. Wahrscheinlich entsteht dadurch der Evolutionsdruck, dass der NHEJ-Mechanismus die DNA ungenau verknüpft. Eines der ubiquitären Proteine, die am DBSR-Mechanismus beteiligt sind, ist **Ku**, ein Heterodimer (Ku70:Ku80), das sich ringförmig um die DNA legt und sich eng mit der katalytischen Untereinheit einer Proteinkinase, DNA-PKcs, assoziiert; dadurch entsteht die **DNA-abhängige Proteinkinase (DNA-PK)**. Ein weiteres Protein, das an DNA-PKcs bindet, ist **Artemis** mit einer Nucleaseaktivität. Zum Schluss werden die DNA-Enden von der **DNA-Ligase IV** verknüpft, die mit dem DNA-Reparaturprotein **XRCC4** einen Komplex bildet. Die DNA-Polymerasen $\mu$ und $\lambda$ tragen dazu bei, dass die DNA-Enden durch Synthese aufgefüllt werden. Darüber hinaus kann die Polymerase $\mu$ Nucleotide ohne vorhandene Matrize an DNA anfügen. Insgesamt zeigt sich also, dass Lymphocyten mehrere Enzyme für sich nutzen, die zu den allgemeinen DNA-Reparatursystemen gehören, um den Prozess der somatischen V(D)J-Rekombination zu vervollständigen, der von den Rekombinasen RAG-1 und RAG-2 in Gang gesetzt wird.

Die erste Reaktion ist die Spaltung durch eine Endonuclease, welche die koordinierte Aktivität der beiden RAG-Proteine erfordert. Zunächst erkennt ein Komplex aus den Proteinen RAG-1 und RAG-2 zusammen mit dem HMG-Chromatinprotein HMGB1 oder HMGB2 (HMG für *high mobility group*) die beiden RSSs, welche die Spaltung steuern, und ordnen sie nebeneinander an. RAG-1 ist dabei als Dimer aktiv und RAG-2 fungiert als Cofaktor (▶ Abb. 5.9). RAG-1 erkennt das Heptamer und das Nonamer der RSSs spezifisch und bindet daran. Zudem enthält RAG-1 die $Zn^{2+}$-abhängige Endonucleaseaktivität des RAG-Proteinkomplexes. Anscheinend lagert sich RAG-1 als Dimer an die beiden RSSs, an denen die Umlagerung erfolgt. Derzeitige Modellvorstellungen gehen davon aus, dass die 12/23-Regel wahrscheinlich dadurch entstanden ist, dass die asymmetrische Orientierung des RAG-1:RAG-2-Komplexes die Bindung von unterschiedlichen RSS-Elementen begünstigt (▶ Abb. 5.10). Der RAG-Komplex erzeugt einen Einzelstrangbruch an dem Nucleotid der DNA, das sich unmittelbar am 5′-Ende des RSS-Heptamers befindet, wodurch am Ende des codierenden Segments eine freie 3′-OH-Gruppe entsteht. Diese nucleophile 3′-OH-Gruppe greift sofort die Phosphodiesterbindung auf dem anderen DNA-Strang an und erzeugt damit einen Doppelstrangbruch. So entsteht an der codierenden Region eine Haarnadelstruktur und am Ende der Heptamersequenz ein glatter Doppelstrangbruch. Dieser Schneidevorgang findet zweimal statt, also einmal für jedes der zu verknüpfenden Gensegmente, sodass vier Enden entstehen: zwei Haarnadelenden an den codierenden Sequenzen und zwei glatte Enden an den beiden Heptamersequenzen (▶ Abb. 5.8). Diese DNA-Enden entfernen sich jedoch nicht voneinander, sondern werden eng in dem Komplex zusammengehalten, bis die Verknüpfung vollzogen ist. Die glatten Enden der Heptamersequenz werden von einem Komplex aus DNA-Ligase IV und XRCC4 zur Signalverknüpfungssequenz verbunden.

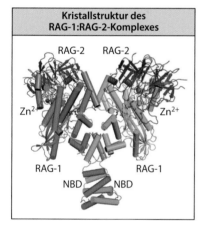

**Kristallstruktur des RAG-1:RAG-2-Komplexes**

RAG-2   RAG-2

$Zn^{2+}$   $Zn^{2+}$

RAG-1   RAG-1

NBD   NBD

Abb. 5.9 **RAG-1 und RAG-2 bilden ein Heterotetramer, das an zwei RSSs binden kann.** Der RAG-1:RAG-2-Komplex, der hier als Bändermodell dargestellt ist, enthält zwei RAG-1- (*grün* und *blau*) sowie zwei RAG-2-Proteine (*violett*). Die ersten 383 Aminosäuren von RAG-1 waren vor der Kristallisierung abgetrennt worden. Die N-terminale Nonamerbindungsdomäne (NBD) der beiden RAG-1-Proteine durchläuft einen Domänenwechsel und bewirkt die Dimerisierung der beiden Proteine. Das übrige RAG-1-Protein enthält die Endonucleaseaktivität, die von der Bindung eines $Zn^{2+}$-Ions abhängig ist. Jedes RAG-1-Protein bindet ein eigenes RAG-2-Protein. (Mit freundlicher Genehmigung von Martin Gellert)

Die Bildung der codierenden Verknüpfungssequenz ist komplizierter. Die DNA-Enden der codierenden Haarnadelstrukturen werden jeweils von Ku gebunden, das die DNA-PKcs-Untereinheit rekrutiert. Artemis stößt zu dem Komplex hinzu und wird von DNA-PK phosphoryliert. Artemis öffnet dann die DNA-Haarnadelstrukturen mit einem Einzelstrangbruch. Der Schnitt kann an verschiedenen Stellen innerhalb der Haarnadelstruktur erfolgen, was bei der Wiederverknüpfung zu einer Sequenzvariabilität innerhalb der resultierenden Verknüpfungssequenz führt. Die DNA-Reparaturenzyme innerhalb des Komplexes modifizieren die geöffneten Haarnadelstrukturen, indem sie Nucleotide (durch Endonucleaseaktivität) entfernen und gleichzeitig fügt die lymphocytenspezifische **Terminale Desoxyribonucleotidyltransferase (TdT)**, die ebenfalls Teil des Rekombinasekomplexes ist, nach dem Zufallsprinzip Nucleotide an die Einzelstrangenden an. Hinzufügen und Entfernen von Nucleotiden kann in jeder beliebigen Reihenfolge stattfinden. Schließlich verknüpft die DNA-Ligase IV die prozessierten Enden und es entsteht ein Chromosom, welches das umgeordnete Gen enthält. Dieser Reparaturprozess schafft offensichtlich Vielfalt an der Verknüpfungsstelle zwischen den Gensegmenten und stellt gleichzeitig sicher, dass die RSS-Enden ohne Modifikation verbunden und ungewollte genetische Schäden wie ein Chromosomenbruch vermieden werden. Es werden zwar einige ubiquitäre Mechanismen der DNA-Reparatur ver-

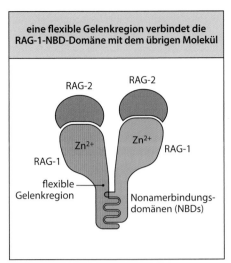

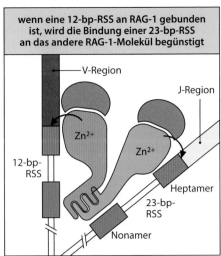

**Abb. 5.10 Die 12/23-Regel ist möglicherweise eine Folge der asymmetrischen Bindung der RSS-Sequenzen durch das RAG-1:RAG-2-Dimer.** *Links*: Die schematische Darstellung der Struktur in ▶ Abb. 5.9 veranschaulicht die Flexibilität der Gelenkregion, welche die Nonamerbindungsdomäne mit der katalytischen Domäne von RAG-1 verbindet. *Rechts*: Die NBD-Domäne von RAG-1 interagiert mit der RSS-Nonamersequenz (*blau*), während die RSS-Heptamersequenz (*rot*) von dem Teil des RAG-1-Proteins gebunden wird, der die $Zn^{2+}$-Endonucleaseaktivität enthält. In dieser schematischen Darstellung induziert die Wechselwirkung einer 12-bp-RSS mit einer der RAG-1-Untereinheiten die Drehung der NBD-Domäne zur katalytischen Domäne von RAG-1, wodurch sich das Protein der Länge der RSS-Sequenz anpasst. Da die beiden NBD-Domänen durch die Umstrukturierung miteinander gekoppelt werden, zieht diese induzierte Konformation die andere NBD-Domäne von der RAG-1-Untereinheit weg, sodass nun die Bindung der 23-bp-RSS begünstigt wird. Die Endonucleasespaltung (*Pfeile*) der DNA durch RAG-1 erfolgt genau an der Grenze zwischen dem Heptamer und dem jeweiligen V-, D- oder J-Gen-Segment

wendet, aber die RAG-vermittelte Erzeugung von Antigenrezeptoren während der somatischen Rekombination kommt anscheinend doch nur bei den kiefertragenden Vertebraten vor; die Evolution des Mechanismus wird im letzten Teil dieses Kapitels besprochen.

Die *in vivo*-Funktionen der Enzyme, die an der V(D)J-Rekombination beteiligt sind, entdeckte man durch natürlich vorkommende oder induzierte Mutationen. Mäuse, denen die TdT fehlt, fügen nur etwa 10 % der matrizenunabhängigen Nucleotide an die Verknüpfungen zwischen den Gensegmenten an. Diese geringe Restmenge stammt wahrscheinlich aus der matrizenunabhängigen Aktivität der DNA-Polymerase $\mu$.

Mäuse, in denen eines der *RAG*-Gene ausgeschaltet ist, leiden an einem vollständigen Abbruch der Lymphocytenentwicklung im Stadium der Genumlagerung oder stellen nur unbedeutende Mengen an B- und T-Zellen her. Solche Mäuse leiden an einem **schweren kombinierten Immundefekt** (*severe combined immune deficiency*, **SCID**). Die ursprüngliche *scid*-Mutation wurde einige Zeit vor der Identifizierung der Bestandteile des Rekombinationsmechanismus entdeckt; erst später stellte sich heraus, dass es sich um eine Mutation in der DNA-PKcs handelt. Bei Menschen sind Mutationen in *RAG-1* oder *RAG-2*, die nur zu einer partiellen V(D)J-Rekombinaseaktivität führen, Ursache für eine erbliche Erkrankung, das **Omenn-Syndrom**. Die betroffenen Patienten haben keine zirkulierenden B-Zellen, und aktivierte oligoklonale T-Lymphocyten wandern in die Haut ein. Mäuse mit einem Defekt in Komponenten der ubiquitären DNA-Reparatursysteme, beispielsweise DNA-PKcs, Ku oder Artemis, sind in der Reparatur von DNA-Doppelsträngen beeinträchtigt und reagieren deshalb überempfindlich auf ionisierende Strahlung (die Doppelstrangbrüche verursacht). Defekte in Artemis führen beim Menschen zu einer kombinierten Immundefizienz von B- und T-Zellen, die mit erhöhter Strahlungsempfindlichkeit assoziiert ist. Ein SCID, der durch Mutationen im DNA-Reparatursystem verursacht wird, bezeichnet man als **IR-SCID** (*irradiation-sensitive SCID*) zur Unterscheidung des SCID aufgrund von Defekten bei Lymphocyten.

Eine weitere genetisch bedingte Erkrankung, bei der Strahlungsempfindlichkeit und ein gewisser Grad von Immunschwäche zusammen auftreten, ist die **Ataxia telangiectatica**, die auf Mutationen der Proteinkinase **ATM** (*ataxia telangiectasia mutated*) zurückzuführen ist, die wiederum auch mit einer Degeneration des Gehirns und einer erhöhten Strahlungsempfindlichkeit sowie einem erhöhten Krebsrisiko einhergehen. ATM ist wie DNA-PKcs eine Serin/Threonin-Kinase, die bei der V(D)J-Rekombination Reaktionswege aktiviert und chromosomale Translokationen sowie die Deletion großer DNA-Bereiche verhindert, die manchmal bei der Auflösung von DNA-Doppelstrangbrüchen auftreten. Ohne ATM kommt es noch zu einem gewissen Maß an V(D)J-Rekombinationen, da die Immundefekte der Ataxia telangiectatica, bei der es nur eine geringe Anzahl von B- und T-Zellen gibt und/ oder der Klassenwechsel der Antikörper eingeschränkt ist, mit unterschiedlicher Schwere auftreten, sodass die Auswirkungen weniger gravierend sind als beim SCID. Hinweise darauf, dass PKcs und ATM in ihrer Funktion redundant sind, liefert die Beobachtung, dass B-Zellen, denen beide Kinasen fehlen, in den Signalverknüpfungssequenzen deutlich stärkere Abweichungen aufweisen als B-Zellen mit nur einem Enzymdefekt.

## 5.1.6 Für die Erzeugung der Immunglobulinvielfalt gibt es vier grundlegende Mechanismen

Die Genumlagerungen, die zwei beziehungsweise drei Gensegmente zu einem vollständigen Exon einer variablen Region kombinieren, erzeugen auf zwei Arten Vielfalt. Erstens gibt es von jedem Typ des Gensegments zahlreiche Kopien, und bei verschiedenen Umlagerungen können unterschiedliche Kombinationen der Genabschnitte entstehen. Diese **kombinatorische Vielfalt** oder **Diversität** ist für einen beträchtlichen Teil der Vielfalt in den variablen Regionen der schweren und leichten Kette verantwortlich. Zweitens entsteht an den Verknüpfungsstellen zwischen verschiedenen Gensegmenten durch das Hinzufügen und Entfernen von Nucleotiden während des Rekombinationsvorgangs eine **junktionale Diversität**. Eine dritte, ebenfalls kombinatorische Quelle der Vielfalt besteht darin, dass sich variable Regionen der schweren und der leichten Kette in unterschiedlichen Kombinationen paarweise zur Antigenbindungsstelle im Immunglobulinmolekül zusammenlagern. Allein die beiden kombinatorischen Mechanismen können theoretisch etwa $1,9 \times 10^6$ verschiedene Antikörpermoleküle hervorbringen (siehe unten). Zusammen mit der junktionalen Diversität schätzt man das Repertoire von Rezeptoren, die von naiven B-Zellen exprimiert werden, auf nicht weniger als $10^{11}$. Die Vielfalt ist möglicherweise noch um einige Größenordnungen höher, abhängig davon, wie man die junktionale Diversität berechnet. Die somatische Hypermutation, auf die wir in Kap. 10 noch zu sprechen kommen, findet nach dem Auslösen einer Immunantwort nur bei B-Zellen statt und führt zu Punktmutationen in den umgeordneten Genen der V-Regionen. Dadurch entsteht eine noch größere Vielfalt des Antikörperrepertoires, die auf eine stärkere Antigenbindung selektiert werden kann.

## 5.1.7 Die mehrfachen ererbten Gensegmente werden in verschiedenen Kombinationen verwendet

Die V-, D- und J-Gen-Segmente liegen in zahlreichen Kopien vor, von denen jeder Teil eines Gens für eine variable Immunglobulinregion werden kann. Durch die Auswahl verschiedener Kombinationen dieser Segmente können also viele unterschiedliche variable Regionen entstehen. Für die leichte $\kappa$-Kette des Menschen gibt es etwa 40 funktionelle $V_\kappa$- und fünf $J_\kappa$-Gen-Segmente. Also sind etwa 200 verschiedene $V_\kappa$-Regionen möglich. Für die leichte $\lambda$-Kette stehen etwa 30 funktionelle $V_\lambda$- und vier $J_\lambda$-Gen-Segmente zur Verfügung, was 120 mögliche $V_\lambda$-Regionen ergibt (▶ Abb. 5.4). Auf diese Weise können durch die Kombination verschiedener Gensegmente 320 verschiedene leichte Ketten entstehen. Für die schwere Kette gibt es beim Menschen 40 funktionelle $V_H$-Gen-Segmente, etwa 25 $D_H$- und sechs $J_H$-Gen-Segmente. So sind ungefähr 6000 verschiedene $V_H$-Regionen möglich (40 × 25 × 6 = 6000). Während der B-Zell-Entwicklung erfolgt zunächst die Umlagerung am Locus für die schwere Kette und eine der möglichen schweren Ketten entsteht. Dann folgen mehrere Zellteilungen, bevor die Genumlagerung für die leichte Kette stattfindet. Ein und dieselbe schwere Kette wird also in verschiedenen Zellen mit unterschiedlichen leichten Ketten verbunden. Da sowohl die variable Region der schweren als auch die der leichten Kette zur Antikörperspezifität beitragen, kann jede der 320 leichten Ketten mit jeder der ungefähr 6000 schweren Ketten kombiniert werden, was schließlich zu $1,9 \times 10^6$ unterschiedlichen Antikörperspezifitäten führt.

Diese theoretische Berechnung der kombinatorischen Vielfalt beruht auf der Zahl der Gensegmente für variable Regionen in der Keimbahn, die in funktionsfähigen Antikörpern vorkommen (▶ Abb. 5.4). Die Gesamtzahl von V-Gen-Segmenten ist größer, aber die zusätzlichen Gensegmente sind Pseudogene und tauchen in exprimierten Immunglobulinmolekülen nicht auf. In Wirklichkeit ist die kombinatorische Vielfalt wahrscheinlich geringer als aufgrund der eben erwähnten theoretischen Berechnungen erwartet. Ein Grund dafür ist, dass nicht alle V-Gen-Segmente mit gleicher Häufigkeit verwendet werden. Einige kommen häufig in Antikörpern vor, andere dagegen nur selten. Dieses Ungleichgewicht für oder gegen bestimmte V-Gen-Segmente hängt mit deren Nähe zu **nichtcodierenden Kontrollregionen** zwischen den Genen (*intergenic control regions*) innerhalb des Locus der schweren Kette zusammen. Diese Kontrollregionen aktivieren in sich entwickelnden B-Zellen die V(D)J-Rekombination. Außerdem kann sich nicht jede schwere Kette mit jeder leichten Kette verbinden. Bestimmte Kombinationen von $V_H$- und $V_L$-Regionen ergeben kein stabiles Immunglobulinmolekül. In Zellen mit schweren und leichten Ketten, die sich nicht kombinieren lassen, erfolgen möglicherweise weitere Umlagerungen der Gene für die leichten Kette, bis eine geeignete leichte Kette entsteht, oder die Zellen werden eliminiert. Man geht dennoch davon aus, dass die meisten schweren und leichten Ketten zusammenpassen und dass diese Art der kombinatorischen Vielfalt eine wesentliche Rolle bei der Bildung eines Immunglobulinrepertoires mit einem großen Spektrum an Spezifitäten spielt.

### 5.1.8 Unterschiede beim Einfügen und Entfernen von Nucleotiden an den Verbindungsstellen zwischen den Gensegmenten tragen zur Vielfalt in der dritten hypervariablen Region bei

Wie bereits erwähnt, werden von den drei hypervariablen Schleifen in den Proteinketten der Immunglobuline zwei CDRs, CDR1 und CDR2, innerhalb der DNA des V-Gen-Segments codiert. Die dritte Schleife, CDR3, liegt im Bereich der Verknüpfungsstelle zwischen dem V- und dem J-Gen-Segment und wird bei der schweren Kette teilweise vom D-Gen-Segment codiert. Sowohl bei der schweren als auch bei der leichten Kette erhöht sich die Vielfalt der dritten hypervariablen Region durch Hinzufügen und Entfernen von Nucleotiden während zweier Verknüpfungsschritte der Gensegmente signifikant. Die zugefügten Nucleotide bezeichnet man als P- und N-Nucleotide. ▶ Abb. 5.11 zeigt schematisch, wie sie eingebaut werden.

**P-Nucleotide** tragen diese Bezeichnung, weil sie palindromische Sequenzen umfassen, die an die Enden der Gensegmente angefügt werden. Nach der Bildung der DNA-Haarnadelstrukturen an den codierenden Enden der V-, D- oder J-Segmente durch RAG-Proteine (Abschn. 5.1.5) katalysiert Artemis einen Einzelstrangschnitt an einer zufälligen Position innerhalb der codierenden Sequenz, jedoch in der Nähe der Stelle, an der die Haarnadelstruktur entstanden ist. Wenn dieser Schnitt an einer anderen Stelle erfolgt als der erste Bruch durch den RAG-1/2-Komplex, bildet sich ein einzelsträngiges Schwanzstück aus einigen Nucleotiden der codierenden Sequenz plus den komplementären Nucleotiden des anderen DNA-Stranges (▶ Abb. 5.11). Bei vielen Umlagerungen von Genen leichter Ketten füllen dann DNA-Reparaturenzyme das einzelsträngige Schwanzstück mit komplementären Nucleotiden auf. Dadurch verbleiben kurze palindromische Sequenzen (die P-Nucleotide) an der Verknüpfungsstelle, wenn die Stränge ohne weitere Exonucleaseaktivität wieder verknüpft werden.

**Abb. 5.11 Die Einführung von P- und N-Nucleotiden schafft Vielfalt an den Verknüpfungsstellen zwischen Gensegmenten während der Immunglobulingenumlagerung.** Der Vorgang ist am Beispiel für eine Umlagerung von $D_H$ nach $J_H$ dargestellt (*erstes Bild*). Die gleichen Schritte erfolgen auch bei einer Umlagerung von $V_H$ nach $D_H$ und von $V_L$ nach $J_L$. Nach Bildung der Haarnadelstrukturen (*zweites Bild*) werden die beiden Heptamersequenzen zur Signalverknüpfungssequenz verbunden (hier nicht gezeigt); währenddessen schneidet der DNA-PK:Artemis-Komplex die DNA-Haarnadelstruktur an einer zufälligen Stelle (mit *Pfeilen* markiert), wodurch ein einzelsträngiges DNA-Ende entsteht (*drittes Bild*). Je nach Lage des Schnittes kann diese einzelsträngige DNA Nucleotide enthalten, die ursprünglich in der doppelsträngigen DNA komplementär waren und die daher kurze DNA-Palindrome wie TCGA und ATAT bilden können (*hellblau schattierter Kasten*). So ist beispielsweise die Sequenz GA am Ende des hier dargestellten D-Segments zur davor liegenden Sequenz TC komplementär. Solche Abschnitte von Nucleotiden, die vom komplementären Strang stammen, bezeichnet man als P-Nucleotide. Wo das Enzym Terminale Desoxyribonucleotidyltransferase (TdT) vorhanden ist, fügt es nach dem Zufallsprinzip Nucleotide an die Enden der einzelsträngigen Segmente (*viertes Bild*); der *schattierte Kasten* hebt diese matrizenunabhängigen N-Nucleotide hervor. Die beiden einzelsträngigen Enden gehen dann eine Basenpaarung eine (*fünftes Bild*). Durch Zurechtschneiden der ungepaarten Nucleotide (*sechstes Bild*) durch eine Exonuclease und Reparatur der codierenden Verknüpfungssequenz durch DNA-Synthese und -Verknüpfung bleiben sowohl die P- als auch die N-Nucleotide (*blau schattierter Bereich im untersten Bild*) in der endgültigen codierenden Verknüpfungssequenz erhalten. Die Zufälligkeit des Einbaus von P- und N-Nucleotiden macht eine bestimmte P-N-Region nahezu einzigartig und zu einem wichtigen Kennzeichen, um die Entwicklung eines einzelnen B-Zell-Klons verfolgen zu können, zum Beispiel bei Untersuchungen der somatischen Hypermutation

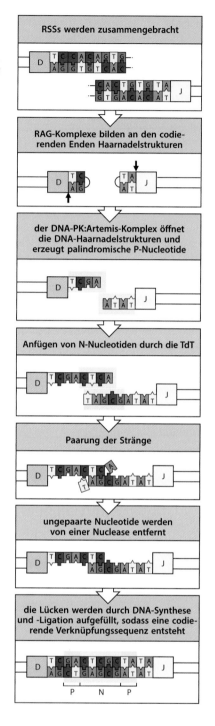

Bei Umlagerungen der Gene für die schwere Kette und bei einigen Genen des Menschen für die leichte Kette werden jedoch zuerst **N-Nucleotide** auf ganz andere Art und Weise angefügt, bevor die Enden wieder verknüpft werden. Die Bezeichnung N-Nucleotide (*non-templated*) leitet sich davon ab, dass sie nicht in der DNA-Matrize codiert sind. Sie werden nach Aufschneiden der Haarnadelstruktur durch das Enzym Terminale Desoxyribonucleotidyltransferase (TdT) an die einzelsträngigen Enden der codierenden DNA nach Spaltung der Haarnadelstruktur angehängt. Nach Hinzufügen von bis zu 20 Nucleotiden können die einzelsträngigen Abschnitte einige komplementäre Basenpaare ausbilden. Reparaturenzyme schneiden dann nichtgepaarte Basen ab, füllen die verbliebene einzelsträngige DNA mit komplementären Nucleotiden auf und ligieren die DNA schließlich mit der palindromischen Region

(Abb. 4.8). TdT wird während der B-Zell-Entwicklung maximal exprimiert, wenn das Gen für die schwere Kette zusammengebaut wird; N-Nucleotide sind daher in ihren V-D- und D-J-Verknüpfungen häufig. Weniger häufig sind sie in den Genen für die leichte Kette, deren Umlagerungen nach den Genen der schweren Kette stattfinden, da hier die TdT-Expression bereits abgeschaltet wurde. Das wollen wir in Kap. 8 noch ausführlicher besprechen, wenn wir uns mit den spezifischen Entwicklungsphasen der B- und T-Zellen beschäftigen.

An den Verknüpfungsstellen von Gensegmenten können Nucleotide auch entfernt werden. Diese Reaktion wird von bisher nicht identifizierten Exonucleasen katalysiert. Zumindest besitzt Artemis eine duale Endonuclease/Exonuclease-Aktivität und könnte daher bei diesem Schritt eine Rolle spielen. Die Länge der CDR3-Region einer schweren Kette kann damit noch kürzer sein als das kleinste D-Segment. In manchen Fällen ist es schwierig oder sogar unmöglich, das D-Segment zu erkennen, das zur CDR3-Bildung beigetragen hat, da die meisten seiner Nucleotide herausgeschnitten wurden. Deletionen können auch die Spuren von P-Nucleotiden verwischen, die bei der Öffnung der Haarnadelstruktur eingebaut wurden. Aus diesem Grund sind die P-Nucleotide in vielen fertigen VDJ-Verknüpfungen nicht zu erkennen. Da es auf Zufall beruht, wie viele Nucleotide durch diese Mechanismen angefügt werden, wird häufig das Leseraster der codierenden Sequenz jenseits der Verknüpfungsstelle unterbrochen. Solche Rasterverschiebungen führen normalerweise zu einem funktionslosen Protein – DNA-Umlagerungen, die solche Störungen verursachen, bezeichnet man als **unproduktive Umlagerungen**. Da etwa zwei von drei Umlagerungen unproduktiv sind, können viele B-Zell-Vorläufer keine funktionsfähigen Immunglobuline erzeugen und daher nie zu reifen B-Zellen werden. Die junktionale Diversität entsteht also nur unter Inkaufnahme eines hohen Zellverlusts während der B-Zell-Entwicklung. Wir werden uns in Kap. 8 eingehender mit den Entwicklungsstadien der B-Zellen und deren Zusammenhang mit der Umlagerung der V-, D- und J-Gen-Segmente für die Antigenrezeptorketten befassen.

### Zusammenfassung

Die außerordentliche Vielfalt des Repertoires an Immunglobulinen entsteht durch mehrere Mechanismen. Am wichtigsten für diese außerordentliche Diversität ist, dass V-Regionen von separaten (V-, D- und J-)Gensegmenten codiert werden, die durch eine somatische Rekombination zu einem vollständigen V-Region-Gen zusammengeführt werden. Im Genom eines Individuums gibt es viele verschiedene Gensegmente für variable Regionen; das ist die erbliche Grundlage für die Diversität. Unbedingt notwendig dafür sind lymphocytenspezifische Rekombinasen, die RAG-Proteine, die diese Umlagerungen katalysieren. Die Entwicklung von RAG-Proteinen erfolgte gleichzeitig mit der Entwicklung des erworbenen Immunsystems moderner Wirbeltiere. Zusätzliche funktionelle Vielfalt der Immunglobuline ergibt sich aus der Ungenauigkeit des Verknüpfungsprozesses selbst. Die Variabilität an den codierenden Verknüpfungsstellen zwischen den Segmenten erhöht sich durch den Einbau einer zufälligen Anzahl von P- und N-Nucleotiden und durch variables Entfernen von Nucleotiden an den Enden einiger codierender Sequenzen. Das geschieht, indem die Haarnadelstruktur durch Artemis an einer zufälligen Position geöffnet wird, und durch die TdT-Aktivität. Das Aneinanderlagern der verschiedenen variablen Regionen der leichten und schweren Kette bei der Bildung der Antigenbindungsstelle eines Immunglobulinmoleküls erhöht die Vielfalt noch weiter. Die Kombination all dieser Mechanismen zur Erzeugung von Vielfalt schafft ein riesiges Repertoire an Antikörperspezifitäten.

## 5.2 Die Umlagerung der Gene von T-Zell-Rezeptoren

Die Mechanismen, durch die B-Zell-Antigenrezeptoren entstehen, sind bei der Erzeugung von Diversität sehr erfolgreich, und so überrascht es nicht, dass die Antigenrezeptoren von T-Zellen den Immunglobulinen strukturell ähneln und durch denselben Mechanismus gebildet werden. In diesem Teil des Kapitels beschreiben wir die Organisation der Loci von T-Zell-Rezeptoren und die Entstehung der Gene für die einzelnen T-Zell-Rezeptor-Ketten.

### 5.2.1 Die Loci von T-Zell-Rezeptoren sind ähnlich angeordnet wie die Loci der Immunglobuline und werden mithilfe derselben Enzyme umgelagert

Wie die schwere und die leichte Kette der Immunglobuline besteht die $\alpha$- und $\beta$-Kette des T-Zell-Rezeptors (TCR) aus einer aminoterminalen, variablen (V-)Region und einer konstanten (C-)Region (Abschn. 4.2.5). Die Organisation des TCR$\alpha$- und TCR$\beta$-Locus zeigt ▶ Abb. 5.12. Die Organisation der Gensegmente ist im Großen und Ganzen homolog zu denen der Immunglobulingensegmente (Abschn. 5.1.2 und 5.1.3). Der TCR$\alpha$-Locus enthält wie der Locus für die leichte Immunglobulinketten V- und J-Gen-Segmente (V$_\alpha$ und J$_\alpha$). Der TCR$\beta$-Locus enthält wie der Locus für die schweren Immunglobulinketten zusätzlich zu V$_\beta$- und J$_\beta$-Gen-Segmenten noch D-Gen-Segmente.

Die Segmente von T-Zell-Rezeptor-Genen ordnen sich während der T-Zell-Entwicklung zu vollständigen V-Domänen-Exons um (▶ Abb. 5.13). Die Umlagerung der T-Zell-Rezeptor-Gene erfolgt im Thymus; Kap. 8 befasst sich mit den Einzelheiten des Ablaufs und dessen Regulation. Die Mechanismen der Genumlagerung sind bei B- und T-Zellen grundsätzlich gleich. Die Genabschnitte der T-Zell-Rezeptoren sind von Rekombinationssignalsequenzen (RSSs) mit 12-bp- und 23-bp-Spacern flankiert, die homolog zu denen in den Immunglobulingensegmenten sind (▶ Abb. 5.14 und Abschn. 5.1.4) und von den gleichen Enzymen erkannt werden. Die DNA-Ringstrukturen, die bei der Genumlagerung entstehen (▶ Abb. 5.7), bezeichnet man als **T-Zell-Rezeptor-Exzisionsringe** (*T-cell receptor excision circles*, **TRECs**). Man verwendet sie als Marker für T-Zellen, die gerade den Thymus ver-

**Locus der $\alpha$-Kette**

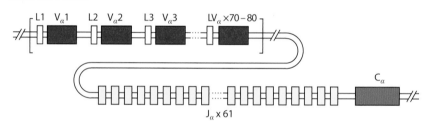

**Locus der $\beta$-Kette**

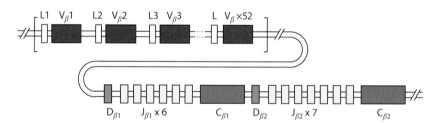

**Abb. 5.12 Die Organisation der Loci für die $\alpha$- und $\beta$-Kette des T-Zell-Rezeptors in der Keimbahn des Menschen.** Die Anordnung der Gensegmente für die T-Zell-Rezeptoren ähnelt der von Immunglobulinen. Es gibt getrennte V-, D-, J- und C-Gen-Segmente. Der TCR$\alpha$-Locus (Chromosom 14) besteht aus 70–80 V$_\alpha$-Segmenten. Vor jedem befindet sich ein Exon, das ein Leader-Peptid (L) codiert. Wie viele dieser V$_\alpha$-Gen-Segmente funktionell sind, ist nicht genau bekannt. Eine Gruppe von 61 J$_\alpha$-Gen-Segmenten liegt in beträchtlicher Entfernung von den V$_\alpha$-Gen-Segmenten. Den J$_\alpha$-Segmenten folgt ein einzelnes C-Gen, das getrennte Exons für die konstante und die Gelenkregion sowie ein einziges Exon für die Transmembran- und die Cytoplasmaregion enthält (nicht dargestellt). Der TCR$\beta$-Locus (Chromosom 7) ist anders aufgebaut. Es gibt eine Gruppe von 52 funktionellen V$_\beta$-Gen-Segmenten, die in einiger Entfernung von zwei getrennten Clustern liegen, welche jeweils ein einzelnes D-Gen-Segment und sechs oder sieben J-Gen-Segmente sowie ein einzelnes C-Gen enthalten. Jedes TCR$\beta$-C-Gen besitzt separate Exons für die konstante Region, die Gelenk-, die Transmembran- und die Cytoplasmaregion (nicht dargestellt). Ein weiterer TCR-Locus (der $\delta$-Locus) unterbricht den Locus der $\alpha$-Kette zwischen den V- und J-Segmenten (hier nicht dargestellt; s. ▶ Abb. 5.17)

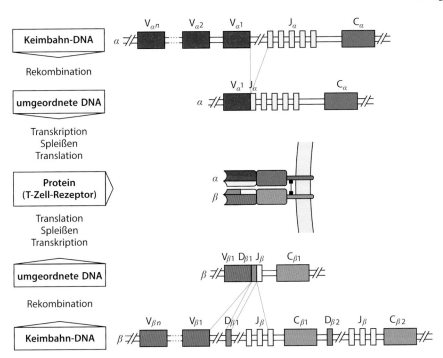

**Abb. 5.13 Umlagerung und Expression der Gene für die α- und β-Kette des T-Zell-Rezeptors.**
Die Gene für die α- und β-Kette des T-Zell-Rezeptors (TCR) bestehen aus getrennten Segmenten, die während der Entwicklung der T-Zelle durch somatische Rekombination verknüpft werden. Funktionelle Gene der α- und β-Kette entstehen ähnlich wie bei den Immunglobulingenen. Für die α-Kette (*oberer Bildteil*) gelangt ein $V_\alpha$-Gen-Segment neben ein $J_\alpha$-Gen-Segment und es entsteht ein funktionelles Exon für die variable Region. Durch Transkription und Spleißen des $VJ_\alpha$-Exons an $C_\alpha$ entsteht die mRNA, die in das α-Ketten-Protein des T-Zell-Rezeptors translatiert wird. Für die β-Kette (*unterer Bildteil*) ist die variable Domäne wie bei den schweren Immunlobulinketten in den drei Gensegmenten $V_\beta$, $D_\beta$ und $J_\beta$ codiert. Die Umlagerung dieser Gensegmente schafft ein funktionelles Exon für die $VDJ_\beta$-Region, das transkribiert und an $C_\beta$ gespleißt wird. Die entstandene mRNA wird in das β-Ketten-Protein des T-Zell-Rezeptors translatiert. α- und β-Kette verbinden sich bald nach ihrer Synthese zum α:β-T-Zell-Rezeptor-Heterodimer. Es sind nicht alle J-Gen-Segmente abgebildet und der Einfachheit halber sind die Leader-Peptide vor jedem V-Gen-Segment weggelassen

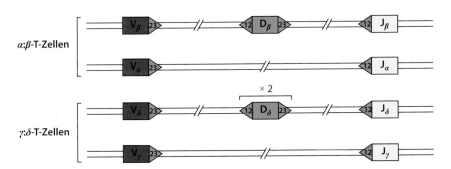

**Abb. 5.14 Rekombinationssignalsequenzen flankieren T-Zell-Rezeptor-Gen-Segmente.** Wie in den Immunglobulinloci (▶ Abb. 5.6) werden die einzelnen Gensegmente am TCRα- und TCRβ-Locus von Heptamer-Spacer-Nonamer-Rekombinationssignalsequenzen (RSSs) flankiert. RSS-Bereiche mit 12-bp-Spacer sind in der Abbildung durch *orangenfarbene* Pfeilspitzen dargestellt, Bereiche mit 23-bp-Spacern dagegen durch *violette*. Die Verknüpfung von Gensegmenten folgt fast immer der 12/23-Regel. Wegen der Anordnung der Heptamer- und Nonamer-RSSs im TCRβ- und TCRδ-Locus ist eine direkte Verknüpfung von $V_\beta$ mit $J_\beta$ nach der 12/23-Regel zwar prinzipiell möglich (im Gegensatz zu den Verhältnissen im Gen für die schwere Immunglobulinkette), doch geschieht dies aufgrund anderer Regulationsmechanismen sehr selten

lassen haben. Alle bekannten Defekte in Genen, welche die V(D)J-Rekombination regulieren, beeinträchtigen T- und B-Zellen gleichermaßen und Tiere mit diesen genetischen Defekten haben keine funktionsfähigen B- oder T-Lymphocyten (Abschn. 5.1.5).

Ein weiteres gemeinsames Merkmal der Umlagerung von Immunglobulingenen und T-Zell-Rezeptor-Genen ist das Vorhandensein von P- und N-Nucleotiden an den Verbindungsstücken zwischen den V-, D- und J-Gen-Segmenten des umgebauten $TCR\beta$-Gens. Bei T-Zellen werden P- und N-Nucleotide auch zwischen den V- und J-Gen-Segmenten aller umgeordneten $TCR\alpha$-Gene eingefügt, während bei den Genen für die leichte Kette der Immunglobuline nur ungefähr die Hälfte der V-J-Nahtstellen durch zusätzliche N-Nucleotide modifiziert werden. Sie haben auch oft keine P-Nucleotide (▶ Abb. 5.15 und Abschn. 5.1.8).

Die Hauptunterschiede zwischen den Immunglobulingenen und den Genen, welche die T-Zell-Rezeptoren codieren, entsprechen den unterschiedlichen Funktionen der B- und T-Zellen. Alle Effektorfunktionen der B-Zellen beruhen auf sezernierten Antikörpern, bei denen die verschiedenen Isotypen der konstanten Region der schweren Kette unterschiedliche Wirkungsmechanismen haben. Die Effektorfunktionen von T-Zellen beruhen hingegen auf Zell-Zell-Kontakten und werden nicht direkt vom T-Zell-Rezeptor, der nur der Antigenerkennung dient, vermittelt. Die konstanten Regionen des $TCR\alpha$- und $TCR\beta$-Locus sind daher viel einfacher gebaut als diejenigen der schweren Immunglobulinkette. Es gibt nur ein $C_\alpha$-Gen, aber zwei $C_\beta$-Gene, die jedoch eine enge Homologie aufweisen und bisher keine funktionellen Unterschiede zwischen ihren Produkten erkennen ließen. Die C-Region-Gene des T-Zell-Rezeptors codieren außerdem nur Transmembranpolypeptide.

Ein weiterer Unterschied zwischen den Umlagerungen der Gene für Immunglobuline und T-Zell-Rezeptoren besteht in den RSS-Sequenzen, welche die D-Gen-Segmente umgeben. Bei der schweren Immunglobulinkette wird das D-Segment von zwei RSSs flankiert, die beide einen 12-bp-Spacer aufweisen (▶ Abb. 5.6), während die D-Segmente in den Loci für $TCR\beta$ und $TCR\gamma$ eine 5'-12-bp- und eine 3'-23-bp-RSS besitzen (▶ Abb. 5.14). Die Anordnung am Immunglobulinlocus unterstützt auf natürliche Weise den Einbau von D-Segmenten in die V-Region der schweren Kette, da eine direkte V-J-Verknüpfung die 12/23-Regel ver-

| Zahl der Elemente | Immunglobuline | | $\alpha$:$\beta$-T-Rezeptoren | |
|---|---|---|---|---|
| | H | $\kappa+\lambda$ | $\beta$ | $\alpha$ |
| V-Gen-Segmente | ~40 | ~70 | 52 | ~70 |
| D-Gen-Segmente | 23 | 0 | 2 | 0 |
| D-Gen-Segmente, in drei Rastern gelesen | selten | – | häufig | – |
| J-Gen-Segmente | 6 | 5($\kappa$) 4($\lambda$) | 13 | 61 |
| Verknüpfungen mit N- und P-Nucleotiden | 2 (VD und DJ) | 50 % der Verknüpfungen | 2 (VD und DJ) | 1 (VJ) |
| V-Gen-Paare | $1,9 \times 10^6$ | | $5,8 \times 10^6$ | |
| junktionale Vielfalt | ~$3 \times 10^7$ | | ~$2 \times 10^{11}$ | |
| gesamte Vielfalt | ~$5 \times 10^{13}$ | | ~$10^{18}$ | |

**Abb. 5.15 Die Anzahl der menschlichen T-Zell-Rezeptor-Gen-Segmente und die Ursachen der Vielfalt an T-Zell-Rezeptoren im Vergleich zu den Immunglobulinen.** Nur die Hälfte der menschlichen $\kappa$-Ketten enthält N-Nucleotide. Somatische Hypermutation als Ursache für Vielfalt von Immunglobulinen ist in dieser Abbildung nicht miteinbezogen, da sie in T-Zellen nicht vorkommt

letzen würde. Bei den T-Zell-Rezeptor-Loci jedoch würde diese Regel nicht verletzt, da die 23-bp-RSS des $V_\beta$- oder $V_\gamma$-Segments mit der 12-bp-RSS des J-Gen-Segments kompatibel ist, aber dennoch sind normalerweise nur wenige oder überhaupt keine direkten Verknüpfungen zu beobachten. Stattdessen erfolgt die Kontrolle der Genumlagerungen anscheinend unabhängig von der 12/23-Regel, wobei diese Mechanismen noch untersucht werden.

## 5.2.2 Bei den T-Zell-Rezeptoren ergibt sich die Vielfalt durch die dritte hypervariable Region

Die dreidimensionale Struktur der Antigenerkennungsstelle eines T-Zell-Rezeptors sieht der Antigenerkennungsstelle eines Antikörpermoleküls sehr ähnlich (Abschn. 4.2.5 bzw. Abschn. 4.2.2). Bei einem Antikörper besteht das Zentrum der Antigenbindungsstelle aus der CDR3-Schleife der schweren und der leichten Kette. Die strukturell äquivalente dritte hypervariable Schleife (CDR3) der $\alpha$- und $\beta$-Kette des T-Zell-Rezeptors, an der die D- und J-Gen-Segmente beteiligt sind, bildet auch das Zentrum der Antigenbindungsstelle eines T-Zell-Rezeptors. Die Peripherie dieses Bereichs besteht aus der CDR1- und der CDR2-Schleife, die von V-Gen-Segmenten für die $\alpha$- und die $\beta$-Kette der Keimbahn codiert werden. Das Ausmaß und das Muster der Vielfalt in T-Zell-Rezeptoren und Immunglobulinen spiegelt die unterschiedliche Art ihrer Liganden wider. Während die Antigenbindungsstellen der Immunglobuline zu den Oberflächen von nahezu unbegrenzt vielfältigen Antigenen passen müssen, daher in verschiedensten Gestalten auftreten und unterschiedliche chemische Eigenschaften haben, ist der Ligand der häufigsten Form der T-Zell-Rezeptoren ($\alpha{:}\beta$) beim Menschen immer ein an ein MHC-Molekül gebundenes Peptid. Man würde daher erwarten, dass die Antigenerkennungsstellen der T-Zell-Rezeptoren insgesamt weniger variabel sind, wobei sich die größte Variabilität auf das Zentrum der Kontaktfläche zum gebundenen Antigenpeptid konzentrieren sollte. Die weniger variable CDR1- und CDR2-Schleife eines T-Zell-Rezeptors tritt in der Tat mit den etwas weniger variablen MHC-Komponenten des Liganden in Kontakt und die hoch variable CDR3-Region hauptsächlich mit dem spezifischen Peptidbestandteil (▶ Abb. 5.16).

Die strukturelle Vielfalt des T-Zell-Rezeptors ist im Wesentlichen auf kombinatorische und junktionale Diversität zurückzuführen, die während der Genumlagerung entsteht. In ▶ Abb. 5.15 kann man erkennen, dass die höchste Variabilität bei T-Zell-Rezeptoren innerhalb der Verbindungsregionen zu finden ist, die von V-, D- und J-Gen-Segmenten codiert und durch P- und N-Nucleotide modifiziert werden. Der TCR$\alpha$-Locus enthält viel mehr J-Gen-Segmente als irgendein Locus einer leichten Immunglobulinkette: Beim Menschen sind 61 $J_\alpha$-Gen-Segmente über ungefähr 80 kb DNA verteilt, dagegen weisen die Loci für die leichten Immunglobulinketten nur höchstens fünf J-Gen-Segmente auf (▶ Abb. 5.15). Da der TCR$\alpha$-Locus so viele J-Gen-Segmente umfasst, ist die Variabilität in dieser Region bei T-Zell-Rezeptoren sogar noch größer als bei Immunglobulinen. Die höchste Vielfalt vermittelt also die CDR3-Schleife, die die Verbindungsregion enthält und das Zentrum der Antigenbindungsstelle bildet.

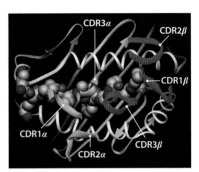

**Abb. 5.16 Die variabelsten Teile des T-Zell-Rezeptors interagieren mit dem Peptid, das an ein MHC-Molekül gebunden ist.** In diesem Bild sind die CDR-Schleifen eines T-Zell-Rezeptors als *farbige Röhren* dargestellt; sie liegen über dem Peptid:MHC-Komplex (MHC *grau*, Peptid *gelbgrün*, Sauerstoffatome *rot*, Stickstoffatome *blau*). Die CDR-Schleifen der $\alpha$-Kette sind *grün*, die der $\beta$-Kette *dunkelrot* dargestellt. Die CDR3-Schleifen liegen mitten in der Kontaktfläche zwischen dem TCR und dem Peptid:MHC-Komplex und gehen direkte Kontakte mit dem Antigenpeptid ein

## 5.2.3 $\gamma{:}\delta$-T-Zell-Rezeptoren entstehen ebenfalls durch Genumlagerung

Eine Minderheit der T-Zellen trägt T-Zell-Rezeptoren, die aus einer $\gamma$- und einer $\delta$-Kette bestehen (Abschn. 4.3.10). Die Organisation des TCR$\gamma$- und des TCR$\delta$-Locus (▶ Abb. 5.17) ähnelt derjenigen des TCR$\alpha$- und des TCR$\beta$-Locus; es gibt jedoch wichtige Unterschiede. Die Gruppe von Gensegmenten, welche die $\delta$-Kette codieren, befindet sich vollständig innerhalb des TCR$\alpha$-Locus, und zwar zwischen den $V_\alpha$- und $J_\alpha$-Gen-Segmenten. $V_\delta$-Gene liegen verstreut zwischen den $V_\alpha$-Genen, befinden sich jedoch hauptsächlich in der 3'-Region des Locus. Da alle $V_\alpha$-Gen-Segmente so orientiert sind, dass eine Umlagerung die dazwischenliegende DNA entfernt, führt jede Umlagerung am $\alpha$-Locus zum Verlust des

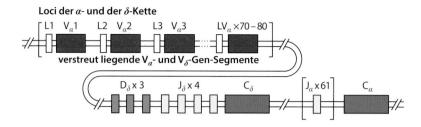

Loci der α- und der δ-Kette

verstreut liegende V$_\alpha$- und V$_\delta$-Gen-Segmente

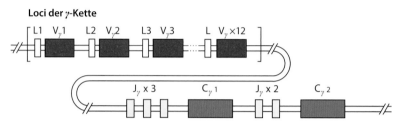

Loci der γ-Kette

**Abb. 5.17 Aufbau des Locus für die γ- und die δ-Kette des T-Zell-Rezeptors beim Menschen.** TCRγ- und TCRδ-Locus besitzen wie der TCRα- und TCRβ-Locus getrennte V-, D-, J-Gen-Segmente und C-Gene. Einzigartig ist, dass der Locus, der die δ-Kette codiert, vollständig innerhalb des Locus für die α-Kette liegt. Die drei D$_\delta$-Gen-Segmente, die drei J$_\delta$-Gen-Segmente und das einzelne Gen für die konstante Region liegen eingestreut zwischen dem Cluster von V$_\alpha$-Gen-Segmenten und dem Cluster von J$_\alpha$-Gen-Segmenten. Es gibt zwei V$_\delta$-Gen-Segmente (nicht dargestellt) in der Nähe des C$_\delta$-Gens, eines oberhalb der D-Regionen und eines in umgekehrter Orientierung genau unterhalb des C-Gens. Außerdem gibt es sechs V$_\delta$-Gen-Segmente zwischen den V$_\alpha$-Gen-Segmenten eingestreut. Fünf sind mit V$_\alpha$ identisch und können von jedem der beiden Loci verwendet werden, einer gehört nur zum δ-Locus. Der TCRγ-Locus des Menschen ähnelt dem TCRβ-Locus. Es gibt zwei Gene für die konstante Region mit jeweils eigenen J-Gen-Segmenten. Der γ-Locus der Maus (nicht dargestellt) ist komplexer organisiert; es gibt drei funktionelle Cluster von γ-Gen-Segmenten. Jeder Cluster enthält V- und J-Gen-Segmente und ein Gen für die konstante Region. Die Umlagerung am γ- und am δ-Locus erfolgt wie bei den anderen T-Zell-Rezeptor-Loci, mit der Ausnahme, dass während der Umlagerung von TCRδ zwei D-Segmente für dasselbe Gen benutzt werden können. Die Verwendung zweier D-Gen-Segmente erhöht die Variabilität stark, vor allem weil an der Verbindungsstelle zwischen den D-Segmenten sowie an den V-D- und D-J-Verknüpfungen zusätzliche N-Nucleotide eingefügt werden können

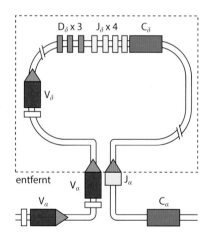

**Abb. 5.18 Die Deletion des TCRδ-Locus wird durch die Umlagerung eines Vα-Gen-Segments zu Jα induziert.** Der TCRδ-Locus liegt innerhalb der chromosomalen Region, die den TCRα-Locus enthält. Wenn irgendeine variable Region innerhalb der V$_\alpha$/V$_\delta$-Region zu einem der J$_\alpha$-Segmente umgelagert wird, wird die dazwischenliegende Sequenz und damit der gesamte V$_\delta$-Locus entfernt. Eine V$_\alpha$-Umlagerung verhindert also jede weitere Expression eines V$_\delta$-Gens und blockiert den Entwicklungsweg von γ:δ

δ-Locus (▸Abb. 5.18). Am TCRγ- und TCRδ-Locus gibt es wesentlich weniger V-Gen-Segmente als am TCRα- oder am TCRβ-Locus oder an jedem Immunglobulinlocus. Eine erhöhte Verknüpfungsvariabilität in den δ-Ketten gleicht möglicherweise die geringe Zahl von V-Gen-Segmenten aus und bewirkt, dass sich nahezu die gesamte Variabilität des γ:δ-Rezeptors auf die Verbindungsregion konzentriert. Wie wir im Fall der α:β-T-Zell-Rezeptoren gesehen haben, liegen die Aminosäuren, welche die Verbindungsregionen codieren, im Zentrum der Bindungsstelle des T-Zell-Rezeptors.

T-Zellen, die γ:δ-Rezeptoren tragen, bilden eine eigene T-Zell-Linie und wie in Kap. 4 besprochen wurde, erkennen einige der γ:δ-T-Zellen nichtklassische MHC-I-Moleküle sowie weitere Moleküle, deren Expression eine Zellschädigung oder eine Infektion anzeigen können. Wie wir in Abschn. 4.3.10 erfahren haben, ist die CDR3-Scheife des γ:δ-T-Zell-Rezeptors häufig länger als beim α:β-T-Zell-Rezeptor. So kann die CDR3 im γ:δ-T-Zell-Rezeptor direkt mit Liganden interagieren und trägt zur großen Vielfalt dieser Rezeptoren bei. Wir besprechen die Regulation der Rezeptorauswahl bei den α:β- und γ:δ-T-Zellen in Kap. 8.

## Zusammenfassung

T-Zell-Rezeptoren sind Immunglobulinen strukturell ähnlich und werden durch homologe Gene codiert. T-Zell-Rezeptor-Gene werden aus Gruppen von Gensegmenten auf die gleiche Art und Weise durch somatische Rekombination zusammengesetzt wie Immunglobulingene. Die Diversität verteilt sich in Immunglobulinen jedoch anders als in T-Zell-Rezeptoren: Die Loci der T-Zell-Rezeptoren haben ungefähr die gleiche Anzahl von V-Gen-Segmenten, aber mehr J-Gen-Segmente, und es gibt eine größere Diversifikation an den Verknüpfungsstellen zwischen den Gensegmenten im Verlauf der Genumlagerung. Außerdem sind keine funktionsfähigen T-Zell-Rezeptoren bekannt, bei denen die V-Gene nach der Umlagerung noch stärker durch somatische Hypermutation abgewandelt werden. Insgesamt führt dies zu einem T-Zell-Rezeptor mit der höchsten Vielfalt im zentralen Bereich des Rezeptors innerhalb der CDR3-Region, die dann bei $\alpha{:}\beta$-T-Zell-Rezeptoren mit dem gebundenen Peptidfragment des Liganden in Kontakt tritt. Bei $\gamma{:}\delta$-T-Zell-Rezeptoren liefert ebenfalls die CDR3-Region, die häufig länger ist als beim $\alpha{:}\beta$-T-Zell-Rezeptor, die höchste Vielfalt; sie kann auch direkt mit Liganden interagieren, die von den $\gamma{:}\delta$-T-Zellen erkannt werden.

# 5.3 Strukturvarianten der konstanten Immunglobulinregionen

Bislang haben wir uns in diesem Kapitel auf die Mechanismen konzentriert, die beim Zusammenbau der variablen Regionen der Immunglobuline und T-Zell-Rezeptoren eine Rolle spielen. Nun wenden wir uns den konstanten Regionen zu. Die konstanten Regionen von T-Zell-Rezeptoren haben lediglich die Aufgabe, die variablen Regionen zu unterstützen und das Molekül in der Membran zu verankern; und sie verändern sich auch nicht mehr nach dem Zusammenbau eines vollständigen Rezeptorgens. Immunglobuline können dagegen als Transmembranrezeptor und als sezernierter Antikörper vorliegen, und sie können in Form verschiedener Klassen produziert werden, was von den unterschiedlichen konstanten Regionen abhängt, die in der schweren Kette vorkommen. Die konstanten Regionen ($C_L$) der leichten Kette dienen nur der strukturellen Befestigung der variablen Regionen und es gibt anscheinend keine funktionellen Unterschiede zwischen $\lambda$- und $\kappa$-Kette. Im Locus der schweren Kette sind die verschiedenen konstanten Regionen ($C_H$) in separaten Genen codiert, die stromabwärts der Gensegmente der variablen Region liegen. Zuerst verwenden naive B-Zellen nur die ersten beiden, die $C_\mu$- und $C_\delta$-Gene, die zusammen mit der zusammengelagerten V-Region-Sequenz exprimiert werden. So entstehen die Transmembranproteine IgM und IgD auf der Oberfläche der naiven B-Zelle.

In diesem Teil des Kapitels wenden wir uns den verschiedenen Isotypen der schweren Ketten zu und besprechen einige ihrer besonderen Eigenschaften und strukturellen Merkmale, welche die Unterschiede in den konstanten Regionen der schweren Ketten von Antikörpern der fünf Hauptisotypen ausmachen. Wir erläutern, wie naive B-Zellen gleichzeitig sowohl den $C_\mu$- als auch den $C_\delta$-Isotyp exprimieren können und wie dasselbe Antikörpergen durch alternatives mRNA-Spleißen eine membrangebundene und eine sezernierte Form jedes Immunglobulins hervorbringen kann. Im Verlauf einer Antikörperantwort können aktivierte B-Zellen dann auf die Expression anderer Gene (neben $C_\mu$- und $C_\delta$) für die konstante Region umschalten, und zwar durch eine Art somatische Rekombination, dem Klassen- oder Isotypwechsel (Kap. 10). Dabei werden verschiedene konstante Regionen ($C_H$) der schweren Kette mit dem umgelagerten VDJ$_H$-Gen-Segment verknüpft.

## 5.3.1 Die Isotypen der Immunglobuline unterscheiden sich in der Struktur der konstanten Regionen ihrer schweren Ketten

Die fünf Hauptisotypen der Immunglobuline sind IgM, IgD, IgG, IgE und IgA. Sie können alle als Transmembranantigenrezeptoren oder sezernierte Antikörper auftreten (▶ Abb. 5.19). IgG-Antikörper lassen sich beim Menschen noch in die vier Unterklassen IgG1, IgG2, IgG3 und IgG4 einteilen (die Bezeichnungen entsprechen ihrer Häufigkeit im Serum in absteigender Reihenfolge). Von IgA-Antikörpern gibt es beim Menschen zwei Unterklassen (IgA1 und IgA2). Die schweren Ketten, die diese Isotypen festlegen, werden

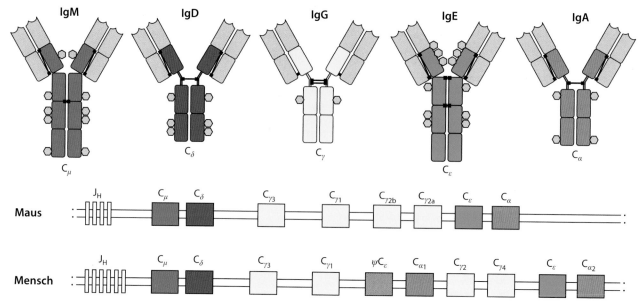

**Abb. 5.19 Die Immunglobulinisotypen sind in einer Gruppe von Genen für die konstante Region der schweren Kette codiert.** In der obersten Reihe ist der allgemeine Aufbau der wichtigsten Immunglobulinisotypen dargestellt. Jede Domäne entspricht einem Rechteck. Die Isotypen werden von separaten Genen für die konstante Region der schweren Kette codiert, die bei Mäusen und Menschen jeweils in einer Gruppe zusammen liegen (*untere Reihen*). Für jeden Isotyp hat die konstante Region der schweren Kette die gleiche Farbe wie das C-Region-Gen-Segment, das sie codiert. Sowohl IgM als auch IgE besitzen keine Gelenkregion, enthalten dafür jedoch eine zusätzliche Domäne in der schweren Kette. Zu beachten sind die Unterschiede in der Anzahl und Anordnung der Disulfidbrücken, welche die Ketten verknüpfen (*schwarze Linien*). Die Isotypen unterscheiden sich auch in der Verteilung von N-gebundenen Kohlenhydratseitenketten (als *Sechsecke* dargestellt). Der Gencluster des Menschen zeigt, dass während der Evolution eine Einheit aus zwei γ-Genen, einem ε- und einem α-Gen dupliziert wurde. Eines der ε-Gene ist ein Pseudogen (ψ); daher wird nur ein IgE-Subtyp exprimiert. Der Einfachheit halber sind andere Pseudogene sowie die genaue Exonstruktur der C-Gene nicht dargestellt. Die Immunglobulinklassen bei Mäusen nennt man IgM, IgD, IgG1, IgG2a, IgG2b, IgG3, IgA und IgE

mit den kleinen griechischen Buchstaben μ, δ, γ, ε und α bezeichnet. Die unterschiedlichen schweren Ketten werden von verschiedenen Immunglobulin-$C_H$-Genen codiert, die in einem Cluster auf der 3′-Seite der $J_H$-Segmente liegen (▶ Abb. 5.19). In ▶ Abb. 5.20 sind die wichtigsten physikalischen und funktionellen Eigenschaften der verschiedenen Antikörperklassen des Menschen aufgelistet.

Die Funktionen der Immunglobulinklassen werden in Kap. 10 im Zusammenhang mit der humoralen Immunantwort besprochen. An dieser Stelle wollen wir uns nur kurz mit ihnen befassen. IgM ist die Immunglobulinklasse, die nach der Aktivierung einer B-Zelle als Erstes produziert wird, und der IgM-Antikörper wird als Pentamer sezerniert (Abschn. 5.3.3 und ▶ Abb. 5.21). Dadurch besitzt IgM eine so große Molekülmasse und kommt auch normalerweise nur im Blutkreislauf, nicht aber in den Geweben vor. Die Pentamerstruktur bedingt auch eine erhöhte Avidität für Antigene, bevor die Affinität durch den Prozess der Affinitätsreifung erhöht wurde.

Die IgG-Isotypen, die während einer Immunantwort erzeugt werden, kommen im Blutkreislauf und in den Extrazellularräumen der Gewebe vor. IgM und die meisten IgG-Isotypen können mit dem Komplementfaktor C1 interagieren, wodurch der klassische Komplementweg aktiviert wird (Abschn. 2.2.3). IgA und IgE aktivieren das Komplementsystem nicht. IgA kommt im Blut vor, ist aber auch bei der Immunabwehr der mucosalen Oberflächen aktiv. IgA wird in den Darm, in die Atemwege und in die Muttermilch sezerniert. IgE ist vor allem für die Abwehr von vielzelligen Parasiten (beispielsweise *Schistosoma*) von Bedeutung, ist aber auch derjenige Antikörper, der bei den weit verbreiteten Allergien eine Rolle spielt, etwa beim allergischen Asthma. IgG und IgE treten immer als Monomere auf, IgA kann entweder als Monomer oder als Dimer sezerniert werden.

Sequenzunterschiede zwischen den konstanten Regionen der schweren Immunglobulinketten sind verantwortlich für die unterschiedlichen Eigenschaften der einzelnen Isotypen. Das betrifft die Zahl und Lokalisierung der Disulfidbrücken zwischen den Ketten, die Zahl der angehängten Kohlenhydratgruppen und der konstanten Domänen sowie die Länge der Gelenkregion (► Abb. 5.19). Die schweren Ketten von IgM und IgE enthalten anstelle der Gelenkregion der $\gamma$-, $\delta$- und $\alpha$-Kette eine zusätzliche konstante Domäne. Das Fehlen der Gelenkregion bedeutet jedoch nicht, dass die IgM- und IgE-Moleküle keine Flexibilität besitzen. Elektronenmikroskopische Aufnahmen von IgM-Molekülen mit gebundenen Liganden zeigen, dass sich die Fab-Arme in Bezug auf den Fc-Teil abwinkeln können. Ein solcher Strukturunterschied könnte funktionelle Konsequenzen haben, die man noch nicht entdeckt hat. Verschiedene Isotypen und Untertypen unterscheiden sich ferner in ihren Effektorfunktionen. Darauf gehen wir später ein.

## 5.3.2 Die konstanten Regionen der Antikörper sind für die funktionelle Spezialisierung verantwortlich

Antikörper schützen den Körper auf unterschiedliche Weise. In einigen Fällen genügt es, wenn der Antikörper sich an das Antigen anlagert. Bindet ein Antikörper zum Beispiel fest an ein Toxin oder ein Virus (► Abb. 1.25), kann das bereits eine Erkennung des entsprechenden Rezeptors auf der Wirtszelle verhindern. Dafür reichen die variablen Regionen allein aus. Die konstante Region ist dagegen von wesentlicher Bedeutung für die Aktivierung der Hilfe von anderen Zellen und Molekülen, die Krankheitserreger zerstören und aus dem Körper entfernen, an die der Antikörper gebunden hat.

Die Fc-Region umfasst alle konstanten Regionen eines Antikörpers und sie hat im Wesentlichen drei Effektorfunktionen: Bindung von Fc-Rezeptoren, Aktivierung des Komplementsytems und Regulation der Freisetzung. Erstens bindet die Fc-Region bestimmter Isotypen an spezialisierte Fc-Rezeptoren, die von Immuneffektorzellen exprimiert werden. Fc$\gamma$-Rezeptoren, die sich auf der Oberfläche von Phagocyten wie Makrophagen und neutrophilen Granulocyten befinden, binden die Fc-Bereiche von IgG1- und IgG3-Antikörpern und erleichtern damit die Phagocytose von Pathogenen, die mit diesen Antikörpern bedeckt sind. Der Fc-Bereich von IgE bindet an einen hochaffinen Fc$\varepsilon$-Rezeptor auf Mastzellen, basophilen Granulocyten und aktivierten eosinophilen Granulocyten, die auf die Bindung des spezifischen Antigens mit der Freisetzung von Entzündungsmediatoren antworten (Abschn. 10.2.5).

Zweitens können die Fc-Anteile von Antigen:Antikörper-Komplexen an das C1q-Komplementprotein binden (Abschn. 2.2.3) und so die klassische Komplementkaskade auslösen. Dadurch können Phagocyten angelockt und aktiviert werden, Mikroben aufzunehmen und zu zerstören. Drittens kann der Fc-Anteil Antikörper in Bereiche befördern, zu denen sie nur mithilfe eines aktiven Transportmechanismus gelangen können. Das betrifft den Transport von IgA in schleimige Absonderungen, Tränen und Milch sowie die Übertragung von IgG von der schwangeren Mutter in den fetalen Blutkreislauf. In beiden Fällen aktiviert der Fc-Anteil von IgA und IgG einen spezifischen Rezeptor, den neonatalen Fc-Rezeptor (FcRn), der den aktiven Transport des Immunglobulins durch Zellen in andere Bereiche des Körpers steuert. Podocyten in den Glomeruli der Nieren exprimieren FcRn, sodass IgG-Moleküle, die aus dem Blut gefiltert wurden und sich an der glomerulären Basalmembran ansammeln, besser entfernt werden können.

Die Bedeutung des Fc-Bereichs für diese Effektorfunktionen lässt sich durch Untersuchung enzymatisch behandelter oder gentechnisch veränderter Immunglobuline zeigen, denen eine der beiden Fc-Domänen fehlt. Viele Mikroorganismen scheinen an das zerstörerische Potenzial des Fc-Bereichs dahingehend angepasst zu sein, dass sie Proteine synthetisieren, die entweder daran binden oder ihn proteolytisch spalten, sodass der Fc-Abschnitt seine Aufgaben nicht erfüllen kann. Beispiele dafür sind Protein A und Protein G der Gattung *Staphylococcus* und Protein D der Gattung *Haemophilus*. In der Forschung lassen sich diese Proteine zur Kartierung des Fc-Bereichs oder als immunologische Reagenzien einsetzen. Nicht alle Immunglobulinklassen verfügen über die gleiche Fähigkeit, jede der möglichen Effektorfunktionen auszulösen (▶Abb. 5.20). IgG1 und IgG3 haben zum Beispiel eine höhere Affinität für den gängigsten Typ des Fc-Rezeptors als IgG2.

### 5.3.3 IgM und IgD stammen von demselben Prä-mRNA-Transkript ab und werden auf der Oberfläche von reifen B-Zellen exprimiert

Die Gene für die konstanten Regionen der Immunglobuline bilden einen großen Cluster von etwa 200 kb, der sich auf der 3′-Seite der $J_H$-Gen-Segmente erstreckt (▶Abb. 5.19): Jedes Gen für eine konstante Region ist in mehrere Exons (in der Abbildung nicht dargestellt) unterteilt, die jeweils einer einzelnen Immunglobulindomäne des gefalteten Pro-

| | Immunglobulin | | | | | | | | |
|---|---|---|---|---|---|---|---|---|---|
| | IgG1 | IgG2 | IgG3 | IgG4 | IgM | IgA1 | IgA2 | IgD | IgE |
| schwere Kette | $\gamma_1$ | $\gamma_2$ | $\gamma_3$ | $\gamma_4$ | $\mu$ | $\alpha_1$ | $\alpha_2$ | $\delta$ | $\varepsilon$ |
| Molekülmasse (kDa) | 146 | 146 | 165 | 146 | 970 | 160 | 160 | 184 | 188 |
| Serumspiegel (mittlerer Wert beim Erwachsenen in mg ml$^{-1}$) | 9 | 3 | 1 | 0,5 | 1,5 | 3,0 | 0,5 | 0,03 | $5\times10^{-5}$ |
| Halbwertszeit im Serum | 21 | 20 | 7 | 21 | 10 | 6 | 6 | 3 | 2 |
| klassischer Weg der Komplementaktivierung | ++ | + | +++ | – | ++++ | – | – | – | – |
| alternativer Weg der Komplementaktivierung | – | – | – | – | – | + | – | – | – |
| Transfer durch die Plazenta | +++ | + | ++ | –/+ | – | – | – | – | – |
| Bindung an Fc-Rezeptoren der Makrophagen und Phagocyten | + | – | + | –/+ | – | + | + | – | + |
| hochaffine Bindung an Mastzellen und Basophile | – | – | – | – | – | – | – | – | +++ |
| Reaktivität mit Protein A aus *Staphylococcus* | + | + | –/+ | + | – | – | – | – | – |

**Abb. 5.20 Die physikalischen und funktionelle Eigenschaften der menschlichen Immunglobulinisotypen.** Die Bezeichnung IgM leitet sich von der Molekülgröße ab. Das IgM-Monomer hat zwar nur eine Masse von 190 kDa, bildet jedoch normalerweise Pentamere (Makroglobuline – daher das M), die eine sehr hohe Molekülmasse besitzen (▶Abb. 5.23). Das IgA-Molekül dimerisiert, sodass es in Sekreten eine Molekülmasse von 390 kDa besitzt. Der IgE-Antikörper steht in Zusammenhang mit Hypersensitivitätsreaktionen des Soforttyps. Wenn IgE an Gewebemastzellen angeheftet ist, erhöht sich seine Halbwertszeit im Vergleich zur hier angegebenen Halbwertszeit im Plasma erheblich. Für mehrere Funktionen werden die relativen Aktivitäten der verschiedenen Isotypen miteinander verglichen, von inaktiv (–) bis maximal aktiv (++++)

teins entsprechen. Das Gen, das die $\mu$-C-Region codiert, liegt den $J_H$-Gen-Segmenten und damit dem nach der DNA-Umlagerung zusammengesetzten Exon für die variable Region (VDJ-Exon) am nächsten. Wenn die Genumlagerung abgeschlossen ist, entsteht durch Transkription von einem Promotor direkt an der 5'-Seite des VDJ-Exons ein vollständiges Transkript für die schwere $\mu$-Kette. Während der RNA-Prozessierung werden alle verbliebenen $J_H$-Gen-Segmente zwischen dem zusammengesetzten V-Gen und dem $C_\mu$-Gen entfernt, sodass schließlich die gereifte mRNA entsteht. Darum werden die schweren $\mu$-Ketten zuerst exprimiert und IgM ist der erste Isotyp der Immunglobuline, der während der B-Zell-Entwicklung gebildet wird.

Direkt neben dem 3'-Ende des $\mu$-Gens liegt das $\delta$-Gen, das die konstante Region der schweren Kette von IgD codiert (▶ Abb. 5.19). IgD wird zwar auf der Oberfläche von fast allen reifen B-Zellen zusammen mit IgM coexprimiert, jedoch nur in geringen Mengen von Plasmazellen sezerniert; seine genaue Funktion ist weiterhin unbekannt und wird derzeit aktiv erforscht. Da IgD flexiblere Gelenkregionen als IgM besitzt, fungiert IgD möglicherweise als Hilfsrezeptor, der die Bindung von Antigenen durch naive B-Zellen unterstützt. Mäuse, denen die $\delta$-Exons fehlen, zeigen eine normale B-Zell-Entwicklung und können zum großen Teil normale Antikörperantworten hervorbringen, wobei jedoch die Affinitätsreifung der Antikörper für ihre Antigene verzögert einsetzt. Wir werden uns damit noch einmal in Kap. 10 im Zusammenhang mit der somatischen Hypermutation beschäftigen.

B-Zellen, die IgM und IgD exprimieren, haben keinen Klassenwechsel durchlaufen, der irreversible Veränderungen der DNA mit sich bringt. Diese Zellen produzieren stattdessen ein langes Primärtranskript, das unterschiedlich geschnitten und gespleißt wird und dadurch jeweils eines von zwei verschiedenen mRNA-Molekülen liefert (▶ Abb. 5.21). Bei einem der beiden Moleküle wird das VDJ-Exon an die $C_\mu$-Exons gespleißt und ausgehend von einer nahe gelegenen Stelle (pA1) polyadenyliert. Dieses Transkript codiert ein vollständiges IgM-Molekül. Das zweite Transkript reicht über diese Stelle deutlich hinaus und beinhaltet die stromabwärts liegenden $C_\delta$-Exons. Bei diesem Transkript wird das VDJ-Exon an die $C_\delta$-Exons gespleißt und die Polyadenylierung erfolgt an einer anderen stromabwärts liegenden Stelle (pA2). Dieses Transkript codiert ein IgD-Molekül.

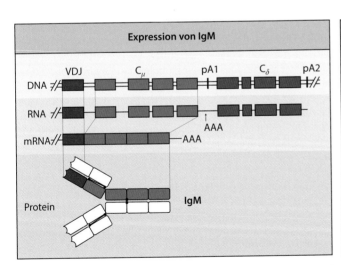
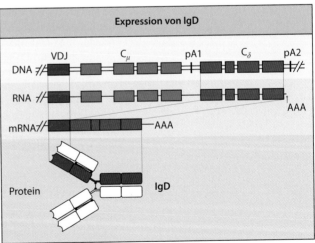

**Abb. 5.21 Die Coexpression von IgD und IgM wird durch RNA-Prozessierung gesteuert.** In reifen B-Zellen beginnt die Transkription am $V_H$-Promotor und durchläuft die $C_\mu$- und $C_\delta$-Exons. Dieses lange Primärtranskript wird dann durch Spaltung, Polyadenylierung (AAA) und Spleißen prozessiert. Spaltung und Polyadenylierung an der $\mu$-Stelle (pA1) und Spleißen zwischen $C_\mu$-Exons ergibt eine mRNA, die die schwere $\mu$-Kette (*links*) codiert. Spaltung und Polyadenylierung an der $\delta$-Stelle (pA2) und ein anderes Spleißmuster, welches das Exon der V-Region an die $C_\delta$-Exons spleißt und die $C_\mu$-Exons entfernt, liefern eine mRNA, die die schwere $\delta$-Kette codiert (*rechts*). Der Einfachheit halber sind nicht alle einzelnen Exons der C-Region dargestellt

Seit den 1980er-Jahren ist bekannt, dass die Prozessierung des langen mRNA-Transkripts entwicklungsspezifisch reguliert ist, wobei unreife B-Zellen vor allem das $\mu$-Transkript erzeugen, reife B-Zellen hingegen vor allem das $\delta$-Transkript neben einer gewissen Menge $\mu$-Transkript; für den molekularen Mechanismus gab es aber bis vor Kurzem kaum eine Erklärung. Eine neuere genetische Untersuchung mithilfe einer Vorwärtsmutagenese durch *N*-Ethyl-*N*-Nitrosoharnstoff (ENU) bei Mäusen führte zur Identifizierung eines Gens, dass bei der IgD-Expression eine Rolle spielt und den alternativen Spleißvorgang reguliert. Das Gen codiert das Protein **ZFP318**, das in seiner Struktur mit dem kleinen nucleären U1-Ribonucleoprotein des Spleißosoms verwandt ist (das Spleißosom besteht aus mehreren RNA-Protein-Komplexen [snRNPs, *small ribonucleoprotein particles*], darunter das U1-snRNP, und ist erforderlich für das Spleißen von mRNA). ZFP318 wird von unreifen B-Zellen, die das IgD-Transkript nicht produzieren, ebenfalls nicht exprimiert. Reife und aktivierte B-Zellen, die IgD und IgM zusammen exprimieren, produzieren auch ZFP318, das für das alternative Spleißen der langen Prä-mRNA vom VDJ-Exon zu den $C_\delta$-Exons notwendig ist. Mäuse, deren ZFP318-Gen vollständig inaktiviert wurde, können IgD nicht exprimieren, sondern produzieren stattdessen noch mehr IgM. Der genaue Mechanismus ist zwar noch unbekannt, aber wahrscheinlich wirkt ZFP318 schon während der Elongationsphase direkt auf das Prä-mRNA-Transkript ein, sodass das Spleißen des VDJ-Exons an die $C_\mu$-Exons verhindert wird. So kann das Transkript verlängert werden und das Spleißen an die $C_\delta$-Exons wird ermöglicht. Die Expression von ZFP318 unterstützt also die IgD-Expression, wie allerdings die ZFP318-Expression reguliert wird, weiß man noch nicht.

### 5.3.4 Die membrandurchspannende und die sezernierte Form der Immunglobuline stammen von verschiedenen Transkripten für die schwere Kette

Alle Immunglobulinisotypen können entweder in der sezernierten Form oder als membrangebundene Rezeptoren vorkommen. B-Zellen exprimieren zuerst die membrangebundene Form von IgM. Nach der Stimulation durch ein Antigen differenzieren sich einige der Nachkommen zu Plasmazellen, welche die sezernierte Form von IgM produzieren. Andere Zellen hingegen vollziehen einen Klassenwechsel und exprimieren membrangebundene Immunglobuline einer anderen Klasse, bevor sie schließlich auch auf die Herstellung sezernierter Antikörper der neuen Klasse umschalten. Die membrangebundenen Formen aller Immunglobulinklassen sind Monomere und bestehen aus zwei schweren und zwei leichten Ketten: IgM und IgA polymerisieren nur, wenn sie sezerniert werden. In der membrangebundenen Form besitzt die schwere Kette des Immunglobulins eine hydrophobe Transmembrandomäne von etwa 25 Aminosäuren am Carboxyterminus, die das Protein in der Oberfläche des B-Lymphocyten verankern. Bei der sezernierten Form wird diese Domäne durch ein anderes carboxyterminales Ende ersetzt, das aus einem hydrophilen sekretorischen Schwanzstück besteht. Diese beiden unterschiedlichen Carboxylenden werden in getrennten Exons codiert, die sich am Ende jedes $C_H$-Gens befinden und in der RNA alternativ prozessiert werden.

So enthält beispielsweise das Gen für die schwere IgM-Kette die vier Exons $C_\mu 1$–$4$, welche die vier Immunglobulindomänen der schweren Kette codieren (▶ Abb. 5.22). Das Ende des $C_\mu 4$-Exons codiert auch den Carboxyterminus der sezernierten Form. Die zwei zusätzlichen, stromabwärts liegenden Exons M1 und M2 codieren die membrangebundenen Formen. Wenn das Primärtranskript an der Polyadenylierungsstelle ($pA_s$), die stromabwärts des $C_\mu 4$-Exons, aber vor den beiden letzten Exons liegt, gespalten wird, kann nur die sezernierte Form produziert werden. Transkribiert die Polymerase über die erste Polyadenylierungsstelle hinaus, kann das Spleißen an einer Nicht-Konsensus-Spleißdonorstelle zwischen dem $C_\mu 4$- und dem M1-Exon erfolgen. In diesem Fall findet die Polyadenylierung an einer stromabwärts liegenden Stelle ($pA_m$) statt und die Zelloberflächenform des Immunglobulins entsteht. Dieses alternative Spleißen ist noch nicht vollständig bekannt, aber möglicherweise wird die die Aktivität der RNA-Polymerase reguliert, während sie den IgM-Locus transkribiert. Ein Faktor, der die Polyadenylierung von RNA-Transkripten reguliert, ist die

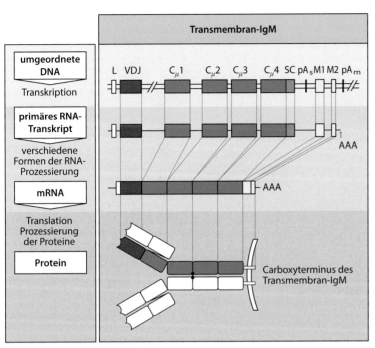
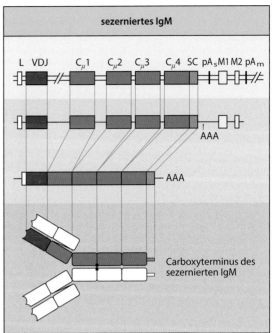

**Abb. 5.22 Membrandurchspannende und sezernierte Formen von Immunglobulinen entstehen durch alternative RNA-Prozessierung desselben Gens.** Am Ende des Gens für die konstante Region der schweren Kette befinden sich zwei Exons (M1 und M2; *gelb*), die zusammen die Transmembranregion und den cytoplasmatischen Schwanz der Transmembranform codieren. Im letzten Exon der C-Domänen codiert eine SC-Sequenz (SC für *secretion coding, orange*) den Carboxyterminus der sezernierten Form. Im Fall von IgD befindet sich die SC-Sequenz in einem eigenen Exon (nicht dargestellt). Bei den anderen Isotypen, wie dem hier gezeigten IgM, stoßen die SC-Sequenzen direkt an das letzte Exon für die konstante Domäne. Die Ereignisse, die bestimmen, ob die RNA die schwere Kette eines sezernierten oder eines Transmembranimmunglobulins codiert, finden während der Prozessierung des Prä-mRNA-Transkripts statt. Jedes C-Gen einer schweren Kette hat zwei mögliche Polyadenylierungsstellen ($pA_s$ und $pA_m$). Im *linken Bild* wird das Transkript an der zweiten Stelle ($pA_m$) geschnitten und polyadenyliert (AAA). Das Spleißen erfolgt an einer Stelle innerhalb des letzten $C_\mu4$-Exons direkt stromaufwärts der SC-Sequenz und einer zweiten Stelle am 5′-Ende des M1-Exons (*gelb*). Dadurch wird die SC-Sequenz entfernt und das $C_\mu4$-Exon mit M1 und M2 verknüpft, sodass die Transmembranform der schweren Kette entsteht. *Rechtes Bild*: Die Polyadenylierung erfolgt an der $pA_s$-Stelle und die Transkription endet vor den Exons M1 und M2, sodass die Bildung der membrandurchspannenden Form der schweren Kette verhindert wird und die sezernierte Variante entsteht

CstF-64-Untereinheit des **Spaltungsstimulationsfaktors** (*cleavage stimulation factor*, CstF). CstF-64 begünstigt die Produktion des Transkripts für die sezernierte IgM-Form. Der Transkriptionselongationsfaktor **ELL2**, der von Plasmazellen induziert wird, unterstützt ebenfalls die Polyadenylierung an der $pA_s$-Stelle und begünstigt so auch die sezernierte Form. CstF-64 und ELL2 assoziieren im IgG-Locus gemeinsam mit der RNA-Polymerase. Diese unterschiedliche RNA-Prozessierung ist für $C_\mu$ in ▶ Abb. 5.22 dargestellt; der Mechanismus ist bei allen Isotypen gleich. In aktivierten B-Zellen, die sich zu antikörpersezernierenden Plasmazellen differenzieren, wird ein großer Teil der Transkripte zur sezernierten und nur ein kleinerer zur membrandurchspannenden Form des jeweiligen Isotyps gespleißt, den die B-Zelle exprimiert.

## 5.3.5 IgM und IgA können Polymere bilden, indem sie mit der J-Kette interagieren

Alle Immunglobulinmoleküle bestehen zwar aus einer Grundeinheit von zwei schweren und zwei leichten Ketten, IgM und IgA können jedoch daraus Multimere bilden

| IgA-Dimer | IgM-Pentamer |
|---|---|

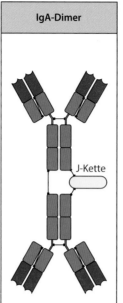
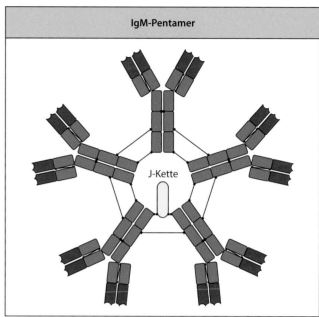

**Abb. 5.23 IgM- und IgA-Moleküle können Multimere bilden.** IgM und IgA werden normalerweise als Multimere in Verbindung mit einem zusätzlichen Polypeptid – der J-Kette – synthetisiert. Im IgA-Dimer (*links*) sind die Monomere über Disulfidbrücken mit der J-Kette und untereinander verbunden. Beim IgM-Pentamer (*rechts*) sind die Monomere untereinander und mit der J-Kette über Disulfidbrücken vernetzt. IgM kann auch Hexamere bilden, die keine J-Kette enthalten (nicht dargestellt)

(▶Abb. 5.23). Die konstanten Regionen von IgM und IgA können ein Schwanzstück von 18 Aminosäuren enthalten, darunter ein Cystein, das eine wesentliche Rolle bei der Polymerisierung spielt. Eine zusätzliche separate Polypeptidkette von 15 kDa, die **J-Kette** (nicht zu verwechseln mit der Immunglobulin-J-Region, die ein J-Gen-Segment codiert; Abschn. 5.1.2), unterstützt die Polymerisierung, indem sie sich an die Cysteine des Schwanzstücks lagert. Diese gibt es nur in den sezernierten Formen der $\mu$- und der $\alpha$-Kette. Im Fall von IgA ist die Dimerisierung für den Transport durch Epithelien erforderlich (Kap. 10). IgM-Moleküle liegen im Plasma als Pentamere vor, manchmal auch als Hexamere (ohne J-Kette); IgA tritt in Schleimabsonderungen hauptsächlich als Dimer auf, im Plasma jedoch als Monomer.

Die Polymerisierung der Immunglobuline ist vermutlich für die Bindung von Antikörpern an repetitive Epitope wichtig. Ein Antikörpermolekül besitzt mindestens zwei identische Antigenbindungsstellen, jeweils mit eigener Affinität oder Bindungsstärke für das Antigen (Anhang I, Abschn. A.9). Wenn es an mehrere identische Epitope auf einem einzelnen Zielantigen bindet, dissoziiert es erst dann, wenn alle Bindungsstellen dissoziieren. Die Dissoziationsgeschwindigkeit des gesamten Antikörpers von allen Antigenen ist daher viel geringer als die Geschwindigkeit für eine einzelne Bindungsstelle; aus den zahlreichen Bindungsstellen resultiert daher eine größere effektive Bindungsstärke oder Avidität. Diese Überlegung ist besonders für das IgM-Pentamer von Bedeutung, das zehn Antigenbindungsstellen besitzt. IgM-Antikörper erkennen häufig repetitive Epitope wie die Polysaccharide auf bakteriellen Zellwänden. Die Bindung einzelner Epitope erfolgt häufig mit geringer Affinität, da IgM in einer frühen Phase der Immunantwort gebildet wird, das heißt vor somatischer Hypermutation und Affinitätsreifung. Die Bindung mehrerer Epitope gleicht dies aus, da die gesamte funktionelle Bindungsstärke erheblich gesteigert wird. Daraus lässt sich schließen, dass die Bindung eines einzigen IgM-Pentamers an ein Zielantigen ausreichen sollte, die biologische Effektoraktivität in Gang zu setzen, während bei IgG zwei unabhängige Zielmoleküle möglicherweise in enger Nachbarschaft liegen müssen.

**Zusammenfassung**

Die konstanten Regionen der schweren Ketten bestimmen die Klassen oder Isotypen der Immunglobuline. Jeder Isotyp wird von einem eigenen Gen codiert. Die Gene für die konstanten Bereiche der schweren Ketten liegen in einem Cluster auf der 3'-Seite der Gensegmente für die variablen V-, D- und J-Regionen. Ein produktiv umgelagertes Exon der variablen Region wird zunächst zusammen mit den Exons der $\mu$- und $\delta$-$C_H$-Kette exprimiert, welche in naiven B-Zellen durch alternatives Spleißen eines mRNA-Transkripts coexprimiert werden, das die $\mu$- und $\delta$-$C_H$-Exons enthält. Außerdem können B-Zellen jede Immunglobulinklasse als membrangebundenen Antigenrezeptor oder als sezernierten Antikörper exprimieren. Dies geschieht durch differenzielles Spleißen der mRNA, bei dem Exons ausgewählt werden, die eine hydrophobe Ankersequenz oder ein sezernierbares Schwanzstück codieren. Der Antikörper, den eine B-Zelle nach ihrer Aktivierung sezerniert, erkennt also das Antigen, durch das die B-Zelle ursprünglich mit ihrem Antigenrezeptor aktiviert wurde. Das Exon für die gleiche variable Region kann anschließend mit jedem anderen Isotyp verknüpft werden, wodurch Antikörper anderer Klassen entstehen. Diesen Vorgang des Klassenwechsels beschreiben wir in Kap. 10.

# 5.4 Die Evolution der adaptiven Immunantwort

Die Ausformung der adaptiven Immunantwort, wie wir sie in diesem Buch bis hier hin besprochen haben, beruht auf der Aktivität der RAG-1/RAG-2-Rekombinase. Dabei entsteht ein außerordentlich vielfältiges und klonal verteiltes Repertoire von Immunglobulinen und T-Zell-Rezeptoren. Dieses System wurde nur bei den kiefertragenden Vertebraten (**Gnathostomata**) entdeckt, die sich vor über 500 Mio. Jahren von den übrigen Vertebraten abgespalten haben. Anscheinend ist die adaptive Immunität während der Evolution ziemlich unvermittelt entstanden. Sogar die Knorpelfische, also die älteste Gruppe der kiefertragenden Fische, die bis heute überlebt hat, besitzen ein strukturiertes Lymphgewebe, T-Zell-Rezeptoren und Immunglobuline und sie können adaptive Immunantworten hervorbringen. Die Vielfalt innerhalb des adaptiven Immunsystems der Vertebraten wurde ursprünglich als einmaliges Phänomen angesehen. Heute wissen wir jedoch, dass Organismen, seien sie auch so verschieden wie Insekten, Stachelhäuter und Mollusken, über eine Reihe verschiedener genetischer Mechanismen verfügen, die das Repertoire der Moleküle für die Pathogenerkennung vergrößern, wobei sie damit allerdings nicht an die adaptive Immunität heranreichen. Man hat entdeckt, dass die überlebenden Spezies der kieferlosen Vertebraten (**Agnatha**), die Neunaugen und die Myxiniformes (Schleimaale), die uns also in der Evolutionsgeschichte näher stehen, eine Form der „adaptiven" oder „antizipatorischen" Immunität besitzen, die auf antikörperähnlichen Nichtimmunglobulinproteinen beruht und bei der es auch ein System für eine somatische Genumlagerung gibt, das sich allerdings von der RAG-abhängigen V(D)J-Umlagerung ziemlich deutlich unterscheidet. Deshalb sollten wir unser adaptives Immunsystem, bei all seiner Leistungsfähigkeit, nur als eine mögliche Lösung des Problems betrachten, ein hochgradig vielfältiges System zur Erkennung von Krankheitserregern hervorzubringen.

## 5.4.1 Einige Wirbellose produzieren ein ausgesprochen vielfältiges Repertoire an Immunglobulingenen

Bis noch vor Kurzem herrschte die Meinung, dass sich die Immunität von Wirbellosen auf ein angeborenes System mit nur sehr begrenzter Diversität hinsichtlich der Erkennung von Pathogenen beschränkt. Diese Vorstellung beruhte auf dem Wissen, dass sich die angeborene Immunität bei Wirbeltieren auf ungefähr zehn verschiedene Toll-like Rezeptoren und ungefähr ebenso viele andere Rezeptoren stützt, die auch PAMPs erkennen, sowie der Annahme, dass die Zahlen bei Wirbellosen nicht höher sein würden. Neuere Untersuchungen ergaben jedoch, dass es mindestens zwei Beispiele beträchtlicher Diversifikation eines

Mitglieds der Immunglobulinsuperfamilie bei Wirbellosen gibt, was potenziell einen großen Umfang an Pathogenerkennung ermöglicht.

Bei *Drosophila* fungieren Zellen des Fettkörpers und Hämocyten als Teil des Immunsystems. Zellen des Fettkörpers sezernieren Proteine wie die antimikrobiellen Defensine (Kap. 2 und 3) in die Hämolymphe. Ein weiteres Protein in der Hämolymphe ist das **Down-Syndrom-Zelladhäsionsmolekül** (*Down syndrome cell adhesion molecule*, **Dscam**), ein Mitglied der Immunglobulinsuperfamilie. Dscam wurde ursprünglich als ein Protein entdeckt, das bei der Taufliege an Vorgängen spezifischer neuronaler Verschaltungen beteiligt ist. Es wird ebenfalls in Zellen des Fettkörpers und in Hämocyten hergestellt, die es in die Hämolymphe sezernieren können. Dort erkennt es wahrscheinlich eindringende Bakterien und unterstützt deren Aufnahme durch Phagocyten.

Das Dscam-Protein umfasst multiple, normalerweise zehn, immunglobulinartige Domänen. Das Dscam-codierende Gen enthält jedoch für mehrere dieser Domänen eine große Anzahl alternativer Exons (▶ Abb. 5.24). Exon 4 kann zum Beispiel eines von zwölf verschiedenen Exons sein, von denen jedes eine Immunglobulindomäne mit eigener Sequenz spezifiziert. Exon-Cluster 6 hat 48 alternative Exons, Cluster 9 weitere 33 und Cluster 17 enthält zwei: Man schätzt, dass das Dscam-Gen um die 38.000 Proteinisoformen codieren kann. Auf die Idee, dass Dscam eine Rolle bei der Immunität spielt, kam man, als *in vitro*-Studien zeigten, dass isolierte Hämocyten *E. coli* weniger gut phagocytieren konnten, wenn ihnen Dscam fehlte. Das ließ vermuten, dass dieses riesige Repertoire an alternativen Exons zumindest teilweise dafür entstanden ist, die Fähigkeit der Insekten zu verbessern, Pathogene zu erkennen. Für *Anopheles gambiae* konnte diese Funktion von Dscam bestätigt werden; ein Abschalten des *Dscam*-Homologs *AgDscam* schwächte die normale Resistenz der Stechmücke gegen Bakterien und gegen den Malariaerreger und Parasiten *Plasmodium*. Es gibt auch Hinweise darauf, dass einige *Dscam*-Exons der Stechmücke für bestimmte Pathogene spezifisch sind. Allerdings ist nicht bekannt, ob die Dscam-Isoformen klonal exprimiert werden.

Ein weiteres wirbelloses Tier, ein Molluske, wendet eine andere Strategie an, eine große Vielfalt eines Proteins aus der Immunglobulinsuperfamilie zu schaffen und für die Immu-

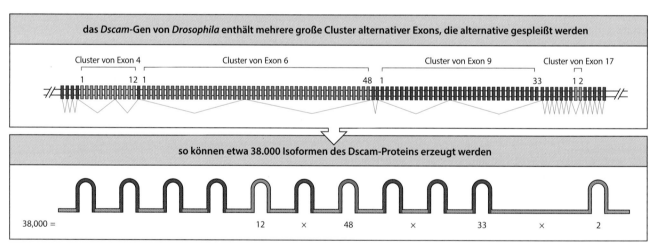

**Abb. 5.24 Das Dscam-Protein, das an der angeborenen Immunität von *Drosophila* beteiligt ist, enthält multiple Immunglobulindomänen und ist aufgrund alternativen Spleißens sehr vielfältig.** Das Gen, das Dscam in *Drosophila* codiert, enthält mehrere große Cluster mit alternativen Exons. Die Cluster, die Exon 4 (*grün*), Exon 6 (*hellblau*), Exon 9 (*rot*) und Exon 17 (*orange*) codieren, enthalten zwölf, 48, 33 beziehungsweise zwei alternative Exons. In der vollständigen *Dscam*-mRNA wird von jedem Cluster nur eines der alternativen Exons verwendet. In Neuronen, Fettkörperzellen und Hämocyten ist die Auswahl der Exons jeweils unterschiedlich. In allen drei Zelltypen gibt es alle alternativen Exons von Exon 4 und 6, in Hämocyten und Fettkörperzellen für Exon 9 jedoch nur eine beschränkte Auswahl von alternativen Exons. Durch die unterschiedlichen Kombinationen der alternativen Exons des *Dscam*-Gens können mehr als 38.000 Isoformen des Proteins entstehen. (Nach Anastassiou, D. et al.: *Variable window binding for mutually exclusive alternative splicing. Genome Biol.* 2006, 7:R2.1-R2.12)

nität einzusetzen. Die Süßwasserschnecke *Biomphalaria glabrata* exprimiert eine kleine Familie **fibrinogenverwandter Proteine** (*fibronogen related proteins*, **FREPs**), die mutmaßlich eine Rolle in der angeborenen Immunität spielen. FREPs enthalten eine oder zwei Immunglobulindomänen an ihrem aminoterminalen Ende und eine Fibrinogendomäne an ihrem carboxyterminalen Ende. Die Immunglobulindomänen interagieren möglicherweise mit Pathogenen, während die Fibrinogendomäne dem FREP lektinartige Eigenschaften verleihen könnte, die bei der Präzipitation des Komplexes helfen. FREPs werden von Hämocyten produziert und in die Hämolymphe sezerniert. Ihre Konzentration steigt, wenn die Schnecke – sie ist Zwischenwirt für die Parasiten der Gattung *Schistosoma* (Pärchenegel), die Krankheitserreger der Schistosomiasis oder Bilharziose – von diesen Parasiten infiziert wird.

Das Genom von *B. glabrata* enthält viele Kopien von FREP-Genen, die sich in etwa 13 Unterfamilien unterteilen lassen. Eine Untersuchung der Sequenzen der exprimierten Mitglieder der FREP3-Unterfamilie ergab, dass die von einem einzelnen Individuum exprimierten FREPs im Vergleich zu den Keimbahngenen außerordentlich vielfältig sind. In der FREP3-Familie gibt es weniger als fünf Gene, aber eine einzelne Schnecke kann mehr als 45 verschiedene FREP3-Proteine herstellen, jeweils mit geringfügig unterschiedlichen Sequenzen. Eine Analyse der Proteinsequenzen ließ vermuten, dass diese Vielfalt durch eine Anhäufung von Punktmutationen in einem der FREP3-Keimbahngene zustande kam. Obwohl der genaue Mechanismus dieser Diversifikation und auch der Zelltyp, in dem er stattfindet, noch nicht bekannt sind, drängt sich eine Ähnlichkeit zur somatischen Hypermutation auf, die bei den Immunglobulinen erfolgt. Der Mechanismus bei den Insekten und bei *Biomphalaria* scheint einen Weg zur Schaffung vielfältiger Moleküle darzustellen, die an der Immunabwehr beteiligt sind, der zwar in mancher Hinsicht der Strategie einer erworbenen Immunantwort ähnelt, aber keine Hinweise auf eine klonale Selektion zeigt, die schließlich ein entscheidendes Merkmal einer echten adaptiven Immunität darstellt.

## 5.4.2 Agnatha verfügen über ein erworbenes Immunsystem, das eine somatische Genumlagerung zur Erzeugung von Rezeptordiversität aus LRR-Domänen einsetzt

Seit den frühen 1960er-Jahren ist bekannt, dass der Schleimaal (Inger) und Neunaugen Hauttransplantate beschleunigt abstoßen können und eine Art Überempfindlichkeit vom verzögerten Typ zeigen. In ihrem Serum ließ sich außerdem eine Aktivität ähnlich der von spezifischem Agglutinin feststellen, dessen Konzentration nach einer zweiten Immunisierung zunahm, ähnlich einer Antikörperantwort bei höheren Wirbeltieren. Diese Beobachtungen lassen zwar an eine adaptive Immunität denken, aber es gibt keine Hinweise für einen Thymus oder Immunglobuline. Allerdings besitzen diese Tiere Zellen, die man aufgrund morphologischer und molekularer Analysen als echte Lymphocyten auffassen kann. Eine Untersuchung der Gene, welche die Lymphocyten der Meeresneunaugen, *Petromyzon marinus*, exprimieren, ergab keine Verwandtschaft mit T-Zell-Rezeptor- oder Immunglobulingenen. Die Zellen exprimieren jedoch große Mengen an mRNA von Genen, die multiple LRR-Domänen codieren – die gleichen Proteindomänen, aus denen die pathogenerkennenden Toll-like-Rezeptoren (TLRs) aufgebaut sind (Abschn. 3.1.5).

Das könnte einfach bedeuten, dass diese Zellen darauf spezialisiert sind, Pathogene zu erkennen und auf sie zu reagieren. Die exprimierten LRR-Proteine bargen jedoch einige Überraschungen. Es gibt nicht wie bei den invarianten TLRs nur relativ wenige Formen, sondern sie enthalten hoch variable Aminosäuresequenzen. Dabei liegen variable LRR-Einheiten zwischen weniger variablen amino- und carboxyterminalen LRR-Einheiten. Diese LRR-haltigen Proteine, die **variablen Lymphocytenrezeptoren** (**VLRs**), haben eine unveränderliche Stielregion, mit der sie über einen Glykosylphosphatidylinositolanker (GPI-Anker) mit der Plasmamembran verbunden sind, und können entweder an der Zelle haften oder wie Antikörper in das Blut sezerniert werden.

Die Untersuchung der exprimierten VLR-Gene aus dem Neunauge ergab, dass sie sich durch somatische Genumlagerung organisieren (▶ Abb. 5.25). In der Keimbahnkonfiguration gibt es drei unvollständige VLR-Gene, *VLRA*, *VLRB* und *VLRC*, die jeweils ein Signalpeptid, einen Teil der aminoterminalen und einen Teil der carboxyterminalen LRR-Einheit codieren. Diese drei Blöcke von codierenden Sequenzen sind jedoch durch nichtcodierende DNA voneinander getrennt, die weder typische Signale für das RNA-Spleißen noch die Rekombinationssignalsequenzen (RSSs) enthält, wie es sie in Immunglobulingenen gibt (Abschn. 5.1.4). In den Regionen, welche die unvollständigen VLR-Gene flankieren, gibt es aber eine große Zahl von DNA-„Kassetten" mit ein, zwei oder drei

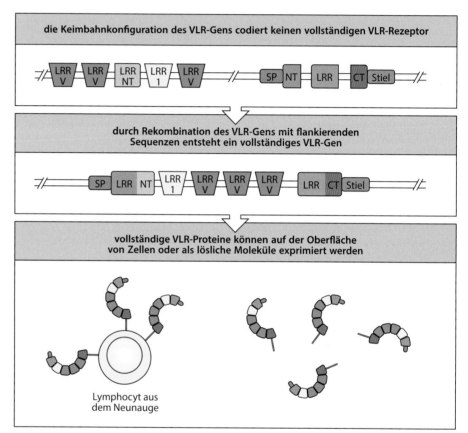

**Abb. 5.25 Durch somatische Rekombination eines unvollständigen VLR-Gens aus der Keimbahn entsteht beim Neunauge ein vielfältiges Repertoire an vollständigen VLR-Genen.** *Oben*: Eine unvollständige Kopie eines VLR-Gens des Neunauges enthält ein Gerüst (*rechts*) des vollständigen Gens: den Abschnitt, der das Signalpeptid (SP) codiert, einen Teil einer aminoterminalen LRR-Einheit (NT, *dunkelblau*) und eine carboxyterminale LRR-Einheit, die durch intervenierende nichtcodierende Sequenzen in zwei Teile (LRR, *hellrot*; und CT, *rot*) gespalten ist. Nahegelegene flankierende Regionen des Chromosoms enthalten multiple Kopien von VLR-Gen-Kassetten mit einzelnen oder doppelten Kopien variabler LRR-Domänen (*grün*) sowie Kassetten, die einen Teil der aminoterminalen LRR-Domänen (*hellblau* und *gelb*) codieren. *Mitte*: Durch somatische Rekombination werden verschiedene LRR-Einheiten in das ursprüngliche VLR-Gen kopiert. So entsteht ein vollständiges VLR-Gen, das die zusammengesetzte aminoterminale LRR-Kassette (LRR NT) und das erste LRR (*gelb*), danach mehrere variable LRR-Einheiten (*grün*) und die vollständige carboxyterminale LRR-Einheit umfasst. Am Ende befindet sich noch der Abschnitt mit der Stielregion des VLR-Rezeptors. Die Cytidin-Desaminasen PmCDA1 und PmCDA2 des Neunauges *P. marinus* sind möglicherweise die Enzyme, die diese Genumlagerung in Gang setzen. Die Expression des umgelagerten Gens bringt einen vollständigen Rezeptor hervor, der durch einen Glycosylphosphatidylinositolanker (GPI) der Stielregion an der Zellmembran verankert werden kann. *Unten*: In jedem einzelnen Lymphocyten findet somatische Genumlagerung statt, wodurch ein einzigartiger VLR-Rezeptor entsteht. Diese Rezeptoren können über den GPI-Anker auf der Oberfläche des Lymphocyten haften oder in das Blut sezerniert werden. Durch einzigartige Genumlagerungen in jedem sich entwickelnden Lymphocyten entsteht ein Repertoire an VLR-Rezeptoren unterschiedlicher Spezifitäten. (Nach: Pancer, Z., Cooper, M.D. *Annu. Rev. Immunol. 2006*, 24:497–518)

LRR-Einheiten. Jeder Neunaugenlymphocyt exprimiert ein vollständiges und einzigartiges VLR-Gen, entweder *VLRA, VLRB* oder *VLRC*, in dem eine Rekombination dieser flankierenden Regionen mit dem VLR-Gen aus der Keimbahn stattgefunden hat.

Zurzeit nimmt man an, dass die vollständigen VLR-Gene während der DNA-Replikation in den Lymphocyten der Neunaugen durch einen „Auswahlkopie"-Mechanismus entstehen, welcher der Genkonversion (Abschn. 5.4.4) ähnlich, aber nicht damit identisch ist. Bei der DNA-Replikation werden die LRR-Einheiten, die das VLR-Gen flankieren, in das VLR-Gen kopiert – wahrscheinlich indem bei der Synthese eines DNA-Stranges die Matrize wechselt und dadurch die Sequenz von einer dieser LRR-Einheiten kopiert wird. Der endgültige Beweis dafür fehlt zwar noch, aber dieser Matrizenwechsel könnte von Enzymen der AID-APOBEC-Familie ausgehen, die in den Lymphocyten der Neunaugen exprimiert werden. Die **Cytidin-Desaminase-Aktivität (CDA)** dieser Enzyme verursacht möglicherweise die Einzelstrangbrüche in der DNA, an denen dann die Erzeugung der Auswahlkopie beginnt. Neunaugen verfügen über zwei solcher Enzyme: CDA1 wird von der *VLRA*-Lymphocytenlinie exprimiert, CDA2 von der *VLRB*-Lymphocytenlinie. Es ist noch nicht bekannt, ob CDA1 oder CDA2 in den *VLRC*-exprimierenden Lymphocyten produziert wird. Das fertige VLR-Gen enthält am Aminoterminus eine abschließende, vollständige LRR-Untereinheit, an die sich bis zu sieben interne LRR-Domänen mit jeweils 24 Aminosäure Länge anschließen, gefolgt von der carboxyterminalen LRR-Domäne, bei der noch die inneren nichtcodierenden Regionen entfernt wurden (▶ Abb. 5.25).

Man nimmt an, dass durch die somatische Umlagerung auf diesem Weg eine genauso große Vielfalt an VLR-Proteinen entstehen kann wie bei den Immunglobulinen. Tatsächlich ist in der Röntgenstruktur eines VLR-Proteins zu erkennen, wie die konkave Oberfläche, die durch die Abfolge von LRR-Wiederholungen entsteht, mit einem variablen inneren Bereich der carboxyterminalen LRR interagiert, sodass insgesamt eine Oberfläche entsteht, die mit einer Vielzahl von Antigenen in Wechselwirkung treten kann. Die Vielfalt des antizipatorischen Repertoires der Agnatha ist also möglicherweise nicht durch die Anzahl der möglichen Rezeptoren begrenzt, die sie bilden können, sondern durch die Anzahl der Lymphocyten, die es in einem Individuum gibt, genauso wie es im erworbenen Immunsystem ihrer evolutionären Cousins, der Gnathostomaten, der Fall ist. Wie oben erwähnt, lagert jeder Lymphocyt der Neunaugen nur eines der beiden VLR-Keimbahngene um und exprimiert entweder ein vollständiges VLRA-, VLRB- oder VLRC-Protein. Die ersten beiden Zellpopulationen besitzen anscheinend einige Merkmale, die den T- beziehungsweise B-Lymphocyten der Säuger ähnlich sind. Die VLRC-Zellen sind anscheinend eng mit der VLRA-Linie verwandt. So exprimieren beispielsweise VLRA-Lymphocyten auch Gene, die einigen T-Zell-Cytokin-Genen der Säuger ähnlich sind. Das deutet darauf hin, dass die Ähnlichkeiten zu unserem eigenen RAG-abhängigen adaptiven Immunsystem doch größer sind als bisher angenommen.

## 5.4.3 Die RAG-abhängige erworbene Immunität, die auf einem vielfältigen Repertoire an immunglobulinartigen Genen basiert, trat plötzlich bei den Knorpelfischen auf

Innerhalb der Vertebraten können wir die Entwicklung der Immunfunktionen von den Agnatha über die Knorpelfische (Haie, Rochenartige und Rochen), Knochenfische, Amphibien, Reptilien und Vögel und schließlich zu den Säugern verfolgen. Die RAG-abhängige V(D)J-Rekombination ist bei Kieferlosen, anderen Chordaten und bei allen Wirbellosen nicht festzustellen. Da nun die Genomsequenzen von immer mehr Tieren zur Verfügung stehen, treten die Ursprünge der RAG-abhängigen Rekombination nun deutlicher hervor. Der erste Hinweis ergab sich daraus, dass die RAG-abhängige Rekombination mit dem Mechanismus der **DNA-Transposons** viele Gemeinsamkeiten besitzt. Dabei handelt es sich um bewegliche genetische Elemente, die ihre eigene **Transposase** codieren. Diese enzymatische Aktivität ermöglicht es den Transposons, sich aus einer Stelle im Genom herauszuschneiden und an einer anderen Stelle wieder einzufügen. Der RAG-Komplex der Säuger kann *in vitro* als Transposase wirken, und auch die Struktur der *RAG*-Gene, die im Chromosom eng nebeneinander liegen und keine der sonst bei Säugern üblichen Introns enthalten, entspricht der eines Transposons.

Das alles führte zu der Spekulation, dass der Ursprung der RAG-abhängigen adaptiven Immunität auf das Eindringen eines DNA-Transposons in ein Gen zurückgeht, das einem V-Region-Gen der Immunglobuline oder T-Zell-Rezeptors ähnelt. Dieses Ereignis müsste in einem Vorfahren der kiefertragenden Vertebraten eingetreten sein (▶ Abb. 5.26). DNA-Transposons tragen umgekehrte Sequenzwiederholungen (*terminal inverted repeats*) an jedem Ende, die von der Transposase gebunden werden, damit die Transposition stattfinden kann. Diese endständigen Sequenzwiederholungen betrachtet man als Vorläufer der RSS-Elemente, die heute in den Antigenrezeptorgenen vorkommen (Abschn. 5.1.4). Das RAG-1-Protein hat sich demnach aus einer Transposase entwickelt. Die spätere Verdopplung, erneute Verdopplung und Rekombination des Immunrezeptorgens und der dort eingefügten RSSs führte schließlich zur räumlichen Trennung der *RAG*-Gene vom Überrest des Transposons und zu den vielfach segmentierten Loci der Immunglobuline und T-Zell-Rezeptoren bei den heutigen Wirbeltieren.

Die eigentlichen Ursprünge der RSS-Elemente und des katalytischen Kerns von RAG-1 vermutet man jetzt in der **Transib**-Superfamilie von DNA-Transposons. Durch Genomsequenzierungen hat man bei Tieren, die von den Vertebraten in der Evolution sehr weit entfernt sind (beispielsweise die Seeanemone *Nematostella*), mit *RAG-1* verwandte Sequenzen entdeckt. Der Ursprung von *RAG-2* erweist sich als noch seltsamer, aber einen mit *RAG-1* und *RAG-2* verwandten Gencluster hat man vor Kurzem bei Seeigeln (wirbellosen Verwandten der Chordata) entdeckt. Der Seeigel selbst besitzt keinerlei Anzeichen für Immunglobuline, T-Zell-Rezeptoren oder eine adaptive Immunität, aber die Proteine, die von den *RAG*-Genen des Seeigels exprimiert werden, bilden untereinander und auch mit den RAG-Proteinen des Bullenhais (*Carcharhinus leucas*, ein kiefertragendes Wirbeltier) Komplexe, nicht jedoch mit den RAG-Proteinen der Säuger. Das deutet darauf hin, dass diese Proteine tatsächlich mit den RAG-Proteinen der Vertebraten verwandt sind und dass RAG-1 und RAG-2 bereits bei dem gemeinsamen Vorfahren der Chordata und Stachelhäuter (zu denen die Seeigel gehören) vorkamen, wobei sie dort wahrscheinlich andere zelluläre Funktionen besaßen.

Der Ursprung der somatischen Genumlagerung bei der Exzision eines Transposons gibt einem anscheinend paradoxen Phänomen bei der Umlagerung von Immunsystemgenen einen Sinn. Die RSSs werden in der herausgeschnittenen DNA, die keine weitere Funktion hat und deren Schicksal für die Zelle irrelevant ist, genau zusammengefügt (Abschn. 5.1.5); die geschnittenen Enden in der genomischen DNA, die Teil der Immunglobulin- oder T-Zell-Rezeptor-Gene sind, werden hingegen durch einen fehleranfälligen Prozess verknüpft, was man zunächst als Nachteil betrachten könnte. Aus der Sicht des Transposons ist das jedoch sinnvoll, denn die Integrität der Transposase bleibt durch diesen Exzisionsmechanismus gewahrt, während das Schicksal der DNA, die sie zurücklässt, für sie keine Bedeutung hat. Wie sich herausstellte, entstand durch die fehleranfällige Verknüpfung in dem primitiven Immunglobulingen eine nützliche Vielfalt an Molekülen, die für die Antigenerkennung verwendet wurden und stark unter selektivem Einfluss standen. Das RAG-abhängige Umlagerungssystem hat noch etwas anderes hervorgebracht, was durch Mutationen nicht zu erreichen ist: die Möglichkeit, dass sich die Größe einer codierenden Region schnell verändern kann, nicht nur deren Vielfalt.

Die nächste Frage ist dann, in welche Art von Gen sich das Transposon integriert hat. Proteine, die immunglobulinartige Domänen enthalten, sind in Pflanzen, Tieren und Bakterien ubiquitär und gehören damit zu den am weitesten verbreiteten Proteinsuperfamilien. Bei den Arten, deren Genome bereits vollständig sequenziert sind, gehört die Immunglobulinsuperfamilie zu den größten Familien von Proteindomänen. Die Funktionen der Mitglieder dieser Superfamilie sind ausgesprochen unterschiedlich; sie stellen ein beeindruckendes Beispiel für die natürliche Selektion dar, durch die eine nützliche Struktur – die klassische Immunglobulinfaltung – an verschiedene Zwecke angepasst wurde.

**Abb. 5.26 Integration eines Transposons in ein V-Typ-Immunglobulinrezeptorgen, aus dem die Gene für die T-Zell-Rezeptoren und Immunglobulingene hervorgegangen sind.** *Erstes Bild*: DNA-Transposon in einem Vorfahren der Deuterostomia (zu dieser großen Gruppe von Phyla gehören zum Beispiel die Chordata), von dem man annimmt, dass er Gene besitzt, die mit *RAG-1* und *RAG-2* verwandt sind. Die Produkte dieser Vorformen von *RAG-1* (*violett*) und *RAG-2* (*blau*) haben als Transposasen gewirkt. DNA-Transposons sind von endständigen umgekehrten Sequenzwiederholungen (TR) eingerahmt. *Zweites Bild*: Damit ein Transposon aus der DNA herausgeschnitten werden kann, binden die Transposaseproteine (*violett* und *blau*) an die TR-Sequenzen, bringen sie zusammen und die enzymatische Aktivität der Transposase schneidet das Transposon aus der DNA heraus, wobei in der Wirts-DNA ein „Fußabdruck" zurückbleibt, der den TR-Sequenzen ähnlich ist. Nach dem Herausschneiden an der einen Stelle fügt sich das Transposon an irgendeiner anderen Stelle wieder in das Genom ein, in diesem Fall in ein V-Typ-Immunglobulinrezeptor-Gen (*grün*). Die enzymatische Aktivität der Transposase ermöglicht es dem Transposon, sich in die DNA integrieren; die Reaktion ist eine Umkehrung der Exzisionsreaktion. *Drittes Bild*: Durch die Integration des *RAG-1/2*-Transposons in die Mitte des Gens für einen V-Typ-Immunglobulinrezeptor wird das V-Exon in zwei Teile gespalten. *Viertes und fünftes Bild*: Während der Evolution der Immunglobulin- und T-Zell-Rezeptor-Gene folgten auf das ursprüngliche Integrationsereignis DNA-Umlagerungen, welche die Transposasegene (die wir heute als *RAG-1* und *RAG-2* bezeichnen) von den TR-Sequenzen des Transposons trennten. Diese bilden heute die Rekombinationssignalsequenzen (RSSs). Der Purpurseeigel (ein wirbelloser Deuterostomier) besitzt einen *RAG-1/2*-ähnlichen Gencluster (nicht dargestellt) und exprimiert Proteine, die den RAG-1/RAG-2-Proteinen ähnlich sind, verfügt aber nicht über Immunglobuline, T-Zell-Rezeptoren oder eine adaptive Immunität. Die RAG-ähnlichen Proteine sind bei diesem Tier wahrscheinlich für andere zelluläre Funktionen zuständig, die allerdings bis jetzt unbekannt sind

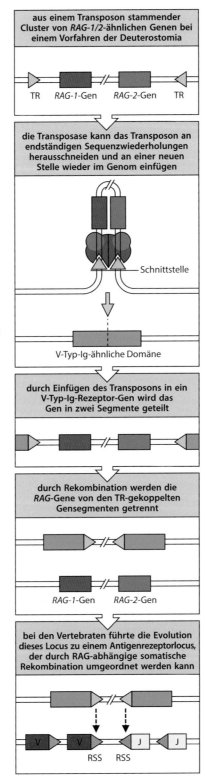

aus einem Transposon stammender Cluster von *RAG-1/2*-ähnlichen Genen bei einem Vorfahren der Deuterostomia

TR   *RAG-1*-Gen   *RAG-2*-Gen   TR

die Transposase kann das Transposon an endständigen Sequenzwiederholungen herausschneiden und an einer neuen Stelle wieder im Genom einfügen

Schnittstelle

V-Typ-Ig-ähnliche Domäne

durch Einfügen des Transposons in ein V-Typ-Ig-Rezeptor-Gen wird das Gen in zwei Segmente geteilt

durch Rekombination werden die *RAG*-Gene von den TR-gekoppelten Gensegmenten getrennt

*RAG-1*-Gen   *RAG-2*-Gen

bei den Vertebraten führte die Evolution dieses Locus zu einem Antigenrezeptorlocus, der durch RAG-abhängige somatische Rekombination umgeordnet werden kann

V   V   J   J
RSS   RSS

Die Domänen der Immunglobulinsuperfamilie lassen sich anhand der Unterschiede in Struktur und Sequenz in vier Familien aufteilen – V (ähneln einer variablen Immunglobulindomäne), C1 und C2 (ähneln Domänen der konstanten Regionen) und die I-Domänen (I für intermediär). Das Ziel des RSS-haltigen Elements war wahrscheinlich ein Gen, das einen

Zelloberflächenrezeptor mit einer Ig-ähnlichen V-Domäne codierte. Höchstwahrscheinlich handelte es sich um eine Domäne, die den heutigen VJ-Domänen entspricht. Diese Domänen kommen in einigen invarianten Rezeptorproteinen vor; die Bezeichnung wurde gewählt, weil einer der Stränge einem J-Segment ähnelt. Man kann sich vorstellen, wie das Eintreten eines Transposons in ein solches Gen die beiden heute getrennten V- und J-Segmente hervorgebracht hat (▶ Abb. 5.26). Aufgrund von phylogenetischen Analysen geht man derzeit davon aus, dass die **APAR-Rezeptoren** (*agnathan paired receptors resembling Ag receptors*), die von einer Multigenfamilie bei den Myxiniformes (Schleimaalen) und Neunaugen codiert werden, am ehesten mit dem Vorfahren des Antigenrezeptors verwandt sind. Aus ihren DNA-Sequenzen lassen sich Transmembranproteine mit nur einer Membranpassage und einer einzelnen extrazellulären VJ-Domäne sowie einer cytoplasmatischen Region mit Signalmodulen ableiten. APAR-Rezeptoren werden von Leukocyten exprimiert.

## 5.4.4 Unterschiedliche Spezies schaffen Immunglobulinvielfalt auf unterschiedliche Weise

Bei den meisten Vertebraten, mit denen wir uns beschäftigen, kommt ein großer Teil der Antigenrezeptorvielfalt auf die gleiche Weise zustande wie bei Menschen und Mäusen, indem Gensegmente in verschiedenen Kombinationen zusammengesetzt werden. Es gibt jedoch auch einige Ausnahmen, selbst bei den Säugern. Einige Tiere machen sich eine Genumlagerung zunutze, indem sie zunächst stets die gleichen V- und J-Gen-Segmente zusammenfügen und dann diese rekombinierte V-Region diversifizieren. Bei Vögeln, Kaninchen, Kühen, Schweinen, Schafen und Pferden gibt es in der Keimbahn nur eine geringe oder gar keine Diversität der V-, D- und J-Gen-Segmente. Diese werden umgelagert, sodass die Gene der anfänglichen B-Zell-Rezeptoren entstehen, und die Sequenzen der umgelagerten V-Regionen sind bei den meisten unreifen B-Zellen sehr ähnlich oder identisch. Diese unreifen B-Zellen wandern bei Hühnern zu spezialisierten Mikroumgebungen des Darms – der **Bursa Fabricii** – oder bei Kaninchen zu einem anderen lymphatischen Organ des Darms. Die B-Zellen proliferieren hier sehr schnell und ihre umgelagerten Immunglobulingene durchlaufen eine weitere Diversifikation.

Bei Vögeln und Kaninchen geschieht dies vor allem durch Genkonversion. Dabei werden kurze Sequenzen im exprimierten umgelagerten Gen der V-Region durch Sequenzen aus einem stromaufwärts liegenden V-Pseudogen-Segments ersetzt. Der Locus der schweren Kette umfasst in der Keimbahn nur eine einzige Gruppe mit V-, J-, D- und C-Gen-Segment und mehrere Kopien von V-Pseudogen-Segmenten. In diesem System entsteht die Diversität durch Genkonversion, bei der Sequenzen von $V_H$-Pseudogenen in das einzige umgelagerte $V_H$-Gen kopiert werden (▶ Abb. 5.27). Der Mechanismus der Genkonversion ist anscheinend mit dem der somatischen Hypermutation verwandt, da für die Genkonversion in einer B-Zelle bei Hühnern die **aktivierungsinduzierte Cytidin-Desaminase (AID)** notwendig ist. In Kap. 10 werden wir erfahren, dass genau dieses Enzym beim Klassenwechsel und bei der Affinitätsreifung für die Antikörperantwort von Bedeutung ist. Für die Genkonversion nimmt man an, dass DNA-Einzelstrangbrüche, die von der **apurinischen/apyrimidinischen Endonuclease 1 (APE1)** nach dem Einwirken der AID erzeugt werden, das Signal bilden, das den homologieabhängigen Reparaturvorgang auslöst. Dabei dient ein homologes V-Pseudogen-Segment als Matrize für die DNA-Replikation, die das Gen der V-Region repariert.

Bei Schafen und Kühen entsteht die Diversifikation der Immunglobuline durch somatische Hypermutation, die in einem Organ stattfindet, das man als Peyer-Plaques des Ileums bezeichnet. Eine somatische Hypermutation, die von T-Zellen und einem besonderen Antrieb durch ein Antigen unabhängig ist, trägt auch bei Vögeln, Schafen und Kaninchen zur Immunglobulindiversifikation bei.

Bei den Knorpelfischen, den niedersten Formen der kiefertragenden Vertebraten, findet sich eine grundlegend andere Struktur der Immunglobulingene. Haie besitzen mehrfache Kopien

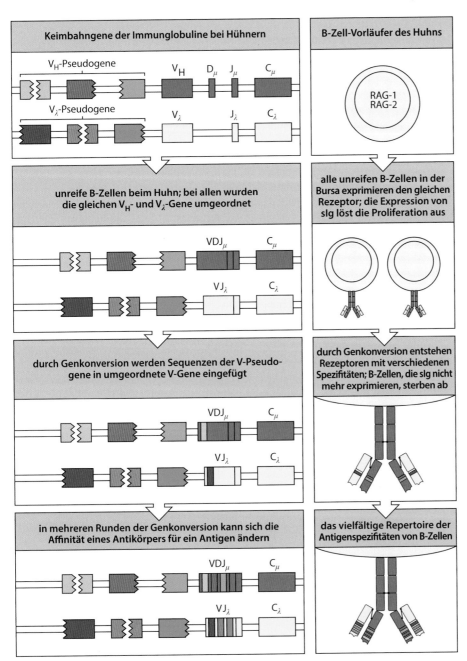

**Abb. 5.27 Bei Hühnern erfolgt die Diversifikation der Immunglobuline durch Genkonversion.** Bei Hühnern ist die Vielfalt der Immunglobuline, die durch die V(D)J-Rekombination entstehen kann, erheblich eingeschränkt. Zu Beginn gibt es am Locus der schweren Kette nur ein aktives V-Gen-Segment, ein aktives J-Gen-Segment und 15 D-Gen-Segmente, außerdem ein aktives V-Segment und ein aktives J-Segment am einzigen Locus für die leichte Kette (*oben links*). Durch die primäre Genumlagerung kann also nur eine sehr begrenzte Zahl von Rezeptorspezifitäten entstehen (*zweite Reihe*). Unreife B-Zellen, die diesen Rezeptor exprimieren, wandern zur Bursa Fabricii, wo die Quervernetzung von Oberflächenimmunglobulinen (sIg) die Zellproliferation auslöst. Das Hühnergenom enthält zahlreiche Pseudogene mit einer bereits vorhandenen V$_H$-D-Struktur. Durch die Genkonversion werden Sequenzen aus diesen benachbarten V-Pseudogen-Segmenten in das exprimierte Gen kopiert, sodass es zu einer Diversifikation der Rezeptoren kommt (*dritte Reihe*). Einige dieser Genkonversionen können das zuvor exprimierte Gen inaktivieren (nicht dargestellt). Wenn eine B-Zelle nach einer solchen Genkonversion kein sIg mehr exprimieren kann, wird sie beseitigt. Durch wiederholte Ereignisse der Genkonversion kann sich das Repertoire weiter diversifizieren

verschiedener $V_L$-$J_L$-$C_L$- und $V_H$-$D_H$-$J_H$-$C_H$-Kassetten, und Umlagerungen finden innerhalb der einzelnen Kassetten statt (▶ Abb. 5.28). Diese Mechanismen unterscheiden sich zwar von den kombinatorischen Genumlagerungen der höheren Vertebraten, aber in den meisten Fällen ist auch noch ein RAG-abhängiges somatisches Umordnungsereignis notwendig. Knorpelfische können nicht nur ihre Gene umlagern, sondern sie verfügen zudem über mehrere „umgelagerte" $V_L$-Regionen (manchmal auch „umgelagerte" $V_H$-Regionen) im Keimbahngenom (▶ Abb. 5.28) und die Diversifikation erfolgt anscheinend, indem die Transkription der verschiedenen Kopien aktiviert wird. Selbst hier gibt es noch einen, wenn auch geringen, Beitrag zur Diversität, indem sich in der Folge schwere und leichte Ketten zusammenlagern.

Diese „keimbahngekoppelte" Struktur der Loci der leichten Kette ist wahrscheinlich keine Zwischenstufe der Evolution, denn dann hätten die Gene der schweren und der leichten Ketten unabhängig voneinander in einem konvergenten Prozess die Fähigkeit zur Umlagerung entwickelt. Viel wahrscheinlicher ist, dass nach der Abtrennung (Divergenz) der Knorpelfische bei mehreren Vorfahren einige der Immunglobulinloci in der Keimbahn durch Aktivierung der *RAG*-Gene in Keimzellen umgeordnet und als Folge davon die umgeordneten Loci an die Nachkommen weitervererbt wurden. Diesen Spezies verleihen die umgeordneten Keimbahnloci möglicherweise gewisse Vorteile, etwa indem mithilfe einer vorgefertigten Ausstattung an Immunglobulinketten schnelle Reaktionen auf verbreitete Pathogene möglich sind.

Der Antikörperisotyp IgM reicht wahrscheinlich bis an die Ursprünge der adaptiven Immunität zurück. Es ist die vorherrschende Form von Immunglobulinen bei Knorpel- und Knochenfischen. Die Knorpelfische besitzen ebenfalls mindestens zwei Typen von schweren Immunglobulinketten, die es in weiter entwickelten Arten nicht gibt. Der eine, **IgW**,

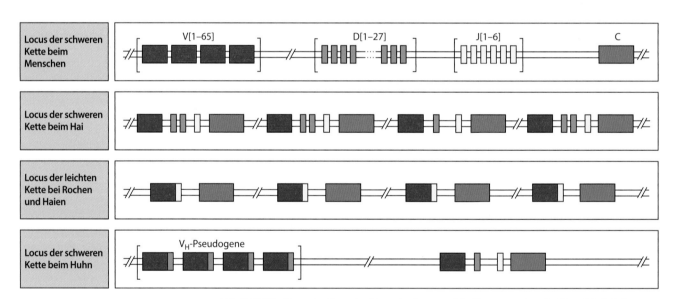

**Abb. 5.28 Die Organisationsstruktur der Immunglobulingene unterscheidet sich bei den verschiedenen Spezies, aber es kann immer ein breit gefächertes Repertoire entstehen.** Die Organisationsstruktur der Gene für die schweren Ketten der Immunglobuline bei Säugern, die aus getrennten Clustern von wiederholten V-, D- und J-Abschnitten besteht, ist nicht die einzige Lösung für die Aufgabe, ein große Bandbreite von unterschiedlichen Rezeptoren zu erzeugen. Andere Spezies haben alternative Strukturen entwickelt. Bei „primitiven" Spezies wie den Haien besteht der Locus aus mehrfachen Wiederholungen einer Grundeinheit, die sich aus einem V-Gen-Abschnitt, einem oder zwei D-Gen-Abschnitten, einem J- und einem C-Gen-Abschnitt zusammensetzt. Bei einigen Spezies der Knorpelfische (Rochen und echte Haie) gibt es am Locus für die κ-artige leichte Kette Wiederholungseinheiten in Form bereits vorgefertigter VJ-C-Gene, und eine zufällige Kombination davon wird exprimiert. Bei Hühnern schließlich gibt es nur einen Locus für die schwere Kette, dessen Genabschnitte sich umlagern. Es existieren aber mehrfache Kopien von Pseudogenen mit präintegriertem $V_H$-D-Segment. Hier entsteht Vielfalt durch Genkonversion. Dabei werden Sequenzen der V-Pseudogene in das einzelne umstrukturierte $V_H$-Gen eingefügt

enthält eine konstante Region, die aus sechs Immunglobulindomänen besteht, der zweite, **IgNAR** (*immunoglobuline new antigen receptor*, Abschn. 4.2.5), scheint mit IgW verwandt zu sein, hat aber die erste konstante Domäne verloren. IgNAR paart nicht mit leichten Ketten, sondern bildet ein Homodimer, in dem jede V-Domäne eine separate Antigenbindungsstelle darstellt. IgW ist anscheinend mit IgD verwandt, das zum ersten Mal bei Knochenfischen auftritt. Anscheinend reicht IgW wie IgD bis zu den Ursprüngen der adaptiven Immunität zurück.

## 5.4.5 Knorpelfische haben $\alpha{:}\beta$- und $\gamma{:}\delta$-T-Zell-Rezeptoren

In keiner Art, die evolutionär älter als die Knorpelfische ist, ließen sich bisher T-Zell-Rezeptoren oder Immunglobuline nachweisen. Bei den Knorpelfischen haben sie aber beide beim ersten Auftreten bereits im Wesentlichen dieselbe Form wie bei den Säugetieren. Bei Haien ließen sich Homologe der $\beta$- und $\delta$-Kette des T-Zell-Rezeptors identifizieren, in einem Rochen weitere Homologe der $\alpha$-, $\beta$- und $\delta$-Kette des T-Zell-Rezeptors; das zeigt, dass diese Rezeptoren des erworbenen Immunsystems schon in den Spezies, in denen sie sich in der Evolution am frühesten nachweisen lassen, bereits in mindestens zwei Erkennungssystemen vorlagen. Und jedes ermöglicht durch kombinatorische somatische Umlagerung noch weitere Vielfalt. Die Identifizierung zahlreicher Liganden, die von den $\gamma{:}\delta$-T-Zellen erkannt werden, hat dazu beigetragen, ihre Funktion bei der Immunantwort zu klären. Die Liste dieser Liganden ist zwar noch immer nicht vollständig, aber tendenziell handelt es sich doch eher um eine Form der angeborenen Immunerkennung und nicht um eine genaue Peptidspezifität, wie wir sie bei den $\alpha{:}\beta$-T-Zellen finden. Zu den Liganden der $\gamma{:}\delta$-T-Zellen gehören auch verschiedene Lipide von Mikroorganismen und nichtklassische MHC-Klasse-Ib-Moleküle, deren Expression eine Infektion oder zelluläre Stresssituationen anzeigen kann (Abschn. 6.3.2). Sogar bestimmte $\alpha{:}\beta$-T-Zellen sind anscheinend an einer Art angeborener Immunerkennung beteiligt, etwa die mucosaassoziierten invarianten T-Zellen (Abschn. 4.3.8). Das deutet möglicherweise darauf hin, dass die Rezeptoren, die durch Ausschneiden des ursprünglichen Retrotransposons entstanden sind, in einer frühen Evolutionsphase der RAG-abhängigen adaptiven Immunität als angeborenes System für das Erkennen von Infektionen fungierten. Diese Funktion ist bei bestimmten kleineren T-Zell-Populationen bis heute erhalten geblieben. Jedenfalls lässt die sehr frühe Aufspaltung in die zwei Klassen von T-Zell-Rezeptoren und ihre Konservierung durch die nachfolgende Evolution vermuten, dass sie auch schon früh verschiedene Funktionen wahrgenommen haben.

## 5.4.6 Auch MHC-Klasse-I und -Klasse-II-Moleküle treten erstmals in Knorpelfischen auf

Man würde vermuten, dass die spezifischen Liganden der T-Zell-Rezeptoren, die MHC-Moleküle, ungefähr um die gleiche Zeit wie die Rezeptoren in der Evolution auftraten. Tatsächlich gibt es MHC-Moleküle bei Knorpelfischen und allen höher entwickelten Vertebraten, aber, wie die T-Zell-Rezeptoren, nicht bei Agnatha oder Wirbellosen. Haie besitzen Gene für $\alpha$- und $\beta$-Ketten von MHC-Klasse-I- und -Klasse-II-Molekülen und ihre Produkte funktionieren anscheinend wie MHC-Moleküle von Säugetieren. Die ausschlaggebenden Reste des peptidbindenden Spaltes, der im Fall von MHC-Klasse-I-Molekülen mit den Enden des Peptids beziehungsweise im Fall von MHC-Klasse-II-Molekülen mit der zentralen Region des Peptids interagiert, sind in MHC-Molekülen von Haien konserviert.

Außerdem sind MHC-Gene von Haien ebenfalls polymorph; es gibt multiple Allele von Klasse-I- und Klasse-II-Loci. In manchen Arten ließen sich bisher mehr als 20 MHC-Klasse-I-Allele identifizieren. Bei Haien sind die $\alpha$- und die $\beta$-Ketten von MHC-Klasse-I-Molekülen polymorph. Also hat sich nicht nur die Funktion der MHC-Moleküle, also das

Auswählen von Peptiden zur Präsentation, während der Abspaltung von Agnatha und Knorpelfischen entwickelt, sondern die andauernde Selektion durch Pathogene resultierte auch in dem Polymorphismus, der den MHC auszeichnet.

In Abschn. 4.3.10 haben wir die Unterscheidung zwischen den **klassischen MHC-Klasse-I-Genen** (auch bezeichnet als Klasse Ia) und den **nichtklassischen MHC-Klasse-Ib-Genen** (Kap. 6) eingeführt. Diese Einteilung gilt auch für Knorpelfische, denn unter den Klasse-I-Molekülen von Haien ähneln einige den Klasse-Ib-Molekülen von Säugetieren. Bei den Klasse-I-Genen hat es den Anschein, dass sich diese innerhalb jeder der fünf Hauptlinien der Wirbeltiere, die untersucht wurden (Knorpelfische, Quastenflosser, Strahlenflosser, Amphibien und Säugetiere) unabhängig in klassische und nichtklassische Loci aufgetrennt haben.

Die charakteristischen Merkmale der MHC-Moleküle waren also alle vorhanden, als diese Moleküle erstmals auftraten, und es gibt keine Zwischenformen, die uns bei unserem Verständnis hinsichtlich ihrer Evolution helfen. Wir können zwar die Evolution der Bestandteile des angeborenen Immunsystems verfolgen, der Ursprung des adaptiven Immunsystems bleibt jedoch noch weitgehend im Dunkeln. Und obwohl wir also bis jetzt keine genaue Antwort auf die Frage haben, welche Selektionskräfte zur Ausbildung der RAG-abhängigen adaptiven Immunität führten, wird die Gültigkeit von Darwins Aussage über die Evolution im Allgemeinen immer deutlicher: „Aus solch einfachen Anfängen entwickelten sich und entwickeln sich weiterhin zahllose äußerst schöne und wundervolle Formen".

### Zusammenfassung

Früher sprach man von einem einzigartigen und völlig unerklärlichen immunologischen „Urknall", heute dagegen weiß man, dass sich die adaptive Immunität im Verlauf der Evolution mindestens zweimal unabhängig voneinander entwickelt hat. Unsere engen Verwandten bei den Vertebraten, die kieferlosen Fische, haben ein adaptives Immunsystem entwickelt, das einen ganz anderen Ursprung besitzt. Hier werden die LRR-Domänen diversifiziert und nicht die Immunglobulindomänen, wobei andererseits offensichtlich grundlegende Merkmale eines adaptiven Immunsystems – die klonale Expression von Rezeptoren, die durch somatische Umlagerung entstehen, und eine Form des immunologischen Gedächtnisses – vorhanden sind. Man geht inzwischen davon aus, dass die Evolution des RAG-abhängigen adaptiven Immunsystems mit dem Einbau eines Transposons in ein ursprüngliches Gen der Immunglobulinsuperfamilie zusammenhängt. Dieses Ereignis muss in einer Keimbahnzelle eines Vorfahren der Wirbeltiere stattgefunden haben. Durch Zufall gelangten die terminalen Sequenzen des Transposons, die Vorläufer der RSS-Sequenzen, an eine Stelle innerhalb dieses primordialen Antigenrezeptorgens, die für die somatische intramolekulare Rekombination geeignet war, wodurch der Weg für die ausgeklügelte somatische Genrekombination in den heutigen Immunglobulin- und T-Zell-Rezeptor-Genen geebnet wurde. Die MHC-Moleküle, die als Liganden des T-Zell-Rezeptors fungieren, treten zuerst bei den Knorpelfischen auf, was auf eine parallele Evolution mit der RAG-abhängigen adaptiven Immunität hindeutet. Die Transposasegene (die *RAG*-Gene) waren wahrscheinlich schon im Genom dieses Vorfahren vorhanden und aktiv, und sie besaßen möglicherweise eine andere Funktion. Der Ursprung von *RAG-1* liegt anscheinend schon lange Zeit zurück, da *RAG-1*-verwandte Sequenzen bei den Tieren in einer Vielzahl verschiedener Genome entdeckt wurden.

# Kapitelzusammenfassung

Die Antigenrezeptoren der Lymphocyten sind besonders vielfältig und sich entwickelnde B- und T-Zellen verwenden dieselben Grundmechanismen, um diese Diversität zu erreichen. In jeder Zelle werden funktionelle Gene für die Ketten von Immunglobulinen und T-Zell-Rezeptoren durch somatische Rekombination aus Gruppen separater Gensegmente zusammengesetzt, welche zusammen die variable Region codieren. In allen Rezeptorloci sind die Substrate für den Verknüpfungsprozess, die Gruppen von V-, D- und J-Gen-Segmenten, ähnlich. Die lymphocytenspezifischen Proteine RAG-1 und RAG-2 steuern die spezifische Spaltung der DNA an den RSS-Sequenzen, welche die V-, D- und J-Gen-Segmente flankieren. Dabei entstehen Doppelstrangbrüche, die den Rekombinationsprozess in T- und B-Zellen einleiten. Bei der Verknüpfung arbeiten diese Proteine mit ubiquitären DNA-modifizierenden Enzymen für die Reparatur von Doppelstrangbrüchen und mindestens einem anderen lymphocytenpezifischen Enzym, TdT, zusammen. Da jede Art des Gensegments in multiplen, geringfügig unterschiedlichen Variationen vorhanden ist, ist die zufällige Auswahl der Gensegmente die Quelle für die enorme potenzielle Diversität. Während des Zusammenbaus ergibt sich an den Verbindungsstellen der Gensegmente weitere Diversität durch ungenau arbeitende Verknüpfungsmechanismen. Diese Vielfalt konzentriert sich in den CDR3-Schleifen der Rezeptoren, die in der Mitte der Antigenbindungsstelle liegen. Der zufällige Zusammenbau der beiden Ketten von Immunglobulinen oder T-Zell-Rezeptoren vervielfältigt die Gesamtdiversität der vollständigen Antigenrezeptoren.

Ein wichtiger Unterschied zwischen Immunglobulinen und T-Zell-Rezeptoren besteht darin, dass Immunglobuline in membrangebundener (B-Zell-Rezeptor) und in sezernierter Form (Antikörper) vorkommen. Die Fähigkeit, sowohl eine membrangebundene als auch eine sezernierte Form des gleichen Moleküls zu exprimieren, ist auf differenzielles mRNA-Spleißen der schwere Kette zurückzuführen, wodurch Exons eingebaut werden, die unterschiedliche Carboxylenden codieren. Konstante Regionen der schweren Immunglobulinkette enthalten drei oder vier Immunglobulindomänen, die T-Zell-Rezeptor-Ketten nur eine.

Auch andere Spezies haben Mechanismen entwickelt, durch welche die Vielfalt der Rezeptoren im Immunsystem erhöht wird. Die Kieferlosen verfügen über ein System von VLR-Rezeptoren, die eine somatische Umlagerung durchlaufen, die wiederum spezifische Ähnlichkeiten mit unserem eigenen adaptiven Immunsystem aufweist. Die Entwicklung der adaptiven Immunität der kiefertragenden Vertebraten (Gnathostomata) ist anscheinend durch den Einbau eines Retrotransposons, das Vorformen der *RAG-1/2*-Gene enthalten hat, in ein bereits existierendes, immunglobulinähnliches V-Gen ausgelöst worden. Dieses hat sich anschließend diversifiziert und so die T- und B-Zell-Rezeptor-Gene hervorgebracht.

# Aufgaben

**5.1 Richtig oder falsch:** Eine sich entwickelnde T-Zelle kann durch Zufall sowohl ein $\alpha{:}\beta$-Heterodimer als auch ein $\gamma{:}\delta$-Heterodimer exprimieren, wenn alle Loci erfolgreich rekombiniert werden.

**5.2 Multiple Choice:** Welcher der folgenden Faktoren, der an der Rekombination der Antigenrezeptoren beteiligt ist, kann entfernt werden, ohne dass die Rekombination der Antigenrezeptoren verhindert wird?
**A.** Artemis
**B.** TdT
**C.** RAG-2
**D.** Ku
**E.** XRCC4

**5.3  Richtig oder falsch:** Sowohl B- als auch T-Zellen können im Zusammenhang mit einer Immunantwort die somatische Hypermutation ihres Antigenrezeptors durchführen, um die Affinität gegenüber Antigenen zu erhöhen.

**5.4  Kurze Antwort:** Welche vier Prozesse tragen zur enormen Vielfalt der Antikörper und B-Zell-Rezeptoren bei?

**5.5  Bitte zuordnen:** Welche Proteine besitzen welche Funktionen?

A. RAG-1 und RAG-2

B. Artemis

C. TdT

D. DNA-Ligase IV und XRCC4

E. DNA-PKcs

i. matrizenunabhängiges Anfügen von N-Nucleotiden

ii. Nucleaseaktivität zum Aufschneiden der DNA-Haarnadelstruktur

iii. Erkennung von RSSs und Erzeugung eines Einzelstrangbruchs

iv. Verknüpfung von DNA-Enden

v. Bildung eines Komplexes mit Ku, der die DNA zusammenhält und Artemis phosphoryliert

**5.6  Kurze Antwort:** Was bedeutet die 12/23-Regel und wie stellt diese sicher, dass die V(D)J-Segmentverknüpfung korrekt abläuft?

**5.7  Bitte zuordnen:** Welche Erkrankung gehört zu welchem Gendefekt?

A. Ataxia telangietatica

B. IR-SCID

C. Omenn-Syndrom

i. Mutationen in RAG-1 oder RAG-2 führen zu einer geringeren Aktivität der Rekombinase

ii. Mutationen in ATM

iii. Mutationen in Artemis

**5.8  Bitte zuordnen:** Welche Immunglobulinklasse besitzt welche Hauptfunktion?

A. IgA

B. IgD

C. IgE

D. IgG

E. IgM

i. im Serum vorherrschend und bei einer Immunantwort stark induziert

ii. wird nach der Aktivierung einer B-Zelle zuerst exprimiert

iii. Immunabwehr in den Schleimhäuten

iv. Abwehr von Parasiten, aber auch bei allergischen Krankheiten von Bedeutung

v. Funktion noch nicht genau bekannt; fungiert möglicherweise als B-Zell-Hilfsrezeptor

**5.9  Bitte ergänzen:** Von den fünf verschiedenen Antikörperklassen werden zwei als Oligomere exprimiert, _____ als Dimer, _____ als Pentamer. Beide enthalten im Komplex aus mehreren Untereinheiten ein/e _____. IgM und _____ werden beide auf der Oberfläche von reifen B-Zellen exprimiert und leiten sich von demselben mRNA-Transkript ab. Das Expressionsgleichgewicht zwischen beiden wird durch eine/n alternative/n _____ bestimmt und vom snRNP _____ reguliert. Der Prozess, der die Produktion der membrangebundenen gegenüber der sezernierten Form von Antikörpern reguliert, wird von den beiden Faktoren _____ und _____ bestimmt. Die Fcγ-Rezeptoren auf Makrophagen und neutrophilen Zellen binden die Fc-Regionen der Antikörperisotypen _____ und _____ der IgG-Klasse. Mastzellen, basophile Zellen und aktivierte eosinophile Zellen tragen jedoch Fcε-Rezeptoren, die an Antikörper der _____-Klasse binden. Antikörper der IgA- und IgG-Klasse können an _____ binden, wodurch sie aktiv zu den verschiedenen Körpergeweben transportiert und in den Glomeruli der Niere resorbiert werden, sodass ein Verlust verhindert und ihre Halbwertszeit erhöht wird.

**5.10 Multiple Choice:** Welche der folgenden Aussagen trifft in Bezug auf die Evolutionsgeschichte des adaptiven Immunsystems nicht zu?

**A.** Die adaptive Immunität ist plötzlich während der Evolution entstanden.

**B.** Bei Taufliegen und Stechmücken zeigt das sezernierte Dscam-Protein Diversität aufgrund eines alternativen Spleißens der Exons, die in großer Zahl vorhanden sind, während Süßwasserschnecken in den FREP-Genen eine Diversität aufweisen, die durch unterschiedliche Anhäufung von genomischen Mutationen in diesen Genen entsteht.

**C.** Kieferlose Fische rekombinieren die VLR-Gene während der DNA-Replikation, sodass in diesen Genen eine Diversität entsteht. Die Gene werden in Form von Oberflächenmolekülen exprimiert, die durch einen GPI-Anker an den Lymphocyten befestigt sind; außerdem gibt es sezernierte Formen.

**D.** RAG-1 entstand aus einer Transposase, während die RSS-Sequenz, die das Protein erkennt, aus den endständigen Sequenzwiederholungen eines DNA-Transposons hervorging.

**E.** Die MHC-Klasse-I- und Klasse-II-Gene sind in Knorpelfischen vor den T-Zellen und Immunglobulinen entstanden.

# Literatur

## Allgemeine Literatur

- Fugmann, S.D., Lee, A.I., Shockett, P.E., Villey, I.J., and Schatz, D.G.: **The RAG proteins and V(D)J recombination: complexes, ends, and transposition.** *Annu. Rev. Immunol.* 2000, **18**:495–527.
- Jung, D., Giallourakis, C., Mostoslavsky, R., and Alt, F.W.: **Mechanism and control of V(D)J recombination at the immunoglobulin heavy chain locus.** *Annu. Rev. Immunol.* 2006, **24**:541–570.
- Schatz, D.G.: **V(D)J recombination.** *Immunol. Rev.* 2004, **200**:5–11.
- Schatz, D.G. and Swanson, P.C.: **V(D)J recombination: mechanisms of initiation.** *Annu. Rev. Genet.* 2011, **45**:167–202.

## Literatur zu den einzelnen Abschnitten

### Abschnitt 5.1.1

- Hozumi, N. and Tonegawa, S.: **Evidence for somatic rearrangement of immunoglobulin genes coding for variable and constant regions.** *Proc. Natl Acad. Sci. USA* 1976, **73**:3628–3632.
- Seidman, J.G. and Leder, P.: **The arrangement and rearrangement of anti-body genes.** *Nature* 1978, **276**:790–795.
- Tonegawa, S., Brack, C., Hozumi, N., and Pirrotta, V.: **Organization of immunoglobulin genes.** *Cold Spring Harbor Symp. Quant. Biol.* 1978, **42**:921–931.

### Abschnitt 5.1.2

- Early, P., Huang, H., Davis, M., Calame, K., and Hood, L.: **An immunoglobulin heavy chain variable region gene is generated from three segments of DNA: $V_H$, D and $J_H$.** *Cell* 1980, **19**:981–992.

Tonegawa, S., Maxam, A.M., Tizard, R., Bernard, O., and Gilbert, W.: **Sequence of a mouse germ-line gene for a variable region of an immunoglobulin light chain.** *Proc. Natl Acad. Sci. USA* 1978, **75**:1485–1489.

## Abschnitt 5.1.3

- Maki, R., Traunecker, A., Sakano, H., Roeder, W., and Tonegawa, S.: **Exon shuffling generates an immunoglobulin heavy chain gene.** *Proc. Natl Acad. Sci. USA* 1980, **77**:2138–2142.
- Matsuda, F. and Honjo, T.: **Organization of the human immunoglobulin heavy-chain locus.** *Adv. Immunol.* 1996, **62**:1–29.
- Thiebe, R., Schable, K.F., Bensch, A., Brensing-Kuppers, J., Heim, V., Kirschbaum, T., Mitlohner, H., Ohnrich, M., Pourrajabi, S., Roschenthaler, F., *et al.*: **The variable genes and gene families of the mouse immunoglobulin kappa locus.** *Eur. J. Immunol.* 1999, **29**:2072–2081.

## Abschnitt 5.1.4

- Grawunder, U., West, R.B., and Lieber, M.R.: **Antigen receptor gene rearrangement.** *Curr. Opin. Immunol.* 1998, **10**:172–180.
- Lieber, M. R.: **The mechanism of human nonhomologous DNA end joining.** *J. Biol. Chem.* 2008, **283**:1–5.
- Sakano, H., Huppi, K., Heinrich, G., and Tonegawa, S.: **Sequences at the somatic recombination sites of immunoglobulin light-chain genes.** *Nature* 1979, **280**:288–294.

## Abschnitt 5.1.5

- Agrawal, A. and Schatz, D.G.: **RAG1 and RAG2 form a stable postcleavage synaptic complex with DNA containing signal ends in V(D)J recombination.** *Cell* 1997, **89**:43–53.
- Ahnesorg, P., Smith, P., and Jackson, S.P.: **XLF interacts with the XRCC4-DNA ligase IV complex to promote nonhomologous end-joining.** *Cell* 2006, **124**:301–313.
- Blunt, T., Finnie, N.J., Taccioli, G.E., Smith, G.C.M., Demengeot, J., Gottlieb, T.M., Ma, Y., Pannicke, U., Schwarz, K., and Lieber, M.R.: **Hairpin opening and overhang processing by an Artemis:DNA-PKcs complex in V(D)J recombination and in nonhomologous end joining.** *Cell* 2002, **108**:781–794.
- Buck, D., Malivert, L., deChasseval, R., Barraud, A., Fondaneche, M.-C., Xanal, O., Plebani, A., Stephan, J.-L., Hufnagel, M., le Diest, F., *et al.*: **Cernunnos, a novel nonhomologous end-joining factor, is mutated in human immunodeficiency with microcephaly.** *Cell* 2006, **124**:287–299.
- Jung, D., Giallourakis, C., Mostoslavsky, R., and Alt, F.W.: **Mechanism and control of V(D)J recombination at the immunoglobulin heavy chain locus.** *Annu. Rev. Immunol.* 2006, **24**:541–570.
- Kim, M.S., Lapkouski, M., Yang, W., and Gellert, M.: **Crystal structure of the V(D)J recombinase RAG1-RAG2.** *Nature* 2015, **518**:507–511.
- Li, Z.Y., Otevrel, T., Gao, Y.J., Cheng, H.L., Seed, B., Stamato, T.D., Taccioli, G.E., and Alt, F.W.: **The XRCC4 gene encodes a novel protein involved in DNA double-strand break repair and V(D)J recombination.** *Cell* 1995, **83**:1079–1089.
- Mizuta, R., Varghese, A.J., Alt, F.W., Jeggo, P.A., and Jackson, S.P.: **Defective DNA-dependent protein kinase activity is linked to V(D)J recombination and DNA-repair defects associated with the murine *scid* mutation.** *Cell* 1995, **80**:813–823.
- Moshous, D., Callebaut, I., de Chasseval, R., Corneo, B., Cavazzana-Calvo, M., le Deist, F., Tezcan, I., Sanal, O., Bertrand, Y., Philippe, N., *et al.*: **Artemis, a novel DNA double-strand break repair/V(D)J recombination protein, is mutated in human severe combined immune deficiency.** *Cell* 2001, **105**:177–186.

- Oettinger, M.A., Schatz, D.G., Gorka, C., and Baltimore, D.: **RAG-1 and RAG-2, adjacent genes that synergistically activate V(D)J recombination.** *Science* 1990, **248**:1517–1523.
- Villa, A., Santagata, S., Bozzi, F., Giliani, S., Frattini, A., Imberti, L., Gatta, L.B., Ochs, H.D., Schwarz, K., Notarangelo, L.D., *et al.*: **Partial V(D)J recombination activity leads to Omenn syndrome.** *Cell* 1998, **93**:885–896.
- Yin, F.F., Bailey, S., Innis, C.A., Ciubotaru, M., Kamtekar, S., Steitz, T.A., and Schatz, D.G.: **Structure of the RAG1 nonamer binding domain with DNA reveals a dimer that mediates DNA synapsis.** *Nat. Struct. Mol. Biol.* 2009, **16**:499–508.

## Abschnitt 5.1.6

- Weigert, M., Perry, R., Kelley, D., Hunkapiller, T., Schilling, J., and Hood, L.: **The joining of V and J gene segments creates antibody diversity.** *Nature* 1980, **283**:497–499.

## Abschnitt 5.1.7

- Lee, A., Desravines, S., and Hsu, E.: **IgH diversity in an individual with only one million B lymphocytes.** *Dev. Immunol.* 1993, **3**:211–222.

## Abschnitt 5.1.8

- Gauss, G.H. and Lieber, M.R.: **Mechanistic constraints on diversity in human V(D)J recombination.** *Mol. Cell. Biol.* 1996, **16**:258–269.
- Gilfillan, S., Dierich, A., Lemeur, M., Benoist, C., and Mathis, D.: **Mice lacking TdT: mature animals with an immature lymphocyte repertoire.** *Science* 1993, **261**:1755–1759.
- Komori, T., Okada, A., Stewart, V., and Alt, F.W.: **Lack of N regions in antigen receptor variable region genes of TdT-deficient lymphocytes.** *Science* 1993, **261**:1171–1175.
- Weigert, M., Gatmaitan, L., Loh, E., Schilling, J., and Hood, L.: **Rearrangement of genetic information may produce immunoglobulin diversity.** *Nature* 1978, **276**:785–790.

## Abschnitt 5.2.1

- Bassing, C.H., Alt, F.W., Hughes, M.M., D'Auteuil, M., Wehrly, T.D., Woodman, B.B., Gärtner, F., White, J.M., Davidson, L., and Sleckman, B.P.: **Recombination signal sequences restrict chromosomal V(D)J recombination beyond the 12/23 rule.** *Nature* 2000, **405**:583–586.
- Bertocci, B., DeSmet, A., Weill, J.-C., and Reynaud, C.A.: **Non-overlapping functions of polX family DNA polymerases, pol μ, pol λ, and TdT, during immunoglobulin V(D)J recombination *in vivo*.** *Immunity* 2006, **25**:31–41.
- Lieber, M.R.: **The polymerases for V(D)J recombination.** *Immunity* 2006, **25**:7–9.
- Rowen, L., Koop, B.F., and Hood, L.: **The complete 685-kilobase DNA sequence of the human β T cell receptor locus.** *Science* 1996, **272**:1755–1762.
- Shinkai, Y., Rathbun, G., Lam, K.P., Oltz, E.M., Stewart, V., Mendelsohn, M., Charron, J., Datta, M., Young, F., Stall, A.M., *et al.*: **RAG-2 deficient mice lack mature lymphocytes owing to inability to initiate V(D)J rearrangement.** *Cell* 1992, **68**:855–867.

Teil II

### Abschnitt 5.2.2

- Davis, M.M. and Bjorkman, P.J.: **T-cell antigen receptor genes and T-cell recognition.** *Nature* 1988, **334**:395–402.
- Garboczi, D.N., Ghosh, P., Utz, U., Fan, Q.R., Biddison, W.E., and Wiley, D.C.: **Structure of the complex between human T-cell receptor, viral peptide and HLA-A2.** *Nature* 1996, **384**:134–141.
- Hennecke, J., Carfi, A. and Wiley, D.C.: **Structure of a covalently stabilized complex of a human αβ T-cell receptor, influenza HA peptide and MHC class II molecule, HLA-DR1.** *EMBO J.* 2000, **19**:5611–5624.
- Hennecke, J., and Wiley, D.C.: **T cell receptor–MHC interactions up close.** *Cell* 2001, **104**:1–4.
- Jorgensen, J.L., Esser, U., Fazekas de St. Groth, B., Reay, P.A., and Davis, M.M.: **Mapping T-cell receptor–peptide contacts by variant peptide immunization of single-chain transgenics.** *Nature* 1992, **355**:224–230.

### Abschnitt 5.2.3

- Chien, Y.H., Iwashima, M., Kaplan, K.B., Elliott, J.F., and Davis, M.M.: **A new T-cell receptor gene located within the alpha locus and expressed early in T-cell differentiation.** *Nature* 1987, **327**:677–682.
- Lafaille, J.J., DeCloux, A., Bonneville, M., Takagaki, Y., and Tonegawa, S.: **Junctional sequences of T cell receptor gamma delta genes: implications for gamma delta T cell lineages and for a novel intermediate of V-(D)-J joining.** *Cell* 1989, **59**:859–870.
- Tonegawa, S., Berns, A., Bonneville, M., Farr, A.G., Ishida, I., Ito, K., Itohara, S., Janeway Jr., C.A., Kanagawa, O., Kubo, R., *et al.*: **Diversity, development, ligands, and probable functions of gamma delta T cells.** *Adv. Exp. Med. Biol.* 1991, **292**:53–61.

### Abschnitt 5.3.1

- Davies, D.R. and Metzger, H.: **Structural basis of antibody function.** *Annu. Rev. Immunol.* 1983, **1**:87–117.

### Abschnitt 5.3.2

- Helm, B.A., Sayers, I., Higginbottom, A., Machado, D.C., Ling, Y., Ahmad, K., Padlan, E.A., and Wilson, A.P.M.: **Identification of the high affinity receptor binding region in human IgE.** *J. Biol. Chem.* 1996, **271**:7494–7500.
- Nimmerjahn, F. and Ravetch, J.V.: **Fc-receptors as regulators of immunity.** *Adv. Immunol.* 2007, **96**:179–204.
- Sensel, M.G., Kane, L.M., and Morrison, S.L.: **Amino acid differences in the N-terminus of $C_H2$ influence the relative abilities of IgG2 and IgG3 to activate complement.** *Mol. Immunol.* **34**:1019–1029.

### Abschnitt 5.3.3

- Abney, E.R., Cooper, M.D., Kearney, J.F., Lawton, A.R., and Parkhouse, R.M.: **Sequential expression of immunoglobulin on developing mouse B lymphocytes: a systematic survey that suggests a model for the generation of immunoglobulin isotype diversity.** *J. Immunol.* 1978, **120**:2041–2049.
- Blattner, F.R. and Tucker, P.W.: **The molecular biology of immunoglobulin D.** *Nature* 1984, **307**:417–422.
- Enders, A., Short, A., Miosge, L.A., Bergmann, H., Sontani, Y., Bertram, E.M., Whittle, B., Balakishnan, B., Yoshida, K., Sjollema, G., *et al.*: **Zinc-finger protein ZFP318 is**

Teil II

essential for expression of IgD, the alternatively spliced Igh product made by mature B lymphocytes. *Proc. Natl Acad. Sci. USA* 2014, **111**:4513–4518.

■ Goding, J.W., Scott, D.W., and Layton, J.E.: **Genetics, cellular expression and function of IgD and IgM receptors.** *Immunol. Rev.* 1977, **37**:152–186.

## Abschnitt 5.3.4

■ Early, P., Rogers, J., Davis, M., Calame, K., Bond, M., Wall, R., and Hood, L.: **Two mRNAs can be produced from a single immunoglobulin μ gene by alternative RNA processing pathways.** *Cell* 1980, **20**:313–319.

■ Martincic, K., Alkan, S.A., Cheatle, A., Borghesi, L., and Milcarek, C.: **Transcription elongation factor ELL2 directs immunoglobulin secretion in plasma cells by stimulating altered RNA processing.** *Nat. Immunol.* 2009, **10**:1102–1109.

■ Peterson, M.L., Gimmi, E.R., and Perry, R.P.: **The developmentally regulated shift from membrane to secreted μ mRNA production is accompanied by an increase in cleavage-polyadenylation efficiency but no measurable change in splicing efficiency.** *Mol. Cell. Biol.* 1991, **11**:2324–2327.

■ Rogers, J., Early, P., Carter, C., Calame, K., Bond, M., Hood, L., and Wall, R.: **Two mRNAs with different 3′ ends encode membrane-bound and secreted forms of immunoglobulin μ chain.** *Cell* 1980, **20**:303–312.

■ Takagaki, Y. and Manley, J.L.: **Levels of polyadenylation factor CstF-64 control IgM heavy chain mRNA accumulation and other events associated with B cell differentiation.** *Mol. Cell.* 1998, **2**:761–771.

■ Takagaki, Y., Seipelt, R.L., Peterson, M.L., and Manley, J.L.: **The polyadenylation factor CstF-64 regulates alternative processing of IgM heavy chain pre-mRNA during B cell differentiation.** *Cell* 1996, **87**:941–952.

## Abschnitt 5.3.5

■ Hendrickson, B.A., Conner, D.A., Ladd, D.J., Kendall, D., Casanova, J.E., Corthesy, B., Max, E.E., Neutra, M.R., Seidman, C.E., and Seidman, J.G.: **Altered hepatic transport of IgA in mice lacking the J chain.** *J. Exp. Med.* 1995, **182**:1905–1911.

■ Niles, M.J., Matsuuchi, L., and Koshland, M. E.: **Polymer IgM assembly and secretion in lymphoid and nonlymphoid cell-lines—evidence that J chain is required for pentamer IgM synthesis.** *Proc. Natl Acad. Sci. USA* 1995, **92**:2884–2888.

## Abschnitt 5.4.1

■ Dong, Y., Taylor, H.E., and Dimopoulos, G.: **AgDscam, a hypervariable immunoglobulin domain-containing receptor of the *Anopheles gambiae* innate immune system.** *PLoS Biol.* 2006, **4**:e229.

■ Loker, E.S., Adema, C.M., Zhang, S.M., and Kepler, T.B.: **Invertebrate immune systems—not homogeneous, not simple, not well understood.** *Immunol. Rev.* 2004, **198**:10–24.

■ Watson, F.L., Puttmann-Holgado, R., Thomas, F., Lamar, D.L., Hughes, M., Kondo, M., Rebel, V.I., and Schmucker, D.: **Extensive diversity of Ig-superfamily proteins in the immune system of insects.** *Science* 2005, **309**:1826–1827.

■ Zhang, S.M., Adema, C.M., Kepler, T.B., and Loker, E.S.: **Diversification of Ig superfamily genes in an invertebrate.** *Science* 2004, **305**:251–254.

## Abschnitt 5.4.2

■ Boehm, T., McCurley, N., Sutoh, Y., Schorpp, M., Kasahara, M., and Cooper, M.D.: **VLR-based adaptive immunity.** *Annu. Rev. Immunol.* 2012, **30**:203–220.

- Finstad, J. and Good, R.A.: **The evolution of the immune response. 3. Immunologic responses in the lamprey.** *J. Exp. Med.* 1964, **120**:1151–1168.
- Guo, P., Hirano, M., Herrin, B.R., Li, J., Yu, C., Sadlonova, A., and Cooper, M.D.: **Dual nature of the adaptive immune system in lampreys.** *Nature* 2009, **459**:796–801. [Erratum: *Nature* 2009, **460**:1044.]
- Han, B.W., Herrin, B.R., Cooper, M.D., and Wilson, I. A.: **Antigen recognition by variable lymphocyte receptors.** *Science* 2008, **321**:1834–1837.
- Hirano, M., Guo, P., McCurley, N., Schorpp, M., Das, S., Boehm, T., and Cooper, M.D.: **Evolutionary implications of a third lymphocyte lineage in lampreys.** *Nature* 2013, **501**:435–438.
- Litman, G.W., Finstad, F.J., Howell, J., Pollara, B.W., and Good, R.A.: **The evolution of the immune response. 3. Structural studies of the lamprey immunoglobulin.** *J. Immunol.* 1970, **105**:1278–1285.

### Abschnitt 5.4.3

- Fugmann, S.D., Messier, C., Novack, L.A., Cameron, R.A., and Rast, J.P.: **An ancient evolutionary origin of the *Rag1/2* gene locus.** *Proc. Natl Acad. Sci. USA* 2006, **103**:3728–3733.
- Kapitonov, V.V. and Jurka, J.: **RAG1 core and V(D)J recombination signal sequences were derived from Transib transposons.** *PLoS Biol.* 2005, **3**:e181.
- Litman, G.W., Rast, J.P., and Fugmann, S.D.: **The origins of vertebrate adaptive immunity.** *Nat. Rev. Immunol.* 2010, **10**:543–553.
- Suzuki, T., Shin-I, T., Fujiyama, A., Kohara, Y., and Kasahara, M.: **Hagfish leukocytes express a paired receptor family with a variable domain resembling those of antigen receptors.** *J. Immunol.* 2005, **174**:2885–2891.

### Abschnitt 5.4.4

- Becker, R.S. and Knight, K.L.: **Somatic diversification of immunoglobulin heavy chain VDJ genes: evidence for somatic gene conversion in rabbits.** *Cell* 1990, **63**:987–997.
- Knight, K.L. and Crane, M.A.: **Generating the antibody repertoire in rabbit.** *Adv. Immunol.* 1994, **56**:179–218.
- Kurosawa, K. and Ohta, K.: **Genetic diversification by somatic gene conversion.** *Genes* (Basel) 2011, **2**:48–58.
- Reynaud, C.A., Bertocci, B., Dahan, A., and Weill, J.C.: **Formation of the chicken B-cell repertoire—ontogeny, regulation of Ig gene rearrangement, and diversification by gene conversion.** *Adv. Immunol.* 1994, **57**:353–378.
- Reynaud, C.A., Garcia, C., Hein, W.R., and Weill, J.C.: **Hypermutation generating the sheep immunoglobulin repertoire is an antigen independent process.** *Cell* 1995, **80**:115–125.
- Vajdy, M., Sethupathi, P., and Knight, K.L.: **Dependence of antibody somatic diversification on gut-associated lymphoid tissue in rabbits.** *J. Immunol.* 1998, **160**:2725–2729.
- Winstead, C.R., Zhai, S.K., Sethupathi, P., and Knight, K.L.: **Antigen-induced somatic diversification of rabbit IgH genes: gene conversion and point mutation.** *J. Immunol.* 1999, **162**:6602–6612.

### Abschnitt 5.4.5

- Rast, J.P., Anderson, M.K., Strong, S.J., Luer, C., Litman, R.T., and Litman, G.W.: **$\alpha$, $\beta$, $\gamma$, and $\delta$ T-cell antigen receptor genes arose early in vertebrate phylogeny.** *Immunity* 1997, **6**:1–11.
- Rast, J.P. and Litman, G.W.: **T-cell receptor gene homologs are present in the most primitive jawed vertebrates.** *Proc. Natl Acad. Sci. USA* 1994, **91**:9248–9252.

## Abschnitt 5.4.6

- Hashimoto, K., Okamura, K., Yamaguchi, H., Ototake, M., Nakanishi, T., and Kurosawa, Y.: **Conservation and diversification of MHC class I and its related molecules in vertebrates.** *Immunol. Rev.* 1999, **167**:81–100.
- Kurosawa, Y. and Hashimoto, K.: **How did the primordial T cell receptor and MHC molecules function initially?** *Immunol. Cell Biol.* 1997, **75**:193–196.
- Ohta, Y., Okamura, K., McKinney, E.C., Bartl, S., Hashimoto, K., and Flajnik, M.F.: **Primitive synteny of vertebrate major histocompatibility complex class I and class II genes.** *Proc. Natl Acad. Sci. USA* 2000, **97**:4712–4717.
- Okamura, K., Ototake, M., Nakanishi, T., Kurosawa, Y., and Hashimoto, K.: **The most primitive vertebrates with jaws possess highly polymorphic MHC class I genes comparable to those of humans.** *Immunity* 1997, **7**:777–790.

Teil II

# Wie Antigene den T-Lymphocyten präsentiert werden

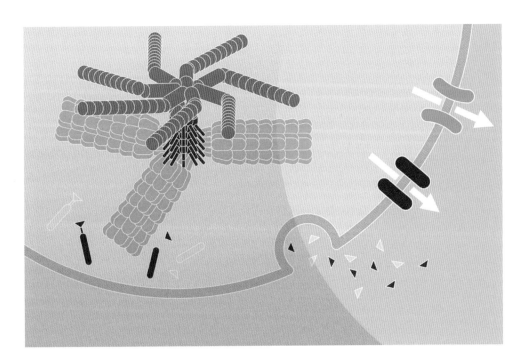

© Springer-Verlag GmbH Deutschland, ein Teil von Springer Nature 2018
K. Murphy, C. Weaver, *Janeway Immunologie*, https://doi.org/10.1007/978-3-662-56004-4_6

Die adaptiven Immunzellen der Vertebraten verfügen über zwei Arten von Antigenrezeptoren: die Immunglobuline, die als Antigenrezeptoren der B-Zellen fungieren, und die T-Zell-Rezeptoren. Während Immunglobuline native Antigene erkennen können, erkennen T-Zellen nur Antigene, die von MHC-Komplexen an zellulären Oberflächen präsentiert werden. Die konventionellen *α:β*-T-Zellen erkennen Antigene in Form von Peptid:MHC-Komplexen (Abschn. 4.3.3). Die Peptide, die von *α:β*-T-Zellen erkannt werden, können aus dem normalen Proteinumsatz körpereigener Proteine, von intrazellulären Krankheitserregern wie Viren oder aus Produkten der Pathogene stammen, die aus der extrazellulären Flüssigkeit aufgenommen wurden. Verschiedene Toleranzmechanismen verhindern normalerweise, dass körpereigene Peptide eine Immunantwort auslösen; wenn diese Mechanismen jedoch versagen, können körpereigene Peptide das Angriffsziel von Autoimmunreaktionen sein (Kap. 15). Andere Gruppen von T-Zellen, beispielsweise die **MAIT-Zellen** und die *γ:δ*-**T-Zellen** (Abschn. 4.3.8 und 4.3.10), erkennen verschiedene Arten von Oberflächenmolekülen, deren Expression möglicherweise eine Infektion oder zellulären Stress anzeigen.

Im ersten Teil dieses Kapitels befassen wir uns mit den zellulären Reaktionswegen, die von den verschiedenen Zelltypen genutzt werden, um Peptid:MHC-Komplexe zu erzeugen, die von den *α:β*-T-Zellen erkannt werden. Dieser Prozess trägt auf mindestens zwei Weisen zur adaptiven Immunität bei. Bei somatischen Zellen können Peptid:MHC-Komplexe das Vorhandensein eines intrazellulären Krankheitserregers anzeigen, der dann von „bewaffneten" T-Effektorzellen beseitigt wird. Bei dendritischen Zellen, die nicht unbedingt selbst infiziert sein müssen, dienen Peptid:MHC-Komplexe dazu, antigenspezifische T-Effektorzellen zu aktivieren. Wir wollen hier auch die Mechanismen vorstellen, durch die bestimmte Krankheitserreger die adaptive Immunität bekämpfen, indem sie die Bildung von Peptid:MHC-Komplexen blockieren.

Im zweiten Teil dieses Kapitels werden wir uns auf die MHC-Klasse-I- und -Klasse-II-Gene und ihre außerordentliche Vielfalt konzentrieren. Die MHC-Moleküle werden in einem großen Cluster von Genen codiert, die man ursprünglich aufgrund ihrer gravierenden Auswirkungen auf die Immunreaktion gegen transplantierte Gewebe entdeckt hatte und deshalb als **Haupthistokompatibilitätskomplex** (*major histocompatibility complex*, **MHC**) bezeichnete. In jeder Klasse gibt es mehrere verschiedene MHC-Moleküle und jedes ihrer Gene ist hoch polymorph mit vielen Varianten innerhalb der Population. Der MHC-Polymorphismus hat eine tiefgreifende Auswirkung auf die Antigenerkennung durch T-Zellen und die Kombination von Polygenie und Polymorphismus vergrößert die Bandbreite der Peptide, die bei jedem Individuum und in jeder Population insgesamt den T-Zellen präsentiert werden kann, sodass die Individuen auf ein breites Spektrum von Pathogenen, mit denen sie in Kontakt treten, reagieren können. Innerhalb der MHC-Region im Genom befinden sich weitere Gene, die sich von denen der MHC-Moleküle unterscheiden, und deren Produkte teilweise an der Bildung der Peptid:MHC-Komplexe beteiligt sind.

Im letzten Teil des Kapitels werden wir uns auch mit den Liganden für nichtkonventionelle T-Zelltypen beschäftigen. Dabei wollen wir eine Gruppe von Proteinen betrachten, die MHC-Klasse I-Molekülen ähneln, aber nur begrenzt polymorph sind, und von denen einige innerhalb und andere außerhalb des MHC codiert werden. Diese **nichtklassischen MHC-Klasse-I-Proteine** üben eine Reihe von Funktionen aus, unter anderem fungieren einige als Liganden für *γ:δ*-T-Zell-Rezeptoren und MAIT-Zellen oder auch für den NKG2D-Rezeptor, der von T-Zellen und NK-Zellen exprimiert wird. Darüber hinaus wollen wir noch eine besondere Untergruppe der *α:β*-T-Zellen vorstellen, die man als invariante NKT-Zellen bezeichnet und die mikrobielle Lipidantigene erkennen, die ihnen von diesen Proteinen präsentiert werden.

# 6.1 Die Erzeugung von Liganden der α:β-T-Zell-Rezeptoren

Die schützende Funktion von T-Zellen beruht auf ihrer Fähigkeit, Zellen zu erkennen, die Krankheitserreger beherbergen oder deren Produkte aufgenommen haben. Wie wir in Kap. 4 erfahren haben, ist der Ligand, den ein α:β-T-Zell-Rezeptor erkennt, ein Peptidfragment, das als Komplex aus Peptid und MHC-Molekül an einer zellulären Oberfläche präsentiert wird. Die Erzeugung von Peptiden aus nativen Proteinen bezeichnet man als Antigenverarbeitung oder **Antigenprozessierung** (*antigen processing*), das Vorzeigen des Peptids durch ein MHC-Molekül auf der Zelloberfläche als **Antigenpräsentation** (*antigen presentation*). Die Struktur der MHC-Moleküle haben wir bereits beschrieben und gesehen, wie sie Peptidantigene in einem Spalt (oder einer Furche) auf ihrer Oberfläche binden (Abschn. 4.3.3 bis 4.3.6). Hier werden wir nun erfahren, wie Peptide von Proteinen aus Krankheitserregern gebildet werden und auf MHC-Klasse-I- beziehungsweise -Klasse-II-Moleküle geladen werden.

### 6.1.1 Die Antigenpräsentation dient dazu, T-Effektorzellen zu „bewaffnen" und ihre Effektorfunktionen anzuregen, sodass sie infizierte Zellen angreifen

Die Prozessierung und Präsentation von Antigenen aus Krankheitserregern dient zwei verschiedenen Zwecken: Zum einen sollen sich „bewaffnete" T-Effektorzellen entwickeln, zum anderen sollen die Effektorfunktionen dieser Zellen an Infektionsherden aktiviert werden. MHC-Klasse-I-Moleküle binden Peptide, die von CD8-T-Zellen erkannt werden, MHC-Klasse-II-Moleküle hingegen binden Peptide, die von CD4-T-Zellen erkannt werden. Dieses Erkennungsmuster wird durch die spezifische Bindung der CD8- oder CD4-Moleküle an die zugehörigen MHC-Moleküle festgelegt (Abschn. 4.3.8). Die Bedeutung dieser spezifischen Erkennung zeigt sich daran, dass MHC-Klasse-I- und -Klasse-II-Moleküle auf die Zellen im gesamten Körper unterschiedlich verteilt sind. Beinahe alle somatischen Zellen (außer den roten Blutkörperchen) exprimieren MHC-Klasse-I-Moleküle. Daher sind die CD8-T-Zellen vor allem dafür zuständig, Krankheitserreger und die Cytolyse von somatischen Zellen zu überwachen. Man bezeichnet sie auch als **cytotoxische T-Zellen** und ihre Funktion besteht darin, Zellen zu töten, die sie erkennen. CD8-T-Zellen bilden deshalb einen wichtigen Mechanismus, Ursprünge von neuen viralen Partikeln und Bakterien, die nur im Cytosol leben, zu zerstören und den Körper von der Infektion zu befreien.

Im Gegensatz dazu werden MHC-Klasse-II-Moleküle primär nur von Zellen des Immunsystems exprimiert, besonders von den dendritischen Zellen, Makrophagen und B-Zellen. Epithelzellen des Thymuscortex und aktivierte, aber nicht naive T-Zellen können MHC-Klasse-II-Moleküle exprimieren. Diese können auch bei vielen Zellen durch das Cytokin IFN-γ induziert werden. CD4-T-Zellen können daher ihre zugehörigen Antigene während ihrer Entwicklung im Thymus erkennen. Diese Antigene befinden sich auf einer zahlenmäßig begrenzten Gruppe von „professionellen" antigenpräsentierenden Zellen sowie unter den spezifischen Bedingungen einer Entzündung auch auf anderen somatischen Zellen. **CD4-T-Effektorzellen** umfassen mehrere Untergruppen, die unterschiedliche Aktivitäten zeigen und zur Vernichtung von Krankheitserregern beitragen. Wichtig ist dabei, dass naive CD8- und CD4-T-Zellen zu „bewaffneten" Effektorzellen werden können, wenn sie nur auf ihr spezifisches Antigen treffen, sobald es von aktivierten dendritischen Zellen prozessiert und präsentiert wird.

Wenn man sich mit der Antigenprozessierung befasst, ist zwischen den verschiedenen zellulären Kompartimenten zu unterscheiden, aus denen Antigene stammen können (▶ Abb. 6.1). Diese Kompartimente, die durch Membranen abgetrennt sind, umfassen das Cytosol und die verschiedenen **vesikulären Kompartimente**, die an der Endocytose und

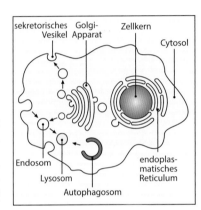

**Abb. 6.1 In Zellen gibt es zwei Arten von Hauptkompartimenten, die durch Membranen getrennt sind.** Ein Kompartiment ist das Cytosol, das über Poren in der Kernmembran auch mit dem Kernlumen in Verbindung steht. Das andere ist das vesikuläre System aus endoplasmatischem Reticulum, Golgi-Apparat, Endosomen, Lysosomen und anderen intrazellulären Vesikeln. Das vesikuläre System stellt einen kontinuierlichen Übergang zur extrazellulären Flüssigkeit dar: Sekretorische Vesikel schnüren sich vom endoplasmatischen Reticulum ab, werden über die Golgi-Membranen transportiert und befördern ihren Inhalt aus der Zelle hinaus. Extrazelluläres Material wird durch Endocytose oder Phagocytose in Endosomen beziehungsweise Phagosomen aufgenommen. Die Fusion von anliefernden und bereits vorhandenen Vesikeln ist beispielsweise in den neutrophilen Zellen sowohl für die Zerstörung von Pathogenen als auch für die Antigenpräsentation von Bedeutung. Autophagosomen umgeben Bestandteile des Cytosols und überführen den Inhalt zu Lysosomen; diesen Vorgang bezeichnet man als Autophagie

| | Pathogene im Cytosol | intravesikuläre Pathogene | extrazelluläre Pathogene und Toxine |
|---|---|---|---|
| | beliebige Zelle | Makrophage | B-Zelle |
| Ort des Abbaus | Cytosol | endocytotische Vesikel (niedriger pH) | endocytotische Vesikel (niedriger pH) |
| Peptide binden an | MHC-Klasse I | MHC-Klasse II | MHC-Klasse II |
| präsentiert für | CD8-T-Effektorzellen | CD4-T-Effektorzellen | CD4-T-Effektorzellen |
| Wirkung auf präsentierende Zelle | Zelltod | Aktivierung zum Abtöten intravesikulärer Bakterien und Parasiten | Aktivierung von B-Zellen, Ig zu sezernieren und so extrazelluläre Bakterien oder Toxine zu beseitigen |

**Abb. 6.2 Zellen werden von T-Zellen als Zielzellen erkannt, wenn sie aus dem Cytosol oder dem vesikulären Kompartiment Antigene übernehmen.** *Erstes Bild oben*: Viren und einige Bakterien vermehren sich im Cytosol. MHC-Klasse-I-Moleküle präsentieren ihre Antigene und aktivieren dadurch den Tötungsmechanismus der cytotoxischen CD8-T-Zellen. *Zweites Bild*: Andere Bakterien und einige Parasiten werden, gewöhnlich von spezialisierten Phagocyten wie Makrophagen, in Endosomen aufgenommen und dort getötet und abgebaut. Manche können aber auch überleben und sich in den Vesikeln vermehren. MHC-Klasse-II-Moleküle präsentieren ihre Antigene den CD4-T-Zellen, die dadurch zur Cytokinproduktion aktiviert werden. *Drittes Bild*: Proteine, die von extrazellulären Pathogenen stammen, können an Oberflächenrezeptoren binden und gelangen so durch Endocytose in das vesikuläre System der Zelle. Dies ist hier anhand von Antigenen dargestellt, die von Oberflächenimmunglobulinen auf B-Zellen gebunden werden. MHC-Klasse-II-Moleküle präsentieren diese Antigene schließlich den CD4-T-Helferzellen, die dann wiederum die B-Zellen zur Produktion löslicher Antikörper stimulieren können

Sekretion beteiligt sind. Peptide aus dem Cytosol werden in das endoplasmatische Reticulum transportiert und dort direkt auf neu synthetisierte MHC-Klasse-I-Moleküle geladen, die sich dann auf derselben Zelle befinden und von T-Zellen erkannt werden können (Genaueres siehe unten). Da sich Viren und einige Bakterien im Cytosol oder im durchgängigen Zellkernkompartiment vermehren, können durch diesen Prozess einige ihrer Bestandteile auf MHC-Klasse-I-Moleküle geladen werden (▸ Abb. 6.2, erstes Bild oben). Diesen Erkennungsweg bezeichnet man auch als **direkte Präsentation**. Er dient der Identifizierung von somatischen Zellen und Immunzellen, die mit einem Krankheitserreger infiziert sind.

Bestimmte pathogene Bakterien und parasitäre Protozoen überleben die Aufnahme durch Makrophagen und können sich im Inneren von intrazellulären Vesikeln des endosomallysosomalen Systems vermehren (▸ Abb. 6.2, zweites Bild). Andere pathogene Bakterien vermehren sich außerhalb der Zellen; sie können zusammen mit ihren toxischen Produkten durch Phagocytose, rezeptorvermittelte Endocytose oder Makropinocytose in Endosomen und Lysosomen aufgenommen werden, wo sie von Enzymen abgebaut werden. So können beispielsweise B-Zellen mithilfe ihrer Rezeptoren durch Endocytose extrazelluläre Antigene effizient in sich aufnehmen (▸ Abb. 6.2, drittes Bild). Viruspartikel und Antigene von Parasiten in der extrazellulären Flüssigkeit können ebenfalls auf diese Weise aufgenommen und abgebaut werden, und ihre Antigene werden den T-Zellen präsentiert.

Einige Krankheitserreger können somatische Zellen infizieren, direkt allerdings keine Phagocyten wie etwa die dendritischen Zellen. In einem solchen Fall müssen die dendritischen Zellen die Antigene mit exogenem Ursprung übernehmen, um sie zu prozessieren und den T-Zellen zu präsentieren. Um beispielsweise ein Virus zu beseitigen, das nur Epi-

**Abb. 6.3 Kreuzpräsentation von extrazellulären Antigenen durch MHC-Klasse-I-Moleküle auf dendritischen Zellen.** Bestimmte Untergruppen von dendritischen Zellen können exogene Proteine effizient aufnehmen und die daraus abgeleiteten Peptide auf MHC-Klasse-I-Moleküle laden. Es gibt Hinweise darauf, dass hier verschiedene zelluläre Reaktionswege beteiligt sind. Einer dieser Wege verläuft wahrscheinlich über die Translokation von aufgenommenen Proteinen aus dem Phagolysosom in das Cytosol, wo sie von Proteasomen abgebaut werden. Die dabei entstehenden Peptide gelangen über TAP (Abschn. 6.1.3) in das endoplasmatische Reticulum, wo sie auf die übliche Weise an MHC-Klasse-I-Moleküle gebunden werden. Ein anderer Weg verläuft über den direkten Transport von Antigenen aus dem Phagolysosom in ein vesikuläres Beladungskompartiment – ohne den Umweg über das Cytosol –, wo dann die Peptide an reife MHC-Klasse-I-Moleküle gebunden werden

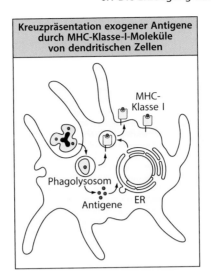

Kreuzpräsentation exogener Antigene durch MHC-Klasse-I-Moleküle von dendritischen Zellen

MHC-Klasse I

Phagolysosom

Antigene    ER

thelzellen infiziert, erfordert die Aktivierung der CD8-T-Zellen, dass die dendritischen Zellen MHC-Klasse-I-Moleküle mit Peptiden aus viralen Proteinen beladen, die aus virusinfizierten Zellen aufgenommen wurden. Diesen exogenen Reaktionsweg zur Beladung von MHC-Klasse-I-Molekülen bezeichnet man als **Kreuzpräsentation**. Er kommt bei einigen spezialisierten Arten von dendritischen Zellen vor (▶ Abb. 6.3). Die Aktivierung von naiven T-Zellen auf diese Weise bezeichnet man als **Kreuz-Priming**.

Um MHC-Klasse-II-Moleküle mit Peptiden beladen zu können, nehmen dendritische Zellen, Makrophagen und B-Zellen exogene Proteine über spezifische Oberflächenrezeptoren endocytotisch auf. Bei den B-Zellen kann der B-Zell-Rezeptor an diesem Prozess beteiligt sein. Auf diese Weise aus den Proteinen gewonnene Peptide werden in diesen Zellen in speziell ausgestatteten endocytotischen Kompartimenten an MHC-Klasse-II-Moleküle gebunden (siehe unten). Bei dendritischen Zellen dient dieser Weg dazu, naive CD4-T-Zellen zu aktivieren, sodass sich diese zu T-Effektorzellen entwickeln. Makrophagen nehmen partikelförmiges Material durch Phagocytose auf und präsentieren vor allem Peptide aus Krankheitserregern auf MHC-Klasse-II-Molekülen. Bei einem Makrophagen kann diese Art der Antigenpräsentation dazu dienen, das Vorhandensein eines Pathogens in seinen intrazellulären Kompartimenten anzuzeigen. CD4-T-Effektorzellen erkennen das Antigen und produzieren daraufhin Cytokine, die den Makrophagen anregen können, die Krankheitserreger zu zerstören. Einige intravesikuläre Pathogene haben sich in einer Weise angepasst, dass sie in der Zelle nicht getötet werden, und die Makrophagen benötigen Cytokine, um die Bakterien töten zu können. Dies ist eine der Funktionen der $T_H1$-Untergruppe der CD4-T-Zellen. Andere Untergruppen der CD4-T-Zellen regulieren andere Bereiche der Immunantwort und es gibt sogar CD4-T-Zellen mit cytotoxischer Aktivität. Bei den B-Zellen kann die Antigenpräsentation dazu dienen, von den CD4-T-Zellen, die das gleiche Protein wie eine B-Zelle erkennen, Unterstützung anzufordern. Wenn ein spezifisches Antigen über das Zelloberflächenimmunglobulin durch Endocytose in eine B-Zelle aufgenommen wird und die aus dem Antigen abgeleiteten Peptide auf MHC-Klasse-II-Molekülen präsentiert werden, können B-Zellen CD4-T-Zellen aktivieren, die dann als T-Helferzellen fungieren und die Produktion von Antikörpern gegen das Antigen anregen.

MHC-Klasse-II-Moleküle können nicht nur Peptide aus exogenen Proteinen präsentieren, sondern werden auch mit Peptiden beladen, die aus cytosolischen Proteinen stammen. Das bewerkstelligt der ubiquitäre Reaktionsweg der **Autophagie**, bei dem cytoplasmatische Proteine für den Abbau in Lysosomen in das endocytotische System aufgenommen werden (▶ Abb. 6.4). Dieser Reaktionsweg kann dazu dienen, körpereigene cytosolische Proteine zu präsentieren, um eine Toleranz gegenüber Selbstantigenen zu bewirken, oder es werden Antigene von Krankheitserregern wie dem Herpes-simplex-Virus dargeboten, wenn das Virus das Cytosol infiziert hat.

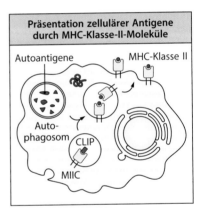

Präsentation zellulärer Antigene durch MHC-Klasse-II-Moleküle

Autoantigene    MHC-Klasse II

Autophagosom    CLIP

MIIC

**Abb. 6.4 Autophagische Reaktionswege können cytosolische Antigene für die Präsentation durch MHC-Klasse-II-Moleküle liefern.** Bei der Autophagie werden Teile des Cytoplasmas in Autophagosomen aufgenommen. Das sind spezialisierte Vesikel, die mit den endocytotischen Vesikeln und schließlich mit den Lysosomen fusionieren, wo der Inhalt abgebaut wird. Einige der dabei entstehenden Peptide werden an MHC-Klasse-II-Moleküle gebunden und auf der Zelloberfläche präsentiert. Bei dendritischen Zellen und Makrophagen ist das auch ohne Aktivierung möglich, sodass unreife dendritische Zellen körpereigene Peptide zur Erzeugung von Selbsttoleranz darbieten und nicht zum Auslösen einer T-Zell-Antwort gegen körpereigene Antigene

## 6.1.2 Das Proteasom erzeugt im Cytosol Peptide aus ubiquitinierten Proteinen

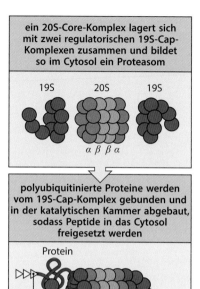

**ein 20S-Core-Komplex lagert sich mit zwei regulatorischen 19S-Cap-Komplexen zusammen und bildet so im Cytosol ein Proteasom**

19S  20S  19S

α β β α

**polyubiquitinierte Proteine werden vom 19S-Cap-Komplex gebunden und in der katalytischen Kammer abgebaut, sodass Peptide in das Cytosol freigesetzt werden**

Protein

Ubiquitin

Peptidfragmente

**Abb. 6.5 Cytosolische Proteine werden durch das Ubiquitin-Proteasom-System abgebaut.** Das Proteasom besteht aus dem katalytischen 20S-Core-Komplex, der sich wiederum aus vier Ringen mit mehreren Untereinheiten und je einem regulatorischen 19S-Cap-Komplex an den beiden Enden zusammengesetzt (siehe Text). Die Zielproteine (*orange*) werden von verschiedenen E3-Ligasen, die sie über K48 mit Polyubiquitinketten (*gelb*) verknüpfen, markiert. Der regulatorische 19S-Cap-Komplex erkennt Polyubiquitin und zieht das markierte Protein in die katalytische Kammer hinein. Dort wird das Protein abgebaut und es entstehen dabei kurze Peptidfragmente, die wieder in das Cytoplasma freigesetzt werden

Proteine werden in den Zellen kontinuierlich abgebaut und durch neu synthetisierte ersetzt. Eine wichtige Rolle beim cytosolischen Proteinabbau spielt ein großer multikatalytischer Proteasekomplex, das **Proteasom** (▶ Abb. 6.5). Ein normales Proteasom besteht aus einem **katalytischen 20S-Core-Komplex** und zwei **regulatorischen 19S-Cap-Komplexen**, die sich jeweils an einem Ende befinden. Beide Komplexe bestehen aus mehreren Proteinuntereinheiten. Der 20S-Core-Komplex ist ein großer zylindrischer Komplex aus ungefähr 28 Untereinheiten, die in vier Ringen zu je sieben Untereinheiten übereinandergestapelt sind und den inneren Hohlraum umgeben. Die beiden äußeren Ringe bestehen aus sieben einzelnen α-Untereinheiten und sind nicht katalytisch. Die beiden inneren Ringe bestehen aus sieben einzelnen β-Untereinheiten. Die konstitutiv exprimierten proteolytischen Untereinheiten sind **β1**, **β2** und **β5**; sie bilden die katalytische Kammer. Der 19S-Regulator enthält einen Basiskomplex aus neun Untereinheiten, der direkt an den α-Ring des 20S-Core-Partikels bindet, und einen Deckel aus bis zu zehn verschiedenen Untereinheiten. Für die Assoziation des 20S-Core-Komplexes mit den 19S-Cap-Komplexen ist ATP und die ATPase-Aktivität von vielen Cap-Untereinheiten erforderlich. Einer der 19S-Cap-Komplexe bindet Proteine und bringt sie in das Proteasom, während der andere verhindert, dass die Proteine das Proteasom vorzeitig verlassen.

Proteine werden im Cytosol vom **Ubiquitin-Proteasom-System** (UPS) für den Abbau markiert. Das beginnt mit der Anheftung einer Kette aus mehreren Ubiquitinmolekülen an das Zielprotein; diesen Vorgang bezeichnet man als **Ubiquitinierung**. Zuerst wird ein Lysinrest des Zielproteins mit dem Glycin am Carboyterminus eines Ubiquitinmoleküls chemisch verknüpft. Die Ubiquitinketten entstehen dann durch die Verknüpfung des Lysinrestes (K48) des ersten Ubiquitins mit dem carboxyterminalen Glycin des zweiten Ubiquitins und so weiter, bis schließlich vier Ubiquitinmoleküle gebunden sind. Die K48-verknüpfte Ubiquitinkette wird vom 19-Cap-Komplex des Proteasoms erkannt, der dann das markierte Protein entfaltet, sodass es in den katalytischen 20S-Core-Bereich des Proteasoms eingeführt werden kann. Dort wird die Proteinkette ohne jegliche Sequenzspezifität zu kurzen Peptiden abgebaut, die anschließend in das Cytosol freigesetzt werden. Die allgemeinen Abbaufunktionen des Proteasoms wurden in die Antigenpräsentation integriert. Die MHC-Moleküle haben sich in der Evolution so entwickelt, dass sie die Peptide verarbeiten können, die das Proteasom produziert.

Mehrere unterschiedliche Befunde deuten darauf hin, dass das Proteasom bei der Erzeugung von Peptiden für MHC-Klasse-I-Moleküle beteiligt ist. Wenn man Proteine im Experiment mit Ubiquitin markiert, werden ihre Peptide mit größerer Effizienz von MHC-Klasse-I-Molekülen präsentiert und Inhibitoren der proteolytischen Aktivität des Proteasoms hemmen die Präsentation durch MHC-Klasse-I-Moleküle. Ob das Proteasom die einzige Protease im Cytosol ist, die Peptide für den Transport in das endoplasmatische Reticulum produzieren kann, ist allerdings unbekannt.

Die konstitutiven Untereinheiten β1, β2 und β5 der katalytischen Kammer werden manchmal durch drei alternative katalytische Untereinheiten ersetzt, die von Interferonen induziert werden. Diese Untereinheiten bezeichnet man mit **β1i** (oder **LMP2**), **β2i** (oder **MECL-1**) und **β5i** (oder **LMP7**). β1i und β5i werden von den Genen *PSMB9* beziehungsweise *PSMB8* codiert. Beide liegen im MHC-Locus, während sich das *PSMB10*-Gen für β2i außerhalb des MHC-Locus befindet. Das Proteasom kann also in einer konstitutiven Form in allen Zellen vorkommen oder als **Immunproteasom** in denjenigen Zellen, die durch Interferone stimuliert wurden. MHC-Klasse-I-Proteine werden ebenfalls von Interferonen induziert. Wenn die β-Untereinheiten der katalytischen Kammer durch ihre interferoninduzierbaren Gegenstücke ersetzt werden, ändert sich die proteolytische Spezifität des Proteasoms, sodass jetzt Polypeptide vermehrt nach hydrophoben und weniger nach sauren Resten geschnitten werden. Dadurch entstehen Peptide mit carboxyterminalen Resten, die als Ankerreste bei der Bindung an die meisten MHC-Klasse-I-Moleküle (Kap. 4) und auch als Strukturen für den Transport durch TAP häufiger sind.

Teil II

Eine andere Substitution für eine $\beta$-Untereinheit der katalytischen Kammer kommt in Thymuszellen vor. Epithelzellen des **Thymuscortex (cTEC)** exprimieren die spezielle $\beta$-Untereinheit **$\beta$5t**, die von *PSMB11* codiert wird. In den cTEC-Zellen wird $\beta$5t zu einem Bestandteil des Proteasoms und assoziiert dabei mit $\beta$1i und $\beta$2i. Diese besondere Form des Proteasoms bezeichnet man als **Thymoproteasom**. Mäuse, die kein $\beta$5t exprimieren, weisen eine geringere Zahl von CD8-T-Zellen auf, was darauf hindeutet, dass die Peptid:MHC-Komplexe, die das Thymoproteasom erzeugt, für die Entwicklung der CD8-T-Zellen im Thymus von großer Bedeutung sind.

Interferon-$\gamma$ (IFN-$\gamma$) kann die Produktion von Antigenpeptiden weiter verstärken, indem es die Expression des **PA28-Proteasomaktivatorkomplexes** anregt, der dann an das Proteasom bindet. PA28 besteht aus einem sechs- oder siebengliedrigen Ring mit zwei Proteinen, PA28$\alpha$ und PA28$\beta$, deren Synthese von IFN-$\gamma$ induziert wird. Ein PA28-Ring, der anstelle des regulatorischen 19S-Cap-Komplexes jeweils an ein Ende des 20S-Core-Komplexes binden kann, erhöht die Geschwindigkeit, mit der Peptide aus dem Proteasom entlassen werden (▶ Abb. 6.6). So stehen nicht nur mehr Peptide zur Verfügung, sondern potenziell

Teil II

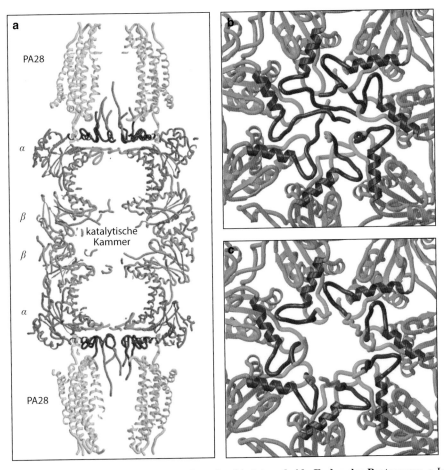

**Abb. 6.6 Der PA28-Proteasomaktivatorkomplex bindet an beide Enden des Proteasoms. a** In der Querschnittsdarstellung ist zu sehen, wie die Heptamerringe des PA28-Proteasomaktivatorkomplexes (*gelb*) mit den $\alpha$-Untereinheiten (*rosa*) an beiden Enden des Proteasom-Cores (die $\beta$-Untereinheiten, die die katalytische Höhle des Cores bilden, sind *blau* dargestellt) interagieren. Innerhalb dieser Region befindet sich der $\alpha$-Ring (*grün*), eine enge Öffnung, die normalerweise mit anderen Bereichen der $\alpha$-Untereinheiten (*rot*) gefüllt ist. **b** Stärkere Vergrößerung des $\alpha$-Ringes. **c** Aus derselben Blickrichtung: Die Bindung von PA28 an das Proteasom verändert die Konformation der $\alpha$-Untereinheiten und bewegt damit die Teile des Moleküls, die den $\alpha$-Ring blockieren; so öffnet sich das Ende des Zylinders. Zur Vereinfachung ist PA28 nicht dargestellt. (Nachgedruckt mit Genehmigung der Macmillan Publishers Ltd.: Whitby, F.G., et al.: Structural basis for the activation of 20S proteasomes by 11S regulators. *Nature* 2000, 408:115–120)

antigene Peptide entgehen auch anderen Prozessierungsmechanismen, durch die sie ihre Antigenität verlieren könnten.

Durch Translation von zelleigenen mRNAs oder mRNAs von Pathogenen im Cytosol entstehen nicht nur richtig gefaltete Proteine, sondern auch eine beträchtliche Menge – man schätzt ungefähr 30 % – von Peptiden und Proteinen, die man als **defekte ribosomale Produkte (DRiPs)** bezeichnet. Dazu gehören Peptide, die von Introns falsch gespleißter mRNAs translatiert wurden, Translationen mit Rasterverschiebungen und falsch gefaltete Proteine. Diese werden erkannt und für den schnellen Abbau durch das Proteasom mit Ubiquitin markiert. Dieser anscheinend aufwendige Prozess liefert zusätzliche Peptide und stellt sicher, dass sowohl aus Selbstproteinen als auch aus Proteinen von Pathogenen eine Vielzahl von Peptidsubstraten entsteht, die letztendlich von MHC-Klasse-I-Molekülen präsentiert werden.

### 6.1.3 Peptide werden von TAP aus dem Cytosol in das endoplasmatische Reticulum transportiert und vor der Bindung an MHC-Klasse-I-Moleküle prozessiert

Die Polypeptidketten von Proteinen, die für die Zelloberfläche bestimmt sind (etwa die beiden Ketten der MHC-Moleküle), werden während ihrer Synthese aus dem Cytosol in das Lumen des endoplasmatischen Reticulums verlagert. Dort falten sich die beiden Ketten jedes MHC-Moleküls und bauen sich zusammen, bevor das vollständige Protein zur Zelloberfläche transportiert werden kann. Das heißt, dass sich der peptidbindende Spalt des MHC-Klasse-I-Moleküls im Lumen des endoplasmatischen Reticulums bildet und nie dem Cytosol ausgesetzt wird. Die Antigenfragmente, die an MHC-Klasse-I-Moleküle binden, stammen jedoch typischerweise von viralen Proteinen im Cytosol. Es stellt sich die Frage, wie diese Peptide an MHC-Klasse-I-Moleküle binden können, um zur Zelloberfläche gebracht zu werden.

Die Antwort darauf ergab sich bei der Untersuchung von mutierten Zellen mit einem Defekt der Antigenpräsentation durch MHC-Klasse-I-Moleküle. Diese Zellen exprimierten an ihrer Oberfläche viel weniger MHC-Klasse-I-Proteine als es normalerweise der Fall ist, obwohl diese Moleküle im Cytoplasma normal synthetisiert werden. Der Defekt dieser Zellen ließ sich durch Zugabe von synthetischen Peptiden in das Kulturmedium korrigieren. Das deutet darauf hin, dass die Zufuhr dieser Peptide für die MHC-Klasse-I-Moleküle möglicherweise der limitierende Faktor ist. Eine DNA-Analyse der mutierten Zellen zeigte, dass die Ursache für diesen Phänotyp Gene sind, die Mitglieder der Proteinfamilie mit **ATP-Bindungskassetten** (*ATP-binding cassettes*, **ABCs**) codieren. ABC-Proteine vermitteln den ATP-abhängigen Transport von Ionen, Zuckern, Aminosäuren und Peptiden durch Membranen.

Den mutierten Zellen fehlten die beiden ABC-Proteine **TAP1** und **TAP2** (*transporters associated with antigen processing-1* und *-2*), die normalerweise mit der Membran des endoplasmatischen Reticulums assoziiert sind. Eine Transfektion der mutierten Zellen mit den fehlenden Genen stellte die Präsentation von Peptiden durch die MHC-Klasse-I-Moleküle der Zelle wieder her. Die beiden TAP-Proteine bilden in der Membran ein Heterodimer (▶ Abb. 6.7) und die Mutation eines der beiden *TAP*-Gene kann die Antigenpräsentation durch MHC-Klasse-I-Moleküle verhindern. Die Gene *TAP1* und *TAP2* liegen innerhalb des MHC (Abschn. 6.2.1) nahe bei den Genen *PSMB9* und *PSMB8*. *TAP1* und *TAP2* werden auf einem Grundniveau exprimiert, das sich durch Interferone erhöht, die als Reaktion auf eine Virusinfektion produziert werden, ähnlich wie bei MHC-Klasse-I-Proteinen und den Untereinheiten *β*1, *β*2 und *β*5 des Proteasoms. Diese Induktion führt zu einem verstärkten Transport von cytosolischen Peptiden in das endoplasmatische Reticulum.

Mit mikrosomalen Vesikeln aus nichtmutierten Zellen lässt sich das endoplasmatische Reticulum *in vitro* nachahmen, da sie Peptide aufnehmen, die dann an MHC-Klasse-I-

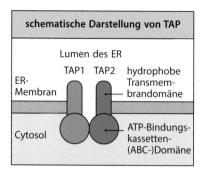

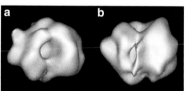

**Abb. 6.7 TAP1 und TAP2 sind Peptidtransporter im endoplasmatischen Reticulum.** *Oben*: TAP1 und TAP2 sind unterschiedliche Polypeptidketten, jeweils mit einer hydophoben und einer ATP-bindenden Domäne. Die beiden Ketten verbinden sich zu einem Heterodimer und bilden dadurch ein Transportprotein mit vier Domänen, wie es für die Familie von Transportmolekülen mit ATP-Bindungskassette charakteristisch ist. Die hydrophoben Transmembrandomänen enthalten mehrere Transmembranregionen (nicht dargestellt). Die zwei ATP-bindenden Domänen befinden sich im Cytosol der Zelle, während die hydrophoben Domänen durch die Membran in das Lumen des endoplasmatischen Reticulums (ER) ragen und einen Kanal bilden, den Peptide passieren können. *Unten*: Rekonstruktion der Struktur des TAP1:TAP2-Heterodimers anhand einer elektronenmikroskopischen Aufnahme. **a** zeigt den Blick auf die Oberfläche des TAP-Transporters im ER-Lumen; man blickt auf die Oberseite der membrandurchspannenden Domänen. **b** zeigt eine Seitenansicht des Moleküls in der Membranebene. Die ATP-bindenden Domänen bilden zwei Schleifen unter den membrandurchspannenden Domänen; die unteren Ränder dieser Schleifen sind in der Seitenansicht gerade noch am hinteren Ende zu sehen. (*Unteres Fenster* von Velarde, G., et al.: Three-dimensional structure of transporter associated with antigen processing (TAP) obtained by single particle image analysis. *J.Biol. Chem.* 2001 276:46054–46063. © ASBMB 2001)

Die schematische Darstellung von TAP zeigt:
- Lumen des ER
- TAP1, TAP2 – hydrophobe Transmembrandomäne
- ER-Membran
- Cytosol – ATP-Bindungskassetten-(ABC-)Domäne

Moleküle binden, die bereits im Lumen der Mikrosomen vorhanden sind. Im Gegensatz dazu nehmen Vesikel von TAP1- und TAP2-defizienten Zellen keine Peptide auf. Für den Peptidtransport in normale Mikrosomen ist die Hydrolyse von ATP erforderlich. Das beweist, dass der TAP1:TAP2-Komplex ein ATP-abhängiger Peptidtransporter ist. Der TAP-Komplex besitzt nur eine begrenzte Spezifität für die Peptide, die er transportiert. Er bevorzugt Peptide von 8–16 Aminosäuren mit hydrophoben oder basischen Aminosäureresten am Carboxylende, was genau den Merkmalen der Peptide entspricht, die an MHC-Klasse-I-Moleküle binden (Abschn. 4.3.5). Der TAP-Komplex schließt tendenziell Peptide mit einem Prolin in den ersten drei Aminosäureresten aus, besitzt aber keine echte Sequenzspezifität. Die Entdeckung des TAP-Transporters lieferte die Antwort auf die Frage, wie virale Proteine, die im Cytosol entstehen, in das Lumen des endoplasmatischen Reticulums gelangen, um dort an MHC-Klasse-I-Moleküle zu binden.

Peptide, die im Cytosol entstehen, werden durch zelluläre Chaperone geschützt, beispielsweise durch den TCP-1-Ringkomplex (TRiC). Viele dieser Peptide sind jedoch zu lang für eine Bindung durch MHC-Klasse-I-Moleküle. Einiges deutet darauf hin, dass die Carboxylenden von Peptidantigenen durch Spaltung im Proteasom entstehen. Die Aminoenden der Peptide, die zu lang für eine Bindung an MHC-Klasse-I-Moleküle sind, können durch ein Enzym mit der Bezeichnung **ERAAP** (*endoplasmatic reticulum aminopeptidase associated with antigen processing*; mit dem endoplasmatischen Reticulum assoziierte Aminopeptidase für die Antigenprozessierung) zurechtgeschnitten werden. Ähnlich wie andere Bestandteile des antigenprozessierenden Stoffwechselwegs wird die Expression von ERAAP durch eine IFN-$\gamma$-vermittelte Stimulation verstärkt. Bei Mäusen, denen ERAAP fehlt, werden die MHC-Klasse-I-Moleküle mit einem anderen Spektrum an Peptiden beladen. Die Beladung mit bestimmten Peptiden ist zwar nicht beeinträchtigt, wenn ERAAP fehlt, aber mit anderen Peptiden erfolgt die Beladung nicht wie sonst üblich und viele instabile und immunogene Peptide, die normalerweise hier nicht vorkommen, werden nun von MHC-Molekülen auf der Zelloberfläche präsentiert. Dadurch wirken Zellen aus ERAAP-defekten Mäusen immunogen auf T-Zellen der Wildtypmäuse. Das zeigt, dass ERAAP für das normale Peptid:MHC-Repertoire ein wichtiger Faktor ist.

## 6.1.4 Neu synthetisierte MHC-Klasse-I-Moleküle werden im endoplasmatischen Reticulum zurückgehalten, bis sie Peptide binden

Die Bindung eines Peptids ist ein wichtiger Schritt beim Zusammenbau eines stabilen MHC-Klasse-I-Moleküls. Ist der Peptidnachschub in das endoplasmatische Reticulum unterbrochen, wie es in Zellen mit Mutationen in den *TAP*-Genen der Fall ist, werden neu synthetisierte MHC-Klasse-I-Moleküle im endoplasmatischen Reticulum in einem nur teilweise gefalteten Zustand zurückgehalten. Das erklärt, warum sich bei Patienten, die aufgrund von Defekten in *TAP1* oder *TAP2* von einer seltenen Immunschwäche betroffen sind, nur wenige MHC-Klasse-I-Moleküle auf der Oberfläche der Zellen befinden. Die Krankheit wird als **MHC-Klasse-I-Defekt** bezeichnet. Die Faltung und der Zusammenbau eines vollständigen MHC-Klasse-I-Moleküls (Abb. 4.19) erfordern zunächst die Assoziation der MHC-Klasse-I-$\alpha$-Kette mit $\beta_2$-Mikroglobulin und dann mit einem Peptid; daran ist eine Reihe von Proteinen mit einer chaperonartigen Funktion beteiligt. Erst nach der Bindung an ein Peptid verlässt das MHC-Klasse-I-Molekül das endoplasmatische Reticulum und kann zur Zelloberfläche gelangen.

Neu synthetisierte MHC-Klasse-I-$\alpha$-Ketten, die in das endoplasmatische Reticulum gelangen, binden an **Calnexin**, ein allgemein vorhandenes Chaperonprotein, das das MHC-Klasse-I-Molekül in einem partiell gefalteten Zustand im endoplasmatischen Reticulum zurückhält (▶ Abb. 6.8). Calnexin verbindet sich auch mit partiell gefalteten T-Zell-Rezeptoren, Immunglobulinen und MHC-Klasse-II-Molekülen. Dieses Protein ist also für den Zusammenbau vieler wichtiger Proteine des Immunsystems von zentraler Bedeutung. Wenn $\beta_2$-Mikroglobulin an die $\alpha$-Kette bindet, dissoziiert das MHC-Klasse-I-$\alpha$:$\beta_2$-Mikroglobulin-

 Video 6.1

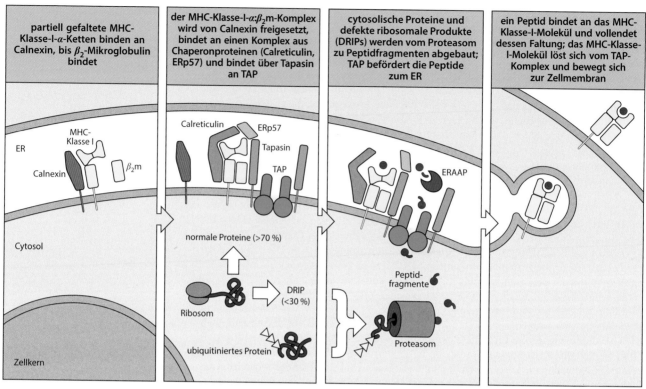

| partiell gefaltete MHC-Klasse-I-α-Ketten binden an Calnexin, bis β₂-Mikroglobulin bindet | der MHC-Klasse-I-α:β₂m-Komplex wird von Calnexin freigesetzt, bindet an einen Komplex aus Chaperonproteinen (Calreticulin, ERp57) und bindet über Tapasin an TAP | cytosolische Proteine und defekte ribosomale Produkte (DRIPs) werden vom Proteasom zu Peptidfragmenten abgebaut; TAP befördert die Peptide zum ER | ein Peptid bindet an das MHC-Klasse-I-Molekül und vollendet dessen Faltung; das MHC-Klasse-I-Molekül löst sich vom TAP-Komplex und bewegt sich zur Zellmembran |

**Abb. 6.8 MHC-Klasse-I-Moleküle verlassen das endoplasmatische Reticulum nur, wenn sie Peptide gebunden haben.** Neu synthetisierte MHC-Klasse-I-α-Ketten lagern sich im endoplasmatischen Reticulum mit dem membrangebundenen Protein Calnexin zusammen. Wenn dieser Komplex an β₂-Mikroglobulin (β₂m) bindet, löst sich das MHC-Klasse-I-α:β₂m-Dimer von Calnexin und das partiell gefaltete MHC-Klasse-I-Molekül bindet an das TAP-assoziierte Protein Tapasin. Zwei MHC:Tapasin-Komplexe können gleichzeitig an das TAP-Dimer binden. Das Chaperonmolekül ERp57, das an Tapasin bindet, und Calreticulin binden ebenfalls und bilden den MHC-Klasse-I-Peptidbeladungskomplex. Das MHC-Klasse-I-Molekül wird im endoplasmatischen Reticulum zurückgehalten, bis es durch die Bindung an ein Peptid freigesetzt wird und dabei seine Faltung vollendet. Auch wenn keine Infektion vorliegt, fließen Peptide ständig aus dem Cytosol in das ER. Defekte ribosomale Produkte (DRiPs) und Proteine, die eliminiert werden sollen und mit K48-verknüpften Ubiquitinketten (*gelbe Dreiecke*) markiert sind, werden im Cytoplasma vom Proteasom abgebaut; dabei entstehen Peptide, die von TAP in das Lumen des endoplasmatischen Reticulums transportiert werden. Einige davon binden an MHC-Klasse-I-Moleküle. Die Aminopeptidase ERAAP verkürzt die Peptide an ihren Aminoenden, sodass Peptide, die für eine Bindung an ein MHC-Klasse-I-Molekül zu lang waren, nun auch Verwendung finden, und vergrößert so das Repertoire der zu präsentierenden Peptide. Sobald ein Peptid an das MHC-Molekül gebunden ist, verlässt der Peptid:MHC-Komplex das endoplasmatische Reticulum und wird über den Golgi-Apparat zur Zelloberfläche transportiert

Heterodimer vom Calnexinmolekül. Es lagert sich dann an einen Komplex aus Proteinen an, den **Peptidbeladungskomplex** (*peptide loading complex*, **PLC**). **Calreticulin** ist eines dieser Proteine; es ähnelt Calnexin und erfüllt wahrscheinlich ebenfalls eine allgemeine Chaperonaufgabe. Eine zweite Komponente des Komplexes ist das TAP-assoziierte Protein **Tapasin**; es wird von einem Gen codiert, das auch innerhalb des MHC liegt. Tapasin bildet eine Brücke zwischen MHC-Klasse-I-Molekülen und TAP1 und TAP2 und ermöglicht dadurch dem partiell gefalteten α:β₂-Mikroglobulin-Heterodimer, auf die Ankunft eines passenden Peptids aus dem Cytosol zu warten. Ein dritter Bestandteil des Komplexes ist das Chaperonmolekül **ERp57**, eine Thioloxidoreduktase, die wahrscheinlich eine Rolle beim Lösen und Wiederherstellen der Disulfidbrücke in der MHC-Klasse-I-α₂-Domäne während der Peptidbeladung spielt (▶ Abb. 6.9). ERp57 bildet mit Tapasin ein Heterodimer, das von einer stabilen Disulfidbrücke zusammengehalten wird. Tapasin ist anscheinend ein Bestandteil des PLC-Komplexes, der für die Antigenprozessierung spezifisch ist, während Calnexin, ERp57 und Calreticulin während ihres Zusammenbaus im endoplasmatischen Reticulum an eine Reihe von Glykoproteinen binden und anscheinend zum Qualitätskontrollmecha-

**Abb. 6.9 Der MHC-Klasse-I-Peptidbeladungskomplex umfasst die Chaperone Calreticulin, ERp57 und Tapasin.** Das Modell zeigt den Peptidbeladungskomplex von der Seite (**a**) und von oben (**b**), wie er von der Oberfläche in das Lumen des endoplasmatischen Reticulums ragt. Die neu synthetisierte MHC-Klasse-I-$\alpha$-Kette und das $\beta_2$-Mikroglobulin sind als *gelbe Bänder* dargestellt, wobei die $\alpha$-Ketten des peptidbindenden Spalts des MHC-Moleküls deutlich erkennbar sind. Das MHC-Molekül und Tapasin (*türkis*) sind ist über carboxyterminale Fortsätze an der Membran des endoplasmatischen Reticulums befestigt (hier nicht dargestellt). Tapasin und ERp57 (*grün*) bilden ein Heterodimer, das von einer Disulfidbrücke zusammengehalten wird, und Tapasin steht in Kontakt mit dem MHC-Molekül und stabilisiert so die leere Konformation des peptidbindenden Spalts. Die Funktion dieser Proteine ist das Editing von Peptiden, die an das MHC-Klasse-I-Molekül gebunden haben. Calreticulin (*orange*) bindet wie Calnexin, das es ersetzt (▶ Abb. 6.8), an das einfach glucosylierte $N$-verknüpfte Glykan am Asparagin 86 des unreifen MHC-Moleküls. Die lange bewegliche P-Domäne von Calreticulin ragt etwa bis zum oberen Ende des peptidbindenden Spalts des MHC-Moleküls und tritt dort in Kontakt mit ERp57. Die Transmembranregion von Tapasin (nicht dargestellt) verbindet den PLC-Komplex mit TAP (▶ Abb. 6.8). Dadurch gelangt das leere MHC-Molekül in die Nähe von Peptiden, die aus dem Cytosol im endoplasmatischen Reticulum ankommen. (Die aus der PDB-Datei abgeleitete Struktur wurde von Karin Reinisch und Peter Cresswell zur Verfügung gestellt)

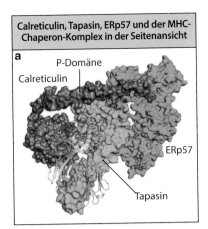

Calreticulin, Tapasin, ERp57 und der MHC-Chaperon-Komplex in der Seitenansicht

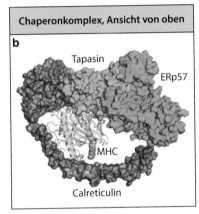

Chaperonkomplex, Ansicht von oben

nismus der Zelle gehören. TAP selbst ist die letzte Komponente des PLC und überträgt Peptide auf das teilweise gefaltete MHC-Klasse-I-Molekül.

Der PLC-Komplex hält das MHC-Klasse-I-Molekül in einem Zustand fest, der Peptide binden kann, und bewirkt den Austausch von Peptiden, die mit geringer Affinität an das MHC-Molekül gebunden haben, gegen Peptide mit höherer Affinität; diesen Vorgang bezeichnet man als **Peptid-Editing**. Das ist die Funktion des ERp57:Tapasin-Heterodimers. Zellen, denen Calreticulin oder Tapasin fehlt, zeigen Defekte beim Zusammenbau der MHC-Klasse-I-Moleküle, und die Moleküle, welche die Zelloberfläche erreichen, sind mit wenig wirksamen Peptiden von geringer Affinität verknüpft. Die Bindung eines Peptids an ein teilweise gefaltetes MHC-Klasse-I-Molekül bewirkt dessen Freisetzung aus dem PLC-Komplex. Der Peptid:MHC-Komplex verlässt das endoplasmatische Reticulum und wird zur Zelloberfläche transportiert. Die meisten Peptide, die durch TAP transportiert werden, binden nicht an MHC-Moleküle und werden schnell aus dem endoplasmatischen Reticulum entfernt. Sie werden anscheinend von **Sec61** (einen ATP-abhängigen Transportkomplex, der sich von TAP unterscheidet) in das Cytosol zurückgebracht.

Wie bereits erwähnt, müssen MHC-Klasse-I-Moleküle ein Peptid binden, damit sie vom PLC freigesetzt werden können. In Zellen ohne funktionsfähige *TAP*-Gene können die MHC-Klasse-I-Moleküle das endoplasmatische Reticulum nicht verlassen und müssen stattdessen abgebaut werden. Da sich das Ubiquitin-Proteasom-System im Cytosol befindet, müssen diese letztendlich falsch gefalteten MHC-Klasse-I-Moleküle für den Abbau irgendwie in das Cytoplasma zurücktransportiert werden. Das geschieht durch ein System von Reaktionswegen zur Qualitätskontrolle, das **ERAD-System** (ERAD für *endoplasmic reticulum-associated degradation*). Es umfasst mehrere allgemeine zelluläre Reaktionswege, die bei der Erkennung und Übergabe von falschgefalteten Proteinen an einen **Retrotranslokationskomplex** mitwirken, der Proteine entfaltet und durch die Membran des endoplasmatischen Reticulums in das Cytosol transportiert. Die Proteine werden bei diesem

**Teil II**

Vorgang ubiquitiniert und gehen so in das Ubiquitin-Proteasom-System ein, wo sie schließlich abgebaut werden. Wir wollen uns hier nicht tiefergehend mit dem ERAD-System beschäftigen, da es nicht nur beim MHC-Klasse-I-Zusammenbau oder bei der Prozessierung von Antigenen eine Rolle spielt. In Kap. 13 werden wir erfahren, wie viele pathogene Viren die ERAD-Wege nutzen, um den Zusammenbau von MHC-Klasse-I-Molekülen zu blockieren und so der Erkennung durch CD8-T-Zellen entgehen.

Bei nichtinfizierten Zellen besetzen körpereigene Peptide den peptidbindenden Spalt von reifen MHC-Klasse-I-Molekülen und werden zur Zelloberfläche transportiert. In normalen Zellen werden die MHC-Klasse-I-Moleküle eine Zeit lang im endoplasmatischen Reticulum zurückgehalten. Das deutet darauf hin, dass tatsächlich die Bindung des Peptids für die Vollendung der Faltung des MHC-Klasse-I-Moleküls und dessen weiteren Transport verantwortlich ist. Vermutlich liegen die MHC-Klasse-I-Moleküle also im Vergleich zu den Peptiden gewöhnlich im Überschuss vor. Das ist für ihre immunologische Funktion wichtig, da sie im Fall einer Infektion der Zellen für den Transport von viralen Peptiden zur Zelloberfläche sofort zur Verfügung stehen müssen.

### 6.1.5 Dendritische Zellen präsentieren exogene Proteine durch eine Kreuzpräsentation auf MHC-Klasse-I-Molekülen, um CD8-T-Zellen zu aktivieren

Der oben beschriebene Reaktionsweg zeigt, wie aus cytosolischen Proteinen Peptide hervorgehen, die im Komplex mit MHC-Klasse-I-Molekülen auf der Zelloberfläche präsentiert werden. Dieser Reaktionsweg reicht aus um sicherzustellen, dass pathogeninfizierte Zellen von cytotoxischen T-Zellen erkannt und zerstört werden. Wie aber werden diese cytotoxischen T-Zellen durch das Priming aktiviert? Unsere bisherigen Ausführungen würden es erforderlich machen, dass dendritische Zellen ebenfalls infiziert werden, damit sie den Peptid:MHC-Komplex präsentieren können, der für die Aktivierung naiver CD8-T-Zellen benötigt wird. Viele Viren zeigen jedoch einen auf bestimmte Zelltypen begrenzten **Tropismus** und nicht alle Viren infizieren dendritische Zellen. Dadurch wäre es möglich, dass die Antigene solcher Krankheitserreger niemals von dendritischen Zellen dargeboten und cytotoxische T-Zellen, die diese Antigene erkennen, niemals aktiviert würden. Es zeigt sich jedoch, dass bestimmte dendritische Zellen mit Peptiden, die nicht in ihrem eigenen Cytosol entstanden sind, Peptid:MHC-Klasse-I-Komplexe bilden können. Peptide mit extrazellulärer Herkunft – beispielsweise von Viren, Bakterien und durch Phagocytose aufgenommene absterbende Zellen, die mit bestimmten cytosolischen Pathogenen infiziert sind – können auf der Oberfläche dieser dendritischen Zellen von MHC-Klasse-I-Molekülen präsentiert werden; diesen Vorgang bezeichnet man als **Kreuzpräsentation**.

Lange Zeit bevor die Funktion der Kreuzpräsentation für das Priming von T-Zell-Antworten bekannt war, hatte man den Vorgang schon bei Nebenhistokompatibilitätsantigenen beobachtet. Dabei handelt es sich um Nicht-MHC-Genprodukte, die zwischen Mäusen mit unterschiedlicher genetischer Ausstattung starke Reaktionen hervorrufen können. Wenn Milzzellen der B10-Mäuse mit dem MHC-Typ H-2$^b$ in BALB-Mäuse mit dem MHC-Typ H-2$^{b \times d}$ (diese Mäuse exprimieren die MHC-Typen b und d) injiziert wurden, haben die BALB-Mäuse cytotoxische T-Zellen hervorgebracht, die auf Nebenhistokompatibilitätsantigene der B10-Mäuse reagierten. Einige dieser cytotoxischen T-Zellen erkannten diese Nebenantigene, die von Zellen mit dem H-2$^d$-MHC-Typ präsentiert wurden. Das bedeutete, dass diese CD8-T-Zellen *in vivo* aktiviert wurden, indem sie die B10-Nebenantigene erkannten, welche von den BALB-eigenen H-2$^d$-MHC-Molekülen präsentiert wurden. Anders ausgedrückt, mussten die Nebenhistokompatibilitätsantigene von den ursprünglichen immunisierend wirkenden B10-Zellen auf die dendritischen Zellen der BALB-Mäuse übertragen und für die MHC-Klasse-I-Präsentation prozessiert worden sein. Heute wissen wir, dass die Kreuzpräsentation durch MHC-Klasse-I-Moleküle nicht nur bei Antigenen von Geweben oder übertragenen Zellen auftritt (wie in dem oben beschriebenen ersten Experiment), sondern auch bei Antigenen von Viren und Bakterien.

Offensichtlich kommt die Fähigkeit zur Kreuzpräsentation nicht bei allen antigenpräsentierenden Zellen gleichermaßen vor. Die Kreuzpräsentation wird noch intensiv erforscht, aber anscheinend ist die Kreuzpräsentation bei bestimmten Untergruppen der dendritischen Zellen, die bei Menschen und Mäusen vorkommen, besonders effizient. Untergruppen von dendritischen Zellen lassen sich bei Menschen und Mäusen nicht mithilfe derselben Marker identifizieren, aber eine Untergruppe der dendritischen Zellen mit besonders ausgeprägter Kreuzpräsentation benötigt den Transkriptionsfaktor **BATF3** für ihre Entwicklung, und diese Zellen exprimieren als einzige den Chemokinrezeptor **XCR1**. In den lymphatischen Geweben wie etwa der Milz exprimieren die dendritischen Zellen dieser Linie das CD8$\alpha$-Molekül an ihren Oberflächen, und wandernde dendritische Zellen in den Lymphknoten, die zur Kreuzpräsentation in der Lage sind, hat man durch ihre Expression des $\alpha_E$-**Integrins** (**CD103**) identifiziert. Mäuse, die kein funktionsfähiges BATF3-Gen besitzen, verfügen auch nicht über diese Art von dendritischen Zellen und können gegen viele Viren keine normale CD8-T-Zell-Antwort hervorbringen, etwa das Herpes-simplex-Virus.

Die biochemischen Mechanismen, die die Kreuzpräsentation ermöglichen, sind weiterhin unbekannt, aber wahrscheinlich sind hier mehrere Reaktionswege beteiligt. Man weiß nicht, ob alle Proteine, die von phagocytotischen Rezeptoren festgehalten und in die Endosomen aufgenommen werden, in das Cytosol transportiert werden müssen, um dort vom Proteasom abgebaut zu werden, damit eine Kreuzpräsentation möglich ist. Es gibt Hinweise auf einen direkten Reaktionsweg, durch den der PLC-Komplex vom endoplasmatischen Reticulum in die endosomalen Kompartimente transportiert wird, sodass in den Phagosomen exogene Antigene an neu synthetisierte MHC-Klasse-I-Moleküle gebunden werden können (▶ Abb. 6.3). Ein anderer Weg der Kreuzpräsentation durch dendritische Zellen verläuft möglicherweise über die durch Interferon-$\gamma$ induzierte GTPase **IRGM3** (*immune-related GTPase family M protein 3*). IRGM3 interagiert mit dem **ADRP**-Protein (*adipose differentiation related protein*) im endoplasmatischen Reticulum und reguliert die Erzeugung von Speicherorganellen für neutrale Lipide (**Lipidgranula**), die wahrscheinlich aus Membranen des endoplasmatischen Reticulums hervorgehen. Dendritische Zellen von Mäusen, denen IRGM3 fehlt, sind einzig nicht mehr in der Lage, den CD8-T-Zellen Antigene durch Kreuzpräsentation zu präsentieren; die Antigenpräsentation durch MHC-Klasse-II-Moleküle funktioniert hingegen normal. Die Beziehungen zwischen den verschiedenen Reaktionswegen werden weiterhin aktiv erforscht.

## 6.1.6 Peptid:MHC-Klasse-II-Komplexe entstehen in angesäuerten endocytotischen Vesikeln aus Proteinen, die durch Endocytose, Phagocytose und Autophagie aufgenommen wurden

Die immunologische Funktion der MHC-Klasse-II-Moleküle besteht darin, Peptide zu binden, die in intrazellulären Vesikeln von dendritischen Zellen, Makrophagen und B-Zellen erzeugt werden, und diese Peptide den CD4-T-Zellen zu präsentieren. Das Ziel dieses Reaktionswegs ist bei den einzelnen Zelltypen unterschiedlich. Dendritische Zellen dienen vor allem dazu, CD4-T-Zellen zu aktivieren, während Makrophagen und B-Zellen von diesen CD4-T-Zellen auf verschiedene Weise unterstützt werden. So können sich beispielsweise in den intrazellulären Vesikeln der Makrophagen verschiedene Arten von Mikroorganismen vermehren, etwa das parasitisch lebende Protozoon *Leishmania* und die Mycobakterien, die Lepra und Tuberkulose hervorrufen. Da diese Krankheitserreger in membranumschlossenen Vesikeln leben, sind die Proteine dieser Mikroorganismen normalerweise für die Proteasomen im Cytosol nicht zugänglich. Stattdessen werden die Pathogene nach Aktivierung des Makrophagen durch intravesikuläre Proteasen zu Peptidfragmenten abgebaut, die wiederum an MHC-Klasse-II-Moleküle binden können. Diese durchqueren das vesikuläre Kompartiment auf ihrem Weg zum endoplasmatischen Reticulum. Wie alle Membranproteine gelangen auch MHC-Klasse-II-Moleküle zuerst in die Membran des endoplasmatischen Reticulums und werden dann als Bestandteil von Membranvesikeln weitertransportiert. Diese wiederum lösen sich vom endoplasmatischen Reti-

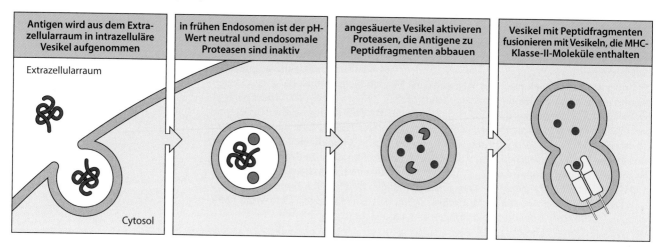

| Antigen wird aus dem Extra-zellularraum in intrazelluläre Vesikel aufgenommen | in frühen Endosomen ist der pH-Wert neutral und endosomale Proteasen sind inaktiv | angesäuerte Vesikel aktivieren Proteasen, die Antigene zu Peptidfragmenten abbauen | Vesikel mit Peptidfragmenten fusionieren mit Vesikeln, die MHC-Klasse-II-Moleküle enthalten |

Extrazellularraum

Cytosol

**Abb. 6.10 Peptide, die an MHC-Klasse-II-Moleküle binden, werden in angesäuerten Endosomen gebildet.** In dem hier dargestellten Fall wurden die extrazellulären fremden Antigene wie Bakterien oder bakterielle Antigene von antigenpräsentierenden Zellen wie Makrophagen oder unreifen dendritischen Zellen aufgenommen. In anderen Fällen stammt das Peptidantigen von Bakterien oder Parasiten, die in die Zelle eingedrungen sind, um sich in intrazellulären Vesikeln zu vermehren. In beiden Fällen ist die Prozessierung des Antigens gleich. Der pH-Wert der Endosomen mit den aufgenommenen Pathogenen sinkt immer weiter ab, sodass letztlich Proteasen aktiviert werden, die sich in den Vesikeln befinden und anschließend das Material abbauen. An irgendeinem Punkt auf ihrem Weg zur Zelloberfläche gelangen neu synthetisierte MHC-Klasse-II-Moleküle in solche angesäuerten Endosomen und binden Peptidfragmente des Antigens. Danach transportieren sie die Peptide zur Zelloberfläche

culum ab und gelangen zu intrazellulären Vesikeln, die aufgenommene Antigene enthalten. Dort werden aus Peptiden und MHC-Klasse-II-Molekülen Komplexe gebildet. Diese gelangen zur Zelloberfläche, wo sie von CD4-T-Zellen erkannt werden.

Die Prozessierung von Antigenen für MHC-Klasse-II-Moleküle beginnt, sobald extrazelluläre Pathogene und Proteine in endocytotische Vesikel aufgenommen werden (▶ Abb. 6.10). Proteine, die an Immunglobuline auf der Oberfläche von B-Zellen binden und durch rezeptorvermittelte Endocytose in die Zellen gelangen, werden auf diese Weise prozessiert. Material in Form größerer Partikel, etwa Überreste von toten Zellen, werden vor allem von Makrophagen und dendritischen Zellen durch Phagocytose aufgenommen. Lösliche Proteine, beispielsweise sezernierte Toxine, werden durch Makropinocytose aufgenommen. Proteine, die durch Endocytose in Zellen gelangen, werden in Endosomen aufgenommen, die immer stärker angesäuert werden, bis sie schließlich mit den Lysosomen fusionieren. Endosomen und Lysosomen enthalten saure Proteasen, die durch einen niedrigen pH-Wert aktiviert werden und schließlich die in den Vesikeln enthaltenen Proteinantigene abbauen.

Substanzen wie Chloroquin, die den pH-Wert von Vesikeln erhöhen und sie damit weniger sauer machen, hemmen die Präsentation von intravesikulären Antigenen, die auf die beschriebene Weise in die Zelle gelangen. Das deutet darauf hin, dass saure Proteasen für die Prozessierung von aufgenommenen Antigenen verantwortlich sind. Zu ihnen gehören die Cysteinproteasen (Proteasen mit einem Cystein im aktiven Zentrum) Cathepsin B, D und S sowie Cathepsin L, das aktivste der Enzyme. Die Prozessierung von Antigenen lässt sich zu einem gewissen Grad *in vitro* nachahmen, wenn man Proteine mit diesen Enzymen bei saurem pH-Wert spaltet. Cathepsin S und L dürften die wichtigsten Proteasen sein, die an der Prozessierung von vesikulären Antigenen beteiligt sind. Mäuse, denen Cathepsin B oder Cathepsin D fehlt, verarbeiten Antigene normal, während Mäuse ohne Cathepsin S in dieser Hinsicht beeinträchtigt sind, etwa bei der Kreuzpräsentation. Die Asparaginendopeptidase (AEP), eine Cysteinprotease, die Proteine nach Asparaginresten schneidet, spielt bei der Prozessierung bestimmter Antigene eine wichtige Rolle, etwa beim Tetanustoxin für die MHC-Klasse-II-Präsentation, ist aber nicht für alle Proteine erforderlich, die Asparaginreste in der Nähe von relevanten Epitopen enthalten. Das Gesamtrepertoire an Peptiden, die innerhalb des vesikulären Stoffwechselwegs gebildet werden, dürfte die Summe der

Aktivitäten der vielen Proteasen in den Endosomen und Lysosomen widerspiegeln. Disulfidbrücken, insbesondere intramolekulare Disulfidbrücken, tragen zum Denaturierungsprozess bei und erleichtern die Proteolyse in den Endosomen. Dort ist das Enzym **IFN-$\gamma$-induzierte lysosomale Thiolreduktase (GILT)** aktiv, dessen Funktion darin besteht, bei der Antigenprozessierung Disulfidbrücken zu lösen und neu zu verknüpfen. Die Aktivitäten der verschiedenen endosomalen Proteasen sind zu einem großen Teil redundant und unspezifisch, wobei sie die Regionen der Polypeptide angreifen, die durch Denaturierung und vorherige Abbauschritte für eine Proteolyse zugänglich geworden sind. Die während des gesamten Endocytosewegs erzeugten Peptide unterscheiden sich in ihren Sequenzen und in der Häufigkeit ihres Auftretens. So können MHC-Klasse-II-Moleküle viele verschiedene Peptide aus diesen Kompartimenten binden und präsentieren.

Ein bedeutender Teil der Peptide, die an MHC-Klasse-II-Moleküle gebunden sind, stammt von häufigen Proteinen wie Actin und Ubiquitin, die im Cytosol vorkommen. Der wahrscheinlichste Mechanismus, durch den cytosolische Proteine zur MHC-Klasse-II-Präsentation aufbereitet werden, ist der normale Stoffwechselweg des Proteinumsatzes, die **Autophagie**, bei der geschädigte Organellen und cytosolische Proteine in Lysosomen befördert und dort abgebaut werden. Dadurch können die Peptide mit MHC-Klasse-II-Molekülen interagieren, die in den Membranen der Lysosomen vorhanden sind. Die so entstehenden Peptid:MHC-Klasse-II-Komplexe werden über endolysosomale Tubuli (▶ Abb. 6.4) zur Zelloberfläche transportiert. Autophagie ist ein konstitutiver Prozess, kann jedoch durch Stresszustände verstärkt werden, etwa bei Nährstoffmangel, wenn die Zelle intrazelluläre Proteine zur Bereitstellung von Energie abbaut. Im Rahmen der **Mikroautophagie** wird durch lyosomale Einstülpungen ständig Cytosol in das vesikuläre System aufgenommen; während der **Makroautophagie** dagegen, die durch Nährstoffmangel induziert wird, nimmt ein Autophagosom, das von einer Doppelmembran umgeben ist, Cytosol auf und fusioniert mit Lysosomen. Ein dritter Autophagieweg verwendet das Hitzeschockprotein 70 (Hsc70) und das lysosomen-assoziierte Membranprotein 2 (LAMP-2) zum Transport cytosolischer Proteine in Lysosomen. Autophagie ist nachweislich bei der Prozessierung des nucleären Antigens 1 aus dem Epstein-Barr-Virus (EBNA-1) zur Präsentation auf MHC-Klasse-II-Molekülen beteiligt.

## 6.1.7 Die invariante Kette dirigiert neu synthetisierte MHC-Klasse-II-Moleküle zu angesäuerten intrazellulären Vesikeln

Der Biosyntheseweg der MHC-Klasse-II-Moleküle beginnt mit der Translokation in das endoplasmatische Reticulum. Darum muss verhindert werden, dass sie vor ihrer Reifung an Peptide, die in das Lumen des endoplasmatischen Reticulums gelangen oder an neu synthetisierte zelleigene Polypeptide binden. Da das endoplasmatische Reticulum zahlreiche ungefaltete und partiell gefaltete Polypeptidketten enthält, ist ein allgemeiner Mechanismus erforderlich, der deren Bindung an den offenen peptidbindenden Spalt des MHC-Klasse-II-Moleküls verhindert. Die vorzeitige Bindung von Peptiden wird dadurch verhindert, dass neu synthetisierte MHC-Klasse-II-Moleküle mit einem Membranprotein zusammengebaut werden, das man als MHC-Klasse-II-assoziierte **invariante Kette (Ii, CD74)** bezeichnet. Ii ist ein Typ-II-Membranglykoprotein, dessen Aminoterminus im Cytosol liegt und dessen Transmembrandomäne die Membran des endoplasmatischen Reticulums durchspannt (▶ Abb. 6.11). Die übrigen Regionen des Proteins und sein Carboxyterminus liegen im endoplasmatischen Reticulum. Ii enthält eine spezielle zylinderförmige Domäne, welche die Bildung stabiler Ii-Trimere ermöglicht. In der Nähe dieser Domäne enthält Ii das **CLIP**-Peptidfragment (CLIP für *class II-associated invariant chain peptide*, Klasse-II-assoziiertes Peptid der invarianten Kette), mit der jede Ii-Untereinheit des Trimers nichtkovalent an ein MHC-Klasse-II-$\alpha{:}\beta$-Heterodimer bindet. Jede Ii-Untereinheit bindet so an das MHC-Klasse-II-Molekül, dass die CLIP-Sequenz im peptidbindenden Spalt liegt. Auf diese Weise ist der Spalt blockiert und die Anlagerung von Peptiden oder partiell gefalteten Proteinen wird verhindert. Der peptidbindende Spalt eines MHC-Klasse-II-Moleküls ist im Vergleich zur Bindungsstelle eines MHC-Klasse-I-Moleküls relativ offen, sodass

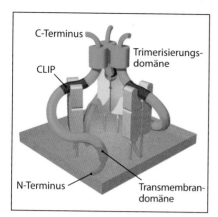
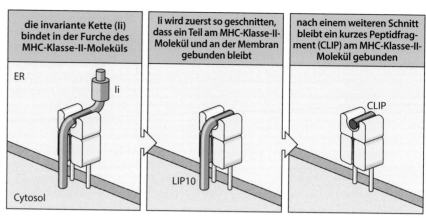

**Abb. 6.11 Nach der Spaltung der invarianten Kette bleibt das CLIP-Peptidfragment am MHC-Klasse-II-Molekül gebunden.** *Links* ein Modell der trimeren invarianten Kette im Komplex mit einem MHC-Klasse-II-$\alpha$:$\beta$-Heterodimer. Der CLIP-Teil ist *violett*, die übrige invariante Kette *grün*, MHC-Klasse-II-Moleküle sind *gelb* dargestellt (*linkes Bild* und *erstes der drei folgenden Bilder*). Im endoplasmatischen Reticulum bindet die invariante Kette (Ii) an das MHC-Klasse-II-Molekül, wobei der CLIP-Teil seiner Polypeptidkette im peptidbindenden Spalt liegt. Nach Überführung in ein angesäuertes Vesikel wird die invariante Kette direkt an einer Seite des MHC-Klasse-II-Moleküls geschnitten (*mittleres Bild*), und zwar zunächst durch Nichtcysteinproteasen, sodass von Ii das leupeptininduzierte Peptid LIP22 (nicht dargestellt) übrigbleibt. Durch den Schnitt einer Cysteinprotease entsteht schließlich das dargestellte LIP10-Fragment. Dieses enthält noch die membrandurchspannenden und cytoplasmatischen Segmente mit den Signalen, welche die Ii:MHC-Klasse-II-Komplexe zum endosomalen Pfad lenken. Nach der darauffolgenden Abspaltung von LIP10 (*rechtes Bild*) bleibt nur noch ein kurzes Peptid am MHC-Klasse-II-Molekül gebunden. Dieses Peptid ist das CLIP-Fragment. (Modellstruktur mit freundlicher Genehmigung von P. Cresswell)

MHC-Klasse-II-Moleküle die CLIP-Region von Ii leichter in die Bindungsfurche aufnehmen können. Während dieser Komplex im endoplasmatischen Reticulum zusammengesetzt wird, sind die einzelnen Komponenten mit Calnexin assoziiert. Erst wenn sich der vollständige Komplex aus neun Ketten – drei Ii-Ketten, drei $\alpha$-Ketten und drei $\beta$-Ketten – gebildet hat, wird die Verbindung mit Calnexin gelöst, damit der Komplex aus dem endoplasmatischen Reticulum hinaustransportiert werden kann. In diesem Komplex aus neun Ketten kann das MHC-Klasse-II-Molekül keine Peptide oder entfalteten Proteine binden; Peptide aus dem endoplasmatischen Reticulum werden also normalerweise nicht von MHC-Klasse-II-Molekülen präsentiert. Darüber hinaus gibt es Hinweise, dass bei einem Fehlen der invarianten Ketten viele MHC-Klasse-II-Moleküle als Komplexe mit falsch gefalteten Proteinen im endoplasmatischen Reticulum zurückgehalten werden.

Die Bewegung der Membranproteine wird von cytosolischen Signalstrukturen (*sorting tags*) reguliert. In dieser Hinsicht besitzt die invariante Kette eine zweite Funktion, die darin besteht, den Transport von MHC-Klasse-II-Molekülen aus dem endoplasmatischen Reticulum zu einem endosomalen Kompartiment mit einem niedrigen pH-Wert zu dirigieren, wo die Beladung mit Peptid stattfindet. Dort wird der Komplex aus MHC-Klasse-II-$\alpha$:$\beta$-Heterodimeren und dem Trimer der invarianten Kette zwei bis vier Stunden lang festgehalten (▸ Abb. 6.11). Während dieser Zeit wird das Ii-Molekül von sauren Proteasen gespalten, wodurch die Trimerisierungsdomäne entfernt wird. Dabei entsteht **LIP22**, ein verkürztes Ii-Fragment mit 22 kDa. Dieses wird von Cysteinproteasen weiter zum **LIP10**-Fragment gespalten, das am MHC-Klasse-II-Molekül gebunden bleibt und das Molekül so im proteolytischen Kompartiment festhält. Ein weiterer Schnitt in LIP10 löst das MHC-Molekül vom membranassoziierten Fragment von Ii, wobei das CLIP-Fragment noch am MHC-Klasse-II-Molekül gebunden bleibt. Diese Spaltung erfolgt in den meisten MHC-Klasse-II-positiven Zellen durch Cathepsin S, in den Thymusepithelzellen jedoch durch Cathepsin L. MHC-Klasse-II-Moleküle, die mit dem CLIP-Fragment assoziiert sind, können immer noch keine anderen Peptide binden. Da CLIP jedoch keine Ii-codierten Signale trägt, die den Komplex im endocytotischen Kompartiment zurückhalten, kann der Komplex zur Zelloberfläche gelangen.

Das CLIP-Fragment muss entweder dissoziieren oder verdrängt werden, damit die Bindung von Peptiden möglich wird. Neu synthetisierte MHC-Klasse-II-Moleküle gelangen in Vesikeln, von denen die meisten irgendwo mit hinzukommenden Endosomen fusionieren, zur Zelloberfläche. Einige Ii:MHC-Klasse-II-Komplexe werden jedoch erst zur Zelloberfläche transportiert und anschließend wieder in Endosomen aufgenommen. In beiden Fällen gelangen Ii:MHC-Klasse-II-Komplexe in den endosomalen Abbauweg, wo sie auf zelleigene Peptide treffen, die entweder aus aufgenommenen Pathogenen oder zelleigenen Proteinen stammen, und diese binden. Zuerst hat man angenommen, dass antigenpräsentierende Zellen spezialisierte endosomale Kompartimente enthalten. Eines davon ist ein in der frühen Phase auftretendes Kompartiment, das man als **MHC-Klasse-II-Vesikel** (CIIV) bezeichnet hat. Das andere tritt während einer späten Phase des endosomalen Abbauwegs auf und enthält Ii- und MHC-Klasse-II-Moleküle; es wurde mit **MHC-Klasse-II-Kompartiment** (MIIC, *MHC II compartment*; ▶ Abb. 6.12) bezeichnet. Nach heutiger Vorstellung kommen MHC-Klasse-II-Moleküle in vielen allgemeinen endocytotischen Kompartimenten vor, beispielsweise in den Lysosomen, um den Austausch von CLIP mit einer maximalen Anzahl von Peptiden zu ermöglichen. MHC-Klasse-II-Moleküle, die nach der Freisetzung des CLIP-Fragments kein Peptid binden, sind nach der Fusion mit Lysosomen im sauren Milieu instabil und werden schnell abgebaut.

## 6.1.8 Die spezialisierten MHC-Klasse-II-ähnlichen Moleküle HLA-DM und HLA-DO regulieren den Austausch des CLIP-Fragments mit anderen Peptiden

Da der MHC-Klasse-II:CLIP-Komplex nicht zur Zelloberfläche gelangen kann, wenn CLIP nicht durch ein anderes Peptid ersetzt wird, verfügen antigenpräsentierende Zellen über einen Mechanismus, der einen effektiven Austausch von CLIP gegen andere Peptide ermöglicht. Diesen Prozess hat man bei Untersuchungen an mutierten B-Zell-Linien des Menschen mit einem Defekt in der Antigenpräsentation entdeckt. Die MHC-Klasse-II-Moleküle dieser mutierten Zelllinien bauen sich korrekt mit der Ii-Kette zusammen und folgen anscheinend dem normalen vesikulären Abbauweg. Sie können jedoch keine Peptide aus aufgenommenen Proteinen binden und erscheinen häufig mit dem noch gebundenen CLIP-Fragment auf der Zelloberfläche. Der Defekt bei diesen Zellen liegt in einem MHC-Klasse-II-ähnlichen Molekül, das man beim Menschen als **HLA-DM** und bei Mäusen als H-2DM bezeichnet. Die *HLA-DM*-Gene (Abschn. 6.2.1) liegen in der Nähe der *TAP*- und *PSMB8/9*-Gene in der MHC-Klasse-II-Region (▶ Abb. 6.16); sie codieren eine $\alpha$- und eine $\beta$-Kette, die den Ketten anderer MHC-Klasse-II-Moleküle sehr ähnlich sind. Das HLA-DM-Molekül kommt nicht auf der Zelloberfläche vor, sondern tritt vor allem im MHC-Kompartiment auf, das auch die Ii-Kette und MHC-Klasse-II-Moleküle enthält. HLA-DM bindet an leere MHC-Klasse-II-Moleküle und stabilisiert sie; außerdem katalysiert es die Freisetzung des CLIP-Fragments und ermöglicht so die Bindung anderer Peptide an das leere MHC-Klasse-II-Molekül (▶ Abb. 6.13). Das HLA-DM-Molekül selbst enthält keinen Spalt, wie er in anderen MHC-Klasse-II-Molekülen vorkommt, und bindet keine Peptide. Stattdessen bindet HLA-DM an die $\alpha$-Kette des MHC-Klasse-II-Moleküls nahe der Basis des peptidbindenden Spalts (▶ Abb. 6.14). Durch diese Bindung verändert sich die Struktur des MHC-Klasse-II-Moleküls und dieser Teil des peptidbindenden Spalts verbleibt in einer teilweise offenen Konfiguration (▶ Abb. 6.14, viertes Bild). Auf diese Weise katalysiert HLA-DM die Freisetzung von CLIP und anderen instabil gebundenen Peptiden von MHC-Klasse-II-Molekülen.

Wenn eine Mischung von Peptiden vorliegt, die an MHC-Klasse-II-Moleküle binden können, geht HLA-DM ständig Bindungen mit neu gebildeten Peptid:MHC-Klasse-II-Komplexen ein und ermöglicht so die Dissoziation schwach gebundener Peptide, die durch andere Peptide ersetzt werden können. Antigene, die von MHC-Klasse-II-Molekülen präsentiert werden, müssen möglicherweise einige Tage lang auf der Zelloberfläche antigenpräsentierender Zellen bleiben, bevor sie auf T-Zellen treffen, die sie erkennen können. Die Fähigkeit von HLA-DM, instabil gebundene Peptide zu entfernen, manchmal als Peptid-Editing (Abschn. 6.1.4) bezeichnet, stellt sicher, dass die Peptid:MHC-Klasse-II-Komplexe

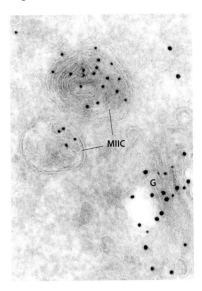

**Abb. 6.12 MHC-Klasse-II-Moleküle werden in einem endosomalen Kompartiment der späten Phase (MIIC) mit Peptid beladen.** MHC-Klasse-II-Moleküle werden vom Golgi-Apparat (in dieser elektronenmikroskopischen Aufnahme eines Ultradünnschnitts einer B-Zelle als G bezeichnet) mithilfe spezieller intrazellulärer Vesikel namens MIIC (MHC-Klasse-II-Kompartiment) zur Zelloberfläche transportiert. Diese Kompartimente haben eine komplexe Morphologie aus internen Vesikeln und Membranschichten. Antikörper, die mit Goldpartikeln unterschiedlicher Größe markiert sind, zeigen das Vorhandensein von MHC-Klasse-II-Molekülen (*kleine dunkle Punkte*) und der invarianten Kette (*große dunkle Punkte*) im Golgi-Apparat, aber nur MHC-Klasse-II-Moleküle sind im MIIC nachzuweisen. Man geht davon aus, dass dieses Kompartiment ein Endosom der späten Phase ist, das heißt ein Kompartiment des endocytotischen Systems mit saurem Milieu (pH 4,5–5), in dem die Spaltung der invarianten Kette und die Beladung mit Peptid erfolgen. Vergrößerung × 135.000. (Mit freundlicher Genehmigung von H. J. Geuze)

Teil II

Teil II

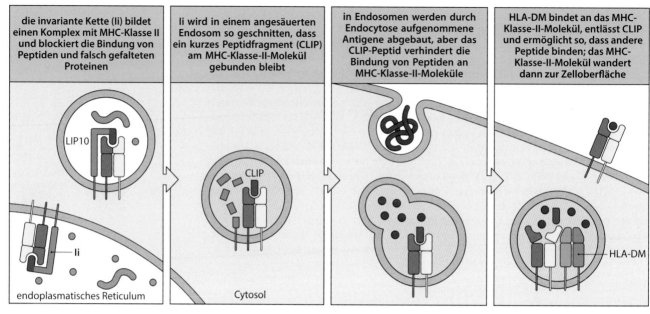

| die invariante Kette (Ii) bildet einen Komplex mit MHC-Klasse II und blockiert die Bindung von Peptiden und falsch gefalteten Proteinen | Ii wird in einem angesäuerten Endosom so geschnitten, dass ein kurzes Peptidfragment (CLIP) am MHC-Klasse-II-Molekül gebunden bleibt | in Endosomen werden durch Endocytose aufgenommene Antigene abgebaut, aber das CLIP-Peptid verhindert die Bindung von Peptiden an MHC-Klasse-II-Moleküle | HLA-DM bindet an das MHC-Klasse-II-Molekül, entlässt CLIP und ermöglicht so, dass andere Peptide binden; das MHC-Klasse-II-Molekül wandert dann zur Zelloberfläche |

**Abb. 6.13 HLA-DM erleichtert die Beladung von MHC-Klasse-II-Molekülen mit antigenen Peptiden.** *Erstes Bild*: Die invariante Kette (Ii) bindet an neu synthetisierte MHC-Klasse-II-Moleküle und blockiert die Bindung von Peptiden im endoplasmatischen Reticulum und während des Transports von MHC-Klasse-II-Molekülen in angesäuerte Endosomen. *Zweites Bild*: In Endosomen der späten Phase spalten Proteasen die invariante Kette und hinterlassen das CLIP-Peptid am MHC-Klasse-II-Molekül. *Drittes Bild*: Pathogene und ihre Proteine werden in angesäuerten Endosomen zu Peptiden abgebaut, aber diese Peptide können nicht an MHC-Klasse-II-Moleküle binden, die von CLIP besetzt sind. *Viertes Bild*: Das MHC-Klasse-II-ähnliche Molekül HLA-DM bindet an MHC-Klasse-II:CLIP-Komplexe und katalysiert damit die Freisetzung von CLIP und die Bindung antigener Peptide

| HLA-DM ist an HLA-DR gebunden | HLA-DM ist an HLA-DO gebunden | HLA-DR bindet ein Peptid | HLA-DM ist an HLA-DR gebunden |

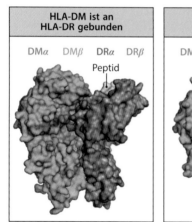

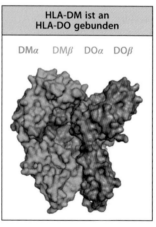

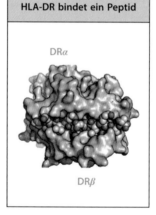

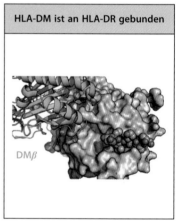

**Abb. 6.14 HLA-DM und HLA-DO regulieren die Beladung von MHC-Klasse-II-Molekülen mit Peptiden.** *Erstes Bild*: Das HLA-DM-Dimer, das aus einer α- (*grün*) und einer β-Kette (*türkis*) besteht, bindet an das HLA-DR-MHC-Klasse-II-Molekül (*Seitenansicht*). HLA-DM tritt mit dem MHC-Molekül nahe dem peptidbindenden Spalt in Wechselwirkung, etwa dort, wo sich der Aminoterminus eines Peptids befinden würde. *Zweites Bild*: HLA-DO bindet an HLA-DM in einer ähnlichen Konfiguration wie HLA-DR und blockiert so die Peptid-Editing-Aktivität von HLA-DM. *Drittes Bild*: Blick von oben auf HLA-DR mit dem daran gebundenen Peptid ohne HLA-DM. *Viertes Bild*: Blick von oben auf HLA-DR mit daran gebundenem HLA-DM. Das aminoterminale Ende des peptidbindenden Spaltes ist geöffnet, enthält aber kein Peptid, sodass es zu einem Peptidaustausch kommen kann

auf der Oberfläche der antigenpräsentierenden Zellen ausreichend lange existieren, um die entsprechenden CD4-Zellen zu stimulieren. Während dieses Vorgangs kann es vorkommen, dass manche Peptide zuerst in einer längeren Form gebunden werden, die dann von Exopeptidasen am Aminoterminus verkürzt werden, wodurch die Anzahl der Peptide, die für eine Bindung infrage kommen, noch mehr steigt.

Ein zweites atypisches MHC-Klasse-II-Molekül ist **HLA-DO** (H-2O bei Mäusen), das in Thymusepithelzellen, B-Zellen und dendritischen Zellen gebildet wird. Dieses Molekül ist ein Heterodimer aus der HLA-DO$\alpha$- und der HLA-DO$\beta$-Kette. HLA-DO kommt nur in intrazellulären Vesikeln vor, nicht auf der Zelloberfläche, und es bindet anscheinend keine Peptide. HLA-DO agiert stattdessen als negativer Regulator von HLA-DM, wobei es auf die gleiche Weise an HLA-DM bindet wie die MHC-Klasse-II-Moleküle ($\blacktriangleright$ Abb. 6.14), und es muss an HLA-DM gebunden sein, um das endoplasmatische Reticulum verlassen zu können. Wenn das DM-DO-Dimer ein angesäuertes endocytotisches Kompartiment erreicht, dissoziiert HLA-DO anscheinend langsam von HLA-DM. Dieses ist dann frei, um an MHC-Klasse-II-Molekülen das Peptid-Editing zu katalysieren. Außerdem verstärkt IFN-$\gamma$ die Expression von HLA-DM, nicht jedoch von der HLA-DO$\beta$-Kette. Im Laufe von Entzündungsreaktionen kann das von T-Zellen und NK-Zellen produzierte IFN-$\gamma$ die Expression von HLA-DM steigern und so die inhibitorischen Wirkungen von HLA-DO überwinden. Warum HLA-DO auf diese Weise exprimiert wird, erscheint weiterhin seltsam. Ein Defekt von HLA-DO führt bei Mäusen nicht zu einer erheblichen Veränderung der adaptiven Immunität, aber mit zunehmendem Alter kommt es zu einer spontanen Produktion von Autoantikörpern. Da die Thymusepithelzellen an der Selektion von sich entwickelnden CD4-T-Zellen beteiligt sind, beeinflusst HLA-DO vielleicht das Repertoire der körpereigenen Peptide, mit denen diese Zellen in verschiedenen Stadien in Kontakt kommen (Kap. 8).

Die Funktion von HLA-DM beim Peptid-Editing ähnelt der Funktion von Tapasin, die Bindung von Peptiden durch MHC-Klasse-I-Moleküle zu ermöglichen. HLA-DM vermittelt dabei den Peptidaustausch und treibt die Assoziation von hochaffinen Peptiden voran. Anscheinend haben sich spezialisierte Mechanismen zur Überführung von Peptiden in der Evolution gemeinsam mit den MHC-Molekülen entwickelt. Wahrscheinlich ist auch, dass Krankheitserreger Strategien entwickelt haben, die das Beladen von MHC-Klasse-II-Molekülen mit Peptiden verhindern, genauso wie Viren Wege gefunden haben, die Antigenprozessierung und -präsentation durch MHC-Klasse-I-Moleküle zu stören. Wir werden dieses Thema in Kap. 13 erneut aufgreifen, wenn wir die Mechanismen besprechen, mit denen Krankheitserreger dem Immunsystem entkommen können.

Das Peptid-Editing durch HLA-DM und die Beseitigung von instabilen MHC-Molekülen besitzen eine bedeutsame Wächterfunktion. Um das Vorhandensein von intrazellulären Krankheitserregern anzeigen zu können, muss der Peptid:MHC-Komplex auf der Zelloberfläche stabil sein. Würde der Komplex zu leicht dissoziieren, könnten die infizierten Zellen seiner Entdeckung entgehen, und würden Peptide zu leicht von anderen Zellen übernommen, könnten gesunde Zellen fälschlicherweise für die Vernichtung markiert werden. Die feste Bindung der Peptide an MHC-Moleküle verringert die Wahrscheinlichkeit für solche unerwünschten Effekte. MHC-Klasse-I-Moleküle präsentieren Peptide, die größtenteils aus cytosolischen Proteinen stammen. Deshalb ist es von Bedeutung, dass die Dissoziation eines Peptids von einem MHC-Molekül auf der Zelloberfläche nicht dazu führt, dass ein extrazelluläres Peptid an die leere Peptidbindungsstelle bindet. Vorteilhaft ist dabei, dass ein MHC-Molekül auf der Oberfläche einer lebenden Zelle beim Verlust des Peptids seine Konformation ändert. Dadurch dissoziiert das $\beta_2$-Mikrogobulin, und die $\alpha$-Kette wird in die Zelle aufgenommen und schnell abgebaut. Deshalb werden die meisten leeren MHC-Moleküle rasch entfernt und es wird so zu einem großen Teil verhindert, dass sie Peptide direkt aus der umgebenden extrazellulären Flüssigkeit aufnehmen. Das trägt dazu bei sicherzustellen, dass T-Zellen nach dem Priming infizierte Zellen angreifen, während sie gesunde Zellen in ihrer Umgebung verschonen.

Leere MHC-Klasse-II-Moleküle werden ebenfalls von der Zelloberfläche entfernt. Bei neutralem pH-Wert sind MHC-Klasse-II-Moleküle zwar stabiler als MHC-Klasse-I-Moleküle, aber sie lagern sich leicht zusammen und die Aufnahme solcher Aggregate in die Zelle ist wahrscheinlich die Ursache für ihr Verschwinden. Darüber hinaus ist die Wahrscheinlichkeit, dass ein MHC-Klasse-II-Molekül sein Peptid verliert, dann am größten, wenn die Moleküle während des normalen Membranrecyclings die angesäuerten Endosomen passieren. Bei einem sauren pH-Wert können MHC-Klasse-II-Moleküle Peptide binden, die in den Vesikeln vorhanden sind. MHC-Moleküle, die kein Peptid binden, werden jedoch rasch beseitigt.

Anscheinend kommt es jedoch manchmal vor, dass extrazelluläre Peptide an MHC-Moleküle auf der Zelloberfläche binden, da die Zugabe von Peptiden zu lebenden oder sogar chemisch fixierten Zellen *in vitro* zur Bildung von Peptid:MHC-Komplexen führen kann. Diese werden von T-Zellen erkannt, die für diese Peptide spezifisch sind. Dies ließ sich für viele Peptide, die an MHC-Klasse-II- und -Klasse-I-Moleküle binden, einfach zeigen. Ob sich dieser Effekt auf das Vorhandensein leerer MHC-Proteine auf den Zellen oder auf einen Peptidaustausch zurückführen lässt, ist allerdings noch unklar. Dennoch ist es möglich und wird vielfach als Methode angewendet, um T-Zellen mit synthetischen Peptiden zu beladen, wenn man ihre Spezifität untersucht.

### 6.1.9 In dendritischen Zellen kommt es nach ihrer Aktivierung zum Abbruch der Antigenprozessierung, wenn die Expression der MARCH-1-E3-Ligase abnimmt

Dendritische Zellen, die noch nicht durch eine Infektion aktiviert wurden, überwachen aktiv die Antigene in ihrer direkten Umgebung, etwa durch Makropinocytose von löslichen Proteinen. Aus diesen Proteinen abgeleitete Peptide werden ständig prozessiert und für die Präsentation auf der Oberfläche von MHC-Klasse-II-Molekülen gebunden. Darüber hinaus werden Peptid:MHC-Komplexe ebenso kontinuierlich von der Oberfläche wieder entfernt und durch Ubiquitinierung und Abbau im Proteasom beseitigt. MHC-Klasse-II-Moleküle enthalten im cytoplasmatischen Schwanz der $\beta$-Kette einen konservierten Lysinrest. Dieses Lysin ist das Angriffsziel der **E3-Ligase** (Abschn. 3.1.7), die man auch als **membranassoziiertes Ringfingerprotein (C3HC4) 1** oder **MARCH-1** bezeichnet. MARCH-1 wird von B-Zellen, dendritischen Zellen und Makrophagen exprimiert – von B-Zellen konstitutiv, von den übrigen nach Induktion durch IL-10. Das Protein befindet sich in der Membran eines endosomalen Recyclingkompartiments, wo es den cytoplasmatischen Bereich von MHC-Klasse-II-Molekülen ubiquitiniert, sodass diese letztendlich in den Lysosomen abgebaut werden. Dadurch wird auch das Expressionsgleichgewicht der MHC-Klasse-II-Moleküle reguliert (▸ Abb. 6.15).

Der MARCH-1-Reaktionsweg wird während einer Infektion abgeschaltet, wodurch die Stabilität der Peptid:MHC-Komplexe erhöht wird. Dendritische Zellen, die Antigene an Infektionsherden aufnehmen, müssen zuerst zu einem lokalen Lymphknoten wandern, wo sie naive T-Zellen aktivieren, was viele Stunden andauern kann. Da das ständige Recycling die Lebensdauer der Peptid:MHC-Komplexe auf der Zelloberfläche begrenzt, können aus Pathogenen abgeleitete Peptid:MHC-Komplexe während dieser Wanderung verloren gehen und so die Aktivierung von T-Zellen verhindern. Eine solche Situation wird vermieden, da die Expression von MARCH-1 bei der Aktivierung der dendritischen Zellen abgeschaltet wird. Das kann direkt durch angeborene Sensoren für Pathogene geschehen, etwa indem TLR-Signale in dendritischen Zellen die Menge an MARCH-1-mRNA schnell verringern. Das MARCH-1-Protein hat nur eine Halbwertszeit von etwa 30 min, sodass sich auf der Oberfläche von aktivierten dendritischen Zellen bald Peptid:MHC-Komplexe ansammeln, die zum Zeitpunkt des Kontakts mit den Krankheitserregern erzeugt wurden.

Neben der Regulation der MHC-Klasse-II-Expression in dendritischen Zellen reguliert MARCH-1 auf ähnliche Weise, das heißt durch Ubiquitinierung, auch die Expression des costimulierenden Moleküls **CD86** (oder **B7.2**) (Abschn. 1.3.8). Das bedeutet, dass dendritische Zellen bei der Ankunft in Lymphknoten Peptide präsentieren, die von den Pathogenen stammen, von denen sie aktiviert wurden. Außerdem weisen diese Zellen einen höheren CD86-Spiegel auf, wovon wiederum Signale für eine stärkere Aktivierung von CD4-T-Zellen ausgehen. Wie wir jedoch in Kap. 13 erfahren werden, ziehen pathogene Viren durchaus Vorteile aus diesem Stoffwechselweg, indem sie MARCH-1-ähnliche Pro-

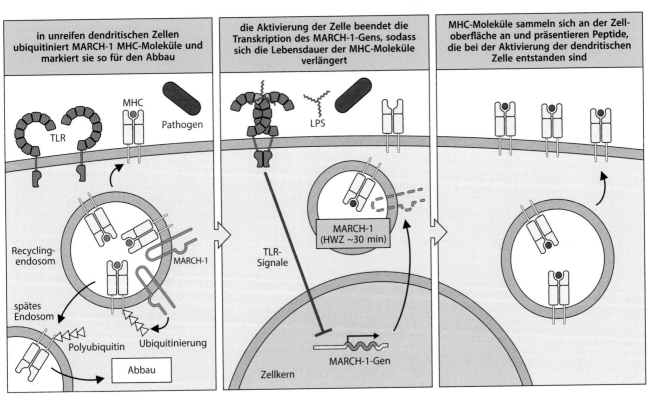

in unreifen dendritischen Zellen ubiquitiniert MARCH-1 MHC-Moleküle und markiert sie so für den Abbau

die Aktivierung der Zelle beendet die Transkription des MARCH-1-Gens, sodass sich die Lebensdauer der MHC-Moleküle verlängert

MHC-Moleküle sammeln sich an der Zelloberfläche an und präsentieren Peptide, die bei der Aktivierung der dendritischen Zelle entstanden sind

**Abb. 6.15 Die Aktivierung von dendritischen Zellen führt dazu, dass die Stärke der MARCH-1-Expression verringert wird, sodass die Lebensdauer von MHC-Molekülen zunimmt.** Vor der Aktivierung durch die angeborene Immunerkennung von Krankheitserregern exprimieren dendritische Zellen die membranassoziierte E3-Ligase MARCH-1, die im Recyclingkompartiment angesiedelt ist. Das Enzym befestigt hier K48-verknüpfte Polyubiquitinketten an der $\beta$-Kette von MHC-Klasse-II-Molekülen. Das führt dazu, dass die MHC-Moleküle das Recyclingkompartiment verlassen und schließlich abgebaut werden. So werden die Halbwertszeit und die Menge der exprimierten MHC-Moleküle auf der Zelloberfläche verringert. Signale von Sensoren des angeborenen Immunsystems, beispielsweise von TLR-4, verringern die Menge der MARCH-1-mRNA. Da so die Halbwertszeit von MARCH-1 verkürzt wird, können sich MHC-Moleküle auf der Zelloberfläche ansammeln. Da die Signale des angeborenen Immunsystems auch die Ansäuerung der endocytotischen Kompartimente auslösen und Caspasen aktivieren, die an der Prozessierung von Antigenen mitwirken, tragen die MHC-Moleküle, die sich auf der Zelloberfläche ansammeln, Peptide der Pathogene, die während der Aktivierung der angeborenen Immunität von dendritischen Zellen aufgenommen wurden

teine produzieren, um MHC-Klasse-II-Moleküle herunter zu regulieren, sodass die Viren der adaptiven Immunität entkommen.

### Zusammenfassung

Der von einem T-Zell-Rezeptor erkannte Ligand ist ein Peptid, das an ein MHC-Molekül gebunden ist. MHC-Klasse-I- und -Klasse-II-Moleküle nehmen an verschiedenen Stellen in der Zelle Peptide auf und aktivieren entweder CD8- oder CD4-T-Zellen. Cytotoxische CD8-T-Zellen erkennen dadurch infizierte Zellen, die Peptide von Viren präsentieren, wenn sie sich im Cytosol vermehren. CD8-T-Zellen sind darauf spezialisiert, alle Zellen zu töten, die fremde Antigene präsentieren. MHC-Klasse-I-Moleküle werden im endoplasmatischen Reticulum synthetisiert und binden auch dort ihre Peptide. Die an MHC-Klasse-I-Moleküle gebundenen Peptide stammen aus Proteinen, die vom Proteasom im Cytosol abgebaut werden. Die Peptide werden durch das heterodimere ATP-bindende Protein TAP in das endoplasmatische Reticulum transportiert, von der Aminopeptidase ERAAP weiter prozessiert und schließlich an MHC-Klasse-I-Moleküle gebunden. MHC-Moleküle müssen Peptide binden, um von den Chaperonen im endoplasmatischen Reticulum freigesetzt zu werden und zur Zelloberfläche gelangen zu können. Bestimmte Untergruppen der dendritischen Zellen können aus exogenen Proteinen Peptide erzeugen und MHC-Klasse-I-Moleküle damit beladen. Eine derartige Kreuzpräsentation von Antigenen stellt sicher, dass CD8-T-Zellen von Krankheitserregern aktiviert werden können, die antigenpräsentierende Zellen nicht direkt infizieren.

MHC-Klasse-II-Moleküle binden ihre Peptidliganden nicht im endoplasmatischen Reticulum, da die invariante Kette (Ii) zuerst CLIP im peptidbindenden Spalt platziert. Durch die Assoziation mit der Ii-Kette werden die MHC-Klasse-II-Moleküle in ein angesäuertes endosomales Kompartiment dirigiert. Dort wird die invariante Kette durch aktive Proteasen gespalten, und HLA-DM unterstützt die Dissoziation von CLIP, sodass sich die MHC-Moleküle nun mit Peptiden verbinden können. Diese stammen aus Proteinen, die in die vesikulären Kompartimente von Makrophagen, dendritischen Zellen oder B-Zellen gelangt sind. Durch den Vorgang der Autophagie gelangen auch cytosolische Proteine in das vesikuläre System und können so von MHC-Klasse-II-Molekülen präsentiert werden. Die CD4-T-Zellen, die Peptid:MHC-Klasse-II-Komplexe erkennen, besitzen verschiedene spezialisierte Effektoraktivitäten. Untergruppen der CD4-T-Zellen aktivieren Makrophagen, die intravesikulären Krankheitserreger im Zellinneren zu töten, sie unterstützen B-Zellen dabei, Immunglobuline gegen fremde Moleküle freizusetzen, und regulieren Immunantworten.

## 6.2 Der Haupthistokompatibilitätskomplex und seine Funktionen

Die Aufgabe der MHC-Moleküle besteht darin, von Pathogenen stammende Peptidfragmente zu binden und diese Fragmente auf der Zelloberfläche zu präsentieren, damit sie von geeigneten T-Zellen erkannt werden. Die Folgen einer solchen Präsentation sind für das Pathogen fast immer fatal: Virusinfizierte Zellen werden getötet, Makrophagen werden aktiviert, Bakterien in ihren intrazellulären Vesikeln abzutöten; außerdem beginnen B-Zellen mit der Produktion von Antikörpern, die extrazelluläre Pathogene eliminieren oder neutralisieren können. Es besteht also ein starker Selektionsdruck, der Pathogene begünstigt, die so mutiert sind, dass sie der Präsentation durch ein MHC-Molekül entgehen.

Zwei separate Mechanismen des Haupthistokompatibilitätskomplexes (MHC) machen es für Krankheitserreger schwierig, den Immunreaktionen zu entkommen. Erstens ist der MHC **polygen** – es gibt mehrere MHC-Klasse-I- und -Klasse-II-Gene, sodass jedes Individuum über eine Gruppe von MHC-Molekülen mit unterschiedlichen Peptidbindungsspezifitäten verfügt. Zweitens ist der MHC sehr **polymorph** – es gibt für jedes Gen innerhalb der Population mehrere Allele. Die MHC-Gene sind die Gene mit dem höchsten bekannten Grad an Polymorphismus. In diesem Teil des Kapitels werden wir die Organisation der Gene im MHC besprechen und erläutern, wie die Variabilität bei MHC-Molekülen entsteht. Wir werden auch sehen, wie sich die Phänomene Polygenie und Polymorphismus darauf auswirken, welches Spektrum an Peptiden gebunden werden kann, und so dazu beitragen, dass das Immunsystem auf eine Vielzahl von unterschiedlichen und sich schnell weiterentwickelnden Pathogenen reagieren kann.

### 6.2.1 Gene im MHC codieren viele Proteine, die an der Prozessierung und Präsentation von Antigenen beteiligt sind

Der Haupthistokompatibilitätskomplex (MHC) liegt beim Menschen auf Chromosom 6 und bei Mäusen auf Chromosom 17; er erstreckt sich über einen DNA-Bereich von mindestens vier Millionen Basenpaaren (bp). Beim Menschen enthält er über 200 Gene. Da man laufend neue Gene innerhalb des MHC und in seiner direkten Umgebung identifiziert, ist es noch nicht möglich, den exakten Umfang dieser genetischen Region abzuschätzen; neueste Untersuchungen sprechen von einem Umfang von bis zu sieben Millionen Basenpaaren. Die Gene, die die $\alpha$-Ketten der MHC-Klasse-I-Moleküle und die $\alpha$- und $\beta$-Kette von MHC-

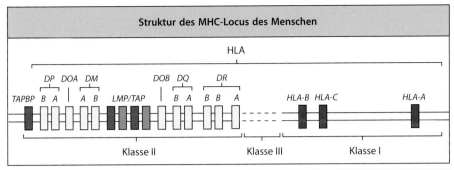

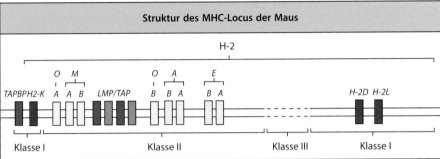

**Abb. 6.16 Die genetische Organisation des Haupthistokompatibilitätskomplexes (MHC) des Menschen und der Maus.** Dargestellt ist der Aufbau der MHC-Gene bei Menschen, bei denen der MHC mit HLA bezeichnet wird und auf Chromosom 6 liegt, und Mäusen, bei denen der MHC mit H-2 bezeichnet wird und auf Chromosom 17 liegt. Die Organisation ist bei beiden Arten ähnlich. Es gibt getrennte Regionen mit Klasse-I-Genen (*rot*) und Klasse-II-Genen (*gelb*). Allerdings ist bei der Maus das Klasse-I-Gen *H-2K* im Vergleich zum humanen MHC transloziert worden, sodass die Klasse-I-Region bei Mäusen zweigeteilt ist. Beide Arten besitzen drei Hauptgene der Klasse I, die bei Menschen mit *HLA-A*, *-B* und *-C* und bei Mäusen mit *H-2K*, *-2D* und *-2L* bezeichnet werden. Jedes codiert die α-Kette des entsprechenden MHC-Klasse-I-Proteins (HLA-A, HLA-B usw.). Das Gen für das $\beta_2$-Mikroglobulin liegt, obwohl es einen Teil des MHC-Klasse-I-Moleküls codiert, auf einem anderen Chromosom, beim Menschen auf Chromosom 15 und bei der Maus auf Chromosom 2. In der Klasse-II-Region liegen die Gene für die α- und β-Kette (mit *A* beziehungsweise *B* bezeichnet) der antigenpräsentierenden MHC-Klasse-II-Moleküle HLA-DR, -DP, und -DQ (H-2A und E bei der Maus). Ebenfalls in der MHC-Klasse-II-Region liegen die Gene für den TAP1:TAP2-Peptidtransporter, die *LMP*-Gene, die Untereinheiten des Proteasoms codieren, die Gene für die DMα- und DMβ-Ketten (*DMA* und *DMB*), die Gene für das DO-Molekül (*DOA* beziehungsweise *DOB*) und das Gen für Tapasin (*TAPBP*). Die sogenannten Klasse-III-Gene codieren verschiedene andere Proteine mit Immunfunktionen (▶ Abb. 6.17)

Klasse-II-Molekülen codieren, sind in diesem Komplex gekoppelt. Die Gene für das $\beta_2$-Mikroglobulin und die invariante Kette liegen auf anderen Chromosomen (bei Menschen auf Chromosom 15 beziehungsweise 5, bei Mäusen auf Chromosom 2 beziehungsweise 18). ▶ Abb. 6.16 zeigt die allgemeine Organisation der MHC-Klasse-I- und -Klasse-II-Gene des Menschen und der Maus. Beim Menschen bezeichnet man diese Gene als **HLA**-Gene (*human leukocyte antigen genes*), da man sie aufgrund von Unterschieden in den Antigenen auf weißen Blutzellen bei verschiedenen Individuen entdeckt hat. Bei der Maus bezeichnet man sie als **H-2**-Gene (H für Histokompatibilität). Die MHC-Klasse-II-Gene der Maus wurden ursprünglich als Gene identifiziert, die festlegen, ob es zur Immunreaktion auf ein bestimmtes Antigen kommt, und man nannte sie daher zunächst **Ir**-Gene (*immune response genes*). Man bezeichnete die MHC-Klasse-II-A- und -E-Gene der Maus daher früher als *I-A* und *I-E*, was aber nicht mit der Bezeichnung der MHC-Klasse-I-Gene verwechselt werden darf. Diese Namen werden jedoch nicht mehr verwendet.

Menschen haben drei Gene für die α-Kette der Klasse I, die *HLA-A*, *-B* und *-C* genannt werden. Es gibt auch drei Paare von Genen für die α- und die β-Kette der Klasse II, genannt *HLA-DR*, *-DP* und *-DQ*. Der *HLA-DR*-Cluster enthält jedoch bei vielen Menschen ein zusätzliches Gen für eine β-Kette, dessen Produkt sich an die DRα-Kette anlagern kann. Das bedeutet, dass aus den drei Gensätzen vier Typen der MHC-Klasse-II-Moleküle ent-

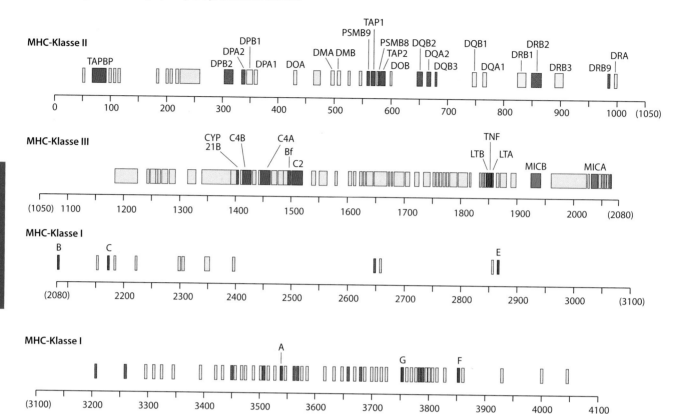

**Abb. 6.17 Detaillierte Karte der humanen MHC-Region.** Dargestellt ist die Organisation der Klasse-I-, Klasse-II- und Klasse-III-Regionen des humanen MHC mit den ungefähren genetischen Abständen in kbp (Kilobasenpaaren). Die meisten Gene in der Klasse-I- und der Klasse-II-Region werden im Text erwähnt. Die zusätzlichen Gene in der Klasse-I-Region (zum Beispiel E, F, und G) sind Klasse-I-artige Gene, die Klasse-Ib-Moleküle codieren. Die zusätzlichen Klasse-II-Gene sind Pseudogene. Die Gene in der Klasse-III-Region codieren die Komplementproteine C4 (zwei Gene, C4A und C4B), C2 und Faktor B (Bf) sowie Gene, welche die Cytokine Tumornekrosefaktor $\alpha$ (TNF-$\alpha$) und Lymphotoxin (LTA und LTB) codieren. Eng gekoppelt mit den C4-Genen sind die Gene, welche die 21-Hydroxylase codieren (CYP 21B), ein Enzym, das an der Steroidsynthese beteiligt ist. Proteincodierende Gene mit immunologisch wichtigen Funktionen, die im Text erwähnt werden, sind hier durch Farben gekennzeichnet. MHC-Klasse-I-Gene sind *rot* dargestellt, die MIC-Gene jedoch *blau*; sie unterscheiden sich von den anderen Klasse-I-ähnlichen Genen und ihre Transkription wird anders gesteuert. Die immunologisch relevanten MHC-Klasse-II-Gene sind *gelb* dargestellt. Gene innerhalb der MHC-Region, die Funktionen im Immunsystem haben, aber nicht mit den MHC-Klasse-I- oder -Klasse-II-Genen verwandt sind, sind *violett* gekennzeichnet. Mit Genen der Immunfunktionen verwandte Pseudogene sind *dunkelgrau* dargestellt. Gene ohne Bezeichnung, die auch nicht mit den Immunfunktionen zusammenhängen, sind *hellgrau* markiert

stehen können. Alle MHC-Klasse-I- und -Klasse-II-Moleküle können T-Zellen Antigene präsentieren. Da jedes von ihnen ein anderes Spektrum von Peptiden bindet (Abschn. 4.3.4 und 4.3.5), bedeutet das Vorhandensein mehrerer Gene für jede MHC-Klasse, dass jedes Individuum eine viel größere Bandbreite verschiedener Peptide präsentieren kann, als wenn nur ein MHC-Protein jeder Klasse auf der Zelloberfläche exprimiert würde.

▶ Abb. 6.17 zeigt eine genauere Karte des humanen MHC-Locus. Viele Gene innerhalb dieses Locus sind an der Verarbeitung und Präsentation von Antigenen beteiligt oder haben eine andere Funktion im Zusammenhang mit der angeborenen oder erworbenen Immunität. Die beiden *TAP*-Gene liegen in der MHC-Klasse-II-Region in der Nähe der Gene *PSMB8* und *PSMB9*. Das Gen für Tapasin (*TAPBP*) liegt dagegen an dem Rand des MHC, der dem Centromer am nächsten ist (▶ Abb. 6.17). Die genetische Kopplung der MHC-Klasse-I-Gene, deren Produkte cytosolische Peptide zur Zelloberfläche befördern, mit den Genen für Tapasin (*TAP*) und das Proteasom (*PSMB* oder *LMP*), deren Produkte diese Peptide im

Cytosol erzeugen und sie in das endoplasmatische Reticulum transportieren, lässt vermuten, dass der gesamte Komplex der Haupthistokompatibilitätsgene während der Evolution auf die Prozessierung und Präsentation von Antigenen hin selektiert wurde.

Werden Zellen mit Interferon IFN-$\alpha$, -$\beta$ oder -$\gamma$ behandelt, steigert sich außerdem die Transkription der MHC-Klasse-I-$\alpha$-Kette, des $\beta_2$-Mikroglobulins sowie der Proteasom-, Tapasin- und der *TAP*-Gene beträchtlich. Interferone werden bei Virusinfektionen frühzeitig als Teil der angeborenen Immunantwort (Kap. 3) produziert. Die Verstärkung der MHC-Expression, die sie hervorrufen, steigert die Fähigkeit von Zellen, virale Proteine zu prozessieren und die entstandenen Peptide auf der Zelloberfläche zu präsentieren (mit Ausnahme der roten Blutkörperchen). Bei den dendritischen Zellen trägt dies dazu bei, entsprechende T-Zellen zu aktivieren und die adaptive Immunantwort einzuleiten. Die koordinierte Steuerung der Gene, die diese Komponenten codieren, wird möglicherweise dadurch erleichtert, dass viele von ihnen im MHC gekoppelt sind.

Die Gene *DMA* und *DMB* codieren die Untereinheiten des HLA-DM-Moleküls, das die Bindung von Peptiden an MHC-Klasse-II-Moleküle katalysiert; sie sind zweifellos mit den MHC-Klasse-II-Genen verwandt. Das gilt auch für die Gene *DOA* und *DOB*, welche die Untereinheiten des regulatorischen HLA-DO-Moleküls codieren. Die Expression der klassischen MHC-Klasse-II-Proteine wird zusammen mit dem Gen für die invariante Kette und den Genen für DM$\alpha$, DM$\beta$ und DO$\alpha$, aber nicht für DO$\beta$, durch **IFN-$\gamma$** koordiniert erhöht, das von aktivierten $T_H1$-Zellen und von aktivierten CD8-T- und NK-Zellen gebildet wird. Diese Art der Regulation ermöglicht es den dendritischen Zellen und Makrophagen, die Synthese der Moleküle herauf zu regulieren, die an der Prozessierung und Präsentation intravesikulärer Antigene beteiligt sind, sobald den T- und NK-Zellen Antigene präsentiert werden. IFN-$\gamma$ induziert im Gegensatz zu IFN-$\alpha$ oder -$\beta$ die Expression all dieser Gene dadurch, dass es die Synthese des **MHC-Klasse-II-Transaktivators (CIITA)** auslöst. CIITA fungiert als positiver Coaktivator der Transkription von MHC-Klasse-II-Genen. Ein Fehlen von CIITA verursacht einen schweren Immundefekt, da keine MHC-Klasse-II-Moleküle gebildet werden (**MHC-Klasse-II-Defekt**). Schließlich enthält der MHC-Locus viele „nichtklassische" MHC-Gene. Diese werden so bezeichnet, weil sie zwar in ihrer Struktur den MHC-Klasse-I-Genen ähneln, ihre Produkte aber den konventionellen $\alpha$:$\beta$-T-Zellen keine Peptide präsentieren. Viele dieser Gene bezeichnet man heute als MHC-Klasse-Ib-Gene und ihre Proteinprodukte besitzen eine Reihe verschiedener Funktionen, die wir nach den konventionellen MHC-Genen in Abschn. 6.3.1 besprechen werden.

## 6.2.2 Die Proteinprodukte von MHC-Klasse-I- und -Klasse-II-Genen sind hoch polymorph

Wegen der Polygenie des MHC exprimiert jeder Mensch mindestens drei verschiedene MHC-Klasse-I-Moleküle und drei (oder manchmal vier) MHC-Klasse-II-Moleküle auf seinen Zellen. Tatsächlich jedoch ist die Zahl der verschiedenen MHC-Moleküle, die von den meisten Menschen exprimiert werden, aufgrund des extremen Polymorphismus des MHC noch größer (▶ Abb. 6.18).

Die Bezeichnung **Polymorphismus** leitet sich ab von den griechischen Wörtern *poly* für viele und *morph* für Gestalt oder Struktur. Hier bedeutet es die Variabilität an einem einzelnen Genlocus und bei dessen Produkten innerhalb einer Spezies. Die individuellen Genvarianten an einem Locus nennt man **Allele**. Manche MHC-Klasse-I- und -Klasse-II-Gene haben über 1000 Allele, das ist weit mehr als die Anzahl der Allele anderer Gene innerhalb des MHC-Locus. Jedes MHC-Klasse-I- und -Klasse-II-Allel ist in der Bevölkerung relativ häufig vorhanden. Deshalb ist die Wahrscheinlichkeit gering, dass der entsprechende MHC-Locus auf beiden homologen Chromosomen einer Person das gleiche Allel trägt. Das heißt, die meisten Menschen sind für die Gene der MHC-Klasse-I- und -Klasse-II-Moleküle **heterozygot**. Die spezielle Kombination von MHC-Allelen auf einem bestimmten Chromosom bezeichnet man als **MHC-Haplotyp**. Die Produkte beider Allele

Teil II

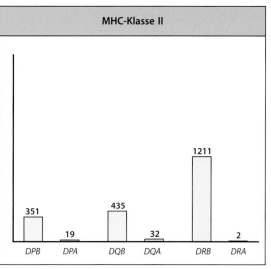

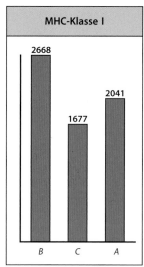

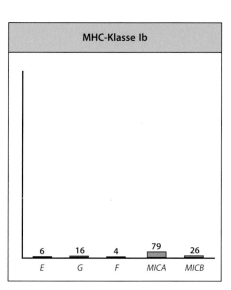

Abb. 6.18 Die humanen MHC-Gene sind hoch polymorph. Mit der bemerkenswerten Ausnahme des monomorphen DRα-Locus besitzt jeder Locus viele Allele. Die Anzahl der funktionsfähigen Proteine ist geringer als die Gesamtzahl der Allele. Die Anzahl verschiedener HLA-Proteine ist in dieser Abbildung durch die Höhe der Balken angegeben und entspricht den Zahlen, die vom *WHO Nomenclature Committee for Factors of the HLA-System* im Januar 2010 offiziell festgelegt wurden

werden in der Zelle gleichermaßen exprimiert und beide können T-Zellen Antigene präsentieren. Die Expression der MHC-Allele ist also **codominant**. Die Anzahl der bis jetzt entdeckten MHC-Allele, die kein funktionsfähiges Protein codieren, ist bemerkenswert gering. Der ausgeprägte Polymorphismus an jedem Locus kann die Zahl verschiedener MHC-Moleküle, die von einem Individuum exprimiert werden, verdoppeln. Dadurch erhöht sich die Vielfalt, die bereits aufgrund der Polygenie besteht, noch weiter (▶ Abb. 6.19).

Da die meisten Individuen heterozygot sind, erhalten deren Nachkommen eine von vier möglichen Kombinationen der elterlichen MHC-Haplotypen. So können sich selbst Geschwister in den MHC-Allelen unterscheiden, die sie exprimieren. Die Wahrscheinlichkeit, dass bei einem Individuum beide Haplotypen mit einem Geschwister übereinstimmen, beträgt eins zu vier. Dadurch ist es selbst unter Geschwistern schwierig, geeignete Spender für eine Gewebetransplantation zu finden.

| Polymorphismus | Polygenie | Polymorphismus und Polygenie |
|---|---|---|
| 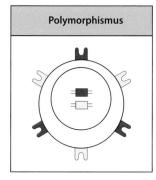 | 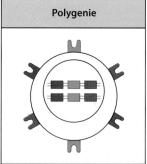 | 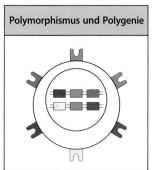 |

Abb. 6.19 Polymorphismus und Polygenie tragen zur Vielfalt der MHC-Moleküle bei, die ein Individuum exprimiert. Die klassischen MHC-Gene sind hoch polymorph; dadurch kommt in der Gesamtbevölkerung eine große Vielfalt der Expression von MHC-Genen zustande. Unabhängig davon, wie polymorph die Gene sind, kann jedoch kein Individuum mehr als zwei Allele eines bestimmten Locus exprimieren. Polygenie, das heißt das Vorkommen mehrerer verschiedener verwandter Gene mit ähnlichen Funktionen, stellt sicher, dass jedes Individuum eine Reihe unterschiedlicher MHC-Moleküle synthetisiert. Die Kombination aus Polymorphismus und Polygenie bringt die Vielfalt an MHC-Molekülen hervor, wie man sie sowohl innerhalb eines Individuums als auch in der Population vorfindet

Alle MHC-Klasse-I-und -Klasse-II-Proteine sind mehr oder weniger polymorph, mit Ausnahme der DRα-Kette und der homologen Eα-Kette der Maus. Diese variieren zwischen verschiedenen Individuen nicht in ihrer Sequenz und sind damit **monomorph**. Das weist möglicherweise auf eine funktionelle Einschränkung hin, die eine Variabilität der DRα- und Eα-Proteine verhindert. Bis jetzt hat man jedoch noch keine derartige Funktion gefunden. Viele Mäuse, domestizierte und freilebende, besitzen eine Mutation im Eα-Gen, welche die Synthese des Eα-Proteins verhindert, sodass ihnen das Zelloberflächenmolekül H-2E fehlt. Dessen Funktion ist also höchstwahrscheinlich nicht essenziell.

Die Polymorphismen der einzelnen MHC-Gene unterlagen anscheinend im Lauf der Evolution einem starken Selektionsdruck. Es gibt mehrere genetische Mechanismen, die zum Entstehen neuer Allele beitragen. Einige entstehen durch Punktmutationen, andere durch Genkonversion. Im letzteren Fall wird eine Gensequenz zumindest teilweise durch Sequenzen eines anderen Gens ersetzt (▶ Abb. 6.20). Die Auswirkungen des Selektionsdrucks in Richtung Polymorphismus sind am Muster der Punktmutationen in den MHC-Genen ablesbar. Punktmutationen lassen sich einteilen in Substitutionsmutationen, bei denen sich eine Aminosäure ändert, und stumme Mutationen, bei denen sich zwar das Codon ändert, die Aminosäure aber gleich bleibt. In MHC-Genen kommen Substitutionsmutationen im Vergleich zu stummen Mutationen häufiger vor als erwartet; das weist darauf hin, dass in der Evolution eine Selektion Richtung Polymorphismus erfolgt(e).

## 6.2.3 Der MHC-Polymorphismus beeinflusst die Antigenerkennung durch T-Zellen über die Regulation der Peptidbindung und der Kontakte zwischen T-Zell-Rezeptor und MHC-Molekül

In den nächsten Abschnitten beschreiben wir, inwiefern Immunreaktionen vom MHC-Polymorphismus profitieren und wie ein pathogenvermittelter Selektionsdruck für die große Anzahl von MHC-Allelen gesorgt haben kann. Die Produkte einzelner MHC-Allele, die man häufig als **Isoformen** der Proteine bezeichnet, können sich in bis zu 20 Aminosäuren voneinander unterscheiden. Jede Proteinvariante ist daher einzigartig. Die meisten dieser Unterschiede befinden sich auf der exponierten Oberfläche der extrazellulären Domäne, die weit von der Membran entfernt liegt, und vor allem im peptidbindenden Spalt (▶ Abb. 6.21).

Wir haben gesehen, dass Peptide über bestimmte Verankerungsreste innerhalb der peptidbindenden Taschen an MHC-Klasse-I-Moleküle binden (Abschn. 4.3.5 und 4.3.6). Der Polymorphismus der MHC-Klasse-I-Moleküle betrifft oft die Aminosäuren, die diese Taschen auskleiden, und damit die Bindungsspezifität der Taschen. Als Folge davon differieren die Verankerungsreste von Peptiden, die an unterschiedliche Isoformen binden. Die Gruppe von Verankerungsresten, welche die Bindung an eine bestimmte MHC-Klasse-I- oder -Klasse-II-Isoform erlauben, nennt man **Sequenzmotiv**. Dieses macht es möglich, Peptide innerhalb eines Proteins zu identifizieren, die sich potenziell an ein bestimmtes MHC-Molekül anlagern können (▶ Abb. 6.22). Sequenzmotive könnten damit bei der Entwicklung von Peptidimpfstoffen eine sehr wichtige Rolle spielen, wie sich in Kap. 16 zeigen wird, wo wir die neuesten Fortschritte in der Immuntherapie gegen Krebs besprechen.

In seltenen Fällen ergibt die Prozessierung eines Proteins keine Peptide mit einem geeigneten Motiv für die Bindung an irgendeines der MHC-Moleküle, die auf den Zellen eines Lebewesens exprimiert werden. Dieses Individuum kann nicht auf das Antigen reagieren. Über solche Störungen der Immunantwort wurde zuerst bei Inzuchttieren berichtet. Man bezeichnete sie als Defekte in Genen der Immunantwort (Ir-Gene, *immune response genes*). Lange bevor man die Struktur und die Funktion der MHC-Moleküle kannte, ließen sich diese Defekte Genen im MHC zuordnen; sie waren der erste Hinweis auf die antigenpräsentierende Funktion von MHC-Molekülen. Man weiß inzwischen, dass Defekte in Ir-Genen bei Inzuchtstämmen von Mäusen häufig sind, da die Mäuse an allen ihren MHC-Loci homozygot sind. Das schränkt das Spektrum von Peptiden ein, die sie den T-Zellen präsentieren können. Normalerweise sorgt der Polymorphismus der MHC-Moleküle für

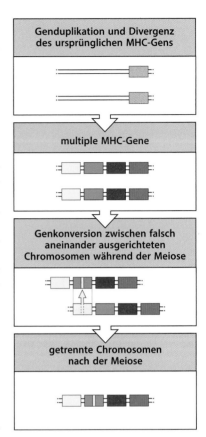

**Teil II**

**Genduplikation und Divergenz des ursprünglichen MHC-Gens**

**multiple MHC-Gene**

**Genkonversion zwischen falsch aneinander ausgerichteten Chromosomen während der Meiose**

**getrennte Chromosomen nach der Meiose**

**Abb. 6.20 Eine Genkonversion kann durch Sequenzübertragung von einem MHC-Gen auf ein anderes neue Allele hervorbringen.** Zahlreiche MHC-Gene mit allgemein ähnlicher Struktur sind in der Evolution durch Duplikation eines unbekannten MHC-Ur-Gens (*grau*) und anschließender genetischer Divergenz entstanden. Ein weiterer Austausch zwischen diesen Genen findet durch einen Prozess statt, den man als Genkonversion bezeichnet und bei dem Sequenzen des einen Gens auf ein anderes, ähnliches Gen übertragen werden. Für diesen Vorgang müssen die beiden Gene während der Meiose nebeneinanderliegen. Das kann Folge einer nicht korrekten Anlagerung von homologen Chromosomen sein, wenn viele Kopien ähnlicher Gene hintereinander angeordnet sind – so als ob ein Knopf im falschen Knopfloch steckt. Während des Crossing-over und der DNA-Rekombination wird manchmal eine DNA-Sequenz von einem Chromosom auf das andere übertragen, wo die ursprüngliche Sequenz ersetzt wird. Auf diese Weise kann die Abfolge mehrerer Nucleotide gleichzeitig in einem Gen verändert werden und so zu einer Veränderung der Aminosäuresequenz im codierten Protein führen. Da sich die MHC-Gene stark ähneln und eng gekoppelt sind, fanden während der Evolution der MHC-Allele viele derartige Genkonversionen statt

Teil II

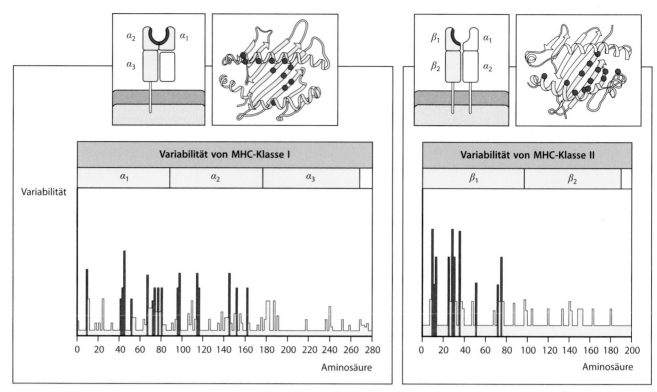

**Abb. 6.21 Allelische Varianten der MHC-Moleküle betreffen vor allem die Peptidbindungsregion.** Variabilitätsplots der Aminosäuresequenzen von MHC-Molekülen zeigen, dass sich die Variation aufgrund von genetischem Polymorphismus auf die aminoterminalen Domänen ($\alpha_1$- und $\alpha_2$-Domäne der MHC-Klasse-I- und die $\alpha_1$- und $\beta_1$-Domäne der MHC-Klasse-II-Moleküle) beschränkt, die Domänen also, die den peptidbindenden Spalt bilden. Außerdem häuft sich die allelische Variabilität an bestimmten Stellen innerhalb der aminoterminalen Domänen. Sie befindet sich an Positionen, die den peptidbindenden Spalt entweder am Boden des Spalts auskleiden oder von den Wänden aus nach innen ragen. Für das MHC-Klasse-II-Molekül ist die Variabilität der *HLA-DR*-Allele dargestellt. Die $\alpha$-Kette von HLA-DR und homologen Genen in anderen Spezies ist weitgehend wenig variabel und nur die $\beta$-Kette zeigt einen beträchtlichen Polymorphismus

eine ausreichend große Zahl unterschiedlicher MHC-Moleküle in einem Lebewesen, sodass diese Nichtreaktivität sogar bei relativ einfachen Antigenen wie kleinen Toxinen unwahrscheinlich ist.

Zunächst gab es nur einen genetischen Befund, der zwischen Defekten in Ir-Genen und dem MHC einen Zusammenhang erkennen ließ. Mäuse eines MHC-Genotyps konnten als Reaktion auf ein bestimmtes Antigen Antikörper erzeugen, Mäuse eines anderen MHC-Genotyps, die ansonsten genetisch identisch waren, dagegen nicht. MHC-Moleküle kontrollieren also auf irgendeine Art und Weise die Fähigkeit des Immunsystems, ein bestimmtes Antigen zu entdecken und darauf zu reagieren. Man wusste noch nicht, dass die direkte Erkennung von MHC-Molekülen dabei eine Rolle spielt.

Spätere Experimente zeigten dann, dass die Antigenspezifität der T-Zell-Erkennung von MHC-Molekülen gesteuert wird. Man wusste, dass die Immunreaktionen, die von den Ir-Genen beeinflusst werden, von T-Zellen abhängen. Dies führte zu einer Reihe von Experimenten, die aufklären sollten, wie der MHC-Polymorphismus die Reaktionen von T-Zellen reguliert. Die ersten dieser Experimente zeigten, dass sich T-Zellen nur durch Makrophagen oder B-Zellen aktivieren lassen, die MHC-Allele mit der Maus gemeinsam haben, aus der die T-Zellen stammen. Das lieferte den ersten Beweis, dass die Antigenerkennung durch T-Zellen vom Vorhandensein spezifischer MHC-Moleküle in der antigenpräsentierenden Zelle abhängt – dieses Phänomen bezeichnen wir heute als MHC-Abhängigkeit oder **MHC-Restriktion**.

| | **Kᵇ-MHC-Molekül bindet Peptid aus Ovalbumin** |
|---|---|

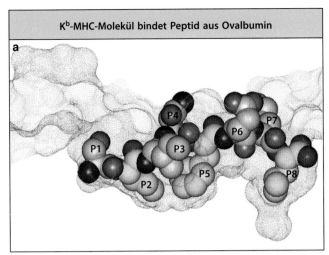

| | **Kᵈ-MHC-Molekül bindet Peptid des Influenzavirus** |
|---|---|

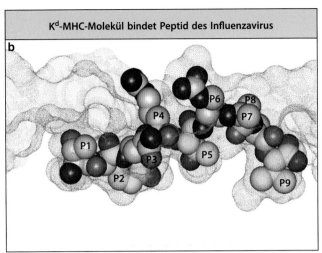

| | P1 | P2 | P3 | P4 | — | P5 | P6 | P7 | P8 |
|---|---|---|---|---|---|---|---|---|---|
| Ovalbumin (257–264) | S | I | I | N | | F | E | K | L |
| HBV-Oberflächenantigen (208–215) | I | L | S | P | | F | L | P | L |
| Influenza-NS2 (114–121) | R | T | F | S | | F | Q | L | I |
| LCMV-NP (205–212) | Y | T | V | K | | Y | P | N | L |
| VSV-NP (52–59) | R | G | Y | V | | Y | Q | G | L |
| Sendaivirus-NP (324–332) | F | A | P | G | N | Y | P | A | L |

| | P1 | P2 | P3 | P4 | P5 | P6 | P7 | P8 | P9 |
|---|---|---|---|---|---|---|---|---|---|
| Influenza-NP (147–155) | T | Y | Q | R | T | R | A | L | V |
| ERK4 (136–144) | Q | Y | I | H | S | A | N | V | L |
| P198 (14–22) | K | Y | Q | A | V | T | T | T | L |
| *P. yoelii*-CSP (280–288) | S | Y | V | P | S | A | E | Q | I |
| *P. berghei*-CSP (25) | G | Y | I | P | S | A | E | K | I |
| JAK1 (367–375) | S | Y | F | P | E | I | T | H | I |

**Abb. 6.22 Unterschiedliche allelische Varianten eines MHC-Klasse-I-Moleküls binden unterschiedliche Peptide.** Dargestellt sind Ausschnitte eines (**a**) Ovalbuminpeptids, das an das H-2Kᵇ-MHC-Klasse-I-Molekül der Maus gebunden ist, sowie Ausschnitte eines (**b**) Influenza-Nucleoproteinpeptids (NP), das an ein H-2Kᵈ-MHC-Klasse-I-Molekül der Maus gebunden ist. Die für das Lösungsmittel zugänglichen Oberflächenbereiche der MHC-Moleküle sind als blau gepunktete Oberfläche dargestellt. MHC-Klasse-I-Moleküle haben typischerweise sechs Taschen im peptidbindenden Spalt, die mit A–F bezeichnet werden. Die Kalottenmodelle stellen die gebundenen Peptide dar, die in die peptidbindenden Spalte passen, wobei sich die Seitenketten der Ankerreste in die Taschen legen. H-2Kᵇ bindet SIINFEKL (Aminosäurebuchstabencode), ein Peptid aus acht Resten (P1–P8) aus Ovalbumin; H-2Kᵈ bindet TYQRTRALV, ein Peptid aus neun Resten (P1–P9) aus dem Influenza-Nucleoprotein. Ankerreste (gelb) können die Bindung des Peptids primär oder sekundär beeinflussen. Im Fall von H-2Kᵇ wird das Sequenzmotiv von den beiden primären Ankerresten P5 und P8 bestimmt. Die C-Tasche bindet die P5-Seitenkette des Peptids (ein Tyrosin, Y, oder ein Phenylalanin, F) und die F-Tasche bindet den P8-Rest (eine nichtaromatische hydrophobe Seitenkette von Leucin, L, Isoleucin, I, Methionin, M, oder Valin, V). Die B-Tasche bindet P2, einen sekundären Ankerrest in H-2Kᵇ. Im Fall von H-2Kᵈ nimmt die B-Tasche eine Tyrosinseitenkette auf. Die F-Tasche bindet Leucin, Isoleucin oder Valin. Unter den Strukturen sind Sequenzmotive von Peptiden aufgelistet, von denen bekannt ist, dass sie an ein MHC-Molekül binden. CSP, Circumsporozoidantigen; ERK4, extrazelluläre signalgesteuerte Kinase 4; HBV, Hepatitis-B-Virus; JAK1, Januskinase 1; LCMV, lymphozytäres Choriomeningitisvirus; NS2, NS2-Protein; P198, modifiziertes Tumorzellantigen; *P. berghei, Plasmodium berghei*; *P. yoelii, Plasmodium yoelii*; VSV, vesikuläres Stomatitisvirus. Eine ausführliche Zusammenstellung von Sequenzmotiven findet man unter http://www.syfpeithi.de. (Strukturen von Mitaksov, V.E., Fremont, D.: Structural definition of the H-2Kd peptide-binding motif. *J. Biol. Chem.* 2006, 281:10618–10625. © American Society of Biochemistry and Molecular Biology 2006)

In Abschn. 4.3.7 haben wir die MHC-Restriktion im Zusammenhang mit der Röntgenstruktur des T-Zell-Rezeptors, der an einen Peptid:MHC-Komplex gebunden ist, zum ersten Mal erwähnt. Das Phänomen der MHC-Restriktion wurde jedoch schon viel früher entdeckt. Es lässt sich anhand der Untersuchungen von virusspezifischen cytotoxischen T-Zel-

Teil II

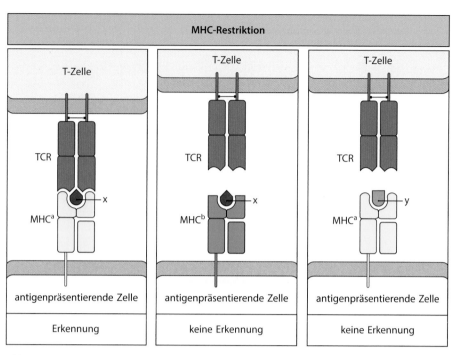

**Abb. 6.23 Die T-Zell-Erkennung von Antigenen ist MHC-abhängig.** Der antigenspezifische Rezeptor der T-Zellen (TCR) erkennt einen Komplex aus antigenem Peptid und zelleigenem (Selbst-) MHC. Eine Folge davon ist, dass eine T-Zelle, die spezifisch ist für das Peptid x und ein bestimmtes MHC-Molekül, das ein Produkt des Allels MHC$^a$ ist (*links*), den Komplex von Peptid x mit dem Produkt eines anderen MHC-Allels, MHC$^b$ (*Mitte*), oder den Komplex von Peptid y mit MHC$^a$ (*rechts*) nicht erkennt. Die gemeinsame Erfassung eines fremden Peptids und eines MHC-Moleküls bezeichnet man als MHC-Abhängigkeit oder MHC-Restriktion, da das individuelle MHC-Allel-Produkt die Fähigkeit der T-Zelle einschränkt, ein Antigen zu erkennen. Diese Abhängigkeit kann entweder eine Folge des direkten Kontakts zwischen dem MHC-Molekül und dem T-Zell-Rezeptor sein, oder es handelt sich um einen indirekten Effekt des MHC-Polymorphismus auf die gebundenen Peptide oder ihre Konformation im Komplex

len, für die **Peter Doherty** und **Rolf Zinkernagel** 1996 den Nobelpreis erhielten, gut veranschaulichen. Wenn Mäuse mit einem Virus infiziert sind, bilden sie cytotoxische T-Zellen, die eigene Zellen töten, welche von dem Virus befallen sind. Nichtinfizierte Zellen oder solche mit nichtverwandten Viren verschonen sie. Die cytotoxischen T-Zellen sind also virusspezifisch. Ein zusätzliches und besonders erstaunliches Ergebnis ihrer Experimente war, dass die Fähigkeit der cytotoxischen T-Zellen, virusinfizierte Zellen zu töten, auch von dem allelischen Polymorphismus der MHC-Moleküle abhängt: Cytotoxische T-Zellen, die durch eine Virusinfektion in Mäusen des MHC-Genotyps a (MHC$^a$) induziert werden, töten jede mit dem Virus befallene MHC$^a$-Zelle. Diese T-Zellen jedoch können keine Zellen des MHC-Genotyps b, c usw. töten, die mit dem gleichen Virus infiziert sind. Cytotoxische T-Zellen töten also virusinfizierte Zellen nur, wenn sie das gleiche MHC-Molekül exprimieren, mit dem die T-Zellen zum ersten Mal aktiviert wurden (Priming). Da der MHC-Genotyp die Antigenspezifität von T-Zellen einschränkt, bezeichnet man diesen Effekt als MHC-Restriktion (MHC-Abhängigkeit). Zusammen mit früheren Untersuchungen an B-Zellen und Makrophagen zeigten diese Ergebnisse, dass die MHC-Restriktion ein wesentliches Merkmal der Antigenerkennung aller T-Zell-Klassen ist.

Wir wissen jetzt, dass die MHC-Restriktion auf der Tatsache beruht, dass die Bindungsspezifität eines einzelnen T-Zell-Rezeptors nicht sein Peptidantigen alleine betrifft, sondern sich auf den Komplex aus Peptid und MHC-Molekül bezieht (Abschn. 4.3.7). Die MHC-Restriktion lässt sich teilweise dadurch erklären, dass unterschiedliche MHC-Moleküle unterschiedliche Peptide binden. Außerdem befinden sich manche der polymorphen Aminosäuren in MHC-Molekülen in den $\alpha$-Helices, die an dem peptidbindenden Spalt liegen; die Seitenketten orientieren sich jedoch in Richtung der exponierten Oberfläche des Peptid:MHC-Komplexes, die direkt Kontakt mit dem T-Zell-Rezeptor aufnehmen kann (▶ Abb. 6.21 und 4.24). Insgesamt überrascht es also nicht, dass T-Zellen zwischen einem Peptid, das an MHC$^a$ gebunden ist, und dem gleichen Peptid, das an MHC$^b$ gebunden ist, unterscheiden können. Diese gekoppelte Erkennung ist manchmal vielleicht eher auf Konformationsunterschiede des gebundenen Peptids, die sich durch die Bindung an verschiedene MHC-Moleküle ergeben, als auf die direkte Erkennung der polymorphen Aminosäuren im MHC-Molekül zurückzuführen. Die Spezifität eines T-Zell-Rezeptors wird also sowohl vom Peptid als auch vom MHC-Molekül bestimmt, an welches das Peptid gebunden ist (▶ Abb. 6.23).

## 6.2.4 Alloreaktive T-Zellen, die Nichtselbst-MHC-Moleküle erkennen, sind sehr verbreitet

Die Entdeckung der MHC-Restriktion erklärte auch das ansonsten rätselhafte Phänomen der Nichtselbst-MHC-Erkennung bei der Transplantatabstoßung innerhalb derselben Spezies. Verpflanzte Organe von Spendern mit MHC-Molekülen, die sich von denen des Empfängers unterscheiden, werden schnell abgestoßen. Ursache ist die große Anzahl von T-Zellen in jedem Individuum, die speziell auf bestimmte Nichtselbst- oder **allogene** MHC-Moleküle reagieren. Erste Untersuchungen von T-Zell-Antworten auf allogene MHC-Moleküle erfolgten mithilfe der **gemischten Lymphocytenreaktion**. Dabei mischt man T-Zellen eines Individuums mit Lymphocyten eines anderen. Wenn die T-Zellen des einen Individuums die MHC-Moleküle des anderen als „fremd" erkennen, teilen sich die T-Zellen und proliferieren. (Die Lymphocyten des anderen Individuums hindert man durch Bestrahlung oder Behandlung mit dem Cytostatikum Mitomycin C an der Teilung.) Solche Experimente haben gezeigt, dass ungefähr 1–10 % aller T-Zellen eines Lebewesens auf eine allogene Stimulation durch Zellen eines anderen, nicht verwandten Mitglieds derselben Spezies ansprechen. Diesen Typ der T-Zell-Antwort bezeichnet man als **Alloreaktion** oder **Alloreaktivität**, da er die Erkennung von allelischen Polymorphismen allogener MHC-Moleküle darstellt.

Bevor man etwas über die Rolle der MHC-Moleküle bei der Antigenpräsentation wusste, verstand man nicht, warum so viele T-Zellen Nichtselbst-MHC-Moleküle erkennen sollten. Es gibt keinen Grund dafür, dass das Immunsystem eine Verteidigung gegen Gewebetransplantate hätte entwickeln sollen. Als man jedoch erkannte, dass T-Zell-Rezeptoren fremde Proteine zusammen mit polymorphen MHC-Molekülen erkennen, konnte man sich die Alloreaktivität leichter erklären. Wir kennen inzwischen mindestens zwei Vorgänge, die zur Häufigkeit alloreaktiver T-Zellen beitragen können. Es besteht eine **positive Selektion**. Während ihrer Entwicklung im Thymus erhalten T-Zellen, deren T-Zell-Rezeptoren schwach mit den Selbst-MHC-Molekülen interagieren, Überlebenssignale und werden dadurch für das periphere Repertoire begünstigt. Man geht davon aus, dass bei T-Zell-Rezeptoren, die mit einer Art von MHC-Molekülen wechselwirken, die Wahrscheinlichkeit größer ist, mit anderen (Nichtselbst-)MHC-Varianten eine Kreuzreaktion zu zeigen. Wir besprechen die positive Selektion ausführlicher in Kap. 8.

Die positive Selektion ist jedoch nicht die einzige Ursache der Alloreaktivität. Diese Schlussfolgerung ließ sich aufgrund der Beobachtung ziehen, dass T-Zellen, die man im Experiment in Tieren heranreifen ließ, die nicht über MHC-Klasse-I- oder Klasse-II-Moleküle verfügen und bei denen im Thymus keine positive Selektion erfolgen kann, dennoch Alloreaktivität zeigen. Anscheinend codieren die T-Zell-Rezeptor-Gene bereits in sich die Fähigkeit, MHC-Moleküle zu erkennen. Röntgenstrukturanalysen von T-Zell-Rezeptoren, die an MHC-Moleküle gebunden sind, zeigen die molekularen Grundlagen für dieses inhärente Bindungspotenzial (▶ Abb. 6.24). Spezifische Aminosäuren in der keimbahncodierten Region bestimmter TCR$\beta$-Rezeptoren interagieren mit konservierten Strukturmerkmalen des MHC-Moleküls; es gibt hier also eine Art keimbahncodierter Affinität. Betrachtet man die große Zahl von Sequenzen der variablen Region von T-Zell-Rezeptoren, kann jeder T-Zell-Rezeptor MHC-Moleküle auf seine spezielle Weise binden, sowohl über keimbahncodierte als auch über variable Regionen.

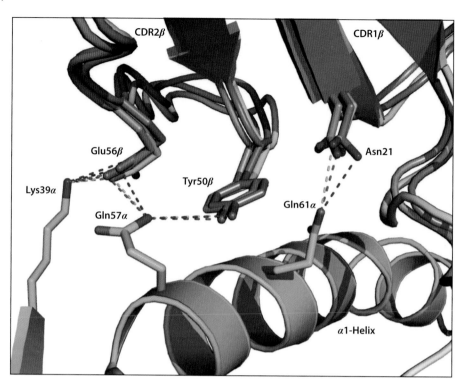

**Abb. 6.24 Keimbahncodierte Aminosäurereste in der CDR1- und der CDR2-Region der Gene der variablen Region verleihen den T-Zell-Rezeptoren eine inhärente Affinität für MHC-Moleküle.** Dargestellt ist die Struktur mehrerer T-Zell-Rezeptoren, die an ein MHC-Klasse-II-Molekül gebunden sind. Die konservierten Reste Lys39, Gln57 und Gln61 in der $\alpha$1-Helix des MHC-Moleküls (*grün*) bilden ein ausgedehntes Netzwerk von Wasserstoffbrücken zwischen keimbahncodierten und nichtpolymorphen Resten in der CDR1-Region (Asn31) beziehungsweise der CDR2-Region (Glu56, Tyr50) des V$\beta$-8.2-Gens. Die Konfiguration dieser Kontaktstellen ist bei verschiedenen Strukturen sehr ähnlich. Daraus lässt sich schließen, dass die Keimbahnsequenzen von CDR1 und CDR2 eine inhärente Affinität der T-Zell-Rezeptoren für MHC-Moleküle bewirken

Im Prinzip erkennen alloreaktive T-Zellen entweder ein fremdes Peptidantigen oder das fremde MHC-Molekül, an das es gebunden ist, und reagieren dadurch auf Nichtselbst-MHC-Moleküle. Diese beiden Möglichkeiten bezeichnet man als peptidabhängige beziehungsweise peptidunabhängige Alloreaktivität. Durch die Untersuchung von immer mehr alloreaktiven T-Zell-Klonen deutet sich jedoch an, dass alloreaktive T-Zellen tatsächlich beides erkennen. Das heißt, die meisten alloreaktiven T-Zell-Klone reagieren nur dann auf ein fremdes MHC-Molekül, wenn ein bestimmtes Peptid daran gebunden ist. Daher ist die strukturelle Grundlage der Alloreaktivität der normalen MHC-abhängigen Peptiderkennung ähnlich und beruht auf Kontakten sowohl mit dem Peptid als auch mit dem MHC-Molekül (▶ Abb. 6.23, links), hier allerdings bei einem fremden MHC-Molekül. In der Praxis bedeutet dies, dass alloreaktive Reaktionen gegen ein transplantiertes Organ wahrscheinlich auf die gemeinsame Aktivität vieler alloreaktiver T-Zellen zurückzuführen ist, sodass man nicht feststellen kann, welche Peptide des Spenders für die Erkennung durch alloreaktive T-Zellen verantwortlich sein könnten. Wir werden uns mit der Alloreaktivität noch einmal beschäftigen, wenn wir die Organtransplantation in Kap. 15 genauer besprechen.

### 6.2.5 Viele T-Zellen reagieren auf Superantigene

**Superantigene** sind eine eigene Klasse von Antigenen. Sie stimulieren eine erste T-Zell-Antwort, die in ihrer Stärke einer Reaktion auf allogene MHC-Moleküle ähnelt. Solche Reaktionen beobachtete man in gemischten Lymphocytenreaktionen, bei denen man Lymphocyten von Mausstämmen mit identischem MHCs verwendet, die aber sonst genetisch verschieden sind. Die Antigene, die diese Reaktion hervorrufen, bezeichnete man ursprünglich als **Mls-Antigene** (*minor lymphocyte stimulating antigens*) und man ging zunächst davon aus, dass sie MHC-Molekülen in ihrer Funktion ähneln. Inzwischen wissen wir jedoch, dass dies nicht der Fall ist. Die Mls-Antigene dieser Mausstämme werden von Retroviren wie dem Mammakarzinomvirus codiert, die sich an verschiedenen Stellen stabil in die Mauschromosomen integriert haben. Superantigene werden von vielen verschiedenen Pathogenen produziert, darunter Bakterien, Mycoplasmen und Viren, und die Reaktionen, die sie hervorrufen, helfen dem Erreger mehr als dem Wirt.

Mls-Proteine agieren als Superantigene, da sie auf eine ganz eigene Art an MHC- und an T-Zell-Rezeptor-Moleküle binden, wodurch sie eine sehr große Zahl von T-Zellen stimulieren können. Im Gegensatz zu anderen Proteinantigenen werden Superantigene von T-Zellen direkt erkannt, ohne dass sie zu Peptiden prozessiert und an MHC-Moleküle gebunden werden. Die Spaltung eines Superantigens zerstört seine biologische Aktivität, die darauf beruht, dass es als intaktes Protein an die Oberfläche eines bereits mit Peptid beladenen MHC-Klasse-II-Moleküls bindet. Zusätzlich können Superantigene auch an die $V_\beta$-Region vieler T-Zell-Rezeptoren binden (▸ Abb. 6.25). Bakterielle Superantigene binden hauptsächlich an die $V_\beta$-CDR2- und in geringerem Ausmaß an die $V_\beta$-CDR1-Schleife sowie zusätzlich an die HV4-Schleife (hypervariable Schleife 4). An die HV4-Schleife binden bevorzugt virale Superantigene, zumindest die Mls-Antigene, die von endogenen Mammakarzinomviren der Maus codiert werden. Die V-Region der $\alpha$-Kette und die CDR3-Region der $\beta$-Kette des T-Zell-Rezeptors haben also wenig Einfluss auf die Erkennung des Superantigens. Diese wird zu einem großen Teil von den in der Keimbahn codierten V-Sequenzen der exprimierten $\beta$-Kette bestimmt. Jedes Superantigen ist spezifisch für eines oder einige

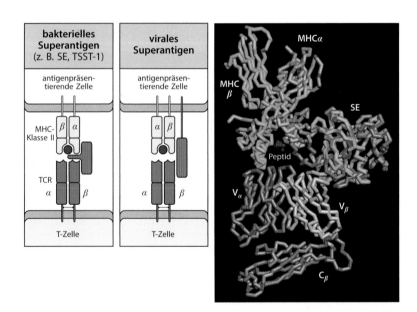

**Abb. 6.25 Superantigene binden direkt an T-Zell-Rezeptoren und MHC-Moleküle.** Superantigene können unabhängig an MHC-Klasse-II-Moleküle und an T-Zell-Rezeptoren binden. Wie in den beiden oberen Bildern dargestellt ist, können sich Superantigene (*rote Balken*) an die $V_\beta$-Domäne des T-Zell-Rezeptors (TCR) außerhalb der komplementaritätsbestimmenden Regionen sowie abseits des peptidbindenden Spalts an die Außenseite des MHC-Klasse-II-Moleküls anlagern. Das untere Bild zeigt eine Rekonstruktion der Interaktion zwischen einem T-Zell-Rezeptor, einem MHC-Klasse-II-Molekül und einem Staphylokokken-Enterotoxin-(SE-)Superantigen, wofür man die Struktur eines Enterotoxin:MHC-Klasse-II-Komplexes und die eines Enterotoxin:T-Zell-Rezeptor-Komplexes übereinandergelegt hat. Die beiden Enterotoxinmoleküle (SEC3 und SEB, *türkis* und *blau*) binden an die $\alpha$-Kette des MHC-Klasse-II-Moleküls (*gelb*) und an die $\beta$-Kette des T-Zell-Rezeptors ($V_\beta$-Domäne *grau*; $C_\beta$-Domäne *rosa*). (Molekularmodell nachgedruckt mit Genehmigung der Macmillan Publishers Ltd.: Fields, B.A., et al.: Crystal structure of a T-cell receptor $\beta$-chain complexed with a superantigen. *Nature* 1996, 384:188–192)

wenige der verschiedenen Produkte des $V_\beta$-Gen-Segments, von denen es bei Mäusen und Menschen 20–50 gibt. Ein Superantigen kann so 2–20 % aller T-Zellen stimulieren.

Diese Art der Stimulation löst keine für den Krankheitserreger spezifische adaptive Immunantwort aus. Stattdessen kommt es zu einer massiven Produktion von Cytokinen durch CD4-T-Zellen, die hauptsächlich auf die Superantigene reagieren. Die Cytokine haben zwei Wirkungen auf den Wirt, nämlich systemische Toxizität und Unterdrückung der adaptiven Immunantwort. Beide Effekte tragen zur Pathogenität der Mikroorganismen bei. Zu den bakteriellen Superantigenen gehören die **Staphylokokken-Enterotoxine** (**SE**), die eine gewöhnliche Nahrungsmittelvergiftung verursachen, und **TSST-1** (*toxic shock syndrome toxin-1*) aus *Staphylococcus aureus*, der Auslöser des **toxischen Schocksyndroms**. Ursache kann dabei eine lokal begrenzte Infektion durch toxinproduzierende Stämme des Bakteriums sein. Die Bedeutung der viralen Superantigene für Erkrankungen des Menschen ist weniger klar.

## 6.2.6 Der MHC-Polymorphismus erweitert das Spektrum von Antigenen, auf die das Immunsystem reagieren kann

Die meisten polymorphen Gene codieren Proteine, die sich nur in einer oder einigen wenigen Aminosäuren unterscheiden. Bei den verschiedenen allelischen Varianten der MHC-Proteine gibt es jedoch Differenzen von bis zu 20 Aminosäuren. Der ausgeprägte Polymorphismus der MHC-Proteine hat sich mit ziemlicher Sicherheit als Reaktion auf die Ausweichstrategien der Krankheitserreger entwickelt. Die Notwendigkeit der Präsentation von Antigenen der Krankheitserreger durch ein MHC-Molekül eröffnet zwei mögliche Wege, Ausweichmechanismen zu entwickeln. Ein Pathogen wird nicht entdeckt, wenn es Mutationen trägt, die aus seinen Proteinen alle Peptide entfernen, welche an MHC-Moleküle binden können. Ein Beispiel für diese Strategie ist das Epstein-Barr-Virus (EBV). In Gegenden Südostchinas und in Papua-Neuguinea gibt es kleine isolierte Populationen, in denen ungefähr 60 % der Mitglieder das *HLA-A11*-Allel tragen. Viele Isolate des Epstein-Barr-Virus aus diesen Populationen tragen Mutationen in einem dominanten Epitop, das normalerweise von HLA-A11 präsentiert wird; die mutierten Peptide können nicht mehr an HLA-A11 binden und können nicht von HLA-A11-abhängigen T-Zellen erkannt werden. Diese Strategie ist zweifellos weniger erfolgreich, wenn es viele verschiedene MHC-Moleküle gibt. Die Polygenie der MHC-Moleküle hat sich möglicherweise als eine evolutionäre Anpassung entwickelt.

In großen, gemischten Populationen kann der Polymorphismus darüber hinaus an jedem Locus die Zahl unterschiedlicher MHC-Moleküle potenziell verdoppeln, die jedes Individuum exprimiert, da die meisten Individuen heterozygot sind. Der Polymorphismus bietet den zusätzlichen Vorteil, dass sich Angehörige einer Population in den Kombinationen von exprimierten MHC-Molekülen unterscheiden und deshalb verschiedene Gruppen von Peptiden von jedem Pathogen präsentieren. Das macht es unwahrscheinlich, dass alle Individuen gleich anfällig für ein bestimmtes Pathogen sind, und dessen Ausbreitung wird begrenzt. Auch kann das Vorhandensein von Pathogenen über einen evolutionsrelevanten Zeitraum hinweg bestimmte MHC-Allele selektiv begünstigen. So überleben Menschen mit dem *HLA-B53*-Allel eine ansonsten tödliche Malariaform. Dieses Allel kommt häufig bei Menschen in Westafrika vor, wo Malaria endemisch ist, aber kaum dort, wo die letale Malaria selten ist.

Ähnliche Argumente treffen auf eine zweite Möglichkeit zu, wie Pathogene der Erkennung entgehen können. Wenn Pathogene Mechanismen dafür entwickeln, die Präsentation ihrer Peptide durch MHC-Moleküle zu blockieren, können sie der adaptiven Immunantwort ausweichen. Adenoviren codieren ein Protein, das im endoplasmatischen Reticulum an MHC-Klasse-I-Moleküle bindet und deren Transport zur Zelloberfläche stoppt. So verhindert es die Erkennung viraler Peptide durch cytotoxische CD8-T-Zellen. Dieses virale MHC-bindende Protein interagiert mit einem polymorphen Bereich des MHC-Klasse-I-Moleküls, sodass einige allelische MHC-Varianten vom adenoviralen Protein im endoplasmatischen Reticulum zurückgehalten werden, andere dagegen nicht. Nimmt die Mannigfaltigkeit der exprimierten

MHC-Moleküle zu, verringert sich daher die Wahrscheinlichkeit, dass ein Pathogen die Präsentation aller Allele blockieren kann und so einer Immunantwort ganz entgeht.

Diese Überlegungen werfen eine Frage auf: Wenn die Existenz dreier MHC-Klasse-I-Loci Vorteile mit sich bringt, warum gibt es dann nicht noch viel mehr von ihnen? Wahrscheinlich ist es so, dass jedes Mal, wenn ein neues MHC-Molekül dazukommt, alle T-Zellen, welche Selbst-Peptide im Komplex mit diesem Molekül erkennen können, entfernt werden müssen, um die Selbst-Toleranz zu erhalten. Anscheinend bietet die Anzahl der Loci bei Menschen und Mäusen in etwa einen optimalen Mittelweg zwischen den Vorteilen der Präsentation eines größeren Spektrums fremder Peptide und den Nachteilen einer zunehmenden Präsentation von Selbst-Proteinen und dem damit einhergehenden Verlust von T-Zellen.

### Zusammenfassung

Der Haupthistokompatibilitätskomplex (MHC) besteht aus einer Gruppe gekoppelter genetischer Loci, die viele der Proteine codieren, welche an der Präsentation von Antigenen gegenüber T-Zellen beteiligt sind. Besonders wichtig sind die MHC-Klasse-I- und -Klasse-II-Glykoproteine (die MHC-Moleküle), die dem T-Zell-Rezeptor Peptide präsentieren. Das herausragendste Merkmal der MHC-Gene ist ihr ausgeprägter Polymorphismus, der für die Antigenerkennung durch T-Zellen von wesentlicher Bedeutung ist. Eine T-Zelle nimmt ein Antigen als ein Peptid wahr, das an eine bestimmte allelische Variante eines MHC-Moleküls gebunden ist. Sie bemerkt dasselbe Peptid jedoch nicht, wenn es mit anderen MHC-Molekülen assoziiert ist. Dieses Verhalten der T-Zellen bezeichnet man als MHC-Restriktion (MHC-Abhängigkeit). Die meisten MHC-Allele unterscheiden sich voneinander durch mehrfache Aminosäuresubstitutionen. Diese Unterschiede kommen gehäuft an der peptidbindenden Stelle und in benachbarten Regionen vor, die einen direkten Kontakt mit dem T-Zell-Rezeptor eingehen. Mindestens drei Eigenschaften der MHC-Moleküle werden durch den MHC-Polymorphismus beeinflusst: das Spektrum der Peptide, die gebunden werden, die Konformation des gebundenen Peptids und die direkte Wechselwirkung des MHC-Moleküls mit dem T-Zell-Rezeptor. Die hoch polymorphe Natur des MHC und die Selektion dieses Polymorphismus im Laufe der Evolution deuten darauf hin, dass dies für die Bedeutung und die Funktionen der MHC-Moleküle bei der Immunantwort entscheidend ist. Für die Variabilität der MHC-Allele sind sehr wirksame genetische Mechanismen verantwortlich. Einiges spricht dafür, dass von Krankheitserregern ein Selektionsdruck ausgeht, eine große Vielfalt von MHC-Molekülen in der Bevölkerung aufrechtzuerhalten. Als Folge davon ist das Immunsystem stark individualisiert – jedes Individuum reagiert anders auf ein bestimmtes Antigen.

## 6.3 Die Erzeugung von Liganden für nichtkonventionelle Untergruppen der T-Zellen

Bis hier haben wir uns damit befasst, wie die Peptid:MHC-Komplexe – die Liganden für die $\alpha{:}\beta$-T-Zellen – erzeugt werden. Wir wollen uns nun der Frage zuwenden, wie andere Arten von T-Zellen ihre Liganden erkennen und wie diese Liganden entstehen. Unsere derzeitigen Kenntnisse auf diesem Gebiet sind noch unvollständig, was vor allem bei den $\gamma{:}\delta$-T-Zellen deutlich wird. Vor Kurzem hat man entdeckt, dass die mucosaassoziierten invarianten T-Zellen (MAIT-Zellen, Abschn. 4.3.8) ein mikrobielles Stoffwechselprodukt erkennen, wenn es von einem nichtpolymorphen MHC-Klasse-I-ähnlichen Molekül präsentiert wird. So ließ sich eine lange bestehende Frage beantworten, welche Funktion diese T-Zellen-Untergruppe eigentlich hat. Eine andere Untergruppe sind die invarianten NKT-Zellen, die anstelle von Peptidantigenen Lipide erkennen und darauf reagieren können. Diese Befunde deuten darauf hin, dass diese invarianten und nichtkonventionellen T-Zellen irgendwo zwischen angeborener und adaptiver Immunität ihre Aktivität entfalten. In diesem Teil des Kapitels besprechen wir die Liganden, die sie erkennen, und wie diese erzeugt oder exprimiert werden.

### 6.3.1 Eine Reihe von Genen mit speziellen Immunfunktionen liegt ebenfalls im MHC

Zusätzlich zu den hoch polymorphen „klassischen" MHC-Klasse-I- und -Klasse-II-Genen gibt es viele „nichtklassische" MHC-Gene, von denen viele im MHC-Locus liegen, andere jedoch außerhalb. Die MHC-Klasse-I-ähnlichen Moleküle zeigen einen vergleichsweise geringen Polymorphismus, vielen von ihnen muss man erst noch eine Funktion zuordnen. Sie sind mit der MHC-Klasse-I-Region gekoppelt, ihre genaue Zahl schwankt erheblich zwischen verschiedenen Arten und sogar zwischen Vertretern derselben Art. Man bezeichnet diese Gene als **MHC-Klasse-Ib-Gene**. Wie die Produkte der MHC-Klasse-I-Gene assoziieren viele, aber nicht alle, mit $\beta_2$-Mikroglobulin, wenn sie auf der Zelloberfläche exprimiert werden. Ihre Expression auf Zellen ist variabel, und zwar sowohl was die exprimierte Menge auf der Zelloberfläche als auch was die Verteilung in Geweben betrifft. ▸ Abb. 6.26 zeigt die Eigenschaften einiger MHC-Klasse-Ib-Moleküle.

Bei Mäusen kann eines dieser Moleküle (**H2-M3**) Peptide mit *N*-formylierten Aminoenden präsentieren. Das ist interessant, weil alle Bakterien die Proteinsynthese mit *N*-Formylmethionin beginnen. Zellen, die mit cytosolischen Bakterien infiziert sind, können von CD8-T-Zellen getötet werden, die an H2-M3 gebundene, *N*-formylierte, bakterielle Peptide erkennen. Ob es beim Menschen ein entsprechendes Klasse-Ib-Molekül gibt, ist nicht bekannt.

Zwei andere eng verwandte MHC-Klasse-Ib-Gene bei Mäusen, *T22* und *T10*, werden von aktivierten Lymphocyten exprimiert und von einer Untergruppe von $\gamma{:}\delta$-T-Zellen erkannt. Die genaue Funktion der Proteine T22 und T10 ist zwar noch nicht bekannt, aber man vermutet, dass die $\gamma{:}\delta$-T-Zellen mithilfe dieser Interaktion die aktivierten Lymphocyten steuern.

Unter den anderen Genen, die sich dem MHC zuordnen lassen, codieren einige Komplementkomponenten (zum Beispiel C2, C4 und Faktor B) oder Cytokine wie den Tumornekrosefaktor $\alpha$ (TNF-$\alpha$) und Lymphotoxin, die wichtige Immunfunktionen haben. Diese Gene befinden sich in der „MHC-Klasse-III-Region" (▸ Abb. 6.17). Diese Bezeichnung ist vielleicht etwas irreführend, da die Gene in dieser Region überhaupt keine MHC-Moleküle codieren.

Viele Untersuchungen haben Zusammenhänge zwischen der Anfälligkeit für bestimmte Krankheiten und bestimmten Allelen von MHC-Genen aufgedeckt (Kap. 15). Wir wissen inzwischen eine Menge über den Einfluss des Polymorphismus in den klassischen MHC-Klasse-I- und -Klasse-II-Genen auf Widerstandfähigkeit oder Anfälligkeit. Von den meisten dieser vom MHC beeinflussten Erkrankungen weiß man, dass sie immunologisch bedingt sind, oder man vermutet es zumindest. Das gilt jedoch nicht für alle, und in der MHC-Region gibt es einige Gene ohne bekannte oder vermutete immunologische Funktion. Das MHC-Klasse-Ib-Gen *M10* codiert zum Beispiel ein Protein, das im vomeronasalen Organ (Jacobson-Organ) als Chaperon fungiert und bestimmte Arten von Pheromonrezeptoren zur Zelloberfläche leitet. M10 beeinflusst also möglicherweise das Paarungsverhalten, das bei Nagetieren bekanntermaßen mit dem MHC-Locus gekoppelt ist.

Das *HFE*-Gen, welches das **Hämochromatoseprotein** codiert, liegt ungefähr vier Millionen Basenpaare von HLA-A entfernt. Sein Proteinprodukt wird auf Zellen im Intestinaltrakt exprimiert und spielt eine Rolle im Eisenstoffwechsel; es reguliert die Aufnahme von Eisen, das mit der Nahrung aufgenommen wird, in den Körper. Höchstwahrscheinlich interagiert es mit dem Transferrinrezeptor und verringert dessen Affinität für eisenbeladenes Transferrin. Menschen mit einem Defekt in diesem Gen leiden an einer erblichen Eisenspeicherkrankheit, der **erblichen Hämochromatose**, mit einem abnorm hohen Eisengehalt in der Leber und anderen Organen. Mäuse, denen $\beta_2$-Mikroglobulin fehlt, können überhaupt keine MHC-Klasse-I-Moleküle exprimieren und zeigen daher eine ähnliche Eisenüberladung.

| MHC-Klasse-Ib-Molekül | | | | | | Rezeptoren oder interagierende Proteine | | | |
|---|---|---|---|---|---|---|---|---|---|
| Mensch | Maus | Expressions-muster | assoziiert mit $\beta_2$m | Polymor-phismus | Ligand | T-Zell-Rezeptor | NK-Rezeptor | andere | biologische Funktion |
| HLA-C (Klasse 1a) | | ubiquitär | ja | hoch | Peptid | TCR | KIRs | | aktiviert T-Zellen; hemmt NK-Zellen |
| | H2-M3 | begrenzt | ja | niedrig | fMet-Peptid | TCR | | | aktiviert CTLs mit bakteriellen Peptiden |
| | T22 T10 | Milzzellen | ja | niedrig | keiner | $\gamma{:}\delta$-TCR | | | Steuerung aktivier-ter Milzzellen |
| HLA-E | Qa-1 | ubiquitär | ja | niedrig | MHC-Leader-Peptide (Qdm) | | NKG2A NKG2C | | Hemmung von NK-Zellen |
| HLA-F | | weit verbreitet | ja | niedrig | Peptid? | | LILRB1 LILRB2 | | unbekannt |
| HLA-G | | Grenzfläche Mutter/Fetus | ja | niedrig | Peptid | TCR | LILRB1 | | moduliert die Inter-aktion zwischen Mutter und Fetus |
| MIC-A MIC-B | | weit verbreitet | nein | mittel | keiner | | NKG2D | | stressinduzierte Akti-vierung von NK-Zellen, $\gamma{:}\delta$- und CD8-T-Zellen |
| | TL | Dünndarm-epithel | ja | niedrig | keiner | CD8$\alpha{:}\alpha$ | | | potenzielle Modulation der T-Zell-Aktivierung |
| | M10 | vomeronasale Neuronen | ja | niedrig | unbekannt | | | vomeronasaler Rezeptor V2R | Erkennung von Pheromonen |
| ULBPs | MULT1 H60, Rae1 | begrenzt | nein | niedrig | keiner | | NKG2D | | induzierter NK-Zell-aktivierender Ligand |
| MR1 | MR1 | ubiquitär | ja | keiner | Vitamin-B$_9$-Metabolit | $\alpha{:}\beta$-TCR | | | Kontrolle der Ent-zündungsreaktion |
| CD1a– CD1e | CD1d | begrenzt | ja | keiner | Lipide Glykolipide | $\alpha{:}\beta$-TCR | | | aktiviert T-Zellen gegen bakterielle Lipide |
| | Mill1 Mill2 | ubiquitär | ja? | niedrig | unbekannt | unbekannt | | | unbekannt |
| HFE | HFE | Leber und Darm | ja | niedrig | keiner | | | Transferrin-rezeptor | Eisenhomöostase |
| FcRn | FcRn | Grenzfläche Mutter/Fetus | ja | niedrig | keiner | | | Fc (IgG) | Übertragung von mütterlichem IgG auf den Fetus (passive Immunität) |
| ZAG | ZAG | Körper-flüssigkeiten | nein | keiner | Fettsäuren | | | | Lipidhomöostase |
| EPCR | EPCR | Endothel-zellen | nein | niedrig | | $\gamma{:}\delta$-TCR | | Protein C | Blutgerinnung |

**Abb. 6.26 MHC-Klasse-Ib-Proteine und ihre Funktionen bei Menschen und Mäusen.** MHC-Klas-se-Ib-Proteine sind teilweise innerhalb des MHC-Locus codiert, teilweise auch auf anderen Chromo-somen. Die Funktionen einiger MHC-Klasse-Ib-Proteine stehen in keinem Zusammenhang mit der adaptiven Immunantwort, viele spielen jedoch eine Rolle bei der angeborenen Immunität und inter-agieren mit Rezeptoren auf NK-Zellen (siehe Text und Abschn. 3.2.10). HLA-C ist als klassisches MHC-Molekül (Klasse Ia) hier ebenfalls aufgeführt, weil es nicht nur den T-Zell-Rezeptoren Peptide präsentiert, sondern alle HLA-C-Isoformen auch mit den NK-Zell-Rezeptoren der KIR-Klasse inter-agieren, um die Funktion der NK-Zellen bei der angeborenen Immunantwort zu regulieren. CTL, cy-totoxischer T-Lymphocyt

Ein weiteres Gen mit einer nichtimmunologischen Funktion codiert das Enzym **21-Hydroxylase**. Ein Mangel verursacht die kongenitale adrenogenitale Hyperplasie und in schweren Fällen das Salzverlustsyndrom. Auch wenn ein Gen, das mit der Ursache einer Krankheit in Verbindung steht, eindeutig homolog zu Genen des Immunsystems ist wie im Fall von *HFE*, muss der Krankheitsmechanismus nicht unbedingt immunologisch bedingt sein. Bei Krankheiten, die man dem MHC zuordnet, muss man daher mit einer Interpretation vorsichtig sein. Es gilt, die genetische Struktur und die Funktionen der einzelnen Gene genau zu verstehen. Über die Bedeutung der gesamten genetischen Variabilität im MHC gibt es noch viel zu erfahren. Bei Menschen gibt es zum Beispiel zwei Versionen der Komplementkomponente C4, C4A und C4B, die nicht mit den Spaltprodukten der C4-Konvertase C4a und C4b verwechselt werden dürfen. Und im Genom verschiedener Individuen kommt eine unterschiedliche Anzahl von Genen für jeden Typ vor, aber die adaptive Bedeutung dieser genetischen Variabilität versteht man noch nicht genau.

## 6.3.2 Spezialisierte MHC-Klasse-I-Moleküle agieren als Liganden zur Aktivierung und Hemmung von NK-Zellen und bestimmten nichtkonventionellen T-Zellen

In Abschn. 3.2.10 bis 3.2.13 haben wir die NK-Zellen eingeführt und sind kurz auf ihre Aktivierung durch Mitglieder der **MIC**-Genfamilie eingegangen. Dabei handelt es sich um MHC-Klasse-Ib-Gene, die einer anderen regulatorischen Steuerung als die klassischen MHC-Klasse-I-Gene unterliegen; sie werden als Reaktion auf zellulären Stress (zum Beispiel einen Hitzeschock) induziert. Es gibt sieben MIC-Gene, aber nur zwei – *MIC-A* und *MIC-B* – werden exprimiert und liefern Proteinprodukte (▶ Abb. 6.26). Ihre Expression erfolgt in Fibroblasten und Epithelzellen, vor allem in intestinalen Epithelzellen. Sie sind an der angeborenen Immunität beteiligt oder an der Auslösung von Immunantworten unter Bedingungen, die keine Interferonproduktion bewirken. Die MIC-A- und MIC-B-Moleküle erkennt der NKG2D-Rezeptor auf NK-Zellen, $\gamma{:}\delta$-T-Zellen und einigen CD8-T-Zellen, die dann dazu aktiviert werden, MIC-exprimierende Zielzellen zu töten. NKG2D ist ein „aktivierendes" Mitglied der NKG2-Familie von NK-Zell-Rezeptoren (▶ Abb. 3.42), deren cytoplasmatischer Domäne ein inhibitorisches Sequenzmotiv fehlt, das man in anderen Mitgliedern dieser ansonsten inhibitorischen Rezeptorfamilie findet (Abschn. 3.2.12). NKG2D ist an das Adaptorprotein DAP10 gekoppelt, das durch Interaktion mit der intrazellulären Phosphatidylinositol-3-Kinase und ihrer Aktivierung das Signal in das Zellinnere leitet.

Beim Menschen existiert eine kleine Proteinfamilie mit der Bezeichnung **UL16-bindende Proteine (ULBPs)** oder **RAET1**-Proteine (▶ Abb. 6.26), die noch weiter entfernt verwandt mit MHC-Klasse-I-Genen sind. Die homologen Proteine bei Mäusen heißen Rae1 (*retinoic acid early inducible 1*, früh durch Retinsäure induzierbar) und H60. Diese Proteine binden ebenfalls an den NKG2D-Rezeptor (Abschn. 3.2.13). Anscheinend werden sie nur unter zellulären Stressbedingungen exprimiert, zum Beispiel wenn Zellen mit Pathogenen infiziert sind (UL16 ist ein Protein des humanen Cytomegalievirus) oder eine Transformation zu Tumorzellen stattgefunden hat. Durch die Expression von ULBP können gestresste oder infizierte Zellen NKG2D auf NK-Zellen, $\gamma{:}\delta$-T-Zellen und cytotoxischen CD8-$\alpha{:}\beta$-T-Zellen binden und aktivieren und so erkannt und eliminiert werden.

Das humane MHC-Klasse-Ib-Molekül HLA-E und sein Gegenstück in der Maus, Qa-1 (▶ Abb. 6.26), haben bei der Erkennung von NK-Zellen und CD8-T-Zellen eine ungewöhnliche und etwas seltsame Funktion. HLA-E und Qa-1 binden an eine sehr begrenzte Gruppe von nichtpolymorphen Peptiden, die *Qa-1-determinant modifiers* (**Qdms**), die von den Leader-Peptiden anderer HLA-Klasse-I-Moleküle stammen. Diese Peptid:HLA-E-Komplexe können an den inhibitorischen Rezeptor NKG2A:CD94 binden, der auf NK-Zellen vorkommt, und sollten dadurch die cytotoxische Aktivität der NK-Zellen hemmen. NKG2A hemmt bei einer HLA-E-Stimulation die cytotoxische Aktivität der NK-Zellen. Diese Funktion scheint redundant zu sein, da die zelluläre Expression von anderen MHC-Klasse-I-Molekülen die Aktivierung von NK-Zellen eigentlich verhindern sollte (Abschn. 3.2.11).

Es hat sich jedoch gezeigt, dass die Expression von Qa-1 durch aktivierte CD4-T-Zellen diese vor einer Lyse durch NK-Zellen schützt, und deshalb vermittelt vielleicht die Qa-1-Expression auch anderen Körperzellen einen zusätzlichen Schutz davor, von NK-Zellen getötet zu werden. HLA-E und Qa-1 können zudem Leader-Peptide des Hitzeschockproteins Hsp60sp binden; CD8-T-Zellen, die für diese Komplexe spezifisch sind, hat man bereits bei der Maus und beim Menschen entdeckt. Einige neuere Befunde deuten darauf hin, dass HLA-E/Qa-1-restringierte CD8-T-Zellen möglicherweise dazu beitragen, die Selbsttoleranz aufrechtzuerhalten, indem sie potenziell autoreaktive Zellen töten oder hemmen.

In Abschn. 3.2.12 haben wir die **killerzellenimmunglobulinähnlichen Rezeptoren (KIRs)** vorgestellt, die von NK-Zellen exprimiert werden. Vertreter der KIR-Familie erkennen die klassischen MHC-Moleküle HLA-A, -B und -C, die den CD8-T-Zellen ein vielfältiges Repertoire von Peptiden präsentieren. KIR-Rezeptoren treten zwar mit derselben Seite des MHC-Klasse-I-Moleküls wie der T-Zell-Rezeptor in Wechselwirkung, aber sie binden nur an einem Ende und nicht in dem gesamten Bereich, der vom T-Zell-Rezeptor erkannt wird. KIR-Rezeptoren sind wie die MHC-Moleküle stark polymorph und haben beim Menschen eine schnelle Evolution durchlaufen. Nur einige wenige Allele von *HLA-A* und *HLA-B* codieren Proteine, die KIRs binden, aber alle *HLA-C*-Allele codieren Proteine, die KIRs binden. Das deutet darauf hin, dass HLA-C beim Menschen auf die Regulation der NK-Zellen spezialisiert ist.

Zwei andere MHC-Klasse-Ib-Moleküle, HLA-F und HLA-G (▶ Abb. 6.26), können NK-Zellen ebenfalls am Töten hindern. HLA-G wird auf fetalen Plazentazellen exprimiert, die in die Uteruswand einwandern. Diese Zellen exprimieren keine klassischen MHC-Klasse-I-Moleküle und CD8-T-Zellen können sie nicht erkennen. Im Gegensatz zu anderen Zellen, denen diese Proteine fehlen, werden sie von NK-Zellen aber nicht getötet. Der Grund dafür ist anscheinend, dass HLA-G vom inhibitorischen Rezeptor auf NK-Zellen erkannt wird, dem LILRB1 (*leukocyte immunoglobulin-like receptor subfamily B member 1*, immunglobulinartiger Rezeptor der Unterfamilie B1 auf Leukocyten), auch als ILT-2 oder LIR-1 bezeichnet; er verhindert, dass NK-Zellen die Plazentazellen töten. HLA-F wird in einer Reihe von Geweben exprimiert, jedoch normalerweise nicht auf der Zelloberfläche identifiziert, außer auf einigen Monocytenzelllinien oder auf transformierten lymphatischen Zellen. Man nimmt an, dass HLA-F ebenfalls mit LILRB1 interagiert.

## 6.3.3 Proteine der CD1-Familie der MHC-Klasse-I-ähnlichen Moleküle präsentieren den invarianten NKT-Zellen mikrobielle Lipide

Einige MHC-Klasse-I-ähnliche Gene liegen außerhalb der MHC-Region. Eine kleine Familie solcher Gene, die **CD1**-Familie, wird von dendritischen Zellen und Monocyten sowie einigen Thymocyten exprimiert. Menschen haben fünf CD1-Gene, von CD1a–e; Mäuse dagegen exprimieren lediglich zwei homologe Versionen von CD1d, nämlich CD1d1 und CD1d2. CD1-Proteine spielen eine Rolle bei der Antigenpräsentation gegenüber T-Zellen, aber sie haben zwei Eigenschaften, die sie von klassischen MHC-Klasse-I-Molekülen unterscheiden. Zum einen verhält sich das CD1-Molekül wie ein MHC-Klasse-II-Molekül, obwohl es MHC-Klasse-I-Molekülen im Aufbau der Untereinheiten und hinsichtlich der Assoziation mit $\beta_2$-Mikroglobulin ähnelt. Es wird nicht durch Assoziation mit dem TAP-Komplex im endoplasmatischen Reticulum zurückgehalten, sondern in Vesikel geschleust, wo es seinen Liganden bindet. Die zweite ungewöhnliche Eigenschaft von CD1-Molekülen besteht darin, dass sie im Gegensatz zu MHC-Klasse-I-Molekülen einen hydrophoben Kanal haben, der auf die Bindung von Kohlenwasserstoffketten spezialisiert ist und ihnen damit die Fähigkeit verleiht, eine Reihe verschiedener Glykolipide zu binden und zu präsentieren.

CD1-Moleküle teilt man ein in Gruppe 1 (CD1a, CD1b und CD1c) und Gruppe 2 (CD1d). CD1e nimmt eine Zwischenstellung ein. Moleküle der Gruppe 1 binden verschiedene

Teil II

---

**MPM aus Mtb**

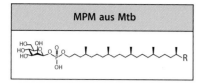

---

**MPM gebunden an CD1c
(Ansicht von oben)**

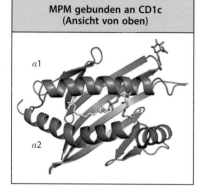

---

**MPM gebunden an CD1c
(Seitenansicht)**

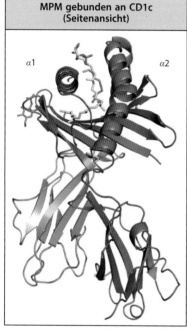

**Abb. 6.27 CD1c bindet mikrobielle Lipide für die Präsentation durch iNKT-Zellen.** *Oben*: Struktur von Mannosyl-$\beta$1-Phosphomycoketiden (MPMs) aus den Zellwänden von *Mycobacterium tuberculosis* (*Mtb*) (R = $C_7H_{15}$) und *M. avium* (R = $C_5H_{11}$). *Mitte*: MPM (Stabmodell), gebunden an CD1c (*violett*), Blick von oben auf die Zelle, die CD1c auf der Oberfläche trägt. *Unten*: Seitenansicht von MPM, das an CD1c gebunden ist. Die generelle Ähnlichkeit mit Peptid:MHC-Komplexen ist offensichtlich. Hinweis: Die lange Acylkette des MPM-Moleküls ragt tief in den bindenden Spalt von CD1c hinein, sogar bis unter die helikale $\alpha$1-Domäne. (Mit freundlicher Genehmigung von E. Adams)

---

**mikrobielle Glykolipide**, Phospholipide und **Lipopeptidantigene** wie die Bestandteile der Mycobakterienmembran Mykolsäure, Glucosemonomykolat, Phosphoinositmannoside und Lipoarabinomannan (▶ Abb. 6.27). Moleküle der Gruppe 2 binden vermutlich hauptsächlich zelleigene Lipidantigene wie **Sphingolipide** und **Diacylglycerine**. Untersuchungen der Struktur zeigten, dass das CD1-Molekül über eine tiefe Bindungsfurche verfügt, in der die Glykolipidantigene binden (▶ Abb. 6.28). Anders als bei der Bindung eines Peptids an ein MHC-Molekül, bei der das Peptid eine lineare, gestreckte Konformation annimmt, binden CD1-Moleküle ihre Antigene, indem sie die jeweilige Alkylkette in dem hydrophoben Spalt verankern. Dadurch wird die variable Kohlenhydratkopfgruppe (oder ein anderer hydrophiler Teil des Moleküls) so orientiert, dass die Molekülgruppe an einem Ende des bindenden Spalts herausragt und so von den T-Zell-Rezeptoren auf CD1-abhängigen T-Zellen erkannt wird.

T-Zellen, die Lipide erkennen, welche von CD1-Molekülen präsentiert werden, zeigen zum großen Teil keine CD8- oder CD4-Expression, wobei einige doch CD4 exprimieren. Die meisten der T-Zellen, denen Lipide von Molekülen der Gruppe 1 präsentiert werden, verfügen über eine andere Ausstattung an $\alpha$:$\beta$-Rezeptoren und reagieren auf diese Lipide, die von CD1a, CD1b und CD1c präsentiert werden. CD1d-abhängige T-Zellen unterscheiden sich dagegen nicht so stark und viele verwenden die gleiche TCR$\alpha$-Kette (beim Menschen $V_\alpha$24–$J_\alpha$18). Sie exprimieren jedoch auch NK-Zell-Rezeptoren. Diese CD1-abhängigen T-Zellen bezeichnet man als **invariante NKT-Zellen** (**iNKT-Zellen**).

Ein Ligand der CD1d-Moleküle ist *$\alpha$-Galactoceramid* (*$\alpha$-GalCer*), das aus einem Meeresschwammextrakt isoliert wurde. Verschiedene Bakterien produzieren verwandte Glykosphingolipide, etwa *Bacteroides fragilis*, das in der normalen Mikroflora des Menschen vorkommt. Wenn $\alpha$-Galactoceramid an CD1d bindet, entsteht eine Struktur, die von vielen iNKT-Zellen erkannt wird. Aufgrund der Fähigkeit der iNKT-Zellen, unterschiedliche Glykolipidbausteine aus Mikroorganismen zu erkennen, die von CD1d-Molekülen präsentiert werden, sind diese Zellen eher dem „angeborenen" Immunsystem zuzuordnen, während sie andererseits wegen ihres durch vollständige Umlagerung gebildeten T-Zell-Rezeptors trotz des relativ begrenzten Repertoires auch zum „adaptiven" System gehören.

Die CD1-Proteine haben sich als separate Linie antigenpräsentierender Moleküle entwickelt, die T-Zellen mikrobielle Lipide und Glykolipide präsentieren können. Genauso wie Peptide an verschiedenen Orten innerhalb der Zelle auf klassische MHC-Moleküle geladen werden können, werden die verschiedenen CD1-Proteine auf unterschiedliche Weise durch das endoplasmatische Reticulum und endocytotische Kompartimente geschleust, wodurch sie Zugang zu Lipidantigenen erhalten. Der Transport wird von einem Aminosäuresequenzmotiv am Ende der cytoplasmatischen Domäne des CD1-Moleküls und dessen Wechselwirkungen mit Adaptorproteinkomplexen (AP) steuert. CD1a fehlt dieses Motiv; es bewegt sich zur Zelloberfläche, wohin es nur durch das frühe endocytotische Kompartiment gelangt. CD1c und CD1d haben Motive, die mit dem Adaptor AP-2 interagieren; sie können von frühen und späten Endosomen transportiert werden. CD1d wird auch zu Lysosomen befördert. CD1b und CD1d der Maus binden AP-2 und AP-3 und können von späten Endosomen, Lysosomen und den MIIC transportiert werden. CD1-Proteine können also Lipide binden, die in den endocytotischen Stoffwechselweg gelangt sind und dort prozessiert wurden, wie es beispielsweise bei der Aufnahme von Mykobakterien oder deren Lipoarabinomannanen geschieht, die von Mannoserezeptoren vermittelt wird.

Aus Sichtweise der Evolution ist es interessant, dass sich anscheinend einige MHC-Klasse-Ib-Gene schon sehr früh entwickelt haben, das heißt schon vor der Trennung der Knorpelfische von der übrigen Linie der Vertebraten, und es gibt wahrscheinlich bei allen Vertebraten dazu homologe Gene. Andere MHC-Klasse-I-Gene haben sich innerhalb der Vertebratenlinien, die bis jetzt untersucht wurden, unabhängig zu klassischen und nichtklassischen Loci entwickelt, etwa bei den Knorpelfischen, Quastenflossern, Strahlenflossern, Amphibien und Säugern. Durch Sequenzanalysen hat man auch bei praktisch allen kiefertragenden Vertebraten zu den MHC-Klasse-I- und -Klasse-II-Familien der Säuger homologe Gene gefunden, beispielsweise bei den Haifischen, Knochenfischen und Vögeln. Andererseits sind die CD1-Gene wahrscheinlich nicht so alt wie andere MHC-Klasse-Ib-

Gene. Man hat sie nur bei einem Teil dieser systematischen Tiergruppen entdeckt und es gib sie anscheinend nicht bei den Fischen. Das Verteilungsmuster der CD1-Gene in den Genomen der rezenten Spezies deutet darauf hin, dass CD1 schon bei einem frühen landlebenden Wirbeltier entstanden sein muss.

### 6.3.4 Das nichtklassische MHC-Klasse-I-Molekül MR1 präsentiert den MAIT-Zellen Stoffwechselprodukte der Folsäure

Ein weiteres nichtklassisches MHC-Klasse-Ib-Molekül ist **MR1** (*MHC-related protein 1*). MR1 bindet an das $\beta_2$-Mikroglobulin und sein Gen liegt außerhalb des MHC-Locus. Die Funktion des Proteins war ursprünglich nur im Zusammenhang mit einer konservierten Population von $\alpha{:}\beta$-T-Zellen bekannt, die man als **mucosaassoziierte invariante T-Zellen (MAIT-Zellen)** bezeichnet. In Abschn. 4.3.8 haben wir die MAIT-Zellen als eine Population von T-Zellen eingeführt, die das CD8$\alpha$-Homodimer exprimieren. Sie sind jedoch insbesondere dadurch gekennzeichnet, dass sie eine invariante $\alpha$-Kette des T-Zell-Rezeptors exprimieren, $V_\alpha 7.2J2\text{-}J_\alpha 33$ beim Menschen oder $V_\alpha 19$ bei der Maus. Diese $\alpha$-Kette lagert sich mit einer begrenzten Anzahl von $V_\beta$-Ketten zusammen, im Allgemeinen $V_\beta 9$ oder $V_\beta 13$. MAIT-Zellen kommen beim Menschen in sehr großer Zahl vor und können bis zu 10 % der Lymphocyten im peripheren Blut und in den peripheren Gefäßen ausmachen, beispielsweise in der Leber. Sie kommen auch in den mesenterialen Lymphknoten und der Darmschleimhaut vor. Untersuchungen an MAIT-Zellen haben gezeigt, dass sie für ihre Entwicklung die Expression von MR1 benötigen und von einem breiten Spektrum von Mikroorganismen aktiviert werden können, beispielsweise verschiedenen Bakterien und Hefen. Als man sie jedoch vor über einem Jahrzehnt entdeckt hatte, war nicht bekannt, welchen Liganden (falls es überhaupt einen gibt) diese Zellen erkennen.

Strukturuntersuchungen von MR1 haben einen wichtigen Hinweis geliefert. Das MR1-Protein hatte sich bei der Produktion *in vitro* als instabil erwiesen, wenn die Zelllinien unter normalen Kulturbedingungen gewachsen sind. Man fand heraus, dass das Protein stabilisiert wurde, wenn man es sich in einem Medium mit B-Vitaminen bzw. **Folsäure** (Vitamin B$_9$) neu falten lässt. Chemische Analysen zeigten, dass ein kleines Molekül, das sich als das Folsäurederivat 6-Formylpterin (6-FP) herausstellte, an das stabilisierte MR1 gebunden war. Durch Röntgenstrukturanalysen erkannte man, dass 6-FP in der zentralen Furche des MR1-Moleküls gebunden war. So ließ sich möglicherweise erklären, wie Folsäurederivate MR1 stabilisieren. MAIT-Zellen werden nicht von Zellen aktiviert, die den G-FP:MR1-Komplex exprimieren. Das deutet darauf hin, dass andere Moleküle die physiologischen Liganden sein müssen, die MAIT-Zellen aktivieren können. Die Analyse von MR1-Molekülen, die in Gegenwart von Überständen aus Kulturen von *Salmonella* Typhimurium neu gefaltet wurden, führte schließlich zur Identifizierung verschiedener Riboflavinmetaboliten, die von den meisten Bakterien und Hefen in Biosynthesewegen produziert werden. Diese Stoffwechselprodukte binden nicht nur an MR1, sondern aktivieren auch die MAIT-Zellen. Diese werden also als Reaktion auf eine Infektion mit den Mikroorganismen aktiviert, indem sie Produkte erkennen, die für den Folsäuremetabolismus der Mikroorganismen spezifisch sind. MAIT-Zellen nehmen daher im Rahmen der angeborenen und adaptiven Immunität ähnlich den iNKT-Zellen eine Zwischenposition ein, da sie einen Antigenrezeptor besitzen, der durch somatische Genumlagerungen gebildet wurde, aber molekulare Strukturen erkennen, die laut Definition eher ein pathogenassoziiertes Muster (PAMP) darstellen.

### 6.3.5 $\gamma{:}\delta$-T-Zellen können eine Reihe verschiedener Liganden erkennen

$\gamma{:}\delta$-T-Zellen und $\alpha{:}\beta$-T-Zellen sind als entwicklungsphysiologisch getrennte Linien bekannt, etwa seitdem man die T-Zell-Rezeptor-Gene entdeckt hat. Anders als bei den $\alpha{:}\beta$-T-Zellen

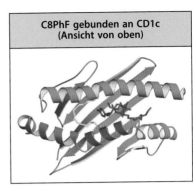

**C8PhF gebunden an CD1c (Ansicht von oben)**

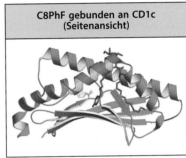

**C8PhF gebunden an CD1c (Seitenansicht)**

**Abb. 6.28 Struktur von CD1d bei der Bindung an ein Lipidantigen.** Dargestellt sind Aufsicht und Seitenansicht der Struktur von CD1d der Maus, gebunden an das synthetische Lipid C8PhF, das zu $\alpha$-GalCer analog ist. Die helikalen Seitenketten von CD1d (*blau*) bilden eine Bindungstasche, die im Prinzip eine ähnliche Form besitzt wie die Bindungstaschen in MHC-Klasse-I- und -Klasse-II-Molekülen. Der C8PhF-Ligand (*rot*) bindet mit einer deutlich anderen Konformation an das CD1-Molekül als die Peptide. Die beiden langen Alkylseitenketten ragen tief in den bindenden Spalt hinein (*Seitenansicht*), wo sie mit hydrophoben Resten in Kontakt treten. Durch diese Orientierung der Alkylseitenketten gelangt die Kohlenhydratkomponente von $\alpha$-GalCer an die äußere Oberfläche von CD1, wo die Molekülgruppe von T-Zell-Rezeptoren erkannt werden kann. Darüber hinaus enthält das CD1-Molekül ein endogenes Lipidmolekül (*gelb*), das aus der Zelle stammt und an eine eigene Region innerhalb des Spalts bindet. Dadurch wird verhindert, dass die große Tasche kollabiert, die sich neben der Bindungsregion für $\alpha$-GalCer befindet. Die Fähigkeit, weitere Liganden in den bindenden Spalt aufzunehmen, verleiht CD1d möglicherweise mehr Flexibilität, um eine Reihe verschiedener exogener Glykosphingolipide von Mikroorganismen aufnehmen zu können. (Mit freundlicher Genehmigung von I. A. Wilson)

**Teil II**

Teil II

| Liganden, die $\gamma{:}\delta$-T-Zellen aktivieren | | |
|---|---|---|
| **Liganden** | **Spezies** | **$\gamma{:}\delta$-Untergruppe** |
| T22, T10 | Maus | verschiedene |
| I-E (MHC-Klasse II) | Maus | Klone |
| Phycoerythrin (PE) | Maus | verschiedene |
| Cardiolipin | Maus | verschiedene |
| Keratinocyten | Maus | dETC-V$\gamma$5V$\delta$1 |
| HSV-gl | Maus | Klon |
| Skint-1 | Maus | V$\gamma$5V$\delta$1 |
| MIC-A/MIC-B | Mensch | Klone |
| ULBP4 | Mensch | V$\gamma$9V$\delta$2 |
| CD1-Sulfatid | Mensch | V$\delta$1 |
| EPCR (Endothelprotein-C-Rezeptor) | Mensch | Klone |
| Phosphoantigene, Aminobisphosphonate | Mensch | V$\gamma$9V$\delta$2 |
| Alkylamine | Mensch | V$\gamma$9V$\delta$2 |

**Abb. 6.29** Liganden, die $\gamma{:}\delta$-T-Zellen aktivieren

ist die Funktion der $\gamma{:}\delta$-T-Zellen immer ein wenig unklar gewesen, vor allem aufgrund der Schwierigkeiten, Liganden zu identifizieren, die von $\gamma{:}\delta$-T-Zellen erkannt werden. Die große Zahl der $\gamma{:}\delta$-T-Zellen überall bei den Spezies der Vertebraten, ihre schnelle Vermehrung, durch die sie bei einer Infektion über 50 % der Lymphocyten im Blut ausmachen, und ihre starke Cytokinproduktion sprechen dafür, dass sie in der Immunität eine wichtige Funktion besitzen. Mit der Zeit hat man jedoch eine Reihe verschiedener Liganden entdeckt, die von $\gamma{:}\delta$-T-Zell-Klonen erkannt werden (▶ Abb. 6.29). Ihre Diversität deutet darauf hin, dass sie wie iNKT- und MAIT-Zellen im Spektrum der angeborenen und adaptiven Immunität eine Zwischenposition einnehmen beziehungsweise eine Übergangsform darstellen.

In Abschn. 4.3.10 haben wir besprochen, wie ein $\gamma{:}\delta$-T-Zell-Rezeptor an das nichtklassische MHC-Klasse-I-Molekül **T22** bindet. Die Bindung erfolgt nicht wie beim $\alpha{:}\beta$-T-Zell-Rezeptor mittig über den peptidbindenden Spalt, sondern der $\gamma{:}\delta$-T-Zell-Rezeptor interagiert schräg von einer Seite mit dem T22-Molekül. Jedoch erkennen weniger als 1 % der $\gamma{:}\delta$-T-Zellen diesen Liganden. Weitere Antigene, die von $\gamma{:}\delta$-T-Zellen der Mäuse erkannt werden, sind das Protein **Phycoerythrin (PE)** aus Algen, das Lipid **Cardiolipin** der inneren Mitochondrienmembran, das Glykoprotein 1 des Herpes-simplex-Virus sowie ein Peptid aus dem Hormon Insulin. Zu den Antigenen, die humane $\gamma{:}\delta$-T-Zellen erkennen, gehören die nichtklassischen MHC-Klasse-I-Proteine **MIC-A** und **ULBP4** sowie der **Endothelprotein-C-Rezeptor (EPCR)**, der von Endothelzellen exprimiert wird. Wie MIC-A und ULBP4 wird auch EPCR anscheinend durch Stress induziert, etwa bei einer Infektion von Zellen mit dem Cytomegalievirus. Das deutet darauf hin, dass reaktive $\gamma{:}\delta$-T-Zellen als angeborener Mechanismus fungieren können – ähnlich den NK-Zellen, die durch stressinduzierte MHC-Klasse-Ib-Moleküle induziert werden. Es gibt einige weitere Antigene, die humane $\gamma{:}\delta$-T-Zellen aktivieren (▶ Abb. 6.29), wobei noch immer nur wenige Strukturinformationen über ihre Wechselwirkungen mit dem T-Zell-Rezeptor verfügbar sind und es bestehen sogar Zweifel, ob eine solche Wechselwirkung immer die Grundlage für eine Aktivierung bildet. Zu diesen aktivierenden Antigenen gehört **Skint-1** (*selection and upkeep of intrepithelial T-cells 1*), ein Protein der Immunglobulinsuperfamilie, das von Thymusepithelzellen und Keratinocyten exprimiert wird. Skint-1 ist anscheinend erforderlich, um die Untergruppe der $V_{\gamma}5$:$V_{\delta}1$-T-Zellen hervorzubringen, die sich im Thymus entwickeln und in die Haut wandern, wo sie zu **dendritischen epidermalen T-Zellen** (dETCs) werden. Einige Befunde deuten darauf hin, dass es zwischen Skint-1 und dem $\gamma$:$\delta$-T-Zell-Rezeptor zu Wechselwirkungen kommt, wobei dafür noch keine Strukturdaten zur Verfügung stehen. Denkbar ist, dass sich die dETC-Zellen in der Haut ansiedeln, weil ihr T-Zell-Rezeptor das Skint-1-Protein erkennt, das von Keratinocyten exprimiert wird. Dort bilden die dETCs wahrscheinlich eine „Übergangsform" der Immunabwehr und werden über angeborene Rezeptoren aktiviert, die während einer Infektion lokal induziert werden.

### Zusammenfassung

Bei der Antigenpräsentation gegenüber nichtkonventionellen Untergruppen der T-Zellen und der $\gamma$:$\delta$-T-Zellen werden allgemein keine Peptid:MHC-Komplexe gebildet. Stattdessen erkennen diese Zellen Oberflächenproteine, beispielsweise ULBP- und RAET1-Proteine, die zellulären Stress, eine Transformation oder eine intrazelluläre Infektion anzeigen können, oder sie erkennen Nichtpeptidantigene, beispielsweise mikrobielle Glykolipide oder Metaboliten der Folsäure, die von CD1-Molekülen präsentiert werden. Innerhalb der MHC-Region gibt es eine große Zahl von Genen, deren Struktur eng mit der von MHC-Klasse-I-Molekülen verwandt ist – der nichtklassische MHC oder die MHC-Klasse Ib. Manche Produkte dieser Gene stehen nicht in Zusammenhang mit dem Immunsystem, aber viele sind an der Erkennung mithilfe aktivierender und hemmender Rezeptoren beteiligt, die von NK-Zellen, $\gamma$:$\delta$-T-Zellen und $\alpha$:$\beta$-T-Zellen exprimiert werden. MHC-Klasse-Ib-Proteine, die als CD1-Moleküle bezeichnet werden, sind außerhalb der MHC-Region codiert. CD1c und CD1d binden Lipid- und Glykolipidantigene und präsentieren sie iNKT-Zellen, die invariante T-Zell-Rezeptoren exprimieren. Die T-Zell-Population der MAIT-Zellen, die beim Menschen in großer Zahl vorkommen, erkennen Vitamin-$B_9$-Metaboliten, die vom MHC-Klasse-Ib-Molekül MRI präsentiert werden. Das deutet darauf hin, dass die MAIT-Zellen eine „Übergangsform" zwischen angeborener und adaptiver Immunität bilden. Entsprechend können viele Antigene, die $\gamma$:$\delta$-T-Zellen aktivieren, Indikatoren für Stress oder Infektionen sein; diese Zellen können Cytokine erzeugen, welche die Reaktionswege der Immunabwehr verstärken.

# Kapitelzusammenfassung

Die Antigenrezeptoren auf konventionellen $\alpha$:$\beta$-T-Zellen erkennen Peptide, die an MHC-Moleküle gebunden sind. MHC-Moleküle werden von Selbst-Peptiden besetzt, die aufgrund verschiedener Toleranzmechanismen normalerweise keine T-Zell-Antwort auslösen. Während einer Infektion werden aus Pathogenen abgeleitete Peptide an MHC-Moleküle gebunden und auf der Zelloberfläche präsentiert, wo sie von T-Zellen erkannt werden, die vorher für den spezifischen Peptid:MHC-Komplex aktiviert und „bewaffnet" wurden. Naive T-Zellen werden aktiviert, wenn sie auf ihr spezifisches Antigen treffen, das ihnen von aktivierten dendritischen Zellen präsentiert wird. Bei den meisten Zellen binden MHC-Klasse-I-Moleküle an Peptide aus Proteinen, die im Cytosol synthetisiert und dann abgebaut wurden. Einige dendritische Zellen können exogene Antigene aufnehmen und verarbeiten und sie danach auf MHC-Klasse-I-Molekülen präsentieren. Dieser Vorgang der Kreuzpräsentation ist bei vielen Virusinfektionen für das Priming der CD8-T-Zellen von großer Bedeutung.

Aufgrund der Zusammenlagerung mit der invarianten Kette Ii können MHC-Klasse-II-Moleküle Peptide aus Proteinen binden, die in endocytotischen Vesikeln abgebaut wurden. Sie können aber auch bei der Autophagie Autoantigene binden. Stabile Peptide werden nach einem Peptid-Editing-Prozess im endocytotischen Kompartiment unter Mitwirkung von HLA-DM und HLA-DO gebunden. CD8-T-Zellen erkennen Peptid:MHC-Klasse-I-Komplexe und werden aktiviert, Zellen zu töten, die fremde Peptide aus cytosolischen Pathogenen, beispielsweise Viren, präsentieren. CD4-T-Zellen erkennen Peptid:MHC-Klasse-II-Komplexe; sie sind spezialisiert, andere Immuneffektorzellen zu aktivieren, beispielsweise B-Zellen oder Makrophagen, die dann gegen fremde Antigene oder Pathogene aktiv werden, die sie aufgenommen haben.

Es gibt für jede Klasse von MHC-Molekülen mehrere Gene, die innerhalb einer größeren Region, dem Haupthistokompatibilitätskomplex (MHC), in Clustern angeordnet sind. Innerhalb des MHC liegen die Gene für die MHC-Moleküle eng gekoppelt mit Genen, die am Abbau von Proteinen zu Peptiden, an der Bildung des Komplexes aus Peptid und MHC-Molekül und am Transport dieser Komplexe zur Zelloberfläche beteiligt sind. Weil die verschiedenen Gene für die MHC-Klasse-I- und -Klasse-II-Moleküle hoch polymorph sind und codominant exprimiert werden, exprimiert jedes Individuum eine Anzahl verschiedener MHC-Klasse-I- und -Klasse-II-Moleküle. Jedes einzelne MHC-Molekül kann eine Reihe von unterschiedlichen Peptiden fest binden, sodass das MHC-Repertoire jedes Individuums viele verschiedene Peptidantigene erkennen und binden kann. Da der T-Zell-Rezeptor einen zusammengesetzten Peptid:MHC-Komplex bindet, zeigen T-Zellen eine MHC-abhängige Antigenerkennung; eine bestimmte T-Zelle ist damit spezifisch für ein bestimmtes Peptid im Komplex mit einem bestimmten MHC-Molekül.

Zu den Untergruppen nichtkonventioneller T-Zellen gehören iNKT-Zellen, MAIT-Zellen und $\gamma{:}\delta$-T-Zellen, die Nichtpeptidliganden verschiedener Art erkennen. Einige CD1-Moleküle binden zelleigene Lipide und aus Pathogenen abgeleitete Lipidmoleküle und präsentieren sie den iNKT-Zellen. MAIT-Zellen erkennen Stoffwechselprodukte von Vitaminen, die für Bakterien und Hefen spezifisch sind und von MR1 präsentiert werden. $\gamma{:}\delta$-T-Zellen werden von einem breiten Spektrum von Liganden aktiviert, etwa von MHC-Klasse-Ib-Molekülen und EPCRs, die jeweils durch eine Infektion oder zellulären Stress induziert werden. Diese Untergruppen der T-Zellen bilden eine „Übergangsform" und besitzen Funktionen zwischen angeborener und adaptiver Immunität, wobei sie über ein Repertoire von Rezeptoren verfügen, die durch somatische Genumlagerung gebildet werden, aber Liganden auf eine Weise erkennen, die eher der Erkennung von pathogenassoziierten Mustern durch TLRs und andere Rezeptoren ähnelt, die uneingeschränkt zur angeborenen Immunität gehören.

## Aufgaben

**6.1  Kurze Antwort:** Dendritische Zellen können exogene Antigene effizient aufnehmen und den T-Zellen auf MHC-Klasse-I-Molekülen präsentieren. Wie unterscheiden sie sich dadurch von allen anderen Körperzellen und warum ist das von Bedeutung?

**6.2  Bitte zuordnen:** Welcher Begriff gehört zu welcher Beschreibung?

| | |
|---|---|
| A. Proteasom | i. verdrängt die konstitutiven $\beta$-Untereinheiten der katalytischen Kammer als Reaktion auf Interferone |
| B. 20S-Core-Komplex | ii. besteht aus einem katalytischen Core-Komplex und zwei regulatorischen 19S-Cap-Komplexen |
| C. LMP2, LMP7, MECL-1 | iii. großer zylindrischer Komplex aus 28 Untereinheiten, die in vier gestapelten Ringen angeordnet sind |
| D. PA28 | iv. markiert Proteine für den Abbau |
| E. Lysin-48-Ubiquitin | v. bindet an das Proteasom und erhöht die Freisetzungsrate der Peptide aus dem Proteasom |

**6.3 Richtig oder falsch:** Die Oberflächenexpression von MHC-Klasse-I-Molekülen wird von der Transportkapazität der Zelle für Peptide in das endoplasmatische Reticulum nicht beeinflusst.

**6.4 Bitte ergänzen:** Polypeptide, die für die Zellmembran bestimmt sind, werden in das Lumen des endoplasmatischen Reticulums transloziert, was jedoch verwirrend ist, da die von MHC-Klasse-Molekülen-I präsentierten Peptide im _____ vorkommen. Weitere Untersuchungen zeigten, dass die Präsentation der cytosolischen Peptide von einer Familie von ABC-Transportproteinen (_____) ermöglicht wird, die den ATP-abhängigen Transport von Peptiden in das Lumen des _____ bewerkstelligen. Dieser Transporterkomplex besitzt nur eine begrenzte Spezifität für die transportierten Peptide; so sind beispielsweise die Peptide im Allgemeinen _____ Aminosäuren lang und der Transport wird bei _____ Resten im Carboxyterminus begünstigt und bei _____ Resten in den ersten _____ aminoterminalen Aminosäuren gehemmt.

**6.5 Multiple Choice:** Dendritische CD8-Zellen besitzen die besondere Eigenschaft, Antigene sehr effektiv in Form einer Kreuzpräsentation darzubieten. Welche der folgenden Kombinationen beinhaltet einen Transkriptionsfaktor, der für die Entwicklung der dendritischen CD8-Zellen essenziell ist, und einen nur von diesen Zellen exprimierten Oberflächenmarker?
**A.** CIITA, CD74
**B.** BATF3, CD4
**C.** CIITA, CD94
**D.** BATF3, XCR1

**6.6 Bitte zuordnen:** Welcher Begriff gehört zu welcher Beschreibung?

**A.** TRIC

**i.** hält die $\alpha$-Kette der MHC-Klasse-I-Moleküle in einem teilweise gefalteten Zustand

**B.** ERAAP

**ii.** schützt Peptide, die im Cytosol erzeugt werden, vor einem vollständigen Abbau

**C.** Calnexin

**iii.** bildet eine Brücke zwischen dem MHC-Klasse-I-Molekül und dem TAP-Komplex

**D.** ERp57

**iv.** verkürzt den Aminoterminus von Peptiden, die für eine Bindung durch MHC zu lang sind

**E.** Tapasin

**v.** öffnet und schließt während der Peptidbeladung Disulfidbrücken in der MHC-Klasse-I-$\alpha$-Domäne

**6.7 Richtig oder falsch:** MHC-Klasse-II-Moleküle präsentieren keine cytosolischen Antigene.

**6.8 Bitte zuordnen:** In welcher Reihenfolge geht die MHC-Klasse-II-Prozessierung in einer antigenpräsentierenden Zelle vor sich?
_____ Abspaltung der Trimerisierungsdomäne CD74
_____ Translokation des MHC-Klasse-II-Moleküls in das endoplasmatische Reticulum
_____ Cathepsin S spaltet LIP22 und das CLIP-Fragment verbleibt auf dem MHC-Molekül
_____ CD74-Trimere binden nichtkovalent an MHC-Klasse-II-$\alpha$:$\beta$-Heterodimere
_____ HLA-DM katalysiert die Freisetzung von CLIP und stimuliert das Peptid-Editing
_____ Calnexin setzt MHC-Klasse-II-Heterodimere für den Transport zu einem endosomalen Kompartiment mit niedrigem pH-Wert frei

**6.9 Multiple Choice:** Bei welchem der folgenden Proteine führt eine Funktionsstörung dazu, dass kein Priming von CD8-T-Zellen mehr möglich ist?
A. HLA-DM
B. Cathepsin S
C. TAP1/2
D. CD74

**6.10 Multiple Choice:** Eine Funktionsstörung in welchem der folgenden Proteine führt dazu, dass die Präsentation cytosolischer Peptide durch MHC-Klasse-II-Moleküle reduziert ist?
A. IRGM3
B. BATF3
C. MARCH-1
D. TAP1/2

**6.11 Richtig oder falsch:** Superantigene induzieren keine adaptive Immunantwort und wirken unabhängig von peptidspezifischen MHC-TCR-Wechselwirkungen?

**6.12 Multiple Choice:** Welche der folgenden Aussagen ist falsch?
A. Polymorphismen an jedem Locus können potenziell die Anzahl der verschiedenen MHC-Moleküle verdoppeln, die ein Individuum exprimieren kann.
B. Pathogene können dem Immunsystem entkommen, indem das immundominante Epitop mutiert, wodurch die Affinität des zugehörigen MHC-Allel-Produkts verlorengeht.
C. Pathogene verursachen keinen Evolutionsdruck zur Selektion von MHC-Allelen, die einen Schutz gegenüber diesen Pathogenen bewirken.
D. Die DRα-Kette und das homologe Protein der Maus Eα sind monomorph.

**6.13 Richtig oder falsch:** Klassische MHC-Klasse-I-Moleküle sind hochgradig polymorph, während MHC-Klasse-Ib-Moleküle oligomorph sind.

**6.14 Bitte zuordnen:** Welche Beschreibung gehört zu welchem MHC-Klasse-Ib-Molekül?

A. H2-M3
B. MIC-A
C. CD1d
D. MR1

i.   präsentiert mikrobielle Folsäuremetaboliten
ii.  bindet α-GalCer
iii. präsentiert *N*-formylierte Peptide
iv.  bindet NKG2D

# Literatur

## Allgemeine Literatur

- Germain, R.N.: **MHC-dependent antigen processing and peptide presentation: providing ligands for T lymphocyte activation.** *Cell* 1994, **76**:287–299.
- Klein, J.: **Natural History of the Major Histocompatibility Complex.** New York: Wiley, 1986.
- Moller, G. (ed.): **Origin of major histocompatibility complex diversity.** *Immunol. Rev.* 1995, **143**:5–292.

■ Trombetta, E.S. and Mellman, I.: **Cell biology of antigen processing** *in vitro* **and** *in vivo*. *Annu. Rev. Immunol.* 2005, **23**:975–1028.

## Literatur zu den einzelnen Abschnitten

### Abschnitt 6.1.1

■ Guermonprez, P., Valladeau, J., Zitvogel, L., Théry, C., and Amigorena, S.: **Antigen presentation and T cell stimulation by dendritic cells.** *Annu. Rev. Immunol.* 2002, **20**:621–667.

■ Lee, H.K., Mattei, L.M., Steinberg, B.E., Alberts, P., Lee, Y.H., Chervonsky, A., Mizushima, N., Grinstein, S., and Iwasaki, A.: *In vivo* **requirement for Atg5 in antigen presentation by dendritic cells.** *Immunity* 2010, **32**:227–239.

■ Segura, E. and Villadangos, J.A.: **Antigen presentation by dendritic cells** *in vivo*. *Curr. Opin. Immunol.* 2009, **21**:105–110.

■ Vyas, J.M., Van der Veen, A.G., and Ploegh, H.L.: **The known unknowns of anti-gen processing and presentation.** *Nat. Rev. Immunol.* 2008, **8**:607–618.

### Abschnitt 6.1.2

■ Basler, M., Kirk. C.J., and Groettrup, M.: **The immunoproteasome in antigen processing and other immunological functions.** *Curr. Opin. Immunol.* 2013, **25**:74–80.

■ Brocke, P., Garbi, N., Momburg, F., and Hammerling, G.J.: **HLA-DM, HLA-DO and tapasin: functional similarities and differences.** *Curr. Opin. Immunol.* 2002, **14**:22–29.

■ Cascio, P., Call, M., Petre, B.M., Walz, T., and Goldberg, A.L.: **Properties of the hybrid form of the 26S proteasome containing both 19S and PA28 complexes.** *EMBO J.* 2002, **21**:2636–2645.

■ Gromme, M. and Neefjes, J.: **Antigen degradation or presentation by MHC class I molecules via classical and non-classical pathways.** *Mol. Immunol.* 2002, **39**:181–202.

■ Goldberg, A.L., Cascio, P., Saric, T., and Rock, K.L.: **The importance of the proteasome and subsequent proteolytic steps in the generation of antigenic peptides.** *Mol. Immunol.* 2002, **39**:147–164.

■ Hammer, G.E., Gonzalez, F., Champsaur, M., Cado, D., and Shastri, N.: **The aminopeptidase ERAAP shapes the peptide repertoire displayed by major histocompatibility complex class I molecules.** *Nat. Immunol.* 2006, **7**:103–112.

■ Hammer, G.E., Gonzalez, F., James, E., Nolla, H., and Shastri, N.: **In the absence of aminopeptidase ERAAP, MHC class I molecules present many unstable and highly immunogenic peptides.** *Nat. Immunol.* 2007, **8**:101–108.

■ Murata, S., Sasaki, K., Kishimoto, T., Niwa, S., Hayashi, H., Takahama, Y., and Tanaka, K.: **Regulation of CD8+ T cell development by thymus-specific proteasomes.** Science 2007, 316:1349–1353.

■ Schubert, U., Anton, L.C., Gibbs, J., Norbury, C.C., Yewdell, J.W., and Bennink, J.R.: **Rapid degradation of a large fraction of newly synthesized proteins by proteasomes.** *Nature* 2000, **404**:770–774.

■ Serwold, T., Gonzalez, F., Kim, J., Jacob, R., and Shastri, N.: **ERAAP customizes peptides for MHC class I molecules in the endoplasmic reticulum.** *Nature* 2002, **419**:480–483.

■ Shastri, N., Schwab, S., and Serwold, T.: **Producing nature's gene-chips: the generation of peptides for display by MHC class I molecules.** *Annu. Rev. Immunol.* 2002, **20**:463–493.

Teil II

■ Sijts, A., Sun, Y., Janek, K., Kral, S., Paschen, A., Schadendorf, D., and Kloetzel, P.M.: **The role of the proteasome activator PA28 in MHC class I antigen processing.** *Mol. Immunol.* 2002, **39**:165–169.

■ Vigneron, N., Stroobant, V., Chapiro, J., Ooms, A., Degiovanni, G., Morel, S., van der Bruggen, P., Boon, T., and Van den Eynde, B.J.: **An antigenic peptide produced by peptide splicing in the proteasome.** *Science* 2004, **304**:587–590.

■ Villadangos, J.A.: **Presentation of antigens by MHC class II molecules: getting the most out of them.** *Mol. Immunol.* 2001, **38**:329–346.

■ Williams, A., Peh, C.A., and Elliott, T.: **The cell biology of MHC class I antigen presentation.** *Tissue Antigens* 2002, **59**:3–17.

## Abschnitt 6.1.3

■ Gorbulev, S., Abele, R., and Tampe, R.: **Allosteric crosstalk between peptide-binding, transport, and ATP hydrolysis of the ABC transporter TAP.** *Proc. Natl Acad. Sci. USA* 2001, **98**:3732–3737.

■ Kelly, A., Powis, S.H., Kerr, L.A., Mockridge, I., Elliott, T., Bastin, J., Uchanska-Ziegler, B., Ziegler, A., Trowsdale, J., and Townsend, A.: **Assembly and function of the two ABC transporter proteins encoded in the human major histocompatibility complex.** *Nature* 1992, **355**:641–644.

■ Lankat-Buttgereit, B. and Tampe, R.: **The transporter associated with anti-gen processing: function and implications in human diseases.** *Physiol. Rev.* 2002, **82**:187–204.

■ Powis, S.J., Townsend, A.R., Deverson, E. V., Bastin, J., Butcher, G.W., and Howard, J.C.: **Restoration of antigen presentation to the mutant cell line RMA-S by an MHC-linked transporter.** *Nature* 1991, **354**:528–531.

■ Townsend, A., Ohlen, C., Foster, L., Bastin, J., Lunggren, H.G., and Karre, K.: **A mutant cell in which association of class I heavy and light chains is induced by viral peptides.** *Cold Spring Harbor Symp. Quant. Biol.* 1989, **54**:299–308.

## Abschnitt 6.1.4

■ Bouvier, M.: **Accessory proteins and the assembly of human class I MHC molecules: a molecular and structural perspective.** *Mol. Immunol.* 2003, **39**:697–706.

■ Gao, B., Adhikari, R., Howarth, M., Nakamura, K., Gold, M.C., Hill, A.B., Knee, R., Michalak, M., and Elliott, T.: **Assembly and antigen-presenting function of MHC class I molecules in cells lacking the ER chaperone calreticulin.** *Immunity* 2002, **16**:99–109.

■ Grandea III, A.G. and Van Kaer, L.: **Tapasin: an ER chaperone that controls MHC class I assembly with peptide.** *Trends Immunol.* 2001, **22**:194–199.

■ Van Kaer, L.: **Accessory proteins that control the assembly of MHC molecules with peptides.** *Immunol. Res.* 2001, **23**:205–214.

■ Williams, A., Peh, C.A., and Elliott, T.: **The cell biology of MHC class I antigen presentation.** *Tissue Antigens* 2002, **59**:3–17.

■ Williams, A.P., Peh, C.A., Purcell, A.W., McCluskey, J., and Elliott, T.: **Optimization of the MHC class I peptide cargo is dependent on tapasin.** *Immunity* 2002, **16**:509–520.

■ Zhang, W., Wearsch, P.A., Zhu, Y., Leonhardt, R.M., and Cresswell P.: **A role for UDP-glucose glycoprotein glucosyltransferase in expression and quality control of MHC class I molecules.** *Proc. Natl Acad. Sci. USA* 2011, **108**:4956–4961.

## Abschnitt 6.1.5

■ Ackerman, A.L. and Cresswell, P.: **Cellular mechanisms governing cross-presentation of exogenous antigens.** *Nat. Immunol.* 2004, **5**:678–684.

■ Bevan, M.J.: **Minor H antigens introduced on H-2 different stimulating cells cross-react at the cytotoxic T cell level during *in vivo* priming.** *J. Immunol.* 1976, **117**:2233–2238.

- Bevan, M.J.: **Helping the CD8⁺ T cell response.** *Nat. Rev. Immunol.* 2004, **4**:595–602.
- Hildner, K., Edelson, B.T., Purtha, W.E., Diamond, M., Matsushita, H., Kohyama, M., Calderon, B., Schraml, B.U., Unanue, E.R., Diamond, M.S., *et al.*: **Batf3 deficiency reveals a critical role for CD8α⁺ dendritic cells in cytotoxic T cell immunity.** *Science* 2008, **322**:1097–1100.
- Segura, E. and Villadangos, J.A.: **A modular and combinatorial view of the antigen cross-presentation pathway in dendritic cells.** *Traffic* 2011, **12**:1677–1685.

## Abschnitt 6.1.6

- Dengjel, J., Schoor, O., Fischer, R., Reich, M., Kraus, M., Müller, M., Kreymborg, K., Altenberend, F., Brandenburg, J., Kalbacher, H., *et al.*: **Autophagy promotes MHC class II presentation of peptides from intracellular source proteins.** *Proc. Natl Acad. Sci. USA* 2005, **102**:7922–7927.
- Deretic, V., Saitoh, T., and Akira, S.: **Autophagy in infection, inflammation and immunity.** *Nat. Rev. Immunol.* 2013, **13**:722–737.
- Godkin, A.J., Smith, K.J., Willis, A., Tejada-Simon, M.V., Zhang, J., Elliott, T., and Hill, A.V.: **Naturally processed HLA class II peptides reveal highly conserved immunogenic flanking region sequence preferences that reflect antigen processing rather than peptide–MHC interactions.** *J. Immunol.* 2001, **166**:6720–6727.
- Hiltbold, E.M. and Roche, P.A.: **Trafficking of MHC class II molecules in the late secretory pathway.** *Curr. Opin. Immunol.* 2002, **14**:30–35.
- Hsieh, C.S., deRoos, P., Honey, K., Beers, C., and Rudensky, A.Y.: **A role for cathepsin L and cathepsin S in peptide generation for MHC class II presentation.** *J. Immunol.* 2002, **168**:2618–2625.
- Lennon-Duménil, A.M., Bakker, A.H., Wolf-Bryant, P., Ploegh, H.L., and Lagaudrière-Gesbert, C.: **A closer look at proteolysis and MHC-class-II-restricted antigen presentation.** *Curr. Opin. Immunol.* 2002, **14**:15–21.
- Li, P., Gregg, J.L., Wang, N., Zhou, D., O'Donnell, P., Blum, J.S., and Crotzer, V.L.: **Compartmentalization of class II antigen presentation: contribution of cytoplasmic and endosomal processing.** *Immunol. Rev.* 2005, **207**:206–217.
- Maric, M., Arunachalam, B., Phan, U.T., Dong, C., Garrett, W.S., Cannon, K.S., Alfonso, C., Karlsson, L., Flavell, R.A., and Cresswell, P.: **Defective antigen processing in GILT-free mice.** *Science* 2001, **294**:1361–1365.
- Münz, C.: **Enhancing immunity through autophagy.** *Annu. Rev. Immunol.* 2009, **27**:423–449.
- Pluger, E.B., Boes, M., Alfonso, C., Schroter, C.J., Kalbacher, H., Ploegh, H.L., and Driessen, C.: **Specific role for cathepsin S in the generation of antigenic peptides *in vivo*.** *Eur. J. Immunol.* 2002, **32**:467–476.

## Abschnitt 6.1.7

- Gregers, T.F., Nordeng, T.W., Birkeland, H.C., Sandlie, I., and Bakke, O.: **The cytoplasmic tail of invariant chain modulates antigen processing and presentation.** *Eur. J. Immunol.* 2003, **33**:277–286.
- Hiltbold, E.M. and Roche, P.A.: **Trafficking of MHC class II molecules in the late secretory pathway.** *Curr. Opin. Immunol.* 2002, **14**:30–35.
- Kleijmeer, M., Ramm, G., Schuurhuis, D., Griffith, J., Rescigno, M., Ricciardi-Castagnoli, P., Rudensky, A.Y., Ossendorp, F., Melief, C.J., Stoorvogel, W., *et al.*: **Reorganization of multivesicular bodies regulates MHC class II antigen presentation by dendritic cells.** *J. Cell Biol.* 2001, **155**:53–63.
- van Lith, M., van Ham, M., Griekspoor, A., Tjin, E., Verwoerd, D., Calafat, J., Janssen, H., Reits, E., Pastoors, L., and Neefjes, J.: **Regulation of MHC class II antigen presentation by sorting of recycling HLA-DM/DO and class II within the multivesicular body.** *J. Immunol.* 2001, **167**:884–892.

## Abschnitt 6.1.8

- Alfonso, C. and Karlsson, L.: **Nonclassical MHC class II molecules.** *Annu. Rev. Immunol.* 2000, **18**:113–142.
- Apostolopoulos, V., McKenzie, I.F., and Wilson, I. A.: **Getting into the groove: unusual features of peptide binding to MHC class I molecules and implications in vaccine design.** *Front. Biosci.* 2001, **6**:D1311–D1320.
- Buslepp, J., Zhao, R., Donnini, D., Loftus, D., Saad, M., Appella, E., and Collins, E.J.: **T cell activity correlates with oligomeric peptide-major histocompatibility complex binding on T cell surface.** *J. Biol. Chem.* 2001, **276**:47320–47328.
- Gu, Y., Jensen, P.E., and Chen, X.: **Immunodeficiency and autoimmunity in H2-O-deficient mice.** *J. Immunol.* 2013, **190**:126–137.
- Hill, J.A., Wang, D., Jevnikar, A.M., Cairns, E., and Bell, D.A.: **The relationship between predicted peptide-MHC class II affinity and T-cell activation in a HLA-DRβ1*0401 transgenic mouse model.** *Arthritis Res. Ther.* 2003, **5**:R40–R48.
- Mellins, E.D. and Stern, L.J.: **HLA-DM and HLA-DO, key regulators of MHC-II processing and presentation.** *Curr. Opin. Immunol.* 2014, **26**:115–122.
- Nelson, C.A., Vidavsky, I., Viner, N.J., Gross, M.L., and Unanue, E.R.: **Amino-terminal trimming of peptides for presentation on major histocompatibility complex class II molecules.** *Proc. Natl Acad. Sci. USA* 1997, **94**:628–633.
- Pathak, S.S., Lich, J.D., and Blum, J.S.: **Cutting edge: editing of recycling class II:peptide complexes by HLA-DM.** *J. Immunol.* 2001, **167**:632–635.
- Pos, W., Sethi, D.K., Call, M.J., Schulze, M.S., Anders, A.K., Pyrdol, J., and Wucherpfennig, K.W.: **Crystal structure of the HLA-DM-HLA-DR1 complex defines mechanisms for rapid peptide selection.** *Cell* 2012, **151**:1557–1568.
- Qi, L. and Ostrand-Rosenberg, S.: **H2-O inhibits presentation of bacterial superantigens, but not endogenous self antigens.** *J. Immunol.* 2001, **167**:1371–1378.
- Su, R.C. and Miller, R.G.: **Stability of surface H-2Kb, H-2Db, and peptide-receptive H-2K$^b$ on splenocytes.** *J. Immunol.* 2001, **167**:4869–4877.
- Zarutskie, J.A., Busch, R., Zavala-Ruiz, Z., Rushe, M., Mellins, E.D., and Stern, L.J.: **The kinetic basis of peptide exchange catalysis by HLA-DM.** *Proc. Natl Acad. Sci. USA* 2001, **98**:12450–12455.

## Abschnitt 6.1.9

- Baravalle, G., Park, H., McSweeney, M., Ohmura-Hoshino, M., Matsuki, Y., Ishido, S., and Shin, J.S.: **Ubiquitination of CD86 is a key mechanism in regulating anti-gen presentation by dendritic cells.** *J. Immunol.* 2011, **187**:2966–2973.
- De Gassart, A., Camosseto, V., Thibodeau, J., Ceppi, M., Catalan, N., Pierre, P., and Gatti, E.: **MHC class II stabilization at the surface of human dendritic cells is the result of maturation-dependent MARCH I down-regulation.** *Proc. Natl Acad. Sci. USA* 2008, **105**:3491–3496.
- Jiang, X. and Chen, Z.J.: **The role of ubiquitylation in immune defence and pathogen evasion.** *Nat. Rev. Immunol.* 2012, **12**:35–48.
- Ma, J.K., Platt, M.Y., Eastham-Anderson, J., Shin, J.S., and Mellman, I.: **MHC class II distribution in dendritic cells and B cells is determined by ubiquitin chain length.** *Proc. Natl Acad. Sci. USA* 2012, **109**:8820–8827.
- Ohmura-Hoshino, M., Matsuki, Y., Mito-Yoshida, M., Goto, E., Aoki-Kawasumi, M., Nakayama, M., Ohara, O., and Ishido, S.: **Cutting edge: requirement of MARCH-I-mediated MHC II ubiquitination for the maintenance of conventional dendritic cells.** *J. Immunol.* 2009, **183**:6893–6897.
- Walseng, E., Furuta, K., Bosch, B., Weih, K. A., Matsuki, Y., Bakke, O., Ishido, S., and Roche, P.A.: **Ubiquitination regulates MHC class II-peptide complex retention and degradation in dendritic cells.** *Proc. Natl Acad. Sci. USA* 2010, **107**:20465–20470.

Teil II

## Abschnitt 6.2.1

■ Aguado, B., Bahram, S., Beck, S., Campbell, R.D., Forbes, S.A., Geraghty, D., Guillaudeux, T., Hood, L., Horton, R., Inoko, H., *et al.* (the MHC Sequencing Consortium): **Complete sequence and gene map of a human major histocom-patibility complex.** *Nature* 1999, **401**:921–923.

■ Chang, C.H., Gourley, T.S., and Sisk, T.J.: **Function and regulation of class II trans-activator in the immune system.** *Immunol. Res.* 2002, **25**:131–142.

■ Kumnovics, A., Takada, T., and Lindahl, K.F.: **Genomic organization of the mammalian MHC.** *Annu. Rev. Immunol.* 2003, **21**:629–657.

■ Lefranc, M.P.: **IMGT, the international ImMunoGeneTics database.** *Nucleic Acids Res.* 2003, **31**:307–310.


## Abschnitt 6.2.2

■ Gaur, L.K. and Nepom, G.T.: **Ancestral major histocompatibility complex DRB genes beget conserved patterns of localized polymorphisms.** *Proc. Natl Acad. Sci. USA* 1996, **93**:5380–5383.

■ Marsh, S.G.: **Nomenclature for factors of the HLA system, update December 2002.** *Eur. J. Immunogenet.* 2003, **30**:167–169.

■ Robinson, J. and Marsh, S.G.: **HLA informatics. Accessing HLA sequences from sequence databases.** *Methods Mol. Biol.* 2003, **210**:3–21.


## Abschnitt 6.2.3

■ Falk, K., Rotzschke, O., Stevanovic, S., Jung, G., and Rammensee, H.G.: **Allele-specific motifs revealed by sequencing of self-peptides eluted from MHC molecules.** *Nature* 1991, **351**:290–296.

■ Garcia, K.C., Degano, M., Speir, J.A., and Wilson, I. A.: **Emerging principles for T cell receptor recognition of antigen in cellular immunity.** *Rev. Immunogenet.* 1999, **1**:75–90.

■ Katz, D.H., Hamaoka, T., Dorf, M. E., Maurer, P.H., and Benacerraf, B.: **Cell interactions between histoincompatible T and B lymphocytes. IV. Involvement of immune response (Ir) gene control of lymphocyte interaction controlled by the gene.** *J. Exp. Med.* 1973, **138**:734–739.

■ Kjer-Nielsen, L., Clements, C.S., Brooks, A.G., Purcell, A.W., Fontes, M.R., McCluskey, J., and Rossjohn, J.: **The structure of HLA-B8 complexed to an immunodominant viral determinant: peptide-induced conformational changes and a mode of MHC class I dimerization.** *J. Immunol.* 2002, **169**:5153–5160.

■ Wang, J.H. and Reinherz, E.L.: **Structural basis of T cell recognition of peptides bound to MHC molecules.** *Mol. Immunol.* 2002, **38**:1039–1049.

■ Zinkernagel, R.M. and Doherty, P.C.: **Restriction of *in vivo* T-cell mediated cytotoxicity in lymphocytic choriomeningitis within a syngeneic or semiallogeneic system.** *Nature* 1974, **248**:701–702.


## Abschnitt 6.2.4

■ Felix, N.J. and Allen, P.M.: **Specificity of T-cell alloreactivity.** *Nat. Rev. Immunol.* 2007, **7**:942–953.

■ Feng, D., Bond, C.J., Ely, L.K., Maynard, J., and Garcia, K.C.: **Structural evidence for a germline-encoded T cell receptor–major histocompatibility complex interaction 'codon.'** *Nat. Immunol.* 2007, **8**:975–993.

■ Hennecke, J. and Wiley, D.C.: **Structure of a complex of the human α/β T cell receptor (TCR) HA1.7, influenza hemagglutinin peptide, and major histocom-patibility complex class II molecule, HLA-DR4 (DRA*0101 and DRB1*0401): insight into TCR cross-restriction and alloreactivity.** *J. Exp. Med.* 2002, **195**:571–581.

Teil II

■ Jankovic, V., Remus, K., Molano, A., and Nikolich-Zugich, J.: **T cell recognition of an engineered MHC class I molecule: implications for peptide-independent alloreactivity.** *J. Immunol.* 2002, **169**:1887–1892.

■ Nesic, D., Maric, M., Santori, F.R., and Vukmanovic, S.: **Factors influencing the patterns of T lymphocyte allorecognition.** *Transplantation* 2002, **73**:797–803.

■ Reiser, J.B., Darnault, C., Guimezanes, A., Gregoire, C., Mosser, T., Schmitt-Verhulst, A.M., Fontecilla-Camps, J.C., Malissen, B., Housset, D., and Mazza, G.: **Crystal structure of a T cell receptor bound to an allogeneic MHC molecule.** *Nat. Immunol.* 2000, **1**:291–297.

■ Rötzschke, O., Falk, K., Faath, S., Rammensee, H.G.: **On the nature of peptides involved in T cell alloreactivity.** *J. Exp. Med.* 1991, **174**:1059–1071.

■ Speir, J.A., Garcia, K.C., Brunmark, A., Degano, M., Peterson, P.A., Teyton, L., and Wilson, I. A.: **Structural basis of 2C TCR allorecognition of H-2Ld peptide complexes.** *Immunity* 1998, **8**:553–562.

### Abschnitt 6.2.5

■ Acha-Orbea, H., Finke, D., Attinger, A., Schmid, S., Wehrli, N., Vacheron, S., Xenarios, I., Scarpellino, L., Toellner, K.M., MacLennan, I.C., *et al.*: **Interplays between mouse mammary tumor virus and the cellular and humoral immune response.** *Immunol. Rev.* 1999, **168**:287–303.

■ Kappler, J.W., Staerz, U., White, J., and Marrack, P.: **T cell receptor Vb elements which recognize Mls-modified products of the major histocompatibility complex.** *Nature* 1988, **332**:35–40.

■ Rammensee, H.G., Kroschewski, R., and Frangoulis, B.: **Clonal anergy induced in mature Vβ6⁺ T lymphocytes on immunizing Mls-1b mice with Mls-1a expressing cells.** *Nature* 1989, **339**:541–544.

■ Spaulding, A.R., Salgado-Pabón, W., Kohler, P.L., Horswill, A.R., Leung, D.Y., and Schlievert, P.M.: **Staphylococcal and streptococcal superantigen exotoxins.** *Clin. Microbiol. Rev.* 2013, **26**:422–447.

■ Sundberg, E.J., Li, H., Llera, A.S., McCormick, J.K., Tormo, J., Schlievert, P.M., Karjalainen, K., and Mariuzza, R.A.: **Structures of two streptococcal superantigens bound to TCR β chains reveal diversity in the architecture of T cell signaling complexes.** *Structure* 2002, **10**:687–699.

■ Torres, B.A., Perrin, G.Q., Mujtaba, M.G., Subramaniam, P.S., Anderson, A.K., and Johnson, H.M.: **Superantigen enhancement of specific immunity: antibody production and signaling pathways.** *J. Immunol.* 2002, **169**:2907–2914.

■ White, J., Herman, A., Pullen, A.M., Kubo, R., Kappler, J.W., and Marrack, P.: **The Vβ-specific super antigen staphylococcal enterotoxin B: stimulation of mature T cells and clonal deletion in neonatal mice.** *Cell* 1989, **56**:27–35.

### Abschnitt 6.2.6

■ Hill, A.V., Elvin, J., Willis, A.C., Aidoo, M., Allsopp, C.E.M., Gotch, F.M., Gao, X.M., Takiguchi, M., Greenwood, B.M., Townsend, A.R.M., *et al.*: **Molecular anal-ysis of the association of B53 and resistance to severe malaria.** *Nature* 1992, **360**:435–440.

■ Martin, M.P. and Carrington, M.: **Immunogenetics of viral infections.** *Curr. Opin. Immunol.* 2005, **17**:510–516.

■ Messaoudi, I., Guevara Patino, J.A., Dyall, R., LeMaoult, J., and Nikolich-Zugich, J.: **Direct link between *mhc* polymorphism, T cell avidity, and diversity in immune defense.** *Science* 2002, **298**:1797–1800.

■ Potts, W.K. and Slev, P.R.: **Pathogen-based models favouring MHC genetic diversity.** *Immunol. Rev.* 1995, **143**:181–197.

## Abschnitt 6.3.1

- Alfonso, C. and Karlsson, L.: **Nonclassical MHC class II molecules.** *Annu. Rev. Immunol.* 2000, **18**:113–142.
- Hofstetter, A.R., Sullivan, L.C., Lukacher, A.E., and Brooks, A.G..: **Diverse roles of non-diverse molecules: MHC class Ib molecules in host defense and control of autoimmunity.** *Curr. Opin. Immunol.* 2011, **23**:104–110.
- Loconto, J., Papes, F., Chang, E., Stowers, L., Jones, E.P., Takada, T., Kumánovics, A., Fischer Lindahl, K., and Dulac, C.: **Functional expression of murine V2R pheromone receptors involves selective association with the M10 and M1 families of MHC class Ib molecules.** *Cell* 2003, **112**:607–118.
- Powell, L.W., Subramaniam, V.N., and Yapp, T.R.: **Haemochromatosis in the new millennium.** *J. Hepatol.* 2000, **32**:48–62.

## Abschnitt 6.3.2

- Borrego, F., Kabat, J., Kim, D.K., Lieto, L., Maasho, K., Pena, J., Solana, R., and Coligan, J.E.: **Structure and function of major histocompatibility complex (MHC) class I specific receptors expressed on human natural killer (NK) cells.** *Mol. Immunol.* 2002, **38**:637–660.
- Boyington, J.C., Riaz, A.N., Patamawenu, A., Coligan, J.E., Brooks, A.G., and Sun, P.D.: **Structure of CD94 reveals a novel C-type lectin fold: implications for the NK cell-associated CD94/NKG2 receptors.** *Immunity* 1999, **10**:75–82.
- Braud, V.M., Allan, D.S., O'Callaghan, C.A., Söderström, K., D'Andrea, A., Ogg, G.S., Lazetic, S., Young, N.T., Bell, J.I., Phillips, J.H., *et al.*: **HLA-E binds to natural killer cell receptors CD94/NKG2A, B and C.** *Nature* 1998, **391**:795–799.
- Braud, V.M. and McMichael, A.J.: **Regulation of NK cell functions through interaction of the CD94/NKG2 receptors with the nonclassical class I molecule HLA-E.** *Curr. Top. Microbiol. Immunol.* 1999, **244**:85–95.
- Jiang, H., Canfield, S.M., Gallagher, M.P., Jiang, H.H., Jiang, Y., Zheng, Z., and Chess, L.: **HLA-E-restricted regulatory CD8(+) T cells are involved in development and control of human autoimmune type 1 diabetes.** *J. Clin. Invest.* 2010, **120**:3641–3650.
- Lanier, L.L.: **NK cell recognition.** *Annu. Rev. Immunol.* 2005, **23**:225–274.
- Lopez-Botet, M., and Bellon, T.: **Natural killer cell activation and inhibition by receptors for MHC class I.** *Curr. Opin. Immunol.* 1999, **11**:301–307.
- Lopez-Botet, M. Bellon, T., Llano, M., Navarro, F., Garcia, P., and de Miguel, M.: **Paired inhibitory and triggering NK cell receptors for HLA class I molecules.** *Hum. Immunol.* 2000, **61**:7–17.
- Lopez-Botet, M., Llano, M., Navarro, F., and Bellon, T.: **NK cell recognition of nonclassical HLA class I molecules.** *Semin. Immunol.* 2000, **12**:109–119.
- Lu, L., Ikizawa, K., Hu, D., Werneck, M.B., Wucherpfennig, K.W., and Cantor, H.: **Regulation of activated CD4+ T cells by NK cells via the Qa-1-NKG2A inhibitory pathway.** *Immunity* 2007, **26**:593–604.
- Pietra, G., Romagnani, C., Moretta, L., and Mingari, M.C.: **HLA-E and HLA-E-bound peptides: recognition by subsets of NK and T cells.** *Curr. Pharm. Des.* 2009, **15**:3336–3344.
- Rodgers, J.R. and Cook, R.G.: **MHC class Ib molecules bridge innate and acquired immunity.** *Nat. Rev. Immunol.* 2005, **5**:459–471.

## Abschnitt 6.3.3

- Gendzekhadze, K., Norman, P.J., Abi-Rached, L., Graef, T., Moesta, A.K., Layrisse, Z., and Parham, P.: **Co-evolution of KIR2DL3 with HLA-C in a human population retaining minimal essential diversity of KIR and HLA class I ligands.** *Proc. Natl Acad. Sci. USA* 2009, **106**:18692–18697.
- Godfrey, D.I., Stankovic, S., and Baxter, A.G.: **Raising the NKT cell family.** *Nat. Immunol.* 2010, **11**:197–206.

■ Hava, D.L., Brigl, M., van den Elzen, P., Zajonc, D.M., Wilson, I. A., and Brenner, M.B.: **CD1 assembly and the formation of CD1-antigen complexes.** *Curr. Opin. Immunol.* 2005, **17**:88–94.

■ Moody, D.B. and Besra, G.S.: **Glycolipid targets of CD1-mediated T-cell responses.** *Immunology* 2001, **104**:243–251.

■ Moody, D.B. and Porcelli, S.A.: **CD1 trafficking: invariant chain gives a new twist to the tale.** *Immunity* 2001, **15**:861–865.

■ Moody, D.B. and Porcelli, S.A.: **Intracellular pathways of CD1 antigen presentation.** *Nat. Rev. Immunol.* 2003, **3**:11–22.

■ Scharf, L., Li, N.S., Hawk, A.J., Garzón, D., Zhang, T., Fox, L.M., Kazen, A.R., Shah, S., Haddadian, E.J., Gumperz, J.E., *et al.*: **The 2.5 Å structure of CD1c in complex with a mycobacterial lipid reveals an open groove ideally suited for diverse antigen presentation.** *Immunity* 2010, **33**:853–862.

■ Schiefner, A., Fujio, M., Wu, D., Wong, C.H., and Wilson, I. A.: **Structural evaluation of potent NKT cell agonists: implications for design of novel stimulatory ligands.** *J. Mol. Biol.* 2009, **394**:71–82.

### Abschnitt 6.3.4

■ Birkinshaw, R.W., Kjer-Nielsen, L., Eckle, S.B., McCluskey, J., and Rossjohn, J.: **MAITs, MR1 and vitamin B metabolites.** *Curr. Opin. Immunol.* 2014, **26**:7–13.

■ Kjer-Nielsen, L., Patel, O., Corbett, A.J., Le Nours, J., Meehan, B., Liu, L., Bhati, M., Chen, Z., Kostenko, L., Reantragoon, R., *et al.*: **MR1 presents microbial vitamin B metabolites to MAIT cells.** *Nature* 2012, **491**:717–723.

■ López-Sagaseta, J., Dulberger, C.L., Crooks, J.E., Parks, C.D., Luoma, A.M., McFedries, A., Van Rhijn, I., Saghatelian, A., and Adams, E.J.: **The molecular basis for Mucosal-Associated Invariant T cell recognition of MR1 proteins.** *Proc. Natl Acad. Sci. USA* 2013, **110**:E1771–1778.

### Abschnitt 6.3.5

■ Chien, Y.H., Meyer, C., and Bonneville, M.: **γδ T cells: first line of defense and beyond.** *Annu. Rev. Immunol.* 2014, **32**:121–155.

■ Turchinovich, G. and Hayday, A.C.: **Skint-1 identifies a common molecular mechanism for the development of interferon-γ-secreting versus interleukin-17-secreting γδ T cells.** *Immunity* 2011, **35**:59–68.

■ Uldrich, A.P., Le Nours, J., Pellicci, D.G., Gherardin, N.A., McPherson, K.G., Lim, R.T., Patel, O., Beddoe, T., Gras, S., Rossjohn, J., *et al.*: **CD1d-lipid antigen recognition by the γδ TCR.** *Nat. Immunol.* 2013, **14**:1137–1145.

■ Willcox, C.R., Pitard, V., Netzer, S., Couzi, L., Salim, M., Silberzahn, T., Moreau, J.F., Hayday, A.C., Willcox, B.E., and Déchanet-Merville, J.: **Cytomegalovirus and tumor stress surveillance by binding of a human γδ T cell antigen receptor to endothelial protein C receptor.** *Nat. Immunol.* 2012, **13**:872–879.

# Die Entstehung des Rezeptorrepertoires von reifen Lymphocyten

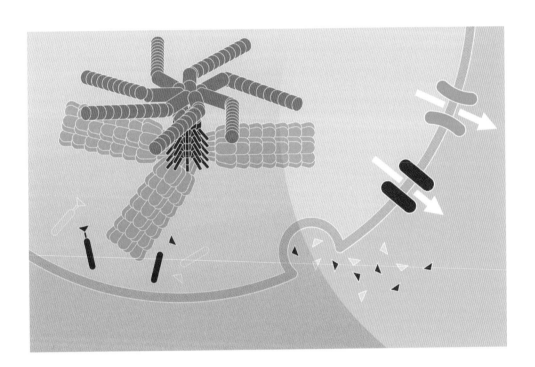

# Signalgebung durch Rezeptoren des Immunsystems

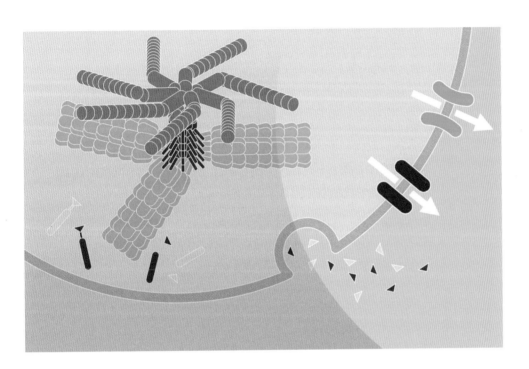

© Springer-Verlag GmbH Deutschland, ein Teil von Springer Nature 2018
K. Murphy, C. Weaver, *Janeway Immunologie*, https://doi.org/10.1007/978-3-662-56004-4_7

T- und B-Lymphocyten sind Zellen des adaptiven Immunsystems, von denen jede einzelne einen nur für sie spezifischen Antigenrezeptor exprimiert. Diese Zellen zirkulieren durch das Blut, die Lymphflüssigkeit und, was die größte Bedeutung hat, durch die sekundären lymphatischen Organe, wo sie die antigenpräsentierenden Zellen nach ihrem jeweils spezifischen Antigen durchmustern. Sobald die Lymphocyten mit ihrem Antigen in Kontakt gekommen sind, aktivieren die Signale des Antigenrezeptors mehrere daran anschließende Signalwege, durch die ruhende naive Lymphocyten in stoffwechselaktive Zellen umgewandelt werden. Dadurch kommt es zu einer Umstrukturierung des Actincytoskeletts, zu einer Aktivierung von Transkriptionsfaktoren und zur Synthese eines breiten Spektrums neuer Proteine. Als Folge dieser Ereignisse durchlaufen die ungeprägten T- und B-Zellen schnelle Zellteilungen und differenzieren sich zu „bewaffneten" Effektorzellen. Auf diese Weise expandieren die Populationen der Lymphocyten während einer Immunantwort und die Zellen werden so ausgestattet, dass sie Infektionen bekämpfen können.

Zu Beginn dieses Kapitel werden wir einige generelle Prinzipien der intrazellulären Signalübertragung erörtern. Dann wollen wir die Signalwege skizzieren, die bei der Aktivierung eines naiven Lymphocyten beteiligt sind, wenn er auf sein spezifisches Antigen trifft. Als Nächstes werden wir kurz die costimulierenden Signale besprechen, die notwendig sind, um naive T-Zellen und in den meisten Fällen naive B-Zellen zu aktivieren. Im letzten Teil des Kapitels beschäftigen wir uns mit den inhibitorischen Rezeptoren und ihrer Bedeutung für die Herunterregulation der Signalwege in den T- und B-Zellen.

## 7.1 Allgemeine Prinzipien der Signalübertragung und -weiterleitung

In diesem Teil des Kapitels wollen wir kurz einige allgemeine Prinzipien der Rezeptoraktivität und der Signalübertragung zusammenfassen, die vielen Signalwegen gemeinsam sind, die wir hier besprechen. Wir beginnen mit den Zelloberflächenrezeptoren, von denen die Zellen extrazelluläre Signale empfangen. Alle Rezeptoren auf der Zelloberfläche besitzen eine Signalfunktion, entweder indem sie selbst Transmembranproteine sind oder zu Proteinkomplexen gehören, die die Zellaußenseite mit dem Inneren der Zelle verbinden. Die verschiedenen Arten von Rezeptoren übertragen extrazelluläre Signale auf unterschiedliche Weise. Eine gemeinsame Fragestellung für alle Rezeptoren, die in diesem Kapitel behandelt werden, betrifft die Mechanismen, durch welche die Bindung eines Liganden enzymatische Aktivitäten in der Zelle auslöst.

### 7.1.1 Transmembranrezeptoren wandeln extrazelluläre Signale in intrazelluläre biochemische Ereignisse um

Bei den Enzymen, die am häufigsten mit der Aktivierung von Rezeptoren assoziiert sind, handelt es sich um **Proteinkinasen**. Die Enzyme dieser großen Proteinfamilie katalysieren die kovalente Verknüpfung einer Phosphatgruppe mit einem Protein. Diesen reversiblen Prozess bezeichnet man als **Proteinphosphorylierung**. Die mit Rezeptoren assoziierten Proteinkinasen werden aktiviert, wenn ein Ligand an den extrazellulären Teil des Rezeptors bindet – das heißt, sie phosphorylieren ihr intrazelluläres Substrat und übertragen so das Signal weiter. Rezeptorassoziierte Proteinkinasen können auf verschiedene Weise aktiviert werden, indem etwa die Kinase selbst modifiziert wird und sich so ihre eigene katalytische Wirksamkeit ändert, oder indem sich ihre Lokalisierung in der Zelle verändert und sie dadurch Zugang zu ihren biochemischen Substraten bekommt.

Bei Tieren phosphorylieren Proteinkinasen die Proteine an drei Aminosäuren – Tyrosin, Serin oder Threonin. Die meisten enzymgekoppelten Rezeptoren, die wir in diesem Kapitel im Einzelnen besprechen, aktivieren **Tyrosinkinasen**. Tyrosinkinasen sind spezifisch für Tyrosinreste, während Serin/Threonin-Kinasen Serin- oder Threoninreste phosphorylieren. Weniger häufig sind Kinasen mit dualer Spezifität, die in ihren Substraten sowohl Tyrosin- als auch Serin/Threonin-Reste phosphorylieren. Allgemein ist die Phosphorylierung von Tyrosinresten in Proteinen eine viel seltenere Modifikation als die Phosphorylierung von Serin- oder Threoninresten und sie kommt vor allem in Signalübertragungswegen vor.

Bei einer großen Gruppe von Rezeptoren – den **Rezeptortyrosinkinasen** (RTKs) – liegt die Kinaseaktivität im cytoplasmatischen Anteil des Rezeptors (▶ Abb. 7.1, oben). Diese Gruppe umfasst viele Rezeptoren für Wachstumsfaktoren. Zu den Lymphocytenrezeptoren dieser Art gehören Kit und FLT3, die auf Lymphocyten in der Entwicklungsphase und

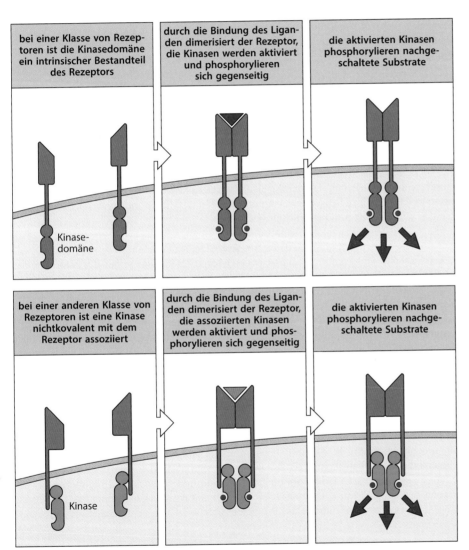

**Abb. 7.1 Mit Enzymen gekoppelte Rezeptoren des Immunsystems übertragen ihre Signale durch eigene oder assoziierte Proteinkinaseaktivitäten.** Diese Rezeptoren aktivieren eine Proteinkinase auf der cytoplasmatischen Seite der Membran, wodurch die Information, dass ein Ligand an den extrazellulären Anteil gebunden hat, umgewandelt wird. Bei den Rezeptortyrosinkinasen (*obere Bildreihe*) ist die Kinaseaktivität Teil des Rezeptors. Die Ligandenbindung führt zu einer Zusammenlagerung von Rezeptormolekülen, der Aktivierung der katalytischen Funktion und folglich zur Phosphorylierung (*rote Punkte*) der Rezeptorschwänze und anderer Substrate. Dadurch wird das Signal weitergetragen. Rezeptoren ohne eigene Kinaseaktivität sind mit rezeptorassoziierten Kinasen gekoppelt (*untere Bildreihe*). Die Dimerisierung oder Clusterbildung der Rezeptormoleküle nach der Ligandenbindung aktiviert das assoziierte Enzym. Bei allen Rezeptoren dieser beiden Gruppen, denen wir in diesem Kapitel noch begegnen werden, ist das Enzym eine Tyrosinkinase

anderen hämatopoetischen Vorläuferzellen exprimiert werden; sie sind Thema von Kap. 8. Der Rezeptor für den transformierenden Wachstumsfaktor β (TGF-β), ein wichtiges regulatorisches Cytokin, das von vielen Zellen exprimiert wird, ist eine **Rezeptor-Serin/Threonin-Kinase** (RSTK).

Eine Klasse von Rezeptoren, die zwar selbst keine intrinsische enzymatische Aktivität besitzen, aber nichtkovalent mit cytoplasmatischen Tyrosinkinasen verknüpft sind, erweisen sich sogar als noch wichtiger für die Funktion der gereiften Lymphocyten. Die Antigenrezeptoren der B- und T-Lymphocyten und auch einige Cytokinrezeptoren gehören zu diesem Typ. Die Bindung eines Liganden an die extrazelluläre Domäne dieser Rezeptoren führt dazu, dass bestimmte Aminosäurereste in den cytoplasmatischen Domänen von spezifischen cytoplasmatischen Tyrosinkinasen phosphoryliert werden (▶ Abb. 7.1, unten). Diese **rezeptorassoziierten Kinasen** sind entweder ständig mit den cytoplasmatischen Domänen dieser Rezeptoren assoziiert, wie das bei vielen Cytokinrezeptoren der Fall ist, oder sie binden erst an die Rezeptoren, wenn diese ihre Liganden binden, wie es für die Antigenrezeptoren zutrifft.

Bei vielen Cytokinrezeptoren führt die Bindung eines Liganden zur Dimerisierung oder zur Clusterbildung von einzelnen Rezeptormolekülen, wodurch die assoziierten Kinasen zusammengebracht werden. Diese können so den cytoplasmatischen Schwanz des benachbarten Rezeptors phosphorylieren und ein intrazelluläres Signal auslösen. Bei den Antigenrezeptoren der Lymphocyten erfolgt die Assoziation der cytoplasmatischen Tyrosinkinasen nach der Bindung des Liganden, was aber wahrscheinlich nicht auf einen einfachen Zusammenlagerungsmechanismus zurückzuführen ist. Stattdessen ist hier die Aktivität von Corezeptoren erforderlich: Diese bringen die cytoplasmatischen Tyrosinkinasen in die Nähe der cytoplasmatischen Regionen der Antigenrezeptoren. Mit diesem komplizierten Vorgang werden wir uns weiter unten beschäftigen.

Die Signale bilden nicht einfach einen An-/Aus-Schalter. Abhängig von der Affinität zwischen Rezeptor und Ligand, der auftretenden Menge des Liganden, der Konzentration der intrazellulären Signalkomponenten und von einem komplexen Netzwerk aus positiven und negativen Rückkopplungsreaktionen findet die Aktivierung des Rezeptors und der anschließenden Signalwege statt, wenn ein minimaler Schwellenwert überschritten wird, der von all diesen Faktoren abhängt. Diese Eigenschaften werden häufig mit dem einfachen Begriff „Signalstärke" zusammengefasst. Dabei ist wichtig festzuhalten, dass Veränderungen der Signalstärke das Ausmaß der zellulären Reaktionen bestimmen – in einigen Fällen handelt es sich um ein Alles-oder-Nichts-Prinzip, in anderen Fällen tritt eine Steigerung ein, wenn die Signalstärke zunimmt.

Die Funktion von Proteinkinasen bei der zellulären Signalübertragung beschränkt sich nicht nur auf die Rezeptoraktivierung; die Enzyme spielen auf verschiedenen Stufen der intrazellulären Signalübertragung eine Rolle. Proteinkinasen kommen bei der zellulären Signalübertragung vielfach vor, da die Phosphorylierung und **Dephosphorylierung** – das Entfernen einer Phosphatgruppe – die Mechanismen sind, mit denen sich die Aktivitäten von zahlreichen Enzymen, Transkriptionsfaktoren und anderen Proteine regulieren lassen. Genauso wichtig für die Funktionsweise von Signalübertragungswegen ist der Mechanismus, dass die Phosphorylierung auf Proteinen Stellen erzeugt, an die andere Proteine binden können.

Eine große Gruppe von Enzymen, die man als Proteinphosphatasen bezeichnet, entfernt Phosphatgruppen von Proteinen. Die verschiedenen Klassen von Proteinphosphatasen entfernen Phosphatreste von Phosphotyrosin oder von Phosphoserin/Phosphothreonin oder von beiden Arten von Aminosäuren (bei Phosphatasen mit dualer Spezifität). Die spezifische Dephosphorylierung durch Phosphatasen ist ein wichtiger Mechanismus für die Regulation von Signalübertragungswegen, indem ein Protein in seinen ursprünglichen Zustand zurückversetzt und so die Signalübertragung ausgeschaltet wird. In anderen Fällen bestimmt das Ausmaß der Phosphorylierung eines Enzyms, wie aktiv es ist, und dies entspricht dann der Balance aus den Aktivitäten von Kinasen und Phosphatasen.

## 7.1.2 Die intrazelluläre Signalübertragung erfolgt häufig über große Signalkomplexe aus vielen Proteinen

Wie wir in Kap. 3 erfahren haben, kann die Bindung eines Liganden an seinen Rezeptor in der Zelle eine Kaskade von Ereignissen unter Mitwirkung intrazellulärer Proteine in Gang setzen, wodurch die Signalinformation weitergetragen wird. Die spezifischen Enzyme und die übrigen Komponenten, die einen bestimmten Multiproteinrezeptorkomplex bilden, bestimmen die Art des erzeugten Signals. Die einzelnen Komponenten können an verschiedenen Signalwegen beteiligt sein oder sie kommen nur in einem einzigen Rezeptorsignalweg vor. Im zweiten Fall ist es möglich, dass ein spezifischer Signalweg aus einer relativ begrenzten Anzahl von Komponenten aufgebaut ist. Beim Zusammenfügen von Signalkomplexen aus mehreren Untereinheiten kommt es zu spezifischen Wechselwirkungen zwischen unterschiedlichen Arten von **Proteinwechselwirkungsdomänen** oder **Proteinwechselwirkungsmodulen**, die in den Signalproteinen enthalten sind. In ▶ Abb. 7.2 sind einige Beispiele für solche Domänen aufgeführt. Signalproteine enthalten generell mindestens eine solche Proteinwechselwirkungsdomäne, häufig jedoch mehrere. Diese Proteinmodule kooperieren miteinander, sodass beispielsweise Signalproteine in der Zelle korrekt lokalisiert werden, zwischen Partnerproteinen spezifische Bindungen möglich sind und die enzymatische Aktivität beeinflusst wird.

Bei den Signalwegen, mit denen wir uns in diesem Kapitel beschäftigen wollen, ist der wichtigste Mechanismus, der der Bildung von Signalkomplexen zugrunde liegt, die spezifische Phosphorylierung von Tyrosinresten in Proteinen. Phosphotyrosine sind Bindungsstellen für eine Anzahl von Proteindomänen, beispielsweise die **SH2-Domäne (Src-homologe Domäne 2)** (▶ Abb. 7.2). SH2-Domänen bestehen aus ungefähr 100 Aminosäuren und kommen vielen intrazellulären Signalproteinen vor, in denen sie häufig mit anderen Arten von enzymatischen oder anderen funktionellen Domänen assoziiert sind. SH2-Domänen erkennen das phosphorylierte Tyrosin (pY) und normalerweise die Aminosäure, die drei Positionen entfernt ist (pYXXZ, wobei X eine beliebige und Z eine spezifische Aminosäure ist). Sie binden auf sequenzspezifische Weise, wobei verschiedene SH-Domänen unter-

| Protein-domäne | Vorkommen | Art der Liganden | Beispiel für einen Liganden |
|---|---|---|---|
| SH2 | Lck, ZAP-70, Fyn, Src, Grb2, PLC-$\gamma$, STAT, Cbl, Btk, Itk, SHIP, Vav, SAP, PI3K | Phosphotyrosin | pYXXZ |
| SH3 | Lck, Fyn, Src, Grb2, Btk, Itk, Tec, Fyb, Nck, Gads | Prolin | PXXP |
| PH | Tec, PLC-$\gamma$, Akt, Btk, Itk, Sos | Phosphoinositide | $PIP_3$ |
| PX | P40$^{phox}$, P47$^{phox}$, PLD | Phosphoinositide | PI(3)P |
| PDZ | CARMA1 | C-Termini von Proteinen | IESDV, VETDV |
| C1 | RasGRP, PKC-$\theta$ | Membranlipide | Diacylglycerin (DAG) Phorbolester |
| NZF | TAB2 | Polyubiquitin (K63-verknüpft) | polyubiquitinierte RIP, TRAF6 oder NEMO |

**Abb. 7.2 Signalproteine interagieren untereinander und mit Lipidsignalmolekülen über modulare Proteindomänen.** Aufgeführt sind einige der häufigsten Proteindomänen, die in Signalproteinen des Immunsystems vorkommen, außerdem einige Proteine, die diese Domänen enthalten, sowie die allgemeine Klasse des Liganden, der von der Wechselwirkungsdomäne gebunden wird. Die rechte Spalte enthält spezifische Beispiele für ein Proteinmotiv, das gebunden wird, oder bei den Phosphoinositidbindungsdomänen das spezielle Phosphoinositid, das sie binden. All diese Domänen kommen auch in zahlreichen anderen Signalwegen außerhalb des Immunsystems vor. PI(3)P, Phosphatidylinositol-3-phosphat

schiedliche Kombinationen von Aminosäuren bevorzugen. Auf diese Weise kann die individuelle SH-Domäne eines Signalmoleküls als „Schlüssel" fungieren und die induzierbare und spezifische Assoziation mit einem Protein ermöglichen, dass die passende pY-haltige Aminosäuresequenz besitzt.

Rezeptoren, die mit Tyrosinkinasen assoziiert sind, können sich zu Signalkomplexen aus mehreren Proteinen zusammenschließen. Daran sind auch Proteine beteiligt, die man als **Gerüst-** und **Adaptorproteine** bezeichnet. Beide besitzen keine enzymatische Aktivität und ihre Funktion besteht darin, dass sie andere Proteine zum Signalkomplex lenken, damit es hier zu Wechselwirkungen kommen kann.

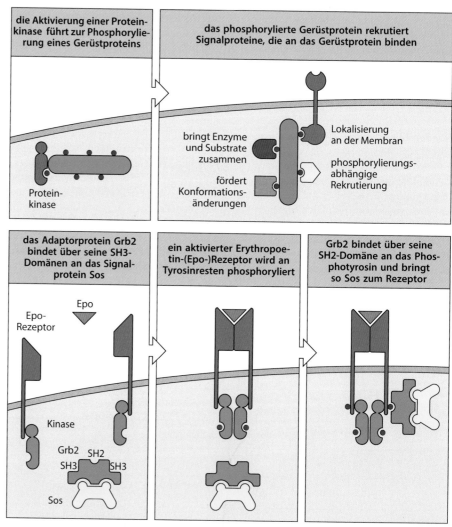

**Abb. 7.3 Die Bildung von Signalkomplexen wird durch Gerüst- und Adaptorproteine vermittelt.** Die Bildung von Signalkomplexen ist ein wichtiger Teil der Signalübertragung. Häufig geschieht dies über Gerüst- und Adaptorproteine. Gerüstproteine enthalten zahlreiche Phosphorylierungsstellen, die dazu dienen, viele verschiedene Signalproteine zu vereinigen (*oben*). Sie können auch die Lokalisierung in der Membran unterstützen, Enzyme in die direkte Nähe ihrer Substrate bringen und in Proteinen Konformationsänderungen herbeiführen, die deren Funktionen regulieren. Die Funktion eines Adaptorproteins besteht darin, zwei verschiedene Proteine zusammenzubringen (*unten*). Wenn Erythropoetin (Epo) an seinen Rezeptor bindet, phosphorylieren assoziierte Tyrosinkinasen bestimmte Stellen (*rote Punkte*) auf der cytoplasmatischen Domäne des Rezeptors und erzeugen dadurch Bindungsstellen für die SH2-Domäne eines Adaptorproteins. Das hier dargestellte Adaptorprotein Grb2 (*grün*) enthält zwei SH3-Domänen und eine SH2-Domäne. Mit den SH3-Domänen kann das Protein beispielsweise prolinreiche Stellen auf einem intrazellulären Signalmolekül (*gelb*) binden

Gerüstproteine sind relativ große Moleküle, die beispielsweise an mehreren Tyrosinresten phosphoryliert werden können, sodass die Rekrutierung vieler verschiedener Proteine möglich ist (▶ Abb. 7.3, oben). Gerüstproteine bestimmen die Art und Weise einer Reaktion auf ein Signal, indem sie festlegen, welche Proteine hinzugezogen werden. Das geschieht durch verschiedene Mechanismen. Beispielsweise können Gerüstproteine die Spezifität eines Enzyms beeinflussen, indem sie eines der Substrate dieses Enzyms rekrutieren. Durch die Bindung an ein Gerüstprotein kann sich auch die Konformation eines hinzugezogenen Proteins ändern, wodurch Modifikationsstellen zugänglich werden, etwa für eine Phosphorylierung oder Ubiquitinierung oder für Wechselwirkungen mit anderen Proteinen. Schließlich können Gerüstproteine auch die Lokalisierung eines Signalkomplexes in der Membran bewirken.

Adaptorproteine sind membrangebundene oder cytoplasmatische Proteine mit mehreren Signalmodulen, deren Funktion darin besteht, zwei oder mehr Proteine miteinander zu verknüpfen. So enthalten beispielsweise die Adaptorproteine Grb2 und Gads jeweils eine SH2-Domäne sowie zwei Kopien eines weiteren Moduls, das man als SH3-Domäne bezeichnet (▶ Abb. 7.2). Diese Anordnung von Modulen kann dazu dienen, die Tyrosinphosphorylierung eines Rezeptors mit Molekülen zu verknüpfen, die auf der nächsten Stufe der Signalübertragung eine Rolle spielen. So bindet beispielsweise die SH2-Domäne von Grb2 an einen Phosphotyrosinrest auf einem Rezeptor oder auf einem Gerüstprotein, während die beiden SH3-Domänen an prolinreiche Sequenzmotive in anderen Signalproteinen binden (▶ Abb. 7.3, unten), etwa im Sos-Protein, das wir im nächsten Abschnitt besprechen.

## 7.1.3 In vielen Signalwegen fungieren kleine G-Proteine als molekulare Schalter

Monomere GTP-bindende Proteine, die man als monomere G-Proteine, **kleine G-Proteine** oder **kleine GTPasen** bezeichnet, besitzen in den Signalwegen, wie sie von vielen tyrosinkinaseassoziierten Rezeptoren ausgehen, eine große Bedeutung. Die kleinen GTPasen unterscheiden sich von den größeren heterotrimeren G-Proteinen, die mit G-Protein-gekoppelten Rezeptoren, beispielsweise den Chemokinrezeptoren (Kap. 3), assoziiert sind. Die Superfamilie der kleinen GTPasen umfasst über 100 verschiedene Proteine, von denen viele für die Signalübertragung der Lymphocyten von Bedeutung sind. Eine solche GTPase, **Ras**, ist an vielen Signalwegen beteiligt, die zur Zellproliferation führen. Andere kleine GTPasen sind Rac, Rho und Cdc42; sie kontrollieren die Veränderungen des Actincytoskeletts, die durch Signale des T- oder B-Zell-Rezeptors induziert werden (Abschn. 7.2.13).

Die kleinen GTPasen kommen in zwei Zuständen vor, abhängig davon, ob sie GTP oder GDP gebunden haben. Die Form mit gebundenem GDP ist inaktiv, wird jedoch durch Austausch von GDP gegen GTP in die aktive Form überführt. Diese Reaktion wird von Proteinen vermittelt, die man als **Guaninnucleotidaustauschfaktoren** (*gunanine nucleotide exchange factors*, **GEFs**) bezeichnet. Diese veranlassen die GTPase, GDP freizusetzen und das häufigere GTP zu binden (▶ Abb. 7.4). Das Sos-Protein, das vom Adaptorprotein Grb2 rekrutiert wird (Abschn. 7.1.2), ist einer der GEF-Faktoren für Ras. Die Bindung von GTP führt zu einer Konformationsänderung der kleinen GTPase, sodass sie nun an eine Vielzahl verschiedener Zielmoleküle binden und deren Effektoraktivität induzieren kann. Die GTP-Bindung fungiert hier also als ein An-/Aus-Schalter für die kleinen GTPasen.

Die Form mit gebundenem GTP bleibt nicht dauerhaft aktiv, sondern wird von der intrinsischen GTPase-Aktivität des G-Proteins schließlich wieder in die inaktive Form umgewandelt. Regulatorische Cofaktoren, die **GTPase-aktivierenden Proteine** (**GAPs**), beschleunigen die Umwandlung von GTP in GDP und regulieren so die Aktivität der kleinen GTPase schnell wieder herunter. Aufgrund der GAP-Aktivität liegen die kleinen GTPasen normalerweise im inaktiven Zustand mit gebundenem GDP vor und werden nur vorübergehend als Reaktion auf ein Signal von einem stimulierten Rezeptor aktiviert. Das *RAS*-Gen ist in Krebszellen häufig mutiert und wahrscheinlich trägt das mutierte Ras-Protein erheblich zur Entartung der Zelle bei. Die Bedeutung der GAP-Proteine für die Regulation der Signalübertragung zeigt

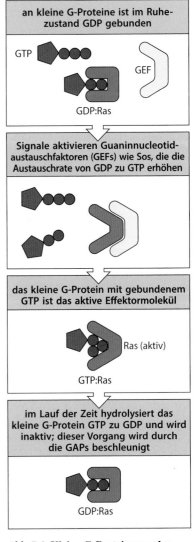

**Abb. 7.4 Kleine G-Proteine werden durch Guaninnucleotidaustauschfaktoren und die Bindung von GTP vom inaktiven in den aktiven Zustand versetzt.** Ras ist ein kleines GTP-bindendes Protein mit einer intrinsischen GTPase-Aktivität. Im Ruhezustand hat GDP gebunden. Signale von Rezeptoren aktivieren Guaninnucleotidaustauschfaktoren (GEFs), beispielsweise Sos, die an kleine G-Proteine wie Ras binden können und den Austausch von GDP gegen GTP beschleunigen (*Mitte*). Die Form von Ras mit gebundenem GTP kann an eine große Zahl von Effektoren binden, die dadurch zur Membran gebracht werden. Im Lauf der Zeit hydrolysiert die intrinsische GTPase-Aktivität von Ras das GTP zu GDP. GTPase-aktivierende Proteine (GAPs) können die Hydrolyse von GTP zu GDP beschleunigen, sodass das Signal schneller abgeschaltet wird

Teil III

sich daran, dass einige Mutationen von Ras, die man in Krebszellen gefunden hat, verhindern, dass GAP die intrinsische GTPase-Aktivität von Ras verstärkt, sodass sich der Zeitraum verlängert, in dem Ras im aktiven Zustand mit gebundenem GTP existiert.

Die GEFs sind für die Aktivierung der G-Proteine zuständig und werden zum Ort der Rezeptoraktivierung in der Zellmembran gelenkt, indem sie an Adaptorproteine oder Lipidmetaboliten binden, die aufgrund der Rezeptoraktivierung produziert werden. Danach können sie Ras oder andere kleine G-Proteine aktivieren, die über Fettsäuren an der inneren Oberfläche der Plasmamembran lokalisiert sind. Die Fettsäuren wurden nach der Translation an die G-Proteine gehängt. Die G-Proteine fungieren also als molekulare Schalter, indem sie angeschaltet werden, wenn ein Zelloberflächenrezeptor aktiviert wird, und die dann wieder abgeschaltet werden. Jedes G-Protein besitzt seine eigenen spezifischen GEFs und GAPs, die für die Spezifität des jeweiligen Signalwegs verantwortlich sind.

## 7.1.4 Signalproteine werden durch eine Reihe verschiedener Mechanismen zur Membran gelenkt

Wir haben nun erfahren, wie Rezeptoren intrazelluläre Signalproteine durch Phosphorylierung des Rezeptors an Tyrosinresten zur Plasmamembran lenken und anschließend Signal- oder Adaptorproteine mit einer SH2-Domäne rekrutiert werden (▶ Abb. 7.5). Ein zweiter Mechanismus zur Rekrutierung von Signalproteinen zur Membran ist die Bindung von kleinen GTPasen wie Ras, die dann aktiviert werden. Wie in Abschn. 7.1.3 beschrieben, sind die kleinen GTPasen durch die Modifikation mit einer Fettsäure ständig an die cytoplasmatische Oberfläche der Plasmamembran gebunden. Sobald sie durch Austausch von GDP gegen GTP aktiviert werden, können die aktivierten GTPasen an Signalproteine wie Sos binden und so die gebundenen Proteine zur Plasmamembran dirigieren (▶ Abb. 7.5).

Ein weiterer Mechanismus, durch den Rezeptoren Signalmoleküle zur Membran lenken können, ist die lokal begrenzte Produktion von modifizierten Membranlipiden. Diese Lipide

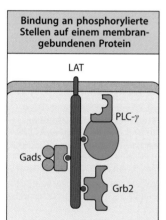
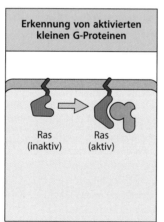
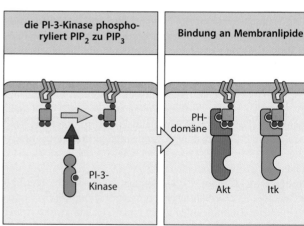

**Abb. 7.5 Signalproteine können auf verschiedene Weise zur Membran gelenkt werden.** Die Rekrutierung von Signalproteinen zur Plasmamembran ist für die Weiterleitung der Signale von großer Bedeutung, da die Rezeptoren normalerweise in der Membran lokalisiert sind. *Links*: Die Phosphorylierung von Tyrosinresten in Proteinen, die mit der Membran assoziiert sind, wie beim Gerüstprotein LAT, rekrutiert phosphotyrosinbindende Proteine. Dadurch wird auch das Gerüstprotein vor einer Dephosphorylierung durch Tyrosinphosphatasen geschützt, denn sonst würde die Signalübertragung blockiert. *Zweites Bild*: Kleine G-Proteine wie Ras können über Lipidverknüpfungen (*rot*) mit der Membran assoziiert sein. Werden sie aktiviert, können sie an eine große Vielzahl von Signalproteinen binden. *Drittes und viertes Bild*: Modifikationen an der Membran selbst, die aufgrund der Aktivierung des Rezeptors entstehen, können ebenfalls Signalproteine zur Membran lenken. In diesem Beispiel hat die PI-3-Kinase an der Innenseite der Plasmamembran durch Phosphorylierung von $PIP_2$ das Membranlipid $PIP_3$ erzeugt. $PIP_3$ wird von den PH-Domänen von Signalproteinen erkannt, etwa der Kinasen Akt oder Itk

werden bei der Phosphorylierung des Membranphospholipids Phosphatidylinositol durch Enzyme erzeugt, die man als **Phosphatidylinositolkinasen** bezeichnet und deren Aktivierung von einem Rezeptorsignal ausgelöst wird. Die Inositolkopfgruppe des Phosphatidylinositols ist ein ringförmiges Kohlenhydrat, das an einer oder mehreren Positionen phosphoryliert werden kann, sodass sehr viele verschiedene Derivate entstehen können. Wir wollen uns in diesem Kapitel mit Phosphatidylinositol-4,5-bisphosphat (**PIP₂**) und Phosphatidylinositol-3,4,5-trisphosphat (**PIP₃**) beschäftigen, wobei Letzteres von der **Phosphatidylinositol-3-Kinase** (**PI-3-Kinase**) (▶ Abb. 7.5) aus $PIP_2$ erzeugt wird. Die PI-3-Kinase wird häufig durch Wechselwirkung der SH2-Domäne ihrer regulatorischen Untereinheit mit phosphorylierten Tyrosinresten im Rezeptorschwanz zur Membran gelenkt. Dadurch gelangt die katalytische Untereinheit des Enzyms in die Nähe von Phospholipidsubstraten in der Membran. Auf diese Weise werden die Membranphosphoinositide wie $PIP_3$ schnell nach der Aktivierung des Rezeptors gebildet. Deshalb, und auch aufgrund ihrer relativen Kurzlebigkeit, sind sie als Signalmoleküle sehr gut geeignet. $PIP_3$ wird spezifisch von Proteinen erkannt, die eine pleckstrinhomologe Domäne (PH-Domäne) oder (weniger häufig) eine PX-Domäne (▶ Abb. 7.2) enthalten. Eine der Funktionen von $PIP_3$ besteht darin, solche Proteine zur Membran zu lenken und in bestimmten Fällen zur Enzymaktivierung beizutragen.

## 7.1.5 Posttranslationale Modifikationen können Signalreaktionen aktivieren oder blockieren

Die Phosphorylierung von Proteinen ist ein weit verbreiteter Mechanismus, um Signale von zellulären Rezeptoren auf nachgeschaltete Signalwege zu übertragen. Die Signale werden durch die Aktivität von Proteinphosphatasen beendet, die Zwischenstufen der Signalübertragung dephosphorylieren (▶ Abb. 7.6). Die Bedeutung der Proteinphosphatasen für die

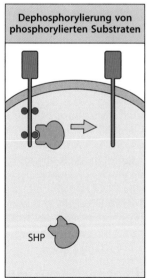
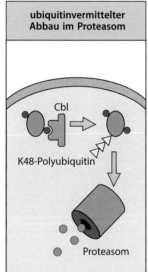
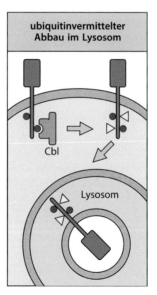

**Abb. 7.6 Die Signalübertragung muss sowohl an- als auch abgeschaltet werden.** Ist es nicht möglich, Signalübertragungswege abzuschalten, können schwere Erkrankungen wie Autoimmunität oder Krebs resultieren. Da ein relevanter Anteil von Signalereignissen auf der Phosphorylierung von Proteinen beruht, spielen Proteinphosphatasen wie SHP eine wichtige Rolle beim Abschalten von Signalwegen (*links*). Ein anderer häufiger Mechanismus für das Beenden einer Signalübertragung ist der regulierte Proteinabbau (*Mitte* und *rechts*). Phosphorylierte Proteine rekrutieren Ubiquitin-Ligasen (beispielsweise Cbl), die das kleine Protein Ubiquitin an Proteine heften und diese so für den Abbau markieren. Cytoplasmatische Proteine werden durch Polyubiquitinketten, die über Lysin-48 (K48) des Ubiquitins verknüpft sind, für den Abbau in Proteasomen markiert (*Mitte*). Wenn Membranrezeptoren ubiquitiniert wurden, werden sie in die Zelle aufgenommen und zu den Lysosomen transportiert (*rechts*)

Beendigung der Signalübertragung zeigt sich auch bei Krankheiten, beispielsweise Autoimmunerkrankungen oder Krebs, die als Folge fehlender oder ungenügender Aktivität von Proteinphosphatasen entstehen können. Allerdings kann die Dephosphorylierung von Proteinen auch ein Aktivierungsmechanismus sein. Die Dephosphorylierung reguliert die Wechselwirkungen zwischen Proteinen, die Lokalisierung von Proteinen in der Zelle oder die Bindung von Nucleinsäuren und fördert dadurch nachgeschaltete Signalereignisse.

Ein weiterer allgemeiner Mechanismus zur Regulation von Proteinen durch posttranslationale Modifikation ist die kovalente Bindung von einem oder mehreren Molekülen des kleinen Proteins **Ubiquitin**. Die Ubiquitinierung ist ein potentes Mittel, eine Signalübertragung zu beenden, da es dadurch häufig zum Abbau von Proteinen kommt. Ubiquitin wird in mehreren Reaktionsschritten mit seinem carboxyterminalen Glycinrest an Lysinresten der Zielproteine befestigt.

Zuerst stimuliert ein E1-Ubiquitin-aktivierendes Enzym die Anheftung von Ubiquitin an ein E2-Ubiquitin-verknüpfendes Enzym. Ubiquitin wird dann von der E3-**Ubiquitin-Ligase** übertragen. Ubiquitin-Ligasen können fortgesetzt Ubiquitinmoleküle aneinanderhängen, sodass Polyubiquitin entsteht. Wichtig ist dabei, dass die verschiedenen Ubiquitin-Ligasen den Carboxyterminus eines Ubiquitinmoleküls an unterschiedliche Lysinreste des bereits verknüpften Ubiquitins binden, normalerweise entweder an Lysin-48 (K48) oder Lysin-63 (K63). Die verschiedenen Formen von Polyubiquitin führen zu unterschiedlichen Signalwegen.

Wenn Ubiquitinketten über K48-Verknüpfungen gebildet werden, führt die Markierung eines Proteins zu dessen Abbau im Proteasom (▶ Abb. 7.6). Eine bedeutende Ubiquitin-Ligase der Lymphocyten ist Cbl, die ihr Zielmolekül über die SH2-Domäne angreift. Cbl kann so an Zielproteine binden, die spezifisch an Tyrosinresten phosphoryliert sind, wodurch diese Proteine über K48-Verknüpfungen ubiquitiniert werden. Proteine, welche diese Form der Ubiquitinierung erkennen, schleusen die ubiquitinierten Proteine in Abbauwege ein, die über das Proteasom führen. Membranproteine wie Rezeptoren können mit einem einzelnen Ubiquitinmolekül oder einem Ubiquitindimer markiert werden. Dieses wird nicht vom Proteasom erkannt, sondern von spezifischen Ubiquitinerkennungsproteinen, die Proteine zum Abbau in die Lysosomen dirigieren (▶ Abb. 7.6). Die Ubiquitinierung von Proteinen kann die Signalübertragung blockieren. Im Gegensatz zu den Phosphatasen, bei denen der Inhibitionsmechanismus reversibel ist, hat die Signalinhibition durch den ubiquitinvermittelten Proteinabbau eine eher langfristigere Wirkung auf den Abbruch einer Signalübertragung.

Die Ubiquitinierung kann auch dazu dienen, Signalwege zu aktivieren. Wir haben diese Möglichkeit bereits in Abschn. 3.1.7 im Zusammenhang mit dem NF$\kappa$B-Signalweg der TLR-Rezeptoren besprochen. Dabei erzeugt die Ubiquitin-Ligase TRAF6 K63-verknüpfte Polyubiquitinketten an TRAF6 und NEMO. Bei den Lymphocyten ist die K63-verknüpfte Ubiquitinierung ein entscheidender Schritt für die Signalgebung durch Vertreter der TNF-Proteinfamilie (Tumornekrosefaktoren), was auch noch in Abschn. 7.3.3 (▶ Abb. 7.31) besprochen wird. Diese Form von Polyubiquitin wird von spezifischen Domänen in Signalproteinen erkannt, die weitere Signalmoleküle für den Reaktionsweg rekrutieren (Abb. 3.15).

### 7.1.6 Die Aktivierung bestimmter Rezeptoren führt zur Produktion von kleinen Second-Messenger-Molekülen

Häufig werden in einem intrazellulären Signalweg Enzyme aktiviert, die kleine biochemische Mediatoren synthetisieren. Diese bezeichnet man als **Second Messenger** (▶ Abb. 7.7). Diese Mediatoren können durch die gesamte Zelle diffundieren, sodass das Signal eine Reihe verschiedener Zielproteine aktivieren kann. Die enzymatische Produktion von Second-Messenger-Molekülen hat zwei Effekte: Zum einen werden ausreichende Konzentrationen erreicht, um den nächsten Schritt eines Signalwegs zu aktivieren, und zum anderen wird die Signal-

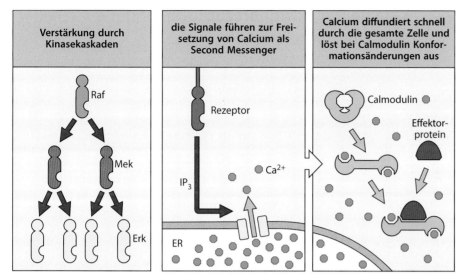

**Abb. 7.7 Signalübertragungswege verstärken das ursprüngliche Signal.** Die Verstärkung des ursprünglichen Signals ist ein wichtiger Bestandteil der meisten Signalübertragungswege. Ein Verstärkungsmechanismus ist die Kinasekaskade (*links*), bei der sich die Proteinkinasen nacheinander phosphorylieren und aktivieren. Als Beispiel ist hier eine häufig vorkommende Kinasekaskade (▶Abb. 7.19) dargestellt. Dabei führt die Aktivierung der Kinase Raf zur Phosphorylierung und Aktivierung der zweiten Kinase Erk, die eine weitere Kinase phosphoryliert. Da jede Kinase viele verschiedene Substratmoleküle phosphorylieren kann, wird das Signal bei jedem Schritt verstärkt, die ursprüngliche Signalstärke vervielfacht sich. Bei einem anderen Mechanismus zur Signalverstärkung werden Second Messenger erzeugt (*rechts*). Im dargestellten Beispiel kommt es durch die Signale zur Freisetzung des Second Messengers Calcium ($Ca^{2+}$) aus intrazellulären Speichern in das Cytosol oder zu einem $Ca^{2+}$-Einstrom aus der extrazellulären Umgebung. Hier ist der Einstrom von $Ca^{2+}$ aus dem endoplasmatischen Reticulum (ER) dargestellt. Der steile Anstieg von freiem $Ca^{2+}$ im Cytoplasma kann potenziell viele nachgeschaltete Signalmoleküle aktivieren, wie etwa das calciumbindende Protein Calmodulin. Die Bindung von Calcium induziert im Calmodulinmolekül eine Konformationsänderung, sodass es eine Reihe verschiedener Effektorproteine binden und aktivieren kann

kaskade verstärkt. Zu den Second Messengern, die durch die Aktivierung von Rezeptoren, welche ihr Signal über eine Tyrosinkinase weiterleiten, produziert werden, gehören Calciumionen ($Ca^{2+}$) und eine Reihe verschiedener Membranlipide und ihre löslichen Derivate. Einige dieser Lipid-Messenger sind zwar auf Membranen beschränkt, können sich aber zwischen ihnen bewegen. Die Bindung eines Second Messengers an sein Zielprotein induziert normalerweise eine Konformationsänderung, durch die das Protein aktiviert wird.

## Zusammenfassung

Zelloberflächenrezeptoren bilden die vorderste Linie bei der Wechselwirkung der Zelle mit ihrer Umgebung. Sie erfassen extrazelluläre Ereignisse und wandeln sie in biochemische Signale für die Zelle um. Da sich die meisten Rezeptoren in der Plasmamembran befinden, besteht ein entscheidender Schritt bei der Übertragung von extrazellulären Signalen in das Innere der Zelle darin, dass intrazelluläre Proteine zur Membran gelenkt werden und sich die Zusammensetzung der Membran in der Umgebung des Rezeptors verändert. Viele Immunrezeptoren aktivieren Tyrosinkinasen, um ihre Signale weiterzuleiten, häufig geschieht das mithilfe von Gerüst- und Adaptorproteinen, die große Multiproteinsignalkomplexe bilden. Sowohl die qualitativen als auch die quantitativen Veränderungen in der Zusammensetzung dieser Komplexe bestimmen die Art der Reaktion und der biologischen Effekte. Die Bildung von Signalkomplexen wird über eine große Vielzahl verschiedener Proteinwechselwirkungsdomänen oder -modulen vermittelt, beispielsweise SH2, SH3 und PH, die in den Proteinen vorkommen. Häufig wird das Signal durch die enzymatische Produktion von kleinen Signalmolekülen als Zwischenstufe, den Second-Messenger-Molekülen, innerhalb der Zelle verstärkt. Zur Beendigung einer Signalübertragung ist eine Dephosphorylierung von Proteinen erforderlich oder es kommt zu einem regulierten Proteinabbau.

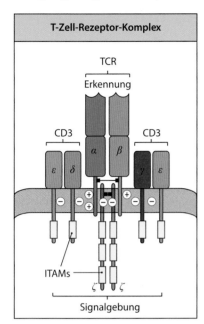

**T-Zell-Rezeptor-Komplex**

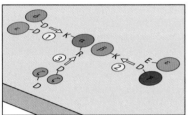

**Abb. 7.8 Der T-Zell-Rezeptor-Komplex besteht aus variablen Antigenerkennungsproteinen und invarianten Signalproteinen.** *Oben*: Der funktionsfähige T-Zell-Rezeptor (TCR-)Komplex- besteht aus dem antigenbindenden TCRα:β-Heterodimer, das mit sechs Signalproteinketten assoziiert ist: zwei ε-Ketten, eine δ- und eine γ-Kette, die man insgesamt mit CD3 bezeichnet, sowie ein Homodimer von ζ-Ketten. Damit die antigenbindenden Ketten an der Oberfläche erscheinen können, muss sich TCRα:β mit den Signaluntereinheiten verbinden. Jede CD3-Kette enthält ein ITAM (*gelber Bereich*), jede ζ-Kette sogar drei. Die Transmembranregionen der verschiedenen TCR-Untereinheiten tragen, wie dargestellt, ungewöhnliche saure oder basische Aminosäurereste. *Unten*: Die Transmembranregionen der verschiedenen TCR-Untereinheiten sind im Querschnitt dargestellt. Man nimmt an, dass eine der positiven Ladungen an einem Lysinrest (K) der α-Kette mit den beiden negativen Ladungen der Asparaginsäurereste (D) auf dem δ:ε-Dimer von CD3 interagiert, während die andere positive Ladung von Arginin (R) mit den Asparaginsäureresten des ζ-Homodimers in Wechselwirkung tritt. Die positive Ladung auf dem Arginin der β-Kette interagiert mit den negativen Ladungen der Asparaginsäure und der Glutaminsäure im γ:ε-Dimer von CD3

# 7.2 Signale der Antigenrezeptoren und die Aktivierung von Lymphocyten

Die Fähigkeit von T- und B-Zellen, ihre spezifischen Antigene zu erkennen und darauf zu reagieren, ist der zentrale Aspekt der adaptiven Immunität. Wie bereits in Kap. 4 und 5 beschrieben, bestehen der B-Zell-Antigenrezeptor (BCR) und der T-Zell-Antigenrezeptor (TCR) aus antigenbindenden Ketten – den schweren und leichten Immunglobulinketten des B-Zell-Rezeptors sowie der TCRα- und der TCRβ-Kette des T-Zell-Rezeptors. Diese variablen Ketten besitzen eine ausgezeichnete Spezifität für ihr jeweiliges Antigen, sodass jeder Lymphocyt das Vorhandensein eines bestimmten Pathogens erkennen kann. Die Bindung eines Antigens an einen Antigenrezeptor allein reicht jedoch nicht dafür aus, dass ein Lymphocyt reagiert. Die Information, dass eine Einwirkung auf einen Antigenrezeptor stattgefunden hat, muss auch in das Innere des Lymphocyten übertragen werden. Deshalb müssen in einem voll funktionsfähigen Antigenrezeptorkomplex Proteine enthalten sein, die ein Signal quer durch die Plasmamembran übertragen können. Bei den Antigenrezeptoren der B- und T-Zellen wird diese Funktion von invarianten akzessorischen Proteinen übernommen; diese lösen die Signalübertragung aus, sobald ein Rezeptor ein Antigen bindet. Die Zusammenlagerung mit den akzessorischen Proteinen ist auch für den Transport des Rezeptors zur Zelloberfläche erforderlich. In diesem Teil des Kapitels beschreiben wir die Struktur des Antigenrezeptorkomplexes von B- und T-Zellen sowie die Signalwege, die von ihnen ausgehen.

## 7.2.1 Antigenrezeptoren bestehen aus variablen antigenbindenden Ketten, die mit invarianten akzessorischen Ketten verknüpft sind, die die Signalfunktion des Rezeptors übernehmen

In den T-Zellen reicht das hoch variable α:β-Heterodimer des TCR (Kap. 5) nicht aus, um einen vollständigen Zelloberflächenrezeptor zu bilden. Wenn die Zellen mit cDNAs transfiziert werden, die die TCRα- und die TCRβ-Kette codieren, werden die entstehenden Heterodimere abgebaut und erscheinen nicht auf der Zelloberfläche. Das lässt darauf schließen, dass für die Expression des T-Zell-Rezeptors auf der Zelloberfläche weitere Moleküle erforderlich sind. Es handelt sich dabei um die Proteinketten CD3γ, CD3δ und CD3ε, die zusammen den CD3-Komplex bilden, und die ζ-Kette, die als Homodimer mit Disulfidbrücken vorliegt. Die CD3-Proteine enthalten eine extrazelluläre immunglobulinähnliche Domäne, während die ζ-Kette nur eine kurze extrazelluläre Domäne besitzt. Im übrigen Kapitel wird immer der gesamte T-Zell-Rezeptor-Komplex mit diesen assoziierten Signaluntereinheiten als T-Zell-Rezeptor bezeichnet.

Die genaue Stöchiometrie des vollständigen T-Zell-Rezeptor-Komplexes ist noch nicht vollständig bekannt, aber wahrscheinlich interagiert die α-Kette des Rezeptors mit einem CD3δ:CD3ε-Dimer und dem ζ-Dimer, während die β-Kette des Rezeptors mit einem CD3γ:CD3ε-Dimer in Wechselwirkung tritt (▶ Abb. 7.8). Diese Wechselwirkungen werden durch Wechselwirkungen zwischen gegensätzlichen Ladungen an basischen und sauren Aminosäuren auf den Rezeptoruntereinheiten innerhalb der Membran vermittelt. Es gibt zwei positive Ladungen in der Transmembranregion von TCRα und eine positive Ladung in der Transmembranregion von TCRβ. Negative Ladungen in den Transmembranregionen von CD3 und ζ interagieren mit den positiven Ladungen in der α- und der β-Kette. Die Zusammenlagerung von CD3 mit dem α:β-Heterodimer stabilisiert das α:β-Dimer während seiner Entstehung im endoplasmatischen Reticulum, sodass der Komplex nun zur Plasmamembran transportiert werden kann. Durch diese Assoziation ist sichergestellt, dass alle T-Zell-Rezeptoren, die sich auf der Plasmamembran befinden, korrekt zusammengesetzt sind.

Die Signalgebung des T-Zell-Rezeptors wird durch die Phosphorylierung von Tyrosinresten in cytoplasmatischen Regionen der CD3ε-, δ-, γ- und ζ-Ketten ausgelöst, die man als

ITAMs (*immunoreceptor tyrosine-based activation motifs*) bezeichnet. CD3γ, δ und ε enthalten je eine ITAM-Sequenz, jede ζ-Kette enthält drei ITAM-Sequenzen, sodass der T-Zell-Rezeptor insgesamt zehn solcher Motive umfasst. Das Motiv kommt auch in den Signalketten des T-Zell-Rezeptors und des NK-Zell-Rezeptors (Kap. 3) vor, außerdem in den Rezeptoren für die konstanten Regionen der Immunglobuline (Fc-Rezeptoren) auf Mastzellen, Makrophagen, Monocyten, neutrophilen Zellen und natürlichen Killerzellen.

Jede ITAM-Sequenz enthält zwei Tyrosinreste, die von spezifischen Tyrosinkinasen phosphoryliert werden, wenn der Rezeptor seinen Liganden bindet. Diese Stellen dienen dazu, Signalproteine über ihre SH2-Domänen zu mobilisieren (siehe oben in diesem Kapitel). In jedem ITAM sind zwei YXXL/I-Motive durch etwa sechs bis neun Aminosäuren getrennt, sodass die „klassische" ITAM-Sequenz aus YXX[L/I]X$_{6-9}$YXX[L/I] besteht. Dabei steht Y für Tyrosin, L für Leucin, I für Isoleucin und X für eine beliebige Aminosäure. Die beiden Tyrosinreste im ITAM tragen in besonderer Weise dazu bei, dass Signalproteine, die zwei tandemförmig hintereinanderliegende SH2-Domänen enthalten, effektiv rekrutiert werden (▶ Abb. 7.9). Wenn beide Tyrosine in einem ITAM phosphoryliert sind, werden Proteine mit zwei solchen SH2-Domänen hinzugezogen, beispielsweise Syk oder ZAP-70. Dadurch werden Syk oder ZAP-70 phosphoryliert, was für die Aktivierung beider Kinasen essenziell ist (Abschn. 7.2.4).

Die antigenbindenden Immunglobuline an der Oberfläche von B-Zellen sind ebenfalls mit invarianten akzessorischen Proteinketten verknüpft, die die Signalübertragung bewerkstelligen. Diese beiden Polypeptide mit den Bezeichnungen **Igα** und **Igβ** sind für den Transport des Immunglobulins zur Zelloberfläche und für die Signalfunktion des B-Zell-Rezeptors erforderlich (▶ Abb. 7.10). Igα und Igβ sind Proteine mit einer einzigen Kette. Sie enthalten eine immunglobulinähnliche Domäne, die über eine Transmembrandomäne mit einem cytoplasmatischen Schwanz verknüpft ist. Sie bilden ein Heterodimer, das über Disulfidbrücken zusammengehalten wird und sich mit den schweren Ketten von Immunglobulinen zusammenlagert, sodass diese zur Zelloberfläche transportiert werden können. Das Igα:Igβ-Dimer as-

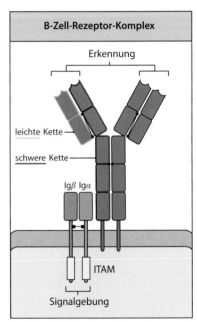

**B-Zell-Rezeptor-Komplex**

Erkennung

leichte Kette

schwere Kette

Igβ Igα

ITAM

Signalgebung

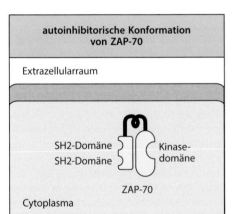

**autoinhibitorische Konformation von ZAP-70**

Extrazellularraum

SH2-Domäne
SH2-Domäne

Kinase-domäne

ZAP-70

Cytoplasma

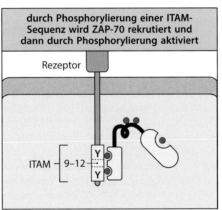

durch Phosphorylierung einer ITAM-Sequenz wird ZAP-70 rekrutiert und dann durch Phosphorylierung aktiviert

Rezeptor

ITAM — 9–12

**Abb. 7.9 ITAM-Sequenzen mobilisieren Signalproteine, die zwei tandemförmig angeordnete SH2-Domänen enthalten.** Die ITAMs der T-Zell-Rezeptoren (TCRs) und B-Zell-Rezeptoren (BCRs) enthalten Tyrosinreste innerhalb des Sequenzmotivs YXX[L/I]X$_{6-9}$YXX[L/I]. Der Abstand zwischen den Tyrosinen ist für die Bindung an Proteine mit tandemförmig angeordneten SH2-Domänen, beispielsweise Syk und ZAP-70, von Bedeutung. *Links*: Vor der TCR- oder BCR-Stimulation befinden sich diese Kinasen in einer inaktiven Konformation, die man als autoinhibitorisch bezeichnet. Diese wird durch Wechselwirkungen der Tandem-SH2-Domäne/Kinasedomäne-Linker-Region und der Kinasedomäne stabilisiert, die das Enzym in einem katalytisch inaktiven Zustand festhalten. *Rechts*: Nach Phosphorylierung der beiden Tyrosine in einer ITAM-Sequenz (hier in der Darstellung durch neun bis 12 Aminosäuren getrennt) können sich die tandemförmig angeordneten SH2-Domänen von Syk oder ZAP-70 kooperativ an beide Phosphotyrosine anlagern (hier für ZAP-70 dargestellt). Durch die Bindung an den aktiven Signalkomplex kann sich ZAP-70 selbst phosphorylieren, sodass diese Kinase aktiviert wird und ihre Substrate phosphoryliert werden. Dieser letzte Schritt der Aktivierung von ZAP-70 erfordert die Phosphorylierung von zwei Tyrosinen in der Linker-Region zwischen den Tandem-SH2-Domänen und der Kinasedomäne, außerdem die Phosphorylierung eines Tyrosinrestes im katalytischen Zentrum der Kinasedomäne

**Abb. 7.10 Der B-Zell-Rezeptor-Komplex besteht aus Zelloberflächenimmunglobulinen und jeweils einem der invarianten Proteine Igα und Igβ.** Das Immunglobulin erkennt ein Antigen und bindet daran, kann aber selbst kein Signal erzeugen. Es ist mit den Signalmolekülen Igα und Igβ assoziiert, die keine Antigenspezifität besitzen. Diese enthalten in ihren cytoplasmatischen Schwänzen ein einzelnes ITAM (*gelb*). Damit können sie ein Signal erzeugen, wenn der B-Zell-Rezeptor ein Antigen gebunden hat. Igα und Igβ bilden über die Verknüpfung durch Disulfidbrücken ein Heterodimer, das nichtkovalent mit den schweren Ketten assoziiert ist

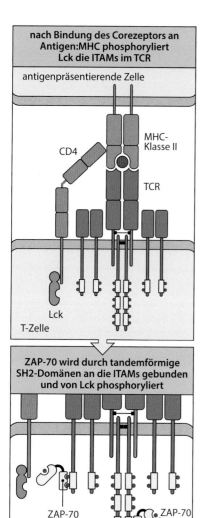

**nach Bindung des Corezeptors an Antigen:MHC phosphoryliert Lck die ITAMs im TCR**

antigenpräsentierende Zelle

CD4

MHC-Klasse II

TCR

Lck

T-Zelle

**ZAP-70 wird durch tandemförmige SH2-Domänen an die ITAMs gebunden und von Lck phosphoryliert**

ZAP-70

ZAP-70

**Abb. 7.11 Durch die Mitwirkung von Corezeptoren nimmt die Phosphorylierung der ITAM-Sequenzen zu.** *Oben*: Zur Vereinfachung binden in der Abbildung der CD4-Corezeptor und der T-Zell-Rezeptor (TCR) an dieselbe Domäne des MHC-Moleküls, wobei sich die Situation in Mikroclustern der Rezeptoren wahrscheinlich etwas anders darstellt. Wenn T-Zell-Rezeptoren und Corezeptoren durch die Bindung an Peptid:MHC-Komplexe an der Oberfläche von antigenpräsentierenden Zellen zusammenkommen, führt die Rekrutierung der mit dem Corezeptor assoziierten Kinase Lck zur Phosphorylierung von ITAM-Sequenzen in CD3$\gamma$, -$\delta$, -$\varepsilon$ und den $\zeta$-Ketten. *Unten*: Die Tyrosinkinase ZAP-70 bindet über ihre SH2-Domänen an phosphorylierte ITAM-Sequenzen, sodass ZAP-70 durch Lck phosphoryliert und aktiviert werden kann. ZAP-70 phosphoryliert dann weitere intrazelluläre Signalmoleküle

soziiert über hydrophile Wechselwirkungen und nicht durch unterschiedliche Ladungen zwischen den Transmembrandomänen. Der vollständige B-Zell-Rezeptor bildet wahrscheinlich einen Komplex aus sechs Ketten – zwei identischen leichten Ketten, zwei identischen schweren Ketten und einem assoziierten Heterodimer aus Ig$\alpha$ und Ig$\beta$. Wie die CD3- und $\zeta$-Ketten des T-Zell-Rezeptors enthalten Ig$\alpha$ und Ig$\beta$ ebenfalls ITAM-Sequenzen, allerdings jeweils nur eine. Diese sind für die Signalgebung der B-Zell-Rezeptoren essenziell.

## 7.2.2 Die Antigenerkennung durch den T-Zell-Rezeptor und seine Corezeptoren führt zu einem Signal durch die Plasmamembran, das weitere Signale auslöst

Um eine wirksame Immunantwort hervorzubringen, müssen T- und B-Zellen auf ihr spezifisches Antigen reagieren, selbst wenn es nur in äußerst geringen Konzentrationen vorkommt. Das trifft besonders auf T-Zellen zu, da eine antigenpräsentierende Zelle auf ihrer Oberfläche viele verschiedene Peptide darbietet, die sowohl aus körpereigenen als auch körperfremden Proteinen stammen. Dadurch ist die Anzahl von Peptid:MHC-Komplexen, für die ein bestimmter T-Zell-Rezeptor spezifisch ist, wahrscheinlich sehr gering. Es gibt Hinweise darauf, dass eine naive CD4-T-Zelle aktiviert werden kann, wenn weniger als 50 Antigenpeptid:MHC-Komplexe an der Oberfläche der antigenpräsentierenden Zelle exprimiert werden. Eine cytotoxische CD8-T-Effektorzelle ist vielleicht sogar noch empfindlicher. B-Zellen werden aktiviert, wenn etwa 20 B-Zell-Rezeptoren beteiligt sind. Diese Abschätzungen beruhen auf Untersuchungen *in vitro* und sind möglicherweise auf Zellen *in vivo* nicht vollständig übertragbar, aber zweifellos verleihen die Antigenrezeptoren den T- und B-Zellen eine bemerkenswerte Empfindlichkeit für Antigene.

Damit ein Peptid:MHC-Komplex eine T-Zelle aktivieren kann, muss er direkt an den T-Zell-Rezeptor binden (▶ Abb. 7.11, oben, sowie ▶ Abb. 4.22). Es ist jedenfalls noch nicht genau bekannt, wie diese extrazelluläre Erkennung durch die Membran der T-Zelle übertragen wird, damit die Signalweiterleitung ausgelöst wird. Zu klären ist, welche stöchiometrischen und physikalischen Bedingungen für die Anordnung der T-Zell-Rezeptoren und Peptid:MHC-Komplexe erfüllt sein müssen, damit die Signalkaskade ausgelöst wird. Wir werden uns mit diesem aktiven Forschungsgebiet nur kurz beschäftigen, bevor wir uns den besser bekannten intrazellulären Ereignissen zuwenden, die nach der Antigenerkennung einsetzen.

Nach einer Hypothese wird die Signalübertragung durch die Dimerisierung des T-Zell-Rezeptors ausgelöst, zu der es an der Oberfläche von antigenpräsentierenden Zellen kommt, weil sich **„pseudodimere" Peptid:MHC-Komplexe** bilden. Die Komplexe enthalten ein Antigenpeptid:MHC-Molekül und ein Selbst-Peptid:MHC-Molekül. Dieses Modell beruht auf einer schwachen Wechselwirkung zwischen dem T-Zell-Rezeptor und den Selbst-Peptid:MHC-Komplexen, die durch Wechselwirkungen des CD4- oder CD8-Corezeptors mit den Selbst-Peptid:MHC-Komplexen stabilisiert wird. So ließe sich eine Signalübertragung erklären, die durch eine geringe Dichte an Antigenpeptiden ausgelöst wird. Ein weiterer möglicher Mechanismus besteht darin, dass der Antigenpeptid:MHC-Komplex eine Konformationsänderung des T-Zell-Rezeptors oder seiner assoziierten CD3- und $\zeta$-Ketten hervorruft, die die Phosphorylierung des Rezeptors stimulieren. Es gibt jedoch bis jetzt keinen direkten strukturellen Beweis für dieses Modell.

Gemäß einer anderen Hypothese kommt es bei der Signalübertragung zu einer Oligomerisierung oder Clusterbildung der Rezeptoren, da Antikörper, die an T-Zell-Rezeptoren binden und dadurch quervernetzen, T-Zellen aktivieren können. Da Antigenpeptide im Vergleich zu den übrigen Peptiden, die an der Oberfläche von antigenpräsentierenden Zellen dargeboten werden, in einer verschwindenden Minderzahl sind, ist es unwahrscheinlich, dass physiologische Mengen von Antigenen eine konventionelle Oligomerisierung hervorrufen, wie man sie mit Antikörpern beobachten kann. Andererseits hat man aber schon in der Kontaktzone zwischen einer T-Zelle und einer antigenpräsentierenden Zelle Zusammenlagerungen einer geringen Anzahl von T-Zell-Rezeptoren, sogenannter **Mikrocluster**, festgestellt. Diese

Mikrocluster entstehen kurz nach der Stimulation von T-Zell-Rezeptoren und sie fusionieren schnell mit Mikroclustern, die Komponenten für nachgeschaltete Signalereignisse enthalten, etwa Gerüst- und Adaptorproteine. Aktuelle Befunde deuten darauf hin, dass die Signalübertragung durch diese Mikrocluster ausgelöst wird. Ein derzeit verbreitetes Modell besagt, dass die Signale ausgelöst werden, sobald inhibitorische Signalproteine aus diesen Komplexen ausgeschlossen werden. Ein entscheidender Aspekt dieses Modells besteht darin, dass sich die aktivierenden und inhibitorischen Enzyme vor der Signalgebung durch den T-Zell-Rezeptor in einem Gleichgewicht befinden; die Signale werden ausgelöst, sobald dieses Gleichgewicht zugunsten einer aktivierenden Veränderung gestört wird.

### 7.2.3 Die Antigenerkennung durch den T-Zell-Rezeptor und seine Corezeptoren führt zur Phosphorylierung von ITAM-Sequenzen durch Kinasen der Src-Familie und erzeugt so das erste intrazelluläre Signal einer Signalkaskade

Das erste intrazelluläre Signal, das gebildet wird, nachdem die T-Zelle ihr spezifisches Antigen erkannt hat, ist die Phosphorylierung der beiden Tyrosinreste in den ITAM-Sequenzen des T-Zell-Rezeptors. Dieses Signal wird mithilfe der Corezeptoren CD4 und CD8 in Gang gesetzt, die über ihre extrazellulären Domänen (Abschn. 4.3.8) an MHC-Klasse-II- beziehungsweise -Klasse-I-Moleküle binden und über ihre intrazellulären Domänen mit rezeptorassoziierten Kinasen interagieren. Die Kinase Lck der Src-Familie ist ständig mit den cytoplasmatischen Domänen von CD4 und CD8 assoziiert und wahrscheinlich in erster Linie für die Phosphorylierung der ITAM-Sequenzen im T-Zell-Rezeptor verantwortlich (▶ Abb. 7.11). Befunde deuten darauf hin, dass die Bindung des Corezeptors an den Peptid:MHC-Komplex, der an den Rezeptor bindet, die Rekrutierung von Lck zum betroffenen T-Zell-Rezeptor verstärkt, sodass die Phosphorylierung der T-Zell-Rezeptor-ITAMs effizienter erfolgt. Die Bedeutung dieses Vorgangs zeigt sich daran, dass die T-Zell-Entwicklung bei Lck-defekten Mäusen stark reduziert ist. Das wiederum weist auf die entscheidende Funktion hin, die Lck für die Signalgebung von T-Zell-Rezeptoren während der Selektion der sich entwickelnden T-Zellen im Thymus besitzt (Kap. 8). Lck ist bei naiven T-Zellen und T-Effektorzellen wichtig für die Signalgebung der T-Zell-Rezeptoren, besitzt jedoch für die Aktivierung oder Stabilisierung der CD8-T-Gedächtniszellen durch ihr spezifisches Antigen eine geringere Bedeutung. Die mit Lck verwandte Kinase **Fyn** ist mit den ITAM-Sequenzen des T-Zell-Rezeptors schwach assoziiert und spielt bei der Signalübertragung wahrscheinlich ebenfalls eine Rolle. Während Mäuse, denen Fyn fehlt, normale CD4- und CD8-T-Zellen entwickeln, zeigen Mäuse, die weder über Lck noch über Fyn verfügen, einen noch vollständigeren Verlust der T-Zell-Entwicklung als Mäuse, denen nur Lck fehlt.

Eine weitere Funktion der Corezeptoren bei der Signalgebung der T-Zell-Rezeptoren ist wahrscheinlich die Stabilisierung von Wechselwirkungen zwischen dem Rezeptor und dem Peptid:MHC-Komplex. Die Affinitäten der einzelnen Rezeptoren für ihren spezifischen Peptid:MHC-Komplex liegen im mikromolaren Bereich. Das bedeutet, dass die T-Zell-Rezeptor:Peptid:MHC-Komplexe eine Halbwertszeit von unter einer Sekunde aufweisen und schnell dissoziieren. Die zusätzliche Bindung eines Corezeptors an das MHC-Molekül stabilisiert anscheinend die Wechselwirkung, da diese dadurch länger bestehen bleibt und die Zeit für die Erzeugung eines Signals ausreicht.

Die Lck-Kinase, die an die cytoplasmatischen Schwänze von CD4 oder CD8 gebunden ist, gelangt in die Nähe ihres Substrats in der ITAM-Sequenz des T-Zell-Rezeptors, wenn der Corezeptor an den Rezeptor:Peptid:MHC-Komplex bindet (▶ Abb. 7.11). Die Aktivität von Lck wird über die Phosphorylierung eines Tyrosinrestes durch die **C-terminale Src-Kinase (Csk)** am carboxyterminalen Ende von Lck auch allosterisch reguliert. Das entstehende Phosphotyrosin interagiert mit der SH2-Domäne von Lck und trägt dazu bei, dass Lck in einer geschlossenen Form verbleibt und damit katalytisch inaktiv ist (▶ Abb. 7.12). Wenn Csk während der T-Zell-Entwicklung fehlt, reifen die T-Zellen im Thymus autonom heran, ohne dass sie einen Peptid:MHC-Komplex binden müssen. Das geschieht wahrscheinlich

**Abb. 7.12 Die Aktivität von Lck wird durch die Phosphorylierung und Dephosphorylierung von Tyrosinresten reguliert.** Src-Kinasen wie Lck enthalten vor der Kinasedomäne (*grün*) eine SH3-Domäne (*blau*) und eine SH2-Domäne (*orange*). Lck besitzt zudem ein spezifisches aminoterminales Motiv (*gelb*) mit zwei Cysteinresten, die ein $Zn^{2+}$-Ion binden, welches ebenfalls von einem ähnlichen Motiv in der cytoplasmatischen Domäne von CD8 oder CD4 gebunden wird. *Oben*: Im inaktiven Zustand werden die beiden Lobuli der Lck-Kinasedomäne durch Wechselwirkungen mit der SH2- und mit der SH3-Domäne festgehalten. Die SH2-Domäne interagiert mit einem phosphorylierten Tyrosinrest am Carboxylende der Kinasedomäne. Die SH3-Domäne interagiert mit einer Prolinsequenz (P), die sich in einer Linker-Sequenz zwischen der SH2-Domäne und der Kinasedomäne befindet. *Mitte*: Die Dephosphorylierung des Tyrosinrestes am Carboxylende durch die Phosphatase CD45 (nicht dargestellt) gibt die SH2-Domäne frei. Die Bindung anderer Liganden an die SH3-Domäne kann die Freigabe der Linker-Region bewirken (nicht dargestellt). So befindet sich die Kinase in einem voraktivierten Zustand, ist aber noch nicht vollständig aktiv. *Unten*: Damit Lck katalytisch vollständig aktiv wird, muss an der Aktivierungsschleife in der Kinasedomäne noch eine Autophosphorylierung erfolgen. Die aktive Kinase Lck kann dann ITAM-Sequenzen in den Signalketten des in der Nähe befindlichen T-Zell-Rezeptors phosphorylieren. Die erneute Phosphorylierung des Tyrosinrestes am Carboxylende durch die C-terminale Src-Kinase (Csk) oder der Verlust des SH3-Liganden versetzt die Kinase wieder in den inaktiven Zustand

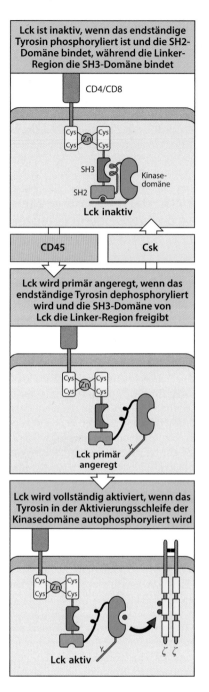

aufgrund eines anormalen Auslösens von TCR-Signalen aufgrund einer übermäßigen Lck-Aktivität in den Csk-defekten Thymocyten. Das deutet darauf hin, dass Csk normalerweise die Lck-Aktivität verringert und so die TCR-Signalgebung abschwächt. Eine Dephosphorylierung des Tyrosinrestes oder die Bindung der SH2- oder SH3-Domänen durch ihre Liganden hebt die inaktive Konformation von Lck auf, sodass Lck nun voraktiviert, aber noch nicht vollständig aktiv ist (▶ Abb. 7.12). Damit Lck katalytisch vollständig aktiv wird, ist noch die Autophosphorylierung durch ihre Kinasedomäne erforderlich. In nichtstimulierten Lymphocyten wirkt die **Tyrosinphosphatase CD45**, die beide Autophosphorylierungsstellen von Lck dephosphorylieren kann, der Phosphorylierung von Lck entgegen. Vor der TCR-Stimulation kommen in den T-Zellen mehrere phosphorylierte Formen von Lck in den T-Zellen vor, aber die Stimulation des Antigenrezeptors ist notwendig, um die aktivierte Form von Lck zu stabilisieren und die Phosphorylierung der ITAM-Sequenz herbeizuführen.

### 7.2.4 Phosphorylierte ITAM-Sequenzen rekrutieren und aktivieren die Tyrosinkinase ZAP-70

Der genau festgelegte Abstand der beiden YXXL/I-Motive in einer ITAM-Sequenz deutet darauf hin, dass ITAM die Bindungsstelle für ein Signalprotein ist, das zwei SH2-Domänen enthält. Im Fall des T-Zell-Rezeptors handelt es sich dabei um die Tyrosinkinase **ZAP-70** (**ζ-Ketten-assoziiertes Protein**), die das Aktivierungssignal weiterträgt. ZAP-70 enthält zwei tandemförmig angeordnete SH2-Domänen, die gleichzeitig mit den beiden phosphorylierten Tyrosinresten in einer ITAM-Sequenz interagieren können (▶ Abb. 7.9). Die Affinität der phosphorylierten YXXL-Sequenz für eine einzige SH2-Domäne ist gering; die Bindung beider SH2-Domänen durch die ITAM-Sequenz ist deutlich stärker und verleiht der Bindung durch ZAP-70 Spezifität. Wenn also Lck eine ITAM-Sequenz in einem T-Zell-Rezeptor ausreichend phosphoryliert hat, bindet ZAP-70 daran. Sobald das geschehen ist, wird ZAP-70 von Lck an drei Tyrosinresten phosphoryliert. Zwei davon liegen in der Linker-Region zwischen den tandemartigen SH2-Domänen und der Kinasedomäne, ein dritter Rest liegt in der katalytischen Domäne. Zusammen aktivieren diese Phosphorylierungen ZAP-70, indem sie die durch Autoinhibition inaktive Form von ZAP-70 öffnen und ermöglichen, dass die katalytische Domäne ihre aktive Konformation annimmt (▶ Abb. 7.13). ZAP-70 kann auch durch Autophosphorylierung aktiviert werden.

### 7.2.5 ITAM-Sequenzen kommen auch in anderen Rezeptoren auf Leukocyten vor, die Signale zur Zellaktivierung aussenden

Die Signaluntereinheiten des T-Zell- und B-Zell-Rezeptors enthalten jeweils ITAM-Sequenzen, die für die Signalgebung der Rezeptoren essenziell sind. Durch die Phosphorylierung der beiden Tyrosinreste in einer ITAM-Sequenz wird bei den T-Zellen die Tyrosinkinase ZAP-70 rekrutiert, die zwei tandemförmig angeordnete SH2-Domänen enthält, bei den B-Zellen ist es die verwandte Kinase Syk. Andere Rezeptoren des Immunsystems verfügen ebenfalls über Hilfsproteine mit ITAM-Sequenzen, um aktivierende Signale zu übertragen (▶ Abb. 7.14). Ein Beispiel dafür ist **FcγRIII** (CD16); dies ist der Rezeptor für IgG, der die antikörperabhängige zelluläre Cytotoxizität (*antibody-dependent cell-mediated cytotoxicity*, ADCC) der NK-Zellen auslöst (Kap. 11). CD16 kommt auch auf Makrophagen und neutrophilen Zellen vor und bewirkt dort die Aufnahme und Zerstörung von Krankheitserregern, an die Antikörper gebunden haben. Um ein Signal auszusenden, muss FcγRIII entweder mit der ζ-Kette (die auch beim T-Zell-Rezeptor vorkommt) oder mit der Fcγ-Kette, einem anderen Vertreter derselben Proteinfamilie, assoziieren. Die Fcγ-Kette ist auch eine Signalkomponente eines anderen Fc-Rezeptors, des Fcε-Rezeptors (FcεRI) auf Mastzellen. Dieser Rezeptor bindet an IgE-Antikörper (Kap. 14) und bei einer Quervernetzung durch Allergene löst er die Degranulierung der Mastzellen aus. Viele aktivierende Rezeptoren auf NK-Zellen sind mit DAP12 (Abschn. 3.2.12) assoziiert, ebenfalls ein ITAM-haltiges Protein. Jede dieser zusätzlichen ITAM-haltigen Signalketten wird nach der Stimulation des zugehörigen Rezeptors an Tyrosinresten phosphoryliert, wodurch es zur Rekrutierung der Tyrosinkinasen Syk oder ZAP-70 kommt. Mit Ausnahme bei den T-Zellen wird Syk in breitem Umfang in allen Untergruppen der Leukocyten exprimiert. Andererseits kommt ZAP-70 nur in T-Zellen und NK-Zellen vor.

Mehrere pathogene Viren haben anscheinend ITAM-haltige Rezeptoren von ihren Wirtszellen übernommen. Dazu gehört das Epstein-Barr-Virus (EBV), dessen *LMP2A*-Gen ein Membranprotein mit einem cytoplasmatischen Schwanz codiert, der ebenfalls eine ITAM-Sequenz enthält. So kann EBV über die in Abschn. 7.2.14 besprochenen Signalwege die B-Zell-Proliferation auslösen. Dies ist ein bedeutsamer Schritt in der Entwicklung der von EBV hervorgerufenen Erkrankungen. Ein weiteres Virus, das ITAM-haltige Proteine

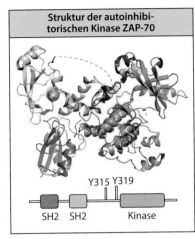

**Struktur der autoinhibitorischen Kinase ZAP-70**

Y315 Y319

SH2  SH2  Kinase

**Abb. 7.13 Struktur der autoinhibitorischen ZAP-70-Kinase.** Dargestellt ist die Struktur der autoinhibitorischen Konformation der inaktiven ZAP-70-Kinase. Die Farben der Proteindomänen in der 3D-Struktur entsprechen der Karte der Domänen unten im Bild. Die *gestrichelte rote Linie* markiert einen Bereich des Proteins, der bei der Strukturanalyse nicht zu erkennen war. Vor der Stimulation eines T-Zell-Rezeptors befindet sich die ZAP-70-Kinase in dieser inaktiven Konformation. Ursache dafür sind Wechselwirkungen der Linker-Region zwischen der Tandem-SH2-Domäne/Kinasedomäne-Linker-Region (*rot*) und der Kinasedomäne. Diese Wechselwirkung stabilisiert ZAP-70 in einem katalytisch inaktiven Zustand, der sogenannten autoinhibitorischen Form von ZAP-70, bei der die KInasedomäne in einer inaktiven Konformation festgehalten wird. Nach der Stimulation durch den T-Zell-Rezeptor phosphoryliert Lck die beiden Tyrosinreste Y315 und Y319 (*gelb*) in dieser Linker-Region. Lck phosphoryliert auch einen Tyrosinrest in der katalytischen (Kinase-)Domäne. Sobald Y315 und Y319 phosphoryliert sind, kann die Linker-Region nicht mehr an die Kinasedomäne binden, sodass die phosphorylierte Kinasedomäne ihre aktive Konformation annehmen kann. (Mit freundlicher Genehmigung von Arthur Weiss)

 Video 7.1

Teil III

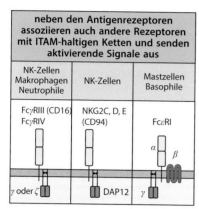

| neben den Antigenrezeptoren assoziieren auch andere Rezeptoren mit ITAM-haltigen Ketten und senden aktivierende Signale aus | | |
|---|---|---|
| NK-Zellen Makrophagen Neutrophile | NK-Zellen | Mastzellen Basophile |
| FcγRIII (CD16) FcγRIV | NKG2C, D, E (CD94) | FcεRI |
| γ oder ζ | DAP12 | γ |

**Abb. 7.14 Andere Rezeptoren, die mit ITAM-haltigen Proteinketten assoziieren, können aktivierende Signale aussenden.** Neben den B- und T-Zellen verfügen auch andere Zellen über Rezeptoren, die mit ITAM-haltigen Hilfsproteinen assoziieren. Diese werden phosphoryliert, sobald der Rezeptor quervernetzt wird. Solche Rezeptoren senden aktivierende Signale aus. Der Fcγ-Rezeptor III (FcγRIII oder CD16) kommt auf NK-Zellen, Makrophagen und neutrophilen Zellen vor. Die Bindung von IgG an den Rezeptor aktiviert die Tötungsfunktion der NK-Zelle und löst den Vorgang der antikörperabhängigen zellulären Cytotoxizität (ADCC) aus. Aktivierende Rezeptoren auf NK-Zellen, wie NKG2C, NKG2D und NKG2E, sind ebenfalls mit ITAM-haltigen Signalketten assoziiert. Der Fcε-Rezeptor (FcεRI) kommt auf Mastzellen und basophilen Zellen vor. Die $\alpha$-Untereinheit bindet mit sehr hoher Affinität an IgE-Antikörper. Die $\beta$-Untereinheit ist ein Transmembranprotein mit vier membrandurchspannenden Regionen. Wenn anschließend ein Antigen an IgE bindet, wird die Mastzelle aktiviert, ihre Granula freizusetzen, die Entzündungsmediatoren enthalten. Die $\gamma$-Kette, die mit den Fc-Rezeptoren assoziiert ist, und die DAP12-Kette, die mit NK-Killerzell-aktivierenden Rezeptoren assoziieren, enthalten ebenfalls eine ITAM-Sequenz pro Kette und treten beide als Homodimere auf

exprimiert, ist das Kaposi-Sarkom-assoziiertes Herpesvirus (KSHV oder HHV-8), das bei den Zellen, die es infiziert, eine maligne Transformation hervorruft und die Zellproliferation auslöst.

## 7.2.6 Die aktivierte Kinase ZAP-70 phosphoryliert Gerüstproteine und stimuliert die Aktivierung der PI-3-Kinase

Wie bereits in Abschn. 7.2.4 besprochen führt die Phosphorylierung von Tyrosinresten in den ITAM-Sequenzen des Rezeptors zur Rekrutierung und Aktivierung von ZAP-70. Dadurch gelangt ZAP-70 in die Nähe der Zellmembran, wo die Kinase das Gerüstprotein **LAT (Linker für aktivierte T-Zellen)** phosphoryliert. Dabei handelt es sich um ein Transmembranprotein mit einer großen cytoplasmatischen Domäne (▶ Abb. 7.15). ZAP-70 phosphoryliert auch **SLP-76**, ein anderes Adaptorprotein. LAT und SLP-76 können durch das Adaptorprotein Gads miteinander verknüpft werden. Dieser Komplex aus drei Proteinen, den man auch als LAT:Gads:SLP-76-Komplex bezeichnet, ist für die T-Zell-Aktivierung von entscheidender Bedeutung. Das zeigt sich beispielsweise an den grundlegenden Defekten bei der TCR-Signalgebung und der T-Zell-Entwicklung bei Mäusen, die über keine dieser Komponenten verfügen, und bei Menschen, denen ZAP-70 fehlt. Ein zweites entscheidendes Ereignis, das schnell auf die ZAP-70-Aktivierung folgt, ist die Rekrutierung und Aktivierung des Enzyms PI-3-Kinase (Abschn. 7.1.4). Der genaue Mechanismus, über den die Aktivierung der PI-3-Kinase mit der Stimulation des T-Zell-Rezeptors zusammenhängt, ist noch kaum bekannt, aber aktuelle Befunde deuten darauf hin, dass die kleine GTPase Ras hier eine Rolle spielt. In diesem Fall wird Ras wahrscheinlich durch die Rekrutierung des Ras-GEF Sos zu LAT über die Bindung von Sos an das kleine Adaptorprotein Grb2 aktiviert. Dabei entsteht ein zweiter Komplex aus drei Proteinen mit LAT und Sos sowie Grb2 als Brücke dazwischen.

Nach Bildung des LAT:Gads:SLP-76-Komplexes und der Aktivierung der PI-3-Kinase verzweigt sich der Signalweg des T-Zell-Rezeptors in mehrere nachgeschaltete Module, die jeweils zu Veränderungen in der Zelle führen und dadurch zu einer optimalen Aktivierung der T-Zelle beitragen (▶ Abb. 7.15). Jedes Modul wird durch die Rekrutierung einer wichtigen Zwischenstufe zu den aktiven Signalkomplexen in Gang gesetzt, entweder durch Bindung an den LAT:Gads:SLP-76-Komplex oder durch Bindung an PIP$_3$, das durch die Aktivität der PI-3-Kinase gebildet wurde, oder auch durch beide Ereignisse. Diese Module führen zur Aktivierung der Phospholipase C-$\gamma$ (PLC-$\gamma$), wodurch die Transkription beeinflusst wird, zur Aktivierung der Serin/Threonin-Kinase Akt, die unter anderem den Stoffwechsel beeinflusst, zur Rekrutierung des Adaptorproteins ADAP, wodurch die Zelladhäsion gesteigert wird, und zur Aktivierung des Proteins Vav, das die Actinpolymerisierung in Gang setzt. Jedes dieser Module wird in den folgenden Abschnitten genauer besprochen.

## 7.2.7 Die aktivierte PLC-$\gamma$ erzeugt die Second Messenger Diacylglycerin und Inositoltrisphosphat, was zur Aktivierung von Transkriptionsfaktoren führt

Ein bedeutsames Modul der Signalgebung von T-Zell-Rezeptoren ist die Aktivierung des Enzyms **Phospholipase C-$\gamma$ (PLC-$\gamma$)**. Zuerst wird die PLC-$\gamma$ an die Innenseite der Plasmamembran gebracht, indem sie mit ihrer PH-Domäne an PIP$_3$ bindet, das durch Phosphorylierung mithilfe der PI-3-Kinase entstanden ist. Dann bindet die PLC-$\gamma$ an die phosphorylierten Gerüstproteine LAT und SLP-76. Durch die Aktivität der PLC-$\gamma$ entstehen zwei Second Messenger, die drei getrennte Zweige am Ende des T-Zell-Rezeptor-Weges in Gang setzen, was schließlich zur Aktivierung von Transkriptionsfaktoren führt.

Aufgrund der zentralen Bedeutung der PLC-$\gamma$-Aktivierung für die Aktivierung der T-Zellen wird die PLC-$\gamma$ auf verschiedenen Ebenen kontrolliert. Die Rekrutierung an die Membran

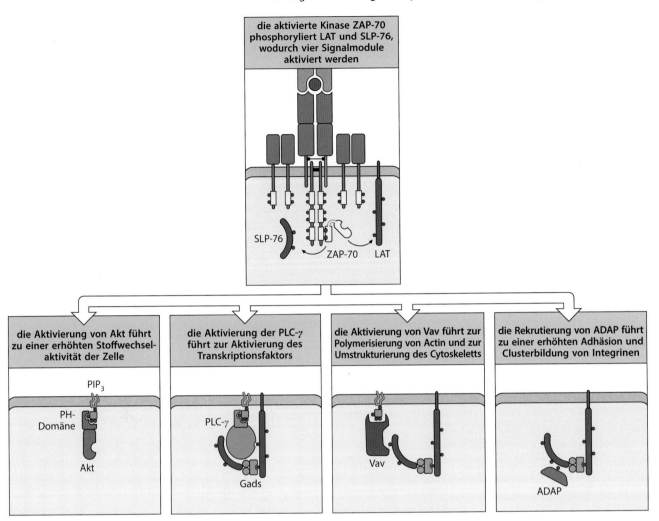

**Abb. 7.15 ZAP-70 phosphoryliert LAT und SLP-76, wodurch vier nachgeschaltete Signalmodule aktiviert werden.** Die aktivierte Kinase ZAP-70 phosphoryliert die Gerüstproteine LAT und SLP-76 und rekrutiert sie zum aktiven T-Zell-Rezeptor-(TCR-)Komplex. Das Adaptorprotein Gads hält die an Tyrosinresten phosphorylierten Proteine LAT und SLP-76 zusammen. Die zahlreichen Bindungsstellen auf diesen Gerüstproteinen können mehrere weitere Adaptorproteine und Enzyme hinzuziehen, die vier essenzielle nachgeschaltete Module aktivieren. Ein für mehrere dieser Module entscheidender Schritt ist die Aktivierung der PI-3-Kinase, die dann $PIP_2$ in der Plasmamembran phosphoryliert, sodass $PIP_3$ entsteht. Zu diesen vier Modulen gehört die Aktivierung der Serin/Threonin-Proteinkinase Akt, die eine erhöhte Stoffwechselaktivität in der Zelle stimuliert, die Aktivierung der PLC-$\gamma$, wodurch Transkriptionsfaktoren aktiviert werden, die Aktivierung von Vav, wodurch die Polymerisierung von Actin und die Umstrukturierung des Cytoskeletts angeregt werden, sowie die Rekrutierung des Adaptorproteins ADAP, das die Adhäsivität und Clusterbldung von Integrinen verstärkt

allein reicht nicht aus, um die PLC-$\gamma$ zu aktivieren. Dafür ist noch die Phosphorylierung durch die Tyrosinkinase Itk erforderlich, die zur cytoplasmatischen Familie der Tec-Kinasen gehört. Die Tec-Kinasen enthalten wie die PLC-$\gamma$ die Domänen PH, SH2 und SH3. Sie werden durch Wechselwirkungen dieser Domänen an die Plasmamembran gebracht, vor allem durch die Interaktion der PH-Domäne mit $PIP_3$ an der Membraninnenseite (▶ Abb. 7.16), während die SH2- und die SH3-Domänen mit SLP-76 interagieren. Diese Wechselwirkungen dienen dazu, dass Itk in der Nähe ihres Substrats PLC-$\gamma$ lokalisiert wird.

Sobald die PLC-$\gamma$ die Innenseite der Plasmamembran erreicht hat und aktiviert wurde, kann sie den Abbau des Membranlipids $PIP_2$ katalysieren (Abschn. 7.1.4 und ▶ Abb. 7.5), wodurch zwei Produkte entstehen: das Membranlipid **Diacylglycerin (DAG)** und der diffusible Second Messenger **Inositol-1,4,5-trisphosphat** ($IP_3$, nicht zu verwechseln mit

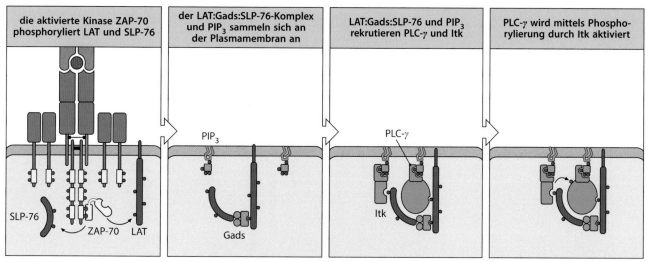

| die aktivierte Kinase ZAP-70 phosphoryliert LAT und SLP-76 | der LAT:Gads:SLP-76-Komplex und PIP$_3$ sammeln sich an der Plasmamembran an | LAT:Gads:SLP-76 und PIP$_3$ rekrutieren PLC-$\gamma$ und Itk | PLC-$\gamma$ wird mittels Phosphorylierung durch Itk aktiviert |

**Abb. 7.16 Die Rekrutierung der Phospholipase C-$\gamma$ durch LAT und SLP-76 sowie ihre Phosphorylierung und Aktivierung durch die Proteinkinase Itk sind entscheidende Schritte bei der Aktivierung von T-Zellen.** ZAP-70 phosphoryliert die Gerüstproteine LAT und SLP-76, die vom Adaptorprotein Gads zusammengeführt werden und dadurch mit dem aktivierten Rezeptor einen Komplex bilden. Dieser Komplex stimuliert auch die Aktivierung der PI-3-Kinase, was schließlich (durch Phosphorylierung von PIP$_2$) zur Produktion von PIP$_3$ führt. Die Phospholipase C-$\gamma$ (PLC-$\gamma$) wird durch die Bindung ihrer PH-Domäne an PIP$_3$ zur Membran gebracht und bindet dort an die phosphorylierten Stellen im LAT-Protein und an die prolinreiche Domäne von SLP-76. Für die Aktivierung der PLC-$\gamma$ ist die Phosphorylierung durch Itk erforderlich. Die Kinase Itk wird durch Wechselwirkung ihrer PH-Domäne mit PIP$_3$ und durch Wechselwirkungen mit dem phosphorylierten SLP-76-Protein an die Membran gebracht. Sobald die Phospholipase C-$\gamma$ durch Itk phosphoryliert wurde, ist sie aktiv

dem Membranlipid PIP$_3$) (▶ Abb. 7.17). DAG verbleibt in der Membran, diffundiert aber in der Membranebene und dient als Zielmolekül für die Rekrutierung weiterer Signalmoleküle an die Membran. IP$_3$ diffundiert in das Cytosol und bindet an IP$_3$-Rezeptoren auf der Membran des endoplasmatischen Reticulums (ER). Diese Rezeptoren sind Ca$^{2+}$-Kanäle, die sich öffnen und im ER gespeichertes Calcium in das Cytosol freisetzen. Die so entstehende geringe Konzentration von Calcium im ER führt dann zu einer Konformationsänderung des Transmembranproteins **STIM1**, das dadurch an der ER-Membran Cluster bildet. Die STIM1-Oligomere binden an die Plasmamembran, wo sie mit dem Calciumkanal der Plasmamembran, **ORAI1** (ein **CRAC-Kanal** [*calcium release activated calcium channel*]), direkt interagieren. Die Bindung von STIM1 an ORAI1 führt zur Öffnung des Kanals, sodass extrazelluläres Calcium in die Zelle strömen kann. Dadurch werden weitere Signalwege aktiviert und die ER-Calciumspeicher werden wieder aufgefüllt.

Die Aktivierung der PLC-$\gamma$ kennzeichnet einen wichtigen Schritt der T-Zell-Aktivierung, da sich nach diesem Schritt das Signalmodul der PLC-$\gamma$ in drei getrennte Äste verzweigt – die Stimulation des Ca$^{2+}$-Einstroms, die Aktivierung von Ras und die Aktivierung der **Proteinkinase C-$\theta$ (PKC-$\theta$)**. Jeder dieser Wege endet mit der Aktivierung eines anderen Transkriptionsfaktors. Diese Signalwege werden außer von Lymphocyten auch von vielen anderen Zelltypen genutzt. Ihre Bedeutung für die Aktivierung der T-Zellen zeigt sich daran, dass die Behandlung von T-Zellen mit Phorbolmyristatacetat (einem DAG-Analogon) und Ionomycin (einem porenbildenden Wirkstoff, durch den extrazelluläres Calcium in die Zelle strömen kann) viele Effekte der T-Zell-Rezeptor-Stimulation herbeiführen kann. Darüber hinaus hat man festgestellt, dass Defekte in mehreren dieser Signalkomponenten, beispielsweise in Lck, ZAP-70, Itk, CD45, CARMA1 und ORAI1, mit einem **schweren kombinierten Immundefekt (SCID)** einhergehen.

**Abb. 7.17 Die Phospholipase C-γ spaltet Inositol-phospholipide und erzeugt dabei zwei wichtige Signalmoleküle.** *Oben*: Phosphatidylinositol-4,5-bis-phosphat (PIP$_2$) ist ein Bestandteil der inneren Schicht der Plasmamembran. Wurde die Phospholipase C-γ durch Phosphorylierung aktiviert, spaltet sie PIP$_2$ in zwei Moleküle: Inositol-1,4,5-trisphosphat (IP$_3$) und Diacylglycerin (DAG). IP$_3$ diffundiert von der Membran weg, während DAG in der Membran verbleibt. Beide Moleküle sind für die Signalbildung von Bedeutung. *Mitte*: Die Freisetzung von Calcium erfolgt in zwei Phasen. IP$_3$ bindet an einen Rezeptor in der Membran des endoplasmatischen Reticulums (ER) und öffnet Calciumkanäle (*gelb*), sodass in der ersten Phase Calciumionen (Ca$^{2+}$) aus Speichern des ER in das Cytosol strömen können. Die Entleerung der Calciumspeicher bewirkt nun, dass STIM1, ein Sensor für den Calciumspiegel im ER, Cluster bildet. *Unten*: Die STIM1-Cluster stimulieren die zweite Phase des Calciumeinstroms, indem sie in der Plasmamembran an Calciumkanäle binden, die man als CRAC-Kanäle bezeichnet (beispielsweise ORAI1). Dadurch erhöht sich die Calciumkonzentration im Cytoplasma noch mehr und die Ca$^{2+}$-Speicher im ER werden wieder aufgefüllt. DAG bindet an Signalproteine und lenkt sie zur Membran, am wichtigsten sind dabei die Ras-GEF RasGRP und eine Serin/Threonin-Kinase mit der Bezeichnung Proteinkinase C-θ (PKC-θ). Die Rekrutierung von RasGRP zur Plasmamembran aktiviert Ras und die Aktivierung der PKC-θ führt zur Aktivierung des Transkriptionsfaktors NFκB

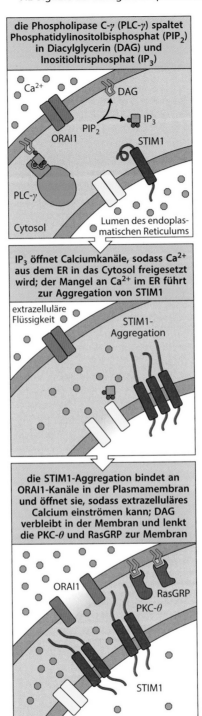

## 7.2.8 Ca$^{2+}$ aktiviert den Transkriptionsfaktor NFAT

Einer der drei Signalwege, die von der PLC-γ ausgehen, führt zu einem Einstrom von Calciumionen in das Cytosol. Ein bedeutsames Ergebnis dieses erhöhten Ca$^{2+}$-Spiegels im Cytosol aufgrund der T-Zell-Rezeptor-Signale über die PLC-γ ist die Aktivierung von Transkriptionsfaktoren der **NFAT**-Familie (NFAT für *nuclear factors of activated T cells*).

NFAT ist eigentlich keine zutreffende Bezeichnung, da fünf Mitglieder dieser Familie in vielen verschiedenen Geweben exprimiert werden. Ohne Aktivierungssignal verbleibt NFAT im Cytosol ruhender T-Zellen, da bestimmte Serin/Threonin-Reste phosphoryliert werden. Diese Phosphorylierung wird von Serin/Threonin-Kinasen bewerkstelligt, etwa von der Glykogensynthasekinase 3 (GSK3) und der Caseinkinase 2 (CK2). Solange NFAT phosphoryliert ist, wird die zellkernspezifische Erkennungssequenz vom Zellkerntransportsystem nicht erkannt und NFAT kann nicht in den Zellkern gelangen (► Abb. 7.18).

Die $Ca^{2+}$-Ionen, die sich aufgrund eines T-Zell-Rezeptor-Signals im Cytoplasma befinden, binden an das Protein **Calmodulin** und bewirken dessen Konformationsänderung. Calmodulin kann nun an eine Reihe verschiedener Zielenzyme binden und diese aktivieren. Ein wichtiges Ziel von Calmodulin in T-Zellen ist **Calcineurin**, eine Proteinphosphatase, die auf NFAT einwirkt. Aufgrund der Dephosphorylierung durch Calcineurin kann das Transportsystem nun die zellkernspezifische NFAT-Sequenz erkennen und NFAT gelangt in den Zellkern (► Abb. 7.18). Dort trägt NFAT dazu bei, viele Gene zu aktivieren, die für die T-Zell-Aktivierung notwendig sind, beispielsweise das Gen für (das Cytokin) Interleukin-2 (IL-2).

Die Bedeutung von NFAT bei der Aktivierung von T-Zellen lässt sich durch die Auswirkungen von selektiven Inhibitoren für Calcineurin – **Ciclosporin (A)** und **Tacrolimus (FK506)** – veranschaulichen. Ciclosporin bildet einen Komplex mit dem Protein Cyclophilin A und dieser Komplex blockiert Calcineurin. Tacrolimus bindet an das FK-bindende Protein (FKBP), sodass ein Komplex entsteht, der Calcineurin auf ähnliche Weise hemmt. Durch die Hemmung von Calcineurin verhindern diese Wirkstoffe die Bildung eines aktiven NFAT. Die T-Zellen exprimieren geringe Mengen von Calcineurin, sodass sie auf eine Blockierung dieses Signalwegs empfindlicher reagieren als viele andere Zelltypen. Sowohl Ciclosporin als auch FK506 wirken also als Immunsuppressiva und werden daher vielfach eingesetzt, um die Abstoßung von transplantierten Organen zu verhindern (Kap. 16, Abschn. 16.1.3).

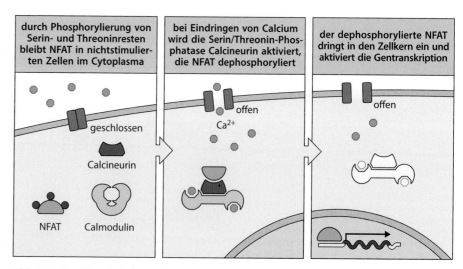

| durch Phosphorylierung von Serin- und Threoninresten bleibt NFAT in nichtstimulierten Zellen im Cytoplasma | bei Eindringen von Calcium wird die Serin/Threonin-Phosphatase Calcineurin aktiviert, die NFAT dephosphoryliert | der dephosphorylierte NFAT dringt in den Zellkern ein und aktiviert die Gentranskription |

**Abb. 7.18 Der Transkriptionsfaktor NFAT wird durch Calciumsignale reguliert.** *Links*: NFAT wird durch Phosphorylierung an Serin und Threonin im Cytoplasma festgehalten. *Mitte*: Nach Stimulation des Antigenrezeptors strömt Calcium in das Cytosol, zuerst aus dem endoplasmatischen Reticulum (nicht dargestellt, ► Abb. 7.17) und später aus dem Extrazellularraum (hier dargestellt). Nachdem Calcium in das Cytosol gelangt ist, bindet es an Calmodulin. Der $Ca^{2+}$:Calmodulin-Komplex bindet an die Serin/Threonin-Phosphatase Calcineurin und aktiviert sie auf diese Weise. Calcineurin dephosphoryliert NFAT. *Rechts*: Nach der Dephosphorylierung wandert NFAT in den Zellkern und bindet dort an Promotorelemente, wodurch die Transkription von verschiedenen Genen aktiviert wird

### 7.2.9 Die Aktivierung von Ras stimuliert die mitogenaktivierte Proteinkinase (MAPK), die als Schaltstelle fungiert, und induziert die Expression des Transkriptionsfaktors AP-1

Ein zweiter Ast des PLC-γ-Signalmoduls ist die Aktivierung der kleinen GTPase Ras. Das kann auf verschiedene Weise geschehen. Der wirksamste Mechanismus für die Aktivierung von Ras in den T-Zellen verläuft über DAG, das von der PLC-γ produziert wird. DAG diffundiert in der Plasmamembran und aktiviert eine Reihe verschiedener Proteine. Eines davon ist RasGRP, ein Guaninnucleotidaustauschfaktor, der Ras spezifisch aktiviert. RasGRP enthält die C1-Domäne, ein Modul für die Wechselwirkung mit Proteinen, das DAG bindet. Durch diese Wechselwirkung gelangt RasGRP an die Membran und in die Nähe von aktiven Signalkomplexen (▶ Abb. 7.19). Dort wird Ras von RasGRP durch den Austausch von GDP gegen GTP aktiviert. Ras wird im T-Zell-Rezeptor-Signalweg durch den Guaninnucleotidaustauschfaktor Sos aktiviert, der wiederum durch das Adaptorprotein Grb2 rekrutiert wird (Abschn. 7.1.2 und 7.1.3); Grb2 wurde durch Bindung an die phosphorylierten Proteine LAT und SLP-76 aktiviert.

 Video 7.2

Das aktivierte Ras-Protein setzt eine enzymatische Kaskade aus drei Kinasen in Gang, an deren Ende die Aktivierung der **mitogenaktivierten Proteinkinase** (**MAP-Kinase**, **MAPK**, eine Serin/Threonin-Kinase) steht (▶ Abb. 7.19). Bei der Signalübertragung von Antigenrezeptoren ist die erste Komponente dieser Kaskade eine MAPK-Kinase-Kinase (MAP3K) mit der Bezeichnung **Raf**. Raf ist eine Serin/Threonin-Kinase, die das nächste Element dieser Reihe phosphoryliert, die MAPK-Kinase (MAP2K) **MEK1**. MEK1 ist eine Proteinkinase mit zwei Spezifitäten, die bei der letzten Komponente dieser Abfolge, der MAP-Kinase **Erk** (*extracellular signal-related kinase*), die in B- und T-Zellen vorkommt, einen Tyrosin- und einen Threoninrest phosphoryliert.

Die Signalübertragung der MAPK-Kaskaden wird von spezialisierten Gerüstproteinen ermöglicht, die alle drei Kinasen in einer speziellen MAPK-Schaltstelle zusammenfasst, wodurch die Wechselwirkungen beschleunigt werden. Das Gerüstprotein **KSR** (**Kinase-**

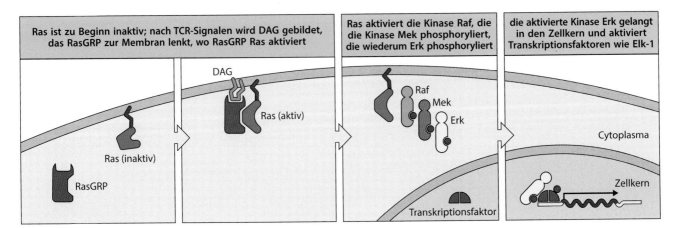

**Abb. 7.19 DAG aktiviert die MAPK-Kaskaden, was schließlich zur Aktivierung von Transkriptionsfaktoren führt.** Alle MAPK-Kaskaden werden von kleinen G-Proteinen in Gang gesetzt, in diesem Beispiel von Ras. Ras wechselt mithilfe des Guaninnucleotidaustauschfaktors RasGRP von einem inaktiven Zustand (*erstes Bild*) zu einem aktiven Zustand (*zweites Bild*). RasGRP wurde von DAG an die Membran gelenkt. Ras aktiviert das erste Enzym in der Kaskade, die Proteinkinase Raf, eine MAPK-Kinase-Kinase (MAP3K) (*drittes Bild*). Raf phosphoryliert Mek, eine MAP2K, die daraufhin Erk, eine MAPK, phosphoryliert und aktiviert. Das Gerüstprotein KSR assoziiert mit Raf, Mek und Erk und ermöglicht so deren effiziente Wechselwirkungen (nicht dargestellt). Durch die Phosphorylierung und Aktivierung von Erk wird dieses Protein aus dem Komplex freigesetzt, sodass es nun in der Zelle diffundieren kann und in den Zellkern gelangt (*viertes Bild*). Die Phosphorylierung von Transkriptionsfaktoren durch Erk führt schließlich zur Transkription neuer Gene

**suppressor von Ras**) unterstützt den Raf/MEK1/Erk-Signalweg. Während der T-Zell-Rezeptor-Signalübertragung assoziiert KSR mit Raf, MEK1 und Erk und bindet sich selbst und seine „Fracht" an die Membran. Dort kann das aktivierte Ras-Protein mit Raf in Kontakt treten, das an KSR gebunden ist, und so die Kinasekaskade auslösen (▶ Abb. 7.19).

Eine wichtige Funktion der MAP-Kinasen ist die Phosphorylierung und Aktivierung von Transkriptionsfaktoren, die dann die Expression neuer Gene in Gang setzen. Durch die Aktivität von Erk entsteht indirekt der Transkriptionsfaktor **AP-1**, ein Heterodimer aus je einem Monomer der Fos- und der Jun-Familie von Transkriptionsfaktoren (▶ Abb. 7.20). Die aktive Kinase Erk phosphoryliert den Transkriptionsfaktor Elk-1, der mit dem Serum-Response-Faktor (einem weiteren Transkriptionsfaktor) zusammenwirkt und die Transkription des *FOS*-Gens in Gang setzt. Das Fos-Protein lagert sich dann mit Jun zum AP-1-Heterodimer zusammen. Dieser Transkriptionsfaktor bleibt jedoch inaktiv, bis eine weitere MAP-Kinase, die **Jun-Kinase (JNK)**, Jun phosphoryliert. Ähnlich wie NFAT ist auch AP-1 wichtig für die T-Zell-Aktivierung, da durch AP-1 ebenfalls zahlreiche spezifische Gene transkribiert werden, beispielsweise das Gen für das Cytokin IL-2.

### 7.2.10 Proteinkinase C aktiviert die Transkriptionsfaktoren NFκB und AP-1

Der dritte Signalweg, der von der PLC-$\gamma$ ausgeht, führt zur Aktivierung der PKC-$\theta$, einer Isoform der Proteinkinase C, die nur in den T-Zellen und in der Muskulatur vorkommt. Mäuse mit einem PKC-$\theta$-Defekt entwickeln zwar T-Zellen im Thymus, aber die reifen T-Zellen sind nicht mehr in der Lage, als Reaktion auf Signale des T-Zell-Rezeptors und von CD28 die beiden entscheidenden Transkriptionsfaktoren NFκB und AP-1 zu aktivieren. Diese Transkriptionsfaktoren wirken dabei mit, Gene zu aktivieren, die für die Aktivierung von T-Zellen notwendig sind. So sind beispielsweise für die Transkription des Gens für

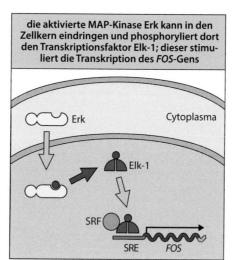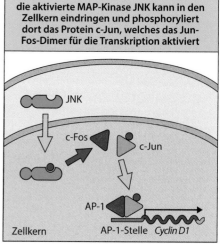

**Abb. 7.20 Die Bildung des Transkriptionsfaktors AP-1 ist ein Ergebnis des Ras/MAPK-Signalwegs.** *Links*: Durch Phosphorylierung der MAP-Kinase Erk, die als Ergebnis der Ras/MAPK-Kaskade aktiviert wurde, kann Erk in den Zellkern eindringen und dort den Transkriptionsfaktor Elk-1 phosphorylieren. Dieser bindet zusammen mit dem Serum-Response-Faktor (SRF) an das Serum-Response-Element (SRE) im Promotor des *FOS*-Gens für den Transkriptionsfaktor c-Fos, wodurch dessen Transkription stimuliert wird. *Rechts*: Die Proteinkinase PKC-$\theta$ kann die Phosphorylierung der Jun-Kinase (JNK), einer weiteren MAP-Kinase, induzieren. Dadurch kann JNK in den Zellkern gelangen und den Transkriptionsfaktor c-Jun phosphorylieren, der mit c-Fos ein Dimer bildet. Das phosphorylierte c-Jun-Fos-Dimer ist ein aktiver AP-1-Transkriptionsfaktor, der an AP-1-spezifische Stellen bindet und die Transkription zahlreicher Zielgene in Gang setzt

IL-2 neben NFκB auch NFAT und AP-1 erforderlich. Das zeigt, dass die Aktivierung von PKC-θ für die Entwicklung der T-Zellen von großer Bedeutung ist.

Die PKC-θ enthält eine C1-Domäne und wird an die Membran gelenkt, sobald DAG von der aktivierten PLC-γ produziert wird (▶ Abb. 7.17). In der Membran setzt die Kinaseaktivität der PKC-θ eine Reihe von Reaktionen in Gang, die schließlich zur Aktivierung von NFκB führen (▶ Abb. 7.21). Die PKC-θ phosphoryliert das große, in der Membran lokalisierte Protein CARMA1, wodurch es oligomerisiert und zusammen mit anderen Proteinen einen Komplex aus mehreren Untereinheiten bildet. Dieser Komplex rekrutiert und aktiviert TRAF6, ein Protein, das im TLR-Signalweg NFκB aktiviert und dem wir bereits in Kap. 3 begegnet sind (▶ Abb. 3.13).

NFκB ist die allgemeine Bezeichnung für einen Vertreter aus der Rel-Proteinfamilie, zu der homo- und heterodimere Transkriptionsfaktoren gehören. Das am häufigsten in Lymphocyten aktivierte NFκB ist das Heterodimer p50:p65Rel. Das Dimer befindet sich im Cytoplasma in einem inaktiven Zustand, da es an den Inhibitor von κB (IκB) gebunden ist. Wie bei der TLR-Signalübertragung beschrieben (▶ Abb. 3.13), stimuliert TRAF6 den Abbau von IκB, indem zuerst die Kinase TAK1 aktiviert wird, die dann ihrerseits die IκB-Kinase (IKK), einen Komplex aus Serinkinasen, aktiviert. IKK phosphoryliert IκB, was zu dessen Ubiquitinierung und anschließendem Abbau führt, sodass nun der aktive NFκB freigesetzt wird und in den Zellkern eintritt. Ein erblicher Defekt der IKKγ-Untereinheit (die auch mit NEMO bezeichnet wird) führt zu einem Syndrom mit der Bezeichnung **X-gekoppelte hypohidrotische ektodermale Dysplasie mit Immunschwäche** (HED-ID). Bei diesem Syndrom ist die Bildung ektodermaler Strukturen der Haut oder der Zähne gestört, außerdem kommt es zu einer Immunschwäche.

PKC-θ kann auch JNK und auf diese Weise möglicherweise den Transkriptionsfaktor AP-1 aktivieren. Bei T-Zellen, die nicht über die PKC-θ verfügen, ist die Aktivierung von AP-1 und von NFκB gestört, JNK wird allerdings aktiviert. Das bedeutet, dass unsere Vorstellungen von diesem Signalweg noch unvollständig sind.

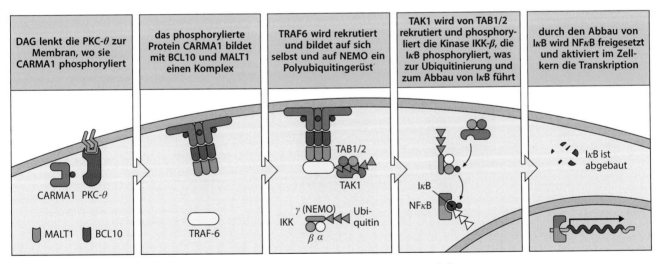

**Abb. 7.21 Die Aktivierung des Transkriptionsfaktors NFκB durch Antigenrezeptoren wird von der Proteinkinase C vermittelt.** Diacylglycerin (DAG), das aufgrund von T-Zell-Rezeptor-Signalen von der dadurch aktivierten PLC-γ produziert wird, lenkt eine Proteinkinase C (PKC-θ) an die Membran, wo die Kinase das Gerüstprotein CARMA1 phosphoryliert. Dieses bildet einen Komplex mit BCL-10 und MALT1, der die E3-Ubiquitin-Ligase TRAF6 rekrutiert. Wie in ▶ Abb. 3.13 dargestellt ist, wird die Kinase TAK1 von dem Polyubiquitingerüst, das TRAF6 erzeugt hat, hinzugezogen und phosphoryliert den IκB-Kinase-(IKK-)Komplex (IKKα:IKKβ:IKKγ [NEMO]). IKK phosphoryliert IκB und löst so dessen Ubiquitinierung aus. Dadurch wird IκB für den Abbau im Proteasom markiert und schließlich NFκB freigesetzt. Der Transkriptionsfaktor tritt in den Zellkern ein und stimuliert die Transkription seiner Zielgene. Ein NEMO-Defekt, der die Aktivierung von NFκB verhindert, führt zu einer Immunschwäche, die mit einer erhöhten Anfälligkeit für extrazelluläre Infektionen mit Bakterien und einer Hautkrankheit, der ektodermalen Dysplasie, einhergeht

## 7.2.11 Die Aktivierung der PI-3-Kinase bewirkt über die Serin/Threonin-Kinase Akt eine Hochregulation der zellulären Stoffwechselwege

Die Aktivierung von Transkriptionsfaktoren ist zwar ein wichtiges Resultat der Signalgebung von Antigenrezeptoren, aber eine produktive T-Tell-Antwort macht auch grundlegende Änderungen des zellulären Stoffwechsels notwendig, um sich den energetischen und makromolekularen Anforderungen von sich schnell teilenden Zellen anzupassen. Der PI-3-Kinase-Weg ist bei dieser Reaktion von zentraler Bedeutung, weil dadurch das zweite wichtige Signalmodul hinzugezogen und aktiviert wird, ausgelöst von der Serin/Threonin-Kinase Akt (eine andere Bezeichnung ist Proteinkinase B). Akt bindet über die PH-Domäne an PIP$_3$ in der Membran, das von der PI-3-Kinase erzeugt wird (▶ Abb. 7.22, ▶ Abb. 7.5). Dort wird Akt von der phosphoinositolabhängigen Kinase 1 (PDK1) phosphoryliert und aktiviert, danach phosphoryliert Akt eine Reihe von nachgeschalteten Proteinen. Dadurch wird das Überleben der Zelle mithilfe mehrerer Mechanismen gestärkt, da Mechanismen, die zum Tod der Zelle führen, gehemmt werden. Einer der wichtigsten Mechanismen ist die Phosphorylierung des proapoptotischen Proteins Bad. Sobald Bad phosphoryliert ist, kann es nicht mehr das antiapoptotische (das Überleben fördernde) Protein Bcl-2 binden und dieses blockieren (▶ Abb. 7.22). Ein weiterer Effekt des aktivierten Akt-Proteins ist die Regulation der Expression von Homing- und Adhäsionsrezeptoren, die die Wanderung der aktivierten T-Zellen dirigieren (Kap. 9 und 11). Die aktivierte Kinase Akt stimuliert auch den Stoffwechsel der Zelle, indem sie über die Aktivierung glykolytischer Enzyme und die Hochregulation des Nährstofftransports durch die Membran der T-Zelle den Glucoseumsatz erhöht.

Eine weitere wichtige Funktion der aktivierten Kinase Akt ist die Stimulation des **mTOR**-Signalwegs (mTOR für *mammalian target of rapamycin*). Dies ist ein entscheidender Regulator der Biosynthese von Makromolekülen (▶ Abb. 7.22). Hier phosphoryliert und inakti-

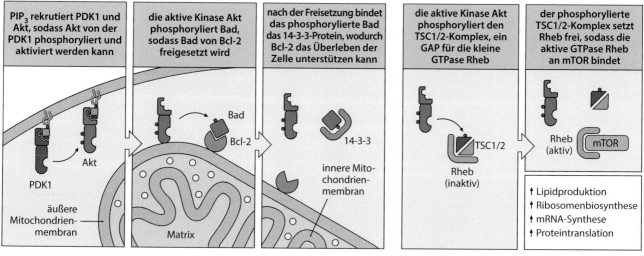

**Abb. 7.22 Die Serin/Threonin-Kinase Akt wird durch TCR-Signale aktiviert, fördert das Überleben der Zelle und erhöht die Stoffwechselaktivität über mTOR.** *Erstes Bild*: T-Zell-Rezeptor-Signale aktivieren die PI-3-Kinase (nicht dargestellt), die daraufhin in der Plasmamembran PIP$_3$ produziert. PIP$_3$ rekrutiert und aktiviert die Kinase PDK1. *Zweites Bild*: Die aktive Kinase Akt phosphoryliert das proapoptotische Protein Bad, welches an das antiapoptotische Protein Bcl-2 an der Mitochondrienmembran gebunden ist und dieses blockiert. *Drittes Bild*: Das phosphorylierte Bad-Protein bindet an 14-3-3, sodass Bcl-2 freigesetzt wird und zum Überleben der Zelle beitragen kann. *Viertes Bild*: Eine zweite Funktion der aktiven Kinase Akt ist die Phosphorylierung des TSC1/2-Komplexes, der für die kleine GTPase Rheb als GAP fungiert. *Fünftes Bild*: Sobald TSC1/2 phosphoryliert ist, setzt der Komplex das inaktive Rheb-Protein frei, wodurch Rheb aktiviert wird. Das aktive Rheb bindet an die Serin/Threonin-Kinase mTOR, die dadurch aktiviert wird und nun auf verschiedene Reaktionswege einwirkt, die zu einer Steigerung der Lipidproduktion, der Biosynthese von Ribosomen, der mRNA-Synthese und der Proteintranslation führen

viert Akt den TSC-Komplex, ein GTPase-aktivierendes Protein (GAP) der kleinen GTPase Rheb. Dadurch wird Rheb aktiviert, was wiederum zur Aktivierung von mTOR führt. Der mTOR-Signalweg wirkt sich auf verschiedene Weise auf den zellulären Stoffwechsel aus. Insgesamt sind diese Effekte von grundlegender Bedeutung, weil dadurch das „Rohmaterial" zur Verfügung gestellt wird, das für eine gesteigerte Genexpression, die Produktion von Proteinen und die Zellteilungen notwendig ist, die mit der T-Zell-Aktivierung einhergehen. Die Aktivierung von mTOR führt im Einzelnen zu einer Steigerung der Lipidproduktion, der Biosynthese von Ribosomen, der mRNA-Synthese und der Proteintranslation.

## 7.2.12 Signale von T-Zell-Rezeptoren führen zu einer stärkeren, durch Integrine vermittelte Zelladhäsion

Das dritte Signalmodul, das durch die TCR-Stimulation induziert wird, führt zu einer verstärkten Adhäsion durch Integrine. Zusammen mit den Veränderungen des Cytoskeletts (nächster Abschnitt) stabilisiert dieser Prozess die Wechselwirkung zwischen T-Zellen und antigenpräsentierenden Zellen (APCs). Außerdem werden aktive Signalkomplexe zu einer sogenannten Immunsynapse vereint (Abschn. 7.2.13 und ▸ Abb. 7.25). Die Immunsynapse ist der Bereich der T-Zell-Membran, der mit der APC oder einer anderen Zielzelle in direktem und stabilem Kontakt steht. Sie wird innerhalb von Minuten gebildet, sobald T-Zell-Rezeptoren ihre MHC:Peptid-Liganden erkannt haben. Ein wichtiger Bestandteil dieser Struktur ist die verstärkte Adhäsivität des T-Zell-Integrins LFA-1. Auf nichtstimulierten T-Zellen liegt LFA-1 in einem Zustand geringer Affinität vor und verteilt sich gleichmäßig über die Zellmembran. So kommt es nur zu einer schwachen Bindung mit dem Liganden ICAM-1. Nach der Stimulation von T-Zell-Rezeptoren lagern sich LFA-1-Moleküle an der Synapse zusammen und verändern ihre Konformation. Dabei wandelt sich jedes LFA-1-Molekül in einen hochaffinen Bindungspartner für ICAM-1 um. Gemeinsam führen diese Veränderungen zu einer verstärkten Adhäsion zwischen T-Zelle und APC, sodass sich diese Wechselwirkung zwischen den Zellen stabilisiert. Die Effekte auf LFA-1 werden durch die Bindung des Adaptorproteins ADAP an den LAT:Gads:SLP-76-Komplex induziert (▸ Abb. 7.23). Daraufhin

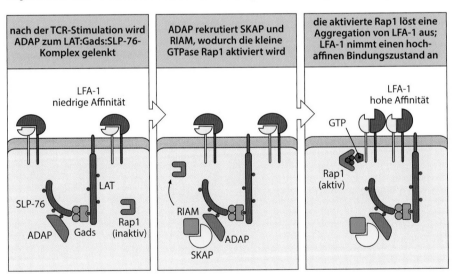

**Abb. 7.23 Durch Rekrutierung von ADAP zum LAT:Gads:SLP-76-Komplex wird die Adhäsion und Zusammenlagerung von Integrinen aktiviert.** *Links*: Vor der Signalgebung durch T-Zell-Rezeptoren (TCRs) liegt das Integrin LFA-1 an der T-Zell-Membran in einer niedrigaffinen Konformation vor, die nur schwach an ICAM-1 auf antigenpräsentierenden Zellen bindet. *Mitte*: Nach dem TCR-Signal wird das Adaptorprotein ADAP durch die Wechselwirkung zwischen dem an Tyrosinen phosphorylierten ADAP und der SH2-Domäne von SLP-76 zum LAT:Gads:SLP-76-Komplex rekrutiert. ADAP zieht noch den Komplex aus SKAP und RIAM hinzu und aktiviert die kleine GTPase Rap1. *Rechts*: Das aktive Rap1-Protein induziert die Zusammenlagerung von LFA-1 und zudem eine Konformationsänderung in LFA-1, die eine hochaffine Bindung an ICAM-1 ermöglicht

zieht ADAP mit SAP55 und RIAM (*Rap1-GTP-interacting adaptor molecule*) zwei weitere Proteine hinzu. Der ADAP:SKAP55:RIAM-Komplex bindet die kleine GTPase Rap1 und aktiviert das Molekül an der Stelle der Signalgebung durch den T-Zell-Rezeptor. Rap1 mit gebundenem GTP stimuliert nun die Zusammenlagerung von LFA-1 und die Konformationsänderung, durch die LFA-1 in einen hochaffinen Bindungspartner für ICAM-1 umgewandelt wird. Die Bedeutung dieses Signalwegs zeigt sich auch in der Beobachtung, dass bei ADAP-defekten T-Zellen Proliferation und Cytokinproduktion gestört sind.

### 7.2.13 T-Zell-Rezeptor-Signale induzieren die Umstrukturierung des Cytoskeletts durch Aktivierung der kleinen GTPase Cdc42

Das vierte TCR-Signalmodul, das auch für die Bildung einer stabilen Immunsynapse von Bedeutung ist, führt zur Umstrukturierung des Actincytoskeletts. Ohne diesen Vorgang käme es nicht zu einer Zusammenlagerung von Integrinmolekülen und die Wechselwirkungen zwischen T-Zelle und antigenpräsentierender Zelle könnten sich nicht stabilisieren, sodass es zu keiner T-Zell-Aktivierung käme. Ein wichtiger Bestandteil dieser TCR-Signalgebung wird von Vav vermittelt; dieser Guaninnucleotidaustauschfaktor (GEF) aktiviert GTPasen der Rho-Familie, beispielsweise Cdc242. Wie PLC-$\gamma$ und Itk wird auch Vav durch Wechselwirkung der Vav-PH-Domäne mit PIP$_3$ und der Vav-SH2-Domäne mit dem LAT:Gads:SLP-76-Gerüstkomplex zur Stelle der Rezeptoraktivierung gelenkt (▶ Abb. 7.24). Sobald Cdc42 durch Vav aktiviert wird, induziert Cdc42 mit gebundenem GTP eine Konformationsänderung im Protein **WASp** (**Wiskott-Aldrich-Syndrom**-Protein), das durch Bindung an das kleine Adaptorprotein Nck auch zum LAT:Gads:SLP-76-Komplex dirigiert wird. Diese aktive Form von WASp bindet an WIP und gemeinsam mobilisieren diese Proteine Arp2/3, wodurch es zur Polymerisierung von Actin kommt. Die Bedeutung dieses Signalwegs zeigt sich daran, dass WASp-Defekte die Immunschwächekrankheit Wiskott-Aldrich-Syndrom hervorrufen. Aufgrund der breit gestreuten Ex-

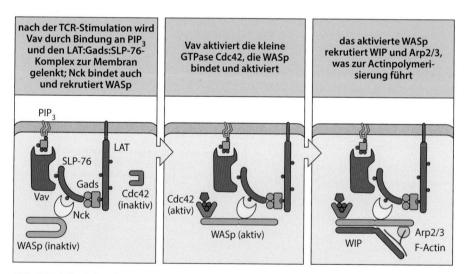

**Abb. 7.24 Die Rekrutierung von Vav zum LAT:Gads:SLP-76-Komplex induziert die Aktivierung von Cdc42, die zur Actinpolymerisierung führt.** *Links*: Vav, ein Guaninnucleotidaustauschfaktor (GEF) für die kleine GTPase Cdc42, wird zum aktivierten T-Zell-Rezeptor-(TCR-)Komplex gelenkt, indem Vav über seine PH-Domäne an PIP$_3$ in der Membran und andererseits an das phosphorylierte SLP-76-Protein bindet. Das kleine Adaptorprotein Nck bindet an einen angrenzenden phosphorylierten Tyrosinrest auf SLP-76 und rekrutiert die inaktive Form des Proteins WASp. *Mitte*: Vav aktiviert Cdc42, das WASp bindet und aktiviert. *Rechts*: Das aktive WASp bindet WIP, rekrutiert Arp2/3 und induziert die Actinpolymerisierung. Die Bedeutung dieses Signalwegs wird durch die Tatsache deutlich, dass WASp als das Protein identifiziert wurde, dessen Gen für die Immunschwächekrankheit Wiskott-Aldrich-Syndrom verantwortlich ist

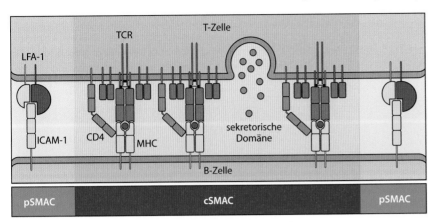

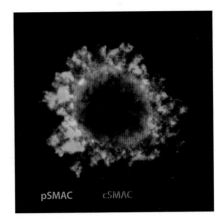

**Abb. 7.25 Die Immunsynapse bildet eine Struktur für die gerichtete Freisetzung von Cytokinen der T-Zelle.** Wenn die T-Zell-Rezeptoren (TCRs) auf einer T-Zelle einen Peptid:MHC-Komplex auf einer antigenpräsentierenden Zelle erkennen, kommt es auf den Plasmamembranen der beiden interagierenden Zellen zu einer Neuorganisation der Rezeptoren. Sobald eine CD4+-T-Zelle ihren Peptid:MHC-Liganden auf einer B-Zelle erkennt, lenkt die Immunsynapse die Cytokine, die die T-Zelle sezerniert, an die Stelle zur Oberfläche der B-Zelle, wo der engste Kontakt zwischen den Plasmamembranen der beiden Zellen besteht. *Rechts*: TCR:Peptid:MHC (*rot*) und LFA-1:ICAM-1 (*grün*) in der konfokalen Mikroskopie. Die Aufnahme wurde 30 min nach Auslösen der Signalgebung gemacht und zeigt eine zentrale Ansammlung von TCR/Peptid:MHC-Komplexen und einen peripheren Ring aus LFA-1:ICAM-1-Komplexen. Die beiden Strukturen wurden als zentraler supramolekularer Aktivierungskomplex (cSMAC, *rot*) beziehungsweise peripherer supramolekularer Aktivierungskomplex (pSMAC, *grün*) bezeichnet. Die kombinierte Struktur ist die Immunsynapse. (Foto mit freundlicher Genehmigung von Y. Kaizuka)

pression von WASp leiden Patienten mit dieser Krankheit an Störungen verschiedener Typen von Immunzellen, deren Funktionen auf der WASp-abhängigen Actinpolymerisierung beruhen. Ein vorherrschender Defekt aufgrund dieser Krankheit betrifft die T-Zell-abhängigen Antikörperantworten, da die Actinpolymerisierung für effektive Wechselwirkungen zwischen CD4-T-Zellen und B-Zellen notwendig ist. WASp-defekte T-Zellen sind also nicht in der Lage, den B-Zellen adäquat zu „helfen", was höchstwahrscheinlich daran liegt, dass sich die Immunsynapse nicht korrekt bildet. Diese ist normalerweise erforderlich, damit die Cytokine der T-Zelle direkt zur B-Zell-Membran sezerniert werden können (▶ Abb. 7.25).

## 7.2.14 Die Signalgebung durch den B-Zell-Rezeptor ähnelt im Prinzip der Signalgebung durch den T-Zell-Rezeptor, aber einige Komponenten sind nur für B-Zellen spezifisch

Zwischen der Signalgebung der T-Zell- und der B-Zell-Rezeptoren existieren viele Übereinstimmungen. Der B-Zell-Rezeptor besteht wie der T-Zell-Rezeptor aus antigenspezifischen Proteinketten, die mit ITAM-haltigen Signalproteinen assoziiert sind, bei den B-Zellen handelt es sich um Igα und Igβ (▶ Abb. 7.10). In den B-Zellen sind wahrscheinlich drei Kinasen der Src-Familie – Fyn, Blk und Lyn – für die Phosphorylierung der ITAM-Sequenzen zuständig (▶ Abb. 7.26). Diese Kinasen assoziieren mit ruhenden Rezeptoren über niedrigaffine Wechselwirkungen mit nichtphosphorylierten ITAM-Sequenzen von Igα und Igβ. Nachdem die Rezeptoren ein multivalentes Antigen gebunden haben, das sie quervernetzt, werden die rezeptorassoziierten Kinasen aktiviert und phosphorylieren die Tyrosinreste in den ITAM. B-Zellen exprimieren nicht ZAP-70, sondern **Syk**, eine verwandte Tyrosinkinase. Diese enthält zwei SH2-Domänen und wird zur phosphorylierten ITAM-Sequenz gelenkt. Anders als die Kinase ZAP-70, die zur Aktivierung eine zusätzliche Lck-vermittelte Phosphorylierung benötigt, wird Syk allein durch die Bindung an die phosphorylierte Stelle aktiviert.

## Phosphorylierung von ITAMs auf den Schwänzen von B-Zell-Rezeptoren durch Kinasen der Src-Familie

Antigen

Blk, Fyn, oder Lyn

## Syk bindet an zweifach phosphorylierte ITAMs und wird bei der Bindung aktiviert

Syk          Syk

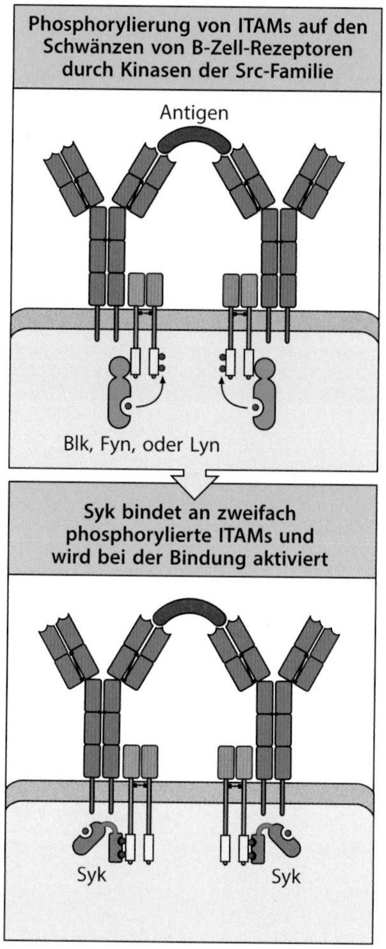

**Abb. 7.26 Die Kinasen der Src-Familie sind mit Antigenrezeptoren assoziiert und phosphorylieren Tyrosinreste in ITAM-Sequenzen, sodass Bindungsstellen für Syk entstehen und Syk über Transphosphorylierung aktiviert wird.** Die membrangebundenen Kinasen der Src-Familie Fyn, Blk und Lyn assoziieren mit dem B-Zell-Antigenrezeptor, indem sie an die ITAM-Sequenzen binden. Das geschieht entweder wie in der Abbildung dargestellt über ihre aminoterminalen Domänen oder durch Bindung eines einzelnen phosphorylierten Tyrosins über ihre SH2-Domänen. Nach der Bindung des Liganden und die Clusterbildung der Rezeptoren phosphorylieren die Src-Kinasen die Tyrosinreste in den ITAM-Sequenzen auf den cytoplasmatischen Schwänzen von Igα und Igβ. Anschließend bindet Syk an die phosphorylierten ITAM-Sequenzen in der Igβ-Kette. Da jeder Cluster mindestens zwei Rezeptorkomplexe enthält, werden Syk-Moleküle in großer Nähe zueinander gebunden und können sich so gegenseitig durch Transphosphorylierung aktivieren und weitere Signale auslösen

Bei den B-Zellen sind die Funktionen des Corezeptors und des costimulatorischen Rezeptors in einem einzigen Hilfsrezeptor vereint, einem Komplex aus den Zelloberflächenproteinen **CD19**, **CD21** und **CD81**, den man häufig als **B-Zell-Corezeptor** bezeichnet (▶ Abb. 7.27). Wie bei den T-Zellen wird auch das antigenabhängige Signal des B-Zell-

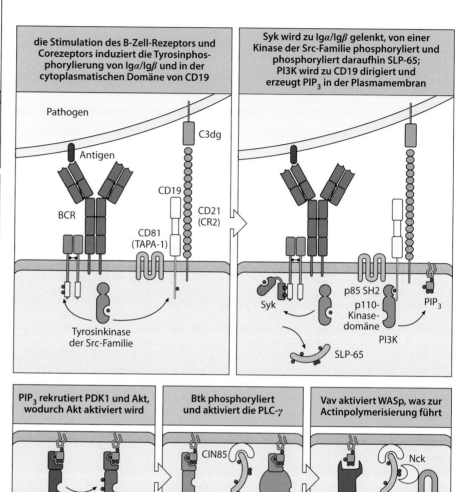

**Abb. 7.27 Durch Bindung des B-Zell-Rezeptors und seines Corezeptors werden nachgeschaltete Signalmoleküle aktiviert, was wiederum zur Aktivierung von Akt, PLC-γ und WASp führt.** Die Signale von B-Zell-Rezeptoren (BCRs) werden deutlich verstärkt, wenn das Antigen mit Komplementfragmenten markiert ist. Wenn das Komplementprotein C3 zu C3dg abgebaut wurde (▶ Abb. 2.30), kann das markierte Antigen an das Zelloberflächenprotein CD21 (Komplementrezeptor 2, CR2) binden. CD21 ist eine Komponente des B-Zell-Corezeptor-Komplexes, zu dem auch CD19 und CD81 (TAPA-1) gehören. Quervernetzung und Clusterbildung des Corezeptors mit dem Antigenrezeptor führen zur Phosphorylierung von Tyrosinresten in den ITAM-Sequenzen der cytoplasmatischen Domänen der BCR-Signaluntereinheiten Igα und Igβ. Die Kinase der Src-Familie phosphoryliert auch Tyrosinreste in der cytoplasmatischen Domäne von CD19. Die phosphorylierten ITAM-Sequenzen von Igα und Igβ mobilisieren und aktivieren die Tyrosinkinase Syk, die eine ähnliche Funktion wie ZAP-70 in den T-Zellen besitzt. Der phosphorylierte Schwanz von CD19 zieht die Pi-3-Kinase hinzu, die in der Plasmamembran IP3 produziert. Die aktivierte Kinase Syk phosphoryliert das membranassoziierte Gerüstprotein SLP-65, das ebenfalls mit der Plasmamembran assoziiert, indem es an CIN85 bindet. PIP3 rekrutiert PDK1 und Akt, wodurch Akt aktiviert wird. Das phosphorylierte SLP-65 und PIP3 ziehen noch die Tyrosinkinase Btk der Tec-Familie hinzu, was zur Phosphorylierung von Btk und zur Aktivierung der PLC-γ führt. Das phosphorylierte SLP-65-Protein und PIP3 mobilisieren auch Vav, Nck und das inaktive WASp-Protein, wodurch schließlich die Actinpolymerisierung eingeleitet wird. Die aktivierten GTPasen induzieren auch die Zusammenlagerung von Integrinmolekülen und die Umwandlung von LFA-1 in den hochaffinen Bindungszustand

Rezeptors verstärkt, wenn der B-Zell-Corezeptor gleichzeitig von seinem Liganden gebunden wird und sich mit dem Antigenrezeptor zusammenlagert. CD21 (andere Bezeichnung Komplementrezeptor 2 oder CR2) ist ein Rezeptor für das Komplementfragment C3dg. Das bedeutet, dass Antigene wie die von pathogenen Bakterien, an die C3dg gebunden ist (▶ Abb. 7.27), den B-Zell-Rezeptor mit dem CD21:CD19:CD81-Komplex quervernetzen können. Das führt zur Phosphorylierung des cytoplasmatischen Schwanzes von CD19 durch Tyrosinkinasen, die mit dem B-Zell-Rezeptor assoziiert sind. Dadurch wiederum binden weitere Kinasen der Src-Familie, das Signal des B-Zell-Rezeptors selbst wird verstärkt und die PI-3-Kinase rekrutiert (Abschn. 7.1.4). Die PI-3-Kinase löst noch einen zusätzlichen Signalweg aus (▶ Abb. 7.27). Der B-Zell-Corezeptor dient also dazu, das Signal zu verstärken, das durch die Antigenerkennung entsteht. Die Funktion von CD81 (TAPA-1), dem dritten Bestandteil des B-Zell-Rezeptor-Komplexes, ist noch unbekannt.

Sobald Syk aktiviert wurde, phosphoryliert die Kinase das Gerüstprotein **SLP-65** (andere Bezeichnung **BLNK**). SLP-65 vereint in sich die Funktionen von LAT und SLP-76 in den T-Zellen, besitzt auch mehrere Stellen für die Phosphorylierung von Tyrosinen und rekrutiert eine Anzahl verschiedener Proteine mit SH2-Domänen, beispielsweise Enzyme und Adaptorproteine, und bildet so mehrere unterschiedliche Multiproteinsignalkomplexe, die zusammenwirken können. Wie bei den T-Zellen ist auch hier die Phospholipase C-$\gamma$ ein sehr wichtiges Signalprotein, das mithilfe der für B-Zellen spezifischen Tec-Kinase **Bruton-Tyrosinkinase** (**Btk**) aktiviert wird und PIP$_2$ zu DAG und IP$_3$ hydrolysiert (▶ Abb. 7.27). Wie bereits beim T-Zell-Rezeptor besprochen, führt die Signalübertragung mit Ca$^{2+}$ und DAG zur Aktivierung von nachgeschalteten Transkriptionsfaktoren. Ein Btk-Mangel (Btk wird von einem Gen auf dem X-Chromosom codiert) blockiert die Entwicklung und die Funktion der B-Zellen, was zu einer **X-gekoppelten Agammaglobulinämie** führt. Auch Mutationen in anderen Signalmolekülen der B-Zellen, beispielsweise in den Rezeptorketten oder bei SLP-65, gehen mit B-Zell-Immunschwächen einher (Kap. 8).

Mehrere weitere nachgeschaltete Signalwege, die bei der TCR-Signalübertragung beschrieben wurden, kommen auch bei der BCR-Signalübertragung vor; sie hängen von dem Adaptorprotein SLP-65 ab. Dazu gehören die Vav-abhängige Auslösung der Actinpolymerisierung durch Cdc42 und WASp sowie die Rekrutierung und Aktivierung der kleinen GTPasen, welche die Integrinadhäsion stimulieren (▶ Abb. 7.27). Bei der Erkennung von membrangebundenen Antigenen durch B-Zellen entsteht aufgrund der B-Zell-Rezeptor-Signale auch eine Immunsynapse, welche die Signalkomplexe an der Schnittstelle zwischen den beiden Zellen lokalisiert. Eine zentrale Funktion der Immunsynapse besteht bei den B-Zellen darin, die Antigenaufnahme durch die B-Zelle anzuregen. Dies ist eine Voraussetzung für die Präsentation des Antigens in Form von Peptid:MHC-Komplexen gegenüber den CD4-T-Zellen.

Die B-Zell-Rezeptor-Signale rufen in den aktivierten B-Zellen auch Veränderungen des Stoffwechsels hervor. Wie bei den T-Zellen beruht diese Reaktion auf der Aktivität der PI-3-Kinase, die nach ihrer Aktivierung in der Membran im Bereich des aktivierten B-Zell-Rezeptors das Phosphoinositid Phosphatidylinositol-3,4,5-trisphosphat (PIP$_3$) produziert. Diese Reaktion wird durch die Kombination der Signale des B-Zell-Rezeptors und des Corezeptorkomplexes CD21:CD19:CD81 verstärkt. PIP$_3$ rekrutiert die Kinase Akt, die daraufhin phosphoryliert und aktiviert wird. Dadurch werden schließlich mTOR und zusätzliche Akt-abhängige Signalwege aktiviert, die das Überleben der Zelle unterstützen und die Proliferation in Gang setzen (▶ Abb. 7.27).

### Zusammenfassung

Die Antigenrezeptoren auf der Oberfläche von Lymphocyten sind Multiproteinkomplexe, in denen antigenbindende Ketten mit anderen Proteinen interagieren, welche für die Signale des Rezeptors verantwortlich sind. Diese Proteine besitzen tyrosinhaltige Signalmotive (ITAMs). Signalketten mit ITAM-Sequenzen spielen (neben den Lymphocyten) in vielen Immunzellen bei der Aktivierung von Rezeptoren eine wichtige Rolle. Bei den Lymphocyten führt die Aktivierung der Rezeptoren durch Antigene zu einer Abfolge von biochemischen Reaktionen, die in ▶ Abb. 7.28 zusammengefasst sind. Diese Signalkaskade wird über die Phosphorylie-

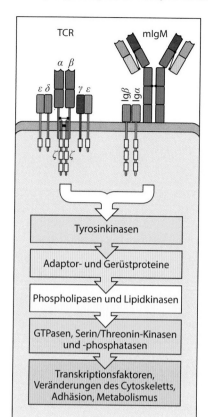

**Teil III**

**Abb. 7.28 Zusammenfassung der Antigenrezeptorsignalwege.** Wie in diesem Teil des Kapitels skizziert wurde, verlaufen die Signalwege, die sich an die T- und B-Zell-Rezeptoren anschließen, in Form mehrerer abgestimmter Phasen, bei denen viele verschiedene Arten von Proteinen mitwirken. Diese führen in den Zellen zu weitreichenden Veränderungen. Die ersten erkennbaren Ereignisse nach der Stimulation eines Antigenrezeptors sind Aktivierungen von Tyrosinkinasen. Danach werden Gerüst- und Adaptorproteine modifiziert, die dann Phospholipasen und Lipidkinasen zu den aktivierten Rezeptorkomplexen lenken. Auf der nächsten Ebene der Signalübertragung werden die früheren Ereignisse verstärkt, indem eine Reihe von kleinen GTPasen, Serin/Threonin-Kinasen und Proteinphosphatasen aktiviert werden. Das alles führt schließlich zur Aktivierung von Transkriptionsfaktoren, Veränderungen des Cytoskeletts, zu einer verstärkten zellulären Adhäsivität und zu einer Steigerung der Stoffwechselrate und trägt zur Aktivierung der T- und B-Zellen bei

rung von ITAM-Sequenzen durch Kinasen der Src-Familie ausgelöst. Die phosphorylierte ITAM-Sequenz rekrutiert dann mit ZAP-70 in T-Zellen und mit Syk in B-Zellen eine weitere Tyrosinkinase. Die Aktivierung der jeweiligen Kinase führt in T-Zellen zur Phosphorylierung der Gerüstproteine LAT und SLP-76, in B-Zellen zur Phosphorylierung des Gerüstproteins SLP-65, außerdem wird die PI-3-Kinase aktiviert. Durch diese phosphorylierten Gerüstproteine werden eine Reihe von Signalproteinen rekrutiert und aktiviert, beispielsweise die Phospholipase C-$\gamma$, ADAP und Vav. Akt hingegen wird durch die Aktivität der PI-3-Kinase rekrutiert, die an der Plasmamembran PIP$_3$ produziert. PLC-$\gamma$ erzeugt Inositol-1,4,5-trisphosphat (IP$_3$) und Diacylglycerin (DAG). IP$_3$ besitzt eine wichtige Funktion bei der Veränderung der Calciumkonzentration in der Zelle, während DAG bei der Aktivierung der Proteinkinase C-$\theta$ und des kleinen G-Proteins Ras mitwirkt. Bei den T-Zellen führen diese Signalwege letztendlich zur Aktivierung der drei Transkriptionsfaktoren AP-1, NFAT und NF$\kappa$B, die zusammen die Transkription des Gens für das Cytokin IL-2 in Gang setzen. IL-2 ist essenziell für die Proliferation und weitere Differenzierung des aktivierten Lymphocyten. Neben der Aktivierung von Transkriptionsfaktoren führen die Signale der Antigenrezeptoren bei B- und T-Zellen zu einem längeren Überleben der Zelle, einer Aktivierung des Stoffwechsels, einer Steigerung der Adhäsivität und zu einer Umstrukturierung des Cytoskeletts. Die Signalgebung der Antigenrezeptoren wird von Corezeptoren unterstützt, die durch die Antigenbindung an den Rezeptor mit einbezogen werden. Diese Coprezeptoren sind die MHC-bindenden Transmembranproteine CD4 und CD8 der T-Zellen sowie bei den B-Zellen der komplementbindende B-Zell-Corezeptor-Komplex, der CD19 enthält.

## 7.3 Costimulierende und inhibitorische Rezeptoren beeinflussen die Signalgebung der Antigenrezeptoren bei T- und B-Lymphocyten

Signale, die durch T-Zell- und B-Zell-Antigenrezeptoren ausgelöst werden, sind für die Aktivierung der Lymphocyten essenziell und bestimmen die Spezifität der ausgelösten adaptiven Immunantwort. Die Signale des Antigenrezeptors allein reichen jedoch nicht aus, um eine naive T- oder B-Zelle zu aktivieren. Diese ungeprägten Lymphocyten benötigen zusätzliche Signale, um vollständig aktiviert zu werden. Rezeptoren auf T- und B-Zellen, die dieses notwendige zweite Signal liefern können, bezeichnet man als **costimulierende Rezeptoren**. Sie gehören entweder zur CD28-Proteinfamilie oder zur Superfamilie der TNF-Rezeptoren. Bei naiven T-Zellen dient vor allem CD28 als costimulierender Rezeptor, bei naiven B-Zellen ist es CD40, ein Vertreter der TNF-Rezeptor-Familie. Die Signale dieser costimulierenden Rezeptoren dienen insgesamt dazu, die Antigenrezeptorsignale zu verstärken, die die Aktivierung der Transkriptionsfaktoren und der PI-3-Kinase hervorrufen, sodass die Aktivierung der T- oder B-Zelle sichergestellt ist. Im Gegensatz zu diesen costimulierenden Rezeptorsignalen besteht die Funktion anderer Zelloberflächenrezeptoren auf T- oder B-Zellen darin, Aktivierungssignale abzuschwächen. Diese inhibitorischen Rezeptoren spielen eine wichtige Rolle, da sie übermäßige Immunantworten verhindern, die zu zerstörerischen Entzündungs- oder Autoimmunreaktionen führen können, besonders bei chronischen Infektionen, die das Immunsystem nur unzureichend kontrollieren kann.

### 7.3.1 Das Oberflächenprotein CD28 ist ein notwendiger costimulierender Rezeptor für die Aktivierung naiver T-Zellen

Die Signalgebung durch den T-Zell-Rezeptor-Komplex, die in den vorherigen Abschnitten besprochen wurde, reicht allein nicht aus, um eine naive T-Zelle zu aktivieren. Wie bereits in Kap. 1 erwähnt, tragen antigenpräsentierende Zellen, die naive T-Zellen aktivieren können, Zelloberflächenproteine, die man als **costimulierende Moleküle** oder costimulierende Liganden bezeichnet. Diese interagieren bei der Antigenstimulation gleichzeitig mit den costimulierenden Rezeptoren auf der Oberfläche von naiven T-Zellen, die ein notwendiges Signal übertragen. Bei der Aktivierung von T-Zellen spricht man dabei gelegentlich von einem „Signal 2". Wir besprechen die immunologischen Folgen dieser Notwendigkeit genauer in Kap. 9.

Von diesen costimulierenden Rezeptoren ist das Zelloberflächenprotein **CD28** am besten bekannt. Man kennt zwar inzwischen viele Wirkungen der Signalgebung von CD28, der genaue Mechanismus des costimulierenden Signals wurde aber bis jetzt noch nicht identifiziert. CD28 kommt an der Oberfläche von naiven T-Zellen vor und bindet die costimulierenden Liganden **B7.1** (**CD80**) und **B7.2** (**CD86**), die vor allem von spezialisierten antigenpräsentierenden Zellen, etwa den dendritischen Zellen, exprimiert werden. Um aktiviert zu werden, muss ein naiver Lymphocyt sowohl das Antigen als auch einen costimulierenden Liganden auf derselben antigenpräsentierenden Zelle erkennen. Die Signale von CD28 unterstützen die antigenabhängige Aktivierung von T-Zellen vor allem dadurch, dass die Proliferation der T-Zellen, die Cytokinproduktion und das Überleben der Zelle gefördert werden. All diese Effekte werden durch Signalsequenzmotive in der cytoplasmatischen Domäne von CD28 vermittelt.

Nach der Bindung von B7-Molekülen wird CD28 in der cytoplasmatischen Domäne von Lck an Tyrosinresten in einem YXN-Motiv, welches das Adaptorprotein Grb2 rekrutieren kann, und an dem Nicht-ITAM-Motiv YMNM phosphoryliert. Der cytoplasmatische Schwanz von CD28 enthält auch ein prolinreiches Motiv (PXXP), das an die SH3-Domänen von Lck und Itk bindet. Die Einzelheiten sind zwar noch nicht bekannt, aber eine zentrale Wirkung der Phosphorylierung von CD28 besteht darin, dass die PI-3-Kinase aktiviert wird und diese dann PIP$_3$ produziert (▶Abb. 7.29). Durch diesen Mechanismus wirkt das costimulierende Signal von CD28 mit dem Signal des T-Zell-Rezeptors zusammen, sodass

 Video 7.3

Teil III

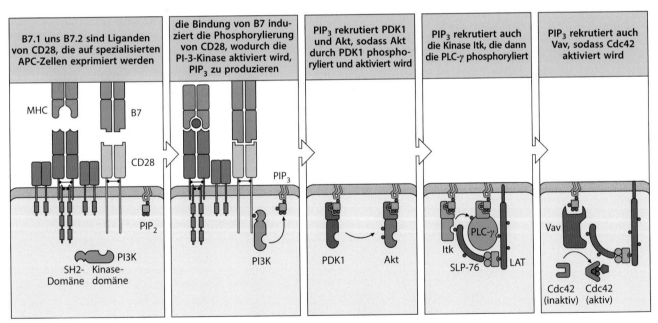

**Abb. 7.29 Das costimulierende Protein CD28 überträgt Signale, die die Signalwege der Antigenrezeptoren verstärken.** Die Liganden von CD28, vor allem B7.1 und B7.2, werden nur auf spezialisierten antigenpräsentierenden Zellen (APCs) exprimiert, etwa auf dendritischen Zellen (*erstes Bild*). Die Ligandenbindung an CD28 induziert die Phosphorylierung eines seiner Tyrosinreste. Dadurch wird die PI-3-Kinase (PI3K) aktiviert und damit die anschließende Produktion von PIP$_3$ in Gang gesetzt. Dadurch werden mehrere Enzyme über ihre PH-Domänen rekrutiert und mit ihren Substraten in der Membran in Kontakt gebracht. Die Proteinkinase Akt, die von der phosphoinositolabhängigen Kinase 1 (PDK1) phosphoryliert und damit aktiviert wird, macht das Überleben der Zelle wahrscheinlicher und stimuliert ihren Metabolismus (▶Abb. 7.22). Die Rekrutierung der Kinase Itk zur Membran ist entscheidend für die vollständige Aktivierung der PLC-γ (▶Abb. 7.16). PIP$_3$ rekrutiert auch Vav, wodurch Cdc42 aktiviert und die Actinpolymerisierung ausgelöst wird (▶Abb. 7.24)

die maximale Aktivierung von drei der vier oben beschriebenen T-Zell-Rezeptor-Signal-module sichergestellt ist. Eine hohe PIP$_3$-Konzentration lenkt Itk spezifisch zur Membran, wo die Kinase durch Lck phosphoryliert wird, was wiederum die Aktivierung der PLC-$\gamma$ verstärkt. PIP$_3$ dient auch dazu, die Kinase Akt zu mobilisieren und zu aktivieren. Akt unterstützt das Überleben der Zelle und steigert die Aktivität des zellulären Stoffwechsels (Abschn. 7.2.11). Eine weitere Funktion von Akt besteht darin, das RNA-bindende Protein NF-90 zu phosphorylieren. Im phosphorylierten Zustand wandert NF-90 aus dem Zellkern in das Cytoplasma und bindet dort mit stabilisierender Wirkung an die IL-2-mRNA, was zu einer verstärkten IL-2-Synthese beiträgt. Schließlich rekrutiert PIP$_3$ noch Vav, wodurch es zu einer Umstrukturierung des Cytoskeletts kommt (Abschn. 7.2.13). Die costimulie-renden Signale durch CD28 dienen also dazu, die meisten der auf die Stimulation des T-Zell-Rezeptors folgenden Reaktionen zu verstärken (▶ Abb. 7.29).

### 7.3.2 Die maximale Aktivierung der PLC-$\gamma$, die für die Aktivierung von Transkriptionsfaktoren wichtig ist, erfordert costimulierende Signale, die von CD28 induziert werden

Eine wichtige Funktion der costimulierenden Signalgebung durch CD28 ist die maximale Aktivierung der PLC-$\gamma$ über die lokale Produktion von PIP$_3$. Dadurch wird die Kinase Itk über ihre PH-Domäne rekrutiert, sodass sich die Lck-Phosphorylierung durch Itk verstärkt. Die aktivierte Kinase Itk wird dann über ihre SH2- und SH3-Domäne zum LAT:Gads:SLP-76-Komplex gelenkt und bindet an SLP-76. Dort phosphoryliert und aktiviert Itk die PLC-$\gamma$ (▶ Abb. 7.16). Die aktivierte PLC-$\gamma$ spaltet PIP$_2$ in die beiden Second Messenger DAG und IP$_3$, was letztendlich zur Aktivierung der Transkriptionsfaktoren NFAT, AP-1 und NF$\kappa$B führt. Die vollständige Aktivierung der PLC-$\gamma$, die zur Aktivierung von Transkriptionsfak-toren führt, erfordert Signale sowohl vom T-Zell-Rezeptor als auch von CD28.

In T-Zellen besteht eine der zentralen Funktionen von NFAT, AP-1 und NF$\kappa$B darin, ge-meinsam die Expression des Gens für das Cytokin IL-2 zu stimulieren. IL-2 ist essenziell für die Stimulation der T-Zell-Proliferation und Differenzierung zu T-Effektorzellen. Der Promotor des *IL-2*-Gens enthält mehrere regulatorische Elemente, an welche die Tran-skriptionsfaktoren binden müssen, damit die *IL-2*-Expression in Gang gesetzt werden kann. An einige Kontrollstellen haben bereits Transkriptionsfaktoren gebunden, die in den Lymphocyten konstitutiv produziert werden, beispielsweise Oct1. Sie reichen jedoch allein nicht aus, um das *IL-2*-Gen anzuschalten. Nur wenn AP-1, NFAT und NF$\kappa$B vollständig aktiviert wurden und alle drei an ihre Kontrollstellen im *IL-2*-Promotor gebunden haben, wird das Gen exprimiert. NFAT und AP-1 binden kooperativ und mit höherer Affinität an den Promotor, da sich ein Heterotrimer aus NFAT, Jun und Fos bildet. Darüber hinaus verstärkt die Costimulation durch CD28 die *IL-2*-Transkription noch zusätzlich, indem die Aktivierung von NF$\kappa$B verstärkt wird. Der *IL-2*-Promotor integriert also Signale des T-Zell-Rezeptors und des Corezeptors CD28, wodurch sichergestellt ist, dass IL-2 in ad-äquaten Situationen produziert wird (▶ Abb. 7.30). Zusätzlich zu der durch CD28 indu-zierten Phosphorylierung von NF-90, die zu einer Stabilisierung der IL-2-mRNA führt, steigert die CD28-vermittelte Costimulation insgesamt die Produktion von IL-2 in akti-vierten Zellen deutlich.

### 7.3.3 Proteine der TNF-Rezeptor-Superfamilie verstärken die Aktivierung der B- und T-Zellen

Die Aktivierung naiver T- und B-Zellen erfordert zwar Signale durch die Antigenrezep-toren auf diesen Zellen. Diese reichen jedoch allein nicht aus, um die Zellen zu aktivieren. Für ungeprägte T-Zellen ist ein zusätzliches costimulierendes Signal notwendig

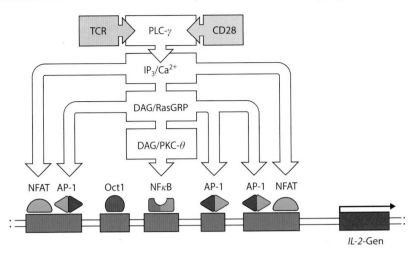

**Abb. 7.30 Vereinfachte Darstellung mehrerer Signalwege, die beim *IL-2*-Promotor zusammen-laufen.** Die Bindung von AP-1, NFAT und NFκB an den Promotor des *IL-2*-Gens führt mehrere Signal-wege, die vom T-Zell-Rezeptor (TCR) und von CD28 ausgehen, zu einem einzigen Ziel zusammen – die Produktion des Cytokins IL-2. Der MAPK-Weg aktiviert AP-1, Calcium aktiviert NFAT und die Proteinkinase C aktiviert NFκB. Alle drei Signalwege sind notwendig, um die *IL-2*-Transkription in Gang zu setzen. Für die Aktivierung des Gens ist sowohl die Bindung von NFAT und AP-1 an ein spezifisches Promotorelement als auch die zusätzliche Bindung nur von AP-1 an einer anderen Stelle erforderlich. Oct1 ist ein Transkriptionsfaktor, der ebenfalls für die *IL-2*-Transkription benötigt wird, bindet aber im Gegensatz zu den übrigen Transkriptionsfaktoren konstitutiv an den Promotor und wird deshalb nicht von den Signalen des T-Zell-Rezeptors oder des Corezeptors CD28 reguliert

(Abschn. 7.3.1 und 7.3.2), das häufig vom Corezeptor CD28 stammt. Bei den naiven B-Zellen kann das zusätzliche Aktivierungssignal durch direkte Wechselwirkungen zwischen dem Pathogen und einem angeborenen Mustererkennungsrezeptor (*innate pattern recognition receptor*, PRR) kommen, etwa von einem TLR auf der B-Zelle. Zu einer noch wirksameren Aktivierung der B-Zelle, die zur Produktion aller Immunglobulinklassen und zur Bildung von B-Gedächtniszellen führt, steuern CD4-T-Zellen weitere Aktivierungssignale bei. Dazu gehört auch die Produktion von T-Zell-Cytokinen, die an ihre Rezeptoren an der Oberfläche der B-Zelle binden und diese stimulieren (Kap. 10). Der zweite und bedeutendere Beitrag der CD4-T-Zellen ist die Stimulation von CD40 auf der B-Zelle durch den CD40-Liganden, der auf der T-Zelle exprimiert wird. Die Bedeutung der Wechselwirkung zwischen CD40 und dem CD40-Liganden für B-Zell-Antworten auf Proteinantigene zeigt sich daran, dass eine schwere Immunschwächekrankheit, die durch gestörte Antikörperreaktionen verursacht wird, auf die mangelnde Expression des CD40-Liganden auf den CD4-T-Zellen der betroffenen Patienten zurückzuführen ist.

CD40 gehört zur großen TNF-Rezeptor-Superfamilie, die über 20 Proteine umfasst. Einige dieser Proteine, beispielsweise Fas (Kap. 11), sind darauf spezialisiert, den Zelltod auszulösen. Die meisten Mitglieder der TNF-Rezeptor-Superfamilie, darunter auch CD40, aktivieren nach der Stimulation des Rezeptors sowohl den NFκB- als auch den PI-3-Kinase-Weg (▶ Abb. 7.31). Die Aktivierung von NFκB stärkt das Überleben der Zelle und die PI-3-Kinase zeigt ein breites und pleiotropes Spektrum von Effekten auf die Physiologie der B-Zellen. Die PI-3-Kinase ist ein zentraler Bestandteil der CD40-Signalgebung. Der hauptsächliche Mediator des PI-3-Kinase-Signals ist die Serin/Threonin-Kinase Akt, die nach der Erzeugung von PIP$_3$ an die B-Zell-Membran gelenkt und dort aktiviert wird. Akt stimuliert dann eine Reihe von nachgeschalteten Signalwegen, die das Überleben der Zelle, das Fortschreiten des Zellzyklus, die Aufnahme und den Metabolismus von Glucose sowie die Aktivierung von mTOR induzieren. All diese Effekte sind für eine produktive Reaktion der aktivierten B-Zelle essenziell. Allgemein ausgedrückt entspricht die Funktion von CD40 für die B-Zelle der Funktion von CD28 für die T-Zelle, da beide Rezeptoren die Aktivierung von Akt verstärken, die durch die Signalwege des B- beziehungsweise T-Zell-Rezeptors ausgelöst wird.

Teil III

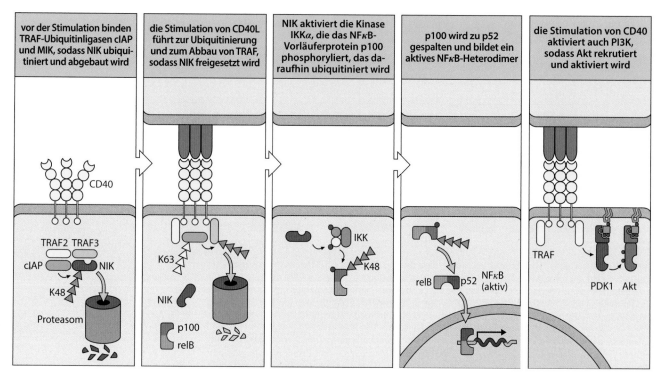

vor der Stimulation binden TRAF-Ubiquitinligasen cIAP und MIK, sodass NIK ubiquitiniert und abgebaut wird

die Stimulation von CD40L führt zur Ubiquitinierung und zum Abbau von TRAF, sodass NIK freigesetzt wird

NIK aktiviert die Kinase IKKα, die das NFκB-Vorläuferprotein p100 phosphoryliert, das daraufhin ubiquitiniert wird

p100 wird zu p52 gespalten und bildet ein aktives NFκB-Heterodimer

die Stimulation von CD40 aktiviert auch PI3K, sodass Akt rekrutiert und aktiviert wird

**Abb. 7.31 CD40 aus der TNF-Rezeptor-Superfamilie ist ein wichtiges costimulierendes Molekül auf B-Zellen.** T- und B-Zellen exprimieren mehrere Vertreter der TNF-Rezeptor-Superfamilie. Eine zentrale Funktion dieser Rezeptoren ist die Aktivierung von NFκB. Das geschieht durch einen Signalweg, der sich von dem unterscheidet, der durch die Stimulation von Antigenrezeptoren ausgelöst wird und häufig als nichtkanonischer NFκB-Weg bezeichnet wird. Proteine der TNF-Rezeptor-Superfamilie aktivieren auch PI-3-KInase-Signalwege. Ein wichtiger Vertreter der TNF-Rezeptor-Superfamilie auf B-Zellen ist CD40. Vor der Stimulation sind TRAF-Moleküle, die als Ubiquitin-Ligasen fungieren, mit cIAP, einer weiteren Ubiquitin-Ligase, und mit der NFκB-induzierenden Kinase NIK assoziiert. Unter diesen Bedingungen eines Fließgleichgewichts stimuliert die Bindung durch TRAF die Ubiquitinierung und den Abbau von NIK. Nach der Stimulation von CD40 durch die Bindung von CD40L wird dieser Komplex zur intrazellulären Domäne von CD40 gelenkt. TRAF2 katalysiert unter K63-Verknüpfung die Ubiquitinierung von cIAP. Daraufhin wird TRAF3 von cIAP mittels K48-Verknüpfung ubiquitiniert. Das führt zum Abbau von TRAF3 und damit zur Freisetzung von NIK, sodass NIK nun die IκB-Kinase α (IKKα) phosphorylieren und aktivieren kann. IKKα phosphoryliert das NFκB-Vorläuferprotein p100 und induziert dessen Spaltung, sodass die aktive p52-Untereinheit entsteht. Diese bindet an RelB und bildet nun den aktiven Transkriptionsfaktor NFκB. Die Stimulation von CD40 durch CD40L aktiviert ebenfalls die PI-3-Kinase, was schließlich zur Aktivierung von Akt durch die PDK1 führt

Die Vertreter der TNF-Rezeptor-Superfamilie, darunter auch CD40, übermitteln ihre Signale durch einen Mechanismus, der sich von dem der Antigenrezeptoren unterscheidet, etwa indem keine Tyrosinkinasen aktiviert werden. Stattdessen rekrutiert die Stimulation der TNF-Rezeptoren die TRAF-Adaptorproteine (TRAF für TNF-Rezeptor-assoziierter Faktor). Neben ihrer Funktion als einfache Adaptoren, die den Zusammenbau von Multiproteinkomplexen bewerkstelligen, fungieren fünf der sechs TRAF-Proteine auch als E3-Ubiquitin-Ligasen. Diese Aktivität trägt dazu bei, dass die meisten Mitglieder der TNF-Rezeptor-Superfamilie den NFκB-Weg aktivieren, indem sie einen Signalweg in Gang setzen, der sich von dem unterscheidet, der durch die Stimulation der Antigenrezeptoren ausgelöst wird. Dieser andere Signalweg wird als **nichtkanonischer NFκB-Signalweg** (▶ Abb. 7.31) bezeichnet. Der genaue biochemische Mechanismus, durch den die TNF-Rezeptoren und die TRAF-Proteine die PI-3-Kinase aktivieren, ist allerdings noch unbekannt.

CD40 wird konstitutiv auf B-Zellen exprimiert und entfaltet seine Aktivität als Reaktion auf die Antigenerkennung durch den B-Zell-Rezeptor. Auf B-Zellen werden noch andere Vertreter der TNF-Rezeptor-Superfamilie exprimiert und jeder von ihnen ist in einer bestimmten Phase der B-Zell-Reifung für das Überleben der B-Zelle von Bedeutung, also auch für B-Zellen, die sich zu antikörpersezernierenden Plasmazellen oder Gedächtniszellen differenziert haben. In ähnlicher Weise werden Proteine der TNF-Rezeptor-Superfamilie auch auf T-Zellen exprimiert, von denen viele nach der T-Zell-Aktivierung hochreguliert werden. Diese Moleküle, beispielsweise OX40, 4-1BB, CD30 und CD27, liefern wichtige Überlebenssignale und dienen dazu, die Aktivität des zellulären Stoffwechsels in den späteren Phasen der T-Zell-Antwort auf eine Infektion zu steigern (Kap. 11).

### 7.3.4 Inhibitorische Rezeptoren auf den Lymphocyten schwächen Immunantworten ab, indem sie die costimulierenden Signalwege stören

CD28 gehört zu einer Familie von strukturell verwandten Rezeptoren, die von Lymphocyten exprimiert werden und Liganden der B7-Familie binden. Einige dieser Rezeptoren wie ICOS (Kap. 9) fungieren als aktivierende Rezeptoren, andere jedoch blockieren die Signalgebung von Antigenrezeptoren, können die Apoptose anregen und sind wichtig für die Regulation der Immunantwort. Zu den inhibitorischen Rezeptoren, die mit CD28 verwandt sind und von T-Zellen exprimiert werden, gehören **CTLA-4** (CD152) und **PD-1** (*programmed death-1*). Der **B-und-T-Lymphocyten-Attenuator** (**BTLA**) wird hingegen sowohl von T- als auch von B-Zellen exprimiert. Von diesen ist CTLA-4 wohl am bedeutendsten: Mäuse, denen CTLA-4 fehlt, sterben schon sehr früh an einer unkontrollierten Proliferation von T-Zellen in vielen Organen. Der Verlust von PD-1 oder BTLA hat weniger deutliche Effekte, die nur die Stärke der Reaktion modulieren, die auf die Lymphocytenaktivierung folgt, jedoch keine weiträumige spontane Proliferation der Lymphocyten hervorrufen. Sowohl CTLA-4 als auch PD-1 können als Zielmoleküle für proteinbasierte Therapeutika dienen, die die Aktivität dieser Rezeptoren blockieren. T-Zell-Antworten sollen verstärkt werden, indem man diese inhibitorischen Rezeptoren hemmt, eine therapeutische Strategie, die man als **Checkpoint-Blockade** bezeichnet (Kap. 16). Neuere klinische Studien zeigen, dass die Blockade sowohl von CTLA-4 als auch von PD-1 die Wirksamkeit einer Krebstherapie deutlich steigert, die zum Ziel hat, die T-Zell-Antworten des Patienten zu stärken.

CTLA-4 wird von aktivierten T-Zellen induziert und bindet an dieselben costimulierenden Liganden (B7.1 und B7.2) wie CD28, nur wirkt die Bindung CTLA-4 hier nicht verstärkend, sondern hemmend auf die Aktivierung der T-Zelle (▶ Abb. 7.32). Die Funktion von CTLA-4 wird vor allem über die Regulation seiner Oberflächenexpression kontrolliert. Zu Beginn befindet sich CTLA-4 auf intrazellulären Membranen, wandert dann aber nach Signalen des T-Zell-Rezeptors zur Zelloberfläche. Die Oberflächenexpression von CTLA-4 wird durch die Phosphorylierung des Tyrosinrestes im Aminosäuremotiv GVYVKM im cytoplasmatischen Schwanz reguliert. Wenn dieses Motiv nicht phosphoryliert ist, kann es nicht an AP-2 (ein clathrinassoziiertes Adaptorprotein) binden, und CTLA-4 verbleibt in der Membran, wo es B7-Moleküle auf antigenpräsentierenden Zellen binden kann.

CTLA-4 besitzt für die B7-Liganden eine höhere Affinität als CD28 und bindet die B7-Moleküle anscheinend auch mit einer anderen Orientierung, was möglicherweise für die inhibitorische Wirkung von Bedeutung ist. CD28, CTLA-4 und B7.1 werden jeweils als Homodimer exprimiert. Ein CD28-Dimer bindet ein B7.1-Dimer direkt „eins zu eins", während das CTLA-4-Dimer zwei verschiedene B7-Dimere in einer Konfiguration bindet, die eine verstärkte Quervernetzung ermöglicht. Dadurch erhält die Wechselwirkung eine starke Avidität (▶ Abb. 7.32). Ursprünglich hatte man angenommen, dass die Funktion von CTLA-4 darin besteht, inhibitorische Phosphatasen zu rekrutieren, wie sie etwa bei anderen inhibitorischen Rezeptoren vorkommen (siehe unten), aber davon geht man inzwischen nicht mehr aus. Es ist allerdings noch nicht bekannt, ob CTLA-4 inhibitorische Signalwege direkt aktiviert. Stattdessen besteht die Funktion wahrscheinlich zumindest teilweise darin, die Bindung von B7 an CD28 zu blockieren und damit das Ausmaß der CD28-abhängigen Costimulation zu verringern.

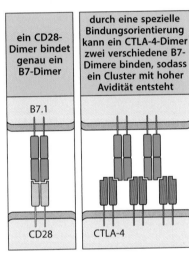

**Abb. 7.32 CTLA-4 besitzt gegenüber B7 eine höhere Affinität als CD28 und bindet B7 in einer multivalenten Form.** CD28 und CTLA-4 werden jeweils als Dimer auf der Zelloberfläche exprimiert und beide binden je zwei Liganden B7.1 (selbst ein Dimer) und B7.2 (das als Monomer vorliegt). Die Orientierungen, mit der B7 von CD28 beziehungsweise CTLA-4 gebunden werden, unterscheiden sich jedoch in einer Weise, die zur inhibitorischen Wirkung von CTLA-4 beiträgt. Ein Dimer von CD28 bindet ein Dimer B7.1. Aber ein Dimer von CTLA-4 bindet B7.1 so, dass zwei Dimere von B7.1 einbezogen werden, sodass sich diese Moleküle zu Komplexen mit hoher Avidität zusammenlagern. Dies und die höhere Affinität von CTLA-4 für B7-Moleküle führen wahrscheinlich dazu, dass CTLA-4 bei der kompetitiven Bindung von verfügbaren B7-Molekülen auf einer antigenpräsentierenden Zelle im Vorteil ist. So könnte die Costimulation von T-Zellen blockiert werden

Teil III

Zellen, die CTLA-4 exprimieren, können sich auch inhibitorisch auf die Aktivierung anderer T-Zellen auswirken. Wie das geschieht, ist noch nicht bekannt, aber es kann daran liegen, dass CTLA-4 an B7-Moleküle auf antigenpräsentierenden Zellen bindet, wodurch der Ligand für CD28, den andere T-Zellen benötigen, nicht mehr zugänglich ist. Eine direkte Einwirkung von CTLA-4 auf T-Zellen ist jedoch nicht auszuschließen. Bemerkenswert ist dabei noch, dass die regulatorischen T-Zellen, die einer Autoimmunität entgegenwirken, CTLA-4 an ihrer Oberfläche in großer Menge exprimieren und CTLA-4 für ihre normale Funktionsfähigkeit benötigen. Die regulatorischen Zellen werden in Kap. 9 genauer besprochen.

## 7.3.5 Inhibitorische Rezeptoren auf den Lymphocyten schwächen Immunantworten ab, indem sie Protein- und Lipidphosphatasen mobilisieren

Einige andere Rezeptoren, die die Aktivierung von Lymphocyten blockieren können, enthalten in ihren cytoplasmatischen Regionen Sequenzmotive, die man als **ITIMs** (*immunoreceptor tyrosine-based inhibition motifs*) bezeichnet; sie besitzen die Konsensussequenz [I/V]XYXX[L/I], wobei X für eine beliebige Aminosäure steht (► Abb. 7.33). Damit verwandt ist das **ITSM** (*immunoreceptor tyrosine-based switch motif*) mit der Konsensussequenz TXYXX[V/I]. Sobald das Tyrosin in einer ITIM- oder ITSM-Sequenz phosphoryliert wird, kann dadurch eine der beiden inhibitorischen Phosphatasen **SHP** (SH2-haltige Phosphatase) oder **SHIP** (SH2-haltige Inositolphosphatase) jeweils über deren SH2-Domäne rekrutiert werden. SHP ist eine Proteintyrosinphosphatase, die von verschiedenen Proteinen Phosphatgruppen entfernt, die dort von Tyrosinkinasen angehängt wurden. SHIP ist eine Inositolphosphatase, die von $PIP_3$ ein Phosphat entfernt, sodass $PIP_2$ entsteht. Dadurch wird die Rekrutierung von Proteinen wie den TEC-Kinasen und Akt zur Zellmembran rückgängig gemacht und die Signalübertragung blockiert.

Der ITIM-haltige Rezeptor PD-1 (► Abb. 7.33) wird vorübergehend auf aktivierten T-Zellen, B-Zellen und myeloischen Zellen exprimiert. Er kann die Liganden **PD-L1** (*programmed death ligand-1*, B7-H1) und **PD-L2** (*programmed death ligand-2*, B7-DC) binden, die beide zur B7-Familie gehören. Heute weiß man, dass diese Proteine den Zelltod nicht direkt herbeiführen, sondern nur als Liganden für den inhibitorischen Rezeptor PD-1 fungieren. PD-L1 wird auf einer Vielzahl verschiedener Zellen konstitutiv exprimiert, während die Expression von PD-L2 bei einer Entzündung auf antigenpräsentierenden Zellen induziert wird. Da PD-L1 konstitutiv exprimiert wird, besitzt die Regulation der Expression von PD-1 möglicherweise eine entscheidende Bedeutung bei der Kontrolle von T-Zell-Antworten. Wenn beispielsweise bei einer Entzündung Cytokinsignale die Expression von PD-1 hemmen, wird die T-Zell-Antwort verstärkt. Mäuse, denen PD-1 fehlt, entwickeln allmählich eine Autoimmunität, wahrscheinlich weil die Aktivierung der T-Zellen nicht mehr reguliert werden kann. Bei chronischen Infektionen verringert die Expression von PD-1 die Effektoraktivität von T-Zellen; dadurch werden Schädigungen von unbeteiligten Zellen begrenzt, allerdings auf Kosten der Bekämpfung der Krankheitserreger.

BTLA enthält eine ITIM- und eine ITSM-Sequenz und wird auf aktivierten B- und T-Zellen wie auch auf einigen Zellen des angeborenen Immunsystems exprimiert. Im Gegensatz zu anderen Vertretern der CD28-Familie interagiert BTLA nicht mit B7-Liganden, sondern bindet das Eintrittsmolekül für das Herpesvirus (**HVEM**), ein Protein der TNF-Rezeptor-Familie. Dieser Rezeptor wird von ruhenden T-Zellen und unreifen dendritischen Zellen stark exprimiert. Wenn BTLA und HVEM auf derselben Zelle gemeinsam exprimiert werden, hemmt BTLA weiterhin die Lymphocytenaktivierung, allerdings über einen zweiten Mechanismus. In einer solchen Situation bindet BTLA an HVEM und verhindert, dass HVEM an andere Moleküle bindet, die HVEM-nachgeschaltete NFκB-abhängige Signalwege für das Überleben der Zelle stimulieren können. Wenn im anderen Fall BTLA und HVEM auf verschiedenen Zellen exprimiert werden, stimuliert die Wechselwirkung dieser beiden Rezeptoren das positive Überlebenssignal an die HVEM-exprimierende Zelle.

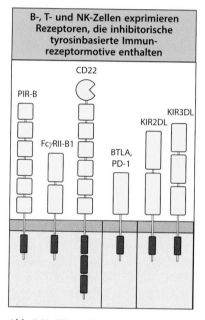

**B-, T- und NK-Zellen exprimieren Rezeptoren, die inhibitorische tyrosinbasierte Immunrezeptormotive enthalten**

CD22
PIR-B
KIR3DL
KIR2DL
FcγRII-B1
BTLA, PD-1

**Abb. 7.33 Einige Zelloberflächenrezeptoren von Lymphocyten enthalten Motive, die an der Abschwächung der Aktivierung mitwirken.** Mehrere Rezeptoren übertragen Signale, die die Aktivierung des Lymphocyten oder der NK-Zelle hemmen. Sie enthalten im cytoplasmatischen Schwanz eine oder mehr ITIM-Sequenzen (*rote Rechtecke*). ITIM-Sequenzen binden an verschiedene Phosphatasen, die im aktivierten Zustand Signale von ITAM-haltigen Rezeptoren unterdrücken

Andere Rezeptoren auf B- und T-Zellen enthalten ebenfalls ITIM-Sequenzen; sie können die Aktivierung einer Zelle blockieren, wenn sie zusammen mit den Antigenrezeptoren gebunden werden. Ein Beispiel dafür ist der Rezeptor **FcγRII-B1** auf B-Zellen, der an die Fc-Region von IgG bindet. Das führt dazu, dass Antigene, die in Form von Immunkomplexen mit IgG vorliegen, naive B-Zellen nur schlecht aktivieren können, weil der B-Zell-Rezeptor zusammen mit diesem inhibitorischen Fc-Rezeptor an das Antigen bindet. Die ITIM-Sequenz von FcγRII-B1 lässt SHIP einen Komplex mit dem B-Zell-Rezeptor ausbilden und blockiert so die Aktivität der PI-3-Kinase (▶ Abb. 7.34). Ein weiterer inhibitorischer Rezeptor auf B-Zellen ist das Transmembranprotein **CD22**; es erkennt sialylierte Glykoproteine, die normalerweise auf Säugerzellen und nur selten an den Oberflächen von pathogenen Mikroorganismen vorkommen. CD22 enthält ITIM-Sequenzen, die mit der Phosphatase SHP in Wechselwirkung treten. SHP kann Adaptorproteine wie SLP-65, die an CD22 binden, dephosphorylieren. Auf diese Weise wird die Signalgebung des B-Zell-Rezeptors verhindert.

Das ITIM-Motiv ist auch bei Rezeptoren auf NK-Zellen von Bedeutung, deren Signale die Abtötungsaktivität dieser Zellen blockieren (Abschn. 3.2.12). Diese inhibitorischen Rezeptoren erkennen MHC-Klasse-I-Moleküle und übermitteln Signale, die die Freisetzung der cytotoxischen Granula blockieren, wenn NK-Zellen gesunde, nichtinfizierte Zellen erkennen. Bei den NK-Zellen sind die ITIM-haltigen Rezeptoren von großer Bedeutung, da sie die Schwelle für die Aktivierung einer NK-Zelle bestimmen, indem sie positive Signale von ITAM-haltigen Rezeptoren ausbalancieren.

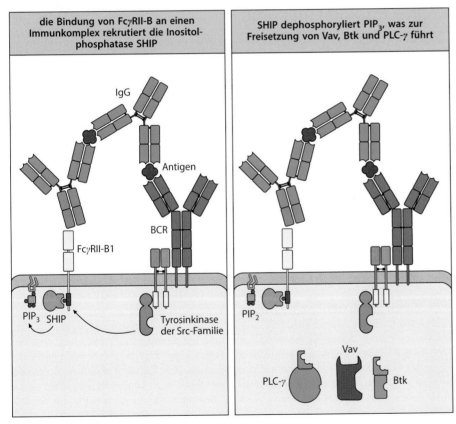

**Abb. 7.34  Der ITIM-haltige Fc-Rezeptor unterdrückt Signale von B-Zell-Rezeptoren, indem er die Inositolphosphatase SHIP rekrutiert.** Sobald ein B-Zell-Rezeptor ein Antigen bindet, das bereits in Form von Immunkomplexen mit IgG vorliegt, reagiert der ITIM-haltige Fc-Rezeptor FcγRII-B gleichzeitig mit dem B-Zell-Rezeptor. Die Kinase der Src-Familie, die in der Nähe des B-Zell-Rezeptors lokalisiert ist, phosphoryliert die ITIM-Sequenz von FcγRII-B. Diese rekrutiert die Inositolphosphatase SHIP, die eine SH2-Domäne enthält. SHIP wiederum dephosphoryliert PIP$_3$ in der Plasmamembran, das zu PIP$_2$ wird. Enzyme mit PH-Domäne, beispielsweise Vav, Btk und PLC-γ, hängen davon ab, dass ihre PH-Domäne PIP$_3$ binden kann, damit sie stabil zum aktivierten B-Zell-Rezeptor-Komplex gelenkt werden können. Die Abnahme von PIP$_3$ beendet die Rekrutierung dieser Enzyme und blockiert die Signalgebung des B-Zell-Rezeptors

### Zusammenfassung

Signale der Antigenrezeptoren auf T- und B-Zellen sind für die Aktivierung dieser Zellen essenziell. Für naive T- und B-Zellen reicht das Signal des T-Zell- beziehungsweise B-Zell-Rezeptors allein nicht aus, eine Reaktion hervorzurufen. Neben den Signalen der Antigenrezeptoren benötigen diese Zellen Signale von Hilfsrezeptoren, die dazu dienen, die Umgebung der Zelle nach Vorhandensein einer Infektion abzusuchen. Die CD28-Familie von costimulierenden Proteinen, die Proteine aus der B7-Familie binden, bildet in den naiven T-Zellen ein wichtiges sekundäres Signalsystem. Aktivierende Faktoren der CD28-Familie sind von großer Bedeutung, da sie die Aktivierung von naiven T-Zellen durch die passende Zielzelle sicherstellen. Bei den B-Zellen kommen diese sekundären Signale von Proteinen der TNF-Rezeptor-Superfamilie, etwa von CD40. Inhibitorische Faktoren aus der CD28-Familie und aus anderen Rezeptorfamilien haben die Funktion, die Signale von aktivierenden Rezeptoren abzuschwächen oder vollständig zu blockieren. Die regulierte Expression von aktivierenden und inhibitorischen Rezeptoren und ihren Liganden erzeugt ein hoch komplexes Kontrollsystem der Immunantworten, das man erst zu verstehen beginnt.

# Kapitelzusammenfassung

Ein entscheidender Faktor für die Fähigkeit des Immunsystems, in geeigneter Weise auf fremde Antigene und Krankheitserreger zu reagieren, sind die Signale von vielen verschiedenen Zelloberflächenrezeptoren. Die Bedeutung dieser Signalwege zeigt sich bei den zahlreichen Krankheiten, die durch eine fehlerhafte Signalübertragung entstehen. Dazu zählen sowohl Immunschwächekrankheiten als auch Autoimmunerkrankungen. Gemeinsame Merkmale vieler Signalwege sind die Erzeugung von Second-Messenger-Faktoren wie $Ca^{2+}$ und Phosphoinositolen sowie die Aktivierung von Serin/Threonin- und Tyrosinkinasen. Ein wichtiges Prinzip beim Auslösen von Signalwegen ist die Rekrutierung von Signalproteinen zur Plasmamembran und der Aufbau von Multiproteinsignalkomplexen. Häufig werden durch die Signalübertragung Transkriptionsfaktoren aktiviert, die bei aktivierten Lymphocyten direkt oder indirekt Proliferation, Differenzierung und Effektorfunktionen auslösen. Eine andere Wirkung der Signalübertragung besteht darin, Veränderungen des Cytoskeletts in Gang zu setzen, die für bestimmte Zellfunktionen wichtig sind, etwa für die Bewegung und Formveränderung von Zellen. Diese Schritte der Signalgebung von T- und B-Zell-Rezeptoren sind in ▶ Abb. 7.28 zusammengefasst.

Während wir gerade dabei sind, die ersten Grundlagen verstehen zu lernen, wie die Signalübertragungswege verschaltet sind, sollten wir uns immer vergegenwärtigen, dass wir noch nicht wissen, warum sie so kompliziert sind. Ein Grund dafür könnte sein, dass die Signalwege in ihrer Funktion Merkmale wie Verstärkung, Stabilität, Diversität und Effizienz der Signalreaktionen bestimmen. Ein wichtiges Ziel für die Zukunft wird deshalb sein, zu verstehen, wie die Grundprinzipien, nach denen jeder Signalweg aufgebaut ist, zu einer bestimmten Qualität und Empfindlichkeit beitragen, die für die spezifischen Signalreaktionen erforderlich sind.

# Aufgaben

**7.1 Richtig oder falsch:** Antigenrezeptoren enthalten eine eigene Kinaseaktivität, die cytoplasmatische Proteine phosphorylieren kann und dadurch nachgeschaltete Signalereignisse ermöglicht.

**7.2 Bitte zuordnen:** Welche der folgenden Rezeptoren sind Rezeptortyrosinkinasen (RTKs), Rezeptor-Serin/Threonin-Kinasen (RSTK) oder besitzen keine eigene enzymatische Aktivität?
**A.** ____ Kit
**B.** ____ B-Zell-Rezeptor
**C.** ____ FLT3
**D.** ____ TGF-$\beta$-Rezeptor

**7.3 Kurze Antwort:** Wie können Gerüst- und Adaptorproteine die Signalreaktionen beeinflussen, wenn sie doch keine eigene enzymatische Aktivität besitzen?

**7.4 Multiple Choice:** Welche der folgenden Veränderungen kann zu einer erhöhten Aktivität von Ras führen?
**A.** eine Mutation, welche die GTPase-Aktivität von Ras steigert
**B.** Überexpression von GEF
**C.** Entfernen von GTP aus dem Cytoplasma
**D.** Überexpression von GAP
**E.** eine Mutation, die Ras für die Aktivitäten der GAP unzugänglich macht

**7.5 Bitte zuordnen:** In welcher Reihenfolge [1, 2, 3, 4, 5] treten unmittelbar nach der Aktivierung eines T-Zell-Rezeptors folgende Signalereignisse auf?
_____ Die durch Gads verknüpften Gerüstproteine LAT und SLP-76 werden phosphoryliert.
_____ ZAP-70, eine Kinase mit zwei tandemartig angeordneten SH2-Domänen, bindet an ITAM-Sequenzen.
_____ Rekrutierung und Aktivierung von Proteinen mit SH2-, PH- und PX-Domäne
_____ Die PI-3-Kinase wird aktiviert und produziert PIP$_3$.
_____ Phosphorylierung von ITAM-Sequenzen durch die Kinase Lck aus der Familie der Src-Kinasen

**7.6 Bitte ergänzen:** Setzen Sie die passenden Begriffe aus der Liste in die Leerstellen in den Aussagen. Jeder Begriff kommt nur einmal vor.

| | |
|---|---|
| PH/PX | PLC-$\gamma$ |
| SH2 | ADAP |
| Vav | PI-3-Kinase |
| LAT:Gads:SLP-76 | Akt |

Signale von Antigenrezeptoren führen zu vielen nachgeschalteten Signalereignissen, von denen viele Signalwege oder -module abzweigen. Diese können durch den Gerüstkomplex _____, die Erzeugung von PIP$_3$ aus PIP$_2$ durch das Enzym _____ oder durch beide Effekte aktiviert werden. Phosphorylierte Tyrosinreste auf dem Gerüstkomplex rekrutieren Proteine, die _____-Domänen enthalten, während PIP$_3$ Proteine mit _____-Domänen heranzieht. Diese vier Module sind die Aktivierung der (1) _____, die PIP$_2$ in DAG und IP$_3$ spaltet, von (2) _____, das an PIP$_3$ bindet und den mTOR-Weg durch Phosphorylierung und Inaktivierung des TSC-Komplexes aktiviert, von (3) _____, ein Adaptorprotein, das SKAP55 und RIAM rekrutiert, und von (4) _____, ein GEF, der die Aktivierung von WASp hervorruft. Diese Signalwege führen letztendlich zu einer verstärkten Transkription von entscheidenden Genen, einer erhöhten Aktivität des zellulären Stoffwechsels, einer gesteigerten Zelladhäsion beziehungsweise zur Actinpolymerisierung.

**7.7 Bitte zuordnen:** Welches kleine G-Protein (welche kleine GTPase) besitzt welche Funktion?

A. _____ Ras

B. _____ Cdc42 (Rho-Familie)

C. _____ Rap1

D. _____ Rheb

i. WASp; Actinpolymerisierung

ii. mTOR; zellulärer Stoffwechsel

iii. LFA-1-Zusammenlagerung; Zelladhäsion

iv. MAPK-Weg; Zellproliferation

**7.8 Multiple Choice:** Welche der folgenden Aussagen ist falsch?

A. Eine K63-Polyubiquitinierung führt zu nachgeschalteten zellulären Signalen.

B. Eine K48-Polyubiquitinierung führt zum Abbau durch das Proteasom.

C. Es gibt drei Enzymfamilien für die Ubiquitinierung: E1 (ubiquitinaktivierende Enzyme), E2 (ubiquitinverknüpfende Enzyme) und E3 (Ubiquitin-Ligasen). Cbl ist ein E3-Enzym, das sein Zielmolekül über eine SH2-Domäne ansteuert.

D. Eine Mono- oder Diubiquitinierung von Zelloberflächenrezeptoren führt zum Abbau im Proteasom.

**7.9 Bitte zuordnen:** Welche Krankheit des Menschen hängt mit welchem Gen zusammen?

A. _____ X-gekoppelte Agammaglobulinämie

B. _____ Wiskott-Aldrich-Syndrom

C. _____ schwerer kombinierter Immundefekt

D. _____ X-gekoppelte hypohidrotische ektodermale Dysplasie mit Immunschwäche

i. ORAI1

ii. NEMO

iii. Btk

iv. WASp

**7.10 Bitte ergänzen:** Nennen Sie das entsprechende Gegenstück zum Rezeptor/zur Signalkomponente bei der T- beziehungsweise B-Zelle.

| T-Zelle | B-Zelle |
|---|---|
| CD3$\varepsilon$:CD3$\delta$:(CD3$\gamma$)$_2$:(CD3$\zeta$)$_2$ | A. _____ |
| B. _____ | CD21:CD19:CD81 |
| CD28 | C. _____ |
| D. _____ | Fyn, Blk, Lyn |
| E. _____ | Syk |
| LAT:Gads:SLP-76 | F. _____ |

**7.11 Richtig oder falsch:** CTLA-4 und PD-1 sind ITIM-haltige inhibitorische Rezeptoren, die den costimulierenden Signalwegen durch die Aktivierung intrazellulärer Protein- und/oder Lipidphosphatasen entgegenwirken.

**7.12 Multiple Choice:** Die intravenöse Verabreichung von exogenem Immunglobulin ist eine häufig angewandte Therapiemethode für Autoimmunkrankheiten, bei denen es zur Produktion von Autoantikörpern (gegen körpereigene Antigene) kommt. Es hat sich herausgestellt, dass das Vorkommen von Sialinsäure auf den verabreichten Antikörpern für die Unterdrückung der Autoantikörperproduktion durch die B-Zellen des Patienten von entscheidender Bedeutung ist. Welcher der folgenden Rezeptoren ist möglicherweise für die Unterdrückung der Antikörperproduktion in den B-Zellen verantwortlich?

A. Fc$\gamma$RII-B

B. CD22

C. PD-1

D. CD40

E. BTLA

# Literatur

## Allgemeine Literatur

- Alberts, B., Johnson, A., Lewis, J., Raff, M., Roberts, K., and Walter, P.: *Molecular Biology of the Cell*, 6th ed. New York: Garland Science, 2015.
- Gomperts, B., Kramer, I., and Tatham, P.: *Signal Transduction*. San Diego: Elsevier, 2002.
- Marks, F., Klingmüller, U., and Müller-Decker, K.: *Cellular Signal Processing*. New York: Garland Science, 2009.
- Samelson, L. and Shaw, A. (eds): *Immunoreceptor Signaling*. Cold Spring Harbor, NY: Cold Spring Harbor Laboratory Press, 2010.

## Literatur zu den einzelnen Abschnitten

### Abschnitt 7.1.1

- Lin, J. and Weiss, A.: **T cell receptor signalling.** *J. Cell Sci.* 2001, **114**:243–244.
- Smith-Garvin, J.E., Koretzky, G.A., and Jordan, M.S.: **T cell activation**. *Annu. Rev. Immunol.* 2009, **27**:591–619.

### Abschnitt 7.1.2

- Balagopalan, L., Coussens, N.P., Sherman, E., Samelson, L.E., and Sommers, C.L.: **The LAT story: a tale of cooperativity, coordination, and choreography.** *Cold Spring Harbor Perspect. Biol.* 2010, **2**:a005512.
- Jordan, M.S. and Koretzky, G.A.: **Coordination of receptor signaling in multiple hematopoietic cell lineages by the adaptor protein SLP-76.** *Cold Spring Harbor Perspect. Biol.* 2010, **2**:a002501.
- Lim, W.A. and Pawson, T.: **Phosphotyrosine signaling: evolving a new cellular communication system.** *Cell* 2010, **142**:661–667.
- Scott, J.D. and Pawson, T.: **Cell signaling in space and time: where proteins come together and when they're apart.** *Science* 2009, **326**:1220–1224.

### Abschnitt 7.1.3

- Etienne-Manneville, S. and Hall, A.: **Rho GTPases in cell biology.** *Nature* 2002, **420**:629–635.
- Mitin, N., Rossman, K.L., and Der, C.J.: **Signaling interplay in Ras superfamily function.** *Curr. Biol.* 2005, **15**:R563–R574.

### Abschnitt 7.1.4

- Buday, L.: **Membrane-targeting of signalling molecules by SH2/ SH3 domain-containing adaptor proteins.** *Biochim. Biophys. Acta* 1999, **1422**:187–204.
- Kanai, F., Liu, H., Field, S.J., Akbary, H., Matsuo, T., Brown, G.E., Cantley, L.C., and Yaffe, M.B.: **The PX domains of p47phox and p40phox bind to lipid products of PI(3)K.** *Nat. Cell Biol.* 2001, **3**:675–678.

■ Lemmon, M.A.: **Membrane recognition by phospholipid-binding domains.** *Nat. Rev. Mol. Cell Biol.* 2008, **9**:99–111.

### Abschnitt 7.1.5

■ Ciechanover, A.: **Proteolysis: from the lysosome to ubiquitin and the proteasome.** *Nat. Rev. Mol. Cell Biol.* 2005, **6**:79–87.
■ Hurley, J.H., Lee, S., and Prag, G.: **Ubiquitin-binding domains.** *Biochem. J.* 2006, **399**:361–372.
■ Liu, Y.C., Penninger, J., and Karin, M.: **Immunity by ubiquitylation: a reversible process of modification.** *Nat. Rev. Immunol.* 2005, **5**:941–952.
■ Wertz, I.E. and Dixit, V.M.: **Signaling to NFκB: regulation by ubiquitination.** *Cold Spring Harbor Perspect. Biol.* 2010, **2**:a003350.

### Abschnitt 7.1.6

■ Kresge, N., Simoni, R.D., and Hill, R.L.: **Earl W. Sutherland's discovery of cyclic adenine monophosphate and the second messenger system.** *J. Biol. Chem.* 2005, **280**:39–40.
■ Rall, T.W. and Sutherland, E.W.: **Formation of a cyclic adenine ribonucleotide by tissue particles.** *J. Biol. Chem.* 1958, **232**:1065–1076.

### Abschnitt 7.2.1

■ Brenner, M.B., Trowbridge, I.S., and Strominger, J.L.: **Cross-linking of human T cell receptor proteins: association between the T cell idiotype beta subunit and the T3 glycoprotein heavy subunit.** *Cell* 1985, **40**:183–190.
■ Call, M. E., Pyrdol, J., Wiedmann, M., and Wucherpfennig, K.W.: **The organizing principle in the formation of the T cell receptor-CD3 complex.** *Cell* 2002, **111**:967–979.
■ Kuhns, M.S. and Davis, M.M.: **TCR signaling emerges from the sum of many parts.** *Front. Immunol.* 2012, **3**:159.
■ Samelson, L.E., Harford, J.B., and Klausner, R.D.: **Identification of the components of the murine T cell antigen receptor complex.** *Cell* 1985, **43**:223–231.
■ Tolar, P., Sohn, H.W., Liu, W., and Pierce, S.K.: **The molecular assembly and organization of signaling active B-cell receptor oligomers.** *Immunol. Rev.* 2009, **232**:34–41.

### Abschnitt 7.2.2

■ Klausner, R.D. and Samelson, L.E.: **T cell antigen receptor activation pathways: the tyrosine kinase connection.** *Cell* 1991, **64**:875–878.
■ Weiss, A. and Littman, D.R.: **Signal transduction by lymphocyte antigen receptors.** *Cell* 1994, **76**:263–274.

### Abschnitt 7.2.3

■ Au-Yeung, B.B., Deindl, S., Hsu, L.-Y., Palacios, E.H., Levin, S.E., Kuriyan, J., and Weiss, A.: **The structure, regulation, and function of ZAP-70.** *Immunol. Rev.* 2009, **228**:41–57.
■ Bartelt, R.R. and Houtman, J.C.D.: **The adaptor protein LAT serves as an integration node for signaling pathways that drive T cell activation.** *Wiley Interdiscip. Rev. Syst. Biol. Med.* 2013, **5**:101–110.
■ Chan, A.C., Iwashima, M., Turck, C.W., and Weiss, A.: **ZAP-70: a 70 Kd protein-tyrosine kinase that associates with the TCR zeta chain.** *Cell* 1992, **71**:649–662.

Teil III

■ Iwashima, M., Irving, B.A., van Oers, N.S., Chan, A.C., and Weiss, A.: **Sequential inter-actions of the TCR with two distinct cytoplasmic tyrosine kinases.** *Science* 1994, **263**:1136–1139.

■ Okkenhaug, K. and Vanhaesebroeck, B.: **PI3K in lymphocyte development, differen-tiation and activation.** *Nat. Rev. Immunol.* 2003, **3**:317–330.

■ Zhang, W., Sloan-Lancaster, J., Kitchen, J., Trible, R.P., and Samelson, L.E.: **LAT: the ZAP-70 tyrosine kinase substrate that links T cell receptor to cellular activation.** *Cell* 1998, **92**:83–92.

## Abschnitt 7.2.4

■ Yan, Q., Barros, T., Visperas, P.R., Deindl, S., Kadlecek, T.A., Weiss, A., and Kuriyan, J.: **Structural basis for activation of ZAP-70 by phosphorylation of the SH2-kinase linker.** *Mol. Cell. Biol.* 2013, **33**:2188–2201.

## Abschnitt 7.2.5

■ Lanier, L.L.: **Up on the tightrope: natural killer cell activation and inhibition.** *Nat. Immunol.* 2008, **9**:495–502.

## Abschnitt 7.2.6

■ Zhang, W., Sloan-Lancaster, J., Kitchen, J., Trible, R.P., and Samelson, L.E.: **LAT: the ZAP-70 tyrosine kinase substrate that links T cell receptor to cellular activation.** *Cell* 1998, **92**:83–92.

## Abschnitt 7.2.7

■ Berg, L.J., Finkelstein, L.D., Lucas, J.A., and Schwartzberg, P.L.: **Tec family kinases in T lymphocyte development and function.** *Annu. Rev. Immunol.* 2005, **23**:549–600.

■ Yang, Y.R., Choi, J.H., Chang, J.-S., Kwon, H.M., Jang, H.-J., Ryu, S.H., and Suh, P.-G.: **Diverse cellular and physiological roles of phospholipase C-γ1.** *Adv. Biol. Regul.* 2012, **52**:138–151.

## Abschnitt 7.2.8

■ Hogan, P.G., Chen, L., Nardone, J., and Rao, A.: **Transcriptional regulation by cal-cium, calcineurin, and NFAT.** *Genes Dev.* 2003, **17**:2205–2232.

■ Hogan, P.G., Lewis, R.S., and Rao, A.: **Molecular basis of calcium signaling in lym-phocytes: STIM and ORAI.** *Annu. Rev. Immunol.* 2010, **28**:491–533.

■ Picard, C., McCarl, C.A., Papolos, A., Khalil, S., Lüthy, K., Hivroz, C., LeDeist, F., Rieux-Laucat, F., Rechavi, G., Rao, A., *et al.*: **STIM1 mutation associated with a syn-drome of immunodeficiency and autoimmunity.** *N. Engl. J. Med.* 2009, **360**:1971–1980.

■ Prakriya, M., Feske, S., Gwack, Y., Srikanth, S., Rao, A., and Hogan, P.G.: **Orai1 is an essential pore subunit of the CRAC channel.** *Nature* 2006, **443**:230–233.

## Abschnitt 7.2.9

■ Downward, J., Graves, J.D., Warne, P.H., Rayter, S., and Cantrell, D.A.: **Stimulation of P21ras upon T-cell activation.** *Nature* 1990, **346**:719–723.

■ Leevers, S.J. and Marshall, C.J.: **Activation of extracellular signal-regulated kinase, ERK2, by P21ras oncoprotein.** *EMBO J.* 1992, **11**:569–574.

- Roskoski, R.: **ERK1/2 MAP kinases: structure, function, and regulation.** *Pharmacol. Res.* 2012, **66:**105–143.
- Shaw, A.S. and Filbert, E.L.: **Scaffold proteins and immune-cell signalling.** *Nat. Rev. Immunol.* 2009, **9:**47–56.

### Abschnitt 7.2.10

- Blonska, M. and Lin, X.: **CARMA1-mediated NFκB and JNK activation in lymphocytes.** *Immunol. Rev.* 2009, **228:**199–211.
- Matsumoto, R., Wang, D., Blonska, M., Li, H., Kobayashi, M., Pappu, B., Chen, Y., Wang, D., and Lin, X.: **Phosphorylation of CARMA1 plays a critical role in T cell receptor-mediated NFfB activation.** *Immunity* 2005, **23:**575–585.
- Rueda, D. and Thome, M.: **Phosphorylation of CARMA1: the link(Er) to NFκB activation.** *Immunity* 2005, **23:**551–553.
- Sommer, K., Guo, B., Pomerantz, J.L., Bandaranayake, A.D., Moreno-García, M. E., Ovechkina, Y.L., and Rawlings, D.J.: **Phosphorylation of the CARMA1 linker controls NFκB activation.** *Immunity* 2005, **23:**561–574.
- Thome, M. and Weil, R.: **Post-translational modifications regulate distinct functions of CARMA1 and BCL10.** *Trends Immunol.* 2007, **28:**281–288.

### Abschnitt 7.2.11

- Gamper, C.J. and Powell, J.D.: **All PI3Kinase signaling is not mTOR: dissecting mTOR-dependent and independent signaling pathways in T cells.** *Front. Immunol.* 2012, **3:**312.
- Kane, L.P. and Weiss, A.: **The PI-3 kinase/Akt pathway and T cell activation: pleiotropic pathways downstream of PIP3.** *Immunol. Rev.* 2003, **192:**7–20.
- Pearce, E.L.: **Metabolism in T cell activation and differentiation.** *Curr. Opin Immunol.* 2010, **22:**314–320.

### Abschnitt 7.2.12

- Bezman, N. and Koretzky, **G.A.: Compartmentalization of ITAM and integrin signaling by adapter molecules.** *Immunol. Rev.* 2007, **218:**9–28.
- Mor, A., Dustin, M.L., and Philips, M.R.: **Small GTPases and LFA-1 reciprocally modulate adhesion and signaling.** *Immunol. Rev.* 2007, **218:**114–125.

### Abschnitt 7.2.13

- Burkhardt, J.K., Carrizosa, E. and Shaffer, M.H.: **The actin cytoskeleton in T cell activation.** *Annu. Rev. Immunol.* 2008, **26:**233–259.
- Tybulewicz, V.L.J. and Henderson, R.B.: **Rho family GTPases and their regulators in lymphocytes.** *Nat. Rev. Immunol.* 2009, **9:**630–644.

### Abschnitt 7.2.14

- Cambier, J.C., Pleiman, C.M., and Clark, M.R.: **Signal transduction by the B cell antigen receptor and its coreceptors.** *Annu. Rev. Immunol.* 1994, **12:**457–486.
- DeFranco, A.L., Richards, J.D., Blum, J.H., Stevens, T.L., Law, D.A., Chan, V.W., Datta, S.K., Foy, S.P., Hourihane, S.L., and Gold, M.R.: **Signal transduction by the B-cell antigen receptor.** *Ann. N.Y. Acad. Sci.* 1995, **766:**195–201.
- Harwood, N.E. and Batista, F.D.: **Early events in B cell activation.** *Annu. Rev. Immunol.* 2010, **28:**185–210.

Teil III

- Koretzky, G.A., Abtahian, F., and Silverman, M.A.: **SLP76 and SLP65: complex regulation of signalling in lymphocytes and beyond.** *Nat. Rev. Immunol.* 2006, **6**:67–78.
- Kurosaki, T. and Hikida, M.: **Tyrosine kinases and their substrates in B lymphocytes.** *Immunol. Rev.* 2009, **228**:132–148.

### Abschnitt 7.3.1

- Acuto, O. and Michel, F.: **CD28-mediated co-stimulation: a quantitative support for TCR signalling.** *Nat. Rev. Immunol.* 2003, **3**:939–951.
- Frauwirth, K. A., Riley, J.L., Harris, M.H., Parry, R.V., Rathmell, J.C., Plas, D.R., Elstrom, R.L., June, C.H., and Thompson, C.B.: **The CD28 signaling pathway regulates glucose metabolism.** *Immunity* 2002, **16**:769–777.
- Sharpe, A.H.: **Mechanisms of costimulation.** *Immunol. Rev.* 2009, **229**:5–11.

### Abschnitt 7.3.2

- Chen, L. and Flies, D.B.: **Molecular mechanisms of T cell co-stimulation and co-inhibition.** *Nat. Rev. Immunol.* 2013, **13**:227–242.

### Abschnitt 7.3.3

- Chen, L. and Flies, D.B.: **Molecular mechanisms of T cell co-stimulation and co-inhibition.** *Nat. Rev. Immunol.* 2013, **13**:227–242.
- Rickert, R.C., Jellusova, J., and Miletic, A.V.: **Signaling by the tumor necrosis factor receptor superfamily in B-cell biology and disease.** *Immunol. Rev.* 2011, **244**:115–133.

### Abschnitt 7.3.4

- Qureshi, O.S., Zheng, Y., Nakamura, K., Attridge, K., Manzotti, C., Schmidt, E.M., Baker, J., Jeffery, L.E., Kaur, S., Briggs, Z., *et al.*: **Trans-endocytosis of CD80 and CD86: a molecular basis for the cell-extrinsic function of CTLA-4.** *Science* 2011, **332**:600–603.
- Rudd, C.E., Taylor, A., and Schneider, H.: **CD28 and CTLA-4 coreceptor expression and signal transduction.** *Immunol. Rev.* 2009, **229**:12–26.

### Abschnitt 7.3.5

- Acuto, O., Di Bartolo, V., and Michel, F.: **Tailoring T-cell receptor signals by proximal negative feedback mechanisms.** *Nat. Rev. Immunol.* 2008, **8**:699–712.
- Chen, L. and Flies, D.B.: **Molecular mechanisms of T cell co-stimulation and co-inhibition.** *Nat. Rev. Immunol.* 2013, **13**:227–242.

Teil III

# Die Entwicklung der B- und T-Lymphocyten

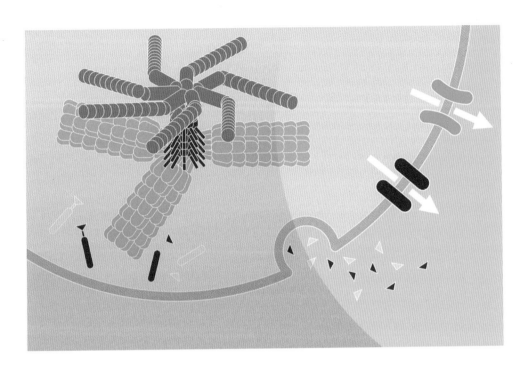

Teil III

© Springer-Verlag GmbH Deutschland, ein Teil von Springer Nature 2018
K. Murphy, C. Weaver, *Janeway Immunologie*, https://doi.org/10.1007/978-3-662-56004-4_8

Die Bildung neuer Lymphocyten, die **Lymphopoese**, erfolgt in spezialisierten lymphatischen Geweben, den **zentralen lymphatischen Geweben**, wobei B-Zellen im Knochenmark, T-Zellen dagegen im Thymus entstehen. Die Vorläufer beider Populationen entstehen alle im Knochenmark. Die B-Zellen absolvieren den größten Teil ihrer Entwicklung dort, während die meisten T-Zellen in den Thymus wandern, wo sie sich zu reifen T-Zellen entwickeln. Eine wichtige Funktion der Lymphopoese besteht darin, ein vielfältiges Repertoire von B- und T-Zell-Rezeptoren auf den zirkulierenden B- beziehungsweise T-Zellen hervorzubringen. Dadurch ist ein Mensch in der Lage, gegen ein breites Spektrum von Krankheitserregern, denen er im Lauf des Lebens begegnet, eine Immunantwort zu entwickeln. Beim Fetus und beim Heranwachsenden bilden die zentralen lymphatischen Gewebe den Ursprung für eine große Anzahl neuer Lymphocyten, die in die **peripheren lymphatischen Gewebe** (die man auch als **sekundäre lymphatische Gewebe** bezeichnet) wandern und diese besiedeln. Dazu gehören beispielsweise die Lymphknoten, die Milz und das Lymphgewebe der Schleimhäute. Im ausgewachsenen Organismus verlangsamt sich die Entwicklung neuer T-Zellen im Thymus und die Anzahl der peripheren T-Zellen wird durch Teilung reifer T-Zellen außerhalb der zentralen lymphatischen Organe aufrechterhalten. Im Gegensatz dazu gehen neue B-Zellen selbst im ausgewachsenen Organismus ständig aus dem Knochenmark hervor. Dieses Kapitel befasst sich mit der Entwicklung der T- und B-Zellen aus ihren ungeprägten Vorläufern, wobei ein besonderer Schwerpunkt bei den Hauptpopulationen der CD4+- und CD8+-T-Zellen und bei den B-Zellen liegt. Die Entwicklung von weiteren Untergruppen der T- und B-Zellen, etwa der invarianten NKT-Zellen (iNKT-Zellen), $T_{reg}$-Zellen, $\gamma{:}\delta$-TCR+-T-Zellen, B1-Zellen und B-Zellen der Randzonen wird kurz besprochen.

In Kap. 4 und 5 wurde die Struktur der Gene für Antigenrezeptoren beschrieben, die von B- und T-Zellen exprimiert werden, es wurden die Mechanismen besprochen, durch die ein vollständiger Antigenrezeptor zusammengefügt wird. Sobald sich ein Antigenrezeptor gebildet hat, sind umfassende Tests erforderlich, damit Lymphocyten selektiert werden, die nutzbringende Antigenrezeptoren tragen – das heißt Antigenrezeptoren, die ein breites Spektrum von Krankheitserregern erkennen können und nicht auf körpereigene Zellen reagieren. Aufgrund der enormen Vielfalt an Rezeptoren, die durch den Umlagerungsprozess entstehen können, ist es notwendig, dass diejenigen Lymphocyten, die zur Reife gelangen, mit einer großen Wahrscheinlichkeit fremde Antigene erkennen und darauf reagieren können, vor allem auch, weil ein individueller Organismus im Laufe seines Lebens nur einen kleinen Anteil des insgesamt möglichen Antigenrezeptorrepertoires hervorbringen kann. Wir beschreiben, wie Spezifität und Affinität eines Rezeptors für körpereigene Liganden geprüft werden. Dabei wird festgestellt, ob der unreife Lymphocyt überlebt und in das gereifte Repertoire übernommen oder ob er sterben wird. Im Allgemeinen empfangen sich entwickelnde Lymphocyten, deren Rezeptoren mit körpereigenen Antigenen nur schwach interagieren oder diese in einer bestimmten Art und Weise binden, offenbar ein Signal, das ihnen das Überleben ermöglicht. Dieser Vorgang, den man als **positive Selektion** bezeichnet, ist besonders wichtig für die Entwicklung von $\alpha{:}\beta$-T-Zellen, die an MHC-Moleküle gebundene Peptide als zusammengesetzte Antigene erkennen. So ist sichergestellt, dass die T-Zellen eines bestimmten Organismus auf Peptide reagieren können, die an MHC-Moleküle gebunden sind.

Im Gegensatz dazu müssen Lymphocyten mit stark autoreaktiven Rezeptoren beseitigt werden, um Autoimmunreaktionen zu vermeiden. Dieser Vorgang der **negativen Selektion** ist einer der Mechanismen, durch den das Immunsystem selbsttolerant wird. Das vorbestimmte Schicksal von sich entwickelnden Lymphocyten ist der Tod durch Apoptose, wenn über den Rezeptor überhaupt kein Signal empfangen wird, und das ist bei der überwiegenden Mehrzahl der Lymphocyten während ihrer Entwicklung der Fall, bevor sie die zentralen lymphatischen Organe verlassen oder bevor sie ihre Reifung in den peripheren lymphatischen Organen abgeschlossen haben.

In diesem Kapitel wollen wir die verschiedenen Stadien während der Entwicklung von B- und T-Zellen bei der Maus und beim Menschen beschreiben, von der ungeprägten Stammzelle bis hin zum gereiften, in seiner Funktion spezialisierten Lymphocyten mit seinem spezifischen Antigenrezeptor, der bereit ist, auf sein Antigen zu reagieren. Die letzten Stadien im Lebenslauf eines reifen Lymphocyten, in denen er auf ein fremdes Antigen trifft und dadurch aktiviert wird, eine Effektorzelle oder eine Gedächtniszelle zu werden, sind Thema der Kap. 9–11. Heute wissen wir, dass sich die Entwicklung der B- und T-Zellen, die vor allem während der späten Embryonalphase und nach der Geburt stattfindet, von den wellenförmigen Entwicklungsschüben der Lymphocyten in früheren Phasen der fetalen Ontogenese unterscheidet. Diese früheren Entwicklungsphasen sind auf Stammzellen zurückzuführen, die aus der fetalen Leber und aus noch ursprünglicheren hämatopoetischen Geweben des sich entwickelnden Embryos stammen. Anders als Lymphocyten, die sich aus Knochenmarkstammzellen entwickeln, besiedeln die aus diesen frühen embryonalen Vorläuferzellen abgeleiteten B- und T-Zellen die Gewebe der Schleimhäute und Epithelien und wirken bei angeborenen Immunantworten mit. Im ausgewachsenen Organismus sind diese Untergruppen der Lymphocyten zahlenmäßig untergeordnete Populationen in den sekundären lymphatischen Geweben. Dieses Kapitel befasst sich vor allem mit den B- und T-Zellen, die sich aus den Stammzellen des Knochenmarks entwickeln und die Zellen der adaptiven Immunantwort bilden (▶ Abb. 1.7 und ▶ Abb. 1.20). Es gliedert sich in drei Teile. Die ersten beiden beschreiben die Entwicklung der B- beziehungsweise der T-Zellen. Im dritten Teil befassen wir uns dann mit den Vorgängen der positiven und der negativen Selektion von T-Zellen im Thymus.

# 8.1 Entwicklung der B-Lymphocyten

Die wichtigsten Stadien im Werdegang eines B-Lymphocyten sind in ▶ Abb. 8.1 dargestellt. Die Stadien der B- und T-Zell-Entwicklung werden vor allem anhand der aufeinanderfolgenden Schritte des Zusammenbaus und der Expression der funktionsfähigen Antigenrezeptorgene festgelegt. Bei jedem Schritt der Lymphocytenentwicklung wird der Fortschritt der Genumlagerung festgehalten und die wichtigste Fragestellung lautet, ob die erfolgreiche Genumlagerung zur Produktion einer Proteinkette führt, die der Zelle als Signal dient, in das nächste Stadium einzutreten. Wir werden feststellen, dass eine sich entwickelnde B-Zelle zwar mehrere Optionen für solche Umstrukturierungen hat, die die Wahrscheinlichkeit erhöhen, einen funktionsfähigen Antigenrezeptor zu exprimieren, es jedoch Kontrollpunkte gibt, die die Anforderung unterstreichen, dass eine B-Zelle nur Rezeptoren einer einzigen Spezifität exprimiert. Zu Beginn wollen wir uns ansehen, wie sich die frühesten erkennbaren Zellen der B-Zell-Linie aus der pluripotenten hämatopoetischen Stammzelle im Knochenmark entwickeln und an welcher Stelle sich die Linien von B- und T-Zellen trennen.

## 8.1.1 Lymphocyten stammen von hämatopoetischen Stammzellen im Knochenmark ab

Die Zellen der lymphatischen Linien – B-Zellen, T-Zellen und angeborene lymphatische Zellen (*innate lymphoid cells*, ILCs) – stammen alle von gemeinsamen lymphatischen Vorfahren ab, die sich ihrerseits aus den pluripotenten **hämatopoetischen Stammzellen (HSCs)** entwickeln, welche alle Blutzellen hervorbringen (▶ Abb. 1.3). Die Entwicklung aus der Vorläuferstammzelle zu Zellen, die darauf festgelegt wurden, B- oder T-Zellen zu werden, folgt den Grundregeln der Zelldifferenzierung. Eigenschaften, die für die Funktion der gereiften Zelle essenziell sind, werden schrittweise erworben, während zunehmend Merkmale verloren gehen, die eher für die unreife Zelle charakteristisch sind. Bei der Lymphocytenentwicklung werden die Zellen zuerst darauf festgelegt, dass sie keine myeloische, sondern eine lymphatische Zelllinie bilden, und dann erfolgt erst die Trennung in die Linien der B- und der T-Zellen (▶ Abb. 8.2).

Die spezialisierte Mikroumgebung des Knochenmarks liefert Signale sowohl für die Entwicklung von Lymphocyten aus hämatopoetischen Stammzellen als auch für die anschließende Differenzierung der B-Zellen. Solche Signale wirken auf sich entwickelnde Lym-

Teil III

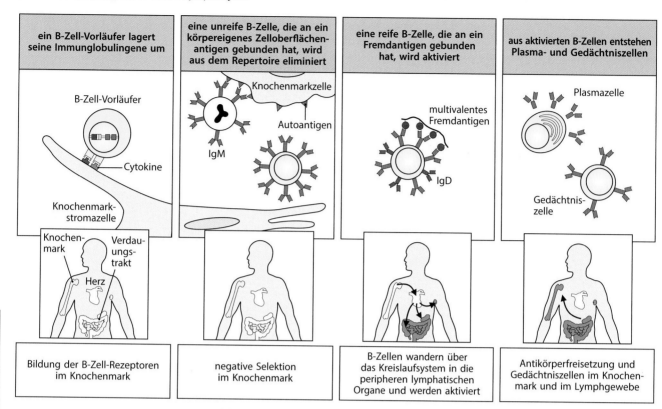

| ein B-Zell-Vorläufer lagert seine Immunglobulingene um | eine unreife B-Zelle, die an ein körpereigenes Zelloberflächen-antigen gebunden hat, wird aus dem Repertoire eliminiert | eine reife B-Zelle, die an ein Fremdantigen gebunden hat, wird aktiviert | aus aktivierten B-Zellen entstehen Plasma- und Gedächtniszellen |
|---|---|---|---|
| Bildung der B-Zell-Rezeptoren im Knochenmark | negative Selektion im Knochenmark | B-Zellen wandern über das Kreislaufsystem in die peripheren lymphatischen Organe und werden aktiviert | Antikörperfreisetzung und Gedächtniszellen im Knochen-mark und im Lymphgewebe |

**Abb. 8.1 B-Zellen entwickeln sich im Knochenmark und wandern zu den peripheren lympha-tischen Organen, wo sie von Antigenen aktiviert werden können.** In der ersten Entwicklungs-phase werden im Knochenmark in den Vorläufern der B-Zellen die Immunglobulingene umgelagert. Dieser Prozess ist unabhängig von Antigenen, setzt aber Wechselwirkungen mit den Stromazellen des Knochenmarks voraus (*erste senkrechte Bildfolge*). Die Phase endet mit einer unreifen B-Zelle, auf deren Oberfläche sich ein Antigenrezeptor in Form eines IgM befindet (*zweite Bildfolge*). In der zweiten Phase kann die B-Zelle nun mit Antigenen aus ihrer Umgebung in Wechselwirkung treten. Unreife B-Zellen, die in diesem Stadium stark von einem Antigen stimuliert werden, gehen entweder zugrunde oder werden in einem negativen Selektionsprozess inaktiviert. Auf diese Weise werden viele autoreaktive B-Zellen aus dem Repertoire entfernt. In der dritten Entwicklungsphase gelangen die überlebenden unreifen B-Zellen in die Peripherie und reifen zu Zellen heran, die IgD und IgM ex-primieren. Sie können nun in einem sekundären lymphatischen Organ durch den Kontakt mit ihrem spezifischen Fremdantigen aktiviert werden (*dritte Bildfolge*). Aktivierte B-Zellen proliferieren und differenzieren sich zu Plasmazellen, die Antikörper sezernieren, wie auch zu langlebigen Gedächt-niszellen (*vierte Bildfolge*)

phocyten und schalten die entscheidenden Gene um, die das Entwicklungsprogramm steuern. Im Knochenmark werden diese Signale von einem Netzwerk aus spezialisierten nichtlymphatischen **Stromazellen** des Bindegewebes erzeugt, die mit den sich entwickeln-den Lymphocyten sehr eng interagieren (▶ Abb. 8.3). Der Beitrag der Stromazellen erfolgt auf zwei Weisen. Zum einen bilden sie über Zelladhäsionsmoleküle und ihre Liganden spezifische Kontaktstellen mit den sich entwickelnden Lymphocyten. Zum anderen produ-zieren sie lösliche und membrangebundene Cytokine und Chemokine, die die Differenzie-rung und Proliferation der Lymphocyten kontrollieren.

Die hämatopoetischen Stammzellen differenzieren sich zuerst zu **multipotenten Vor-läuferzellen** (*multipotent progenitor cells*, **MPPs**), aus denen sowohl lymphatische als auch myeloische Zellen hervorgehen können. Sie sind jedoch keine sich selbst erneuern-den Stammzellen mehr. Die multipotenten Vorläuferzellen exprimieren auf der Zellober-fläche die Rezeptortyrosinkinase FLT3. Diese bindet den FLT3-Liganden auf den Stroma-zellen. Darüber hinaus exprimieren MPP-Zellen Transkriptionsfaktoren und Rezeptoren, die für die Entwicklung zu verschiedenen hämatopoetischen Zelllinien erforderlich sind, beispielsweise den Transkriptionsfaktor PU.1 und den Rezeptor c-kit. Im nächsten Sta-

**Abb. 8.2 Eine pluripotente hämatopoetische Stammzelle bringt alle Zellen des Immunsystems hervor.** Im Knochenmark oder in anderen hämatopoetischen Regionen gehen aus der pluripotenten Stammzelle Zellen hervor, deren Entwicklungspotenzial immer stärker eingeschränkt wird. Eine vereinfachte Entwicklung dieser Art ist hier dargestellt. So hat die multipotente Vorläuferzelle (MPP) ihre Eigenschaften als Stammzelle verloren. Die erste Verzweigung führt auf der einen Seite zu Zellen mit myeloischem und erythroidem Potenzial (CMP und MEP), andererseits zur gemeinsamen lymphatischen Vorläuferzelle (CLP) mit lymphatischem Potenzial. Aus Ersterer gehen alle nichtlymphatischen zellulären Bestandteile des Blutes hervor wie zirkulierende Monocyten und Granulocyten, außerdem die Makrophagen und die dendritischen Zellen, die sich in Geweben und peripheren lymphatischen Organen aufhalten (nicht dargestellt). Die CLP-Population ist heterogen und aus den einzelnen Zellen können in aufeinanderfolgenden Differenzierungsstadien, entweder im Thymus oder im Knochenmark, NK-Zellen, T-Zellen oder B-Zellen hervorgehen. Diese Entwicklungswege besitzen wahrscheinlich genügend Flexibilität, dass Vorläuferzellen unter bestimmten Bedingungen ihre Prägung ändern können. So können beispielsweise aus einer Vorläuferzelle entweder B-Zellen oder Makrophagen hervorgehen; aus Gründen der Vereinfachung werden solche alternativen Wege hier nicht dargestellt. Einige dendritische Zellen stammen vermutlich auch von der lymphatischen Vorläuferzelle ab

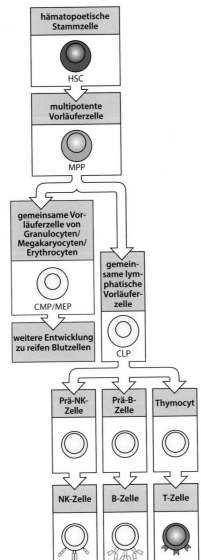

dium gehen aus den MPP-Zellen zwei Untergruppen von Vorläuferzellen hervor, aus denen sich alle lymphatischen Zelllinien entwickeln. Aus einer Vorläuferzelle, die bis jetzt noch keine Bezeichnung trägt, entstehen die ILC-Untergruppen der ILC1-, ILC2- und ILC3-Zellen. Eine zweite Vorläuferzelle, die sich aus der MPP-Zelle entwickelt, ist die **gemeinsame lymphatische Vorläuferzelle** (*common lymphoid progenitor*, **CLP**). Für die Differenzierung der MPP- zu CLP-Zellen sind Signale des FLT3-Rezeptors notwendig, der von den MPP-Zellen exprimiert wird. Versuche zur Übertragung von Vorläuferzellen und Neubildung von Zelllinien haben ergeben, dass die CLP-Population tatsächlich sehr heterogen ist und ein Kontinuum von Zellen darstellt, deren Multipotenz immer mehr abnimmt. Eine Untergruppe der CLP-Zellen mit dem breitesten Differenzierungspotenzial kann B-Zellen, T-Zellen und NK-Zellen hervorbringen. Aus der zweiten Untergruppe können sich nur B- und T-Zellen entwickeln und die dritte CLP-Untergruppe ist ausschließlich für die B-Zell-Linie vorgeprägt. Aus dieser Linie gehen die **Pro-B-Zellen** hervor (▶ Abb. 8.3).

Die Erzeugung von Vorläuferzellen der Lymphocyten geht einher mit der Expression des Rezeptors für Interleukin-7 (IL-7). Diese wird von FLT3-Signalen im Zusammenwirken mit der Aktivität des Transkriptionsfaktors PU.1 induziert. Das Cytokin IL-7, das von Stromazellen des Knochenmarks freigesetzt wird, ist für das Wachstum und Überleben

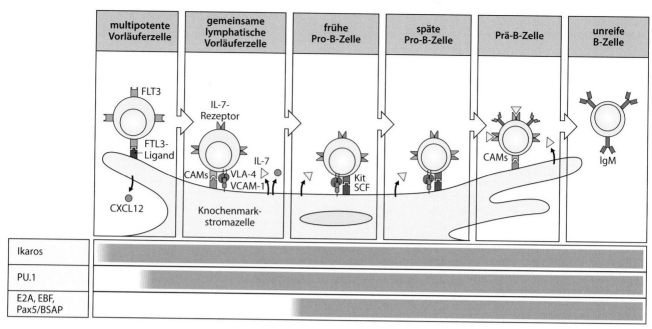

**Abb. 8.3 Die frühen Stadien der B-Zell-Entwicklung sind von den Stromazellen des Knochenmarks abhängig.** Für die Entwicklung zum Stadium der unreifen B-Zelle sind Wechselwirkungen zwischen Vorläufern von B-Zellen und Stromazellen erforderlich. Die Bezeichnungen Pro- und Prä-B-Zelle beziehen sich auf definierte Phasen der B-Zell-Entwicklung, die in ▶ Abb. 8.4 beschrieben werden. Multipotente Vorläuferzellen und frühe Pro-B-Zellen exprimieren die Rezeptortyrosinkinase FLT3, die an ihren Liganden auf Stromazellen bindet. FLT3 ist notwendig für die Differenzierung zum nächsten Stadium, die gemeinsame lymphatische Vorläuferzelle. Das Chemokin CXCL12 (SDF-1) dient dazu, Stammzellen und lymphatische Vorläuferzellen an den zugehörigen Stromazellen im Knochenmark festzuhalten. In diesem Stadium ist der Rezeptor für Interleukin-7 (IL-7) vorhanden, und IL-7, das von Stromazellen produziert wird, ist für die Entwicklung der Zellen der B-Linie erforderlich. Vorläuferzellen binden über VLA-4 an das Adhäsionsmolekül VCAM-1 auf den Stromazellen und interagieren auch über andere Zelladhäsionsmoleküle (CAM). Die Adhäsionswechselwirkungen unterstützen die Bindung der Rezeptortyrosinkinase Kit (CD117) auf der Oberfläche der Pro-B-Zelle an den Stammzellfaktor (SCF) auf der Stromazelle. Dadurch wird die Kinase aktiviert und induziert die Proliferation der B-Zell-Vorläufer. Die Aktivitäten der aufgeführten Transkriptionsfaktoren zur Entwicklung der B-Zellen werden im Text behandelt. Die *waagerechten hellroten Balken* zeigen die Produktion bestimmter Proteine während der verschiedenen Entwicklungsstadien an

von sich entwickelnden B-Zellen bei der Maus (möglicherweise jedoch nicht beim Menschen) essenziell. Der IL-7-Rezeptor besteht aus zwei Polypeptiden – aus der IL-7-Rezeptor-$\alpha$-Kette und der gemeinsamen Cytokinrezeptor-$\gamma$-Kette ($\gamma_c$); die Bezeichnung wurde gewählt, weil dieses Protein auch noch in fünf weiteren Cytokinrezeptoren vorkommt. Zu dieser Familie von Cytokinrezeptoren gehören außerdem die Rezeptoren für IL-2, IL-4, IL-9, IL-15 und IL-21. Diese Rezeptoren haben auch die Tyrosinkinase Jak3 gemeinsam, ein Signalprotein, das ausschließlich an $\gamma_c$ bindet und bei all diesen Rezeptoren für eine produktive Signalgebung erforderlich ist. Bei Mäusen ist IL-7 für die B-Zell-Entwicklung von großer Bedeutung, sodass Tiere mit einem genetischen Defekt in IL-7, im IL-7-Rezeptor ($\alpha$, $\gamma_c$) oder in Jak3 eine gravierende Blockade der B-Zell-Entwicklung aufweisen.

Ein anderer essenzieller Faktor ist der Stammzellfaktor (SCF), ein membrangebundenes Cytokin, das auf Stromazellen im Knochenmark vorkommt und das Wachstum der hämatopoetischen Stammzellen und der allerersten Vorläufer der B-Zell-Linie stimuliert. SCF interagiert mit der Rezeptortyrosinkinase Kit auf den Vorläuferzellen (▶ Abb. 8.3). Das Chemokin CXCL12 (*stromal cell-derived factor 1*, SDF-1) ist ebenfalls für die frühen Stadien der B-Zell-Entwicklung von grundlegender Bedeutung. CXCL12 wird von den Stromazellen des Knochenmarks konstitutiv produziert. Eine seiner Funktionen besteht wahrscheinlich darin, sich entwickelnde B-Zell-Vorläufer in der Mikroumgebung des Knochenmarks festzuhalten.

Der Faktor **TSLP** (thymusstromales Lymphopoetin) ähnelt IL-7 und bindet an einen Rezeptor, der die $\alpha$-Kette des IL-7-Rezeptors enthält, nicht jedoch die $\gamma$-Kette. TSLP stimuliert wahrscheinlich (obwohl die Bezeichnung darauf nicht hindeutet) die Entwicklung der B-Zellen in der fetalen Leber und bei Mäusen zumindest zur Zeit der Geburt im Knochenmark.

Ein maßgebliches B-Zell-Stadium ist die **Pro-B-Zelle**, die durch die Induktion des B-Zell-Linien-spezifischen Transkriptionsfaktors E2A gekennzeichnet ist. Es ist nicht bekannt, wodurch die Expression von E2A in einigen Vorläuferzellen ausgelöst wird, aber man weiß, dass die Transkriptionsfaktoren PU.1 und Ikaros für die E2A-Expression erforderlich sind. E2A induziert dann die Expression des frühen B-Zell-Faktors (*early B-cell factor*, EBF). IL-7-Signale unterstützen das Überleben dieser vorgeprägten Vorläuferzellen, während E2A und EBF zusammenwirken, um die Expression von Proteinen zu steuern, die das Stadium der Pro-B-Zelle bestimmen.

Während die Zellen der B-Linie reifen, wandern sie innerhalb des Knochenmarks und bleiben dabei in Kontakt mit den Stromazellen. Die allerersten Stammzellen befinden sich in einer Region, die man als **Endosteum** bezeichnet; sie kleidet die innere Oberfläche der langen Knochen aus, beispielsweise im Oberschenkelknochen (Femur) und im Schienbein (Tibia). Sich entwickelnde B-Zellen treten mit retikulären Stromazellen in den trabekulären Regionen in Wechselwirkung und bewegen sich während ihrer Reifung auf den zentralen Sinus der Knochenmarkhöhle zu. Die letzten Entwicklungsstadien von unreifen zu reifen B-Zellen finden in den peripheren lymphatischen Organen wie der Milz statt (Abschn. 8.1.7 und 8.1.8).

## 8.1.2 Die Entwicklung der B-Zellen beginnt mit der Umlagerung des Locus für die schwere Kette

Die Stadien der B-Zell-Entwicklung sind (in der Reihenfolge des Auftretens): **frühe Pro-B-Zelle**, **späte Pro-B-Zelle**, **große Prä-B-Zelle**, **kleine Prä-B-Zelle**, **unreife B-Zelle** und **reife B-Zelle** (▶ Abb. 8.4). In der Pro-B-Zelle wird die Umlagerung des Locus der schweren Kette eingeleitet, sobald E2A und EBF die Expression verschiedener Proteine auslösen, die für die Genumlagerung essenziell sind, beispielsweise die Komponenten RAG-1 und RAG-2 der V(D)J-Rekombinase (Kap. 5). Pro Schritt wird nur ein Genlocus umgelagert, die Reihenfolge ist immer dieselbe. Die erste Umlagerung ist die Verknüpfung des D-Gen-Segments mit einem J-Gen-Segment am IgH-Locus der schweren Immunglobulinkette. Die Umlagerung von D zu $J_H$ erfolgt vor allem im frühen Stadium der Pro-B-Zelle, kann aber auch schon in der gemeinsamen lymphatischen Vorläuferzelle erfolgen. Wenn E2A und EBF fehlen, kann diese erste Umlagerung nicht stattfinden.

Ein anderes essenzielles Protein, das von E2A und EBF induziert wird, ist der Transkriptionsfaktor Pax-5. Eine Isoform dieses Proteins wird als B-Zell-spezifisches Aktivatorprotein (BSAP) bezeichnet (▶ Abb. 8.3). Pax-5 wirkt unter anderem auf das Gen für die Komponente CD19 des B-Zell-Corezeptors und das Gen für Ig$\alpha$. Ig$\alpha$ ist eine signalgebende Komponente sowohl des Prä-B-Zell-Rezeptors als auch des B-Zell-Rezeptors (Abschn. 7.2.1). Wenn Pax-5 fehlt, können sich Pro-B-Zellen entlang des B-Zell-Weges nicht weiterentwickeln, aber sie können dazu angeregt werden, sich zu T-Zellen oder myeloischen Zellen zu entwickeln. Das weist darauf hin, dass Pax-5 für die Festlegung der Pro-B-Zelle auf die B-Zell-Linie notwendig ist. Pax-5 induziert auch die Expression des B-Zell-Linker-Proteins (BLNK), ein SH2-haltiges Gerüstprotein, das für die weitere Entwicklung der Pro-B-Zelle und für die Signalgebung des reifen B-Zell-Antigenrezeptors erforderlich ist (Abschn. 7.2.14). In ▶ Abb. 8.3 und ▶ Abb. 8.4 ist dargestellt, wie einige notwendige Transkriptionsfaktoren, Zelloberflächenproteine und Rezeptoren im zeitlichen Verlauf der B-Zell-Entwicklung exprimiert werden.

Das V(D)J-Rekombinasesystem ist zwar sowohl in den Zellen der B-Linie als auch der T-Linie aktiv und nutzt dieselben Kernkomponenten, aber in Zellen der B-Linie kommt es

| | Stamm-zelle | frühe Pro-B-Zelle | späte Pro-B-Zelle | große Prä-B-Zelle | kleine Prä-B-Zelle | unreife B-Zelle | reife B-Zelle |
|---|---|---|---|---|---|---|---|
| Gene für die schwere Kette | Keimbahn | D–J-Umlagerung | V–DJ-Umlagerung | VDJ umgelagert | VDJ umgelagert | VDJ umgelagert | VDJ umgelagert |
| Gene für die leichte Kette | Keimbahn | Keimbahn | Keimbahn | Keimbahn | V-J-Umlagerung | VJ umgelagert | VJ umgelagert |
| Ober-flächen-Ig | nicht vorhanden | nicht vorhanden | nicht vorhanden | $\mu$-Kette vorüber-gehend auf der Oberfläche als Teil eines Prä-B-Zell-Rezeptors; hauptsächlich in der Zelle | intrazelluläre $\mu$-Kette | IgM auf der Zelloberfläche exprimiert | IgM und IgD aus alternativ gespleißten Transkripten für die schwere Kette |

| Protein | Funktion |
|---|---|
| RAG-1 | lymph-spezifische Rekombinase |
| RAG-2 | |
| TdT | Einfügen von N-Nucleotiden |
| λ5 | Komponen-ten der leichten Ersatzkette |
| VpreB | |
| Igα | Signal-übertragung |
| Igβ | |
| CD45R | |
| Btk | |
| CD19 | |
| Kit | Wachstums-faktor-rezeptor |
| IL-7R | |
| CD43 | unbekannt |
| CD24 | |
| BP-1 | Amino-peptidase |

**Abb. 8.4 Die Entwicklung einer Zelle der B-Linie durchläuft mehrere Stadien, die durch die Umlagerung und Expression der Immunglobulingene gekennzeichnet sind.** Die Stammzelle hat noch nicht damit begonnen, ihre Immunglobulingensegmente umzulagern, sondern die Segmente besitzen noch die Keimbahnkonfiguration, wie sie bei allen nichtlymphatischen Zellen vorhanden ist. Der Locus der schweren Kette (H-Kette) ordnet sich zuerst um. Die Umlagerung eines D-Gen-Segments an ein $J_H$-Gen-Segment beginnt in der gemeinsamen lymphatischen Vorläuferzelle und erfolgt vor allem in den frühen Pro-B-Zellen, wodurch sie zu späten Pro-B-Zellen werden. In diesen kommt es dann zur $V_H$-$DJ_H$-Verknüpfung. Ist diese Umlagerung erfolgreich, wird die vollständige schwere Kette des Immunglobulins als Teil des Prä-B-Zell-Rezeptors exprimiert, der seine Signale über Igα, Igβ und Btk aussendet (▶ Abb. 7.27). Sobald das geschieht, wird die Zelle dazu angeregt, sich zu einer großen Prä-B-Zelle zu entwickeln, die dann proliferiert, sodass kleine ruhende Prä-B-Zellen entstehen. Zu diesem Zeitpunkt beenden die Zellen die Expression der leichten Ersatzketten (λ5 und VPreB) und exprimieren nur noch die schwere $\mu$-Kette, die sich dann im Cytoplasma befindet. Die kleinen Prä-B-Zellen exprimieren erneut die RAG-Proteine und beginnen, die Gensegmente für die leichte Kette (L-Kette) umzulagern. Nachdem die Gene für die L-Kette erfolgreich zusammengesetzt wurden, wird aus der Zelle eine unreife B-Zelle, die ein vollständiges IgM-Molekül auf der Zelloberfläche exprimiert. Dieses sendet seine Signale ebenfalls über Igα und Igβ aus. Reife B-Zellen produzieren durch alternatives Spleißen zusätzlich zur schweren $\mu$-Kette noch eine schwere $\delta$-Kette (▶ Abb. 5.17). Man erkennt sie daran, dass sie zusätzlich IgD auf der Zelloberfläche tragen. Während der Entwicklung von unreifen B-Zellen werden alle Stadien im Knochenmark durchlaufen; die endgültige Entwicklung zu reifen IgM+IgD+-B-Zellen erfolgt in der Milz. Die frühesten Oberflächenmarker der B-Zell-Linie sind CD19 und CD45R (bei Mäusen B220). Sie werden während der gesamten B-Zell-Entwicklung exprimiert. Eine Pro-B-Zelle kann man auch an der Expression von CD43 (ein Marker mit unbekannter Funktion), Kit (CD117) und des IL-7-Rezeptors erkennen. Eine späte Pro-B-Zelle beginnt, CD24 (ein Marker mit unbekannter Funktion) zu exprimieren. Eine Prä-B-Zelle lässt sich phänotypisch an der Expression des Enzyms BP-1 erkennen, während Kit nicht mehr exprimiert wird

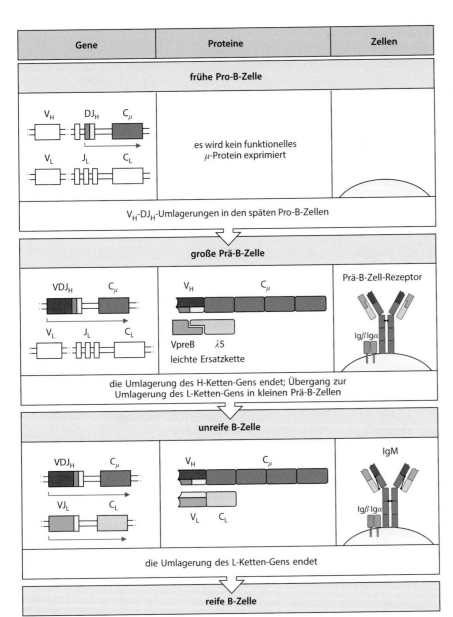

| Gene | Proteine | Zellen |
|---|---|---|

**frühe Pro-B-Zelle**

es wird kein funktionelles μ-Protein exprimiert

$V_H$-$DJ_H$-Umlagerungen in den späten Pro-B-Zellen

**große Prä-B-Zelle**

Prä-B-Zell-Rezeptor

VpreB λ5
leichte Ersatzkette

die Umlagerung des H-Ketten-Gens endet; Übergang zur Umlagerung des L-Ketten-Gens in kleinen Prä-B-Zellen

**unreife B-Zelle**

IgM

die Umlagerung des L-Ketten-Gens endet

**reife B-Zelle**

**Abb. 8.5 Ein produktiv umgelagertes Immunglobulingen wird in der sich entwickelnden B-Zelle sofort als Protein exprimiert.** In frühen Pro-B-Zellen wird die Umlagerung der H-Ketten mit der D-$J_H$-Verknüpfung eingeleitet. Wie in der *oberen Bildreihe* dargestellt, wird noch kein funktionelles μ-Protein exprimiert, wobei es jedoch zur Transkription kommt (*roter Pfeil*). In den späten Pro-B-Zellen erfolgt die $V_H$-$DJ_H$-Verknüpfung in einem der beiden Chromosomen zuerst. Wenn keine funktionsfähige H-Kette entsteht, kommt es am zweiten Chromosom zu einer $V_H$-$DJ_H$-Verknüpfung. Sobald eine produktive Umlagerung stattgefunden hat, exprimiert die Zelle μ-Ketten in einem Komplex zusammen mit den beiden anderen Ketten λ5 und VpreB, die eine Ersatz-L-Kette bilden. Der ganze immunglobulinähnliche Komplex wird als Prä-B-Zell-Rezeptor bezeichnet (*Mitte*). Er ist in der Zelle darüber hinaus noch mit den beiden Proteinketten Igα und Igβ assoziiert. Diese signalisieren der B-Zelle, die Genumlagerung der H-Ketten zu beenden. Das bewirkt den Übergang zum Stadium der großen Prä-B-Zellen, indem die Proliferation angeregt wird. Wenn es nicht gelingt, eine funktionsfähige H-Kette hervorzubringen und ein Prä-B-Zell-Rezeptor-Signal zu erzeugen, stirbt die Zelle ab. Die Nachkommen der großen Prä-B-Zellen hören mit den Zellteilungen auf und werden zu kleinen Prä-B-Zellen, in denen die Umlagerung der L-Ketten-Gene mit einer $V_\kappa$-$J_\kappa$-Umlagerung beginnt (Abschn. 5.1.2). Wenn diese erfolglos ist, kommt es als Nächstes zu einer $V_\lambda$-$J_\lambda$-Umlagerung. Eine erfolgreiche Umlagerung der L-Ketten-Gene führt dagegen zur Produktion einer L-Kette, die mit der μ-Kette ein komplettes IgM-Molekül bildet. Dieses wird zusammen mit Igα und Igβ auf der Zelloberfläche exprimiert (*unten*). Das Aussenden eines Signals über diesen Rezeptorkomplex auf der Oberfläche führt vermutlich dazu, dass die Gene der L-Ketten nicht weiter umgelagert werden. Wenn es nicht gelingt, eine funktionsfähige L-Kette zu bilden, tritt der Tod der Zelle ein

nicht zu Umlagerungen der T-Zell-Rezeptor-Gene und in T-Zellen nicht zu einer vollständigen Umlagerung der Immunglobulingene. Die nacheinander ablaufenden Ereignisse der Umlagerung gehen mit einer zelllinienspezifischen geringen Transkription der Gene einher, die umgelagert werden sollen.

Zuerst erfolgen die die D-$J_H$-Umlagerungen des Locus der schweren Kette (▶ Abb. 8.5), normalerweise an beiden Allelen; die Zelle wird dabei zu einer späten Pro-B-Zelle. Beim Menschen sind die meisten D-$J_H$-Verknüpfungen potenziell nützlich, da die meisten humanen D-Gen-Segmente in allen drei Leserastern translatiert werden können, ohne dass ein Stoppcodon auftritt. Es sind also keine besonderen Mechanismen erforderlich, durch die erfolgreiche D-$J_H$-Verknüpfungen ermittelt werden müssen. Auch besteht in diesem frühen Stadium keine Notwendigkeit sicherzustellen, dass sich nur ein Allel umlagert. Wenn man die Wahrscheinlichkeit von auftretenden Fehlern in Betracht zieht, sind zwei erfolgreich umgelagerte D-J-Sequenzen anscheinend durchaus von Vorteil.

Um eine vollständige schwere Immunglobulinkette hervorzubringen, führt die Pro-B-Zelle jetzt die Umlagerung eines $V_H$-Gen-Segments an eine $DJ_H$-Sequenz durch. Anders als die $DJ_H$-Umlagerung erfolgt die $V_H$-$DJ_H$-Umlagerung zuerst nur auf einem Chromosom. Eine erfolgreiche Umlagerung führt zur Produktion der vollständigen schweren $\mu$-Kette. Danach endet die $V_H$-$DJ_H$-Umlagerung und die Zelle wird zu einer Prä-B-Zelle. Pro-B-Zellen, die keine $\mu$-Kette produzieren, werden zerstört, da sie über den **Prä-B-Zell-Rezeptor** (Abschn. 8.1.3) das notwendige Überlebenssignal nicht empfangen können. In diesem Stadium gehen mindestens 45 % der Pro-B-Zellen verloren. In mindestens zwei von drei Fällen ist die erste $V_H$-$DJ_H$-Umlagerung unproduktiv. Wenn diese erste Umlagerung nicht im Leseraster erfolgt, kommt es zu einer Umlagerung auf dem anderen Chromosom. Auch hier besteht theoretisch eine Wahrscheinlichkeit, dass in zwei von drei Fällen ein Fehler auftritt. Eine grobe Abschätzung der Wahrscheinlichkeit für das Entstehen einer Prä-B-Zelle beträgt demnach 55 % (1/3 + [2/3 × 1/3] = 0,55). Die tatsächliche Häufigkeit ist etwas geringer, da das Repertoire der V-Gen-Segmente Pseudogene enthält, die ebenfalls in eine Umlagerung einbezogen werden können, obwohl sie schwerwiegende Schäden aufweisen, durch die eine Expression zu einem funktionsfähigen Protein unmöglich ist. Eine erste unproduktive Umlagerung muss nicht automatisch zur Eliminierung der B-Zelle führen, da die meisten Loci auf demselben Chromosom weitere Umlagerungen durchführen können. Wenn auch dies nicht erfolgreich ist, steht noch der Locus auf dem anderen Chromosom für eine Umlagerung zur Verfügung.

Die Vielfalt des Antigenrezeptorrepertoires der B-Zellen wird an dieser Stelle noch von dem Enzym Terminale Desoxyribonucleotidyltransferase (TdT) erhöht. Die TdT wird von der Pro-B-Zelle exprimiert und fügt ohne Matrize Nucleotide (*nontemplated nucleotides*, N-Nucleotide) in die Verbindungsstellen zwischen umgelagerten Gensegmenten ein (Abschn. 5.1.8). Beim erwachsenen Menschen wird das Enzym während der Umlagerung für die schwere Kette in den Pro-B-Zellen exprimiert, aber diese Expression endet mit dem Prä-B-Zell-Stadium während der Umlagerung des Gens für die leichte Kette. Das erklärt, warum N-Nucleotide in den V-D- und D-J-Verknüpfungen von fast allen Genen für die schwere Kette vorkommen, aber nur in etwa einem Viertel der Verknüpfungen in den Genen für die leichte Kette. In den V-J-Verknüpfungen der leichten Kette bei der Maus kommen N-Nucleotide nur sehr selten vor. Das zeigt, dass TdT während der B-Zell-Entwicklung bei der Maus etwas früher abgeschaltet wird. Während der Fetalentwicklung, wenn zum ersten Mal B- und T-Lymphocyten in das periphere Immunsystem gelangen, wird die TdT nur in geringer Menge exprimiert, wenn überhaupt.

### 8.1.3 Der Prä-B-Zell-Rezeptor prüft, ob eine vollständige schwere Kette produziert wurde, und gibt das Signal für den Übergang von der Pro-B-Zelle zum Stadium der Prä-B-Zelle

Die ungenaue V(D)J-Rekombination ist ein zweischneidiges Schwert: Durch sie erweitert sich zwar die Vielfalt des Antikörperrepertoires, aber es können auch unproduktive Umlagerungen entstehen. Pro-B-Zellen müssen deshalb über einen Mechanismus verfügen, um festzustellen, ob eine potenziell funktionsfähige schwere Kette produziert wurde. Das geschieht, indem die schwere Kette in einen Rezeptor eingefügt wird, der Auskunft über eine erfolgreiche Produktion geben kann. Dieser Test findet jedoch ohne das Vorhandensein von leichten Ketten statt, die zu diesem Zeitpunkt noch nicht umgelagert wurden. Stattdessen erzeugen die Pro-B-Zellen zwei invariante „Ersatzproteine", deren zusammengefügte Struktur der leichten Kette ähnelt. Sie können sich an die $\mu$-Kette anlagern, sodass der Prä-B-Zell-Rezeptor (Prä-BCR) entsteht (▶ Abb. 8.5). Der Zusammenbau eines Prä-B-Zell-Rezeptors signalisiert der Pro-B-Zelle, dass eine produktive Umlagerung stattgefunden hat.

Die Ersatzketten werden von Genen codiert, die sich nicht umordnen und von den Loci der Antigenrezeptoren getrennt sind. Ihre Expression wird durch die Transkriptionsfaktoren E2A und EBF induziert (▶ Abb. 8.4). Eine Kette wird aufgrund ihrer großen Ähnlichkeit mit der C-Domäne der leichten $\lambda$-Kette als $\lambda$5 bezeichnet. Die andere Ersatzkette, **VpreB**, ähnelt einer V-Domäne für die leichte Kette, enthält jedoch am aminoterminalen Ende eine zusätzliche Region. Pro-B-Zellen und Prä-B-Zellen exprimieren auch die invarianten Proteine Ig$\alpha$ und Ig$\beta$, die in Kap. 7 als Signalkomponenten des B-Zell-Rezeptor-Komplexes auf reifen B-Zellen eingeführt wurden. Als Bestandteile des Prä-B-Zell-Rezeptors auf der Zelloberfläche übertragen Ig$\alpha$ und Ig$\beta$ Signale, indem sie über ihre cytoplasmatischen Schwänze mit intrazellulären Tyrosinkinasen interagieren, genauso wie sie in reifen B-Zellen Rezeptorsignale übertragen (Abschn. 7.2.1).

Die Bildung des Prä-B-Zell-Rezeptors und die Signale, die durch diesen Rezeptor entstehen, bilden einen wichtigen Kontrollpunkt in der B-Zell-Entwicklung, der den Übergang zwischen der Pro-B-Zelle und der Prä-B-Zelle markiert. Bei Mäusen, denen entweder $\lambda$5 fehlt oder die mutierte Gene für die schwere Kette besitzen, welche keine Transmembrandomäne enthalten, kann kein Prä-B-Zell-Rezeptor gebildet werden, und die B-Zell-Entwicklung wird nach der Umlagerung des Gens für die schwere Kette angehalten. In normalen B-Zellen wird der Prä-B-Zell-Rezeptor-Komplex nur vorübergehend produziert, vielleicht weil die Produktion der $\lambda$5-mRNA anhält, sobald sich die Prä-B-Zell-Rezeptoren zu bilden beginnen. Der Prä-B-Zell-Rezeptor wird zwar auf der Oberfläche der Prä-B-Zellen nur in geringer Menge exprimiert, aber er erzeugt Signale, die für den Übergang von der Pro-B-Zelle zur Prä-B-Zelle notwendig sind. Anscheinend ist an diesen Signalen kein Antigen oder ein anderer externer Ligand beteiligt. Stattdessen nimmt man an, dass die Prä-B-Zell-Rezeptoren miteinander interagieren. Dabei bilden sie Dimere oder Oligomere, die Signale hervorbringen, wie sie in Abschn. 7.2.10 beschrieben werden. An der Dimerisierung sind „spezifische" aminoterminale Regionen in den Proteinen $\lambda$5 und VpreB beteiligt, die in anderen immunglobulinähnlichen Domänen nicht vorkommen und die Quervernetzung benachbarter Prä-B-Zell-Rezeptoren auf der Zelloberfläche vermitteln (▶ Abb. 8.6).

Für die Signale des Prä-B-Zell-Rezeptors ist das Gerüstprotein BLNK erforderlich, außerdem ist die Bruton-Tyrosinkinase (Btk) beteiligt, eine intrazelluläre Tyrosinkinase der Tec-Familie (Abschn. 7.2.14). Beim Menschen und bei der Maus kommt es bei einem BLNK-Defekt zur Blockade der B-Zell-Entwicklung im Pro-B-Zell-Stadium. Beim Menschen führen Mutationen im *Btk*-Gen zum **Bruton-Syndrom**, einer umfassenden B-Zell-spezifischen Immunschwäche (*Bruton's X-linked agammaglobulinemia*, **X-gekoppelte Agammaglobulinämie**, **XLA**), bei der keine reifen B-Zellen gebildet werden. Die Blockade der B-Zell-Entwicklung ist aufgrund von Mutationen im *Btk*-Gen beinahe vollständig. Dabei wird der Übergang von der Prä-B-Zelle zur reifen B-Zelle unterbrochen. Ein ähnlicher, aber etwas weniger gravierender Defekt bei Mäusen ist der **X-gekoppelte Immundefekt (XID)**; sie entsteht aufgrund von Mutationen im *Btk*-Gen bei der Maus.

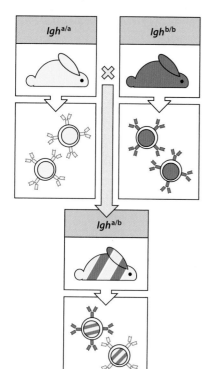

**Abb. 8.7 Allelausschluss bei den einzelnen B-Zellen.** Bei den meisten Spezies gibt es in den konstanten Regionen der Gene für die schwere und die leichte Immunglobulinkette genetische Polymorphismen. Diese Polymorphismen bewirken, dass sich die codierten Proteine in einigen Aminosäuren unterscheiden. Solche Proteinvarianten der schweren oder leichten Ketten, die von verschiedenen Individuen einer Spezies exprimiert werden, bezeichnet man als Allotypen. So exprimieren alle B-Zellen eines Kaninchens, das für das a-Allel des Locus für die schwere Immunglobulinkette homozygot ist (*lgh*ᵃ/ᵃ) Immunglobuline vom Typ a. Ein Kaninchen, das für das b-Allel homozygot ist (*lgh*ᵇ/ᵇ), produziert hingegen nur Immunglobuline vom Typ b. Bei einem heterozygoten Tier (*lgh*ᵃ/ᵇ), welches das a-Allel auf dem einen Chromosom und das b-Allel auf dem anderen Chromosom trägt, lassen sich individuelle B-Zellen nachweisen, die entweder den a-Allotyp oder den b-Allotyp besitzen, nicht jedoch Zellen mit beiden Allotypen (*unten*). Dieser Allelausschluss zeigt, dass in der B-Zelle hinsichtlich des *lgh*-Locus nur auf einem Chromosom eine produktive Umlagerung stattgefunden hat, da durch die Erzeugung einer erfolgreich umgelagerten schweren Immunglobulinkette ein B-Zell-Rezeptor entsteht, dessen Signale weitere Genumlagerungen für die schwere Kette verhindern

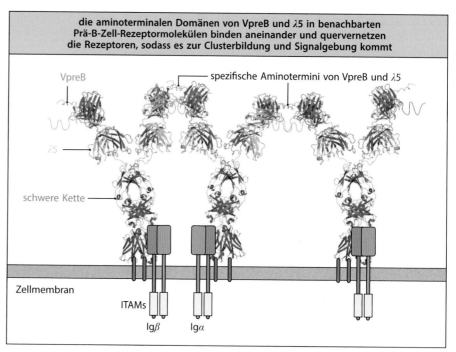

**Abb. 8.6 Der Prä-B-Zell-Rezeptor löst bei spontaner Dimerisierung, die von spezifischen Regionen von VpreB und λ5 induziert wird, Signale aus.** Die beiden Proteinersatzketten VPreB (*orange*) und λ5 (*grün*) binden anstelle der leichten Kette der V-Region an die schwere Kette, sodass eine Expression auf der Zelloberfläche möglich ist. VpreB ersetzt bei dieser Wechselwirkung die V-Region der leichten Kette, λ5 übernimmt die Rolle der konstanten Region der leichten Kette. Sowohl VpreB als auch λ5 enthalten spezifische aminoterminale Regionen, die in anderen immunglobulinähnlichen Domänen nicht vorkommen. Sie sind in der Abbildung als unstrukturierte Schwänze dargestellt, die aus den globulären Domänen herausragen. Diese aminoterminalen Regionen, die mit einem Prä-B-Zell-Rezeptor assoziiert sind, können mit den entsprechenden Regionen im benachbarten Prä-B-Zell-Rezeptor interagieren, sodass es auf der Zelloberfläche zur spontanen Bildung von Rezeptordimeren kommt. Durch die Dimerisierung werden Signale des Prä-B-Zell-Rezeptors ausgelöst, die über die ITAM-haltigen Signalketten Igα und Igβ weitergeleitet werden. Die Signale führen zu einer Blockierung der Expression von RAG-1 und RAG-2 und zur Proliferation der großen Prä-B-Zelle. (Mit freundlicher Genehmigung von Chris Garcia)

## 8.1.4 Signale des Prä-B-Zell-Rezeptors blockieren weitere Umlagerungen des Locus für die schwere Kette und erzwingen einen Allelausschluss

Die Signale aufgrund der Clusterbildung des Prä-B-Zell-Rezeptors beenden die Umlagerung am Locus der schweren Kette und ermöglichen so der Pro-B-Zelle, auf IL-7 zu reagieren. Dadurch kommt es zur Zellproliferation, der Übergang zum Stadium der großen Prä-B-Zelle wird eingeleitet. Erfolgreiche Umlagerungen an beiden Allelen für die schwere Kette könnten bei einer B-Zelle dazu führen, dass zwei Rezeptoren mit unterschiedlichen Antigenspezifitäten gebildet werden. Um das zu verhindern, führen die Signale des Prä-B-Zell-Rezeptors zu einem **Allelausschluss**, das heißt zu einem Zustand, in dem in einer diploiden Zelle von einem bestimmten Gen nur eines der beiden Allele exprimiert wird. Den Allelausschluss, der sowohl das Gen für die schwere Kette als auch das Gen für die leichte Kette betrifft, hat man vor über 50 Jahren entdeckt. Damit hatte man einen experimentellen Beleg für die Theorie gefunden, dass ein Lymphocyt immer nur einen einzigen Typ von Antigenrezeptor exprimiert (▶ Abb. 8.7).

Die Signale vom Prä-B-Zell-Rezeptor fördern den Allelausschluss für die schwere Kette auf drei Weisen. Zum einen nimmt dadurch die Aktivität der V(D)J-Rekombinase ab, indem die Expression der Gene *RAG-1* und *RAG-2* direkt verringert wird. Zum anderen geht die

Konzentration von RAG-2 noch weiter zurück, weil dieses Protein durch die Signale indirekt für den Abbau markiert wird; das ist der Fall, wenn RAG-2 als Reaktion auf den Eintritt der Pro-B-Zelle in die S-Phase (die Phase der DNA-Synthese im Zellzyklus) phosphoryliert wird. Und schließlich verringern die Signale des Prä-B-Zell-Rezeptors die Zugänglichkeit der Rekombinase am Locus für die schwere Kette, wobei hier die genauen Einzelheiten noch unbekannt sind. In einem späteren Stadium der B-Zell-Entwicklung werden die RAG-Proteine wieder exprimiert, damit die Umlagerungen am Locus für die leichte Kette stattfinden können. Zu diesem Zeitpunkt kommt es aber am Locus der schweren Kette zu keinen weiteren Umlagerungen mehr. Wenn die Signale des Prä-B-Zell-Rezeptors ausbleiben, erfolgt am Locus der schweren Kette kein Allelausschluss. Da eine weitere wichtige Funktion der Prä-B-Zell-Rezeptor-Signale darin besteht, die Proliferation der B-Zell-Vorläufer, bei denen eine erfolgreiche Umlagerung der schweren Kette stattgefunden hat, zu stimulieren, kommt es bei einem Ausbleiben dieses Signals zu einer umfassenden Verringerung der Anzahl von Prä-B-Zellen und den sich daraus entwickelnden reifen B-Zellen.

### 8.1.5 In Prä-B-Zellen wird der Locus der leichten Kette umgelagert und ein Zelloberflächenimmunglobulin exprimiert

Der Übergang vom Stadium der Pro-B-Zelle zur großen Prä-B-Zelle geht einher mit mehreren Zellteilungszyklen, sodass sich die Population der Zellen mit produktiven Verknüpfungen im korrekten Leseraster um etwa das 30- bis 60-Fache vergrößert, bevor sie zu kleinen Prä-B-Zellen werden. Eine große Prä-B-Zelle mit einem spezifisch umgelagerten Gen für die schwere Kette bringt demnach zahlreiche kleine Prä-B-Zellen hervor. Die RAG-Proteine werden in den kleinen Prä-B-Zellen wieder produziert und die Umlagerung des Locus für die leichte Kette beginnt. Jede dieser Zellen kann ein anderes umgelagertes Gen für die leichte Kette erzeugen, sodass Zellen mit vielen unterschiedlichen Antigenspezifitäten aus einer einzigen Prä-B-Zelle hervorgehen. Dies ist ein wichtiger Beitrag für die Vielfalt der B-Zell-Rezeptoren insgesamt.

Bei der Umlagerung des Locus für die leichte Kette kommt es ebenfalls zu einem Allelausschluss. Es wird immer nur ein Allel auf einmal umgebaut, wobei der Mechanismus, der diesen Vorgang reguliert, bis jetzt noch nicht bekannt ist. Die Loci der leichten Kette enthalten keine D-Segmente und die Umlagerung erfolgt durch eine V-J-Verknüpfung. Wenn eine bestimmte VJ-Umlagerung keine funktionsfähige leichte Kette hervorbringt, kann es am selben Allel zu wiederholten Umlagerungen von bis dahin nicht verwendeten V- und J-Gen-Segmenten kommen (▶ Abb. 8.8). Demnach sind in einem Chromosom mehrere Versuche möglich, eine produktive Umlagerung für ein Gen der leichten Kette hervorzubringen, bevor weitere Umlagerungen am anderen Chromosom beginnen. Dadurch erhöht sich die Wahrscheinlichkeit deutlich, dass schließlich eine funktionelle leichte Kette gebildet wird, besonders weil es zwei verschiedene Loci für die leichte Kette gibt. Das führt dazu, dass viele Zellen, die das Prä-B-Zell-Stadium erreichen, Nachkommen hervorbringen können, die korrekt gebildete leichte Ketten tragen und als unreife B-Zellen bezeichnet werden. In ▶ Abb. 8.4 sind einige Proteine aufgeführt, die bei der V(D)J-Rekombination mitwirken, außerdem ist dargestellt, wie ihre Expression während der B-Zell-Entwicklung reguliert wird. In ▶ Abb. 8.5 sind die Stadien der B-Zell-Entwicklung zusammengefasst, bis zu dem Zeitpunkt, wenn das vollständige Oberflächenimmunglobulin gebildet wird. Sich entwickelnde B-Zellen, die nicht in der Lage sind, ein vollständiges Oberflächenimmunglobulin hervorzubringen, durchlaufen im Knochenmark die Apoptose und werden aus dem B-Zell-Reservoir entfernt.

Neben dem Allelausschluss kommt es bei den leichten Ketten auch noch zu einem **Isotypausschluss**, das heißt, eine einzelne B-Zelle exprimiert immer nur einen Typ der leichten Kette – entweder $\kappa$ oder $\lambda$. Auch hier ist der Regulationsmechanismus nicht bekannt. Bei Maus und Mensch wird die $\kappa$-Kette tendenziell vor dem $\lambda$-Locus umgelagert. Das ließ sich ursprünglich aus der Beobachtung ableiten, dass Myelomzellen, die leichte $\lambda$-Ketten sezernieren, im Allgemeinen sowohl umgelagerte $\lambda$- als auch umgelagerte $\kappa$-Gene besitzen. Bei Myelomen hingegen, die leichte $\kappa$-Ketten sezernieren, sind im Allgemeinen nur die $\kappa$-Gene umgelagert. Diese Reihenfolge kehrt sich gelegentlich um, die Umlagerung des $\lambda$-Gens erfordert nicht zwangsläufig, dass vorher die $\kappa$-Gen-Segmente umgelagert wurden. Die Verhältniszahlen von $\kappa$- zu $\lambda$-exprimierenden reifen B-Zellen variieren bei den verschiedenen Spezies zwischen den Extremwerten. Bei Mäusen und Ratten sind es 95 % $\kappa$ gegenüber 5 % $\lambda$, beim Menschen sind es 65 % zu 35 % und bei Katzen 5 % zu 95 %, also genau umgekehrt wie bei Mäusen. Diese Verhältnisse korrelieren deutlich mit der Anzahl der funktionsfähigen $V_\kappa$- und $V_\lambda$-Gen-Segmente im Genom der jeweiligen Spezies. Die Verhältniszahlen sagen auch etwas aus über die Kinetik und die Effizienz der Umlagerung der Gensegmente. Das $\kappa{:}\lambda$-Verhältnis in der Population reifer Lymphocyten ist für die klinische Diagnostik hilfreich, denn ein abweichendes $\kappa{:}\lambda$-Verhältnis weist darauf hin, dass ein Klon dominiert und offenbar eine lymphoproliferative Störung vorliegt.

## 8.1.6 Unreife B-Zellen werden auf Autoreaktivität geprüft, bevor sie das Knochenmark verlassen

Sobald eine umgelagerte leichte Kette mit einer $\mu$-Kette assoziiert, kann IgM auf der Zelloberfläche exprimiert werden (*surface IgM*, sIgM) und die Prä-B-Zelle wird zu einer unreifen B-Zelle. In diesem Stadium wird der Antigenrezeptor zum ersten Mal auf Toleranz gegenüber körpereigenen Antigenen (Autoreaktivität) geprüft. Die Beseitigung oder Inaktivierung von autoreaktiven B-Zellen sorgt dafür, dass die B-Zell-Population insgesamt gegenüber Autoantigenen tolerant wird. Die in dieser Phase der B-Zell-Entwicklung eingeführte **Toleranz** bezeichnet man als **zentrale Toleranz**, da sie in einem zentralen lymphatischen Organ entsteht, dem Knochenmark. Jedoch sind B-Zellen, die das Knochenmark verlassen, noch nicht vollständig ausgereift und benötigen weitere Reifungsschritte, die in den peripheren lymphatischen Organen stattfinden (Abschn. 8.1.8). Wie wir in diesem Kapitel und in Kap. 15 noch feststellen werden, können autoreaktive B-Zellen, die der zentralen Toleranz entgehen, noch aus dem Repertoire entfernt werden, nachdem sie das Knochenmark verlassen haben. Das geschieht während der abschließenden peripheren Stadien der B-Zell-Reifung, und man bezeichnet diesen Vorgang als periphere Toleranz (Abschn. 8.1.7).

sIgM assoziiert mit Ig$\alpha$ und Ig$\beta$ und bildet so einen funktionsfähigen B-Zell-Rezeptor-Komplex. Das Schicksal der unreifen B-Zelle im Knochenmark hängt von den Signalen ab, die dieser Rezeptorkomplex durch Wechselwirkung mit Liganden in seiner Umgebung auslöst. Die Signale von Ig$\alpha$ sind von besonderer Bedeutung, da sie bestimmen, ob B-Zellen aus dem Knochenmark auswandern können und inwieweit sie in der Peripherie überleben. Mäuse, die Ig$\alpha$ mit einer verkürzten cytoplasmatischen Domäne exprimieren, die keine Signale übermitteln kann, zeigen eine auf ein Viertel verringerte Zahl an unreifen B-Zellen im Knochenmark und eine auf ein Hundertstel verringerte Zahl an peripheren B-Zellen. Die Freisetzung unreifer B-Zellen aus dem Knochenmark in den Blutkreislauf hängt auch davon ab, wie diese Zellen **S1PR1** exprimieren, einen G-Protein-gekoppelten Rezeptor, der den Liganden S1P bindet und die Wanderung der Zellen in Richtung einer höheren S1P-Konzentration stimuliert, wie sie im Blut vorhanden ist (Abschn. 8.3.9).

Unreife B-Zellen, die nicht stark auf körpereigene Antigene reagieren, setzen ihren Reifungsprozess fort (► Abb. 8.9, erstes Bild). Sie verlassen das Knochenmark über die Sinusoide, die in den zentralen Sinus münden, treten in den Blutkreislauf ein und werden durch venöses Blut in die Milz transportiert. Trifft jedoch der neu exprimierte Rezeptor im Knochenmark auf ein stark quervernetzendes Antigen – das heißt, die Zelle ist stark autoreaktiv – wird die Entwicklung in diesem Stadium angehalten.

Experimente mit genetisch veränderten Mäusen, bei denen die Expression von autoreaktiven B-Zell-Rezeptoren erhöht ist, haben gezeigt, dass autoreaktive unreife B-Zellen vier verschiedene Werdegänge durchlaufen (► Abb. 8.9, die drei letzten Bildfolgen). Diese

Werdegänge sind die Produktion eines neuen Rezeptors durch einen Vorgang, den man als Rezeptor-Editing bezeichnet, der Zelltod durch Apoptose, was zu einer klonalen Deletion führt, die Induktion eines dauerhaften Zustands der Reaktionslosigkeit und die immunologische Ignoranz, ein Zustand, bei dem die Antigenkonzentrationen zu niedrig sind, um die Signalgebung der B-Zell-Rezeptoren auszulösen. Das endgültige Schicksal hängt bei jeder einzelnen B-Zelle von der Wechselwirkung des B-Zell-Rezeptors mit dem Autoantigen ab.

Unreife B-Zellen, die einen autoreaktiven Rezeptor exprimieren, der ein multivalentes Autoantigen erkennt, kann durch weitere Genumlagerungen, durch die der autoreaktive Rezeptor gegen einen neuen, nicht autoreaktiven, ausgetauscht wird, „gerettet" werden. Diesen Mechanismus bezeichnet man als **Rezeptor-Editing** (▶ Abb. 8.10). Wenn eine unreife B-Zelle zum ersten Mal sIgM produziert, werden die RAG-Proteine noch exprimiert. Ist der Rezeptor nicht autoreaktiv, führt die ausbleibende Quervernetzung dazu, dass die Genumlagerung endet. Die B-Zell-Entwicklung setzt sich fort, wobei die RAG-Proteine schließlich verschwinden. Bei einem autoreaktiven Rezeptor hingegen führt der Kontakt mit einem Autoantigen zu einer starken Quervernetzung von sIgM. Die RAG-Expression setzt sich fort und die Umlagerung der Gene für die leichte Kette geht weiter (▶ Abb. 8.8). Diese sekundären Umlagerungen können unreife autoreaktive B-Zellen retten, indem das Gen für die autoreaktive leichte Kette entfernt und durch eine andere Sequenz ersetzt wird. Wenn die neue leichte Kette nicht autoreaktiv ist, setzt die B-Zelle ihre normale Entwicklung fort. Wenn der Rezeptor autoreaktiv bleibt, wird die Umlagerung so lange fortgeführt, bis ein nichtreaktiver Rezeptor entsteht oder keine weiteren V- und J-Gen-Segmente für

Teil III

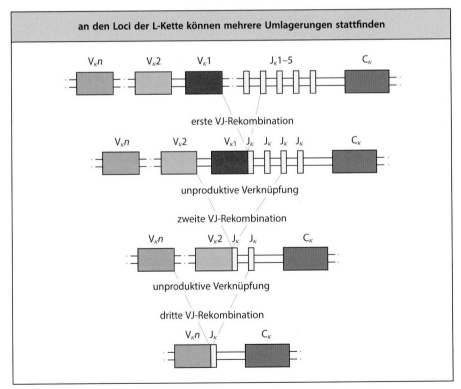

**Abb. 8.8 Unproduktive Umlagerungen für die leichte Kette können durch weitere Genumlagerungen repariert werden.** Die Organisationsstruktur der Loci für die leichte Kette bei Maus und Mensch bietet viele Möglichkeiten, Prä-B-Zellen zu „retten", die zuerst Umlagerungen mit fehlerhaftem Leseraster erzeugt haben. Die Reparatur eines Gens für die leichte Kette ist hier für den $\kappa$-Locus des Menschen dargestellt. Wenn die erste Umlagerung unproduktiv ist, kann ein 5′-$V_\kappa$- mit einem 3′-$J_\kappa$-Segment rekombinieren, wodurch die Verknüpfung, die das Leseraster verschiebt und zwischen den beiden neuen Segmenten liegt, entfernt und durch eine neue umgelagerte Struktur ersetzt wird. Dies kann im Prinzip auf jedem Chromosom bis zu fünfmal geschehen, da es beim Menschen fünf funktionsfähige $J_\kappa$-Gen-Segmente gibt. Wenn alle Umlagerungen der Gensegmente für die $\kappa$-Kette fehlerhaft sind, kann immer noch eine Umlagerung der $\lambda$-Kette funktionieren (nicht dargestellt)

Teil III

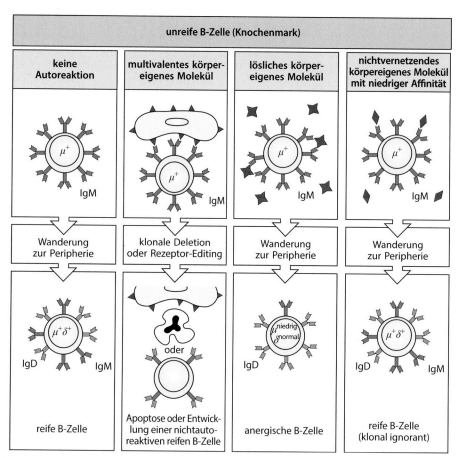

**Abb. 8.9 Die Bindung an ein körpereigenes Molekül kann zum Tod oder zur Inaktivierung von unreifen B-Zellen führen.** *Erste senkrechte Bildfolge:* Unreife B-Zellen, die auf kein Antigen treffen, entwickeln sich normal; sie wandern vom Knochenmark in die peripheren lymphatischen Gewebe, wo sie zu reifen zirkulierenden B-Zellen werden können, die an ihrer Oberfläche IgM oder IgD tragen. *Zweite Bildfolge:* Wenn sich entwickelnde B-Zellen Rezeptoren exprimieren, die multivalente Liganden erkennen, beispielsweise auf allen Zellen vorkommende Oberflächenmoleküle wie die des MHC, werden diese Rezeptoren aus dem Repertoire entfernt. Die B-Zellen führen entweder ein Rezeptor-Editing durch (▶ Abb. 8.10), sodass nur die Spezifität des selbstreaktiven Rezeptors beseitigt wird, oder die Zellen treten in den programmierten Zelltod (Apoptose) ein, was zur klonalen Deletion führt. *Dritte Bildfolge:* Unreife B-Zellen, die lösliche körpereigene Moleküle binden, welche B-Zell-Rezeptoren quervernetzen können, verlieren ihre Reaktivität auf das Antigen (sie werden anergisch) und tragen nur noch wenig IgM auf der Oberfläche. Sie wandern in die Peripherie, wo sie IgD exprimieren, aber anergisch bleiben. Wenn sie in der Peripherie in Konkurrenz zu anderen B-Zellen treten, können anergische B-Zellen keine Überlebenssignale empfangen und gehen schnell verloren. *Vierte Bildfolge:* Unreife B-Zellen, die mit ihrem Antigen nicht in Kontakt treten können oder lösliche monovalente oder lösliche Autoantigene mit geringer Affinität erkennen, empfangen kein Signal und reifen normal heran. Solche Zellen sind potenziell autoreaktiv. Man bezeichnet sie als klonal ignorant, da ihr Ligand zwar vorhanden ist, sie aber nicht aktivieren kann

eine Rekombinaton zur Verfügung stehen. Die Bedeutung des Rezeptor-Editings als Toleranzmechanismus ist allgemein anerkannt, denn Defekte in diesem Prozess hängen beim Menschen mit Autoimmunkrankheiten zusammen, etwa beim systemischen Lupus erythematodes und bei der rheumatoiden Arthritis; beide Krankheiten gehen einher mit hohen Konzentrationen von autoreaktiven Antikörpern (Kap. 15).

Ursprünglich nahm man an, dass die erfolgreiche Produktion einer schweren und einer leichten Kette fast sofort zum Abbruch weiterer Umlagerungen am L-Ketten-Locus führt und es so in jedem Fall zu einem Allel- und Isotypausschluss kommt. Die unerwartete Fähigkeit der autoreaktiven B-Zelle, auch nach einer produktiven Umlagerung noch mit dem Umbau ihrer L-Ketten-Gene fortzufahren, deutet darauf hin, dass es für den Allelaus-

**Abb. 8.10 Der Austausch von L-Ketten durch Rezeptor-Editing kann einige autoreaktive B-Zellen vor der Eliminierung retten, da sich ihre Antigenspezifität ändert.** Manche der sich entwickelnden B-Zellen exprimieren Antigenrezeptoren, die von multivalenten eigenen Antigenen wie den MHC-Molekülen auf der Zelloberfläche stark quervernetzt werden (*oben*). Dann wird die Entwicklung der B-Zelle angehalten. Die Oberflächenexpression von IgM wird herunterreguliert, die *RAG*-Gene werden jedoch nicht abgeschaltet (*zweites Bild*). Aufgrund der ununterbrochenen Synthese von RAG-Proteinen kann die Zelle mit der Umlagerung der L-Ketten-Gene fortfahren. Dies führt in der Regel letztlich zu einer neuen, produktiven Genumlagerung und zur Expression einer neuen leichten Kette, die zusammen mit der vorherigen schweren Kette einen neuen Rezeptor bildet. Diesen Vorgang bezeichnet man als Rezeptor-Editing (*drittes Bild*). Wenn der neue Rezeptor nicht gegen körpereigene Determinanten reagiert, ist die Zelle „gerettet" und setzt ihre normale Entwicklung im Wesentlichen so fort, als wäre sie niemals autoreaktiv gewesen (*unten rechts*). Bleibt die Zelle jedoch autoreaktiv, kann sie durch eine erneute Runde von Genumlagerungen gerettet werden; sollte sie jedoch dann immer noch stark auf körpereigene Determinanten reagieren, so durchläuft sie einen programmierten Zelltod und wird aus dem Repertoire der B-Zellen eliminiert (klonale Deletion, *unten links*)

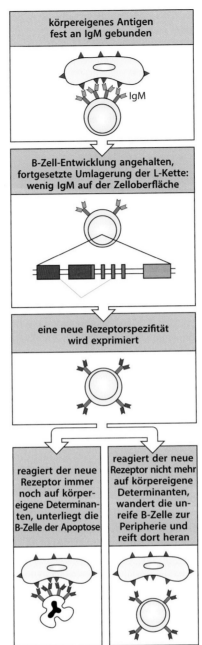

schluss noch einen alternativen Mechanismus geben muss, bei dem die Abnahme des RAG-Protein-Spiegels, die auf eine erfolgreiche nichtautoreaktive Umlagerung folgt, das eigentliche Ereignis ist, durch das die Umlagerung der leichten Kette beendet wird. Es ist anscheinend so, dass der Allelausschluss nicht vollständig erfolgen muss, da in seltenen Fällen B-Zellen vorkommen, die zwei verschiedene leichte Ketten exprimieren.

Zellen, die autoreaktiv bleiben, wenn es ihnen nicht gelingt, durch Rezeptor-Editing einen nichtautoreaktiven Rezeptor hervorzubringen, durchlaufen den Prozess der **klonalen Deletion**. Dabei unterliegen diese Zellen dem Zelltod durch Apoptose, wodurch ihre spezifische Autoreaktiviät aus dem Repertoire entfernt wird. Frühe Experimente mit transgenen Mäusen, die beide Ketten eines für H-2K$^b$-MHC-Klasse-I-Moleküle spezifischen Immunglobulins exprimierten und bei denen fast alle sich entwickelnde B-Zellen das Anti-MHC-Immunglobulin als sIgM trugen, deuteten darauf hin, dass die klonale Deletion ein vorherrschender Mechanismus für die B-Zell-Toleranz ist. Diese Untersuchungen haben gezeigt, dass sich bei transgenen Mäusen, die H-2K$^b$ nicht exprimierten, die B-Zellen in normaler Anzahl entwickelten, und alle trugen die von einem Transgen codierten Anti-H-2K$^b$-Rezeptoren. Bei Mäusen jedoch, die sowohl H-2K$^b$ als auch die Immunglobulintransgene exprimierten, war die B-Zell-Entwicklung blockiert. Prä-B-Zellen und unreife B-Zellen kamen in normaler Anzahl vor, aber B-Zellen, die das Anti-H-2K$^b$-Immunglobulin als sIgM exprimierten, reiften niemals heran und besiedelten weder Milz noch Lymphknoten. Stattdessen starben die meisten unreifen B-Zellen im Knochenmark durch Apoptose ab. Neuere Untersuchungen an Mäusen, die Transgene für die schwere und die leichte Kette von Autoantikörpern trugen, wobei man diese Gene durch homologe Rekombination innerhalb der Immunglobulinloci eingefügt hat (Anhang I, Abschn. A.35), deuten jedoch darauf hin, dass Rezeptor-Editing und nicht die klonale Deletion das wahrscheinlichere Schicksal unreifer autoreaktiver B-Zellen ist.

Bislang haben wir das Schicksal von neu gebildeten B-Zellen besprochen, deren sIgM multivalent quervernetzt wird. Wenn unreife B-Zellen jedoch auf weniger stark vernetzende Autoantigene mit wenigen Bindungsstellen treffen, etwa kleine lösliche Proteine, dann reagieren sie anders. In dieser Situation werden einige autoreaktive B-Zellen inaktiviert und geraten dauerhaft in einen Zustand sogenannter **Anergie**, in dem sie nicht auf Antigene reagieren, aber auch nicht sofort absterben (▶ Abb. 8.9). Anergische B-Zellen können auch mithilfe von antigenspezifischen T-Zellen nicht durch ihr spezifisches Antigen aktiviert werden. Dieses Phänomen konnte man ebenfalls mittels transgener Mäuse aufklären. Für die Untersuchungen haben die Mäuse zwei Transgene erhalten, von denen eines das sekretorische Hühnereiweißlysozym (HEL), das zweite das hochaffine Anti-HEL-Immunglobulin codiert. Wird HEL in löslicher Form exprimiert, reifen die HEL-spezifischen B-Zellen dieser Mäuse zwar heran und verlassen das Knochenmark, sind jedoch nicht in der Lage, auf ein Antigen zu reagieren. Darüber hinaus können sich die anergischen B-Zellen nur noch eingeschränkt bewegen, da sie in den T-Zell-Zonen der peripheren lymphatischen Gewebe festgehalten und von den Lymphfollikeln ausgeschlossen werden. Dadurch verringert sich ihre Lebensdauer und ihre Konkurrenzfähigkeit gegenüber immunkompetenten B-Zellen (Abschn. 8.1.8). Unter normalen Bedingungen, wenn nur wenige autoreaktive anergische B-Zellen heranreifen, sterben diese Zellen relativ schnell ab. Diese Mechanismen sorgen dafür, dass potenziell autoreaktive Zellen aus dem langlebigen Reservoir der peripheren B-Zellen entfernt werden.

Das vierte mögliche Schicksal von autoreaktiven unreifen B-Zellen ist, dass sie hinsichtlich ihres Autoantigens einfach in einem Zustand immunologischer Ignoranz bleiben (▶ Abb. 8.9). Immunologisch ignorante Zellen besitzen eine Affinität für ein Autoantigen, erkennen es aber aus verschiedenen Gründen nicht und reagieren nicht darauf. Möglicherweise ist es für B-Zellen, die sich im Knochenmark oder in der Milz entwickeln, nicht zugänglich, es kommt nur in sehr geringer Konzentration vor oder es bindet so schwach an den B-Zell-Rezeptor, dass kein aktivierendes Signal erzeugt wird. Da aber einige ignorante Zellen unter bestimmten Bedingungen aktiviert werden können, etwa bei einer Entzündung oder wenn das Antigen schließlich zugänglich wird oder eine ungewöhnlich hohe Konzentration erreicht, sind sie nicht als inert zu betrachten und unterscheiden sich grundlegend von Zellen mit nichtautoreaktiven Rezeptoren, die niemals durch körpereigene Antigene aktiviert werden können.

Die Tatsache, dass die zentrale Toleranz nicht vollkommen ist und einige autoreaktive B-Zellen heranreifen können, veranschaulicht den Balanceakt des Immunsystems, das einerseits jegliche Reaktion gegen körpereigene Antigene ausschalten und sich andererseits die Fähigkeit erhalten muss, auf Pathogene zu reagieren. Wenn zu viele autoreaktive Zellen vernichtet werden, wird das Rezeptorrepertoire unter Umständen zu stark eingeschränkt, sodass es kein breites Spektrum an Pathogenen erkennen kann. Der Preis für dieses Ausbalancieren ist möglicherweise die eine oder andere Autoimmunerkrankung. In Kap. 15 werden wir darauf eingehen, wie ignorante autoreaktive Lymphocyten aktiviert werden können und unter bestimmten Bedingungen Krankheiten hervorrufen. Normalerweise werden ignorante B-Zellen jedoch dadurch in Schach gehalten, dass sie von den T-Zellen keine Unterstützung erhalten oder ihr Autoantigen ständig unerreichbar ist. Zudem können auch reife B-Zellen tolerant werden, nachdem sie das Knochenmark verlassen haben (siehe unten).

### 8.1.7 Lymphocyten, die in der Peripherie zum ersten Mal mit einer ausreichenden Menge an Autoantigenen in Kontakt kommen, werden vernichtet oder inaktiviert

Autoreaktive Lymphocyten werden in den zentralen lymphatischen Organen zwar in großer Zahl aus der Population der neuen Lymphocyten entfernt, aber davon sind nur Lymphocyten betroffen, die für Autoantigene spezifisch sind, welche in diesen Organen exprimiert werden oder dorthin gelangen können. Einige Antigene, wie etwa Thyreoglobulin, ein Produkt der Schilddrüse, sind hochgradig gewebespezifisch und/oder befinden sich in abgetrennten Kompartimenten, sodass davon im Kreislauf nur wenig vorhanden ist. Deshalb müssen neu ausgewanderte autoreaktive B-Zellen, die zum ersten Mal auf körpereigene Antigene treffen, ebenfalls vernichtet oder inaktiviert werden. Diesen Toleranzmechanismus, der sich auf neu ausgewanderte B-Zellen auswirkt, bezeichnet man als **periphere Toleranz**. Wie die autoreaktiven Lymphocyten in den zentralen lymphatischen Organen können auch die Lymphocyten, die mit Autoantigenen in der Peripherie *de novo* in Kontakt treten, drei Schicksale haben: Vernichtung, Anergie oder Überleben (▶ Abb. 8.11).

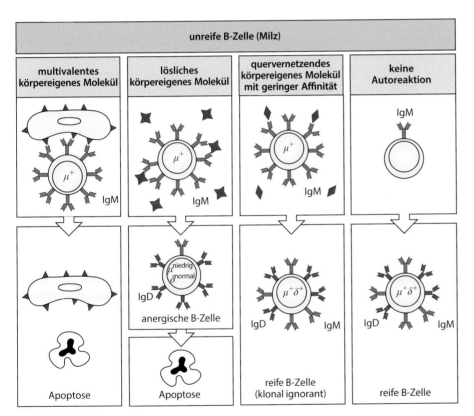

**Abb. 8.11 Transitionale B-Zellen, die Autoantigene erkennen, unterliegen der peripheren Toleranz.** Nachdem B-Zellen das Knochenmark verlassen haben und in den Blutkreislauf gelangt sind, bezeichnet man sie als transitionale B-Zellen. Diese Zellen sind noch nicht vollständig herangereift und unterliegen dem Toleranzmechanismus in der Milz, sobald ihr sIgM-Rezeptor ein Autoantigen gebunden hat. Transitionale B-Zellen, die auf ein multivalentes Autoantigen treffen, erhalten von ihrem B-Zell-Rezeptor ein starkes Signal und unterliegen dem Zelltod. Transitionale B-Zellen mit einem sIgM-Rezeptor, der ein lösliches Autoantigen bindet, werden anergisch und sterben letztendlich innerhalb weniger Tage, da sie von den B-Zell-Follikeln in der Milz ausgeschlossen sind (▶ Abb. 8.12). Transitionale B-Zellen, die ein lösliches Antigen mit geringer Affinität binden, bleiben gegenüber dem Autoantigen klonal ignorant und setzen ihre Reifung fort. Transitionale B-Zellen, die keine Autoreaktion zeigen, setzen ihre Entwicklung ebenfalls bis zur reifen B-Zelle fort. Die letzten Phasen der B-Zell-Reifung führen zu einer Hochregulation von sIgD; sie finden in den B-Zell-Follikeln und in der Milz statt

Wenn keine Infektion vorhanden ist, unterliegen neu ausgewanderte B-Zellen, die in der Peripherie auf ein stark quervernetzendes Antigen treffen, der klonalen Deletion. Das ließ sich bei Untersuchungen von B-Zellen, die einen für H-2K$^b$-MHC-Klasse-I-Moleküle spezifischen B-Zell-Rezeptor exprimieren, auf elegante Weise zeigen. Diese B-Zellen werden selbst dann beseitigt, wenn bei transgenen Tieren die Expression des H-2K$^b$-Moleküls auf die Leber beschränkt ist, da ein leberspezifischer Genpromotor verwendet wurde. Es erfolgt kein Rezeptor-Editing: B-Zellen, die in der Peripherie auf stark quervernetzende Antigene treffen, treten direkt in die Apoptose ein, im Gegensatz zu den entsprechenden Zellen im Knochenmark, die noch weitere Umlagerungen des Rezeptorgens durchführen. Dieser Unterschied kann darin begründet sein, dass die B-Zellen in der Peripherie im Reifungsprozess gewissermaßen schon weiter fortgeschritten sind und ihre Loci für die leichte Kette nicht mehr umlagern können.

Periphere B-Zellen, die sich neu entwickelt haben und auf ein im Körper häufig vorkommendes, lösliches Antigen treffen und daran binden, werden wie unreife B-Zellen im Knochenmark dafür unempfindlich. Das ließ sich bei Mäusen zeigen, indem man das *HEL*-Transgen unter der Kontrolle eines induzierbaren Promotors auf die Mäuse übertrug. Die Aktivität des Promotors ließ sich durch die Nahrung der Tiere regulieren. So war es möglich, die Produktion von Lysozym zu einem beliebigen Zeitpunkt auszulösen und die Auswirkungen auf die HEL-spezifischen B-Zellen in verschiedenen Reifestadien zu untersuchen. Diese Experimente haben gezeigt, dass sowohl periphere als auch unreife B-Zellen des Knochenmarks inaktiviert werden, wenn sie ständig einem löslichen Antigen ausgesetzt sind.

### 8.1.8 Unreife B-Zellen, die in der Milz ankommen, werden rasch umgesetzt und benötigen Cytokine und positive Signale über den B-Zell-Rezeptor, um heranreifen und langfristig überleben zu können

Wenn die B-Zellen aus dem Knochenmark in die Peripherie auswandern, sind sie funktionell noch unreif. Wie bereits besprochen können unreife B-Zellen beim endgültigen Heranreifen in der Peripherie auf dortige Autoantigene treffen und eine Toleranz entwickeln. Unreife B-Zellen exprimieren große Mengen an sIgM, aber wenig sIgD, bei reifen B-Zellen sind es dagegen geringe Mengen IgM und große Mengen IgD. Die Veränderungen in der Expression von sIgM und sIgD bei der B-Zell-Reifung sind zwar genau dokumentiert, aber die Funktion von sIgD auf reifen B-Zellen kennt man noch nicht.

Die meisten unreifen B-Zellen, die das Knochenmark verlassen, überleben nicht und entwickeln sich nicht zu vollständig gereiften B-Zellen. ▶ Abb. 8.12 zeigt mögliche Werdegänge von neu erzeugten B-Zellen, die in die Peripherie gelangen. Täglich wandern annähernd 5–10 % der gesamten, konstant in der Peripherie vorhandenen Population von B-Lymphocyten aus dem Knochenmark aus. In nichtimmunisierten Tieren bleibt die Größe dieses Reservoirs aufgrund der Homöostase anscheinend immer gleich. Das bedeutet, dass der Zustrom an neuen B-Zellen durch das Entfernen einer entsprechenden Anzahl B-Zellen in der Peripherie ausgeglichen werden muss. Die überwiegende Mehrheit der peripheren B-Zellen (etwa 90 %) ist allerdings langlebig und jeden Tag gehen nur 1–2 % von ihnen zugrunde. Die meisten B-Zellen, die sterben, gehören demnach zur Population der kurzlebigen unreifen peripheren B-Zellen, von denen alle drei Tage mehr als 50 % absterben. Wahrscheinlich gelingt es den meisten neu gebildeten B-Zellen nicht, mehr als einige Tage in der Peripherie zu überleben, weil die peripheren B-Zellen miteinander um den Zugang zu den B-Zell-Follikeln in der Milz konkurrieren. Gelangen daher die gerade gebildeten unreifen B-Zellen nicht in einen Follikel, endet ihre Passage durch die Peripherie und sie gehen schließlich zugrunde. Die begrenzte Anzahl an Lymphfollikeln kann unmöglich alle B-Zellen aufnehmen, die täglich in die Peripherie ausgeschüttet werden und daher permanent um den Zugang konkurrieren.

Der Follikel liefert Signale, die für das Überleben der B-Zellen notwendig sind. Das geschieht vor allem durch den B-Zell-aktivierenden Faktor der TNF-Familie (**BAFF**), der von

**Abb. 8.12 Transitionale B-Zellen vervollständigen ihre Reifung in den B-Zell-Follikeln der Milz.** Die mikroskopische Aufnahme (*oben*) zeigt die Milz einer Maus im Querschnitt. Zu erkennen ist die Verteilung der B-Zellen (Anti-B220, *braun*) und T-Zellen (Anti-CD3, *blau*); sie bilden die weiße Pulpa. Die (*intensiver braun gefärbten*) B-Zell-reichen Follikel sind jeweils von einer Randzone umgeben (durch B220⁺-B-Zellen ebenfalls *braun gefärbt*). Die Stränge der weißen Pulpa liegen innerhalb der roten Pulpa, die zahlreiche myeloische Zellen (vor allem Makrophagen) sowie Plasmazellen und hindurchziehende rote Blutkörperchen enthält. Transitionale B-Zellen, die das Knochenmark verlassen haben, müssen ihre Reifung in den B-Zell-Follikeln der Milz abschließen, wo sie die notwendigen Signale zur Reifung und zum Überleben erhalten (*Mitte*). Ein entscheidender Faktor sind dabei niedrigschwellige Signale über den B-Zell-Rezeptor. Ein zweiter essenzieller Faktor ist die Expression von BAFF (einem Vertreter der TNF-Familie) auf den dendritischen Follikelzellen (FDCs). BAFF stimuliert BAFF-R auf den transitionalen B-Zellen und fördert so das Überleben der B-Zellen. Neu ausgewanderte transitionale B-Zellen (T1) zeigen auf der Oberfläche zahlreiche IgM-Moleküle, geringe Mengen an IgD, außerdem BAFF-R. In den B-Zell-Follikeln steigern diese Zellen die CD21-Produktion und werden dadurch zu transitionalen B-Zellen des zweiten Stadiums (T2). Schließlich erhöhen die Zellen die Produktion von IgD und entwickeln sich zu langlebigen reifen B-Zellen. Die langlebigen B-Zellen sind in der Mehrzahl zirkulierende B-Zellen, die man auch als follikuläre B-Zellen bezeichnet. Eine weitere, weniger zahlreiche Untergruppe ist die B-Zell-Population der Randzonen. Man nimmt an, dass diese Zellen schwach autoreaktiv sind und den Komplementrezeptor CD21 in großer Menge produzieren. Die Zellen wandern in die Randzonen der weißen Pulpa in der Milz, einen Bereich am Übergang zwischen weißer und roter Pulpa. Hier stehen die B-Zellen der Randzonen bereit, um schnelle Reaktionen auf Antigene oder Pathogene aus dem Blut auszulösen. Transitionale T1-B-Zellen, die von den Follikeln ausgeschlossen bleiben, erhalten keine Überlebens- oder Reifungssignale und sterben innerhalb von zwei bis drei Tagen ab, nachdem sie das Knochenmark verlassen haben (*unten*). Autoreaktive anergische B-Zellen werden ebenfalls von den Follikeln ausgeschlossen und unterliegen dem Zelltod. (Mikrokopische Aufnahme mit freundlicher Genehmigung von Xiaoming Wang und Jason Cyster; Howard Hughes Medical Institute and Department of Micobiology and Immunology, UCSF)

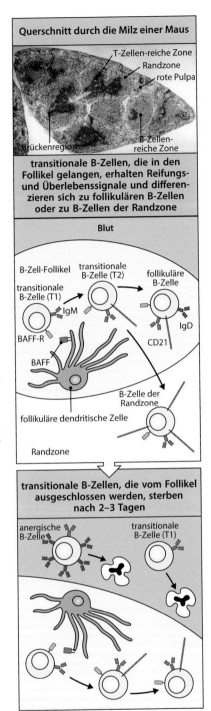

**Querschnitt durch die Milz einer Maus**

T-Zellen-reiche Zone
Randzone
rote Pulpa
Brückenregion
B-Zellen-reiche Zone

**transitionale B-Zellen, die in den Follikel gelangen, erhalten Reifungs- und Überlebenssignale und differenzieren sich zu follikulären B-Zellen oder zu B-Zellen der Randzone**

Blut

B-Zell-Follikel
transitionale B-Zelle (T2)
follikuläre B-Zelle
transitionale B-Zelle (T1)
IgM
IgD
BAFF-R
CD21
BAFF
B-Zelle der Randzone
follikuläre dendritische Zelle
Randzone

**transitionale B-Zellen, die vom Follikel ausgeschlossen werden, sterben nach 2–3 Tagen**

anergische B-Zelle
transitionale B-Zelle (T1)

**Teil III**

mehreren Zelltypen sezerniert wird, von den dendritischen Follikelzellen (FDCs) jedoch in großen Mengen. FDCs sind nichthämatopoetische Zellen, die sich dauerhaft in den B-Zell-Follikeln aufhalten und darauf spezialisiert sind, Antigene für die Erkennung durch B-Zell-Antigenrezeptoren aufzunehmen (Abschn. 9.1.1). B-Zellen exprimieren drei verschiedene BAFF-Rezeptoren – BAFF-R, BCMA und TACI. Die größte Bedeutung für das Überleben der follikulären B-Zellen besitzt dabei BAFF-R. Das zeigt sich bei mutierten Mäusen, die BAFF-R nicht exprimieren und dadurch vor allem unreife B-Zellen und nur wenige langlebige B-Zellen aufweisen. BCMA und TACI binden auch das verwandte Cytokin APRIL aus der TNF-Familie. Dieses ist für das Überleben der unreifen B-Zellen nicht erforderlich, spielt aber bei der Produktion von IgA eine wichtige Rolle (Kap. 10).

Unreife B-Zellen in der Milz durchlaufen zwei verschiedene **transitionale Stadien**, T1 und T2, die dadurch definiert sind, ob CD21 (Komplementrezeptor 2), eine Komponente des B-Zell-Corezeptors, exprimiert wird (T2) oder nicht (T1) (Abschn. 2.2.9 und 7.2.14). Bei Mäusen, denen BAFF fehlt, entwickeln sich unreife B-Zellen in der Milz bis zum T1-Stadium, können aber CD21 nicht exprimieren, sodass die Mäuse keine reifen B-Zellen besitzen. Die unreifen B-Zellen in der Milz benötigen auch Signale über den B-Zell-Rezeptor, um die Stadien T1 und T2 durchlaufen zu können und in das Reservoir der langlebigen peripheren B-Zellen einzugehen. In diesem Fall stammen die Signale nicht aus hochaffinen Wechselwirkungen zwischen sIgM des B-Zell-Rezeptors und einem Antigen, die starke Signale hervorrufen würden. Man nimmt an, dass diese B-Zell-Rezeptor-Signale schwach und konstitutiv sind und zum Entwicklungsprogramm der heranreifenden B-Zellen gehören, wobei man die zugrundeliegenden Mechanismen noch nicht kennt. Diese schwachen Signale des B-Zell-Rezeptors und die BAFF-R-Signale sind unbedingt erforderlich, damit die B-Zellen in der Peripherie die abschließenden Reifungsstadien erreichen können. Bei Individuen, die BAFF übermäßig exprimieren, kommt es zu einer Deregulation des Gleichgewichts zwischen den Signalen des B-Zell-Rezeptors und BAFF-R. Dadurch können sich Autoimmunkrankheiten entwickeln, beispielsweise das Sjögren-Syndrom, das darauf zurückzuführen ist, dass autoreaktive B-Zellen nicht beseitigt werden.

Die meisten peripheren B-Zellen, die sich in der Milz und anderen sekundären lymphatischen Organen aufhalten, bezeichnet man als **follikuläre B-Zellen**, häufig auch als B2-Zellen. Eine weitere kleinere Population von B-Zellen in der Milz besteht aus den **B-Zellen der Randzonen**, die entsprechend ihrer Bezeichnung in den Randzonen, die sich an den Übergängen zwischen weißer und roter Pulpa befinden, vorherrschen (▸ Abb. 8.12). Die follikulären B-Zellen und die B-Zellen der Randzonen stammen beide von einer gemeinsamen Zelllinie ab, die sich im Knochenmark entwickelt und während der Endphase der B-Zell-Reifung in den Follikeln der Milz verzweigt. Bei Experimenten mit Zellkulturen, in denen man von unreifen B-Zell-Vorläufern ausgeht und die Signale nachbildet, die die Reifung der peripheren B-Zellen fördern, hat sich gezeigt, dass sich die beiden Zelllinien beim T2-Übergangsstadium trennen, wenn die Zellen das endgültige Reifestadium erreichen. Die B-Zellen der Randzonen hängen wie die follikulären B-Zellen von BAFF-Signalen ab; Mäuse, die BAFF nicht exprimieren, besitzen auch keine Zellen dieser Art. B-Zellen der Randzonen sind daran zu erkennen, dass sie den Komplementrezeptor CD21 sehr stark exprimieren. Untersuchungen an Mäusen, bei denen man ein umgelagertes Immunglobulingen künstlich in das Genom integriert hat, sodass sie in allen sich entwickelnden B-Zellen nur B-Zell-Rezeptoren mit einer einzigen Spezifität exprimieren, haben ergeben, dass einige B-Zell-Rezeptoren vor allem zur Entwicklung von follikulären B-Zellen führen, während andere Rezeptoren die Entwicklung von B-Zellen der Randzonen begünstigen. Diese Befunde deuten darauf hin, dass die Spezifität des B-Zell-Rezeptors ein wichtiger Faktor ist, um die letztendliche Entwicklung der transitionalen B-Zellen zu follikulären Zellen oder Randzonenzellen festzulegen. Die Einzelheiten dieses Prozesses sind jedoch noch nicht vollständig bekannt. Aufgrund ihrer Lokalisation sind B-Zellen in der Lage, schnelle Reaktionen gegen Antigene oder Pathogene in Gang zu setzen, die aus dem Blut ausgefiltert wurden. Deshalb nimmt man an, dass die B-Zellen der Randzonen eine frühe Abwehrlinie gegen Krankheitserreger im Blut bilden.

Zu den peripheren B-Zellen gehören auch die B-Gedächtniszellen, die, nach dem ersten Kontakt mit einem Antigen, neben den antikörperproduzierenden Plasmazellen aus den reifen B-Zellen hervorgehen. Wir befassen uns mit dem Gedächtnis der B-Zellen noch einmal in Kap. 11. Bei der Konkurrenz um den Zutritt zu den Follikeln werden reife B-Zellen bevorzugt, die bereits zur Population der langlebigen und stabilen B-Zellen gehören. Reife B-Zellen haben sich phänotypisch verändert, wodurch sie wahrscheinlich leichten Zugang zu den Follikeln finden. So exprimieren sie den Rezeptor CXCR5 für den Chemoattraktor CXCL13, der von den follikulären dendritischen Zellen exprimiert wird (Abschn. 10.1.3). Sie zeigen auch im Vergleich zu neu entstandenen unreifen B-Zellen eine erhöhte Expression von CD21, wodurch die Signalkapazität der B-Zelle erhöht wird.

Der B-Zell-Rezeptor spielt bei der Reifung und permanenten Zirkulation der peripheren B-Zellen eine wichtige Rolle. Wenn Mäusen die Tyrosinkinase Syk fehlt, die an der Signalübermittlung des B-Zell-Rezeptors beteiligt ist (Abschn. 7.2.14), dann haben diese Mäuse zwar unreife B-Zellen, aber es entwickeln sich keine reifen B-Zellen. Möglicherweise ist also ein von Syk weitergeleitetes Signal für die endgültige Reifung und das Überleben der reifen B-Zellen erforderlich. Darüber hinaus ist es für das Überleben der reifen B-Zellen notwendig, dass der B-Zell-Rezeptor ständig exprimiert wird. Das zeigt sich bei Mäusen, die ihre B-Zellen verlieren, wenn die reifen B-Zellen unter bestimmten Bedingungen keinen B-Zell-Rezeptor mehr besitzen. Obwohl jeder B-Zell-Rezeptor eine einzigartige Spezifität hat, müssen antigenspezifische Wechselwirkungen nicht unbedingt die Signale auslösen, die für die endgültige Reifung und das Überleben der B-Zellen notwendig sind. Der Rezeptor könnte beispielsweise eine „tonische" Signalgebung in Gang setzen: Bildet sich der Rezeptorkomplex, wird ein schwaches, aber wichtiges Signal ausgesendet, das gelegentlich einige oder alle in der Signalrichtung folgenden Signalereignisse auslöst.

## 8.1.9  B1-Zellen sind eine Untergruppe der angeborenen Lymphocyten, die in einer frühen Entwicklungsphase entstehen

Dieses Kapitel hat sich bis hier mit der Entwicklung der vorherrschenden B-Zell-Populationen befasst, die sich in den sekundären lymphatischen Organen aufhalten, beispielsweise die follikulären (B-2-)B-Zellen und die B-Zellen der Randzonen. Diese beiden Populationen bilden den B-Zell-Zweig der adaptiven Immunantwort. Eine dritte wichtige Untergruppe sind die **B1-Zellen** als Teil des angeborenen Immunsystems. Diese Zellen kommen in den sekundären lymphatischen Geweben nur in geringer Anzahl vor, treten aber in der Peritoneal- und Pleuralhöhle sehr zahlreich auf. Die B1-Zellen sind die hauptsächlichen Produzenten der „natürlichen" Antikörper, die als zirkulierende Proteine von diesen B-Zellen bereits vor jeglicher Infektion konstitutiv erzeugt werden. Die meisten Antikörper der B1-Zellen erkennen aus Kapseln abgeleitete Polysaccharidantigene und die B1-Zellen spielen bei der Kontrolle von Infektionen durch pathogene Viren und Bakterien eine wichtige Rolle.

Eine wichtige Eigenschaft der B1-Zellen besteht darin, dass sie Antikörper der IgM-Klasse produzieren, ohne die Hilfe von T-Zellen zu benötigen. Diese Reaktion kann zwar durch die Mitwirkung von T-Zellen verstärkt werden, aber die Antikörper werden innerhalb von 48 h nach dem Antigenkontakt als Erste produziert, sodass T-Zellen noch nicht beteiligt sein können. Das Fehlen einer antigenspezifischen Wechselwirkung mit T-Helferzellen erklärt vielleicht, warum sich das immunologische Gedächtnis nicht als Folge der B1-Zell-Antwort entwickeln kann: Wiederholte Kontakte mit demselben Antigen bringen bei jedem Kontakt ähnliche, aber verstärkte Reaktionen hervor. Die genaue Funktion der B1-Zellen ist noch nicht bekannt, aber Mäuse, die über keine B1-Zellen verfügen, sind für Infektionen durch *Streptococcus pneumoniae* anfälliger, da sie keine Anti-Phosphocholin-Antikörper produzieren, die vor diesem Bakterium schützen können. Da ein bedeutender Anteil der B1-Zellen Antikörper mit dieser Spezifität hervorbringt und da keine antigenspezifische Unterstützung durch T-Zellen erforderlich ist, kann bereits in einer frühen Infektionsphase eine starke Reaktion gegen den Krankheitserreger erfolgen. Ob die B1-Zellen des Menschen die gleiche Funktion besitzen, ist unklar.

Anders als die follikulären B-Zellen und die B-Zellen der Randzonen, die aus Knochenmarkstammzellen hervorgehen, entwickeln sich die B1-Zellen aus Vorläuferzellen in der fetalen Leber (▶ Abb. 8.13). Während der späten Embryonal- und frühen Neonatalphase bei Mäusen bilden sich B1-Zellen in großer Zahl. Nach der Geburt ist die Entwicklung der follikulären B-Zellen und der B-Zellen der Randzonen vorherrschend und es entstehen nur wenige B1-Zellen. Neuere Befunde zeigen, dass die Vorläuferzellen, aus denen sich die B1-Zellen entwickeln, für diese Zelllinie vorgeprägt sind und sich von den Vorläuferzellen unterscheiden, aus denen die B2-Zellen hervorgehen. Zwar fehlen B2-Zellen in Mäusen, die BAFF oder BAFF-R nicht exprimieren, aber diese Defekte wirken sich nicht auf die Entwicklung und das Überleben der B1-Zellen aus. Darüber hinaus erfordern die schwachen B-Zell-Rezeptor-Signale, welche die letzten Reifungsphasen der B2-Zellen in der

Teil III

| Eigenschaft | B1-Zellen | B2-Zellen | |
|---|---|---|---|
| | | **folliküläre B-Zellen** | **B-Zellen der Randzone** |
| zum ersten Mal produziert | Fetus | nach der Geburt | nach der Geburt |
| N-Bereiche in VDJ-Verknüpfungen | wenige | zahlreiche | ja |
| Repertoire der V-Region | restringiert | vielfältig | teilweise restringiert |
| primäre Lokalisation | Körperhöhlen (peritoneal, pleural) | sekundäre lymphatische Organe | Milz |
| Abhängigkeit von BAFF | nein | ja | ja |
| Abhängigkeit von IL-7 | nein | ja | ja |
| Art der Erneuerung | selbsterneuernd | ersetzt aus dem Knochenmark | langlebig |
| spontane Immunglobulin-produktion | hoch | gering | gering |
| sezernierte Isotypen | IgM >> IgG | IgG > IgM | IgM > IgG |
| Reaktion auf Kohlenhydratantigen | ja | unter Umständen | ja |
| Reaktion auf Proteinantigen | unter Umständen | ja | ja |
| Hilfe von T-Zellen erforderlich | nein | ja | manchmal |
| somatische Hypermutation | gering bis überhaupt nicht | hoch | ? |
| Entwicklung eines Gedächtnisses | gering bis überhaupt nicht | ja | ? |

**Abb. 8.13 Vergleich zwischen B1-Zellen, follikulären B-Zellen (B2-Zellen) und B-Zellen der Randzonen.** B1-Zellen können sich außer in der Leber auch an ungewöhnlichen Stellen im Fetus entwickeln, etwa im Omentum. Bei jungen Tieren sind die B1-Zellen vorherrschend, wobei sie während des gesamten Lebens neu entstehen können. Sie entwickeln sich vor allem in der Embryonal- und Neonatalphase und ihre umgelagerten Sequenzen der variablen Region enthalten wenige N-Nucleotide. Im Gegensatz dazu vermehren sich die B-Zellen der Randzonen nach der Geburt und erreichen bei Mäusen ihr Maximum erst im Alter von acht Wochen. Die follikulären B2-Zellen und die B-Zellen der Randzonen gehen auf eine gemeinsame Vorläuferpopulation zurück, die transitionalen T2-B-Zellen in der Milz. Deshalb hängt die Entwicklung beider Zelllinien von IL-7- und BAFF-Signalen ab. Die Entwicklung der B1-Zellen erfordert hingegen weder IL-7 noch BAFF. Man nimmt vor allem an, dass B1-Zellen ein teilweise aktiviertes, sich selbst erneuerndes Reservoir von Lymphocyten darstellen, die durch ubiquitäre körpereigene und fremde Antigene selektiert werden. Aufgrund dieser Selektion und möglicherweise auch aufgrund der Tatsache, dass diese Zellen schon in einer frühen Lebensphase gebildet werden, besitzen die B1-Zellen nur ein begrenztes Repertoire von variablen Regionen mit den entsprechenden Antigenspezifitäten. Die B-Zellen der Randzonen verfügen ebenfalls nur über ein begrenztes Repertoire von Spezifitäten in den V-Regionen, die wahrscheinlich durch eine ähnliche Gruppe von Antigenen selektiert wurde wie die B1-Zellen. Die B1-Zellen sind anscheinend in bestimmten Kavernen des Körpers die vorherrschende B-Zell-Population, wahrscheinlich aufgrund der dort vorkommenden Antigene, welche die Proliferation der B1-Zellen stimulieren. Die B-Zellen der Randzonen bleiben in den Randzonen der Milz und zirkulieren wahrscheinlich nicht. Die teilweise Aktivierung der B1-Zellen führt vor allem zur Freisetzung von IgM-Antikörpern; diese Zellen produzieren einen großen Teil der IgM-Moleküle, die im Blut zirkulieren. Die eingeschränkte Vielfalt im Repertoire sowohl der B1-Zellen als auch der B-Zellen der Randzonen und die Neigung dieser Zellen, auf verbreitete Kohlenhydratantigenen von Bakterien zu reagieren, deuten darauf hin, dass sie eine eher ursprüngliche, weniger adaptive Immunantwort ausführen als die follikulären B-Zellen (B2-Zellen). In dieser Hinsicht sind sie mit den $\gamma$:$\delta$-T-Zellen vergleichbar

Milz unterstützen, die Mitwirkung des nichtkanonischen NFκB-Signalwegs (Abschn. 7.3.3). Dieser Signalweg ist für die Entwicklung der B1-Zellen essenziell. Auch sind für beide Entwicklungswege unterschiedliche Cytokine erforderlich. In Mäusen, die nicht über die Signalkomponenten IL-7 oder IL-7R verfügen, entwickeln sich die B1-Zellen normal, während diese Defekte die Entwicklung der B2-Zellen verhindern. Für diese Zellen wiederum ist auch der Transkriptionsfaktor PU.1 erforderlich, der für die Entwicklung der B1-Zellen nicht notwendig ist.

### Zusammenfassung

In diesem Teil des Kapitels haben wir die B-Zell-Entwicklung von den allerersten Vorläufern im Knochenmark bis hin zum Reservoir der langlebigen reifen peripheren B-Zellen verfolgt (Abb. 8.14). Der Locus für die schwere Kette wird zuerst umgelagert und wenn dies erfolgreich verlaufen ist, wird eine schwere $\mu$-Kette produziert, die sich mit leichten Ersatzketten assoziiert und einen Prä-B-Zell-Rezeptor bildet. Dies ist der erste Kontrollpunkt in der B-Zell-Entwicklung. Die Produktion des Prä-B-Zell-Rezeptors signalisiert die erfolgreiche Umlagerung des Gens für die schwere Kette und führt dazu, dass diese Umlagerung beendet wird. Das wiederum führt zum Allelausschluss. Dadurch wird auch die Proliferation der B-Zellen in Gang gesetzt, sodass zahlreiche Nachkommen entstehen, in denen es anschließend zur Umlagerung des Gens für die leichte Kette kommt. Wenn die erste Umlagerung dieses Gens produktiv ist, wird ein vollständiger Immunglobulin-B-Zell-Rezeptor gebildet, die Genumlagerung endet ein weiteres Mal und die B-Zelle setzt ihre Entwicklung fort. Wenn die erste Umlagerung des Gens für die leichte Kette nicht erfolgreich war, setzen sich die Genumlagerungen so lange fort, bis entweder eine produktive Umlagerung erfolgt ist oder alle verfügbaren J-Regionen aufgebraucht sind. Wenn auch dann keine produktive Umlagerung zustande gekommen ist, stirbt die sich entwickelnde B-Zelle ab. Sobald ein vollständiger Immunglobulinrezeptor auf der Zelloberfläche exprimiert wird, unterliegen die B-Zellen der Toleranz gegenüber Autoantigenen. Dieser Prozess beginnt im Knochenmark und setzt sich noch eine kurze Zeit lang fort, nachdem die B-Zellen in die Peripherie ausgewandert sind. Bei der größten B-Zell-Population finden die letzten Reifungsphasen in den B-Zell-Follikeln der Milz statt. Diese erfordern sowohl die Mitwirkung von BAFF, einem Vertreter der TNF-Familie, als auch von Signalen durch den B-Zell-Rezeptor.

## 8.2 Entwicklung der T-Zellen

Die T-Lymphocyten entwickeln sich wie die B-Zellen aus multipotenten hämatopoetischen Stammzellen im Knochenmark. Ihre Vorläuferzellen wandern jedoch aus dem Knochenmark über das Blut in den Thymus, wo sie heranreifen (▶ Abb. 8.15). Deshalb bezeichnet man sie als thymusabhängige (T-)Lymphocyten oder T-Zellen. Die Entwicklung der T-Zellen gleicht auf verschiedene Weise der B-Zell-Entwicklung, etwa bei der gerichteten und schrittweisen Umlagerung der Antigenrezeptorgene, der stufenweisen Prüfung auf eine erfolgreiche Genumlagerung und der abschließenden Bildung eines vollständigen heterodimeren Antigenrezeptors. Darüber hinaus gibt es bei der T-Zell-Entwicklung im Thymus jedoch einige weitere Prozesse, die bei B-Zellen nicht vorkommen, wie die Entwicklung zweier getrennter T-Zell-Linien, der $\gamma$:$\delta$-Linie und der $\alpha$:$\beta$-Linie. Sich entwickelnde T-Zellen, die man allgemein als **Thymocyten** bezeichnet, durchlaufen einen umfangreichen Selektionsprozess, der auf den Wechselwirkungen zwischen den T-Zellen beruht und das reife Repertoire der T-Zellen bildet, damit sich sowohl die Selbst-MHC-Restriktion als auch die Selbst-Toleranz entwickeln können. Wir beginnen mit einem allgemeinen Überblick über die Stadien der Thymocytenentwicklung und deren Zusammenhang mit der Thymusanatomie, bevor wir uns dann der Genumlagerung und den Selektionsmechanismen zuwenden.

Teil III

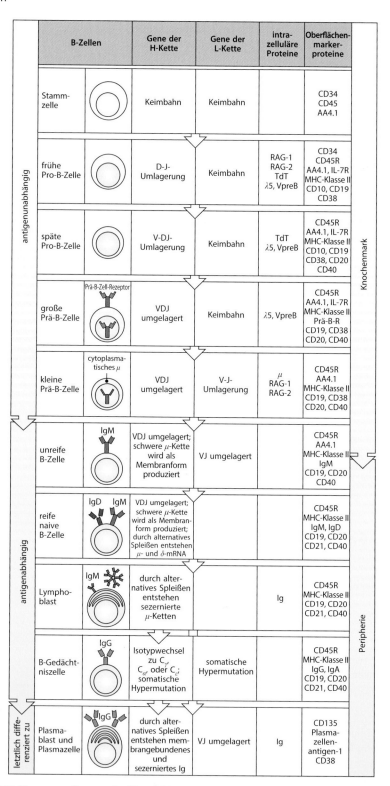

| | B-Zellen | Gene der H-Kette | Gene der L-Kette | intra-zelluläre Proteine | Oberflächen-marker-proteine |
|---|---|---|---|---|---|
| Stamm-zelle | | Keimbahn | Keimbahn | | CD34 CD45 AA4.1 |
| frühe Pro-B-Zelle | | D-J-Umlagerung | Keimbahn | RAG-1 RAG-2 TdT $\lambda$5, VpreB | CD34 CD45R AA4.1, IL-7R MHC-Klasse II CD10, CD19 CD38 |
| späte Pro-B-Zelle | | V-DJ-Umlagerung | Keimbahn | TdT $\lambda$5, VpreB | CD45R AA4.1, IL-7R MHC-Klasse II CD10, CD19 CD38, CD20 CD40 |
| große Prä-B-Zelle | Prä-B-Zell-Rezeptor | VDJ umgelagert | Keimbahn | $\lambda$5, VpreB | CD45R AA4.1, IL-7R MHC-Klasse II Prä-B-R CD19, CD38 CD20, CD40 |
| kleine Prä-B-Zelle | cytoplasma-tisches $\mu$ | VDJ umgelagert | V-J-Umlagerung | $\mu$ RAG-1 RAG-2 | CD45R AA4.1 MHC-Klasse II CD19, CD38 CD20, CD40 |
| unreife B-Zelle | IgM | VDJ umgelagert; schwere $\mu$-Kette wird als Membranform produziert | VJ umgelagert | | CD45R AA4.1 MHC-Klasse II IgM CD19, CD20 CD40 |
| reife naive B-Zelle | IgD  IgM | VDJ umgelagert; schwere $\mu$-Kette wird als Membran-form produziert; durch alternatives Spleißen entstehen $\mu$- und $\delta$-mRNA | | | CD45R MHC-Klasse II IgM, IgD CD19, CD20 CD21, CD40 |
| Lympho-blast | IgM | durch alter-natives Spleißen entstehen sezernierte $\mu$-Ketten | | Ig | CD45R MHC-Klasse II CD19, CD20 CD21, CD40 |
| B-Gedächt-niszelle | IgG | Isotypwechsel zu $C_{\gamma}$, $C_{\alpha}$ oder $C_{\varepsilon}$; somatische Hypermutation | somatische Hypermutation | | CD45R MHC-Klasse II IgG, IgA CD19, CD20 CD21, CD40 |
| Plasma-blast und Plasmazelle | IgG | durch alter-natives Spleißen entstehen mem-brangebundenes und sezerniertes Ig | VJ umgelagert | Ig | CD135 Plasma-zellen-antigen-1 CD38 |

(Linke Randbeschriftung: antigenunabhängig / antigenabhängig / letztlich diffe-renziert zu; rechte Randbeschriftung: Knochenmark / Peripherie)

**Abb. 8.14 Zusammenfassung der Entwicklung konventioneller B-Zellen beim Menschen.** Dargestellt sind der Status der Immunglobulingene, die Expression einiger essenzieller intrazellulärer Proteine und die Expression einiger Moleküle auf der Zelloberfläche für die aufeinanderfolgenden Stadien der Entwicklung der konventionellen B2-Zellen. Während der antigenabhängigen B-Zell-Differenzierung kommt es in den Immunglobulingenen zu weiteren Veränderungen, etwa zu einem Klassenwechsel und zur somatischen Hypermutation (Kap. 5). Das zeigt sich dann in den Immunglobulinen, die von Gedächtnis- und Plasmazellen produziert werden. Diese antigenabhängigen Phasen werden in Kap. 9 genauer beschrieben

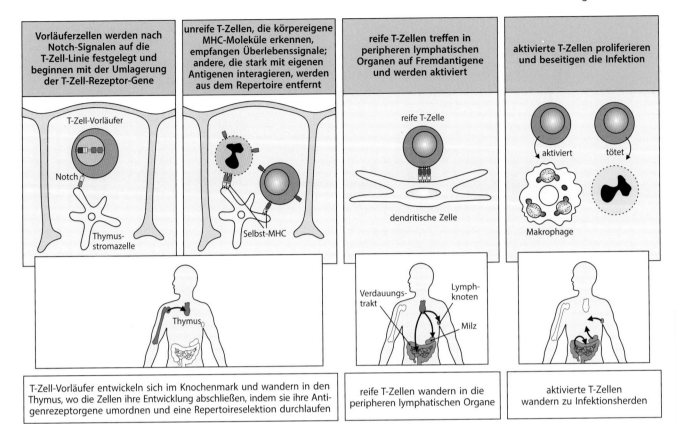

**Abb. 8.15 T-Zellen entwickeln sich im Thymus und wandern in die peripheren lymphatischen Organe, wo sie von fremden Antigenen aktiviert werden.** T-Zell-Vorläufer wandern vom Knochenmark in den Thymus, wo sie nach Signalen durch den NOTCH-Rezeptor für die T-Zell-Linie vorgeprägt werden. Im Thymus werden die T-Zell-Rezeptor-Gene umgelagert (*erstes Bild oben*); α:β-T-Zell-Rezeptoren, die mit Selbst-MHC-Molekülen kompatibel sind, übermitteln ein Überlebenssignal, indem sie mit dem Thymusepithel in Wechselwirkung treten; Zellen mit einem solchen Rezeptor werden positiv selektiert. Autoreaktive Rezeptoren senden dagegen ein Signal aus, das zum Zelltod führt; sie werden so über einen negativen Selektionsprozess aus dem Repertoire entfernt (*zweites Bild oben*). T-Zellen, die die Selektion überstehen, reifen heran und verlassen den Thymus, um in der Peripherie umherzustreifen. Sie verlassen wiederholt das Blut und durchwandern die peripheren lymphatischen Organe, wo sie auf ihr spezifisches Fremdantigen treffen und aktiviert werden können (*drittes Bild oben*). Die Aktivierung führt zur klonalen Expansion und Differenzierung zu T-Effektorzellen. Einige davon werden an Infektionsstellen zusammengezogen, wo sie die infizierten Zellen vernichten oder Makrophagen aktivieren können (*viertes Bild oben*); andere sammeln sich in B-Zell-Bereichen an, wo sie dazu beitragen, eine Antikörperantwort zu aktivieren (nicht dargestellt)

## 8.2.1 Vorläufer der T-Zellen entstehen im Knochenmark, aber alle wichtigen Vorgänge ihrer Entwicklung finden im Thymus statt

Der Thymus liegt im oberen Brustbereich, direkt über dem Herzen. Er besteht aus zahlreichen Lobuli, von denen jeder deutlich in eine äußere corticale Region, den **Thymuscortex**, und eine zentrale Region, das **Thymusmark** (Thymusmedulla), gegliedert ist (▸ Abb. 8.16). Bei jungen Individuen enthält der Thymus viele sich entwickelnde T-Zell-Vorläufer, die in ein epitheliales Netzwerk eingebettet sind, das wir als **Thymusstroma** kennen. Wie die Stromazellen im Knochenmark bei den B-Zellen bietet das Thymusstroma für die T-Zell-Entwicklung ein besonderes Mikromilieu.

Das Thymusepithel entsteht in der frühen Embryonalentwicklung aus den entodermalen Strukturen, die wir als dritte Schlundtaschen kennen. Die epithelialen Gewebe bilden den

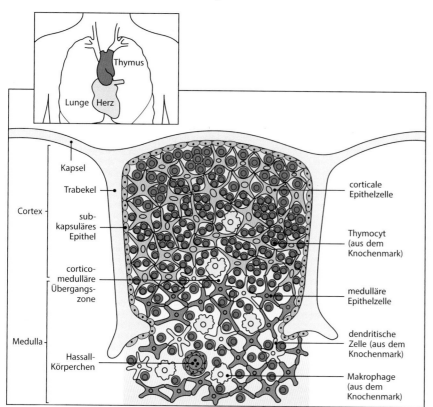

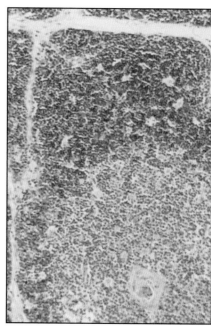

**Abb. 8.16 Der zelluläre Aufbau des menschlichen Thymus.** Der Thymus liegt auf der Mittellinie des Körpers oberhalb des Herzens. Er besteht aus mehreren Lobuli, von denen jeder einzelne gesonderte corticale (äußere) und medulläre (zentrale) Bereiche enthält. Wie in der Skizze *links* zu erkennen ist, besteht der Cortex aus unreifen Thymocyten (*dunkelblau*), verzweigten corticalen Epithelzellen (*hellblau*), mit denen diese Thymocyten eng verbunden sind, sowie vereinzelten Makrophagen (*gelb*), die an der Beseitigung apoptotischer Thymocyten beteiligt sind. Das Mark besteht aus reifen Thymocyten (*dunkelblau*) und medullären Epithelzellen (*orange*), Makrophagen (*gelb*) und dendritischen Zellen (*gelb*), die aus dem Knochenmark stammen. In den Hassall-Körperchen werden wahrscheinlich Zellen abgebaut. Die Thymocyten in der äußeren corticalen Zellschicht sind proliferierende, unreife Zellen, während die meisten der tiefer im Cortex liegenden Thymocyten unreife T-Zellen sind, die eine Selektion durchlaufen. Das Foto zeigt den entsprechenden Schnitt durch einen menschlichen Thymus, angefärbt mit Hämatoxylin und Eosin. Der Cortex ist *dunkel* gefärbt, die Medulla jedoch *hell*. Die große Struktur in der Medulla ist ein Hassall-Körperchen. (Foto mit freundlicher Genehmigung von C. J. Howe)

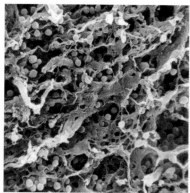

**Abb. 8.17 Die Epithelzellen des Thymus bilden ein Netzwerk, das die sich entwickelnden Thymocyten umgibt.** In dieser rasterelektronenmikroskopischen Aufnahme des Thymus besetzen die runden, sich entwickelnden Thymocyten die Zwischenräume eines ausgedehnten Netzwerks von Epithelzellen. (Foto mit freundlicher Genehmigung von W. van Ewijk)

rudimentären Thymus, die **Thymusanlage**. Diese wird von Zellen hämatopoetischen Ursprungs besiedelt. Aus den Zellen entwickeln sich große Mengen an Thymocyten der T-Zell-Linie sowie die **intrathymalen dendritischen Zellen**. Die Thymocyten halten sich nicht nur einfach vorübergehend im Thymus auf, sondern beeinflussen auch die Anordnung der Epithelzellen des Thymus, von denen ihr Überleben abhängt; so veranlassen sie die Bildung einer netzförmigen epithelialen Struktur rund um die sich entwickelnden Thymocyten (▶ Abb. 8.17).

Der zelluläre Aufbau des menschlichen Thymus ist in ▶ Abb. 8.16 dargestellt. Zellen aus dem Knochenmark sind unterschiedlich auf Cortex und Medulla verteilt. Während man im Cortex nur unreife Thymocyten und vereinzelt Makrophagen findet, kommen im Mark zusammen mit dendritischen Zellen, Makrophagen und einigen B-Zellen mehr reife Thymocyten vor. Diese Organisationsstruktur spiegelt die unterschiedlichen Entwicklungsereignisse wider, die in diesen beiden Kompartimenten ablaufen (siehe unten).

Welche Bedeutung der Thymus für die Immunität hat, wurde zuerst durch Experimente an Mäusen entdeckt. Tatsächlich stammt der Großteil der heutigen Kenntnisse über die T-Zell-

Entwicklung im Thymus aus Untersuchungen an der Maus. Man fand heraus, dass bei Mäusen eine operative Entfernung des Thymus (**Thymektomie**) gleich nach der Geburt zu einer Immunschwäche führt. Dadurch stand dieses Organ bereits im Mittelpunkt des Interesses, als man bei Säugetieren den Unterschied zwischen T- und B-Zellen noch nicht definiert hatte. Seither häufen sich die Belege für die Bedeutung des Thymus bei der T-Zell-Entwicklung, darunter auch Beobachtungen an immunschwachen Kindern. Beim humanen **DiGeorge-Syndrom** sowie bei Mäusen mit der *nude*-Mutation kann sich der Thymus nicht entwickeln. Die betroffenen Individuen produzieren zwar B-Lymphocyten, jedoch kaum T-Lymphocyten. Das DiGeorge-Syndrom ist eine komplexe Kombination aus verschiedenen Defekten, die das Herz, das Gesicht, die innere Sekretion und das Immunsystem betreffen und mit Deletionen in der Chromosomenregion 22q11 zusammenhängen. Die *nude*-Mutation bei Mäusen ist auf einen Defekt im Gen für den Transkriptionsfaktor Foxn1, der für die abschließende Differenzierung von Epithelzellen erforderlich ist, zurückzuführen. Die Bezeichnung *nude* für diese Mutation leitet sich aus der ebenfalls verursachten Haarlosigkeit ab. Beim Menschen gehen die seltenen Fälle einer Mutation im *FOXN1*-Gen (das auf Chromosom 17 liegt) mit einer T-Zell-Immunschwäche, dem Fehlen des Thymus, einem angeborenen Haarausfall (Alopezie) und einer Dystrophie der Finger- und Fußnägel einher.

Bei Mäusen entwickelt sich der Thymus nach der Geburt noch drei bis vier Wochen lang weiter, während der Thymus des Menschen bei der Geburt bereits voll ausdifferenziert ist. Die T-Zell-Produktion im Thymus ist vor der Pubertät am höchsten, danach beginnt der Thymus zu schrumpfen. Erwachsene bilden zwar weniger neue T-Zellen, doch hört die Produktion zeitlebens nicht auf. Wird Mäusen oder Menschen nach der Pubertät der Thymus entfernt, lässt sich kein Verlust der T-Zell-Funktion und der Anzahl der Zellen feststellen. Daher besteht anscheinend nach abgeschlossener Etablierung eines T-Zell-Repertoires eine Immunität, ohne dass viele neue T-Zellen gebildet werden müssen. Die Anzahl an peripheren T-Zellen wird stattdessen durch die Teilung reifer T-Zellen konstant gehalten.

## 8.2.2 Die Vorprägung für die T-Zell-Linie findet im Anschluss an Notch-Signale im Thymus statt

Die T-Lymphocyten entwickeln sich aus einer lymphatischen Vorläuferzelle im Knochenmark, aus der auch die B-Lymphocyten hervorgehen. Einige dieser Vorläufer verlassen das Knochenmark und wandern in den Thymus. Im Thymus erhält die Vorläuferzelle der Thymusepithelzellen ein Signal, das über den Rezeptor Notch1 vermittelt wird und dazu dient, spezifische Gene zu aktivieren. Notch-Signale dienen bei der Entwicklung von Tieren häufig dazu, die Differenzierung von Geweben zu bestimmen: Bei der Entwicklung der Lymphocyten vermittelt das Signal der Vorläuferzelle die Anweisung, sich auf die T-Zell-Linie festzulegen und nicht auf die B-Zell-Linie. Man kennt zwar noch nicht alle Einzelheiten, aber Notch-Signale sind während der gesamten Entwicklung der T-Zellen von Bedeutung und spielen wahrscheinlich auch bei anderen Weichenstellungen in der T-Zell-Linie eine Rolle, etwa bei der Auswahl zwischen $\alpha{:}\beta$ und $\gamma{:}\delta$.

Die Notch-Signale in den Vorläuferzellen im Thymus sind für die Expression der T-Zell-spezifischen Gene und die Vorprägung zur T-Zell-Linie essenziell (▶ Abb. 8.18). Die Signale induzieren zuerst die Expression zweier Transkriptionsfaktoren – T-Zell-Faktor 1 (TCF1) und GATA3, die beide für die T-Zell-Entwicklung notwendig sind. TCF1 und GATA3 setzen zusammen die Expression mehrerer Gene in Gang, die für die T-Zell-Linie spezifisch sind. Das sind beispielsweise Gene, die Komponenten des CD3-Komplexes codieren, außerdem das *RAG-1*-Gen, das für die Umlagerung der T- und B-Zell-Rezeptoren notwendig ist (▶ Abb. 8.18). TCF1 und GATA3 reichen jedoch allein nicht aus, das gesamte Programm der T-Zell-spezifischen Genexpression zu induzieren. Um die Vorprägung für die T-Zell-Linie einzuleiten und so die Vorläuferzellen daran zu hindern, eine andere Entwicklungsrichtung einzuschlagen, ist noch Bcl-11b als dritter Transkriptionsfaktor erforderlich. Diese Endphase der T-Zell-Prägung ist eine notwendige Voraussetzung für die Aktivierung des gesamten Genexpressionsprogramms der T-Zelle.

**Abb. 8.18 Entwicklungsstadien der α:β-T-Zellen im Thymus der Maus korrelieren mit dem Ablauf der Genumlagerung und der Expression von Zelloberflächenproteinen, Signalproteinen und Transkriptionsfaktoren.** Lymphatische Vorläuferzellen werden zur Proliferation angeregt und entwickeln sich durch Wechselwirkung mit Notch-Liganden, die auf dem Thymusstroma exprimiert werden, zu Thymocyten, die der T-Zell-Linie folgen. Die Notch-Signale sind für die T-Zell-Prägung notwendig, da dadurch die die Expression von TCF1 und GATA3 induziert wird, die wiederum die Expression von Bcl-11b in Gang setzen. Dieses Programm der Genexpression beginnt in den doppelt negativen (DN1-)Zellen, die CD44 und Kit exprimieren. Die Zellen werden im anschließenden DN2-Stadium, das gekennzeichnet ist durch die Expression von CD25, der α-Kette des IL-2-Rezeptors, irreversibel für die T-Zell-Linie vorgeprägt. Danach beginnen die DN2-(CD44⁺CD25⁺-)Zellen, ihre Gene für die β-Kette umzulagern; dadurch werden sie zu CD44^niedrig- und Kit^niedrig-Zellen (DN3-Zellen). Die DN3-Zellen bleiben so lange im CD44^niedrigCD25⁺-Stadium, bis sie ihre Gene für die β-Kette produktiv umgelagert haben. Dann wird das Gen für die β-Kette im richtigen Leseraster abgelesen, die β-Kette paart sich mit der Ersatzkette pTα und bildet so den Prä-T-Zell-Rezeptor (Prä-TCR). Nach dem Erscheinen des Komplexes auf der Zelloberfläche tritt die Zelle in den Zellzyklus ein. Sobald pTα:β auf der Zelloberfläche erscheint und gleichzeitig CD3-Signale auftreten, endet die Umlagerung des Gens der β-Kette und es kommt zu einer schnellen Zellproliferation. Das führt zum Verlust von CD25. Man bezeichnet die Zellen nun als DN4-Zellen. Die DN4-Zellen hören schließlich auf zu proliferieren und CD4 und CD8 werden exprimiert. Die kleinen doppelt positiven CD4⁺CD8⁺-Zellen beginnen mit der effizienten Genumlagerung am Locus für die α-Kette. Die Zellen exprimieren dann geringe Mengen des α:β-T-Zell-Rezeptors sowie des assoziierten CD3-Komplexes und sind bereit für die Selektion. Die meisten Zellen sterben, weil sie die positive Selektion nicht überstehen oder eine negative Selektion durchmachen. Einige schaffen es jedoch, zu einfach positiven CD4- oder CD8-Zellen heranzureifen, und verlassen schließlich den Thymus. Die Reifung der doppelt positiven CD4⁺CD8⁺-Zellen zu einfach positiven CD4⁺- und CD8⁺-Zellen wird durch die Transkriptionsfaktoren ThPOK beziehungsweise Runx3 reguliert. Im einfach positiven Stadium wird zuerst KLF2 exprimiert. Ohne KLF2 können die Thymocyten nicht in die peripheren lymphatischen Gewebe auswandern, was zumindest teilweise darauf zurückzuführen ist, dass sie keine Rezeptoren exprimieren, die bei der Zellmigration eine Rolle spielen, beispielsweise den Sphingosin-1-phosphat-(S1P-)Rezeptor 1 (S1PR1) (▶ Abb. 8.32). Die jeweiligen Beiträge der übrigen Proteine zur T-Zell-Entwicklung werden im Text besprochen

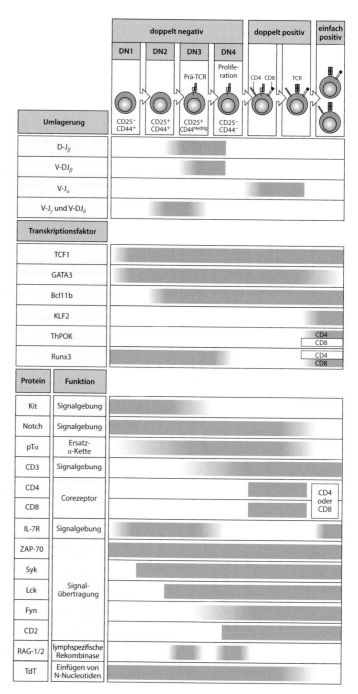

## 8.2.3 Im Thymus proliferieren T-Zell-Vorläufer besonders stark, aber die meisten sterben ab

T-Zell-Vorläufer, die nach Verlassen des Knochenmarks in den Thymus gelangen, durchlaufen dort zunächst eine Phase der Differenzierung, die bis zu einer Woche andauert, bevor sie in eine Phase intensiver Proliferation eintreten. In jungen adulten Mäusen, deren Thymus etwa $1–2 \times 10^8$ Thymocyten enthält, werden täglich etwa $5 \times 10^7$ neue Zellen gebildet. Dennoch verlassen nur etwa $1–2 \times 10^6$ (etwa 2–4 %) davon den Thymus als reife T-Zellen. Trotz des Unterschieds zwischen der Zahl der gebildeten T-Zellen und der Zellen, die den Thymus verlassen, verändert der Thymus weder seine Größe noch seine Zellzahl. Dies lässt sich damit erklären, dass nahezu 98 % der Thymocyten, die sich im Thymus entwickeln, dort auch sterben. Da keine größeren Schäden zu beobachten sind, ist anzunehmen, dass die Thymocyten nicht durch Nekrose, sondern vielmehr durch Apoptose (programmierten Zelltod) zugrunde gehen (Abschn. 1.3.7).

Zellen, die gerade eine Apoptose durchlaufen, werden von Makrophagen erkannt und aufgenommen. In den Makrophagen des gesamten Thymuscortex sind dann apoptotische Körperchen zu erkennen, die Reste des kondensierten Chromatins aus apoptotischen Zellen enthalten (▶ Abb. 8.19). Diese auf den ersten Blick ungeheuere Verschwendung von Thymocyten ist jedoch ein entscheidender Bestandteil der T-Zell-Entwicklung und lässt die Gründlichkeit erkennen, mit der jeder neue Thymocyt auf seine Fähigkeit zur Erkennung von Selbst-Peptid:Selbst-MHC-Komplexen und zur Selbst-Toleranz hin überprüft wird.

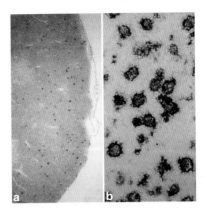

**Abb. 8.19 Im Cortex des Thymus werden sich entwickelnde T-Zellen, die eine Apoptose durchlaufen, von Makrophagen aufgenommen.** Die Aufnahme *links* zeigt einen Schnitt durch den Thymuscortex und einen Teil der Medulla; Zellen, die den programmierten Zelltod sterben, sind *rot* gefärbt. Der Cortex befindet sich rechts im Bild. In ihm sind überall Zellen verteilt, die einen programmierten Zelltod durchlaufen, in der Medulla sind solche Zellen dagegen selten. Die Aufnahme *rechts* ist eine stärkere Vergrößerung eines Schnitts durch den Cortex mit *rot* gefärbten apoptotischen Zellen und *blau* gefärbten Makrophagen. Man erkennt die apoptotischen Zellen im Inneren der Makrophagen. Vergrößerungen: **a)** × 45, **b)** × 164. (Fotografien nachgedruckt mit Genehmigung der Macmillan Publishers Ltd.: Surh, C. D., Sprent, J.: T-cell apoptosis detected *in situ* during positive and negative selection in the thymus. *Nature* 1994, 372:100–103)

### 8.2.4 Die aufeinanderfolgenden Stadien der Thymocytenentwicklung sind durch Änderungen in den Zelloberflächenmolekülen gekennzeichnet

Wie die B-Zellen durchlaufen auch die Thymocyten während ihrer Proliferation und Reifung zu T-Zellen eine Reihe unterschiedlicher Schritte. Diese sind durch Veränderungen im Zustand der T-Zell-Rezeptor-Gene gekennzeichnet sowie durch eine veränderte Expression des T-Zell-Rezeptors und der Proteine auf der Zelloberfläche, etwa des CD3-Komplexes (Abschn. 7.2.1) und der Corezeptoren CD4 und CD8 (Abschn. 4.3.8). Sie alle spiegeln das Stadium der funktionellen Reifung der Zelle wider. Bestimmte Kombinationen von Zelloberflächenmolekülen dienen folglich als Marker für die verschiedenen Phasen der T-Zell-Entwicklung. Die wichtigsten Stadien sind in ▶ Abb. 8.20 zusammengefasst. Schon zu Beginn der T-Zell-Entwicklung entstehen zwei gesonderte T-Zell-Linien: die α:β- und die γ:δ-T-Zellen, deren T-Zell-Rezeptor-Ketten sich unterscheiden. Später gehen aus den α:β-T-Zellen zwei funktionell getrennte Untergruppen hervor, die CD4- und die CD8-T-Zellen.

Wenn Vorläuferzellen nach Verlassen des Knochenmarks in den Thymus gelangen, fehlen ihnen noch die meisten Oberflächenmoleküle, die für reife T-Zellen charakteristisch sind. Zudem haben ihre Rezeptorgene noch keine Umlagerung durchlaufen. Aus diesen Zellen entsteht die größere Population der α:β-T-Zellen sowie die kleinere Population der γ:δ-T-Zellen. Injiziert man diese lymphatischen Vorläufer in den peripheren Kreislauf, können sich aus ihnen sogar B- und NK-Zellen entwickeln. Dabei ist jedoch unklar, ob die einzelnen Thymus-Vorläuferzellen diese Multipotenz behalten oder ob die Population der Vorläuferzellen aus einer Mischung verschiedener Zellen besteht, von denen nur einige für die α:β- oder die γ:δ-T-Zell-Linie vorgeprägt sind.

Wechselwirkungen mit dem Thymusstroma stimulieren eine anfängliche Differenzierungsphase, die dem Entwicklungsweg der T-Zell-Linie folgt. Daran schließen sich eine Proliferationsphase und die Expression der ersten T-Zell-spezifischen Oberflächenmoleküle wie CD2 und (bei Mäusen) Thy-1 an. Am Ende dieser Phase, die bis zu einer Woche dauern kann, tragen die unreifen Thymocyten Marker, welche die T-Zell-Linie kennzeichnen. Sie exprimieren jedoch keines der drei Zelloberflächenmoleküle, die für reife T-Zellen charakteristisch sind, das heißt weder den CD3:T-Zell-Rezeptor-Komplex noch die Corezeptoren CD4 oder CD8. Da diese Zellen weder CD4 noch CD8 besitzen, nennt man sie auch **doppelt negative Thymocyten** (▶ Abb. 8.20).

Im voll entwickelten Thymus sind nur etwa 60 % der doppelt negativen Thymocyten unreife T-Zellen. Zur Population der doppelt negativen Thymocyten (die etwa 5 % aller Thymocyten ausmacht), gehören auch zwei Populationen reiferer T-Zellen aus weniger häufigen Zelllinien. Das sind zum einen die T-Zellen, die γ:δ-T-Zell-Rezeptoren exprimieren (Abschn. 8.2.7), zum anderen T-Zellen mit α:β-T-Zell-Rezeptoren, die eine stark ein-

**Abb. 8.20 Im Thymus bilden sich zwei eigenständige Zelllinien von Thymocyten.** CD4, CD8 und Moleküle des T-Zell-Rezeptor-Komplexes (CD3 sowie die α- und β-Kette des T-Zell-Rezeptors) sind wichtige Zelloberflächenmoleküle für die Identifizierung von Thymocytensubpopulationen. Die früheste Zellpopulation im Thymus exprimiert keines dieser Moleküle. Da diese Zellen weder CD4 noch CD8 exprimieren, nennt man sie „doppelt negativ". Zu diesen Zellen gehören auch Vorläuferzellen, aus denen sich zwei T-Zell-Linien entwickeln: die kleinere Population der γ:δ-Zellen, die selbst im reifen Zustand weder CD4 noch CD8 aufweisen, sowie die hauptsächlich vorkommende α:β-Zell-Linie. Bei ihrer Reifung passieren α:β-T-Zellen ein Stadium, in dem ein und dieselbe Zelle CD4 und CD8 exprimiert; diese Zellen bezeichnet man als doppelt positive Thymocyten. Diese Zellen werden größer und teilen sich. Später werden aus ihnen kleine ruhende doppelt positive Zellen, die nur geringe Mengen des T-Zell-Rezeptors exprimieren. Die meisten von ihnen sterben dann im Thymus. Diejenigen Zellen aber, deren Rezeptoren an Selbst-Peptid:Selbst-MHC-Komplexe binden können, verlieren die CD4- oder die CD8-Expression, wobei die Expression des T-Zell-Rezeptors gesteigert wird. Aufgrund dieses Prozesses entstehen die „einfach positiven" Thymocyten, die den Thymus nach ihrer Reifung als reife, einfach positive CD4- oder CD8-T-Zellen verlassen

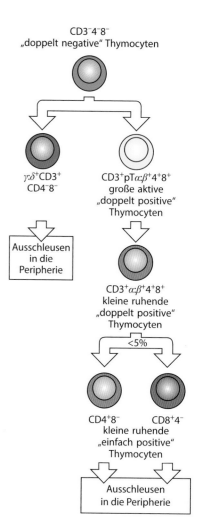

geschränkte Diversität aufweisen (iNKT-Zellen; Abschn. 6.3.4). Wir werden hier und im Folgenden den Begriff „doppelt negative T-Zelle" nur für unreife Thymocyten benutzen, die noch kein vollständiges T-Zell-Rezeptor-Molekül exprimieren. Aus diesen Zellen entstehen sowohl γ:δ- als auch α:β-T-Zellen (▶ Abb. 7.19), wobei die meisten den Entwicklungsweg der α:β-T-Zellen einschlagen.

Eine genauere Darstellung der Entwicklung von α:β-T-Zellen zeigt ▶ Abb. 8.18. Das Stadium der doppelt negativen Zellen kann in weitere vier Stadien unterteilt werden, je nachdem, ob das Adhäsionsmolekül CD44, CD25 (die α-Kette des IL-2-Rezeptors) oder Kit, der Rezeptor für SCF (Abschn. 8.1.1), exprimiert wird. Zuerst exprimieren doppelt negative Thymocyten Kit und CD44, aber kein CD25, und man bezeichnet sie als **DN1**-Zellen. In diesen Zellen haben die Gene für die beiden Ketten des T-Zell-Rezeptors noch die gleiche Anordnung wie in der Keimbahn. Wenn die Thymocyten heranreifen, beginnen sie mit der Expression von CD25 auf ihrer Oberfläche und man bezeichnet sie als **DN2**-Zellen. Später wird die Expression von CD44 und Kit verringert und die Zellen werden zu **DN3**-Zellen.

Die Umlagerung des Locus der T-Zell-Rezeptor-β-Kette beginnt in den DN2-Zellen mit einigen $D_\beta$-$J_\beta$-Umlagerungen und setzt sich in den DN3-Zellen mit $V_\beta$-$DJ_\beta$-Umlagerungen fort. Gelingt den Zellen keine produktive Umlagerung der β-Kette, verbleiben sie im DN3-(CD44$^{niedrig}$CD25$^+$-)Stadium und gehen bald zugrunde. Bei den Zellen, in denen die Umlagerung erfolgt und die das Protein der β-Kette exprimieren, hört dagegen erneut die CD25-Expression auf, sie erreichen das **DN4**-Stadium und proliferieren nun. Die Funktion der vorübergehenden CD25-Expression ist unklar: Bei Mäusen, in denen das IL-2-Gen durch Knockout (Anhang I, Abschn. A.35) entfernt wurde, entwickeln sich die T-Zellen normal. Im Gegensatz dazu ist Kit für die Entwicklung der frühesten doppelt negativen Thymocyten wichtig, denn Mäuse ohne Kit haben deutlich weniger doppelt negative T-Zellen. Darüber hinaus sind in jedem Stadium für die Weiterentwicklung ständige Notch-Signale notwendig. Ein zweiter wichtiger Faktor ist IL-7, das im Thymusstroma produziert wird. Sobald IL-7, die $\alpha$- oder $\gamma_c$-Kette des IL-7-Rezeptors oder das Signalprotein Jak3 des IL-7-Rezeptors ausfallen, kommt es bei Mäusen und Menschen zu einer schwerwiegenden Blockade der Entwicklung. So wird beim Menschen der X-gekoppelte schwere kombinierte Immundefekt (X-SCID) durch einen genetischen Defekt hervorgerufen, der mit einer fehlenden Expression des $\gamma_c$-Proteins einhergeht.

Die von DN3-Thymocyten (▶ Abb. 8.18) exprimierten $\beta$-Ketten verbinden sich mit **pT$\alpha$** (Prä-T-Zell-$\alpha$-Kette), einer Ersatz-$\alpha$-Kette. Dadurch ist die Bildung des **Prä-T-Zell-Rezeptors** (Prä-TCR) möglich, der in Struktur und Funktion dem Prä-B-Zell-Rezeptor entspricht. Der Prä-T-Zell-Rezeptor wird zusammen mit den CD3-Molekülen, die die Signalkomponenten der T-Zell-Rezeptoren liefern (Abschn. 7.2.1), auf der Zelloberfläche exprimiert. Wie beim Prä-B-Zell-Rezeptor führt der Zusammenschluss zum CD3:Prä-T-Zell-Rezeptor-Komplex zu einer konstitutiven Signalgebung, für die keine Wechselwirkung mit einem Liganden notwendig ist. Vor Kurzem durchgeführte Strukturanalysen haben gezeigt, dass der Prä-TCR in einer Weise Dimere bildet, die der Dimerbildung des B-Zell-Rezeptors ähnelt. Die pT$\alpha$-Ig-Domäne bildet zwei wichtige Kontaktstellen aus. Sie bindet an die Ig-Domäne der konstanten Region in der V$_\beta$-Untereinheit und bildet so den Prä-TCR. Ein anderer Bereich der pT$\alpha$-Oberfläche bindet an eine V$_\beta$-Domäne in einem anderen Prä-TCR-Molekül, sodass zwischen diesen zwei Prä-TCRs eine Brücke entsteht. Die Kontaktregion mit der V$_\beta$-Domäne enthält Aminosäurereste, die bei vielen V$_\beta$-Familien hoch konserviert sind. Auf diese Weise induziert die Prä-TCR-Expression eine von Liganden unabhängige Dimerisierung, die dazu führt, dass sich die Zellen vermehren, die Umlagerung des Gens für die $\beta$-Kette beenden und schließlich CD8 und CD4 exprimieren. Diese **doppelt positiven Thymocyten** machen den weitaus größten Teil der Thymocyten aus. Sobald die großen doppelt positiven Thymocyten aufhören, sich zu teilen, und sich zu kleinen doppelt positiven Zellen entwickeln, beginnt die Umlagerung der Gene für die $\alpha$-Kette. Wie wir in diesem Kapitel noch feststellen werden, ermöglicht der Aufbau des $\alpha$-Locus (Abschn. 5.2.1) viele verschiedene aufeinanderfolgende Umlagerungsversuche, sodass die Umlagerung in fast allen sich entwickelnden Thymocyten letztendlich erfolgreich verläuft. Daher bilden die meisten doppelt positiven Zellen innerhalb ihrer relativ kurzen Lebensdauer einen $\alpha$:$\beta$-T-Zell-Rezeptor aus.

Kleine doppelt positive Thymocyten exprimieren anfänglich nur wenige T-Zell-Rezeptoren. Die meisten dieser Rezeptoren können keine Selbst-Peptid:Selbst-MHC-Komplexe erkennen, sodass die Zellen keine positive Selektion erfahren und zum Sterben verurteilt sind. Dagegen reifen jene doppelt positiven Zellen, die Selbst-Peptid:Selbst-MHC-Komplexe erkennen und daher eine positive Selektion durchlaufen, weiter heran und exprimieren große Mengen des T-Zell-Rezeptors. Anschließend beenden sie die Expression eines der beiden Corezeptormoleküle und werden somit zu **einfach positiven** CD4- oder CD8-**Thymocyten** (▶ Abb. 8.18). Während und nach dem doppelt positiven Entwicklungsstadium durchlaufen die Thymocyten auch eine negative Selektion. Dabei werden diejenigen Zellen ausgeschlossen, die auf Autoantigene ansprechen. Annähernd 2 % der doppelt positiven Thymocyten überleben diese zweifache Überprüfung und reifen zu einfach positiven T-Zellen heran, die nach und nach aus dem Thymus entlassen werden, um das T-Zell-Repertoire der Peripherie zu bilden. Zwischen der Ankunft der T-Zell-Vorläufer im Thymus und der Ausschleusung der reifen Nachkommen liegen bei der Maus etwa drei Wochen.

## 8.2.5 In unterschiedlichen Bereichen des Thymus findet man Thymocyten verschiedener Entwicklungsstadien

Video 8.1

Der Thymus ist in zwei große Regionen unterteilt: den peripheren Cortex (Rinde) und die zentrale Medulla (Mark) (▶ Abb. 8.16). Der größte Teil der T-Zell-Entwicklung läuft im Cortex ab. Im Mark findet man nur reife, einfach positive Thymocyten. Zuerst gelangen Vorläuferzellen aus dem Knochenmark über die corticomedulläre Übergangszone bis in den äußeren Cortex (▶ Abb. 8.21). Am äußeren Cortexrand erfolgt im subkapsulären Bereich des Thymus die starke Proliferation großer, unreifer, doppelt negativer Thymocyten. Dabei handelt es sich offenbar um die vorgeprägten Vorläuferzellen aus dem Thymus und ihre unmittelbaren Abkömmlinge, aus denen sich die folgenden Thymocytenpopulationen entwickeln. Tiefer im Cortex sind die meisten Thymocyten klein und doppelt positiv. Das corticale Stroma besteht aus Epithelzellen mit langen, verzweigten Fortsätzen, die auf ihrer Oberfläche MHC-Klasse-I- und -Klasse-II-Moleküle exprimieren. Der Thymuscortex ist dicht mit Thymocyten gefüllt, die fast alle mit den verzweigten Fortsätzen der corticalen Epithelzellen des Thymus in Kontakt stehen (▶ Abb. 8.17). Wechselwirkungen zwischen den MHC-Molekülen der corticalen Epithelzellen und den Rezeptoren der sich entwickelnden T-Zellen spielen, wie wir in diesem Kapitel noch zeigen werden, eine bedeutende Rolle bei der positiven Selektion.

Die sich entwickelnden T-Zellen wandern nach der positiven Selektion vom Cortex in das Mark. Das Mark enthält weniger Lymphocyten, dabei handelt es sich vor allem um die neu gereiften, einfach positiven T-Zellen, die schließlich den Thymus verlassen. Die Medulla ist an der negativen Selektion beteiligt. Die antigenpräsentierenden Zellen in dieser Umgebung sind dendritische Zellen, die costimulierende Moleküle exprimieren, welche im Cortex generell nicht vorkommen. Darüber hinaus präsentieren spezialisierte Epithelzellen der Medulla

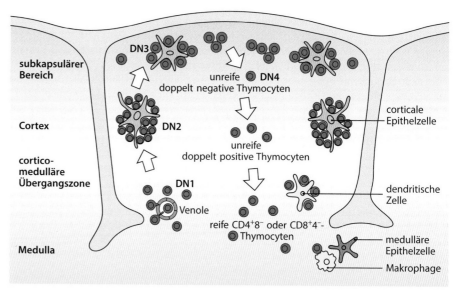

**Abb. 8.21 In verschiedenen Bereichen des Thymus befinden sich Thymocyten unterschiedlicher Entwicklungsstadien.** Die ersten Thymocytenvorläufer wandern aus dem Blut über Venolen in der Nähe der Cortex-Medulla-Grenze in den Thymus ein. Liganden, die mit dem Rezeptor Notch1 interagieren, werden im Thymus exprimiert und wirken auf die eingewanderten Zellen ein, sodass sie für die T-Zell-Linie vorgeprägt werden. Während sich diese Zellen über die frühen doppelt negativen CD4⁻CD8⁻-(DN-)Stadien differenzieren (siehe Text), wandern sie durch die Cortex-Medulla-Grenze bis in den äußeren Cortex. Die DN3-Zellen befinden sich in der Nähe der subkapsulären Region des Cortex. Während sich die Vorläuferzellen weiter zum doppelt positiven CD4⁺CD8⁺-Stadium differenzieren, wandern sie zurück in den Cortex. Das Mark enthält schließlich nur noch reife, einfach positive T-Zellen, die den Thymus mit der Zeit verlassen und in den Blutkreislauf gelangen

periphere Antigene für die negative Selektion von T-Zellen, die auf diese Autoantigene reagieren.

## 8.2.6 T-Zellen mit $\alpha{:}\beta$- oder $\gamma{:}\delta$-Rezeptoren haben einen gemeinsamen Vorläufer

Die $\gamma{:}\delta$-T-Zellen unterscheiden sich von den $\alpha{:}\beta$-T-Zellen darin, dass sie vor allem in Epithelien und Schleimhäuten vorkommen und keine CD4- oder CD8-Corezeptoren exprimieren. Anders als bei den $\alpha{:}\beta$-T-Zellen weiß man über die Liganden, die von den $\gamma{:}\delta$-T-Zell-Rezeptoren erkannt werden, relativ wenig, nimmt aber an, dass sie der MHC-Restriktion unterliegen (Abschn. 4.3.10). In Abschn. 5.2.3 wurde besprochen, dass für die beiden T-Zell-Rezeptor-Typen verschiedene genetische Loci zuständig sind. Zuerst werden der $\gamma$- und der $\delta$-Locus umgelagert und kurz danach der $\beta$-Locus. Außerdem befindet sich der $\delta$- innerhalb des $\alpha$-Locus, sodass die codierenden Sequenzen des $\delta$-Locus durch Umlagerungen des $\alpha$-Locus aus dem Chromosom entfernt werden. Der Mechanismus, der die Vorprägung der einzelnen Vorläuferzellen für die $\alpha{:}\beta$- oder $\gamma{:}\delta$-Zelllinie reguliert, ist zwar noch nicht bekannt, lässt aber eine gewisse Flexibilität erkennen. Das zeigt sich am Muster der Genumlagerungen in den Thymocyten und in reifen $\gamma{:}\delta$- und $\alpha{:}\beta$-T-Zellen. Reife $\gamma{:}\delta$-T-Zellen können umgelagerte Gene für die $\beta$-Kette aufweisen, wobei 80 % davon unproduktiv sind. Reife $\alpha{:}\beta$-T-Zellen tragen häufig umgelagerte Gene für die $\gamma$-Kette, deren Leseraster allerdings fehlerhaft ist.

## 8.2.7 T-Zellen, die $\gamma{:}\delta$-T-Zell-Rezeptoren exprimieren, entstehen in zwei verschiedenen Entwicklungsphasen

$\gamma{:}\delta$-T-Zellen gehen zwar aus denselben Vorläuferzellen hervor wie die $\alpha{:}\beta$-T-Zellen, die meisten $\gamma{:}\delta$-T-Zellen sind jedoch Bestandteil des angeborenen und nicht des adaptiven Immunsystems. Wenn sie ihre Reifung im Thymus abgeschlossen haben, besitzen die Zellen eine definierte Effektorfunktion, die nach ihrer Aktivierung schnell ausgelöst werden kann. Nach Verlassen des Thymus wandern die meisten $\gamma{:}\delta$-T-Zellen zu den Schleimhäuten und Epithelien des Körpers und halten sich dort dauerhaft auf.

Bei den Mäusen entstehen die meisten $\gamma{:}\delta$-T-Zellen während der Embryonalentwicklung und in der frühen Neonatalphase. Im fetalen Thymus entwickeln sich von den T-Zellen zuerst $\gamma{:}\delta$-T-Zellen, deren T-Zell-Rezeptoren alle aus denselben $V_\gamma$- und $V_\delta$-Regionen bestehen (▶ Abb. 8.22). Diese Zellen besiedeln die Epidermis; sie werden in die Keratinocyten eingebettet und nehmen eine dendritische Form an, sodass man sie als **dendritische epidermale T-Zellen** (**dETCs**) bezeichnet (▶ Abb. 8.23). dETC-Zellen überwachen die Haut und reagieren auf Infektionen und Verletzungen, indem sie Cytokine und Chemokine freisetzen. Diese Faktoren lösen Entzündungen aus, durch die Pathogene besser bekämpft werden können, und sie fördern die Wundheilung bei Hautverletzungen. Unter ausbalancierten Bedingungen produzieren dETC-Zellen auch Wachstumsfaktoren, die Wachstum und Instandhaltung der Haut unterstützen.

Nach den dETC-Zellen entwickelt sich im fetalen Thymus eine zweite Untergruppe der $\gamma{:}\delta$-T-Zellen. Diese Zellen wandern in die mucosalen Epithelien von Geweben, etwa der Fortpflanzungsorgane oder der Lunge, aber auch der Dermis der Haut. Diese Untergruppe produziert nach einer Stimulation inflammatorische Cytokine wie IL-17. Man nimmt an, dass diese Zellen bei Reaktionen auf Infektionen und Verletzungen eine Rolle spielen. Wie die dETC-Zellen exprimieren diese IL-17-produzierenden $\gamma{:}\delta$-T-Zellen ($T_{\gamma{:}\delta}$-17-Zellen) invariante T-Zell-Rezeptoren, die aus einer einzigen $V_\gamma$-$V_\delta$-Kombination bestehen. Diese beiden Untergruppen der dETC- und der fetalen $T_{\gamma{:}\delta}$-17-Zellen exprimieren jedoch T-Zell-

**Abb. 8.22 Die Umlagerung der γ- und δ-T-Zell-Rezeptor-Gene in der Maus verläuft in Wellen von Zellen, die verschiedene Vγ- und Vδ-Gen-Segmente exprimieren.** Etwa nach der zweiten Trächtigkeitswoche einer Maus wird im Embryo der $C_\gamma1$-Locus mit dem nächstgelegenen V-Gen ($V_\gamma5$) exprimiert. Nach einigen Tagen nimmt die Zahl der $V_\gamma5$-tragenden Zellen im Thymus ab (*oben*) und sie werden durch solche ersetzt, die das nächste proximal gelegene Gen, $V_\gamma6$, exprimieren. Diese beiden umgelagerten γ-Ketten werden zusammen mit demselben umgelagerten δ-Ketten-Gen exprimiert, wie in den *unteren Bildern* dargestellt ist. Es gibt in der $V_\gamma$- und der $V_\delta$-Kette nur wenig Variabilität an der Verknüpfungsstelle. Als Folge davon haben die meisten γ:δ-T-Zellen einer jeden frühen Welle dieselbe Spezifität, wobei man nicht weiß, welches Antigen von ihnen jeweils erkannt wird. Die $V_\gamma5$-tragenden Zellen siedeln sich anschließend gezielt in der Epidermis an; sie sind darauf programmiert, den Keratinocytenwachstumsfaktor sowie inflammatorische Cytokine und Chemokine zu sezernieren. Die $V_\gamma6$-tragenden Zellen siedeln sich hingegen in die Lunge, in die Dermis der Haut und im Epithel des Fortpflanzungstrakts an. Sie können IL-17 sezernieren. Die nächste Welle der γ:δ-T-Zell-Entwicklung beginnt am 17. Tag der Embryonalentwicklung; sie bringt zwei unterschiedliche Populationen hervor. Eine Population exprimiert nach der Genumlagerung die $V_\gamma4$-Kette, die sich mit heterogenen δ-Ketten assoziiert. Diese $V_\gamma4$-tragenden Zellen sind die zweite Untergruppe der (IL-17-sezernierenden) $T_{\gamma:\delta}$-17-Zellen und sie wandern in die Lymphknoten, die Milz, die Lunge und die Dermis der Haut. Die zweite Population dieser Welle exprimiert $V_\gamma1$ und die Zellen wandern in die Lymphknoten, die Milz und die Leber. Einige dieser Zellen assoziieren mit $V_\gamma6$-Ketten und können Il-4 und TNF-γ exprimieren; sie bilden die γ:δ-NKT-Zellen. Die letzte Welle der γ:δ-T-Zell-Entwicklung beginnt in einer späten Phase der Embryonalentwicklung und dauert bis zur adulten Phase. Diese letzte Welle umfasst eine heterogene Population von Zellen, die die $V_\gamma1$-, $V_\gamma2$- und $V_\gamma4$-Ketten tragen, die mit vielen verschiedenen δ-Ketten assoziieren. Diese Zellen wandern in die lymphatischen Organe und sind darauf programmiert, IFN-γ freizusetzen. Die andere Population dieser letzten Welle umfasst Zellen, die die $V_\gamma7$-Kette tragen, die mit heterogenen δ-Ketten assoziiert ist. Diese γ:δ-Zellen wandern in das Darmepithel und sind darauf programmiert, IFN-γ und antimikrobielle Verbindungen zu sezernieren. Die Produktion der γ:δ-T-Zellen setzt sich nach der Geburt zwar fort, aber bei der Entwicklung des Thymus dominiert die α:β-T-Zell-Linie

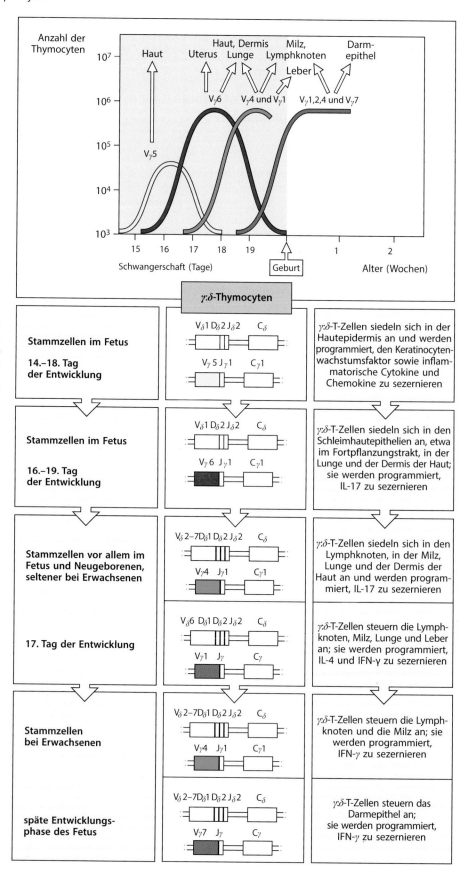

Rezeptoren, die unterschiedliche $V_\gamma$-Gen-Segmente enthalten – $V_\gamma 5$ in den dETC- und $V_\gamma 6$ in den $T_{\gamma:\delta}$-17-Zellen. Da fetale Thymocyten das Enzym TdT nicht exprimieren, gibt es keine N-Nucleotide, die in diesen beiden fetal entwickelten Untergruppen der $\gamma:\delta$-T-Zellen an den Verknüpfungsstellen zwischen den V-, D- und J-Gen-Segmenten für eine zusätzliche Diversität sorgen könnten. Warum bestimmte V-, D- und J-Gen-Segmente zu bestimmten Zeitpunkten während der Embryonalentwicklung für eine Umlagerung ausgewählt werden, ist noch noch nicht vollständig bekannt.

Die dETC-Zellen und die $V_\gamma 6$-positiven $T_{\gamma:\delta}$-17-Zellen entwickeln sich ausschließlich aus der frühen Welle von hämatopoetischen Stammzellen aus der fetalen Leber (▶ Abb. 8.22). Deshalb entstehen diese beiden Untergruppen der $\gamma:\delta$-T-Zellen nur während eines kurzen Zeitraums im fetalen Thymus und danach nie wieder. Eine zweite Phase in der Entwicklung der $\gamma:\delta$-T-Zellen beginnt im fetalen Thymus unmittelbar vor der Geburt. Diese hält im adulten Thymus auf niedrigem Niveau das gesamte Leben lang an. Dabei entstehen mehrere zelluläre Untergruppen, die jeweils eigene Effektorfunktionen und Gewebespezifitäten aufweisen. Wie die dETC-Zellen und die fetalen $T_{\gamma:\delta}$-17-Zellen kann man diese sich später entwickelnden $\gamma:\delta$-T-Zellen generell nach der Verwendung spezifischer $V_\gamma$-$V_\delta$-Regionen im T-Zell-Rezeptor klassifizieren (▶ Abb. 8.22), wobei die Rezeptorsequenzen innerhalb jeder Population variabler sind, da durch die TdT N-Nucleotide eingeführt werden.

Eine Population dieser sich später entwickelnden $\gamma:\delta$-T-Zellen ist so programmiert, dass sie nach ihrer Aktivierung IL-17 sezernieren. Sie bilden eine zweite Untergruppe der $T_{\gamma:\delta}$-17-Zellen und exprimieren eine andere $V_\gamma$-Region als die fetalen $T_{\gamma:\delta}$-17-Zellen. Diese sich später entwickelnden $T_{\gamma:\delta}$-17-Zellen exprimieren T-Zell-Rezeptoren mit der $V_\gamma 4$-Region. Diese $T_{\gamma:\delta}$-17-Untergruppe kommt in allen lymphatischen Organen vor, aber auch in der Dermis der Haut und im Darmepithel, wo die Zellen als Reaktion auf eine Infektion mit Bakterien oder Parasiten sofort Entzündungssignale aussenden. Darüber hinaus entwickeln sich in dieser zweiten Phase auch $T_{\gamma:\delta}$-17-Zellen mit T-Zell-Rezeptoren, welche die $V_\gamma 7$-Region enthalten. Die $V_\gamma 7$-positiven $\gamma:\delta$-T-Zellen wandern spezifisch in das Darmepithel. Dort stehen die Zellen bereit, auf Mikroorganismen im Darm zu reagieren, welche die Epithelschranke überwinden; sie sind wichtige Produzenten von antibakteriellen Molekülen, beispielsweise IFN-$\gamma$.

Anders als die Untergruppen der $\gamma:\delta$-T-Zellen, die sich in Gewebebarrieren aufhalten, etwa in der Haut oder im Darmepithel, kommen $\gamma:\delta$-T-Zellen auch in den lymphatischen Organen vor. Die Mehrzahl der residenten lymphatischen $\gamma:\delta$-T-Zellen entstehen während der späten Embryonalphase und der frühen neonatalen Periode sowie auch noch danach. Sie bilden eine stärker diversifizierte Population, die die $V_\gamma 1$-Region exprimiert. $V_\gamma 1$-positive T-Zellen setzen sich aus zwei Hauptgruppen zusammen – eine Untergruppe, die IFN-$\gamma$ und IL-4 exprimiert und in die Leber sowie in verschiedene lymphatische Organe einwandert, sowie eine zweite Untergruppe, die nur IFN-$\gamma$ exprimiert und alle lymphatischen Organe zum Ziel hat. Die zuerst genannte Zellpopulation ist daran zu erkennen, dass sie die spezielle TCR$\delta$-Kette ($V_\delta 6$) exprimiert, die mit $V_\gamma 1$ assoziiert. Diese Population ähnelt stark der Untergruppe von iNKT-Zellen, die den $\alpha:\beta$-T-Zell-Rezeptor exprimieren. Deshalb bezeichnet man diese $\gamma:\delta$-T-Zellen auch als $\gamma:\delta$-NKT-Zellen. Anders als bei den $\gamma:\delta$-T-Zell-Populationen, die sich in Epithelien aufhalten und deren Bedeutung für die Homöostase, die Reparatur von Geweben und die angeborene Immunantwort hinreichend bekannt sind, weiß man noch nicht sehr viel über die Funktionen der $\gamma:\delta$-T-Zellen in den sekundären lymphatischen Organen.

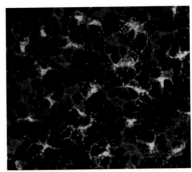

**Abb. 8.23 Dendritische epidermale T-Zellen halten sich innerhalb der Epithelschicht auf und bilden mit den Langerhans-Zellen ein ineinandergreifendes Netzwerk.** Diese Sicht auf eine Epidermisschicht der Maus zeigt Langerhans-Zellen (*grün*) und dendritische epidermale T-Zellen (dETCs), die zwischen den Schichten der Epidermis ein ineinandergreifendes Netzwerk bilden. Die epidermalen Epithelzellen sind in dieser Fluoreszenzdarstellung nicht sichtbar. Die sich verzweigende dendritische Form dieser $\gamma:\delta$-T-Zellen war ausschlaggebend für deren Bezeichnung. Die Liganden der $\gamma:\delta$-T-Zell-Rezeptoren sind zwar nicht bekannt, aber einige $\gamma:\delta$-T-Zellen erkennen nichtklassische MHC-Moleküle (Abschn. 6.3.1 und 6.3.2), die in Epithelien bei Stress gebildet werden, etwa durch UV-Schäden oder Pathogene. dETC-Zellen fungieren also wahrscheinlich als eine Art Wächter für solche Schäden; sie produzieren Cytokine, die die angeborene Immunantwort aktivieren und dadurch auch die adaptive Immunität. (Mit freundlicher Genehmigung von Adrian Hayday)

Teil III

## 8.2.8 Die erfolgreiche Synthese einer umgelagerten $\beta$-Kette ermöglicht die Produktion eines Prä-T-Zell-Rezeptors, der die Zellproliferation auslöst und die weitere Umlagerung des Gens für die $\beta$-Kette blockiert

Wir wollen uns nun wieder mit der Entwicklung der $\alpha:\beta$-T-Zellen befassen. Die Umlagerung der Loci für die $\beta$- und $\alpha$-Kette während der T-Zell-Entwicklung läuft fast genauso ab wie die Umlagerung der Immunglobulingene für die schwere und die leichte Kette während der B-Zell-Entwicklung (Abschn. 8.1.2 bis 8.1.5). Wie in ▶ Abb. 8.24 zu sehen ist, werden zuerst die $\beta$-Ketten-Gene umgelagert. Dabei werden die $D_\beta$-Gen-Segmente mit den $J_\beta$-Gen-Segmenten und anschließend die $V_\beta$- mit den $DJ_\beta$-Gen-Segmenten verknüpft. Wird aufgrund dieser Umlagerung keine funktionelle $\beta$-Kette gebildet, kann die Zelle keinen Prä-T-Zell-Rezeptor herstellen und stirbt. Im Gegensatz zu B-Zellen mit unproduktiv umgelagerten Ig-Genen für die schwere Kette können Thymocyten mit unproduktiven VDJ-Umlagerungen in der $\beta$-Kette durch weitere Umstrukturierungen gerettet werden. Dies ist möglich, weil sich stromaufwärts der beiden $C_\beta$-Gene zwei Cluster von $D_\beta$- und $J_\beta$-Gen-Segmenten befinden (▶ Abb. 5.13). Daher liegt die Wahrscheinlichkeit für eine produktive VDJ-Umlagerung etwas höher als die 55 % für eine produktive Umlagerung des Gens für die schwere Immunglobulinkette.

Nachdem das Gen der $\beta$-Kette produktiv umgelagert wurde, wird die $\beta$-Kette zusammen mit der unveränderlichen pT$\alpha$-Kette und den CD3-Molekülen exprimiert (▶ Abb. 8.24) und als Komplex zur Zelloberfläche transportiert. Entsprechend dem $\mu$:VpreB:$\lambda$5-Rezeptor-Komplex der Prä-B-Zelle bei der B-Zell-Entwicklung (Abschn. 8.1.3) ist auch der pT$\alpha$:$\beta$-Komplex ein funktioneller Prä-T-Zell-Rezeptor. Die Expression des Prä-T-Zell-Rezeptors im DN3-Stadium der Thymocytenentwicklung löst Signale aus, die dann die Phosphorylierung und den Abbau von RAG-2 in Gang setzen. So wird die Umlagerung der $\beta$-Ketten-Gene unterdrückt und es kommt zu einem Allelausschluss am $\beta$-Locus. Diese Signale induzieren das DN4-Stadium, bei dem es zu einer schnellen Zellproliferation kommt und schließlich die Corezeptorproteine CD4 und CD8 exprimiert werden. Der Prä-T-Zell-Rezeptor sendet konstitutiv Signale über die cytoplasmatische Proteinkinase Lck, eine Tyrosinkinase der Src-Familie (Abb. 7.12). Ein Ligand auf dem Thymusepithel ist dafür offenbar nicht erforderlich. Lck assoziiert danach mit den Corezeptorproteinen. Bei Lck-defizienten Mäusen bleibt die T-Zell-Entwicklung vor dem CD4$^+$CD8$^+$-Stadium stehen und das Gen der $\alpha$-Kette wird nicht umgelagert.

Die exprimierte $\beta$-Kette des T-Zell-Rezeptors spielt eine Rolle bei der Unterdrückung weiterer Genumlagerungen. Dies lässt sich mithilfe von transgenen Mäusen veranschaulichen, die ein umgelagertes TCR$\beta$-Transgen besitzen. Diese Mäuse exprimieren die transgene $\beta$-Kette auf beinahe allen ihren T-Zellen und die endogenen Gene für die $\beta$-Ketten werden nicht umgelagert. Wie wichtig pT$\alpha$ ist, zeigt sich daran, dass bei pT$\alpha$-defizienten Mäusen die Zahl der $\alpha$:$\beta$-T-Zellen 100-fach verringert ist und kein Allelausschluss am $\beta$-Locus stattfindet.

Während der Proliferation der DN4-Zellen, die durch die Expression des Prä-T-Zell-Rezeptors ausgelöst wird, bleiben die Gene *RAG-1* und *RAG-2* abgeschaltet (▶ Abb. 8.18). Bis zum Ende der Proliferationsphase werden die $\alpha$-Ketten-Gene daher nicht umgelagert. Erst dann werden die Gene *RAG-1* und *RAG-2* wieder transkribiert und der funktionelle RAG-1:RAG-2-Komplex sammelt sich erneut an. Auf diese Weise wird sichergestellt, dass aus jeder Zelle, in der ein $\beta$-Ketten-Gen erfolgreich umstrukturiert wurde, viele CD4$^+$CD8$^+$-Thymocyten hervorgehen. Nach Beendigung der Zellteilung kann dann jede Zelle unabhängig ihre $\alpha$-Ketten-Gene umlagern. Somit kann in den Tochterzellen eine einzige funktionelle $\beta$-Kette mit vielen verschiedenen $\alpha$-Ketten assoziieren. $\alpha$:$\beta$-T-Zell-Rezeptoren werden erstmals während der Rekombination der $\alpha$-Ketten-Gene exprimiert. Danach kann im Thymus die Selektion durch die Selbst-Peptid:Selbst-MHC-Komplexe beginnen.

Der Übergang der T-Zellen vom doppelt negativen zum doppelt positiven und schließlich einfach positiven Stadium geht einher mit einem spezifischen Expressionsmuster von bestimmten Proteinen, die bei der DNA-Umlagerung, der Signalübertragung und der Expression T-Zell-spezifischer Gene beteiligt sind (▶ Abb. 8.18). TdT ist das Enzym, das in B- und T-Zellen für den Einbau von N-Nucleotiden an den Verbindungsstellen zwischen den Gensegmenten verantwortlich ist, und wird während der gesamten Umlagerung der Gensegmente des T-Zell-Rezeptors exprimiert. Man findet N-Nucleotide an den Verbindungsstellen aller neu angeordneten $\alpha$- und $\beta$-Gene. Lck und ZAP-70, eine weitere Tyrosinkinase, werden schon früh in der Thymocytenentwicklung exprimiert. Neben der Schlüs-

**Abb. 8.24 Die Stadien der Genumlagerung bei $\alpha$:$\beta$-T-Zellen.** Dargestellt sind die Abfolge der Genumlagerungen, Angaben darüber, in welchem Stadium die Ereignisse stattfinden, sowie welche Oberflächenrezeptormoleküle in den betreffenden Stadien exprimiert werden. Die $\beta$-Ketten-Gene des T-Zell-Rezeptors (TCR) werden zuerst in doppelt negativen CD4$^-$CD8$^-$-Thymocyten umgelagert, die CD25 und geringe Mengen CD44 exprimieren. Wie bei den Genen für die schweren Ig-Ketten erfolgt zuerst die D-J- und dann die V-DJ-Verknüpfung (*zweite und dritte Abbildung*). Da es bei jedem Locus für die TCR$\beta$-Kette vier D-Gen-Segmente und zwei Sätze von J-Gen-Segmenten gibt, kann es bis zu vier Versuche geben, die $\beta$-Ketten-Gene produktiv umzulagern (nicht dargestellt). Das produktiv umstrukturierte Gen wird zuerst in der Zelle und dann in geringen Mengen auf der Zelloberfläche exprimiert. Es assoziiert mit pT$\alpha$, einer 33 kDa schweren Ersatz-$\alpha$-Kette, die der $\lambda$5-Kette bei der B-Zell-Entwicklung entspricht. Dieses pT$\alpha$:$\beta$-Heterodimer bildet einen Komplex mit den CD3-Ketten (*viertes Bild*). Die Expression des Prä-T-Zell-Rezeptors signalisiert den sich entwickelnden Thymocyten, die Genumlagerung der $\beta$-Kette zu stoppen und sich mehrfach zu teilen. Am Ende dieser proliferativen Phase werden die CD4- und CD8-Moleküle exprimiert, die Zelle hört auf, sich zu teilen, und die $\alpha$-Kette kann sich jetzt umlagern. Bei der ersten Umlagerung der $\alpha$-Ketten-Gene werden alle D-, J- und C-Segmente der $\delta$-Kette auf dem betreffenden Chromosom eliminiert; die Segmente bleiben jedoch als ringförmige DNA erhalten, was beweist, dass sich diese Zellen nicht teilen (*unten*). Auf diese Weise werden die $\delta$-Ketten-Gene inaktiviert. Die $\alpha$-Ketten können wegen der großen Zahl an V$_\alpha$- und J$_\alpha$-Gen-Segmenten mehrfach umgelagert werden, sodass die Gene fast immer produktiv umgelagert werden. Sobald eine funktionelle $\alpha$-Kette entstanden ist, die effizient mit der $\beta$-Kette assoziiert, kann der CD3$^{niedrig}$CD4$^+$CD8$^+$-Thymocyt in Bezug auf seine Fähigkeit, Selbst-Peptide in Verbindung mit Selbst-MHC-Molekülen zu erkennen, die Selektion durchlaufen

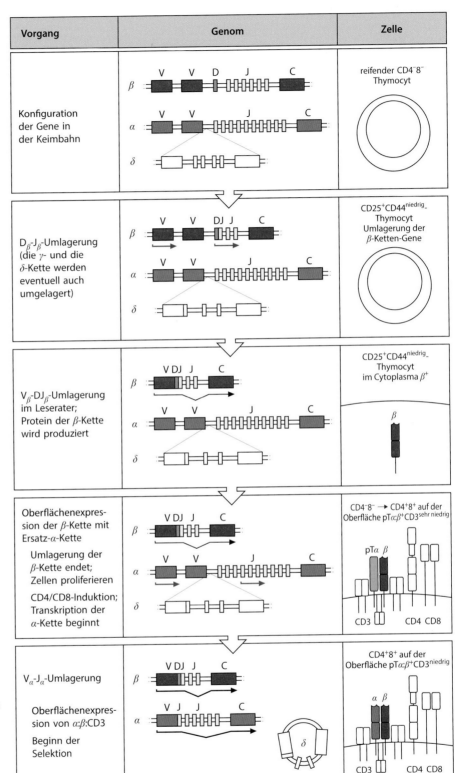

| Vorgang | Genom | Zelle |
|---|---|---|
| Konfiguration der Gene in der Keimbahn | | reifender CD4$^-$8$^-$ Thymocyt |
| D$_\beta$-J$_\beta$-Umlagerung (die $\gamma$- und die $\delta$-Kette werden eventuell auch umgelagert) | | CD25$^+$CD44$^{niedrig}$- Thymocyt Umlagerung der $\beta$-Ketten-Gene |
| V$_\beta$-DJ$_\beta$-Umlagerung im Leserater; Protein der $\beta$-Kette wird produziert | | CD25$^+$CD44$^{niedrig}$- Thymocyt im Cytoplasma $\beta^+$ |
| Oberflächenexpression der $\beta$-Kette mit Ersatz-$\alpha$-Kette; Umlagerung der $\beta$-Kette endet; Zellen proliferieren; CD4/CD8-Induktion; Transkription der $\alpha$-Kette beginnt | | CD4$^-$8$^-$ → CD4$^+$8$^+$ auf der Oberfläche pT$\alpha$:$\beta^+$CD3$^{sehr\,niedrig}$ |
| V$_\alpha$-J$_\alpha$-Umlagerung; Oberflächenexpression von $\alpha$:$\beta$:CD3; Beginn der Selektion | | CD4$^+$8$^+$ auf der Oberfläche pT$\alpha$:$\beta^+$CD3$^{niedrig}$ |

Teil III

selfunktion von Lck, die Signale des Prä-T-Zell-Rezeptors weiterzuleiten, ist die Kinase auch für die Entwicklung der $\gamma{:}\delta$-T-Zellen von Bedeutung. Im Gegensatz dazu zeigen Untersuchungen mit Gen-Knockout (Anhang I, Abschn. A.35), dass die ZAP-70-Kinase, die zwar ab dem doppelt negativen Stadium exprimiert wird, für die Signale des Prä-T-Zell-Rezeptors nicht unbedingt notwendig ist, da doppelt negative Thymocyten auch die verwandte Kinase Syk exprimieren, die diese Funktion übernehmen kann. ZAP-70 wird später benötigt, um die Entwicklung der doppelt positiven Thymocyten zu einfach positiven Thymocyten zu befördern. In dieser Phase wird Syk nicht mehr exprimiert. Fyn ist wie Lck eine Kinase der Src-Familie und wird vom doppelt positiven Stadium an in zunehmendem Maße exprimiert. Fyn ist nicht unbedingt für die Entwicklung der $\alpha{:}\beta$-Thymocyten erforderlich, solange Lck vorhanden ist, allerdings ist es für die Entwicklung der iNKT-Zellen essenziell (Abschn. 8.3.8).

## 8.2.9 Die Gene für die $\alpha$-Kette werden so lange immer wieder umgelagert, bis es zu einer positiven Selektion kommt oder der Zelltod eintritt

Die Gene für die $\alpha$-Ketten der T-Zell-Rezeptoren sind mit den Genen für die leichten $\kappa$- und $\lambda$-Ketten der Immunglobuline vergleichbar. Sie besitzen keine D-Gen-Segmente und werden erst dann umgelagert, wenn das Gen für ihre Partnerrezeptorkette bereits exprimiert wurde. Wie bei den Genen für die leichten Ketten sind wiederholte Umlagerungsversuche des Gens für die $\alpha$-Kette möglich (▶ Abb. 8.25). Da viele verschiedene $V_\alpha$-Gen-Segmente sowie etwa 60 $J_\alpha$-Gen-Segmente auf über ungefähr 80 kb DNA verteilt sind, kann es an beiden Allelen des $\alpha$-Ketten-Gens zahlreiche aufeinanderfolgende $VJ_\alpha$-Gen-Umlagerungen geben. Daraus ergibt sich, verglichen mit einer unproduktiven Umlagerung des Gens für die leichte Kette in B-Zellen, ein viel größerer Spielraum, T-Zellen mit einer anfänglich unproduktiven Umlagerung des $\alpha$-Gens durch einen weiteren Versuch zu retten.

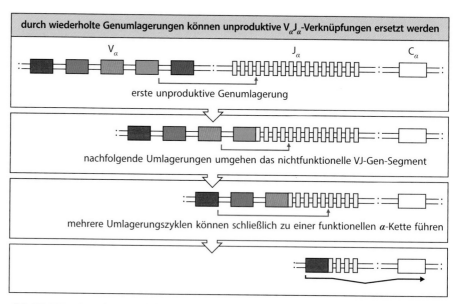

**Abb. 8.25 Durch mehrere aufeinanderfolgende Umlagerungen kann ein unproduktiv umgelagertes $\alpha$-Ketten-Gen eines T-Zell-Rezeptors noch gerettet werden.** Aufgrund der zahlreichen V- und J-Gen-Segmente am Locus der $\alpha$-Kette können durch spätere Umlagerungen unproduktiv gebliebene VJ-Segmente übersprungen und alle dazwischenliegenden Gensegmente deletiert werden. Der Rettungsweg für die $\alpha$-Kette gleicht dem der $\kappa$-L-Kette bei den Ig-Genen (Abschn. 8.1.5), es sind jedoch mehr aufeinanderfolgende Genumlagerungen möglich. Der Prozess geht so lange weiter, bis eine produktive Umlagerung zu einer positiven Selektion führt oder die Zelle stirbt

Ein wichtiger Unterschied zwischen B- und T-Zellen besteht darin, dass der endgültige Zusammenbau eines Immunglobulins dazu führt, dass die Genumlagerung beendet wird und die weitere Differenzierung der B-Zelle einsetzt, während sich bei T-Zellen die Umlagerung der $V_\alpha$-Gen-Segmente fortsetzt, bis ein Signal von einem Selbst-Peptid:Selbst-MHC-Komplex kommt, der den Rezeptor positiv selektiert (Abschn. 8.3.1). Das bedeutet, dass viele T-Zellen auf beiden Chromosomen Umlagerungen im Leseraster aufweisen und deshalb zwei Typen von $\alpha$-Ketten produzieren könnten. Das ist möglich, weil die Expression des T-Zell-Rezeptors allein nicht genügt, um die Genumlagerung abzuschalten. Aufgrund dieser fortgesetzten Umlagerungen auf beiden Chromosomen werden in jeder sich entwickelnden T-Zelle nach und nach oder auch gleichzeitig mehrere verschiedene $\alpha$-Ketten produziert, und mit ein und derselben $\beta$-Kette als Partner wird ausgetestet, ob sie Selbst-Peptid:Selbst-MHC-Komplexe erkennen. Es lässt sich also Folgendes vorhersagen: Wenn die Häufigkeit der positiven Selektion ausreichend gering ist, exprimiert etwa eine von drei reifen T-Zellen zwei produktiv umgelagerte $\alpha$-Ketten auf der Zelloberfläche. Das ließ sich bei Zellen der Maus und des Menschen zeigen. Die $\alpha$-Ketten des T-Zell-Rezeptors sind daher streng genommen keinem Allelausschluss unterworfen.

Man sollte erwarten, dass T-Zellen mit einer dualen Spezifität unangemessene Immunantworten entwickeln können, indem die Zelle, wenn sie über den einen Rezeptor aktiviert wird, Zielzellen immer noch über den zweiten Rezeptor erkennen kann. Jedoch kann nur einer der beiden Rezeptoren das Peptid erkennen, das von einem körpereigenen MHC-Molekül präsentiert wird. Das liegt wahrscheinlich daran, dass ein Thymocyt, sobald er positiv selektiert wurde, die Umlagerung der $\alpha$-Kette beendet. Die Existenz von Zellen, die zwei produktiv umgelagerte Gene für die $\alpha$-Kette besitzen und auch zwei $\alpha$-Ketten auf der Zelloberfläche exprimieren, stellt nicht generell die Vorstellung infrage, dass jede Zelle nur eine einzige funktionelle Spezifität besitzt.

### Zusammenfassung

Der Thymus bildet eine spezialisierte und strukturell organisierte Mikroumgebung für die Entwicklung von reifen T-Zellen. T-Zell-Vorläufer wandern vom Knochenmark in den Thymus, wo sie mit den Signalen aus der Umgebung wie Liganden für den Notch-Rezeptor interagieren, der die Vorprägung der T-Zell-Linie steuert. Thymocyten entwickeln sich entlang einer von mehreren T-Zell-Linien: Im Thymus vorherrschend sind die $\gamma{:}\delta$-T-Zellen, konventionelle $\alpha{:}\beta$-T-Zellen und $\alpha{:}\beta$-T-Zellen mit Rezeptoren, deren Diversität stark eingeschränkt ist, beispielsweise die iNKT-Zellen.

Die T-Zell-Vorläufer entwickeln sich in der $\gamma{:}\delta$- und der $\alpha{:}\beta$-T-Zell-Linie. In einer frühen Entwicklungsphase ist die Produktion der $\gamma{:}\delta$-Zellen im Vergleich zur $\alpha{:}\beta$-T-Zell-Linie vorherrschend, und diese Zellen besiedeln verschiedene periphere Gewebe, beispielsweise die Haut, den Darm sowie andere mucosale und epitheliale Oberflächen. Diese Untergruppen entwickeln sich vor allem aus Stammzellen in der fetalen Leber und nicht im Knochenmark. Später exprimieren über 90 % der Thymocyten $\alpha{:}\beta$-T-Zell-Rezeptoren. In sich entwickelnden Thymocyten werden die $\gamma$-, $\delta$- und $\beta$-Gene als Erstes umgelagert. Zellen der $\alpha{:}\beta$-Linie, die durch Umlagerung eine funktionsfähige $\beta$-Kette hervorbringen, bilden einen Prä-T-Zell-Rezeptor, dessen Signale zur Proliferation der Thymocyten, zur Umlagerung der Gene der $\alpha$-Kette und zur Expression von CD4 und CD8 führen. Die meisten Schritte der B-Zell-Entwicklung erfolgen im Thymuscortex, während die Medulla vor allem reife T-Zellen enthält.

## 8.3 Positive und negative Selektion von T-Zellen

Bis zu der Phase, in der ein $\alpha{:}\beta$-T-Zell-Rezeptor exprimiert wird, verläuft die Thymocytenentwicklung unabhängig von MHC-Proteinen oder Antigenen. Ab jetzt hängt die Entscheidung über die weitere Entwicklung in der $\alpha{:}\beta$-T-Zell-Linie von Wechselwirkungen des Rezeptors mit Peptid:MHC-Liganden ab, mit denen er im Thymus in Kontakt tritt. Jetzt befassen wir uns mit dieser Phase der T-Zell-Entwicklung.

T-Zell-Vorläufer, die im DN3-Stadium für die $\alpha{:}\beta$-Linie vorgeprägt wurden, treten in der subkapsulären Region in eine Phase mit intensiver Proliferation ein und entwickeln sich weiter zum DN4-Stadium. Diese Zellen durchlaufen dann schnell eine Phase als unreife einfach positive CD8-Zellen und entwickeln sich zu doppelt positiven Zellen, die geringe Mengen des T-Zell-Rezeptors und sowohl den CD4- als auch den CD8-Corezeptor exprimieren. Diese doppelt positiven Zellen haben eine Lebensdauer von nur drei bis vier Tagen, wenn sie nicht durch eine Beanspruchung ihres T-Zell-Rezeptors vor dem Zelltod bewahrt werden. Die Rettung von doppelt positiven Zellen vor dem programmierten Zelltod und ihre Reifung zu einfach positiven CD4- oder CD8-Zellen bezeichnet man als positive Selektion. Nur etwa 10–30 % der T-Zell-Rezeptoren, die durch Genumlagerung entstehen, können Selbst-Peptid:Selbst-MHC-Komplexe erkennen und deshalb bei Selbst-MHC-restringierten Reaktionen auf fremde Antigene aktiv werden (Kap. 4). Zellen mit dieser Eigenschaft werden im Thymus zum Überleben selektiert. Doppelt positive Zellen durchlaufen auch eine negative Selektion. T-Zellen, deren Rezeptoren zu stark auf Selbst-Peptid:Selbst-MHC-Komplexe reagieren, treten in die Apoptose ein und werden so als potenziell autoreaktive Zellen beseitigt. In diesem Teil des Kapitels wollen wir die Wechselwirkungen zwischen sich entwickelnden doppelt positiven Thymocyten und den verschiedenen Bestandteilen des Thymus untersuchen und uns mit den Mechanismen beschäftigen, durch die diese Wechselwirkungen das reife T-Zell-Repertoire bilden.

### 8.3.1 Nur Thymocyten, deren Rezeptoren mit Selbst-Peptid:Selbst-MHC-Komplexen interagieren, können überleben und heranreifen

Frühere Experimente mit Knochenmarkchimären (Anhang I, Abschn. A.32) und Thymustransplantationen erbrachten die Beweise dafür, dass die MHC-Moleküle im Thymus das MHC-restringierte T-Zell-Repertoire beeinflussen. Mäuse jedoch, die umgelagerte T-Zell-Rezeptor-Gene als Transgene trugen, lieferten den ersten schlüssigen Beweis, dass die Wechselwirkung der T-Zelle mit Selbst-Peptid:Selbst-MHC-Komplexen für das Überleben der unreifen T-Zellen und ihre Reifung zu naiven CD4- oder CD8-T-Zellen notwendig ist. Für diese Experimente hat man die umgelagerten $\alpha$- und $\beta$-Ketten-Gene von einem T-Zell-Klon (Anhang I, Abschn. A.20) mit jeweils gut charakterisierter Herkunft, Antigenspezifität und MHC-Restriktion kloniert. Bringt man solche umgelagerten Gene in das Genom von Mäusen ein, werden diese Transgene während der frühen Thymocytenentwicklung exprimiert. Durch die Expression von funktionsfähigen TCR$\alpha$- und -$\beta$-Ketten in sich entwickelnden T-Zellen wird die Umlagerung der endogenen T-Zell-Rezeptor-Gene unterbunden, jedoch in unterschiedlichem Ausmaß. Generell ist die endogene Umlagerung des Gens für die $\beta$-Kette vollständig blockiert, die Umlagerung des $a$-Ketten-Gens jedoch nur unvollständig. Daher exprimieren die meisten der sich entwickelnden Thymocyten in der TCR-transgenen Maus den Rezeptor, den die Transgene codieren.

Durch das Einschleusen von T-Zell-Rezeptor-Transgenen, die für einen bekannten MHC-Genotyp spezifisch sind, kann man direkt untersuchen, wie sich diese MHC-Moleküle auf die Reifung von Thymocyten mit bekannter Rezeptorspezifität auswirken, ohne dass eine Immunisierung oder Analyse der Effektorfunktion erforderlich ist. Diese Untersuchungen zeigten, dass Thymocyten, die einen bestimmten T-Zell-Rezeptor tragen, in einem Thymus, der andere MHC-Moleküle exprimiert als in der Maus, aus welcher der ursprüngliche T-Zell-Klon isoliert worden war, das doppelt positive Stadium erreichen können. Diese transgenen Thymocyten entwickelten sich jedoch nur dann zu reifen einfach positiven CD4- oder CD8-Thymocyten, wenn der Thymus dasselbe Selbst-MHC-Molekül exprimierte wie der Thymus, aus dem der ursprüngliche T-Zell-Klon stammte (▶ Abb. 8.26).

Mit solchen Versuchen hat man auch das Schicksal von T-Zellen aufgeklärt, die keine positive Selektion erfahren haben. In diesem Fall wurden umgelagerte Rezeptorgene einer reifen T-Zelle mit einer Spezifität für ein Peptid, das von einem bestimmten MHC-Molekül

**Abb. 8.26 Anhand der Entwicklung von T-Zellen, die umgelagerte T-Zell-Rezeptor-Transgene exprimieren, lässt sich die positive Selektion darstellen.** Bei Mäusen, die umgelagerte α:β-T-Zell-Rezeptor-Gene als Transgene tragen, hängt die Reifung der T-Zellen vom MHC-Haplotyp ab, der im Thymus exprimiert wird. Wenn die transgenen Mäuse denselben MHC-Haplotyp in ihren Thymus-stromazellen exprimieren wie die Maus, in der sich die umgelagerten Gene für die TCRα-Kette und die TCRβ-Kette entwickelt haben (beide MHCᵃ, *oben*), dann entwickeln sich die T-Zellen, die den transgenen T-Zell-Rezeptor exprimieren, vom doppelt positiven Stadium (*hellgrün*) zu reifen T-Zellen (*dunkelgrün*), in diesem Fall zu reifen, einfach positiven CD8⁺-Zellen. Wenn die MHCᵃ-restringierten TCR-Trans-gene in einen unterschiedlichen MHC-Hintergrund genetisch eingekreuzt werden (MHCᵇ, *gelb*) (*unten*), dann entwickeln sich die T-Zellen, die den transgenen Rezeptor exprimieren, bis zum doppelt positiven Stadium, aber sie können nicht weiter heranreifen. Das ist darauf zurückzuführen, dass zwischen dem transgenen T-Zell-Rezeptor und den MHC-Molekülen im Thymuscortex keine Wechselwirkungen stattfinden und so kein Signal für eine positive Selektion gegeben wird. Als Folge dieser Vernachlässigung tritt schließlich die Apoptose ein

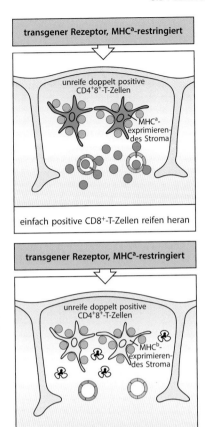

transgener Rezeptor, MHCᵃ-restringiert

unreife doppelt positive CD4⁺8⁺-T-Zellen

MHCᵃ-exprimieren-des Stroma

einfach positive CD8⁺-T-Zellen reifen heran

transgener Rezeptor, MHCᵃ-restringiert

unreife doppelt positive CD4⁺8⁺-T-Zellen

MHCᵇ-exprimieren-des Stroma

einfach positive T-Zellen reifen nicht heran

Teil III

präsentiert wird, in eine Empfängermaus übertragen, der dieses Molekül fehlte. Das Schicksal dieser Thymocyten wurde durch das Anfärben mit Antikörpern verfolgt, die spezifisch gegen den transgenen Rezeptor gerichtet waren. Gleichzeitig wurden Antikörper gegen andere Moleküle wie CD4 und CD8 eingesetzt, um die Stadien der T-Zell-Entwicklung zu markieren. Auf diese Weise konnte man zeigen, dass sich Zellen, welche die MHC-Moleküle auf dem Thymusepithel nicht erkennen können, niemals weiter als bis zum frühen doppelt positiven Stadium entwickeln und innerhalb von drei oder vier Tagen nach ihrer letzten Teilung im Thymus sterben.

## 8.3.2 Die positive Selektion wirkt auf ein T-Zell-Rezeptor-Repertoire mit inhärenter Spezifität für MHC-Moleküle

Die positive Selektion wirkt sich auf ein Rezeptorrepertoire aus, dessen Spezifität durch zufällig erzeugte Kombinationen aus V-, D- und J-Gensegmenten bestimmt wird (Abschn. 5.1.7). Trotzdem können T-Zell-Rezeptoren in der Tendenz schon MHC-Moleküle erkennen, bevor überhaupt eine positive Selektion stattfindet. Wäre die Spezifität des nicht-selektierten Repertoires völlig zufällig, könnte wohl nur ein relativ kleiner Teil der Thymo-cyten ein MHC-Molekül identifizieren. Durch die Untersuchung von reifen T-Zellen aus dem unselektierten Repertoire der Rezeptoren hat man jedoch festgestellt, dass T-Zell-Rezeptoren eine inhärente Spezifität für MHC-Moleküle besitzen. Solche T-Zellen können auch *in vitro* aus fetalem Thymusgewebe, in dem keine Expression von MHC-Klasse-I- und -Klasse-II-Molekülen stattfindet, hervorgebracht werden, indem man mithilfe von Anti-körpern, die an die V$_β$-Kette der T-Zell-Rezeptoren und den CD4-Corezeptor binden, eine allgemeine „positive Selektion" anregt. Wenn man solche durch Antikörper selektierte

CD4-T-Zellen genauer untersucht, sprechen nur 5 % auf irgendeinen MHC-Klasse-II-Genotyp an. Da sich diese Zellen ohne Selektion durch MHC-Moleküle entwickelt haben, muss diese Reaktivität Ausdruck einer inhärenten MHC-Spezifität sein, die von den V-Gen-Segmenten der Keimbahn codiert wird. Diese Spezifität sollte den Anteil der Rezeptoren signifikant erhöhen, die von den MHC-Molekülen eines beliebigen Individuums positiv selektiert werden können.

Diese keimbahncodierte Reaktivität ist anscheinend auf spezifische Aminosäuren in den CDR1- und CDR2-Regionen der $V_\alpha$- und $V_\beta$-Region zurückzuführen. Die CDR1- und CDR2-Regionen werden in den V-Gen-Segmenten der Keimbahn codiert und sind hochgradig variabel (Abschn. 5.1.8). Innerhalb dieser Variabilität sind jedoch bestimmte Aminosäuren konserviert und vielen V-Segmenten gemeinsam. Die Analyse von zahlreichen Kristallstrukturen hat ergeben, dass bei der Bindung des T-Zell-Rezeptors an einen Peptid:MHC-Komplex spezifische Aminosäuren der $V_\beta$-Regionen mit einem bestimmten Abschnitt des MHC-Proteins interagieren. So enthalten beispielsweise viele $V_\beta$-Regionen in ihren CDR2-Sequenzen an Position 48 einen Tyrosinrest, der mit einer Region in der Mitte der $\alpha$1-Helix von MHC-Klasse-I- und -Klasse-II-Proteinen interagiert. Mit dieser MHC-Region interagieren noch zwei weitere Aminosäuren, die man in anderen $V_\beta$-Regionen übereinstimmend findet (Tyrosin-46 und Glutaminsäure-54). T-Zellen, die $V_\beta$-Gene mit Mutationen an irgendeiner dieser Positionen exprimieren, zeigen eine eingeschränkte positive Selektion. Das ist ein Beleg dafür, dass die Wechselwirkung dieser V-Regionen mit MHC-Molekülen zur T-Zell-Entwicklung beiträgt.

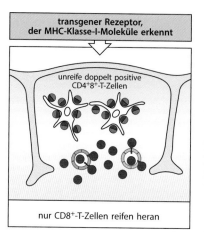

transgener Rezeptor,
der MHC-Klasse-I-Moleküle erkennt

unreife doppelt positive
CD4⁺8⁺-T-Zellen

nur CD8⁺-T-Zellen reifen heran

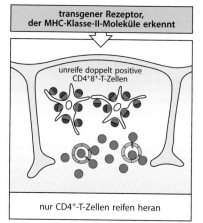

transgener Rezeptor,
der MHC-Klasse-II-Moleküle erkennt

unreife doppelt positive
CD4⁺8⁺-T-Zellen

nur CD4⁺-T-Zellen reifen heran

**Abb. 8.27 Die MHC-Moleküle, die die positive Selektion induzieren, bestimmen die Spezifität der Corezeptoren.** Überträgt man Mäusen Gene für T-Zell-Rezeptoren, die nur MHC-Klasse-I-Moleküle erkennen (*oben*), dann haben die T-Zellen, die reifen können, nur den CD8-Phänotyp (*rot*). Bei Mäusen mit Genen für T-Zell-Rezeptoren, die auf MHC-Klasse-II-Moleküle beschränkt sind (*unten*), haben sämtliche reifen T-Zellen den CD4-Phänotyp (*blau*). In beiden Fällen findet man eine normale Anzahl unreifer, doppelt positiver Thymocyten. Die Spezifität des T-Zell-Rezeptors bestimmt, welche Entwicklung eingeschlagen wird. Auf diese Weise können nur diejenigen T-Zellen heranreifen, deren Corezeptor an dasselbe Selbst-MHC-Molekül binden kann wie der T-Zell-Rezeptor

### 8.3.3 Durch positive Selektion wird die Expression von CD4 und CD8 mit der Spezifität des T-Zell-Rezeptors und den potenziellen Effektorfunktionen der Zelle in Einklang gebracht

Während der positiven Selektion exprimiert ein Thymocyt die beiden Corezeptormoleküle CD4 und CD8. Mit dem Ende der Selektionsphase im Thymus beenden die reifen $\alpha$:$\beta$-T-Zellen, die für die Wanderung in die Peripherie bereit sind, die Expression von einem der beiden Corezeptoren. Die Mehrzahl dieser Zellen gehört zu den konventionellen CD4- oder CD8-T-Zellen. Aus den CD4⁺CD8⁺-Zellen entwickeln sich auch weniger häufig vertretene Untergruppen wie die iNKT-Zellen und eine Untergruppe der regulatorischen T-Zellen, die CD4 und auf hohem Niveau CD25 exprimieren. Darüber hinaus tragen fast alle reifen CD4-exprimierenden T-Zellen Rezeptoren, die an Selbst-MHC-Klasse-II-Moleküle gebundene Peptide erkennen, und ihr zelluläres Programm sieht vor, dass sie später als T-Helferzellen Cytokine sezernieren. Dagegen haben die meisten der CD8-exprimierenden Zellen Rezeptoren, die Peptide an Selbst-MHC-Klasse-I-Molekülen erkennen; aus solchen Zellen werden später cytotoxische Effektorzellen. Somit bestimmt die positive Selektion auch, welchen Phänotyp die reife T-Zelle auf der Zelloberfläche zeigt und welche potenzielle Funktion sie erfüllt, indem sie den Corezeptor auswählt, der für eine effiziente Antigenerkennung geeignet ist, und das entsprechende Differenzierungsprogramm für die Funktion, die die Zelle im Rahmen einer Immunantwort erfüllen soll.

Wieder zeigen Untersuchungen von Mäusen mit Transgenen für einen umgelagerten T-Zell-Rezeptor, dass die Spezifität des T-Zell-Rezeptors für Selbst-Peptid:Selbst-MHC-Komplexe bestimmt, welchen Corezeptor die reife T-Zelle exprimieren wird. Wenn die Transgene einen Rezeptor codieren, der spezifisch für ein Antigen ist, das von Selbst-MHC-Klasse-I-Molekülen präsentiert wird, sind alle reifen, den transgenen Rezeptor exprimierenden T-Zellen CD8-Zellen. Ebenso exprimieren bei Mäusen, die für einen Rezeptor transgen sind, der für ein von Selbst-MHC-Klasse-II-Molekülen präsentiertes Antigen spezifisch ist, alle reifen, den transgenen Rezeptor tragenden T-Zellen CD4 (▶ Abb. 8.27).

Wie wichtig MHC-Moleküle für solche Selektionsereignisse sind, wird durch die humanen Immunschwächekrankheiten verdeutlicht, bei denen die Lymphocyten und die Epithelzellen des Thymus aufgrund von Mutationen keine MHC-Moleküle ausbilden. Personen, die keine

MHC-Klasse-II-Moleküle aufweisen, haben CD8-T-Zellen, aber nur eine kleine Zahl von stark anormalen CD4-T-Zellen. Ein ähnliches Ergebnis erhielt man mit Mäusen, die aufgrund einer gezielten Genunterbrechung (Anhang I, Abschn. A.35) keine MHC-Klasse-II-Moleküle mehr exprimierten. Entsprechend fehlen Menschen und Mäusen, die keine MHC-Klasse-I-Moleküle besitzen, CD8-T-Zellen. Folglich sind für die CD4-T-Zell-Entwicklung MHC-Klasse-II-Moleküle und für die CD8-T-Zell-Entwicklung MHC-Klasse-I-Moleküle erforderlich.

Bei reifen T-Zellen hängen die Corezeptorfunktionen von CD4 und CD8 davon ab, ob sie an konstante Stellen auf MHC-Klasse-I- und -Klasse-II-Molekülen binden können (Abschn. 4.3.8). Ohne eine solche Bindung kann es keine normale positive Selektion geben. Dies konnte man für CD4 in einem Experiment zeigen, das im nächsten Abschnitt besprochen wird. In den Thymocyten sind fast alle Moleküle der Kinase Lck mit den CD4- und CD8-Corezeptoren assoziiert. Dadurch ist sichergestellt, dass die Signalgebung nur in Thymocyten mit T-Zell-Rezeptoren ausgelöst wird, die an MHC-Moleküle binden. Für eine positive Selektion muss daher sowohl der Antigenrezeptor als auch der Corezeptor mit einem MHC-Molekül verbunden sein. Das Signal entscheidet darüber, ob die Zellen als einfach positive Zellen fortbestehen, die dann nur noch den entsprechenden Corezeptor exprimieren. Die Ausrichtung auf die CD4- oder CD8-Zelllinie erfolgt aufgrund der Rezeptorspezifität und anscheinend führen die sich entwickelnden die Signale des Rezeptors und des Corezeptors zusammen. Die Signale der mit den Corezeptoren assoziierten Kinase Lck werden dann am effektivsten weitergeleitet, wenn CD4 und nicht CD8 als Corezeptor fungiert. Diese Lck-Signale tragen zu einem großen Teil zu der Entscheidung bei, dass sich eine reife CD4-T-Zelle entwickelt.

Die Signale der T-Zell-Rezeptoren regulieren die Entscheidung zwischen der CD4- und der CD8-Zell-Linie, indem dadurch die Expression der beiden Transkriptionsfaktoren ThPOK und Runx3 kontrolliert wird (▶ Abb. 8.18). Die Funktion von ThPOK wurde mithilfe einer natürlich auftretenden Funktionsverlustmutation bei Mäusen ermittelt, bei denen sich keine CD4-T-Zellen entwickeln. Bei Mäusen, die ThPOK nicht exprimieren, werden MHC-Klasse-II-restringierte Thymocyten auf die CD8-Zell-Linie umgelenkt. ThPOK wird bei der Präselektion der doppelt positiven Thymocyten nicht exprimiert, aber starke T-Zell-Rezeptor-Signale in dieser Entwicklungsphase induzieren dessen Expression. ThPOK verstärkt daraufhin seine eigene Expression und unterdrückt die Expression von Runx3. Beides zusammen, das heißt die Expression von ThPOK und das Fehlen von Runx3, führt zur CD4-Vorprägung und vermittelt die Fähigkeit, die Cytokingene zu exprimieren, die für CD4-T-Zellen charakteristisch sind. Wenn die Signale der T-Zell-Rezeptoren zu schwach sind oder nur kurze Zeit andauern, wird ThPOK jedoch nicht induziert und stattdessen kann Runx3 exprimiert werden. Das führt zu einem Abschalten der CD4-Expression, während die CD8-Expression aufrechterhalten wird. Außerdem werden Gene exprimiert, die für CD8-T-Zellen charakteristisch sind. Dabei handelt es sich vor allem um Gene, deren Proteinprodukte beim Abtöten von Zielzellen eine Rolle spielen.

Die meisten der doppelt positiven Thymocyten, die die positive Selektion durchlaufen, entwickeln sich entweder zu einfach positiven CD4- oder CD8-T-Zellen. Der Thymus bringt jedoch auch kleinere Populationen von T-Zellen hervor, die spezielle Funktionen besitzen (Abschn. 8.3.8).

### 8.3.4 Die corticalen Thymusepithelzellen bewirken eine positive Selektion sich entwickelnder Thymocyten

Untersuchungen mit Thymustransplantationen deuten darauf hin, dass die Stromazellen für die positive Selektion von Bedeutung sind. Diese Zellen bilden ein Geflecht von Ausläufern und darüber einen engen Kontakt zu doppelt positiven T-Zellen, die eine positive Selektion durchlaufen (▶ Abb. 8.17). An diesen Kontaktstellen kann man beobachten, wie sich T-Zell-Rezeptoren mit MHC-Molekülen zusammenlagern. Einen direkten Beweis dafür, dass die corticalen Thymusepithelzellen für die positive Selektion verantwortlich sind, lieferte ein gut

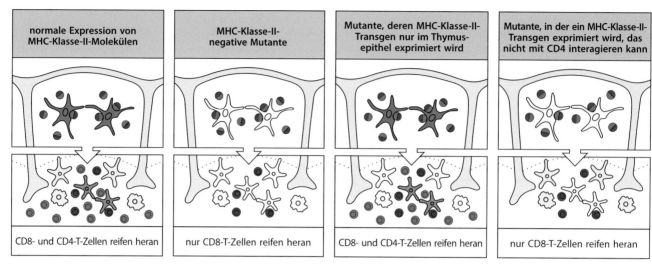

| normale Expression von MHC-Klasse-II-Molekülen | MHC-Klasse-II-negative Mutante | Mutante, deren MHC-Klasse-II-Transgen nur im Thymus-epithel exprimiert wird | Mutante, in der ein MHC-Klasse-II-Transgen exprimiert wird, das nicht mit CD4 interagieren kann |
|---|---|---|---|
| CD8- und CD4-T-Zellen reifen heran | nur CD8-T-Zellen reifen heran | CD8- und CD4-T-Zellen reifen heran | nur CD8-T-Zellen reifen heran |

**Abb. 8.28 Die Epithelzellen des Thymuscortex führen eine positive Selektion herbei.** Im Thymus von normalen Mäusen (*erste senkrechte Bildfolge*), der auf den Epithelzellen des Cortex (*blau*), der Medulla (*orange*) und den knochenmarkstämmigen Zellen (*gelb*) MHC-Klasse-II-Moleküle exprimiert, reifen sowohl CD4- (*blau*) als auch CD8-T-Zellen (*rot*) heran. Doppelt positive Thymocyten sind je zur Hälfte *rot* und *blau* dargestellt. Die *zweite Bildfolge* zeigt mutierte Mäuse, deren MHC-Klasse-II-Expression durch gezieltes Zerstören der Gene eliminiert wurde. Bei diesen Mäusen entstehen nur wenige CD4-T-Zellen, während sich CD8-T-Zellen normal entwickeln. Bei MHC-Klasse-II-negativen Mäusen, in die ein MHC-Klasse-II-Transgen so eingebracht wurde, dass es nur auf den Epithelzellen des Cortex exprimiert wird (*dritte Bildfolge*), entwickelt sich eine normale Anzahl von CD4-T-Zellen. Wenn jedoch ein mutiertes MHC-Klasse-II-Molekül mit einer defekten CD4-Bindungsstelle exprimiert wird (*vierte Bildfolge*), erfolgt keine positive Selektion der CD4-T-Zellen. Daran zeigt sich, dass die corticalen Epithelzellen für eine positive Selektion essenziell sind und dass das MHC-Klasse-II-Molekül in der Lage sein muss, mit dem CD4-Protein in Wechselwirkung zu treten

durchdachtes Experiment mit Mäusen, deren MHC-Klasse-II-Gene gezielt zerstört wurden (▶ Abb. 8.28). Mäuse, die keine MHC-Klasse-II-Moleküle ausprägen, produzieren normalerweise keine CD4-T-Zellen. Um die Rolle des Thymusepithels bei der positiven Selektion zu untersuchen, hat man ein MHC-Klasse-II-Gen in diese Mäuse mit der MHC-Klasse-II-Mutation eingebracht. Die codierende Region des MHC-Klasse-II-Transgens wurde der Kontrolle eines Promotors unterstellt, der nur in corticalen Thymusepithelzellen exprimiert wird. Bei diesen Mäusen entwickelten sich die CD4-T-Zellen normal. Eine Variante dieses Experiments zeigte, dass das MHC-Klasse-II-Molekül auf den Epithelzellen des Thymus gut mit CD4 interagieren muss, damit die Entwicklung von CD4-T-Zellen gefördert wird. Ist das im Thymus exprimierte MHC-Klasse-II-Transgen derart mutiert, dass es nicht an CD4 binden kann, entwickeln sich nur wenige CD4-T-Zellen. Entsprechende Untersuchungen zur CD8-Wechselwirkung mit MHC-Klasse-I-Molekülen zeigten, dass es ohne Corezeptorbindung auch für CD8-Zellen keine normale positive Selektion geben kann.

Die zentrale Rolle des corticalen Thymusepithels bei einer positiven Selektion wirft die Frage auf, ob sich hier etwas finden lässt, das für die antigenpräsentierenden Eigenschaften dieser Zellen charakteristisch ist. Möglicherweise befinden sich die Thymusstromazellen einfach in größter Nähe zu den sich entwickelnden Thymocyten, da es nur sehr wenige Makrophagen und dendritische Zellen im Thymuscortex gibt, die Antigene präsentieren können. Darüber hinaus unterscheidet sich das Thymusepithel von anderen Geweben in Bezug auf die Expression von zentralen Proteasen, die für die Prozessierung der MHC-Klasse-I- und -Klasse-II-Antigene verwendet werden (Abschn. 6.1.8). Zellen im corticalen Thymusepithel exprimieren die Protease Cathepsin L, im Gegensatz zur sonst am stärksten exprimierten Protease Cathepsin S. Mäuse mit einem Cathepsin-L-Defekt zeigen eine erhebliche Störung der CD4-T-Zell-Entwicklung. Thymusepithelzellen von Mäusen, die Cathepsin L nicht exprimieren, besitzen auf der Oberfläche eine relativ große Anzahl von MHC-Klasse-II-Molekülen, die das Klasse-II-assoziierte Peptid der invarianten Kette

(CLIP) weiterhin gebunden haben (▶ Abb. 6.11). Epithelzellen des Cortex exprimieren auch eine spezielle Untereinheit des Proteasoms, $\beta 5t$, während andere Zellen $\beta 5$ oder $\beta 5i$ exprimieren. Mäuse mit einem $\beta 5t$-Defekt zeigen eine erhebliche Beeinträchtigung der CD8-T-Zell-Entwicklung. Da Mäuse, die entweder Cathepsin L oder $\beta 5t$ nicht exprimieren, immer noch eine normale Anzahl von MHC-Molekülen an den Oberflächen ihrer Thymuscortex-zellen aufweisen, liegt es anscheinend am Repertoire von Peptiden, die von den MHC-Molekülen auf der Oberfläche der epithelialen Cortexzellen präsentiert werden, ob sich die Entwicklung der CD8-T-Zellen ändert, wobei der Mechanismus noch nicht bekannt ist.

### 8.3.5 T-Zellen, die stark auf ubiquitäre Autoantigene reagieren, werden im Thymus eliminiert

Wird der Rezeptor einer reifen naiven T-Zelle in einem peripheren lymphatischen Organ von einem Peptid:MHC-Komplex auf einer professionellen antigenpräsentierenden Zelle stark gebunden, löst dies normalerweise die Proliferation der T-Zelle und damit die Produktion von Effektorzellen aus. Trifft dagegen der T-Zell-Rezeptor einer sich entwickelnden T-Zelle im Thymus auf einen Selbst-Peptid:Selbst-MHC-Komplex, stirbt die Zelle einen programmierten Zelltod (Apoptose) (▶ Abb. 8.29). Die Reaktion unreifer T-Zellen auf die Stimulation durch ein Antigen bildet die Grundlage für die negative Selektion. Werden unreife T-Zellen schon im Thymus eliminiert, verhindert dies mögliche spätere Schäden, wenn sie als reife T-Zellen auf dieselben Peptide treffen und dann aktiviert werden.

Die negative Selektion ließ sich an TCR-transgenen Mäusen zeigen, die T-Zell-Rezeptoren exprimieren, die für Selbst-Peptide aus Proteinen spezifisch sind, deren Gene auf dem Y-Chromosom liegen und die daher nur von männlichen Mäusen exprimiert werden. Thymocyten mit diesen Rezeptoren verschwinden aus der sich entwickelnden Zellpopulation der männlichen Mäuse im doppelt positiven Entwicklungsstadium; einfach positive Zellen mit diesen transgenen Rezeptoren werden nicht reif. Dagegen entwickeln sich die transgenen T-Zellen bei weiblichen Mäusen, denen das für Männchen spezifische Peptid fehlt, normal. Die negative Selektion auf Peptide, die für männliche Tiere spezifisch sind, ließ sich auch bei gentechnisch nicht veränderten Mäusen zeigen, und auch hier werden die T-Zellen beseitigt.

TCR-transgene Mäuse haben sich für die oben beschriebenen klassischen Experimente als recht nützlich erwiesen, aber sie exprimieren einen funktionsfähigen T-Zell-Rezeptor in einer früheren Entwicklungsphase als normale Mäuse und besitzen eine große Anzahl von Zellen, die auf alle möglichen Peptide reagieren. Bei einem stärker an der Realität orientierten System wird nur eine $\beta$-Kette des T-Zell-Rezeptors, die auf ein bestimmtes Peptidantigen reagiert, als Transgen exprimiert. In solchen Mäusen lagert sich die $\beta$-Kette mit den endogenen $\alpha$-Ketten zusammen, aber die Häufigkeit von peptidreaktiven T-Zellen reicht für einen Nachweis mithilfe von Peptid:MHC-Tetrameren aus (Anhang I, Abschn. A.24). Diese und weitere mehr physiologisch angelegte Untersuchungen zeigten, dass die klonale Deletion entweder im doppelt oder im einfach positiven Stadium stattfinden kann und wahrscheinlich davon abhängt, wo eine T-Zelle auf das Antigen trifft, das ihre Beseitigung auslöst.

Diese Experimente veranschaulichen das Prinzip, dass Selbst-Peptid:Selbst-MHC-Komplexe im Thymus das reife T-Zell-Repertoire von T-Zellen befreien, die autoreaktive Rezeptoren tragen. Ein Problem mit diesem Mechanismus besteht darin, dass man bei vielen gewebespezifischen Proteinen wie beim Insulin aus dem Pankreas nicht erwarten sollte, dass sie im Thymus exprimiert werden. Inzwischen hat sich jedoch herausgestellt, dass viele dieser „gewebespezifischen" Proteine in einigen Stromazellen in der Thymus-medulla exprimiert werden. Die negative Selektion innerhalb des Thymus könnte also auch Proteine betreffen, die sonst nur in Geweben außerhalb des Thymus vorkommen. Die Expression einiger, aber nicht aller gewebespezifischen Proteine im Thymusmark

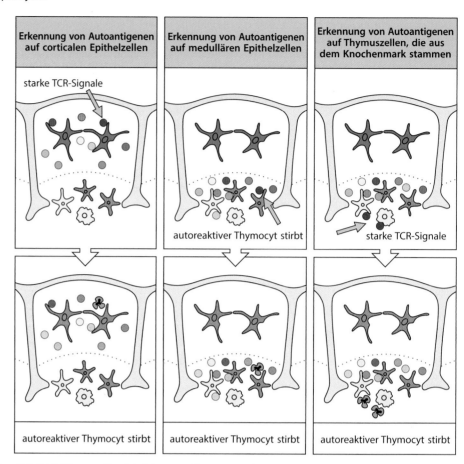

Erkennung von Autoantigenen auf corticalen Epithelzellen

Erkennung von Autoantigenen auf medullären Epithelzellen

Erkennung von Autoantigenen auf Thymuszellen, die aus dem Knochenmark stammen

starke TCR-Signale

autoreaktiver Thymocyt stirbt

starke TCR-Signale

autoreaktiver Thymocyt stirbt

autoreaktiver Thymocyt stirbt

autoreaktiver Thymocyt stirbt

**Abb. 8.29 Die negative Selektion von Thymocyten kann entweder im Cortex oder in der Medulla stattfinden.** Sobald der T-Zell-Rezeptor (TCR) auf einem sich entwickelnden Thymocyten durch die Erkennung von Selbst-Peptid:Selbst-MHC-Komplexen stark stimuliert wird (*rote Zellen*), wird der Thymocyt zum Absterben induziert; diesen Vorgang bezeichnet man als negative Selektion. Eine negative Selektion kann im Cortex stattfinden, sobald ein doppelt positiver CD4⁺CD8⁺-Thymocyt eine starke Reaktivität auf Peptid:MHC-Komplexe zeigt, die auf den Epithelzellen des Cortex vorkommen (*links*). Eine negative Selektion kann auch in der Medulla stattfinden, wenn unreife einfach positive CD4- oder CD8-Thymocyten nach der Erkennung von Peptid:MHC-Komplexen auf Epithelzellen der Medulla (*Mitte*) oder auf Makrophagen aus dem Knochenmark beziehungsweise auf dendritischen Zellen (*rechts*) starke T-Zell-Rezeptor-Signale empfangen

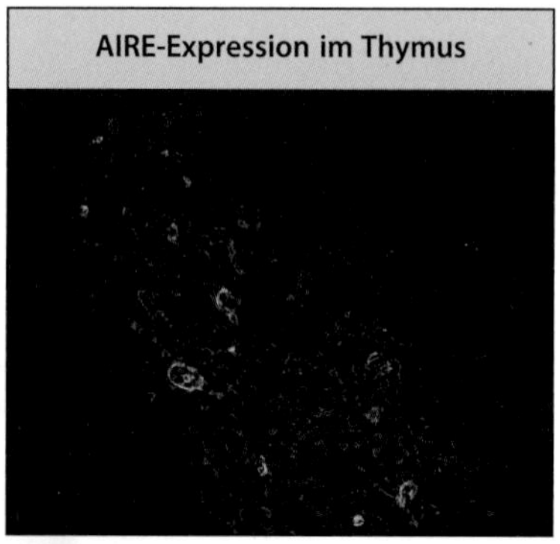

**AIRE-Expression im Thymus**

**Abb. 8.30 Das *AIRE*-Gen wird im Thymusmark exprimiert und stimuliert die Expression von Proteinen, die normalerweise in peripheren Geweben exprimiert werden.** Die Expression des *AIRE*-Gens in den Markzellen des Thymus ist auf das Thymusmark begrenzt, wo es in einer Untergruppe von epithelähnlichen Zellen exprimiert wird. Die Expression des Markerproteins für das Thymusmarkepithel MTS10 ist *rot* dargestellt, Bereiche mit AIRE-Expression erscheinen aufgrund der Immunfluoreszenz *grün*. Letztere ist auf einen Teil der Epithelzellen des Thymusmarks beschränkt. (Foto mit freundlicher Genehmigung von R. K. Chin und Y.-X. Fu)

wird durch das *AIRE*-Gen (*AIRE* für **Autoimmunregulator**) kontrolliert. Das Gen wird in Stromazellen exprimiert, die im Thymusmark lokalisiert sind (▶ Abb. 8.30), das Genprodukt interagiert mit vielen Proteinen, die bei der Transkription eine Rolle spielen, und bewirkt anscheinend eine Verlängerung von Transkripten, die sonst an einer früheren Stelle enden. Mutationen im *AIRE*-Gen verursachen eine Autoimmunerkrankung, die man als **APECED-Syndrom** (Autoimmun-Polyendokrinopathie-Candidiasis-ektodermale-Dystrophie-Syndrom, *autoimmune polyendocrinopathy-candidiasis-ectodermal dystrophy*) oder als **polyglanduläres Autoimmunsyndrom Typ 1** (APS-1, *autoimmune polyglandular syndrome 1*) bezeichnet. Hier zeigt sich die große Bedeutung, die die Expression von gewebespezifischen Proteinen innerhalb des Thymus besitzt, um die Selbst-Toleranz aufrechtzuerhalten. Bei der negativen Selektion von sich entwickelnden T-Zellen kommt es zu Wechselwirkungen mit ubiquitären und gewebespezifischen Autoantigenen und die Wechselwirkungen können sowohl im Thymuscortex als auch im Thymusmark erfolgen (▶ Abb. 8.29).

Es ist unwahrscheinlich, dass alle überhaupt möglichen Selbst-Proteine im Thymus exprimiert werden. Durch eine negative Selektion im Thymus können also wahrscheinlich nicht alle T-Zellen entfernt werden, die auf Autoantigene reagieren, die ausschließlich in anderen Geweben oder in unterschiedlichen Entwicklungsphasen exprimiert werden. Es gibt jedoch mehrere Mechanismen, die in der Peripherie aktiv sind und verhindern können, dass reife T-Zellen auf gewebespezifische Antigene reagieren. Diese werden wir in Kap. 15 besprechen, wenn wir uns mit dem Problem der Autoimmunreaktionen und ihrer Vermeidung beschäftigen.

## 8.3.6 Die negative Selektion erfolgt sehr effizient durch antigenpräsentierende Zellen aus dem Knochenmark

Wie oben besprochen, findet die negative Selektion während der gesamten Thymocytenentwicklung sowohl im Thymuscortex als auch im Thymusmark statt und wird daher anscheinend durch die Antigenpräsentation von mehreren verschiedenen Zelltypen vermittelt (▸ Abb. 8.29). Es besteht offenbar bei den Zellen, die an der negativen Selektion beteiligt sind, eine Wirksamkeitshierarchie. Am wichtigsten sind wohl die aus dem Knochenmark stammenden dendritischen Zellen und Makrophagen. Dabei handelt es sich um antigenpräsentierende Zellen, die auch reife T-Zellen in den peripheren lymphatischen Geweben aktivieren (Kap. 9). Die Autoantigene, die diese Zellen präsentieren, sind deshalb die wichtigste Quelle für potenzielle Autoimmunreaktionen, und T-Zellen, die auf solche körpereigenen Peptide reagieren, müssen im Thymus eliminiert werden.

Darüber hinaus können sowohl die Thymocyten selbst als auch die Zellen des Thymusepithels die Eliminierung autoreaktiver Zellen bewirken. Die Epithelzellen der Medulla, die AIRE exprimieren und deshalb ein breites Spektrum von Autoantigenen präsentieren, bilden eine Population, für die sich bereits zeigen ließ, dass hier die negative Selektion der Thymocyten direkt induziert wird. Allgemeiner formuliert: Bei einer Knochenmarktransplantation von einem nichtverwandten Spender, bei dem alle Makrophagen und dendritischen Zellen des Thymus den Spendertyp aufweisen, kommt der von den Thymusepithelzellen vermittelten negativen Selektion eine besondere Bedeutung zu, da sie die Toleranz gegenüber den empfängereigenen Gewebeantigenen aufrechterhält.

## 8.3.7 Die Spezifität und/oder die Stärke der Signale für die negative und die positive Selektion müssen sich unterscheiden

T-Zellen durchlaufen sowohl eine positive Selektion auf Selbst-MHC-Restriktion als auch eine negative Selektion auf Selbst-Toleranz, indem sie im Thymus mit Selbst-Peptid:Selbst-MHC-Komplexen auf den Stromazellen interagieren. Ein ungelöstes Problem ist dabei, wie sich die Wechselwirkung des T-Zell-Rezeptors mit den Selbst-Peptid:Selbst-MHC-Komplexen bei diesen beiden entgegengesetzten Ergebnissen unterscheidet. Erstens müssen mehr Rezeptorspezifitäten positiv als negativ selektiert werden, denn sonst würden alle Zellen, die positiv selektiert wurden, anschließend durch negative Selektion beseitigt, und es würden niemals T-Zellen produziert. Zweitens müssen sich die Effekte der Wechselwirkungen unterscheiden, die zur positiven oder zur negativen Selektion führen: Zellen, die Selbst-Peptid:Selbst-MHC-Komplexe auf corticalen Epithelzellen erkennen, werden zum Heranreifen angeregt, während Zellen, deren Rezeptoren eine starke und potenziell schädliche Autoimmunreaktion hervorrufen können, zum Absterben gebracht werden.

Zurzeit nimmt man an, dass die Entscheidung zwischen positiver und negativer Selektion von der Stärke der Bindung zwischen dem Selbst-Peptid:Selbst-MHC-Komplex und dem T-Zell-Rezeptor abhängt; diese Vorstellung bezeichnet man als **Affinitätshypothese** (▸ Abb. 8.31). Wechselwirkungen mit geringer Affinität bewahren die Zelle vor dem Tod durch Vernachlässigung, was zu einer positiven Selektion führt. Wechselwirkungen mit

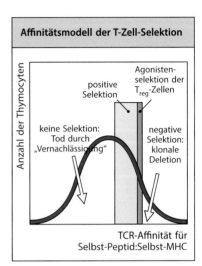

**Abb. 8.31 Das Affinitätsmodell der positiven und negativen Selektion der T-Zellen.** Durch zufällige Umordnungen von Genen für die $\alpha$- und die $\beta$-Kette von T-Zell-Rezeptor-Genen entsteht eine große Population unreifer Thymocyten, die ein vielfältiges Repertoire von Spezifitäten exprimieren. Die T-Zell-Rezeptoren von vielen Zellen dieser Population besitzen keine ausreichende Bindungsstärke für die Selbst-Peptid:Selbst-MHC-Komplexe auf dem Thymusepithel und erhalten daher keine Signale. Diese Zellen sterben durch „Vernachlässigung". Ein anderer Teil der unreifen Thymocyten wird positiv selektiert, da deren T-Zell-Rezeptoren in ausreichender Stärke an die Selbst-Peptid:Selbst-MHC-Komplexe auf dem Thymusepithel binden, sodass sie T-Zell-Rezeptor-abhängige Überlebenssignale hervorrufen. Aus dieser Kohorte positiv selektierter Thymocyten werden nun durch negative Selektion diejenigen Thymocyten entfernt, deren Rezeptoren übermäßig auf Selbst-Peptide im Komplex mit Selbst-MHC-Molekülen reagieren (das führt zur klonalen Deletion). Dadurch bildet sich in der reifen T-Zell-Population eine Selbst-Toleranz heraus. Eine kleine Untergruppe der positiv selektierten Zellen, die etwas schwächere Signale empfangen als für die negative Selektion erforderlich wären, differenziert sich zu regulatorischen T-Zellen ($T_{reg}$-Zellen). Diesen Vorgang bezeichnet man als Agonistenselektion

hoher Affinität hingegen induzieren die Apoptose und führen so zu einer negativen Selektion. Da wahrscheinlich mehr Komplexe mit geringer als mit hoher Affinität binden, kann dieses Modell erklären, dass die positive Selektion ein größeres Repertoire von Zellen hervorbringt als die negative Selektion. Mithilfe von T-Zell-Rezeptor-transgenen Thymocyten ließ sich zeigen, dass Varianten der Antigenpeptide in den Thymusorgankulturen oder *in vivo* eine positive Selektion induzieren können. Peptidvarianten, die eine positive Selektion induziert haben, besaßen eine geringere Affinität für den T-Zell-Rezeptor als Antigenpeptide. Wie dieser quantitative Unterschied der Rezeptoraffinitäten zu qualitativ unterschiedlichen Werdegängen der Zellen führt, wird noch untersucht. Viele der biochemischen Signale, die von niedrigaffinen Wechselwirkungen induziert werden, sind schwächer und von kürzerer Dauer als bei hochaffinen Wechselwirkungen. Wechselwirkungen mit niedriger Affinität führen jedoch zu einer dauerhaften Aktivierung der Proteinkinase Erk, während Wechselwirkungen mit hoher Affinität nur eine vorübergehende Aktivierung von Erk bewirken. Das deutet darauf hin, dass die unterschiedliche Aktivierung dieser oder anderer MAP-Kinasen das Ergebnis der Selektion im Thymus bestimmt. Experimente haben gezeigt, dass sich entwickelnde T-Zellen mehr als 24 h lang niedrigaffine Liganden binden müssen, damit es zu einer positiven Selektion kommen kann.

### 8.3.8 Regulatorische T-Zellen, die Selbst-Peptide erkennen, und die angeborenen T-Zellen entwickeln sich im Thymus

Aus dem Thymus gehen neben den konventionellen CD4$^+$- und CD8$^+$-$\alpha$:$\beta$-T-Zellen, die oben besprochen wurden, weitere Zellpopulationen hervor. Diese sind zwar zahlenmäßig weniger bedeutend, besitzen aber wichtige Funktionen. Zwei dieser Untergruppen, die T$_{reg}$-Zellen (Abschn. 9.2.10) und die iNKT-Zellen (Abschn. 6.3.3), wurden bereits genau untersucht; ihre Entwicklung ist jeweils von spezifischen Anforderungen gekennzeichnet.

Aus dem Thymus abgeleitete T$_{reg}$-Zellen sind eine Untergruppe der CD4$^+$-T-Zellen, welche die Selbst-Toleranz aufrechterhalten. Diese Zellen gehen wie die konventionellen T-Zellen aus CD4$^+$CD8$^+$-Thymocyten hervor. Während ihrer Reifung steigern sie die Produktion des Transkriptionsfaktors FoxP3. Die Entwicklung der T$_{reg}$-Zellen hängt auch von der Signalgebung des IL-2-Rezeptors ab, das heißt von einem Cytokinsignal, das für die Entwicklung der konventionellen T-Zellen nicht notwendig ist. Das Repertoire der T-Zell-Rezeptoren, die von den T$_{reg}$-Zellen exprimiert werden, besteht wahrscheinlich aus Rezeptoren mit hoher Affinität für Selbst-MHC:Selbst-Peptid-Komplexe. Belege für diese Annahme stammen aus Untersuchungen, die gezeigt haben, das einige Linien von TCR-transgenen Mäusen eine große Anzahl von T$_{reg}$-Zellen hervorbringen, sobald die Mäuse auch das Antigen für diesen Rezeptor exprimieren. Darüber hinaus hat man Untersuchungen an Mäusen durchgeführt, die ein fluoreszierendes Reportergen exprimieren, sodass man die Stärke der T-Zell-Rezeptor-Signale sichtbar machen konnte. Dabei hat sich gezeigt, dass die T$_{reg}$-Zellen das fluoreszierende Reporterprotein sowohl während ihrer Entwicklung als auch nachdem sie den Thymus verlassen haben, auf hohem Niveau exprimieren, was darauf hindeutet, dass sie wahrscheinlich T-Zell-Rezeptoren mit einer hohen Affinität für Selbst-Peptide exprimieren. Diesen Prozess der positiven Selektion nach Wechselwirkungen zwischen T-Zell-Rezeptoren und Selbst-Peptid:Selbst-MHC-Komplexen mit hoher Affinität bezeichnet man als **Agonistenselektion**. Damit sind die Wechselwirkungen zwischen einem T-Zell-Rezeptor und Selbst-Peptid:Selbst-MHC-Komplexen gemeint, die normalerweise eine reife T-Zelle aktivieren würden, die diesen T-Zell-Rezeptor exprimiert.

Eine zweite spezialisierte Untergruppe der T-Zellen, die sich aus Vorläuferzellen von CD4$^+$CD8$^+$-Thymocyten entwickelt, ist eine Zelllinie, die man aufgrund der Expression des NK1.1-Rezeptors, der generell auf NK-Zellen vorkommt, als **invariante NKT-Zellen** (**iNKT-Zellen**) bezeichnet. iNKT-Zellen werden bei vielen Infektionen als Teil der frühen Immunantwort aktiviert. Sie unterscheiden sich von der Hauptzelllinie der $\alpha$:$\beta$-T-Zellen, indem sie CD1- anstelle von MHC-Klasse-I- oder -Klasse-II-Molekülen exprimieren

(Abschn. 6.3.3). Anders als andere T-Zellen benötigen iNKT-Zellen für ihre Entwicklung eine Wechselwirkung des T-Zell-Rezeptors mit CD1-Molekülen, die auf Thymocyten exprimiert werden, und ein Signal über das Adaptorprotein SAP. iNKT-Zellen bauen wie γ:δ-T-Zellen während der Entwicklung ein definiertes Effektorprogramm auf. Deshalb zeigen diese Zellen den Phänotyp von Gedächtniszellen, sobald sie den Thymus verlassen und in die peripheren lymphatischen Gewebe und zu den mucosalen Oberflächen wandern. Man nimmt an, dass iNKT-Zellen eine Reaktion auf „Agonisten"-Signale entwickeln. Neuere Untersuchungen haben gezeigt, dass CD1-bindende Lipidantigene, die von kommensalen Mikroorganismen im Darm produziert werden, ein bedeutender Ursprung für diese Agonistenliganden sind und dass die Zusammensetzung der Mikroflora im Darm die Entwicklung der iNKT-Zellen bereits in einer frühen Lebensphase reguliert. Da die Stimulation von unreifen T-Zellen durch Agonisten auch zur klonalen Deletion führen kann, ist bis jetzt unbekannt, welche aktivierenden Wechselwirkungen zur klonalen Deletion im Thymus und welche zur Selektion der $T_{reg}$-Zellen oder der nichtkonventionellen iNKT-Zellen führen.

## 8.3.9 Die letzte Phase der T-Zell-Reifung erfolgt im Thymusmark

Nachdem die Thymocyten die positive und negative Selektion überlebt haben, schließen sie ihre Reifung im Thymusmark ab und wandern dann in die peripheren lymphatischen Organe. Die Endphase ihrer Reifung führt zu Veränderungen des T-Zell-Rezeptor-Signalsystems. Ein unreifer doppelt oder einfach positiver Thymocyt, der über den T-Zell-Rezeptor stimuliert wird, durchläuft die Apoptose, ein reifer einfach positiver Thymocyt hingegen proliferiert. Die Endphase der Entwicklung dauert weniger als vier Tage und danach wandern funktionell kompetente T-Zellen aus dem Thymus in den Blutkreislauf (▶ Abb. 8.32). Um den Thymus verlassen zu können, müssen die T-Zellen das Lipidmolekül Sphingosin-1-phosphat (S1P) mithilfe des G-Protein-gekoppelten Rezeptors S1PR1 erkennen, der während dieser Endphase der Reifung von den Thymocyten exprimiert wird. S1P kommt in hohen Konzentrationen im Blut und in der Lymphe vor und reife Lymphocyten werden anscheinend von dem Molekül angezogen. Reife Thymocyten exprimieren auch CD62L (L-Selektin), einen Lymphknoten-Homing-Rezeptor, der die Lokalisierung von reifen naiven T-Zellen in den peripheren lymphatischen Organen ermöglicht, nachdem sie den Thymus verlassen haben.

## 8.3.10 T-Zellen, die zum ersten Mal in der Peripherie mit einer ausreichenden Menge an Autoantigenen in Kontakt kommen, werden vernichtet oder inaktiviert

Viele autoreaktive T-Zellen werden im Lauf ihrer Entwicklung im Thymus vernichtet. Wie in Abschn. 8.3.5 besprochen, wird dieser negative Selektionsprozess durch das AIRE-Protein ermöglicht, das die Expression vieler gewebespezifischer Antigene in den Epithelzellen des Thymusmarks anregt. Dennoch werden nicht alle Autoantigene im Thymus exprimiert und einige autoreaktive T-Zellen schließen ihre Reifung ab und wandern in die Peripherie. Unsere Vorstellungen vom Schicksal autoreaktiver T-Zellen in der Peripherie haben wir vor allem aufgrund von Untersuchungen an Mäusen gewonnen, die transgen für autoreaktive T-Zell-Rezeptoren gemacht worden waren. In einigen Fällen werden T-Zellen, die auf Autoantigene in der Peripherie reagieren, zerstört. Das geschieht normalerweise nach einer kurzen Zeitspanne der Aktivierung und Zellteilung und man bezeichnet den Prozess als **aktivierungsinduzierten Zelltod**. In anderen Fällen werden die autoreaktiven Zellen anergisch. Bei Untersuchungen *in vitro* erweisen sich diese anergischen Zellen als nicht aufnahmefähig für Signale, die vom T-Zell-Rezeptor ausgehen.

Es stellt sich unmittelbar die Frage: Wenn der Kontakt eines reifen naiven Lymphocyten mit einem Autoantigen zum Zelltod oder zur Anergie führt, warum geschieht das nicht mit allen anderen reifen Lymphocyten, die ein von Pathogenen stammendes Antigen erkennen?

**Abb. 8.32 Das Auswandern der Thymocyten wird durch Signale des Sphingosin-1-phosphat-Rezeptors 1 (S1PR1) ausgelöst.** Einzeln positive CD4- und CD8-Thymocyten, die die positive und die negative Selektion erfolgreich überstanden haben, befinden sich im Thymusmark, wobei sie noch nicht vollständig gereift sind. Am Ende des Reifungsvorgangs, der drei bis vier Tage in Anspruch nimmt, steigern die einzeln positiven CD4- und CD8-Thymocyten die Expression des Sphingosin-1-phosphat-Rezeptors 1 (S1PR1). Dieser ist mit einem G-Protein gekoppelt und bewirkt die Chemotaxis der Zellen für den Liganden S1P. Da S1P im Blut in hohen Konzentrationen vorkommt, werden die einzeln positiven Thymocyten angeregt, aus dem Thymus in das Blut überzutreten, wo sie dann Teil der Population zirkulierender naiver T-Zellen sind

Die Antwort ist, dass eine Infektion eine Entzündung hervorruft, die die Expression von costimulierenden Molekülen auf den antigenpräsentierenden dendritischen Zellen und die Produktion von Cytokinen auslöst, wodurch die Lymphocyten aktiviert werden. Der Kontakt mit einem Antigen führt unter diesen Bedingungen zur Aktivierung, Proliferation und Differenzierung des Lymphocyten zum Stadium einer Effektorzelle. Wenn keine Infektion oder Entzündung vorliegt, prozessieren dendritische Zellen weiterhin Autoantigene und präsentieren sie, wenn jedoch costimulierende und andere Signale fehlen, führt anscheinend jede Wechselwirkung eines reifen Lymphocyten mit seinem spezifischen Antigen zu toleranzauslösenden (**tolerogenen**) Signalen des Antigenrezeptors.

### Zusammenfassung

Die Stadien der Thymocytenentwicklung bis hin zur Expression des Prä-T-Zell-Rezeptors – hierzu gehört auch die Festlegung auf die $\alpha{:}\beta$- oder $\delta{:}\gamma$-Linie – sind alle von Peptid:MHC-Wechselwirkungen unabhängig. Wenn die $\alpha$-Ketten-Gene produktiv umgelagert wurden und der T-Zell-Rezeptor exprimiert wird, durchlaufen die $\alpha{:}\beta$-Thymocyten eine weitere Entwicklung, die von den Wechselwirkungen ihrer T-Zell-Rezeptoren mit Selbst-Peptiden abhängt, die von MHC-Molekülen im Thymusstroma präsentiert werden. Doppelt positive CD4$^+$CD8$^+$-Thymocyten, deren Rezeptoren mit Selbst-Peptid:Selbst-MHC-Komplexen auf Epithelzellen des Thymuscortex interagieren, werden positiv selektiert und entwickeln sich zu reifen, einfach positiven CD4- oder CD8-T-Zellen. T-Zellen, die mit körpereigenen Antigenen zu stark reagieren, werden im Thymus vernichtet; für diesen hocheffizienten Vorgang sind antigenpräsentierende Zellen aus dem Knochenmark und AIRE-exprimierende T-Zellen im Thymusmark verantwortlich. Als Ergebnis der positiven und negativen Selektion bildet sich ein Repertoire an reifen konventionellen T-Zellen heraus, das MHC-restringiert und selbsttolerant ist. Einige nichtkonventionelle T-Zell-Linien durchlaufen nach einen starken T-Zell-Rezeptor-Signal eine „Agonistenselektion". Wie genau jedoch das Erkennen von Selbst-Peptid:Selbst-MHC-Komplexen durch den T-Zell-Rezeptor entweder zur positiven oder negativen Selektion führt, bleibt weiterhin ungelöst.

# Kapitelzusammenfassung

In diesem Kapitel haben wir die Bildung der B- und T-Zell-Linien aus einem ungeprägten lymphatischen Zellvorläufer verfolgt. Schon früh in der Entwicklung der T- und B-Zellen aus einem gemeinsamen lymphatischen Vorläufer, der aus dem Knochenmark stammt, kommt es zu somatischen Genumlagerungen, die zu einem äußerst vielfältigen Repertoire an Antigenrezeptoren führen. Bei B-Zellen sind dies Immunglobuline, bei T-Zellen T-Zell-Rezeptoren. Bei den Säugern entwickeln sich die B-Zellen in der fetalen Leber und nach der Geburt im Knochenmark. T-Zellen gehen ebenfalls aus Stammzellen in der fetalen Leber oder im Knochenmark hervor, durchlaufen jedoch den größten Teil ihrer Entwicklung im Thymus. Ein Großteil der somatischen Rekombinationsmaschinerie, einschließlich der RAG-Proteine, die ein essenzielles Element der V(D)J-Rekombinase sind, ist jedoch bei B- und T-Zellen gleich. Bei beiden Zelltypen werden zuerst die Loci umgelagert, die D-Gen-Segmente enthalten, was sich dann schrittweise für die übrigen Loci fortsetzt. Der erste Schritt bei der Genumlagerung der B-Zellen betrifft den Locus für die schwere Immunglobulinkette, bei den T-Zellen den Locus der $\beta$-Kette. In jedem Fall darf die Zelle nur dann zum nächsten Entwicklungsschritt übergehen, wenn durch die Umlagerung eine Sequenz mit durchgehendem Leseraster entstanden ist, die in eine Proteinkette umgesetzt werden kann, die auf der Zelloberfläche exprimiert wird: entweder den Prä-B-Zell-Rezeptor oder den Prä-T-Zell-Rezeptor. Zellen, bei denen beide Rezeptorketten nicht erfolgreich umgelagert wurden, gehen durch Apoptose zugrunde. Die Entwicklung der konventionellen B-Zellen ist in ▶ Abb. 8.14 zusammengefasst, die der $\alpha{:}\beta$-T-Zellen in ▶ Abb. 8.33.

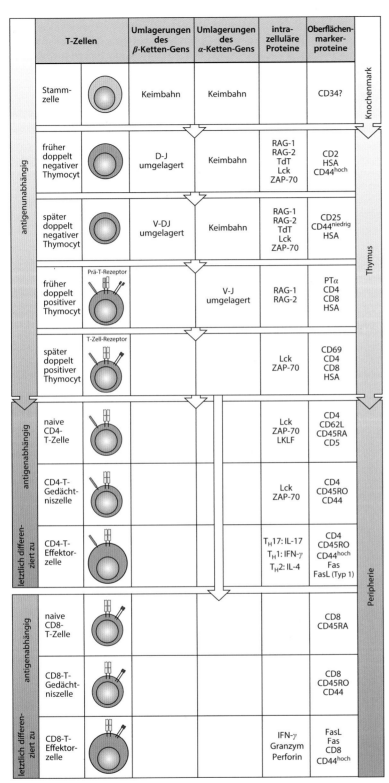

| T-Zellen | Umlagerungen des β-Ketten-Gens | Umlagerungen des α-Ketten-Gens | intra- zelluläre Proteine | Oberflächen- marker- proteine | |
|---|---|---|---|---|---|
| Stamm- zelle | Keimbahn | Keimbahn | | CD34? | Knochenmark |
| früher doppelt negativer Thymocyt | D-J umgelagert | Keimbahn | RAG-1 RAG-2 TdT Lck ZAP-70 | CD2 HSA CD44<sup>hoch</sup> | Thymus |
| später doppelt negativer Thymocyt | V-DJ umgelagert | Keimbahn | RAG-1 RAG-2 TdT Lck ZAP-70 | CD25 CD44<sup>niedrig</sup> HSA | |
| früher doppelt positiver Thymocyt | Prä-T-Rezeptor | V-J umgelagert | RAG-1 RAG-2 | PTα CD4 CD8 HSA | |
| später doppelt positiver Thymocyt | T-Zell-Rezeptor | | Lck ZAP-70 | CD69 CD4 CD8 HSA | |
| naive CD4- T-Zelle | | | Lck ZAP-70 LKLF | CD4 CD62L CD45RA CD5 | Peripherie |
| CD4-T- Gedächt- niszelle | | | Lck ZAP-70 | CD4 CD45RO CD44 | |
| CD4-T- Effektor- zelle | | | T_H17: IL-17 T_H1: IFN-γ T_H2: IL-4 | CD4 CD45RO CD44<sup>hoch</sup> Fas FasL (Typ 1) | |
| naive CD8- T-Zelle | | | | CD8 CD45RA | |
| CD8-T- Gedächt- niszelle | | | | CD8 CD45RO CD44 | |
| CD8-T- Effektor- zelle | | | IFN-γ Granzym Perforin | FasL Fas CD8 CD44<sup>hoch</sup> | |

**Abb. 8.33 Zusammenfassung der Entwicklung humaner α:β-T-Zellen.** Für aufeinanderfolgende Phasen der α:β-T-Zell-Entwicklung ist jeweils der Zustand der T-Zell-Rezeptor-Gene, die Expression einiger essenzieller intrazellulärer Proteine sowie die Expression einiger Zelloberflächenmoleküle angegeben. Da die T-Zell-Rezeptor-Gene bei ihrer antigenabhängigen Entwicklung nicht weiter verändert werden, sind für die T-Zell-Rezeptor-Gene nur die Phasen aufgeführt, in denen sie im Thymus aktiv umgelagert werden. Die antigenabhängigen Phasen von CD4- und CD8-Zellen sind getrennt aufgeführt und werden in Kap. 9 im Einzelnen besprochen

Sobald ein funktioneller Antigenrezeptor auf der Zelloberfläche vorhanden ist, wird der Lymphocyt auf zwei Weisen geprüft. Bei der positiven Selektion wird die potenzielle Nützlichkeit des Antigenrezeptors festgestellt, während die negative Selektion autoreaktive Zellen aus dem Lymphocytenrepertoire eliminiert, sodass dieses körpereigene Antigene toleriert. Die positive Selektion ist besonders für T-Zellen von Bedeutung, da sie bewirkt, dass nur Zellen mit T-Zell-Rezeptoren weiter heranreifen, die ein Antigen zusammen mit Selbst-MHC-Molekülen erkennen können. Die positive Selektion koordiniert auch die Auswahl des exprimierten Corezeptors. CD4 wird in T-Zellen exprimiert, die MHC-Klasse-II-spezifische Rezeptoren tragen, CD8 in Zellen mit MHC-Klasse-I-spezifischen Rezeptoren. Dadurch ist sichergestellt, dass diese Rezeptoren bei Reaktionen auf Krankheitserreger optimal eingesetzt werden. Bei den B-Zellen kommt es anscheinend beim letzten Übergang von der unreifen zur reifen B-Zelle in den peripheren lymphatischen Geweben zur positiven Selektion. Die Toleranz gegenüber Autoantigenen wird in verschiedenen Entwicklungsstadien der B- und T-Zellen durch negative Selektion weiter verstärkt und auch die positive Selektion ist anscheinend ein kontinuierlicher Vorgang.

# Aufgaben

**8.1 Richtig oder falsch:** Die Entwicklung der B-Zellen wird bei Mäusen nicht vom Fehlen der gemeinsamen Cytokinrezeptor-$\gamma$-Kette ($\gamma_c$) beeinflusst.

**8.2 Bitte ergänzen:** Die Entwicklung der B-Zellen wird durch die Expression verschiedener Transkriptionsfaktoren reguliert, die die Genumlagerung und den erfolgreichen Übergang in das nächste Entwicklungsstadium ermöglichen. So wird beispielsweise während des _____-Stadiums die Expression von RAG-1 und RAG-2 durch _____ induziert, sodass eine erfolgreiche D-J-Umlagerung und dann die V-DJ-Umlagerung am Locus der schweren Kette möglich werden. In der Folge wird ein funktionsfähiger _____ exprimiert und durch ein Signal wird die Zelle veranlasst, eine _____ durchzuführen, die nächste Entwicklungsstufe zu erreichen und den Locus der leichten Kette umzulagern.

**8.3 Richtig oder falsch:** Die Erkennung von Autoantigenen ist notwendig, damit der Prä-B-Zell-Rezeptor quervernetzt wird, wodurch wiederum der Komplex ein Signal aussenden kann und der Übergang von der Pro-B-Zelle zur Prä-B-Zelle möglich wird.

**8.4 Bitte zuordnen:** Zu welchem B-Zell-Stadium gehört welcher Begriff?

A. frühe Pro-B-Zelle      i. V-DJ-Umlagerung (schwere Kette)
B. kleine Prä-B-Zelle      ii. D-J-Umlagerung (schwere Kette)
C. unreife B-Zelle      iii. Expression des Prä-B-Zell-Rezeptors
D. späte Pro-B-Zelle      iv. V-J-Umlagerung (leichte Kette)
E. große Prä-B-Zelle      v. Oberflächen-IgM

**8.5 Kurze Antwort:** Wie verhindert der Vorgang des Allelausschlusses die Umlagerung des zweiten Locus der schweren Kette und warum ist das von Bedeutung?

**8.6 Kurze Antwort:** Wie können aus einer großen B-Zelle viele B-Zellen mit unterschiedlichen Antigenspezifitäten hervorgehen?

**8.7 Bitte zuordnen:** Welcher Begriff gehört zu welcher Definition?

A. Rezeptor-Editing      i. Ergebnis einer fortbestehenden Autoreaktivität nach erfolglosem Rezeptor-Editing

B. Isotypausschluss      ii. Selektion der leichten $\kappa$- oder $\lambda$-Kette

**C.** klonale Deletion

**iii.** Ergebnis eines peripheren Kontakts mit einem schwach quervernetzenden Antigen oder mit einem Antigen mit niedriger Valenz

**D.** Anergie

**iv.** Vorgang, durch den der Locus der leichten Kette umgelagert wird, sodass ein nicht autoreaktiver Rezeptor entsteht

**E.** immunologische Ignoranz

**v.** B-Zellen, die eine Affinität für ein Autoantigen besitzen, aber aus verschiedenen Gründen nicht darauf reagieren

**8.8 Richtig oder falsch:** Alle doppelt negativen CD4- und CD8-Thymocyten sind unreife T-Zellen.

**8.9 Bitte zuordnen:** Welches DN-Stadium der T-Zellen gehört zu welchem Expressionsmuster von CD44 und CD25 und zu welcher Umlagerung des T-Zell-Rezeptor-Locus?

**A.** DN1

**i.** CD44$^+$CD25$^+$, D-J-Umlagerung am Locus der TCR$\beta$-Kette

**B.** DN2

**ii.** CD44$^+$CD25$^-$, Keimbahnlocus des T-Zell-Rezeptors

**C.** DN3

**iii.** CD44$^{niedrig}$CD25$^+$, V-DJ-Umlagerung am Locus der $\beta$-Kette

**D.** DN4

**iv.** CD44$^-$CD25$^-$, funktionelle Umlagerung der $\beta$-Kette

**8.10 Bitte ergänzen:** Die erfolgreiche Umlagerung des _____ während des DN_____-Stadiums ermöglicht die Bildung des Prä-T-Zell-Rezeptors, der in Bezug auf Struktur und Funktion dem Prä-B-Zell-Rezeptor entspricht. Die TCR$\beta$-Kette assoziiert sich selbst mit _____, sodass eine ligandenunabhängige Quervernetzung des Prä-T-Zell-Rezeptors möglich ist. Das führt zu _____, zum Abschalten weiterer _____-Genumlagerungen und zur Expression beider _____. Wie beim Locus der leichten Kette in der B-Zelle, kann der _____ mehrere Umlagerungen durchlaufen, damit ein funktionsfähiges Protein entsteht.

**8.11 Bitte zuordnen:** Welche Beschreibung passt zu welcher Untergruppe der $\gamma$:$\delta$-T-Zellen der Maus?

**A.** dendritische epidermale T-Zellen

**i.** können in zwei Untergruppen eingeteilt werden: eine IFN-$\gamma$- und IL-4-produzierende Untergruppe sowie eine IFN-$\gamma$-produzierende Untergruppe

**B.** V$_\gamma$4$^+$-T-Zellen

**ii.** Zellen, die in den Fortpflanzungstrakt, die Lunge und die Dermis einwandern; nach Stimulation können diese Zellen inflammatorische Cytokine produzieren

**C.** V$_\gamma$6$^+$-T-Zellen

**iii.** eine Population von sich später entwickelnden $\gamma$:$\delta$-T-Zellen, die darauf eingestellt sind, nach ihrer Aktivierung IL-17 zu sezernieren; sie kommen in allen lymphatischen Organen vor

**D.** V$_\gamma$1$^+$-T-Zellen

**iv.** Zellen, die als Reaktion auf einen Krankheitserreger oder eine Verletzung eine Entzündung hervorrufen, die Wundheilung fördern und Wachstumsfaktoren produzieren können; sie sind dadurch gekennzeichnet, dass ihr T-Zell-Rezeptor das V$_\gamma$5-Segment enthält

**E.** V$_\gamma$7$^+$-T-Zellen

**v.** sie wandern spezifisch in das Darmepithel

**8.12 Multiple Choice:** Welche der folgenden Aussagen beschreibt genau den Unterschied zwischen dem B- und dem T-Zell-Rezeptor?

**A.** Die VDJ-Umlagerung der $\beta$-Kette des T-Zell-Rezeptors erfolgt bei der T-Zell-Entwicklung anders als beim B-Zell-Rezeptor zuerst; bei Letzterem erfolgt die VDJ-Umlagerung nach der VJ-Umlagerung der leichten Kette.

**B.** T-Zellen benötigen nicht die Bildung eines Prä-T-Zell-Rezeptors, um in ihrer Entwicklung voranzuschreiten, anders als bei den B-Zellen, die Signale über den Prä-B-Zell-Rezeptor benötigen, um den Allelausschluss zu durchlaufen und die Entwicklung fortzusetzen.

**C.** Durch die Expression des B-Zell-Rezeptors endet die weitere Umlagerung der leichten Kette und es kommt zu einem konsequenten Allelausschluss, während durch die Expression des T-Zell-Rezeptors weitere Umlagerungen der $\alpha$-Kette nicht verhindert werden, bis durch Peptid:MHC-Komplexe Signale entstehen, was bei vielen T-Zellen dazu führt, dass sie zwei unterschiedliche TCR$\alpha$-Ketten exprimieren.

**D.** TCR$\alpha$-Ketten können keine weiteren Umlagerungen ausführen, anders als die B-Zell-Rezeptoren, die ein Rezeptor-Editing durchlaufen.

**8.13 Multiple Choice:** Welche der folgenden Aussagen trifft auf die regulatorischen T-Zellen ($T_{reg}$-Zellen) zu?

**A.** Die $T_{reg}$-Zellen sind eine Untergruppe der CD8$^+$-T-Zellen, die gegen Zellen, die mit einem Krankheitserreger infiziert sind, eine cytotoxische Aktivität entwickeln können.

**B.** Der T-Zell-Rezeptor der $T_{reg}$-Zellen ist durch eine schwache Affinität für Selbst-MHC gekennzeichnet, die zu Selbst-Toleranz führen kann.

**C.** $T_{reg}$-Zellen exprimieren FoxP3.

**D.** Autoimmunität ist häufig eine Folge von überaktiven $T_{reg}$-Zellen.

**8.14 Multiple Choice:** Welcher der folgenden Effekte führt nicht zu einem Defekt in der Entwicklung der CD8$^+$-T-Zellen im Thymus?

**A.** genetische Inaktivierung von Cathepsin

**B.** eine inaktivierende Mutation im Gen für den Transkriptionsfaktor Runx3

**C.** Überexpression des Transkriptionsfaktors ThPOK

**D.** genetische Deletion der MHC-Klasse-I-Gene

**E.** genetische Deletion der $\beta$5t-Untereinheit des Proteasoms

**8.15 Multiple Choice:** Welche der folgenden Aussagen erklärt die MHC-Restriktion bei reifen T-Zellen am besten?

**A.** Die CDR1- und CDR2-Regionen von TCR$\alpha$ und TCR$\beta$ zeigen eine keimbahncodierte Tendenz zur Erkennung von MHC-Molekülen.

**B.** Sobald Thymocyten ein starkes Signal des T-Zell-Rezeptors empfangen, wird bei ihnen die Apoptose ausgelöst.

**C.** CD4 und CD8 binden fast die gesamte Menge des intrazellulären Lck-Proteins.

**D.** Epithelzellen des Thymusmarks exprimieren das AIRE-Protein, das die Expression gewebespezifischer Proteine stimuliert.

**E.** Aus dem Knochenmark stammende dendritische Zellen und Makrophagen sind bei der Vermittlung der negativen Selektion viel effektiver als die Thymusepithelzellen und die Thymocyten selbst.

**8.16 Kurze Antwort:** Wie lautet die Affinitätshypothese für die Entwicklung der Thymocyten?

# Literatur

## Allgemeine Literatur

- Loffert, D., Schaal, S., Ehlich, A., Hardy, R.R., Zou, Y.R., Muller, W., and Rajewsky, K.: **Early B-cell development in the mouse—insights from mutations introduced by gene targeting.** *Immunol. Rev.* 1994, **137**:135–153.
- Melchers, F., ten Boekel, E., Seidl, T., Kong, X.C., Yamagami, T., Onishi, K., Shimizu, T., Rolink, A.G., and Andersson, J.: **Repertoire selection by pre-B-cell receptors and B-cell receptors, and genetic control of B-cell development from immature to mature B cells.** *Immunol. Rev.* 2000, **175**:33–46.
- Starr, T.K., Jameson, S.C., and Hogquist, K. A.: **Positive and negative selection of T cells.** *Annu. Rev. Immunol.* 2003, **21**:139–176.
- von Boehmer, H.: **The developmental biology of T lymphocytes.** *Annu. Rev. Immunol.* 1993, **6**:309–326.
- Weinberg, R.A.: The Biology of Cancer, 2nd ed. New York: Garland Science, 2014.

## Literatur zu den einzelnen Abschnitten

### Abschnitt 8.1.1

- Busslinger, M.: **Transcriptional control of early B cell development.** *Annu. Rev. Immunol.* 2004, **22**:55–79.
- Chao, M.P., Seita, J., and Weissman, I.L.: **Establishment of a normal hemato-poietic and leukemia stem cell hierarchy.** *Cold Spring Harb. Symp. Quant. Biol.* 2008, **73**:439–449.
- Funk, P.E., Kincade, P.W., and Witte, P.L.: **Native associations of early hemato-poietic stem-cells and stromal cells isolated in bone-marrow cell aggregates.** *Blood* 1994, **83**:361–369.
- Jacobsen, K., Kravitz, J., Kincade, P.W., and Osmond, D.G.: **Adhesion receptors on bone-marrow stromal cells—*in vivo* expression of vascular cell adhesion molecule-1 by reticular cells and sinusoidal endothelium in normal and γ-irradiated mice.** *Blood* 1996, **87**:73–82.
- Kiel, M.J. and Morrison, S.J.: **Uncertainty in the niches that maintain haematopoietic stem cells.** *Nat. Rev. Immunol.* 2008, **8**:290–301.

### Abschnitt 8.1.2

- Allman, D., Li, J., and Hardy, R.R.: **Commitment to the B lymphoid lineage occurs before DH-JH recombination.** *J. Exp. Med.* 1999, **189**:735–740.
- Allman, D., Lindsley, R.C., DeMuth, W., Rudd, K., Shinton, S.A., and Hardy, R.R.: **Resolution of three nonproliferative immature splenic B cell subsets reveals multiple selection points during peripheral B cell maturation.** *J. Immunol.* 2001, **167**:6834–6840.
- Hardy, R.R., Carmack, C.E., Shinton, S.A., Kemp, J.D., and Hayakawa, K.: **Resolution and characterization of pro-B and pre-pro-B cell stages in normal mouse bone marrow.** *J. Exp. Med.* 1991, **173**:1213–1225.
- Osmond, D.G., Rolink, A., and Melchers, F.: **Murine B lymphopoiesis: towards a unified model.** *Immunol. Today* 1998, **19**:65–68.
- Welinder, E., Ahsberg, J., and Sigvardsson, M.: **B-lymphocyte commitment: identifying the point of no return.** *Semin. Immunol.* 2011, **23**:335–340.

### Abschnitt 8.1.3

- Bankovich, A.J., Raunser, S., Juo, Z.S., Walz, T., Davis, M.M., and Garcia, K.C.: **Structural insight into pre-B cell receptor function.** *Science* 2007, **316**:291–294.
- Grawunder, U., Leu, T.M.J., Schatz, D.G., Werner, A., Rolink, A.G., Melchers, F., and Winkler, T.H.: **Down-regulation of Rag1 and Rag2 gene expression in pre-B cells after functional immunoglobulin heavy-chain rearrangement.** *Immunity* 1995, **3**:601–608.
- Monroe, J.G.: **ITAM-mediated tonic signalling through pre-BCR and BCR complexes.** *Nat. Rev. Immunol.* 2006, **6**:283–294.

### Abschnitt 8.1.4

- Geier, J.K. and Schlissel, M.S.: **Pre-BCR signals and the control of Ig gene rearrangements.** *Semin. Immunol.* 2006, **18**:31–39.
- Loffert, D., Ehlich, A., Muller, W., and Rajewsky, K.: **Surrogate light-chain expression is required to establish immunoglobulin heavy-chain allelic exclusion during early B-cell development.** *Immunity* 1996, **4**:133–144.
- Melchers, F., ten Boekel, E., Yamagami, T., Andersson, J., and Rolink, A.: **The roles of preB and B cell receptors in the stepwise allelic exclusion of mouse IgH and L chain gene loci.** *Semin. Immunol.* 1999, **11**:307–317.

### Abschnitt 8.1.5

- Arakawa, H., Shimizu, T., and Takeda, S.: **Reevaluation of the probabilities for productive rearrangements on the κ-loci and λ-loci.** *Int. Immunol.* 1996, **8**:91–99.
- Gorman, J.R., van der Stoep, N., Monroe, R., Cogne, M., Davidson, L., and Alt, F.W.: **The Igk 3′ enhancer influences the ratio of Igκ versus Igλ B lymphocytes.** *Immunity* 1996, **5**:241–252.
- Hesslein, D.G. and Schatz, D.G.: **Factors and forces controlling V(D)J recombination.** *Adv. Immunol.* 2001, **78**:169–232.
- Kee, B.L. and Murre, C.: **Transcription factor regulation of B lineage commitment.** *Curr. Opin. Immunol.* 2001, **13**:180–185.
- Sleckman, B.P., Gorman, J.R., and Alt, F.W.: **Accessibility control of antigen receptor variable region gene assembly—role of *cis*-acting elements.** *Annu. Rev. Immunol.* 1996, **14**:459–481.
- Takeda, S., Sonoda, E., and Arakawa, H.: **The κ–λ ratio of immature B cells.** *Immunol. Today* 1996, **17**:200–201.

### Abschnitt 8.1.6

- Casellas, R., Shih, T.A., Kleinewietfeld, M., Rakonjac, J., Nemazee, D., Rajewsky, K., and Nussenzweig, M.C.: **Contribution of receptor editing to the antibody repertoire.** *Science* 2001, **291**:1541–1544.
- Chen, C., Nagy, Z., Radic, M.Z., Hardy, R.R., Huszar, D., Camper, S.A., and Weigert, M.: **The site and stage of anti-DNA B-cell deletion.** *Nature* 1995, **373**:252–255.
- Cornall, R.J., Goodnow, C.C., and Cyster, J.G.: **The regulation of self-reactive B cells.** *Curr. Opin. Immunol.* 1995, **7**:804–811.
- Melamed, D., Benschop, R.J., Cambier, J.C., and Nemazee, D.: **Developmental regulation of B lymphocyte immune tolerance compartmentalizes clonal selection from receptor selection.** *Cell* 1998, **92**:173–182.
- Nemazee, D.: **Receptor editing in lymphocyte development and central tolerance.** *Nat. Rev. Immunol.* 2006, **6**:728–740.
- Prak, E.L. and Weigert, M.: **Light-chain replacement—a new model for antibody gene rearrangement.** *J. Exp. Med.* 1995, **182**:541–548.

Teil III

## Abschnitt 8.1.7

■ Cyster, J.G., Hartley, S.B., and Goodnow, C.C.: **Competition for follicular niches excludes self-reactive cells from the recirculating B-cell repertoire.** *Nature* 1994, **371**:389–395.

■ Goodnow, C.C., Crosbie, J., Jorgensen, H., Brink, R.A., and Basten, A.: **Induction of self-tolerance in mature peripheral B lymphocytes.** *Nature* 1989, **342**:385–391.

■ Lam, K.P., Kuhn, R., and Rajewsky, K.: *In vivo* **ablation of surface immuno-globulin on mature B cells by inducible gene targeting results in rapid cell death.** *Cell* 1997, **90**:1073–1083.

■ Russell, D.M., Dembic, Z., Morahan, G., Miller, J.F.A.P., Burki, K., and Nemazee, D.: **Peripheral deletion of self-reactive B cells.** *Nature* 1991, **354**:308–311.

■ Steinman, R.M. and Nussenzweig, M.C.: **Avoiding horror autotoxicus: the importance of dendritic cells in peripheral T cell tolerance.** *Proc. Natl Acad. Sci.* USA 2002, **99**:351–358.

## Abschnitt 8.1.8

■ Allman, D.M., Ferguson, S.E., Lentz, V.M., and Cancro, M.P.: **Peripheral B cell maturation. II. Heat-stable antigen**[hi] **splenic B cells are an immature developmental intermediate in the production of long-lived marrow-derived B cells.** *J. Immunol.* 1993, **151**:4431–4444.

■ Harless, S.M., Lentz, V.M., Sah, A.P., Hsu, B.L., Clise-Dwyer, K., Hilbert, D.M., Hayes, C.E., and Cancro, M.P.: **Competition for BLyS-mediated signaling through Bcmd/ BR3 regulates peripheral B lymphocyte numbers.** *Curr. Biol.* 2001, **11**:1986–1989.

■ Levine, M.H., Haberman, A.M., Sant'Angelo, D.B., Hannum, L.G., Cancro, M.P., Janeway Jr., C.A.; and Shlomchik, M.J.: **A B-cell receptor-specific selection step governs immature to mature B cell differentiation.** *Proc. Natl Acad. Sci. USA* 2000, **97**:2743–2748.

■ Loder, F., Mutschler, B., Ray, R.J., Paige, C.J., Sideras, P., Torres, R., Lamers, M.C., and Carsetti, R.: **B cell development in the spleen takes place in discrete steps and is determined by the quality of B cell receptor-derived signals.** *J. Exp. Med.* 1999, **190**:75–89.

■ Rolink, A.G., Tschopp, J., Schneider, P., and Melchers, F.: **BAFF is a survival and maturation factor for mouse B cells.** *Eur. J. Immunol.* 2002, **32**:2004–2010.

■ Schiemann, B., Gommerman, J.L., Vora, K., Cachero, T.G., Shulga-Morskaya, S., Dobles, M., Frew, E., and Scott, M.L.: **An essential role for BAFF in the normal development of B cells through a BCMA-independent pathway.** *Science* 2001, **293**:2111–2114.

■ Stadanlick, J.E. and Cancro, M.P.: **BAFF and the plasticity of peripheral B cell tolerance.** *Curr. Opin. Immunol.* 2008, **20**:158–161.

■ Wen, L., Brill-Dashoff, J., Shinton, S.A., Asano, M., Hardy, R.R., and Hayakawa, K.: **Evidence of marginal-zone B cell-positive selection in spleen.** *Immunity* 2005, **23**:297–308.

## Abschnitt 8.1.9

■ Montecino-Rodriguez, E. and Dorshkind, K.: **B-1 B cell development in the fetus and adult.** *Immunity* 2012, **36**:13–21.

## Abschnitt 8.2.1

■ Anderson, G., Moore, N.C., Owen, J.J.T., and Jenkinson, E.J.: **Cellular interactions in thymocyte development.** *Annu. Rev. Immunol.* 1996, **14**:73–99.

■ Carlyle, J.R. and Zúñiga-Pflücker, J.C.: **Requirement for the thymus in α:β T lymphocyte lineage commitment.** *Immunity* 1998, **9**:187–197.

Teil III

- Gordon, J., Wilson, V.A., Blair, N. F., Sheridan, J., Farley, A., Wilson, L., Manley, N.R., and Blackburn, C.C.: **Functional evidence for a single endodermal origin for the thymic epithelium.** *Nat. Immunol.* 2004, **5**:546–553.
- Nehls, M., Kyewski, B., Messerle, M., Waldschütz, R., Schüddekopf, K., Smith, A.J.H., and Boehm, T.: **Two genetically separable steps in the differentiation of thymic epithelium.** *Science* 1996, **272**:886–889.
- Rodewald, H.R.: **Thymus organogenesis.** *Annu. Rev. Immunol.* 2008, **26**:355–388.
- van Ewijk, W., Hollander, G., Terhorst, C., and Wang, B.: **Stepwise development of thymic microenvironments *in vivo* is regulated by thymocyte subsets.** *Development* 2000, **127**:1583–1591.

## Abschnitt 8.2.2

- Pui, J.C., Allman, D., Xu, L., DeRocco, S., Karnell, F.G., Bakkour, S., Lee, J.Y., Kadesch, T., Hardy, R.R., Aster, J.C., *et al.:* **Notch1 expression in early lymphopoiesis influences B versus T lineage determination.** *Immunity* 1999, **11**:299–308.
- Radtke, F., Fasnacht, N., and Macdonald, H.R.: **Notch signaling in the immune system.** *Immunity* 2010, **32**:14–27.
- Radtke, F., Wilson, A., Stark, G., Bauer, M., van Meerwijk, J., MacDonald, H.R., and Aguet, M.: **Deficient T cell fate specification in mice with an induced inactivation of Notch1.** *Immunity* 1999, **10**:547–558.
- Rothenberg, E. V.: **Transcriptional drivers of the T-cell lineage program.** *Curr. Opin. Immunol.* 2012, **24**:132–138.

## Abschnitt 8.2.3

- Shortman, K., Egerton, M., Spangrude, G.J., and Scollay, R.: **The generation and fate of thymocytes.** *Semin. Immunol.* 1990, **2**:3–12.
- Surh, C.D. and Sprent, J.: **T-cell apoptosis detected *in situ* during positive and negative selection in the thymus.** *Nature* 1994, **372**:100–103.

## Abschnitt 8.2.4

- Borowski, C., Martin, C., Gounari, F., Haughn, L., Aifantis, I., Grassi, F., and von Boehmer, H.: **On the brink of becoming a T cell.** *Curr. Opin. Immunol.* 2002, **14**:200–206.
- Pang, S.S., Berry, R., Chen, Z., Kjer-Nielsen, L., Perugini, M.A., King, G.F., Wang, C., Chew, S.H., La Gruta, N.L., Williams, N.K., *et al.:* **The structural basis for autonomous dimerization of the pre-T-cell antigen receptor.** *Nature* 2010, **467**:844–848.
- Saint-Ruf, C., Ungewiss, K., Groettrup, M., Bruno, L., Fehling, H.J., and von Boehmer, H.: **Analysis and expression of a cloned pre-T-cell receptor gene.** *Science* 1994, **266**:1208–1212.
- Shortman, K. and Wu, L.: **Early T lymphocyte progenitors.** *Annu. Rev. Immunol.* 1996, **14**:29–47.

## Abschnitt 8.2.5

- Benz, C., Heinzel, K., and Bleul, C.C.: **Homing of immature thymocytes to the subcapsular microenvironment within the thymus is not an absolute requirement for T cell development.** *Eur. J. Immunol.* 2004, **34**:3652–3663.
- Bleul, C.C. and Boehm, T.: **Chemokines define distinct microenvironments in the developing thymus.** *Eur. J. Immunol.* 2000, **30**:3371–3379.
- Nitta, T., Murata, S., Ueno, T., Tanaka, K., and Takahama, Y.: **Thymic microenvironments for T-cell repertoire formation.** *Adv. Immunol.* 2008, **99**:59–94.

Teil III

■ Ueno, T., Saito F., Gray, D.H.D., Kuse, S., Hieshima, K., Nakano, H., Kakiuchi, T., Lipp, M., Boyd, R.L., and Takahama, Y.: **CCR7 signals are essential for cortex–medulla migration of developing thymocytes.** *J. Exp. Med.* 2004, **200**:493–505.

## Abschnitt 8.2.6

■ Fehling, H.J., Gilfillan, S., and Ceredig, R.: **αβ/γδ lineage commitment in the thymus of normal and genetically manipulated mice.** *Adv. Immunol.* 1999, **71**:1–76.
■ Hayday, A.C., Barber, D.F., Douglas, N., and Hoffman, E.S.: **Signals involved in γδ T cell versus αβ T cell lineage commitment.** *Semin. Immunol.* 1999, **11**:239–249.
■ Hayes, S.M. and Love, P.E.: **Distinct structure and signaling potential of the γδ TCR complex.** *Immunity* 2002, **16**:827–838.
■ Kang, J. and Raulet, D.H.: **Events that regulate differentiation of αβ TCR⁺ and γδ TCR⁺ T cells from a common precursor.** *Semin. Immunol.* 1997, **9**:171–179.
■ Kreslavsky, T., Garbe, A.I., Krueger, A., and von Boehmer, H.: **T cell receptor-instructed αβ versus γδ lineage commitment revealed by single-cell analysis.** *J. Exp. Med.* 2008, **205**:1173–1186.
■ Lauritsen, J.P., Haks, M.C., Lefebvre, J.M., Kappes, D.J., and Wiest, D.L.: **Recent insights into the signals that control αβ/γδ-lineage fate.** *Immunol. Rev.* 2006, **209**:176–190.
■ Livak, F., Petrie, H.T., Crispe, I.N., and Schatz, D.G.: **In-frame TCRδ gene rearrangements play a critical role in the αβ/γδ T cell lineage decision.** *Immunity* 1995, **2**:617–627.
■ Xiong, N. and Raulet, D.H.: **Development and selection of γδ T cells.** *Immunol. Rev.* 2007, **215**:15–31.

## Abschnitt 8.2.7

■ Carding, S.R. and Egan, P.J.: **γδ T cells: functional plasticity and heterogeneity.** *Nat. Rev. Immunol.* 2002, **2**:336–345.
■ Ciofani, M., Knowles, G.C., Wiest, D.L., von Boehmer, H., and Zúñiga-Pflücker, J.C.: **Stage-specific and differential notch dependency at the α:β and γ:δ T lineage bifurcation.** *Immunity* 2006, **25**:105–116.
■ Dunon, D., Courtois, D., Vainio, O., Six, A., Chen, C.H., Cooper, M.D., Dangy, J.P., and Imhof, B.A.: **Ontogeny of the immune system: γ:δ and α:β T cells migrate from thymus to the periphery in alternating waves.** *J. Exp. Med.* 1997, **186**:977–988.
■ Haas, W., Pereira, P., and Tonegawa, S.: **Gamma/delta cells.** *Annu. Rev. Immunol.* 1993, **11**:637–685.
■ Lewis, J.M., Girardi, M., Roberts, S.J., Barbee, S.D., Hayday, A.C., and Tigelaar, R.E.: **Selection of the cutaneous intraepithelial γδ⁺ T cell repertoire by a thymic stromal determinant.** *Nat. Immunol.* 2006, **7**:843–850.
■ Narayan, K., Sylvia, K.E., Malhotra, N., Yin, C.C., Martens, G., Vallerskog, T., Kornfeld, H., Xiong, N., Cohen, N.R., Brenner, M.B., *et al.:* **Intrathymic programming of effector fates in three molecularly distinct gamma:delta T cell subtypes.** *Nat. Immunol.* 2012, **13**:511–518.
■ Strid, J., Tigelaar, R.E., and Hayday, A.C.: **Skin immune surveillance by T cells—a new order?** *Semin. Immunol.* 2009, **21**:110–120.

## Abschnitt 8.2.8

■ Borowski, C., Li, X., Aifantis, I., Gounari, F., and von Boehmer, H.: **Pre-TCRα and TCRα are not interchangeable partners of TCRβ during T lymphocyte development.** *J. Exp. Med.* 2004, **199**:607–615.
■ Dudley, E.C., Petrie, H.T., Shah, L.M., Owen, M.J., and Hayday, A.C.: **T-cell receptor β chain gene rearrangement and selection during thymocyte development in adult mice.** *Immunity* 1994, **1**:83–93.

Teil III

■ Philpott, K.I., Viney, J.L., Kay, G., Rastan, S., Gardiner, E.M., Chae, S., Hayday, A.C., and Owen, M.J.: **Lymphoid development in mice congenitally lacking T cell receptor αβ-expressing cells.** *Science* 1992, **256**:1448–1453.

■ von Boehmer, H., Aifantis, I., Azogui, O., Feinberg, J., Saint-Ruf, C., Zober, C., Garcia, C., and Buer, J.: **Crucial function of the pre-T-cell receptor (TCR) in TCRβ selection, TCRβ allelic exclusion and α:β versus γ:δ lineage commitment.** *Immunol. Rev.* 1998, **165**:111–119.

### Abschnitt 8.2.9

■ Buch, T., Rieux-Laucat, F., Förster, I., and Rajewsky, K.: **Failure of HY-specific thymocytes to escape negative selection by receptor editing.** *Immunity* 2002, **16**:707–718.

■ Hardardottir, F., Baron, J.L., and Janeway Jr., C.A.: **T cells with two functional antigen-specific receptors.** *Proc. Natl Acad. Sci. USA* 1995, **92**:354–358.

■ Huang, C.-Y., Sleckman, B.P., and Kanagawa, O.: **Revision of T cell receptor α chain genes is required for normal T lymphocyte development.** *Proc. Natl Acad. Sci. USA* 2005, **102**:14356–14361.

■ Marrack, P. and Kappler, J.: **Positive selection of thymocytes bearing α:β T cell receptors.** *Curr. Opin. Immunol.* 1997, **9**:250–255.

■ Padovan, E., Casorati, G., Dellabona, P., Meyer, S., Brockhaus, M., and Lanzavecchia, A.: **Expression of two T-cell receptor α chains: dual receptor T cells.** *Science* 1993, **262**:422–424.

■ Petrie, H.T., Livak, F., Schatz, D.G., Strasser, A., Crispe, I.N., and Shortman, K.: **Multiple rearrangements in T-cell receptor α-chain genes maximize the production of useful thymocytes.** *J. Exp. Med.* 1993, **178**:615–622.

### Abschnitt 8.3.1

■ Hogquist, K. A., Tomlinson, A.J., Kieper, W.C., McGargill, M.A., Hart, M.C., Naylor, S., and Jameson, S.C.: **Identification of a naturally occurring ligand for thymic positive selection.** *Immunity* 1997, **6**:389–399.

■ Kisielow, P., Teh, H.S., Blüthmann, H., and von Boehmer, H.: **Positive selection of antigen-specific T cells in thymus by restricting MHC molecules.** *Nature* 1988, **335**:730–733.

### Abschnitt 8.3.2

■ Marrack, P., Scott-Browne, J.P., Dai, S., Gapin, L., and Kappler, J.W.: **Evolutionarily conserved amino acids that control TCR-MHC interaction.** *Annu. Rev. Immunol.* 2008, **26**:171–203.

■ Merkenschlager, M., Graf, D., Lovatt, M., Bommhardt, U., Zamoyska, R., and Fisher, A.G.: **How many thymocytes audition for selection?** *J. Exp. Med.* 1997, **186**:1149–1158.

■ Scott-Browne, J.P., White, J., Kappler, J.W., Gapin, L., and Marrack, P.: **Germline-encoded amino acids in the αβ T-cell receptor control thymic selection.** *Nature* 2009, **458**:1043–1046.

■ Zerrahn, J., Held, W., and Raulet, D.H.: **The MHC reactivity of the T cell repertoire prior to positive and negative selection.** *Cell* 1997, **88**:627–636.

### Abschnitt 8.3.3

■ Egawa, T. and Littman, D.R.: **ThPOK acts late in specification of the helper T cell lineage and suppresses Runx-mediated commitment to the cytotoxic T cell lineage.** *Nat. Immunol.* 2008, **9**:1131–1139.

Teil III

- He, X., Xi, H., Dave, V.P., Zhang, Y., Hua, X., Nicolas, E., Xu, W., Roe, B.A., and Kappes, D.J.: **The zinc finger transcription factor Th-POK regulates CD4 versus CD8 T-cell lineage commitment.** *Nature* 2005, **433**:826–833.
- Singer, A., Adoro, S., and Park, J.H.: **Lineage fate and intense debate: myths, models and mechanisms of CD4- versus CD8-lineage choice.** *Nat. Rev. Immunol.* 2008, **8**:788–801.
- von Boehmer, H., Kisielow, P., Lishi, H., Scott, B., Borgulya, P., and Teh, H.S.: **The expression of CD4 and CD8 accessory molecules on mature T cells is not random but correlates with the specificity of the α:β receptor for antigen.** *Immunol. Rev.* 1989, **109**:143–151.

## Abschnitt 8.3.4

- Cosgrove, D., Chan, S.H., Waltzinger, C., **Benoist, C., and** Mathis, D.: **The thymic compartment responsible for positive selection of CD4⁺ T cells.** *Int. Immunol.* 1992, **4**:707–710.
- Ernst, B.B., Surh, C.D., and Sprent, J.: **Bone marrow-derived cells fail to induce positive selection in thymus reaggregation cultures.** *J. Exp. Med.* 1996, **183**:1235–1240.
- Murata, S., Sasaki, K., Kishimoto, T., Niwa, S.-I., Hayashi, H., Takahama, Y., and Tanaka, K.: **Regulation of CD8⁺ T cell development by thymus-specific proteasomes.** *Science* 2007, **316**:1349–1353.
- Nakagawa, T., Roth, W., Wong, P., Nelson, A., Farr, A., Deussing, J., Villadangos, J.A., Ploegh, H., Peters, C., and Rudensky, A.Y.: **Cathepsin L: critical role in Ii degradation and CD4 T cell selection in the thymus.** *Science* 1998, **280**:450–453.

## Abschnitt 8.3.5

- Anderson, M.S., Venanzi, E.S., Klein, L., Chen, Z., Berzins, S.P., Turley, S.J., von Boehmer, H., Bronson, R., Dierich, A., Benoist, C., *et al.*: **Projection of an immunological self shadow within the thymus by the aire protein.** *Science* 2002, **298**:1395–1401.
- Kishimoto, H. and Sprent, J.: **Negative selection in the thymus includes semimature T cells.** *J. Exp. Med.* 1997, **185**:263–271.
- Zal, T., Volkmann, A., and Stockinger, B.: **Mechanisms of tolerance induction in major histocompatibility complex class II-restricted T cells specific for a blood-borne self antigen.** *J. Exp. Med.* 1994, **180**:2089–2099.

## Abschnitt 8.3.6

- Anderson, M.S. and Su, M.A.: **Aire and T cell development.** *Curr. Opin Immunol.* 2011, **23**:198–206.
- McCaughtry, T.M., Baldwin, T.A., Wilken, M.S., and Hogquist, K. A.: **Clonal deletion of thymocytes can occur in the cortex with no involvement of the medulla.** *J. Exp. Med.* 2008, **205**:2575–2584.
- Sprent, J. and Webb, S.R.: **Intrathymic and extrathymic clonal deletion of T cells.** *Curr. Opin. Immunol.* 1995, **7**:196–205.
- Webb, S.R. and Sprent, J.: **Tolerogenicity of thymic epithelium.** *Eur. J. Immunol.* 1990, **20**:2525–2528.

## Abschnitt 8.3.7

- Alberola-Ila, J., Hogquist, K. A., Swan, K. A., Bevan, M.J., and Perlmutter, R.M.: **Positive and negative selection invoke distinct signaling pathways.** *J. Exp. Med.* 1996, **184**:9–18.

Teil III

■ Ashton-Rickardt, P.G., Bandeira, A., Delaney, J.R., Van Kaer, L., Pircher, H.P., Zinkernagel, R.M., and Tonegawa, S.: **Evidence for a differential avidity model of T-cell selection in the thymus.** *Cell* 1994, **76**:651–663.

■ Bommhardt, U., Scheuring, Y., Bickel, C., Zamoyska, R., and Hunig, T.: **MEK activity regulates negative selection of immature CD4+CD8+ thymocytes.** *J. Immunol.* 2000, **164**:2326–2337.

■ Hogquist, K. A., Jameson, S.C., Heath, W.R., Howard, J.L., Bevan, M.J., and Carbone, F.R.: **T-cell receptor antagonist peptides induce positive selection.** *Cell* 1994, **76**:17–27.

### Abschnitt 8.3.8

■ Jordan, M.S., Boesteanu, A., Reed, A.J., Petrone, A.L., Holenbeck, A.E., Lerman, M.A., Naji, A., and Caton, A.J.: **Thymic selection of CD4+CD25+ regulatory T cells induced by an agonist self-peptide.** *Nat. Immunol.* 2001, **2**:301–306.

■ Moran, A.E. and Hogquist, K. A.: **T-cell receptor affinity in thymic development.** *Immunology* 2012, **135**:261–267.

■ Zheng, Y. and Rudensky, A.Y.: **Foxp3 in control of the regulatory T cell lineage.** *Nat. Immunol.* 2007, **8**:457–462.

### Abschnitt 8.3.9

■ Matloubian, M., Lo, C.G., Cinamon, G., Lesneski, M.J., Xu, Y., Brinkmann, V., Allende, M.L., Proia, R.L., and Cyster, J.G.: **Lymphocyte egress from thymus and peripheral lymphoid organs is dependent on S1P receptor 1.** *Nature* 2004, **427**:355–360.

■ Zachariah, M.A. and Cyster, J.G.: **Neural crest-derived pericytes promote egress of mature thymocytes at the corticomedullary junction.** *Science* 2010, **328**:1129–1135.

### Abschnitt 8.3.10

■ Fink, P.J. and Hendricks, D.W.: **Post-thymic maturation: young T cells assert their individuality.** *Nat. Rev. Immunol.* 2011, **11**:544–549.

■ Steinman, R.M. and Nussenzweig, M.C.: **Avoiding horror autotoxicus: the importance of dendritic cells in peripheral T cell tolerance.** *Proc. Natl Acad. Sci. USA* 2002, **99**:351–358.

■ Xing, Y. and Hogquist, K. A.: **T-cell tolerance: central and peripheral.** *Cold Spring Harb. Perspect. Biol.* 2012, **4**.pii:a006957

Teil III

# Die adaptive Immunantwort

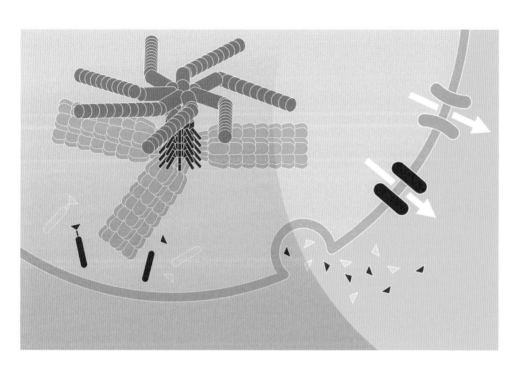

Teil IV

# Die T-Zell-vermittelte Immunität

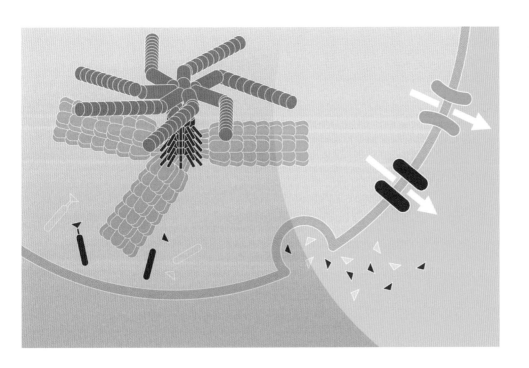

© Springer-Verlag GmbH Deutschland, ein Teil von Springer Nature 2018
K. Murphy, C. Weaver, *Janeway Immunologie*, https://doi.org/10.1007/978-3-662-56004-4_9

Wenn eine Infektion die angeborenen Abwehrmechanismen überwunden hat, wird eine adaptive Immunantwort in Gang gesetzt. Da sich der Krankheitserreger vermehrt und sich Antigene anhäufen, werden Sensorzellen der angeborenen Immunität aktiviert und lösen eine adaptive Immunantwort aus. Wie in Kap. 2 und 3 besprochen wurde, können einige Infektionen zwar allein mit der angeborenen Immunität bekämpft werden, aber die Körperabwehr gegen die meisten Krankheitserreger erfordert die Aktivierung der adaptiven Immunität, zumindest nach der Definition. Das zeigt sich bei Immunschwächesyndromen, die mit dem Versagen von bestimmten Bereichen der adaptiven Immunantwort zusammenhängen (Kap. 13). In den nächsten drei Kapiteln werden wir erfahren, wie die adaptive Immunantwort, an der die antigenspezifischen T- und B-Zellen beteiligt sind, in Gang gesetzt und weiterentwickelt wird. Wir wollen uns zuerst in diesem Kapitel mit den T-Zell-vermittelten Immunantworten beschäftigen, in Kap. 10 dann mit den B-Zell-Reaktionen, die zu einer antikörpervermittelten oder humoralen Immunität führen. In Kap. 11 wollen wir uns dann mit der Dynamik der T- und B-Zell-Reaktionen befassen, und zwar in Bezug auf das Zusammenwirken mit der angeborenen Immunität und wie daraus schließlich die wichtigste Eigenschaft der adaptiven Immunität hervorgeht – das immunologische Gedächtnis.

Nachdem die Entwicklung der T-Zellen im Thymus abgeschlossen ist, gelangen die Zellen in das Blut. Wenn sie ein sekundäres lymphatisches Organ erreichen, verlassen sie das Blut und wandern durch das Lymphgewebe. Von dort aus kehren sie über die Lymphgefäße in das Blut zurück und pendeln zwischen Blut und sekundärem Lymphgewebe hin und her. Reife T-Zellen, die bei ihrer Wanderung noch nicht auf ihre Antigene gestoßen sind, bezeichnet man als **naive T-Zellen**. Um an einer adaptiven Immunreaktion teilnehmen zu können, muss eine naive T-Zelle ihrem spezifischen Antigen begegnen, das sich auf der Oberfläche einer antigenpräsentierenden Zelle in Form eines Peptid:MHC-Komplexes befindet. So wird die T-Zelle zur Vermehrung und Differenzierung zu einem Zelltyp angeregt, der neue Fähigkeiten erworben hat und damit zur Beseitigung des Antigens beitragen kann. Diese zellulären Nachkommen bezeichnen wir als **T-Effektorzellen** und sie können – anders als die naiven T-Zellen – ihre Funktionen ausführen, sobald sie auf der Oberfläche einer anderen Zelle auf ihr spezifisches Antigen stoßen. Dafür benötigen sie keine weitere Differenzierung. Da sie nur Peptidantigene erkennen, die von MHC-Molekülen präsentiert werden, interagieren alle T-Effektorzellen nur mit körpereigenen Zellen und nicht mit dem Krankheitserreger selbst. Die Zellen, auf die T-Effektorzellen einwirken, bezeichnen wir als Zielzellen.

Nachdem naive T-Zellen ihr Antigen erkannt haben, differenzieren sie sich zu T-Effektorzellen, die verschiedenen funktionellen Klassen angehören und für unterschiedliche Aktivitäten spezialisiert sind. CD8-T-Zellen erkennen Peptide, die von MHC-Klasse-I-Molekülen präsentiert werden und von Krankheitserregern stammen. Die naiven CD8-T-Zellen differenzieren sich zu cytotoxischen Effektorzellen, die infizierte Zellen erkennen und abtöten. CD4-T-Zellen verfügen über ein flexibleres Repertoire an Effektoraktivitäten. Nachdem sie Peptide von Pathogenen erkannt haben, die von MHC-Klasse-II-Molekülen präsentiert werden, können naive CD4-T-Zellen verschiedene Differenzierungswege einschlagen und Untergruppen von Effektorzellen bilden, die verschiedene immunologische Funktionen besitzen. Die wichtigsten CD4-Untergruppen sind $T_H1$, $T_H2$, $T_H17$ und $T_{FH}$, die ihre Zielzellen aktivieren, sowie regulatorische T-Zellen ($T_{reg}$), die das Ausmaß einer Immunaktivierung begrenzen.

T-Effektorzellen unterscheiden sich von ihren ungeprägten Vorläufern dadurch, dass sie für eine schnelle und wirkungsvolle Reaktion ausgestattet sind, wenn sie auf Zielzellen mit ihrem spezifischen Antigen in Kontakt treten. Das zeigt sich unter anderem an einer veränderten Expression der Oberflächenmoleküle, durch die T-Effektorzellen ihr Bewegungsmuster verändern. Sie verlassen dabei die sekundären Lymphgewebe und wandern zu Entzündungsherden, wo sich Krankheitserreger befinden, oder sie wandern in die B-Zell-Zonen in den sekundären Lymphgeweben, wo sie die Erzeugung pathogenspezifischer Antikörper unterstützen. Die Wechselwirkungen mit Zielzellen in diesen Regionen werden sowohl durch den direkten Kontakt zwischen T-Zelle und Zielzelle als auch durch die Freisetzung von Cytokinen vermittelt. Letztere können lokal auf Zielzellen einwirken, ihre Wirksamkeit aber auch über die Distanz entfalten, und tragen so zur Beseitigung der Antigene bei. Einige Effektorfunktionen der T-Zellen werden in diesem Kapitel besprochen, andere in Kap. 10 und 11 im Zusammenhang mit der Unterstützung der B-Zellen durch T-Zellen und der verstärkten Aktivierung von Effektorzellen des angeborenen Immunsystems.

Die Aktivierung und klonale Expansion von naiven T-Zellen durch ihren ersten Kontakt mit einem Antigen bezeichnet man häufig als **Priming**, um dies von den Reaktionen von T-Effektorzellen auf Antigene auf ihren Zielzellen und den Reaktionen von primär geprägten T-Gedächtniszellen zu unterscheiden. Das Auslösen der adaptiven Immunität ist eines der interessantesten Themen in der Immunologie. Wie wir noch erfahren werden, wird die Aktivierung von naiven T-Zellen durch eine Vielfalt von Signalen kontrolliert. Das primäre Signal, dass eine naive T-Zelle erkennen muss, ist ein Antigen in Form eines Peptid:MHC-Komplexes auf der Oberfläche einer spezialisierten antigenpräsentierenden Zelle (Kap. 6). Die Aktivierung einer naiven T-Zelle erfordert auch, dass sie costimulierende Moleküle erkennt, die von den antigenpräsentierenden Zellen dargeboten werden. Schließlich werden noch Cytokine, die die Differenzierung der verschiedenen Arten von Effektorzellen steuern, auf die aktivierte naive T-Zelle übertragen. All diese Ereignisse werden durch vorher eingetroffene Signale in Gang gesetzt, die bei dem ersten Kontakt des angeborenen Immunsystems mit den Pathogenen ausgelöst wurden. Die Zellen der angeborenen Immunität erhalten aus Mikroorganismen stammende Signale, die von bestimmten Rezeptoren, etwa den Toll-like-Rezeptoren (TLRs), übermittelt werden. Diese erkennen mit Mikroorganismen assoziierte molekulare Muster (MAMPs), die das Vorhandensein von körperfremden Substanzen anzeigen (Kap. 2 und 3). Wie wir in diesem Kapitel noch erfahren werden, sind diese Signale für die Aktivierung von antigenpräsentierenden Zellen unbedingt erforderlich, damit sie wiederum in der Lage sind, naive T-Zellen zu aktivieren.

Die für die Aktivierung von naiven T-Zellen mit Abstand wichtigsten antigenpräsentierenden Zellen sind die **dendritischen Zellen**, deren Hauptfunktion darin besteht, Antigene aufzunehmen und zu präsentieren. Dendritische Gewebezellen nehmen an Infektionsherden Antigene auf und werden als Bestandteil der angeborenen Immunantwort aktiviert. Das führt dazu, dass sie in lokales Lymphgewebe einwandern und zu Zellen heranreifen, die den zirkulierenden naiven T-Zellen Antigene besonders effektiv präsentieren können. Im ersten Teil dieses Kapitels werden wir uns mit der Entwicklung und den Strukturen der sekundären Lymphgewebe beschäftigen und auch erfahren, wie naive T-Zellen und dendritische Zellen in diesen Bereichen aufeinandertreffen und die adaptive Immunität in Gang setzen.

## 9.1 Entwicklung und Funktion der sekundären lymphatischen Organe, in denen die adaptiven Immunantworten ausgelöst werden

Wie bereits in Kap. 8 besprochen, sind die primären lymphatischen Organe – der Thymus und das Knochenmark – die Bereiche, in denen das jeweilige Repertoire der Antigenrezeptoren von T- beziehungsweise B-Zellen selektiert wird. Die adaptiven Immunantworten werden in den sekundären lymphatischen Organen ausgelöst – dazu gehören Lymphknoten, Milz und die mucosaassoziierten lymphatischen Gewebe (*mucosa-associated lymphoid tissue*, MALT) wie etwa die Peyer-Plaques und der Darm. Der Aufbau dieser Gewebe ist überall im Körper ähnlich und die Strukturen stellen eine Art Drehscheibe für die Wechselwirkung der nur in geringer Zahl vorhandenen klonalen Vorläufer der zirkulierenden T- und B-Zellen mit ihren zugehörigen Antigenen dar. Diese werden den T-Zellen von dendritischen Zellen präsentiert oder sie müssen für die B-Zellen in freier Form vorliegen. Wenn man in Betracht zieht, wie wenige naive T-Zellen es gibt, die jeweils einen spezifischen Peptid:MHC-Komplex erkennen – bei der Maus etwa 50–500 Zellen unter 100 Mio. T-Zellen – und mit einbezieht, wie groß das Areal ist, in das Erreger eindringen können, dann müssen die Antigene der Krankheitserreger, oder in bestimmten Fällen auch die Krankheitserreger selbst, vom Eintrittsort bis in die sekundären lymphatischen Organe gebracht werden, damit sie von den Lymphocyten einfacher erkannt werden können. In diesem Teil des Kapitels wollen wir uns zuerst mit der Entwicklung und Struktur der sekundären lymphatischen Organe beschäftigen, die diese Wechselwirkungen ermöglichen. Dann besprechen wir, wie naive T-Zellen dazu veranlasst werden, das Blut zu verlassen und in die lymphatischen Organe einzutreten. Danach soll es darum gehen, wie dendritische Zellen Antigene aufnehmen und in lokale lymphatische Organe wandern, wo sie die Antigene den T-Zellen präsentieren und diese aktivieren.

### 9.1.1 T- und B-Lymphocyten kommen in den sekundären lymphatischen Geweben an unterschiedlichen Stellen vor

Die verschiedenen lymphatischen Organe sind alle ungefähr nach demselben Schema aufgebaut (Kap. 1); sie enthalten voneinander getrennte Bereiche, in denen sich die B- und T-Zellen ansammeln – die B-Zell- und die T-Zell-Zonen. Diese Organe enthalten auch Makrophagen, dendritische Zellen und nichtleukocytische Stromazellen. Bei der Milz, die auf das Festhalten von Antigenen spezialisiert ist, die in das Blut gelangen, bezeichnet man diesen Bestandteil des Lymphgewebes als **weiße Pulpa** (▸ Abb. 9.1). Jeder Bereich der weißen Pulpa wird durch den **Randsinus** von der **roten Pulpa** abgegrenzt. Der Randsinus ist ein Netzwerk aus Blutgefäßen, die von der zentralen Arteriole abzweigen. Zirkulierende T- und B-Zellen gelangen zuerst in den Randsinus. Dieser ist eine hochgradig strukturierte Region aus Zellen, die darauf spezialisiert ist, Antigene oder ganze Mikroorganismen aus dem Blut festzuhalten, beispielsweise Viren und Bakterien. Der Bereich enthält zahlreiche Makrophagen und eine spezielle Population von B-Zellen, die **B-Zellen der Randzonen**, die nicht zirkulieren. Krankheitserreger, die in das Blut eingedrungen sind, werden in den Randzonen durch Makrophagen effektiv eingefangen, und wahrscheinlich sind die B-Zellen der Randzonen darauf spezialisiert, auf solche Pathogene als Erste zu reagieren.

Vom Randsinus wandern die T- und B-Zellen in Richtung der zentralen Arteriole, wo sie sich auf die T- und B-Zell-Zonen aufteilen. Erstere sind um die zentrale Arteriole angeordnet, die man als **PALS-Region** (PALS für *periarteriolar lymphoid sheath*) bezeichnet. Die B-Zell-Zonen oder Follikel liegen mehr am Rand. Einige Follikel enthalten **Keimzentren**, in denen die B-Zellen, die an einer adaptiven Immunantwort beteiligt sind, proliferieren und die somatische Hypermutation durchlaufen (Abschn. 1.3.9). Die durch Antigene angeregte Bildung von Keimzentren wird im Einzelnen in Kap. 10 behandelt, wenn wir uns den B-Zell-Reaktionen zuwenden.

In den B- und T-Zell-Zonen kommen auch andere Zelltypen vor. Die B-Zell-Zone enthält ein Netzwerk aus **follikulären dendritischen Zellen** (**FDCs**), die sich vor allem in dem Follikelbereich ansammeln, der von der zentralen Arteriole am weitesten entfernt ist. FDCs besitzen lange Fortsätze, die mit den B-Zellen in Kontakt stehen. Sie unterscheiden sich von den dendritischen Zellen, die wir bereits kennengelernt haben (Abschn. 1.2.3), da sie keine Leukocyten sind und nicht von Vorläufern im Knochenmark abstammen. Darüber hinaus sind sie nicht phagocytotisch und exprimieren keine MHC-Klasse-II-Proteine. FDCs sind darauf spezialisiert, Antigene in Form von Immunkomplexen aus Antigenen, Antikörpern und Komplementproteinen festzuhalten. Diese Immunkomplexe werden nicht aufgenommen, sondern bleiben an der FDC-Oberfläche längere Zeit erhalten. Dort können die Antigene dann von B-Zellen erkannt werden. FDC-Zellen sind auch für die Entwicklung der B-Zell-Follikel von Bedeutung.

Die T-Zell-Zonen enthalten ein Netzwerk aus dendritischen Zellen, die aus dem Knochenmark stammen; diese bezeichnet man aufgrund ihrer Fortsätze, die sich zwischen den T-Zellen befinden, manchmal als **interdigitierende dendritische Zellen**. Diese Zellen bilden zwei Untergruppen, die sich aufgrund der Zelloberflächenproteine unterscheiden. Die eine Gruppe exprimiert die $\alpha$-Kette von CD8, die andere Gruppe ist hingegen CD8-negativ, exprimiert aber CD11b:CD18, ein Integrin, das auch Makrophagen exprimieren.

**Abb. 9.1 Sekundäre lymphatische Gewebe fungieren als anatomische Drehscheiben für die Wechselwirkungen zwischen Lymphocyten und Antigenen.** Die sekundären lymphatischen Gewebe sind spezialisierte Regionen, welche die Wechselwirkungen zwischen Lymphocyten und Antigenen ermöglichen. In den Lymphknoten (*oben*) gelangen Antigene (*rote Punkte*) entweder in freier Form oder als Fracht von dendritischen Zellen, die das Antigen in den Geweben aufgenommen haben, aus denen die Lymphknoten die Flüssigkeit abziehen. Das Antigen gelangt über ableitende (afferente) Lymphgefäße in den subkapsulären Sinus und von dort in die T-Zell-Zonen, wo es die T-Zellen auf der Oberfläche von dendritischen Zellen erkennen können. B-Zellen erkennen hingegen das freie Antigen an der Grenze zwischen der T-Zell-Zone und den B-Zell-Follikeln. T- und B-Zellen gelangen über die Venolen mit hohem Endothel (HEVs) in den T-Zell-Zonen in die Lymphknoten und teilen sich dann in die T-Zell- und B-Zell-Zonen auf. In die Milz (*Mitte*) gelangen die Antigene über die Arteriolen. Diese zweigen von der zentralen Arteriole im Randsinus ab, der die Grenze zwischen der weißen und der roten Pulpa bildet. Der Randsinus interagiert mit der weißen und roten Pulpa. Im Randsinus können die Antigene von B-Zellen der Randzonen, Makrophagen oder dendritischen Zellen aufgenommen werden, die die Antigene dann entweder in die T-Zell-Zonen (PALS-Region) oder in die B-Zell-Follikel transportieren. T- und B-Zellen erreichen die Milz auf dem gleichen Weg wie die Antigene und verlassen den Randsinus wieder, um entweder die PALS-Region oder die B-Zell-Follikel anzusteuern. Im Darm (*unten*) werden die Antigene aus dem Lumen über die Mikrofaltenzellen (M-Zellen), ein spezialisiertes Epithel, das die Peyer-Plaques überlagert, zu dendritischen Zellen gebracht, die sich im subepithelialen Dom aufhalten. Mit Antigenen beladene dendritische Zellen werden dann in den T-Zell-Zonen von den T-Zellen durchmustert. Wenn die präsentierten Antigene von den lokalen T-Zellen nicht erkannt werden, können die dendritischen Zellen in die mesenterialen Lymphknoten wandern, wo sie ebenfalls durchmustert werden. Die T- und B-Zellen gelangen in die Peyer-Plaques genau wie in die Lymphknoten über die HEVs in den T-Zell-Zonen

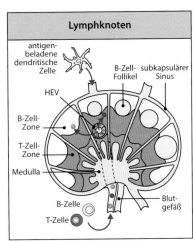

Lymphknoten

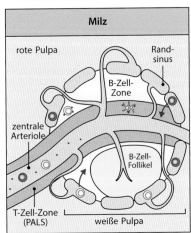

Milz

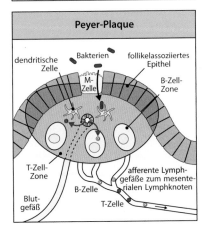

Peyer-Plaque

**Teil IV**

T- und B-Zellen organisieren sich in den Lymphknoten wie in der Milz in getrennten T-Zell- und B-Zell-Zonen (▸ Abb. 9.1). Die B-Zell-Follikel besitzen eine ähnliche Struktur und Zusammensetzung wie in der Milz und liegen direkt unter der äußeren Kapsel des Lymphknotens. Die Follikel sind in den paracorticalen Bereichen von T-Zell-Zonen umgeben. Anders als die Milz besitzen die Lymphknoten nicht nur eine Verbindung zum Blutkreislauf, sondern auch zum Lymphsystem. Die Lymphe, die den Lymphknoten über die afferenten Gefäße zugeführt wird, gelangt zuerst in den Randsinus (Subkapsularraum) und führt Antigene und antigentragende dendritische Zellen aus den Geweben mit sich. T- und B-Zellen gelangen über spezialisierte Blutgefäße, die **Venolen mit hohem Endothel** (**HEVs**), die in den T-Zell-Zonen lokalisiert sind, in die Lymphknoten (Abschn. 9.1.3).

Das **mucosaassoziierte lymphatische Gewebe** (*mucosa-associated lymphoid tissue*, **MALT**) ist mit den Epitheloberflächen des Körpers assoziiert, die physikalische Barrieren gegen Infektionen bilden. Zum MALT gehören auch die Peyer-Plaques, die in bestimmten Abständen direkt unter dem Darmepithel verteilt liegen und in der Struktur den Lymphknoten ähneln. Sie enthalten B-Zell-Follikel und T-Zell-Zonen (▶ Abb. 9.1). Das darüberliegende Epithel enthält spezialisierte M-Zellen, die dazu dienen, Antigene und Krankheitserreger direkt aus dem Darmlumen in das darunter befindliche Lymphgewebe zu leiten (Abschn. 1.3.9 und Kap. 12). Die Peyer-Plaques und ähnliche Gewebe in den Mandeln bilden spezialisierte Regionen, in denen B-Zellen für die Synthese von IgA geprägt werden können. Das mucosale Immunsystem wird in Kap. 12 genauer besprochen.

## 9.1.2 Die Entwicklung der sekundären lymphatischen Gewebe wird von Lymphgewebeinduktorzellen und Proteinen aus der Familie der Tumornekrosefaktoren kontrolliert

Bevor wir besprechen, wie sich T- und B-Zellen in den sekundären lymphatischen Organen auf ihre jeweiligen Zonen aufteilen, wollen wir uns kurz damit beschäftigen, wie sich diese Organe entwickeln. Die Lymphgefäße gehen während der Embryonalentwicklung aus Endothelzellen hervor, die von Blutgefäßen stammen. Einige Endothelzellen des Venensystems der frühen Phase beginnen damit, den Homöoboxtranskriptionsfaktor Prox1 zu exprimieren. Diese Zellen lösen sich von der Vene, wandern ab und verbinden sich neu zu einem Parallelnetzwerk der Lymphgefäße. Mäuse, denen Prox1 fehlt, besitzen normale Arterien und Venen, können jedoch kein Lymphsystem ausbilden. Dieser Faktor ist also für die Ausprägung der zellulären Identität als lymphatisches Endothel unbedingt erforderlich. Während sich die Lymphgefäße bilden, entwickeln sich in der fetalen Leber hämatopoetische Zellen, die man als **Lymphgewebeinduktorzellen** (*lymphoid tissue inducer cells*, **LTi-Zellen**) bezeichnet. Sie werden mit dem Blutkreislauf in Regionen transportiert, wo künftige Lymphknoten und Peyer-Plaques entstehen. Die LTi-Zellen setzen die Bildung von Lymphknoten und Peyer-Plaques in Gang, indem sie mit Stromazellen interagieren und die Produktion von Cytokinen und Chemokinen anregen, die dann weitere lymphatische Zellen aus anderen Regionen anlocken. Proteine aus der Familie der Tumornekrosefaktoren (TNF)/TNF-Rezeptoren (TNFRs) der Cytokine tragen entscheidend zu den Wechselwirkungen zwischen LTi-Zellen und Stromazellen bei.

Die Bedeutung dieser Familie von Cytokinen für die Bildung von sekundären lymphatischen Organen ließ sich anhand einer Reihe von Untersuchungen zeigen, die mit Knockout-Mäusen durchgeführt wurden, bei denen entweder der Ligand oder der Rezeptor aus der TNF-Familie inaktiviert worden ist (▶ Abb. 9.2). Diese Knockout-Mäuse zeigen komplexe Phänotypen, was teilweise daran liegt, dass die einzelnen Proteine der TNF-Familie jeweils an mehrere Rezeptoren binden können und dass viele Rezeptoren mehr als einen Liganden binden. Darüber hinaus überlappen sich anscheinend in manchen Fällen die Funktionen oder es bestehen Kooperationen zwischen einigen Proteinen der TNF-Familie. Einige Schlussfolgerungen sind jedoch möglich.

Die Entwicklung der Lymphknoten hängt von Proteinen der TNF-Familie ab, die man als **Lymphotoxine** (**LTs**) bezeichnet, wobei die Bildung der verschiedenen Arten von Lymphknoten auf Signalen der verschiedenen LTs beruht. LT-$\alpha_3$, ein lösliches Homotrimer der LT-$\alpha$-Kette, unterstützt die Entwicklung der zervikalen und mesenterialen Lymphknoten sowie möglicherweise auch der Lymphknoten im Bereich der Lenden und des Kreuzbeins. Alle diese Lymphknoten leiten die Lymphe aus mucosalen Regionen ab. LT-$\alpha_3$ entfaltet seine Wirkung wahrscheinlich durch Bindung an TNFR1. Das membrangebundene Heterotrimer besteht aus zwei Molekülen LT-$\alpha$ und einem Molekül des davon zu unterscheidenden, membrangebundenen Proteins LT-$\beta$ (insgesamt LT-$\alpha_2$:$\beta_1$). Dieses Molekül, das man häufig einfach als LT-$\beta$ bezeichnet, bindet nur an den LT-$\beta$-Rezeptor und unterstützt so die Entwicklung von allen übrigen Lymphknoten. Die Peyer-Plaques bilden sich nicht, wenn kein LT-$\beta$ vorhanden ist. Die Auswirkungen der LT-Inaktivierung durch Knockout lassen sich

| Rezeptor | Liganden | Effekte bei Knockout-(KO-)Mäusen | | | | |
|---|---|---|---|---|---|---|
| | | Milz | peripherer Lymphknoten | mesenterialer Lymphknoten | Peyer-Plaque | follikuläre dendritische Zellen |
| TNFR1 | TNF-$\alpha$ LT-$\alpha_3$ | Missbildungen | vorhanden in TNF-$\alpha$-KO fehlt in LT-$\alpha$-KO aufgrund des Ausbleibens von LT-$\beta$-Signalen | vorhanden | vermindert | nicht vorhanden |
| LT-$\beta$-Rezeptor | TNF-$\alpha$ LT-$\alpha_2$:$\beta_1$ | missgebildet keine Randzonen | nicht vorhanden | vorhanden in LT-$\beta$-KO fehlt in LT-$\beta$-Rezeptor-KO | nicht vorhanden | nicht vorhanden |

**Abb. 9.2 Die Bedeutung der Proteine der TNF-Familie für die Entwicklung der sekundären lymphatischen Organe.** Die Bedeutung der Proteine der TNF-Familie wurde mithilfe von Untersuchungen an Knockout-Mäusen ermittelt, denen ein oder mehrere Liganden oder Rezeptoren der TNF-Familie fehlten. Einige Rezeptoren binden mehr als einen Liganden und einige Liganden binden an mehr als einen Rezeptor, was die Untersuchung der Auswirkungen komplizierter macht. (Die Rezeptoren sind nach dem ersten Liganden bezeichnet, von dem man wusste, dass er an den Rezeptor bindet.) In der Abbildung sind die Defekte nach den beiden Hauptrezeptoren, TNFR1 und dem LT-$\beta$-Rezeptor, und ihren Liganden, TNF-$\alpha$; und die Lymphotoxine (LTs), aufgeschlüsselt. Hier ist anzumerken, dass der Verlust einzelner Liganden, von denen mehrere an den gleichen Rezeptor binden, in einigen Fällen (wie in der Tabelle dargestellt) zu unterschiedlichen Phänotypen führt. Das liegt daran, dass die verschiedenen Liganden jeweils auch an verschiedene Gruppen von Rezeptoren binden können. Die LT-$\alpha$-Proteinkette ist Bestandteil von zwei verschiedenen Liganden, dem Trimer LT-$\alpha_3$ und dem Heterotrimer LT-$\alpha_2$:$\beta_1$, die ihre Aktivität jeweils über gesonderte Rezeptoren entfalten. Im Allgemeinen ist das Signal des LT-$\beta$-Rezeptors für die Entwicklung von Lymphknoten und follikulären dendritischen Zellen sowie für den normalen Aufbau der Milz erforderlich. Für die beiden Letzteren, jedoch nicht für die Entwicklung der Lymphknoten, ist auch das Signal des TNFR1-Rezeptors nötig

in den ausgewachsenen Tieren nicht rückgängig machen. Es gibt bestimmte entscheidende Entwicklungsphasen, in denen das Fehlen oder die Blockade dieser Proteine der LT-Familie die Entwicklung der Lymphknoten und der Peyer-Plaques dauerhaft verhindert.

LTi-Zellen exprimieren das Protein LT-$\beta$, das an LT-$\beta$-Rezeptoren auf Stromazellen im Bereich einer Lymphknotenanlage bindet. Dadurch wird der nichtkanonische NF$\kappa$B-Signalweg (Abschn. 7.3.3) aktiviert. Dieser regt die Stromazellen an, Adhäsionsmoleküle und Chemokine, beispielsweise CXCL13 (B-Lymphocyten-Chemokin, BLC), zu exprimieren, wodurch weitere LTi-Zellen rekrutiert werden, die Rezeptoren für diese Moleküle besitzen. So entstehen schließlich große Zellcluster, aus denen Lymphknoten oder Peyer-Plaques hervorgehen. Die Chemokine locken auch Lymphocyten und andere Zellen der hämatopoetischen Linie mit den passenden Rezeptoren an, um das sich bildende lymphatische Organ zu besiedeln. Die Gesetzmäßigkeit und auch einige der Moleküle, die der Entwicklung der sekundären lymphatischen Organe im Fetus zugrundeliegen, ähneln stark den Mechanismen, durch welche die Struktur und die Funktion der lymphatischen Organe im adulten Organismus aufrechterhalten werden (nächster Abschnitt).

 Video 9.1

Bei Mäusen, die eines der Proteine aus der TNF- oder TNFR-Familie nicht exprimieren, entwickelt sich zwar eine Milz, aber ihr Aufbau ist bei den meisten Mutanten anormal (▶ Abb. 9.2). LT (höchstwahrscheinlich das membrangebundene LT-$\beta$) ist für die normale Segregation der T- und B-Zell-Zonen in der Milz erforderlich. TNF-$\alpha$, der an TNFR1 bindet, trägt ebenfalls zur Struktur und zur Funktion der weißen Pulpa bei: Wenn die TNF-$\alpha$-Signale ausgeschaltet werden, umgeben die B-Zellen die T-Zell-Zonen in Form eines Ringes und bilden keine abgegrenzten Follikel; zudem sind die Randzonen auch nur undeutlich zu erkennen.

Die vielleicht wichtigste Funktion von TNF-$\alpha$ und TNFR1 bei der Entwicklung der lymphatischen Organe betrifft die Entwicklung der FDCs, da diese Zellen bei Mäusen fehlen, deren TNF-$\alpha$ oder TNFR1 inaktiviert ist (▶ Abb. 9.2). Diese Knockout-Mäuse besitzen Lymphknoten und Peyer-Plaques, da sie LT exprimieren, aber es gibt in diesen Strukturen keine FDC-Zellen. LT-$\beta$ ist auch für die FDC-Entwicklung notwendig: Mäuse, die kein LT-$\beta$ oder kein Signal über dessen Rezeptor erzeugen können, besitzen keine normalen FDC-Zellen in der Milz und keinerlei Lymphknoten. Anders als die Unterdrückung der Lymphknotenentwicklung lässt sich die gestörte lymphatische Organisationsstruktur der Milz rückgängig machen, wenn das fehlende Protein der TNF-Familie reaktiviert wird. LT-$\beta$ wird wahrscheinlich von B-Zellen produziert, da sich nach einer Übertragung normaler B-Zellen auf Empfänger mit einem RAG-Defekt (die keine Lymphocyten besitzen) die FDC-Zellen und die Follikel neu bilden.

### 9.1.3 T- und B-Zellen werden in den sekundären lymphatischen Geweben durch die Aktivität von Chemokinen in getrennte Regionen gelenkt

Zirkulierende T- und B-Zellen gelangen von Blut aus über einen gemeinsamen Weg in die sekundären lymphatischen Gewebe, werden aber dort unter der Einwirkung unterschiedlicher Chemokine in ihr jeweiliges Kompartiment dirigiert. Die Chemokine werden sowohl von den Stromazellen als auch von Zellen produziert, die aus dem Knochenmark stammen und sich in den T- beziehungsweise B-Zell-Zonen angesiedelt haben (▶ Abb. 9.3). An der Ansiedlung der T-Zellen in den T-Zell-Zonen sind die beiden Chemokine CCL19

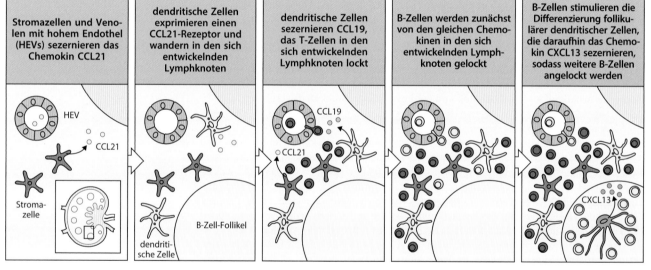

**Abb. 9.3 Die Entwicklung der sekundären lymphatischen Organe wird von Chemokinen gelenkt.** Die zelluläre Organisation der lymphatischen Organe wird von Stromazellen und vaskulären Endothelzellen in Gang gesetzt; diese exprimieren das Chemokin CCL21 (*erstes Bild*). Dendritische Zellen exprimieren CCR7, einen Rezeptor für CCL21, und werden von Letzterem zu der Stelle gelockt, an dem sich der Lymphknoten entwickelt (*zweites Bild*). Es ist noch unbekannt, ob in den frühesten Stadien der Lymphknotenentwicklung unreife dendritische Zellen aus dem Blut oder über die Lymphgefäße dort einwandern, wie sie es im weiteren Verlauf des Lebens tun. Sobald sie im Lymphknoten angelangt sind, exprimieren die dendritischen Zellen das Chemokin CCL19, das auch von CCR7 gebunden wird. Die Chemokine, die von den Stromazellen und den dendritischen Zellen freigesetzt werden, locken T-Zellen in den sich entwickelnden Lymphknoten (*drittes Bild*). Die gleiche Kombination von Chemokinen lockt auch B-Zellen in den Lymphknoten (*viertes Bild*). Die B-Zellen können entweder die Differenzierung follikulärer dendritischer Zellen auslösen (die FDCs sind keine Leukocyten, sondern eine Zelllinie, die sich von den dendritischen Zellen aus dem Knochenmark unterscheidet) oder ihre Rekrutierung zum Lymphknoten veranlassen. Sobald sie dort angekommen sind, sezernieren die FDC-Zellen das Chemokin CXCL13, das als Chemoattraktor für B-Zellen wirkt. Die Produktion von CXCL13 fördert die Aufteilung der B-Zellen auf gesonderte B-Zell-Bereiche (Follikel) rund um die FDC-Zellen und wirkt dabei mit, dass weitere B-Zellen aus dem Kreislauf in den Lymphknoten abgezogen werden (*fünftes Bild*)

(MIP-3) und CCL21 (sekundäres lymphatisches Chemokin, SLC) beteiligt. Beide binden an den Rezeptor CCR7, der von den T-Zellen exprimiert wird. Mäuse, denen CCR7 fehlt, können keine normalen T-Zell-Zonen bilden und zeigen anormale primäre Immunantworten. CCL21 wird von den Stromazellen der T-Zell-Zonen in den sekundären lymphatischen Geweben produziert und auf den Endothelzellen der Venolen mit hohem Endothel (HEVs) dargeboten. Auch die interdigitierenden dendritischen Zellen, die ein auffälliger Bestandteil der T-Zell-Zonen sind, produzieren CCL21, aber auch CCL19. Die dendritischen Zellen exprimieren selbst auch CCR7 und siedeln sich sogar in Mäusen mit einem RAG-Defekt in den sekundären lymphatischen Geweben an, wobei diese Mäuse über keinerlei Lymphocyten verfügen und damit auch keine T-Zell-Zonen aufweisen. Während der normalen Entwicklung der Lymphknoten bilden sich die T-Zell-Zonen wahrscheinlich so, dass im ersten Schritt dendritische Zellen und T-Zellen von CCL21, das von Stromazellen produziert wird, angelockt werden. Diese Organisationsstruktur wird dann von CCL21 und CCL19, die von residenten dendritischen Zellen gebildet werden, noch stärker ausgeprägt. So werden weitere T-Zellen und wandernde dendritische Zellen angelockt.

Zirkulierende B-Zellen exprimieren wie die T-Zellen CCR7, sodass sie zuerst über die HEVs in den Lymphknoten gelenkt werden. Da sie den Chemokinrezeptor CXCR5 konstitutiv exprimieren, werden sie dann von CXCL13, den Liganden dieses Rezeptors, in die Follikel gelenkt. Höchstwahrscheinlich wird CXCL13 von den FDC-Zellen produziert, möglicherweise auch von den follikulären Stromazellen. Das entspricht der Expression von CXCL13 durch die Stromazellen während der Bildung des Lymphknotens (Abschn. 9.1.2). B-Zellen wiederum produzieren LT, das für die Entwicklung der FDC-Zellen notwendig ist. Das wiederum entspricht der LT-Expression durch die LTi-Zellen, die für die Aktivierung der Stromazellen notwendig ist. Die gegenseitige Abhängigkeit von B- und FDC-Zellen sowie von LTi- und Stromazellen zeigt, wie komplex das Netzwerk der Wechselwirkungen ist, durch die die sekundären lymphatischen Gewebe gebildet werden. Eine Untergruppe der CD4-T-Zellen sind die **follikulären T-Helferzellen ($T_{FH}$-Zellen)**, die nach ihrer Aktivierung durch ein Antigen CXCR5 exprimieren, sodass sie in die B-Zell-Follikel gelangen und bei der Bildung der Keimzentren mitwirken können (Kap. 10).

## 9.1.4 Naive T-Zellen wandern durch die sekundären lymphatischen Gewebe und überprüfen die Peptid:MHC-Komplexe auf der Oberfläche antigenpräsentierender Zellen

Naive T-Zellen wandern ständig vom Blut in die Lymphknoten, die Milz und die mucosaassoziierten lymphatischen Organe und wieder zurück in das Blut (Abb. 1.21). So können sie in den lymphatischen Geweben an jedem Tag mit Tausenden von dendritischen Zellen in Kontakt treten und die Peptid:MHC-Komplexe an den Oberflächen der dendritischen Zellen überprüfen. Da die naiven T-Zellen mit hoher Geschwindigkeit zirkulieren und sich in den T-Zell-Zonen ansammeln, wo sich auch ankommende dendritische Zellen niederlassen, besteht für jede T-Zelle daher eine große Wahrscheinlichkeit, auf Antigene von beliebigen Krankheitserregern zu treffen, die in irgendeiner Körperregion eine Infektion ausgelöst haben (▶ Abb. 9.4). Naive T-Zellen, die nicht innerhalb von einigen Stunden auf ihr spezifisches Antigen treffen, verlassen das Lymphgewebe, gelangen schließlich wieder in das Blut und zirkulieren weiter. Der Austritt aus den Lymphgeweben geschieht entweder über die efferenten Lymphgefäße in den Lymphknoten oder dem MALT, oder die Zellen gelangen von der Milz aus, die nicht mit dem Lymphsystem verbunden ist, wieder direkt in das Blut.

Wenn eine naive T-Zelle auf der Oberfläche einer aktivierten dendritischen Zelle ihr spezifisches Antigen erkennt, hört sie jedoch auf zu wandern. Sie bleibt in der T-Zell-Zone, wo sie mehrere Tage lang proliferiert, und durchläuft so eine **klonale Expansion** und Differenzierung. Dabei entstehen T-Effektorzellen und T-Gedächtniszellen mit identischer

**Abb. 9.4 Naive T-Zellen treffen während ihrer Wanderung durch die peripheren lymphatischen Organe auf Antigene.** Naive T-Zellen wandern durch die peripheren lymphatischen Organe wie den Lymphknoten, der hier skizziert ist. Dabei dringen sie aus dem arteriellen Blut über spezielle Bereiche wie die Venolen mit hohem Endothel (HEVs) in diese Organe ein. Das Eindringen in den Lymphknoten wird durch Chemokine reguliert (nicht dargestellt), die die Wanderung der T-Zellen durch die HEV-Wand bis in die paracorticalen Bereiche steuern, wo die T-Zellen auf reife dendritische Zellen treffen (*oberstes Bild*). Die grün dargestellten T-Zellen treffen nicht auf ihr spezifisches Antigen. Durch eine Wechselwirkung mit Selbst-Peptid:Selbst-MHC-Komplexen und IL-7 erhalten sie ein Überlebenssignal. Sie verlassen den Lymphknoten über die Lymphbahnen und gelangen erneut in den Kreislauf (*zweites Bild*). Die *blau* dargestellten T-Zellen dagegen, die ihr spezifisches Antigen auf der Oberfläche einer antigenpräsentierenden Zelle erkennen, können den Lymphknoten nun nicht mehr verlassen und werden angeregt, zu proliferieren und sich zu T-Effektorzellen zu entwickeln (*drittes Bild*). Nach mehreren Tagen können diese antigenspezifischen T-Effektorzellen wiederum die Rezeptoren exprimieren, die für ein Verlassen des Lymphknotens notwendig sind. Sie wandern durch das efferente Lymphgefäß aus dem Lymphknoten, um nun in stark erhöhter Anzahl in den Blutkreislauf einzutreten

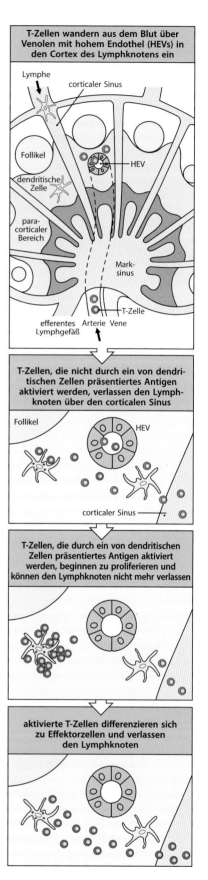

Antigenspezifität. Am Ende dieser Phase können die meisten T-Effektorzellen das lymphatische Organ verlassen und wieder in die Blutbahn eintreten, durch die sie zu den Infektionsherden gelangen (Kap. 11). Einige T-Effektorzellen, die mit B-Zellen interagieren, wandern stattdessen in die B-Zell-Zonen, wo sie an der Keimzentrumsreaktion beteiligt sind (Kap. 10).

Die Effizienz, mit der die T-Zellen alle antigenpräsentierenden Zellen in den Lymphknoten absuchen, ist sehr hoch. Das ist daran zu erkennen, dass antigenspezifische T-Zellen in einem einzigen Lymphknoten, der Antigene enthält, sehr schnell festgehalten werden: Innerhalb von 48 h können alle antigenspezifischen T-Zellen im Körper in einem Lymphknoten festgehalten werden, der Flüssigkeit aus einem Infektionsherd aufnimmt ($\blacktriangleright$ Abb. 9.5). Eine solche Effizienz ist für das Auslösen einer adaptiven Immunantwort von grundlegender Bedeutung, da unter $10^4$–$10^6$ T-Zellen wahrscheinlich nur eine einzige für ein bestimmtes Antigen spezifisch ist und die adaptive Immunität auf der Aktivierung und Vermehrung dieser seltenen Zellen beruht.

### 9.1.5 Lymphocyten können nur mithilfe von Chemokinen und Adhäsionsmolekülen in die Lymphgewebe gelangen

Damit naive T-Zellen in die sekundären lymphatischen Gewebe gelangen können, müssen die Zellen an Venolen mit hohem Endothel (HEVs) binden. Das geschieht über zelluläre Wechselwirkungen, die nicht antigenspezifisch sind, aber durch Zelladhäsionsmoleküle bewerkstelligt werden. Die Hauptgruppen der Adhäsionsmoleküle, die bei den Wechselwirkungen der Lymphocyten mitwirken, sind die Selektine, die Integrine, Proteine der Immunglobulinsuperfamilie sowie einige mucinähnliche Moleküle ($\blacktriangleright$ Abb. 3.30). Lymphocyten gelangen in verschiedenen Stadien in die Lymphknoten. Dabei rollen die Lymphocyten zuerst auf der Endotheloberfläche entlang, dann werden die Integrine aktiviert, die Adhäsion festigt sich und es folgt die Diapedese, das heißt das Durchdringen der Endothelschicht bis in die Paracorticalzonen, die T-Zell-Zonen ($\blacktriangleright$ Abb. 9.6). Diese Stadien werden von dem koordinierten Zusammenspiel von Adhäsionsmolekülen und Chemokinen reguliert, das den Wechselwirkungen bei der Rekrutierung von Leukocyten zu Entzündungsherden ähnelt (Kap. 3). Adhäsionsmoleküle besitzen ein relativ breites Funktionsspektrum bei den Immunantworten. Sie wirken nicht nur bei der Wanderung der Lymphocyten mit, sondern auch bei Wechselwirkungen zwischen naiven T-Zellen und antigenpräsentierenden Zellen (Abschn. 9.2.1).

Die Selektine ($\blacktriangleright$ Abb. 9.7) sind von Bedeutung, wenn es darum geht, dass Leukocyten in spezifischen Geweben ihren Bestimmungsort erreichen (**Homing**). L-Selektin (CD62L) wird auf Leukocyten exprimiert, während P-Selektin (CD62P) und E-Selektin (CD62E) auf dem Gefäßendothel exprimiert werden (Abschn. 3.2.4). Das L-Selektin auf naiven T-Zellen lotst die Zellen aus dem Blut in die sekundären lymphatischen Gewebe, indem es eine geringe Anheftung an die HEV-Wand bewirkt. Das führt dazu, dass die T-Zellen an der Endotheloberfläche entlangrollen ($\blacktriangleright$ Abb. 9.6). P-Selektin und E-Selektin werden an Infektionsherden auf dem Gefäßendothel exprimiert und können Effektorzellen in das infizierte Gewebe lotsen. Selektine sind Zelloberflächenmoleküle mit einer gemeinsamen Kernstruktur. Sie unterscheiden sich durch das Vorhandensein verschiedener lektinähnlicher Domänen in ihren extrazellulären Abschnitten. Die Lektindomänen binden an bestimmte Zuckergruppen und jedes Selektin bindet an ein Kohlenhydrat auf der Zelloberfläche. L-Selektin bindet an das sulfatierte Sialyl-Lewis$^x$, die Kohlenhydratgruppe von mucinähnlichen Molekülen, die man als vaskuläre Adressine bezeichnet und die auf der Oberfläche von Gefäßendothelzellen exprimiert werden. Zwei dieser Adressine – CD34 und GlyCAM-1 ($\blacktriangleright$ Abb. 9.7) – werden in den Lymphknoten in Venolen mit hohem Endothel exprimiert. MAdCAM-1 ($\blacktriangleright$ Abb. 9.7), ein drittes Adressin, wird auf Endothelien in Schleimhäuten exprimiert und lotst Lymphocyten in das mucosale Lymphgewebe hinein, etwa in die Peyer-Plaques im Darm.

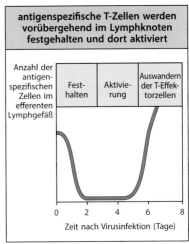

**Abb. 9.5 Festhalten und Aktivierung von antigenspezifischen naiven T-Zellen im Lymphgewebe.** Naive T-Zellen, die vom Blut aus in den Lymphknoten eindringen, treffen in den T-Zell-Zonen auf antigenpräsentierende dendritische Zellen. T-Zellen, die ihr spezifisches Antigen erkennen, binden stabil an die dendritischen Zellen und werden über ihre T-Zell-Rezeptoren aktiviert. Das führt dazu, dass die T-Zellen im Lymphknoten festgehalten werden, während sie sich zu T-Effektorzellen entwickeln. Fünf Tage nach Ankunft des Antigens verlassen die aktivierten T-Effektorzellen den Lymphknoten in großer Zahl über die efferenten Lymphgefäße. Der wiederholte Kreislauf der Lymphocyten und die Antigenerkennung sind so effizient, dass alle naiven T-Zellen im peripheren Kreislauf, die für ein bestimmtes Antigen spezifisch sind, innerhalb von zwei Tagen von diesem Antigen im Lymphknoten festgehalten werden können

Teil IV

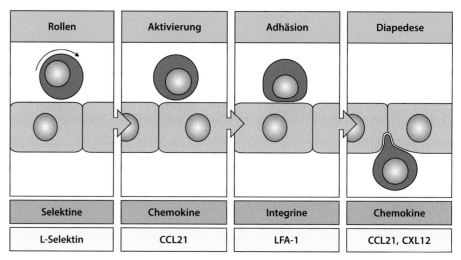

**Abb. 9.6 Lymphocyten gelangen in verschiedenen Stadien in die Lymphknoten, wobei die Aktivität von Adhäsionsmolekülen, Chemokinen und Chemokinrezeptoren eine Rolle spielt.** Naive T-Zellen werden dazu gebracht, auf der Oberfläche von Venolen mit hohem Endothel (HEVs) entlangzurollen. Dabei kommt es zu Wechselwirkungen zwischen den Selektinen, die die T-Zellen exprimieren, und vaskulären Adressinen, die auf der Oberfläche der Membranen von Endothelzellen exprimiert werden. Chemokine, die in der HEV-Oberfläche vorkommen, aktivieren Rezeptoren auf der T-Zelle, und die Signale der Chemokinrezeptoren bewirken, dass die Affinität der T-Zell-Integrine für Adhäsionsmoleküle auf der HEV-Wand zunimmt. Dadurch kommt es zu einer starken Adhäsion. Nach der Adhäsion folgen die T-Zellen bestimmten Chemokingradienten, um die HEV-Wand zu durchdringen und in die Paracorticalzone des Lymphknotens zu gelangen

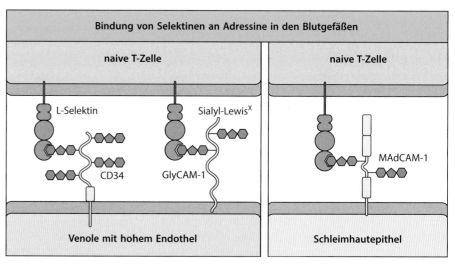

**Abb. 9.7 L-Selektin bindet an die mucinähnlichen vaskulären Adressine.** Naive T-Zellen exprimieren L-Selektin, das Kohlenhydratstrukturen erkennt. Durch die Bindung von L-Selektin an Sialyl-Lewis$^x$-Gruppen auf den vaskulären Adressinen CD34 und GlyCAM-1 auf HEV-Wänden haftet ein Lymphocyt nur schwach am Endothel. Die relative Bedeutung von CD34 und GlyCAM-1 bei dieser Wechselwirkung ist ungeklärt. CD34 besitzt einen Transmembrananker und wird in der geeigneten glykosylierten Form nur von HEV-Zellen exprimiert, wobei es in anderen Formen auch auf anderen Endothelzellen vorkommt. GlyCAM-1 wird auf HEV-Wänden exprimiert, enthält jedoch keine Transmembranregion und wird vermutlich in die HEV-Wände sezerniert. Das Adressin MAdCAM-1 wird auf Schleimhautendothel exprimiert und lenkt Lymphocyten in das mucosale Lymphgewebe. Die dargestellte Konfiguration steht für MAdCAM-1 der Maus. Das Molekül enthält eine IgA-ähnliche Domäne, die sich sehr eng an der Membran befindet. MAdCAM-1 des Menschen enthält eine verlängerte mucinähnliche Domäne, eine IgA-Domäne fehlt jedoch

Die Wechselwirkung zwischen L-Selektin und den vaskulären Adressinen ist für das spezifische Homing naiver T-Zellen zu den lymphatischen Organen verantwortlich. Dadurch werden die Zellen jedoch nicht befähigt, die Endothelbarriere zum Lymphgewebe zu überwinden. Dafür ist eine koordinierte Aktivität von Integrinen und Chemokinen notwendig.

## 9.1.6 Aufgrund der Aktivierung von Integrinen durch Chemokine können naive T-Zellen in die Lymphknoten gelangen

Naive T-Zellen, die auf dem Endothel von HEV-Gefäßen mithilfe der Selektine entlangrollen, benötigen zwei weitere Arten von Zelladhäsionsmolekülen, damit sie in die sekundären lymphatischen Organe gelangen können – Integrine und Proteine der Immunglobulinsuperfamilie. Integrine binden ihre Liganden sehr fest, nachdem sie Signale erhalten haben, die ihre Konformation ändern. So aktivieren die Signale von Chemokinen die Integrine auf Leukocyten, fest an die Gefäßwand zu binden, um die Leukocyten für die Wanderung zu einem Entzündungsherd vorzubereiten (Abschn. 3.2.4). Entsprechend aktivieren Chemokine, die sich auf der Oberfläche im Lumen von HEVs befinden, die Integrine, die von naiven T-Zellen während ihrer Wanderung in die lymphatischen Organe exprimiert werden (▶ Abb. 9.6).

 Video 9.2

Ein Integrinmolekül besteht aus einer großen $\alpha$-Kette, die sich nichtkovalent mit einer kleineren $\beta$-Kette zusammenlagert. Es gibt mehrere Unterfamilien von Integrinen, die aufgrund ihrer jeweils gemeinsamen $\beta$-Kette definiert werden. Wir werden uns vor allem mit den Leukocytenintegrinen befassen, die eine gemeinsame $\beta_2$-Kette und damit assoziiert unterschiedliche $\alpha$-Ketten aufweisen (▶ Abb. 9.8). Alle T-Zellen exprimieren das $\beta_2$-Integrin $\alpha_L:\beta_2$ (CD11a:CD18), das eher unter der Bezeichnung funktionelles Leukocytenantigen 1 (LFA-1) bekannt ist. LFA-1 ermöglicht sowohl naiven T-Zellen als auch T-Effektorzellen,

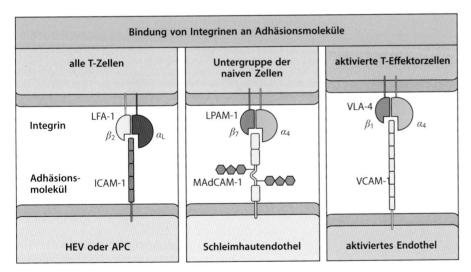

**Abb. 9.8 Integrine sind wichtig für die Adhäsion von T-Lymphocyten.** Integrine bilden Heterodimere: Die $\beta$-Kette definiert die Klasse der Integrine und die $\alpha$-Kette die verschiedenen Integrine innerhalb einer Klasse. Die $\alpha$-Kette ist größer als die $\beta$-Kette und enthält Bindungsstellen für zweiwertige Kationen, die für die Signalgebung wichtig sein können. LFA-1 (das Integrin $\alpha_L:\beta_2$) wird auf allen Leukocyten exprimiert. Es bindet an ICAM-Moleküle und ist wichtig für die Zellwanderung und die Wechselwirkungen der T-Zellen mit antigenpräsentierenden Zellen (APCs) oder Zielzellen. Auf T-Effektorzellen wird es stärker exprimiert als auf naiven T-Zellen. LPAM-1 (*lymphocyte Peyer's patch adhesion molecule*; Integrin $\alpha_4:\beta_7$) wird von einer Untergruppe naiver T-Zellen exprimiert und ist daran beteiligt, dass die T-Zellen in die lymphatischen Schleimhautgewebe gelangen, indem es die Adhäsion durch Wechselwirkungen mit dem vaskulären Adressin MAdCAM-1 unterstützt. VLA-4 ($\alpha_4:\beta_1$) wird nach der T-Zell-Aktivierung stark exprimiert. Es bindet an VCAM-1 auf aktiviertem Endothel und sorgt dafür, dass T-Effektorzellen zu den Infektionsherden gelotst werden

Teil IV

das Blut zu verlassen. Dieses Integrin kommt auch auf Makrophagen und neutrophilen Zellen vor und spielt bei ihrer Rekrutierung zu Infektionsherden eine Rolle (Abschn. 3.2.4).

LFA-1 ist auch für die Adhäsion von naiven T-Zellen und T-Effektorzellen an ihre Zielzellen von Bedeutung. Dennoch können bei Individuen, denen genetisch bedingt die $\beta_2$-Integrinkette fehlt und die damit keinerlei $\beta_2$-Integrine besitzen (also auch kein LFA-1), normale T-Zell-Antworten ablaufen. Das liegt wahrscheinlich daran, dass T-Zellen auch andere Adhäsionsmoleküle exprimieren, beispielsweise CD2 aus der Immunglobulinsuperfamilie und $\beta_1$-Integrine, die möglicherweise das Fehlen von LFA-1 ausgleichen können. Die Expression von $\beta_1$-Integrinen nimmt in einem späten Stadium der T-Zell-Aktivierung deutlich zu. Deshalb bezeichnet man sie häufig als sehr späte Aktivierungsantigene (*very late activation antigens*, VLAs). Sie dienen dazu, T-Effektorzellen zu entzündeten Geweben zu leiten. Mindestens fünf Adhäsionsmoleküle der Immunglobulinsuperfamilie sind für die T-Zell-Aktivierung besonders wichtig (▶ Abb. 9.9). Drei sehr ähnliche interzelluläre Adhäsionsmoleküle (ICAMs) – ICAM-1, ICAM-2 und ICAM-3 – binden jeweils das T-Zell-Integrin LFA-1. ICAM-1 und ICAM-2 werden sowohl auf dem Endothel als auch auf antigenpräsentierenden Zellen exprimiert. Durch Bindung an diese Moleküle können Lymphocyten durch Gefäßwände wandern. ICAM-3 wird nur von naiven T-Zellen exprimiert und besitzt wahrscheinlich eine wichtige Funktion bei der Adhäsion von T-Zellen an antigenpräsentierende Zellen, indem es an LFA-1 bindet, das auf dendritischen Zellen exprimiert wird. Die beiden anderen Adhäsionsmoleküle der Immunglobulinsuperfamilie sind CD58 (frühere Bezeichnung LFA-3), das auf antigenpräsentierenden Zellen vorkommt, sowie CD2 auf T-Zellen. Beide Moleküle binden sich gegenseitig. Diese Interaktion wirkt zusammen mit der zwischen ICAM-1 oder ICAM-2 und LFA-1.

Wie wir bereits im Zusammenhang mit der Entwicklung von Lymphgeweben besprochen haben (Abschn. 9.1.3), werden naive T-Zellen von Chemokinen spezifisch in die T-Zell-Zonen der sekundären lymphatischen Gewebe gelockt. Die Chemokine binden an Proteoglykane in der extrazellulären Matrix und der Gefäßwand von Venolen mit hohem Endothel. Sie bilden einen chemischen Gradienten und werden von Rezeptoren auf naiven T-Zellen erkannt. Das Chemokin CCL21 bewirkt, dass naive T-Zellen durch die Gefäßwand nach außen dringen. CCL21 wird von Gefäßzellen des hohen Endothels und von Stromazellen der Lymphgewebe exprimiert, außerdem von dendritischen Zellen, die sich in den T-Zell-Zonen aufhalten. Es bindet an den Chemokinrezeptor CCR7 auf naiven T-Zellen und stimuliert die Aktivierung der intrazellulären rezeptorassoziierten G-Protein-Untereinheit $G\alpha_i$. Die so in der Zelle entstehenden Signale verstärken die Affinität der Integrinbindung (Abschn. 3.2.4).

| Immunglobulinsuperfamilie | Bezeichnung | Gewebeverteilung | Ligand |
|---|---|---|---|
| ICAM-1/3, VCAM-1  CD58  CD2 | CD2 (LFA-2) | T-Zellen | CD58 (LFA-3) |
| | ICAM-1 (CD54) | aktivierte Gefäße, Lymphocyten, dendritische Zellen | LFA-1, Mac-1 |
| | ICAM-2 (CD102) | ruhende Gefäße | LFA-1 |
| | ICAM-3 (CD50) | naive T-Zellen | LFA-1 |
| | LFA-3 (CD58) | Lymphocyten, antigenpräsentierende Zellen | CD2 |
| | VCAM-1 (CD106) | aktiviertes Endothel | VLA-4 |

**Abb. 9.9 Adhäsionsmoleküle der Immunglobulinsuperfamilie, die an Wechselwirkungen mit Leukocyten beteiligt sind.** Adhäsionsmoleküle der Immunglobulinsuperfamilie binden an verschiedene Typen von Adhäsionsmolekülen wie die Integrine LFA-1 und VLA-4 und andere Vertreter der Immunglobulinsuperfamilie (die Wechselwirkung zwischen CD2 und CD58 [LFA-3]). Diese Wechselwirkungen sind für die Lymphocytenwanderung, das Homing und die Wechselwirkungen zwischen den Zellen von Bedeutung. Die übrigen der hier genannten Moleküle sind in ▶ Abb. 3.29 aufgeführt

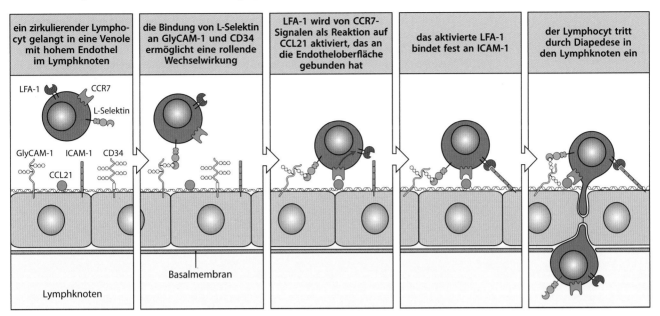

| ein zirkulierender Lymphocyt gelangt in eine Venole mit hohem Endothel im Lymphknoten | die Bindung von L-Selektin an GlyCAM-1 und CD34 ermöglicht eine rollende Wechselwirkung | LFA-1 wird von CCR7-Signalen als Reaktion auf CCL21 aktiviert, das an die Endotheloberfläche gebunden hat | das aktivierte LFA-1 bindet fest an ICAM-1 | der Lymphocyt tritt durch Diapedese in den Lymphknoten ein |

**Abb. 9.10 Lymphocyten gelangen aus dem Blut in das Lymphgewebe, indem sie die Wände von Venolen mit hohem Endothel durchdringen.** Der erste Schritt ist die Bindung von L-Selektin auf dem Lymphocyten an sulfatierte Kohlenhydrate (sulfatiertes Sialyl-Lewis$^x$) von GlyCAM-1 und CD34 auf dem hohen Endothel der Venole. Lokale Chemokine wie CCL21, die an die Proteoglykanmatrix auf der Endotheloberfläche gebunden sind, stimulieren Chemokinrezeptoren auf der T-Zelle und führen zur Aktivierung von LFA-1. Dadurch bindet die T-Zelle fest an ICAM-1 auf der Endothelzelle, sodass die T-Zelle das Endothel durchdringen kann. Wie bei der Wanderung der neutrophilen Zellen (▸ Abb. 3.31) ermöglichen Metalloproteinasen auf der Oberfläche des Lymphocyten, dass die Zelle in die Basalmembran eindringt

Das Eintreten einer naiven T-Zelle in einen Lymphknoten ist in ▸ Abb. 9.10 dargestellt. Zuerst rollt die T-Zelle, durch L-Selektin vermittelt, auf der Oberfläche der Venole mit hohem Endothel entlang. Wenn CCR7 auf der T-Zelle CCL21 auf der Oberfläche des HEV-Endothels erkennt, wird LFA-1 aktiviert, sodass die Affinität von ICAM-2 und ICAM-1 gesteigert wird. ICAM-2 wird konstitutiv auf allen Endothelzellen exprimiert, während ICAM-1 nur auf den Zellen des hohen Endothels in den sekundären lymphatischen Geweben exprimiert wird, wenn keine Entzündung vorliegt. Aufgrund der Stimulation durch Chemokine ändert sich auch die Organisationsstruktur der LFA-1-Moleküle in der T-Zell-Membran; sie sammeln sich dann in den Kontaktstellen zu anderen Zellen an. Dadurch kommt es zu einer stärkeren Bindung und die T-Zelle wird auf der Endotheloberfläche festgehalten, sodass die Zelle in das Lymphgewebe eindringen kann.

Sobald naive T-Zellen über die Venolen mit hohem Endothel in der T-Zell-Zone angekommen sind, werden sie von CCR7 in diesem Bereich zurückgehalten, da sie von dendritischen Zellen angelockt werden, die in der T-Zell-Zone CCL21 und CCL19 produzieren. Naive T-Zellen suchen die Oberflächen der dendritischen Zellen nach spezifischen Peptid:MHC-Komplexen ab. Wenn sie auf ihr Antigen stoßen und daran binden, werden sie im Lymphknoten festgehalten. Werden sie nicht durch ein Antigen aktiviert, verlassen naive T-Zellen den Lymphknoten bald wieder (▸ Abb. 9.4).

### 9.1.7 Der Austritt der T-Zellen aus den Lymphknoten wird von einem chemotaktischen Lipid kontrolliert

T-Zellen verlassen einen Lymphknoten über einen Cortexsinus, der in einen Marksinus mündet, und schließlich gelangen sie in das efferente Lymphgefäß. Beim Austritt von

T-Zellen aus den sekundären lymphatischen Organen spielt das Lipidmolekül **Sphingosin-1-phosphat (S1P)** eine Rolle (▶ Abb. 9.11). Es besitzt eine chemotaktische Aktivität und ähnliche Signaleigenschaften wie Chemokine, da die Rezeptoren für S1P mit G-Proteinen gekoppelt sind. Ein S1P-Konzentrationsgradient zwischen den Lymphgeweben und der Lymphe oder dem Blut bewirkt, dass nichtaktivierte naive T-Zellen, die einen S1P-Rezeptor exprimieren, aus den Lymphgeweben herausgelockt werden und wieder in den Kreislauf gelangen.

T-Zellen, die in den lymphatischen Organen durch ein Antigen aktiviert wurden, verringern mehrere Tage lang die Oberflächenexpression des S1P-Rezeptors. Dieses Abschalten von S1PR1 wird durch CD69 hervorgerufen, ein Oberflächenprotein, dessen Expression durch Signale des T-Zell-Rezeptors induziert wird. Es bewirkt die Aufnahme von S1PR1 in die Zelle. Während dieser Phase können T-Zellen nicht auf den S1P-Gradienten reagieren und verlassen deshalb die lymphatischen Organe nicht. Nach mehreren Tagen der Proliferation, während der die T-Zell-Aktivierung nachlässt, nimmt die CD69-Expression ab und der S1P-Rezeptor erscheint erneut auf der Oberfläche der T-Effektorzellen. So können diese als

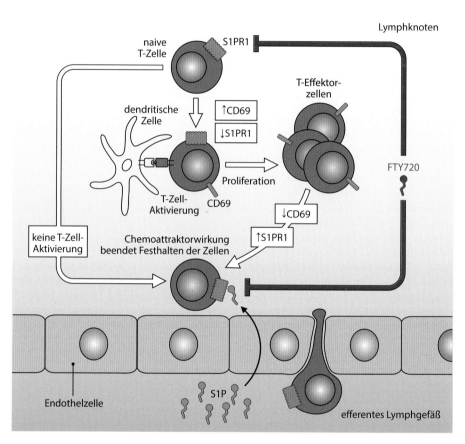

**Abb. 9.11 Der Austritt der Lymphocyten aus den Lymphgeweben wird von einem Sphingosin-1-phosphat-Gradienten vermittelt.** Sphingosin-1-phosphat (S1P) kommt im Vergleich zur efferenten Lymphe im Lymphgewebe nur in geringer Menge vor. Dadurch besteht ein S1P-Gradient (angedeutet durch die Schattierung). Der S1P-Rezeptor 1 (S1PR1), der auf naiven T-Zellen exprimiert wird, reagiert auf den S1P-Gradienten. Wenn kein Antigen erkannt wurde, stimulieren die S1PR1-Signale den Ausstrom der T-Zellen aus den T-Zell-Zone in das efferente Lymphgefäß. T-Zellen, die durch eine antigenpräsentierende dendritische Zelle aktiviert wurden, steigern die Produktion von CD69, wodurch die Expression S1PR1 abnimmt und die Zelle in der T-Zell-Zone zurückgehalten wird. T-Effektorzellen nehmen die Expression von S1PR1 wieder auf, da sich die CD69-Expression verringert, und verlassen den Lymphknoten. FTY720 blockiert den Ausstrom der T-Zellen durch Inaktivierung von S1PR1, indem der Rezeptor durch Wechselwirkung mit dem Liganden in die Zelle aufgenommen wird. Außerdem vermittelt S1PR1 durch Verstärkung der Bindungskontakte zwischen den Endothelzellen das Schließen von Endothelöffnungen (nicht dargestellt)

Reaktion auf den S1P-Gradienten wieder zu wandern beginnen und das Lymphgewebe verlassen.

Der Mechanismus, der den Austritt der naiven T-Zellen und T-Effektorzellen aus den sekundären lymphatischen Organen über S1P reguliert, bildet die Grundlage für den Wirkstoff FTY720 (Fingolimod), eine neue Art von Immunsuppressivum. FTY720 hemmt die Immunantworten, indem Lymphocyten daran gehindert werden, in den Kreislauf zurückzukehren, und sich so in den Lymphgeweben ansammeln, was schnell zu einer Lymphopenie (einem Fehlen der Lymphocyten im Blut) führt. *In vivo* wird FTY720 phosphoryliert, bildet auf diese Weise S1P nach und wirkt auf die S1P-Rezeptoren als Agonist. Möglicherweise blockiert das phosphorylierte FTY720-Molekül den Austritt der Lymphocyten durch Effekte auf die Endothelzellen, die die Bildung der Tight Junctions verstärken und Austrittstellen verschließen, oder indem die S1P-Rezeptoren ständig aktiviert bleiben, was zur Inaktivierung und zum Abschalten der Rezeptorproduktion führt.

## 9.1.8 T-Zell-Antworten werden in den sekundären lymphatischen Organen von aktivierten dendritischen Zellen ausgelöst

Die Bedeutung der sekundären lymphatischen Organe für das Auslösen einer adaptiven Immunantwort ließ sich zum ersten Mal mithilfe eines gut durchdachten Experiments nachweisen, indem man in der Körperwand ein Hautstück so isolierte, dass es zwar mit dem Blutkreislauf verbunden war, aber die Lymphe nicht abgeleitet werden konnte. Als man das Hautstück mit Antigenen inkubierte, wurde keine T-Zell-Antwort ausgelöst. So ließ sich zeigen, dass T-Zellen nicht im infizierten Gewebe sensibilisiert werden. Krankheitserreger und ihre Produkte müssen also in die Lymphgewebe transportiert werden. Antigene, die direkt in das Blut gelangen, werden in der Milz von antigenpräsentierenden Zellen aufgenommen. Krankheitserreger, die andere Körperregionen infizieren, etwa durch eine Hautverletzung, werden in der Lymphflüssigkeit transportiert und in den Lymphknoten, die dem Infektionsherd am nächsten sind, festgehalten (Abschn. 1.3.9). Krankheitserreger, die Schleimhautoberflächen infizieren, werden direkt durch die Schleimhaut (Mucosa) in die Lymphgewebe wie die Mandeln oder die Peyer-Plaques und in ableitende Lymphknoten transportiert.

In diesem Kapitel beschäftigen wir uns mit der Aktivierung der T-Zellen durch die dendritischen Zellen, wie sie in den Organen der systemischen Immunität – in den Lymphknoten und der Milz – stattfindet. Die Aktivierung der T-Zellen durch die dendritischen Zellen im mucosalen Immunsystem folgt den gleichen Gesetzmäßigkeiten, unterscheidet sich jedoch in bestimmten Einzelheiten (Kap. 12), beispielsweise durch die Art und Weise, wie die Antigene übermittelt werden, und durch die Bewegungsmuster der Effektorzellen im Körper.

Der Transport eines Antigens von einem Infektionsherd zum Lymphgewebe wird durch das angeborene Immunsystem unterstützt. Eine Auswirkung des angeborenen Immunsystems ist eine Entzündungsreaktion, durch die sich der Zustrom von Blutplasma in die infizierten Gewebe verstärkt und der Abfluss der extrazellulären Flüssigkeit in die Lymphe ebenfalls gesteigert wird. Dadurch werden freie Antigene mitgenommen und in die Lymphgewebe gebracht. Noch wichtiger für das Auslösen einer adaptiven Immunantwort ist die Aktivierung von dendritischen Gewebezellen, die partikelförmige und lösliche Antigene am Infektionsherd aufnehmen (▶ Abb. 9.12). Dendritische Zellen können über ihre Toll-like-Rezeptoren und andere Rezeptoren zur Pathogenerkennung aktiviert werden (Kap. 3), wie auch durch Gewebeschäden oder Cytokine, die während der Entzündungsreaktion gebildet werden. Aktivierte dendritische Zellen wandern zu den Lymphknoten und exprimieren costimulierende Moleküle, die zusätzlich zum Antigen für die Aktivierung von naiven T-Zellen notwendig sind. In den Lymphgeweben präsentieren diese reifen dendritischen Zellen den naiven T-Lymphocyten Antigene und regen alle antigenspezifischen Zellen an, sich zu teilen und zu Effektorzellen heranzureifen, die wieder in den Kreislauf eintreten.

Teil IV

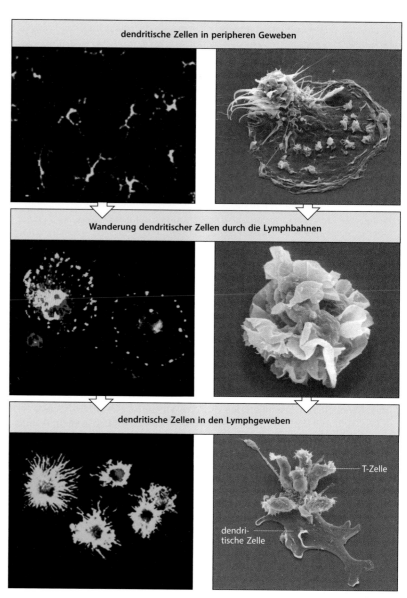

**Abb. 9.12 Dendritische Zellen in verschiedenen Reifestadien.** Die Bilder in der *linken Spalte* sind fluoreszenzmikroskopische Aufnahmen von dendritischen Zellen, in denen MHC-Klasse-II-Moleküle *grün* und ein lysosomales Protein *rot* gefärbt wurden. Die Bilder in der *rechten Spalte* sind rasterelektronenmikroskopische Aufnahmen von einzelnen dendritischen Zellen. Nicht aktivierte dendritische Zellen (*oben*) besitzen viele lange Fortsätze (Dendriten), nach denen die Zellen bezeichnet werden. Die Zellkörper sind in der Aufnahme *links* kaum zu erkennen, die Zellen enthalten jedoch zahlreiche endocytotische Vesikel, bei denen sich sowohl MHC-Klasse-II-Moleküle als auch das lysosomale Protein anfärben lassen; wenn sich beide Farben überlagern, entsteht eine *gelbe* Fluoreszenz. Aktivierte dendritische Zellen verlassen das Gewebe, um über die Lymphbahnen in das sekundäre lymphatische Gewebe zu gelangen. Während dieser Reise ändern sie ihre Morphologie. Die dendritischen Zellen phagocytieren auch keine Antigene mehr. Die *rote* Färbung der lysosomalen Proteine ist von der *grünen* der MHC-Klasse-II-Moleküle zu unterscheiden (*Mitte links*). Die dendritische Zelle zeigt nun zahlreiche Membranfalten (*Mitte rechts*), aufgrund derer diese Zelle ursprünglich als „Schleierzelle" bezeichnet wurde. Im Lymphknoten (*unten*) exprimieren die dendritischen Zellen große Mengen an Peptid:MHC-Komplexen und costimulierenden Molekülen und stimulieren sehr effizient naive CD4- und naive CD8-T-Zellen. In diesem Stadium phagocytieren die aktivierten dendritischen Zellen nicht und man kann die *rote* Farbe für die lysosomalen Proteine gut von der *grünen* für die MHC-Klasse-II-Moleküle unterscheiden, die auf vielen dendritischen Fortsätzen sehr zahlreich vertreten sind (*unten links*). Die typische Morphologie einer reifen dendritischen Zelle, die gerade mit einer T-Zelle interagiert, ist *unten rechts* dargestellt. (Fluoreszierende Mikrofotografie nachgedruckt mit Genehmigung der Macmillan Publishers Ltd.: Pierre, P., Turley, S.J., et al.: Development regulation of MHC class II transport in mouse dendritic cells. *Nature* 1997, 388:787–792)

Makrophagen, die in den meisten Geweben, so auch im Lymphgewebe, vorkommen, und B-Zellen, die vor allem im Lymphgewebe lokalisiert sind, können auf ähnliche Weise von Rezeptoren für die Pathogenerkennung aktiviert werden, costimulierende Moleküle zu exprimieren und als antigenpräsentierende Zellen zu fungieren. Die Verteilung von dendritischen Zellen, Makrophagen und B-Zellen in einem Lymphknoten ist in ▶ Abb. 9.13 schematisch dargestellt. Nur diese drei Zelltypen exprimieren die spezialisierten costimulierenden Moleküle, die für die wirksame Aktivierung von T-Zellen erforderlich sind. Alle drei Zelltypen exprimieren diese Moleküle nur dann, wenn sie im Zusammenhang mit einer Infektion aktiviert werden. Diese Zellen lösen jedoch T-Zell-Reaktionen auf unterschiedliche Weise aus. Dendritische Zellen können Antigene aus allen Arten von Ursprüngen aufnehmen, prozessieren und präsentieren. Sie kommen vor allem in den T-Zell-Zonen vor und bringen die erste klonale Expansion und Differenzierung der naiven T-Zellen zu T-Effektorzellen voran. Im Gegensatz dazu spezialisieren sich Makrophagen und B-Zellen auf die Prozessierung und Präsentation von löslichen Antigenen beziehungsweise von Antigenen aus aufgenommenen Krankheitserregern, und sie interagieren mit bereits durch dendritische Zellen primär geprägten CD4-T-Effektorzellen, um die Helferfunktionen dieser T-Zellen zu aktivieren.

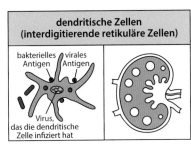

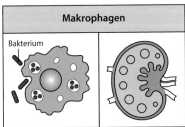

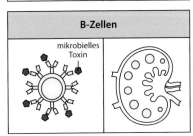

## 9.1.9 Dendritische Zellen prozessieren Antigene aus einem breiten Spektrum von Krankheitserregern

Dendritische Zellen gehen ursprünglich im Knochenmark aus myeloischen Vorläuferzellen hervor (▶ Abb. 1.3). Sie wandern aus dem Knochenmark aus und gelangen über das Blut in alle Körpergewebe und auch direkt in die sekundären lymphatischen Organe. Man unterscheidet zwei große Gruppen: die konventionellen dendritischen Zellen und die plasmacytoiden dendritischen Zellen (▶ Abb. 9.14). Die Markermoleküle an den Zelloberflächen und die spezifischen Transkriptionsfaktoren, aufgrund derer sich die beiden Gruppen unterscheiden, sowie die Bedeutung der Interferonproduktion durch die plasmacytoiden dendritischen Zellen für die angeborene Immunantwort werden in Kap. 3 behandelt. In diesem Kapitel befassen wir uns mit der Bedeutung der konventionellen dendritischen Zellen für die adaptive Immunantwort – Präsentation von Antigenen und Aktivierung naiver T-Zellen.

Konventionelle dendritische Zellen kommen an den Gewebebarrieren in großer Zahl vor, etwa im Darm, in der Lunge und der Haut, wo sie mit den Oberflächenepithelien in engem Kontakt stehen. Sie kommen auch in den meisten festen Organen wie im Herz oder in den Nieren vor. Wenn keine Infektion oder Gewebeschädigung vorliegt, exprimieren dendritische Zellen nur geringe Mengen an costimulierenden Molekülen, sie sind also dann nicht dafür eingerichtet, naive T-Zellen zu stimulieren. Dendritische Zellen sind wie die Makrophagen bei der Aufnahme von Antigenen durch Phagocytose mithilfe von Komplementrezeptoren und Fc-Rezeptoren sehr aktiv (Letztere erkennen die konstanten Regionen von Antikörpern in Antigen:Antikörper-Komplexen). Außerdem sind hier die C-Lektine von Bedeutung, die Kohlenhydrate erkennen. C-Lektine der dendritischen Zellen sind der Mannoserezeptor, DEC 205, Langerin und Dectin-1. Andere extrazelluläre Antigene werden unspezifisch durch einen Vorgang aufgenommen, den man als Makropinocytose bezeichnet. Dabei nimmt eine Zelle große Volumina der umgebenden Flüssigkeit auf. So können Mikroorganismen internalisiert werden, die Strategien entwickelt haben, der Erkennung durch die phagocytotischen Rezeptoren zu entkommen. Aufgrund der vielfältigen Wege, durch die dendritische Zellen Antigene aufnehmen, können sie Antigene von praktisch jeder Art von Mikroorganismus präsentieren, etwa von Pilzen, Parasiten, Viren und Bakterien (▶ Abb. 9.15). Eine so erfolgte Aufnahme von extrazellulären Antigenen lenkt diese in den endocytotischen Reaktionsweg, bei dem sie auf MHC-Klasse-II-Molekülen präsentiert werden, sodass sie CD4-T-Zellen erkennen können (Kap. 6).

Ein zweiter Eintrittsweg für die Antigenprozessierung durch dendritische Zellen ist das direkte Eindringen in das Cytosol, beispielsweise bei einer Virusinfektion. Dendritische

**Abb. 9.13 Antigenpräsentierende Zellen sind im Lymphknoten je nach Typ auf spezifische Regionen verteilt.** Dendritische Zellen findet man überall im Cortex des Lymphknotens in den T-Zell-Arealen. Gereifte dendritische Zellen sind mit Abstand die stärksten Aktivatoren für naive T-Zellen und können Antigene von vielen Arten von Krankheitserregern präsentieren, etwa, wie hier dargestellt, von Bakterien und Viren. Makrophagen sind über den gesamten Lymphknoten verteilt, sie konzentrieren sich aber vor allem im Randsinus, in dem sich die einströmende Lymphe sammelt, bevor sie das Lymphgewebe durchströmt, sowie in den Marksträngen, wo sich die abfließende Lymphe sammelt, bevor sie über die efferenten Lymphbahnen in das Blut gelangt. B-Zellen findet man hauptsächlich in den Follikeln; sie sind an der Neutralisierung löslicher Antigene, beispielsweise von Toxinen, beteiligt

Teil IV

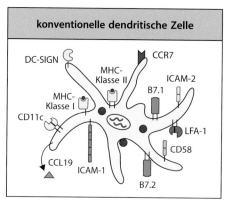
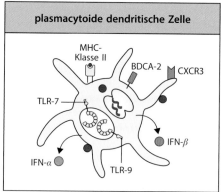

**Abb. 9.14 Konventionelle und plasmacytoide dendritische Zellen haben bei der Immunantwort unterschiedliche Funktionen.** Reife konventionelle dendritische Zellen (*links*) haben primär mit der Aktivierung von naiven T-Zellen zu tun. Es gibt mehrere Untergruppen von konventionellen dendritischen Zellen, aber alle prozessieren Antigene effizient, und sobald sie heranreifen, exprimieren sie MHC-Proteine und costimulierende Moleküle für das Priming der naiven T-Zellen. Die von den reifen dendritischen Zellen exprimierten Oberflächenproteine werden im Text beschrieben. Unreife dendritische Zellen tragen viele der hier dargestellten Oberflächenmoleküle noch nicht, aber sie verfügen über zahlreiche Oberflächenrezeptoren – beispielsweise die meisten der Toll-like-Rezeptoren (TLRs) –, die Moleküle von Krankheitserregern erkennen. Plasmacytoide dendritische Zellen (*rechts*) sind sogenannte Wächterzellen, die vor allem auf Virusinfektionen spezialisiert sind und große Mengen an Klasse-I-Interferonen sezernieren. Diese Gruppe der dendritischen Zellen ist beim Priming der naiven T-Zellen weniger effizient, aber sie exprimiert die intrazellulären Rezeptoren TLR-7 und TLR-9, die virale Infektionen erkennen können

| Antigenprozessierung und -präsentation durch dendritische Zellen | | | | |
|---|---|---|---|---|
| rezeptor-vermittelte Phagocytose | Makropinocytose | Virus-infektion | Kreuzpräsentation nach Aufnahme durch Phagocytose oder Makropinocytose | Übertragung von der ankommenden dendritischen Zelle auf eine residente dendritische Zelle |
| **Art des präsentierten Antigens** extrazelluläre Bakterien | extrazelluläre Bakterien, lösliche Antigene, Viruspartikel | Viren | Viren | Viren |
| **beladene MHC-Moleküle** MHC-Klasse II | MHC-Klasse II | MHC-Klasse I | MHC-Klasse I | MHC-Klasse I |
| **Typ der aktivierten naiven T-Zellen** CD4-T-Zellen | CD4-T-Zellen | CD8-T-Zellen | CD8-T-Zellen | CD8-T-Zellen |

**Abb. 9.15 Die verschiedenen Wege, über die dendritische Zellen Proteinantigene aufnehmen, prozessieren und präsentieren.** Die Aufnahme von Antigenen in das endocytotische System, entweder durch rezeptorvermittelte Phagocytose oder durch Makropinocytose, ist wahrscheinlich der Hauptweg für die Weitergabe von Peptiden an MHC-Klasse-II-Moleküle, die dann CD4-T-Zellen präsentiert werden (*erste zwei Bilder*). Die Produktion von Antigenen im Cytosol, etwa als Ergebnis einer Virusinfektion, ist wahrscheinlich der Hauptweg für die Bindung von Peptiden an MHC-Klasse-I-Moleküle, die dann CD8-T-Zellen präsentiert werden (*drittes Bild*). Es ist jedoch möglich, dass äußere Antigene in den endocytotischen Weg und damit in das Cytosol gelangen, wo sie schließlich von MHC-Klasse-I-Molekülen gebunden und CD8-T-Zellen präsentiert werden; diesen Vorgang bezeichnet man als Kreuzpräsentation (*viertes Bild*). Schließlich werden Antigene anscheinend von einer dendritischen Zelle auf eine andere übertragen, um dann CD8-T-Zellen präsentiert zu werden, wobei die Einzelheiten dieses Weges noch nicht bekannt sind (*fünftes Bild*)

Zellen sind für eine Infektion durch einige Viren anfällig. Diese Viren dringen in das Cytoplasma ein, indem sie an Proteine auf der Zelloberfläche binden, die als Eintrittsrezeptoren fungieren. Im Cytoplasma von dendritischen Zellen exprimierte Virusproteine werden im Proteasom prozessiert und als Peptide auf MHC-Klasse-I-Molekülen auf der Zelloberfläche präsentiert, nachdem sie durch das endoplasmatische Reticulum transportiert wurden. Das ist bei virusinfizierten Zellen immer so (Kap. 6). Dadurch können die dendritischen Zellen Antigene präsentieren und CD8-T-Zellen aktivieren, die sich dann zu cytotoxischen CD8-T-Effektorzellen differenzieren. Diese können jede virusinfizierte Zelle erkennen und abtöten.

Die Aufnahme von extrazellulären Viruspartikeln oder virusinfizierten Zellen durch Phagocytose oder Makropinocytose in den endocytotischen Weg kann auch dazu führen, dass virale Peptide auf MHC-Klasse-I-Molekülen präsentiert werden. Dieser Effekt, den man als Kreuzpräsentation bezeichnet, bildet einen alternativen Reaktionsweg anstelle des üblichen cytosolischen Weges für die Prozessierung von MHC-Klasse-I-Antigenen (Abschn. 6.1.5). Hier können virale Antigene, die über endocytotische oder phagocytotische Vesikel in dendritische Zellen gelangt sind, für den Abbau im Proteasom in das Cytosol umgeleitet werden. Von dort werden sie in das endoplasmatische Reticulum transportiert, um dann an MHC-Klasse-I-Moleküle gebunden zu werden. Auf diesem Weg können Viren, die nicht in der Lage sind, dendritische Zellen zu infizieren, dennoch die Aktivierung von CD8-T-Zellen auslösen. Die Kreuzpräsentation wird von einer Untergruppe der konventionellen dendritischen Zellen am effektivsten bewerkstelligt. Diese Zellen sind darauf spezialisiert, T-Zell-Reaktionen gegen intrazelluläre Krankheitserreger zu stimulieren (Abschn. 6.1.5). Jede Virusinfektion kann also zur Erzeugung von cytotoxischen CD8-T-Effektorzellen führen, unabhängig davon, ob das Virus dendritische Zellen direkt infizieren kann oder nicht. Darüber hinaus aktivieren virale Peptide, die auf einer dendritischen Zelle von MHC-Klasse-II-Molekülen präsentiert werden, naive CD4-T-Zellen, aus denen dann CD4-T-Effektorzellen hervorgehen. Diese wiederum stimulieren bei B-Zellen die Produktion antiviraler Antikörper und die Erzeugung von Cytokinen, die die Immunantwort verstärken.

 Video 9.3

In bestimmten Fällen, wie etwa bei Infektionen mit Herpes-simplex- oder Influenzaviren, sind die dendritischen Zellen, die aus peripheren Geweben zu den Lymphknoten wandern, nicht dieselben Zellen, die schließlich den naiven T-Zellen die Antigene präsentieren. So nehmen beispielsweise dendritische Zellen in der Haut Antigene auf und transportieren sie in die ableitenden Lymphknoten (▶ Abb. 9.16). Dort wird ein Teil der Antigene auf eine CD8α-positive Subpopulation von dendritischen Zellen übertragen, die bei diesen Infektionen die vorherrschenden dendritischen Zellen sind, welche naive CD8-T-Zellen vorprägen (Priming). Diese Art der Übertragung bedeutet, dass Antigene von Viren, die dendritische Zellen infizieren und schnell töten, auch von nichtinfizierten dendritischen Zellen präsentiert werden können, die die Antigene über eine Kreuzpräsentation aufnehmen und über ihre Toll-like-Rezeptoren aktiviert wurden.

## 9.1.10 Durch Mikroorganismen ausgelöste TLR-Signale führen bei geweberesidenten dendritischen Zellen dazu, dass sie in die lymphatischen Organe wandern und die Prozessierung von Antigenen zunimmt

Ein entscheidender Schritt beim Auslösen der adaptiven Immunantwort ist die Reifung der dendritischen Zellen. Wenn eine Infektion auftritt, fangen die dendritischen Zellen mithilfe ihrer phagocytotischen Rezeptoren oder der Makropinocytose Pathogene ein und aktivieren durch ihre Mustererkennungsrezeptoren (beispielsweise TLRs) dann Reaktionen gegen diese Krankheitserreger (▶ Abb. 9.17, oben). Auf dendritischen Gewebezellen werden mehrere verschiedene Vertreter der TLR-Familie exprimiert; sie spielen wahrscheinlich bei der Erkennung von verschiedenen Arten von Krankheitserregern und bei der entsprechenden Signalgebung eine Rolle (▶ Abb. 3.16). Beim Menschen exprimieren konventionelle dendritische

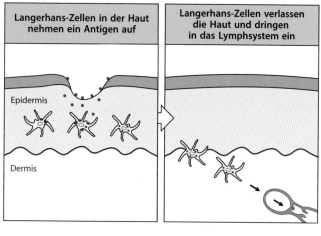

| Langerhans-Zellen in der Haut nehmen ein Antigen auf | Langerhans-Zellen verlassen die Haut und dringen in das Lymphsystem ein |
|---|---|

Epidermis

Dermis

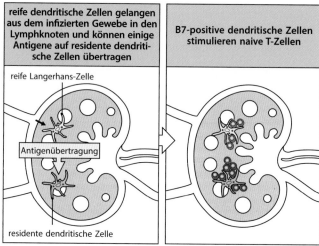

| reife dendritische Zellen gelangen aus dem infizierten Gewebe in den Lymphknoten und können einige Antigene auf residente dendritische Zellen übertragen | B7-positive dendritische Zellen stimulieren naive T-Zellen |
|---|---|

reife Langerhans-Zelle

Antigenübertragung

residente dendritische Zelle

**Abb. 9.16 Langerhans-Zellen nehmen Antigene in der Haut auf, wandern zu den peripheren lymphatischen Organen und präsentieren dort ihr Antigen den T-Zellen.** Langerhans-Zellen (*gelb*) sind eine Art von unreifen dendritischen Zellen, die sich in der Epidermis aufhalten. Sie nehmen Antigene auf verschiedene Weise auf, besitzen aber keine costimulierende Aktivität (*erstes Bild*). Bei einer Infektion nehmen sie ein Antigen auf und wandern dann zu den Lymphknoten (*zweites Bild*). Dort entwickeln sie sich zu dendritischen Zellen, die keine Antigene mehr aufnehmen, dafür aber costimulierend wirken. Nun können sie naive CD8- oder CD4-T-Zellen vorprägen (Priming). Bei bestimmten Virusinfektionen wie durch das Herpes-simplex-Virus übertragen anscheinend einige dendritische Zellen, die vom Infektionsherd kommen, Antigene auf dendritische Zellen (*orange*), die im Lymphknoten lokalisiert sind (*drittes Bild*). Die Antigene werden dann auf MHC-Klasse-I-Molekülen den naiven CD8-T-Zellen präsentiert (*viertes Bild*)

Zellen alle bekannten Toll-like-Rezeptoren mit Ausnahme von TLR-9, der jedoch von plasmacytoiden dendritischen Zellen zusammen mit TLR-1 und TLR-7 sowie in geringerem Maß anderen TLRs exprimiert wird. Außer den Mustererkennungsrezeptoren, die in Kap. 3 beschrieben werden, geben auch mehrere weitere phagocytotische Rezeptoren, durch die dendritische Zellen Pathogene aufnehmen, Reifungssignale ab, Beispiele sind das Lektin **DC-SIGN**, das Mannose- und Fucosereste bindet, die bei vielen verschiedenen Krankheitserregern vorkommen, sowie Dectin-1, das $\beta$-1,3-glykosidisch verknüpfte Glucane in Zellwänden von Pilzen erkennt (▶ Abb. 3.2). Andere Rezeptoren, die Pathogene binden, etwa Rezeptoren für das Komplement oder phagocytotische Rezeptoren wie der Mannoserezeptor, können sowohl bei der Aktivierung der dendritischen Zellen als auch bei der Phagocytose mitwirken.

TLR-Signale. führen dazu, dass sich die Chemokinrezeptoren, die von den dendritischen Zellen exprimiert werden, deutlich verändern. So können die Zellen zu den sekundären lymphatischen Geweben wandern. Diese Veränderung des Verhaltens der dendritischen Zellen bezeichnet man häufig als **Lizenzierung** (*licensing*), da die Zellen nun auf das Differenzierungsprogramm eingestellt sind, dass es ihnen ermöglicht, T-Zellen zu aktivieren. TLR-Signale stimulieren die Expression des Rezeptors CCR7, durch den die aktivierten dendritischen Zellen für das Chemokin CCL21 sensitiv werden, das die Lymphgewebe produzieren. CCR7 löst auch die Wanderung der dendritischen Zellen durch die Lymphgefäße und in die lokalen lymphatischen Gewebe aus. Während die T-Zellen die Gefäßwand der Venolen mit hohem Endothel durchqueren müssen, um das Blut zu verlassen und in die

**Abb. 9.17 Konventionelle dendritische Zellen durchlaufen bei der Aktivierung mindestens zwei definierbare Stadien, bevor sie im peripheren lymphatischen Gewebe zu potenten antigenpräsentierenden Zellen werden.** Die dendritischen Zellen stammen von Zellvorläufern im Knochenmark ab und wandern durch das Blut, von dem aus sie in die meisten Gewebe gelangen und diese besiedeln, etwa auch in die sekundären lymphatischen Gewebe, in die sie direkt einwandern können. Ob sie in ein bestimmtes Gewebe eindringen, beruht auf den jeweiligen Chemokinrezeptoren, die sie exprimieren: CCR1, CCR2, CCR5, CCR6, CXCR1 und CXCR2 (zur Vereinfachung sind nicht alle dargestellt). Geweberesidente dendritische Zellen sind durch ihre Rezeptoren (beispielsweise Dectin-1, DEC 205, DC-SIGN und Langerin) in den Geweben phagocytotisch, aber auch makropinocytotisch sehr aktiv, exprimieren jedoch keine costimulierenden Moleküle. Sie tragen die meisten der verschiedenen Typen von Toll-like-Rezeptoren (TLRs) (siehe Text). An Infektionsherden treten dendritische Zellen mit Krankheitserregern in Kontakt, sodass ihre TLRs aktiviert werden (*oben*). TLR-Signale führen dazu, dass dendritische Zellen aktiviert (lizenziert) werden; dabei kommt es auch zur Induktion des Chemokinrezeptors CCR7 (*zweites Bild*). Durch TLR-Signale verstärkt sich zudem die Prozessierung von Antigenen, die in die Phagosomen aufgenommen werden. Dendritische Zellen, die CCR7 exprimieren, reagieren auf CCL19 und CCL21, durch die die Zellen in die ableitenden Lymphgewebe gelockt werden (*drittes Bild*). CCL19 und CCL21 liefern weitere Reifungssignale, sodass die costimulierenden B7-Moleküle und die MHC-Moleküle in größeren Mengen exprimiert werden. Sobald konventionelle dendritische Zellen im ableitenden Lymphknoten angekommen, sind sie zu starken Aktivatoren von naiven T-Zellen geworden; sie sind keine Phagocyten mehr. Sie exprimieren B7.1, B7.2 und große Mengen an MHC-Klasse-I- und -Klasse-II-Molekülen sowie ebenfalls große Mengen der Adhäsionsmoleküle ICAM-1, ICAM-2, LFA-1, DC-SIGN und CD58 (*unten*)

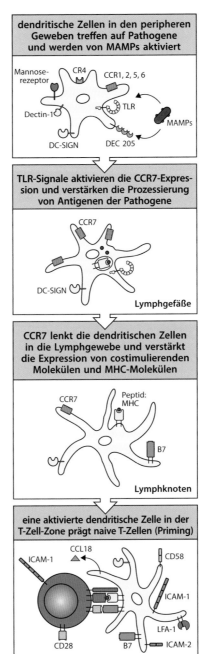

T-Zell-Zonen zu gelangen, wandern die dendritischen Zellen über afferente Lymphgefäße direkt vom Randsinus in die T-Zell-Zonen ein.

Die CCL21-Signale über CCR7 lösen nicht nur die Wanderung der aktivierten dendritischen Zellen in das Lymphgewebe aus, sondern tragen auch zu deren verstärkter Antigenpräsentation bei (▶ Abb. 9.17, drittes Bild). Wenn die aktivierten dendritischen Zellen schließlich in den Lymphgeweben ankommen, können sie Antigene nicht mehr durch Phagocytose oder Makropinocytose aufnehmen. Stattdessen exprimieren sie große Mengen an langlebigen MHC-Klasse-I- und -Klasse-II-Molekülen und können dadurch Peptide von Pathogenen, die zuvor aufgenommen und prozessiert wurden, stabil präsentieren. Ebenso wichtig ist, dass sie auch große Mengen an costimulierenden Molekülen an ihrer Oberfläche tragen. Dabei handelt es sich vor allem um die beiden strukturell

Teil IV

verwandten Transmembranglykoproteine B7.1 (CD80) und B7.2 (CD86). Sie erzeugen costimulierende Signale, indem sie mit Rezeptoren auf naiven T-Zellen interagieren (Abschn. 7.3.1). Aktivierte dendritische Zellen exprimieren außerdem sehr große Mengen an Adhäsionsmolekülen, beispielsweise DC-SIGN, und sezernieren das Chemokin CCL19, das naive T-Zellen spezifisch anlockt. Aufgrund all dieser Eigenschaften können die dendritischen Zellen bei den naiven T-Zellen starke Reaktionen auslösen (▶ Abb. 9.17, unten).

Reife dendritische Zellen präsentieren hauptsächlich Antigene von Krankheitserregern, aber auch einige körpereigene Peptide, was für die Aufrechterhaltung der Selbst-Toleranz ein Problem darstellen kann. Aus dem Repertoire der T-Zell-Rezeptoren wurden jedoch die Rezeptoren entfernt, die körpereigene, im Thymus präsentierte Peptide erkennen (Kap. 8), sodass T-Zell-Reaktionen gegen die meisten ubiquitären Autoantigene unterbunden sind. Außerdem tragen dendritische Gewebezellen in den Lymphgeweben, die nicht durch eine Infektion aktiviert wurden, an ihrer Oberfläche Selbst-Peptid:MHC-Komplexe, die durch den Abbau ihrer eigenen Proteine und von Gewebeproteinen aus der extrazellulären Flüssigkeit entstehen. Da diese Zellen keine passenden costimulierenden Moleküle tragen, besitzen sie jedoch nicht dasselbe Potenzial, naive T-Zellen zu aktivieren, wie aktivierte dendritische Zellen. Die Präsentation von körpereigenen Peptiden durch solche unreifen, nichtlizenzierten dendritischen Zellen induziert stattdessen bei naiven T-Zellen wahrscheinlich ein alternatives Aktivierungsprogramm, das die Immunregulation anstele der Immunaktivierung begünstigt, wobei die Einzelheiten noch nicht bekannt sind.

Der intrazelluläre Abbau von Pathogenen macht auch Komponenten der Krankheitserreger zugänglich, die keine Peptide sind und die Aktivierung dendritischer Zellen auslösen. So löst beispielsweise bakterielle oder virale DNA, die nichtmethylierte CpG-Dinucleotide enthält, die schnelle Aktivierung von plasmacytoiden dendritischen Zellen aus, weil die DNA durch den Rezeptor TLR-9 erkannt wird, der in intrazellulären Vesikeln vorkommt (▶ Abb. 3.10). Der Kontakt mit nichtmethylierter DNA aktiviert Signalwege über NFκB und eine mitogenaktivierte Proteinkinase (MAPK) (▶ Abb. 7.19 bis ▶ Abb. 7.21). Das führt zur Produktion von Cytokinen wie IL-6, IL-12, IL-18 und Interferon-(IFN-)α sowie IFN-β durch dendritische Zellen. Diese Cytokine wiederum können bei den dendritischen Zellen die Expression costimulierender Moleküle verstärken. Hitzeschockproteine gehören ebenfalls zu den internen Bestandteilen von Bakterien, die die antigenpräsentierende Funktion dendritischer Zellen aktivieren können. Einige Viren werden innerhalb der dendritischen Zellen von Toll-like-Rezeptoren erkannt, wenn sie im Verlauf ihrer Replikation doppelsträngige RNA bilden.

In antigenpräsentierenden Zellen lösen also gewöhnliche Bestandteile von Bakterien costimulierende Aktivitäten aus. Man nimmt an, dass das Immunsystem auf diese Weise zwischen Antigenen von infektiösen Substanzen und Antigenen, die mit harmlosen Proteinen wie den körpereigenen Proteinen assoziiert sind, unterscheiden kann. Tatsächlich rufen viele Fremdproteine keine Immunreaktion hervor, wenn sie allein injiziert werden – wahrscheinlich, weil sie bei den antigenpräsentierenden Zellen keine costimulierende Aktivität hervorrufen. Mischt man solche Proteinantigene mit Bakterien, so werden sie immunogen, weil die Bakterien die essenzielle costimulierende Aktivität in den Zellen, die das Protein aufnehmen, induzieren. Auf diese Weise eingesetzte Bakterien oder bakterielle Komponenten bezeichnet man als Adjuvanzien (Anhang I, Abschn. A.1). In Kap. 15 werden wir erfahren, wie mit bakteriellen Adjuvanzien gemischte körpereigene Gewebeproteine Autoimmunkrankheiten hervorrufen können. Dies veranschaulicht, wie wichtig die Regulation der costimulierenden Aktivität für die Unterscheidung zwischen „körpereigen" und „körperfremd" ist.

## 9.1.11 Plasmacytoide dendritische Zellen produzieren große Mengen an Typ-I-Interferonen und fungieren wahrscheinlich als Helferzellen für die Antigenpräsentation durch konventionelle dendritische Zellen

Plasmacytoide dendritische Zellen bilden wahrscheinlich aufgrund der Expression von TLRs und den RIG-I-ähnlichen Helikasen, die intrazelluläre RNA erkennen, sowie der hohen Produktionsrate von antiviralen Typ-I-Interferonen eine Art Wachposten für die frühe Abwehr von Virusinfektionen (Abschn. 3.1.10 und 3.2.8). Aus verschiedenen Gründen geht man aber davon aus, dass sie am zentralen Signalweg zur antigenspezifischen Aktivierung naiver T-Zellen nicht beteiligt sind. Plasmacytoide dendritische Zellen exprimieren an ihrer Oberfläche weniger MHC-Klasse-II-Proteine und costimulierende Moleküle und sie prozessieren Antigene weniger effektiv als konventionelle dendritische Zellen. Darüber hinaus beenden plasmacytoide dendritische Zellen, anders als die konventionellen dendritischen Zellen, nicht die Synthese und das Recycling von MHC-Klasse-II-Molekülen, nachdem sie aktiviert wurden. Das bedeutet, dass sie ihre Oberflächen-MHC-II-Moleküle schnell umsetzen und den T-Zellen keine aus Krankheitserregern abgeleiteten Peptid:MHC-Komplexe längere Zeit präsentieren können, wie es bei den konventionellen dendritischen Zellen der Fall ist.

Plasmacytoide dendritische Zellen fungieren aber möglicherweise als Helferzellen für die Antigenpräsentation der konventionellen dendritischen Zellen. Durch Untersuchungen bei Mäusen, die mit dem intrazellulären Bakterium *Listeria monocytogenes* infiziert waren, ließ sich diese Aktivität zeigen. Normalerweise veranlasst IL-12, das von konventionellen dendritischen Zellen produziert wird, CD4-T-Zellen dazu, große Mengen an IFN-γ zu erzeugen, welches wiederum Makrophagen dabei unterstützt, Bakterien zu töten. Wenn man im Experiment die plasmacytoiden dendritischen Zellen entfernt, nimmt die IL-12-Produktion durch die konventionellen dendritischen Zellen ab und die Mäuse werden gegenüber *Listeria* anfällig. Anscheinend interagieren die plasmacytoiden mit den konventionellen dendritischen Zellen, wodurch die IL-12-Produktion aufrechterhalten wird. Die Aktivierung der plasmacytoiden dendritischen Zellen durch TLR-9 induziert die Produktion des CD40-Liganden (CD40L oder CD154), ein Transmembrancytokin der TNF-Familie, das an CD40 bindet. CD40 ist ein Rezeptor der TNF-Familie, der von aktivierten konventionellen dendritischen Zellen exprimiert wird. Durch diese Wechselwirkung können konventionelle dendritische Zellen die Produktion des proinflammatorischen Cytokins IL-12 aufrechterhalten, sodass die durch IL-12 induzierte Produktion von IFN-γ der T-Zellen stimuliert wird. Plasmacytoide dendritische Zellen können auch selbst IL-12 produzieren, allerdings in geringeren Mengen als die konventionellen dendritischen Zellen.

## 9.1.12 Makrophagen sind Fresszellen und werden von Pathogenen dazu veranlasst, naiven T-Zellen Fremdantigene zu präsentieren

Die beiden anderen Zelltypen, die als antigenpräsentierende Zellen für T-Zellen fungieren können, sind B-Zellen und Makrophagen. Dabei unterscheidet sich jedoch die Funktion der Antigenpräsentation durch diese beiden Zelltypen von der Antigenpräsentation durch die dendritischen Zellen in bedeutsamer Weise. Die Antigenpräsentation durch Makrophagen und B-Zellen dient wahrscheinlich nicht dazu, naive T-Zellen zu aktivieren. Die Zellen präsentieren die Antigene stattdessen solchen T-Zellen, die bereits durch konventionelle dendritische Zellen primär geprägt wurden, um die Effektor- beziehungsweise „Helfer"-Funktionen der T-Zellen zu aktivieren. Die T-Zellen senden dann Signale aus, die die Effektorfunktionen der B-Zellen und Makrophagen stimulieren. So präsentieren naive B-Zellen, die durch ein an ihren Immunglobulinrezeptor gebundenes Antigen aktiviert wurden, Peptide aus diesem Antigen, um von den T-Effektorzellen Unterstützung zu er-

Teil IV

halten, sodass sie sich zu immunglobulinsezernierenden Zellen differenzieren können. Aus Kap. 3 wissen wir, dass viele Mikroorganismen, die in den Körper eindringen, von den Phagocyten aufgenommen und zerstört werden. Diese Zellen bilden eine angeborene, nicht antigenspezifische Abwehrlinie gegen Infektionen, wobei einige Krankheitserreger Mechanismen entwickelt haben, durch die sie der Vernichtung durch die angeborene Immunität entkommen können, indem sie beispielsweise dem Abtöten durch die Phagocyten widerstehen. Makrophagen, die Mikroorganismen aufgenommen haben, aber nicht in der Lage sind, sie zu zerstören, können mithilfe der Antigenpräsentation die adaptive Immunantwort veranlassen, die antimikrobielle Aktivität der Phagocyten zu verstärken (Kap. 11).

Ruhende Makrophagen besitzen auf ihrer Oberfläche wenige oder keine MHC-Klasse-II-Moleküle und exprimieren keine B7-Moleküle. Die Bildung von MHC-Klasse-II- und B7-Molekülen wird bei diesen Zellen dadurch ausgelöst, dass sie Mikroorganismen aufnehmen und deren fremde Molekülmuster (MAMPs) erkennen. Ebenso wie dendritische Zellen besitzen auch Makrophagen eine Vielzahl von Mustererkennungsrezeptoren, die mikrobielle Oberflächenbestandteile erkennen (Kap. 3). Rezeptoren wie Dectin-1, Scavenger-Rezeptoren und Komplementrezeptoren bewirken die Aufnahme von Mikroorganismen in Phagosomen, wo sie abgebaut werden und dabei Peptide für die Präsentation entstehen. Die Erkennung von Komponenten aus Pathogenen durch TLRs löst hingegen intrazelluläre Signale aus, die zur Expression von MHC-Klasse-II- und B7-Molekülen beitragen. Anders als konventionelle dendritische Zellen wandern geweberesidente Makrophagen jedoch im Allgemeinen nicht, also auch nicht zu den T-Zell-Zonen der Lymphgewebe nach einer Aktivierung durch Krankheitserreger. Wahrscheinlich ist die erhöhte Expression von MHC-Klasse-II-Molekülen und costimulierenden Molekülen durch aktivierte Makrophagen für die lokale Verstärkung von T-Zell-Reaktionen wichtiger, die bereits von dendritischen Zellen ausgelöst wurden. Das ist anscheinend von großer Bedeutung für die Funktion und den Erhalt der Effektor- und Gedächtniszellen, die in einen Infektionsherd eindringen.

Makrophagen kommen außer in den normalen Geweben auch in lymphatischen Organen vor (▶ Abb. 9.13), etwa in vielen Regionen der Lymphknoten, beispielsweise im Randsinus, wo die afferente Lymphe in das Lymphgewebe gelangt, und in den Marksträngen, wo die efferente Lymphe gesammelt wird, bevor sie in das Blut abfließt. Die Makrophagen werden jedoch zu einem großen Teil von den T-Zell-Zonen ferngehalten und sie sind ineffiziente Aktivatoren für naive T-Zellen. Ihre Hauptfunktion in den lymphatischen Geweben besteht anscheinend darin, Mikroorganismen und partikelförmige Antigene aufzunehmen, wodurch verhindert wird, dass diese in das Blut gelangen. Makrophagen sind auch wichtige Fresszellen für apoptotische Lymphocyten.

Die Makrophagen in anderen Regionen beseitigen ebenfalls ständig tote oder absterbende Zellen, die starke Quellen für Autoantigene sind. Daher ist es von besonderer Bedeutung, dass Makrophagen naive T-Zellen nicht aktivieren. Die Kupffer-Zellen der Lebersinusoide und die Makrophagen in der roten Pulpa der Milz entfernen jeden Tag absterbende Zellen in großer Zahl aus dem Blut. Kupffer-Zellen exprimieren nur wenig MHC-Klasse-II-Moleküle und kein TLR-4; dieser Rezeptor zeigt das Vorhandensein von bakteriellem LPS an. Die Makrophagen erzeugen zwar große Mengen von Selbst-Peptiden in ihren Endosomen, lösen aber wahrscheinlich keine Immunantwort aus.

### 9.1.13 B-Zellen präsentieren Antigene sehr effektiv, die an ihre Oberflächenimmunglobuline binden

B-Zellen sind in einzigartiger Weise daran angepasst, über ihre membrangebundenen Rezeptoren (B-Zell-Rezeptoren, BCRs) spezifische lösliche Moleküle zu binden. Die antigenbindende Komponente dieser Rezeptoren ist das mit der Membran assoziierte IgM, das sehr effektiv darin ist, gebundene Moleküle durch rezeptorabhängige Endocytose in die Zelle aufzunehmen. Wenn das Antigen einen Proteinbestandteil enthält, prozessiert die

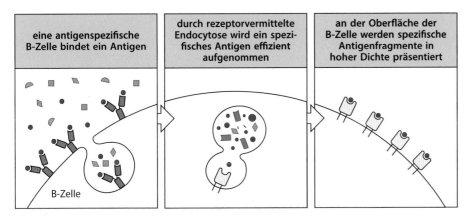

| eine antigenspezifische B-Zelle bindet ein Antigen | durch rezeptorvermittelte Endocytose wird ein spezifisches Antigen effizient aufgenommen | an der Oberfläche der B-Zelle werden spezifische Antigenfragmente in hoher Dichte präsentiert |

**Abb. 9.18 B-Zellen können mithilfe ihres Immunglobulinrezeptors den T-Zellen sehr effizient spezifische Antigene präsentieren.** Oberflächenimmunglobuline ermöglichen es den B-Zellen, sehr effizient an spezifische Antigene zu binden und sie aufzunehmen, vor allem dann, wenn das Antigen, wie die meisten Toxine, als lösliches Protein vorliegt. Das Antigen wird in zellulären Vesikeln prozessiert, wo es an MHC-Klasse-II-Moleküle bindet. Die Vesikel werden zur Zelloberfläche transportiert, wo T-Zellen die Fremdpeptid:MHC-Klasse-II-Komplexe erkennen können. Wenn das Proteinantigen für den B-Zell-Rezeptor nicht spezifisch ist, wird er nicht effizient in die Zelle aufgenommen und es werden nur einige wenige Fragmente dieser Proteine anschließend auf der Oberfläche der B-Zelle präsentiert (nicht dargestellt)

B-Zelle das aufgenommene Protein zu Peptidfragmenten und präsentiert die Fragmente als Peptid:MHC-Klasse-II-Komplexe. Durch diesen Mechanismus sind B-Zellen in der Lage, spezifische Antigene selbst bei geringen Konzentrationen aufzunehmen und den T-Zellen zu präsentieren. B-Zellen exprimieren auch große Mengen an MHC-Klasse-II-Molekülen, sodass spezifische Peptid:MHC-Klasse-II-Komplexe in hoher Konzentration auf der Oberfläche der B-Zellen auftreten (▶ Abb. 9.18). Wie wir in Kap. 10 erfahren werden, ermöglicht dieser Weg der Antigenpräsentation den B-Zellen eine spezifische Wechselwirkung mit den CD4-T-Zellen, die zuvor durch das gleiche Antigen aktiviert wurden. Auf diese Weise erhält die B-Zelle Signale von der T-Zelle, die die Differenzierung der B-Zelle in eine antikörperproduzierende Zelle befördern.

B-Zellen exprimieren costimulierende Moleküle nicht konstitutiv, sondern können wie dendritische Zellen und Makrophagen durch verschiedene Bestandteile von Mikroorganismen dazu veranlasst werden, B7-Moleküle zu exprimieren. Tatsächlich hat man B7.1 zuerst auf B-Zellen gefunden, die durch LPS aktiviert worden waren, und B7.2 wird *in vivo* vor allem von B-Zellen exprimiert. Während einer Infektion kommen lösliche Proteinantigene nicht in so großen Mengen vor. Die meisten natürlichen Antigene wie Bakterien und Viren sind Partikel, lösliche bakterielle Toxine wirken über ihre Bindung an Zelloberflächen und liegen daher nur in geringen Konzentrationen in Lösung vor. Dennoch gelangen einige natürliche Immunogene als lösliche Moleküle in den Körper. Zu ihnen gehören etwa bakterielle Toxine, von blutsaugenden Insekten injizierte Antikoagulanzien, Schlangengifte sowie zahlreiche Allergene. Es ist jedenfalls unwahrscheinlich, dass B-Zellen in natürlichen Immunantworten für das Priming von naiven T-Zellen gegenüber löslichen Antigenen von Bedeutung sind. Dendritische Zellen im Gewebe können lösliche Antigene durch Makropinocytose aufnehmen. Sie können diese Antigene zwar nicht wie die antigenspezifischen B-Zellen konzentrieren, treffen aber mit größerer Wahrscheinlichkeit auf eine naive T-Zelle mit der passenden Antigenspezifität als auf eine der antigenspezifischen B-Zellen, die nur in äußerst geringer Anzahl vorkommen. Die Wahrscheinlichkeit, dass eine B-Zelle auf eine T-Zelle trifft, die die Peptidantigene erkennt, welche die B-Zelle präsentiert, erhöht sich deutlich, sobald eine naive T-Zelle im Lymphgewebe zurückgehalten wird, wenn sie mit „ihrem" Antigen auf einer dendritischen Zelle in Kontakt getreten ist und eine klonal expandiert.

Die drei Typen von antigenpräsentierenden Zellen werden in ▶ Abb. 9.19 verglichen. In jedem dieser Zelltypen wird die Expression costimulierender Aktivitäten so gesteuert, dass

Teil IV

| | dendritische Zellen | Makrophagen | B-Zellen |
|---|---|---|---|
| | | | |
| Antigen-aufnahme | +++ Makropinocytose und Phagocytose durch den-dritische Gewebezellen | +++ Makropinocytose +++ Phagocytose | antigenspezifischer Rezeptor (Ig) ++++ |
| MHC-Expression | gering auf geweberesiden-ten dendritischen Zellen hoch auf dendritischen Zellen in Lymphgeweben | induzierbar durch Bakterien und Cytokine – bis +++ | konstitutiv Zunahme bei Aktivierung +++ bis ++++ |
| Aussendung costimulieren-der Signale | induzierbar hoch auf dendritischen Zellen in Lymphgeweben ++++ | induzierbar – bis +++ | induzierbar – bis +++ |
| Lokalisierung | überall im Körper | Lymphgewebe Bindegewebe Körperhöhlen | Lymphgewebe peripheres Blut |
| Wirkung | Aktivierung naiver T-Zellen | Aktivierung von Makrophagen | Unterstützung der B-Zellen |

**Abb. 9.19 Die Eigenschaften verschiedener antigenpräsentierender Zellen.** Dendritische Zellen, Makrophagen und B-Zellen sind die wichtigsten Zelltypen, die den T-Zellen fremde Antigene prä-sentieren. Die drei Zellarten unterscheiden sich in der Art der Antigenaufnahme, in der Expression von MHC-Klasse-II-Molekülen und Costimulatoren, den Antigenen, die sie effizient präsentieren können, ihrer Lokalisierung im Körper sowie aufgrund ihrer Adhäsionsmoleküle auf der Oberfläche (nicht dargestellt). Die Antigenpräsentation durch dendritische Zellen dient vor allem dazu, naive T-Zellen zu aktivieren, wodurch sie sich vermehren und differenzieren. Makrophagen und B-Zellen präsentieren Antigene vor allem dafür, dass sie von T-Effektorzellen über Cytokine oder Oberflä-chenmoleküle spezifisch unterstützt werden

Antworten gegen Pathogene hervorgerufen, Immunreaktionen gegen körpereigene Sub-stanzen aber vermieden werden.

## Zusammenfassung

Eine adaptive Immunantwort entsteht, wenn naive T-Zellen in den sekundären lymphati-schen Organen mit aktivierten antigenpräsentierenden Zellen in Kontakt treten. Diese Or-gane besitzen einen spezialisierten Aufbau, der effektive Wechselwirkungen zwischen zirkulierenden Lymphocyten und ihren Zielantigenen ermöglicht. Die Bildung und die Organisationsstruktur der peripheren lymphatischen Organe werden durch Proteine der TNF-Familie und ihrer Rezeptoren (TNFR) reguliert. Lymphgewebeinduktorzellen (LTi-Zellen), die Lympotoxin-$\beta$ (LT-$\beta$) exprimieren, interagieren während der Embryonalent-wickelung mit Stromazellen, die den LT-$\beta$-Rezeptor exprimieren, wodurch die Chemokin-produktion ausgelöst wird. Diese wiederum setzt die Bildung von Lymphknoten und Peyer-Plaques in Gang. Ähnliche Wechselwirkungen zwischen lymphotoxinexprimierenden B-Zellen und TNFR1-exprimierenden follikulären dendritischen Zellen (FDCs) sind für den normalen Aufbau der Milz und der Lymphknoten verantwortlich. B- und T-Zellen werden in den Lymphgeweben von spezifischen Chemokinen auf getrennte Bereiche ver-teilt.

Teil IV

Damit die seltenen antigenspezifischen T-Zellen den Körper effizient nach den genauso seltenen antigenpräsentierenden Zellen, die Pathogene in sich tragen, absuchen können, zirkulieren T-Zellen ständig durch die lymphatischen Organe und können so Antigene prüfen, die von antigenpräsentierenden Zellen aus vielen verschiedenen Geweberegionen herbeigebracht werden. Die Wanderung von naiven T-Zellen in die lymphatischen Organe wird durch den Chemokinrezeptor CCR7 gelenkt, der das Chemokin CCL21 bindet, das von somatischen Zellen in den T-Zell-Zonen der sekundären lymphatischen Organe produziert und auf dem spezialisierten Endothel der HEVs dargeboten wird. L-Selektin, das von naiven T-Zellen exprimiert wird, bewirkt, dass sie an den spezialisierten Oberflächen der Venolen mit hohem Endothel entlangrollen. Die Wechselwirkung mit CCL21 induziert dort ein Umschalten des Integrins LFA-1, das von T-Zellen exprimiert wird, zu einer Konfiguration, die eine Affinität für ICAM-1 besitzt, das wiederum auf dem Endothel der Venolen exprimiert wird. Dadurch entsteht eine starke Adhäsionskraft, es kommt zur Diapedese und die T-Zellen wandern in die T-Zell-Zone. Dort treffen die naiven T-Zellen auf antigentragende dendritische Zellen. Es gibt zwei Hauptpopulationen von dendritischen Zellen: konventionelle dendritische Zellen und plasmacytoide dendritische Zellen. Konventionelle dendritische Zellen prüfen die sekundären lymphatischen Gewebe ständig auf eindringende Krankheitserreger. Sie sind diejenigen dendritischen Zellen, die für die Aktivierung der naiven T-Zellen zuständig sind. Durch Kontakt mit einem Krankheitserreger erhalten die dendritischen Zellen über Toll-like-Rezeptoren (TLRs) und andere Rezeptoren Signale, die die Antigenprozessierung und die Produktion von Fremdpeptid:Selbst-MHC-Komplexen beschleunigen. TLR-Signale lösen auch die Expression von CCR7 in dendritischen Zellen aus. CCR7 steuert die Wanderung der dendritischen Zellen zu den T-Zell-Zonen der sekundären lymphatischen Organe, wo sie auf naive T-Zellen treffen und sie aktivieren.

Makrophagen und B-Zellen können partikelförmige oder lösliche Antigene von Pathogenen prozessieren, die den T-Zellen dann als Peptid:MHC-Komplexe präsentiert werden. Die Antigenpräsentation gegenüber den naiven T-Zellen wird jedoch ausschließlich von den dendritischen Zellen bewerkstelligt, die Antigenpräsentation der Makrophagen und B-Zellen ermöglicht es diesen beiden Zelltypen, die Effektoraktivitäten von zuvor aktivierten antigenspezifischen T-Zellen abzurufen. So veranlassen beispielsweise Makrophagen IFN-γ-produzierende CD4-T-Zellen, das intrazelluläre Abtöten der Pathogene zu verstärken, indem sie ihnen Antigene aus aufgenommenen Pathogenen präsentieren (Kap. 11). Die Präsentation von Antigenen durch B-Zellen führt dazu, dass T-Zellen deren Antikörperproduktion und Isotypwechsel stimulieren (Kap. 10). Bei allen drei Typen von antigenpräsentierenden Zellen wird die Expression der costimulierenden Moleküle als Reaktion auf Signale von Rezeptoren aktiviert, die auch bei der angeborenen Immunität dazu dienen, das Vorhandensein von infektiösen Erregern anzuzeigen.

**Teil IV**

## 9.2 Das Priming von naiven T-Zellen durch dendritische Zellen, die von Krankheitserregern aktiviert wurden

T-Zell-Antworten werden ausgelöst, wenn eine reife naive CD4- oder CD8-T-Zelle auf eine aktivierte antigenpräsentierende Zelle trifft, die den passenden Peptid:MHC-Liganden präsentiert. Wir wollen uns nun damit beschäftigen, wie aus naiven T-Zellen T-Effektorzellen hervorgehen. Die Aktivierung und Differenzierung von naiven T-Zellen ist ein Vorgang, den man häufig als **Priming (Primärprägung)** bezeichnet. Er unterscheidet sich von den späteren Reaktionen der Rezeptorzellen auf Antigene auf ihren Zielzellen und auch von der Reaktion der primär geprägten T-Gedächtniszellen, wenn sie erneut auf dasselbe Antigen treffen. Durch das Priming entstehen aus naiven CD8-T-Zellen cytotoxische T-Zellen, die pathogeninfizierte Zellen direkt abtöten können. Aus CD4-Zellen geht eine Reihe verschiedener Typen von Effektorzellen hervor, wobei der Typ davon abhängt, welche Signale die Zellen beim Priming erhalten. Die Aktivität von CD4-Effektorzellen kann auch

Cytotoxizität sein, häufiger ist es jedoch die Freisetzung einer bestimmten Kombination von Cytokinen, die die Zielzellen dazu veranlassen, eine spezifischere Reaktion auf das Pathogen zu zeigen.

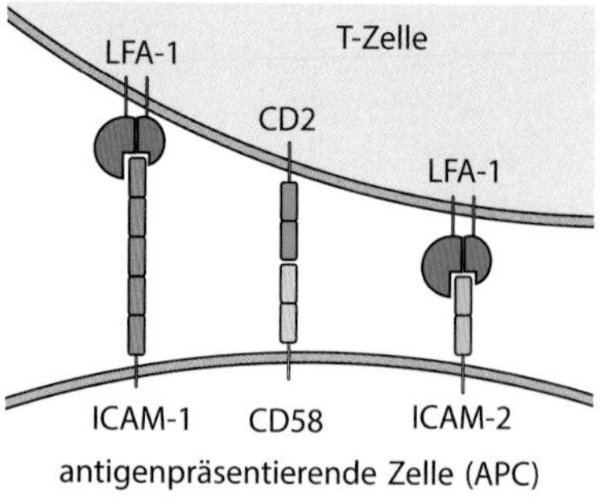

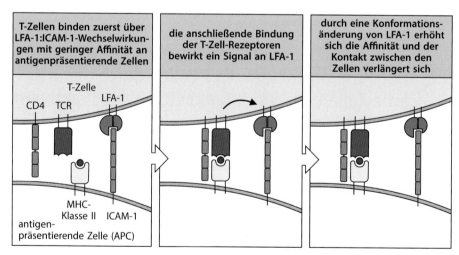

**Abb. 9.20  Zelloberflächenmoleküle der Immunglobulinsuperfamilie sind wichtig für die Wechselwirkungen von Lymphocyten mit antigenpräsentierenden Zellen.** Beim ersten Zusammentreffen von T-Zellen mit antigenpräsentierenden Zellen wirkt die Bindung von CD2 an CD58 auf der antigenpräsentierenden Zelle mit der Bindung von LFA-1 an ICAM-1 und ICAM-2 zusammen. LFA-1 ist das $\alpha_L$:$\beta_2$-Integrin-Heterodimer CD11a:CD18. ICAM-1 und ICAM-2 bezeichnet man auch als CD54 beziehungsweise CD102

### 9.2.1 Adhäsionsmoleküle sorgen für die erste Wechselwirkung von naiven T-Zellen mit antigenpräsentierenden Zellen

Wenn naive T-Zellen den Cortex eines Lymphknotens durchdringen, binden sie vorübergehend an jede antigenpräsentierende Zelle, der sie begegnen. Aktivierte dendritische Zellen binden naive T-Zellen sehr effizient durch Wechselwirkungen zwischen LFA-1 und CD2 auf der T-Zelle und ICAM-1, ICAM-2 und CD58 auf der antigenpräsentierenden Zelle (▶ Abb. 9.20). Wegen dieser Synergie kann man möglicherweise kaum herausfinden, welche Rolle jedes einzelne Adhäsionsmolekül dabei genau spielt. Patienten, die kein LFA-1 bilden, können normale T-Zell-Antworten hervorbringen. Das gilt anscheinend auch für genmanipulierte Mäuse ohne CD2. Das deutet daraufhin, dass die Funktionen dieser Moleküle durchaus redundant sind.

Die vorübergehende Bindung naiver T-Zellen an antigenpräsentierende Zellen ist wichtig, damit die T-Zelle ausreichend Zeit hat, auf der antigenpräsentierenden Zelle zahlreiche MHC-Moleküle nach ihrem antigenspezifischen Peptid abzusuchen. In den seltenen Fällen, in denen eine naive T-Zelle ihren spezifischen Peptid:MHC-Liganden erkennt, wird durch ein Signal des T-Zell-Rezeptors eine Konformationsänderung von LFA-1 ausgelöst und so dessen Affinität für ICAM-1 und ICAM-2 deutlich erhöht. Diese Konformationsänderung entspricht der, die bei der Wanderung der naiven T-Zellen in ein sekundäres lymphatisches Organ durch die Signale von CCR7 entsteht (Abschn. 9.1.6). Die Konformationsänderung von LFA-1 stabilisiert die Assoziation zwischen der antigenspezifischen T-Zelle und der Zelle, die das Antigen präsentiert (▶ Abb. 9.21). Sie kann mehrere Tage lang erhalten bleiben. In dieser Zeit vermehrt sich die naive T-Zelle, und ihre Tochterzellen, die ebenfalls an der antigenpräsentierenden Zelle haften, entwickeln sich zu T-Effektorzellen.

Video 9.4 ▶

Wenn T-Zellen und antigenpräsentierende Zellen aufeinandertreffen, erkennen die T-Zellen jedoch meist kein spezifisches Antigen. Sie müssen dann in der Lage sein, sich schnell von den antigenpräsentierenden Zellen zu trennen und ihre Wanderung durch das Lymph-

**Abb. 9.21  Vorübergehende Verbindungen zwischen T-Zellen und antigenpräsentierenden Zellen werden durch eine spezifische Antigenerkennung stabilisiert.** Wenn eine T-Zelle an ihren spezifischen Liganden auf einer antigenpräsentierenden Zelle bindet, löst ein intrazelluläres Signal über den T-Zell-Rezeptor (TCR) eine Konformationsänderung von LFA-1 aus, das dadurch fester an ICAMs auf der antigenpräsentierenden Zelle bindet. Die hier gezeigte Zelle ist eine CD4-T-Zelle

gewebe fortzusetzen, die sie schließlich wieder in das Blut und in ihren Kreislauf zurückführt. Bei der stabilen Bindung ebenso wie bei der Dissoziation könnten zwischen der T-Zelle und der antigenpräsentierenden Zelle Signale ausgetauscht werden; darüber ist jedoch nur wenig bekannt.

### 9.2.2 Antigenpräsentierende Zellen liefern vielfache Signale für die klonale Expansion und Differenzierung von naiven T-Zellen

Wenn wir uns mit der Aktivierung naiver T-Zellen beschäftigen, ist es sinnvoll, zumindest drei verschiedene Arten von Signalen zu unterscheiden (▶ Abb. 9.22). Das erste Signal entsteht bei der Wechselwirkung eines spezifischen Peptid:MHC-Komplexes mit dem T-Zell-Rezeptor. Die Bindung des T-Zell-Rezeptors mit seinem spezifischen Peptidantigen ist für die Aktivierung einer naiven T-Zelle essenziell, aber selbst wenn auch der Corezeptor – CD4 oder CD8 – gebunden wird, stimuliert das allein nicht die T-Zelle zur vollständigen Proliferation und Differenzierung zu T-Effektorzellen. Die Vermehrung und Differenzierung naiver T-Zellen erfordert mindestens noch zwei weitere Arten von Signalen: costimulierende Signale, die das Überleben und die Vermehrung der T-Zellen unterstützen, und Cytokine, welche die Differenzierung der T-Zellen in Richtung einer von zwei verschiedenen Untergruppen von T-Effektorzellen lenken. Weitere Signale, beispielsweise die Notch-Liganden, können zur Differenzierung der Effektorfunktion von naiven T-Zellen beitragen, wobei diese Signale anscheinend eine geringere Bedeutung besitzen als die Cytokine, welche die Zelllinie bestimmen.

Die am besten untersuchten costimulierenden Moleküle sind die B7-Moleküle. Diese homodimeren Vertreter der Immunglobulinsuperfamilie kommen ausschließlich auf der Oberfläche von Zellen vor, die die Proliferation von T-Zellen stimulieren, also beispielsweise auf dendritischen Zellen (Abschn. 9.1.8). Der Rezeptor für die B7-Moleküle auf der T-Zelle ist CD28, ebenfalls ein Protein aus der Immunglobulinsuperfamilie (Abschn. 7.3.1). Die Bindung von CD28 durch B7-Moleküle ist für die optimale klonale Expansion von naiven T-Zellen notwendig. Ein gezielt herbeigeführter Mangel an B7-Molekülen oder ein Blockieren der Bindung von B7-Molekülen an CD28 führt zur Unterdrückung von T-Zell-Reaktionen.

▶ Video 9.5

Teil IV

**Abb. 9.22 Bei der Aktivierung von naiven T-Zellen spielen drei Arten von Signalen eine Rolle.** Die Bindung des Fremdpeptid:Selbst-MHC-Komplexes durch den T-Zell-Rezeptor und wie in diesem Beispiel durch einen CD4-Corezeptor überträgt das Signal (*Pfeil 1*), dass ein Kontakt mit einem Antigen stattgefunden hat, auf die T-Zelle. Die wirksame Aktivierung von naiven T-Zellen erfordert ein zweites, costimulierendes Signal (*Pfeil 2*), das von derselben antigenpräsentierenden Zelle (APC) gegeben werden muss. In diesem Fall kommt das zweite Signal von CD28 auf der T-Zelle, das auf B7-Moleküle auf der antigenpräsentierenden Zelle trifft. Im Endeffekt kann die T-Zelle, die das erste Signal erhalten hat, dadurch länger überleben und proliferieren. ICOS und verschiedene Mitglieder der TNF-Rezeptor-Familie können auch costimulierende Signale liefern. Speziell bei CD4-T-Zellen bringen verschiedene Differenzierungswege Untergruppen von T-Effektorzellen hervor, die unterschiedliche Effektorreaktionen ausführen. Diese hängen von der Art und Weise eines dritten Signals ab (*Pfeil 3*), das die antigenpräsentierende Zelle übermittelt. An der Steuerung dieser Differenzierung sind häufig, aber nicht ausschließlich, Cytokine beteiligt

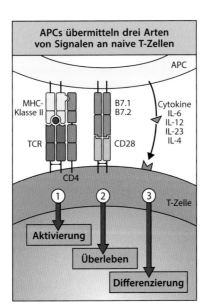

### 9.2.3 Die CD28-abhängige Costimulation von aktivierten T-Zellen induziert die Expression von Interleukin-2 und des hochaffinen IL-2-Rezeptors

Naive T-Zellen sind kleine ruhende Zellen mit kondensiertem Chromatin und sehr wenig Cytoplasma, auch synthetisieren sie nur wenig RNA und Proteine. Werden sie aktiviert, treten sie wieder in den Zellzyklus ein und teilen sich schnell, wobei sie zahlreiche Tochterzellen bilden, während sie die durch das Antigen angestoßene Differenzierung durchlaufen. Anders als T-Effektorzellen, die abhängig vom gereiften Effektorphänotyp eine Reihe verschiedener Cytokine produzieren können, erzeugen naive T-Zellen nach ihrer Aktivierung primär Interleukin-2 (IL-2). Aufgrund von *in vitro*-Untersuchungen hatte man lange Zeit angenommen, dass IL-2 für die Proliferation naiver T-Zellen notwendig ist. Untersuchungen *in vivo* deuten jedoch darauf hin, dass IL-2 zwar die Proliferation und das Überleben der T-Zellen befördert, in vielen Fällen aber unnötig ist, sodass andere Funktionen von IL-2 möglicherweise wichtiger sind. Insbesondere ist IL-2 für die Stabilisierung der regulatorischen T-Zellen essenziell, die IL-2 nach ihrer Aktivierung nicht selbst produzieren. IL-2 beeinflusst anscheinend auch das Gleichgewicht zwischen Effektor- und Gedächtniszellen, die sich in einer Primärantwort auf ein Antigen bilden (Kap. 11).

Das erste Zusammentreffen mit einem spezifischen Antigen in Gegenwart des costimulierenden Signals bewirkt, dass die T-Zelle in die $G_1$-Phase des Zellzyklus eintritt; gleichzeitig induziert es die Synthese von IL-2 sowie der $\alpha$-Kette des IL-2-Rezeptors (andere Bezeichnung CD25). Der IL-2-Rezeptor besteht aus den drei Ketten $\alpha$, $\beta$ und $\gamma$ (▶ Abb. 9.23). Vor ihrer Aktivierung exprimieren naive T-Zellen eine Form dieses Rezeptors, die nur $\beta$- und $\gamma$-Ketten enthält und IL-2 mit mäßiger Affinität bindet. Nach ihrer Aktivierung steigern die naiven T-Zellen innerhalb von Stunden die Expression von CD25. Durch die Assoziation von CD25 mit dem $\beta$:$\gamma$-Heterodimer entsteht ein Rezeptor, der eine viel höhere Affinität für IL-2 aufweist, sodass die T-Zelle schon bei sehr geringen Konzentrationen von IL-2 reagiert.

Im Gegensatz zu den naiven T-Zellen exprimieren die regulatorischen T-Zellen ($T_{reg}$-Zellen) CD25 konstitutiv und verfügen so über die hochaffine trimere Form des IL-2-Rezeptors (▶ Abb. 9.23). Wie wir weiter unten noch besprechen werden (Abschn. 9.2.10), nimmt man an, dass die $T_{reg}$-Zellen durch die Expression der hochaffinen Form des IL-2-Rezeptors gegenüber den T-Zellen, die nur die niedrigaffine Form exprimieren, bei der IL-2-Bindung deutlich im Vorteil sind, wenn in einer frühen Phase einer Antigenreaktion nur geringe Mengen von IL-2 vorhanden sind. Auf diese Weise wirken $T_{reg}$-Zellen als eine Art Sammelstelle für IL-2, wodurch das Molekül anderen Zellen nur begrenzt zur Verfügung steht. Sobald jedoch die aktivierten naiven T-Zellen die CD25-Expression erhöht haben, bilden sie den hochaffinen Rezeptor und konkurrieren mit den $T_{reg}$-Zellen um die Bindung von IL-2. Die Bindung von IL-2 an diese aktivierten naiven T-Zellen löst Signale aus, die die Aktivierung und Differenzierung dieser T-Zellen unterstützen und ihre Proliferation stimulieren (▶ Abb. 9.24). T-Zellen, die auf diese Weise aktiviert werden, können sich mehrere Tage lang bis zu viermal pro Tag teilen. So können aus einer einzigen Vorläuferzelle Tausende klonaler Nachkommen hervorgehen, die alle den gleichen Antigenrezeptor tragen.

Die Antigenerkennung durch den T-Zell-Rezeptor stimuliert die Synthese oder Aktivierung der Transkriptionsfaktoren NFAT, AP-1 und NF$\kappa$B, die in naiven T-Zellen an die Promotorregion des IL-2-Gens binden und für die Aktivierung seiner Transkription essenziell sind. Die Costimulation durch CD28 unterstützt die Produktion von IL-2 auf mindestens zwei Weisen. Zum einen aktivieren Signale des Rezeptors CD28 die PI-3-Kinase, die die Produktion von AP-1 und NF$\kappa$B erhöht, was wiederum die Transkription der IL-2-mRNA steigert. Jedoch ist die mRNA vieler Cytokine (etwa auch von IL-2) sehr kurzlebig, da sie in ihrer 3′-untranslatierten Region eine „Instabilitätssequenz" (AUUUAUUUA) enthält. Signale von CD28 verlängern die Lebensdauer des IL-2-mRNA-Moleküls, indem die Expression eines Proteins induziert wird, das die Aktivität der Instabilitätssequenz blockiert.

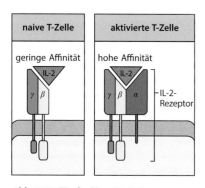

**Abb. 9.23 Hochaffine IL-2-Rezeptoren bestehen aus drei Ketten, die nur von aktivierten T-Zellen gebildet werden.** Ruhende T-Zellen exprimieren konstitutiv die $\beta$- und die $\gamma$-Kette. Diese binden IL-2 mit geringer Affinität. Die Aktivierung der T-Zellen induziert die Synthese einer $\alpha$-Kette und die Bildung eines hochaffinen heterodimeren Rezeptors. Die $\beta$- und $\gamma$-Ketten ähneln in der Aminosäuresequenz Zelloberflächenrezeptoren für das Wachstumshormon und Prolaktin, die beide das Zellwachstum und die Differenzierung regulieren

Das führt zu einer stärkeren Translation und zur Bildung von mehr IL-2-Protein. Schließlich trägt die PI-3-Kinase dazu bei, die Proteinkinase Akt (Abschn. 7.2.11) zu aktivieren. Diese fördert allgemein das Wachstum und Überleben der Zellen, sodass die aktivierten T-Zellen insgesamt mehr IL-2 produzieren.

## 9.2.4 Bei der T-Zell-Aktivierung spielen costimulierende Signalwege eine Rolle

Sobald eine T-Zelle aktiviert wird, exprimiert sie neben CD28 eine Reihe von zusätzlichen Proteinen, die dazu beitragen, das costimulierende Signal, welches die klonale Expansion und Differenzierung voranbringt, aufrechtzuerhalten oder zu verändern. Diese weiteren costimulierenden Rezeptoren gehören entweder zur CD28-Rezeptor-Familie oder zur Familie der TNF-Rezeptoren.

Mit CD28 verwandte Proteine werden auf aktivierten T-Zellen exprimiert und verändern das costimulierende Signal, während sich die T-Zell-Antwort entwickelt. Eines dieser Proteine ist **ICOS** (*inducible co-stimulator*), der induzierbare Costimulator. Dieser bindet einen Liganden, den man als **ICOSL** (ICOS-Ligand, B7-H2) bezeichnet und der strukturell mit B7.1 und B7.2 verwandt ist. ICOSL wird auf aktivierten dendritischen Zellen, Monocyten und B-Zellen exprimiert. ICOS ist CD28 in Bezug auf die Stimulation der T-Zell-Proliferation zwar ähnlich, induziert aber IL-2 nicht und reguliert anscheinend die Expression anderer Cytokine, etwa IL-4 und IFN-$\gamma$, die von CD4-T-Zell-Subpopulationen produziert werden. ICOS ist insbesondere für CD4-T-Zellen von Bedeutung, damit sie als Helferzellen für B-Zell-Reaktionen, etwa beim Isotypwechsel, fungieren können. ICOS wird in den Keimzentren innerhalb der Lymphfollikel auf T-Zellen exprimiert. Mäuse, denen ICOS fehlt, können keine Keimzentren ausbilden und zeigen deutlich schwächere Antikörperreaktionen.

Ein anderer Rezeptor für B7-Moleküle ist **CTLA-4** (CD152), das in seiner Sequenz mit CD28 verwandt ist. CTLA4 bindet B7-Moleküle mit etwa 20-fach höherer Avidität als CD28, aber dieser Effekt hemmt die T-Zelle, statt sie zu aktivieren ($\blacktriangleright$ Abb. 9.25). CTLA-4 enthält kein ITIM-Motiv und hemmt wahrscheinlich die T-Zell-Aktivierung, da der Rezeptor mit CD28 um die Bindung von B7-Molekülen auf den antigenpräsentierenden Zellen konkurriert. Die Aktivierung naiver T-Zellen induziert die Oberflächenexpression von CTLA-4, sodass aktivierte T-Zellen gegenüber der Stimulation durch eine antigenpräsentierende Zelle weniger empfindlich sind als naive T-Zellen, wobei auch die IL-2-Produktion eingeschränkt wird. Die Bindung von CTLA-4 an B7-Moleküle trägt daher entscheidend dazu bei, die Proliferation aktivierter T-Zellen aufgrund ihrer Reaktion auf Antigene und B7 zu begrenzen. Dies bestätigten Versuche an Mäusen mit einem zerstörten CTLA-4-Gen; solche Mäuse bekommen eine tödliche Krankheit, die mit einer massiven Lymphocytenproliferation einhergeht. Antikörper, die die Bindung von CTLA-4 an B7 blockieren, verstärken T-Zell-abhängige Immunantworten deutlich.

Verschiedene Moleküle der TNF-Familie können auch costimulierende Signale vermitteln. Anscheinend aktivieren sie alle NF$\kappa$B über einen TRAF-abhängigen Signalweg (Abschn. 7.3.3). Die Bindung von CD70 auf dendritischen Zellen an den konstitutiv auf naiven T-Zellen exprimierten Rezeptor CD27 erzeugt ein starkes costimulierendes Signal an T-Zellen, die im Aktivierungsprozess am Anfang stehen. Der Rezeptor CD40 auf dendritischen Zellen bindet den CD40-Liganden, der auf T-Zellen exprimiert wird. CD40 setzt einen zweifachen Signalweg in Gang, der aktivierende Signale an die T-Zelle übermittelt, und aktiviert die antigenpräsentierende Zelle, mehr B7-Moleküle zu exprimieren. Dadurch wird die weitere Proliferation der T-Zellen stimuliert. Die Funktion des CD40/CD40-Ligand-Paares, die T-Zell-Antwort zu stabilisieren, lässt sich bei Mäusen zeigen, denen der CD40-Ligand fehlt. Wenn diese Mäuse immunisiert werden, bricht die klonale Expansion in einem sehr frühen Stadium ab. Das T-Zell-Molekül 4-1BB (CD137) und sein Ligand 4-1BBL, der auf aktivierten dendritischen Zellen, Makrophagen und B-Zellen exprimiert wird, bilden ein

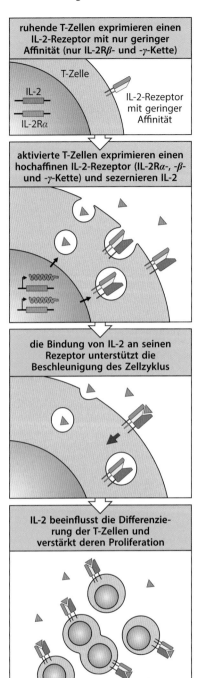

**Abb. 9.24 Aktivierte T-Zellen sezernieren Interleukin-2 (IL-2) und reagieren auf dieses Molekül.** Die Aktivierung naiver T-Zellen führt zur Expression und Sekretion von IL-2 sowie zur Expression hochaffiner IL-2-Rezeptoren. IL-2 bindet an diese Rezeptoren und fördert so das Wachstum und die Differenzierung der T-Zellen

**Teil IV**

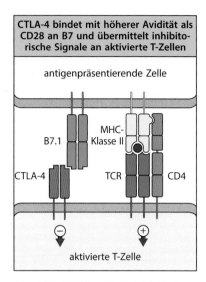

**CTLA-4 bindet mit höherer Avidität als CD28 an B7 und übermittelt inhibitorische Signale an aktivierte T-Zellen**

**Abb. 9.25 CTLA-4 ist ein inhibitorischer Rezeptor für B7-Moleküle.** Naive T-Zellen exprimieren CD28, das bei Bindung an B7-Moleküle ein costimulierendes Signal vermittelt (▶ Abb. 9.22) und dadurch das Überleben und die Vermehrung von T-Zellen voranbringt. Aktivierte T-Zellen exprimieren erhöhte Mengen von CTLA-4 (CD152). CTLA-4 besitzt für B7-Moleküle eine höhere Affinität als CD28, bindet deshalb den größten Teil der B7-Moleküle oder sogar alle und dient so der Regulation der proliferativen Phase der Immunantwort

weiteres Paar aus der Familie der TNF-Costimulatoren. Auch hier laufen die Effekte in zwei Richtungen, sodass sowohl die T-Zelle als auch die antigenpräsentierende Zelle aktivierende Signale empfangen. Diese Art von Wechselwirkung bezeichnet man manchmal als Dialog zwischen T-Zelle und antigenpräsentierender Zelle. Ein weiterer costimulierender Rezeptor und sein Ligand sind OX40 und OX40L; sie werden von aktivierten T-Zellen beziehungsweise dendritischen Zellen exprimiert. Mäuse mit einem OX40-Defekt zeigen eine verringerte Proliferation von CD4-T-Zellen als Reaktion auf eine Virusinfektion. Das deutet darauf hin, dass OX40 für die Aufrechterhaltung von aktiven T-Zell-Reaktionen von Bedeutung ist, indem der Rezeptor das Überleben und die Proliferation der T-Zellen unterstützt.

### 9.2.5 Proliferierende T-Zellen differenzieren sich zu T-Effektorzellen, die ohne Costimulation auskommen

Während der vier bis fünf Tage schnellen Wachstums nach der Aktivierung von naiven T-Zellen entwickeln sich diese zu T-Effektorzellen. Die Zellen können dann sämtliche Effektormoleküle synthetisieren, die für ihre speziellen Funktionen als Helfer- oder cytotoxische T-Zellen benötigt werden, sobald sie wieder auf ihr spezifisches Antigen treffen. T-Effektorzellen durchlaufen darüber hinaus verschiedene Veränderungen, durch die sie sich von naiven T-Zellen unterscheiden. Eine der wichtigsten Änderungen betrifft die Bedingungen, unter denen sie aktiviert werden: Hat sich eine T-Zelle einmal zu einer Effektorzelle entwickelt, führt ein Zusammentreffen mit ihrem spezifischen Antigen zu einem Immunangriff, ohne dass dafür eine Costimulation erforderlich ist (▶ Abb. 9.26). Den Unterschied kann man besonders gut an cytotoxischen CD8-T-Zellen veranschaulichen. Diese müssen auf jede Zelle reagieren können, die von einem Virus infiziert wurde – egal, ob die infizierte Zelle nun costimulierende Moleküle exprimiert oder nicht. Entscheidend ist dies auch für die Effektorfunktion von CD4-T-Zellen, da CD4-T-Effektorzellen in der Lage sein müssen, B-Zellen und Makrophagen zu aktivieren, die ein Antigen aufgenommen haben – selbst wenn diese keine costimulierenden Moleküle exprimieren.

Veränderungen findet man auch bei den Zelladhäsionsmolekülen, die von den T-Effektorzellen exprimiert werden. Diese exprimieren kein L-Selektin mehr auf der Zelloberfläche

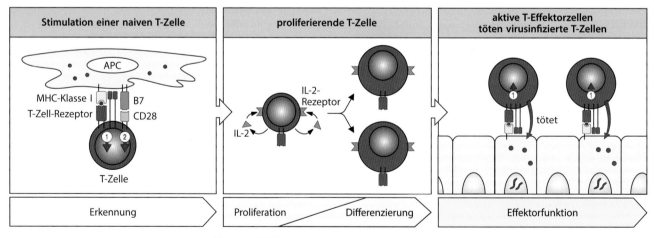

**Abb. 9.26 T-Effektorzellen können auf ihre Zielzellen ohne Costimulation reagieren.** Eine naive T-Zelle, die ein Antigen auf der Oberfläche einer antigenpräsentierenden Zelle erkennt und die erforderlichen beiden Signale (*Pfeile 1 und 2, links*) erhält, wird aktiviert und sezerniert IL-2, von dem sie wiederum selbst stimuliert wird. Die IL-2-Signale stimulieren die klonale Expansion und tragen zur Differenzierung der T-Zellen zu T-Effektorzellen bei (*Mitte*). Nach der Differenzierung löst jedes Zusammentreffen mit dem spezifischen Antigen bei den T-Zellen Effektorfunktionen aus, ohne dass dafür eine Costimulation erforderlich ist. Daher kann eine cytotoxische T-Zelle virusinfizierte Zielzellen selbst dann vernichten, wenn sie keine costimulierenden Signale exprimieren (*rechts*)

und hören daher auf, durch die Lymphknoten zu wandern. Stattdessen exprimieren sie Glykane, die als Liganden für P- und E-Selektine fungieren (beispielsweise der P-Selektin-Glykoprotein-Ligand 1, PSGL-1). Diese Selektine werden von Zellen auf einem entzündeten Gefäßendothel stärker exprimiert und ermöglichen es den T-Effektorzellen, an Entzündungsherden die Blutgefäße entlangzurollen. T-Effektorzellen exprimieren zudem größere Mengen LFA-1 und CD2 als naive T-Zellen. Das gilt auch für VLA-4, sodass die T-Effektorzellen an ein entzündetes Gefäßendothel binden können, welches das vaskuläre Adhäsionsmolekül VCAM-1 exprimiert. So können T-Effektorzellen das Blut verlassen und in Infektionsherde eindringen, wo sie die lokale Immunantwort voranbringen. Einen Überblick über diese Veränderungen an der T-Zell-Oberfläche gibt ▸ Abb. 9.27, in Kap. 11 wollen wir uns noch einmal damit beschäftigen.

## 9.2.6 CD8-T-Zellen können auf unterschiedliche Weise dazu gebracht werden, sich in cytotoxische Effektorzellen zu verwandeln

Naive T-Zellen bilden zwei große Gruppen, von denen die eine den Corezeptor CD8 und die andere den Corezeptor CD4 auf der Oberfläche trägt. CD8-T-Zellen differenzieren sich zu cytotoxischen CD8-T-Zellen (die man manchmal auch als cytotoxische Lymphocyten,

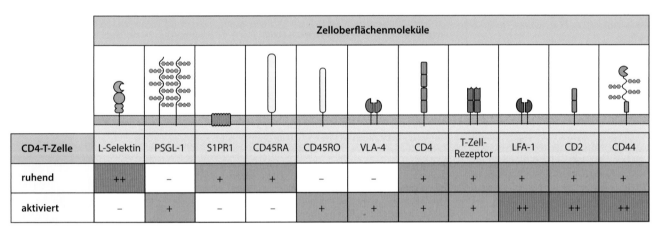

| CD4-T-Zelle | L-Selektin | PSGL-1 | S1PR1 | CD45RA | CD45RO | VLA-4 | CD4 | T-Zell-Rezeptor | LFA-1 | CD2 | CD44 |
|---|---|---|---|---|---|---|---|---|---|---|---|
| ruhend | ++ | − | + | + | − | − | + | + | + | + | + |
| aktiviert | − | + | − | − | + | + | + | + | ++ | ++ | ++ |

**Abb. 9.27 Die Aktivierung von T-Zellen verändert die Expression einiger Zelloberflächenmoleküle.** Hier ist eine CD4-T-Zelle dargestellt. Ruhende, naive T-Zellen exprimieren L-Selektin, mit dessen Hilfe sie zu den Lymphknoten gelangen, aber relativ wenige andere Adhäsionsmoleküle wie CD2 und LFA-1. Nach der Aktivierung wird L-Selektin nicht mehr exprimiert, stattdessen wird die Expression von Liganden für P- und E-Selektine ausgelöst (etwa PSGL-1), sodass die aktivierten T-Zellen in Entzündungsherden an den P- und E-Selektinen auf Endothelien entlangrollen können. Es werden auch größere Mengen des Integrins LFA-1 produziert, das aktiviert wird, seine Liganden ICAM-1 und ICAM-2 zu binden. Das neu exprimierte Integrin VLA-4 ermöglicht den T-Zellen, an entzündeten Gefäßendothelien anzuhalten, sodass aktivierte T-Zellen an Stellen, an denen sie mit großer Wahrscheinlichkeit auf eine Infektion treffen, in das periphere Gewebe einwandern. Aktivierte T-Zellen zeigen an ihrer Oberfläche eine höhere Dichte des Adhäsionsmoleküls CD2, wodurch die Wechselwirkung zwischen der aktivierten T-Zelle und potenziellen Zielzellen verstärkt wird, und außerdem eine höhere Dichte des Adhäsionsmoleküls CD44. Durch alternatives Spleißen des RNA-Transkripts vom CD45-Gen verändert sich die Isoform des CD45-Moleküls, das von aktivierten Zellen exprimiert wird. Dadurch exprimieren die aktivierten T-Zellen nun die CD45RO-Isoform, die sich mit dem T-Zell-Rezeptor und CD4 verbindet. Aufgrund dieser Veränderung spricht die T-Zelle eher auf eine Stimulation durch geringe Konzentrationen an Peptid:MHC-Komplexen an. Der Sphingosin-1-phosphat-Rezeptor 1 (S1PR1) wird von ruhenden naiven T-Zellen exprimiert, sodass die Zellen, die nicht aktiviert werden, die Lymphgewebe verlassen können (▸ Abb. 9.11). Nach der Aktivierung wird die Expression des S1PR mehrere Tage lang abgeschaltet, sodass die T-Zellen das Lymphgewebe während der Phase der Proliferation und Differenzierung nicht verlassen können. Danach setzt die Expression von S1PR wieder ein und die Effektorzellen treten aus dem Lymphgewebe aus

| CD8-T-Zellen: Peptid + MHC-Klasse I |
| :---: |
| **cytotoxische T-Zellen (Killerzellen)** |

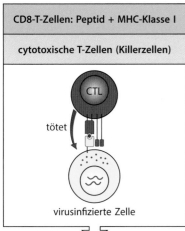

tötet

virusinfizierte Zelle

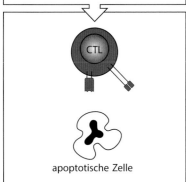

apoptotische Zelle

CTLs, bezeichnet); sie töten ihre Zielzellen ab (▶ Abb. 9.28). Cytotoxische CD8-T-Zellen sind von großer Bedeutung für die Bekämpfung von intrazellulären Krankheitserregern, besonders für Viren. Virusinfizierte Zellen präsentieren an ihrer Oberfläche Fragmente der Virusproteine in Form von Peptid:MHC-Klasse-I-Komplexen, wie von den cytotoxischen T-Lymphocyten erkannt werden.

Wahrscheinlich weil die Effektoraktivitäten der CD8-T-Zellen so destruktiv wirken, benötigen diese Zellen eine höhere costimulierende Aktivität als naive CD4-T-Zellen, um tatsächlich zu aktivierten Effektorzellen zu werden. Das ist auf zwei Weisen möglich. Die einfachste Form ist die Aktivierung durch dendritische Zellen, die eine starke eigene costimulierende Aktivität besitzen. Bei einigen Virusinfektionen werden dendritische Zellen ausreichend aktiviert, um CD8-T-Zellen ohne Unterstützung durch CD4-T-Zellen direkt anzuregen, IL-2 zu produzieren, das für die Differenzierung der CD8-T-Zellen zu cytotoxischen Effektorzellen notwendig ist. Diese Eigenschaft nutzt man aus, um cytotoxische T-Zell-Reaktionen gegen Tumoren zu erzeugen (Kap. 16).

Bei der Mehrzahl der Virusinfektionen erfordert die Aktivierung von CD8-T-Zellen eine zusätzliche Unterstützung, die von CD4-T-Effektorzellen ausgeht. CD4-T-Zellen, die verwandte Antigene auf derselben antigenpräsentierenden Zelle erkennen, können die Aktivierung der naiven CD8-T-Zellen verstärken, indem sie die antigenpräsentierende Zelle zusätzlich aktivieren (▶ Abb. 9.29). B7, das von der dendritischen Zelle exprimiert wird, aktiviert die CD4-T-Zellen zuerst, IL-2 und den CD40-Liganden zu exprimieren (Abschn. 9.2.3 und 9.2.4). Der CD40-Ligand bindet an CD40 auf der dendritischen Zelle, sodass ein zusätzliches Signal entsteht, das die Expression von B7 und 4-1BBL auf der dendritischen Zelle erhöht. Dies wiederum liefert eine zusätzliche Costimulation für die naive CD8-T-Zelle. Das von aktivierten CD4-T-Zellen produzierte IL-2 trägt ebenfalls zur Differenzierung der CD8-T-Zellen bei.

**Abb. 9.28  Die cytotoxischen CD8-T-Zellen sind darauf spezialisiert, Zellen zu töten, die mit intrazellulären Pathogenen infiziert sind.** Die cytotoxischen CD8-T-Zellen töten Zielzellen, die an ihrer Oberfläche an MHC-Klasse-I-Moleküle gebundene Peptide aus cytosolischen Krankheitserregern (meistens von Viren) präsentieren

**Abb. 9.29  Für die meisten CD8-T-Zell-Reaktionen sind CD4-T-Zellen notwendig.** CD8-T-Zellen, die ein Antigen auf nur schwach costimulierenden Zellen erkennen, werden unter Umständen nur dann aktiviert, wenn noch zusätzliche CD4-T-Zellen an dieselbe antigenpräsentierende Zelle (APC) gebunden sind. Dies geschieht vor allem dadurch, dass eine CD4-T-Effektorzelle ein Antigen auf der antigenpräsentierenden Zelle erkennt und dazu angeregt wird, eine höhere costimulierende Aktivität auf der antigenpräsentierenden Zelle zu induzieren. CD4-T-Zellen können auch große Mengen an IL-2 bilden und unterstützen dadurch die Proliferation von CD8-T-Zellen. Dies wiederum kann die IL-2-Produktion auch in der CD8-T-Zelle anregen

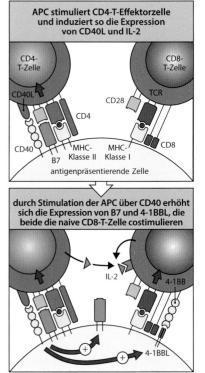

APC stimuliert CD4-T-Effektorzelle und induziert so die Expression von CD40L und IL-2

durch Stimulation der APC über CD40 erhöht sich die Expression von B7 und 4-1BBL, die beide die naive CD8-T-Zelle costimulieren

Teil IV

### 9.2.7 CD4-T-Zellen differenzieren sich zu verschiedenen Subpopulationen mit funktionell unterschiedlichen Effektorzellen

CD4-T-Zellen differenzieren sich anders als CD8-T-Zellen zu einer Anzahl verschiedener Subpopulationen von T-Effektorzellen, die bei unterschiedlichen Immunfunktionen mitwirken. Die wichtigsten funktionellen Subpopulationen sind die $T_H1$-, $T_H2$-, $T_H17$-Zellen, die follikulären T-Helferzellen ($T_{FH}$-Zellen) und die regulatorischen T-Zellen ($T_{reg}$-Zellen). Die $T_H1$-, $T_H2$- und $T_H17$-Zellen werden von verschiedenen Gruppen von Pathogenen angeregt und man definiert sie aufgrund der unterschiedlichen Cytokine, die die Zellen jeweils freisetzen (▶ Abb. 9.30). Diese Subpopulationen wirken mit verschiedenen angeborenen Zelltypen der myelomonocytischen Linie und mit angeborenen Lymphocyten (*innate lymphoid cells*, ILCs) zusammen. Dabei bilden sie integrierte „Immunmodule", die für die Beseitigung verschiedener Gruppen von Pathogenen spezialisiert sind (▶ Abb. 3.37). Die eine oder andere dieser Subpopulationen gewinnt während des Voranschreitens einer Immunantwort die Oberhand, vor allem bei persistierenden Infektionen, Autoimmunität oder Allergien. Die funktionellen Eigenschaften dieser T-Zell-Subpopulationen gleichen in vieler Hinsicht den Eigenschaften der ILCs, die zwar keine Antigenrezeptoren besitzen, aber vielfach dieselben Muster an Cytokinen und Cytotoxinen produzieren (Kap. 11).

Die ersten beiden Untergruppen der CD4-T-Zellen, die man unterscheiden konnte, waren die $T_H1$- und $T_H2$-Zellen, weshalb man sie so bezeichnete. Die $T_H1$-Zellen sind durch die Produktion von IFN-$\gamma$ gekennzeichnet, während die $T_H2$-Zellen IL-4, IL-5 und IL-13 synthetisieren. Die Bezeichnung der $T_H17$-Zellen wurde so gewählt, weil sie die Cytokine IL-17A, und IL-17F produzieren; außerdem erzeugen sie IL-22. Die $T_{FH}$-Zellen entwickeln sich gemeinsam mit den $T_H1$-, $T_H2$- oder $T_H17$-Zellen und unterstützen die B-Zellen dabei, einen Isotypwechsel durchzuführen und Immunglobuline verschiedener Isotypen zu bilden. Diese sind an die verschiedenen angeborenen Immuneffektorzellen gerichtet, abhängig von deren jeweiligen Fc-Rezeptoren. Die $T_{reg}$-Zellen besitzen eine immunregulatorische Funktion und fördern die Toleranz gegenüber den Antigenen, die sie erkennen, nicht aber deren Beseitigung.

$T_H1$-Zellen unterstützen die Beseitigung von Infektionen durch Mikroorganismen, die in Makrophagen überleben oder sich dort vermehren können. Dazu gehören bestimmte Viren, Protozoen und intrazelluläre Bakterien, beispielsweise die Mycobakterien, die Tuberkulose und Lepra hervorrufen. Diese Bakterien werden von Makrophagen auf die übliche Weise durch Phagocytose aufgenommen, entkommen aber dem intrazellulären Tötungsmechanismus (Kap. 3). Wenn eine $T_H1$-Zelle bakterielle Antigene erkennt, die auf der Oberfläche eines infizierten Makrophagen präsentiert werden, aktiviert sie den Makrophagen zusätzlich durch Freisetzung von IFN-$\gamma$. Dadurch wird die antimikrobielle Aktivität des Makrophagen stimuliert, die aufgenommenen Bakterien zu töten. Typ-I-Reaktionen fördern auch den Isotypwechsel bei B-Zellen, wodurch die Produktion opsonisierender IgG-Antikörper begünstigt wird, etwa IgG2a bei der Maus. In Kap. 11 beschäftigen uns ausführlicher mit der Makrophagenaktivierung durch $T_H1$-Zellen.

$T_H2$-Zellen tragen dazu bei, Infektionen durch extrazelluläre Parasiten unter Kontrolle zu bringen, insbesondere von Helminthen, indem sie die Reaktionen der eosinophilen Zellen, Mastzellen und der IgE-Antikörper unterstützen. Für den Isotypwechsel der B-Zellen zu IgE sind vor allem Cytokine erforderlich, die im Rahmen einer Typ-2-Reaktion produziert werden. Die primäre Funktion von IgE besteht darin, Infektionen durch Parasiten zu bekämpfen. IgE ist auch der Antikörper, der Allergien und Asthma hervorrufen kann, sodass die Differenzierung der $T_H2$-Zellen für die Medizin von besonderem Interesse ist.

Die dritte wichtige Untergruppe der CD4-T-Effektorzellen sind die $T_H17$-Zellen. Sie werden normalerweise als Reaktion auf extrazelluläre Bakterien und Pilze induziert und verstärken Reaktionen der neutrophilen Zellen, die zur Beseitigung dieser Mikroorganismen beitragen (▶ Abb. 9.30). $T_H17$- oder Typ-3-Reaktionen unterstützen ebenfalls den Isotypwechsel bei B-Zellen hin zur Produktion von opsonisierenden IgG2- und IgG3-Antikörpern. Cytokine,

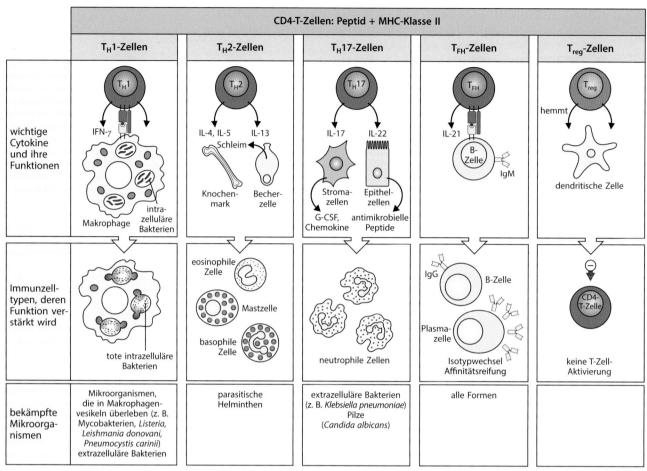

**Abb. 9.30 Untergruppen von CD4-T-Effektorzellen sind darauf spezialisiert, unterschiedliche Zielzellen bei der Bekämpfung verschiedener Arten von Krankheitserregern zu unterstützen.** Anders als die CD8-T-Zellen, die infizierte Zielzellen direkt angreifen, verstärken CD4-T-Zellen normalerweise die Effektorfunktionen anderer Zellen, die Pathogene bekämpfen. Dabei handelt es sich entweder um Zellen des angeborenen Immunsystems oder, etwa bei den $T_{FH}$-Zellen, um antigenspezifische B-Zellen. $T_H$1-Zellen (*erste Spalte*) produzieren Cytokine, beispielsweise IFN-$\gamma$, die Makrophagen aktivieren, sodass sie intrazelluläre Mikroorganismen wirksamer zerstören können. $T_H$2-Zellen (*zweite Spalte*) produzieren Cytokine, die eosinophile Zellen (IL-5) sowie Mastzellen und basophile Zellen (IL-4) anlocken und aktivieren, und sie synthetisieren Cytokine, die die Immunität an mucosalen Barrieren verstärken (IL-13), sodass Helminthen besser beseitigt werden. $T_H$17-Zellen (*dritte Spalte*) sezernieren Cytokine der IL-17-Familie, die lokale Epithel- und Stromazellen anregen, Chemokine zu erzeugen, die neutrophile Zellen an Infektionsherde dirigieren. $T_H$17-Zellen produzieren auch IL-22, das zusammen mit IL-17 Epithelzellen an den Barrieren aktivieren kann, antimikrobielle Peptide freizusetzen, die Bakterien abtöten. $T_{FH}$-Zellen (*vierte Spalte*) interagieren spezifisch über die gekoppelte Erkennung von Antigenen mit naiven B-Zellen und wandern in die B-Zell-Follikel, wo sie die Keimzentrumsreaktionen fördern. $T_{FH}$-Zellen produzieren Cytokine, die für andere Subpopulationen charakteristisch sind, und wirken bei Typ-1-, Typ-2- und Typ-3-Reaktionen mit, die gegen verschiedene Arten von Krankheitserregern gerichtet sind. $T_{FH}$-Zellen, die IFN-$\gamma$ erzeugen, aktivieren B-Zellen, bei Typ-1-Reaktionen stark opsonisierende Antikörper hervorzubringen, die zu bestimmten IgG-Unterklassen gehören (IgG1 und IgG3 beim Menschen sowie deren Homologe IgG2a und IgG2b bei der Maus). Die IL-4-produzieren $T_{FH}$-Zellen veranlassen B-Zellen, sich zu differenzieren und das Immunglobulin IgE zu exprimierenden, das wiederum der „Bewaffnung" von Mastzellen dient, damit diese bei Typ-2-Reaktionen ihre Granula freisetzen. $T_{FH}$-Zellen, die IL-17 produzieren, sind anscheinend für die Erzeugung opsonisierender Antikörper von Bedeutung, die im Zusammenhang mit der Typ-3/$T_H$17-Immunität gegen extrazelluläre Krankheitserreger gerichtet sind. Die regulatorischen T-Zellen (*rechte Spalte*) unterdrücken allgemein die Aktivitäten der T-Zellen und der angeborenen Zellen und tragen dazu bei, während der Immunantworten die Entwicklung einer Autoimmunität zu verhindern

die von $T_H17$-Zellen produziert werden, beispielsweise IL-17 und IL-22, sind auch für die Aktivierung der barrierebildenden Epithelzellen im Verdauungstrakt, in den Atemwegen und im Urogenitaltrakt sowie in der Haut von Bedeutung. Die Epithelzellen werden angeregt, antimikrobielle Peptide zu produzieren, um einem Eindringen von Mikroorganismen widerstehen zu können.

Anders als die $T_H1$-, $T_H2$- oder $T_H17$-Zellen tragen die $T_{FH}$-Zellen vor allem dadurch zur Beseitigung der meisten Arten von Krankheitserregern bei, indem sie in ihrer spezifischen Funktion die B-Zellen dabei unterstützen, Keimzentrumsreaktionen in Gang zu setzen – unabhängig vom Typ der Immunreaktion, mit der sie in Zusammenhang stehen. $T_{FH}$-Zellen werden also im Zusammenhang mit Typ-1-, Typ-2- oder Typ-3-Reaktionen angeregt, bei denen sie für die Entwicklung unterschiedlicher Muster von Isotypwechseln eine zentrale Bedeutung besitzen. $T_{FH}$-Zellen lassen sich vor allem an der Expression bestimmter Marker erkennen, etwa CXCR5 und PD-1; außerdem sind sie in den Lymphfollikeln lokalisiert.

Vor Entdeckung der $T_{FH}$-Zellen war die Funktion der Untergruppen der CD4-T-Effektorzellen in Bezug auf die Unterstützung der B-Zellen umstritten. Man hat zwar ursprünglich angenommen, dass es sich um die $T_H2$-Zellen handelt, aber heute geht man davon aus, dass die $T_{FH}$-Zellen, nicht jedoch die $T_H1$-, $T_H2$- oder $T_H17$-Zellen, die primären T-Effektorzellen sind, die die B-Zellen in den Lymphfollikeln dabei unterstützen, hochaffine Antikörper zu produzieren. Die $T_{FH}$-Zellen entwickeln sich jedoch als Bestandteil von Typ-1-, Typ-2- oder Typ-3-Reaktionen und sie produzieren einige zelllinienbestimmende Cytokine gemeinsam mit den $T_H1$-, $T_H2$- und $T_H17$-Zellen, wodurch die Differenzierung der naiven B-Zellen zu alternativen Mustern der Isotypwechsel vorangebracht wird. Damit lässt sich erklären, wie im Verlauf einer Infektion B-Zellen Unterstützung erhalten, aufgrund von „$T_H2$"-Cytokinen zur Produktion von IgE oder durch „$T_H1$"-Cytokine zu anderen Isotypen wie etwa IgG2a zu wechseln. Die entwicklungsphysiologische Beziehung zwischen den $T_{FH}$-Zellen und den übrigen CD4-T-Subpopulationen wird zwar noch untersucht, aber die $T_{FH}$-Zellen bilden anscheinend eine eigene Linie von T-Effektorzellen, die in den Lymphgeweben bleiben und darauf spezialisiert sind, B-Zellen zu unterstützen. Wir werden uns in Kap. 10 und 11 noch genauer mit den Helferfunktionen der $T_{FH}$-Zellen beschäftigen.

Alle bis hier beschriebenen T-Effektorzellen fungieren als Aktivatoren ihrer Zielzellen, die durch die Aktivierung dazu beitragen können, die Bakterien aus dem Körper zu entfernen. Andere CD4-T-Zellen, die in der Peripherie vorkommen, besitzen verschiedene Funktionen. Man bezeichnet sie als regulatorische T-Zellen ($T_{reg}$-Zellen), da ihre Funktion darin besteht, T-Zell-Antworten zu unterdrücken und nicht zu aktivieren. Die $T_{reg}$-Zellen wirken also an der Begrenzung von Immunantworten und der Verhinderung von Autoimmunität mit. Zurzeit kennt man zwei Hauptgruppen von regulatorischen T-Zellen. Die eine Gruppe wird bereits im Thymus für ihre regulatorische Funktion vorgeprägt, man bezeichnet sie als natürliche oder aus dem Thymus abgeleitete $T_{reg}$-Zellen ($nT_{reg}$- beziehungsweise $tT_{reg}$-Zellen; Abschn. 8.3.8). Die andere Untergruppe der $T_{reg}$-Zellen differenziert sich in der Peripherie unter bestimmten äußeren Bedingungen aus naiven CD4-T-Zellen. Diese Gruppe bezeichnet man als induzierte oder in der Peripherie abgeleitete $T_{reg}$-Zellen ($iT_{reg}$- beziehungsweise $pT_{reg}$-Zellen). Diese Zelltypen werden in Abschn. 9.2.10 besprochen.

## 9.2.8 Cytokine lösen die Differenzierung naiver T-Zellen in Form bestimmter Effektorwege aus

Wir haben jetzt die Typen und Funktionen der verschiedenen Untergruppen der CD4-T-Zellen kurz dargestellt und wollen uns nun damit beschäftigen, wie sie aus den naiven T-Zellen hervorgehen. Das Schicksal der Nachkommen einer naiven CD4-T-Zelle wird zu einem großen Teil während der anfänglichen Priming-Phase festgelegt. Die Regulation erfolgt durch Signale aus der lokalen Umgebung, entweder durch die antigenpräsentierende Zelle, die für das Priming verantwortlich ist, oder durch andere angeborene Immunzellen, die von einem Krankheitserreger aktiviert wurden. Wie bereits erwähnt, bilden die Kombination und die Balance der zelllinienbestimmenden Cytokine die grundlegenden Determinanten des Schicksals von naiven CD4-T-Zellen. Diese Determinanten werden während des Primings mit den Signalen der T-Zell-Rezeptoren und den costimulierenden Signalen zusammengeführt. Die fünf Hauptgruppen, in die sich naive CD4-T-Zellen entwickeln können – T$_H$1-, T$_H$2-, T$_H$17-, T$_{FH}$- und die induzierten regulatorischen T-Zellen (iT$_{reg}$-Zellen) – hängen mit den unterschiedlichen Signalen zusammen, die zu ihrer Entwicklung führen, mit verschiedenen Transkriptionsfaktoren, die ihre Differenzierung regulieren, und spezifischen Cytokinen und Oberflächenmarkern, die ihre Identität bestimmen (▶ Abb. 9.31 und ▶ Abb. 9.32).

Die Entwicklung der T$_H$1-Zellen wird induziert, wenn die Cytokine IFN-$\gamma$ und IL-12 während der frühen Aktivierungsphase der naiven T-Zellen überwiegen. Wie bereits in Abschn. 3.2.2 beschrieben, stimulieren viele zentrale Cytokine, darunter IFN-$\gamma$ und IL-12, den intrazellulären JAK-STAT-Signalweg, der zur Aktivierung spezifischer Netzwerke von Genen führt. Verschiedene Vertreter der JAK- und der STAT-Familie werden durch unterschiedliche Cytokine aktiviert. Jeder Effektorweg hängt von einem eigenen Muster der STAT-Aktivierung ab, die den zelllinienbestimmenden Cytokinen nachgeschaltet ist. Dadurch wird ein spezifisches Netzwerk aus Transkriptionsfaktoren aktiviert, das das Genexpressionsprofil der gereiften T-Effektorzellen festlegt (▶ Abb. 9.32). Für die T$_H$1-Entwicklung sind STAT1 und STAT4 von entscheidender Bedeutung; diese werden nacheinander durch Interferone (Typ 1: IFN-$\alpha$ und IFN-$\beta$; Typ 2: IFN-$\gamma$) beziehungsweise IL-12 aktiviert, die von den angeborenen Immunzellen (ILCs) in einer frühen Infektionsphase produziert werden. Aktivierte ILCs der Gruppe 1, etwa NK-Zellen, können auch eine wichtige Quelle für IFN-$\gamma$ sein. Schließlich können auch die T$_H$1-Zellen selbst IFN-$\gamma$ produzieren und so das Signal für die Differenzierung weiterer T$_H$1-Zellen durch eine positive Rückkopplung verstärken.

Die Aktivierung von STAT1 durch Interferon induziert bei den aktivierten naiven CD4-T-Zellen die Expression eines weiteren Transkriptionsfaktors, T-bet, der die Gene für IFN-$\gamma$ und die induzierbare Komponente des IL-12-Rezeptors IL-12R$\beta$2 anschaltet (die andere

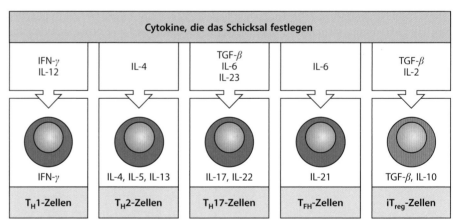

**Abb. 9.31 Cytokine sind die grundlegenden Determinanten für die alternativen Entwicklungswege der Effektordifferenzierung bei den CD4-T-Zellen.** Antigenpräsentierende Zellen, hauptsächlich dendritische Zellen, aber auch andere angeborene Immunzellen, können verschiedene Cytokine erzeugen, die die Entwicklung der naiven CD4-T-Zellen in die einzelnen Subpopulationen auslösen. Die äußeren Bedingungen, etwa der Kontakt mit verschiedenen Pathogenen, legt fest, welche Cytokine die angeborenen Sensorzellen produzieren. Die T$_H$1-Zellen differenzieren sich als Reaktion auf sequenzielle Signale von IFN-$\gamma$ und IL-12. T$_H$2-Zellen hingegen differenzieren sich als Reaktion auf IL-4. IL-6, das von dendritischen Zellen produziert wird, induziert zusammen mit dem transformierenden Wachstumsfaktor $\beta$ (TGF-$\beta$) die Differenzierung der T$_H$17-Zellen, die die Expression des IL-23-Rezeptors steigern und dadurch auf IL-23 reagieren können. Die T$_{FH}$-Zellen benötigen für ihre Entwicklung ebenfalls IL-6, wobei zurzeit noch unklar ist, welche zusätzlichen Signale die Differenzierung der naiven Vorläuferzellen herbeiführen. Wenn keine Krankheitserreger vorhanden sind, wird die Entwicklung der induzierten T$_{reg}$-Zellen durch das Auftreten von TGF-$\beta$ und IL-12 sowie das Fehlen von IL-6 begünstigt

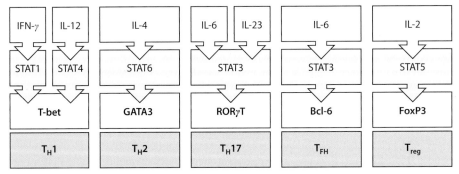

**Abb. 9.32 Die Aktivitäten verschiedener Transkriptionsfaktoren der STAT-Familie werden unmittelbar von Cytokinen ausgelöst, die die Entwicklung der CD4-T-Zellen bestimmen.** Außer TGF-$\beta$, das sowohl bei der $T_H$17- als auch bei der $iT_{reg}$-Entwicklung beteiligt ist, aktiviert jedes der Cytokine, die die Entwicklung der verschiedenen Effektorzellen festlegen, unterschiedliche Transkriptionsfaktoren der STAT-Familie. Die Differenzierung der $T_H$1-Zellen hängt von der aufeinanderfolgenden Aktivierung von STAT1 und STAT4 ab, indem IFN-$\gamma$ und IL-12 an ihre jeweiligen Rezeptoren auf antigenaktivierten naiven CD4-T-Zellen binden. Beide STAT-Faktoren sind an der Induktion der Expression von T-bet beteiligt. Dieser Transkriptionsfaktor wirkt dann mit den STAT-Faktoren zusammen, um das Differenzierungsprogramm der $T_H$1-Zellen in Gang zu setzen. Die Differenzierung der $T_H$2-Zellen hängt von der STAT6-Aktivierung ab, die der Signalgebung durch IL-4-Rezeptoren nachgeschaltet ist. STAT6 verstärkt die Expression von GATA3. Dieser Transkriptionsfaktor wirkt wiederum mit STAT6 zusammen, um das Differenzierungsprogramm der $T_H$2-Zellen in Gang zu setzen. IL-6 aktiviert den Transkriptionsfaktor STAT3, der im Zusammenspiel mit TGF-$\beta$ an der Induktion der ROR$\gamma$t-Expression und der $T_H$17-Differenzierung beteiligt ist. IL-23 ist später in der $T_H$17-Differenzierung aktiv und aktiviert ebenfalls STAT3. Dadurch wird das $T_H$17-Programm aufrechterhalten und verstärkt. Das Differenzierungsprogramm der $T_{FH}$-Zellen, für das die STAT-Faktoren verantwortlich sind, ist noch nicht vollständig bekannt, wobei die STAT3-Aktivitäten, die vor der Bcl-6-Expression stattfinden, essenziell sind. Die Aktivierung von STAT5 durch IL-2 ist für die Differenzierung $iT_{reg}$-Zellen von Bedeutung und ist der FoxP3-Expression vorgeschaltet

Komponente des Rezeptors, IL-12R$\beta$1, wird bereits auf den naiven T-Zellen exprimiert). Diese T-Zellen sind nun vorgeprägt, sich zu $T_H$1-Zellen zu entwickeln. Sie können durch IL-12, das dendritische Zellen und Makrophagen produzieren, zusätzlich aktiviert werden, was zur Induktion von STAT4-Signalen führt. STAT4 steigert noch die Expression von T-bet und schließt die $T_H$1-„Progammierung" ab. Aufgrund der zentralen Bedeutung von T-bet für die Entwicklung der $T_H$1-Zellen, bezeichnet man den Transkriptionsfaktor manchmal auch als „Master-Regulator" der $T_H$1-Zell-Differenzierung.

Für die Entwicklung der $T_H$2-Zellen ist IL-4 erforderlich. Wenn eine antigenaktivierte naive T-Zelle mit IL-4 in Kontakt kommt, aktiviert der Rezeptor den Transkriptionsfaktor STAT6, der die Expression des Transkriptionsfaktors GATA3 stimuliert. Dieser ist ein starker Aktivator der Gene für verschiedene Cytokine, die von $T_H$2-Zellen produziert werden, beispielsweise IL-4 und IL-13. GATA3 induziert auch seine eigene Expression und stabilisiert dadurch die $T_H$2-Differenzierung über eine zelleigene positive Rückkopplung. Die ursprüngliche Quelle von IL-4, die die $T_H$2-Reaktion auslöst, ist seit Langem umstritten. Infrage kommen eosinophile und basophile Zellen sowie Mastzellen, da sie alle IL-4 in großen Mengen produzieren können, wenn sie durch Chitin aktiviert werden. Dieses Polysaccharid, das $T_H$2-Reaktionen hervorruft, kommt bei parasitischen Helminthen vor, außerdem bei Insekten und Crustaceen. Wenn man Mäuse mit Chitin behandelt, werden eosinophile und basophile Zellen in die Gewebe geleitet und zur Produktion von IL-4 aktiviert. Beim Menschen können Gruppe-2-ILC-Zellen (ILC2) ebenfalls IL-4 produzieren. Das deutet darauf hin, dass diese Zellen möglicherweise zur $T_H$2-Differenzierung beitragen, wobei dafür bis jetzt der Beweis fehlt. Zweifellos gibt es mehrere angeborene Immunzelltypen, die IL-4 für die $T_H$2-Entwicklung erzeugen könnten. Der zelluläre Ursprung von IL-4 könnte auch abhängig vom auslösenden Antigen unterschiedlich sein. Ähnlich der positiven Rückkopplung der Entwicklung der $T_H$1-Zellen durch IFN-$\gamma$, das von aktivierten $T_H$1-Zellen produziert wird, könnte auch das von aktivierten $T_H$2-Zellen gebildete IL-4 die Entwicklung der $T_H$2-Zellen aus naiven T-Zell-Vorläufern verstärken.

Teil IV

$T_H17$-Zellen entstehen, wenn die Cytokine IL-6 und TGF-$\beta$ (transformierender Wachstumsfaktor-$\beta$) während der Aktivierung naiver CD4-T-Zellen (▶ Abb. 9.31 und ▶ Abb. 9.32) vorherrschend sind. Für die Entwicklung der $T_H17$-Zellen ist die Aktivität des Transkriptionsfaktors STAT3 erforderlich, der durch IL-6-Signale aktiviert wird. Sich entwickelnde $T_H17$-Zellen exprimieren den Rezeptor für das Cytokin IL-23, nicht jedoch den IL-12-Rezeptor, der für $T_H1$-Zellen charakteristisch ist. Für die Vermehrung und die weitere Entwicklung der $T_H17$-Effektorzellen ist anscheinend IL-23 notwendig, ähnlich wie IL-12 für wirksame $T_H1$-Reaktionen (▶ Abb. 9.31 und ▶ Abb. 9.32). Der prägende Transkriptionsfaktor (oder Masterregulator) für die Differenzierung der $T_H17$-Zellen ist ROR$\gamma$t, ein nucleärer Hormonrezeptor, der für die Stabilisierung der Entwicklung der $T_H17$-Zellen von entscheidender Bedeutung ist. IL-6 und TGF-$\beta$, die für die Differenzierung der $T_H17$-Zellen notwendig sind, werden primär von angeborenen Immunzellen erzeugt, die durch mikrobielle Produkte aktiviert wurden. Anders als $T_H1$- und $T_H2$-Zellen induzieren die $T_H17$-Zellen anscheinend die weitere Entwicklung von $T_H17$-Zellen aus naiven CD4-T-Zellen nicht direkt über eine positive Rückkopplung, da sie IL-6 nicht produzieren. IL-17, das die $T_H17$-Zellen erzeugen, erhöht aber anscheinend die IL-6-Produktion der angeborenen Immunzellen und bildet einen indirekten Mechanismus, um die $T_H17$-Differenzierung aus naiven Vorläuferzellen voranzubringen.

Induzierte regulatorische $T_{reg}$-Zellen (i$T_{reg}$-Zellen) unterscheiden sich von den n$T_{reg}$-Zellen dadurch, dass sie sich nach der Antigenerkennung in den sekundären lymphatischen Geweben und nicht im Thymus entwickeln. Sie entwickeln sich, wenn naive T-Zellen in Gegenwart des Cytokins TGF-$\beta$ aktiviert werden, IL-6 und andere proinflammatorische Cytokine jedoch nicht vorhanden sind. Ob die zusätzlichen Signale von TGF-$\beta$ zur Entwicklung von immunsuppressiven $T_{reg}$- oder $T_H17$-Zellen führen, die wiederum Entzündungen und die Entwicklung der Immunität fördern, hängt also davon ab, ob IL-6 vorhanden ist oder

**Abb. 9.33 Für die Differenzierung von iTreg-Zellen und $T_H17$-Zellen ist TGF-$\beta$ erforderlich, sodass hier eine entwicklungsphysiologische Verknüpfung der komplementären Funktionen dieser Zellen besteht, wodurch die mutualistische Beziehung mit der Mikroflora gefördert wird.** Die mucosalen Gewebe sind ein bedeutender Ort für die Entwicklung der i$T_{reg}$- und $T_H17$-Zellen. Das ist insbesondere im Darm der Fall, wo das Immunsystem mit einer außerordentlich hohen Dichte von Mikroorganismen, die die Mikroflora ausmachen, konfrontiert ist. Die Mikroflora versorgt zwar den Wirt mit wichtigen Stoffwechselprodukten, stellt aber gleichzeitig eine potenzielle Bedrohung dar, da einige ihrer Bewohner opportunistische Krankheitserreger sind, die schwere Infektionen hervorrufen können, wenn sie die Schleimhautbarriere überwinden. Die Balance zwischen den i$T_{reg}$-Zellen, die Entzündungsreaktionen gegen die Mikroflora unterdrücken, und den $T_H17$-Zellen, die den Körper schützende Entzündungsreaktionen fördern, wird von dem Gleichgewicht bestimmt, das zwischen der Produktion des Vitamin-A-Metaboliten all-*trans*-Retinsäure (at-RA) und der Produktion des proinflammatorischen Cytokins IL-6 durch die mucosalen dendritischen Zellen besteht. Durch diese Anpassung werden nachteilige Entzündungsreaktionen gemildert, die sich gegen die Mikroflora richten können, während die Fähigkeit, eine den Körper schützende Immunantwort zu entwickeln, erhalten bleibt, falls die mucosale Barriere doch einmal überwunden wird. Unter homöostatischen Bedingungen werden Antigene, die aus der Mikroflora stammen, von einer spezialisierten Subpopulation residenter dendritischer Zellen präsentiert, die at-RA, aber nicht IL-6 produzieren. Wenn jedoch Antigene im Zusammenhang mit TLR-stimulierenden Signalen erkannt werden, wird die at-RA-Produktion zugunsten von IL-6 unterdrückt, was die Entwicklung der $T_H17$-Zellen fördert

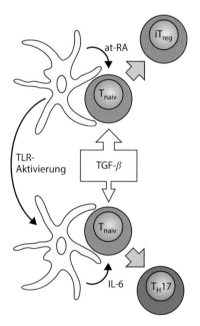

nicht (▶ Abb. 9.33). Die Erzeugung von IL-6 durch angeborene Immunzellen wird über das Auftreten oder Nichtauftreten von Pathogenen reguliert, wobei die Produkte der Krankheitserreger die IL-6-Produktion stimulieren. Wenn keine Pathogene vorhanden sind, wird nur wenig IL-6 erzeugt, was die Differenzierung der immunsuppressiven $T_{reg}$-Zellen begünstigt, sodass unpassende Immunantworten verhindert werden. Die $iT_{reg}$-Zellen sind wie die $nT_{reg}$-Zellen durch die Expression des Transkriptionsfaktors FoxP3 und des Zelloberflächenproteins CD25 gekennzeichnet und ihre Funktion ist zu der der $nT_{reg}$-Zellen äquivalent. Sowohl $iT_{reg}$- als auch die $nT_{reg}$-Zellen selbst können TGF-$\beta$ und IL-10 produzieren, die beide inhibitorisch auf Immunantworten und Entzündungen wirken und diese unterdrücken; möglicherweise unterstützen sie auch die weitere Differenzierung der $iT_{reg}$-Zellen.

Die $T_{FH}$-Zellen konnten anders als die übrigen oben beschriebenen Subpopulationen *in vitro* nicht adäquat vermehrt werden, sodass noch unklar ist, was sie für ihre Differenzierung benötigen. Anscheinend ist IL-6 für die Entwicklung der $T_{FH}$-Zellen von Bedeutung, aber über die Kontrolle dieser Subpopulation ist noch wenig bekannt. Ein für die Entwicklung der $T_{FH}$-Zellen bedeutsamer Transkriptionsfaktor ist Bcl-6; er ist für die Expression von CXCR5, den Rezeptor des Cytokins CXCL13 notwendig, das von den Stromazellen in den B-Zell-Follikeln produziert wird. CXCR5 ist für die Lokalisierung der $T_{FH}$-Zellen in den Follikeln essenziell und wird von anderen Subpopulationen der T-Effektorzellen nicht gebildet. Die $T_{FH}$-Zellen exprimieren auch ICOS, dessen Ligand von B-Zellen in großer Menge produziert wird. ICOS ist anscheinend für die Helferfunktion der $T_{FH}$-Zellen von entscheidender Bedeutung, da Mäuse, denen ICOS fehlt, einen schweren Defekt der T-Zell-abhängigen Antikörperantworten aufweisen. $T_{FH}$-Zellen produzieren neben geringen Mengen von Cytokinen, die für die Subpopulationen der T-Effektorzellen charakteristisch sind (etwa IFN-$\gamma$, IL-4 oder IL-17), große Mengen an IL-21. Dieses Cytokin unterstützt die Proliferation und Differenzierung der B-Zellen zu antikörperproduzierenden Plasmazellen.

## 9.2.9 Subpopulationen der CD4-T-Zellen können die jeweilige Differenzierung durch die von ihnen produzierten Cytokine über Kreuz regulieren

Die verschiedenen Subpopulationen der CD4-T-Effektorzellen besitzen jeweils sehr unterschiedliche Funktionen. Damit eine Immunantwort die verschiedenen Arten von Krankheitserregern wirksam unter Kontrolle bringen kann, muss sich eine koordinierte Effektorreaktion entwickeln, die von einer dieser Subpopulationen dominiert wird. Ein grundlegender Mechanismus, um das zu erreichen, besteht in den unterschiedlichen Kombinationen der Cytokine, die von den einzelnen Untergruppen hervorgebracht werden. Wichtig ist dabei, dass einige dieser Cytokine sowohl an positiven als auch bei negativen Rückkopplungsschleifen beteiligt sind. Diese Rückkopplungsschleifen kontrollieren die Differenzierung der T-Effektorzellen aus naiven Vorläufern und bilden dadurch einen Mechanismus, der das Muster einer bestimmten Effektorreaktion fördern kann, während die übrigen unterdrückt werden. So hemmen beispielsweise sowohl IFN-$\gamma$ (produziert von den $T_H1$-Zellen) als auch IL-4 (produziert von den $T_H2$-Zellen) wirksam die Entwicklung der $T_H17$-Zellen, während die Entwicklung der $T_H1$- beziehungsweise $T_H2$-Zellen unterstützt wird (▶ Abb. 9.34). Eine ähnliche Kreuzregulation besteht zwischen den $T_H1$- und $T_H2$-Zellen. IL-4 wird von $T_H2$-Zellen erzeugt und hemmt die Entwicklung der $T_H1$-Zellen effektiv. Andererseits kann IFN-$\gamma$, ein Produkt der $T_H1$-Zellen, die Proliferation der $T_H2$-Zellen unterdrücken (▶ Abb. 9.34). TGF-$\beta$ wird von den $T_{reg}$-Zellen produziert und hemmt die Entwicklung sowohl der $T_H1$-Zellen als auch der $T_H2$-Zellen. Auf diese Weise verstärken die Cytokine, die von den T-Effektorzellen erzeugt werden, deren eigene Differenzierung aus den naiven Vorläuferzellen.

$T_H1$-Zellen produzieren reichliche Mengen an IFN-$\gamma$, sobald sie ein Antigen auf einer Zielzelle erkennen, und verstärken so das Signal für die Differenzierung weiterer $T_H1$-Zellen über eine positive Rückkopplungsschleife. Auf diese Weise löst die Erkennung einer bestimmten Art von Pathogen durch das angeborene Immunsystem eine Kettenreaktion aus, welche die angeborene Immunantwort mit der adaptiven Reaktion koppelt, die wiederum

Teil IV

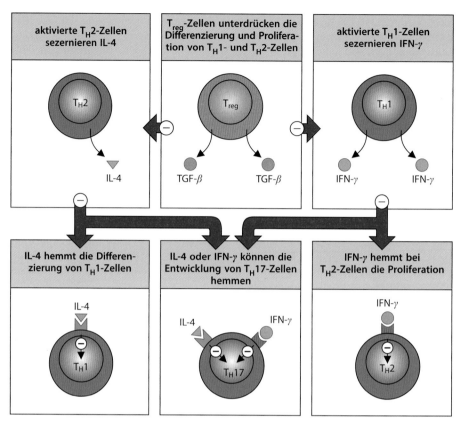

**Abb. 9.34 Die Untergruppen der CD4-T-Zellen produzieren jeweils Cytokine, die die Entwicklung oder die Effektoraktivitäten der übrigen Subpopulationen negativ regulieren.** Unter homöostatischen Bedingungen unterdrückt der von $T_{reg}$-Zellen produzierte TGF-$\beta$ $T_H$1- und $T_H$2-Reaktionen (*obere Reihe*), wodurch die Entwicklung der $T_{reg}$-Zellen begünstigt wird. Bei einer Entzündung, die die IL-6-Produktion fördert, hemmt die TGF-$\beta$-Produktion der $T_{reg}$-Zellen entsprechend die Aktivierung der $T_H$1- und $T_H$2-Reaktionen (*unten*) und ermöglicht so die Entwicklung von $T_H$17-Zellen. Diese wird sonst von IFN-$\gamma$ und IL-4 wirksam blockiert. Wenn jedoch Signale auftreten, die $T_H$1- oder $T_H$2-Zellen induzieren, können die von ihnen produzierten Cytokine IFN-$\gamma$ oder IL-4 die Wirkung von IL-6 überdecken und die $T_H$17-Entwicklung blockieren (*unten Mitte*). Das von den $T_H$1-Zellen erzeugte IFN-$\gamma$ unterdrückt das Wachstum der $T_H$2-Zellen (*rechte Spalte*). Andererseits verhindert das von $T_H$2-Zellen gebildete IL-4 vor allem die Entwicklung der $T_H$1-Zellen zugunsten der $T_H$2-Zellen (*linke Spalte*). Alle zellulären Untergruppen können zudem bei einer chronischen Stimulation durch Antigene IL-10 produzieren (nicht dargestellt), wodurch die Produktion von IL-12, IL-4 und IL-23 der dendritischen Zellen und Makrophagen gehemmt wird. So wird auch die Entwicklung und/oder Stabilisierung der $T_H$1-, $T_H$2- und $T_H$17-Zellen verhindert

die angeborene Reaktion verstärkt. Bestimmte intrazelluläre Infektionen durch Bakterien (beispielsweise durch Mycobakterien und *Listeria*) regen demnach dendritische Zellen und Makrophagen dazu an, IL-12 zu produzieren, was wiederum das Auftreten der $T_H$1-Effektorzellen begünstigt. Die $T_H$1-Zellen wiederum fördern die verstärkte Aktivierung von Makrophagen, die dann ihre intrazellulären Pathogene beseitigen können.

Die nachteiligen Folgen einer unangebrachten Kreuzregulation von Reaktionen der T-Effektorzellen durch Cytokine ließen sich bei einer Reihe von Infektionsmodellen der Maus aufzeigen. Solche Untersuchungen bestätigen die Feststellung, dass die Induktion der passenden Subpopulation der CD4-T-Effektorzellen für die Beseitigung von Krankheitserregern entscheidend ist. Sie zeigen auch, dass bereits geringe Unterschiede in den Reaktionen der CD4-T-Zellen gravierende Auswirkungen auf den Ausgang einer Infektion haben können. Ein Beispiel dafür ist das Mausmodell einer Infektion mit dem parasitischen Protozoon *Leishmania major*, gegen die eine $T_H$1-Reaktion und die Aktivierung von Makrophagen erfolgen müssen, um sie zu beseitigen. C57BL/6-Mäuse erzeugen $T_H$1-Zellen, die eine schützende Wirkung besitzen, indem sie infizierte Makrophagen aktivieren, *L. major* abzutöten. Bei BALB/c-Mäusen, die mit *L. major* infiziert werden, sind jedoch die CD4-T-Zellen nicht in der Lage, sich zu T$_H$1-Zellen zu differenzieren; sie entwickeln sich stattdessen zu T$_H$2-Zellen, die Makrophagen nicht aktivieren können, das Wachstum von *Leishmania* zu verhindern. Die Ursache für diesen Unterschied liegt anscheinend darin, dass eine Population von T-Gedächtniszellen, die für Antigene aus dem Darm spezifisch sind, mit dem Antigen LACK (*Leishmania analog of the receptors of activated C kinase*) kreuzreagieren, das von den *Leishmania*-Parasiten synthetisiert wird. Diese Gedächtniszellen kommen in beiden Mäusestämmen vor, produzieren aber aus unbekannten Gründen in den BALB/c-Mäusen, nicht jedoch in den C57BL/6-Mäusen, IL-4. Bei den BALB/c-Mäusen veranlasst die geringe Menge an IL-4, die von diesen Gedächtniszellen während einer *Leishmania*-Infektion freigesetzt wird, neue *Leishmania*-spezifische CD4-T-Zellen, sich nicht zu T$_H$1-, sondern zu T$_H$2-Zellen zu entwickeln, sodass die Pathogene nicht beseitigt werden und die Mäuse sterben. Die begünstigte Entwicklung der T$_H$2-Zellen gegenüber den T$_H$1-Zellen in den BALB/c-Mäusen lässt sich umkehren, wenn IL-4 in einer frühen Infektionsphase durch Anti-IL-4-Antikörper blockiert wird. Diese Behandlung ist jedoch unwirksam, wenn die Infektion bereits etwa eine Woche andauert. Das zeigt, wie wichtig die Cytokine für die frühen Weichenstellungen während der T-Zell-Entwicklung sind (▶ Abb. 9.35).

## 9.2.10 Regulatorische CD4-T-Zellen wirken bei der Kontrolle der adaptiven Immunantworten mit

Regulatorische T-Zellen sind für die Verhinderung von Autoimmunreaktionen von zentraler Bedeutung. Sie umfassen verschiedene Gruppen, die sich in ihrem entwicklungsphysiologischen Ursprung und ihren Funktionen unterscheiden. Natürliche regulatorische T-Zellen (nT$_{reg}$-Zellen) entwickeln sich im Thymus (Abschn. 8.3.8); sie sind CD4-positive Zellen, die CD25 sowie in großen Mengen den L-Selektin-Rezeptor CD62L und CTLA-4 konstitutiv exprimieren. Induzierte T$_{reg}$-Zellen (iT$_{reg}$-Zellen) entstehen in der Peripherie aus naiven CD4-T-Zellen; auch sie exprimieren CD25 und CTLA-4 (Abschn. 9.2.7). Insgesamt machen die T$_{reg}$-Zellen 5–10 % der CD4-T-Zellen im Kreislauf aus. Ein besonderes Kennzeichen beider T$_{reg}$-Zell-Typen ist die Expression des Transkriptionsfaktors FoxP3, der, neben anderen Aktivitäten, die Wechselwirkung von AP-1 und NFAT mit dem Promotor des IL-2-Gens stört und so die Aktivierung der Gentranskription und damit die Produktion von IL-2 verhindert.

Natürliche T$_{reg}$-Zellen entwickeln sich aus potenziell autoreaktiven T-Zellen, die die konventionellen $\alpha$:$\beta$-T-Zell-Rezeptoren exprimieren und im Thymus durch die hochaffine Bindung der MHC-Moleküle mit den daran gebundenen Selbst-Peptiden selektiert werden. Bis jetzt ist nicht bekannt, ob sie für die Expression ihrer regulatorischen Funktion in der Peripherie mit den gleichen Selbst-Liganden selektiert werden wie im Thymus oder ob es sich dabei um andere Auto- oder auch Nichtautoantigene handelt. Wahrscheinlich tragen mehrere verschiedene Mechanismen zur Fähigkeit der T$_{reg}$-Zellen bei, Reaktionen von anderen T-Zellen zu blockieren, aber Wechselwirkungen mit antigenpräsentierenden Zellen, die die Übermittlung aktivierender Signale behindern, sind dabei von grundlegender Bedeutung. Man nimmt an, dass der Rezeptor CTLA-4, der in großen Mengen auf der Oberfläche der natürlichen T$_{reg}$-Zellen exprimiert wird, um die Bindung der B7-Moleküle konkurriert, die von antigenpräsentierenden Zellen exprimiert werden, sodass diese keine costimulierenden Signale an die naiven T-Zellen übermitteln können. Es besteht auch die Vorstellung, dass der von den T$_{reg}$-Zellen exprimierte Rezeptor CTLA-4 die B7-Moleküle physikalisch von der Oberfläche der antigenpräsentierenden Zellen entfernt, sodass diese keine costimulierende Aktivität mehr besitzen. In ähnlicher Weise ziehen die T$_{reg}$-Zellen anscheinend durch ihre Expression des hochaffinen IL-2-Rezeptors CD25 die IL-2-Moleküle von den naiven T-Zellen ab, die CD25 vor ihrer vollständigen Reifung nicht exprimieren.

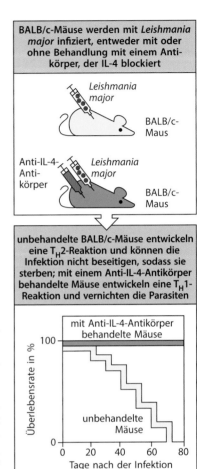

**Abb. 9.35 Die Entwicklung von CD4-Untergruppen lässt sich beeinflussen, indem man die Zusammensetzung der Cytokine verändert, die in den frühen Phasen einer Infektion aktiv sind.** Die Beseitigung einer Infektion mit dem intrazellulären protozoischen Parasiten *Leishmania major* erfordert eine T$_H$1-Reaktion, da IFN-$\gamma$ für die Aktivierung der Makrophagen notwendig ist, die vor der Infektion schützen. BALB/c-Mäuse sind normalerweise für *L. major* anfällig, da sie auf das Pathogen eine T$_H$2-Reaktion entwickeln. Das liegt daran, dass sie schon in einer frühen Infektionsphase IL-4 produzieren. Das veranlasst naive T-Zellen, sich zu T$_H$2-Zellen zu entwickeln (siehe Text). Die Behandlung von BALB/c-Mäusen mit neutralisierenden Anti-IL-4-Antikörpern zu Beginn der Infektion blockiert IL-4 und verhindert, dass sich naive T-Zellen zur T$_H$2-Linie hin entwickeln. Diese Mäuse bringen eine schützende T$_H$1-Reaktion zustande

Weitere Funktionen der $T_{reg}$-Zellen werden durch die Produktion von immunsuppressiven Cytokinen vermittelt. TGF-$\beta$, der von den $T_{reg}$-Zellen gebildet wird, kann die T-Zell-Proliferation hemmen (▶ Abb. 9.34). IL-10, das von den $T_{reg}$-Zellen in einer späten Phase der Immunantwort produziert wird, hemmt die Expression von MHC-Molekülen und costimulierenden Molekülen durch die antigenpräsentierenden Zellen. IL-10 hemmt zudem die Produktion von proinflammatorischen Cytokinen durch die antigenpräsentierenden Zellen, sodass die Reaktionen der T-Effektorzellen begrenzt werden. So blockiert beispielsweise IL-10 die Produktion von IL-12 und IL-23 durch die antigenpräsentierenden Zellen und beeinträchtigt damit deren Fähigkeit, die Differenzierung und Stabilisierung der $T_H1$- beziehungsweise $T_H17$-Zellen zu unterstützen. Die entscheidende Funktion der $T_{reg}$-Zellen für die Immunregulation zeigt sich bei verschiedenen Autoimmunsyndromen (Kap. 15), die durch einen Defekt einzelner Komponenten der $T_{reg}$-Zell-Funktion entstehen.

Die induzierten $T_{reg}$-Zellen differenzieren sich zwar in den sekundären lymphatischen Geweben, nachdem sie den Thymus verlassen haben, exprimieren aber FoxP3 und besitzen auch sonst größtenteils die phänotypischen und funktionellen Eigenschaften der natürlichen $T_{reg}$-Zellen. Eine Hauptfunktion der $iT_{reg}$-Zellen besteht darin, entzündliche Immunantworten auf die kommensale Mikroflora zu verhindern, insbesondere gegen Mikroorganismen, die etwa in den mucosalen Geweben des Darms vorkommen. Hier sind anscheinend die $iT_{reg}$-Zellen die vorherrschende Quelle für IL-10. Wenn IL-10 fehlt, kommt es zu einer entzündlichen Darmerkrankung, die durch das Immunsystem hervorgerufen wird und von chronischen Reaktionen auf Antigene der Mikroflora im Darm gekennzeichnet ist (siehe auch Abschn. 15.3.6). Wie wir in Kap. 12 noch genauer besprechen werden, wird die Differenzierung der induzierten $T_{reg}$-Zellen im Darm durch das Auftreten antigenpräsentierender Zellen, die Retinsäure produzieren, begünstigt. Retinsäure ist ein Derivat von Vitamin A und wird von dendritischen Zellen des Darms gebildet. Retinsäure induziert zusammen mit TGF-$\beta$ die Differenzierung der $T_{reg}$-Zellen, während die Differenzierung der $T_H17$-Zellen unterdrückt wird (▶ Abb. 9.33). Das antagonistische Gleichgewicht zwischen Retinsäure und IL-6 reguliert daher in den mucosaassoziierten lymphatischen Geweben des Darms die Differenzierung der $T_{reg}$- beziehungsweise $T_H17$-Zellen.

Man hat auch CD4-T-Zellen entdeckt, die FoxP3 nicht exprimieren, aber immunsuppressive Cytokine produzieren, die für $T_{reg}$-Zellen charakteristisch sind. Eine solche Population sind die $T_R1$-Zellen, die vor allem durch ihre Produktion von IL-10 und das Fehlen von FoxP3 gekennzeichnet sind. Es hat sich jedoch inzwischen herausgestellt, dass viele verschiedene Zellen, darunter auch $T_H1$-, $T_H2$-, $T_H17$- und B-Zellen, unter bestimmten Bedingungen IL-10 produzieren können, etwa bei chronischen Reaktionen auf persistierende Antigene. Deshalb ist unklar, ob die $T_R1$-Zellen überhaupt eine eigene Untergruppe der T-Zellen bilden, und wenn das der Fall ist, ob sie für die Immunregulation eine bestimmte Funktion besitzen.

### Zusammenfassung

Der entscheidende erste Schritt bei der erworbenen Immunität ist die Aktivierung naiver antigenspezifischer T-Zellen (Priming) durch antigenpräsentierende Zellen. Das geschieht in den Lymphgeweben, die ständig von naiven T-Zellen durchwandert werden. Das besondere Merkmal antigenpräsentierender Zellen ist die Expression costimulierender Faktoren auf der Zelloberfläche, von denen die B7-Moleküle am wichtigsten sind. Naive T-Zellen reagieren nur dann auf ein Antigen, wenn die antigenpräsentierende Zelle zur gleichen Zeit dem T-Zell-Rezeptor das spezifische Antigen und CD28 ein B7-Molekül darbietet. Diese doppelte Anforderung, dass durch dieselbe antigenpräsentierende Zelle sowohl eine Rezeptorbindung als auch eine Costimulation erfolgen muss, trägt dazu bei, dass naive T-Zellen daran gehindert werden, auf Autoantigene von Gewebezellen zu reagieren, die keine costimulierende Aktivität besitzen.

Die Aktivierung von naiven T-Zellen führt zu ihrer Proliferation sowie zu ihrer Differenzierung zu T-Effektorzellen, bei den meisten adaptiven Immunantworten ein entscheidender Vorgang. Verschiedene Kombinationen von Cytokinen regulieren, welcher Typ von Effektorzellen sich als Reaktion auf ein Antigen entwickelt. Welche Cytokine bei der primären

T-Zell-Aktivierung vorhanden sind, wird durch das angeborene Immunsystem beeinflusst. Sobald ein expandierter Klon von T-Zellen die Effektorfunktion entwickelt hat, können seine Nachkommen mit jeder Zielzelle interagieren, die ein Antigen auf der Oberfläche trägt. T-Effektorzellen besitzen eine Anzahl verschiedener Funktionen. Cytotoxische CD8-T-Zellen erkennen virusinfizierte Zellen und töten sie. $T_H1$-Effektorzellen stimulieren die Aktivierung von Makrophagen, das Abtöten intrazellulärer Pathogene zu verstärken, $T_H2$-Zellen unterstützen das Immunsystem an mucosalen Barrieren bei der Bekämpfung von Krankheitserregern, etwa von Helminthen. Für deren Beseitigung sind dann auch die Effektoraktivitäten von beispielsweise eosinophilen Zellen und Mastzellen notwendig. Die Bekämpfung bestimmter Arten von Bakterien und Pilzen wird von $T_H17$-Zellen angeführt, insbesondere in Barrierezonen, wo sie neutrophile Zellen zu Infektionsherden lenken und die Produktion von antimikrobiellen Peptiden durch Epithelzellen stimulieren. $T_{FH}$-Zellen sind auf Wechselwirkungen mit B-Zellen und die Lokalisierung in B-Zell-Follikeln und Keimzentren spezialisiert, wo sie die Produktion von Antikörpern und die Isotypwechsel unterstützen. Die Untergruppen der regulatorischen CD4-T-Zellen begrenzen die Immunantwort, indem sie die Aktivierung autoreaktiver naiver T-Zellen durch antigenpräsentierende Zellen verhindern und inhibitorische Cytokine produzieren, die die Effektorreaktionen der übrigen T-Zell-Subpopulationen einschränken.

# 9.3 Allgemeine Eigenschaften von T-Effektorzellen und ihren Cytokinen

Bei allen Effektorfunktionen der T-Zellen kommt es zu einer Wechselwirkung einer T-Effektorzelle mit einer Zielzelle, die ein spezifisches Antigen präsentiert. Die von den T-Zellen exprimierten Effektorproteine, seien sie an die Zelle gebunden (wie CD40L) oder von ihr freigesetzt (wie Cytokine), sind völlig auf die Zielzelle ausgerichtet. Die zugrunde liegenden Mechanismen werden durch die spezifische Antigenerkennung ausgelöst und sind bei allen Typen von Effektorzellen vorhanden. Die Effektorwirkung hängt hingegen davon ab, welche Art von T-Effektorzellen aktiviert wird.

## 9.3.1 Antigenunspezifische Zelladhäsionsmoleküle führen zu Wechselwirkungen zwischen T-Effektorzellen und Zielzellen

Hat eine T-Effektorzelle ihre Differenzierung im Lymphgewebe abgeschlossen, muss sie die Zielzellen mit dem spezifischen Peptid:MHC-Komplex finden, den sie erkennt. $T_{FH}$-Zellen treffen auf ihre B-Zellen, ohne das Lymphgewebe zu verlassen. Die meisten T-Effektorzellen verlassen jedoch den Ort ihrer Aktivierung im Lymphgewebe und gelangen in das Blut, entweder direkt, wenn sie in der Milz durch ein Antigen primär geprägt werden, oder über die efferenten Lymphgefäße und den Ductus thoracicus, wenn das Priming in den Lymphknoten stattfindet. Weil sich ihre Zelloberflächen im Laufe der Differenzierung verändert haben, können die T-Effektorzellen nun in die Gewebe und hier besonders zu den Infektionsherden wandern. Aufgrund einer Infektion kommt es zu Veränderungen der Adhäsionsmoleküle, die im Endothel der lokalen Blutgefäße exprimiert werden. Dadurch und auch aufgrund lokaler chemotaktischer Faktoren werden die T-Zellen zu den Infektionsherden geleitet (Kap. 11).

Wie bei der Bindung einer naiven T-Zelle an eine antigenpräsentierende Zelle handelt es sich bei der Bindung einer T-Effektorzelle an ihr Ziel zunächst um einen Vorgang, der von den Adhäsionsmolekülen LFA-1 und CD2 vermittelt wird und nicht von einem spezifischen Antigen abhängig ist. T-Effektorzellen besitzen jedoch zwei- bis viermal so viel LFA-1 und CD2 wie naive T-Zellen. Daher können sie leicht an Zielzellen binden, die auf ihrer Zelloberfläche weniger ICAMs und CD58 tragen als antigenpräsentierende Zellen. Diese Wechselwirkung ist nur vorübergehend. Erkennt jedoch der T-Zell-Rezeptor ein Antigen auf der Zielzelle, so erhöht sich die Affinität von LFA-1 auf der T-Zelle für seine Liganden. Das führt dazu, dass die T-Zelle stärker an ihr Ziel bindet und dort solange gebunden bleibt, bis sie ihre spezifischen Effektormoleküle freisetzen kann. CD4-T-Effektorzellen, die Makrophagen aktivieren oder B-Zellen dazu veranlassen, Antikörper zu sezernieren, müssen für ihre Effektoraktivitäten neue Gene anschalten und neue Proteine synthetisieren und deshalb mit ihren Zielzellen relativ lange in Kontakt bleiben. Dagegen kann man unter dem Mikroskop beobachten, wie sich cytotoxische T-Zellen relativ schnell nacheinander an

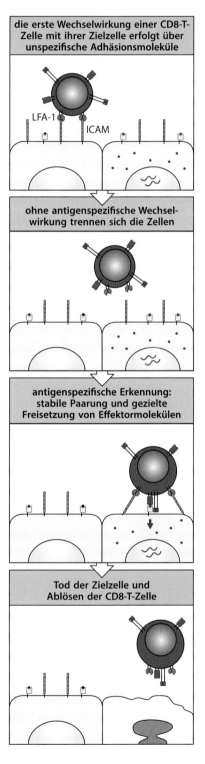

**Abb. 9.36 An den Wechselwirkungen von T-Zellen mit ihren Zielzellen sind anfänglich unspezifische Adhäsionsmoleküle beteiligt.** Die entscheidende erste Wechselwirkung erfolgt zwischen LFA-1 auf der T-Zelle, hier als cytotoxische CD8-T-Zelle dargestellt, und ICAM-1 oder ICAM-2 auf der Zielzelle (*oben*). Diese Bindung ermöglicht es der T-Zelle, mit der Zielzelle in Kontakt zu bleiben und deren Oberfläche nach spezifischen Peptid:MHC-Komplexen abzusuchen. Falls die Zielzelle nicht das spezifische Antigen besitzt, löst sich die T-Zelle wieder (*zweites Bild*) und überprüft andere potenzielle Zielzellen, bis sie das spezifische Antigen findet (*drittes Bild*). Die Signalgebung über den T-Zell-Rezeptor steigert die Avidität der adhäsiven Wechselwirkungen, wodurch der Kontakt zwischen den beiden Zellen verlängert und die T-Zelle dazu stimuliert wird, ihre Effektormoleküle freizusetzen. Daraufhin löst sich die T-Zelle von der Zielzelle (*unten*)

die erste Wechselwirkung einer CD8-T-Zelle mit ihrer Zielzelle erfolgt über unspezifische Adhäsionsmoleküle

LFA-1 ICAM

ohne antigenspezifische Wechselwirkung trennen sich die Zellen

antigenspezifische Erkennung: stabile Paarung und gezielte Freisetzung von Effektormolekülen

Tod der Zielzelle und Ablösen der CD8-T-Zelle

bestimmte Zellen heften und auch wieder von ihnen lösen, wobei sie sie gleichzeitig töten (▶ Abb. 9.36). Das Töten der Zielzelle oder eine lokale Veränderung auf der T-Zelle ermöglicht es der T-Effektorzelle, sich zu lösen und neue Zielzellen anzugreifen. Man weiß nicht, wie sich CD4-T-Effektorzellen von ihren antigennegativen Zielzellen lösen. Neuere Arbeiten lassen jedoch vermuten, dass eine Bindung von CD4 an MHC-Klasse-II-Moleküle, ohne Beanspruchung des T-Zell-Rezeptors, das Signal zur Ablösung gibt.

### 9.3.2 Zwischen T-Effektorzellen und ihren Zielzellen bilden sich immunologische Synapsen, wodurch die Signalgebung reguliert wird und die Freisetzung von Effektormolekülen gezielt erfolgt

Bei der Bindung an ihre spezifischen Antigenpeptid:Selbst-MHC-Komplexe oder an Selbst-Peptid:Selbst-MHC-Komplexe aggregieren die T-Zell-Rezeptoren und die mit ihnen quervernetzten Corezeptoren dort, wo die Zellen miteinander in Kontakt stehen, und bilden den **supramolekularen Aktivierungskomplex (SMAC)** oder die **immunologische Synapse**. Auch andere Zelloberflächenmoleküle aggregieren hier. So entsteht beispielsweise durch die feste Bindung von LFA-1 an ICAM-1, die durch die Aggregation des T-Zell-Rezeptors erzeugt wird, eine molekulare „Versiegelung", die den T-Zell-Rezeptor und seinen Corezeptor umgibt (▶ Abb. 9.37). In bestimmten Fällen strukturiert sich die Kontaktzone in zwei Bereiche: eine zentrale Region, die man als zentralen supramolekularen Aktivierungskomplex (cSMAC) bezeichnet, und eine äußere Region, den peripheren supramolekularen Aktivierungskomplex (pSMAC). Der cSMAC enthält den größten Teil der Signalproteine, von denen man weiß, dass sie für die T-Zell-Aktivierung von Bedeutung sind. Der pSMAC ist vor allem deshalb bemerkenswert, dass dort LFA-1 und das Cytoskelettprotein Talin liegen, das LFA-1 mit dem Actincytoskelett verbindet (Abschn. 3.2.4). Die immunologische Synapse ist keine statische Struktur, wie es in ▶ Abb. 9.37 den Anschein hat, sondern sehr dynamisch. T-Zell-Rezeptoren bewegen sich aus der Peripherie in den cSMAC, wo sie über einen ubiquitinabhängigen Abbau eine Endocytose durchlaufen, bei dem die E3-Ligase Cbl eine Rolle spielt (▶ Abb. 7.5). Da die T-Zell-Rezeptoren im cSMAC abgebaut werden, ist die Signalgebung dort schwächer als in den peripheren Kontaktregionen, wo sich Mikrocluster der T-Zell-Rezeptoren bilden, die hochaktiv sind (Abschn. 7.2.2).

Die Aggregation der T-Zell-Rezeptoren gibt das Signal für eine Umorganisation des Cytoskeletts. Dadurch wird die Effektorzelle so polarisiert, dass die Effektormoleküle nur an der Kontaktstelle mit der spezifischen Zielzelle freigesetzt werden. Dies ist in ▶ Abb. 9.38 am Beispiel einer cytotoxischen T-Zelle dargestellt. Ein wichtiger Zwischenschritt bei den Effekten der T-Zell-Signale auf das Cytoskelett ist das Wiskott-Aldrich-Syndrom-Protein (WASp). Ein Defekt dieses Proteins führt unter anderem dazu, dass T-Zellen nicht mehr polarisiert werden können, und es kommt zu dem Immunschwächesyndrom, nach dem das Protein bezeichnet wurde (Abschn. 7.2.13 und 13.1.6). Die Aktivierung und Rekrutierung von WASp durch T-Zell-Rezeptor-Signale wird von dem Adaptorprotein Vav (Abschn. 7.2.13) vermittelt. Die Polarisierung beginnt damit, dass das corticale Actincytoskelett an der Kontaktstelle umorganisiert wird. Das wiederum führt zu einer Umstrukturierung des MTOC (Mikrotubuliorganisationszentrum, *microtubule-organizing center*), von dem aus sich das Gerüst der Mikrotubuli und des Golgi-Apparats (GA) bildet, durch das die meisten Proteine wandern, die sezerniert werden sollen. In der cytotoxischen T-Zelle ist die Umorganisation des Cytoskeletts vor allem darauf ausgerichtet, vorhandene cytotoxische Granula an der Kontaktstelle der T-Zelle mit der Zielzelle durch Exocytose auszuschleusen. Aufgrund der Polarisierung der T-Zelle werden auch die neu synthetisierten Effektormoleküle gezielt sezerniert. So wird zum Beispiel das sezernierte Cytokin IL-4, das wichtigste Effektormolekül der $T_H2$-Zellen, ausschließlich an der Kontaktstelle mit der Zielzelle ausgeschüttet.

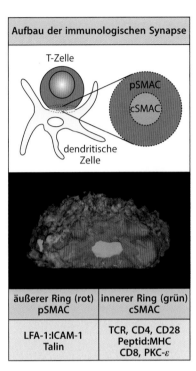

**Aufbau der immunologischen Synapse**

T-Zelle
pSMAC
cSMAC
dendritische Zelle

| äußerer Ring (rot) pSMAC | innerer Ring (grün) cSMAC |
|---|---|
| LFA-1:ICAM-1 Talin | TCR, CD4, CD28 Peptid:MHC CD8, PKC-$\varepsilon$ |

**Abb. 9.37 Die Kontaktregion zwischen einer T-Effektorzelle und ihrer Zielzelle bildet eine immunologische Synapse.** Dargestellt ist eine Aufnahme von der Kontaktregion zwischen einer CD4-T-Zelle und einer B-Zelle (wie sie durch eine der Zellen hindurch zu sehen ist) mit einem konfokalen Fluoreszenzmikroskop. Proteine in der Kontaktregion zwischen der T-Zelle und der antigenpräsentierenden Zelle bilden eine Struktur, die man als immunologische Synapse oder supramolekularen Aktivierungskomplex (SMAC) bezeichnet. In der Struktur lassen sich zwei Bereiche unterscheiden: der äußere oder periphere SMAC (pSMAC), der als *roter Ring* erscheint, sowie der innere oder zentrale SMAC (cSMAC), der *hellgrün* erscheint. Im cSMAC sammeln sich der T-Zell-Rezeptor (TCR), CD4, CD8, CD28 und CD2 an, im pSMAC das Integrin LFA-1 und das Cytoskelettprotein Talin. (Foto mit freundlicher Genehmigung von A. Kupfer)

 Video 9.6

Teil IV

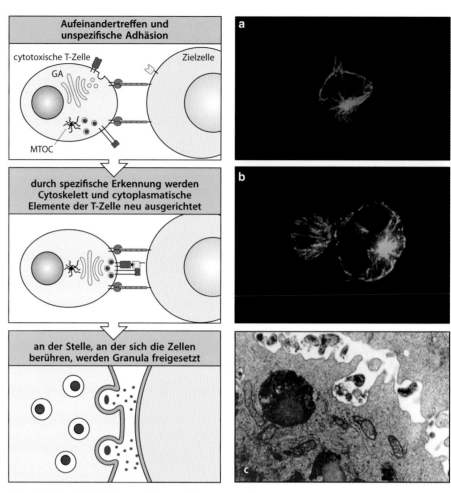

**Abb. 9.38 Da die T-Zelle polarisiert wird, wenn sie ein spezifisches Antigen erkennt, können die Effektormoleküle auf die Zielzelle ausgerichtet werden, die das Antigen trägt.** Als Beispiel dient hier eine cytotoxische CD8-T-Zelle. Diese Zellen enthalten spezialisierte Lysosomen, sogenannte lytische Granula, in denen sich cytotoxische Proteine befinden. Die erste Bindung an eine Zielzelle über Adhäsionsmoleküle wirkt sich nicht auf die Lokalisierung der lytischen Granula aus. Erst aufgrund der Bindung des T-Zell-Rezeptors wird die T-Zelle dann polarisiert: Das corticale Actincytoskelett wird an der Kontaktstelle umorganisiert. Dadurch wird das MTOC (Mikrotubuliorganisationszentrum) neu ausgerichtet, sodass wiederum der Sekretionsapparat einschließlich des Golgi-Apparats (GA) zur Zielzelle hin orientiert ist. Die Proteine in den lytischen Granula, die aus dem Golgi-Apparat stammen, werden so spezifisch zur Zielzelle gelenkt. Die Aufnahme in **a** zeigt eine nichtgebundene, isolierte cytotoxische T-Zelle. Das Mikrotubulicytoskelett ist *grün*, die lytischen Granula sind *rot* gefärbt. Man beachte, dass die cytotoxischen Granula über die ganze T-Zelle verteilt sind. **b** zeigt eine cytotoxische T-Zelle, die an eine (größere) Zielzelle gebunden ist. Die cytotoxischen Granula in der gebundenen T-Zelle sind jetzt an der Kontaktstelle der beiden Zellen konzentriert. Die elektronenmikroskopische Aufnahme (**c**) zeigt, wie eine cytotoxische T-Zelle ihre Granula freisetzt. (Fenster **c** mit freundlicher Genehmigung der Springer Science and Business Media: Henkart, P.A., Martz, E. (eds): *Second International Workshop on Cell Mediated Cytotoxicity.* © 1985 Kluwer/Plenum Publishers)

Der T-Zell-Rezeptor steuert also auf dreierlei Weise die Freisetzung von Effektorsignalen: Er führt zu einer festen Bindung zwischen den Effektorzellen und ihren Zielzellen, sodass die Effektormoleküle auf einem engen Raum konzentriert werden können, er sorgt dafür, dass sie gezielt an der Kontaktstelle mit der Zielzelle freigesetzt werden, indem er in der Effektorzelle die Umorganisation des Sekretionsapparats veranlasst, und er löst außerdem Synthese und/oder Freisetzung der Effektormoleküle aus. All diese koordinierten Prozesse tragen dazu bei, dass die Effektormoleküle ausschließlich auf die Zellen einwirken, die das spezifische Antigen tragen. Auf diese Weise wirken die T-Effektorzellen insgesamt ganz gezielt auf die entsprechenden Zielzellen ein, obwohl die Effektormoleküle für sich genommen nicht antigenspezifisch sind.

### 9.3.3 Die Effektorfunktionen von T-Zellen hängen davon ab, welches Spektrum an Effektormolekülen sie hervorbringen

T-Effektorzellen synthetisieren zwei große Gruppen von Effektormolekülen: Cytotoxine, die in spezialisierten cytotoxischen Granula gespeichert und von cytotoxischen CD8-T-Zellen freigesetzt werden (▶ Abb. 9.38), sowie Cytokine und verwandte membranständige Proteine, die von allen T-Effektorzellen *de novo* synthetisiert werden. Die Cytotoxine sind die wichtigsten Effektormoleküle cytotoxischer T-Zellen und werden in Abschn. 9.4.3 näher vorgestellt. Da sie unspezifisch reagieren, ist es besonders wichtig, dass ihre Freisetzung sehr genau reguliert wird: Sie können die Lipiddoppelschicht durchdringen und in jeder Zielzelle den programmierten Zelltod (Apoptose) auslösen. CD4-T-Effektorzellen hingegen entfalten ihre Aktivität vor allem über die Produktion von Cytokinen und membranständigen Proteinen, und ihre Aktivitäten sind auf Zellen beschränkt, die MHC-Klasse-II-Moleküle tragen und Rezeptoren für diese Proteine exprimieren.

 Video 9.7

▶ Abb. 9.39 gibt einen Überblick über die wichtigsten Effektormoleküle der T-Zellen. Die Cytokine sind eine inhomogene Gruppe von Proteinen, die wir kurz vorstellen wollen, bevor wir die T-Zell-Cytokine und ihre Aktivitäten besprechen. Lösliche Cytokine und membrangebundene Moleküle sind oft gemeinsam daran beteiligt, diese Effekte zu übermitteln.

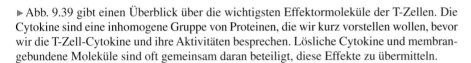

Teil IV

**Abb. 9.39 Die verschiedenen Arten von T-Effektorzellen synthetisieren verschiedene Effektormoleküle.** CD8-T-Zellen sind überwiegend Killerzellen, die Peptid:MHC-Klasse-I-Komplexe erkennen. Sie setzen Perforin frei (das die Übertragung der Granzyme in die Zielzelle unterstützt) sowie die Granzyme selbst (das sind Proteasen, die in der Zelle aktiviert werden und dort eine Apotose auslösen) und oft auch das Cytokin IFN-γ. Sie tragen zudem das membrangebundene Effektormolekül Fas-Ligand (CD178). Bindet dieser an Fas (CD95) auf der Zielzelle, wird in der Zelle ein Apoptoseprogramm aktiviert. Die verschiedenen funktionellen Untergruppen der CD4-T-Zellen erkennen Peptid:MHC-Klasse-II-Komplexe. T$_H$1-Zellen sind auf die Aktivierung von Makrophagen spezialisiert, die mit Pathogenen infiziert sind oder Pathogene aufgenommen haben. Sie sezernieren IFN-γ, um die infizierte Zelle zu aktivieren, sowie andere Effektormoleküle. Sie können den membranständigen CD40- und/oder den Fas-Liganden exprimieren. Der CD40-Ligand löst die Aktivierung der Zielzelle aus, während der Fas-Ligand den Tod von Fas-exprimierenden Zellen hervorruft. Welches Molekül gebildet wird, beeinflusst also in besonderem Maß die Funktion der T$_H$1-Zellen. T$_H$2-Zellen sind darauf spezialisiert, Immunantworten gegen Parasiten zu stimulieren, und sie fördern auch allergische Reaktionen. Sie unterstützen die Aktivierung der B-Zellen und sezernieren die B-Zell-Wachstumsfaktoren IL-4, IL-5, IL-9 und IL-13. Als membranständiges Effektormolekül exprimieren T$_H$2-Zellen vor allem den CD40-Liganden, der auf der B-Zelle an CD40 bindet und diese zur Proliferation und zum Isotypwechsel (Kap. 10) anregt. T$_H$17-Zellen produzieren Proteine der IL-17-Familie und IL-22, außerdem fördern sie akute Entzündungen, indem sie neutrophile Zellen zu Infektionsherden lenken. T$_{reg}$-Zellen produzieren inhibitorische Cytokine wie IL-10 und TGF-β, die wahrscheinlich über größere Entfernungen wirksam sind, aber ebenfalls Inhibitorische Aktivitäten entfalten, etwa indem sie B7 und IL-2 unwirksam machen, deren Aktivitäten auf Zellkontakten beruhen

### 9.3.4 Cytokine können lokal, aber auch in größerer Entfernung wirken

Cytokine sind kleine lösliche Proteine, die von einer Zelle sezerniert werden und das Verhalten oder die Eigenschaften der Zelle selbst (autokrine Aktivität) oder einer anderen Zelle verändern (parakrine Aktivität). Cytokine werden auch von vielen Zelltypen produziert, die nicht zum Immunsystem gehören. Die Familien der Cytokine und ihrer Rezeptoren, die bei der angeborenen und adaptiven Immunität von Bedeutung sind, haben wir bereits in den Kap. 3 und 7 (Abschn. 3.2.1 und 7.1.1) vorgestellt. In diesem Abschnitt befassen wir uns mit den Cytokinen, die die Effektorfunktionen von T-Zellen vermitteln. Viele T-Zell-Cytokine bezeichnet man als Interleukin (IL) und setzt eine Zahl dahinter. Die Cytokine, die von T-Zellen produziert werden, sind in ▶ Abb. 9.40 zusammengefasst, eine umfassendere Liste von immunologisch interessanten Cytokinen findet sich in Anhang III. Viele Cytokine zeigen eine Reihe verschiedener biologischer Effekte, wenn man sie *in vitro* testet. Zur Aufklärung ihrer physiologischen Bedeutung benutzte man daher Mäuse, in denen die Cytokin- und Cytokinrezeptorgene gezielt zerstört wurden (Anhang I, Abschn. A.35).

Die Bindung des T-Zell-Rezeptors führt zu einer gezielten Freisetzung von Cytokinen, sodass sie an der Kontaktstelle mit der Zielzelle konzentriert vorliegen (Abschn. 9.3.2). Darüber hinaus wirken die meisten löslichen Cytokine lokal und gemeinsam mit membrangebundenen Effektoren, sodass sich die Wirkung all dieser Moleküle summiert. Da sich die membrangebundenen Effektoren außerdem nur an die Rezeptoren einer Zelle heften können, die mit ihnen in Wechselwirkung tritt, ist dies ein weiterer Mechanismus, wie Cytokine noch gezielter auf Zielzellen einwirken können. Bei einigen Cytokinen wird die Wirkung durch eine strikte Regulation ihrer Synthese noch stärker auf die Zielzellen beschränkt: Die Synthese von IL-2, IL-4 und IFN-$\gamma$ wird durch die Instabilität der mRNAs kontrolliert (Abschn. 9.2.3), sodass ihre Sekretion durch die T-Zellen nach dem Ende der Wechselwirkung mit einer Zielzelle eingestellt wird.

Einige Cytokine erzielen ihre Wirkung an weiter entfernten Stellen. IL-3 und GM-CSF (▶ Abb. 9.39) zum Beispiel, die von $T_H1$- und $T_H2$-Zellen freigesetzt werden, wirken auf Knochenmarkzellen ein und stimulieren so die Bildung von Makrophagen und Granulocyten. Bei beiden Zelltypen handelt es sich um wichtige angeborene Effektorzellen der Antikörper- und der T-Zell-vermittelten Immunität. IL-3 und GM-CSF regen auch die Bildung dendritischer Zellen aus Vorläuferzellen des Knochenmarks an. IL-17A und IL-17F, die beide von $T_H17$-Zellen produziert werden, wirken vor allem auf Stromazellen und veranlassen sie zur Produktion des Faktors G-CSF, der wiederum die Bildung von neutrophilen Zellen durch das Knochenmark stimuliert. $T_H2$-Zellen synthetisieren IL-5, das die Bildung von eosinophilen Granulocyten fördert. Ob ein bestimmtes Cytokin auf das direkte Umfeld oder auf weiter entfernte Ziele einwirkt, hängt wahrscheinlich davon ab, in welcher Menge es ausgeschüttet wird, wie viel davon auf die Zielzelle gerichtet ist und wie stabil das Cytokin *in vivo* ist.

### 9.3.5 T-Zellen exprimieren verschiedene Cytokine der TNF-Familie als trimere Proteine, die normalerweise mit der Zelloberfläche assoziiert sind

Die meisten T-Effektorzellen exprimieren Vertreter der TNF-Familie als membranassoziierte Proteine auf der Zelloberfläche. Dazu gehören auch TNF-$\alpha$, die Lymphotoxine (LT), der Fas-Ligand (CD178) und der CD40-Ligand, wobei die beiden zuletzt genannten immer mit der Zelloberfläche assoziiert sind. T-Zellen synthetisieren TNF-$\alpha$ in einer löslichen und einer membranständigen Form, die sich jeweils zu einem Homotrimer zusammenlagern. Das sezernierte LT-$\alpha$ ist ebenfalls ein Homotrimer, bildet aber in seiner membrangebundenen Form mit LT-$\beta$, einem dritten membranständigen Mitglied dieser Familie, Heterotrimere, die man vereinfacht mit LT-$\beta$ bezeichnet (Abschn. 9.1.2). Die Rezeptoren für

| Cytokin | T-Zelle (Quelle) | Wirkung auf | | | | | Wirkung des Gen-Knockouts |
|---------|------------------|-------------|---|---|---|---|----------------------------|
| | | B-Zellen | T-Zellen | Makrophagen | hämatopoetische Zellen | andere Gewebezellen | |
| Interleukin-2 (IL-2) | naive, $T_H1$, einige CD8 | stimuliert Wachstum und Synthese der J-Kette | Wachstum und Differenzierung | – | stimuliert Wachstum der NK-Zellen | – | gestörte Entwicklung und Funktion der $T_{reg}$-Zellen |
| Interferon-$\gamma$ (IFN-$\gamma$) | $T_H1$, $T_{FH}$, CTL | Differenzierung IgG2a-Synthese (Maus) | hemmt Differenzierung von $T_H17$-Zellen | Aktivierung, ↑MHC-Klasse I und -Klasse II | aktiviert NK-Zellen | antiviral ↑MHC-Klasse I und -Klasse II | anfällig für Mycobakterien |
| Lymphotoxin-$\alpha$ (LT-$\alpha$, TNF-$\beta$) | $T_H1$, einige CTL | hemmt | tötet | aktiviert, regt NO-Produktion an | aktiviert Neutrophile | tötet Fibroblasten und Tumorzellen | fehlende Lymphknoten, gestörte Struktur der Milz |
| Interleukin-4 (IL-4) | $T_H2$, $T_{FH}$ | Aktivierung, Wachstum IgG1, IgE ↑Induktion von MHC-Klasse II | Wachstum, Überleben | unterstützt Aktivierung der Makrophagen der Randzone | ↑Wachstum der Mastzellen | – | keine $T_H2$-Zellen |
| Interleukin-5 (IL-5) | $T_H2$ | Maus: Differenzierung IgA-Synthese | – | – | ↑Wachstum und Differenzierung von Eosinophilen | – | geringere Eosinophilie |
| Interleukin-13 (IL-13) | $T_H2$ | Isotypwechsel IgG1, IgE | – | unterstützt Makrophagen der Randzone | – | ↑Schleimproduktion (Becherzellen) | gestörter Ausstoß von Helminthen |
| Interleukin-17 (IL-17) | $T_H17$ | fördert IgG2a, IgG2b, IgG3 (Maus) | – | – | stimuliert Rekrutierung von Neutrophilen (indirekt) | stimuliert Fibroblasten und Epithelzellen zur Freisetzung von Chemokinen | gestörte Abwehr von Bakterien |
| Interleukin-22 (IL-22) | $T_H17$ | – | – | – | – | stimuliert Schleimhautepithel und Haut zur Produktion antimikrobieller Peptide | gestörte Abwehr von Bakterien |
| transformierender Wachstumsfaktor $\beta$ (TGF-$\beta$) | $T_{reg}$ | hemmt Wachstum Faktor für IgA-Isotypwechsel | $T_H17$- und $iT_{reg}$-Differenzierung, hemmt $T_H1$ und $T_H2$ | hemmt Aktivierung | aktiviert Neutrophile | hemmt/stimuliert Zellwachstum | gestörte Entwicklung der $T_{reg}$-Zellen Autoimmunität gegen mehrere Organe und Tod nach ~10 Wochen |
| Interleukin-10 (IL-10) | $T_{reg}$, einige $T_H1$, $T_H2$, $T_H17$, CTL | ↑MHC-Klasse II | hemmt $T_H1$ | hemmt Freisetzung inflammatorischer Cytokine | costimuliert Wachstum der Mastzellen | – | IBD |
| Interleukin-3 (IL-3) | $T_H1$, $T_H2$, $T_H17$, einige CTL | – | – | – | Wachstumsfaktor für Vorläufer hämatopoetischer Zellen (Multi-CSF) | – | – |
| Tumornekrosefaktor-$\alpha$ (TNF-$\alpha$) | $T_H1$, $T_H17$, einige $T_H2$, einige CTL | – | – | aktiviert, regt NO-Produktion an | – | aktiviert mikrovaskuläres Endothel | Anfälligkeit für gramnegative Sepsis |
| Granulocyten-Makrophagen-Kolonie-stimulierender Faktor (GM-CSF) | $T_H1$, $T_H17$, einige $T_H2$, einige CTL | Differenzierung | hemmt Wachstum? | Aktivierung Differenzierung zu dendritischen Zellen | ↑Bildung von Granulocyten und Makrophagen (Myelopoese) und dendritischen Zellen | – | – |

**Abb. 9.40 Nomenklatur und Funktionen gut charakterisierter T-Zell-Cytokine.** Jedes Cytokin zeigt bei den verschiedenen Zelltypen mehrere Aktivitäten. Die wichtigsten Funktionen sind rot hervorgehoben. Das Cytokingemisch, das von einer bestimmten Zelle sezerniert wird, erzeugt über ein Cytokinnetzwerk vielfältige Wirkungen. ↑ Zunahme; CTL, cytotoxischer Lymphocyt; NK, natürliche Killerzelle; CSF, koloniestimulierender Faktor; IBD, entzündliche Darmerkrankung (*inflammatory bowel disease*); NO, Stickstoffmonoxid

Teil IV

TNF-$\alpha$ und LT-$\alpha$, TNFR1 und TNFR2, bilden Homotrimere, wenn sie an ihre Liganden gebunden sind. Die Trimerstruktur ist für alle Mitglieder der TNF-Familie charakteristisch und die von den Liganden induzierte Trimerbildung ihrer Rezeptoren ist anscheinend der entscheidende Vorgang beim Auslösen der Signale.

Der Fas- und der CD40-Ligand binden auf Zielzellen an die Transmembranproteine Fas (CD95) beziehungsweise CD40. Fas enthält im cytoplasmatischen Schwanz eine Todes-domäne und die Bindung von Fas durch den Fas-Liganden löst in der Fas-tragenden Zelle die Apoptose aus (▶ Abb. 11.22). Andere Vertreter der TNFR-Familie, darunter auch TNFR1, besitzen ebenfalls Todesdomänen und können auch die Apoptose auslösen. TNF-$\alpha$ und LT-$\alpha$ sind also Auslöser des programmierten Zelltods, indem sie an TNFR1 binden.

Der CD40-Ligand ist für die Effektorfunktion der CD4-T-Zellen von besonderer Bedeutung. Er wird auf $T_H$1-, $T_H$2-, $T_H$17- und $T_{FH}$-Zellen induziert und vermittelt über CD40 aktivie-rende Signale an B-Zellen und angeborene Immunzellen. Das cytoplasmatische Ende von CD40 enthält keine Todesdomäne. Es ist vielmehr an nachgeschaltete Proteine gekoppelt, die als TRAFs (TNF-Rezeptor-assoziierte Faktoren) bezeichnet werden. CD40 ist an der Aktivierung von Makrophagen und B-Zellen beteiligt. Bindet ein CD40-Molekül an seinen Liganden auf B-Zellen, werden das Wachstum und der Isotypwechsel gefördert. Erfolgt die Bindung dagegen auf Makrophagen, werden diese dazu gebracht, größere Mengen an pro-inflammatorischen Cytokinen (beispielsweise TNF-$\alpha$) zu sezernieren und auf viel geringere IFN-$\gamma$-Konzentrationen anzusprechen. Wird der CD40-Ligand in nicht ausreichender Menge exprimiert, führt dies zu einer Immunschwäche, wie wir in Kap. 13 erfahren werden.

### Zusammenfassung

Wechselwirkungen zwischen T-Effektorzellen und ihren Zielzellen beginnen mit einem vo-rübergehenden antigenunspezifischen Kontakt. T-Zell-Effektorfunktionen werden nur dann ausgelöst, wenn der Rezeptor einer T-Effektorzelle auf der Oberfläche der Zielzelle Pep-tid:MHC-Komplexe erkennt. Daraufhin bindet die T-Effektorzelle fester an die antigentra-gende Zielzelle und setzt ihre Effektormoleküle direkt an der Kontaktstelle frei, was zur Aktivierung oder zum Tod der Zielzelle führt. Welche immunologischen Folgen die Antigen-erkennung durch eine T-Effektorzelle hat, hängt vor allem davon ab, welche Effektormoleküle diese nach der Bindung an eine spezifische Zielzelle synthetisiert. Cytotoxische CD8-T-Zellen speichern in speziellen cytotoxischen Granula fertige Cytotoxine, die genau an der Stelle freigesetzt werden, die mit der infizierten Zielzelle in Kontakt steht. Diese wird dadurch getötet, ohne dass nahe gelegene nichtinfizierte Zellen getötet werden. Cytokine sowie Mit-glieder der TNF-Familie der membranassoziierten Effektorproteine werden von den meisten Arten von T-Effektorzellen neu synthetisiert. Die membranständigen Effektormoleküle kön-nen Signale nur an solche Zellen senden, die mit ihnen eine Wechselwirkung eingehen und den richtigen Rezeptor besitzen. Lösliche Cytokine können dagegen auf Cytokinrezeptoren einwirken, die von einer benachbarten Zielzelle oder auf weiter entfernten Zellen exprimiert werden. Insgesamt beruhen die meisten Effektorfunktionen von T-Zellen auf der Wirkung von Cytokinen und membrangebundenen Effektormolekülen über deren spezifische Rezep-toren sowie auf der Wirkung von Cytotoxinen, die von CD8-Zellen freigesetzt werden.

## 9.4   Die T-Zell-vermittelte Cytotoxizität

Alle Viren sowie einige Bakterien vermehren sich im Cytoplasma infizierter Zellen. Ein Virus ist tatsächlich ein äußerst raffinierter Parasit, der sich, weil er keinen eigenen Bio-synthese- oder Stoffwechselapparat besitzt, nur in Zellen replizieren kann. Das Virus ist zwar gegenüber einer Beseitigung durch Antikörper empfindlich, bevor es in eine Zelle eindringt, aber sobald das gelungen ist, können Antikörper diesen Krankheitserregern nichts mehr anhaben. Die Viren können dann nur noch dadurch eliminiert werden, indem die in-fizierten Zellen, in denen sie sich vermehren, zerstört oder verändert werden. Diese Funk-tion bei der Wirtsverteidigung übernehmen zu einem großen Teil die cytotoxischen CD8-

T-Zellen, wobei $T_H1$-Zellen auch ein cytotoxisches Potenzial entwickeln können. Wie wichtig sie dafür sind, solche Infektionen in Schach zu halten, kann man an Tieren beobachten, bei denen diese T-Zellen entfernt wurden und die daraufhin eine erhöhte Anfälligkeit für Erreger zeigen. Dies gilt auch für Mäuse oder Menschen ohne MHC-Klasse-I-Moleküle, die den CD8-T-Zellen die Antigene präsentieren. Um die befallenen Zellen zu eliminieren, ohne gesundes Gewebe zu zerstören, müssen die cytotoxischen Mechanismen der CD8-T-Zellen sowohl effektiv als auch präzise sein.

## 9.4.1 Cytotoxische T-Zellen führen bei Zielzellen über extrinsische und intrinsische Signalwege einen programmierten Zelltod herbei

Um Krankheitserreger im Cytosol der Wirtszelle zu beseitigen, veranlassen cytotoxische T-Zellen die infizierten Zielzellen zum Absterben. Zellen können auf verschiedene Arten sterben. Bei physikalischen oder chemischen Verletzungen, etwa bei einem Sauerstoffmangel, wie er im Herzmuskel während eines Herzinfarkts auftritt, oder es kommt infolge einer Membranschädigung durch Antikörper und das Komplement zu einer **Nekrose**, einem Zerfall der Zelle. Diese Art von Zelltod geht häufig mit einer lokalen Entzündung einher, wodurch eine Wundheilungsreaktion stimuliert wird. Die andere Form des Zelltods ist der programmierte Zelltod, der durch Apoptose oder durch Autophagie eintreten kann. Die **Apoptose** ist ein regulierter Vorgang, der entweder durch spezifische extrazelluläre Signale oder durch das Fehlen lebensnotwendiger Signale für eine Zelle ausgelöst wird. Dabei kommt es zu einer Reihe aufeinanderfolgender zellulärer Ereignisse, etwa die Blasenbildung der Plasmamembran, Veränderungen in der Verteilung der Membranlipide und die Fragmentierung der chromosomalen DNA. Ein entscheidendes Merkmal dieser Art des Zelltods ist die Spaltung der Kern-DNA in Stücke von 200 Basenpaaren (bp) Länge. Dies geschieht durch Aktivierung endogener Nucleasen, die die DNA zwischen den Nucleosomen schneiden. Wie wir in Kap. 6 besprochen haben, ist die **Autophagie** ein Vorgang, bei dem „gealterte“ oder anormale Proteine und Organellen abgebaut werden. Beim Zelltod durch Autophagie bauen große Vakuolen zelluläre Organellen ab, bevor das Chromatin schließlich im Zellkern kondensiert und zerstört wird, was ebenfalls ein Merkmal der Apoptose ist.

Cytotoxische T-Zellen zerstören ihre Zielzellen, indem sie in ihnen die Apoptose auslösen (▶ Abb. 9.41). Für die Signalgebung zum apoptotischen Zelltod gibt es zwei Übertragungswege. Den einen bezeichnet man als **extrinsischen Apoptoseweg**; dieser wird über die Aktivierung sogenannter Todesrezeptoren durch extrazelluläre Liganden ausgelöst. Die Bindung des Liganden stimuliert die Apoptose bei Zellen, die einen Rezeptor tragen. Den anderen Weg bezeichnet man als **intrinsischen** oder **mitochondrialen Apoptoseweg**; dieser wird als Reaktion auf schädigende Reize (etwa durch ultraviolettes Licht oder Chemotherapeutika) oder durch das Fehlen von Wachstumsfaktoren (die zum Überleben der Zelle notwendig sind) ausgelöst. Beiden Wegen ist gemeinsam, dass spezialisierte Proteasen, asparaginsäurespezifische Cysteinproteasen (abgekürzt Caspasen) aktiviert werden; diese wurden bereits in Kap. 3 im Zusammenhang mit ihrer Funktion beim Reifungsprozess der Cytokine IL-1 und IL-18 besprochen.

Caspasen werden wie viele andere Proteasen als inaktive Proenzyme synthetisiert, als sogenannte Procaspasen, bei denen die katalytische Domäne durch eine angrenzende Prodomäne blockiert ist. Procaspasen werden von anderen Caspasen aktiviert, die das Protein spalten und die inhibitorische Prodomäne freisetzen. Im Apoptoseweg gibt es zwei Arten von Caspasen: **Initiatorcaspasen** fördern die Apoptose, indem sie andere Caspasen spalten und aktivieren; **Effektorcaspasen** setzen die zellulären Veränderungen in Gang, die mit der Apoptose zusammenhängen. Im extrinsischen Apoptoseweg gibt es zwei verwandte Initiatorcaspasen, Caspase 8 und Caspase 10, im intrinsischen Weg die Caspase 9. In beiden Wegen sind die Caspasen 3, 6 und 7 als Effektorcaspasen aktiv. Diese spalten eine Reihe verschiedener Proteine, die für die zelluläre Integrität essenziell sind, und ak-

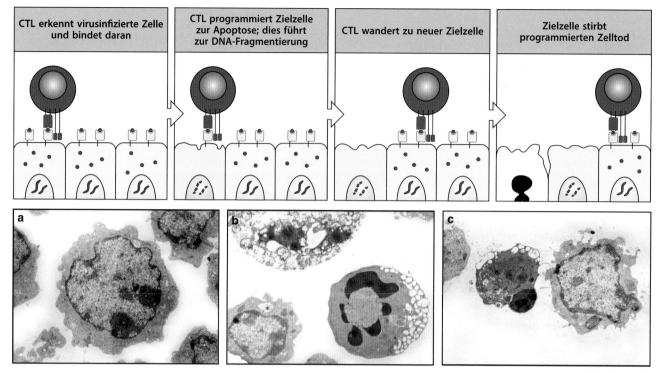

| CTL erkennt virusinfizierte Zelle und bindet daran | CTL programmiert Zielzelle zur Apoptose; dies führt zur DNA-Fragmentierung | CTL wandert zu neuer Zielzelle | Zielzelle stirbt programmierten Zelltod |

**Abb. 9.41 Cytotoxische CD8-T-Zellen können in Zielzellen einen programmierten Zelltod (Apoptose) auslösen.** Erkennt eine cytotoxische CD8-T-Zelle (CTL) auf einer Zielzelle einen spezifischen Peptid:MHC-Komplex, führt dies zum Tod der Zielzelle durch Apoptose. Cytotoxische T-Zellen können nacheinander mehrere Zielzellen töten. Jede Zerstörung erfordert dieselbe Abfolge von Schritten. Dazu gehören die Rezeptorbindung und die gerichtete Freisetzung von cytotoxischen Proteinen, die in lytischen Granula gespeichert sind. Wie die Apoptose abläuft, ist in den mikroskopischen Aufnahmen zu sehen (*untere Reihe*). **a** zeigt eine gesunde Zelle mit einem normalen Kern. Zu Beginn der Apoptose (**b**) wird das Chromatin kondensiert (*rot*). Obwohl die Zelle Membranvesikel ausstößt, bleibt die Integrität der Zellmembran im Gegensatz zur nekrotischen Zelle im oberen Teil desselben Bildes erhalten. In späteren Stadien der Apoptose (**c**) ist der Zellkern (*mittlere Zelle*) stark kondensiert; man erkennt keine Mitochondrien und die Zelle hat durch das Abstoßen der Vesikel viel Cytosol und große Teile ihrer Membran verloren. Vergrößerungen × 3500. (Fotos mit freundlicher Genehmigung von R. Windsor und E. Hirst)

tivieren zudem Enzyme, die den Tod der Zelle herbeiführen. So bauen die Caspasen beispielsweise die nucleären Proteine ab, die für den strukturellen Zusammenhalt des Zellkerns notwendig sind, und aktivieren die Endonucleasen, die dann die chromosomale DNA fragmentieren.

Cytotoxische T-Zellen können den Tod der Zielzelle entweder über den extrinsischen oder den intrinsischen Apoptoseweg auslösen. Der intrinsische Weg wird durch die Expression von FasL und TNF- oder LT-α ausgelöst, deren Rezeptoren (Fas oder CD95 und TNFR1) von anderen Zellen des Immunsystems sowie von Nichtimmunzellen exprimiert werden. Die Verteilung dieser Rezeptoren ist in gewisser Weise begrenzt, aber die cytotoxischen Zellen verfügen noch über einen universelleren Mechanismus für die Induktion des Zelltods bei antigenspezifischen Zielzellen: die gerichtete Freisetzung von cytotoxischen Granula, die den intrinsischen Apoptoseweg aktivieren. Zentrifugiert man cytotoxische T-Zellen zusammen mit Zielzellen, sodass sie rasch miteinander in Kontakt kommen, wird in antigenspezifischen Zielzellen innerhalb von 5 min das Apoptoseprogramm induziert, obwohl es Stunden dauern kann, bis der Zelltod deutlich zu erkennen ist. Die Reaktion tritt so schnell ein, weil die cytotoxischen T-Zellen bereits vorgeformte Effektormoleküle freisetzen, die in der Zielzelle einen endogenen Apoptosemechanismus aktivieren.

Die Apoptose kann nicht nur die Wirtszelle töten, sondern auch direkt auf Krankheitserreger im Cytosol einwirken. Die beim programmierten Zelltod aktivierten Nucleasen können beispielsweise nicht nur zelluläre, sondern auch virale DNA zerstören. Damit wird verhindert, dass Virionen zusammengebaut und Viren freigesetzt werden, die sonst benachbarte Zellen infizieren könnten. Andere während der Apoptose aktivierte Enzyme, können nichtvirale Krankheitserreger im Cytosol zerstören. Der programmierte Zelltod eignet sich daher besser zur Zerstörung infizierter Zellen als die Nekrose, bei der noch intakte Pathogene entweder aus den toten Zellen freigesetzt werden und daher weiter gesunde Zellen befallen können oder aber von Makrophagen aufgenommen werden und in diesen als Parasiten überdauern können.

### 9.4.2 Der intrinsische Apoptoseweg wird durch die Freisetzung von Cytochrom *c* aus den Mitochondrien eingeleitet

Die Apoptose wird über den intrinsischen Weg eingeleitet, wenn Cytochrom *c* aus den Mitochondrien freigesetzt wird, wodurch die Aktivierung von Caspasen eingeleitet wird. Sobald sich Cytochrom *c* im Cytoplasma befindet, bindet es an das Protein Apaf-1 (Apoptoseproteaseaktivierender Faktor 1) und regt dessen Polymerisierung an, was zur Bildung des **Apoptosoms** führt. Das Apoptosom rekrutiert dann die Procaspase 9, eine Initiatorcaspase. Die Aggregation der Caspase 9 ermöglicht eine Selbstspaltung der Moleküle, die dann in der Zelle freigesetzt werden und wie in den Todesrezeptorsignalwegen die Aktivierung der Effektorcaspasen stimulieren (▶ Abb. 9.42).

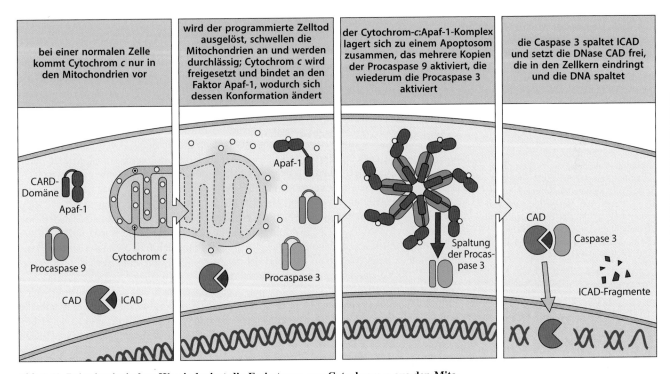

**Abb. 9.42 Beim intrinsischen Weg induziert die Freisetzung von Cytochrom *c* aus den Mitochondrien die Bildung des Apoptosoms, das die Procaspase 9 aktiviert, den programmierten Zelltod einzuleiten.** In normalen Zellen kommt Cytochrom *c* nur in den Mitochondrien vor (*erstes Bild*). Bei einer Stimulation des intrinsischen Weges schwellen die Mitochondrien an, Cytochrom *c* kann die Mitochondrien verlassen und gelangt in das Cytosol (*zweites Bild*). Dort bindet Cytochrom *c* an Apaf-1. Die so hervorgerufene Konformationsänderung von Apaf-1 induziert die Bildung des multimeren Apoptosoms, das die Procaspase 9 rekrutiert (*drittes Bild*). Die Clusterbildung der Procaspase 9 durch das Apoptosom aktiviert die Caspase, sodass sie nun nachgeschaltete Caspasen aktivieren kann, etwa die Caspase 3. Das wiederum führt zur Aktivierung von Enzymen wie CAD, das DNA spalten kann (*viertes Bild*)

Die Freisetzung von Cytochrom *c* wird durch Wechselwirkungen zwischen Proteinen der Bcl-2-Familie kontrolliert. Die Proteine der Bcl-2-Familie enthalten eine oder mehrere Bcl-2-Homologie-(BH-)Domänen und umfassen zwei Gruppen: Proteine, die die Apoptose stimulieren, sowie Proteine, die die Apoptose blockieren (▶ Abb. 9.43). Proapoptotische Proteine der Bcl-2-Familie wie Bax, Bak und Bok (die man als Executor-Proteine bezeichnet) binden an die Mitochondrienmembranen und können die Freisetzung von Cytochrom *c* direkt herbeiführen. Wie das geschieht, ist noch nicht bekannt, aber möglicherweise erzeugen sie Poren in den Membranen.

Die antiapoptotischen Proteine der Bcl-2-Familie werden durch Reize aktiviert, die das Überleben der Zelle fördern. Am besten bekannt ist dabei das antiapoptotische Protein Bcl-2 selbst. Das *Bcl-2*-Gen hat man ursprünglich als Onkogen bei einem B-Zell-Lymphom entdeckt. Seine übermäßige Expression in Tumoren macht die Zellen gegenüber apoptotischen Reizen resistenter, sodass sie sich mit einer größeren Wahrscheinlichkeit zu einem invasiven Krebs entwickeln können. Andere Proteine aus der inhibitorischen Familie sind Bcl-X$_L$ und Bcl-W. Antiapoptotische Proteine binden an die Mitochondrienmembran und blockieren die Freisetzung von Cytochrom *c*. Der genaue Blockademechanismus ist nicht bekannt, aber möglicherweise wird die Funktion der proapoptotischen Proteine dieser Familie direkt blockiert.

Eine zweite Gruppe von proapoptotischen Proteinen aus der Bcl-2-Familie sind Wächterproteine; sie werden von apoptotischen Reizen aktiviert. Nach ihrer Aktivierung können diese Proteine, beispielsweise Bad, Bid und PUMA, entweder die Aktivität der antiapoptotischen Proteine blockieren oder die Funktion der proapoptotischen Executor-Proteine direkt stimulieren.

### 9.4.3 In den Granula cytotoxischer CD8-T-Zellen befinden sich cytotoxische Effektorproteine, die eine Apoptose auslösen

Die Wirkung einer cytotoxischen T-Zelle beruht vor allem darauf, dass sie calciumabhängig spezielle cytotoxische Granula freisetzt, sobald sie auf der Oberfläche einer Zielzelle Antigene erkannt hat. Cytotoxische Granula entsprechen modifizierten Lysosomen, in denen mindestens drei verschiedene Gruppen cytotoxischer Effektorproteine enthalten sind, die in cytotoxischen T-Zellen spezifisch exprimiert werden: Perforin, Granzyme und Granulysin (▶ Abb. 9.44). Diese Proteine werden in den cytotoxischen Granula zwar in aktiver Form gespeichert, die Bedingungen innerhalb der Granula hindern sie allerdings daran, vor ihrer Freisetzung ihre Funktion auszuüben. Perforin bildet Poren in der Plasmamembran der Zielzelle. Dadurch wird die Zielzelle direkt geschädigt und es entsteht ein Kanal, durch den der Inhalt der cytotoxischen Granula in das Cytosol der Zielzellen freigesetzt wird. Granzyme, von denen es beim Menschen fünf und bei der Maus zehn gibt, aktivieren die Apoptose, sobald sie über die durch Perforin gebildeten Poren in das Cytosol der Zielzelle gelangt sind. Granulysin, das beim Menschen exprimiert wird, jedoch nicht bei der Maus, besitzt eine antimikrobielle Aktivität und kann in hohen Konzentrationen bei Zielzellen ebenfalls die Apoptose auslösen. Die cytotoxischen Granula enthalten auch das Proteoglykan Serglycin, das als Gerüstmolekül fungiert und mit Perforin und den Granzymen einen Komplex bildet.

Perforin und Granzyme sind für das effiziente Abtöten von Zellen erforderlich. Bei cytotoxischen Zellen, die keine Granzyme exprimieren, genügt auch Perforin allein, um Zielzellen zu töten, aber dafür ist eine große Zahl von cytotoxischen Zellen erforderlich, da der Abtötungsmechanismus sehr ineffizient ist. Im Gegensatz dazu können cytotoxische T-Zellen aus Mäusen, die kein Perforin exprimieren, andere Zellen nicht töten, da der Mechanismus fehlt, der die Granzyme auf die Zielzellen überträgt.

Die Granzyme lösen in der Zielzelle die Apoptose aus, indem sie Caspasen direkt aktivieren und Mitochondrien schädigen, wodurch ebenfalls Caspasen aktiviert werden. Die beiden häufigsten Granzyme sind die Granzyme A und B. Granzym A löst den Zelltod durch die Schädigung der Mitochondrien aus, was von Caspasen unabhängig ist, wobei man die

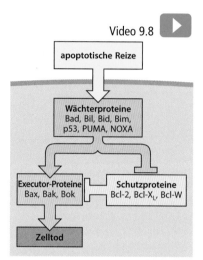

Video 9.8

**Abb. 9.43 Allgemeiner Mechanismus der Regulation des intrinsischen Weges durch Proteine der Bcl-2-Familie.** Extrazelluläre apoptotische Reize aktivieren eine Gruppe von proapoptotischen Proteinen. Die Funktion dieser Wächterproteine besteht entweder darin, Schutzproteine zu blockieren, die das Überleben der Zelle fördern, oder proapoptotische Executor-Proteine direkt zu aktivieren. In Säugerzellen wird die Apoptose von den Executor-Proteinen Bax, Bak und Bok vermittelt. In normalen Zellen werden diese Proteine von den Schutzproteinen Bcl-2, Bcl-X$_L$ und Bcl-W blockiert. Die Freisetzung aktivierter Executor-Proteine verursacht die Freisetzung von Cytochrom *c* und den anschließenden Tod der Zelle (▶ Abb. 9.42)

| Proteine in den Granula cytotoxischer Zellen | Wirkung auf Zielzellen |
|---|---|
| Perforin | unterstützt die Freisetzung des Inhalts der Granula in die Zielzelle |
| Granzyme | Serinproteasen; sie lösen die Apoptose aus, sobald sie sich im Cytoplasma der Zielzelle befinden |
| Granulysin | besitzt antimikrobielle Aktivität; kann Apoptose auslösen |

**Abb. 9.44 Cytotoxische Effektorproteine, die von cytotoxischen T-Zellen freigesetzt werden**

Teil IV

Mechanismen noch nicht genau kennt. Granzym B spaltet wie die Caspasen Proteine hinter Asparaginsäureresten und aktiviert Caspase 3. Diese wiederum löst eine proteolytische Caspasekaskade aus, die letztendlich die caspaseaktivierte Desoxyribonuclease aktiviert, indem sie das inhibitorische Protein ICAD spaltet, das an CAD bindet und dadurch das Enzym inaktiviert. Man nimmt an, dass beim programmierten Zelltod letztlich CAD in den Zielzellen den DNA-Abbau bewirkt (▶ Abb. 9.45). Granzym B veranlasst auch Mitochondrien, den intrinsischen Apoptoseweg zu aktivieren. Es spaltet das Protein BID (*BH3-interacting domain death agonist protein*), entweder direkt oder indirekt durch die aktivierte Caspase 3, wodurch die äußere Mitochondrienmembran beschädigt wird und aus dem mitochondrialen Intermembranraum apoptosefördernde Moleküle wie Cytochrom *c* freigesetzt werden. Wie in Abschn. 9.4.2 besprochen ist Cytochrom *c* für die Verstärkung der intrinsischen Apoptosekaskade von zentraler Bedeutung, da es den Zusammenbau des Apoptosoms mit dem Protein Apaf-1 einleitet, das wiederum die Initiatorcaspase 9 aktiviert. Granzym B aktiviert die Effektorcaspase direkt und die Initiatorcaspase 9 indirekt.

Zellen, die einen programmierten Zelltod durchlaufen, werden rasch von Phagocyten aufgenommen, die eine Veränderung der Zellmembran daran erkennen, dass nun Phosphatidylserin zugänglich ist, welches sich normalerweise nur auf der Innenseite der Membranen befindet. Nachdem der Phagocyt die Zelle aufgenommen hat, baut er sie völlig ab und zerlegt sie in kleine Moleküle. Da dies ohne costimulierende Proteine geschieht, ist die Apoptose in der Regel ein immunologisch „stummes" Ereignis: Apoptotische Zellen lösen im Allgemeinen keine Immunreaktionen aus und tragen auch nicht dazu bei.

**Abb. 9.45 Die cytotoxischen Granula setzen Perforin, Granzyme und Serglycin frei, die Granzyme werden in das Cytosol der Zielzelle eingeschleust und lösen die Apoptose aus.** Wenn eine cytotoxische CD8-T-Zelle ihr Antigen auf einer virusinfizierten Zelle erkennt, wird der Inhalt ihrer cytotoxischen Granula gerichtet freigesetzt. Perforin und Granzyme, die mit dem Proteoglykan Serglycin einen Komplex bilden, werden zur Membran der Zielzelle gebracht (*oben*). Durch einen unbekannten Mechanismus steuert Perforin das Eindringen des Inhalts der Granula in das Cytosol der Zielzelle, ohne dass eine erkennbare Pore entsteht. Die eingeschleusten Granzyme wirken auf spezifische Ziele in der Zelle ein, wie die Proteine BID und Procaspase 3 (*zweites Bild*). Die Granzyme spalten BID direkt oder indirekt zur verkürzten Form tBID (*truncated BID*) und die Procaspase 3 zur aktiven Caspase 3 (*drittes Bild*). tBID wirkt auf Mitochondrien ein, die daraufhin Cytochrom *c* in das Cytosol freisetzen. Das fördert die Apoptose, indem die Bildung des Apoptosoms ausgelöst wird, das die Procaspase 9 aktiviert. Diese wiederum verstärkt noch die Aktivierung der Caspase 3. Die aktivierte Caspase 3 veranlasst ICAD, die caspaseaktivierte DNase (CAD) freizusetzen, die dann die DNA fragmentiert (*unten*)

die Bindung des TCR an den Peptid:MHC-Komplex verursacht die gezielte Freisetzung von Perforin und Granzymen im Komplex mit Serglycin

cytotoxische T-Zelle

TCR
MHC
Serglycin
Granzyme
Perforin
cytotoxisches Granulum

virusinfizierte Zelle

Granzym B wird über Poren, die durch Perforin gebildet werden, in das Cytosol der infizierten Zelle freigesetzt und greift BID und die Procaspase 3 an

BAX
BAD
BID
Procaspase 3

das verküzte BID (tBID) bricht die äußere Mitochondrienmembran auf und die aktivierte Caspase 3 spaltet ICAD, wodurch die caspaseaktivierte DNase (CAD) freigesetzt wird

Cytochrom *c*
tBID
CAD
Caspase 3

die Freisetzung von Cytochrom c in das Cytosol aktiviert die Apoptose und CAD setzt die DNA-Fragmentierung in Gang

ICAD-Fragmente
DNA

**Teil IV**

### 9.4.4 Cytotoxische T-Zellen töten selektiv und nacheinander Zielzellen, die ein spezifisches Antigen exprimieren

Video 9.9

Inkubiert man cytotoxische T-Zellen mit einem Gemisch aus zwei Arten von Zielzellen in gleichen Anteilen, von denen nur die eine ein spezifisches Antigen trägt, so werden nur die Zellen mit dem Antigen getötet. Die „unschuldigen Zuschauer" und die cytotoxischen T-Zellen selbst werden nicht vernichtet. Die cytotoxischen T-Zellen werden wahrscheinlich nicht beseitigt, weil die Freisetzung der cytotoxischen Moleküle stark polarisiert erfolgt. Wie wir in ▶ Abb. 9.38 festgestellt haben, richten cytotoxische T-Zellen ihren Golgi-Apparat und ihr Mikrotubuliorganisationszentrum so aus, dass die Freisetzung gezielt an der Kontaktstelle mit der Zielzelle erfolgt. Die Wanderung der Granula zur Kontaktstelle erkennt man in ▶ Abb. 9.46. Cytotoxische T-Zellen, die mit mehreren verschiedenen Zielzellen Kontakt haben, richten ihren Sekretionsapparat bei jeder Zelle neu aus und töten so

**Abb. 9.46 T-Zell-Granula setzen Effektormoleküle sehr gezielt frei.** Man kann die Granula cytotoxischer T-Zellen mit Fluoreszenzfarbstoffen markieren, sodass man Bewegungen der Granula mit Zeitrafferfotografie unter dem Mikroskop verfolgen kann. Die Bildserie entstand während der Wechselwirkung einer cytotoxischen T-Zelle mit einer Zielzelle, die schließlich getötet wurde. Zu Beginn der Reaktion (Zeitpunkt 0) hat die T-Zelle (*oben rechts*) gerade Kontakt mit einer Zielzelle (*diagonal darunter*) aufgenommen. Die mit rotem Fluoreszenzfarbstoff markierten Granula der T-Zelle befinden sich noch nicht an der Kontaktstelle. Eine Minute später (*zweite Aufnahme*) haben die Granula begonnen, sich in Richtung der Zielzelle zu bewegen. Der Vorgang ist nach 4 min weitgehend abgeschlossen (*dritte Aufnahme*). Nach 40 min (*letzte Aufnahme*) ist der Inhalt der Granula in den Zwischenraum zwischen T- und Zielzelle freigesetzt worden. Bei der Zielzelle beginnt die Apoptose abzulaufen (man beachte den zerfallenen Zellkern). Die T-Zelle wird sich nun von der Zielzelle lösen, um weitere Zellen zu erkennen und zu töten. (Fotos mit freundlicher Genehmigung von G. Griffiths)

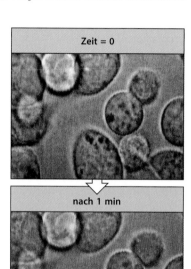
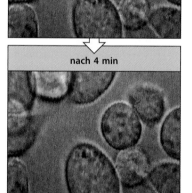
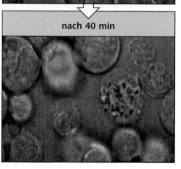

Zeit = 0

nach 1 min

nach 4 min

nach 40 min

eine Zelle nach der anderen. Folglich werden die cytotoxischen Mediatoren auf eine Art und Weise freigesetzt, bei der jeweils immer nur eine bestimmte Kontaktstelle attackiert wird. Die nur jeweils auf einen bestimmten Punkt ausgerichtete Wirkung der cytotoxischen CD8-T-Zellen ermöglicht es ihnen, einzelne infizierte Zellen im Gewebe zu töten, ohne größere Gewebeschäden hervorzurufen (▶ Abb. 9.47). Dies ist von großer Bedeutung für Gewebe, die sich nicht oder nur in geringem Maße regenerieren können, wie die Neuronen des Nervensystems beziehungsweise die Zellen der Langerhans-Inseln.

Cytotoxische T-Zellen können ihre Zielzellen schnell eliminieren, weil sie fertige cytotoxische Proteine in einer Form speichern, die innerhalb der cytotoxischen Granula inaktiv ist. Kurz nachdem ein naiver cytotoxischer T-Zell-Vorläufer zum ersten Mal seinem spezifischen Antigen begegnet ist, synthetisiert er cytotoxische Proteine und belädt die lytischen Granula damit. Wird der T-Zell-Rezeptor von seinem Liganden gebunden, löst dies in ganz ähnlicher Weise in CD8-T-Effektorzellen eine Neusynthese von Perforin und Granzymen aus, sodass der Vorrat an lytischen Granula wieder aufgefüllt wird. So kann eine einzelne CD8-T-Zelle nacheinander zahlreiche Zielzellen vernichten.

### 9.4.5 Cytotoxische T-Zellen wirken auch, indem sie Cytokine ausschütten

Das Auslösen der Apoptose bei Zielzellen ist für cytotoxische CD8-T-Zellen der wichtigste Mechanismus zur Bekämpfung einer Infektion. Die meisten dieser Zellen können jedoch auch die Cytokine IFN-$\gamma$, TNF-$\alpha$ und LT-$\alpha$ freisetzen, die auf unterschiedliche Weise zur Immunabwehr beitragen. IFN-$\gamma$ hemmt direkt die virale Replikation und führt dazu, dass MHC-Klasse-I-Moleküle sowie andere Moleküle verstärkt exprimiert werden, die an der Peptidbeladung der neu synthetisierten MHC-Klasse-I-Proteine von infizierten Zellen beteiligt sind. Auf diese Weise erhöht sich die Wahrscheinlichkeit, dass infizierte Zellen als Ziele für cytotoxische Angriffe erkannt werden. IFN-$\gamma$ aktiviert zudem Makrophagen und lockt sie zu Infektionsherden, wo sie als Effektorzellen oder als antigenpräsentierende Zellen fungieren. TNF-$\alpha$ und LT-$\alpha$ können zum einen zusammen mit IFN-$\gamma$ bei der Aktivierung der Makrophagen durch ihre Wechselwirkung mit TNFR2 und zum anderen durch Wechselwirkung mit TNFR1, der die Apoptose auslösen kann (Abschn. 9.3.5 und 9.4.1), bei der Tötung einiger Zielzellen zusammenwirken. Die cytotoxischen CD8-T-Effektorzellen schränken so auf vielfältige Weise die Verbreitung von Pathogenen aus dem Cytosol ein.

#### Zusammenfassung

Cytotoxische CD8-T-Effektorzellen spielen eine wesentliche Rolle bei der Verteidigung des Wirtes gegen Krankheitserreger, die im Cytosol leben – meist handelt es sich dabei um Viren. Diese cytotoxischen T-Zellen können jede Zelle töten, die solche Pathogene beherbergt. Dabei erkennen sie Fremdpeptide, die an MHC-Klasse-I-Moleküle gebunden zur Zelloberfläche transportiert werden. Cytotoxische CD8-T-Zellen töten Zellen, indem sie zwei Gruppen bereits fertig vorliegender cytotoxischer Proteine freisetzen: die Granzyme, die in jeder Art von Zielzelle durch verschiedene Mechanismen einen programmierten Zelltod auslösen können, Perforin, das bei der gezielten Freisetzung der Granzyme in die Zielzelle mitwirkt, und Granulysin, das eine antimikrobielle Aktivität besitzt und die Apoptose unterstützt. Aufgrund dieser Fähigkeiten kann die cytotoxische T-Zelle praktisch jede Zelle, deren Cytosol mit einem Krankheitserreger infiziert ist, angreifen und vernichten. Auch der membranständige Fas-Ligand, den CD8- und einige CD4-T-Zellen exprimieren, kann eine Apoptose auslösen, indem er sich auf einigen Zielzellen an das dort exprimierte Fas-Protein heftet. Dieser Weg ist jedoch wahrscheinlich bei den meisten Infektionen von geringerer Bedeutung als der Weg, der von den cytotoxischen Granula vermittelt wird. Cytotoxische CD8-T-Zellen synthetisieren außerdem IFN-$\gamma$, das die virale Replikation hemmt und große Bedeutung für die Expression von MHC-Klasse-I-Molekülen und die Aktivierung von Makrophagen hat. Cytotoxische T-Zellen vernichten infizierte Zielzellen sehr präzise, sodass benachbarte nichtinfizierte Zellen verschont bleiben. Auf diese Weise

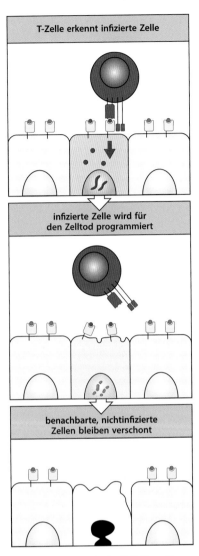

**Abb. 9.47 Cytotoxische T-Zellen töten Zielzellen, die ein spezifisches Antigen tragen, ohne benachbarte, nichtinfizierte Zellen zu beeinträchtigen.** In einem Gewebe können alle Zellen von den cytotoxischen Proteinen der CD8-T-Effektorzellen getötet werden und trotzdem werden nur die infizierten Zellen vernichtet. Die spezifische Erkennung durch den T-Zell-Rezeptor bestimmt, welche Zellen getötet werden sollen. Die gerichtete Freisetzung von Granula (nicht dargestellt) bewirkt dann, dass benachbarte Zellen verschont bleiben

**Teil IV**

können die befallenen Zellen beseitigt und gleichzeitig die Gewebeschäden möglichst auf ein Minimum beschränkt werden.

---

## Kapitelzusammenfassung

Stoßen naive T-Zellen in den T-Zell-Zonen der sekundären lymphatischen Gewebe auf der Oberfläche einer antigenpräsentierenden Zelle auf ein spezifisches Antigen, dann folgt eine adaptive Immunantwort. In den meisten Fällen handelt es sich bei den antigenpräsentierenden Zellen, die naive T-Zellen aktivieren und ihre klonale Expansion auslösen, um konventionelle dendritische Zellen, die die costimulierenden Moleküle B7.1 und B7.2 exprimieren. Konventionelle dendritische Zellen kommen nicht nur in den Lymphgeweben vor, sondern sie überwachen auch die Peripherie, wo sie auf Pathogene treffen, Antigene an Infektionsherden aufnehmen und von der angeborenen Immunerkennung aktiviert werden, und wandern schließlich in lokale Lymphgewebe ein. Die dendritische Zelle kann sich nun zu einem starken Aktivator naiver T-Zellen entwickeln oder sie kann das Antigen auch an andere dendritische Zellen in den peripheren lymphatischen Organen weitergeben, sodass es zu einer Kreuzpräsentation gegenüber naiven CD8-T-Zellen kommt. Plasmacytoide dendritische Zellen tragen zu schnellen Immunantworten gegen Viren bei, indem sie Typ-I-Interferone produzieren. Aktivierte T-Zellen bilden IL-2, das dann in einer frühen Phase für die Proliferation und Differenzierung der T-Zellen zu verschiedenen Typen von T-Effektorzellen von Bedeutung ist. Es gibt noch eine Reihe weiterer verschiedener Signale, die die Differenzierung zu den verschiedenen Arten von T-Effektorzellen voranbringen. Diese setzen dann ihre Mediatoren vor allem direkt auf ihre Zielzellen frei. Die T-Effektorzellen werden unabhängig von einer Costimulation durch Peptid:MHC-Komplexe angeregt, sodass sie jede beliebige infizierte Zielzelle aktivieren oder zerstören können. Cytotoxische CD8-T-Zellen töten Zielzellen, deren Cytosol mit Krankheitserregern infiziert ist, und eliminieren so die Stellen, an denen sich die Pathogene vermehren. CD4-T-Zellen können sich zu spezialisierten Effektorzellen entwickeln, die wiederum unterschiedliche Bereiche der Immunantwort stimulieren, indem sie bestimmte Zellen des angeborenen und adaptiven Immunsystems anregen, ihre Effektorfunktionen zu verstärken: Makrophagen ($T_H1$), eosinophile und basophile Zellen sowie Mastzellen ($T_H2$), neutrophile Zellen ($T_H17$) oder B-Zellen ($T_{FH}$). Damit regulieren die T-Effektorzellen praktisch sämtliche bekannten Effektormechanismen der angeborenen und erworbenen Immunreaktion. Darüber hinaus werden Untergruppen von regulatorischen CD4-T-Zellen gebildet, die durch Unterdrückung von T-Zell-Reaktionen dazu beitragen, dass Immunantworten kontrolliert und begrenzt werden.

---

## Aufgaben

**9.1  Multiple Choice:** Welche der folgenden Aussagen trifft zu?

**A.** Der Homöoboxtranskriptionsfaktor Prox1 reguliert die Entwicklung des Arterien- und Venensystems.

**B.** Arterien setzen Lymphotoxine frei und regen dadurch nichthämatopoetische LTi-Stromazellen zur Entwicklung von Lymphknoten an.

**C.** Lymphotoxin-$\alpha_3$-Signale unterdrücken NF$\kappa$B, wodurch Cytokine wie CXCL13 exprimiert werden.

**D.** Lymphotoxin-$\alpha_3$ bindet an TNFR1 und unterstützt die Entwicklung der zervikalen und mesenterialen Lymphknoten.

**9.2 Bitte ergänzen:** T- und B-Zellen werden über das Blut auf die sekundären lymphatischen Organe verteilt und dort durch Chemokine in ihre abgegrenzten Kompartimente gelenkt. So wird beispielsweise CCL21 von _____ der T-Zell-Zone in der Milz sezerniert und von den _____ in den Lymphknoten dargeboten. Die Signale dieses Chemokins sowie _____-Signale von CCR7 lenken die T-Zellen in die zugehörige T-Zell-Zone. Andererseits ist _____ der Ligand von CXCR5; er wird sezerniert von _____ und lenkt B-Zellen in die _____. T-Zellen können auch auf CXCL13 reagieren, da eine Subpopulation der T-Zellen _____ exprimiert, die dadurch in B-Zell-Follikel einwandern können und sich an der Bildung von Keimzentren beteiligen.

**9.3 Multiple Choice:** Welche der folgenden Aussagen beschreibt Ereignisse, die notwendig sind, damit naive T-Zellen in die Lymphknoten gelangen können?
**A.** CCR7-Signale induzieren G$\alpha$, was zu einer verringerten Affinität der Integrinbindung führt.
**B.** Die erhöhte Expression des S1P-Rezeptors auf naiven T-Zellen stimuliert deren Wanderung in die Lymphknoten.
**C.** Das Entlangrollen an der HEV-Wand bringt T-Zellen in Kontakt mit CCL21, wodurch LFA-1 aktiviert und die Wanderung der Zellen unterstützt wird.
**D.** Das auf der HEV-Wand exprimierte MAdCAM-1 interagiert mit CD62L auf der T-Zelle und unterstützt das Einwandern in den Lymphknoten.

**9.4 Kurze Antwort:** In einigen Fällen infizieren Herpes-simplex- oder Influenzaviren antigenpräsentierende Zellen aus den peripheren Geweben, die den naiven T-Zellen keine viralen Antigene präsentieren. Wie kann das Immunsystem gegen solche Krankheitserreger eine adaptive Immunantwort entwickeln?

**9.5 Richtig oder falsch:** Die TLR-Stimulation induziert in den dendritischen Zellen die Expression von CCR7, sodass deren Wanderung durch das Blut zu den Lymphknoten gefördert wird.

**9.6 Bitte zuordnen:** Welche der folgenden Anzeichen für eine Aktivierung bei der Reaktion auf ein Pathogen lässt sich den konventionellen dendritischen Zellen (cDCs) zuordnen, welche den plasmacytoiden dendritischen Zellen (pDCs)?
**A.** Produktion von CCL18
**B.** ständiges Recycling von MHC-Molekülen nach der Aktivierung
**C.** Expression von DC-SIGN
**D.** Expression von CD80 und CD86
**E.** Expression von CD40L nach Stimulation von TLR-9

**9.7 Kurze Antwort:** Wie unterscheidet sich der Vorgang der Antigenpräsentation bei B-Zellen, dendritischen Zellen und Makrophagen im Zusammenhang mit einer Immunantwort?

**9.8 Multiple Choice:** Welcher der folgenden Effekte tritt bei TCR- und CCR7-Signalen übereinstimmend auf?
**A.** Aktivierung von Integrinen
**B.** positive Selektion
**C.** $T_H1$-Induktion
**D.** $T_H2$-Induktion

**9.9 Multiple Choice:** Welche der folgenden Beschreibungen trifft auf einen Mechanismus zu, durch den CD28-Signale die IL-2-Produktion steigern können?
**A.** CD28-Signale regen die Expression von Proteinen an, die die IL-2-mRNA stabilisieren.
**B.** Die PI-3-Kinase hemmt Akt und unterstützt die IL-2-Expression durch Anhalten des Zellzyklus.
**C.** Die PI-3-Kinase unterdrückt die Produktion von AP-1 und NF$\kappa$B, wodurch die IL-2-Produktion erhöht wird.

**9.10 Richtig oder falsch:** Bei den meisten Virusinfektionen ist für die Aktivierung der CD8-T-Zellen eine Unterstützung durch CD4-T-Zellen erforderlich.

**9.11 Bitte zuordnen:** Welches Cytokin von spezifischen Untergruppen der CD4-T-Zellen gehört zu welcher Effektorfunktion?

| | |
|---|---|
| **A.** IL-17 | **i.** Beseitigung intrazellulärer Infektionen |
| **B.** IL-4 | **ii.** Reaktion auf extrazelluläre Bakterien |
| **C.** IFN-$\gamma$ | **iii.** Bekämpfung extrazellulärer Parasiten |
| **D.** IL-10 | **iv.** Unterdrückung von T-Zell-Reaktionen |

**9.12 Bitte zuordnen:** Die folgenden Cytokine stimulieren die Effektordifferenzierung der Untergruppen von $T_H$-Zellen. Welches Cytokin gehört zu welchem untergruppenspezifischen Transkriptionsfaktor?

| | |
|---|---|
| **A.** IFN-$\gamma$ | **i.** ROR$\gamma$t |
| **B.** IL-4 | **ii.** FoxP3 |
| **C.** IL-6 und TGF-$\beta$ | **iii.** T-bet |
| **D.** TGF-$\beta$ | **iv.** GATA3 |

**9.13 Multiple Choice:** Welche der folgenden Aussagen ist falsch?
**A.** Die TCR-Signale sind im cSMAC am stärksten.
**B.** Die E3-Ligase C1b vermittelt den Abbau der TCR im cSMAC.
**C.** Durch die Umstrukturierung des Cytoskeletts kommt es an der immunologischen Synapse zu einer gezielten Freisetzung von Effektormolekülen.
**D.** Integrine wie LFA-1 assoziieren im SMAC.

**9.14 Bitte ergänzen:** Setzen Sie in die einzelnen Leerstellen der folgenden Sätze den jeweils am besten passenden Begriff aus der Liste. Nicht alle Begriffe werden verwendet, aber jeder soll nur einmal vorkommen.

CD8-T-Zellen können spezifisch die Zerstörung von infizierten oder malignen Zellen bewirken. Dafür induzieren CD8-T-Zellen den _____ Zelltod, der auf zwei Weisen ausgelöst werden kann. Einerseits verfügen CD8-T-Zellen über Liganden wie _____, _____ oder _____, die den Apoptoseweg auslösen können. Andererseits kann der Zelltod auch über den intrinsischen Weg ausgelöst werden. Um diesen Mechanismus in Gang zu setzen, werden _____ freigesetzt, sodass Granzyme in die Zelle gelangen können. Sobald sich die Granzyme im Cytoplasma der Zelle befinden, können sie _____ spalten und aktivieren. Diese spaltet dann _____, sodass dieses Enzym die DNA abbauen kann. Granzym B spaltet auch _____, wodurch in der Folge die mitochondriale Membran geschädigt wird, sodass _____ freigesetzt wird und sich das _____ bildet.

| | | |
|---|---|---|
| CAD | nekrotisch | Caspase 3 |
| intrinsisch | LT-$\alpha$ | Protonengradient |
| apoptotisch | Caspase 9 | ICAD |
| Apoptosom | extrinsisch | TNF-$\alpha$ |
| FasL | Perforine | BID |
| Cytochrom $c$ | Hypoxie | |

# Literatur

## Allgemeine Literatur

- Coffman, R.L.: **Origins of the $T_H1$-$T_H2$ model: a personal perspective.** *Nat.Immunol.* 2006, **7**:539–541.
- Griffith, J.W., Sokol, C.L., and Luster, A.D.: **Chemokines and chemokine receptors: positioning cells for host defense and immunity.** *Annu. Rev. Immunol.* 2014, **32**:659–702.
- Heath, W.R. and Carbone, F.R.: **Dendritic cell subsets in primary and secondary T cell responses at body surfaces.** *Nat. Immunol.* 2009, **10**:1237–1244.
- Jenkins, M.K., Chu, H.H., McLachlan, J.B., and Moon, J.J.: **On the composition of the preimmune repertoire of T cells specific for peptide-major histocompatibility complex ligands.** *Annu. Rev. Immunol.* 2010, **28**:275–294.
- Springer, T.A.: **Traffic signals for lymphocyte recirculation and leukocyte emigration: the multistep paradigm.** *Cell* 1994, **76**:301–314.
- Zhu, J., Yamane, H., and Paul, W.E.: **Differentiation of effector CD4 T cell populations.** *Annu. Rev. Immunol.* 2010 **28**:445–489.


## Literatur zu den einzelnen Abschnitten


### Abschnitt 9.1.1

- Liu, Y.J.: **Sites of B lymphocyte selection, activation, and tolerance in spleen.** *J. Exp. Med.* 1997, **186**:625–629.
- Loder, F., Mutschler, B., Ray, R.J., Paige, C.J., Sideras, P., Torres, R., Lamers, M.C., and Carsetti, R.: **B cell development in the spleen takes place in discrete steps and is determined by the quality of B cell receptor-derived signals.** *J. Exp. Med.* 1999, **190**:75–89.
- Mebius, R.E.: **Organogenesis of lymphoid tissues.** *Nat. Rev. Immunol.* 2003, **3**:292–303.


### Abschnitt 9.1.2

- Douni, E., Akassoglou, K., Alexopoulou, L., Georgopoulos, S., Haralambous, S., Hill, S., Kassiotis, G., Kontoyiannis, D., Pasparakis, M., Plows, D., *et al.*: **Transgenic and knockout analysis of the role of TNF in immune regulation and disease pathogenesis.** *J. Inflamm.* 1996, **47**:27–38.
- Fu, Y.X. and Chaplin, D.D.: **Development and maturation of secondary lymphoid tissues.** *Annu. Rev. Immunol.* 1999, **17**:399–433.
- Mariathasan, S., Matsumoto, M., Baranyay, F., Nahm, M.H., Kanagawa, O., and Chaplin, D.D.: **Absence of lymph nodes in lymphotoxin-α (LTα)-deficient mice is due to abnormal organ development, not defective lymphocyte migration.** *J. Inflamm.* 1995, **45**:72–78.
- Mebius, R.E. and Kraal, G.: **Structure and function of the spleen.** *Nat. Rev Immunol.* 2005, **5**:606–616.
- Mebius, R.E., Rennert, P., and Weissman, I.L.: **Developing lymph nodes collect CD4+CD3− LTβ+ cells that can differentiate to APC, NK cells, and follicular cells but not T or B cells.** *Immunity* 1997, **7**:493–504.
- Roozendaal, R. and Mebius, R.E.: **Stromal-immune cell interactions.** *Annu. Rev. Immunol.* 2011, **29**:23–43.

Teil IV

■ Wigle, J.T. and Oliver, G.: **Prox1 function is required for the development of the murine lymphatic system.** *Cell* 1999, **98**:769–778.

### Abschnitt 9.1.3

■ Ansel, K.M. and Cyster, J.G.: **Chemokines in lymphopoiesis and lymphoid organ development.** *Curr. Opin. Immunol.* 2001, **13**:172–179.
■ Cyster, J.G.: Chemokines and cell migration in secondary lymphoid organs. *Science* 1999, **286**:2098–2102.
■ Cyster, J.G.: **Leukocyte migration: scent of the T zone.** *Curr. Biol.* 2000, **10**:R30–R33.
■ Cyster, J.G., Ansel, K.M., Reif, K., Ekland, E.H., Hyman, P.L., Tang, H.L., Luther, S.A., and Ngo, V.N.: **Follicular stromal cells and lymphocyte homing to follicles.** *Immunol. Rev.* 2000, **176**:181–193.

### Abschnitt 9.1.4

■ Caux, C., Ait-Yahia, S., Chemin, K., de Bouteiller, O., Dieu-Nosjean, M.C., Homey, B., Massacrier, C., Vanbervliet, B., Zlotnik, A., and Vicari, A.: **Dendritic cell biology and regulation of dendritic cell trafficking by chemokines.** *Springer Semin. Immunopathol.* 2000, **22**:345–369.
■ Itano, A.A. and Jenkins, M.K.: **Antigen presentation to naïve CD4 T cells in the lymph node.** *Nat. Immunol.* 2003, **4**:733–739.
■ Mackay, C.R., Kimpton, W.G., Brandon, M.R., and Cahill, R.N.: **Lymphocyte subsets show marked differences in their distribution between blood and the afferent and efferent lymph of secondary lymph nodes.** *J. Exp. Med.* 1988, **167**:1755–1765.
■ Picker, L.J. and Butcher, E.C.: **Physiological and molecular mechanisms of lymphocyte homing.** *Annu. Rev. Immunol.* 1993, **10**:561–591.
■ Steptoe, R.J., Li, W., Fu, F., O'Connell, P.J., and Thomson, A.W.: **Trafficking of APC from liver allografts of Flt3L-treated donors: augmentation of potent allostimulatory cells in recipient lymphoid tissue is associated with a switch from tolerance to rejection.** *Transpl. Immunol.* 1999, **7**:51–57.
■ Yoshino, M., Yamazaki, H., Nakano, H., Kakiuchi, T., Ryoke, K., Kunisada, T., and Hayashi, S.: **Distinct antigen trafficking from skin in the steady and active states.** *Int. Immunol.* 2003, **15**:773–779.

### Abschnitt 9.1.5

■ Hogg, N., Henderson, R., Leitinger, B., McDowall, A., Porter, J., and Stanley, P.: **Mechanisms contributing to the activity of integrins on leukocytes.** *Immunol. Rev.* 2002, **186**:164–171.
■ Kunkel, E.J., Campbell, D.J., and Butcher, E.C.: **Chemokines in lymphocyte trafficking and intestinal immunity.** *Microcirculation* 2003, **10**:313–323.
■ Madri, J.A. and Graesser, D.: **Cell migration in the immune system: the evolving interrelated roles of adhesion molecules and proteinases.** *Dev. Immunol.* 2000, **7**:103–116.
■ Rasmussen, L.K., Johnsen, L.B., Petersen, T.E., and Sørensen, E.S.: **Human GlyCAM-1 mRNA is expressed in the mammary gland as splicing variants and encodes various aberrant truncated proteins.** *Immunol. Lett.* 2002, **83**:73–75.
■ Rosen, S.D.: Ligands for L-selectin: homing, inflammation, and beyond. *Annu. Rev. Immunol.* 2004, **22**:129–156.
■ von Andrian, U.H. and Mempel, T.R.: **Homing and cellular traffic in lymph nodes.** *Nat. Rev. Immunol.* 2003, **3**:867–878.

Teil IV

## Abschnitt 9.1.6

- Cyster, J.G.: **Chemokines, sphingosine-1-phosphate, and cell migration in secondary lymphoid organs.** *Annu. Rev. Immunol.* 2005, **23**:127–159.
- Laudanna, C., Kim, J.Y., Constantin, G., and Butcher, E.: **Rapid leukocyte integrin activation by chemokines.** *Immunol. Rev.* 2002, **186**:37–46.
- Lo, C.G., Lu, T.T., and Cyster, J.G.: **Integrin-dependence of lymphocyte entry into the splenic white pulp.** *J. Exp. Med.* 2003, **197**:353–361.
- Luo, B.H., Carman, C.V., and Springer, T.A.: **Structural basis of integrin regulaion and signaling.** *Annu. Rev. Immunol.* 2007, **25**:619–647.
- Rosen, H. and Goetzl, E.J.: **Sphingosine 1-phosphate and its receptors: an autocrine and paracrine network.** *Nat. Rev. Immunol.* 2005, **5**:560–570.

## Abschnitt 9.1.7

- Cyster, J.G. and Schwab, S.R.: **Sphingosine-1-phosphate and lymphocyte egress from lymphoid organs.** *Annu. Rev. Immunol.* 2012, **30**:69–94.

## Abschnitt 9.1.8

- Germain, R.N., Miller, M.J., Dustin, M.L., and Nussenzweig, M.C.: **Dynamic imaging of the immune system: progress, pitfalls and promise.** *Nat. Rev. Immunol.* 2006, **6**:497–507.
- Miller, M.J., Wei, S.H., Cahalan, M.D., and Parker, I.: **Autonomous T cell traficking examined** *in vivo* **with intravital two-photon microscopy.** *Proc. Natl Acad. Sci. USA* 2003, **100**:2604–2609.
- Schlienger, K., Craighead, N., Lee, K.P., Levine, B.L., and June, C.H.: **Efficient priming of protein antigen-specific human CD4+ T cells by monocyte-derived dendritic cells.** *Blood* 2000, **96**:3490–3498.
- Thery, C. and Amigorena, S.: **The cell biology of antigen presentation in dendritic cells.** *Curr. Opin. Immunol.* 2001, **13**:45–51.

## Abschnitt 9.1.9

- Belz, G.T., Carbone, F.R., and Heath, W.R.: **Cross-presentation of antigens by dendritic cells.** *Crit. Rev. Immunol.* 2002, **22**:439–448.
- Guermonprez, P., Valladeau, J., Zitvogel, L., Thery, C., and Amigorena, S.: **Antigen presentation and T cell stimulation by dendritic cells.** *Annu. Rev. Immunol.* 2002, **20**:621–667.
- Mildner, A. and Jung, S.: **Development and function of dendritic cells.** *Immunity* 2014, **40**:642–656.
- Satpathy, A.T., Wu, X., Albring, J.C., and Murphy, K.M.: **Re(de)fining the dendritic cell lineage.** *Nat. Immunol.* 2012, **13**:1145–1154.
- Shortman, K. and Heath, W.R.: **The CD8+ dendritic cell subset.** *Immunol. Rev.* 2010, **234**:18–31.
- Shortman, K. and Naik, S.H.: **Steady-state and inflammatory dendritic-cell development.** *Nat. Rev. Immunol.* 2007, **7**:19–30.

## Abschnitt 9.1.10

- Allan, R.S., Waithman, J., Bedoui, S., Jones, C.M., Villadangos, J.A., Zhan, Y., Lew, A.M., Shortman, K., Heath, W.R., and Carbone, F.R.: **Migratory dendritic cells transfer antigen to a lymph node-resident dendritic cell population for efficient CTL priming.** *Immunity* 2006, **25**:153–162.

Teil IV

■ Bachman, M.F., Kopf, M., and Marsland, B.J.: **Chemokines: more than just road signs.** *Nat. Rev. Immunol.* 2006, **6**:159–164.

■ Blander, J.M. and Medzhitov, R.: **Toll-dependent selection of microbial anti-gens for presentation by dendritic cells.** *Nature* 2006, **440**:808–812.

■ Iwasaki, A. and Medzhitov, R.: **Toll-like receptor control of adaptive immune respon-ses.** *Nat. Immunol.* 2004, **10**:988–995.

■ Reis e Sousa, C.: **Toll-like receptors and dendritic cells: for whom the bug tolls.** *Semin. Immunol.* 2004, **16**:27–34.


### Abschnitt 9.1.11

■ Asselin-Paturel, C. and Trinchieri, G.: **Production of type I interferons: plasmacytoid dendritic cells and beyond.** *J. Exp. Med.* 2005, **202**:461–465.

■ Krug, A., Veeraswamy, R., Pekosz, A., Kanagawa, O., Unanue, E.R., Colonna, M., and Cella, M.: **Interferon-producing cells fail to induce proliferation of naïve T cells but can promote expansion and T helper 1 differentiation of antigen-experienced un-polarized T cells.** *J. Exp. Med.* 2003, **197**:899–906.

■ Kuwajima, S., Sato, T., Ishida, K., Tada, H., Tezuka, H., and Ohteki, T.: **Interleukin 15-dependent crosstalk between conventional and plasmacytoid dendritic cells is essential for CpG-induced immune activation.** *Nat. Immunol.* 2006, **7**:740–746.

■ Swiecki, M. and Colonna, M.: **Unraveling the functions of plasmacytoid dendritic cells during viral infections, autoimmunity, and tolerance.** *Immunol. Rev.* 2010, **234**:142–162.


### Abschnitt 9.1.12

■ Barker, R.N., Erwig, L.P., Hill, K.S., Devine, A., Pearce, W.P., and Rees, A.J.: **Antigen presentation by macrophages is enhanced by the uptake of necrotic, but not apop-totic, cells.** *Clin. Exp. Immunol.* 2002, **127**:220–225.

■ Underhill, D.M., Bassetti, M., Rudensky, A., and Aderem, A.: **Dynamic interactions of macrophages with T cells during antigen presentation.** *J. Exp. Med.* 1999, **190**:1909–1914.

■ Zhu, F.G., Reich, C.F., and Pisetsky, D.S.: **The role of the macrophage scavenger receptor in immune stimulation by bacterial DNA and synthetic oligonucleotides.** *Immunology* 2001, **103**:226–234.


### Abschnitt 9.1.13

■ Guermonprez, P., England, P., Bedouelle, H., and Leclerc, C.: **The rate of dissociation between antibody and antigen determines the efficiency of antibody-mediated an-tigen presentation to T cells.** *J. Immunol.* 1998, **161**:4542–4548.

■ Shirota, H., Sano, K., Hirasawa, N., Terui, T., Ohuchi, K., Hattori, T., and Tamura, G.: **B cells capturing antigen conjugated with CpG oligodeoxynucleotides induce Th1 cells by elaborating IL-12.** *J. Immunol.* 2002, **169**:787–794.

■ Zaliauskiene, L., Kang, S., Sparks, K., Zinn, K.R., Schwiebert, L.M., Weaver, C.T., and Collawn, J.F.: **Enhancement of MHC class II-restricted responses by receptor-me-diated uptake of peptide antigens.** *J. Immunol.* 2002, **169**:2337–2345.


### Abschnitt 9.2.1

■ Dustin, M.L.: **T-cell activation through immunological synapses and kinapses.** *Im-munol. Rev.* 2008, **221**:77–89.

■ Friedl, P. and Brocker, E.B.: **TCR triggering on the move: diversity of T-cell inter-actions with antigen-presenting cells.** *Immunol. Rev.* 2002, **186**:83–89.

Teil IV

■ Gunzer, M., Schafer, A., Borgmann, S., Grabbe, S., Zanker, K.S., Brocker, E.B., Kampgen, E., and Friedl, P.: **Antigen presentation in extracellular matrix: interactions of T cells with dendritic cells are dynamic, short lived, and sequential.** *Immunity* 2000, **13**:323–332.

■ Montoya, M.C., Sancho, D., Vicente-Manzanares, M., and Sanchez-Madrid, F.: **Cell adhesion and polarity during immune interactions.** *Immunol. Rev.* 2002, **186**:68–82.

■ Wang, J. and Eck, M.J.: **Assembling atomic resolution views of the immunological synapse.** *Curr. Opin. Immunol.* 2003, **15**:286–293.

## Abschnitt 9.2.2

■ Bour-Jordan, H. and Bluestone, J.A.: **CD28 function: a balance of costimulatory and regulatory signals.** *J. Clin. Immunol.* 2002, **22**:1–7.

■ Chen, L. and Flies, D.B.: **Molecular mechanisms of T cell co-stimulation and co-inhibition.** *Nat. Rev. Immunol.* 2013, **13**:227–242.

■ Gonzalo, J.A., Delaney, T., Corcoran, J., Goodearl, A., Gutierrez-Ramos, J.C., and Coyle, A.J.: **Cutting edge: the related molecules CD28 and inducible costimulator deliver both unique and complementary signals required for optimal T-cell activation.** *J. Immunol.* 2001, **166**:1–5.

■ Greenwald, R.J., Freeman, G.J., and Sharpe, A.H.: **The B7 family revisited.** *Annu. Rev. Immunol.* 2005, **23**:515–548.

■ Kapsenberg, M.L.: **Dendritic-cell control of pathogen-driven T-cell polarization.** *Nat. Rev. Immunol.* 2003, **3**:984–993.

■ Wang, S., Zhu, G., Chapoval, A.I., Dong, H., Tamada, K., Ni, J., and Chen, L.: **Costimulation of T cells by B7-H2, a B7-like molecule that binds ICOS.** *Blood* 2000, **96**:2808–2813.

## Abschnitt 9.2.3

■ Acuto, O. and Michel, F.: **CD28-mediated co-stimulation: a quantitative support for TCR signalling.** *Nat. Rev. Immunol.* 2003, **3**:939–951.

■ Gaffen, S.L.: **Signaling domains of the interleukin 2 receptor.** *Cytokine* 2001, **14**:63–77.

■ Seko, Y., Cole, S., Kasprzak, W., Shapiro, B.A., and Ragheb, J.A.: **The role of cytokine mRNA stability in the pathogenesis of autoimmune disease.** *Autoimmun. Rev.* 2006, **5**:299–305.

■ Zhou, X.Y., Yashiro-Ohtani, Y., Nakahira, M., Park, W.R., Abe, R., Hamaoka, T., Naramura, M., Gu, H., and Fujiwara, H.: **Molecular mechanisms underlying differential contribution of CD28 versus non-CD28 costimulatory molecules to IL-2 promoter activation.** *J. Immunol.* 2002, **168**:3847–3854.

## Abschnitt 9.2.4

■ Croft, M.: **The role of TNF superfamily members in T-cell function and diseases.** *Nat. Rev. Immunol.* 2009, **9**:271–285.

■ Greenwald, R.J., Freeman, G.J., and Sharpe, A.H.: **The B7 family revisited.** *Annu. Rev. Immunol.* 2005, **23**:515–548.

■ Watts, T.H.: **TNF/TNFR family members in costimulation of T cell responses.** *Annu. Rev. Immunol.* 2005, **23**:23–68.

## Abschnitt 9.2.5

■ Gudmundsdottir, H., Wells, A.D., and Turka, L.A.: **Dynamics and requirements of T cell clonal expansion *in vivo* at the single-cell level: effector function is linked to proliferative capacity.** *J. Immunol.* 1999, **162**:5212–5223.

Teil IV

■ London, C.A., Lodge, M.P., and Abbas, A.K.: **Functional responses and costimulator dependence of memory CD4+ T cells.** *J. Immunol.* 2000, **164**:265–272.

■ Schweitzer, A.N. and Sharpe, A.H.: **Studies using antigen-presenting cells lacking expression of both B7-1 (CD80) and B7-2 (CD86) show distinct requirements for B7 molecules during priming versus restimulation of Th2 but not Th1 cytokine production.** *J. Immunol.* 1998, **161**:2762–2771.

### Abschnitt 9.2.6

■ Andreasen, S.O., Christensen, J.E., Marker, O., and Thomsen, A.R.: **Role of CD40 ligand and CD28 in induction and maintenance of antiviral CD8⁺ effector T cell responses.** *J. Immunol.* 2000, **164**:3689–3697.

■ Blazevic, V., Trubey, C.M., and Shearer, G.M.: **Analysis of the costimulatory requirements for generating human virus-specific *in vitro* T helper and effector responses.** *J. Clin. Immunol.* 2001, **21**:293–302.

■ Liang, L. and Sha, W.C.: **The right place at the right time: novel B7 family members regulate effector T cell responses.** *Curr. Opin. Immunol.* 2002, **14**:384–390.

■ Seder, R.A. and Ahmed, R.: **Similarities and differences in CD4⁺ and CD8⁺ effector and memory T cell generation.** *Nat. Immunol.* 2003, **4**:835–842.

■ Weninger, W., Manjunath, N., and von Andrian, U.H.: **Migration and differentiation of CD8⁺ T cells.** *Immunol. Rev.* 2002, **186**:221–233.

### Abschnitt 9.2.7

■ Basu, R., Hatton, R.D., and Weaver, C.T.: **The Th17 family: flexibility follows function.** *Immunol. Rev.* 2013, **252**:89–103.

■ Bluestone, J.A. and Abbas, A.K.: **Natural versus adaptive regulatory T cells.** *Nat. Rev. Immunol.* 2003, **3**:253–257.

■ Crotty, S.: **Follicular helper T cells (T_FH).** *Annu. Rev. Immunol.* 2011, **29**:621–663.

■ King, C.: **New insights into the differentiation and function of T follicular helper cells.** *Nat. Rev. Immunol.* 2009, **9**:757–766.

■ Littman, D.R. and Rudensky, A.Y.: **Th17 and regulatory T cells in mediating and restraining inflammation.** *Cell* 2010, **140**:845–858.

■ Murphy, K.M., and Reiner, S.L.: **The lineage decisions of helper T cells.** *Nat. Rev. Immunol.* 2002, **2**:933–944.

■ Nurieva, R.I. and Chung, Y.: **Understanding the development and function of T follicular helper cells.** *Cell Mol. Immunol.* 2010, **7**:190–197.

### Abschnitt 9.2.8

■ Nath, I., Vemuri, N., Reddi, A.L., Jain, S., Brooks, P., Colston, M.J., Misra, R.S., and Ramesh, V.: **The effect of antigen presenting cells on the cytokine profiles of stable and reactional lepromatous leprosy patients.** *Immunol. Lett.* 2000, **75**:69–76.

■ O'Shea, J.J. and Paul, W.E.: **Mechanisms underlying lineage commitment and plasticity of helper CD4⁺ T cells.** *Science* 2010, **327**:1098–1102.

■ Reese, T.A., Liang, H.E., Tager, A.M., Luster, A.D., Van Rooijen, N., Voehringer, D., and Locksley, R.M.: **Chitin induces the accumulation in tissue of innate immune cells associated with allergy.** *Nature* 2007, **447**:92–96.

■ Szabo, S.J., Sullivan, B.M., Peng, S.L., and Glimcher, L.H.: **Molecular mechanisms regulating Th1 immune responses.** *Annu. Rev. Immunol.* 2003, **21**:713–758.

■ Weaver, C.T., Harrington, L.E., Mangan, P.R., Gavrieli, M., and Murphy, K.M.: **Th17: an effector CD4 lineage with regulatory T cell ties.** *Immunity* 2006, **24**:677–688.

Teil IV

## Abschnitt 9.2.9

- Croft, M., Carter, L., Swain, S.L., and Dutton, R.W.: **Generation of polarized antigen-specific CD8 effector populations: reciprocal action of interleukin-4 and IL-12 in promoting type 2 versus type 1 cytokine profiles.** *J. Exp. Med.* 1994, **180**:1715–1728.

- Grakoui, A., Donermeyer, D.L., Kanagawa, O., Murphy, K.M., and Allen, P.M.: **TCR-independent pathways mediate the effects of antigen dose and altered peptide ligands on Th cell polarization.** *J. Immunol.* 1999, **162**:1923–1930.

- Harrington, L.E., Hatton, R.D., Mangan, P.R., Turner, H., Murphy, T.L., Murphy, K.M., and Weaver, C.T.: **Interleukin 17-producing CD4⁺ effector T cells develop via a lineage distinct from the T helper type 1 and 2 lineages.** *Nat. Immunol.* 2005, **6**:1123–1132.

- Julia, V., McSorley, S.S., Malherbe, L., Breittmayer, J.P., Girard-Pipau, F., Beck, A., and Glaichenhaus, N.: **Priming by microbial antigens from the intestinal flora determines the ability of CD4+ T cells to rapidly secrete IL-4 in BALB/c mice infected with *Leishmania major*.** *J. Immunol.* 2000, **165**:5637–5645.

- Martin-Fontecha, A., Thomsen, L.L., Brett, S., Gerard, C., Lipp, M., Lanzavecchia, A., and Sallusto, F.: **Induced recruitment of NK cells to lymph nodes provides IFN-γ for T$_H$1 priming.** *Nat. Immunol.* 2004, **5**:1260–1265.

- Nakamura, T., Kamogawa, Y., Bottomly, K., and Flavell, R.A.: **Polarization of IL-4- and IFN-γ-producing CD4⁺ T cells following activation of naïve CD4⁺ T cells.** *J. Immunol.* 1997, **158**:1085–1094.

- Seder, R.A. and Paul, W.E.: **Acquisition of lymphokine producing phenotype by CD4⁺ T cells.** *Annu. Rev. Immunol.* 1994, **12**:635–673.

## Abschnitt 9.2.10

- Fontenot, J.D. and Rudensky, A.Y.: **A well adapted regulatory contrivance: regulatory T cell development and the forkhead family transcription factor Foxp3.** *Nat. Immunol.* 2005, **6**:331–337.

- Roncarolo, M.G., Bacchetta, R., Bordignon, C., Narula, S., and Levings, M.K.: **Type 1 T regulatory cells.** *Immunol. Rev.* 2001, **182**:68–79.

- Sakaguchi, S.: **Naturally arising Foxp3-expressing CD25⁺CD4⁺ regulatory T cells in immunological tolerance to self and non-self.** *Nat. Immunol.* 2005, **6**:345–352.

- Sakaguchi, S., Yamaguchi, T., Nomura, T., and Ono, M.: **Regulatory T cells and immune tolerance.** *Cell* 2008, **133**:775–787.

- Saraiva, M. and O'Garra, A.: **The regulation of IL-10 production by immune cells.** *Nat. Rev. Immunol.* 2010, **10**:170–181.

## Abschnitt 9.3.1

- Dustin, M.L.: **T-cell activation through immunological synapses and kinases.** *Immunol. Rev.* 2008, **221**:77–89.

- van der Merwe, P.A. and Davis, S.J.: **Molecular interactions mediating T cell antigen recognition.** *Annu. Rev. Immunol.* 2003, **21**:659–684.

## Abschnitt 9.3.2

- Bossi, G., Trambas, C., Booth, S., Clark, R., Stinchcombe, J., and Griffiths, G.M.: **The secretory synapse: the secrets of a serial killer.** *Immunol. Rev.* 2002, **189**:152–160.

- Montoya, M.C., Sancho, D., Vicente-Manzanares, M., and Sanchez-Madrid, F.: **Cell adhesion and polarity during immune interactions.** *Immunol. Rev.* 2002, **186**:68–82.

- Trambas, C.M. and Griffiths, G.M.: **Delivering the kiss of death.** *Nat. Immunol.* 2003, **4**:399–403.

Teil IV

## Abschnitte 9.3.3 und 9.3.4

- Basler, C.F. and Garcia-Sastre, A.: **Viruses and the type I interferon antiviral system: induction and evasion.** *Int. Rev. Immunol.* 2002, **21**:305–337.
- Boulay, J.L., O'Shea, J.J., and Paul, W.E.: **Molecular phylogeny within type I cytokines and their cognate receptors.** *Immunity* 2003, **19**:159–163.
- Guidotti, L.G. and Chisari, F.V.: **Cytokine-mediated control of viral infections.** *Virology* 2000, **273**:221–227.
- Harty, J.T., Tvinnereim, A.R., and White, D.W.: **CD8⁺ T cell effector mechanisms in resistance to infection.** *Annu. Rev. Immunol.* 2000, **18**:275–308.
- Proudfoot, A.E.: **Chemokine receptors: multifaceted therapeutic targets.** *Nat. Rev. Immunol.* 2002, **2**:106–115.

## Abschnitt 9.3.5

- Bekker, L.G., Freeman, S., Murray, P.J., Ryffel, B., and Kaplan, G.: **TNF-alpha controls intracellular mycobacterial growth by both inducible nitric oxide synthase-dependent and inducible nitric oxide synthase-independent pathways.** *J. Immunol.* 2001, **166**:6728–6734.
- Hehlgans, T. and Mannel, D.N.: **The TNF–TNF receptor system.** *Biol. Chem* 2002, **383**:1581–1585.
- Ware, C.F.: **Network communications: lymphotoxins, LIGHT, and TNF.** *Ann. Rev. Immunol.* 2005, **23**:787–819.

## Abschnitt 9.4.1

- Aggarwal, B.B.: **Signalling pathways of the TNF superfamily: a double-edged sword.** *Nat. Rev. Immunol.* 2003, **3**:745–756.
- Ashton-Rickardt, P.G.: **The granule pathway of programmed cell death.** *Crit Rev. Immunol.* 2005, **25**:161–182.
- Bishop, G.A.: **The multifaceted roles of TRAFs in the regulation of B-cell function.** *Nat. Rev. Immunol.* 2004, **4**:775–786.
- Green, D.R., Droin, N., and Pinkoski, M.: **Activation-induced cell death in T cells.** *Immunol. Rev.* 2003, **193**:70–81.
- Russell, J.H. and Ley, T.J.: **Lymphocyte-mediated cytotoxicity.** *Annu. Rev. Immunol.* 2002, **20**:323–370.
- Siegel, R.M.: **Caspases at the crossroads of immune-cell life and death.** *Nat. Rev. Immunol.* 2006, **6**:308–317.
- Wallin, R.P., Screpanti, V., Michaelsson, J., Grandien, A., and Ljunggren, H.G.: **Regulation of perforin-independent NK cell-mediated cytotoxicity.** *Eur. J. Immunol.* 2003, **33**:2727–2735.

## Abschnitt 9.4.2

- Borner, C.: **The Bcl-2 protein family: sensors and checkpoints for life-or- death decisions.** *Mol. Immunol.* 2003, **39**:615–647.
- Bratton, S.B. and Salvesen, G.S.: **Regulation of the Apaf-1-caspase-9 apoptosome.** *J. Cell Sci.* 2010, **123**:3209–3214.
- Chowdhury, D. and Lieberman, J.: **Death by a thousand cuts: granzyme pathways of programmed cell death.** *Annu. Rev. Immunol.* 2008, **26**:389–420.
- Hildeman, D.A., Zhu, Y., Mitchell, T.C., Kappler, J., and Marrack, P.: **Molecular mechanisms of activated T cell death *in vivo*.** *Curr. Opin. Immunol.* 2002, **14**:354–359.
- Strasser, A.: **The role of BH3-only proteins in the immune system.** *Nat. Rev. Immunol.* 2005, **5**:189–200.

Teil IV

## Abschnitt 9.4.3

- Barry, M., Heibein, J.A., Pinkoski, M.J., Lee, S.F., Moyer, R.W., Green, D.R., and Bleackley, R.C.: **Granzyme B short-circuits the need for caspase 8 activity during granule-mediated cytotoxic T-lymphocyte killing by directly cleaving Bid.** *Mol. Cell Biol.* 2000, **20**:3781–3794.
- Grossman, W.J., Revell, P.A., Lu, Z.H., Johnson, H., Bredemeyer, A.J., and Ley, T.J.: **The orphan granzymes of humans and mice.** *Curr. Opin. Immunol.* 2003, **15**:544–552.
- Lieberman, J.: **The ABCs of granule-mediated cytotoxicity: new weapons in the arsenal.** *Nat. Rev. Immunol.* 2003, **3**:361–370.
- Pipkin, M. E. and Lieberman, J.: **Delivering the kiss of death: progress on understanding how perforin works.** *Curr. Opin. Immunol.* 2007, **19**:301–308.
- Yasukawa, M., Ohminami, H., Arai, J., Kasahara, Y., Ishida, Y., and Fujita, S.: **Granule exocytosis, and not the Fas/Fas ligand system, is the main pathway of cytotoxicity mediated by alloantigen-specific CD4⁺ as well as CD8⁺ cytotoxic T lymphocytes in humans.** *Blood* 2000, **95**:2352–2355.

## Abschnitt 9.4.4

- Stinchcombe, J.C. and Griffiths, G.M.: **Secretory mechanisms in cell-mediated cytotoxicity.** *Annu. Rev. Cell Dev. Biol.* 2007, **23**:495–517.
- Veugelers, K., Motyka, B., Frantz, C., Shostak, I., Sawchuk, T., and Bleackley, R.C.: **The granzyme B-serglycin complex from cytotoxic granules requires dynamin for endocytosis.** *Blood* 2004, **103**:3845–3853.

## Abschnitt 9.4.5

- Amel-Kashipaz, M.R., Huggins, M.L., Lanyon, P., Robins, A., Todd, I., and Powell, R.J.: **Quantitative and qualitative analysis of the balance between type 1 and type 2 cytokine-producing CD8⁻ and CD8⁺ T cells in systemic lupus erythematosus.** *J. Autoimmun.* 2001, **17**:155–163.
- Dobrzanski, M.J., Reome, J.B., Hollenbaugh, J.A., and Dutton, R.W.: **Tc1 and Tc2 effector cell therapy elicit long-term tumor immunity by contrasting mechanisms that result in complementary endogenous type 1 antitumor responses.** *J. Immunol.* 2004, **172**:1380–1390.
- Prezzi, C., Casciaro, M.A., Francavilla, V., Schiaffella, E., Finocchi, L., Chircu, L.V., Bruno, G., Sette, A., Abrignani, S., and Barnaba, V.: **Virus-specific CD8⁺ T cells with type 1 or type 2 cytokine profile are related to different disease activity in chronic hepatitis C virus infection.** *Eur. J. Immunol.* 2001, **31**:894–906.

Teil IV

# Die humorale Immunantwort

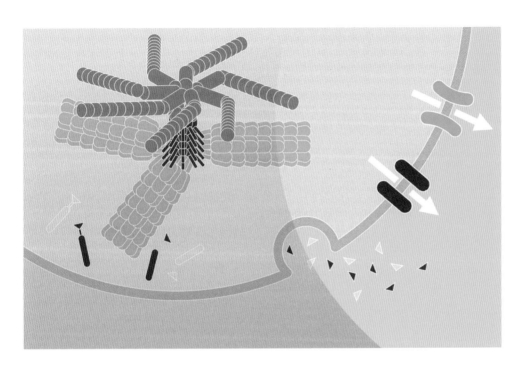

© Springer-Verlag GmbH Deutschland, ein Teil von Springer Nature 2018
K. Murphy, C. Weaver, *Janeway Immunologie*, https://doi.org/10.1007/978-3-662-56004-4_10

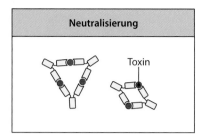

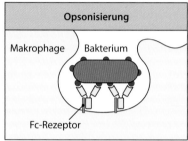

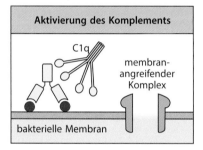

**Abb. 10.1 Die humorale Immunant-
wort wird von Antikörpermolekülen
vermittelt, die von Plasmazellen sezerniert werden.** Nachdem Antikörper von
Plasmazellen freigesetzt wurden, schützen sie den Körper vor allem auf drei
Weisen. Sie können die toxischen Effekte
oder die Infektiosität von Pathogenen
oder ihrer Produkte hemmen, indem sie
an diese binden; diesen Vorgang nennt
man Neutralisierung (*oben*). Wenn Antikörper an ein Pathogen gebunden sind,
können deren Fc-Regionen an Fc-Rezeptoren auf akzessorischen Zellen binden,
etwa auf Makrophagen und neutrophilen
Zellen, was diese Zellen dabei unterstützt, das Pathogen aufzunehmen und
zu zerstören. Diesen Vorgang bezeichnet
man als Opsonisierung (*Mitte*). Antikörper können das Komplementsystem
anregen, indem sie C1 aktivieren, das
erste Protein im klassischen Weg der
Komplementaktivierung. Die Anlagerung
von Komplementproteinen kann dann
die Opsonisierung verstärken und einige
Bakterien direkt zerstören, indem der
membranangreifende Komplex aktiviert
wird (*unten*)

Viele Krankheitserreger vermehren sich in den Extrazellularräumen des Körpers und sogar
die intrazellulären Krankheitserreger verbreiten sich, indem sie sich durch die extrazellulären Flüssigkeiten bewegen. Die Extrazellularräume werden von der **humoralen Immunantwort** geschützt: Antikörper, die von B-Lymphocyten gebildet werden, zerstören die
extrazellulären Mikroorganismen und deren Produkte und verhindern, dass sich intrazelluläre Infektionen ausbreiten. Wie bereits in Abschn. 1.4.2 festgestellt, tragen Antikörper
auf drei Weisen zur Immunität bei (▶ Abb. 10.1): **Neutralisierung**, **Opsonisierung** und
**Komplementaktivierung**. Antikörper können an Pathogene binden und dadurch verhindern, dass sie in Zellen eindringen und diese infizieren. Das bezeichnet man dann als
Neutralisierung von Krankheitserregern. Antikörper binden auch an bakterielle Toxine und
blockieren ihre Aktivität beziehungsweise verhindern, dass sie in Zellen eindringen. Antikörper ermöglichen eine Opsonisierung der Krankheitserreger und bewirken so deren
Aufnahme durch Phagocytose, indem Fc-Rezeptoren an die konstanten Regionen (C-Regionen) der Antikörper binden. Schließlich können Antikörper, die an Pathogene gebunden
sind, Proteine des klassischen Signalwegs des Komplementsystems aktivieren (Kap. 2).
Das kann die Opsonisierung verstärken, indem weitere Komplementproteine an die Oberfläche von Krankheitserregern binden. Das wiederum trägt dazu bei, phagocytotische
Zellen zu Infektionsherden zu lenken und auch den membranangreifenden Komplex zu
aktivieren, der bestimmte Mikroorganismen direkt töten kann, indem er Poren in deren
Membranen bildet. Welcher Effektormechanismus letztendlich zum Tragen kommt, wird
durch den Isotyp der schweren Kette des Antikörpers beeinflusst, der die Antikörperklasse
festlegt (Abschn. 5.3.1).

Im ersten Teil dieses Kapitels werden wir die Wechselwirkungen von naiven B-Zellen mit
Antigenen und T-Helferzellen darstellen, die zur Aktivierung der B-Zellen und zur Bildung
von Antikörpern führen. Einige Antigene von Mikroorganismen können die Antikörperproduktion ohne die Mitwirkung von T-Zellen auslösen, aber die Aktivierung naiver B-Zellen durch Antikörper erfordert normalerweise die Unterstützung durch **follikuläre T-Helferzellen** ($T_{FH}$-Zellen, Abschn. 9.2.7). Die aktivierten B-Zellen differenzieren sich zu
antikörperproduzierenden **Plasmazellen** und B-Gedächtniszellen. Die meisten Antikörperantworten unterliegen einem Prozess, den man als Affinitätsreifung bezeichnet. Dabei
werden durch somatische Hypermutation der Gene der variablen Regionen (V-Regionen)
Antikörper erzeugt, die eine größere Affinität für ihr Zielantigen besitzen. Wir befassen uns
hier mit dem molekularen Mechanismus der somatischen Hypermutation und den immunologischen Auswirkungen, außerdem mit dem Isotypwechsel, durch den Antikörper verschiedener Klassen entstehen und die Antikörperantwort eine funktionelle Vielfalt entwickelt. Sowohl die Affinitätsreifung als auch der Isotypwechsel kommen nur bei B-Zellen
vor und beide erfordern die Mitwirkung von T-Zellen. Im zweiten Teil des Kapitels wollen
wir die Verteilung und die Funktionen der verschiedenen Antikörperklassen vorstellen,
insbesondere für diejenigen Antikörper, die in den mucosalen Bereichen sezerniert werden.
Im dritten Teil des Kapitels besprechen wir im Einzelnen, wie die Fc-Region der Antikörper verschiedene Effektormechanismen aktiviert, durch die Antikörper Infektionen in
Schach halten und beseitigen. Wie bei der T-Zell-Antwort entsteht auch bei der humoralen
Immunantwort ein immunologisches Gedächtnis (Kap. 11).

## 10.1 Aktivierung von B-Zellen und Produktion
## von Antikörpern

Das Oberflächenimmunglobulin, das als **B-Zell-Antigenrezeptor** (**BCR**) dient, hat bei der
Aktivierung der B-Zellen als Reaktion auf Krankheitserreger zwei Funktionen. Der BCR
löst wie der T-Zell-Antigenrezeptor nach Bindung eines Antigens von einem Mikroorganismus eine Signalkaskade aus. Außerdem schleust der B-Zell-Rezeptor das Antigen in das
Zellinnere, wo es prozessiert wird, sodass an MHC-Klasse-II-Moleküle gebundene Antigenpeptide zur B-Zell-Oberfläche zurückkehren. Antigenspezifische T-Helferzellen, die
sich bereits als Reaktion auf dasselbe Pathogen differenziert haben, können dann diese
Peptid:MHC-Klasse-II-Komplexe erkennen. Die T-Effektorzellen exprimieren Oberflächen-

moleküle und Cytokine, die die B-Zellen zur Proliferation und zur Differenzierung zu antikörpersezernierenden Zellen und B-Gedächtniszellen anregen. In einer Zwischenphase der Antikörperreaktion bilden sich Keimzentren (Abschn. 10.1.6), bevor dann langlebige Plasmazellen, die Antikörper produzieren, oder B-Gedächtniszellen entstehen. Einige mikrobielle Antigene können B-Zellen direkt, ohne Unterstützung von T-Zellen, aktivieren. Dadurch kann der Körper auf viele wichtige Erreger rasch reagieren. Die feine Abstimmung der Antikörperantworten, um die Affinität der Antikörper für das Antigen zu steigern, und der Wechsel zu den meisten Immunglobulinisotypen außer IgM hängen jedoch von der Wechselwirkung der antigenstimulierten B-Zellen mit T-Helferzellen und anderen Zellen in den peripheren Lymphorganen ab. Daher zeigen Antikörper, die nur durch mikrobielle Antigene induziert wurden, tendenziell eine geringere Affinität und eine geringere funktionelle Flexibilität als solche, die unter Mitwirkung von T-Zellen gebildet wurden.

## 10.1.1 Für die Aktivierung von B-Zellen durch Antigene sind sowohl Signale des B-Zell-Rezeptors als auch Signale von $T_{FH}$-Zellen oder mikrobiellen Antigenen erforderlich

Wie wir in Kap. 8 erfahren haben, sind für die Aktivierung naiver T-Zellen Signale des T-Zell-Rezeptors sowie costimulierende Signale von professionellen antigenpräsentierenden Zellen erforderlich. In ähnlicher Weise benötigen naive B-Zellen ebenfalls zusätzliche Signale, die entweder von T-Helferzellen oder in bestimmten Fällen auch aus Bestandteilen von Mikroorganismen stammen können (▶ Abb. 10.2).

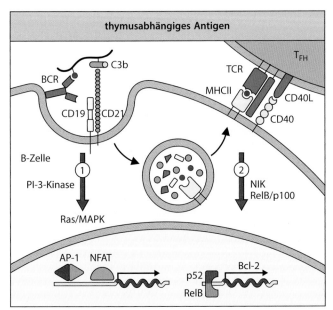
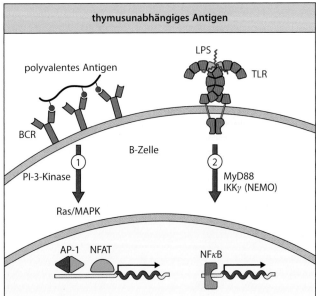

**Abb. 10.2 Für die B-Zell-Aktivierung wird ein zweites Signal benötigt, das entweder von thymusabhängigen oder thymusunabhängigen Antigenen ausgelöst wird.** Das erste Signal (1) für die Aktivierung von B-Zellen stammt von deren Antigenrezeptor (BCR) und aktiviert mehrere Signalwege (Kap. 7). Die BCR-Signale werden von den Corezeptoren CD21 und CD19 verstärkt, die mit C3b auf opsonisierten Oberflächen von Mikroorganismen interagieren. Bei thymusabhängigen (TD-)Antigenen (*erstes Bild*) wird das zweite Signal (2) von der T-Helferzelle ausgesendet. Diese erkennt Teile des Antigens, wie etwa Peptide, die auf der Oberfläche von B-Zellen an MHC-Klasse-II-Moleküle gebunden sind. CD40L auf der $T_{FH}$-Zelle bindet an CD40 auf der B-Zelle und aktiviert über die NFκB-induzierende Kinase (NIK) den nichtkanonischen NFκB-Weg. Dadurch wird die Expression überlebensfördernder Gene in Gang gesetzt, beispielsweise Bcl-2 (Abschn. 7.2.11). Bei den TD-Antigenen (*zweites Bild*) kann ein zweites Signal von Toll-like-Rezeptoren stammen, die antigenassoziierte TLR-Liganden erkennen, beispielsweise das bakterielle Lipopolysaccharid (LPS) oder bakterielle DNA (Kap. 3)

Proteinantigene sind allein nicht in der Lage, bei Tieren oder beim Menschen, die keine T-Zellen besitzen, eine Antikörperantwort auszulösen. Man bezeichnet diese auch als **thymusabhängige Antigene** (**TD-Antigene**), denn sie erfordern eine antigenspezifische Unterstützung durch T-Zellen. Dabei handelt es sich um die $T_{FH}$-Zellen, die sich als nicht vollständig differenzierte $T_H$1-, $T_H$2- und $T_H$17-Zellen in den Lymphgeweben aufhalten. Damit eine B-Zelle von einer T-Zelle unterstützt wird, muss sie an ihrer Oberfläche ein Antigen präsentieren, und zwar in einer Form, die eine T-Zelle erkennen kann. Das ist der Fall, wenn das an ein Oberflächenimmunglobulin auf einer B-Zelle gebundene Antigen in die Zelle aufgenommen und dort abgebaut wird und als Peptide, die an MHC-Klasse-II-Moleküle gebunden sind, zur Oberfläche zurückkehrt (► Abb. 10.2, erstes Bild). Wenn eine $T_{FH}$-Zelle den Peptid:MHC-Komplex erkennt, sendet sie der B-Zelle Signale, die das Überleben der B-Zelle begünstigen und ihre Proliferation anregen. Zu diesen Signalen gehört auch die Aktivierung von **CD40** auf den B-Zellen, da die $T_{FH}$-Zellen den zugehörigen Liganden CD40L (CD154) exprimieren, sowie die Produktion verschiedener Cytokine durch die $T_{FH}$-Zellen, beispielsweise IL-21 (► Abb. 10.3). Die CD40-Signale aktivieren den **nichtkanonischen NFκB-Signalweg** (Abschn. 7.3.3) und unterstützen das Überleben der B-Zelle durch die Aktivierung der Expression antiapoptotischer Moleküle wie Bcl-2. Die IL-21-Signale aktivieren STAT3 und steigern die zelluläre Proliferation und Differenzierung zu Plasmazellen und B-Gedächtniszellen. Zu den weiteren Cytokinen, welche die $T_{FH}$-Zellen exprimieren, gehören IL-6, TGF-$\beta$, IFN-$\gamma$ und IL-4. Sie liefern Signale, die den Typ des Antikörpers regulieren können, der produziert wird (Abschn. 10.1.12). Diese Cytokine werden auch von anderen differenzierten Untergruppen der Effektorzellen (Kap. 9) gebildet, wobei sich die $T_{FH}$-Zellen davon allerdings unterscheiden. So transkribieren $T_{FH}$-Zellen das IL-4-Gen mithilfe von regulatorischen Elementen, die von den Transkriptionsfaktoren GATA3 und STAT6 unabhängig sind, die die IL-4-Produktion von $T_H$2-Zellen stimulieren.

B-Zell-Reaktionen auf Proteinantigene hängen von der Unterstützung durch T-Zellen ab, aber es gibt einige Bestandteile von Mikroorganismen, die auch ohne T-Helferzellen die Antikörperproduktion anregen können. Diese mikrobiellen Antigene bezeichnet man als **thymusunabhängige** oder **TI-Antigene** (TI für *thymus independent*), da sie bei Individuen, die gar keine T-Zellen besitzen, Antikörperreaktionen auslösen. Solche Antigene sind häu-

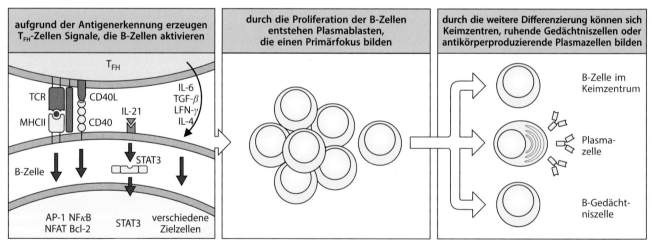

**Abb. 10.3** $T_{FH}$**-Zellen liefern verschiedene Signale, die B-Zellen aktivieren und deren weitere Differenzierung regulieren.** Nach der Bindung des Antigens erzeugt der B-Zell-Rezeptor das erste Signal für die B-Zell-Aktivierung (nicht dargestellt). Von der $T_{FH}$-Zelle kommen zusätzliche Signale, sobald sie einen Peptid:MHC-Klasse-II-Komplex auf der Oberfläche einer B-Zelle erkennt (*erstes Bild*). Neben der Expression des CD40-Liganden sezerniert die $T_{FH}$-Zelle mehrere wichtige Cytokine. Darunter ist auch IL-21, das den Transkriptionsfaktor STAT3 aktiviert, sodass das Überleben und die Proliferation der B-Zellen gefördert werden. $T_{FH}$-Zellen können auch Cytokine produzieren, die den Isotypwechsel regulieren (Abschn. 10.1.12). Nach Empfang dieser Signale beginnen die aktivierten B-Zellen zu proliferieren (*zweites Bild*), wandern in die Keimzentren und entwickeln sich schließlich zu Plasmazellen oder Gedächtniszellen (*drittes Bild*)

fig Moleküle mit umfangreichen repetitiven Strukturen, beispielsweise Polysaccharide aus bakteriellen Zellwänden, die die Antigenrezeptoren auf den B-Zellen quervernetzen können. In solchen Fällen kann über die direkte Erkennung einer allgemeinen mikrobiellen Komponente wie LPS durch die TLRs der B-Zelle ein zweites Signal erzeugt werden, das schließlich den NFκB-Signalweg (Kap. 3) aktiviert. Thymusunabhängige Antikörperreaktionen vermitteln einigen Schutz von extrazellulären Bakterien (siehe unten).

## 10.1.2 Die gekoppelte Antigenerkennung durch T- und B-Zellen fördert starke Antikörperreaktionen

Die Aktivierung von B-Zellen durch Antigene auf den Oberflächen von Mikroorganismen kann durch die gleichzeitige Anlagerung von Komplementproteinen auf diesen Pathogenen erheblich stimuliert werden. Der **B-Zell-Corezeptor-Komplex** umfasst die Zelloberflächenproteine CD19, CD21 und CD81 (▶ Abb. 7.27). Wenn **CD21** (Komplementrezeptor 2, CR2) an die Komplementfragmente C3d und C3dg bindet, die an mikrobielle Oberflächen angelagert werden (Abschn. 2.2.9), gelangt CD21 in die Nähe des B-Zell-Rezeptors, der an die gleiche Oberfläche gebunden hat. CD21 und CD19 sind miteinander assoziiert und CD19 wird durch den aktivierten B-Zell-Rezeptor phosphoryliert. Dadurch wird die PI-3-Kinase rekrutiert, die dann mehrere nachgeschaltete Signalwege aktiviert, was die Proliferation, Differenzierung und Antikörperproduktion verstärkt (▶ Abb. 10.2, Pfeil 1). Diese Wirkung lässt sich auf drastische Weise zeigen, indem man Mäuse mit dem experimentellen Antigen Hühnereiweißlysozym, das mit drei C3dg-Molekülen verknüpft ist, immunisiert. In diesem Fall muss die Dosis des modifizierten Lysozyms nur 1/10.000 der Dosis betragen, die von dem nichtmodifizierten Lysozym notwendig wäre, wenn man kein Adjuvans zusetzt.

Bei T-abhängigen Antikörperreaktionen werden die beteiligten T-Zellen durch das gleiche Antigen aktiviert, das die B-Zellen erkennen. Das bezeichnet man als **gekoppelte Erkennung**. Allerdings unterscheidet sich das Peptid, das von der $T_{FH}$-Zelle erkannt wird, wahrscheinlich von dem Proteinepitop, das von der B-Zelle erkannt wird. Natürliche Antigene wie Viren und Bakterien enthalten eine Reihe von Proteinen und tragen sowohl Protein- als auch Kohlenhydratepitope. Damit es zu einer gekoppelten Erkennung kommen kann, muss das von der T-Zelle erkannte Peptid physikalisch mit dem Antigen verknüpft sein, das der B-Zell-Rezeptor erkennt. Die B-Zelle kann dann das zugehörige Peptid aufnehmen und der T-Zelle präsentieren. So nimmt eine B-Zelle, die ein Epitop auf einem viralen Hüllprotein erkennt, das vollständige Viruspartikel in sich auf. Die B-Zelle baut dann die verschiedenen Virusproteine zu Peptiden ab und präsentiert diese durch MHC-Klasse-II-Moleküle auf der Zelloberfläche. Die CD4-T-Zellen, die für solche viralen Peptide spezifisch sind, können bereits in einer früheren Phase der Infektion durch dendritische Zellen aktiviert worden sein und sich zu $T_{FH}$-Zellen differenziert haben. Sobald diese $T_{FH}$-Zellen von B-Zellen aktiviert werden, die ihr Antigen präsentieren, werden sie angeregt, den B-Zellen bestimmte Signale zu übermitteln, die diese wiederum dabei unterstützen, Antikörper gegen das virale Hüllprotein zu produzieren (▶ Abb. 10.4).

Die gekoppelte Erkennung beruht auf der Konzentration des passenden Peptids bei der Präsentation durch MHC-Klasse-II-Moleküle auf der Zelloberfläche. B-Zellen, deren Rezeptor ein bestimmtes Antigen bindet, sind bei der Präsentation von Peptidfragmenten auf MHC-Klasse-II-Molekülen 10.000-mal effizienter als B-Zellen, die das Antigen nur mithilfe der Makropinocytose prozessieren. Die gekoppelte Erkennung wurde ursprünglich bei Untersuchungen zur Bildung von Antikörpern gegen Haptene entdeckt. Haptene sind kleine chemische Gruppen, die für sich allein keine Antikörperantwort hervorrufen (Anhang I, Abschn. A.1). Wenn sie jedoch an ein Trägerprotein gekoppelt sind, wirken sie immunogen (der **Hapten-Carrier-Effekt**). Das hat zwei Ursachen. Das Protein kann mehrere Haptengruppen tragen, sodass nun B-Zell-Rezeptoren quervernetzt werden können. Auch T-Zellen, die gegen Peptide aus dem Trägerprotein aktiviert wurden, können sich zu $T_{FH}$-Zellen entwickeln und die Antikörperreaktion gegen das Hapten verstärken.

Teil IV

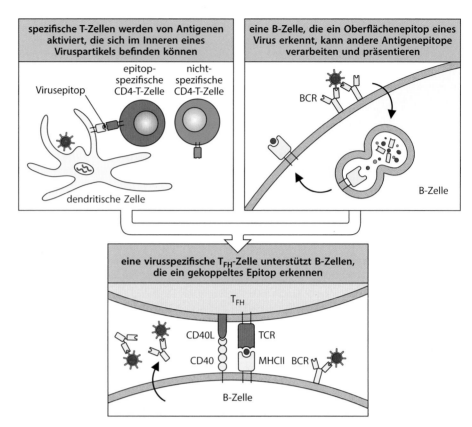

**Abb. 10.4 T-Zellen und B-Zellen müssen Antigene erkennen, die in demselben Molekülkomplex vorkommen, um in Wechselwirkung treten zu können.** In diesem Beispiel enthält ein inneres Virusprotein ein Peptidepitop (*rot*), das von MHC-Klasse-II-Molekülen präsentiert und von einer CD4-T-Zelle erkannt wird. Das Virus trägt auf einem Hüllprotein (*blau*) auch ein natives Epitop, das von dem Oberflächenimmunglobulin auf einer B-Zelle erkannt wird. Wenn eine dendritische Zelle das Virus aufnimmt und präsentiert, wird eine peptidspezifische CD4-T-Zelle (*blau*) aktiviert (*oben links*), während nichtspezifische T-Zellen (*grün*) inaktiv bleiben. Wenn das Virus von einer spezifischen B-Zelle erkannt wird (*oben rechts*), werden Peptide aus inneren Virusproteinen prozessiert und von MHC-Klasse-II-Molekülen dargeboten. Wenn die aktivierte T-Zelle ihr Peptid auf dieser B-Zelle erkennt (*unten*), übermittelt die T-Zelle verschiedene Hilfssignale an die B-Zelle, welche die Produktion von Antikörpern gegen das Hüllprotein stimulieren. Diesen Vorgang bezeichnet man als gekoppelte Erkennung

Eine zufällige Kopplung von Hapten und Protein ist auch für die allergischen Reaktionen verantwortlich, die viele Menschen gegen das Antibiotikum Penicillin zeigen. Penicillin bildet zusammen mit Wirtsproteinen ein gekoppeltes Hapten, das eine Antikörperantwort stimulieren kann. Darüber werden wir in Kap. 14 mehr erfahren.

Die gekoppelte Erkennung dient dazu, die Selbst-Toleranz aufrechtzuerhalten, da autoreaktive Antikörper nur dann entstehen, wenn autoreaktive $T_{FH}$-Zellen und autoreaktive B-Zellen gleichzeitig vorkommen (Kap. 15). Bei der Entwicklung von Impfstoffen lässt sich die gekoppelte Erkennung nutzen, etwa für die Impfung von Kleinkindern gegen *Haemophilus influenzae* (Abschn. 16.3.7).

### 10.1.3 B-Zellen, die Kontakt mit ihrem Antigen hatten, wandern in den sekundären lymphatischen Geweben an Grenzen zwischen B- und T-Zell-Zonen

Naive Lymphocyten, die für ein bestimmtes Antigen spezifisch sind, kommen immer nur in äußerst geringer Anzahl vor (weniger als 1:10.000). Die Wahrscheinlichkeit, dass eine

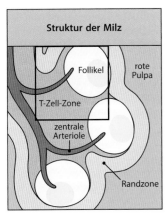

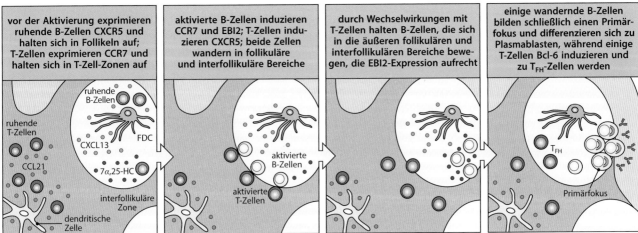

**Abb. 10.5 Antigenbindende B-Zellen treffen in den sekundären lymphatischen Geweben an der Grenze zwischen der T-Zell-Zone und dem B-Zell-Follikel aufeinander.** Antigene gelangen aus dem Blut in die Milz und sammeln sich in den T-Zell-Zonen und den Follikeln an (*erstes Bild*). Naive CCR7-positive T-Zellen und naive CXCR5-positive B-Zellen wandern zu abgegrenzten Regionen, wo die Chemokine CCL19 beziehungsweise CCL21 oder CXCL13 beziehungsweise $7\alpha$,25-Hydroxycholesterin ($7\alpha$,25-HC) produziert werden (*zweites Bild*). Wenn eine B-Zelle entweder auf einer follikulären dendritischen Zelle oder auf einem Makrophagen mit ihrem Antigen in Kontakt tritt, erhöht sie die Expression von CCR7 und wandert zur Grenze mit der T-Zell-Zone (*drittes Bild*). T-Zellen, die durch antigenpräsentierende dendritische Zellen aktiviert wurden, exprimieren CXCR5 und wandern ebenfalls zur Grenzregion. Dort wird dann durch die gekoppelte Erkennung die weitere Proliferation der B-Zellen ausgelöst. Nach zwei bis drei Tagen verringern die B-Zellen die Expression von CCR7, setzen aber die EBI2-Expression fort und wandern als Reaktion auf $7\alpha$,25-HC in die äußere Follikelregion und in Bereiche zwischen den Follikeln (*viertes Bild*). Nach etwa einem weiteren Tag lagern sich einige B-Zellen in den interfollikulären Bereichen in der Nähe zur roten Pulpa zusammen, proliferieren und differenzieren sich zu Plasmablasten. So bilden sie einen Primärfokus und sind am Ende zu antikörperproduzierenden Plasmazellen ausdifferenziert. T-Zellen, die die EBI2-Expression aufrechterhalten, verbleiben wahrscheinlich im Follikel und induzieren die Expression von Bcl-6, wodurch sie sich zu $T_{FH}$-Zellen entwickeln, die dann zusammen mit B-Zellen die Keimzentrumsreaktion etablieren

T- und eine B-Zelle aufeinandertreffen, die die gleiche Antigenspezifität besitzen, sollte deshalb geringer sein als 1:$10^8$, sodass es schon bemerkenswert ist, dass B-Zellen überhaupt mit $T_{FH}$-Zellen mit der gleichen Antigenspezifität interagieren können. Aus diesen Gründen erfordert die gekoppelte Erkennung, dass die Wanderung der aktivierten B- und T-Zellen zu den spezifischen Regionen innerhalb der Lymphgewebe durch ein Zusammenspiel von verschiedenen Gruppen von Liganden und Rezeptoren genau reguliert wird (▶ Abb. 10.5).

Naive T-Zellen und B-Zellen exprimieren den **Sphingosin-1-phosphat-Rezeptor 1 (S1PR1)**, wodurch sie die peripheren lymphatischen Gewebe verlassen können (Abschn. 9.1.7). Vorher werden sie jedoch zurückgehalten und besetzen zwei abgegrenzte Bereiche, die **T-Zell-Zonen** beziehungsweise die **primären Lymphfollikel** (B-Zell-Zonen) (▶ Abb. 1.18, ▶ Abb. 1.19,

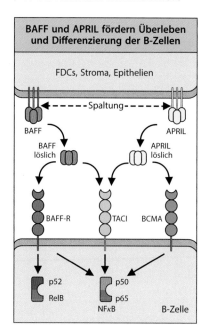

**BAFF und APRIL fördern Überleben und Differenzierung der B-Zellen**

FDCs, Stroma, Epithelien

- - - Spaltung - - -

BAFF

BAFF
löslich

APRIL

APRIL
löslich

BAFF-R  TACI  BCMA

p52
RelB

p50
p65
NFκB

B-Zelle

**Abb. 10.6 BAFF und APRIL fördern das Überleben der B-Zelle und regulieren die Differenzierung.** BAFF und APRIL gehören beide zur TNF-Superfamilie der Cytokine. Sie werden von mehreren Zelltypen zuerst als membrangebundene Trimere produziert. BAFF wird von den FDCs und anderen Zellen im B-Zell-Follikel exprimiert und unterstützt dort das Überleben der B-Zellen. Sein wichtigster Rezeptor ist BAFF-R, der seine Signale ähnlich wie CD40 (▸ Abb. 7.31) aussendet, das heißt über TRAF6 und NIK. Dadurch werden der nichtkanonische NFκB-Signalweg (der zum RelB:p52-Transkriptionsfaktor führt) und der kanonische p50:p65-NFκB-Signalweg aktiviert. BAFF bindet auch an die Rezeptoren TACI und BCMA, wobei die Affinität zu Letzterem relativ gering ist. Diese Rezeptoren aktivieren den kanonischen NFκB-Signalweg

▸ Abb. 1.20). Diese Zonen entwickeln sich aufgrund unterschiedlicher Expressionsmuster der Chemokinrezeptoren und der Chemokinproduktion. Naive T-Zellen exprimieren den Chemokinrezeptor **CCR7** und sammeln sich in Bereichen an, wo dessen Liganden **CCL19** und **CCL21** von den Stromazellen und dendritischen Zellen stark exprimiert werden (Abschn. 9.1.3). Zirkulierende naive B-Zellen exprimieren **CXCR5** und wenn sie in die Lymphgewebe einwandern, gelangen sie in die primären Lymphfollikel, wo das Chemokin **CXCL13** in großer Menge vorkommt. Innerhalb des Follikels sezernieren die Stromazellen sowie ein spezialisierter Zelltyp, die **follikulären dendritischen Zellen** (**FDCs**), CXCL13. Die FDCs sind nichtphagocytotische Zellen nichthämatopoetischen Ursprungs, die viele lange Fortsätze besitzen. Sie halten mithilfe von Komplementrezeptoren Antigene an ihrer Zelloberfläche fest, sodass B-Zellen im Follikel damit in Kontakt treten können.

Sobald eine naive B-Zelle in den Follikel gelangt ist, trifft sie auf das lösliche Cytokin der TNF-Familie **BAFF** (B-Zell-aktivierender Faktor; eine andere Bezeichnung ist B-Lymphocyten-Stimulator, BLyS; Abschn. 8.1.8), das von FDCs, Stromazellen und dendritischen Zellen produziert wird und bei B-Zellen als Überlebensfaktor wirkt. BAFF kann seine Aktivität über drei Rezeptoren entfalten, aber seine wichtigste Funktion ist das Übermitteln von Überlebenssignalen durch den Rezeptor **BAFF-R** (▸ Abb. 10.6). BAFF-R sendet seine Signale über **TRAF3** aus (Abschn. 3.1.7) und aktiviert dadurch wie CD40 (▸ Abb. 7.31) den nichtkanonischen NFκB-Signalweg; dabei wird wie bei den CD40-Signalen auch die Expression von Bcl-2 angeregt. Zwei weitere Rezeptoren für BAFF sind **TACI** (*transmembrane activator und calcium modulator and cyclophilin ligand interactor*) und **BCMA** (*B-cell maturation antigen*), wobei BAFF für BCMA eine relativ geringe Affinität besitzt. TACI und BCMA binden auch das verwandte Cytokin **APRIL** (*a proliferation-inducing ligand*) und leiten ihre Signale über TRAF2, -5 und -6 weiter. Dadurch werden dann Signalwege für die B-Zellaktivierung ausgelöst.

Antigene aus Mikroorganismen und Viren werden über die afferente Lymphe in die Lymphknoten transportiert und gelangen über das Blut in die Milz. In den B-Zell-Follikeln sammeln sich opsonisierte Antigene, an die C3b oder C3dg gebunden haben, da sie von den Komplementrezeptoren CR1 und CR2 auf der Oberfläche der FDC-Zellen festgehalten werden. Opsonisierte partikelförmige Antigene können auch von spezialisierten Makrophagen aufgenommen werden, die sich im **subkapsulären Sinus** (SCS) der Lymphknoten und im **Randsinus** der Milz aufhalten; beide Regionen grenzen an die B-Zell-Follikel (▸ Abb. 10.7). Diese Makrophagen halten anscheinend die Antigene an ihrer Oberfläche fest und nehmen sie nicht in sich auf, um sie abzubauen. Diese Antigene können nun von antigenspezifischen follikulären B-Zellen abgesucht und übernommen werden. B-Zellen mit jeder Antigenspezifität können über ihre Komplementrezeptoren von diesen Makrophagen Antigene übernehmen und innerhalb der Follikel transportieren. In der Milz wechseln B-Zellen der Randzonen zwischen diesen Regionen und den Follikeln hin und her. Dabei tragen sie Antigene, die in den Randzonen festgehalten wurden, um sie dann auf die follikulären dendritischen Zellen zu übertragen. SCS-Makrophagen können auch aktiv die Ausbreitung einer Infektion begrenzen. Bei Mäusen veranlasst eine Infektion dieser Makrophagen in den Lymphknoten durch das mit dem Tollwutvirus verwandte vesikuläre Stomatitisvirus (VSV) die Zellen, Interferone zu produzieren und plasmacytoide dendritische Zellen (pDCs) zu rekrutieren. Das von den pDCs produzierte Typ-I-Interferon begrenzt die weitere Ausbreitung der Viren, die sonst schließlich in das Zentralnervensystem vordringen könnten.

Nachdem eine naive follikuläre B-Zelle zum ersten Mal mit ihrem spezifischen Antigen in Kontakt getreten ist, das von einer FDC oder einem Makrophagen präsentiert wurde, positioniert sie sich innerhalb weniger Stunden in den äußeren Follikeln der Lymphgewebe, nahe den Stellen, an denen Antigene in die Lymphknoten oder die Milz gelangen. Diese Positionierung wird durch die Expression des Chemokinrezeptors **EBI2** (GPR183) gesteuert, dessen Liganden Oxysterole wie 7α,25-Dihydroxycholesterin sind. Der genaue Ursprung dieser Liganden ist noch unbekannt, aber sie kommen in den äußeren follikulären und den interfollikulären Regionen in größeren Mengen vor. Nachdem die B-Zelle dort 6–24 h lang nach Antigenen gesucht hat, induziert die B-Zelle die Expression von CCR7. Dieser Rezeptor wirkt mit EBI2 zusammen, wodurch sich aktivierte B-Zellen entlang der Grenze zwischen B-Zell-Follikel und T-Zell-Zone verteilen, wo CCL21 exprimiert wird.

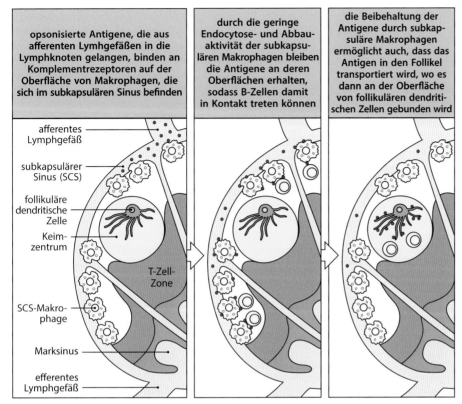

| opsonisierte Antigene, die aus afferenten Lymhgefäßen in die Lymphknoten gelangen, binden an Komplementrezeptoren auf der Oberfläche von Makrophagen, die sich im subkapsulären Sinus befinden | durch die geringe Endocytose- und Abbau-aktivität der subkapsu-lären Makrophagen bleiben die Antigene an deren Oberflächen erhalten, sodass B-Zellen damit in Kontakt treten können | die Beibehaltung der Antigene durch subkap-suläre Makrophagen ermöglicht auch, dass das Antigen in den Follikel transportiert wird, wo es dann an der Oberfläche von follikulären dendriti-schen Zellen gebunden wird |

afferentes Lymphgefäß

subkapsulärer Sinus (SCS)

follikuläre dendritische Zelle

Keim-zentrum

T-Zell-Zone

SCS-Makro-phage

Marksinus

efferentes Lymphgefäß

**Abb. 10.7 Opsonisierte Antigene werden von den Makrophagen des subkapsulären Sinus festgehalten und konserviert.** Makrophagen, die sich im subkapsulären Sinus (SCS) eines Lymphknotens aufhalten, exprimieren die Komplementrezeptoren CR1 und CR2. Sie zeigen nur eine geringe Endocytoseaktivität und verfügen im Vergleich zu Makrophagen in der Medulla über geringere Mengen an lysosomalen Enzymen. Opsonisierte Antigene, die über die afferenten Lymphgefäße ankommen, binden an CR1 und CR2 auf der Oberfläche der SCS-Makrophagen. Sie werden jedoch von diesen Makrophagen nicht vollständig abgebaut, sondern ein Teil der Antigene wird auf der Zelloberfläche zurückgehalten, wo sie dann den follikulären B-Zellen dargeboten und auf deren Oberflächen übertragen werden. Die B-Zellen können nun die Antigene in die Follikel transportieren, wo sie schließlich an den Oberflächen der follikulären dendritischen Zellen festgehalten werden

Während einer Immunantwort werden T-Zellen innerhalb der T-Zell-Zonen von dendritischen Zellen aktiviert. Sobald naive T-Zellen aktiviert werden, proliferieren einige und differenzieren sich zu Effektorzellen, verringern die Expression von S1P1 und verlassen das Lymphgewebe. Andere jedoch beginnen CXCR5 zu exprimieren und wandern an die Grenze zum B-Zell-Follikel. Dort können die T-Zellen mit B-Zellen in Kontakt treten, die von derselben Immunantwort aktiviert wurden. Dadurch vergrößert sich die Wahrscheinlichkeit, dass sie verknüpfte Antigene erkennen, die von den aktivierten B-Zellen präsentiert werden, welche erst kurze Zeit vorher in diese Region gelangt sind (▶ Abb. 10.5).

## 10.1.4 T-Zellen exprimieren Oberflächenmoleküle und Cytokine, die B-Zellen aktivieren, die wiederum die Entwicklung der T$_{FH}$-Zellen fördern

Sobald T$_{FH}$-Zellen mit einem aktivierenden Peptid in Kontakt treten, das von B-Zellen präsentiert wird, reagieren die T$_{FH}$-Zellen, indem sie Rezeptoren und Cytokine exprimieren, die wiederum B-Zellen aktivieren. Wie bereits erwähnt, aktiviert die induzierte Expression von CD40L auf T$_{FH}$-Zellen CD40 auf B-Zellen, wodurch das Überleben der B-Zellen gesteigert wird. Außerdem wird die Expression costimulierender Moleküle von den B-Zellen angeregt, insbesondere solchen aus der B7-Familie. Aktivierte T-Zellen exprimieren auch den **CD30-Liganden (CD30L)**, der an den Rezeptor **CD30** bindet, der wiederum von den B-Zellen exprimiert wird. Dies fördert die Aktivierung der B-Zellen. Mäuse, die CD30 nicht exprimieren, zeigen eine geringere Proliferation aktivierter B-Zellen in den Lymphfollikeln und schwächere sekundäre humorale Reaktionen als normale Mäuse. $T_{FH}$-Zellen exprimieren auch verschiedene Cytokine, die die Proliferation der B-Zellen regulieren. Das betrifft vor allem IL-21, das $T_{FH}$-Zellen bereits in einer frühen Phase der Immunantwort produzieren. Es aktiviert in den B-Zellen den Transkriptionsfaktor **STAT3**, der die Proliferation und Differenzierung fördert. IL-21 zeigt auch eine ähnliche autokrine Wirkung auf die $T_{FH}$-Zellen. In einer späteren Phase der Antikörperreaktion produzieren die $T_{FH}$-Zellen andere Cytokine, beispielsweise IL-4 und IFN-$\gamma$, die für die übrigen Untergruppen der T-Helferzellen charakteristisch sind (Kap. 9). Diese wirken sich auf die B-Zell-Differenzierung aus, insbesondere auf den Isotypwechsel (siehe unten).

Die Fähigkeit der $T_{FH}$-Zellen, den B-Zellen diese Signale erfolgreich zu übermitteln, ist abhängig von einem intensiven Kontakt zwischen diesen Zellen. Spezifische Adhäsionsmoleküle, darunter mehrere Rezeptoren der Ig-Superfamilie, die zur **SLAM**-Familie (Familie der **signalübertragenden Lymphocytenaktivierungsmoleküle**) gehören und die Kontakte zwischen den Zellen verlängern und stabilisieren. Sowohl $T_{FH}$- als auch B-Zellen exprimieren SLAM (CD150), **CD84** und **Ly108**, die die Zelladhäsion durch homotypische Bindungswechselwirkungen verstärken (▶ Abb. 10.8). Die cytoplasmatischen Regionen

**Abb. 10.8 Die Induktion von SAP in den $T_{FH}$-Zellen ermöglicht den Rezeptoren der SLAM-Familie, den Kontakt mit B-Zellen aufrechtzuerhalten.** Auf T- und B-Zellen werden Rezeptoren der SLAM-Familie, SLAM, Ly108 und CD84, exprimiert. Sie vermitteln homotypische Wechselwirkungen, die zu einer gegenseitigen Adhäsion der Zellen führen. SLAM kann auch die Signalgebung durch den T-Zell-Rezeptor verstärken und die Produktion von Cytokinen steigern, die die B-Zellen unterstützen, so zum Beispiel von IL-21. Das SLAM-assoziierte Molekül SAP ist ein Signaladaptorprotein, das erforderlich ist, um die Bindung zweier SLAM-Rezeptor aneinander aufrechtzuerhalten. T-Zellen exprimieren SAP zuerst nur in geringer Menge, die für eine dauerhafte Adhäsion zwischen T- und B-Zellen nicht ausreicht. Vollständig differenzierte $T_{FH}$-Zellen exprimieren große Mengen des Transkriptionsfaktors Bcl-6, der die SAP-Expression weiter steigert. Diese reicht schließlich aus, um die Wechselwirkungen zwischen den Zellen aufrechtzuerhalten und die Freisetzung von CD40L und Cytokinsignalen an die B-Zellen zu ermöglichen

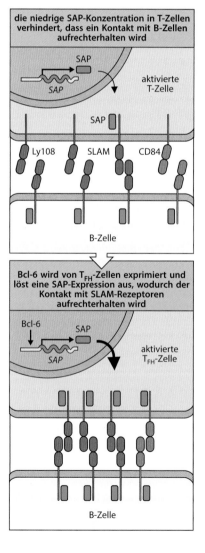

dieser Rezeptoren der SLAM-Familie interagieren alle mit dem Adaptorprotein **SAP** (SLAM-assoziiertes Protein), das von den T$_{FH}$-Zellen stark exprimiert wird und für die zeitliche Verlängerung des Kontakts zwischen den Zellen, der von diesen Rezeptoren vermittelt wird, notwendig ist. Das SAP-Gen ist beim **X-gekoppelten lymphoproliferativen Syndrom** (XLP-Syndrom) inaktiviert, das mit einer lymphoproliferativen Störung der T- und NK-Zellen und mit einem Defekt der Antikörperproduktion einhergeht. Ursache dafür sind die fehlenden Wechselwirkungen zwischen T$_{FH}$- und B-Zellen in den Keimzentren (siehe unten). Die regulierte Wanderung der aktivierten B- und T$_{FH}$-Zellen in die gleiche Region der peripheren lymphatischen Organe vergrößert die Wahrscheinlichkeit, dass es zu einer gekoppelten Erkennung kommt und die B-Zellen bei ihrer Differenzierung unterstützt werden. Antigenstimulierte B-Zellen, die nicht mit T-Zellen interagieren können, die das gleiche Antigen erkennen, sterben innerhalb von 24 h ab.

Diese erste Wechselwirkung zwischen T- und B-Zellen vermittelt den B-Zellen nicht nur eine wichtige Unterstützung, sondern beeinflusst auch die Differenzierung der T-Zellen aufgrund der Signale, die die B-Zelle liefert. Aktivierte B-Zellen exprimieren **ICOSL**, das zur B7-Familie der costimulierenden Moleküle gehört und als Ligand von **ICOS** (induzierbares costimulierendes Protein) fungiert, welches von T-Zellen exprimiert wird. Diese Wechselwirkung zwischen T- und B-Zellen, die durch die gekoppelte Erkennung entsteht, aktiviert in den T-Zellen die Signalgebung durch ICOS. Dies ist wiederum für die weitere Differenzierung der T$_{FH}$-Zellen von Bedeutung (Abschn. 7.3.1) und führt zur Induktion der Transkriptionsfaktoren **Bcl-6** und **c-Maf**. Diese Transkriptionsfaktoren sind für die SAP-Produktion und für den dadurch stabilisierten Kontakt zwischen B- und T$_{FH}$-Zellen erforderlich.

## 10.1.5 Aktivierte B-Zellen differenzieren sich zu antikörperfreisetzenden Plasmablasten und Plasmazellen

Nach ihrem ersten Kontakt wandern die B-Zellen, die von den T-Zellen Unterstützung erhalten haben, von der Follikelgrenze weg und setzen ihre Proliferation und Differenzierung fort. Zwei bis drei Tage nach der Aktivierung beginnen die B-Zellen damit, die Expression von CCR7 zu verringern und die Expression von EBI2 zu erhöhen (▶ Abb. 10.5). Die geringere Expression von CCR7 führt dazu, dass sich die B-Zellen von der Grenze zur T-Zell-Zone entfernen: EBI2 lenkt die Zellen in den Lymphknoten zurück in die interfollikulären Regionen und in den subkapsulären Sinus oder in der Milz in die Brückenkanäle zwischen der T-Zell-Zone und der roten Pulpa. Hier bilden dann einige B-Zellen eine neue Aggregation von sich differenzierenden B-Zellen, den **Primärfokus**. In den Lymphknoten befindet sich dieser in den Marksträngen, wo die Lymphe den Knoten verlässt. In der Milz sind in der roten Pulpa extrafollikuläre Fokusse erkennbar. Primärfokusse treten etwa fünf Tage nach Beginn einer Infektion oder Immunisierung mit einem Antigen, mit dem es vorher noch keinen Kontakt gab, in Erscheinung.

Im Primärfokus proliferieren die B-Zellen mehrere Tage lang; dies ist die erste Phase der primären humoralen Immunantwort. Einige dieser proliferierenden B-Zellen differenzieren sich im Primärfokus zu antikörperproduzierenden Plasmablasten. Nicht alle B-Zellen, die durch die erste Wechselwirkung mit T$_{FH}$-Zellen aktiviert wurden, wandern in den Primärfokus. Einige bewegen sich in die Lymphfollikel, wo sie sich schließlich zu Plasmazellen differenzieren können (siehe unten). Plasmablasten sind Zellen, die damit begonnen haben, Antikörper zu sezernieren, sich aber weiterhin teilen und viele Merkmale von aktivierten B-Zellen exprimieren, sodass sie mit T-Zellen in Wechselwirkung treten können. Nach einigen weiteren Tagen hören die Plasmablasten im Primärfokus auf sich zu teilen und sterben sogar möglicherweise ab. In der Folge entwickeln sich langlebige Plasmazellen, die in das Knochenmark einwandern, wo sie die Antikörperproduktion fortsetzen. Da die langlebigen Plasmazellen erst lange Zeit nach Auflösung des Primärfokus entstehen, gehen sie wahrscheinlich nicht direkt aus den Plasmablasten im Primärfokus hervor, sondern vielmehr aus B-Zellen, die in die Keimzentrumsreaktion eingetreten sind.

Teil IV

| | intrinsische Eigenschaften | | | induzierbar durch Antigenstimulation | | |
|---|---|---|---|---|---|---|
| Zelle der B-Zell-Linie | Ober-flächen-Ig | Ober-flächen-MHC-II-Moleküle | starke Ig-Sekre-tion | Wachstum | somatische Hyper-mutation | Isotyp-wechsel |
| ruhende B-Zelle | hoch | ja | nein | ja | ja | ja |
| Plasmablast | hoch | ja | ja | ja | unbekannt | ja |
| Plasmazelle | niedrig | ja | ja | nein | nein | nein |

**Abb. 10.9 Plasmazellen sezernieren viele Antikörper, können jedoch nicht mehr auf Antigene reagieren.** Ruhende naive B-Zellen tragen auf ihrer Oberfläche membrangebundene Immunglobuline (in der Regel IgM und IgD) und MHC-Klasse-II-Moleküle. Ihre V-Gene enthalten zwar keine somatischen Mutationen, aber sie können Antigen aufnehmen und es T-Helferzellen präsentieren, die dann wiederum die B-Zellen anregen, sich zu vermehren, den Isotyp des Immunglobulins zu wechseln und eine somatische Hypermutation zu durchlaufen. B-Zellen sezernieren in dieser Phase jedoch keine nennenswerten Mengen an Antikörpern. Plasmablasten besitzen einen intermediären Phänotyp. Sie setzen Antikörper frei, behalten aber nennenswerte Mengen an Oberflächenimmunglobulin und MHC-Klasse-II-Molekülen, sodass sie weiterhin Antigene aufnehmen und den T-Zellen präsentieren können. In der frühen Phase einer Immunantwort und nach der Aktivierung durch T-unabhängige Gene haben Plasmablasten noch keine somatische Hypermutation und keinen Isotypwechsel durchlaufen, sodass sie IgM exprimieren. Plasmazellen sind ausdifferenzierte B-Zellen, die Antikörper sezernieren. Sie besitzen auf der Oberfläche nur sehr geringe Mengen von Immunglobulinen, können aber MHC-Klasse-II-Moleküle exprimieren und während der Differenzierung über einen Signalweg mit negativer Rückkopplung die $T_{FH}$-Aktivitäten unterdrücken. In der frühen Phase einer Immunantwort differenzieren sie sich aus aktivierten B-Zellen, die noch keinen Isotypwechsel durchlaufen haben, und sezernieren IgM. In einer späteren Phase der Immunantwort entwickeln sie sich aus aktivierten B-Zellen, die in die Keimzentrumsreaktion eingegangen sind und einen Isotypwechsel und die Hypermutation absolviert haben. Plasmazellen haben die Fähigkeit verloren, die Klasse ihres Antikörpers zu verändern oder weitere somatische Hypermutationen zu durchlaufen

Die Eigenschaften von ruhenden B-Zellen, Plasmablasten und Plasmazellen sind in ▶ Abb. 10.9 dargestellt. Die Differenzierung einer B-Zelle in eine Plasmazelle geht einher mit vielen morphologischen Veränderungen. Diese entsprechen der Vorprägung zur Produktion großer Mengen an sezernierten Antikörpern, die bis zu 20 % aller Proteine ausmachen können, die von einer Plasmazelle synthetisiert werden. Plasmablasten und Plasmazellen verfügen über einen auffälligen perinucleären Golgi-Apparat und ein ausgeprägtes endoplasmatisches Reticulum, das viele Immunglobulinmoleküle enthält, die synthetisiert und zur Freisetzung in das Lumen des endoplasmatischen Reticulums exportiert wurden. Plasmablasten zeigen eine relativ große Zahl von B-Zell-Rezeptoren an ihrer Oberfläche, während Plasmazellen davon viel weniger besitzen. Diese geringe Menge an Oberflächenimmunglobulinen bei den Plasmazellen kann auch in dieser Phase physiologisch noch von Bedeutung sein, da ihr Überleben anscheinend teilweise von ihrer Fähigkeit abhängt, weiterhin Antigene binden zu können. Plasmablasten exprimieren noch costimulierende B7-Moleküle und MHC-Klasse-II-Moleküle. Dennoch liefern T-Zellen auch jetzt noch wichtige Signale für die Differenzierung und das Überleben der Plasmazellen, etwa IL-6 und den CD40-Liganden.

Neuere Befunde deuten darauf hin, dass selbst ein niedriges Expressionsniveau von MHC-Klasse-II-Molekülen auf Plasmazellen ausreicht, den $T_{FH}$-Zellen das kognate Antigen zu präsentieren. Außerdem wird dadurch die Produktion von IL-21 und die Expression von Bcl-6 unterdrückt, sodass hier ein Rückkopplungsmechanismus vorhanden ist, der die fortbestehenden B-Zell-Reaktionen reguliert. Einige Plasmazellen überleben nach ihrer vollständigen Differenzierung nur wenige Tage bis Wochen, andere hingegen sind sehr langlebig und damit für das Fortbestehen der Antikörperreaktionen verantwortlich.

## 10.1.6 Die zweite Phase der primären B-Zell-Immunantwort beginnt damit, dass aktivierte B-Zellen zu den Follikeln wandern, dort proliferieren und Keimzentren bilden

Nicht alle B-Zellen, die von $T_{FH}$-Zellen aktiviert wurden, wandern in die äußeren Follikelregionen und bilden dort schließlich einen Primärfokus. Einige bewegen sich stattdessen zusammen mit ihren assoziierten T-Zellen zu einem primären Lymphfollikel (▸ Abb. 10.10),

**Abb. 10.10 Aktivierte B-Zellen bilden in Lymphfollikeln Keimzentren.** Dargestellt ist die Aktivierung von B-Zellen in einem Lymphknoten. *Erstes Bild*: Naive zirkulierende B-Zellen gelangen aus dem Blut über Venolen mit hohem Endothel in die Lymphknoten und werden von Chemokinen in den primären Lymphfollikel gelenkt. Wenn sie in dem Follikel nicht auf ein Antigen treffen, verlassen sie den Lymphknoten über das efferente Lymphgefäß. *Zweites Bild*: B-Zellen, die ein Antigen gebunden haben, bewegen sich zur Grenze mit der T-Zell-Zone, wo sie auf aktivierte T-Helferzellen treffen können, die für das gleiche Antigen spezifisch sind. Diese T-Zellen interagieren mit den B-Zellen und aktivieren sie, sodass sie zu proliferieren beginnen und sich schließlich zu Plasmablasten differenzieren. Einige B-Zellen, die an der Grenze zwischen T- und B-Zell-Zone aktiviert werden, wandern und bilden in den interfollikulären Regionen der Milz oder in den Marksträngen der Lymphknoten einen Primärfokus aus antikörperfreisetzenden Plasmablasten. Andere B-Zellen hingegen bewegen sich zurück in den Follikel, wo sie weiter proliferieren und ein Keimzentrum bilden. Keimzentren sind die Regionen, in denen B-Zellen fortwährend proliferieren und sich differenzieren. Follikel, in denen sich Keimzentren gebildet haben, nennt man sekundäre Follikel. Im Keimzentrum differenzieren sich B-Zellen zu antikörpersezernierenden Plasmazellen oder B-Gedächtniszellen. *Drittes und viertes Bild*: Plasmazellen verlassen das Keimzentrum und wandern zu den Marksträngen oder verlassen den Lymphknoten über die efferenten Lymphbahnen und wandern in das Knochenmark

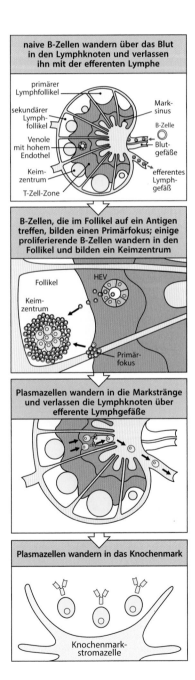

Teil IV

wo sie weiterhin proliferieren und schließlich ein **Keimzentrum** bilden. Follikel mit Keimzentren bezeichnet man auch als **sekundäre Lymphfollikel**. Die Verringerung der EBI2-Expression durch die B-Zellen begünstigt anscheinend die Bildung von Keimzentren. Bei Mäusen, deren B-Zellen EBI2 nicht exprimieren, bleiben die aktivierten B-Zellen in der Nähe der Grenze zur T-Zell-Zone und sie können auch Keimzentren bilden, aber es entstehen weniger Plasmablasten.

Die Keimzentren bestehen vor allem aus proliferierenden B-Zellen, aber antigenspezifische T-Zellen machen etwa 10 % der Lymphocyten in den Keimzentren aus. Sie sind für die Unterstützung der B-Zellen unverzichtbar. Das Keimzentrum ist eine Region mit aktiver Zellteilung, die sich im primären Lymphfollikel in einer Umgebung aus ruhenden B-Zellen bildet. Die proliferierenden B-Zellen des Keimzentrums verdrängen die ruhenden B-Zellen an die Peripherie des Follikels, wo sie um die beiden unterschiedlichen Bereiche der aktivierten B-Zellen – die **helle Zone** und die **dunkle Zone** – eine **Mantelzone** aus ruhenden B-Zellen bilden (▶ Abb. 10.11, links). Das Keimzentrum nimmt mit dem Fortschreiten der Immunantwort an Größe zu, schrumpft dann wieder und verschwindet schließlich, sobald die Infektion beseitigt wurde. Keimzentren bestehen nach dem ersten Antigenkontakt drei bis vier Wochen.

Die Primärfokus- und das Keimzentrumsreaktion unterscheiden sich in der Art der Antikörper, die beide produzieren. Plasmablasten, die B-Zellen der Keimzentren und die frühen B-Gedächtniszellen treten innerhalb der ersten vier bis fünf Tage einer Immunantwort in Erscheinung. Die Plasmablasten in den Primärfokussen sezernieren zuerst Antikörper des IgM-Isotyps, die in der Übergangsphase einen gewissen Schutz bieten. Im Gegensatz dazu durchlaufen die B-Zellen der Keimzentrumsreaktion mehrere Prozesse, durch die Antikörper entstehen, die für die Beseitigung einer Infektion wirksamer sind. Zu diesen Prozessen gehört die **somatische Hypermutation**, die die V-Regionen der Immunglobulingene verändert (siehe unten). Dadurch wird die **Affininitätsreifung** ermöglicht, bei der die mutierten B-Zellen überleben, die für ihr Antigen eine hohe Affinität besitzen. Darüber hinaus ermöglicht der **Isotypwechsel** den selektierten B-Zellen, Antikörper mit verschiedenen Effektorfunktionen zu exprimieren. Diese B-Zellen differenzieren sich entweder zu Plasmazellen, die im letzten Abschnitt der Immunantwort

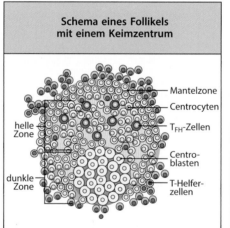
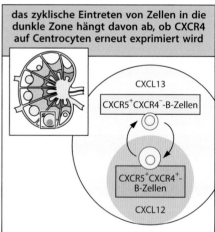

**Abb. 10.11 Struktur eines Keimzentrums.** Das Keimzentrum ist eine spezialisierte Struktur, in der sich B-Zellen vermehren, die eine somatische Hypermutation durchlaufen und auf Antigenbindung selektiert werden. Dicht gepackte Centroblasten, die CXCR4 und CXCR5 exprimieren, bilden die „dunkle Zone" des Keimzentrums. Die weniger dicht gepackte „helle Zone" enthält Centrocyten, die CXCR5 exprimieren. Stromazellen in der dunklen Zone produzieren CXCL12, das CXCR4-exprimierende Centroblasten anlockt. Mit zyklischem Wiedereintritt bezeichnet man den Vorgang, durch den B-Zellen die CXCR4-Expression ab- und anschalten und dadurch zwischen der hellen und der dunklen Zone hin und her wechseln

Antikörper mit höherer Affinität und einem geänderten Isotyp sezernieren, oder sie werden zu B-Gedächtniszellen (Kap. 11).

Die B-Zellen in den Keimzentren teilen sich schnell, etwa alle 6–8 h. Zuerst exprimieren diese schnell proliferierenden B-Zellen, die man als **Centroblasten** bezeichnet, die Chemokinrezeptoren CXCR4 und CXCR5, verringern jedoch die Expression von Oberflächenimmunglobulinen deutlich, insbesondere von IgD. Centroblasten proliferieren in der dunklen Zone des Keimzentrums, die aufgrund des dicht gepackten Erscheinungsbildes so bezeichnet wird (▶ Abb. 10.12). Die Stromazellen in der dunklen Zone produzieren **CXCL12** (SDF-1), einen Liganden von CXCR4, der dafür sorgt, dass die Centroblasten in dieser Region bleiben. Mit voranschreitender Zeit verringern einige Centroblasten ihre Teilungsrate und treten in die Wachstumsphase ein, wobei sie in der $G_2/M$-Phase des Zellzyklus stehen bleiben. Sie verringern die Expression von CXCR4 und beginnen, größere Mengen an Oberflächenimmunglobulin zu produzieren. Diese B-Zellen bezeichnet man auch als **Centrocyten**. Durch das Ausschalten von CXCR4 können sich die Centrocyten in die helle Zone bewegen. Diese weniger dicht gepackte Region enthält eine große Zahl von FDC-Zellen, die das Chemokin CXCL13 (BLC), einen Liganden von CXCR5, produzieren (▶ Abb. 10.11, rechts). Die B-Zellen proliferieren in der hellen Zone, aber in einem geringeren Maß als in der dunklen Zone.

**Abb. 10.12 Keimzentren sind Bereiche, in denen Zellen stark proliferieren und in großer Zahl absterben.** Die mikroskopische Aufnahme (*erstes Bild*) zeigt einen Schnitt durch ein Keimzentrum in Tonsillen des Menschen. Im unteren Teil der Aufnahme sind dicht gepackte Centroblasten zu erkennen, die die dunkle Zone des Keimzentrums bilden. Darüber liegt die weniger dicht gepackte helle Zone. Das *zweite Bild* zeigt die Immunfluoreszenzfärbung eines Keimzentrums. B-Zellen kommen in der dunklen und hellen Zone sowie in der Mantelzone vor. Proliferierende Zellen sind *grün* gefärbt, wobei Ki67 das Zielmolekül ist, ein Protein, das in den Zellkernen sich teilender Zellen exprimiert wird. So sind die sich schnell teilenden Centroblasten in der dunklen Zone zu erkennen. Das dichte Netzwerk aus follikulären dendritischen Zellen (*rot*) umfasst den größten Teil der hellen Zone. Die Centrocyten in der hellen Zone proliferieren in geringerem Maß als die Centroblasten. Kleine zirkulieren B-Zellen nehmen die Mantelzone am Rand des B-Zell-Follikels ein. In den T-Zell-Zonen, die die Follikel teilen, sind große Mengen an CD4-T-Zellen (*blau*) zu erkennen. Auch in der hellen Zone des Keimzentrums kommen T-Zellen in nennenswerter Anzahl vor. Die CD4-Färbung in der dunklen Zone ist vor allem auf CD4-positive Phagocyten zurückzuführen, die B-Zellen beseitigen, die dort absterben. (Fotos mit freundlicher Genehmigung von I. MacLennan)

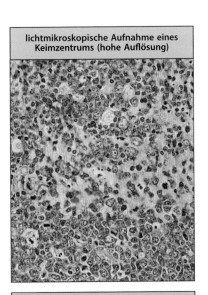

lichtmikroskopische Aufnahme eines Keimzentrums (hohe Auflösung)

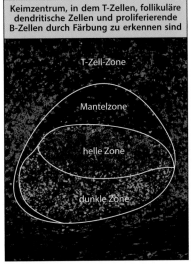

Keimzentrum, in dem T-Zellen, follikuläre dendritische Zellen und proliferierende B-Zellen durch Färbung zu erkennen sind

T-Zell-Zone

Mantelzone

helle Zone

dunkle Zone

Teil IV

### 10.1.7 Die B-Zellen des Keimzentrums durchlaufen eine somatische Hypermutation der V-Region und Zellen werden selektiert, bei denen Mutationen die Affinität für ein Antigen verbessert haben

Durch die somatische Hypermutation werden Mutationen eingeführt, die irgendwo im Immunglobulin eine oder einige wenige Aminosäuren verändern, sodass eng verwandte B-Zell-Klone entstehen, die sich in der Antigenspezifität und der Affinität geringfügig voneinander unterscheiden (▶ Abb. 10.13). Diese Mutationen in den V-Genen werden von dem Enzym **aktivierungsinduzierte Cytidin-Desaminase (AID)** erzeugt, das nur von B-Zellen in den Keimzentren exprimiert wird. Bevor wir uns mit dem enzymatischen Mechanismus der AID beschäftigen, wollen wir erst einmal einen allgemeinen Überblick dieses Prozesses vermitteln, bei dem zufällige Mutationen die Affinität der Antikörper verbessern können.

Die Gene der V-Region der Immunglobuline sammeln Mutationen mit einer Rate an, die bei etwa einem veränderten Basenpaar pro $10^3$ bp (Basenpaare) und Zellteilung liegt. Die Mutationsrate der übrigen zellulären DNA ist deutlich geringer: etwa ein verändertes Basenpaar pro $10^{10}$ bp und Zellteilung. Die somatische Hypermutation beeinflusst auch DNA-

**Abb. 10.13 Das primäre Antikörperrepertoire wird von drei Prozessen diversifiziert, die die umgeordneten Immunglobulingene modifizieren.** *Erstes Bild*: Das primäre Antikörperrepertoire besteht anfänglich aus IgM, welches variable Regionen enthält, die durch V(D)J-Rekombination entstanden sind. Außerdem sind darin konstante Regionen des μ-Gen-Segments (*blau*) enthalten. Das Reaktivitätsspektrum dieses primären Repertoires kann durch somatische Hypermutation, Klassenwechselrekombination an den Immunglobulinloci und bei einigen Spezies auch durch Genkonversion (nicht dargestellt) weiter modifiziert werden. *Zweites Bild*: Somatische Hypermutation führt zu Mutationen (als *schwarze Striche* dargestellt) in der variablen Region der schweren und leichten Kette (*rot*) und verändert dadurch die Affinität eines Antikörpers für sein Antigen. *Drittes Bild*: Bei der Klassenwechselrekombination werden die ursprünglichen konstanten Regionen der schweren μ-Kette (*blau*) durch die konstanten Regionen der schweren Kette eines anderen Isotyps (*gelb*) ersetzt; so wird die Effektoraktivität des Antikörpers verändert, nicht jedoch seine Antigenspezifität

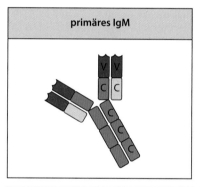

primäres IgM

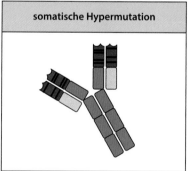

somatische Hypermutation

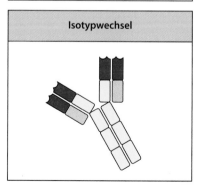

Isotypwechsel

Regionen, die das umgelagerte V-Gen flankieren, weitet sich aber generell nicht auf Exons der C-Region aus. Da jede V-Region von etwa 360 bp codiert wird und sich etwa drei von vier Basenveränderungen auf die codierte Aminosäure auswirken, kommt es bei jeder Teilung einer B-Zelle mit einer Wahrscheinlichkeit von 50 % zu einer Mutation im Rezeptor.

Die Punktmutationen sammeln sich schrittweise an, während die Nachkommen jeder B-Zelle im Keimzentrum proliferieren und B-Zell-Klone bilden (▶ Abb. 10.14). Ein veränderter Rezeptor kann sich auf die Fähigkeit der B-Zelle auswirken, ein Antigen zu binden, und bestimmt so das weitere Schicksal der B-Zelle im Keimzentrum. Die meisten Mutationen wirken sich negativ auf die Fähigkeit des B-Zell-Rezeptors aus, das ursprüngliche Antigen zu binden, indem entweder die korrekte Faltung des Immunglobulinmoleküls verhindert wird oder die Bindung des Antigens an die komplementaritätsbestimmenden Regionen blockiert ist. Schädliche Mutationen, die konservierte Gerüstregionen betreffen (▶ Abb. 4.7) und die grundlegende Immunglobulinstruktur modifizieren, sind ebenfalls möglich. Zellen, die solche schädlichen Mutationen tragen, werden beim Vorgang der negativen Selektion durch Apoptose getötet, entweder weil sie keinen funktionsfähigen B-Zell-Rezeptor mehr produzieren oder weil sie anders als ihre B-Zell-„Verwandten" kein Antigen mehr aufnehmen können (▶ Abb. 10.15). Die Keimzentren

 Video 10.1

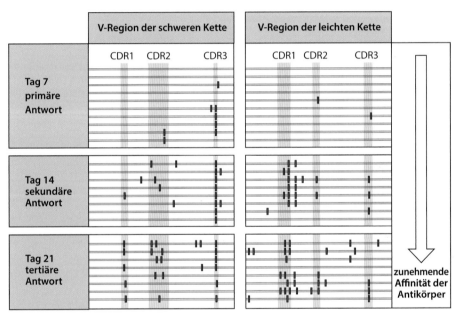

**Abb. 10.14 Somatische Hypermutation führt Mutationen in umgeordnete variable Immunglobulinregionen ein, die die Antigenbindung verbessern.** Der Vorgang der somatischen Hypermutation lässt sich durch Sequenzierung der V-Regionen der Immunglobuline aus Hybridomen (Klone von antikörperproduzierenden Zellen; Anhang I, Abschn. A.7) zu verschiedenen Zeitpunkten nach der Immunisierung von Mäusen im Experiment nachvollziehen. Das Ergebnis eines solchen Experiments ist hier dargestellt. Jede sequenzierte V-Region ist durch eine *horizontale Linie* dargestellt, auf der die Positionen der komplementaritätsbestimmenden Regionen CDR1, CDR2 und CDR3 *rosa schattiert* sind. Mutationen, die die Aminosäuresequenz verändern, sind durch *senkrechte rote Striche* gekennzeichnet. Wenige Tage nach der Immunisierung finden sich in den variablen Regionen eines bestimmten Klons von reagierenden B-Zellen Mutationen und im Laufe der nächsten Woche sammeln sich immer mehr Mutationen an (*obere Reihe*). B-Zellen, in deren variablen Regionen sich Deletionen angesammelt haben und die das Antigen nicht mehr binden können, sterben. B-Zellen, deren variable Regionen Mutationen erworben haben, die zu einer verbesserten Affinität des Antikörpers für das Antigen führen, können erfolgreich um die Antigenbindung konkurrieren und Signale empfangen, die ihre Proliferation und Ausbreitung fördern. Die von ihnen produzierten Antikörper besitzen ebenfalls diese erhöhte Affinität. Dieser Vorgang von Mutation und Selektion kann sich in den Keimzentren von Lymphknoten über viele Reaktionszyklen in den sekundären und tertiären Immunantworten fortsetzen, die durch weitere Immunisierungen mit demselben Antigen ausgelöst werden (*mittlere und untere Reihe*). Auf diese Weise verbessert sich mit der Zeit die Effektivität der Antigenbindung bei der Antikörperantwort

enthalten zahlreiche apoptotische B-Zellen, die aber schnell von Makrophagen aufgenommen werden. Dabei entstehen die auffälligen **Makrophagen mit anfärbbarem Zellkörper**, deren Cytoplasma dunkel anfärbbare Zellkernreste enthält. Da es in den Gerüstregionen relativ selten zu einer Veränderung von Aminosäuren kommt, zeigt sich daran die negative Selektion von Zellen, bei denen einer der vielen Aminosäurereste mutiert wurde, der für die Faltung der V-Region des Immunglobulins essenziell ist. Dieser Vorgang verhindert, dass sich die schnell teilenden B-Zellen so sehr vermehren, dass sie die Lymphgewebe überschwemmen.

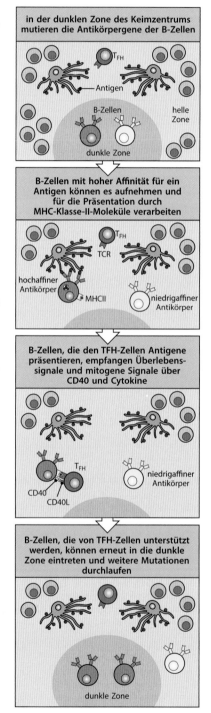

**Abb. 10.15 Die Selektion für Mutanten mit hoher Affinität in den Keimzentren beruht auf der Unterstützung durch $T_{FH}$-Zellen.** Nachdem aktivierte B-Zellen an den Follikelgrenzen mit $T_{FH}$-Zellen in Wechselwirkung getreten sind, wandern sie zu den Keimzentren (GCs), wo die folgenden hier dargestellten Ereignisse stattfinden. In der dunklen Zone des GC verändert die somatische Hypermutation die V-Regionen der Immunglobuline (*erstes Bild*). Bei einigen B-Zellen (*gelb*) besitzt der mutierte B-Zell-Rezeptor (BCR) eine geringe oder gar keine Affinität mehr für das Antigen. Bei anderen B-Zellen (*orange*) hingegen kann die Affinität des mutierten BCR höher sein. Nach Verlassen der dunklen Zone nehmen die B-Zellen mit höher affinen BCRs das Antigen (*rot*) auf, das an follikuläre dendritische Zellen (FDCs) gebunden ist, prozessieren es und präsentieren es auf MHC-Klasse-II-Molekülen (*zweites Bild*). B-Zellen mit niedrig affinen BCRs können das Antigen nicht aufnehmen und präsentieren. B-Zellen, die den $T_{FH}$-Zellen gekoppelte Antigenepitope präsentieren, empfangen unterstützende Signale von CD40L und IL-21, die das Überleben und die Proliferation der B-Zellen fördern. B-Zellen, die keine MHC-Klasse-II-Moleküle besitzen, erhalten keine solchen Signale und sterben schließlich ab (*drittes Bild*). Einige der proliferierenden B-Zellen durchlaufen wiederholte Zyklen, in denen sie in die dunkle Zone einwandern, Mutationen erzeugen und selektiert werden. Andere Nachkommen der B-Zellen hingegen differenzieren sich entweder zu B-Gedächtniszellen oder zu Plasmazellen (nicht dargestellt)

in der dunklen Zone des Keimzentrums mutieren die Antikörpergene der B-Zellen

$T_{FH}$ · Antigen · B-Zellen · helle Zone · dunkle Zone

B-Zellen mit hoher Affinität für ein Antigen können es aufnehmen und für die Präsentation durch MHC-Klasse-II-Moleküle verarbeiten

$T_{FH}$ · TCR · hochaffiner Antikörper · MHCII · niedrigaffiner Antikörper

B-Zellen, die den TFH-Zellen Antigene präsentieren, empfangen Überlebenssignale und mitogene Signale über CD40 und Cytokine

$T_{FH}$ · CD40 · CD40L · niedrigaffiner Antikörper

B-Zellen, die von TFH-Zellen unterstützt werden, können erneut in die dunkle Zone eintreten und weitere Mutationen durchlaufen

dunkle Zone

Seltener kommt es zu Mutationen, die die Affinität des B-Zell-Rezeptors für sein Antigen verbessern. Zellen mit diesen Mutationen werden selektiv vermehrt (▶ Abb. 10.15), weil die Zellen, die Rezeptoren mit solchen Mutationen exprimieren, im Vergleich zu niedrig affinen Zellen eine erhöhte Überlebensrate aufweisen. Die positive Selektion wird daran deutlich, dass sich in den komplementaritätsbestimmenden Regionen (CDRs), die die Spezifität und Affinität des Antikörpers bestimmen, Veränderungen von Aminosäuren häufen (▶ Abb. 10.14). Diesen Vorgang besprechen wir im nächsten Abschnitt. Die Selektion auf eine stärkere Bindung des Antigens bewirkt, dass sich die Nucleotidveränderungen, die die Aminosäuresequenz und damit die Struktur ändern, tendenziell auf die CDRs der V-Region-Gene der Immunglobuline konzentrieren. Stille oder neutrale Mutationen, die die Aminosäuresequenz und die Proteinstruktur nicht modifizieren, sind hingegen in der gesamten V-Region verstreut.

### 10.1.8 Bei der positiven Selektion von B-Zellen in den Keimzentren kommt es zu Kontakten mit $T_{FH}$-Zellen und zu CD40-Signalen

Die Selektion von B-Zellen mit einer verbesserten Affinität für das Antigen erfolgt in kleinen Schritten. Ursprünglich hat man bei Experimenten *in vitro* entdeckt, dass ruhende B-Zellen überleben können, wenn man ihre B-Zell-Rezeptoren quervernetzt und gleichzeitig an der B-Zell-Oberfläche mit CD40 interagiert. *In vivo* stammen diese Signale vom Antigen beziehungsweise von den $T_{FH}$-Zellen. Vor Kurzem ließen sich einige Einzelheiten der Selektion in den Keimzentren aufklären, indem man mithilfe der Zwei-Photonen-Mikroskopie *in vivo* zeigen konnte, dass die positive Selektion einer B-Zelle darauf beruht, dass die B-Zelle Antigene aufnehmen und Signale von $T_{FH}$-Zellen empfangen kann. Man nimmt an, dass die somatische Hypermutation in den Centroblasten der dunklen Zone stattfindet. Sobald ein Centroblast seine Proliferationsrate verringert und sich zu einem Centrocyten entwickelt, erhöht er die Anzahl der B-Zell-Rezeptoren auf der Oberfläche und wandert in die helle Zone, wo sich zahlreiche FDC-Zellen befinden. Das Antigen kann auf den FDC-Zellen festgehalten und für lange Zeit in Form von Immunkomplexen gebunden werden (▶ Abb. 10.16 und ▶ Abb. 10.17). Die Fähigkeit eines Centrocyten, ein Antigen zu

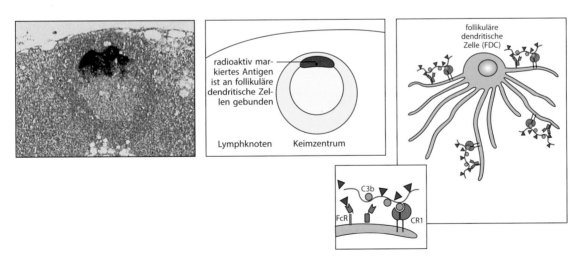

**Abb. 10.16 Antigene werden in Immunkomplexen festgehalten, die an die Oberfläche follikulärer dendritischer Zellen binden.** Ein radioaktiv markiertes Antigen gelangt in Lymphfollikel von nahe gelegenen Lymphknoten und bleibt dort (siehe lichtmikroskopische Aufnahme und das Schema in der *Mitte*, in denen ein Keimzentrum in einem Lymphknoten dargestellt ist). Die intensiv dunkle Färbung zeigt die Lokalisierung von radioaktiv markiertem Antigen im Keimzentrum, das drei Tage zuvor injiziert worden war. Das Antigen ist in Form von Antigen:Antikörper:Komplement-Komplexen an Fc- und Komplementrezeptoren auf der Oberfläche von follikulären dendritischen Zellen (FDCs) gebunden (*rechtes Bild* und *kleines Bild*). Diese Komplexe werden nicht internalisiert. Ein Antigen kann in dieser Form lange Zeit erhalten bleiben. (Foto mit freundlicher Genehmigung von J. Tew)

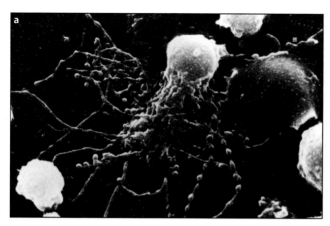

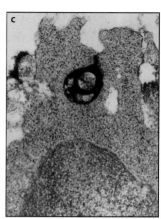

**Abb. 10.17 An follikuläre dendritische Zellen gebundene Immunkomplexe bilden Iccosomen, die freigesetzt werden und von B-Zellen in den Keimzentren aufgenommen werden können.** FDCs haben einen markanten Zellkörper mit vielen dendritischen Fortsätzen. Immunkomplexe, die an das Komplement und Fc-Rezeptoren auf der Oberfläche der FDCs gebunden sind, aggregieren und bilden auffällige „Perlen" entlang der Dendriten (**a**). Zu erkennen ist eine Zwischenform follikulärer dendritischer Zellen mit glatten fadenförmigen Dendriten und solchen, die Perlen tragen. Diese Perlen werden von der Zelle als Iccosomen (*immune complex-coated bodies*) abgestoßen, die wiederum von B-Zellen im Keimzentrum gebunden (**b**) und aufgenommen werden können (**c**). In **b** und **c** besteht das Iccosom aus Immunkomplexen, in denen Meerrettichperoxidase enthalten ist. Diese ist elektronendicht und erscheint daher unter dem Transmissionselektronenmikroskop dunkel. (*Linkes Fenster* von Szakal, A.K., et al.: Isolated follicular dendritic cells: cytochemical antigen localization, Nomarski, SEM, and TEM morphology. *J. Immunol.* 1985, 134:1349–1359. © 1985 The American Association of Immunologists, *mittleres und rechtes Fenster* von Szakal, A.K., et al.: Microanatomy of lymphoid tissue during humoral immune responses: structure function relationships. *Ann. Rev. Immunol.* 1989, 7:91–109. © 1989 Annual Reviews www.annualreviews.org)

binden, bestimmt, wie gut er in Konkurrenz mit anderen klonal verwandten Centrocyten, die andere Mutationen tragen, Antigene aufnehmen kann. Centrocyten, deren Rezeptoren das Antigen besser binden, können mehr Peptide mit ihren MHC-Klasse-II-Molekülen auf der Oberfläche festhalten und präsentieren. In den Keimzentren erkennen $T_{FH}$-Zellen diese Peptide und werden wie zuvor aktiviert, an die B-Zelle Signale zu übermitteln, die deren Überleben fördern. Centrocyten, deren Mutationen die Antigenaffinität verringern, nehmen weniger Antigene auf und erhalten deshalb schwächere Überlebenssignale von den $T_{FH}$-Zellen. Erfolgreiche B-Zellen exprimieren wieder CXCR4 und kehren in die dunkle Zone zurück, wo sie weitere Teilungsrunden durchlaufen, sodass sie wieder zu Centroblasten werden. B-Zellen der Keimzentren, die von den FDC-Zellen nicht genügend Antigen aufnehmen können, um mit $T_{FH}$-Zellen zu interagieren, werden apoptotisch und gehen zugrunde. Diese B-Zell-Wanderung innerhalb des Keimzentrums bezeichnet man als **zyklischen Wiedereintritt** (▶ Abb. 10.11, rechts). Auf diese Weise werden während der Affinitätsreifung (Abschn. 10.1.6) Affinität und Spezifität der B-Zellen ständig optimiert. Der Selektionsprozess kann dabei sehr konsequent sein: Zwar können durchaus 50–100 Zellen ein Keimzentrum anlegen, aber die meisten von ihnen haben keine Nachkommen. Hat das Keimzentrum seine maximale Größe erreicht, besteht es normalerweise nur aus den Nachkommen von einigen wenigen B-Zellen.

In den Keimzentren interagieren $T_{FH}$- und B-Zellen, wobei sie Signale übermitteln, die für beide Zelltypen von Bedeutung sind (Abschn. 10.1.4). Mäuse, die ICOS nicht exprimieren, können keine Keimzentrumsreaktion entwickeln und zeigen nur geringe Antikörperreaktionen mit Isotypwechsel, da die $T_{FH}$-Funktion fehlt. Bei den B-Zellen werden die CD40-Signale von CD40L auf den $T_{FH}$-Zellen ausgelöst. Dadurch wird die Expression des „Überlebensmoleküls" Bcl-$X_L$ (das mit Bcl-2 verwandt ist) erhöht. Zu diesen Wechselwirkungen gehören auch Signale von Rezeptoren der SLAM-Familie über das Adaptorprotein SAP (siehe oben). Durch Zwei-Photonen-Mikroskopie von Lebendgewebe ließ sich zeigen, dass bei Mäusen, denen der SLAM-Rezeptor CD84 fehlt, in den Keimzentren weniger Konjugate zwischen T- und B-Zellen auftreten und die humorale Immunantwort verringert ist.

### 10.1.9 Die aktivierungsinduzierte Cytidin-Desaminase (AID) führt in Gene, die von B-Zellen transkribiert werden, Mutationen ein

Bis hier haben wir die zellulären Vorgänge besprochen, die bei der somatischen Hypermutation und der Affinitätsreifung eine Rolle spielen, und wollen uns nun den Einzelheiten des Mutationsmechanismus zuwenden. Das Enzym ist sowohl an der somatischen Hypermutation als auch an der Rekombination beim Isotypwechsel beteiligt. Mäuse, die AID nicht exprimieren, weisen Defekte in beiden Prozessen auf. Menschen, deren *AID*-Gen Mutationen enthält, die das Enzym inaktivieren, leiden an einem **AID-Defekt** (*acvtivation-induced cytidine deaminase deficiency*), bei dem weder die somatische Hypermutation noch ein Isotypwechsel erfolgen. Bei dieser Erkrankung werden vor allem IgM-Antikörper produziert und die Affinitätsreifung bleibt aus. Dieses Syndrom bezeichnet man als **Hyper-IgM-Immunschwäche Typ 2** (Kap. 13).

Die AID ist mit Enzymen verwandt, die bei der Produktion von Vorstufen für die RNA- und DNA-Synthese Cytosin durch Desaminierung in Uracil umwandeln. Am engsten verwandt ist **APOBEC1** (*apoplipoprotein B mRNA editing catalytic polypeptide 1*), ein Enzym für das RNA-Editing, das Cytosin innerhalb von RNA desaminiert. Die AID wirkt bei der Diversifikation der Antikörpergene auf Cytosinbasen in der DNA des Immunglobulinlocus ein. Sobald die AID Cytidinreste in den V-Regionen der Immunglobuline desaminiert, wird die somatische Hypermutation in Gang gesetzt. Wenn Cytidinreste in den Switch-Regionen desaminiert werden, dann beginnt damit die Klassenwechselrekombination.

Die AID kann Cytidinreste in einzelsträngiger, nicht aber in doppelsträngiger DNA desaminieren (▶ Abb. 10.18). Damit die AID ihre Aktivität entfalten kann, müssen die Zielgene des Enzyms vorübergehend entspiralisiert werden. Da die AID nur von B-Zellen in den Keimzentren exprimiert wird, wirkt sie auch nur in diesen Zellen auf die Immunglobulingene, und zwar auf die aktiv transkribierten umgelagerten Gene der V-Regionen, wo die RNA-Polymerase vorübergehend einzelsträngige DNA-Abschnitte erzeugt. Die somatische Hypermutation findet nicht an Loci statt, die nicht aktiv transkribiert werden. Umgelagerte $V_H$- und $V_L$-Gene werden sogar dann mutiert, wenn sie eine unproduktive Umlagerung hervorbringen und nicht als Protein exprimiert werden; sie müssen allerdings transkribiert werden. In B-Zellen können außer den Immunglobulingenen auch einige andere aktiv transkribierte Gene von diesen somatischen Mutationen betroffen sein, allerdings in weit geringerem Ausmaß.

### 10.1.10 Reaktionswege der Fehlpaarungs- und Basenreparatur tragen nach der initialen AID-Aktivität zur somatischen Hypermutation bei

Durch die Uridinreste, die die AID in der DNA erzeugt, wird die DNA auf zweifache Weise geschädigt. Zum einen gibt es in normaler DNA kein Uridin, zum anderen ist dadurch mit dem Guanosinnucleosid im komplementären DNA-Strang eine Fehlpaarung entstanden. Das Vorhandensein von Uridin in der DNA kann verschiedene Mechanismen der DNA-Reparatur aktivieren – beispielsweise die **Fehlpaarungsreparatur** oder die **Basenexzisionsreparatur** – die die DNA-Sequenz weiter verändern. Die verschiedenen Reparaturmechanismen führen zu unterschiedlichen Ergebnissen (▶ Abb. 10.19). Bei der Fehlpaarungsreparatur wird das Vorhandensein von Uridin von den Proteinen **MSH2** und **MSH6** (MSH2/6) erkannt. Sie rekrutieren Nucleasen, die das Uridinnucleotid zusammen mit mehreren benachbarten Nucleotiden aus dem geschädigten DNA-Strang entfernen. Daran schließt sich das Auffüllen der entstandenen Lücke durch eine DNA-Polymerase an. Anders als bei allen anderen Zelltypen ist diese DNA-Polymerase fehleranfällig und neigt dazu, in angrenzenden A-T-Paaren Mutationen einzuführen.

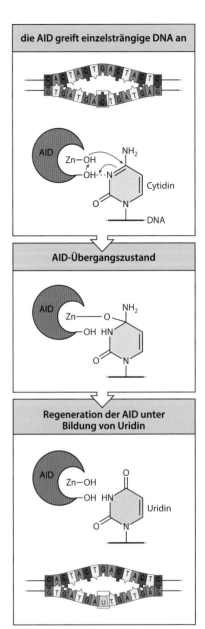

**die AID greift einzelsträngige DNA an**

**AID-Übergangszustand**

**Regeneration der AID unter Bildung von Uridin**

**Abb. 10.18 Die aktivierungsinduzierte Cytidin-Desaminase (AID) ist der Auslöser für somatische Mutationen bei somatischer Hypermutation, Genkonversion und Klassenwechselrekombination.** Für die Aktivität von AID, die nur in B-Zellen exprimiert wird, muss die Cytidinseitenkette eines einzelsträngigen DNA-Moleküls zugänglich sein (*oben*), was normalerweise durch die Wasserstoffbrücken in doppelsträngiger DNA nicht der Fall ist. Die AID greift den Cytosinring nucleophil an (*Mitte*), was zur Desaminierung des Cytidins zu Uracil führt (*unten*)

**Teil IV**

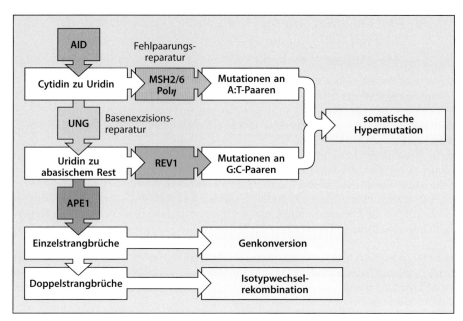

**Abb. 10.19 Die AID initiiert DNA-Schäden, deren Reparatur zu somatischer Hypermutation, Klassenwechselrekombination und Genkonversion führt.** Wenn die AID in der DNA eines Immunglobulingens ein Cytidin (C) in Uridin (U) umwandelt, hängt die letztendlich erzeugte Mutation davon ab, welcher DNA-Reparaturweg eingeschlagen wird. Eine somatische Hypermutation kann entweder durch den Fehlpaarungsreparaturweg (MSH2/6-Weg) in Kombination mit der fehleranfälligen DNA-Polymerase η (Polη) oder den Basenexzisionsreparaturweg (UNG-Weg) hervorgerufen werden. Im Zusammenspiel können dadurch an der Stelle des ursprünglichen G-C-Paares oder in dessen Umgebung Punktmutationen entstehen. REV1 ist ein DNA-Reparaturenzym, das DNA synthetisieren kann oder andere Enzyme rekrutiert, die in geschädigter DNA über abasische Stellen hinweg DNA synthetisieren. REV1 selbst fügt nur gegenüber der abasischen Stelle ein C ein, kann aber andere Polymerasen hinzuziehen, die dort ein A, G oder T einfügen. Als Ergebnis befindet sich dann ein zufälliges Nucleotid an der Stelle des C-G-Paares, auf das die AID ursprünglich eingewirkt hat. Sowohl die Rekombination für den Isotypwechsel als auch die Genkonversion erfordern die Bildung eines Einzelstrangbruchs in der DNA. Ein Einzelstrangbruch entsteht, wenn die apurinische/apyrimidinische Endonuclease 1 (APE1) den beschädigten Rest beim Reparaturvorgang aus der DNA entfernt (▶ Abb. 10.20, *untere zwei Bilder*). Bei der Klassenwechselrekombination werden Einzelstrangbrüche in zwei der sogenannten Switch-Regionen stromaufwärts der Gene der C-Region in Doppelstrangbrüche umgewandelt. Das zelluläre Reparatursystem für Doppelstrangbrüche, das den späteren Phasen der V(D)J-Rekombination ähnelt, verknüpft die DNA-Enden wieder, sodass es zu einer Rekombination kommt, indem ein anderes Gen der C-Region neben die umgelagerte V-Region gelangt. Zur Genkonversion kommt es, wenn für die Reparatur des gebrochenen DNA-Stranges homologe Sequenzen, die das Immunglobulingen flankieren, zur DNA-Synthese als Matrize verwendet werden, sodass ein Teil des Gens durch neue Sequenzen ersetzt wird

Die ersten Schritte der Basenexzisionsreparatur sind in ▶ Abb. 10.20 dargestellt. Bei diesem Reaktionsweg entfernt die **Uracil-DNA-Glykosylase** (**UNG**) die Uracilbase aus dem Uridin, sodass eine abasische Stelle entsteht. Wenn keine weiteren Modifikationen stattfinden, kann bei der nächsten Runde der DNA-Replikation hier an der gegenüberliegenden DNA-Position ein beliebiges Nucleotid eingefügt werden, sodass eine Mutation entsteht. An die UNG-Reaktion kann sich jedoch noch die Reaktion der **apurinischen/apyrimidinischen Endonuclease 1** (**APE1**) anschließen, die den abasischen Rest entfernt und an der DNA-Stelle, wo sich ursprünglich das Cytidin befand, einen Einzelstrangbruch (*nick*) erzeugt. Die Reparatur dieses Einzelstrangbruchs, die über einen Doppelstrangbruch erfolgt, kann zu einer Genkonversion führen. Diese gibt es jedoch bei der Diversifikation der Immunglobulingene von Mäusen und Menschen nicht, sie ist aber bei einigen anderen Säugern und bei den Vögeln von Bedeutung.

Bei der somatischen Hypermutation kommt es sowohl zu einer Veränderung der ursprünglichen Cytidine durch die AID als auch zu einer Veränderung in der Nähe befindlicher Nichtcytidinnucleotide. Wenn die Uracil-DNA-Glykosylase die zuerst erzeugte U-G-Fehl-

**Abb. 10.20 Der Basenexzisionsreparaturweg erzeugt durch die aufeinanderfolgende Einwirkung der AID, der Uracil-DNA-Glykosylase (UNG) und der apurinischen/apyrimidinischen Endonuclease 1 (APE1) Einzelstrangbrüche in der DNA.** Durch Transkription wird doppelsträngige DNA (*erstes Bild*) an einer bestimmten Stelle entspiralisiert und für die AID zugänglich (*zweites Bild*). Die AID, die nur in aktivierten B-Zellen exprimiert wird, wandelt Cytidinreste in Uridine um (*drittes Bild*). Das ubiquitäre DNA-Exzisionsreparaturenzym UNG entfernt zunächst den Uracilrest aus dem Uridin und bildet so eine abasische Stelle (*viertes Bild*). Die Reparaturendonuclease APE1 schneidet dann das Zucker-Phosphat-Rückgrat der DNA direkt beim abasischen Riboserest (*fünftes Bild*), sodass ein DNA-Einzelstrangbruch entsteht (*sechstes Bild*). Die APE1 schneidet nicht die Ribose heraus, um den Einzelstrangbruch zu erzeugen, sondern spaltet das DNA-Rückgrat, sodass ein 5′-Desoxyribosephosphatende entsteht, das dann beispielsweise von der DNA-Polymerase b entfernt wird

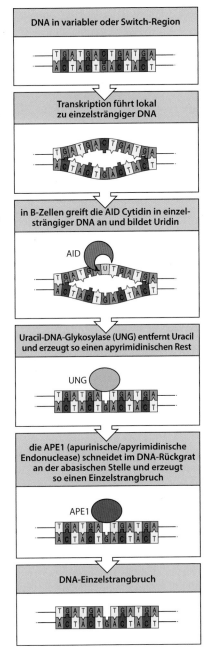

Teil IV

paarung erkennt, erzeugt das Enzym in der DNA eine abasische Stelle (▶ Abb. 10.19). Wenn es an dieser Stelle zu keinen weiteren Modifikationen kommt, wird die DNA ohne Basenpaarung mit dem Matrizenstrang von einer Familie von **fehleranfälligen Transläsions-DNA-Polymerasen** repliziert, die normalerweise umfangreiche DNA-Schäden reparieren, etwa nach Einwirkung von ultraviolettem Licht. Diese Polymerasen können gegenüber der abasischen Stelle ein beliebiges Nucleotid in den neuen DNA-Strang einbauen. Nach einer weiteren Runde der DNA-Replikation kann das zu einer stabilen Mutation an der Stelle des ursprünglichen C-G-Paares führen.

Bei der Fehlpaarungsreparatur wird diese Stelle nur in den B-Zellen von fehleranfälligen DNA-Polymerasen repariert, nicht jedoch in anderen Zelltypen, bei denen genauer arbeitende DNA-Polymerasen den intakten Matrizenstrang vorlagengetreu kopieren. Individuen mit einem Defekt in der Transläsionspolymerase **Polη** zeigen in ihren hypermutierten V-Regionen der Immunglobuline im Verhältnis weniger Mutationen in A-T-Paaren als normal, nicht jedoch in C-G-Paaren. Das deutet darauf hin, dass die Pol$\eta$ die Reparaturpolymerase dieses Weges der somatischen Hypermutation ist. Betroffene leiden an einer bestimmten Form von **Xeroderma pigmentosum**, die darauf zurückzuführen ist, dass die Zellen DNA-Schäden, die durch UV-Licht hervorgerufen werden, nicht reparieren können.

### 10.1.11 Die AID löst den Isotypwechsel aus, bei dem im Verlauf der Immunantwort das gleiche zusammengesetzte V$_H$-Exon mit verschiedenen C$_H$-Genen verknüpft wird

Alle Nachkommen einer bestimmten B-Zelle, die bei einer Immunantwort aktiviert wird, exprimieren das gleiche V$_H$-Gen, das während der Entwicklung im Knochenmark erzeugt wurde, wobei das Gen durch somatische Hypermutation modifiziert worden sein kann. Andererseits können die Nachkommen der B-Zelle mehrere unterschiedliche Isotypen der C-Region exprimieren, während die Zellen im Verlauf der Immunantwort heranreifen und proliferieren. Die ersten Antigenrezeptoren, die von den B-Zellen produziert werden, sind IgM und IgD, und der erste Antikörper, der bei einer Immunantwort erzeugt wird, ist immer IgM. In einer späteren Phase der Immunantwort kann die gleiche zusammengesetzte V-Region in IgG-, IgA- oder IgE-Antikörpern exprimiert werden. Dies bezeichnet man als **Isotypwechsel** oder Klassenwechsel. Anders als bei der Expression von IgD kommt es hier zu einer irreversiblen Rekombination der DNA. Der Vorgang wird im Verlauf der Immunantwort durch externe Signale stimuliert, etwa durch Cytokine, die von T$_{FH}$-Zellen freigesetzt werden.

Video 10.2

Der Wechsel von IgM zu anderen Immunglobulinklassen tritt nur ein, nachdem B-Zellen durch Antigene stimuliert wurden. Dabei kommt es zu einer **Klassenwechselrekombination**. Das ist eine Form von nichthomologer DNA-Rekombination, die über Abschnitte mit repetitiven DNA-Sequenzen (**Switch-Regionen**) erfolgt. Diese Regionen liegen im Intron zwischen den J$_H$-Gen-Segmenten und dem C$_\mu$-Gen sowie an entsprechenden Stellen stromaufwärts der Gene für alle anderen Isotypen der schweren Kette, mit Ausnahme des $\delta$-Gens, für dessen Expression keine DNA-Rekombination notwendig ist (▶ Abb. 10.21, erstes Bild). Wenn eine B-Zelle von der gemeinsamen Expression von IgM und IgD zur Expression eines anderen Isotyps wechselt, kommt es zur DNA-Rekombination zwischen S$_\mu$- und der S-Region, die unmittelbar stromaufwärts des neuen konstanten Gens liegt. Bei einer solchen Rekombination werden die codierenden C$_\mu$-Regionen und die gesamte DNA zwischen C$_\mu$ und der S-Region, die von der Rekombination betroffen ist, entfernt. In ▶ Abb. 10.21 ist der Wechsel von C$_\mu$ nach C$_\varepsilon$ bei der Maus dargestellt. Alle Klassenwechselrekombinationen können Gene hervorbringen, die ein funktionsfähiges Protein codieren, da die Switch-Sequenzen in Introns liegen und daher keine Leserasterverschiebungen verursachen.

Das Enzym AID löst die Klassenwechselrekombination aus und wirkt nur auf DNA-Regionen ein, die gerade transkribiert werden. Bestimmte Eigenschaften der Switch-Region-Sequenzen unterstützen die Zugänglichkeit für die AID während der Transkription. Jede Switch-Region besteht aus vielen Wiederholungen eines G-reichen Sequenzelements auf dem Nichtmatrizenstrang. So umfasst beispielsweise S$_\mu$ 150 Wiederholungen der Sequenz (GAGCT)$_n$(GGGGGT), wobei $n$ normalerweise gleich drei ist, aber einen Wert von bis zu sieben annehmen kann. Die Sequenzen der übrigen Switch-Regionen (S$_\gamma$, S$_\alpha$ und S$_\varepsilon$) unterscheiden sich in der genauen Sequenz, aber alle enthalten Wiederholungen von GAGCT- und GGGGGT-Sequenzen. Anscheinend wird die RNA-Polymerase bei ihrer Wanderung entlang dieses hochrepetitiven Sequenzabschnitts ab und zu angehalten, die sogenannte **Polymeraseverzögerung** (*polymerase stalling*). Ursache dafür sind möglicherweise blasenförmige Strukturen, die **R-Schleifen**. Diese bilden sich, wenn die transkribierte RNA den Nichtmatrizenstrang der DNA-Doppelhelix verdrängt (▶ Abb. 10.21, drittes Bild), da hier in einem Strang viele G-Reste aufeinanderfolgen.

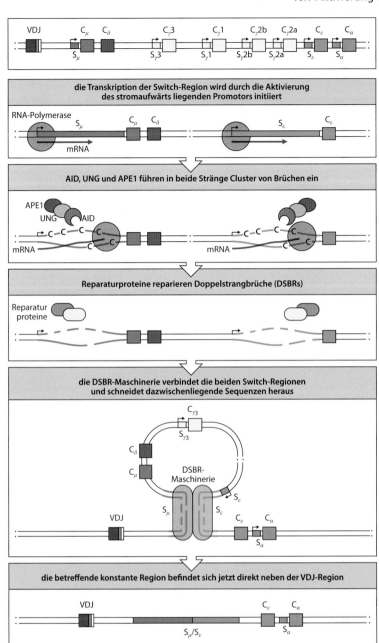

**Abb. 10.21 Am Isotypwechsel ist eine Rekombination zwischen spezifischen Umschaltsignalen beteiligt.** Das *oberste Bild* zeigt die Organisationsstruktur des umgelagerten Locus der schweren Kette vor dem Isotypwechsel. *Zweites Bild*: Hier ist der Wechsel zwischen dem μ- und ε-Isotyp im Locus für die schwere Kette der Maus dargestellt. Stromaufwärts eines jeden Gens für die konstante Region der Immunglobuline (mit Ausnahme des δ-Gens) liegen repetitive DNA-Sequenzen, die Switch-Regionen (S), die den Isotypwechsel steuern. Der Isotypwechsel beginnt mit der Transkription dieser Abschnitte durch die RNA-Polymerase (*grau*), jeweils ausgehend von stromaufwärts liegenden Promotoren (*Pfeile*). Aufgrund der repetitiven Sequenzen kann die RNA-Polymerase innerhalb der S-Regionen stehenbleiben, sodass diese Regionen als Substrate für die AID und anschließend für die UNG und die APE1 dienen. *Drittes Bild*: Durch diese Enzyme entstehen im Nichtmatrizenstrang und im Matrizenstrang viele Einzelstrangbrüche. Versetzte Brüche werden durch einen noch nicht näher bekannten Mechanismus in Doppelstrangbrüche umgewandelt. *Viertes Bild*: Diese Bruchstellen werden dann vermutlich von der Doppelstrangreparaturmaschinerie der Zelle erkannt; daran sind DNA-PKcs, Ku-Proteine und andere Reparaturproteine beteiligt. *Untere zwei Bilder*: Die beiden Switch-Regionen, in diesem Fall $S_\mu$ und $S_\varepsilon$, werden von den Reparaturproteinen zusammengebracht. Durch Entfernen der dazwischenliegenden DNA-Abschnitte (darunter $C_\mu$ und $C_\delta$) und Verknüpfen der $S_\mu$- und $S_\varepsilon$-Regionen wird der Klassenwechsel vollzogen

Die Verzögerung der RNA-Polymerase ist anscheinend eng mit der Rekrutierung der AID zu den spezifischen Switch-Regionen gekoppelt. Das **RNA-Exosom**, ein Komplex aus mehreren Untereinheiten zur Prozessierung und zum Abbau von RNA, assoziiert mit AID und lagert sich an transkribierte Switch-Regionen. Das Protein **Spt5** bindet außerdem an die angehaltene RNA-Polymerase. Beides ist erforderlich, damit die AID Doppelstrangbrüche erzeugen kann. Neuere Befunde deuten darauf hin, dass die AID durch einen zusätzlichen Mechanismus selektiv zur transkribierten Switch-Region gelenkt wird. Nachdem die RNA-Polymerase die Transkription einer RNA-Matrize abgeschlossen hat, wird das Intron herausgespleißt, das die Switch-Region enthält. Diese RNA wird prozessiert, sodass eine **G-Quadruplex-Struktur** entsteht, die auf der G-reichen repetitiven Sequenz der Switch-Region basiert (▶ Abb. 10.22). Diese G-Quadruplex-Struktur besitzt eine zweifache Funktion, zum einen bindet sie an die AID und zum anderen lagert sich sich aufgrund der Sequenzkomplementarität an die Switch-Region, von der sie transkribiert wurde. So lenkt die Struktur die AID zur zugehörigen Switch-Region, wo bestimmte palindromische Sequenzen, beispielsweise AGCT, geeignete Substrate für die AID sind, sodass das Enzym gleichzeitig auf beide Stränge einwirken kann. Dadurch zeigt die G-Quadruplex-Struktur eine ähnliche Funktionsweise wie die synthetischen Guide-RNAs, die die Cas9-Endonuclease zu spezifischen genomischen Regionen lenken (Anhang I, Abschn. A.35).

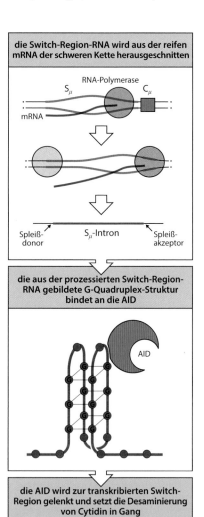

**Abb. 10.22 RNA, die von Introns mit Switch-Region transkribiert und dann prozessiert wurde, interagiert mit der AID und lenkt deren Aktivität.** *Oben*: Promotoren, die stromaufwärts von jeder Switch-Region liegen, initiieren die Transkription durch die RNA-Polymerase stromaufwärts des umgelagerten $V_H$-Gens, etwa im Fall von $C_\mu$, so wie hier dargestellt, oder bei allen anderen konstanten Regionen in einem nichtcodierenden Exon. In allen Fällen liegt die Switch-Region selbst innerhalb eines Introns stromaufwärts der Exons, die die konstanten Regionen codieren. Diese Intron-Switch-Region-RNA wird durch Spleißen an spezifischen Spleißakzeptor- und Spleißdonorstellen aus dem primären RNA-Transkript entfernt. *Mitte*: Nach dem Spleißen wird die Switch-Region-RNA weiter prozessiert und die enthaltenen repetitiven Elemente ermöglichen wahrscheinlich die Bildung von G-Quadruplex-Strukturen. Befunde deuten darauf hin, dass diese RNAs an die AID binden können (siehe Grafik). *Unten*: Die RNA fungiert als Guide und bringt so die AID an die Switch-Region, da die G-Quadruplex-Struktur mit dem transkribierten DNA-Matrizenstrang hybridisieren kann

die Switch-Region-RNA wird aus der reifen mRNA der schweren Kette herausgeschnitten

RNA-Polymerase
$S_\mu$
$C_\mu$
mRNA

Spleiß-donor
$S_\mu$-Intron
Spleiß-akzeptor

die aus der prozessierten Switch-Region-RNA gebildete G-Quadruplex-Struktur bindet an die AID

AID

die AID wird zur transkribierten Switch-Region gelenkt und setzt die Desaminierung von Cytidin in Gang

Quadruplex-RNA
RNA-Polymerase

Nach der Erzeugung von Doppelstrangbrüchen in den Switch-Regionen führen generell vorhandene zelluläre Reparaturmechanismen an diesen Bruchstellen zu nichthomologen Rekombinationen zwischen den Switch-Regionen, sodass es zu einem Isotypwechsel kommt (▶ Abb. 10.21, viertes und fünftes Bild). Die zu verbindenden Enden werden durch die Zusammenlagerung der repetitiven Sequenzen, die in den verschiedenen Switch-Regionen übereinstimmen, zusammengebracht. Durch die Wiederverknüpfung der DNA-Enden wird dann die gesamte DNA zwischen den beiden Switch-Regionen herausgeschnitten und es kommt an der Verknüpfungsstelle zur Bildung einer chimären Region. Bei einem Verlust der AID-Aktivität ist der Isotypwechsel vollständig blockiert. UNG-Defekte führen hingegen bei Mäusen und Menschen zu einer gravierenden Störung des Isotypwechsels, was darauf hinweist, dass AID und UNG bei der Erzeugung der DNA-Bruchstellen nacheinander aktiv sind. Die DNA-Enden werden wahrscheinlich durch die klassische Verknüpfung nichthomologer Enden (wie bei der V(D)J-Rekombination), beziehungsweise durch einen noch kaum bekannten alternativen Mechanismus, miteinander verbunden. Bei der Erkrankung **Ataxia teleangiectatica**, die durch Mutationen in der Kinase **ATM**, einem DNA-Reparaturprotein der DNA-PKcs-Familie, entsteht, ist der Isotypwechsel manchmal ebenfalls gestört. Die Funktion der ATM beim Isotypwechsel ist jedoch noch unbekannt.

## 10.1.12 Bei T-abhängigen Antikörperreaktionen steuern von $T_{FH}$-Zellen produzierte Cytokine die Auswahl des Isotyps beim Klassenwechsel

Da wir nun den allgemeinen Mechanismus kennen, der die DNA-Rekombination beim Isotypwechsel kontrolliert, lässt sich erklären, wie während einer Immunantwort eine bestimmte schwere Kette ausgewählt wird. Diese Auswahl des Isotyps bestimmt letztendlich die Effektorfunktion von Antikörpern, und diese Funktion wird zu einem großen Teil von Cytokinen kontrolliert, die bei der Keimzentrumsreaktion von $T_{FH}$-Zellen produziert werden.

Wie oben besprochen, sind die Wechselwirkungen zwischen B-Zellen und $T_{FH}$-Zellen in den Keimzentren für die Durchführung eines Isotypwechsels essenziell. Die notwendigen Wechselwirkungen erfolgen durch das Zusammenspiel von CD40 auf den B-Zellen und dem CD40-Liganden auf aktivierten T-Helferzellen. Ein genetischer Defekt des CD40-Liganden verringert das Auftreten von Isotypwechseln erheblich und im Plasma kommen anormal große Mengen an IgM vor. Diese Erkrankung bezeichnet man als **Hyper-IgM-Syndrom**. Menschen mit diesem Defekt besitzen nur IgM-Antikörper und weisen eine gravierende humorale Immunschwäche auf, die mit wiederholten Infektionen durch verbreitete pathogene Bakterien einhergeht. Bei einem Hyper-IgM-Syndrom wird wahrscheinlich ein großer Teil des IgM durch thymusunabhängige Antigene auf den Krankheitserregern ausgelöst, die bei diesen Patienten eine chronische Infektion verursachen. Menschen mit einem Defekt des CD40-Liganden können dennoch als Reaktion auf thymusabhängige Antigene IgM produzieren. Das deutet darauf hin, dass Wechselwirkungen zwischen CD40L und CD40 für die Etablierung einer anhaltenden Antikörperreaktion mit Isotypwechsel und Affinitätsreifung die größte Bedeutung besitzen und nicht die erste Aktivierung der B-Zellen.

Die Auswahl einer bestimmten C-Region für die Klassenwechselrekombination erfolgt nicht zufällig, sondern wird von Cytokinen reguliert, die die $T_{FH}$-Zellen und auch andere Zellen während einer Immunantwort produzieren. Unterschiedliche Cytokine begünstigen unterschiedliche Isotypen beim Klassenwechsel (▶ Abb. 10.23). Cytokine induzieren den Isotypwechsel teilweise dadurch, dass sie die Produktion bestimmter RNA-Transkripte über die Switch-Regionen anregen, die an der 5′-Seite jedes C-Gen-Segments der schweren Kette liegen. Wenn aktivierte B-Zellen beispielsweise mit IL-4 in Kontakt kommen, ist ein oder zwei Tage vor dem Isotypwechsel eine Transkription feststellbar, die von Promotoren stromaufwärts der Switch-Regionen von $C_\gamma 1$ und $C_\varepsilon$ ausgeht. Dadurch ist es möglich, dass der Wechsel an einem dieser beiden C-Gene der schweren Kette stattfindet,

| Funktion der Cytokine bei der Expressionsregulation der Antikörperisotypen | | | | | | | |
|---|---|---|---|---|---|---|---|
| Cytokine | IgM | IgG3 | IgG1 | IgG2b | IgG2a | IgE | IgA |
| IL-4 | hemmt | hemmt | aktiviert | | hemmt | aktiviert | |
| IL-5 | | | | | | | verstärkt Produktion |
| IFN-$\gamma$ | hemmt | aktiviert | hemmt | | aktiviert | hemmt | |
| TGF-$\beta$ | hemmt | hemmt | | aktiviert | | | aktiviert |
| IL-21 | | aktiviert | aktiviert | | | | aktiviert |

**Abb. 10.23 Verschiedene Cytokine induzieren den Wechsel zu verschiedenen Isotypen.** Die einzelnen Cytokine induzieren (*violett*) oder hemmen (*rot*) die Bildung bestimmter Isotypen. Der inhibierende Effekt beruht wahrscheinlich zum großen Teil darauf, dass gezielt auf einen anderen Isotyp umgeschaltet wird. Die Auswirkungen von IL-21 auf den Isotypwechsel werden von IL-4 reguliert. Die Daten stammen aus Experimenten an Mauszellen

wobei in jeder B-Zelle in einem Keimzentrum der Wechsel nur an einer Stelle erfolgt. In dem Beispiel für einen Isotypwechsel in ▶ Abb. 10.21 führt die Transkription der $S_\varepsilon$-Region, die durch die Umlagerung zwischen der $C_\mu$- und $C_\varepsilon$-Region möglich wird, zur Bildung von Antikörpern des Isotyps IgE. Das liegt daran, dass IL-4 den Transkriptionsfaktor **STAT6** aktiviert, der die Transkription am I$\varepsilon$-Promotor stromaufwärts der $S_\varepsilon$-Region in Gang setzt. Andere Cytokine aktivieren andere Promotoren, die sich stromaufwärts anderer Switch-Regionen befindet, sodass andere Antikörperisotypen gebildet werden. $T_{FH}$-Zellen produzieren auch IL-21, das den Wechsel zu IgG1 und IgG3 unterstützt. Der transformierende Wachstumsfaktor (TGF-)$\beta$ induziert den Wechsel zu IgG2b ($C_\gamma2b$) und IgA ($C_\alpha$). IL-5 fördert den Wechsel zu IgA und das Interferon IFN-$\gamma$ induziert den Wechsel zu IgG2a und IgG3.

## 10.1.13 B-Zellen, die die Keimzentrumsreaktion überleben, differenzieren sich schließlich entweder zu Plasmazellen oder zu Gedächtniszellen

Sobald B-Zellen die Affinitätsreifung und den Isotypwechsel durchlaufen haben, verlassen einige die helle Zone und beginnen, sich zu Plasmazellen zu differenzieren, die große Mengen an Antikörpern produzieren. In B-Zellen hemmen die Transkriptionsfaktoren Pax-5 und **Bcl-6** die Expression von Transkriptionsfaktoren, die für die Differenzierung zu Plasmazellen notwendig sind. Wenn aber die B-Zellen mit der Differenzierung beginnen, werden sowohl Pax5 als auch Bcl-6 herunterreguliert. Der Transkriptionsfaktor IRF4 induziert dann die Expression des Transkriptionsrepressors **BLIMP-1**, der in den B-Zellen die Gene abschaltet, die für die B-Zell-Proliferation, den Isotypwechsel und die Affinitätsreifung benötigt werden. B-Zellen, bei denen BLIMP-1 induziert wird, entwickeln sich zu Plasmazellen. Sie hören auf zu proliferieren, steigern die Synthese und Sekretion von Immunglobulinen und verändern die Eigenschaften ihrer Zelloberfläche. Plasmazellen regulieren CXCR5 herunter sowie CXCR4 und die $\alpha_4{:}\beta_1$-Integrine herauf. So können sie die Keimzentren verlassen und zu den peripheren Geweben wandern.

Einige Plasmazellen, die aus Keimzentren in den Lymphknoten oder der Milz stammen, wandern in das Knochenmark, wo sich eine Untergruppe über einen längeren Zeitraum hinweg aufhält. Andere wandern hingegen in die Markstränge der Lymphknoten oder der roten Pulpa in der Milz. B-Zellen, die in Keimzentren der mucosalen Gewebe aktiviert wurden und nun vor allem Isotypwechsel zu IgA durchführen, bleiben im mucosalen Sys-

Teil IV

tem. In den Plasmazellen wird eine Spleißvariante von **XBP1** (X-Box bindendes Protein 1) exprimiert, die deren sekretorische Kapazität reguliert. Plasmazellen im Knochenmark erhalten Signale von Stromazellen, die für ihr Überleben notwendig sind, und ihre Lebensdauer kann sehr lang sein. Plasmazellen in den Marksträngen und in der roten Pulpa sind hingegen nicht so langlebig. Plasmazellen, die das Knochenmark erfolgreich besiedeln, benötigen ebenfalls XBP1. Die Plasmazellen im Knochenmark produzieren über einen langen Zeitraum Antikörper mit hoher Affinität und Isotypwechsel.

Andere B-Zellen der Keimzentren differenzieren sich zu **B-Gedächtniszellen**. Das sind langlebige Nachkommen von Zellen, die einmal von einem Antigen stimuliert wurden und sich in den Keimzentren vermehrt haben. Sie teilen sich, wenn überhaupt, sehr langsam. Sie produzieren Oberflächenimmunglobuline, aber keine oder nur wenige Antikörper. Da die Vorläufer einiger B-Gedächtniszellen aus der Keimzentrumsreaktion hervorgehen, können sie die genetischen Veränderungen vererben, die dort stattfinden, etwa die somatische Hypermutation und die Genumlagerung aufgrund des Isotypwechsels. Die Signale, die festlegen, welchen Differenzierungsweg eine B-Zelle einschlägt, werden zurzeit erforscht. Wir werden uns mit den B-Gedächtniszellen noch einmal kurz in Kap. 11 beschäftigen.

## 10.1.14 Bei einigen Antigenen ist keine Unterstützung durch T-Zellen notwendig, um B-Zell-Reaktionen auszulösen

Menschen und Mäuse mit einem Defekt der T-Zellen können gegen thymusunabhängige TI-Antigene (TI für *thymus independent*), die bereits in Abschn. 10.1.1 vorgestellt wurden, Antikörper produzieren. Zu diesen Antigenen gehören bestimmte bakterielle Polysaccharide, polymere Proteine und Lipopolysaccharide, die naive B-Zellen ohne die Unterstützung durch T-Zellen stimulieren können. Diese bakteriellen Nichtproteinprodukte können keine klassischen T-Zell-Reaktionen hervorrufen, sondern sie induzieren bei normalen Individuen Antikörperreaktionen. Darüber hinaus gibt es TI-Antigene, die nicht aus Bakterien stammen. Dazu gehören Mitogene und Lektine aus Pflanzen, virale Antigene und Superantigene, sowie einige Antigene von Parasiten.

Thymusunabhängige Antigene lassen sich in die zwei Gruppen TI-1 und TI-2 einteilen, die B-Zellen auf unterschiedliche Weise aktivieren. Die **TI-1-Antigene** besitzen eine Aktivität, die die B-Zellen ohne Unterstützung von T-Zellen zur Teilung anregen kann. Wir wissen nun, dass TI-1-Antigene Moleküle enthalten, die bei den meisten B-Zellen, unabhängig von deren Antigenspezifität, die Proliferation und Differenzierung auslösen. Das bezeichnet man als **polyklonale Aktivierung** (▸ Abb. 10.24, oben). TI-1-Antigene bezeichnet man deshalb häufig als **B-Zell-Mitogene** (ein Mitogen ist eine Substanz, die Zellen zur Mitose anregt). So gehören beispielsweise sowohl LPS als auch bakterielle DNA zu den TI-1-Antigenen, da sie die Toll-like-Rezeptoren (TLRs) aktivieren, die von den B-Zellen exprimiert werden (Abschn. 3.1.5), und als Mitogen wirken. Bei Mäusen exprimieren naive B-Zellen die meisten TLRs konstitutiv, beim Menschen jedoch exprimieren naive B-Zellen von den meisten TLRs keine großen Mengen, bevor sie nicht von ihrem B-Zell-Rezeptor stimuliert werden. Sobald also eine B-Zelle über ihren B-Zell-Rezeptor von einem Antigen stimuliert wurde, exprimiert sie wahrscheinlich mehrere TLRs und kann auf TLR-Liganden reagieren, die zusammen mit den Antigenen auftreten. Wenn also B-Zellen mit Konzentrationen von TI-1-Antigenen in Kontakt kommen, die $10^3$–$10^5$-mal geringer sind als für die polyklonale Aktivierung notwendig wäre, werden nur die B-Zellen aktiviert, deren B-Zell-Rezeptoren die TI-1-Antigene spezifisch binden. Bei diesen niedrigen Konzentrationen können die Mengen von TI-1-Antigenen, die für eine B-Zell-Aktivierung ausreichen, nur durch die spezifische Bindung auf der Zelloberfläche konzentriert werden (▸ Abb. 10.24, unten). Die B-Zell-Reaktionen auf TI-1-Antigene in den frühen Phasen einer Infektion können für die Abwehr bestimmter extrazellulärer Krankheitserreger von Bedeutung sein, aber nicht alle führen zur Affinitätsreifung oder zur Bildung von B-Gedächtniszellen; beides würde die Mitwirkung von T-Zellen erfordern.

**Abb. 10.24 TI-1-Antigene induzieren bei hohen Konzentrationen polyklonale B-Zell-Reaktionen und bei niedrigen Konzentrationen antigenspezifische Antikörperreaktionen.** Bei einer hohen Antigenkonzentration reicht das Signal vom B-Zell-aktivierenden Anteil der TI-1-Antigene aus, um auch ohne eine spezifische Antigenbindung an Oberflächenimmunglobuline die B-Zell-Proliferation und Antikörpersekretion der B-Zellen zu induzieren. Daher sprechen alle B-Zellen darauf an (*obere Bildfolge*). Bei niedrigen Konzentrationen binden nur TI-1-Antigen-spezifische B-Zellen genügend TI-1-Antigene, damit deren B-Zell-aktivierende Eigenschaften auf die B-Zelle wirken können. Dies führt zu einer spezifischen Antikörperantwort gegen Epitope auf dem TI-1-Antigen (*untere Bildfolge*)

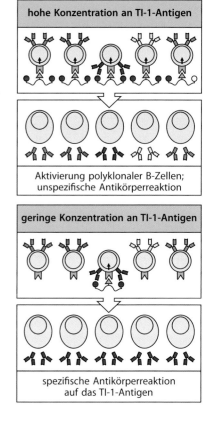

hohe Konzentration an TI-1-Antigen

Aktivierung polyklonaler B-Zellen; unspezifische Antikörperreaktion

geringe Konzentration an TI-1-Antigen

spezifische Antikörperreaktion auf das TI-1-Antigen

Die zweite Gruppe von thymusunabhängigen Antigenen (**TI-2-Antigene**) umfasst Moleküle, die umfangreiche repetitive Strukturen aufweisen, beispielsweise Polysaccharide aus Bakterienkapseln. Diese besitzen keine eigene B-Zell-stimulierende Aktivität. Während TI-1-Antigene sowohl unreife als auch reife B-Zellen aktivieren können, aktivieren TI-2-Antigene nur reife B-Zellen. Unreife B-Zellen werden hingegen inaktiviert, wenn sie auf repetitive Epitope treffen (Abschn. 8.1.6). Kleinkinder und Kinder bis zu einem Alter von fünf Jahren können gegen Polysaccharidantigene keine vollständig wirksamen Antikörperreaktionen entwickeln, was wahrscheinlich daran liegt, dass ihre B-Zellen größtenteils noch unreif sind.

Verschiedene TI-2-Antigene rufen Reaktionen hervor, die vor allem von den B-Zellen der Randzonen ausgehen, einer Untergruppe nichtzirkulierender B-Zellen, die die Grenze der weißen Pulpa auskleiden, außerdem von den **B1-Zellen** (Abschn. 8.1.9). Zum Zeitpunkt der Geburt gibt es nur wenige B-Zellen der Randzonen, sie vermehren sich aber mit dem Alter. Deshalb sind sie wahrscheinlich für die meisten physiologischen TI-2-Reaktionen verantwortlich, deren Wirksamkeit mit dem Alter zunimmt. TI-2-Antigene führen wahrscheinlich zu einer gleichzeitigen Quervernetzung einer ausreichenden Anzahl von B-Zell-Rezeptoren auf der Oberfläche einer antigenspezifischen reifen B-Zelle (▶ Abb. 10.25, links). Dendritische Zellen und Makrophagen können für die Aktivierung von B-Zellen durch TI-2-Antigene costimulierende Signale liefern. Eines dieser costimulierenden Signale ist der B-Zell-aktivierende Faktor (BAFF), den dendritische Zellen sezernieren können und der mit dem Rezeptor TACI auf der B-Zelle interagiert (▶ Abb. 10.25, rechts). Die Dichte der TI-2-Epitope ist dabei von entscheidender Bedeutung; eine besonders starke Quervernetzung der B-Zell-Rezeptoren führt zu reifen, aber anergischen (nichtreaktiven) B-Zellen. Bei unreifen B-Zellen reicht hingegen die Dichte der Rezeptoren für eine Aktivierung nicht aus.

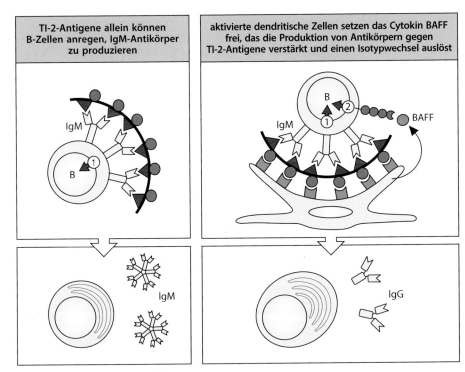

**Abb. 10.25 Für eine B-Zell-Aktivierung durch TI-2-Antigene sind Cytokine notwendig oder zumindest für eine erhebliche Beschleunigung der Aktivierung verantwortlich.** Wird der B-Zell-Rezeptor durch TI-2-Antigene mehrfach quervernetzt, kann das dazu führen, dass IgM-Antikörper gebildet werden (*Schemata links*). Es gibt aber Hinweise darauf, dass Cytokine diese Reaktionen darüber hinaus erheblich verstärken und auch einen Isotypwechsel bewirken (*Schemata rechts*). Man weiß noch nicht genau, wo diese Cytokine produziert werden. Eine Möglichkeit besteht darin, dass dendritische Zellen, die das Antigen über Rezeptoren des angeborenen Immunsystems an ihrer Oberfläche binden können und es so den B-Zellen präsentieren, außerdem BAFF, ein lösliches Cytokin der TNF-Familie, freisetzen, das dann den Isotypwechsel bei der B-Zelle auslöst

Eine wichtige Gruppe von TI-2-Antigenen entsteht bei einer Infektion mit **verkapselten Bakterien**. Viele der verbreiteten extrazellulären pathogenen Bakterien sind von einer Polysaccharidkapsel umgeben, die es ihnen ermöglicht, der Aufnahme durch Phagocyten zu widerstehen. Diese Bakterien entkommen nicht nur der direkten Zerstörung durch Phagocyten, sondern verhindern auch die Stimulation von T-Zell-Reaktionen gegen bakterielle Peptide, die von Makrophagen präsentiert werden. IgM-Antikörper gegen Polysaccharide aus solchen Kapseln, die unabhängig von einer peptidspezifischen Unterstützung durch T-Zellen schnell produziert werden, hüllen diese Bakterien ein und fördern so deren Aufnahme und Zerstörung durch Phagocyten in einer frühen Infektionsphase.

Nicht alle Antikörper gegen bakterielle Polysaccharide werden genau nach dem TI-2-Mechanismus produziert. Wir haben bereits die Bedeutung von Antikörpern gegen das Kapselpolysaccharid von *Haemophilus influenzae* Typ b für die schützende Immunität gegen dieses Bakterium erwähnt. Die Immunschwächekrankheit **Wiskott-Aldrich-Syndrom** wird durch einen Defekt von T-Zellen hervorgerufen, der dazu führt, dass ihre Wechselwirkung mit B-Zellen gestört ist (Kap. 13). Patienten mit Wiskott-Aldrich-Syndrom zeigen nur schwache Reaktionen auf Proteinantigene, können aber auch, was nicht unbedingt zu erwarten ist, keine IgM- und IgG-Antikörper gegen Polysaccharidantigene hervorbringen. So sind sie für Infektionen mit verkapselten Bakterien wie *H. influenzae* hochgradig anfällig. Die Unfähigkeit, IgM zu produzieren, liegt wahrscheinlich teilweise daran, dass die Entwicklung der Randzonen in der Milz stark eingeschränkt ist. Sie enthält die B-Zellen, die für die Produktion eines großen Teils der „natürlichen" IgM-Antikörper gegen ubiquitäre Kohlenhydratantigene zuständig sind. IgM- und IgG-Antikörper, die durch TI-2-Antigene induziert werden, bilden demnach wahrscheinlich bei vielen Infektionen durch Bakterien einen wichtigen Bestandteil der humoralen Immunantwort. Und beim Menschen hängt anscheinend die Produktion von Antikörpern mit Isotypwechsel, die gegen TI-2-Antigene gerichtet sind, zu einem gewissen Grad von der Unterstützung durch T-Zellen ab.

Zu den TI-Reaktionen gehört wahrscheinlich neben der IgM-Produktion auch ein Isotypwechsel zu bestimmten anderen Antikörperklassen, etwa zu IgG3 bei Mäusen. Das ist wahrscheinlich ein Ergebnis der Unterstützung durch dendritische Zellen (▸ Abb. 10.25, rechts), die Cytokine wie BAFF freisetzen und an proliferierende Plasmablasten membrangebundene Signale übermitteln, wenn sie auf TI-Antigene reagieren. Die unterschiedlichen Merkmale der thymusabhängigen sowie der TI-1- und TI-2-Antikörperreaktionen sind in ▸ Abb. 10.26 zusammengefasst.

### Zusammenfassung

Bei vielen Antigenen muss zur Aktivierung einer B-Zelle das Antigen vom B-Zell-Oberflächenimmunglobulin, dem B-Zell-Rezeptor, gebunden werden und die B-Zelle muss mit antigenspezifischen T-Helferzellen interagieren. Die T-Helferzellen erkennen Peptidfragmente aus dem Antigen, das die B-Zelle aufgenommen hat und als Peptid:MHC-Klasse-II-Komplex präsentiert. Follikuläre T-Helferzellen stimulieren die B-Zellen durch Wechselwirkungen in den Keimzentren, bei denen der CD40-Ligand auf der T-Zelle an CD40 auf der B-Zelle bindet, sowie durch die Freisetzung von Cytokinen, beispielsweise IL-21. Aktivierte B-Zellen exprimieren auch Moleküle wie ICOSL, die T-Zellen stimulieren können. Zur ersten Wechselwirkung zwischen B- und T-Zellen kommt es an der Grenze zwischen der B- und der T-Zell-Zone des sekundären Lymphgewebes, wohin antigenaktivierte T-Helferzellen und B-Zellen als Reaktion auf Chemokine wandern. Weitere Wechselwir-

| | TD-Antigen | TI-1-Antigen | TI-2-Antigen |
|---|---|---|---|
| Antikörperreaktion bei Kleinkindern | ja | ja | nein |
| Antikörperproduktion bei Personen, die von Geburt an keinen Thymus haben | nein | ja | ja |
| Antikörperreaktion ohne T-Zellen | nein | ja | ja |
| Priming von T-Zellen | ja | nein | nein |
| Aktivierung polyklonaler B-Zellen | nein | ja | nein |
| Epitope müssen mehrfach vorhanden sein | nein | nein | ja |
| Beispiele für Antigene | Diphtherietoxin virales Hämagglutinin gereinigtes Proteinderivat (PPD) von *Mycobacterium tuberculosis* | bakterielles Lipopolysaccharid *Brucella abortus* | Polysaccharid von *Pneumococcus* polymerisiertes Flagellin von *Salmonella* Dextran haptenkonjugiertes Ficoll (Polysaccharose) |

**Abb. 10.26 Eigenschaften unterschiedlicher Antigentypen, die Antikörperreaktionen auslösen.** Einige Befunde deuten darauf hin, dass T-Zellen bei Antikörperreaktionen auf thymusunabhängige (TI-)Antigene nur eine untergeordnete Rolle spielen. Bei Mäusen mit einem T-Zell-Defekt treten starke Reaktionen gegen TI-2-Antigene auf

kungen zwischen T- und B-Zellen finden nach der Wanderung in die B-Zell-Zone oder den Follikel und nach der Bildung eines Keimzentrums statt.

Im Keimzentrum induzieren die T-Zellen eine Phase starker B-Zell-Proliferation und steuern die Differenzierung der sich klonal vermehrenden B-Zellen zu antikörpersezernierenden Plasmazellen oder B-Gedächtniszellen. Die von B-Zellen exprimierten Immunglobulingene werden während der Keimzentrumsreaktion durch somatische Hypermutation und Isotypwechsel diversifiziert. Auslöser dafür ist die Reaktion der aktivierungsinduzierten Cytidin-Desaminase (AID). Im Gegensatz zur V(D)J-Rekombination treten diese Prozesse nur in B-Zellen auf. Durch die somatische Hypermutation wird die V-Region diversifiziert. Dabei werden Punktmutationen eingeführt, die im weiteren Verlauf der Immunantwort für eine größere Affinität gegenüber dem Antigen selektiert werden. Ein Isotypwechsel beeinflusst die V-Region nicht, erhöht aber die funktionelle Diversität der Immunglobuline, indem die $C_\mu$-Region im Immunglobulingen, deren Expression zuerst erfolgt, durch eine andere C-Region ersetzt wird, sodass IgG-, IgA- oder IgE-Antikörper gebildet werden können. Durch den Isotypwechsel entstehen Antikörper mit derselben Antigenspezifität, aber mit einer geänderten Effektorfunktion. Der Wechsel zu einem anderen Antikörperisotyp wird von Cytokinen reguliert, die von T-Helferzellen freigesetzt werden. Einige Nichtproteinantigene stimulieren B-Zellen auch ohne gekoppelte Erkennung durch peptidspezifische T-Helferzellen. Die Reaktionen auf diese thymusunabhängigen Antigene bewirken nur einen begrenzten Klassenwechsel und führen nicht zur Bildung von B-Gedächtniszellen. Solche Reaktionen spielen jedoch eine entscheidende Rolle bei der Abwehr von Erregern, deren Oberflächenantigene keine peptidspezifische T-Zell-Antwort hervorrufen können.

# 10.2 Verteilung und Funktionen der Immunglobulinisotypen

Extrazelluläre Krankheitserreger können an fast alle Stellen im Körper gelangen. Die Antikörper müssen daher ebenso weit verteilt sein, um sie bekämpfen zu können. Die Ausbreitung der meisten Antikörpertypen erfolgt per Diffusion ausgehend von ihrem Syntheseort. Damit sie jedoch die Epitheloberflächen durchqueren können, welche die Mucosa von Organen wie der Lunge oder des Darms auskleiden, sind spezielle Transportmechanismen erforderlich. Der Isotyp der schweren Kette eines Antikörpers kann entweder die Diffusion des Antikörpers einschränken oder die Wechselwirkung mit spezifischen Transportmolekülen bewirken, die Antikörper durch die Epithelien bringen. In diesem Teil des Kapitels werden wir diese Mechanismen und die Antikörperklassen beschreiben, die dadurch in die Körperkompartimente gelangen können, wo ihre jeweiligen Effektorfunktionen benötigt werden. Dabei beschränken wir uns auf die Schutzfunktionen von Antikörpern, die sich allein aus ihrer Bindung an Pathogene ergeben. Im letzten Teil des Kapitels erörtern wir, welche Effektorzellen und -moleküle von den verschiedenen Isotypen spezifisch angeregt werden.

### 10.2.1 Antikörper mit verschiedenen Isotypen wirken an unterschiedlichen Stellen und haben verschiedene Effektorfunktionen

Krankheitserreger dringen gewöhnlich über die Epithelien in den Körper ein, das heißt über die Schleimhäute des Respirations-, Urogenital- oder Verdauungstrakts sowie durch Hautverletzungen. Seltener gelangen Mikroorganismen über Insekten, Wunden oder Injektionsnadeln direkt in das Blut. Schleimhäute, Gewebe und Blut werden durch Antikörper vor solchen Infektionen geschützt. Die Antikörper neutralisieren das Pathogen oder bewirken dessen Eliminierung, bevor die Infektion ein nennenswertes Ausmaß erreicht.

Teil IV

Die verschiedenen Isotypen der Antikörper (▶ Abb. 5.19) sind so ausgelegt, dass sie in unterschiedlichen Bereichen des Körpers ihre Funktion erfüllen können. Ihre Funktionen und ihre Verteilung im Körper sind in ▶ Abb. 10.27 aufgeführt. Da sich beim Klassenwechsel eine bestimmte variable Region mit jeder beliebigen konstanten Region verbinden kann, können die Tochterzellen einer einzigen B-Zelle Antikörper produzieren, die alle dieselbe Spezifität besitzen, aber alle Schutzfunktionen bieten, die für den jeweiligen Körperbereich angemessen sind. Alle naiven B-Zellen exprimieren IgM und IgD auf der Zelloberfläche. IgM ist der erste Antikörper, den aktivierte B-Zellen freisetzen, macht aber weniger als 10 % der gesamten Immunglobuline im Plasma aus. IgD-Antikörper werden immer nur in geringen Mengen produziert, während IgE zwar nur auch einen kleinen Anteil zur Immunantwort beiträgt, der dafür aber biologisch umso bedeutsamer ist. Die dominierenden Antikörperklassen sind IgG und IgA. Die insgesamt vorherrschende Stellung von IgG liegt auch teilweise darin begründet, dass dieses Immunglobulin im Plasma eine längere Lebensdauer besitzt (▶ Abb. 5.20).

Bei einer humoralen Immunantwort werden zuerst IgM-Antikörper gebildet, die tendenziell nur eine geringe Affinität besitzen. Die IgM-Moleküle bilden Pentamere, die von einer einzelnen J-Kette stabilisiert werden (▶ Abb. 5.23) und zehn Antigenbindungsstellen enthalten, sodass sie bei der Bindung an multivalente Antigene wie Polysaccharide aus Bakterienkapseln insgesamt eine höhere Avidität besitzen. Diese höhere Avidität des Pentamers gleicht die geringere Affinität der einzelnen Antigenbindungsstellen in den IgM-Monomeren aus. Da die Pentamere recht groß sind, findet man IgM vor allem im Blut und – wenn auch in kleineren Mengen – in der Lymphe, nicht jedoch in den Interzellularräumen innerhalb der Gewebe. Wie wir im letzten Teil dieses Kapitels sehen werden, können die IgM-Antikörper aufgrund ihrer pentameren Struktur besonders gut das Komplementsystem aktivieren. Es können sich auch

| funktionelle Aktivität | IgM | IgD | IgG1 | IgG2 | IgG3 | IgG4 | IgA | IgE |
|---|---|---|---|---|---|---|---|---|
| Neutralisierung | + | – | ++ | ++ | ++ | ++ | ++ | – |
| Opsonisierung | + | – | ++ | * | ++ | + | + | – |
| anfällig für Zerstörung durch NK-Zellen | – | – | ++ | – | ++ | – | – | – |
| Sensibilisierung von Mastzellen | – | – | + | – | + | – | – | +++ |
| aktiviert das Komplementsystem | +++ | – | ++ | + | +++ | – | + | – |

| Verteilung | IgM | IgD | IgG1 | IgG2 | IgG3 | IgG4 | IgA | IgE |
|---|---|---|---|---|---|---|---|---|
| Transport durch das Epithel | + | – | – | – | – | – | +++ (Dimer) | – |
| Transport durch die Plazenta | – | – | +++ | + | ++ | +/– | – | – |
| Diffusion in extravaskuläre Bereiche | +/– | – | +++ | +++ | +++ | +++ | ++ (Monomer) | + |
| mittlere Serumkonzentration (mg ml⁻¹) | 1,5 | 0,04 | 9 | 3 | 1 | 0,5 | 2,1 | $3\times10^{-5}$ |

**Abb. 10.27 Jeder Immunglobulinisotyp des Menschen hat spezielle Funktionen und eine spezifische Verteilung.** Angegeben sind die dominierenden (+++ *dunkelrot*), weniger wichtigen (++ *dunkelrosa*) und sehr seltenen (+ *hellrosa*) Effektorfunktionen eines jeden Isotyps. Die Verteilung ist in ähnlicher Weise gekennzeichnet; die tatsächlichen durchschnittlichen Serumspiegel sind in der untersten Reihe aufgeführt. *IgG2 wirkt in Gegenwart eines Fc-Rezeptors des entsprechenden Allotyps, den man bei etwa der Hälfte aller hellhäutigen Menschen findet, als Opsonin

IgM-Hexamere bilden, die dann mit dem Komplementsystem effektiver interagieren, wahrscheinlich weil C1q ebenfalls als Hexamer vorliegt. Allerdings ist die Funktion der IgM-Hexamere beim Schutz vor Infektionen *in vivo* noch nicht vollständig bekannt.

Eine Infektion des Blutes hat schwerwiegende Folgen, wenn sie nicht sofort unter Kontrolle gebracht wird. Die schnelle Synthese von IgM und die damit verbundene effiziente Aktivierung des Komplementsystems sind für die Eindämmung solcher Infektionen von großer Bedeutung. Konventionelle B-Zellen, die keinen Klassenwechsel durchlaufen haben, produzieren eine gewisse Menge an IgM, wobei die größten Mengen von den B1-Zellen, die sich in der Bauchfellhöhle und in der Lunge befinden, sowie von den B-Zellen der Randzonen in der Milz produziert werden. Diese Zellen setzen Antikörper gegen häufig vorkommende Kohlenhydratantigene frei, beispielsweise von Bakterien, und benötigen keine Unterstützung von T-Helferzellen. So werden das Blut und diese Körperregionen mit einem vorgeformten Repertoire an IgM-Antikörpern versorgt, die eindringende Krankheitserreger erkennen können (Abschn. 8.1.9).

Antikörper der anderen Isotypen, IgG, IgA und IgE, sind kleiner und können leicht vom Blut in die Gewebe diffundieren. IgA kann Dimere bilden (▸ Abb. 5.23), doch IgG und IgE liegen immer als Monomere vor. Die Affinität der einzelnen Bindungsstellen für das Antigen ist daher für die Wirksamkeit dieser Antikörper entscheidend. Die meisten B-Zellen, die diese Isotypen exprimieren, wurden in Keimzentren nach der somatischen Hypermutation im Hinblick auf die erhöhte Affinität für die Bindung ihres Antigens selektiert. IgG4 bildet den am wenigsten häufigen Subtyp der IgG-Antikörper, kann aber Hybridantikörper bilden. Eine schwere Kette von IgG4 mit der daran gebundenen leichten Kette kann sich vom ursprünglichen Dimer der schweren Kette trennen und sich mit einem anderen Paar aus einer schweren und einer leichten IgG4-Kette verbinden, sodass ein bivalenter IgG4-Antikörper entsteht, der zwei verschiedene Antigenspezifitäten trägt.

IgG ist der häufigste Isotyp im Blut und in extrazellulären Flüssigkeiten, IgA dagegen in Sekreten, vor allem in den Epithelien, die den Darmtrakt und die Atemwege auskleiden. IgG opsonisiert effizient Pathogene für die Aufnahme durch Phagocyten und aktiviert das Komplementsystem, während IgA ein weniger gutes Opsonin ist und das Komplementsystem kaum aktiviert. IgG entfaltet seine Wirkung hauptsächlich in den Körpergeweben, in denen es akzessorische Zellen und Moleküle gibt. Das dimere IgA wirkt dagegen vorwiegend an Körperoberflächen, wo normalerweise weder Komplement noch Phagocyten vorhanden sind, und fungiert daher hauptsächlich als neutralisierender Antikörper. IgA-Monomere können von Plasmazellen produziert werden, die aus B-Zellen in den Lymphknoten und der Milz hervorgehen, welche den Isotyp gewechselt haben. IgA fungiert als neutralisierender Antikörper im Extrazellularraum und im Blut. Dieses monomere IgA besteht vor allem aus dem Subtyp IgA1. Das Verhältnis von IgA1 zu IgA2 beträgt im Blut 10:1. Die IgA-Antikörper, die von den Plasmazellen im Darm produziert werden, sind Dimere und gehören vor allem zum Subtyp IgA2. Das Verhältnis von IgA2 zu IgA1 im Darm beträgt 3:2.

Im Blut oder in extrazellulären Flüssigkeiten findet man nur geringe Konzentrationen an IgE-Antikörpern. Diese sind jedoch fest an Rezeptoren auf **Mastzellen** gebunden, die sich direkt unterhalb der Haut und der Mucosa sowie entlang der Blutgefäße im Bindegewebe befinden. Eine Antigenbindung an dieses zellassoziierte IgE bewirkt, dass die Mastzellen starke chemische Mediatoren freisetzen, die Reaktionen wie Husten, Niesen und Erbrechen auslösen, wodurch wiederum die infektiösen Erreger ausgestoßen werden. Darauf werden wir in diesem Kapitel noch eingehen.

## 10.2.2 Polymere Immunglobulinrezeptoren binden an die Fc-Domäne von IgA und IgM und schleusen sie durch Epithelien

Im mucosalen Immunsystem kommen IgA-sezernierende Plasmazellen vor allem in der Lamina propria vor, die direkt unter der Basalmembran vieler Oberflächenepithelien liegt.

Von dort können die IgA-Antikörper quer durch das Epithel zu dessen äußerer Oberfläche transportiert werden, zum Beispiel zum Darmlumen oder zu den Bronchien (▶ Abb. 10.28). Die in der Lamina propria synthetisierten IgA-Antikörper werden als dimere IgA-Moleküle sezerniert, die mit einer einzelnen J-Kette assoziiert sind. Diese polymere Form von IgA wird spezifisch vom **Immunglobulinpolymerrezeptor (Poly-Ig-Rezeptor, pIgR)** gebunden, der sich auf den basolateralen Oberflächen der darüber liegenden Epithelzellen befindet. Sobald der Poly-Ig-Rezeptor ein dimeres IgA-Molekül gebunden hat, wird der Komplex in die Zelle aufgenommen und in einem Transportvesikel durch das Cytoplasma zur apikalen, dem Lumen zugewandten Oberfläche der Epithelzelle befördert. Dieser Prozess wird als Transcytose bezeichnet. IgM bindet ebenfalls an den Poly-Ig-Rezeptor und kann durch denselben Mechanismus in den Darm sezerniert werden. Bei Erreichen der apikalen Oberfläche des Enterocyten wird der Antikörper in die Schleimschicht freigesetzt, die die innere Oberfläche des Darms bedeckt, indem die extrazelluläre Domäne des Poly-Ig-Rezeptors enzymatisch gespalten wird. Die abgespaltene extrazelluläre Domäne des Poly-Ig-Rezeptors (pIgR) bezeichnet man als **sekretorische Komponente** (häufig abgekürzt durch SC); sie bleibt mit dem Antikörper assoziiert. Die sekretorische Komponente ist mit dem Teil der Fc-Region von IgA verbunden, der die Bindungsstelle für den Fcα-Rezeptor 1 enthält, weshalb das sezernierte IgA nicht an diesen Rezeptor bindet. Die sekretorische Komponente besitzt mehrere physiologische Funktionen. Sie bindet im Schleim (Mucus) an Mucine und fungiert als „Klebstoff", um sezerniertes IgA an die Schleimschicht auf der Lumenoberfläche des Darmepithels zu binden. Hier bindet der Antikörper Krankheitserreger des Darms und ihre Toxine und neutralisiert sie (▶ Abb. 10.28). Die sekretorische Komponente schützt Antikörper auch davor, von den Enzymen im Darm abgebaut zu werden.

IgA wird vor allem an folgenden Stellen synthetisiert und sezerniert: im Darm, im respiratorischen Epithel, in der laktierenden Brust sowie in verschiedenen anderen exokrinen Drüsen wie den Speichel- und Tränendrüsen. Man nimmt an, dass die Hauptfunktion der IgA-Antikörper darin besteht, die epithelialen Oberflächen vor Krankheitserregern zu schützen. In den Extrazellularräumen innerhalb der Gewebe übernehmen die IgG-Antikörper diese Funktion. IgA-Antikörper verhindern durch ihre Bindung an Bakterien, Viren und Toxine, dass sich Bakterien oder Viren an Epithelzellen anlagern und Toxine aufgenommen werden. Sie bilden die erste Verteidigungslinie gegen ein breites Spektrum an Erregern. Wahrscheinlich besteht eine weitere Funktion von IgA darin, die Mikroflora zu

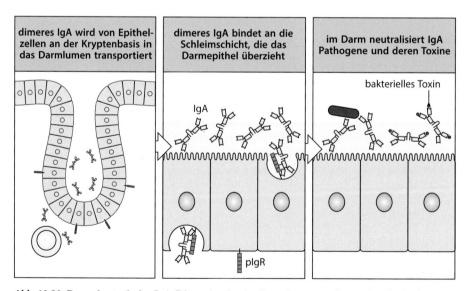

**Abb. 10.28 Das sekretorische IgA-Dimer ist der im Darmlumen vorherrschende Antikörperisotyp.** IgA wird von Plasmazellen in der Lamina propria synthetisiert und von Epithelzellen am Grund der Krypten in das Darmlumen transportiert. Das IgA-Dimer bindet an die Schleimschicht, mit der das Darmepithel bedeckt ist, und fungiert als eine antigenspezifische Barriere für Krankheitserreger und Toxine im Darmlumen

regulieren (Kap. 12). Die Alveolen in den unteren Atemwegen besitzen keine so dicke Schleimschicht, wie sie für die oberen Atemwege kennzeichnend ist, da sonst der effektive Gasaustausch behindert würde. IgG kann diese Regionen schnell durchdringen und ist dort vor allem für die Schutzfunktion verantwortlich.

### 10.2.3 Der neonatale Fc-Rezeptor transportiert IgG durch die Plazenta und verhindert die Ausscheidung von IgG aus dem Körper

Neugeborene sind besonders anfällig für eine Infektion, da sie vor der Geburt noch keinen Mikroorganismen aus der Umwelt ausgesetzt waren. IgA-Antikörper werden in die Muttermilch sezerniert und gelangen in den Darm des Neugeborenen, wo sie vor Bakterien schützen, bis das Kind eigene protektive Antikörper synthetisieren kann. IgA ist nicht der einzige schützende Antikörper, den die Mutter auf das Kind überträgt. Auch mütterliches IgG gelangt durch die Plazenta direkt in das Blut des Fetus. Neugeborene haben bei der Geburt einen genauso hohen Spiegel an Plasma-IgG mit demselben Spektrum an Antigenspezifitäten wie ihre Mütter. Für den selektiven Transport des IgG von der Mutter zum Fetus ist **FcRn (neonataler Fc-Rezeptor)** verantwortlich, ein IgG-Transportprotein in der Plazenta, das seiner Struktur nach eng mit den MHC-Klasse-I-Molekülen verwandt ist. Trotz dieser Ähnlichkeit bindet FcRn ganz anders an IgG als MHC-Klasse-I-Moleküle an Peptide, da seine peptidbindende Tasche blockiert ist. Es lagert sich an den Fc-Anteil der IgG-Moleküle an (▶ Abb. 10.29). Zwei Moleküle FcRn binden an ein IgG-Molekül und schleusen es durch die Plazenta. Mütterliches IgG wird von den neugeborenen Tieren mit der Muttermilch und dem Colostrum aufgenommen, der proteinreichen Flüssigkeit, welche die mütterliche Brustdrüse in den ersten Tagen nach der Geburt absondert. In diesem Fall transportiert FcRn die IgG-Moleküle vom Darmlumen des Neugeborenen in das Blut und in die Gewebe. Interessanterweise findet man FcRn auch im Darm, in der Leber und auf Endothelzellen von Erwachsenen. Dort hat der Rezeptor die Aufgabe, den IgG-Spiegel im Serum und in anderen Körperflüssigkeiten stabil zu halten; dazu bindet er zirkulierende Antikörper, nimmt sie durch Endocytose auf und bringt sie wieder zurück in das Blut, um so ihre Ausscheidung aus dem Körper zu verhindern.

Mithilfe dieser spezialisierten Transportsysteme sind Säugetiere von Geburt an mit Antikörpern gegen die häufigsten Pathogene in ihrer Umwelt ausgestattet. Wenn sie heranwachsen und ihre eigenen Antikörper aller Isotypen bilden, werden diese selektiv auf die einzelnen Bereiche des Körpers verteilt (▶ Abb. 10.30). Auf diese Weise sorgen der Klassenwechsel und die Verteilung der Isotypen im Körper lebenslang für einen wirksamen Schutz gegen Infektionen in den Extrazellularräumen.

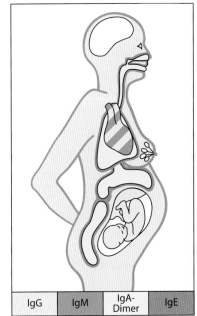

| IgG | IgM | IgA-Dimer | IgE |

**Teil IV**

**Abb. 10.30 Immunglobulinisotypen sind im Körper ganz unterschiedlich verteilt.** IgG und IgM herrschen im Plasma vor (hier zur Vereinfachung im Herz dargestellt), während man in der Extrazellularflüssigkeit innerhalb des Körpers überwiegend IgG sowie IgA-Monomere findet. Durch Epithelien abgegebene Sekrete, einschließlich der Muttermilch, enthalten vor allem IgA-Dimere. Der Fetus erhält von der Mutter aufgrund eines Transports durch die Plazenta IgG. IgE befindet sich hauptsächlich als mastzellassoziierter Antikörper direkt unterhalb epithelialer Oberflächen (besonders in den Atemwegen, im Gastrointestinaltrakt und in der Haut). Im Gehirn gibt es normalerweise keine Immunglobuline

FcRn         Fc

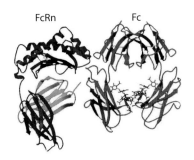

**Abb. 10.29 Der neonatale Fc-Rezeptor (FcRn) bindet an den Fc-Anteil von IgG.** Ein FcRn-Molekül (*blau*) ist an der Berührungsfläche zwischen der $C_\gamma 2$- und der $C_\gamma 3$-Domäne an eine Kette des Fc-Anteils von IgG (*rot*) gebunden. Die $C_\gamma 2$-Domäne befindet sich oben. Die $\beta_2$-Mikroglobulinkomponente von FcRn ist *grün* dargestellt. Die an den Fc-Anteil von IgG gebundene, *dunkelblau* gefärbte Struktur ist eine Kohlenhydratkette, um die Glykosylierung anzudeuten. Beim Menschen transportiert FcRn IgG-Moleküle durch die Plazenta, bei Ratten und Mäusen durch die Darmwand. Der Rezeptor spielt auch eine Rolle bei der Stabilisierung der IgG-Konzentration bei Erwachsenen. Es ist zwar nur ein Molekül FcRn abgebildet, das an den Fc-Anteil bindet, vermutlich sind aber zwei Moleküle FcRn für die Bindung eines Moleküls IgG erforderlich. (Mit freundlicher Genehmigung von P. Björkman)

## 10.2.4 Hochaffine IgG- und IgA-Antikörper können Toxine neutralisieren und die Infektiosität von Viren und Bakterien blockieren

Krankheitserreger können ihren Wirt schädigen, indem sie Toxine produzieren oder Zellen direkt infizieren. Die Schutzwirkung von Antikörpern besteht darin, diese beiden Aktivitäten zu blockieren. Viele Bakterien verursachen Krankheiten, indem sie Toxine sezernieren, welche die Funktion der Wirtszellen beeinträchtigen oder unmöglich machen (▸ Abb. 10.31). Viele Toxine bestehen aus getrennten Domänen, durch die sie ihre Wirkung auf die Zellen entfalten können, zum einen für die toxische Wirkung, zum anderen für die Bindung an spezifische Rezeptoren auf der Zelloberfläche, durch die sie in die Zelle gelangen. Gegen die rezeptorbindende Stelle des Toxinmoleküls gerichtete Antikörper können also verhindern, dass das Toxin in die Zelle gelangt, und so die Zelle

| Erkrankung | Organismus | Toxin | Auswirkungen *in vivo* |
|---|---|---|---|
| Tetanus | *Clostridium tetani* | Tetanus-toxin | blockiert die Wirkung inhibitorischer Neurone, was chronische Muskelkontraktionen hervorruft |
| Diphtherie | *Corynebacterium diphtheriae* | Diphtherie-toxin | hemmt Proteinsynthese, bewirkt Schädigung von Epithelzellen und führt zu Myokarditis |
| Gasbrand | *Clostridium perfringens* | Clostridium-toxin | aktiviert Phospholipasen, führt zum Zelltod |
| Cholera | *Vibrio cholerae* | Cholera-toxin | aktiviert die Adenylatcyclase und erhöht die cAMP-Konzentration in den Zellen, was Veränderungen der Darmepithelzellen hervorruft, sodass Wasser und Elektrolyte verloren gehen |
| Milzbrand (Anthrax) | *Bacillus anthracis* | Komplex des Anthraxtoxins | erhöht Permeabilität der Gefäße; es kommt zu Ödemen, Blutungen und Kreislaufkollaps |
| Botulismus | *Clostridium botulinum* | Botulinum-toxin | blockiert die Freisetzung von Acetylcholin und verursacht so eine Lähmung |
| Keuchhusten | *Bordetella pertussis* | Pertussis-toxin | ADP-Ribosylierung von G-Proteinen, die zur Proliferation von Lymphocyten führt |
| | | tracheales Cytotoxin | hemmt die Cilien und führt zum Verlust epithelialer Zellen |
| Scharlach | *Streptococcus pyogenes* | erythrogenes Toxin | Vasodilatation verursacht charakteristisches Exanthem |
| | | Leukocidin Streptolysine | töten Phagocyten und ermöglichen so das Überleben der Bakterien |
| Lebensmittel-vergiftung | *Staphylococcus aureus* | *Staphylococcus*-Enterotoxin | löst durch seine Wirkung auf Neuronen im Darm Erbrechen aus; ist zudem ein potentes Zellmitogen (SE-Superantigen) |
| TSS (toxisches Schocksyndrom) | *Staphylococcus aureus* | TSS-Toxin | verursacht Hypotonie und Abschälen der Haut; ist zudem ein potentes Zellmitogen (TSST-1-Superantigen) |

**Abb. 10.31 Viele verbreitete Krankheiten werden von bakteriellen Toxine verursacht.** Die hier aufgeführten Beispiele sind Exotoxine, das heißt Proteine, die von Bakterien sezerniert werden. Hochaffine IgG- und IgA-Antikörper schützen gegen diese Toxine. Bakterien besitzen außerdem die nichtsezernierten Endotoxine wie das Lipopolysaccharid, das freigesetzt wird, wenn das Bakterium stirbt. Auch Endotoxine können zur Pathogenese von Krankheiten beitragen. Allerdings reagiert der Wirt darauf komplexer, da das angeborene Immunsystem für einige Endotoxine Rezeptoren besitzt, beispielsweise TLR-4 (Kap. 3)

vor einer Schädigung durch das Toxin bewahren (▸ Abb. 10.32). Antikörper mit einer solchen Wirkungsweise werden als neutralisierende Antikörper bezeichnet. Die meisten Toxine sind in nanomolaren Konzentrationen aktiv. So kann zum Beispiel ein einzelnes Molekül des Diphtherietoxins eine Zelle abtöten. Um Toxine zu neutralisieren, müssen Antikörper daher in das Gewebe diffundieren und schnell und mit hoher Affinität an das Toxin binden können. Da IgG-Antikörper leicht durch die extrazellulären Flüssigkeiten diffundieren können und eine hohe Affinität aufweisen, sobald die Affinitätsreifung erfolgt ist, eignen sie sich vor allem zur Neutralisierung von Toxinen, die in Geweben vorkommen. IgA-Antikörper neutralisieren auf ähnliche Weise Toxine auf den Schleimhäuten des Körpers.

Das Diphtherie- und das Tetanustoxin gehören zu den bakteriellen Toxinen, bei denen sich die toxische und die rezeptorbindende Funktion des Moleküls auf zwei getrennten Ketten befinden. Man kann daher meist schon im Kindesalter eine Impfung mit modifizierten Toxinmolekülen vornehmen, bei denen die toxische Kette denaturiert wurde. Diese abgewandelten Toxine werden als **Toxoide** bezeichnet und haben keine toxische Wirkung mehr. Sie besitzen aber immer noch die Rezeptorbindungsstelle, sodass aufgrund einer Impfung neutralisierende Antikörper gebildet werden, die einen guten Schutz vor dem nativen Toxin bieten.

Einige Tier- oder Insektengifte sind so toxisch, dass bereits ein einziger Kontakt zu schweren Gewebeschäden oder zum Tod führen kann. In diesen Fällen ist die erworbene Immunantwort zu langsam, um einen ausreichenden Schutz zu bieten. Da man diesen Giften nur selten ausgesetzt ist, wurden bisher keine entsprechenden Impfstoffe für den Menschen entwickelt. Zum Schutz von Patienten gewinnt man stattdessen Antiseren mit neutralisierenden Antikörpern (**Antivenine**) gegen diese Toxine, indem man andere Spezies wie Pferde mit Insekten- oder Schlangengiften immunisiert. Die Antivenine werden dann betroffenen Personen injiziert, sodass sie vor der toxischen Wirkung des Tiergifts geschützt sind. Eine solche Übertragung von Antikörpern wird als **passive Immunisierung** bezeichnet (Anhang I, Abschn. A.30).

Wenn tierpathogene Viren Zellen infizieren, müssen sie erst an einen spezifischen Zelloberflächenrezeptor binden. Dabei handelt es sich oft um ein zelltypisches Protein, das bestimmt, welche Zellen ein Virus infizieren kann (**Tropismus** des Virus). Viele Antikörper, die Viren neutralisieren, blockieren dabei direkt die Bindung des Virus an die Oberflächen-

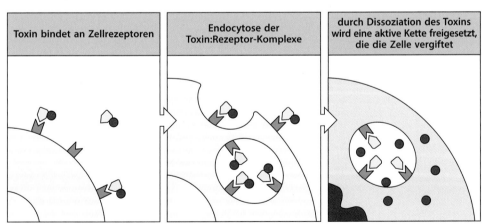
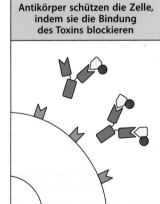

| Toxin bindet an Zellrezeptoren | Endocytose der Toxin:Rezeptor-Komplexe | durch Dissoziation des Toxins wird eine aktive Kette freigesetzt, die die Zelle vergiftet | Antikörper schützen die Zelle, indem sie die Bindung des Toxins blockieren |

**Abb. 10.32 Die Neutralisierung durch IgG-Antikörper schützt Zellen vor Toxinen.** Die schädigenden Auswirkungen vieler Bakterien sind auf Toxine zurückzuführen, die diese produzieren (▸ Abb. 10.31). Solche Toxine bestehen gewöhnlich aus mehreren unterschiedlichen Bereichen. Ein Teil des Toxins bindet an einen zellulären Rezeptor, über den das Molekül aufgenommen werden kann. Ein zweiter Teil des Toxinmoleküls gelangt dann in das Cytoplasma und vergiftet die Zelle. Antikörper, die die Bindung des Toxins unterbinden, können diese Wirkung verhindern oder neutralisieren

rezeptoren (▶ Abb. 10.33). Das Hämagglutinin des Influenzavirus bindet zum Beispiel an die endständigen Sialinsäurereste der Kohlenhydratanteile von bestimmten Glykoproteinen auf Epithelzellen der Atemwege. Die Bezeichnung Hämagglutinin erhielt das Protein, weil es auf roten Blutkörperchen von Hühnern ähnliche Sialinsäurereste erkennt, daran bindet und so zur Agglutination dieser Zellen führt. Antikörper gegen Hämagglutinin können eine Ansteckung mit dem Influenzavirus verhindern. Man nennt solche Antikörper **virusneutralisierende Antikörper**; und aus denselben Gründen wie bei der Neutralisierung von

**Abb. 10.33  Neutralisierende Antikörper können Virusinfektionen blockieren.** Damit sich ein Virus in einer Zelle vermehren kann, muss es erst seine Gene in die Zelle einschleusen. Zuerst bindet das Virus dafür in der Regel an einen Rezeptor auf der Zelloberfläche. Bei Viren, die – wie in der Abbildung dargestellt – eine Hülle haben, muss ihre Membran mit der Wirtszellmembran fusionieren, damit sie in das Cytoplasma gelangen. Bei einigen Viren erfolgt diese Fusion auf der Zelloberfläche (nicht abgebildet); bei anderen Viren ist dies, wie hier dargestellt, nur in den sauren Endosomen möglich. Viren ohne Hülle müssen ebenfalls an Rezeptoren auf Zelloberflächen binden, dringen aber dann in das Cytoplasma ein, indem sie die Endosomen zerstören. Antikörper, die an die Proteine auf der Virusoberfläche gebunden sind, neutralisieren das Virus, indem sie entweder bereits die Bindung des Virus an die Zelle oder sein anschließendes Eindringen in die Zelle verhindern

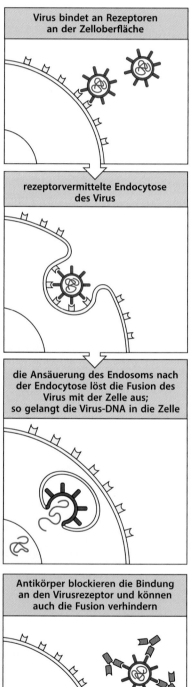

Virus bindet an Rezeptoren an der Zelloberfläche

rezeptorvermittelte Endocytose des Virus

die Ansäuerung des Endosoms nach der Endocytose löst die Fusion des Virus mit der Zelle aus; so gelangt die Virus-DNA in die Zelle

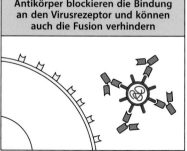

Antikörper blockieren die Bindung an den Virusrezeptor und können auch die Fusion verhindern

Toxinen sind auch in diesem Fall hochaffine IgA- und IgG-Antikörper besonders wichtig. Antikörper können jedoch Viren auch dadurch neutralisieren, dass sie die Fusionsmechanismen stören, mit denen Viren in das Cytosol von Zellen eindringen, nachdem sie an Oberflächenrezeptoren gebunden haben.

Viele Bakterien besitzen als Oberflächenmoleküle sogenannte Adhäsine, die es ihnen ermöglichen, an die Oberfläche ihrer Wirtszellen zu binden. Diese Anheftung ist entscheidend für die Infektiosität dieser Bakterien – egal ob sie danach in die Zelle eindringen wie der Krankheitserreger *Salmonella* spp. oder als extrazelluläre Pathogene an die Zelloberfläche gebunden bleiben (▶ Abb. 10.34). Das Bakterium *Neisseria gonorrhoeae*, das die Geschlechtskrankheit Gonorrhö verursacht, besitzt beispielsweise ein als **Pilin** bezeichnetes Zelloberflächenprotein. Damit ist es dem Bakterium möglich, sich an die Epithelzellen des Urogenitaltrakts anzulagern, wie es für seine Infektiosität unerlässlich ist. Antikörper gegen Pilin können die Anheftung und damit eine Infektion verhindern.

Um die Besiedlung der Schleimhäute des Darm-, Respirations- und Reproduktionstrakts durch Krankheitserreger zu verhindern, sind IgA-Antikörper, die auf diese Oberflächen sezerniert werden, von besonderer Bedeutung, um eine Infektion der Epithelzellen zu verhindern. Die Anheftung von Bakterien an Zellen innerhalb von Geweben kann ebenfalls zur Pathogenese beitragen, sodass in diesem Fall IgG-Antikörper gegen Adhäsine ebenso wie IgA-Antikörper auf Schleimhautoberflächen Gewebeschäden verhindern können.

## 10.2.5 Antigen:Antikörper-Komplexe lösen durch Bindung an C1q den klassischen Weg der Komplementaktivierung aus

In Kap. 2 wurde das Komplementsystem als essenzieller Bestandteil der angeborenen Immunität vorgestellt. Die Komplementaktivierung kann ohne das Vorhandensein von Antikörpern über den **Lektinweg** durch die Aktivitäten des mannosebindenden Lektins (MBL) und der Ficoline erfolgen. Das Komplementsystem ist aber auch ein wichtiger Effektor der Antikörperreaktionen über den **klassischen Weg**. Die verschiedenen Signalwege der Komplementaktivierung laufen alle darauf hinaus, die Oberflächen von Krankheitserregern oder von Antigen:Antikörper-Komplexen mit dem kovalent gebundenen Komplementfragment C3b zu bedecken. C3b wirkt als Opsonin und fördert so die Aufnahme und Beseitigung der Pathogene durch Phagocyten. Darüber hinaus können die letzten Komplementkomponenten einen membranangreifenden Komplex bilden, der bestimmte Bakterien zerstören kann.

Teil IV

| Bakterien besiedeln eine Zelloberfläche, indem sie über bakterielle Adhäsine daran binden | einige Bakterien werden internalisiert und vermehren sich in internen Vesikeln | Antikörper gegen Adhäsine blockieren die Besiedlung und die Aufnahme |

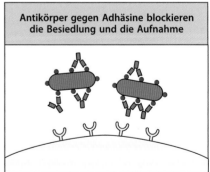

**Abb. 10.34 Antikörper können die Anlagerung von Bakterien an Zelloberflächen verhindern.** Viele bakterielle Infektionen erfordern eine Wechselwirkung zwischen dem Bakterium und einem Rezeptor auf der Zelloberfläche. Dies gilt besonders für Infektionen von Schleimhautoberflächen. Beim Anlagerungsprozess kommt es zu sehr spezifischen molekularen Wechselwirkungen zwischen bakteriellen Adhäsinen und ihren Rezeptoren auf der Wirtszelle. Antikörper gegen bakterielle Adhäsine können solche Infektionen verhindern

Beim klassischen Weg wird die Komplementaktivierung durch C1 ausgelöst; das ist ein Komplex aus C1q und den Serinproteasen C1r und C1s (Abschn. 2.2.3). Die Komplementaktivierung wird in Gang gesetzt, sobald Antikörper, die sich an die Oberfläche eines Krankheitserregers geheftet haben, über C1q an C1 binden (▸ Abb. 10.35). C1q kann entweder von IgM- oder IgG-Antikörpern gebunden werden. Da für die Bindung an C1q bestimmte Voraussetzungen erfüllt sein müssen, kann keiner dieser Antikörperisotypen das Komplement in Lösung aktivieren. Die Reaktionen des Komplementsystems werden nur dann ausgelöst, wenn die Antikörper bereits an mehrere Stellen auf der Oberfläche einer Zelle gebunden haben, normalerweise handelt es sich dabei um ein Pathogen.

Jeder globuläre Kopf des C1q-Moleküls kann eine Fc-Region binden und die Bindung von zwei oder mehr Köpfen aktiviert den C1-Komplex. Im Plasma besitzt das **pentamere IgM**-Molekül eine planare Konformation, die nicht an C1q bindet (▸ Abb. 10.36, links). Die Bindung von IgM an die Oberfläche eines Pathogens verformt jedoch das IgM-Pentamer, sodass es wie Klammer aussieht (▸ Abb. 10.36, rechts). Durch diese Umformung werden Bindungsstellen für die C1q-Köpfe zugänglich. Wie bereits in Abschn. 10.2.1 erwähnt, können sich auch IgM-Hexamere bilden, aber sie machen weniger als 5 % des gesamten IgM im Serum aus. Die IgM-Hexamere aktivieren das Komplementsystem etwa 20-mal stärker als die pentamere Form, wahrscheinlich weil C1q auch ein Hexamer ist. Die Funk-

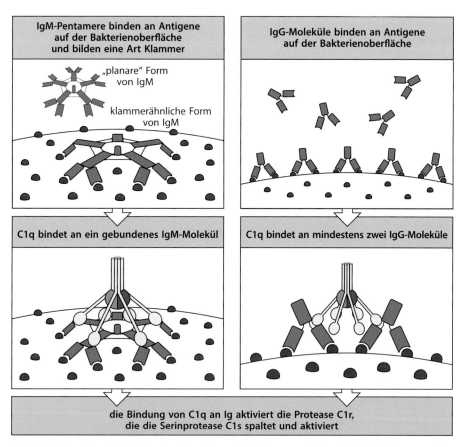

**Abb. 10.35 Der klassische Weg der Komplementaktivierung wird durch die Bindung von C1q an Antikörper auf der Oberfläche eines Pathogens ausgelöst.** Wenn ein IgM-Molekül an mehrere identische Epitope auf der Oberfläche eines Pathogens bindet, wird es zu einer Art Klammer gebogen, sodass die globulären Köpfe von C1q an die Fc-Regionen von IgM binden können (*Bildfolge links*). Wenn mehrere IgG-Moleküle an die Oberfläche eines Pathogens gebunden haben, kann ein einzelnes C1q-Molekül an zwei oder mehr Fc-Regionen binden (*Bildfolge rechts*). In beiden Fällen induziert die Bindung von C1q an die Fc-Regionen eine Konformationsänderung, die das assoziierte Protein C1r aktiviert. Dieses wandelt sich dadurch in ein aktives Enzym um und spaltet das Proenzym C1s; auf diese Weise entsteht eine Serinprotease, die die klassische Komplementkaskade auslöst (Kap. 2)

| „planare" Konformation von IgM | klammerähnliche Form von IgM |
|---|---|
| 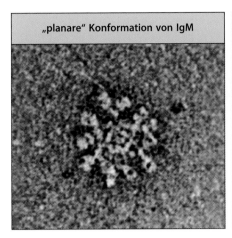 |  |

**Abb. 10.36 Die beiden Konformationen von IgM.** Das *linke Bild* zeigt die planare Konformation von löslichem IgM, das *rechte* die Klammerform von IgM, das an eine Bakteriengeißel gebunden hat. Vergrößerung × 760.000. (Fotos mit freundlicher Genehmigung von K. H. Roux)

tion der IgM-Hexamere für den Schutz vor Infektionen *in vivo* ist noch nicht vollständig bekannt. Möglicherweise sind die IgM-Hexamere zu reaktiv und können vielleicht sogar Schäden hervorrufen.

C1q bindet zwar in Lösung an einige IgG-Subtypen mit geringer Affinität, aber die Bindungsenergie, die für die Aktivierung von C1q erforderlich ist, wird nur erreicht, wenn ein einzelnes C1q-Molekül zwei oder mehr IgG-Moleküle binden kann, die aufgrund der Bindung an ein Antigen einen Abstand von 30–40 nm haben. Dafür müssen mehrere IgG-Moleküle an ein einziges Pathogen oder Antigen in Lösung gebunden haben. Deshalb ist IgM für die Aktivierung des Komplementsystems viel wirksamer. Die Bindung von C1q an ein einziges gebundenes IgM-Molekül oder zwei beziehungsweise mehr gebundene IgG-Moleküle (▶ Abb. 10.35) führt zur Aktivierung der Proteasefunktion von C1r, wodurch die Komplementkaskade ausgelöst wird.

## 10.2.6 Komplementrezeptoren und Fc-Rezeptoren tragen jeweils dazu bei, Immunkomplexe aus dem Kreislauf zu entfernen

Fc-Rezeptoren übertragen die unterschiedlichen Effektorfunktionen der einzelnen Antikörperisotypen, indem sie mit deren Fc-Regionen interagieren. Eine dieser Funktionen ist die Beseitigung von Antigen:Antikörper-Komplexen (Immunkomplexen). Diese können Toxine oder Überreste von toten Körperzellen und Mikroorganismen enthalten, die jeweils an neutralisierende Antikörper gebunden sind. Die Beseitigung der Immunkomplexe kann durch die Bindung der Antikörper-Fc-Regionen an Fc-Rezeptoren erfolgen, die auf verschiedenen phagocytotischen Zellen in den Geweben exprimiert werden. Dazu trägt auch die Aktivierung des Komplementsystems bei (vorheriger Abschnitt). Diese tritt ein, sobald die Fc-Regionen C1q aktivieren. Die Anlagerung von C4b und C3b an die Immunkomplexe unterstützt deren Beseitigung durch Bindung an den Komplementrezeptor 1 (CR1) auf der Oberfläche der Erythrocyten (in Abschn. 2.2.9 findet sich eine Beschreibung der verschiedenen Arten von Komplementrezeptoren). Die Erythrocyten transportieren die gebundenen Komplexe aus Antigen, Antikörper und Komplement zur Leber und zur Milz. Dort entfernen Makrophagen mit CR1- und Fc-Rezeptoren die Komplexe von der Erythrocytenoberfläche, ohne die Erythrocyten zu zerstören, und bauen dann die Immunkomplexe ab (▶ Abb. 10.37). Selbst größere Ansammlungen aus partikulären Antigenen, beispielsweise Bakterien, Viren und Zellreste, können mit Komplementproteinen umhüllt, von den Erythrocyten aufgenommen und zum Abbau in die Milz transportiert werden.

**Teil IV**

**Abb. 10.37 Das Protein CR1 der Erythrocyten trägt dazu bei, Immunkomplexe aus dem Kreislauf zu entfernen.** CR1 befindet sich auf der Erythrocytenoberfläche und wirkt bei der Beseitigung von Immunkomplexen aus dem Kreislauf mit. Immunkomplexe binden an CR1 auf Erythrocyten; diese transportieren die Komplexe zu Leber und Milz, wo sie von Makrophagen entfernt werden, die sowohl Rezeptoren für Fc als auch für gebundene Komplementkomponenten exprimieren

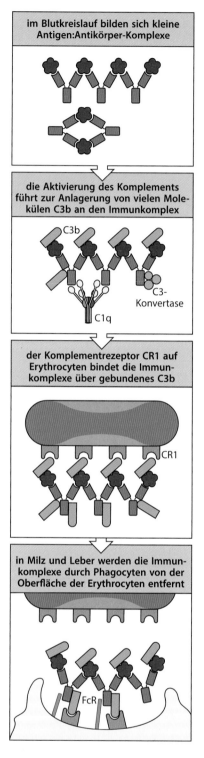

Mit Komplementproteinen umhüllte Immunkomplexe, die nicht aus dem Kreislauf entfernt werden, neigen dazu, sich in den Basalmembranen kleiner Blutgefäße abzulagern, vor allem im Glomerulus der Niere, wo das Blut zur Urinbildung gefiltert wird. Immunkomplexe, welche die Basalmembran des Glomerulus passieren, binden an CR1 auf den unter der Basalmembran liegenden Nierenpodocyten. Welche funktionelle Bedeutung diese Rezeptoren in der Niere haben, ist unbekannt. Sie spielen jedoch eine wichtige Rolle bei den Krankheitsbildern einiger Autoimmunkrankheiten.

Der **systemische Lupus erythematodes** (SLE, Abschn. 15.2.9) ist eine Autoimmunkrankheit, bei der extrem hohe Spiegel an zirkulierenden Immunkomplexen riesige Ablagerungen dieser Komplexe auf den Podocyten verursachen, wodurch der Glomerulus geschädigt wird. Das Hauptrisiko bei dieser Erkrankung ist Nierenversagen. Der stärkste genetisch bedingte Risikofaktor für SLE ist ein C1q-Defekt, wobei dieser sehr selten vorkommt. Mutationen in den Komplementrezeptoren 2 und 3 und im Fc-Rezeptor FcγRIIIa gehen ebenfalls mit einer erhöhten Anfälligkeit für SLE einher, was darauf hindeutet, dass sowohl Komplementrezeptoren als auch FcR-Reaktionswege bei der Beseitigung von Immunkomplexen mitwirken.

Bei Patienten, bei denen die Bildung früher Komplementfaktoren (C1, C2 und C4) gestört ist, können Antigen:Antikörper-Komplexe ein ähnliches Krankheitsbild verursachen. Diese Defekte führen dazu, dass der klassische Komplementweg nicht korrekt aktiviert wird und die Immunkomplexe nicht effektiv entfernt werden, da Komplementproteine nicht daran binden. Davon betroffene Patienten leiden aufgrund der Ablagerung von Immunkomplexen an Gewebeschäden, vor allem in den Nieren.

### Zusammenfassung

Die T-Zell-abhängige Antikörperantwort beginnt mit der Sekretion von IgM, worauf jedoch bald auch weitere Isotypen gebildet werden. Jeder Isotyp ist sowohl im Hinblick auf die Bereiche des Körpers, in denen er wirken kann, als auch in Bezug auf seine Funktionen spezialisiert. IgM-Antikörper findet man vor allem im Blut. Sie haben eine Pentamerstruktur und sind darauf spezialisiert, das Komplementsystem durch die Bindung an das Antigen effizient zu aktivieren und so die geringe Affinität der charakteristischen Antigenbindungsstelle von IgM auszugleichen. IgG-Antikörper zeigen im Allgemeinen eine höhere Affinität für das Antigen und kommen im Blut und in der extrazellulären Flüssigkeit vor, wo sie Toxine, Viren und Bakterien neutralisieren, sie für die Phagocytose opsonisieren und das Komplementsystem aktivieren können. IgA-Antikörper werden in Form von Monomeren synthetisiert, die in das Blut und die Extrazellularflüssigkeit übertreten. In der Lamina propria diverser mucosaler Gewebe werden sie dagegen von den Plasmazellen als Dimere gebildet. Durch diese Epithelien werden sie selektiv in Bereiche wie das Darmlumen transportiert, wo sie Toxine und Viren neutralisieren und das Eindringen der Bakterien durch das Darmepithel verhindern. Die meisten IgE-Antikörper sind auf der Oberfläche von Mastzellen gebunden, die sich vor allem direkt unterhalb der Körperoberfläche befinden. Eine Antigenbindung an dieses IgE löst lokale Abwehrmechanismen aus. Antikörper können den Körper vor extrazellulären Erregern und ihren Toxinen auf verschiedene Weise schützen. Am einfachsten geschieht dies durch direkte Wechselwirkungen mit Pathogenen oder deren Produkten. So binden Antikörper beispielsweise an aktive Stellen von Toxinen und neutralisieren diese oder blockieren deren Fähigkeit, sich über spezifische Rezeptoren an Wirtszellen anzuheften. Wenn Antikörper mit dem richtigen Isotyp an Antigene binden, können sie den klassischen Weg der Komplementaktivierung auslösen, der über verschiedene, in Kap. 2 beschriebene Mechanismen zur Beseitigung des Erregers führt. Lösliche Immunkomplexe aus Antigen und Antikörper binden ebenfalls an das Komplement und werden mithilfe von Komplementrezeptoren auf roten Blutkörperchen aus dem Kreislauf entfernt.

## 10.3 Die Zerstörung antikörperbeschichteter Krankheitserreger mithilfe von Fc-Rezeptoren

Die Neutralisierung von Toxinen, Viren oder Bakterien durch hochaffine Antikörper kann vor einer Infektion schützen. Sie allein löst allerdings nicht das Problem, wie die Pathogene und ihre Produkte aus dem Körper entfernt werden sollen. Außerdem können viele Erreger nicht durch Antikörper neutralisiert werden und müssen daher auf andere Art zerstört werden. Viele pathogenspezifische Antikörper binden nicht an neutralisierende Ziele auf der Oberfläche von Erregern. Sie erfordern daher eine Kopplung mit anderen Effektormechanismen, damit sie ihren Teil zur Immunabwehr des Wirtes beitragen können. Wir haben bereits besprochen, wie die Bindung von Antikörpern an Antigene das Komplementsystem aktivieren kann. Ein anderer wichtiger Abwehrmechanismus ist die Aktivierung einer Vielzahl verschiedener **akzessorischer Effektorzellen** mit sogenannten Fc-Rezeptoren, die für das Fc-Fragment von Antikörpern spezifisch sind. Diese Rezeptoren ermöglichen die Phagocytose von extrazellulären Pathogenen mit daran gebundenen Antikörpern durch Makrophagen, dendritische Zellen und neutrophile Zellen. Andere, nichtphagocytotische Zellen des Immunsystems – NK-Zellen, eosinophile Zellen, basophile Zellen und Mastzellen (▶ Abb. 1.8) – setzen gespeicherte Mediatoren frei, wenn ihre Fc-Rezeptoren von antikörperbeschichteten Pathogenen besetzt werden. Diese Mechanismen maximieren die Wirksamkeit aller Antikörper, unabhängig davon, wo sie binden.

## 10.3.1 Die Fc-Rezeptoren akzessorischer Zellen sind spezifische Signalmoleküle für Immunglobuline verschiedener Isotypen

Die **Fc-Rezeptoren** bilden eine Familie von Oberflächenmolekülen, die an den Fc-Anteil von Immunglobulinen binden. Jeder Rezeptor dieser Familie erkennt Immunglobuline von einem oder von einigen eng verwandten Isotypen über eine Erkennungsdomäne auf der $\alpha$-Kette des Fc-Rezeptors. Die meisten Fc-Rezeptoren gehören selbst zur Immunglobulinsuperfamilie. Verschiedene Zelltypen besitzen unterschiedliche Kombinationen von Fc-Rezeptoren; der Isotyp des Antikörpers bestimmt also, welche akzessorische Zelle an einer bestimmten Reaktion teilnimmt. Die verschiedenen Fc-Rezeptoren und die Zellen, die sie exprimieren, sind mitsamt ihrer Isotypspezifität in ▶ Abb. 10.38 aufgeführt.

Die meisten Fc-Rezeptoren gehören zu einem Komplex, der aus vielen Untereinheiten besteht. Für die Antikörpererkennung ist nur die $\alpha$-Kette verantwortlich. Die anderen Ketten sind für den Transport des Rezeptors zur Zelloberfläche und die Signalübermittlung erforderlich, wenn der Fc-Bereich gebunden worden ist. Bei einigen Fc$\gamma$-Rezeptoren, dem Fc$\alpha$-Rezeptor I und dem hochaffinen Rezeptor für IgE (Fc$\varepsilon$RI), erfolgt die Signalgebung über die $\gamma$-Kette. Die $\gamma$-Kette, die mit der $\zeta$-Kette des T-Zell-Rezeptor-Komplexes (Abschn. 7.2.1) eng verwandt ist, assoziiert nichtkovalent mit der Fc-bindenden $\alpha$-Kette. Der humane Rezeptor Fc$\gamma$RII-A besteht nur aus einer Kette, bei der die cytoplasmatische Domäne der $\alpha$-Kette die Funktion der $\gamma$-Kette übernimmt. Fc$\gamma$RII-B1 und Fc$\gamma$RII-B2 sind ebenfalls einkettige Rezeptoren, die allerdings hemmend wirken, da sie ein ITIM-Motiv enthalten, das mit der Inositol-5'-Phosphatase SHIP reagiert (Abschn. 7.3.5). Fc-Rezeptoren haben vor allem die Aufgabe, akzessorische Zellen zu einem Angriff gegen Pathogene zu stimulieren, können aber auch auf andere Weise zu Immunantworten beitragen. So blockieren die Fc$\gamma$RII-B-Rezeptoren die Aktivitäten von B-Zellen, Mastzellen, Makrophagen und neutrophilen Zellen, indem sie die Schwelle verändern, ab der diese Zellen von Immunkomplexen aktiviert werden. Dendritische Zellen können aufgrund der Expression von Fc-Rezeptoren Antigen:Antikörper-Komplexe effektiv aufnehmen und so diese Antigene prozessieren und den T-Zellen deren Peptide präsentieren.

Mit Antikörpern umhüllte Viren, die in das Cytoplasma gelangen, werden von einem System beseitigt, das auf einer neu entdeckten Klasse von Fc-Rezeptoren beruht, die man als **TRIM21** (*tripartite motif-containing 21*) bezeichnet. Diese Rezeptoren werden von einer Reihe verschiedener Immun- und Nichtimmunzelltypen exprimiert. TRIM21 ist ein cytosolischer IgG-Rezeptor, der für IgG eine höhere Affinität besitzt als jeder andere Fc-Rezeptor; außerdem enthält er eine **E3-Ligase**-Aktivität. Wenn ein Virus, an das IgG gebunden hat, in das Cytoplasma gelangt, bindet TRIM21 an den Antikörper und ubiquitiniert die viralen Proteine mithilfe dieser Enzymaktivität. Dadurch können die Virionen im Proteasom abgebaut werden, bevor die Translation der viruscodierten Gene einsetzt.

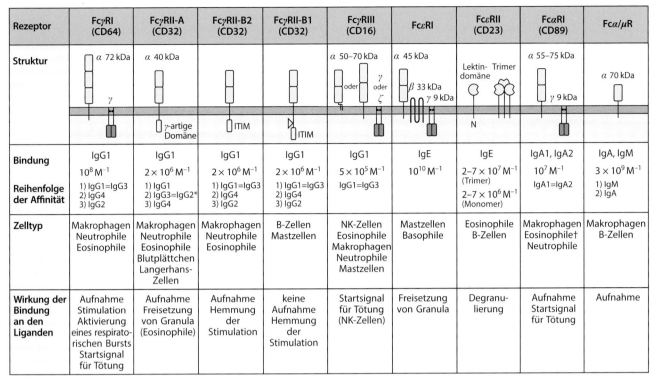

| Rezeptor | FcγRI (CD64) | FcγRII-A (CD32) | FcγRII-B2 (CD32) | FcγRII-B1 (CD32) | FcγRIII (CD16) | FcεRI | FcεRII (CD23) | FcαRI (CD89) | Fcα/μR |
|---|---|---|---|---|---|---|---|---|---|
| **Struktur** | α 72 kDa γ | α 40 kDa γ-artige Domäne | ITIM | ITIM | α 50–70 kDa oder γ oder ζ | α 45 kDa β 33 kDa γ 9 kDa N | Lektin-domäne Trimer | α 55–75 kDa γ 9 kDa | α 70 kDa |
| **Bindung** | IgG1 | IgG1 | IgG1 | IgG1 | IgG1 | IgE | IgE | IgA1, IgA2 | IgA, IgM |
| | $10^8\,M^{-1}$ | $2\times10^6\,M^{-1}$ | $2\times10^6\,M^{-1}$ | $2\times10^6\,M^{-1}$ | $5\times10^5\,M^{-1}$ | $10^{10}\,M^{-1}$ | $2\text{–}7\times10^7\,M^{-1}$ (Trimer) | $10^7\,M^{-1}$ | $3\times10^9\,M^{-1}$ |
| **Reihenfolge der Affinität** | 1) IgG1=IgG3 2) IgG4 3) IgG2 | 1) IgG1 2) IgG3=IgG2* 3) IgG4 | 1) IgG1=IgG3 2) IgG4 3) IgG2 | 1) IgG1=IgG3 2) IgG4 3) IgG2 | IgG1=IgG3 | | $2\text{–}7\times10^6\,M^{-1}$ (Monomer) | IgA1=IgA2 | 1) IgM 2) IgA |
| **Zelltyp** | Makrophagen Neutrophile Eosinophile | Makrophagen Neutrophile Eosinophile Blutplättchen Langerhans-Zellen | Makrophagen Neutrophile Eosinophile | B-Zellen Mastzellen | NK-Zellen Eosinophile Makrophagen Neutrophile Mastzellen | Mastzellen Basophile | Eosinophile B-Zellen | Makrophagen Eosinophile† Neutrophile | Makrophagen B-Zellen |
| **Wirkung der Bindung an den Liganden** | Aufnahme Stimulation Aktivierung eines respiratorischen Bursts Startsignal für Tötung | Aufnahme Freisetzung von Granula (Eosinophile) | Aufnahme Hemmung der Stimulation | keine Aufnahme Hemmung der Stimulation | Startsignal für Tötung (NK-Zellen) | Freisetzung von Granula | Degranu-lierung | Aufnahme Startsignal für Tötung | Aufnahme |

**Abb. 10.38 Auf verschiedenen akzessorischen Zellen werden verschiedene Rezeptoren für die Fc-Region unterschiedlicher Immunglobulinisotypen exprimiert.** Angegeben sind die Untereinheitenstruktur und die Bindungseigenschaften dieser Rezeptoren sowie der Zelltyp, von dem sie exprimiert werden. Mit Ausnahme von FcεRII, das ein Lektin ist und Trimere bildet, gehören alle zur Immunglobulinsuperfamilie. Je nach Zelltyp können die Rezeptoren aus ganz unterschiedlichen Ketten bestehen. Zum Beispiel wird FcγRIII in Neutrophilen mit einem Membrananker aus Glykophosphatidylinositol und ohne γ-Ketten exprimiert, während der Rezeptor in NK-Zellen als Transmembranmolekül mit γ-Ketten assoziiert ist. FcγRII-B1 unterscheidet sich von FcγRII-B2 durch ein zusätzliches Exon (*gelbes Dreieck*) in der Region, die intrazelluläre Anteile des Rezeptors codiert. Dieses Exon verhindert, dass FcγRII-B1 nach einer Quervernetzung in die Zelle aufgenommen wird. Die angegebenen Bindungsaffinitäten stammen aus Daten von Rezeptoren des Menschen. *Nur einige Allotypen von FcγRII-A binden an IgG2. †Bei Eosinophilen beträgt die Molekülmasse von CD89α 70–100 kDa.

## 10.3.2 An die Oberfläche von Erregern gebundene Antikörper aktivieren Fc-Rezeptoren von Phagocyten, wodurch diese Pathogene aufnehmen und zerstören können

Die wichtigsten Fc-tragenden Zellen der humoralen Immunantwort sind die Phagocyten der monocytischen und myelocytischen Linie, besonders die Makrophagen und die neutrophilen Zellen. Viele Bakterien werden von Phagocyten direkt erkannt, aufgenommen und zerstört. Sie sind für gesunde Personen nicht pathogen. Einige pathogene Bakterien besitzen jedoch eine **Polysaccharidkapsel**, die als große Struktur außerhalb der bakteriellen Zellmembran liegt und die Aufnahme durch Phagocyten verhindert. Solche Pathogene werden nur dann für die Phagocytose zugänglich, wenn sie mit Antikörpern und Komplementproteinen umhüllt sind, die Fcγ- oder Fcα-Rezeptoren und den Komplementrezeptor CR1 auf phagocytotischen Zellen aktivieren und so die Internalisierung der Bakterien auslösen (▶ Abb. 10.39). Die durch die Bindung des Komplementrezeptors stimulierte Phagocytose ist besonders wichtig in der Frühphase der Immunreaktion, das heißt, bevor Antikörper eines anderen Isotyps gebildet werden. Bakterielle Polysaccharide gehören zum TI-2-Typ thymusunabhängiger Antigene und können daher die frühe Bildung von IgM-

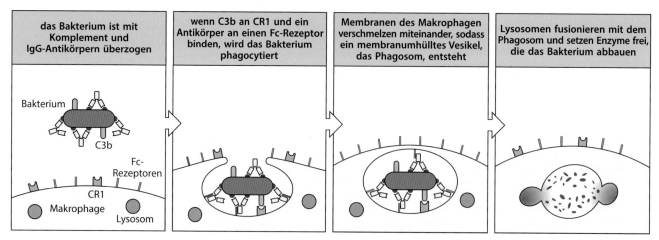

**Abb. 10.39 Fc- und Komplementrezeptoren von Phagocyten lösen die Aufnahme und den Abbau antikörperbeschichteter Bakterien aus.** Viele Bakterien sind gegen eine Phagocytose durch Makrophagen und neutrophile Leukocyten resistent. Sind jedoch Antikörper an die Bakterien gebunden, dann können diese aufgenommen und abgebaut werden. Ermöglicht wird dies durch Wechselwirkungen zwischen multiplen Fc-Domänen auf der Bakterienoberfläche und Fc-Rezeptoren auf dem Phagocyten. Der Antikörperüberzug sorgt auch dafür, dass das Komplementsystem aktiviert wird und die Komplementfaktoren an die Oberfläche des Bakteriums binden. Diese können mit den Komplementrezeptoren (etwa CR1) auf dem Phagocyten interagieren. Fc-Rezeptoren und Komplementrezeptoren lösen zusammen eine Phagocytose aus. Mit IgG-Antikörpern und Komplement überzogene Bakterien werden daher viel leichter aufgenommen als solche, die nur mit IgG beschichtet sind. Die Bindung an die Fc- und Komplementrezeptoren signalisiert dem Phagocyten, schneller zu phagocytieren, Lysosomen mit Phagosomen zu fusionieren und seine bakterizide Aktivität zu verstärken

Antikörpern stimulieren, die für die Aktivierung des Komplementsystems sehr wirksam sind. Die Bindung von IgM an die Bakterienhülle führt daher über das Komplementsystem zur Opsonisierung dieser Bakterien sowie zu ihrer prompten Aufnahme und Zerstörung durch Phagocyten, die entsprechende Komplementrezeptoren haben. Vor Kurzem hat man den Rezeptor Fc$\alpha$/$\mu$R entdeckt, der sowohl IgA als auch IgM binden kann. Fc$\alpha$/$\mu$R wird vor allem von Makrophagen und B-Zellen in der Lamina propria des Darms und in den Keimzentren exprimiert. Man nimmt an, dass der Rezeptor bei der Endocytose von IgM-Antikörpern, die an Bakterien gebunden sind, etwa bei *Staphylococcus aureus*, von Bedeutung ist.

Die Aktivierung der Phagocyten kann eine Entzündung hervorrufen, die Gewebeschäden verursacht. Daher müssen die Fc-Rezeptoren auf den Phagocyten die pathogengebundenen Antikörpermoleküle von der Mehrheit der freien Antikörpermoleküle unterscheiden können, die nicht gebunden sind. Diese Voraussetzung wird durch die Aggregation der Antikörper erfüllt, zu der es kommt, wenn die Antikörper an multimere Antigene oder multivalente antigene Partikel wie Viren und Bakterien binden. Die einzelnen Fc-Rezeptoren auf der Oberfläche einer Zelle binden Monomere von freien Antikörpern nur mit geringer Affinität. Wenn sie jedoch auf ein antikörperbeschichtetes Partikel treffen, führt die gleichzeitige Bindung mehrerer Fc-Rezeptoren zu einer Bindung mit hoher Avidität. Dies ist wahrscheinlich der generelle Mechanismus, durch den sich gebundene Antikörper von freien Immunglobulinen unterscheiden (▶ Abb. 10.40). Die Folge ist jedenfalls, dass akzessorische Zellen mithilfe der Fc-Rezeptoren über die gebundenen Antikörpermoleküle Pathogene entdecken können. Auf diese Weise sorgen Fc-Rezeptoren dafür, dass phagocytotische Zellen ohne eigene Spezifität Erreger und deren Produkte identifizieren und aus den Extrazellularräumen des Körpers entfernen können.

Die Phagocytose wird durch die Wechselwirkungen zwischen den Molekülen, die den opsonisierten Mikroorganismus bedecken, und ihren spezifischen Rezeptoren auf der Phagocytenoberfläche erheblich verstärkt. Bindet beispielsweise ein mit Antikörpern überzogener Erreger an Fc$\gamma$-Rezeptoren, dann umschließt die Zelloberfläche des Phagocyten die Oberfläche des Partikels durch sukzessive Bindung von Fcγ-Rezeptoren an Fc-Bereiche gebundener Antikörper auf dem Pathogen. Dies ist ein aktiver Vorgang, der durch die Stimulation von Fcγ-Rezeptoren ausgelöst wird. Die Phagocytose führt dazu, dass das Pathogen (oder Partikel) in ein saures cytoplasmatisches Vesikel, das Phagosom, eingeschlossen wird. Dieses fusioniert dann mit einem oder mehreren Lysosomen zu einem Phagolysosom. Dabei werden die lysosomalen Enzyme in das Innere des Vesikels freigesetzt, wo sie das Bakterium zerstören (▶ Abb. 10.39). Wie das intrazelluläre Abtöten von Mikroorganismen durch Phagocyten vor sich geht, wird in Kap. 3 im Einzelnen beschrieben.

Einige Partikel wie parasitische Würmer sind für die Aufnahme in einen Phagocyten zu groß. In diesem Fall lagert sich der Phagocyt mit seinen Fcγ-, Fcα- oder Fcε-Rezeptoren an die antikörperbeschichtete Oberfläche des Parasiten und der Inhalt der sekretorischen Granula oder Lysosomen des Phagocyten wird durch Exocytose freigesetzt. Die Inhaltsstoffe werden auf der Oberfläche des Parasiten abgeladen, wodurch er geschädigt wird. Fcγ- und Fcα-Rezeptoren können entweder die Aufnahme externer Partikel durch Phagocytose oder die Freisetzung innerer Vesikel durch Exocytose auslösen. Bei der Zerstörung von Bakterien sind meist Makrophagen und Neutrophile als Phagocyten aktiv, große Parasiten wie Würmer werden dagegen in der Regel von Eosinophilen attackiert (▶ Abb. 10.41). Das sind nichtphagocytotische Zellen, die antikörperbeschichtete Parasiten über mehrere verschiedene Fc-Rezeptoren binden können, beispielsweise CD23, den niedrigaffinen Fcε-Rezeptor für IgE (▶ Abb. 10.38). Die Quervernetzung dieser Rezeptoren durch antikörperbeschichtete Oberflächen aktiviert eine eosinophile Zelle dazu, den Inhalt der Granula freizusetzen; diese enthalten Proteine, die für Parasiten toxisch sind (▶ Abb. 14.10). Die von Antigenen hervorgerufene Quervernetzung von IgE-Molekülen, die an hochaffine FcεRI-Rezeptoren auf Mastzellen und basophilen Zellen gebunden sind, führt ebenfalls zur Exocytose der Inhaltsstoffe aus den Granula (siehe unten).

### 10.3.3 Fc-Rezeptoren regen NK-Zellen an, mit Antikörpern bedeckte Zielzellen zu zerstören

Normalerweise werden virusinfizierte Zellen von T-Zellen zerstört, die aus Viren stammende Peptide erkennen, welche an MHC-Moleküle auf der Zelloberfläche gebunden sind. Virusinfizierte Zellen zeigen eine intrazelluläre Infektion auch dadurch an, indem sie auf ihrer Oberfläche Proteine präsentieren, beispielsweise Proteine aus der Virushülle, die von Antikörpern erkannt werden können, welche ursprünglich gegen das Virus erzeugt wurden. Zellen, die von solchen Antikörpern gebunden werden, können dann durch spezialisierte, lymphatische Nicht-T-Nicht-B-Zellen getötet werden, die man als natürliche Killerzellen (NK-Zellen) bezeichnet; wir sind ihnen bereits in Kap. 3 begegnet. Natürliche Killerzellen sind große Lymphocyten mit deutlich erkennbaren zellulären Granula. Sie machen einen kleinen Anteil der peripheren lymphatischen Blutzellen aus und gehören zwar zur lymphatischen Zelllinie, exprimieren aber ein begrenztes Repertoire von invarianten Rezeptoren. Diese erkennen eine Reihe verschiedener Liganden, die auf anormalen Zellen exprimiert werden, beispielsweise auf Zellen, die mit Viren infiziert sind. NK-Zellen betrachtet man jetzt als Bestandteil der angeborenen Immunität (Abschn. 3.2.11). Wenn eine NK-Zelle einen Liganden erkannt hat, tötet sie die Zielzelle direkt ohne Beteiligung von Antikörpern. Entdeckt wurden sie erstmals aufgrund ihrer Fähigkeit, bestimmte Tumorzellen zu töten. Inzwischen weiß man allerdings, dass sie in den frühen Phasen einer Virusinfektion einen wichtigen Beitrag zur angeborenen Immunität leisten.

Neben ihrer Funktion bei der angeborenen Immunität können NK-Zellen auch mit Antikörpern bedeckte Zielzellen erkennen und zerstören. Diesen Vorgang bezeichnet man als **antikörperabhängige zellvermittelte Cytotoxizität** (*antibody-dependent cell-mediated cytotoxicity*, **ADCC**). Ausgelöst wird sie, wenn an die Oberfläche einer Zelle gebundene Antikörper mit Fc-Rezeptoren einer NK-Zelle in Kontakt treten (▶ Abb. 10.42). NK-Zellen

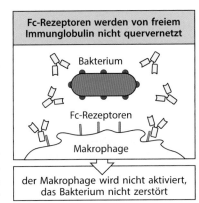

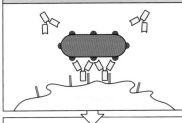

**Abb. 10.40 Gebundene Antikörper lassen sich aufgrund des Aggregationszustands von freien Immunglobulinen unterscheiden.** Freie Immunglobulinmoleküle binden an die meisten Fc-Rezeptoren nur mit äußerst geringer Affinität und können Fc-Rezeptoren nicht quervernetzen. Antigengebundene Immunglobuline können sich dagegen effizient mit hoher Avidität an Fc-Rezeptoren heften, weil mehrere an dieselbe Oberfläche gebundene Antikörpermoleküle an mehrere Fc-Rezeptoren auf der Oberfläche der akzessorischen Zelle binden. Aufgrund dieser Quervernetzung des Fc-Rezeptors wird ein Signal ausgesendet, das die Zelle aktiviert, die diesen Rezeptor trägt

Teil IV

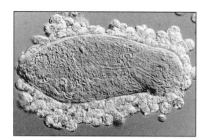

**Abb. 10.41 Eosinophile attackieren eine *Schistosoma*-Larve in Gegenwart von Serum eines infizierten Patienten.** Große Parasiten wie Würmer können nicht von Phagocyten aufgenommen werden. Ist der Wurm aber mit Antikörpern überzogen, können Eosinophile ihn aufgrund einer Bindung an Fc-Rezeptoren für IgG oder IgA angreifen. Ähnliche Attacken auf größere Ziele sind auch anderen Zellen mit Fc-Rezeptoren möglich. Diese Zellen setzen dann aus ihren Granula toxische Inhaltsstoffe frei, die direkt auf das Ziel gerichtet sind; dieser Prozess wird als Exocytose bezeichnet. (Foto mit freundlicher Genehmigung von A. Butterworth)

exprimieren den Rezeptor Fc$\gamma$RIII (CD16), der die IgG1- und IgG3-Subklassen erkennt. Das Abtöten verläuft dabei genau wie bei cytotoxischen T-Zellen, einschließlich der Freisetzung cytoplasmatischer Granula, die Perforin und Granzyme enthalten (Abschn. 9.4.3). Es ließ sich zeigen, dass die ADCC für die Abwehr von Infektionen mit Bakterien oder Viren von besonderer Bedeutung ist und eine weitere Möglichkeit darstellt, wie Antikörper einen antigenspezifischen Angriff einer Effektorzelle steuern können, die selbst keine Antigenspezifität besitzt.

## 10.3.4 Mastzellen und Basophile binden über den hochaffinen Fc$\varepsilon$-Rezeptor an IgE-Antikörper

Wenn Pathogene Epithelien überwinden und eine lokale Infektion hervorrufen, muss der Wirt seine Abwehrmechanismen mobilisieren und sie an den Ort dirigieren, wo sich der Erreger vermehrt. Eine Art, dies zu erreichen, ist die Aktivierung des Zelltyps der **Mastzellen**. Dies sind große Zellen mit charakteristischen cytoplasmatischen Granula, in denen sich eine Mischung chemischer Mediatoren befindet, unter anderem Histamin. Diese Substanzen sorgen rasch dafür, dass die lokalen Blutgefäße durchlässiger werden. Nach Anfärben mit Toluidinblau können Mastzellen in Geweben leicht identifiziert werden (▶ Abb. 1.8). Man findet sie in besonders hoher Konzentration in gefäßreichen Bindegeweben direkt unter der Epitheloberfläche, einschließlich der submucosalen Gewebe des Gastrointestinal- und Respirationstrakts, sowie in der Dermis der Haut.

Mastzellen besitzen Fc-Rezeptoren, die für IgE (Fc$\varepsilon$RI) und IgG (Fc$\gamma$RIII) spezifisch sind, und sie können durch Antikörper, die an diese Rezeptoren binden, aktiviert werden, ihre Granula freizusetzen und entzündungsspezifische Lipidmediatoren und Cytokine zu sezernieren. Die meisten Fc-Rezeptoren heften sich nur dann fest an die Fc-Region von Antikörpern, wenn diese an ein Antigen gebunden sind, und für eine stabile Bindung ist die Quervernetzung mehrerer Fc-Rezeptoren erforderlich. Dagegen assoziiert Fc$\varepsilon$RI mit sehr hoher Affinität mit IgE-Antikörper-Monomeren, wobei die Affinität bei etwa $10^{10}$ l mol$^{-1}$ liegt. Damit ist sogar bei der niedrigen IgE-Konzentration gesunder Personen ein erheblicher Anteil des gesamten IgE durch Fc$\varepsilon$RI an Mastzellen im Gewebe und an zirkulierende basophile Zellen gebunden.

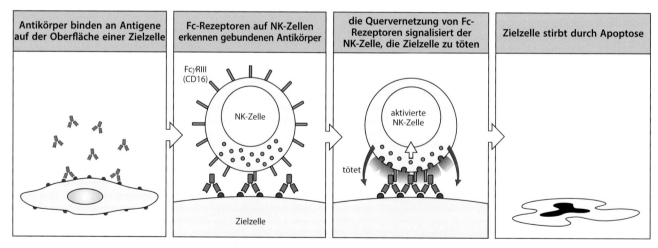

| Antikörper binden an Antigene auf der Oberfläche einer Zielzelle | Fc-Rezeptoren auf NK-Zellen erkennen gebundenen Antikörper | die Quervernetzung von Fc-Rezeptoren signalisiert der NK-Zelle, die Zielzelle zu töten | Zielzelle stirbt durch Apoptose |

**Abb. 10.42 NK-Zellen können antikörperbeschichtete Zielzellen durch antikörperabhängige zellvermittelte Cytotoxizität (ADCC) töten.** NK-Zellen (Kap. 3) sind große granuläre Nicht-T-Nicht-B-Lymphocyten, die Fc$\gamma$RIII-(CD16-)Rezeptoren besitzen. Wenn sie auf Zellen treffen, die mit IgG-Antikörpern überzogen sind, töten sie diese Zielzellen schnell. Die ADCC ist nur einer der Mechanismen, durch die NK-Zellen zur Verteidigung des Wirtes beitragen

Mastzellen sind zwar gewöhnlich fest mit gebundenem IgE assoziiert, werden aber nicht einfach dadurch aktiviert, auch nicht durch die Bindung eines monomeren Antigens an dieses IgE. Die Mastzellen werden nur dann aktiviert, wenn die gebundenen IgE-Moleküle durch multivalente Antigene quervernetzt werden. Dieses Signal bringt die Mastzellen dazu, den Inhalt ihrer Granula innerhalb von Sekunden freizusetzen (▶ Abb. 10.43) und eine lokale Entzündungsreaktion auszulösen. Zu diesem Zweck werden Lipidmediatoren wie Prostaglandin $D_2$ und Leukotrien C4 gebildet und freigesetzt sowie TNF-$\alpha$ und andere Cytokine sezerniert. Durch die Degranulierung wird auch das gespeicherte Histamin frei und steigert an dieser Stelle die Durchblutung sowie die Durchlässigkeit der Gefäße, was im umliegenden Gewebe schnell zur Ansammlung von Flüssigkeit und Proteinen, einschließlich Antikörpern, aus dem Blut führt. Kurz danach strömen Zellen aus dem Blut ein, zum Beispiel neutrophile Zellen und später Makrophagen, Eosinophile und Effektorlymphocyten. Dieser Zustrom kann einige Minuten oder auch einige Stunden anhalten und führt zu einer lokalen Entzündungsreaktion. Mastzellen gehören daher zur Abwehrfront des Wirtes gegen Pathogene, die über Epithelien in den Körper gelangen. Mastzellen sind auch

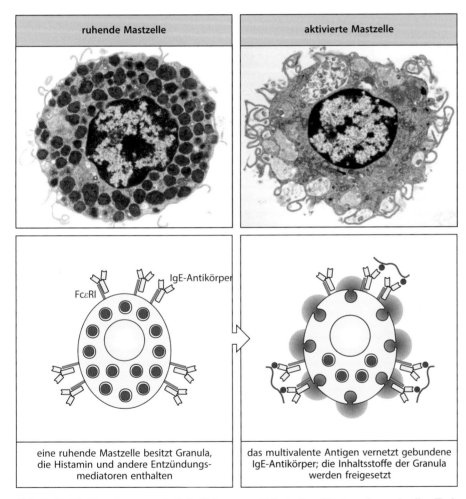

| ruhende Mastzelle | aktivierte Mastzelle |
|---|---|
| Fc$\varepsilon$RI   IgE-Antikörper | |
| eine ruhende Mastzelle besitzt Granula, die Histamin und andere Entzündungsmediatoren enthalten | das multivalente Antigen vernetzt gebundene IgE-Antikörper; die Inhaltsstoffe der Granula werden freigesetzt |

**Abb. 10.43 Die Vernetzung von IgE-Antikörpern auf Mastzellen führt zu einer schnellen Freisetzung entzündungsspezifischer Mediatoren.** Mastzellen sind große Zellen des Bindegewebes. Man erkennt sie an ihren sekretorischen Granula, die viele Entzündungsmediatoren enthalten. Zudem besitzen sie den hochaffinen Rezeptor Fc$\varepsilon$RI, mit dem sie fest an monomere IgE-Antikörper binden. Eine Antigenvernetzung dieser gebundenen IgE-Antikörpermoleküle löst eine schnelle Degranulierung aus, bei der entzündungsspezifische Mediatoren in das umliegende Gewebe freigesetzt werden. Diese Mediatoren bewirken eine lokale Entzündung, durch die Zellen und Proteine angelockt werden, die für die Verteidigung des Wirtes am Infektionsherd erforderlich sind. Diese Zellen bilden auch die Basis für allergische Reaktionen, nachdem Allergene an IgE-Moleküle auf Mastzellen gebunden haben. (Fotos mit freundlicher Genehmigung von A. M. Dvorak)

für die Medizin von Bedeutung, da sie an IgE-abhängigen allergischen Reaktionen beteiligt sind (Kap. 14). Bei allergischen Reaktionen werden Mastzellen wie oben beschrieben aktiviert, wobei sie mit normalerweise unschädlichen Antigenen (Allergenen), beispielsweise mit Pollen, in Kontakt kommen, gegen die das Individuum vorher eine sensibilisierende Immunantwort hervorgebracht hat, in der allergenspezifisches IgE gebildet wurde.

### 10.3.5 Die IgE-vermittelte Aktivierung akzessorischer Zellen spielt eine wichtige Rolle bei der Resistenz gegen Parasiteninfektionen

Man nimmt an, dass Mastzellen mindestens drei wichtige Funktionen bei der Verteidigung des Wirtes haben. Erstens ermöglicht ihnen ihre Lokalisierung dicht unter der Körperoberfläche, pathogenspezifische Effektorelemente, beispielsweise antigenspezifische Lymphocyten, und unspezifische Effektorelemente, etwa neutrophile Zellen, Makrophagen, Basophile und Eosinophile, zu den Stellen zu lenken, an denen Erreger höchstwahrscheinlich in das innere Milieu eindringen. Außerdem steigert die Entzündung, die sie hervorrufen, den Abfluss der Lymphe von den Orten der Antigenablagerung zu den regionalen Lymphknoten, wo naive Lymphocyten zuerst aktiviert werden. Drittens können die Produkte der Mastzellen Muskelkontraktionen auslösen, was dazu führt, dass die Krankheitserreger aus der Lunge oder dem Darm ausgestoßen werden. Mastzellen reagieren rasch, wenn sich ein Antigen an oberflächengebundene IgE-Antikörper anlagert. Ihre Aktivierung führt dazu, dass eine Entzündung ausgelöst wird sowie Basophile und Eosinophile angelockt und aktiviert werden, was die Entzündungsreaktion weiter vorantreibt (Kap. 14). Immer mehr Befunde sprechen dafür, dass solche IgE-vermittelten Reaktionen entscheidend dazu beitragen, einen Parasitenbefall zu verhindern.

Verschiedene Hinweise legen den Schluss nahe, dass Mastzellen bei der Beseitigung von Parasiten eine Rolle spielen. So kommt es beispielsweise als Begleitsymptom einer Infektion mit parasitischen Würmern zu einer intestinalen **Mastocytose**, einer Anhäufung von Mastzellen im Darm. Außerdem konnte bei Mausmutanten (*W/W^v*), die aufgrund eines Defekts im c-*kit*-Gen zu wenig Mastzellen besitzen, Folgendes beobachtet werden: Die Mäuse hatten Schwierigkeiten, den Darmnematoden *Trichinella spiralis* sowie *Strongyloides*-Arten zu bekämpfen. In Bezug auf *Strongyloides* verstärkten sich diese Schwierigkeiten bei *W/W^v*-Mäusen ohne IL-3, bei denen keine Basophilen gebildet werden. Daher sind anscheinend sowohl Mastzellen als auch Basophile an der Verteidigung gegen Wurmparasiten beteiligt.

Andere Ergebnisse deuten darauf hin, dass auch IgE-Antikörper und Eosinophile für die Abwehr von Parasiten von Bedeutung sind. Bei Infektionen mit bestimmten Parasitengruppen, besonders mit Würmern, werden stets auch IgE-Antikörper gebildet und es kommt zu einer Eosinophilie mit einer ungewöhnlich großen Anzahl von Eosinophilen im Blut und in den Geweben. Darüber hinaus zeigen Experimente, dass sich bei Mäusen eine Infektion mit dem Wurmparasiten *Schistosoma mansoni* erheblich verschlimmert, wenn man den Mäusen polyklonale Antiseren gegen Eosinophile verabreicht und so deren Anzahl vermindert. Eosinophile sind anscheinend für die Zerstörung von Helminthen direkt verantwortlich. Bei einer Untersuchung infizierter Gewebe erkennt man, dass an den Würmern degranulierte Eosinophile haften. Darüber hinaus haben *in vitro*-Experimente ergeben, dass Eosinophile *Schistosoma mansoni* in Gegenwart spezifischer IgE-, IgG- oder IgA-Antikörper, die gegen diesen Parasiten gerichtet sind, töten können (▶ Abb. 10.41).

Die Bedeutung von IgE, Mastzellen, Basophilen und Eosinophilen erkennt man auch an der Widerstandsfähigkeit gegen blutsaugende Schildzecken. In der normalen Haut zeigen sich an der Stelle des Zeckenbisses degranulierte Mastzellen sowie eine Ansammlung von Basophilen und Eosinophilen, die ebenfalls ihre Granula freigesetzt haben – was auf eine nicht lange zurückliegende Aktivierung schließen lässt. Nach dem ersten Kontakt entwickelt sich eine Resistenz gegen weiteres Blutsaugen durch diese Zecken, was auf einen spezifischen immunologischen Mechanismus hindeutet. Mäuse, die zu wenig Mastzellen haben, zeigen keine derartige Resistenz gegen Zeckenarten und bei Meerschweinchen verringert ein Ausdünnen der Basophilen oder Eosinophilen durch spezifische polyklonale Antikörper ebenfalls die Widerstandsfähigkeit gegen blutsaugende Zecken. Schließlich haben Experimente mit Mäusen gezeigt, dass die Resistenz gegenüber Zecken von spezifischen IgE-Antikörpern hervorgerufen wird. Viele klinische Studien und Experimente liefern also Anhaltspunkte dafür, dass die IgE-Bindung an den hochaffinen Rezeptor FcεRI eine Rolle bei der Wirtsresistenz gegenüber Pathogenen spielt, die über Epithelien eindringen, oder gegenüber Exoparasiten, die Epithelien durchstoßen.

### Zusammenfassung

Effektorzellen erkennen mit Antikörpern überzogene Krankheitserreger mithilfe ihrer Fc-Rezeptoren, die sich an eine Gruppe von konstanten Regionen (Fc-Anteile) der an den Krankheitserreger gebundenen Antikörper heften. Diese Bindung aktiviert die Zelle und löst die Zerstörung des Pathogens aus. Fc-Rezeptoren bilden eine Familie von Proteinen, die jeweils Immunglobuline eines bestimmten Isotyps erkennen. Fc-Rezeptoren auf Makrophagen und Neutrophilen erkennen die konstanten Regionen von IgG- oder IgA-Antikörpern, die an ein Pathogen gebunden sind, und lösen die Aufnahme und Zerstörung der Bakterien aus. Die Bindung des Fc-Rezeptors induziert darüber hinaus in den intrazellulären Vesikeln des Phagocyten die Bildung antimikrobieller Substanzen. Eosinophile sind für die Eliminierung von Parasiten wichtig, die für eine Aufnahme zu groß sind. Sie tragen sowohl Fc-Rezeptoren, die für die konstante Region von IgG spezifisch sind, als auch Rezeptoren für IgE. Eine Aggregation dieser Rezeptoren führt zur Freisetzung toxischer Substanzen auf der Oberfläche des Parasiten. Auch natürliche Killerzellen, Gewebemastzellen und Basophile im Blut setzen den Inhalt ihrer Granula frei, nachdem ihre Fc-Rezeptoren besetzt worden sind. Der hochaffine Rezeptor für IgE wird von Mastzellen und Basophilen konstitutiv exprimiert. Im Gegensatz zu anderen Fc-Rezeptoren kann dieser Rezeptor an freie monomere Antikörper binden und so Pathogene direkt dort bekämpfen, wo sie in das Gewebe eindringen. Wenn die IgE-Moleküle auf der Oberfläche einer Mastzelle durch die Bindung von Antigenen aggregieren, löst dies in den Mastzellen die Freisetzung von Histamin und vielen anderen Mediatoren aus, die den Blutfluss zu den Infektionsstellen ansteigen lassen und dadurch Antikörper und Effektorzellen dorthin lenken. Mastzellen befinden sich meist unter Epitheloberflächen der Haut, des Verdauungstrakts und der Atemwege. Ihre Aktivierung durch harmlose Substanzen ist für viele Symptome akuter allergischer Reaktionen verantwortlich, worauf wir in Kap. 14 näher eingehen werden.

# Kapitelzusammenfassung

Im Rahmen der humoralen Immunantwort auf eine Infektion bilden von B-Lymphocyten abstammende Plasmazellen Antikörper, die an das Pathogen binden; anschließend beseitigen Phagocyten und Moleküle des humoralen Immunsystems den Erreger. Für die Herstellung von Antikörpern sind normalerweise T-Helferzellen erforderlich, die spezifisch für ein Peptidfragment des Antigens sind, das von der B-Zelle erkannt wurde; diesen Vorgang bezeichnet man als gekoppelte Erkennung. Eine aktivierte B-Zelle bewegt sich zuerst an die Grenze zwischen der T- und der B-Zell-Zone in sekundären Lymphgeweben, wo sie auf ihre kognate T-Zelle treffen kann und dann zu proliferieren beginnt. Einige B-Zellen entwickeln sich zu Plasmablasten, während andere in die Keimzentren wandern, wo die somatische Hypermutation und der Isotypwechsel stattfinden. Die B-Zellen, die ein Antigen mit der höchsten Affinität binden, werden zum Überleben und zur weiteren Differenzierung selektiert. Das führt zur Affinitätsreifung der Antikörperreaktion. Von T-Helferzellen produzierte Cytokine steuern auch den Isotypwechsel, der zur Synthese von Antikörpern mit verschiedenen Isotypen führt, die dann auf verschiedene Bereiche des Körpers verteilt werden können.

IgM-Antikörper werden in einer frühen Phase der Immunantwort von konventionellen B-Zellen produziert, außerdem werden sie in bestimmten Körperregionen ohne Vorhandensein einer Infektion (als natürliche Antikörper) von Untergruppen nichtkonventioneller B-Zellen gebildet. IgM spielt beim Schutz vor Infektionen im Blut eine wesentliche Rolle. Während einer adaptiven Immunantwort später gebildete Isotypen wie IgG diffundieren dagegen in die Gewebe. Antigene, die hochrepetitive Antigendeterminanten und Mitogene – sogenannte TI-Antigene – enthalten, können ohne Mitwirkung von T-Zellen die Bildung von IgM und geringen Mengen an IgG auslösen und bewirken so einen frühen Immunschutz. Multimeres IgA wird in der Lamina propria gebildet und durch epitheliale Oberflächen geschleust, während das in geringen Mengen synthetisierte IgE stark an Rezeptoren auf der Oberfläche von Basophilen und Mastzellen bindet.

Antikörper, die mit hoher Affinität an entscheidende Stellen von Toxinen, Viren oder Bakterien binden, können diese neutralisieren. Meistens werden Erreger und ihre Produkte jedoch von Phagocyten aufgenommen und abgebaut; auf diese Weise werden sie zerstört und aus dem Körper entfernt. Antikörper, die ein Pathogen umhüllen, binden an Fc-Rezeptoren auf Phagocyten und führen so zur Aufnahme und Zerstörung des Pathogens. Die Bindung der C-Regionen von Antikörpern an Fc-Rezeptoren auf anderen Zellen führt zur Exocytose gespeicherter Mediatoren. Dies ist besonders wichtig bei Infektionen mit Parasiten, bei denen Fc$\varepsilon$-exprimierende Mastzellen durch die Antigenbindung an IgE-Antikörper angeregt werden, entzündungsspezifische Mediatoren direkt auf der Oberfläche des Parasiten freizusetzen. Antikörper können auch durch Aktivierung des Komplementsystems die Zerstörung eines Pathogens auslösen. Komplementfaktoren können Pathogene für die Aufnahme durch Phagocyten opsonisieren und Phagocyten zu Infektionsherden locken. Häufig sorgen Rezeptoren für Komplementfaktoren und Fc-Rezeptoren gemeinsam dafür, dass Pathogene und Immunkomplexe aufgenommen und zerstört werden. Die humorale Immunantwort bekämpft demnach infizierende Erreger mit der Bildung spezifischer Antikörper, deren Effektorwirkungen vom jeweiligen Isotyp der schweren Kette abhängen.

# Aufgaben

**10.1 Multiple Choice:** Welche der folgenden Wirkungen ist keine Effektorfunktion von Antikörpern?
**A.** Opsonisierung
**B.** Neutralisierung
**C.** Komplementaktivierung
**D.** gekoppelte Erkennung
**E.** Degranulierung der Mastzellen

**10.2 Kurze Antwort:** Der Impfstoff gegen *Haemophilus influenzae* Typ b (Hib) bestand ursprünglich nur aus der Polysaccharidkapsel des Mikroorganismus. Damit war es jedoch nicht möglich, wirksame Antikörperreaktionen auszulösen. Wenn man das Hib-Polysaccharid direkt mit dem Tetanus- oder Diphtherietoxoid verknüpft, kommt es zu sehr wirksamen Antikörperreaktionen gegen Hib; der zurzeit verwendete Impfstoff ist so aufgebaut. Welcher immunologische Effekt wird genutzt, wenn man aus der Hib-Kapsel stammende Polysaccharide mit einem Toxoid koppelt, und wie entsteht dadurch eine wirksame Antikörperreaktion?

**10.3 Bitte zuordnen:** Bei T-abhängigen Antikörperreaktionen kommt es zu zahlreichen Wechselwirkungen zwischen Rezeptoren und Liganden sowie zu Cytokinsignalen zwischen $T_{FH}$-Zellen und aktivierten B-Zellen. Welcher der folgenden Oberflächenrezeptoren und Liganden wird von T-Zellen (T), B-Zellen (B), beiden Zelltypen (TB) oder keinem der beiden (N) produziert?
A. IL-21
B. ICOSL
C. CD40L
D. CD30L
E. Peptid:MHC II
F. CCL21
G. SLAM

**10.4 Bitte zuordnen:** Welche der folgenden Krankheiten des Menschen hängt mit welchem Gendefekt zusammen?

A. X-gekoppeltes lympho-
   proliferatives Syndrom
B. Hyper-IgM-Immun-
   schwäche Typ 2
C. Xeroderma pigmentosum
D. Ataxia teleangiectatica

i. Transläsions-DNA-Polymerase Pol$\eta$
ii. ATM (eine Kinase der DNA-PKcs-Familie)
iii. SLAM-assoziiertes Protein (SAP)
iv. aktivierungsinduzierte Cytidin-Desaminase

**10.5 Bitte zuordnen:** Welche der folgenden Eigenschaften treffen auf IgA, IgD, IgE, IgG und/oder IgM zu?
A. wird bei der humoralen Immunantwort als Erstes produziert
B. Monomere (vorherrschende Form)
C. Dimere (vorherrschende Form)
D. Pentamere (vorherrschende Form)
E. enthält eine J-Kette
F. kann Komplementanlagerung auslösen
G. häufigste Form an mucosalen Oberflächen und in Sekreten
H. geringe Affinität
I. an Mastzellen gebunden
J. bindet an den Immunglobulinpolymerrezeptor (pIgR)
K. bindet an den neonatalen Fc-Rezeptor

**10.6 Kurze Antwort:** Wie unterscheidet sich TRIM21, eine neu entdeckte Art von Fc-Rezeptoren, von anderen Fc-Rezeptoren?

**10.7 Multiple Choice:** Welche der folgenden Funktionen wird durch die Bindung von Antikörpern an Fc$\gamma$-Rezeptoren nicht ausgelöst?
A. antikörperabhängige zellvermittelte Cytotoxizität (ADCC) über NK-Zellen
B. Phagocytose durch neutrophile Zellen
C. Degranulierung von Mastzellen
D. Herunterregulieren der B-Zell-Aktivität
E. Aufnahme von Immunkomplexen durch dendritische Zellen

**10.8 Multiple Choice:** Welche der folgenden Aussagen ist falsch?

**A.** Das Überleben der naiven B-Zellen in den Follikeln hängt von BAFF ab, der Signale über BAFF-R, TACI und BCMA übermittelt und so die Expression von Bcl-2 auslöst.

**B.** Der subkapsuläre Sinus der Lymphknoten und der Randsinus der Milz sind in der Funktion ähnliche Regionen, die mit spezialisierten Makrophagen angefüllt sind, die Antigene festhalten, aber nicht in sich aufnehmen.

**C.** ICOS-Signale in T-Zellen sind für die vollständige Differenzierung von $T_{FH}$-Zellen und die Expression der Transkriptionsfaktoren Bcl-6 und c-Maf essenziell.

**D.** Sowohl Plasmablasten als auch Plasmazellen exprimieren costimulierende B7-Moleküle, MHC-Klasse-II-Moleküle und große Mengen an B-Zell-Rezeptoren.

**E.** $T_{FH}$-Zellen bestimmen beim Klassenwechsel in T-abhängigen Antikörperreaktionen die Auswahl des Isotyps.

**10.9 Richtig oder falsch:** Die Keimzentren enthalten eine helle und eine dunkle Zone. In der hellen Zone findet eine starke Proliferation der B-Zellen statt, die man als Centroblasten bezeichnet. Sie werden dort durch CXCL12-CXCR4-Chemokinsignale festgehalten und durchlaufen die somatische Hypermutation. Diese führt zur Affinitätsreifung und zum Isotypwechsel. In der dunklen Zone beenden die B-Zellen die Proliferation und man bezeichnet sie als Centrocyten. Hier werden sie von CXCL13-CXCR5-Chemokinsignalen festgehalten, exprimieren größere Mengen des B-Zell-Rezeptors und interagieren intensiv mit $T_{FH}$-Zellen.

**10.10 Multiple Choice:** Welche Aussage trifft zu?

**A.** R-Schleifen sind Strukturen, die bei der somatischen Hypermutation entstehen; sie fördern die Zugänglichkeit der V-Regionen der Immunglobuline für AID.

**B.** APE1 entfernt ein desaminiertes Cytosin, wodurch eine abasische Stelle entsteht, sodass bei der nächsten Runde der DNA-Replikation an dieser Stelle eine beliebige Base eingebaut werden kann.

**C.** Während einer Klassenwechselrekombination kann es zu keinen Mutationen mit Rasterverschiebung kommen, da die Switch-Regionen in Introns liegen.

**D.** Die fehleranfällige MSH2/6-Polymerase repariert DNA-Schäden und verursacht Mutationen, die die somatische Hypermutation unterstützen.

**10.11 Bitte ergänzen:** Fc-Rezeptoren diversifizieren die Effektorfunktionen der jeweiligen Antikörperisotypen. Die meisten Fc-Rezeptoren können die Fc-Regionen von Antikörpern mit _____ Affinität binden. Im Gegensatz dazu bindet FcεRI mit _____ Affinität. Durch multivalente Antigene gebundene IgE-Antikörper können an _____ in Mastzellen binden und führen zur Freisetzung von Lipidmediatoren wie _____ und _____. Mastzellen degranulieren auch als Reaktion auf eine Quervernetzung der an Fc-Rezeptoren gebundenen IgE-Moleküle, wodurch es zur Freisetzung von _____ kommt. In der Folge nehmen der lokale Blutfluss und _____ zu, sodass eine Entzündungsreaktion in Gang gesetzt wird.

# Literatur

## Allgemeine Literatur

- Batista, F.D. and Harwood, N.E.: **The who, how and where of antigen presentation to B cells.** *Nat. Rev. Immunol.* 2009, **9**:15–27.
- Nimmerjahn, F. and Ravetch, J.V.: **Fcγ receptors as regulators of immune responses.** *Nat. Rev. Immunol.* 2008, **8**:34–47.
- Rajewsky, K.: **Clonal selection and learning in the antibody system.** *Nature* 1996, **381**:751–758.

## Literatur zu den einzelnen Abschnitten

### Abschnitt 10.1.1

- Crotty, S.: **T follicular helper cell differentiation, function, and roles in disease.** *Immunity* 2014, **41**:529–542.
- Maglione, P.J., Simchoni, N., Black, S., Radigan, L., Overbey, J.R., Bagiella, E., Bussel, J.B., Bossuyt, X., Casanova, J.L., Meyts, I., *et al.*: **IRAK-4- and MyD88 deficiencies impair IgM responses against T-independent bacterial antigens.** *Blood* 2014, **124**:3561–3571.
- Pasare, C. and Medzhitov, R.: **Control of B-cell responses by Toll-like receptors.** *Nature* 2005, **438**:364–368.
- Vijayanand, P., Seumois, G., Simpson, L.J., Abdul-Wajid, S., Baumjohann, D., Panduro, M., Huang, X., Interlandi, J., Djuretic, I.M., Brown, D.R., *et al.*: **Interleukin-4 production by follicular helper T cells requires the conserved Il4 enhancer hypersensitivity site V.** *Immunity* 2012, **36**:175–187.

### Abschnitt 10.1.2

- Barrington, R.A., Zhang, M., Zhong, X., Jonsson, H., Holodick, N., Cherukuri, A., Pierce, S.K., Rothstein, T.L., and Carroll, M.C.: **CD21/CD19 coreceptor signaling promotes B cell survival during primary immune responses.** *J. Immunol.* 2005, **175**:2859–2867.
- Eskola, J., Peltola, H., Takala, A.K., Kayhty, H., Hakulinen, M., Karanko, V., Kela, E., Rekola, P., Ronnberg, P.R., Samuelson, J.S., *et al.*: **Efficacy of *Haemophilus influenzae* type b polysaccharide-diphtheria toxoid conjugate vaccine in infancy.** *N. Engl. J. Med.* 1987, **317**:717–722.
- Kalled, S.L.: **Impact of the BAFF/BR3 axis on B cell survival, germinal center maintenance and antibody production.** *Semin. Immunol.* 2006, **18**:290–296.
- Mackay, F. and Browning, J.L.: **BAFF: a fundamental survival factor for B cells.** *Nat. Rev. Immunol.* 2002, **2**:465–475.
- Mackay, F. and Schneider, P.: **Cracking the BAFF code.** *Nat. Rev. Immunol.* 2009, **9**:491–502.
- MacLennan, I.C.M., Gulbranson-Judge, A., Toellner, K.M., Casamayor-Palleja, M., Chan, E., Sze, D.M.Y., Luther, S.A., and Orbea, H.A.: **The changing preference of T and B cells for partners as T-dependent antibody responses develop.** *Immunol. Rev.* 1997, **156**:53–66.
- McHeyzer-Williams, L.J., Malherbe, L.P., and McHeyzer-Williams, M.G.: **Helper T cell-regulated B cell immunity.** *Curr. Top. Microbiol. Immunol.* 2006, **311**:59–83.
- Nitschke, L.: **The role of CD22 and other inhibitory co-receptors in B-cell activation.** *Curr. Opin. Immunol.* 2005, **17**:290–297.

Teil IV

■ Rickert, R.C.: **Regulation of B lymphocyte activation by complement C3 and the B cell coreceptor complex.** *Curr. Opin. Immunol.* 2005, **17**:237–243.

■ Teichmann, L.L., Kashgarian, M., Weaver, C.T., Roers, A., Müller, W., and Shlomchik, M.J.: **B cell-derived IL-10 does not regulate spontaneous systemic autoimmunity in MRL.Fas(lpr) mice.** *J. Immunol.* 2012, **188**:678–685.

## Abschnitt 10.1.3

■ Cinamon, G., Zachariah, M.A., Lam, O.M., Foss Jr., F.W., and Cyster, J.G.: **Follicular shuttling of marginal zone B cells facilitates antigen transport.** *Nat. Immunol.* 2008, **9**:54–62.

■ Fang, Y., Xu, C., Fu, Y.X., Holers, V.M., and Molina, H.: **Expression of complement receptors 1 and 2 on follicular dendritic cells is necessary for the generation of a strong antigen-specific IgG response.** *J. Immunol.* 1998, **160**:5273–5279.

■ Okada, T. and Cyster, J.G.: **B cell migration and interactions in the early phase of antibody responses.** *Curr. Opin. Immunol.* 2006, **18**:278–285.

■ Phan, T.G., Gray, E.E., and Cyster, J.G.: **The microanatomy of B cell activation.** *Curr. Opin. Immunol.* 2009, **21**:258–265.

## Abschnitt 10.1.4

■ Choi, Y.S., Kageyama, R., Eto, D., Escobar, T.C., Johnston, R.J., Monticelli, L., Lao, C., and Crotty, S.: **ICOS receptor instructs T follicular helper cell versus effector cell differentiation via induction of the transcriptional repressor Bcl6.** *Immunity* 2011, **34**:932–946.

■ Gaspal, F.M., Kim, M.Y., McConnell, F.M., Raykundalia, C., Bekiaris, V., and Lane, P.J.: **Mice deficient in OX40 and CD30 signals lack memory antibody responses because of deficient CD4 T cell memory.** *J. Immunol.* 2005, **174**:3891–3896.

■ Iannacone, M., Moseman, E.A., Tonti, E., Bosurgi, L., Junt, T., Henrickson, S.E., Whelan, S.P., Guidotti, L.G., and von Andrian, U.H.: **Subcapsular sinus macrophages prevent CNS invasion on peripheral infection with a neurotropic virus.** *Nature* 2010, **465**:1079–1083.

■ Yoshinaga, S.K., Whoriskey, J.S., Khare, S.D., Sarmiento, U., Guo, J., Horan, T., Shih, G., Zhang, M., Coccia, M.A., Kohno, T., *et al.*: **T-cell co-stimulation through B7RP-1 and ICOS.** *Nature* 1999, **402**:827–832.

## Abschnitt 10.1.5

■ Moser, K., Tokoyoda, K., Radbruch, A., MacLennan, I., and Manz, R.A.: **Stromal niches, plasma cell differentiation and survival.** *Curr. Opin. Immunol.* 2006, **18**:265–270.

■ Pelletier, N., McHeyzer-Williams, L.J., Wong, K.A., Urich, E., Fazilleau, N., and McHeyzer-Williams, M.G.: **Plasma cells negatively regulate the follicular helper T cell program.** *Nat. Immunol.* 2010, **11**:1110–1118.

■ Radbruch, A., Muehlinghaus, G., Luger, E.O., Inamine, A., Smith, K.G., Dorner, T., and Hiepe, F.: **Competence and competition: the challenge of becoming a long-lived plasma cell.** *Nat. Rev. Immunol.* 2006, **6**:741–750.

■ Sciammas, R. and Davis, M.M.: **Blimp-1; immunoglobulin secretion and the switch to plasma cells.** *Curr. Top. Microbiol. Immunol.* 2005, **290**:201–224.

■ Shapiro-Shelef., M. and Calame, K.: **Regulation of plasma-cell development.** *Nat. Rev. Immunol.* 2005, **5**:230–242.

## Abschnitt 10.1.6

■ Allen, C.D., Okada, T., and Cyster, J.G.: **Germinal-center organization and cellular dynamics.** *Immunity* 2007, **27**:190–202.

- Cozine, C.L., Wolniak, K.L., and Waldschmidt, T.J.: **The primary germinal center response in mice.** *Curr. Opin. Immunol.* 2005, **17**:298–302.
- Kunkel, E.J. and Butcher, E.C.: **Plasma-cell homing.** *Nat. Rev. Immunol.* 2003, **3**:822–829.
- Victora, G.D., Schwickert, T.A., Fooksman, D.R., Kamphorst, A.O., Meyer-Hermann, M., Dustin, M.L., and Nussenzweig, M.C.: **Germinal center dynamics revealed by multiphoton microscopy with a photoactivatable fluorescent reporter.** *Cell* 2010, **143**:592–605.


## Abschnitt 10.1.7

- Anderson, S.M., Khalil, A., Uduman, M., Hershberg, U., Louzoun, Y., Haberman, A.M., Kleinstein, S.H., and Shlomchik, M.J.: **Taking advantage: high-affinity B cells in the germinal center have lower death rates, but similar rates of division, compared to low-affinity cells.** *J. Immunol.* 2009, **183**:7314–7325.
- Gitlin, A.D., Shulman, Z., and Nussenzweig, M.C.: **Clonal selection in the germinal centre by regulated proliferation and hypermutation.** *Nature* 2014, **509**:637–640.
- Jacob, J., Kelsoe, G., Rajewsky, K., and Weiss, U.: **Intraclonal generation of antibody mutants in germinal centres.** *Nature* 1991, **354**:389–392.
- Li, Z., Woo, C.J., Iglesias-Ussel, M.D., Ronai, D., and Scharff, M.D.: **The generation of antibody diversity through somatic hypermutation and class switch recombination.** *Genes Dev.* 2004, **18**:1–11.
- Wang, Z., Karras, J.G., Howard, R.G., and Rothstein, T.L.: **Induction of bcl-x by CD40 engagement rescues sIg-induced apoptosis in murine B cells.** *J. Immunol.* 1995, **155**:3722–3725.


## Abschnitt 10.1.8

- Bannard, O., Horton, R.M., Allen, C.D., An, J., Nagasawa, T., and Cyster, J.G.: **Germinal center centroblasts transition to a centrocyte phenotype according to a timed program and depend on the dark zone for effective selection.** *Immunity* 2013, **39**:912–924.
- Cannons, J.L., Qi, H., Lu, K.T., Dutta, M., Gomez-Rodriguez, J., Cheng, J., Wakeland, E.K., Germain, R.N., and Schwartzberg, P.L.: **Optimal germinal center responses require a multistage T cell:B cell adhesion process involving integrins, SLAM-associated protein, and CD84.** *Immunity* 2010, **32**:253–265.
- Hauser, A.E., Junt, T., Mempel, T.R., Sneddon, M.W., Kleinstein, S.H., Henrickson, S.E., von Andrian, U.H., Shlomchik, M.J., and Haberman, A.M.: **Definition of germinal-center B cell migration in vivo reveals predominant intrazonal circulation patterns.** *Immunity* 2007, **26**:655–667.
- Jumper, M., Splawski, J., Lipsky, P., and Meek, K.: **Ligation of CD40 induces sterile transcripts of multiple Ig H chain isotypes in human B cells.** *J. Immunol.* 1994, **152**:438–445.
- Litinskiy, M.B., Nardelli, B., Hilbert, D.M., He, B., Schaffer, A., Casali, P., and Cerutti, A.: **DCs induce CD40-independent immunoglobulin class switching through BLyS and APRIL.** *Nat. Immunol.* 2002, **3**:822–829.
- Shulman, Z., Gitlin, A.D., Weinstein, J.S., Lainez, B., Esplugues, E., Flavell, R.A., Craft, J.E., and Nussenzweig, M.C.: **Dynamic signaling by T follicular helper cells during germinal center B cell selection.** *Science* 2014, **345**:1058–1062.


## Abschnitt 10.1.9

- Bransteitter, R., Pham, P., Scharff, M.D., and Goodman, M.F.: **Activation-induced cytidine deaminase deaminates deoxycytidine on single-stranded DNA but requires the action of RNase.** *Proc. Natl Acad. Sci. USA* 2003, **100**:4102–4107.

Teil IV

■ Muramatsu, M., Kinoshita, K., Fagarasan, S., Yamada, S., Shinkai, Y., and Honjo, T.: **Class switch recombination and hypermutation require activation-in- duced cytidine deaminase (AID), a potential RNA editing enzyme.** *Cell* 2000, **102**:553–563.

■ Petersen-Mahrt, S.K., Harris, R.S., and Neuberger, M.S.: **AID mutates *E. coli* suggesting a DNA deamination mechanism for antibody diversification.** *Nature* 2002, **418**:99–103.

■ Pham, P., Bransteitter, R., Petruska, J., and Goodman, M.F.: **Processive AID-catalyzed cytosine deamination on single-stranded DNA stimulates somatic hypermutation.** *Nature* 2003, **424**:103–107.

■ Yu, K., Huang, F.T., and Lieber, M.R.: **DNA substrate length and surrounding sequence affect the activation-induced deaminase activity at cytidine.** *J. Biol. Chem.* 2004, **279**:6496–6500.

### Abschnitt 10.1.10

■ Basu, U., Chaudhuri, J., Alpert, C., Dutt, S., Ranganath, S., Li, G., Schrum, J.P., Manis, J.P., and Alt, F.W.: **The AID antibody diversification enzyme is regulated by protein kinase A phosphorylation.** *Nature* 2005, **438**:508–511.

■ Chaudhuri, J., Khuong, C., and Alt, F.W.: **Replication protein A interacts with AID to promote deamination of somatic hypermutation targets.** *Nature* 2004, **430**:992–998.

■ Di Noia, J.M. and Neuberger, M.S.: **Molecular mechanisms of antibody somatic hypermutation.** *Annu. Rev. Biochem.* 2007, **76**:1–22.

■ Odegard, V. H., and Schatz, D.G.: **Targeting of somatic hypermutation.** *Nat. Rev. Immunol.* 2006, **6**:573–583.

■ Weigert, M.G., Cesari, I.M., Yonkovich, S.J., and Cohn, M.: **Variability in the lambda light chain sequences of mouse antibody.** *Nature* 1970, **228**:1045–1047.

### Abschnitt 10.1.11

■ Basu, U., Meng, F.L., Keim, C., Grinstein, V., Pefanis, E., Eccleston, J., Zhang, T., Myers, D., Wasserman, C.R., Wesemann, D.R., *et al.*: **The RNA exosome targets the AID cytidine deaminase to both strands of transcribed duplex DNA substrates.** *Cell* 2011, **144**:353–363.

■ Chaudhuri, J. and Alt, F.W.: **Class-switch recombination: interplay of transcription, DNA deamination and DNA repair.** *Nat. Rev. Immunol.* 2004, **4**:541–552.

■ Pavri, R., Gazumyan, A., Jankovic, M., Di Virgilio, M., Klein, I., Ansarah-Sobrinho, C., Resch, W., Yamane, A., Reina San-Martin, B., Barreto, V., *et al.*: **Activation-induced cytidine deaminase targets DNA at sites of RNA polymerase II stalling by interaction with Spt5.** *Cell* 2010, **143**:122–133.

■ Revy, P., Muto, T., Levy, Y., Geissmann, F., Plebani, A., Sanal, O., Catalan, N., Forveille, M., Dufourcq-Lagelouse, R., Gennery, A., *et al.*: **Activation-induced cytidine deaminase (AID) deficiency causes the autosomal recessive form of the hyper-IgM syndrome (HIGM2).** *Cell* 2000, **102**:565–575.

### Abschnitt 10.1.12

■ Avery, D.T., Bryant, V.L., Ma, C.S., de Waal Malefyt, R., and Tangye, S.G.: **IL-21-induced isotype switching to IgG and IgA by human naive B cells is differentially regulated by IL-4.** *J. Immunol.* 2008, **181**:1767–1779.

■ Francke, U. and Ochs, H.D.: **The CD40 ligand, gp39, is defective in activated T cells from patients with X-linked hyper-IgM syndrome.** *Cell* 1993, **72**:291–300.

■ Park, S.R., Seo, G.Y., Choi, A.J., Stavnezer, J., and Kim, P.H.: **Analysis of transforming growth factor-beta1-induced Ig germ-line gamma2b transcription and its implication for IgA isotype switching.** *Eur. J. Immunol.* 2005, **35**:946–956.

- Ray, J.P., Marshall, H.D., Laidlaw, B.J., Staron, M.M., Kaech, S.M., and Craft, J.: **Transcription factor STAT3 and type I interferons are corepressive insulators for differentiation of follicular helper and T helper 1 cells.** *Immunity* 2014, 40:367–377.
- Seo, G.Y., Park, S.R., and Kim, P.H.: **Analyses of TGF-beta1-inducible Ig germline gamma2b promoter activity: involvement of Smads and NF-kappaB.** *Eur. J. Immunol.* 2009, **39**:1157–1166.
- Stavnezer, J.: **Immunoglobulin class switching.** *Curr. Opin. Immunol.* 1996, **8**:199–205.
- Vijayanand, P., Seumois, G., Simpson, L.J., Abdul-Wajid, S., Baumjohann, D., Panduro, M., Huang, X., Interlandi, J., Djuretic, I.M., Brown, D.R., *et al.*: **Interleukin-4 production by follicular helper T cells requires the conserved Il4 enhancer hypersensitivity site V.** *Immunity* 2012, **36**:175–187.

## Abschnitt 10.1.13

- Hu, C.C., Dougan, S.K., McGehee, A.M., Love, J.C., and Ploegh, H.L.: **XBP-1 regulates signal transduction, transcription factors and bone marrow colonization in B cells.** *EMBO J.* 2009, **28**:1624–1636.
- Nera, K.P. and Lassila, O.: **Pax5—a critical inhibitor of plasma cell fate.** *Scand. J. Immunol.* 2006, **64**:190–199.
- Omori, S.A., Cato, M.H., Anzelon-Mills, A., Puri, K.D., Shapiro-Shelef, M., Calame, K., and Rickert, R.C.: **Regulation of class-switch recombination and plasma cell differentiation by phosphatidylinositol 3-kinase signaling.** *Immunity* 2006, **25**:545–557.
- Radbruch, A., Muehlinghaus, G., Luger, E.O., Inamine, A., Smith, K.G., Dorner, T., and Hiepe, F.: **Competence and competition: the challenge of becoming a longlived plasma cell.** *Nat. Rev. Immunol.* 2006, **6**:741–750.
- Schebesta, M., Heavey, B., and Busslinger, M.: **Transcriptional control of B-cell development.** *Curr. Opin. Immunol.* 2002, **14**:216–223.

## Abschnitt 10.1.14

- Anderson, J., Coutinho, A., Lernhardt, W., and Melchers, F.: **Clonal growth and maturation to immunoglobulin secretion in vitro of every growth-inducible B lymphocyte.** *Cell* 1977, **10**:27–34.
- Balazs, M., Martin, F., Zhou, T., and Kearney, J.: **Blood dendritic cells interact with splenic marginal zone B cells to initiate T-independent immune responses.** *Immunity* 2002, **17**:341–352.
- Bekeredjian-Ding, I. and Jego, G.: **Toll-like receptors—sentries in the B-cell response.** *Immunology* 2009, **128**:311–323.
- Craxton, A., Magaletti, D., Ryan, E.J., and Clark, E.A.: **Macrophage- and dendritic cell-dependent regulation of human B-cell proliferation requires the TNF family ligand BAFF.** *Blood* 2003, **101**:4464–4471.
- Fagarasan, S. and Honjo, T.: **T-independent immune response: new aspects of B cell biology.** *Science* 2000, **290**:89–92.
- Garcia De Vinuesa, C., Gulbranson-Judge, A., Khan, M., O'Leary, P., Cascalho, M., Wabl, M., Klaus, G.G., Owen, M.J., and MacLennan, I.C.: **Dendritic cells associated with plasmablast survival.** *Eur. J. Immunol.* 1999, **29**:3712–3721.
- MacLennan, I. and Vinuesa, C.: **Dendritic cells, BAFF, and APRIL: innate players in adaptive antibody responses.** *Immunity* 2002, **17**:341–352.
- Mond, J.J., Lees, A., and Snapper, C.M.: **T cell-independent antigens type 2.** *Annu. Rev. Immunol.* 1995, **13**:655–692.
- Ruprecht, C.R. and Lanzavecchia, A.: **Toll-like receptor stimulation as a third signal required for activation of human naive B cells.** *Eur. J. Immunol.* 2006, **36**:810–816.
- Snapper, C.M., Shen, Y., Khan, A.Q., Colino, J., Zelazowski, P., Mond, J.J., Gause, W.C., and Wu, Z.Q.: **Distinct types of T-cell help for the induction of a humoral immune response to *Streptococcus pneumoniae*.** *Trends Immunol.* 2001, **22**:308–311.

Teil IV

- Yanaba, K., Bouaziz, J.D., Matsushita, T., Tsubata, T., and Tedder, T.F.: **The development and function of regulatory B cells expressing IL-10 (B10 cells) requires antigen receptor diversity and TLR signals.** *J. Immunol.* 2009, **182**:7459–7472.
- Yoshizaki, A., Miyagaki, T., DiLillo, D.J., Matsushita, T., Horikawa, M., Kountikov, E.I., Spolski, R., Poe, J.C., Leonard, W.J., and Tedder, T.F.: **Regulatory B cells control T-cell autoimmunity through IL-21-dependent cognate interactions.** *Nature* 2012, **491**:264–268.

### Abschnitt 10.2.1

- Diebolder, C.A., Beurskens, F.J., de Jong, R.N., Koning, R.I., Strumane, K., Lindorfer, M.A., Voorhorst, M., Ugurlar, D., Rosati, S., Heck, A.J., *et al.*: **Complement is activated by IgG hexamers assembled at the cell surface.** *Science* 2014, **343**:1260–1263.
- Hughey, C.T., Brewer, J.W., Colosia, A.D., Rosse, W.F., and Corley, R.B.: **Production of IgM hexamers by normal and autoimmune B cells: implications for the physiologic role of hexameric IgM.** *J. Immunol.* 1998, **161**:4091–4097.
- Petrušic, V., Živković, I., Stojanovic, M., Stojicevic, I., Marinkovic, E., and Dimitrijevic, L.: **Hexameric immunoglobulin M in humans: desired or unwanted?** *Med. Hypotheses* 2011, **77**:959–961.
- Rispens, T., den Bleker, T.H., and Aalberse, R.C.: **Hybrid IgG4/IgG4 Fc antibodies form upon 'Fab-arm' exchange as demonstrated by SDS-PAGE or size-exclusion chromatography.** *Mol. Immunol.* 2010, **47**:1592–1594.
- Suzuki, K., Meek, B., Doi, Y., Muramatsu, M., Chiba, T., Honjo, T., and Fagarasan, S.: **Aberrant expansion of segmented filamentous bacteria in IgA-deficient gut.** *Proc. Natl Acad. Sci. USA* 2004, **101**:1981–1986.
- Ward, E.S. and Ghetie, V.: **The effector functions of immunoglobulins: implications for therapy.** *Ther. Immunol.* 1995, **2**:77–94.

### Abschnitt 10.2.2

- Ghetie, V. and Ward, E.S.: **Multiple roles for the major histocompatibility complex class I-related receptor FcRn.** *Annu. Rev. Immunol.* 2000, **18**:739–766.
- Johansen, F.E. and Kaetzel, C.S.: **Regulation of the polymeric immunoglobulin receptor and IgA transport: new advances in environmental factors that stimulate pIgR expression and its role in mucosal immunity.** *Mucosal Immunol.* 2011, **4**:598–602.
- Lamm, M. E.: **Current concepts in mucosal immunity. IV. How epithelial transport of IgA antibodies relates to host defense.** *Am. J. Physiol.* 1998, **274**:G614–G617.
- Mostov, K.E.: **Transepithelial transport of immunoglobulins.** *Annu. Rev. Immunol.* 1994, **12**:63–84.

### Abschnitt 10.2.3

- Akilesh, S., Huber, T.B., Wu, H., Wang, G., Hartleben, B., Kopp, J.B., Miner, J.H., Roopenian, D.C., Unanue, E.R., and Shaw, A.S.: **Podocytes use FcRn to clear IgG from the glomerular basement membrane.** *Proc. Natl Acad. Sci. USA* 2008, **105**:967–972.
- Burmeister, W.P., Gastinel, L.N., Simister, N.E., Blum, M.L., and Bjorkman, P.J.: **Crystal structure at 2.2 Å resolution of the MHC-related neonatal Fc receptor.** *Nature* 1994, **372**:336–343.
- Roopenian, D.C. and Akilesh, S.: **FcRn: the neonatal Fc receptor comes of age.** *Nat. Rev. Immunol.* 2007, **7**:715–725.

### Abschnitt 10.2.4

- Brandtzaeg, P.: **Role of secretory antibodies in the defence against infections.** *Int. J. Med. Microbiol.* 2003, **293**:3–15.

- Haghi, F., Peerayeh, S.N., Siadat, S.D., and Zeighami, H.: **Recombinant outer membrane secretin PilQ(406–770) as a vaccine candidate for serogroup B Neisseria meningitidis.** *Vaccine* 2012, **30**:1710–1714.
- Kaufmann, B., Chipman, P.R., Holdaway, H.A., Johnson, S., Fremont, D.H., Kuhn, R.J., Diamond, M.S., and Rossmann, M.G.: **Capturing a flavivirus pre-fusion intermediate.** *PLoS Pathog.* 2009, **5**:e1000672.
- Nybakken, G.E., Oliphant, T., Johnson, S., Burke, S., Diamond, M.S., and Fremont, D.H.: **Structural basis of West Nile virus neutralization by a therapeutic antibody.** *Nature* 2005, **437**:764–769.
- Sougioultzis, S., Kyne, L., Drudy, D., Keates, S., Maroo, S., Pothoulakis, C., Giannasca, P.J., Lee, C.K., Warny, M., Monath, T.P., *et al.*: ***Clostridium difficile* toxoid vaccine in recurrent *C. difficile*-associated diarrhea.** *Gastroenterology* 2005, **128**:764–770.

## Abschnitt 10.2.5

- Cooper, N.R.: **The classical** complement **pathway. Activation and regulation of the first complement component.** *Adv. Immunol.* 1985, **37**:151–216.
- Perkins, S.J. and Nealis, A.S.: **The quaternary structure in solution of human complement subcomponent C1r2C1s2.** *Biochem. J.* 1989, **263**:463–469.
- Sörman, A., Zhang, L., Ding, Z., and Heyman, B.: **How antibodies use complement to regulate antibody responses.** *Mol. Immunol.* 2014, **61**:79–88

## Abschnitt 10.2.6

- Dong, C., Ptacek, T.S., Redden, D.T., Zhang, K., Brown, E.E., Edberg, J.C., McGwin Jr., G., Alarcón, G.S., Ramsey-Goldman, R., Reveille, J.D., *et al.*: **Fcγ receptor IIIa single-nucleotide polymorphisms and haplotypes affect human IgG binding and are associated with lupus nephritis in African Americans.** *Arthritis Rheumatol.* 2014, **66**:1291–1299.
- Leffler, J., Bengtsson, A.A., and Blom, A.M.: **The complement system in systemic lupus erythematosus: an update.** *Ann. Rheum. Dis.* 2014, **73**:1601–1606.
- Nash, J.T., Taylor, P.R., Botto, M., Norsworthy, P.J., Davies, K. A., and Walport, M.J.: **Immune complex processing in C1q-deficient mice.** *Clin. Exp. Immunol.* 2001, **123**:196–202.
- Walport, M.J., Davies, K. A., and Botto, M.: **C1q and systemic lupus erythematosus.** *Immunobiology* 1998, **199**:265–285.

## Abschnitt 10.3.1

- Kinet, J.P. and Launay, P.: **Fcα/µR: single member or first born in the family?** *Nat. Immunol.* 2000, **1**:371–372.
- Mallery, D.L., McEwan, W.A., Bidgood, S.R., Towers, G.J., Johnson, C.M., and James, L.C.: **Antibodies mediate intracellular immunity through tripartite motif-containing 21 (TRIM21).** *Proc. Natl Acad. Sci. USA* 2010, **107**:19985–19990.
- Ravetch, J.V. and Bolland, S.: **IgG Fc receptors.** *Annu. Rev. Immunol.* 2001, **19**:275–290.
- Ravetch, J.V. and Clynes, R.A.: **Divergent roles for Fc receptors and complement *in vivo*.** *Annu. Rev. Immunol.* 1998, **16**:421–432.
- Shibuya, A., Sakamoto, N., Shimizu, Y., Shibuya, K., Osawa, M., Hiroyama, T., Eyre, H.J., Sutherland, G.R., Endo, Y., Fujita, T., *et al.*: **Fcα/µ receptor mediates endocytosis of IgM-coated microbes.** *Nat. Immunol.* 2000, **1**:441–446.
- Stefanescu, R.N., Olferiev M., Liu, Y., and Pricop, L.: **Inhibitory Fc gamma receptors: from gene to disease.** *J. Clin. Immunol.* 2004, **24**:315–326.

Teil IV

### Abschnitt 10.3.2

■ Dierks, S.E., Bartlett, W.C., Edmeades, R.L., Gould, H.J., Rao, M., and Conrad, D.H.: **The oligomeric nature of the murine Fc epsilon RII/CD23. Implications for function.** *J. Immunol.* 1993, **150**:2372–2382.

■ Hogan, S.P., Rosenberg, H.F., Moqbel, R., Phipps, S., Foster, P.S., Lacy, P., Kay, A.B., and Rothenberg, M. E.: **Eosinophils: biological properties and role in health and disease.** *Clin. Exp. Allergy* 2008, **38**:709–750.

■ Karakawa, W.W., Sutton, A., Schneerson, R., Karpas, A., and Vann, W.F.: **Capsular antibodies induce type-specific phagocytosis of capsulated *Staphylococcus aureus* by human polymorphonuclear leukocytes.** *Infect. Immun.* 1986, **56**:1090–1095.

### Abschnitt 10.3.3

■ Chung, A.W., Rollman, E., Center, R.J., Kent, S.J., and Stratov, I.: **Rapid degranulation of NK cells following activation by HIV-specific antibodies.** *J. Immunol.* 2009, **182**:1202–1210.

■ Lanier, L.L. and Phillips, J.H.: **Evidence for three types of human cytotoxic lymphocyte.** *Immunol. Today* 1986, **7**:132.

■ Leibson, P.J.: **Signal transduction during natural killer cell activation: inside the mind of a killer.** *Immunity* 1997, **6**:655–661.

■ Sulica, A., Morel, P., Metes, D., and Herberman, R.B.: **Ig-binding receptors on human NK cells as effector and regulatory surface molecules.** *Int. Rev. Immunol.* 2001, **20**:371–414.

■ Takai, T.: **Multiple loss of effector cell functions in FcRγ-deficient mice.** *Int. Rev. Immunol.* 1996, **13**:369–381.

### Abschnitt 10.3.4

■ Beaven, M.A. and Metzger, H.: **Signal transduction by Fc receptors: the FcεRI case.** *Immunol. Today* 1993, **14**:222–226.

■ Kalesnikoff, J., Huber, M., Lam, V., Damen, J.E., Zhang, J., Siraganian, R.P., and Krystal, G.: **Monomeric IgE stimulates signaling pathways in mast cells that lead to cytokine production and cell survival.** *Immunity* 2001, **14**:801–811.

■ Sutton, B.J. and Gould, H.J.: **The human IgE network.** *Nature* 1993, **366**:421–428.

### Abschnitt 10.3.5

■ Capron, A., Riveau, G., Capron, M., and Trottein, F.: **Schistosomes: the road from host-parasite interactions to vaccines in clinical trials.** *Trends Parasitol.* 2005, **21**:143–149.

■ Grencis, R.K.: **Th2-mediated host protective immunity to intestinal nematode infections.** *Philos. Trans. R. Soc. Lond.* B 1997, **352**:1377–1384.

■ Grencis, R.K., Else, K.J., Huntley, J.F., and Nishikawa, S.I.: **The in vivo role of stem cell factor (c-kit ligand) on mastocytosis and host protective immunity to the intestinal nematode *Trichinella spiralis* in mice.** *Parasite Immunol.* 1993, **15**:55–59.

■ Kasugai, T., Tei, H., Okada, M., Hirota, S., Morimoto, M., Yamada, M., Nakama, A., Arizono, N., and Kitamura, Y.: **Infection with *Nippostrongylus brasiliensis* induces invasion of mast cell precursors from peripheral blood to small intestine.** *Blood* 1995, **85**:1334–1340.

■ Ushio, H., Watanabe, N., Kiso, Y., Higuchi, S., and Matsuda, H.: **Protective immunity and mast cell and eosinophil responses in mice infested with larval *Haemaphysalis longicornis* ticks.** *Parasite Immunol.* 1993, **15**:209–214.

Teil IV

# Die Dynamik der angeborenen und adaptiven Immunantwort

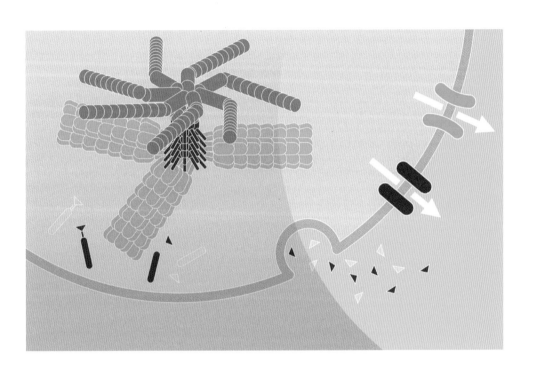

Teil IV

© Springer-Verlag GmbH Deutschland, ein Teil von Springer Nature 2018
K. Murphy, C. Weaver, *Janeway Immunologie*, https://doi.org/10.1007/978-3-662-56004-4_11

Bisher haben wir in diesem Buch die einzelnen Mechanismen untersucht, mit denen die angeborene und die adaptive oder erworbene Immunantwort vor eindringenden Mikroorganismen schützen. In diesem Kapitel wollen wir erörtern, wie die Zellen und Moleküle des Immunsystems als einheitliches Verteidigungssystem zusammenwirken, um Krankheitserreger zu beseitigen oder in Schach zu halten, und wie das adaptive Immunsystem einen lang anhaltenden Immunschutz bewirkt. In Kap. 2 und 3 haben wir uns damit beschäftigt, wie die angeborene Immunität in den ersten Phasen einer Infektion zum Einsatz kommt und wahrscheinlich bei den meisten Mikroorganismen, auf die wir in der Umgebung treffen, ausreicht, um eine Besiedlung des Körpers zu verhindern. Wir haben auch die **angeborenen lymphatischen Zellen** (*innate lymphoid cells*, **ILCs**) vorgestellt, die zwar keine antigenspezifischen Rezeptoren besitzen, aber in Bezug auf ihre Entwicklung und Funktion gemeinsame Merkmale mit den Untergruppen der CD4-T-Zellen und mit den cytotoxischen CD8-T-Zellen aufweisen. ILC-Zellen entfalten ihre Aktivitäten in den frühen Phasen einer Infektion, wobei sie unterschiedliche Arten von Immunantworten hervorbringen, die gegen bestimmte Arten von Krankheitserregern gerichtet sind. Anders als die naiven T- und B-Zellen halten sich die ILC in den Gewebebarrieren auf, etwa in den Schleimhäuten des Darms und der Atemwege, wo sie bereitstehen, schnell auf Krankheitserreger zu reagieren und deren Ausbreitung zu behindern oder ganz zu unterbinden.

Die meisten Krankheitskeime haben jedoch Strategien entwickelt, mit denen sie den Mechanismen der angeborenen Immunabwehr entkommen und einen Infektionsherd erzeugen. Unter diesen Bedingungen löst die angeborene Immunantwort eine adaptive Immunantwort aus, die maßgeblich von Signalen beeinflusst wird, die von den angeborenen Sensorzellen stammen. Die adaptive Immunantwort wird mit den angeborenen Effektorzellen koordiniert, sodass die Krankheitserreger beseitigt werden können. Bei der **primären Immunantwort**, die bei einem Krankheitserreger ausgelöst wird, mit dem der Körper das erste Mal in Kontakt tritt, reagieren die ILCs auf angeborene Sensorzellen und entwickeln dadurch in den ersten Stunden oder Tagen der Invasion durch die Krankheitserreger eine schnelle Reaktion. Gleichzeitig mit dieser Reaktion kommt es zur klonalen Expansion von naiven Lymphocyten und deren Differenzierung zu T-Effektorzellen und antikörpersezernierenden B-Zellen; dies wird durch die angeborenen Sensorzellen und die ILCs ausgelöst und gesteuert. Die adaptive Immunantwort benötigt jedoch mehrere Tage bis Wochen, bis sie vollständig ausgereift ist, was vor allem daran liegt, dass es von den antigenspezifischen Vorläuferzellen immer nur wenige gibt. Nach ihrer Vermehrung und Differenzierung in den sekundären lymphatischen Geweben wandern die T-Effektorzellen an die Infektionsherde und verstärken zusammen mit den antigenspezifischen Antikörpern die Effektorfunktionen der angeborenen Immunzellen. In den meisten Fällen greifen sie die Pathogene so wirksam an, dass sie schließlich beseitigt werden (▶ Abb. 11.1).

Während dieser Zeit entwickelt sich durch die adaptiven Immunzellen auch das **immunologische Gedächtnis**. Damit ist es möglich, dass bei einem Auftreten des gleichen Pathogens während einer **sekundären Immunantwort** antigenspezifische Antikörper und T-Effektorzellen schnell aktiviert werden und so ein lang anhaltender und häufig lebenslanger Schutz vor dem Krankheitserreger besteht. Das immunologische Gedächtnis wird im letzten Teil dieses Kapitels besprochen. Reaktionen des immunologischen Gedächtnisses unterscheiden sich auf mehrere Weise von den primären Immunantworten. Wir werden die Gründe dafür erörtern und schildern, was man über die Aufrechterhaltung des immunologischen Gedächtnisses weiß.

## 11.1 Zusammenwirken der angeborenen und adaptiven Immunität als Reaktion auf spezifische Arten von Krankheitserregern

Die Immunantwort ist ein dynamischer Vorgang und sowohl ihre Eigenschaften als auch ihre Intensität verändern sich im Lauf der Zeit. Am Anfang stehen antigenunabhängige

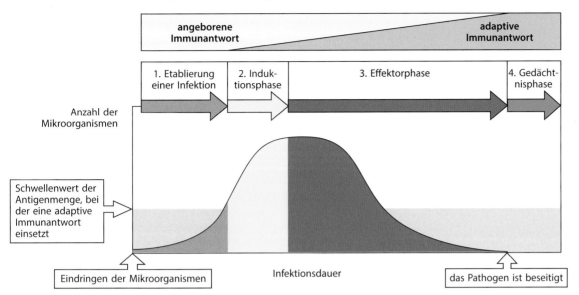

**Abb. 11.1 Der Verlauf einer typischen akuten Infektion, die von einer adaptiven Immunreaktion beseitigt wird.** 1. Die Konzentration des Erregers nimmt mit der Vermehrung des Pathogens zu. 2. Wenn die Zahl der Erreger den Schwellenwert übersteigt, der für eine adaptive Immunreaktion notwendig ist, wird die Antwort ausgelöst. Der Erreger vermehrt sich weiter und wird zunächst lediglich von den Reaktionen des angeborenen und nichtadaptiven Immunsystems gebremst. Ab diesem Stadium wird bereits das immunologische Gedächtnis aufgebaut. 3. Nach vier bis sieben Tagen beginnen Effektorzellen und Moleküle der adaptiven Reaktion mit der Beseitigung der Infektion. 4. Sobald die Infektion beendet ist und die Antigenmenge unter den Schwellenwert fällt, stoppt die Reaktion. Antikörper, restliche Effektorzellen und auch das immunologische Gedächtnis bewirken jedoch in den meisten Fällen einen langfristigen Schutz vor einer erneuten Infektion

Reaktionen der angeborenen Immunität, dann spezialisiert sich die Immunantwort immer mehr auf den Krankheitserreger und wird, wenn sich die adaptive Immunantwort entwickelt und ausreift, auch immer wirkungsvoller. Die Art und Weise der Reaktion unterscheidet sich abhängig von der Art des Pathogens. Unterschiedliche Krankheitserreger (etwa intrazelluläre und extrazelluläre Bakterien, Viren, parasitische Helminthen und Pilze) lösen unterschiedliche Formen von Immunantworten aus (beispielsweise vom Typ 1, 2 oder 3), sodass immer die wirksamste Immunantwort ausgelöst werden kann, um einen bestimmten Krankheitserreger zu beseitigen. Das angeborene Immunsystem bereitet nicht nur die adaptiven T- und B-Zell-Reaktionen vor und setzt sie in Gang, sondern stellt während der gesamten Infektion kontinuierlich Effektorzellen zur Verfügung und verstärkt die Signalwege der verschiedenen Arten von Immunität. In einer frühen Infektionsphase werden verschiedene Untergruppen der angeborenen lymphatischen Zellen (ILCs) von Cytokinen aktiviert, die wiederum von angeborenen Sensorzellen produziert werden. Diese frühe Reaktion bewirkt, dass das Eindringen der Krankheitserreger auf den ersten Infektionsherd begrenzt und eine Ausstreuung verhindert wird, während sich die adaptive Immunantwort entwickelt. Für die vollständige Beseitigung einer Infektion in Form einer **sterilisierenden Immunität** sind jedoch häufig die empfindlicheren und spezifischeren Aktivitäten der T-Effektorzellen sowie Antikörper nach Isotypwechsel und Affinitätsreifung erforderlich. Dieser Teil des Kapitels bietet einen Überblick darüber, wie die verschiedenen Phasen einer Immunantwort räumlich und zeitlich koordiniert werden. Dann besprechen wir, wie die einzelnen Cytokine der angeborenen Sensorzellen verschiedene Untergruppen von angeborenen lymphatischen Zellen aktivieren, um die Invasion der Krankheitserreger zu begrenzen und die pathogenspezifischen Abwehrmechanismen zu steuern, während sich die adaptive Immunantwort entwickelt.

Teil IV

## 11.1.1 Eine Infektion durchläuft unterschiedliche Phasen

Video 11.1

Einige mit Mikroorganismen assoziierte Muster (MAMPs) stimmen bei verschiedenen Pathogenen überein, andere nicht. Diese Unterschiede führen dazu, dass in der angeborenen und adaptiven Immunität unterschiedliche Reaktionsmuster aktiviert werden, die man in die Typen 1, 2 und 3 eingeteilt hat (siehe unten). Unabhängig vom auslösenden Pathogen und dem Muster der hervorgerufenen Immunantwort sind deren Geschwindigkeiten jeweils ähnlich und es lassen sich mehrere Stadien unterscheiden (▶ Abb. 11.1 und ▶ Abb. 3.38).

Im ersten Stadium einer Infektion ist ein Wirt Erregerpartikeln ausgesetzt, die von einem bereits infizierten Individuum verbreitet werden oder bereits in der Umgebung vorhanden sind. Die Anzahl der Erreger, ihre Stabilität außerhalb des Wirtes, der Übertragungsweg und die Art und Weise, wie sie in den Körper eindringen, bestimmen ihre Infektiosität. Der erste Kontakt eines Pathogens mit einem neuen Wirt findet an einer epithelialen Oberfläche statt. Das können die Haut oder die Schleimhautoberflächen des Respirations-, Gastrointestinal- oder Urogenitaltrakts sein. Nach der ersten Kontaktaufnahme muss der Erreger einen Infektionsherd bilden, wobei er sich entweder an die epitheliale Oberfläche heftet und sie anschließend besiedelt oder sie durchdringt, um sich in den Geweben zu vermehren (▶ Abb. 11.2). Stiche und Bisse von Arthropoden (Insekten und Zecken) und Wunden durchbrechen die epidermale Schranke und führen bei einigen Mikroorganismen dazu, dass sie durch die Haut gelangen.

Erst wenn es einem Mikroorganismus gelungen ist, im Wirt einen Infektionsherd auszubilden, treten erste Krankheitssymptome auf (▶ Abb. 11.2). Abgesehen von einigen Aus-

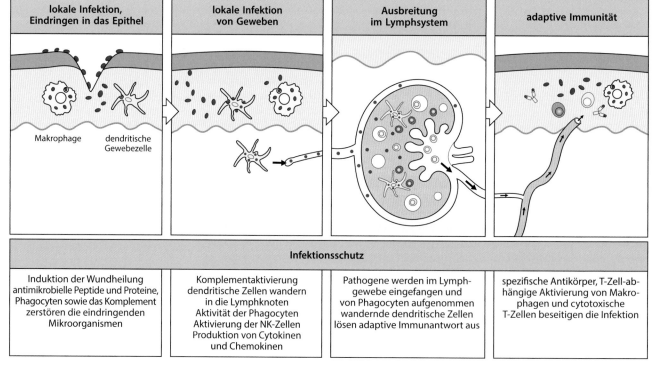

**Abb. 11.2 Infektionen und die durch sie ausgelösten Immunreaktionen kann man in mehrere Stadien einteilen.** Hier sind die Stadien für einen pathogenen Mikroorganismus (*rot*) dargestellt, der durch eine Verletzung in ein Epithel eindringt. Der Mikroorganismus heftet sich zunächst an die Epithelzellen und dringt dann jenseits des Epithels weiter vor (*erstes Bild*). Eine lokale, angeborene Immunreaktion hilft, die Infektion einzudämmen, und liefert den Lymphknoten in der Nähe Antigene und antigenbeladene dendritische Zellen (*drittes Bild*). Das führt im Lymphknoten zu einer adaptiven Immunreaktion und dabei zur Aktivierung und weiteren Differenzierung der B- und T-Zellen, bis schließlich Antikörper und T-Effektorzellen entstehen, die die Infektion beseitigen (*viertes Bild*)

nahmen bleiben diese allerdings geringfügig, solange sich der Erreger nicht von der primären Infektionsstelle weiter ausbreiten oder Toxine absondern kann, die in andere Teile des
Körpers gelangen. Extrazelluläre Krankheitserreger breiten sich entweder durch eine direkte Vergrößerung des Infektionsherdes, über die Lymphbahnen oder den Blutkreislauf
aus. Letzteres geschieht gewöhnlich erst, wenn das Lymphsystem nicht mehr mit den Erregern fertig wird. Obligat intrazelluläre Krankheitserreger breiten sich von Zelle zu Zelle
aus – entweder direkt oder durch Freisetzung in die Extrazellularflüssigkeit und anschließende Reinfektion sowohl benachbarter als auch weiter entfernt liegender Zellen. Das trifft
auch auf fakultativ intrazelluläre Krankheitserreger zu, nachdem sie eine Zeit lang im
Extrazellularraum überlebt haben. Andererseits rufen manche der Bakterien, die eine Gas-
troenteritis verursachen, ihre Wirkungen hervor, ohne dass sie sich in die Gewebe ausbreiten. Sie bilden auf der epithelialen Oberfläche im Darmlumen einen Infektionsherd aus
und verursachen eine Erkrankung, indem sie das Epithel schädigen oder Toxine freisetzen,
die entweder an Ort und Stelle oder nachdem sie die epitheliale Barriere überwunden haben
und in den Blutkreislauf gelangt sind, Schäden hervorrufen.

Das Entstehen eines Infektionsherdes im Gewebe und die Reaktion des angeborenen Immunsystems führen zu Veränderungen in der unmittelbaren Umgebung. Viele Mikroorganismen
werden in diesem Stadium von der angeborenen Immunität abgewehrt oder unter Kontrolle
gehalten, die durch die Stimulation der verschiedenen keimbahncodierten Mustererkennungsrezeptoren der angeborenen Sensorzellen aktiviert wurde – beispielsweise Epithelzellen, gewebsresidente Mastzellen, Makrophagen und dendritische Zellen (Kap. 2 und 3).
Cytokine und Chemokine, die von den pathogenaktivierten Sensorzellen produziert werden,
lösen lokale Entzündungen aus und aktivieren ILC-Zellen. Diese Reaktionen werden innerhalb von Minuten oder Stunden aktiviert und mindestens einige Tage aufrechterhalten. Die
Entzündungsreaktion wird durch die Aktivierung des Endothels von postkapillären Venolen
in Gang gesetzt (▶ Abb. 3.31). Das führt zur Rekrutierung von zirkulierenden angeborenen
Effektorzellen, insbesondere von Neutrophilen und Monocyten. Dadurch erhöht sich auch
die Anzahl der Phagocyten, die zur Beseitigung der Mikroorganismen zur Verfügung stehen.
Monocyten wandern in die Gewebe ein und werden aktiviert, gleichzeitig werden weitere
Entzündungszellen in das infizierte Gewebe gelockt, sodass die Entzündungsreaktion aufrechterhalten und verstärkt wird. Die Durchlässigkeit des entzündeten Endothels führt auch
zum Einstrom von Serumproteinen. Dazu gehört auch das Komplement, dessen Aktivierung
bei einer Primärinfektion vor allem über den alternativen Weg und den Lektinweg erfolgt
(▶ Abb. 2.15). Das führt zur Produktion der Anaphylatoxine C3a und C5a, die das Gefäßendothel noch mehr aktivieren, sowie zur Produktion von C3b, das Mikroorganismen opsonisiert, die dann von den rekrutierten Phagocyten wirksamer beseitigt werden können. Diese
frühe Phase einer Entzündungsreaktion ist für die Art des Pathogens nicht spezifisch.

Entsprechend der Produktion von proinflammatorischen Cytokinen wie TNF-$\alpha$, die unspezifische Entzündungen auslösen, erzeugen angeborene Sensorzellen weitere Cytokine, die
innerhalb von Stunden nach einer Infektion spezifische ILC-Untergruppen differenziert
aktivieren. Das ist darauf zurückzuführen, dass die verschiedenen Arten von Pathogenen
spezifische MAMP-Strukturen oder deren Kombinationen exprimieren, die bei den angeborenen Sensorzellen unterschiedliche Cytokinmuster hervorrufen. Das hat bedeutende Auswirkungen darauf, wie sich die Art der Immunantwort entwickelt, die gegen ein bestimmtes
Pathogen gerichtet ist, da die ILC-Untergruppen differenziert aktiviert werden, um dann
entsprechend dem Cytokinmuster der angeborenen Sensorzellen ihre eigenen Effektorcytokine und -chemokine zu erzeugen (▶ Abb. 11.3). Die Produkte von aktivierten ILC-Zellen
verstärken und koordinieren lokale Reaktionen der angeborenen Immunität, die besser darauf ausgerichtet sind, bestimmte Arten von Krankheitserregern zu bekämpfen. Dadurch
ändert sich auch die Rekrutierung und Reifung der verschiedenen angeborenen **myelomonocytischen Effektorzellen** (also Granulocyten wie neutrophile, eosinophile und basophile
Zellen oder Monocyten) am Infektionsherd. Von ILCs produzierte Cytokine steuern wahrscheinlich auch die Entwicklung der naiven T-Zellen zu den verschiedenen Untergruppen
der Effektorzellen (beispielsweise $T_H1$-, $T_H2$- oder $T_H17$-Zellen) – entweder durch direktes
Einwirken auf die naiven T-Zellen oder indirekt durch Beeinflussung der Aktivierung von
dendritischen Zellen, die zu regionalen Lymphknoten wandern und dort naive T-Zellen durch
Priming aktivieren. Auf diese Weise üben die ILCs in den ersten Tagen einer Immunantwort

Teil IV

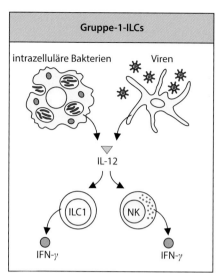

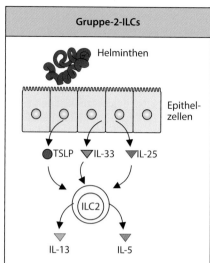

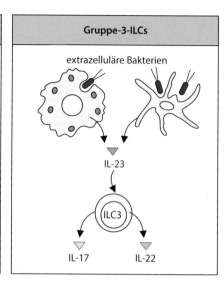

**Abb. 11.3 Cytokine, die von angeborenen Sensorzellen produziert werden, aktivieren angeborene lymphatische Zellen (ILCs).** Die mit Mikroorganismen assoziierten molekularen Muster (MAMPs), die von verschiedenen Arten von Krankheitserregern exprimiert werden, stimulieren die unterschiedlichen Cytokinreaktionen der angeborenen Sensorzellen. Diese stimulieren verschiedene ILC-Untergruppen, die unterschiedliche Effektorcytokine erzeugen, die wiederum die Immunantwort koordinieren und verstärken

eine wichtige Vermittlerfunktion aus, indem sie sowohl die angeborene Immunabwehr voranbringen als auch die Art der anschließenden adaptiven Immunantwort beeinflussen.

Das adaptive Immunsystem wird aktiviert, wenn eine Infektion den angeborenen Abwehrmechanismen entkommt oder sie überwindet und die erzeugten Antigene einen Schwellenwert überschreiten (▶ Abb. 11.1). Von den lokalen Lymphgeweben gehen dann als Reaktion auf Antigene, die von den im Verlauf der angeborenen Immunantwort aktivierten dendritischen Zellen präsentiert werden, adaptive Immunantworten aus (▶ Abb. 11.2; zweites und drittes Bild). Durch klonale Expansion und Differenzierung werden im dritten Stadium innerhalb mehrerer Tage antigenspezifische T-Effektorzellen und antikörperbildende B-Zellen gebildet. Währenddessen bewirken die Reaktionen der angeborenen Immunabwehr, die von den ILCs gesteuert werden, einen „Zeitgewinn", damit die adaptive Reaktion heranreifen kann. Wenige Tage nach Beginn der Infektion werden antigenspezifische T-Zellen und daraufhin Antikörper in das Blut freigesetzt und gelangen von dort zur Entzündungsstelle (▶ Abb. 11.2, viertes Bild). Adaptive Immunantworten sind viel wirksamer, da sie Krankheitserreger aufgrund der antigenspezifischen Lenkung der angeborenen Effektormechanismen zielgerichteter beseitigen können. So können beispielsweise Antikörper das Komplementsystem aktivieren, Pathogene direkt zu töten. Antikörper können Krankheitserreger opsonisieren und verbessern so die Phagocytose, und sie können Fc-tragende angeborene Effektorzellen „bewaffnen", sodass sie antimikrobielle Faktoren freisetzen oder die cytotoxischen Aktivitäten der natürlichen Killerzellen (NK-Zellen) rekrutieren. Diese zuletzt genannten Fähigkeiten bezeichnet man als **antikörperabhängige zellvermittelte Cytotoxizität (ADCC)**. CD8-T-Effektorzellen können antigentragende Zellen über ähnliche cytotoxische Aktivitäten direkt töten, CD4-T-Effektorzellen können Cytokine auf Makrophagen lenken, wodurch sie deren antimikrobielle Aktivitäten verstärken.

Um eine Infektion abzuwehren, müssen die Krankheitserreger und damit der Ursprung der Antigene innerhalb von Tagen oder Wochen vollständig vernichtet werden. Anschließend sterben die meisten Effektorzellen ab – diesen Zustand bezeichnet man als klonale Kontraktion (Abschn. 11.2.14). Am Ende gibt es noch langlebige antikörperproduzierende Plasmazellen, die für Monate oder Jahre dafür sorgen, dass zirkulierende Antikörper erhalten bleiben, und geringe Zahlen von B- und T-Gedächtniszellen, die ebenfalls jahrelang erhalten bleiben können. Sie stehen bereit, eine beschleunigte adaptive Immunantwort hervorzubringen, sobald ein künftiger Kontakt mit dem gleichen Pathogen erfolgt. Neben der Beseitigung eines Krankheitserregers bietet eine wirksame adaptive Immunantwort auch Schutz vor einer Reinfektion. Bei einigen Pathogenen ist dieser Schutz vollkommen, während bei anderen eine erneute Infektion nur verringert oder abgeschwächt auftritt.

Es ist nicht bekannt, wie viele Infektionen nur mit nichtadaptiven Mechanismen der angeborenen Immunität bekämpft werden, da zahlreiche Infektionen früh beseitigt werden und nur wenige Symptome verursachen. Die angeborene Immunität ist für eine wirksame Immunabwehr jedoch anscheinend unerlässlich. Das zeigt sich an der fortschreitenden Entwicklung von Infektionen bei Mäusen, denen Komponenten der angeborenen Immunität fehlen, deren adaptives Immunsystem jedoch intakt ist (▶ Abb. 11.4). Andererseits können viele Infektionen nur abgeschwächt, nicht aber vollständig beseitigt werden, wenn die adaptive Immunität fehlt.

Bei vielen Infektionen bleiben nach einer wirkungsvollen primären adaptiven Immunantwort nur geringfügige oder gar keine Spuren der Krankheit zurück. In manchen Fällen verursachen die Infektion oder die durch sie ausgelöste Immunantwort jedoch massive Gewebeschäden. In wieder anderen Fällen wie bei einer Infektion mit dem Cytomegalievirus oder mit *Mycobacterium tuberculosis* wird der Erreger unterdrückt, jedoch nicht beseitigt, und kann daher latent weiterbestehen. Sollte später einmal das adaptive Abwehrsystem geschwächt sein, wie es bei AIDS (*acquired immune deficiency syndrome*) der Fall ist, treten diese Erreger erneut in Erscheinung und verursachen virulente systemische Infektionen. In Kap. 13 werden wir uns eingehend mit den Mechanismen beschäftigen, mit deren Hilfe bestimmte Pathogene der adaptiven Immunabwehr entkommen oder sie unterminieren, um eine Infektion dauerhaft (oder chronisch) zu etablieren.

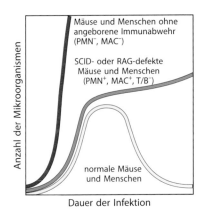

**Abb. 11.4 Der zeitliche Verlauf einer Infektion bei normalen und immungeschwächten Mäusen und Menschen.** Die *rote Kurve* zeigt das rasche Wachstum von Mikroorganismen, wenn die angeborene Immunabwehr fehlt und keine Makrophagen (MACs) und polymorphkernige Leukocyten (PMNs) gebildet werden. Die *grüne Kurve* stellt den Infektionsverlauf bei Mäusen und Menschen mit angeborener Immunabwehr dar, denen jedoch T- oder B-Lymphocyten fehlen und damit keine adaptive Immunreaktion entstehen kann. Die *gelbe Kurve* gibt eine normal verlaufende Infektion bei immunkompetenten Mäusen oder Menschen wieder

## 11.1.2 Welche Effektormechanismen für die Beseitigung einer Infektion aktiviert werden, hängt vom Krankheitserreger ab

Bei den meisten Infektionen kommt es letztendlich zu einer adaptiven Immunantwort, an der sowohl T- als auch B-Zellen beteiligt sind, und in vielen Fällen tragen beide dazu bei, den Krankheitserreger zu beseitigen oder einzugrenzen und eine schützende Immunität aufzubauen. Jedoch unterscheidet sich die relative Bedeutung der einzelnen Effektormechanismen für die verschiedenen Pathogene genauso wie die beteiligten effektiven Antikörperisotypen. Es entwickelt sich zunehmend die Vorstellung, dass es verschiedene Arten von Immunantworten gibt, die darauf ausgerichtet sind, unterschiedliche **Immuneffektormodule** (Abschn. 1.4.1) zu entwickeln. Bei jeder Art von Immunantwort wirken eine Anzahl spezifischer angeborener und adaptiver Mechanismen zusammen und beseitigen dadurch eine bestimmte Art von Pathogen. Zu jedem Effektormodul gehört eine Untergruppe von angeborenen Sensorzellen, ILC-Zellen, T-Effektorzellen.und Antikörperisotypen. Diese wirken mit den Untergruppen der zirkulierenden und geweberesidenten Myelomonocyten koordiniert zusammen, deren antimikrobielle Funktionen aktiviert und verstärkt werden (▶ Abb. 11.5). Zirkulierende Myelomonocyten sind wichtige angeborene Effektorzellen, deren Aktivität von ILC-Zellen, T-Effektorzellen und Antikörpern gesteigert wird, nachdem sie zu Infektionsherden gelenkt wurden. Zu ihnen gehören (in der Reihenfolge ihrer Häufigkeit) neutrophile Zellen, Monocyten (die in entzündete Gewebe einwandern und sich dort zu aktivierten Makrophagen differenzieren), eosinophile und basophile Zellen. Die Aktivität von geweberesidenten Mastzellen, die mit den basophilen Zellen viele Funktionen gemeinsam haben, wird ebenfalls gesteigert.

Anscheinend haben sich die drei wichtigen Untergruppen der ILCs (ILC1, ILC2, ILC3) und der CD4-T-Effektorzellen (T$_H$1, T$_H$2, T$_H$17) in der Evolution jeweils so entwickelt, dass sie die Funktionen der adaptiven Immunität mit den verschiedenen Sparten des myelomonocytischen Weges koordinieren und zusammenführen. Dadurch ist es am besten möglich, die verschiedenen Arten von Krankheitserregern zu beseitigen: Monocyten und Makrophagen sind „gesteigerte" T$_H$1-Zellen, eosinophile und basophile Zellen sowie Mastzellen entsprechen den

**Teil IV**

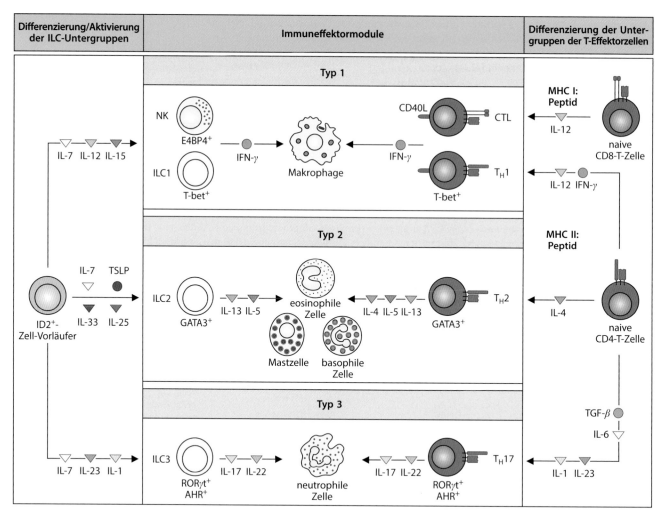

**Abb. 11.5 Koordination und Zusammenführen der ILC-Zellen, Untergruppen der T-Zellen und angeborenen Effektorzellen zu Immuneffektormodulen.** Dargestellt sind die wichtigsten induzierenden und effektorwirksamen Cytokine und Transkriptionsfaktoren (etwa ID2, T-bet, GATA3, RORγT und AHR), die mit den einzelnen Effektormodulen zusammenhängen. Einzelheiten im Text

$T_H2$-Zellen, Neutrophile dagegen den $T_H17$-Zellen. Die drei wichtigsten Typen der Immunantworten werden von Netzwerken aus Cytokinen und Chemokinen reguliert (siehe unten).

**Immunantworten vom Typ 1** sind durch Aktivitäten von ILC1-Zellen, $T_H1$-Zellen, opsonisierenden IgG-Isotypen (beispielsweise IgG1 und IgG2) und Makrophagen gekennzeichnet. Sie erfolgen als Reaktion auf intrazelluläre Pathogene wie Bakterien, Viren und Parasiten (▶ Abb. 11.5). **Immunantworten vom Typ 2** sind gekennzeichnet durch Aktivitäten von ILC2-Zellen, $T_H2$-Zellen, IgE und angeborenen Effektorzellen wie Eosinophile, Basophile und Neutrophile. Typ-2-Reaktionen werden durch vielzellige Parasiten (Helminthen) ausgelöst und greifen diese an. **Immunantworten vom Typ 3** sind gekennzeichnet durch die Aktivitäten von ILC3-Zellen, $T_H17$-Zellen, opsonisierenden IgG-Antikörpern und neutrophilen Zellen. Sie erfolgen als Reaktion auf extrazelluläre Bakterien und Pilze. Die Aktivierung der verschiedenen ILC-Untergruppen in der frühen Infektionsphase bildet die Grundlage für die polarisierten Typ-1-, Typ-2- oder Typ-3-Reaktionen. Im Gegensatz zu den CD4-T-Effektorzellen benötigen die ILC-Zellen, die mit den CD4-T-Zellen übereinstimmende Merkmale besitzen, kein Priming und müssen sich auch nicht differenzieren, um ihre Effektorfunktionen zu erwerben. Deshalb können sie schnell reagieren und dadurch die Aktivitäten der residenten und aktivieren angeborenen Effektorzellen verstärken. Hier wollen wir uns genauer mit der Induktion und den Aktivitäten der ILC-Untergruppen beschäftigen, da diese Reaktionen den adaptiven T-Zell-Antworten vorausgehen und mit diesen integriert werden.

Wie bereits in Kap. 3 erwähnt, sind ILC1-Zellen und die verwandten NK-Zellen durch ihre Produktion von IFN-$\gamma$ als Reaktion auf IL-12 und IL-18 gekennzeichnet. Diese wiederum werden von dendritischen Zellen und Makrophagen erzeugt, die von Pathogenen aktiviert wurden. In ihrer Funktion ähneln ILC1- und NK-Zellen am meisten den $T_H$1-Zellen beziehungsweise cytotoxischen Lymphocyten (CTLs). ILC1-Zellen besitzen keine cytolytischen Granula, die für die NK-Zellen und CTLs charakteristisch sind, und sie fördern anscheinend die Beseitigung von intrazellulären Pathogenen, indem sie infizierte Makrophagen durch Freisetzung von IFN-$\gamma$ aktivieren. Durch ihre Produktion von IL-12 und IL-18 können Makrophagen ILC1-Zellen schnell veranlassen, IFN-$\gamma$ zu produzieren. IFN-$\gamma$ wirkt dann auf die Makrophagen zurück, die das Abtöten ihrer intrazellulären Pathogene einige Tage vor der Entwicklung und Rekrutierung von $T_H$1-Zellen steigern. Darüber hinaus kann die Produktion von IFN-$\gamma$ durch die ILC1-Zellen zur frühen Polarisierung der $T_H$1-Zellen beitragen. So werden die Effektorfunktionen dieser Zellen mit dem anschließenden Auslösen der $T_H$1-Zell-Reaktion gekoppelt. In ähnlicher Weise ermöglicht das schnelle Auslösen der cytolytischen Aktivität von NK-Zellen, dass eine Reihe von pathogeninfizierten Zellen abgetötet werden, da auf den Zielzellen bestimmte Oberflächenmoleküle exprimiert und erkannt werden (Abschn. 3.2.9). Das alles geschieht vor der durch Antigene beförderten Entwicklung der cytolytischen CD8-T-Zellen. Ähnlich der Wirkung der IFN-$\gamma$-Produktion durch ILC1-Zellen auf $T_H$1-Zellen kann auch die IFN-$\gamma$-Produktion durch aktivierte NK-Zellen dazu beitragen, dass sich die cytolytischen CD8-T-Zellen in größerer Zahl differenzieren.

ILC2-Zellen, die sich in den mucosalen Geweben aufhalten, werden vor allem von drei Cytokinen aktiviert: das **thymusstromale Lymphopoetin (TSLP, ein STAT5-aktivierendes Cytokin)**, IL-33 und IL-25, die alle als Reaktion auf Helminthen produziert werden. Diese Cytokine werden vor allem von Epithelzellen erzeugt, die bei Helminthen vorkommende molekulare Muster erkennen, beispielsweise Chitin. Chitin ist ein Polysaccharidpolymer aus $\beta$-1,4-glykosidisch verknüpften *N*-Acetylglucosamin-Molekülen und als Bestandteil von Helminthen, des Exoskeletts von Insekten und bei einigen Pilzen weit verbreitet. Aktivierte ILC2-Zellen produzieren schnell große Mengen an IL-13 und IL-5. IL-13 stimuliert die Schleimproduktion der Becherzellen im Epithel und die Kontraktion der mucosalen glatten Muskulatur, wodurch Würmer ausgeschieden werden können. IL-5 stimuliert die Erzeugung und Aktivierung von eosinophilen Zellen, die Würmer töten können. ILC2-Zellen haben mit $T_H$2-Zellen verschiedene Funktionseigenschaften gemeinsam, produzieren aber anscheinend *in vivo* nur geringe Mengen an IL-4, was darauf hindeutet, dass sie die $T_H$2-Differenzierung nicht direkt unterstützen. Die durch die Chemokine der ILC2-Zellen rekrutierten eosinophilen und basophilen Zellen werden jedoch durch IL-5 und IL-13 der ILC2-Zellen zur Produktion von IL-4 angeregt. Dies ist möglicherweise ein indirekter Mechanismus, über den die $T_H$2-Differenzierung durch die ILC2-Zellen gelenkt wird. Darüber hinaus reguliert anscheinend IL-13 der ILC2-Zellen die Aktivierung und Wanderung der dendritischen Zellen, die die $T_H$2-Differenzierung fördern, zu den regionalen Lymphgeweben. Dabei ist allerdings noch nicht bekannt, ob diese dendritischen Zellen ebenfalls IL-4 produzieren können.

ILC3-Zellen sind für die erste Bekämpfung von extrazellulären Bakterien und Pilzen an den Gewebebarrieren von entscheidender Bedeutung. Ähnlich wie die $T_H$17-Zellen reagieren auch die ILC3-Zellen auf IL-23 und IL-1$\beta$. Diese Cytokine regen die Produktion IL-17 und IL-22 an, die wiederum frühe Typ-3-Reaktionen stimulieren. IL-17 ist ein proinflammatorisches Cytokin, das auf eine Reihe verschiedener Zellen einwirkt, beispielsweise auf Stromazellen, Epithelzellen und myeloische Zellen, und die Produktion von proinflammatorischen Cytokinen (etwa IL-6 und IL-1$\beta$), hämatopoetischen Wachstumsfaktoren (G-CSF und GM-CSF) und von Chemokinen stimuliert, die ihrerseits neutrophile Zellen und Monocyten rekrutieren. IL-22 wirkt auf Epithelzellen und regt sie zur Produktion von antimikrobiellen Peptiden (AMPs) an, es erhöht außerdem die Integrität von Gewebebarrieren. Wie bei den anderen ILC-Zellen verstärken die Cytokine der ILC3-Zellen indirekt über IL-6 und IL-1$\beta$ Typ-3-Reaktionen in Form einer positiven Rückkopplungsschleife, indem sie die lokale Produktion von IL-23 und IL-1$\beta$ steigern. Da die ILC3-Zellen die Produktion von IL-6,

IL-1$\beta$ und IL-23 stimulieren, fördern sie wahrscheinlich auch die Differenzierung der $T_H$17-Zellen in den Lymphgeweben der Schleimhäute, wo sie in größerer Anzahl vorkommen.

Eine weitere Parallele zu den CD4-T-Effektorzellen ist die wichtige Eigenschaft der ILC-Zellen, dass sie andere Immunzellen zum Abtöten oder Ausstoßen von Mikroorganismen „lizenzieren", wobei sie das nicht selbst tun. Stattdessen übernehmen Myelomonocyten und sogar Zellen der Schleimhautepithelien diese Aufgabe; sie werden von den proinflammatorischen Cytokinen und Chemokinen, die von ILC-Zellen und CD4-T-Effektorzellen erzeugt werden, rekrutiert und/oder aktiviert. Eine Ausnahme bilden die NK-Zellen, die wie die CD8-T-Effektorzellen Zielzellen direkt töten, die intrazelluläre Pathogene beherbergen. Da CD4-T-Effektorzellen ihre Cytokine gezielt auf antigentragende Zellen übertragen und B-Zellen zur Reifung und zur Produktion von Antikörpern mit anderen Isotypen anregen können, bilden sie eine weitere Ebene der Lizenzierung der angeborenen Effektorzellen, die deren vernichtende Wirkung und Fähigkeit zur Beseitigung von Mikroorganismen verstärkt (siehe unten).

### Zusammenfassung

Für einen wirksamen Schutz des Körpers vor pathogenen Mikroorganismen ist ein Zusammenwirken der angeborenen und adaptiven Immunantworten erforderlich. Die Reaktionen des angeborenen Immunsystems grenzen die Krankheitserreger in einer frühen Infektionsphase ein, während sie gleichzeitig dazu beitragen, die adaptive Immunantwort in Gang zu setzen, die bis zu ihrer vollständigen Entwicklung einige Zeit benötigt. Die verschiedenen Arten von Pathogenen führen dazu, dass die angeborenen Sensorzellen unterschiedliche Cytokinmuster erzeugen. Das wiederum fördert die Aktivierung von unterschiedlichen Mustern der angeborenen lymphatischen Zellen (ILCs). Diese lenken angeborene Effektorzellen zu Infektionsherden und tragen zur Entwicklung der unterschiedlichen Differenzierungsprogramme der CD4-T-Zellen bei. Die verschiedenen Typen der Immunität, die gegen die unterschiedlichen Arten von Krankheitserregern gerichtet sind, beruhen auf der koordinierten Induktion der einzelnen Immuneffektormodule, die aus den verwandten Untergruppen der ILCs, angeborenen Effektorzellen, CD4-T-Effektorzellen und Antikörpern mit Isotypwechsel bestehen.

## 11.2 T-Effektorzellen verstärken die Effektorfunktionen der angeborenen Immunzellen

In Kap. 9 haben wir uns damit beschäftigt, wie dendritische Zellen mit ihrer Antigenfracht aus den infizierten Geweben über die Lymphgefäße in die sekundären lymphatischen Gewebe einwandern, wo sie eine adaptive Immunantwort auslösen. Wir haben besprochen, wie die CD8-T-Zellen nach dem Priming zu cytotoxischen Effektoren werden, die darauf spezialisiert sind, infizierte Zielzellen zu töten, die MHC-Klasse-I-Moleküle exprimieren. Wir haben auch erfahren, wie durch spezifische Cytokine Netzwerke von Transkriptionsfaktoren aktiviert werden, die wiederum die Differenzierung von naiven CD4-T-Zellen in die verschiedenen Subpopulationen der CD4-T-Effektorzellen steuern – $T_H$1, $T_H$2 und $T_H$17 ($\blacktriangleright$ Abb. 9.31). In Kap. 10 haben wir die spezialisierte Funktion der $T_{FH}$-Zellen besprochen, die antigentragende B-Zellen anregen und so im Zusammenhang mit den Immunantworten der Typen 1, 2 und 3 in den Keimzentren den Antikörperisotypwechsel und die Reifung der B-Zellen kontrollieren. Wir wenden uns nun den spezialisierten Funktionen der Untergruppen der CD4-T-Zellen zu, die nach ihrer Differenzierung die sekundären lymphatischen Gewebe verlassen und dann die Funktionen der angeborenen Immunzellen an Infektionsherden aufeinander abstimmen.

Wie in den vorherigen Abschnitten besprochen, hängt das Cytokinmuster, das von der angeborenen Immunantwort in der frühen Infektionsphase erzeugt wird, davon ab, wie der Mikroorganismus das Verhalten der angeborenen Sensorzellen und der verschiedenen ILC-Untergruppen beeinflusst. Die lokalen Bedingungen der Entzündung, die durch diese Wechselwirkungen erzeugt werden, wirken sich entscheidend darauf aus, wie sich die

T-Zellen bei ihrem ersten Kontakt mit dendritischen Zellen differenzieren. So wird auch festgelegt, welche Untergruppen von T-Effektorzellen gebildet werden (Kap. 9). Die Rekrutierung von T-Effektorzellen zu Infektionsherden unterstützt und verstärkt wiederum die Reaktionen der angeborenen Effektorzellen, die von ILCs durch Effektormechanismen ausgelöst werden, für die eine antigenspezifische Erkennung notwendig ist. Das kann durch Kontakte zwischen CD4- oder CD8-T-Zellen und den Zielzellen geschehen, die die passenden Antigene tragen, oder durch pathogenspezifische Antikörper. In diesem Teil des Kapitels wollen wir uns damit befassen, wie die Differenzierung der CD4-T-Effektorzellen während der adaptiven Immunantwort die Expression ihrer Oberflächenrezeptoren verändert und dazu führt, dass sie die sekundären lymphatischen Gewebe verlassen und gezielt zu den Infektionsherden wandern. Wir wollen dann besprechen, wie $T_H1$-, $T_H2$- und $T_H17$-Zellen an Infektionsherden mit den Zellen des angeborenen Immunsystems interagieren, um zur Beseitigung des spezifischen Pathogens beizutragen, das die Entwicklung und Rekrutierung dieser T-Zellen ausgelöst hat. Zum Schluss soll es noch darum gehen, wie die primäre Effektorreaktion beendet wird, nachdem das Pathogen beseitigt wurde.

## 11.2.1 T-Effektorzellen werden durch Veränderungen ihrer Expression von Adhäsionsmolekülen und Chemokinrezeptoren zu spezifischen Geweben und zu Infektionsherden gelenkt

Wenn sich naive T-Zellen zu T-Effektorzellen differenzieren, verändert sich die Expression von spezifischen Oberflächenmolekülen, die die Wanderung der $T_{FH}$-Zellen aus den T-Zell-Zonen in die B-Zell-Zonen oder die Wanderung der T-Effektorzellen aus den lymphatischen in die nichtlymphatischen Gewebe steuern. Während der drei bis fünf Tage, die in den sekundären lymphatischen Geweben für die Differenzierung naiver T-Zellen in T-Effektorzellen notwendig sind, kommt es zu deutlichen Veränderungen bei der Expression dieser Steuermoleküle, etwa bei der Präsentation von Selektinen und ihren Liganden, den Integrinen, sowie bei den Chemokinrezeptoren. Wie wir noch feststellen werden, sind einige dieser Veränderungen generisch und stimmen bei allen CD4- und CD8-T-Effektorzellen überein. Andere sind gewebespezifisch und ermöglichen die Rekrutierung von T-Zellen zurück in die Gewebe, wo sie dann das Priming durchlaufen. Wieder andere sind für einzelne Untergruppen der T-Zellen spezifisch, insbesondere die Expressionsmuster der Chemokinrezeptoren, die für die gerichtete Wanderung der $T_{FH}$-Zellen in die Keimzentren von Bedeutung sind, wo sie die sich entwickelnden B-Zellen unterstützen. Das betrifft auch die Wanderung der $T_H1$-, $T_H2$- und $T_H17$-Zellen in dieselben Geweberegionen wie die Myelomonocyten, deren Effektorfunktionen sie aktivieren und verstärken.

Naive CD4-T-Zellen, die von Antigenen aktiviert werden und sich zu $T_{FH}$-Zellen entwickeln, beginnen CXCR5 zu exprimieren und beenden die Expression von CCR7 und **S1PR1**, dem Rezeptor für das chemotaktische Lipid **Sphingosin-1-phosphat** (S1P) (Abschn. 9.1.7). Die konstitutive Expression von CXCL13 durch die follikulären dendritischen Zellen erzeugt einen Gradienten, der die sich entwickelnden $T_{FH}$-Zellen zuerst zur Grenze einer T-Zell-Zone mit einem B-Zell-Follikel lenkt, wo sie mit den B-Zellen interagieren können, die ihr kognates Antigen präsentieren. Dann wandern sie in den B-Zell-Follikel, wo sie die B-Zellen in den Keimzentren unterstützen. Im Gegensatz zu den $T_{FH}$-Zellen müssen die übrigen CD4- und CD8-T-Effektorzellen die Lymphgewebe verlassen, wo sie sich entwickelt haben, um an Infektionsherden in nichtlymphatischen Geweben mit den Myelomonocyten in Wechselwirkung zu treten. Die Auswanderung der T-Zellen wird durch das Abschalten der Expression von CCR7 und die erneute Expression von S1PR1 eingeleitet. S1PR1 wird nach der Stimulation naiver T-Zellen durch ein Antigen normalerweise durch CD69 schnell herunterreguliert, sodass die sich entwickelnden Effektorzellen in den Lymphgeweben zurückgehalten werden, während sie ihre Differenzierung und eine klonale Expansion durchlaufen (Abschn. 9.1.6). Die meisten T-Effektorzellen exprimieren kein L-Selektin mehr, das sonst das Entlangrollen auf dem hohen Endothel der Venolen in den sekundären lymphatischen Geweben ermöglicht, und exprimieren den **P-Selektin-Glykoprotein-Ligand 1 (PSGL-1)**, ein homodimeres Sialylglykoprotein. Dieses ist der wichtigste Ligand

**Abb. 11.6 T-Effektorzellen verändern ihre Oberflächenmoleküle, wodurch sie zu Infektionsherden wandern können.** Naive T-Zellen gelangen über die Bindung von L-Selektin an sulfatierte Kohlenhydrate auf verschiedenen Proteinen wie CD34 und GlyCAM-1 (nicht dargestellt) auf Venolen mit hohem Endothel (HEVs, *oben*) zu den Lymphknoten. Nachdem sie dort auf ihr Antigen getroffen sind, können viele der differenzierten T-Effektorzellen die Expression von L-Selektin beenden. Sie verlassen den Lymphknoten vier bis fünf Tage später, wobei sie dann das Integrin VLA-4 und verstärkt LFA-1 exprimieren. Diese Integrine binden nun in den Infektionsherden an VCAM-1 beziehungsweise an ICAM-1 auf den Endothelzellen peripherer Gefäße (*unten*). Bei der Differenzierung zu Effektorzellen wird in den T-Zellen außerdem die mRNA für das Oberflächenmolekül CD45 anders gespleißt. Bei der von den T-Effektorzellen exprimierten CD45RO-Isoform fehlen ein oder mehrere Exons für die extrazellulären Domänen. Diese sind in der CD45RA-Isoform vorhanden, die von naiven T-Zellen exprimiert wird. Die CD45RO-Isoform bewirkt irgendwie, dass T-Effektorzellen schneller von einem spezifischen Antigen stimuliert werden

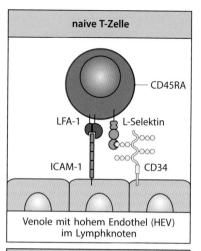

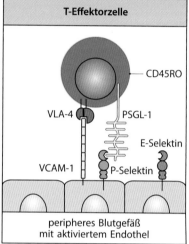

für das Entlangrollen der Zellen auf P- und E-Selektinen, die von aktivierten Endothelzellen an Entzündungsherden exprimiert werden (▶ Abb. 11.6). Anders als Granulocyten und Monocyten, die Glykosyltransferasen konstitutiv exprimieren, die für die Biosynthese von Selektinliganden essenziell sind, exprimieren T-Zellen diese Enzyme nur nach ihrer Entwicklung zu T-Effektorzellen. Bei der Effektordifferenzierung wird die Glykosyltransferase α1,3-Fucosyltransferase VII (FucT-VII) exprimiert, die für die Produktion der P- und E-Selektin-Liganden von zentraler Bedeutung ist. PSGL-1 wird zwar sowohl von naiven T-Zellen als auch von T-Effektorzellen exprimiert, wird aber nur von den T-Effektorzellen für die Selektinbindung passend glykosyliert.

Die Expression von anderen Adhäsionsmolekülen, beispielsweise von Integrinen, die für die Rekrutierung von T-Effektorzellen zu entzündeten Geweben von Bedeutung sind, nimmt ebenfalls zu (▶ Abb. 11.6). Naive T-Zellen exprimieren vor allem **LFA-1** ($\alpha_L$:$\beta_2$), das auf den T-Effektorzellen erhalten bleibt, wenn sie sich aus den naiven T-Zell-Vorläufern entwickeln. LFA-1 ist jedoch nicht das einzige Integrin, das diese Zellen exprimieren. T-Effektorzellen bilden auch das Integrin $\alpha_4$:$\beta_1$ (oder VLA-4), das an das Adhäsionsmolekül **VCAM-1** (vaskuläres Adhäsionsmolekül 1, *vascular cell adhäsion molecule 1*) bindet. VCAM-1 gehört zur Immunglobulinsuperfamilie und ist mit ICAM-1 verwandt. Wenn T-Zellen durch Chemokinsignale aktiviert werden, wird VLA-4 verändert, sodass es nun mit größerer Affinität an VCAM-1 binden kann, ähnlich der chemokininduzierten Bindung des aktivierten LFA-1-Moleküls an ICAM-1 (Abschn. 3.2.4). Chemokine aktivieren demnach VCAM-1, an VLA-4 auf Gefäßendothelzellen in der Nähe von Entzündungsherden zu binden. Dadurch kommt es zur Extravasation von T-Effektorzellen. VCAM-1 und

ICAM-1 werden zwar beide auf der Oberfläche von aktivierten Endothelzellen exprimiert, anscheinend kommt aber in bestimmten Gefäßen in entzündeten Geweben jeweils eines der beiden Adhäsionspaare bevorzugt vor: Die Rekrutierung von T-Effektorzellen hängt in einigen Geweben mehr von VLA-4 ab, in anderen mehr von LFA-1.

Das Auslösen der Expression von einigen Adhäsionsmolekülen erfolgt nach Kompartimenten getrennt, sodass T-Effektorzellen, die in den lymphatischen Kompartimenten das Priming durchlaufen haben, wieder dorthin zurückkehren (Homing), sei es während einer aktiven Immunantwort oder im Rahmen der Homöostase. Die Priming-Region prägt anscheinend die T-Effektorzelle so, dass sie zu bestimmten Geweben wandern kann. Das wird durch die Expression von Adhäsionsmolekülen ermöglicht, die selektiv an gewebespezifische Adressine binden. In diesem Zusammenhang bezeichnet man die Adhäsionsmoleküle auch als **Homing-Rezeptoren** (▶ Abb. 11.7). Dendritische Zellen, die T-Zellen in den darmassoziierten lymphatischen Geweben (*gut-associated lymphoid tissues*, GALT) durch Priming aktivieren, induzieren die Expression des Integrins $\alpha_4{:}\beta_7$, das an das mucosale Gefäßadressin **MAdCAM-1** bindet. MAdCAM-1 wird von Endothelzellen in den Blutgefäßen der Darmschleimhaut konstitutiv exprimiert (▶ Abb. 11.7, unten links).

T-Zellen, deren Priming im GALT stattgefunden hat, exprimieren auch spezifische Chemokinrezeptoren, die Chemokine binden, die im Darmepithel konstitutiv – und spezifisch – produziert werden. In der Homöostase lenkt der Rezeptor CCR9, der von T-Zellen exprimiert wird, deren Priming in den Lymphgeweben des Dünndarms stattgefunden hat, diese T-Zellen an einem CCL25-Gradienten entlang zurück an die Lamina propria unterhalb des Dünndarmepithels (▶ Abb. 11.7, oben rechts). Im Gegensatz dazu wandern T-Zellen, die in den ableitenden Lymphknoten der Haut das Priming durchlaufen haben, zurück in die Haut. Sie werden angeregt, das Adhäsionsmolekül **CLA (kutanes lymphocytenassoziiertes Antigen)** zu exprimieren. Dabei handelt es sich um eine Isoform von PSGL-1, das ein anderes Glykosylierungsmuster aufweist und an E-Selektin auf Gefäßendothelien in der Haut bindet (▶ Abb. 11.11, unten). CLA-exprimierende T-Lymphocyten exprimieren auch die Chemokinrezeptoren CCR4 und CCR10, welche die Chemokine CCL17 (TARC) beziehungsweise CCL27 (CTACK) nacheinander binden, die wiederum in den Blutgefäßen der Haut und in der Epidermis in den größten Mengen vorkommen. Da diese Chemokine für gewebespezifisches Homing im Fließgleichgewicht produziert werden, bezeichnet man sie auch als **homöostatische Chemokine**. Sie sind zu den Chemokinen analog, die in den Lymphgeweben im Fließgleichgewicht konstitutiv exprimiert werden, etwa CCL19 und CCL21. Diese lenken CCR7-tragende naive T-Zellen entlang eines Gradienten von den Endothelien der HEVs zu den T-Zell-Zonen (▶ Abb. 11.8). Homöostatische Chemokine müssen den **inflammatorischen Chemokinen** gegenübergestellt werden, die im Zusammenhang mit Infektionen erzeugt werden und zirkulierende Immunzellen zu Entzündungsherden locken.

Neben den allgemeinen und den gewebespezifischen Veränderungen der Expression von Steuerungsmolekülen, die durch die Differenzierung der T-Effektorzellen ausgelöst werden, erfolgt auch die Expression der Chemokinrezeptoren für die einzelnen Subpopulationen dieser Zellen spezifisch und geht mit dem Abschalten der CCR7-Expression einher. Das führt bei den $T_H1$-, $T_H2$- und $T_H17$-Zellen zu unterschiedlichen Expressionsmustern von Chemokinrezeptoren. Dadurch werden die Zellen auf verschiedene Weise, abhängig von den lokalen Mustern aus inflammatorischen Chemokinen, die die angeborene Immunantwort aufgrund der verschiedenen Arten von Pathogenen erzeugt, zu Entzündungsherden gelenkt (▶ Abb. 11.9). So exprimieren beispielsweise $T_H1$-Zellen den Rezeptor CCR5, der auch von Monocyten exprimiert wird, die zu Makrophagen heranreifen, wenn sie einen Entzündungsherd erreichen. Auf diese Weise werden sowohl $T_H1$-Zellen als auch die angeborenen Effektorzellen, deren Effektorfunktionen sie verstärken, von den gleichen Chemokinen zur selben Geweberegion gelenkt (▶ Abb. 11.8). Wie viele andere Chemokinerezeptoren hat auch CCR5 mehrere Liganden (CCL3, CCL4, CCL5 und CCL8), die wahrscheinlich von verschiedenen Zelltypen ausgehen und von verschiedenen Pathogenen induziert werden, die von der Typ-1-Immunität bekämpft werden. Einige dieser Chemokine werden von aktivierten Makrophagen selbst produziert, nachdem sie zum Entzündungsherd gelockt wurden. So bildet sich ein positiver Rückkopplungsmechanismus,

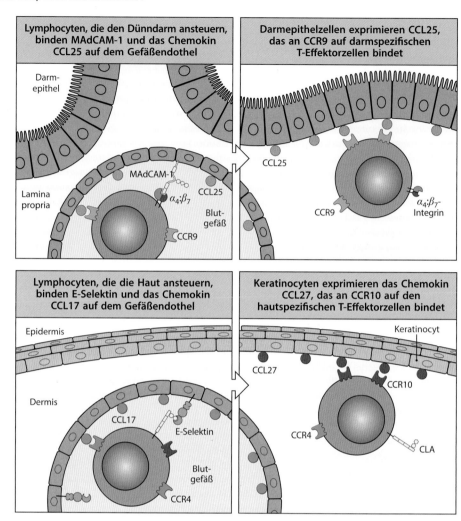

**Abb. 11.7 T-Zellen, die die Haut und den Darm besiedeln, verwenden spezifische Kombinationen von Integrinen und Chemokinen, um die Haut spezifisch ansteuern zu können (Homing).** Das Integrin $\alpha_4{:}\beta_7$, das auf zirkulierenden Lymphocyten exprimiert wird, deren Priming in den darmassoziierten Geweben stattgefunden hat, bindet zuerst an MAdCAM-1 (*oben links*). Dann wandern die Lymphocyten mithilfe von CCR9 entlang eines Gradienten des Cytokins CCL25, durchqueren so das Endothel und gelangen schließlich in das Darmepithel (*oben rechts*). In ähnlicher Weise binden Lymphocyten, die in den ableitenden Lymphknoten der Haut primär geprägt wurden, an das Endothel, das die Blutgefäße der Haut auskleidet. Das geschieht durch Wechselwirkungen zwischen dem kutanen lymphocytenassoziierten Antigen (CLA) und E-Selektin, das auf den Endothelzellen konstitutiv exprimiert wird (*unten links*). Die Adhäsion wird durch die Wechselwirkung zwischen dem Chemokinrezeptor CCR4 auf dem Lymphocyten und dem Chemokin CCL17 des Endothels verstärkt. Sobald die Lymphocyten das Endothel durchquert haben, locken die Keratinocyten der Epidermis die T-Effektorzellen mit dem von ihnen erzeugten Chemokin CCL27 an, das an den Rezeptor CCR10 auf den Lymphocyten bindet (*unten rechts*)

durch den die entstehende Immunantwort verstärkt wird. Außerdem werden dann $T_H1$-Zellen rekrutiert, die die Makrophagen durch ihre antigenspezifische „Hilfe" noch stärker aktivieren (nächster Abschnitt). $T_H1$-Zellen exprimieren wie die NK-Zellen und die cytotoxischen CD8-T-Zellen auch den Rezeptor CXCR3. Als Reaktion auf die zugehörigen Liganden CXCL9 und CXCL10 werden diese Zellen zum selben Entzündungsherd gelenkt und koordinieren dort die zellabhängige Tötung von Zielzellen, die mit intrazellulären Pathogenen infiziert sind, beispielsweise mit *Listeria monocytogenes* oder mit bestimmten Viren.

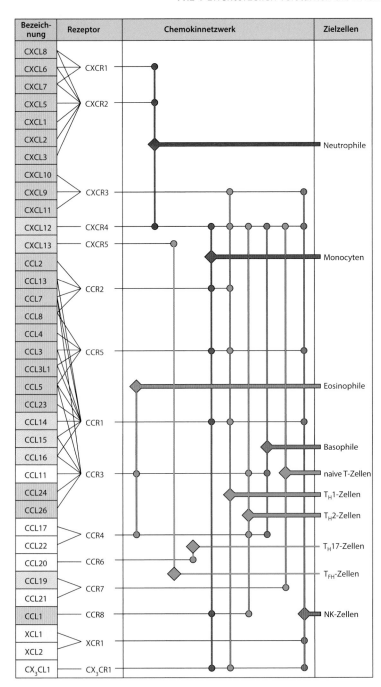

**Abb. 11.8 Netzwerke von Chemokinen koordinieren die Wechselwirkungen der angeborenen und adaptiven Immunzellpopulationen.** Chemokine werden aufgrund ihrer unterschiedlichen Strukturen in vier Familien eingeteilt: CXCL, CCL, XCL und CX₃CL. Man kann Chemokine auch nach ihren Funktionen als proinflammatorisch (*rot*), homöostatisch (*grün*) und gemischt funktionell (*gelb*) unterteilen. Chemokine binden an eine Unterfamilie von G-Protein-gekoppelten Rezeptoren, die siebenmal die Membran durchspannen. Diese Rezeptoren bezeichnet man nach den von ihnen gebundenen Cytokinen mit CXCR, CCR, XCR und CX₃CR. In dieser Abbildung sind viele (nicht alle) dieser Netzwerke aus Chemokinen und ihren Rezeptoren dargestellt, die Immuneffektormodule koordinieren. Der Zusammenhang zwischen den Rezeptoren und den Zelltypen, auf denen sie exprimiert werden, ist durch einen *Punkt auf den Linien* und Verbindungsknoten angegeben. Um die Verbindung von Chemokinen und ihren Rezeptoren mit den Zielzellen herzustellen, folgt man einer horizontalen Linie und dann an jedem Knoten der senkrechten Linie. Die rhombischen Symbole verknüpfen die vertikalen Linien mit dem jeweiligen Zelltyp. Dabei ist zu beachten, dass die meisten Chemokinrezeptoren mehrere Chemokine binden können. (Nachdruck aus Mantovani et al. *Nat. Rev. Immunol.* 2006:907–918, verändert)

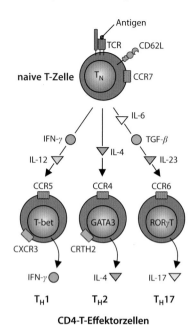

**Abb. 11.9 Die Expression von Adhäsions- und Chemokinrezeptoren ändert sich während der Differenzierung der T-Effektorzellen.** Während einer primären Immunantwort führen spezifische Cytokine aus dem angeborenen Immunsystem (*Symbole an den drei auseinanderstrebenden Pfeilen*) und spezielle Master-Transkriptionsfaktoren (T-bet, GATA3 und RORγt) dazu, dass sich naive CD4-T-Zellen zu $T_H$1- $T_H$2- und $T_H$17-Effektorzellen differenzieren. Die T-Effektorzellen aus jeder Subpopulation schalten die Expression des L-Selektins (CD62L) und von CCR7 ab und exprimieren die jeweils charakteristischen Chemokinrezeptoren

$T_H$2- und $T_H$17-Zellen exprimieren verschiedene Muster von Rezeptoren für inflammatorische Chemokine. Einige dieser Rezeptoren, beispielsweise solche, die von $T_H$1-Zellen exprimiert werden, kommen auch bei den Myelomonocyten vor, mit denen diese Zellen in den entzündeten Geweben interagieren (▶ Abb. 11.8 und ▶ Abb. 11.9). Das übereinstimmende Expressionsmuster der Chemokinrezeptoren bei angeborenen und adaptiven Effektorzellen bildet einen wichtigen Mechanismus für das räumliche und zeitliche Zusammenwirken von Immuneffektormodulen als Reaktion auf die verschiedenen Typen von Pathogenen (▶ Abb. 11.8). Die lokale Freisetzung von Cytokinen und Chemokinen an einem Infektionsherd hat weitreichende Folgen. Neben der Rekrutierung von Granulocyten und Monocyten, die ihre spezifische Kombination von Chemokinrezeptoren konstitutiv exprimieren, solange sie im Kreislauf zirkulieren, ist es auch aufgrund der induzierten Veränderungen in den Blutgefäßwänden den neu gebildeten T-Effektorzellen möglich, in infizierte Gewebe vorzudringen. Sobald die rekrutierten T-Zellen das Gewebe erreicht haben, produzieren sie die für den jeweiligen Typ der T-Helferzellen spezifischen Cytokine, welche die jeweilige Cytokinproduktion der angeborenen Immunzellen in einem weiteren positiven Rückkopplungsmechanismus verstärken. Dadurch wandern weitere T-Effektorzellen und angeborene Effektorzellen in das Gewebe ein. Da die Cytokine, die die lokale Produktion von effektormodulspezifischen Chemokinen differenziert fördern, auch von ILC-Zellen produziert werden, ist dies eine weitere wichtige Funktion dieser Zellen für die Koordination der frühen Ausrichtung von pathogenspezifischen Immunantworten.

## 11.2.2 Pathogenspezifische T-Effektorzellen sammeln sich in Infektionsherden an, während die adaptive Immunität voranschreitet

Im frühen Stadium der adaptiven Immunantwort ist nur eine Minderzahl der T-Effektorzellen, die in infizierte Gewebe einwandern, für das Pathogen spezifisch. Das liegt daran, dass die Aktivierung des Endothels lokaler Blutgefäße durch inflammatorische Cytokine die Expression von Selektinen, Integrinliganden und Chemokinen induziert, die unabhängig von der Antigenspezifität jede zirkulierende T-Effektorzelle oder T-Gedächtniszelle anlocken, die entsprechende Mobilitätsrezeptoren besitzen. Die Spezifität der Reaktion erhöht sich jedoch schnell, da die Anzahl der pathogenspezifischen T-Zellen zunimmt und diese durch die Antigenerkennung im entzündeten Gewebe festgehalten werden. Die genauen Mechanismen, die dieses Festhalten von antigenaktivierten T-Effektorzellen bewirken, sind zwar noch nicht vollständig bekannt, aber man nimmt an, dass hier dieselben Mechanismen eine Rolle spielen, die antigenaktivierte naive T-Zellen während ihrer Entwicklung zu T-Effektorzellen in den sekundären lymphatischen Geweben zurückhalten. Dabei spielt auch der S1P-Weg eine Rolle, wobei hier andere Chemokinsignale von Bedeutung sein können. Auf dem Höhepunkt der adaptiven Immunantwort und nach mehreren Tagen der klonalen Expansion und Differenzierung ist ein großer Teil der rekrutierten T-Zellen für das infizierende Pathogen spezifisch.

T-Effektorzellen, die in Gewebe einwandern, aber ihr kognates Antigen nicht erkennen, werden dort nicht zurückgehalten. Entweder treten sie lokal in die Apoptose ein oder sie gelangen in die afferenten Lymphgefäße, wandern zu einem ableitenden Lymphknoten und kehren schließlich in den Blutkreislauf zurück. Deshalb sind T-Zellen in der afferenten Lymphe, die aus den Geweben abgeleitet wird, T-Effektorzellen oder T-Gedächtniszellen, die als charakteristisches Merkmal die CD45RO-Isoform des Zelloberflächenmoleküls CD45 und kein E-Selektin exprimieren (▶ Abb. 11.6). T-Effektorzellen und einige T-Gedächtniszellen besitzen ähnliche Mobilitätsphänotypen (Abschn. 11.3.6) und beide sind anscheinend zur Wanderung durch die Gewebebarrieren vorprogrammiert, in denen sich die ersten Infektionsherde bilden. Durch ihr Bewegungsmuster ist es den T-Effektorzellen zum einen möglich, alle Infektionsherde zu beseitigen, zum anderen können sie zusammen mit den T-Gedächtniszellen dazu beitragen, den Körper vor einer erneuten Infektion durch denselben Krankheitserreger zu schützen.

Teil IV

## 11.2.3 T$_H$1-Zellen koordinieren und verstärken die Reaktionen des Wirtes gegenüber intrazellulären Krankheitserregern durch die klassische Aktivierung von Makrophagen

Immunantworten vom Typ 1 (▶ Abb. 11.5) spielen eine große Rolle bei der Beseitigung von Pathogenen, die Mechanismen entwickelt haben, innerhalb von Makrophagen zu überleben und sich dort zu vermehren, beispielsweise pathogene Viren, Bakterien und Protozoen, die in den Makrophagen in intrazellulären Vesikeln überleben können. Bei Viren ist generell eine T$_H$1-Reaktion beteiligt, die dazu beiträgt, die cytotoxischen CD8-T-Zellen zu aktivieren, die virusinfizierte Zellen erkennen und zerstören können (Kap. 9). T$_{FH}$-Zellen, die sich bei Typ-1-Reaktionen differenzieren, setzen die Produktion von Subtypen der IgG-Antikörper in Gang, die Viruspartikel im Blut und in der extrazellulären Flüssigkeit neutralisieren. Bei intrazellulären Bakterien wie den Mycobakterien und *Salmonella* sowie bei den Protozoen wie *Leishmania* und *Toxoplasma*, die sich alle in Makrophagen ansiedeln, besteht die Funktion der T$_H$1-Zellen darin, die antimikrobielle Funktion der Makrophagen zu verstärken (▶ Abb. 11.10).

Makrophagen nehmen aus der extrazellulären Flüssigkeit alle Arten von Krankheitserregern in sich auf; diese werden dann meistens ohne eine zusätzliche Aktivierung der Makrophagen zerstört. Bei bestimmten klinisch bedeutsamen Infektionen, beispielsweise durch Mycobakterien, werden die aufgenommenen Pathogene nicht getötet, sondern sie können sogar in den Makrophagen eine chronische Infektion hervorrufen und die Zellen funktionslos machen. Mikroorganismen dieser Art können selbst in der „unwirtlichen" Umgebung innerhalb von Phagosomen bestehen, indem sie die Fusion der Phagosomen mit den Lysosomen blockieren oder indem sie die Ansäuerung verhindern, die für die Aktivierung der lysosomalen Proteasen notwendig ist. So sind sie vor der Wirkung von Antikörpern und cytotoxischen Zellen geschützt. Jedoch ist es möglich, dass Peptide aus diesen Mikroorganismen von MHC-Klasse-II-Molekülen auf der Oberfläche der Makrophagen präsentiert und von antigenspezifischen T$_H$1-Zellen erkannt werden. Die T$_H$1-Zellen werden dadurch stimuliert, membranassoziierte Proteine und lösliche Cytokine zu produzieren, die die antimikrobielle Funktion der Makrophagen verstärken und diese befähigen, entweder die Pathogene zu beseitigen oder ihr Wachstum und ihre Ausbreitung zu begrenzen. Diese Verstärkung der antimikrobiellen Mechanismen bezeichnet man als „klassische Makrophagenaktivierung"; das Ergebnis sind die **klassischen aktivierten Makrophagen (M1-Makrophagen)** (▶ Abb. 11.11).

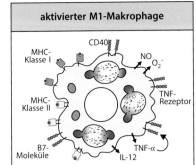

**Abb. 11.11 Durch T$_H$1-Zellen aktivierte Makrophagen verändern sich in einer Weise, dass ihre antimikrobielle Wirkung und die Immunreaktion verstärkt werden.** Aktivierte Makrophagen steigern die Expression von CD40 und TNF-Rezeptoren und sie werden stimuliert, TNF-$\alpha$ freizusetzen. Dieser autokrine Stimulus bewirkt zusammen mit IFN-$\gamma$, das von T$_H$1-Zellen sezerniert wird, die klassische Makrophagenaktivierung (M1-Aktivierung). Diese ist gekennzeichnet durch die Bildung von Stickstoffmonoxid (NO) und des Superoxidanions (O$_2^-$). Aufgrund der Bindung an den CD40-Liganden auf der T-Zelle verstärkt der Makrophage außerdem die Expression seiner B7-Proteine und seiner MHC-Klasse-II-Moleküle als Reaktion auf IFN-$\gamma$; dies führt zur Aktivierung weiterer ruhender CD4-T-Zellen

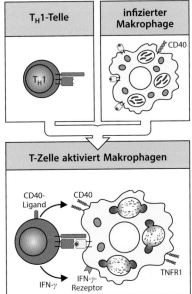

**Abb. 11.10 TH1-Zellen aktivieren Makrophagen so, dass diese stark antimikrobiell wirken.** Trifft eine T$_H$1-Effektorzelle, die für ein bakterielles Peptid spezifisch ist, auf einen infizierten Makrophagen, so wird sie angeregt, den makrophagenaktivierenden Faktor IFN-$\gamma$ zu sezernieren und den CD40-Liganden zu exprimieren. Diese beiden neu synthetisierten T$_H$1-Proteine aktivieren dann zusammen den Makrophagen

Für die klassische Aktivierung der Makrophagen sind vor allem zwei bestimmte Signale notwendig, und effektive $T_H1$-Zellen geben beide. Eines ist das Cytokin IFN-$\gamma$, das andere, CD40, macht einen Makrophagen für das IFN-$\gamma$-Signal zugänglich ($\blacktriangleright$ Abb. 11.10). $T_H1$-Zellen sezernieren auch Lymphotoxin, das bei der Aktivierung von M1-Makrophagen den CD40-Liganden ersetzen kann. M1-Makrophagen sind potente antimikrobielle Effektorzellen. Phagosomen fusionieren mit den Lysosomen und antimikrobielle reaktive Sauerstoff- und Stickstoffderivate werden erzeugt (Abschn. 3.1.2). Sobald $T_H1$-Zellen Makrophagen über diese Moleküle aktivieren, sezernieren M1-Makrophagen auch TNF-$\alpha$, sodass die Makrophagen über TNFR1 weiter aktiviert werden; dieser Rezeptor wird auch von LT-$\alpha$ aktiviert. Die Signale des TNF-Rezeptors sind anscheinend notwendig, um unter diesen Bedingungen das Überleben der Zelle zu sichern. Bei Mäusen, die TNFR1 nicht exprimieren (Abschn. 9.3.5), führen Infektionen mit *Mycobacterium avium*, einem opportunistischen Erreger, der normalerweise keine Krankheit hervorruft, zu einer übermäßigen Apoptose von Makrophagen und dadurch zur Freisetzung und Ausbreitung der Pathogene, bevor sie innerhalb der infizierten Zellen getötet werden können. CD8-T-Zellen produzieren ebenfalls IFN-$\gamma$ und sie können auch Makrophagen aktivieren, die Antigene aus cytosolischen Proteinen auf MHC-Klasse-I-Molekülen präsentieren. Makrophagen können zudem durch sehr geringe Mengen an LPS gegenüber IFN-$\gamma$ empfindlicher gemacht werden. Dieser Signalweg ist wahrscheinlich dann von besonderer Bedeutung, wenn CD8-T-Zellen die hauptsächliche Quelle für IFN-$\gamma$ sind.

$T_H1$-Zellen verstärken nicht nur das intrazelluläre Abtöten von Pathogenen, sondern rufen noch weitere Veränderungen der Makrophagen hervor, die dazu beitragen, die adaptive Immunantwort gegen intrazelluläre Erreger zu verstärken. Zum einen erhöht sich die Anzahl von MHC-Klasse-II-Molekülen, B7-Molekülen, CD40 und TNF-Rezeptoren auf der Oberfläche der M1-Makrophagen ($\blacktriangleright$ Abb. 11.10 und $\blacktriangleright$ Abb. 11.11), sodass die Zellen bei der Antigenpräsentation gegenüber T-Zellen effektiver werden und besser auf den CD40-Liganden und TNF-$\alpha$ ansprechen. Darüber hinaus sezernieren M1-Makrophagen IL-12, wodurch ILC1- und $T_H1$-Zellen mehr IFN-$\gamma$ produzieren. Das fördert auch die Differenzierung von aktivierten naiven CD4-T-Zellen zu $T_H1$-Effektorzellen und von naiven CD8-T-Zellen zu cytotoxischen Effektoren (Abschn. 9.2.7 und 9.2.5).

Eine weitere wichtige Funktion der $T_H1$-Zellen ist die Rekrutierung von zusätzlichen phagocytotischen Zellen zu Infektionsherden. $T_H1$-Zellen locken M1-Makrophagen durch zwei Mechanismen an ($\blacktriangleright$ Abb. 11.12): Zum einen produzieren sie die hämatopoetischen Wachstumsfaktoren IL-3 und GM-CSF, die im Knochenmark die Erzeugung von neuen Monocyten anregen. Zum anderen verändern TNF-$\alpha$ und Lymphotoxin, die beide von $T_H1$-Zellen sezerniert werden, die Oberflächeneigenschaften der Endothelzellen, sodass sich Makrophagen dort anheften können. Chemokine wie CCL2, die an Infektionsherden durch $T_H1$-Zellen induziert werden, lenken die wandernden Monocyten durch das Gefäßendothel in das infizierte Gewebe, wo sie sich zu Makrophagen differenzieren (Abschn. 3.2.3). Cytokine und Chemokine, die von den M1-Makrophagen selbst sezerniert werden, sind ebenfalls für die Rekrutierung weiterer Monocyten zu Infektionsherden von Bedeutung. Zusammen erzeugen diese von $T_H1$-Zellen vermittelten Wirkungen eine positive Rückkopplungsschleife, die Typ-1-Reaktionen verstärkt und aufrechterhält, bis die Krankheitserreger unter Kontrolle gebracht oder beseitigt werden.

Video 11.2

Bestimmte intravesikuläre Bakterien, beispielsweise bestimmte Mykobakterien und *Listeria monocytogenes*, entkommen aus den phagocytotischen Vesikeln und gelangen in das Cytoplasma, wo sie für die antimikrobiellen Aktivitäten von Makrophagen nicht mehr zugänglich sind. Cytotoxische CD8-T-Zellen können aber ihr Vorhandensein erkennen. Die Pathogene, die freigesetzt werden, wenn Makrophagen von diesen CTL-Zellen getötet werden, können in der extrazellulären Umgebung von antikörperabhängigen Mechanismen beseitigt oder durch Phagocytose in neu hinzugekommene Makrophagen aufgenommen werden. Unter diesen Bedingungen ist wahrscheinlich die $T_H1$-vermittelte Unterstützung der Entwicklung der CTL-Zellen, etwa durch die Freisetzung von IL-2, für die Koordinierung von $T_H1$- und CTL-Reaktionen von großer Bedeutung.

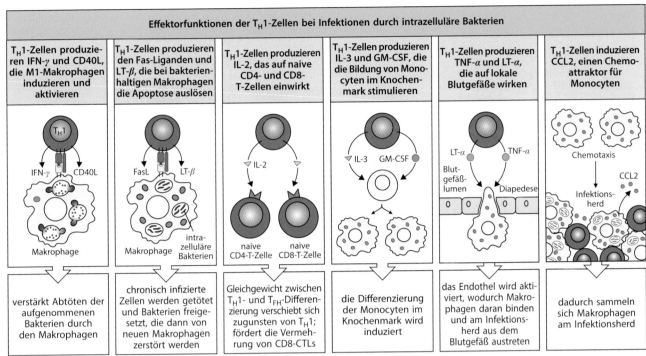

**Abb. 11.12 Die Immunreaktion gegen intrazelluläre Bakterien wird von aktivierten T$_H$1-Zellen koordiniert.** Die Aktivierung von T$_H$1-Zellen durch infizierte Makrophagen führt zur Synthese von Cytokinen, die sowohl die M1-Makrophagen stimulieren als auch die Immunreaktion gegen intrazelluläre Krankheitserreger koordinieren. IFN-$\gamma$ und der CD40-Ligand aktivieren zusammen die Makrophagen, sodass sie aufgenommene Krankheitserreger zerstören können. Chronisch infizierte Makrophagen verlieren die Fähigkeit, intrazelluläre Bakterien zu töten. Der membrangebundene Fas-Ligand oder LT-$\beta$, die von T$_H$1-Zellen gebildet werden, können solche Makrophagen zerstören. Die Bakterien werden freigesetzt und von neuen Makrophagen aufgenommen und getötet. So wirken IFN-$\gamma$ und LT-$\alpha$ bei der Eliminierung intrazellulärer Bakterien zusammen. Das von T$_H$1-Zellen gebildete IL-2 verstärkt die Differenzierung der T-Effektorzellen und die Freisetzung weiterer Cytokine. IL-3 und GM-CSF stimulieren die Bildung neuer Monocyten, indem sie auf hämatopoetische Stammzellen im Knochenmark einwirken. Neue Makrophagen werden durch die Wirkung von freigesetztem TNF-$\alpha$ und LT-$\alpha$ sowie anderer Cytokine auf das Gefäßendothel an die Infektionsstelle gelockt. Die Cytokine signalisieren den Monocyten, die Blutgefäße zu verlassen und in das Gewebe einzudringen, wo sie sich zu Makrophagen entwickeln. Ein Chemokin mit monocytenanlockender Aktivität (CCL2) signalisiert den Monocyten, sich zum Infektionsherd zu begeben und dort anzusammeln. So koordinieren die T$_H$1-Zellen eine Makrophagenreaktion, die sehr effizient intrazelluläre Erreger zerstört

## 11.2.4 Die Aktivierung von Makrophagen durch T$_H$1-Zellen muss genau reguliert werden, damit eine Schädigung von Geweben vermieden wird

Wie in Kap. 9 besprochen, bestehen die besonderen Eigenschaften der T-Effektorzellen darin, dass sie bei einer Anregung durch Antigene Effektorfunktionen ohne Costimulation aktivieren können und dass sie Effektormoleküle durch gezielte Sekretion effizient freisetzen oder Cytokine und Zelloberflächenmoleküle exprimieren – häufig unter Bildung einer immunologischen Synapse mit der antigentragenden Zelle (Abschn. 9.3.2). Nachdem eine T$_H$1-Zelle ihr kognates Antigen auf einem Makrophagen erkannt hat, sind bis zur Freisetzung von Effektormolekülen mehrere Stunden erforderlich. T$_H$1-Zellen müssen sich deshalb viel länger an ihre Zielzellen heften als die cytotoxischen CD8-T-Zellen. Wie die cytotoxischen T-Zellen richtet sich das sekretorische System der T$_H$1-Zelle zur Kontaktstelle mit dem Makrophagen hin aus und neu synthetisierte Cytokine werden dort freigesetzt (▶ Abb. 9.38). Anscheinend wird auch der CD40-Ligand zur Kontaktstelle transportiert. Zwar besitzen alle Makrophagen Rezeptoren für IFN-$\gamma$, aber der infizierte Makrophage, der

Teil IV

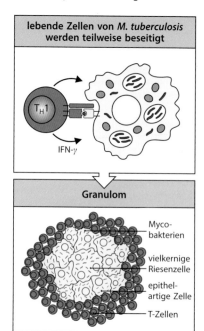

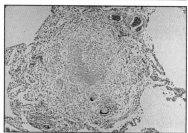

**Abb. 11.13 Wenn intrazelluläre Krankheitserreger oder deren Bestandteile nicht völlig eliminiert werden können, bilden sich Granulome.** Wenn Mycobakterien (*rot*) die Makrophagenaktivierung überstehen, entwickelt sich eine charakteristische lokale Entzündung, die als Granulom bezeichnet wird. In seinem Zentrum befinden sich infizierte Makrophagen sowie unter Umständen noch vielkernige Riesenzellen aus fusionierten Makrophagen. Diese sind von großen Makrophagen umgeben, die man oft als epithelartige Zellen bezeichnet. Mycobakterien können in den Zellen des Granuloms überdauern. Der zentrale Kern ist von T-Zellen umgeben, von denen viele CD4-positiv sind. Man weiß noch nicht genau, über welchen Mechanismus dieses Gleichgewicht erreicht wird und wie es zusammenbricht. Bei einer Krankheit, die als Sarcoidose bezeichnet wird und deren Ursache möglicherweise verborgene mykobakterielle Infektionen sind, bilden sich Granulome (*unten*) auch in der Lunge und an anderen Stellen. (Foto mit freundlicher Genehmigung von J. Orrell.)

das Antigen der $T_H$1-Zelle präsentiert, wird mit viel größerer Wahrscheinlichkeit aktiviert als in der Nähe befindliche nichtinfizierte Makrophagen.

Die antigenspezifische Induktion der Makrophagenaktivierung bewirkt nicht nur, dass die Aktivierungssignale auf infizierte Makrophagen konzentriert werden können, sondern trägt auch erheblich dazu bei, Gewebeschäden zu verhindern. Da aufgrund der Erkennung von MHC:Peptid-Komplexen nur infizierte Makrophagen das Ziel sind, können die $T_H$1-Zellen „Kollateralschäden" minimieren, die sonst normale Bestandteile im entzündeten Gewebe betreffen würden: Sauerstoffradikale, NO und Proteasen, die für Körperzellen und nicht nur für die Krankheitserreger toxisch sind, die zerstört werden sollen. Deshalb ist es aufgrund der antigenspezifischen Makrophagenaktivierung durch die $T_H$1-Zellen möglich, dass dieser sehr effektive Abwehrmechanismus seine maximale Wirkung entfalten kann und gleichzeitig lokale Gewebeschäden minimiert werden. Aus diesem Grund ist zudem bemerkenswert, dass ILC1-Zellen zwar auch IFN-$\gamma$ produzieren, aber keine Antigenrezeptoren besitzen, mit deren Hilfe die Cytokine konzentriert auf infizierte Makrophagen übertragen werden könnten, um eine wirksamere Aktivierung zu erreichen. Bis jetzt ist nicht bekannt, ob ILC1-Zellen über andere Mechanismen verfügen, mit denen sie IFN-$\gamma$ gezielt in Richtung Makrophagen freisetzen können oder ob sie bei der Makrophagenaktivierung nur eine untergeordnete Rolle spielen. Allerdings ist das von ihnen produzierte IFN-$\gamma$ für die indirekte Verstärkung der lokalen Entzündungsreaktion von Bedeutung.

### 11.2.5 Die chronische Aktivierung von Makrophagen durch $T_H$1-Zellen führt zur Bildung von Granulomen, die intrazelluläre Pathogene umschließen, die nicht beseitigt werden können

Einige intrazelluläre Bakterien, insbesondere *Mycobacterium tuberculosis*, sind gegenüber der antimikrobiellen Wirkung von aktivierten Makrophagen ausreichend resistent, sodass sie bei einer Immunantwort vom Typ 1 nur unvollständig beseitigt werden. So kommt es zu einer chronischen Infektion auf niedrigem Niveau, die eine andauernde $T_H$1-Reaktion erfordert, um die Vermehrung und Ausbreitung der Krankheitserreger zu verhindern. Unter diesen Bedingungen führt die ständige Koordination zwischen $T_H$1-Zellen und Makrophagen zu einer immunologischen Reaktion, durch die sogenannte **Granulome** entstehen. In diesen Strukturen werden die Mikroorganismen innerhalb eines zentralen Bereichs aus Makrophagen, die von aktivierten Lymphocyten umgeben sind, in Schach gehalten (▶ Abb. 11.13). Ein besonderes Merkmal der Granulome ist die Fusion mehrerer Makrophagen zu vielkernigen Riesenzellen, die sich an den Rändern eines zentralen Fokus aus Makrophagen und den sie umgebenden Lymphocyten befinden. In diesen Riesenzellen kommt es anscheinend zu einer gesteigerten antimikrobiellen Aktivität. Ein Granulom bewirkt, dass Pathogene, die einer Vernichtung widerstehen, abgeschottet werden. Bei der Tuberkulose kann es zu einer Isolierung der Zentren großer Granulome kommen, sodass die darin befindlichen Zellen wahrscheinlich aufgrund von Sauerstoffmangel und der cytotoxischen Effekte der Makrophagen absterben. Da das tote Gewebe im Inneren einer Käsemasse ähnlich sieht, bezeichnet man den Vorgang als verkäsende Nekrose. Die chronische Aktivierung von $T_H$1-Zellen kann also zu einer gravierenden pathologischen Entwicklung führen. Ohne die $T_H$1-Reaktion wären die Folgen jedoch noch viel schwerwiegender; aufgrund der sich ausbreitenden Infektion käme es zum Tod des Patienten, etwa in Fällen von AIDS aufgrund einer damit einhergehenden Infektion durch Mycobakterien.

### 11.2.6 Defekte der Typ-1-Immunität belegen deren große Bedeutung für die Beseitigung von intrazellulären Krankheitserregern

Bei Mäusen, deren Gene für IFN-$\gamma$ gezielt entfernt wurden, ist die klassische Makrophagenaktivierung gestört. Das hat zur Folge, dass die Tiere an nichtletalen Mengen von *Mycobac-*

*terium*, *Salmonella* und *Leishmania* zugrunde gehen. Die klassische Makrophagenaktivierung (M1-Aktivierung) ist auch für die Bekämpfung des Vacciniavirus von entscheidender Bedeutung. IFN-$\gamma$ und der CD40-Ligand sind wahrscheinlich zwar die wichtigsten Effektormoleküle, die die T$_H$1-Zellen synthetisieren, aber die Immunantwort auf Krankheitserreger, die sich in Vesikeln der Makrophagen vermehren, ist komplex, und womöglich sind auch andere Cytokine der T$_H$1-Zellen essenziell (▶ Abb. 11.12).

Die Vernichtung der CD4-T-Zellen bei Patienten mit HIV/AIDS führt zu ineffizienten T$_H$1-Reaktionen, durch die sich Mikroorganismen ausbreiten können, die normalerweise von Makrophagen beseitigt werden. Das ist beispielsweise bei dem opportunistischen pathogenen Pilz *Pneumocystis jirovecii* der Fall (Kap. 13). Die Lungen von gesunden Personen werden durch Phagocytose und das intrazelluläre Abtöten der Krankheitserreger durch die Makrophagen der Alveolen von *P. jirovecii* freigehalten. Eine von *P. jirovecii* hervorgerufene Lungenentzündung ist jedoch eine häufige Todesursache bei AIDS-Patienten. Wenn keine CD4-T-Zellen vorhanden sind, funktioniert die Phagocytose und das intrazelluläre Abtöten der Zellen von *P. jirovecii* durch die Makrophagen nicht mehr, sodass der Krankheitserreger die Oberfläche des Lungenepithels besiedelt und in das Lungengewebe eindringt. Die Notwendigkeit der CD4-T-Zellen ist anscheinend zumindest teilweise darauf zurückzuführen, dass die Makrophagen die von den T$_H$1-Zellen produzierten aktivierenden Cytokine IFN-$\gamma$ und TNF-$\alpha$ benötigen.

## 11.2.7 T$_H$2-Zellen koordinieren Immunantworten vom Typ 2, durch Helminthen im Darm beseitigt werden

Die Immunität vom Typ 2 ist gegen parasitische Helminthen gerichtet: Fadenwürmer (Nematoden) und zwei Arten von Plattwürmern – Bandwürmer (Cestoden) und Egel (Trematoden). Im Gegensatz zu pathogenen Mikroorganismen oder „Mikropathogenen" (Bakterien, Viren, Pilze und Protozoen), die sich schnell vermehren und die Immunabwehr allein durch ihre Anzahl überwinden können, vermehren sich die meisten Helminthen nicht in ihrem Säugetierwirt. Darüber hinaus sind Helminthen vielzellig; sie gehören zu den Metazoen und sind „Makropathogene", die mit Größen von 1 mm bis zu über 1 m viel zu groß sind, um von den Phagocyten des Wirtes aufgenommen zu werden. Deshalb sind hier andere Strategien der Immunabwehr erforderlich. In den Entwicklungsländern sind die Därme von fast allen Tieren und Menschen mit parasitischen Helminthen besiedelt (▶ Abb. 11.14). Viele dieser Infektionen können durch die Entwicklung einer wirksamen Immunantwort vom Typ 2 schnell beseitigt werden, wobei die Immunantwort häufig nur zu einer Verminderung der Wurmlast führt, die Parasiten aber nicht vollständig vernichtet werden, sodass sich eine chronische Erkrankung entwickelt. Unter solchen Bedingungen kann die Infektion mit dem Parasiten trotz aller Versuche des Wirtes, sich seiner zu entledigen, lange Zeit fortbestehen. Die Konkurrenz zwischen Wirt und Parasit um Nährstoffe oder die Entwicklung lokaler Gewebeschäden führen zur Erkrankung.

Unabhängig von der Art der beteiligten Helminthen oder der Eintrittsstelle in den Wirt wird die adaptive Immunantwort von T$_H$2-Zellen koordiniert (▶ Abb. 11.15 und ▶ Abb. 9.30). Die T$_H$2-Reaktion wird durch die Wirkung von Produkten des parasitischen Wurms auf eine Reihe verschiedener angeborener Zellen ausgelöst: Epithelzellen, ILC2-Zellen, Mastzellen und dendritische Zellen. Die dendritischen Zellen, die notwendig sind, um den naiven CD4-T-Zellen die Antigene der Helminthen zu präsentieren, werden anscheinend durch IL-13 aktiviert, das von ILC2-Zellen produziert wird, außerdem durch angeborene Cytokine, beispielsweise TSLP aus den Epithelien. Diese Cytokine unterdrücken die Entwicklung von T$_H$1- und T$_H$17-induzierenden dendritischen Zellen zugunsten von dendritischen Zellen, die die Differenzierung der T$_H$2-Zellen fördern. Die erste Quelle von IL-4, das für die Differenzierung der T$_H$2-Zellen benötigt wird, ist anscheinend nur unter bestimmten Bedingungen von Bedeutung und redundant. Es kamen zwar verschiedene Zelltypen als Quelle infrage, beispielsweise iNKT-Zellen, Mastzellen und Basophile, aber keiner dieser Zelltypen hat sich als essenziell erwiesen.

der Peitschenwurm *Trichuris trichiura* dringt in das Oberflächenepithel des Dickdarms ein, wobei sein hinteres Ende frei im Lumen liegt

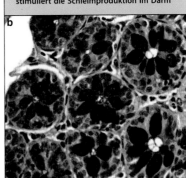

eine Infektion mit dem Peitschenwurm stimuliert die Schleimproduktion im Darm

**Abb. 11.14 Infektion durch Helminthen im Darm. a** Der Peitschenwurm *Trichuris trichiura* gehört zu den parasitischen Helminthen und lebt im Darm teilweise umgeben von Epithelzellen. Die rasterelektronenmikroskopische Aufnahme des Enddarms einer Maus zeigt, wie der Kopf des Parasiten in einer Epithelzelle liegt und sich das hintere Ende frei im Lumen befindet. **b** Ein Querschnitt durch die Krypten im Dickdarm einer Maus, die mit *T. trichiura* infiziert ist, zeigt die deutlich erhöhte Schleimproduktion durch die Becherzellen im Darmepithel. Der Schleim erscheint in Form großer Tropfen in den Vesikeln innerhalb der Becherzellen; er lässt sich mit Periodsäure/Schiff-Reagenz dunkelblau anfärben. Vergrößerung × 400

Teil IV

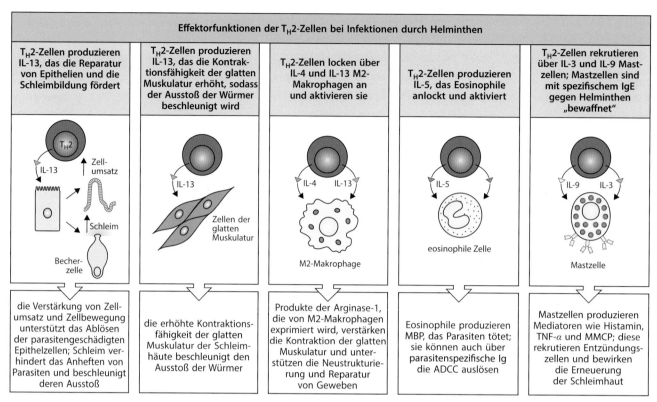

**Abb. 11.15 Schützende Reaktionen auf Helminthen im Darm werden von T$_H$2-Zellen vermittelt.** Die meisten Helminthen im Darm lösen sowohl schützende als auch pathologische Immunantworten durch CD4-T-Zellen aus. T$_H$2-Reaktionen haben eine eher schützende Wirkung und erzeugen eine für den Parasiten ungünstige Umgebung, was zur Beseitigung des Parasiten und zu einem Immunschutz führt (Einzelheiten im Text). M2-Makrophage, alternativ aktivierter Makrophage

T$_H$2-Zellen wandern nach ihrer Entwicklung in den ableitenden Lymphgeweben in die Bereiche aus, in die die Helminthen eingedrungen sind. Dort verstärken die T$_H$2-Zellen die Rekrutierung und die Funktion der zirkulierenden angeborenen Effektorzellen vom Typ 2 – eosinophile und basophile Zellen sowie Gewebemastzellen und Makrophagen. T$_H$2-Zellen exprimieren wie T$_H$1- und T$_H$17-Zellen ein eigenes Repertoire von Chemokinrezeptoren, das mit dem der zirkulierenden angeborenen Effektorzellen übereinstimmt, mit denen sie interagieren, und lenken sie so selektiv zu den Regionen, in denen Typ-2-Reaktionen stattfinden (▶ Abb. 11.8 und ▶ Abb. 11.9). T$_H$2-Zellen sowie eosinophile und basophile Zellen exprimieren CCR3, CCR4 und CRTH2, den Rezeptor für Prostaglandin D$_2$. Dieser Lipidmediator wird von aktivierten Gewebemastzellen exprimiert. Liganden für CCR3 (beispielsweise die Eotaxine CCL11, CCL24 und CCL26) werden in den Geweberegionen, in denen eine Infektion durch Helminthen besteht, von mehreren angeborenen Immunzellen produziert, die von IL-4- und IL-13-Signalen zur Produktion angeregt werden. Deshalb können ILC2-Zellen, T$_H$2-Zellen, Eosinophile und Basophile jeweils die Rekrutierung weiterer Typ-2-Zellen über dieses Chemokinnetzwerk verstärken.

Die T$_H$2-Effektorreaktion kann das direkte Abtöten von einigen Würmern koordinieren, indem die Funktionen von angeborenen Effektorzellen verstärkt werden. Ein Schwerpunkt der Anti-Helminthen-Reaktion ist das Ausstoßen der Würmer und die Begrenzung der Gewebeschäden, die die Würmer bei ihrem Eindringen in den Wirt hervorrufen – beide Funktionen werden von Typ-2-Cytokinen vermittelt. IL-13 verstärkt direkt die Schleimproduktion der Becherzellen, aktiviert die Zellen der glatten Muskulatur, eine Hypermobilität zu entwickeln, und erhöht die Wanderungsrate und den Umsatz der Epithelzellen in der Schleimhaut (▶ Abb. 11.15, erstes Bild). Im Darm sind all diese Aktivitäten notwendige Komponenten der Immunreaktion, da sie dazu beitragen, Parasiten zu beseitigen, die sich an das Epithel geheftet haben, und da sie die für eine Besiedlung verfügbare Fläche verringern.

Die Reaktion auf Helminthen führt zur Produktion großer Mengen an IgE-Antikörpern, was durch IL-4-produzierende $T_{FH}$-Zellen ausgelöst wird, die sich zusammen mit den $T_H$2-Zellen entwickeln (Abschn. 9.2.7). IgE bindet an Fc$\varepsilon$-Rezeptoren, die von Mastzellen, eosinophilen und basophilen Zellen exprimiert werden. Dadurch werden diese Zellen für eine antigenspezifische Erkennung „bewaffnet" und aktiviert. Adaptive Immunantworten vom Typ 2 fördern auch die Produktion von IgG1-Antikörpern, die von Makrophagen erkannt werden und diese in die Typ-2-Reaktion einbeziehen. Die von $T_H$2-Zellen produzierten Cytokine IL-4 und IL-13 führen auch zur Differenzierung von **alternativ aktivierten Makrophagen (M2-Makrophagen)**. Anders als die klassisch aktivierten M1-Makrophagen, die sich nach Wechselwirkung mit $T_H$1-Zellen differenzieren und starke Aktivatoren von Entzündungen sind (▸ Abb. 11.10), wirken M2-Makrophagen beim Abtöten und Ausstoßen von Würmern mit und fördern auch die Umstrukturierung und Reparatur von Geweben (▸ Abb. 11.15). Ein wichtiger Unterschied zwischen M1- und M2-Makrophagen besteht in ihrem jeweiligen Argininstoffwechsel für die Produktion von antipathogenen Produkten. M1-Makrophagen exprimieren iNOS, ein Enzym, das das wirksame antimikrobielle Stickstoffmonoxid (NO) produziert (Abschn. 3.1.2). M2-Makrophagen hingegen exprimieren die Arginase-1, die Arginin in Ornithin und Prolin umwandelt. Ornithin erhöht zusammen mit anderen Faktoren die Kontraktionsfähigkeit der mucosalen glatten Muskulatur und fördert auch die Umstrukturierung und die Reparatur von Geweben (▸ Abb. 11.15). Aufgrund eines bis jetzt noch unbekannten Mechanismus wirkt Ornithin auch direkt toxisch auf Larven von bestimmten Helminthen, wenn sie mit Antikörpern umhüllt sind. Ins Gewebe eingedrungene Helminthen sind zwar zu groß, um von Makrophagen aufgenommen zu werden, aber die gezielte Freisetzung von toxischen Mediatoren direkt in Richtung Wurm durch antikörperabhängige zellvermittelte Cytotoxizität (ADCC) ermöglicht es den Makrophagen sowie den eosinophilen Zellen (siehe unten), diese großen extrazellulären Parasiten anzugreifen.

Durch $T_H$2-Zellen aktivierte Makrophagen sind anscheinend auch für das Abschotten von eingedrungenen Würmern von Bedeutung, außerdem für die Reparatur von Gewebeschäden, welche die Würmer bei ihrer Wanderung durch die Gewebe hervorrufen. Diese Reparaturfunktionen der M2-Makrophagen für Gewebe hängen von den sezernierten Faktoren ab, die für den Neuaufbau von Geweben notwendig sind. Das betrifft auch die Stimulation der Kollagenproduktion, für die Prolin benötigt wird, das durch die Aktivität der Arginase-1 entsteht. Darüber hinaus können $T_H$2-aktivierte Makrophagen die Bildung von Granulomen in Gang setzen, die in den Geweben die Larven der Würmer festhalten. In dieser Hinsicht ist bei Immunantworten vom Typ 2 die antigenspezifische Makrophagenaktivierung durch $T_H$2-Zellen nicht redundant. ILC2-Zellen und angeborene Effektorzellen fördern wahrscheinlich durch die Produktion von IL-13 die Aktivierung der M2-Makrophagen, aber sie können die Reaktion nicht aufrechterhalten. In verschiedenen Tiermodellen für Infektionen mit Würmern sind deshalb Anti-Helminthen-Reaktionen bei RAG-defekten oder T-Zell-depletierten Mäusen erheblich beeinträchtigt. Das deutet darauf hin, dass für die Aufrechterhaltung der alternativen Aktivierung von Makrophagen $T_H$2-Zellen erforderlich sind.

Das von $T_H$2- und ILC2-Zellen produzierte IL-5 rekrutiert und aktiviert eosinophile Zellen (▸ Abb. 11.15), die auf Würmer direkt toxisch wirken können, indem sie cytotoxische Moleküle aus ihren sekretorischen Granula freisetzen, beispielsweise das basische Hauptprotein (*major basic protein*, MBP). Neben den Fc$\varepsilon$-Rezeptoren, über die sie mit IgE für die Degranulierung „bewaffnet" werden, tragen sie auch Fc-Rezeptoren für IgG und können so die antikörperabhängige zellvermittelte Cytotoxizität auf IgG-umhüllte Parasiten richten (Abb. 10.38). Eosinophile Zellen exprimieren auch den Fc$\alpha$-Rezeptor (CD89) und setzen nach Stimulation durch sekretorische IgA-Antikörper den Inhalt ihrer Granula frei.

IL-3 und IL-9, die von $T_H$2-Zellen in der Schleimhaut produziert werden, führen zur Rekrutierung, Vermehrung und Aktivierung einer spezialisierten Subpopulation von Mastzellen, die man als **mucosale Mastzellen** bezeichnet (▸ Abb. 11.15). Die angeborenen Cytokine IL-25 und IL-33 aktivieren in der frühen Phase einer Infektion durch Helminthen auch mucosale Mastzellen. Diese unterscheiden sich von ihren Gegenstücken in anderen Geweben darin, dass sie nur über eine geringe Zahl von IgE-Rezeptoren verfügen und wenig Histamin produzieren. Sobald sie von Cytokinen oder die Bindung von Wurmantigenen an rezeptorgebundene IgE-Antikörper aktiviert werden, setzen mucosale Mastzellen große Mengen an vorproduzierten inflammatorischen Mediatoren frei, die in sekretorischen Granula gespeichert werden: Prostaglandine, Leukotriene und verschiedene Proteasen, beispielsweise die mucosale Mastzellprotease (MMCP-1), die die Tight Junctions der Epithelien abbauen kann und dadurch die Permeabilität und den Flüssigkeitszustrom in das mucosale Lumen erhöht. Die Mediatoren der Mastzellen erhöhen insgesamt die Durchlässigkeit der Gewebe und der Blutgefäße, steigern die Beweglichkeit des Darms, stimulieren die Schleimproduktion der Becherzellen und induzieren die Rekrutierung der Leukocyten. Das alles trägt zur *weep and sweep*-Reaktion („Trief-und-Wisch-Reaktion") bei, durch die Parasiten aus dem Wirt entfernt werden können.

### 11.2.8 $T_H$17-Zellen koordinieren die Immunantworten vom Typ 3 und unterstützen so die Beseitigung extrazellulärer Bakterien und Pilze

$T_H$17-Zellen sind eine Untergruppe der T-Effektorzellen, die als Reaktion auf eine Infektion mit extrazellulären Bakterien und Pilzen hervorgebracht werden. Im Zustand der Homöostase halten sich die $T_H$17-Zellen fast ausschließlich in der Darmschleimhaut auf, wo sie zur Wechselbeziehung zwischen dem Wirt und der Mikroflora im Darm beitragen, die aus Bakterien und einigen Pilzen besteht. Sie besitzen aber auch eine entscheidende Bedeutung für die Bekämpfung von pathogenen extrazellulären Bakterien und Pilzen, die in die Gewebebarrieren eindringen, und für die Bekämpfung von Vertretern der normalen Mikroflora, die in den Körper eindringen können, wenn die Barrierefunktion des Epithels beeinträchtigt ist, sei es aufgrund einer Verletzung oder einer Infektion mit Pathogenen. Unter diesen Bedingungen besteht eine grundlegende Funktion der $T_H$17-Zellen darin, die Typ-3-Reaktionen zu koordinieren, bei denen die neutrophilen Zellen unter den angeborenen Effektorzellen eine zentrale Stellung einnehmen.

Wie in Kap. 9 besprochen, wird die Entwicklung der $T_H$17-Zellen durch das Zusammenwirken von TGF-$\beta$ und den inflammatorischen Cytokinen IL-6, IL-1 und IL-23 angeregt (▶ Abb. 9.31). IL-23 wird vor allem von konventionellen dendritischen CD103$^+$CD11b$^+$-Zellen produziert, die MAMP-Muster von extrazellulären Bakterien erkennen, beispielsweise Flagellin, das von TLR-5 erkannt wird. Sie erkennen auch MAMPs von Pilzen, beispielsweise $\beta$-Glucan-Polymere aus Glucose, die von Hefen und anderen Pilzen exprimiert und von Dectin-1 erkannt werden. Das Auswandern der $T_H$17-Zellen aus den sekundären lymphatischen Geweben hängt wie bei den $T_H$1- und $T_H$2-Zellen mit einer veränderten Expression der Chemokine zusammen. Das betrifft vor allem die Induktion von CCR6, dessen Ligand CCL20 von aktivierten Epithelzellen in den mucosalen Geweben und in der Haut produziert wird, außerdem von den $T_H$17-Zellen selbst und von den ILC3-Zellen (▶ Abb. 11.8 und ▶ Abb. 11.9).

$T_H$17-Zellen werden zur Freisetzung von IL-17A und IL-17F stimuliert, sobald sie an Infektionsherden auf Antigene treffen (▶ Abb. 11.16). Ein vorherrschender Effekt dieser Cytokine ist die Vermehrung und Rekrutierung von neutrophilen Zellen. Der Rezeptor für IL-17A und IL-17F wird auf vielen Zellen exprimiert, beispielsweise auf Fibroblasten, Epithelzellen und Keratinocyten. IL-17 regt diese Zellen an, verschiedene Cytokine zu produzieren, etwa IL-6, das die $T_H$17-Reaktion verstärkt, und den hämatopoetischen Faktor G-CSF (*granulocyte colony-stimulating factor*), der die Bildung von neutrophilen Zellen im Knochenmark verstärkt. IL-17 stimuliert auch die Produktion der Chemokine CXCL8 und CXCL12, deren Rezeptoren (CXCR1 und CXCR2) ausschließlich von Neutrophilen exprimiert werden (▶ Abb. 11.8). Eine wichtige Aktivität von IL-17 an Infektionsherden besteht also darin, lokale Zellen zu veranlassen, Cytokine und Chemokine freizusetzen, die Neutrophile anlocken.

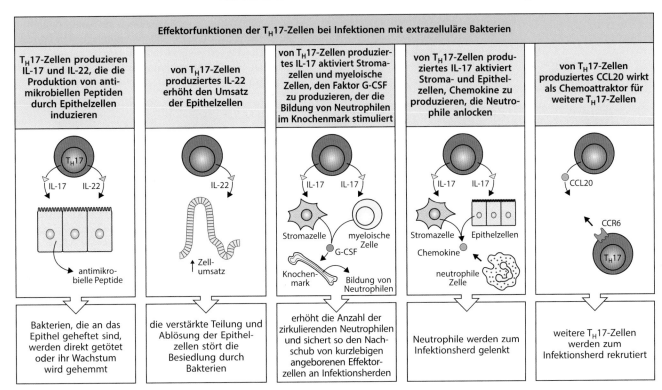

**Abb. 11.16 Die Immunantwort gegen extrazelluläre Bakterien und einige Pilze wird von aktivierten TH17-Zellen koordiniert.** $T_H$17-Zellen werden von antigentragenden Makrophagen und dendritischen Zellen in den Gewebebarrieren aktiviert (beispielsweise in den Schleimhäuten von Darm und Lunge oder in der Haut), Cytokine zu produzieren. Diese aktivieren lokale Epithel- und Stromazellen, die Immunantwort gegen extrazelluläre Bakterien und einige Arten von Pilzen zu koordinieren

$T_H$17-Zellen produzieren auch IL-22, ein Cytokin der IL-10-Familie, das mit IL-17 zusammenwirkt und dabei die Expression von antimikrobiellen Proteinen durch Epithelzellen auslöst. Das sind beispielsweise $\beta$-Defensine sowie die C-Typ-Lektine RegIII$\beta$ und RegIII$\gamma$, die alle jeweils Bakterien direkt töten können (Abschn. 2.1.4). IL-22 und IL-17 können auch Epithelzellen anregen, metallbindende Proteine zu exprimieren, die auf Bakterien und Pilze wachstumshemmend wirken. **Lipocalin-2** schränkt die Verfügbarkeit von Eisen für pathogene Bakterien ein. S100A8 und S100A9 sind zwei antimikrobielle Peptide, die sich zu einem Heterodimer verbinden und das antimikrobielle Protein **Calprotectin** bilden, das Zink und Mangan aus Mikroorganismen abzieht. Viele dieser antimikrobiellen Faktoren werden auch von neutrophilen Zellen produziert, die zu einem Infektionsherd gelenkt wurden. Man hat festgestellt, dass Calprotectin bis zu einem Drittel des cytosolischen Proteins von Neutrophilen ausmachen kann. IL-22 stimuliert auch die Proliferation und das Ablösen von Epithelzellen, wodurch Bakterien und Pilzen der Untergrund für die Besiedlung von Epitheloberflächen entzogen wird. Die ILC3-Zellen in den Gewebebarrieren produzieren IL-22 als schnelle Reaktion auf Pathogene. Andererseits ließ sich zeigen, dass pathogenspezifische $T_H$17-Zellen die Produktion von IL-22 an Infektionsherden verstärken und aufrechterhalten.

Das Zusammenwirken der angeborenen und adaptiven Effektorzellen wird bei Typ-3-Reaktionen wie bei den Typ-1- und Typ-2-Reaktionen zu einem großen Teil durch die Produktion von pathogenspezifischen Antikörpern erreicht, die extrazelluläre Bakterien und Pilze opsonisieren, sodass sie von neutrophilen Zellen, Makrophagen und dem Komplementsystem zerstört werden können. $T_{FH}$-Zellen, die sich mit den $T_H$17-Zellen koordiniert entwickeln, fördern die Produktion von hochaffinen IgG- und IgA-Antikörpern durch Plasmazellen, die CCR6 exprimieren können und dadurch in Regionen der Gewebebarrie-

Teil IV

ren gelangen, in denen Typ-3-Reaktionen stattfinden. Dort können sie Neutrophile und Makrophagen an Ort und Stelle „bewaffnen". Antikörper sind die grundlegenden Immunreaktanden, die primäre Infektionen durch weit verbreitete extrazelluläre Bakterien, welche Typ-3-Reaktionen auslösen, neutralisieren können, etwa bei Infektionen mit *Staphylococcus aureus* und *Streptococcus pneumoniae*.

## 11.2.9 Differenzierte T-Effektorzellen reagieren weiterhin auf Signale, während sie ihre Effektorfunktionen ausführen

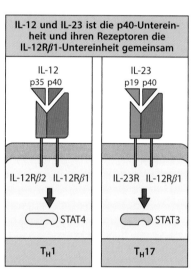

**Abb. 11.17 Die Cytokine IL-12 und IL-23 besitzen eine gemeinsame Untereinheit, das Gleiche gilt für ihre Rezeptoren.** Die heterodimeren Cytokine IL-12 und IL-23 enthalten beide die Untereinheit p40, die gemeinsame Komponente der Rezeptoren, die die p40-Untereinheit bindet, ist IL-12Rβ1. IL-12-Signale aktivieren primär den Transkriptionsaktivator STAT4, der die IFN-γ-Produktion erhöht. IL-23 aktiviert vor allem STAT3, STAT4 jedoch nur schwach (nicht dargestellt). Beide Cytokine verstärken die Aktivität und die Proliferation der CD4-Untergruppen, die zugehörigen Rezeptoren exprimieren. T$_H$1-Zellen exprimieren IL-12R, T$_H$17-Zellen exprimieren vor allem IL-23R, aber auch geringe Mengen an IL-12R (nicht dargestellt). Mäuse mit einem p40-Defekt können beide Cytokine nicht synthetisieren und zeigen aufgrund der fehlenden T$_H$1- und T$_H$17-Aktivitäten eine Immunschwäche

Die Festlegung von CD4-T-Zellen auf bestimmte Linien von Effektorzellen erfolgt in den peripheren lymphatischen Geweben, beispielsweise in den Lymphknoten. Die Effektoraktivitäten dieser Zellen werden jedoch nicht einfach von den Signalen bestimmt, die sie in den lymphatischen Geweben erhalten haben. Es gibt Hinweise, dass die Vermehrung und die Effektoraktivitäten der differenzierten CD4-T-Zellen einer ständigen Regulation unterliegen, insbesondere bei den T$_H$17- und den T$_H$1-Zellen, sobald sie in Infektionsherde gelangen.

Wie in Kap. 9 erwähnt, wird die Festlegung der naiven T-Zellen auf die T$_H$17-Linie durch Kontakt mit TGF-β und IL-6 ausgelöst; die erste Festlegung auf T$_H$1-Zellen erfolgt durch IFN-γ. Diese Ausgangsbedingungen reichen jedoch nicht aus, um vollständige und wirksame T$_H$17- oder T$_H$1-Reaktionen in Gang zu setzen. Jede T-Zelle benötigt darüber hinaus noch die Stimulation durch ein weiteres Cytokin: IL-23 für die T$_H$17-Zellen und IL-12 für die T$_H$1-Zellen und die T$_H$17-Zellen. Die Strukturen von IL-23 und IL-12 sind eng miteinander verwandt: Beide sind Heterodimere und haben eine gemeinsame Untereinheit (▶ Abb. 11.17). IL-23 besteht aus einer p40- (IL-12-p40) und einer p19-Untereinheit (IL-23-p19), IL-12 aus der p40- (IL-12-p40) und einer speziellen p35-Untereinheit (IL-12-p35). Festgelegte T$_H$17-Zellen exprimieren einen Rezeptor für IL-23 und in geringen Mengen den Rezeptor für IL-12 (siehe unten), T$_H$1-Zellen exprimieren den Rezeptor für IL-12. Die Rezeptoren für IL-12 und IL-23 sind ebenfalls verwandt. Sie besitzen eine gemeinsame Untereinheit, IL-12Rβ1, die von naiven T-Zellen exprimiert wird. Nachdem sich entwickelnde T$_H$17-Zellen das differenzierende Cytokinsignal erhalten haben, synthetisieren sie IL-23R, die induzierbare Komponente des gereiften IL-23-Rezeptor-Heterodimers. T$_H$1-Zellen exprimieren IL-12Rβ2, die induzierbare Komponente des gereiften IL-12-Rezeptors.

IL-23 und IL-12 verstärken die Aktivitäten der T$_H$17- beziehungsweise T$_H$1-Zellen. Wie viele andere Cytokine wirken sie über den intrazellulären JAK-STAT-Signalweg (▶ Abb. 9.32). IL-23-Signale aktivieren in der Zelle primär den Transkriptionsaktivator STAT3, aber auch STAT4. IL-12 hingegen aktiviert STAT4 besonders stark, STAT3 jedoch nur geringfügig. IL-23 setzt die Festlegung von naiven CD4-T-Zellen auf die T$_H$17-Linie nicht in Gang, stimuliert aber deren Vermehrung und trägt zu deren Bestehen bei. Viele *in vivo*-Reaktionen, die von IL-17 abhängen, werden zurückgefahren, wenn kein IL-23 vorhanden ist. So zeigen Mäuse, denen die IL-23-spezifische Untereinheit p19 fehlt, nach einer Infektion mit *Klebsiella pneumoniae* in der Lunge eine verringerte Produktion von IL-17A und IL-17F.

IL-12 reguliert die Effektoraktivität von festgelegten T$_H$1-Zellen an Infektionsherden. Untersuchungen mit zwei verschiedenen Krankheitserregern haben gezeigt, dass die erste Differenzierung von T$_H$1-Zellen nicht für einen Schutz ausreicht und dass ständige Signale erforderlich sind. Mäuse mit einem IL-12-p40-Defekt können einer ersten Infektion mit *Toxoplasma gondii* widerstehen, solange den Mäusen dauerhaft IL-12 verabreicht wird. Wenn IL-12 während der ersten zwei Wochen einer Infektion gegeben wird, überleben die p40-defekten Mäuse die ursprüngliche Infektion und entwickeln eine latente chronische Infektion, die durch Zysten gekennzeichnet ist, in denen sich der Krankheitserreger befindet. Wenn die IL-12-Gabe beendet wird, reaktivieren diese Mäuse jedoch allmählich ihre ruhenden Zysten und die Tiere sterben schließlich an einer Toxoplasma-Encephalitis. Die Produktion von IFN-γ durch pathogenspezifische T-Zellen verringert sich, wenn IL-12 fehlt, lässt sich jedoch durch die Gabe von IL-12 wiederherstellen. Entsprechend kann die adoptive Übertragung von differenzierten T$_H$1-Zellen aus Mäusen, die von einer Infektion mit *Leishmania major* geheilt sind, RAG-defekte Mäuse schützen, die mit *L. major* infiziert sind, IL-12-p40-defekte Mäuse jedoch nicht (▶ Abb. 11.18). Insgesamt deuten diese Experimente darauf hin, dass T$_H$1-Zellen während einer Infektion weiterhin auf Signale reagieren und dass ein kontinuierlicher IL-12-Spiegel erforderlich ist, um die Wirksamkeit der differenzierten T$_H$1-Zellen gegenüber zumindest einigen Krankheitserregern aufrechtzuerhalten.

## 11.2.10 T-Effektorzellen können unabhängig von der Antigenerkennung aktiviert werden, Cytokine freizusetzen

Wie wir bereits erfahren haben, besagt ein Grundprinzip der adaptiven Immunität, dass naive T-Zellen Antigene mithilfe von kognaten Rezeptoren erkennen müssen, damit ihre Differenzierung zu reifen Effektorzellen ausgelöst werden kann. T-Effektorzellen können jedoch auch durch paarweise auftretende Cytokine aktiviert werden, unabhängig von der Antigenerkennung durch ihre T-Zell-Rezeptoren. Die Cytokinpaare, die diese „nichtkognate" Funktion von differenzierten Effektorzellen vermitteln, sind anscheinend dieselben wie bei der Aktivierung der ILC-Untergruppe, die sich parallel zu jeder T-Zell-Untergruppe entwickelt (▶ Abb. 11.19). In allen Fällen enthält das Paar der stimulierenden Cytokine ein Cytokin, das einen Rezeptor aktiviert, der seine Signale über einen STAT-Faktor weiterleitet, während das andere Cytokin einen Rezeptor aktiviert, der Signale an NF$\kappa$B sendet – im Allgemeinen ein Vertreter der IL-1-Rezeptor-Familie. Deshalb führt sowohl bei den T$_H$1-Zellen als auch bei den ILC1-Zellen die Stimulation durch IL-12 (STAT4) und IL-18 zur Produktion von IFN-$\gamma$. Entsprechend kommt es nach der Stimulation von T$_H$2- und ILC2-Zellen durch TSLP (STAT5) und IL-33 zur Produktion von IL-5 und IL-13, und die T$_H$17- und ILC3-Zellen, die durch IL-23 (STAT3) und IL-1 stimuliert werden, produzieren IL-17 und IL-22. Auf diese Weise erwerben reife CD4-T-Effektorzellen Funktionseigenschaften der angeborenen Immunität, sodass sie ohne die Notwendigkeit einer Antigenerkennung unterschiedliche Arten von Immunantworten verstärken können. Zu beachten ist hier, dass bei Typ-1- und Typ-3-Zellen das jeweilige Cytokin der IL-1-Familie (IL-18 beziehungsweise IL-1) aufgrund der Aktivierung des Inflammasoms von myeloischen Zellen erzeugt wird. Andererseits wird IL-33, das Typ-2-Reaktionen aktiviert, durch das Inflammasom inaktiviert. Das deutet darauf hin, dass zwischen Typ-2- und Typ- 1- oder Typ-3-Reaktionen noch eine andere Form der gegenseitigen Regulation besteht. Die genaue Funktion dieser nichtkognaten Aktivierung ist zwar noch nicht bekannt, aber möglicherweise steht damit ein Mechanismus zur Verfügung, durch den geweberesidente T-Gedächtniszellen bei Reaktionen des immunologischen Gedächtnisses schnell rekrutiert werden können (Abschn. 11.3.6).

## 11.2.11 T-Effektorzellen zeigen Plastizität und Kooperativität, sodass sie sich im Verlauf von Anti-Pathogen-Reaktionen anpassen können

Bis hier haben wir die Untergruppen der CD4-T-Effektorzellen so besprochen, als seien sie in sich festgelegt, in dem Sinn, dass sich ihr funktioneller Phänotyp nach ihrer Entwicklung nicht mehr ändern kann. In ähnlicher Weise haben wir uns auch mit den verschiedenen Arten der Immunität befasst – als gäbe es nur jeweils einen einzigen Modus, das heißt, ein bestimmter Krankheitserreger kann nur eine Art von Reaktion auslösen. Das trifft zwar häufig zu, ist aber nicht immer der Fall. So wie Pathogene ihre Taktik ändern können, um der Vernichtung zu entkommen, sind auch die jeweils beteiligten T-Effektorzellen in der Lage, sich an die Krankheitserreger anzupassen, sodass sie schließlich beseitigt werden. Die Anpassung kann darin bestehen, dass die „Programmierung" der einzelnen T-Zellen flexibel erfolgt. Dies bezeichnet man als **T-Zell-Plastizität**, in deren Rahmen es möglich

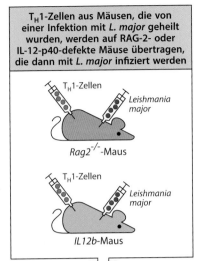

T$_H$1-Zellen aus Mäusen, die von einer Infektion mit *L. major* geheilt wurden, werden auf RAG-2- oder IL-12-p40-defekte Mäuse übertragen, die dann mit *L. major* infiziert werden

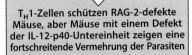

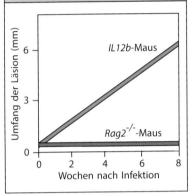

T$_H$1-Zellen schützen RAG-2-defekte Mäuse, aber Mäuse mit einem Defekt der IL-12-p40-Untereinheit zeigen eine fortschreitende Vermehrung der Parasiten

**Abb. 11.18 Bei Krankheitserregern, die zur Abwehr eine T$_H$1-Reaktion erfordern, ist ein gleichmäßig hoher IL-12-Spiegel notwendig.** Mäuse, die eine Infektion mit *Leishmania major* abgewehrt und T$_H$1-Zellen erzeugt hatten, die für diesen Krankheitserreger spezifisch waren, dienten als Quelle für T-Zellen, die adoptiv auf RAG-2-defekte Mäuse übertragen wurden. Diese Mäuse besitzen keine T- und keine B-Zellen und können eine Infektion mit *L. major* nicht eindämmen, produzieren aber IL-12. Die T-Zellen wurden auch auf Mäuse mit einem IL-12-p40-Defekt übertragen, die selbst kein IL-12 produzieren können. Bei einer anschließenden Infektion der RAG-2-defekten Mäuse vergrößerten sich die Läsionen nicht, da die übertragenen T$_H$1-Zellen eine Immunität vermittelten. Obwohl nun die übertragenen Zellen bereits ausdifferenzierte T$_H$1-Zellen waren, konnten sie den IL-12-p40-defekten Mäusen dennoch keine Immunität verleihen, da diese keine ständige Produktion von IL-12 besaßen

**Teil IV**

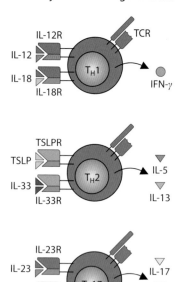

**Abb. 11.19 T-Effektorzellen können unabhängig von der Erkennung eines Antigens zur Freisetzung von Cytokinen aktiviert werden.** T-Effektorzellen können analog zu den ILC-Zellen durch die koordinierte Aktivität von Cytokinpaaren und unabhängig von T-Zell-Rezeptor-Signalen zur Produktion von Effektorcytokinen angeregt werden

**Abb. 11.20 Plastizität der CD4-T-Zell-Untergruppen.** Die Stabilität der CD4-T-Effektorzellen und der regulatorischen CD4-T-Zellen unterliegt einer Hierarchie. Naive CD4$^+$-T-Zellen sind multipotent, während $T_H$1- und $T_H$2-Zellen anscheinend relativ stabil sind und sich in einem Grundzustand befinden. Das bedeutet, dass sie für eine Umwandlung in einen anderen Phänotyp von Effektorzellen sehr wenig zugänglich sind. i$T_{reg}$-Zellen und $T_H$17-Zellen sind weniger stabil und können sich abhängig von den vorherrschenden Cytokinen in eine andere Subpopulation umwandeln. Bei Einwirkung von IL-6 und IL-1 können sich i$T_{reg}$-Zellen zu $T_H$17-Zellen entwickeln, bei Einwirkung von IL-12 werden sie zu $T_H$1-Zellen. Wenn IL-12 auf $T_H$17-Zellen einwirkt, wandeln sie sich in $T_H$1-Zellen um. Dabei fällt auf, dass die Umwandlung von i$T_{reg}$-Zellen in $T_H$17-Zellen und von $T_H$17-Zellen in $T_H$1-Zellen anscheinend nur in einer Richtung erfolgen kann, also irreversibel ist. Sich entwickelnde $T_H$2-Zellen (*links*) unterdrücken die Expression der induzierbaren Komponente des IL-12-Rezeptors (IL-12R$\beta$2) und reagieren deshalb nicht auf IL-12. Die Untergruppen i$T_{reg}$, $T_H$17 und $T_H$1 (*rechts*) bleiben gegenüber IL-12 reaktiv

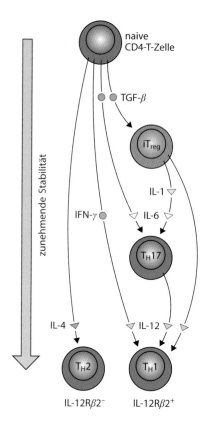

ist, dass T-Effektorzellen nach Veränderungen der lokalen Entzündungsumgebung zu einem neuen Phänotyp wechseln, der ein anderes Cytokinmuster exprimiert. T-Zell-Plastizität kann auch dazu führen, dass unterschiedliche Subpopulationen der T-Zellen miteinander kooperieren. Die Plastizität betrifft Zellen mit demselben klonalen Ursprung und übereinstimmender Antigenspezifität, während eine Kooperation zwischen Zellen erfolgt, die sich aus unterschiedlichen klonalen Ursprüngen entwickeln und unterschiedliche Arten von Antigenen erkennen, vor allem während der verschiedenen Stadien einer Infektion.

Im Experiment ließ sich zwar zeigen, dass jede der hauptsächlichen Subpopulationen der CD4-T-Effektorzellen ein gewisses Maß an Plastizität besitzt, sie tritt aber anscheinend vor allem bei Immunreaktionen vom Typ 3 auf. Bei $T_H$17-Zellen kommt es häufig vor, dass sie von ihrer ursprünglichen Entwicklung abweichen, das heißt zu $T_H$1-Zellen „umprogrammiert" werden (▶ Abb. 11.20). Dies hat man ursprünglich bei sogenannten Cytokinreportermäusen entdeckt, bei denen $T_H$17-Zellen, die IL-17F exprimieren, aufgrund der Expression eines mit den Zellen assoziierten Reportermoleküls identifiziert wurden, das vom *Il-17F*-Gen kontrolliert wurde. Als man mithilfe des Reportergens isolierte $T_H$17-Zellen in Gegenwart des $T_H$1-polarisierenden Cytokins IL-12 erneut stimulierte, ging bei den Nachkommen der Zellen die Expression von IL-17 verloren und sie exprimierten nun IFN-$\gamma$. Darüber hinaus konnte die wiederholte Stimulation der $T_H$17-Zellen mit dem Cytokin IL-23 der $T_H$17-Linie dazu führen, dass sich unter den Nachkommen eine Subpopulation herausbildete, die $T_H$1-Eigenschaften besaß. In beiden Fällen erforderte die Umprogrammierung der $T_H$17- zu $T_H$1-Zellen die Expression des $T_H$1-assoziierten Transkriptionsfaktors T-bet und das Abschalten des $T_H$17-assoziierten Transkriptionsfaktors ROR$\gamma$t, die beide mit der Aktivierung von STAT4 durch IL-12- und IL-23-Rezeptoren zusammenhängen. Daher konnten $T_H$17-Zellen, die entweder einen T-bet- oder einen STAT4-Defekt hatten, nicht in $T_H$1-Zellen umgewandelt werden, ihnen fehlte also die „$T_H$17-Plastizität".

Ein Beispiel für die Bedeutung der Plastizität und Kooperativität der T-Effektorzellen ist der Immunschutz gegenüber fakultativ intrazellulären pathogenen Bakterien, etwa im Fall von *Salmonella*. Salmonellen haben im Gegensatz zu obligat extrazellulären Bakterien auch

Teil IV

Mechanismen entwickelt, mit deren Hilfe sie innerhalb von Makrophagen überleben können, die nicht durch IFN-$\gamma$ aktiviert werden. In der frühen Infektionsphase kann *Salmonella* ähnlich wie andere enterische gramnegative Pathogene das Darmepithel besiedeln. In dieser Phase überwiegt die $T_H17$-Reaktion, sodass es zu einem starken IL-17-induzierten Zustrom von neutrophilen Zellen kommt, die extrazelluläre Bakterien in sich aufnehmen. Auch werden, durch IL-22 induziert, antimikrobielle Proteine in das Darmlumen freigesetzt, die das bakterielle Wachstum einschränken. Während dieser intestinalen Infektionsphase richtet sich anscheinend ein großer Teil der T-Zell-Reaktion gegen Antigenepitope im bakteriellen Flagellin, die starke Aktivatoren von TLR-5 sind. Die Aktivierung dieses angeborenen Sensors fördert die Expression von IL-23 durch die klassischen dendritischen CD11b$^+$-Zellen im Darm. Dies löst eine Immunantwort vom Typ 3 aus. Während der frühen intestinalen Infektionsphase treten flagellinspezifische $T_H1$-Zellen auf, sie entstehen wahrscheinlich als Ergebnis der Plastizität aus $T_H17$-Vorläufern. Um der Zerstörung durch Makrophagen zu entkommen, die durch diese „Ex-$T_H17$"-$T_H1$-Zellen zum intrazellulären Abtöten aktiviert werden, reguliert *Salmonella* gleichzeitig die Expression von Flagellin herunter und beginnt mit der Synthese neuer Proteine, beispielsweise SseI und SseJ, die das intrazelluläre Abtöten in den Makrophagen unterdrücken können. Dadurch kann *Salmonella* sowohl den flagellinspezifischen T-Zellen entkommen als auch die Makrophagen des Wirtes – zumindest zeitweise – als sicheren Aufenthaltsort nutzen, um dort vor dem Abtöten im Extrazellarraum geschützt zu sein, während sich die Infektion systemisch ausbreitet.

Während der systemischen Infektionsphase verlagert sich die T-Zell-Reaktion auf diejenigen Antigene, die dem Krankheitserreger das Überleben innerhalb der Zelle ermöglichen. Einige dieser neu exprimierten Antigene aktivieren anscheinend bei den klassischen dendritischen CD8$\alpha^+$-T-Zellen cytosolische Sensoren, wodurch die Zellen IL-12 produzieren und so die pathogenspezifischen $T_H1$-Zellen und eine Immunantwort vom Typ 1 anregen. Der Krankheitserreger kann durch die $T_H1$-induzierte Makrophagenaktivierung, die gegen diese neu exprimierten Antigene gerichtet ist, direkt beseitigt werden. Da die Reaktion gegen das Pathogen nun sowohl die Typ-3- als auch die Typ-1-Immunität gegen verschiedene Gruppen von Antigenen umfasst, die das Pathogen für das Überleben außerhalb und innerhalb der Zellen benötigt, wird *Salmonella* aus der Nische vertrieben und im Körper beseitigt.

## 11.2.12 Das Zusammenwirken der zellulären und antikörperabhängigen Immunität ist von entscheidender Bedeutung für den Schutz vor vielen Arten von Pathogenen

Die Art der T-Effektorzellen oder Antikörper, die erforderlich sind, um den Körper vor einer Infektion zu schützen, hängt von den Strategien und der Lebensweise der Pathogene ab. Wie wir in Kap. 9 erfahren haben, sind cytotoxische Zellen von großer Bedeutung, um virusinfizierte Zellen zu zerstören, und bei einigen Viruserkrankungen bilden diese Zellen während der Primärinfektion die vorherrschende Population der Lymphocyten im Blut. Dennoch kann auch die Funktion der Antikörper für die Beseitigung von Viren im Körper und für die Verhinderung einer weiteren Infektion essenziell sein. Das Ebolavirus ist eines der gefährlichsten bekannten Viren und verursacht ein hämorrhagisches Fieber, aber Patienten, die eine Erkrankung überleben, sind anschließend geschützt und symptomfrei, falls sie wieder infiziert werden. Sowohl bei der ersten als auch bei der erneuten Infektion ist eine starke und schnelle IgG-Reaktion gegen das Virus von grundlegender Bedeutung. Die Antikörperreaktion beseitigt das Virus aus dem Blut und verschafft dem Patienten dadurch Zeit, die cytotoxischen T-Zellen zu aktivieren. Bei Infektionen, die sich letal entwickeln, tritt diese Antikörperreaktion nicht auf. Das Virus hört dann nicht auf sich zu vermehren und trotz der Aktivierung der T-Zellen schreitet die Krankheit voran.

Cytotoxische T-Zellen sind auch für die Zerstörung von Zellen notwendig, die mit einigen intrazellulären pathogenen Bakterien infiziert sind, beispielsweise *Rickettsia* (der Erreger von Typhus) oder *Listeria*, das aus phagocytotischen Vesikeln entkommen kann und so den Abtötungsmechanismen von aktivierten Makrophagen entgeht. Im Gegensatz dazu werden Mycobakterien, die dem phagolysosomalen Abtöten widerstehen und innerhalb von Vesikeln der Makrophagen leben, vor allem von $T_H1$-Zellen in Schach gehalten, die infizierte Makrophagen aktivieren können, die Bakterien zu töten. Jedenfalls werden bei solchen Infektionen auch Antikörper produziert, die zum Abtöten der Krankheitserreger beitragen, wenn die Mikroorganismen aus absterbenden Phagocyten freigesetzt werden. Außerdem sind die Antikörper für den Schutz vor einer erneuten Infektion von Bedeutung.

In vielen Fällen wird der wirksamste Immunschutz durch neutralisierende Antikörper vermittelt, die verhindern können, dass ein Krankheitserreger überhaupt eine Infektion etabliert, und die meisten bewährten Impfstoffe gegen akute Virusinfektionen bei Kindern beruhen vor allem darauf, schützende Antikörper zu induzieren. So erfordert beispielsweise eine wirksame Immunität gegen das Poliovirus das Vorhandensein von Antikörpern, da das Virus motorische Nervenzellen schnell infizieren und zerstören kann, wenn es nicht sofort durch Antikörper neutralisiert und so eine Ausbreitung im Körper verhindert wird. Bei Polio neutralisieren auch spezifische IgA-Antikörper auf mucosalen Epitheloberflächen das Virus, bevor es in die Gewebe eindringen kann. Eine schützende Immunität kann also Effektormechanismen beinhalten (in diesem Fall IgA), die nicht an der Beseitigung der Primärinfektion beteiligt sind.

### 11.2.13 Primäre CD8-T-Zell-Reaktionen auf Krankheitserreger können auch ohne die Unterstützung durch CD4-T-Zellen stattfinden

Viele CD8-T-Zell-Reaktionen erfolgen ohne die Unterstützung durch CD4-T-Zellen nur mangelhaft oder gar nicht (Abschn. 9.2.6). In solchen Fällen ist die Unterstützung durch CD4-T-Zellen erforderlich, um die dendritischen Zellen zu aktivieren, damit diese eine vollständige CD8-T-Zell-Reaktion stimulieren können. Diese Aktivität wurde als Lizenzierung der antigenpräsentierenden Zelle bezeichnet (Abschn. 9.1.10). Bei der Lizenzierung werden costimulierende Moleküle wie B7, CD40 und 4-1BBL auf der dendritischen Zelle aktiviert, die dann Signale freisetzen kann, die naive CD8-T-Zellen vollständig aktivieren (▶ Abb. 9.29). Die Lizenzierung erhöht die Notwendigkeit einer dualen Antigenerkennung im Immunsystem durch CD4- und CD8-T-Zellen. Dies ist eine nutzbringende Maßnahme gegen Autoimmunität. Eine duale Erkennung lässt sich auch beim Zusammenwirken zwischen T- und B-Zellen bei der Antikörperproduktion beobachten (Kap. 10). Jedoch erfordern nicht alle CD8-T-Zell-Reaktionen eine solche Unterstützung.

Einige Krankheitserreger wie das intrazelluläre grampositive Bakterium *Listeria monocytogenes* und das gramnegative Bakterium *Burkholderia pseudomallei* sind anscheinend in der Lage, dendritische Zellen direkt zu lizenzieren, sodass sie ohne Unterstützung durch CD4-T-Zellen primäre CD8-T-Zell-Reaktionen auslösen können (▶ Abb. 11.21). Die primären CD8-T-Zell-Reaktionen gegen *L. monocytogenes* wurden bei Mäusen untersucht, die durch einen genetischen Defekt keine MHC-Klasse-II-Moleküle und deshalb auch keine CD4-T-Zellen besitzen (Abschn. 11.3.7). Die Anzahl der CD8-T-Zellen, die für ein bestimmtes Antigen des Pathogens spezifisch sind, wurde mithilfe von **tetrameren Peptid:MHC-Komplexen (Peptid:MHC-Tetrameren)** bestimmt (Anhang I, Abschn. A.24). Damit ist es möglich, CD4- oder CD8-T-Zellen aufgrund der Antigenspezifität ihrer T-Zell-Rezeptoren zu identifizieren. Am siebten Tag nach der Infektion zeigten Wildtypmäuse und CD4-T-Zell-defekte Mäuse die gleiche klonale Expansion und das gleiche cytotoxische Potenzial von pathogenspezifischen CD8-T-Zellen. Mäuse ohne CD4-T-Zellen beseitigten die Primärinfektion durch *L. monocytogenes* mit derselben Wirksamkeit wie die Wildtypmäuse. Diese Experimente zeigen eindeutig, dass pathogenspezifische CD8-T-Zellen ohne die Unterstützung durch CD4-T-Zellen schützende Reaktionen hervorbringen können. Wie wir jedoch noch feststellen werden, verläuft die CD8-Gedächtnisreaktion ohne die Unterstützung durch CD4-T-Zellen anders und fällt auch geringer aus.

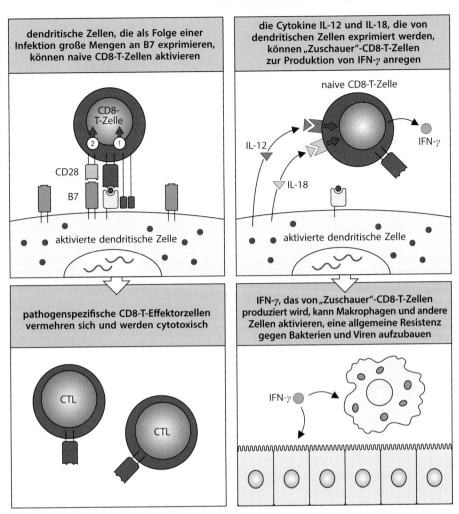

**Abb. 11.21 Naive CD8-T-Zellen können von potenten antigenproduzierenden Zellen direkt über ihren T-Zell-Rezeptor oder die Aktivität von Cytokinen aktiviert werden.** *Linke Spalte*: Naive CD8-T-Zellen, die auf der Oberfläche von dendritischen Zellen, die aufgrund der Entzündungsumgebung bei bestimmten Krankheitserregern große Mengen an costimulierenden Molekülen produzieren, Peptid:MHC-Klasse-I-Komplexe erkennen (*links oben*), werden zur Proliferation stimuliert und differenzieren sich schließlich zu cytotoxischen CD8-T-Zellen (*links unten*). *Rechte Spalte*: Aktivierte dendritische Zellen produzieren auch die Cytokine IL-12 und IL-18, deren gemeinsame Wirkung auf CD8-T-Zellen darin besteht, dass die Produktion von IFN-$\gamma$ schnell einsetzt (*rechts oben*). Dadurch werden Makrophagen aktiviert, die intrazellulären Bakterien zu zerstören, und es können auch antivirale Reaktionen in anderen Zellen unterstützt werden (*rechts unten*)

Naive CD8-T-Zellen können in einer sehr frühen Phase einer Infektion durch IL-12 und IL-18 durch einen „Zuschauereffekt" aktiviert werden. Sie produzieren dann IFN-$\gamma$ (▶ Abb. 11.21). Mäuse, die mit *L. monocytogenes* oder *B. pseudomallei* infiziert wurden, bringen schnell eine starke IFN-$\gamma$-Reaktion hervor, die für ihr Überleben essenziell ist. IFN-$\gamma$ wird anscheinend sowohl von NK-Zellen als auch von naiven CD8-T-Zellen erzeugt, die das Molekül innerhalb der ersten Stunden nach der Infektion zu produzieren beginnen. Das ist offenbar zu früh, um ein Anzeichen für eine bedeutsame Vermehrung von pathogenspezifischen CD8-T-Zellen zu sein. Diese wären zuerst noch in zu geringer Menge vorhanden, um hier einen antigenspezifischen Beitrag zu liefern. Die Produktion von IFN-$\gamma$ durch NK-Zellen und CD8-T-Zellen zu diesem frühen Zeitpunkt lässt sich im Experiment durch Antikörper gegen IL-12 und IL-18 blockieren, was darauf hindeutet, dass diese Cytokine dafür verantwortlich sind. Diese Experimente legen nahe, dass naive CD8-T-Zellen als Reaktion auf die ersten Anzeichen einer Infektion unspezifisch bei einer Art angeborener Immunabwehr mitwirken können, ohne dass die Unterstützung durch CD4-T-Zellen erforderlich ist.

Teil IV

### 11.2.14 Wird eine Infektion beseitigt, sterben die meisten Effektorzellen und es entstehen Gedächtniszellen

Sobald das adaptive Immunsystem eine Infektion abgewehrt hat, geschieht zweierlei. Zum einen werden durch die Aktivitäten der Effektorzellen die Pathogene entfernt und damit auch die Antigene, die ursprünglich ihre Differenzierung angeregt haben. Wenn die Antigene nicht mehr vorhanden sind, sterben die meisten T-Effektorzellen an „Vernachlässigung", sie beseitigen sich selbst durch Apoptose. Die so entstehende klonale Kontraktion der T-Effektorzellen ist anscheinend sowohl auf das Abschalten der überlebensfördernden Cytokine, die aufgrund der Stimulation durch die Antigene gebildet wurden, zurückzuführen (etwa auf IL-2), als auch darauf, dass die Rezeptoren für diese Cytokine nicht mehr exprimiert werden. CD25, die Untereinheit des IL-2-Rezeptors, die die hochaffine Bindung vermittelt, wird von aktivierten T-Zellen vorübergehend stärker exprimiert, dann jedoch wieder herunterreguliert, sodass die IL-2-Signale ohne eine erneute Stimulation durch Antigene nur eingeschränkt wirksam sind. Außerdem beenden die meisten T-Effektorzellen bald nach ihrer Aktivierung die Expression von **IL-7Rα (CD127)**, der spezifischen Komponente des IL-7-Rezeptors (Abschn. 11.3.5). Die IL-7-Signale aktivieren wie die IL-2-Signale den Transkriptionsfaktor STAT5, der die Expression der antiapoptotischen Überlebensfaktoren fördert (beispielsweise Bcl-2). Effektorzellen, die nicht mehr auf IL-2 und IL-7 reagieren, exprimieren Bcl-2 nicht mehr, sondern stattdessen Bim. Dies ist ein proapoptotischer Faktor, der seine Wirkung über den intrinsischen (oder mitochondrialen) Apoptoseweg entfaltet, der schließlich zur Bildung des Apoptosoms führt (Abschn. 9.4.1 und 9.4.2).

Video 11.3

Viele T-Effektorzellen sterben zwar ab, wenn sie die Überlebenssignale nicht mehr erhalten und der intrinsische Apoptoseweg von Bim aktiviert wird, aber über den extrinsischen Apoptoseweg kann es auch zum Tod von T-Effektorzellen kommen, der durch Signale von Vertretern der TNF-Rezeptor-Superfamilie aktiviert wird, insbesondere durch Fas (CD95) (▸ Abb. 11.22). Die Aktivierung des extrinsischen Apoptosewegs (oder Todesrezeptorwegs) führt zur Bildung des **DISC**-Komplexes (*death-inducing signaling complex*). Der erste Schritt des Fas-vermittelten Aufbaus von DISC ist die Bindung des trimeren FasL, sodass auch Fas ein Trimer bildet. Dadurch binden die Todesdomänen von Fas an die Todesdomäne des Adaptorproteins FADD (*Fas-associated via death domain*) (Abschn. 3.2.11). FADD enthält eine Todesdomäne und eine zusätzliche **Todeseffektordomäne** (*death effector domain*, **DED**), die an DED-Domänen von anderen Proteinen binden kann. Sobald FADD von Fas gebunden wird, bindet die DED von FADD über die Wechselwirkung mit einer DED in den Procaspasen die Initiatorcaspasen Procaspase 8 und Procaspase 10. Die hohe lokale Konzentration dieser Caspasen, die mit den aktivierten Rezeptoren assoziiert sind, ermöglicht den Caspasen, sich selbst zu spalten, wodurch sie aktiviert werden. Danach werden die Caspasen 8 und 10 aus dem Rezeptorkomplex freigesetzt und können nachgeschaltete Effectorcaspasen aktivieren, die dann die Apoptose auslösen. Funktionsverlustmutationen in Fas führen zu einer erhöhten Überlebensrate der Lymphocyten. Dies ist eine der Ursachen für das **lymphoproliferative Autoimmunsyndrom (ALPS)**. Die Erkrankung kann auch durch Mutationen in FasL und in der Caspase 10 hervorgerufen werden.

Die relativen Beiträge der Bim- und Fas-vermittelten Apoptosewege zum Abbau der T-Zellen hängen vom Krankheitserreger ab, bilden aber anscheinend komplementäre Mechanismen. Mäuse mit einem spezifischen Mangel an Bim oder Fas zeigen bei der Beseitigung der T-Zellen geringere Defekte als Mäuse, bei denen beide Faktoren fehlen. Die beiden Reaktionswege sind also anscheinend nicht redundant. Welche Eigenschaften einer Infektion dazu führen, dass bei verschiedenen Pathogenen einer der beiden Mechanismen gegenüber dem anderen vorherrschend wird, ist nicht bekannt. Unabhängig davon, ob der intrinsische oder der extrinsische Weg den Zelltod hervorruft, werden die absterbenden Zellen schnell von Phagocyten beseitigt, die an den Zelloberflächen das Membranlipid Phosphatidylserin erkennen. Das Lipid kommt normalerweise nur an der inneren Oberfläche der Plasmamembran vor, wird aber bei apoptotischen Zellen rasch auch auf die Außenseite verlagert, wo es von spezifischen Rezeptoren auf zahlreichen Zellen erkannt

Teil IV

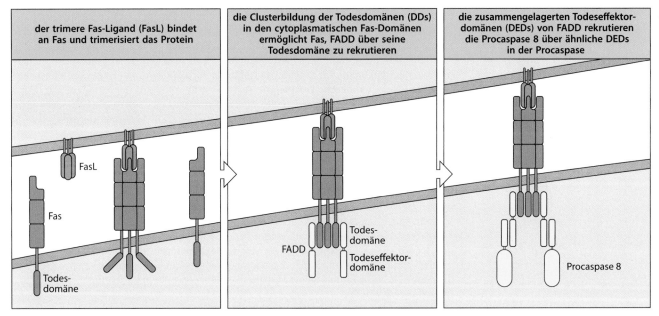

| der trimere Fas-Ligand (FasL) bindet an Fas und trimerisiert das Protein | die Clusterbildung der Todesdomänen (DDs) in den cytoplasmatischen Fas-Domänen ermöglicht Fas, FADD über seine Todesdomäne zu rekrutieren | die zusammengelagerten Todeseffektor-domänen (DEDs) von FADD rekrutieren die Procaspase 8 über ähnliche DEDs in der Procaspase |

**Abb. 11.22 Die Bindung des Fas-Liganden an Fas löst den extrinsischen Weg der Apoptose aus.** Der Zelloberflächenrezeptor Fas enthält in seinem cytoplasmatischen Schwanz eine Todesdomäne (DD). Wenn der Fas-Ligand (FasL) an Fas bindet, bildet der Rezeptor ein Trimer (*links*). Das Adaptorprotein FADD (andere Bezeichnung MORT-1) enthält ebenfalls eine Todesdomäne. Es kann an die zusammengelagerten Todesdomänen von Fas binden (*Mitte*). FADD enthält zusätzlich eine Todeseffektordomäne (DED), durch die die Procaspase 8 oder Procaspase 10 (nicht dargestellt), die beide auch eine Todesdomäne enthalten, rekrutiert werden (*rechts*). Die zusammengelagerten Procaspase-8-Moleküle aktivieren sich gegenseitig und die aktive Caspase wird in das Cytoplasma freigesetzt (nicht dargestellt)

wird. So wird am Ende einer Infektion nicht nur das Pathogen beseitigt, sondern auch die meisten pathogenspezifischen Effektorzellen werden entfernt. Einige Effektorzellen bleiben allerdings erhalten und bilden die Grundlage für die Reaktionen der T- und B-Gedächtniszellen (nächster Abschnitt).

## Zusammenfassung

CD4-T-Zellen entwickeln sich als Reaktion auf angeborene Immunantworten, die von Krankheitserregern ausgelöst werden, verstärken die Immunantworten und halten sie aufrecht. Die Antigene der Erreger werden von den wandernden antigenpräsentierenden Zellen zu den lokalen Lymphorganen transportiert und dort antigenspezifischen naiven T-Zellen präsentiert, die permanent durch die Lymphorgane wandern. Die T-Zellen erfahren hier ein Priming, woraufhin sie sich zu T-Effektorzellen entwickeln. Diese verlassen dann entweder das Lymphorgan, um an den Infektionsherden im Gewebe zelluläre Immunantworten auszulösen, oder sie bleiben an Ort und Stelle und tragen zur humoralen Immunität bei, indem sie antigenbindende B-Zellen aktivieren. Bei Infektionen durch die verschiedenen Typen von Krankheitserregern entwickeln sich unterschiedliche Arten von CD4-T-Zellen und ihre Entwicklung wird zu einem großen Teil von Cytokinen beeinflusst, die in einer frühen Infektionsphase von angeborenen Sensorzellen und ILC-Zellen nach ihrer Aktivierung produziert werden.

T-Effektorzellen dienen dazu, die frühen Reaktionen, die von den ILC-Zellen ausgehen, zu verstärken und auszuweiten. Die $T_{FH}$-Zellen, die sich abgestimmt mit jeder Untergruppe der T-Effektorzellen entwickeln, steuern die Produktion von hochaffinen Antikörpern, mit denen angeborene Effektorzellen „bewaffnet" werden, um Pathogene verstärkt zu beseitigen. $T_H1$-Reaktionen fördern die Entwicklung und Aktivierung der klassischen M1-Makrophagen gegen intrazelluläre Krankheitserreger. $T_H2$-Reaktionen richten sich gegen Infek-

Teil IV

tionen durch Parasiten wie Helminthen und fördern die Entwicklung und Aktivierung der alternativen M2-Makrophagen sowie die Rekrutierung von eosinophilen und basophilen Zellen zu Infektionsherden. $T_H$17-Zellen sind wesentlich an der Beseitigung von extrazellulären Bakterien und Pilzen beteiligt, indem sie die nachhaltige Rekrutierung von neutrophilen Zellen und die Produktion antimikrobieller Peptide durch Epithelzellen der Gewebebarrieren regulieren, beispielsweise im Darm, in der Lunge und in der Haut. CD8-T-Zellen spielen eine wichtige Rolle beim Immunschutz. Dies gilt besonders dann, wenn der Wirt vor einer Virusinfektion sowie vor intrazellulären Infektionen mit *Listeria* und anderen mikrobiellen Erregern bewahrt werden soll, weil diese Organismen spezielle Mechanismen entwickelt haben, um in das Cytoplasma ihrer Wirtszellen zu gelangen. Die primären CD8-Reaktionen auf Krankheitserreger erfordern normalerweise die Unterstützung durch CD4-T-Zellen, können bei bestimmten Pathogenen aber auch ohne diese Unterstützung auftreten. Die Muster von Anti-Pathogen-Reaktionen sind nicht genau festgelegt und T-Effektorzellen behalten eine gewisse Plastizität, durch die sie ihre Reaktion anpassen können, wenn Krankheitserreger aufgrund des Angriffsdrucks des Immunsystems ihre Überlebensstrategie ändern. Im Idealfall beseitigt die adaptive Immunantwort die Erreger und sobald das geschehen ist, ziehen sich die expandierten Populationen der T-Effektorzellen zurück, sodass nur kleine Populationen langlebiger Gedächtniszellen übrigbleiben, die dem Wirt einen Immunschutz verleihen, der eine erneute Infektion durch den gleichen Organismus verhindert.

# 11.3 Das immunologische Gedächtnis

In diesem Teil des Kapitels wollen wir uns damit beschäftigen, wie ein lang anhaltender Immunschutz aufrechterhalten wird, nachdem eine Infektion erfolgreich beseitigt wurde. Eine der vielleicht wichtigsten Folgen einer adaptiven Immunantwort ist die Ausbildung eines immunologischen Gedächtnisses, da es das Immunsystem in die Lage versetzt, schneller und effektiver auf Krankheitserreger zu reagieren, denen es zuvor bereits begegnet ist. So lässt sich verhindern, dass sie eine Krankheit verursachen. Man bezeichnet die Gedächtnisreaktionen – je nach Anzahl der Antigenkontakte – als **sekundäre Reaktionen**, **tertiäre Reaktionen** und so weiter. Sie unterscheiden sich auch qualitativ von den primären Immunantworten. Besonders deutlich ist dies bei B-Zell-Reaktionen, denn hier haben die bei einer sekundären oder weiteren Reaktion gebildeten Antikörper andere Eigenschaften, etwa eine höhere Affinität gegenüber dem Antigen, als diejenigen, die man bei der primären Reaktion gegen dasselbe Antigen beobachtet. Die Reaktionen von T-Gedächtniszellen lassen sich ebenfalls qualitativ von den Antworten von naiven T-Zellen oder T-Effektorzellen unterscheiden, etwa in Bezug auf Lokalisierung, Bewegungsmuster und Effektorfunktionen.

### 11.3.1 Nach einer Infektion oder Impfung bildet sich ein lang anhaltendes immunologisches Gedächtnis aus

In den entwickelten Ländern sind heutzutage die meisten Kinder gegen Masern geimpft. Bevor die Impfung allgemein eingeführt wurde, kamen viele Kinder auf natürlichem Wege mit dem Masernvirus in Kontakt und entwickelten eine akute, unangenehme und unter Umständen gefährliche Erkrankung. Kinder, die dem Virus bereits einmal ausgesetzt waren – sei es aufgrund einer Erkrankung oder einer Impfung – sind langfristig vor Masern geschützt, was bei den meisten Menschen das ganze Leben lang anhält. Dasselbe gilt auch für viele andere akute Infektionskrankheiten (Kap. 16). Der Schutz ist eine Folge des immunologischen Gedächtnisses.

Worauf dieses Gedächtnis beruht, war experimentell sehr schwierig zu erforschen: Obwohl bereits die alten Griechen dieses Phänomen kannten und es seit über 200 Jahren im Rahmen von Impfprogrammen genutzt wird, hat man erst in den letzten 30 Jahren erkannt, dass das immunologische Gedächtnis auf einer kleinen Population spezialisierter **Gedächtniszellen** beruht, die während der adaptiven Immunantwort gebildet werden und auch dann erhalten bleiben, wenn das Antigen, das sie ursprünglich angeregt hat, nicht mehr vorhanden ist. Diese Erklärung für die Aufrechterhaltung des immunologischen Gedächtnisses stimmt mit folgenden Befunden überein: Es sind nur solche Individuen immun, die bereits einem bestimmten Erreger ausgesetzt waren. Die Vorstellung, dass das immunologische Gedächtnis nicht davon abhängt, ob es zu einer wiederholten Reinfektion durch andere infizierte Personen kommt, wurde durch Beobachtungen bei Bewohnern isolierter Inseln unterstützt. In einer solchen Umgebung kann ein Virus wie das Masernvirus eine Epidemie verursachen. Es infiziert dann alle Menschen, die sich zu der Zeit auf der Insel befinden, und verschwindet anschließend für viele Jahre wieder. Wird das Virus später wieder von außerhalb der Insel eingeführt, so infiziert es nicht die ursprüngliche menschliche Population. Es erkranken vielmehr all diejenigen Personen, die seit der letzten Epidemie geboren wurden.

Wie lange das immunologische Gedächtnis anhält, hat man ermittelt, indem man die Immunantworten von Personen bestimmte, die Vacciniaviren zur Impfung gegen Pocken erhalten hatten (▶ Abb. 11.23). Da die Pocken 1978 ausgerottet wurden, nimmt man an, dass ihre Reaktionen tatsächlich auf dem immunologischen Gedächtnis beruhen und nicht auf einer gelegentlichen erneuten Stimulation mit dem Pockenvirus. Bei der Untersuchung stellte man bis zu 75 Jahre nach der ursprünglichen Immunisierung starke vacciniaspezifische Gedächtnisreaktionen von CD4- und CD8-T-Zellen fest. Aufgrund der Stärke der Reaktionen ließ sich abschätzen, dass die Halblebensszeit des immunologischen Gedächtnisses etwa 8–15 Jahre beträgt. Innerhalb der Halblebenszeit nimmt die Stärke der Reaktion um 50 % im Vergleich zum Ursprungswert ab. Anders als die T-Gedächtniszellen blieben die Titer der antiviralen Antikörper stabil, ohne dass es zu einer messbaren Abnahme kam.

Diese Befunde zeigen, dass das immunologische Gedächtnis nicht durch wiederholten Kontakt mit dem infektiösen Virus aufrechterhalten werden muss. Das Gedächtnis wird vielmehr höchstwahrscheinlich durch langlebige antigenspezifische Lymphocyten aufrechterhalten, die durch den ersten Kontakt aktiviert werden und solange erhalten bleiben, bis sie dem Erreger ein zweites Mal begegnen. Die meisten Gedächtniszellen befinden sich zwar in einem Ruhestadium, aber ein kleiner Prozentsatz durchläuft zu bestimmten Zeitpunkten eine Teilung. Anscheinend wird dieser Zellumsatz von Cytokinen wie IL-7 und IL-15 aufrechterhalten, die entweder konstitutiv oder im Verlauf von antigenspezifischen Immunantworten gegen andere, nicht kreuzreagierende Antigene gebildet werden. Die Anzahl der Gedächtniszellen für ein bestimmtes Antigen wird streng reguliert und mit einer relativ langen Halblebenszeit durch ein Gleichgewicht zwischen Zellproliferation und Zelltod aufrechterhalten.

Das immunologische Gedächtnis kann auf verschiedene Art und Weise experimentell untersucht werden. Bevorzugt verwendete man für diese Zwecke adoptive Transfertests (Anhang I, Abschn. A.30) mit Lymphocyten von Tieren, die man mit einfachen, nichtlebenden Antigenen immunisiert hat, weil diese nicht proliferieren können. Bei diesen Experimenten wird das Vorhandensein von Gedächtniszellen ausschließlich dadurch bestimmt, ob sich eine spezifische Reaktionsfähigkeit von einem immunisierten („geprägten") Tier auf ein nichtimmunisiertes Tier übertragen lässt, was man mit einer anschließenden Immunisierung mit dem Antigen testet. Tiere, die Gedächtniszellen erhalten haben, zeigen eine schnellere und stabilere Reaktion auf das Antigen als Tiere, auf die zur Kontrolle keine Zellen beziehungsweise Zellen von einem nichtimmunisierten Spendertier übertragen wurden.

Solche Experimente haben gezeigt, dass bei einem Tier, das zum ersten Mal mit einem Proteinantigen immunisiert wird, rasch ein funktionsfähiges Gedächtnis aus T-Helferzellen gegen das Antigen entsteht und nach etwa fünf Tagen ein Maximum erreicht. Antigenspezifische B-Gedächtniszellen treten erst einige Tage später auf, dann folgt eine Phase der Proliferation und Selektion in den Lymphgeweben. Ungefähr einen Monat nach der Immunisierung haben die B-Gedächtniszellen ihre maximale Konzentration erreicht. Mit geringen Schwankungen bleibt diese Konzentration in dem Tier für den Rest seines Lebens erhalten. Hier ist wichtig festzuhalten, dass das immunologische Gedächtnis, das bei diesen Experimenten entstand, sowohl auf die Vorläufer der Gedächtniszellen als auch auf die

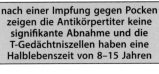

nach einer Impfung gegen Pocken zeigen die Antikörpertiter keine signifikante Abnahme und die T-Gedächtniszellen haben eine Halblebenszeit von 8–15 Jahren

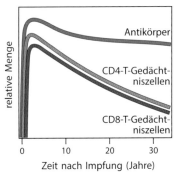

**Abb. 11.23 Die antivirale Immunität nach einer Pockenimpfung hält lange vor.** Da die Pocken ausgerottet wurden, kann man bei Personen, die gegen Pocken geimpft sind, durch die Messung von Gedächtnisreaktionen das tatsächliche Ausmaß des immunologischen Gedächtnisses bestimmen, ohne dass eine erneute Infektion stattgefunden hat. Nach der Pockenimpfung zeigen die Antikörpertiter ein erstes Maximum mit einem anschließenden schnellen Abfall. Danach bleibt der Titer allerdings lange Zeit erhalten, ohne dass es zu einer nennenswerten Abnahme kommt. Die CD4- und CD8-T-Gedächtniszellen sind langlebig, ihre Zahl nimmt aber doch allmählich ab; die Halblebenszeit liegt bei 8–15 Jahren

Teil IV

| | Herkunft der B-Zellen | |
|---|---|---|
| | nichtimmunisierter Spender Primärreaktion | immunisierter Spender Sekundärreaktion |
| Häufigkeit der antigen-spezifischen B-Zellen | $1:10^4–1:10^5$ | $1:10^2–1:10^3$ |
| Isotyp der gebildeten Antikörper | IgM > IgG | IgG, IgA |
| Affinität der Antikörper | niedrig | hoch |
| somatische Hypermutation | niedrig | hoch |

**Abb. 11.24 Die Ausbildung sekundärer Antikörperreaktionen durch B-Gedächtniszellen unterscheidet sich von der Entstehung einer primären Antikörperreaktion.** Man kann diese Reaktionen untersuchen und vergleichen, indem man aus immunisierten und nichtimmunisierten Spendermäusen B-Zellen isoliert und diese zusammen mit antigenspezifischen T-Effektorzellen in Kultur stimuliert. Die Primärreaktion besteht normalerweise aus Antikörpermolekülen; diese werden von Plasmazellen gebildet, die von einer relativ verschiedenartigen Population von B-Zell-Vorläufern abstammen und für verschiedene Epitope des Antigens spezifisch sind. Die Rezeptoren zeigen unterschiedliche Affinitäten für das Antigen. Die Antikörper besitzen insgesamt eine recht geringe Affinität und haben nur wenige somatische Mutationen. Die Sekundärreaktion beruht dagegen auf einer viel stärker eingegrenzten Population aus hochaffinen B-Zellen, die sich jedoch klonal erheblich vermehrt haben. Ihre Rezeptoren und Antikörper zeigen für das Antigen eine hohe Affinität und haben ausgeprägte somatische Mutationen. Der Gesamteffekt besteht darin, dass zwar die Häufigkeit der aktivierbaren B-Zellen nach dem Priming nur um das 10- bis 100-Fache zugenommen hat, die Qualität der Antikörperantwort hat sich jedoch deutlich verändert, indem diese Vorläuferzellen eine viel stärkere und wirksamere Reaktion auslösen

Gedächtniszellen selbst zurückzuführen ist. Diese Vorläuferzellen sind wahrscheinlich aktivierte B- und T-Zellen, von deren Nachkommen sich später einige zu Gedächtniszellen differenzieren. Deshalb können Vorläufer der Gedächtniszellen schon sehr kurze Zeit nach der Infektion auftreten, auch wenn sich die ruhenden Gedächtnislymphocyten noch gar nicht gebildet haben.

In den folgenden Abschnitten werden wir die Veränderungen in den Lymphocyten nach dem ersten Antigenkontakt, die zur Entwicklung von ruhenden Gedächtnislymphocyten führen, genauer betrachten und erörtern, welche Mechanismen möglicherweise diese Veränderungen verursachen.

## 11.3.2 Die Reaktionen von B-Gedächtniszellen erfolgen schneller und zeigen eine höhere Affinität für Antigene im Vergleich zu den Reaktionen der naiven B-Zellen

Man kann das immunologische Gedächtnis der B-Zellen *in vitro* untersuchen, indem man B-Zellen immunisierter und nichtimmunisierter Mäuse isoliert und sie in Gegenwart von T-Helferzellen erneut stimuliert, die für das entsprechende Antigen spezifisch sind (▶ Abb. 11.24). B-Zellen von immunisierten Mäusen bringen Reaktionen hervor, die sich sowohl qualitativ als auch quantitativ von den Reaktionen der naiven B-Zellen von nichtimmunisierten Mäusen unterscheiden. Nach dem ersten Antigenkontakt bei der Primärreaktion erhöht sich die Anzahl der B-Zellen, die auf das Antigen reagieren können, auf etwa das bis zu 100-Fache. Darüber hinaus besitzen die Antikörper, die von B-Zellen der immunisierten Mäuse produziert werden, aufgrund der Affinitätsreifung (Kap. 10) im Allgemeinen eine höhere Affinität für das Antigen als Antikörper von ungeprägten B-Lymphocyten. Die Reaktion der Zellen von immunisierten Mäusen ist auf **B-Gedächtniszellen** zurückzuführen, die bei der Primärreaktion gebildet werden. B-Gedächtniszellen entstehen wahrscheinlich während der Keimzentrumsreaktion bei der Primärantwort, während der sie einen Isotypwechsel und somatische Mutationen durchlaufen. B-Gedächtniszellen können jedoch auch unabhängig von der Keimzentrumsreaktion aus den kurzlebigen Plasmazellen hervorgehen, die bei der Primärantwort gebildet werden. In beiden Fällen zirkulieren sie durch das Blut und siedeln sich schließlich in der Milz und in den Lymphknoten an. B-Gedächtniszellen exprimieren einige Markerproteine, durch die sie sich von den naiven B-Zellen und den Plasmazellen unterscheiden. Einer dieser Marker ist, im Vergleich zu naiven B-Zellen, die an ihrer Oberfläche IgM und IgD exprimieren, einfach der veränderte Isotyp des Oberflächenimmunglobulins. Im Gegensatz dazu verfügen Plasmazellen insgesamt nur über geringe Mengen an Oberflächenimmunglobulin. Beim Menschen ist **CD27**, ein Vertreter der TNF-Rezeptor-Familie, ein Marker der B-Gedächtniszellen. CD27 wird auch von naiven T-Zellen exprimiert und bindet an den Liganden **CD70** der TNF-Familie; dieser wiederum wird von dendritischen Zellen exprimiert (Abschn. 9.2.4).

Eine primäre Antikörperreaktion ist durch eine erste schnelle Produktion von IgM-Antikörpern gekennzeichnet, die etwas verzögert mit einer IgG-Antwort einhergeht. Das liegt an einem Isotypwechsel, der etwas Zeit erfordert (▶ Abb. 11.25). Es ist charakteristisch für die sekundäre Antikörperantwort, dass in den ersten Tagen nur relativ wenige IgM-Antikörper, dafür aber viel größere Mengen IgG-Antikörper gebildet werden; dazu kommt noch etwas IgA und IgE. Zu Beginn der Sekundärreaktion stammen diese Antikörper von B-Gedächtniszellen, die bei der Primärreaktion gebildet wurden und den Klassenwechsel von IgM zu anderen Isotypen bereits abgeschlossen haben, sodass sie auf ihrer Oberfläche IgG, IgA oder IgE exprimieren. B-Gedächtniszellen exprimieren eine etwas größere Menge an MHC-Klasse-II-Molekülen und des costimulierenden Liganden **B7.1**, als es für naive B-Zellen typisch ist. Das unterstützt die B-Gedächtniszellen dabei, dass sie das Antigen effektiver als naive B-Zellen aufnehmen und den $T_{FH}$-Zellen präsentieren. Durch Kontakt der B-Zellen mit dem B7.1-Rezeptor **CD28** auf den $T_{FH}$-Zellen können diese wiederum die Antikörperproduktion schneller anregen als nach einem Antigenkontakt bei einer Primärreaktion. Die Sekundärreaktion ist dadurch gekennzeichnet, dass die Plasmazellen aktiver und früher gebildet werden als bei der Primärreaktion, sodass fast sofort große Mengen an IgG produziert werden können (▶ Abb. 11.25).

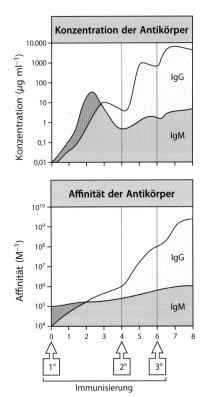

**Abb. 11.25 Sowohl die Affinität als auch die Menge der Antikörper steigt bei wiederholter Immunisierung an.** Die *obere Abbildung* zeigt die Zunahme der Antikörperkonzentration in Abhängigkeit von der Zeit nach einer primären Immunisierung (1), der eine sekundäre (2) und eine tertiäre Immunisierung (3) folgen. In der *unteren Abbildung* ist die Erhöhung der Affinität der Antikörper (Affinitätsreifung) zu erkennen. Diesen Anstieg in der Affinität beobachtet man vor allem bei IgG-Antikörpern (aber auch bei IgA und IgE; nicht dargestellt), die von reifen B-Zellen synthetisiert werden, die bereits einen Klassenwechsel und somatische Hypermutationen durchlaufen haben und daher stärker bindende Antikörper herstellen. Die *blaue Färbung* steht für IgM allein, *gelb* zeigt IgG und *grün* zeigt das gleichzeitige Vorhandensein von IgG und IgM. Bei einer primären Antikörperreaktion findet zwar eine gewisse Affinitätsreifung statt, aber sie ist bei späteren Antworten auf wiederholte Antigeninjektionen viel ausgeprägter. Man beachte, dass die Werte logarithmisch aufgetragen sind, da sich sonst die Gesamtzunahme der Konzentration von spezifischen IgG-Antikörpern etwa um das Millionenfache des ursprünglichen Niveaus nicht darstellen ließe

## 11.3.3 B-Gedächtniszellen können während einer Sekundärreaktion wieder in die Keimzentren eintreten und eine weitere somatische Hypermutation und Affinitätsreifung durchlaufen

Bei sekundären und allen weiteren Immunantworten sind alle Antikörper, die aus früheren Reaktionen stammen, sofort verfügbar, um an den erneut eingedrungenen Krankheitserreger zu binden und für den Abbau durch das Komplementsystem oder Phagocyten zu kennzeichnen. Wenn die Antikörper das Pathogen vollständig neutralisieren können, muss es gar nicht zu einer sekundären Immunantwort kommen. Wenn das nicht der Fall ist, bindet ein Überschuss von Antigenen an die Rezeptoren auf den B-Zellen und löst in den peripheren lymphatischen Organen eine Sekundärantwort aus. B-Gedächtniszellen zirkulieren durch dieselben sekundären lymphatischen Kompartimente wie die naiven B-Zellen, also die Follikel der Milz, die Lymphknoten und die Peyer-Plaques der Darmschleimhaut. B-Zellen mit der höchsten Avidität für das Antigen werden zuerst aktiviert. So bilden die B-Gedächtniszellen, die bereits früher nach ihrer Avidität für das Antigen selektiert wurden, einen wichtigen Bestandteil der Sekundärantwort.

B-Gedächtniszellen zeigen nicht nur eine schnellere Reaktion, sondern können während einer sekundären Immunantwort auch wieder in die **Keimzentren** eintreten und dort eine zusätzliche somatische **Hypermutation** und **Affinitätsreifung** durchlaufen (Abschn. 10.1.6 bis 10.1.8). Sekundäre B-Zell-Reaktionen beginnen wie die primären Reaktionen an der

Grenze zwischen der T- und B-Zell-Zone, wo die B-Gedächtniszellen, die ein Antigen aufgenommen haben, den T-Helferzellen Peptid:MHC-Klasse-II-Komplexe präsentieren können. Diese Wechselwirkung führt zur Proliferation sowohl der B- als auch der T-Zellen.

Reaktivierte B-Gedächtniszellen, die sich noch nicht zu Plasmazellen differenziert haben, wandern in die Follikel, werden dort zu B-Zellen der Keimzentren und durchlaufen weitere Zyklen der Proliferation und somatischen Hypermutation, bevor sie sich zu antikörpersezernierenden Plasmazellen differenzieren. Da B-Zellen mit höheraffinen Antigenrezeptoren Antigene effektiver aufnehmen und den antigenspezifischen $T_{FH}$-Zellen im Keimzentrum präsentieren können, nimmt die Affinität der Antikörper während der sekundären und tertiären Immunantworten immer mehr zu (▶ Abb. 10.14).

### 11.3.4 Mithilfe von MHC-Tetrameren lassen sich T-Gedächtniszellen identifizieren, die in größerer Zahl bestehen bleiben als naive T-Zellen

Noch bis vor Kurzem beruhte eine Analyse von T-Gedächtniszellen auf Tests der T-Zell-Effektorfunktionen und nicht auf einer direkten Identifizierung von antigenspezifischen T-Gedächtniszellen. Einige Methoden zur Untersuchung von T-Zell-Effektorfunktionen, etwa die Unterstützung von B-Zellen oder Makrophagen, können mehrere Tage in Anspruch nehmen. Solche Verfahren für die Unterscheidung der T-Gedächtniszellen von bereits existierenden Effektorzellen sind nicht optimal geeignet, da die Gedächtniszellen während des durch den Test vorgegebenen Zeitrahmens reaktiviert werden können. Das stellt besonders für die Untersuchungen von CD4-T-Zellen ein Problem dar, betrifft aber nicht so sehr die Tests der CD8-T-Zellen, die die Lyse einer Zielzelle innerhalb von 5 min auslösen können. Im Gegensatz dazu benötigen CD8-T-Gedächtniszellen, um cytotoxisch zu werden, mehr Zeit als nur für ihre Reaktivierung, sodass die Aktivitäten der CD8-T-Gedächtniszellen viel später einsetzen als die der bereits vorhandenen Effektorzellen.

Die Untersuchung der T-Gedächtniszellen ist mit der Entwicklung der MHC-Tetramere (Anhang I, Abschn. A.24) einfacher geworden. Bevor die MHC-Tetramere zur Verfügung standen, analysierte man Effektor- und Gedächtnisreaktionen mithilfe naiver T-Zellen aus Mäusen, die spezifische transgene T-Zell-Rezeptoren (TCRs) besaßen. Solche TCR-transgenen Mäuse ließen sich durch Antikörper gegen ihre umgelagerten T-Zell-Rezeptoren eindeutig identifizieren, sie gehörten aber nicht zum natürlichen T-Zell-Repertoire des Wirtstiers. Mithilfe der MHC-Tetramere lässt sich *in vivo* die Häufigkeit aller Klone mit einer bestimmten Antigenspezifität bestimmen, es ist jedoch nicht möglich, zwischen verschiedenen T-Zell-Klonen mit der gleichen Antigenspezifität zu unterscheiden. MHC-Tetramere wurden zuerst für MHC-Klasse-I-Moleküle hergestellt, sind jedoch inzwischen auch für einige MHC-Klasse-II-Moleküle verfügbar. So ist die Untersuchung sowohl von CD8- als auch von CD4-T-Zellen bei normalen Mäusen und beim Menschen möglich.

Mithilfe von MHC-Tetrameren ist es möglich, die Bildung von T-Gedächtniszellen direkt zu untersuchen. Im Beispiel in ▶ Abb. 11.26 wurden die T-Zell-Reaktionen auf eine Infektion mit dem intrazellulären Bakterium *Listeria monocytogenes* mithilfe von MHC-Klasse-II-Tetrameren analysiert, die für das Toxin Listeriolysin O (LLO) spezifisch sind. Das Repertoire der naiven T-Zellen der Maus enthält etwa 100 LLO-spezifische CD4-T-Zellen, die sich bei ihrer Entwicklung zu T-Effektorzellen während der Expansionsphase innerhalb von sechs Tagen nach der Infektion um den Faktor 1000 vermehrt haben. Sobald die Infektion beseitigt ist, schließt sich eine langsamere Kontraktionsphase an, in der sich die Anzahl dieser Zellen innerhalb weniger Wochen um etwa den Faktor 100 verringert. So bleibt eine Population von T-Gedächtniszellen erhalten, die zehnmal größer ist als die ursprüngliche Anzahl der naiven T-Zellen. Diese Population bleibt nun mit einer Halblebenszeit von 60 Tagen bestehen.

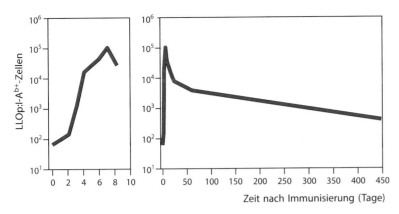

**Abb. 11.26 Erzeugung von T-Gedächtniszellen nach einer Infektion.** Nach einer Infektion, in diesem Fall mit einem attenuierten Stamm von *Listeria monocytogenes*, nimmt die Anzahl der T-Zellen, die für das Toxin Listeriolysin (LLO) spezifisch sind, erheblich zu und geht dann zurück, sodass eine geringe Menge von T-Gedächtniszellen erhalten bleibt. T-Zell-Reaktionen werden über die Bindung eines MHC-Tetramers nachgewiesen, das aus einem an I-A$^b$ gebundenen LLO-Peptid besteht. Die linke Grafik zeigt die Primärreaktion der LLO-spezifischen CD4-T-Zellen; die rechte Grafik zeigt die Kontraktions- und Gedächtnisphase. Etwa 100 Zellen im Repertoire der naiven T-Zellen vermehren sich bis zum siebten Tag auf etwa 100.000 Effektorzellen, deren Zahl bis zum 25. Tag auf etwa 7000 Gedächtniszellen zurückgeht. Die Anzahl dieser Gedächtniszellen nimmt dann bis zum 450. Tag langsam auf etwa 500 Zellen ab. (Daten mit freundlicher Genehmigung von Marc Jenkins)

## 11.3.5 T-Gedächtniszellen gehen aus T-Effektorzellen hervor, deren Reaktivität gegenüber IL-7 oder IL-15 erhalten bleibt

Naive T-Zellen und T-Gedächtniszellen lassen sich anhand der Expression verschiedener Zelloberflächenproteine, ihrer jeweiligen Reaktionen auf äußere Reize und der Expression bestimmter Gene unterscheiden. Insgesamt setzen die T-Gedächtniszellen die Expression zahlreicher Marker der T-Effektorzellen fort, etwa die des **phagocytotischen Glykoproteins 1** (**Pgp1**, **CD44**), beenden jedoch die Expression anderer Aktivierungsmarker wie etwa **CD69**. T-Gedächtniszellen exprimieren mehr **Bcl-2**, ein Protein, das das Überleben der Zellen unterstützt und wahrscheinlich auch für ihre lange Halblebenszeit verantwortlich ist. In ▶ Abb. 11.27 ist eine Reihe von Molekülen aufgeführt, in denen sich naive T-Zellen, T-Effektorzellen und T-Gedächtniszellen unterscheiden.

Zu den bedeutsamen Markern der T-Gedächtniszellen gehört die $\alpha$-Untereinheit des **IL-7-Rezeptors** (**IL-7R$\alpha$** oder **CD21**). Naive T-Zellen exprimieren IL-1R$\alpha$, was aber nach der Aktivierung schnell abnimmt und die meisten T-Effektorzellen exprimieren IL-1R$\alpha$ überhaupt nicht. Im Experiment in ▶ Abb. 11.28 wurden beispielsweise Mäuse untersucht, die man mit dem lymphocytären Choriomeningitisvirus (LCMV) infiziert hat. Etwa am siebten Tag der Infektion exprimierte eine kleine Population von etwa 5 % der CD8-T-Effektorzellen große Mengen an IL-1R$\alpha$. Durch adoptiven Transfer dieser IL-1R$\alpha^{hoch}$-Zellen, nicht aber der IL-1R$\alpha^{nierig}$-Effektorzellen, ließen sich bei nichtinfizierten Mäusen funktionsfähige CD8-T-Gedächtniszellen erzeugen. Das Experiment deutet darauf hin, dass sich T-Gedächtniszellen aus T-Effektorzellen entwickeln, die IL-1R$\alpha$ weiterhin oder erneut exprimieren, möglicherweise weil sie um die Überlebenssignale von IL-7 erfolgreicher konkurrieren.

Die homöostatischen Mechanismen, die das Überleben der T-Gedächtniszellen bestimmen, unterscheiden sich ebenfalls von denen der naiven T-Zellen. T-Gedächtniszellen teilen sich häufiger als naive T-Zellen und ihre Vermehrung wird durch eine Verschiebung des Gleichgewichts zwischen Proliferation und Zelltod kontrolliert. Wie in ▶ Abb. 11.29 dargestellt ist, benötigen naive T-Zellen neben einer Stimulation durch Cytokine den Kontakt mit Selbst-Peptid:Selbst-MHC-Komplexen, um in der Peripherie längere Zeit überleben zu können (▶ Abb. 9.4). Das Überleben der T-Gedächtniszellen erfordert wie das der naiven

| Protein | naive Zellen | Effektorzellen | Gedächtniszellen | Anmerkungen |
|---------|:---:|:---:|:---:|-------------|
| CD44 | + | +++ | +++ | Zelladhäsionsmolekül |
| CD45RO | + | +++ | +++ | beeinflusst die Signalgebung der T-Zell-Rezeptoren |
| CD45RA | +++ | + | +++ | beeinflusst die Signalgebung der T-Zell-Rezeptoren |
| CD62L | +++ | – | einige +++ | Rezeptor für das Homing zu den Lymphknoten |
| CCR7 | +++ | +/– | einige +++ | Chemokinrezeptor für das Homing zu den Lymphknoten |
| CD69 | – | +++ | – | frühes Aktivierungsantigen |
| Bcl-2 | ++ | +/– | +++ | fördert das Überleben der Zelle |
| Interferon-$\gamma$ | – | +++ | +++ | Effektorcytokin; mRNA vorhanden Proteinsynthese nach Aktivierung |
| Granzym B | – | +++ | +/– | Effektormolekül für das Abtöten von Zellen |
| FasL | – | +++ | + | Effektormolekül für das Abtöten von Zellen |
| CD122 | +/– | ++ | ++ | Bestandteil des Rezeptors für IL-15 und IL-2 |
| CD25 | – | ++ | – | Bestandteil des Rezeptors für IL-2 |
| CD127 | ++ | – | +++ | Bestandteil des Rezeptors für IL-7 |
| Ly6C | + | +++ | +++ | GPI-gekoppeltes Protein |
| CXCR4 | + | + | ++ | Rezeptor für Chemokin CXCL12; kontrolliert Zellbewegungen im Gewebe |
| CCR5 | +/– | ++ | einige +++ | Rezeptor für Chemokine CCL3 und CCL4; Zellbewegungen im Gewebe |
| KLRG1 | – | +++ | einige +++ | Rezeptor an der Zelloberfläche |

**Abb. 11.27 Wenn sich naive T-Zellen zu T-Gedächtniszellen entwickeln, verändert sich die Expression zahlreicher Proteine.** Zu den Proteinen, die bei naiven T-Zellen, T-Effektorzellen und T-Gedächtniszellen unterschiedlich exprimiert werden, gehören Adhäsionsmoleküle, die die Wechselwirkungen zwischen antigenpräsentierenden Zellen und Endothelzellen bewerkstelligen, Chemokinrezeptoren, die die Wanderung in die Lymphgewebe und zu Entzündungsherden beeinflussen, Proteine und Rezeptoren, die das Überleben der T-Gedächtniszellen sichern, sowie Proteine, die an den Effektorfunktionen mitwirken, beispielsweise Granzym B. Durch einige Veränderungen nimmt auch die Empfindlichkeit der T-Gedächtniszellen gegenüber einer Stimulation durch Antigene zu. Viele der stattfindenden Veränderungen bei T-Gedächtniszellen kommen auch bei Effektorzellen vor, einige jedoch, wie die Expression der Zelloberflächenproteine CD25 und CD69, sind für T-Effektorzellen spezifisch. Andere wiederum, beispielsweise die Expression des Überlebensfaktors Bcl-2, beschränken sich allein auf die langlebigen T-Gedächtniszellen. Die Liste vermittelt einen allgemeinen Überblick für CD4- und CD8-T-Zellen bei der Maus und beim Menschen, verschiedene Einzelheiten wurden jedoch aus Gründen der Vereinfachung weggelassen

T-Zellen Signale durch die Rezeptoren für die Cytokine IL-7 und IL-15. IL-7 ist sowohl für das Überleben der CD4- als auch der CD8-T-Gedächtniszellen notwendig. Darüber

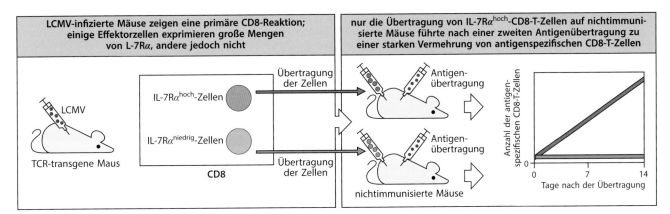

**Abb. 11.28 Die Expression der α-Untereinheit des IL-7-Rezeptors (IL-7Rα) zeigt an, welche CD8-T-Effektorzellen starke Reaktionen des immunologischen Gedächtnisses hervorrufen können.** Mäuse, die einen transgenen T-Zell-Rezeptor (TCR) exprimieren, der für virales Antigen des lymphocytären Choriomeningitisvirus (LCMV) spezifisch ist, wurden mit dem Virus infiziert und die Effektorzellen am elften Tag entnommen. CD8-T-Effektorzellen, die große Mengen an IL-7Rα (IL-7Rα^hoch, *blau*) exprimieren, wurden abgetrennt und auf eine Gruppe von nichtimmunisierten Mäusen übertragen. CD8-T-Effektorzellen, die eine geringe Menge an IL-7Rα (IL-7Rα^niedrig, *grün*) exprimieren, wurden auf eine andere Gruppe von Mäusen übertragen. Drei Wochen nach der Übertragung wurden die Mäuse mit einem Bakterium in Kontakt gebracht, das genetisch so verändert war, dass es das ursprüngliche Virusantigen exprimierte. Nun bestimmte man die Anzahl der übertragenen Zellen, die eine Reaktion zeigten, zu verschiedenen Zeitpunkten nach dem Kontakt (anhand der Expression des transgenen TCR). Nur die übertragenen IL-7Rα^hoch-Effektorzellen konnten beim zweiten Kontakt mit dem Bakterium eine starke Vermehrung der CD8-T-Zellen hervorrufen

hinaus ist Il-15 unter normalen Bedingungen für das langfristige Überleben und die Proliferation der CD8-T-Gedächtniszellen essenziell. Auch hängen anscheinend T-Gedächtniszellen weniger von Kontakten mit Selbst-Peptid:Selbst-MHC-Komplexen ab und reagieren stärker auf Cytokine.

T-Gedächtniszellen benötigen jedoch Kontakte mit Peptid:MHC-Komplexen, um während eines sekundären Auftretens von Krankheitserregern reaktiviert zu werden. Sie sind aber auch für eine erneute Stimulation mit dem Antigen empfindlicher als naive T-Zellen. Darüber hinaus produzieren sie als Reaktion auf eine solche Stimulation mehrere Cytokine wie IFN-γ, TNF-α und IL-2. Zu einer ähnlichen Entwicklung kommt es bei den T-Zellen des Menschen nach der Immunisierung mit einem Impfstoff gegen Gelbfieber.

## 11.3.6 Die T-Gedächtniszellen sind heterogen und umfassen zentrale Gedächtniszellen, Effektorgedächtniszellen und geweberesidente Zellen

Auffällig sind auch die weiteren Veränderungen von Zelloberflächenproteinen bei CD4-T-Gedächtniszellen, die nach einem Antigenkontakt auftreten (▶ Abb. 11.27). **L-Selektin (CD62L)** ist der Homing-Rezeptor, der T-Zellen in die sekundären lymphatischen Gewebe lenkt und bei den T-Effektorzellen und den meisten CD4-T-Gedächtniszellen abgeschaltet wird. CD44 ist ein Rezeptor für Hyaluronsäure und andere Liganden, die in den peripheren Geweben produziert werden, und wird von T-Effektorzellen und T-Gedächtniszellen exprimiert. Durch die geänderte Expression dieser beiden Moleküle können die T-Gedächtniszellen vom Blut in die peripheren Gewebe wandern und gelangen nicht wie die naiven T-Zellen direkt in die Lymphgewebe. Durch unterschiedliche Isoformen von **CD45**, einer Tyrosinphosphatase auf der Zelloberfläche, die von allen hämatopoetischen Zellen exprimiert wird, ist es möglich, naive T-Zellen von T-Effektorzellen und T-Gedächtniszellen zu unterscheiden. Die **CD45RO**-Isoform wird aufgrund eines geänderten alternativen Splei-

Teil IV

**Abb. 11.29 Naive T-Zellen und T-Gedächtniszellen benötigen unterschiedliche Faktoren zum Überleben.** Um in der Peripherie zu überleben, benötigen naive T-Zellen eine periodische Stimulation mit den Cytokinen IL-7 und IL-15 sowie mit körpereigenen Antigenen, die von MHC-Molekülen präsentiert werden. Nach dem Priming mit ihrem spezifischen Antigen teilt sich eine naive T-Zelle und differenziert sich. Die meisten Nachkommen differenzieren sich zu relativ kurzlebigen Effektorzellen, die den IL-7-Rezeptor nicht mehr exprimieren (*gelb*), aber einige T-Effektorzellen exprimieren den Rezeptor weiterhin oder erneut und werden zu langlebigen T-Gedächtniszellen. Diese Gedächtniszellen können durch Il-7 und IL-15 stabilisiert werden und ihr Überleben hängt im Vergleich zu den naiven T-Zellen weniger von Kontakten mit Selbst-Peptid:Selbst-MHC-Komplexen ab. Der Kontakt mit körpereigenen Antigenen ist anscheinend jedoch für T-Gedächtniszellen notwendig, damit ihre Anzahl in der Gedächtnispopulation konstant bleibt. Diese kann jedoch bei den verschiedenen Klonen unterschiedlich sein und wird derzeit noch erforscht

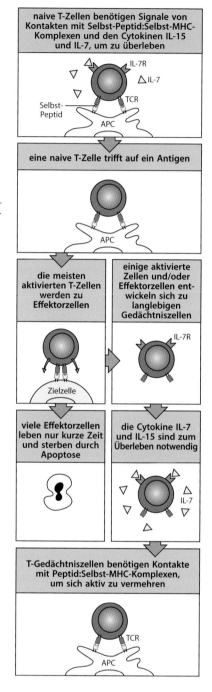

ßens von Exons erzeugt, die die extrazelluläre Domäne von CD45 codieren. Diese Isoform ist ein Kennzeichen der T-Effektor- und T-Gedächtniszellen, wobei noch nicht bekannt ist, welche funktionellen Auswirkungen diese Veränderungen haben. Einige Oberflächenrezeptoren wie CD25, die α-Untereinheit des IL-2-Rezeptors, werden auf aktivierten Effektorzellen exprimiert, nicht jedoch auf Gedächtniszellen. Diese Rezeptoren können allerdings erneut exprimiert werden, sobald die Gedächtniszellen durch Antigene reaktiviert werden und sich zu T-Effektorzellen entwickeln.

Die T-Gedächtniszellen sind heterogen und sowohl CD4- als auch CD8-T-Zellen lassen sich in drei wesentliche Subpopulationen einteilen. Jede dieser Untergruppen besitzt ein cha-

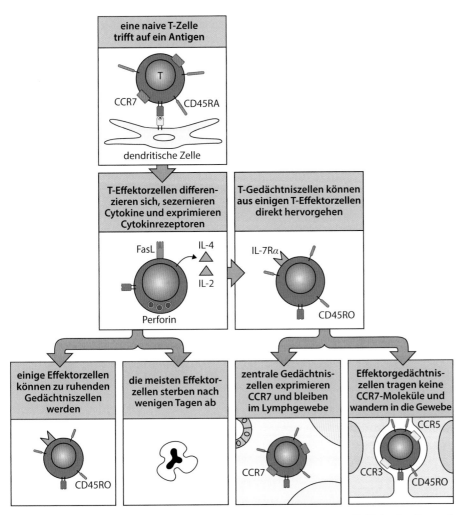

**Abb. 11.30 T-Zellen differenzieren sich zu Untergruppen aus zentralen Gedächtniszellen und Effektorgedächtniszellen, die sich durch die Expression des Chemokinrezeptors CCR7 unterscheiden.** Ruhende Gedächtniszellen, die das kennzeichnende CD45RO-Oberflächenprotein tragen, können aus aktivierten Effektorzellen (*rechte Hälfte der Darstellung*) oder direkt aus aktivierten naiven T-Zellen (*linke Hälfte der Darstellung*) entstehen. Aus der primären T-Zell-Reaktion können zwei Typen von ruhenden Gedächtniszellen hervorgehen: zentrale Gedächtniszellen und Effektorgedächtniszellen. Die zentralen Gedächtniszellen exprimieren CCR7 und bleiben nach der Neustimulation in den peripheren lymphatischen Geweben. Die Effektorgedächtniszellen reifen nach der Neustimulation schnell zu T-Effektorzellen heran und sezernieren große Mengen an IFN-γ, IL-4 und IL-5. Sie exprimieren den Rezeptor CCR7 nicht, jedoch die Rezeptoren CCR3 und CCR5 für entzündungsspezifische Chemokine

rakteristisches Muster von Rezeptoren, etwa für unterschiedliche Chemokine und Adhäsionsmoleküle; auch zeigen sie unterschiedliche Aktivierungseigenschaften (▶ Abb. 11.30). Die **zentralen T-Gedächtniszellen** ($T_{CM}$) exprimieren den Chemokinrezeptor **CCR7**, der es ihnen ermöglicht, ähnlich wie naive T-Zellen zu zirkulieren. So können sie in die T-Zell-Zonen der peripheren lymphatischen Gewebe gelangen. Die zentralen T-Gedächtniszellen reagieren stark auf die Vernetzung ihrer T-Zell-Rezeptoren und exprimieren dann schnell den **CD40**-Liganden; im Vergleich zu anderen Untergruppen der Gedächtniszellen brauchen die jedoch länger, bis sie Effektorfunktionen entwickeln, wie die Produktion von Cytokinen in einer frühen Phase nach der erneuten Stimulation. Die zentralen T-Gedächtniszellen wandern zuerst aus dem Blut in die sekundären lymphatischen Organe, dann in das Lymphsystem und zurück in das Blut. Dieses Bewegungsmuster ist dem der naiven T-Zellen sehr ähnlich. Im Gegensatz dazu exprimieren die **T-Effektorgedächtniszellen** ($T_{EM}$) kein CCR7, sondern große Mengen an $\beta_1$- und $\beta_2$-Integrinen, und sie sind spezialisiert darauf, schnell in entzündete Gewebe einzuwandern. Sie exprimieren auch Rezeptoren für inflammatorische Chemokine und können schnell zu T-Effektorzellen heranreifen. In der frühen Phase nach der erneuten Stimulation produzieren sie große Mengen an IFN-$\gamma$, IL-4 und IL-5. T-Effektorgedächtniszellen wandern vom Blut zuerst in die peripheren nichtlymphatischen Gewebe, dann durch das Lymphsystem und schließlich in die sekundären lymphatischen Gewebe. Von dort können sie wieder in das Lymphsystem eintreten und erneut in das Blut gelangen. Die **geweberesidenten T-Gedächtniszellen** (*tissue-resident memory T cells*, $T_{RM}$) bilden, anders als die $T_{CM}$- und $T_{EM}$-Zellen, einen wesentlichen Bestandteil der T-Gedächtniszellen. Sie wandern nicht, sondern halten sich dauerhaft in den verschiedenen Epithelien auf (▶ Abb. 11.31). $T_{RM}$-Zellen exprimieren wie $T_{EM}$-Zellen CCR7 nicht, sondern andere Chemokinrezeptoren (beispielsweise CXCR3, CCR9). Dadurch können sie in die peripheren Gewebe gelangen, etwa in die Dermis oder die Lamina propria des Darms. In diesen Regionen exprimieren die $T_{EM}$-Zellen CD69, das die Expression von S1PR1 verringert, sodass sie in den Geweben stärker zurückgehalten werden. $T_{RM}$-Zellen, insbesondere die CD8-$T_{RM}$-Zellen, treten in die Epithelien ein und halten sich dort auf. Die Produktion von TGF-$\beta$ durch die Epithelzellen veranlasst die $T_{RM}$-Zellen, das Integrin $\alpha_E:\beta_7$ zu exprimieren; es bindet an E-Cadherin, das vom Epithel exprimiert wird und notwendig ist, die $T_{RM}$-Zellen im Gewebe festzuhalten.

Die Unterschiede zwischen den Populationen der $T_{CM}$- und der $T_{EM}$-Zellen wie auch der $T_{RM}$-Gedächtniszellen wurden sowohl beim Menschen als auch bei der Maus untersucht. Allerdings ist keine der Untergruppen in sich homogen. So gibt es beispielsweise unter den CCR7-exprimierenden $T_{CM}$-Zellen bestimmte Zellen, die andere Marker, insbesondere bei den Chemokinrezeptoren, produzieren. Eine Untergruppe der CCR7-positiven $T_{CM}$-Zellen

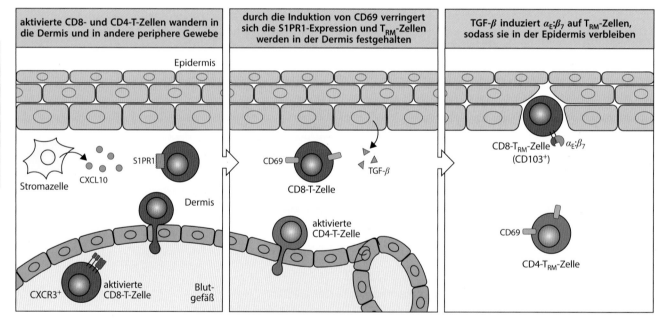

| aktivierte CD8- und CD4-T-Zellen wandern in die Dermis und in andere periphere Gewebe | durch die Induktion von CD69 verringert sich die S1PR1-Expression und $T_{RM}$-Zellen werden in der Dermis festgehalten | TGF-$\beta$ induziert $\alpha_E:\beta_7$ auf $T_{RM}$-Zellen, sodass sie in der Epidermis verbleiben |

**Abb. 11.31 Geweberesidente T-Gedächtniszellen überwachen die peripheren Gewebe auf eine Reinfektion durch Pathogene und sind damit ein wichtiger Bestandteil der Immunität.** Nach Aktivierung und Priming in den Lymphgeweben gelangen als Reaktion auf verschiedene Chemokine aktivierte CD8- und CD4-T-Zellen in das Blut und in die Gewebe (hier dargestellt als Einwanderung in die Dermis unter der Steuerung durch CXCR3). Die erneute Expression von CD69 durch die T-Zellen aufgrund eines Antigens oder anderer unbekannter Signale führt zu einer verringerten Expression von S1PR1 auf der Zelloberfläche, wodurch diese Zellen in der Dermis festgehalten werden. Als Reaktion auf TGF-$\beta$ exprimieren einige Zellen das Integrin $\alpha_E:\beta_7$ (CD103), das an E-Cadherin auf Epithelzellen bindet. So können die T-Zellen in die Epidermis einwandern, wo sich zahlreiche CD8-$T_{RM}$-Zellen aufhalten, und dort verbleiben. Nach neuesten Schätzungen ist die Zahl der $T_{RM}$-Zellen wahrscheinlich wesentlich größer als die der zirkulierenden T-Zellen, die sich durch den Körper bewegen

exprimiert, ähnlich den T$_{FH}$-Zellen, auch CXCR5, wobei noch nicht bekannt ist, ob diese Gedächtniszellen in den Keimzentren B-Zellen unterstützen können.

Nach der Stimulation durch Antigene schalten die T$_{CM}$-Zellen die Expression von CCR7 schnell ab und differenzieren sich zu T$_{EM}$-Zellen. Diese sind in Bezug auf die exprimierten Chemokinrezeptoren ebenfalls heterogen und wurden entsprechend ihrer Chemokinrezeptoren, die für T$_H$1-Zellen (CCR5), T$_H$17-Zellen (CCR6) und T$_H$2-Zellen (CCR4) charakteristisch sind, eingeteilt. Die zentralen Gedächtniszellen sind anscheinend nicht auf bestimmte Effektorzelllinien festgelegt, selbst die Effektorgedächtniszellen sind nicht vollständig für die T$_H$1-, T$_H$17- oder T$_H$2-Linie vorgeprägt. Es besteht jedoch ein gewisser Zusammenhang zwischen der endgültigen Entwicklung zu T$_H$1-, T$_H$17- oder T$_H$2-Zellen und den exprimierten Chemokinrezeptoren. Eine weitere Stimulation mit Antigenen führt anscheinend dazu, dass sich die Differenzierung der Effektorgedächtniszellen allmählich in Richtung der einzelnen T-Effektor-Zelllinien bewegt.

## 11.3.7 CD8-T-Gedächtniszellen benötigen die Unterstützung durch CD4-T-Zellen sowie Signale in Form von CD40 und IL-2

Aus Experimenten gibt es Hinweise darauf, dass CD4-T-Zellen bei der „Programmierung" von CD8-T-Gedächtniszellen eine wichtige Rolle spielen. In dem in ▶ Abb. 11.32 dargestellten Experiment wurden die Primärreaktion und die Reaktionen der CD8-T-Gedächtniszellen bei Wildtypmäusen und Mäusen ohne MHC-Klasse-II-Moleküle, die also keine CD4-T-Zellen besitzen, miteinander verglichen. Dabei hat man die Reaktion der CD8-T-Zellen gegen das Protein Ovalbumin gemessen, das ein experimentell veränderter Stamm von *Listeria monocytogenes* exprimierte. Nach sieben Tagen der Infektion zeigten beide Mausstämme die gleiche Vermehrungsrate und Aktivität der antigenspezifischen CD8-T-Effektorzellen. Die Mäuse jedoch, die einen Defekt der CD4-T-Zellen aufwiesen, brachten nur viel schwächere Sekundärreaktionen hervor. Das zeigte sich an einer viel geringeren Vermehrung der CD8-T-Gedächtniszellen nach einem erneuten Kontakt mit dem Erreger.

Teil IV

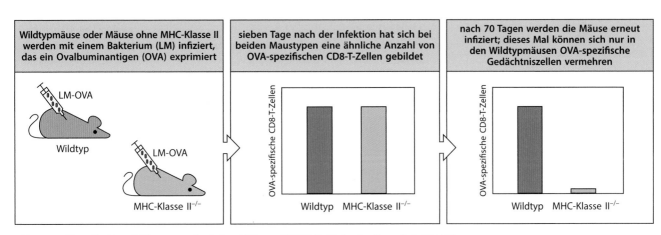

**Abb. 11.32 Für die Entwicklung von funktionsfähigen CD8-T-Gedächtniszellen sind CD4-T-Zellen erforderlich.** Mäuse, die keine MHC-Klasse-II-Moleküle exprimieren (MHC$^{-/-}$) können keine CD4-T-Zellen entwickeln. Wildtyp- und MHC$^{-/-}$-Mäuse wurden mit *Listeria monocytogenes* infiziert, die das Modellantigen Ovalbumin (LM-OVA) exprimieren. Nach sieben Tagen bestimmte man die Anzahl der OVA-spezifischen CD8-T-Zellen. Dafür verwendete man spezifische MHC-Tetramere, die ein OVA-Peptid enthalten und deshalb an die T-Zell-Rezeptoren binden, die mit diesem Antigen reagieren. Nach siebentägiger Infektion zeigten Mäuse, die keine CD4-T-Zellen besaßen, dieselbe Anzahl von OVA-spezifischen CD8-T-Zellen wie die Wildtypmäuse. Ließ man den Mäusen jedoch 60 Tage Zeit, sich zu erholen und T-Gedächtniszellen zu entwickeln, und wurden sie dann wieder mit LM-OVA behandelt, konnten die Mäuse ohne CD4-T-Zellen keine CD8-T-Gedächtniszellen vermehren, die für OVA spezifisch sind. Bei den Wildtypmäusen zeigt sich dagegen eine starke CD8-Gedächtnisreaktion

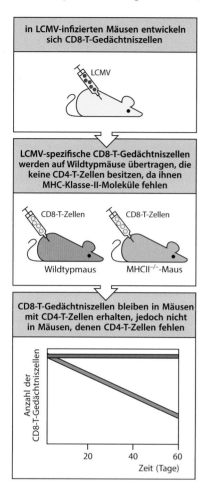

**Abb. 11.33 CD4-T-Zellen unterstützen die Aufrechterhaltung der CD8-T-Gedächtniszellen.** Die Abhängigkeit der CD8-T-Gedächtniszellen von CD4-T-Zellen zeigt sich an den unterschiedlichen Lebenszeiten von Gedächtniszellen, nachdem sie auf Empfängermäuse übertragen wurden, die entweder über normale oder über keine CD4-T-Zellen verfügen (Wildtypmäuse beziehungsweise MHC-II$^{-/-}$-Mäuse). Wenn Mäuse keine MHC-Klasse-II-Proteine besitzen, können sich im Thymus keine CD4-T-Zellen entwickeln. Als man LCMV-spezifische CD8-T-Zellen 35 Tage nach der Infektion mit dem Virus aus den Spendermäusen isoliert und auf die anderen Mäuse übertragen hat, blieben die Gedächtniszellen nur in den Mäusen erhalten, die CD4-T-Zellen besaßen. Die Grundlage für diese Aktivität der CD4-T-Zellen ist noch nicht bekannt, aber es lassen sich Schlüsse auf Erreger wie HIV und Erkrankungen wie AIDS ziehen, da hier die Anzahl der CD4-T-Zellen verringert ist

Diese Ergebnisse zeigen, dass die CD4-T-Zellen entweder für die Programmierung der CD8-T-Zellen oder während der Sekundärreaktion von Bedeutung sind.

Weitere Experimente deuteten darauf hin, dass diese Unterstützung durch CD4-T-Zellen für die Programmierung der naiven CD8-T-Zellen erforderlich ist. CD8-T-Gedächtniszellen, die sich ohne Unterstützung durch CD4-T-Zellen entwickelt haben, wurden auf Wildtypmäuse übertragen. Nach dem Transfer wurden die Empfängermäuse wieder infiziert und die CD8-T-Zellen zeigten nun eine geringere Proliferation, obwohl die Empfängermäuse MHC-Klasse-II-Moleküle exprimierten. Das Ergebnis zeigt, dass die Unterstützung durch CD4-T-Zellen beim Priming der CD8-T-Zellen benötigt wird und nicht nur während der Sekundärreaktion. Diese Notwendigkeit der CD4-Unterstützung bei der Erzeugung des CD8-Gedächtnisses ließ sich auch mit Experimenten zeigen, bei denen CD4-T-Zellen durch Behandlung mit Antikörpern aus den Mäusen entfernt wurden oder die Mäuse einen Defekt des CD4-Gens hatten.

Der Mechanismus, bei dem die CD4-T-Zellen eine Rolle spielen, ist noch nicht vollständig bekannt. Wahrscheinlich sind daran zwei Signale beteiligt, die die CD8-T-Zellen erhalten – Signale über CD40 und über den IL2-Rezeptor. CD8-T-Zellen, die CD40 nicht exprimieren, können keine T-Gedächtniszellen hervorbringen. Zwar können im Prinzip viele Zellen den CD40-Liganden exprimieren, der für die Stimulation von CD40 notwendig ist, aber höchstwahrscheinlich stammt das Signal von den CD4-T-Zellen.

Dass für die Programmierung der CD8-T-Zellen auch IL-2 erforderlich ist, hat man mithilfe von CD8-T-Zellen entdeckt, die nicht auf IL-2 reagieren konnten, weil sie einen genetischen Defekt der IL-2R$\alpha$-Untereinheit aufwiesen. Da IL-2R$\alpha$-Signale für die Entwicklung der $T_{reg}$-Zellen benötigt werden, entwickeln Mäuse, die IL-2R$\alpha$ nicht exprimieren, eine lymphoproliferatve Erkrankung. Diese entsteht jedoch nicht bei Mäusen, die gemischte Knochenmarkchimären sind und sowohl Wildtypzellen als auch Zellen mit IL-2R$\alpha$-Defekt enthalten. An diesen chimären Mäusen kann man das Verhalten der IL-2R$\alpha$-defekten Zellen untersuchen. Als diese Mäuse mit LCMV infiziert wurden und man dann die Reaktionen untersuchte, stellte sich heraus, dass es keine Reaktionen der CD8-T-Gedächtniszellen gab; es waren speziell die T-Zellen betroffen, denen IL-2R$\alpha$ fehlte.

Das in ▶ Abb. 11.33 dargestellte Experiment zeigt, dass CD4-T-Zellen neben ihrer Wirkung auf die Programmierung der CD8-T-Zellen auch zur Aufrechterhaltung der Anzahl der CD8-T-Gedächtniszellen beitragen. In diesem Fall wurden CD8-T-Gedächtniszellen, die in normalen Mäusen programmiert worden waren, auf immunologisch ungeprägte Mäuse übertragen, die MHC-Klasse-II-Moleküle entweder exprimierten oder nicht exprimierten. Die Übertragung von CD8-T-Gedächtniszellen auf Mäuse, die keine MHC-Klasse-II-Moleküle besaßen, führte zu einer viel schnelleren Abnahme der Anzahl der CD8-T-Gedächtniszellen als bei einem entsprechenden Transfer auf Wildtypmäuse. Darüber hinaus zeigten die CD8-T-Effektorzellen, die auf Mäuse ohne MHC-Klasse-II-Moleküle übertragen wurden, eine gewisse Beeinträchtigung ihrer CD8-Effektorfunktionen. Diese Experimente lassen den Schluss zu, dass CD4-T-Zellen, die bei einer Immunantwort durch MHC-Klasse-II-exprimierende, antigenpräsentierende Zellen aktiviert werden, einen deutlichen Einfluss auf die Quantität und Qualität der CD8-T-Zell-Reaktion besitzen, wobei sie für die allererste Aktivierung der CD8-T-Zellen nicht erforderlich sind. CD4-T-Zellen tragen dazu bei, dass naive CD8-T-Zellen so programmiert werden, dass sie später T-Gedächtniszellen hervorbringen können. Auch tragen CD4-T-Zellen zu einer wirksamen Effektoraktivität bei und unterstützen die Aufrechterhaltung der Anzahl der T-Gedächtniszellen.

## 11.3.8 Bei immunen Individuen werden die sekundären und späteren Reaktionen vor allem von den Gedächtnislymphocyten hervorgerufen

Bei einem normalen Infektionsverlauf vermehrt sich der Krankheitserreger zunächst so lange, bis er eine adaptive Immunantwort auslöst. Dann regt er die Bildung von Antikörpern und

T-Effektorzellen an, die das Pathogen im Körper ausmerzen. Daraufhin sterben die meisten T-Effektorzellen. Der Antikörperspiegel sinkt kontinuierlich, da die auslösenden Antigene für die Immunantwort nicht mehr in ausreichender Menge vorhanden sind, um eine Antwort aufrechtzuerhalten. Wir können dies als eine negative Rückkopplung der Immunantwort ansehen. T- und B-Gedächtniszellen bleiben allerdings erhalten und führen zu einem erhöhten Potenzial, angemessen auf eine erneute Infektion mit dem gleichen Erreger zu reagieren.

Die Antikörper und T-Gedächtniszellen, die in einem bereits immunisierten Körper zurückbleiben, können dazu führen, dass naive B- und T-Zellen bei einem Auftreten desselben Antigens in geringerem Maß aktiviert werden. Tatsächlich ist es möglich, durch die passive Übertragung von Antikörpern für ein bestimmtes Antigen auf einen noch nicht immunisierten Empfänger die Reaktionen naiver B-Zellen auf dasselbe Antigen zu hemmen. Diesen Effekt nutzt man in der Praxis aus, um eine Immunreaktion von Rh⁻-Müttern gegen einen Rh⁺-Fetus zu verhindern, die eine **fetale Erythroblastose** (*hemolytic disease of the newborn*) verursachen kann (Anhang I, Abschn. A.6). Injiziert man der Mutter Antikörper gegen Rh, bevor sie zum ersten Mal mit den roten Blutkörperchen ihres Kindes in Kontakt kommt, wird ihre Immunantwort unterdrückt. Wahrscheinlich liegen die Anti-Rhesus-Faktor-Antikörper (Anti-Rh-Antikörper) gegenüber dem Antigen im Überschuss vor, sodass nicht nur das Antigen beseitigt wird, sondern auch keine Immunkomplexe gebildet werden, die naive B-Zellen über die Fc-Rezeptoren stimulieren könnten. Reaktionen von B-Gedächtniszellen werden durch die Antikörper jedoch nicht blockiert. Daher muss man rechtzeitig untersuchen, ob bei einer Rh⁻-Mutter eine Primärreaktion zu befürchten ist, und anschließend die Mutter behandeln, bevor eine primäre Immunantwort eintritt. Aufgrund ihrer hohen Affinität für das Antigen und ihrer veränderten Anforderungen an die Signalgebung der B-Zell-Rezeptoren sind B-Gedächtniszellen viel empfindlicher für geringe Mengen an Antigenen, die von dem passiven Anti-Rh-Antikörper nicht ausreichend beseitigt werden. Weil in B-Gedächtniszellen selbst dann noch die Produktion von Antikörpern induziert werden kann, wenn sie mit schon vorhandenen Antikörpern konfrontiert wurden, zeigen selbst Personen, die bereits immun sind, unter Umständen sekundäre Antikörperantworten.

Diese Blockademechanismen erklären möglicherweise auch das Phänomen der **Antigenerbsünde** (*original antigenic sin*). Mit diesem Begriff versucht man zu beschreiben, dass manche Personen Antikörper häufig nur gegen Epitope jener Variante des Influenzavirus bilden, mit der sie zuerst in Kontakt gekommen sind – selbst wenn sie später mit Varianten infiziert werden, die zusätzliche stark immunogene Epitope aufweisen (▶ Abb. 11.34). Die Antikörper gegen das erste Virus unterdrücken meist die Reaktionen naiver B-Zellen, die eine Spezifität für die neuen Epitope haben. Das kann für den Wirt sinnvoll und nützlich sein, weil er dann nur die B-Zellen einsetzt, die am schnellsten und effektivsten auf das Virus reagieren können. Dieses Reaktionsmuster wird erst dann aufgegeben, wenn der Betreffende von einem Influenzavirus infiziert wird, bei dem kein Epitop mit denen des Virus aus der ersten Infektion übereinstimmt. In diesem Fall binden keine bereits vorhandenen Antikörper an das Virus, sodass die naiven B-Zellen reagieren können.

Eine ähnliche Unterdrückung von Reaktionen der naiven T-Zellen durch antigenspezifische T-Gedächtniszellen zeigt sich bei Infektionen mit dem lymphocytären Choriomeningitisvirus (LCMV) der Maus oder beim Denguevirus des Menschen. Mäuse, die zum ersten Mal mit einem LCMV-Stamm infiziert wurden, reagierten auf weitere Infektionen mit einem anderen LCMV-Stamm dadurch, dass sich die CD8-T-Zellen vermehrten, die auf Antigene reagierten, welche für den ersten Stamm spezifisch waren. Diese Wirkung trat jedoch nicht ein, als man Reaktionen auf variable Antigenepitope von Ovalbumin im Zusammenhang mit wiederholten Infektionen durch das pathogene Bakterium *Listeria monocytogenes* untersuchte. Das deutet darauf hin, dass die Immunsuppression, die durch die Antigenerbsünde hervorgerufen wird, nicht bei allen Immunantworten auftritt.

## Zusammenfassung

Der Immunschutz vor einer erneuten Infektion ist eine der wichtigsten Konsequenzen der adaptiven Immunität. Der immunologische Schutz basiert auf der Ausbildung einer Popu-

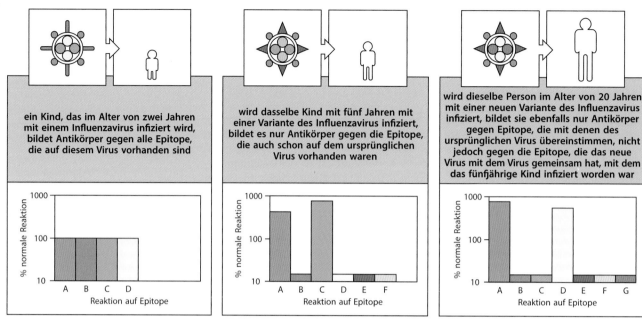

**Abb. 11.34 Sind Personen mit einer Variante des Influenzavirus in Kontakt gekommen, dann bilden sie nach der Infektion mit einer zweiten Virusvariante nur Antikörper gegen Epitope, die auch auf dem ursprünglichen Virus vorhanden waren.** Wird ein Kind im Alter von zwei Jahren erstmals von einem Influenzavirus infiziert, bildet es gegen sämtliche Epitope Antikörper (*links*). Steckt sich dasselbe Kind mit fünf Jahren mit einer anderen Virusvariante an, reagiert es vor allem auf die Epitope, die das neue Virus mit dem ersten Virus gemeinsam hat. Auf die neuen Virus-epitope reagiert sein Immunsystem dagegen schwächer, als man es normalerweise erwarten würde (*Mitte*). Selbst wenn die betreffende Person 20 Jahre alt ist, ändert sich daran nichts: Sie reagiert auf Epitope, die mit dem ursprünglichen Virus übereinstimmen, auf neue Epitope reagiert sie dagegen nur schwach (*rechts*). Dieses Phänomen bezeichnet man gelegentlich als Antigenerbsünde

lation von langlebigen B- und T-Gedächtniszellen. Diese antigenspezifischen Gedächtniszellen gehen aus Populationen von Lymphocyten hervor, die sich während der Primärinfektion stark vermehren und in größerer Zahl überleben als Zellen im Repertoire der naiven Lymphocyten. Sowohl ihr häufigeres Vorkommen als auch ihre Fähigkeit, auf eine erneute Stimulation durch dasselbe Antigen schnell reagieren zu können, tragen zum Immunschutz bei. Dieser lässt sich durch B- und T-Gedächtniszellen auf noch nicht immunisierte Empfänger übertragen. Gedächtnislymphocyten werden durch ihre Expression von Cytokinrezeptoren stabilisiert, beispielsweise für IL-7 und IL-15, die Überlebenssignale vermitteln. B-Gedächtniszellen sind daran zu erkennen, dass sich ihre Immunglobulingene aufgrund des Isotypwechsels und der somatischen Hypermutation verändert haben und sekundäre und weitere Immunantworten dadurch gekennzeichnet sind, dass die Affinität der Antikörper für ihr Antigen zunimmt. Die Entwicklung rezeptorspezifischer Reagenzien in Form von MHC-Tetrameren ermöglicht die direkte Analyse der Vermehrung und Differenzierung der T-Effektor- und T-Gedächtniszellen. Wir erkennen jetzt, dass das T-Zell-Gedächtnis komplex ist und dass T-Gedächtniszellen ziemlich heterogen sind: Es gibt die Untergruppen der zentralen Gedächtniszellen, Effektorgedächtniszellen und geweberesidenten Gedächtniszellen. CD8-T-Zellen können zwar ohne Unterstützung durch CD4-T-Zellen wirksame Primärantworten hervorrufen, aber es stellt sich immer mehr heraus, dass CD4-T-Zellen bei der Regulation des CD8-T-Zell-Gedächtnisses eine entscheidende Rolle spielen. Diese Fragestellungen sind zum Beispiel für die Entwicklung von wirksamen Impfstoffen gegen Krankheiten wie AIDS und den Erreger HIV von großer Bedeutung.

# Kapitelzusammenfassung

Wirbeltiere wehren sich auf verschiedene Weise gegen eine Infektion mit Krankheitserregern. Die angeborenen Abwehrmechanismen setzen sofort ein und verhindern unter Umständen bereits die Infektion. Gelingt dies jedoch nicht, wird eine Reihe früher Reaktionen ausgelöst, mit deren Hilfe die Infektion so lange in Schach gehalten wird, bis eine erworbene Immunabwehr zum Tragen kommt. Diese ersten beiden Phasen der Immunantwort beruhen darauf, dass eine vorhandene Infektion von den nicht klonotypischen Rezeptoren des angeborenen Immunsystems erkannt wird. In ▸ Abb. 11.35 sind noch einmal die Phasen zusammengestellt, die in Kap. 3 ausführlich charakterisiert wurden. Als Nächstes werden verschiedene spezialisierte Untergruppen von Immunzellen aktiv, die man als Zwischenstufen zwischen der angeborenen und der erworbenen Immunabwehr ansehen kann. Zu ihnen gehören die angeborenen lymphatischen Zellen (ILCs), die schnell auf Cytokine reagieren, welche von angeborenen Sensorzellen produziert werden. Diese Zwischenstufen tragen auch dazu bei, die CD4-T-Zell-Reaktion auf parallele Untergruppen der T-Effektorzellen zu verlagern. Dazu gehören auch die NK-Zellen, die zu Lymphknoten gelenkt werden können und IFN-$\gamma$ produzieren, wodurch sie die $T_H$1-Reaktion fördern. Die dritte Phase einer Immunreaktion ist die adaptive Immunantwort (▸ Abb. 11.35), die sich im peripheren lymphatischen Gewebe entwickelt, das für den jeweiligen Entzündungsherd zuständig ist. Bis zu ihrer Entwicklung dauert es einige Tage, da T- und B-Lymphocyten dafür ihrem spezifischen Antigen begegnen, sich vermehren und sich zu Effektorzellen differenzieren müssen. T-Zell-abhängige B-Zell-Reaktionen sind erst dann möglich, wenn antigenspezifische T-Zellen proliferieren und sich differenzieren konnten. Sobald eine adaptive Immunantwort stattgefunden hat, werden die Antikörper und T-Effektorzellen über den Kreislauf verteilt und in die infizierten Gewebe gelenkt. In der Regel wird die Infektion dadurch unter Kontrolle gebracht und das Pathogen in Schach gehalten oder zerstört. Mit welchen Effektormechanismen eine Infektion schließlich beseitigt wird, hängt vom jeweiligen Erregertyp ab. In den meisten Fällen sind es dieselben wie in den ersten Phasen der Immunabwehr, wobei sich nur der Erkennungsmechanismus ändert und selektiver wird (▸ Abb. 11.35).

Eine wirksame adaptive Immunantwort führt zu einem Zustand der schützenden Immunität. Dieser umfasst das Vorhandensein von Effektorzellen und Molekülen, die bei der ersten Antwort erzeugt wurden, und ein immunologisches Gedächtnis. Das immunologische Gedächtnis zeigt sich in Form einer verbesserten Fähigkeit, auf Krankheitserreger zu reagieren, mit denen das Immunsystem bereits konfrontiert war und die erfolgreich beseitigt wurden. T- und B-Gedächtniszellen besitzen die Eigenschaft, dass sie das immunologische Gedächtnis auch auf ungeprägte („naive") Empfänger übertragen können. Die Mechanismen, die das immunologische Gedächtnis aufrechterhalten, beruhen auf bestimmten Cytokinen, etwa IL-7 und IL-15, sowie auf homöostatischen Wechselwirkungen zwischen den T-Zell-Rezeptoren auf den Gedächtniszellen mit Selbst-MHC:Selbst-Peptid-Komplexen. Das künstliche Auslösen eines Immunschutzes durch eine Impfung, der auch ein immunologisches Gedächtnis beinhaltet, ist die bemerkenswerteste Anwendung der Immunologie in der Medizin. Inzwischen holt das Wissen darüber, wie ein solcher Immunschutz erreicht wird, gegenüber dem Erfolg in der Praxis auf. Wie wir jedoch in Kap. 13 erfahren werden, erzeugen viele Krankheitserreger gar keine schützende Immunität, die das Pathogen vollständig beseitigt. Wir müssen also erst herausfinden, was das verhindert, bevor wir gegen diese Krankheitserreger wirksame Impfstoffe entwickeln können.

| | Phasen der Immunantwort | | |
|---|---|---|---|
| | **sofort (0–4 Stunden)** | **früh (4–96 Stunden)** | **spät (nach 96 Stunden)** |
| | unspezifisch angeboren kein Gedächtnis keine spezifischen T-Zellen | unspezifisch und spezifisch induzierbar kein Gedächtnis keine spezifischen T-Zellen | spezifisch induzierbar Gedächtnis spezifische T-Zellen |
| **Barriere-funktionen** | Haut, Epithelien, Mucine, Säure | lokale Entzündung (C5a) TNF-$\alpha$ lokal | IgA-Antikörper in luminalen Bereichen IgE-Antikörper auf Mastzellen lokale Entzündung |
| **Reaktion auf extrazelluläre Pathogene** | Phagocyten alternativer und MBL-Komplementweg Lysozym Lactoferrin Peroxidase Defensine | mannosebindendes Lektin C-reaktives Protein T-Zell-unabhängiger B-Zell-Antikörper Komplement | IgG-Antikörper und Zellen mit Fc-Rezeptoren IgG-, IgM-Antikörper und klassisches Komplement |
| **Reaktion auf intrazelluläre Bakterien** | Makrophagen | von aktivierten NK-Zellen abhängige Makrophagen-aktivierung IL-1, IL-6, TNF-$\alpha$, IL-12 | T-Zell-Aktivierung von Makrophagen durch IFN-$\gamma$ |
| **Reaktion auf virusinfizierte Zellen** | natürliche Killerzellen (NK-Zellen) | IFN-$\alpha$ und IFN-$\beta$ IL-12-aktivierte NK-Zellen | cytotoxische T-Zellen IFN-$\gamma$ |

**Abb. 11.35 Die Elemente der drei Phasen einer Immunantwort bei der Abwehr verschiedener Gruppen von Mikroorganismen.** Die Mechanismen der angeborenen Immunabwehr, die in den ersten beiden Phasen der Immunreaktion zum Zuge kommen, wurden in Kap. 2 und 3 behandelt, während die thymusunabhängigen (T-unabhängigen) B-Zell-Reaktionen in Kap. 10 besprochen wurden. Die Anfangsphasen tragen zur Einleitung der adaptiven Immunreaktion bei und beeinflussen die funktionellen Merkmale der antigenspezifischen T-Effektorzellen und Antikörper, die in der letzten Phase der Reaktion eine Rolle spielen. Zwischen den Effektormechanismen, die in den einzelnen Phasen der Immunreaktion aktiviert werden, gibt es auffallende Ähnlichkeiten. Die wichtigsten Unterschiede liegen in der Art der Strukturen, die für die Antigenerkennung verantwortlich sind

# Aufgaben

**11.1 Richtig oder falsch:** Die Immunantwort ist ein dynamischer Prozess, der mit einer antigenunabhängigen Reaktion beginnt und konzentrierter und wirkungsvoller wird, sobald sie eine Antigenspezifität entwickelt. Sobald sich das adaptive Immunsystem entwickelt, ist eine einzige Art von Reaktion in der Lage, jeden Typ von Krankheitserreger zu beseitigen.

**11.2 Multiple Choice:** Welche Aussage trifft nicht zu?
**A.** Die Produktion von IL-12 und IL-18 durch Makrophagen und dendritische Zellen löst die Sekretion von IFN-$\gamma$ durch ILC1-Zellen aus, wodurch intrazelluläre Pathogene wirksamer abgetötet werden können.
**B.** ILC3-Zellen werden durch thymusstromales Lymphopoetin (TSLP) aktiviert, das STAT5 aktiviert und die Produktion von IL-17 auslöst.

C. Molekulare Muster, die üblicherweise bei Helminthen vorkommen, aktivieren die Produktion von IL-33 und IL-25, wodurch wiederum ILC2-Zellen aktiviert werden, die Schleimproduktion der Becherzellen und die Kontraktion der mucosalen glatten Muskulatur anzuregen.

D. Von ILC3-Zellen erzeugtes IL-22 wirkt auf Epithelzellen, aktiviert deren Produktion von antimikrobiellen Peptiden und fördert die Verstärkung der Integrität von Barrieren.

**11.3 Bitte zuordnen:** Welches der folgenden Proteine hat welche Wirkung auf die Wanderung der T-Zellen?

A. CXCR5 _____

    **i.** interagiert mit P- und E-Selektin, wird von aktivierten Endothelzellen exprimiert

B. PSGL-1 _____

    **ii.** durch Bindung von CXCL13 werden $T_{FH}$-Zellen in B-Zell-Follikel gelenkt

C. FucT-VII _____

    **iii.** interagiert mit VCAM-1 und löst so die Extravasation der T-Effektorzellen aus

D. VLA-4 _____

    **iv.** notwendig für die Produktion von P-und E-Selektin

**11.4 Bitte ergänzen:** Die Expression selektiver Adhäsionsmoleküle durch T-Effektorzellen trägt dazu bei, dass sie sich auf verschiedene Kompartimente verteilen. So induzieren beispielsweise T-Zellen, die in den GALT ihr Priming durchlaufen haben, die Expression des _____-Integrins, das an _____ bindet, welches wiederum von den Endothelzellen der Darmschleimhaut konstitutiv exprimiert wird. Diese T-Zellen exprimieren auch den Chemokinrezeptor _____, der T-Zellen über einen _____-Gradienten zur Lamina propria unterhalb des Dünndarmepithels lenkt. Diese Kompartimentierung ist nicht auf den Darm beschränkt, sondern kommt auch in anderen Organen vor, etwa in der Haut. So bindet beispielsweise die glykosylierte Form von PSGL-1, _____, an _____ auf Gefäßendothelien in der Haut.

**11.5 Multiple Choice:** Welche der folgenden Aussagen über die Aktivierung der $T_H1$-Makrophagen trifft nicht zu?
A. Der CD40-Ligand macht den Makrophagen für die Reaktion auf IFN-$\gamma$ empfindlicher.
B. LT-$\alpha$ kann den CD40-Liganden bei der Makrophagenaktivierung ersetzen.
C. Aktivierte $T_H1$-Zellen wirken der TNFR1-Aktivierung entgegen.
D. Makrophagen werden durch geringe Mengen an bakteriellem LPS für IFN-$\gamma$ empfindlicher.

**11.6 Kurze Antwort:** Wie stimulieren M2-Makrophagen die Kollagenproduktion zur Unterstützung der Reparatur von Geweben?

**11.7 Multiple Choice:** Welche der folgenden Aussagen trifft für Immunantworten vom Typ 3 nicht zu?
A. Die primären angeborenen Effektorzellen sind die Neutrophilen, die von CXCL8 und CXCL2 rekrutiert werden und durch Einwirkung von G-CSF und GM-CSF eine erhöhte Produktionsrate haben.
B. Im Zustand der Homöostase kommen die $T_H17$-Zellen fast ausschließlich in der Darmschleimhaut vor.
C. IL-17 ist das zentrale Cytokin.
D. Durch die Produktion von IL-22 werden die Erzeugung antimikrobieller Peptide, die Proliferation von Epithelzellen und das Ablösen der natürlichen Killerzellen angeregt.
E. IL-23 löst die Festlegung von naiven CD4$^+$-T-Zellen auf die $T_H17$-Linie aus.

**11.8 Multiple Choice:** Welcher der folgenden Krankheitserreger kann unabhängig von der Unterstützung durch T-Zellen eine starke CD8$^+$-T-Zell-Reaktion auslösen?

Teil IV

**A.** *Streptococcus pneumoniae*
**B.** lymphocytäres Choriomeningitisvirus (LCMV)
**C.** *Listeria monocytogenes*
**D.** *Staphylococcus aureus*
**E.** *Salmonella*
**F.** *Toxoplasma*

**11.9 Bitte ergänzen:** Während einer Immunantwort auf einen Krankheitserreger exprimieren aktivierte T-Zellen _____, eine Komponente des hochaffinen IL-2-Rezeptors, und schalten die Expression der IL-17-Rezeptorkomponente _____ ab. Die aktivierten Zellen erzeugen auch verschiedene Isoformen der Tyrosinphosphatase _____, die von allen hämatopoetischen Zellen exprimiert wird. Die Effektorgedächtniszellen und zentralen Gedächtniszellen entwickeln sich und unterscheiden sich in der starken Expression von _____ bei Ersteren und _____ bei Letzteren. Das Überleben der CD4$^+$- und CD8$^+$-T-Gedächtniszellen hängt von _____ ab, wobei das Überleben der CD8$^+$-T-Gedächtniszellen zusätzlich von _____ abhängig ist.

**11.10   Richtig oder falsch:** CD27 ist ein Markermolekül von naiven B-Zellen und von T-Gedächtniszellen.

**11.11   Kurze Antwort:** Wie kann die Aktivierung des Inflammasoms zum Auslösen von Typ-1- und Typ-3-Immunantworten beitragen, während Typ-2-Reaktionen abgeschwächt werden?

**11.12   Bitte zuordnen:** Welches Cytokin gehört zu welchem STAT-Faktor?
**A.** IL-4 und IL-13 _____      **i.** STAT3
**B.** IL-12 _____      **ii.** STAT4
**C.** IL-23 _____      **iii.** STAT5
**D.** TSLP, IL-2 und IL-7 _____      **iv.** STAT6

# Literatur

## Literatur zu den einzelnen Abschnitten

### Abschnitt 11.1.1

- Mandell, G., Bennett, J., and Dolin, R. (eds): Principles and Practice of Infectious Diseases, 5th edu. New York, Churchill Livingstone, 2000.
- Zhang, S.Y., Jouanguy, E., Sancho-Shimizu, V., von Bernuth, H., Yang, K., Abel, L., Picard, C., Puel, A., and Casanova, J.L.: **Human Toll-like receptor-dependent induction of interferons in protective immunity to viruses.** *Immunol. Rev.* 2007, **220**:225–236.

### Abschnitt 11.1.2

- Bernink, J., Mjösberg, J., and Spits, H.: **Th1- and Th2-like subsets of innate lymphoid cells.** *Immunol. Rev.* 2013, **252**:133–138.
- Fearon, D.T. and Locksley, R.M.: **The instructive role of innate immunity in the acquired immune response.** *Science* 1996, **272**:50–53.
- Gasteiger, G. and Rudensky, A.Y.: **Interactions between innate and adaptive lymphocytes.** *Nat. Rev. Immunol.* 2014, **14**:631–639.

- Janeway Jr., C.A.: **The immune system evolved to discriminate infectious nonself from noninfectious self.** *Immunol. Today* 1992, **13**:11–16.
- McKenzie, A.N.J., Spits, H., and Eberl, G.: **Innate lymphoid cells in inflammaion and immunity.** *Immunity* 2014, **41**:366–374.
- Neill, D.R., Wong, S.H., Bellosi, A., Flynn, R.J., Daly, M., Langford, T.K., Bucks, C., Kane, C.M., Fallon, P.G., Pannell, R., *et al.*: **Nuocytes represent a new innate effecor leukocyte that mediates type-2 immunity.** *Nature* 2010, **464**:1367–1370.
- Oliphant, C.J., Hwang, Y.Y., Walker, J.A., Salimi, M., Wong, S.H., Brewer, J.M., Englezakis, A., Barlow, J.L., Hams, E., Scanlon, S.T., *et al.*: **MHCII-mediated dialog between group 2 innate lymphoid cells and CD4⁺ T cells potentiates type 2 immunity and promotes parasitic helminth expulsion.** Immunity 2014, **41**:283–295.
- Walker, J.A., Barlow, J.L., and McKenzie, A.N.J.: **Innate lymphoid cells—how did we miss them?** *Nat. Rev. Immunol.* 2013, **13**:75–87.

## Abschnitt 11.2.1

- Griffith, J.W., Sokol, C.L., and Luster, A.D.: **Chemokines and chemokine receptors: positioning cells for host defense and immunity.** *Annu. Rev. Immunol.* 2014, **32**:659–702.
- Hidalgo, A., Peired, A.J., Wild, M.K., Vestweber, D., and Frenette, P.S.: **Complete identification of E-selectin ligands on neutrophils reveals distinct functions of PSGL-1, ESL-1, and CD44.** *Immunity* 2007, **26**:477–489.
- MacKay, C.R., Marston, W., and Dudler, L.: **Altered patterns of T-cell migration through lymph nodes and skin following antigen challenge.** *Eur. J. Immunol.* 1992, **22**:2205–2210.
- Mantovani, A., Bonecchi, R., and Locati, M.: **Tuning inflammation and immunity by chemokine sequestration: decoys and more.** *Nat. Rev. Immunol.* 2006, **6**:907–918.
- Mueller, S.N., Gebhardt, T., Carbone, F.R., and Heath, W.R.: **Memory T cell subsets, migration patterns, and tissue residence.** *Annu. Rev. Immunol.* 2013, **31**:137–161.
- Sallusto, F., Kremmer, E., Palermo, B., Hoy, A., Ponath, P., Qin, S., Forster, R., Lipp, M., and Lanzavecchia, A.: **Switch in chemokine receptor expression upon TCR stimulation reveals novel homing potential for recently activated T cells.** *Eur. J. Immunol.* 1999, **29**:2037–2045.

## Abschnitt 11.2.2

- Jenkins, M.K., Khoruts, A., Ingulli, E., Mueller, D.L., McSorley, S.J., Reinhardt, R.L., Itano, A., and Pape, K. A.: **In vivo activation of antigen-specific CD4 T cells.** *Annu. Rev. Immunol.* 2001, **19**:23–45.

## Abschnitt 11.2.3

- Bekker, L.G., Freeman, S., Murray, P.J., Ryffel, B., and Kaplan, G.: **TNF-α controls intracellular mycobacterial growth by both inducible nitric oxide synthase-dependent and inducible nitric oxide synthase-independent pathways.** *J. Immunol.* 2001, **166**:6728–6734.
- Ehlers, S., Kutsch, S., Ehlers, E.M., Benini, J., and Pfeffer, K.: **Lethal granuloma disintegration in mycobacteria-infected TNFRp55⁻/⁻ mice is dependent on T cells and IL-12.** *J. Immunol.* 2000, **165**:483–492.
- Hsieh, C.S., Macatonia, S.E., Tripp, C.S., Wolf, S.F., O'Garra, A., and Murphy, K.M.: **Development of T_H1 CD4⁺ T cells through IL-12 produced by *Listeria*-induced macrophages.** *Science* 1993, **260**:547–549.
- Muñoz-Fernández, M.A., Fernández, M.A., and Fresno, M.: **Synergism between tumor necrosis factor-α and interferon-γ on macrophage activation for the killing of intracellular *Trypanosoma cruzi* through a nitric oxide-dependent mechanism.** *Eur. J. Immunol.* 1992, **22**:301–307.

■ Murray, P.J. and Wynn, T.A.: **Protective and pathogenic functions of macrophage subsets.** *Nat. Rev. Immunol.* 2011, **11**:723–737.

■ Stout, R.D., Suttles, J., Xu, J., Grewal, I.S., and Flavell, R.A.: **Impaired T cell-mediated macrophage activation in CD40 ligand-deficient mice.** *J. Immunol.* 1996, **156**:8–11.


### Abschnitt 11.2.4

■ Duffield, J.S.: **The inflammatory macrophage: a story of Jekyll and Hyde.** *Clin. Sci.* 2003, **104**:27–38.

■ Labow, R.S., Meek, E., and Santerre, J.P.: **Model systems to assess the destructive potential of human neutrophils and monocyte-derived macrophages during the acute and chronic phases of inflammation.** *J. Biomed. Mater. Res.* 2001, **54**:189–197.

■ Wigginton, J.E. and Kirschner, D.: **A model to predict cell-mediated immune regulatory mechanisms during human infection with Mycobacterium tuberculosis.** *J. Immunol.* 2001, **166**:1951–1967.


### Abschnitt 11.2.5

■ James, D.G.: **A clinicopathological classification of granulomatous disorders.** *Postgrad. Med. J.* 2000, **76**:457–465.


### Abschnitt 11.2.6

■ Berberich, C., Ramirez-Pineda, J.R., Hambrecht, C., Alber, G., Skeiky, Y.A., and Moll, H.: **Dendritic cell (DC)-based protection against an intracellular pathogen is dependent upon DC-derived IL-12 and can be induced by molecularly defined antigens.** *J. Immunol.* 2003, **170**:3171–3179.

■ Biedermann, T., Zimmermann, S., Himmelrich, H., Gumy, A., Egeter, O., Sakrauski, A.K., Seegmuller, I., Voigt, H., Launois, P., Levine, A.D., *et al.*: **IL-4 instructs T$_H$1 responses and resistance to *Leishmania major* in susceptible BALB/c mice.** *Nat. Immunol.* 2001, **2**:1054–1060.

■ Neighbors, M., Xu, X., Barrat, F.J., Ruuls, S.R., Churakova, T., Debets, R., Bazan, J.F., Kastelein, R.A., Abrams, J.S., and O'Garra, A.: **A critical role for interleukin 18 in primary and memory effector responses to *Listeria monocytogenes* that extends beyond its effects on interferon gamma production.** *J. Exp. Med.* 2001, **194**:343–354.


### Abschnitt 11.2.7

■ Artis, D. and Grencis, R.K.: **The intestinal epithelium: sensors to effectors in nematode infection.** *Mucosal Immunol.* 2008, **1**:252–264.

■ Fallon, P.G., Ballantyne, S.J., Mangan, N.E., Barlow, J.L., Dasvarma, A., Hewett, D.R., McIlgorm, A., Jolin, H.E., and McKenzie, A.N.J.: **Identification of an interleukin (IL)-25-dependent cell population that provides IL-4, IL-5, and IL-13 at the onset of helminth expulsion.** *J. Exp. Med.* 2006, **203**:1105–1116.

■ Finkelman, F.D., Shea-Donohue, T., Goldhill, J., Sullivan, C.A., Morris, S.C., Madden, K.B., Gauser, W.C., and Urban Jr., J.F.: **Cytokine regulation of host defense against parasitic intestinal nematodes.** *Annu. Rev. Immunol.* 1997, **15**:505–533.

■ Humphreys, N.E., Xu, D., Hepworth, M.R., Liew, F.Y., and Grencis, R.K.: **IL-33, a potent inducer of adaptive immunity to intestinal nematodes.** *J. Immunol.* 2008, **180**:2443–2449.

■ Liang, H.-E., Reinhardt, R.L., Bando, J.K., Sullivan, B.M., Ho, I.-C., and Locksley, R.M.: **Divergent expression patterns of IL-4 and IL-13 define unique functions in allergic immunity.** *Nat. Immunol.* 2012, **13**:58–66.

Teil IV

- Maizels, R.M., Pearce, E.J., Artis, D., Yazdanbakhsh, M., and Wynn, T.A.: **Regulation of pathogenesis and immunity in helminth infections.** *J. Exp. Med.* 2009, **206**:2059–2066.
- Ohnmacht, C., Schwartz, C., Panzer, M., Schiedewitz, I., Naumann, R., and Voehringer, D.: **Basophils orchestrate chronic allergic dermatitis and protective immunity against helminths.** *Immunity* 2010, **33**:364–374.
- Saenz, S.A., Noti, M., and Artis, D.: **Innate immune cell populations function as initiators and effectors in Th2 cytokine responses.** *Trends Immunol.* 2010, **31**:407–413.
- Sullivan, B.M. and Locksley, R.M.: **Basophils: a nonredundant contributor to host immunity.** *Immunity* 2009, **30**:12–20.
- Van Dyken, S.J. and Locksley, R.M.: **Interleukin-4- and interleukin-13-mediated alternatively activated macrophages: roles in homeostasis and disease.** *Annu. Rev. Immunol.* 2013, **31**:317–343.

## Abschnitt 11.2.8

- Aujla, S.J., Chan, Y.R., Zheng, M., Fei, M., Askew, D.J., Pociask, D.A., Reinhart, T.A., Mcallister, F., Edeal, J., Gaus, K., *et al.*: **IL-22 mediates mucosal host defense against Gram-negative bacterial pneumonia.** *Nat. Med.* 2008, **14**:275–281.
- Fossiez, F., Djossou, O., Chomarat, P., Flores-Romo, L., Ait-Yahia, S., Maat, C., Pin, J.J., Garrone, P., Garcia, E., Saeland, S., *et al.*: **T cell interleukin-17 induces stromal cells to produce proinflammatory and hematopoietic cytokines.** *J. Exp. Med.* 1996, **183**:2593–2603.
- Happel, K.I., Zheng, M., Young, E., Quinton, L.J., Lockhart, E., Ramsay, A.J., Shellito, J.E., Schurr, J.R., Bagby, G.J., Nelson, S., *et al.*: **Cutting edge: roles of Toll-like receptor 4 and IL-23 in IL-17 expression in response to** *Klebsiella pneumoniae* **infection.** *J. Immunol.* 2003, **170**:4432–4436.
- LeibundGut-Landmann, S., Gross, O., Robinson, M.J., Osorio, F., Slack, E.C., Tsoni, S.V., Schweighoffer, E., Tybulewicz, V., Brown, G.D., Ruland, J., *et al.*: **Syk- and CARD9-dependent coupling of innate immunity to the induction of T helper cells that produce interleukin 17.** *Nat. Immunol.* 2007, **8**:630–638.
- Ouyang, W., Kolls, J.K., and Zheng, Y.: **The biological functions of T helper 17 cell effector cytokines in inflammation.** *Immunity* 2008, **28**:454–467.
- Romani, L.: **Immunity to fungal infections.** *Nat. Rev. Immunol.* 2011, **11**:275–288.
- Sonnenberg, G.F., Monticelli, L.A., Elloso, M.M., Fouser, L.A., and Artis, D.: **CD4+ lymphoid tissue-inducer cells promote innate immunity in the gut.** *Immunity* 2011, **34**:122–134.
- Zheng, Y., Valdez, P.A., Danilenko, D.M., Hu, Y., Sa, S.M., Gong, Q., Abbas, A.R., Modrusan, Z., Ghilardi, N., De Sauvage, F.J., *et al.*: **Interleukin-22 mediates early host defense against attaching and effacing bacterial pathogens.** *Nat. Med.* 2008, **14**:282–289.

## Abschnitt 11.2.9

- Cua, D.J., Sherlock, J., Chen, Y., Murphy, C.A., Joyce, B., Seymour, B., Lucian, L., To, W., Kwan, S., Churakova, T., *et al.*: **Interleukin-23 rather than interleukin-12 is the critical cytokine for autoimmune inflammation of the brain.** *Nature* 2003, **421**:744–748.
- Ghilardi, N., Kljavin, N., Chen, Q., Lucas, S., Gurney, A.L., and De Sauvage, F.J.: **Compromised humoral and delayed-type hypersensitivity responses in IL-23-deficient mice.** *J. Immunol.* 2004, **172**:2827–2833.
- Park, A.Y., Hondowics, B.D., and Scott, P.: **IL-12 is required to maintain a Th1 response during** *Leishmania major* **infection.** *J. Immunol.* 2000, **165**:896–902.
- Yap, G., Pesin, M., and Sher, A.: **Cutting edge: IL-12 is required for the maintenance of IFN-γ production in T cells mediating chronic resistance to the intracellular pathogen** *Toxoplasma gondii.* *J. Immunol.* 2000, **165**:628–631.

Teil IV

### Abschnitt 11.2.10

- Guo, L., Junttila, I.S., and Paul, W.E.: **Cytokine-induced cytokine production by conventional and innate lymphoid cells.** *Trends Immunol.* 2012, **33**:598–606.
- Kohno, K., Kataoka, J., Ohtsuki, T., Suemoto, Y., Okamoto, I., Usui, M., Ikeda, M., and Kurimoto, M.: **IFN-gamma-inducing factor (IGIF) is a costimulatory factor on the activation of Th1 but not Th2 cells and exerts its effect independently of IL-12.** *J. Immunol.* 1997, **158**:1541–1550.

### Abschnitt 11.2.11

- Basu, R., Hatton, R.D., and Weaver, C.T.: **The Th17 family: flexibility follows function.** *Immunol. Rev.* 2013, **252**:89–103.
- Lee, S.-J., McLachlan, J.B., Kurtz, J.R., Fan, D., Winter, S.E., Bäumler, A.J., Jenkins, M.K., and McSorley, S.J.: **Temporal expression of bacterial proteins instructs host CD4 T cell expansion and Th17 development.** *PLoS Pathog.* 2012, **8**:e1002499.
- Lee, Y.K., Turner, H., Maynard, C.L., Oliver, J.R., Chen, D., Elson, C.O., and Weaver, C.T.: **Late developmental plasticity in the T helper 17 lineage.** *Immunity* 2009, **30**:92–107.
- Murphy, K.M. and Stockinger, B.: **Effector T cell plasticity: flexibility in the face of changing circumstances.** *Nat. Immunol.* 2010, **11**:674–680.
- O'Shea, J.J. and Paul, W.E.: **Mechanisms underlying lineage commitment and plasticity of helper CD4+ T cells.** *Science* 2010, **327**:1098–1102.

### Abschnitt 11.2.12

- Baize, S., Leroy, E.M., Georges-Courbot, M.C., Capron, M., Lansoud-Soukate, J., Debre, P., Fisher-Hoch, S.P., McCormick, J.B., and Georges, A.J.: **Defective humoral responses and extensive intravascular apoptosis are associated with fatal outcome in Ebola virus-infected patients.** *Nat. Med.* 1999, **5**:423–426.

### Abschnitt 11.2.13

- Lertmemongkolchai, G., Cai, G., Hunter, C.A., and Bancroft, G.J.: **Bystander activation of CD8 T cells contributes to the rapid production of IFN-γ in response to bacterial pathogens.** *J. Immunol.* 2001, **166**:1097–1105.
- Rahemtulla, A., Fung-Leung, W.P., Schilham, M.W., Kundig, T.M., Sambhara, S.R., Narendran, A., Arabian, A., Wakeham, A., Paige, C.J., Zinkernagel, R.M., *et al.*: **Normal development and function of CD8+ cells but markedly decreased helper cell activity in mice lacking CD4.** *Nature* 1991, **353**:180–184.
- Schoenberger, S.P., Toes, R.E., van der Voort, E.I., Offringa, R., and Melief, C.J.: **T-cell help for cytotoxic T lymphocytes is mediated by CD40–CD40L interactions.** *Nature* 1998, **393**:480–483.
- Sun, J.C. and Bevan, M.J.: **Defective CD8 T cell memory following acute infection without CD4 T-cell help.** *Science* 2003, **300**:339–349.

### Abschnitt 11.2.14

- Bouillet, P. and O'Reilly, L.A.: **CD95, BIM and T cell homeostasis.** *Nat. Rev. Immunol.* 2009, **9**:514–519.
- Chowdhury, D. and Lieberman, J.: **Death by a thousand cuts: granzyme pathways of programmed cell death.** *Annu. Rev. Immunol.* 2008, **26**:389–420.
- Siegel, R.M.: **Caspases at the crossroads of immune-cell life and death.** *Nat. Rev. Immunol.* 2006, **6**:308–317.

Teil IV

■ Strasser, A.: **The role of BH3-only proteins in the immune system.** *Nat. Rev. Immunol.* 2005, **5**:189–200.

## Abschnitt 11.3.1

■ Black, F.L. and Rosen, L.: **Patterns of measles antibodies in residents of Tahiti and their stability in the absence of re-exposure.** *J. Immunol.* 1962, **88**:725–731.

■ Hammarlund E., Lewis, M.W., Hanifin, J.M., Mori, M., Koudelka, C.W., and Slifka, M.K.: **Antiviral immunity following smallpox virus infection: a case-control study.** *J. Virol.* 2010, **84**:12754–60.

■ Hammarlund, E., Lewis, M.W., Hansen, S.G., Strelow, L.I., Nelson, J.A., Sexton, G.J., Hanifin, J.M., and Slifka, M.K.: **Duration of antiviral immunity after smallpox vaccination.** *Nat. Med.* 2003, **9**:1131–1137.

■ MacDonald, H.R., Cerottini, J.C., Ryser, J.E., Maryanski, J.L., Taswell, C., Widmer, M.B., and Brunner, K.T.: **Quantitation and cloning of cytolytic T lymphocytes and their precursors.** *Immunol. Rev.* 1980, **51**:93–123.

■ Murali-Krishna, K., Lau, L.L., Sambhara, S., Lemonnier, F., Altman, J., and Ahmed, R.: **Persistence of memory CD8 T cells in MHC class I-deficient mice.** *Science* 1999, **286**:1377–1381.

■ Seddon, B., Tomlinson, P., and Zamoyska, R.: **Interleukin 7 and T cell receptor signals regulate homeostasis of CD4 memory cells.** *Nat. Immunol.* 2003, **4**:680–686.

## Abschnitt 11.3.2

■ Andersson, B.: **Studies on the regulation of avidity at the level of the single antibody-forming cell: The effect of antigen dose and time after immunization.** *J. Exp. Med.* 1970, **132**:77–88.

■ Berek, C. and Milstein, C.: **Mutation drift and repertoire shift in the maturation of the immune response.** *Immunol. Rev.* 1987, **96**:23–41.

■ Bergmann, B., Grimsholm, O., Thorarinsdottir, K., Ren, W., Jirholt, P., Gjertsson, I., and Mårtensson, I.L.: **Memory B cells in mouse models.** *Scand. J. Immunol.* 2013, **78**:149–156.

■ Davie, J.M. and Paul, W.E.: **Receptors on immunocompetent cells. V. Cellular correlates of the "maturation" of the immune response.** *J. Exp. Med.* 1972, **135**:660–674.

■ Eisen, H.N., and Siskind, G.W.: **Variations in affinities of antibodies during the immune response.** *Biochemistry* 1964, **3**:996–1008.

■ Good-Jacobson, K.L. and Tarlinton, D.M.: **Multiple routes to B-cell memory.** *Int. Immunol.* 2012, **24**:403–408.

■ Klein, U., Rajewsky, K., and Küppers, R.: **Human immunoglobulin (Ig)M+IgD+ peripheral blood B cells expressing the CD27 cell surface antigen carry somatically mutated variable region genes: CD27 as a general marker for somatically mutated (memory) B cells.** *J. Exp. Med.* 1998, **188**:1679–1689.

■ Takemori, T., Kaji, T., Takahashi, Y., Shimoda, M., and Rajewsky, K.: **Generation of memory B cells inside and outside germinal centers.** *Eur. J. Immunol.* 2014, **44**:1258–1264.

## Abschnitt 11.3.3

■ Bende, R.J., van Maldegem, F., Triesscheijn, M., Wormhoudt, T.A., Guijt, R., and van Noesel, C.J.: **Germinal centers in human lymph nodes contain reactivated memory B cells.** *J. Exp. Med.* 2007, **204**:2655–2665.

■ Dal Porto, J.M., Haberman, A.M., Kelsoe, G., and Shlomchik, M.J.: **Very low affinity B cells form germinal centers, become memory B cells, and participate in secondary immune responses when higher affinity competition is reduced.** *J. Exp. Med.* 2002, **195**:1215–1221.

Teil IV

- Goins, C.L., Chappell, C.P., Shashidharamurthy, R., Selvaraj, P., and Jacob, J.: **Immune complex-mediated enhancement of secondary antibody responses.** *J. Immunol.* 2010, **184**:6293–6298.

- Kaji, T., Furukawa, K., Ishige, A., Toyokura, I., Nomura, M., Okada, M., Takahashi, Y., Shimoda, M., and Takemori, T.: **Both mutated and unmutated memory B cells accumulate mutations in the course of the secondary response and develop a new antibody repertoire optimally adapted to the secondary stimulus.** *Int. Immunol.* 2013, **25**:683–695.

### Abschnitt 11.3.4

- Hataye, J., Moon, J.J., Khoruts, A., Reilly, C., and Jenkins, M.K.: **Naive and memory CD4⁺ T cell survival controlled by clonal abundance.** *Science* 2006, **312**:114–116.

- Pagán, A.J., Pepper, M., Chu, H.H., Green, J.M., and Jenkins, M.K.: **CD28 promotes CD4⁺ T cell clonal expansion during infection independently of its YMNM and PYAP motifs.** *J. Immunol.* 2012, **189**:2909–2917.

- Pepper, M., Pagán, A.J., Igyártó, B.Z., Taylor, J.J., and Jenkins, M.K.: **Opposing signals from the Bcl6 transcription factor and the interleukin-2 receptor generate T helper 1 central and effector memory cells.** *Immunity* 2011, **35**:583–595.

### Abschnitt 11.3.5

- Akondy, R.S., Monson, N.D., Miller, J.D., Edupuganti, S., Teuwen, D., Wu, H., Quyyumi, F., Garg, S., Altman, J.D., Del Rio, C., *et al.*: **The yellow fever virus vaccine induces a broad and polyfunctional human memory CD8⁺ T cell response.** *J. Immunol.* 2009, **183**:7919–7930.

- Bradley, L.M., Atkins, G.G., and Swain, S.L.: **Long-term CD4⁺ memory T cells from the spleen lack MEL-14, the lymph node homing receptor.** *J. Immunol.* 1992, **148**:324–331.

- Kaech, S.M., Hemby, S., Kersh, E., and Ahmed, R.: **Molecular and functional profiling of memory CD8 T cell differentiation.** *Cell* 2002, **111**:837–851.

- Kassiotis, G., Garcia, S., Simpson, E., and Stockinger, B.: **Impairment of immunological memory in the absence of MHC despite survival of memory T cells.** *Nat. Immunol.* 2002, **3**:244–250.

- Ku, C.C., Murakami, M., Sakamoto, A., Kappler, J., and Marrack, P.: **Control of homeostasis of CD8⁺ memory T cells by opposing cytokines.** *Science* 2000, **288**:675–678.

- Rogers, P.R., Dubey, C., and Swain, S.L.: **Qualitative changes accompany memory T cell generation: faster, more effective responses at lower doses of antigen.** *J. Immunol.* 2000, **164**:2338–2346.

- Wherry, E.J., Teichgraber, V., Becker, T.C., Masopust, D., Kaech, S.M., Antia, R., von Andrian, U.H., and Ahmed, R.: **Lineage relationship and protective immunity of memory CD8 T cell subsets.** *Nat. Immunol.* 2003, **4**:225–234.

### Abschnitt 11.3.6

- Cerottini, J.C., Budd, R.C., and MacDonald, H.R.: **Phenotypic identification of memory cytolytic T lymphocytes in a subset of Lyt-2+ cells.** *Ann. N. Y. Acad. Sci.* 1988, **532**:68–75.

- Kaech, S.M., Tan, J.T., Wherry, E.J., Konieczny, B.T., Surh, C.D., and Ahmed, R.: **Selective expression of the interleukin 7 receptor identifies effector CD8 T cells that give rise to long-lived memory cells.** *Nat. Immunol.* 2003, **4**:1191–1198.

- Lanzavecchia, A. and Sallusto, F.: **Understanding the generation and function of memory T cell subsets.** *Curr. Opin. Immunol.* 2005, **17**:326–332.

- Mueller, S.N., Gebhardt, T., Carbone, F.R., and Heath, W.R.: **Memory T cell subsets, migration patterns, and tissue residence.** *Annu. Rev. Immunol.* 2012, **31**:137–161.

Teil IV

- Sallusto, F., Geginat, J., and Lanzavecchia, A.: **Central memory and effector memory T cell subsets: function, generation, and maintenance.** *Annu. Rev. Immunol.* 2004, **22**:745–763.
- Sallusto, F., Lenig, D., Forster, R., Lipp, M., and Lanzavecchia, A.: **Two subsets of memory T lymphocytes with distinct homing potentials and effector functions.** *Nature* 1999, **401**:708–712.
- Skon, C.N., Lee, J.Y., Anderson, K.G., Masopust, D., Hogquist, K. A., and Jameson, S.C.: **Transcriptional downregulation of S1pr1 is required for the establishment of resident memory CD8⁺ T cells.** *Nat. Immunol.* 2013, **14**:1285–1293.

### Abschnitt 11.3.7

- Bourgeois, C. and Tanchot, C.: **CD4 T cells are required for CD8 T cell memory generation.** *Eur. J. Immunol.* 2003, **33**:3225–3231.
- Bourgeois, C., Rocha, B., and Tanchot, C.: **A role for CD40 expression on CD8 T cells in the generation of CD8 T cell memory.** *Science* 2002, **297**:2060–2063.
- Janssen, E.M., Lemmens, E.E., Wolfe, T., Christen, U., von Herrath, M.G., and Schoenberger, S.P.: **CD4 T cells are required for secondary expansion and memory in CD8 T lymphocytes.** *Nature* 2003, **421**:852–856.
- Shedlock, D.J. and Shen, H.: **Requirement for CD4 T cell help in generating functional CD8 T cell memory.** *Science* 2003, **300**:337–339.
- Sun, J.C., Williams, M.A., and Bevan, M.J.: **CD4 T cells are required for the maintenance, not programming, of memory CD8 T cells after acute infection.** *Nat. Immunol.* 2004, **5**:927–933.
- Tanchot, C. and Rocha, B.: **CD8 and B cell memory: same strategy, same signals.** *Nat. Immunol.* 2003, **4**:431–432.
- Williams, M.A., Tyznik, A.J., and Bevan, M.J.: **Interleukin-2 signals during priming are required for secondary expansion of CD8 memory T cells.** *Nature* 2006, **441**:890–893.

### Abschnitt 11.3.8

- Fazekas de St Groth, B. and Webster, R.G.: **Disquisitions on original antigenic sin. I. Evidence in man.** *J. Exp. Med.* 1966, **140**:2893–2898.
- Fridman, W.H.: **Regulation of B cell activation and antigen presentation by Fc receptors.** *Curr. Opin. Immunol.* 1993, **5**:355–360.
- Klenerman, P. and Zinkernagel, R.M.: **Original antigenic sin impairs cytotoxic T lymphocyte responses to viruses bearing variant epitopes.** *Nature* 1998, **394**:482–485.
- Mongkolsapaya, J., Dejnirattisai, W., Xu, X.N., Vasanawathana, S., Tangthawornchaikul, N., Chairunsri, A., Sawasdivorn, S., Duangchinda, T., Dong, T., Rowland-Jones, S., et al.: **Original antigenic sin and apoptosis in the pathogenesis of dengue hemorrhagic fever.** *Nat. Med.* 2003, **9**:921–927.
- Pollack, W., Gorman, J.G., Freda, V.J., Ascari, W.Q., Allen, A.E., and Baker, W.J.: **Results of clinical trials of RhoGAm in women.** *Transfusion* 1968, **8**:151–153.
- Zehn, D., Turner, M.J., Lefrançois, L., and Bevan, M.J.: **Lack of original anti-genic sin in recall CD8⁺ T cell responses.** *J. Immunol.* 2010, **184**:6320–6326.

# Das mucosale Immunsystem

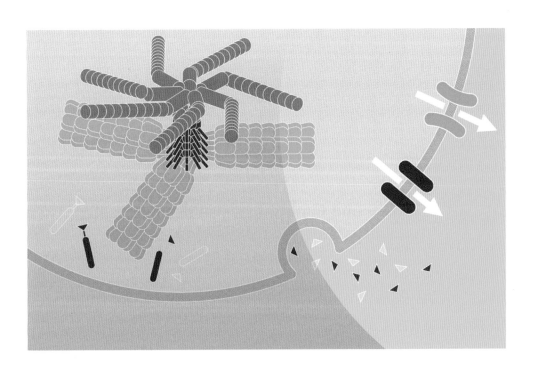

© Springer-Verlag GmbH Deutschland, ein Teil von Springer Nature 2018
K. Murphy, C. Weaver, *Janeway Immunologie*, https://doi.org/10.1007/978-3-662-56004-4_12

Die adaptiven Immunantworten werden normalerweise in den peripheren Lymphknoten ausgelöst, die Flüssigkeit aus den infizierten Geweben ableiten. Die meisten inneren Gewebe sind frei von mikrobiellem Wachstum, während die Haut und die verschiedenen Schleimhäute, welche die Organe auskleiden, die in direktem Kontakt mit der äußeren Umgebung stehen, ständig mit Mikroorganismen von dort konfrontiert sind. Die meisten Mikroorganismen dringen auch über diese Oberflächen in den Körper ein. In diesem Kapitel wollen wir die besonderen Eigenschaften des Immunsystems besprechen, das die mucosalen Oberflächen versorgt – das **mucosale Immunsystem**.

Wahrscheinlich war das mucosale Immunsystem, insbesondere das des Darms, bei den Vertebraten der erste Teil des adaptiven Immunsystems, das sich im Lauf der Evolution entwickelt hat, möglicherweise aufgrund der Notwendigkeit, die riesigen Populationen der kommensalen Mikroorganismen in den Griff zu bekommen, die sich gemeinsam mit den Vertebraten entwickelt haben. Organisierte Lymphgewebe und Immunglobulinantikörper hat man bei den Vertebraten als früheste Form im Darm von primitiven Knorpelfischen entdeckt. Die beiden zentralen lymphatischen Organe – der **Thymus** und die **Bursa Fabricii** der Vögel – leiten sich aus dem embryonalen Darm ab. Fische verfügen auch über eine einfache Form von sezernierten Antikörpern, die die Körperoberfläche schützen und möglicherweise ein Vorläufer der IgA-Antikörper der Säuger sind. So ist die Vorstellung entstanden, dass das mucosale Immunsystem dem ursprünglichen Immunsystem der Vertebraten entspricht und Milz und Lymphknoten eine spätere Spezialisierung sind.

## 12.1 Aufbau und Funktionsweise des mucosalen Immunsystems

Die erste Abwehrlinie gegen das Eindringen potenzieller Krankheitserreger und kommensaler Mikroorganismen ist die dünne Epithelschicht, die alle mucosalen Körperoberflächen bedeckt. Das Epithel kann jedoch relativ leicht durchbrochen werden, weshalb für die Barrierefunktion weitere Abwehrmaßnahmen erforderlich sind, in Form von Zellen und Molekülen des mucosalen Immunsystems. Die angeborenen Abwehrmechanismen der mucosalen Gewebe, beispielsweise antimikrobielle Peptide und Zellen, die invariante Rezeptoren für die Pathogenerkennung tragen, wurden in Kap. 2 und 3 beschrieben. In diesem Kapitel wollen wir uns mit dem adaptiven mucosalen Immunsystem beschäftigen und dabei nur diejenigen angeborenen Reaktionen besonders betonen, die für dieses Thema von Bedeutung sind. Viele der anatomischen und immunologischen Grundlagen des mucosalen Immunsystems sind bei allen zugehörigen Geweben gleich. Hier werden wir uns beispielhaft mit dem Darm befassen und der Leser sei für die Besonderheiten der übrigen Regionen auf die Literaturstellen am Ende des Kapitels hingewiesen.

### 12.1.1 Das mucosale Immunsystem schützt die inneren Oberflächen des Körpers

Das Immunsystem der Schleimhäute umfasst die inneren Körperoberflächen, die mit einem schleimsezernierenden Epithel bedeckt sind – den Gastrointestinaltrakt, die oberen und unteren Atemwege, den Urogenitaltrakt sowie das Mittelohr. Dazu gehören auch die exokrinen Drüsen, die mit diesen Organen assoziiert sind, das heißt die Bindehaut und die Tränendrüsen der Augen, die Speicheldrüsen und die Milchdrüsen der Brust (▶ Abb. 12.1). Die Schleimhautoberflächen bilden einen riesigen Bereich, der geschützt werden muss. Der Dünndarm des Menschen hat beispielsweise eine Oberfläche von 400 m², das heißt 200-mal so groß wie die Haut.

Das mucosale Immunsystem bildet den größten Teil der Immungewebe im Körper. Es enthält etwa drei Viertel aller Lymphocyten und produziert bei gesunden Individuen die meisten

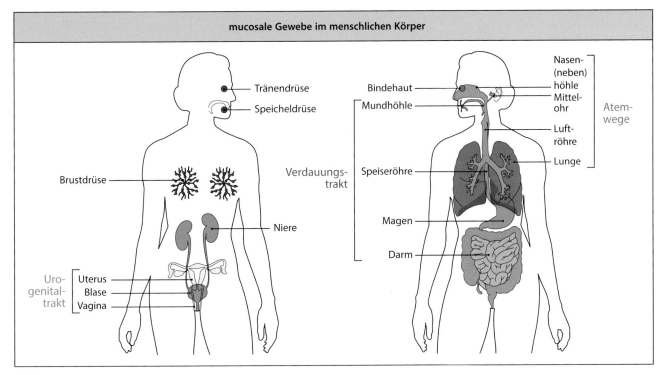

**mucosale Gewebe im menschlichen Körper**

**Abb. 12.1 Das mucosale Immunsystem.** Die Gewebe des mucosalen Immunsystems umfassen die lymphatischen Organe und Zellen, die mit dem Darm, den Atemwegen und dem Urogenitaltrakt assoziiert sind, außerdem zählen die Mundhöhle, der Rachen, das Mittelohr sowie die mit diesen Geweben zusammenhängenden Drüsen dazu, beispielsweise die Speichel- und Tränendrüsen. Die Milchdrüsen der Brust sind ebenfalls ein Teil des mucosalen Immunsystems

| | besondere Merkmale des mucosalen Immunsystems |
|---|---|
| anatomische Merkmale | unmittelbare Wechselwirkungen zwischen Schleimhautepithelien und Lymphgeweben |
| | abgeteilte Kompartimente aus diffusem Lymphgewebe und stärker organisierten Strukturen, beispielsweise Peyer-Plaques, isolierte Lymphfollikel und Gaumenmandeln |
| | spezialisierte Mechanismen zur Antigenaufnahme, beispielsweise M-Zellen in den Peyer-Plaques, Rachenmandeln und Gaumenmandeln |
| Effektormechanismen | aktivierte T-Zellen und T-Gedächtniszellen sind selbst ohne vorhandene Infektion vorherrschend |
| | Vorkommen von aktivierten „natürlichen" Effektorzellen und regulatorischen Zellen |
| | sekretorische IgA-Antikörper |
| | Vorkommen unterschiedlicher Mikrobiome |
| immunregulatorische Umgebung | aktives Abschalten von Immunantworten (beispielsweise gegen harmlose Antigene, etwa aus der Nahrung) |
| | inhibitorische Makrophagen und toleranzauslösende dendritische Zellen |

**Abb. 12.2 Besondere Merkmale des mucosalen Immunsystems.** Das mucosale Immunsystem ist größer und kommt wesentlich häufiger in Kontakt mit Antigenen, die auch einem größeren Spektrum entstammen, als das übrige Immunsystem, das wir in diesem Kapitel als systemisches Immunsystem bezeichnen. Die Besonderheiten zeigen sich in den spezifischen anatomischen Eigenschaften, den spezialisierten Mechanismen für die Aufnahme von Antigenen sowie den ungewöhnlichen Effektor- und regulatorischen Reaktionen, die so gestaltet sind, dass unpassende Immunantworten auf Antigene aus der Nahrung und anderen harmlosen Quellen verhindert werden

Teil IV

Immunglobuline. Es ist zudem ständig Antigenen und anderen Substanzen ausgesetzt, die aus der Umgebung kommen. Im Vergleich zu den Lymphknoten und der Milz (die wir in diesem Kapitel insgesamt als **systemisches Immunsystem** bezeichnen) besitzt das mucosale Immunsystem viele einzigartige und ungewöhnliche Eigenschaften (▶ Abb. 12.2).

Aufgrund ihrer physiologischen Funktionen in Bezug auf Gasaustausch (Lunge), Nährstoffabsorption (Verdauungtrakt), sensorische Aktivitäten (Augen, Nase, Mund und Rachen) und der Reproduktion (Uterus und Vagina) sind die Schleimhautoberflächen dünne und durchlässige Barrieren zum Inneren des Körpers. Die Bedeutung dieser Gewebe für das Leben erfordert unbedingt, dass hier wirksame Abwehrmechanismen zur Verfügung stehen, die vor einer Invasion schützen. Ebenso ist von Bedeutung, dass die Fragilität und Durchlässigkeit der Schleimhäute offenbar eine Anfälligkeit für Infektionen mit sich bringen. Es ist daher nicht verwunderlich, dass die überwiegende Mehrheit der Krankheitserreger über diese Wege in den menschlichen Körper eindringt (▶ Abb. 12.3). Durchfallerkrankungen, akute Infektionen der Atemwege, Lungentuberkulose, Masern, Keuchhusten und Wurmbefall sind weiterhin die bedeutendsten Todesursachen weltweit, vor allem für Kinder in den Entwicklungsländern. Hierzu zählt auch das humane Immunschwächevirus HIV, ein Pathogen, dessen natürlicher Eintrittsweg über mucosale Oberflächen häufig übersehen wird, sowie andere sexuell übertragbare Krankheiten wie die Syphilis.

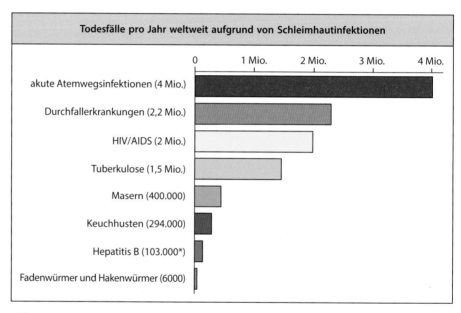

**Abb. 12.3 Infektionen der Schleimhäute sind weltweit die meisten Erkrankungen verantwortlich.** Die meisten der Krankheitserreger, die überall in der Welt den Tod von Menschen verursachen, befallen entweder die Schleimhautoberflächen selbst oder gelangen über sie in den Körper. Viele Bakterien verursachen Infektionen der Atemwege (beispielsweise *Streptococcus pneumoniae*, *Haemophilus influenzae*, die beide eine Lungenentzündung hervorrufen, sowie *Bordetella pertussis*, der Erreger von Keuchhusten), auch Viren spielen hier eine große Rolle (Influenzavirus und das respiratorische Syncytialvirus). Durchfallerkrankungen werden sowohl von Bakterien (zum Beispiel das Cholerabakterium *Vibrio cholerae*) als auch von Viren (zum Beispiel Rotaviren) hervorgerufen. Das humane Immunschwächevirus (HIV), das AIDS verursacht, dringt durch die Schleimhaut des Urogenitaltrakts oder wird in die Muttermilch freigesetzt und so von der Mutter auf das Kind übertragen. Das Bakterium *Mycobacterium tuberculosis*, der Erreger der Tuberkulose, gelangt auch über die Atemwege in den Körper. Das Masernvirus verursacht eine systemische Erkrankung, sein Weg führt jedoch über den Mund und die Atemwege. Auch Hepatitis B ist ein sexuell übertragbares Virus. Parasitische Würmer schließlich, die den Darm besiedeln, verursachen eine chronische, auszehrend wirkende Krankheit und führen zum vorzeitigen Tod. In den Entwicklungsländern betreffen die meisten dieser Todesfälle, besonders diejenigen aufgrund von Erkrankungen der Atemwege oder Durchfallerkrankungen, Kinder unter fünf Jahren. Noch immer stehen für viele der Krankheitserreger keine wirksamen Impfstoffe zur Verfügung. Die aufgeführten Zahlen sind die neuesten verfügbaren Schätzwerte. *Ohne Todesfälle aufgrund von Leberkrebs oder Zirrhosen, die von chronischen Infektionen verursacht werden. (*The Global Burden of Disease*, 2004 Update der Weltgesundheitsorganisation, 2008)

Ein großer Teil der durch die Schleimhautoberflächen gelangenden Fremdantigene ist gar nicht pathogen. Das lässt sich am besten am Darm erkennen, der erheblichen Mengen von Nahrungsproteinen ausgesetzt ist – nach einer Schätzung 30–35 kg pro Person und Jahr. Gleichzeitig wird der gesunde Dickdarm von mindestens 1000 Bakterienspezies besiedelt, die mit ihrem Wirt in Symbiose leben und deshalb als **kommensale Mikroorganismen** oder **Mikroflora** bezeichnet werden. Diese Bakterien erreichen im Inhalt des Dickdarms eine Dichte von $10^{12}$ Organismen pro Milliliter. Damit sind sie um den Faktor zehn die zahlreichsten Zellen im Körper. In einem gesunden Darm kommen auch bedeutsame Populationen von Viren und Pilzen vor. Unter normalen Bedingungen richten sie keinen Schaden an und viele sind für ihren Wirt auf verschiedene Weise nützlich, indem sie wichtige Stoffwechselfunktionen besitzen und auch für die normale Immunfunktion essenziell sind. Die übrigen mucosalen Oberflächen werden auch von umfangreichen Populationen aus residenten kommensalen Organismen besiedelt (▶ Abb. 12.4).

Da Proteine aus der Nahrung und die Mikroflora viele fremde Antigene enthalten, können sie vom adaptiven Immunsystem erkannt werden. Die Erzeugung einer schützenden Immunantwort gegen diese harmlosen Antigene wäre jedoch unangemessen und eine Verschwendung von Ressourcen. Man nimmt heute an, dass solche fehlgeleiteten Immunantworten die Ursache für einige relativ häufige Krankheiten sind, beispielsweise die

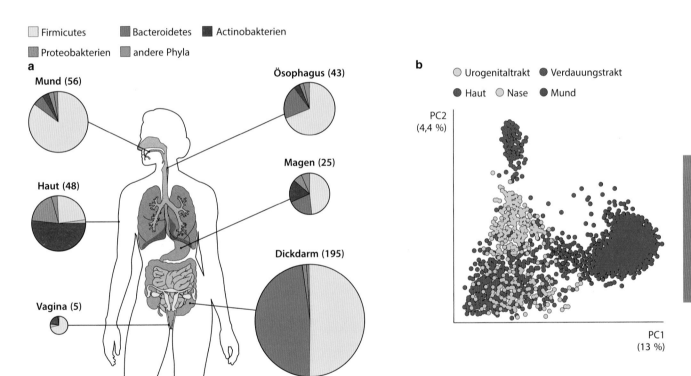

**Abb. 12.4 Zusammensetzung der kommensalen Mikroflora an den verschiedenen mucosalen Oberflächen bei einem gesunden Menschen. a** Die unterschiedlichen Größen der Kreisdiagramme für die verschiedenen Regionen entsprechen der jeweiligen Anzahl der einzelnen Bakterienspezies in diesen Regionen. Der Dickdarm enthält die meisten verschiedenen Arten (nach individuellen Schätzungen über 1000). Die Farben stehen für die vier Phyla der Bakterien, die den Hauptanteil der kommensalen Spezies ausmachen. Zu den ubiquitären kommensalen Bakterien gehören *Lactobacillus* und *Clostridium* spp. (Firmicutes), *Bifidobacterium* spp. (Actinobacteria), *Bacteroides fragilis* (Bacteroidetes) und *Escherichia coli* (Proteobacteria). **b** Analyse der wichtigsten Vertreter der Mikroflora, die aus den angegebenen menschlichen Geweben isoliert wurden, wobei jeweils der häufigste und zweithäufigste Vertreter genannt sind. Der primäre Vertreter der Mikrofloravarianten ist von der Körperregion abhängig und macht 13 % der Variabilität der mikrobiellen Zusammensetzung bei den Proben aus den verschiedenen Körperregionen aus. (Überarbeitet mit Genehmigung der © Macmillan Publishers Ltd. 2007: Dethlefsen, L., McFall-Ngai, M., Relman, D.A.: An ecological and evolutionary perspective on human–microbe mutualism and disease. *Nature* 2007, 449:811–818)

**Zöliakie** (die auf eine Reaktion gegen das Weizenprotein Gluten zurückzuführen ist; Kap. 14) sowie entzündliche Erkrankungen des Darms wie **Morbus Crohn** (eine Reaktion auf kommensale Bakterien). Wie wir noch erfahren werden, hat das mucosale Immunsystem des Darms im Lauf der Evolution die Mechanismen entwickelt, schädliche Krankheitserreger von Antigenen in der Nahrung und in der normalen Darmflora zu unterscheiden. An anderen Schleimhautoberflächen wie den Atemwegen und dem weiblichen Genitaltrakt treten ähnliche Herausforderungen auf. Hier ist ein Immunschutz gegen Krankheitserreger essenziell, aber viele der Antigene, die in diese Gewebe gelangen, stammen ebenfalls von kommensalen Organismen, Pollen und anderem harmlosen Material aus der Umgebung sowie im unteren Urogenitaltrakt aus der Samenflüssigkeit. Der Fetus ist eine weitere bedeutsame Quelle für fremde Antigene, mit denen das normale mucosale Immunsystem in Kontakt kommt, sodass Immunreaktionen dagegen unter Kontrolle gehalten werden müssen.

## 12.1.2 Die Zellen des mucosalen Immunsystems kommen in anatomisch definierten Kompartimenten, aber auch überall in den mucosalen Geweben verstreut vor

Lymphocyten und andere Zellen des Immunsystems wie Makrophagen und dendritische Zellen kommen überall im Darmtrakt vor, sowohl in den organisierten Geweben als auch verstreut über das gesamte Oberflächenepithel der Mucosa und in der darunterliegenden Schicht aus Bindegewebe, die man als **Lamina propria** bezeichnet. Die organisierten Lymphgewebe bilden zusammen mit den **mesenterialen** und caudalen Lymphknoten eine Gruppe von Organen, die man als **darmassoziierte lymphatische Gewebe** (*gut associated lymphoid tissues*, **GALT**) bezeichnet (▶ Abb. 12.5). Die GALT und die mesenterialen Lymphknoten besitzen die anatomisch kompartimentierte Struktur, die für die peripheren lymphatischen Organe charakteristisch ist. Hier werden auch die Immunantworten ausgelöst. Die Zellen, die über das gesamte Epithel und in der Lamina propria verstreut sind, machen die Effektorzellen der lokalen Immunantwort aus.

Zu den GALT gehören die **Peyer-Plaques**, die nur im Dünndarm vorkommen, die **isolierten Lymphfollikel** (**ILFs**), die überall im Darm vorkommen, der Blinddarm (beim Menschen) sowie die Gaumen- und Rachenmandeln im Rachen. **Gaumenmandeln**, **Rachenmandeln** und **Zungenmandeln** sind große Aggregationen von sekundärem lymphatischem Gewebe, das von einer Schicht aus Schuppenepithel umgeben ist, und bilden einen Ring. Dieser liegt an der Rückseite des Mundes am Eingang zum Verdauungstrakt und zu den Atemwegen (▶ Abb. 12.6) und man bezeichnet ihn als Waldeyer-Rachenring. Bei Kindern vergrößern sich diese Organe aufgrund wiederholter Infektionen häufig in extremer Weise; deshalb hat man sie früher häufig chirurgisch entfernt. Bei Kindern, denen die Mandeln entfernt wurden, hat man eine verringerte IgA-Reaktion auf die orale Polioimpfung beobachtet.

Die Peyer-Plaques des Dünndarms, die Lymphgewebe des Blinddarms sowie die isolierten Lymphfollikel liegen innerhalb der Darmwand. Die Peyer-Plaques sind für das Auslösen von Immunantworten im Darm von großer Bedeutung. Die Plaques sind mit bloßem Auge sichtbar und haben ein besonderes Erscheinungsbild. Sie bilden gewölbeförmige Aggregationen aus lymphatischen Zellen, die in das Lumen des Darms hineinragen (▶ Abb. 1.24). Im Dünndarm des Menschen gibt es 100–200 Peyer-Plaques. Sie enthalten deutlich mehr B-Zellen als die systemischen peripheren lymphatischen Organe, wobei jeder Peyer-Plaque aus einer großen Anzahl von B-Zell-Follikeln mit Keimzentren sowie aus kleineren T-Zell-Regionen besteht, die sich zwischen den Follikeln und unmittelbar darunter befinden (▶ Abb. 12.5). Der subepitheliale Dom enthält zahlreiche dendritische Zellen, T-Zellen und B-Zellen. Zwischen den Lymphgeweben liegt als Abtrennung zum Darmlumen eine Schicht aus **follikelassoziiertem Epithel**. Diese enthält normale Darmepithelzellen, die man als Enterocyten bezeichnet, sowie eine geringere Anzahl von spezialisierten Epithelzellen, die **Mikrofaltenzellen** (**M-Zellen**) (▶ Abb. 1.24). Die Entwicklung der M-Zellen wird von den

| Lymphocyten des Darms kommen in organisierten Geweben vor, wo die Immunantworten ausgelöst werden; sie verteilen sich über den gesamten Darm, wo sie Effektorfunktionen ausführen | |
|---|---|
| verstreute lymphatische Zellen | organisierte Lymphgewebe |

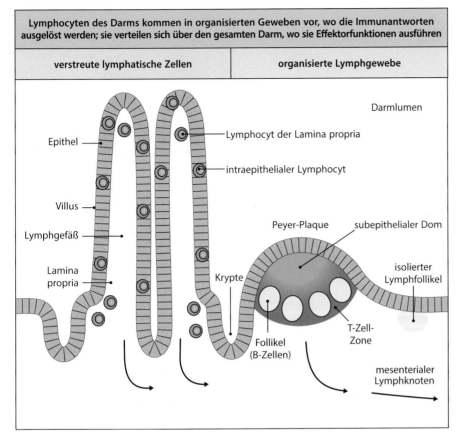

**Abb. 12.5  Die darmassoziierten Lymphgewebe und Lymphocytenpopulationen.** Die Schleimhaut des Dünndarms besteht aus fingerförmigen Fortsätzen (Villi), die von einer dünnen Schicht aus Epithelzellen (*rot*) bedeckt sind. Diese sind für die Verdauung der Nahrung und die Absorption von Nährstoffen zuständig. Die Epithelzellen werden ständig durch neue Zellen ersetzt, die sich aus Stammzellen in den Krypten ableiten. Die unter dem Epithel liegende Gewebeschicht bezeichnet man als Lamina propria; sie erscheint in diesem Kapitel immer *in hellgelber Farbe*. Lymphocyten kommen in mehreren getrennten Kompartimenten im Darm vor, wobei die organisierten Lymphgewebe wie die Peyer-Plaques und die isolierten Lymphfollikel die darmassoziierten lymphatischen Gewebe (GALT) bilden. Diese Gewebe liegen in der Darmwand selbst und sind vom Inhalt des Darmlumens nur durch eine einzige Epithelschicht getrennt. Die ableitenden Lymphknoten des Darms sind die mesenterialen Lymphknoten (▶ Abb. 11.11), die mit den Peyer-Plaques und der Darmschleimhaut über afferente Lymphgefäße verbunden sind. Sie sind die größten Lymphknoten im Körper. Insgesamt sind diese organisierten Lymphgewebe die Bereiche, in denen den T- und B-Zellen Antigene präsentiert und Immunantworten ausgelöst werden. Die Peyer-Plaques und die mesenterialen Lymphknoten enthalten abgetrennte T-Zell-Regionen (*blau*) und B-Zell-Follikel (*gelb*), während die isolierten Follikel vor allem aus B-Zellen bestehen. Außerhalb der organisierten Lymphgewebe sind überall auf der Schleimhaut zahlreiche Lymphocyten verteilt. Dabei handelt es sich um Effektorzellen – T-Effektorzellen und antikörperfreisetzende Plasmazellen sowie angeborene lymphatische Zellen (ILCs). Effektorlymphocyten kommen sowohl im Epithel als auch in der Lamina propria vor. Die Lymphgefäße leiten die Flüssigkeit auch aus der Lamina propria in die mesenterialen Lymphknoten ab

lokalen B-Zellen und dem RANK-Liganden (RANKL) kontrolliert, der wie CD40L zur Superfamilie der Tumornekrosefaktoren (TNFs) gehört (Abschn. 7.3.3). Anders als die Enterocyten, die den größten Teil des Darmepithels ausmachen, besitzen die M-Zellen an der Seite zum Darmlumen anstelle der Mikrovilli eine gefaltete Oberfläche und sezernieren keine Verdauungsenzyme und keine Mucine, sodass sie an der Oberfläche keine dicke Schleimschicht (die Glykokalyx) aufweisen, wie sie bei den konventionellen Epithelzellen vorhanden ist (▶ Abb. 1.24). Sie sind deshalb den Mikroorganismen und Partikeln im Darmlumen direkt ausgesetzt und dadurch der bevorzugte Eintrittsweg für Antigene wie Mikroorganismen aus dem Lumen zu den Peyer-Plaques (▶ Abb. 12.7). Das follikelassoziierte Epithel enthält ebenfalls Lymphocyten und dendritische Zellen.

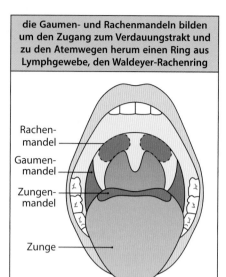

die Gaumen- und Rachenmandeln bilden um den Zugang zum Verdauungstrakt und zu den Atemwegen herum einen Ring aus Lymphgewebe, den Waldeyer-Rachenring

Rachenmandel

Gaumenmandel

Zungenmandel

Zunge

**Abb. 12.6 Ein Ring aus lymphatischen Organen, der Waldeyer-Rachenring, umgibt den Eingang zum Darm und zu den Atemwegen.** Die Rachenmandeln liegen an beiden Seiten der Nasenbasis, während sich die Gaumenmandeln an beiden Seiten der Mundhöhle befinden. Die Zungenmandeln sind davon getrennte lymphatische Organe an der Zungenbasis. Die mikroskopische Aufnahme zeigt einen Schnitt durch eine entzündete Mandel des Menschen, bei der die Bereiche mit organisiertem Lymphgewebe von einer Schicht aus Schuppenepithel umgeben sind (*im Bild oben*). Die Oberfläche enthält tiefe Einschnitte (Krypten), die die Oberfläche vergrößern, doch können sich hier leicht Infektionen bilden. Färbung mit Hämatoxylin und Eosin. Vergrößerung × 100

Im Dünn- und Dickdarm sind im Mikroskop mehrere Tausend isolierte Lymphfollikel zu erkennen, wobei sie im Dickdarm häufiger sind. Das entspricht auch der dort jeweils vorkommenden Anzahl an Mikroorganismen. Diese Follikel besitzen wie die Peyer-Plaques ein Epithel, das M-Zellen enthält und sich oberhalb des organisierten Lymphgewebes befindet. Die Follikel enthalten jedoch vor allem B-Zellen und sie entwickeln sich nur nach der Geburt als Reaktion auf die Antigenstimulation, die durch die Besiedlung des Darms mit kommensalen Mikroorganismen hervorgerufen wird. Die Peyer-Plaques sind hingegen bereits im fetalen Darm vorhanden, wobei sie nach der Geburt noch nicht vollständig entwickelt sind. Im Darm von Mäusen gehen die isolierten Lymphfollikel anscheinend aus kleinen Aggregationen in der Darmwand hervor, die man als **Cryptoplaques** bezeichnet. Diese enthalten dendritische Zellen und **Lymphgewebeinduktorzellen** (*lymphoid tissue inducer cells*, LTi-Zellen) (Abschn. 9.1.2). Im Darm des Menschen wurden noch keine Cryptoplaques nachgewiesen. Die Peyer-Plaques und die isolierten Lymphfollikel sind durch Lymphgefäße mit ableitenden Lymphknoten verbunden.

Die Gewebe des Dünndarms leiten die Flüssigkeit in die mesenterialen Lymphknoten ab, die im Bindegewebe liegen, das den Darm an der Rückwand des Abdomens befestigt. Dies sind die größten Lymphknoten im Körper und sie sind für das Auslösen und die Ausformung der Immunantworten gegen Antigene aus dem Darm von entscheidender Bedeutung. Die mucosale Oberfläche und die lymphatischen Aggregationen des Dickdarms leiten die Flüssigkeit teilweise zu den mesenterialen Lymphknoten ab, aber auch zu davon unabhängigen Knoten, die man als caudale Lymphknoten bezeichnet und die sich an der Bifurkationsstelle der Aorta befinden.

Die mesenterialen Lymphknoten und die Peyer-Plaques differenzieren sich während der Embryonalentwicklung unabhängig vom systemischen Immunsystem. Daran sind spezielle Cytokine und Rezeptoren der Tumornekrosefaktor-(TNF-)Familie (Abschn. 9.1.2) beteiligt. Die Unterschiede zwischen den GALT und den systemischen lymphatischen Organen bilden sich schon sehr früh im Leben heraus.

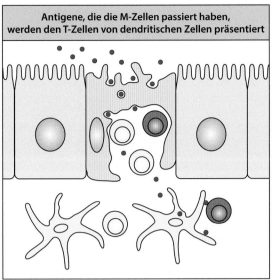

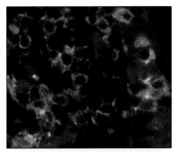

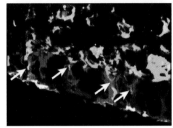

**Abb. 12.7 Der Transport von Antigenen durch die M-Zellen unterstützt die Antigenpräsentation.** Im *ersten Bild* ist der Weg der Antigene durch eine M-Zelle im follikelassoziierten Epithel der Peyer-Plaques dargestellt. Die Basalmembran der M-Zellen ist so umgeformt, dass sich in der Epithelschicht Taschen bilden, die einen engen Kontakt zu Lymphocyten und anderen Zellen ermöglichen. Dadurch wird der lokale Transport von Antigenen gefördert, die von den M-Zellen aus dem Darm aufgenommen und für die Antigenpräsentation an dendritische Zellen weitergegeben werden. Die mikroskopische Aufnahme eines Peyer-Plaques, der mit fluoreszenzmarkierten Antikörpern gefärbt wurde (*rechts oben*), zeigt Epithelzellen (Cytokeratin, *dunkelblau*) mit M-Zell-Taschen, in denen sich T-Zellen (CD3, *rot*) und B-Zellen (CD20, *grün*) befinden. In der Aufnahme *rechts unten* ist das Follikelepithel eines Peyer-Plaques dargestellt, mit CX3CR1-exprimierenden myeloischen Zellen (*grün*) und einigen dendritischen Zellen, die mit den M-Zellen interagieren. Die M-Zellen exprimieren das Peptidoglykanerkennungsprotein S (*rot*); an der apikalen Seite ist das UEA-1-Lektin (*türkis*) gefärbt. Einige CX3CR1-exprimierende Zellen besitzen Fortsätze, die sich in die M-Zellen erstrecken (Pfeile). (Mikroskopische Aufnahme oben aus Espen S. et al. (1999) *Immunol. Today* 20: 141–151; unten aus Wang et al. (2011) *J. Immunol.* 187:5277–5285)

Bei einigen Spezies, beispielsweise bei der Maus, kommen isolierte Lymphfollikel auch in der auskleidenden Schicht der Nase und in der Wand der oberen Atemwege vor. Die Lymphfollikel in der Nase bezeichnet man als **nasenassoziierte lymphatische Gewebe (NALT)**, die in den oberen Atemwegen als **bronchienassoziierte lymphatische Gewebe** (*bronchus-associated lymphatic tissues*, **BALT**). Die Bezeichnung mucosaassoziiertes lymphatisches Gewebe (MALT) wird gelegentlich verwendet, um diese einander ähnlichen Gewebe in den mucosalen Organen zusammenzufassen. Bei erwachsenen Menschen treten erkennbar organisierte Lymphgewebe in der Nase und in den Atemwegen allerdings nur bei Infektionen auf.

## 12.1.3 Der Darm besitzt spezielle Wege und Mechanismen für die Aufnahme von Antigenen

Antigene an den mucosalen Oberflächen müssen durch die Epithelbarriere transportiert werden, bevor sie das Immunsystem stimulieren können. Die Peyer-Plaques und die isolierten Lymphfollikel sind für die Aufnahme von Antigenen aus dem Darmlumen stark spezialisiert. Die M-Zellen des follikelassoziierten Epithels nehmen durch Endocytose oder Phagocytose ständig Moleküle und Partikel aus dem Darmlumen auf (▸ Abb. 12.7). Bei bestimmten Bakterien kann es hier dazu kommen, dass das bakterielle FimH-Protein, das in Typ-1-Pili vorkommt, von dem Glykoprotein GP2 auf der M-Zelle erkannt wird. Dieses Material wird in membranenumschlossenen Vesikeln durch die Zelle zur basalen Zellmembran transportiert, wo es in den Extrazellularraum freigesetzt wird; diesen Vorgang bezeich-

Teil IV

net man als **Transcytose**. Da die M-Zellen keine Glykokalyx besitzen und dadurch viel zugänglicher sind als die Enterocyten, greift eine Reihe von Bakterien die M-Zellen an, um durch sie in den Subepithelialraum zu gelangen, obwohl sich die Bakterien dann in der Zentrale des adaptiven Immunsystems des Darms wiederfinden. Das sind beispielsweise der Typhuserreger *Salmonella enterica* Serotyp Typhi oder auch andere Serotypen von *Salmonella enterica*, die die Hauptursache für bakterielle Lebensmittelvergiftungen sind, *Shigella*-Spezies, die Dysenterie (Ruhr) hervorrufen, und *Yersinia pestis*, der Pesterreger. Das Poliovirus, Reoviren, einige Retroviren wie HIV und auch Prionen, die Ursache von Scrapie (Traberkrankheit), dringen alle über diesen Weg in den Körper ein. Nachdem Bakterien in eine M-Zelle gelangt sind, produzieren sie Proteine, die das Cytoskelett der M-Zelle umstrukturieren, wodurch die Transcytose gefördert wird.

Die basale Zellmembran einer M-Zelle ist stark gefaltet und bildet eine Tasche, die Lymphocyten umschließt und mit lokalen myeloischen Zellen, beispielsweise mit dendritischen Zellen (►Abb. 12.7), enge Kontakte ausbildet. Makrophagen und dendritische Zellen nehmen das transportierte Material auf, das die M-Zellen freisetzen, und verarbeiten es, um es den T-Lymphocyten zu präsentieren. Die lokalen dendritischen Zellen befinden sich an einer günstigen Stelle, um Antigene aus dem Darm aufzunehmen. Sie werden von Chemokinen, die von den Epithelzellen konstitutiv freigesetzt werden, zum follikelassoziierten Epithel oder sogar dort hinein gelockt. Zu den Chemokinen gehören **CCL20** (MIP-3$\alpha$) und **CCL9** (MIP-1$\gamma$), die an die Rezeptoren **CCR6** beziehungsweise **CCR1** auf dendritischen Zellen binden (Anhang IV enthält eine Liste der Chemokine und ihrer Rezeptoren). Die antigenbeladenen dendritischen Zellen wandern dann aus dem Bereich des subepithelialen Doms in die T-Zell-Regionen der Peyer-Plaques, wo sie auf naive antigenspezifische T-Zellen treffen. Die dendritischen Zellen und die primär geprägten T-Zellen aktivieren dann zusammen B-Zellen und lösen einen Isotypwechsel aus. Alle diese Vorgänge – die Antigenaufnahme durch die M-Zellen, die Wanderung der dendritischen Zellen in die Epithelschicht, die Produktion von Chemokinen und die anschließende Wanderung der dendritischen Zellen in die T-Zell-Zonen – nehmen in Gegenwart pathogener Organismen und ihrer Produkte deutlich zu, da Mustererkennungsrezeptoren auf Epithelzellen und Immunzellen quervernetzt werden (Abschn. 3.1.5). Ähnliche Vorgänge spielen auch bei der Induktion von Immunantworten in den isolierten Lymphfollikeln des Darms und in den MALT anderer Schleimhäute eine Rolle.

### 12.1.4 Das Immunsystem der Schleimhäute enthält eine große Zahl von Effektorlymphocyten, selbst wenn keine Erkrankung vorliegt

Neben den organisierten lymphatischen Organen enthalten Schleimhautoberflächen, etwa im Darm oder in der Lunge, große Mengen an Lymphocyten und anderen Leukocyten, die sich im gesamten Gewebe verteilen. Die meisten der verstreuten Lymphocyten sehen aus wie Zellen, die durch ein Antigen aktiviert wurden; sie machen die T-Effektorzellen und Plasmazellen des mucosalen Immunsystems aus. Im Darm kommen Effektorzellen in zwei Hauptkompartimenten vor: im Epithel und in der Lamina propria (►Abb. 12.5).

Diese Gewebe unterscheiden sich immunologisch ziemlich deutlich voneinander, wobei sie nur durch die dünne Schicht der Basalmembran getrennt sind. Der lymphatische Anteil des Epithels enthält vor allem Lymphocyten, von denen im Dünndarm fast alle CD8-T-Zellen sind. Die Lamina propria enthält viele Arten von Immunzellen, beispielsweise IgA-produzierende Plasmazellen, konventionelle CD4- und CD8-T-Zellen mit Effektor- und Gedächtniszelltypen, angeborene lymphatische Zellen, dendritische Zellen, Makrophagen und Mastzellen. Die T-Zellen in der Lamina propria des Dünndarms exprimieren das $\alpha_4:\beta_7$-**Integrin** und den Chemokinrezeptor **CCR9** (►Abb. 12.8), durch den sie aus dem Blutkreislauf in die Gewebe gelenkt werden. **Intraepitheliale Lymphocyten (IELs)** sind größtenteils CD8-T-Zellen und exprimieren entweder die konventionelle $\alpha:\beta$-Form von CD8 oder das CD8$\alpha:\alpha$-Homodimer, das wahrscheinlich dazu dient, die Aktivierung von T-Zel-

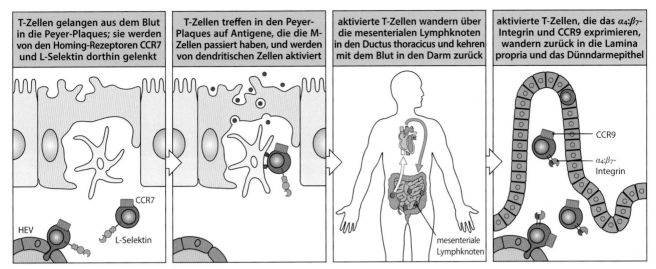

| T-Zellen gelangen aus dem Blut in die Peyer-Plaques; sie werden von den Homing-Rezeptoren CCR7 und L-Selektin dorthin gelenkt | T-Zellen treffen in den Peyer-Plaques auf Antigene, die die M-Zellen passiert haben, und werden von dendritischen Zellen aktiviert | aktivierte T-Zellen wandern über die mesenterialen Lymphknoten in den Ductus thoracicus und kehren mit dem Blut in den Darm zurück | aktivierte T-Zellen, die das $\alpha_4{:}\beta_7$-Integrin und CCR9 exprimieren, wandern zurück in die Lamina propria und das Dünndarmepithel |

**Abb. 12.8 Das Priming von naiven T-Zellen und die Umverteilung von T-Effektorzellen im Immunsystems des Darms.** T-Zellen tragen den Chemokinrezeptor CCR7 und L-Selektin, die sie über die Venolen mit hohem Endothel in die Peyer-Plaques lenken. In der T-Zell-Region treffen sie auf Antigene, die von M-Zellen in das Lymphgewebe transportiert wurden und von lokalen dendritischen Zellen präsentiert werden. Während der Aktivierung und unter der selektiven Kontrolle durch dendritische Zellen aus dem Darmgewebe hören die T-Zellen auf, L-Selektin zu exprimieren. Stattdessen produzieren sie den Chemokinrezeptor CCR9 und das Integrin $\alpha_4{:}\beta_7$. Nach der Aktivierung, aber vor der vollständigen Differenzierung, verlassen die primär geprägten T-Zellen den Peyer-Plaque über die ableitenden Lymphgefäße, passieren den mesenterialen Lymphknoten und gelangen in den Ductus thoracicus. Dieser entleert sich in das Blut, sodass die aktivierten T-Zellen zurück in die Dünndarmwand wandern können. Hier werden die T-Zellen, die CCR9 und $\alpha_4{:}\beta_7$ tragen, spezifisch angelockt und verlassen den Blutkreislauf, um dann in die Lamina propria des Villus zu gelangen

len abzuschwächen. Diese IEL-Zellen exprimieren CCR9 und das $\alpha_E{:}\beta_7$-**Integrin** (**CD103**), das an **E-Cadherin** auf Epithelzellen bindet (▶ Abb. 12.9). Im Gegensatz dazu dominieren in der Lamina propria die CD4-T-Zellen.

Die gesunde Darmschleimhaut zeigt deshalb viele Merkmale einer chronischen Entzündungsreaktion wie das Vorhandensein von zahlreichen Effektorlymphocyten und anderen Leukocyten in den Geweben. Für ein gesundes, nichtlymphatisches Gewebe wäre diese große Anzahl von Effektorzellen ungewöhnlich, diese zeigt aber beim Darm nicht notwendigerweise eine Entzündung an. Es handelt sich vielmehr um eine lokale Reaktion gegen die Unzahl von harmlosen Antigenen, die im Normalfall an Schleimhautoberflächen vorkommen. Dies ist für die Aufrechterhaltung der vorteilhaften Symbiose zwischen Wirt und Mikroflora essenziell. Dabei kommt es zu einer ausbalancierten Bildung von T-Effektorzellen und regulatorischen T-Zellen. Falls es jedoch notwendig wird, kann auch eine vollständige adaptive Immunantwort gegen einen eindringenden Krankheitserreger ausgelöst werden.

## 12.1.5 Das Zirkulieren der Lymphocyten innerhalb des mucosalen Immunsystems wird von gewebespezifischen Adhäsionsmolekülen und Chemokinrezeptoren reguliert

Wenn Effektorlymphocyten in der Oberflächenschleimhaut ankommen, so ist dies das Ergebnis von Veränderungen der Homing-Eigenschaften von Lymphocyten während ihrer Aktivierung. Naive T-Zellen und B-Zellen, die im Blutkreislauf zirkulieren, sind nicht darauf festgelegt, in welches Kompartiment des Immunsystems sie letztendlich gelangen. Sie gelangen über die **Venolen mit hohem Endothel** in die Peyer-Plaques und die mesen-

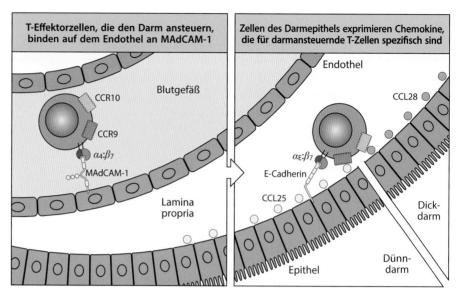

**Abb. 12.9 Molekulare Kontrolle des darmspezifischen Homings von Lymphocyten.** *Links*: T- und B-Zellen, die in den Peyer-Plaques oder den mesenterialen Lymphknoten von Antigenen primär geprägt wurden, gelangen als T-Effektorlymphocyten in das Blut, das die Darmwand versorgt (▶ Abb. 12.8). Die Lymphocyten exprimieren das Integrin $\alpha_4{:}\beta_7$, das spezifisch an MAdCAM-1 bindet. Dieses wird wiederum selektiv auf dem Endothel von Blutgefäßen in den mucosalen Geweben exprimiert. Das ist das Adhäsionssignal, das für die Wanderung von Zellen in die Lamina propria notwendig ist. *Rechts*: Wenn die Effektorlymphocyten in der Lamina propria primär geprägt werden, exprimieren sie auch den Chemokinrezeptor CCR9, sodass sie nun auf CCL25 (*gelbe Punkte*) reagieren können, das von Epithelzellen des Dünndarms produziert wird. Dies verstärkt die selektive Rekrutierung. Effektorlymphocyten, die im Dickdarm geprägt wurden, exprimieren CCR9 nicht, sondern stattdessen CCR10. Dieses Molekül kann mit CCL28 (*blaue Punkte*) reagieren, das von den Epithelzellen des Dickdarms produziert wird und eine ähnliche Funktion besitzt. Lymphocyten, die in die Epithelschicht eindringen, beenden die Expression des Integrins $\alpha_4{:}\beta_7$ und exprimieren stattdessen das Integrin $\alpha_E{:}\beta_7$. Der Rezeptor für dieses Integrin ist E-Cadherin auf den Epithelzellen. Diese Wechselwirkungen dienen vermutlich dazu, die Lymphocyten im Epithel zu halten, sobald sie einmal hineingelangt sind

terialen Lymphknoten (▶ Abb. 9.4). Wie beim systemischen Immunsystem wird dies von den Chemokinen **CCL21** und **CCL19** kontrolliert, die aus den Lymphgeweben freigesetzt werden und an den Rezeptor **CCR7** auf den naiven Lymphocyten binden. Im Fall der Peyer-Plaques und der isolierten Lymphfollikel wird dies noch durch die Bindung des Adressins **MAdCAM-1** auf dem hohen Endothel der mucosalen Blutgefäße an das **L-Selektin** auf den naiven T-Zellen unterstützt. Für die Rekrutierung naiver B-Zellen zu den Peyer-Plaques und den isolierten Lymphfollikeln des Darms ist zudem der Rezeptor **CXCR5** von Bedeutung, der auf CXCL13 reagiert, das in den B-Zell-Follikeln produziert wird. Wenn die naiven Lymphocyten nicht auf ihr Antigen treffen, verlassen sie wie bei anderen sekundären Lymphgeweben diese ebenfalls über die efferenten Lymphgefäße und kehren in das Blut zurück. Wenn sie in den GALT auf ein Antigen treffen, werden die Lymphocyten aktiviert, und sie exprimieren CCR7 und L-Selektin nicht mehr. Das bedeutet, dass sie die Fähigkeit zum Homing in die peripheren lymphatischen Organe verlieren, sobald sie diese verlassen, da sie nicht mehr über die Venolen mit hohem Endothel dorthin zurückkehren können (Abschn. 9.1.5).

Lymphocyten, die in den lymphatischen Organen der Schleimhäute aktiviert wurden, wandern zurück in die Schleimhaut, wo sie sich in Form von Effektorzellen ansammeln. Einige der T- und B-Lymphocyten, die in den Peyer-Plaques aktiviert werden, können zwar direkt in angrenzende Bereiche der Lamina propria einwandern, die meisten verlassen aber die Peyer-Plaques über die Lymphgefäße, wandern durch die mesenterialen Lymphknoten und gelangen schließlich in den Ductus thoracicus. Von dort aus zirkulieren sie im Blutkreislauf (▶ Abb. 12.8) und kehren über kleine Blutgefäße selektiv in die Lamina propria des Darms zurück. Antigenspezifische naive B-Zellen in den follikulären Bereichen der Peyer-Plaques wechseln dort von der IgM- zur IgA-Produktion, aber sie differenzieren sich erst vollständig zu IgA-produzierenden Plasmazellen, sobald sie in die Lamina propria zurückgekehrt sind. Das führt dazu, dass in den Peyer-Plaques nur wenige Plasmazellen vorkommen, genauso wie die T-Effektorzellen, die sich auch erst nach ihrer Ankunft in der Schleimhaut vollständig differenzieren.

Das darmspezifische Homing von antigenspezifischen T- und B-Zellen wird zu einem großen Teil durch die Expression des Adhäsionsmoleküls $\alpha_4{:}\beta_7$-Integrin auf den Lymphocyten bestimmt. Es bindet das mucosale gefäßspezifische Adressin MAdCAM-1, das auf den Endothelzellen vorkommt, die die Blutgefäße im Darm auskleiden (▶ Abb. 12.9). Die Lymphocyten, die ursprünglich im Darm primär geprägt wurden, werden ebenfalls aufgrund einer gewebespezifischen Expression von Chemokinen durch das Darmepithel wieder zurückgelockt. **CCL25** (TECK) wird von den Epithelzellen des Dünndarms konstitutiv exprimiert und ist ein Ligand für den Rezeptor CCR9, den T- und B-Zellen exprimieren, die beim Homing auf den Darm festgelegt sind. Innerhalb des Verdauungstrakts besteht eine regionale Spezialisierung der Chemokinexpression, da CCL25 außerhalb des Dünndarms nicht exprimiert wird und CCR9 nicht für die Wanderung in den Dickdarm erforderlich ist. Der Dickdarm, die Milchdrüsen der Brust und die Speicheldrüsen exprimieren **CCL28** (MEC, mucosales Epithelchemokin), das ein Ligand des Rezeptors **CCR10** auf darmbasierten Lymphocyten ist und die IgA-produzierenden B-Lymphoblasten anlockt. Die Adressine und Chemokinrezeptoren, die bei der Wanderung von aktivierten Lymphocyten zu anderen mucosalen Oberflächen eine Rolle spielen, sind unbekannt.

Unter normalen Bedingungen werden nur Lymphocyten, die in den darmassoziierten sekundären lymphatischen Organen zum ersten Mal auf ein Antigen treffen, stimuliert, darmspezifische Homing-Rezeptoren und Integrine zu exprimieren. Wie wir im nächsten Abschnitt erfahren, regen dendritische Zellen des Darms, während sie ihr Antigen präsentieren, T-Lymphocyten an (*imprinting*), diese Moleküle zu exprimieren. Im Gegensatz dazu veranlassen dendritische Zellen aus nichtmucosalen Lymphgeweben die T-Lymphocyten, andere Adhäsionsmoleküle und Chemokinrezeptoren zu exprimieren – beispielsweise das $\alpha_4{:}\beta_1$-**Integrin** (VLA-4), welches an VCAM-1 bindet, das **kutane lymphocytenassoziierte Antigen** (*cutaneous lymphoid antigen*, CLA), das an E-Selektin bindet, und den Chemokinrezeptor CCR4. Diese Moleküle lenken die Zellen in die Gewebe, etwa in die Haut (Abschn. 11.2.1). Durch diese gewebespezifischen Auswirkungen des Primings von Lymphocyten in den GALT lässt sich erklären, warum eine wirksame Impfung gegen Darminfektionen eine Immunisierung über einen mucosalen Weg erfordert – bei anderen Verfahren wie der subkutanen oder intramuskulären Immunisierung sind keine dendritischen Zellen mit den passenden Prägungsmerkmalen beteiligt.

## 12.1.6 Das Priming von Lymphocyten in einem mucosalen Gewebe kann an anderen mucosalen Oberflächen einen Immunschutz herbeiführen

Nicht alle Bereiche des mucosalen Immunsystems nutzen dieselben gewebespezifischen Chemokine, sodass eine lokalisierte Kompartimentierung der Lymphocytenzirkulation innerhalb des Systems möglich ist. Deshalb kehren T- und B-Effektorzellen, die in den ableitenden lymphatischen Organen des Dünndarms (mesenteriale Lymphknoten und Peyer-Plaques) ihr Priming durchlaufen haben, mit der größten Wahrscheinlichkeit in den Dünndarm zurück; entsprechend wandern die in den Atemwegen primär geprägten Lymphocyten am effektivsten wieder in die dortige Mucosa. Dieses Homing ist offensichtlich hilfreich, denn die antigenspezifischen Effektorzellen gelangen wieder in die mucosalen Organe, in denen sie eine Infektion am wirksamsten bekämpfen oder die Immunantworten gegen fremde Proteine und kommensale Organismen am besten regulieren können. Einige Lymphocyten jedoch, die beispielsweise in den GALT primär geprägt wurden, können als Effektorzellen auch zu anderen mucosalen Geweben wandern, etwa in die Atemwege, den

Teil IV

Urogenitaltrakt und die Milchdrüsen der Brust. Diese Überlagerung der mucosalen Zirkulationswege ließ die Vorstellung eines **gemeinsamen mucosalen Immunsystems** entstehen, das sich von den übrigen Teilen des Immunsystems unterscheidet. Man weiß zwar inzwischen, dass es sich hier um eine zu starke Vereinfachung handelt, aber es ergeben sich daraus doch mehrere wichtige Konsequenzen für die Entwicklung von Impfstoffen, da so die Immunisierung über eine beliebige Schleimhaut möglich sein kann und der Schutz vor Infektionen auch an einer anderen Stelle besteht. Ein wichtiges Beispiel dafür ist das Auslösen der IgA-Antikörper-Produktion in der milchproduzierenden Brust durch eine natürliche Infektion oder Impfung an mucosalen Oberflächen, etwa im Darm. Das liegt daran, dass die Blutgefäße in der milchproduzierenden Brust MAdCAM-1 exprimieren; dieses Phänomen ist ein entscheidender Mechanismus, durch den Säuglinge die Antikörper passiv mit der Milch aufnehmen. Ein weiteres Beispiel dafür ließ sich an Versuchstieren veranschaulichen, bei denen durch eine Immunisierung über die Nase Immunantworten im Urogenitaltrakt gegen HIV primär geprägt werden konnten. Der zugrundeliegende Mechanismus ist nicht bekannt.

## 12.1.7 Abgegrenzte Populationen von dendritischen Zellen kontrollieren die mucosalen Immunantworten

Dendritische Zellen sind wie überall auch in den mucosalen Geweben für die Initiation und Ausformung der Immunantworten von großer Bedeutung. Sie kommen in den sekundären lymphatischen Organen der Schleimhäute vor, sind aber auch verstreut auf allen mucosalen Oberflächen anzutreffen. Innerhalb der Peyer-Plaques kommen dendritische Zellen in zwei Hauptregionen vor. Dendritische Zellen können im subepithelialen Dom von den M-Zellen Antigene aufnehmen (▶ Abb. 12.10). Im Darm sind die beiden vorherrschenden Subpopulationen der dendritischen Zellen vertreten (Abschn. 6.1.5 und 9.1.1). Bei Mäusen exprimiert die am häufigsten vorkommende Untergruppe der dendritischen Zellen **CD11b** ($\alpha_M$-Integrin) und nach ihrer Aktivierung besteht auch die Neigung zur Produktion von IL-23. Dadurch wird die Entwicklung der $T_H$17-Zellen gefördert und die ILC3-Zellen werden stimuliert. Beide produzieren wiederum IL-17 und IL-22 (Abschn. 3.2.9 und 11.1.2). Diese dendritischen Zellen exprimieren den Rezeptor CCR6 für das von follikelassoziierten Epithelzellen exprimierte CCL20. Im Ruhezustand halten sie sich unterhalb der Epithelien auf und produzieren IL-10 als Reaktion auf die Aufnahme von Antigenen, sodass eine nichtentzündliche Umgebung aufrechterhalten wird. Während einer Infektion mit einem Krankheitserreger wie *Salmonella* werden dendritische Zellen als Reaktion auf CCL20 schnell zur Epithelschicht des Peyer-Plaques geleitet. Beim Auftreten von Bakterien setzen die Epithelzellen erhöhte Mengen von CCL20 frei. Auch bakterielle Produkte aktivieren die dendritischen Zellen, costimulierende Moleküle zu exprimieren, wodurch sie pathogenspezifische naive T-Zellen anregen, sich zu Effektorzellen zu differenzieren. In der T-Zell-Zone der Peyer-Plaques kommt auch die am wenigsten häufige Untergruppe von CD11b-negativen dendritischen Zellen vor, für deren Entwicklung der Faktor **BATF3** notwendig ist; sie produzieren das Cytokin IL-12 (Abschn. 6.1.5 und 9.1.9). CD11b-exprimierende dendritische Zellen besitzen bei vielen Darminfektionen eine Schutzfunktion.

Dendritische Zellen kommen auch in der Wand des Dünndarms außerhalb der Peyer-Plaques vor, hauptsächlich in der Lamina propria. Sie nehmen aus dem Lumen und dem umgebenden Gewebe Antigene auf und halten sich im Darm nur relativ kurze Zeit auf, bevor sie mit der afferenten Lymphe zu einem ableitenden mesenterialen Lymphknoten wandern, wo sie den naiven T-Zellen Antigene präsentieren. Die Wanderung der dendritischen Zellen hängt auch hier wie überall vom Chemokinrezeptor CCR7 ab (▶ Abb. 9.17). Nach Schätzungen wandern pro Tag 5–10 % der Population der mucosalen dendritischen Zellen zu den mesenterialen Lymphknoten im ruhenden Darm, sodass den T-Zellen ständig Antigene von der Oberfläche des Darms präsentiert werden. Ohne eine Infektion oder Entzündung bringt das Zusammentreffen der wandernden dendritischen Zellen mit naiven T-Zellen in den mesenterialen Lymphknoten antigenspezifische regulatorische FoxP3$^+$-T-Zellen hervor, die die darmspezifischen Homing-Moleküle CCR9 und das oben beschrie-

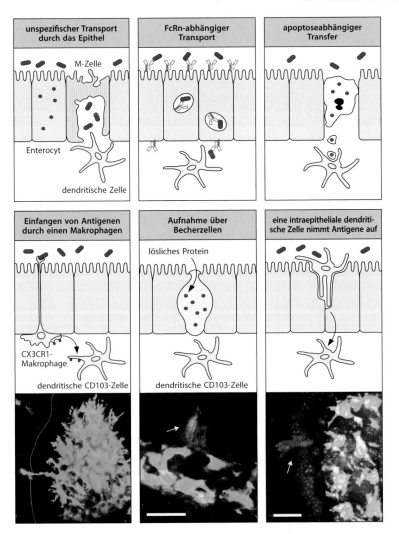

**Abb. 12.10 Die Aufnahme von Antigenen durch einkernige Zellen in der Lamina propria.** *Oben links*: Lösliche Antigene wie Proteine aus der Nahrung können direkt durch Enterocyten oder auch zwischen ihnen transportiert werden, oder sie werden von M-Zellen im Oberflächenepithel an der Außenseite der Peyer-Plaques aufgenommen. *Oben Mitte*: Enterocyten können Antigen:Antikörper-Komplexe festhalten und in sich aufnehmen, etwa mithilfe des neonatalen Fc-Rezeptors FcRn an der Zelloberfläche, und sie über Transcytose durch das Epithel transportieren. Die dendritischen Zellen der Lamina propria exprimieren FcRn und andere Fc-Rezeptoren. Damit halten sie die Komplexe fest und nehmen sie in sich auf. *Oben rechts*: Ein Enterocyt, der mit einem intrazellulären Pathogen infiziert ist, durchläuft die Apoptose und wird von einer dendritischen Zelle durch Phagocytose aufgenommen. *Unten links*: Einkernige Zellen können Fortsätze zwischen den Epithelzellen hindurchstrecken, ohne die Integrität des Epithels zu stören. Diese Zellen, von denen man heute annimmt, dass es sich um Makrophagen handelt, können Antigene aufnehmen und auf benachbarte dendritische Zellen übertragen, die sie dann T-Zellen präsentieren. Die mikroskopische Aufnahme zeigt einkernige Zellen, bei denen CD11c gefärbt wurde (*grün*), in der Lamina propria eines Villus im Dünndarm einer Maus. Das Epithel erscheint schwarz bis auf seine (äußere) Oberfläche (*weiße Linie*). Ein Zellfortsatz erstreckt sich zwischen zwei Epithelzellen, wobei dessen Spitze bis in das Darmlumen reicht. Vergrößerung × 200. *Unten Mitte*: Schleimsezernierende Becherzellen können lösliche Antigene zu dendritischen Zellen der Lamina propria transportieren. Die mikroskopische Aufnahme zeigt Dextran (*violett*) als löslichen Marker, der von Becherzellen (*unten rechts weiß* dargestellt) im Epithel (mit *blau* gefärbten Zellkernen) zu darunterliegenden dendritischen Zellen (CD11c *grün* gefärbt) transportiert wird. Maßstab 10 µm. (*Untere linke* Mikrofotografie nachgedruckt mit Genehmigung von AAAS: Niess, J.H., et al.: CX3CR1-mediated dendritic cell access to the intestinal lumen and bacterial clearance. *Science* 2005, 307:254–258, *untere mittlere* Mikrofotografie mit Genehmigung der Macmillan Publishers Ltd: McDole, J.R., et al.: Goblet cells deliver luminal antigen to CD103+ DCs in the small intestine. *Nature* 2012, 483:345–349, *untere rechte* Mikrofotografie mit Genehmigung von Elsevier: Farache, J., et al.: Luminal bacteria recruit CD103+ dendritic cells into the intestinal epithelium to sample bacterial antigens for presentation. *Immunity* 2013, 38:581–595)

Teil IV

bene Integrin $\alpha_4{:}\beta_7$ exprimieren (Abschn. 12.1.4). Diese „primär geprägten" $T_{reg}$-Zellen verlassen dann den Lymphknoten und kehren zur Dünndarmwand zurück, wo sie entzündliche Reaktionen gegen harmlose Antigene aus der Nahrung unterdrücken.

Für die Entwicklung der $T_{reg}$-Zellen und deren Expression von darmspezifischen Homing-Molekülen ist es notwendig, dass die dendritischen Zellen **Retinsäure** produzieren, die im Stoffwechsel von Retinal-Dehydrogenasen aus Vitamin A der Nahrung gebildet wird. Retinsäure wird auch von den Stromazellen in den mesenterialen Lymphknoten synthetisiert, wodurch die Wirkung der wandernden dendritischen Zellen weiter verstärkt wird. Retinsäureproduzierende dendritische Zellen kommen auch in den Peyer-Plaques vor und sind wahrscheinlich ebenfalls für die Entwicklung der regulatorischen T-Zellen von Bedeutung, entweder im Peyer-Plaque selbst oder nach der Wanderung in die mesenterialen Lymphknoten. Die Induktion von regulatorischen T-Zellen in den Darmgeweben wird durch den transformierenden Wachstumsfaktor $\beta$ (TGF-$\beta$) unterstützt, der von dendritischen Zellen produziert wird. Wandernde Populationen der dendritischen Zellen, die in den Geweben ständig lokale Antigene aufnehmen und zu den ableitenden Lymphknoten transportieren, kommen ebenfalls im Dickdarm und an anderen mucosalen Oberflächen vor, etwa in der Lunge. Man nimmt zwar an, dass die dendritischen Zellen aus diesen Geweben auch bei der Aufrechterhaltung der Toleranz gegenüber harmlosem Material (etwa von kommensalen Bakterien) beteiligt sind, aber sie produzieren keine Retinsäure und es ist nicht bekannt, wie sie die Differenzierung und das Homing der T-Zellen beeinflussen.

Die beiden oben beschriebenen vorherrschenden Subpopulationen gehören auch zu den dendritischen Zellen der Lamina propria im Darm. Insgesamt erzeugen die Eigenschaften der dendritischen Zellen des Darms eine vor allem tolerogene Umgebung, die unnötige und zerstörerische Reaktionen auf Nahrungsmittel und kommensale Mikroorganismen verhindert. Das antiinflammatorische Verhalten der mucosalen dendritischen Zellen im gesunden Darm wird von Faktoren gefördert, die in der mucosalen Umgebung konstitutiv produziert werden. Dazu gehören das thymusstromale Lymphopoetin (TSLP), der von dendritischen und epithelialen Zellen produzierte TGF-$\beta$, Prostaglandin $PGE_2$ aus den Stromazellen sowie IL-10, das von Makrophagen und CD4-T-Zellen des Darms gebildet wird. Retinol, das in der Leber gespeichert und über die Gallenflüssigkeit in den Dünndarm transportiert wird, bildet eine weitere Quelle für die lokale Produktion von Retinsäure, um die dendritischen Zellen in der Wand des Dünndarms zu konditionieren.

## 12.1.8 Makrophagen und dendritische Zellen besitzen bei mucosalen Immunantworten unterschiedliche Funktionen

Die Lamina propria des gesunden Darms enthält die größte Population der Makrophagen im Körper. Sie exprimieren wie die dendritischen Zellen CD11c und MHC-Klasse-II-Moleküle, jedoch anders als diese kein CD103, aber **Fc$\gamma$RI** (CD64, ▶ Abb. 10.38) und **CX3CR1**, den Rezeptor für CX3CL1 (Fractalkin). Makrophagen können zudem nicht vom Darm zu den ableitenden Lymphknoten wandern und präsentieren den naiven T-Zellen keine Antigene. Anders als viele andere geweberesidente Makrophagen, etwa die im Gehirn oder in der Leber, die aus embryonalen Vorläufern hervorgehen (Abschn. 3.1.1), müssen die Makrophagen des Darms ständig durch Monocyten aus dem Blut erneuert werden.

Makrophagen sind für die Aufrechterhaltung des gesunden Darms von großer Bedeutung. Sie befinden sich direkt unter dem Epithel und besitzen eine hohe phagocytotische Aktivität. Deshalb sind sie besonders dafür geeignet, alle Mikroorganismen, die durch die Epithelbarriere eindringen, aufzunehmen und abzubauen. Sie können auch absterbende Epithelzellen beseitigen, die im Darm in großer Zahl vorkommen. Dies ist eine unvermeidliche Folge eines sich schnell erneuernden Gewebes. Die Makrophagen des Darms erzeugen jedoch, abweichend von den Makrophagen in anderen Körperregionen, als Reaktion auf eine Phagocytose oder äußere Reize wie Bakterien oder TLR-Liganden keine nennenswerten Mengen an inflammatorischen Cytokinen oder reaktiven Sauerstoff- oder Stickstoff-spezies. Das liegt daran, dass sie konstitutiv große Mengen IL-10 produzieren, wodurch sie Entzündungen begrenzen können, während sie als wirksame Fresszellen (Scavenger) fungieren. Das IL-10 der Makrophagen trägt auch dazu bei, dass die antigenspezifische Toleranz in der Schleimhaut aufrechterhalten wird. Diese ist notwendig, um das Überleben und die sekundäre Vermehrung der FoxP3$^+$-T$_{reg}$-Zellen zu ermöglichen, die in den Darm zurückgekehrt sind, nachdem sie von tolerogenen dendritischen Zellen im Lymphknoten primär geprägt wurden. Tatsächlich besitzen sie Eigenschaften beider Populationen und ihre Funktionen sind an die Bedingungen in ihrer lokalen Umgebung angepasst. Makro-phagen und dendritische Zellen besitzen im Fließgleichgewicht des Darms unterschiedliche, aber sich ergänzende Funktionen. Die wandernden dendritischen Zellen sorgen für das anfängliche Priming und die Ausformung von T-Zell-Reaktionen in den sekundären lym-phatischen Organen, und die sesshaften Makrophagen beseitigen Zellreste und Mikro-organismen und stimmen wahrscheinlich die Aktivitäten von bereits primär geprägten T-Zellen in der Schleimhaut ab.

## 12.1.9 Antigenpräsentierende Zellen in der Darmschleimhaut nehmen Antigene auf verschiedenen Wegen auf

Die Gesamtfläche zur Aufnahme von Antigenen, die M-Zellen in den Peyer-Plaques für das Immunsystem des Darms zur Verfügung stellen, ist begrenzt, und die Lamina propria selbst ist vollständig vom Epithel bedeckt. Man hat verschiedene zusätzliche Mechanismen pos-tuliert, um zu erklären, wie Antigene das Epithel durchqueren können, sodass sie zu den Makrophagen und dendritischen Zellen gelangen können (▶ Abb. 12.10). Lösliche Antigene wie Proteine aus der Nahrung werden möglicherweise durch Epithelzellen oder durch Lü-cken transportiert, die dadurch entstehen, dass absterbende Zellen beseitigt werden. Ande-rerseits können M-Zellen auch außerhalb der Peyer-Plaques im Oberflächenepithel der Schleimhaut vorkommen. Einige Darmbakterien, beispielsweise die enteropathogenen und enterohämolytischen Stämme von *E. coli*, verfügen über spezielle Mechanismen, mit denen sie sich an Epithelzellen heften und in diese eindringen können, um auf diese Weise direkt die darunterliegende Lamina propria zu erreichen. Antigene aus dem Lumen können da-durch zu den dendritischen Zellen der Lamina propria gelangen, dass Epithelzellen, die den **neonatalen Fc-Rezeptor** (FcRn) exprimieren, mit Antikörpern umhüllte Antigene auf-nehmen. Antigene aus apoptotischen Epithelzellen werden möglicherweise von kreuzprä-sentierenden dendritischen Zellen prozessiert (Abschn. 6.1.5). Dadurch werden Immun-antworten gegen enterische Viren (beispielsweise Rotaviren) ausgelöst. Diese Viren verursachen Durchfallerkrankungen aufgrund ihrer besonderen Fähigkeit, Enterocyten zu infizieren.

Makrophagen in der Lamina propria nehmen ebenfalls lokale Antigene auf, indem sie trans-epitheliale Dendriten zwischen den Epithelzellen hindurchstrecken, mit denen sie das Darmlumen erreichen und Bakterien aufgreifen (▶ Abb. 12.10). Die Makrophagen der Lamina propria nehmen offensichtlich auch lösliche Antigene aus dem Lumen auf und leiten sie an dendritische Zellen weiter, die sie anschließend den T-Zellen präsentieren. Einige Untersuchungen deuten auch darauf hin, dass dendritische Zellen oder Makrophagen sogar einen Weg in das Lumen finden und dort Antigene wie Bakterien aufnehmen, mit denen sie dann in die Lamina propria zurückkehren.

## 12.1.10 Die sezernierten IgA-Antikörper bilden den Isotyp, der mit dem mucosalen Immunsystem verknüpft ist

Der im mucosalen Immunsystem vorherrschende Isotyp der Antikörper ist **IgA**. Diese Antikörper werden lokal von Plasmazellen produziert, die in der Schleimhautwand vorkommen. In den beiden Hauptkompartimenten, dem Blut und den Schleimhäuten, in denen IgA lokalisiert ist, besitzt das Molekül eine unterschiedliche Struktur. Im Blut liegt es vor allem als Monomer (mIgA) vor, das von Plasmazellen im Knochenmark produziert wird. Diese gehen aus B-Zellen hervor, die in den Lymphknoten aktiviert wurden. In den mucosalen Geweben wird IgA fast ausschließlich als Polymer, normalerweise als Dimer, produziert, dessen monomere Bausteine durch eine **J-Kette** verknüpft sind (Abschn. 5.3.5).

Die naiven B-Zell-Vorläufer der IgA-produzierenden Plasmazellen werden in den Peyer-Plaques und den mesenterialen Lymphknoten aktiviert. Der Isotypwechsel von aktivierten B-Lymphocyten zur IgA-Produktion erfolgt unter der Kontrolle des Cytokins TGF-$\beta$. Im Darm des Menschen hängt dieser Isotypwechsel ausschließlich von T-Zellen ab und kommt nur in den organisierten Lymphgeweben vor, wo **follikuläre T-Helferzellen** ($T_{FH}$) den B-Zellen über dieselben Mechanismen Signale übermitteln, wie sie in Kap. 10 besprochen wurden. Die anschließende Vermehrung und Differenzierung der B-Zellen, die nun IgA exprimieren, werden von IL-5, IL-6, IL-10 und IL-21 in Gang gesetzt. In einem normalen Darm des Menschen sind bis zu 75.000 IgA-produzierende Plasmazellen vorhanden und pro Tag sezernieren die mucosalen Gewebe 3–4 g IgA-Antikörper, der hier der vorherrschende Isotyp. Diese ständige Produktion von großen Mengen IgA erfolgt ohne Anwesenheit von eingedrungenen Pathogenen und wird fast ausschließlich durch die Erkennung der kommensalen Mikroflora angeregt.

Beim Menschen kommen sowohl monomere als auch dimere IgA-Antikörper in Form von zwei Isotypen vor: IgA1 und IgA2. Das Verhältnis von IgA1 zu IgA2 variiert stark in Abhängigkeit vom Gewebe. Im Blut und in den oberen Atemwegen beträgt es 10:1, im Dünndarm 3:2 und im Dickdarm 2:3. Einige weit verbreitete Pathogene der Schleimhaut der Atemwege (etwa *Haemophilus influenzae*) und der Schleimhäute in den Genitalien (etwa *Neisseria gonorrhoeae*) produzieren proteolytische Enzyme, die IgA1 spalten können, während IgA2 einer Spaltung widersteht. Der höhere Anteil von Plasmazellen im Dickdarm, die IgA2 produzieren, ist wahrscheinlich eine Folge der höheren Dichte von kommensalen Mikroorganismen, die die Produktion von Cytokinen anregen, sodass es zu einem selektiven Isotypwechsel kommt. Bei Mäusen gibt es nur einen IgA-Isotyp und dieser ist dem IgA2-Isotyp des Menschen am ähnlichsten.

Nach ihrer Aktivierung und Differenzierung exprimieren die so gebildeten B-Lymphoblasten das mucosale Homing-Integrin $\alpha_4{:}\beta_7$ sowie die Chemokinrezeptoren CCR9 und CCR10. Die Lokalisierung von IgA-freisetzenden Plasmazellen in den mucosalen Geweben wird durch die oben besprochenen Mechanismen erreicht. Sobald die Plasmazellen in die Lamina propria gelangt sind, durchlaufen die B-Zellen die abschließende Differenzierung zu Plasmazellen, die IgA-Dimere synthetisieren und in den Subepithelialraum sezernieren (▶ Abb. 12.11). Um ihre Zielantigene im Darmlumen zu erreichen, müssen IgA-Antikörper durch das Epithel transportiert werden. Das geschieht mithilfe des **Immunglobulinpolymerrezeptors** (Poly-Ig-Rezeptor, **pIgR**), der in Abschn. 10.2.2 vorgestellt wurde. pIgR wird auf den basolateralen Oberflächen der unreifen Epithelzellen an der Basis der Darmkrypten konstitutiv exprimiert und bindet kovalent an den Fc-Anteil der durch die J-Kette verknüpften polymeren Immunglobuline, etwa an das dimere IgA und das pentamere IgM, und transportiert die Antikörper durch Transcytose an die Epitheloberfläche des Darmlumens, wo sie durch proteolytische Spaltung der extrazellulären Domäne des Rezeptors freigesetzt werden. Ein Teil des gespaltenen Rezeptors bleibt mit IgA assoziiert, man bezeichnet ihn daher als **sekretorische Komponente** (häufig mit **SC** abgekürzt). Den entstandenen Antikörper bezeichnet man als **sekretorisches IgA (sIgA)**.

Bei einigen Tieren gibt es einen zweiten Weg der IgA-Freisetzung in den Darm – den **Leber-Gallen-Weg** (hepatobiliärer Weg). Dimere IgA-Antikörper, die nicht an den Poly-Ig-Rezeptor auf Epithelzellen binden, werden in Venolen in der Lamina propria aufgenommen, die das Blut aus dem Darm über die Pfortader in die Leber leiten. In der Leber sind diese kleinen Venen (Sinusoide) innen mit einem Endothel beschichtet, durch das die Antikörper zu Hepatocyten gelangen können, die pIgR auf ihrer Oberfläche tragen. IgA wird von den Hepatocyten aufgenommen und gelangt durch Transcytose in die angrenzenden Gallengänge. Auf diese Weise können sekretorische IgA-Antikörper über den gemeinsamen

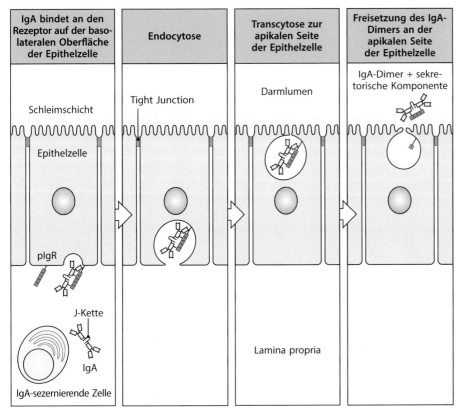

| IgA bindet an den Rezeptor auf der basolateralen Oberfläche der Epithelzelle | Endocytose | Transcytose zur apikalen Seite der Epithelzelle | Freisetzung des IgA-Dimers an der apikalen Seite der Epithelzelle |

Schleimschicht

Epithelzelle

Tight Junction

Darmlumen

IgA-Dimer + sekretorische Komponente

pIgR

J-Kette

IgA

Lamina propria

IgA-sezernierende Zelle

**Abb. 12.11 Die Transcytose von IgA-Antikörpern durch Epithelien wird vom Poly-Ig-Rezeptor (pIgR), einem spezialisierten Transportprotein, bewerkstelligt.** Der größte Teil der IgA-Antikörper wird in Plasmazellen produziert, die sich direkt unter den epithelialen Basalmembranen des Darms, der Atmungsepithelien, der Tränen- und Speicheldrüsen sowie der Milchdrüsen befinden. Das IgA-Dimer, dessen monomere Bausteine von einer J-Kette zusammengehalten werden, diffundiert durch die Basalmembran und wird vom pIgR an der basolateralen Oberfläche der Epithelzelle gebunden. Der gebundene Komplex wird in einem Vesikel durch Transcytose quer durch die Zelle zur apikalen Oberfläche transportiert, wo der pIgR gepalten und die extrazelluläre IgA-bindende Komponente zusammen mit dem gebundenen IgA-Molekül als sogenannte sekretorische Komponente freigesetzt wird. Kohlenhydrate auf der sekretorischen Komponente binden an Mucine im Schleim und halten IgA an der Epitheloberfläche fest (nicht dargestellt). Das übrige Fragment des Poly-Ig-Rezeptors besitzt keine Funktion und wird abgebaut. IgA wird auf diese Weise durch Epithelien in die Lumina von verschiedenen Organen transportiert, die mit der äußeren Umgebung in Kontakt stehen

Gallengang direkt in den oberen Dünndarm freigesetzt werden. Durch den Leber-Gallen-Weg können dimere IgA-Antikörper Antigene neutralisieren, die in die Lamina propria eingedrungen sind und dort von IgA gebunden werden. Dieser Weg ist zwar bei Ratten, Kaninchen und Hühnern sehr wirksam, nicht jedoch beim Menschen und bei anderen Primaten, bei denen die Hepatocyten pIgR nicht exprimieren.

IgA, das in das Darmlumen freigesetzt wird, bindet über Kohlenhydratdeterminanten in der sekretorischen Komponente an die Schleimschicht, die die Epitheloberfläche bedeckt. Dort wirkt IgA dabei mit, das Eindringen von Krankheitserregern zu verhindern. Außerdem besitzt IgA bei der Aufrechterhaltung des homöostatischen Gleichgewichts zwischen dem Wirt und der kommensalen Mikroflora eine ebenso wichtige Funktion. Das geschieht auf verschiedene Weise (▶ Abb. 12.12). Zum einen verhindert IgA, dass sich Mikroorganismen an das Epithel heften. Dabei wird die Fähigkeit von IgA, Bakterien zu binden, durch den ungewöhnlich großen und flexiblen Winkel zwischen den Fab-Fragmenten des IgA-Moleküls unterstützt; das gilt vor allem für den IgA1-Isotyp (Abschn. 5.3.1). So können große Antigene, beispielsweise Bakterien, sehr effizient bivalent gebunden werden. IgA kann auch Toxine und Enzyme von Mikroorganismen neutralisieren.

**Teil IV**

| freigesetztes IgA auf der Darm-oberfläche kann Pathogene und Toxine binden und neutralisieren | IgA kann die Antigene, die in die Endosomen aufgenommen wurden, binden und neutralisieren | IgA kann bei der Freisetzung Toxine und Pathogene aus der Lamina Propria transportieren | die Bindung von IgA an Dectin-1 auf M-Zellen ermöglicht den Transport von Antigenen zu dendritischen DC-SIGN⁺-Zellen |
| --- | --- | --- | --- |
| 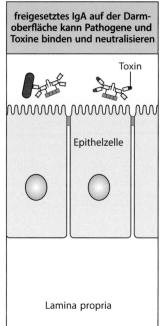 | 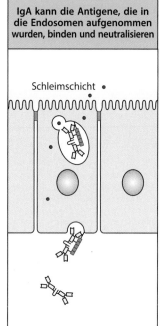 | 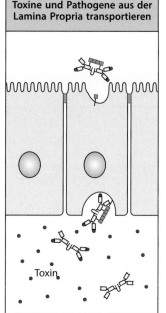 | 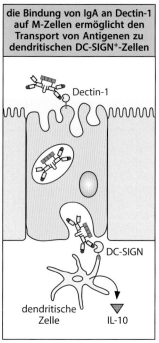 |

**Abb. 12.12 Die mucosalen IgA-Antikörper besitzen mehrere Funktionen in den Oberflächen-epithelien.** *Erstes Bild*: IgA adsorbiert an die Schleimschicht, die das Epithel bedeckt. Dort kann IgA Pathogene und ihre Toxine neutralisieren und verhindern, dass sie Zugang zu den Geweben erhalten und deren Funktionen stören. *Zweites Bild*: Antigene, die von der Epithelzelle aufgenommen wurden, können in den Endosomen auf IgA treffen und so neutralisiert werden. *Drittes Bild*: Toxine oder Krankheitserreger, die die Lamina propria erreicht haben, treffen dort auf pathogenspezifische dimere IgA-Antikörper und die entstehenden Komplexe werden von den Epithelzellen in das Lumen abgegeben, weil die IgA-Antikörper freigesetzt werden. *Viertes Bild*: Im Lumen an sekretorische IgA-Antikörper gebundene Antigene können über Kohlenhydratreste auf dem Fc-Anteil von IgA an Dectin-1 auf den M-Zellen der Peyer-Plaques binden und zu den darunter befindlichen dendritischen Zellen transportiert werden. Die Bindung des IgA-haltigen Komplexes an DC-SIGN auf den dendritischen Zellen aktiviert diese zur Produktion von antiinflammatorischem IL-10

Neben dieser Aktivität im Darmlumen kann IgA anscheinend auch in den Endosomen innerhalb von Epithelzellen bakterielle Lipopolysaccharide und Viren neutralisieren, außerdem durch die Epithelbarriere der Lamina propria, nachdem Bakterien und Viren dort eingedrungen sind. Die entstehenden IgA:Antigen-Komplexe werden in das Darmlumen zurücktransportiert, von wo sie dann aus dem Körper ausgeschieden werden (▶ Abb. 12.12). Komplexe, die dimere IgA-Antikörper enthalten und in der Lamina propria gebildet wurden, können auch über den Leber-Gallen-Weg (siehe oben) ausgeschieden werden. Die Bildung von IgA:Antigen-Komplexen kann nicht nur die Beseitigung von Antigenen ermöglichen, sondern auch die Aufnahme von Antigenen aus dem Lumen durch die M-Zellen und lokale dendritische Zellen verstärken. Indem die Kohlenhydratreste auf IgA von Lektinrezeptoren wie Dectin-1 und DC-SIGN gebunden werden. Neben dieser antigenspezifischen Wirkung können sekretorische IgA-Antikörper auch das Eindringen von Bakterien durch einen unspezifischen Mechanismus verhindern. Das liegt an dem hohen Kohlenhydratanteil auf dem Fc-Fragment der schweren IgA-Kette, durch den IgA als „Köder" für Rezeptoren fungiert, mit deren Hilfe Bakterien an Kohlenhydrate auf Epithelien binden. Die sekretorischen IgA-Antikörper besitzen nur ein geringes Potenzial, den klassischen Weg der Komplementaktivierung auszulösen, und auch die Wirksamkeit als Opsonin ist nur gering, sodass sie keine Entzündung auslösen. Die Aufnahme von IgA:Antigen-Komplexen durch dendritische Zellen veranlasst diese Zellen zudem, das antiinflammatorische IL-10 zu produzieren. Insgesamt führen diese Eigenschaften dazu, dass IgA das Eindringen von Mikroorganismen in die Schleimhaut begrenzen kann, ohne dass die Gefahr besteht, dass diese empfindlichen Gewebe durch eine Entzündung geschädigt werden, denn das hätte potenziell negative Auswirkungen auf den Darm. Aus demselben Grund ist IgA von entscheidender Bedeutung für

Teil IV

die vorteilhafte Symbiose zwischen dem Wirtsorganismus und den kommensalen Bakterien im Darm (Abschn. 12.2.6).

## 12.1.11 Zur IgA-Produktion können bei einigen Spezies auch T-unabhängige Prozesse beitragen

Bei Mäusen entsteht, anders als beim Menschen, ein relevanter Anteil der IgA-Antikörper des Darms durch B-Zell-Aktivierung und Isotypwechsel, die beide von T-Zellen unabhängig sind. Das beruht auf der Aktivierung des angeborenen Immunsystems durch die Produkte von kommensalen Bakterien und ist wahrscheinlich die Folge einer direkten Wechselwirkung zwischen B-Zellen und konventionellen wie auch follikulären dendritischen Zellen in isolierten Lymphfollikeln. An dieser Antikörperproduktion sind anscheinend Lymphocyten der B1-Subpopulation beteiligt (Abschn. 8.1.9), die aus B-Zell-Vorläufern in der Bauchhöhle hervorgehen und als Reaktion auf mikrobielle Bestandteile wie Lipopolysaccharide zur Darmwand wandern. Sobald diese B-Zellen die Schleimhaut erreicht haben, kommt es zu einem TGF-$\beta$-abhängigen Isotypwechsel zu IgA, bei dem auch lokale Faktoren ausschlaggebend sind, beispielsweise IL-6, Retinsäure sowie BAFF und APRIL (▶ Abb. 10.6), die an TACI auf B-Zellen binden. Diese wirken anstelle der Signale, die normalerweise von den CD4-T-Helferzellen übermittelt werden (Abschn. 10.1.1). Die Darmepithelzellen können BAFF und APRIL produzieren, und wahrscheinlich steuern auch lokale eosinophile Zellen APRIL, IL-6 und TGF-$\beta$ bei. Andere myeloische Zellen können Stickstoffmonoxid (NO) und TNF-$\alpha$ erzeugen, die beide die Prozessierung und Aktivierung von TGF-$\beta$ unterstützen.

Die bei diesen T-Zell-unabhängigen Reaktionen produzierten IgA-Antikörper zeigen nur eine begrenzte Diversität und eine generell niedrige Affinität sowie kaum Anzeichen einer somatischen Hypermutation. Dennoch sind sie als „natürliche" Antikörper, die gegen die kommensalen Bakterien gerichtet sind, von großer Bedeutung. Bis jetzt gibt es nur wenige Hinweise darauf, dass der Mensch auch über solche IgA-Antikörper verfügt, da hier somatische Hypermutationen bei allen sekretorischen IgA-Reaktionen auftreten, die zudem anscheinend T-Zell-abhängig sind. Die aktivierungsinduzierte Cytidin-Desaminase (AID), die für den Isotypwechsel erforderlich ist (Kap. 5), lässt sich in der Lamina propria des menschlichen Darms nicht nachweisen, was darauf hindeutet, dass der Isotypwechsel dort wahrscheinlich nicht stattfindet. Da dies aber bei den B-Zellen in der Lamina propria von Mäusen der Fall ist, können wir hier einen kurzen Einblick in die Evolutionsgeschichte der spezifischen Antikörperantworten in den Schleimhäuten gewinnen. So lassen sich vielleicht auch Hinweise auf Reaktionswege finden, die aktiviert werden können, wenn bei einem Menschen die T-Zell-abhängige IgA-Produktion gestört ist, etwa im Fall von AIDS. Jedenfalls kommt es wahrscheinlich in der Lamina propria zu einer sekundären Reaktivierung von auf IgA festgelegten B-Lymphoblasten, die sich dann vollständig zu Plasmazellen differenzieren. Daran sind wahrscheinlich auch myeloische Zellen und Epithelzellen beteiligt, die APRIL, BAFF und andere Mediatoren produzieren.

## 12.1.12 Beim Menschen kommt es relativ häufig zu einem IgA-Defekt, der sich jedoch durch sekretorische IgM-Antikörper ausgleichen lässt

Ein selektiver Mangel an IgA-Produktion ist eine der am meisten verbreiteten primären Immunschwächen beim Menschen und tritt mit einer Häufigkeit von 1:700 bis 1:500 bei Bevölkerungsgruppen europäischer Herkunft auf, wobei die Rate bei anderen ethnischen Gruppen etwas niedriger ist. Man hat festgestellt, dass in diesem Zusammenhang am häufigsten TACI, der Rezeptor für BAFF, von einer Mutation betroffen ist. Bei älteren Menschen mit einem IgA-Defekt kommt es etwas häufiger zu Infektionen der Atemwege, zu

Teil IV

Atopien (der Neigung zu allergischen Reaktionen auf harmlose Antigene) und zu Autoimmunkrankheiten. Die meisten Menschen mit einem IgA-Defekt sind jedoch für Infektionen nicht übermäßig anfällig, wenn nicht auch ein Defekt der IgG2-Produktion vorliegt. IgA ist wahrscheinlich deswegen nicht unbedingt notwendig, weil IgM in Sekreten IgA als vorherrschenden Antikörper ersetzen kann, und tatsächlich ist bei Menschen mit einem IgA-Defekt die Anzahl der IgM-produzierenden Plasmazellen in der Darmschleimhaut erhöht. Da IgM ein durch J-Ketten verknüpftes Polymer ist, werden IgM-Antikörper, die in der Darmschleimhaut erzeugt werden, von pIgR effektiv gebunden und als sekretorische IgM-Antikörper durch die Epithelzellen in das Darmlumen transportiert. Die Bedeutung dieses Absicherungsmechanismus ließ sich bei Knockout-Mäusen zeigen. Tiere, denen nur IgA fehlt, besitzen einen normalen Phänotyp, während es bei einem Fehlen von pIgR zu einer Anfälligkeit für Infektionen der Schleimhaut kommt. Bei diesen Tieren dringen jedoch auch kommensale Bakterien verstärkt in die Gewebe ein und es kommt zu einer systemischen Immunantwort gegen diese Bakterien. Einen genetisch bedingten pIgR-Mangel hat man allerdings noch nie bei Menschen festgestellt, was darauf hindeutet, dass dieser Defekt letal ist.

## 12.1.13 Die Lamina propria des Darms enthält T-Zellen mit „Antigenerfahrung" und ungewöhnliche angeborene lymphatische Zellen

Die meisten Zellen in der gesunden Lamina propria wurden von dendritischen Zellen aktiviert und exprimieren Marker von T-Effektor- oder T-Gedächtniszellen, wie etwa beim Menschen CD45RO. Außerdem werden darmspezifische Homing-Marker produziert, beispielsweise CCR9 und das $\alpha_4{:}\beta_7$-Integrin, sowie Rezeptoren für proinflammatorische Chemokine wie CCL5 (RANTES). Das Zahlenverhältnis von CD4- zu CD8-T-Zellen liegt in der T-Zell-Population der Lamina propria bei 3:1 oder höher, ähnlich dem Verhältnis in den systemischen Lymphgeweben.

Die CD4-T-Zellen der Lamina propria sezernieren große Mengen an Cytokinen wie Interferon-$\gamma$ (IFN-$\gamma$), IL-17 und IL-22, selbst wenn keine Infektion vorliegt. Dies entspricht wahrscheinlich dem normalen Dauerzustand der Erkennung der Mikroflora und anderer Antigene aus der Umgebung durch das Immunsystem. Die Bedeutung der CD4-T-Zellen zeigt sich an opportunistischen Infektionen des Darms bei Personen, die keine CD4-T-Zellen besitzen, wie es bei einer HIV-Infektion der Fall ist (Abschn. 13.2.6). $T_H17$-Effektorzellen besitzen in der Darmschleimhaut eine besondere Stellung, da ihre Produkte wichtige Bestandteile der lokalen Immunantwort sind. IL-17 wird für die vollständige Expression des Immunglobulinpolymerrezeptors benötigt, der bei der IgA-Sekretion in das Darmlumen eine Rolle spielt. IL-22 stimuliert die Zellen des Darmepithels, antimikrobielle Peptide zu produzieren, die dazu beitragen, die Integrität der Epithelbarriere aufrechtzuerhalten. CD8-T-Effektorzellen kommen in der normalen Lamina propria ebenfalls vor; sie können Cytokine produzieren und ihre cytotoxische Aktivität entfalten, sobald eine schützende Immunantwort gegen ein Pathogen erforderlich ist.

In jeder anderen Situation würde die Anwesenheit so vieler differenzierter T-Effektorzellen darauf hindeuten, dass hier ein Pathogen eingedrungen ist und eine Entzündung droht. Dass es in der Lamina propria nicht dazu kommt, liegt daran, dass die Erzeugung von $T_H1$- und $T_H17$-Zellen sowie der cytotoxischen T-Zellen von einer hinreichenden Anzahl von IL-17-produzierenden regulatorischen T-Zellen ausbalanciert wird. Im Dünndarm sind dies vor allem FoxP3-negative, im Dickdarm vor allem FoxP3-positive $T_{reg}$-Zellen. Die meisten induzierbaren $T_{reg}$-Zellen erkennen Antigene von Organismen der Mikroflora.

Die gesunde Lamina propria enthält auch viele angeborene lymphatische Zellen (ILCs) (Abschn. 1.4.1 und 9.2.7). Die ILC3-Untergruppe in der Darmschleimhaut ist sowohl beim Menschen als auch bei Mäusen von besonderer Bedeutung. Reife ILC3-Zellen produzieren IL-17 und IL-22, einige exprimieren auch die NK-Zell-Rezeptoren NKp44 und NKp46.

Ihre Entwicklung wird durch den Arylkohlenhydratrezeptor und den Transkriptionsfaktor ROR$\gamma$t kontrolliert (Abschn. 9.2.8). ILC3-Zellen kommen in den sekundären lymphatischen Organen des Darms vor und sind für die Entwicklung ihres Lymphgewebes dort von großer Bedeutung. Als Reaktion auf das Cytokin IL-23, das von lokalen dendritischen Zellen sezerniert wird, produzieren die ILC3-Zellen IL-22. Dieses wiederum stimuliert das Epithel, antimikrobielle Peptide zu produzieren, die die lokale Abwehr von pathogenen Bakterien und Pilzen im Darm fördern. Im Verlauf entzündlicher Erkrankungen können ILC3-Zellen die Fähigkeit entwickeln, als Reaktion auf IL-12 IFN-$\gamma$ zu erzeugen. In Kombination mit ihrer Produktion von IL-17 besitzen sie dann ein signifikantes pathologisches Potenzial. Die von ILC2-Zellen synthetisierten Cytokine IL-5 und IL-13 bilden einen wichtigen Bestandteil der T-Zell-unabhängigen Reaktionen auf parasitische Helminthen im Darm, und eine entsprechende Population spielt auch bei allergischen Reaktionen in den Atemwegen eine Rolle.

CD1-restringierte **iNKT**-Zellen (Abschn. 6.3.3) und **mucosaassoziierte invariante T-Zellen (MAIT-Zellen)** (Abschn. 6.3.4) kommen ebenfalls in der Lamina propria vor; sie machen 2–3 % der T-Zellen in der Lamina propria des menschlichen Dünndarms aus. MAIT-Zellen exprimieren eine invariante TCR$\alpha$-Kette, die mit einem begrenzten Spektrum an TCR$\beta$-Ketten in gepaarter Form vorliegt. Sie erkennen Stoffwechselprodukte von Vitamin B, die vor allem aus dem Riboflavinstoffwechsel von Mikroorganismen stammen und von MR1-Molekülen präsentiert werden.

## 12.1.14 Das Darmepithel ist ein einzigartiges Kompartiment des Immunsystems

Wir haben uns bereits kurz damit beschäftigt, dass es im Darmgewebe eine große Anzahl von intraepithelialen Lymphocyten (IELs) gibt. Im gesunden Dünndarm kommen pro 100 Epithelzellen 10–15 Lymphocyten vor, sodass die IEL-Zellen eine der größten Einzelpopulationen von Lymphocyten im Körper bilden (▶ Abb. 12.13). Über 90 % der IELs im Dünndarm sind T-Zellen, und etwa 80 % davon tragen CD8, ganz anders als die Situation in der Lamina propria. IELs kommen auch im Dickdarm vor, wobei sie hier im Verhältnis zu den Epithelzellen in geringerer Anzahl auftreten als im Dünndarm und der Anteil von CD4-T-Zellen zudem größer ist als dort.

Die meisten IELs befinden sich wie die Lymphocyten der Lamina propria auch ohne Vorhandensein einer Infektion in einem aktivierten Zustand. Sie besitzen wie die konventionellen cytotoxischen CD8-T-Effektorzellen intrazelluläre Granula, die Perforin und Granzyme enthalten. Die T-Zell-Rezeptoren der meisten CD8-IELs zeigen Anzeichen von Oligoklonalität, es kommt nur eine begrenzte Zahl von V(D)J-Gensegmenten zum Einsatz. Das deutet darauf hin, dass sie sich nur lokal als Reaktion auf eine relativ geringe Anzahl von Antigenen vermehren. Die IEL-Zellen des Dünndarms exprimieren den Chemokinrezeptor CCR9 und das $\alpha_E{:}\beta_7$-Integrin (CD103), das mit E-Cadherin auf Epithelzellen interagiert und so dazu beiträgt, dass die IEL-Zellen im Epithel zurückgehalten werden (▶ Abb. 12.9).

Es gibt zwei Hauptgruppen der intraepithelialen CD8-T-Zellen – Typ a („induzierbar") und Typ b („natürlich"). Sie lassen sich daran unterscheiden, in welcher Form sie CD8 exprimieren. Das Zahlenverhältnis der beiden Gruppen verändert sich in Abhängigkeit vom Alter, von der Fortpflanzungslinie (bei Mäusen) und von der Anzahl der Bakterien im Darm. Die induzierbaren Typ-a-IELs exprimieren $\alpha{:}\beta$-T-Zell-Rezeptoren und das CD8$\alpha{:}\beta$-Heterodimer. Sie gehen aus naiven CD8-T-Zellen hervor und werden in den Peyer-Plaques oder den mesenterialen Lymphknoten durch Antigene aktiviert, und sie fungieren als konventionelle MHC-Klasse-I-restringierte cytotoxische T-Zellen, die beispielsweise virusinfizierte Zellen töten (▶ Abb. 12.14, obere Reihe). Sie sezernieren auch Effektorcytokine wie IFN-$\gamma$.

(Natürliche) CD8-IELs vom Typ b können entweder den $\alpha{:}\beta$- oder den $\gamma{:}\delta$-T-Zell-Rezeptor exprimieren, ihr besonderes Merkmal ist jedoch die Expression des CD8$\alpha{:}\alpha$-Homodimers.

Teil IV

| die intraepithelialen Lymphocyten (IELs) befinden sich in der Epithelschicht des Darms | die intraepithelialen Lymphocyten sind CD8-positive T-Zellen | bei stärkerer Vergrößerung ist erkennbar, wie die IELs in der Epithelschicht zwischen den Epithelzellen liegen |
|---|---|---|

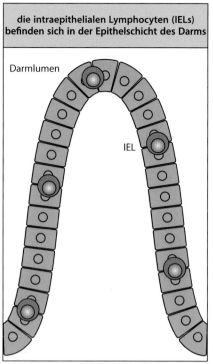
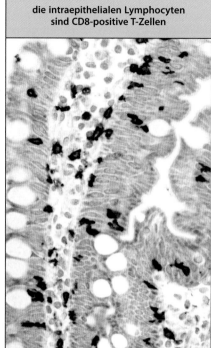
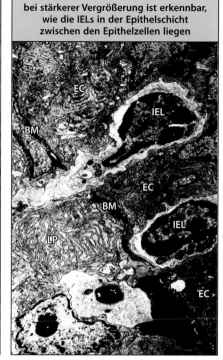

**Abb. 12.13 Intraepitheliale Lymphocyten.** Das Dünndarmepithel enthält eine große Population von Lymphocyten, die man als intraepitheliale Lymphocyten bezeichnet (*links*). Die mikroskopische Aufnahme in der Mitte stammt von einem Schnitt durch den Dünndarm des Menschen, bei dem die CD8-T-Zellen mithilfe eines peroxidasemarkierten monoklonalen Antikörpers braun gefärbt wurden. Die meisten Lymphocyten im Epithel sind CD8-T-Zellen. Vergrößerung × 400. Die elektronenmikroskopische Aufnahme *rechts* zeigt, dass die IELs zwischen den Epithelzellen (ECs) auf der Basalmembran (BM) liegen, die die Lamina propria (LP) vom Epithel abschirmt. Zu sehen ist eine IEL, die durch die Basalmembran in das Epithel gelangt ist und hinter sich eine Spur von Cytoplasma zurücklässt. Vergrößerung × 8000

Die $\gamma{:}\delta$-T-Zellen im Darm aktivieren nur bestimmte V$\gamma$- und V$\delta$-Gene und sie unterscheiden sich von den $\gamma{:}\delta$-T-Zellen in den übrigen Geweben (▶ Abb. 8.23). Einige der $\alpha{:}\beta$-T-Zell-Rezeptoren, die die IELs exprimieren, binden nichtkonventionelle Liganden, beispielsweise solche, die auch von MHC-Klasse-Ib-Molekülen präsentiert werden (Abschn. 6.3.2). Typ-b-IELs exprimieren auch Moleküle, die für natürliche Killerzellen charakteristisch sind, etwa das aktivierende C-Typ-Lektin NKG2D, das die beiden MHC-ähnlichen Moleküle bindet. Diese werden auf Darmepithelzellen als Reaktion auf zelluläre Schädigungen, zellulären Stress oder die Zusammenlagerung von TLRs induziert. Die geschädigten Zellen können dann von den IELs erkannt und getötet werden. Dieser Vorgang wird noch dadurch verstärkt, dass die geschädigten Epithelzellen IL-15 produzieren. Die Typ-b-IELs exprimieren wie die angeborenen Immunzellen bestimmte Gene konstitutiv, die mit Entzündungen im Zusammenhang stehen, etwa mit der Produktion von großen Mengen an cytotoxischen Molekülen, NO sowie proinflammatorischen Cytokinen und Chemokinen. Ihre Funktion im Darm besteht wahrscheinlich darin, Epithelzellen, die als Ergebnis von Stress oder einer Infektion einen anormalen Phänotyp exprimieren, schnell zu erkennen und zu beseitigen (▶ Abb. 12.14, untere Bildreihe). Man nimmt an, dass Typ-b-IELs bei der Reparatur von Schleimhäuten mitwirken, die durch eine Entzündung geschädigt wurden: Sie stimulieren die Freisetzung von antimikrobiellen Peptiden und unterstützen so die Beseitigung des Entzündungsherdes. Außerdem setzen sie Cytokine frei, beispielsweise den Keratinocytenwachstumsfaktor, der die Barrierefunktion der Epithelien verstärkt, und TGF-$\beta$, der an der Gewebereparatur mitwirkt und auch lokale Entzündungsreaktionen hemmt.

Typ-b-IELs werden durch ihre Coexpression von inhibitorischen Signalmolekülen kontrolliert, beispielsweise das immunmodulierende Cytokin TGF-$\beta$ und inhibitorische Rezep-

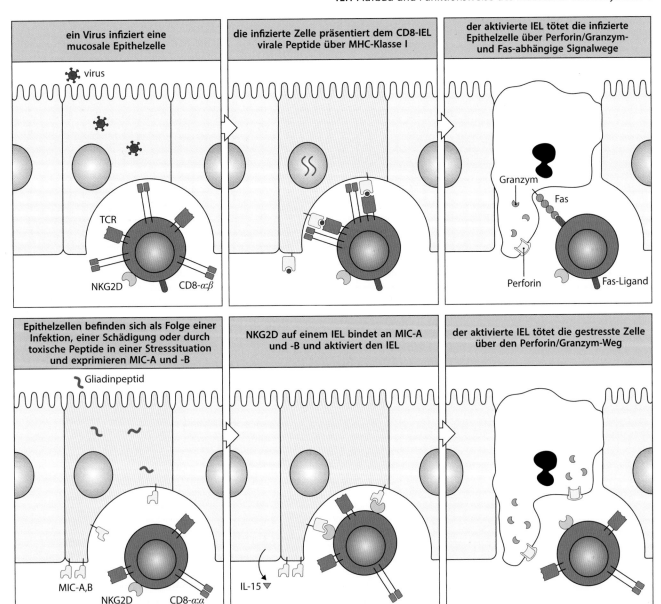

**Abb. 12.14 Effektorfunktionen der intraepithelialen Lymphocyten.** *Oberen Bildreihe*: Die IELs vom Typ a umfassen die konventionellen cytotoxischen CD8-T-Zellen, die Peptide aus Viren oder anderen intrazellulären Krankheitserregern erkennen, wenn sie an klassische MHC-Klasse-I-Moleküle auf infizierten Epithelzellen gebunden sind. Typ-a-IELs exprimieren einen $\alpha{:}\beta$-T-Zell-Rezeptor mit dem CD8$\alpha{:}\beta$-Heterodimer als Corezeptor. Die IELs vom Typ b, die das CD8$\alpha{:}\alpha$-Homodimer tragen (*untere Bildreihe*), erkennen MIC-A und MIC-B über den Rezeptor NKG2D und werden durch IL-15 aktiviert. Epithelzellen des Menschen, die durch eine Infektion, ein verändertes Zellwachstum oder ein toxisches Peptid aus dem Protein $\alpha$-Gliadin (einem Glutenbestandteil) Stress ausgesetzt wurden, steigern die Expression der nichtklassischen MHC-Klasse-I-Moleküle MIC-A und MIC-B und produzieren IL-15. Beide IEL-Typen können durch die Freisetzung von Perforin und Granzymen Zellen töten. Die Apoptose von Epithelzellen kann auch durch die Bindung des Fas-Liganden auf der T-Zelle an Fas auf der Epithelzelle ausgelöst werden

toren, die auch auf NK-Zellen vorkommen. Die Bedeutung dieser Kontrollmechanismen zeigt sich daran, dass eine unpassende oder übermäßige Aktivierung der Typ-b-IELs zu Krankheiten führen kann. So treten beispielsweise bei der **Zöliakie** (*celiac disease*) in größerer Anzahl IEL-Zellen auf, die einen $\gamma{:}\delta$-T-Zell-Rezeptor exprimieren. Zöliakie wird durch eine anormale Immunantwort auf das Weizenprotein Gluten ausgelöst

(Abschn. 14.3.4). Die MIC-A-abhängige Cytotoxizität der intraepithelialen T-Zellen trägt bei dieser Erkrankung zu einer Schädigung des Darms bei, da bestimmte Glutenbestandteile die Produktion von IL-15 durch Epithelzellen stimulieren und die Expression von MIC-A steigern können. Diese Vorgänge führen dazu, dass Epithelzellen wie oben beschrieben durch die aktivierten IELs getötet werden (▶ Abb. 12.14, untere Bildreihe).

Der Ursprung und die Entwicklung der Typ-b-IELs waren früher umstritten und sind beim Menschen noch unerforscht. Viele Typ-b-IELs, die im Gegensatz zu Typ-a-IELs einen $\alpha{:}\beta$-T-Zell-Rezeptor exprimieren, haben anscheinend keine konventionelle positive und negative Selektion durchlaufen (Kap. 8) und exprimieren offensichtlich autoreaktive T-Zell-Rezeptoren. Das Fehlen des CD8$\alpha{:}\beta$-Heterodimers bedeutet jedoch, dass diese T-Zellen für die konventionellen Peptid:MHC-Komplexe nur eine geringe Affinität besitzen, da die CD8$\beta$-Kette stärker an die klassischen MHC-Moleküle bindet als die CD8$\alpha$-Kette. Typ-b-IELs, die einen $\alpha{:}\beta$-T-Zell-Rezeptor exprimieren, können deshalb nicht als autoreaktive Effektorzellen wirken. Diese geringe Affinität für Selbst-MHC-Moleküle ist wahrscheinlich der Grund dafür, dass diese Zellen der negativen Selektion im Thymus entgehen. Sie entwickeln sich jedoch anscheinend in einem Prozess, den man als **Agonistenselektion** bezeichnet. Dabei werden späte doppelt negative/frühe doppelt positive T-Zellen im Thymus von unbekannten Liganden positiv selektiert und unmittelbar danach freigesetzt und zum Darm gelenkt. Hier reifen sie heran und werden von TGF-$\beta$, der von den Epithelzellen erzeugt wird, zur Produktion des CD8$\alpha{:}\alpha$-Homodimers angeregt. Nichtklassische MHC-Moleküle, die vom Darmepithel exprimiert werden, sind ebenfalls für die Reifung der Typ-b-IELs von Bedeutung. Ein Beispiel für diese Art von Selektionsmolekülen ist das **Thymusleukämieantigen** (**TL**), ein weiteres nichtklassisches MHC-Klasse-I-Molekül (▶ Abb. 6.26). Man hat es bei bestimmten Mäusestämmen nachgewiesen, die keine Peptide präsentieren. TL wird von den Zellen des Darmepithels exprimiert und bindet mit hoher Affinität direkt an CD8$\alpha{:}\alpha$.

Typ-b-IELs, die einen $\gamma{:}\delta$-T-Zell-Rezeptor exprimieren, entwickeln sich durch Agonistenselektion ebenfalls im Thymus. Dies ist Bestandteil der „programmierten" Entwicklungswelle der $\gamma{:}\delta$-T-Zellen (▶ Abb. 8.23). Die Expression dieses Rezeptors wird im Thymus von spezifischen Liganden stimuliert und verleiht den Zellen die spezifische Fähigkeit, in das Darmepithel zu wandern, wo sie dann durch den gleichen Agonistenliganden weiter geprägt werden.

Die lokale Differenzierungsereignisse, bei der Typ-b-IELs eine Rolle spielen, sind von dem Cytokin IL-15 abhängig, das als Reaktion auf die Mikroflora produziert und in einem Komplex mit dem IL-15-Rezeptor auf den Epithelzellen den IELs „transpräsentiert" wird. Die Entwicklung der Typ-b-IELs hängt von dem **Arylkohlenwasserstoffrezeptor** (**AhR**) ab, einem Transkriptionsfaktor, der von verschiedenen Liganden aus der Umgebung aktiviert wird, die aus Kohl und anderen Gemüsepflanzen in der Nahrung stammen. Mäuse, die AhR nicht exprimieren, verfügen nur über eine geringe Anzahl von ILC3- und Typ-b-IEL-Zellen. Bei diesen Mäusen kommt es zu einer anormalen Reparatur von Epithelbarrieren, was die Annahme unterstützt, dass diese ungewöhnlichen Lymphocyten bei der angeborenen Immunantwort auf lokale Substanzen im Darm von großer Bedeutung sind.

### Zusammenfassung

Die mucosalen Gewebe des Körpers wie der Darm und die Atemwege werden ständig mit riesigen Mengen von verschiedenen Antigenen konfrontiert. Diese können entweder eindringende Krankheitserreger, harmloses Material wie die Nahrung oder kommensale Organismen sein. Potenzielle Immunantworten gegen diese Antigenbelastung werden von einem eigenen Kompartiment des Immunsystems kontrolliert, dem Immunsystem der Schleimhäute (mucosales Immunsystem). Es ist das größte Kompartiment des Immunsystems im Körper. Zu dessen einzigartigen Merkmalen gehören die speziellen Wege und Prozesse für die Aufnahme und Präsentation von Antigenen, die Nutzung von M-Zellen der Peyer-Plaques für den Transport von Antigenen durch das Epithel sowie retinsäureproduzierende dendritische Zellen, die T- und B-Zellen bei der Aktivierung so prägen, dass sie in den Verdauungstrakt wandern (Homing). Dendritische Zellen fördern auch im normalen

Darm die Entwicklung von FoxP3-positiven $T_{reg}$-Zellen. Mit der Phagocytose von Antigenen tragen geweberesidente Makrophagen des Darms zu diesen regulatorischen Vorgängen bei, indem sie aufgrund ihrer Produktion von IL-10 keine Entzündung hervorrufen. Lymphocyten, die in den mucosaassoziierten lymphatischen Geweben primär geprägt werden (Priming), exprimieren spezifische Homing-Rezeptoren, sodass sie als Effektorzellen bevorzugt an die mucosalen Oberflächen zurückkehren können. Die adaptive Immunantwort in mucosalen Geweben ist gekennzeichnet durch die Produktion von sekretorischen IgA-Dimeren und durch das Auftreten von speziellen Populationen von T-Gedächtnis-/Effektorzellen im Epithel der Lamina propria. CD4-T-Zellen in der Lamina propria produzieren proinflammatorische Cytokine wie IL-17 und IFN-$\gamma$, selbst wenn gar keine erkennbare Infektion vorhanden ist. Dies wird jedoch normalerweise von IL-10-produzierenden $T_{reg}$-Zellen ausbalanciert. IELs zeigen cytolytische Aktivitäten und weitere angeborene Immunfunktionen, die dazu beitragen, dass eine intakte Epithelbarriere erhalten bleibt.

# 12.2 Die mucosale Reaktion auf eine Infektion und die Regulation der Immunantworten

Die wichtigste Funktion der mucosalen Immunantwort ist die Abwehr von Infektionen. Das betrifft alle Formen von Mikroorganismen, Viren bis hin zu vielzelligen Parasiten. Das bedeutet, dass der Körper in der Lage sein muss, ein großes Spektrum von Immunantworten hervorzubringen, die so zugeschnitten sind, dass sie den Besonderheiten der verschiedenen Pathogene Rechnung tragen. Es ist nicht verwunderlich, dass viele Mikroorganismen in der Evolution Mechanismen entwickelt haben, mit denen sie sich an die Wirtsreaktion anpassen und diese unterlaufen. Damit gegenüber Krankheitserregern die geeigneten Reaktionen erfolgen können, muss das mucosale Immunsystem jedes fremde Antigen erkennen und darauf reagieren, darf gegen ein harmloses Antigen (aus der Nahrung oder von den kommensalen Bakterien) aber nicht dieselben Effektorreaktionen entwickeln wie gegen Pathogene. Eine wichtige Funktion des mucosalen Immunsystems besteht darin, das Gleichgewicht zwischen diesen konkurrierenden Anforderungen aufrechtzuerhalten. In diesem Teil des Kapitels wollen wir uns damit beschäftigen, wie das geschieht.

## 12.2.1 Enterische Krankheitserreger verursachen eine lokale Entzündungsreaktion und führen zur Entwicklung eines Immunschutzes

Trotz der zahlreichen Mechanismen der angeborenen Immunität im Verdauungstrakt und der besonders starken Konkurrenz der dort angesiedelten körpereigenen Mikroflora kommt es im Darm häufig zu Infektionen mit einem breiten Spektrum von pathogenen Mikroorganismen. Dazu gehören zahlreiche Viren, enterische Bakterien wie *Vibrio-*, *Salmonella-* und *Shigella*-Arten, Protozoen wie *Entamoeba histolytica* und vielzellige parasitische Helminthen wie Band- und Madenwürmer. Diese Krankheitserreger verursachen auf vielfache Weise Krankheiten und wie überall im Körper müssen die geeigneten Komponenten des angeborenen Immunsystems aktiviert werden, um einen Immunschutz entwickeln zu können.

Die Effektormechanismen des angeborenen Immunsystems können von sich aus die meisten Darminfektionen schnell und ohne dass sie sich bedeutsam jenseits des Darms ausbreiten, beseitigen. Die grundlegenden Eigenschaften dieser Reaktionen in den Epitheloberflächen werden in Abschn. 2.1.2 besprochen. Hier wollen wir uns nur mit den Komponenten beschäftigen, die für den Darm einzigartig oder ungewöhnlich sind (▶ Abb. 12.15). Die Tight Junctions dieser Zellen bilden eine Barriere, die normalerweise

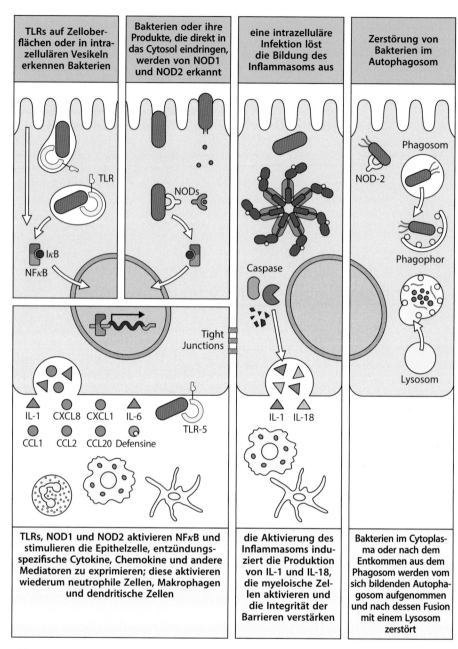

**Abb. 12.15 Epithelzellen spielen bei der angeborenen Immunabwehr gegen Krankheitserreger eine entscheidende Rolle.** In den intrazellulären Vesikeln oder auf der basolateralen oder apikalen Oberfläche der Epithelzellen befinden sich Toll-like-Rezeptoren (TLRs). Diese erkennen dort verschiedene Bestandteile der eindringenden Bakterien. Die Mustererkennungsrezeptoren NOD1 und NOD2 im Cytoplasma erkennen Zellwandpeptide von Bakterien. TLRs und NOD aktivieren NFκB (▶Abb. 3.15), sodass die Epithelzellen CXCL8, CXCL1 (GROα), CCL1 und CCL2 produzieren, die neutrophile Zellen und Makrophagen anlocken; außerdem produzieren die Epithelzellen CCL20, das unreife dendritische Zellen anlockt, sowie die Cytokine IL-1 und IL-6, die Makrophagen aktivieren. Das Inflammasom kann von einer Reihe verschiedener Zellschädigungen aktiviert werden (Abschn. 3.1.9). Das Inflammasom aktiviert die Procaspase 1 und produziert IL-1 und IL-18. Bakterien, die in das Cytoplasma von Epithelzellen eindringen oder aus den Phagosomen in das Cytosol entkommen, können die Autophagie auslösen. Die Organismen werden dann ubiquitiniert, was zur Rekrutierung von Adaptorproteinen führt, die das Phagophor anlocken, sodass ein Autophagosom entsteht. Nach der Fusion mit Lysosomen wird die Fracht im Autophagosom zerstört. Der Rezeptor NOD2 kann ebenfalls die Bildung des Autophagosoms auslösen, indem er direkt an Adaptorproteine bindet, etwa an das mit Morbus Crohn assoziierte Molekül ATGL16L1.

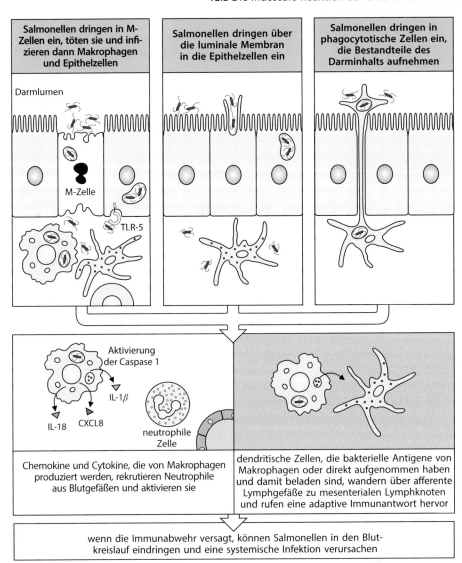

| Salmonellen dringen in M-Zellen ein, töten sie und infizieren dann Makrophagen und Epithelzellen | Salmonellen dringen über die luminale Membran in die Epithelzellen ein | Salmonellen dringen in phagocytotische Zellen ein, die Bestandteile des Darminhalts aufnehmen |

Chemokine und Cytokine, die von Makrophagen produziert werden, rekrutieren Neutrophile aus Blutgefäßen und aktivieren sie

dendritische Zellen, die bakterielle Antigene von Makrophagen oder direkt aufgenommen haben und damit beladen sind, wandern über afferente Lymphgefäße zu mesenterialen Lymphknoten und rufen eine adaptive Immunantwort hervor

wenn die Immunabwehr versagt, können Salmonellen in den Blutkreislauf eindringen und eine systemische Infektion verursachen

**Abb. 12.16** *Salmonella enterica* **Serotyp Typhimurium ist ein bedeutsamer Verursacher von Lebensmittelvergiftungen und kann auf drei Wegen in die Epithelschicht des Darms eindringen.** *Salmonella* Typhimurium heftet sich an die M-Zellen, dringt in sie ein und tötet sie durch Apoptose (*links oben*). Dann infiziert das Bakterium Makrophagen und Epithelzellen des Darms. Der auf der basalen Membran von Epithelzellen exprimierte TLR-5-Rezeptor bindet das Flagellin der Salmonellen und aktiviert so den NFκB-Weg. Nach der Aufnahme in Makrophagen in der Lamina propria induzieren die invasiven Salmonellen die Aktivierung der Caspase 1 und fördern die Produktion von IL-1 und IL-8. Die infizierten Makrophagen produzieren auch CXCL8 und insgesamt rekrutieren diese Mediatoren neutrophile Zellen und aktivieren sie (*links unten*). Salmonellen können auch direkt in die Epithelzellen des Darms eindringen, indem sich die Bakterien mit ihren dünnen, fadenförmigen Fortsätzen (den Fimbrien) an die dem Lumen zugewandte Epitheloberfläche heften (*oben Mitte*). Die zellulären Fortsätze, die einkernige Phagocyten zwischen den Epithelzellen hindurchstrecken, können im Lumen ebenfalls von Salmonellen infiziert werden, wodurch die Epithelschicht sehr effektiv überwunden wird (*oben rechts*). Dendritische Zellen in der Lamina propria können von infizierten Makrophagen infiziert werden und tragen die Bakterien dann zu den ableitenden mesenterialen Lymphknoten, wo die adaptive Immunantwort in Gang gesetzt wird (*unten rechts*). Wenn es in den Lymphknoten nicht gelingt, die Infektion einzudämmen, können Salmonellen auch über den Darm und seine Lymphgewebe hinaus vordringen und eine systemische Infektion hervorrufen

für Makromoleküle und Eindringlinge undurchlässig ist. Die ständige Erzeugung von neuen Epithelzellen aus Stammzellen in den Krypten ermöglicht ebenfalls eine schnelle Reparatur der Barriere nach einer mechanischen Schädigung oder einem Verlust von Zellen. Pathogene haben jedoch Mechanismen entwickelt, mit deren Hilfe sie in diese Barrieren

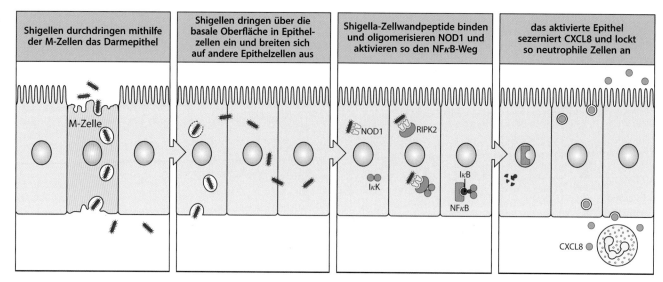

**Abb. 12.17** *Shigella flexneri* **infiziert Darmepithelzellen und verursacht dadurch die Krankheit Ruhr.** *Shigella flexneri* bindet an die M-Zellen und wird auf die andere Seite des Darmepithels transportiert (*erstes Bild*). Die Bakterien infizieren die Darmepithelzellen von der basalen Oberfläche aus und gelangen dabei in das Cytoplasma (*zweites Bild*). Diaminopimelinsäurehaltige Muraminsäuretripeptide in der Zellwand von *Shigella* binden an das Protein NOD1 und oligomerisieren es. Das oligomerisierte NOD1 bindet an die Serin/Threonin-Kinase RIPK2 und aktiviert so den NFκB-Weg (▶ Abb. 3.17). Dadurch werden Gene für Chemokine und Cytokine transkribiert (*drittes Bild*). Die aktivierten Epithelzellen setzen das Chemokin CXCL8 frei, das als Chemoattraktor für neutrophile Zellen fungiert (*viertes Bild*). IκB, Inhibitor von NFκB; IκK, IκB-Kinase

eindringen können. Einige solcher Mechanismen, die von *Salmonella* genutzt werden, sind in ▶ Abb. 12.16 dargestellt, die Mechanismen von *Shigella* in ▶ Abb. 12.17.

Epithelzellen tragen Toll-like-Rezeptoren (TLRs) sowohl auf ihrer apikalen als auch auf der basalen Oberfläche. Dadurch können sie Bakterien im Darmlumen erkennen, aber auch Bakterien, die durch das Epithel hindurchgelangt sind. Darüber hinaus tragen die Epithelzellen in den intrazellulären Vakuolen TLR-Moleküle, die intrazelluläre Pathogene oder extrazelluläre Pathogene und ihre Produkte erkennen, die durch Endocytose in die Zellen aufgenommen wurden. Epithelzellen besitzen auch intrazelluläre Sensoren (Kap. 3) und können reagieren, wenn Pathogene oder ihre Produkte in das Cytoplasma gelangen. Zu diesen Sensoren gehören die Proteine **NOD1** und **NOD2**, die eine **nucleotidbindende Oligomerisierungsdomäne** (NOD) enthalten (Abschn. 3.1.8 und ▶ Abb. 3.17). NOD1 erkennt ein diaminopimelinsäurehaltiges Peptid, das nur in den Zellwänden gramnegativer Bakterien vorkommt. NOD2 erkennt ein Muraminsäuredipeptid, das in den Peptidoglykanen der meisten Bakterien vorkommt. Epithelzellen mit einem NOD2-Defekt können einer Infektion mit intrazellulären Bakterien weniger gut widerstehen. Bei Mäusen, die NOD2 nicht exprimieren, kommt es zu einer erhöhten Translokation von Bakterien durch das Epithel und aus den Peyer-Plaques heraus. Ein Defekt bei der Erkennung der kommensalen Mikroflora durch NOD2 ist anscheinend bei Morbus Crohn von Bedeutung, da bis zu 25 % der Patienten eine Mutation im NOD2-Gen tragen, die das NOD2-Protein funktionslos macht.

Die Oligomerisierung von TLR- oder NOD-Proteinen der Epithelzellen stimuliert die Produktion von Cytokinen, beispielsweise IL-1 und IL-6, und auch die Produktion von Chemokinen, etwa CXCL8, das auf neutrophile Zellen als starker Chemoattraktor wirkt, sowie CCL2, CCL3, CCL4 und CCL5, die wiederum Monocyten, eosinophile Zellen und T-Zellen aus dem Blut anlocken. Stimulierte Epithelzellen erhöhen auch ihre Produktion des Chemokins CCL20, das unreife dendritische Zellen zur Epitheloberfläche lockt (Abschn. 12.1.4 und 12.1.7).

Epithelzellen exprimieren auch Vertreter der Familie der intrazellulären **NOD-like-Rezeptoren** (NLR), beispielsweise gNLRP3, NLRC4 und NLRP6, die **Inflammasomen** bilden können (▶ Abb. 12.15). Wie in Abschn. 3.1.9 besprochen, führt die Bildung eines Inflammasoms zur Aktivierung der Caspase 1, die Pro-IL-1 und Pro-IL-18 spaltet, sodass die aktiven Cytokine entstehen (▶ Abb. 3.19). Beide Cytokine tragen zu Abwehrreaktionen des Epithels gegen das Eindringen von Bakterien bei, indem sie die Integrität der Barriere fördern, wobei sie bei längerem Auftreten Gewebeschäden hervorrufen können.

Erst vor Kurzem hat man erkannt, wie wichtig der Mechanismus der **Autophagie** (deren Beziehung zur Antigenprozessierung in Abschn. 6.1.6 besprochen wurde) für Abwehrreaktionen der Epithelien ist. Dabei nimmt ein im Querschnitt sichelförmiges Fragment einer Doppelmembran, das man als **Isolierungsmembran** oder **Phagophor** bezeichnet, Teile des Cytoplasmas in sich auf und bildet ein vollständiges Vesikel, das **Autophagosom**. Dieses fusioniert mit Lysosomen, sodass der Inhalt abgebaut wird (▶ Abb. 12.15). Wenn die Autophagie gestört ist, können Bakterien nicht wirksam eingedämmt werden und die Epithelzellen stehen unter Stress. Dadurch können Bakterien vermehrt in den Körper eindringen und es kommt zu einer von NFκB hervorgerufenen Entzündung. Die Autophagie wird von den intrazellulären Bakteriensensoren NOD1 und NOD2 stimuliert. Beim Menschen führen Mutationen der ebenfalls mit der Autophagie zusammenhängenden Gene *ATG16L1* und *IRGM1* genauso wie Mutationen im Gen für NOD2 zu einer erhöhten Wahrscheinlichkeit, an Morbus Crohn zu erkranken.

Bestimmte spezialisierte Populationen von Epithelzellen sind für die angeborene Immunabwehr im Darm von besonderer Bedeutung. Die **Paneth-Zellen** kommen nur im Dünndarm vor, wo sie antimikrobielle Peptide wie RegIIIγ und Defensine produzieren, wenn sie mit IL-22 in Kontakt kommen, das von CD4-$T_H$17- oder ILC3-Zellen freigesetzt wird. Sie können auch direkt auf Mikroorganismen reagieren, da sie TLRs und NOD-Rezeptoren exprimieren und stark autophagisch sind. Defekte in der Funktion der Paneth-Zellen führen zu einer geschwächten Abwehr gegen Bakterien und sind wahrscheinlich für die Anfälligkeit von Menschen gegenüber entzündlichen Darmerkrankungen von Bedeutung. Die **Becherzellen** sind eine weitere Art von spezialisierten Epithelzellen; sie produzieren Schleim als Reaktion auf Cytokine der CD4-$T_H$2- oder ILC2-Zellen. Der Schleim ist ein komplexes Gemisch aus stark geladenen Glykoproteinen (Mucinen) und bildet in allen mucosalen Oberflächen einen essenziellen Bestandteil der Immunabwehr. Durch seine Dichte, Ladung und Adhäsivität bildet der Schleim eine ausgezeichnete Barriere gegen das Eindringen von Mikroorganismen und anderen Partikeln, die davon festgehalten werden. Zudem dient der Schleim als Gerüst, das IgA-Antikörper und antimikrobielle Peptide bindet, die von dem Epithel in das Lumen freigesetzt werden. Schleim dient zudem als Gleitmittel, sodass darin festgehaltenes Material durch die normale Peristaltik einfach ausgeschieden werden kann. Im Darm besteht der Schleim aus zwei Schichten, aus einer äußeren, aufgelockerten Schicht und einer inneren, viel dichteren Schicht, die vor allem im Dickdarm vorkommt. Bakterien können die aufgelockerte Schleimschicht zwar durchdringen, werden aber normalerweise von der inneren, dichten Schicht von den Oberflächen der Epithelzellen ferngehalten. Defekte in dieser Struktur beeinträchtigen die antimikrobielle Abwehr.

Wie bereits besprochen, enthält die Darmschleimhaut auch viele Zellen des angeborenen Immunsystems, die schnell auf eine Infektion reagieren können. Zu diesen gehören Makrophagen, Eosinophile, Mast-, ILC-, MAIT-, NKT- und γ:δ-T-Zellen.

## 12.2.2 Krankheitserreger induzieren adaptive Immunantworten, sobald die angeborenen Abwehrmechanismen überwunden wurden

Wenn pathogene Bakterien und Viren in den Subepithelialraum gelangen, können sie mit TLRs auf Entzündungszellen in den darunterliegenden Geweben in Wechselwirkung treten.

Zusammen mit der Kaskade der Entzündungsmediatoren führt das zu einer erheblichen Veränderung der Umgebung in der Schleimhaut und zu einem anderen Verhalten der lokalen antigenpräsentierenden Zellen, etwa der dendritischen Zellen. Wie in Abschn. 9.1.8 beschrieben, exprimieren aktivierte dendritische Zellen große Mengen an costimulierenden Molekülen und Cytokinen, etwa IL-1, IL-6, IL-12 und IL-23, und fördern die Entwicklung von T-Effektorzellen. Dendritische Zellen, die in den Peyer-Plaques aktiviert werden, wandern in die T-Zell-Zonen ihrer Plaques. Andererseits wandern dendritische Zellen, die in der Lamina propria auf Antigene treffen, von CCR7 gesteuert in die mesenterialen Lymphknoten. Die auf diese Weise aktivierten T-Effektorzellen exprimieren unter dem Einfluss von Retinsäure darmspezifische Homing-Moleküle wie $\alpha_4{:}\beta_7$ und CCR9, sodass sie sicher in die Darmwand zurückkehren, um dann dort auf eindringende Organismen zu treffen. Entsprechend werden in den Peyer-Plaques und den mesenterialen Lymphknoten IgA-produzierende B-Lymphocyten erzeugt. Daraus gehen Plasmazellen hervor, die sich in der Lamina propria ansammeln. Die Sekretion von IgA in das Lumen wird als Reaktion auf eine Infektion verstärkt, da die pIgR-Expression durch TLR-Liganden und proinflammatorische Cytokine erhöht wird. Bei einigen Infektionen kommen jetzt auch IgG-Antikörper in den Darmsekreten vor; diese stammen jedoch aus dem Serum. Dafür notwendig ist, dass eingedrungene Organismen in die systemischen Immungewebe gelangen.

Die aktivierten myeloischen Zellen, die in der entzündeten Schleimhaut auftreten, tragen ebenfalls dazu bei, die Funktionen der T- und B-Effektorzellen aufrechtzuerhalten, nachdem sie in der Schleimhaut angekommen sind. Die von soeben eingetroffenen Monocyten produzierten Cytokine IL-1 und IL-6 sind von großer Bedeutung, um das Überleben und die Funktionen der lokalen $T_H$17-Zellen zu stabilisieren. Proinflammatorische myeloische Zellen produzieren ebenfalls Mediatoren wie IL-6, TNF-$\alpha$ und Stickstoffmonoxid, die zum IgA-Isotypwechsel und zu einer sekundären Vermehrung der mucosalen B-Zellen beitragen.

## 12.2.3 Die Reaktionen der T-Effektorzellen im Darm schützen die Epithelfunktion

Nach ihrer Aktivierung verhalten sich die T-Effektorzellen, die sich im Darm ansammeln, wie ihre Gegenstücke in den übrigen Körperregionen, indem sie Cytokine produzieren und cytolytische Aktivitäten entwickeln, die für das jeweilige Pathogen angemessen sind. Der Unterschied besteht darin, dass die schützende Immunantwort im Darm darauf ausgerichtet und zugeschnitten ist, dass die Integrität und Funktion der Epithelbarriere erhalten bleibt. Das wird, abhängig von der Art des Krankheitserregers, auf verschiedene Weise erreicht. Bei Virusinfektionen töten die cytotoxischen CD8-T-Zellen, die zu den intraepithelialen Lymphocyten gehören, infizierte Epithelzellen (▶ Abb. 12.14) und bewirken, dass diese durch nichtinfizierte Zellen ersetzt werden, die aus den sich schnell teilenden Stammzellen in den Krypten hervorgehen. Bei anderen Formen der schützenden Immunantworten kann es zu einem ähnlichen Prozess kommen. Dabei stimulieren Cytokine von CD4-T-Effektorzellen direkt die Teilung von Epithelzellen. Dadurch werden infizierte Zellen schneller ersetzt und es entsteht ein „bewegliches Ziel" für Organismen, die versuchen, sich an die Epitheloberfläche zu heften. Ein Beispiel für ein Cytokin dieser Art ist IL-13, das bei einer Infektion durch Parasiten von den $T_H$2-Zellen (und ILC2-Zellen) produziert wird. IL-22, das von $T_H$17-Zellen gebildet wird, trägt neben der Fähigkeit, die Produktion antimikrobieller Peptide durch die Paneth-Zellen zu stimulieren, zur Abwehr von extrazellulären Bakterien und Pilzen bei. Dabei werden die Tight Junctions zwischen den Epithelzellen verstärkt, sodass die Barriere stabil bleibt. Für den Schutz der Epithelbarriere ist auch der Schleim von zentraler Bedeutung. Die Schleimproduktion der Becherzellen wird durch die Cytokine IL-13 und IL-22 der CD4-T-Zellen erhöht, außerdem durch Produkte der Mastzellen und anderer angeborener Effektorzellen, die von T-Zellen rekrutiert werden. Darüber hinaus können diese und andere Mediatoren die Peristaltik und die Flüssigkeitsabsonderung des Darms verstärken, sodass Pathogene im Darmlumen ausgewaschen werden. Diese Vorgänge sind insgesamt darauf ausgerichtet, eine für die Pathogene feindliche und instabile Umgebung zu erzeugen, sodass sie die Epithelbarriere weniger gut angreifen und ihr schaden können.

|  | Immun-schutz | mucosale Toleranz |
|---|---|---|
| Antigen | invasive Bakterien, Viren, Toxine | Nahrungs-proteine, kommensale Bakterien |
| primäre Ig-Produktion | Darm-IgA, spezifische Antikörper im Serum | etwas lokales IgA, wenig oder keine Antikörper im Serum |
| primäre T-Zell-Reaktion | lokale und syste-mische T-Effektor-zellen und T-Ge-dächtniszellen | keine lokale Reaktion der T-Effektorzellen |
| Reaktion auf erneu-ten Antigen kontakt | verstärkte Reaktion (der Gedächtnis-zellen) | schwache oder keine oder systemische Reaktion |

**Abb. 12.18 Das Priming und die Toleranz sind verschiedene Ergebnisse eines Antigenkontakts im Darm.** Das Immunsystem des Verdauungstrakts erzeugt einen Immunschutz gegen Antigene, die bei Infektionen mit pathogenen Organismen dargeboten werden. IgA-Antikörper werden lokal produziert, im Serum werden IgG und IgA gebildet und die geeigneten T-Effektorzellen werden im Darm und an anderer Stelle aktiviert. Wenn es zu einem erneuten Kontakt mit demselben Antigen kommt, ist es das effektive immunologische Gedächtnis, das einen schnellen Immunschutz gewährleistet. Antigene aus Nahrungsproteinen lösen eine lokale und systemische Toleranz aus, durch die es nur zu einer geringen oder zu überhaupt keiner Produktion von IgA-Antikörpern kommt. T-Zellen werden nicht aktiviert und weitere Reaktionen auf diesen Antigenkontakt werden unterdrückt. In Bezug auf die kommensalen Bakterien kann es zu einer geringen IgA-Produktion kommen, aber es entwickeln sich keine systemischen Antikörperreaktionen, und T-Effektorzellen werden nicht aktiviert

## 12.2.4 Das mucosale Immunsystem muss die Toleranz gegenüber harmlosen körperfremden Antigenen aufrechterhalten

Antigene aus der Nahrung und von kommensalen Bakterien lösen normalerweise keine entzündliche Immunantwort aus, obwohl für sie keine zentrale Toleranz besteht (▶ Abb. 12.18). Die Umgebung des mucosalen Immunsystems ist in sich tolerogen. Dies stellt eine Barriere dar für nichtlebende Impfstoffe, die lokale regulatorische Mechanismen überwinden müssen. Nahrungsproteine werden im Darm nicht vollständig verdaut; nicht vernachlässigbare Mengen werden in einer immunologisch relevanten Form durch Absorption in den Körper aufgenommen. Die Standardreaktion auf die orale Aufnahme eines Proteinantigens ist die Entwicklung eines Phänomens, das man als **orale Toleranz** bezeichnet. Dabei handelt es sich um eine Form der **peripheren Toleranz**, die dazu führt, dass das systemische und das mucosale Immunsystem auf dasselbe Antigen relativ unempfindlich reagieren. Das lässt sich im Experiment zeigen, indem man Mäuse mit einem fremden Protein, beispielsweise Ovalbumin, füttert (▶ Abb. 12.19). Wenn den Tieren dann dieses Antigen auf einem nichtmucosalen Weg verabreicht wird, etwa durch eine Injektion in die Haut oder in das Blut, ist die zu erwartende Immunantwort stark geschwächt. Diese Unterdrückung der systemischen Immunantwort erfolgt langfristig und antigenspezifisch: Reaktionen auf andere Antigene sind davon nicht betroffen. Eine ähnliche Unterdrückung einer späteren Immunantwort lässt sich nach der Verabreichung von Proteinen in die Atemwege beobachten. Daraus leitete man für die normale Reaktion auf solche Antigene, die über eine Schleimhautoberfläche in den Körper gelangen, den Begriff der **mucosalen Toleranz** ab. Wenn man einem Menschen Proteinantigene verabreicht, zu denen er noch keinen Kontakt hatte, lassen sich systemische T-Zell-Reaktionen unterdrücken.

Die orale Toleranz kann alle Elemente der peripheren Immunantwort beeinflussen, beispielsweise die T-Zell-abhängigen Effektorreaktionen und die IgE-Produktion. Reaktionen der T-Effektorzellen in den Schleimhäuten werden durch die orale Toleranz ebenfalls abgeschwächt, wobei man bei Menschen geringe Mengen von IgA-Antikörpern nachweisen kann, die gegen Proteine aus der Nahrung gerichtet sind, aber nicht zu einer Entzündung führen.

Wahrscheinlich sind für die orale Toleranz gegenüber Proteinantigenen mehrere verschiedene Mechanismen verantwortlich, beispielsweise Anergie, die Ausdünnung antigenspezifischer T-Zellen und die Entwicklung regulatorischer T-Zellen, die in den mesenterialen Lymphknoten ausgelöst wird. So werden dann durch Retinsäure und TGF-$\beta$, die von wandernden dendritischen Zellen (Abschn. 12.1.7) produziert werden, antigenspezifische FoxP3-positive $T_{reg}$-Zellen gebildet, die in den Darm zurückkehren. Man weiß zwar, dass diese Vorgänge für die Unterdrückung von systemischen Immunantworten essenziell sind, aber die Mechanismen, die für diese Kopplung zwischen mucosalem und peripherem Immunsystem verantwortlich sind, kennt man noch nicht. Gelegentlich kann die orale Toleranz auch versagen, wie bei der Zöliakie (Abschn. 14.3.4) oder bei Allergien gegen Erdnüsse (Abschn. 14.2.5 und 14.2.7) vermutet wird.

Mithilfe der mucosalen Toleranz lassen sich Entzündungskrankheiten zwar in experimentellen Tiermodellen für Diabetes mellitus, Arthritis und Encephalomyelitis unterdrücken, aber klinische Studien am Menschen waren weniger erfolgreich. Hier werden inzwischen andere Therapieformen bevorzugt, etwa mit monoklonalen Antikörpern (Kap. 16).

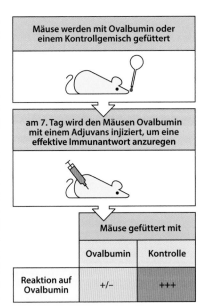

| Mäuse werden mit Ovalbumin oder einem Kontrollgemisch gefüttert | | |
|---|---|---|
| am 7. Tag wird den Mäusen Ovalbumin mit einem Adjuvans injiziert, um eine effektive Immunantwort anzuregen | | |
| | Mäuse gefüttert mit | |
| | Ovalbumin | Kontrolle |
| Reaktion auf Ovalbumin | +/– | +++ |

**Abb. 12.19 Durch orale Verabreichung von Antigenen im Experiment kann sich diesen gegenüber eine Toleranz entwickeln.** Mäuse werden zwei Wochen lang mit 25 mg des Versuchsproteins Ovalbumin oder als Kontrolle mit einem zweiten Protein gefüttert. Sieben Tage später werden den Mäusen das Ovalbumin und ein Adjuvans subcutan injiziert. Nach zwei Wochen bestimmt man die Serumantikörper und die T-Zell-Funktion. Mäuse, die mit Ovalbumin gefüttert worden sind, zeigen eine schwächere ovalbuminspezifische systemische Immunantwort als die Mäuse, die mit dem Kontrollprotein gefüttert wurden

## 12.2.5 Der normale Darm enthält große Mengen an Bakterien, die für die Gesundheit notwendig sind

Die Oberflächen des gesunden Körpers werden von einer großen Zahl von Mikroorganismen besiedelt, die man auch als **Mikrobiota** oder **Mikrobiom** bezeichnet. Diese Mikroflora besteht vor allem aus Bakterien, enthält aber auch Archaeen, Viren, Pilze und Protozoen. Der Darm ist das größte Reservoir dieser Organismen, wobei alle übrigen mucosalen Gewebe ihre eigenen speziellen Populationen von Mikroorganismen beherbergen. Wir alle besitzen über 1000 Spezies von kommensalen Bakterien in unserem Darm, die meisten davon im Dickdarm und im unteren Ileum. Viele dieser Spezies lassen sich nicht in Kultur vermehren, ihre genauen Zahlen und Identitäten werden erst jetzt allmählich mithilfe von Sequenzierungsmethoden mit hohem Durchsatz erforscht. Beim Menschen gibt es mehrere vorherrschende Phyla von Bakterien sowie die Archaeen. Das sind in abnehmender Anzahl Firmicutes, Bacteroidetes, Proteobacteria, Actinobacteria und Archaea. Es gibt mindestens $10^{14}$ dieser Mikroorganismen, die zusammen etwa 1 kg wiegen. Die Mikroflora des Darms lebt mit uns normalerweise in einer gegenseitig vorteilhaften oder **symbiontischen** Beziehung, die man als **Mutualismus** bezeichnet. Die Beziehung hat sich beim Menschen im Verlauf von vielen Jahrtausenden etabliert und zusammen mit den Vertebraten im Verlauf der Evolution gemeinsam entwickelt. Das hat dazu geführt, dass sich die Populationen dieser Mikroorganismen, die man in den verschiedenen systematischen Gruppen der Tiere vorfindet, voneinander unterscheiden und jeweils an ihre eigenen Wirte hochgradig angepasst sind.

Die Darmflora besitzt eine wichtige Funktion für die Aufrechterhaltung der Gesundheit. Die Organismen wirken beim Metabolismus der Nahrungsbestandteile wie der Cellulose mit, sie bauen Toxine ab und produzieren essenzielle Cofaktoren wie Vitamin $K_1$. Kurzkettige Fettsäuren (*short chain fatty acids*, SCFAs) wie Acetat, Proprionat und insbesondere **Butyrat** werden von kommensalen Bakterien gebildet, die Kohlenhydrate der Nahrung anaerob metabolisieren, und sind eine wichtige Energiequelle für die Enterocyten im Dickdarm, da diese Produkte als Substrate in den Citratzyklus eingehen. Durch chirurgische Eingriffe wie eine Ileostomie (Anlegen eines künstlichen Ausgangs des Ileums zur Hautoberfläche) wird der normale Fluss der Fäzes durch den Dickdarm unterbrochen. Das kann zu einer **Diversionscolitis** führen, bei der die Enterocyten, die einem Mangel an SCFAs ausgesetzt sind, Entzündungen und Nekrosen hervorrufen. Wenn man den betroffenen Dickdarmabschnitt mit SCFAs versorgt, lässt sich dieser Zustand rückgängig machen. Eine weitere wichtige Eigenschaft der kommensalen Organismen besteht darin, dass sie die Fähigkeit von pathogenen Bakterien beeinträchtigen, in den Darm einzudringen und diesen zu besiedeln, vor allem durch die Konkurrenz um Lebensraum und Nährstoffe. Sie können auch proinflammatorische Signalwege direkt unterdrücken, die Pathogene in den Epithelzellen auslösen und die für ein Eindringen ins Gewebe notwendig sind. Wenn das Gleichgewicht zwischen den verschiedenen Bakterienspezies der Mikroflora gestört wird (**Dysbiose**), erhöht sich die Anfälligkeit für eine Reihe verschiedener Krankheiten (Abschn. 12.2.7 und 12.2.8).

Die Schutzfunktion der kommensalen Mikroflora zeigt sich besonders drastisch an den Nebenwirkungen von Breitbandantibiotika. Diese Antibiotika können die kommensalen Darmbakterien in großer Zahl abtöten und erzeugen dadurch eine ökologische Nische für Bakterien, die normalerweise nicht in der Lage wären, erfolgreich im Darm zu bestehen. Ein Beispiel für ein Bakterium, das sich nach einer Antibiotikabehandlung im Darm vermehren kann, ist *Clostridium difficile* ( ► Abb. 12.20). Dieser Mikroorganismus stellt in Ländern, in denen Breitbandantibiotika vielfach angewendet werden, zunehmend ein Problem dar. Es produziert Toxine, die schweren Durchfall und Schädigungen der Schleimhaut hervorrufen. Durch Übertragung von Fäzes einer gesunden Person lässt sich eine Infektion mit *C. difficile* behandeln.

Die Bedeutung der lokalen Abwehrmechanismen gegen kommensale Bakterien für die Gesundheit zeigt sich bei Experimenten mit Tieren, denen einer oder mehrere der beteiligten Faktoren fehlen. So dringen bei Mäusen, die keine sekretorischen Antikörper exprimieren, kommensale Bakterien in größerer Zahl in die Darmschleimhaut ein und breiten sich jenseits der ableitenden Lymphgewebe aus. Auch die Zusammensetzung der Mikroflora ist bei diesen Mäusen verändert, die Anzahl der Bakterien nimmt zu, die Vielfalt der Spezies nimmt hingegen ab. Eine ähnliche Dysbiose hat man bei Mäusen festgestellt, die keine regulatorischen $FoxP3^+$-T-Zellen oder eosinophilen Zellen besitzen.

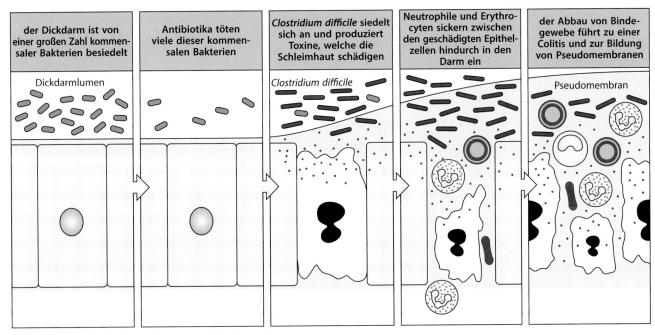

| der Dickdarm ist von einer großen Zahl kommensaler Bakterien besiedelt | Antibiotika töten viele dieser kommensalen Bakterien | *Clostridium difficile* siedelt sich an und produziert Toxine, welche die Schleimhaut schädigen | Neutrophile und Erythrocyten sickern zwischen den geschädigten Epithelzellen hindurch in den Darm ein | der Abbau von Bindegewebe führt zu einer Colitis und zur Bildung von Pseudomembranen |

**Abb. 12.20 Infektion mit *Clostridium difficile*.** Die Behandlung mit Antibiotika führt zu einem massiven Absterben der kommensalen Bakterien, die normalerweise den Dickdarm besiedeln. Dadurch können sich pathogene Bakterien vermehren und eine ökologische Nische besetzen, die normalerweise von harmlosen kommensalen Bakterien belegt ist. *C. difficile* ist ein Beispiel für einen Krankheitserreger, dessen Toxine bei Patienten, die mit Antibiotika behandelt wurden, schwere, blutige Durchfälle verursachen können

## 12.2.6 Das angeborene und das adaptive Immunsystem kontrollieren die Mikroflora und verhindern Entzündungen, ohne dass die Fähigkeit zur Reaktion auf Eindringlinge beeinträchtigt ist

Trotz ihrer vorteilhaften Wirkung stellen die kommensalen Bakterien eine potenzielle Bedrohung dar. Das zeigt sich dann, wenn das Darmepithel geschädigt ist. In solchen Fällen können normalerweise harmlose Bakterien wie das nichtpathogene Bakterium *Escherichia coli* die Schleimhaut durchqueren, in den Blutkreislauf eindringen und eine gefährliche systemische Infektion hervorrufen. Das Immunsystem des Darms muss also eine bestimmte Form von Reaktion aufrechterhalten, um die kommensalen Mikroorganismen zu kontrollieren (▶ Abb. 12.21). Da unangebrachte Reaktionen zu einer chronischen Entzündung und zu einer Schädigung des Darms führen können, muss das Immunsystem die Erkennung der kommensalen Bakterien und die Reaktionen darauf mit der Abwendung von Gewebeschäden aufgrund einer Entzündung in einem Gleichgewicht halten. Kommensale Bakterien lösen antigenspezifische Reaktionen aus, die das lokale Gleichgewicht zwischen Wirt und Mikroflora aufrechterhalten und größtenteils allein auf den Darm begrenzt sind. Anders als lösliche Antigene aus der Nahrung können kommensale Bakterien im Immunsystem keinen Zustand der systemischen Reaktionslosigkeit hervorrufen. Wenn diese Organismen in den Blutkreislauf gelangen, können sie eine normale systemische Immunantwort auslösen.

Die Erkennung der Mikroflora durch das adaptive Immunsystem beruht auf der Aufnahme und dem intrazellulären Transport der Mikroorganismen durch lokale dendritische Zellen, die in den Peyer-Plaques bleiben oder nicht weiter als bis zum nächsten mesenterialen Lymphknoten wandern (▶ Abb. 12.21), der dafür sorgt, dass sich die Mikroflora nicht weiter ausbreitet. Da kommensale Bakterien nicht invasiv sind, werden dendritische Zellen von ihnen nicht vollständig aktiviert und induzieren eine genau ausbalancierte Reaktion mit sekretorischen IgA-Antikörpern, die in die Darmsekrete gelangen und gegen kommensale Bakterien gerichtet sind. Anscheinend sind bis zu 50 % der kommensalen Bakterien im Darmlumen mit IgA bedeckt (▶ Abb. 12.21). Dadurch ist ihre Fähigkeit eingeschränkt, sich an das Epithel zu heften und dort einzudringen. Darüber hinaus kann das Einhüllen der Mikroflora mit sIgA deren Genexpression verändern. Viele der in großer Zahl differenzierten $T_H1$- und $T_H17$-Zellen, die im gesunden Darm vorkommen, sind ebenfalls gegen die Mikroflora gerichtet. Diese Zellen produzieren Mediatoren, die die Beseitigung von Bakterien durch Makrophagen und Epithelzellen unterstützen, aber das Risiko mit sich bringen, eine Entzündung und damit einhergehende Schäden hervorzurufen. Dazu kommt es jedoch nicht, da im Darm IL-10 vorhanden ist, das von $T_H17$-Zellen und regulatorischen FoxP3+-Zellen erzeugt wird, die sich in der Mucosa befinden. Die $T_H17$-Zellen und die regulatorischen FoxP3+-Zellen im Darm können in Keimzentren der Peyer-Plaques eintreten und die Funktionen von follikulären T-Helferzellen annehmen, was zu einem selektiven IgA-Isotypwechsel führt.

Zudem sind die auf kommensalen Bakterien vorkommenden Endotoxine anscheinend für eine Neutralisierung durch Enzyme im Darm, wie die alkalische Phosphatase, ungewöhnlich empfindlich, was auch zu einer Abschwächung der Immunantwort führt. Wenn kom-

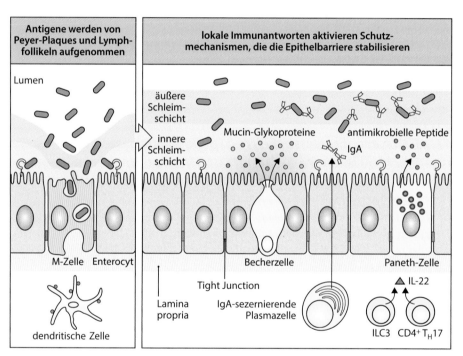

**Abb. 12.21 Mehrere lokale Prozesse führen zu einer ausgeglichenen Homöstase zwischen Wirt und Mikroflora.** Die kommensalen Bakterien im Darmlumen gelangen über die M-Zellen in Kontakt mit dem Immunsystem. Antigene werden in Peyer-Plaques und isolierten Follikeln von dendritischen Zellen unter nichtentzündlichen Bedingungen aufgenommen (*links*). Die Präsentation dieser Antigene führt zur Entwicklung von B-Zellen, die nach einem Isotypwechsel IgA-Antikörper produzieren. Diese B-Zellen siedeln sich in der Lamina propria als IgA-produzierende Plasmazellen an (*rechts*). IgA bindet dann an die kommensalen Bakterien und verändert deren Genexpression, sodass sie nur noch eingeschränkt Zugang zum Epithel haben und die Bindung an die Oberfläche blockiert ist. Dicke Schichten aus Schleim unterstützen diese Unzugänglichkeit des Epithels noch. Der Schleim enthält zudem Mucinglykoproteine, die antibakterielle Eigenschaften besitzen. Darüber hinaus regt die Stimulation von Mustererkennungsrezeptoren auf den Paneth-Zellen die Produktion von antimikrobiellen Peptiden an, beispielsweise von RegIIIγ, und Defensinen (Abschn. 2.1.4). Die Paneth-Zellen werden auch durch IL-22 stimuliert, das von CD4-$T_H17$- oder ILC3-Zellen freigesetzt wird. IL-22 verstärkt auch die Epithelbarriere. Phagocytotische Makrophagen, die sich unmittelbar unter dem Epithel befinden, können Bakterien, die durch die Oberfläche gelangen, aufnehmen und abtöten

mensale Bakterien das Epithel in geringer Anzahl durchqueren, bedeutet die Abwesenheit von Virulenzfaktoren, dass sie der Aufnahme und dem Abtöten durch phagocytotischen Zellen nicht widerstehen können und schnell zerstört werden. Anders als bei den übrigen Geweben führt die Aufnahme von kommensalen Bakterien in den Darm nicht zu einer Entzündung. Wenn Makrophagen nicht auf die inhibitorische Wirkung von IL-10 reagieren können, entwickelt sich im Darm eine spontane Entzündung. Die eosinophilen Zellen im gesunden Darm unterstützen den antigenspezifischen Isotypwechsel zu IgA, indem sie die Faktoren APRIL, IL-6 und TGF-$\beta$ produzieren, wenn sie mit kommensalen Mikroorganismen in Kontakt kommen (Abschn. 12.1.11). Die kommensalen Organismen assoziieren deshalb mit der Oberfläche der Schleimhaut, ohne einzudringen oder eine Entzündung hervorzurufen. Diese Symbiose umfasst viele angeborene und adaptive Immuneffektorzellen, die normalerweise mit chronischen Entzündungen in Zusammenhang stehen, im Darm jedoch einen Zustand hervorrufen, den man gelegentlich als **physiologische Entzündung** bezeichnet.

## 12.2.7 Die Mikroflora im Darm spielt bei der Ausformung der darmspezifischen und systemischen Immunfunktion die Hauptrolle

Kommensale Bakterien und ihre Produkte sind für die normale Entwicklung des Immunsystems von entscheidender Bedeutung. Dieser Effekt lässt sich anhand von Untersuchungen mit **keimfreien (gnotobiotischen)** Tieren veranschaulichen, bei denen keine Besiedlung des Darms durch Mikroorganismen stattgefunden hat. Diese Tiere zeigen eine starke Verkleinerung aller peripheren lymphatischen Organe, geringe Immunglobulinspiegel im Serum, eine geringere Zahl gereifter T-Zellen und deutlich schwächere Immunantworten, insbesondere bei den $T_H$1- und $T_H$17-Reaktionen. Diese Mäuse neigen dazu, $T_H$2-Reaktionen mit IgE-Antikörpern zu entwickeln, und sie sind für bestimmte Krankheiten anfälliger, etwa für Diabetes mellitus Typ 1. Die Peyer-Plaques im Darm entwickeln sich nicht normal und die isolierten Lymphfollikel fehlen ganz. Keimfreie Mäuse zeigen auch eine stark verringerte Anzahl von T-Lymphocyten und ILC-Zellen in der Lamina propria und im Epithel, außerdem fast vollständig fehlende IgA-sezernierende Plasmazellen und weniger Mediatoren der lokalen Immunität, wie antimikrobielle Peptide, Retinsäure, IL-7, IL-22, IL-25, IL-33 und TSLP. Andererseits kommen im keimfreien Darm invariante NKT-Zellen in größerer Anzahl vor und tragen wahrscheinlich zum $T_H$2-Überhang bei, der bei keimfreien Tieren festzustellen ist.

Die Wirkung der Mikroflora im Darm reicht weit über den Darm hinaus (▶ Abb. 12.22). So treten beispielsweise einige Autoimmunkrankheiten bei keimfreien Tieren häufiger auf. Bei einem genetischen Modell für Diabetes mellitus Typ 1 verstärken sich die Symptome im keimfreien Zustand. Die Zusammensetzung der Mikroflora beeinflusst die Anfälligkeit für viele verschiedene immunologische Erkrankungen, Stoffwechselstörungen (beispielsweise Fettleibigkeit), Krebs, Herz-Kreislauf-Erkrankungen und selbst psychische Erkrankungen. Die Grundlagen für diese Zusammenhänge sind nicht bekannt und man konnte nur wenige individuelle kommensale Spezies bestimmten Krankheiten zuordnen. Einige betroffene Patienten weisen jedoch tatsächlich eine ungewöhnliche Zusammensetzung der wichtigsten Bakterien auf, die normalerweise die Mikroflora ausmachen. Dies ist eine Form von **Dysbiose**, wie wir sie auch schon in Abschn. 12.2.5 kennengelernt haben. In Versuchstiermodellen lässt sich eine Krankheitsanfälligkeit übertragen, indem man Darmbakterien von einem erkrankten Tier auf ein gesundes überträgt. Das stützt die Vorstellung, nach der eine Veränderung der Mikroflora ein ausschlaggebender Faktor sein kann und nicht das Symptom einer bereits existierenden Krankheit. Diese Beobachtung spricht auch für die Anwendung von Probiotika, die aus einem besonderen Gemisch von lebenden Bakterien und Hefen bestehen, die als vorteilhaft angesehen werden. Ihre Anwendung kann die Mikroflora im Darm verändern, um dadurch Krankheiten vorzubeugen und die Gesundheit zu fördern, wobei hier allerdings in Bezug auf die mögliche positive Wirkung noch vieles unerforscht ist.

| **Fernwirkung der Mikroflora** |
|---|
| Verringerung von IgE- und $T_H$2-Reaktionen |
| Zunahme der $T_{reg}$-Zellen |
| Verstärkung des Knochenumbaus |
| Kohlenhydrat/Lipid-Stoffwechsel |
| Insulinempfindlichkeit |
| Myelopoese |
| Hypothalamus-Hypophysen-Nebennierenrinden-Achse |

| **Beeinflussung von Erkrankungen** |
|---|
| Arthritis |
| experimentelle auto-immune Encephalomyelitis |
| entzündliche Darmkrankheit |
| Atopie, Asthma |
| Stoffwechselerkrankungen |
| Herz-Kreislauf-Erkrankungen |
| Diabetes mellitus Typ 1 (reduziert durch Mikroflora) |

**Abb. 12.22 Auswirkungen der Mikroflora auf Krankheiten und die systemische Immunfunktion.** Das Vorhandensein und die Zusammensetzung der Mikroflora wirken sich in vielfacher Weise auf die Funktion des Immunsystems und auf andere Körpergewebe aus. Einige der Effekte sind wahrscheinlich sekundäre Auswirkungen der Vorgänge in der Mucosa, andere hingegen sind wahrscheinlich eine Folge davon, dass Produkte der Mikroorganismen im Darm von dort in den Blutkreislauf gelangen können. Außerdem weiß man, dass die Mikroflora in vielen Fällen beim Menschen und bei Versuchstieren die Anfälligkeit für ein breites Spektrum von Krankheiten beeinflussen kann

Teil IV

An den Auswirkungen der Mikroflora sind anscheinend viele verschiedene Mechanismen beteiligt (▶ Abb. 12.23). Die Quervernetzung von Toll-like- und NOD-like-Rezeptoren ist zweifellos für viele der lokalen Effekte auf Epithelzellen und myeloische Zellen von Bedeutung. Flagellin, das auf vielen Bakterienspezies im Darm vorkommt, kann TLR-5 auf mucosalen CD11b-exprimierenden dendritischen Zellen stimulieren, sodass die Produktion von IL-6 und IL-23 angeregt wird und $T_H17$- und IgA-Reaktionen gefördert werden. Es gibt auch Beispiele für bestimmte Bakterienspezies, die sich in spezifischer Weise auf die Immunfunktion auswirken. Die Besiedlung von Mäusen mit **segmentierten filamentösen Bakterien** (SFBs) führt zu einer erhöhten IgA-Produktion, einer verstärkten Ansammlung von IEL-Zellen und einer Vermehrung der $T_H17$-Effektorzellen im Darm (▶ Abb. 12.23). Die Umwandlung von Tryptophan aus der Nahrung durch Lactobazillen in **Kynureninmetaboliten** kann den Arylkohlenwasserstoffrezeptor (Abschn. 12.1.14) aktivieren und die IL-22-Produktion durch ILC3-Zellen steigern. Polysaccharid A (PSA) von *Bacteroides fragilis* stimuliert die Differenzierung von $T_{reg}$-Zellen über einen TLR-2-abhängigen Mechanismus. Außerdem stimulieren mehrere *Clostridium*-Spezies die Entwicklung von regulatorischen FoxP3⁺-T-Zellen im Dickdarm, möglicherweise indem eine mit TGF-$\beta$ angereicherte Umgebung erzeugt wird und kurzkettige Fettsäuren (SCFAs) produziert werden. Die Mechanismen, durch die die SCFAs die Funktionen der Immunzellen direkt beeinflussen, sind zurzeit noch unbekannt. Bis jetzt hat man nur wenige spezifische Organismen identifiziert, für die sich die Auswirkungen einer Dysbiose auf Krankheiten des Menschen erklären lassen. Allerdings hat man festgestellt, dass bestimmte Spezies von *E. coli*, die man insgesamt als **enteroadhäsive** *Escherichia coli* bezeichnet, bei Patienten mit Morbus Crohn vorherrschend sind. Vor Kurzem durchgeführte Untersuchungen haben zudem gezeigt, dass *Prevotella copri* bei einer Reihe von Patienten mit einer Erstdiagnose auf rheumatoide Arthritis vermehrt auftritt. Hier ist aber noch viel Forschungsarbeit notwendig, um diese

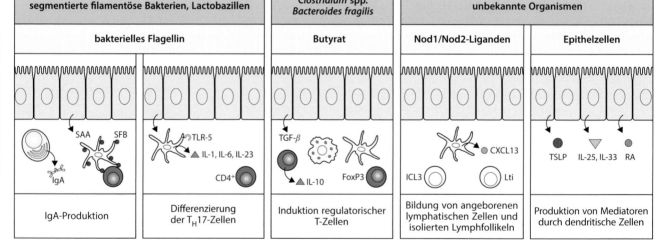

**Abb. 12.23 Die Mikroflora beeinflusst lokale und systemische Immunantworten.** Die Mikroflora hat lokale und entfernt liegende Auswirkungen auf die Immunfunktion, wobei bis jetzt nur einige wenige Organismen und Mechanismen bekannt sind. Die segmentierten filamentösen Bakterien (SFBs) induzieren recht wirksam SFB-spezifische $T_H17$-Zellen, möglicherweise indem sie Epithelzellen anregen, das Serumamyloid-A-Protein (SAA) zu produzieren, das auf dendritische Zellen einwirken kann. Das bakterielle Flagellin stimuliert TLR-5 auf mucosalen CD11b-exprimierenden dendritischen Zellen und begünstigt so $T_H17$- und IgA-Reaktionen. Die Mikroflora ist zudem für die Entwicklung der isolierten Lymphfollikel und der ILC-Zellen erforderlich, insbesondere der ILC3-Zellen, hemmt aber andererseits die Ansammlung von invarianten NKT-Zellen (iNKT-Zellen). Die Mikroflora liefert nicht nur energiereiche Moleküle, beispielsweise Butyrat und andere SCFAs, für die Enterocyten des Dickdarms, sondern stimuliert zudem die Entwicklung von FoxP3⁺-$T_{reg}$-Zellen, wobei die molekularen Mechanismen noch unbekannt sind. Clostridien regen auch die Produktion von TGF-$\beta$ durch die Epithelzellen an. Das Polysaccharidantigen (PSA) von *Bacteroides fragilis* stimuliert die Produktion von regulatorischen T-Zellen, möglicherweise durch Bindung an TLR-2 auf CD4⁺-T-Zellen. Noch unbekannte Vertreter der Mikroflora sind anscheinend notwendig, um die Produktion von TSLP, IL-25, IL-33 und Retinsäure aufrechtzuerhalten

Zusammenhänge zu bestätigen und herauszufinden, ob es bei weiteren Krankheiten ähnliche Effekte gibt.

## 12.2.8 Vollständige Immunantworten gegen kommensale Bakterien führen zu Erkrankungen des Darms

Gut durchdachte Experimente in den 1990er-Jahren führten zu der inzwischen allgemein anerkannten Vorstellung, dass die potenziell aggressiven T-Zellen, die auf kommensale Bakterien reagieren können, in Tieren normalerweise immer vorkommen, aber durch eine aktive Regulation in Schach gehalten werden (▶ Abb. 12.24). Wenn diese regulatorischen Mechanismen versagen, führen uneingeschränkte Immunantworten gegen die kommensalen Organismen zu einer **entzündlichen Darmerkrankung** (IBD) wie Morbus Crohn. Zahlreiche Gene für Proteine, die die angeborene Immunität regulieren, stehen in Zusammenhang mit der Anfälligkeit für diese Erkrankung. Wenn diese Regulation nicht funktioniert, kommt es zu systemischen Immunantworten gegen Antigene der kommensalen Bakterien, beispielsweise gegen Flagellin. In der Schleimhaut werden zudem T-Zell-Reaktionen in Gang gesetzt, die das Darmgewebe erheblich schädigen. Bei diesen Vorgängen ist IL-23 von großer Bedeutung, das die Differenzierung der $T_H17$-Effektorzellen stimuliert. IL-23 und IL-12 können gemeinsam im Darm auch entzündliche $T_H1$-Reaktionen auslösen, wobei einige CD4-T-Effektorzellen unter diesen Bedingungen offensichtlich sowohl IFN-$\gamma$ als auch IL-17 produzieren. Diese Versuchsergebnisse passen zu klinischen Befunden, nach denen beim Menschen zwischen Polymorphismen beim IL-23-Rezeptor und dem Auftreten von Morbus Crohn ein Zusammenhang besteht. Bei allen Versuchsmodellen sind Schädi-

| übertragene Zellen | TGF-$\beta$ wird neutralisiert | Mikroflora | Erkrankung |
|---|---|---|---|
| nichtgereinigte CD4$^+$-T-Zellen | – | + | nein |
| gereinigte CD4$^+$CD45RB$^{hoch}$-T-Zellen | – | + | Colitis |
| gereinigte CD4$^+$CD45RB$^{niedrig}$ T-Zellen + (CD25$^+$/FoxP3$^+$-) $T_{reg}$-Zellen | – | + | nein |
| CD4$^+$CD45RB$^{hoch}$ T-Zellen + CD4$^+$CD45RB$^{niedrig}$ $T_{reg}$-Zellen | – | + | nein |
| CD4$^+$CD45RB$^{hoch}$ T-Zellen + CD4$^+$CD45RB$^{niedrig}$ $T_{reg}$-Zellen | + | + | Colitis |
| CD4$^+$CD45RB$^{hoch}$ T-Zellen | – | – | nein |

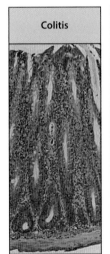 

**Abb. 12.24 T-Zellen, die als Reaktion auf kommensale Bakterien eine Entzündung auslösen können, kommen normalerweise in Tieren vor, werden aber von regulatorischen T-Zellen kontrolliert.** Die Übertragung von nichtaufgereinigten CD4$^+$-T-Zellen von einer normalen Maus auf eine immundefekte Maus, beispielsweise mit einem funktionslosen *rag*-Gen (*rag$^{-/-}$*), führt zur Rekonstitution des T-Zell-Kompartiments. Wenn jedoch naive CD4$^+$-T-Zellen (CD4$^+$CD45RB$^{hoch}$) aufgereinigt und dann übertragen werden, entwickeln die Empfängermäuse eine schwere Entzündung des Dickdarms. Diese lässt sich verhindern, indem man CD4$^+$CD25$^+$FoxP3$^+$-T-Zellen, die bei der Aufreinigung der naiven CD4-T-Zell-Population entfernt worden sind, ebenfalls überträgt. Die Wirkungen dieser regulatorischen T-Zellen werden blockiert, wenn *in vivo* TGF-$\beta$ neutralisiert wird, und hängen auch von IL-10 ab. Für die Darmentzündung, die durch naive CD4$^+$-T-Zellen hervorgerufen wird, muss eine Mikroflora vorhanden sein, da die Entzündung bei keimfreien Mäusen oder bei Behandlung mit Antibiotika nicht auftritt. Diese Versuche zeigen, dass einige CD4$^+$-T-Zellen in normalen Tieren das Potenzial besitzen, eine Entzündungsreaktion gegen die Mikroflora im Darm auszulösen, aber normalerweise von regulatorischen T-Zellen in Schach gehalten werden. (Mikroskopische Aufnahmen aus Powrie, F. et al. *J. Exp. Med.* 1996 183:2669–2674)

gungen des Darms auf kommensale Bakterien zurückzuführen, können aber durch die Verabreichung von Antibiotika verhindert werden und treten nicht bei keimfreien Tieren auf.

Patienten mit Morbus Crohn und der verwandten **Colitis ulcerosa** weisen eine Dysbiose auf und beherbergen im Darm ungewöhnliche Populationen der Mikroflora. Jedoch ist es mit Ausnahme der oben erwähnten enteroadhäsiven *Escherichia coli* noch nicht gelungen, einzelne Spezies der kommensalen Bakterien als Ursache für Schädigungen zu identifizieren. Zudem gibt es experimentelle Befunde, dass lokale Reaktionen auf bestimmte pathogene Viren oder Parasiten wie *Toxoplasma gondii* die „Zuschaueraktivierung" von T-Effektorzellen auslösen, die für kommensale Organismen spezifisch sind, und dadurch eine dauerhafte Entzündung hervorrufen.

### Zusammenfassung

Das Immunsystem in der Schleimhaut muss zwischen potenziellen Krankheitserregern und harmlosen Antigenen unterscheiden, indem es gegen Krankheitserreger starke Effektorreaktionen auslöst, aber gegenüber Antigenen aus der Nahrung und von kommensalen Bakterien unempfindlich ist. Nahrungsproteine verursachen im systemischen und im mucosalen Immunsystem eine aktive Form von immunologischer Toleranz, die durch regulatorische T-Zellen, die IL-10 und/oder TGF-$\beta$ produzieren, vermittelt werden kann. Das Immunsystem erkennt auch kommensale Bakterien, was sich jedoch auf die Mucosa und dessen ableitende Lymphgewebe beschränkt, da die kommensalen Antigene den T-Zellen durch noch unvollständig gereifte dendritische Zellen präsentiert werden, die aus der Darmwand in die mesenterialen Lymphknoten wandern, welche die Lymphe aufnehmen. So entsteht eine aktive mucosale Toleranz und es werden lokale IgA-Antikörper produziert, die die Besiedlung durch Mikroorganismen begrenzen, aber diese Antigene werden vom systemischen Immunsystem „ignoriert". Da die kommensalen Bakterien viele vorteilhafte Auswirkungen für den Wirt haben, sind diese immunologischen Vorgänge sehr wichtig, damit die Bakterien in einer Coexistenz mit dem Immunsystem leben können.

Wenn die normalen Regulationsmechanismen versagen, werden lokale dendritische Zellen vollständig aktiviert und regen in den mesenterialen Lymphknoten die Differenzierung von naiven T-Zellen zu T-Effektorzellen an. Dies ist für den Immunschutz gegen Pathogene von großer Bedeutung, wenn es jedoch unter unpassenden Bedingungen geschieht, kann es zu einer entzündlichen Erkrankung kommen, beispielsweise zu Morbus Crohn oder einer Zöliakie. Folge dieser gegensätzlichen aber ineinandergreifenden Anforderungen an die Immunantwort ist, dass der Darm normalerweise das Erscheinungsbild einer physiologischen Entzündung zeigt, die dazu beiträgt, seine eigene normale Funktion wie auch die des Immunsystems aufrechtzuerhalten. Diesem Vorgang liegt die Notwendigkeit zugrunde, die Mikroflora des Darms unter Kontrolle zu halten, ohne sie vollständig zu beseitigen und ohne eine schädliche Entzündung hervorzurufen. Dabei kommt es koordiniert zur Produktion von IgA, zur Aktivierung regulatorischer T-Zellen und T-Effektorzellen und zu verschiedenen Reaktionen der angeborenen Immunität. Durch Anomalien bei den Reaktionen des Wirtes können sich die Zusammensetzung und das Verhalten der Mikroflora ändern, und Veränderungen der Mikroflora können die Entwicklung und den Verlauf vieler Krankheiten außerhalb des Darms beeinflussen.

# Kapitelzusammenfassung

Das mucosale Immunsystem ist eine große und komplexe Maschinerie, die für die Gesundheit von grundlegender Bedeutung ist, nicht allein dadurch, dass physiologisch lebensnotwendige Organe geschützt werden, sondern auch dadurch, dass es den Charakter des gesamten Immunsystems reguliert und Krankheiten abwendet. Die peripheren lymphatischen Organe, mit denen sich die meisten Immunologen heute beschäftigen, sind möglicherweise eine vor Kurzem erfolgte Spezialisierung einer ursprünglichen Form, die sich im Verlauf der Evolution in den Schleimhautgeweben entwickelt hat. Die Schleimhautoberflächen des Körpers sind für Infektionen außerordentlich anfällig und verfügen über ein komplexes Repertoire von angeborenen und adaptiven Mechanismen der Immunität. Das adaptive Immunsystem der mucosaassoziierten lymphatischen Gewebe unterscheidet sich in mehrfacher Hinsicht vom übrigen peripheren lymphatischen System: in der unmittelbaren Nähe des mucosalen Epithels zum Lymphgewebe, in der Ausbildung eines unstrukturierten lymphatischen Gewebes und stärker strukturierter lymphatischer Organe, in spezialisierten Mechanismen zur Antigenaufnahme und verschiedenen dendritischen Zellen und Makrophagen, in der Vorherrschaft von aktivierten und Gedächtnislymphocyten und verschiedenen angeborenen lymphatischen Zellen, selbst wenn keine Infektion vorliegt, in der Produktion von dimerem, sekretorischem IgA als hauptsächlichem Antikörper sowie in der Abschwächung der Immunantworten auf harmlose Antigene, wie Nahrungsantigene oder kommensale Mikroorganismen. Auf diese Antigene ist normalerweise keine systemische Immunantwort festzustellen. Pathogene Mikroorganismen lösen hingegen starke Immunantworten aus. Der zentrale Faktor, der zwischen Toleranz und der Entwicklung von wirkungsvollen adaptiven Immunantworten entscheidet, ist der Kontext, in dem die Antigene den T-Lymphocyten im mucosalen Immunsystem präsentiert werden. Liegt keine Entzündung vor, präsentieren die dentitischen Zellen die Antigene gegenüber den T-Zellen und regen dadurch die Differenzierung regulatorischer T-Zellen an. Pathogene Mikroorganismen hingegen, die die Schleimhaut passieren, lösen in den Geweben eine Entzündungsreaktion aus, die die Reifung der antigenpräsentierenden Zellen und die Expression ihrer costimulierenden Moleküle in Gang setzt, und es kommt zu einer schützenden T-Zell-Reaktion. Dieser entscheidende Vorgang wird vor allem dadurch reguliert, auf welche Weise die spezialisierten dendritischen Zellen auf ihre Umgebung reagieren, bevor sie zu wandern beginnen und den naiven T-Zellen Antigene präsentieren. Die mutualistische Rückkopplung zwischen der Immunantwort der Körpers und der lokalen Mikroflora ist für die Aufrechterhaltung der Gesundheit und bei der Entwicklung von Krankheiten von entscheidender Bedeutung.

Teil IV

# Aufgaben

**12.1 Multiple Choice:** Welche Aussage trifft nicht zu?

**A.** Mikrofaltenzellen besitzen eine gefaltete luminale Oberfläche und eine dicke Schleimschicht, durch die Mikroorganismen in die Peyer-Plaques gelangen können.

**B.** Mikrofaltenzellen erkennen verschiedene bakterielle Proteine durch GP2 und setzen mithilfe der Transcytose Material in den Extrazellularraum frei.

**C.** Mit dem Darm assoziierte lymphatische Gewebe locken mithilfe von Chemokinen wie CCL20 und CCL9 dendritische Zellen an.

**D.** Pathogene wie *Yersinia pestis* und *Shigella* steuern Mikrofaltenzellen an und können dadurch in den Subepithelialraum gelangen.

**12.2 Richtig oder falsch:** Die intraepithelialen Lymphocyten umfassen vor allem CD4-T-Zellen, während in der Lamina propria CD8-T-Zellen vorherrschend sind.

**12.3 Bitte zuordnen:** Welches Chemokin beziehungsweise welcher Chemokinrezeptor gehört zu welcher gewebespezifischen Homing-Funktion?

A. CXCL13 _____

B. CCL25 _____

C. CCL28 _____

D. CCR4 _____

i.  Rekrutierung von Lymphocyten in den Dickdarm, in die Milchdrüse der Brust und in die Speicheldrüsen

ii. Rekrutierung von B- und T-Zellen in den Dünndarm

iii. Lenkung der Lymphocyten in die Haut

iv. Rekrutierung naiver B-Zellen in die Peyer-Plaques

**12.4 Multiple Choice:** Welche Aussage trifft zu?

A. Dendritische CD11b$^+$-Zellen stimulieren ILC3-Zellen und sind in den Peyer-Plaques die wichtigste Quelle für IL-12.

B. Dendritische CD11b$^-$-Zellen benötigen BATF3 für ihre Entwicklung.

C. Die Produktion von Retinsäure durch naive T-Zellen ist notwendig für dendritische Zellen, damit T$_{reg}$-Zellen gebildet werden können.

D. CCL20 verhindert, dass dendritische Zellen in die Epithelschicht der Peyer-Plaques gelangen.

**12.5 Kurze Antwort:** IgA:Antigen-Komplexe können zurück in das Darmlumen transportiert werden, wodurch dort die Ausscheidung von Pathogenen aus dem Körper verstärkt wird. Andererseits kann die Bildung von IgA:Antigen-Komplexen auch die Aufnahme von Antigenen aus dem Lumen erhöhen. Inwieweit ist die Aufnahme von Antigenen für den Körper vorteilhaft?

**12.6 Kurze Antwort:** B-Zellen und Plasmazellen im Darm produzieren große Mengen an IgA. Diese werden in das Lumen freigesetzt, sodass die Mikroflora in Schach gehalten und ein Eindringen von Pathogenen verhindert wird. Allerdings sind die meisten Personen mit einem IgA-Mangel gegenüber Infektionen nicht übermäßig anfällig. Warum ist das so?

**12.7 Multiple Choice:** Welche Aussage beschreibt intraepitheliale Lymphocyten (iELs) am besten?

A. Expression von CCR9 und $\alpha_4$:$\beta_7$-Integrin

B. Expression von CCR9 und $\alpha_E$:$\beta_7$-Integrin (CD103)

C. Das Verhältnis CD4- zu CD8-T-Zellen beträgt 3:1.

D. Dazu gehören auch CD4$^+$-T-Zellen, die IFN-$\gamma$, IL-17 und IL-22 produzieren.

E. bestehen zu 90 % aus T-Zellen, von denen 80 % CD8 als $\alpha$:$\alpha$-Homodimer oder $\alpha$:$\beta$-Heterodimer exprimieren

F. Antwort A und C

G. Antwort B und E

H. Antwort A, C und D

**12.8 Multiple Choice:** Bei welchem der folgenden Zelltypen hängt die korrekte Entwicklung von der Expression des Arylkohlenwasserstoffrezeptors ab?

A. intraepitheliale Lymphocyten vom Typ b

B. ILC1

C. B-Zellen

D. Makrophagen

E. ILC2

F. neutrophile Zellen

**12.9 Bitte zuordnen:** Welche Krankheit des Menschen geht mit welcher pathologischen Symptomatik einher?

**A.** anormale Reaktion auf das Weizen-protein Gluten, was zu einem vermehrten Auftreten von IEL-Zellen mit einer MIC-A-abhängigen cytotoxischen Aktivität gegen Darmepithelzellen führt

**i.** Infektion mit *Clostridium difficile*

**B.** Unterbrechung des normalen Flusses der Fäzes im Dickdarm, sodass die Enterocyten Entzündungen und Nekrosen entwickeln, da kurzkettige Fettsäuren (SCFAs) fehlen, die von kommensalen Bakterien produziert werden

**ii.** Zöliakie

**C.** Eine Behandlung mit Antibiotika beseitigt einen großen Teil der kommensalen Mikroflora, sodass sich eine bestimmte Spezies übermäßig vermehrt und Toxine produziert, die schweren Durchfall verursachen und die Schleimhaut schädigen.

**iii.** entzündliche Darm-erkrankung (Morbus Crohn und Colitis ulcerosa)

**D.** übermäßig aktive Immunantworten gegen kommensale Bakterien aufgrund eines Defekts in Genen der angeborenen Immunität

**iv.** Diversionscolitis

**12.10 Richtig oder falsch:** Die CD4⁺-T-Zellen in der Lamina propria sezernieren große Mengen an Cytokinen wie IFN-$\gamma$, IL-17 und IL-22 nur als Reaktion auf Krankheitserreger und Schädigungen durch eine Entzündung.

**12.11 Richtig oder falsch:** Die meisten $T_{reg}$-Zellen im Dünndarm exprimieren kein FoxP3.

**Teil IV**

# Literatur

## Allgemeine Literatur

- Hooper, L.V., Littman, D.R., and Macpherson, A.J.: **Interactions between the microbiota and the immune system.** *Science* 2012, **336**:1268–1273.
- MacDonald, T.T., Monteleone, I., Fantini, M.C., and Monteleone, G.: **Regulation of homeostasis and inflammation in the intestine.** *Gastroenterology* 2011, **140**: 1768–1775.
- Mowat, A.M.: **Anatomical basis of tolerance and immunity to intestinal anti-gens.** *Nat. Rev. Immunol.* 2003, **3**:331–341.
- Society for Mucosal Immunology: *Principles of Mucosal Immunology*, 1st edu. New York, Garland Science, 2013.

# Literatur zu den einzelnen Abschnitten

## Abschnitt 12.1.1

- Brandtzaeg, P.: **Function of mucosa-associated lymphoid tissue in antibody formation.** *Immunol. Invest.* 2010, **39**:303–355.
- Cerutti, A., Chen, K., and Chorny, A.: **Immunoglobulin responses at the mucosal interface.** *Annu. Rev. Immunol.* 2011, **29**:273–293.
- Corthesy, B.: **Role of secretory IgA in infection and maintenance of homeotasis.** *Autoimmun. Rev.* 2013, **12**:661–665.
- Fagarasan, S., Kawamoto, S., Kanagawa, O., and Suzuki, K.: **Adaptive immune regulation in the gut: T cell-dependent and T cell-independent IgA synthesis.** *Annu. Rev. Immunol.* 2010, **28**:243–273.
- Matsunaga, T. and Rahman, A.: **In search of the origin of the thymus: the thymus and GALT may be evolutionarily related.** *Scand. J. Immunol.* 2001, **53**:1–6.
- Naz, R.K.: **Female genital tract immunity: distinct immunological challenges for vaccine development.** *J .Reprod. Immunol.* 2012, **93**:1–8.
- Randall, T.D.: **Bronchus-associated lymphoid tissue (BALT) structure and function.** *Adv. Immunol.* 2010, **107**:187–241.
- Sato, S. and Kiyono, H. **The mucosal immune system of the respiratory tract.** *Curr. Opin. Virol.* 2012, **2**:225–232.

## Abschnitt 12.1.2

- Baptista, A.P., Olivier, B.J., Goverse, G., Greuter, M., Knippenberg, M., Kusser, K., Domingues, R.G., Veiga-Fernandes, H., Luster, A.D., Lugering, A., *et al.*: **Colonic patch and colonic SILT development are independent and differentially regulated events.** *Mucosal Immunol.* 2013, **6**:511–521.
- Brandtzaeg, P., Kiyono, H., Pabst, R., and Russell, M.W.: **Terminology: nomenclature of mucosa-associated lymphoid tissue.** *Mucosal. Immunol.* 2008, **1**:31–37.
- Eberl, G. and Sawa, S.: **Opening the crypt: current facts and hypotheses on the function of cryptopatches.** *Trends Immunol.* 2010, **31**:50–55.
- Lee, J.S., Cella, M., McDonald, K.G., Garlanda, C., Kennedy, G.D., Nukaya, M., Mantovani, A., Kopan, R., Bradfield, C.A., Newberry, R.D., *et al.*: **AHR drives the development of gut ILC22 cells and postnatal lymphoid tissues via pathways dependent on and independent of Notch.** *Nat. Immunol.* 2012, **13**:144–151.
- Macpherson, A.J., McCoy, K.D., Johansen, F.E., and Brandtzaeg, P.: **The immune geography of IgA induction and function.** *Mucosal. Immunol.* 2008, **1**:11–22.
- Pabst, O., Herbrand, H., Worbs, T., Friedrichsen, M., Yan, S., Hoffmann, M.W., Korner, H., Bernhardt, G., Pabst, R., and Forster, R.: **Cryptopatches and isolated lymphoid follicles: dynamic lymphoid tissues dispensable for the generation of intraepithelial lymphocytes.** *Eur. J. Immunol.* 2005, **35**:98–107.
- Randall, T.D.: **Bronchus-associated lymphoid tissue (BALT) structure and function.** *Adv. Immunol.* 2010, **107**:187–241.
- Randall, T.D. and Mebius, R.E.: **The development and function of mucosal lymphoid tissues: a balancing act with micro-organisms.** *Mucosal Immunol.* 2014, **7**:455–466.
- Suzuki, K., Kawamoto, S., Maruya, M., and Fagarasan, S.: **GALT: organization and dynamics leading to IgA synthesis.** *Adv. Immunol.* 2010, **107**:153–185.

## Abschnitt 12.1.3

- Anosova, N.G., Chabot, S., Shreedhar, V., Borawski, J.A., Dickinson, B.L., and Neutra, M.R.: **Cholera toxin, *E. coli* heat-labile toxin, and non-toxic derivatives induce dendritic cell migration into the follicle-associated epithelium of Peyer's patches.** *Mucosal Immunol.* 2008, **1**:59–67.

- Hase, K., Kawano, K., Nochi, T., Pontes, G.S., Fukuda, S., Ebisawa, M., Kadokura, K., Tobe, T., Fujimura, Y., Kawano, S., *et al.*: **Uptake through glycoprotein 2 of FimH+ bacteria by M cells initiates mucosal immune response.** *Nature* 2009, **462**:226–230.
- Jang, M.H., Kweon, M.N., Iwatani, K., Yamamoto, M., Terahara, K., Sasakawa, C., Suzuki, T., Nochi, T., Yokota, Y., Rennert, P.D., *et al.*: **Intestinal villous M cells: an antigen entry site in the mucosal epithelium.** *Proc. Natl Acad. Sci. USA* 2004, **101**:6110–6115.
- Lelouard, H., Fallet, M., de Bovis, B., Meresse, S., and Gorvel, J.P.: **Peyer's patch dendritic cells sample antigens by extending dendrites through M cell-specific transcellular pores.** *Gastroenterology* 2012, **142**:592–601.
- Mabbott, N.A., Donaldson, D.S., Ohno, H., Williams, I.R., and Mahajan, A. **Microfold (M) cells: important immunosurveillance posts in the intestinal epithelium.** *Mucosal Immunol.* 2013, **6**:666–677.
- Sato, S., Kaneto, S., Shibata, N., Takahashi, Y., Okura, H., Yuki, Y., Kunisawa, J., and Kiyono, H.: **Transcription factor Spi-B-dependent and -independent pathways for the development of Peyer's patch M cells.** *Mucosal Immunol.* 2013, **6**:838–846.
- Salazar-Gonzalez, R.M., Niess, J.H., Zammit, D.J., Ravindran, R., Srinivasan, A., Maxwell, J.R., Stoklasek, T., Yadav, R., Williams, I.R., Gu, X., *et al.*: **CCR6-mediated dendritic cell activation of pathogen-specific T cells in Peyer's patches.** *Immunity* 2006, **24**:623–632.
- Zhao, X., Sato, A., Dela Cruz, C.S., Linehan, M., Luegering, A., Kucharzik, T., Shirakawa, A.K., Marquez, G., Farber, J.M., Williams, I., *et al.*: **CCL9 is secreted by the follicle-associated epithelium and recruits dome region Peyer's patch CD11b+ dendritic cells.** *J. Immunol.* 2003, **171**:2797–2803.

## Abschnitt 12.1.4

- Belkaid, Y., Bouladoux, N., and Hand, T.W.: **Effector and memory T cell responses to commensal bacteria.** *Trends Immunol.* 2013, **34**:299–306.
- Brandtzaeg, P.: **Mucosal immunity: induction, dissemination, and effector functions.** *Scand. J. Immunol.* 2009, **70**:505–515.
- Cao A.T., Yao S., Gong B., Elson C.O., and Cong Y.: **Th17 cells upregulate polymeric Ig receptor and intestinal IgA and contribute to intestinal homeostasis.** *J. Immunol.* 2012, **189**:4666–4673.
- Cheroutre, H. and Lambolez, F.: **Doubting the TCR coreceptor function of CD8αα.** *Immunity* 2008, **28**:149–159.
- Cauley, L.S. and Lefrancois, L.: **Guarding the perimeter: protection of the mucosa by tissue-resident memory T cells.** *Mucosal Immunol.* 2013, **6**:14–23.
- Maynard, C.L. and Weaver, C.T.: **Intestinal effector T cells in health and disease.** *Immunity* 2009, **31**:389–400.
- Sathaliyawala, T., Kubota, M., Yudanin, N., Turner, D., Camp, P., Thome, J.J., Bickham, K.L., Lerner, H., Goldstein, M., Sykes, *et al.*: **Distribution and compart-mentalization of human circulating and tissue-resident memory T cell subsets.** *Immunity* 2013, **38**:187–197.

## Abschnitt 12.1.5

- Agace, W.: Generation **of gut-homing T cells and their localization to the small intestinal mucosa.** *Immunol. Lett.* 2010, **128**:21–23.
- Hu, S., Yang, K., Yang, J., Li, M., and Xiong, N.: **Critical roles of chemokine receptor CCR10 in regulating memory IgA responses in intestines.** *Proc. Natl Acad. Sci. USA* 2011, **108**:E1035–1044.
- Kim, S.V., Xiang, W.V., Kwak, C., Yang, Y., Lin, X.W., Ota, M., Sarpel, U., Rifkin, D.B., Xu, R. and Littman, D.R.: **GPR15-mediated homing controls immune homeostasis in the large intestine mucosa.** *Science* 2013, **340**:1456–1459.

■ Macpherson, A.J., Geuking, M.B., Slack, E., Hapfelmeier, S., and McCoy, K.D.: **The habitat, double life, citizenship, and forgetfulness of IgA.** *Immunol. Rev.* 2012, **245**:132–146.

■ Mikhak, Z., Strassner, J.P., and Luster, A.D.: **Lung dendritic cells imprint T cell lung homing and promote lung immunity through the chemokine receptor CCR4.** *J. Exp. Med.* 2013, **210**:1855–1869.

■ Mora, J.R. and von Andrian, U.H.: **Differentiation and homing of IgA-secreting cells.** *Mucosal Immunol.* 2008, **1**:96–109.

■ Pabst, O. and Bernhardt, G.: **On the road to tolerance-generation and migration of gut regulatory T cells.** *Eur. J. Immunol.* 2013, **43**:1422–1425.

## Abschnitt 12.1.6

■ Agnello, D., Denimal, D., Lavaux, A., Blondeau-Germe, L., Lu, B., Gerard, N.P., Gerard, C., and Pothier, P.: **Intrarectal immunization and IgA antibody-secreting cell homing to the small intestine.** *J. Immunol.* 2013, **190**:4836–4847.

■ Brandtzaeg, P.: **Induction of secretory immunity and memory at mucosal surfaces.** *Vaccine* 2007, **25**:5467–5484.

■ Czerkinsky, C. and Holmgren, J.: **Mucosal delivery routes for optimal immunization: targeting immunity to the right tissues.** *Curr. Top. Microbiol. Immunol.* 2012, **354**:1–18.

■ Ruane, D., Brane, L., Reis, B.S., Cheong, C., Poles, J., Do, Y., Zhu, H., Velinzon, K., Choi, J.H., Studt, N., *et al.*: **Lung dendritic cells induce migration of protective T cells to the gastrointestinal tract.** *J. Exp. Med.* 2013, **210**:1871–1888.

## Abschnitt 12.1.7

■ Cerovic, V., Bain, C.C., Mowat, A.M., and Milling, S.W.F.: **Intestinal macrophages and dendritic cells: what's the difference?** *Trends Immunol.* 2014, **35**:270–277.

■ Goto, Y., Panea, C., Nakato, G., Cebula, A., Lee, C., Diez, M.G., Laufer, T.M., Ignatowicz, L., and Ivanov, I.I.: **Segmented filamentous bacteria antigens presented by intestinal dendritic cells drive mucosal Th17 cell differentiation.** *Immunity* 2014, **40**:594–607.

■ Guilliams, M., Lambrecht, B.N., and Hammad, H.: **Division of labor between lung dendritic cells and macrophages in the defense against pulmonary infections.** *Mucosal Immunol.* 2013, **6**:464–473.

■ Jaensson-Gyllenback, E., Kotarsky, K., Zapata, F., Persson, E.K., Gundersen, T.E., Blomhoff, R., and Agace, W.W.: **Bile retinoids imprint intestinal CD103+ dendritic cells with the ability to generate gut-tropic T cells.** *Mucosal Immunol.* 2011, **4**:438–447.

■ Matteoli, G.: **Gut CD103+ dendritic cells express indoleamine 2,3-dioxygenase which influences T regulatory/T effector cell balance and oral tolerance induction.** *Gut* 2010, **59**:595–604.

■ Schlitzer, A., McGovern, N., Teo, P., Zelante, T., Atarashi, K., Low, D., Ho, A.W., See, P., Shin, A., Wasan, P.S., *et al.*: **IRF4 transcription factor-dependent CD11b+ dendritic cells in human and mouse control mucosal IL-17 cytokine responses.** *Immunity* 2013, **38**:970–983.

■ Scott, C.L., Bain, C.C., Wright, P.B., Schien, D., Kotarsky, K., Persson, E.K., Luda, K., Guilliams, M., Lambrecht, B.N., Agace, W.W., *et al.*: **CCR2+CD103- intestinal dendritic cells develop from DC-committed precursors and induce interleukin-17 production by T cells.** *Mucosal Immunol.* 2015, **8**:327–239.

■ Travis, M.A., Reizis, B., Melton, A.C., Masteller, E., Tang, Q., Proctor, J.M., Wang, Y., Bernstein, X., Huang, X., Reichardt, L.F., *et al.*: **Loss of integrin $\alpha_V\beta_8$ on dendritic cells causes autoimmunity and colitis in mice.** *Nature* 2007, **449**:361–365.

■ Vicente-Suarez, I., Larange, A., Reardon, C., Matho, M., Feau, S., Chodaczek, G., Park, Y., Obata, Y., Gold, R., Wang-Zhu, Y., *et al.*: **Unique lamina propria stromal cells imprint the functional phenotype of mucosal dendritic cells.** *Mucosal Immunol.* 2015, **8**:141–151.

Teil IV

■ Watchmaker, P.B., Lahl, K., Lee, M., Baumjohann, D., Morton, J., Kim, S.J., Zeng, R., Dent, A., Ansel, K.M., Diamond, B., *et al.*: **Comparative transcriptional and functional profiling defines conserved programs of intestinal DC differentiation in humans and mice.** *Nat. Immunol.* 2014, **15**:98–108.

## Abschnitt 12.1.8

■ Bain, C.C., Bravo-Blas, A., Scott, C.L., Geissmann, F., Henri, S., Malissen, B., Osborne, L.C., Artis, D., and Mowat, A.M.: **Constant replenishment from circulating monocytes maintains the macrophage pool in adult intestine.** *Nat. Immunol.* 2014, **15**:929–937.

■ Guilliams, M., Lambrecht, B.N., and Hammad, H.: **Division of labor between lung dendritic cells and macrophages in the defense against pulmonary infections.** *Mucosal Immunol.* 2013, **6**:464–473.

■ Hadis, U., Wahl, B., Schulz, O., Hardtke-Wolenski, M., Schippers, A., Wagner, N., Muller, W., Sparwasser, T., Forster, R., and Pabst, O.: **Intestinal tolerance requires gut homing and expansion of FoxP3⁺ regulatory T cells in the lamina propria.** *Immunity* 2011, **34**:237–246.

■ Mortha, A., Chudnovskiy, A., Hashimoto, D., Bogunovic, M., Spencer, S.P., Belkaid, Y., and Merad, M.: **Microbiota-dependent crosstalk between macrophages and ILC3 promotes intestinal homeostasis.** *Science* 2014, **343**:1249288.

## Abschnitt 12.1.9

■ Farache, J., Zigmond, E., Shakhar, G., and Jung, S.: **Contributions of dendritic cells and macrophages to intestinal homeostasis and immune defense.** *Immunol. Cell Biol.* 2013, **91**:232–239.

■ Jang, M.H., Kweon, M.N., Iwatani, K., Yamamoto, M., Terahara, K., Sasakawa, C., Suzuki, T., Nochi, T., Yokota, Y., Rennert, P.D., *et al.*: **Intestinal villous M cells: an antigen entry site in the mucosal epithelium.** *Proc. Natl Acad. Sci. USA* 2004, **101**:6110–6115.

■ Mazzini, E., Massimiliano, L., Penna, G., and Rescigno, M.: **Oral tolerance can be established via gap junction transfer of fed antigens from CX3CR1⁺ macrophages to CD103⁺ dendritic cells.** *Immunity* 2014, **40**:248–261.

■ McDole, J.R., Wheeler, L.W., McDonald, K.G., Wang, B., Konjufca, V., Knoop, K. A., Newberry, R.D., and Miller, M.J.: **Goblet cells deliver luminal antigen to CD103+ dendritic cells in the small intestine.** *Nature* 2012, **483**:345–349.

■ Schulz, O. and Pabst, O.: **Antigen sampling in the small intestine.** *Trends Immunol.* 2013, **34**:155–161.

■ Yoshida, M., Claypool, S.M., Wagner, J.S., Mizoguchi, E., Mizoguchi, A., Roopenian, D.C., Lencer, W.I., and Blumberg, R.S.: **Human neonatal Fc receptor mediates transport of IgG into luminal secretions for delivery of antigens to mucosal dendritic cells.** *Immunity* 2004, **20**:769–783.

## Abschnitt 12.1.10

■ Fritz, J.H., Rojas, O.L., Simard, N., McCarthy, D.D., Hapfelmeier, S., Rubino, S., Robertson, S.J., Larijani, M., Gosselin, J., Ivanov, II, *et al.*: **Acquisition of a multi-functional IgA⁺ plasma cell phenotype in the gut.** *Nature* 2012, **481**:199–203.

■ Kawamoto, S., Maruya, M., Kato, L.M., Suda, W., Atarashi, K., Doi, Y., Tsutsui, Y., Qin, H., Honda, K., Okada, T., *et al.*: **Foxp3 T cells regulate immunoglobulin A selection and facilitate diversification of bacterial species responsible for immune homeostasis.** *Immunity* 2014, **41**:152–165.

■ Lin, M., Du, L., Brandtzaeg, P., and Pan-Hammarstrom, Q.: **IgA subclass switch recombination in human mucosal and systemic immune compartments.** *Mucosal Immunol.* 2014, **7**:511–520.

Teil IV

■ Woof, J.M. and Russell, M.W.: **Structure and function relationships in IgA.** *Mucosal Immunol.* 2011, **4**:590–597.


## Abschnitt 12.1.11

■ Barone, F., Vossenkamper, A., Boursier, L., Su, W., Watson, A., John, S., Dunn-Walters, D.K., Fields, P., Wijetilleka, S., Edgeworth, J.D., *et al.*: **IgA-producing plasma cells originate from germinal centers that are induced by B-cell receptor engagement in humans.** *Gastroenterology* 2011, **140**:947–956.

■ Fagarasan, S., Kawamoto, S., Kanagawa, O., and Suzuki, K.: **Adaptive immune regulation in the gut: T cell-dependent and T cell-independent IgA synthesis.** *Annu. Rev. Immunol.* 2010, **28**:243–273.

■ Lin, M., Du, L., Brandtzaeg, P., and Pan-Hammarstrom, Q.: **IgA subclass switch recombination in human mucosal and systemic immune compartments.** *Mucosal Immunol.* 2014, **7**:511–520.

■ Tezuka, H., Abe, Y., Asano, J., Sato, T., Liu, J., Iwata, M., and Ohteki, T.: **Prominent role for plasmacytoid dendritic cells in mucosal T cell-independent IgA induction.** *Immunity* 2011, **34**:247–257.


## Abschnitt 12.1.12

■ Karlsson, M.R., Johansen, F.E., Kahu, H., Macpherson, A., and Brandtzaeg, P.: **Hypersensitivity and oral tolerance in the absence of a secretory immune system.** *Allergy* 2010, **65**:561–570.

■ Yel, L.: **Selective IgA deficiency.** *J. Clin. Immunol.* 2010, **30**:10–16.


## Abschnitt 12.1.13

■ Buonocore, S., Ahern, P.P., Uhlig, H.H., Ivanov, I.I., Littman, D.R., Maloy, K.J., and Powrie, F.: **Innate lymphoid cells drive interleukin-23-dependent innate intestinal pathology.** *Nature* 2010, **464**:1371–1375.

■ Satpathy, A.T., Briseño, C.G., Lee, J.S., Ng, D., Manieri, N.A., Kc, W., Wu, X., Thomas, S.R., Lee, W.L., Turkoz, M., *et al.*: **Notch2-dependent classical dendritic cells orchestrate intestinal immunity to attaching-and-effacing bacterial pathogens.** *Nat. Immunol.* 2013, **14**:937–948.

■ Klose, C.S., Kiss, E.A., Schwierzeck, V., Ebert, K., Hoyler, T., d'Hargues, Y., Goppert, N., Croxford, A.L., Waisman, A., Tanriver, Y., *et al.*: **A T-bet gradient controls the fate and function of CCR6-RORγt⁺ innate lymphoid cells.** *Nature* 2013, **494**:261–265.

■ Kruglov, A.A., Grivennikov, S.I., Kuprash, D.V., Winsauer, C., Prepens, S., Seleznik, G.M., Eberl, G., Littman, D.R., Heikenwalder, M., Tumanov, A.V., *et al.*: **Nonredundant function of soluble LTα₃ produced by innate lymphoid cells in intestinal homeostasis.** *Science* 2013, **342**:1243–1246.

■ Le Bourhis, L., Dusseaux, M., Bohineust, A., Bessoles, S., Martin, E., Premel, V., Core, M., Sleurs, D., Serriari, N.E., and Treiner, E.: **MAIT cells detect and efficiently lyse bacterially-infected epithelial cells.** *PLoS Pathog.* 2013, **9**:e1003681.

■ Spits, H. and Cupedo, T.: **Innate lymphoid cells: emerging insights in development, lineage relationships, and function.** *Annu. Rev. Immunol.* 2012, **30**:647–675.


## Abschnitt 12.1.14

■ Agace, W.W., Roberts, A.I., Wu, L., Greineder, C., Ebert, E.C., and Parker, C.M.: **Human intestinal lamina propria and intraepithelial lymphocytes express receptors specific for chemokines induced by inflammation.** *Eur. J. Immunol.* 2000, **30**:819–826.

■ Cheroutre, H., Lambolez, F., and Mucida, D.: **The light and dark sides of intestinal intraepithelial lymphocytes.** *Nat. Rev. Immunol.* 2011, **11**:445–456.

Teil IV

- Eberl, G. and Sawa, S.: **Opening the crypt: current facts and hypotheses on the function of cryptopatches.** *Trends Immunol.* 2010, **31**:50–55.
- Hayday, A., Theodoridis, E., Ramsburg, E., and Shires, J.: **Intraepithelial lymphocytes: exploring the Third Way in immunology.** *Nat. Immunol.* 2001, **2**:997–1003.
- Jiang, W., Wang, X., Zeng, B., Liu, L., Tardivel, A., Wei, H., Han, J., MacDonald, H.R., Tschopp, J., Tian, Z., *et al.*: **Recognition of gut microbiota by NOD2 is essential for the homeostasis of intestinal intraepithelial lymphocytes.** *J. Exp. Med.* 2013, **210**:2465–2476.
- Li, Y., Innocentin, S., Withers, D.R., Roberts, N.A., Gallagher, A.R., Grigorieva, E.F., Wilhelm, C., and Veldhoen, M.: **Exogenous stimuli maintain intraepithelial lymphocytes via aryl hydrocarbon receptor activation.** *Cell* 2011, **147**:629–640.
- Pobezinsky, L.A., Angelov, G.S., Tai, X., Jeurling, S., Van Laethem, F., Feigenbaum, L., Park, J.H., and Singer, A.: **Clonal deletion and the fate of autoreactive thymocytes that survive negative selection.** *Nat. Immunol.* 2012, **13**:569–578.

## Abschnitt 12.2.1

- Clevers, H.C. and Bevins, C.L.: **Paneth cells: maestros of the small intestinal crypts.** *Annu. Rev. Physio.* 2013, **75**:289–311.
- Conway, K.L., Kuballa, P., Song, J.H., Patel, K.K., Castoreno, A.B., Yilmaz, O.H., Jijon, H.B., Zhang, M., Aldrich, L.N., Villablanca, E.J., *et al.*: **Atg16l1 is required for autophagy in intestinal epithelial cells and protection of mice from Salmonella infection.** *Gastroenterology* 2013, **145**:1347–1357.
- Geddes, K., Rubino, S.J., Magalhaes, J.G., Streutker, C., Le Bourhis, L., Cho, J.H., Robertson, S.J., Kim, C.J., Kaul, R., Philpott, D.J., *et al.*: **Identification of an innate T helper type 17 response to intestinal bacterial pathogens.** *Nat. Med.* 2011, **17**:837–844.
- Lassen, K.G., Kuballa, P., Conway, K.L., Patel, K.K., Becker, C.E., Peloquin, J.M., Villablanca, E.J., Norman, J.M., Liu, T.C., Heath, R.J., *et al.*: **Atg16L1 T300A variant decreases selective autophagy resulting in altered cytokine signaling and decreased antibacterial defense.** *Proc. Natl Acad. Sci. USA* 2014, **111**:7741–7746.
- Prescott, D., Lee, J., and Philpott, D.J.: **An epithelial armamentarium to sense the microbiota.** *Semin. Immunol.* 2013, **25**:323–333.
- Song-Zhao, G.X., Srinivasan, N., Pott, J., Baban, D., Frankel, G., and Maloy, K.J.: **Nlrp3 activation in the intestinal epithelium protects against a mucosal pathogen.** *Mucosal Immunol.* 2014, **7**:763–774.

## Abschnitt 12.2.2

- Bain, C.C. and Mowat, A.M.: **Macrophages in intestinal homeostasis and inflammation.** *Immunol. Rev.* 2014: **260**:102–117.
- Farache, J., Koren, I., Milo, I., Gurevich, I., Kim, K.W., Zigmond, E., Furtado, G.C., Lira, S.A., and Shakhar, G.: **Luminal bacteria recruit CD103+ dendritic cells into the intestinal epithelium to sample bacterial antigens for presentation.** *Immunity* 2013, **38**:581–595.
- Persson, E.K., Scott, C.L., Mowat, A.M., and Agace, W.W.: **Dendritic cell subsets in the intestinal lamina propria: Ontogeny and function.** *Eur. J. Immunol.* 2013, **43**:3098–3107.
- Salazar-Gonzalez, R.M., Niess, J.H., Zammit, D.J., Ravindran, R., Srinivasan, A., Maxwell, J.R., Stoklasek, T., Yadav, R., Williams, I.R., Gu, X., *et al.*: **CCR6-mediated dendritic cell activation of pathogen-specific T cells in Peyer's patches.** *Immunity* 2006, **24**:623–632.
- Uematsu, S., Jang, M.H., Chevrier, N., Guo, Z., Kumagai, Y., Yamamoto, M., Kato, H., Sougawa, N., Matsui, H., Kuwata, H., *et al.*: **Detection of pathogenic intestinal bacteria by Toll-like receptor 5 on intestinal CD11c⁺ lamina propria cells.** *Nat. Immunol.* 2006, **7**:868–874.

Teil IV

### Abschnitt 12.2.3

- Cliffe, L.J., Humphreys, N.E., Lane, T.E., Potten, C.S., Booth, C., and Grencis, R.K.: **Accelerated intestinal epithelial cell turnover: a new mechanism of parasite expulsion.** *Science* 2005, **308**:1463–1465.
- Kinnebrew, M.A., Buffie, C.G., Diehl, G.E., Zenewicz, L.A., Leiner, I., Hohl, T.M., Flavell, R.A., Littman, D.R., and Pamer, E. G.: **Interleukin 23 production by intestinal CD103⁺CD11b⁺ dendritic cells in response to bacterial flagellin enhances mucosal innate immune defense.** *Immunity* 2012, **36**:276–287.
- Sokol, H., Conway, K.L., Zhang, M., Choi, M., Morin, B., Cao, Z., Villablanca, E.J., Li, C., Wijmenga, C., Yun, S.H., *et al.*: **Card9 mediates intestinal epithelial cell restitution, T-helper 17 responses, and control of bacterial infection in mice.** *Gastroenterology* 2013, **145**:591–601.
- Sonnenberg, G.F., Fouser, L.A., and Artis, D.: **Functional biology of the IL-22-IL-22R pathway in regulating immunity and inflammation at barrier surfaces.** *Adv. Immunol.* 2010, **107**:1–29.
- Turner, J.E., Stockinger, B., and Helmby, H.: **IL-22 mediates goblet cell hyperplasia and worm expulsion in intestinal helminth infection.** *PLoS Pathog.* 2013, **9**:e1003698.

### Abschnitt 12.2.4

- Cassani, B., Villablanca, E.J., Quintana, F.J., Love, P.E., Lacy-Hulbert, A., Blaner, W.S., Sparwasser, T., Snapper, S.B., Weiner, H.L., and Mora, J.R.: **Gut-tropic T cells that express integrin α₄β₇ and CCR9 are required for induction of oral immune tolerance in mice.** *Gastroenterology* 2011, **141**:2109–2118.
- Coombes, J.L., Siddiqui, K.R., Arancibia-Carcamo, C.V., Hall, J., Sun, C.M., Belkaid, Y., and Powrie, F.: **A functionally specialized population of mucosal CD103⁺ DCs induces Foxp3⁺ regulatory T cells via a TGF-β and retinoic acid-dependent mechanism.** *J. Exp. Med.* 2007, **204**:1757–1764.
- Du Toit, G., Roberts, G., Sayre, P.H., Bahnson, H.T., Radulovic, S., Santos, A. F., Brough, H.A., Phippard, D., Basting, M., Feeney, M., *et al.*: **Randomized trial of peanut consumption in infants at risk for peanut allergy.** *N. Engl. J. Med.* 2015, **372**:803–813.
- Huang, G., Wang, Y., and Chi, H.: **Control of T cell fates and immune tolerance by p38α signaling in mucosal CD103⁺ dendritic cells.** *J. Immunol.* 2013, **191**:650–659.
- Mowat, A.M., Strobel, S., Drummond, H.E., and Ferguson, A.: **Immunological responses to fed protein antigens in mice. I. Reversal of oral tolerance to ovalbumin by cyclophosphamide.** *Immunology* 1982, **45**:105–113.

### Abschnitte 12.2.5 und 12.2.6

- Arpaia, N., Campbell, C., Fan, X., Dikiy, S., van der Veeken, J., deRoos, P., Liu, H., Cross, J.R., Pfeffer, K., Coffer, P.J., *et al.*: **Metabolites produced by commensal bacteria promote peripheral regulatory T-cell generation.** *Nature* 2013, **504**:451–455.
- Atarashi, K., Tanoue, T., Oshima, K., Suda, W., Nagano, Y., Nishikawa, H., Fukuda, S., Saito, T., Narushima, S., Hase, K., *et al.*: **Treg induction by a rationally selected mixture of Clostridia strains from the human microbiota.** *Nature* 2013, **500**:232–236.
- Belkaid, Y. and Hand, T.W.: **Role of the microbiota in immunity and inflammation.** *Cell* 2014, **157**:121–141.
- Harig, J.M., Soergel, K.H., Komorowski, R.A., and Wood, C.M.: **Treatment of diversion colitis with short-chain-fatty acid irrigation.** *N. Engl. J. Med.* 1989, **320**:23–28.
- Hirota, K., Turner, J.E., Villa, M., Duarte, J.H., Demengeot, J., Steinmetz, O.M., and Stockinger, B.: **Plasticity of Th17 cells in Peyer's patches is responsible for the induction of T cell-dependent IgA responses.** *Nat. Immunol.* 2013, **14**:372–379.
- Kato, L.M., Kawamoto, S., Maruya, M., and Fagarasan, S.: **The role of the adaptive immune system in regulation of gut microbiota.** *Immunol. Rev.* 2014, **260**:67–75.

Teil IV

- Macia, L., Thorburn, A.N., Binge, L.C., Marino, E., Rogers, K.E., Maslowski, K.M., Vieira, A.T., Kranich, J., and Mackay, C.R.: **Microbial influences on epithelial integrity and immune function as a basis for inflammatory diseases.** *Immunol. Rev.* 2012, **245**:164–176.
- Maynard, C.L., Elson, C.O., Hatton, R.D., and Weaver, C.T.: **Reciprocal interactions of the intestinal microbiota and immune system.** *Nature* 2012, **489**:231–241.
- Peterson, D.A., McNulty, N.P., Guruge, J.L., and Gordon, J.I.: **IgA response to symbiotic bacteria as a mediator of gut homeostasis.** *Cell Host Microbe* 2007, **2**:328–339.
- Round, J.L. and Mazmanian, S.K.: **Inducible Foxp3⁺ regulatory T-cell development by a commensal bacterium of the intestinal microbiota.** *Proc. Natl Acad. Sci. USA* 2010, **107**:12204–12209.
- Scher, J.U., Sczesnak, A., Longman, R.S., Segata, N., Ubeda, C., Bielski, C., Rostron, T., Cerundolo, V., Pamer, E. G., Abramson, S.B., *et al.*: **Expansion of intestinal *Prevotella copri* correlates with enhanced susceptibility to arthritis.** *eLife* 2013, **2**:e01202.
- Zigmond, E., Bernshtein, B., Friedlander, G., Walker, C.R., Yona, S., Kim, K.W., Brenner, O., Krauthgamer, R., Varol, C., Müller, W., *et al.*: **Macrophage-restricted interleukin-10 receptor deficiency, but not IL10 deficiency, causes severe spontaneous colitis.** *Immunity* 2014, **40**:720–733.

## Abschnitte 12.2.7 und 12.2.8

- Adolph, T.E., Tomczak, M.F., Niederreiter, L., Ko, H.J., Bock, J., Martinez-Naves, E., Glickman, J.N., Tschurtschenthaler, M., Hartwig, J., Hosomi, S., *et al.*: **Paneth cells as a site of origin for intestinal inflammation.** *Nature* 2013, **503**:272–276.
- Alexander, K.L., Targan, S.R., and Elson, C.O.: **Microbiota activation and regulation of innate and adaptive immunity.** *Immunol. Rev.* 2014, **260**:206–220.
- Arenas-Hernández, M.M., Martínez-Laguna, Y., and Torres, A.G.: **Clinical implications of enteroadherent Escherichia coli.** *Curr. Gastroenterol. Rep.* 2012, **14**:386–394.
- Chung, H., Pamp, S.J., Hill, J.A., Surana, N.K., Edelman, S.M., Troy, E.B., Reading, N.C., Villablanca, E.J., Wang, S., Mora, J.R., *et al.*: **Gut immune maturation depends on colonization with a host-specific microbiota.** *Cell* 2012, **149**:1578–1593.
- Coccia, M., Harrison, O.J., Schiering, C., Asquith, M.J., Becher, B., Powrie, F., and Maloy, K.J.: **IL-1β mediates chronic intestinal inflammation by promoting the accumulation of IL-17A secreting innate lymphoid cells and CD4⁺ Th17 cells.** *J. Exp. Med.* 2012, **209**:1595–1609.
- Knights, D., Lassen, K.G., and Xavier, R.J.: **Advances in inflammatory bowel disease pathogenesis: linking host genetics and the microbiome.** *Gut* 2013, **62**:1505–1510.
- Kullberg, M.C., Jankovic, D., Feng, C.G., Hue, S., Gorelick, P.L., McKenzie, B.S., Cua, D.J., Powrie, F., Cheever, A.W., Maloy, K.J., *et al.*: **Intestinal epithelial cells: regulators of barrier function and immune homeostasis.** *J. Exp. Med.* 2006, **203**:2485–2494.
- Peterson, L.W. and Artis, D.: **Intestinal epithelial cells: regulators of barrier function and immune homeostasis.** *Nat. Rev. Immunol.* 2014, **14**:141–153.
- Shale, M., Schiering, C., and Powrie, F.: **CD4⁺ T-cell subsets in intestinal inflammation.** *Immunol. Rev.* 2013, **252**:164–182.
- Zelante, T., Iannitti, R.G., Cunha, C., De Luca, A., Giovannini, G., Pieraccini, G., Zecchi, R., D'Angelo, C., Massi-Benedetti, C., Fallarino, F., *et al.*: **Tryptophan catabolites from microbiota engage aryl hydrocarbon receptor and balance mucosal reactivity via interleukin-22.** *Immunity* 2013, **39**:372–385.

# Das Immunsystem bei Gesundheit und Krankheit

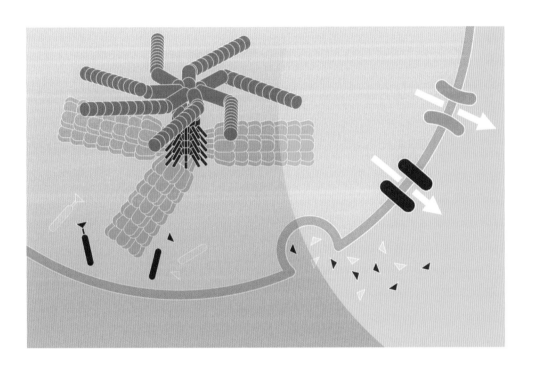

Teil V

# Das Versagen der Immunantwort

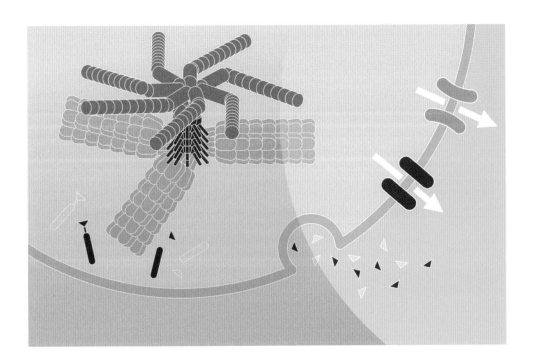

© Springer-Verlag GmbH Deutschland, ein Teil von Springer Nature 2018
K. Murphy, C. Weaver, *Janeway Immunologie*, https://doi.org/10.1007/978-3-662-56004-4_13

Im normalen Verlauf einer Infektion löst der Krankheitserreger zuerst eine Antwort des angeborenen Immunsystems aus. Die fremden Antigene des Krankheitserregers, deren Signale durch die angeborene Immunantwort verstärkt werden, lösen dann eine adaptive Immunantwort aus, die letztendlich die Infektion beseitigt und einen Zustand schützender Immunität herbeiführt. Das geschieht allerdings nicht immer. In diesem Kapitel werden wir feststellen, dass es verschiedene Möglichkeiten gibt, wie die Immunantwort gegen Pathogene fehlschlagen kann: aufgrund von Immundefekten bei einem anormalen Wirtsorganismus, wie es bei einer Immunschwäche vorkommt, oder durch Verhinderung oder Unterwandern der normalen Immunreaktion durch die Krankheitserreger bei einem gesunden Wirt. Zum Schluss wollen wir uns mit der besonderen Situation beschäftigen, dass die Immunabwehr eines genetisch normalen Wirtsorganismus durch einen Krankheitserreger so beeinträchtigt wird, dass es zu einer allgemeinen Anfälligkeit für Infektionen kommt, wie es beim erworbenen Immunschwächesyndrom (*acquired immune deficiency syndrome*, AIDS) der Fall ist, das von dem humanen Immunschwächevirus (*human immunodeficiency virus*, HIV) hervorgerufen wird.

Im ersten Teil des Kapitels beschäftigen wir uns mit den **primären** oder **vererbbaren Immunschwächekrankheiten**, bei denen die Immunabwehr aufgrund eines erblichen Gendefekts versagt, was zu einer erhöhten Anfälligkeit für Infektionen mit bestimmten Gruppen von Pathogenen führt. Man kennt Immunschwächekrankheiten, die durch Defekte in der Entwicklung der T- und B-Lymphocyten, in der Phagocytenfunktion oder bei Bestandteilen des Komplementsystems hervorgerufen werden. Im zweiten Teil des Kapitels wollen wir uns kurz mit Mechanismen befassen, durch die Krankheitserreger spezifischen Komponenten der Immunantwort ausweichen oder diese unterwandern, um so der Vernichtung zu entgehen – der sogenannten **Immunevasion**. Im letzten Teil des Kapitels beschäftigen wir uns damit, wie die dauerhafte Infektion mit HIV zum Krankheitsbild von AIDS führt, also zu **sekundären** oder **erworbenen Immunschwächekrankheiten**. Die Untersuchung der Bedingungen und Mechanismen, durch die das Immunsystem versagen kann, hat bereits wichtige Informationen zu unserem Verständnis der Immunabwehr beigetragen und sollte auch auf längere Sicht bei der Entwicklung neuer Methoden hilfreich sein, Infektionskrankheiten einschließlich AIDS einzudämmen und ihnen vorzubeugen.

## 13.1 Immunschwächekrankheiten

Zu einer Immunschwächekrankheit kommt es, wenn eine oder mehrere Komponenten des Immunsystems defekt sind. Man unterscheidet primäre (vererbbare oder angeborene) und sekundäre (erworbene) Immunschwächen. **Primäre Immunschwächen** werden durch vererbte Mutationen in einem der zahlreichen Gene verursacht, die bei den Immunantworten mitwirken oder sie kontrollieren. Bis heute wurden gut 150 primäre Immunschwächen beschrieben, die die Entwicklung oder die Funktion der Immunzellen oder beide Bereiche beeinträchtigen. Die klinischen Symptome dieser Erkrankungen sind daher ausgesprochen unterschiedlich. Ein gemeinsames Merkmal ist jedoch, dass es bei Kleinkindern zu wiederholten und häufig sehr schwer verlaufenden Infektionen kommt. **Sekundäre Immunschwächen** werden hingegen als Folge anderer Krankheiten erworben, sie entstehen sekundär als Folge von äußeren Faktoren wie Hunger oder sind eine Nebenwirkung eines medizinischen Eingriffs. Einige Formen der Immunschwächen betreffen vor allem die immunregulatorischen Mechanismen. Defekte dieser Art können zu Allergien, anormaler Proliferation von Lymphocyten, Autoimmunität und bestimmten Krebsformen führen. Diese werden in anderen Kapiteln besprochen. Hier wollen wir uns vor allem auf die Immunschwächen konzentrieren, die eine Anfälligkeit für Infektionen hervorrufen.

Die primären Immunschwächekrankheiten lassen sich anhand der beteiligten Komponenten des Immunsystems unterscheiden. Da jedoch viele Bestandteile der Immunabwehr ineinandergreifen, kann ein Defekt in einer Komponente auch die Funktion an anderen Stellen beeinträchtigen. Deshalb können Primärdefekte der angeborenen Immunität zu Defekten der adaptiven Immunität führen, und umgekehrt. Dennoch ist es sinnvoll, Immundefekte im Zusammenhang mit den betroffenen Hauptkomponenten des Immunsystems zu betrachten, da diese bestimmte Muster von Infektionen und klinischen Symptomen hervorrufen. Wenn man untersucht, welche Infektionskrankheiten mit einer bestimmten Immunschwäche einhergehen, lässt sich erkennen, welche Komponenten des Immunsystems für die Reaktion auf bestimmte Erreger von Bedeutung sind. Die erblichen Immunschwächen machen auch deutlich, wie die Wechselwirkungen zwischen den verschiedenen Immunzelltypen zur Immunantwort und zur Entwicklung der B- und T-Zellen beitragen. Schließlich können uns diese erblichen Krankheiten zu dem defekten Gen führen und so vielleicht neue Informationen über die molekularen Grundlagen der Immunreaktionen erbringen sowie die notwendigen Kenntnisse für die Diagnose, eine gute genetische Beratung und möglicherweise eine Gentherapie liefern.

## 13.1.1 Eine Krankengeschichte mit wiederholten Infektionen legt eine Immunschwäche als Diagnose nahe

Patienten mit einer Immunschwäche erkennt man im Allgemeinen aufgrund ihrer klinischen Geschichte, die wiederholte Infektionen mit den gleichen oder ähnlichen Pathogenen aufweist. Die Art der Infektionen zeigt an, welcher Teil des Immunsystems geschädigt ist. Die wiederholte Infektion mit **pyogenen (eiterbildenden) Bakterien** lässt den Schluss zu, dass die Funktion der Antikörper, des Komplementsystems oder der Phagocyten gestört ist, da diese Teile des Immunsystems bei der Abwehr solcher Infektionen von Bedeutung sind. Andererseits deuten eine dauerhafte Pilzinfektion der Haut, etwa mit *Candida*, oder wiederkehrende Virusinfektionen darauf hin, dass ein Immundefekt unter Beteiligung der T-Lymphocyten vorliegt.

## 13.1.2 Primäre Immunschwächekrankheiten beruhen auf rezessiven Gendefekten

Bevor Antibiotika zur Verfügung standen, starben die meisten Patienten mit einem ererbten Defekt der Immunabwehr bereits im Säuglingsalter oder während der frühen Kindheit, da sie für Infektionen durch bestimmte Krankheitserreger besonders anfällig waren. Diese Erbkrankheiten waren nicht leicht zu identifizieren, da auch viele nicht davon betroffene Kinder an den Folgen von Infektionskrankheiten starben. Die meisten Gendefekte, die sekundäre (vererbbare) Immunschwächenkrankheiten verursachen, werden rezessiv vererbt und viele lassen sich auf Mutationen in den Genen des X-Chromosoms zurückführen. Rezessiv vererbte Defekte führen nur dann zur Erkrankung, wenn beide Chromosomen das fehlerhafte Gen tragen. Da Männer nur ein X-Chromosom besitzen, bilden alle Männer, die eine X-gekoppelte Erkrankung erben, die Krankheit auch aus. Frauen hingegen bleiben aufgrund ihres zweiten, unveränderten X-Chromosoms normalerweise gesund.

Bei Mäusen ließen sich mithilfe von Knockout-Verfahren (Anhang I, Abschn. A.35) verschiedene Arten der Immunschwäche erzeugen, die unser Wissen darüber, wie einzelne Proteine zur normalen Funktion des Immunsystems beitragen, rasch erweitert haben. Trotzdem bieten humane Immunschwächekrankheiten immer noch die beste Möglichkeit, Einblicke in die normalen Reaktionswege der Immunabwehr von Infektionskrankheiten zu gewinnen. So erhöhen zum Beispiel Defekte in der Funktion der Antikörper, des Komplementsystems oder der Phagocyten das Risiko, von bestimmten eiterbildenden Bakterien infiziert zu werden. Das bedeutet, dass Reaktionen des Wirtes bei der Abwehr solcher Bakterien normalerweise in folgender Reihenfolge ablaufen: Nach der Bindung der Antikörper erfolgt die Fixierung von Komplementkomponenten, welche die Aufnahme und das Abtöten der opsonisierten Bakterien durch die Phagocyten ermöglicht. Fehlt ein Glied in dieser Kette, die zum Abtöten der Bakterien führt, kommt es immer zu einem ähnlichen Immunschwächezustand.

Teil V

Durch die Immunschwächen erfahren wir auch etwas über die Redundanz der Mechanismen, mit denen der Wirt Infektionskrankheiten bekämpft. Der erste Mensch (zufällig ein Immunologe), bei dem man einen erblichen Defekt im Komplementsystem (einen C2-Mangel) entdeckte, war gesund. Das bedeutet, dass dem Immunsystem vielfältige Maßnahmen zum Schutz gegen Infektionen zur Verfügung stehen, sodass ein Defekt in einem Bestandteil der Immunität durch andere Komponenten ausgeglichen werden kann. Es gibt zwar zahlreiche Befunde, dass ein Komplementdefekt die Anfälligkeit für pyogene Infektionen erhöht, aber nicht jeder Mensch mit einer Komplementschwäche leidet an wiederkehrenden Infektionen.

In ▶ Abb. 13.1 sind Beispiele für Immunschwächekrankheiten aufgeführt. Keine davon ist besonders verbreitet (ein bestimmter IgA-Mangel kommt noch am häufigsten vor) und einige sind sogar außerordentlich selten. Diese Krankheiten werden in den folgenden Abschnitten beschrieben und wir haben sie danach zusammengefasst, ob der zugrundeliegende Defekt im adaptiven oder im angeborenen Immunsystem liegt.

## 13.1.3 Defekte in der T-Zell-Entwicklung können zu schweren kombinierten Immundefekten führen

Die Entwicklungswege der zirkulierenden naiven T- und B-Zellen sind in ▶ Abb. 13.2 zusammengefasst. Patienten mit einem Defekt in der T-Zell-Entwicklung sind anfällig für ein breites Spektrum von Krankheitserregern. Das verdeutlicht, dass die Differenzierung und Reifung der T-Zellen bei der adaptiven Immunität für praktisch alle Antigene eine zentrale Rolle spielt. Da solche Patienten weder T-Zell-abhängige Antikörperreaktionen noch zelluläre Immunantworten zeigen und deshalb auch kein immunologisches Gedächtnis entwickeln können, leiden sie am **schweren kombinierten Immundefekt** (**SCID**).

Der **X-gekoppelte schwere kombinierte Immundefekt** (**X-SCID**) ist die häufigste Form des SCID. Ursachen sind Mutationen im *IL2RG*-Gen auf dem menschlichen X-Chromosom, das die $\gamma$-Kette ($\gamma_c$) des Interleukin-2-Rezeptors (IL-2R) codiert. $\gamma_c$ ist Bestandteil aller Rezeptoren für die Cytokine der IL-2-Familie (IL-2, IL-4, IL-7, IL-9, IL-15 und IL-21). Patienten mit X-SCID zeigen daher Defekte bei der Signalgebung aller Cytokine der IL-2-Familie, sodass sich aufgrund des Mangels an IL-7- und IL-15-Signalen die T- und NK-Zellen nicht normal entwickeln können (▶ Abb. 13.2). Die Anzahl der B-Zellen ist hingegen normal, aber aufgrund der fehlenden Unterstützung durch die T-Zellen trifft das nicht auf die Funktion der B-Zellen zu. Die meisten X-SCID-Patienten sind männlich. Bei Frauen, die die Mutation tragen, entwickeln sich die Vorläufer der T- und NK-Zellen normal, die bei der Inaktivierung des X-Chromosoms das *IL2RG*-Wildtypallel behalten haben, und bringen ein normal ausgereiftes Immunrepertoire hervor. X-SCID bezeichnet man auch als *bubble boy disease* – nach einem Jungen, der mit dieser Krankheit über zehn Jahre lang in einer Schutzhülle (*bubble*) lebte, bevor er aufgrund von Komplikationen bei einer Knochenmarktransplantation starb. Ein klinisch und immunologisch nicht unterscheidbarer Typ des SCID ist auf eine inaktivierende Mutation der Tyrosinkinase Jak3 (Abschn. 8.1.1) zurückzuführen, die physikalisch an $\gamma_c$ bindet und Signale über $\gamma_c$-Ketten-Cytokinrezeptoren überträgt. Diese autosomal rezessive Mutation beeinträchtigt ebenfalls die Entwicklung der T- und NK-Zellen, aber die Entwicklung der B-Zellen bleibt davon unbeeinflusst.

Durch andere Immunschwächen bei Mäusen war es möglich, die Funktionen der einzelnen Cytokine und ihrer Rezeptoren bei der Entwicklung von T- und NK-Zellen genauer zu untersuchen. So hat man beispielsweise bei Mäusen durch gezielte Mutationen im $\beta_c$-Gen (*IL2RB*) die zentrale Funktion von IL-15 als Wachstumsfaktor für die Entwicklung der NK-Zellen ermittelt, außerdem dessen Bedeutung für die Reifung und Wanderung der T-Zellen. Mäuse mit gezielten Mutationen in IL-15 selbst oder in der $\alpha$-Kette des zugehörigen Rezeptors besitzen ebenfalls keine NK-Zellen und zeigen zwar eine relativ normale Entwicklung der T-Zellen, aber einen spezifischeren T-Zell-Defekt, bei dem nur der Erhalt der CD8-T-Zellen beeinträchtigt ist.

| Bezeichnung des Immunschwäche-syndroms | spezifische Anomalie | Immundefekt | Krankheitsanfälligkeit |
|---|---|---|---|
| schwerer kombi-nierter Immundefekt | siehe Text und Abb. 13.2 | | allgemein |
| DiGeorge-Syndrom | Thymusaplasie | schwankende Anzahl von T-Zellen | allgemein |
| MHC-Klasse-I-Defekt | Mutationen in TAP1, TAP2 und Tapasin | keine CD8-T-Zellen | chronische Entzündungen von Lunge und Haut |
| MHC-Klasse-II-Defekt | fehlende Expression von MHC-Klasse II | keine CD4-T-Zellen | allgemein |
| Wiskott-Aldrich-Syndrom | X-gekoppelt; defektes WASp-Gen | Mangel an Anti-Poly-saccharid-Antikörpern; gestörte Aktivierung/ Reaktionen der T-Zellen; $T_{reg}$-Fehlfunktion | eingekapselte extra-zelluläre Bakterien Infektionen mit Herpes-viren (z. B. HSV, EBV) |
| X-gekoppelte Agam-maglobulinämie | Verlust der Tyrosin-kinase BTK | keine B-Zellen | extrazelluläre Bakterien, Enteroviren |
| Hyper-IgM-Syndrom | CD40-Liganden-Defekt CD40-Defekt NEMO-(IKK-)Defekt | kein Isotypwechsel und/oder keine soma-tische Hypermutation; T-Zell-Defekte | extrazelluläre Bakterien *Pneumocystis jirovecii* *Cryptosporidium parvum* |
| Hyper-IgM-Syndrom (B-Zell-abhängig) | AID-Defekt UNG-Defekt | kein Isotypwechsel +/– normale soma-tische Hypermutation | extrazelluläre Bakterien |
| Hyper-IgE-Syndrom (Job-Syndrom) | STAT3-Defekt | Differenzierung der $T_H17$-Zellen ist blockiert | extrazelluläre Bakterien und Pilze |
| allgemeine variable Immunschwäche | Mutationen in TACI, ICOS, CD19 usw. | gestörte IgA- und IgG-Produktion | extrazelluläre Bakterien |
| selektiver IgA-Defekt | unbekannt; MHC-gekoppelt | keine IgA-Synthese | Infektionen der Atemwege |
| Phagocytendefekte | viele verschiedene | Verlust der Phago-cytenfunktion | extrazelluläre Bakterien und Pilze |
| Komplementdefekte | viele verschiedene | Verlust spezifischer Kom-plementkomponenten | extrazelluläre Bakterien, vor allem *Neisseria* spp. |
| X-gekoppeltes lympho-proliferatives Syndrom | Mutationen in SAP oder XIAP | unkontrolliertes B-Zell-Wachstum | durch EBV ausgelöste B-Zell-Tumoren schwere infektiöse Mononucleose |
| Ataxia teleangiectatica | Mutationen in ATM | weniger T-Zellen | Infektionen der Atemwege |
| Bloom-Syndrom | Defekt der DNA-Helikase | weniger T-Zellen geringere Antikörpertiter | Infektionen der Atemwege |

**Abb. 13.1 Humane Immunschwächesyndrome.** In dieser Tabelle sind für einige verbreitete und einige seltene humane Immunschwächesyndrome die zugrunde liegenden Gendefekte, die Konse-quenzen für das Immunsystem und die daraus resultierende Anfälligkeit für bestimmte Krankheiten aufgeführt. Ein schwerer kombinierter Immundefekt (SCID) kann auf viele verschiedene Defekte zurückzuführen sein (Zusammenfassung in ► Abb. 13.2, siehe auch Text). AID, aktivierungsindu-zierte Cytidin-Desaminase; ATM, *Ataxia teleangiectasia-mutated protein*; EBV, Epstein-Barr-Virus; IKK, IκB-Kinase; STAT3, *signal transducer and activator of transcription* 3; TAP, Transportpro-teine, die an der Antigenprozessierung beteiligt sind; UNG, Uracil-DNA-Glykosylase

Menschen mit einem Defekt der $\alpha$-Kette des IL-7-Rezeptors besitzen keine T-Zellen, aber normale Mengen an NK-Zellen. Das verdeutlicht, dass die Signale von IL-7 für die Entwicklung der T-Zellen essenziell sind, nicht jedoch für die Entwicklung der NK-Zellen (▶ Abb. 13.2). Interessant ist dabei, dass Mäuse mit einem künstlich herbeigeführten Defekt im Gen für IL-7R wie Menschen einen T-Zell-Defekt aufweisen, aber auch keine B-Zellen besitzen, was bei Menschen jedoch nicht der Fall ist. Hier zeigt sich die bei den einzelnen Spezies unterschiedliche Funktion bestimmter Cytokine. Außerdem ist dies ein Hinweis darauf, dass man bei der Interpretation von Versuchsergebnissen bei Mäusen und deren Bedeutung für den Menschen vorsichtig sein muss. Bei Menschen und Mäusen, deren T-Zellen nach der Stimulation des Rezeptors kein IL-2 produzieren, erfolgt die Entwicklung der T-Zellen größtenteils normal, wobei die Entwicklung der FoxP3$^+$-T$_{reg}$-Zellen gestört ist.

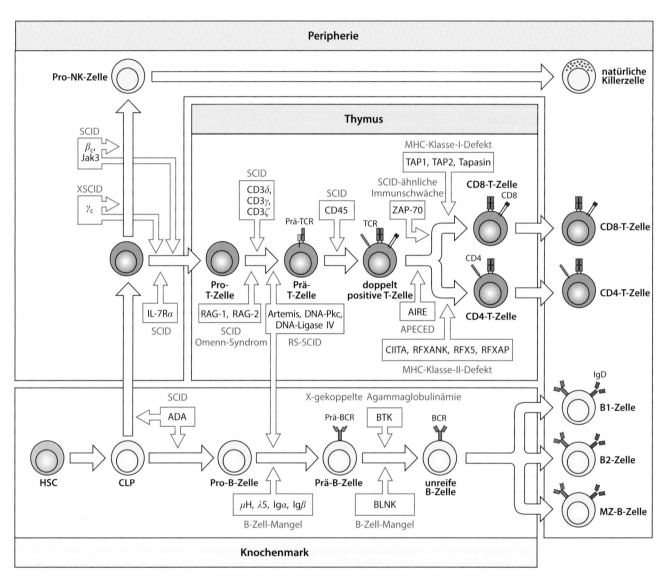

**Abb. 13.2 Defekte in der Entwicklung der T- und B-Zellen, die zu einer Immunschwäche führen.** Dargestellt sind die Signalwege, die zur Entwicklung von zirkulierenden naiven T- und B-Zellen führen. Bei Mutationen in den Genen, die die Proteine (*rote Kästen*) codieren, weiß man, dass sie Immunschwächekrankheiten des Menschen hervorrufen. Immunschwächen können auch durch Mutationen in Genen des Thymusepithels hervorgerufen werden, die die Entwicklung des Thymus und damit die T-Zell-Entwicklung beeinträchtigen. BCR, B-Zell-Rezeptor; CLP, gemeinsame lymphatische Vorläuferzelle; HSC, hämatopoetische Stammzelle; MZB-Zelle, B-Zelle der Randzonen; Prä-BCR, Prä-B-Zell-Rezeptor; Prä-TCR, Prä-T-Zell-Rezeptor; RS-SCID, *radiation-sensitive SCID*; SCID, schwerer kombinierter Immundefekt; TCR, T-Zell-Rezeptor; X-SCID, X-gekoppelter SCID

Dadurch kann es zu immunregulatorischen Anomalien und zu Autoimmunität kommen (Kap. 15). Die eher begrenzten Auswirkungen der einzelnen Defekte der Cytokinsignale stehen in einem gewissen Kontrast zu den weitreichenden Folgen der Entwicklung der T- und NK-Zellen bei X-SCID-Patienten.

Wie bei allen schweren T-Zell-Schwächen erzeugen auch Patienten mit X-SCID auf die meisten Antigene keine wirksamen Antikörperantworten, wobei ihre B-Zellen anscheinend normal sind. Bei den meisten (aber nicht bei allen) naiven IgM-positiven B-Zellen von weiblichen X-SCID-Trägern ist das defekte und nicht das normale X-Chromosom inaktiviert (Abschn. 13.1.3). Das zeigt, dass die Entwicklung der B-Zellen zwar von der $\gamma_c$-Kette beeinflusst wird, aber nicht vollständig von ihr abhängt. Bei reifen B-Gedächtniszellen, die einen Isotypwechsel durchlaufen haben, ist das defekte X-Chromosom fast ohne Ausnahme inaktiviert. Das könnte darauf hinweisen, dass die $\gamma_c$-Kette auch Teil des Rezeptors für IL-21 ist. Dieser ist notwendig für die weitere Reifung von B-Zellen nach einem Isotypwechsel (Abschn. 10.1.4).

## 13.1.4 SCID kann auch durch Defekte im Purin-Salvage-Weg hervorgerufen werden

Zu den Varianten des autosomal-rezessiven SCID, die durch Defekte in Enzymen des Salvage-Weges der Purinsynthese hervorgerufen werden, gehören der **Adenosin-Desaminase-Mangel (ADA-Mangel,** ▶ Abb. 13.2) und der **Purinnucleotidphosphorylase-Mangel (PNP-Mangel)**. Die Adenosin-Desaminase katalysiert die Umwandlung von Adenosin und Desoxyadenosin zu Inosin beziehungsweise Desoxyinosin. Dieser Defekt führt zur Anhäufung von Desoxyadenosin und seiner Vorstufe *S*-Adenosylhomocystein, die beide für T- und B-Zellen in der Entwicklungsphase toxisch sind. Die Purinnucleotidphosphorylase katalysiert die Umwandlung von Inosin und Guanosin zu Hypoxanthin beziehungsweise Guanin. Ein PNP-Mangel ist eine seltenere Form des SCID-Syndroms. Er verursacht auch die Anhäufung von toxischen Vorstufen, wirkt sich aber auf die Entwicklung der T-Zellen gravierender aus als auf B-Zellen. Bei beiden Krankheiten entwickelt sich nach der Geburt eine progressive Lymphopenie, bei der die Anzahl der Lymphocyten stark zurückgeht, sodass diese Symptomatik bereits in den ersten Lebensjahren stark ausgeprägt ist. Da beide Enzyme sogenannte „Haushaltsproteine" sind, die von vielen Zelltypen exprimiert werden, ist die Immunschwäche, die jeweils mit einem dieser Defekte einhergeht, Teil eines umfangreicheren klinischen Syndroms.

## 13.1.5 Störungen bei der Umlagerung der Antigenrezeptorgene führen zum SCID

Eine weitere Gruppe von autosomal vererbten Defekten, die das SCID-Syndrom hervorrufen, wird durch ein Versagen der DNA-Umlagerung in sich entwickelnden Lymphocyten verursacht. So führen Mutationen im *RAG-1*- oder *RAG-2*-Gen zu funktionslosen Proteinen, sodass die Lymphocytenentwicklung der B- und T-Zellen im Übergang von der Pro- zur Prä-Zelle anhält, da die V(D)J-Rekombination nicht korrekt durchgeführt wird (▶ Abb. 13.2). So kommt es bei betroffenen Patienten zu einem vollständigen Fehlen der T- und der B-Zellen. Da sich die Auswirkungen der *RAG*-Mutationen auf die Lymphocyten beschränken, die in eine Umlagerung der Antigenrezeptorgene eintreten, ist die Entwicklung der NK-Zellen nicht beeinträchtigt. Auch gibt es Kinder mit **hypomorphen Mutationen** (die zu einer Verringerung, aber nicht zum Fehlen einer Funktion führen) im *RAG-1*- oder im *RAG-2*-Gen, die dennoch eine geringe Menge an funktionsfähigem RAG-Protein erzeugen können und so geringfügige V(D)J-Rekombinationen zeigen. Zu dieser zuletzt genannten Gruppe gehören Patienten mit einer sehr speziellen und schweren Erkrankung, die man als **Omenn-Syndrom** bezeichnet. Neben einer erhöhten Anfälligkeit für mehrfache opportu-

Teil V

nistische Infektionen zeigen diese Patienten auch klinische Merkmale, die einer Graft-versus-Host-Krankheit sehr ähnlich sind (Abschn. 15.4.8) und von vorübergehenden Hautausschlägen, Eosinophilie, Diarrhö und einer Vergrößerung der Lymphknoten begleitet ist. Man findet bei diesen Kindern normale oder erhöhte Zahlen von aktivierten T-Zellen. Eine Erklärung für diesen Phänotyp besteht darin, dass eine geringe *RAG*-Aktivität eine begrenzte Rekombination der T-Zell-Rezeptor-Gene ermöglicht. Es kommen jedoch keine B-Zellen vor, was darauf hindeutet, dass B-Zellen eine zielführendere *RAG*-Aktivität benötigen. Aufgrund der begrenzten Anzahl an T-Zell-Rezeptoren, deren Gene erfolgreich umgelagert wurden, ist das Repertoire der T-Zellen bei Patienten mit Omenn-Syndrom stark eingeschränkt und es kommt zu einer klonalen Expansion der vorhandenen begrenzten Spezifitäten. Die klinischen Merkmale deuten stark darauf hin, dass diese peripheren T-Zellen autoreaktiv sind und den Phänotyp der Gewebeabstoßung (Graft-versus-Host-Krankheit) hervorrufen. Neben dem Omenn-Syndrom, das sich schon in einer frühen Lebensphase manifestiert, hängen auch andere Formen von Immunschwächen mit einer verringerten, jedoch nicht vollständig fehlenden RAG-Aktivität zusammen. Sie gehen häufig mit einer Granulomatose einher und treten erst in der späten Kindheit oder während der Adoleszenz in Erscheinung.

Eine weitere Gruppe von Patienten mit einem autosomal rezessiven SCID ist gegenüber ionisierender Strahlung besonders empfindlich. Die Betroffenen bringen nur sehr wenige reife B- und T-Zellen hervor, da die DNA-Umlagerung in den sich entwickelnden Lymphocyten fehlerhaft ist. Es kommt nur selten zu VJ- oder VDJ-Verknüpfungen und die meisten davon sind anormal. Diese Art von SCID ist auf Defekte in den ubiquitären DNA-Reparaturproteinen zurückzuführen, die an der Reparatur von Doppelstrangbrüchen beteiligt sind. Diese treten nicht nur bei der Umlagerung der Antigenrezeptorgenen auf (Abschn. 5.1.5), sondern auch bei ionisierender Strahlung. Aufgrund der erhöhten Strahlungsempfindlichkeit der Patienten bezeichnet man die Erkrankung als **RS-SCID** (*radiation-sensitive SCID*), um sie vom SCID-Syndrom aufgrund von lymphocytenspezifischen Defekten zu unterscheiden. Defekte in den Genen von Artemis, DNA-PKcs (*DNA proteinkinase catalytic subunit*) und der DNA-Ligase IV führen zum RS-SCID (▶ Abb. 13.2). Da Defekte bei der Reparatur von DNA-Brüchen während der Zellteilung das Risiko für Translokationen erhöhen, die zu malignen Transformationen führen können, stehen Patienten mit den verschiedenen RS-SCID-Formen unter einem erhöhten Krebsrisiko.

### 13.1.6 Defekte bei der Signalgebung durch Antigenrezeptoren können zu einer schweren Immunschwäche führen

Man kennt einige Gendefekte, die die Signalgebung durch T-Zell-Rezeptoren (TCRs) stören und damit die Aktivierung der T-Zellen in einer frühen Phase der Thymusentwicklung blockieren. So zeigen Patienten mit Mutationen in den CD3$\delta$-, CD3$\varepsilon$- oder CD3$\zeta$-Ketten des CD3-Komplexes einen Defekt der Prä-T-Zell-Rezeptor-Signalgebung und die Thymusentwicklung kann nicht in das doppelt positive Stadium eintreten (▶ Abb. 13.2). Dadurch kommt es zum SCID. Ein anderer Defekt der Signalgebung von Lymphocyten, der zu einer schweren Immunschwäche führt, wird durch Mutationen in der Tyrosinphosphatase CD45 hervorgerufen. Bei Menschen und Mäusen mit einem CD45-Defekt ist die Anzahl der peripheren T-Zellen stark verringert und die Reifung der B-Zellen verläuft anormal. Bei Patienten, die eine defekte Form der cytosolischen Tyrosinkinase ZAP-70 exprimieren, die normalerweise Signale des T-Zell-Rezeptors überträgt (Abschn. 7.2.1), tritt ebenfalls eine schwere Immunschwäche auf. Die CD4-T-Zellen gehen in normaler Anzahl aus dem Thymus hervor, während CD8-T-Zellen fehlen. Jedoch können die heranreifenden CD4-T-Zellen nicht auf Signale reagieren, durch die die Zellen normalerweise über den T-Zell-Rezeptor aktiviert werden.

Das **Wiskott-Aldrich-Syndrom (WAS)** wird von einem Defekt im *WAS*-Gen auf dem X-Chromosom hervorgerufen, das das WAS-Protein (WASp) codiert. Durch das Syndrom konnte man neue Einsichten in die molekularen Grundlagen der Signalübertragung bei

T-Zellen und der Bildung von immunologischen Synapsen zwischen verschiedenen Zellen des Immunsystems gewinnen. Die Krankheit betrifft auch die Blutplättchen und wurde zuerst als Störung der Blutgerinnung beschrieben. Sie verursacht aber auch eine Immunschwäche, die mit einer verringerten Anzahl der T-Zellen, einer Störung der Cytotoxizität von NK-Zellen sowie einem Versagen der Antikörperantwort einhergeht (Abschn. 7.2.13). WASp wird von allen hämatopoetischen Zelllinien exprimiert und ist der entscheidende Regulator in der Entwicklung der Lymphocyten und Blutplättchen. Das Protein überträgt rezeptorvermittelte Signale und bewirkt so eine Umstrukturierung des Cytoskeletts (Abschn. 9.3.2). Man kennt mehrere den T-Zell-Rezeptoren nachgeschaltete Signalwege, die WASp aktivieren (Abschn. 7.2.13). Die Aktivierung von WASp aktiviert wiederum den Arp2/3-Komplex, der für das Auslösen der Actinpolymerisierung notwendig ist. Diese spielt bei der Ausbildung der immunologischen Synapse und der polarisierten Freisetzung von Effektormolekülen durch die T-Effektorzellen eine entscheidende Rolle. Bei Patienten mit dem WAS-Syndrom und bei Mäusen, deren *Was*-Gen gezielt inaktiviert wurde, können T-Zellen auf eine Quervernetzung des T-Zell-Rezeptors nicht normal reagieren. Seit Kurzem vermutet man auch, dass WASp für die suppressive Funktion der natürlichen $T_{reg}$-Zellen notwendig ist. Dadurch lässt sich vielleicht teilweise erklären, warum Patienten mit dem WAS-Syndrom für Autoimmunkrankheiten anfällig sind.

### 13.1.7 Genetisch bedingte Defekte der Thymusfunktion, welche die Entwicklung der T-Zellen blockieren, führen zu schweren Immunschwächen

Bei Mäusen kennt man seit vielen Jahren eine Störung der Thymusentwicklung, die mit einem SCID und fehlender Körperbehaarung einhergeht. Die Mutation wird entsprechend als *nude*-**Mutation** bezeichnet, der mutierte Stamm als *nude*-Stamm (Abschn. 8.2.1). Man hat bei einer geringen Anzahl von Kindern denselben Phänotyp entdeckt. Sowohl bei Menschen als auch bei Mäusen wird dieses Syndrom von Mutationen im *FOXN1*-Gen verursacht, das einen Transkriptionsfaktor codiert, der selektiv in der Haut und im Thymus exprimiert wird. FOXN1 ist notwendig für die Differenzierung des Thymusepithels und die Bildung eines funktionsfähigen Thymus. Bei Patienten mit einer Mutation im *FOXN1*-Gen verhindert die fehlende Thymusfunktion die normale Entwicklung der T-Zellen. Die Entwicklung der B-Zellen ist bei Menschen mit dieser Mutation normal, wobei aufgrund der mangelnden T-Zellen die B-Zell-Reaktionen fehlen und die Reaktionen auf nahezu alle Krankheitserreger grundlegend gestört sind.

Das **DiGeorge-Syndrom** ist eine weitere Erkrankung, bei der sich das Epithelgewebe des Thymus nicht normal entwickelt, was zum SCID führt. Die genetische Anomalie, die dieser komplexen Entwicklungsstörung zugrunde liegt, ist eine Deletion in einer Kopie von Chromosom 22. Das fehlende Stück umfasst 1,5–5 Megabasen, wobei es in der kürzesten Form, die das Syndrom noch hervorruft, etwa 24 Gene enthält. Das entscheidende Gen in diesem Abschnitt ist *TBX1*, das den Transkriptionsfaktor T-Box codiert. Das DiGeorge-Syndrom wird bereits durch das Fehlen einer einzigen Kopie dieses Gens verursacht. Die betroffenen Patienten tragen also eine *TBX1*-**Haploinsuffizienz**. Ohne die passende, stimulierende Umgebung des Thymus können die T-Zellen nicht heranreifen und sowohl die zelluläre Immunantwort als auch die T-Zell-abhängige Antikörperproduktion sind beeinträchtigt. Patienten mit diesem Syndrom haben normale Mengen an Immunglobulinen im Serum, aber der Thymus und die Nebenschilddrüsen entwickeln sich unvollständig oder gar nicht, was mit unterschiedlichen Ausprägungen einer T-Zell-Immunschwäche einhergeht.

Eine gestörte Expression der MHC-Moleküle kann aufgrund der Auswirkungen auf die positive Selektion der T-Zellen im Thymus zu einer schweren Immunschwäche führen (▶ Abb. 13.2). Bei Patienten mit dem **Nackte-Lymphocyten-Syndrom** (*bare lymphocyte syndrome*) werden auf den Zellen keinerlei MHC-Klasse-II-Moleküle exprimiert; man bezeichnet die Krankheit heute als **MHC-Klasse-II-Defekt**. Da im Thymus keine MHC-

**Teil V**

Klasse-II-Moleküle vorhanden sind, können die CD4-T-Zellen nicht positiv selektiert werden, sodass nur wenige heranreifen. Auch den antigenpräsentierenden Zellen fehlen MHC-Klasse-II-Moleküle, sodass die wenigen sich entwickelnden CD4-T-Zellen nicht durch Antigene stimuliert werden können. Die Expression der MHC-Klasse-I-Moleküle ist normal und die CD8-T-Zellen entwickeln sich normal. Die Betroffenen leiden jedoch unter einem schweren kombinierten Immundefekt, was die zentrale Bedeutung der CD4-T-Zellen bei der adaptiven Immunität gegen die meisten Erreger unterstreicht.

Der MHC-Klasse-II-Mangel beruht nicht auf Mutationen in den MHC-Genen, sondern in einem von mehreren verschiedenen Genen, die genregulatorische Proteine codieren, welche notwendig sind, um die Transkription der MHC-Klasse-II-Gene zu aktivieren. Vier sich gegenseitig ergänzende Gendefekte (Gruppe A, B, C und D) sind inzwischen bei Patienten, die keine MHC-Klasse-II-Proteine exprimieren können, definiert worden. Das deutet darauf hin, dass mindestens vier verschiedene Gene für die normale Expression dieser Proteine notwendig sind. Man kennt inzwischen für jede Komplementationsgruppe entsprechende Gene: *CIITA* (*MHC class II transactivator*) ist in Gruppe A mutiert, die Gene *RFXANK*, *RFX5* und *RFXAP* sind in den Gruppen B, C beziehungsweise D mutiert (▶ Abb. 13.2). Die drei zuletzt genannten codieren Proteine, die zu dem multimeren Komplex RFX gehören, der die Transkription kontrolliert. RFX bindet an die X-Box, eine DNA-Sequenz in der Promotorregion aller MHC-Klasse-II-Gene.

Bei einer geringen Zahl von Patienten hat man eine begrenztere Form der Immunschwäche gefunden, die mit chronischen Bakterieninfektionen der Atemwege und Geschwürbildungen auf der Haut in Verbindung mit Gefäßentzündungen einhergeht. Betroffene zeigen zwar einen normalen Gehalt an MHC-Klasse-I-mRNA und eine normale Produktion von MHC-Klasse-I-Proteinen, aber nur sehr wenige dieser Moleküle gelangen an die Zelloberfläche. Daher bezeichnet man die Erkrankung als **MHC-Klasse-I-Defekt**. Anders als Patienten mit einem MHC-Klasse-II-Defekt zeigen die Betroffenen ein normales Niveau der mRNA, die MHC-Klasse-I-Moleküle codiert, und eine normale Produktion der MHC-Klasse-I-Proteine, allerdings erreichen nur wenige dieser Proteine die Zelloberfläche. Die Erkrankung kann zum einen auf Mutationen im *TAP1*- oder im *TAP2*-Gen zurückzuführen sein. Diese codieren die Untereinheiten des Peptidtransporters, der die im Cytosol erzeugten Peptide in das endoplasmatische Reticulum bringt, wo sie an die naszierenden MHC-Klasse-I-Moleküle gebunden werden. Zum anderen können Mutationen im *TAPBP*-Gen verantwortlich sein, das Tapasin codiert, eine andere Komponente des Peptidtransporterkomplexes (Abschn. 6.1.4). Die verringerte Anzahl von MHC-Klasse-I-Molekülen an der Oberfläche der Thymusepithelzellen führt zwar zu einem Mangel an CD8-T-Zellen (▶ Abb. 13.2), aber Menschen mit einem MHC-Klasse-I-Defekt sind für Virusinfektionen erstaunlicherweise nicht außergewöhnlich anfällig, obwohl den cytotoxischen CD8-T-Zellen bei der Eindämmung von viralen Infektionen eine Schlüsselrolle zukommt. Für bestimmte Peptide gibt es jedoch Hinweise auf *TAP*-unabhängige Wege der Antigenpräsentation durch MHC-Klasse-I-Moleküle. Der klinische Phänotyp von Patienten mit *TAP1*- oder *TAP2*-Defekt zeigt, dass diese Wege offenbar für einen Ausgleich sorgen können, sodass sich funktionsfähige CD8-T-Zellen in genügender Zahl entwickeln, um Viren in Schach zu halten.

Einige Defekte der Thymuszellen verursachen einen Phänotyp, der neben der Immunschwäche weitere Symptome umfasst. Das *AIRE*-Gen codiert einen Transkriptionsfaktor, der es den Thymusepithelzellen ermöglicht, viele Selbst-Proteine zu produzieren, sodass eine wirksame negative Selektion stattfinden kann. Mutationen im *AIRE*-Gen führen zu einem komplexen Syndrom, das man mit **APECED** (Autoimmun-Polyendokrinopathie-Candidiasis-ektodermale-Dystrophie-Syndrom) bezeichnet und das mit Autoimmunität, Entwicklungsstörungen und einer Immunschwäche einhergeht (Abschn. 8.3.5 und Kap. 15).

Teil V

## 13.1.8 Wenn die Entwicklung der B-Zellen gestört ist, kommt es zu einem Antikörpermangel, sodass extrazelluläre Bakterien und einige Viren nicht beseitigt werden können

Neben vererbbaren Defekten in Proteinen, die für die Entwicklung sowohl der T- als auch der B-Zellen essenziell sind, beispielsweise RAG-1 und RAG-2, kennt man inzwischen auch Defekte, die allein für die Entwicklung der B-Zellen spezifisch sind (▸ Abb. 13.2). Patienten mit solchen Defekten können extrazelluläre Bakterien und auch einige Viren nicht erfolgreich bekämpfen, da für deren Beseitigung spezifische Antikörper notwendig sind. Pyogene Bakterien, beispielsweise Staphylokokken und Streptokokken, sind von einer Polysaccharidhülle umgeben, sodass sie nicht von den Rezeptoren auf Makrophagen und neutrophilen Zellen erkannt werden, welche die Phagocytose stimulieren. Die Bakterien entgehen der Vernichtung durch die angeborene Immunantwort und sind als extrazelluläre Bakterien erfolgreich, können aber von einer adaptiven Immunantwort beseitigt werden. Die Opsonisierung durch Antikörper und das Komplementsystem ermöglicht es den Phagocyten, diese Bakterien aufzunehmen und zu zerstören (Abschn. 10.3.2). Eine zu geringe Antikörperproduktion bewirkt also vor allem, dass das Immunsystem Infektionen mit pyogenen Bakterien nicht mehr in Schach halten kann. Da Antikörper bei der Neutralisierung infektiöser Viren, die über den Darm in den Körper gelangen, eine wichtige Rolle spielen, sind Menschen mit einer verringerten Antikörperproduktion auch besonders anfällig für bestimmte Virusinfektionen – vor allem für solche, die von Enteroviren verursacht werden.

Die erste Beschreibung einer Immunschwächekrankheit lieferte **Ogden C. Bruton** im Jahre 1952 am Beispiel eines Jungen, der keine Antikörper produzieren konnte. Dieser Defekt wird mit dem X-Chromosom vererbt und ist durch einen Mangel an Immunglobulinen im Serum gekennzeichnet (**Agammaglobulinämie**); man bezeichnet ihn daher als **X-gekoppelte Agammaglobulinämie** (*X-linked agammaglobulinemia*, **XLA**) oder Bruton-Syndrom (▸ Abb. 13.2). Seit damals sind verschiedene Varianten von autosomal-rezessiven Varianten von Agammaglobulinämien beschrieben worden. Bei Kleinkindern lassen sich solche Krankheiten im Allgemeinen durch das Auftreten von wiederholten Infektionen mit pyogenen Bakterien, etwa *Streptococcus pneumoniae*, und mit Enteroviren erkennen. In diesem Zusammenhang ist noch festzuhalten, dass normale Kleinkinder in den ersten drei bis zwölf Lebensmonaten einen vorübergehenden Mangel der Immunglobulinproduktion aufweisen. Ein Neugeborenes verfügt über Antikörperspiegel, die denen der Mutter ähnlich sind, weil das mütterliche IgG über die Plazenta in den Fetus transportiert wurde (Abschn. 10.2.3). Da diese IgG-Antikörper im Stoffwechsel abgebaut werden, nehmen die Antikörperspiegel allmählich ab, bis das Kleinkind im Alter von sechs Monaten selbst damit beginnt, ausreichende Mengen an eigenem IgG zu produzieren (▸ Abb. 13.3). Deshalb sind die IgG-Titer im Alter zwischen drei Monaten und einem Jahr relativ niedrig. Dadurch kann die Anfälligkeit für Infektionen eine Zeit lang erhöht sein, vor allem bei Frühgeborenen. die bereits einen niedrigeren Titer an mütterlichem IgG aufweisen und die Immunkompetenz auch erst längere Zeit nach der Geburt erreichen. Da Neugeborene vorübergehend mit einem Schutz durch die mütterlichen Antikörper ausgestattet sind, wird der XLA im Allgemeinen erst mehrere Monate nach der Geburt festgestellt, wenn die Titer der mütterlichen Antikörper abgenommen haben.

Das fehlerhafte Gen bei XLA codiert eine Tyrosinkinase, die sogenannte Bruton-Tyrosinkinase (Btk), die zur Familie der Tec-Kinasen gehört; diese Kinasen übertragen Signale der Prä-B-Zell-Rezeptoren (Prä-BCRs, Abschn. 7.2.14). Wie bereits in Abschn. 8.1.3 besprochen, besteht der Prä-B-Zell-Rezeptor aus schweren $\mu$-Ketten, die von einem erfolgreich umgelagertem Gen codiert werden und einen Komplex mit der leichten Ersatzkette (bestehend aus $\lambda$5 und VpreB) und den signalübertragenden Untereinheiten Ig$\alpha$ und Ig$\beta$ bilden. Die Stimulation des Prä-B-Zell-Rezeptors rekrutiert cytoplasmatische Proteine, darunter auch die Btk, die für die Proliferation und Differenzierung der B-Zellen erforderliche Signale übermitteln. Bei einem Fehlen der Btk-Funktion wird die Reifung der B-Zellen zu einem großen Teil im Prä-B-Zell-Stadium blockiert (▸ Abb. 13.2 und Abschn. 8.1.3). Das führt zu einem grundlegenden B-Zell-Mangel und zu einer Agammaglobulinämie. Einige

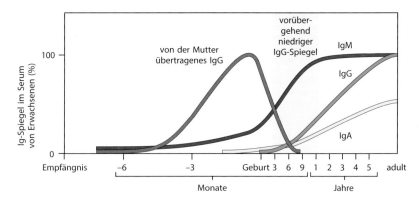

**Abb. 13.3 Die Immunglobulinspiegel von Neugeborenen fallen in den ersten sechs Lebensmonaten auf sehr niedrige Werte.** Neugeborene kommen mit einem sehr hohen Spiegel von IgG zur Welt, das während der Schwangerschaft aktiv über die Plazenta transportiert wurde. Fast sofort nach der Geburt setzt die Produktion von IgM ein. Die IgG-Synthese beginnt jedoch nicht vor dem sechsten Lebensmonat. Bis dahin fällt der IgG-Spiegel im Blut ab, da das mütterliche IgG nach und nach abgebaut wird. Zwischen dem dritten Lebensmonat und dem Ende des ersten Lebensjahrs sind die IgG-Werte also sehr niedrig, was zu einer erhöhten Anfälligkeit für Infektionen führen kann

B-Zellen reifen jedoch heran, möglicherweise da andere Tec-Kinasen, hier für einen gewissen Ausgleich sorgen.

Während der Embryonalentwicklung wird beim weiblichen Fetus in den Zellen zufallsgemäß eines der beiden X-Chromosomen inaktiviert. Da die Btk für die Entwicklung der B-Lymphocyten notwendig ist, können nur solche Zellen zu reifen B-Zellen werden, in denen das normale *BTK*-Allel aktiv ist. Demnach ist in beinahe allen B-Zellen von heterozygoten Trägerinnen eines mutierten *BTK*-Gens das normale X-Chromosom aktiviert. Aus diesem Grund konnte man heterozygote Trägerinnen des XLA-Defekts bereits identifizieren, bevor die Funktion des *BTK*-Genprodukts bekannt war. In den T-Zellen und Makrophagen solcher Frauen sind dagegen die X-Chromosomen mit dem normalen *BTK*-Allel und mit dem mutierten Allel mit der gleichen Wahrscheinlichkeit aktiv. Die nur in B-Zellen vorkommende nichtzufällige Inaktivierung des X-Chromosoms beweist außerdem schlüssig, dass die Btk zwar für die Entwicklung der B-Zellen notwendig ist, nicht aber für die anderer Zellen, und dass das Enzym innerhalb der B-Zellen seine Wirkung entfaltet, aber nicht in Stromazellen oder in anderen Zellen, die für die Entwicklung von B-Zellen erforderlich sind (▶ Abb. 13.4).

Autosomal-rezessiv vererbbare Defekte von anderen Komponenten des Prä-B-Zell-Rezeptors blockieren die B-Zell-Entwicklung ebenfalls in einer frühen Phase und führen zu einem gravierenden B-Zell-Mangel und einer angeborenen Agammaglobulinämie, vergleichbar mit dem XLA-Defekt. Diese Krankheiten sind jedoch viel seltener und können durch Mutationen in den Genen hervorgerufen werden, die die schwere μ-Kette codieren (*IGHM*). Dies ist die zweithäufigste Ursache für eine Agammaglobulinämie. Andere Mutationen betreffen λ5 (*ILL l1*), Igα (*CD79A*) und Igβ (*CD79B*) (▶ Abb. 13.2). Mutationen, die das B-Zell-Linker-Protein, den vom *BLNK*-Gen codierten Signaladaptor des B-Zell-Rezeptors, beeinträchtigen, führen auch zu einer Blockade der B-Zell-Entwicklung in einer frühen Phase, was einen selektiven B-Zell-Mangel hervorruft.

Patienten mit reinen B-Zell-Defekten können viele Krankheitserreger, außer den pyogenen Bakterien, erfolgreich bekämpfen. Von Vorteil ist dabei, dass sich diese Infektionen mithilfe von Antibiotika und periodischen Infusionen mit menschlichem Immunglobulin, das von vielen verschiedenen Spendern stammt, unterdrücken lassen. Da das von vielen Spendern gesammelte Blut Antikörper gegen die meisten Erreger enthält, bietet es einen recht guten Schutz vor Infektionen.

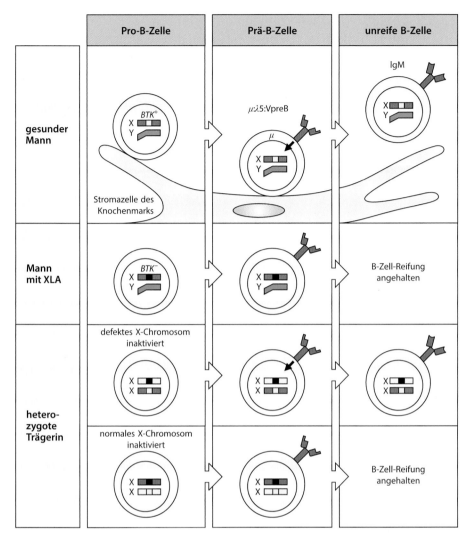

**Abb. 13.4 Das Produkt des *BTK*-Gens ist wichtig für die Entwicklung der B-Zellen.** Bei der X-gekoppelten Agammaglobulinämie (XLA) liegt der Defekt in einer als Btk bezeichneten Tyrosinkinase, die zur Tec-Familie gehört und auf dem X-Chromosom codiert wird. Bei gesunden Individuen verläuft die Entwicklung der B-Zellen über ein Stadium, in dem der Prä-B-Zell-Rezeptor (bestehend aus $\mu$:VpreB:$\lambda$5, Abschn. 8.1.3) über die Btk ein Signal überträgt, das die weitere Reifung der B-Zellen auslöst. Bei männlichen XLA-Patienten kann dieses Signal nicht übertragen werden und die B-Zellen reifen nicht, obwohl der B-Zell-Rezeptor exprimiert wird. Bei weiblichen Säugern einschließlich des Menschen wird bereits früh in der Entwicklung in jeder Zelle eines der beiden X-Chromosomen dauerhaft inaktiviert. Da die Inaktivierung zufällig erfolgt, ist bei der Hälfte der B-Zellen in einem weiblichen Träger das Chromosom mit dem *BTK*-Wildtyp-Gen inaktiviert. Diese Zellen können also nur das defekte *BTK*-Gen exprimieren und entwickeln sich nicht weiter. In allen reifen B-Zellen der Trägerin ist demnach nur das funktionsfähige Chromosom aktiv. Dies unterscheidet sich deutlich von allen anderen Zelltypen, bei denen immer nur in einer Hälfte der Zellen das normale X-Chromosom aktiv ist. Eine nichtzufällige X-Inaktivierung bei einer Zelllinie ist ein deutlicher Hinweis darauf, dass das Produkt eines X-chromosomalen Gens für die Entwicklung dieser Zellen notwendig ist. In manchen Fällen kann man sogar das Stadium identifizieren, in dem das Genprodukt benötigt wird, indem man feststellt, zu welchem Zeitpunkt in der Entwicklung die X-Inaktivierung nicht mehr ausgeglichen ist. Mit dieser Art der Analyse lassen sich heterozygote Trägerinnen von Defekten wie XLA identifizieren, ohne das zugrunde liegende Gen zu kennen

### 13.1.9 Immunschwächen können von Defekten bei der Aktivierung und Funktion von B- oder T-Zellen, die zu anormalen Antikörperreaktionen führen, hervorgerufen werden

Nach ihrer Entwicklung im Knochenmark oder Thymus benötigen B- und T-Zellen eine von Antigenen ausgelöste Aktivierung und Differenzierung, um eine wirksame Immunantwort zu etablieren. Entsprechend den Defekten in der frühen Phase der T-Zell-Entwicklung können auch bei der Aktivierung und Differenzierung nach der Selektion im Thymus Fehler auftreten, die sich sowohl auf die zelluläre Immunität als auch auf die Antikörperreaktionen auswirken (▸ Abb. 13.5). Defekte, die spezifisch die Aktivierung und Differenzierung der B-Zellen betreffen, können deren Fähigkeit beeinträchtigen, einen Isotypwechsel zu IgG, IgA oder IgE durchzuführen, während die zelluläre Immunität weitgehend intakt bleibt. Abhängig davon, wo diese Defekte im Differenzierungsprozess der T- und B-Zellen auftreten, können die Merkmale der sich herausbildenden Immunschwäche von grundlegender Art oder relativ begrenzt sein.

Bei Patienten mit einem Defekt, der den Isotypwechsel der B-Zellen beeinträchtigt, kommt es häufig zu einem **Hyper-IgM-Syndrom** (▸ Abb. 13.5). Diese Patienten zeigen eine normale Entwicklung der B- und T-Zellen und auch einen normalen oder hohen IgM-Spiegel, bringen aber nur wenige Antikörperreaktionen gegen Antigene hervor, die die Unterstützung durch T-Zellen erfordern. Deshalb werden außer IgM und IgD andere Immunglobulinisotypen nur in sehr geringen Mengen produziert. Dadurch sind diese Patienten besonders anfällig für Infektionen mit extrazellulären Krankheitserregern. Für Hyper-IgM-Syndrome sind inzwischen mehrere verschiedene Ursachen bekannt. Das hat dazu beigetragen, dass

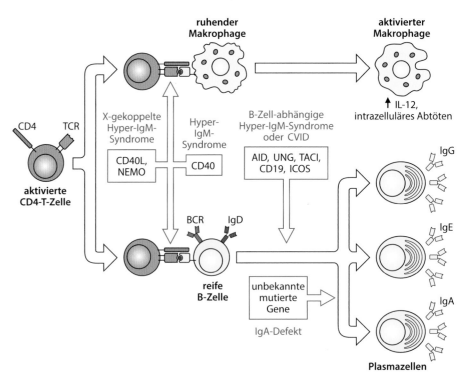

**Abb. 13.5 Defekte bei der Aktivierung und Differenzierung der T- und B-Zellen führen zu Immunschwächen.** Dargestellt sind die Reaktionswege, die zur Aktivierung und Differenzierung der naiven T- und B-Zellen führen. Die Proteinprodukte der Gene, von denen man weiß, dass sie bei den jeweiligen Immunschwächekrankheiten des Menschen Mutationen tragen, sind *rot umrandet*. Zu beachten ist dabei, dass der Defekt in der Cytoskelettfunktion beim Wiskott-Aldrich-Syndrom (WAS) die Funktionen der Immunzellen bei vielen der hier dargestellten Reaktionsschritte beeinträchtigt, was hier aber zur besseren Verständlichkeit weggelassen wurde. BCR, B-Zell-Rezeptor; CVID, variables Immundefektsyndrom; TCR, T-Zell-Rezeptor

man die für die normale Klassenwechselrekombination und die somatische Hypermutation der B-Zellen notwendigen Reaktionswege ermitteln konnte. Defekte hat man sowohl bei der Funktion der T-Helferzellen als auch bei den B-Zellen selbst gefunden.

Die häufigste Form des Hyper-IgM-Syndroms ist das **X-gekoppelte Hyper-IgM-Syndrom**, auch als **CD40-Ligand-Defekt** bezeichnet, der durch Mutationen im Gen für den CD40-Liganden (CD154) (▶ Abb. 13.5) hervorgerufen wird. Normalerweise wird der CD40-Litgand von aktivierten T-Zellen exprimiert, sodass sie an das CD40-Protein auf antigen-präsentierenden Zellen binden können, etwa bei B-Zellen, dendritischen Zellen und Makrophagen (Abschn. 10.1.4). Bei Männern mit einem CD40-Ligand-Mangel sind die B-Zellen normal, wenn aber CD40 nicht gebunden wird, können die B-Zellen keinen Isotypwechsel durchführen oder die Bildung von Keimzentren in Gang setzen (▶ Abb. 13.6). Bei diesen Patienten sind deshalb mit Ausnahme von IgM und IgD die Spiegel der zirkulierenden Antikörper stark verringert, sodass die Patienten für Infektionen mit pyogenen Bakterien hochgradig anfällig sind.

Die CD40-Signale sind auch für die Aktivierung der dendritischen Zellen und Makrophagen erforderlich, damit sie IL-12 in geeigneter Menge produzieren, das wiederum für die Produktion von IFN-$\gamma$ durch die $T_H1$- und NK-Zellen benötigt wird. Deshalb zeigen Patienten mit einem CD40-Ligand-Defekt auch eine fehlerhafte Typ-1-Immunität, was zu einem kombinierten Immundefekt führt. Wenn die CD40L-CD40-vermittelte Kommunikation zwischen T-Zellen und dendritischen Zellen gestört ist, können die dendritischen Zellen weniger costimulierende Moleküle an ihrer Oberfläche exprimieren, sodass sie naive T-Zellen schlechter anregen (Abschn. 9.2.4). Diese Patienten sind deshalb anfällig für Infektionen mit extrazellulären Pathogenen, beispielsweise mit pyogenen Bakterien, deren Bekämpfung Antikörper mit Isotypwechsel erfordert. Auch zeigen diese Patienten Defekte bei der Beseitigung von intrazellulären Bakterien, etwa von Mycobakterien, und sie sind anfällig für opportunistische Infektionen durch *Pneumocystis jirovecii*, ein Pathogen, das normalerweise von aktivierten Makrophagen getötet wird.

Ein ähnliches Syndrom tritt bei Patienten auf, die Mutationen in zwei anderen Genen tragen. Nicht unbedingt erstaunlich ist dabei, dass eines der Gene CD40 codiert, das bei einigen wenigen Patienten mit einer autosomal-rezessiven Variante des Hyper-IgM-Syndroms Mutationen trägt (▶ Abb. 13.5). Bei einer anderen Form des X-gekoppelten Hyper-IgM-Syndroms, die man auch als **NEMO-Defekt**, bezeichnet, treten Mutationen in dem Gen auf, das das Protein NEMO (*NFκB essential modulator*) codiert, eine Untereinheit der Kinase IKK; eine andere Bezeichnung für NEMO ist IKKγ. Diese Untereinheit ist ein essenzieller Bestandteil des intrazellulären Signalwegs, der CD40 nachgeschaltet ist und zur Aktivierung des Transkriptionsfaktors NFκB führt (Abb. 3.15). Diese Gruppe der Hyper-IgM-Syndrome zeigt, dass Mutationen an verschiedenen Stellen des CD40L-CD40-Signalwegs zu ähnlichen Syndromen eines kombinierten Immunsdefekts führt. Aufgrund der Bedeutung von NFκB für viele andere Signalwege verursacht der NEMO-Defekt zusätzliche Fehlfunktionen des Immunsystems, die über die Störung des B-Zell-Isotypwechsels hinausgeht (Abschn. 13.1.15). Auch kommt es außerhalb des Immunsystems zu Störungen, etwa zu Hautanomalien.

Andere Varianten des Hyper-IgM-Syndroms sind auf intrinsische Defekte der Klassenwechselrekombination bei den B-Zellen zurückzuführen. Patienten mit solchen Defekten sind anfällig für gravierende Infektionen mit extrazellulären Bakterien, da aber Differenzierung und Funktion der T-Zellen davon nicht betroffen sind, zeigen sie für intrazelluläre Pathogene oder opportunistische Erreger wie *P. jirovecii* keine erhöhte Anfälligkeit. Ein Defekt des Isotypwechsels wird durch Mutationen im Gen der aktivierungsinduzierten Cytidin-Desaminase (AID) hervorgerufen, die sowohl für die somatische Hypermutation als auch für den Isotypwechsel notwendig ist (Abschn. 10.1.7). Patienten mit autosomal-rezessiv vererbbaren Mutationen im AID-Gen (*AICDA*) können den Isotyp ihrer Antikörper nicht wechseln und zeigen nur eine sehr geringe somatische Hypermutation (▶ Abb. 13.5). Dadurch sammeln sich unreife B-Zellen in anormalen Keimzentren an und führen zu einer Vergrößerung der Lymphknoten und der Milz. Vor Kurzem wurde bei einigen wenigen Patienten, die einen autosomal-rezessiven Defekt im DNA-Reparaturenzym Uracil-DNA-Glycosylase (UNG; Abschn. 10.1.10) aufweisen, eine weitere Variante der B-Zell-intrinsi-

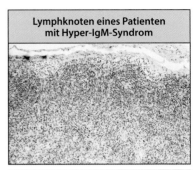

**Lymphknoten eines Patienten mit Hyper-IgM-Syndrom**

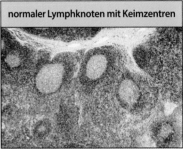

**normaler Lymphknoten mit Keimzentren**

**Abb. 13.6 Patienten mit einem CD40-Ligand-Defekt können ihre B-Zellen nicht vollständig aktivieren.** Im Lymphgewebe von Patienten mit einem CD40-Ligand-Defekt, der zu einem Hyper-IgM-Syndrom führt (*oben*), fehlen im Gegensatz zu einem normalen Lymphknoten (*unten*) die Keimzentren. Für den Isotypwechsel sowie für die Bildung der Keimzentren, in denen sich B-Zellen stark vermehren, müssen die B-Zellen von T-Zellen aktiviert werden. (Mit freundlicher Genehmigung von R. Geha und A. Perez-Atayde)

Teil V

schen Hyper-IgM-Syndrome entdeckt. Auch dieses Enzym spielt beim Isotypwechsel eine Rolle. Die Patienten zeigen eine normale AID-Funktion sowie eine normale somatische Hypermutation, der Isotypwechsel ist jedoch defekt.

Weitere Beispiele für Immunschwächen, die vor allem antikörperabhängig sind, umfassen die häufigsten Formen von primären Immunschwächen, die man als **variables Immundefektsyndrom** (*common varariable immunodeficiency*, **CVID**) oder Antikörpermangelsyndrom bezeichnet. Sie sind eine klinisch und genetisch sehr heterogene Gruppe von Krankheiten, die im Allgemeinen nicht vor der späten Kindheitsphase oder dem Erwachsenenalter diagnostiziert werden, da die Immunschwäche relativ mild verläuft. Im Gegensatz zu anderen Immunschwächen können Patienten mit CVID Defekte in der Immunglobulinproduktion aufweisen, die dann auf einen oder mehrere Isotypen beschränkt ist (▶ Abb. 13.5). Am häufigsten ist der **IgA-Defekt**, der sowohl in familiärer als auch in sporadischer Form auftritt und autosomal-rezessiv oder autosomal-dominant vererbt wird. Die Ursache eines IgA-Defekts lässt sich bei den meisten Patienten nicht ermitteln, und diese Patienten sind auch symptomfrei. IgA-defekte Patienten, die wiederkehrende Infektionen entwickeln, haben meist einen zusätzlichen Defekt in einer der IgG-Unterklassen.

Eine kleine Gruppe der CVID-Patienten tragen Mutationen im Transmembranprotein TACI (*TNF-like receptor transmembrane activator and CAML interactor*), das von dem Gen *TNFRSF13B* codiert wird. TACI ist der Rezeptor für die Cytokine BAFF und APRIL, die von T-Zellen, dendritischen Zellen und Makrophagen produziert werden und costimulierende sowie Überlebenssignale für die Aktivierung und den Isotypwechsel der B-Zellen liefern (Abschn. 10.1.3). Selektive Defekte der IgG-Unterklassen hat man ebenfalls bei Patienten gefunden. Die Anzahl der B-Zellen ist bei diesen Patienten im Allgemeinen normal, aber der Spiegel der betroffenen Immunglobuline im Serum ist stark verringert. Einige dieser Patienten leiden zwar, wie in Fällen eines IgA-Defekts, an wiederkehrenden Infektionen durch Bakterien, viele Betroffene sind aber auch symptomfrei. Es gibt CVID-Patienten mit weiteren Störungen, die den Immunglobulinisotypwechsel beeinflussen. Dazu gehören Patienten mit einem vererbbaren Defekt in CD19, einem Bestandteil des B-Zell-Corezeptors (▶ Abb. 13.5). Eine genetisch bedingte Störung, die nur eine kleine Gruppe von CVID-Patienten betrifft, ist ein Mangel an dem costimulierenden Molekül ICOS. Wie in Abschn. 9.2.4 beschrieben, wird ICOS von aktivierten T-Zellen stärker exprimiert. Die Auswirkungen eines ICOS-Mangels haben bestätigt, dass ICOS bei der T-Zell-Unterstützung während der späten Phasen der B-Zell-Differenzierung eine entscheidende Rolle spielt, etwa beim Isotypwechsel und bei der Bildung von Gedächtniszellen.

Zuletzt wollen wir uns in diesem Abschnitt noch mit dem **Hyper-IgE-Syndrom** (**HIES**) beschäftigen, das auch als **Job-Syndrom** bezeichnet wird. Diese Krankheit geht einher mit wiederkehrenden Infektionen der Haut und der Lunge mit pyogenen Bakterien, einer chronischen Candidiasis der Schleimhäute (eine nichtinvasive Pilzinfektion der Haut und der mucosalen Oberflächen), sehr hohen IgE-Konzentrationen im Serum und einer chronischen ekzematischen Dermatitis (Hautausschlag). HIES wird autosomal-rezessiv oder -dominant vererbt, wobei die zuletzt genannte Form Anomalien des Skeletts und der Zähne hervorruft, die bei der rezessiven Variante nicht auftreten. Der erbliche Defekt der autosomal-dominanten HIES-Variante betrifft den Transkriptionsfaktor STAT3, dessen Aktivierung mehreren Cytokinrezeptoren nachgeschaltet ist, beispielsweise den Rezeptoren für IL-6, IL-22 und IL-23. STAT3 ist auch bei der Differenzierung der $T_H17$-Zellen und der Aktivierung der ILC3-Zellen von zentraler Bedeutung. Die durch IL-6 und IL-22 aktivierten STAT3-Signale sind außerdem wichtig bei der Unterstützung der antimikrobiellen Abwehr durch die Epithelzellen der Haut und der Schleimhäute. Da bei diesen Patienten die Differenzierung der $T_H17$-Zellen gestört ist, werden auch die neutrophilen Zellen nicht aktiviert, was normalerweise von den $T_H17$-Zellen bewerkstelligt wird. Ebenso wird IL-22 nicht produziert, ein bedeutsames Cytokin, das die Produktion von antimikrobiellen Peptiden durch die Epithelzellen aktiviert. Man nimmt an, dass dieser Defekt für die Beeinträchtigung der Abwehr von extrazellulären Bakterien und Pilzen an den Epithelbarrieren verantwortlich ist, etwa der Haut und der Schleimhäute. Die Ursache für den erhöhten IgE-Spiegel ist nicht bekannt, kann aber durch eine anormale Aktivierung der $T_H2$-Reaktionen in der Haut und in den Schleimhäuten aufgrund des $T_H17$-Defekts hervorgerufen werden. Bei einer autosomal-rezessiven HIES-Variante liegt die Mutation im Gen für das Protein DOCK8 (*dedicator of cytokinesis 8*), dessen Funktion nur wenig bekannt ist. Da DOCK8 jedoch wahrscheinlich für die T-Zell-Funktion und für die NK-Zell-Funktion von größerer Bedeutung ist, unterscheidet sich diese HIES-Variante von den STAT3-Defekten durch zusätzliche, opportunistische Infektionen und wiederholt auftretende Virusinfektionen der Haut (beispielsweise durch Herpes simplex); außerdem kommt es zu Allergien und Autoimmunreaktionen.

### 13.1.10 Die normalen Signalwege der Immunabwehr gegen verschiedene Krankheitserreger lassen sich aufgrund von genetisch bedingten Defekten der Cytokinwege, die für Typ-1/$T_H$1- und Typ-3/$T_H$17-Reaktionen von zentraler Bedeutung sind, genau bestimmen

Man hat vererbbare Defekte der Cytokine sowie der zugehörigen Signalwege und Rezeptoren bestimmt, die bei der Entwicklung und Funktion verschiedener Untergruppen der T-Effektorzellen beteiligt sind. Hier soll es um solche Defekte gehen, die – anders als die oben beschriebenen – nicht mit schwerwiegenden Mängeln in der Antikörperproduktion einhergehen. Es gibt eine kleine Gruppe von Familien, bei denen einige Angehörige an persistierenden und manchmal tödlich verlaufenden Infektionen durch intrazelluläre Pathogene leiden, insbesondere durch Spezies von *Mycobacterium*, *Salmonella* und *Listeria*, die normalerweise von der Typ-1-Immunität verhindert werden. Diese Mikroorganismen sind darauf spezialisiert, in Makrophagen zu überleben, und ihre Beseitigung erfordert verstärkte antimikrobielle Aktivitäten. Die wiederum werden durch IFN-$\gamma$ induziert, das von Typ-1-Zellen, also von NK-, ILC1- und $T_H$1-Zellen, produziert wird (Abschn. 11.1.2). Dementsprechend wird die Anfälligkeit für diese Erreger durch eine Reihe verschiedener Mutationen hervorgerufen, die die Funktion von IL-12 oder IFN-$\gamma$, den zentralen Cytokinen für Entwicklung und Funktionsweise der Typ-1-Zellen, beeinträchtigen oder vollständig blockieren (▶ Abb. 13.7). Man hat Patienten gefunden, die Mutationen in den Genen tragen, die die p40-Untereinheit von IL-12 (*IL12B*), die $\beta_1$-Kette des IL-12-Rezeptors (*IL12RB1*) und die beiden Untereinheiten (R1 und R2) des IFN-$\gamma$-Rezeptors (*IFNGR1* und *IFNGR2*) codieren. Betroffene Personen sind zwar für die virulenteren Formen von *M. tuberculosis* anfälliger, erkranken aber häufiger an den nichttuberkulösen (atypischen) Stämmen der Mycobakterien, etwa an *M. avium*, wahrscheinlich weil diese atypischen Stämme in der Umgebung häufiger vorkommen. Die Betroffenen können auch nach Impfung mit *Mycobacterium bovis*-Bacillus Calmette-Guérin (BCG) eine diffuse Infektion entwickeln. (*M. bovis* wird als Lebendimpfstoff gegen *M. tuberculosis* verwendet.) Da die p40-Untereinheit von IL-12 auch zu IL-23 gehört, führt ein IL-12-p40-Defekt aufgrund der beeinträchtigten Typ-1- und Typ 3-($T_H$17-)Funktionen zu einem breiteren Infektionsrisiko (▶ Abb. 13.7). Entsprechend führt ein Defekt in der IL-12R$\beta_1$-Kette, die dem Rezeptor von IL-12 und IL-23 gemeinsam ist, ebenfalls zu einer umfangreicheren Anfälligkeit, als Defekte in IFN-$\gamma$ oder dem zugehörigen Rezeptor.

Autosomale Funktionsverlustmutationen von STAT1 beeinträchtigen die Signalgebung des IFN-$\gamma$-Rezeptors und gehen auch mit einer erhöhten Anfälligkeit für Infektionen mit Mycobakterien und anderen intrazellulären Bakterien einher (▶ Abb. 13.7). Aufgrund der gemeinsamen Funktion von STAT1 bei der Signalgebung des IFN-$\alpha$- und des IFN-$\beta$-Rezeptors als Reaktion auf IFN-$\alpha$ und IFN-$\beta$ (Typ-I-Inteferone) sind Patienten mit einem STAT1-Defekt ebenfalls für Virusinfektionen anfällig. Interessanterweise hat man auch Patienten mit einem nur teilweisen Verlust der STAT1-Funktion gefunden, die für Infektionen mit Mycobakterien anfällig sind, jedoch nicht für Virusinfektionen. Das deutet darauf hin, dass STAT1 für einen Schutz vor den zuerst genannten notwendiger ist.

Neben den mit den $T_H$17-Zellen zusammenhängenden Defekten, die oben für das Hyper-IgE-Syndrom mit STAT3-Defekt beschrieben wurden (Abschn. 13.1.9), hat man weitere Defekte der cytokinvermittelten Funktionen dieses Signalwegs entdeckt, die keine Hyper-

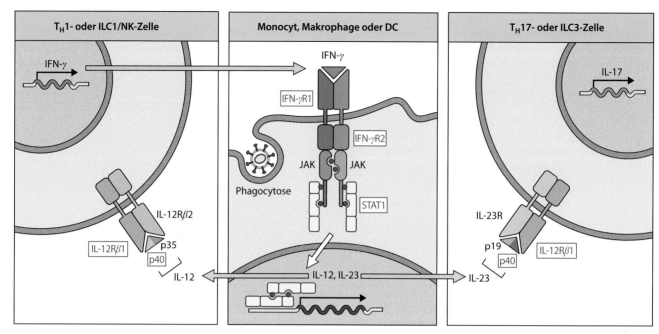

**Abb. 13.7 Vererbbare Defekte in Effektorcytokinwegen, die die Typ-1/T$_H$1- und Typ-3/T$_H$17-Immunität beeinträchtigen.** Dargestellt sind die Signalwege von IL-12, IL-23 und IFN-$\gamma$, für die vererbbare Defekte bekannt sind. Zu beachten ist dabei, dass die Defekte von IL-12-p40 (p40) und IL-12R$\beta$1 dazu führen, dass die Funktionen der ILC1-, NK- und T$_H$1-Zellen sowie der ILC3- und T$_H$17-Zellen gestört sind, da die beiden Untereinheiten von IL-12 und IL-23 beziehungsweise von den zugehörigen Rezeptoren gemeinsam verwendet werden. Da zudem STAT1 von den Rezeptoren des Typ-II-Interferons (IFN-$\gamma$) und der Typ-I-Interferone (IFN-$\alpha$ und IFN-$\beta$, nicht dargestellt) aktiviert wird, führen STAT1-Defekte zu einer Beeinträchtigung der Immunabwehr gegen Bakterien und Viren, während Defekte in einer der beiden Untereinheiten des IFN-$\gamma$-Rezeptors (IFN-$\gamma$R1 oder IFN-$\gamma$R2) primär dazu führt, dass die Abwehr von intrazellulären Bakterien gestört ist

| Erkrankung | mutiertes Gen | Vererbungsmuster | immunologischer Phänotyp | assoziierte Infektionen |
|---|---|---|---|---|
| STAT3-Defekt; Hyper-IgM-Syndrom (Job-Krankheit) | *STAT3* | autosomal-dominant | Mangel an IL-17-produzierenden T$_H$17- und ILC3-Zellen; Hyper-IgE | CMC, *Staph. aureus*, *Aspergillus* |
| IL-12-p40-Defekt | *IL12B* | autosomal-rezessiv | Mangel an IL-17-produzierenden T$_H$17- und ILC3-Zellen* | intrazelluläre und extrazelluläre Bakterien, CMC |
| IL-12R$\beta$-Defekt | *IL12RB1* | autosomal-rezessiv | Mangel an IL-17-produzierenden T$_H$17- und ILC3-Zellen* | intrazelluläre und extrazelluläre Bakterien, CMC |
| IL-17RA-Defekt | *IL17RA* | autosomal-rezessiv | keine IL-17-Reaktion | CMC, pyogene Bakterien |
| IL-17F-Defekt (partiell) | *IL17F* | autosomal-rezessiv | gestörte IL-17F- und IL-17A/F-Funktion | CMC, pyogene Bakterien |
| CARD9-Defekt | *CARD9* | autosomal-rezessiv | Mangel an IL-17-produzierenden T$_H$17- und ILC3-Zellen | CMC und schwere Infektionen mit *Candida*/Dermatophyten |
| STAT1-Funktionsgewinn-(GOF-)Mutation | *STAT1* | autosomal-dominant | Mangel an IL-17-produzierenden T$_H$17- und ILC3-Zellen** | CMC, pyogene Bakterien |
| APECED-Syndrom | *AIRE* | autosomal-rezessiv | neutralisierende Antikörper: IL-17A, IL-17F +/– IL-22 | CMC |

**Abb. 13.8 Immunschwächen mit Defekten in der T$_H$17/ILC3-Funktion.** Fast alle T$_H$17/ILC3-Immunschwächen führen zu einer chronischen Candidiasis der Schleimhäute (CMC) und meist auch zu Defekten bei der Abwehr extrazellulärer Bakterien. *Defekte von IL-12-p40 und IL-12R1 führen auch zu einem Mangel an T$_H$1/ILC1/NK-Zellen. **Zurzeit ist noch unbekannt, ob STAT1-Funktionsgewinnmutationen neben der Verringerung der Anzahl der T$_H$17-Zellen auch einen ILC3-Mangel hervorrufen

E-Symptomatik aufweisen (▶ Abb. 13.8). Während die erhöhte Anfälligkeit für intrazelluläre Bakterien ein gemeinsames Merkmal von Immunschwächen ist, die die Typ-1-Reaktionen betreffen, ist eine erhöhte Anfälligkeit gegenüber Infektionen mit *Candida* spp. und pyogenen Bakterien (insbesondere *C albicans* und *S. aureus*) für diese Typ-3-Defekte charakteristisch. Dies entspricht der speziellen Funktion der $T_H17$- und ILC3-Zellen für die Abwehrbarrieren gegen Pilze und extrazelluläre Bakterien. Vererbbare Defekte bei IL-17F und IL-17RA, der gemeinsamen Rezeptorkomponente für homo- und heterodimere IL-17F-IL-17A-Liganden, führen zu einer Anfälligkeit für diese Krankheitserreger. Hier zeigt sich die zentrale Rolle der IL-17-Cytokine bei der Immunabwehr gegen diese Pathogene. Patienten mit autosomal-dominanten Funktionsgewinnmutationen in STAT1 zeigen eine ähnliche Anfälligkeit für eine chronische Candidiasis der Schleimhäute und für pyogene Bakterien. Da die Entwicklung der $T_H17$-Zellen dann von STAT1-Signalen, die verschiedenen Cytokinrezeptoren (etwa Typ-I- und Typ-II-IFN-Rezeptoren) nachgeschaltet sind, beeinträchtigt wird, zeigen Betroffene eine Störung ihrer Typ-3-Reaktionen. Dadurch unterscheiden sie sich von Patienten mit einer STAT1-Funktionsverlustmutation, die aufgrund der defekten Typ-I-Immunität eine Prädisposition für Infektionen mit intrazellulären Bakterien tragen.

Neben den vererbbaren Defekten in den Genen der Effektorcytokine werden bei bestimmten Immunschwächen Autoantikörper gegen diese Cytokine produziert. Die dadurch entstehenden Infektionsrisiken ähneln denen bei primären Cytokindefekten. Die meisten Patienten mit dem APECED-Syndrom (das durch Defekte des *AIRE*-Gens hervorgerufen wird; Abschn. 13.1.7) entwickeln eine chronische Candidiasis der Schleimhäute, die auf die Produktion der Autoantikörper gegen IL-17A, IL-17F und/oder IL-22 zurückzuführen ist. Darüber hinaus gibt es Patienten mit neutralisierenden Antikörpern gegen IFN-$\gamma$, deren Immunschutz vor Infektionen mit atypischen Mycobakterien gestört ist, wobei die genaue Ursache dafür unbekannt ist.

## 13.1.11 Vererbbare Defekte der Cytolysewege der Lymphocyten können bei Virusinfektionen zu einer unkontrollierten Lymphocytenproliferation und Entzündungsreaktionen führen

Cytolytische Granula entstehen aus Bestandteilen von späten Endosomen und Lysosomen. Nach ihrer Ausformung sind weitere Schritte der Exocytose erforderlich, bis die cytolytischen Granula von den cytotoxischen Zellen auf Zielzellen übertragen werden. Die Bedeutung der Immunregulation für die cytolytischen Reaktionswege zeigt sich besonders bei vererbbaren Defekten, die entscheidende Schritte entweder bei der Bildung oder bei der Exocytose der cytolytischen Granula betreffen (▶ Abb. 13.9). Dadurch kommt es zu einer schweren und häufig tödlich verlaufenden Erkrankung, der **hämophagocytischen Lymphohistiocytose (HLH-Syndrom)**, die mit einer unkontrollierten Aktivierung und Vermehrung von CD8-T-Lymphocyten und Makrophagen einhergeht. Die Zellen infiltrieren mehrere Organe und rufen dort Nekrosen hervor, was zum Versagen der Organe führt. Diese übermäßige Immunantwort wird wahrscheinlich dadurch hervorgerufen, dass die cytotoxischen Zellen nach einer anfänglichen Virusinfektion, insbesondere durch Vertreter der Familie der Herpesviren (etwa das Epstein-Barr-Virus, EBV), nicht in der Lage sind, infizierte Zielzellen, und möglicherweise auch sich selbst, zu zerstören. In diesem Zusammenhang ist festzuhalten, dass bei Patienten mit dieser Erkrankung, trotz der gestörten Freisetzung cytolytischer Granula, die Freisetzung von IFN-$\gamma$ durch die cytotoxische T-Lymphocyten (CTLs) und NK-Zellen normalerweise nicht gestört ist und dies zu einer verstärkten Aktivität der Makrophagen und der damit verbundenen Entzündung führt, die wiederum durch die erhöhte Freisetzung der proinflammatorischen Cytokine wie TNF, IL-6 und M-CSF (Makrophagen-Kolonie-stimulierender Faktor) ausgelöst wurde. Die aktivierten Makrophagen nehmen Blutzellen durch Phagocytose auf, darunter auch Erythrocyten und Leukocyten (daher die Bezeichnung des Syndroms).

Es gibt eine Reihe von autosomal-rezessiven Varianten der HLH, die man auch als **familiäre hämophagocytische Lymphohistiocytose (FHL)** bezeichnet. Sie unterscheiden sich durch das jeweils betroffene Protein im cytolytischen Reaktionsweg (▶ Abb. 13.9). Beispiele sind

**Teil V**

vererbbare Defekte des Proteins Perforin in den cytolytischen Granula, das für die Ausbildung der Pore in der Zielzelle erforderlich ist (bei einem Defekt kommt es zur FHL2). Andere Defekte betreffen die Proteine Munc13-4 (FHL3), Syntaxin 11 (FHL4), ein Protein der SNARE-Familie (SNARE für *soluble N-ethylmaleimide-sensitive factor accessory protein receptor*), das die Membranfusion vermittelt, und Munc18-2 (FHL5), das bei der Umstrukturierung des SNARE-Komplexes für die Aktivierung des Fusionsvorgangs mitwirkt. Da Komponenten der Biogenese und Exocytose der cytolytischen Granula auch in anderen sekretorischen Vesikeln, etwa in den Lysosomen, vorkommen, kann es bei betroffenen Personen zu weiteren Immundefekten, aber auch zu Nichtimmundefekten kommen. So gehen beispielsweise einige Immunschwächen, bei denen die Funktion der cytolytischen Granula beeinträchtigt ist, mit einem teilweisen Verlust der Hautpigmentierung einher. Das ist auf Defekte der Proteine für den Vesikeltransport zurückzuführen, die auch für die Exocytose der Melanosomen (Organellen, die in den Melanocyten das Hautpigment Melanin speichern) benötigt werden. Beispiel für diese Immunschwächen sind das **Chediak-Higashi-Syndrom**, das durch Mutationen im CHS1-Protein verursacht wird, welches den lysosomalen Transport reguliert, und das **Griscelli-Syndrom**, das von Mutationen im Gen für die kleine GTPase RAB27a (▶ Abb. 13.9) hervorgerufen wird, die für die Befestigung bestimmter Vesikel, auch der cytolytischen Granula, an den Strukturen des Cytoskeletts essenziell ist, da erst so deren intrazellulärer Transport ermöglicht wird.

Bei Patienten mit Chediak-Higashi-Syndrom sammeln sich in den T-Lymphocyten, myeloischen Zellen, Blutplättchen und Melanocyten riesige Formen der Lysosomen und Granula an. Die Haare der Betroffenen haben eine silbermetallisch schimmernde Farbe, das Sehvermögen ist aufgrund der anormalen Pigmentzellen in der Retina stark eingeschränkt

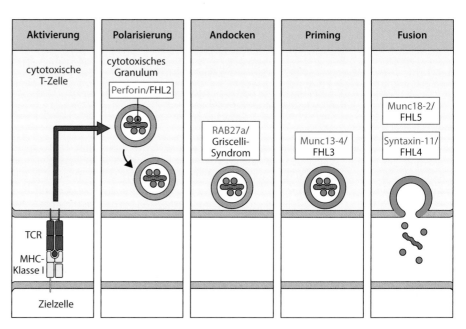

**Abb. 13.9 Defekte von Komponenten der Exocytose von cytotoxischen Granula führen zur familiären hämophagocytischen Lymphohistiocytose (FHL-Syndrom).** Nach der Antigenerkennung kommt es an der immunologischen Synapse zu einer Polarisierung der perforinhaltigen cytotoxischen Granula der CTLs auf die Zielzelle. Die cytotoxischen Granula werden entlang von Mikrotubuli zur Plasmamembran transportiert, wo sie über eine RAB27a-abhängige Reaktion andocken. Bei den angedockten Vesikeln ändert sich durch eine Munc13-4-vermittelte Reaktion die Konformation von Syntaxin-11, einem Bestandteil des großen SNARE-Komplexes, was die Vesikel wiederum für die weitere Reaktion vorbereitet. Durch die Aktivität von Munc18-2 wird über den Syntaxin-11-haltigen SNARE-Komplex eine Fusionsreaktion ausgelöst, sodass der Inhalt der cytotoxischen Granula in den von der Synapse umschlossenen Interzellularspalt freigesetzt wird. Die Einwirkung von Perforin auf die Plasmamembran der Zielzelle führt dort zur Ausbildung einer Pore. In der Abbildung sind die Stellen *rot* hervorgehoben, an denen der Exocytoseweg durch vererbbare Defekte in den einzelnen Proteinen gestört sein kann, etwa bei der damit verbundenen familiären hämophagocytischen Lymphohistiocytose (FHL)

und die Fehlfunktion der Blutplättchen führt zu verstärkten Blutungen. Da bei diesen Patienten die Vesikelfusion der Phagocyten ebenfalls gestört ist, können intrazelluläre und extrazelluläre Pathogene nicht wirksam abgetötet werden, und auch die cytolytische Funktion der CTL- und NK-Zellen ist defekt. Betroffene Kinder leiden deshalb schon früh an schweren wiederkehrenden Infektionen durch verschiedene Bakterien und Pilze. Danach entwickelt sich im Allgemeinen eine hämophagocytische Lymphohistiocytose, die häufig durch eine Virusinfektion, beispielsweise mit EBV, ausgelöst wird, was dann die Krankheit noch weiter beschleunigt. Man kennt drei Varianten des Griscelli-Syndroms, die jeweils von einem anderen Gendefekt ausgelöst werden. Bei der Typ-2-Variante (Mutation in *RAB27A*) führt der Defekt sowohl zu einer Immunschwäche als auch zu Pigmentanomalien, bei den Typen 1 und 3 kommt es nur zu Pigmentanomalien. Die Immundefekte bei Kindern mit dem Griscelli-Syndrom Typ 2 ähneln zwar in vielfacher Hinsicht dem Chediak-Higashi-Syndrom, wobei jedoch in den myeloischen Zellen keine Riesengranula auftreten.

## 13.1.12 Das X-gekoppelte lymphoproliferative Syndrom geht mit einer tödlich verlaufenden Infektion durch das Epstein-Barr-Virus und der Entwicklung von Lymphomen einher

Bei einigen primären Immunschwächekrankheiten besteht eine Anfälligkeit nur für ein bestimmtes Pathogen. Das ist etwa bei zwei seltenen X-gekoppelten Immunschwächen der Fall, die jeweils durch einen ähnlichen lymphoproliferativen Defekt gekennzeichnet sind, der von einem Virus der Herpes-simplex-Familie – dem Epstein-Barr-Virus (EBV) – hervorgerufen wird, wobei die Mechanismen unterschiedlich sind. EBV infiziert spezifisch die B-Zellen und verursacht bei sonst gesunden Personen eine sich selbst begrenzende Infektion, da das Virus durch die Aktivitäten der NK-, NKT- und cytotoxischen T-Zellen, die für B-Zellen spezifisch sind, die EBV-Antigene exprimieren, unter Kontrolle gebracht wird. Nach Entwicklung einer Immunität gegen EBV wird das Virus nicht vollständig beseitigt, sondern bleibt in den B-Zellen in einer latenten Form erhalten (Abschn. 13.2.6). Bei bestimmten Arten von Immunschwächen kann diese Kontrolle verloren gehen, sodass es zu einer überbordenden EBV-Infektion (einer schweren infektiösen Mononucleose) kommt, die mit einer unregulierten Proliferation der EBV-infizierten B-Zellen und der cytotoxischen T-Zellen, einer Hypogammaglobulinämie (geringe Mengen an zirkulierenden Immunglobulinen), einhergeht. Dadurch besteht das Risiko, dass sich Non-Hodgkin-Lymphome entwickeln. Diese treten bei der seltenen Immunschwäche des **X-gekoppelten lymphoproliferativen (XLP-)Syndroms** auf. Das XLP-Syndrom entsteht durch Mutationen in einem der beiden X-gekoppelten Gene *SH2D1A* (*SH2 domain-containing gene 1A*) und *XIAP*. Ersteres codiert SAP (*signaling lymphocyte activation molecule* (*SLAM-*)*associated protein*), Letzteres codiert den X-gekoppelten Apoptoseinhibitor.

Beim XLP1-Syndrom, von dem etwa 80 % der Patienten mit einem der beiden Syndrome betroffen sind, führt der SAP-Defekt dazu, dass in den T-, NKT- und NK-Zellen die Kopplung zwischen den Immunzellrezeptoren der SLAM-Familie und der Tyrosinkinase Fyn aus der Src-Familie verloren geht (▶ Abb. 13.10). Proteine der SLAM-Familie interagieren über homo- und heterotypische Bindungen und beeinflussen so das Ergebnis der Wechselwirkungen zwischen T-Zellen und antigenpräsentierenden Zellen sowie zwischen NK-Zellen und ihren Zielzellen. Wenn SAP fehlt, entwickeln sich ineffektive EBV-spezifische Reaktionen der cytotoxischen T-Zellen und NK-Zellen und es besteht ein schwerwiegender Mangel an NKT-Zellen. Das deutet darauf hin, dass SAP bei der Kontrolle von EBV-Infektionen und bei der Entwicklung der NKT-Zellen eine nichtredundante Funktion besitzt. Es kommt zu einer unregulierten Proliferation von EBV-reaktiven cytotoxischen T- und NK-Zellen, die eine systemische Aktivierung von Makrophagen, Entzündungsreaktionen und hämophagocytotische Symptome hervorruft. Dies ähnelt den Auswirkungen von Immunschwächen, die aufgrund von Defekten des Cytolysewegs entstehen (Abschn. 13.1.11). Darüber hinaus führt die defekte SLAM-Signalgebung zwischen $T_{FH}$- und B-Zellen bei den XLP1-Patienten zu einer Störung der T-abhängigen Antikörperreaktionen und zu einer Hypogammaglobulinämie.

Teil V

**Abb. 13.10 Das X-gekoppelte lymphoproliferative Syndrom (XLP-Syndrom) wird durch vererbbare Defekte von SAP und XIAP hervorgerufen und führt zu einer anormalen Signalgebung der Rezeptoren der SLAM- beziehungsweise der TNF-Rezeptor-Familien.** SLAM ist eine Immunrezeptorfamilie, deren Vertreter von T- und B-Zellen sowie von natürlichen Killerzellen (NK-Zellen), dendritischen Zellen und Makrophagen exprimiert werden. Die Signalgebung wird von homo- oder heterotypischen Wechselwirkungen zwischen den Proteinen der beiden Familien ausgelöst. Die SLAM-Signale rekrutieren den SAP-Faktor, der eine SH2-Domäne (*Src homology 2 domain*) enthält und tyrosinhaltige Motive in der cytoplasmatischen Domäne von SLAM erkennt. Dadurch wird schließlich die mit Src verwandte Tyrosinkinase Fyn aktiviert (*oben links*). Fyn phosphoryliert daraufhin weitere SLAM-Tyrosinreste und aktiviert dadurch weitere Signalkomponenten. Die Mutation von SAP bei Patienten mit dem XLP1-Syndrom (*oben rechts*) beeinträchtigt die Aktivierung von Fyn und die SLAM-Signale, sodass die Cytotoxizität der T- und NK-Zellen gestört ist. Das wiederum führt zu schwerwiegenden Infektionen mit dem Epstein-Barr-Virus und zu Lymphomen. Ein Defekt der SLAM-Signale beeinträchtigt auch die Erhöhung der Expression des induzierbaren T-Zell-Costimulators (ICOS) in den T$_{FH}$-Zellen, was zu einer Störung der Antikörperreaktionen führt. Die Aktivierung der apoptoseinduzierenden Caspasen durch Proteine der TNF-Rezeptor-Familie, beispielsweise Fas, wird normalerweise von XIAP verhindert (*unten*). XIAP interagiert mit seiner BIR-Domäne (*baculoviral inhibitory repeat domain*) sowohl mit den Initiatorcaspasen (8 und 9) als auch mit den Executor-Caspasen (3 und 7) und hemmt dadurch deren Aktivität. Bei Patienten mit der XLP2-Form des Syndroms ist XIAP defekt, was zu einer anormalen Regulation der Aktivierung der Caspasen führt und mit einem komplexen klinischen Phänotyp einhergeht. Dabei kommt es zu einer Lymphoproliferation und die Kontrolle von EBV-Infektionen ist gestört

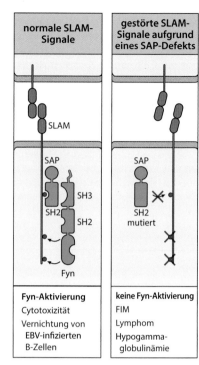

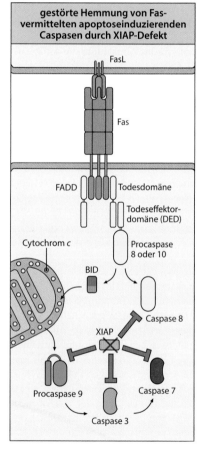

Defekte des XIAP-Proteins, das normalerweise die TNF-Rezeptor-assoziierten Faktoren TRAF1 und TRAF2 bindet und die Aktivierung von apoptoseinduzierenden Caspasen blockiert (Abschn. 7.3.3), führen zu einem ähnlichen X-gekoppelten Syndrom mit der Bezeichnung XLP2 (▶ Abb. 13.10). Bei einem XIAP-Defekt ist die Apoptoseaktivität verstärkt und der Umsatz von aktivierten T- und NK-Zellen erhöht. Seltsamerweise führt dies zu einem Phänotyp, der dem von XLP1 ähnlich ist, wobei die Grundlagen dafür noch unklar sind. Wie beim XLP1-Syndrom kommt es auch hier zu einer gravierenden Ausdünnung der NKT-Zellen. Das deutet darauf hin, dass XIAP wie SAP für den normalen Erhalt dieser Zellen benötigt wird. Wie beim XLP1-Syndrom ist auch beim XLP2-Syndrom die Kontrolle von EBV-Infektionen beeinträchtigt, wobei sich dies nicht so stark auswirkt. Die genaue Ursache für die gestörte Unterdrückung der EBV-Latenz bei diesen Immunschwächen ist allerdings noch ungeklärt.

## 13.1.13 Durch vererbbare Defekte bei der Entwicklung der dendritischen Zellen werden ebenfalls Immunschwächen hervorgerufen

Die Erkenntnisse über Vielfalt und Funktionen der dendritischen Zellen wurden zum einen durch Untersuchungen an Mäusen gewonnen, bei denen man gezielt einzelne Gene von Transkriptionsfaktoren deletiert hat, wodurch sich bestimmte Untergruppen dieser Zellen nicht mehr bildeten. Zum anderen kam es aufgrund des Verlustes dieser Untergruppen zu einer Anfälligkeit für bestimmte Pathogene. Beim Menschen, bei dem die Untersuchung der Entwicklung und Funktion der dendritischen Zellen schwieriger ist, hat die Identifizierung von primären Immunschwächen, die aufgrund von Defekten in Genen für die Transkriptionsfaktoren GATA2 und IRF8 entstehen, erste Einblicke in die relative Bedeutung dieser Zellen bei verschiedenen Spezies geliefert.

Bei der größten Gruppe von Patienten mit einem vererbbaren Mangel an dendritischen Zellen hat man eine autosomal-dominante Mutation von GATA2 als Ursache erkannt. Bei den betroffenen Personen kommt es zu einem fortschreitenden Verlust aller Untergruppen der dendritischen Zellen (konventionelle und plasmacytoide Zellen) und der Monocyten, außerdem verringert sich die Anzahl der lymphatischen B- und NK-Zellen. Diese Krankheit bezeichnet man als DCML-Defekt. Die Anzahl der T-Zellen ist bei diesen Patienten zwar normal, aber ihre Funktion wird durch den Verlust der dendritischen Zellen beeinträchtigt. Das Fehlen der Produkte von mehreren (nicht von allen) hämatopoetischen Zelllinien deutet auf eine redundante Funktion von GATA2 in den nicht betroffenen Linien hin. Die Ursache für diesen fortschreitenden Verlust von Zelllinien ist unbekannt. Man nimmt aber an, dass sich hier die Funktion von GATA2 für den Erhalt von Vorläuferstammzellen zeigt, aus denen diese Populationen hervorgehen. Bei einem Verlust aller dendritischen Zellen und Monocyten kommt es bei den Betroffenen zu einer Vielzahl von Immundefekten und Anfälligkeiten für Krankheitserreger. Diese Patienten unterliegen einem großen Risiko für hämatologische Erkrankungen.

Die ersten zwei vererbbaren Defekte, die man spezifischen Entwicklungsstörungen der dendritischen Zellen zuordnen konnte, betreffen den interferonregulierenden Faktor IRF8. Bei beiden Varianten liegt die Mutation in der DNA-Bindungsdomäne des Transkriptionsfaktors. Bei einer autosomal-rezessiven Form gehen die Monocyten und alle Arten von zirkulierenden dendritischen Zellen verloren; es gibt keinerlei konventionelle oder plasmacytoide dendritische Zellen. Da die dendritischen Zellen für die naiven T-Zellen die primären antigenpräsentierenden Zellen sind, führt ihr Mangel zu einer gestörten Entwicklung der T-Effektorzellen, und Patienten mit diesen Defekten sind schon früh in ihrem Leben anfällig für eine Reihe schwerer opportunistischer Infektionen, etwa durch intrazelluläre Bakterien, Viren und Pilze. Es kommt auch zu einer auffälligen Vermehrung von zirkulierenden unreifen Granulocyten. Das liegt wahrscheinlich an einer „Umwidmung" der myeloischen Vorläuferzellen zur Granulocytenlinie, wenn der Entwicklungsweg der Monocyten/dendritischen Zellen fehlt. Im Gegensatz dazu kommt es bei Patienten mit einer autosomal-dominanten Vererbung eines dominant-negativen *IRF8*-Allels zu einem weniger gravierenden Phänotyp, der durch einen weniger selektiven Mangel an CD1c-positiven dendritischen Zellen gekennzeichnet ist (wahrscheinlich entsprechen diese Zellen der CD11b-positiven Untergruppe bei den dendritischen Zellen der Maus). Das führt schließlich zu einer erhöhten Anfälligkeit für intrazelluläre Bakterien, insbesondere für atypische *Mycobacterium*-Spezies, allerdings ohne lymphoproliferatives Syndrom wie bei den Patienten mit der autosomal-rezessiven Variante.

### 13.1.14 Defekte bei Komplementfaktoren und komplement-regulatorischen Proteinen schwächen die humorale Immunantwort und verursachen Gewebeschäden

Die bis hier besprochenen Erkrankungen sind vor allem auf Störungen des adaptiven Immunsystems zurückzuführen. In den nächsten beiden Abschnitten wollen wir uns mit einigen Immunschwächekrankheiten beschäftigen, die Zellen und Moleküle des angeborenen Immunsystems betreffen. Wir beginnen mit dem Komplementsystem, das über einen von drei Signalwegen aktiviert werden kann, die alle auf die Spaltung des Komplementproteins C3 zulaufen, sodass dieses kovalent an die Oberfläche von Pathogenen binden und dort als Opsonin wirken kann (Kap. 2). Daher ist es nicht erstaunlich, dass das Spektrum an Infektionen, das mit Komplementdefekten zusammenhängt, deutlich mit den Infektionen überlappt, die man bei Patienten mit einer gestörten Antikörperproduktion beobachten kann. Insbesondere kommt es zu einer erhöhten Anfälligkeit für extrazelluläre Bakterien, für deren Beseitigung durch Phagocyten eine Opsonisierung mit Antikörpern und/oder Komplementproteinen erforderlich ist (▶ Abb. 13.11). Wenn die Aktivierung von C3 über einen der drei Signalwege gestört oder C3 selbst von einem Defekt betroffen ist, hat dies eine erhöhte Anfälligkeit für Infektionen mit einer Reihe von pyogenen Bakterien zur Folge, etwa mit *Streptococcus pneumoniae*. Dies unterstreicht die Bedeutung von C3 als zentrales Effektormolekül, das die Phagocytose und die Beseitigung von kapseltragenden Bakterien fördert.

Defekte in Komponenten des membranangreifenden Komplexes, das heißt in den Komplementproteinen C5 bis C9, die der C3-Aktivierung nachgeschaltet sind, haben nur begrenzte Auswirkungen und führen fast ausschließlich zu einer Anfälligkeit für *Neisseria*-Spezies. Eine ähnliche Anfälligkeit für *Neisseria* tritt auch bei Patienten mit Defekten von Faktor D und Properdin auf, zwei Komponenten des alternativen Komplementwegs. Das deutet darauf hin, dass die Abwehr dieser Bakterien, die intrazellulär überleben können, zu einem großen Teil über die antikörperabhängige extrazelluläre Lyse durch den membranangreifenden Komplex erfolgt. Ergebnisse einer großen Bevölkerungsstudie in Japan, wo endemische Infektionen mit *N. meningitides* selten sind, zeigen, dass eine gesunde Person jedes Jahr einem Risiko von 1 zu 2.000.000 ausgesetzt ist, von diesen Organismen infiziert zu werden. Ein Mensch aus derselben Population mit einem vererbbaren Defekt in einem der Proteine des membranangreifenden Komplexes unterliegt einem Risiko von 1 zu 200 – immerhin eine Erhöhung des Infektionsrisikos um den Faktor 10.000.

Die frühen Komponenten des klassischen Komplementwegs besitzen für die Beseitigung von Immunkomplexen (Abschn. 10.2.6) und apoptotischen Zellen eine besondere Bedeutung, da beide bei Autoimmunkrankheiten deutlich pathologische Auswirkungen haben können, etwa beim systemischen Lupus erythematodes. Diese Besonderheit von vererbbaren Komplementdefekten wird in Kap. 15 besprochen. Defekte des mannosebindenden Lektins (MBL), das die Komplementaktivierung unabhängig von Antikörpern in Gang setzt (Abschn. 2.2.2) sind relativ häufig (betroffen sind 5 % der Bevölkerung). Ein MBL-Mangel kann mit einer leichten Immunschwäche einhergehen, die in der frühen Kindheit zu vermehrten bakteriellen Infektionen führt. Ein ähnlicher Phänotyp tritt bei Patienten auf, die einen Defekt im *MASP2*-Gen für die MBL-assoziierte Serinprotease 2 tragen.

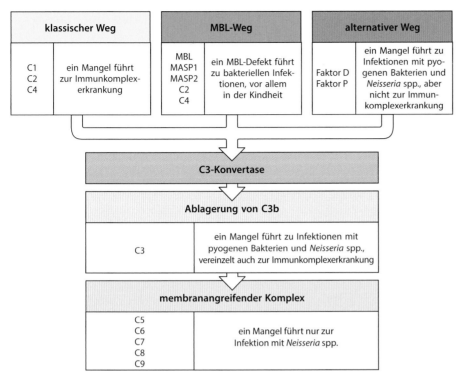

**Abb. 13.11 Defekte des Komplementsystems stehen mit einer erhöhten Anfälligkeit für bestimmte Infektionen und mit der Anhäufung von Immunkomplexen in Zusammenhang.** Defekte der frühen Komponenten des alternativen Weges der Komplementaktivierung sowie Defekte von C3 führen zu einer erhöhten Anfälligkeit für extrazelluläre Krankheitserreger, besonders für pyogene Bakterien. Fehlerhafte frühe Komponenten des klassischen Weges beeinträchtigen vor allem die Prozessierung von Immunkomplexen (Abschn. 10.2.6) und die Beseitigung von apoptotischen Zellen; dies führt zu einer Immunkomplexerkrankung. Ein Defekt des mannosebindenden Lektins (MBL), also des Erkennungsmoleküls im Lektinweg, ist vor allem während der frühen Kindheit mit Infektionen durch Bakterien verbunden. Fehler in den membranangreifenden Komponenten führen ausschließlich zu einer erhöhten Anfälligkeit für verschiedene *Neisseria*-Stämme, die Erreger von Meningitis und Gonorrhö. Offensichtlich dient dieser Teil des Komplementsystems hauptsächlich der Abwehr dieser Organismen

Eine andere Gruppe von Krankheiten, die mit dem Komplementsystem zusammenhängen, wird durch Defekte in den komplementregulierenden Proteinen hervorgerufen (▶ Abb. 13.12). Defekte der membranassoziierten Komplementkontrollproteine DAF (*decay-accelerating factor*) oder CD59 (Protectin), die sonst die Oberfläche der Körperzellen vor der Komplementaktivierung schützen, führen zur Zerstörung der roten Blutkörperchen, was eine **paroxysmale nächtliche Hämoglobinurie** (Abschn. 2.2.12) zur Folge hat. Defekte der löslichen komplementregulatorischen Proteine, etwa Faktor I und Faktor H, können sich auf verschiedene Weise auswirken. Ein homozygoter **Faktor-I-Defekt** kommt nur selten vor und führt zu einer unkontrollierten Aktivität der C3-Konvertase des alternativen Komplementwegs, was letztendlich einen C3-Mangel hervorruft (Abschn. 2.2.12). Defekte von MCP, Faktor I oder Faktor H können eine Erkrankung verursachen, die man als **atypisches hämolytisch-urämisches Syndrom** bezeichnet. Dabei kommt es zur Lyse der roten Blutkörperchen (Hämolyse, daher der Name) und zu einer Störung der Nierenfunktion (Urämie).

Bei Patienten mit einem Defekt des C1-Inhibitiors zeigen sich die Folgen eines Ausfalls von komplementregulatorischen Proteinen in besonders auffälliger Weise. Hier kommt es zu einem Syndrom, das man als **erbliches Angioödem** (**HAE**, Abschn. 2.2.12) bezeichnet. Bei einem Defekt des C1-Inhibitors ist die Regulation sowohl der Blutgerinnung als auch der Komplementaktivierung gestört und es kommt zu einer übermäßigen Produktion von gefäßaktiven Mediatoren, die Flüssigkeitsansammlungen (Ödeme) im Gewebe und eine lokale Schwellung des Kehlkopfs hervorrufen, die zum Ersticken führen kann.

| Komplement-protein | Auswirkungen eines Defekts |
|---|---|
| C1, C2, C4 | Immunkomplex-erkrankung |
| C3 | Anfälligkeit für kapsel-tragende Bakterien |
| C5–C9 | Anfälligkeit für *Neisseria* |
| Faktor D, Properdin (Faktor P) | Anfälligkeit für kapsel-tragende Bakterien und *Neisseria*, nicht für eine Immunkomplexerkrankung |
| Faktor I | ähnliche Wirkung wie bei C3-Mangel |
| MCP, Faktor I oder Faktor H | atypisches hämolytisch-urämisches Syndrom |
| Polymorphismen in Faktor H | Makuladegeneration |
| DAF, CD59 | autoimmunitätsähnliche Erkrankungen, z. B. paroxysmale nächtliche Hämoglobinurie |
| C1INH | erbliches Angioödem (HAE) |

**Abb. 13.12 Defekte der Komplementkontrollproteine rufen eine Reihe verschiedener Krankheiten hervor**

Teil V

## 13.1.15 Defekte in Phagocyten ermöglichen ausgedehnte bakterielle Infektionen

Eine zu geringe Anzahl oder mangelnde Funktion der Phagocyten können mit einer schweren Immunschwäche verknüpft sein. Tatsächlich macht das vollständige Fehlen neutrophiler Zellen ein Überleben in der normalen Umgebung unmöglich. Es gibt vier Formen von Immunschwächen der Phagocyten: Defekte bei der Bildung, Adhäsivität und Aktivierung von Phagocyten sowie beim Abtöten von Mikroorganismen durch die Phagocyten (▶ Abb. 13.13). Wir werden uns damit nacheinander beschäftigen.

Erbliche Defekte der Produktion von neutrophilen Zellen (**Neutropenien**) werden entweder als **schwere angeborene Neutropenie** (*severe congenital neutropenia*, **SCN**) oder als **zyklische Neutropenie** eingeordnet. Bei einer schweren angeborenen Neutropenie, die dominant oder rezessiv vererbt wird, ist die Anzahl der neutrophilen Zellen dauerhaft extrem niedrig und liegt bei weniger als $0,5 \times 10^9$ pro Liter Blut (normal wären $3–5,5 \times 10^9$ pro Liter). Bei der zyklischen Neutropenie wechselt die Anzahl der neutrophilen Zellen von annähernd normal bis hin zu sehr niedrig oder nicht mehr nachweisbar, wobei ein Zyklus etwa 21 Tage dauert. Dadurch kommt es zu einem periodisch auftretenden Infektionsrisiko. Die häufigste Ursache sind sporadische oder autosomal-dominante Mutationen im *ELA2*-Gen der Neutrophilen-Elastase, einem Bestandteil der azurophilen (primären) Granula, die beim Abbau der phagocytierten Mikroorganismen zum Einsatz kommen. Die veränderte Bindung der Elastase an die Granula führt bei sich entwickelnden Myelocyten zur Apoptose und zu einer Blockade der Entwicklung im Promyelocyten/Myelocyten-Stadium. Einige Mutationen von *ELA2* rufen eine zyklische Neutropenie hervor. Wie die defekte Elastase bei der Neutropenie den 21-tägigen Zyklus hervorbringt, ist weiterhin ein Rätsel. Eine

| Art des Defekts/Bezeichnung des Syndroms | assoziierte Infektion oder andere Erkrankung |
|---|---|
| angeborene Neutropenie (z. B. Elastase-2-Mangel) | weiträumige Infektion mit pyogenen Bakterien |
| Leukocytenadhäsionsdefekt | weiträumige Infektion mit pyogenen Bakterien |
| Defekt der TLR-Signale (z. B. MyD88 oder IRAK4) | schwere Erkältung durch Infektionen mit pyogenen Bakterien |
| chronische Granulomatose | intra- und extrazelluläre Infektionen, Granulome |
| G6PD-Defekt | Defekt des respiratorischen Bursts, chronische Infektionen |
| Myeloperoxidasemangel | Defekt des intrazellulären Abtötens von Mikroorganismen, chronische Infektionen |
| Chediak–Higashi-Syndrom | intra- und extrazelluläre Infektionen, Granulome |

**Abb. 13.13 Defekte phagocytotischer Zellen führen zur Persistenz bakterieller Infektionen.** Störungen der Entwicklung von Neutrophilen, die durch angeborene Neutropenien hervorgerufen werden, führen zu grundlegenden Defekten bei der Abwehr von Bakterien. Fehler in den Leukocytenintegrinen mit einer gemeinsamen $\beta$-Untereinheit (CD18) oder Fehler im Selektinliganden Sialyl-Lewis$^x$ verhindern die Adhäsion der Phagocyten und ihre Wanderung zu Infektionsherden (Leukocytenadhäsionsdefekt). Wenn Signale der Toll-like-Rezeptoren nicht übertragen werden können, etwa aufgrund von Defekten in MyD88 und IRAK4, ist die erste Erkennung zahlreicher Krankheitserreger durch die angeborenen Immunzellen gestört. Bei der chronischen Granulomatose, einem Mangel an Glucose-6-phosphat-Dehydrogenase (G6PD) und bei einem Myeloperoxidasemangel ist der respiratorische Burst gestört. Bei der chronischen Granulomatose persistieren die Erreger, da die Makrophagen nicht aktiviert werden können. Dies führt zu einer chronischen Stimulation der CD4-T-Zellen und dadurch zur Ausbildung von Granulomen. Beim Chediak-Higashi-Syndrom ist die Vesikelfusion innerhalb der Phagocyten gestört. Diese Krankheiten verdeutlichen die wichtige Funktion der Phagocyten bei der Beseitigung und Zerstörung pathogener Bakterien

seltene autosomal-dominante Form der SCN wird durch Mutationen im Onkogen *GFI1* verursacht, das einen Transkriptionsrepressor codiert, der auf das *ELA2*-Gen einwirkt. Zu diesem Befund kam es aufgrund der unerwarteten Beobachtung, dass Mäuse, denen das Gfi1-Protein fehlt, aufgrund einer Überexpression des *ELA2*-Gens eine Neutropenie entwickeln.

Es gibt auch autosomal-rezessive Formen der SCN. Ein Defekt des mitochondrialen Proteins HAX1 führt bei sich entwickelnden myeloischen Zellen zu einer erhöhten Apoptoserate. Dadurch entwickelt sich eine schwerwiegende Neutropenie, die man als **Kostmann-Syndrom** bezeichnet. Die erhöhte Neigung der sich entwickelnden neutrophilen Zellen zur Apoptose wird bei der SCN besonders deutlich, die mit genetisch bedingten Defekten im Glucosestoffwechsel verknüpft ist. Patienten mit rezessiven Mutationen in den Genen für die katalytische Untereinheit 3 der Glucose-6-phosphatase (*G6PC3*) oder die Glucose-6-phosphat-Translokase (*SLC37A4*) zeigen während der Entwicklung der Granulocyten ebenfalls eine erhöhte Apoptoserate, was zu einer Neutropenie führt. Eine erworbene Neutropenie aufgrund einer Chemotherapie, einer bösartigen Erkrankung oder einer aplastischen Anämie geht mit einem ähnlichen Spektrum an schweren Infektionen mit pyogenen Bakterien einher. Eine Neutropenie kann schließlich auch im Zusammenhang mit anderen primären Immunschwächekrankheiten auftreten, beispielsweise beim CD40-Ligand-Defekt, CVID, XLA, dem Wiskott-Aldrich-Syndrom und dem GATA2-Defekt. Bei einigen Patienten bilden sich Autoantikörper, die eine beschleunigte Zerstörung der neutrophilen Zellen hervorrufen.

Wenn bei der Wanderung der phagocytotischen Zellen zu Infektionsherden außerhalb der Blutgefäße Defekte auftreten, kann es zu einer schweren Immunschwäche kommen. Leukocyten gelangen zu den Infektionsherden, indem sie die Blutgefäße durch einen genau regulierten Prozess (▶ Abb. 3.31) verlassen. Defekte der Moleküle, die an den einzelnen Phasen dieses Vorgangs beteiligt sind, können verhindern, dass neutrophile Zellen und Makrophagen in infizierte Gewebe eindringen können; man spricht dann von **Leukocytenadhäsionsdefekten** (**LADs**). Defekte der gemeinsamen $\beta_2$-Untereinheit CD18 des Leukocytenintegrins, die eine Komponente von LFA-1, MAC-1 und p150:95 ist, verhindert, dass die Leukocyten zu den Infektionsherden wandern, da sich die Zellen damit nicht mehr an das Endothel heften können. Da dies der erste LAD war, der beschrieben wurde, bezeichnet man ihn heute als Typ-1-LAD oder LAD-1; es handelt sich dabei um die häufigste LAD-Variante. Bei Patienten, denen aufgrund eines Mangels des GDP-Fucose-spezifischen Transportproteins, das an der Biosynthese von Sialyl-Lewis$^x$ und anderen fucosylierten Liganden der Selektine mitwirkt, die Sialyl-Lewis$^x$-Einheit fehlt (ein Defekt, der relativ selten auftritt), nimmt das Entlangrollen der Leukocyten auf dem Endothel ab. Diesen Defekt bezeichnet man als Typ-2-LAD oder LAD-2. LAD-3 entsteht durch einen Defekt von Kindlin-3, einem Protein, das für die feste Adhäsion der Zellen verantwortlich ist, indem es den hochaffinen Bindungszustand der $\beta$-Integrine induziert. Alle LAD-Varianten zeigen ein autosomal-rezessives Vererbungsmuster und gehen bereits in einer frühen Lebensphase mit schweren, lebensbedrohlichen Infektionen durch Bakterien und Pilze einher. Dabei ist die Wundheilung gestört und bei einer Infektion mit pyogenen Bakterien wird kein Eiter gebildet. Die bei diesen Patienten auftretenden Bakterien sind auch gegenüber einer Antibiotikabehandlung resistent. Bei LAD-3 ist zudem die Aggregation der Blutplättchen gestört, sodass es verstärkt zu Blutungen kommt.

Ein zentraler Schritt bei der Aktivierung der angeborenen Immunzellen, etwa der Phagocyten, ist die Erkennung von mikrobenassoziierten molekularen Mustern durch die Toll-like-Rezeptoren (TLRs, Abschn. 3.1.5). Man kennt inzwischen verschiedene primäre Immunschwächekrankheiten, die durch Defekte der intrazellulären Signalkomponenten der TLRs hervorgerufen werden. Mit Ausnahme von TLR-3 erfordert die Signalgebung der Toll-like-Rezeptoren das Adaptorprotein MyD88, das die Kinasen IRAK4 und IRAK1, die für die nachgeschaltete Aktivierung von NF$\kappa$B und der MAP-Kinase-Wege (Abschn. 3.1.7) erforderlich sind, rekrutiert und aktiviert. Autosomal-rezessive Mutationen in den Genen, die MyD88 oder IRAK4 codieren, verursachen einen ähnlichen Phänotyp: wiederkehrende schwere periphere und invasive Infektionen durch pyogene Bakterien, die nur eine geringe Entzündungsreaktion, eine „kalte Infektion", hervorrufen. Viele der Signalfunktionen von

MyD88 und der IRAK4-Moleküle stimmen mit denen der IL-1-Rezeptor-Familie überein. Demnach ist zumindest ein Teil der Immunschwäche bei Patienten mit vererbbaren Defekten dieser Moleküle auf die fehlerhafte Signalgebung der IL-1-Proteine zurückzuführen. Dem ist noch hinzuzufügen, dass der NEMO-Defekt, der den Isotypwechsel der B-Zellen beeinträchtigt (Abschn. 13.1.9), auch die Signalgebung der TLR- und IL-1-Rezeptor-Familie stört, indem er die normale Aktivierung von NFκB verhindert. Immunschwächen, die mit NEMO-Defekten zusammenhängen, betreffen daher sowohl die adaptive als auch die angeborene Immunität. Interessant ist dabei, dass bei Patienten mit MyD88-Mutationen Virusinfektionen nicht unbedingt zunehmen, obwohl dieses Protein an allen Signalen der TLRs, die DNA erkennen, beteiligt ist (beispielsweise TLR-7, TLR-8 und TLR-9); die einzige Ausnahme ist TLR-3. Das deutet darauf hin, dass die Aktivierung der interferon-regulierenden Faktoren (IRFs), die Interferonreaktionen auslösen, die diesen TLRs nachgeschaltet sind, trotz der Defekte in MyD88 weiterhin funktioniert.

Bemerkenswert ist dabei, dass unter den zehn TLRs, die man beim Menschen gefunden hat, bis jetzt TLR-3 als einziger mit einer Immunschwäche in Zusammenhang gebracht wurde. Es sind zwar Defekte in anderen TLRs bekannt (etwa in TLR-5), aber sie rufen nicht den Phänotyp einer Immunschwäche hervor; das weist auf ein hohes Maß an Redundanz hin. Andererseits leiden Patienten mit einer hemizygoten (dominanten) oder homozygoten (rezessiven) Mutation im *TLR-3*-Gen wahrscheinlich aufgrund einer gestörten Produktion der Typ-1-Interferone durch die Nervenzellen an wiederkehrenden Infektionen mit dem Herpes-simplex-Virus 1 (HSV-1) im Zentralnervensystem (Herpes-simplex-Encephalitis). TLR-3 erkennt doppelsträngige RNA. Personen mit vererbbaren Defekten von Molekülen, die an der TLR-3-Signalgebung mitwirken (beispielsweise TRIF, TRAF3 und TBK1) sind in ähnlicher Weise auch anfällig für eine HSV-1-Encephalitis, genauso wie Patienten mit Defekten im TLR-Transportprotein UNC93B1, das für den Transport von TLR-3 aus dem endoplasmatischen Reticulum in das Endolysosom notwendig ist. Interessant ist dabei, dass die Leukocyten dieser Patienten in ihrer Reaktion auf die TLR-3-Liganden oder HSV-1 keinen Defekt aufweisen. Das deutet darauf hin, dass die TLR-3-Funktion bei diesen Zellen redundant ist, nicht jedoch im Zentralnervensystem. Entsprechend zeigen diese Patienten nur eine begrenzte Prädisposition für andere Virusinfektionen. Es besteht also vor den meisten übrigen Arten von Virusinfektionen ein TLR-3-unabhängiger Schutz.

Es gibt auch genetisch bedingte Defekte, die die Signalgebung von Mustererkennungs-rezeptoren (PRRs) beeinflussen, die keine TLRs sind. CARD9 ist ein Adaptormolekül, das an der Signalgebung mitwirkt, die den C-Typ-Lektin-Rezeptoren (Dectin-1, Dectin-2) auf myeloischen Zellen und dem auf Makrophagen induzierbaren C-Typ-Lektin (MINCLE) nachgeschaltet ist. Diese Moleküle erkennen mit Pilzen assoziierte molekulare Muster und ihre Signale über CARD9 führen dazu, dass proinflammatorische Cytokine wie IL-6 und IL-23 sezerniert werden (Abschn. 3.1.1). Autosomal-rezessive CARD9-Defekte führen zu einer Störung der $T_H17$-Reaktionen auf Pilze, sodass Patienten mit einem solchen Defekt, genauso wie Patienten mit einer fehlerhaften IL-17-Immunität (beispielsweise bei einem IL-17RA- oder IL-17F-Defekt; Abschn. 13.1.10), an einer chronischen Candidiasis der Schleimhäute leiden. Darüber hinaus können diese Patienten jedoch auch an Infektionen mit Dermatophyten erkranken, die als ubiquitäre filamentöse Pilze sonst für Infektionen der Hautoberfläche und der Nägel verantwortlich sind, beispielsweise als sogenannter Fußpilz (Tinea pedis).

Die meisten übrigen Defekte der phagocytotischen Zellen wirken sich auf deren Fähigkeit aus, Mikroorganismen aufzunehmen und im Zellinneren zu zerstören (▶ Abb. 13.13). Patienten mit einer **septischen Granulomatose** (chronische Granulomatose, CGD) sind für Infektionen durch Bakterien oder Pilze hoch anfällig. Da die Phagocyten die aufgenommenen Bakterien nicht abtöten können, entwickeln sich Granulome (▶ Abb. 11.13). Der Defekt betrifft dabei die Produktion von reaktiven Sauerstoffspezies (ROS) wie etwa das Superoxidanion (Abschn. 3.1.2). Als man den molekularen Defekt bei dieser Krankheit entdeckt hatte, gewann die Vorstellung an Bedeutung, dass die Bakterien durch diese Moleküle direkt getötet werden. Allerdings hat sich inzwischen herausgestellt, dass die Erzeugung der ROS allein nicht ausreicht, die Mikroorganismen zu töten. Man nimmt jetzt an, dass die ROS einen Zustrom von $K^+$-Ionen in die phagocytotische Vakuole hervorrufen, wodurch sich der pH-Wert auf den für die Aktivität der antimikrobiellen Peptide und Proteine optimalen Wert erhöht, die dann erst die eingedrungenen Mikroorganismen abtöten.

Genetisch bedingte Defekte, die eine der Untereinheiten der NADPH-Oxidase beeinträchtigen, die in neutrophilen Zellen und Monocyten exprimiert wird (Abschn. 3.1.2), können ebenfalls eine septische Granulomatose hervorrufen. Patienten mit dieser Erkrankung leiden an chronischen Infektionen durch Bakterien, die in einigen Fällen zur Bildung von Granulomen führen. Defekte der Glucose-6-phosphat-Dehydrogenase (G6DP) und der Myeloperoxidase (MPO) beeinträchtigen ebenfalls das Abtöten von Bakterien und führen zu einem ähnlichen, allerdings weniger gravierenden Phänotyp.

### 13.1.16 Mutationen in den molekularen Entzündungsregulatoren können unkontrollierte Entzündungsreaktionen verursachen, die zu einer „autoinflammatorischen Erkrankung" führen

Es gibt eine geringe Anzahl von Krankheiten, bei denen die Mutationen in Genen liegen, die Leben, Aktivität und Absterben der Entzündungszellen kontrollieren. Diese Erkrankungen gehen mit schweren Entzündungssymptomen einher. Sie führen zwar nicht zu einer Immunschwäche, aber wir haben sie trotzdem in dieses Kapitel aufgenommen, da es sich um Einzelgendefekte handelt, die einen zentralen Bestandteil der angeborenen Immunität betreffen – die Entzündungsreaktion. In diesen Fällen versagen die normalen Mechanismen, die eine Entzündung begrenzen, und man bezeichnet sie als **autoinflammatorische Erkrankungen**. Hier kommt es zu einer Entzündung, selbst wenn gar keine Infektion vorhanden ist (▶ Abb. 13.14). Das **familiäre Mittelmeerfieber** (**FMF**) geht mit episodischen Anfällen von chronischen Entzündungen einher, die im gesamten Körper an verschiedenen Stellen entstehen können. Dabei kommt es zu Fieber, einer Akute-Phase-Reaktion

| Erkrankung (übliche Abkürzung) | klinische Merkmale | Vererbungsmuster | mutiertes Gen | Protein (andere Bezeichnung) |
|---|---|---|---|---|
| familiäres Mittelmeerfieber (FMF) | periodisches Fieber, Serositis (Entzündung der Pleura- und/oder der Peritonealhöhle), Arthritis, Akute-Phase-Reaktion | autosomal-rezessiv | *MEFV* | Pyrin |
| TNF-Rezeptor-assoziiertes periodisches Syndrom (TRAPS) (*familial Hibernian fever*) | periodisches Fieber, Muskelschmerzen, Hautausschlag, Akute-Phase-Reaktion | autosomal-dominant | *TNFRSF1A* | TNF-α-Rezeptor mit 55 kDa (TNFR1) |
| pyogene Arthritis, Pyoderma gangraenosum und Akne (PAPA) | | autosomal-dominant | *PSTPIP1* | CD2-bindendes Protein 1 |
| Muckle-Wells-Syndrom | periodisches Fieber, Urticaria, Gelenkschmerzen, Bindehautentzündung, fortschreitende Schwerhörigkeit | autosomal-dominant | *NLRP3* | Cryopyrin |
| FCAS (*familial cold autoinflammatory syndrome, familial cold urticaria*) | periodisches Fieber durch Erkältungen, Urticaria, Gelenkschmerzen, Bindehautentzündung | | | |
| CINCA-Syndrom (*chronic infantile neurologic cutaneous and articular syndrome*) | wiederkehrendes Fieber schon beim Neugeborenen, Urticaria, chronische Arthropathie, Gesichtsverformung, neurologische Symptome | | | |
| Hyper-IgD-Syndrom | periodisches Fieber, erhöhte IgD-Spiegel, Lymphknotenvergrößerung | autosomal-rezessiv | *MVK* | Mevalonat-Synthase |
| Blau-Syndrom | entzündliche Granulomatose der Haut, der Augen und Gelenke | autosomal-dominant | *NOD2* | NOD2 |

**Abb. 13.14 Die autoinflammatorischen Erkrankungen**

Teil V

(Abschn. 13.1.18) und starker Übelkeit. Die Pathogenese des FMF war lange Zeit ein Rätsel, bis man entdeckte, dass es sich um Mutationen im *MEFV*-Gen handelt, welches das Protein Pyrin codiert (es trägt seinen Namen, da es mit dem Auftreten von Fieber zusammenhängt). Pyrin und Proteine mit Pyrindomänen sind Bestandteile von Signalwegen, die bei Entzündungszellen zur Apoptose führen oder auch die Freisetzung von proinflammatorischen Cytokinen (etwa von IL-1$\beta$) blockieren. Man vermutet, dass es zu einer unregulierten Cytokinaktivität und einem Defekt der Apoptose kommt, wenn kein funktionsfähiges Pyrin vorhanden ist. Dadurch können Entzündungsreaktionen nicht mehr kontrolliert werden. Bei Mäusen führt ein Fehlen von Pyrin zu einer erhöhten Empfindlichkeit gegenüber Lipopolysacchariden und zu einer defekten Apoptose bei Makrophagen. Eine Krankheit mit ähnlichen klinischen Symptomen ist das **TNF-Rezeptor-assoziierte periodische Syndrom** (**TRAP-Syndrom**). Ursache sind Mutationen in einem anderen Gen, das den TNF-$\alpha$-Rezeptor TNFR1 codiert. Patienten mit TRAPS exprimieren weniger TNFR1, sodass im Kreislauf eine größere Menge des proinflammatorischen TNF-$\alpha$ vorhanden ist, da aufgrund der fehlenden Bindung an den Rezeptor auch keine Regulation mehr stattfindet. Diese Krankheit lässt sich mit einer therapeutischen Blockade durch Anti-TNF-Faktoren (beispielsweise Etanercept) behandeln. Dies ist ein löslicher TNF-Rezeptor, der zuerst für die Behandlung von Patienten mit rheumatoider Arthritis (Abschn. 16.1.8) entwickelt wurde. Mutationen im Gen für das Protein PSTPIP1 (*proline-serine-threonine phosphatase-interacting protein 1*), das mit Pyrin in Wechselwirkung tritt, hängen mit einem anderen dominant vererbbaren autoinflammatorischen Syndrom zusammen – **pyogene Arthritis, Pyoderma gangraenosum und Akne** (**PAPA**-Syndrom). Durch die Mutationen verstärkt sich die Bindung zwischen Pyrin und PSTPIP1, und man vermutet, dass Pyrin durch diese Wechselwirkung ausgedünnt und in seiner normalen regulatorischen Funktion eingeschränkt wird.

Die episodisch auftretenden autoinflammatorischen Erkrankungen **Muckle-Wells-Syndrom** und **FCAS** (*familial cold autoinflammatory syndrome*) hängen zweifellos mit einer unangebrachten Stimulation von Entzündungsreaktionen zusammen, da die Krankheiten auf Mutationen im NLRP3-Protein zurückzuführen sind. Dies ist eine Komponente des Inflammasoms, das normalerweise Schädigungen und Stresssituationen einer Zelle registriert, die von einer Infektion herrühren (Abschn. 3.1.9). Die Mutationen führen dazu, das NLRP3 ohne solche Reize aktiviert wird und es zu einer unkontrollierten Produktion von proinflammatorischen Cytokinen kommt. Patienten mit diesen dominant vererbbaren Syndromen zeigen episodisch auftretendes Fieber, das im Fall des FACS-Syndroms durch Aufenthalt in der Kälte ausgelöst wird. Außerdem kommt es zu juckenden Hautausschlägen, Gelenkschmerzen und einer Bindehautentzündung. Mutationen im *NLRP3*-Gen stehen auch im Zusammenhang mit einer anderen autoinflammatorischen Erkrankung, dem **CINCA-Syndrom** (*chronic infantile neurologic cutaneous and articular syndrome*). Dabei treten häufig kurze, sich wiederholende Fieberschübe auf, wobei schwere Gelenksymptome sowie neurologische und dermatologische Symptome vorherrschend sind. Sowohl Pyrin als auch NLRP3 werden vor allem von Leukocyten und von Zellen exprimiert, die als angeborene Barrieren für Pathogene fungieren, beispielsweise die Epithelzellen des Darms. Die Signale, die Pyrin und verwandte Moleküle beeinflussen, sind unter anderem inflammatorische Cytokine und mit Stress verbundene Veränderungen in den Zellen. Das Muckle-Wells-Syndrom spricht stark auf den Wirkstoff Anakinra an, ein Antagonist des IL-1-Rezeptors.

### 13.1.17 Durch die Transplantation von hämatopoetischen Stammzellen oder eine Gentherapie lassen sich Gendefekte beheben

Fehler in der Lymphocytenentwicklung, die zum SCID-Phänotyp und zu anderen Immunschwächen führen, lassen sich häufig dadurch korrigieren, dass man die fehlerhafte Komponente ersetzt; das geschieht im Allgemeinen durch eine Transplantation von hämatopoetischen Stammzellen (HSCs) (Abschn. 15.4.8). Die größten Schwierigkeiten bei einer solchen Therapie ergeben sich aus Polymorphismen des humanen Leukocytenantigens

**Abb. 13.15 Spender und Empfänger von hämatopoetischen Stammzellen (HSCs) müssen zumindest einige MHC-Moleküle gemeinsam haben, damit die Immunkompetenz des Empfängers wieder hergestellt wird.** Dargestellt ist das HSC-Transplantat aus einem genetisch unterschiedlichen Spender, wobei die HSC-Zellen des Spenders einige MHC-Moleküle besitzen, die mit denen des Empfängers übereinstimmen. Dieser gemeinsame MHC-Typ b ist hier *blau* dargestellt, der nicht übereinstimmende MHC-Typ a *gelb*. Beim Empfänger werden die sich entwickelnden Lymphocyten des Spenders an MHC$^b$ auf den Epithelzellen des Thymus positiv selektiert. Die negative Selektion der Spenderlymphocyten erfolgt an Stromaepithelzellen des Empfängers, außerdem an der corticomedullären Grenze, wo sie mit dendritischen Zellen aus den HSC-Zellen des Spenders und mit restlichen dendritischen Zellen des Empfängers zusammentreffen. Die negativ selektierten Zellen sind als apoptotische Zellen dargestellt. Die antigenpräsentierenden Zellen (APCs) des Spenders in der Peripherie können T-Zellen aktivieren, die MHC$^b$-Moleküle tragen. Die aktivierten T-Zellen können dann infizierte MHC$^b$-tragende Zellen erkennen

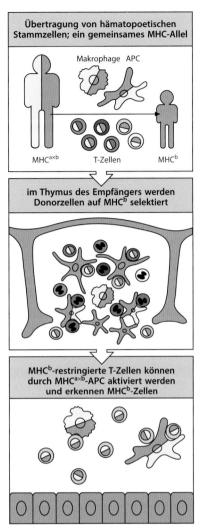

Übertragung von hämatopoetischen Stammzellen; ein gemeinsames MHC-Allel

im Thymus des Empfängers werden Donorzellen auf MHC$^b$ selektiert

MHC$^b$-restringierte T-Zellen können durch MHC$^{a\times b}$-APC aktiviert werden und erkennen MHC$^b$-Zellen

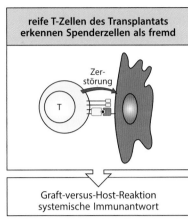

reife T-Zellen des Transplantats erkennen Spenderzellen als fremd

Graft-versus-Host-Reaktion systemische Immunantwort

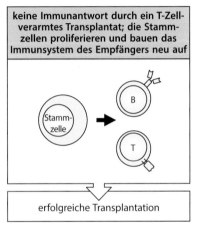

keine Immunantwort durch ein T-Zell-verarmtes Transplantat; die Stammzellen proliferieren und bauen das Immunsystem des Empfängers neu auf

erfolgreiche Transplantation

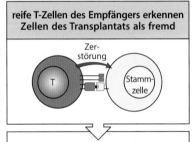

reife T-Zellen des Empfängers erkennen Zellen des Transplantats als fremd

Host-versus-Graft-Reaktion; das Transplantat wird abgestoßen

(*human leukocyte antigen*, HLA). Ein geeignetes Transplantat muss einige der HLA-Allele mit dem Empfänger gemeinsam haben. Wie in Abschn. 8.3.3 erläutert, bestimmen die vom Thymusepithel exprimierten HLA-Allele, welche T-Zellen selektiert werden. Transplantiert man HSC-Zellen in immundefiziente Patienten mit normalem Thymusstroma, so stammen später sowohl die T-Zellen als auch die antigenpräsentierenden Zellen aus dem Transplantat. Die T-Zellen, die im Thymusgewebe des Empfängers selektiert werden, können also nur von antigenpräsentierenden Zellen aus dem Transplantat aktiviert werden, wenn zumindest einige HLA-Allele des Transplantats mit denen des Empfängers übereinstimmen (▶ Abb. 13.15). Es besteht auch die Gefahr, dass reife T-Zellen, die sich zwischen den übertragenen HSC-Zellen aus dem Knochenmark oder aus peripherem Blut befanden und bereits im Thymus des Spenders selektiert wurden, den Empfänger als fremd erkennen und angreifen. Dies bezeichnet man auch als **Graft-versus-Host-Krankheit** (*graft-versus-host disease*, **GvHD**; Transplantat-gegen-Wirt-Krankheit; ▶ Abb. 13.16, oben). Sie lässt sich vermeiden, indem man die reifen T-Zellen im Transplantat vor der Übertragung tötet. Bei Immunschwächekrankheiten, mit Ausnahme des SCID, bei denen noch restliche T-Zellen und NK-Zellen im Empfänger vorhanden sind, führt man vor der Transplantation eine myeloablative Behandlung durch, bei der das Knochenmark im Allgemeinen mithilfe von cytotoxischen Wirkstoffen zerstört wird. Das dient zum einen dazu, für die übertragenen HSC-Zellen Raum zu schaffen, und zum anderen die Gefahr einer **Host-versus-Graft-Krankheit** (*host-versus-graft disease*, **HvGD**; Wirt-gegen-Transplantat-Krankheit; ▶ Abb. 13.16, drittes Bild) zu minimieren. Die Intensität des myeloablativen Verfahrens

**Abb. 13.16 Bei Knochenmarktransplantationen zur Behebung von Immunschwächen, die auf eine gestörte Lymphocytenreifung zurückzuführen sind, können zwei Probleme auftreten.** Wenn reife T-Zellen im Knochenmark vorhanden sind, können sie die MHC-Antigene auf Zellen des Empfängers erkennen und die Zellen angreifen, was zu einer GvHD führt (*oben*). Durch Zerstörung der T-Zellen im gespendeten Knochenmark lässt sich dies verhindern (*Mitte*). Besitzt der Empfänger immunkompetente T-Zellen, können diese die Stammzellen des Knochenmarks angreifen (*unten*). Dann wird das Transplantat auf dem üblichen Weg abgestoßen (Kap. 15)

Teil V

hängt von der Art der Immunschwäche ab. Bei Krankheiten, bei denen ein Fortbestehen der Empfängerzellen toleriert werden kann, genügt schon die Übertragung einer Fraktion der Spenderzellen für die Heilung und eine nichtmyeloablative Chemotherapie vor der HSC-Transplantation ist möglicherweise ausreichend. Bei anderen Erkrankungen, beispielsweise beim XLP-Syndrom, bei denen die Blutzellen des Empfängers vollkommen beseitigt werden müssen und eine vollständige Übertragung der Spenderzellen benötigt wird, ist wahrscheinlich eine intensivere (myeloablative) Chemotherapie angebracht.

Da inzwischen viele spezifische Gendefekte identifiziert wurden, besteht auch alternativ die Möglichkeit einer **somatischen Gentherapie**. Dabei isoliert man HSC-Zellen aus dem Knochenmark oder dem peripheren Blut des Patienten, führt in diese mithilfe eines viralen Vektors eine normale Kopie des defekten Gens ein und überträgt die veränderten Stammzellen wieder auf den Patienten. Für die ersten Versuche der Gentherapie hat man retrovirale Vektoren verwendet, hörte damit aber auf, als es bei einigen Patienten zu schweren Komplikationen kam. Es war zwar gelungen, bei den Patienten durch eine solche Behandlung den genetischen Defekt zu beheben, etwa beim X-gekoppeltem SCID, bei chronischer Granulomatose oder beim Wiskott-Aldrich-Syndrom, aber einige Patienten entwickelten dann eine Leukämie, da sich das Retrovirus in ein Protoonkogen integriert hatte. Da sich die Stelle im Genom nicht kontrollieren ließ, an der die im Retrovirus codierten Gene eingefügt wurden, und man virale Vektoren mit starken Promotoren verwendete, die benachbarte Gene transaktivieren können, erwies sich das Verfahren als problematisch. In jüngerer Zeit hat man sich selbst inaktivierende retrovirale oder lentivirale Vektoren für solche Genkorrekturen eingesetzt, wodurch sich diese Komplikation vermeiden lässt.

Ein anderes Verfahren ist die Erzeugung von **induzierten pluripotenten Stammzellen (iPS-Zellen)** aus den somatischen Zellen des Patienten. Durch die erzwungene Expression bestimmter Transkriptionsfaktoren lassen sich die somatischen Zellen zu pluripotenten Vorläuferzellen umprogrammieren, aus denen HSC-Zellen hervorgehen können. Es besteht die Hoffnung, dass sich mithilfe dieses Ansatzes spezifische defekte Gene in Stammzellen, die aus dem Patienten isoliert wurden, gezielt *ex vivo* reparieren lassen, um dann die Zellen wieder auf den Patienten zu übertragen. Das Verfahren ist allerdings noch nicht etabliert. Solange es keine besseren Verfahren für die Einführung korrigierter Gene in sich selbst erneuernde Stammzellen gibt, bleibt die allogene HSC-Übertragung die vorwiegende Behandlungsmethode für viele primäre Immunschwächen.

## 13.1.18 Nichtvererbbare, sekundäre Immunschwächen sind die bedeutendsten Prädispositionen für Infektionen mit Todesfolge

Durch die primären Immunschwächen konnten wir viel über die Biologie der spezifischen Proteine des Immunsystems erfahren. Glücklicherweise sind diese Erkrankungen selten. Die sekundäre Immunschwäche ist hingegen relativ weit verbreitet. Der Mangelernährung fallen weltweit viele Menschen zum Opfer und ein Hauptmerkmal von Mangelernährung ist die sekundäre Immunschwäche. Das betrifft vor allem die zellvermittelte Immunität, und bei Hungersnöten sind viele Todesfälle auf Infektionen zurückzuführen. Die Krankheit Masern, die selbst eine Immunsuppression herbeiführt, ist eine bedeutende Todesursache bei unterernährten Kindern. In den Industrienationen sind Masern eine unangenehme Krankheit, aber nur selten kommt es zu größeren Komplikationen. Bei Unterernährung führen Masern jedoch zu einer hohen Sterblichkeitsrate. Auch Tuberkulose ist eine ernstzunehmende Krankheit bei unterernährten Menschen. Bei Mäusen führt ein Proteinmangel zu einer Immunschwäche, die die Funktion der antigenpräsentierenden Zellen beeinträchtigt. Beim Menschen ist jedoch nicht geklärt, wie Unterernährung speziell die Immunantworten beeinflusst. Verbindungen zwischen dem endokrinen System und dem Immunsystem sollten teilweise eine Rolle spielen. Adipocyten (Fettzellen) produzieren das Hormon Leptin und der Leptinspiegel hängt direkt mit der im Körper vorhandenen Fettmenge zusammen. Bei Hunger nimmt der Leptinspiegel ab, wenn das Fett verbraucht wird. Sowohl Mäuse als auch Menschen mit einem genetisch bedingten Leptinmangel zeigen geringere T-Zell-Reaktionen, bei Mäusen kommt es zu einer Thymusatrophie. Sowohl bei hungernden Mäusen als auch bei Mäusen mit einem vererbten Leptinmangel lassen sich die Anomalien durch eine Leptingabe aufheben.

Sekundäre Immunschwächen gehen auch mit hämatopoetischen Tumoren einher, etwa mit Leukämien und Lymphomen. Myeloproliferative Erkrankungen, beispielsweise Leukämie, können mit einem Mangel an neutrophilen Zellen (Neutropenie) oder einem Überschuss an unreifen myeloischen Vorläuferzellen, denen die funktionellen Eigenschaften der reifen Neutrophilen fehlen, verbunden sein. In beiden Fällen erhöht sich jeweils die Anfälligkeit gegenüber Infektionen durch Bakterien und Pilze. Die Zerstörung der peripheren lymphatischen Gewebe oder das Eindringen von Lymphomen oder Metastasen anderer Krebsarten in diese Gewebe kann opportunistische Infektionen befördern.

Eine angeborene Asplenie (ein selten auftretendes, vererbbares Fehlen der Milz), das chirurgische Entfernen der Milz oder die Zerstörung der Milzfunktion durch bestimmte Erkrankungen führt zu einer lebenslangen Prädisposition für überbordende Infektionen mit *S. pneumoniae*. Dies veranschaulicht die Bedeutung der mononucleären phagocytotischen Zellen in der Milz für die Beseitigung dieser Mikroorganismen im Blut. Patienten, die die Milzfunktion verloren haben, sollten gegen Infektionen mit Pneumokokken geimpft werden. Häufig wird ihnen auch empfohlen, zur Vorbeugung lebenslang Antibiotika einzunehmen.

Sekundäre Immunschwächen bilden auch eine Komplikation bei bestimmten medizinischen Therapieformen. Eine wesentliche Komplikation bei cytotoxischen Wirkstoffen, die bei einer Krebstherapie verabreicht werden, ist die Immunsuppression und die erhöhte Anfälligkeit für Infektionen. Viele dieser Wirkstoffe töten sich teilende Zellen, einschließlich der normalen Zellen des Knochenmarks und des Lymphsystems. Infektionen sind deshalb eine bedeutsame Nebenwirkung von Therapien mit cytotoxischen Wirkstoffen. Auch die Immunsuppression, mit der man die Toleranz des Empfängers gegenüber einem transplantierten soliden Organ herbeiführen will, etwa bei Nieren- oder Herztransplantationen, bringt ein grundlegendes Risiko für Infektionen und auch für maligne Erkrankungen mit sich. Die seit neuerer Zeit praktizierte biologische Therapie für einige Formen der Autoimmunität führt aufgrund ihrer immunsuppressiven Wirkung ebenfalls zu einem erhöhten Infektionsrisiko. Wenn man beispielsweise einem Patienten mit einer rheumatoiden Arthritis oder anderen Formen von Autoimmunität Antikörper verabreicht, die TNF-$\alpha$ blockieren, kann es zwar nicht sehr häufig, aber dennoch vermehrt, zu infektiösen Komplikationen kommen.

## Zusammenfassung

Gendefekte können nahezu alle Moleküle betreffen, die an der Immunreaktion beteiligt sind. Sie verursachen charakteristische Immunschwächekrankheiten, die zwar sehr selten sind, aus denen wir aber viel über die normale Entwicklung und Funktion des Immunsystems beim gesunden Menschen lernen können. Die erblichen Immunschwächekrankheiten verdeutlichen die elementare Rolle, die die adaptive Immunantwort und besonders die T-Zellen spielen, ohne die sowohl die zelluläre als auch die humorale Immunantwort versagen. Die Krankheiten haben uns gezeigt, welche Rolle die B-Lymphocyten bei der humoralen und die T-Lymphocyten bei der zellulären Immunantwort spielen, welche Bedeutung die Phagocyten und das Komplementsystem für die humorale und die angeborene Immunantwort besitzen und welche speziellen Funktionen Zelloberflächen- oder Signalmoleküle bei der adaptiven Immunantwort erfüllen, wobei von diesen Molekülen immer mehr bekannt werden. Es gibt viele erbliche Immunschwächekrankheiten, deren Ursache wir noch nicht kennen. Die Erforschung dieser Krankheiten wird unser Wissen über die normale Immunantwort und ihre Regulation zweifellos weiter vertiefen. Erworbene Schädigungen des Immunsystems, die sekundären Immunschwächen, sind viel häufiger als die primären erblichen Immunschwächen. In den nächsten Abschnitten wollen wir uns kurz mit den allgemeinen Mechanismen beschäftigen, durch die Pathogene der Immunabwehr erfolgreich entkommen oder diese unterwandern. Anschließend werden wir im Einzelnen besprechen, wie ein einziges Pathogen, das humane Immunschwächevirus (HIV), das Immunsystem auf extreme Weise untergräbt und eine bedeutsame Pandemie hervorgerufen hat, die sich bei den Betroffenen in Form des Syndroms der erworbenen Immunschwäche (AIDS) manifestiert.

Teil V

## 13.2 Wie die Immunabwehr umgangen und unterwandert wird

Im vorherigen Abschnitt haben wir uns damit beschäftigt, wie Mikroorganismen, die von einem gesunden Immunsystem abgewehrt würden, aufgrund von spezifischen Defekten in den Reaktionswegen der Immunität Infektionen hervorrufen. Diese opportunistischen Infektionen bestimmen häufig das klinische Bild von vererbbaren Immunantworten, da die auslösenden Organismen ubiquitär und in großer Zahl in der Umwelt vorkommen. Eine Minderzahl von Mikroorganismen sind echte Pathogene, die auch Individuen mit einer normalen Immunantwort infizieren können. Eine grundlegende Eigenschaft von Pathogenen besteht darin, dass sie der eigenen Vernichtung durch Komponenten des angeborenen und des adaptiven Immunsystems entgehen können, zumindest lange genug, um sich im infizierten Wirt zu vermehren und auf weitere Wirte übertragen zu werden. An einem Ende des Spektrums stehen Pathogene, die eine akute Infektion verursachen, sich schnell vermehren und einen neuen Wirt finden, bevor sie von einer erfolgreichen Immunantwort beseitigt werden. Am anderen Ende dieses Spektrums stehen Pathogene, die chronische Infektionen hervorrufen, lange Zeit im Körper überdauern, während sie der Vernichtung durch die Immunabwehr entgehen. Erfolgreiche Pathogene nutzen verschiedene Strategien, diese Enden zu erreichen, und in Millionen von Jahren der gemeinsamen Evolution hat sich eine bemerkenswerte Vielzahl von Strategien entwickelt, durch die Mikroorganismen der Entdeckung und Zerstörung durch das Immunsystem ausweichen können. Häufig handelt es sich um mehrere Mechanismen, durch die sich die Immunität an verschiedenen Stellen unterlaufen lässt. Die Antiimmunstrategien, derer sich Krankheitserreger bedienen, sind genauso komplex wie das Immunsystem selbst. Jedes Pathogen muss solche Mechanismen besitzen, um gegen die vielfältigen Strategien der Immunabwehr, die die Vertebraten im Lauf der Evolution entwickelt haben, erfolgreich bestehen zu können.

Viren, Bakterien und parasitische (einzellige) Protozoen oder (vielzellige) Metazoen können als Krankheitserreger wirken. Pilze und Helminthen (Metazoen) sind die hauptsächlichen Ursachen von weit verbreiteten Infektionen der Haut beziehungsweise der Besiedlung des Darms mit Würmern. Sie führen bei gesunden Personen normalerweise nicht zu lebensbedrohlichen Infektionen und werden deshalb hier nicht besprochen. Andererseits gibt es eine Reihe bestimmter Viren, Bakterien und parasitischer Protozoen, die hauptsächlich zu Krankheit und Tod führen. Die drei größten Bedrohungen des Menschen bei Infektionskrankheiten sind AIDS (verursacht durch das humane Immunschwächevirus, HIV), Tuberkulose (*Mycobacterium tuberculosis*) und Malaria (*Plasmodium falciparum*). Jeder dieser Krankheitserreger infiziert jedes Jahr weltweit über 100 Mio. Menschen, wobei eine bis zwei Millionen dadurch sterben. Die Strategien der einzelnen Pathogene, in einem Wirt zu überleben beziehungsweise sich von einem Wirt zum nächsten auszubreiten, sind zwar unterschiedlich, aber viele der angeborenen und adaptiven Immunmechanismen, mit denen diese Pathogene bekämpft werden, stimmen überein. Hier wollen wir uns kurz mit den Lebensweisen der verschiedenen Pathogene und der gegen sie gerichteten grundlegenden Immunantworten und den Strategien der Pathogene befassen, mit denen sie das Immunsystem unterlaufen.

### 13.2.1 Extrazelluläre pathogene Bakterien haben unterschiedliche Strategien entwickelt, um der Entdeckung durch Mustererkennungsrezeptoren und der Zerstörung durch Antikörper, das Komplementsystem und antimikrobielle Peptide zu entkommen

Extrazelluläre pathogene Bakterien vermehren sich außerhalb der Wirtszellen, entweder auf den Oberflächen von Gewebebarrieren, die sie besiedeln (beispielsweise im Gastrointestinaltrakt oder in den Atemwegen), oder innerhalb von Geweben oder im Blut, nachdem eine Invasion die Gewebebarrieren überwunden hat. Es gibt sowohl unter den gram-negativen als auch den grampositiven Bakterien pathogene Spezies, die vor allem Immunreaktionen vom Typ 3 hervorrufen (Abschn. 11.2.8). Dabei kommt es zu Reaktionen der neutrophilen Zellen, opsonisierende und komplementbindende Antikörper werden ge-bildet und Zellen der Gewebebarrieren und der Immunzellen produzieren antimikrobielle Peptide, die diese Mikroorganismen auf den Barrieren beseitigen und eine Invasion ver-hindern. Einige der MAMP-Strukturen, die gramnegative und -positive Bakterien expri-mieren, unterscheiden sich zwar, besitzen aber ähnliche Eigenschaften bei der Aktivierung von Immunzellen. Gramnegative Pathogene enthalten in ihrer äußeren Zellmembran LPS, einen starken Aktivator für TLR-4, während die Zellwand von grampositiven Pathogenen Peptidoglykane enthalten, die TLR-2 sowie NOD1 und NOD2 aktivieren. Eine Strategie dieser Pathogene, dem Immunsystem auszuweichen, besteht darin, die Oberflächen-MAMPs abzuschirmen, sodass sie von den Mustererkennungsrezeptoren der Immunzellen nicht erkannt werden können (▶ Abb. 13.17). Verschiedene gramnegative Pathogene ver-ändern den Lipid-A-Kern ihres LPS mit Kohlenhydraten und anderen chemischen Gruppen, die die Bindung durch TLR-4 stören. Einige Bakterien produzieren sogar Varianten von Lipid A, die nicht mehr als Agonisten, sondern als Antagonisten von TLR-4 wirken. Be-stimmte grampositive Pathogene haben Mechanismen entwickelt, die Erkennung der Pep-tidoglykane durch die NOD-Rezeptoren zu verändern, oder sie produzieren Hydrolasen, die Peptidoglykane abbauen.

Eine gewisse Zahl grampositiver Pathogene kann die äußere Zellmembran durch eine dicke Kapsel aus Kohlenhydraten schützen. Die Kapsel verhindert nicht nur die Erkennung der Peptidoglykane und die Aktivierung des alternativen Komplementwegs, sondern blo-ckiert auch die Ablagerung von Antikörpern und Komplementproteinen auf der bakteriel-len Oberfläche und damit eine direkte Schädigung durch den membranangreifenden Kom-plex in der Komplementkaskade. Die Kapsel behindert auch die Beseitigung der Pathogene durch Phagocyten (▶ Abb. 13.17). Bei *Streptococcus pneumoniae*, einem wichtigen Er-reger der bakteriellen Lungenentzündung, unterliegt die Kapsel auch einer **Antigenvaria-bilität**, durch die sich die exprimierten Antigenepitope, die von Antikörpern erkannt werden, verändern. Von *S. pneumoniae* kennt man inzwischen über 90 Varianten, deren Polysaccharidkapseln unterschiedliche Strukturen besitzen. Die verschiedenen Varianten lassen sich durch die Verwendung spezifischer Antikörper unterscheiden, die man als Reagenzien in serologischen Tests verwendet. Man bezeichnet diese Varianten häufig auch als **Serotypen**. Die Infektion mit einem bestimmten Serotyp kann zu einer serotypspe-zifischen Immunität führen, die vor einer erneuten Infektion mit diesem Typ schützt, nicht aber vor einem anderen Serotyp. Für das adaptive Immunsystem ist jeder Serotyp von *S. pneumoniae* ein eigener Organismus. Das führt dazu, dass das gleiche Pathogen die gleiche Krankheit mehrere Male in einem Individuum auslösen kann (▶ Abb. 13.18). In ähnlicher Weise kann es auch aufgrund von DNA-Umlagerungen in den Bakterien zu einer Antigenvariabilität kommen. Das ist einer der Gründe für den Erfolg der enteropathogenen *E. coli*-Bakterien oder der *Neisseria*-Spezies, die Gonorrhö und Meningitis verursachen. An der bakteriellen Oberfläche werden auch Fimbrien (Pili) exprimiert, die den Bakterien dazu dienen, sich an die Oberfläche der Wirtszellen zu heften. Sie sind zudem wichtige Zielstrukturen für die antikörpervermittelte Blockade, die das Anheften der Bakterien und eine Besiedlung des Gewebes verhindert. Der Genlocus, der den jeweils exprimierten Pilus von *Neisseria* codiert (*pilE*), kann mit partiellen Pilingenen, die in „stillen" (*pilS*-) Loci liegen, rekombinieren, sodass an der bakteriellen Oberfläche ein sich ständig ver-ändernder Pilus exprimiert wird. Dadurch kann das Bakterium der antikörpervermittelten Immunantwort entkommen.

Zu den Antiimmunstrategien der extrazellulären Pathogene gehören Mechanismen, die die C3-Konvertase der Komplementkaskade inaktivieren, außerdem die Expression von Fc-bindenden Proteinen, die die funktionelle Antikörperbindung an das Bakterium (bei-spielsweise Protein A) und die Bestückung der bakteriellen Oberfläche mit Komplement-inhibitoren des Wirtes (beispielsweise Faktor H) verhindern. Diese Bakterien haben auch Mechanismen zur Abwehr von antimikrobiellen Peptiden (AMPs; etwa Defensine und Cathelicidine) entwickelt. Diese kleinen kationischen und amphipathischen Peptide be-sitzen eine wirksame antimikrobielle Aktivität, indem sie sich in negativ geladene Zell-

| Strategie der Bakterien | Mechanismus | Ergebnis | Beispiele |
|---|---|---|---|
| **extrazelluläre Bakterien** | | | |
| Verbergen oder Unterdrückung von MAMPs | Kapselpolysaccharid | Lipopolysaccharide (LPS) werden nicht erkannt | *S. pneumoniae* |
| | geringere Acylierung von Lipid A | gegen TLR-4 | *P. gingivalis* |
| | Bedecken der Bakterien mit körpereigenen Proteinen (z. B. durch Fibrin) | Peptidoglykan wird nicht erkannt | *S. aureus* |
| Antigenvariabilität | Veränderung der exprimierten Pili/Fimbrien | Antikörper, die die Anheftung von Bakterien verhindern, werden unwirksam | *N. gonorrhoeae, E. coli* |
| Hemmung der Opsonisierung | Freisetzung komplementabbauender Faktoren | Spaltung der Komplementkomponenten | *N. meningitidis, P. aeruginosa, S. aureus* |
| | Kapselpolysaccharide | Bindung des Komplements wird verhindert | *S. pneumoniae, H. influenzae, K. pneumoniae* |
| | Expression Fc-bindender Oberflächenmoleküle (z. B. Protein A) | Bindung der Antikörper an Fc-Rezeptoren der Phagocyten wird verhindert | *S. aureus* |
| Hemmung/Beseitigung reaktiver Sauerstoffspezies (ROS) | Freisetzung von Katalase und Superoxid-Dismutase | durch NADPH und Myeloperoxidase (MPO) erzeugte ROS werden inaktiviert | *S. aureus, B. abortus* |
| Resistenz gegen antimikrobielle Peptide (AMPs) | Freisetzung von AMP-abbauenden Enzymen | Spaltung der AMP | *E. coli* |
| | Veränderung der Phospholipide der Zellmembran | Bindung und funktionelle Integration von AMP in die Zellmembran wird verhindert | *S. aureus* |
| **intrazelluläre Bakterien** | | | |
| Antigenvariabilität | Veränderung der exprimierten Pili, Fimbrien | Antikörper, die das Anheften von Bakterien verhindern, werden unwirksam | *Salmonella* spp. |
| Hemmung von MAMP-Erkennungssignalen | Produktion der Peptidoglykan-Hydrolase | Erkennung von Peptidoglykanen durch NOD wird verhindert | *L. monocytogenes* |
| | Freisetzung von intrazellulären Toxinen | NFκB- und MAP-Kinase-Signalwege werden blockiert | *Y. pestis* |
| Resistenz gegen antimikrobielle Peptide | Freisetzung von AMP-abbauenden Enzymen | Spaltung von AMP | *Y. pestis* |
| | Veränderung der Zellwandphospholipide | Bindung und funktionelle Integration von AMP in die Zellmembran wird verhindert | *Salmonella* spp. |
| Fusion von Phagosom und Lysosom wird blockiert | Freisetzung von Bestandteilen der bakteriellen Zellwand | Fusion von Phagosom und Lysosom wird verhindert | *M. tuberculosis, M. leprae, L. pneumophila* |
| Überleben im Phagolysosom | wachsartige, hydrophobe Zellwand, die Mycolsäuren und andere Lipide enthält | lysosomale Enzyme | *M. tuberculosis, M. leprae* |
| Entkommen aus dem Phagosom | Produktion von Hämolysinen (z. B. Listeriolysin O) | Lyse des Phagosoms; Freisetzung in das Cytosol | *L. monocytogenes, Shigella* spp. |

**Abb. 13.17 Mechanismen von Bakterien, das Immunsystem des Wirtes zu unterlaufen.** Aufgeführt sind Beispiele für Mechanismen, durch die verschiedene Stämme der extrazellulären und intrazellulären pathogenen Bakterien dem Immunsystem ausweichen können oder es unterwandern. In der *Spalte ganz rechts* sind Beispiele für Bakterienstämme genannt, die jeweils diese Mechanismen nutzen (etwa *Streptococcus pneumoniae*, *Porphyromonus gingivalis*, *Pseudomonas aeruginosa*, *Brucella abortis*, *Yersinia pestis*)

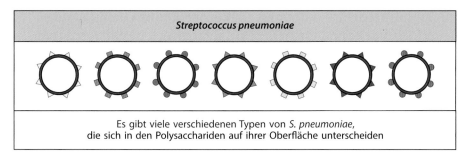

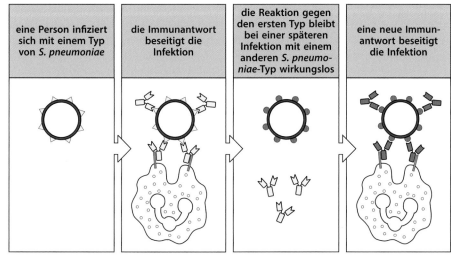

**Abb. 13.18  Die Immunabwehr gegen *Streptococcus pneumoniae* ist typspezifisch.** Die verschiedenen Stämme von *S. pneumoniae* tragen unterschiedliche Polysaccharide in ihrer Zellwand. Diese verhindert, dass die Bakterien phagocytiert werden. Erst nach der Opsonisierung durch spezifische Antikörper und das Komplementsystem können Phagocyten diese Kapsel zerstören. Antikörper gegen einen Typ von *S. pneumoniae* zeigen keine Kreuzreaktion mit anderen Typen. Eine Person, die gegen einen bestimmten Typ immun ist, ist also nicht vor der Infektion mit einem anderen Typ geschützt. Bei jeder Infektion mit einer neuen Variante muss die Person daher eine neue adaptive Immunantwort ausbilden

membranen einfügen und dort Poren erzeugen, die das Bakterium lysieren. Pathogene können allerdings ihre Membranzusammensetzung verändern, um die AMP-Bindung möglichst gering zu halten. Auch können sie Proteasen erzeugen, die die Peptide abbauen.

Eine ungewöhnliche Eigenschaft von gramnegativen Pathogenen, die sowohl die extrazellulären als auch die intrazellulären Bakterien betrifft, besteht darin, dass sie eigene immunmodulierende Proteine über spezielle Strukturen – Sekretionssysteme der Typen III und IV (T3SS bzw. T4SS) – direkt in Wirtszellen injizieren können (▶ Abb. 13.19). Diese nadelförmigen Strukturen (Injektisomen) lagern sich auf der bakteriellen Oberfläche zusammen und bilden einen Kanal, durch den bakterielle Proteine direkt in das Cytosol der Zielzellen übertragen werden. Durch diesen Mechanismus wird eine Reihe von bakteriellen Virulenzfaktoren übertragen, die dazu beitragen, die Immunantwort des Wirtes zu untergraben, beispielsweise bakterielle Faktoren, die entscheidende Kaskaden der Entzündungsreaktion blockieren, etwa NFκB und die MAP-Kinasen. Besonders hervorzuheben sind dabei die äußeren Proteine von *Yersinia pestis* (*Yersinia outer proteins*, Yops), dem Erreger der Beulenpest. Die Freisetzung von mehreren dieser Faktoren (etwa YopH, YopE, YopO und YopT) in die Phagocyten zerstört das Actincytoskelett, das für die Phagocytose essenziell ist. Die Bedeutung des T3SS- und des T4SS-Systems bei der Untergrabung der Immunantwort durch eine Reihe gramnegativer Pathogene zeigt sich daran, dass bei mutierten Bakterien, denen Komponenten dieser Strukturen fehlen, auch die Pathogenität verloren geht.

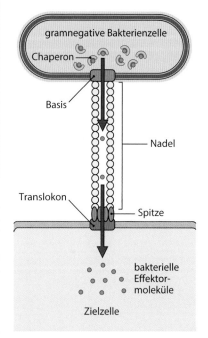

**Abb. 13.19  Pathogene Bakterien nutzen spezielle Sekretionssysteme, durch die sie Effektormoleküle in Wirtszellen injizieren.** Eine Reihe von pathogenen gramnegativen Bakterien verfügen über eine komplexe, nadelförmige Proteinstruktur – ein Injektionssystem (Injektisom) vom Typ III oder IV, um Virulenzfaktoren in Zielzellen zu bringen, die die Immunabwehr des Wirtes beeinträchtigen und die Infektion etablieren. Diese Nanoinjektoren bestehen aus über 20 Proteinen und werden, ausgehend von einer Basis, die beide Bakterienmembranen durchspannt, aufgebaut. Die so entstehende Nadel ist in der Basis verankert und wird durch die Polymerisierung sich wiederholender α-helikaler Untereinheiten zusammengefügt, wobei der Komplex an der Spitze als Andockstruktur für das Translokon fungiert. Dieses dringt in die Membran der Wirtszelle ein, sodass die bakteriellen Effektorproteine in die Wirtszelle gelangen können

Teil V

### 13.2.2 Intrazelluläre pathogene Bakterien können dem Immunsystem entkommen, indem sie innerhalb der Phagocyten Schutz suchen

Einige pathogene Bakterien haben spezielle Mechanismen entwickelt, durch die sie den wichtigsten Effektoren, die gegen extrazelluläre Bakterien gerichtet sind – Komplementproteine und Antikörper – ausweichen können, indem sie im Inneren von Makrophagen überleben und diese Phagocyten als ihre primäre Wirtszelle, aber auch als Mittel zur weiteren Ausbreitung im Wirt nutzen. Dieser Strategie eines Trojanischen Pferdes liegen drei allgemeine Mechanismen zugrunde: Blockade der Fusion von Phagosomen mit Lysosomen, Ausbruch aus dem Phagosom in das Cytosol, Resistenz gegen die Tötungsmechanismen im Phagolysosom. So wird beispielsweise *Mycobacterium tuberculosis* von Makrophagen aufgenommen, verhindert aber die Fusion des Phagosoms mit dem Lysosom und schützt sich so vor der bakteriziden Wirkung der lysosomalen Inhaltsstoffe. Andere Mikroorganismen, etwa das Bakterium *Listeria monocytogenes*, können dem Phagosom entkommen und gelangen in das Cytoplasma des Makrophagen, wo sie sich vermehren. Sie breiten sich dann im Gewebe auf benachbarte Zellen aus, ohne dass sie in der extrazellulären Umgebung in Erscheinung treten. Sie nutzen dafür das Protein Actin des Cytoskeletts, das sich an der Rückseite der Bakterien zu Filamenten zusammenlagert. Die Actinfilamente schieben die Bakterien in vakuoläre Fortsätze, die in benachbarte Zellen hineinreichen. Die Vakuolen werden dann von *Listeria* lysiert, sodass die Bakterien in das Cytoplasma der angrenzenden Zelle gelangen. Darüber hinaus kann *Listeria* auch die Bildung von bakterienhaltigen Blasen an der Oberfläche infizierter Zellen auslösen. Diese Blasen exprimieren in der äußeren Membranschicht Phosphatidylserin. Dieses Membranphospholipid kommt normalerweise nur in der inneren Membranschicht vor und wird normalerweise, wenn es in der äußeren Schicht erscheint, von Phagocyten als Signal für die Aufnahme von apoptotischen Zellresten erkannt. Auf diese Weise gelangt *Listeria* direkt in phagocytotische Zellen und entkommt so dem Angriff durch Antikörper.

Nach der Aufnahme in eine Zelle verwenden *Salmonella*-Spezies ein Typ-III-Sekretionssystem (▶ Abb. 13.19), um Effektoren wie SifA in das Cytosol und die Membranen der Wirtszelle zu sezernieren, sodass sich die Zusammensetzung der Vakuole, die die Salmonellen enthält, verändert, und sie so der Zerstörung entgehen. Bemerkenswert ist dabei, dass *Salmonella* Faktoren freisetzen kann, die das apoptotische Ende von Makrophagen des Wirtes hinauszögern können und so die Lebensdauer der Phagocyten verlängern, bis die bakterielle Fracht auf neue Wirtszellen übertragen werden kann. Andere Aktivitäten intrazellulärer Bakterien sind gegen die reaktiven Sauerstoffspezies oder antimikrobiellen Peptide gerichtet, die der Phagocyt, der die Bakterien aufgenommen hat, in das Phagolysosom freisetzt.

Als eine Art Kompromiss für ihre Lebensweise gehen intrazelluläre Bakterien das Risiko ein, dass sie Immuneffektoren aktivieren, die speziell diese Pathogene zum Ziel haben: NK-Zellen und T-Zellen. Wie in Abschn. 11.2.3 besprochen, besteht eine Hauptfunktion der Immunantworten vom Typ 1 in der Aktivierung der NK- und der $T_H1$-Zellen, die durch Freisetzung von IFN-$\gamma$ oder Expression von CD40L Phagocyten aktivieren, ihre intrazellulären Tötungsmechanismen zu verstärken. Darüber hinaus haben die intrazellulären Pathogene wie *Listeria* Mechanismen entwickelt, um aus dem Phagosom zu entkommen. Sie erzeugen cytosolische Peptide, die von MHC-Klasse-I-Molekülen präsentiert werden, und induzieren so cytotoxische T-Zell-Reaktionen, die die Zielzellen zerstören. Bei Lepra, einer Krankheit, die durch eine Infektion der Haut und der peripheren Nerven mit *Mycobacterium leprae* hervorgerufen wird, ist für eine wirksame Immunabwehr die Aktivierung von Makrophagen durch NK- und $T_H1$-Zellen erforderlich (▶ Abb. 13.20).

*M. leprae* kann wie *M. tuberculosis* in Vesikeln von Makrophagen überleben und sich vermehren und wird normalerweise von Typ-1-Reaktionen eingedämmt, aber nicht beseitigt. Bei Patienten, die eine normale Immunantwort vom Typ 1 entwickeln, finden sich nur wenige lebende Bakterien, werden nur wenige Antikörper produziert, und die Krankheit schreitet langsam voran. Dabei werden durch die Entzündungsreaktionen, die mit der Ak-

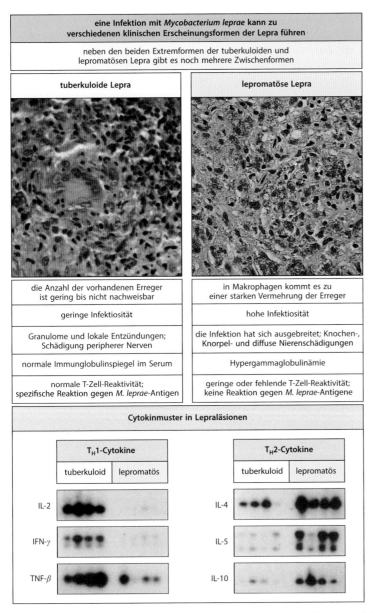

**Abb. 13.20 T-Zell- und Makrophagenantworten gegen *Mycobacterium leprae* sind bei den beiden Hauptformen der Lepra sehr unterschiedlich.** Eine Infektion mit *M. leprae* (*dunkelrot gefärbt*) kann zu zwei sehr verschiedenen Krankheitsformen führen (*oben*). Bei der tuberkuloiden Lepra (*links*) wird die Vermehrung der Erreger durch $T_H1$-ähnliche Zellen, die infizierte Makrophagen aktivieren, gut unter Kontrolle gebracht. Die Läsionen bei dieser Lepraform enthalten Granulome und sind entzündet. Die Entzündung ist allerdings eng begrenzt und verursacht nur lokale Effekte wie die Schädigung peripherer Nerven. Bei der lepromatösen Lepra (*rechts*) breitet sich die Infektion weiter aus und die Erreger vermehren sich unkontrolliert in den Makrophagen. In den späten Stadien ist eine starke Schädigung des Bindegewebes und des peripheren Nervensystems zu beobachten. Es gibt auch einige Zwischenformen zwischen der tuberkuloiden und der lepromatösen Lepra (nicht dargestellt). Die *unteren Bilder* zeigen Northern-Blots, die belegen, dass sich die Cytokinmuster bei den beiden Hauptformen der Erkrankung stark unterscheiden, wie sich anhand der Analyse von RNA erkennen lässt, die man aus Läsionen von jeweils vier Patienten mit lepromatöser und tuberkuloider Lepra isoliert hat. Bei der lepromatösen Form dominieren die Cytokine der $T_H2$-Zellen (IL-4, IL-5 und IL-10), während bei der tuberkuloiden Form die Cytokine der $T_H1$-Zellen (IL-2, IFN-$\gamma$ und TNF-$\beta$) vorherrschen. Möglicherweise überwiegen also bei der tuberkuloiden Lepra $T_H1$-ähnliche Zellen und bei der lepromatösen Lepra $T_H2$-ähnliche Zellen. Es ist davon auszugehen, dass Interferon-$\gamma$ Makrophagen aktiviert und so die Vernichtung von *M. leprae* unterstützt, während IL-4 die Induktion einer antibakteriellen Aktivität bei den Makrophagen sogar hemmen kann. (*Obere linke Fotografie* mit Genehmigung von © Elsevier 1986: Kaplan, G., Cohn, Z.A.: The immunobiology of leprosy. *Int. Rev. Exp. Pathol.* 1986, 28:45–78)

Teil V

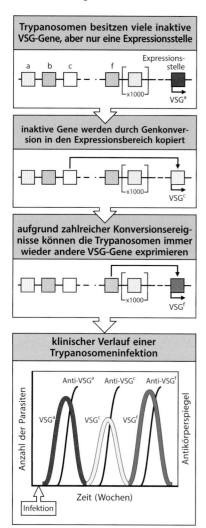

**Trypanosomen besitzen viele inaktive VSG-Gene, aber nur eine Expressionsstelle**

**inaktive Gene werden durch Genkonversion in den Expressionsbereich kopiert**

**aufgrund zahlreicher Konversionsereignisse können die Trypanosomen immer wieder andere VSG-Gene exprimieren**

**klinischer Verlauf einer Trypanosomeninfektion**

**Abb. 13.21 Antigenvariabilität ermöglicht es den Trypanosomen, der Kontrolle durch das Immunsystem zu entgehen.** Die Oberfläche von Trypanosomen ist mit einem variantenspezifischen Glykoprotein (VSG) bedeckt. Jedes Trypanosom besitzt etwa 1000 Gene, die verschiedene VSGs codieren, wobei aber nur das Gen aktiv ist, das sich an einer spezifischen Expressionsstelle im Telomer an einem Ende des Chromosoms befindet. Zwar hat man mehrere Mechanismen gefunden, durch die das jeweils exprimierte VSG-Gen ausgetauscht werden kann, aber normalerweise geschieht dies durch Genkonversion. Dabei wird ein inaktives Gen, das sich nicht im Telomer befindet, kopiert, an der Expressionsstelle im Telomer eingebaut und so aktiviert. Bei der ersten Infektion bildet das Immunsystem Antikörper gegen das VSG, das die Trypanosomen zuerst exprimiert haben. Einige Trypanosomen verändern jedoch spontan ihren VSG-Typ und können im Gegensatz zur ersten Variante nicht durch eine Immunreaktion eliminiert werden. Die neue Variante vermehrt sich und der Vorgang wiederholt sich

tivierung der Makrophagen zusammenhängen, die Haut und die peripheren Nerven geschädigt. Die Patienten bleiben jedoch im Allgemeinen am Leben. Aufgrund der Ähnlichkeiten mit der Tuberkulose bezeichnet man diese Variante als tuberkuloide Lepra. Ganz anders ist die Situation bei der lepromatösen Lepra, bei der die Typ-1-Immunantworten gegen *M. leprae* defekt sind und sich stattdessen eine ineffiziente Typ-2-Reaktion entwickelt. Dadurch kommt es zu einer überbordenden Vermehrung der Bakterien in den Makrophagen und zu schweren Gewebeschäden, die letztendlich zum Tod führen, wenn keine Behandlung erfolgt. Trotz der hohen Titer an antibakteriellen Antikörpern, die Patienten mit lepromatöser Lepra aufweisen, sind die Antikörper wahrscheinlich aufgrund der hohen Bakterienlast nicht in der Lage, die Infektion unter Kontrolle zu bringen, da sie die intrazellulären Bakterien nicht erreichen können.

### 13.2.3 Auch parasitische Protozoen können dem Immunsystem entkommen

Die meisten parasitischen Protozoen, beispielsweise *Plasmodium*- und *Trypanosoma*-Spezies, haben komplexe Lebenszyklen, die sich teilweise im Menschen und teilweise in einem Zwischenwirt abspielen, beispielsweise in einem arthropodischen Vektor (etwa Stechmücken, Fliegen oder Zecken). Die Übertragung dieser Organismen über einen Zwischenwirt ist ungewöhnlich, da die normalen Barrieren gegen eine Infektion umgangen werden, wenn der Erreger über einen Insektenstich oder die Blutaufnahme durch ein Insekt direkt in das Blut eingebracht wird. Auf diese Weise werden viele der normalen angeborenen Mechanismen der Immunabwehr während einer Infektion vollständig umgangen. Darüber hinaus haben die erfolgreichsten dieser Organismen komplexe und variable Strategien entwickelt, um der Immunabwehr zu entgehen. Häufig entwickeln sich dadurch chronische „Versteckspiel"-Infektionen, die durch periodisch auftretende Krankheitsschübe gekennzeichnet sind, obwohl dabei antikörpervermittelte und zelluläre Immunantworten ausgelöst werden.

*Trypanosoma brucei*, der Erreger der Trypanose oder Schlafkrankheit, hat wie einige oben beschriebene pathogene Bakterien (Abschn. 13.2.1) eine erstaunliche Variabilität der Antigene entwickelt, um der Antikörperreaktion zu entgehen, die in infizierten Menschen ausgelöst wird. Die Trypanosomen sind von einem einzigen Typ von Glykoproteinen, dem variantenspezifischen Glykoprotein (VSG), umhüllt. Dieses löst eine starke schützende Antikörperreaktion aus, durch die die meisten Parasiten schnell beseitigt werden. Das Genom der Trypanosomen enthält jedoch etwa 1000 VSG-Gene, die jeweils ein Protein mit etwas anderen Antigeneigenschaften codieren. Ein VSG-Gen wird exprimiert, indem es in einer aktiven Expressionsstelle im Genom der Trypansosomen platziert wird. Es wird immer nur ein VSG-Gen auf einmal exprimiert und es kann durch eine Genumlagerung ausgetauscht werden, die ein neues VSG-Gen zur Expressionsstelle befördert (▶ Abb. 13.21). Unter dem Selektionsdruck der wirksamen Antikörperreaktion des Wirtes können die wenigen Trypanosomen der Population, die ein anderes VSG exprimieren, der Vernichtung entgehen und sich vermehren, sodass die Krankheit erneut ausbricht (▶ Abb. 13.21, unten). Dann werden Antikörper gegen das neue VSG produziert und der ganze Zyklus wiederholt sich. So kommt es zu einem Zyklus aus aktiver und ruhender Krankheit. Die chronischen Zyklen der Antigenbeseitigung führen zu Schäden durch die Immunkomplexe und zu einer Entzündung, schließlich sogar zu neurologischen Störungen. Am Ende fallen die Betroffenen ins Koma, daher die Bezeichnung Schlafkrankheit. Durch diese Zyklen des Ausweichens der Krankheitserreger fällt es dem Immunsystem schwer, eine Infektion mit Trypanosomen zu bekämpfen, die deshalb in Afrika ein schwerwiegendes Gesundheitsproblem darstellen.

Die von *Plasmodium*-Spezies verursachte Malaria ist eine weitere schwere und weit verbreitete Krankheit. Die Plasmodien verändern wie *Trypanosoma brucei* ständig ihre Antigene und entgehen so ebenfalls der Vernichtung durch das Immunsystem. Darüber hinaus durchlaufen die Plasmodien einzelne Phasen ihres Lebenszyklus beim Menschen in verschiedenen Typen von Wirtszellen. Die Infektion erfolgt zuerst in der Sporozoitenform des

Organismus, die durch den Stich einer infizierten Mücke übertragen wird und die Hepatocyten der Leber zum Ziel hat. Hier vermehrt sich der Organismus sehr schnell und produziert Merozoiten, die aus den infizierten Hepatocyten hervorbrechen und nun zirkulierende rote Blutzellen infizieren. Während das Immunsystem damit befasst ist, den Parasiten in der Leber zu beseitigen, macht dieser eine Metamorphose durch und entkommt dabei in den zweiten Wirtszelltyp, die roten Blutkörperchen. Da die Erythrocyten die einzigen Körperzellen sind, die keine MHC-Klasse-I-Moleküle besitzen, werden die Antigene, die die Merozoiten in den infizierten roten Blutkörperchen produzieren, nicht von CD8-T-Zellen erkannt, sodass eine cytotoxische Zerstörung der infizierten Zellen unterbleibt. Dies ist ein besonders hoch entwickelter Anpassungsmechanismus, um der zellulären Immunität auszuweichen.

Auch die parasitischen Protozoen von *Leishmania major* unterwandern das Immunsystem. Sie werden durch den Stich der Sandmücke (*Phlebotomus papatasii*) übertragen und sind obligat intrazelluläre Parasiten, die sich innerhalb der Gewebemakrophagen vermehren. Wie bei den übrigen intrazellulären Pathogenen, die sich in phagocytotischen Vesikeln aufhalten, hängt die Beseitigung einer Infektion mit *L. major* von einer Typ-1-Immunantwort ab. Mithilfe noch nicht vollständig bekannter Mechanismen blockiert *L. major* spezifisch die Produktion von IL-12 durch die Wirtsmakrophagen, verhindert so die Produktion von IFN-$\gamma$ durch die NK-Zellen und hemmt auch die Differenzierung und Funktion der $T_H1$-Zellen. Darüber hinaus hat man festgestellt, dass *L. major* die IL-10-produzierenden $T_{reg}$-Zellen aktiviert, die eine Beseitigung der Infektion unterdrücken.

## 13.2.4 RNA-Viren verfügen über verschiedene Mechanismen der Antigenvariabilität, durch die sie dem adaptiven Immunsystem immer einen Schritt voraus sind

Viren sind sowohl die einfachsten als auch die vielfältigsten Krankheitserreger. Sie können sich nur in lebenden Zellen vermehren und sind von dem zellulären Apparat der Wirtszelle für die eigene Vermehrung und Verbreitung abhängig. Als obligat intrazelluläre Pathogene aktivieren sie intrazelluläre Mustererkennungsrezeptoren (PRRs), die das genetische Material der Viren erkennen und cytolytische Immunreaktionen der angeborenen und der adaptiven Immunzellen – der NK-Zellen beziehungsweise der CD8-T-Zellen – hervorrufen. Sie lösen auch Typ-I-Interferon-Reaktionen aus, die intrinsische zelluläre Mechanismen aktivieren und dadurch die Replikation der Viren in den infizierten und nichtinfizierten Zellen begrenzen. Zwar produzieren viele Zellen Typ-I-Interferone, aber die plasmacytoiden dendritischen Zellen sind als angeborene Sensorzellen darauf spezialisiert, bereits in einer frühen Phase der Virusinfektion Typ-I-Interferone in großen Mengen zu erzeugen. Sie spielen zusammen mit den NK-Zellen eine zentrale Rolle bei der frühen Immunabwehr von Viren, noch bevor die adaptive Immunantwort herangereift ist. Letztere umfasst alle Bereiche der adaptiven Immunität. Das ist zum einen die Induktion der $T_H1$-Zellen, die die Produktion von opsonisierenden und komplementbindenden virusspezifischen Antikörpern unterstützen, die dann verhindern, dass die Viren in nichtinfizierte Zellen eindringen. Zum anderen wird das Komplementsystem aktiviert, das behüllte Viren zerstören kann, und es werden cytolytische CD8-T-Zellen aktiviert, die virusinfizierte Zellen zu töten und IFN-$\gamma$ zu produzieren.

Die Strategien der Viren, die Immunabwehr zu bekämpfen, sind genauso vielfältig wie die Pathogene selbst. Einige allgemeine Strategien hängen jedoch mit der Art des Virusgenoms zusammen. RNA-Viren müssen ihre Genome mithilfe einer RNA-Polymerase replizieren, die jedoch nicht die Korrekturlesefunktion der DNA-Polymerase enthält. Eine Folge besteht darin, dass RNA-Viren eine höhere Mutationsrate aufweisen als DNA-Viren, was dazu führt, dass RNA-Viren keine großen Genome umfassen können. Dadurch ist es ihnen jedoch andererseits möglich, ihre Antigenepitope, gegen die eine adaptive Immunantwort gerichtet ist, schnell zu verändern. So verfügen sie über einen Mechanismus, dem Immunsystem zu entkommen. Darüber hinaus enthalten RNA-Viren segmentierte Genome, sodass sie sich bei der Virusreplikation selbst neu zusammensetzen können. Das Influenzavirus nutzt alle beiden Mechanismen. Es handelt sich um ein weit verbreitetes Pathogen, das saisonal auftritt und akute Infektionen hervorruft. Es hat auch schon mehrere große Pandemien verursacht. Zu einem beliebigen Zeitpunkt ist immer nur ein einziger Virustyp für alle Influenzafälle weltweit verantwortlich. Die menschliche Population entwickelt allmählich einen Immunschutz gegen diesen Virustyp, vor allem durch die Produktion neutralisierender Antikörper, die gegen das virale Hämagglutinin, das Hauptprotein auf der Oberfläche des Influenzavirus, gerichtet sind. Da das Virus von den immun gewordenen Individuen schnell beseitigt wird, bestünde die Gefahr, dass keine potenziellen Wirte mehr verfügbar sind, aber das Virus nutzt beide Mutationsmechanismen und kann dadurch seinen Antigentyp verändern (▶ Abb. 13.22).

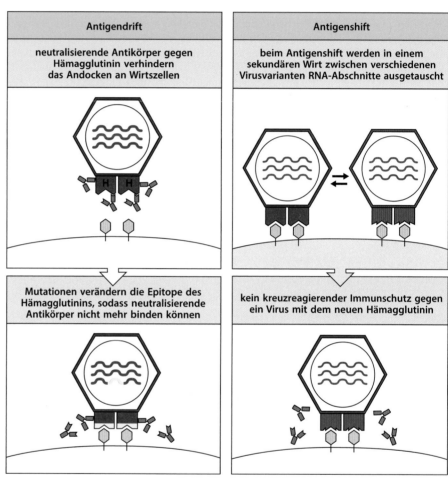

**Abb. 13.22 Zwei Arten der Variabilität ermöglichen die wiederholte Infektion durch das Influenzavirus Typ A.** Neutralisierende Antikörper, die einen Immunschutz vermitteln, sind gegen das virale Oberflächenprotein Hämagglutinin (H) gerichtet, das für das Andocken und den Eintritt des Virus in die Zelle notwendig ist. Bei der Antigendrift (*oben*) entstehen Punktmutationen, welche die Struktur der Bindungsstelle für die schützenden Antikörper am Hämagglutinin verändern. Dann kann das neue Virus in einem Wirt überleben, der bereits gegen die vorhergehende Variante immun ist. Da jedoch T-Zellen und einige Antikörper immer noch Epitope erkennen können, die sich nicht verändert haben, verursachen die neuen Virusvarianten bei Menschen, die zuvor bereits einmal infiziert waren, nur verhältnismäßig schwache Erkrankungen. Ein Antigenshift (*unten*), bei dem das segmentierte RNA-Genom der Viren zwischen zwei Influenzaviren neu verteilt wird, ist ein seltenes Ereignis. Der Vorgang findet wahrscheinlich in Vögeln oder Schweinen als Wirtsorganismen statt. Die dabei entstehenden Viren weisen große Veränderungen in ihren Hämagglutininmolekülen auf, sodass bei früheren Infektionen gebildete T-Zellen und Antikörper keinen Schutz mehr bieten. Diese Virusvarianten verursachen schwere Infektionen, die sich sehr weit ausbreiten und zu den alle 10–50 Jahre auftretenden Grippeepidemien führen. (Jedes Virusgenom enthält acht RNA-Elemente; zur Vereinfachung sind nur drei dargestellt)

Der erste dieser Mechanismen ist die **Antigendrift**, die durch Punktmutationen in den Genen hervorgerufen wird, die Glykoproteine – Hämagglutinin und Neuraminidase – an der Oberfläche des Virus codieren. Alle zwei bis drei Jahre bildet sich so eine neue Variante des Grippevirus heraus, die den in der menschlichen Population vorhandenen, neutralisierenden Antikörpern durch die Mutationen entkommt. Andere Mutationen können Epitope in Virusproteinen betreffen, die von T-Zellen erkannt werden, insbesondere von den cytotoxischen CD8-T-Zellen. Das hat zur Folge, dass Zellen, die von dem mutierten Virus infiziert werden, der Zerstörung entgehen. Menschen, die gegen das ursprüngliche Influenzavirus immun sind, erweisen sich nun als anfällig für das neue Virus. Da aber die Veränderungen nicht so gravierend sind, kommt es immer noch zu einigen Kreuzreaktionen mit Antikörpern und T-Gedächtniszellen, die gegen die frühere Variante gebildet wurden, und der größte Teil der Bevölkerung verfügt weiterhin über einen gewissen Immunschutz. Deshalb verlaufen Epidemien, die auf die Antigendrift zurückzuführen sind, relativ mild.

 Video 13.1

Antigenveränderungen des Influenzavirus, die durch eine Neuzusammensetzung des segmentierten RNA-Genoms entstehen, bezeichnet man als **Antigenshift**. Dieser führt zu gravierenden Veränderungen des Hämagglutinins, das von dem Virus exprimiert wird. Antigenshifts rufen globale Pandemien mit schweren Krankheitsformen hervor, häufig auch mit einer hohen Sterberate, da das neue Hämagglutinin von den Antikörpern und T-Zellen, die gegen die frühere Variante gerichtet sind, nur schlecht oder gar nicht mehr erkannt wird. Der Antigenshift ist darauf zurückzuführen, dass sich das segmentierte RNA-Genom des humanen Influenzavirus mit Influenzaviren von Tieren in einem Wirtstier neu zusammengesetzt hat. Dabei wird das Hämagglutinin-Gen des humanen Virus durch das entsprechende Gen aus dem Tiervirus ersetzt (▶ Abb. 13.22).

Video 13.2

Das Hepatitis-C-Virus (HCV) ist ein RNA-Virus, das sowohl akute als auch chronische Infektionen in der Leber hervorrufen kann. Das Virus ist in den USA die häufigste Ursache für durch Blut übertragbare chronische Infektionen und die vorherrschende Ursache für Leberzirrhose. Das HCV besitzt wie das Influenzavirus ein großes Potenzial für Mutationen in den immunologisch relevanten Epitopen, sodass es der Vernichtung entgehen kann. Anders als beim Influenzavirus bildet jedoch das Glykoprotein E2, das für die Bindung des HCV an CD81 auf der Oberfläche der Hepatocyten zuständig ist, für die Produktion effektiver neutralisierender Antikörper ein schwieriges Ziel, da es im Bereich der Bindung an CD81 stark glykosyliert ist und insgesamt eine hohe Mutationsrate aufweist. Antikörperreaktionen gegen HCV besitzen deshalb nur eine eingeschränkte Wirksamkeit. Entsprechend entstehen durch hohe Mutationsraten in den von T-Zellen erkannten Epitopen HCV-Varianten, die den cytolytischen T-Zell-Reaktionen entkommen können. Außerdem gibt es noch Hinweise darauf, dass das HCV auch Faktoren exprimiert, die die Funktion der dendritischen Zellen untergraben und dadurch die Induktion der T-Zell-Immunität behindern.

### 13.2.5 DNA-Viren verfügen über mehrere Mechanismen, durch die sie Reaktionen der NK- und CTL-Zellen unterlaufen können

Von allen Pathogenen haben die DNA-Viren, die chronische Infektionen hervorrufen können, die größte Vielfalt an Mechanismen entwickelt, mit denen sie die Immunabwehr unterwandern oder ihr entkommen. DNA-Viren zeigen, anders als RNA-Viren, nur relativ niedrige Mutationsraten und sind so nur in geringerem Maß in der Lage, der Immunabwehr durch genetische Variabilität auszuweichen. Da die geringere Mutationsrate den Viren ermöglicht, viel größere Genome aufrechtzuerhalten, konnten sie eine beträchtliche Zahl von Genen derartig anpassen, dass sie damit fast jede Komponente der antiviralen Immunabwehr unterlaufen können. Das Pockenvirus, das Adenovirus und insbesondere das Herpesvirus sind alle große DNA-Viren und mit ihnen wollen wir uns hier beschäftigen. Bei diesen Viren umfassen über 50 % des Genoms solche Gene, die dazu dienen, der Immunabwehr zu entgehen. Darüber hinaus haben einige dieser Viren, insbesondere das Herpes-

Teil V

virus, Mechanismen entwickelt, durch die sie in einen Zustand der **Latenz** eintreten können, bei dem das Virus nicht aktiv repliziert wird. Im Latenzstadium verursacht das Virus keine Krankheit. Da aber keine Viruspeptide für die Beladung von MHC-Klasse-I-Molekülen erzeugt werden, sodass den cytolytischen T-Zellen das Vorhandensein des Virus nicht signalisiert werden kann, wird es auch nicht beseitigt und kann lebenslang fortdauernde Infektionen verursachen. Latente Infektionen können reaktiviert werden (Abschn. 13.2.6), was zu wiederkehrenden Erkrankungen führt. Neun von zehn Personen sind mit mindestens einem der fünf häufigsten unter den acht Typen der Herpesviren infiziert, die für Menschen relevant sind: Herpes-simplex-Virus (HSV-)1 und 2 (beide können Lippen- und Genitalherpes hervorrufen), Epstein-Barr-Virus (EBV, das die infektiöse Mononucleose hervorruft), Varicella zoster (verursacht Windpocken und Gürtelrose) sowie das Cytomegalievirus (CMV). Dabei entwickelt sich normalerweise eine lebenslang andauernde Latenzphase. Hier wollen wir die wichtigsten Mechanismen vorstellen, durch die diese Viren so erfolgreich sind (▶ Abb. 13.23).

Von zentraler Bedeutung für das langfristige Überleben dieser Viren ist die Tatsache, dass sie den CTL- und NK-Zellen entkommen können. Die Präsentation viraler Peptide durch MHC-Klasse-I-Moleküle an der Zelloberfläche signalisiert den CD8-T-Zellen, dass sie

| Strategie der Viren | spezifischer Mechanismus | Ergebnis | Beispiele für Viren |
|---|---|---|---|
| Hemmung der humoralen Immunität | das Virus codiert einen Fc-Rezeptor | blockiert die Effektorfunktionen von Antikörpern, die an infizierte Zellen gebunden sind | Herpes simplex Cytomegalievirus |
| | das Virus codiert einen Komplementrezeptor | blockiert vom Komplement vermittelte Effektorwege | Herpes simplex |
| | das Virus codiert ein Komplementkontrollprotein | hemmt die Komplementaktivierung durch infizierte Zellen | Vaccinia |
| Hemmung der Entzündungsreaktion | das Virus codiert einen homologen Chemokinrezeptor, etwa für ein β-Chemokin | sensibilisiert infizierte Zellen für β-Chemokin; Vorteil für das Virus unbekannt | Cytomegalievirus |
| | das Virus codiert einen löslichen Cytokinrezeptor, etwa ein IL-1-, TNF- oder Interferon-γ-Rezeptor-Homolog | blockiert die Wirkung von Cytokinen, indem es deren Wechselwirkung mit Rezeptoren des Wirtes unterbindet | Vaccinia Kaninchen-Myxoma-Virus |
| | das Virus hemmt die Expression eines Adhäsionsmoleküls, etwa LFA-3 oder ICAM-1 | blockiert die Anheftung von Lymphocyten an infizierte Zellen | Epstein–Barr-Virus |
| | Schutz vor NFκB-Aktivierung durch kurze Sequenzen, die TLRs imitieren | blockiert durch IL-1 oder pathogene Bakterien ausgelöste Entzündungsreaktionen | Vaccinia |
| Blockade der Antigenprozessierung und -präsentation | Hemmung der MHC-Klasse-I-Expression | beeinträchtigt die Erkennung infizierter Zellen durch cytotoxische Zellen | Herpes simplex Cytomegalievirus |
| | Hemmung des Peptidtransports durch TAP | blockiert die Bindung von Peptiden an MHC-Klasse-I-Moleküle | Herpes simplex |
| Unterdrückung der Immunantwort des Wirtes | das Virus codiert das Cytokinhomolog von IL-10 | hemmt $T_H1$-Lymphocyten; verringert die Bildung von Interferon-γ | Epstein–Barr-Virus |

**Abb. 13.23 Mechanismen, mit deren Hilfe Viren der Herpes- und Pockenfamilie Immunantworten des Wirtes unterlaufen**

die infizierte Zelle abtöten. Viele große DNA-Viren entgehen der Immunerkennung, indem sie Proteine produzieren, die man als **Immunevasine** bezeichnet. Diese verhindern, dass Viruspeptid:MHC-Klasse-I-Komplexe an der Oberfläche von infizierten Zellen präsentiert werden (▶ Abb. 13.24). Tatsächlich kennt man inzwischen für jeden wichtigen Schritt bei der Prozessierung und Präsentation von Peptid:MHC-Klasse-I-Komplexen mindestens einen viralen Inhibitor. Einige Immunevasine verhindern, dass Peptide in das endoplasmatische Reticulum gelangen, indem sie an den TAP-Transporter binden (▶ Abb. 13.25, links). Virusproteine können auch verhindern, dass Peptid:MHC-Komplexe die Zelloberfläche erreichen, indem sie MHC-Klasse-I-Moleküle im endoplasmatischen Reticulum festhalten (▶ Abb. 13.25, Mitte). Mehrere Virusproteine katalysieren den Abbau von neu synthetisierten MHC-Klasse-I-Molekülen durch eine sogenannte **Dislokation**. Dabei wird der Reaktionsweg ausgelöst, der normalerweise dazu dient, falsch gefaltete Proteine im endoplasmatischen Reticulum abzubauen, indem sie zurück in das Cytosol gebracht werden (▶ Abb. 13.25, rechts). Da die Bildung von stabil zusammengesetzten und gefalteten Peptid:MHC-Klasse-I-Komplexen verhindert wird, leiten diese Virusproteine die Peptid:MHC-Klasse-I-Komplexe zum ERAD-System (ERAD für *endoplasmic reticulum-associated degradation*) um, wo sie beseitigt werden. Durch diese vielfältigen Mechanismen behindern die viralen Faktoren die Präsentation von Virusproteinen gegenüber den CTL-Zellen. Die Aktivitäten von viralen Inhibitoren sind nicht auf den MHC-Klasse-I-Weg begrenzt, man kennt jetzt auch virale Inhibitoren des MHC-Klasse-II-Prozessierungswegs. Das Ziel dieser Inhibitoren sind letztendlich die CD4-T-Zellen. Da viele Viren andere Zellen als die dendritischen Zellen angreifen, werden ihre Antigene über eine Kreuzpräsentation dennoch den CD8-T-Zellen dargeboten. Virale Mechanismen, die diesen Reaktionsweg stören, wurden bis jetzt nur unvollständig untersucht. Da die Viren aber nicht in dendritischen Zellen persistieren müssen, können sie die Erkennung und Zerstörung ihrer Wirtszellen blockieren, selbst nachdem bereits primär geprägte T-Effektorzellen gebildet wurden.

 Video 13.3

NK-Zellen spielen nicht nur bei der akuten angeborenen Immunantwort auf eine Virusinfektion eine Rolle, sondern sie können auch Zellen erkennen, die von Pathogenen angeregt wurden, die Expression der MHC-Klasse-I-Moleküle herunterzufahren, sodass die CTL-Zellen die Infektion nicht erkennen können. Entsprechend haben Viren, die den MHC-Klasse-I-Weg angreifen, auch Mechanismen entwickelt, die die cytolytische Aktivität der NK-Zellen unterdrücken. Zu den Strategien gehört hier auch, dass Viren zu MHC-Klasse-I-Molekülen homologe Gegenstücke exprimieren, die an inhibitorische killerzellenimmunglobulinähnliche Rezeptoren (KIRs) und leukocyteninhibitorische Rezeptoren (LIRs) binden, wobei dies nicht der einzige Mechanismus dieser Art ist. So erzeugt beispielsweise das humane CMV das zu HLA-Klasse-I-Molekülen homologe Protein UL18, das an LIR-1 auf NK-Zellen bindet und diesen ein inhibitorisches Signal sendet, das die Cytolyse der Zielzelle blockiert. Außerdem hat man virale Produkte gefunden, die als Antagonisten für aktivierende Rezeptoren auf NK-Zellen wirken und auch die Effektorwege der NK-Zellen blockieren.

DNA-Viren haben noch andere Mechanismen entwickelt, um die Funktionen des Immunsystems zu unterlaufen. Zu diesen Mechanismen gehört die Expression von viralen homologen Cytokinen oder Chemokinen und ihren Rezeptoren. Oder es werden virale Proteine exprimiert, die Cytokine oder ihre Rezeptoren binden und so deren Aktivität blockieren. Da Typ-I- und Typ-II-Interferone bei der antiviralen Immunabwehr als Effektorcytokine eine wichtige Rolle spielen, sind viele virale Mechanismen auf eine Blockade dieser Cytokinfamilie ausgerichtet. Das kann geschehen durch die Produktion von Pseudorezeptoren oder inhibitorischen Bindungsproteinen, die Hemmung der JAK/STAT-Signale der IFN-Rezeptoren, die Hemmung der Transkription der Cytokin-Gene oder die Beeinflussung der Transkriptionsfaktoren, die von den Interferonen aktiviert werden. Einige DNA-Viren produzieren auch Antagonisten der proinflammatorischen Cytokine IL-1, IL-18 und TNF-$\alpha$ sowie weiterer Moleküle, und es werden virale homologe Moleküle der immunsuppressiven Cytokine erzeugt. CMV stört antivirale Reaktionen durch die Produktion von cmvIL-10, ein zu IL-10 homologes Cytokin. Es bewirkt, dass die Produktion von mehreren proinflammatorischen Cytokinen heruntergefahren wird, beispielsweise von IFN-$\gamma$, IL-12, IL-1 und TNF-$\alpha$, sodass eher die toleranzfördernden und nicht die immunogenen Reaktionen der adaptiven Immunität unterstützt werden.

Teil V

| Virus | Protein | Effekt | Mechanismus |
|---|---|---|---|
| Herpes-simplex-Virus 1 | ICP47 | blockiert Eintritt der Peptide ins endoplasmatische Reticulum | blockiert Peptidbindung an TAP |
| humanes Cytomegalievirus (HCMV) | US6 | | hemmt ATPase-Aktivität von TAP und blockiert Peptidfreisetzung in das endoplasmatische Reticulum |
| Rinderherpesvirus | UL49.5 | | hemmt Peptidtransport durch TAP |
| Adenovirus | E19 | hält MHC-Klasse-I-Moleküle im endoplasmatischen Reticulum fest | kompetitiver Inhibitor von Tapasin |
| HCMV | US3 | | blockiert Tapasinfunktion |
| Cytomegalievirus der Maus (CMV) | m152 | | Verringerung der MHC-Klasse-I-Expression der Wirtszellen |
| HCMV | US2 | Abbau von MHC-Klasse-I-Molekülen (Delokalisierung) | transportiert einige neu synthetisierte MHC-Klasse-I-Moleküle ins Cytosol |
| γ-Herpesvirus 68 der Maus | mK3 | | Aktivität der E3-Ubiquitin-Ligase |
| CMV der Maus | m4 | bindet MHC-Klasse-I-Molekül auf der Zelloberfläche | stört Erkennung durch cytotoxische Lymphocyten; unbekannter Mechanismus |

**Abb. 13.24  Von Viren produzierte Immunevasine stören die Prozessierung von Antigenen, die an MHC-Klasse-I-Moleküle binden**

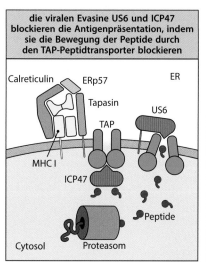

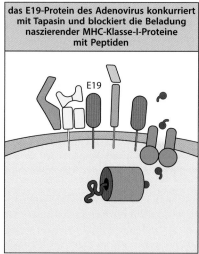

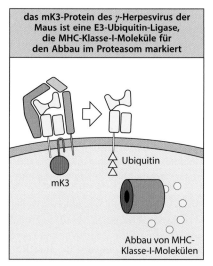

**Abb. 13.25  Der Peptidbeladungskomplex im endoplasmatischen Reticulum ist Angriffsziel von viralen Immunevasinen.** Das *linke Bild* zeigt, wie Peptide daran gehindert werden, in das endoplasmatische Reticulum (ER) zu gelangen. Das cytosolische ICP47-Protein des Herpes-simplex-Virus 1 (HSV-)1 blockiert im Cytosol die Bindung der Peptide an TAP, das US6-Protein des humanen CMV stört hingegen die ATP-abhängige Übertragung der Peptide durch TAP. Im mittleren Bild ist dargestellt, wie das E19-Protein des Adenovirus die MHC-Klasse-I-Moleküle im endoplasmatischen Reticulum festhält. Das Protein bindet über ein spezielles Proteinmotiv (*ER-retention motif*) an bestimmte MHC-Moleküle und konkurriert gleichzeitig mit Tapasin. So wird dessen Bindung an TAP und damit die Beladung mit einem Peptid verhindert. Das *rechte Bild* zeigt, wie das mK3-Protein des Herpesvirus der Maus, eine E3-Ubiquitin-Ligase, neu synthetisierte MHC-Klasse-I-Moleküle angreift. mK3 assoziiert mit Tapasin:TAP-Komplexen und bewirkt die Anheftung von Ubiquitinuntereinheiten mit K48-Verknüpfungen (Abschn. 7.1.5) an den cytoplasmatischen Schwanz des MHC-Klasse-I-Moleküls. Die Polyubiquitinierung des cytoplasmatischen Schwanzes von MHC setzt den Abbauprozess des Moleküls durch das Proteasom in Gang

Verschiedene Viren beeinflussen auch die Chemokinreaktionen, indem sie entweder Pseudochemokinrezeptoren oder zu Chemokinen homologe Moleküle produzieren, die die natürlichen ligandeninduzierten Signale der Chemokinrezeptoren stören. Herpes- und Pockenviren produzieren insgesamt über 40 virale Moleküle, die zu Rezeptoren homolog sind, die zur vGPCR-Superfamilie der G-Protein-gekoppelten Chemokinrezeptoren mit siebenmal die Membran durchspannender Domäne gehören. Außerdem hat man festgestellt, dass CMV chronische Infektionen hervorruft, indem es die antiviralen CD8-T-Zellen „erschöpft". CD8-T-Zellen, die in einer solchen Situation aktiviert werden, exprimieren einen inhibitorischen Rezeptor der CD28-Superfamilie, den PD-1-Rezeptor (PD-1 für *programmed death-1*; Abschn. 7.3.4). Die Aktivierung dieses Rezeptors durch seinen Liganden PD-L1 führt zur Suppression der Effektorfunktion der CD8-T-Zellen. Die Blockade der Wechselwirkung zwischen PD-L1 und PD-1 stellt die antivirale CD8-Effektorfunktion wieder her und verringert die Viruslast. Das deutet darauf hin, dass die fortdauernde Aktivierung dieses Reaktionswegs mit der gestörten Beseitigung der Viren in Zusammenhang steht. Ein ähnlicher Mechanismus findet sich anscheinend auch bei RNA-Viren, die chronische Infektionen auslösen können, etwa beim Hepatitis-C-Virus (HCV). An dieser Stelle ist festzustellen, dass das Spektrum der von Viren entwickelten Mechanismen, durch die sie die Immunabwehr unterlaufen können, durchaus beachtlich ist, und dass die Erforschung dieser Mechanismen unsere Vorstellungen von den Beziehungen zwischen Wirt und Krankheitserreger weiterhin stark beeinflussen wird.

## 13.2.6 Einige latente Viren persistieren in den lebenden Zellen, indem sie aufhören sich zu replizieren, bis die Immunität abklingt

Wie bereits im vorherigen Abschnitt erwähnt, bilden die Herpesviren für den Menschen eine bedeutsame Gruppe von Viren, die latente Infektionen hervorrufen. Dabei handelt es sich um große, behüllte DNA-Viren, die dadurch gekennzeichnet sind, dass sie lebenslang andauernde Infektionen etablieren können. Wir haben uns schon mit einer Reihe von Mechanismen beschäftigt, durch die diese Viren die Immunität unterlaufen, aber sie haben auch Mechanismen entwickelt, ihr Genom im Zellkern von infizierten Zellen zeitlich unbegrenzt zu erhalten, ohne sich zu vermehren. Das Herpesvirus kann in diese **lysogene Phase** eintreten, die sich von der aktiven **lytischen** oder **produktiven Phase** des viralen Lebenszyklus unterscheidet, in der sich das Virus in der Wirtszelle vermehrt und diese schließlich lysiert. In der lysogenen Phase wird hingegen nur eine kleine Region des gesamten viralen Genoms exprimiert, das latenzassoziierte Transkript (LAT). LAT unterdrückt nicht nur die Expression des übrigen viralen Genoms, sondern produziert Faktoren, die in die Apoptose einer Wirtszelle eingreifen. Dadurch werden die normalen Immunmechanismen gestört, die Lebensdauer der Zelle verlängert sich und damit auch die des darin enthaltenen viralen Genoms. Ein Beispiel ist das Herpes-simplex-Virus (HSV), dass Fieberbläschen hervorruft. Es infiziert Epithelzellen und breitet sich dann über sensorische Nervenzellen aus, die die infizierte Region versorgen. Eine wirksame Immunantwort bekommt die Infektion des Epithels unter Kontrolle, aber das Virus überdauert im latenten Stadium in den sensorischen Nervenzellen. Faktoren wie Sonnenlicht, eine Bakterieninfektion oder hormonelle Veränderungen können das Virus reaktivieren, sodass es nun die Axone der sensorischen Nerven wieder abwärts wandert und das Epithelgewebe erneut infiziert (▶ Abb. 13.26). Zu diesem Zeitpunkt wird das Immunsystem wieder aktiviert und bringt schließlich die lokale Infektion unter Kontrolle, indem die Epithelzellen getötet werden, wodurch weitere Läsionen im Gesicht entstehen. Dieser Zyklus kann sich mehrere Male wiederholen.

Aus zwei Gründen bleibt das sensorische Neuron dabei immer infiziert: Erstens liegt das Virus in der Nervenzelle im latenten Stadium vor. Die Zelle produziert also nur wenige virale Proteine, sodass auch nur wenige Peptide viralen Ursprungs auf MHC-Klasse-I-Molekülen präsentiert werden können. Zweitens tragen Neuronen nur sehr wenige MHC-Klasse-I-Moleküle auf ihrer Oberfläche, sodass CD8-T-Zellen infizierte Nervenzellen nur schwer erkennen und angreifen können. Die niedrige Expressionsrate der MHC-Proteine

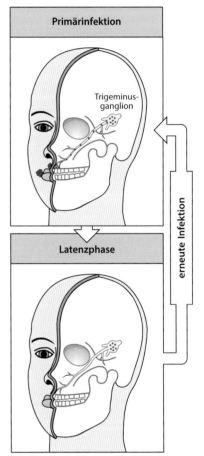

**Abb. 13.26 Persistenz und Reaktivierung einer Herpes-simplex-Infektion.** Die erste Infektion der Haut wird durch eine effektive Immunantwort unter Kontrolle gebracht. Dennoch überdauern einige Viren in sensorischen Neuronen wie den Trigeminusneuronen, deren Axone die Lippen innervieren. Wird das Virus reaktiviert – gewöhnlich geschieht dies durch Stress und/oder Veränderungen im Hormonstatus –, dann infiziert es von Neuem die Hautregion, die von dem Nerv versorgt wird, und verursacht die Bildung von Fieberbläschen. Dieser Vorgang kann sich viele Male wiederholen

*Teil V*

in Neuronen ist von Vorteil: Sie verringert das Risiko, dass Neuronen, die sich nur begrenzt regenerieren können, unnötigerweise von cytotoxischen T-Zellen zerstört werden. So werden Neuronen allerdings anfällig dafür, als zelluläre Reservoirs für persistierende Infektionen zu dienen. Herpesviren treten häufig in das Latenzstadium ein. Das Varicella-zoster-Virus, das Windpocken verursacht, überdauert nach dem Ende der akuten Erkrankung in einem oder einigen wenigen Spinalganglien. Stress oder eine Immunsuppression können das Virus reaktivieren. Es breitet sich dann im Spinalnerv aus und reinfiziert die Haut, wo es eine **Gürtelrose** auslöst. Dabei tritt in der Hautregion, die von diesem Spinalnerv innerviert wird, wieder der typische Varicellaausschlag auf. Im Gegensatz zum Herpes-simplex-Virus, das oft reaktiviert wird, kann das Varicella-zoster-Virus nur ein einziges Mal im Leben eines immunkompetenten Wirtes reaktiviert werden.

Ein weiterer Vertreter der Herpesviren, das Epstein-Barr-Virus (EBV), entwickelt bei den meisten Menschen eine persistierende Infektion. EBV geht nach einer Primärinfektion, die häufig nicht diagnostiziert wird, in den B-Zellen in die Latenzphase über. Bei einer Minderheit der infizierten Personen ist die erste akute Infektion der B-Zellen gravierender und führt zu einer Erkrankung, die man als **infektiöse Mononucleose** oder Pfeiffer'sches Drüsenfieber bezeichnet. EBV infiziert die B-Zellen, indem es an das CR2-Protein (CD21), eine Komponente des Corezeptorkomplexes der B-Zellen, und an MHC-Klasse-II-Moleküle bindet. Bei der Primärinfektion vermehren sich die meisten befallenen Zellen und bilden Viren. Das wiederum führt zu einer Proliferation der antigenspezifischen T-Zellen und einem Überschuss an mononucleären weißen Blutzellen, nach denen die Krankheit benannt ist. Das Virus wird von den B-Zellen freigesetzt und zerstört sie dabei; das Virus lässt sich dann aus dem Speichel isolieren. Letztlich bringen virusspezifische cytotoxische CD8-T-Zellen die Infektion unter Kontrolle, indem sie die infizierten proliferierenden B-Zellen abtöten. Einige der B-Lymphocyten sind jedoch latent infiziert; in ihnen bleibt das EBV inaktiv.

Diese beiden Formen der Infektion gehen einher mit recht unterschiedlichen Expressionsmustern der Virusgene. EBV besitzt ein großes DNA-Genom, das über 70 Proteine codiert. Viele davon sind für die Replikation des Virus erforderlich und werden vom replizierenden Virus exprimiert. Sie liefern die viralen Peptide, durch die infizierte Zellen erkannt werden können. Bei einer latenten Infektion hingegen überlebt das Virus im Inneren der B-Zellen, die als Wirte dienen, ohne dass es sich repliziert, und es wird nur eine sehr begrenzte Anzahl von viralen Proteinen exprimiert. Eines davon ist das Epstein-Barr-Zellkernantigen 1 (*Epstein-Barr nuclear antigen 1*, EBNA1); es dient der Erhaltung des Virusgenoms. EBNA1 interagiert so mit dem Proteasom (Abschn. 6.1.2), dass es selbst nicht in Peptide gespalten wird, die eine Antwort der T-Zellen auslösen könnten.

Latent infizierte B-Zellen lassen sich isolieren, wenn man B-Zellen von Personen kultiviert, die ihre EBV-Infektion scheinbar überwunden haben. In Abwesenheit von T-Zellen entwickeln sich latent infizierte Zellen, die das EBV-Genom noch enthalten, zu permanenten Zelllinien. *In vitro* entspricht dies einer Tumorgenese. *In vivo* können EBV-infizierte Zellen gelegentlich einer malignen Transformation unterliegen, die dann zu einem B-Zell-Lymphom, dem Burkitt-Lymphom, führt. Bei diesem Lymphom ist die Expression der Peptidtransporter TAP1 und TAP2 erniedrigt (Abschn. 6.1.3), sodass die Zellen keine endogenen Antigene verarbeiten können, um sie durch HLA-Klasse-I-Moleküle (die humanen MHC-Klasse-I-Moleküle) zu präsentieren. Durch diesen Defekt lässt sich erklären, warum diese Tumoren dem Angriff durch cytotoxische CD8-T-Zellen entgehen. Patienten mit erworbener oder ererbter Immunschwäche in der T-Zell-Funktion tragen das Risiko, EBV-assoziierte B-Zell-Lymphome zu entwickeln, wahrscheinlich aufgrund eines Versagens der Immunüberwachung.

Das Hepatitis-B-Virus (HBV, ein DNA-Virus) und das Hepatitis-C-Virus (HCV, ein RNA-Virus) infizieren die Leber und verursachen eine akute und eine chronische Hepatitis, Leberzirrhose und in einigen Fällen ein Leberzellkarzinom. Wahrscheinlich sind die Immunantworten für die Beseitigung beider Infektionen von großer Bedeutung, aber in vielen Fällen setzen HBV und HCV eine chronische Infektion in Gang. HCV infiziert zwar während der primären Infektionsphase vor allem die Leber, aber das Virus unterläuft die adaptive Immunantwort, indem es die Aktivierung und Reifung der dendritischen Zellen stört. Das führt zu einer unangebrachten Aktivierung der CD4-T-Zellen, wodurch die Differenzierung der $T_H1$-Zellen unterbleibt. Man nimmt an, dass die Infektion auf diese Weise chronisch wird, wahrscheinlich aufgrund der fehlenden Unterstützung durch die CD4-T-Zellen für die Aktivierung der cytotoxischen CD8-T-Zellen. Es gibt Hinweise darauf, dass die Abnahme der Menge an viralen Antigenen nach einer antiviralen Therapie die Unterstützung der CD4-T-Zellen für die Funktion der cytotoxischen CD8-T-Zellen und der CD8-T-Gedächtniszellen wiederherstellt. Die verzögerte Reifung der dendritischen Zellen, die durch HCV hervorgerufen wird, führt wahrscheinlich zusammen mit einer anderen Eigenschaft des Virus zu einem synergistischen Effekt, durch den es der Immunantwort entgehen kann: Die RNA-Polymerase, die das Virus verwendet, um sein Genom zu replizieren, besitzt keine Korrekturlesefunktion. Das trägt zu einer hohen Mutationsrate des Virus und zu einer Veränderung seiner Antigeneigenschaften bei, durch die es wiederum der adaptiven Immunität entkommt.

### Zusammenfassung

Krankheitserreger können eine immer wiederkehrende oder persistierende Infektion verursachen, indem sie die normalen Abwehrmechanismen des Wirtes umgehen oder sie unterwandern und sich dabei selbst vermehren. Es gibt viele verschiedene Strategien, um der Immunantwort zu entgehen oder sie umzufunktionieren. Antigenvariabilität, Latenz, Resistenz gegenüber einer Immunreaktion und die Unterdrückung der Immunantwort tragen zu persistierenden und medizinisch bedeutsamen Infektionen bei. In einigen Fällen ist auch die Immunantwort selbst ein Teil des Problems. Manche Pathogene nutzen die Immunreaktion dazu, sich auszubreiten, andere würden ohne die Immunantwort des Wirtes überhaupt keine Krankheit verursachen. Jeder dieser Mechanismen gibt uns einen Einblick in die Eigenschaften der Immunantwort und in ihre Schwachpunkte, und jeder macht einen anderen medizinischen Ansatz für die Vermeidung oder Behandlung einer Infektion erforderlich.

## 13.3 Das erworbene Immunschwächesyndrom (AIDS)

Die extremste Form von Immunsubversion, die durch einen Krankheitserreger verursacht wird, ist das **erworbene Immunschwächesyndrom** (*acquired immune deficiency syndrome*, **AIDS**), das durch das **humane Immunschwächevirus** (**HIV**) hervorgerufen wird. Die Krankheit führt zu einem fortschreitenden Verlust der CD4-T-Zellen, was schließlich eine hohe Anfälligkeit für opportunistische Infektionen hervorruft, sobald diese Zellen in ausreichender Zahl vernichtet wurden. Der früheste bis heute dokumentierte Nachweis einer HIV-Infektion eines Menschen erfolgte an einer Serumprobe aus Kinshasa (Demokratische Republik Kongo), die dort 1959 eingelagert wurde. Es dauerte jedoch noch bis 1981, als die ersten Fälle von AIDS offiziell gemeldet wurden. Da die Krankheit offenbar durch den Kontakt mit Körperflüssigkeiten übertragen wird, nahm man an, dass ein neues Virus die Ursache ist. 1983 wurde der Erreger HIV isoliert und identifiziert.

Es gibt mindestens zwei Typen von HIV, die eng miteinander verwandt sind: HIV-1 und HIV-2. Beide Typen werden durch sexuelle Kontakte und Blut übertragen (etwa bei einer Bluttransfusion oder durch gemeinsam benutzte Injektionsnadeln). Durch die stärkere Vermehrung von HIV-1 kommt es im Blut zu einer höheren Viruslast, sodass das Virus leichter übertragen wird. Bei HIV-1 ist auch die Übertragungsrate von der Mutter auf ihr Kind sehr hoch, was auf HIV-2 nicht zutrifft. Die beiden Krankheitsformen sind zwar bei Patienten nicht zu unterscheiden, die AIDS entwickeln, aber mit HIV-1 schreitet AIDS schneller voran und zeigt eine höhere Inzidenz als HIV-2. HIV-1 ist deshalb weltweit die häufigste Ursache für AIDS. HIV-1 und HIV-2 sind beide in Westafrika endemisch, wobei HIV-2 sonst nur selten auftritt.

Teil V

**Abb. 13.27 Die phylogenetischen Ursprünge von HIV-1 und HIV-2.** HIV-1 zeigt eine ausgeprägte genetische Variabilität und wird aufgrund der Genomsequenzen in vier Hauptgruppen eingeteilt: M, O, N und P. Diese werden noch in Subtypen (Kladen) untergliedert, die man mit den Buchstaben A bis K bezeichnet. In den verschiedenen Weltregionen sind unterschiedliche Subtypen vorherrschend. Phylogenetische Analysen von SIV bei Schimpansen (SIVcpz), Gorillas (SIVgor) und HIV-1-Sequenzen zeigen, dass die vier Gruppen von HIV-1 (M, N, O und P) von vier verschiedenen Übertragungsereignissen zwischen den Spezies herrühren: Aus zwei Transfers von SIVcpz*Ptt* von der Schimpansen Subspezies *Pan troglodytes troglodytes* (oder *Ptt*) gingen die beiden HIV-1-Gruppen M und N hervor, während aus den beiden anderen Transfers, die von den westlichen Tieflandgorillas (Subspezies *Gorilla gorilla gorilla*) ausgingen, die HIV-1-Gruppen O und P entstanden sind. In ähnlicher Weise sind aus davon unabhängigen zoonotischen Übertragungen von SIVsmm aus der Mangabe *Cercocebus atys* auf den Menschen mindestens neun verschiedene Linien von HIV-2 hervorgegangen (die Gruppen A bis H und eine neu entdeckte Linie mit der Bezeichnung U). SIVstm und SIVmac sind durch künstliche Infektionen von Bärenmakaken beziehungsweise Rhesusaffen mit SIVsmm entstanden. cpz*Pts*, Schimpanse *Pan troglodytes schweinfurthii*; cpz*Ptt*, Schimpanse *Pan troglodytes troglodytes*; mac, Makak; SIV, Immunschwächevirus der Affen (*simian immunodeficiency virus*); smm, Mangabe *Cercocebus atys* (*sooty mangabey monkeys*); stm, Bärenmakaken (*stump-tailed macaques*). (Mit freundlicher Genehmigung von Drs. Beatrice Hahn und Gerald Learn)

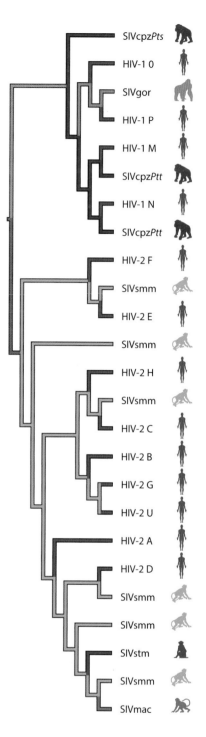

Beide Viren haben sich anscheinend ursprünglich in Afrika von anderen Primatenspezies auf den Menschen ausgebreitet. Die Sequenzierung der Virusgenome von Isolaten deutet darauf hin, dass der HIV-1-Vorfahre der Primaten, SIV (*simian immunodeficiency virus*), in mindestens vier unabhängigen Ereignissen von Schimpansen oder westlichen Tieflandgorillas auf Menschen übertragen wurde, während HIV-2 von der Mangabe *Cercocebus atys* herrührt (▶ Abb. 13.27). Am sichersten ist wohl die Annahme, dass die am meisten vorherrschende der vier Hauptvarianten von HIV-1, Gruppe M (*main*; verantwortlich für ~99 % der HIV-1-Infektionen weltweit) in der ersten Hälfte des 20. Jahrhunderts von Schimpansen auf Menschen übertragen wurde; die Übertragung der Gruppe O (*outlier*)

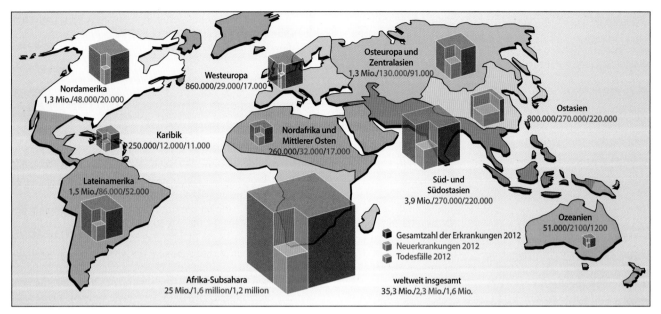

**Abb. 13.28 Die Häufigkeit von HIV-Neuinfektionen nimmt in vielen Regionen der Welt mittlerweile langsamer zu, aber AIDS ist immer noch eine schwerwiegende Krankheit.** Die Anzahl der Personen, die mit HIV/AIDS leben müssen, ist groß und nimmt weiterhin ständig zu, aber die Zahl der Neuinfektionen hat im Jahr 2012 gegenüber dem Höhepunkt der Epidemie über ein Drittel abgenommen. Man schätzt für das Jahr 2012 die Zahl der HIV-Infizierten auf etwa 35,3 Mio., darunter auch 2,4 Mio. neue Fälle und etwa 1,6 Mio. AIDS-Tote. Das ist eine Abnahme um 30 % seit dem Maximum im Jahr 2005. Die Neuinfektionen von Kindern haben seit 2001 um etwa 50 % abgenommen, wobei es 2012 260.000 neue Fälle gab. (*AIDS Epidemic Update*, UNAIDS/Weltgesundheitsorganisation, 2013)

reicht bis in das frühe 20. Jahrhundert zurück, während die anderen beiden HIV-1-Varianten (die Gruppen N [Nicht-M, Nicht-O] und P [Nicht-M, Nicht-N, Nicht-O]) anscheinend erst vor kürzerer Zeit übertragen wurden. Wie bei anderen zoonotischen Infektionen, bei denen für die gemeinsame Evolution von Pathogen und Wirt die Zeit noch nicht ausgereicht hat, um zu einem Gleichgewicht zu gelangen, durch die sich die Virulenz abschwächt, ist SIV für nichtmenschliche Primaten weniger pathogen als HIV für den Menschen. AIDS entwickelt sich zwar bei allen HIV-1-infizierten Menschen in etwa gleich, wenn sie keine Behandlung erhalten, aber bei den SIV-infizierten nichtmenschlichen Primaten zeigt die Entwicklung eine deutlich größere Variationsbreite, sodass sogar einige Primaten überhaupt nicht erkranken.

Eine HIV-Infektion verursacht nicht unmittelbar AIDS. Ohne Behandlung beträgt die durchschnittliche Zeitspanne von der Infektion bis zur Entwicklung von AIDS bei Erwachsenen mehrere Jahre. Die lange Verzögerung zwischen der Infektion und der Entwicklung von Immunschwächesymptomen ist eine Folge des ungewöhnlichen Tropismus des Virus für die CD4-T-Zellen des Immunsystems und der Art der Immunantwort auf das Virus. HIV ist heute pandemisch, und trotz der großen Fortschritte bei der Behandlung und der Prävention aufgrund besserer Kenntnisse über die Pathogenese und die Epidemiologie der Krankheit starben im Jahr 2012 1,6 Mio. Menschen an mit AIDS zusammenhängenden Ursachen. Weltweit wurden in dem Jahr schätzungsweise 35,3 Mio. mit HIV infiziert, was in den Folgejahren zu weiteren zahlreichen AIDS-Toten führen wird (▶ Abb. 13.28). In Afrika in der Subsahararegion, wo über zwei Drittel aller weltweiten Fälle auftreten, ist einer von 20 Erwachsenen infiziert. HIV ist in der kurzen Zeit seit dem ersten Bekanntwerden als neues Pathogen des Menschen tatsächlich zum tödlichsten Einzelerreger von Infektionskrankheiten aufgestiegen. Dennoch gibt es Anlass zur Hoffnung: Die Häufigkeit von neuen HIV-Infektionen ist seit dem Maximum im Jahr 1997 ständig zurückgegangen, genauso wie die Anzahl der Todesfälle pro Jahr seit dem Maximum in der Mitte der 2000er-Jahre. Zu den Regionen mit dem raschesten Rück-

Teil V

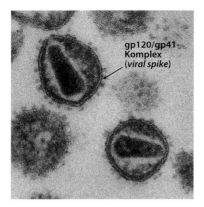

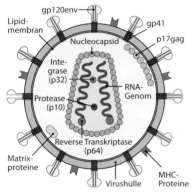

**Abb. 13.29  Das Virion des humanen Immunschwächevirus (HIV).** Dargestellt ist HIV-1, die Hauptursache für AIDS. Das Virion ist annähernd kugelförmig und hat einen Durchmesser von 120 nm. Damit ist es 60-mal kleiner als die T-Zellen, die es infiziert. Die drei viralen Enzyme, die in das Viron verpackt werden – Reverse Transkriptase, Integrase und Protease – sind im Capsid des Virus schematisch dargestellt. In Wirklichkeit besitzt jedes Virion viele Moleküle dieser Enzyme. (Foto mit freundlicher Genehmigung von H. Gelderblom)

Video 13.4

gang bei Neuinfektionen gehört auch die Subsahararegion in Afrika. Es gibt allerdings weiterhin Schwerpunktregionen, in denen die Häufigkeit der Fälle noch zunimmt (beispielsweise in Osteuropa und Zentralasien).

### 13.3.1 HIV ist ein Retrovirus, das eine chronische Infektion hervorruft, die langsam zu AIDS voranschreitet

HIV ist ein behülltes RNA-Virus, dessen Struktur in ▶ Abb. 13.29 dargestellt ist. Jedes Viruspartikel oder Virion ist mit zwei Typen viraler Hüllproteine ausgestattet, die das Virus nutzt, um Zielzellen zu infizieren. Außerdem enthält es zwei Kopien eines RNA-Genoms und zahlreiche Kopien von viralen Enzymen, die für die Entwicklung einer Infektion in der Wirtszelle notwendig sind. HIV ist ein Beispiel für ein **Retrovirus**. Die Bezeichnung kommt daher, dass das Virusgenom in der infizierten Zelle von der **Reversen Transkriptase** des Virus von RNA in DNA umgeschrieben werden muss – die Umkehrung (*retro*) des normalen Vorgangs der Transkription. Dabei entsteht eine DNA-Zwischenstufe, die in die Chromosomen der Wirtszelle integriert wird, sodass die Replikation des Virus möglich ist. Die RNA-Transkripte, die von der eingefügten Virus-DNA erzeugt werden, dienen als mRNA für die Synthese von viralen Proteinen. aber auch später als RNA-Genome für neue Viruspartikel. Diese werden durch Ausstülpungen der Plasmamembran von der Zelle freigesetzt und mit einer Membranhülle versehen.

HIV gehört zur Retrovirengruppe der **Lentiviren**. Die Bezeichnung leitet sich von dem lateinischen Wort *lentus* (langsam) ab und bezieht sich auf das allmähliche Voranschreiten der Krankheiten, die diese Viren verursachen. Die Viren persistieren und vermehren sich jahrelang kontinuierlich, bis sich die Anzeichen der Krankheit offen zeigen. Im Fall von HIV steuert das Virus Zellen des Immunsystems selbst an, sodass sich eine erste akute Infektion entwickelt, die so unter Kontrolle gehalten wird, dass sie nicht erkennbar ist. Selten kommt es jedoch zu einer Immunantwort, die die fortschreitende Replikation des Virus verhindert. Die erste akute Infektion wird zwar scheinbar vom Immunsystem kontrolliert, aber HIV tritt in den Zellen des Immunsystems in das Latenzstadium ein, setzt die Replikation fort und infiziert viele Jahre lang immer neue Zellen. Das führt letztendlich zu einer Erschöpfung des Immunsystems und damit zur Immunschwäche (AIDS). Dadurch können opportunistische Infektionen oder maligne Erkrankungen auftreten, die schließlich zum Tod führen.

### 13.3.2 HIV infiziert Zellen des Immunsystems und vermehrt sich darin

Ein Alleinstellungsmerkmal von HIV ist dessen Fähigkeit, aktivierte Zellen des Immunsystems zu infizieren und sich darin zu vermehren. Das primäre Angriffsziel von HIV sind drei bestimmte Typen von Immunzellen: CD4-T-Zellen, Makrophagen und dendritische Zellen. Dabei tragen die CD4-T-Zellen den größten Teil der viralen Replikation. Diese Fähigkeit von HIV, in bestimmte Zelltypen eindringen zu können, bezeichnet man als **Tropismus**. Dieser hängt damit zusammen, dass an den Oberflächen der Zellen spezifische Rezeptoren für das Virus exprimiert werden. HIV gelangt mithilfe eines Komplexes aus den beiden nichtkovalent verbundenen Glykoproteinen des Virus, gp120 und gp41, die in der Virushülle als Trimere vorliegen, in die Zellen. Die gp120-Untereinheiten der trimeren gp120/gp41-Komplexe binden mit hoher Affinität an das Zelloberflächenmolekül CD4, das auf den CD4-T-Zellen exprimiert wird, und in einem geringeren Maß auch an Untergruppen der dendritischen Zellen und Makrophagen. Vor der Fusion des Virus mit der Zellmembran und seinem Eindringen in die Zelle muss gp120 auch an einen Corezeptor auf der Wirtszelle binden. Die wichtigsten Corezeptoren sind dabei die Chemokinrezep-

toren CCR5 und CXCR4. CCR5 wird vor allem auf Untergruppen der CD4-T-Gedächt-
niseffektorzellen, dendritischen Zellen und Makrophagen exprimiert, während CXCR4
primär auf naiven und zentralen CD4-T-Gedächtniszellen vorkommt. Der jeweilige Che-
mokincorezeptor, der von einem bestimmten Viruspartikel gebunden wird, ist für die Übertragung von HIV zwischen Individuen und die Ausbreitung des Virus innerhalb einer infizierten Person von Bedeutung. Nach der Bindung an CD4 verändert sich die
Konformation von gp120, sodass eine hochaffine Stelle zugänglich wird, an die der Corezeptor bindet. Das führt wiederum dazu, dass sich gp41 entfaltet und einen Teil seiner
Struktur (das Fusionspeptid) in die Plasmamembran der Zielzelle integriert. Dadurch
kommt es zur Fusion der Virushülle mit der Plasmamembran der Zelle. So gelangt das
virale Nucleocapsid, das aus dem Virusgenom und den assoziierten Virusproteinen besteht,
in das Cytoplasma der Wirtszelle (▶ Abb. 13.30).

Sobald das Virus in eine Zelle eingedrungen ist, repliziert es sich ähnlich wie die übrigen
Retroviren. Die Reverse Transkriptase übersetzt die virale RNA in eine komplementäre
DNA (cDNA). Die virale cDNA, die neun Gene umfasst (▶ Abb. 13.31), wird dann von der
Integrase des Virus in das Genom der Wirtszelle eingebaut. Die Integrase erkennt repetitive
DNA-Sequenzen, lange Wiederholungen (*long terminal repeats*, LTRs) an den beiden
Enden des Virusgenoms, die die Integrase partiell spaltet. Die LTRs sind für die Integration
der Virus-DNA in die DNA der Wirtszelle erforderlich; sie enthalten Bindungsstellen für
die genregulatorischen Proteine, die die Expression der Virusgene kontrollieren. Die integrierte cDNA-Kopie bezeichnet man als **Provirus**.

Das HIV-Genom ist wie die Genome anderer Retroviren recht klein, es enthält die drei
Hauptgene *gag*, *pol* und *env*. Das *gag*-Gen codiert die Strukturproteine des Viruscapsid-
kerns, *pol* codiert die Enzyme, die bei der Replikation des Virus eine Rolle spielen, und *env*
codiert die Glykoproteine der Virushülle. Die *gag*- und *pol*-mRNAs werden zu Polypro-
teinen translatiert. Das sind lange Polypeptidketten, die dann von der **viralen Protease**
(codiert von *pol*) in die einzelnen funktionellen Proteine gespalten werden. Allein *pol* codiert die drei wichtigsten Enzyme des Virions, die für die Vermehrung des Virus benötigt
werden: Reverse Transkriptase, Integrase und virale Protease. Das Produkt des *env*-Gens,
gp160, muss von einer Protease der Wirtszelle in gp120 und gp41 gespalten werden, die
sich dann als Trimere in der Virushülle aneinanderlagern. HIV verfügt noch über sechs
weitere kleinere regulatorische Gene. Diese codieren Proteine, die die Replikation des
Virus und seine Infektiosität auf verschiedene Weise beeinflussen. Zwei dieser drei Proteine,
Tat und Rev, sind für grundlegende regulatorische Funktionen während der frühen Phase
des viralen Replikationszyklus zuständig. Die übrigen vier – Nef, Vif, Vpr und Vpu – sind
für die effiziente Erzeugung der Viren *in vivo* erforderlich.

HIV kann seinen Replikationszyklus in der Wirtszelle abschließen, indem Virusnach-
kommen erzeugt werden, oder es kommt wie bei anderen Retroviren oder den Herpesviren
zu einer latenten Infektion, in der das Provirus ruht. Was letztendlich bewirkt, ob die Infektion einer Zelle zur Latenz oder zu einer produktiven Infektion führt, ist nicht bekannt,
aber man nimmt an, dass es mit dem Aktivierungszustand der infizierten Zelle zusammenhängt. Im nächsten Abschnitt wollen wir besprechen, wie nach der Integration die Transkription des Provirus durch Transkriptionsfaktoren der Wirtszelle, die wiederum durch
die Aktivierung der Immunzelle induziert wurden, in Gang gesetzt wird. Daher begünstigt
wahrscheinlich die Infektion einer Zelle, die kurz nach der Infektion in einen Ruhezustand
fällt, die Ausbildung des Latenzstadiums, während die Infektion von aktivierten Zellen die
produktive Replikation des Virus unterstützt. Das hat bedeutsame Auswirkungen im Zusammenhang mit den CD4-T-Zellen, die im Gegensatz zu Makrophagen und dendritischen
Zellen langlebig sind und dadurch für das HIV-Provirus ein wichtiges Reservoir bilden.
Das Provirus kann bei Reaktivierung der Zellen ebenfalls aktiviert werden, selbst auch
Jahre nach der ursprünglichen Infektion. Da Makrophagen und dendritische Zellen in den
Geweben nur kurzlebig sind und sich nicht teilen, wäre ein Latenzstadium in diesen Zellen
auch nur von kurzer Dauer. Die lang anhaltende Latenz von HIV ist also vor allem eine
Folge des viralen Tropismus für die CD4-T-Zellen. Das Zusammenwirken dieses Tropis-
mus für die CD4-T-Zellen und die aktivierungsabhängige Transkription des Provirus sind

Teil V

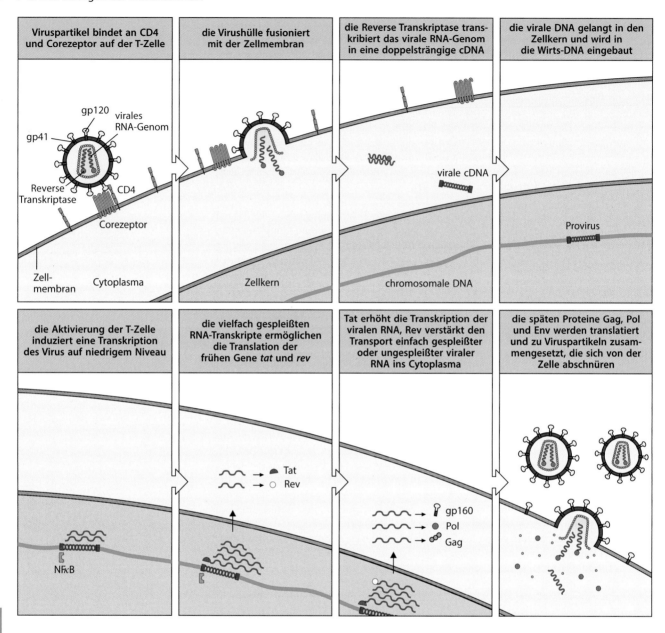

**Abb. 13.30 Der HIV-Entwicklungszyklus.** *Obere Bildfolge*: Das Virus bindet über gp120 an das CD4-Molekül. Durch die Bindung verändert sich gp120, sodass das Protein nun auch an einen Chemokinrezeptor bindet, der als Corezeptor für das Eindringen des Virus fungiert. Die Bindung setzt gp41 frei, das dann die Fusion der Virushülle mit der Zellmembran bewirkt, sodass der Viruskern in das Cytoplasma gelangt. Dort setzt er das RNA-Genom frei, das durch die virale Reverse Transkriptase in die doppelsträngige cDNA transkribiert wird. Die cDNA assoziiert mit der viralen Integrase und dem Vpr-Protein und wandert in den Kern. Dort wird sie in das zelluläre Genom eingebaut und so in ein Provirus umgewandelt. *Untere Bildfolge*: Die Aktivierung von CD4-T-Zellen induziert die Expression der Transkriptionsfaktoren NFκB und NFAT, die an die LTR-Sequenz des Provirus binden und die Transkription des HIV-Genoms in RNA auslösen. Die ersten viralen Transkripte werden stark prozessiert, sodass gespleißte RNAs entstehen, die mehrere regulatorische Proteine codieren, darunter Tat und Rev. Tat steigert die Transkription des Provirus und bindet so an das RNA-Transkript, dass es in einer Form stabilisiert wird, die translatiert werden kann. Das Protein Rev bindet an die RNA-Transkripte und transportiert sie in das Cytosol. Wenn die Rev-Konzentration zunimmt, werden weniger stark gespleißte und ungespleißte virale Transkripte aus dem Zellkern transportiert. Die einfach gespleißten und ungespleißten Transkripte codieren die Strukturproteine des Virus. Und die ungespleißten Transkripte, die neue Virusgenome darstellen, werden zusammen mit den Proteinen verpackt und bilden zahlreiche neue Viruspartikel

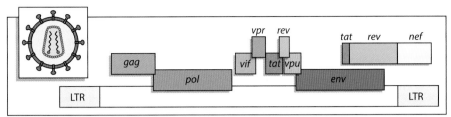

| Gen | | Genprodukt/Funktion |
|---|---|---|
| *gag* | gruppenspezifisches Antigen | Proteine für Viruskern und -matrix |
| *pol* | Polymerase | Reverse Transkriptase, Protease und Integrase |
| *env* | Virushülle | Transmembranglykoproteine; gp120 bindet an CD4 und CCR5; gp41 ist erforderlich für die Fusion und das Einschleusen des Virus |
| *tat* | Transaktivator | Transkriptionsaktivator |
| *rev* | Regulator der viralen Expression | ermöglicht den Export ungespleißter und partiell gespleißter Transkripte aus dem Zellkern |
| *vif* | Infektiosität des Virus | beeinflusst die Infektiosität der Viruspartikel |
| *vpr* | virales R-Protein | DNA-Transport in den Zellkern; erhöht die Virionenproduktion; hält den Zellzyklus an |
| *vpu* | virales U-Protein | stimuliert den intrazellulären Abbau von CD4 und verstärkt die Virusfreisetzung durch die Membranen |
| *nef* | negativer Kontrollfaktor | verstärkt die Replikation des Virus *in vivo* und *in vitro*; verringert die Expression von CD4 und MHC-Klasse I und II |

**Abb. 13.31 Die Struktur des HIV-Genoms.** Wie alle Retroviren hat auch HIV ein RNA-Genom, das von langen Sequenzwiederholungen (LTRs) flankiert ist. Die LTRs sind für die Integration in das Genom der Wirtszelle und die Regulation der Transkription der viralen Gene wichtig. Das Genom kann in drei unterschiedlichen Leserastern abgelesen werden und einige der viralen Gene überlappen in den verschiedenen Rastern. So kann das Virus in einem sehr kleinen Genom viele Proteine codieren. Die drei wichtigsten Proteine Gag, Pol und Env werden in allen infektiösen Retroviren gebildet. Aufgeführt sind die bekannten Funktionen der einzelnen Gene und ihrer Produkte. Die Genprodukte Gag, Pol und Env sowie die virale RNA sind in den reifen Viruspartikeln enthalten. Die mRNAs für die Proteine Tat, Rev und Nef entstehen durch Spleißen von viralen Transkripten; die entsprechenden Gene liegen also im Virusgenom fragmentiert vor. Für Nef wird nur ein Exon translatiert (*gelb*)

ein zentraler Bestandteil der HIV-Pathogenese und der charakteristischen fortschreitenden Ausdünnung der CD4-T-Zellen, die schließlich AIDS hervorruft.

## 13.3.3 Aktivierte CD4-T-Zellen sind der wichtigste Ort für die Replikation von HIV

Das HIV-Provirus benötigt die Aktivierung der Wirtszelle, um den Replikationszyklus fortzusetzen und infektiöse Virionen hervorzubringen, die andere Zellen infizieren können. Das liegt daran, dass für die Transaktivierung der proviralen Genexpression Transkriptionsfaktoren der Wirtszelle erforderlich sind. Die Transkription des viralen Genoms können die beiden Transkriptionsfaktoren NFκB und NFAT der Wirtszelle in Gang setzen. Damit beide Transkriptionsfaktoren in den Zellkern transloziert werden können, wo sie an die DNA binden und die Gentranskription auslösen (Abschn. 7.2.8 und 7.2.10), ist eine Aktivierung der Zelle erforderlich. NFκB wird in allen Immunzellen exprimiert, die durch HIV infiziert wurden, NFAT hingegen wird primär in den aktivierten CD4-T-Zellen exprimiert, sodass das Provirus in dieser Wirtszelle noch durch einen zusätzlichen Faktor transaktiviert wird.

Teil V

Zusammen mit der Langlebigkeit und dem zahlreichen Auftreten der CD4-T-Zellen in den Immungeweben trägt dies dazu bei, dass die CD4-T-Zellen für die HIV-Replikation eine wichtige zelluläre Basis bilden. Hier wollen wir uns mit den Mechanismen beschäftigen, die die Transkription des HIV-Provirus in den CD4-T-Zellen regulieren.

Wie in Abschn. 7.2.8 und 7.2.10 besprochen, induziert die Aktivierung von T-Zellen durch Antigene die Aktivierung von NFAT und NF$\kappa$B und deren Translokation in den Zellkern. Die Aktivierung von CD4-T-Gedächtniszellen durch Cytokine kann auch ohne Antigene NF$\kappa$B aktivieren (Abschn. 11.2.10). Die Transkription des HIV-Provirus kann durch NF$\kappa$B und NFAT nicht nur in Abhängigkeit von Antigenen aktiviert werden, sondern durch NF$\kappa$B auch unabhängig von der Stimulation eines T-Zell-Rezeptors in den CD4-T-Gedächtniszellen, wie es bei infizierten Makrophagen und dendritischen Zellen ebenfalls möglich ist. Die Bindung von NFAT und NF$\kappa$B an Promotoren in den proviralen LTRs setzt die Transkription der viralen RNA in Gang. Das Transkript wird dann auf verschiedene Weisen gespleißt, sodass die mRNAs für die Translation der viralen Proteine entstehen (▶ Abb. 13.26).

Mindestens zwei der Virusproteine – Tat und Rev – dienen dazu, die Replikation des Virusgenoms zu verstärken (▶ Abb. 13.30). Tat bindet eine Transkriptionsaktivierungsregion (TAR) in der 5'LTR. Dadurch werden das zelluläre Cyclin T1 und die zugehörige cyclinabhängige Kinase 9 (*cyclin-dependent kinase 9*, CDK9) rekrutiert. Diese bilden einen Komplex und phosphorylieren die RNA-Polymerase, die dadurch besser in der Lage ist, ein vollständiges Transkript des Virusgenoms herzustellen. Auf diese Weise erzeugt Tat eine positive Rückkopplungsschleife und verstärkt so die produktive Virusreplikation. Rev ist für den Transport ungespleißter Virus-RNA-Transkripte aus dem Zellkern zuständig, indem das Protein an eine spezifische Sequenz, das Rev-Response-Element (RRE), in der Virus-RNA bindet. Eukaryotische Zellen verfügen über einen Mechanismus, durch den sie den Export von ungespleißten mRNA-Transkripten aus dem Zellkern verhindern. Das könnte für Retroviren ein Problem darstellen, die darauf angewiesen sind, ihre ungespleißten mRNA-Spezies, die den vollständigen Satz der Virusproteine codieren und das gesamte virale RNA-Genom umfassen, aus dem Zellkern herauszubringen. Das vollständig gespleißte mRNA-Transkript, das Tat und Rev codiert, tritt bereits in einer frühen Infektionsphase auf, wobei hier der RNA-Transport durch die normalen zellulären Mechanismen erfolgt. Der später erfolgende Export der ungespleißten viralen Transkripte erfordert hingegen Rev, um einen Abbau der mRNA in der Wirtszelle zu verhindern.

Der Erfolg der Virusreplikation beruht auch auf den Proteinen Nef, Vif, Vpu und Vpr. Diese Virusproteine haben sich in der Evolution anscheinend so entwickelt, dass sie die Immunitätsmechanismen des Wirtsorganismus bekämpfen, die gegen das Virus gerichtet sind. Davon sind auch die antiviralen **Restriktionsfaktoren** betroffen – zelluläre Proteine des Wirtsorganismus, die die Replikation von Retroviren durch einen zellautonomen Mechanismus hemmen. Nef (negativer Regulationsfaktor) ist im viralen Lebenszyklus für eine Reihe von essenziellen Funktionen zuständig. Nef ist bereits in einer frühen Phase dieses Zyklus aktiv, hält dabei die T-Zell-Aktivierung aufrecht und bewirkt die Etablierung eines persistierenden Stadiums der HIV-Infektion, teilweise durch Absenken der Schwelle für Signale des T-Zell-Rezeptors und die Verringerung der Expression des inhibitorischen Corezeptors CTLA-4. Insgesamt führen diese Aktivitäten zu einer stärkeren und nachhaltigeren Aktivierung der T-Zellen, die die Replikation des Virus fördert. Nef trägt auch dazu bei, dass infizierte Zellen der Immunabwehr entgehen, indem das Protein die Produktion von MHC-Klasse-I- und -Klasse-II-Molekülen herunterreguliert. Dadurch sinkt die Wahrscheinlichkeit, dass eine aktiv infizierte Zelle eine antivirale Immunantwort auslöst oder von einer cytotoxischen T-Zelle getötet wird. Nef bewirkt auch die Beseitigung der CD4-Oberflächenmoleküle, die sonst beim Abschnüren der Virionen an diese binden und deren Freisetzung stören würden. Vif (viraler Infektiositätsfaktor) inaktiviert die Cytidin-Desaminase APOBEC, die sonst in der viralen cDNA die Umwandlung von Desoxycytidin zu Desoxyuridin katalysieren würde, sodass die cDNA keine viralen Proteine mehr codieren würde. Vpu (virales Protein U) kommt nur bei HIV-1 und Varianten des SI-Virus vor; es ist erforderlich, um den zellulären Faktor Tetherin unwirksam zu machen, der sowohl in die Plasmamembran als auch in die Hülle des gereiften Virions integriert ist und dessen Freisetzung blockiert. Die

Funktion von Vpr (virales Protein R) ist nicht vollständig bekannt, aber anscheinend ist der Restriktionsfaktor SAMHD1 ein Angriffsziel von Vpr. SAMHD1 ist ein zelluläres Protein, das die HIV-Infektion in myeloischen Zellen und ruhenden CD4-T-Zellen verhindert, indem es das intrazelluläre Reservoir der Desoxyribonucleotide (dNTPs) begrenzt, die für die Synthese der viralen cDNA durch die Reverse Transkriptase zur Verfügung stehen.

## 13.3.4 Es gibt verschiedene Wege, durch die HIV übertragen wird und eine Infektion etabliert

Eine HIV-Infektion erfolgt durch die Übertragung von Körperflüssigkeiten einer infizierten auf eine nicht infizierte Person. Am häufigsten werden HIV-Infektionen beim Geschlechtsverkehr übertragen. Es kommt auch zu Übertragungen, wenn kontaminierte Injektionsnadeln zur intravenösen Verabreichung von Drogen im Austausch verwendet werden oder durch die Anwendung von infiziertem Blut oder infizierten Blutprodukten für therapeutische Zwecke, wobei die Zahlen in letzterem Fall in Ländern, in denen Blutprodukte regelmäßig auf HIV getestet werden, stark zurück gegangen sind. Ein weiterer wichtiger Übertragungsweg für das Virus ist der von einer infizierten Mutter auf ihr Kind. Das kann im Uterus, bei der Geburt oder durch die Muttermilch geschehen. Die Häufigkeit, mit der das Virus von einer unbehandelten infizierten Mutter auf ihr Kind übertragen wird, schwankt zwischen 15 und 45 %, abhängig von der Viruslast der Mutter und ob sie ihr Kind stillt, da dadurch das Übertragungsrisiko steigt. Wenn eine infizierte Frau während ihrer Schwangerschaft antiretrovirale Wirkstoffe erhält, nimmt ihre Viruslast ab und die Übertragungsgefahr auf das Kind sinkt erheblich (Abschn. 13.3.11).

Das Virus kann in Form von freien infektiösen Partikeln oder durch infizierte Zellen übertragen werden, für die das Virus einen Tropismus besitzt (beispielsweise CD4-T-Zellen und Makrophagen). Infizierte Zellen kommen im Blut vor, können aber auch in der Samenflüssigkeit oder in Vaginalsekreten sowie in der Muttermilch enthalten sein. Freie Viren kommen im Blut, in der Samenflüssigkeit, in Vaginalsekreten und in der Muttermilch vor. HIV-Virionen können unterschiedliche gp120-Varianten exprimieren, die entweder an CCR5 oder CXCR4 binden, sodass unterschiedliche Zelltypen infiziert werden. In den Schleimhäuten des Genital- und Gastrointestinaltrakts, die die hauptsächlichen Regionen für eine primäre Infektion durch sexuelle Übertragung sind, infizieren HIV-Vironen zuerst nur eine geringe Anzahl von mucosalen Immunzellen, die CCR5 exprimieren – CD4-T-Effektorgedächtniszellen, dendritische Zellen und Makrophagen. Das Virus vermehrt sich lokal in diesen Zellen, bevor es sich über T-Zellen oder dendritische Zellen zu den Lymphknoten ausbreitet, die Flüssigkeit aus den Schleimhäuten ableiten (die mucosalen Makrophagen wandern nicht). Im lymphatischen Kompartiment der mucosalen Gewebe kommen in größerer Zahl $T_H1$- und $T_H17$-Zellen vor, die CCR5 exprimieren (was naive T-Zellen und $T_H2$-Zellen nicht tun), sodass die erste Vermehrung des Virus in diesen Untergruppen der CD4-T-Zellen begünstigt wird. Nach einer beschleunigten Vermehrung in regionalen Lymphknoten verbreitet sich das Virus in großem Umfang über das Blut und gelangt auch zunehmend in die darmassoziierten lymphatischen Gewebe (GALT), wo im Körper die meisten CD4-T-Zellen vorkommen.

## 13.3.5 HIV-Varianten mit einem Tropismus für verschiedene Co-rezeptoren sind für die Ausbreitung und das Fortschreiten der Krankheit von unterschiedlicher Bedeutung

Damit HIV in einem neuen Wirt eine Infektion auslösen kann, muss das Virus mit einer CD4-exprimierenden Immunzelle in Kontakt treten. Die eigentliche Zielzelle wird durch die Affinität des viralen gp120-Proteins für die beiden unterschiedlichen Chemokincorezeptoren bestimmt: CCR5 und CXCR4. Entsprechend bezeichnet man die beiden wichtigsten Tropismusvarianten von HIV mit R5 beziehungsweise X4. CCR5 kommt vor allem auf CD4-exprimierenden CD4-T-Zellen vor, die sich an den hauptsächlichen Stellen der Virusübertragung aufhalten. Diese Bereiche sind ständig kommensalen Mikroorganismen ausgesetzt und enthalten deshalb eine große Zahl von aktivierten Immunzellen (Schleimhautgewebe des männlichen und weiblichen Genitaltrakts oder des Rektums für sexuelle Übertragung; oberer Gastrointestinaltrakt für die Mutter-Kind-Übertragung). Deshalb sind in der frühen Infektionsphase vor allem R5-Stämme des Virus mit CCR5-Tropismus für die Übertragung verantwortlich.

Bevor HIV mit CD4-exprimierenden Immunzellen in Kontakt treten kann, muss das Virus das Epithel dieser Gewebe durchqueren. Auch hier sind die Virusvarianten mit CCR5-Tropismus im Vorteil. Die Infektion erfolgt in zwei Arten von Geweben: mehrschichtigen Epithelien oder Plattenepithelien wie die Schleimhäute der Vagina, der Penisvorhaut, des äußeren Gebärmuttermundes, im Mundrachenraum und in der Speiseröhre, oder in einschichtigen Zylinderepithelien wie der Gebärmutterhalsschleimhaut, des Rektums und des oberen Gastrointestinaltrakts. Die Epithelzellen der Rektums oder des Gebärmutterhalses können CCR5 exprimieren und translozieren, wie sich zeigen ließ, selektiv HIV-R5-, nicht jedoch HIV-X4-Varianten durch das einschichtige Epithel. Andere Moleküle, die auf Epithelzellen exprimiert werden, sind ebenfalls beteiligt. An gp120-bindende Glykosphingolipide, die von Epithelzellen der Vagina oder des äußeren Gebärmuttermundes exprimiert werden, ermöglichen ebenfalls die Transcytose des Virus durch das Epithel. Der Virustransit durch Epithelbarrieren und das Auslösen einer Infektion erfolgt mit hoher Geschwindigkeit. Das SIV-Virus kann das Epithel der Vagina und des Gebärmutterhalses innerhalb von 30–60 min nach dem ersten Kontakt durchqueren.

HIV kann nicht nur über eine direkte Transcytose Epithelien passieren, sondern dem Virus dienen auch die Fortsätze von interdigitierenden dendritischen Zellen, die sich zwischen die Epithelzellen erstrecken, als Eintrittsweg in das Epithel. Anscheinend handelt es sich um einen komplexen Transportmechanismus, über den HIV, nachdem es von den dendritischen Zellen aufgenommen wurde, durch das Epithel zu den CD4-T-Zellen im Lymphgewebe gelangt. HIV kann sich an dendritische Zellen heften, indem das virale gp120-Protein an C-Typ-Lektin-Rezeptoren bindet, beispielsweise an Langerin (CD207), an den Mannoserezeptor (CD206) und an DC-SIGN. Ein Teil des gebundenen Virus wird schnell in Vakuolen aufgenommen, wo es tagelang in einem infektiösen Zustand bleiben kann. Auf diese Weise wird das Virus geschützt und bleibt stabil, bis es auf eine zugängliche CD4-T-Zelle trifft, etwa in der lokalen mucosalen Umgebung oder nachdem es in die ableitenden Lymphgewebe gelangt ist (▶ Abb. 13.32). In einigen mucosalen Regionen kommen CCR5-exprimierende CD4-T-Zellen im Epithel vor (intraepitheliale T-Zellen). Man hat festgestellt, dass dies Bereiche sind, in denen frühe Phasen der viralen Replikation stattfinden. HIV kann also CD4-T-Zellen entweder direkt oder über dendritische Zellen infizieren, die mit CD4-T-Zellen interagieren.

Während der **akuten Phase** der Infektion, die normalerweise mehrere Wochen andauert und mit einer grippeähnlichen Erkrankung einhergeht, kommt es zu einer schnellen Vermehrung des Virus, vor allem in den CCR5-exprimierenden CD4-T-Zellen (▶ Abb. 13.33). Diese Phase ist durch eine große Anzahl zirkulierender Viren im Blut (Virämie) und die schnelle Abnahme der CCR5-exprimierenden CD4-T-Zellen gekennzeichnet. Der zuletzt genannte Effekt ist darauf zurückzuführen, dass zahlreiche CD4-T-Zellen in den GALT absterben. Ursache dafür ist die cytopathische Wirkung des Virus (Makrophagen und dendritische Zellen können anscheinend der Lyse durch das sich replizierende Virus besser widerstehen). Die Ausdünnung der Immunzellen im Darm erhöht wahrscheinlich die schnelle Virusproduktion in den GALT noch, indem die Aktivierung der Immunzellen aufgrund eines Zusammenbruchs der Barrierefunktion und der Translokation von Bestandteilen der Mikroflora noch verstärkt wird. Aufgrund des hohen Virustiters und des Übergewichts der R5-Stämme während der akuten Infektionsphase ist das Risiko einer Übertragung auf nichtinfizierte Personen in dieser Phase besonders hoch.

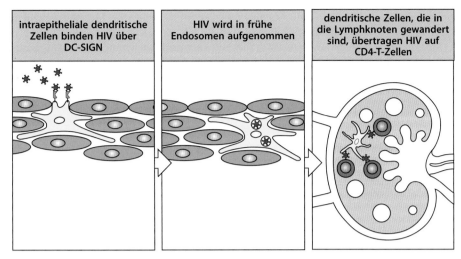

**Abb. 13.32 Dendritische Zellen lösen die Infektion aus, indem sie HIV von der Schleimhautoberfläche in das Lymphgewebe transportieren.** HIV heftet sich an die Oberfläche von intraepithelialen dendritischen Zellen, indem das virale Protein gp120 an DC-SIGN bindet (*links*). Das Virus kommt bei verletzten Stellen der Schleimhaut oder möglicherweise auch direkt mit dendritischen Zellen in Kontakt, die ihre Fortsätze zwischen Epithelzellen hindurchstrecken, um aus der Umgebung Antigene aufzunehmen. An einige Epithelzellen kann HIV auch direkt binden und wird dann durch sie hindurch zu den subepithelialen dendritischen Zellen transportiert (nicht dargestellt). Dendritische Zellen nehmen HIV in Endosomen auf, die sich in einer frühen Entwicklungsphase befinden und innen ein leicht saures Milieu aufweisen. Die Zellen wandern in die Lymphgewebe. HIV wird zurück an die Zelloberfläche gebracht, und wenn die dendritische Zelle in einem sekundären lymphatischen Gewebe auf eine CD4-T-Zelle trifft, wird HIV auf die T-Zelle übertragen (*rechts*)

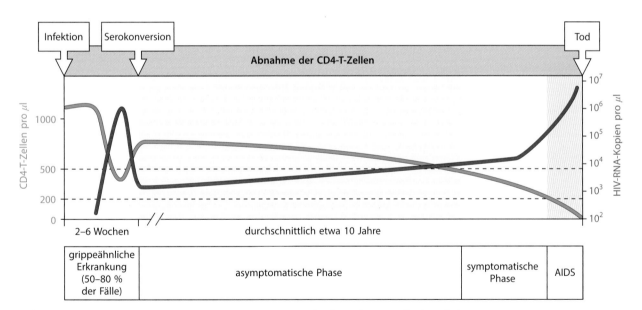

**Abb. 13.33 Der typische Verlauf einer unbehandelten HIV-Infektion.** Die ersten Wochen sind durch eine akute grippeähnliche Infektion mit einem hohen Virustiter im Blut gekennzeichnet, die man manchmal auch als Serokonversionskrankheit bezeichnet. Die folgende adaptive Immunantwort bringt die akute Infektion unter Kontrolle und lässt die Anzahl der CD4-T-Zellen wieder auf die ursprünglichen Werte ansteigen, beseitigt die Viren jedoch nicht vollständig. Das ist die asymptomatische Phase, die ohne Behandlung fünf bis zehn Jahre andauert. Opportunistische Infektionen und andere Symptome werden häufiger, wenn die Zahl der CD4-T-Zellen abnimmt. Sie beginnen etwa bei einer Zahl von 500 CD4-T-Zellen pro $\mu$l. Dann zeigen sich bei den Betroffenen die ersten Symptome. Sinkt die Zahl der CD4-T-Zellen unter 200 pro $\mu$l, spricht man von AIDS. Man beachte, dass die Zahl der CD4-T-Zellen aus klinischen Gründen in Zellen pro $\mu$l angegeben wird und nicht, wie sonst in diesem Buch, in Zellen pro ml

Sobald sich eine adaptive Immunantwort entwickelt hat, kommt es bei fast allen Patienten zu einer akuten Phase mit hoher Virämie (▶ Abb. 13.33). Die für Virusantigene spezifischen cytolytischen CD8-T-Zellen entwickeln sich und töten HIV-infizierte Zellen, und bei infizierten Personen sind nun virusspezifische Antikörper im Serum nachweisbar (**Serokonversion**). Die Entwicklung der CTL-Reaktion bringt das Virus schnell unter Kontrolle, sodass es zu einer raschen Abnahme des Virustiters kommt und die Anzahl der CD4-T-Zellen wieder zunimmt. Den Virustiter, der in diesem Stadium im Blutplasma dauerhaft vorhanden ist, bezeichnet man als **viralen Setpoint**. Dieser ist ein guter Indikator für die künftige Entwicklung der Krankheit. An dieser Stelle geht die Krankheit in ein klinisch latentes Stadium über, die **asymptomatische Phase** beginnt. Sie ist gekennzeichnet von einer niedrigen Virämie und einer langsamen Abnahme der CD4-T-Zellen und kann mehrere Jahre andauern. Während dieser Zeit setzt das Virus seine aktive Replikation fort, wird aber in Schach gehalten, vor allem von HIV-spezifischen CD8-T-Zellen und Antikörpern.

Durch den starken Selektionsdruck, den die antivitrale Immunantwort erzeugt, kommt es bei HIV zu einer Selektion von **Escape-Mutanten**, die von den adaptiven Immunzellen nicht mehr erkannt werden. So entstehen in einer einzigen infizierten Person, und auch in der Bevölkerung insgesamt, viele verschiedene Virusvarianten. In einer späten Infektionsphase wechselt bei 50 % der Patienten der dominierende Virustyp von den R5- zu den X4-Varianten, die dann die T-Zellen über die CXCR4-Corzeptoren infizieren. Das führt dazu, dass die Anzahl der CD4-T-Zellen schnell abnimmt und entsprechend voranschreitet. Der genaue Mechanismus, durch den dieser Wechsel des viralen Tropismus zu einem beschleunigten Verlust der CD4-T-Zellen führt, ist nicht bekannt. In der Gleichgewichtsphase sind die R5-Varianten anscheinend für die Übertragung von infizierten auf nichtinfizierte Personen entscheidend, während die X4-Varianten, die unter dem Selektionsdruck entstehen, den die adaptive Immunantwort hervorruft, zur Ausbreitung innerhalb eines infizierten Individuums beitragen.

### 13.3.6 Aufgrund eines genetischen Defekts im Corezeptor CCR5 kommt es *in vivo* zu einer Resistenz gegenüber einer HIV-Infektion

Hinweise darauf, welche Bedeutung CCR5 für die HIV-Infektion hat, stammen von Untersuchungen an Personen, die trotz einer starken Exposition gegenüber HIV-1 seronegativ geblieben sind. Lymphocyten und Makrophagen dieser Personen waren in Zellkulturen, die man mit HIV infiziert hat, vergleichsweise resistent gegen eine Infektion durch HIV. Die Resistenz dieser Personen gegen eine HIV-Infektion ließ sich erklären, als man entdeckte, dass die Betroffenen für eine nichtfunktionelle Variante von CCR5 homozygot sind. Bei dieser Variante, die man mit Δ32 bezeichnet, fehlt ein codierender Bereich von 32 Nucleotiden, was zu einer Rasterverschiebung und einer Verkürzung des translatierten Proteins führt. Innerhalb der weißen Bevölkerung ist die Häufigkeit dieses mutierten Allels mit 0,09 relativ hoch. Etwa 10 % der weißen Bevölkerung sind also heterozygote Träger des Allels und etwa 1 % ist homozygot. Bei Japanern oder Schwarzafrikanern aus West- oder Zentralafrika findet man das mutierte Allel nicht. Ob die heterozygote Mutation von CCR5 einen partiellen Schutz gegen eine HIV-Infektion bietet, ist umstritten, aber anscheinend trägt sie möglicherweise zu einer gewissen Verlangsamung des Krankheitsverlaufs bei. Neben dem Strukturpolymorphismus des Gens stehen verschiedene Promotorvarianten des *CCR5*-Gens in Zusammenhang mit unterschiedlichen Geschwindigkeiten des Krankheitsverlaufs. Das häufige Vorkommen des *CCR5Δ32*-Allels in der weißen Bevölkerung vor der HIV-Pandemie deutet auf eine Selektion hin, die bei einer früheren Epidemie aufgetreten sein muss. Man vermutet, dass es sich um die Pocken oder die Beulenpest gehandelt hat, aber dafür gibt es bis jetzt keinen Beleg.

### 13.3.7 Eine Immunantwort hält HIV zwar unter Kontrolle, beseitigt es aber nicht

HIV-Infektionen lösen eine Immunantwort aus, die das Virus zwar in Schach halten, aber nur sehr selten, wenn überhaupt jemals, beseitigen kann. ▶ Abb. 13.34 zeigt den zeitlichen Verlauf verschiedener Elemente der adaptiven Immunantwort gegen HIV bei Erwachsenen sowie parallel dazu die Konzentration des Erregers im Plasma. Wie bereits erwähnt, kommt es in der akuten Phase durch die virusvermittelte Cytopathie vor allem in den mucosalen Geweben zu einer substanziellen Verringerung der Anzahl der CD4-T-Zellen. Da sich eine Immunantwort entwickelt und die Vermehrung der Viren verlangsamt, erholt sich die Anzahl der T-Zellen zuerst wieder und es folgt eine asymptomatische Krankheitsphase (▶ Abb. 13.33). Die Replikation des Virus setzt sich jedoch fort und nach einer variablen Zeitspanne, die zwischen wenigen Monaten und bis zu 20 Jahren andauern kann, fällt die Anzahl der CD4-T-Zellen auf einen so niedrigen Wert, dass eine wirksame Immunität nicht mehr aufrechterhalten werden kann und sich AIDS entwickelt (definitionsgemäß bei 200 CD4-T-Zellen pro $\mu$l peripheres Blut). Mehrere Faktoren wirken hier zusammen, damit die Zahl der CD4-T-Zellen so weit zurückgeht, dass keine Immunität mehr besteht: die Zerstörung durch die cytotoxischen Lymphocyten, die gegen HIV-infizierte Zellen gerichtet sind, eine direkte und indirekte Immunaktivierung, durch die das latente Virus seinerseits aktiviert wird, fortdauernde cytopathische Effekte durch das Virus wie auch eine unzureichende Erneuerung der T-Zellen im Thymus. In diesem Abschnitt wollen wir uns mit der Bedeutung der cytotoxischen CD8-T-Zellen, CD4-T-Zellen, der Antikörper und löslichen Faktoren bei der Immunantwort auf eine HIV-Infektion beschäftigen, wobei das System die Infektion zuerst eindämmt, aber es letztendlich nicht gelingt, sie unter Kontrolle zu bringen.

Untersuchungen an peripheren Blutzellen infizierter Personen zeigen, dass es cytotoxische T-Zellen gibt, die für virale Peptide spezifisch sind und *in vitro* infizierte Zellen abtöten können. *In vivo* wandern cytotoxische T-Zellen zu Bereichen mit HIV-Replikation, und man

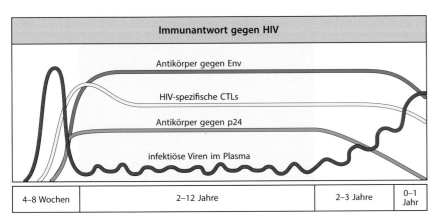

**Abb. 13.34  Die Immunreaktion gegen HIV.** Infektiöse Viren sind im peripheren Blutkreislauf einer infizierten Person während einer längeren asymptomatischen Phase nur in relativ niedriger Konzentration vorhanden, sie werden jedoch permanent im Lymphgewebe repliziert. In dieser Phase nimmt die Konzentration der CD4-T-Zellen trotz des hohen Titers von Antikörpern und cytotoxischen CD8-T-Zellen, die gegen das Virus gerichtet sind, ständig ab (▶ Abb. 13.33). Dargestellt sind zwei verschiedene Antikörperantworten: gegen das Hüllprotein Env und gegen das Kernprotein p24 des Virus. Mit der Zeit sinken die Titer der Antikörper und der HIV-spezifischen cytotoxischen CD8-T-Lymphocyten (CTLs) und die Konzentration der infektiösen HIV-Partikel im peripheren Blut steigt stetig an

geht davon aus, dass sie dort zahlreiche produktiv infizierte Zellen töten, bevor auch nur ein infektiöses Virus freigesetzt wird. Dabei würde die Viruslast auf ein quasi stabiles Niveau eingestellt, das für die symptomfreie Phase charakteristisch ist. Hinweise auf die klinische Bedeutung, die den cytotoxischen CD8-T-Zellen bei der Kontrolle der HIV-Infektion zukommt, liefern Untersuchungen, bei denen man die Anzahl und die Aktivität der CD8-T-Zellen in eine Beziehung zur Viruslast setzt. Durch Experimente mit Makaken, die mit SIV (*simian immunodeficiency virus*) infiziert sind, gibt es direkte Hinweise darauf, dass die cytotoxischen CD8-T-Zellen die mit einem Retrovirus infizierten Zellen in Schach halten. Nach der Behandlung von infizierten Tieren mit monoklonalen Antikörpern, die CD8-T-Zellen beseitigen, kam es zu einer starken Zunahme der Viruslast.

Neben der direkten Cytotoxizität, die durch die Erkennung von virusinfizierten Zellen vermittelt wird, gibt es noch eine Reihe verschiedener Faktoren, die von CD4-, CD8- und NK-Zellen produziert werden und die für die antivirale Immunität von Bedeutung sind. Chemokine, die an CCR5 binden, beispielsweise CCL5, CCL3 und CCL4, werden von CD8-T-Zellen an Infektionsherden freigesetzt und hemmen die Ausbreitung des Virus, indem sie mit den HIV-1-R5-Stämmen um die Bindung an den Corezeptor CCR5 konkurrieren. Andererseits sind die Faktoren, die mit den X4-Stämmen um die Bindung an CXCR4 konkurrieren, bis jetzt noch unbekannt. Cytokine wie IFN-$\alpha$ und IFN-$\gamma$ wirken wahrscheinlich ebenfalls dabei mit, die Ausbreitung des Virus unter Kontrolle zu halten.

Es gibt Belege dafür, dass CD4-T-Zellen nicht nur das hauptsächliche Angriffsziel für eine HIV-Infektion sind, sondern auch bei der Immunreaktion auf HIV-infizierte Zellen eine wichtige Funktion erfüllen. Es besteht eine umgekehrte Korrelation zwischen der Stärke der proliferativen CD4-T-Zell-Reaktionen auf HIV-Antigene und der Viruslast. Darüber hinaus ist anscheinend auch die Art der Reaktion der CD4-T-Zellen gegen das Virus von Bedeutung. Bei Patienten, deren CD4-T-Zellen eine stärkere Aktivität vom $T_H1$-Typ entwickeln, etwa auch die Produktion von IFN-$\gamma$ und Granzym B, besteht eine umgekehrte Korrelation zwischen der Viruslast und der Kontrolle der akuten Infektion. Außerdem zeigen CD4-T-Zellen von Patienten, die lange Zeit nach einer HIV-Infektion noch keine AIDS-Symptome entwickeln, stark proliferative antivirale Reaktionen. Schließlich führt eine frühe Behandlung von akut infizierten Personen mit antiretroviralen Wirkstoffen dazu, dass die proliferativen Reaktionen der CD4-T-Zellen gegen HIV-Antigene erneut einsetzen. Wenn die antiretrovirale Therapie beendet wird, bleiben die CD4-Reaktionen bei einigen der Betroffenen bestehen und die Virämie erreicht ein niedrigeres Niveau. Die Infektion setzt sich jedoch auch bei diesen Patienten fort und die immunologische Kontrolle der Infektion wird letztendlich unterliegen. Wenn die Reaktionen der CD4-T-Zellen für die Kontrolle einer HIV-Infektion essenziell sind, ließe sich durch den HIV-Tropismus für diese Zellen und die Tatsache, dass die Zellen von dem Virus getötet werden, durchaus erklären, warum die Immunantwort eines Wirtsorganismus die Infektion langfristig nicht unter Kontrolle bekommt.

Antikörper gegen HIV-Proteine werden schon in einer frühen Infektionsphase erzeugt, sie sind aber wie die T-Zellen letztendlich nicht in der Lage, das Virus zu beseitigen. Wie bei den viralen T-Zell-Epitopen verfügt das Virus über ein hohes Potenzial, unter dem Selektionsdruck der Antikörperreaktion Escape-Mutanten zu entwickeln. Für die Antikörperreaktion sind anscheinend zwei Faktoren von Bedeutung: Zum einen werden neutralisierende Antikörper gegen die Antigene gp120 und gp41 in der Virushülle produziert, die das Anheften des Virus an CD4-positive Zielzellen blockieren, und zum anderen werden nichtneutralisierende Antikörper erzeugt, die im Zusammenhang mit der antikörperabhängigen zellulären Cytotoxizität (ADCC) gegen infizierte Zellen gerichtet sind. Neutralisierende Antikörper werden zwar letztendlich von fast allen HIV-Infizierten produziert, aber die relative Unzugänglichkeit der viralen Epitope, die an CD4 und die Chemokincorezeptoren binden, behindert die Entwicklung solcher Antikörper über einen längeren Zeitraum (das heißt einige Monate) hinweg. Dadurch gewinnt das Virus Zeit, Escape-Mutanten hervorzubringen, bevor die neutralisierenden Antikörper produziert werden. Die Entwicklung sogenannter **breit neutralisierender Antikörper**, die die Infektion durch diverse Virenstämme blockieren können, treten häufig bei Patienten mit hohen Virustitern auf, was dafür spricht, dass diese Antikörper nicht in der Lage sind, eine im Körper etablierte Infektion wirksam einzudämmen. Die Analyse von wirksam neutralisierenden Antikörpern gegen HIV zeigen, dass sie eine intensive somatische Hypermutation durchlaufen haben, die selten innerhalb eines Jahres nach der Infektion einsetzt. Andererseits kann die passive Verabreichung einiger Antikörper gegen HIV an Versuchstiere diese vor einer mucosalen Infektion mit HIV schützen. Das lässt zumindest hoffen, dass es möglich sein kann, einen wirksamen Impfstoff zu entwickeln, der Neuinfektionen verhindert.

Es gibt zunehmend Hinweise darauf, dass nicht neutralisierende Antikörper, die die ADCC der NK-Zellen, Makrophagen und neutrophilen Zellen aktivieren, anders als die neutralisierenden Antikörper, die erst in einer späten Infektionsphase gebildet werden, bereits in einer frühen Infektionsphase entstehen und zusammen mit den Aktivitäten der cytolytischen CD8-T-Zellen die Vermehrung der Viren begrenzen. Allerdings ermöglicht es die hohe Mutationsrate dem Virus auch hier, immer einen Schritt voraus zu sein und die Infektion aufrechtzuerhalten. Mutationen während der HIV-Replikation ermöglichen die Entstehung von Virusvarianten, die der Erkennung durch neutralisierende Antikörper oder cytotoxische T-Zellen entgehen und viel zum langfristigen Versagen des Immunsystems bei der Eindämmung der Infektion beitragen. Eine Immunantwort wird häufig von T- oder B-Zellen dominiert, die nur für bestimmte Epitope – die **immundominanten Epitope** – spezifisch sind, und man hat schon Mutationen in den immundominanten HIV-Peptiden gefunden, die durch MHC-Klasse-I-Moleküle präsentiert werden. Zudem hat man Mutationen in Epitopen gefunden, die von neutralisierenden und nichtneutralisierenden Antikörpern erkannt werden. Man hat auch festgestellt, dass mutierte Peptide T-Zellen hemmen können, die auf das Wildtypepitop reagieren, sodass sowohl das mutierte als auch das Wildtypvirus überlebt.

Die Immunantwort gegen HIV ist zwar letztendlich nicht erfolgreich, aber zweifellos wird das Voranschreiten der viralen Replikation verzögert. Das zeigt sich vielleicht am besten an den tragischen Fällen von Kindern, die bei der Geburt mit HIV infiziert wurden und bei denen der Verlauf der Krankheit viel massiver ist als bei Erwachsenen. Das liegt an der schwachen Immunantwort gegen das Virus in der akuten Infektionsphase, da das Immunsystem von Neugeborenen noch nicht entwickelt ist, aber auch daran, dass die Infektion durch einen Virusstamm erfolgt, der bereits einem Immunsystem entkommen ist, das dem des Kindes genetisch ähnlich ist. Das bedeutet letztendlich, dass die Latenzphase aufgrund der schwachen Immunantwort entfällt und sich AIDS schnell entwickelt.

## 13.3.8 Die Lymphgewebe sind das wichtigste Reservoir für eine HIV-Infektion

In Anbetracht der aktiven und beständigen Immunantwort gegen eine HIV-Infektion und der Entwicklung von antiretroviralen Behandlungsmethoden, die die Virusreplikation wirksam bekämpfen (Abschn. 13.3.11), ist es wichtig, die Reservoirs zu kennen, die es dem Virus ermöglichen, die Infektion aufrechtzuerhalten. Die HIV-Last und der Virusumsatz werden zwar normalerweise mithilfe der RNA ermittelt, die in den Virionen im Blut vorhanden ist, aber das hauptsächliche Reservoir einer HIV-Infektion ist anscheinend das Lymphgewebe. Das Virus kommt nicht nur in den infizierten CD4-T-Zellen, Makrophagen und dendritischen Zellen vor, sondern wird auch in den Keimzentren an den Oberflächen der follikulären dendritischen Zellen in Form von Immunkomplexen festgehalten. Diese Zellen werden nicht selbst infiziert, dienen aber als Reservoir für infektiöse Virionen, die Monate oder sogar länger überdauern können. Gewebemakrophagen und dendritische Zellen können zwar anscheinend replizierende HIV-Viren beherbergen, ohne von ihnen getötet zu werden, aber diese Zellen sind kurzlebig und bilden wahrscheinlich nicht das Hauptreservoir für eine latente Infektion. Sie sind aber anscheinend für die Ausbreitung des Virus in andere Gewebe von Bedeutung, beispielsweise ins Gehirn, wo möglicherweise infizierte Zellen des Zentralnervensystems dazu beitragen, dass das Virus langfristig im Körper überlebt.

Auf der Basis von Untersuchungen an Patienten, die eine antiretrovirale Therapie erhalten, lässt sich abschätzen, dass über 95 % der Viren, die im Plasma nachweisbar sind, aus produktiv infizierten CD4-T-Zellen stammen, die mit etwa zwei Tagen eine sehr kurze Lebensdauer haben. Virenproduzierende CD4-T-Zellen kommen in den T-Zell-Zonen der Lymphgewebe vor und man nimmt an, dass sie der Infektion unterliegen, wenn sie bei einer Immunantwort aktiviert werden. Latent infizierte CD4-T-Gedächtniszellen, die durch ihr Antigen reaktiviert werden, bringen ebenfalls Viren hervor, die sich auf andere aktivierte CD4-T-Zellen ausbreiten können. Neben den produktiv oder latent infizierten Zellen gibt es noch eine weitere große Population von Zellen, die mit defekten Proviren infiziert sind, welche keine infektiösen Viren produzieren. Ungünstig ist dabei, dass die Halblebenszeit der latent infizierten CD4-T-Gedächtniszellen mit etwa 44 Monaten außerordentlich lang ist. Das bedeutet, dass eine medikamentöse Behandlung, die die Vermehrung der Viren wirksam beendet, über 70 Jahre lang angewendet werden müsste, um das Virus ganz zu beseitigen. In der Praxis bedeutet das, dass die Patienten es niemals schaffen, eine HIV-Infektion vollständig zu überwinden, und ihr Leben lang behandelt werden müssen.

### 13.3.9 Durch die genetische Variabilität kann sich in einem Wirt die Geschwindigkeit verändern, mit der die Krankheit voranschreitet

Bereits in einer frühen Phase der HIV/AIDS-Pandemie wurde deutlich, dass der Verlauf der Krankheit sehr unterschiedlich sein kann. Zwar erkranken tatsächlich fast alle infizierten Personen, die nicht behandelt werden, an AIDS und sterben schließlich an opportunistischen Infektionen oder an Krebs, aber es sind eben nicht alle davon betroffen. Ein geringer Prozentsatz der Personen, die mit dem Virus in Kontakt kommen, zeigt zwar eine Serokonversion, aber die Krankheit schreitet nicht voran. Bei den Betroffenen bleiben die Anzahl CD4-T-Zellen und weitere Parameter der Immunkompetenz ohne antiretrovirale Therapie jahrzehntelang stabil. Bei diesen Individuen ohne langfristigen Krankheitsfortschritt (*long-term nonprogressors*) gibt es eine Untergruppe, die man als **Elite-Controller** bezeichnet. Diese Personen zeigen ungewöhnlich niedrige Titer an zirkulierenden Viren (trotz der bestehenden Virusvermehrung auf niedrigem Niveau, die mit Standardtests klinisch nicht nachweisbar ist) und machen etwa 1/300 der Infizierten aus. Man hat sie genau untersucht, um herauszufinden, warum sie ihre Infektion kontrollieren können. Eine zweite Gruppe umfasst Personen, die durch ihr Verhalten hohe Risiken eingehen und sich wiederholt einer Infektionsgefahr aussetzen, aber virus- und krankheitsfrei bleiben. Man hat unter diesen Personen zwar Anzeichen für frühere HIV-Infektionen gefunden, aber es ist nicht geklärt, ob sie jemals von einem infektiösen Virus betroffen waren oder ob sie nur mit einem stark geschwächten oder defekten Stamm in Kontakt gekommen sind, der keine erfolgreiche Infektion auslösen konnte. Auf jeden Fall ist die Untersuchung dieser Personen von großem medizinischen Interesse, da sich vielleicht Erkenntnisse gewinnen lassen, wie die Immunantwort des Wirtes das Virus besser unter Kontrolle bringen kann und welche genetischen Faktoren möglicherweise ausschlaggebend sind, um einen wirksamen Immunschutz zu entwickeln. Vielleicht kann man so auch Hinweise auf Verfahren erhalten, wie sich bessere Impfstoffe herstellen lassen.

Die genetische Variabilität des Virus selbst kann zwar das Ergebnis einer Infektion beeinflussen, aber man findet bei den Wirtsorganismen immer mehr Genvarianten, die sich auf die Geschwindigkeit auswirken, mit der sich eine HIV-Infektion bis zur Entstehung von AIDS entwickelt. Genomweite Assoziationsstudien (GWASs) und seit neuerer Zeit auch bessere Hochdurchsatzmethoden zur Bestimmung von individuellen genetischen Varianten (beispielsweise Exom- und Gesamtgenomsequenzierung) führen immer schneller zur Entdeckung weiterer genetischer Varianten, in denen sich hoch anfällige und resistente Individuen unterscheiden (▶ Abb. 13.35). Wie im Abschn. 13.3.6 besprochen, ist das mutierte Allel *CCR5Δ32* von *CCR5* eines der eindeutigsten Beispiele für eine genetische Variante bei einem Wirtsorganismus, die die HIV-Infektion beeinflusst. Wenn die Variante homozygot auftritt, wird die HIV-Infektion wirksam blockiert, im heterozygoten Fall kann es

| Gene, welche die Entwicklung von AIDS beeinflussen | | | | |
|---|---|---|---|---|
| **Gen** | **Allel** | **Vererbung** | **Wirkung** | **Wirkmechanismus** |
| **Eindringen von HIV** | | | | |
| *CCR5* | Δ32 | rezessiv | verhindert Infektion | inaktiviert CCR5-Expression |
| | | dominant | verhindert Lymphom (L) | verringert verfügbaren CCR5 |
| | | | verzögert AIDS | |
| | P1 | rezessiv | beschleunigt AIDS (E) | erhöht CCR5-Expression |
| *CCR2* | I64 | dominant | verzögert AIDS | CXCR4-Wechselwirkung und -Verringerung |
| *CCL5* | In1.1c | dominant | beschleunigt AIDS | verringert CCL5-Expression |
| *CXCL12* | 3′A | rezessiv | verzögert AIDS (L) | stört CCR5-CXCR4-Übergang (?) |
| *CXCR6* | E3K | dominant | beschleunigt Lungenentzündung durch *P. jirovecii* (L) | verändert T-Zell-Aktivierung (?) |
| *CCL2-CCL7-CCL11* | H7 | dominant | verstärkt Infektion | stimuliert Immunantwort (?) |
| **Anti-HIV-Cytokin** | | | | |
| *IL10* | 5′A | dominant | begrenzt Infektion | verringert IL-10-Expression |
| | | | beschleunigt AIDS | |
| *IFNG* | −179T | dominant | beschleunigt AIDS (E) | |
| **zellvermittelte erworbene Immunität** | | | | |
| *HLA* | A, B, C | homozygot | beschleunigt AIDS | verringert Erkennungsbreite des HLA-Klasse-I-Epitops |
| | B*27 | codominant | verzögert AIDS | verzögert HIV-1-Freisetzung |
| | B*57 | | | |
| | B*35-Px | | beschleunigt AIDS | beeinflusst CD8-vermittelte Beseitigung von T-Zellen mit HIV-1 |
| **angeborene Immunität** | | | | |
| *KIR3DS1* | 3DS1 | epistatisch mit HLA-Bw4 | verzögert AIDS | beseitigt HIV⁺HLA⁻-Zellen (?) |

**Abb. 13.35 Gene, die den Verlauf von AIDS beim Menschen beeinflussen.** E, Effekt, der sich in einer frühen Phase auf den AIDS-Verlauf auswirkt; L, Effekt, der sich in einer späten Phase von AIDS auswirkt; ?, möglicher Mechanismus ohne direkte positive Auswirkung. (Aus O'Brien S.J., Nelson G.W. (2004) *Nat. Genet.* 36:565–574; Nachdruck mit freundlicher Genehmigung von Macmillan Publishers Ltd.)

Teil V

| Infektionen | |
|---|---|
| Parasiten | *Toxoplasma* spp.<br>*Cryptosporidium* spp.<br>*Leishmania* spp.<br>*Microsporidium* spp. |
| intrazelluläre Bakterien | *Mycobacterium tuberculosis*<br>*Mycobacterium avium intracellulare*<br>*Salmonella* spp. |
| Pilze | *Pneumocystis jirovecii*<br>*Cryptococcus neoformans*<br>*Candida* spp.<br>*Histoplasma capsulatum*<br>*Coccidioides immitis* |
| Viren | Herpes simplex<br>Cytomegalievirus<br>Herpes zoster |

| Erkrankungen |
|---|
| Kaposi-Sarkom (HHV8)<br>Non-Hodgkin-Lymphom,<br>z. B. EBV-positives Burkitt-Lymphom<br>primäres Lymphom des Gehirns |

**Abb. 13.36 AIDS-Patienten können an vielen opportunistischen Infektionen oder Krebserkrankungen sterben.** Infektionen, insbesondere durch *Pneumocystis jirovecii* und Mykobakterien, sind die häufigste Todesursache bei AIDS-Patienten. Die meisten dieser Krankheitserreger können von der Immunabwehr nur mithilfe einer effektiven Aktivierung der Makrophagen durch CD4-T-Zellen oder mit funktionsfähigen cytotoxischen T-Zellen bekämpft werden. Opportunistische Krankheitserreger sind in der alltäglichen Umwelt vorhanden, führen jedoch vor allem bei Personen mit geschwächtem Immunsystem wie AIDS- und Krebspatienten zu Erkrankungen. AIDS-Patienten sind auch anfällig für seltene Krebsarten wie das Kaposi-Sarkom, das mit dem humanen Herpesvirus 8 (HHV-8) assoziiert ist, und verschiedene Lymphome. Normalerweise verhindert die Immunüberwachung durch T-Zellen vermutlich solche Tumoren (Kap. 16)

zu einer Verlangsamung des Infektionsverlaufs kommen. Genetische Polymorphismen im HLA-Klasse-I-Locus, insbesondere bei *HLA-B*- und *HLA-C*-Allelen, bilden einen weiteren wichtigen Faktor, der den Krankheitsverlauf bestimmt. Daraus lassen sich Prognosen zur Kontrolle einer HIV-Infektion zurzeit am besten ableiten. Mithilfe der GWAS-Untersuchungen konnte man Polymorphismen im peptidbindenden Spalt von HLA-Klasse-I-Molekülen kartieren, die entscheidende Determinanten für den Krankheitsverlauf darstellen. Polymorphismen außerhalb des Spalts und auch in nichtcodierenden Regionen, welche die Expressionsraten der HLA-Moleküle kontrollieren, spielen ebenfalls eine Rolle. Die HLA-Klasse-I-Allele *HLA-B57*, *HLA-B27* und *HLA-B13* sowie weitere Varianten führen zu einer besseren Prognose, während die Allele *HLA-B35* und *HLA-B07* einen rascheren Krankheitsverlauf mit sich bringen. Homozygotie bei HLA-Klasse-I-Allelen (*HLA-A, HLA-B* und *HLA-C*) führt ebenfalls zu einem schnelleren Verlauf, wahrscheinlich weil die T-Zell-Reaktion auf die Infektion eine geringere Diversität besitzt. Bemerkenswert ist dabei, dass ein Einzelnucleotidpolymorphismus (*single nucleotode polymorphism*, SNP) 35 kb stromaufwärts des *HLA-C*-Locus die stärksten Auswirkungen auf die Viruskontrolle hat. Dieser Polymorphismus führt zu einer besseren Immunkontrolle, die mit einer erhöhten Expression von HLA-C einhergeht. Die verbesserte Kontrolle ist wahrscheinlich eine Folge der gesteigerten Präsentation der Viruspeptide gegenüber den CD8-T-Zellen. Bestimmte Polymorphismen der killerzellenimmunglobulinähnlichen Rezeptoren (KIRs), die auf NK-Zellen vorkommen (Abschn. 3.2.12), insbesondere im Rezeptor KIR-3DS1 in Kombination mit bestimmten Allelen von *HLA-B*, verzögern ebenfalls die Entwicklung von AIDS. Mutationen, die die Produktion von Cytokinen wie IFN-$\gamma$ und IL-10 beeinflussen, wurden ebenfalls mit einer Begrenzung der HIV-Entwicklung in Zusammenhang gebracht.

## 13.3.10 Die Zerstörung der Immunfunktion als Folge einer HIV-Infektion führt zu einer erhöhten Anfälligkeit gegenüber opportunistischen Infektionen und schließlich zum Tod

Sinkt die Anzahl der CD4-T-Zellen unter einen bestimmten kritischen Wert, so versagt die zelluläre Immunantwort und es kommt zu Infektionen mit einer Anzahl verschiedener opportunistischer Erreger (▶ Abb. 13.36). Typisch ist der frühe Verlust der Widerstandskraft gegen orale Infektionen mit *Candida* spp., dem Erreger von Soor (orale Candidiasis) und *Mycobacterium tuberculosis* (das Tuberkulose verursacht). Später erkranken die Patienten an Gürtelrose, die durch die Aktivierung von latentem Varicella zoster verursacht wird, an aggressiven B-Zell-Lymphomen, die von EBV ausgelöst werden, sowie am Kaposi-Sarkom, einem Tumor aus endothelialen Zellen. Letzterer entsteht wahrscheinlich als Reaktion auf die bei der Infektion gebildeten Cytokine sowie aufgrund des Kaposi-Sarkom-assoziierten Herpesvirus (KSHV oder HHV-8). Schon bei den ersten AIDS-Diagnosen waren Lungenentzündungen durch *Pneumocystis jirovecii* (frühere Bezeichnung *P. carinii*) die häufigsten opportunistischen Infektionen und verliefen häufig tödlich, bevor eine wirksame antifungale Therapie zur Verfügung stand. Auch eine zusätzliche Infektion mit dem Hepatitis-C-Virus tritt häufig auf und es kommt dabei zu einem schnellen Fortschritt der Hepatitis. Zum Schluss treten das Cytomegalievirus oder eine Infektion mit dem *Mycobacterium avium*-Komplex in den Vordergrund. Nicht jeder AIDS-Patient bekommt alle diese Infektionen oder Tumoren und es gibt darüber hinaus weitere Tumorarten und Infektionen, die zwar weniger bedeutend, aber dennoch typisch sind. In ▶ Abb. 13.36 sind die häufigsten opportunistischen Infektionen und Tumoren aufgeführt, die normalerweise in Schach gehalten werden, bis schließlich die Anzahl der CD4-T-Zellen gegen Null abfällt.

**Teil V**

### 13.3.11 Wirkstoffe, welche die HIV-Replikation blockieren, führen zu einer raschen Abnahme des Titers an infektiösen Viren und zu einer Zunahme der Anzahl von CD4-T-Zellen

Untersuchungen mit Wirkstoffen, die den Replikationszyklus von HIV blockieren können, zeigen, dass sich das Virus in jeder Phase der Infektion – selbst in der asymptomatischen – rasch vermehrt. Solche Wirkstoffe richten sich vor allem gegen drei Virusproteine: gegen die Reverse Transkriptase, die für die Synthese des Provirus erforderlich ist, gegen die virale Integrase, die für das Einfügen des Provirus in das Wirtsgenom notwendig ist, sowie gegen die virale Protease, die die Polyproteine des Virus spaltet, aus denen die Proteine des Virions und viralen Enzyme entstehen. Die Reverse Transkriptase wird durch Nucleotidanaloga wie Azidothymidin (AZT, auch als Zidovudin bezeichnet) gehemmt. Dieser Wirkstoff war der erste, der in den USA als Anti-HIV-Mittel zugelassen wurde. Inhibitoren der Reversen Transkriptase, der Integrase und der Protease verhindern die Infektion nichtinfizierter Zellen. Bereits infizierte Zellen können allerdings weiterhin Virionen produzieren, da die Reverse Transkriptase und die Integrase für die Erzeugung von Viruspartikeln nicht mehr notwendig sind, sobald das Provirus gebildet wurde. Die virale Protease ist zwar erst bei einem sehr späten Schritt der Virusreifung aktiv, aber die Hemmung der Protease verhindert nicht, dass Viren freigesetzt werden. In allen Fällen werden jedoch weitere Infektionszyklen blockiert, die durch freigesetzte Virionen ausgelöst werden; eine Replikation ist dadurch nicht mehr möglich.

Durch die Einführung einer Kombinationstherapie mit einer Mischung aus Inhibitoren der viralen Protease und Nucleosidanaloga, die man auch als **hochaktive antiretrovirale Therapie (HAART)** bezeichnet, verringerte sich in den USA in den Jahren 1995–1997 die Sterblichkeit und das Krankheitsbild der Patienten mit einer fortgeschrittenen HIV-Infektion gravierend (▶ Abb. 13.37). Viele Patienten, die mit HAART behandelt wurden, zeigen eine schnelle und erhebliche Verringerung der Virämie, was letztendlich für einen langen Zeitraum zu einer konstanten Konzentration der HIV-RNA nahe der Nachweisgrenze (50 Kopien pro ml Plasma) führt (▶ Abb. 13.38). Es ist nicht bekannt, wie die Viruspartikel nach dem Beginn einer HAART-Behandlung so schnell aus dem Kreislauf entfernt werden. Wahrscheinlich werden sie von spezifischen Antikörpern und von Komplementproteinen opsonisiert und von Zellen aus dem mononucleären Phagocytensystem beseitigt. Opsonisierte HIV-Partikel können auch in Lymphfollikeln an den Oberflächen von follikulären dendritischen Zellen festgehalten werden.

Die HAART-Therapie geht auch einher mit einer langsamen aber ständigen Zunahme der CD4-T-Zellen, obwohl viele andere Kompartimente des Immunsystems beeinträchtigt bleiben. Für die Erholung der Anzahl der CD4-T-Zellen sind drei komplementäre Mechanismen verantwortlich: Zum einen erfolgt eine Umverteilung der CD4-T-Gedächtniszellen aus den Lymphgeweben in den Blutkreislauf, sobald die Virusreplikation eingedämmt ist; das geschieht innerhalb von Wochen nach Beginn der Behandlung. Zum anderen geht die anormal hohe Aktivierung des Immunsystems zurück, da die HIV-Infektion nun unter Kontrolle ist. Dadurch werden weniger infizierte CD4-T-Zellen durch die cytotoxischen T-Lymphocyten getötet. Der dritte Mechanismus ist wesentlich langsamer und wird dadurch ausgelöst, dass neue naive T-Zellen aus dem Thymus in Erscheinung treten. Das zeigt sich am Vorhandensein von T-Zell-Rezeptor-Exzisionsringen (TRECs) in diesen später auftretenden Zellen (Abschn. 5.2.1).

Die HAART-Therapie bekämpft zwar wirksam die HIV-Infektion, verhindert das Voranschreiten von AIDS und verringert die Übertragung des Virus durch infizierte Personen, sie ist jedoch nicht in der Lage, alle viralen Reservoirs zu vernichten. Wenn man die HAART-Therapie absetzt, kommt es wieder schnell zu einer Vermehrung des Virus, sodass Patienten ihr Leben lang behandelt werden müssen. Dadurch und auch aufgrund der Nebenwirkungen und Kosten der HAART-Therapie wurden weitere Forschungen angeregt, die sich auf andere Ziele richteten, mit denen sich die Vermehrung der Viren blockieren lässt (▶ Abb. 13.39), und man wollte Möglichkeiten finden, die Virusreservoirs zu beseitigen, um die Infektion dauerhaft zu beenden. Zu den neuen Wirkstoffen gegen die HIV-Replikation gehören **En-**

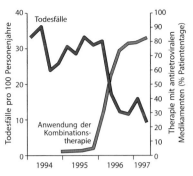

**Abb. 13.37 Die Erkrankungshäufigkeit und die Sterblichkeit bei fortgeschrittenen HIV-Infektionen nahm in den USA parallel zur Einführung einer antiretroviralen Kombinationstherapie deutlich ab.** Die Grafik zeigt die Anzahl der Todesfälle pro Quartal als Todesfälle pro 100 Personenjahre. (Basierend auf Daten von Palella, F.J., et al.: Declining morbidity and mortality among patients with advanced human immunodeficiency virus infection. HIV Outpatient Study Investigators. *N. Engl. J. Med.* 1998, 338:853–860)

Teil V

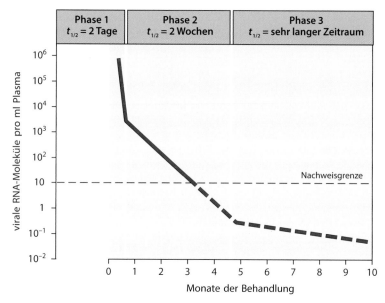

**Abb. 13.38 Abnahme der im Blut zirkulieren HIV-Viren im zeitlichen Verlauf einer medikamentösen Behandlung.** Die Erzeugung neuer HIV-Partikel lässt sich über längere Zeiträume anhalten, indem man Kombinationen aus Inhibitoren für die Protease und die virale Reverse Transkriptase verabreicht. Nach Beginn einer solchen Behandlung verringert sich die Virusproduktion, da infizierte Zellen absterben und keine neuen Zellen mehr infiziert werden. Die Halbwertszeit ($t_{1/2}$) der Virusabnahme zeigt drei Phasen. Während der ersten Phase, die ungefähr zwei Wochen andauert, beträgt die Halbwertszeit etwa zwei Tage, was der Halbwertszeit der produktiv infizierten CD4-T-Zellen entspricht, und die Virusproduktion geht in dem Maß zurück, wie die Zellen absterben, die zu Beginn der Behandlung produktiv infiziert waren. Die freigesetzten Viren werden schnell – mit einer Halbwertszeit von etwa sechs Stunden – aus dem Blutkreislauf entfernt. Während der ersten Phase nimmt der Virustiter im Plasma um mehr als 95 % ab. Die zweite Phase dauert ungefähr sechs Monate, dabei beträgt die Halbwertszeit etwa zwei Wochen. Während dieser Phase werden Viren von infizierten Makrophagen und ruhenden, latent infizierten CD4-T-Zellen freigesetzt, die zur Teilung und zur Erzeugung einer produktiven Infektion stimuliert wurden. Man nimmt an, dass es noch eine dritte Phase von unbekannter Dauer gibt, die eine Folge der integrierten Proviren in T-Gedächtniszellen und anderen langlebigen Infektionsreservoirs ist. Dieses Reservoir von latent infizierten Zellen bleibt wahrscheinlich für viele Jahre bestehen. Eine Messung der Abnahme der Viren in dieser Phase ist zurzeit noch nicht möglich, da die Virustiter im Plasma unter der Nachweisgrenze liegen (*gestrichelte Linie*). (Daten mit freundlicher Genehmigung von G. M. Shaw)

**try-Inhibitoren**, die die Bindung von gp120 an CCR5 blockieren oder die Fusion des Virus mit der Zelle durch Hemmung von gp41 verhindern, sowie **Integraseinhibitoren**, die das Einfügen des revers transkribierten Virusgenoms in die Wirts-DNA blockieren. Ein weiterer Ansatz, der sich zurzeit in der Entwicklung befindet, ist die Unterstützung der HIV-Restriktionsfaktoren, beispielsweise von APOBEC (Abschn. 13.3.3) und TRIM5α. APOBEC verursacht in der neu synthetisierten HIV-cDNA zahlreiche Mutationen und zerstört so deren codierte Sequenzen und die Fähigkeit zur Replikation; TRIM5α begrenzt die Infektion durch HIV, indem das Molekül an das virale Nucleocapsid bindet und so das Abstreifen der Hülle und die Freisetzung der Virus-RNA verhindert, nachdem das Virus in eine Zelle eingedrungen ist.

Die HAART-Behandlung ist zwar dahingehend erfolgreich, dass die aktive Virusreplikation verhindert wird, aber das Unvermögen der zurzeit verfügbaren Therapien, die Reservoirs der latent infizierten Zellen zu bereinigen, bildet das größte Hindernis für eine Heilung. Um diesen Missstand zu überwinden, hat man schon Verfahren in Betracht gezogen, bei latent infizierten Zellen die Virusreplikation anzuregen und gleichzeitig Maßnahmen zu ergreifen, um die Beseitigung von Viren und infizierten Zellen durch das Immunsystem zu verstärken. Latente Viren lassen sich beispielsweise durch die Gabe von Cytokinen aktivieren, die die virale Transkription und Replikation in Gang setzen (etwa IL-2, IL-6 und TNF-α). Eine andere Möglichkeit ist die Anwendung von epigenetisch wirksamen Fak-

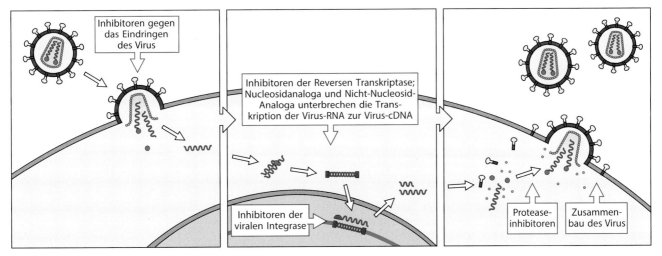

**Abb. 13.39 Mögliche Ziele, um in den Entwicklungszyklus von HIV einzugreifen.** Im Prinzip könnte man das HIV-Virus an verschiedenen Stellen in seinem Lebenszyklus mit Wirkstoffen angreifen: beim Eindringen des Virus in die Zelle, bei der reversen Transkription der viralen RNA, beim Einschleusen der viralen DNA in die zelluläre DNA durch die virale Integrase, bei der Spaltung der viralen Polyproteine durch die virale Protease und beim Zusammenbau und der Freisetzung der infektiösen Virionen. Bis jetzt wurden nur Wirkstoffe entwickelt, die die Aktivitäten der Reversen Transkriptase und der Protease hemmen. Eine Kombinationstherapie, bei der man verschiedene Arten von Wirkstoffen verabreicht, ist wirksamer als wenn man nur einen einzigen Wirkstoff verwendet

toren, beispielsweise Inhibitoren der Histon-Deacetylase (HDAC), die ein latentes Provirus aktivieren können. Bis heute hat jedoch keine einzige klinische Studie mit Wirkstoffen gegen die Reservoirs latenter Viren zu einer eindeutigen Verringerung der Viruslast geführt, die über das hinausgeht, was mit der HAART-Therapie allein zu erreichen ist. Tatsächlich hat man vor Kurzem festgestellt, dass die Aktivierung der viralen Replikation bei latent infizierten Zellen ein in sich zufälliges Verfahren darstellt, da viele Immunzellen, die Proviren beherbergen, gar nicht in der Lage sind, die Virusreplikation bei irgendeinem zellulären Aktivierungszyklus in Gang zu setzen. Die Anpassung von HIV, auf diese Weise die Vernichtung von latent infizierten Zellen zu verhindern, stellt wahrscheinlich ein beträchtliches Hindernis für alle Behandlungsmethoden dar, die darauf abzielen, latente Viren sozusagen „auszuspülen", um sie zu beseitigen.

Eine alternative Methode für eine Heilung ergab sich bei einem einzelnen HIV-Patienten in Berlin („**Berlin-Patient**"), dem hämatopoetische Stammzellen übertragen wurden (*hematopoietic stem-cell transplantation*, HSCT), um eine Leukämie zu behandeln. Da der Spender der Stammzellen für die *CCR5Δ32*-Corezeptor-Mutation homozygot war, wurde der Patient mit Immunzellen ausgestattet, die gegen die Vermehrung von HIV resistent sind. Der Bestand der CD4-T-Zellen erholte sich bei diesem Patienten und er zeigte keinerlei Anzeichen einer HIV-Infektion oder Leukämie mehr, nachdem im Anschluss an die Transplantation die antiretrovirale Therapie beendet worden war. Der Patient befindet sich nun seit über fünf Jahren in diesem Zustand, was darauf hindeutet, dass er tatsächlich von der Infektion geheilt wurde. In Anbetracht der großen Zahl von Infizierten weltweit, der großen Risiken für Komplikationen, die eine HSCT mit sich bringt, und dem seltenen Vorkommen von HLA-kompatiblen Spendern mit der CCR5-Deletion, kann dies in der Praxis niemals ein relevanter Ansatz sein, die Heilung auf das breite Spektrum an HIV-Infizierten zu erweitern. Darüber hinaus besteht das Risiko, dass sich die Virusvarianten mit einem CXCR4-Tropismus nach der Transplantation vermehren oder es damit zu einer Neuinfektion kommt. Das Ergebnis verdeutlicht jedoch, dass es durch die Vernichtung eines Latenzreservoirs (in diesem Fall durch eine induktive Chemo- und Bestrahlungstherapie gegen Leukämie) in Kombination mit einer Blockade der Virusreplikation (entweder durch genetisch bedingte Effekte oder therapeutische Einwirkung) zu einer nachhaltigen Heilung kommen kann.

**Teil V**

### 13.3.12 Bei jedem HIV-Infizierten häuft das Virus im Verlauf der Infektion zahlreiche Mutationen an, sodass wirkstoffresistente Varianten des Virus entstehen können

Durch die rasche HIV-Vermehrung mit einer Erzeugung von $10^9$–$10^{10}$ Virionen pro Tag entstehen bei einer Mutationsrate von etwa $3 \times 10^{-5}$ pro Nucleotidbase und Replikationszyklus bei einem einzigen infizierten Patienten zahlreiche HIV-Varianten. Diese hohe Mutationsrate ist eine Folge der fehleranfälligen Replikation von Retroviren und sie stellt das Immunsystem vor eine enorme Aufgabe. Der Reversen Transkriptase fehlt eine Korrekturlesefunktion der zellulären DNA-Polymerasen. Die RNA-Genome der Retroviren werden mit relativ geringer Genauigkeit in DNA transkribiert. Obwohl also die Primärinfektion normalerweise durch ein einziges „Gründervirus" erfolgt, entwickeln sich in einem infizierten Patienten dennoch sehr schnell zahlreiche HIV-Varianten, die man als **Quasispezies** bezeichnet. Die hohe Variabilität wurde zuerst bei HIV entdeckt, man kennt diesen Mechanismus aber inzwischen auch von den anderen Lentiviren.

Als Folge der hohen Variabilität entwickelt HIV schnell eine Resistenz gegenüber antiviralen Wirkstoffen, vergleichbar mit der Entwicklung von Escape-Mutanten, die der Entdeckung durch T-Zellen entgehen (Abschn. 13.3.7). Bei der Anwendung solcher Wirkstoffe treten Virusvarianten mit Mutationen auf, die gegen die Wirkung der Wirkstoffe resistent sind. Die neuen Viren vermehren sich, bis die vorherigen Titer im Plasma erreicht sind. Resistenzen gegen einige der Proteaseinhibitoren erfordern nur eine einzige Mutation und treten bereits nach nur wenigen Tagen auf (▶ Abb. 13.40). Ähnliches gilt für Resistenzen gegen die Inhibitoren der Reversen Transkriptase. Im Gegensatz dazu dauert es Monate, bis eine Resistenz gegen das Nucleosid Azidothymidin (Zidovudin) eintritt, da hier in der Reversen Transkriptase drei bis vier Mutationen stattfinden müssen. Aufgrund des relativ schnellen Auftretens von Resistenzen gegen HIV-Medikamente hat eine erfolgreiche Behandlung bis jetzt normalerweise auf einer Kombinationstherapie beruht, da die Wahrscheinlichkeit, dass in mehreren HIV-Proteinen gleichzeitig Resistenzmutanten auftreten, praktisch bei null liegt. Dennoch haben sich Monotherapien mit antiretroviralen Wirkstoffen der neueren Generation bei Patienten mit geringer Viruslast zu Beginn der Infektion als wirksam erwiesen.

### 13.3.13 Ein Impfstoff gegen HIV ist erstrebenswert, wirft aber auch viele Probleme auf

Die Wirksamkeit der HAART-Therapie, die HIV-Replikation zu begrenzen, hat zwar den natürlichen Verlauf und die Übertragungsraten der HIV-Infektion grundlegend verändert, aber ein sicherer und wirksamer Impfstoff für die Vorbeugung einer HIV-Infektion und von AIDS ist immer noch das letztendliche Ziel. Ein solcher Impfstoff würde im Idealfall sowohl ein breites Spektrum neutralisierender Antikörper hervorbringen, die das Virus daran hindern, in die Zielzellen einzudringen (also Anti-gp120-Antikörper), als auch wirksame Reaktionen cytolytischer T-Zellen auslösen, die HIV-Infektionen verhindern beziehungsweise unter Kontrolle bringen können. Es ist jedoch bis jetzt nicht gelungen, einen solchen Impfstoff herzustellen, und dies dennoch zu erreichen, birgt eine Reihe von Schwierigkeiten, die es bei der Entwicklung von Impfstoffen gegen andere Krankheiten bis jetzt nicht gegeben hat.

Das Hauptproblem ist die Art der Infektion selbst, die von einem Virus ausgelöst wird, das die zentrale Komponente der adaptiven Immunität – die CD4-T-Zellen – direkt unterminiert und außerordentlich schnell proliferiert und mutiert, sodass es sogar in Gegenwart ausgeprägter Reaktionen von cytotoxischen T-Zellen und Antikörpern eine dauerhafte Infektion verursacht. Man hat die Entwicklung von Impfstoffen erwogen, die man Patienten verabreichen könnte, die bereits infiziert sind, um die Immunantwort zu verstärken und den Fortschritt von AIDS zu verhindern. Auch hat man an Impfstoffe gedacht, die einer Infek-

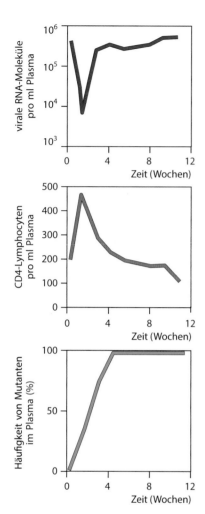

**Abb. 13.40 Die Resistenz von HIV gegen Proteaseinhibitoren entwickelt sich schnell.** Nach der Verabreichung eines einzigen Proteaseinhibitors an einen HIV-Patienten kommt es zu einer beschleunigten Abnahme der viralen RNA im Plasma, wobei die Halbwertszeit etwa zwei Tage beträgt (*oben*). Dies geht einher mit einer anfänglichen Zunahme der CD4-T-Zellen im peripheren Blut (*Mitte*). Innerhalb weniger Tage nach Beginn der Behandlung sind jedoch bereits resistente Varianten im Plasma (*unten*) und in den peripheren Lymphocyten im Blut nachweisbar. Nach einer Behandlung von nur vier Wochen haben die Konzentrationen der viralen RNA und der CD4-Lymphocyten wieder die Werte vor der Medikamentengabe erreicht und das HIV im Plasma besteht zu 100 % aus der resistenten Mutante. (Bearbeitet mit Genehmigung der Macmillan Publishers Ltd.: Wei, X., et al.: Viral dynamics in human immunodeficiency virus type 1 infection. *Nature* 1995, 373:117–122)

Teil V

tion vorbeugen sollen. Die Entwicklung einer therapeutischen Impfung für bereits infizierte Patienten wäre außerordentlich schwierig. Wie bereits im vorherigen Abschnitt besprochen, kann sich HIV bei den einzelnen Patienten weiterentwickeln, weil die mutierten Viren veränderte Peptidsequenzen codieren, die eine Erkennung durch Antikörper und cytotoxische T-Zellen verhindern. Dadurch können sich die Mutanten besser vermehren. Die Fähigkeit des Virus, in latenter Form ohne aktive Transkription als Provirus, den das Immunsystem nicht erkennt, erhalten zu bleiben, könnte sogar verhindern, dass eine immunisierte Person eine Infektion besiegen kann, sobald diese sich etabliert hat.

Eine vorbeugende Impfung, die eine Neuinfektion verhindern soll, bietet wahrscheinlich mehr Aussicht auf Erfolg. Aber selbst hier stellen die fehlende Schutzwirkung einer normalen Immunantwort und das immense Ausmaß der Sequenzvielfalt der HIV-Stämme in der infizierten Bevölkerung – zurzeit gibt es in der menschlichen Population Tausende von verschiedenen HIV-Stämmen – insgesamt eine große Herausforderung dar. Patienten, die mit einem bestimmten Virusstamm infiziert sind, zeigen gegenüber eng verwandten Stämmen offenbar keine Resistenz und es gibt sogar Fälle mit Superinfektionen, bei denen zwei Stämme gleichzeitig dieselbe Zelle infizieren. Hinzu kommt das grundlegende Problem, überhaupt neutralisierende Antikörper mit großer Wirkungsbreite gegen die Glykoproteine der HIV-Hülle erzeugen zu können (Abschn. 13.3.7). Zusätzlich besteht eine gewisse Unsicherheit dahingehend, welche Form ein Immunschutz gegen HIV haben sollte. Man geht jetzt davon aus, dass sowohl eine Antikörperreaktion als auch eine T-Zell-Reaktion erforderlich ist, um einen wirksamen Immunschutz zu erzeugen, wobei weiterhin unklar ist, welche Epitope am besten als Ziel geeignet sind und wie man eine Reaktion darauf am besten induziert. Und schließlich vergehen von der ersten Konzeption über die Entwicklung und die Herstellung bis hin zur vollständigen Durchführung der klinischen Studien von HIV-Impfstoffen viele Jahre, wodurch sich ein Fortschritt stark verzögert. Bis heute wurden nur wenige klinische Studien durchgeführt und die sind gescheitert.

Es hat jedoch bei allem Pessimismus auch Fortschritte gegeben und es besteht die Hoffnung, dass sich Impfstoffe erfolgreich entwickeln lassen. Man versucht auf verschiedene Weise, Impfstoffe gegen HIV zu entwickeln, indem man etwa unterschiedlich rekombinante HIV-Proteine, Plasmid-DNA oder virale Vektoren mit HIV-Genen (Abschn. 16.3.11) oder Kombinationen dieser Komponenten anwendet. Viele erfolgreiche Impfstoffe gegen andere Viruserkrankungen enthalten einen lebend-attenuierten Stamm des Virus, der eine Immunantwort auslöst, aber keine Krankheit verursacht (Abschn. 16.3.4). Bei der Entwicklung lebend-attenuierter Impfstoffe gegen HIV treten erhebliche Schwierigkeiten auf, außerdem besteht die Sorge, dass es zwischen den Impfstämmen und den Wildtypviren zu Rekombinationen kommen kann, sodass die Virulenz zurückkehrt. Ein alternativer Ansatz ist die Verwendung anderer Viren, etwa des Vaccinia- oder des Adenovirus, um HIV-Gene zu übertragen und zu exprimieren, um so B- und T-Tell-Reaktionen gegen HIV-Antigene hervorzurufen. Da sich diese viralen Vektoren bei anderen Impfstudien an Menschen als sicher erwiesen haben, wurden sie für die ersten Versuche ausgewählt. Vor Kurzem gab es hier einen durchaus ermutigenden, wenn auch begrenzten Erfolg, indem man in Kombinationsexperimenten Booster-Impfungen mit dem rekombinanten gp120-Protein durchführte. Die Übertragung der HIV-Gene *gag*, *pol* und *env* über einen Kanarienpockenvirus als Vektor und anschließende Booster-Impfungen mit HIV-gp120 führten zu einer Verringerung des Infektionsrisikos bei einer geringeren, aber signifikanten Anzahl von Empfängern, die unter einem hohen Infektionsrisiko stehen. Dies ist bis heute der erste Fall in der langen Reihe von Impfversuchen, dass sich überhaupt eine Wirksamkeit zeigt. Vielleicht ist dabei genauso von Bedeutung, dass die Ergebnisse dieser Studie auch Erkenntnisse über die Art der Immunantwort geliefert haben, die mit diesem Immunschutz einhergeht. Anscheinend werden nichtneutralisierende Antikörper erzeugt, die eine antikörperabhängige zelluläre Cytotoxizität (ADCC) auslösen (beispielsweise mit dem IgG3-Isotyp), durch die der Schutz herbeigeführt wird. Da es sich als schwierig herausgestellt hat, gegen HIV neutralisierende Antikörper hervorzubringen, könnte nun die Hoffnung bestehen, dass man sie gar nicht benötigt. Darüber hinaus hat eine Untersuchung, bei der SIV-Gene mithilfe des Cytomegalievirus (CMV) als Vektor auf Rhesusaffen übertragen wurden, ergeben, dass dadurch starke CTL-Reaktionen ausgelöst wurden. Diese CTL-Reaktionen konnten zwar nicht die Infektion mit einem pathogenen SIV-Stamm verhindern, führten aber bei etwa der Hälfte der

**Teil V**

geimpften Affen, die man nach der systemischen Ausbreitung des Virus geimpft hatte, zu einer Vernichtung des Virus. Dieses völlig neue Ergebnis deutet darauf hin, dass der virale Vektor, der für die Übertragung der HIV-Gene verwendet wird – in diesem Fall ein Vektor, der noch lange Zeit nach der Impfung HIV-Antigene produzieren kann – für die Art und Stärke der ausgelösten antiviralen CD8-T-Zell-Reaktion von großer Bedeutung sein und der Immunschutz womöglich durch eine wirksame T-Zell-Reaktion allein erreicht werden kann. Hier sind weitere Untersuchungen notwendig um festzustellen, ob die kombinierten Impfstoffe, die die passenden nichtneutralisierenden Antikörper und starke CD8-T-Zell-Reaktionen hervorrufen, selbst dann einen Schutz bewirken können, wenn keine neutralisierenden Antikörper produziert werden.

Neben den biologischen Hindernissen wirft die Entwicklung eines solchen Impfstoffs auch schwerwiegende ethische Fragen auf. Es wäre unethisch, einen Impftest durchzuführen, ohne gleichzeitig zu versuchen, die geimpfte Bevölkerungsgruppe möglichst wenig dem Virus auszusetzen. Die Effektivität eines Impfstoffs kann man jedoch nur in einer Population mit einem hohen Ansteckungsrisiko ermitteln. Das bedeutet, dass erste Impfversuche in Ländern unternommen werden müssten, in denen Personen sehr häufig infiziert werden und in denen die Ausbreitung von HIV noch nicht durch öffentliche Gesundheitsmaßnahmen reduziert werden konnte.

### 13.3.14 Prävention und Aufklärung sind eine Möglichkeit, die Ausbreitung von HIV und AIDS einzudämmen

Der Ausbreitung von AIDS kann vorgebeugt werden, indem Personen, die bereits infiziert sind, und Personen, die unter einem erhöhten Ansteckungsrisiko stehen, Vorsichtsmaßnahmen ergreifen. Die Entwicklung der HAART-Therapie steht für einen wichtigen Fortschritt bei den Bemühungen, die HIV-Übertragung von infizierten Personen zu verhindern, da dabei die Virustiter in den Körperflüssigkeiten stark abnehmen. Die meisten mit HIV infizierten Menschen haben jedoch gar keinen Zugang zu einer HAART-Behandlung, da diese teuer ist und eine lebenslange Anwendung erfordert. Außerdem sind sich viele Infizierte gar nicht bewusst, dass sie das Virus tragen. Selbst dort, wo HAART nicht zur Verfügung steht, ist der Zugang zu regelmäßigen Gesundheitstests notwendig, damit infizierte Personen informiert werden und Maßnahmen ergreifen können, dass sie das Virus nicht auf andere übertragen. Das erfordert wiederum strenge Vertraulichkeit und auch gegenseitiges Vertrauen. Ein Hindernis dabei, HIV unter Kontrolle zu bringen, ist das Widerstreben der Menschen überhaupt herauszufinden, ob sie infiziert sind, vor allem da ein positiver HIV-Tests unter anderem in der Gesellschaft zu einer Stigmatisierung führt. Hier sind Aufklärungsmaßnahmen für eine Prävention von großer Bedeutung, sowohl zur Beseitigung der Stigmatisierung als auch zur Vermittlung von Informationen, wie der Übertragung des Virus vorgebeugt werden kann.

Maßnahmen zur Prävention, die nichtinfizierte Personen ergreifen können, sind relativ preisgünstig und beinhalten Vorkehrungen, die vor dem Kontakt mit Körperflüssigkeiten, also Samenflüssigkeit, Blut, Blutprodukten oder Milch, von infizierten Personen schützen können. Es hat sich wiederholt gezeigt, dass dies ausreicht, um eine Infektion zu vermeiden, etwa bei Mitarbeitern im Gesundheitsdienst, die langfristig mit AIDS-Patienten zu tun haben, ohne dass sie Anzeichen einer Serokonversion oder einer Infektion entwickeln. Die konsequente Verwendung von Kondomen verringert das Risiko einer HIV-Übertragung erheblich, genauso wie der Verzicht des Stillens von Neugeborenen durch infizierte Mütter. Durch die männliche Beschneidung lässt sich ebenfalls die Übertragungsrate verringern, da bei nichtbeschnittenen Männern die Vorhaut die hauptsächliche Eintrittsstelle für das Virus ist. Zu weiteren Maßnahmen, die hier infrage kommen, gehört die Verwendung antimikrobieller Gele oder Zäpfchen. Hier haben Verbesserungen zu Produkten geführt, die sich in neueren Versuchsreihen als relativ wirksam herausgestellt haben. Einige dieser Produkte können auch vor der Übertragung anderer sexuell übertragbarer Krankheiten schützen (beispielsweise vor Genitalherpes), die ihrerseits das Risiko für eine HIV-Übertragung erhöhen. Schließlich zeigt sich auch ein gestiegenes Interesse an der vorbeugenden Einnahme von antiviralen Wirkstoffen (dies bezeichnet man als Präexpositionsprophylaxe oder PrEP). Die Wirkstoffe werden Personen, die einem hohen Risiko ausgesetzt sind, mit HIV in Berührung zu kommen, entweder äußerlich lokal begrenzt oder oral verabreicht. Zurzeit gibt es zwei Inhibitoren der Reversen Transkriptase, die sich in Versuchsreihen als wirksam erwiesen haben, und durch die kombinierte orale Einnahme beider Wirkstoffe in den Versuchen hat das Risiko einer HIV-Infektion um 90 % abgenommen. Darüber hinaus verringert die Anwendung einer antiretroviralen Therapie unmittelbar nach einer Exposition – wenn etwa Krankenhausangestellte mit kontaminiertem Blut in Kontakt gekommen sind, beispielsweise durch den versehentlichen Stich mit einer Injektionsnadel – das Risiko erheblich, sich mit HIV anzustecken. Ein Problem bei dieser Vorgehensweise besteht darin, dass sich bei Personen, die während einer PrEP-Maßnahme von HIV angesteckt werden, Resistenzen entwickeln können; das gilt vor allem für Personen, die sich nicht an die Dosierungsvorschriften halten. Die Bedeutung dieses Risikos wurde zwar noch nicht ermittelt, es bleibt aber in der Diskussion. Durch Austesten von neuen PrEP-Strategien mit weiteren antiretroviralen Substanzen oder Wirkstoffformen mit langer Wirksamkeit, die das Risiko bei mangelnder Mitwirkung der Patienten verringern, sollten sich noch einige vielversprechende Ansätze finden lassen.

### Zusammenfassung

Das erworbene Immunschwächesyndrom AIDS wird durch eine Infektion mit dem humanen Immunschwächevirus HIV ausgelöst. Zwar ließ sich dessen Weitergabe inzwischen deutlich verlangsamen, aber diese weltweite Epidemie breitet sich weiterhin aus, besonders aufgrund von heterosexuellen Kontakten in den weniger entwickelten Ländern. HIV ist ein behülltes Retrovirus, das sich in Zellen des Immunsystems vermehrt. Damit das Virus in eine Zelle eindringen kann, müssen CD4 und ein bestimmter Chemokinrezeptor vorhanden sein. Darüber hinaus braucht das Virus zur Vermehrung Transkriptionsfaktoren, die in aktivierten T-Zellen vorkommen. Bei einer HIV-Infektion werden die CD4-T-Zellen zerstört und es kommt zu einer akuten Virämie, die aber schnell wieder zurückgeht, sobald die cytotoxischen T-Zellen eine Immunantwort entwickeln. Die HIV-Infektion wird jedoch von dieser Immunreaktion nicht beseitigt. HIV etabliert einen Zustand persistierender Infektion, in dem sich das Virus permanent in neu infizierten Zellen vermehrt. Die derzeitige Therapie umfasst die Behandlung mit einer Kombination aus antiviralen Wirkstoffen, die die Virusreplikation hemmen, zu einer schnellen Abnahme des Virustiters und zu einer langsamen Zunahme der CD4-T-Zellen führen. HIV zerstört bei einer Infektion vor allem die CD4-T-Zellen; das ist die Folge von direkten cytopathologischen Effekten der HIV-Infektion und dem Abtöten der Zellen durch cytotoxische CD8-T-Zellen. In dem Maße, wie die Anzahl der CD4-T-Zellen sinkt, wird der Körper zunehmend anfälliger für opportunistische Infektionen. Schließlich bekommen die meisten unbehandelten HIV-Infizierten AIDS und sterben. Eine kleine Minderheit, sogenannte Individuen ohne langfristigen Krankheitsfortschritt (*long-term nonprogressors*), bleibt jedoch jahrelang gesund, ohne irgendwelche Symptome einer Infektion zu zeigen. Man hofft, durch solche Menschen herausfinden zu können, wie sich eine HIV-Infektion eindämmen lässt. Weil es solche Menschen gibt, aber auch andere, die gegen eine Infektion auf natürliche Weise immunisiert wurden, besteht die Hoffnung, dass möglicherweise wirksame Impfstoffe gegen HIV entwickelt werden können.

# Kapitelzusammenfassung

Während die meisten Infektionen zu einer schützenden Immunität führen, haben die erfolgreichen Krankheitserreger Wege gefunden, einer Immunantwort zumindest teilweise zu widerstehen. Diese lösen schwere, manchmal lange anhaltende Krankheiten aus. Einige

Teil V

Personen weisen in verschiedenen Elementen des Immunsystems genetische Defekte auf, die sie für bestimmte Gruppen von Erregern besonders anfällig machen. Persistierende Infektionen und erbliche Immunschwächen zeigen, wie wichtig die angeborene und die erworbene adaptive Immunität für eine wirksame Abwehr von Infektionen sind, und stellen eine fortwährende Herausforderung für die immunologische Forschung dar. Das humane Immunschwächevirus (HIV), das zum erworbenen Immunschwächesyndrom (AIDS) führt, vereint die besonderen Merkmale eines persistierenden Erregers mit der Fähigkeit, das Immunsystem seines menschlichen Wirtes zu schwächen – eine Kombination, die für die Patienten in der Regel eine langsame, tödliche Wirkung hat. Der Schlüssel zur Bekämpfung neuer Pathogene wie HIV liegt darin, mehr über die grundlegenden Eigenschaften des Immunsystems und seine Rolle bei der Bekämpfung von Infektionen herauszufinden.

## Aufgaben

**13.1 Bitte zuordnen:** Welcher der folgenden Gendefekte hängt mit welcher Immunschwäche zusammen?

A. Mutationen der gemeinsamen $\gamma$-Kette _____

B. hypomorphe Mutationen in *RAG-1* oder *RAG-2* _____

C. Defekte in DNA-PKcs oder Artemis _____

D. Mutationen in *FOXN1* _____

E. Mutationen in *TAP1* oder *TAP2* _____

F. Defekte in AIRE _____

i. Omenn-Syndrom

ii. SCID in Kombination mit einer anormalen Entwicklung des Thymus

iii. X-gekoppeltes SCID-Syndrom

iv. Autoimmun-Polyendokrinopathie-Candidiasis-Ektodermale Dystrophie-Syndrom

v. MHC-Klasse-I-Defekt

vi. RS-SCID

**13.2 Richtig oder falsch:** Personen, die Mutationen in den Genen tragen, die die IL-12-p40-Untereinheit codieren, sind nicht nur für Krankheitserreger wie *M. tuberculosis* anfällig, für deren Bekämpfung eine $T_H1$-Reaktion erforderlich ist, sondern es sind auch Typ-3-($T_H17$-)Reaktionen betroffen.

**13.3 Kurze Antwort:** Welche zwei genetisch bedingte Defekte führen zum Fehlen von CD8$^+$-T-Zellen, während die CD4$^+$-T-Zellen erhalten bleiben, und welcher genetische Defekt führt zum Fehlen der CD4$^+$-T-Zellen, während die CD8$^+$-T-Zellen erhalten bleiben?

**13.4 Kurze Antwort:** Sowohl der CD40L-Defekt als auch der AID-Defekt führen zu einem Hyper-IgM-Syndrom, aber beim CD40L-Defekt ist die T-Zell-Funktion stark beeinträchtigt, während sie beim AID-Defekt erhalten bleibt. Warum ist das so?

**13.5 Richtig oder falsch:** Das variable Immundefektsyndrom (CVID) beeinträchtigt sowohl die T-Zell- als auch die Antikörperreaktionen.

**13.6 Multiple Choice:** Welche der folgenden vererbbaren Krankheiten hat keinen auto-immunen oder autoinflammatorischen Phänotyp?

A. Autoimmun-Polyendokrinopathie-Candidiasis-Ektodermale Dystrophie-Syndrom (APECED), hervorgerufen durch Defekte im *AIRE*-Gen

B. familiäres Mittelmeerfieber (FMF), hervorgerufen durch Mutationen im Pyringen

C. Omenn-Syndrom, hervorgerufen durch hypomorphe Mutationen in *RAG-1* oder *RAG-2*

D. Wiskott-Aldrich-Syndrom (WAS), hervorgerufen durch einen WAS-Defekt

E. Hyper-IgE-Syndrom (Job-Syndrom), hervorgerufen durch Mutationen in *STAT3* oder *DOCK8*

F. chronische Granulomatose (CGD), hervorgerufen durch die Produktion von reaktiven Sauerstoffspezies in den Phagocyten

**13.7 Multiple Choice:** Pyogene Bakterien sind durch Polysaccharidkapseln vor der Erkennung durch Rezeptoren auf Makrophagen und neutrophilen Zellen geschützt. Die antikörperabhängige Opsonisierung ist einer der Mechanismen, durch deren Wirkung Phagocyten diese Bakterien in sich aufnehmen und zerstören können. Welche der folgenden Krankheiten oder Defekte betrifft direkt einen Mechanismus, durch den das Immunsystem Infektionen dieser Bakterien kontrolliert?

A. Il-12-p40-Defekt

B. Defekte im *AIRE*-Gen

C. WASp-Defekt

D. Defekte in C3

**13.8 Multiple Choice:** In welchem der folgenden Gene führt ein Defekt zu einem ähnlichen Phänotyp wie Defekte im *ELA2*-Gen, das die Neutrophilen-Elastase codiert?

A. *GFI1*

B. *CD55* (codiert DAF)

C. *CD59*

D. *XIAP*

**13.9 Bitte ergänzen:** Welches Protein hängt mit welcher Funktion von phagocytotischen Zellen zusammen?

| | |
|---|---|
| A. Kindlin-3 _____ | i. Produktion |
| B. Neutrophilen-Elastase _____ | ii. Adhäsion |
| C. Myeloperoxidase _____ | iii. Aktivierung |
| D. MyD88 _____ | iv. Abtöten von Mikroorganismen |

**13.10 Multiple Choice:** Welcher der folgenden Krankheitserreger entkommt dem Immunsystem primär durch eine Variabilität der Antigene?

A. Influenza-A-Virus

B. Herpes-simplex-Virus 1

C. Cytomegalievirus

D. *Trypanosoma brucei*

E. *Plasmodium falciparum*

F. Hepatitis-B-Virus

**13.11 Multiple Choice:** Das humane Immunschwächevirus (HIV) produziert verschiedene Immunevasine. Eines davon, Nef, ist ungewöhnlich pleiotrop und ein wichtiges

Zielmolekül für CD8⁺-T-Zell-Reaktionen. Welche der folgenden Funktionen hängt nicht mit Nef zusammen?

**A.** Hemmung des Restriktionsfaktors SAMHD1

**B.** Herunterregulieren von MHC-Klasse-I

**C.** Herunterregulieren von CD4

**D.** Herunterregulieren von MHC-Klasse-II

**E.** Aufrechterhalten der T-Zell-Aktivierung

**13.12    Bitte ergänzen:** Das humane Immunschwächevirus (HIV) wird den Retroviren zugeordnet, da es das Enzym _____ enthält. Das Virus infiziert Wirtszellen, indem es über seine Hülle an den _____-Rezeptor und entweder an den _____- oder den _____-Corezeptor bindet. Wenn ein Individuum infiziert wird, entwickelt sich eine Immunantwort, die zur Produktion von Anti-HIV-Antikörpern führt; diesen Vorgang bezeichnet man als _____. Es entwickeln sich auch CD8⁺-T-Zell-Reaktionen, aber HIV kann _____ entwickeln, die es dem Virus ermöglichen, diesen CTL zu entkommen.

**13.13    Multiple Choice:** Welche der folgenden Konstellationen ist keine genetische Variante, die die Anfälligkeit gegenüber einer HIV-Infektion verringert oder das Voranschreiten von AIDS verlangsamt?

**A.** mutiertes CCR5-Allel

**B.** mutiertes CXCR4-Allel

**C.** bestimmte HLA-Klasse-I-Allele

**D.** KIR-3DS1 mit bestimmten HLA-B-Allelen

---

# Literatur

## Allgemeine Literatur

- Alcami, A. and Koszinowski, U.H.: **Viral mechanisms of immune evasion.** *Immunol. Today* 2000, **21**:447–455.
- De Cock, K.M., Mbori-Ngacha, D., and Marum, E.: **Shadow on the continent: public health and HIV/AIDS in Africa in the 21st century.** *Lancet* 2002, **360**:67–72.
- Finlay, B.B. and McFadden, G.: **Anti-immunology: evasion of the host immune system by bacterial and viral pathogens.** *Cell* 2006, **124**:767–782.
- Hill, A.V.: **The immunogenetics of human infectious diseases.** *Annu. Rev. Immunol.* 1998, **16**:593–617.
- Lederberg, J.: **Infectious history.** *Science* 2000, **288**:287–293.
- Notarangelo, L.D.: **Primary immunodeficiencies.** *J. Allergy Clin. Immunol.* 2010, **125**:S182–S194.
- Xu, X.N., Screaton, G.R., and McMichael, A.J.: **Virus infections: escape, resistance, and counterattack.** *Immunity* 2001, **15**:867–870.

## Literatur zu den einzelnen Abschnitten

### Abschnitt 13.1.1

- Carneiro-Sampaio, M. and Coutinho, A.: **Immunity to microbes: lessons from primary immunodeficiencies.** *Infect. Immun.* 2007, **75**:1545–1555.

- Cunningham-Rundles, C. and Ponda, P.P.: **Molecular defects in T- and B-cell primary immunodeficiency diseases.** *Nat. Rev. Immunol.* 2005, **5**:880–892.

## Abschnitt 13.1.2

- Bolze, A., Mahlaoui, N., Byun, M., Turner, B., Trede, N., Ellis, S.R., Abhyankar, A., Itan, Y., Patin, E., Brebner, S., *et al.*: **Ribosomal protein SA haploinsufficiency in humans with isolated congenital asplenia.** *Science* 2013, **340**:976–978.
- Cunningham-Rundles, C. and Ponda, P.P.: **Molecular defects in T- and B-cell primary immunodeficiency diseases.** *Nat. Rev. Immunol.* 2005, **5**:880–892.
- Kokron, C.M., Bonilla, F.A., Oettgen, H.C., Ramesh, N., Geha, R.S., and Pandolfi, F.: **Searching for genes involved in the pathogenesis of primary immunodeficiency diseases: lessons from mouse knockouts.** *J. Clin. Immunol.* 1997, **17**:109–126.
- Koss, M., Bolze, A., Brendolan, A., Saggese, M., Capellini, T.D., Bojilova, E., Boisson, B., Prall, O.W.J., Elliott, D.A., Solloway, M., *et al.*: **Congenital asplenia in mice and humans with mutations in a Pbx/Nkx2-5/p15 module.** *Dev. Cell* 2012, **22**:913–926.
- Marodi, L. and Notarangelo, L.D.: **Immunological and genetic bases of new primary immunodeficiencies.** *Nat. Rev. Immunol.* 2007, **7**:851–861.

## Abschnitt 13.1.3

- Buckley, R.H., Schiff, R.I., Schiff, S.E., Markert, M.L., Williams, L.W., Harville, T.O., Roberts, J.L., and Puck, J.M.: **Human severe combined immunodeficiency: genetic, phenotypic, and functional diversity in one hundred eight infants.** *J. Pediatr.* 1997, **130**:378–387.
- Leonard, W.J.: **The molecular basis of X linked severe combined immunodeficiency.** *Annu. Rev. Med.* 1996, **47**:229–239.
- Leonard, W.J.: **Cytokines and immunodeficiency diseases.** *Nat. Rev. Immunol.* 2001, **1**:200–208.
- Stephan, J.L., Vlekova, V., Le Deist, F., Blanche, S., Donadieu, J., De Saint-Basile, G., Durandy, A., Griscelli, C., and Fischer, A.: **Severe combined immunodeficiency: a retrospective single-center study of clinical presentation and outcome in 117 patients.** *J. Pediatr.* 1993, **123**:564–572.

## Abschnitt 13.1.4

- Hirschhorn, R.: **Adenosine deaminase deficiency: molecular basis and recent developments.** *Clin. Immunol. Immunopathol.* 1995, **76**:S219–S227.

## Abschnitt 13.1.5

- Bosma, M.J. and Carroll, A.M.: **The SCID mouse mutant: definition, characterization, and potential uses.** *Annu. Rev. Immunol.* 1991, **9**:323–350.
- Fugmann, S.D.: **DNA repair: breaking the seal.** *Nature* 2002, **416**:691–694.
- Gennery, A.R., Cant, A.J., and Jeggo, P.A.: **Immunodeficiency associated with DNA repair defects.** *Clin. Exp. Immunol.* 2000, **121**:1–7.
- Moshous, D., Callebaut, I., de Chasseval, R., Corneo, B., Cavazzana-Calvo, M., Le Deist, F., Tezcan, I., Sanal, O., Bertrand, Y., Philippe, N., *et al.*: **Artemis, a novel DNA double-strand break repair/V(D)J recombination protein, is mutated in human severe combined immune deficiency.** *Cell* 2001, **105**:177–186.

Teil V

### Abschnitt 13.1.6

- Castigli, E., Pahwa, R., Good, R.A., Geha, R.S., and Chatila, T.A.: **Molecular basis of a multiple lymphokine deficiency in a patient with severe combined immunodeficiency.** *Proc. Natl Acad. Sci. USA* 1993, **90**:4728–4732.
- Kung, C., Pingel, J.T., Heikinheimo, M., Klemola, T., Varkila, K., Yoo, L.I., Vuopala, K., Poyhonen, M., Uhari, M., Rogers, M., *et al.*: **Mutations in the tyrosine phosphatase CD45 gene in a child with severe combined immunodeficiency disease.** *Nat. Med.* 2000, **6**:343–345.
- Roifman, C.M., Zhang, J., Chitayat, D., and Sharfe, N.: **A partial deficiency of interleukin-7R α is sufficient to abrogate T-cell development and cause severe combined immunodeficiency.** *Blood* 2000, **96**:2803–2807.

### Abschnitt 13.1.7

- Coffer, P.J. and Burgering, B.M.: **Forkhead-box transcription factors and their role in the immune system.** *Nat. Rev. Immunol.* 2004, **4**:889–899.
- DiSanto, J.P., Keever, C.A., Small, T.N., Nicols, G.L., O'Reilly, R.J., and Flomenberg, N.: **Absence of interleukin 2 production in a severe combined immunodeficiency disease syndrome with T cells.** *J. Exp. Med.* 1990, **171**:1697–1704.
- DiSanto, J.P., Rieux Laucat, F., Dautry Varsat, A., Fischer, A., and de Saint Basile, G.: **Defective human interleukin 2 receptor γ chain in an atypical X chromo- some-linked severe combined immunodeficiency with peripheral T cells.** *Proc. Natl Acad. Sci. USA* 1994, **91**:9466–9470.
- Gadola, S.D., Moins-Teisserenc, H.T., Trowsdale, J., Gross, W.L., and Cerundolo, V.: **TAP deficiency syndrome.** *Clin. Exp. Immunol.* 2000, **121**:173–178.
- Gilmour, K.C., Fujii, H., Cranston, T., Davies, E. G., Kinnon, C., and Gaspar, H.B.: **Defective expression of the interleukin-2/interleukin-15 receptor ß subunit leads to a natural killer cell-deficient form of severe combined immunodeficiency.** *Blood* 2001, **98**:877–879.
- Grusby, M.J. and Glimcher, L.H.: **Immune responses in MHC class II-deficient mice.** *Annu. Rev. Immunol.* 1995, **13**:417–435.
- Pignata, C., Gaetaniello, L., Masci, A.M., Frank, J., Christiano, A., Matrecano, E., and Racioppi, L.: **Human equivalent of the mouse Nude/SCID phenotype: long-term evaluation of immunologic reconstitution after bone marrow transplanation.** *Blood* 2001, **97**:880–885.
- Steimle, V., Reith, W., and Mach, B.: **Major histocompatibility complex class II deficiency: a disease of gene regulation.** *Adv. Immunol.* 1996, **61**:327–340.

### Abschnitt 13.1.8

- Bruton, O.C.: **Agammaglobulinemia.** *Pediatrics* 1952, **9**:722–728.
- Conley, M. E.: **Genetics of hypogammaglobulinemia: what do we really know?** *Curr. Opin. Immunol.* 2009, **21**:466–471.
- Lee, M.L., Gale, R.P., and Yap, P.L.: **Use of intravenous immunoglobulin to prevent or treat infections in persons with immune deficiency.** *Annu. Rev. Med.* 1997, **48**:93–102.
- Notarangelo, L.D.: **Immunodeficiencies caused by genetic defects in protein kinases.** *Curr. Opin. Immunol.* 1996, **8**:448–453.
- Preud'homme, J.L. and Hanson, L.A.: **IgG subclass deficiency.** *Immunodefic. Rev.* 1990, **2**:129–149.

### Abschnitt 13.1.9

- Burrows, P.D. and Cooper, M.D.: **IgA deficiency.** *Adv. Immunol.* 1997, **65**:245–276.
- Doffinger, R., Smahi, A., Bessia, C., Geissmann, F., Feinberg, J., Durandy, A., Bodemer, C., Kenwrick, S., Dupuis-Girod, S., Blanche, S., *et al.*: **X-linked anhidrotic ectodermal**

**dysplasia with immunodeficiency is caused by impaired NF-κB signaling.** *Nat. Genet.* 2001, **27**:277–285.

- Durandy, A. and Honjo, T.: **Human genetic defects in class-switch recombination (hyper-IgM syndromes).** *Curr. Opin. Immunol.* 2001, **13**:543–548.
- Ferrari, S., Giliani, S., Insalaco, A., Al Ghonaium, A., Soresina, A.R., Loubser, M., Avanzini, M.A., Marconi, M., Badolato, R., Ugazio, A.G., *et al.*: **Mutations of CD40 gene cause an autosomal recessive form of immunodeficiency with hyper IgM.** *Proc. Natl Acad. Sci. USA* 2001, **98**:12614–12619.
- Harris, R.S., Sheehy, A.M., Craig, H.M., Malim, M.H., and Neuberger, M.S.: **DNA deamination: not just a trigger for antibody diversification but also a mechanism for defense against retroviruses.** *Nat. Immunol.* 2003, **4**:641–643.
- Minegishi, Y.: **Hyper-IgE syndrome.** *Curr. Opin. Immunol.* 2009, **21**:487–492.
- Park, M.A., Li, J.T., Hagan, J.B., Maddox, D.E., and Abraham, R.S.: **Common variable immunodeficiency: a new look at an old disease.** *Lancet* 2008, **372**:489–503.
- Thrasher, A.J. and Burns, S.O.: **WASP: a key immunological multitasker.** *Nat. Rev. Immunol.* 2010, **10**:182–192.
- Yel, L.: **Selective IgA deficiency.** *J. Clin. Immunol.* 2010, **30**:10–16.
- Yong, P.F., Salzer, U., and Grimbacher, B.: **The role of costimulation in antibody deficiencies: ICOS and common variable immunodeficiency.** *Immunol. Rev.* 2009, **229**:101–113.

## Abschnitt 13.1.10

- Browne, S.K.: **Anticytokine autoantibody-associated immunodeficiency.** *Annu. Rev. Immunol.* 2014, **32**:635–657.
- Casanova, J.L. and Abel, L.: **Genetic dissection of immunity to mycobacteria: the human model.** *Annu. Rev. Immunol.* 2002, **20**:581–620.
- Dupuis, S., Dargemont, C., Fieschi, C., Thomassin, N., Rosenzweig, S., Harris, J., Holland, S.M., Schreiber, R.D., and Casanova, J.L.: **Impairment of mycobacterial but not viral immunity by a germline human STAT1 mutation.** *Science* 2001, **293**:300–303.
- Lammas, D.A., Casanova, J.L., and Kumararatne, D.S.: **Clinical consequences of defects in the IL-12-dependent interferon-γ (IFN-γ) pathway.** *Clin. Exp. Immunol.* 2000, **121**:417–425.
- Lanternier, F., Cypowyj, S., Picard, C., Bustamante, J., Lortholary, O., Casanova, J.-L., and Puel, A.: **Primary immunodeficiencies underlying fungal infections.** *Curr. Opin. Pediatr.* 2013, **25**:736–747.
- Lanternier, F., Pathan, S., Vincent, Q.B., Liu, L., Cypowyj, S., Prando, C., Migaud, M., Taibi, L., Ammar-Khodja, A., Boudghene Stambouli, O., *et al.*: **Deep dermatophytosis and inherited CARD9 deficiency.** *N. Engl. J. Med.* 2013, **369**:1704–1714.
- Newport, M.J., Huxley, C.M., Huston, S., Hawrylowicz, C.M., Oostra, B.A., Williamson, R., and Levin, M.: **A mutation in the interferon-γ-receptor gene and susceptibility to mycobacterial infection.** *N. Engl. J. Med.* 1996, **335**:1941–1949.
- Puel, A., Döffinger, R., Natividad, A., Chrabieh, M., Barcenas-Morales, G., Picard, C., Cobat, A., Ouachée-Chardin, M., Toulon, A., Bustamante, J., *et al.*: **Autoantibodies against IL-17A, IL-17F, and IL-22 in patients with chronic mucocutaneous candidiasis and autoimmune polyendocrine syndrome type I.** *J. Exp. Med.* 2010, **207**:291–297.
- Van de Vosse, E., Hoeve, M.A., and Ottenhoff, T.H.: **Human genetics of intracellular infectious diseases: molecular and cellular immunity against mycobacteria and salmonellae.** *Lancet Infect. Dis.* 2004, **4**:739–749.

## Abschnitt 13.1.11

- de Saint Basile, G., Ménasché, G., and Fischer, A.: **Molecular mechanisms of biogenesis and exocytosis of cytotoxic granules.** *Nat. Rev. Immunol.* 2010, **10**:568–579.
- de Saint Basille, G. and Fischer, A.: **The role of cytotoxicity in lymphocyte homeostasis.** *Curr. Opin. Immunol.* 2001, **13**:549–554.

### Abschnitt 13.1.12

■ Latour, S., Gish, G., Helgason, C.D., Humphries, R.K., Pawson, T., and Veillette, A.: **Regulation of SLAM-mediated signal transduction by SAP, the X-linked lympho-proliferative gene product.** *Nat. Immunol.* 2001, **2**:681–690.

■ Morra, M., Howie, D., Grande, M.S., Sayos, J., Wang, N., Wu, C., Engel, P., and Terhorst, C.: **X-linked lymphoproliferative disease: a progressive immunodeficiency.** *Annu. Rev. Immunol.* 2001, **19**:657–682.

■ Rigaud, S., Fondaneche, M.C., Lambert, N., Pasquier, B., Mateo, V., Soulas, P., Galicier, L., Le Deist, F., Rieux-Laucat, F., Revy, P., *et al.*: **XIAP deficiency in humans causes an X-linked lymphoproliferative syndrome.** *Nature* 2006, **444**:110–114.


### Abschnitt 13.1.13

■ Collin, M., Bigley, V., Haniffa, M., and Hambleton, S.: **Human dendritic cell deficiency: the missing ID?** *Nat. Rev. Immunol.* 2011, **11**:575–583.

■ Hambleton, S., Salem, S., Bustamante, J., Bigley, V., Boisson-Dupuis, S., Azevedo, J., Fortin, A., Haniffa, M., Ceron-Gutierrez, L., Bacon, C.M., *et al.*: **IRF8 mutations and human dendritic-cell immunodeficiency.** *N. Engl. J. Med.* 2011, **365**:127–138.


### Abschnitt 13.1.14

■ Colten, H.R. and Rosen, F.S.: **Complement deficiencies.** *Annu. Rev. Immunol.* 1992, **10**:809–834.

■ Dahl, M., Tybjaerg-Hansen, A., Schnohr, P., and Nordestgaard, B.G.: **A population-based study of morbidity and mortality in mannose-binding lectin deficiency.** *J. Exp. Med.* 2004, **199**:1391–1399.

■ Walport, M.J.: **Complement. First of two parts.** *N. Engl. J. Med.* 2001 **344**:1058–1066.

■ Walport, M.J.: **Complement. Second of two parts.** *N. Engl. J. Med.* 2001, **344**:1140–1144.


### Abschnitt 13.1.15

■ Andrews, T. and Sullivan, K.E.: **Infections in patients with inherited defects in phagocytic function.** *Clin. Microbiol. Rev.* 2003, **16**:597–621.

■ Etzioni, A.: **Genetic etiologies of leukocyte adhesion defects.** *Curr. Opin. Immunol.* 2009, **21**:481–486.

■ Fischer, A., Lisowska Grospierre, B., Anderson, D.C., and Springer, T.A.: **Leukocyte adhesion deficiency: molecular basis and functional consequences.** *Immunodefic. Rev.* 1988, **1**:39–54.

■ Goldblatt, D. and Thrasher, A.J.: **Chronic granulomatous disease.** *Clin. Exp. Immunol.* 2000, **122**:1–9.

■ Klein, C. and Welte, K.: **Genetic insights into congenital neutropenia.** *Clin. Rev. Allergy Immunol.* 2010, **38**:68–74.

■ Netea, M.G., Wijmenga, C., and O'Neill, L.A.J.: **Genetic variation in Toll-like receptors and disease susceptibility.** *Nat. Immunol.* 2012, **13**:535–542.

■ Spritz, R.A.: **Genetic defects in Chediak-Higashi syndrome and the beige mouse.** *J. Clin. Immunol.* 1998, **18**:97–105.

■ Suhir, H. and Etzioni, A.: **The role of Toll-like receptor signaling in human immunodeficiencies.** *Clin. Rev. Allergy Immunol.* 2010, **38**:11–19.


### Abschnitt 13.1.16

■ Delpech, M. and Grateau, G.: **Genetically determined recurrent fevers.** *Curr. Opin. Immunol.* 2001, **13**:539–542.

Teil V

- Dinarello, C.A.: **Immunological and inflammatory functions of the interleukin-1 family.** *Annu. Rev. Immunol.* 2009, **27**:519–550.
- Drenth, J.P. and van der Meer, J.W.: **Hereditary periodic fever.** *N. Engl. J. Med.* 2001, **345**:1748–1757.
- Kastner, D.L. and O'Shea, J.J.: **A fever gene comes in from the cold.** *Nat. Genet.* 2001, **29**:241–242.
- Stehlik, C. and Reed, J.C.: **The PYRIN connection: novel players in innate immunity and inflammation.** *J. Exp. Med.* 2004, **200**:551–558.

## Abschnitt 13.1.17

- Fischer, A., Hacein-Bey, S., and Cavazzana-Calvo, M.: **Gene therapy of severe combined immunodeficiencies.** *Nat. Rev. Immunol.* 2002, **2**:615–621.
- Fischer, A., Le Deist, F., Hacein-Bey-Abina, S., Andre-Schmutz, I., de Saint, B.G., de Villartay, J.P., and Cavazzana-Calvo, M.: **Severe combined immunodeficiency. A model disease for molecular immunology and therapy.** *Immunol. Rev.* 2005, **203**:98–109.
- Hacein-Bey-Abina, S., Le Deist, F., Carlier, F., Bouneaud, C., Hue, C., De Villartay, J.P., Thrasher, A.J., Wulffraat, N., Sorensen, R., Dupuis-Girod, S., *et al.*: **Sustained correction of X-linked severe combined immunodeficiency by** *ex vivo* **gene therapy.** *N. Engl. J. Med.* 2002, **346**:1185–1193.
- Hacein-Bey-Abina, S., Von Kalle, C., Schmidt, M., McCormack, M.P., Wulffraat, N., Leboulch, P., Lim, A., Osborne, C.S., Pawliuk, R., Morillon, E., *et al.*: **LMO2-associated clonal T cell proliferation in two patients after gene therapy for SCID-X1.** *Science* 2003, **302**:415–419.
- Rosen, F.S.: **Successful gene therapy for severe combined immunodeficiency.** *N. Engl. J. Med.* 2002, **346**:1241–1243.

## Abschnitt 13.1.18

- Chandra, R.K.: **Nutrition, immunity and infection: from basic knowledge of dietary manipulation of immune responses to practical application of ameliorating suffering and improving survival.** *Proc. Natl Acad. Sci. USA* 1996, **93**:14304–14307.
- Lord, G.M., Matarese, G., Howard, J.K., Baker, R.J., Bloom, S.R., and Lechler, R.I.: **Leptin modulates the T-cell immune response and reverses starvation-inuced immunosuppression.** *Nature* 1998, **394**:897–901.

## Abschnitt 13.2.1

- Bhavsar, A.P., Guttman, J.A., and Finlay, B.B.: **Manipulation of host-cell pathways by bacterial pathogens.** *Nature* 2007, **449**:827–834.
- Blander, J.M. and Sander, L.E.: **Beyond pattern recognition: five immune checkpoints for scaling the microbial threat.** *Nat. Rev. Immunol.* 2012, **12**:215–225.
- Hajishengallis, G. and Lambris, J.D.: **Microbial manipulation of receptor crosstalk in innate immunity.** *Nat. Rev. Immunol.* 2011, **11**:187–200.
- Hornef, M.W., Wick, M.J., Rhen, M., and Normark, S.: **Bacterial strategies for overcoming host innate and adaptive immune responses.** *Nat. Immunol.* 2002, **3**:1033–1040.
- Lambris, J.D., Ricklin, D., and Geisbrecht, B.V.: **Complement evasion by human pathogens.** *Nat. Rev. Microbiol.* 2008, **6**:132–142.
- Phillips, R.E.: **Immunology taught by Darwin.** *Nat. Immunol.* 2002, **3**:987–989.
- Raymond, B., Young, J.C., Pallett, M., Endres, R.G., Clements, A., and Frankel, G.: **Subversion of trafficking, apoptosis, and innate immunity by type III secretion system effectors.** *Trends Microbiol.* 2013, **21**:430–441.

Teil V

- Vance, R.E., Isberg, R.R., and Portnoy, D.A.: **Patterns of pathogenesis: discrimination of pathogenic and nonpathogenic microbes by the innate immune system.** *Cell Host Microbe* 2009, **6**:10–21.
- Yeaman, M.R. and Yount, N.Y.: **Mechanisms of antimicrobial peptide action and resistance.** *Pharmacol. Rev.* 2003, **55**:27–55.

### Abschnitt 13.2.2

- Cambier, C.J., Takaki, K.K., Larson, R.P., Hernandez, R.E., Tobin, D.M., Urdahl, K.B., Cosma, C.L., and Ramakrishnan, L.: **Mycobacteria manipulate macrophage recruitment through coordinated use of membrane lipids.** *Nature* 2014, **505**:218–222.
- Clegg, S., Hancox, L.S., and Yeh, K.S.: *Salmonella typhimurium* **fimbrial phase variation and FimA expression.** *J. Bacteriol.* 1996, **178**:542–545.
- Cossart, P.: **Host/pathogen interactions. Subversion of the mammalian cell cytoskeleton by invasive bacteria.** *J. Clin. Invest.* 1997, **99**:2307–2311.
- Young, D., Hussell, T., and Dougan, G.: **Chronic bacterial infections: living with unwanted guests.** *Nat. Immunol.* 2002, **3**:1026–1032.

### Abschnitt 13.2.3

- Donelson, J.E., Hill, K.L., and El-Sayed, N.M.: **Multiple mechanisms of immune evasion by African trypanosomes.** *Mol. Biochem. Parasitol.* 1998, **91**:51–66.
- Sacks, D. and Sher, A.: **Evasion of innate immunity by parasitic protozoa.** *Nat. Immunol.* 2002, **3**:1041–1047.

### Abschnitt 13.2.4

- Bowie, A.G. and Unterholzner, L.: **Viral evasion and subversion of pattern-recognition receptor signalling.** *Nat. Rev. Immunol.* 2008, **8**:911–922.
- Brander, C. and Walker, B.D.: **Modulation of host immune responses by clinically relevant human DNA and RNA viruses.** *Curr. Opin. Microbiol.* 2000, **3**:379–386.
- Gibbs, M.J., Armstrong, J.S., and Gibbs, A.J.: **Recombination in the hemagglutinin gene of the 1918 'Spanish flu.'** *Science* 2001, **293**:1842–1845.
- Hatta, M., Gao, P., Halfmann, P., and Kawaoka, Y.: **Molecular basis for high virulence of Hong Kong H5N1 influenza A viruses.** *Science* 2001, **293**:1840–1842.
- Hilleman, M.R.: **Strategies and mechanisms for host and pathogen survival in acute and persistent viral infections.** *Proc. Natl Acad. Sci. USA* 2004, **101**:14560–14566.
- Laver, G. and Garman, E.: Virology. **The origin and control of pandemic influenza.** *Science* 2001, **293**:1776–1777.

### Abschnitt 13.2.5

- Alcami, A.: **Viral mimicry of cytokines, chemokines and their receptors.** *Nat. Rev. Immunol.* 2003, **3**:36–50.
- Hansen, T.H. and Bouvier, M.: **MHC class I antigen presentation: learning from viral evasion strategies.** *Nat. Rev. Immunol.* 2009, **9**:503–513.
- McFadden, G. and Murphy, P.M.: **Host-related immunomodulators encoded by poxviruses and herpesviruses.** *Curr. Opin. Microbiol.* 2000, **3**:371–378.
- Paludan, S.R., Bowie, A.G., Horan, K. A., and Fitzgerald, K. A.: **Recognition of herpesviruses by the innate immune system.** *Nat. Rev. Immunol.* 2011, **11**:143–154.
- Yewdell, J.W. and Hill, A.B.: **Viral interference with antigen presentation.** *Nat. Immunol.* 2002, **2**:1019–1025.

Teil V

## Abschnitt 13.2.6

- Cohen, J.I.: **Epstein-Barr virus infection.** *N. Engl. J. Med.* 2000, **343**:481–492.
- Hahn, G., Jores, R., and Mocarski, E.S.: **Cytomegalovirus remains latent in a common precursor of dendritic and myeloid cells.** *Proc. Natl Acad. Sci. USA* 1998, **95**:3937–3942.
- Ho, D.Y.: **Herpes simplex virus latency: molecular aspects.** *Prog. Med. Virol.* 1992, **39**:76–115.
- Kuppers, R.: **B cells under the influence: transformation of B cells by Epstein-Barr virus.** *Nat. Rev. Immunol.* 2003, **3**:801–812.
- Lauer, G.M. and Walker, B.D.: **Hepatitis C virus infection.** *N. Engl. J. Med.* 2001, **345**:41–52.
- Macsween, K.F. and Crawford, D.H.: **Epstein-Barr virus—recent advances.** *Lancet Infect. Dis.* 2003, **3**:131–140.
- Nash, A.A.: **T cells and the regulation of herpes simplex virus latency and reactivation.** *J. Exp. Med.* 2000, **191**:1455–1458.

## Abschnitt 13.3.1

- Baltimore, D.: **The enigma of HIV infection.** *Cell* 1995, **82**:175–176.
- Barre-Sinoussi, F.: **HIV as the cause of AIDS.** *Lancet* 1996, **348**:31–35.
- Campbell-Yesufu, O.T. and Gandhi, R.T.: **Update on human immunodeficiency virus (HIV)-2 infection.** *Clin. Infect. Dis.* 2011, **52**:780–787.
- Heeney, J.L., Dalgleish, A.G., and Weiss, R.A.: **Origins of HIV and the evolution of resistance to AIDS.** *Science* 2006, **313**:462–466.
- Sharp, P.M. and Hahn, B.H.: **Origins of HIV and the AIDS pandemic.** *Cold Spring Harb. Perspect. Med.* 2011, **1**:a006841.

## Abschnitt 13.3.2

- Grouard, G. and Clark, E.A.: **Role of dendritic and follicular dendritic cells in HIV infection and pathogenesis.** *Curr. Opin. Immunol.* 1997, **9**:563–567.
- Moore, J.P., Trkola, A., and Dragic, T.: **Co-receptors for HIV-1 entry.** *Curr. Opin. Immunol.* 1997, **9**:551–562.
- Pohlmann, S., Baribaud, F., and Doms, R.W.: **DC-SIGN and DC-SIGNR: helping hands for HIV.** *Trends Immunol.* 2001, **22**:643–646.
- Root, M.J., Kay, M.S., and Kim, P.S.: **Protein design of an HIV-1 entry inhibitor.** *Science* 2001, **291**:884–888.
- Sol-Foulon, N., Moris, A., Nobile, C., Boccaccio, C., Engering, A., Abastado, J.P., Heard, J.M., van Kooyk, Y., and Schwartz, O.: **HIV-1 Nef-induced upregulation of DC-SIGN in dendritic cells promotes lymphocyte clustering and viral spread.** *Immunity* 2002, **16**:145–155.
- Unutmaz, D. and Littman, D.R.: **Expression pattern of HIV-1 coreceptors on T cells: implications for viral transmission and lymphocyte homing.** *Proc. Natl Acad. Sci. USA* 1997, **94**:1615–1618.
- Wyatt, R. and Sodroski, J.: **The HIV-1 envelope glycoproteins: fusogens, antigens, and immunogens.** *Science* 1998, **280**:1884–1888.

## Abschnitt 13.3.3

- Chiu, Y.L., Soros, V.B., Kreisberg, J.F., Stopak, K., Yonemoto, W., and Greene, W.C.: **Cellular APOBEC3G restricts HIV-1 infection in resting CD4+ T cells.** *Nature* 2005, **435**:108–114.
- Cullen, B.R.: **HIV-1 auxiliary proteins: making connections in a dyig cell.** *Cell* 1998, **93**:685–692.

- Cullen, B.R.: **Connections between the processing and nuclear export of mRNA: evidence for an export license?** *Proc. Natl Acad. Sci. USA* 2000, **97**:4–6.
- Emerman, M. and Malim, M.H.: **HIV-1 regulatory/accessory genes: keys to unraveling viral and host cell biology.** *Science* 1998, **280**:1880–1884.
- Ho, Y.-C., Shan, L., Hosmane, N.N., Wang, J., Laskey, S.B., Rosenbloom, D.I.S., Lai, J., Blankson, J.N., Siliciano, J.D., and Siliciano, R.F.: **Replication-competent noninduced proviruses in the latent reservoir increase barrier to HIV-1 cure.** *Cell* 2013, **155**:540–551.
- Kinoshita, S., Su, L., Amano, M., Timmerman, L.A., Kaneshima, H., and Nolan, G.P.: **The T-cell activation factor NF-ATc positively regulates HIV-1 replication and gene expression in T cells.** *Immunity* 1997, **6**:235–244.
- Malim, M.H. and Bieniasz, P.D.: **HIV restriction factors and mechanisms of evasion.** *Cold Spring Harb. Perspect. Med.* 2012, **2**:a006940.
- Trono, D.: **HIV accessory proteins: leading roles for the supporting cast.** *Cell* 1995, **82**:189–192.

### Abschnitt 13.3.4

- Bomsel, M. and David, V.: **Mucosal gatekeepers: selecting HIV viruses for early infection.** *Nat. Med.* 2002, **8**:114–116.
- Kwon, D.S., Gregorio, G., Bitton, N., Hendrickson, W.A., and Littman, D.R.: **DC-SIGN-mediated internalization of HIV is required for trans-enhancement of T cell infection.** *Immunity* 2002, **16**:135–144.
- Pantaleo, G., Menzo, S., Vaccarezza, M., Graziosi, C., Cohen, O.J., Demarest, J.F., Montefiori, D., Orenstein, Peckham, C., and Gibb, D.: **Mother-to-child transmission of the human immunodeficiency virus.** *N. Engl. J. Med.* 1995, **333**:298–302.
- Royce, R.A., Sena, A., Cates Jr., W., and Cohen, M.S.: **Sexual transmission of HIV.** *N. Engl. J. Med.* 1997, **336**:1072–1078.

### Abschnitt 13.3.5

- Berger, E.A., Murphy, P.M., and Farber, J.M.: **Chemokine receptors as HIV-1 coreceptors: roles in viral entry, tropism, and disease.** *Annu. Rev. Immunol.* 1999, **17**:657–700.
- Connor, R.I., Sheridan, K.E., Ceradini, D., Choe, S., and Landau, N.R.: **Change in coreceptor use correlates with disease progression in HIV-1—infected individuals.** *J. Exp. Med.* 1997, **185**:621–628.
- Littman, D.R.: **Chemokine receptors: keys to AIDS pathogenesis?** *Cell* 1998, **93**:677–680.

### Abschnitt 13.3.6

- Gonzalez, E., Kulkarni, H., Bolivar, H., Mangano, A., Sanchez, R., Catano, G., Nibbs, R.J., Freedman, B.I., Quinones, M.P., Bamshad, M.J., *et al.*: **The influence of CCL3L1 gene-containing segmental duplications on HIV-1/AIDS susceptibility.** *Science* 2005, **307**:1434–1440.
- Liu, R., Paxton, W.A., Choe, S., Ceradini, D., Martin, S.R., Horuk, R., Macdonald, M. E., Stuhlmann, H., Koup, R.A., and Landau, N.R.: **Homozygous defect in HIV-1 coreceptor accounts for resistance of some multiply exposed individuals to HIV 1 infection.** *Cell* 1996, **86**:367–377.
- Samson, M., Libert, F., Doranz, B.J., Rucker, J., Liesnard, C., Farber, C.M., Saragosti, S., Lapoumeroulie, C., Cognaux, J., Forceille, C., *et al.*: **Resistance to HIV-1 infection in Caucasian individuals bearing mutant alleles of the CCR 5 chemokine receptor gene.** *Nature* 1996, **382**:722–725.

## Abschnitt 13.3.7

- Baltimore, D.: **Lessons from people with nonprogressive HIV infection.** *N. Engl. J. Med.* 1995, **332**:259–260.
- Barouch, D.H. and Letvin, N.L.: **CD8+ cytotoxic T lymphocyte responses to lentiviruses and herpesviruses.** *Curr. Opin. Immunol.* 2001, **13**:479–482.
- Haase, A.T.: **Targeting early infection to prevent HIV-1 mucosal transmission.** *Nature* 2010, **464**:217–223.
- Ho, D.D., Neumann, A.U., Perelson, A.S., Chen, W., Leonard, J.M., and Markowitz, M.: **Rapid turnover of plasma virions and CD4 lymphocytes in HIV-1 infection.** *Nature* 1995, **373**:123–126.
- Liao, H.-X., Lynch, R., Zhou, T., Gao, F., Alam, S.M., Boyd, S.D., Fire, A.Z., Roskin, K.M., Schramm, C.A., Zhang, Z., *et al.*: **Co-evolution of a broadly neutralizing HIV-1 antibody and founder virus.** *Nature* 2013, **496**:469–476.
- Johnson, W.E. and Desrosiers, R.C.: **Viral persistence: HIV's strategies of immune system evasion.** *Annu. Rev. Med.* 2002, **53**:499–518.
- McMichael, A.J., Borrow, P., Tomaras, G.D., Goonetilleke, N., and Haynes, B.F.: **The immune response during acute HIV-1 infection: clues for vaccine development.** *Nat. Rev. Immunol.* 2010, **10**:11–23.
- Price, D.A., Goulder, P.J., Klenerman, P., Sewell, A.K., Easterbrook, P.J., Troop, M., Bangham, C.R., and Phillips, R.E.: **Positive selection of HIV-1 cytotoxic T lymphocyte escape variants during primary infection.** *Proc. Natl Acad. Sci. USA* 1997, **94**:1890–1895.
- Schmitz, J.E., Kuroda, M.J., Santra, S., Sasseville, V.G., Simon, M.A., Lifton, M.A., Racz, P., Tenner-Racz, K., Dalesandro, M., Scallon, B.J., *et al.*: **Control of viremia in simian immunodeficiency virus infection by CD8⁺ lymphocytes.** *Science* 1999, **283**:857–860.
- Siliciano, R.F. and Greene, W.C.: **HIV latency.** *Cold Spring Harb. Perspect. Med.* 2011, **1**:a007096.
- Pantaleo, G., Menzo, S., Vaccarezza, M., Graziosi, C., Cohen, O.J., Demarest, JF, Montefiori, D, Orenstein, J.M., Fox, C., Schrager, L.K., *et al.*: **Studies in subjects with long-term nonprogressive human immunodeficiency virus infection.** *N. Engl. J. Med.* 1995, **332**:209–216.

## Abschnitt 13.3.8

- Burton, G.F., Masuda, A., Heath, S.L., Smith, B.A., Tew, J.G., and Szakal, A.K.: **Follicular dendritic cells (FDC) in retroviral infection: host/pathogen perspectives.** *Immunol. Rev.* 1997, **156**:185–197.
- Chun, T.W., Carruth, L., Finzi, D., Shen, X., DiGiuseppe, J.A., Taylor, H., Hermankova, M., Chadwick, K., Margolick, J., Quinn, T.C., *et al.*: **Quantification of latent tissue reservoirs and total body viral load in HIV-1 infection.** *Nature* 1997, **387**:183–188.
- Haase, A.T.: **Population biology of HIV-1 infection: viral and CD4⁺ T cell demographics and dynamics in lymphatic tissues.** *Annu. Rev. Immunol.* 1999, **17**:625–656.
- Pierson, T., McArthur, J., and Siliciano, R.F.: **Reservoirs for HIV-1: mechanisms for viral persistence in the presence of antiviral immune responses and antiretroviral therapy.** *Annu. Rev. Immunol.* 2000, **18**:665–708.

## Abschnitt 13.3.9

- Bream, J.H., Ping, A., Zhang, X., Winkler, C., and Young, H.A.: **A single nucleotide polymorphism in the proximal IFN-gamma promoter alters control of gene transcription.** *Genes Immun.* 2002, **3**:165–169.
- Martin, M.P., Gao, X., Lee, J.H., Nelson, G.W., Detels, R., Goedert, J.J., Buchbinder, S., Hoots, K., Vlahov, D., Trowsdale, J., *et al.*: **Epistatic interaction between KIR3DS1 and HLA-B delays the progression to AIDS.** *Nat. Genet.* 2002, **31**:429–434.

Teil V

Shin, H.D., Winkler, C., Stephens, J.C., Bream, J., Young, H., Goedert, J.J., O'Brien, T.R., Vlahov, D., Buchbinder, S., Giorgi, J., *et al.*: **Genetic restriction of HIV-1 pathogenesis to AIDS by promoter alleles of IL10.** *Proc. Natl Acad. Sci. USA* 2000, **97**:14467–14472.

Walker, B.D. and Yu, X.G.: **Unravelling the mechanisms of durable control of HIV-1.** *Nat. Rev. Immunol.* 2013, **13**:487–498.

### Abschnitt 13.3.10

Kedes, D.H., Operskalski, E., Busch, M., Kohn, R., Flood, J., and Ganem, D.R.: **The seroepidemiology of human herpesvirus 8 (Kaposi's sarcoma associated herpesvirus): distribution of infection in KS risk groups and evidence for sexual transmission.** *Nat. Med.* 1996, **2**:918–924.

Miller, R.: **HIV-associated respiratory diseases.** *Lancet* 1996, **348**:307–312.

Zhong, W.D., Wang, H., Herndier, B., and Ganem, D.R.: **Restricted expression of Kaposi sarcoma associated herpesvirus (human herpesvirus 8) genes in Kaposi sarcoma.** *Proc. Natl Acad. Sci. USA* 1996, **93**:6641–6646.

### Abschnitt 13.3.11

Allers, K., Hütter, G., Hofmann, J., Loddenkemper, C., Rieger, K., Thiel, E., and Schneider, T.: **Evidence for the cure of HIV infection by CCR5$\Delta$32/$\Delta$32 stem cell transplantation.** *Blood* 2011, **117**:2791–2799.

Barouch, D.H. and Deeks, S.G.: **Immunologic strategies for HIV-1 remission and eradication.** *Science* 2014, **345**:169–174.

Boyd, M. and Reiss, P.: **The long-term consequences of antiretroviral therapy: a review.** *J. HIV Ther.* 2006, **11**:26–35.

Cammack, N.: **The potential for HIV fusion inhibition.** *Curr. Opin. Infect. Dis.* 2001, **14**:13–16.

Carcelain, G., Debre, P., and Autran, B.: **Reconstitution of CD4+ T lymphocytes in HIV-infected individuals following antiretroviral therapy.** *Curr. Opin. Immunol.* 2001, **13**:483–488.

Farber, J.M. and Berger, E.A.: **HIV's response to a CCR5 inhibitor: I'd rather tighten than switch!** *Proc. Natl Acad. Sci. USA* 2002, **99**:1749–1751.

Ho, D.D.: **Perspectives series: host/pathogen interactions. Dynamics of HIV-1 replication *in vivo*.** *J. Clin. Invest.* 1997, **99**:2565–2567.

Kordelas, L., Verheyen, J., and Esser, S.: **Shift of HIV tropism in stem-cell transplantation with CCR5 Delta32 mutation.** *N. Engl. J. Med.* 2014, **371**:880–882.

Lundgren, J.D. and Mocroft, A.: **The impact of antiretroviral therapy on AIDS and survival.** *J. HIV Ther.* 2006, **11**:36–38.

Perelson, A.S., Essunger, P., Cao, Y.Z., Vesanen, M., Hurley, A., Saksela, K., Markowitz, M., and Ho, D.D.: **Decay characteristics of HIV-1-infected compartments during combination therapy.** *Nature* 1997, **387**:188–191.

Wei, X., Ghosh, S.K., Taylor, M. E., Johnson, V.A., Emini, E.A., Deutsch, P., Lifson, J.D., Bonhoeffer, S., Nowak, M.A., Hahn, B.H., *et al.*: **Viral dynamics in human immunodeficiency virus type 1 infection.** *Nature* 1995, **373**:117–122.

### Abschnitt 13.3.12

Condra, J.H., Schleif, W.A., Blahy, O.M., Gabryelski, L.J., Graham, D.J., Quintero, J.C., Rhodes, A., Robbins, H.L., Roth, E., Shivaprakash, M., *et al.*: ***In vivo* emergence of HIV-1 variants resistant to multiple protease inhibitors.** *Nature* 1995, **374**:569–571.

Finzi, D. and Siliciano, R.F.: **Viral dynamics in HIV-1 infection.** *Cell* 1998, **93**:665–671.

Katzenstein, D.: **Combination therapies for HIV infection and genomic drug resistance.** *Lancet* 1997, **350**:970–971.

Teil V

■ Moutouh, L., Corbeil, J., and Richman, D.D.: **Recombination leads to the rapid emergence of HIV 1 dually resistant mutants under selective drug pressure.** *Proc. Natl Acad. Sci. USA* 1996, **93**:6106–6111.

## Abschnitt 13.3.13

■ Baba, T.W., Liska, V., Hofmann-Lehmann, R., Vlasak, J., Xu, W., Ayehunie, S., Cavacini, L.A., Posner, M.R., Katinger, H., Stiegler, G., *et al.*: **Human neutralizing monoclonal antibodies of the IgG1 subtype protect against mucosal simian-human immunodeficiency virus infection.** *Nat. Med.* 2000, **6**:200–206.

■ Barouch, D.H.: **The quest for an HIV-1 vaccine – moving forward.** *N. Engl. J. Med.* 2013, **369**:2073–2076.

■ Barouch, D.H., Kunstman, J., Kuroda, M.J., Schmitz, J.E., Santra, S., Peyerl, F.W., Krivulka, G.R., Beaudry, K., Lifton, M.A., Gorgone, D.A., *et al.*: **Eventual AIDS vaccine failure in a rhesus monkey by viral escape from cytotoxic T lymphocytes.** *Nature* 2002, **415**:335–339.

■ Isitman, G., Stratov, I., and Kent, S.J.: **Antibody-dependent cellular cytotoxicity and Nk cell-driven immune escape in HIV Infection: Implications for HIV vaccine development.** *Adv. Virol.* 2012, **212**:637208.

■ Letvin, N.L.: **Progress and obstacles in the development of an AIDS vaccine.** *Nat. Rev. Immunol.* 2006, **6**:930–939.

■ McMichael, A.J. and Koff, W.C.: **Vaccines that stimulate T cell immunity to HIV-1: the next step.** *Nat. Immunol.* 2014, **15**:319–322.

## Abschnitt 13.3.14

■ Coates, T.J., Aggleton, P., Gutzwiller, F., Des-Jarlais, D., Kihara, M., Kippax, S., Schechter, M., and van-den-Hoek, J.A.: **HIV prevention in developed countries.** *Lancet* 1996, **348**:1143–1148.

■ Decosas, J., Kane, F., Anarfi, J.K., Sodji, K.D., and Wagner, H.U.: **Migration and AIDS.** *Lancet* 1995, **346**:826–828.

■ Dowsett, G.W.: **Sustaining safe sex: sexual practices, HIV and social context.** *AIDS* 1993, **7** Suppl. 1:S257–S262.

■ Kirby, M.: **Human rights and the HIV paradox.** *Lancet* 1996, **348**:1217–1218.

■ Nelson, K.E., Celentano, D.D., Eiumtrakol, S., Hoover, D.R., Beyrer, C., Suprasert, S., Kuntolbutra, S., and Khamboonruang, C.: **Changes in sexual behavior and a decline in HIV infection among young men in Thailand.** *N. Engl. J. Med.* 1996, **335**:297–303.

■ Weniger, B.G. and Brown, T.: **The march of AIDS through Asia.** *N. Engl. J. Med.* 1996, **335**:343–345.

Teil V

# Allergien und allergische Erkrankungen

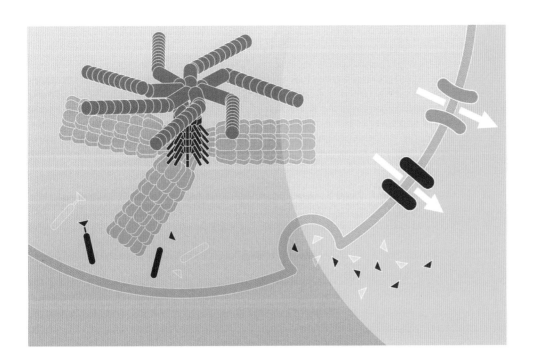

Teil V

© Springer-Verlag GmbH Deutschland, ein Teil von Springer Nature 2018
K. Murphy, C. Weaver, *Janeway Immunologie*, https://doi.org/10.1007/978-3-662-56004-4_14

Die adaptive Immunantwort ist ein entscheidender Bestandteil der Körperabwehr gegen Infektionen und für den Erhalt der Gesundheit essenziell. Adaptive Immunantworten werden jedoch manchmal auch durch Antigene ausgelöst, die nicht mit einem Krankheitserreger zusammenhängen, und dies kann zu Erkrankungen führen. Das ist beispielsweise dann der Fall, wenn bei Auftreten eines von sich aus harmlosen „Umwelt"-Antigens wie Pollen, Nahrungsmittel oder pharmakologische Wirkstoffe durch das Immunsystem ausgelöste, schädliche Überempfindlichkeitsreaktionen entstehen, die man allgemein als **allergische Reaktionen** bezeichnet.

In der historischen Entwicklung wurden diese Reaktionen von Gell und Coombs in vier Gruppen eingeteilt. Dabei stehen Hypersensitivitätsreaktionen vom Typ I für sofort einsetzende allergische Reaktionen, die von **IgE**-Antikörpern ausgelöst werden, wobei es am Ende als vorherrschende Effektorreaktion zu einer Aktivierung der Mastzellen kommt. Hypersensitivitätsreaktionen vom Typ II und III werden nach der Definition von antigenspezifischen IgG-Antikörpern ausgelöst; hier kommt es zur Aktivierung des Komplementsystems (Typ II) oder es werden FcR-tragende Effektorzellen stimuliert (Typ III). Reaktionen vom Typ IV schließlich werden durch Effektorzellen vorangebracht, beispielsweise durch Lymphocyten und eine Reihe myeloischer Zelltypen. Das Klassifizierungssystem nach Gell und Coombs bietet zwar einen geeigneten Rahmen, um die Mechanismen einzuordnen, die einigen charakteristischen immunologischen Reaktionen zugrunde liegen, aber heute stellt sich zunehmend heraus, dass bei den meisten normalen und pathologischen Immunreaktionen des Körpers sowohl der humorale als auch der zelluläre Ast des Immunsystems eine Rolle spielen, und dass die Definitionen in Kap. 11 für die Immunantwortmodule der Typen 1, 2 und 3 einen umfassenderen mechanistischen Zusammenhang herstellen, um die Pathogenese der einzelnen Krankheiten, einschließlich der allergischen Immunantworten (Abb. 11.5) zu verstehen. Die meisten allergischen Reaktionen, etwa auf Nahrungsmittel, Pollen oder Hausstaub, treten deshalb auf, weil die Betroffenen gegen ein harmloses Antigen – das **Allergen – sensibilisiert** wurden, indem sie dagegen IgE-Antikörper erzeugt haben. Dies ist im Allgemeinen die Folge einer unangebrachten Immunantwort vom Typ 2 auf das Allergen. Weitere Kontakte mit dem Allergen lösen in den betroffenen Geweben die Aktivierung von IgE-bindenden Zellen aus, vor allem von Mastzellen und basophilen Zellen. Dadurch kommt es zu einer Reihe von Aktivitäten, die für diese Art der allergischen Reaktion charakteristisch sind. Bei Heuschnupfen (allergische Rhinitis) treten beispielsweise Symptome auf, wenn allergene Proteine aus Pollenkörnern von Gräsern und Kräutern mit den Schleimhäuten der Nase und der Augen in Kontakt kommen. Andere Überempfindlichkeitsreaktionen, beispielsweise die allergische Kontaktdermatitis, die Serumkrankheit und die Zöliakie, gehen jedoch nicht von IgE-Antikörpern aus, sondern sind unangebrachte Immunantworten, die von IgG-Antikörpern und/ oder zellulären Immunantworten angetrieben werden.

Wir alle sind regelmäßig in der Umwelt verbreiteten Substanzen ausgesetzt, die bei einigen Betroffenen zu allergischen Reaktionen führen können. Der größte Teil der Bevölkerung entwickelt auf die Mehrzahl der potenziellen Allergene keine klinisch relevanten allergischen Reaktionen, aber in manchen Studien zeigt über die Hälfte der Bevölkerung eine allergische Reaktion auf mindestens eine Substanz aus der Umwelt. Einige Personen entwickeln allergische Reaktionen gegen mehrere häufig vorkommende Antigene. Eine Prädisposition für die Entwicklung einer IgE-abhängigen Sensitivität für Umweltallergene bezeichnet man als **Atopie**. Im weiteren Verlauf dieses Kapitels wollen wir die verschiedenen Faktoren besprechen – sowohl genetischer als auch umweltbedingter Art –, die zu dieser Prädisposition beitragen können. Für die Prädisposition einer individuellen IgE-abhängigen allergischen Erkrankung sind zweifellos genetische Faktoren von Bedeutung. Wenn beide Eltern von einer Atopie betroffen sind, liegt für ein Kind die Wahrscheinlichkeit bei 40–60 %, eine IgE-abhängige Allergie zu entwickeln. Das Risiko ist mit etwa 10 % wesentlich niedriger, wenn kein Elternteil atopisch ist.

IgE spielt eine besondere Rolle bei der Bekämpfung von extrazellulären Parasiten, insbesondere Helminthen und Protozoen (Abschn. 11.2.7). Diese Parasiten sind in den Entwicklungsländern verbreitet, in den Industrieländern ist jedoch der größte Teil des Serum-IgE gegen harmlose Antigene gerichtet, was teilweise zu allergischen Reaktionen führt

(▶ Abb. 14.1). Fast die Hälfte der Bevölkerung von Nordamerika und Europa ist mindestens für eines der häufigen Umweltantigene sensibilisiert. Zwar sind die durch Kontakt mit einem spezifischen Allergen ausgelösten allergischen Erkrankungen selten lebensbedrohlich, aber sie verursachen Stress und führen zu Fehlzeiten in der Schule und bei der Arbeit. In der westlichen Welt besteht eine hohe Belastung durch allergische Erkrankungen, wobei sich deren Häufigkeit in den vergangenen 20 Jahren mehr als verdoppelt hat. In der Folge richtete sich der größte Teil des medizinischen und wissenschaftlichen Interesses für IgE-Antikörper auf deren pathologische Bedeutung bei allergischen Erkrankungen und nicht auf ihre Schutzfunktionen. Bis in das vergangene Jahrzehnt gab es in den Entwicklungsländern in Afrika und im Mittleren Osten relativ wenige Berichte über das Auftreten von Allergien. Diese Situation verändert sich jetzt jedoch rasant, wahrscheinlich aufgrund einer Modernisierung nach westlichem Vorbild.

In diesem Kapitel werden wir zunächst die Mechanismen behandeln, welche die Sensibilisierung eines Individuums für ein Allergen begünstigen, was schließlich zur Produktion von antigenspezifischem IgE führt. Danach beschreiben wir die IgE-vermittelte allergische Reaktion selbst – die pathophysiologischen Folgen der Wechselwirkung zwischen Antigen und IgE, das seinerseits an den hochaffinen Fcε-Rezeptor der Mastzellen und basophilen Zellen gebunden ist. Zum Schluss werden wir die Ursachen und Folgen anderer Typen immunologischer Hypersensitivitätsreaktionen betrachten.

| IgE-vermittelte allergische Reaktionen | | | |
|---|---|---|---|
| **Reaktion oder Erkrankung** | **verbreitete Allergene** | **Eintrittsweg** | **Reaktion** |
| systemische Anaphylaxie | Medikamente Gifte Nahrungsmittel, z. B. Erdnüsse Serum | intravenös (direkt oder nach oraler Absorption ins Blut) | Ödeme erhöhte Gefäßpermeabilität Verschluss der Atemwege Kreislaufkollaps Tod |
| akute Nesselsucht (erythematöse Quaddelbildung) | nach Virusinfektionen Tierhaare Wespenstiche Allergietests | über die Haut systemisch | lokale Zunahme des Blutflusses und der Gefäßpermeabilität Ödeme |
| saisonale Rhinitis allergica (Heuschnupfen) | Pollen (Beifuß, Bäume, Gräser) Milbenkot | Kontakt mit der Augenbindehaut und der Nasenschleimhaut | Ödeme in der Bindehaut und Nasenschleimhaut Niesen |
| Asthma | Reizungen (Katzenhaare) Pollen Milbenkot | Kontakt mit der Schleimhaut der unteren Atemwege durch Einatmen | Bronchokonstriktion, erhöhte Schleimproduktion, Entzündungen der Atemwege, Hyperreaktivität der Bronchien |
| Nahrungsmittelallergie | Erdnüsse Walnüsse Schellfisch Fisch Milch Eier Soja Weizen | oral | Erbrechen, Durchfall, Hautjucken, Urticaria (Nesselsucht), Anaphylaxie (selten) |

**Abb. 14.1 IgE-vermittelte Reaktionen gegen externe Antigene.** Bei allen IgE-vermittelten Reaktionen ist die Degranulierung von Mastzellen zu beobachten. Die vom Patienten wahrgenommenen Symptome können jedoch sehr unterschiedlich sein – je nachdem, ob das Allergen direkt in das Blut injiziert oder mit der Nahrung aufgenommen wird oder mit den Schleimhäuten der Augen oder der Atemwege in Kontakt kommt

# 14.1 IgE und IgE-abhängige allergische Erkrankungen

**Hypersensitivitätsreaktionen vom Soforttyp** sind allergische Reaktionen, die durch die Aktivierung von Mastzellen und basophilen Zellen hervorgerufen werden. Dabei kommt es durch multivalente Antigene zu einer Vernetzung der IgE-Antikörper, die an die Oberflächen dieser Zellen gebunden sind. IgE-Antikörper unterscheiden sich von anderen Antikörperisotypen dadurch, dass sie ständig in den Geweben lokalisiert sind, wo sie über den hochaffinen IgE-Rezeptor **FcεRI** (Abschn. 10.3.4) fest an die Oberflächen der Mastzellen und einiger anderer Zelltypen gebunden sind. Die Bindung von Antigenen an IgE führt zu einer Quervernetzung der hochaffinen IgE-Rezeptoren. Dadurch werden von den Mastzellen Mediatoren freigesetzt, die zu einer allergischen Erkrankung führen können (▶ Abb. 14.2). Wie eine erste Antikörperreaktion auf Umweltantigene bei atopischen Personen schließlich durch die IgE-Produktion dominiert wird, ist immer noch Forschungsgegenstand. In diesem Teil des Kapitels beschreiben wir den gegenwärtigen Wissensstand über die Faktoren, die zu diesem Prozess beitragen.

### 14.1.1 Bei einer Sensibilisierung kommt es beim ersten Kontakt mit dem Antigen zu einem Isotypwechsel zu IgE

Damit gegen ein bestimmtes Antigen eine allergische Reaktion ausgelöst werden kann, muss ein Individuum zuerst mit dem Antigen in Kontakt treten, und zwar unter Bedingungen, die zur Produktion von IgE-Antikörpern führen. Wenn ein Individuum auf diese Weise sensibilisiert wurde und dem Antigen erneut ausgesetzt ist, treten allergische Symptome

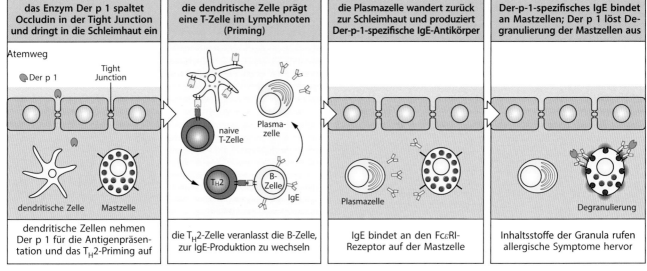

**Abb. 14.2 Sensibilisierung für ein eingeatmetes Allergen.** Der p 1 ist ein verbreitetes Antigen der Atemwege, das im Kot der Hausstaubmilbe vorkommt. Wenn eine atopische Person zum ersten Mal mit Der p 1 in Kontakt kommt, nehmen subepitheliale dendritische Zellen das allergene Protein auf und transportieren es in einen ableitenden Lymphknoten, wo sich $T_H2$-Zellen bilden, die für Der p 1 spezifisch sind (*erstes und zweites Bild*). Die Wechselwirkung dieser T-Zellen mit Der-p-1-spezifischen B-Zellen führt zu einem Isotypwechsel und dadurch zur Entwicklung von Plasmazellen, die in den mucosalen Geweben Der-p-1-spezifische IgE-Antikörper produzieren (*drittes Bild*). Diese werden von Fc-Rezeptoren auf residenten submucosalen Mastzellen gebunden. Bei einem weiteren Kontakt mit Der p 1 bindet das Allergen an die IgE-Antikörper, die auf den Mastzellen gebunden sind, und aktiviert die Mastzellen, sodass sie den Inhalt ihrer Granula freisetzen, die die Symptome einer allergischen Reaktion hervorrufen (*letztes Bild*). Der p 1 ist eine Protease, die Occludin spaltet, ein Protein, das zur Stabilisierung der Tight Junctions in den Epithelien beiträgt. Die enzymatische Aktivität von Der p 1 ist wahrscheinlich mit dafür verantwortlich, dass das Protein das Epithel durchqueren kann

auf. Der Kontakt mit dem Antigen kann zu verschiedenen Symptomkombinationen führen, abhängig von den am stärksten betroffenen Geweben. In den Industrieländern gibt es die meisten allergischen Reaktionen auf Allergene, die durch die Luft übertragen werden. Die dadurch ausgelösten Symptome betreffen vor allem die Nasengänge (allergische Rhinitis), die Augen (allergische Konjunktivitis) oder die unteren Atemwege und die Lunge (Asthma). Durch die Nahrung aufgenommene Allergene können zu einer Lebensmittelallergie führen, von der manchmal nur der Gastrointestinaltrakt betroffen ist (etwa bei der eosinophilen Ösophagitis), aber nicht selten sind auch Gewebe betroffen, die von der Eintrittsstelle weit entfernt sind. Reaktionen in solchen entfernten Bereichen werden als systemische Reaktionen betrachtet und sie treten wahrscheinlich auf, weil sich das Antigen über den Blutkreislauf im gesamten Körper verteilt hat. Systemische Reaktionen können auf ein einziges entfernt liegendes Organ begrenzt sein. Wenn die Haut betroffen ist, kommt es zu einem juckenden Hautausschlag (Urticaria), wenn die Lunge involviert ist, treten Bronchospasmen (Keuchanfälle) auf, und wenn das System der Blutgefäße betroffen ist, kommt es zu einer lebensbedrohlichen Abnahme des Blutdrucks. Schwerwiegende systemische Reaktionen bezeichnet man als Anaphylaxie. Es ist nicht bekannt, warum die Sensibilisierung mit einem bestimmten Allergen im Augenblick des Antigenkontakts in einem Fall zu lokalen Reaktionen führt, während die Sensibilisierung mit demselben Allergen bei einer anderen Person eine Anaphylaxie hervorrufen kann. Tatsächlich kann sogar bei derselben Person der Kontakt mit einem Antigen, der normalerweise eine leichte lokale Reaktion hervorruft, beim nächsten Kontakt einige Zeit später zu einer schweren systemischen Reaktion führen.

Von einer Atopie betroffene Personen entwickeln häufig eine Sensibilisierung gegen viele verschiedene Antigene. Sie können diverse Formen von allergischen Symptomen ausbilden, jeweils abhängig vom Eintrittsweg und der Menge des Allergens. So kann sich beispielsweise bei Kindern als Reaktion auf eine Sensibilisierung gegen Nahrungsantigene ein atopisches Ekzem entwickeln, woraufhin es bei einem Teil der Betroffenen auch zu einer allergischen Rhinitis und/oder sogar zu Asthma kommen kann, die dann von Antigenen hervorgerufen werden, die durch die Luft übertragen werden. Dieses Voranschreiten allergischer Reaktionen von einem atopischen Ekzem während der Kindheit hin zu einer allergischen Rhinitis und schließlich zu Asthma in späteren Lebensjahren, das in bestimmten Fällen auftritt, bezeichnet man als **atopischen Marsch**. Allergische Reaktionen bei nicht-atopischen Personen sind im Gegensatz dazu vor allem auf die Sensibilisierung durch ein spezifisches Allergen zurückzuführen, etwa durch das Gift von Bienen oder Wirkstoffe wie Penicillin, und sie können in jeder Lebensphase auftreten. Hier ist jedoch festzuhalten, dass nicht jeder Kontakt mit einem potenziellen Allergen zu einer Sensibilisierung führt und nicht alle Sensibilisierungen, selbst bei atopischen Personen, eine symptomatische allergische Reaktion hervorrufen.

Die Immunantwort, die als Reaktion auf ein Antigen zur Produktion von IgE führt, wird durch zwei Arten von Signalen befördert, die insgesamt für eine Typ-2-Immunantwort charakteristisch sind. Zum einen handelt es sich um Signale, die die Differenzierung von naiven T-Zellen zum $T_H2$-Phänotyp begünstigen, zum anderen sind es $T_H2$-Cytokine und costimulierende Signale, die B-Zellen anregen, zur Produktion von IgE-Antikörpern zu wechseln. Der Werdegang einer naiven CD4-T-Zelle, die auf ein Antigenpeptid reagiert, das von einer dendritischen Zelle präsentiert wird (Abschn. 9.2.8), wird von den Cytokinen bestimmt, mit denen die CD4-T-Zelle vor und während dieser Reaktion in Kontakt kommt, aber auch von den Eigenschaften des Antigens, der Antigendosis und dem Präsentationsweg. Der Kontakt mit IL-4, IL-5, IL-9 und IL-13 begünstigt die Entwicklung von $T_H2$-Zellen, während IFN-$\gamma$ und IL-12 (und das damit verwandte IL-27) die Entwicklung von $T_H1$-Zellen fördern.

Die Immunantworten gegen vielzellige Parasiten erfolgen vor allem an deren Eintrittsstelle, etwa unter der Haut und in den mucosalen Geweben der Atemwege und des Darms. Zellen des angeborenen und des adaptiven Immunsystems, die sich in diesen Regionen befinden, sind darauf spezialisiert, Cytokine freizusetzen, die eine Typ-2-Immunantwort gegen eine Infektion mit Parasiten fördern. Wenn ein Parasit eingedrungen ist, nehmen dendritische Zellen in diesen Geweben die Antigene auf und wandern zu den regionalen Lymphknoten, wo sie tendenziell naive antigenspezifische CD4-T-Zellen anregen, sich zu $T_H2$-Effektorzellen zu entwickeln. $T_H2$-Zellen wiederum sezernieren IL-4, IL-5, IL-9 und IL-13 und halten so eine Umgebung aufrecht, in der die Differenzierung weiterer $T_H2$-Zellen unterstützt wird. Das Cytokin IL-33, das von aktivierten Mastzellen und geschädigten oder verletzten Epithelzellen produziert wird, trägt auch zur Verstärkung der $T_H2$-Reaktion bei. IL-33 kann über die IL-33-Rezeptoren der $T_H2$-Zellen direkt auf diese Zellen einwirken. Allergische Reaktionen gegen häufige Umweltantigene werden normalerweise verhindert, da die mucosalen dendritischen Zellen bei ausbleibenden Gefahrensignalen, wie sie sonst von mikrobiellen Infektionen ausgelöst werden, naive CD4-T-Zellen generell anregen, sich zu antigenspezifischen regulatorischen T-Zellen ($T_{reg}$-Zellen) zu differenzieren. Die $T_{reg}$-Zellen unterdrücken dann T-Zell-Reaktionen und tragen zu einem Zustand der Toleranz gegenüber dem Antigen bei (Abschn. 12.1.8). Die Bildung von Effektor- oder Helferzellen, die eine allergische Reaktion hervorrufen könnten, unterbleibt in diesem Fall.

Die Cytokine und Chemokine, die von den $T_H2$-Zellen produziert werden, verstärken die $T_H2$-Reaktion und stimulieren den Isotypwechsel der B-Zellen zur Produktion von IgE. Wie wir in Kap. 10 erfahren haben, besteht das erste Signal, das die B-Zellen zur IgE-Produktion veranlasst, aus IL-4 oder IL-13. Diese Cytokine, die auf T- und B-Lymphocyten einwirken, aktivieren die Enzyme JAK1 und JAK3, die zur Familie der Janus-Tyrosinkinasen gehören (Abschn. 7.2.14), wodurch letztendlich bei T- und B-Lymphocyten der Transkriptionsregulator STAT6 phosphoryliert (und damit aktiviert) wird. Bei Mäusen, denen ein funktionsfähiges IL-4, IL-13 oder STAT6 fehlt, sind $T_H2$-Reaktionen sowie der IgE-Isotypwechsel gestört, was die Bedeutung dieser Cytokine und ihrer Signalübertragungswege bei der IgE-Reaktion unterstreicht. Das zweite Signal für die IgE-Produktion ist eine costimulierende Wechselwirkung zwischen dem CD40-Liganden auf der Oberfläche der T-Zelle und CD40 auf der Oberfläche der B-Zelle. Diese Wechselwirkung ist für alle Isotypwechsel unabdingbar. Patienten mit einem Defekt des CD40-Liganden erzeugen kein IgG, IgA oder IgE und zeigen den Phänotyp eines Hyper-IgM-Syndroms (Abschn. 13.1.9).

Bei Mäusen können Mastzellen und basophile Zellen Signale produzieren, die die IgE-Produktion der B-Zellen stimulieren. Mastzellen und basophile Zellen exprimieren den Rezeptor FcεRI, und wenn sie durch ein Antigen, das diesen Rezeptor über das FcεRI-gebundene IgE quervernetzt, aktiviert werden, exprimieren sie den CD40-Liganden an ihrer Zelloberfläche und sezernieren IL-4. Ähnliche Effekte hat man auch bei den basophilen Zellen des Menschen festgestellt, die ebenfalls durch inflammatorische Signale angeregt wurden (▶ Abb. 14.3). Diese Zellen können wie die $T_H2$-Zellen bei den B-Zellen den Isotypwechsel zur IgE-Produktion auslösen. Der Isotypwechsel zu IgE erfolgt im Allgemeinen in den Lymphknoten (sekundäre lymphatische Organe), die aus der Eintrittsstelle des Antigens die Flüssigkeit ableiten, oder in den induzierbaren Lymphfollikeln (tertiäre lymphatische Organe), die sich in den mucosalen oder auch in anderen Geweben an Stellen mit anhaltenden Entzündungen bilden. Mastzellen oder basophile Zellen haben das Potenzial, die B-Zell-Antwort nahe einer Region mit einer allergischen Reaktion zu verstärken, da sich tertiäre Lymphfollikel mit Keimzentren, in denen B-Zellen durch einen Isotypwechsel schließlich IgE produzieren, jederzeit in den mucosalen Geweben bilden können. Ein Ziel bei der Behandlung von Allergien besteht darin, diesen Verstärkungsprozess zu blockieren, um zu verhindern, dass sich allergische Reaktionen selbst erhalten.

Sobald beim Menschen die IgE-Reaktion eingeleitet ist, kann diese durch die Bindung von IgE-Antikörpern an Fcε-Rezeptoren auf dendritischen Zellen ebenfalls verstärkt werden. Einige Populationen der unreifen dendritischen Zellen des Menschen – beispielsweise die Langerhans-Zellen der Haut – exprimieren in einer Entzündungsumgebung FcεRI auf der Oberfläche, und sobald gegen das Allergen gerichtete IgE-Antikörper produziert werden, können sie an diese Rezeptoren binden. Die gebundenen IgE-Moleküle bilden eine wirksame „Falle" für das Allergen, das dann von den dendritischen Zellen effizient prozessiert und den naiven T-Zellen präsentiert wird. So wird die $T_H2$-Reaktion auf das Allergen aufrechterhalten und verstärkt. Es gibt Hinweise darauf, dass auch eosinophile Zellen IgE-Rezeptoren exprimieren, aber das ist weiterhin umstritten. Eosinophile können in einer Standardsituation gegenüber den T-Zellen als antigenpräsentierende Zellen fungieren, nachdem die Eosinophilen die Expression ihrer MHC-Klasse-II-Proteine und costimulierenden Moleküle erhöht haben. Das geschieht jedoch wahrscheinlich in den Geweben, in

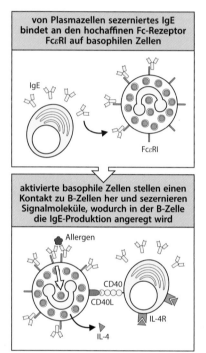

**Abb. 14.3 Die Bindung von Antigen an IgE auf Basophilen oder Mastzellen führt zur Verstärkung der IgE-Produktion.** *Oben*: Das von Plasmazellen sezernierte IgE bindet an den hochaffinen Rezeptor auf Basophilen (hier dargestellt) und Mastzellen. *Unten*: Wird oberflächengebundenes IgE von einem Antigen vernetzt, exprimieren diese Zellen den CD40-Liganden (CD40L) und sezernieren IL-4, das daraufhin an IL-4-Rezeptoren (IL-4R) auf den aktivierten B-Zellen bindet. Zusammen mit der Vernetzung von CD40 auf der B-Zelle durch CD40L auf der basophilen Zelle stimuliert dies den Isotypwechsel der B-Zellen und führt zu einer verstärkten Produktion von IgE. Diese Wechselwirkungen können *in vivo* am Ort einer durch Allergene ausgelösten Entzündung vorkommen, zum Beispiel im bronchienassoziierten lymphatischen Gewebe

Bildunterschrift zur Abbildung (oben im Rahmen):
von Plasmazellen sezerniertes IgE bindet an den hochaffinen Fc-Rezeptor FcεRI auf basophilen Zellen

IgE

FcεRI

aktivierte basophile Zellen stellen einen Kontakt zu B-Zellen her und sezernieren Signalmoleküle, wodurch in der B-Zelle die IgE-Produktion angeregt wird

Allergen

CD40
CD40L
IL-4
IL-4R

die aktivierte T-Zellen eingewandert sind, und nicht in den Lymphknoten, wo die naiven T-Zellen durch die dendritischen Zellen primär geprägt werden.

## 14.1.2 Viele Arten von Antigenen können eine allergische Sensibilisierung hervorrufen, jedoch wirken häufig Proteasen als sensibilisierende Faktoren

Die meisten durch die Luft übertragenen Allergene sind relativ kleine lösliche Proteine in trockenen Partikeln wie Pollenkörnern oder Milbenkot (▶ Abb. 14.4). Bei einem Kontakt mit den schleimbedeckten Epithelzellen der Augen, der Nase oder der Atemwege wird das lösliche Antigen aus dem Partikel entfernt und diffundiert nun in die Mucosa. Dort kann es von dendritischen Zellen aufgenommen werden und eine Sensibilisierung hervorrufen (▶ Abb. 14.2). Auf den Oberflächen der Schleimhäute werden Allergene dem Immunsystem im Allgemeinen nur in geringen Konzentrationen präsentiert. Schätzungen zufolge ist ein Mensch pro Jahr höchstens 1 $\mu$g der weit verbreiteten Pollenallergene der Beifuß-Ambrosie (*Ambrosia*-Spezies) ausgesetzt. Man nimmt an, dass die Sensibilisierung mit niedrigen Dosen die Ausbildung starker $T_H2$-Reaktionen begünstigt. Daher können diese minimalen Dosen von Allergenen bei atopischen Personen belastende und sogar lebensbedrohliche $T_H2$-stimulierte IgE-Antikörperreaktionen auslösen.

Antigenkontakte, die zu allergischen Reaktionen führen, erfolgen nicht immer nur in so geringen Dosen, insbesondere in anderen Geweben. So ist beispielsweise das Gift von Bienen häufig die Ursache für eine allergische Sensibilisierung. Einzelne Stiche von Bienen führen zur Injektion von 12–75 $\mu$g des Giftes (eine oder zwei Größenordnungen mehr als die Gesamtjahresdosis für das Beifußantigen, das in die Atemwege gelangt). Wenn bei einer Lebensmittelallergie viele Gramm eines allergenen Nahrungsmittels für längere Zeiträume in den Gastrointestinaltrakt aufgenommen werden, kommt es möglicherweise zu einer Sensibilisierung. Die Sensibilisierung kann auch als Reaktion auf kleine oder große Dosen injizierter Antigene erfolgen. So konnte es vor der Einführung des rekombinanten humanen Insulins dazu kommen, dass Personen mit Diabetes eine Allergie gegen Schweineinsulin entwickelten, das üblicherweise in Dosen von 1–2 mg pro Injektion verabreicht wurde. Im Gegensatz dazu können penicillinähnliche Wirkstoffe (etwa Cephalosporine und andere $\beta$-Lactam-haltige Antibiotika) zu einer Sensibilisierung führen, wenn bei einer intramuskulären oder intravenösen Injektion 1–2 g pro Gabe verabreicht werden.

Man hat erhebliche Anstrengungen unternommen, die physikalischen, chemischen und funktionellen Merkmale zu bestimmen, die vielleicht allen Allergenen gemeinsam sein könnten, hatte damit aber keinen Erfolg. Anscheinend kann bei anfälligen Personen grundsätzlich jedes Antigenmolekül eine allergische Reaktion hervorrufen.

Zwar kann offensichtlich jede Art von Molekül eine allergische Reaktion auslösen, aber bei der Suche nach den gemeinsamen Merkmalen hat man festgestellt, dass einige klinisch relevante Allergene Proteasen sind. Eine ubiquitäre allergen wirkende Protease ist die Cysteinprotease Der p 1, die im Kot der Hausstaubmilbe *Dermatophagoides pteronyssinus* vorkommt. Der p 1 ruft bei etwa 20 % der nordamerikanischen Bevölkerung Allergien hervor. Das Enzym spaltet Occludin, einen Proteinbestandteil der Tight Junctions in den Schleimhäuten der Atemwege. Hier zeigt sich eine der möglichen Ursachen für die allergene Wirkung bestimmter Enzyme. Der p 1 zerstört den Zusammenhalt der festen Verbindungen zwischen den Epithelzellen und hat so einen anormalen Zugang zu den antigenpräsentierenden Zellen unter den Epithelien (▶ Abb. 14.2). Die Neigung von Proteasen, die IgE-Produktion anzuregen, zeigt sich besonders deutlich bei Personen mit dem Netherton-Syndrom (▶ Abb. 14.5). Dieses ist gekennzeichnet durch ein hohes Niveau von IgE-Antikörpern und vielfache Allergien. Die Krankheit wird durch eine Mutation im *SPINK5*-Gen (SPINK für Serinproteaseinhibitor Kazal Typ 5), das den Serinproteaseinhibitor LEKTI (*lymphoepithelial Kazal type-related inhibitor*) codiert. LEKT1 wird von der am stärksten differenzierten lebenden Hautschicht (Stratum granulosum) exprimiert, die direkt unter der

| Eigenschaften von Allergenen in der Luft, die das Priming von $T_H2$-Zellen fördern können, welche IgE-Reaktionen stimulieren | |
|---|---|
| Protein, häufig mit Kohlenhydratseitenketten | Proteinantigene lösen T-Zell-Reaktionen aus |
| niedrige Dosis | begünstigt die Aktivierung IL-4-produzierender CD4-T-Zellen |
| niedrige Molekülmasse | Allergen kann aus Partikeln in die Schleimhaut diffundieren |
| hochgradig löslich | Allergen kann leicht aus Partikeln herausgelöst werden |
| stabil | Allergen kann in getrockneten Partikeln wirksam bleiben |
| enthält Peptide, die an MHC-Klasse-II-Moleküle binden | erforderlich für die Aktivierung der T-Zellen beim ersten Kontakt (Priming) |

**Abb. 14.4 Eigenschaften eingeatmeter Allergene.** In dieser Tabelle sind die typischen Eigenschaften von Allergenen aufgeführt, die durch die Atemluft in den Körper gelangen

**Teil V**

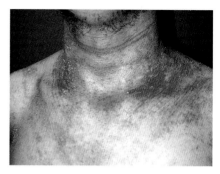

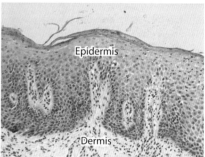

**Abb. 14.5 Das Netherton-Syndrom veranschaulicht den Zusammenhang zwischen Proteasen und der Entwicklung eines hohen Niveaus von IgE und Allergien.** Dieser 26 Jahre alte Mann leidet am Netherton-Syndrom, das durch einen Mangel des Proteaseinhibitors SPINK5 hervorgerufen wird. Dabei kommt es, einhergehend mit einem hohen IgE-Spiegel im Serum, zu einer persistierenden entzündlichen Hautrötung (Erythrodermie), wiederholten Infektionen der Haut und von anderen Geweben sowie zu multiplen Lebensmittelallergien. Auf dem *oberen Foto* sind auf dem oberen Teil des Rumpfes große erythematöse Flecken (Plaques) erkennbar, die mit Schuppen und Hautläsionen bedeckt sind. Das *untere Bild* zeigt einen Schnitt durch die Haut desselben Patienten. Man beachte die übermäßige Entwicklung (Hyperplasie) der Epidermis. In der Epidermis sind auch neutrophile Zellen erkennbar. In der Dermis fällt um die Blutgefäße ein Infiltrat auf, das sowohl mononucleäre als auch neutrophile Zellen enthält, was bei dieser Vergrößerung allerdings nicht erkennbar ist. (*Obere Fotografie* von Sprecher, E., et al.: Deleterious mutations in SPINK5 in a patient with congenital ichthyosiform erythroderma: molecular testing as a helpful diagnostic tool for Netherton syndrome. *Clin. Exp. Dermatol.* 2004, 29:513–517)

Hornschicht (Stratum corneum) liegt. Das Fehlen von LEKTI beim Netherton-Syndrom führt zu einer übermäßigen Aktivität der epidermalen Kallikreine. Das sind Proteasen, die die Desmosomen der Haut abbauen können. Dadurch kommt es zu einem Ablösen von Keratinocyten und zu einer Störung der Barrierefunktion der Haut. Die übermäßige Aktivität von Kallikrein 5 führt in der Haut zu einer Überproduktion von TNF-$\alpha$, ICAM-1, IL-8 und des thymusstromalen Lymphopoetin (TSLP). TSLP ist ein wichtiger Agonist für allergische Symptome in der Haut und verantwortlich für die Entwicklung der ekzemischen Hautläsionen und der allergischen Symptomatik (etwa bei der Lebensmittelallergie), die beim Netherton-Syndrom auftreten. Darüber hinaus hemmt LEKT1 wahrscheinlich die Proteasen, die von Bakterien, etwa von *Staphylococcus aureus*, freigesetzt werden. Das ist möglicherweise für den ekzematösen Prozess von besonderer Bedeutung, da viele Betroffene mit einem chronischen Ekzem eine persistierende Besiedlung mit *S. aureus* aufweisen, und die Heilung des Ekzems wird dadurch erreicht, dass man *Staphylococcus* beseitigt und die Entzündungsreaktion unterdrückt.

Der Befund, dass beim Netherton-Syndrom Funktionsverlustmutationen in einem Proteaseinhibitor zur Entwicklung multipler Allergien führen, spricht für die Überlegung, dass Proteaseinhibitoren bei einigen allergischen Erkrankungen als neue Therapeutika einsetzbar sein könnten. Darüber hinaus wird die Cysteinprotease Papain, die aus der Papaya gewonnen wird, als Zartmacher bei der Fleischzubereitung genutzt. Papain kann bei Arbeitern, die das Enzym isolieren, allergische Reaktionen hervorrufen. Allergien, die durch Umweltantigene am Arbeitsplatz entstehen, bezeichnet man als **berufsbedingte Allergien**. Der p 1 und Papain sind zwar starke Allergene, aber nicht alle Allergene sind Enzyme. Tatsächlich sind zwei Allergene, die man bei Filarien (Fadenwürmern) entdeckt hat, Enzyminhibitoren, und allgemein gilt, dass die allergenen Proteine in Pollen anscheinend keine enzymatische Aktivität besitzen.

Kenntnisse über die verschiedenen Arten von allergenen Proteinen können ein wichtiger Beitrag für die öffentliche Gesundheit sein und auch ökonomische Bedeutung erlangen. Das lässt sich durch die folgende Schilderung veranschaulichen, die als Warnung dienen mag: Vor einigen Jahren hat man das Gen für das 2S-Albumin aus der Paranuss, das viel Methionin und Cystein enthält, durch gentechnische Verfahren auf Sojabohnen übertragen, die als Tierfutter gedacht waren. Dadurch sollte der Nährwert der Sojabohnen verbessert werden, die von sich aus nur einen geringen Anteil dieser schwefelhaltigen Aminosäuren aufweisen. Das Experiment führte zu der Entdeckung, dass das Protein 2S-Albumin das Hauptallergen der Paranuss darstellt. Eine Injektion von Extrakten aus diesen gentechnisch veränderten Sojabohnen in die Epidermis führte bei Personen mit einer Allergie gegen Paranüsse ebenfalls zu einer allergischen Reaktion. Da sich nicht zweifelsfrei ausschließen ließ, dass diese veränderten Sojabohnen nicht doch in die Nahrungskette des Menschen gelangen könnten, wenn sie in großem Maßstab produziert würden, hat man auf die Entwicklung dieses gentechnisch veränderten Futtermittels verzichtet.

### 14.1.3 Genetische Faktoren tragen zur Entwicklung von IgE-abhängigen allergischen Erkrankungen bei

Für die Anfälligkeit, allergische Erkrankungen zu entwickeln, sind sowohl genetische als auch umweltbedingte Faktoren verantwortlich. Bei Untersuchungen in den westlichen Industrieländern zeigen 40 % der getesteten Bevölkerung gegenüber einem breiten Spektrum von häufigen Allergenen aus der Umwelt eine übermäßige Neigung, IgE-Reaktionen zu entwickeln. Atopische Personen entwickeln häufig zwei oder mehr allergische Erkrankungen wie Heuschnupfen, allergisches Asthma oder allergische Ekzeme. Betroffene, die drei dieser Erkrankungen aufweisen, exprimieren eine sogenannte atopische Trias.

Bei genomweiten Assoziationsstudien (GWAS) hat man über 40 Anfälligkeitsgene für atopische Ekzeme (atopische Dermatitis) und allergisches Asthma identifiziert (▶ Abb. 14.6). Einige dieser Gene spielen sowohl bei atopischen Ekzemen als auch bei allergischem Asthma eine Rolle. Das deutet darauf hin, dass einige Komponenten der atopischen Diathese (Prädisposition) mit ähnlichen genetischen Faktoren verknüpft sind, unabhängig davon, welche Organe das Ziel der allergischen Reaktion sind. So zeigen beispielsweise spezifische Allele des IL-33-Rezeptors und der IL-13-Loci eine starke Assoziation sowohl mit allergischem Asthma als auch mit atopischen Ekzemen. Dieser Zusammenhang zwischen genetischen Risikoallelen bei allergischem Asthma und atopischen Ekzemen passt zu dem Befund, dass diese beiden Krankheiten in atopischen Familien häufig gemeinsam auftreten, wobei einige Familienmitglieder beides entwickeln, während andere nur an einem atopischen Ekzem oder allergischem Asthma erkranken, aber nicht an beiden. Es gibt jedoch bei vielen Genen Allele, die eine Kopplung mit atopischen Ekzemen aufweisen, ohne das Risiko für allergisches Asthma oder Heuschnupfen zu erhöhen. Das trifft vor allem auf Gene zu, die die Barrierefunktion der Haut regulieren. Das deutet darauf hin, dass für den Phänotyp einer allergischen Empfindlichkeit, die ein Individuum dann exprimiert, andere genetische Faktoren auf bedeutsame Weise mitverantwortlich sind. Darüber hinaus gibt es bei den Anfälligkeitsgenen für die jeweiligen allergischen Erkrankungen viele ethnisch bedingte Unterschiede. Mehrere der chromosomalen Regionen, die mit Allergien oder Asthma zusammenhängen, sind auch mit Psoriasis, einer entzündlichen Krankheit, und mit Autoimmunerkrankungen assoziiert, was darauf hindeutet, dass diese Loci Gene enthalten, die zu übermäßigen Entzündungen beitragen.

Ein Kandidatengen für die Anfälligkeit für allergisches Asthma und atopische Ekzeme liegt in der Chromosomenregion 11q12-13 und codiert die β-Untereinheit des hochaffinen IgE-Rezeptors FcεRI. Eine andere genomische Region, die mit allergischen Krankheiten zusammenhängt, ist 5q31-33. Hier befinden sich mindestens vier Arten von Kandidatengenen, die möglicherweise für eine erhöhte Anfälligkeit verantwortlich sind. Zum einen liegt hier ein Cluster von eng gekoppelten Genen für Cytokine, die den IgE-Isotypwechsel, das Überleben der eosinophilen Zellen und die Proliferation der Mastzellen fördern. All diese Effekte tragen dazu bei, eine IgE-abhängige allergische Reaktion hervorzurufen und aufrechtzuerhalten. Dieser Cluster enthält die Gene für IL-3, IL-4, IL-5, IL-9, IL-13 und den Granulocyten-Makrophagen-Kolonie-stimulierenden Faktor (GM-CSF). Insbesondere hängt anscheinend die genetische Variabilität in der Promotorregion des IL-4-Gens mit den erhöhten IgE-Spiegeln bei atopischen Personen zusammen. Die Promotorvarianten führen

| Anfälliglkeitsloci für Asthma |
| --- |
| **Gene, die in Epithelzellen der Atemwege exprimiert werden** |
| Chemokine: *CCL5, CCL11, CCL24, CCL26* |
| antimikrobielle Peptide: *DEFB1* |
| Sekretoglobinfamilie: *SCGB1A1* |
| Epithelbarrierenprotein: *FLG* |
| **Gene, die die Differenzierung und Funktion von CD4-T- und ILC2-Zellen regulieren** |
| Transkriptionsfaktoren: *GATA3, TBX21, RORA, STAT3, PHF11, IKZF4* |
| Cytokine: *IL4, IL5, IL10, IL13, IL25, IL33, TGFB1* |
| Cytokinrezeptoren: *IL2RB, IL4RA, IL5RA, IL6R, IL18R, IL1RL1, FCER1B* |
| Mustererkennungsrezeptoren: *CD14, TLR2, TLR4, TLR6, TLR10, NOD1, NOD2* |
| Antigenpräsentation: *HLA-DRB1, HLA-DRB3, HLA-DQA, HLA-DQB, HLA-DPA, HLA-DPB, HLA-G* |
| Prostaglandinrezeptoren: *PDFER2, PTGDR* |
| **Gene mit anderen Funktionen** |
| Proteinasen oder Proteinaseinhibitoren: *ADAM33, USP38, SPINK5* |
| Signalproteine: *IRAKM, SMAD3, PYHIN1, NOTCH4, GAB1, TNIP1* |
| Rezeptoren: *ADRB2, P2X7* |
| andere: *DPP10, GPRA, COL29A1, ORMDL3, GSDMB, WDR36, DENND1B, RAD50, PBX2, LRRC32, AGER, CDK2* |

**Abb. 14.6 Anfälligkeitsloci für Asthma.** Aufgeführt sind Genloci, für die sich anhand von GWAS- oder gezielten Genanalysen eine Kopplung zeigen ließ. Diese umfassen Gene, die von den Epithelzellen der Atemwege exprimiert werden, Gene, die die Differenzierung und/oder Funktion von CD4-T- und ILC2-Zellen regulieren, sowie Gene mit verschiedenen oder unbekannten Funktionen

Teil V

in experimentellen Modellsystemen zu einer erhöhten Expression eines Reportergens, sodass dadurch wahrscheinlich *in vivo* die IL-4-Expression erhöht wird. Atopien hat man einer Funktionsgewinnmutation in der α-Untereinheit des IL-4-Rezeptors zugeordnet, wobei die Mutation dazu führt, dass die Signale nach einer Bindung des Rezeptors stärker sind.

Eine zweite Gruppe von Genen dieser Region auf Chromosom 5 gehört zur TIM-Familie (TIM für T-Zell-, Immunglobulin- und Mucindomäne). Die Gene dieser Gruppe codieren die drei Zelloberflächenproteine Tim-1, -2 und -3 sowie das Protein Tim-4, das primär auf antigenpräsentierenden Zellen exprimiert wird. Bei Mäusen wird das Tim-3-Protein spezifisch auf $T_H$1-Zellen exprimiert und $T_H$1-Reaktionen werden dadurch negativ reguliert. Tim-2 hingegen, und in geringerem Maß Tim-1, werden vor allem von $T_H$2-Zellen exprimiert und führen hier ebenfalls zu einer negativen Regulierung. Mausstämme, die unterschiedliche Varianten der *Tim*-Gene tragen, unterscheiden sich sowohl in ihrer Anfälligkeit für allergische Entzündungen der Atemwege als auch in der Produktion von IL-4 und IL-13 durch ihre T-Zellen. Es wurde beim Menschen zwar kein zu Tim-2 der Mäuse homologes Protein gefunden, aber die vererbbare Variabilität der drei *TIM*-Gene des Menschen ließ sich mit einer **Hypersensitivität der Atemwege** in Verbindung bringen. Bei dieser Erkrankung verursacht nicht nur der Kontakt mit dem Allergen, sondern auch mit nichtspezifischen Reizstoffen, eine Verengung der Atemwege (Bronchokonstriktion), wobei es zu einer keuchenden Kurzatmigkeit kommt, also ähnlichen Symptomen wie bei Asthma. Das dritte Kandidatengen für Anfälligkeit in dieser genomischen Region codiert p40, eine der beiden Untereinheiten von IL-12 und IL-23. Diese Cytokine unterstützen $T_H$1- und $T_H$17-Reaktionen, und die genetisch bedingte Variabilität der p40-Expression, die zu einer geringeren Produktion von IL-12 und IL-23 führt, hängt offensichtlich mit schwerem Asthma zusammen. Ein viertes Kandidatengen für Anfälligkeit, das den β-adrenergen Rezeptor codiert, liegt ebenfalls in dieser Region. Varianten dieses Rezeptors sind möglicherweise mit Veränderungen der Reaktionsfähigkeit der glatten Muskulatur auf endogene und pharmakologische Liganden assoziiert.

Da es immer wieder notwendig ist, die genetischen Grundlagen von komplexen Krankheitsbildern zu ermitteln, hat man inzwischen zahlreiche potenzielle Anfälligkeitsgene entdeckt. Relativ kleine Regionen des Genoms, bei denen man herausgefunden hat, dass dort Gene für eine veränderte Krankheitsanfälligkeit liegen, enthalten möglicherweise viele infrage kommende Kandidatengene, was sich aufgrund ihrer bekannten physiologischen Aktivitäten einschätzen lässt. Um das Gen oder die Gene zu identifizieren, die tatsächlich zur Krankheit führen, sind möglicherweise Studien mit sehr großen Patienten- und Kontrollgruppen erforderlich. Für die chromosomale Region 5q31-33 ist es jetzt noch zu früh, um zu wissen, wie bedeutsam jeder der einzelnen Polymorphismen für die komplexe Genetik der Atopie ist.

Eine zweite Form der vererbbaren Variabilität bei den IgE-Reaktionen hängt mit der HLA-Klasse-II-Region (der humanen MHC-Klasse-II-Region) zusammen. Sie betrifft Reaktionen gegen spezifische Allergene und nicht eine allgemeine Anfälligkeit für eine Atopie. Die IgE-Produktion als Reaktion auf bestimmte Allergene ist mit bestimmten HLA-Klasse-II-Allelen assoziiert. Das lässt den Schluss zu, dass bestimmte Peptid:MHC-Kombinationen möglicherweise eine starke $T_H$2-Reaktion begünstigen. So sind beispielsweise IgE-Reaktionen auf einige Antigene aus Beifußpollen mit Haplotypen verknüpft, die das HLA-Klasse-II-Allel *DRB1*1501* enthalten. Viele Menschen tragen deshalb schon eine allgemeine Prädisposition für eine $T_H$2-Reaktion und reagieren daher auf einige Antigene stärker als andere. Bei allergischen Reaktionen auf Wirkstoffe wie Penicillin hat man ursprünglich vermutet, dass zwischen dem Vorhandensein oder Nichtvorhandensein einer Atopie und HLA-Klasse II ein Zusammenhang besteht. Neuere Untersuchungen haben jedoch ergeben, dass einige Wirkstoffe auf eine Weise mit spezifischen HLA-Allelen interagieren, dass sich die Struktur des Peptidantigens ändert, das in der Furche des HLA-Moleküls gebunden ist. Die so veränderten Peptide können eine Autoimmunreaktion auslösen. Ein Beispiel dafür ist die Bindung des krampflösenden Wirkstoffs Carbamazepin an HLA-B15:02 des entsprechenden HLA-B-Allels und das daran gebundene Peptid. Die Immunantwort auf diesen Carbamazepin:Peptid:HLA-B-Komplex kann zur Entwicklung einer toxischen Nekrolyse der Epidermis führen, eine schwerwiegende, durch das Immunsystem vermittelte Hautreaktion, bei der es aufgrund der Nekrose zu einem großflächigen Verlust der Haut kommt, sodass die Haut wie verbrannt aussieht.

Wahrscheinlich gibt es auch Gene, die nur bestimmte Merkmale einer Krankheit betreffen. Bei Asthma beispielsweise gibt es Hinweise darauf, dass verschiedene Gene mindestens drei Komponenten der Krankheit beeinflussen – IgE-Produktion, Entzündungsreaktion und klinische Reaktionen auf bestimmte Behandlungsmaßnahmen. Der Polymorphismus auf Chromosom 20 im Gen für die Metalloproteinase ADAM33, die von den Zellen der glatten Muskulatur in den Bronchien und von Lungenfibroblasten exprimiert wird, wurde mit Asthma und Hyperreaktivität der Bronchien in Zusammenhang gebracht. Dies ist wahrscheinlich ein Beispiel für eine genetische Variabilität bei den Entzündungsreaktionen der Lunge und den pathologischen Veränderungen in der Anatomie der Atemwege (Remodellierung der Atemwege). Das Filaggrin der Haut trägt in hohem Maß zur normalen Barrierefunktion der Haut bei, indem es die Keratinmoleküle in die Lipidhülle der verhornenden Keratinocyten einbindet. Funktionsverlustmutationen im Gen für Filaggrin führen zur Entwicklung von Ekzemen. Aufgrund noch unbekannter Mechanismen können Mutationen in Filaggrin auch zur Entwicklung von Asthma beitragen. Fast die Hälfte der Menschen in den USA, die an starken Ekzemen leiden, tragen mindestens ein mutiertes Filaggrinallel. Zwischen 7 und 10 % der weißen Bevölkerung tragen eine Funktionsverlustmutation im Filaggringen und die Häufigkeit dieser Mutation ist bei Menschen mit Asthma deutlich höher.

### 14.1.4 Umweltfaktoren können mit der genetisch bedingten Anfälligkeit in Wechselwirkung treten und eine allergische Erkrankung hervorrufen

Anfälligkeitsstudien deuten darauf hin, dass Umweltfaktoren und die genetische Variabilität zu jeweils etwa 50 % zum Risiko beitragen, eine Atopie zu entwickeln. Die Häufigkeit von atopischen allergischen Erkrankungen, insbesondere von Asthma, nimmt in den wirtschaftlich entwickelten Regionen der Welt immer mehr zu. Dies ist wahrscheinlich auf die Veränderung von Umweltfaktoren zurückzuführen, die sich auf Betroffene mit einem genetischen Hintergrund auswirken, durch den sie für eine Atopie prädisponiert sind. Interessant ist dabei, dass Asthma zwar in den ökonomisch unterentwickelten Regionen in Afrika weniger häufig auftritt, dass aber unter Amerikanern mit afrikanischen Vorfahren Asthma häufiger ist und einen schwereren Verlauf zeigt als bei Amerikanern ohne afrikanische Wurzeln.

Die Häufigkeit von Atopien und insbesondere von allergischem Asthma hat in den vergangenen 50–60 Jahren in den Industrieländern ständig zugenommen. Eine Hypothese für diese ständige Zunahme geht davon aus, dass sich das Auftreten von Infektionskrankheiten bei Kleinkindern verändert hat, indem sich die Bevölkerung immer mehr vom ländlichen in den städtischen Raum bewegt hat. Und diese Verschiebung hat dazu geführt, dass es in den ersten Lebensjahren zu weniger Kontakten mit Mikroorganismen kommt, etwa im Zusammenhang mit Tieren auf einem Bauernhof oder mit Mikroorganismen im Boden. Diese Veränderung wiederum führt möglicherweise zu Veränderungen der Mikroflora im Darm, die eine wichtige immunmodulierende Funktion besitzt (Kap. 12). Dass Veränderungen bei den Kontakten mit ubiquitären Mikroorganismen als mögliche Ursache für das verstärkte Auftreten von Atopien infrage kommen, wurde bereits im Jahr 1989 postuliert, und daraus ging letztendlich die **Hygienehypothese** hervor (▶ Abb. 14.7). Die ursprüngliche Hypothese besagte, dass eine weniger hygienische Umgebung, vor allem mit Bedingungen, wie sie in weniger entwickelten ländlichen Regionen herrschen, in der frühen Kindheit eine Prädisposition für Infektionen mit sich bringen, die dazu beitragen, dass man vor einer Atopie und vor allergischem Asthma geschützt ist. Ursprünglich hatte man formuliert, dass die Schutzwirkung durch Mechanismen entstehen könnte, die Immunantworten von der Erzeugung von $T_H2$-Zellen (und den damit zusammenhängenden Cytokinen,

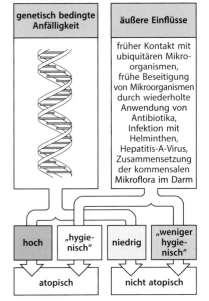

**Abb. 14.7 Gene, die Umwelt und atopische allergische Krankheiten.** Sowohl die erblichen als auch die umweltbedingten Faktoren sind wichtige Determinanten, um die Wahrscheinlichkeit zu bestimmen, ob jemand eine allergische Erkrankung entwickelt. Man kennt eine Reihe von Genen, die die Entwicklung von Asthma beeinflussen (▶ Abb. 14.6). Die Hygienehypothese besagt, dass mehrere Infektionen und der Kontakt mit verbreiteten Mikroorganismen aus der Umwelt im Säuglingsalter und während der frühen Kindheit das Immunsystem in einen generellen Zustand der Nichtatopie verschiebt. Kinder mit einer genetisch bedingten Anfälligkeit für eine Atopie, die in einer Umgebung leben, in der sie nur wenigen infektiösen Erregern und Mikroorganismen aus der Umwelt ausgesetzt sind, oder die im Säuglingsalter oder in der frühen Kindheit mit Antibiotika behandelt wurden, entwickeln anscheinend keine wirksamen immunregulatorischen Mechanismen und sind dann wahrscheinlich höchst anfällig für atopische allergische Erkrankungen

die eine Prädisposition für die IgE-Produktion auslösen) wegführen und auf die Entwicklung von $T_H1$-Zellen verlagern. Dadurch würden Reaktionen unterbunden, die zur IgE-Produktion führen, und stattdessen Reaktionen begünstigt, die einen Isotypwechsel zu IgE unterdrücken.

Die starke negative Korrelation zwischen Infektionen mit Helminthen (beispielsweise Hakenwürmern und Schistosomen) und dem Auftreten von allergischen Erkrankungen deutet aber darauf hin, dass diese Vorstellung zu einfach ist. Eine Untersuchung in Venezuela zeigte, dass Kinder, die längere Zeit mit Wirkstoffen gegen Helminthen behandelt wurden, häufiger Atopien entwickelten als unbehandelte Kinder, die von Parasiten stark befallen waren. Da Helminthen eine starke $T_H2$-vermittelte IgE-Reaktion hervorrufen, widersprach diese Beobachtung anscheinend der Hygienehypothese.

Eine mögliche Erklärung für diesen offensichtlichen Widerspruch geht davon aus, dass alle Arten von Infektionen vor der Entwicklung einer Atopie schützen können. Die Immunantworten, die durch Infektionen ausgelöst werden, beinhalten auch die Produktion von Cytokinen wie IL-10 und TGF-$\beta$, möglicherweise als Bestandteil der homöostatischen Reaktionen, die einsetzen, sobald die Infektion unter Kontrolle gebracht ist. IL-10 und TGF-$\beta$ unterdrücken $T_H17$-Reaktionen (Abschn. 9.2.8 und 9.2.10). Ein großer Teil der allergischen Reaktionen wird durch Antigene ausgelöst, die über die Schleimhäute in den Körper gelangen, etwa über das Atem- oder das Darmepithel. Das mucosale Immunsystem des Menschen hat in der Evolution Mechanismen entwickelt, die Reaktionen auf die kommensale Flora und Umweltantigene (beispielsweise Antigene aus der Nahrung) regulieren (Kap. 12) und bei denen IL-10/TGF-$\beta$-produzierende $T_{reg}$-Zellen gebildet werden. Der Grundgedanke dieser aktuellen Version der Hygienehypothese besagt, dass die verminderten frühen Kontakte mit verbreiteten pathogenen Mikroorganismen und kommensalen Bakterien in gewisser Weise dazu führt, dass die $T_{reg}$-Zellen im Körper weniger effektiv gebildet werden, sodass sich das Risiko für eine allergische Reaktion auf ein häufig vorkommendes Umweltantigen erhöht.

Es gibt Hinweise darauf, dass bestimmte Arten von Infektionen in der Kindheit (mit Ausnahme einiger Infektionen der Atemwege, die wir weiter unten besprechen) vor der Entwicklung einer allergischen Erkrankung schützt, was die Bedeutung unterstreicht, die Störungen in immunregulatorischen Signalwegen für die Anfälligkeit für Asthma besitzen. Jüngere Kinder in Familien mit drei oder mehr älteren Geschwistern und Kinder unter sechs Monaten, die mit anderen Kindern in Tagesbetreuungsstätten in Kontakt kommen, sind anscheinend teilweise vor Atopien und Asthma geschützt – in beiden Situationen sind die Kinder Infektionen stärker ausgesetzt. Darüber hinaus sind Kinder, die in jungen Jahren auf einem Bauernhof leben oder einen Hund in der Familie haben, ebenfalls zu einem gewissen Maß vor Atopien und Asthma geschützt, wahrscheinlich weil sie mit den Mikroorganismen in Kontakt kommen, die mit einem Bauernhof oder Haustieren assoziiert sind. Darüber hinaus ist die frühe Besiedlung des Darms mit kommensalen Bakterien wie den Lactobazillen oder Bifidobakterien oder eine Infektion mit den darmspezifischen pathogenen *Toxoplasma gondii* oder *Helicobacter pylori*, ebenfalls mit einem verringerten Auftreten von allergischen Erkrankungen verbunden. Es gibt auch zunehmend Hinweise darauf, dass die wiederholte Einnahme von Antibiotika in den frühen Lebensjahren das Risiko für Asthma erhöht.

Eine frühere Infektion mit dem Hepatitis-A-Virus (HAV) schließt eine Anfälligkeit für eine Atopie eher aus. Eine mögliche Erklärung für diesen Zusammenhang besteht darin, dass das humane Äquivalent zum Tim-1-Protein der Maus (Abschn. 14.1.3) der zelluläre Rezeptor für das Hepatitis-A-Virus (HAVCR1) ist. Die Infektion von T-Zellen mit dem Hepatitis-A-Virus kann demnach deren Differenzierung und Cytokinproduktion direkt beeinflussen und so die Entwicklung von Reaktionen begrenzen, die IgE hervorbringen.

Im Gegensatz dazu gibt es Hinweise darauf, dass Kinder mit Bronchiolitisanfällen in Verbindung mit dem respiratorischen Syncytialvirus (RSV) stärker dazu neigen, später einmal Asthma zu entwickeln. Bei Kindern, die mit einer RSV-Infektion in eine Klinik kommen, verschiebt sich die Cytokinproduktion von IFN-$\gamma$ zu IL-4, wodurch sich möglicherweise die Wahrscheinlichkeit erhöht, dass sie $T_H2$-Reaktionen entwickeln und mehr IgE produzieren. Diese Auswirkung von RSV hängt wahrscheinlich vom Alter ab, in dem die erste Infektion stattfand. Der Infektion von neugeborenen Mäusen mit RSV im Experiment folgte eine geringere Zunahme der IFN-$\gamma$-Reaktion als bei Mäusen, die im Alter von vier oder acht Wochen infiziert wurden. Wenn diese Mäuse im Alter von 12 Wochen erneut mit RSV infiziert wurden, litten die Tiere, die als Neugeborene das erste Mal infiziert wurden, an einer schwereren Lungenentzündung als die Mäuse, bei denen die erste Infektion im Alter von vier oder acht Wochen erfolgte.

Weitere Umweltfaktoren, die möglicherweise zur Zunahme führen, sind Veränderungen in der Ernährung, Antigenkontakte, die Verschmutzung der Erdatmosphäre und Tabakrauch. Die Zunahme von nichtallergischen Herz-Lungen-Erkrankungen, beispielsweise der chronischen Bronchitis, konnte man der Umweltverschmutzung zuschreiben, aber bei den allergischen Krankheiten war dieser Beweis bis jetzt schwer zu führen. Es gibt jedoch zunehmend Belege dafür, dass es zwischen den Allergenen und der Verschmutzung zu einer Wechselwirkung kommt, vor allem bei Personen, die genetisch bedingt dafür anfällig sind. Abgaspartikel aus Dieselmotoren hat man in diesem Zusammenhang bis jetzt am intensivsten untersucht. Sie erhöhen die IgE-Produktion um das 20- bis 50-Fache, wenn sie in Kombination mit einem Allergen auftreten, und es kommt zur Produktion von $T_H2$-Cytokinen. Reaktive, oxidativ wirkende chemische Verbindungen wie Ozon werden aufgrund der Verschmutzung produziert und Personen, die mit dieser Art von Belastung weniger gut zurechtkommen, unterliegen möglicherweise einem erhöhten Risiko für eine allergische Erkrankung.

Die Gene *GSTP1* und *GSTM1*, die eventuell für diese Anfälligkeit verantwortlich sind, gehören zur Superfamilie der Glutathion-*S*-Transferasen, die für die Abwendung von oxidativem Stress von Bedeutung sind. Menschen, die auf Beifußpollen allergisch reagieren und bestimmte Allelvarianten dieser Gene tragen, zeigen eine stärkere Hyperreaktivität der Atemwege, wenn sie Dieselabgaspartikeln und gleichzeitig dem Allergen ausgesetzt sind, als dem Allergen allein. Eine Untersuchung in Mexico City über die Auswirkungen der Ozonwerte in der Atmosphäre auf atopische Kinder mit allergischem Asthma hat ergeben, dass Kinder mit dem Null-Allel von *GSTM1* für eine Hyperreaktivität der Atemwege bei bestimmten Ozonwerten anfälliger sind als Kinder ohne diese Mutation. Untersuchungen an Mäusen deuten darauf hin, dass die myeloischen Zellen der Atemwege, die große Mengen an Superoxid produzieren, die Situation bei antigeninduzierter Hyperreaktivität der Atemwege noch verschlechtern, was noch einmal bestätigt, dass reaktive Sauerstoffspezies wie Ozon und Superoxid potenziell zur Verschlimmerung von Asthma beitragen. Inhibitoren der NADPH-Oxidase, die für die Produktion des Superoxids verantwortlich ist, verringern bei sensibilisierten und mit Allergenen belasteten Tieren die antigeninduzierte Hyperreaktivität der Atemwege. Die adoptive Übertragung von superoxidproduzierenden myeloischen Zellen in die Atemwege von sensibilisierten und mit Allergenen belasteten Mäusen führt hingegen zu einer deutlichen Verschlimmerung der Hyperreaktivität.

### 14.1.5 Regulatorische T-Zellen können allergische Reaktionen kontrollieren

Der Befund, dass die Behandlung von mononucleären Zellen des peripheren Blutes (vor allem Lymphocyten und Monocyten) von atopischen Personen mit Anti-CD3- und Anti-CD28-Antikörpern die Produktion von relevanten Mengen an $T_H2$-Cytokinen stimuliert, während eine entsprechende Behandlung von Zellen aus nichtatopischen Personen diese Wirkung nicht hervorruft, deutet darauf hin, dass zirkulierende Leukocyten bei atopischen Personen bereits in einer Weise stimuliert sind, dass sie zur Erzeugung von Typ-2-Immunantworten vorprogrammiert sind. Immer mehr Studien liefern Hinweise darauf, dass regulatorische Mechanismen, die normalerweise dazu dienen, übermäßig aggressive Typ-2-Immunantworten zu unterdrücken, bei Personen mit einer Atopie ebenfalls anormal ablaufen. Wenn $CD4^+CD25^+$-$T_{reg}$-Zellen aus dem peripheren Blut von atopischen Personen gemeinsam mit polyklonal aktivierten CD4⁺-T-Zellen kultiviert werden, sind sie bei der Unterdrückung der Produktion von $T_H2$-Cytokinen weniger effektiv als die entsprechenden $T_{reg}$-Zellen aus nichtatopischen Personen. Dieser Defekt war während der Pollenflugzeit sogar noch stärker ausgeprägt. Weitere Hinweise für den Einfluss der $T_{reg}$-Zellen auf Atopien erhält man bei Versuchen mit Mäusen, die einen Defekt des Transkriptionsfaktors FoxP3 aufweisen. Dieser ist der Hauptschalter sowohl für die Bildung von natürlichen (aus dem Thymus stammenden) $T_{reg}$-Zellen als auch einigen induzierten $T_{reg}$-Zelltypen. Die Mäuse entwickeln dann verschiedene Atopiesymptome, beispielsweise eine erhöhte Zahl von eosinophilen Zellen im Blut und erhöhte Spiegel an zirkulierenden IgE-Antikörpern sowie spontane allergische Entzündungen der Atemwege. Die Beeinflussung des $T_{reg}$-Weges kann bei Mäusen die im Experiment ausgelöste asthmatische Entzündung abmildern. Die erhöhte Expression des entzündungshemmenden Enzyms Indolamin-2,3-Dioxygenase (IDO) durch Behandlung mit IFN-$\gamma$ oder nichtmethylierter CpG-DNA kann die Entstehung oder Aktivierung von $T_{reg}$-Zellen auslösen. Die Induktion der IDO-Aktivität bei residenten dendritischen Zellen in der Lunge durch Stimulation mit CpG-DNA verstärkt die $T_{reg}$-Aktivität und mildert künstlich erzeugtes Asthma bei Mäusen ab. Diese Befunde deuten darauf hin, dass sich Therapien, die darauf abzielen, die $T_{reg}$-Funktion zu verstärken, bei Asthma und anderen atopischen Erkrankungen positiv auswirken können. Weitere immunregulatorische Moleküle, die als Immuntherapeutika für die Behandlung von Asthma infrage kommen, sind beispielsweise die Cytokine IL-35 und IL-27, die wie IL-10 $T_H2$-Reaktionen hemmen können. Alternativ kann auch die Blockade des Cytokins IL-31 vorteilhaft sein, da IL-31 $T_H2$-stimulierte Entzündungen fördert.

### Zusammenfassung

Allergene sind allgemein harmlose Antigene, die bei anfälligen Individuen eine IgE-Antikörperantwort hervorrufen. Solche Antigene diffundieren in der Regel nur in sehr geringen Mengen durch die Schleimhautoberflächen und lösen eine Immunantwort vom Typ 2 aus. Die Differenzierung von naiven allergenspezifischen T-Zellen zu $T_H2$-Zellen wird von Cytokinen wie IL-4 und IL-13 begünstigt. Allergenspezifische $T_H2$-Zellen, die IL-4 und IL-13 produzieren, stimulieren allergenspezifische B-Zellen, IgE zu produzieren. Die spezifischen IgE-Antikörper, die als Reaktion auf das Allergen gebildet werden, binden an den hochaffinen IgE-Rezeptor auf Mastzellen und basophilen Zellen. Diese Zellen können die IgE-Produktion noch verstärken, da sie nach Aktivierung IL-4 freisetzen und den CD40-Liganden exprimieren. Sowohl genetische als auch umweltbedingte Faktoren beeinflussen die Neigung, IgE im Übermaß zu produzieren. Ist IgE als Antwort auf ein Allergen einmal gebildet worden, so löst eine erneute Exposition gegenüber dem Antigen eine allergische Reaktion aus. Wir beschreiben diese Mechanismen und das Krankheitsbild der allergischen Reaktionen im nächsten Teil dieses Kapitels.

## 14.2 Effektormechanismen bei IgE-abhängigen allergischen Reaktionen

Allergische Reaktionen werden ausgelöst, wenn Allergene das an den hochaffinen Rezeptor FcεRI der Mastzellen gebundene IgE quervernetzen. Mastzellen befinden sich an den mucosalen Oberflächen des Körpers. Ihre Funktion besteht darin, die Aktivitäten des Immunsystems auf lokale Infektionen zu lenken. Werden Mastzellen aktiviert, lösen sie Entzündungsreaktionen aus, indem sie in vorgeformten Granula gespeicherte, pharmakologisch wirksame Mediatoren, beispielsweise **Histamin**, freisetzen und nach ihrer Aktivierung an der Plasmamembran Prostaglandine, Leukotriene und den plättchenaktivierenden Faktor synthetisieren. Sie setzen nach der Aktivierung auch Cytokine und Chemokine frei. Bei einer allergischen Reaktion verursachen sie sehr unangenehme Reaktionen gegen harmlose Antigene, die in keinerlei Zusammenhang mit zu bekämpfenden Krankheitserregern stehen. Je nach Dosis des Antigens und seinem Eintrittsweg in den Körper sind die Folgen der IgE-vermittelten Mastzellaktivierung sehr unterschiedlich: Die Symptome reichen von geschwollenen Augen und Rhinitis, wenn die Bindehaut des Auges und das Nasenepithel

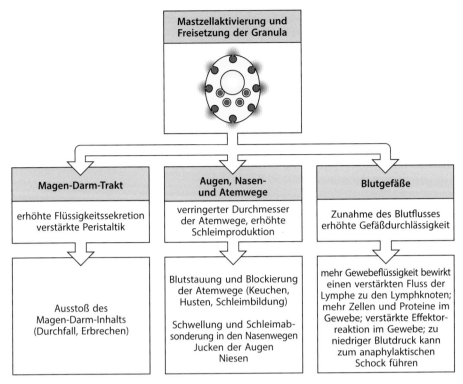

**Abb. 14.8** Die Aktivierung von Mastzellen hat bei verschiedenen Geweben unterschiedliche Auswirkungen

mit Pollen in Kontakt gekommen sind. bis hin zum lebensbedrohlichen Kreislaufkollaps bei der systemischen Anaphylaxie (▶ Abb. 14.8). Auf die durch Mastzellendegranulierung hervorgerufene Sofortreaktion folgt, mehr oder weniger abhängig von der Erkrankung, eine länger anhaltende Entzündung, die auf die Aktivierung weiterer Effektorleukocyten – vor allem $T_H2$-Lymphocyten, eosinophile und basophile Zellen – zurückzuführen ist.

## 14.2.1 IgE ist größtenteils an Zellen gebunden und bewirkt auf anderen Wegen als die übrigen Antikörperisotypen Effektormechanismen des Immunsystems

Antikörper aktivieren Effektorzellen wie Mastzellen, indem sie an Rezeptoren binden, die für die konstanten Fc-Domänen spezifisch sind. Die meisten Antikörper binden nur dann an Fc-Rezeptoren, wenn ihre Antigenbindungsstellen ein spezifisches Antigen gebunden haben und so einen Immunkomplex aus Antigen und Antikörper bilden. IgE bildet jedoch eine Ausnahme. Es wird vom hochaffinen Fcε-Rezeptor eingefangen, der für die Fc-Region des IgE in Abwesenheit von gebundenem Antigen spezifisch ist. Das bedeutet, dass IgE im Gegensatz zu anderen Antikörpern, die vor allem in den Körperflüssigkeiten vorkommen, zum größten Teil an Zellen gebunden ist, die diesen Rezeptor besitzen, und zwar an Mastzellen in den Geweben sowie an basophile Zellen im Blutkreislauf und in Entzündungsherden. Die Vernetzung von zellgebundenem IgE durch spezifische multivalente Antigene löst die Aktivierung der Mastzellen am Eintrittsort des Antigens in das Gewebe aus. Die Ausschüttung von inflammatorischen Lipidmediatoren, Cytokinen und Chemokinen lockt basophile und eosinophile Zellen an den Ort der IgE-vermittelten Reaktionen; diese Zellen verstärken die allergische Reaktion weiter. Dadurch werden auch $T_H2$-Zellen angelockt, die dann eine lokale zelluläre Immunantwort vom Typ 2 auslösen können.

Teil V

Es gibt zwei Typen IgE-bindender Fc-Rezeptoren. Der erste, FcεRI, wird auf Mastzellen und basophilen Zellen exprimiert und ist ein zur Immunglobulinsuperfamilie gehörender hochaffiner Rezeptor (Abschn. 10.3.4). Wenn der an diesen Rezeptor gebundene IgE-Antikörper durch die Bindung eines spezifischen Antigens vernetzt wird, überträgt FcεRI über seine intrazelluläre Domäne ein Aktivierungssignal. Dieses rekrutiert und aktiviert die verstärkend wirkende Tyrosinkinase Syk, die ein breites Spektrum von Proteinen in nachgeschalteten Effektorwegen phosphoryliert und aktiviert. Hohe IgE-Konzentrationen, wie sie bei Menschen mit allergischen Erkrankungen oder Infektionen mit Parasiten vorkommen, können zu einer deutlichen Zunahme von FcεRI an den Oberflächen von Mastzellen, einer erhöhten Empfindlichkeit der Zellen für eine Aktivierung durch niedrige Konzentrationen spezifischer Antigene und zu einer deutlich stärkeren IgE-vermittelten Freisetzung von chemischen Mediatoren und Cytokinen führen.

Der zweite IgE-Rezeptor, FcεRII, den man allgemein mit **CD23** bezeichnet, ist ein C-Typ-Lektin und mit FcεRI strukturell nicht verwandt. Dieser Rezeptor bindet IgE mit niedriger Affinität. CD23 kommt auf vielen verschiedenen Zellen vor, zum Beispiel auf B-Zellen, aktivierten T-Zellen, Monocyten, Eosinophilen, Blutplättchen, follikulären dendritischen Zellen und manchen Thymusepithelzellen. Man hatte angenommen, dass der Rezeptor bei der Regulation der IgE-Konzentrationen eine entscheidende Rolle spielt. Knockout-Stämme von Mäusen, bei denen das CD23-Gen inaktiviert wurde, entwickeln immer noch eine relativ normale polyklonale IgE-Reaktion. Dennoch spielt CD23 unter bestimmten Bedingungen bei der Erhöhung des IgE-Antikörpertiters eine Rolle. Reaktionen gegen ein spezifisches Antigen werden verstärkt, wenn das gleiche Antigen in einem Komplex mit IgE auftritt. Bei Mäusen, denen das CD23-Gen fehlt, erfolgt eine solche Verstärkung nicht. Das hat man so gedeutet, dass CD23 auf antigenpräsentierenden Zellen beim Einfangen von Antigenkomplexen mit IgE beteiligt ist.

## 14.2.2 Mastzellen sind in Geweben lokalisiert und maßgeblich an allergischen Reaktionen beteiligt

Die Bezeichnung „Mastzellen" geht auf **Paul Ehrlich** zurück, der sie als gemästete Zellen in den Mesenterien von Kaninchen beschrieb. Wie basophile Zellen enthalten auch Mastzellen cytoplasmatische Granula, in denen viele saure Proteoglykane gespeichert werden, die sich mit basischen Farbstoffen anfärben lassen. Mastzellen stammen von hämatopoetischen Stammzellen ab, reifen aber lokal heran und halten sich häufig in der Nähe von Oberflächen auf, die Krankheitserregern und Allergenen ausgesetzt sind, etwa in den mucosalen Geweben und den Bindegeweben, die Blutgefäße umgeben. Die Mastzellen der Schleimhäute unterscheiden sich in einigen Merkmalen von den submucosalen Mastzellen beziehungsweise den Mastzellen der Bindegewebe, aber sie alle tragen zu allergischen Reaktionen bei. Zu den wichtigsten Faktoren, die das Wachstum und die Entwicklung von Mastzellen regulieren, gehören der Stammzellfaktor (der Ligand für die Rezeptortyrosinkinase Kit), IL-3 und $T_H2$-assoziierte Cytokine wie IL-4 und IL-9. Mäuse mit einem Kit-Defekt besitzen keine differenzierten Mastzellen. Sie produzieren zwar IgE, können aber keine IgE-vermittelten Entzündungsreaktionen entwickeln. Das zeigt, dass solche Reaktionen fast vollständig von Mastzellen abhängen. Die Aktivierung der Mastzellen hängt von der Aktivierung der Phosphatidylinositol-3-Kinase (PI-3-Kinase) durch Kit in den Mastzellen ab. Es ließ sich zeigen, dass die pharmakologische Inaktivierung der p110δ-Isoform der PI-3-Kinase Mäuse vor allergischen Reaktionen schützt. Inhibitoren der verstärkend wirkenden Tyrosinkinase Syk sind wahrscheinlich auch zur Blockierung von IgE-abhängigen Mastzellreaktionen geeignet.

Mastzellen exprimieren FcεRI dauerhaft auf ihrer Oberfläche und werden aktiviert, wenn Antigene FcεRI-gebundenes IgE vernetzen (Abb. 10.43). Schon relativ niedrige Allergenkonzentrationen reichen aus, die Degranulierung in Gang zu setzen. In den Geweben gibt es zahlreiche Mastzellvorläufer, die sich unter den Bedingungen einer allergischen Entzündung schnell zu reifen Mastzellen differenzieren können und dadurch die Fortsetzung der allergischen Reaktion befördern. Die Degranulierung der Mastzellen erfolgt innerhalb von Sekunden nach der Antigenbindung, wobei eine ganze Reihe vorgefertigter und neu synthetisierter Entzündungsmediatoren ausgeschüttet werden (▶ Abb. 14.9). Zu den Inhaltsstoffen der Granula gehören **Histamin** – ein kurzlebiges, vasoaktives Amin –, Serinesterasen und Proteasen wie die Chymase und die Tryptase.

Für Histamin sind vier Rezeptoren bekannt – $H_1$ bis $H_4$ –, mit denen das Molekül interagiert. Jeder dieser Rezeptoren ist mit einem G-Protein gekoppelt. Histamin wirkt über den $H_1$-Rezeptor auf lokale Blutgefäße und erhöht dadurch an diesen Stellen unmittelbar den Blutfluss und die Gefäßpermeabilität. Das führt zu einem Ödem und einer lokalen Entzündung. Histamin aktiviert neurale Rezeptoren und ist deshalb auch ein wichtiger Auslöser für Juckreiz und Niesen. Durch die Interaktion von Histamin mit dem $H_1$-Rezeptor auf dendritischen Zellen kann das Molekül die Antigenpräsentation und das Priming der $T_H1$-Zellen fördern. Durch die Wirkung auf den $H_1$-Rezeptor auf T-Zellen erhöhen sich die Proliferation der $T_H1$-Zellen und die Produktion von IFN-$\gamma$. Durch die Wirkung auf die Rezeptoren $H_2$, $H_3$ und $H_4$ auf verschiedenen Leukocyten und Gewebezellen trägt Histamin zu atopischer Dermatitis, chronischer Urticaria und mehren Autoimmunkrankheiten bei.

Die Mastzellen des Menschen werden aufgrund ihres Proteasegehalts und ihres Aufenthaltsorts im Gewebe in Untergruppen eingeteilt. Die Mastzellen in den Schleimhautepithelien exprimieren Tryptase als primäre Serinprotease. Diese Zellen bezeichnet man mit $MC_T$. Mastzellen in den submucosalen Regionen und in anderen Bindegeweben exprimieren vor allem Chymase, Tryptase, Carboxypeptidase A und Cathepsin G; man bezeichnet sie mit $MC_{CT}$. Die Proteasen, die von den Mastzellen freigesetzt werden, aktivieren Matrixmetalloproteinasen, die Proteine in der extrazellulären Matrix abbauen, wodurch sich die Gewebestruktur auflöst und das Gewebe geschädigt wird. Die positiven Effekte dieser

| Produkt-klasse | Beispiele | biologische Wirkungen |
|---|---|---|
| Enzyme | Tryptase, Chymase, Cathepsin G, Carboxypeptidase | Umbau der Bindegewebsmatrix |
| toxische Mediatoren | Histamin, Heparin | toxisch für Parasiten<br>erhöhen die Gefäßdurchlässigkeit<br>bewirken Kontraktion der glatten Muskulatur<br>Autoregulation |
| Cytokine | IL-4, IL-13, IL-33 | stimulieren und verstärken Reaktion der $T_H2$-Zellen |
| | IL-3, IL-5, GM-CSF | fördern die Bildung und Aktivierung von Eosinophilen |
| | TNF-$\alpha$ (teilweise in vorgeformten Granula gespeichert) | fördert Entzündung; stimuliert Cytokinproduktion bei vielen Zelltypen; aktiviert Endothel |
| Chemokine | CCL3 | lockt Monocyten, Makrophagen und neutrophile Zellen an |
| Lipid-mediatoren | Prostaglandine $D_2$, $E_2$ Leukotriene C4, D4, E4 | Kontraktion der glatten Muskulatur<br>Chemotaxis der Eosinophilen, Basophilen und $T_H2$-Zellen<br>erhöhen Gefäßpermeabilität<br>stimulieren Schleimsekretion<br>Bronchokonstriktion |
| | plättchenaktivierender Faktor (PAF) | lockt Leukocyten an<br>verstärkt Produktion von Lipidmediatoren<br>aktiviert Neutrophile, Eosinophile und Blutplättchen |

**Abb. 14.9 Moleküle, die von Mastzellen nach deren Aktivierung ausgeschüttet werden.** Mastzellen setzen eine Vielzahl biologisch aktiver Proteine und anderer chemischer Mediatoren frei. Die in den ersten beiden Zeilen aufgeführten Enzyme und toxischen Mediatoren werden aus bereits vorhandenen Granula freigesetzt. Die Cytokine, Chemokine und Lipidmediatoren werden nach Aktivierung synthetisiert

Teil V

Proteasen bestehen darin, dass sie beispielsweise Proteingifte von Tieren abbauen und so allergische Reaktionen gegen diese Substanzen verhindern.

Nach der Aktivierung durch FcεRI setzen Mastzellen nicht nur vorgeformte Mediatoren wie Histamin und Serinproteasen frei, die in ihren intrazellulären Granula gespeichert sind, sondern sie synthetisieren und sezernieren auch Chemokine, Cytokine und Lipidmediatoren – Prostaglandine, Leukotriene, Thromboxane (die man insgesamt als Eicosanoide bezeichnet) und den plättchenaktivierenden Faktor (*platelet activating factor*, PAF). $MC_T$- und $MC_{CT}$-Mastzellen produzieren beispielsweise das Cytokin IL-4, das Immunantworten vom Typ 2 unterstützt. Diese Mediatoren tragen zu akuten und zu chronischen Entzündungsreaktionen bei. Vor allem die Lipidmediatoren wirken sowohl schnell als auch dauerhaft und verursachen Kontraktionen der glatten Muskulatur, eine erhöhte Gefäßpermeabilität und Schleimfreisetzung. Außerdem induzieren sie den Zustrom und die Aktivierung von Leukocyten, die zur allergischen Entzündung beitragen.

Eicosanoide leiten sich vor allem aus Arachidonsäure ab, einer membranassoziierten Fettsäure. Diese wird durch die Phospholipase A2 von Membranphospholipiden abgespalten. Phospholipase A2 wiederum wird aufgrund der Zellaktivierung in der Plasmamembran stimuliert. Arachidonsäure kann durch zwei Reaktionswege modifiziert werden, sodass Lipidmediatoren gebildet werden. Die Modifikation über den Cyclooxygenaseweg führt zu Prostaglandinen und Thromboxanen, während Leukotriene über den Lipoxygenaseweg entstehen. Prostaglandin $D_2$ ist das wichtigste Prostaglandin, das Mastzellen produzieren; es rekrutiert $T_H2$-Zellen, eosinophile und basophile Zellen, die alle das zugehörige Rezeptorprotein PTGDR exprimieren. Prostaglandin $D_2$ ist ein entscheidender Faktor für die Entwicklung von allergischen Krankheiten wie Asthma, und Polymorphismen im *PTGDR*-Gen wurden mit einem erhöhten Risiko in Verbindung gebracht, Asthma zu entwickeln. Die Leukotriene (speziell C4, D4 und E4) sind wichtig für die Aufrechterhaltung der Entzündungsreaktion in den Geweben. Nichtsteroidale und entzündungshemmende Wirkstoffe wie Acetylsalicylsäure und Ibuprofen hemmen die Prostaglandinproduktion. Sie inhibieren die Cyclooxygenase, die bei der Synthese der Prostaglandine aus Arachidonsäure die Ringstruktur bildet.

Mastzellen setzen nach ihrer Aktivierung auch große Mengen des Cytokins TNF-$\alpha$ frei. Ein Teil davon stammt aus Speichern in den Granula, ein Teil wird auch durch die aktivierten Mastzellen neu synthetisiert. TNF-$\alpha$ aktiviert Endothelzellen, die daraufhin verstärkt Adhäsionsmoleküle exprimieren. So steigt der Einstrom von proinflammatorischen Leukocyten und Lymphocyten in das betroffene Gewebe (Kap. 3). Darüber hinaus tragen die Mastzellen als Reaktion auf eine Infektion mit Mikroorganismen in den peripheren Geweben bedeutend zum Einstrom der Leukocyten in die regionalen Lymphknoten bei.

Aufgrund der Aktivitäten all dieser Mediatoren löst die IgE-vermittelte Aktivierung der Mastzellen eine umfangreiche Kaskade von Entzündungsreaktionen aus, die durch die Rekrutierung von verschiedenen Leukocytengruppen wie Eosinophile, Basophile, $T_H2$-Lymphocyten und B-Zellen verstärkt wird. Diese Reaktion ist im Rahmen der normalen Immunität als Abwehrmechanismus des Wirtes gegen Infektionen mit Parasiten (Abschn. 10.3.5) von physiologischer Bedeutung. Bei einer allergischen Reaktion haben jedoch die akuten und chronischen Entzündungsreaktionen, die durch die Aktivierung der Mastzellen verursacht werden, bedeutsame pathophysiologische Folgen. Dies lässt sich an den Krankheiten ablesen, die mit allergischen Reaktionen auf Antigene aus der Umwelt verknüpft sind. Die Funktion der Mastzellen beschränkt sich jedoch nicht nur auf IgE-stimulierte Entzündungsreaktionen. Man nimmt immer mehr an, dass Mastzellen bei der Immunregulation genauso eine Rolle spielen. Sie können durch Neuropeptide wie Substanz P und auch durch TLR-Liganden stimuliert werden. Als Reaktion auf mehrfache Reize können sie das immunsuppressive Cytokin IL-10 sezernieren und unterdrücken dadurch T-Zell-Reaktionen. Außerdem verhindern Wechselwirkungen zwischen Mastzellen und regulatorischen T-Zellen eine Degranulierung der Mastzellen.

## 14.2.3 Eosinophile und basophile Zellen verursachen bei allergischen Reaktionen Entzündungen und Gewebeschäden

Eosinophile Zellen sind granulocytäre Leukocyten, die aus dem Knochenmark stammen. Ihre Bezeichnung weist darauf hin, dass ihre Granula argininreiche basische Proteine enthalten, die sich mit dem sauren Farbstoff Eosin leuchtend orange färben lassen. Bei einem gesunden Menschen machen die Eosinophilen weniger als 6 % der Leukocyten im Blutkreislauf aus. Die meisten von ihnen halten sich in den Geweben auf, besonders im Bindegewebe direkt unter den Epithelien der Atemwege, des Darms und des Urogenitaltrakts. Das lässt auf eine Funktion dieser Zellen bei der Abwehr von eindringenden Fremdorganismen schließen. Sie verfügen auf der Zelloberfläche über zahlreiche Rezeptoren, beispielsweise für Cytokine (etwa IL-5), außerdem $Fc\gamma$- und $Fc\alpha$-Rezeptoren sowie die Komplementrezeptoren CR1 und CR3, durch die sie aktiviert und zur Degranulierung angeregt werden. So können beispielsweise Parasiten, die mit IgG, C3b oder IgA bedeckt sind, diese Degranulierung der Eosinophilen auslösen. Bei allergischen Gewebereaktionen tragen die im Allgemeinen hohen Konzentrationen von IL-5, IL-3 und GM-CSF wahrscheinlich zur Degranulierung bei.

Die Eosinophilen erfüllen nach ihrer Aktivierung zwei Arten von Effektorfunktionen. Erstens schütten sie hoch toxische Granulaproteine und freie Radikale aus, die Mikroorganismen und Parasiten töten, aber bei allergischen Reaktionen beträchtliche Schäden im Körpergewebe verursachen können (▶ Abb. 14.10). Zweitens synthetisieren diese Zellen chemische Mediatoren wie Prostaglandine, Leukotriene und Cytokine, die die Entzündungsreaktion verstärken, indem sie die Epithelzellen aktivieren und weitere eosinophile Zellen und Leukocyten anlocken und ebenfalls aktivieren. Bei chronischen Entzündungsreaktionen können die Eosinophilen auch bei morphologischen Veränderungen der Gewebe in den Atemwegen mitwirken.

Die Zellen, die man später als Eosinophile bezeichnete, wurden im 19. Jahrhundert im Zusammenhang mit der ersten Beschreibung eines pathologischen Zustands entdeckt, den man als Status asthmaticus bezeichnet. Dabei handelt es sich um einen schweren Asthmaanfall, der nicht auf eine Behandlung anspricht und schließlich zu Atemversagen und zum Tod führt. Die genaue Funktion dieser Zellen bei allergischen Erkrankungen allgemein ist aber bis jetzt nicht bekannt. So veranlassen beispielsweise allergische Gewebereaktionen wie solche, die chronisches Asthma, eine Degranulierung der Mastzellen und eine $T_H2$-Aktivierung hervorrufen, die Eosinophilen dazu, sich im Gewebe in großer Zahl anzusammeln und aktiviert zu werden. Eosinophile sezernieren unter anderem Cytokine von $T_H2$-Typ und können *in vitro* die Apoptose von $T_H1$-Zellen fördern, indem sie IDO exprimieren und in der Folge Kynurenin freisetzen, das auf $T_H1$-Zellen einwirkt. Anscheinend stimulieren sie die Vermehrung von $T_H2$-Zellen, was aber wahrscheinlich teilweise darauf zurückzuführen ist, dass die Anzahl der $T_H1$-Zellen im Verhältnis zur Zahl an $T_H2$-Zellen abnimmt. Chronische allergische Entzündungen sind durch die dauerhafte Präsenz von Eosinophilen gekennzeichnet, und man nimmt an, dass sie hauptsächlich zu den Gewebeschäden beitragen. Der Befund jedoch, dass sich Eosinophile in Bereichen ansammeln, in denen ein hoher Zellumsatz stattfindet und lokale Stammzellen eine hohe Aktivität zeigen, führt allmählich zu der Vorstellung, dass Eosinophile bei der Wiederherstellung der Gewebehomöostase nach einer Infektion und anderen Arten der Gewebeschädigung eine wichtige Rolle spielen.

Die Aktivierung und Degranulierung der eosinophilen Zellen unterliegt einer strengen Regulation, da eine unangemessene Aktivierung für den Körper schädlich wäre. Die erste Regulationsebene beginnt bei der Erzeugung der eosinophilen Zellen im Knochenmark. Ohne Vorhandensein einer Infektion oder einer Stimulation des Immunsystems entstehen dort nur wenige dieser Zellen. Durch die Aktivierung von $T_H2$-Zellen kommt es jedoch zur Ausschüttung von Cytokinen wie IL-5 und GM-CSF, sodass sich die Entstehungsrate der eosinophilen Zellen im Knochenmark und ihre Freisetzung in den Blutkreislauf verstärkt. Bei transgenen Tieren, die IL-5 überexprimieren, findet man eine erhöhte Zahl von eosinophilen Zellen im Blut (**Eosinophilie**), nicht jedoch in den Geweben. Das deutet darauf hin,

| Produkt-klasse | Beispiele | biologische Wirkungen |
|---|---|---|
| Enzyme | Eosinophilen-Peroxidase | toxisch für Zielobjekte durch die Katalyse von Halogenierungen<br>löst eine Histaminausschüttung durch die Mastzellen aus |
| | Eosinophilen-Kollagenase | Umbau der Bindegewebsmatrix |
| | Metalloproteinase 9 in der Matrix | Abbau von Matrixproteinen |
| toxische Proteine | basisches Hauptprotein | toxisch für Parasiten und Säugerzellen<br>löst eine Histaminausschüttung durch die Mastzellen aus |
| | kationisches Protein aus Eosinophilen | Ribonuclease<br>toxisch für Parasiten<br>Neurotoxin |
| | Eosinophilen-Neurotoxin | Neurotoxin |
| Cytokine | IL-3, IL-5, GM-CSF | verstärken die Bildung von Eosinophilen durch das Knochenmark<br>Aktivierung von Eosinophilen |
| | TGF-$\alpha$, TGF-$\beta$ | Epithelproliferation<br>Bildung von Myofibroblasten |
| Chemokine | CXCL8 (IL-8) | fördern Einwandern von Leukocyten |
| Lipid-mediatoren | Leukotriene C4, D4, E4 | bewirken Kontraktion der glatten Muskulatur<br>erhöhen Gefäßdurchlässigkeit<br>verstärken Schleimsekretion<br>Bronchokonstriktion |
| | plättchenaktivie-render Faktor (PAF) | lockt Leukocyten an<br>verstärkt die Produktion von Lipidmediatoren<br>aktiviert Neutrophile, Eosinophile und Blutplättchen |

**Abb. 14.10 Eosinophile sezernieren eine Vielzahl hoch toxischer granulärer Proteine und anderer Entzündungsmediatoren.** Die Enzyme und toxischen Mediatoren, die die Eosinophilen freisetzen, werden wie bei den Mastzellen zu einem großen Teil in vorgeformten Granula gespeichert. Im Gegensatz dazu werden Cytokine, Chemokine und Lipidmediatoren von den Eosinophilen größtenteils erst nach ihrer Aktivierung synthetisiert

dass die Wanderung der eosinophilen Zellen vom Blutkreislauf in die Gewebe auf andere Weise reguliert wird, das heißt durch einen zweiten Satz von Kontrollmechanismen. Die entscheidenden Moleküle sind dabei die CC-Chemokine, die man aufgrund ihrer Spezifität für die Eosinophilen als **Eotaxine** bezeichnet: CCL11 (Eotaxin 1), CCL24 (Eotaxin 2) und CCL26 (Eotaxin 3).

CCR3, der Eotaxinrezeptor der eosinophilen Zellen, ist relativ unspezifisch und bindet auch andere CC-Chemokine wie CCL7, CCL13 und CCL5, die ebenfalls die Chemotaxis und die Aktivierung der eosinophilen Zellen auslösen. $T_H2$-Zellen tragen auch den Rezeptor CCR3 und wandern auf Eotaxine zu.

Auch basophile Zellen kommen im Bereich von Entzündungsreaktionen vor. Die Basophilen reagieren auf sehr ähnliche Wachstumsfaktoren wie die Eosinophilen, darunter IL-3, IL-5 und GM-CSF. Es gibt Hinweise auf eine wechselseitige Kontrolle bei der Reifung der Stammzellpopulation zu Basophilen oder Eosinophilen. Beispielsweise unterdrückt TGF-$\beta$ in Gegenwart von IL-3 die Differenzierung von Eosinophilen und fördert die von Basophilen. Im Blut sind Basophile normalerweise nur in sehr geringer Zahl vorhanden; sie besitzen bei der Immunabwehr gegen Krankheitserreger anscheinend eine ähnliche Funktion wie die Eosinophilen. Basophile werden wie Eosinophile zu IgE-abhängigen allergischen Reaktionen gelenkt. Basophile exprimieren an ihrer Oberfläche Fc$\varepsilon$RI und tragen deshalb gebundene IgE-Antikörper. Nach ihrer Aktivierung durch die Bindung von Antigenen an IgE oder durch Cytokine setzen sie Histamin aus ihren Granula frei und produzieren IL-4 und IL-13.

Eosinophile, Mastzellen und Basophile können miteinander in Wechselwirkung treten. Die Degranulierung von Eosinophilen führt zur Freisetzung des **basischen Hauptproteins** (*major basic protein*) (▶ Abb. 14.10), das wiederum die Degranulierung von Mastzellen und Basophilen verursacht. Dieser Effekt wird durch die Gegenwart von IL-3, IL-5 oder GM-CSF, also der Cytokine, die das Wachstum, die Differenzierung und die Aktivierung von Eosinophilen und Basophilen beeinflussen, noch verstärkt.

## 14.2.4 IgE-abhängige allergische Reaktionen setzen schnell ein, können aber zu chronischen Reaktionen führen

Unter Laborbedingungen lässt sich die Reaktion eines sensibilisierten Individuums gegen ein Allergen, das in die Haut injiziert oder eingeatmet wird, in eine Sofortreaktion und eine Spätreaktion einteilen (▶ Abb. 14.11). Die Sofortreaktion ist auf eine IgE-abhängige Mastzellaktivierung zurückzuführen und setzt innerhalb von Sekunden nach Kontakt mit dem Antigen ein. Sie ist die Folge der Aktivitäten von Histamin, Prostaglandinen und anderen vorgeformten oder schnell synthetisierten Mediatoren, die von Mastzellen freigesetzt werden. Durch diese Mediatoren nimmt die Durchlässigkeit von Blutgefäßen zu, es entstehen bei einer Hautreaktion sichtbare Ödeme und die Haut rötet sich. Bei einer Reaktion der

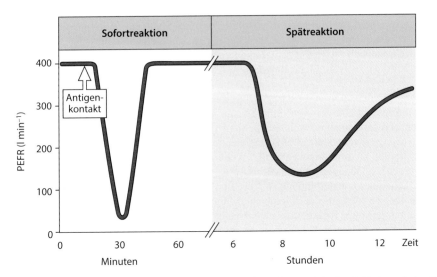
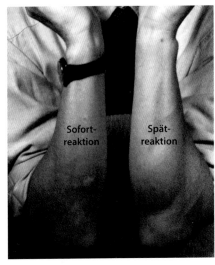

**Abb. 14.11 Bei allergischen Reaktionen auf Testantigene lassen sich eine Sofort- und eine Spätreaktion unterscheiden.** *Links*: Die Reaktion auf ein eingeatmetes Antigen lässt sich in eine frühe und eine späte Antwort einteilen. Eine asthmatische Reaktion in der Lunge, die mit einer Verengung der Atemwege und der Entwicklung von Ödemen einhergeht, lässt sich als die – durch die Kontraktion der glatten Muskulatur bedingte – Abnahme der maximalen Atemstromstärke (*peak expiratory flow rate*, PEFR) messen. Diese Abnahme zeigt sich bei der Sofortreaktion innerhalb von Minuten nach Einatmen des Antigens, dann steigt die PEFR wieder auf das Normalmaß an. Sechs bis acht Stunden nach der Antigeneinwirkung kann es zu einer Spätreaktion kommen, die ebenfalls durch eine schnelle Abnahme des PEFR gekennzeichnet ist. Die Sofortreaktion beruht auf der direkten Wirkung der von den Mastzellen ausgeschütteten, schnell metabolisierten Effektoren wie Histamin und Lipidmediatoren auf Blutgefäße, Nerven und glatte Muskulatur. Die Spätreaktion wird durch die fortdauernde Produktion dieser Mediatoren, die eine Weitung der Blutgefäße bewirken, sowie durch Anlocken von Lymphocyten und myeloischen Zellen hervorgerufen. Alle zusammen führen zur Bildung von Ödemen. *Rechts*: Nach einer Injektion von Antigen in die Haut tritt innerhalb von 1–2 min eine erythematöse Quaddelbildung auf, die bis zu 30–60 min anhalten kann. Etwa 6 h später entwickelt sich eine ödematöse Reaktion, die sich stärker ausbreitet und für die Spätphase charakteristisch ist. Diese kann zwei bis drei Tage andauern. Das Foto zeigt eine intradermale Hautreizung mit einem Allergen. Nach 15 min (Sofortreaktion) kommt es zu einer erythematösen Quaddelbildung (auf dem Foto links) und nach 6 h zu einer Spätreaktion (auf dem Foto rechts). Bei dem Allergen handelte es sich um einen Graspollenextrakt. (Foto mit freundlicher Genehmigung von S. R. Durham)

Teil V

Atemwege kommt es zu deren Verengung und die glatte Muskulatur kontrahiert sich. In der Haut erhöht sich durch die Wechselwirkung von Histamin mit den $H_1$-Rezeptoren auf lokalen Blutgefäßen unmittelbar deren Durchlässigkeit, was zu einem Ausstrom von Flüssigkeit und zu Ödemen führt. Histamin wirkt auch auf die $H_1$-Rezeptoren an lokalen Nervenenden, sodass sich die Blutgefäße der Haut erweitern und die Haut sich rötet. Die entstehenden Hautläsionen bezeichnet man als **erythematöse Quaddelbildung** (▶ Abb. 14.11, rechts).

Ob sich eine Spätreaktion entwickelt, hängt von der Dosis des Allergens ab, außerdem spielen Faktoren der zellulären Immunaktivierung eine Rolle, die allerdings schwer zu quantifizieren sind. Bei in die Haut injizierten Dosen von Antigenen, die für Hauttests bei Personen mit allergischem Asthma als unbedenklich gelten, kommt es beispielsweise in 50 % der Fälle bei Personen, die eine Sofortreaktion zeigen, zu einer Spätreaktion (▶ Abb. 14.11, rechts). Das Maximum der Spätreaktion tritt 3–9 h nach Kontakt mit dem Antigen auf. Bei Hauttests zeigt sich das durch eine starke Vergrößerung der betroffenen Region und des Ödems (▶ Abb. 14.11, rechts); dieser Zustand kann 24 h oder länger andauern. Die Spätreaktion wird durch die fortdauernde Synthese und Freisetzung von inflammatorischen Mediatoren wie CGRP (*calcitonin gene-related peptide*) und dem vaskulären endothelialen Wachstumsfaktor (*vascular endothelial growth factor*, VEGF) ausgelöst. Dadurch kommt es zu einer Erweiterung der Gefäße, einer Erhöhung der Durchlässigkeit und schließlich zur Ausbildung von Ödemen. Außerdem werden Eosinophile, Basophile, Monocyten und Lymphocyten angelockt. Die Bedeutung dieses Einstroms von Zellen zeigt sich daran, dass es durch die Verabreichung von Glucocorticoiden einerseits möglich ist, die Spätreaktion zu unterdrücken, da diese die Rekrutierung von Zellen verhindern. Andererseits können Glucocorticoide die Sofortreaktion nicht blockieren. Bei einem Kontakt mit Antigenen in einem Aerosol kann es ebenfalls zu einer Spätreaktion kommen. Diese ist durch eine zweite Phase gekennzeichnet, bei der es zu einer Verengung der Atemwege kommt, während sich im Peribronchialraum ein länger anhaltendes Ödem und ein zelluläres Infiltrat bilden (▶ Abb. 14.11, links).

Bei Patienten mit einer Krankheitsgeschichte von Allergien nutzt man für die Diagnose die Sofortreaktion, um Hinweise auf eine Sensibilisierung zu erhalten oder eine solche zu bestätigen und festzustellen, welche Allergene dafür verantwortlich sind. Dabei werden geringste Mengen von potenziellen Allergenen mithilfe von Stichen in die Haut eingeführt – jedes Allergen an einer eigenen Stelle. Wenn nun eine Person für eines der getesteten Allergene sensitiv ist, zeigt sich an der entsprechenden Stelle innerhalb weniger Minuten eine erythematöse Quaddelbindung (▶ Abb. 14.11, rechtes Bild). Die Reaktion auf so verabreichte geringe Mengen von Allergenen erfolgt normalerweise lokal eng begrenzt, aber es besteht ein geringes Risiko, dass eine Anaphylaxie ausgelöst wird. Bei einem anderen Standardtest für Allergien bestimmt man mithilfe eines Sandwich-ELISA (Anhang I, Abschn. A.4) die Konzentration an zirkulierenden IgE-Antikörpern, die für ein bestimmtes Allergen spezifisch sind.

Die oben beschriebene Spätreaktion setzt unter kontrollierten Versuchsbedingungen aufgrund eines einzigen, relativ hoch dosierten Antigens ein und liefert nur unvollständige Aussagen über die Effekte eines längerfristigen natürlichen Kontakts mit diesem Antigen. Bei IgE-abhängigen allergischen Erkrankungen kann es bei solchen langfristigen Kontakten zu einer chronischen allergischen Entzündung kommen. Diese besteht aus einer persistierenden Typ-2-Immunantwort mit einem vorherrschenden zellulären Anteil, der von $T_H2$-Lymphocyten, Basophilen, Eosinophilen und Makrophagen getragen wird. Diese chronischen Reaktionen tragen erheblich zu schweren, langwierigen Erkrankungen bei, etwa zu chronischem Asthma. Bei lang anhaltendem Asthma führen beispielsweise die von $T_H2$-Zellen freigesetzten Cytokine und vasoaktiven Mediatoren (wie CGRP und der VEGF) zu dauerhaften Ödemen, sodass die Atemwege ständig verengt sind. Dabei kann es auch zu einer **Remodellierung der Atemwege** kommen, die im Bronchialgewebe mit einer Hypertrophie der glatten Muskulatur (Größenzunahme der Muskelzellen), einer Hyperplasie (Zunahme der Zellzahl), einer Kollagenablagerung unter den Epithelien und häufig auch mit einer Hyperplasie der Becherzellen einhergeht. In dieser chronischen Phase von Asthma dominieren zwar $T_H2$-Cytokine, aber $T_H1$-Cytokine (etwa IFN-$\gamma$) und $T_H17$-Cytokine (IL-17, IL-21 und IL-22) können auch vorkommen.

In der natürlichen Situation hängen die klinischen Symptome, die mit IgE-abhängigen allergischen Reaktionen einhergehen, auf entscheidende Weise von verschiedenen Variablen ab: von der vorhandenen Menge an allergenspezifischen IgE-Antikörpern, vom Eintrittsweg des Antigens, von der Allergendosis und höchstwahrscheinlich auch von einem zugrundeliegenden Defekt in der Barrierefunktion in dem betroffenen Gewebe oder Organ. In ▶ Abb. 14.12 sind die Folgeerscheinungen der verschiedenen Kombinationen aus Allergendosis und Eintrittsweg aufgeführt. Wenn eine sensibilisierte Person mit dem entsprechenden Antigen in Kontakt kommt und eine allergische Reaktion ausgelöst wird, zeigen sich die Sofort- und die Spätreaktion dort, wo die Degranulierung der Mastzellen erfolgt, und dabei werden viele lösliche und zelluläre Komponenten der Effektorwege aktiviert.

## 14.2.5 Allergene, die in den Blutkreislauf gelangen, können eine Anaphylaxie hervorrufen

Wenn das Allergen bei einer sensibilisierten Person etwa durch den Stich einer Biene oder Wespe direkt in das Blut gelangt oder vom Darm schnell absorbiert wird, können die Mastzellen des Bindegewebes an jedem Blutgefäß im Körper unmittelbar aktiviert werden. Das führt zu einer breit gestreuten Freisetzung von Histaminen und anderen Mediatoren, die eine systemische Reaktion, die **Anaphylaxie**, hervorrufen. Die Symptomatik der Anaphylaxie reicht von einer milden **Urticaria** (Nesselsucht) bis hin zu einem lebensbedrohlichen anaphylaktischen Schock (▶ Abb. 14.12, erstes und letztes Bild). Die akute Urticaria ist eine Reaktion auf fremde Allergene, die über den systemischen Blutkreislauf in die Haut gelangen. Die Aktivierung der Mastzellen in der Haut durch Allergene regt sie dazu an, Histamin freizusetzen, das wiederum überall am Körper juckende rote Schwellungen verursacht – eine disseminierte Variante der erythematösen Quaddelbildung. Die akute Form der Urticaria wird zwar im Allgemeinen durch eine IgE-abhängige Reaktion gegen ein Allergen hervorgerufen, aber die chronische Form der Urticaria, bei der es über einen langen Zeitraum zu einem dauerhaften oder sich wiederholenden Hautausschlag kommt, sind noch nicht vollständig bekannt. Einige Fälle von chronischer Urticaria werden durch Autoantikörper entweder gegen die $\alpha$-Kette von Fc$\varepsilon$RI oder gegen IgE selbst hervorgerufen, können also als eine Form von Autoimmunität betrachtet werden. Die Wechselwirkung des Autoantikörpers mit dem Rezeptor löst die Degranulierung der Mastzellen aus und führt dadurch zur Urticaria. Bei einigen Patienten lässt die Behandlung mit Omalizumab (einem therapeutischen monoklonalen Anti-IgE-Antikörper) die Nesselsucht wieder verschwinden. Das bedeutet, dass bei diesen Personen IgE hier eine besondere Rolle spielt, wobei das Antigen, das die Bildung der IgE-Antikörper ausgelöst hat, häufig nicht ermittelt werden kann.

Beim anaphylaktischen Schock nehmen die Durchlässigkeit der Blutgefäße und die Kontraktion der glatten Muskulatur durch die massive Freisetzung von Histamin und anderen Mediatoren aus Mastzellen und Basophilen wie Leukotriene weiträumig zu. Die Folgen sind eine katastrophale Senkung des Blutdrucks, die letztendlich einen hypotensiven Schock hervorruft (ein Zustand, in dem durch den niedrigen Blutdruck lebenswichtige Organe nicht mehr ausreichend versorgt werden, was häufig zum Tod führt). Außerdem kommt es zu einer Konstriktion der Atemwege und dadurch schließlich zum Versagen der Atmung. Die häufigsten Ursachen für eine Anaphylaxie bei sensibilisierten Personen sind allergische Reaktionen auf Stiche von Wespen oder Bienen, eingenommene oder injizierte Wirkstoffe oder allergische Reaktionen auf Nahrungsmittel. So ist beispielsweise eine Allergie gegen Erdnüsse relativ weit verbreitet. Ein schwerer anaphylaktischer Schock kann bei Nichtbehandlung ziemlich schnell lebensbedrohlich werden, lässt sich aber durch die sofortige Injektion von Adrenalin normalerweise unter Kontrolle bringen. Adrenalin stimuliert die $\beta$-adrenergen Rezeptoren ($\beta$-Adrenozeptoren), wodurch sich die glatte Muskulatur der Atemwege entspannt, und die $\alpha$-adrenergen Rezeptoren, wodurch die lebensbedrohliche Herz-Kreislauf-Symptomatik aufgehoben wird.

Nach wiederholter Behandlung mit verschiedenen Wirkstoffen können systemische allergische Reaktionen auftreten. Relativ häufig sind Penicillin oder andere Wirkstoffe, die

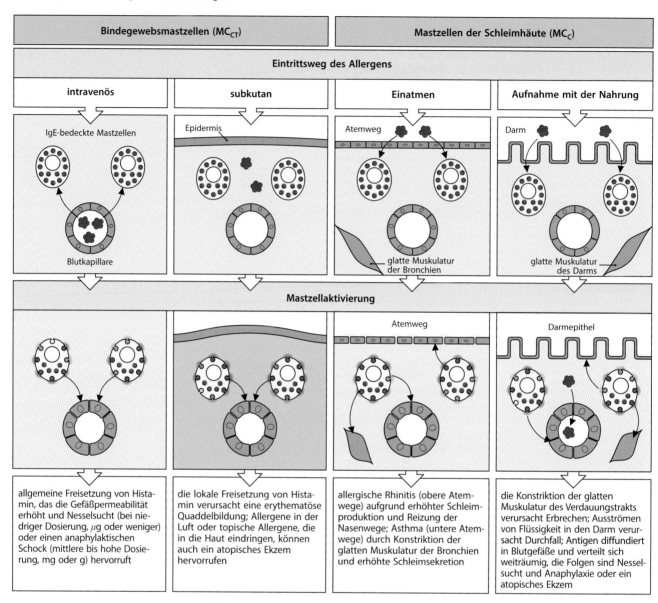

| Bindegewebsmastzellen (MC_CT) | | Mastzellen der Schleimhäute (MC_C) | |
|---|---|---|---|

**Eintrittsweg des Allergens**

| intravenös | subkutan | Einatmen | Aufnahme mit der Nahrung |
|---|---|---|---|

IgE-bedeckte Mastzellen

Epidermis

Atemweg

Darm

Blutkapillare

glatte Muskulatur der Bronchien

glatte Muskulatur des Darms

**Mastzellaktivierung**

Atemweg

Darmepithel

| allgemeine Freisetzung von Histamin, das die Gefäßpermeabilität erhöht und Nesselsucht (bei niedriger Dosierung, µg oder weniger) oder einen anaphylaktischen Schock (mittlere bis hohe Dosierung, mg oder g) hervorruft | die lokale Freisetzung von Histamin verursacht eine erythematöse Quaddelbildung; Allergene in der Luft oder topische Allergene, die in die Haut eindringen, können auch ein atopisches Ekzem hervorrufen | allergische Rhinitis (obere Atemwege) aufgrund erhöhter Schleimproduktion und Reizung der Nasenwege; Asthma (untere Atemwege) durch Konstriktion der glatten Muskulatur der Bronchien und erhöhte Schleimsekretion | die Konstriktion der glatten Muskulatur des Verdauungstrakts verursacht Erbrechen; Ausströmen von Flüssigkeit in den Darm verursacht Durchfall; Antigen diffundiert in Blutgefäße und verteilt sich weiträumig, die Folgen sind Nesselsucht und Anaphylaxie oder ein atopisches Ekzem |

**Abb. 14.12 Der Weg, auf dem das Allergen in den Körper gelangt, bestimmt den Typ der IgE-vermittelten allergischen Reaktion.** Es gibt zwei hauptsächliche anatomische Aufenthaltsorte für Mastzellen: Die einen sind mit durchblutetem Bindegewebe assoziiert, weshalb man sie als Bindegewebsmastzellen (MC_CT) bezeichnet, die anderen findet man in der Submucosa des Darms und der Atemwege und nennt sie deshalb Mucosa- oder Schleimhautmastzellen (MC_C). Bei einem allergisch reagierenden Menschen sind alle Mastzellen über ihre Fcε-Rezeptoren auf der Zelloberfläche mit IgE-Antikörpern bedeckt, die sich gegen spezifische Allergene richten. Die Reaktion gegen ein Allergen hängt davon ab, welche Mastzellen aktiviert werden. Allergene im Blut (intravenöse Verabreichung) stimulieren MC_CT im ganzen Körper, was die systemische Freisetzung von Histamin und anderen Botenstoffen zur Folge hat. Die Verabreichung eines Allergens über die Haut aktiviert MC_CT in einem eng umgrenzten Bereich und führt damit zu einer lokalen Entzündungsreaktion. Die Verabreichung eines Allergens über einen Hautschnitt bei einem Test oder durch den Stich eines Insekts, gegen das der Betroffene sensibilisiert wurde, führt zu einer erythematösen Quaddelbildung. Bei atopischen Personen können über die Luft oder topisch applizierte Allergene, die durch die Haut dringen, ein atopisches Ekzem hervorrufen. Eingeatmete Allergene, die das mucosale Atemepithel passieren, aktivieren hauptsächlich MC_C, erhöhen die lokale Schleimbildung und verursachen Reizungen der Nasenschleimhaut, was zu Heuschnupfen führt. Oder die Antigene verursachen Asthma, wenn es zu einer Konstriktion der glatten Muskulatur in den unteren Atemwegen kommt. Mit der Nahrung aufgenommene Antigene durchdringen das Darmepithel. Aufgrund der Kontraktion der glatten Muskulatur im Verdauungstrakt verursachen sie Erbrechen und aufgrund des Ausstroms von Flüssigkeit durch die Darmepithelien Durchfall. Allergene aus der Nahrung werden außerdem mit dem Blut im Körper verteilt und führen zu einer großflächigen Nesselsucht (Urticaria) oder zu Ekzemen, wenn das Allergen die Haut erreicht

Teil V

strukturelle und immunologische Ähnlichkeiten mit Penicillin aufweisen, Auslöser für IgE-vermittelte allergische Reaktionen. Bei Personen, die IgE-Antikörper gegen Penicillin entwickelt haben, kann die Injektion des Wirkstoffs zu einer Anaphylaxie und sogar zum Tod führen. Die orale Gabe von Penicillin an eine sensibilisierte Person kann ebenfalls eine Anaphylaxie bewirken, die Symptome sind jedoch weniger schwer und führen nur sehr selten zum Tod. Eine der Ursachen dafür, dass Penicillin dazu neigt, allergische Reaktionen hervorzurufen, besteht darin, dass es als Hapten wirkt (Anhang I, Abschn. A.1). Es ist ein kleines Molekül mit einem hochreaktiven $\beta$-Lactam-Ring, der für die antibiotische Wirkung verantwortlich ist, aber auch mit Aminogruppen von Proteinen reagiert und kovalente Konjugate bildet. Wenn Penicillin oral oder intravenös aufgenommen wird, bildet es Konjugate mit körpereigenen Proteinen. Die penicillinmodifizierten Proteine werden als fremd erkannt und lösen eine Immunantwort aus. Ein großer Teil der Betroffenen, die intravenös mit Penicillin behandelt werden, entwickeln IgG-Antikörper gegen den Wirkstoff, aber diese verursachen normalerweise keine Symptome. Bei einigen Betroffenen lösen die mit Penicillin verknüpften körpereigenen Proteine eine $T_H2$-Reaktion aus, die penicillinbindende B-Zellen zur Produktion von IgE-Antikörpern gegen das Penicillinhapten anregen. Penicillin wirkt demnach als B-Zell-Antigen und – indem es körpereigene Peptide modifiziert – auch als T-Zell-Antigen. Injiziert man einem allergischen Menschen intravenös Penicillin, dann vernetzt es IgE-Moleküle auf Gewebemastzellen und zirkulierenden Basophilen und verursacht dadurch eine Anaphylaxie. Daher muss immer sorgfältig geprüft werden, ob eine Person gegen einen Wirkstoff oder dessen strukturell verwandte Derivate allergisch ist, bevor man ihn verordnet.

Patienten, die eine Krankengeschichte mit anaphylaktischen Reaktionen auf Penicillin oder anderen $\beta$-Lactam-Antibiotika haben, können durch Hauttests ermittelt werden. Ein positives Ergebnis, das sich durch eine erythematöse Quaddelbildung an der behandelten Stelle zeigt, ist ein Hinweis darauf, dass bei der Anwendung von therapeutischen Dosen ein Risiko für die Entwicklung einer anaphylaktischen Reaktion besteht.

## 14.2.6 Das Einatmen von Allergenen führt zu Rhinitis und Asthma

Das Atmungssystem ist der häufigste Eintrittsweg für Allergene (▸ Abb. 14.12, dritte Bildfolge). Viele Menschen mit einer Atopie zeigen gegen eingeatmete Antigene eine IgE-abhängige allergische Reaktion, die man als **allergische Rhinitis** oder Heuschnupfen bezeichnet. Sie beruht auf der Aktivierung von Mastzellen in der Schleimhaut des Riechepithels, ausgelöst durch Allergene wie Pollenkörner, die bei Kontakt mit dem Epithel die in ihnen enthaltenen löslichen Proteine freisetzen. Die Proteine können dann durch die Schleimhaut der Nasenwege diffundieren. Heuschnupfen ist gekennzeichnet durch intensiven Juckreiz und ebensolches Niesen, außerdem treten lokale Ödeme auf, die zur Verstopfung und zum Laufen der Nase führen. Der Schleim ist typischerweise reich an eosinophilen Zellen. Durch die Ausschüttung von Histamin kommt es zu einer Reizung der Nasenschleimhaut und zu Niesanfällen. Eine ähnliche Reaktion, die durch Absorption von Allergenen aus der Luft an der Augenbindehaut ausgelöst wird, ist die **allergische Bindehautentzündung** (Konjunktivitis). Beide Allergien werden normalerweise von Allergenen aus der Umwelt verursacht, die nur zu bestimmten Jahreszeiten vorkommen. So kann beispielsweise Heuschnupfen (medizinische Bezeichnung: **saisonale Rhinitis allergica**) durch eine Reihe verschiedener Allergene entstehen, darunter auch bestimme Pollen von Gräsern und Bäumen. Im Spätsommer und Herbst rufen auch der Pollen bestimmter Kräuter wie die Beifuß-Ambrosie oder die Sporen bestimmter Pilze wie *Alternaria* Symptome hervor. Überall vorhandene Allergene wie etwa Fel d 1 in Haarschuppen von Katzen, Der p 1 im Kot von Hausstaubmilben und Bla g 1 von Hausschaben können das ganze Jahr über eine saisonale Rhinitis allergica verursachen.

Eine schwerwiegendere IgE-abhängige Erkrankung der Atemwege ist das **allergische Asthma**, das durch die Aktivierung von Mastzellen in der Submucosa der unteren Atemwege verursacht wird. Dies kann innerhalb von Sekunden zu einer Bronchokonstriktion

Teil V

sowie zu einer erhöhten Flüssigkeits- und Schleimsekretion führen und das Atmen erschweren, da die eingeatmete Luft in der Lunge festgehalten wird. Patienten mit allergischem Asthma brauchen normalerweise eine Behandlung und schwere Asthmaanfälle können lebensbedrohlich sein. Die gleichen Allergene, die allergische Rhinitis und allergische Bindehautentzündung verursachen, rufen meist auch Asthmaanfälle hervor. So kann es im Sommer durch Einatmen von Sporen des Pilzes *Alternaria* bei bestimmten Personen zu einem Atemstillstand kommen.

Ständiger Kontakt mit Allergenen ist die Ursache für ein wichtiges Merkmal von Asthma, die chronische Entzündung der Atemwege, die durch eine ständig erhöhte Konzentration von pathologischen Lymphocyten, Eosinophilen, Neutrophilen, Basophilen und anderen Leukocyten (▶ Abb. 14.13) gekennzeichnet ist. Die gemeinsame Wirkung dieser Zellen führt zu einer Überreaktion und zu morphologischen Veränderungen der Atemwege (Remodellierung) – eine Verdickung der Wände der Atemwege aufgrund einer Hyperplasie und Hypertrophie der Schicht der glatten Muskulatur, wobei sich letztendlich eine Fibrose entwickelt. Die fibrotischen Veränderungen führen zu einer dauerhaften Verengung der Atemwege, einhergehend mit einer erhöhten Schleimsekretion. Dies ist die Ursache für die zahlreichen klinischen Symptome von chronischem allergischem Asthma. Bei chronischem Asthma kommt es häufig auch zu einer allgemeinen Hypersensitivität oder -reaktivität der Atemwege auf nichtimmunologische Reize wie Parfüm oder flüchtige Reizstoffe.

Offensichtlich gibt es bei Asthma viele verschiedene Phänotypen. Diese sind daran zu erkennen, dass die Patienten auf die einzelnen Therapien sehr unterschiedlich reagieren. Außerdem sind die Art des Infiltrats der Entzündungszellen in den Atemwegen und das molekulare Muster der inflammatorischen Mediatoren, die man aus den Atemwegen isolieren kann, von Bedeutung. Häufig werden diese verschiedenen Subtypen als Endotypen bezeichnet. Ziel dieser Einteilung ist, Unterschiede in der zugrundeliegenden Pathophysiologie zu erkennen und dadurch ein besseres Therapieergebnis zu erreichen, wenn man die molekularen Störungen kennt, die die Symptome hervorrufen. Zu den häufigsten Endotypen gehören allgemeines allergisches Asthma, durch körperliche Anstrengung hervorgerufenes Asthma, von Neutrophilen dominiertes Asthma (zur Unterscheidung von Asthma mit Eosinophilendominanz) sowie steroidresistentes schweres Asthma. Grundlegende Ursache der allergischen Reaktion bei allergischem Asthma sind nach heutiger Auffassung pathologisch aktivierte $T_H2$-Zellen, wobei Eosinophile und Basophile in den inflammatorischen Infiltraten vorherrschend sind. $T_H17$-Zellen sind anscheinend auch bedeutsame Auslöser des asthmatischen Syndroms der allergischen bronchopulmonalen Aspergillose (ABPA). Andere Endotypen sind dadurch gekennzeichnet, dass weitere Untergruppen von Leukocyten und verschiedene Populationen von Effektorzellen auftreten. Der jeweilige Endotyp bei den einzelnen Patienten ist wahrscheinlich das Ergebnis von spezifischen Bedingungen, unter denen eine betroffene Person durch das Allergen sensibilisiert wurde und welche spezifische Prädisposition aufgrund vererbbarer genetischer Faktoren und umweltbedingter epigenetischer Faktoren vorliegt.

Im Folgenden wollen wir die Mechanismen von Asthma besprechen und uns dabei auf den häufigsten Endotyp beschränken, das allgemeine allergische Asthma. Bei betroffen Patienten kann ein Kontakt mit dem Allergen auf antigenspezifische, IgE-abhängige Weise zur Aktivierung von Mastzellen führen, sodass Mastzellmediatoren freigesetzt werden. Allergene können auch das Epithel der Atemwege direkt stimulieren, etwa durch Toll-like-Rezeptoren und andere Rezeptoren für Gewebeschäden, IL-25 und IL-33 freizusetzen. Diese Cytokine können submucosal angeborene lymphatische Zellen vom Typ 2 (ILC2) aktivieren, IL-4, IL-5, IL-9 und IL-13 freizusetzen. Gleichzeitig können Epithelzellen der Bronchien noch mindestens zwei Chemokinliganden produzieren – CCL5 und CCL11 – die an den Rezeptor CCR3 binden, der von $T_H2$-Zellen, Makrophagen, Eosinophilen und Basophilen exprimiert wird. Diese Cytokine verstärken zusammen mit den Produkten der aktivierten ILC2-Zellen die Typ-2-Immunantwort, indem sie weitere $T_H2$-Zellen und Eosinophile in die bereits geschädigte Lunge lenken. Die direkten Effekte der Cytokine und Chemokine der IL2- und $T_H2$-Zellen auf die Zellen der glatten Muskulatur und auf die Fibroblasten der Atemwege führen zur Apoptose der Epithelzellen und zu morphologischen Veränderungen (Remodellierung der Atemwege). Dies wird teilweise durch die Produktion von TGF-$\beta$ aus-

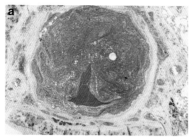

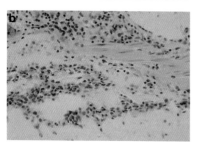

**Abb. 14.13 Morphologische Hinweise auf eine chronische Entzündung in den Atemwegen eines Asthmapatienten.** **a** zeigt einen Schnitt durch eine Bronchie eines an Asthma gestorbenen Patienten. Der Atemweg ist fast vollständig durch einen Schleimpfropf verschlossen. Bei stärkerer Vergrößerung in **b** erkennt man Schädigungen des Epithels der Bronchienwand, die von dichten Infiltraten aus Entzündungszellen, das heißt Eosinophilen, Neutrophilen und Lymphocyten, begleitet sind (bei dieser Vergrößerung allerdings nicht erkennbar). (Fotos mit freundlicher Genehmigung von T. Krausz)

gelöst. Der Faktor hat verschiedene Auswirkungen auf das Epithel, vom Auslösen der Apoptose bis hin zur Stimulation der Zellproliferation. Die direkte Wirkung von $T_H2$-Cytokinen wie IL-9 und IL-13 auf die Epithelzellen der Atemwege spielt wahrscheinlich bei der Induktion der Becherzellmetaplasie, einem der Hauptmerkmale dieser Krankheit, eine entscheidende Rolle. Dabei differenzieren sich Epithelzellen verstärkt zu Becherzellen und es kommt zu einer erhöhten Schleimproduktion. CD1d-restringierte invariante NKT-Zellen (iNKT-Zellen, ein den angeborenen Lymphocyten ähnlicher Zelltyp; Abschn. 3.2.13, 6.3.3 und 8.3.8) besitzen anscheinend auch eine wichtige Funktion bei der Entwicklung einer Hyperreaktivität der Atemwege, sei sie nun durch Antigene induziert oder unspezifisch, und dieser Effekt wird durch das Zusammenspiel mit den ILC2-Zellen noch verstärkt. Versuchstiermodelle für Asthma haben gezeigt, dass die Hyperreaktivität der Atemwege durch iNKT-Zellen noch verstärkt wird. Darüber hinaus hat man bei Mausmodellen festgestellt, dass die superoxidproduzierenden regulatorischen Zellen der myeloischen Linie zur Entwicklung der pathologischen Hyperreaktivität der Atemwege ebenfalls einen Beitrag liefern.

Mäuse entwickeln unter natürlichen Bedingungen kein Asthma, aber Mäuse, denen der Transkriptionsfaktor T-bet fehlt, entwickeln eine Krankheit, die dem menschlichen Asthma ähnlich ist. T-bet ist für die $T_H1$-Differenzierung (Abschn. 9.2.8) erforderlich, und wenn der Faktor fehlt, verlagern sich wahrscheinlich T-Zell-Reaktionen auf die Seite der $T_H2$-Zellen. Diese Mäuse zeigen einen erhöhten Spiegel der $T_H2$-Cytokine IL-4, IL-5 und IL-13 und es entstehen Entzündungen der Atemwege, an denen Lymphocyten und Eosinophile beteiligt sind (▶ Abb. 14.14). Die Mäuse entwickeln auch eine unspezifische Hyperreaktivität der Atemwege auf nichtimmunologische Reize, ähnlich der Hyperreaktivität beim menschlichen Asthma. Diese Veränderungen erfolgen ohne jeglichen äußeren Entzündungsreiz und zeigen, dass ein genetisch bedingtes Ungleichgewicht in Richtung auf $T_H2$-Reaktionen allergische Erkrankungen hervorrufen kann. Da eine Vielzahl von genetisch defekten Mausstämmen zur Verfügung steht, ließen sich die Funktionen vieler inflammatorischer Effektorzellen und Cytokine in diesem Versuchsmodell testen. Die dadurch entwickelten Theorien werden nun beim Asthma von Menschen ebenfalls getestet.

Obwohl allergisches Asthma zunächst durch eine Reaktion auf ein spezifisches Allergen entsteht, bleibt die anschließende chronische Entzündung anscheinend auch ohne Kontakt mit dem Allergen erhalten. Die Atemwege reagieren im Allgemeinen überempfindlich und spätere Asthmaanfälle werden offenbar nicht nur durch Antigene, sondern auch durch andere Faktoren ausgelöst. Die Atemwege von Asthmatikern sind in der Regel extrem empfindlich für chemische Reize aus der Umwelt wie Zigarettenrauch oder Schwefeldioxid. Die Krankheit kann sich auch durch Infektionen der Atemwege durch Viren, insbesondere das Rhinovirus, oder weniger bedeutsam auch durch Bakterien, weiter verschlimmern. Sowohl Reizstoffe als auch Krankheitserreger können die Freisetzung von IL-25 und IL-33 durch die Epithelien der Atemwege auslösen, was zur Aktivierung von ILC2-Zellen und einer Verschlimmerung der Entzündung bei chronischem Asthma führt. Die Bedeutung des Effekts, dass sich eine asthmatische Reaktion durch Viren verschlimmert, zeigt sich daran, dass Infektionen mit dem Rhinovirus eine der bedeutsamsten Ursachen für Klinikaufenthalte von Asthmakranken und auch für die meisten Todesfälle im Zusammenhang mit Asthma sind.

## 14.2.7 Allergien gegen bestimmte Lebensmittel rufen systemische Reaktionen hervor, aber auch Symptome, die sich auf den Darm beschränken

Abwehrreaktionen gegen bestimmte Lebensmittel sind weit verbreitet, aber nur einige davon sind auf eine Immunantwort zurückzuführen. „Lebensmittelallergien" lassen sich in IgE-abhängige, nicht-IgE-abhängige (Zöliakie, Abschn. 14.3.4), Idiosynkrasien und Lebensmittelunverträglichkeiten einteilen. Idiosynkrasien sind anormale Reaktionen auf bestimmte Lebensmittel, deren Ursache unbekannt ist. Sie können aber Symptome hervorrufen, die denen einer allergischen Reaktion ähnlich sind. Lebensmittelunverträglichkeiten

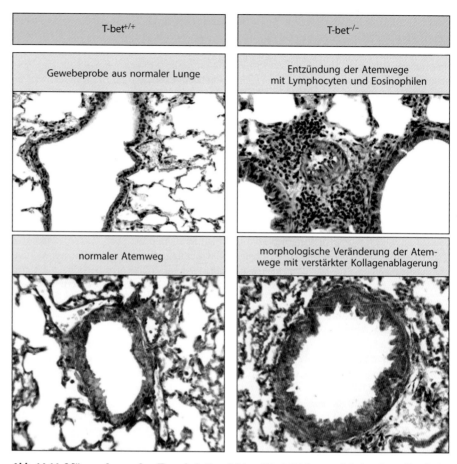

| T-bet$^{+/+}$ | T-bet$^{-/-}$ |
| --- | --- |
| Gewebeprobe aus normaler Lunge | Entzündung der Atemwege mit Lymphocyten und Eosinophilen |
| normaler Atemweg | morphologische Veränderung der Atemwege mit verstärkter Kollagenablagerung |

**Abb. 14.14 Mäuse, denen der Transkriptionsfaktor T-bet fehlt, entwickeln eine allergische Entzündung der Atemwege und T-Zell-Reaktionen, die in Richtung der T$_H$2-Zellen polarisiert sind.** T-bet bindet an den Promotor des IL-2-codierenden Gens und kommt in T$_H$1-Zellen, nicht jedoch in T$_H$2-Zellen vor. Mäuse mit einer gentechnisch herbeigeführten Deletion von T-bet (T-bet$^{-/-}$) entwickeln gestörte T$_H$1-Reaktionen. Außerdem kommt es zu einer spontanen Differenzierung von T$_H$2-Zellen und in den Lungen zu einem spontanen Phänotyp, der Asthma ähnlich ist. *Linke Bildspalte*: Lunge und Atemwege bei gesunden Mäusen. *Rechte Bildspalte*: Mäuse mit einem T-bet-Defekt entwickeln eine Lungenentzündung, wobei sich Lymphocyten und Eosinophile um die Atemwege und Blutgefäße sammeln (*oben*) und sich die Atemwege morphologisch verändern (Remodellierung) und dadurch zunehmend von Kollagen umgeben werden (*unten*). (Fotografien nachgedruckt mit Genehmigung der AAAS: Finotto, S., et al.: Development of spontaneous airway changes consistent with human asthma in mice lacking T-bet. *Science* 2002, 295:336–338)

---

| Risikofaktoren für die Entwicklung einer Lebensmittelallergie |
| --- |
| unreifes mucosales Immunsystem |
| frühe Gewöhnung an feste Nahrung |
| erblich erhöhte Permeabilität der Schleimhäute |
| IgA-Mangel oder verzögerte IgA-Produktion |
| unangebrachte Besiedlung des Darms mit kommensaler Mikroflora |
| Geburt durch Kaiserschnitt |
| genetisch bedingtes Ungleichgewicht zugunsten einer T$_H$2-Umgebung |
| Polymorphismen von T$_H$2-Cytokin- oder IgE-Rezeptor-Genen |
| Störung des enterischen Nervensystems |
| Veränderungen des Immunsystems (etwa geringe Mengen an TGF-$\beta$) |
| Infektionen des Gastrointestinaltrakts |

**Abb. 14.15 Risikofaktoren für die Entwicklung einer Lebensmittelallergie**

sind Abwehrreaktionen, die nicht durch das Immunsystem ausgelöst werden und vor allem auf Stoffwechselstörungen zurückzuführen sind, beispielsweise die Unverträglichkeit von Kuhmilch aufgrund der Unfähigkeit, Lactose abzubauen.

Von IgE-abhängigen Lebensmittelallergien sind 1–4 % der Erwachsenen in den USA und Europa betroffen, wobei sie bei Kindern mit 5 % etwas häufiger sind. Etwa 25 % der Fälle von Lebensmittelallergien bei Kindern werden durch Erdnüsse hervorgerufen, wobei deren Häufigkeit zunimmt. In ▶ Abb. 14.15 sind die Risikofaktoren für die Entwicklung von IgE-abhängigen Lebensmittelallergien aufgeführt. Diese können sich auf verschiedene Weise auswirken. Die Symptome reichen von einem Anschwellen der Lippen und der Gewebe im Mund nach Kontakt mit dem Allergen bis hin zu Krämpfen im Gastrointestinaltrakt, Durchfall oder Erbrechen. Lokale Symptome im Verdauungstrakt sind auf die Aktivierung von mucosalen Mastzellen zurückzuführen, wodurch es zu einem Flüssigkeitsverlust über die Epithelien und zu Kontraktionen der glatten Muskulatur kommt. Lebensmittelallergene, die schließlich ins Blut gelangen, können Urticaria, Asthma und in besonders schweren Fällen eine systemische Anaphylaxie hervorrufen, die letztendlich zum Kreislaufkollaps führen kann (Abschn. 14.2.5). Bestimmte Lebensmittel, insbesondere Erdnüsse, Baumnüsse und Schellfisch, können eine schwere Anaphylaxie verursachen. In den USA gibt es jedes Jahr 150 Todesfälle, mehrheitlich durch schwere allergische Reaktionen auf Lebensmittel mit Nüssen oder Erdnüssen. Erdnussallergien sind für die öffentliche Gesundheit ein schwerwiegendes Problem, vor allem in Schulen, wo Kinder unwissentlich mit Erdnüssen in Kontakt kommen können, die in vielen Lebensmitteln enthalten sind. Neuere Untersuchungen geben jedoch Anlass zu der Hoffnung, dass sich die Häufigkeit solcher schweren Lebensmittelallergien verringern könnte. Bei einer Untersuchung hat man Kleinkinder mit schweren Ekzemen, die unter einem hohen Risiko standen, eine Erdnussallergie zu entwickeln, entweder ab einem Alter von 4–11 Monaten regelmäßig mit Erdnüssen gefüttert, oder man hat sie fünf Jahre lang auf eine Diät zur Vermeidung von Erdnüssen gesetzt. Im Alter von fünf Jahren zeigten die Kinder, die Erdnüsse gegessen hatten, eine um den Faktor drei verringerte Häufigkeit von Erdnussallergien. Dies war mit einer geringeren Produktion von erdnussspezifischen IgE-Antikörpern verbunden. Das alles deutet darauf hin, dass die absichtliche Ernährung mit dem Allergen zum geeigneten Zeitpunkt bei Risikopersonen die Entwicklung einer Allergie verhindern kann.

Eine der besonderen Eigenschaften von Allergenen in Lebensmitteln besteht darin, dass sie im Magen durch Pepsin nicht abgebaut werden. So können sie als vollständige Allergene an die Schleimhautoberfläche des Dünndarms gelangen. Fälle von IgE-abhängigen Lebensmittelallergien bei Patienten, die Säurehemmer oder Inhibitoren für Protonenpumpen gegen Magengeschwüre einnehmen, sind wahrscheinlich auf eine gestörte Verdauung potenzieller Allergene im weniger sauren Magenmilieu, das durch diese Medikation entsteht, zurückzuführen.

## 14.2.8 IgE-abhängige allergische Krankheiten lassen sich durch Hemmung der Effektorwege behandeln, die die Symptome hervorrufen, oder durch Desensibilisierungsmethoden, die darauf abzielen, die biologische Toleranz gegenüber dem Allergen wiederherzustellen

Die meisten der zurzeit angewendeten Wirkstoffe für die Behandlung allergischer Krankheiten sind entweder nur gegen die Symptome gerichtet – beispielsweise Antihistaminika und $\beta$-Adrenozeptor-Agonisten – oder es handelt sich um entzündungshemmende Wirkstoffe oder Immunsuppressiva wie Corticosteroide (▶ Abb. 14.16). Die Behandlung ist größtenteils auf Linderung und weniger auf Heilung ausgerichtet, und die Wirkstoffe müssen häufig ein Leben lang eingenommen werden. Anaphylaktische Reaktionen werden mit Adrenalin behandelt, das die Neubildung der Tight Junctions in den Endothelien stimuliert, die Entspannung der kontrahierten glatten Muskulatur in den Bronchien fördert und das Herz anregt. Antihistaminika, die gegen den $H_1$-Rezeptor gerichtet sind, mildern die Symptome ab, die aufgrund der Freisetzung von Histamin aus den Mastzellen entstehen, etwa bei Heuschnupfen oder bei IgE-abhängiger Urticaria. Im Fall der Urticaria sind die $H_1$-Rezeptoren der Blutgefäße und der nichtmyelinisierten Nerven in der Haut betroffen. Anticholinergika erweitern die Bronchien der kontrahierten Atemwege und verringern dort die Schleimbildung. Leukotrienrezeptor-Antagonisten wirken auf die glatte Muskulatur, Endothelzellen und Schleimdrüsenzellen ein und werden auch angewendet, um die Heuschnupfensymptome abzumildern. Durch Bronchodilatatoren zum Einatmen, die auf $\beta$-Adrenozeptoren wirken, um die kontrahierte Muskulatur zu entspannen, lassen sich akute Asthmaanfälle abschwächen. Bei chronischen allergischen Erkrankungen ist die Behandlung von Gewebeschäden aufgrund der Entzündung und deren Vorbeugung von großer Bedeutung. Bei persistierendem Asthma wird heutzutage empfohlen, regelmäßig Corticosteroide zu inhalieren, um die Entzündung zu unterdrücken. Topische Corticosteroide dienen dazu, die chronischen entzündungsbedingten Veränderungen bei Ekzemen zu verhindern.

Eine Therapieform, mit der Allergien unterdrückt werden sollen – die Behandlung mit monoklonalen Anti-IgE-Antikörpern (beispielsweise Omalizumab) – wird immer häufiger

| Behandlungsmethoden für allergische Erkrankungen | | |
|---|---|---|
| **Zielreaktion** | **Mechanismus der Behandlung** | **spezifischer Ansatz** |
| **klinische Anwendung** | | |
| Mediatorwirkung | Hemmung der Effekte von Mediatoren an ihren spezifischen Rezeptoren | Antihistamine, $\beta$-Agonisten, Blocker für Leukotrienrezeptoren |
| | Hemmung der Synthese spezifischer Mediatoren | Inhibitoren der Lipoxygenase |
| chronische Entzündungsreaktionen | allgemeine antiinflammatorische Wirkungen | Corticosteroide |
| $T_H2$-Reaktion | Induktion regulatorischer T-Zellen | Desensibilisierungstherapie durch Injektionen spezifischer Antigene |
| IgE-Bindung an Mastzellen | Bindung an IgE-Fc-Region, um die IgE-Bindung an Fc-Rezeptoren auf Mastzellen zu verhindern | Anti-IgE-Antikörper |
| **mögliche oder bereits in der Erforschung befindliche Methoden** | | |
| $T_H2$-Aktivierung | Induktion regulatorischer T-Zellen | Injektion spezifischer Antigenpeptide Verabreichung von Cytokinen, z. B. IFN-$\gamma$, IL-10, IL-12, TGF-$\beta$. Anwendung von Adjuvanzien, z. B. CpG-Oligonucleotide, um $T_H1$-Reaktionen zu stimulieren |
| Aktivierung von B-Zellen zur IgE-Produktion | Blockierung der Costimulation Hemmung von $T_H2$-Cytokinen | Hemmung von CD40L Hemmung von IL-4 oder IL-13 |
| Aktivierung von Mastzellen | Hemmung der Effekte der IgE-Bindung an Mastzellen | Blockierung des IgE-Rezeptors |
| eosinophilenabhängige Entzündung | Blockade der Cytokin- und Chemokinrezeptoren, die die Mobilisierung und Aktivierung von Mastzellen vermitteln | Hemmung von IL-5 Blockierung von CCR3 |

**Abb. 14.16 Behandlungsmethoden bei Allergien.** Die obere Hälfte der Tabelle zeigt Beispiele für derzeit angewendete Behandlungsmethoden bei allergischen Reaktionen. Im unteren Teil sind Therapieansätze dargestellt, die noch erforscht werden

angewendet, um die IgE-Funktion zu blockieren. Diese Antikörper binden an derselben Stelle an die Fc-Region von IgE wie der Rezeptor Fc$\varepsilon$RI auf Basophilen und Mastzellen. Der Bereich der Fc-Region von IgE, an den der niedrigaffine Rezeptor Fc$\varepsilon$RII bindet, der von verschiedenen Leukocyten exprimiert wird (außer von Basophilen und Mastzellen), unterscheidet sich von der Region, an die der hochaffine Fc$\varepsilon$RI bindet. Durch eine sterische Blockade verhindert Omalizumab die Bindung von IgE an den niedrigaffinen Rezeptor und auch an Fc$\varepsilon$RI. Da die Bindung von IgE an seine Rezeptoren auf den basophilen Zellen verhindert wird, regulieren diese Zellen die Expression dieser Rezeptoren herunter, sodass sie durch einen Kontakt mit Allergenen weniger leicht aktiviert werden können. Omalizumab kann anscheinend bei chronischem allergischem Asthma auch das IgE-abhängige Einfangen und die Präsentation von Antigenen durch dendritische Zellen verringern. Dadurch wird die Aktivierung neuer allergenspezifischer $T_H2$-Zellen verhindert. Insgesamt führen diese Aktivitäten dazu, dass die Spätreaktion auf einen Allergenkontakt unterdrückt wird (Abschn. 14.2.4). Die Antikörper werden alle zwei bis vier Wochen durch subcutane Injektion verabreicht. Die Behandlung hat sich bei Patienten mit chronischer Urticaria als

Teil V

sehr wirksam erwiesen und wirkt anscheinend auch bei Patienten mit chronischem schwerem Asthma. Besonders interessant ist dabei, das bei Untersuchungen an Kindern mit mittlerem oder schwerem Asthma, die vier Jahre lang mit Omalizumab behandelt wurden, die meisten ohne eine weitere Behandlung gegen Asthma symptomfrei blieben. Das deutet darauf hin, dass die Anti-IgE-Therapie den natürlichen Verlauf der Krankheit verändert hat.

Ein anderer, häufiger angewendeter Therapieansatz, der auf eine dauerhafte Beseitigung der allergischen Reaktion abzielt, ist die **Desensibilisierung** oder Allergendesensibilisierung. Diese Form der Immuntherapie soll die Fähigkeit des Patienten wiederherstellen, Kontakte mit dem Allergen zu tolerieren. Die Patienten werden durch die Injektion von steigenden Dosen des Allergens desensibilisiert, wobei man mit sehr geringen Mengen beginnt. Der Mechanismus, durch den es zur Desensibilisierung kommt, ist noch nicht genau bekannt, aber bei den meisten erfolgreich behandelten Patienten wechselt durch das Verfahren die Antikörperantwort von einer IgE-dominierten zu einer IgG-dominierten Reaktion. Eine erfolgreiche Desensibilisierung hängt anscheinend von einer Induktion der $T_{reg}$-Zellen ab, die IL-10 und/oder TGF-$\beta$ exprimieren. Dadurch verlagert sich die Reaktion weg von der IgE-Produktion (Abschn. 14.1.4). So sind beispielsweise Imker, die wiederholt Stichen ausgesetzt sind (was dem therapeutischen Desensibilisierungsprozess in etwa entspricht), häufig auf natürliche Weise vor schweren allergischen Reaktionen wie einer Anaphylaxie geschützt. An dem zugrundeliegenden Mechanismus sind IL-10-sezernierende T-Zellen beteiligt. Entsprechend wird bei einer spezifischen Immuntherapie, die gegen die Empfindlichkeit für Insektengifte und durch die Luft übertragene Allergene gerichtet ist, eine sich steigernde Produktion von IL-10 und in einigen Fällen von TGF-$\beta$ in Gang gesetzt. Außerdem wird die Produktion von IgG-Isotypen angeregt, insbesondere von IgG4, ein Isotyp, dessen Produktion selektiv durch IL-10 gefördert wird. Neuere Befunde zeigen, dass sich bei einer Desensibilisierung zudem am Ort der Allergenreaktion die Anzahl der Entzündungszellen verringert. Eine mögliche Komplikation bei einer Desensibilisierung besteht darin, dass Patienten trotz der äußerst geringen Dosen zu Beginn der Behandlung dennoch eine IgE-abhängige allergische Reaktion entwickeln, manchmal auch begleitet von Bronchospasmen. Viele Mediziner sind deshalb der Ansicht, dass eine Allergenimmuntherapie bei Patienten mit schwerem Asthma kontraindiziert ist. Bei Patienten, deren Allergiesymptome während der Allergenimmuntherapie abnehmen, erhalten während der folgenden drei Jahre alle ein bis zwei Wochen Injektionen. Danach wird die Therapie ausgesetzt. Bei etwa der Hälfte der Patienten, die auf diese Weise behandelt werden, kehren die Symptome nach Beendigung der Injektionen nicht wieder zurück. Diese Patienten sind nun dauerhaft in der Lage, das Allergen ohne Symptome zu tolerieren. Neuere Untersuchungen deuten darauf hin, dass die Verabreichung einer Immuntherapie über den sublingualen Weg mindestens genauso wirksam ist wie über die subcutane Injektion. Hier bietet sich in der Zukunft eine Möglichkeit für eine kostengünstigere und vielleicht sogar wirksamere Immuntherapie.

Wenn ein Patient gegen einen Wirkstoff allergisch ist, der unbedingt für eine Behandlung benötigt wird (etwa Antibiotika, Insulin oder Chemotherapeutika), ist es häufig möglich, vorübergehend eine **akute Desensibilisierung** zu erreichen, indem man den Patienten mit zunehmend höheren Dosen des Wirkstoffs behandelt, wobei man mit einer sehr niedrigen Dosis beginnt, die keine allergischen Symptome hervorruft. Dann wird die Dosis im Abstand von jeweils einer halben Stunde erhöht, bis schließlich die therapeutische Dosis erreicht ist. Bei Patienten, die für einen Wirkstoff desensibilisiert werden, kommt es häufig vor, dass sie im Behandlungsverlauf leichte oder mittelschwere allergische Symptome (Juckreiz, Uricaria, geringes Keuchen) entwickeln. Falls es dazu kommt, wird die Dosis zunächst auf die zuletzt tolerierte Dosis verringert, dann aber wieder erhöht. Dieser Prozess führt wahrscheinlich zu einer subklinischen Aktivierung von Mastzellen und Basophilen, die mit IgE gegen den Wirkstoff sensibilisiert wurden. Dies resultiert in einer allmählichen Freisetzung ihrer intrazellulären Mediatoren, die mit einer Geschwindigkeit erfolgt, dass schwere Symptome ausbleiben. Am Ende werden bei diesem Vorgang die gesamten zellgebundenen IgE-Antikörper gegen den Wirkstoff verbraucht, sodass die verfügbare IgE-Menge nicht mehr ausreicht, eine allergische Reaktion hervorzurufen, wenn in der Folge die therapeutischen Dosen verabreicht werden. Um den desensibilisierten Zustand aufrechtzuerhalten, muss ein Patient jeden Tag eine Wirkstoffdosis erhalten. Wird die Behand-

**Teil V**

lung unterbrochen, können neu gebildete Mastzellen und basophile Zellen mit neu synthetisierten wirkstoffspezifischen IgE-Antikörpern beladen werden, sodass diese schließlich wieder in ausreichender Menge vorhanden sind, um eine Anaphylaxie hervorzurufen.

Ein anderer Ansatz der Immuntherapie, der sich immer noch im experimentellen Stadium befindet, ist ein Impfverfahren, bei dem das Allergen an Oligodesoxyribonucleotide mit einem größeren Anteil an nichtmethylierten CpG-Dinucleotiden als Adjuvans gebunden wird. Das Oligoribonucleotid bildet die CpG-Motive der bakteriellen DNA nach und fördert in besonderer Weise $T_H1$-Reaktionen, während $T_H2$-Reaktionen unterdrückt werden. Dies erscheint bei der Behandlung einer chronischen antigenspezifischen allergischen Reaktion durchaus sinnvoll, ist aber für eine akute Desensibilisierung nicht geeignet.

Eine weitere Behandlungsmethode von allergischen Krankheiten kann darin bestehen, die Rekrutierung von Eosinophilen zu Bereichen mit allergischen Entzündungen zu verhindern. Ein geeignetes Zielmolekül für diese Art der Therapie ist der Eotaxinrezeptor CCR3. In Tierversuchen ließ sich die Erzeugung von eosinophilen Zellen im Knochenmark und ihr Eintreten in den Blutkreislauf ebenfalls durch eine Blockade der IL-5-Aktivität verringern. Anti-IL-5-Antikörper (Mepolizumab) sind bei der Behandlung von Patienten mit dem **Hypereosinophiliesyndrom** hilfreich, bei dem eine chronische Überproduktion von eosinophilen Zellen schwere Organschäden hervorruft. Klinische Studien mit einer Anti-IL-5-Therapie von Asthma zeigen jedoch, dass der positive Effekt in der Praxis wahrscheinlich auf eine kleine Gruppe von Asthmapatienten beschränkt bleibt, die an prednisonabhängigem eosinophilem Asthma leiden. Bei diesen Patienten nimmt durch die IL-5-Blockade offensichtlich die Anzahl der Asthmaanfälle ab, wenn die Corticosteroiddosis verringert wird.

### Zusammenfassung

Die allergische Reaktion gegen harmlose Antigene stellt den pathophysiologischen Aspekt einer Immunabwehrreaktion dar. Deren physiologische Funktion besteht darin, vor Wurmparasiten zu schützen. Ausgelöst wird die Reaktion durch die Bindung von Antigenen an IgE-Antikörper, die an den hochaffinen IgE-Rezeptor Fc$\varepsilon$RI auf Mastzellen und Basophilen gebunden sind. Mastzellen sind strategisch unterhalb der Schleimhäute des Körpers und im Bindegewebe lokalisiert. Die Vernetzung von IgE durch das Antigen auf der Oberfläche von Mastzellen veranlasst diese, große Mengen an Entzündungsmediatoren freizusetzen. Bei der entstehenden Entzündung lassen sich eine Sofortreaktion, die durch kurzlebige Mediatoren wie Histamin hervorgerufen wird, und eine Spätreaktion unterscheiden, wobei Letztere durch Leukotriene, Cytokine und Chemokine ausgelöst wird, die eosinophile, basophile Zellen und weitere Leukocyten anlocken und aktivieren. Diese Reaktion kann sich zu einer chronischen Entzündung entwickeln, die durch das Auftreten von T-Effektorzellen gekennzeichnet ist und die man am deutlichsten bei chronischem allergischem Asthma beobachten kann.

## 14.3 Nicht-IgE-abhängige allergische Erkrankungen

In diesem Teil des Kapitels wollen wir uns mit den immunologischen Hypersensitivitätsreaktionen befassen, an denen IgG-Antikörper und Immunantworten vom Typ 1 oder 3 sowie antigenspezifische $T_H1$-, $T_H17$- oder CD8-T-Zellen beteiligt sind. Bei diesen Wirkmechanismen kommt es jedoch gelegentlich zu einer Immunantwort auf nichtinfektiöse Antigene, wodurch akute oder chronische allergische Reaktionen entstehen. Die Mechanismen, die die verschiedenen Formen von Hypersensitivität auslösen, unterscheiden sich zwar, aber ein großer Teil des Krankheitsbildes ist auf dieselben immunologischen Effektormechanismen zurückzuführen.

## 14.3.1 Bei anfälligen Personen kann die Bindung eines Wirkstoffs an die Oberfläche zirkulierender Blutzellen nicht-IgE-abhängige wirkstoffinduzierte Hypersensitivitätsreaktionen hervorrufen

Die Einnahme bestimmter Wirkstoffe – beispielsweise der $\beta$-Lactam-Antibiotika Penicillin und Cephalosporin – führt in seltenen Fällen zur Zerstörung von roten Blutkörperchen (hämolytische Anämie) oder Blutplättchen (Thrombocytopenie) durch Antikörper. Dabei bindet der Wirkstoff kovalent an die Zelloberfläche und dient als Angriffsziel für IgG-Antikörper gegen den Wirkstoff. Letztendlich kommt es zur Zerstörung der Zelle. Nur wenige Menschen bilden solche Anti-Wirkstoff-Antikörper. Warum sie dazu neigen, solche Antikörper zu entwickeln, ist nicht bekannt. Durch die zellgebundenen Antikörper werden die Zellen aus dem Blut entfernt. Das geschieht hauptsächlich in der Milz durch Gewebemakrophagen, die Fc$\gamma$-Rezeptoren tragen.

## 14.3.2 Die Aufnahme großer Mengen von unzureichend metabolisierten Antigenen kann aufgrund der Bildung von Immunkomplexen zu systemischen Krankheiten führen

Bei einer Behandlung mit löslichen Allergenen kann es zu Hypersensitivitätsreaktionen kommen. Ursache der Symptome ist die Ablagerung von Antigen:Antikörper-Aggregaten oder **Immunkomplexen** in bestimmten Geweben und Bereichen. Die Immunkomplexe entstehen bei jeder Antikörperreaktion, aber ihr pathogenes Potenzial wird zum Teil durch ihre Größe und Menge sowie durch Affinität und Isotyp des zugehörigen Antikörpers bestimmt. Größere Aggregate reagieren mit dem Komplementsystem und werden schnell von Phagocyten beseitigt. Kleinere Aggregate dagegen, die sich bei einem Überschuss von Antigenen bilden, lagern sich oft an Gefäßwänden ab. Dort können sie sich mit Fc-Rezeptoren auf Leukocyten verknüpfen, die auf diese Weise aktiviert werden und eine Schädigung des Gewebes verursachen.

Besitzt eine sensibilisierte Person gegen ein bestimmtes Antigen gerichtete IgG-Antikörper, kann die Injektion dieses Antigens eine lokale Hypersensitivitätsreaktion, die sogenannte **Arthus-Reaktion**, auslösen (▶ Abb. 14.17). Injiziert man das Antigen in die Haut, bilden zirkulierende IgG-Antikörper, die in das Gewebe diffundiert sind, an dieser Stelle Immunkomplexe. Die Immunkomplexe binden Fc-Rezeptoren wie Fc$\gamma$RIII auf Mastzellen und anderen Leukocyten. Dies führt zu einer lokalen Entzündungsreaktion mit erhöhter Gefäßdurchlässigkeit. Dann dringen Flüssigkeit und Zellen, insbesondere polymorphkernige Leukocyten, aus den lokalen Blutgefäßen in das Gewebe ein. Die Immunkomplexe aktivieren auch das Komplementsystem, was zur Produktion des Komplementfragments C5a führt. C5a ist ein entscheidender Bestandteil der Entzündungsreaktion, da es mit den C5a-Rezeptoren auf den Leukocyten in Wechselwirkung tritt. Die Leukocyten werden dabei aktiviert und chemotaktisch zum Entzündungsherd geleitet (Abschn. 2.2.1). Sowohl C5a als auch Fc$\gamma$RIII sind im Experiment erforderlich, um eine Arthus-Reaktion durch Makrophagen in den Alveolen der Lunge auszulösen. Wahrscheinlich gilt das auch für dieselbe Reaktion, die durch Mastzellen in der Haut und an den Innenseiten von Gelenken (Synovia) hervorgerufen wird. Leukocyten, die C5a-Rezeptoren tragen, werden angelockt und aktiviert. Dadurch kommt es zu einer Schädigung des Gewebes, was manchmal zu einer offenen Nekrose führt.

Die Injektion großer Mengen von unzureichend metabolisiertem Fremdantigen kann eine als **Serumkrankheit** bekannte systemische Reaktion hervorrufen. Die Bezeichnung entstand, weil die Erkrankung häufig nach Verabreichung eines therapeutischen Antiserums aus Pferden auftrat. In der Zeit vor Entdeckung der Antibiotika verwendete man zur Behandlung von Lungenentzündungen, die durch Pneumokokken verursacht werden, häufig Antiseren aus immunisierten Pferden. Dabei sollten die spezifischen Anti-Pneumokokken-

**Teil V**

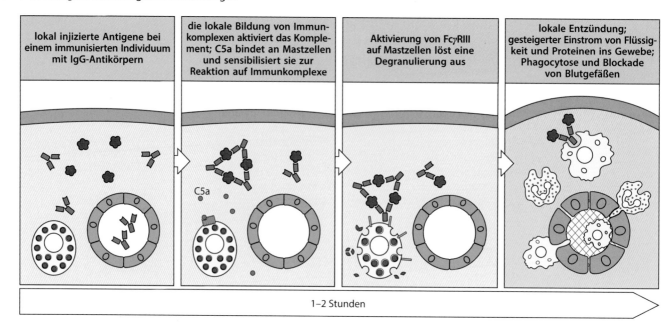

| lokal injizierte Antigene bei einem immunisierten Individuum mit IgG-Antikörpern | die lokale Bildung von Immunkomplexen aktiviert das Komplement; C5a bindet an Mastzellen und sensibilisiert sie zur Reaktion auf Immunkomplexe | Aktivierung von FcγRIII auf Mastzellen löst eine Degranulierung aus | lokale Entzündung; gesteigerter Einstrom von Flüssigkeit und Proteinen ins Gewebe; Phagocytose und Blockade von Blutgefäßen |

1–2 Stunden

**Abb. 14.17 Die Ablagerung von Immunkomplexen im Gewebe verursacht lokale Entzündungs-reaktionen (Arthus-Reaktion).** Haben Personen bereits Antikörper gegen ein bestimmtes Antigen gebildet, führt dessen Injektion in die Haut zur Bildung von Immunkomplexen mit IgG-Antikörpern, die aus den Kapillaren herausdiffundiert sind. Da die Allergendosis niedrig ist, entstehen die Immunkomplexe nur in der Nähe der Injektionsstelle, wo sie Mastzellen aktivieren, die Fcγ-Rezeptoren (FcγRIII) tragen. Die Immunkomplexe induzieren die Aktivierung des Komplementsystems. Der Komplementbestandteil C5a trägt dazu bei, die Mastzellen zu sensibilisieren, auf die Immunkomplexe zu reagieren. Als Ergebnis der Mastzellaktivierung wandern inflammatorische Zellen in die Region ein und die Gefäßpermeabilität wie auch der Blutfluss werden erhöht. Blutplättchen sammeln sich an und führen schließlich zum Gefäßverschluss. Bei einer schwerwiegenden Reaktion können all diese Veränderungen zu einer Gewebenekrose führen

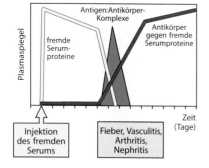

**Abb. 14.18 Die Serumkrankheit ist ein klassisches Beispiel für ein vorübergehendes, von Immunkomplexen vermitteltes Syndrom.** Die Injektion fremder Proteine, etwa eines Antitoxins aus Pferden, führt zu einer Antikörperreaktion gegen das Pferdeantiserum. Die Antikörper bilden mit den zirkulierenden fremden Proteinen Immunkomplexe. Diese aktivieren wiederum das Komplementsystem und Phagocyten, induzieren Fieber und werden in kleinen Gefäßen abgelagert, was zu entzündungsbedingten Läsionen in Blutgefäßen, in der Haut und im Bindegewebe (Vasculitis), in den Nieren (Nephritis) und Gelenken (Arthritis) führt. Diese Symptome sind vorübergehend und gehen zurück, wenn das fremde Protein beseitigt ist

Antikörper des Pferdeimmunserums dem Patienten helfen, die Infektion zu beseitigen. Nach einem sehr ähnlichen Prinzip verwendet man heute noch **Antivenine** (ein Serum von Pferden, die gegen Schlangengifte immunisiert wurden) als Quelle für neutralisierende Antikörper zur Behandlung von Schlangenbissen.

Die Serumkrankheit tritt sieben bis zehn Tage nach Injektion des Pferdeantiserums auf. Der zeitliche Abstand entspricht der Zeit, die für die Entwicklung einer primären Immunantwort und den Wechsel zu IgG-Antikörpern gegen die fremden Antigene aus dem Pferdeserum erforderlich ist. Die klinischen Symptome der Serumkrankheit sind Schüttelfrost, Fieber, Hautausschlag, Arthritis und manchmal auch Glomerulonephritis. Der Hautausschlag manifestiert sich als Nesselsucht (Urticaria), ein Hinweis darauf, dass dabei die Histaminausschüttung durch Mastzelldegranulierung eine Rolle spielt. In diesem Fall wird die Degranulierung der Mastzellen durch die Vernetzung von zelloberflächengebundenem FcγRIII durch IgG-haltige Immunkomplexe und die Anaphylatoxine C3a und C5a ausgelöst, die aufgrund der Komplementaktivierung durch diese Komplexe freigesetzt werden.

Der Verlauf der Krankheit ist in ▶ Abb. 14.18 dargestellt. Der Krankheitsbeginn fällt mit der Bildung von Antikörpern gegen die im fremden Serum in großer Menge vorhandenen löslichen Proteine zusammen. Die Antikörper bilden im ganzen Körper Immunkomplexe mit den Antigenen. Diese Immunkomplexe fixieren das Komplement und binden und aktivieren Leukocyten, die Fc- und Komplementrezeptoren tragen. Das wiederum führt zu großflächigen Gewebeschäden. Die Bildung der Immunkomplexe beseitigt die Fremdantigene, wodurch sich die Serumkrankheit in der Regel selbst eindämmt. Bei einer zweiten Applikation von Pferdeantiserum bricht die Krankheit im Normalfall innerhalb von ein bis zwei Tagen aus und zeigt symptomatisch den Verlauf einer sekundären Antikörperreaktion (Abschn. 11.3.2).

**Teil V**

Durch die zunehmende klinische Anwendung von humanisierten monoklonalen Antikörpern (beispielsweise von Anti-TNF-$\alpha$-Antikörpern bei der rheumatoiden Arthritis) treten Fälle von Serumkrankheit auf, erfreulicherweise nur selten. Das geschieht vor allem dann, wenn der Versuch, einen monoklonalen Antikörper zu humanisieren, für bestimmte Patienten nicht erfolgreich war, da sie seltene Ig-Allotypen erzeugen. Die Symptome nehmen bei diesen Patienten allgemein einen milden Verlauf. Eine wichtige Eigenschaft der Antikörperreaktion gegen die monoklonalen Antikörper besteht darin, dass die Antikörper schnell wieder aus dem Kreislauf entfernt werden, sodass die therapeutische Wirkung geringer wird.

Die pathologische Ablagerung von Immunkomplexen tritt auch in anderen Situationen auf, in denen Antigene längere Zeit vorhanden sind. Das ist zum einen der Fall, wenn eine adaptive Antikörperantwort nicht in der Lage ist, den infektiösen Krankheitserreger zu beseitigen wie bei einer subakuten bakteriellen Endocarditis (Entzündung der Herzinnenhaut) oder einer chronischen Virushepatitis. In solchen Situationen erzeugt das sich vermehrende Pathogen bei einer gleichzeitig andauernden Antikörperantwort ständig neue Antigene, was zur übermäßigen Bildung von Immunkomplexen führt. Diese lagern sich in kleinen Blutgefäßen ab, wodurch schließlich viele Gewebe und Organe geschädigt werden, darunter auch die Haut, die Nieren oder die Nerven.

Zu einer Immunkomplexerkrankung kann es auch kommen, wenn eingeatmete Allergene IgG- anstelle von IgE-Reaktionen auslösen – möglicherweise, weil sie in der Atemluft in sehr hoher Konzentration vorhanden sind. Kommt eine Person wiederholt mit solchen hoch dosierten Antigenen in Kontakt, bilden sich in den Wänden der Alveolen (Lungenbläschen) Immunkomplexe aus. Dies führt zu einer Ansammlung von Flüssigkeit, Proteinen und Zellen in den Alveolarwänden, wodurch sich der Gasaustausch für $O_2$ und $CO_2$ verlangsamt und die Lungenfunktion beeinträchtigt wird. Solche Reaktionen treten vor allem bei bestimmten Berufsgruppen auf, wie bei Landwirten, die wiederholt mit Heustaub oder Pilzsporen in Kontakt kommen. Die daraus resultierende Krankheit ist daher auch unter der Bezeichnung **Farmerlunge** oder Dreschfieber bekannt. Wenn der Kontakt mit dem Antigen länger bestehen bleibt, können die Alveolenmembranen dauerhaft geschädigt werden.

## 14.3.3 Hypersensitivitätsreaktionen werden von $T_H1$-Zellen und cytotoxischen CD8-T-Zellen vermittelt

Im Gegensatz zu den Hypersensitivitätsreaktionen, die von Antikörpern verursacht werden, liegt den **zellulären Hypersensitivitätsreaktionen** oder **Hypersensitivitätsreaktionen vom verzögerten Typ** eine Aktivierung antigenspezifischer T-Effektorzellen zugrunde. Wir kennen bereits die Beteiligung der $T_H2$-Effektorzellen und der von ihnen produzierten Cytokine bei chronischen allergischen Reaktionen, die durch IgE-Antikörper ausgelöst werden. Hier geht es jedoch um Hypersensitivitätserkrankungen, die von $T_H1$-Zellen und cytotoxischen CD8-T-Zellen hervorgerufen werden (▶ Abb. 14.19). Diese wirken bei der Hypersensitivität prinzipiell auf die gleiche Weise wie bei der in Kap. 9 beschriebenen Immunantwort gegen Krankheitserreger. Die Reaktionen lassen sich in Form gereinigter T-Zellen oder klonierter T-Zell-Linien von einem Versuchstier auf ein anderes übertragen. Ein großer Teil der chronischen Entzündungen, die bei einigen der weiter oben in diesem Kapitel beschriebenen allergischen Krankheiten auftreten, ist tatsächlich auf zelluläre Hypersensitivitätsreaktionen zurückzuführen, die von antigenspezifischen $T_H1$-Zellen in Zusammenwirkung mit $T_H2$-Zellen hervorgerufen werden.

Der Prototyp einer Hypersensitivitätsreaktion vom verzögerten Typ wird durch den **Mantoux-Test** hervorgerufen – dem Tuberkulinstandardtest, der dazu dient festzustellen, ob eine Person bereits einmal mit *M. tuberculosis* infiziert war. Dabei injiziert man geringe Mengen von Tuberkulin (einem komplexen Extrakt aus Peptiden und Kohlenhydraten aus *M. tuberculosis*) in die Haut. Bei Menschen, die bereits mit dem Bakterium in Kontakt gekommen sind (entweder durch eine Infektion oder eine Immunisierung mit dem BCG-Impfstoff (der attenuierten Form von *Mycobacterium tuberculosis*)), kommt es innerhalb von 24–72 h zu

| zelluläre Hypersensitivitätsreaktionen werden von antigenspezifischen T-Effektorzellen vermittelt | | |
|---|---|---|
| Syndrom | Antigen | Folgen |
| Hypersensitivität vom verzögerten Typ | Proteine: Insektengifte Proteine von Mycobakterien (Tuberkulin, Lepromin) | lokale Hautschwellungen: Hautrötung (Erythem) Verhärtung zelluläre Infiltration Dermatitis |
| Kontakthypersensitivität | Haptene: Pentadecacatechol (Giftsumach), DNFB<br><br>kleine Metallionen: Nickel, Chromat | lokale Reaktion in der Epidermis: Hautrötung zelluläre Infiltration Vesikelbildung Abszesse in der Epidermis |
| glutensensitive Enteropathie (Zöliakie) | Gliadin | Zottenatrophie im Dünndarm Störung der Absorption |

**Abb. 14.19 Zelluläre Hypersensitivitätsreaktionen.** Diese Reaktionen werden von T-Zellen vermittelt und benötigen drei bis fünf Tage oder länger, um sich zu entwickeln. Je nach der Herkunft des Antigens und dem Weg, über den es in den Körper gelangt, kann man die Reaktionen in drei Syndrome einteilen. Bei Überempfindlichkeitsreaktionen vom verzögerten Typ wird das Antigen in die Haut injiziert, bei Kontaktallergien wird das Antigen von der Haut absorbiert und bei der gluteninduzierten Enteropathie vom Darm. Bei Kontaktallergien bilden sich häufig Vesikel. Dabei handelt es sich um Flüssigkeitsansammlungen in kleinen blasenförmigen Läsionen auf Ebene der Basalmembran zwischen Dermis und Epidermis. Die Vesikelbildung an dieser Stelle liegt wahrscheinlich daran, dass das Antigen die Epidermis durchdrungen hat und sich an der Basalmembran sammelt, wo dann eine lokale Entzündungsreaktion mit einem Flüssigkeitsödem entsteht. DNFB (Dinitrofluorbenzol) ist ein Sensibilisierungsfaktor, der eine Kontaktallergie hervorrufen kann

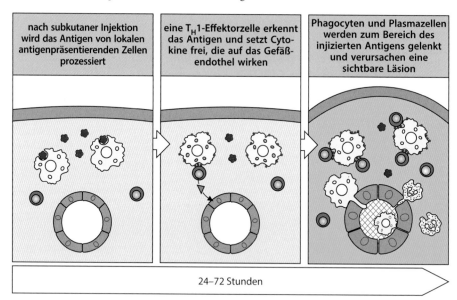

| nach subkutaner Injektion wird das Antigen von lokalen antigenpräsentierenden Zellen prozessiert | eine T$_H$1-Effektorzelle erkennt das Antigen und setzt Cytokine frei, die auf das Gefäßendothel wirken | Phagocyten und Plasmazellen werden zum Bereich des injizierten Antigens gelenkt und verursachen eine sichtbare Läsion |

24–72 Stunden

**Abb. 14.20 Die Phasen einer Hypersensitivitätsreaktion vom verzögerten Typ.** Die erste Phase umfasst die Aufnahme, die Prozessierung und die Präsentation des Antigens durch lokale antigenpräsentierende Zellen. In der zweiten Phase wandern T$_H$1-Zellen, die durch einen vorhergehenden Kontakt mit dem Antigen primär geprägt wurden, zur Injektionsstelle und werden aktiviert. Da diese spezifischen Zellen sehr selten sind und die Entzündung zu schwach ist, als dass sie Zellen anlocken würde, kann es mehrere Stunden dauern, bis eine T-Zelle mit der richtigen Spezifität an die Stelle gelangt. Diese Zellen setzen dann Mediatoren frei, die lokale Endothelzellen aktivieren, durch die dann inflammatorische Zellen, hauptsächlich Makrophagen, angelockt werden und eine Ansammlung von Flüssigkeit, Proteinen und weiteren Leukocyten an der Injektionsstelle verursachen. In diesem Stadium ist die Schädigung bereits erkennbar

einer T-Zell-abhängigen, lokalen Entzündungsreaktion. Diese Reaktion wird durch inflammatorische CD4-T-Zellen ($T_H1$) verursacht, die an der Injektionsstelle in das Gewebe eindringen, Peptid:MHC-Klasse-II-Komplexe auf antigenpräsentierenden Zellen erkennen und inflammatorische Cytokine wie IFN-$\gamma$, TNF-$\alpha$ und Lymphotoxin freisetzen. Diese Cytokine stimulieren die Expression von Adhäsionsmolekülen auf dem Endothel und erhöhen lokal die Durchlässigkeit der Blutgefäße. Dadurch können Plasma und akzessorische Zellen in den Bereich eindringen und es kommt zu einer sichtbaren Schwellung (▶ Abb. 14.20). Jede dieser Phasen dauert mehrere Stunden, sodass die voll ausgeprägte Reaktion mit 24–48 h Verzögerung in Erscheinung tritt. Die von den aktivierten $T_H1$-Zellen erzeugten Cytokine und ihre Auswirkungen sind in ▶ Abb. 14.21 dargestellt.

Bei der **allergischen Kontaktdermatitis** (die man auch als Kontaktallergie bezeichnet) beobachtet man sehr ähnliche Reaktionen. Dabei handelt es sich um eine durch das Immunsystem vermittelte lokale Entzündungsreaktion in der Haut, die durch den direkten Hautkontakt mit bestimmten Antigenen hervorgerufen wird. Dabei ist noch wichtig festzuhalten, dass nicht jede Kontaktdermatitis durch das Immunsystem vermittelt wird und eine Allergie darstellt. Durch entsprechende Reizstoffe oder toxische Substanzen kann es auch zu einer direkten Schädigung der Haut kommen.

 Video 14.1

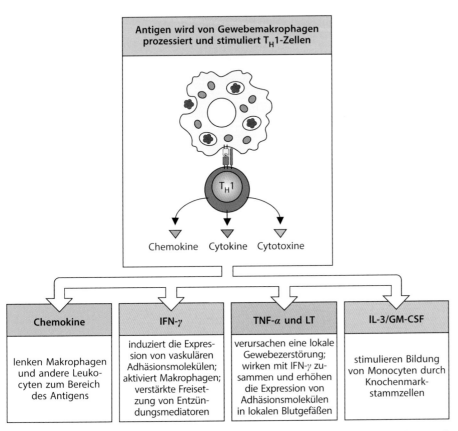

**Abb. 14.21 Die Hypersensitivitätsreaktion vom verzögerten Typ wird von Chemokinen und Cytokinen aus $T_H1$-Zellen gesteuert, die durch das Antigen stimuliert wurden.** Antigenpräsentierende Zellen im lokalen Gewebe nehmen Antigene auf, prozessieren sie und präsentieren sie auf MHC-Klasse-II-Molekülen. Antigenspezifische $T_H1$-Zellen an der Injektionsstelle können die Antigen:MHC-Komplexe erkennen und Chemokine und Cytokine freisetzen, die wiederum Makrophagen und weitere Leukocyten anlocken. Die Antigenpräsentation durch die angelockten Makrophagen verstärkt die Reaktion. T-Zellen können auch durch Freisetzung von TNF-$\alpha$ und Lymphotoxinen (LTs) auf die lokalen Blutgefäße einwirken und die Produktion von Makrophagen durch Ausschütten von IL-3 und GM-CSF anregen. Schließlich aktivieren $T_H1$-Zellen die Makrophagen durch Freisetzung von IFN-$\gamma$ und TNF-$\alpha$ und töten Makrophagen sowie andere sensibilisierte Zellen durch Expression des Fas-Liganden auf der Zelloberfläche

Teil V

Eine allergische Kontaktdermatitis kann durch die Aktivierung von CD4- oder CD8-T-Zellen hervorgerufen werden, je nach Reaktionsweg, auf dem das Antigen prozessiert wird. Typische Antigene, die eine allergische Kontaktdermatitis verursachen, sind hochreaktive kleine Moleküle, die leicht die intakte Haut durchdringen können. Dazu kommt es besonders dann, wenn sie einen Juckreiz verursachen, der die Betroffenen dazu bringt, sich zu kratzen, sodass in der Folge die Haut verletzt wird. Diese Chemikalien reagieren dann mit körpereigenen Proteinen, sodass haptenylierte Proteine entstehen, die von den antigenpräsentierenden Zellen zu Hapten:Peptid-Komplexen prozessiert werden können. Diese können von MHC-Molekülen präsentiert und daraufhin von T-Zellen als fremde Antigene erkannt werden. Bei einer allergischen Reaktion der Haut unterscheidet man wie bei anderen allergischen Reaktionen zwei Phasen: die Sensibilisierung und die Auslösung. Während der ersten Phase nehmen Langerhans-Zellen in der Epidermis und dendritische Zellen in der Dermis Antigene auf und prozessieren sie, dann wandern die Zellen zu regionalen Lymphknoten, wo sie T-Zellen aktivieren (Abb. 9.13). Dabei entstehen auch T-Gedächtniszellen, die bis in die Dermis gelangen. Während der Auslösungsphase führt der weitere Kontakt mit der sensibilisierenden Substanz dazu, dass den T-Gedächtniszellen in der Dermis Antigene präsentiert werden. Daraufhin setzen die T-Zellen Cytokine wie IFN-$\gamma$ und IL-17 frei. Dies regt die Keratinocyten der Epidermis an, IL-1, IL-6, TNF-$\alpha$, GM-CSF, das Chemokin CXCL8 und die interferoninduzierbaren Chemokine CXCL11 (IP-9), CXCL10 (IP-10) und CXCL9 (Mig; durch IFN-$\gamma$ induziertes Monokin) freizusetzen. Diese Cytokine und Chemokine verstärken die Entzündungsreaktion, indem sie die Wanderung von Monocyten zur Läsionsstelle und ihre Reifung zu Makrophagen in Gang setzen und zudem weitere T-Zellen anlocken (▶ Abb. 14.22).

Der Hautausschlag, der bei Kontakt mit dem Kletternden Giftsumach (*Toxicodendron radicans*) entsteht (▶ Abb. 14.23), ist ein häufiger Fall von Kontaktdermatitis. Ursache ist eine CD8-T-Zell-Reaktion auf Urushiol-Öl (eine Mischung aus Pentadecacatecholen) in der Pflanze. Diese Moleküle sind fettlöslich und können daher Zellmembranen durchdringen und an Proteine in der Zelle binden. Die modifizierten Proteine werden vom Immunpro-

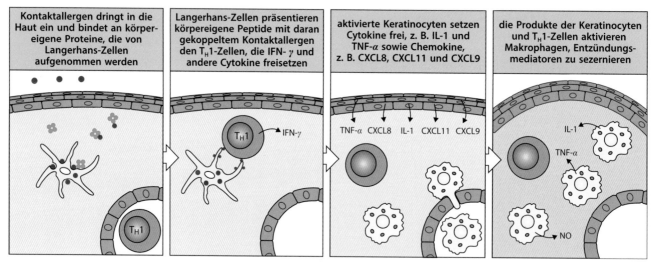

| Kontaktallergen dringt in die Haut ein und bindet an körpereigene Proteine, die von Langerhans-Zellen aufgenommen werden | Langerhans-Zellen präsentieren körpereigene Peptide mit daran gekoppeltem Kontaktallergen den T$_H$1-Zellen, die IFN-$\gamma$ und andere Cytokine freisetzen | aktivierte Keratinocyten setzen Cytokine frei, z. B. IL-1 und TNF-$\alpha$ sowie Chemokine, z. B. CXCL8, CXCL11 und CXCL9 | die Produkte der Keratinocyten und T$_H$1-Zellen aktivieren Makrophagen, Entzündungsmediatoren zu sezernieren |

**Abb. 14.22 Auslösen einer Hypersensitivitätsreaktion vom verzögerten Typ als Antwort auf ein Kontaktallergen.** Ein Kontaktallergen ist ein kleines hochreaktives Molekül, das die intakte Haut durchdringen kann. Es bindet als Hapten kovalent an eine Anzahl verschiedener endogener Proteine und verändert dadurch deren Struktur, sodass sie als Antigene wirken. Diese modifizierten Proteine werden von Langerhans-Zellen, den wichtigsten antigenpräsentierenden Zellen in der Haut, aufgenommen und prozessiert. Diese Zellen präsentieren den T$_H$1-Effektorzellen die haptenylierten Peptide (wobei die T$_H$1-Zellen vorher bei einem Antigenkontakt in Lymphknoten primär geprägt wurden). Dort setzen die aktivierten T$_H$1-Zellen Cytokine wie IFN-$\gamma$ frei, die Keratinocyten stimulieren, weitere Cytokine und Chemokine freizusetzen. Diese wiederum locken Monocyten an und induzieren deren Reifung zu aktivierten Gewebemakrophagen, die nun ebenfalls zu den Entzündungsläsionen beitragen, wie sie etwa durch den Giftsumach hervorgerufen werden (▶ Abb. 14.23). NO, Stickstoffmonoxid

teasom erkannt. Nach der Spaltung werden die Peptide in das endoplasmatische Reticulum transportiert und von MHC-Klasse-I-Molekülen zur Zelloberfläche gebracht. CD8-T-Zellen, die diese Peptide erkennen, können entweder durch Abtöten der präsentierenden Zellen oder durch Freisetzung von Cytokinen wie IFN-$\gamma$ Schäden verursachen.

Das Potenzial von CD4-T-Zellen, die Reaktionen einer Kontaktallergie auszulösen, ließ sich in Experimenten mit dem stark sensibilisierenden Molekül Picrylchlorid nachweisen. Es verändert extrazelluläre Eigenproteine durch Haptenylierung, die dann von APC-Zellen proteolytisch prozessiert werden. Dabei entstehen haptenylierte Peptide, die an körpereigene MHC-Klasse-II-Moleküle binden und so von $T_H$1-Zellen erkannt werden. Wenn sensibilisierte $T_H$1-Zellen diese Komplexe erkennen, rufen sie durch Aktivierung von Makrophagen eine starke Entzündungsreaktion hervor (▶ Abb. 14.22). Häufige klinische Symptome einer Kontaktallergie sind die Bildung von Erythemen in den betroffenen Hautregionen, die Ausformung eines dermalen und eines epidermalen Infiltrats aus Monocyten, Makrophagen, Lymphocyten, einigen Neutrophilen sowie Mastzellen wie auch die Bildung von Abszessen in der Epidermis und von Vesikeln (blasenförmigen ödemartigen Ansammlungen von Flüssigkeit zwischen Dermis und Epidermis).

Einige Proteine von Insekten verursachen ebenfalls Hypersensitivitätsreaktionen vom verzögerten Typ. Ein Beispiel dafür ist die starke Hautreaktion auf einen Mückenstich. Personen, die auf Proteine im Mückenspeichel allergisch reagieren, können anstelle einer kleinen juckenden Beule eine sofort einsetzende Hypersensitivitätsreaktion entwickeln, etwa Urticaria und eine Schwellung, oder es kommt, allerdings viel seltener, zu einem anaphylaktischen Schock (Abschn. 14.2.5). Einige Betroffene entwickeln in der Folge auch eine verzögerte Reaktion (in Form einer Spätreaktion), bei der es zu einer Schwellung der gesamten Extremität kommen kann.

Auch kennt man inzwischen bedeutsame Hypersensitivitätsreaktionen auf zweiwertige Kationen wie Nickel. Diese Ionen können die Konformation von Peptiden im Komplex mit MHC-Klasse-II-Molekülen verändern und so eine T-Zell-Reaktion hervorrufen. Bei Menschen kann Nickel auch an den Rezeptor TLR-4 binden und ein proinflammatorisches Signal auslösen. Die Sensibilisierung gegen Nickel ist aufgrund von nickelhaltigen Gegenständen wie Juwelen, Knöpfe und Verschlüssen an der Kleidung weit verbreitet. Die Standards in einigen Ländern schreiben inzwischen jedoch vor, dass solche Produkte einen nickelfreien Überzug haben müssen, wodurch in diesen Ländern Nickelallergien seltener auftreten.

In diesem Abschnitt haben wir uns vor allem mit der Funktion von $T_H$1-Zellen und cytotoxischen T-Zellen beim Auslösen von zellulären Hypersensitivitätsreaktionen befasst. Es gibt jedoch Hinweise darauf, dass auch Antikörper und das Komplementsystem an diesen Reaktionen beteiligt sein können. Mäuse ohne B-Zell-Antikörper oder ohne Komplementsystem zeigen schwächere Kontaktallergiereaktionen. Vor allem IgM-Antikörper (die teilweise von B1-Zellen erzeugt werden), die die Komplementkaskade aktivieren, ermöglichen das Auslösen dieser Reaktionen.

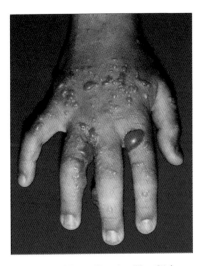

**Abb. 14.23 Blasenförmige Hautläsionen auf der Haut eines Patienten mit einer Dermatitis durch Kontakt mit dem Giftsumach.** (Foto mit freundlicher Genehmigung von R. Geha)

### 14.3.4 Zöliakie besitzt Eigenschaften von allergischen Reaktionen und Autoimmunität

Die **Zöliakie** ist eine chronische Erkrankung des oberen Dünndarms, die durch eine Immunantwort gegen Gluten, einen Proteinkomplex aus Weizen, Hafer und Gerste, ausgelöst wird. Wenn man glutenfreie Nahrung zu sich nimmt, normalisieren sich die Darmfunktionen wieder, doch ist dies das ganze Leben lang notwendig, da es noch keinen Therapieansatz für eine Desensibilisierung gibt. Das Krankheitsbild der Zöliakie ist gekennzeichnet durch einen Verlust der dünnen, fingerförmigen Villi, die das Darmepithel bildet (villöse Atrophie), außerdem dehnen sich die Bereiche aus, in denen die Epithelzellen erneuert werden (Kryptenhyperplasie) (▶ Abb. 14.24). Diese pathologischen Veränderungen führen zu einem Verlust an reifen Epithelzellen, die die Villi bedecken und die normalerweise die Nahrungsstoffe

| normales Jejunum (Leerdarm) | Jejunum bei Zöliakie |
| --- | --- |
|  | 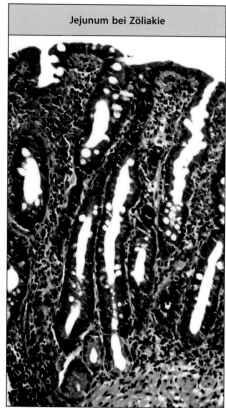 |

**Abb. 14.24 Die pathologischen Merkmale der Zöliakie.** *Links*: Die Oberfläche des normalen Dünndarms ist in Form von fingerförmigen Villi gefaltet, die eine sehr große Oberfläche für die Absorption von Nährstoffen bilden. *Rechts*: Die lokale Immunantwort gegen das Nahrungsmittelprotein α-Gliadin, einen Hauptbestandteil von Gluten in Weizen, Hafer und Gerste, bewirkt eine massive Infiltration der Lamina propria in den tiefer liegenden, inneren Bereichen der Villi mit CD4-T-Zellen, Plasmazellen, Makrophagen und einer geringeren Anzahl weiterer Leukocyten. Dadurch werden die Villi letztendlich zerstört. Gleichzeitig kommt es zu einer erhöhten mitotischen Aktivität in den darunter liegenden Krypten, wo neue Epithelzellen gebildet werden. Da die Villi alle reifen Epithelzellen enthalten, die Nährstoffe absorbieren und verarbeiten, kommt es durch ihren Verlust zu einer lebensbedrohlichen Störung der Absorption mit Durchfall. (*Linke Fotografie* von Mowat, A.M., Viney, J.L.: The anatomical basis of intestinal immunity. *Immunol. Rev.* 1997 156:145–166)

Teil V

absorbieren und abbauen; das Ganze geht einher mit einer schweren Entzündung der Darmwand, wobei die Anzahl der T-Zellen, Makrophagen und Plasmazellen in der Lamina propria und die Anzahl der Lymphocyten in der Epithelschicht erhöht ist. Gluten ist anscheinend der einzige Bestandteil von Nahrungsmitteln, der auf diese Weise eine Darmentzündung hervorruft. Dieses Merkmal zeigt, dass Gluten bei Menschen mit einer genetisch bedingten Anfälligkeit sowohl angeborene als auch spezifische Immunantworten stimulieren kann. Die Häufigkeit der Krankheit hat sich in den vergangenen 60 Jahren vervierfacht, was damit zusammenhängt, dass man inzwischen beim Backen große Mengen an zusätzlichem Gluten verwendet, damit der Teig schneller aufgeht und eine bessere Textur bekommt.

Die Zöliakie zeigt eine außerordentlich starke genetisch bedingte Prädisposition, indem über 95 % aller Patienten ein HLA-DQ2-Klasse-II-MHC-Allel exprimieren und die Krankheit bei eineiigen Zwillingen mit einer Konkordanz von bis zu 80 % auftritt, das heißt, wenn ein Zwilling die Krankheit entwickelt, der andere mit 80 %iger Wahrscheinlichkeit ebenfalls erkrankt, bei zweieiigen Zwillingen beträgt die Konkordanz aber nur 10 %. Dennoch entwickeln die meisten Menschen, die HLA-DQ2 exprimieren, keine Zöliakie, obwohl Gluten bei der Ernährungsweise in den westlichen Ländern in vielen Nahrungsmitteln vorkommt. Es müssen also noch andere genetische und umweltabhängige Faktoren zu einer Anfälligkeit beitragen.

Die meisten Befunde deuten darauf hin, dass für die Zöliakie ein fehlerhaftes Priming von IFN-γ-produzierenden CD4-T-Zellen durch Antigenpeptide stattfinden muss, die in α-Gliadin vorkommen, einem der Hauptproteine von Gluten. Es gilt als erwiesen, dass nur eine begrenzte Anzahl von Peptiden eine Immunantwort auslösen kann, die zur Zöliakie führt. Das ist wahrscheinlich auf die besondere Struktur der Peptidbindungsstelle im HLA-DQ2-Molekül zurückzuführen. Der entscheidende Schritt bei der Immunerkennung von α-Gliadin ist die Desaminierung seiner Peptide durch die Gewebe-Transglutaminase (*tissue translutaminase*, tTG), die bestimmte Glutaminreste in negativ geladene Glutaminsäurereste umwandelt. Nur Peptide mit negativ geladenen Resten an bestimmten Positionen binden stark an HLA-DQ2, sodass die Transaminierungsreaktion die Bildung von Peptid:HLA-DQ2-Komplexen fördert, die dann antigenspezifische CD4-T-Zellen aktivieren können (▶ Abb. 14.25). Aktivierte gliadinspezifische CD4-T-Zellen häufen sich in der Lamina propria an; sie produzieren IFN-γ, ein Cytokin, das Darmentzündungen hervorruft, wenn es dort vorkommt.

Das Auftreten einer Zöliakie beruht vollständig darauf, dass ein fremdes Antigen (Gluten) vorhanden ist; sie hängt nicht mit einer spezifischen Immunantwort gegen Antigene im Gewebe – dem Darmepithel – zusammen, das bei der Immunantwort geschädigt wird. Zöliakie ist daher auch keine klassische Autoimmunkrankheit, besitzt davon jedoch einige Merkmale. Man findet bei allen Patienten mit Zöliakie Autoantikörper gegen die Gewebe-Transglutaminase; tatsächlich nutzt man auch das Vorhandensein von IgA-Antikörpern gegen dieses Enzym im Serum als spezifischen und empfindlichen Test für die Krankheit. Interessanterweise findet man keine tTG-spezifischen T-Zellen und man nimmt an, dass glutenreaktive T-Zellen die B-Zellen unterstützen, die auf die Gewebe-Transglutaminase reagieren. Für diese Hypothese spricht, dass Gluten mit dem Enzym Komplexe bilden

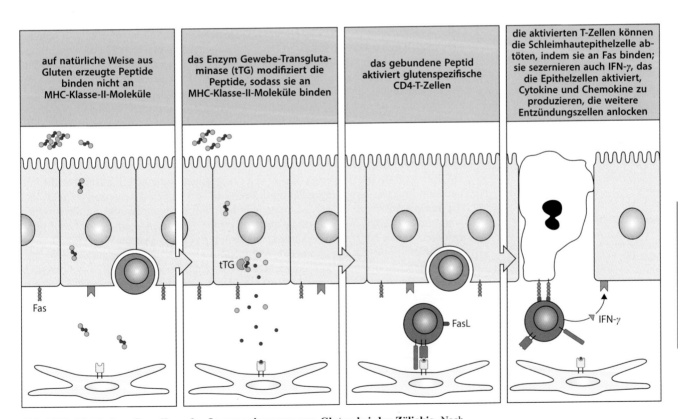

**Abb. 14.25 Molekulare Grundlage der Immunerkennung von Gluten bei der Zöliakie.** Nach dem Abbau von Gluten durch Verdauungsenzyme im Darm ist Gluten nach der Desaminierung einiger Epitope durch die Gewebe-Transglutaminase (tTG) für eine Prozessierung durch lokale antigenpräsentierende Zellen leichter zugänglich. Dies führt letztendlich zur Bindung an HLA-DQ2-Moleküle, wodurch das Immunsystem aktiviert wird

Teil V

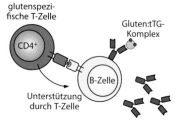

glutenspezi-
fische T-Zelle

Gluten:tTG-
Komplex

CD4+

B-Zelle

Unterstützung
durch T-Zelle

Anti-tTG-Antikörper

**Abb. 14.26 Eine Hypothese, die die Produktion von Antikörpern gegen die Gewebe-Transglutaminase (tTG) ohne Vorhandensein von tTG-spezifischen T-Zellen bei Zöliakiepatienten erklären soll.** tTG-reaktive B-Zellen nehmen Gluten:tTG-Komplexe durch Endocytose auf und präsentieren den glutenspezifischen T-Zellen Glutenpeptide. Die stimulierten T-Zellen können nun diese B-Zellen unterstützen, die dann Autoantikörper gegen die tTG erzeugen

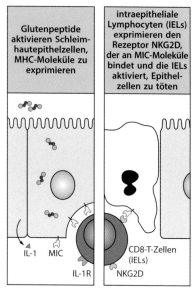

Glutenpeptide aktivieren Schleimhautepithelzellen, MHC-Moleküle zu exprimieren

intraepitheliale Lymphocyten (IELs) exprimieren den Rezeptor NKG2D, der an MIC-Moleküle bindet und die IELs aktiviert, Epithelzellen zu töten

IL-1    MIC

IL-1R

CD8-T-Zellen (IELs)

NKG2D

**Abb. 14.27 Die Aktivierung von cytotoxischen T-Zellen durch das angeborene Immunsystem bei der Zöliakie.** Glutenpeptide können die Expression der MHC-Klasse-Ib-Moleküle MIC-A und MIC-B auf Darmepithelzellen und die Synthese und Freisetzung von IL-1 durch diese Zellen auslösen. Intraepitheliale Lymphocyten (IELs), von denen viele cytotoxische CD8-T-Zellen sind, erkennen die MIC-Proteine mithilfe des Rezeptors NKG2D, der zusammen mit dem Costimulator die IELs aktiviert, MIC-tragende Zellen abzutöten. Das führt zur Zerstörung des Darmepithels

kann und dadurch von tTG-reaktiven B-Zellen aufgenommen wird (▶ Abb. 14.26). Es gibt jedoch keine Belege dafür, dass diese Autoantikörper zu den Gewebeschäden beitragen.

Chronische T-Zell-Reaktionen gegen Nahrungsmittelproteine werden normalerweise durch die Entwicklung einer oralen Toleranz (Abschn. 12.2.4) verhindert. Warum das bei Zöliakiepatienten nicht mehr funktioniert, ist unbekannt. Die Eigenschaften des HLA-DQ2-Moleküls liefern dafür teilweise eine Erklärung. Es müssen jedoch weitere Faktoren eine Rolle spielen, da die meisten HLA-DQ2-positiven Menschen keine Zöliakie entwickeln und die hohe Konkordanz bei eineiigen Zwillingen eine Beteiligung weiterer genetischer Faktoren nahelegt. Zöliakie tritt besonders bei Personen mit Trisomie 21 (Down-Syndrom) auf, etwa sechsmal häufiger als in der übrigen Bevölkerung. Das bestätigt, dass genetische Faktoren für das Auftreten der Krankheit eine Rolle spielen. Polymorphismen im Gen für CTLA-4 oder in anderen immunregulatorischen Genen können mit der Anfälligkeit zusammenhängen. Die Unterschiede können auch darin bestehen, wie α-Gliadin individuell im Darm verdaut wird, sodass für die Desaminierung und Präsentation gegenüber den T-Zellen unterschiedliche Mengen übrig bleiben.

Das Glutenprotein besitzt anscheinend mehrere Eigenschaften, die zum Entstehen der Krankheit beitragen. Es gibt zunehmend Hinweise darauf, dass neben der relativen Resistenz von Gluten gegen einen Abbau einige aus α-Gliadin stammende Peptide das angeborene Immunsystem stimulieren, indem sie die Freisetzung von IL-15 durch die Darmepithelzellen anregen. Das geschieht nicht antigenspezifisch und es sind Peptide beteiligt, die nicht von HLA-DQ2-Molekülen gebunden oder von CD4-T-Zellen erkannt werden. Die Freisetzung von IL-15 führt zur Aktivierung von dendritischen Zellen in der Lamina propria sowie zu einer erhöhten Expression von MIC-A durch die Epithelzellen. Die CD8-T-Zellen im Schleimhautepithel können über ihre NKG2D-Rezeptoren aktiviert werden, die MIC-A erkennen, und sie können über dieselben NKG2D-Rezeptoren Epithelzellen abtöten, die MIC-A exprimieren (▶ Abb. 14.27). Allein schon das Auslösen dieser angeborenen Immunantworten durch α-Gliadin kann den Darm schädigen und aktiviert möglicherweise einige der costimulierenden Ereignisse, die für das Einleiten einer antigenspezifischen CD4-T-Zell-Reaktion gegen andere Bereiche des α-Gliadin-Moleküls erforderlich sind. Das Potenzial von Gluten, sowohl die angeborene als auch die adaptive Immunantwort zu stimulieren, erklärt demnach möglicherweise, warum es in besonderer Weise die Zöliakie hervorruft.

## Zusammenfassung

Die IgE-unabhängige Hypersensitivität spiegelt normale Immunmechanismen wider, die in unangebrachter Weise gegen harmlose Antigene oder Entzündungsreize gerichtet sind. Sie umfasst Sofortreaktionen und Spätreaktionen. Sofortreaktionen sind auf die Bindung von spezifischen IgG-Antikörpern an durch Allergene modifizierte Zelloberflächen zurückzuführen – etwa bei einer medikamenteninduzierten Anämie – oder auf die Bildung von Antikörperkomplexen, die an ungenügend metabolisierte Antigene gebunden sind – wie bei der Serumkrankheit. Die zelluläre Hypersensitivität, die auf $T_H1$-Zellen und cytotoxische T-Zellen zurückgeht, entwickelt sich langsamer als die Sofortreaktionen. Die $T_H1$-vermittelten Hypersensitivitätsreaktion in der Haut, die durch das mycobakterielle Tuberkulin ausgelöst wird, dient dazu, einen früheren Kontakt mit *Mycobacterium tuberculosis* zu diagnostizieren. Die allergische Reaktion auf den Giftsumach entsteht dadurch, dass cytotoxische T-Zellen Hautzellen erkennen, die von einem pflanzlichen Molekül modifiziert wurden, und diese dann zerstören; außerdem spielen Cytokine der cytotoxischen T-Zellen eine Rolle. Für diese T-Zell-vermittelten Immunantworten ist die induzierte Synthese von Effektormolekülen erforderlich; sie entwickeln sich in ein bis zehn Tagen.

# Kapitelzusammenfassung

Bei anfälligen Menschen können Immunantworten gegen ansonsten unschädliche Antigene bei erneutem Kontakt mit denselben Antigenen Allergien hervorrufen. Bei den meisten Allergien werden IgE-Antikörper gegen Umweltallergene gebildet. Manche Menschen besitzen eine angeborene Neigung, gegen viele Allergene IgE-Antikörper zu produzieren; man bezeichnet solche Personen als atopisch. Die IgE-Bildung wird von antigenspezifischen $T_H2$-Zellen vorangetrieben. Die Reaktion wird von einer Reihe von Chemokinen und Cytokinen in Richtung der $T_H2$-Zellen verlagert, die spezifische Signalwege aktivieren, etwa zur Stimulation von ILC2-Zellen in den submucosalen Geweben an den Stellen, wo Antigene eingedrungen sind. Das erzeugte IgE bindet an den hochaffinen IgE-Rezeptor FcεRI auf Mastzellen und basophilen Zellen. Spezifische T-Effektorzellen, Mastzellen und eosinophile Zellen in Kombination mit $T_H1$- und $T_H2$-Cytokinen und -Chemokinen tragen maßgeblich zu einer chronischen allergischen Entzündung bei, die die Hauptursache für das chronische Krankheitsbild von Asthma ist. Ein Versagen der Regulation dieser Reaktionen kann im Immunsystem auf verschiedenen Ebenen auftreten, beispielsweise durch Defekte bei regulatorischen Zellen. Es werden immer wirksamere Behandlungsmethoden entwickelt, um allergische Reaktionen zu unterdrücken und die Toleranz gegenüber einem sensibilisierenden Antigen wiederherzustellen, was zu der Hoffnung berechtigt, dass sich die Häufigkeit allergischer Erkrankungen verringern lässt. Antikörper von bestimmten Isotypen und antigenspezifische T-Effektorzellen tragen zur Hypersensitivität für andere Antigene bei.

# Aufgaben

**14.1 Richtig oder falsch:** Nur $T_H2$-Zellen können eine Signalkette auslösen, um bei B-Zellen einen Isotypwechsel zu IgE hervorzurufen.

**14.2 Multiple Choice:** Welcher der folgenden Faktoren hängt nicht mit einer genetisch bedingten Anfälligkeit für allergisches Asthma und atopische Ekzeme zusammen?
A. β-Untereinheit von FcεRI
B. GM-CSF
C. IL-3
D. IL-4
E. IFN-γ

**14.3 Multiple Choice:** Verschiedene Faktoren beeinflussen die Anfälligkeit für allergische Erkrankungen. Welche der folgenden Aussagen ist falsch?
A. Umweltfaktoren tragen selten zur Entwicklung einer allergischen Krankheit bei.
B. Die Häufigkeit von Atopien nimmt in den Industrieländern stetig zu.
C. Personen mit den Allelvarianten *GSTP1* und *GSTM1* zeigen eine größere Anfälligkeit für eine erhöhte Überaktivität der Atemwege.
D. Kinder im Alter von unter sechs Monaten, die in Kinderkrippen mit anderen Kindern in Kontakt kommen, sind anscheinend teilweise vor Asthma geschützt.

**14.4 Richtig oder falsch:** IgE kommt wie andere Antikörper vor allem in den Körperflüssigkeiten vor.

**14.5 Bitte zuordnen:** Welcher der folgenden Faktoren wird von welcher Aussage am besten beschrieben?

**A.** Prostaglandin und Thromboxan _____

**i.** Erzeugung durch den Lipoxygenaseweg

**B.** Leukotriene _____

**ii.** Hemmung der Cyclooxygenaseaktivität für die Umsetzung der Arachidonsäure

**C.** TNF-α _____

**iii.** Erzeugung durch den Cyclooxygenaseweg

**D.** Histamin _____

**iv.** Erzeugung in großen Mengen durch Mastzellen nach ihrer Aktivierung

**E.** entzündungshemmende nichtsteroidale Wirkstoffe _____

**v.** Verstärkung der Antigenpräsentation bei dendritischen Zellen durch Bindung an den $H_1$-Rezeptor

**14.6 Multiple Choice:** Welche der folgenden Aussagen trifft zu?

**A.** Mastzellen der Bindegewebe sind nicht am Auslösen eines anaphylaktischen Schocks beteiligt.

**B.** Patienten, die an einem anaphylaktischen Schock leiden, sollten kein Adrenalin erhalten, da sich deren Zustand dadurch noch verschlechtern könnte.

**C.** Bei einem anaphylaktischen Schock geht die Durchlässigkeit von Blutgefäßen verloren und der hohe Blutdruck führt schließlich zum Tod.

**D.** Penicillin kann körpereigene Proteine verändern, sodass es bei einigen Patienten zu einer Immunantwort mit IgE-Produktion kommt, die bei einem erneuten Kontakt mit dem Wirkstoff eine Anaphylaxie hervorrufen kann.

**14.7 Multiple Choice:** Hypersensitivitätsreaktionen können durch die Ablagerung von Immunkomplexen pathologische Auswirkungen haben. Welcher der folgenden Mechanismen ist dafür verantwortlich, dass Immunkomplexe pathogen sein können? Mehr als eine Antwort ist möglich.

**A.** Immunkomplexe lagern sich an den Wänden von Blutgefäßen ab.

**B.** IgE an den Oberflächen von Mastzellen und Basophilen wird quervernetzt, was zur Aktivierung der Zellen führt.

**C.** Die Vernetzung des Fc-Rezeptors führt zur Aktivierung von Leukocyten und zu einer Schädigung des Gewebes.

**D.** Das Komplementsystem wird aktiviert, was zur Produktion des Anaphylatoxins C5a führt.

**E.** CD8$^+$-T-Zellen werden zur Freisetzung von IL-4 angeregt.

**14.8 Bitte ergänzen:** Bei einer allergischen Reaktion der Haut unterscheidet man zwei Phasen: _____ und _____. Die erste Phase ist gekennzeichnet durch die Aktivierung von T-Zellen durch antigenpräsentierende Zellen der Haut, die man mit _____ bezeichnet, während in der zweiten Phase nach einem erneutem Antigenkontakt Chemokine und Cytokine durch _____ freigesetzt werden.

**14.9 Bitte zuordnen:** Welche der folgenden allergischen Reaktionen gehört zu welchem Immunprozess?

**A.** Arthus-Reaktion _____

**i.** Bildung von lokalen Immunkomplexen durch IgG-Antikörper, die gegen ein Antigen gerichtet sind, für das eine Person vorher sensibilisiert wurde

**B.** Ausschlag durch den Giftsumach _____

**ii.** systemische Reaktion auf eine Infektion mit großen Mengen an fremdem Antigen, die vor allem von IgG abhängig ist

**C.** Serumkrankheit \_\_\_\_\_

**iii.** Form einer allergischen Kontaktdermatitis, die durch lipidlösliche Substanzen hervorgerufen wird, welche zelluläre Proteine verändern; vor allem durch CD8+-T-Zellen befördert

**D.** Nickelallergie \_\_\_\_\_

**iv.** vor allem durch T-Zellen beförderte zelluläre Hypersensitivität; kann auch bei Bindung von TLR-4 eine Entzündungsreaktion hervorrufen

**14.10    Multiple Choice:** Welche der folgenden Aussagen ist falsch?
**A.** Am Tuberkulintest lässt sich eine Hypersensitivitätsreaktion vom verzögerten Typ besonders gut veranschaulichen.
**B.** $T_H 1$-Zellen sind nicht direkt an Hypersensitivitätsreaktionen vom verzögerten Typ beteiligt.
**C.** Eine allergische Kontaktdermatitis kann von CD4- oder CD8-T-Zellen vermittelt werden.
**D.** Mäuse mit einem Defekt der B-Zellen oder des Komplementsystems zeigen schwächere Hypersensitivitätsreaktionen.

**14.11    Kurze Antwort:** Warum führt man eine Endotypisierung von Asthma durch?

**14.12    Richtig oder falsch:** Allergisches Asthma kann durch andere Faktoren als durch das ursprüngliche spezifische Antigen ausgelöst werden.

# Literatur

## Allgemeine Literatur

- Fahy, J.V.: **Type 2 inflammation in asthma – present in most, absent in many.** *Nat. Rev. Immunol.* 2015, **15**:57–65.
- Holgate, S.T.: **Innate and adaptive immune responses in asthma.** *Nat. Med.* 2012, **18**:673–683.
- Johansson, S.G., Bieber, T., Dahl, R., Friedmann, P.S., Lanier, B.Q., Lockey, R.F., Motala, C., Ortega Martell, J.A., Platts-Mills, T.A., Ring, J., *et al.*: **Revised nomenclature for allergy for global use: report of the Nomenclature Review Committee of the World Allergy Organization, October 2003.** *J. Allergy Clin. Immunol.* 2004, **113**:832–836.
- Kay, A.B.: **Allergy and allergic diseases. First of two parts.** *N. Engl. J. Med.* 2001, **344**:30–37.
- Kay, A.B.: **Allergy and allergic diseases. Second of two parts.** *N. Engl. J. Med.* 2001, **344**:109–113.
- Valenta, R., Hochwallner, H., Linhart, B., and Pahr, S.: **Food Allergies: the basics.** *Gastroenterology* 2015, **148**:1120–1131.

Teil V

Literatur zu den einzelnen Abschnitten

### Abschnitt 14.1.1

- Akuthota, P., Wang, H., and Weller, P.F.: **Eosinophils as antigen-presenting cells in allergic upper airway disease.** *Curr. Opin. Allergy Clin. Immunol.* 2010, **10**:14–19.
- Berkowska, M.A., Heeringa, J.J., Hajdarbegovic, E., van der Burg, M., Thio, H.B., van Gahen, P.M., Boon, L., Orfao, A., van Dongen, J.J.M, and van Zelm, M.C.: **Human IgE⁺B cells are derived from T cell-dependent and T cell-independent pathways.** *J. Allergy Clin. Immunol.* 2014, **134**:688–697.
- Bieber T.: **The pro- and anti-inflammatory properties of human antigen-presenting cells expressing the high affinity receptor for IgE (FcεRI).** *Immunobiology* 2007, **212**:499–503.
- Gold, M.J., Antignano, F., Halim, T.Y.F., Hirota, J.A., Blanchet, M.-R., Zaph, C., Takei, F., and McNagny, K.M.: **Group 2 innate lymphoid cells facilitate sensitization to local, but not systemic, TH2-inducing allergen exposures.** *J. Allergy Clin. Immunol.* 2014, **133**:1142–1148.
- He, J.S., Narayanan, S., Subramaniam, S., Ho, W.Q., Lafaille, J.J., and Curotto de Lafaille, M.A.: **Biology of IgE production: IgE cell differentiation and the memory of IgE responses.** *Curr. Opin. Microbiol. Immunol.* 2015, **388**:1–19.
- Kumar, V.: **Innate lymphoid cells: new paradigm in immunology of inflammation.** *Immunol. Lett.* 2014, **157**:23–37.
- Mikhak, Z. and Luster, A.D.: **The emergence of basophils as antigen-presenting cells in Th2 inflammatory responses.** *J. Mol. Cell Biol.* 2009, **1**:69–71.
- Mirchandani, A.S., Salmond, R.J., and Liew, F.Y.: **Interleukin-33 and the function of innate lymphoid cells.** *Trends Immunol.* 2012, **33**:389–396.
- Platzer, B., Baker, K., Vera, M.P., Singer, K., Panduro, M., Lexmond, W.S., Turner, D., Vargas, S. O., Kinet, J.-P., Maurer, D., *et al.*: **Dendritic cell-bound IgE functions to restrain allergic inflammation at mucosal sites.** *Mucosal Immunol.* 2015, **8**:516–532.
- Spencer, L.A. and Weller, P.F.: **Eosinophils and Th2 immunity: contemporary insights.** *Immunol. Cell Biol.* 2010, **88**:250–256.
- Wu, L.C. and Zarrin, A.A.: **The production and regulation of IgE by the immune system.** *Nat. Rev. Immunol.* 2014, **14**:247–259.

### Abschnitt 14.1.2

- Alvarez, D., Arkinson, J.L., Sun, J., Fattouh, R., Walker, T., and Jordana, M.: **T$_H$2 differentiation in distinct lymph nodes influences the site of mucosal T$_H$2 immune-inflammatory responses.** *J. Immunol.* 2007, **179**:3287–3296.
- Brown, S.J. and McLean, W.H.I.: **One remarkable molecule: Filaggrin.** *J. Invest. Dermatol.* 2012, **132**:751–762.
- Grunstein, M.M., Veler, H., Shan, X., Larson, J., Grunstein, J.S., and Chuang, S.: **Proasthmatic effects and mechanisms of action of the dust mite allergen, Der p 1, in airway smooth muscle.** *J. Allergy Clin. Immunol.* 2005, **116**:94–101.
- Lambrecht, B.N. and Hammad, H.: **Allergens and the airway epithelium response: gateway to allergic sensitization.** *J. Allergy Clin. Immunol.* 2014, **134**:499–507.
- Nordlee, J.A., Taylor, S.L., Townsend, J.A., Thomas, L.A., and Bush, R.K.: **Identification of a Brazil-nut allergen in transgenic soybeans.** *N. Engl. J. Med.* 1996, **334**:688–692.
- Papzian, D., Wagtmann, V.R., Hansen, S., and Wurtzen, P.A.: **Direct contact between dendritic cells and bronchial epithelial cells inhibits T cell recall responses towards mite and pollen allergen extracts *in vitro*.** *Clin. Exp. Immunol.* 2015, **181**:207–218.
- Sehgal, N., Custovic, A., and Woodcock, A.: **Potential roles in rhinitis for protease and other enzymatic activities of allergens.** *Curr. Allergy Asthma Rep.* 2005, **5**:221–226.
- Sprecher, E., Tesfaye-Kedjela, A., Ratajczak, P., Bergman, R., and Richard, G.: **Deleterious mutations in SPINK5 in a patient with congenital ichthyosiform erythro-**

derma: molecular testing as a helpful diagnostic tool for Netherton syndrome. *Clin. Exp. Dermatol.* 2004, **29**:513–517.

■ Wan, H., Winton, H.L., Soeller, C., Tovey, E.R., Gruenert, D.C., Thompson, P.J., Stewart, G.A., Taylor, G.W., Garrod, D.R., Cannell, M.B., *et al.*: **Der p 1 facilitates transepithelial allergen delivery by disruption of tight junctions.** *J. Clin. Invest.* 1999, **104**:123–133.


## Abschnitt 14.1.3

■ Cookson, W.: **The immunogenetics of asthma and eczema: a new focus on the epithelium.** *Nat. Rev. Immunol.* 2004, **4**:978–988.

■ Illing, P.R., Vivian, J.P., Purcell, A.W., Rossjohn, J., and McCluskey J.: **Human leukocyte antigen-associated drug hypersensitivity.** *Curr. Opin. Immunol.* 2013, **25**:81–89.

■ Li, Z., Hawkins, G.A., Ampleford, E.J., Moore, W.C., Li, H., Hastie, A.T., Howard, T.D., Boushey H.A., Busse, W.W., Calhoun, W.J., *et al.*: **Genome-wide association study identifies T$_H$1 pathway genes associated with lung function in asthmatic patients.** *J. Allergy Clin. Immunol.* 2013, **132**:313–320.

■ Peiser, M.: **Role of T$_H$17 cells in skin inflammation of allergic contact dermatitis.** *Clin. Dev. Immunol.* 2013, https://doi.org/10.1155/2013/261037.

■ Thyssen, J.P., Carlsen, B.C., Menné, T., Linneberg, A., Nielsen, N.H., Meldgaard, M., Szecsi, P.B., Stender, S., and Johansen, J.D.: **Filaggrin null-mutations increase the risk and persistence of hand eczema in subjects with atopic dermatitis: results from a general population study.** *Br. J. Dermatol.* 2010, **163**:115–120.

■ Van den Oord, R.A.H.M., and Sheikh, A.: **Filaggrin gene defects and risk of developing allergic sensitisation and allergic disorders: systematic review and meta-analysis.** *BMJ* 2009, **339**:b2433.

■ Van Eerdewegh, P., Little, R.D., Dupuis, J., Del Mastro, R.G., Falls, K., Simon, J., Torrey, D., Pandit, S., McKenny, J., Braunschweiger, K., *et al.*: **Association of the *ADAM33* gene with asthma and bronchial hyperresponsiveness.** *Nature* 2002, **418**:426–430.

■ Weiss, S.T., Raby, B.A., and Rogers, A.: **Asthma genetics and genomics.** *Curr. Opin. Genet. Dev.* 2009, **19**:279–282.


## Abschnitt 14.1.4

■ Culley, F.J., Pollott, J., and Openshaw, P.J.: **Age at first viral infection determines the pattern of T cell-mediated disease during reinfection in adulthood.** *J. Exp. Med.* 2002, **196**:1381–1386.

■ Deshane, J., Zmijewski, J.W., Luther, R., Gaggar, A., Deshane, R., Lai, J.F., Xu, X., Spell, M., Estell, K., Weaver, C.T., *et al.*: **Free radical-producing myeloid-derived regulatory cells: potent activators and suppressors of lung inflammation and airway hyperresponsiveness.** *Mucosal Immunol.* 2011, **4**:503–518.

■ Fuchs, C. and von Mutius, E.: **Prenatal and childhood infections: implications for the development and treatment of childhood asthma.** *Lancet Respir. Med.* 2013, **1**:743–754.

■ Harb, H. and Renz, H.: **Update on epigenetics in allergic disease.** *J. Allergy Clin. Immunol.* 2015, **135**:15–24.

■ Huang, L., Baban, B., Johnson III, B.A. and Mellor, A.L.: **Dendritic cells, indoleamine 2,3 dioxygenase and acquired immune privilege.** *Int. Rev. Immunol.* 2010, **29**:133–155.

■ Meyers, D.A., Bleecker, E.R., Holloway, J.W., and Holgate, S.T.: **Asthma genetics and personalized medicine.** *Lancet Respir. Med.* 2014, **2**:405–415.

■ Minelli, C., Granell, R., Newson, R., Rose-Zerilli, M.-J., Torrent, M., Ring, S.M., Holloway, J.W., Shaheen, S.O., and Henderson, J.A.: **Glutathione-S-transferase genes and asthma phenotypes: a Human Genome Epidemiology (HuGE) systematic review and meta-analysis including unpublished data.** *Int. J. Epidemiol.* 2010, **39**:539–562.

Teil V

- Morahan, G., Huang, D., Wu, M., Holt, B.J., White, G.P., Kendall, G.E., Sly, P.D., and Holt, P.G.: **Association of IL12B promoter polymorphism with severity of atopic and non-atopic asthma in children.** *Lancet* 2002, **360**:455–459.
- Romieu, I., Ramirez-Aguilar, M., Sienra-Monge, J.J., Moreno-Macías, H., del Rio-Navarro, B.E., David, G., Marzec, J., Hernández-Avila, M., and London, S.: **GSTM1 and GSTP1 and respiratory health in asthmatic children exposed to ozone.** *Eur. Respir. J.* 2006, **28**:953–959.
- Saxon, A. and Diaz-Sanchez, D.: **Air pollution and allergy: you are what you breathe.** *Nat. Immunol.* 2005, **6**:223–226.
- von Mutius, E.: **Allergies, infections and the hygiene hypothesis – the epidemiologic evidence.** *Immunobiology* 2007, **212**:433–439.

### Abschnitt 14.1.5

- Bohm, L., Meyer-Martin, H., Reuter, S., Finotto, S., Klein, M., Schild, H., Schmitt, E., Bopp, T., and Taube, C.: **IL-10 and regulatory T cells cooperate in allergen-specific immunotherapy to ameliorate allergic asthma.** *J. Immunol.* 2015, **194**:887–897.
- Duan, W. and Croft, M.: **Control of regulatory T cells and airway tolerance by lung macrophages and dendritic cells.** *Ann. Am. Thorac. Soc.* 2014, **11** Suppl **5**:S305–S313.
- Hawrylowicz, C.M.: **Regulatory T cells and IL-10 in allergic inflammation.** *J. Exp. Med.* 2005, **202**:1459–1463.
- Lin, W., Truong, N., Grossman, W.J., Haribhai, D., Williams, C.B., Wang, J., Martin, M.G., and Chatila, T.A.: **Allergic dysregulation and hyperimmunoglobulinemia E in Foxp3 mutant mice.** *J. Allergy Clin. Immunol.* 2005, **116**:1106–1115.
- Mellor, A.L. and Munn, D.H.: **IDO expression by dendritic cells: tolerance and tryptophan catabolism.** *Nat. Rev. Immunol.* 2004, **4**:762–774.

### Abschnitt 14.2.1

- Conner, E.R. and Saini, S.S.: **The immunoglobulin E receptor: expression and regulation.** *Curr. Allergy Asthma Rep.* 2005, **5**:191–196.
- Gilfillan, A.M. and Tkaczyk, C.: **Integrated signalling pathways for mast-cell activation.** *Nat. Rev. Immunol.* 2006, **6**:218–230.
- Mcglashan Jr., D.W.: **IgE-dependent signalling as a therapeutic target for allergies.** *Trends Pharmacol. Sci.* 2012, **33**:502–509.
- Suzuki, R., Scheffel, J., and Rivera, J.: **New insights on the signalling and function of the high-affinity receptor for IgE.** *Curr. Top. Microbiol.Immunol.* 2015, **388**:63–90.

### Abschnitt 14.2.2

- Eckman, J.A., Sterba, P.M., Kelly, D., Alexander, V., Liu, M.C., Bochner, B.S., MacGlashan, D.W., and Saini, S.S.: **Effects of omalizumab on basophil and mast cell responses using an intranasal cat allergen challenge.** *J. Allergy Clin. Immunol.* 2010, **125**:889–895.
- Galli, S.J., Nakae, S., and Tsai, M.: **Mast cells in the development of adaptive immune responses.** *Nat. Immunol.* 2005, **6**:135–142.
- Gonzalez-Espinosa, C., Odom, S., Olivera, A., Hobson, J.P., Martinez, M. E., Oliveira-Dos-Santos, A., Barra, L., Spiegel, S., Penninger, J.M., and Rivera, J.: **Preferential signaling and induction of allergy-promoting lymphokines upon weak stimulation of the high affinity IgE receptor on mast cells.** *J. Exp. Med.* 2003, **197**:1453–1465.
- Islam, S.A. and Luster, A.D.: **T cell homing to epithelial barriers in allergic disease.** *Nat. Med.* 2012, **18**:705–715.
- Kitamura, Y., Oboki, K., and Ito, A.: **Development of mast cells.** *Proc. Jpn Acad, Ser. B* 2007, **83**:164–174.

- Kulka, M., Sheen, C.H., Tancowny, B.P., Grammer, L.C., and Schleimer, R.P.: **Neuropeptides activate human mast cell degranulation and chemokine production.** *Immunology* 2007, **123**:398–410.
- Metcalfe, D.: **Mast cells and mastocytosis.** *Blood* 2007, **112**:946–956.
- Schwartz, L.B.: **Diagnostic value of tryptase in anaphylaxis and mastocytosis.** *Immunol. Allergy Clin. N. Am.* 2006, **26**:451–463.
- Smuda, C. and Bryce, P.J.: **New development in the use of histamine and histamine receptors.** *Curr. Allergy Asthma Rep.* 2011, **11**:94–100.
- Taube, C., Miyahara, N., Ott, V., Swanson, B., Takeda, K., Loader, J., Shultz, L.D., Tager, A.M., Luster, A.D., Dakhama, A., *et al.*: **The leukotriene B4 receptor (BLT1) is required for effector CD8+ T cell-mediated, mast cell-dependent airway hyperresponsiveness.** *J. Immunol.* 2006, **176**:3157–3164.
- Thurmond, R.L.: **The histamine H4 receptor: from orphan to the clinic.** *Front. Pharmacol.* 2015, **6**:65.

## Abschnitt 14.2.3

- Blanchard, C. and Rothenberg, M. E.: **Biology of the eosinophil.** *Adv. Immunol.* 2009, **101**:81–121.
- Hogan, S.P., Rosenberg, H.F., Moqbel, R., Phipps, S., Foster, P.S., Lacy, P., Kay, A.B., and Rothenberg, M. E.: **Eosinophils: biological properties and role in health and disease.** *Clin. Exp. Allergy* 2008, **38**:709–750.
- Lee, J.J., Jacobsen, E.A., McGarry, M.P., Schleimer, R.P., and Lee, N.A.: **Eosinophils in health and disease: the LIAR hypothesis.** *Clin. Exp. Allergy* 2010, **40**:563–575.
- MacGlashan Jr., D., Gauvreau, G., and Schroeder, J.T.: **Basophils in airway disease.** *Curr. Allergy Asthma Rep.* 2002, **2**:126–132.
- Ohnmacht, C., Schwartz, C., Panzer, M., Schiedewitz, I., Naumann, R., and Voehringer, D.: **Basophils orchestrate chronic allergic dermatitis and protective immunity against helminths.** *Immunity* 2010, **33**:364–374.
- Schwartz, C., Eberle, J.U., and Voehringer, D.: **Basophils in inflammation.** *Eur J. Pharmacol.* 2015, https://doi.org/10.1016/j.ejphar.2015.04.049.
- Tomankova, T., Kriegova, E., and Liu, M.: **Chemokine receptors and their therapeutic opportunities in diseased lung: far beyond leukocyte trafficking.** *Am. J. Physiol. Lung Cell. Mol. Physiol.* 2015, **308**:L603–L618.

## Abschnitt 14.2.4

- deShazo, R.D. and Kemp, S.F.: **Allergic reactions to drugs and biologic agents.** *JAMA* 1997, **278**:1895–1906.
- Nabe, T., Ikedo A., Hosokawa, F., Kishima, M., Fujii, M., Mizutani, N., Yoshino, S., Ishihara, K., Akiba, S., and Chaplin, D.D.: **Regulatory role of antigen-induced interleukin-10, produced by CD4(+) T cells, in airway neutrophilia in a murine model for asthma.** *Eur. J. Pharmacol.* 2012, **677**:154–162.
- Pawankar, R., Hayashi, M., Yamanishi, S., and Igarashi, T.: **The paradigm of cytokine networks in allergic airway inflammation.** *Curr. Opin. Allergy Clin. Immunol.* 2015, **15**:27–32.
- Taube, C., Duez, C., Cui, Z.H., Takeda, K., Rha, Y.H., Park, J.W., Balhorn, A., Donaldson, D.D., Dakhama, A., and Gelfand, E.W.: **The role of IL-13 in established allergic airway disease.** *J. Immunol.* 2002, **169**:6482–6489.

## Abschnitt 14.2.5

- Fernandez, M., Warbrick, E. V., Blanca, M., and Coleman, J.W.: **Activation and hapten inhibition of mast cells sensitized with monoclonal IgE anti-penicillin antibodies: evidence for two-site recognition of the penicillin derived determinant.** *Eur. J. Immunol.* 1995, **25**:2486–2491.

Teil V

■ Finkelman, F.D., Rothenberg, M. E., Brandt, E.B., Morris, S.C., and Strait, R.T.: **Molecular mechanisms of anaphylaxis: lessons from studies with murine models.** *J. Allergy Clin. Immunol.* 2005, **115**:449–457.

■ Golden, D.B.: **Anaphylaxis to insect stings.** *Immunol. Allergy Clin. North Am.* 2015, **35**:287–302.

■ Kemp, S.F., Lockey, R.F., Wolf, B.L., and Lieberman, P.: **Anaphylaxis. A review of 266 cases.** *Arch. Intern. Med.* 1995, **155**:1749–1754.

■ Sicherer, S.H. and Leung, D.Y.: **Advances in allergic skin disease, anaphylaxis, and hypersensitivity reactions to foods, drugs, and insects in 2014.** *J. Allergy Clin. Immunol.* 2015, **35**:357–367.

■ Weltzien, H.U. and Padovan, E.: **Molecular features of penicillin allergy.** *J. Invest. Dermatol.* 1998, **110**:203–206.

### Abschnitt 14.2.6

■ Bousquet, J., Jeffery, P.K., Busse, W.W., Johnson, M., and Vignola, A.M.: **Asthma. From bronchoconstriction to airways inflammation and remodeling.** *Am. J. Respir. Crit. Care Med.* 2000, **161**:1720–1745.

■ Boxall, C., Holgate, S.T., and Davies, D.E.: **The contribution of transforming growth factor-β and epidermal growth factor signalling to airway remodelling in chronic asthma.** *Eur. Respir. J.* 2006, **27**:208–229.

■ Dakhama, A., Park, J.W., Taube, C., Joetham, A., Balhorn, A., Miyahara, N., Takeda, K., and Gelfand, E.W.: **The enhancement or prevention of airway hyperresponsiveness during reinfection with respiratory syncytial virus is critically dependent on the age at first infection and IL-13 production.** *J. Immunol.* 2005, **175**:1876–1883.

■ Finotto, S., Neurath, M.F., Glickman, J.N., Qin, S., Lehr, H.A., Green, F.H., Ackerman, K., Haley, K., Galle, P.R., Szabo, S.J., *et al.*: **Development of spontaneous airway changes consistent with human asthma in mice lacking T-bet.** *Science* 2002, **295**:336–338.

■ George, B.J., Reif, D.M., Gallagher, J.E., Williams-DeVane, C.R., Heidenfelder, B.L., Hudgens, E.E., Jones, W., Neas, L., Cohen Hubal, E.A., and Edwards, S.W.: **Data-driven asthma endotypes defined from blood biomarker and gene expression data.** *PLoS ONE* 2015, **10**:e0117445.

■ Gour, N. and Wills-Karp, M.: **IL-4 and IL-13 signaling in allergic airway disease.** *Cytokine* 2015, **75**:68–78.

■ Haselden, B.M., Kay, A.B., and Larche, M.: **Immunoglobulin E-independent major histocompatibility complex-restricted T cell peptide epitope-induced late asthmatic reactions.** *J. Exp. Med.* 1999, **189**:1885–1894.

■ Kuperman, D.A., Huang, X., Koth, L.L., Chang, G.H., Dolganov, G.M., Zhu, Z., Elias, J.A., Sheppard, D., and Erle, D.J.: **Direct effects of interleukin-13 on epithelial cells cause airway hyperreactivity and mucus overproduction in asthma.** *Nat. Med.* 2002, **8**:885–889.

■ Lambrecht, B.N. and Hammad, H.: **The role of dendritic and epithelial cells as master regulators of allergic airway inflammation.** *Lancet* 2010, **376**:835–843.

■ Lloyd, C.M. and Hawrylowicz, C.M.: **Regulatory T cells in asthma.** *Immunity* 2009, **31**:438–449.

■ Lotvall, J., Akdis, C.A., Bacharier, L.B., Bjermer, L., Casale, T.B., Custovic, A., Lemanske Jr., R.F., Wardlaw, A.J., Wenzel, S.E., and Greenberger, P.A.: **Asthma endotypes: a new approach to classification of disease entities within the asthma syndrome.** *J. Allergy Clin. Immunol.* 2011, **127**:355–360.

■ Meyer, E.H., DeKruyff, R.H., and Umetsu, D.T.: **T cells and NKT cells in the pathogenesis of asthma.** *Annu. Rev. Med.* 2008, **59**:281–292.

■ Newcomb, D.C. and Peebles Jr., R.S.: **Th17-mediated inflammation in asthma.** *Curr. Opin. Immunol.* 2013, **25**:755–760.

■ Peebles Jr., R.S.: **The emergence of group 2 innate lymphoid cells in human disease.** *J. Leukoc. Biol.* 2015, **97**:469–475.

■ Robinson, D.S.: **Regulatory T cells and asthma.** *Clin. Exp. Allergy* 2009, **39**:1314–1323.

Teil V

■ Yan, X., Chu, J.-H., Gomez, J., Koenigs, M., Holm, C., He, X., Perez, M.F., Zhao, H., Mane, S., Martinez, F.D., *et al.*: **Non-invasive analysis of the sputum transcriptome discriminates clinical phenotypes of asthma.** *Am. J. Respir. Crit. Care Med.* 2015, **191**:1116–1125.

## Abschnitt 14.2.7

■ Du Toit, G., Robert, G., Sayre, P.H., Bahnson, H.T., Radulovic, S., Santos, A.D., Brough, H.A., Phippard, D., Basting, M., Feeney, M., *et al.*: **Randomized trial of peanut consumption in infants at risk for peanut allergy.** *N. Engl. J. Med.* 2015, **372**:803–813.
■ Lee, L.A. and Burks, A.W.: **Food allergies: prevalence, molecular characterization, and treatment/prevention strategies.** *Annu. Rev. Nutr.* 2006, **26**:539–565.

## Abschnitt 14.2.8

■ Akdis, C.A. and Akdis, M.: **Mechanisms of allergen-specific immunotherapy and immune tolerance to allergens.** *World Allergy Organ. J.* 2015, **8**:17.
■ Bryan, S.A., O'Connor, B.J., Matti, S., Leckie, M.J., Kanabar, V., Khan, J., Warrington, S.J., Renzetti, L., Rames, A., Bock, J.A., *et al.*: **Effects of recombinant human interleukin-12 on eosinophils, airway hyper-responsiveness, and the late asthmatic response.** *Lancet* 2000, **356**:2149–2153.
■ Dunn, R.M. and Wechsler, M. E.: **Anti-interleukin therapy in asthma.** *Clin. Pharmacol. Ther.* 2015, **97**:55–65.
■ Haldar, P., Brightling, C.E., Hargadon, B., Gupta, S., Monteiro, W., Sousa, A., Marshall, R.P., Bradding, P., Green, R.H., Wardlaw A.J., *et al.*: **Mepolizumab and exacerbations of refractory eosinophilic asthma.** *N. Engl. J. Med.* 2009, **360**:973–984.
■ Lai, T., Wang, S., Xu, Z., Zhang, C., Zhao, Y., Hu, Y., Cao, C., Ying, S., Chen, Z., Li, W., *et al.*: **Long-term efficacy and safety of omalizumab in patients with persistent uncontrolled allergic asthma: a systematic review and meta-analysis.** *Sci. Rep.* 2015, **5**:8191.
■ Larche, M.: **Mechanisms of peptide immunotherapy in allergic airways disease.** *Ann. Am. Thorac. Soc.* 2014, **11**:S292–S296.
■ Nair, P., Pizzichini, M.M.M., Kjarsgaard, M., Inman, M.D., Efthimiadis, A., Pizzichini, E., Hargreave, F.E., and O'Byrne, P.M.: **Mepolizumab for prednisone-dependent asthma with sputum eosinophilia.** *N. Engl. J. Med.* 2009, **360**:985–993.
■ Peters-Golden, M. and Henderson, Jr., W.R.: **The role of leukotrienes in allergic rhinitis.** *Ann. Allergy Asthma Immunol.* 2005, **94**:609–618.
■ Roberts, G., Hurley, C., Turcanu, V., and Lack, G.: **Grass pollen immunotherapy as an effective therapy for childhood seasonal allergic asthma.** *J. Allergy Clin. Immunol.* 2006, **117**:263–268.
■ Shamji, M.H. and Durham, S.R.: **Mechanisms of immunotherapy to aeroallergens.** *Clin. Exp.. Allergy* 2011, **41**:1235–1246.
■ Zhu, D., Kepley, C.L., Zhang, K., Terada, T., Yamada, T., and Saxon, A.: **A chimeric human–cat fusion protein blocks cat-induced allergy.** *Nat. Med.* 2005, **11**:446–449.

## Abschnitt 14.3.1

■ Arndt, P.A.: **Drug-induced immune hemolytic anemia: the last 30 years of changes.** *Immunohematology* 2014, **30**:44–54.
■ Greinacher, A., Potzsch, B., Amiral, J., Dummel, V., Eichner, A., and Mueller Eckhardt, C.: **Heparin-associated thrombocytopenia: isolation of the antibody and characterization of a multimolecular PF4–heparin complex as the major antigen.** *Thromb. Haemost.* 1994, **71**:247–251.
■ Semple, J.W. and Freedman, J.: **Autoimmune pathogenesis and autoimmune hemolytic anemia.** *Semin. Hematol.* 2005, **42**:122–130.

**Teil V**

### Abschnitt 14.3.2

- Bielory, L., Gascon, P., Lawley, T.J., Young, N.S., and Frank, M.M.: **Human serum sickness: a prospective analysis of 35 patients treated with equine anti-thymocyte globulin for bone marrow failure.** *Medicine (Baltimore)* 1988, **67**:40–57.
- Davies, K. A., Mathieson, P., Winearls, C.G., Rees, A.J., and Walport, M.J.: **Serum sickness and acute renal failure after streptokinase therapy for myocardial infarction.** *Clin. Exp. Immunol.* 1990, **80**:83–88.
- Hansel, T.T., Kropshofer, H., Singer, T., Mitchell, J.A., and George, A.J.: **The safety and side effects of monoclonal antibodies.** *Nat. Rev. Drug Discov.* 2010, **9**:325–338.
- Schifferli, J.A., Ng, Y.C., and Peters, D.K.: **The role of complement and its receptor in the elimination of immune complexes.** *N. Engl. J. Med.* 1986, **315**:488–495.
- Schmidt, R.E. and Gessner, J.E.: **Fc receptors and their interaction with complement in autoimmunity.** *Immunol. Lett.* 2005, **100**:56–67.
- Skokowa, J., Ali, S.R., Felda, O., Kumar, V., Konrad, S., Shushakova, N., Schmidt, R.E., Piekorz, R.P., Nurnberg, B., Spicher, K., *et al.*: **Macrophages induce the inflammatory response in the pulmonary Arthus reaction through Gα$_{i2}$ activation that controls C5aR and Fc receptor cooperation.** *J. Immunol.* 2005, **174**:3041–3050.

### Abschnitt 14.3.3

- Fyhrquist, N., Lehto, E., and Lauerma, A.: **New findings in allergic contact dermatitis.** *Curr. Opin. Allergy Clin. Immunol.* 2014, **14**:430–435.
- Kalish, R.S., Wood, J.A., and LaPorte, A.: **Processing of urushiol (poison ivy) hapten by both endogenous and exogenous pathways for presentation to T cells *in vitro*.** *J. Clin. Invest.* 1994, **93**:2039–2047.
- Mark, B.J. and Slavin, R.G.: **Allergic contact dermatitis.** *Med. Clin. North Am.* 2006, **90**:169–185.
- Muller, G., Saloga, J., Germann, T., Schuler, G., Knop, J., and Enk, A.H.: **IL-12 as mediator and adjuvant for the induction of contact sensitivity *in vivo*.** *J. Immunol.* 1995, **155**:4661–4668.
- Schmidt, M., Raghavan, B., Müller, V., Vogl, T., Fejer, G., Tchaptchet, S., Keck, S., Kalis, C., Nielsen, P.J., Galanos, C., *et al.*: **Crucial role for human Toll-like receptor 4 in the development of contact allergy to nickel.** *Nat. Immunol.* 2010, **11**:814–819.
- Vollmer, J., Weltzien, H.U., and Moulon, C.: **TCR reactivity in human nickel allergy indicates contacts with complementarity-determining region 3 but excludes superantigen-like recognition.** *J. Immunol.* 1999, **163**:2723–2731.

### Abschnitt 14.3.4

- Ciccocioppo, R., Di Sabatino, A., and Corazza, G.R.: **The immune recognition of gluten in celiac disease.** *Clin. Exp. Immunol.* 2005, **140**:408–416.
- Green, P.H.R., Lebwohl, B., and Greywoode, R.: **Celiac disease.** *J. Allergy Clin. Immunol.* 2015, **135**:1099–1106.
- Koning, F.: **Celiac disease: caught between a rock and a hard place.** *Gastroenterology* 2005, **129**:1294–1301.
- Shan, L., Molberg, O., Parrot, I., Hausch, F., Filiz, F., Gray, G.M., Sollid, L.M., and Khosla, C.: **Structural basis for gluten intolerance in celiac sprue.** *Science* 2002, **297**:2275–2279.
- van Bergen, J., Mulder, C.J., Mearin, M.L., and Koning, F.: **Local communication among mucosal immune cells in patients with celiac disease.** *Gastroenterology* 2015, **148**:1187–1194.

Teil V

# Autoimmunität und Transplantation

September

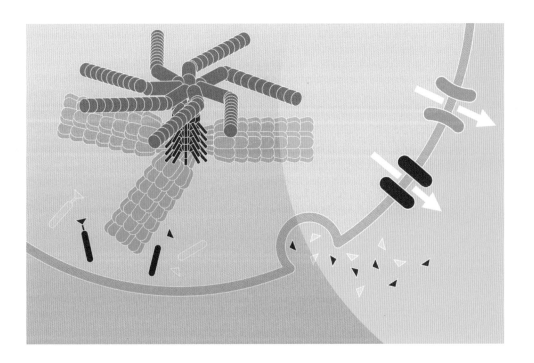

Teil V

© Springer-Verlag GmbH Deutschland, ein Teil von Springer Nature 2018
K. Murphy, C. Weaver, *Janeway Immunologie*, https://doi.org/10.1007/978-3-662-56004-4_15

Wir haben bereits erfahren, wie unangemessene adaptive Immunantworten durch Antigene aus der Umwelt ausgelöst werden und wie sich daraus schwerwiegende Krankheiten in Form von Allergien und Atopien entwickeln können (Kap. 14). In diesem Kapitel wollen wir uns mit den unerwünschten Reaktionen auf weitere medizinisch bedeutsame Gruppen von Antigenen beschäftigen: Antigene, die von den körpereigenen Zellen und Geweben, der kommensalen Mikroflora und von transplantierten Organen produziert werden. Die Reaktion auf körpereigene oder mit der Mikroflora zusammenhängenden Antigene, die zu einer Schädigung der Gewebe und zu Erkrankungen führen, bezeichnet man zusammenfassend als **Autoimmunität** – wobei genau genommen krankheitsauslösende Immunantworten auf die kommensale Mikroflora eine Form der **Xenoimmunität** sind, da die Antigene, die aus diesen Organismen stammen, fremden Ursprungs sind und nicht vom Humangenom codiert werden. Hier wollen wir dennoch die vom Immunsystem hervorgerufenen Erkrankungen gegen die kommensale Mikroflora zum weiteren Spektrum der **Autoimmunerkrankungen** zählen, da die Mikroflora als Teil eines Superorganismus betrachtet werden kann, der aus dem Wirt und der kommensalen Mikroflora zusammengesetzt ist. Die Reaktion auf körperfremde Antigene auf transplantierten Organen bezeichnet man als **Gewebeabstoßung**.

Durch die Genumlagerungen, die bei der Lymphocytenentwicklung in den zentralen lymphatischen Organen stattfinden, entstehen unvermeidlich einige Lymphocyten, die eine Affinität für körpereigene Antigene besitzen. Diese werden normalerweise aus dem Repertoire entfernt oder durch eine Reihe verschiedener Mechanismen unter Kontrolle gehalten. Dadurch entsteht ein Zustand der **Selbst-Toleranz**, bei der das Immunsystem eines Individuums die normalen Gewebe des Körpers nicht angreift. Bei der Autoimmunität kommt es zu einem Zusammenbruch oder Versagen der Selbst-Toleranz-Mechanismen. Wir werden uns daher noch einmal den Mechanismen zuwenden, die dem Lymphocytenrepertoire die Eigenschaft der Selbst-Toleranz verleihen, und feststellen, wie es hier zu einem Versagen kommen kann. Dann besprechen wir ausgewählte Autoimmunerkrankungen, an denen sich die verschiedenen pathologischen Mechanismen veranschaulichen lassen, durch die die Autoimmunität dem Körper Schaden zufügen kann. Anschließend befassen wir uns damit, wie genetische und umweltbedingte Faktoren eine Prädisposition für eine Autoimmunität herbeiführen oder die Autoimmunität selbst auslösen. Im übrigen Kapitel besprechen wir, wie die adaptiven Immunantworten gegen körperfremde Gewebeantigene zur Abstoßung von Transplantaten führen.

## 15.1 Das Entstehen und der Zusammenbruch der Selbst-Toleranz

Wie wir in Kap. 8 erfahren haben, nutzt das Immunsystem körpereigene und körperfremde Ersatzmarker, um potenziell autoreaktive Lymphocyten zu erkennen und zu beseitigen. Dennoch entkommen einige dieser Lymphocyten der Vernichtung. Sie können in der Folge aktiviert werden und eine Autoimmunerkrankung auslösen. Darüber hinaus können viele Lymphocyten, die einen gewissen Grad an Autoreaktivität aufweisen, auch auf fremde Antigene reagieren. Wenn also alle schwach autoreaktiven Lymphocyten beseitigt würden, wäre die Funktion des Immunsystems gestört.

### 15.1.1 Eine grundlegende Funktion des Immunsystems besteht darin, körpereigen und körperfremd zu unterscheiden

Das Immunsystem verfügt über sehr wirksame Effektormechanismen, die ein großes Spektrum verschiedener Krankheitserreger vernichten können. Bei der Erforschung der Immunität erkannte man schon früh, dass diese Mechanismen, wenn sie sich gegen den Wirt richten, schwere Gewebeschäden verursachen können. Das Prinzip der Autoimmunität wurde ursprünglich zu Beginn des 20. Jahrhunderts von **Paul Ehrlich** formuliert, der von einem *horror autotoxicus* sprach. Autoimmunreaktionen ähneln normalen Immunantworten gegen Krankheitserreger, indem sie durch Antigene spezifisch aktiviert werden, in diesem Fall durch körpereigene Antigene oder **Autoantigene (Selbst-Antigene)**, und autoreaktive Effektorzellen sowie Antikörper hervorbringen, die man als **Autoantikörper (Selbst-Antikörper)** bezeichnet. Beide sind gegen körpereigene Antigene gerichtet. Wenn es zu deregulierten Reaktionen gegen körpereigene Gewebe kommt, verursachen sie eine Reihe verschiedener chronischer Syndrome, die man als Autoimmunerkrankungen bezeichnet. Diese Syndrome unterscheiden sich in der Schwere ihrer Auswirkungen sowie in Bezug auf die betroffenen Gewebe und die Effektormechanismen, die für die Schädigung der Gewebe verantwortlich sind (▶ Abb. 15.1).

Insgesamt sind etwa 5 % der Bevölkerung in den westlichen Ländern von Autoimmunkrankheiten betroffen, aber deren Häufigkeit nimmt zu. Dennoch beweist ihre relative Seltenheit, dass das Immunsystem zahlreiche Mechanismen entwickelt hat, um die körpereigenen Gewebe nicht zu schädigen. Das zugrundeliegende Prinzip dieser Mechanismen ist die Unterscheidung zwischen körpereigen und körperfremd, wobei diese Unterscheidung nicht einfach zu bewerkstelligen ist. B-Zellen erkennen die dreidimensionale Form eines Epitops, aber ein Epitop, das von einem Krankheitserreger dargeboten wird, kann von einem menschlichen Epitop nicht zu unterscheiden sein. Entsprechend können die kurzen Peptide, die durch die Prozessierung der Antigene des Pathogens entstehen, mit körpereigenen Peptiden übereinstimmen. Wie also „weiß" der Lymphocyt, was wirklich körpereigen ist, wenn es dafür tatsächlich keine eindeutigen molekularen Signaturen gibt?

Der erste Mechanismus, den man für die Unterscheidung zwischen körpereigen und körperfremd postuliert hat, bestand darin, dass die Erkennung eines Antigens durch einen unreifen

| Erkrankung | Mechanismus | Auswirkungen | Häufigkeit |
|---|---|---|---|
| Psoriasis | autoreaktive T-Zellen gegen Antigene der Haut | Entzündungen der Haut mit Bildung schuppiger Plaques | 1 von 50 |
| rheumatoide Arthritis | autoreaktive T-Zellen und Autoantikörper gegen Antigene der Gelenkhäute | Entzündung und Zerstörung der Gelenke; führt zu Arthritis | 1 von 100 |
| Basedow-Krankheit | Autoantikörper und autoreaktive T-Zellen gegen den Rezeptor des schilddrüsenstimulierenden Hormons (TSH) | Hyperthyreose; Überproduktion von Schilddrüsenhormonen | 1 von 100 |
| Hashimoto-Thyreoiditis | Autoantikörper und autoreaktive T-Zellen gegen Schilddrüsenantigene | Zerstörung des Schilddrüsengewebes, führt zu Hypothyreose: zu geringe Produktion von Schilddrüsenhormonen | 1 von 200 |
| systemischer Lupus erythematodes | Autoantikörper und autoreaktive T-Zellen gegen DNA, Chromatinproteine und ubiquitäre Ribonucleoproteinantigene | Glomerulonephritis, Vasculitis, Hautausschlag | 1 von 200 |
| Sjögren-Syndrom | Autoantikörper und autoreaktive T-Zellen gegen Ribonucleoproteinantigene | Infiltration der endokrinen Drüsen durch Lymphocyten, führt zu Austrocknung der Augen und/oder des Mundes; auch andere Organe können betroffen sein, was eine systemische Erkrankung hervorruft | 1 von 300 |
| Morbus Crohn | autoreaktive T-Zellen gegen Antigene der Mikroflora im Darm | Entzündung des Darms mit Narbenbildung | 1 von 500 |
| multiple Sklerose | autoreaktive T-Zellen gegen Antigene von Gehirn und Rückenmark | Bildung sklerotischer Plaques im Gehirn mit Zerstörung der Myelinscheiden um die Axone der Nervenzellen, führt zu Muskelschwäche, Bewegungsstörungen und anderen Symptomen | 1 von 700 |
| Diabetes mellitus Typ 1 (insulinabhängiger Diabetes, IDDM) | autoreaktive T-Zellen gegen Antigene der Inselzellen im Pankreas | Zerstörung der $\beta$-Inselzellen des Pankreas, führt zum Beendigung der Insulinproduktion | 1 von 800 |

**Abb. 15.1  Einige verbreitete Autoimmunerkrankungen.** Die hier aufgeführten Krankheiten gehören zu den häufigsten Autoimmunerkrankungen; sie dienen in diesem Teil des Kapitels als Beispiele. Die Reihenfolge in der Tabelle entspricht der Häufigkeit ihres Auftretens

Teil V

Lymphocyten zu einem negativen Signal führt, das den Zelltod oder die Inaktivierung des Lymphocyten zur Folge hat. „Körpereigen" sollten nach dieser Vorstellung diejenigen Moleküle sein, die ein Lymphocyt erkennt, kurz nachdem er begonnen hat, seinen Antigenrezeptor zu exprimieren. Dies ist tatsächlich ein wichtiger Mechanismus für das Auslösen der Selbst-Toleranz bei der Entwicklung der Lymphocyten im Thymus und im Knochenmark. Die Toleranz, die in dieser Phase erzeugt wird, bezeichnet man als **zentrale Toleranz** (Kap. 8). Neu gebildete Lymphocyten sind für eine Inaktivierung durch starke Signale ihrer Antigenrezeptoren besonders empfindlich, während dieselben Signale einen reifen Lymphocyten in den peripheren Geweben aktivieren würden.

Die Toleranz, die im reifen Lymphocytenrepertoire erzeugt wird, nachdem die Zellen die zentralen lymphatischen Organe verlassen haben, bezeichnet man als **periphere Toleranz**. Eine wichtige Eigenschaft körpereigener Antigene besteht darin, dass ihre Erkennung in der Peripherie nicht von Alarmsignalen begleitet ist, die das angeborene Immunsystem bei einer Gewebeschädigung oder Infektion aussendet. Fast alle Körperzellen altern und sterben ab, und viele Zellen werden in einem Fließgleichgewicht ständig umgesetzt (beispielsweise die hämatopoetischen Zellen und die Zellen des Darm- oder Hautepithels). Das geschieht normalerweise durch den programmierten Zelltod (Apoptose). Anders als beim Tod einer Zelle durch physikalische oder mikrobielle Schädigung, bei der DAMPs (*damage associated molecular patterns*) oder MAMPs (*micobial associated molecular patterns*) entstehen, setzt der Tod einer gealterten Zelle durch Apoptose Signale für die Gewebephagocyten frei, durch die generell eine entzündungshemmende Reaktion ausgelöst und die Präsentation von Antigenen in einer aktivierenden Form unterdrückt wird. Autoantigene, die im Zusammenhang mit einem normalen physiologischen Zellumsatz erkannt werden, können keine proinflammatorischen Cytokine (etwa IL-6 oder IL-12) und costimulierende Moleküle (etwa B7.1) induzieren, die normalerweise naive T-Zellen anregen würden, die Differenzierung zu einer Effektorzelle zu durchlaufen. Unter solchen Bedingungen wird kein Signal erzeugt, wenn ein naiver Lymphocyt auf ein körpereigenes Antigen trifft, oder es entwickeln sich dadurch regulatorische Lymphocyten, die das Entstehen zerstörerischer Effektorreaktionen unterdrücken. Die Beseitigung apoptotischer Zellen durch Phagocyten ist daher von großer Bedeutung, um die Gewebehomöostase aufrechtzuerhalten und um in dendritischen Zellen Mechanismen zu aktivieren, die die immunologische Toleranz fördern. Einige dieser Mechanismen spielen anscheinend auch bei der Toleranz gegenüber den Antigenen der kommensalen Mikroflora im Darm eine Rolle, wo die Erkennung bakterieller Antigene normalerweise keine Entzündung hervorruft, wenn dies nicht im Zusammenhang mit einer Schädigung des Gewebes geschieht.

Es werden also verschiedene Signale genutzt, um körpereigene von körperfremden Liganden zu unterscheiden: Kontakt mit dem Liganden, solange der Lymphocyt unreif ist, Erkennung von Antigenen auf antigenpräsentierenden Zellen, die toleranzfördernde Signale von Zellen des homöostatischen Umsatzes erhalten haben, sowie die Bindung des Liganden ohne inflammatorische Cytokine oder costimulierende Signale. All diese Mechanismen sind fehleranfällig, da bei keinem auf molekularer Ebene zwischen körpereigen und körperfremd unterschieden wird. Das Immunsystem verfügt daher über mehrere weitere Möglichkeiten, um Autoimmunreaktionen zu kontrollieren, falls sie in Gang gesetzt werden.

## 15.1.2 Vielfache Toleranzmechanismen verhindern normalerweise eine Autoimmunität

Die Mechanismen, die normalerweise eine Autoimmunität verhindern, lassen sich als Abfolge von Kontrollpunkten auffassen. Jeder Kontrollpunkt trägt einen Teil bei, um Reaktionen gegen körpereigene Antigene zu verhindern. Alle zusammen wirken synergistisch und vermitteln einen effizienten Schutz gegen Autoimmunität, ohne dass die Fähigkeit des Immunsystems beeinträchtigt wird, wirksame Reaktionen auf Krankheitserreger zu entwickeln. Die zentralen Toleranzmechanismen beseitigen einerseits neu gebildete stark autoreaktive Lymphocyten. Andererseits werden reife autoreaktive Lymphocyten, die in den zentralen lymphatischen Organen nicht stark auf körpereigene Antigene reagieren, da die von ihnen erkannten Autoantigene beispielsweise hier nicht exprimiert werden, möglicherweise in der Peripherie getötet oder inaktiviert. Die Hauptmechanismen der peripheren Toleranz sind die Anergie (funktionelle Reaktionslosigkeit), die Unterdrückung durch $T_{reg}$-Zellen, die Entwicklung von $T_{reg}$-Zellen anstelle von T-Effektorzellen (funktionelle Abweichung) und Deletion (Zelltod durch Apoptose) (▶ Abb. 15.2).

Jeder Kontrollpunkt findet einen Mittelweg zwischen der Verhinderung einer Autoimmunität und einer nicht zu großen Beeinträchtigung des Immunschutzes. In der Kombination führen all diese Kontrollpunkte zu einem wirksamen allgemeinen Schutz vor einer Autoimmunerkrankung. Selbst bei gesunden Menschen kann man relativ schnell feststellen, ob der Schutz auf einer oder sogar auf mehreren Ebenen versagt. Die Aktivierung von autoreaktiven Lymphocyten ist also nicht zwangsläufig mit einer Autoimmunerkrankung gleichzusetzen. Tatsächlich ist ein geringes Maß an Autoreaktivität für die normale Immunfunktion sogar physiologisch notwendig. Autoantigene wirken dabei mit, das Repertoire der reifen Lymphocyten auszubilden, und das Überleben von naiven T- und B-Zellen in der Peripherie erfordert einen ständigen Kontakt mit Autoantigenen (Kap. 8). Eine Autoimmunerkrankung entwickelt sich nur, wenn genügend „Wachposten" überwunden wurden und sich eine nachhaltige Reaktion auf körpereigene Antigene entwickelt, bei der es auch zur Bildung von Effektorzellen und Molekülen kommt, die Gewebe zerstören. Die Mechanismen, durch die das geschieht, sind zwar noch nicht vollständig bekannt, aber man nimmt an, dass Autoimmunität aufgrund einer Kombination aus genetisch bedingter Anfälligkeit, eines Versagens der natürlichen Toleranzmechanismen und äußerer Faktoren wie Infektionen entsteht (▶ Abb. 15.3).

| Ebenen der Selbst-Toleranz | | |
|---|---|---|
| **Art der Toleranz** | **Mechanismus** | **Wirkungsort** |
| zentrale Toleranz | Deletion, Editing | Thymus (T-Zellen), Knochenmark (B-Zellen) |
| Antigensegregation | physikalische Barriere gegen den Zugang von Autoantigenen zum Lymphsystem | periphere Organe (z. B. Schilddrüse, Pankreas) |
| periphere Anergie | zelluläre Inaktivierung durch schwache Signale ohne Costimulation | sekundäre Lymphgewebe |
| regulatorische T-Zellen | Unterdrückung durch Cytokine, interzelluläre Signale | sekundäre Lymphgewebe und Entzündungsherde; Gleichgewicht in vielen Geweben |
| funktionelle Abweichung | Differenzierung von regulatorischen T-Zellen, begrenzt Freisetzung proinflammatorischer Cytokine | sekundäre Lymphgewebe und Entzündungsherde |
| durch Aktivierung induzierter Zelltod | Apoptose | sekundäre Lymphgewebe und Entzündungsherde |

**Abb. 15.2 Die Selbst-Toleranz hängt von der gemeinsamen Aktivität von Mechanismen ab, die an verschiedenen Stellen und zu verschiedenen Zeiten während der Entwicklung wirken.** Aufgeführt sind die verschiedenen Arten der Toleranz, durch die das angeborene Immunsystem die Aktivierung von autoreaktiven Lymphocyten und dadurch entstehende Schädigungen verhindert, außerdem der jeweils spezifische Mechanismus und wo die jeweilige Toleranz vor allem auftritt

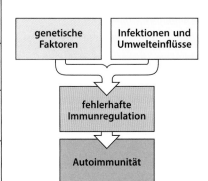

**Abb. 15.3 Voraussetzungen für die Entwicklung einer Autoimmunerkrankung.** Bei Personen mit einer genetisch bedingten Prädisposition kann die Autoimmunität durch das Versagen der intrinsischen Toleranzmechanismen und/oder äußere Faktoren wie eine Infektion ausgelöst werden

Teil V

### 15.1.3 Die zentrale Deletion oder Inaktivierung von neu gebildeten Lymphocyten ist der erste Kontrollpunkt der Selbst-Toleranz

Die zentralen Toleranzmechanismen, die autoreaktive Lymphocyten wirksam entfernen, sind die ersten und wichtigsten Kontrollpunkte bei der Selbst-Toleranz (Kap. 8). Ohne sie wäre das angeborene Immunsystem stark autoreaktiv und es würde schon in einer frühen Lebensphase eine tödlich verlaufende Autoimmunität einsetzen. Es ist unwahrscheinlich, dass die peripheren Toleranzmechanismen ausreichen, um einen Ausgleich zu schaffen, wenn die Beseitigung der autoreaktiven Lymphocyten während der Primärentwicklung nicht funktioniert. Es sind jedoch tatsächlich keine Autoimmunerkrankungen bekannt, die einem vollständigen Versagen dieser Mechanismen zuzuschreiben sind, wobei es einige gibt, die mit einem teilweisen Versagen der zentralen Toleranz verknüpft sind.

Lange Zeit nahm man an, dass viele Autoantigene nicht im Thymus oder Knochenmark exprimiert werden und dass die peripheren Mechanismen die einzige Möglichkeit darstellen, dafür eine Toleranz zu entwickeln. Heute weiß man, dass viele (nicht alle) gewebespezifischen Antigene wie Insulin entweder von Epithelzellen im Thymusmark oder von einer CD8α⁺-Untergruppe der dendritischen Zellen im Thymus exprimiert werden, sodass die Toleranz gegen diese Antigene zentral erzeugt werden kann. Wie diese „peripheren" Gene im Thymus, also an einem unüblichen Ort, angeschaltet werden, ist noch nicht vollständig bekannt, aber man hat einen wichtigen Anhaltspunkt gefunden. Wahrscheinlich ist ein einziger Transkriptionsfaktor, den man als AIRE (Autoimmunregulator) bezeichnet, für das Anschalten zahlreicher peripherer Gene im Thymus verantwortlich (Abschn. 8.3.5). Bei Patienten mit **APECED-Syndrom** (Autoimmun-Polyendokrinopathie-Candidiasis-ektodermale-Dystrophie-Syndrom, *autoimmune polyendocrinopathy-candidiasis-ectodermal dystrophy*) ist das *AIRE*-Gen mutiert. Es kommt zur Zerstörung von mehreren endokrinen Geweben wie den insulinproduzierenden Langerhans-Inseln im Pankreas und zu Infektionen mit Pilzen, vor allem zu einer Candidiasis. Man bezeichnet diese Krankheit auch als **polyglanduläres Autoimmunsyndrom Typ 1** (APS-1, *autoimmune polyglandular syndrome type 1*). Mäuse, die genetisch so verändert wurden, dass sie kein *AIRE*-Gen mehr besitzen, können im Thymus viele periphere Gene nicht mehr exprimieren und zeigen ein ähnliches Syndrom. Das stellt die Verbindung her zwischen dem AIRE-Protein und der Expression dieser Gene und deutet darauf hin, dass das Unvermögen, diese Gene und die Antigene, die sie codieren, im Thymus zu exprimieren, zur Autoimmunerkrankung führt (▶ Abb. 15.4). Die Autoimmunität, die mit dem AIRE-Defekt einhergeht, bildet sich erst nach einer gewissen Zeit heraus und betrifft nicht immer alle potenziellen Zielorgane. Diese Krankheit ist zwar ein deutlicher Hinweis auf die Bedeutung der zentralen Toleranz, sie zeigt aber auch, dass die anderen Ebenen der Toleranzkontrolle ebenfalls eine wichtige Rolle spielen.

### 15.1.4 Lymphocyten, die körpereigene Antigene mit relativ geringer Affinität binden, ignorieren diese normalerweise, können aber unter bestimmten Bedingungen aktiviert werden

Die meisten zirkulierenden Lymphocyten besitzen eine geringe Affinität zu körpereigenen Antigenen, reagieren aber nicht darauf, und man kann sie gegenüber diesen Antigenen als ignorant bezeichnen (Abschn. 8.1.6). Solche ignoranten, aber latent autoreaktiven Zellen können zu Autoimmunreaktionen angeregt werden, wenn ihre Aktivierungsschwelle durch coaktivierende Faktoren überschritten wird. Eine Infektion ist ein solcher Reiz. Naive T-Zellen mit einer geringen Affinität für ein ubiquitäres Autoantigen können aktiviert werden, wenn sie auf eine aktivierte dendritische Zelle treffen, die dieses Antigen präsentiert und aufgrund einer vorhandenen Infektion costimulierende Signale oder proinflammatorische Cytokine auf einem hohen Niveau exprimiert.

Bestimmte Bedingungen, unter denen normalerweise ignorante Lymphocyten aktiviert werden können, liegen dann vor, wenn die von ihnen erkannten Autoantigene auch Ligan-

| die einzelnen Organe im Körper exprimieren gewebe-spezifische Antigene | im Thymus entwickeln sich T-Zellen, die gewebe-spezifische Antigene erkennen | unter der Kontrolle des AIRE-Proteins exprimieren Zellen des Thymusmarks gewebespezifische Proteine, sodass gewebereaktive T-Zellen eliminiert werden | wenn AIRE fehlt, reifen T-Zellen heran, die auf gewebespezifische Antigene reagieren, und verlassen den Thymus |

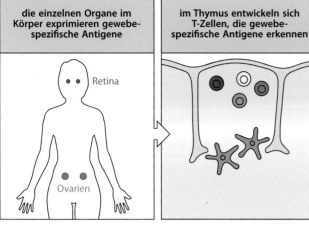

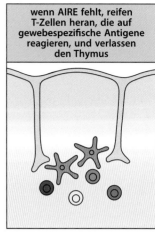

**Abb. 15.4 Das Gen des Autoimmunregulators AIRE stimuliert die Expression von einigen gewebespezifischen Antigenen in den Markzellen des Thymus, wodurch unreife Thymocyten beseitigt werden, die mit diesen Antigenen reagieren können.** Der Thymus exprimiert zwar zahlreiche Gene und damit auch körpereigene Proteine, die in allen Zellen vorkommen, aber es ist nicht sofort einsichtig, wie Antigene, die für spezialisierte Gewebe wie die Retina oder die Ovarien spezifisch sind (erstes Bild), in den Thymus gelangen, um dort die negative Selektion von unreifen autoreaktiven Thymocyten zu fördern. Man weiß heute jedoch, dass das *AIRE*-Gen die Expression von zahlreichen gewebespezifischen Proteinen in Thymusmarkzellen stimuliert. Einige sich entwickelnde Thymocyten können diese gewebespezifischen Antigene erkennen (zweites Bild). Peptide aus diesen Proteinen werden den sich entwickelnden Thymocyten präsentiert, während sie die negative Selektion im Thymus durchlaufen (drittes Bild), was zur Beseitigung dieser Zellen führt. Wenn das *AIRE*-Gen fehlt, werden die Zellen nicht auf diese Weise beseitigt. Stattdessen reifen die autoreaktiven Zellen heran und gelangen in die Peripherie (viertes Bild), wo sie möglicherweise eine Autoimmunerkrankung auslösen. Menschen und Mäuse, die das *AIRE*-Gen nicht exprimieren, entwickeln eine Autoimmunerkrankung mit der Bezeichnung APECED

den von Toll-like-Rezeptoren (TLRs) sind. Diese Rezeptoren werden allgemein als spezifisch für MAMPs angesehen (Abschn. 3.1.5). Einige dieser Muster können auch bei körpereigenen Molekülen vorkommen. Ein Beispiel dafür sind nichtmethylierte CpG-Sequenzen in der DNA, die von TLR-9 erkannt werden. Nichtmethylierte CpG-Dinucleotide sind normalerweise in bakterieller DNA viel häufiger als in Säuger-DNA, kommen aber in apoptotischen Säugerzellen gehäuft vor. In einer Situation, in der es zu einem umfangreichen Absterben von Zellen kommt und gleichzeitig die apoptotischen Fragmente nicht adäquat beseitigt werden, können B-Zellen, die für Chromatinbestandteile spezifisch sind, CpG-Sequenzen über ihre B-Zell-Rezeptoren aufnehmen. Diese Sequenzen können in der Zelle von TLR-9 erkannt werden, was zu einem costimulierenden Signal führt. Das aktiviert die vorher ignorante Anti-Chromatin-B-Zelle (▶ Abb. 15.5). B-Zellen, die auf diese Weise aktiviert werden, produzieren nun Anti-Chromatin-Autoantikörper und können auch als antigenpräsentierende Zellen für autoreaktive T-Zellen fungieren. Ribonucleoproteinkomplexe, die uridinreiche RNA enthalten, können naive B-Zellen in ähnlicher Weise aktivieren, indem die RNA an TLR-7 oder TLR-8 bindet. Bei der Autoimmunerkrankung **systemischer Lupus erythematodes (SLE)** werden Autoantikörper gegen DNA, Chromatin und Ribonucleoproteine produziert. Möglicherweise ist das einer der Mechanismen, durch die autoreaktive B-Zellen angeregt werden, diese Antikörper zu erzeugen.

Ein weiterer Mechanismus, durch den ignorante Lymphocyten aktiviert werden können, besteht darin, dass sich die Verfügbarkeit oder Form des Autoantigens verändert. Einige Antigene kommen normalerweise nur in der Zelle vor und können daher nicht mit Lymphocyten in Kontakt treten. Sie können jedoch bei umfangreichem Absterben von Gewebe oder durch eine Entzündung freigesetzt werden. Dann können sie ignorante T- und B-Zellen aktivieren und es kommt zur Autoimmunität. Das kann nach einem Herzinfarkt der Fall sein, wenn einige Tage nach der Freisetzung der Herzantigene eine Autoimmunreaktion auftritt. Solche Reaktionen sind normalerweise vorübergehend und hören auf, wenn die

Teil V

| B-Zellen mit Spezifität für DNA binden lösliche DNA-Fragmente, die über den B-Zell-Rezeptor ein Signal vermitteln | der vernetzte B-Zell-Rezeptor wird mit dem gebundenen DNA-Molekül in die Zelle aufgenommen | GC-reiche Fragmente der aufgenommenen DNA binden in einem endosomalen Kompartiment an TLR-9 und senden so ein costimulierendes Signal |
|---|---|---|

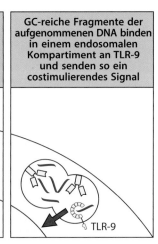

**Abb. 15.5 Körpereigene Antigene, die von Toll-like-Rezeptoren erkannt werden, können autoreaktive B-Zellen aktivieren, indem sie die Costimulation übernehmen.** Der Rezeptor TLR-9 stimuliert die Aktivierung von B-Zellen, die für DNA spezifische Antikörper produzieren; der entsprechende Autoantikörper kommt bei der Autoimmunerkrankung systemischer Lupus erythematodes (SLE) (▶ Abb. 15.1) häufig vor. B-Zellen mit einer starken Affinität für DNA werden zwar im Knochenmark beseitigt, einige DNA-spezifische B-Zellen mit geringerer Affinität entkommen jedoch und bleiben in der Peripherie erhalten, werden aber normalerweise nicht aktiviert. Unter diesen Bedingungen und bei genetisch bedingt anfälligen Individuen kann jedoch die DNA-Konzentration zunehmen, sodass genügend B-Zell-Rezeptoren vernetzt werden und die Aktivierung dieser B-Zellen in Gang gesetzt wird. B-Zellen vermitteln durch ihre Rezeptoren Signale (*links*), nehmen aber auch DNA auf (*Mitte*) und bringen sie in das endosomale Kompartiment ein (*rechts*). Hier kommt TLR-9 mit der DNA in Kontakt. TLR-9 erkennt DNA mit einem erhöhten Anteil an nichtmethylierten CpG-Sequenzen. Solche CpG-angereicherten Sequenzen sind in der DNA von Mikroorganismen viel häufiger als in eukaryotischer DNA, und TLR-9 kann sonst auf diese Weise zwischen pathogen und körpereigenen unterscheiden. Bei Säugern enthält DNA in apoptotischen Zellen jedoch einen erhöhten Anteil an nichtmethylierten CpG-Sequenzen und die DNA-spezifische B-Zelle sammelt diese körpereigene DNA zudem in ihrem endosomalen Kompartiment. So stehen ausreichend Liganden zur Verfügung, um TLR-9 zu aktivieren, sodass sich die Aktivierung der DNA-spezifischen B-Zelle potenziert und letztendlich zur Produktion von Autoantikörpern gegen DNA führt

Autoantigene beseitigt wurden. Wenn jedoch die Beseitigungsmechanismen unzureichend sind oder einen genetischen Defekt aufweisen, können sie sich fortsetzen und führen zu einer klinisch relevanten Autoimmunerkrankung.

Darüber hinaus kommen einige Autoantigene in großer Menge vor, jedoch normalerweise in einer nichtimmunogenen Form. IgG ist dafür ein gutes Beispiel, da dieser Antikörper im Blut und in anderen extrazellulären Flüssigkeiten zahlreich vorhanden ist. B-Zellen, die für die konstante Region von IgG spezifisch sind, werden normalerweise nicht aktiviert, da IgG als Monomer vorliegt und B-Zell-Rezeptoren nicht vernetzen kann. Wenn sich jedoch nach einer schweren Infektion oder starken Immunisierung Immunkomplexe bilden, liegt genügend IgG in multivalenter Form vor, um sonst ignorante B-Zellen zu einer Reaktion zu veranlassen. Die Anti-IgG-Autoantikörper, die sie produzieren, bezeichnet man als **Rheumafaktoren**, da IgG häufig bei einer rheumatoiden Arthritis auftritt. Auch diese Reaktion ist normalerweise nur von kurzer Dauer, sofern die Immunkomplexe schnell entfernt werden.

Eine besondere Situation kann in den peripheren lymphatischen Organen entstehen, wenn aktivierte B-Zellen in den Keimzentren eine somatische Hypermutation durchlaufen (Abschn. 10.1.7). Das führt dann dazu, dass bereits aktivierte B-Zellen ihre Affinität für körpereigene Antigene verstärken oder erst autoreaktiv werden (▶ Abb. 15.6). Es gibt jedoch anscheinend einen Mechanismus zur Kontrolle der B-Zellen in den Keimzentren, die eine Affinität für körpereigene Antigene entwickelt haben. Wenn es in diesem Fall bei einer hypermutierten autoreaktiven B-Zelle im Keimzentrum zu einer starken Vernetzung ihres B-Zell-Rezeptors kommt, geht sie in die Apoptose ein und proliferiert nicht.

### 15.1.5 Antigene in immunologisch privilegierten Regionen induzieren zwar keine Immunreaktion, können jedoch zum Ziel eines Immunangriffs werden

An bestimmte Stellen des Körpers transplantierte fremde Gewebe lösen keine Immunreaktionen aus. So führen beispielsweise Transplantate im Gehirn und in der vorderen Augenkammer nicht zu Abstoßungsreaktionen. Solche Bereiche bezeichnet man als **immunologisch privilegierte Regionen** (▶ Abb. 15.7). Ursprünglich glaubte man, diese Sonderstellung resultiere daraus, dass Antigene den betreffenden Bereich nicht verlassen und somit keine Antworten induzieren können. Spätere Untersuchungen zeigten, dass Antigene sehr wohl aus immunologisch privilegierten Regionen hinausgelangen und auch mit T-Zellen interagieren. Aber statt eine zerstörende Immunantwort auszulösen, induzieren sie eine tolerogene Reaktion, die das Gewebe nicht schädigt.

Immunologisch privilegierte Regionen sind in dreierlei Hinsicht ungewöhnlich. Erstens verläuft die Kommunikation zwischen ihnen und dem Rest des Körpers atypisch, da die extrazelluläre Flüssigkeit dieser Regionen nicht durch konventionelle Lymphbahnen fließt. Dennoch können an privilegierten Stellen vorhandene Proteine diese Regionen verlassen und immunologische Wirkungen entfalten. Privilegierte Regionen sind generell von Gewebebarrieren umgeben, die naive Lymphocyten von diesen Bereichen fernhalten. So wird das Gehirn von der Blut-Hirn-Schranke geschützt. Zweitens werden lösliche Faktoren, die den Verlauf einer Immunantwort beeinflussen, in den privilegierten Regionen gebildet. Der antiinflammatorische transformierende Wachstumsfaktor TGF-$\beta$ ist in dieser Hinsicht anscheinend besonders wichtig. Unter homöostatischen Bedingungen lösen die Antigene, sobald sie erkannt werden, zusammen mit TGF-$\beta$ tendenziell eher $T_{reg}$-Reaktionen und keine proinflammatorischen $T_H$17-Reaktionen aus, die von TGF-$\beta$ induziert werden, wenn gleichzeitig IL-6 vorhanden ist (Abschn. 9.2.8). Drittens steht wahrscheinlich durch die Expression des Fas-Liganden in den immunologisch privilegierten Regionen ein weiterer Schutzmechanismus zur Verfügung, da Fas-tragende Lymphocyten abgetötet werden, wenn sie in diese Bereiche eindringen.

Paradoxerweise sind oft gerade die Antigene in immunologisch privilegierten Regionen die Ziele eines Autoimmunangriffs. Zum Beispiel richtet sich die Autoimmunreaktion der multiplen Sklerose gegen Autoantigene im Gehirn und im Rückenmark, etwa das basische Myelinprotein (*myelin basic protein*). Die **multiple Sklerose** ist eine chronisch entzündliche Autoimmunerkrankung des Zentralnervensystems, die mit einer Demyelinisierung einhergeht (▶ Abb. 15.1). Demnach wird die Toleranz, mit der diesem Antigen normalerweise begegnet wird, nicht durch eine vorherige Deletion der autoreaktiven T-Zellen hervorgerufen. Bei der **experimentellen autoimmunen Encephalomyelitis (EAE)**, einem Mausmodell für die multiple Sklerose, erkranken die Mäuse nur, wenn sie mit Myelinantigenen und Adjuvans immunisiert werden. Dabei zeigen sie eine Infiltration des Zentralnervensystems mit antigenspezifischen $T_H$17- und $T_H$1-Zellen, die eine lokale Entzündung auslösen, sodass das Nervengewebe geschädigt wird.

In den immunologisch privilegierten Regionen gibt es also einige Antigene, die unter normalen Bedingungen weder eine Toleranz noch eine Aktivierung der Lymphocyten induzieren. Wenn jedoch autoreaktive Lymphocyten an anderer Stelle aktiviert werden, können diese Autoantigene zum Ziel eines Autoimmunangriffs werden. Wahrscheinlich befinden sich T-Zellen, die gegen Antigene in immunologisch privilegierten Regionen gerichtet sind, in einem Zustand der immunologischen Ignoranz. Das lässt sich auch anhand der Augenerkrankung **Ophthalmia sympathica** demonstrieren (▶ Abb. 15.8). Wird ein Auge durch einen Schlag oder auf andere Weise verletzt, kann es in seltenen Fällen zu einer Autoimmunreaktion gegen Proteine des Auges kommen. Ist jedoch die Reaktion einmal ausgelöst, greift sie oft auch auf das andere Auge über. Häufig ist eine Unterdrückung des Immunsystems erforderlich und das beschädigte Auge muss als Antigenquelle entfernt werden, um das unverletzte Auge zu retten.

Es ist nicht verwunderlich, dass T-Effektorzellen in immunologisch privilegierte Regionen eindringen können, sobald sich dort eine Infektion etabliert hat, denn T-Effektorzellen

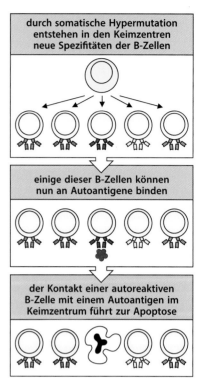

**Abb. 15.6 Die Beseitigung autoreaktiver B-Lymphocyten in den Keimzentren.** Bei den in den Keimzentren ablaufenden somatischen Hypermutationen können B-Zellen mit autoreaktiven B-Zell-Rezeptoren entstehen (*oben*). Wenn sich diese Rezeptoren mit dem entsprechenden löslichen Autoantigen verbinden (*Mitte*), lösen sie ein Signal aus, das in dem autoreaktiven B-Lymphocyten die Apoptose induziert, wenn keine T-Helferzellen vorhanden sind (*unten*)

| immunologisch privilegierte Regionen |
| --- |
| Gehirn |
| Auge |
| Hoden |
| Uterus (Fetus) |

**Abb. 15.7 Einige Körperregionen sind immunologisch privilegiert.** Hier eingebrachte Antigene lösen keine zerstörerischen Immunreaktionen aus, Transplantate überleben oft unbegrenzt

Teil V

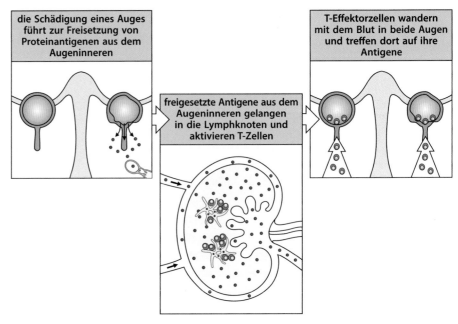

**Abb. 15.8 Schädigungen in einer immunologisch privilegierten Region können zu Autoimmunreaktionen führen.** Die Erkrankung Ophthalmia sympathica beruht auf der Schädigung eines Auges. Dabei gelangen Antigene aus dem betroffenen Auge in das umgebende Gewebe, wo sie von T-Zellen erkannt werden können. Die daraufhin gebildeten Effektorzellen greifen das verletzte Auge an, infiltrieren und schädigen jedoch auch das andere Auge. Obwohl also die Antigene dort nicht selbst eine Reaktion auslösen, können sie zum Ziel eines Immunangriffs werden, der an anderer Stelle induziert wurde

können nach der Aktivierung in die meisten Gewebe gelangen (Kap. 11). Eine Anhäufung dieser Zellen ist jedoch nur zu beobachten, wenn sie an der betreffenden Stelle auf ihr Antigen treffen und die Produktion von Cytokinen ausgelöst wird, die wiederum die Gewebebarrieren verändern.

### 15.1.6 Autoreaktive T-Zellen, die bestimmte Cytokine exprimieren, können nichtpathogen sein oder pathogene Lymphocyten unterdrücken

Wie in Kap. 9 besprochen, differenzieren sich CD4-T-Zellen beim normalen Verlauf der Immunantwort zu verschiedenen Typen von Effektorzellen, vor allem zu $T_H1$-, $T_H2$- und $T_H17$-Zellen. Diese Untergruppen der Effektorzellen haben sich in der Evolution so entwickelt, dass sie verschiedene Arten von Infektionen kontrollieren können und unterschiedliche Arten von Reaktionen dirigieren. Das zeigt sich an ihren unterschiedlichen Auswirkungen auf antigenpräsentierende Zellen, B-Zellen und angeborene Zellen wie Makrophagen, Eosinophile und Neutrophile (Kap. 9 bis 11). Etwas Ähnliches gilt auch für die Autoimmunität: Bestimmte durch T-Zellen vermittelte Autoimmunerkrankungen wie **Diabetes mellitus Typ 1** (▶ Abb. 15.1) beruhen auf $T_H1$-Zellen, die die Krankheit hervorrufen, während andere Erkrankungen, beispielsweise Psoriasis (eine Autoimmunkrankheit der Haut), durch $T_H17$-Zellen verursacht werden.

Bei Mausmodellen für Diabetes, bei denen man durch eine Infusion mit Cytokinen die Differenzierung der T-Zellen beeinflusst hat oder die durch einen Knockout für die $T_H2$-Zell-Differenzierung prädisponiert waren, ließ sich die Entwicklung von Diabetes verhindern. In einigen Fällen wirkten potenziell pathogene T-Zellen, die für Bestandteile der Langerhans-Inseln im Pankreas spezifisch sind und $T_H2$-Cytokine anstelle von $T_H1$-Cytokinen exprimieren, tatsächlich hemmend auf die Krankheit, die von $T_H1$-Zellen mit derselben Spezifität verursacht wird. Versuche, Autoimmunerkrankungen des Menschen durch Umschalten der Cytokinproduktion (etwa von $T_H1$ auf $T_H2$) – diesen Vorgang bezeichnet man als **Immunmodulation** – einzudämmen, waren bis jetzt nicht erfolgreich. Möglicherweise besitzt eine andere Untergruppe der CD4-T-Zellen, die $T_{reg}$-Zellen, für die Prävention von Autoimmunerkrankungen eine größere Bedeutung. Zurzeit wird untersucht, wie sich Reaktionen von T-Effektorzellen in Reaktionen der regulatorischen T-Zellen umwandeln lassen, um eine neue Therapie gegen Autoimmunität zu entwickeln.

### 15.1.7 Autoimmunreaktionen können in verschiedenen Stadien durch regulatorische T-Zellen unter Kontrolle gebracht werden

Autoreaktive T-Zellen, die den oben beschriebenen toleranzinduzierenden Mechanismen entkommen, können noch so reguliert werden, dass sie keine Krankheit verursachen. Diese Regulation erfolgt auf zwei Weisen: zum einen extrinsisch, ausgehend von spezifischen $T_{reg}$-Zellen, die aktivierte T-Zellen und antigenpräsentierende Zellen beeinflussen, zum anderen intrinsisch, basierend auf der Begrenzung des Umfangs und der Dauer von Immunantworten, was beides in den Lymphocyten selbst vorprogrammiert ist. Wir werden uns zuerst mit der Funktion der regulatorischen T-Zellen befassen, die in Kap. 9 eingeführt wurden.

Die Toleranz aufgrund der regulatorischen Lymphocyten unterscheidet sich von anderen Formen der Selbst-Toleranz, da die $T_{reg}$-Zellen das Potenzial besitzen, autoreaktive Lymphocyten, die andere Antigene erkennen als die $T_{reg}$-Zellen, unterdrücken zu können (▶ Abb. 15.9). Diese Art der Toleranz bezeichnet man deshalb als **regulatorische Toleranz**. Das entscheidende Merkmal der regulatorischen Toleranz besteht darin, dass regulatorische Zellen autoreaktive Lymphocyten, die eine Reihe verschiedener Autoantigene erkennen, unterdrücken können, solange die Antigene alle in demselben Gewebe vorhanden sind oder von derselben antigenpräsentierenden Zelle dargeboten werden. Wie in Kap. 9 besprochen, hat man in Experimenten zwei grundlegende Typen von regulatorischen T-Zellen unterschieden. „Natürliche" $T_{reg}$-Zellen ($nT_{reg}$-Zellen) werden im Thymus dahingehend programmiert, dass sie als Reaktion auf Autoantigene den Transkriptionsfaktor FoxP3 exprimieren. Wenn sie in der Peripherie durch die gleichen Antigene aktiviert werden, hemmen $nT_{reg}$-Zellen andere autoreaktive T-Zellen, die Antigene aus demselben Gewebe erkennen, und verhindern so deren Differenzierung zu T-Effektorzellen oder blockieren deren Effektorfunktionen. „Induzierte" $T_{reg}$-Zellen ($iT_{reg}$-Zellen) exprimieren ebenfalls FoxP3, entwickeln sich aber in den peripheren Geweben als Reaktion auf von ihnen erkannte Antigene bei Anwesenheit von TGF-$\beta$, wenn keine proinflammatorischen Cytokine vorhanden sind. Wenn man Tieren größere Mengen an Autoantigenen oral verabreicht und dadurch eine **orale Toleranz** erzeugt (Abschn. 12.2.4), kommt es manchmal dazu, dass auf diese Antigene keine Reaktion mehr erfolgt, wenn sie auf andere Weise in den Körper gelangen, sodass einer Autoimmunerkrankung vorgebeugt wird. Orale Toleranz entwickelt sich ständig gegenüber Antigenen, die zum Beispiel aus Nahrungsmitteln stammen. Dabei werden in den mesenterialen Lymphknoten, die Flüssigkeit aus dem Darmgewebe ableiten, $iT_{reg}$-Zellen gebildet. Diese Zellen unterdrücken Immunantworten gegen die entsprechenden Antigene im Darm, wie aber diese Unterdrückung im übrigen peripheren Immunsystem erreicht wird, ist nicht bekannt. Mehrfach wurde schon die Hypothese aufgestellt, dass die $iT_{reg}$-Zellen für die Behandlung von Autoimmunkrankheiten therapeutisches Potenzial besitzen könnten, wenn es gelingt, sie zu isolieren oder ihre Differenzierung anzuregen, um sie dann Patienten zu infundieren.

Die Bedeutung von FoxP3 – und der $T_{reg}$-Zellen, deren Entwicklung und Funktion der Transkriptionsfaktor reguliert – für die Aufrechterhaltung der Immuntoleranz zeigt sich deutlich daran, dass Menschen und Mäuse, die im Gen für FoxP3 Mutationen tragen, schnell eine schwere systemische Autoimmunität entwickeln (Abschn. 15.3.4). Bei Mäusen ließ sich

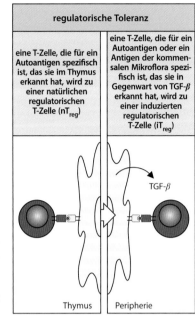

regulatorische Toleranz

| eine T-Zelle, die für ein Autoantigen spezifisch ist, das sie im Thymus erkannt hat, wird zu einer natürlichen regulatorischen T-Zelle ($nT_{reg}$) | eine T-Zelle, die für ein Autoantigen oder ein Antigen der kommensalen Mikroflora spezifisch ist, das sie in Gegenwart von TGF-$\beta$ erkannt hat, wird zu einer induzierten regulatorischen T-Zelle ($iT_{reg}$) |

Thymus | Peripherie

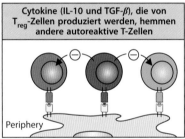

Cytokine (IL-10 und TGF-$\beta$), die von $T_{reg}$-Zellen produziert werden, hemmen andere autoreaktive T-Zellen

Periphery

**Abb. 15.9 Eine durch regulatorische T-Zellen vermittelte Toleranz kann viele autoreaktive T-Zellen hemmen, die Antigene aus demselben Gewebe erkennen.** Im Thymus entwickeln sich spezialisierte, autoreaktive natürliche regulatorische T-Zellen ($nT_{reg}$-Zellen) als Reaktion auf Autoantigene. Dabei ist die Reaktion zu schwach, um eine Vernichtung herbeizuführen, jedoch stärker als für eine einfache positive Selektion erforderlich wäre (*oben links*). Regulatorische T-Zellen können in der Peripherie auch von naiven autoreaktiven T-Zellen induziert werden, wenn die naiven T-Zellen ihr Antigen erkennen und durch das Cytokin TGF-$\beta$ aktiviert werden (*oben rechts*). Die *untere Grafik* zeigt, wie natürliche und induzierte regulatorische T-Zellen andere autoreaktive T-Zellen hemmen können. Wenn die regulatorischen T-Zellen mit ihrem Autoantigen, das sich auf einer antigenpräsentierenden Zelle befindet, in Kontakt treten, sezernieren sie inhibitorische Cytokine wie IL-10 und TGF-$\beta$, die alle autoreaktiven Zellen in der Umgebung hemmen, unabhängig von ihrer jeweiligen Antigenspezifität

Teil V

für mehrere Autoimmunsyndrome eine schützende Wirkung von FoxP3 nachweisen, etwa für Diabetes, EAE, SLE und Entzündungen des Dickdarms (Colitis). Versuche mit Mausmodellen für diese Krankheiten haben ergeben, dass FoxP3$^+$-T$_{reg}$-Zellen diese Krankheiten im normalen Immunsystem unterdrücken, da ein Entfernen dieser Zellen zu einer Autoimmunkrankheit führt, die mehrere Organe betrifft. Es ließ sich auch zeigen, dass T$_{reg}$-Zellen andere immunpathologische Syndrome verhindern oder abmildern können, beispielsweise die Graft-versus-Host-Krankheit oder die Abstoßung von Transplantaten (siehe unten in diesem Kapitel).

Die Bedeutung der regulatorischen T-Zellen ließ sich bei mehreren Autoimmunerkrankungen des Menschen zeigen. So ist bei Patienten mit multipler Sklerose oder dem polyglandulären Autoimmunsyndrom Typ 2 (APS-2; ein seltenes Syndrom, bei dem zwei oder mehr Autoimmunerkrankungen gleichzeitig auftreten) die Suppressionsaktivität der FoxP3$^+$-T$_{reg}$-Zellen gestört, wobei ihre Anzahl normal ist. T$_{reg}$-Zellen sind also für die Verhinderung von Autoimmunität von großer Bedeutung und verschiedene funktionelle Defekte dieser Zellen können Autoimmunität hervorrufen.

FoxP3$^+$-T$_{reg}$-Zellen sind nicht die einzige bekannte Form von regulatorischen Lymphocyten. So kommen beispielsweise FoxP3-negative regulatorische T-Zellen, die IL-10 produzieren, in größerer Zahl im Darmgewebe vor, wo sie über einen IL-10-abhängigen Mechanismus eine **entzündliche Darmerkrankung** (*inflammatory bowel disease*, **IBD**) hervorrufen. Woraus sich diese Zellen entwickeln, ist zurzeit noch nicht bekannt.

Beinahe jeder Zelltyp der Lymphocyten zeigt unter bestimmten Bedingungen auch regulatorische Aktivitäten. Sogar B-Zellen können experimentell ausgelöste Autoimmunsyndrome regulieren, etwa die kollageninduzierte Arthritis (CIA) und EAE. Diese Aktivität wird wahrscheinlich auf ähnliche Weise vermittelt wie diejenige von regulatorischen CD4-T-Zellen, wobei die Freisetzung von Cytokinen die Proliferation und Differenzierung von T-Effektorzellen blockiert.

Neben der extrinsischen Regulation von autoreaktiven T- und B-Zellen durch regulatorische Zellen unterliegen die Lymphocyten bei der Vermehrung und beim Überleben auch intrinsischen Beschränkungen. Das trägt dazu bei, Autoimmunreaktionen und auch normale Immunantworten zu begrenzen (Abschn. 11.2.14). Veranschaulichen lässt sich dieses anhand einer spontan entstehenden Autoimmunität, die durch Mutationen in den Reaktionswegen, die die Apoptose kontrollieren, hervorgerufen wird, etwa beim Bcl-2-Weg oder beim Fas-Weg (Abschn. 7.3.3). Diese Art von Autoimmunität liefert Hinweise darauf, dass normalerweise autoreaktive Zellen zwar erzeugt, aber durch Apoptose beseitigt werden. Das ist offenbar ein wichtiger Mechanismus für die T- und B-Zell-Toleranz.

### Zusammenfassung

Die Unterscheidung zwischen körpereigen und körperfremd ist nicht vollkommen, da zwischen der Verhinderung einer Autoimmunerkrankung und der Aufrechterhaltung der Immunkompetenz ein genaues Gleichgewicht eingehalten werden muss. Autoreaktive Lymphocyten kommen im natürlichen Immunrepertoire immer vor, werden aber häufig nicht aktiviert. Bei Autoimmunerkrankungen werden diese Zellen jedoch durch Autoantigene stimuliert. Wenn die Aktivierung anhält, werden autoreaktive Effektorlymphocyten gebildet und es entwickelt sich eine Krankheit. Das Immunsystem verfügt über eine beachtliche Anzahl von Mechanismen, die zusammenwirken, um eine Autoimmunerkrankung zu verhindern (▶ Abb. 15.2). Diese gemeinsame Aktivität bedeutet, dass kein Mechanismus auf vollkommene Weise funktionieren und nicht jede autoreaktive Zelle einbeziehen muss. Die Selbst-Toleranz beginnt mit der Entwicklung der Lymphocyten, wenn die autoreaktiven T-Zellen im Thymus und die autoreaktiven B-Zellen im Knochenmark vernichtet werden (Deletion) oder wenn sich wie bei den CD4-T-Zellen eine Subpopulation von autoantigenreaktiven „natürlichen" („thymusabhängigen") T$_{reg}$-Zellen entwickelt, die nach Verlassen des Thymus Autoimmunreaktionen unterdrücken. Die Mechanismen der peripheren Toleranz wie Anergie und Deletion oder die Erzeugung von „induzierten" („peripheren") T$_{reg}$-Zellen außerhalb des Thymus ergänzen diese zentralen Toleranzmechanismen für Antigene, die nicht im Thymus oder Knochenmark exprimiert werden. Schwach autoreaktive Lymphocyten werden aus den primären lymphatischen Geweben (Thymus und Knochenmark) nicht entfernt, da die Beseitigung auch schwach autoreaktiver Zellen das Immunrepertoire zu sehr einschränken würde, sodass die Immunantworten auf Pathogene gestört wären. Stattdessen werden schwach autoreaktive Zellen nur dann unterdrückt, wenn sie in der Peripherie aktiviert werden. Das geschieht durch Mechanismen wie die Hemmung durch $T_{reg}$-Zellen, die selbst autoreaktiv, aber nicht pathogen sind. $T_{reg}$-Zellen können autoreaktive Lymphocyten hemmen, wenn die regulatorischen Zellen gegen Autoantigene gerichtet sind, die in derselben Umgebung wie die Autoantigene vorkommen, auf die die autoreaktiven Lymphocyten reagieren. So können die regulatorischen T-Zellen die Regionen mit autoimmunen Entzündungen ansteuern und diese unterdrücken. Ein letzter Mechanismus, der die Autoimmunität kontrolliert, ist die natürliche Tendenz von Immunantworten, sich selbst zu begrenzen: Intrinsische Programme der aktivierten Lymphocyten machen diese Zellen anfällig für die Apoptose. Aktivierte Lymphocyten werden zudem für extrinsische Signale empfindlich, die die Apoptose auslösen, etwa über eine Vermittlung durch Fas.

# 15.2 Autoimmunerkrankungen und pathogene Mechanismen

Hier beschreiben wir einige häufigere klinische Autoimmunsyndrome und die Mechanismen, durch die der Verlust der Selbst-Toleranz autoreaktive Lymphocyten hervorbringen kann, die Gewebeschäden verursachen. Diese Mechanismen der Pathogenese ähneln vielfach denen, die eindringende Krankheitserreger angreifen. Schädigungen durch Autoantikörper, die durch das Komplement- und das Fc-Rezeptor-System herbeigeführt werden, sind bei bestimmten Krankheiten wie dem systemischen Lupus erythematodes (SLE) von großer Bedeutung. Auf ähnliche Weise zerstören cytotoxische T-Zellen, die gegen körpereigene Gewebe gerichtet sind, diese Gewebe genauso wie virusinfizierte Zellen. Dies ist ein Mechanismus, durch den die $\beta$-Zellen des Pankreas bei Diabetes zerstört werden. Im Gegensatz zu den meisten Krankheitserregern können körpereigene Proteine jedoch normalerweise nicht vollständig beseitigt werden – wobei es seltene Ausnahmen gibt wie die Inselzellen des Pankreas –, sodass sich die Autoimmunreaktion in chronischer Weise fortsetzt. Einige pathogene Mechanismen gibt es nur in der Autoimmunität, etwa die Bildung von Antikörpern gegen Rezeptoren an der Zelloberfläche, die ihre Funktion beeinträchtigen, beispielsweise bei Myasthenia gravis. Hierzu gehören auch Hypersensitivitätsreaktionen. In diesem Teil des Kapitels beschreiben wir die pathogenen Mechanismen von einigen bedeutsamen Autoimmunkrankheiten.

## 15.2.1 Spezifische adaptive Immunreaktionen gegen körpereigene Antigene können Autoimmunerkrankungen verursachen

Bei bestimmten Stämmen von Versuchstieren mit der entsprechenden genetischen Veranlagung kann man Autoimmunerkrankungen induzieren, indem man Gewebe von einem genetisch identischen Tier mit starken Adjuvanzien mischt (Anhang I, Abschn. A.1) und dem Versuchstier injiziert. Das zeigt direkt, dass sich Autoimmunität durch Auslösen einer spezifischen adaptiven Immunantwort gegen körpereigene Antigene hervorrufen lässt. Solche experimentellen Systeme verdeutlichen, welche Bedeutung die Aktivierung von anderen Bestandteilen des Immunsystems durch im Adjuvans enthaltene Bakterien besitzt, vor allem für die dendritischen Zellen. Bei der Anwendung solcher Tiermodelle für die Untersuchung von Autoimmunität gibt es jedoch auch Probleme. Beim Menschen und bei Tieren, die genetisch bedingt für eine Autoimmunität anfällig sind, entsteht diese normalerweise spontan. Das heißt, wir kennen die auslösenden Faktoren für die Immunreaktion gegen körpereigene Antigene nicht, die letztlich zur Autoimmunerkrankung führt. Durch die Untersuchung der Muster von Autoantikörpern und auch der im Einzelnen betroffenen

Teil V

Gewebe ließen sich einige dieser körpereigenen Antigene identifizieren, die Zielmoleküle von Autoimmunerkrankungen sind. Dabei gilt es jedoch auch immer noch den Nachweis zu führen, ob die Immunantwort tatsächlich durch die gleichen Antigene ausgelöst wurde.

Einige Autoimmunerkrankungen können von Krankheitserregern verursacht werden, die ein Epitop exprimieren, das körpereigenen Antigenen ähnelt und zu einer Sensibilisierung des Patienten gegen das eigene Gewebe führt. Es gibt jedoch aus Tiermodellen für die Autoimmunität auch Hinweise darauf, dass einige Autoimmunstörungen aufgrund einer internen falschen Regulation des Immunsystems entstehen, ohne dass Krankheitserreger beteiligt sind.

## 15.2.2 Autoimmunerkrankungen lassen sich in organspezifische und systemische Erkrankungen einteilen

Die Klassifizierung von Krankheiten ist eine Wissenschaft mit zahlreichen Unsicherheitsfaktoren, besonders dann, wenn man die auslösenden Mechanismen nicht genau kennt. Das lässt sich gut an der Schwierigkeit veranschaulichen, Autoimmunerkrankungen systematisch zu erfassen. Aus der klinischen Perspektive heraus unterscheidet man sinnvollerweise die beiden im Folgenden genannten Hauptmuster von Autoimmunität: zum einen die Krankheiten, die auf bestimmte Organe im Körper beschränkt bleiben und die man als organspezifische Autoimmunerkrankungen bezeichnet; und zum anderen die systemischen Autoimmunerkrankungen, bei denen im Körper zahlreiche Gewebe betroffen sind. Beide Krankheitsformen neigen dazu, chronisch zu werden, da die Autoantigene niemals aus dem Körper entfernt werden können, wobei es einige wenige Ausnahmen gibt (beispielsweise die Hashimoto-Thyreoiditis, eine Schilddrüsenentzündung). Einige Autoimmunerkrankungen werden anscheinend von den pathologischen Effekten eines bestimmten Effektorwegs beherrscht, entweder durch Autoantikörper oder durch autoreaktive T-Effektorzellen. Häufig tragen jedoch beide Reaktionswege insgesamt zur Pathogenese bei.

Bei den organspezifischen Krankheiten werden nur Autoantigene von einem oder wenigen Organen angegriffen und die Krankheit ist auf diese Organe beschränkt. Beispiele für organspezifische Autoimmunerkrankungen sind die **Hashimoto-Thyreoiditis** und die **Basedow-Krankheit**, die vor allem die Schilddrüse angreifen, sowie der Diabetes mellitus Typ 1, der durch einen Angriff des Immunsystems auf die insulinproduzierenden $\beta$-Zellen des Pankreas ausgelöst wird. Beispiele für systemische Autoimmunerkrankungen sind der systemische Lupus erythematodes (SLE) und das **Sjögren-Syndrom**, bei denen so verschiedene Gewebe wie Haut, Nieren und Gehirn betroffen sein können (▶ Abb. 15.10).

Die Autoantigene, die bei den Krankheiten dieser beiden Gruppen erkannt werden, sind selbst organspezifisch beziehungsweise systemisch. Die Basedow-Krankheit ist durch die Erzeugung von Antikörpern gegen den Rezeptor des schilddrüsenstimulierenden Hormons (*thyroid stimulating hormone*, TSH) in der Schilddrüse gekennzeichnet, die Hashimoto-Thyreoiditis durch Antikörper gegen die Schilddrüsenperoxidase und Diabetes mellitus Typ 1 durch Anti-Insulin-Antikörper. Im Gegensatz dazu treten beim SLE Antikörper gegen Antigene auf, die allgemein vorkommen und in jeder Körperzelle zahlreich vorhanden sind wie Anti-Chromatin-Antikörper und Antikörper gegen Proteine des Prä-mRNA-Spleißapparats (des Spleißosomkomplexes).

Die strenge Unterscheidung zwischen organspezifischen und systemischen Autoimmunerkrankungen löst sich jedoch teilweise wieder auf, da nicht alle Autoimmunkrankheiten auf diese Weise sinnvoll einzuordnen sind. So tritt beispielsweise die autoimmune hämolytische Anämie, bei der die roten Blutkörperchen zerstört werden, manchmal in solitärer Form auf und kann so als organspezifische Krankheit klassifiziert werden. Unter anderen Bedingungen kann sie jedoch auch in Verbindung mit SLE auftreten und ist dann Teil einer systemischen Autoimmunkrankheit.

| organspezifische Autoimmunkrankheiten |
|---|
| Diabetes mellitus Typ 1 |
| Goodpasture-Syndrom |
| multiple Sklerose Morbus Crohn Psoriasis |
| Basedow-Krankheit Hashimoto-Thyreoiditis autoimmune hämolytische Anämie autoimmune Addison-Krankheit Vitiligo Myasthenia gravis |

| systemische Autoimmunkrankheiten |
|---|
| rheumatoide Arthritis |
| Sklerodermie |
| systemischer Lupus erythematodes primäres Sjögren-Syndrom Polymyositis |

**Abb. 15.10 Einteilung einiger weit verbreiteter Autoimmunerkrankungen entsprechend ihrer organspezifischen oder systemischen Eigenschaften.** Krankheiten, die tendenziell in sogenannten Clustern auftreten, sind in den einzelnen Feldern zusammengefasst. Eine Clusterbildung bedeutet, dass ein einzelner Patient oder verschiedene Mitglieder einer Familie mehr als eine Krankheit aufweisen. Nicht alle Autoimmunerkrankungen lassen sich nach diesem Schema einordnen. So kommt die autoimmune hämolytische Anämie isoliert oder in Verbindung mit dem systemischen Lupus erythematodes vor

Eine häufig auftretende Art von chronisch inflammatorischen Krankheiten ist die **entzündliche Darmerkrankung** (**IBD**), die zwei klinische Erscheinungsformen umfasst – **Morbus Crohn** (siehe unten in diesem Kapitel) und Colitis ulcerosa. Wir besprechen die IBD in diesem Kapitel, da IBD viele Merkmale einer Autoimmunkrankheit aufweist, wobei sie sich nicht gegen körpereigene Gewebeantigene richtet. Das Ziel der deregulierten Immunantwort bei einer IBD sind Antigene aus der kommensalen Mikroflora, die den Darm besiedeln. Genau genommen handelt es sich bei der IBD um einen Sonderfall der Autoimmunkrankheiten, da die Immunantwort nicht gegen Autoantigene, sondern gegen mikrobielle Antigene der residenten „körpereigenen" Mikroflora gerichtet ist. Dennoch finden sich Kennzeichen des Zusammenbruchs der Immuntoleranz auch bei der IBD, und ebenso wie bei den organspezifischen Autoimmunkrankheiten ist die Gewebezerstörung aufgrund der fehlgeleiteten Immunantwort primär auf ein einziges Organ begrenzt – den Darm.

### 15.2.3 Bei einer Autoimmunerkrankung werden im Allgemeinen mehrere Teilbereiche des Immunsystems aktiviert

In der Immunologie beschäftigt man sich schon sehr lange mit der Frage, welche Teile des Immunsystems für die verschiedenen Autoimmunsyndrome von Bedeutung sind, da es sinnvoll sein kann, die Ätiologie einer Krankheit zu kennen, um dann Therapien zu entwickeln. So blockieren anscheinend bei der **Myasthenia gravis** Autoantikörper gegen den Acetylcholinrezeptor die Rezeptorfunktion an der neuromuskulären Endplatte, was zu einem Muskelschwächesyndrom führt. Bei anderen Autoimmunerkrankungen werden Antikörper in Form von Immunkomplexen in Geweben abgelagert. Dadurch kommt es aufgrund der Aktivierung des Komplementsystems und der Bindung von Fc-Rezeptoren auf Entzündungszellen zu Gewebeschäden.

Relativ verbreitete Autoimmunerkrankungen, bei denen T-Effektorzellen anscheinend den ausschlaggebenden Faktor für die Schädigungen darstellen, sind unter anderem Diabetes mellitus Typ 1, Psoriasis, IBD und multiple Sklerose. Bei diesen Krankheiten erkennen T-Zellen Selbst-Peptide und Peptide aus der kommensalen Mikroflora, die als Komplex mit Selbst-MHC-Molekülen vorliegen. Bei diesen Krankheiten werden die Schädigungen von T-Zellen hervorgerufen, die myeloische Zellen des angeborenen Immunsystems anziehen und aktivieren, sodass es zu lokalen Entzündungen kommt oder die T-Zellen das Gewebe direkt schädigen.

Wenn eine Krankheit durch den Transfer von Autoantikörpern und/oder von autoreaktiven Zellen von einem erkrankten Individuum auf ein gesundes übertragen werden kann, lässt sich dadurch bestätigen, dass der Krankheit eine Autoimmunität zugrunde liegt. Außerdem wird gezeigt, dass das übertragene Material bei der Entwicklung der Krankheit eine Rolle spielt. Bei der Myasthenia gravis kann man durch die Übertragung von Serum aus einem Patienten auf ein Empfängertier Krankheitssymptome auslösen, was wiederum die pathologische Wirkung der Anti-Acetylcholinrezeptor-Autoantikörper beweist (▸ Abb. 15.11). Auf ähnliche Weise kann man die experimentelle autoimmune Encephalomyelitis (EAE) mithilfe von T-Zellen von erkrankten Tieren auf gesunde übertragen (▸ Abb. 15.12).

An einer Schwangerschaft lässt sich die Bedeutung von Antikörpern für das Entstehen von Krankheiten zeigen, da IgG-Antikörper die Plazenta durchqueren können, T-Zellen jedoch nicht (Abschn. 10.2.1). Bei einigen Autoimmunerkrankungen (▸ Abb. 15.13) führt die Übertragung von Autoantikörpern über die Plazenta zu einer Erkrankung des Fetus oder des Neugeborenen (▸ Abb. 15.14). Das beweist, dass solche Autoantikörper beim Menschen einige Symptome von Autoimmunität hervorrufen können. Die Krankheitssymptome des Neugeborenen verschwinden normalerweise schnell, da der mütterliche Antikörper abgebaut wird, aber in einigen Fällen verursachen die Antikörper Organschäden, bevor sie beseitigt werden, etwa durch Schädigung des Reizleitungsgewebes im Herz von Babys, deren

Teil V

**Abb. 15.11 Identifizierung von Autoantikörpern bei Patienten mit Myasthenia gravis, durch die die Krankheit übertragen werden kann.** Mithilfe von Autoantikörpern aus dem Serum von Patienten mit Myasthenia gravis lässt sich aus Lysaten von Skelettmuskelzellen der Acetylcholinrezeptor präzipitieren (*rechts*). Da die Autoantikörper an den Acetylcholinrezeptor sowohl des Menschen als auch der Maus binden können, lässt sich die Krankheit dadurch auf Mäuse übertragen (*unten*). Dieses Experiment zeigt, dass die Antikörper pathologisch wirken. Um jedoch Antikörper zu produzieren, müssen dieselben Patienten auch über CD4-T-Zellen verfügen, die auf ein Peptid reagieren, das vom Acetylcholinrezeptor stammt. Um diese Zellen nachzuweisen, werden T-Zellen aus Myasthenia-gravis-Patienten isoliert und in Gegenwart des Acetylcholinrezeptors und antigenpräsentierenden Zellen mit dem passenden MHC-Typ vermehrt (*links*). T-Zellen, die für Epitope des Acetylcholinrezeptors spezifisch sind, werden stimuliert, sich zu vermehren, und können so nachgewiesen werden

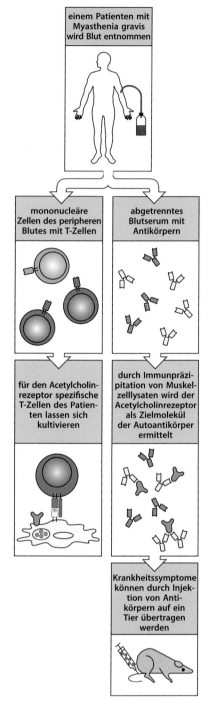

Mütter an SLE oder dem Sjögren-Syndrom erkrankt sind. Die Beseitigung der Antikörper lässt sich beschleunigen, indem man das Blut oder das Plasma des Kindes austauscht (Plasmapherese). Das ist jedoch nutzlos, wenn es bereits zu einer dauerhaften Schädigung gekommen ist.

In ▶ Abb. 15.15 ist für ausgewählte Autoimmunerkrankungen dargestellt, welche Bestandteile der Immunantwort zur Pathogenese beitragen. Die oben erwähnten Krankheiten sind zwar eindeutige Beweise dafür, dass eine bestimmte Effektorfunktion, sobald sie aktiviert wurde, eine Krankheit verursachen kann, aber die meisten Autoimmunerkrankungen werden nicht nur durch einen einzigen Effektorweg des Immunsystems hervorgerufen. Es ist

| Maus nach Induktion der EAE (links), im Vergleich zu einer gesunden Maus | Mäuse, denen MBP und komplettes Freund-Adjuvans injiziert wurde, entwickeln EAE und werden gelähmt | die Erkrankung wird durch MBP-spezifische T$_H$17- und T$_H$1-Zellen vermittelt | die Erkrankung kann von T-Zellen eines betroffenen Tieres übertragen werden |

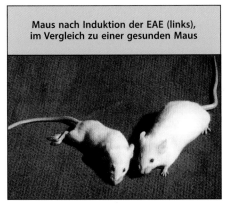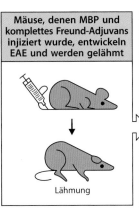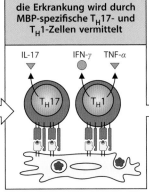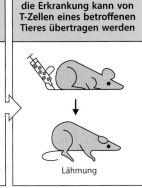

**Abb. 15.12 Für das basische Myelinprotein spezifische T-Zellen verursachen bei der experimentellen autoimmunen Encephalomyelitis (EAE) Entzündungen im Gehirn.** Diese Krankheit lässt sich bei Versuchstieren durch Injektion eines Rückenmarkhomogenats in komplettem Freund-Adjuvans induzieren. EAE ist die Folge einer Entzündungsreaktion im Gehirn. Dadurch kommt es zu einer progressiven Lähmung, die zuerst den Schwanz und die Hinterbeine befällt, bevor sie auf die Vorderbeine übergreift und schließlich zum Tod führt. Das Foto zeigt eine von der Hinterleibslähmung betroffene Maus (*links*) im Vergleich mit einer gesunden (*rechts*). Eines der Autoantigene, das man in Rückenmarkhomogenaten identifiziert hat, ist das basische Myelinprotein (MBP). Eine Immunisierung mit MBP allein in komplettem Freund-Adjuvans kann ebenfalls zur Erkrankung führen. Die Entzündung des Gehirns und die Lähmung werden von T$_H$1- und T$_H$17-Zellen vermittelt, die für MBP spezifisch sind. Klonierte MBP-spezifische T$_H$1-Zellen können Symptome der Krankheit auf gesunde Empfänger übertragen, sofern diese das passende MHC-Allel besitzen. In diesem System konnte man deshalb den Peptid:MHC-Komplex identifizieren, den die T$_H$1-Zellen erkennen, mit denen sich die Krankheit übertragen lässt. Andere gereinigte Bestandteile der Myelinscheide können ebenfalls die EAE-Symptome hervorrufen; bei dieser Krankheit ist also nicht nur ein einziges Autoantigen von Bedeutung. (Foto aus Wraith, D.: *Cell* 59: 247–255, mit freundlicher Genehmigung von Elsevier)

| Autoimmunkrankheiten, die durch die Plazenta auf den Fetus und das Neugeborene übertragen werden können | | |
|---|---|---|
| **Erkrankung** | **Autoantikörper** | **Symptom** |
| Myasthenia gravis | Anti-Acetylcholin-rezeptor | Muskelschwäche |
| Basedow-Krankheit | Anti-TSH-Rezeptor | Hyperthyreose |
| thrombocytopenische Purpura | Anti-Blutplättchen | Blutergüsse und Blutungen |
| Lupus-Ausschlag bei Neugeborenen und/oder angeborener Herzblock | Anti-Ro Anti-La | Ausschlag durch Lichtempfindlichkeit und/oder Bradykardie |
| Pemphigus vulgaris | Anti-Desmoglein-3 | blasiger Ausschlag |

**Abb. 15.13 Einige Autoimmunerkrankungen können über pathogene IgG-Autoantikörper durch die Plazenta übertragen werden.** Diese Krankheiten entstehen meistens durch Autoantikörper gegen Moleküle der Zelloberfläche oder der Gewebematrix. Das deutet darauf hin, dass die Zugänglichkeit des Antigens für den Autoantikörper entscheidend dazu beiträgt, ob ein plazentagängiger Autoantikörper beim Fetus oder beim Neugeborenen eine Krankheit verursacht. Der durch Autoimmunität verursachte angeborene Herzblock wird durch eine Fibrose des sich entwickelnden Reizleitungsgewebes im Herzen verursacht, das große Mengen an Ro-Antigen exprimiert. Das Ro-Protein ist Bestandteil eines intrazellulären kleinen cytoplasmatischen Ribonucleoproteins. Bis jetzt ist nicht bekannt, ob Ro im Reizleitungsgewebe an den Zelloberflächen präsentiert wird und so als Angriffsziel der Autoimmunreaktion wirkt, sodass es zu Gewebeschädigungen kommt. Dennoch führt die Bindung der Autoantikörper zu Gewebeschäden und zu einer Verlangsamung der Herzfrequenz (Bradykardie)

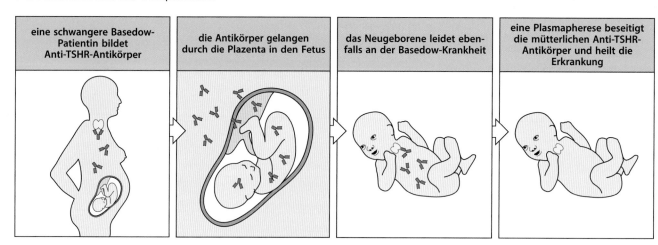

| eine schwangere Basedow-Patientin bildet Anti-TSHR-Antikörper | die Antikörper gelangen durch die Plazenta in den Fetus | das Neugeborene leidet ebenfalls an der Basedow-Krankheit | eine Plasmapherese beseitigt die mütterlichen Anti-TSHR-Antikörper und heilt die Erkrankung |

**Abb. 15.14** **Antikörpervermittelte Autoimmunerkrankungen können sich infolge einer Übertragung von Antikörpern durch die Plazenta auch bei den Kindern betroffener Mütter manifestieren.** Während der Schwangerschaft passieren IgG-Antikörper die Plazenta und sammeln sich im Fetus an (Abb. 10.30). Babys von Müttern mit IgG-vermittelten Autoimmunerkrankungen zeigen daher in den ersten Wochen nach der Geburt oft ähnliche Symptome wie die Mutter. Das führt glücklicherweise kaum zu bleibenden Schäden, da die Symptome mit den mütterlichen Antikörpern verschwinden. Bei der Basedow-Krankheit werden die Symptome durch Antikörper gegen den TSH-Rezeptor (TSHR) verursacht. Kinder von Müttern, die schilddrüsenstimulierende Antikörper produzieren, werden mit einer Hyperthyreose geboren. Diese lässt sich jedoch beheben, wenn man ihr Blutplasma gegen normales Plasma austauscht (Plasmapherese), wodurch die mütterlichen Antikörper beseitigt werden

| Autoimmunkrankheiten betreffen alle Bereiche der Immunantwort | | | |
|---|---|---|---|
| **Erkrankung** | **T-Zellen** | **B-Zellen** | **Antikörper** |
| systemischer Lupus erythematodes | pathogene Unterstützung der Antikörperproduktion | präsentieren den T-Zellen Antigene | pathogen |
| Diabetes mellitus Typ 1 | pathogen | präsentieren den T-Zellen Antigene | vorhanden, Funktion unklar |
| Myasthenia gravis | Unterstützung der Antikörperproduktion | Freisetzung von Antikörpern | pathogen |
| multiple Sklerose | pathogen | präsentieren den T-Zellen Antigene | vorhanden, Funktion unklar |

**Abb. 15.15** **An Autoimmunerkrankungen sind alle Bestandteile der Immunantwort beteiligt.** Man hat zwar bei einigen Autoimmunerkrankungen lange Zeit angenommen, dass sie von B- oder T-Zellen vermittelt werden, aber es ist sinnvoller davon auszugehen, dass normalerweise alle Bestandteile des Immunsystems von Bedeutung sind. In der Abbildung ist für vier wichtige Autoimmunerkrankungen der Beitrag der T-Zellen, B-Zellen und Antikörper dargestellt. Bei einigen Krankheiten wie dem systemischen Lupus erythematodes haben T-Zellen mehrere Funktionen, etwa die Unterstützung von B-Zellen bei der Produktion von Autoantikörpern und die direkte Förderung von Gewebeschäden, während B-Zellen zwei Funktionen haben können – die Präsentation von Autoantigenen, um die T-Zellen zu stimulieren, und die Freisetzung von pathogenen Autoantikörpern

daher sinnvoller, Autoimmunreaktionen wie die Immunantworten auf Krankheitserreger zu betrachten, bei denen das gesamte Immunsystem involviert wird, also normalerweise T-Zellen, B-Zellen und Zellen des angeborenen Immunsystems. Die Erforschung der Autoimmunität hat sich zwar in der herkömmlichen Form darauf konzentriert, die Antigenspezifität und Effektorpopulation der autoreaktiven T- und B-Zellen zu bestimmen, aber wie experimentelle Befunde zeigen, tragen bei den meisten Autoimmunkrankheiten die Zellen des angeborenen Immunsystems – insbesondere die phagocytotischen myeloischen Zellen – entscheidend zur Schädigung der Gewebe bei. Es kommen auch angeborene lymphatische Zellen (ILCs) in den durch Autoimmunität geschädigten Geweben vor, insbesondere an den Oberflächen von Barrieren. Die genaue Funktion der ILCs bei Autoimmunkrankheiten ist noch nicht bekannt, ebenso wenig ist die Frage beantwortet, ob sie als therapeutische Ziele geeignet sind.

## 15.2.4 Eine chronische Autoimmunerkrankung entwickelt sich durch eine positive Rückkopplung aus der Entzündung, da das körpereigene Antigen nicht vollständig beseitigt wird und sich die Autoimmunreaktion ausweitet

Werden normale Immunantworten aktiviert, um einen Krankheitserreger zu zerstören, wird der fremde Eindringling in der Regel vernichtet. Danach endet die Immunantwort und es kommt zu einer massenhaften Beseitigung der meisten Effektorzellen, wobei nur eine kleine Kohorte von Gedächtnislymphocyten erhalten bleibt (Kap. 11). Bei der Autoimmunität kann jedoch das körpereigene Antigen nicht einfach entfernt werden, da es in sehr großem Überschuss oder sogar ubiquitär vorkommt (etwa wie Chromatin). Dadurch funktioniert bei Autoimmunerkrankungen ein sehr wichtiger Mechanismus nicht, um das Ausmaß einer Immunantwort zu begrenzen.

Autoimmunerkrankungen sind im Allgemeinen dadurch gekennzeichnet, dass sich an eine frühe Aktivierungsphase, an der nur einige wenige Autoantigene beteiligt sind, ein chronisches Stadium anschließt. Das dauerhafte Vorhandensein von Autoantigenen führt zu einer chronischen Entzündung. Diese verursacht dann als Ergebnis der Gewebeschädigung die Freisetzung von weiteren Autoantigenen, sodass schließlich eine wichtige Barriere vor der Autoimmunität durchbrochen wird, die man als Sequestrierung (Abtrennung) bezeichnet, wodurch zahlreiche Antigene normalerweise vom Immunsystem ferngehalten werden. Dadurch werden auch unspezifische Effektorzellen wie Makrophagen und neutrophile Zellen angelockt, die auf die Freisetzung von Cytokinen und Chemokinen aus geschädigten Geweben reagieren (▶ Abb. 15.16). Die Folge ist ein andauernder und fortschreitender Selbstzerstörungsprozess.

Das Voranschreiten einer Autoimmunreaktion geht häufig einher mit der Aktivierung neuer Klone von Lymphocyten, die auf neue Epitope des auslösenden Antigens und auf neue Autoantigene reagieren. Diesen Effekt bezeichnet man als **Epitoperweiterung**, und er spielt eine wichtige Rolle bei der Fortführung und Verstärkung der Krankheit. Wie wir in Kap. 10 erfahren haben, können aktivierte B-Zellen durch rezeptorvermittelte Endocytose spezifische Antigene aufnehmen, prozessieren und den T-Zellen die entstandenen Peptide präsentieren. Eine Epitoperweiterung kann auf verschiedene Weise entstehen. Da antikörpergebundene Antigene effizienter präsentiert werden, können bei Autoantigenen, die normalerweise in zu geringen Konzentrationen vorkommen, um naive Zellen zur Prozessierung des aufgenommenen Antigens anzuregen, neue, vorher verborgene Epitope, die man als **kryptische Epitope** bezeichnet, zugänglich werden, da sie den T-Zellen durch die B-Zellen präsentiert werden. Autoreaktive T-Zellen, die auf diese „neuen" Epitope reagieren, können dann diejenigen B-Zellen unterstützen, die ein solches Peptid präsentieren, wodurch weitere B-Zell-Klone für die Autoimmunreaktion rekrutiert werden und sich die Vielfalt der produzierten Autoantikörper erhöht. Darüber hinaus nehmen B-Zellen, da sie spezifische Antigene über die B-Zell-Rezeptoren binden und internalisieren, weitere Moleküle auf, die mit dem Antigen assoziiert sind. Auf diese Weise fungieren die B-Zellen als antigenpräsentierende Zellen für Peptide, die aus anderen Proteinen als dem ursprünglichen Autoantigen stammen, das die Autoimmunreaktion ausgelöst hat.

Die Autoimmunreaktion beim systemischen Lupus erythematodes (SLE) setzt diesen Mechanismus der Epitoperweiterung in Gang. Bei dieser Krankheit werden Autoanti-

**Teil V**

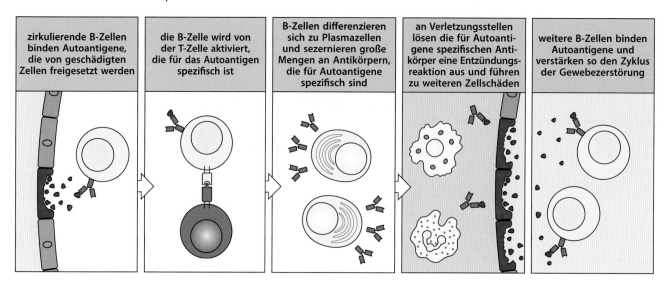

| zirkulierende B-Zellen binden Autoantigene, die von geschädigten Zellen freigesetzt werden | die B-Zelle wird von der T-Zelle aktiviert, die für das Autoantigen spezifisch ist | B-Zellen differenzieren sich zu Plasmazellen und sezernieren große Mengen an Antikörpern, die für Autoantigene spezifisch sind | an Verletzungsstellen lösen die für Autoantigene spezifischen Antikörper eine Entzündungsreaktion aus und führen zu weiteren Zellschäden | weitere B-Zellen binden Autoantigene und verstärken so den Zyklus der Gewebezerstörung |

**Abb. 15.16 Eine durch Autoantikörper hervorgerufene Entzündung kann zur Freisetzung von Autoantigenen aus geschädigten Geweben führen, was wiederum die Aktivierung von weiteren autoreaktiven B-Zellen stimuliert.** Besonders intrazelluläre Autoantigene, die beim systemischen Lupus erythematodes als Zielmoleküle fungieren, stimulieren B-Zellen nur, wenn sie aus absterbenden Zellen freigesetzt werden (*erstes Bild*). Als Folge werden autoreaktive T- und B-Zellen aktiviert, was schließlich in die Freisetzung von Autoantikörpern mündet (*zweites* und *drittes Bild*). Diese Autoantikörper können über eine Reihe verschiedener Effektorfunktionen Gewebeschäden hervorrufen (Kap. 10), sodass weitere Zellen absterben (*viertes Bild*). Es etabliert sich eine positive Rückkopplungsschleife, da diese zusätzlichen Autoantigene weitere autoreaktive B-Zellen rekrutieren (*fünftes Bild*). Diese beginnen von vorne mit dem Zyklus, wie im ersten Bild dargestellt ist

körper sowohl gegen die Protein- als auch gegen die DNA-Komponente des Chromatins gebildet. ▶ Abb. 15.17 zeigt, wie autoreaktive B-Zellen, die für DNA spezifisch sind, für die Autoimmunreaktion autoreaktive T-Zellen rekrutieren können, die für Histonproteine, einen weiteren Bestandteil des Chromatins, spezifisch sind. Daraufhin unterstützen diese Zellen nicht nur die ursprünglichen DNA-spezifischen B-Zellen, sondern auch histonspezifische B-Zellen, sodass sowohl Anti-DNA- als auch Anti-Histon-Antikörper gebildet werden.

Eine weitere Autoimmunerkrankung, bei der die Epitoperweiterung mit dem Voranschreiten der Krankheit einhergeht, ist **Pemphigus vulgaris**. Dabei kommt es zu starker Blasenbildung auf der Haut und den mucosalen Membranen. Die Krankheit wird von Autoantikörpern gegen Desmogleine ausgelöst, die zu den Cadherinen gehören und in den Zellverbindungen (Desmosomen) vorkommen, die die Zellen der Epidermis zusammenhalten (▶ Abb. 15.18). Die Bindung von Autoantikörpern an die extrazellulären Domänen dieser Adhäsionsmoleküle führt zu einer Dissoziation der Verbindungen und zur Auflösung des betroffenen Gewebes. Pemphigus vulgaris beginnt im Allgemeinen mit Läsionen der Schleimhäute im Mund und an den Genitalien und erst später ist auch die Haut betroffen. Im mucosalen Stadium treten nur Autoantikörper gegen bestimmte Epitope von Desmoglein 3 (Dsg-3) auf; diese Antikörper können offenbar keine Hautblasen hervorbringen. Das Voranschreiten zur Hautkrankheit ist sowohl mit einer intramolekularen Epitoperweiterung innerhalb von Dsg-3 verbunden, wodurch Autoantikörper entstehen, die die tiefen Hautblasen verursachen, als auch mit einer intermolekularen Epitoperweiterung auf Dsg-1, ein weiteres Desmoglein, das in der Epidermis häufiger ist. Dsg-1 wirkt bei einer weniger schweren Variante dieser Krankheit, Pemphigus foliaceus, ebenfalls als Autoantigen. Bei dieser Krankheit verursachen die Autoantikörper, die zuerst gegen Dsg-1 produziert werden, noch keine Gewebeschäden; die Krankheit wird nur dann erkennbar, wenn sich die produzierten Autoantikörper gegen Epitope in Bereichen des Proteins richten, die für die Adhäsion der Epidermiszellen von Bedeutung sind.

**Abb. 15.17 Zur Epitoperweiterung kommt es, wenn B-Zellen, die für verschiedene Bestandteile eines komplexen Antigens spezifisch sind, von autoreaktiven T-Helferzellen mit einer einzigen Spezifität stimuliert werden.** Bei Patienten mit SLE kommt es zu einer immer weiter um sich greifenden Immunantwort gegen Nucleoproteinantigene, etwa gegen Nucleosomen, die aus Histonen und DNA bestehen und von absterbenden oder sich auflösenden Zellen freigesetzt werden. Das *obere Bild* zeigt, wie ein einzelner Klon von autoreaktiven CD4-T-Zellen zu einer vielfältigen B-Zell-Reaktion auf Bestandteile der Nucleosomen führen kann. Die T-Zelle in der Mitte ist spezifisch für ein bestimmtes Peptid (*rot*) aus dem Linker-Histon H1, das sich auf der Oberfläche der Nucleosomen befindet. Die oberen B-Zellen sind spezifisch für Epitope auf der Oberfläche der Nucleosomen, die in H1 beziehungsweise in der DNA liegen. Sie können daher vollständige Nucleosomen binden und durch Endocytose aufnehmen, die Bestandteile prozessieren und der T-Helferzelle das H1-Peptid präsentieren. Solche B-Zellen werden aktiviert, Antikörper zu produzieren; im Fall einer DNA-spezifischen B-Zelle handelt es sich um Anti-DNA-Antikörper. Die B-Zelle *unten rechts* ist für ein Epitop des Histon H2 spezifisch, das bei einem intakten Nucleosom im Inneren verborgen und dadurch für den B-Zell-Rezeptor unzugänglich ist. Diese B-Zelle bindet Nucleosomen nicht und wird auch nicht von der H1-spezifischen T-Helferzelle aktiviert. Eine B-Zelle, die für eine andere Art von Nucleoproteinpartikel, das Ribosom (das aus RNA und bestimmten ribosomalen Proteinen besteht), spezifisch ist, bindet ebenfalls nicht an das Nucleosom (*unten links*) und wird auch nicht von der T-Zelle aktiviert. In der Realität interagiert eine T-Zelle immer nur mit einer einzigen B-Zelle auf einmal, aber verschiedene Vertreter desselben T-Zell-Klons interagieren mit B-Zellen von unterschiedlicher Spezifität. Das *untere Bild* zeigt die Erweiterung der T-Zell-Reaktion auf das Nucleosom. Die H1-spezifische B-Zelle hat ein vollständiges Nucleosom prozessiert und präsentiert auf ihren MHC-Klasse-II-Molekülen eine Reihe verschiedener Peptidantigene, die aus dem Nucleosom stammen. Diese B-Zelle kann eine T-Zelle aktivieren, die für eines dieser Peptidantigene spezifisch ist, also für die inneren Histone H2, H3 und H4 sowie für H1. Diese H1-spezifische B-Zelle aktiviert jedoch keine T-Zellen, die für Peptidantigene aus Ribosomen spezifisch sind, da Ribosomen keine Histone enthalten

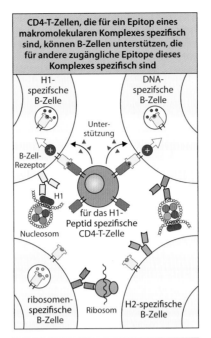

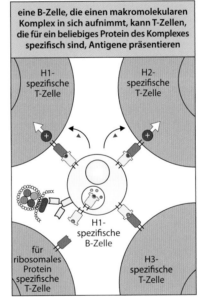

## 15.2.5 Sowohl Antikörper als auch T-Effektorzellen können bei Autoimmunerkrankungen das Gewebe schädigen

Die Symptome einer Autoimmunerkrankung werden von den Effektormechanismen des Immunsystems hervorgerufen, die sich gegen die körpereigenen Gewebe richten. Wie bereits besprochen, wird die Reaktion im Allgemeinen durch das ständige Vorhandensein von neuem Autoantigen verstärkt und aufrechterhalten. Eine Ausnahme dieser allgemeinen Regel ist Diabetes mellitus Typ 1, bei dem die Zielzellen von der Autoimmunreaktion größtenteils oder vollständig zerstört werden. Das führt zu einem Versagen der Produktion von Insulin, das der Homöostase der Glucose dient, und schließlich zu den Symptomen von Diabetes.

Die Mechanismen der Gewebeschädigung hat man früher nach dem gleichen Schema wie bei der Hypersensitivitätsreaktion eingeordnet, das in den frühen 1960er-Jahren noch vor

**Abb. 15.18 Pemphigus vulgaris ist eine Krankheit, bei der sich in der Haut Blasen bilden, hervorgerufen durch Autoantikörper, die für Desmoglein spezifisch sind.** Das Adhäsionsmolekül Desmoglein in den Zellverbindungen, die die Keratinocyten zusammenhalten, ist ein Zelloberflächenprotein mit fünf extrazellulären Domänen (EC1–5; *oben*). In einer frühen Phase der Autoimmunreaktion werden Antikörper gegen die EC5-Domäne von abgelöstem Desmoglein 3 (Dsg-3) produziert, die aber noch keine Krankheit hervorrufen. Im Lauf der Zeit kommt es jedoch zu einer intra- und intermolekularen Epitoperweiterung und es werden IgG-Antikörper gegen die EC1- und EC2-Domänen von Dsg-3 und Dsg-1 erzeugt. Diese Autoantikörper können die Adhäsivität von Desmoglein in den Desmosomen hemmen (*unten*) und dadurch die physiologischen adhäsiven Wechselwirkungen stören, die für die Aufrechterhaltung der Integrität der Haut notwendig sind. In der Folge trennen sich durch die Antikörper die äußeren Hautschichten voneinander, sodass sich Blasen bilden

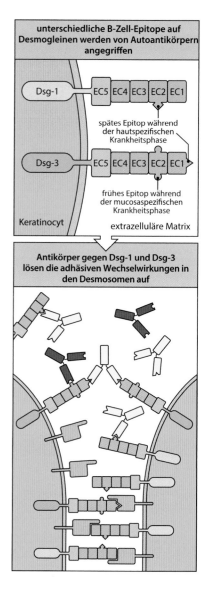

Etablierung einer modernen Auffassung der Immunmechanismen entwickelt wurde (▶ Abb. 15.19; siehe auch Einführung in Kap. 14). Heute erkennen wir jedoch, dass die vorherrschenden Arten der Immunität, die für die Beseitigung der verschiedenen Arten von Krankheitserregern aktiviert werden, die gleichen sind wie diejenigen, die bei der Autoimmunität außer Kontrolle geraten. Bei allen Autoimmunerkrankungen spielen B- und T-Zellen sowie Effektorzellen des angeborenen Immunsystems eine Rolle, selbst in Fällen, in denen eine bestimmte Art von Reaktion bei der Erzeugung der Schäden vorherrschend ist (beispielsweise die Schädigung von Zellen durch Autoantikörper). Das Autoantigen oder die Gruppe von Autoantigenen, gegen die sich die Autoimmunreaktion richtet, und die Mechanismen, durch die das antigentragende Gewebe geschädigt wird, bestimmen zusammen das Krankheitsbild und die klinischen Symptome.

Immunantworten vom Typ 2, die von IgE-Antikörpern vermittelt werden (die man früher als Hypersensitivität vom Typ I bezeichnet hat), verursachen im Allgemeinen allergische oder atopische Entzündungskrankheiten (Kap. 14). Sie spielen bei den meisten Formen von Autoimmunität keine große Rolle. Eine Autoimmunität aber, die Gewebe durch Autoantikörper schädigt – etwa durch die Bindung von IgG oder IgM an Autoantigene auf Zelloberflächen oder auf der extrazellulären Matrix (Hypersensitivitätsreaktionen vom Typ II) beziehungsweise durch die Ablagerung von Immunkomplexen, die aus löslichen Antigenen

Teil V

| einige verbreitete Autoimmunkrankheiten, eingeteilt nach ihren immunpathogenen Mechanismen | | |
|---|---|---|
| **Erkrankung** | **Autoantigen** | **Auswirkungen** |
| **Antikörper gegen Zelloberflächen- oder Matrixantigene** | | |
| autoimmune hämolytische Anämie | Rh-Blutgruppenantigene, I-Antigen | Zerstörung der roten Blutkörperchen durch das Komplementsystem und FcR$^+$-Phagocyten, Anämie |
| autoimmune thrombocytopenische Purpura | Integrin GpIIb:IIIa der Blutplättchen | anormale Blutungen |
| Goodpasture-Syndrom | nichtkollagenöse Domäne des Basismembrankollagens Typ IV | Glomerulonephritis, Blutungen der Lunge |
| Pemphigus vulgaris | epidermales Cadherin | Blasenbildung der Haut |
| akutes rheumatisches Fieber | Zellwandantigene von Streptokokken, Kreuzreaktion der Antikörper mit Herzmuskelzellen | Arthritis, Myocarditis, in der Spätphase Vernarben der Herzklappen |
| **Immunkomplexerkrankungen** | | |
| gemischte essenzielle Kryoglobulinämie | Komplexe aus IgG und Rheumafaktor (mit oder ohne Hepatitis-C-Antigenen) | systemische Vasculitis |
| rheumatoide Arthritis | Komplexe aus IgG und Rheumafaktor | Arthritis |
| **T-Zell-vermittelte Erkrankungen** | | |
| Diabetes mellitus Typ 1 | Antigen auf den β-Zellen des Pankreas | Zerstörung der β-Zellen |
| rheumatoide Arthritis | unbekanntes Antigen in der Synovialmembran der Gelenkkapsel | Entzündung und Schädigung von Gelenken |
| multiple Sklerose | basisches Myelinprotein, Proteolipidprotein, Myelin-Oligodendrocyten-Glykoprotein | Invasion von Gehirn und Rückenmark durch CD4-T-Zellen, Muskelschwäche und andere neurologische Symptome |
| Morbus Crohn | Antigene der kommensalen Mikroflora | regionale Entzündung und Narbenbildung im Darm |
| Psoriasis | unbekannte Hautantigene | Entzündungen der Haut mit Plaquebildung |

**Abb. 15.19 Mechanismen, durch die bei Autoimmunerkrankungen Gewebeschäden entstehen.** Autoimmunerkrankungen lassen sich einteilen entsprechend der Art der vorherrschenden Immunantwort und dem Mechanismus, der die Gewebe schädigt. Bei vielen Autoimmunerkrankungen treten mehrere immunpathologische Mechanismen parallel auf. Dies lässt sich am Beispiel der rheumatoiden Arthritis veranschaulichen, die unter mehr als einem immunpathologischen Mechanismus aufgeführt ist

und den zugehörigen Autoantikörpern bestehen (Hypersensitivitätsreaktionen vom Typ III) – geht anscheinend häufig mit einer deregulierten Typ-3-Immunität ($T_H17$) oder Typ-1-Immunität ($T_H1$) einher. Oder es entstehen unabhängig von T-Zellen IgM-produzierende B-Zellen. Da antikörpervermittelte Schädigungen gegen einen bestimmten Zelltyp

Teil V

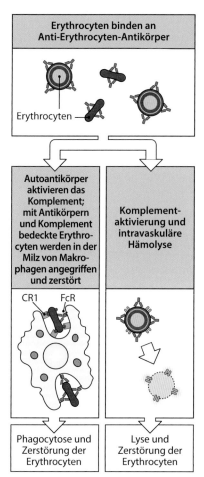

**Erythrocyten binden an Anti-Erythrocyten-Antikörper**

Erythrocyten

**Autoantikörper aktivieren das Komplement; mit Antikörpern und Komplement bedeckte Erythrocyten werden in der Milz von Makrophagen angegriffen und zerstört**

CR1    FcR

**Komplementaktivierung und intravaskuläre Hämolyse**

Phagocytose und Zerstörung der Erythrocyten

Lyse und Zerstörung der Erythrocyten

**Abb. 15.20 Antikörper gegen Zelloberflächenantigene können Zellen zerstören.** Bei der autoimmunen hämolytischen Anämie werden die roten Blutkörperchen (Erythrocyten), die mit IgG-Autoantikörpern gegen ein Zelloberflächenantigen bedeckt sind (*oben*), über die Aufnahme durch Fc-Rezeptortragende Makrophagen vor allem in der Milz schnell aus dem Blutkreislauf entfernt (*unten links*). Erythrocyten, die mit IgM-Autoantikörpern bedeckt sind, binden C3 und werden von CR1-tragenden Makrophagen ebenfalls im fixierten mononucleären Phagocytensystem zerstört (nicht dargestellt). Die Aufnahme und die Beseitigung der roten Blutkörperchen durch diese Mechanismen finden vor allem in der Milz statt. Die Bindung bestimmter seltener Autoantikörper, die das Komplement besonders effizient fixieren, führt zur Bildung von membranangreifenden Komplexen auf den roten Blutkörperchen, was in den Blutgefäßen zu einer Hämolyse führt (*unten rechts*).

oder gegen ein bestimmtes Gewebe gerichtet sein können (etwa bei der autoimmunen Thyreoiditis) oder es dabei zur Ablagerung von Immunkomplexen in spezifischen Regionen der Blutgefäße kommt (wie bei der rheumatoiden Arthritis), kann eine Erkrankung organspezifisch oder systemisch sein. Bei einigen Formen der Autoimmunität, etwa beim SLE, rufen Autoantikörper durch beide Mechanismen Schäden hervor. Schließlich sind auch einige organspezifische Autoimmunkrankheiten auf eine Typ-1-Immunantwort zurückzuführen, bei der die $T_H1$- und/oder die cytotoxischen T-Zellen direkt Gewebeschäden verursachen (Hypersensitivität vom Typ IV, beispielsweise Diabetes mellitus Typ 1). Andererseits werden einige dieser Erkrankungen auch von Typ-3-Immunantworten hervorgerufen, bei denen $T_H17$-Zellen Entzündungen an Gewebebarrieren fördern (beispielsweise Psoriasis oder Morbus Crohn).

Bei den meisten Autoimmunerkrankungen sind mehrere Mechanismen der Immunpathogenese involviert. Das bedeutet, dass fast immer T-Helferzellen für die Produktion von pathogenen Autoantikörpern erforderlich sind. Umgekehrt besitzen B-Zellen häufig eine wichtige Funktion für die maximale Aktivierung von T-Zellen, die Gewebeschäden hervorrufen oder die Produktion von Autoantikörpern unterstützen. So führen beispielsweise bei Diabetes mellitus Typ 1 und rheumatoider Arthritis sowohl die von T-Zellen als auch von Antikörpern vermittelten Reaktionswege zu Gewebeschäden. SLE ist ein Beispiel für eine Autoimmunerkrankung, von der man ursprünglich annahm, dass sie nur von Antikörpern und Immunkomplexen verursacht wird. Heute weiß man jedoch, dass auch eine Komponente der Pathogenese von T-Zellen hervorgerufen wird. Darüber hinaus tragen bei praktisch allen Autoimmunkrankheiten die angeborenen Immunzellen zur Entzündung und zu Gewebeschäden bei, die von Antikörpern oder T-Zellen verursacht werden. Wir untersuchen zuerst, wie Autoantikörper das Gewebe schädigen, und beschäftigen uns dann mit den Reaktionen von autoreaktiven T-Zellen und ihrer Bedeutung bei Autoimmunkrankheiten.

### 15.2.6 Autoantikörper gegen Blutzellen fördern deren Zerstörung

IgG- oder IgM-Reaktionen gegen Antigene an der Oberfläche von Blutzellen führen zu einer schnellen Zerstörung dieser Zellen. Ein Beispiel dafür ist die **autoimmune hämolytische Anämie**. Bei dieser Krankheit lösen Antikörper gegen Autoantigene auf den roten Blutkörperchen die Zerstörung der Zellen aus, was zu einer Anämie führt. Dies kann durch zwei verschiedene Mechanismen geschehen (▶ Abb. 15.20). Rote Blutkörperchen mit daran gebundenen IgG- oder IgM-Antikörpern werden durch Wechselwirkung mit Fc- beziehungsweise Komplementrezeptoren auf Zellen des mononucleären Phagocytensystems schnell aus dem Blutkreislauf entfernt. Dies erfolgt besonders in der Milz. Außerdem können die durch Autoantikörper empfindlicher gewordenen Zellen lysiert werden, indem der membranangreifende Komplex des Komplementsystems gebildet wird. Bei der **autoimmunen thrombocytopenischen Purpura** wird die Thrombocytopenie (der Mangel an Blutplättchen) durch Autoantikörper gegen den GpIIb:IIIa-Fibrinogenrezeptor oder andere für Blutplättchen spezifische Oberflächenantigene verursacht; dadurch kann es zu inneren Blutungen kommen.

Eine Lyse von kernhaltigen Zellen kommt seltener vor, weil diese besser durch komplementregulatorische Proteine geschützt sind. Diese Proteine schützen Zellen gegen Angriffe des Immunsystems, indem sie die Aktivierung von Komponenten des Komplementsystems stören (Abschn. 2.2.11). Dennoch werden kernhaltige Zellen, die von Autoantikörpern angegriffen wurden, von Zellen des mononucleären Phagocytensystems oder NK-Zellen über die antikörperabhängige zellvermittelte Cytotoxizität (ADCC) zerstört. Autoantikörper gegen Neutrophile bewirken eine Neutropenie und damit eine erhöhte Anfälligkeit für eitrige Infektionen. In all diesen Fällen wird der Zellmangel durch eine beschleunigte Beseitigung der von Autoantikörpern sensibilisierten Zellen bewirkt. Eine mögliche Behandlung dieser Form der Autoimmunität ist die chirurgische Entfernung der Milz, also des Organs, in dem die roten Blutkörperchen, Blutplättchen und Leukocyten vor allem abgebaut werden. Eine weitere mögliche Behandlung ist die Verabreichung von großen Mengen an unspezifischen IgG-Antikörpern (intravenöse Immunglobuline, IVIGs). Dadurch wird unter anderem die Fc-Rezeptor-vermittelte Aufnahme antikörperbedeckter Zellen blockiert und es werden inhibitorische Fc-Rezeptoren aktiviert, die die Produktion inflammatorischer Mediatoren durch myeloische Zellen unterdrücken.

## 15.2.7 Die Bindung von geringen, nichtlytischen Mengen des Komplements an Gewebezellen führt zu starken Entzündungsreaktionen

Es gibt verschiedene Mechanismen, durch die eine Bindung von IgG- oder IgM-Autoantikörpern an Gewebezellen zu entzündlichen Schädigungen führen kann. Dazu gehört auch die Bindung des Komplementsystems. Kernhaltige Zellen sind zwar gegen die Lyse durch das Komplement relativ resistent, aber der Zusammenbau von ungefährlichen Mengen des membranangreifenden Komplexes an ihrer Oberfläche bildet einen hochgradigen Aktivierungsreiz. Bei bestimmten Zelltypen kann diese Wechselwirkung zur Ausschüttung von Cytokinen, zu einem respiratorischen Burst oder zur Mobilisierung von Membranphospholipiden führen, sodass Arachidonsäure entsteht, ein Vorstufenmolekül von Prostaglandinen und Leukotrienen (Lipidmediatoren von Entzündungen).

Die meisten Zellen im Geweberverband sind an einen Ort gebunden, und Zellen des Entzündungssystems werden von ihnen durch Chemoattraktoren angelockt. Ein solches Attraktormolekül ist beispielsweise das Komplementfragment C5a, das als Ergebnis der Komplementaktivierung freigesetzt wird, die wiederum durch die Bindung von Autoantikörpern erfolgt. Andere Chemoattraktoren wie das Leukotrien B4 werden von Zellen freigesetzt, die von Autoantikörpern angegriffen wurden. Inflammatorische Leukocyten werden darüber hinaus durch die Bindung der Fc-Region von Autoantikörpern und durch gebundene C3-Komplementfragmente auf den Zellen aktiviert. Gewebeschäden können durch die Produkte der aktivierten Leukocyten oder durch die antikörperabhängige Cytotoxizität der natürlichen Killerzellen (NK-Zellen) (Abschn. 10.3.3) entstehen.

Die Hashimoto-Thyreoiditis ist vermutlich ein Beispiel für diesen Typ von Autoimmunreaktion. Bei ihr findet man über längere Zeiträume hinweg extrem hohe Konzentrationen von Autoantikörpern gegen gewebespezifische Antigene. Wie wir später sehen werden, ist bei dieser Krankheit möglicherweise auch eine direkte, von T-Zellen vermittelte Cytotoxizität von Bedeutung.

## 15.2.8 Autoantikörper gegen Rezeptoren verursachen Krankheiten, indem sie die Rezeptoren stimulieren oder blockieren

Eine Autoimmunkrankheit kann auch entstehen, wenn Autoantikörper an Rezeptormoleküle auf der Zelloberfläche binden. Dadurch wird der Rezeptor entweder stimuliert oder seine Aktivierung durch den natürlichen Liganden verhindert. Bei der Basedow-Krankheit (*Graves' disease*) bewirken Autoantikörper gegen den Rezeptor für das schilddrüsenstimulierende Hormon (*thyroid stimulating hormone*, TSH) auf Schilddrüsenzellen eine Überproduktion von Schilddrüsenhormonen. Die Erzeugung der Schilddrüsenhormone unterliegt normalerweise einer Rückkopplungsregulation (*feedback regulation*). Ein hoher Hormonspiegel hemmt die Freisetzung von TSH in der Hypophyse. Bei der Basedow-Krankheit funktioniert die Rückkopplung jedoch nicht, da die Autoantikörper den TSH-Rezeptor auch ohne Vorhandensein von TSH stimulieren, sodass die Patienten eine Schilddrüsenüberfunktion entwickeln (Hyperthyreose; ▶ Abb. 15.21).

Bei der Myasthenia gravis werden Autoantikörper gegen die $\alpha$-Kette des Acetylcholinrezeptors, der sich auf Skelettmuskelzellen der neuromuskulären Endplatte befindet, gebildet und blockieren die Anregung der Muskelkontraktion. Vermutlich fördern die Anti-

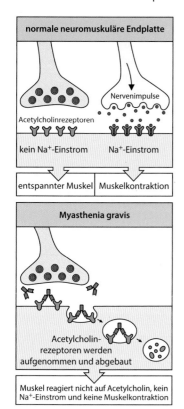

**Abb. 15.22 Bei der Myasthenia gravis hemmen Autoantikörper die Rezeptorfunktion.** Normalerweise wird Acetylcholin von angeregten motorischen Nerven an der neuromuskulären Endplatte freigesetzt, bindet an Acetylcholinrezeptoren auf Skelettmuskelzellen und löst so die Muskelkontraktion aus (*oben*). Die Myasthenia gravis wird durch Autoantikörper gegen die α-Untereinheit des Acetylcholinrezeptors verursacht. Diese Antikörper binden an den Rezeptor, ohne ihn zu aktivieren, und verursachen seine Aufnahme in die Zelle, wo er abgebaut wird (*unten*). Da auf diese Weise die Anzahl der Rezeptoren auf den Muskelzellen abnimmt, spricht der Muskel immer schlechter auf das von den motorischen Neuronen ausgeschüttete Acetylcholin an

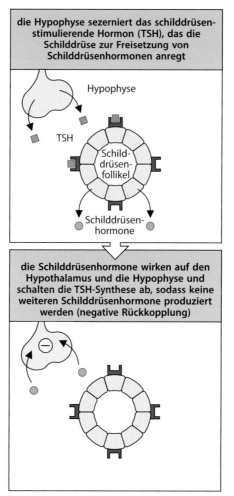

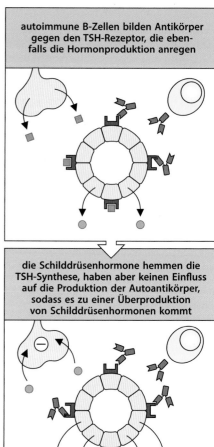

**Abb. 15.21 Bei der Basedow-Krankheit ist die Rückkopplungsregulation der Schilddrüsenhormonproduktion unterbrochen.** Die Basedow-Krankheit wird durch Antikörper verursacht, die spezifisch gegen den Rezeptor für das schilddrüsenstimulierende Hormon (TSH) gerichtet sind. Normalerweise werden die Schilddrüsenhormone nach der Stimulation durch TSH produziert und hemmen indirekt ihre eigene Synthese, indem sie in der Hypophyse die Produktion von TSH verringern (*links*). Bei der Basedow-Krankheit wirken die Autoantikörper als Agonisten für den TSH-Rezeptor und regen dadurch die Produktion von Schilddrüsenhormonen an (*rechts*). Die Schilddrüsenhormone hemmen, wie es normal ist, die TSH-Produktion, haben jedoch keinen Einfluss auf die Synthese von Autoantikörpern. Der auf diese Weise verursachte Überschuss an Schilddrüsenhormonen führt zum Krankheitsbild der Hyperthyreose

körper auch die Aufnahme der Rezeptoren in die Zelle und ihren intrazellulären Abbau (▸ Abb. 15.22). Bei Patienten mit Myasthenia gravis kommt es als Folge der Erkrankung zu einer fortschreitenden und potenziell tödlich verlaufenden Schwächung des Körpers. In ▸ Abb. 15.23 sind Krankheiten aufgeführt, die durch agonistisch oder antagonistisch wirkende Autoantikörper gegen Rezeptoren auf der Zelloberfläche verursacht werden.

### 15.2.9 Autoantikörper gegen extrazelluläre Antigene verursachen entzündliche Schädigungen

Antikörperreaktionen gegen Moleküle der extrazellulären Matrix sind zwar selten, können aber großen Schaden anrichten. Beim **Goodpasture-Syndrom** werden Antikörper gegen

| Erkrankungen, die von Antikörpern gegen Zelloberflächenrezeptoren verursacht werden | | | | |
|---|---|---|---|---|
| **Erkrankung** | **Antigen** | **Antikörper** | **Auswirkungen** | **Zielzellen** |
| Basedow-Krankheit | TSH-Rezeptor | Agonist | Hyperthyreose | Schilddrüsen-epithelzelle |
| Myasthenia gravis | Acetylcholin-rezeptor | Antagonist | progressive Muskelschwäche | Muskelzelle |
| insulinresistenter Diabetes (Diabetes mellitus Typ 2) | Insulinrezeptor | Antagonist | Hyperglykämie, Ketoacidose | alle Zellen |
| Hypoglykämie | Insulinrezeptor | Agonist | Hypoglykämie | alle Zellen |
| chronische Urticaria | rezeptorgebundenes IgE oder IgE-Rezeptor | Agonist | chronischer juckender Ausschlag | Mastzellen |

**Abb. 15.23 Autoimmunerkrankungen, die durch Antikörper gegen Rezeptoren auf der Zelloberfläche verursacht werden.** Solche Antikörper verursachen unterschiedliche Krankheitsbilder, je nachdem, ob sie agonistisch wirken, das heißt, den Rezeptor stimulieren, oder antagonistisch, ihn also hemmen. Man beachte, dass verschiedene Autoantikörper gegen den Insulinrezeptor die Signalübertragung entweder stimulieren oder hemmen können

die $\alpha_3$-Kette des Basalmembrankollagens (Typ-IV-Kollagen) gebildet. Diese Antikörper binden an die Basalmembranen der Nierenglomeruli (▶ Abb. 15.24) und in einigen Fällen an die Basalmembranen der Lungenalveolen. Dies führt ohne Behandlung zu einer schnell und tödlich verlaufenden Krankheit. Die an die Basalmembran gebundenen Autoantikörper vernetzen Fcγ-Rezeptoren auf angeborenen Effektorzellen, etwa auf Monocyten und neutrophilen Zellen, und aktivieren sie dadurch. Diese Zellen setzen daraufhin Chemokine frei, die einen weiteren Zustrom von Monocyten und neutrophilen Zellen in die Glomeruli bewirken, sodass es zu schweren Gewebeschäden kommt. Die Autoantikörper verursachen auch eine lokale Aktivierung des Komplementsystems, was die Gewebeschädigung wahrscheinlich noch verstärkt.

Immunkomplexe entstehen bei einer Antikörperreaktion gegen ein lösliches Antigen. Normalerweise verursachen solche Komplexe nur eine geringe Schädigung des Gewebes, da sie von roten Blutkörperchen mit ihren Komplementrezeptoren und von mononucleären Phagocyten, die Komplement- und Fc-Rezeptoren tragen, effektiv beseitigt werden. Unter bestimmten Bedingungen kann dieses Schutzsystem jedoch versagen, wenn die Produktion der Immunkomplexe die Kapazitäten der Beseitigungsmechanismen übersteigt oder wenn diese Mechanismen einen Defekt aufweisen. Ein Beispiel für Ersteres ist die Serumkrankheit (Abschn. 14.3.2), die entsteht, wenn man Serumproteine in großen Mengen injiziert oder wenn niedermolekulare Wirkstoffe an Serumproteine binden und als Haptene wirken. Die Serumkrankheit ist eine vorübergehende Erkrankung, die nur solange anhält, bis die Immunkomplexe beseitigt worden sind. Entsprechend können die normalen Schutzmechanismen bei chronischen Infektionen überfordert sein, etwa bei einer bakteriellen Endocarditis, bei der die Immunantwort, die sich gegen Bakterien auf einer Herzklappe richtet, nicht in der Lage ist, die Infektion zu beseitigen. Die ständige Freisetzung von Bakterienantigenen aus dem Infektionsherd an der Herzklappe in Gegenwart einer starken Antikörperreaktion gegen die Bakterien verursacht ausgedehnte Immunkomplexschädigungen kleiner Blutgefäße in Organen wie der Niere und der Haut. Andere chronische Infektionen wie Hepatitis C können die Produktion von Kryoglobulinen und dadurch eine **gemischte essenzielle Kryoglobulinämie** hervorrufen. Dabei werden Immunkomplexe in Gelenken und Geweben abgelagert. Außerdem kann eine vererbbare Störung von Mechanismen auftreten, die normalerweise zur Beseitigung der Immunkomplexe beitragen. Eine solche Störung kann durch eine geringere Expression oder funktionelle Defekte spezifischer Komponenten des Komplementsystems oder deren

Teil V

**Abb. 15.24 Autoantikörper, die mit der Basalmembran der Glomeruli reagieren, verursachen eine entzündliche Erkrankung dieser Strukturen, die man als Goodpasture-Syndrom bezeichnet.** Die beiden *oberen Bilder* enthalten eine schematische Darstellung der antikörpervermittelten Schädigung eines Glomerulus in der Niere. Der Autoantikörper bindet an Typ-IV-Kollagen in der Basalmembran der Glomeruluskapillaren. Dadurch wird das Komplementsystem aktiviert und neutrophile Zellen werden angelockt und aktiviert. *Drittes Bild*: Schnitt durch einen Nierenglomerulus in einer durch Biopsie gewonnenen Gewebeprobe eines Patienten mit dem Goodpasture-Syndrom. Mithilfe der Immunfluoreszenzfärbung wurden die IgG-Ablagerungen im Glomerulus sichtbar gemacht. Anti-Glomerulusbasalmembran-Antikörper (*grün*) haben an die Glomerulusbasalmembran gebunden und sind als *grüne Linien* sichtbar. Das unterste Bild zeigt einen mit Hämatoxylin und Eosin gefärbten Schnitt durch einen Nierenglomerulus. Man erkennt, dass die Glomeruluskapillaren (G) durch einen Ring (R) von proliferierenden Epithelzellen und einer Invasion von Neutrophilen (N) und Monocyten (M) zusammengedrückt werden. Die Zellen füllen die urinsammelnde Bowman-Kapsel aus, die die Glomeruluskapillaren umgibt

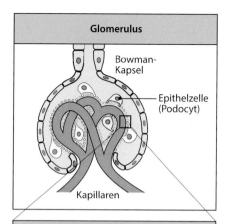

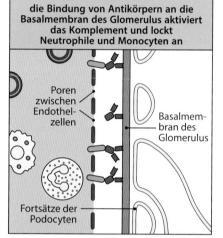

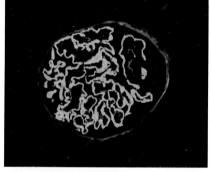

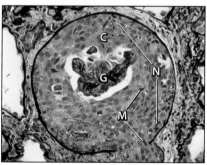

Rezeptoren beziehungsweise bei Fc-Rezeptoren hervorgerufen werden; das betrifft beispielsweise Patienten mit SLE.

Der systemische Lupus erythematodes (SLE) ist entweder auf eine Überproduktion oder auf eine unzureichende Beseitigung von Immunkomplexen oder auf beides zurückzuführen (▶ Abb. 15.25). Bei dieser Krankheit kommt es zu einer chronischen Produktion von IgG-Antikörpern gegen ubiquitäre körpereigene Antigene, die in kernhaltigen Zellen vorkommen. Dabei entsteht ein breites Spektrum an Autoantikörpern gegen normale Zellbestandteile. Die Hauptantigene sind drei intrazelluläre Nucleoproteinpartikel – das Nucleosom als Untereinheit des Chromatins, das Spleißosom und der kleine cytoplasma-

**Abb. 15.25  Wenn die Beseitigung von nucleinsäurehaltigen Immunkomplexen gestört ist, kommt es zu einer Überproduktion von BAFF und Typ-I-Interferonen, die einen SLE hervorrufen können.** Man nimmt an, dass beim SLE Antikörper:Nucleinsäure-Komplexe, die beispielsweise ssRNA oder dsDNA aus toten Zellen enthalten, von FcγRIIa (*grüne Striche*) auf plasmacytoiden dendritischen Zellen gebunden werden. Die an den Fc-Rezeptor gebundene ssRNA- und dsDNA-Moleküle werden in Endosomen überführt, wo sie TLR-7 beziehungsweise TLR-9 aktivieren, sodass die Produktion von IFN-α in Gang gesetzt wird (*oben*). IFN-α erhöht die Expression von BAFF durch Monocyten und dendritische Zellen und BAFF interagiert mit Rezeptoren auf B-Zellen. Durch einen BAFF-Überschuss können autoreaktive B-Zellen besser überleben, sodass mehr autoreaktive Antikörper produziert werden (*unten*)

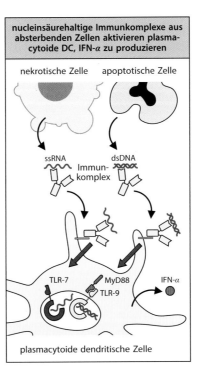

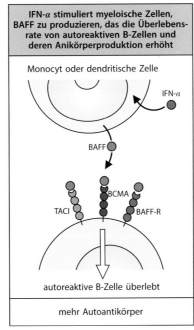

tische Ribonucleoproteinkomplex, der die beiden Proteine Ro und La enthält (die Bezeichnungen entsprechen den ersten beiden Buchstaben der Namen der Patienten, bei denen man sie entdeckt hat). Damit diese Autoantigene zur Bildung der Immunkomplexe beitragen können, müssen sie außerhalb der Zelle vorliegen. Die Autoantigene gelangen beim SLE aus toten oder absterbenden Zellen nach außen und werden aus verletzten Geweben freigesetzt.

Beim SLE sind ständig große Mengen des Antigens vorhanden. Dementsprechend werden unaufhörlich viele kleine Immunkomplexe gebildet, die sich in den Wänden kleiner Blutgefäße in der Basalmembran der Nierenglomeruli, in Gelenken und anderen Organen ablagern (▶ Abb. 15.26). Das führt dazu, dass die Fc-Rezeptoren der Phagocyten aktiviert werden. Beim Menschen ist die Entwicklung eines SLE eng mit einem Defekt einiger Komplementproteine, insbesondere bei C1q, C2 und C4, gekoppelt. C1q, C2 und C4 sind Komponenten in der frühen Phase des klassischen Komplementwegs, der für die antikörperabhängige Beseitigung von apoptotischen Zellen und Immunkomplexen von Bedeutung ist (Kap. 2). Wenn apoptotische Zellen und Immunkomplexe nicht entfernt werden, nimmt die Wahrscheinlichkeit zu, dass autoreaktive Lymphocyten mit niedriger Affinität in der Peripherie aktiviert werden. Durch die zwangsläufige Gewebeschädigung werden weitere Nucleoproteinkomplexe freigesetzt, sodass noch mehr Immunkomplexe entstehen. Während dieses Vorgangs werden autoreaktive T-Zellen aktiviert, wobei über deren Spezifität noch wenig bekannt ist. Die Versuchstiermodelle für SLE können ohne die Mitwirkung von T-Zellen nicht aktiviert werden und T-Zellen können auch direkt pathogen wirken, indem sie einen Teil der zellulären Infiltrate in der Haut und in den Nieren bilden. Wie wir im nächsten Abschnitt besprechen werden, tragen T-Zellen auf zwei Weisen zu Autoimmunreaktionen bei: indem sie entsprechend einer normalen T-Zell-abhängigen Immunantwort B-Zellen unterstützen, Antikörper zu produzieren, sowie durch ihre direkte Effektorfunktionen, da sie in Zielgewebe eindringen und diese zerstören.

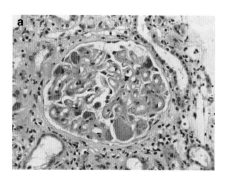 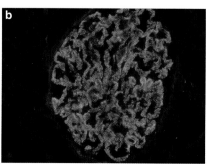 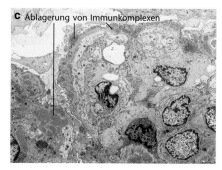

**Abb. 15.26 Die Ablagerung von Immunkomplexen in den Glomeruli der Niere führt beim systemischen Lupus erythematodes (SLE) zum Nierenversagen. a** zeigt einen Schnitt durch einen Nierenglomerulus eines Patienten mit SLE. Die Ablagerung von Immunkomplexen beim SLE verursacht eine Verdickung der Basalmembran in den Glomeruli, erkennbar an den hellen „Kanälen", die sich durch den Glomerulus ziehen. **b** ist ein ähnlicher Schnitt, der allerdings mit fluoreszenzgekoppelten Anti-Immunglobulin-Antikörpern gefärbt wurde. Dadurch lassen sich die Immunglobuline in den Ablagerungen auf der Basalmembran sichtbar machen. Im elektronenmikroskopischen Bild (**c**) sind dichte Proteinablagerungen zwischen der Basalmembran der Glomeruli und den Nierenepithelzellen zu erkennen. Polymorphkernige neutrophile Leukocyten sind ebenfalls vorhanden. Sie wurden durch die abgelagerten Immunkomplexe angelockt. (Fotos mit freundlicher Genehmigung von H. T. Cook und M. Kashgarian)

## 15.2.10 T-Zellen mit einer Spezifität für körpereigene Antigene können unmittelbar Gewebeschädigungen hervorrufen und bewirken die Aufrechterhaltung von Autoantikörperreaktionen

Früher war es aus verschiedenen Gründen schwieriger, die Existenz von autoimmunen T-Zellen nachzuweisen, als das Vorliegen von Autoantikörpern. Erstens kann man autoimmune T-Zellen des Menschen nicht dazu verwenden, Krankheiten auf Labortiere zu übertragen, da die T-Zell-Erkennung MHC-abhängig ist. Zweitens ist es zwar möglich, körpereigene Gewebe mit Autoantikörpern anzufärben, um die Verteilung der Autoantigene dazustellen, mit T-Zellen geht so etwas allerdings nicht. Mithilfe von fluoreszenzmarkierten Peptid:MHC-Tetrameren (Anhang I, Abschn. A.24), mit denen sich antigenspezifische T-Zellen für die Durchflusscytometrie färben lassen, kann man inzwischen jedoch bei Autoimmunkrankheiten autoreaktive T-Zellen *in vivo* sowohl identifizieren als auch verfolgen. Darüber hinaus gibt es viele Hinweise darauf, dass autoreaktive T-Zellen bei verschiedenen Autoimmunerkrankungen eine Rolle spielen. Beim Diabetes mellitus Typ 1 zerstören spezifische T-Zellen selektiv die insulinproduzierenden $\beta$-Inselzellen des Pankreas. Das bestätigt der Befund, dass in den seltenen Fällen, in denen man einem solchen Patienten eine halbe Bauchspeicheldrüse von einem genetisch identischen Zwilling als Spender übertragen hat, die $\beta$-Zellen im transplantierten Gewebe rasch und selektiv von den T-Zellen des Empfängers zerstört wurden. Ein Krankheitsrückfall kann aber durch der immunsuppressive Wirkstoff Ciclosporin (Kap. 16) verhindert werden, der die T-Zell-Aktivierung unterbindet.

Autoantigene, die von CD4-T-Zellen erkannt werden, lassen sich identifizieren, indem man Zellen oder Gewebe zu Kulturen von mononucleären Blutzellen gibt und die Erkennung durch CD4-T-Zellen testet, die von dem Patienten mit der Autoimmunerkrankung stammen. Wenn das Autoantigen vorhanden ist, sollte es von autoreaktiven CD4-T-Zellen effektiv erkannt werden. Die Identifizierung von Autoantigenpeptiden ist bei Autoimmunerkrankungen besonders schwierig, an denen CD8-T-Zellen beteiligt sind, da Autoantigene, die CD8-T-Zellen erkennen, in solchen Kulturen nicht sehr effektiv präsentiert werden. Peptide, die von MHC-Klasse-I-Molekülen präsentiert werden, müssen normalerweise von den Zielzellen selbst erzeugt werden (Kap. 6). Deshalb muss man intakte Zellen aus dem Zielgewebe des Patienten verwenden, um autoreaktive CD8-T-Zellen zu untersuchen, die die Gewebeschäden verursachen. Andererseits kann die Pathogenese der Krankheit selbst Hinweise geben, um bei einigen von CD8-T-Zellen verursachten Krankheiten das Antigen zu identifizieren. So werden beispielsweise bei Diabetes mellitus Typ 1 die insulinproduzierenden $\beta$-Zellen offenbar von CD8-T-Zellen spezifisch angegriffen und zerstört (▶ Abb. 15.27). Das deutet darauf hin, dass ein Protein, das nur bei den $\beta$-Zellen vorkommt, der Ursprung für das Peptid ist, welches die pathogenen CD8-T-Zellen erkennen. Untersuchungen mit dem NOD-Mausmodell (NOD für *non obese diabetic*) für einen Diabetes mellitus Typ 1 haben gezeigt, dass Peptide aus dem Insulin selbst von den pathogenen CD8-T-Zellen erkannt werden. Hiermit wird bestätigt, dass Insulin tatsächlich eines der hauptsächlichen Autoantigene im Diabetesmodell ist.

**Multiple Sklerose (MS)** ist eine von T-Zellen verursachte Krankheit des Nervensystems, die durch eine zerstörerische Immunantwort gegen Myelinantigene aus dem Zentralnervensystem hervorgerufen wird, etwa gegen das basische Myelinprotein (MBP), das Proteolipidprotein (PLP) und das Myelin-Oligodendrocyten-Glykoprotein (MOG) (▶ Abb. 15.28). Die Bezeichnung der Krankheit beruht auf den harten (sklerotischen) Läsionen (Plaques), die sich in der weißen Substanz bilden. Diese Läsionen entstehen durch die Auflösung des Myelins, das normalerweise die Axone der Nerven umhüllt, einhergehend mit entzündlichen Infiltraten aus Lymphocyten und Makrophagen, vor allem entlang von Blutgefäßen. Patienten mit multipler Sklerose können eine Reihe verschiedener neurologischer Symptome wie Muskelschwäche, Bewegungskoordinationsstörungen (Ataxie), Blindheit und Lähmung der Gliedmaßen entwickeln. Lymphocyten und andere Blutzellen durchqueren die Blut-Hirn-Schranke normalerweise nur in geringer Anzahl,

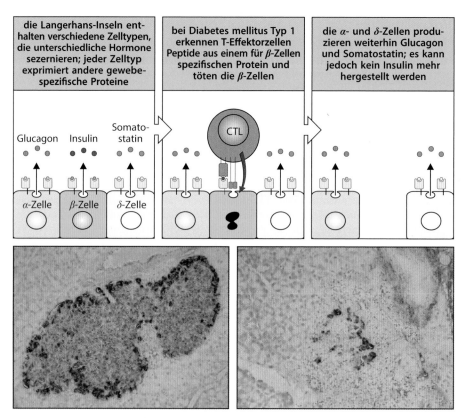

| die Langerhans-Inseln enthalten verschiedene Zelltypen, die unterschiedliche Hormone sezernieren; jeder Zelltyp exprimiert andere gewebespezifische Proteine | bei Diabetes mellitus Typ 1 erkennen T-Effektorzellen Peptide aus einem für β-Zellen spezifischen Protein und töten die β-Zellen | die α- und δ-Zellen produzieren weiterhin Glucagon und Somatostatin; es kann jedoch kein Insulin mehr hergestellt werden |

**Abb. 15.27 Die selektive Zerstörung der β-Zellen des Pankreas beim Diabetes mellitus Typ 1 deutet darauf hin, dass das Autoantigen in den β-Zellen produziert und auf ihrer Oberfläche exprimiert wird.** Beim Diabetes mellitus Typ 1 werden insulinproduzierende β-Zellen in den Langerhans-Inseln des Pankreas mit hoher Spezifität zerstört, während andere Zelltypen der Inseln (α und δ) verschont bleiben. Dies ist schematisch in den *oberen Bildern* dargestellt. Die Fotos zeigen Langerhans-Inseln von gesunden Mäusen (*links*) und solchen mit Diabetes (*rechts*). Das Insulin und damit die β-Zellen sind braun angefärbt; schwarz gefärbt ist das Glucagon und damit die α-Zellen. Man beachte die Lymphocyten, die in die Inseln der Maus mit Diabetes (*rechts*) eindringen und die selektive Zerstörung der β-Zellen, nicht aber der α-Zellen (*schwarz*) verursachen. Mit dem Verlust der β-Zellen verlieren die Inseln auch ihr charakteristisches morphologisches Erscheinungsbild. (Fotos mit freundlicher Genehmigung von I. Visintin)

wenn diese Barriere aber zusammenbricht, können aktivierte CD4-T-Zellen, die für Myelinantigene spezifisch sind und $\alpha_4:\beta_1$-Integrin exprimieren, an vaskuläre Adhäsionsmoleküle (*vascular cell adhäsion molecules*, VCAMs) auf der Oberfläche des aktivierten Venolenendothels binden (Abschn. 11.2.1). So ist es den T-Zellen möglich, das Blutgefäß zu verlassen. Sie treffen dann wieder auf ihr spezifisches Autoantigen, das von MHC-Klasse-II-Molekülen auf infiltrierenden Makrophagen oder Mikrogliazellen präsentiert wird (▶ Abb. 14.27). (Mikrogliazellen sind makrophagenähnliche Phagocyten, die sich im Nervensystem befinden.) Die Entzündung verursacht eine erhöhte Durchlässigkeit der Blutgefäße und der betroffene Bereich wird stark von $T_H17$-Zellen und CD4-$T_H1$-Effektorzellen infiltriert. Diese produzieren IL-17, IFN-$\gamma$ und GM-CSF. Die von diesen T-Effektorzellen produzierten Cytokine und Chemokine locken wiederum myeloische Zellen an und aktivieren sie, sodass sich die Entzündung noch verstärkt und weitere T-Zellen, B-Zellen und angeborene Immunzellen zur Läsionsstelle gelenkt werden. Autoreaktive B-Zellen produzieren mit Unterstützung der T-Zellen Autoantikörper gegen Myelinantigene. Diese Aktivitäten führen zusammen zur Demyelinisierung und zur Störung der neuronalen Funktion.

Der klinische Verlauf der MS veranschaulicht zum einen, was sich auch bei anderen Autoimmunkrankheiten beobachten lässt, und zum anderen, wie die Gewebespezifität solcher Erkrankungen deren Verlauf bestimmt. Bei den meisten MS-Patienten verläuft die Krank-

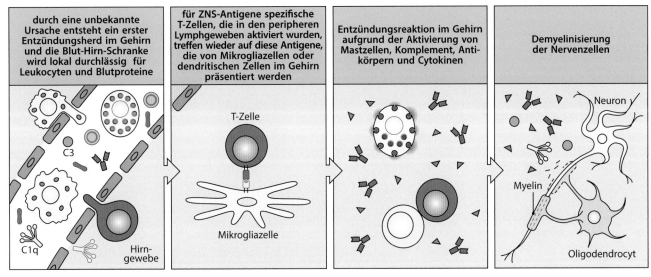

**Abb. 15.28 Die Pathogenese der multiplen Sklerose.** An Entzündungsherden können aktivierte T-Zellen, die für Gehirnantigene autoreaktiv sind, die Blut-Hirn-Schranke durchqueren und in das Gehirn eindringen, wo sie auf Mikrogliazellen wieder mit ihren Antigenen in Kontakt kommen und Cytokine (beispielsweise IFN-$\gamma$) freisetzen. Die Produktion von Cytokinen durch T-Zellen und Makrophagen verstärkt die Entzündung und bewirkt einen weiteren Zustrom von Blutzellen (etwa Makrophagen, dendritische Zellen und B-Zellen) sowie Blutproteinen (etwa des Komplementsystems) in den betroffenen Bereich. Auch Mastzellen werden aktiviert. Über die jeweiligen Beiträge der einzelnen Komponenten bei der Demyelinisierung und beim Verlust der neuronalen Funktion weiß man noch wenig. ZNS, Zentralnervensystem

heit in Form von akuten Anfällen (Rezidiven) mit einer anschließenden Verringerung der Krankheitsaktivität (Remission), die dann Monate oder Jahre lang andauern kann. Dieser Verlauf aus Wiederkehr und Abklingen der Krankheit ist ein Kennzeichen von vielen Autoimmunkrankheiten (neben MS beispielsweise Morbus Crohn und rheumatoide Arthritis). Das betrifft sowohl die Symptome, die die Patienten erleben, als auch das Ausmaß der Infiltration durch Immunzellen in dem betroffenen Organ. Nicht nur ist der Auslöser der Rezidivanfälle teilweise unbekannt, sondern es müssen auch die Ereignisse, die zu einem spontanen Abklingen der Erkrankung führen – selbst wenn das Autoantigen weiterhin in dem Organ vorhanden ist – genauer untersucht werden. Darüber hinaus werden aufgrund des aufflackernden und abklingenden Krankheitsverlaufs klinische Studien mit diesen Krankheiten besonders erschwert, da sie über einen relativ langen Zeitraum durchgeführt werden müssen, um feststellen zu können, ob eine Therapie Rezidive und Invalidität erfolgreich verhindert.

Letztendlich verändert sich bei den meisten MS-Patienten, häufig erst nach Jahrzehnten, der Krankheitsverlauf von der wechselhaften Form zu einer sekundär progressiven multiplen Sklerose. In diesem Stadium beginnt für die Patienten ein anhaltender neurologischer Abbau, ohne dass es zu einer Remission kommt, und bei vielen Patienten spricht die Krankheit nun weniger auf die Therapie an, die in der Rezidiv/Remissions-Phase gegenüber dem adaptiven Immunsystem noch recht wirksam war. Die Ursachen dafür sind unbekannt, wobei vermutet wird, dass der Wechsel zwischen Rezidiv und Remission auf Dauer die Regenerationsfähigkeit des Nervensystems erschöpft und sich eine chronische neurologische Degeneration entwickelt. Darüber hinaus kommt es durch die lang anhaltende Erkrankung möglicherweise dazu, dass Immunzellen und die aktivierten Mikrogliazellen jenseits der Blut-Hirn-Schranke weiterhin das Nervensystem schädigen, ohne dass dafür noch ständig größere Mengen an Entzündungszellen aus der Umgebung zugeführt werden müssen.

**Rheumatoide Arthritis (RA)** ist eine chronische Krankheit, die durch die Entzündung der Membrana synovialis (Innenschicht der Gelenkkapsel) gekennzeichnet ist. Mit fort-

Teil V

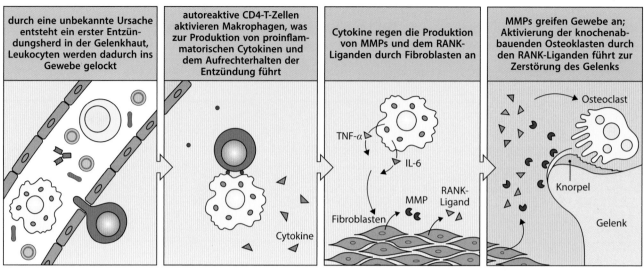

**Abb. 15.29 Die Pathogenese der rheumatoiden Arthritis.** Die Entzündung der Membrana synovialis, die auf unbekannte Weise ausgelöst wird, lockt autoreaktive Lymphocyten und Makrophagen in das entzündete Gewebe. Autoreaktive CD4-T-Effektorzellen aktivieren Makrophagen zur Produktion von IL-1, IL-6, IL-17 und TNF-α. Fibroblasten, die durch Cytokine aktiviert werden, produzieren Matrixmetalloproteinasen (MMPs), die zur Zerstörung des Gewebes beitragen. Der RANK-Ligand ist ein Cytokin der TNF-Familie und wird von T-Zellen und Fibroblasten im entzündeten Gelenk exprimiert. Das Molekül ist der primäre Aktivator der knochenabbauenden Osteoclasten. Auch werden Antikörper gegen mehrere Gelenkproteine produziert (nicht dargestellt), aber ihre Bedeutung für die Pathogenese ist unklar

schreitender Krankheit dringt diese Schicht in den Knorpel vor und schädigt das Gewebe, danach kommt es zu einem Abbau des Knochens (▶ Abb. 15.29). Die Folgen sind chronische Schmerzen, Funktionsverlust und Unbeweglichkeit der Gelenke. Die Krankheit wurde ursprünglich als Autoimmundefekt eingestuft, der von B-Zellen hervorgerufen wird; diese produzieren Anti-IgG-Autoantikörper, den sogenannten Rheumafaktor (Abschn. 15.1.4). Jedoch deuteten der Nachweis des Rheumafaktors bei gesunden Menschen und sein Fehlen bei Patienten mit rheumatoider Arthritis darauf hin, dass komplexere Mechanismen für dieses Krankheitsbild verantwortlich sein müssen. Die Entdeckung, dass die rheumatoide Arthritis mit bestimmten Klasse-II-HLA-DR-Genen des Haupthistokompatibilitätskomplexes (MHC) zusammenhängt, wies darauf hin, dass T-Zellen ebenfalls an der Pathogenese der Krankheit beteiligt sind. Die meisten Befunde für rheumatoide Arthritis und multiple Sklerose, die beim Menschen und bei Mausmodellen gewonnen wurden, zeigen eigentlich, dass zumindest in der frühen Krankheitsphase autoreaktive $T_H17$-Zellen aktiviert werden. Die autoreaktiven T-Zellen unterstützen die B-Zellen, arthritogene Antikörper zu produzieren. Die aktivierten $T_H17$-Zellen produzieren auch Cytokine, die neutrophile Zellen und Monocyten/Makrophagen anlocken, welche dann zusammen mit den Endothelzellen und den synovialen Fibroblasten stimuliert werden, weitere proinflammatorische Cytokine wie TNF-α, IL-1 oder Chemokine (CXCL8, CCL2) zu produzieren. Schließlich produzieren diese Zellen Metalloproteinasen, die für die Gewebezerstörung verantwortlich sind. IL-17A, das bei RA-Patienten in hohen Konzentrationen in der Synovialflüssigkeit vorkommt, kann die Expression des Liganden für den Rezeptoraktivator von NFκB – den RANK-Liganden RANKL – auslösen, der dann die Differenzierung von Vorläufern der Osteoclasten stimuliert, sich zu reifen Osteoclasten zu differenzieren, die schließlich Knochensubstanz in den betroffenen Gelenken abbauen. Es ist zwar noch nicht bekannt, wie die rheumatoide Arthritis beginnt, aber bei Mausmodellen ließ sich zeigen, dass sowohl T-Zellen als auch B-Zellen erforderlich sind, um die Krankheit in Gang zu setzen. Interessant ist, dass die Krankheitssymptome zurückgehen, wenn man diese komplexe Kaskade auf verschiedenen Ebenen unterbricht – etwa durch therapeutische Antikörper gegen Cytokine (TNF-α), B-Zellen oder die Aktivierung von T-Zellen (Abschn. 16.1.8).

Indem man die Zielmoleküle der Autoantikörper untersucht hat, ließen sich Erkenntnisse darüber gewinnen, wie sich die Krankheit entwickelt. Außerdem konnte man einen allgemeineren Mechanismus ermitteln, durch den körpereigene Proteine in anderen Autoimmunerkrankungen als fremd erkannt werden. Während einer Entzündung kann die Aminosäure Arginin in Citrullin umgewandelt werden; dies führt möglicherweise zu einer Strukturveränderung des Selbst-Proteins, sodass es vom Immunsystem als fremd identifiziert wird (▶ Abb. 15.30). An Versuchsmodellen ließ sich zeigen, dass Antikörper gegen diese veränderten Proteine pathogen wirken können. Diagnostische Tests auf Antikörper, die gegen citrullinierte Proteine gerichtet sind (*anti-citrullinated protein antibodies*, ACPAs), zeigen eine hohe Spezifität für die rheumatoide Arthritis. Bemerkenswert ist dabei, dass Rauchen – das schon lange als wichtigster äußerer Risikofaktor für die Entwicklung einer RA gilt – nun bei Patienten mit HLA-Risiko-Allelen mit der Bildung von ACPAs in Zusammenhang gebracht wurde. Das deutet darauf hin, dass dieser toleranzbeseitigende Mechanismus möglicherweise bei Wechselwirkungen zwischen Genen und Umwelteinflüssen, die zur Entwicklung von Autoimmunität führen, eine wichtige Schnittstelle darstellt. Außerdem konnte man für weitere posttranslationale Modifikationen von körpereigenen Proteinen (Oxidation, Glykosylierung) in der Peripherie zeigen, dass sie bei anderen Autoimmunkrankheiten T- und B-Zell-Reaktionen stimulieren.

## Zusammenfassung

Autoimmunerkrankungen kann man grob in zwei Gruppen einteilen, abhängig davon, ob sie ein spezifisches Organ angreifen oder Gewebe im gesamten Körper. Organspezifische Autoimmunerkrankungen sind beispielsweise Diabetes mellitus Typ 1, multiple Sklerose, die Basedow-Krankheit und Morbus Crohn. Bei allen greifen die Effektorfunktionen Autoantigene an, die auf bestimmte Organe begrenzt sind: die insulinproduzierenden β-Zellen des Pankreas (Diabetes mellitus Typ 1), die Myelinhüllen um die Axone des Zentralnervensystems (multiple Sklerose) sowie den thyroidstimulierenden Hormonrezeptor (Basedow-Krankheit) oder – bei Morbus Crohn – Bestandteile der Mikroflora im Darm. Systemische Krankheiten hingegen wie der systemische Lupus erythematodes (SLE) führen aufgrund der jeweiligen Antigene zur Entzündung in mehreren Geweben. Zu den Autoantigenen gehören unter anderem Chromatin- und Ribonucleoproteine, die in den meisten Körperzellen vorkommen. Bei einigen organspezifischen Krankheiten bringt die Zerstörung des Zielgewebes und der dort exprimierten spezifischen Autoantigene durch das Immunsystem die Autoimmunaktivität zum Stillstand, aber systemische Krankheiten neigen dazu, chronisch zu werden, wenn man sie nicht behandelt, da ihr Autoantigen niemals vollständig beseitigt werden kann. Eine andere Art der Einteilung von Autoimmunerkrankungen erfolgt entsprechend den Effektorfunktionen, die für die Pathogenese am wichtigsten sind. Es zeigt sich jedoch, dass viele Krankheiten, die man ursprünglich nur einer Effektorfunktion als Ursache zugeordnet hat, tatsächlich durch mehrere solcher Funktionen entstehen. So ähneln Autoimmunerkrankungen den Immunantworten, die gegen Krankheitserreger gerichtet sind, welche normalerweise viele Effektoren aktivieren – solche der adaptiven und der angeborenen Immunität.

Damit eine Krankheit als Autoimmunität eingestuft werden kann, muss sich nachweisen lassen, dass die Gewebeschäden durch die adaptive Immunantwort auf körpereigene Antigene zurückzuführen ist. Autoinflammatorische Reaktionen gegen die kommensale Mikroflora des Darms, etwa bei der entzündlichen Darmerkrankung (IBD), bilden einen Sonderfall, da hier die Zielantigene nicht körpereigen im engeren Sinne sind, sondern vielmehr aus dem weiter gefassten körpereigenen Bereich der Mikroflora im Darm stammen. Dennoch besitzt die IBD immunpathogene Merkmale, die auch bei anderen Autoimmunkrankheiten vorkommen. Der überzeugendste Beweis, dass die Immunantwort die Autoimmunität verursacht, ist die Übertragung der Krankheit durch eine Übertragung der aktiven Komponente der Immunantwort auf einen geeigneten Empfängerorganismus. Autoimmunerkrankungen werden von autoreaktiven Lymphocyten und ihren löslichen Produkten hervorgerufen, das heißt durch proinflammatorische Cytokine und Autoantikörper, die eine Entzündung und Gewebeschäden verursachen. Einige wenige Autoimmunerkrankungen werden von Antikörpern ausgelöst, die an Zelloberflächenrezeptoren binden und entweder eine übermäßige Aktivität oder eine Blockierung der Rezeptorfunktion hervorrufen. Bei einigen Krankheiten kann die Übertra-

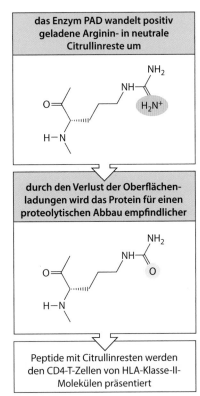

**Abb. 15.30 Das Enzym Peptidylarginin-Desaminase wandelt in Gewebeproteinen Arginin- in Citrullinreste um.** In Geweben, die durch eine Verletzung oder Infektion unter Stress stehen, wird die Aktivität der Peptidylarginin-Desaminase (PAD) induziert. Durch die Umwandlung von Argininresten in Citrullin destabilisiert die PAD Proteine und macht sie für einen Abbau anfälliger. Dabei werden in Gewebeproteine neue Epitope für B- und T-Zellen eingeführt, die eine Autoimmunreaktion stimulieren können

Teil V

gung von natürlichen IgG-Autoantikörpern über die Plazenta im Fetus und im Neugeborenen die Krankheit auslösen. T-Zellen können an der Entzündung und Zerstörung von Zellen direkt beteiligt sein und sie unterstützen im Allgemeinen auch die Autoantikörperreaktionen. Entsprechend sind B-Zellen wichtige antigenpräsentierende Zellen, um autoantigenspezifische T-Zell-Reaktionen zu unterstützen; außerdem sind sie für eine Epitoperweiterung verantwortlich. Obwohl wir über die Mechanismen der Gewebeschädigung schon Einiges wissen und die Therapien Fortschritte gemacht haben, was durch diese Erkenntnisse erst ermöglicht wurde, bleibt die Frage, wie Autoimmunreaktionen ausgelöst werden, dennoch offen.

## 15.3 Die genetischen und umgebungsbedingten Ursachen der Autoimmunität

Aufgrund der komplexen Mechanismen, die dazu dienen, Autoimmunität zu verhindern, verwundert es nicht, dass Autoimmunerkrankungen das Ergebnis von zahlreichen Faktoren sind, die sowohl genetisch als auch durch die Umgebung bedingt sind. Zuerst befassen wir uns mit den genetischen Grundlagen der Autoimmunität, wobei wir darstellen wollen, wie genetische Defekte die verschiedenen Toleranzmechanismen stören. Genetische Defekte allein reichen jedoch nicht immer aus, um eine Autoimmunerkrankung auszulösen. Faktoren aus der Umgebung spielen ebenfalls eine Rolle, wobei man diese Faktoren noch kaum versteht. Wie wir feststellen werden, können genetische und umgebungsbedingte Faktoren zusammen die Toleranzmechanismen umgehen und zu einer Autoimmunerkrankung führen.

### 15.3.1 Autoimmunerkrankungen haben eine stark genetisch bedingte Komponente

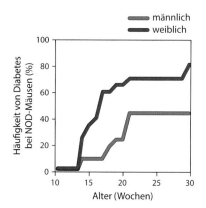

**Abb. 15.31 Geschlechtsspezifische Unterschiede bei der Häufigkeit von Autoimmunerkrankungen.** Viele Autoimmunerkrankungen treten in weiblichen Populationen häufiger auf als in männlichen, wie hier anhand der kumulativen Häufigkeit von Diabetes in einer Population von für Diabetes anfälligen NOD-Mäusen dargestellt ist. Die weiblichen Mäuse (*rote Linie*) erkranken in einem viel jüngeren Alter an Diabetes als die männlichen, was auf eine stärkere Prädisposition hindeutet. (Daten wurden freundlicherweise von S. Wong zur Verfügung gestellt)

Es zeigt sich immer deutlicher, dass einige Individuen eine genetische Prädisposition für eine Autoimmunität besitzen. Das lässt sich vielleicht am eindeutigsten an Inzuchtmausstämmen zeigen, die für verschiedene Arten von Autoimmunerkrankungen anfällig sind. So bekommen Mäuse des NOD-Stammes mit großer Wahrscheinlichkeit Diabetes, die weiblichen Mäuse früher als die männlichen (▶ Abb. 15.31). Aus noch unbekannten Gründen sind viele Autoimmunerkrankungen in weiblichen Populationen häufiger als in männlichen (siehe unten, ▶ Abb. 15.37), wobei einige Erkrankungen (SLE und MS) ein hohes Maß an Geschlechtsdimorphismus zeigen. Autoimmunerkrankungen haben beim Menschen ebenfalls eine genetische Komponente. Einige Autoimmunerkrankungen wie Diabetes mellitus Typ 1 treten in Familien auf, was die Bedeutung einer genetisch bedingten Anfälligkeit unterstreicht. Am überzeugendsten ist jedoch, dass wenn von identischen (eineiigen) Zwillingen einer betroffen ist, der andere es mit großer Wahrscheinlichkeit auch ist. Bei nichtidentischen (zweieiigen) Zwillingen ist die Konkordanz hingegen viel geringer.

Zweifellos spielen auch Faktoren aus der Umgebung eine Rolle. Der größte Teil einer Kolonie von NOD-Mäusen erkrankt zwar mit Sicherheit an Diabetes, aber das geschieht in unterschiedlichem Alter. Darüber hinaus unterscheidet sich der Zeitpunkt für das Einsetzen der Krankheit häufig zwischen den verschiedenen Tierkolonien, selbst wenn alle Mäuse genetisch identisch sind. Daher müssen bei Individuen, die aufgrund genetischer Faktoren anfällig sind, umgebungsbedingte Variablen zumindest teilweise die Geschwindigkeit beeinflussen, mit der sich Diabetes entwickelt. Auffällig ist hier bei Mäusen, die für Darmentzündungen anfällig sind, die besondere Bedeutung der Mikroflora im Darm für die Entwicklung eines IBD-Syndroms. Eine Behandlung mit Breitbandantibiotika, die viele Vertreter der kommensalen Mikroflora beseitigt oder ihre Zahl zumindest verringert, kann das Einsetzen der Krankheit verzögern oder sogar verhindern, und die Aufzucht anfälliger Mäuse unter keimfreien Bedingungen (also ohne Mikroflora) verhindert die Erkrankung ebenfalls. Im Gegensatz dazu gibt es bei einigen Mäusekolonien im Darm bestimmte Mikroorganismen – beispielsweise die filamentösen segmentierten Bakterien (SFBs) –, die

T$_H$17-Reaktionen fördern und mit Entzündungen im Darm zusammenhängen. Beim Menschen konnte man entsprechende Organismen zwar noch nicht zweifelsfrei identifizieren, aber Untersuchungen deuten darauf hin, dass Bestandteile der Mikroflora bei Personen, die aufgrund genetischer Faktoren anfällig sind, das Risiko für eine Autoimmunerkrankung erhöhen. So tritt beispielsweise Morbus Crohn bei anfälligen eineiigen Zwillingen zwar viel häufiger auf als bei zweieiigen, aber die Konkordanz liegt dennoch nicht bei 100 %. Ursachen für diese unvollständige Konkordanz sind wahrscheinlich die Variabilität der Mikroflora im Darm, epigenetische Unterschiede oder noch unbekannte Faktoren.

## 15.3.2 Auf der Genomik basierende Herangehensweisen ermöglichen neue Einsichten in die immungenetischen Grundlagen der Autoimmunität

Seit dem Aufkommen des Gen-Knockout-Verfahrens bei Mäusen (Anhang I, Abschn. A.35) wurden zahlreiche Gene, die Proteine des Immunsystems codieren, inaktiviert. Mehrere dieser so erzeugten Mausstämme zeigen Symptome einer Autoimmunität wie Autoantikörper und die Infiltration von Organen mit T-Zellen. Die Untersuchung dieser Mäuse hat unser Wissen über die genetischen Signalwege, die zur Autoimmunität beitragen können und deren künstlich erzeugte Mutationen deshalb möglicherweise auch Kandidaten sind, um natürlich vorkommende Mutationen zu identifizieren, stark erweitert. Diese Mutationen betreffen wahrscheinlich Gene, die Cytokine, Corezeptoren, Komponenten von Antigensignalkaskaden, costimulierende Moleküle, Proteine, die bei der Apoptose mitwirken, sowie Proteine, die Antigene oder Antigen:Antikörper-Komplexe beseitigen. Eine Reihe von Cytokinen und Signalproteinen, die man mit Autoimmunerkrankungen in Zusammenhang gebracht hat, sind in ▶ Abb. 15.32 aufgeführt. Weitere gezielt inaktivierte oder mutierte Gene, die mit Phänotypen der Autoimmunität zusammenhängen, und außerdem die entsprechenden Gene beim Menschen, sofern sie bekannt sind, finden sich in ▶ Abb. 15.33.

Beim Menschen hat man vor Kurzem die genetisch bedingte Anfälligkeit für Autoimmunerkrankungen in groß angelegten **genomweiten Assoziationsstudien (GWAS)** untersucht, mit denen man Zusammenhänge zwischen Krankheitshäufigkeit und genetischen Varianten ermitteln will. Im Allgemeinen handelt es sich dabei um **Einzelnucleotidpolymorphismen** (*single nucleotide polymorphisms*, **SNPs**). Solche Untersuchungen umfassen normalerweise Tausende von Patienten mit einer bestimmten Diagnose für eine Autoimmunkrankheit sowie gesunde Personen als Kontrolle, um Kopplungen mit erhöhter Signifikanz aufzudecken. In ▶ Abb. 15.34 sind Ergebnisbeispiele von GWAS in Form eines Manhattan-Plots dargestellt, durch die man Kandidatengene bestimmen wollte, die mit Morbus Crohn gekoppelt sind. Die Plots werden so bezeichnet, weil ihr Profil einer Skyline von Wolkenkratzern ähnelt. In der Grafik liegen die genomischen Koordinaten auf der *x*-Achse, während der negative Logarithmus des *P*-Wertes der Kopplung auf der *y*-Achse dargestellt ist, wobei jeder Punkt einem SNP entspricht. So bilden die Varianten mit der stärksten Kopplung an die Krankheit im Plot die „höchsten Wolkenkratzer". Mithilfe dieses Verfahrens ließen sich bereits für diverse Autoimmunkrankheiten Hunderte von signifikanten Varianten identifizieren. Das deutet darauf hin, dass die genetisch bedingte Anfälligkeit für Autoimmunkrankheiten beim Menschen möglicherweise auf Kombinationen von Anfälligkeitsallelen an mehreren Loci zurückzuführen ist.

GWAS-Analysen von mehreren Autoimmunkrankheiten zeigen, dass bestimmte Immunreaktionswege – vor allem solche, die mit der Aktivierung und Funktion von T-Zellen zusammenhängen – bei mehreren verschiedenen Formen von Autoimmunität übereinstimmen. So zeigen beispielsweise Diabetes mellitus Typ 1, Basedow-Krankheit, Hashimoto-Thyreoiditis, rheumatoide Arthritis und multiple Sklerose jeweils eine genetische Kopplung mit dem *CTLA4*-Locus auf Chromosom 2. Das Zelloberflächenprotein CTLA-4 wird von aktivierten T-Zellen produziert; es ist ein inhibitorischer Rezeptor für die costimulierenden B7-Moleküle (Abschn. 9.2.4). Auf ähnliche Weise konnte man viele häufige Autoimmunkrankheiten mit zentralen Faktoren in Zusammenhang bringen, die

| Defekte der Cytokinproduktion oder -signalgebung, die zu Autoimmunität führen können | | |
|---|---|---|
| **Defekt** | **Cytokin, Rezeptor oder intrazelluläres Signal** | **Auswirkungen** |
| übermäßige Expression | TNF-$\alpha$ | entzündliche Darmerkrankung, Arthritis, Vasculitis |
| | IL-2, IL-7, IL-2R | entzündliche Darmerkrankung |
| | IL-3 | Demyelinisierungssyndrom |
| | IFN-$\gamma$ | Überexpression in der Haut führt zum systemischen Lupus erythematodes (SLE) |
| | IL-23R | entzündliche Darmerkrankung, Psoriasis |
| | STAT4 | entzündliche Darmerkrankung |
| zu geringe Expression | TNF-$\alpha$ | systemischer Lupus erythematodes |
| | Agonist des IL-1-Rezeptors | Arthritis |
| | IL-10, IL-10R, STAT3 | entzündliche Darmerkrankung |
| | TGF-$\beta$ | generell zu geringe Expression führt zu entzündlicher Darmerkrankung, bei T-Zellen spezifisch zum systemischen Lupus erythematodes |

**Abb. 15.32 Defekte bei der Bildung von Cytokinen oder in der durch sie vermittelten Signalweiterleitung können zu Autoimmunität führen.** Einige der Signalwege, die bei Autoimmunität eine Rolle spielen, ließen sich mithilfe von genetischen Analysen identifizieren, vor allem in Tiermodellen. Die Auswirkungen einer übermäßigen oder zu geringen Expression von einigen der beteiligten Cytokine und intrazellulären Signalmoleküle sind hier aufgeführt (weitere Erläuterungen siehe Text)

bei der Entwicklung und Funktion der $T_H 17$- und $T_H 1$-Immunreaktionswege eine Rolle spielen (▸ Abb. 15.35).

Diese Studien haben nicht nur einen großen Teil unserer Erkenntnisse aus der experimentellen Immunologie bestätigt, sondern auch gezeigt, dass wir die genregulatorischen Mechanismen, die beim Menschen zu einer Krankheitsprädisposition führen, bis jetzt zu wenig beachtet haben. So liegt beispielsweise der deutlich überwiegende Teil der bis heute bekannten Risikoallele (> 80 %) nicht in den Exons (den proteincodierenden Regionen eines Gens). Viele Varianten sind sogar mehrere Kilobasen von den immunologisch relevanten Genen entfernt lokalisiert. Zurzeit wird intensiv erforscht, wie die genetische Variabilität in diesen nichtcodierenden Genomsequenzen zu einer Krankheit beitragen kann. Neuere Befunde aufgrund von Computeralgorithmen, die auf transkriptionelle und epigenetische Profile der menschlichen Immunzellpopulationen angewendet wurden, deuten darauf hin, dass viele der ursächlichen Varianten innerhalb von essenziellen regulatorischen Elementen liegen, die die Genexpression in den menschlichen Zellen regulieren (beispielsweise in Enhancersequenzen). Viele dieser genregulatorischen Elemente werden von regulatorischen T-Zellen oder T-Effektorzellen nach ihrer Aktivierung genutzt. Das bestätigt wiederum, dass die Aktivierung von T-Zellen für die Ätiologie von Autoimmunkrankheiten ein entscheidendes Ereignis ist. Um letztendlich noch besser zu verstehen, welchen Beitrag diese Varianten zu den Krankheiten liefern, sind neue Methoden erforderlich, durch die sich Risikoallele nachbilden und beeinflussen lassen, entweder einzeln oder in Kombination, um schließlich herauszufinden, wie sie sich auf die Biologie der Immunzellpopulationen auswirken, die für die Krankheit von Bedeutung sind.

Wir wissen zwar zurzeit noch nicht, wie die meisten der häufigeren genetischen Varianten zu einer Prädisposition für eine Autoimmunkrankheit führen oder auch vor einer solchen Krankheit schützen, aber es gibt bereits weitere Forschungsansätze, um den genetischen Mechanismen auf die Spur zu kommen. Dabei untersucht man beispielsweise Mutationen, die regulatorische Moleküle der Immuntoleranz oder des angeborenen Immunsystems erkennbar verändern. Man untersucht auch Patienten mit seltenen Defekten der Immuntoleranz, die nur von einem Gen verursacht werden, und man versucht herauszufinden, wie bestimmte HLA-Allele eine Prädisposition für Krankheiten bewirken, da sie bestimmte Antigene präsentieren können. In den folgenden Abschnitten wollen wir uns kurz mit all dem beschäftigen.

### 15.3.3 Viele Gene, die eine Prädisposition für Autoimmunität hervorrufen, gehören zu bestimmten Gengruppen, die einen oder mehrere Toleranzmechanismen beeinflussen

Viele der bisher entdeckten Gene, die eine Prädisposition für Autoimmunität hervorrufen, lassen sich wie folgt unterscheiden: Gene, die das Vorhandensein und die Beseitigung von Autoantigenen beeinflussen, Gene, die die Apoptose beeinflussen, Gene für die Regulation von Signalschwellenwerten, Gene für die Expression und die Signalwirkung von Cytokinen sowie Gene, die sich auf die Expression von costimulierenden Molekülen oder deren Rezeptoren auswirken (▶ Abb. 15.32 und ▶ Abb. 15.33).

Gene, die die Verfügbarkeit und die Beseitigung von Antigenen kontrollieren, sind sowohl zentral im Thymus als auch in der Peripherie von Bedeutung. Im Thymus beeinflussen die Gene, die die Expression körpereigener Proteine kontrollieren, die Toleranz der sich entwickelnden Lymphocyten. In der Peripherie kann ein vererbbarer Defekt in einigen Proteinen zu einer Prädisposition für eine Autoimmunkrankheit führen. So ist beispielsweise ein Defekt in den ersten Komponenten der Komplementkaskade mit der Entwicklung von SLE verknüpft (Abschn. 15.2.9). Gene, die die Apoptose kontrollieren, beispielsweise *FAS*, regulieren die Dauer und die Stärke von Immunantworten. Versagt die genaue Regulation von Immunantworten, kann es zu einer übermäßigen Zerstörung von körpereigenem Gewebe kommen, wodurch Autoantigene freigesetzt werden. Darüber hinaus können Immunantworten auch einige autoreaktive Zellen umfassen, da klonale Deletion und Anergie nicht vollständig stattfinden können. Solange deren Anzahl durch Apoptosemechanismen begrenzt bleibt, lösen sie nicht zwangsläufig eine Autoimmunerkrankung aus, sie können aber ein Problem darstellen, wenn die Apoptose nicht adäquat reguliert wird.

Eine der größten Gruppen von Mutationen, die mit Autoimmunität zusammenhängen, betrifft Signale, die die Lymphocytenaktivierung kontrollieren. Dazu gehören etwa Mutationen in costimulierenden Molekülen, inhibitorischen Fc-Rezeptoren und inhibitorischen Rezeptoren, die ITIM-Sequenzen enthalten, beispielsweise PD-1 und CTLA-4 (Abschn. 15.3.2). Eine andere Untergruppe umfasst Mutationen in Proteinen, die an der Signalübertragung durch den Antigenrezeptor selbst beteiligt sind. Mutationen, die die Signalintensität in der einen oder der anderen Richtung beeinflussen – also eine stärkere oder schwächere Empfindlichkeit bewirken – können Autoimmunität hervorrufen. Eine Abnahme der Empfindlichkeit im Thymus kann beispielsweise zu einem Versagen der negativen Selektion führen und dadurch zur Autoreaktivität in der Peripherie. Die Erhöhung der Rezeptorempfindlichkeit in der Peripherie verursacht eine stärkere und länger andauernde Aktivierung. Dies führt zu einer übermäßigen Immunantwort mit dem Nebeneffekt der Autoimmunität. Darüber hinaus wurden auch Mutationen, die die Expression oder Signalwirkung von Cytokinen und costimulierenden Molekülen beeinflussen, mit Autoimmunität in Verbindung gebracht. Eine letzte Untergruppe umfasst Mutationen, die die Entwicklung und Funktion der $T_{reg}$-Zellen beeinflussen, etwa Mutationen von FoxP3 (Abschn. 15.3.4).

Teil V

| postulierter Mechanismus | Maus-modelle | Phänotyp der Erkrankung | betroffenes Gen des Menschen | Phänotyp der Erkrankung |
|---|---|---|---|---|
| Beseitigung und Präsentation von Antigenen | C1q-Knockout | ähnlich wie Lupus | *C1QA* | ähnlich wie Lupus |
| | C4-Knockout | | *C2, C4* | |
| | | | *mannosebin-dendes Lektin* | |
| | AIRE-Knockout | Autoimmunität gegen mehrere Organe, ähnlich APECED | *AIRE* | APECED |
| | Mer-Knockout | ähnlich wie Lupus | | |
| Signalgebung | SHP-1-Knockout | ähnlich wie Lupus | | |
| | Lyn-Knockout | | | |
| | CD22-Knockout | | | |
| | Punktmutation E613R in CD45 | | | |
| | bei B-Zellen Defekt aller Kinasen der Src-Familie (Drei-fach-Knockout) | | | |
| | FcγRIIB-B-Knock-out (inhibitorisches Signalmolekül) | | *FCGR2A* | Lupus |
| costimulierende Moleküle | CTLA-4-Knockout (blockiert inhibi-torische Signale) | Lymphocyten-infiltration von Organen | | |
| | PD-1-Knockout (blockiert inhibi-torische Signale) | ähnlich wie Lupus | | |
| | Überexpression von BAFF (trans-gene Mäuse) | | | |
| Apoptose | Fas-Knockout (*lpr*) | ähnlich wie Lupus mit Lymphocyten-infiltrat | Mutationen in *FAS* und *FASL* (ALPS) | ähnlich wie Lupus mit Lymphocyten-infiltrat |
| | FasL-Knockout (*gld*) | | | |
| | Überexpression von Bcl-2 (trans-gene Mäuse) | ähnlich wie Lupus | | |
| | heterozygoter Pten-Defekt | | | |
| Entwicklung und Funktion der T_{reg}-Zellen | *scurfy*-Maus | Autoimmunität gegen mehrere Organe | *FOXP3* | IPEX |
| | *foxp3*-Knockout | | | |

**Abb. 15.33 Systematisierung der genetischen Defekte, die zu Autoimmunsyndromen führen.** Man hat inzwischen zahlreiche Gene entdeckt, deren Mutation beim Menschen und bei Tiermodellen eine Prädisposition für Autoimmunität bewirken. Sie wurden aufgrund der Reaktion, die der jewei-lige genetische Defekt beeinflusst, genauestens untersucht. In dieser Liste sind eine Reihe solcher Gene (oder die zugehörigen Proteinprodukte) aufgeführt, sortiert nach ihren Funktionen (weitere Erläuterungen siehe Text). In einigen Fällen hat man bei Mensch und Maus das gleiche Gen iden-tifiziert, in anderen Fällen handelt es sich um unterschiedliche Gene, die bei Mensch und Maus aber denselben Mechanismus beeinflussen. Dass beim Menschen bis jetzt eine geringere Anzahl von Ge-nen identifiziert wurde als bei der Maus, liegt zweifellos daran, dass die menschlichen Populationen stärker durchmischt sind

Teil V

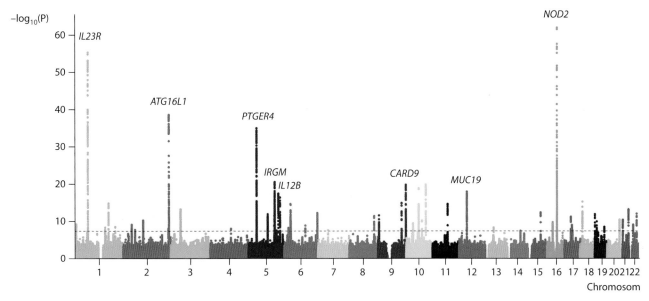

**Abb. 15.34 Manhattan-Plot für Risikoallele aufgrund von genomweiten Assoziationsstudien (GWAS) bei Morbus Crohn.** Der Plot zeigt ausgewählte Genloci, die bei Patienten mit Morbus Crohn durch Analysen von Einzelnucleotidpolymorphismen (SNPs) im Vergleich zur gesunden Kontrollgruppe als hoch signifikant mit der Krankheit gekoppelt identifiziert wurden (siehe auch Abschn. 15.3.6). Die Höhe der Peaks entspricht der statistischen Signifikanz der jeweiligen Kopplung. Die *gepunktete Linie* gibt den Schwellenwert für signifikante Kopplungen ($5 \times 10^{-8}$) an. (Nachdruck mit freundlicher Genehmigung von John Rioux und Ben Weaver)

## 15.3.4 Monogene Defekte der Immuntoleranz

Eine Prädisposition für die häufigsten Autoimmunerkrankungen ist auf die gemeinsamen Effekte von mehreren Genen zurückzuführen, aber es gibt auch einige monogene Autoimmunerkrankungen (▸ Abb. 15.36). Bei diesen führt das mutierte Allel bei den Betroffenen zu einem sehr hohen Erkrankungsrisiko, aber die Auswirkungen auf die Population insgesamt sind sehr gering, da diese Varianten selten sind. Das Auftreten von monogenen Autoimmunerkrankungen wurde das erste Mal bei mutierten Mäusen beobachtet, bei denen die Vererbung eines Autoimmunsyndroms einem Muster folgte, das einem Einzelgendefekt entspricht. Solche Allele sind im Allgemeinen rezessiv oder X-gekoppelt. So ist die APECED-Krankheit eine rezessive Autoimmunerkrankung, die von einer Mutation im *AIRE*-Gen verursacht wird (Abschn. 15.1.3).

Zwei monogene Autoimmunsyndrome ließen sich Defekten in regulatorischen T-Zellen zuordnen. Das X-gekoppelte rezessive Autoimmunsyndrom **IPEX** (Immunderegulation, Polyendokrinopathie, Enteropathie, X-gekoppelt) wird im Allgemeinen durch Missensemutationen im Gen für den Transkriptionsfaktor FoxP3 verursacht, der bei der Differenzierung und der Funktion von einigen Typen der $T_{reg}$-Zellen von zentraler Bedeutung ist (Abschn. 9.2.8). Diese Krankheit ist gekennzeichnet durch eine schwere allergische Entzündung, eine durch Autoimmunität verursachte Polyendokrinopathie, eine sekretorische Diarrhö, hämolytische Anämie und Thrombocytopenie (Blutplättchenmangel); sie führt im Allgemeinen schon früh zum Tod. Trotz der Mutation im *FOXP3*-Gen ist bei Patienten mit IPEX die Anzahl der FoxP3$^+$-$T_{reg}$-Zellen im Blut mit der Anzahl bei gesunden Personen vergleichbar. Die Suppressionsfunktion, die diese Zellen normalerweise besitzen, ist jedoch herabgesetzt. Eine spontane Leserasterverschiebung im *Foxp3*-Gen der Maus (die *scurfy*-Mutation) führt zu einem Verlust der DNA-Bindungsdomäne von FoxP3 beziehungsweise die Zerstörung des *Foxp3*-Gens führt zu einer entsprechenden systemischen Autoimmunerkrankung, in diesem Fall fehlen die FoxP3$^+$-$T_{reg}$-Zellen.

Teil V

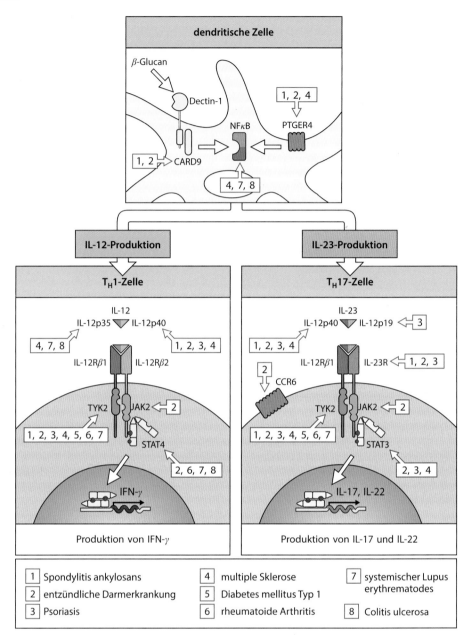

**Abb. 15.35 Zusammenhang zwischen Komponenten der IL-12R- und IL-23R-Reaktionswege und Autoimmunkrankheiten.** Mehrere Komponenten der Reaktionswege der Rezeptoren für Interleukin-12 und Interleukin-23 (IL-12R beziehungsweise IL-23R) zeigen bei genomweiten Analysen eine signifikante Kopplung mit einem breiten Spektrum von Krankheiten, die durch das Immunsystem hervorgerufen werden. Das heißt, dass sich diese Komponenten innerhalb von Genomabschnitten kartieren lassen, die bei genomweiten Assoziationsstudien eine Kopplung mit den entsprechenden Erkrankungen aufweisen. Die Abbildung zeigt diese Komponenten zwar nur im herkömmlichen Zusammenhang mit $T_H1$- und $T_H17$-Helferzellen, aber man hat inzwischen erkannt, dass sie vielfach von den angeborenen lymphatischen Zellen exprimiert werden, wobei der Zelltyp bei jedem Phänotyp ein anderer sein kann. (Nach Parks, M., et al. *Nat. Rev. Genetics* 2013, 14: 661. Mit freundlicher Genehmigung von Macmillan Publishers Ltd.)

Durch eine Mutation von *CD25* kommt es aufgrund eines Defekts bei der Entwicklung und beim Überleben der $T_{reg}$-Zellen ebenfalls zur Autoimmunität. CD25 ist die hochaffine Kette des IL-2-Rezeptorkomplexes, der von $T_{reg}$-Zellen konstitutiv exprimiert wird (Abschn. 9.2.3). Da ein CD25-Defekt die Entwicklung und die Funktion der T-Effektorzellen beeinflusst, kommt es bei Patienten mit diesem Defekt neben der Autoimmunität

| | | Einzelgenmerkmale, die mit Autoimmunität zusammenhängen | |
|---|---|---|---|
| Gen | Erkrankung des Menschen | Mausmutante oder Knockout-Maus | Mechanismus der Autoimmunität |
| AIRE | APECED (APS-1) | Knockout | verringerte Expression von Autoantigenen im Thymus, führt zu einem Defekt der negativen Selektion von autoreaktiven T-Zellen |
| CTLA4 | Zusammenhang mit Basedow-Krankheit, Diabetes mellitus Typ 1 und anderen | Knockout | Versagen der T-Zell-Anergie und verringerte Aktivierungsschwelle von autoreaktiven T-Zellen |
| FOXP3 | IPEX | Knockout und Mutation (scurfy) | eingeschränkte Funktion der regulatorischen CD4-CD25-T-Zellen |
| FAS | ALPS | lpr/lpr; gld/gld-Mutanten | Versagen des apoptotischen Zelltods von autoreaktiven B- und T-Zellen |
| C1q | systemischer Lupus erythematodes | Knockout | Defekt bei der Beseitigung von Immunkomplexen und apoptotischen Zellen |
| ATG16L1 | entzündliche Darmerkrankung | hypomorph | Defekt bei der Autophagie/Beseitigung von Bakterien durch angeborene Immunzellen im Darm |
| IL10RA, IL10RB | entzündliche Darmerkrankung | Knockout | Defekt der IL-10-Signalgebung, Störung der antiinflammatorischen Reaktion |
| INS | Diabetes mellitus Typ 1 | keine | verringerte Expression von Insulin im Thymus; Störung der negativen Selektion |

**Abb. 15.36 Einzelgendefekte, die mit Autoimmunität zusammenhängen.** Aufgeführt sind Beispiele für monogene Defekte, die beim Menschen Autoimmunität hervorrufen. Mäuse, bei denen man in homologe Gene gezielt (Knockout-)Mutationen eingeführt hat (beispielsweise *lpr/lpr*), zeigen ähnliche Krankheitssymptome. Sie sind geeignete Modelle für die Untersuchung der pathogenen Ursachen für diese Erkrankungen. Die *lpr*-Mutation bei Mäusen beeinflusst das Gen für Fas, während die *gld*-Mutation das Gen für FasL betrifft. APECED, Autoimmun-Polyendokrinopathie-Candidiasis-ektodermale-Dystrophie; APS-1, polyglanduläres Autoimmunsyndrom Typ 1; IPEX, Immunderegulation, Polyendokrinopathie, Enteropathie, X-gekoppelt; ALPS, lymphoproliferatives Autoimmunsyndrom. (Nachdruck aus Rioux, J.D., Abbas, A.K. *Nature* 2005, 435:584–589. Mit freundlicher Genehmigung von Macmillan Publishers Ltd.)

auch zu einer multiplen Störung des Immunsystems und zu einer Anfälligkeit für Infektionen. Diese Befunde bestätigen die große Bedeutung der $T_{reg}$-Zellen bei der Regulation des Immunsystems.

Ein interessanter Fall von einer monogenen Autoimmunerkrankung ist das **lymphoproliferative Autoimmunsyndrom** (**ALPS**), ein systemisches Autoimmunsyndrom, das durch Mutationen im Gen für Fas verursacht wird. Fas kommt normalerweise an der Oberfläche von aktivierten T- und B-Zellen vor und wenn der Fas-Ligand daran bindet, signalisiert Fas der Fas-tragenden Zelle, in die Apoptose einzutreten (Abschn. 11.2.14). Auf diese Weise begrenzt Fas das Ausmaß von Immunantworten. Mutationen, die Fas beseitigen oder inaktivieren, führen zu einer massiven Anhäufung von Lymphocyten, besonders von T-Zellen, und bei Mäusen zur Produktion von großen Mengen an pathogenen Autoantikörpern. Die entstehende Krankheit ähnelt dem systemischen Lupus erythematodes (SLE). Im Mausstamm MRL hat man zum ersten Mal eine Mutation entdeckt, die zu diesem Autoimmunsyndrom führt, und sie mit *lpr* (für Lymphoproliferation) bezeichnet. Später hat man dann erkannt, dass es sich um eine Mutation im *Fas*-Gen handelt. Die Untersuchung von menschlichen Patienten mit dem seltenen lymphoproliferativen Autoimmunsyndrom, das der Krankheit der MRL/*lpr*-Mäuse entspricht, führte zur Identifizierung des *FAS*-Gens, das in der mutierten Form für die meisten dieser Fälle verantwortlich ist (▶ Abb. 15.36).

Autoimmunerkrankungen, die von einem einzigen Gen verursacht werden, sind selten. Sie sind aber dennoch von großem Interesse, da die Mutationen, durch die sie verursacht werden, auf wichtige Reaktionswege hinweisen, die normalerweise die Entwicklung von Autoimmunität verhindern.

Teil V

## 15.3.5 MHC-Gene sind bei der Kontrolle der Anfälligkeit für Autoimmunerkrankungen von großer Bedeutung

Unter den genetischen Loci, die zur Autoimmunität beitragen, ist der MHC-Genotyp. nach bisherigen Erkenntnissen am stärksten mit einer Anfälligkeit für Autoimmunerkrankungen verknüpft (▶ Abb. 15.37), insbesondere mit den MHC-Klasse-II-Allelen, sodass offensichtlich CD4-T-Zellen bei der Ätiologie eine Rolle spielen. Die Entwicklung von Diabetes oder Arthritis in Experimenten mit transgenen Mäusen, die spezifische HLA-Antigene des Menschen exprimieren, deuten stark darauf hin, dass bestimmte MHC-Allele eine Anfälligkeit für eine solche Erkrankung hervorrufen.

Wie bei den genomweiten Assoziationsstudien (GWAS) ermittelt man den Zusammenhang zwischen MHC und einer Krankheit dadurch, dass man die Häufigkeit der verschiedenen Allele bei den Patienten mit der Häufigkeit in der gesunden Bevölkerung vergleicht. Beim Diabetes mellitus Typ 1 hat diese Vorgehensweise dazu geführt, dass man einen Zusam-

| Zusammenhang zwischen dem HLA-Genotyp und dem Geschlecht und der Anfälligkeit für Autoimmunkrankheiten | | | |
|---|---|---|---|
| **Erkrankung** | **HLA-Allel** | **relatives Risiko** | **Geschlechterverhältnis (♀:♂)** |
| Spondylitis ankylosans | B27 | 87,4 | 0,3 |
| Diabetes mellitus Typ 1 | DQ2 und DQ8 | ~25 | ~1 |
| Goodpasture-Syndrom | DR2 | 15,9 | ~1 |
| Pemphigus vulgaris | DR4 | 14,4 | ~1 |
| autoimmune Uveitis | B27 | 10 | <0,5 |
| Psoriasis vulgaris | CW6 | 7 | ~1 |
| systemischer Lupus erythematodes | DR3 | 5,8 | 10–20 |
| Addison-Krankheit | DR3 | 5 | ~13 |
| multiple Sklerose | DR2 | 4,8 | 10 |
| rheumatoide Arthritis | DR4 | 4,2 | 3 |
| Basedow-Krankheit | DR3 | 3,7 | 4–5 |
| Hashimoto-Thyreoiditis | DR5 | 3,2 | 4–5 |
| Myasthenia gravis | DR3 | 2,5 | ~1 |
| Diabetes mellitus Typ 1 | DQ6 | 0,02 | ~1 |

**Abb. 15.37 Der Zusammenhang zwischen HLA oder dem Geschlecht und der Anfälligkeit für Autoimmunerkrankungen.** Das „relative Risiko", dass ein bestimmtes HLA-Allel eine Autoimmunerkrankung fördert, berechnet man durch einen Vergleich der Anzahl der Patienten, die dieses Allel tragen, mit der Anzahl, die man aufgrund der Häufigkeit des betreffenden HLA-Allels in der Gesamtbevölkerung erwarten würde. Beim Diabetes mellitus Typ 1 besteht tatsächlich eine Verknüpfung mit dem *HLA-DQ*-Gen, das mit den DR-Genen eng gekoppelt ist, sich aber bei der Serotypisierung nicht nachweisen lässt. Manche Krankheiten zeigen eine eindeutig geschlechtsabhängige Häufung, sodass vermutlich Geschlechtshormone an ihrer Pathogenese beteiligt sind. Damit stimmt überein, dass der Unterschied in der Krankheitshäufigkeit zwischen den beiden Geschlechtern am größten ist, wenn auch die Konzentrationen dieser Hormone am höchsten sind, also in der Zeit zwischen Menarche und Menopause (der ersten und letzten Menstruation)

menhang zwischen der Krankheit und den Allelen *HLA-DR3* und *HLA-DR4* feststellen konnte, die man durch Serotypisierung identifiziert hatte (▶ Abb. 15.38). Diese Untersuchungen zeigten auch, dass das MHC-Klasse-II-Allel *HLA-DR2* einen dominanten Schutzeffekt hat. Menschen, die dieses Allel tragen, entwickeln selbst bei einer Kombination mit einem der für eine Anfälligkeit verantwortlichen Allele nur selten Diabetes. Man hat auch festgestellt, dass zwei Geschwister, die an derselben Autoimmunerkrankung leiden, mit großer Wahrscheinlichkeit einen übereinstimmenden MHC-Haplotyp besitzen (▶ Abb. 15.39). Da man die HLA-Genotypen mithilfe der DNA-Sequenzierung nun genauer bestimmen kann, lassen sich die zuvor durch Serotypisierung entdeckten Korrelationen mit Krankheiten noch besser zuordnen. So weiß man heute, dass die Korrelation zwischen Diabetes mellitus Typ 1 und den Allelen DR3 und DR4 durch die Assoziation mit DQβ-MHC-Allelen bedingt ist, die eine Krankheitsanfälligkeit hervorrufen. Diese korreliert am stärksten mit Polymorphismen an einer bestimmten Position in der DQβ-Aminosäuresequenz, die den peptidbindenden Spalt im MHC-Klasse-II-Molekül beeinflusst (▶ Abb. 15.40). Der für Diabetes anfällige NOD-Stamm von Mäusen zeigt an der gleichen Position im homologen MHC-Klasse-II-Gene der Maus einen Serinpolymorphismus, den man mit 1-A$^{g7}$ bezeichnet.

Ein Zusammenhang zwischen dem MHC-Genotyp und Autoimmunerkrankungen erscheint nachvollziehbar. Die Korrelation lässt sich also durch ein einfaches Modell erklären, in dem die Anfälligkeit für eine Autoimmunerkrankung davon abhängt, mit welcher Effizienz die verschiedenen Allelvarianten der MHC-Moleküle den autoreaktiven T-Zellen Autoantigenpeptide präsentieren. Dies würde mit der bisher bekannten Beteiligung von T-Zellen bei bestimmten Krankheiten übereinstimmen. So besteht beispielsweise bei Diabetes sowohl mit MHC-Klasse-I- als auch mit -Klasse-II-Allelen ein Zusammenhang. Das stimmt wiederum mit dem Befund überein, dass die Autoimmunreaktion von CD8- und CD4-T-Zellen vermittelt wird. Eine andere Hypothese hebt die Rolle der MHC-Allele bei der Ausbildung des Repertoires der T-Zell-Rezeptoren (Kap. 8) hervor. Dieser Hypothese zufolge fördern körpereigene Peptide, die mit bestimmten MHC-Molekülen assoziiert sind, die positive Selektion von heranreifenden Thymocyten, die für bestimmte Autoantigene spezifisch sind.

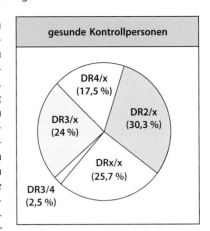

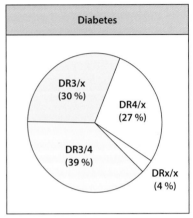

**Abb. 15.38 Bevölkerungsstudien zeigen eine Kopplung zwischen der Anfälligkeit für Diabetes mellitus Typ 1 und dem HLA-Genotyp.** Die (durch Serotypisierung bestimmten) HLA-Genotypen von Diabetespatienten (*unten*) entsprechen nicht der Verteilung in der Gesamtbevölkerung (*oben*). Fast alle Diabetespatienten exprimieren HLA-DR3 und/oder HLA-DR4; außerdem kommt der heterozygote Zustand HLA-DR3/DR4 bei Diabetikern unverhältnismäßig oft vor. Diese Allele sind eng mit den HLA-DQ-Allelen gekoppelt, die für eine Anfälligkeit für Diabetes mellitus Typ 1 verantwortlich sind. Im Gegensatz dazu schützt HLA-DR2 vor der Entwicklung von Diabetes; das Allel ist bei Diabetespatienten außerordentlich selten. Der Buchstabe x steht für ein beliebiges Allel außer DR2, DR3 oder DR4

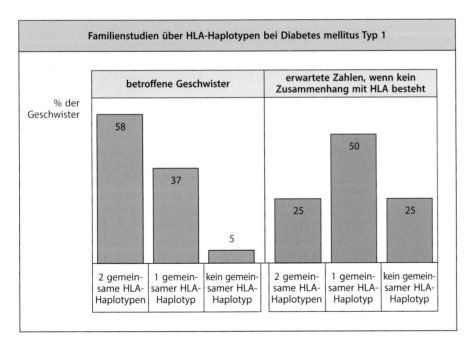

**Abb. 15.39 Familienanalysen zeigen eine enge Korrelation zwischen der Anfälligkeit für Diabetes mellitus Typ 1 und dem HLA-Genotyp.** Bei Familien, in denen zwei oder mehrere Geschwister an Diabetes mellitus Typ 1 leiden, kann man die HLA- Genotypen der Betroffenen miteinander vergleichen. Die erkrankten Geschwister haben weit häufiger zwei HLA-Haplotypen gemeinsam, als zu erwarten wäre, wenn der HLA-Genotyp die Krankheit nicht beeinflussen würde

Teil V

**Abb. 15.40 Der Austausch von Aminosäuren in der Sequenz eines MHC-Klasse-II-Proteins korreliert mit einer erhöhten Anfälligkeit für Diabetes beziehungsweise einem Schutz vor dieser Erkrankung.** Die Sequenz von HLA-DQ$\beta_1$ enthält bei den meisten Menschen an Position 57 Asparaginsäure. In der europiden Bevölkerung findet man bei Patienten mit Diabetes mellitus Typ 1 (T1DM) – neben anderen Unterschieden – an dieser Stelle oft Valin, Serin oder Alanin. Asparaginsäure-57 (*rot*) in der DQ$\beta$-Kette (*oben*) bildet mit einem Argininrest (*rosa*) in der benachbarten $\alpha$-Kette (*grau*) eine Ionenbindung (*grün*, im *mittleren Bild*). Der Austausch gegen einen ungeladenen Rest, zum Beispiel Alanin (*gelb*, im *unteren Bild*), verhindert die Bildung dieser Ionenbindung und verändert damit die Stabilität des DQ-Moleküls. Beim NOD-Mausstamm entsteht Diabetes spontan. Es liegt ebenfalls ein Austausch von Asparaginsäure an Position 57 der homologen I-A$\beta$-Kette gegen Serin vor. Transgene NOD-Mäuse, deren $\beta$-Kette Asparaginsäure an Position 57 aufweist, erkranken deutlich seltener an Diabetes. (Mit freundlicher Genehmigung von C. Thorpe)

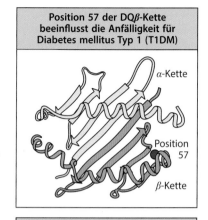

Position 57 der DQ$\beta$-Kette beeinflusst die Anfälligkeit für Diabetes mellitus Typ 1 (T1DM)

$\alpha$-Kette

Position 57

$\beta$-Kette

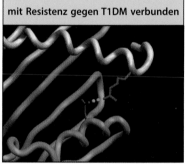

mit Resistenz gegen T1DM verbunden

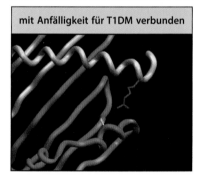

mit Anfälligkeit für T1DM verbunden

Solche Autoantigenpeptide werden möglicherweise in zu geringer Menge exprimiert oder binden zu schwach an körpereigene MHC-Moleküle, als dass im Thymus eine negative Selektion hervorgerufen wird. Sie sind jedoch in ausreichender Menge vorhanden oder binden stark genug, um die positive Selektion zu fördern. Diese Hypothese wird durch die Beobachtung unterstützt, dass das MHC-Klasse-II-Molekül I-A$^{g7}$, das bei den NOD-Mäusen mit der Krankheit im Zusammenhang steht, zahlreiche Peptide nur sehr schwach bindet und deshalb im Thymus die negative Selektion nur im geringen Maße fördert.

### 15.3.6 Genetische Varianten, die die angeborenen Immunantworten beeinträchtigen, können zu einer Prädisposition für eine T-Zell-vermittelte chronische Entzündungskrankheit führen

Video 15.1

Wie bereits in diesem Kapitel erwähnt, ist Morbus Crohn eine der beiden Hauptformen von entzündlichen Darmerkrankungen. Man nimmt an, dass sich Morbus Crohn aufgrund einer anormalen Hyperreaktivität von CD4-T-Zellen auf Antigene aus der kommensalen Darmflora entwickelt, nicht jedoch als Reaktion gegen „echte" körpereigene Antigene. Die Deregulation

Teil V

von T$_H$17- und T$_H$1-Zellen gilt als pathogen. Die Krankheit kann dadurch hervorgerufen werden, dass die angeborenen mucosalen Immunmechanismen nicht in der Lage sind, luminale Bakterien vom adaptiven Immunsystem fernzuhalten, dass inhärente Defekte der T-Zellen zu verstärkten Effektorreaktionen führen oder dass T$_{reg}$-Zellen nicht in der Lage sind, T$_H$17- und T$_H$1-Zellen zu kontrollieren, die auf die Mikroflora reagieren (▶ Abb. 15.41). Patienten mit Morbus Crohn leiden an Episoden mit schweren Entzündungen, die vor allem den Endbereich des Ileums betreffen (weshalb man die Krankheit auch als regionale Ileitis bezeichnet), mit oder ohne Beteiligung des Dickdarms – wobei jeder Teil des Gastrointestinaltrakts betroffen sein kann. Die Krankheit ist gekennzeichnet durch eine chronische Entzündung und granulomatöse Läsionen in der Schleimhaut und dem darunterliegenden Gewebe des Darms. Mithilfe von genetischen Analysen bei Patienten mit Morbus Crohn und ihren Familien ließen sich eine Reihe von Anfälligkeitsgenen für diese Krankheit identifizieren (▶ Abb. 15.34), wobei die Liste immer länger wird. Eines der ersten so identifizierten Gene ist *NOD2* (andere Bezeichnung *CARD15*), das vor allem von Monocyten, dendritischen Zellen und den Paneth-Zellen des Dünndarms exprimiert wird und bei der Erkennung von mikrobiellen Antigenen bei der angeborenen Immunantwort eine Rolle spielt (Abschn. 3.1.8). Zwischen Mutationen beziehungsweise selten auftretenden polymorphen Varianten von *NOD2* und Morbus Crohn besteht ein enger Zusammenhang. Mutationen im selben Gen sind auch die Ursache für das **Blau-Syndrom**, eine dominant vererbbare granulomatöse Erkran-

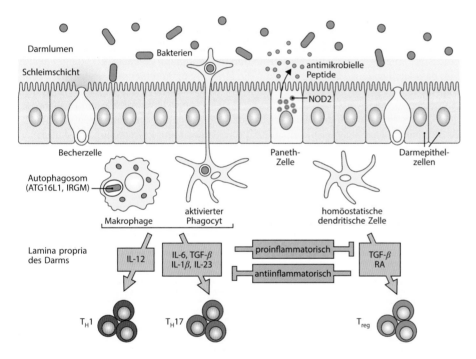

**Abb. 15.41 Morbus Crohn wird durch den Zusammenbruch der normalen homöostatischen Mechanismen hervorgerufen, die Entzündungsreaktionen gegen die Mikroflora des Darms begrenzen.** Das angeborene und das adaptive Immunsystem wirken normalerweise durch eine Kombination verschiedener Mechanismen zusammen, um Entzündungsreaktionen gegen Darmbakterien zu begrenzen: eine von den Becherzellen produzierte Schleimschicht, die Tight Junctions zwischen den Zellen des Darmepithels, von den Epithelzellen und Paneth-Zellen freigesetzte antimikrobielle Peptide sowie die Induktion von T$_{reg}$-Zellen, die die Entwicklung von CD4-T-Effektorzellen hemmen und die Produktion von IgA-Antikörpern fördern. Diese werden in das Darmlumen transportiert, wo sie die Translokation der Darmbakterien verhindern (nicht dargestellt). Wenn bei den Betroffenen die homöostatischen Mechanismen beeinträchtigt sind, kann es zu deregulierten Reaktionen der T$_H$1- und T$_H$17-Zellen auf die Mikroflora des Darms kommen. Dadurch entwickelt sich eine chronische Entzündung, die die Ursache der Erkrankung ist. Zu den Anfälligkeitsgenen für Morbus Crohn gehören *NOD2* und die Autophagiegene *ATG16L1* und *IRGM*, die alle Teil der angeborenen Immunität sind. Ein wichtiges Anfälligkeitsgen, das Zellen der adaptiven Immunität betrifft, ist *IL23R*, das von T$_H$17-Zellen exprimiert wird (siehe auch ▶ Abb. 15.34)

kung, die mit der Entwicklung von Granulomen in der Haut, den Augen und Gelenken einhergeht. Während Morbus Crohn durch einen Funktionsverlust von NOD2 hervorgerufen wird, nimmt man an, dass sich das Blau-Syndrom durch einen Funktionsgewinn entwickelt.

NOD2 ist ein intrazellulärer Rezeptor für das Muraminsäuredipeptid aus dem bakteriellen Peptidoglykan. Die Stimulation des Rezeptors aktiviert den Transkriptionsfaktor NFκB und die Expression von Genen, die proinflammatorische Cytokine und Chemokine (Abschn. 3.1.8 und ▸ Abb. 12.15) codieren. Bei den Paneth-Zellen – spezialisierten Darmepithelzellen am Grund der Darmkrypten – stimuliert die Aktivierung von NOD2 die Freisetzung der Granula, die antimikrobielle Peptide enthalten. Diese tragen dazu bei, die kommensalen Bakterien auf das Darmlumen zu begrenzen und vom adaptiven Immunsystem fernzuhalten. Mutierte Formen von NOD2, bei denen diese Funktion zur Beschränkung der angeborenen antibakteriellen Immunantwort verloren gegangen ist, führen zu einer Prädisposition der Betroffenen für verstärkte Reaktionen der CD4-T-Zellen auf die kommensale Mikroflora und dadurch zu einer Anfälligkeit für eine chronische Darmentzündung (Abschn. 12.2.8).

Neben NOD2-Defekten hat man bei Patienten mit Morbus Crohn noch andere Funktionsstörungen gefunden, etwa bei der Produktion von CXCL8 und in Form von Ansammlungen neutrophiler Zellen. Diese Störungen können mit NOD2-Defekten zusammenwirken und so die Entzündung im Darm weiter fördern. Moleküldefekte in der angeborenen Immunität und bei der Entzündungsregulation wirken wahrscheinlich zusammen und fördern so die immunpathologischen Effekte von Morbus Crohn. Mithilfe von genomweiten Assoziationsstudien ließen sich weitere Anfälligkeitsgene für Morbus Crohn bestimmen, die wahrscheinlich mit Störungen der Immunfunktion gekoppelt sind (▸ Abb. 15.34). Defekte in den beiden Genen *ATG16L1* und *IRGM*, die bei der Autophagie eine Rolle spielen, wurden mit Morbus Crohn in Verbindung gebracht. Das deutet darauf hin, dass auch andere Mechanismen, die die Beseitigung kommensaler Bakterien beeinträchtigen, eine Prädisposition für eine chronische Darmentzündung hervorrufen können. Autophagie ist der Abbau des zellulären Cytoplasmas durch die zelleigenen Lysosomen, der für den Umsatz von geschädigten zellulären Organellen und Proteinen von großer Bedeutung ist. Autophagie ist auch an der Prozessierung und Präsentation von Antigenen beteiligt (Abschn. 6.1.9) und unterstützt die Beseitigung von einigen durch Phagocytose aufgenommenen Bakterien.

Nicht nur Defekte in wichtigen Reaktionswegen des angeborenen Immunsystems spielen bei Morbus Crohn eine Rolle, sondern auch Gene, die die adaptive Immunantwort regulieren, wurden mit einer Anfälligkeit in Verbindung gebracht. Besonders bemerkenswert sind dabei die Varianten des Gens für den IL-23-Rezeptor (*IL23R*), die eine Prädisposition für die Krankheit verursachen. Das passt zu den verstärkten $T_H17$-Reaktionen in den erkrankten Geweben. Gemeinsames Merkmal der Anfälligkeitsgene, die ein erhöhtes Risiko mit sich bringen, an Morbus Crohn zu erkranken, und deren Zahl immer noch zunimmt, ist der Zusammenhang mit einer anormalen Regulation der Homöostase bei der angeborenen und bei der adaptiven Immunantwort auf die Mikroflora im Darm.

## 15.3.7 Äußere Faktoren können Autoimmunität auslösen

Die geographische Verteilung der Autoimmunerkrankungen ist in Bezug auf Kontinente, Länder und ethnische Gruppen ungleichmäßig. So nimmt anscheinend die Häufigkeit der Erkrankungen in der nördlichen Hemisphäre von Norden nach Süden ab. Dieser Gradient tritt in Europa bei Krankheiten wie multiple Sklerose und Diabetes mellitus Typ 1 besonders deutlich hervor; diese Krankheiten sind in den nördlichen Ländern häufiger als im Mittelmeerraum. Zahlreiche epidemiologische und genetische Verknüpfungen deuten darauf hin, dass dies teilweise mit dem Vitamin-D-Spiegel zusammenhängen kann. Die aktive Form von Vitamin D wird in der Haut als Reaktion auf das Sonnenlicht gebildet, das in den nördlichen Ländern weniger häufig und nur mit geringerer Intensität zur Verfügung steht. Vitamin D besitzt eine Reihe von immunregulatorischen Funktionen, die Zellen des angeborenen und des adaptiven Immunsystems beeinflussen, etwa auch die Unterdrückung der Entwicklung der $T_H$17-Zellen. Untersuchungen haben zudem gezeigt, dass Autoimmunität in den Entwicklungsländern weniger häufig ist als in den stärker industrialisierten Ländern, wobei die Ursachen dafür nicht bekannt sind.

Neben der Verfügbarkeit von Vitamin D tragen auch zahlreiche andere nichtgenetische Faktoren zu dieser geographischen Variabilität bei, etwa die sozioökonomischen Bedingungen und die Ernährung. Der Beitrag nichtgenetischer Faktor zur Krankheit zeigt sich beispielsweise daran, dass genetisch identische Mäuse die Autoimmunität mit verschiedenen Geschwindigkeiten und unterschiedlichem Schweregrad entwickeln. Zunehmend richtet sich auch die Aufmerksamkeit auf die Diversität der kommensalen Mikroflora und ihren Einfluss auf die Entwicklung einer Autoimmunerkrankung – auch außerhalb des Darms. Hier zeigt sich die Bedeutung der Wechselwirkungen zwischen der Mikroflora und dem angeborenen und adaptiven Immunsystem bei der Ausformung einer systemischen Immunantwort. Schließlich können auch Infektionen und Umweltgifte Faktoren sein, die eine Autoimmunität auslösen. Es sei noch darauf hingewiesen, dass epidemiologische und klinische Studien im vergangenen Jahrhundert auch ergeben haben, dass zwischen dem Auftreten von bestimmten Arten von Infektionen in einer frühen Lebensphase und der Entwicklung von Allergien und Autoimmunerkrankungen eine negative Korrelation besteht. Diese Hygienehypothese besagt, dass das Ausbleiben einer bestimmten Infektion in der Kindheit die Regulation des Immunsystems im späteren Leben beeinflussen kann, sodass eine größere Wahrscheinlichkeit besteht, allergische und Autoimmunreaktionen zu entwickeln (Abschn. 14.1.4).

### 15.3.8 Eine Infektion kann zu einer Autoimmunerkrankung führen, indem sie Bedingungen schafft, welche die Lymphocytenaktivierung stimulieren

Wie induzieren und verändern Krankheitserreger Autoimmunität? Während eine Infektion voranschreitet, können Entzündungsmediatoren, die von aktivierten antigenpräsentierenden Zellen und Lymphocyten freigesetzt werden, und die gesteigerte Expression von costimulierenden Molekülen die unbeteiligten Lymphocyten („Zuschauerzellen"), die für die Antigene des Krankheitserregers nicht spezifisch sind, beeinflussen. Autoreaktive Lymphocyten können unter solchen Bedingungen aktiviert werden, besonders dann, wenn Gewebezerstörung durch die Infektion zu einem vermehrten Auftreten von körpereigenen Antigenen führt (▶ Abb. 15.42, links). Darüber hinaus können proinflammatorische Cytokine wie IL-1 und IL-6 die suppressive Aktivität der regulatorischen T-Zellen beeinträchtigen, sodass autoreaktive naive T-Zellen aktiviert werden, sich zu T-Effektorzellen zu differenzieren, die dann eine Autoimmunreaktion auslösen.

In Versuchstiermodellen ließ sich zeigen, dass eine Autoimmunerkrankung durch virale oder bakterielle Infektionen fortgesetzt wird oder sich verstärkt. So nimmt beispielsweise der Schweregrad von Diabetes mellitus Typ 1 bei NOD-Mäusen durch eine Infektion mit dem Cocksackievirus B4 zu, die zu einer Entzündung, Gewebeschäden, zur Freisetzung von vorher unzugänglichen Antigenen der Inselzellen und der Erzeugung von autoreaktiven T-Zellen führt.

Wir haben bereits weiter oben besprochen, dass körpereigene Liganden wie nichtmethylierte CpG-DNA und RNA autoreaktive B-Zellen über ihre Toll-like-Rezeptoren (TLRs) direkt aktivieren können und so die Toleranz gegenüber körpereigenen Antigenen durchbrechen (Abschn. 15.1.4 und ▶ Abb. 15.25). Liganden von Mikroorganismen für TLRs können die Autoimmunität ebenfalls fördern, indem sie dendritische Zellen und Makrophagen stimulieren, große Mengen an Cytokinen zu produzieren. Diese wiederum führen zu lokalen Entzündungen und unterstützen die Stimulation von autoreaktiven T- und B-Zellen. Dieser Mechanismus könnte bei erythematösen Entzündungen eine Rolle spielen, die bei Patienten mit einer Autoimmunvasculitis und cytoplasmatischen Anti-Neutrophilen-Antikörpern nach einer Infektion auftreten.

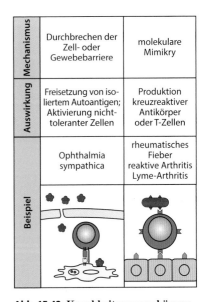

| Mechanismus | Durchbrechen der Zell- oder Gewebebarriere | molekulare Mimikry |
|---|---|---|
| Auswirkung | Freisetzung von isoliertem Autoantigen; Aktivierung nichttoleranter Zellen | Produktion kreuzreaktiver Antikörper oder T-Zellen |
| Beispiel | Ophthalmia sympathica | rheumatisches Fieber reaktive Arthritis Lyme-Arthritis |

**Abb. 15.42 Krankheitserreger können die Selbst-Toleranz auf verschiedene Weisen zerstören.** *Links*: Da einige Antigene vom Kreislauf ferngehalten werden, entweder hinter einer Gewebebarriere oder innerhalb einer Zelle, können durch eine Infektion, die zelluläre und Gewebebarrieren aufbricht, ursprünglich verborgene Antigene zugänglich werden. *Rechts*: Die molekulare Mimikry kann dazu führen, dass Krankheitserreger entweder eine T- oder eine B-Zell-Reaktion auslösen, die mit körpereigenen Antigenen kreuzreagieren kann

Teil V

Ein Beispiel dafür, wie ein Kontakt mit TLR-Liganden lokale Entzündungen hervorrufen kann, kommt bei einem Tiermodell für Arthritis vor, bei dem die Injektion von bakterieller CpG-DNA in die Gelenke von gesunden Mäusen eine Arthritis hervorruft, die durch eine Infiltration mit Makrophagen gekennzeichnet ist. Diese Makrophagen exprimieren Chemokinrezeptoren an ihrer Oberfläche und produzieren große Mengen an CC-Chemokinen, die die Rekrutierung von Leukocyten zum Infektionsherd stimulieren.

### 15.3.9 Kreuzreaktivität zwischen körperfremden Molekülen auf Pathogenen und körpereigenen Molekülen können zu Immunreaktionen gegen körpereigene Antigene und zu einer Autoimmunerkrankung führen

Infektionen mit bestimmten Krankheitserregern sind mit autoimmunen Folgeerscheinungen verknüpft. Einige Krankheitserreger exprimieren Antigene, die körpereigenen Molekülen ähnlich sind; diesen Effekt bezeichnet man als **molekulare Mimikry**. In solchen Fällen werden gegen ein Epitop des Krankheitserregers Antikörper produziert, die mit einem körpereigenen Protein kreuzreagieren können (▶ Abb. 15.42, rechts). Solche Strukturen müssen nicht unbedingt identisch sein. Es genügt, wenn sie einander ähnlich genug sind, um vom selben Antikörper erkannt zu werden. Molekulare Mimikry kann auch autoreaktive naive T-Zellen oder T-Effektorzellen aktivieren, was zu einem Angriff auf körpereigene Gewebe führt, wenn ein prozessiertes Peptid von einem Krankheitserregerantigen dem körpereigenen Peptid ähnlich ist. Mithilfe von transgenen Mäusen, die im Pankreas ein virales Antigen exprimieren, hat man ein Modellsystem zur Untersuchung von molekularer Mimikry entwickelt. Normalerweise gibt es keine Reaktion auf das von einem Virus stammende „körpereigene" Antigen. Wenn jedoch die Mäuse mit dem Virus infiziert werden, von dem das transgene Antigen stammt, entwickeln sie Diabetes, da das Virus T-Zellen aktiviert, die mit dem „körpereigenen" viralen Antigen kreuzreagieren und das Pankreas angreifen (▶ Abb. 15.43).

Man mag sich die Frage stellen, warum diese autoreaktiven Lymphocyten nicht durch die üblichen Mechanismen der Selbst-Toleranz beseitigt oder inaktiviert wurden. Ein Grund besteht darin (siehe oben), dass die autoreaktiven B- und T-Zellen mit geringerer Affinität nicht effizient genug entfernt werden und im Repertoire der naiven Lymphocyten als ignorante Lymphocyten vorliegen (Abschn. 15.1.4). Außerdem können Krankheitserreger wesentlich höhere lokale Dosen des auslösenden Antigens in einer immunogenen Form zugänglich machen, die es sonst für Lymphocyten nicht gäbe. Einige Beispiele für Autoimmunsyndrome, bei denen wahrscheinlich molekulare Mimikry eine Rolle spielt, sind das **rheumatische Fieber**, das manchmal nach einer Infektion mit Streptokokken auftritt, und die reaktive Arthritis, die möglicherweise nach einer enterischen Infektion auftritt.

Sobald die autoreaktiven Lymphocyten durch einen dieser Mechanismen aktiviert wurden, können ihre Effektorfunktionen körpereigene Gewebe zerstören. Eine Autoimmunität dieses Typs ist manchmal vorübergehend und verschwindet, wenn der auslösende Krankheitserreger beseitigt wurde. Das ist bei der autoimmunen hämolytischen Anämie der Fall, die nach einer Infektion mit *Mycoplasma* auftritt. Die Anämie bleibt bestehen, wenn Antikörper gegen den Krankheitserreger mit einem Antigen auf roten Blutkörperchen kreuzreagieren, was zu einer Hämolyse führt (Abschn. 15.2.6). Die Autoantikörper verschwinden, wenn sich der Patient von der Infektion erholt. Manchmal besteht die Autoimmunität jenseits der ursprünglichen Infektion jedoch fort. Das trifft auf einige Fälle von rheumatischem Fieber zu (▶ Abb. 15.44), das gelegentlich nach einer Rachenentzündung, Scharlach oder lokalen Infektionen der Haut (Impetigo) auftritt, die durch *Streptococcus pyogenes* verursacht werden. Die Ähnlichkeit der Epitope auf Antigenen der Streptokokken mit körpereigenen Epitopen führt zu einer Schädigung verschiedener Gewebe, beispielsweise der Herzklappen und der Nieren. Ursache sind dabei Antikörper und möglicherweise auch T-Zellen. Die Schädigung der Gewebe ist zwar normalerweise nur vorübergehend, aber besonders bei einer Behandlung mit Antibiotika kann diese manchmal auch chronisch werden. Ähnlich verhält es sich mit der Lyme-Borreliose, einer Infektion mit der Spirochäte

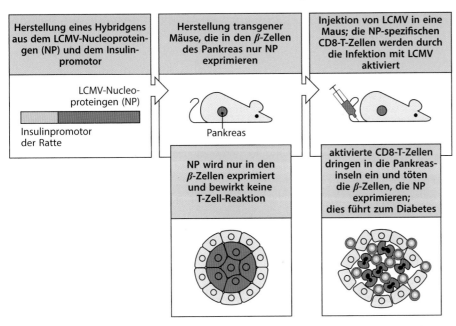

**Abb. 15.43 Eine Virusinfektion kann die Toleranz gegen ein transgenes virales Protein zerstören, das in den β-Zellen des Pankreas exprimiert wird.** Überträgt man das Gen für ein Protein des lymphocytären Choriomeningitisvirus (LCMV), das vom Insulinpromotor der Ratte kontrolliert wird, auf Mäuse, exprimieren diese in ihren β-Zellen zwar das Virusprotein, reagieren aber nicht darauf und entwickeln daher auch keinen Diabetes. Wenn die transgenen Mäuse allerdings mit LCMV infiziert werden, kommt es zu einer ausgeprägten Reaktion cytotoxischer T-Zellen gegen das Virus. Diese zerstört die β-Zellen und führt zum Diabetes. Man nimmt an, dass infektiöse Faktoren bisweilen T-Zell-Antworten auslösen können, bei denen es zu Kreuzreaktionen mit körpereigenen Peptiden kommt (molekulare Mimikry), und dass dies auch zu Autoimmunerkrankungen führen kann

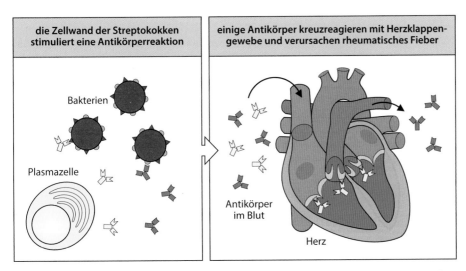

**Abb. 15.44 Antikörper gegen Zellwandantigene aus Streptokokken kreuzreagieren mit Antigenen auf Herzgewebe.** Die Immunantwort gegen die Bakterien bringt Antikörper gegen verschiedene Epitope auf der bakteriellen Zelloberfläche hervor. Einige dieser Antikörper (*gelb*) kreuzreagieren mit Herzklappen, andere (*blau*) jedoch nicht. Ein Epitop im Herzgewebe (*orange*) ist einem bakteriellen Epitop (*rot*) strukturell ähnlich, jedoch nicht damit identisch

*Borrelia burgdorferi*, die von einer sich spät entwickelnden Autoimmunität (Lyme-Arthritis) gefolgt sein kann, wobei der Mechanismus noch nicht vollständig bekannt ist. Wahrscheinlich handelt es sich um eine Kreuzreaktivität zwischen Bestandteilen des Krankheitserregers und des Wirtes, sodass es zur Autoimmunität kommt.

### 15.3.10 Wirkstoffe und Toxine können Autoimmunsyndrome hervorrufen

Der vielleicht eindeutigste Beleg für äußere Faktoren, die beim Menschen zu Autoimmunität führen, sind die Wirkungen bestimmter Wirkstoffe, die bei einer geringen Anzahl von Patienten Autoimmunreaktionen hervorrufen. Procainamid, ein Wirkstoff zur Behandlung von Herzrhythmusstörungen, ist hier erwähnenswert, weil er Autoantikörper induziert, die denen beim systemischen Lupus erythematodes (SLE) ähnlich sind, wobei diese selten pathogen sind. Mit der Entwicklung der autoimmunen hämolytischen Anämie, bei der Autoantikörper gegen Oberflächenkomponenten von roten Blutkörperchen gebildet werden und diese Zellen angreifen (Abschn. 15.2.6), bringt man sogar mehrere Wirkstoffe in Verbindung. Auch Umweltgifte können Autoimmunität verursachen. Wenn man anfälligen Mäusen Schwermetalle wie Gold oder Quecksilber verabreicht, kommt es zu einem vorhersagbaren Autoimmunsyndrom, das auch die Produktion von Autoantikörpern einschließt. Das Ausmaß, mit dem Schwermetalle beim Menschen die Autoimmunität fördern, ist noch umstritten, aber die Tiermodelle zeigen deutlich, dass Umweltfaktoren wie Toxine bei bestimmten Syndromen von zentraler Bedeutung sein können.

Die Mechanismen, durch die Wirkstoffe und Toxine Autoimmunität verursachen, sind noch unklar. Bei einigen Wirkstoffen nimmt man an, dass sie mit körpereigenen Proteinen chemisch reagieren und so Derivate entstehen, die das Immunsystem als fremd erkennt. Die Immunantwort auf diese haptenisierten körpereigenen Proteine kann zu Entzündungen, Komplementablagerung, Gewebezerstörung und schließlich Immunreaktionen auf die ursprünglichen, unveränderten körpereigenen Proteine führen.

### 15.3.11 Beim Auslösen von Autoimmunität können zufällige Ereignisse ebenfalls von Bedeutung sein

Naturwissenschaftler und Mediziner würden zwar das „spontane" Entstehen einer Krankheit gerne einem spezifischen Grund zuschreiben – das ist aber nicht immer möglich. Es muss sich nicht um ein Virus oder Bakterium handeln, nicht einmal ein unverständliches Muster von Ereignissen, das dem Einsetzen einer Autoimmunerkrankung vorausgeht. Das zufällige Zusammentreffen von einigen wenigen autoreaktiven B- und T-Zellen in den peripheren Lymphgeweben, die miteinander interagieren, wenn gleichzeitig eine Infektion proinflammatorische Signale liefert, kann schon ausreichen. Das ist vielleicht ein seltenes Ereignis, aber bei einem anfälligen Individuum könnten solche Ereignisse öfter auftreten und/oder schwieriger zu kontrollieren sein.

Das Einsetzen oder Auftreten von Autoimmunität geschieht möglicherweise zufällig. Durch eine genetische Prädisposition kann sich die Wahrscheinlichkeit für ein solch seltenes Ereignis zumindest teilweise erhöhen. Durch diese Vorstellung wiederum lässt sich vielleicht erklären, warum viele Autoimmunerkrankungen im frühen Erwachsenenalter oder später auftreten, wenn genügend Zeit vergangen ist, damit zufällige seltene Ereignisse auch stattfinden konnten. So lässt sich wohl ebenfalls erklären, warum die Krankheit nach bestimmten Arten von experimentellen aggressiven Therapien nach einer längeren Zeit der Besserung doch zurückkehrt.

**Zusammenfassung**

Für die meisten Autoimmunerkrankungen sind die spezifischen Ursachen nicht bekannt. Man hat genetische Risikofaktoren identifiziert, beispielsweise bestimmte Allele von MHC-Klasse-II-Molekülen und Polymorphismen oder Mutationen in anderen Genen, aber viele Individuen mit genetischen Varianten, die eine Prädisposition für eine bestimmte Autoimmunerkrankung bedeuten, erkranken dennoch nicht. Epidemiologische Untersuchungen von Populationen aus genetisch identischen Tieren haben gezeigt, dass äußere Faktoren für das Einsetzen einer Autoimmunität von besonderer Bedeutung sind, wobei man diese Faktoren trotz ihres starken Einflusses auf die Krankheit noch kaum kennt. Es ist bekannt, dass bestimmte Toxine und Wirkstoffe Autoimmunität auslösen können, aber ihre Bedeutung für die häufigeren Formen von Autoimmunerkrankungen ist unklar. Einige Autoimmunsyndrome können auch als Folge von viralen oder bakteriellen Infektionen entstehen. Krankheitserreger können die Autoimmunität fördern, indem sie unspezifische Entzündungen und Gewebeschäden verursachen. Sie können auch manchmal Reaktionen gegen körpereigene Proteine auslösen, wenn sie Moleküle exprimieren, die körpereigenen Strukturen gleichen; diesen Effekt bezeichnet man als molekulare Mimikry. Es sind noch weitere Forschungsanstrengungen notwendig, um die spezifischen Beiträge von Umweltfaktoren zu Autoimmunerkrankungen zu erkennen. Wahrscheinlich ist bei den meisten Krankheiten nicht nur ein einziger Umweltfaktor an ihrem Entstehen beteiligt, sondern es ist eher eine Kombination von Auslösern und sogar stochastischen (zufälligen) Ereignissen, die hier eine wichtige Rolle spielen.

# 15.4 Reaktionen auf Alloantigene und Transplantatabstoßung

Die Gewebetransplantation zum Ersatz erkrankter Organe hat sich zwar zu einer wichtigen Behandlungsmethode entwickelt, aber adaptive Immunreaktionen gegen das transplantierte Gewebe sind das größte Hindernis für eine erfolgreiche Übertragung. Die Abstoßung wird von Immunantworten auf Alloantigene im Transplantat verursacht: Dabei handelt es sich um Proteine, die sich bei den einzelnen Individuen innerhalb einer Spezies unterscheiden und deshalb vom Empfänger als fremd wahrgenommen werden. Bei der Transplantation von Geweben mit kernhaltigen Zellen führen die T-Zell-Antworten gegen die hoch polymorphen MHC-Moleküle meist zur Abstoßung des Transplantats. Eine Übereinstimmung der MHC-Typen von Spender und Empfänger erhöht die Erfolgswahrscheinlichkeit der Transplantation. Eine perfekte Übereinstimmung ist allerdings nur bei einem verwandten Spender möglich und selbst in solchen Fällen können genetische Unterschiede in anderen Loci häufig zur Abstoßung führen, wenn auch weniger gravierend. Fortschritte bei der Immunsuppression und in der Transplantationsmedizin haben immerhin dazu geführt, dass heute bei einer Transplantation die genaue Übereinstimmung der Gewebe nicht mehr der Hauptfaktor dafür ist, dass die Übertragung erfolgreich ist. Bei der zuerst entwickelten und häufigsten Gewebetransplantation, der Bluttransfusion, ist im Routinefall ein MHC-Abgleich nicht notwendig, da rote Blutkörperchen und Blutplättchen nur geringe Mengen an MHC-Klasse-I-Molekülen und keine MHC-Klasse-II-Moleküle exprimieren. Sie werden also normalerweise von den T-Zellen des Empfängers nicht angegriffen. Antikörper gegen MHC-Klasse-I-Moleküle der Blutplättchen können jedoch ein Problem darstellen, wenn wiederholte Übertragungen von Blutplättchen erforderlich sind. Bei Blut müssen die AB0- und die Rhesus-Blutgruppenantigene übereinstimmen, um die schnelle Zerstörung „unpassender" roter Blutkörperchen durch Antikörper zu verhindern (Anhang I, Abschn. A.5 und Abschn. A.7). Da es nur vier große AB0- und zwei Rhesus-Bluttypen gibt, ist diese Art der Gewebeübereinstimmung relativ einfach festzustellen.

## 15.4.1 Die Transplantatabstoßung ist eine immunologische Reaktion, die primär von T-Zellen vermittelt wird

Die Grundregeln der Gewebeübertragung hat man zuerst anhand von Hauttransplantationen zwischen verschiedenen Inzuchtstämmen von Mäusen aufgeklärt. Mit einer Erfolgsquote von 100 % lässt sich Haut von einer an eine andere Stelle desselben Tieres oder Menschen (**autogene** oder **autologe Transplantation**) oder zwischen genetisch identischen Individuen transplantieren (**syngene Transplantation**). Wenn man Haut zwischen nichtverwandten oder **allogenen** Individuen überträgt (**allogene Transplantation**), wird das Transplantat zunächst angenommen, nach 10–13 Tagen jedoch abgestoßen (▶ Abb. 15.45). Man bezeichnet dies als primäre oder **akute Abstoßungsreaktion**. Diese beruht auf einer T-Zell-Antwort des Empfängers, denn transplantiert man ein Hautstück auf Nacktmäuse, die keine T-Zellen besitzen, so wird es nicht abgestoßen. Man kann jedoch die Fähigkeit zur Abstoßung durch adoptiven Transfer normaler T-Zellen auf Nacktmäuse übertragen.

Überträgt man ein zweites Mal ein Hautstück auf einen Empfänger, der zuvor bereits ein Transplantat von demselben Spender abgestoßen hat, dann erfolgt die sekundäre oder **beschleunigte Abstoßungsreaktion** schneller, das heißt in nur sechs bis acht Tagen (▶ Abb. 15.45). Haut von einem zweiten Spender, die man gleichzeitig auf den Empfänger übertragen hat, löst aber keine schnellere Abstoßungsreaktion aus. Der Zeitverlauf entspricht vielmehr dem einer primären Abstoßung. Der schnelle Verlauf der Zweitabstoßungsreaktion lässt sich in Form von T-Zellen aus dem Empfänger eines ersten Transplantats auf neue Empfänger übertragen. Das zeigt, dass der Transplantatabstoßung eine spezifische Immunantwort, einem immunologischen Gedächtnis entsprechend (Kap. 11), von klonal vermehrten und geprägten T-Zellen zugrunde liegt, die für die Haut des Spenders spezifisch sind.

Immunreaktionen gegen die fremden Proteine auf Spendergewebe sind ein großes Hindernis für effektive Gewebetransplantationen. Sie können von cytotoxischen CD8-T-Zellen, CD4-T-Zellen oder beiden Zellarten vermittelt werden. An sekundären Abstoßungsreaktionen sind möglicherweise auch Antikörper beteiligt.

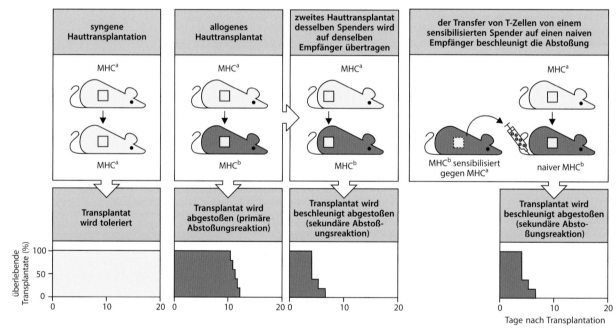

**Abb. 15.45 Die Abstoßung von Hauttransplantaten beruht auf einer T-Zell-vermittelten Reaktion.** Syngene Transplantate werden auf Dauer angenommen (*erste Spalte*), während Gewebe mit unterschiedlichen MHCs etwa 10–13 Tage nach der Transplantation abgestoßen werden (primäre Abstoßungsreaktion, *zweite Spalte*). Überträgt man einer Maus zum zweiten Mal Haut von demselben Spendertier, so erfolgt die Abstoßung des zweiten Transplantats schneller (*dritte Spalte*). Das bezeichnet man als sekundäre Abstoßungsreaktion. Die beschleunigte Reaktion ist MHC-spezifisch: Haut von einem zweiten Spender mit demselben MHC-Typ wird schnell abgestoßen, während die Reaktion bei Haut von einem Spender mit einem anderen MHC nicht schneller als bei der Erstabstoßung verläuft (nicht dargestellt). Nichtimmunisierte Mäuse, denen man T-Zellen von einem sensibilisierten Spendertier verabreicht, verhalten sich, als hätten sie bereits eine Transplantation hinter sich (*letzte Spalte*)

## 15.4.2 Die Transplantatabstoßung ist vor allem auf die starke Immunantwort gegen Nicht-Selbst-MHC-Moleküle zurückzuführen

Antigene, die sich bei Vertretern derselben Spezies unterscheiden, bezeichnet man als **Alloantigene**; eine Immunantwort gegen solche Antigene bezeichnet man als **alloreaktive** Immunantwort. Wenn sich Spender und Empfänger in ihren MHC-Molekülen unterscheiden, lösen die fremden MHC-Moleküle auf dem Transplantat eine alloreaktive Immunantwort aus. Bei den meisten Geweben handelt es sich dabei vor allem um MHC-Klasse-I-Antigene. Hat der Empfänger bereits ein Transplantat mit einem bestimmten MHC-Typ abgestoßen, wird er eine schnelle sekundäre Abstoßungsreaktion gegen ein weiteres Transplantat entwickeln, das die gleichen fremden MHC-Moleküle trägt. Die gegen fremde MHC-Moleküle gerichteten T-Zellen sind relativ zahlreich, sodass Unterschiede in den MHC-Loci die stärksten Auslöser einer Abstoßungsreaktion gegen ein erstes Transplantat sind (Abschn. 6.2.4). Tatsächlich leitet sich sogar der Name MHC (*major histocompatibility complex* oder Haupthistokompatibilitätskomplex) von dieser zentralen Rolle bei der Transplantatabstoßung ab.

Als klar wurde, dass die Erkennung fremder MHC-Moleküle bei der Transplantatabstoßung eine wichtige Rolle spielt, unternahm man große Anstrengungen, die MHC-Typen von Spender und Empfänger aufeinander abzustimmen. Heute ist aufgrund der Fortschritte in der Immunsuppression bei den meisten allogenen Transplantationen der MHC-Abgleich größtenteils bedeutungslos geworden, außer bei der Übertragung von Knochenmark (die Gründe dafür werden in Abschn. 15.4.8 besprochen). Aber selbst bei einer vollständigen Übereinstimmung am MHC-Locus, den man beim Menschen als HLA-Locus bezeichnet, sind Abstoßungsreaktionen nicht ausgeschlossen. Transplantate von HLA-identischen Geschwistern werden generell abgestoßen, wenn auch nur langsam, sofern es sich bei Empfänger und Spender nicht um eineiige Zwillinge handelt. Die Abstoßung beruht auf Unterschieden zwischen Nicht-MHC-Proteinen, die sich bei den einzelnen Individuen unterscheiden.

Alle Transplantatempfänger müssen also immunsuppressive Wirkstoffe erhalten, um die Abstoßung zu verhindern, wenn die Transplantation nicht zwischen eineiigen Zwillingen erfolgt. In der Tat sind die klinischen Erfolge bei der Transplantation solider Organe gegenwärtig eher auf Fortschritte in der Immunsuppressionstherapie zurückzuführen (Kap. 16) als auf eine verbesserte Abstimmung der Gewebetypen von Spender und Empfänger. Organe Verstorbener, die für Transplantationen infrage kommen, stehen nur in sehr begrenztem Umfang zur Verfügung, und wenn man einen Spender hat, muss der Empfänger in höchster Eile ausgewählt werden. Eine genaue Übereinstimmung der Gewebetypen ist daher nur in seltenen Fällen zu erreichen, wobei die Übertragung von Nieren zwischen geeigneten Geschwistern eine bemerkenswerte Ausnahme darstellt.

## 15.4.3 Bei MHC-identischen Transplantaten beruht die Abstoßung auf Peptiden von anderen Alloantigenen, die an die MHC-Moleküle des Transplantats gebunden sind

Wenn Spender und Empfänger in ihren MHC-Typen übereinstimmen, sich jedoch in anderen Genloci unterscheiden, verläuft die Abstoßung langsamer, würde aber unkontrolliert ebenfalls das Transplantat zerstören (▶ Abb. 15.46). Aus diesem Grund würden übertragene Gewebe von HLA-identischen Geschwistern ohne Behandlung mit Immunsuppressiva abgestoßen. MHC-Klasse-I- und -Klasse-II-Moleküle binden und präsentieren eine große Auswahl von Peptiden, die aus von der Zelle produzierten körpereigenen Proteinen stammen. Sind diese Proteine polymorph, führt das dazu, dass von verschiedenen Vertretern einer Spezies unterschiedliche Peptide produziert werden. Diese können auch als **Nebenhistokompatibilitätsantigene** erkannt werden (▶ Abb. 15.47). Eine solche Gruppe von

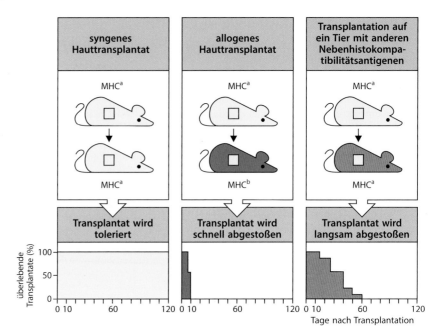

**Abb. 15.46 Selbst eine vollkommene Übereinstimmung in den MHCs gewährleistet das Überleben des Transplantats nicht.** Zwar werden syngene Transplantate nicht abgestoßen, wohl aber MHC-identisches Gewebe von Spendern (*links*), das sich in anderen Loci (den Loci der Nebenhistokompatibilitätsantigene) vom Empfänger (*rechts*) unterscheidet. Allerdings vollzieht sich die Abstoßung in diesem Fall deutlich langsamer als bei einem Transplantat mit einem anderen MHC-Typ (*Mitte*)

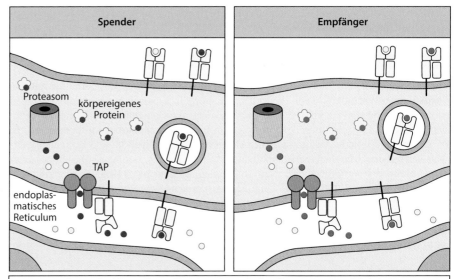

**Abb. 15.47 Nebenhistokompatibilitätsantigene sind Peptide aus polymorphen zellulären Proteinen, die an MHC-Klasse-I-Moleküle gebunden sind.** Körpereigene Proteine werden ständig von Proteasomen im Cytosol abgebaut. Dabei entstehende Peptide werden in das endoplasmatische Reticulum transportiert, wo sie an MHC-Klasse-I-Moleküle binden können und anschließend an der Zelloberfläche präsentiert werden. Wenn irgendein polymorphes Protein beim Spender (*links*, *rot dargestellt*) und beim Empfänger (*rechts*, *blau dargestellt*) nicht übereinstimmt, kann daraus ein Peptid entstehen, das von T-Zellen als fremd erkannt wird und eine Immunreaktion auslöst

Proteinen ist auf dem Y-Chromosom codiert. Man bezeichnet sie in ihrer Gesamtheit als H-Y. Da Y-chromosomale Gene bei weiblichen Individuen nicht exprimiert werden, kommt es bei ihnen zu Reaktionen gegen die H-Y-Antigene. Umgekehrt wurden bei männlichen Individuen keine Reaktionen gegen spezifisch weibliche Antigene beobachtet, da beide Geschlechter die Gene des X-Chromosoms exprimieren. Inzwischen wurde beim Menschen und bei Mäusen das H-Y-Antigen als Peptid aus einem Protein identifiziert, das vom *Smcy*-Gen (oder *Kdm5d*-Gen) auf dem Y-Chromosom codiert wird. Das homologe *Smcx*-Gen (oder *Kdm5c*-Gen) auf dem X-Chromosom enthält diese Peptidsequenzen nicht, die daher ausschließlich vom männlichen Geschlecht exprimiert werden. Die meisten Nebenhistokompatibilitätsantigene werden von autosomalen Genen codiert und ihre Identität ist größtenteils unbekannt, wobei inzwischen immer mehr von ihnen genetisch identifiziert werden.

Die Reaktion gegen Nebenhistokompatibilitätsantigene entspricht in jeder Hinsicht der Immunantwort gegen eine virale Infektion. Allerdings werden dabei nur infizierte Zellen beseitigt, während in einem Transplantat ein großer Teil der Zellen die Antigene exprimiert, weshalb das gesamte Transplantat bei einer solchen Reaktion zerstört wird. Selbst wenn die MHC-Genotypen perfekt übereinstimmen, können also Polymorphismen in einem beliebigen anderen Protein wirksame T-Zell-Reaktionen auslösen, die das gesamte Transplantat vernichten. Aufgrund der mit nahezu absoluter Sicherheit auftretenden Unterschiede der Nebenhistokompatibilitätsantigene zwischen zwei Individuen und des Potenzials der Reaktionen, die dadurch ausgelöst werden, verwundert es nicht, dass für eine erfolgreiche Transplantation wirkungsvolle Immunsuppressiva angewendet werden müssen.

### 15.4.4 Alloantigene auf einem transplantiertem Spenderorgan werden den T-Lymphocyten des Empfängers auf zwei Arten präsentiert

Bevor sich naive alloreaktive T-Zellen zu T-Effektorzellen entwickeln können, die eine Abstoßung hervorrufen, müssen sie von antigenpräsentierenden Zellen aus dem Spender aktiviert werden, die sowohl die allogenen MHC-Moleküle als auch costimulierende Moleküle exprimieren. Organtransplantate enthalten antigenpräsentierende Zellen des Spenders, die als Passagierleukocyten bezeichnet werden und einen wichtigen Stimulus für die Alloreaktivität darstellen. An diesem Mechanismus, der einen Empfänger gegenüber einem Transplantat sensibilisiert, sind offenbar antigenpräsentierende Zellen des Spenders beteiligt, die das Transplantat verlassen und zu den sekundären lymphatischen Geweben des Empfängers wandern, etwa in die Milz und in Lymphknoten. Dort können sie diejenigen T-Zellen des Empfängers aktivieren, die entsprechende T-Zell-Rezeptoren tragen. Da die Ableitung der Lymphflüssigkeit aus übertragenen soliden Organen durch die Transplantation unterbrochen wird, erfolgt die Wanderung der antigenpräsentierenden Zellen des Spenders über das Blut und nicht über die Lymphgefäße. Die aktivierten alloreaktiven T-Effektorzellen gelangen dann zum Transplantat, das sie direkt angreifen (▶ Abb. 15.48). Diesen Erkennungsmechanismus bezeichnet man als **direkte Allogenerkennung** (▶ Abb. 15.49, oben). Tatsächlich tritt eine Abstoßung erst viel später ein, wenn zuvor die antigenpräsentierenden Zellen im zu übertragenden Gewebe durch Behandlung mit Antikörpern oder durch längere Inkubation entfernt wurden.

Ein zweiter Mechanismus der Erkennung von allogenen Transplantaten, der zur Transplantatabstoßung führt, ist die Aufnahme von allogenen Proteinen durch antigenpräsentierende Zellen des Empfängers, die die Proteine dann mit eigenen MHC-Molekülen den T-Zellen präsentieren. Das bezeichnet man als **indirekte Allogenerkennung** (▶ Abb. 15.49, unten). Peptide sowohl aus den fremden MHC-Molekülen als auch aus den Nebenhistokompatibilitätsantigenen können durch die indirekte Allogenerkennung präsentiert werden.

Die direkte Erkennung ist wahrscheinlich zu einem großen Teil für die akute Abstoßung verantwortlich, besonders dann, wenn aufgrund der MHC-Unterschiede beim Empfänger

Teil V

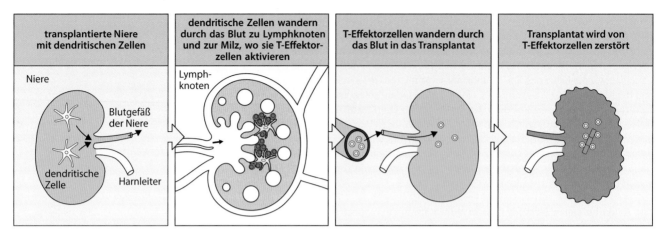

| transplantierte Niere mit dendritischen Zellen | dendritische Zellen wandern durch das Blut zu Lymphknoten und zur Milz, wo sie T-Effektorzellen aktivieren | T-Effektorzellen wandern durch das Blut in das Transplantat | Transplantat wird von T-Effektorzellen zerstört |

**Abb. 15.48 Akute Abstoßung einer übertragenen Niere über die direkte Allogenerkennung.** Dendritische Zellen des Spenders im Transplantat (hier eine Niere) tragen Komplexe aus HLA-Molekülen und Peptiden des Spenders an ihrer Oberfläche. Die dendritischen Zellen gelangen über das Blut in die sekundären lymphatischen Organe (in der Darstellung ein Lymphknoten), wo sie in die T-Zell-Zonen wandern. Dort aktivieren sie die T-Lymphocyten des Empfängers, deren Rezeptoren in Kombination mit den Spenderpeptiden spezifisch an die Komplexe der allogenen HLA-Moleküle des Spenders (sowohl Klasse I als auch Klasse II) binden können. Nach ihrer Aktivierung wandern die T-Effektorzellen über das Blut in das übertragene Organ, wo sie Zellen angreifen, die Peptid:HLA-Molekül-Komplexe präsentieren, für die die T-Zellen spezifisch sind

**Abb. 15.49 Die direkte und die indirekte Allogenerkennung tragen zur Transplantatabstoßung bei.** Dendritische Zellen aus einem transplantierten Organ stimulieren sowohl direkte als auch indirekte Wege der Allogenerkennung, wenn sie vom Transplantat in die sekundären lymphatischen Gewebe wandern. Das *obere Bild* zeigt, wie die allogenen HLA-Klasse-I- und -Klasse-II-Moleküle des Spendertyps auf einer dendritischen Zelle des Spenders (Spender-DC) direkt mit den T-Zell-Rezeptoren von alloreaktiven CD4- und CD8-T-Zellen des Empfängers interagieren (direkte Allogenerkennung). Im *unteren Bild* ist dargestellt, wie durch den Tod der derselben antigenpräsentierenden Zelle Membranvesikel entstehen, die allogene HLA-Klasse-I- und -Klasse-II-Moleküle enthalten, die dann von den dendritischen Zellen des Empfängers (Empfänger-DC) durch Endocytose aufgenommen werden. Peptide aus den HLA-Molekülen des Spenders (*gelb*), können dann durch die HLA-Moleküle des Empfängers (*orange*) den peptidspezifischen T-Zellen präsentiert werden (indirekte Allogenerkennung). Dargestellt ist hier auch die Präsentation von HLA-Klasse-II-Molekülen gegenüber CD4-T-Zellen. Auch den CD8-T-Zellen können durch die HLA-Klasse-I-Moleküle des Empfängers Peptide aus den HLA-Molekülen des Spenders präsentiert werden (nicht dargestellt)

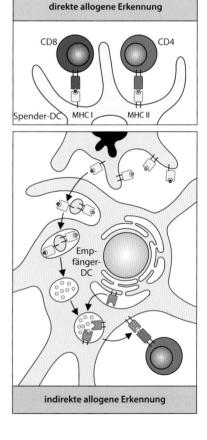

direkte allogene Erkennung

indirekte allogene Erkennung

sehr viele alloreaktive T-Zellen vorhanden sind. Darüber hinaus kann ein direkter Angriff von cytotoxischen T-Zellen auf Transplantatzellen nur durch T-Zellen erfolgen, die die MHC-Moleküle des Spenders direkt erkennen. Dennoch können T-Zellen mit einer Spezifität für Alloantigene, die von eigenen MHC-Molekülen präsentiert werden, zur Gewebeabstoßung beitragen, indem sie Makrophagen aktivieren, die Gewebeschäden und eine Fibrose verursachen. T-Zellen mit indirekter Allospezifität sind wahrscheinlich auch bei der Entwicklung einer Antikörperreaktion gegen ein Transplantat beteiligt. Antikörper gegen körperfremde Antigene aus einem anderen Vertreter derselben Spezies bezeichnet man als **Alloantikörper**.

## 15.4.5 Antikörper, die mit Endothelzellen reagieren, verursachen hyperakute Abstoßungsreaktionen

Antikörperreaktionen sind eine wichtige Ursache von Transplantatabstoßungen. Alloantikörper gegen Blutgruppenantigene und polymorphe MHC-Antigene können – bisweilen innerhalb von Minuten nach der Transplantation – eine komplementabhängige Abstoßung bewirken. Man bezeichnet diesen Reaktionstyp als **hyperakute Transplantatabstoßung**. Die meisten routinemäßig übertragenen Transplantate sind mit Blutgefäßen durchzogene Organe, die direkt mit dem Gefäßsystem des Empfängers verbunden werden. In manchen Fällen hat der Empfänger bereits Antikörper gegen Antigene des Transplantats gebildet. Antikörper des AB0-Typs können an alle Gewebe binden, nicht nur an rote Blutkörperchen. Sie sind bereits vorhanden und bei allen Individuen mit nicht übereinstimmendem AB0-System von Bedeutung. Darüber hinaus können Antikörper gegen andere Antigene als Reaktion auf eine frühere Transplantation oder Bluttransfusion gebildet worden sein. All diese bereits vorhandenen Antikörper können eine sehr schnelle Abstoßung vaskularisierter Transplantate verursachen, da sie mit Antigenen auf dem Gefäßendothel in dem fremden Gewebe reagieren und die Komplement- sowie die Blutgerinnungskaskade aktivieren. Diese führen ihrerseits zu einem Gefäßverschluss (eine Thrombose) im Transplantat und damit zu einer schnellen Zerstörung des Gewebes. In solchen Geweben staut sich das Blut und sie färben sich durch Blutungen purpurrot, weil das Blut sauerstoffarm wird (▶ Abb. 15.50). Dieses Problem lässt sich durch eine AB0-Probe und eine **Kreuzprobe** von Spender und Empfänger vermeiden. Dabei bestimmt man unter anderem, ob der Empfänger Antikörper besitzt, die mit den weißen Blutzellen des Spenders reagieren. Sind solche Antikörper vorhanden, ist bei den meisten soliden Organen von einer Transplantation abzusehen, da sie ohne jegliche Behandlung mit fast absoluter Sicherheit zu einer hyperakuten Abstoßung führen.

Aus noch nicht vollständig geklärten Gründen sind einige übertragene Organe, insbesondere die Leber, gegen diese Art von Angriff weniger anfällig, und sie können daher trotz AB0-Unverträglichkeit transplantiert werden. Darüber hinaus betrachtet man das Vorhandensein von donorspezifischen MHC-Alloantikörpern und eine positive Kreuzprobe nicht mehr als absolute Kontraindikation für eine Transplantation, da sich die Behandlung mit intravenös verabreichten Immunglobulinen bei einem Teil der Patienten als erfolgreich erwiesen hat, bei denen bereits Antikörper gegen das Donorgewebe vorhanden waren.

Aufgrund eines ähnlichen Problems ist auch die routinemäßige Übertragung von tierischen Organen – **xenogenen** Transplantaten – auf Menschen nicht möglich. Die Möglichkeit zur Transplantation xenogener Gewebe würde jedoch ein großes Hindernis beseitigen: den großen Mangel an Spenderorganen. Als mögliche Spendertiere für xenogene Transplantationen hat man Schweine gewählt, aber die meisten Menschen besitzen Antikörper, die mit ubiquitären Kohlenhydratantigenen ($\alpha$-Gal) an den Zelloberflächen von anderen Säugerspezies reagieren, auch von Schweinen. Bei einer xenogenen Übertragung von Gewebe aus Schweinen in Menschen führen diese Antikörper zu einer hyperakuten Abstoßung, indem sie an Endothelzellen des Transplantats binden und die Komplement- und die Gerinnungskaskade aktivieren. Dieses Problem ist bei xenogenen Transplantationen besonders stark ausgeprägt, da die komplementregulatorischen Proteine wie CD59, DAF (CD55) und MCP (CD46) (Abschn. 2.2.12) jenseits von Speziesgrenzen weniger wirksam sind. Als Weiterentwicklung dieser Methode hat man neuerdings transgene Schweine entwickelt, die den DAF des Menschen exprimieren, oder die kein $\alpha$-Gal besitzen. Diese Herangehensweise könnte eines Tages die hyperakute Abstoßungsreaktion bei einer Xenotransplantation verhindern.

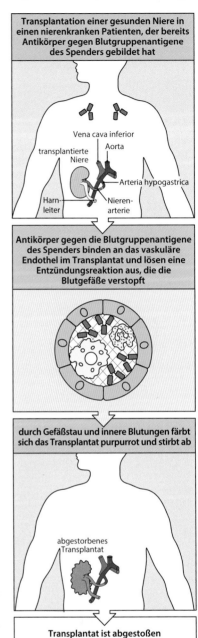

**Abb. 15.50 Bereits vorhandene Antikörper gegen Gewebeantigene des Spenders können eine akute Abstoßung verursachen.** Einige Empfänger haben bereits vor der Transplantation Antikörper entwickelt, die mit AB0- oder HKA-Klasse-I-Antigenen des Spenders reagieren. Wenn das Spenderorgan in einen solchen Empfänger verpflanzt wird, binden diese Antikörper an das Gefäßendothel im Transplantat und lösen die Komplement- und Gerinnungskaskaden aus. Die Blutgefäße des Transplantats verstopfen durch Gerinnsel und werden perforiert, sodass es zu Blutungen kommt. Das Transplantat wird dadurch mit Blut gefüllt, färbt sich durch das sauerstoffarme Blut purpurrot und stirbt ab

Teil V

### 15.4.6 Ein spät einsetzendes Versagen transplantierter Organe ist die Folge einer chronischen Schädigung des Organs

Der Erfolg der modernen Immunsuppression bewirkt, dass etwa 90 % aller gespendeten Nieren von Verstorbenen noch ein Jahr nach der Transplantation funktionsfähig sind. Es gibt jedoch in Bezug auf das langfristige Überleben eines Transplantats bis jetzt nur geringe Fortschritte. Die Halbwertszeit für die Funktionsfähigkeit von übertragenen Nieren beträgt weiterhin acht Jahre. Man bezeichnet zwar das spät einsetzende Versagen eines transplantierten Organs schon immer als **chronische Abstoßung**, aber es lässt sich normalerweise nur schwer feststellen, ob als Ursache für eine chronische Schädigung des übertragenen Organs eine spezifische Immunalloreaktivität, eine nicht durch das Immunsystem hervorgerufene Schädigung oder beides eine Rolle spielt.

Die chronische Organschädigung verläuft nach unterschiedlichen Mustern, die vom Gewebe abhängen. Eine wichtige Ursache für ein spät eintretendes Organversagen ist eine chronische Reaktion, die man als **chronische Allograftvaskulopathie** bezeichnet. Dies ist eine häufige Ursache für die Schädigung von Herz- und Nierentransplantaten. Ein besonderes Kennzeichen sind konzentrische arteriosklerotische Ablagerungen in den Blutgefäßen des Transplantats, sodass das Organ mit zu wenig Blut versorgt wird und es schließlich zu einer Fibrose und Atrophie kommt (▶ Abb. 15.51). Zu dieser Form der Schädigung von Blutgefäßen trägt wahrscheinlich eine Reihe verschiedener Mechanismen bei, aber man geht davon aus, dass die Hauptursache die wiederholten akuten Abstoßungsereignisse sind, die erst einmal keine klinischen Symptome hervorrufen. Diese Abstoßung kann zum einen auf die Entwicklung allospezifischer Antikörper zurückzuführen sein, die mit dem Gefäßendothel des Transplantats reagieren (sogenannte donorspezifische Antikörper), zum anderen auf alloreaktive T-Effektorzellen oder auf beides. Einige immunsuppressive Therapieformen (etwa die Anwendung von Calcineurininhibitoren wie Ciclosporin) können ebenfalls Blutgefäße schädigen, wobei dies normalerweise mehr auf sehr kleine Arterien beschränkt bleibt und zu einem anderen Schädigungsmuster führt. Dabei kommt es zu einer arteriolären Hyalinose, die mit proteinartigen Ablagerungen einhergeht, welche das Lumen von Blutgefäßen verengen. In

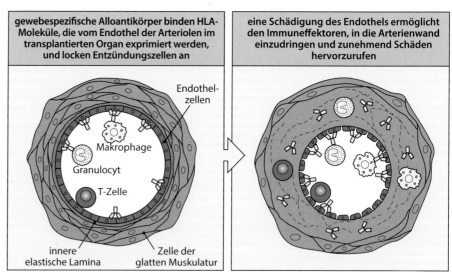

**Abb. 15.51 Chronische Abstoßung in den Blutgefäßen eines transplantierten Organs.** *Links*: Die chronische Abstoßung wird durch die Wechselwirkung von Anti-HLA-Klasse-I-Alloantikörpern mit den Blutgefäßen des transplantierten Organs in Gang gesetzt. An die Endothelzellen gebundene Antikörper locken Fc-Rezeptor-tragende Monocyten und neutrophile Zellen an. *Rechts*: Die Anhäufung von Schäden führt zur Verdickung der inneren elastischen Lamina und zur Infiltration der darunterliegenden Intima mit Zellen der glatten Muskulatur, Makrophagen, Granulocyten, alloreaktiven T-Zellen und Antikörpern. Dadurch verengt sich insgesamt das Lumen des Blutgefäßes und es entwickelt sich eine chronische Entzündung, die den Umbau des Gewebes noch beschleunigt. Schließlich kommt es zu einer Verstopfung des Blutgefäßes, zu Blutarmut und einer Fibrose im Organ

einer transplantierten Leber kommt es durch die chronische Abstoßung zu einem Verlust der Gallengänge (*vanishing bile duct syndrome*, VBDS). Bei transplantierten Lungen hingegen ist die Hauptursache für spät eintretendes Organversagen die Anhäufung von Narbengewebe in den Bronchien (Bronchiolitis obliterans). Alloreaktive Immunantworten können erst Monate oder Jahre nach einer Transplantation einsetzen und mit einem allmählichen Verlust der Organfunktion einhergehen, die aber klinisch schwer zu erkennen ist.

Weitere wichtige Ursachen für ein chronisches Organversagen sind: Schädigungen aufgrund einer Ischämiereperfusion, die zum Zeitpunkt der Transplantation Signale einer sterilen Entzündung fördern, wenn nach einer Episode, in der das übertragene Organ nur schlecht mit Blut versorgt wurde, die Blutzufuhr wiederhergestellt wird, Virusinfektionen aufgrund der Immunsuppression und ein erneutes Auftreten der Krankheit im Transplantat, die das ursprüngliche Organ zerstört hat. Die chronische Transplantatschädigung ist unabhängig von der Ätiologie normalerweise irreversibel und fortschreitend und führt letztendlich zu einem vollständigen Versagen des übertragenen Organs.

### 15.4.7 Viele verschiedene Organe werden heute routinemäßig transplantiert

Drei große Errungenschaften haben das routinemäßige Verpflanzen wichtiger Organe ermöglicht. Erstens haben sich die chirurgischen Methoden für eine Organtransplantation so weit entwickelt, dass solche Operationen heute in den meisten bedeutenden medizinischen Zentren zur Routine geworden sind. Zweitens stellt ein Netzwerk aus kooperierenden Transplantationszentren sicher, dass gesunde Organe an Empfänger vermittelt werden können, sobald sie für eine Verpflanzung zur Verfügung stehen. Drittens hat der Einsatz immunsuppressiver Wirkstoffe zur Hemmung der T-Zell-Aktivierung, sodass keine Anti-Transplantat-T-Effektorzellen und -Antikörper gebildet werden können, die Überlebenschancen der Transplantate deutlich erhöht (▶ Abb. 15.52). In ▶ Abb. 15.53 sind die verschiedenen Organe aufgeführt, die man heute verpflanzen kann, außerdem ihre jeweiligen Überlebensraten. Das am häufigsten transplantierte Organ ist die Niere – sie war auch das erste Organ, das in den 1950er-Jahren erfolgreich zwischen eineiigen Zwillingen übertragen wurde. Hornhauttransplantationen sind sogar noch häufiger. Dieses Gewebe bildet in gewisser Weise eine Ausnahme, da es keine Blutgefäße enthält und auch zwischen nicht miteinander verwandten Personen sogar ohne Immunsuppression erfolgreich übertragen werden kann.

Neben der Abstoßung sind mit der Organtransplantation noch viele andere Probleme verbunden. Erstens sind Spenderorgane schwer zu finden. Zweitens kann die Erkrankung, die das Organ des Empfängers außer Funktion gesetzt hat, auch das Transplantat zerstören, wie bei der Zerstörung der $\beta$-Zellen im Pankreas bei der autoimmunen Form von Diabetes. Drittens erhöht die Immunsuppression, die zur Vermeidung einer Abstoßung notwendig ist, das Risiko, an Krebs oder Infektionen zu erkranken. Die von wissenschaftlicher Seite wohl am leichtesten lösbaren Probleme umfassen die Entwicklung wirksamerer Mittel zur Immunsuppression, die bei einer möglichst geringen Einschränkung der allgemeinen Immunität eine Abstoßung verhindern, die Induktion einer transplantatspezifischen Toleranz und die Entwicklung von xenogenen Transplantaten als praktikable Lösung für das Problem der Organverfügbarkeit.

### 15.4.8 Die umgekehrte Abstoßungsreaktion nennt man Graft-versus-Host-Krankheit

Die Übertragung von hämatopoetischen Stammzellen aus dem peripheren Blut, Knochenmark oder Nabelschnurblut ist eine erfolgreich anwendbare Therapie gegen einige Tumoren, die sich aus hämatopoetischen Zellen im Knochenmark ableiten, beispielsweise be-

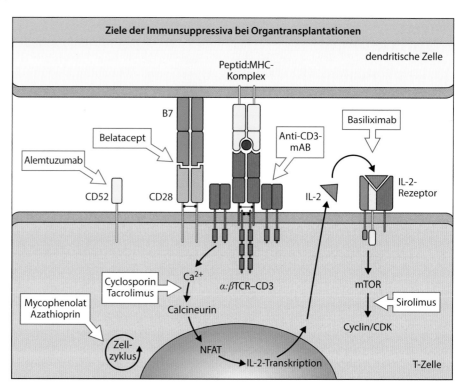

**Abb. 15.52 Immunsuppressiva wirken auf verschiedene Phasen der Aktivierung von alloreaktiven T-Zellen.** Anti-Thymocytenglobulin-Antikörper aus Kaninchen und monoklonale Anti-CD52-Antikörper (Alemtuzumab) werden angewendet, um T-Zellen und andere Leukocyten vor der Transplantation auszudünnen. Monoklonale Anti-CD3-Antikörper verhindern die Signalgebung durch den T-Zell-Rezeptor-Komplex, während Ciclosporin und Tacrolimus die Translokation von NFAT (*nuclear factor of T cells*) in den Zellkern stören, indem sie Calcineurin hemmen. Das CTLA-4-Fc-Fusionsprotein Belatacept bindet B7 und verhindert die Costimulation über CD28. Basiliximab ist ein Anti-CD25-Antikörper, der an den hochaffinen IL-2-Rezeptor auf teilweise aktivierten T-Zellen bindet und IL-2-Signale unterdrückt. Sirolimus stört die Aktivierung der mTOR-Kaskade, die für die Differenzierung von T-Effektorzellen notwendig ist. Azathioprin und Mycophenolat hemmen die Replikation und Proliferation von aktivierten T-Zellen

| transplantiertes Gewebe | Anzahl von Transplantationen in den USA (2014)* | 5-Jahres-Überlebensrate des Transplantats |
|---|---|---|
| Niere | 17.815 | 81,4 %# |
| Leber | 6729 | 68,3 % |
| Herz | 2679 | 74,0 % |
| Pankreas | 954 | 53,4 %† |
| Lunge | 1949 | 50,6 % |
| Darm | 139 | ~48,4 % |
| Hornhaut | ~45.000 | ~70 % |
| HSC-Transplantate | ~20.000** | >80 %‡ |

**Abb. 15.53 In der klinischen Medizin häufig transplantierte Organe und Gewebe.** Angegeben ist die Anzahl der Organ- und Gewebetransplantationen in den USA im Jahr 2014. HSCs, hämatopoetische Stammzellen (Übertragung von Knochenmark, HSCs aus dem peripheren Blut und Nabelschnurblut). *Die Anzahl der Transplantationen umfasst auch die Übertragung von mehreren Organen (beispielsweise Niere und Bauchspeicheldrüse oder Herz und Lunge). Bei den soliden Organen basieren die Zahlen für die Fünf-Jahres-Überlebenszeit auf Transplantationen in den Jahren zwischen 2002 und 2007. Daten vom *United Network for Organ Sharing*. #Die angegebene Überlebensrate für Nieren (81,4 %) bezieht sich auf Organe von lebenden Spendern; die Fünf-Jahres-Überlebenszeit für verstorbene Spender liegt bei 69,1 %. †Die Überlebensrate des Pankreas beträgt 53,4 %, wenn er nur allein übertragen wird, oder 73,5 % bei gleichzeitiger Übertragung einer Niere. **Enthält autologe und allogene Transplantate. ‡Eine erfolgreiche HSC-Übertragung lässt sich nur innerhalb einiger Wochen feststellen, nicht innerhalb von Jahren. Fast alle Transplantationen von soliden Organen (beispielsweise Niere, Herz) erfordern eine langfristige Immunsuppression

stimmte Formen von Leukämie und Lymphomen. Diese Therapie kann auch bei der Behandlung einiger primärer Immunschwächekrankheiten (Kap. 13) und anderer erblicher Erkrankungen von Blutzellen hilfreich sein, beispielsweise bei schweren Formen einer Thalassämie. Das geschieht, indem man die genetisch defekten Stammzellen durch normale Zellen eines Spenders ersetzt. Bei der Leukämietherapie muss zuerst das Knochenmark des Empfängers, also der Ursprung der Leukämie, durch eine Kombination aus Bestrahlung und aggressiver cytotoxischer Chemotherapie zerstört werden.

Eine der Hauptkomplikationen der allogenen HSC-Transplantation (HSC für hämatopoetische Stammzellen) ist die **Graft-versus-Host-Krankheit (GvHD)**, bei der reife T-Zellen des Spenders, die in den präparierten allogenen HSCs vorkommen, Gewebe des Empfängers als fremd erkennen und schwere Entzündungen hervorrufen, die durch Hautausschläge, Durchfall und eine Erkrankung der Leber gekennzeichnet sind (▶ Abb. 15.54). Da die Folgen einer Graft-versus-Host-Krankheit besonders gravierend sind, wenn Hauptantigene der MHC-Klasse I oder II nicht zusammenpassen, ist der HLA-Abgleich zwischen Spender und Empfänger hier noch wichtiger als bei der Übertragung fester Organe. Daher werden Transplantationen meistens nur dann durchgeführt, wenn Spender und Empfänger für HLA übereinstimmende Geschwister sind, oder, was seltener der Fall ist, wenn ein HLA-geeigneter, nicht verwandter Spender zur Verfügung steht. Deshalb tritt eine GvHD auch im Zusammenhang mit den Nebenhistokompatibilitätsantigenen auf, sodass bei jeder HSC-Übertragung eine Immunsuppression erfolgen muss.

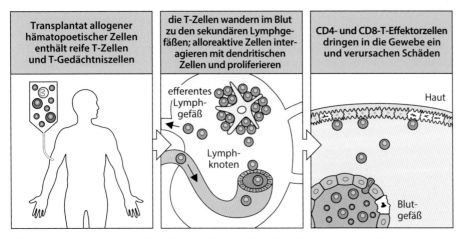

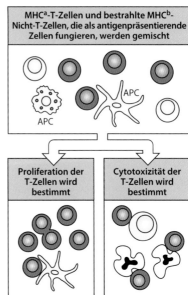

**Abb. 15.54 Die Graft-versus-Host-Krankheit ist auf T-Zellen des Spenders im Transplantat zurückzuführen, die die Gewebe des Empfängers angreifen.** Nach der Übertragung von Knochenmark können alle reifen CD4- und CD8-T-Zellen, die im Transplantat vorhanden und für HLA-Allotypen des Empfängers spezifisch sind, in den sekundären lymphatischen Geweben aktiviert werden. CD4- und CD8-T-Effektorzellen wandern in den Blutkreislauf und dringen vorwiegend in Gewebe des Empfängers ein, die sie dann angreifen. Das betrifft vor allem Epithelzellen der Haut, des Darms und der Leber, die durch Auswirkungen der Chemotherapie und Bestrahlung vor der Transplantation geschädigt wurden

Das Vorhandensein von alloreaktiven T-Zellen lässt sich im Experiment leicht durch die **gemischte Lymphocytenreaktion** (*mixed lymphocyte reaction*, **MLR**) nachweisen. Dabei mischt man Lymphocyten eines möglichen Spenders mit bestrahlten Lymphocyten des Empfängers. Wenn die Donorlymphocyten naive T-Zellen enthalten, die auf den Lymphocyten des möglichen Empfängers Alloantigene erkennen, vermehren sie sich oder töten die Zielzellen des Empfängers ab (▶ Abb. 15.55). Auf die Auswahl eines HSC-Spenders ist die MLR jedoch nur eingeschränkt anwendbar, da der Test die alloreaktiven Zellen quantitativ nicht genau erfasst. Eine genauere Testmethode ist eine Abwandlung der limitierenden Verdünnung (*limiting dilution*; Anhang I, Abschn. A.21), mit der man die Menge der alloreaktiven T-Zellen genau bestimmen kann.

Obwohl sich die GvHD auf den Empfänger eines HSC-Transplantats normalerweise schädlich auswirkt, kann sie auch vorteilhafte Wirkungen haben, die für den Erfolg der Therapie entscheidend sind. Ein großer Teil der therapeutischen Wirkungen der Knochenmarktransplantation bei einer Leukämie sind möglicherweise auf einen **Graft-versus-Leukemia-Effekt** (Transplantat-gegen-Leukämie-Effekt) zurückzuführen. Dabei erkennen die T-Zellen des Spenders in dem allogenen HSC-Transplantat Nebenhistokompatibilitätsantigene, die von Leukämiezellen exprimiert werden, sodass Donorzellen die Leukämiezellen abtöten. Eine der möglichen Behandlungen, um die Entwicklung einer GvHD zu unterdrücken, besteht darin, die reifen T-Zellen bei der Präparation der Spender-HSCs vor der Transplantation *in vitro* zu vernichten und damit auch die alloreaktiven T-Zellen zu entfernen. Die T-Zellen, die in der Folge im Knochenmark des Spenders heranreifen, sind gegenüber den Spenderantigenen tolerant. Das Ausschließen einer GvHD hat zwar Vorteile für den Patienten, birgt aber das Risiko eines Leukämierückfalls. Dies ist ein deutlicher Hinweis auf den Graft-versus-Leukemia-Effekt.

Eine weitere Komplikation bei der Beseitigung von Donorzellen ist eine Immunschwäche. Da durch die Kombination aus hoch dosierter Chemotherapie und Bestrahlung, die man bei der Behandlung des Empfängers vor der Transplantation anwendet, die meisten T-Zellen des Empfängers zerstört werden, sind die T-Zellen des Spenders der hauptsächliche Ursprung für die Wiederherstellung des Repertoires an reifen T-Zellen in einer frühen Phase nach der Transplantation. Das trifft besonders bei Erwachsenen zu, die nur noch über eine schwache Restfunktion des Thymus verfügen und deshalb nur eingeschränkt in der Lage sind, ihr T-Zell-Repertoire aus T-Zell-Vorläufern zu regenerieren. Wenn also aus dem Transplantat zu viele T-Zellen entfernt wurden, entwickeln sich bei den Empfängern von Gewebe zahlreiche op-

**Abb. 15.55 Mithilfe der gemischten Lymphocytenreaktion (MLR) lässt sich eine Gewebeunverträglichkeit feststellen.** Zuerst isoliert man mononucleäre Zellen, in denen auch Lymphocyten und Monocyten enthalten sind, aus dem peripheren Blut von zwei Individuen, die auf Gewebeverträglichkeit getestet werden sollen. Die Zellen von der einen Person, die als Stimulator fungieren soll (*gelb*), werden zuerst bestrahlt, damit sie sich nicht mehr vermehren. Diese Zellen werden mit den Zellen der anderen Person vermischt, die als Responder fungiert (*blau*), und fünf Tage lang kultiviert (*oben*). In der Zellkultur werden die Responderlymphocyten durch allogene HLA-Klasse-I- und -Klasse-II-Moleküle stimuliert, die von den Monocyten und den daraus durch Differenzierung hervorgegangenen dendritischen Zellen des Stimulators exprimiert werden. Die stimulierten Lymphocyten proliferieren und differenzieren sich zu Effektorzellen. Fünf Tage nach der Vermischung der Zellen wird in der Kultur die Proliferation der T-Zellen bestimmt (*unten links*), die auf CD4-T-Zellen zurückzuführen ist, die HLA-Klasse-II-Unterschiede erkennen können. Außerdem bestimmt man die cytotoxischen T-Zellen (*unten rechts*), die als Reaktion auf HLA-Klasse-I-Unterschiede gebildet wurden. Die gemischte Lymphocytenreaktion dient dazu, MHC-Klasse I von MHC-Klasse II zu unterscheiden

**Teil V**

portunistische Infektionen, an denen sie auch sterben können. Aufgrund der Notwendigkeit, die positiven Effekte des Graft-versus-Leukemia-Effekts und der Immunkompetenz sowie die schädlichen Auswirkungen der GvHD in ein Gleichgewicht zu bringen, hat man einigen Forschungsaufwand betrieben. Ein besonders vielversprechender Ansatz besteht darin, die T-Zellen des Spenders daran zu hindern, auf die Antigene des Empfängers zu reagieren, auf die sie kurz nach der Transplantation treffen. Das geschieht dadurch, dass man die antigenpräsentierenden Zellen des Empfängers beseitigt. Offensichtlich werden die T-Zellen des Spenders in diesem Fall während der ersten Entzündung, die mit der Transplantation einhergeht, nicht aktiviert, und danach fördern sie die GvHD nicht mehr. Es ist jedoch unklar, ob es in diesem Zusammenhang überhaupt zu einem Graft-versus-Leukemia-Effekt kommen würde.

## 15.4.9 An der alloreaktiven Immunantwort sind regulatorische T-Zellen beteiligt

Man nimmt jetzt an, dass, wie bei allen Immunantworten, auch bei alloreaktiven Immunantworten bei der Gewebeabstoßung regulatorische T-Zellen eine wichtige immunregulatorische Funktion besitzen. Experimente für die Übertragung von allogenen hämatopoetischen Stammzellen bei Mäusen haben diese Frage teilweise beantwortet. Die Beseitigung von CD25$^+$-T$_{reg}$-Zellen beim Empfänger oder im HSC-Transplantat vor der Übertragung beschleunigte das Einsetzen der GvHD und führte in der Folge auch schneller zum Tod. Wenn jedoch das Transplantat mit neuen oder *ex vivo* vermehrten T$_{reg}$-Zellen ergänzt wurde, verzögerte sich das Eintreten des Todes aufgrund der GvHD oder wurde sogar verhindert, wobei frühere Untersuchungen beim Menschen ähnliche Ergebnisse lieferten. Auch die Behandlung mit einer niedrigen Dosis IL-2, das wahrscheinlich vor allem T$_{reg}$-Zellen zur Vermehrung anregt, hat bei der Verhinderung einer GvHD positive Effekte gezeigt. Ähnliche Befunde lieferten Mausmodelle für die Transplantation fester Organe, bei denen die Übertragung natürlich vorkommender oder induzierter T$_{reg}$-Zellen die Abstoßung des Transplantats signifikant verzögern. Diese Ergebnisse deuten darauf hin, dass die Anreicherung oder Erzeugung von T$_{reg}$-Zellen in Präparaten von Spender-HSCs in der Zukunft möglicherweise eine Therapie für die GvHD sein kann.

Eine andere Gruppe von regulatorischen T-Zellen sind die CD8$^+$CD28$^-$-T$_{reg}$-Zellen. Sie besitzen einen anergischen Phänotyp und stabilisieren wahrscheinlich indirekt die T-Zell-Toleranz, indem sie das Potenzial von antigenpräsentierenden Zellen für die Aktivierung von CD4$^+$-T-Zellen blockieren. Solche Zellen wurden bereits aus Patienten mit Transplantaten isoliert. Sie unterscheiden sich von den alloreaktiven cytotoxischen CD8-T-Zellen, da sie gegenüber den Spenderzellen keine Cytotoxizität zeigen und den inhibitorischen Killerrezeptor CD94 (Abschn. 3.2.11) in großen Mengen exprimieren. Dieser Befund deutet darauf hin, dass CD8$^+$CD28$^-$-T$_{reg}$-Zellen die Aktivierung von antigenpräsentierenden Zellen stören und bei der Aufrechterhaltung der Toleranz gegenüber dem Transplantat mitwirken.

## 15.4.10 Der Fetus ist ein allogenes Transplantat, welches das Immunsystem immer wieder toleriert

Sämtliche in diesem Abschnitt angesprochenen Transplantate sind Produkte des Fortschritts in der modernen Medizintechnologie. Ein fremdes Gewebe jedoch, das vielfach transplantiert und immer wieder toleriert wird, ist das des Säugerfetus. Der Fetus besitzt väterliche MHC- und Nebenhistokompatibilitätsantigene, die sich von denen der Mutter unterscheiden (► Abb. 15.56). Trotzdem kann eine Mutter mehrere Babys austragen, die alle die gleichen fremden MHC-Proteine des Vaters exprimieren. Das nicht nachvollziehbare Ausbleiben einer gegen den Fetus gerichteten Abwehrreaktion hat Immunologen schon immer beschäftigt und bis heute gibt es keine schlüssige Erklärung dafür. Weil der Fetus in den

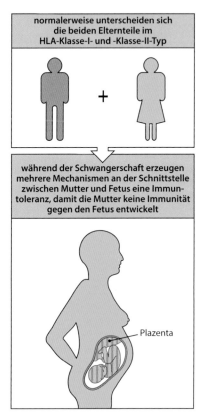

**normalerweise unterscheiden sich die beiden Elternteile im HLA-Klasse-I- und -Klasse-II-Typ**

+

**während der Schwangerschaft erzeugen mehrere Mechanismen an der Schnittstelle zwischen Mutter und Fetus eine Immuntoleranz, damit die Mutter keine Immunität gegen den Fetus entwickelt**

Plazenta

**Abb. 15.56 Der Fetus ist ein allogenes Transplantat, das nicht abgestoßen wird.** Mit nur wenigen Ausnahmen besitzen die Mutter und der Vater unterschiedliche HLA-Typen (*oben*). Sobald eine Frau schwanger wird, trägt sie neun Monate lang einen Fetus, der einen HLA-Haplotyp mit mütterlichem Ursprung (*rosa*) und einen HLA-Haplotyp mit väterlichem Ursprung (*blau*) exprimiert (*unten*). Obwohl die väterlichen HLA-Klasse-I- und -Klasse-II-Moleküle, die der Fetus exprimiert, Alloantigene sind, gegen die das Immunsystem der Mutter reagieren könnte, löst der Fetus während der Schwangerschaft keine solche Reaktion aus und wird vor den bereits vorhandenen alloreaktiven Antikörpern oder T-Zellen geschützt. Selbst wenn die Mutter mit demselben Vater mehrere Kinder hat, kommt es nicht zu einer Immunreaktion

meisten Fällen vom Immunsystem toleriert wird, ist es kaum möglich, die Mechanismen zu erforschen, welche die Abwehrreaktion verhindern. Wenn die Abwehrreaktionen gegen den Fetus so selten ausgelöst werden, wie soll man dann die Mechanismen untersuchen, die sie unterdrücken?

Die Mechanismen, die zur fetomaternalen Toleranz beitragen, sind wahrscheinlich multifaktoriell und redundant. Man hat zwar postuliert, dass der Fetus einfach nicht als fremd erkannt wird, aber Frauen, die Kinder geboren haben, produzieren häufig Antikörper gegen die väterlichen MHC-Proteine und Antigene der roten Blutkörperchen. Vielmehr schirmt die Plazenta (die ein vom Fetus abstammendes Gewebe ist) den Fetus anscheinend sehr effektiv von den T-Zellen der Mutter ab. Die äußere Schicht der Plazenta, also die Kontaktzone zwischen fetalem und mütterlichem Gewebe, ist der Trophoblast. Dort werden keine MHC-Klasse-II-Proteine und nur geringe Mengen und ein eingeschränktes Subspektrum an MHC-Klasse-I-Proteinen exprimiert, sodass der Trophoblast gegen die direkte Alloantigenerkennung durch mütterliche T-Zellen resistent ist. Jedoch sind Gewebe ohne MHC-Klasse-I-Expression normalerweise empfindlich für einen Angriff durch NK-Zellen (Abschn. 3.2.11). Möglicherweise wird der Trophoblast durch die Expression des „nichtklassischen" und nur geringfügig polymorphen HLA-Klasse-I-Moleküls HLA-G vor dem Angriff durch NK-Zellen geschützt.

Möglicherweise hemmt die Plazenta die mütterlichen T-Zellen durch einen aktiven Mechanismus der Nährstoffverarmung. Das Enzym Indolamin-2,3-Dioxygenase (IDO) wird von Zellen an der Kontaktzone zwischen Mutter und Fetus in großer Menge exprimiert. Das Enzym beseitigt die essenzielle Aminosäure Tryptophan in dieser Region und mit Tryptophan unterversorgte T-Zellen zeigen eine verringerte Reaktivität. Die Hemmung der IDO bei trächtigen Mäusen unter Verwendung des Inhibitors 1-Methyltryptophan führt zu einer schnellen Abstoßung von allogenen, aber nicht von syngenen Feten.

Der Cytokingehalt an der Kontaktzone zwischen fetalem und mütterlichem Gewebe trägt ebenfalls zur Fetustoleranz bei. Sowohl das Gebärmutterepithel als auch der Trophoblast sezernieren TGF-$\beta$ und IL-10. Diese Cytokinkombination unterdrückt in der Plazenta die Entwicklung von T-Effektorzellen zugunsten der iT$_{reg}$-Zellen (Abschn. 9.2.10). Diese Zellen sind bei Mäusen von Bedeutung, indem sie Reaktionen gegen den Fetus unterdrücken. Ein Mangel an iT$_{reg}$-Zellen fördert die Resorption des Fetus – was einem Spontanabort beim Menschen entspricht. Das geschieht auch bei der Induktion von T$_H$1-aktivierenden Cytokinen (etwa IFN-$\gamma$ und IL-12). Bis jetzt ausschließlich bei Säugern, die eine Plazenta ausbilden, hat man interessanterweise ein regulatorisches Element entdeckt, das in iT$_{reg}$-Zellen die FoxP3-Expression kontrolliert, aber für die FoxP3-Expression in nT$_{reg}$-Zellen nicht erforderlich ist. Das deutet darauf hin, dass sich die iT$_{reg}$-Zellen in der Evolution tatsächlich so entwickelt haben, dass sie nun bei der Mutter-Fetus-Toleranz eine wichtige Rolle spielen. Und schließlich unterdrücken Stromazellen im spezialisierten mütterlichen Uterusgewebe, das direkt an die Plazenta grenzt, die lokale Expression zentraler Chemokine für das Anlocken von T-Zellen. Insgesamt tragen also mütterliche und fetale Faktoren zur Ausbildung einer immunologisch privilegierten Region bei, ähnlich anderen Regionen mit lokaler Immunsuppression, in denen übertragene Gewebe längerfristig erhalten bleiben, wie etwa beim Auge (Abschn. 15.1.5).

## Zusammenfassung

Transplantationen gehören heute zum klinischen Alltag. Ihr Erfolg beruht auf der MHC-Typisierung, wirkungsvollen Immunsuppressiva und Fortschritten bei den chirurgischen Methoden. Allerdings lässt sich eine Transplantatabstoßung auch durch die exakteste MHC-Typisierung nicht verhindern. Weitere genetische Unterschiede zwischen Spender und Empfänger können zur Erzeugung von allogenen Proteinen führen, deren Peptide von MHC-Molekülen auf dem übertragenen Gewebe präsentiert werden. Immunreaktionen gegen diese Antigene haben die Abstoßung des fremden Gewebes zur Folge. Da wir die Immunreaktion gegen das transplantierte Gewebe nicht spezifisch hemmen können, ohne die Immunabwehr zu beeinträchtigen, ist für die meisten Transplantationen eine allgemeine Immunsuppression des Patienten notwendig. Diese kann jedoch das Risiko erhöhen, an Krebs oder Infektionen zu erkranken. Der Fetus ist in gewissem Sinne ein natürliches allogenes Transplantat, das toleriert werden muss, um die Arterhaltung zu gewährleisten. Eine genauere Erforschung der Toleranz gegenüber dem Fetus könnte schließlich Erkenntnisse darüber liefern, wie sich eine spezifische Toleranz gegenüber transplantiertem Gewebe erzeugen lässt.

# Kapitelzusammenfassung

Im Idealfall richten sich die Effektorfunktionen des Immunsystems nur gegen fremde Krankheitserreger und nicht gegen körpereigene Gewebe. In der Realität ist jedoch eine strikte Unterscheidung zwischen körpereigen und körperfremd nicht möglich, da sich eigene und fremde Proteine ähneln. Dennoch hält das Immunsystem eine Toleranz gegen körpereigene Gewebe aufrecht. Das geschieht durch verschiedene Regulationsebenen, die alle auf Ersatzmarkern basieren, um körpereigen von körperfremd zu unterscheiden, sodass die Immunantwort in geeigneter Weise gelenkt wird. Wenn diese Mechanismen versagen, kommt es zu einer Autoimmunerkrankung. Unbedeutendere Zusammenbrüche von einzelnen regulatorischen Barrieren finden wahrscheinlich jeden Tag statt, werden aber durch Effekte der übrigen regulatorischen Ebenen unterdrückt. Dadurch wirkt die Toleranz auf allen Ebenen des Immunsystems. Damit es zu einer Krankheit kommen kann, müssen mehrere Ebenen der Toleranz überwunden werden und der Effekt muss chronisch sein. Diese Ebenen beginnen mit der zentralen Toleranz im Knochenmark und im Thymus und sie umfassen auch periphere Mechanismen wie Anergie, Deletion oder die funktionelle Abweichung zugunsten regulatorischer T-Zellen. Manchmal treten Immunantworten allein deswegen nicht auf, weil die Antigene nicht vorhanden sind, wie bei der Immunsequestrierung.

Vielleicht bewirkt der Selektionsdruck, wirksame Immunantworten gegen Krankheitserreger zu entwickeln, dass die Dämpfung der Immunantworten zugunsten der Selbst-Toleranz nur begrenzt funktioniert und fehleranfällig ist. Die genetische Prädisposition ist von großer Bedeutung; sie legt fest, ob ein Individuum eine Autoimmunerkrankung entwickelt. Auch äußere Faktoren spielen eine wichtige Rolle, sodass beispielsweise identische Zwillinge nicht immer von derselben Autoimmunerkrankung betroffen sind. Zu den Einflüssen aus der Umgebung gehören Infektionen, Toxine und zufällige Ereignisse.

Wenn die Selbst-Toleranz versagt und sich eine Autoimmunerkrankung entwickelt, sind die Effektormechanismen den Mechanismen bei Immunantworten gegen Krankheitserreger sehr ähnlich. Die verschiedenen Krankheiten unterscheiden sich zwar durch Einzelheiten, aber es können sowohl Antikörper als auch T-Zellen beteiligt sein. Inzwischen weiß man sehr viel über Immunantworten gegen körperfremde transplantierte Organe und Gewebe; Erkenntnisse, die man aus Untersuchungen der Gewebeabstoßung gewonnen hat, lassen sich auch bei der Autoimmunität anwenden und umgekehrt. Transplantationen haben Abstoßungssyndrome hervorgebracht, die Autoimmunerkrankungen auf vielfache Weise ähneln. Die angegriffenen Strukturen sind jedoch entweder Haupt- oder Nebenhistokompatibilitätsantigene. Bei der Gewebeabstoßung und der Graft-versus-Host-Krankheit sind T-Zellen die hauptsächlichen Effektoren, wobei auch Antikörper dazu beitragen können.

Für jede der unerwünschten Reaktionen, die hier besprochen wurden, lautet die Frage, wie sich die Reaktion kontrollieren lässt, ohne den Immunschutz gegen Infektionen zu beeinträchtigen. Die Antwort besteht vielleicht darin, dass wir die Regulation der Immunantwort noch umfassender verstehen müssen, insbesondere die Suppressionsmechanismen, die anscheinend für die Toleranz wichtig sind. Die gezielte Kontrolle der Immunantwort wird in Kap. 16 weiter untersucht.

# Aufgaben

**15.1 Richtig oder falsch:** Die entzündlichen Darmerkrankungen Morbus Crohn und Colitis ulcerosa sind Krankheiten, bei denen das adaptive Immunsystem als Reaktion auf Autoantigene das Gewebe schädigt.

**15.2 Bitte zuordnen:** Welche monogene Autoimmunkrankheit hängt mit welchem Gendefekt zusammen?

| | | | |
|---|---|---|---|
| **A.** | Autoimmun-Polyendokrinopathie-Candidiasis-ektodermale-Dystrophie-Syndrom | **i.** | *Fas* |
| **B.** | Immunderegulation, Polyendokrinopathie, Enteropathie, X-gekoppeltes Syndrom | **ii.** | *FoxP3* |
| **C.** | lymphoproliferatives Autoimmunsyndrom | **iii.** | *AIRE* |

**15.3 Multiple Choice:** Welche der folgenden Aussagen trifft nicht zu?
**A.** Die Autoantikörper, die von Procainamid, ein häufig angewendeter Wirkstoff gegen Herzrhythmusstörungen, induziert werden, ähneln den Autoantikörpern, die für systemischen Lupus erythematodes charakteristisch sind.
**B.** Im Verlauf einer Infektion freigesetzte Entzündungsmediatoren können zur Aktivierung autoreaktiver Lymphocyten führen und so eine Autoimmunreaktion auslösen.
**C.** Morbus Crohn und das Blau-Syndrom sind beide eng mit Funktionsverlustmutationen im *NOD2*-Gen gekoppelt, wobei es auch andere Ursachen gibt.
**D.** *ATG16L1* und *IRGM* sind Gene, die unter normalen Bedingungen bei der Autophagie eine Rolle spielen; Defekte in diesen Genen führen zu Morbus Crohn.

**15.4 Multiple Choice:** Welche der folgenden Aussagen trifft auf eine Transplantation zu?
**A.** Ein syngenes Hauttransplantat von einer jungen Maus wird von einer adulten Maus abgestoßen.
**B.** Ein allogenes Hauttransplantat von einer männlichen Maus wird von einer weiblichen Maus nicht abgestoßen.
**C.** Ein syngenes Hauttransplantat von einer männlichen Maus wird von einer weiblichen Maus abgestoßen.
**D.** Ein autologes Hauttransplantat wird drei Wochen nach der Übertragung abgestoßen.

**15.5 Kurze Antwort:** Wie kann die Graft-versus-Host-Krankheit (GvHD) für Patienten mit Leukämie von Vorteil sein?

**15.6 Multiple Choice:** Welches der folgenden Phänomene trifft nicht auf einen Mechanismus zu, der die Abstoßung des Fetus verhindert?
**A.** hohe Expression der 2,3-Dioxygenase (IDO), die T-Zellen das Tryptophan entzieht
**B.** keine Expression von MHC-Klasse-II-Molekülen und geringe MHC-Klasse-I-Expression durch den Trophoblast
**C.** Verringerung der Expression von HLA-G durch den Trophoblast
**D.** Freisetzung von TGF-$\beta$ und IL-10 durch das Uterusepithel und den Trophoblast

Teil V

**15.7 Multiple Choice:** Welcher der folgenden Mechanismen trägt nicht dazu bei, dass immunologisch privilegierte Regionen die Toleranz aufrechterhalten?

**A.** Ausschluss von T-Effektorzellen während einer Infektion

**B.** Gewebebarrieren, die naive Lymphocyten ausschließen, beispielsweise die Blut-Hirn-Schranke

**C.** entzündungshemmende Cytokinproduktion (beispielsweise TGF-$\beta$)

**D.** Expression des Fas-Liganden, um die Apoptose von Fas-tragenden Lymphocyten zu induzieren

**E.** verringerte Kommunikation über die normalen Lymphgefäße

**15.8 Multiple Choice:** Welcher der folgenden Mechanismen gehört nicht zur peripheren Toleranz?

**A.** Anergie

**B.** negative Selektion

**C.** Induktion von $T_{reg}$-Zellen

**D.** Deletion

**E.** Suppression durch $T_{reg}$-Zellen

**15.9 Kurze Antwort:** Beim systemischen Lupus erythematodes (SLE) gibt es das Phänomen der Epitoperweiterung. Dabei treten auch Anti-DNA-Autoantikörper auf und es kann schließlich zur Produktion von Anti-Histon-Antikörpern kommen. Durch welchen Mechanismus ist das möglich?

**15.10 Kurze Antwort:** Das APECED-Syndrom (Autoimmun-Polyendokrinopathie-Candidiasis-ektodermale-Dystrophie-Syndrom) ist auf Defekte im Transkriptionsfaktor AIRE zurückzuführen. wodurch die Expression peripherer Gene gestört ist und die negative Selektion in geringerem Maß stattfindet (sodass die zentrale Toleranz beeinträchtigt ist). Vom APECED-Syndrom betroffene Patienten leiden an einer Zerstörung von endokrinen Geweben und ihre Immunität gegen Pilze ist eingeschränkt. Diese Autoimmunphänomene benötigen jedoch Zeit, um sich zu entwickeln, und sie entwickeln sich auch nicht bei allen Patienten in allen Organen, in denen dies möglich wäre. Warum ist das so?

**15.11 Bitte ergänzen:** Autoantikörper, die sich bei bestimmten Autoimmunkrankheiten entwickeln, können entweder als Antagonisten oder als Agonisten wirken, was davon abhängt, ob sie eine Funktion hemmen oder stimulieren. Bei _____ blockieren Autoantikörper gegen den _____-Rezeptor dessen Funktion in der neuromuskulären Endplatte, sodass es zu einem Muskelschwächesyndrom kommt. Ein weiteres Beispiel ist _____; hier werden Autoantikörper gegen den _____-Rezeptor gebildet, die eine übermäßige Produktion des Schilddrüsenhormons bewirken.

**15.12 Bitte zuordnen:** Welche Autoimmunkrankheit geht mit welcher physiopathologischen Symptomatik einher?

**A.** rheumatoide Arthritis

**i.** Eine chronische Hepatitis-C-Infektion führt zur Produktion von Immunkomplexen, die sich in Gelenken und Geweben ablagern.

**B.** Diabetes mellitus Typ 1

**ii.** Eine durch T-Zellen vermittelte Autoimmunreaktion gegen Myelinantigene des Zentralnervensystems führt zu einer demyelinierenden Erkrankung mit neuropathologischen Phänotypen.

**C.** multiple Sklerose

**D.** Hashimoto-Thyreoiditis

**iii.** Autoantikörper gegen IgG

**iv.** Autoantikörper gegen den GpIIb:IIIa-Fibrinogen-Rezeptor auf Blutplättchen

**E.** autoimmune hämo-
lytische Anämie

**F.** autoimmune thrombocytopenischen Purpura

**G.** Goodpasture-Syndrom

**H.** gemischte essenzielle
Kryoglobulinämie

**v.** Autoantikörper gegen rote Blutkörperchen

**vi.** $T_H1$-abhängige Autoimmunreaktion gegen $\beta$-Zellen im Pankreas

**vii.** Autoantikörper gegen die $\alpha_3$-Kette des Kolla-
gens der Basalmembran (Typ-IV-Kollagen)

**viii.** Die durch Zellen und Autoantikörper vermittelte Autoimmunreaktion gegen die Schilddrüse
führt zu einer Schilddrüsenunterfunktion.

# Literatur

## Literatur zu den einzelnen Abschnitten

### Abschnitt 15.1.1

■ Ehrlich, P. and Morgenroth, J.: **On haemolysins**, in Himmelweit, F. (ed): *The Collected Papers of Paul Ehrlich*. London, Pergamon, 1957, 246–255.

■ Janeway Jr., C.A.: **The immune system evolved to discriminate infectious nonself from noninfectious self.** *Immunol. Today* 1992, **13**:11–16.

■ Matzinger, P.: **The danger model: a renewed sense of self.** *Science* 2002, **296**:301–305.

### Abschnitt 15.1.2

■ Goodnow, C.C., Sprent, J., Fazekas de St Groth, B., and Vinuesa, C.G.: **Cellular and genetic mechanisms of self tolerance and autoimmunity.** *Nature* 2005, **435**:590–597.

■ Shlomchik, M.J.: **Sites and stages of autoreactive B cell activation and regulation.** *Immunity* 2008, **28**:18–28.

### Abschnitt 15.1.3

■ Hogquist, K. A., Baldwin, T.A., and Jameson, S.C.: **Central tolerance: learning self-control in the thymus.** *Nat. Rev. Immunol.* 2005, **5**:772–782.

■ Kappler, J.W., Roehm, N., and Marrack, P.: **T cell tolerance by clonal elimination in the thymus.** *Cell* 1987, **49**:273–280.

■ Kyewski, B. and Klein, L.: **A central role for central tolerance.** *Annu. Rev. Immunol.* 2006, **24**:571–606.

■ Nemazee, D.A. and Burki, K.: **Clonal deletion of B lymphocytes in a transgenic mouse bearing anti-MHC class-I antibody genes.** *Nature* 1989, **337**:562–566.

■ Steinman, R.M., Hawiger, D., and Nussenzweig, M.C.: **Tolerogenic dendritic cells.** *Annu. Rev. Immunol.* 2003, **21**:685–711.

### Abschnitt 15.1.4

■ Billingham, R.E., Brent, L., and Medawar, P.B.: **Actively acquired tolerance of foreign cells.** *Nature* 1953, **172**:603–606.

■ Hannum, L.G., Ni, D., Haberman, A.M., Weigert, M.G., and Shlomchik, M.J.: **A disease-related RF autoantibody is not tolerized in a normal mouse: implications**

Teil V

for the origins of autoantibodies in autoimmune disease. *J. Exp. Med.* 1996, **184**:1269–1278.

- Kurts, C., Sutherland, R.M., Davey, G., Li, M., Lew, A.M., Blanas, E., Carbone, F.R., Miller, J.F., and Heath, W.R.: **CD8 T cell ignorance or tolerance to islet antigens depends on antigen dose.** *Proc. Natl Acad. Sci. USA* 1999, **96**:12703–12707.
- Marshak-Rothstein, A.: **Toll-like receptors in systemic autoimmune disease.** *Nat. Rev. Immunol.* 2006, **6**:823–835.

### Abschnitt 15.1.5

- Forrester, J.V., Xu, H., Lambe, T., and Cornall, R.: **Immune privilege or privileged immunity?** *Mucosal Immunol.* 2008, **1**:372–381.
- Mellor, A.L. and Munn, D.H.: **Creating immune privilege: active local suppression that benefits friends, but protects foes.** *Nat. Rev. Immunol.* 2008, **8**:74–80.
- Simpson, E.: **A historical perspective on immunological privilege.** *Immunol. Rev.* 2006, **213**:12–22.

### Abschnitt 15.1.6

- von Herrath, M.G. and Harrison, L.C.: **Antigen-induced regulatory T cells in auto-immunity.** *Nat. Rev. Immunol.* 2003, **3**:223–232.

### Abschnitt 15.1.7

- Asano, M., Toda, M., Sakaguchi, N., and Sakaguchi, S.: **Autoimmune disease as a consequence of developmental abnormality of a T cell subpopulation.** *J. Exp. Med.* 1996, **184**:387–396.
- Fillatreau, S., Sweenie, C.H., McGeachy, M.J., Gray, D., and Anderton, S.M.: **B cells regulate autoimmunity by provision of IL-10.** *Nat. Immunol.* 2002, **3**:944–950.
- Fontenot, J.D. and Rudensky, A.Y.: **A well adapted regulatory contrivance: regulatory T cell development and the forkhead family transcription factor Foxp3.** *Nat. Immunol.* 2005, **6**:331–337.
- Izcue, A., Coombes, J.L., and Powrie, F.: **Regulatory lymphocytes and intestinal inflammation.** *Annu. Rev. Immunol.* 2009, **27**:313–338.
- Mayer, L. and Shao, L.: **Therapeutic potential of oral tolerance.** *Nat. Rev. Immunol.* 2004, **4**:407–419.
- Maynard, C.L. and Weaver, C.T.: **Diversity in the contribution of interleukin-10 to T-cell-mediated immune regulation.** *Immunol. Rev.* 2008, **226**:219–233.
- Sakaguchi, S.: **Naturally arising CD4$^+$ regulatory T cells for immunologic self-tolerance and negative control of immune responses.** *Annu. Rev. Immunol.* 2004, **22**:531–562.
- Wildin, R.S., Ramsdell, F., Peake, J., Faravelli, F., Casanova, J.L., Buist, N., Levy-Lahad, E., Mazzella, M., Goulet, O., Perroni, L., *et al.*: **X-linked neonatal diabetes mellitus, enteropathy and endocrinopathy syndrome is the human equivalent of mouse scurfy.** *Nat. Genet.* 2001, **27**:18–20.
- Yamanouchi, J., Rainbow, D., Serra, P., Howlett, S., Hunter, K., Garner, V.E.S., Gonzalez-Munoz, A., Clark, J., Veijola, R., Cubbon, R., *et al.*: **Interleukin-2 gene variation impairs regulatory T cell function and causes autoimmunity.** *Nat. Genet.* 2007, **39**:329–337.

### Abschnitt 15.2.1

- Lotz, P.H.: **The autoantibody repertoire: searching for order.** *Nat. Rev. Immunol.* 2003, **3**:73–78.

Teil V

- Santamaria, P.: **The long and winding road to understanding and conquering type 1 diabetes.** *Immunity* 2010, **32**:437–445.
- Steinman, L.: **Multiple sclerosis: a coordinated immunological attack against myelin in the central nervous system.** *Cell* 1996, **85**:299–302.

## Abschnitt 15.2.2

- Davidson, A. and Diamond, B.: **Autoimmune diseases.** *N. Engl. J. Med.* 2001, **345**:340–350.
- D'Cruz, D.P., Khamashta, M.A., and Hughes, G.R.V.: **Systemic lupus erythematosus.** *Lancet* 2007, **369**:587–596.
- Marrack, P., Kappler, J., and Kotzin, B.L.: **Autoimmune disease: why and where it occurs.** *Nat. Med.* 2001, **7**:899–905.

## Abschnitt 15.2.3

- Drachman, D.B.: **Myasthenia gravis.** *N. Engl. J. Med.* 1994, **330**:1797–1810. Firestein, G.S.: **Evolving concepts of rheumatoid arthritis.** *Nature* 2003, **423**:356–361.
- Lehuen, A., Diana, J., Zaccone, P., and Cooke, A.: **Immune cell crosstalk in type 1 diabetes.** *Nat. Rev. Immunol.* 2010, **10**:501–513.
- Shlomchik, M.J. and Madaio, M.P.: **The role of antibodies and B cells in the pathogenesis of lupus nephritis.** *Springer Semin. Immunopathol.* 2003, **24**:363–375.

## Abschnitt 15.2.4

- Marshak-Rothstein, A.: **Toll-like receptors in systemic autoimmune disease.** *Nat. Rev. Immunol.* 2006, **6**:823–835.
- Nagata, S., Hanayama, R., and Kawane, K.: **Autoimmunity and the clearance of dead cells.** *Cell* 2010, **140**:619–630.
- Salato, V.K., Hacker-Foegen, M.K., Lazarova, Z., Fairley, J.A., and Lin, M.S.: **Role of intramolecular epitope spreading in pemphigus vulgaris.** *Clin. Immunol.* 2005, **116**:54–64.
- Steinman, L.: **A few autoreactive cells in an autoimmune infiltrate control a vast population of nonspecific cells: a tale of smart bombs and the infantry.** *Proc. Natl Acad. Sci. USA* 1996, **93**:2253–2256.
- Vanderlugt, C.L. and Miller, S.D.: **Epitope spreading in immune-mediated diseases: implications for immunotherapy.** *Nat. Rev. Immunol.* 2002, **2**:85–95.

## Abschnitt 15.2.5

- Naparstek, Y. and Plotz, P.H.: **The role of autoantibodies in autoimmune disease.** *Annu. Rev. Immunol.* 1993, **11**:79–104.
- Vlahakos, D., Foster, M.H., Ucci, A.A., Barrett, K.J., Datta, S.K., and Madaio, M.P.: **Murine monoclonal anti-DNA antibodies penetrate cells, bind to nuclei, and induce glomerular proliferation and proteinuria** *in vivo*. *J. Am. Soc. Nephrol.* 1992, **2**:1345–1354.

## Abschnitt 15.2.6

- Beardsley, D.S. and Ertem, M.: **Platelet autoantibodies in immune thrombocytopenic purpura.** *Transfus. Sci.* 1998, **19**:237–244.
- Clynes, R. and Ravetch, J.V.: **Cytotoxic antibodies trigger inflammation through Fc receptors.** *Immunity* 1995, **3**:21–26.

Teil V

■ Domen, R.E.: **An overview of immune hemolytic anemias.** *Cleveland Clin. J. Med.* 1998, **65**:89–99.

## Abschnitt 15.2.7

■ Brandt, J., Pippin, J., Schulze, M., Hansch, G.M., Alpers, C.E., Johnson, R.J., Gordon, K., and Couser, W.G.: **Role of the complement membrane attack complex (C5b-9) in mediating experimental mesangioproliferative glomerulonephritis.** *Kidney Int.* 1996, **49**:335–343.

■ Hansch, G.M.: **The complement attack phase: control of lysis and non-lethal effects of C5b-9.** *Immunopharmacology* 1992, **24**:107–117.

## Abschnitt 15.2.8

■ Bahn, R.S. and Heufelder, A.E.: **Pathogenesis of Graves' ophthalmopathy.** *N. Engl. J. Med.* 1993, **329**:1468–1475.

■ Drachman, D.B.: **Myasthenia gravis.** *N. Engl. J. Med.* 1994, **330**:1797–1810.

■ Vincent, A., Lily, O., and Palace, J.: **Pathogenic autoantibodies to neuronal proteins in neurological disorders.** *J. Neuroimmunol.* 1999, **100**:169–180.

## Abschnitt 15.2.9

■ Casciola-Rosen, L.A., Anhalt, G., and Rosen, A.: **Autoantigens targeted in systemic lupus erythematosus are clustered in two populations of surface structures on apoptotic keratinocytes.** *J. Exp. Med.* 1994, **179**:1317–1330.

■ Clynes, R., Dumitru, C., and Ravetch, J.V.: **Uncoupling of immune complex formation and kidney damage in autoimmune glomerulonephritis.** *Science* 1998, **279**:1052–1054.

■ Kotzin, B.L.: **Systemic lupus erythematosus.** *Cell* 1996, **85**:303–306.

■ Lee, R.W. and D'Cruz, D.P.: **Pulmonary renal vasculitis syndromes.** *Autoimmun. Rev.* 2010, **9**:657–660.

■ Mackay, M., Stanevsky, A., Wang, T., Aranow, C., Li, M., Koenig, S., Ravetch, J.V., and Diamond, B.: **Selective dysregulation of the FcgIIB receptor on memory B cells in SLE.** *J. Exp. Med.* 2006, **203**:2157–2164.

■ Xiang, Z., Cutler, A.J., Brownlie, R.J., Fairfax, K., Lawlor, K.E., Severinson, E., Walker, E.U., Manz, R.A., Tarlinton, D.M., and Smith, K.G.: **FcgRIIb controls bone marrow plasma cell persistence and apoptosis.** *Nat. Immunol.* 2007, **8**:419–429.

## Abschnitt 15.2.10

■ Feldmann, M. and Steinman, L.: **Design of effective immunotherapy for human auto-immunity.** *Nature* 2005, **435**:612–619.

■ Firestein, G.S.: **Evolving concepts of rheumatoid arthritis.** *Nature* 2003, **423**:356–361.

■ Frohman, E.M., Racke, M.K., and Raine, C.S.: **Multiple sclerosis—the plaque and its pathogenesis.** *N. Engl. J. Med.* 2006, **354**:942–955.

■ Klareskog, L., Stolt, P., Lundberg, K. *et al.*: **A new model for an etiology of rheumatoid arthritis: Smoking may trigger HLA–DR (shared epitope)-restricted immune reactions to autoantigens modified by citrullination.** *Arthritis Rheum.* 2005, **54**:38–46.

■ Lassmann, H., van Horssen, J., and Mahad, D.: **Progressive multiple sclerosis: pathology and pathogenesis.** *Nat. Rev. Neurol.* 2012, **8**:647–656.

■ Ransohoff, R.M. and Engelhardt, B.: **The anatomical and cellular basis of immune surveillance in the central nervous system.** *Nat. Rev. Immunol.* 2012, **12**:623–635.

Teil V

- Zamvil, S., Nelson, P., Trotter, J., Mitchell, D., Knobler, R., Fritz, R., and Steinman, L.: **T-cell clones specific for myelin basic protein induce chronic relapsing paralysis and demyelination.** *Nature* 1985, **317**:355–358.

### Abschnitt 15.3.1

- Fernando, M.M.A., Stevens, C.R., Walsh, E.C., De Jager, P.L., Goyette, P., Plenge, R.M., Vyse, T.J., and Rioux, J.D.: **Defining the role of the MHC in autoimmunity: a review and pooled analysis.** *PLoS Genet.* 2008, **4**:e1000024.
- Parkes, M., Cortes, A., Van Heel, D.A., and Brown, M.A.: **Genetic insights into common pathways and complex relationships among immune-mediated diseases.** *Nat. Rev. Genet.* 2013, **14**:661–673.
- Rioux, J.D. and Abbas, A.K.: **Paths to understanding the genetic basis of autoimmune disease.** *Nature* 2005, **435**:584–589.
- Wakeland, E.K., Liu, K., Graham, R.R., and Behrens, T.W.: **Delineating the genetic basis of systemic lupus erythematosus.** *Immunity* 2001, **15**:397–408.

### Abschnitt 15.3.2

- Botto, M., Kirschfink, M., Macor, P., Pickering, M.C., Wurzner, R., and Tedesco, F.: **Complement in human diseases: lessons from complement deficiencies.** *Mol. Immunol.* 2009, **46**:2774–2783.
- Cotsapas, C. and Hafler, D.A.: **Immune-mediated disease genetics: the shared basis of pathogenesis.** *Trends Immunol.* 2013, **34**:22–26.
- Duerr, R.H., Taylor, K.D., Brant, S.R., Rioux, J.D., Silverberg, M.S., Daly, M.J., Steinhart, A.H., Abraham, C., Regueiro, M., Griffiths, A., *et al.*: **A genome-wide association study identifies IL23R as an inflammatory bowel disease gene.** *Science* 2006, **314**:1461–1463.
- Farh, K.K.-H., Marson, A., Zhu, J., Kleinewietfeld, M., Housley, W.J., Beik, S., Shoresh, N., Whitton, H., Ryan, R.J.H., Shishkin, A.A. *et al.*: **Genetic and epigenetic fine mapping of causal autoimmune disease variants.** *Nature* 2014, **518**:337–343.
- Gregersen, P.K.: **Pathways to gene identification in rheumatoid arthritis: PTPN22 and beyond.** *Immunol. Rev.* 2005, **204**:74–86.
- Xavier, R.J. and Rioux, J.D.: **Genome-wide association studies: a new window into immune-mediated diseases.** *Nat. Rev. Immunol.* 2008, **8**:631–643.

### Abschnitt 15.3.3

- Goodnow, C.C.: **Polygenic autoimmune traits: Lyn, CD22, and SHP-1 are limiting elements of a biochemical pathway regulating BCR signaling and selection.** *Immunity* 1998, **8**:497–508.
- Tivol, E.A., Borriello, F., Schweitzer, A.N., Lynch, W.P., Bluestone, J.A., and Sharpe, A.H.: **Loss of CTLA-4 leads to massive lymphoproliferation and fatal multiorgan tissue destruction, revealing a critical negative regulatory role of CTLA-4.** *Immunity* 1995, **3**:541–547.
- Wakeland, E.K., Liu, K., Graham, R.R., and Behrens, T.W.: **Delineating the genetic basis of systemic lupus erythematosus.** *Immunity* 2001, **15**:397–408.
- Walport, M.J.: **Lupus, DNase and defective disposal of cellular debris.** *Nat. Genet.* 2000, **25**:135–136.

### Abschnitt 15.3.4

- Anderson, M.S., Venanzi, E.S., Chen, Z., Berzins, S.P., Benoist, C., and Mathis, D.: **The cellular mechanism of Aire control of T cell tolerance.** *Immunity* 2005, **23**:227–239.

Teil V

■ Bacchetta, R., Passerini, L., Gambineri, E., Dai, M., Allan, S.E., Perroni, L., Dagna-Bricarelli, F., Sartirana, C., Matthes-Martin, S., Lawitschka, A., *et al.*: **Defective regulatory and effector T cell functions in patients with FOXP3 mutations.** *J. Clin. Invest.* 2006, **116**:1713–1722.

■ Ueda, H., Howson, J.M., Esposito, L., Heward, J., Snook, H., Chamberlain, G., Rainbow, D.B., Hunter, K.M., Smith, A.N., DiGenova, G., *et al.*: **Association of the T-cell regulatory gene CTLA4 with susceptibility to autoimmune disease.** *Nature* 2003, **423**:506–511.

■ Wildin, R.S., Ramsdell, F., Peake, J., Faravelli, F., Casanova, J.L., Buist, N., Levy-Lahad, E., Mazzella, M., Goulet, O., Perroni, L., *et al.*: **X-linked neonatal diabetes mellitus, enteropathy and endocrinopathy syndrome is the human equivalent of mouse scurfy.** *Nat. Genet.* 2001, **27**:18–20.

### Abschnitt 15.3.5

■ Fernando, M.M.A., Stevens, C.R., Walsh, E.C., De Jager, P.L., Goyette, P., Plenge, R.M., Vyse, T.J., and Rioux, J.D.: **Defining the role of the MHC in autoimmunity: a review and pooled analysis.** *PLoS Genet.* 2008, **4**:e1000024.

■ McDevitt, H.O.: **Discovering the role of the major histocompatibility complex in the immune response.** *Annu. Rev. Immunol.* 2000, **18**:1–17.

### Abschnitt 15.3.6

■ Cadwell, K., Liu, J.Y., Brown, S.L., Miyoshi, H., Loh, J., Lennerz, J.K., Kishi, C., Kc, W., Carrero, J.A., Hunt, S., *et al.*: **A key role for autophagy and the autophagy gene Atg16l1 in mouse and human intestinal Paneth cells.** *Nature* 2008, **456**:259–263.

■ Eckmann, L. and Karin, M.: **NOD2 and Crohn's disease: loss or gain of function?** *Immunity* 2005, **22**:661–667.

■ Xavier, R.J. and Podolsky, D.K.: **Unravelling the pathogenesis of inflammatory bowel disease.** *Nature* 2007, **448**:427–434.

### Abschnitt 15.3.7

■ Klareskog, L., Padyukov, L., Ronnelid, J., and Alfredsson, L.: **Genes, environment and immunity in the development of rheumatoid arthritis.** *Curr. Opin. Immunol.* 2006 **18**:650–655.

■ Munger, K.L., Levin, L.I., Hollis, B.W., Howard, N.S., and Ascherio, A.: **Serum 25-hydroxyvitamin D levels and risk of multiple sclerosis.** *J. Am. Med. Assoc.* 2006, **296**:2832–2838.

### Abschnitt 15.3.8

■ Bach, J.F.: **Infections and autoimmune diseases.** *J. Autoimmunity* 2005, **25**:74–80.

■ Moens, U., Seternes, O.M., Hey, A.W., Silsand, Y., Traavik, T., Johansen, B., and Hober, D., and Sauter, P.: **Pathogenesis of type 1 diabetes mellitus: interplay between enterovirus and host.** *Nat. Rev. Endocrinol.* 2010, **6**:279–289.

■ Sfriso, P., Ghirardello, A., Botsios, C., Tonon, M., Zen, M., Bassi, N., Bassetto, F., and Doria, A.: **Infections and autoimmunity: the multifaceted relationship.** *J. Leukocyte Biol.* 2010, **87**:385–395.

■ Takeuchi, O. and Akira, S.: **Pattern recognition receptors and inflammation.** *Cell* 2010, **140**:805–820.

Teil V

**Abschnitt 15.3.9**

- Barnaba, V. and Sinigaglia, F.: **Molecular mimicry and T cell-mediated autoimmune disease.** *J. Exp. Med.* 1997, **185**:1529–1531.
- Rose, N.R.: **Infection, mimics, and autoimmune disease.** *J. Clin. Invest.* 2001, **107**:943–944.
- Rose, N.R., Herskowitz, A., Neumann, D.A., and Neu, N.: **Autoimmune myocarditis: a paradigm of post-infection autoimmune disease.** *Immunol. Today* 1988, **9**:117–120.


**Abschnitt 15.3.10 und 15.3.11**

- Eisenberg, R.A., Craven, S.Y., Warren, R.W., and Cohen, P.L.: **Stochastic control of anti-Sm autoantibodies in MRL/Mp-lpr/lpr mice.** *J. Clin. Invest.* 1987, **80**:691–697.
- Yoshida, S. and Gershwin, M. E.: **Autoimmunity and selected environmental factors of disease induction.** *Semin. Arthritis Rheum.* 1993, **22**:399–419.


**Abschnitt 15.4.1**

- Cornell, L.D., Smith, R.N., and Colvin, R.B.: **Kidney transplantation: mechanisms of rejection and acceptance.** *Annu. Rev. Pathol.* 2008, **3**:189–220.
- Wood, K.J. and Goto, R.: **Mechanisms of rejection: current perspectives.** *Transplantation.* 2012, **93**:1–10.


**Abschnitt 15.4.2**

- Macdonald, W.A., Chen, Z., Gras, S., Archbold, J.K., Tynan, F.E., Clements, C.S., Bharadwaj, M., Kjer-Nielsen, L., Saunders, P.M., Wilce, M.C.J., *et al.*: **T cell allorecognition via molecular mimicry.** *Immunity* 2009, **31**:897–908.
- Macedo, C., Orkis, E.A., Popescu, I., Elinoff, B.D., Zeevi, A., Shapiro, R., Lakkis, F.G., and Metes, D.: **Contribution of naive and memory T-cell populations to the human alloimmune response.** *Am. J. Transplant.* 2009, **9**:2057–2066.
- Opelz, G. and Wujciak, T.: **The influence of HLA compatibility on graft survival after heart transplantation. The Collaborative Transplant Study.** *N. Engl. J. Med.* 1994, **330**:816–819.


**Abschnitt 15.4.3**

- Dierselhuis, M. and Goulmy, E.: **The relevance of minor histocompatibility antigens in solid organ transplantation.** *Curr Opin Organ Transplant.* 2009, **14**:419–425.
- den Haan, J.M., Meadows, L.M., Wang, W., Pool, J., Blokland, E., Bishop, T.L., Reinhardus, C., Shabanowitz, J., Offringa, R., Hunt, D.F., *et al.*: **The minor histocompatibility antigen HA-1: a diallelic gene with a single amino acid polymorphism.** *Science* 1998, **279**:1054–1057.
- Mutis, T., Gillespie, G., Schrama, E., Falkenburg, J.H., Moss, P., and Goulmy, E.: **Tetrameric HLA class I-minor histocompatibility antigen peptide complexes demonstrate minor histocompatibility antigen-specific cytotoxic T lymphocytes in patients with graft-versus-host disease.** *Nat. Med.* 1999, **5**:839–842.


**Abschnitt 15.4.4**

- Jiang, S., Herrera, O., and Lechler, R.I.: **New spectrum of allorecognition pathways: implications for graft rejection and transplantation tolerance.** *Curr. Opin. Immunol.* 2004, **16**:550–557.

Teil V

- Safinia, N., Afzali, B., Atalar, K., Lombardi, G., and Lechler, R.I.: **T-cell alloimmunity and chronic allograft dysfunction.** *Kidney Int.* 2010, **78**(Suppl 119):S2–S12.
- Lakkis, F.G., Arakelov, A., Konieczny, B.T., and Inoue, Y.: **Immunologic ignorance of vascularized organ transplants in the absence of secondary lymphoid tissue.** *Nat. Med.* 2000, **6**:686–688.

### Abschnitt 15.4.5

- Griesemer, A., Yamada, K., and Sykes, M.: **Xenotransplantation: immunological hurdles and progress toward tolerance.** *Immunol. Rev.* 2014, **258**:241–258.
- Montgomery, R.A., Cozzi, E., West, L.J., and Warren, D.S.: **Humoral immunity and antibody-mediated rejection in solid organ transplantation.** *Semin. Immunol.* 2011, **23**:224–234.
- Williams, G.M., Hume, D.M., Hudson, R.P., Jr, Morris, P.J., Kano, K., and Milgrom, F.: **'Hyperacute' renal-homograft rejection in man.** *N. Engl. J. Med.* 1968, **279**:611–618.

### Abschnitt 15.4.6

- Smith, R.N. and Colvin, R.B.: **Chronic alloantibody mediated rejection.** *Semin. Immunol.* 2012, **24**:115–121.
- Libby, P. and Pober, J.S.: **Chronic rejection.** *Immunity* 2001, **14**:387–397.

### Abschnitt 15.4.7

- Ekser, B., Ezzelarab, M., Hara, H., van der Windt, D.J., Wijkstrom, M., Bottino, R., Trucco, M., and Cooper, D.K.C.: **Clinical xenotransplantation: the next medical revolution?** *Lancet* 2012, **379**:672–683.
- Lechler, R.I., Sykes, M., Thomson, A.W., and Turka, L.A.: **Organ transplantation—how much of the promise has been realized?** *Nat. Med.* 2005, **11**:605–613.
- Ricordi, C. and Strom, T.B.: **Clinical islet transplantation: advances and immunological challenges.** *Nat. Rev. Immunol.* 2004, **4**:259–268.

### Abschnitt 15.4.8

- Blazar, B.R., Murphy, W.J., and Abedi, M.: **Advances in graft-versus-host disease biology and therapy.** *Nat. Rev. Immunol.* 2012, **12**:443–458.
- Shlomchik, W.D.: **Graft-versus-host disease.** *Nat. Rev. Immunol.* 2007, **7**:340–352.

### Abschnitt 15.4.9

- Ferrer, I.R., Hester, J., Bushell, A., and Wood, K.J.: **Induction of transplantation tolerance through regulatory cells: from mice to men.** *Immunol. Rev.* 2014, **258**:102–116.
- Qin, S., Cobbold, S.P., Pope, H., Elliott, J., Kioussis, D., Davies, J., and Waldmann, H.: **"Infectious" transplantation tolerance.** *Science* 1993, **259**:974–977.
- Tang, Q. and Bluestone, J.A.: **Regulatory T-cell therapy in transplantation: moving to the clinic.** *Cold Spring Harb. Perspect. Med.* 2013, **3**:1–15.

Teil V

## Abschnitt 15.4.10

■ Erlebacher, A.: **Mechanisms of T cell tolerance towards the allogeneic fetus.** *Nat. Rev. Immunol.* 2013, **13**:23–33.

■ Samstein, R.M., Josefowicz, S.Z., Arvey, A., Treuting, P.M., and Rudensky A.Y.: **Extrathymic generation of regulatory T cells in placental mammals mitigates maternal-fetal conflict.** *Cell* 2012, **150**:29–38.

# Die gezielte Beeinflussung der Immunantwort

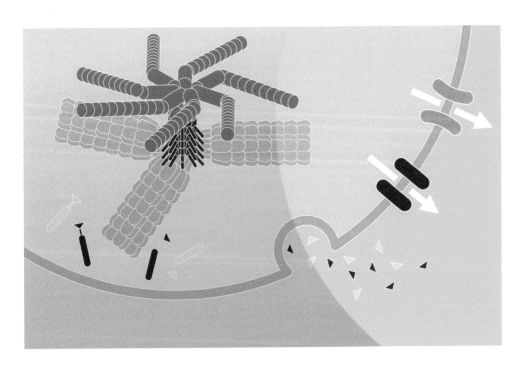

Teil V

| Wirkstoffe zur Beeinflussung des Immunsystems | |
|---|---|
| **Art** | **Beispiel** |
| Strahlung | |
| kleine Moleküle | |
| Medikamente | Rapamycin (Sirolimus) |
| Adjuvanzien | Alum |
| Makromoleküle | |
| Hormone | Cortisol |
| Cytokine | Interferon-$\alpha$ |
| Antikörper | Rituximab (Anti-CD20-Antikörper) |
| Fusions-proteine | Abatacept (CTLA-4-Ig) |
| DNA-Impfstoffe | (im Experiment) |
| Subunit-Impfstoffe | Hepatitis-B-Impfstoff |
| konjugierte Impfstoffe | Hib (*Haemophilus influenzae* Typ b) |
| Zellen und Organismen | |
| inaktivierte Impfstoffe | IPV (*inactivated poliovirus vaccine*) |
| attenuierte Lebend-impfstoffe | MMR-Impfstoff (Masern, Mumps, Röteln) |
| adoptive Zell-übertragung | CAR-T-Zellen (chimärer Antigenrezeptor) |
| Transplantation von heterologem Knochenmark | |

**Abb. 16.1 Verschiedene Arten von chemischen Verbindungen, die das Immunsystem beeinflussen**

In diesem Kapitel besprechen wir nun, auf welch unterschiedliche Weise das Immunsystem manipuliert werden kann, um ungewollte Immunantworten in Form von Autoimmunität, Allergie und Transplantatabstoßung zu unterdrücken oder aber einen Immunschutz zu stimulieren. Eine absichtliche Beeinflussung des Immunsystems gab es schon vor über 500 Jahren, als man Impfungen durchführte, um Menschen vor den Pocken zu schützen. Im späten 19. Jahrhundert machten diese Methoden mit der Entwicklung zahlreicher Impfstoffe und Antiseren gegen infektiöse Organismen große Fortschritte. Mit Einführung einer Reihe von heute alltäglichen Pharmazeutika gegen unerwünschte Immunantworten gab es später weitere Fortschritte. Diese ermöglichen zwar nur eine relativ unspezifische Kontrolle dieser Immunantworten, sind aber weiterhin ein wichtiger Bestandteil der medizinischen Versorgung. In jüngerer Zeit sind noch sogenannte biologische Therapeutika (Biologika) hinzugekommen. Dies sind künstlich hergestellte Varianten der natürlichen Produkte, etwa Hormone, Cytokine und monoklonale Antikörper oder Derivate davon in Form von künstlichen Fusionsproteinen. Diese Biologika besitzen eine außerordentliche Spezifität und einige von ihnen werden seit Jahrzehnten angewendet, beispielsweise das Hormon Insulin bei Patienten mit Diabetes mellitus Typ 1. Dennoch ist es durch neuere Fortschritte in der Zellbiologie und der gezielten Veränderung von Zellen gelungen, ein breites Spektrum neuer Biologika zu entwickeln, die eine sehr gezielte Beeinflussung des Immunsystems ermöglichen. Schließlich führten auch die langwierigen Bemühungen, das Potenzial des Immunsystems gegen Tumoren zu richten, zu weiteren großen Fortschritten, und Biologika, die gegen die negative Regulation der Immunität gerichtet sind und so Immunreaktionen gegen Krebs stimulieren, haben merkliche Auswirkungen auf die klinische Medizin. Die verschiedenen Arten dieser Wirkstoffe sind in ▶ Abb. 16.1 aufgeführt. Die einzelnen Herangehensweisen werden in diesem Kapitel besprochen, wobei wir mit den Pharmazeutika beginnen wollen, die in der klinischen Praxis Anwendung finden. Im ersten Teil des Kapitels besprechen wir die heutigen Impfmethoden gegen Infektionskrankheiten und beschäftigen uns damit, wie sich durch eine zweckmäßigere Herangehensweise bei der Entwicklung und Gestaltung von Impfstoffen ihre Wirksamkeit erhöhen und ihre Anwendungsmöglichkeiten erweitern lassen.

# 16.1 Therapie unerwünschter Immunreaktionen

Ungewollte Immunantworten treten in vielen verschiedenen Situationen auf, etwa bei Autoimmunkrankheiten, Transplantatabstoßung und Allergien, bei denen man jeweils mit unterschiedlichen Problemen konfrontiert ist. Das therapeutische Ziel besteht in allen Fällen darin, die Schädigung oder den Funktionsverlust von Geweben zu verhindern. Einigen unerwünschten Immunantworten kann man mit vorbeugenden Maßnahmen begegnen, etwa bei der Transplantatabstoßung. Andere ungewollte Reaktionen lassen sich möglicherweise erst dann feststellen, wenn sie sich manifestiert haben, etwa bei Autoimmunreaktionen oder bei Allergien. Dass es relativ schwierig ist, bereits etablierte Immunantworten zu unterdrücken, zeigt sich an Tiermodellen für Autoimmunität, bei denen Behandlungsmethoden, die einem Auslösen der Krankheit hätten vorbeugen können, nach vollständiger Ausbildung des Krankheitsbildes generell unwirksam sind.

Die heute gebräuchlichen Immunsuppressiva – das heißt natürliche oder synthetische niedermolekulare Wirkstoffe – lassen sich in mehrere verschiedene Gruppen einteilen (▶ Abb. 16.2). Dies sind die hochwirksamen antiinflammatorischen Wirkstoffe aus der Familie der Corticosteroide, beispielsweise Prednison, die Cytotoxika, etwa Azathioprin und Cyclophosphamid, und die nichtcytotoxischen Wirkstoffe, die aus Pilzen oder Bakterien abgeleitet sind, beispielsweise Ciclosporin, Tacrolimus (FK506 oder Fujimycin) und Rapamycin (Sirolimus), die intrazelluläre Signalwege in den T-Lymphocyten blockieren. Der erst vor Kurzem eingeführte Wirkstoff Fingolimod stört die Signalgebung des Sphingosin-1-phosphat-Rezeptors, der das Austreten der B- und T-Zellen aus den lymphatischen Organen kontrolliert. Dadurch werden die Effektorlymphocyten daran gehindert, die peripheren Gewebe zu erreichen. Die meisten dieser Wirkstoffe zeigen bei der Hemmung des Immunsystems ein sehr breites Wirkspektrum und unterdrücken sowohl hilfreiche als auch schädliche Reaktionen. Bei einer Immunsuppressionstherapie kommt es daher oft zu Komplikationen durch opportunistische Infektionen.

| herkömmliche Immunsuppressiva in klinischer Anwendung | |
| --- | --- |
| **Wirkstoff** | **Wirkmechanismus** |
| Corticosteroide | hemmen Entzündungen; blockieren zahlreiche Zielmoleküle, z. B. Cytokine der Makrophagen |
| Azathioprin, Cyclophosphamid, Mycophenolat | hemmen die Proliferation von Lymphocyten durch Störung der DNA-Synthese |
| Ciclosporin, Tacrolimus (FK506) | hemmen die calcineurinabhängige Aktivierung von NFAT; blockieren die IL-2-Produktion durch T-Zellen und T-Zell-Proliferation |
| Rapamycin (Sirolimus) | hemmt die Proliferation von T-Effektorzellen durch eine Blockade der rictorabhängigen mTOR-Aktivierung |
| Fingolimod (FTY270) | blockiert die Wanderung der Lymphocyten aus den Lymphgeweben durch Störung der Signalgebung des Sphingosin-1-phosphat-Rezeptors |

**Abb. 16.2 Herkömmliche Immunsuppressiva in der klinischen Anwendung**

Neuere Behandlungsmethoden zielen auf spezifische Bestandteile der schädlichen Immunantworten ab, die Gewebeschäden hervorrufen, wobei eine umfassende Immunsuppression vermieden werden soll. Aber selbst diese Therapeutika können wichtige Bestandteile der Immunantwort gegen Infektionskrankheiten beeinträchtigen. Der direkteste Weg, einen bestimmten Bestandteil der Immunantwort zu blockieren, besteht in der Anwendung hochspezifischer Antikörper, die sich im Allgemeinen gegen spezifische Proteine richten, die von den Immunzellen exprimiert und/oder sezerniert werden. Anwendungen dieser Art befanden sich zu Zeiten von früheren Auflagen dieses Buches noch im Experimentalstadium, haben sich aber jetzt in der medizinischen Praxis etabliert. Gegen Cytokine wirksame monoklonale Antikörper, beispielsweise **Infliximab** (Anti-TNF-$\alpha$), der bei der Behandlung der rheumatoiden Arthritis eingesetzt wird, können lokale Überschüsse von Cytokinen oder Chemokinen neutralisieren oder sie sind auch gegen natürliche zelluläre Regulationsmechanismen gerichtet, um dadurch unerwünschte Immunantworten zu verhindern. Für die Kontrolle von Immunantworten kommen neben den Antikörpern weitere Proteine zur Anwendung, beispielsweise **Abatacept**. Dies ist ein Fusionsprotein aus der Fc-Region eines Immunglobulins und der extrazellulären Domäne von CTLA-4. Abatacept verringert die Costimulation der T-Zellen, indem das Protein an B7-Moleküle bindet und so deren Wechselwirkung mit CD28 blockiert. Zurzeit wird es für die Behandlung von Patienten mit rheumatoider Arthritis angewendet, die auf eine Therapie mit Anti-TNF-$\alpha$ nicht ansprechen.

## 16.1.1 Corticosteroide sind hochwirksame entzündungshemmende Mittel, welche die Transkription vieler Gene verändern

Corticosteroide sind stark entzündungshemmende Wirkstoffe und Immunsuppressiva, die oft zur Abschwächung gefährlicher Immunreaktionen bei Autoimmunkrankheiten und Allergien (Kap. 14 und 15) sowie bei Organtransplantationen eingesetzt werden. Die **Corticosteroide** leiten sich von Steroidhormonen der Glucocorticoidfamilie ab, die für die Aufrechterhaltung der Homöostase im Körper von zentraler Bedeutung sind, wobei **Prednison**, ein synthetisches Analogon von Cortisol, zu den am häufigsten angewendeten Corticosteroiden gehört. Corticosteroide durchqueren die Plasmamembran der Zellen und binden an intrazelluläre Rezeptoren der Familie der Zellkernrezeptoren. Aktivierte Glucocorticoidrezeptoren werden in den Zellkern transportiert, wo sie direkt an DNA binden und mit anderen Transkriptionsfaktoren in Wechselwirkung treten. So werden immerhin 20 % der in den Leukocyten exprimierten Proteine reguliert. Die Reaktion auf eine Steroidtherapie ist komplex, allein aufgrund der großen Anzahl von Genen, die in den Leukocyten

**Teil V**

| Corticosteroidtherapie | |
|---|---|
| **Wirkung auf** | **physiologische Wirkung** |
| ↓ IL-1, TNF-α, GM-CSF ↓ IL-3, IL-4, IL-5, CXCL8 | ↓ Entzündung aufgrund von Cytokinen |
| ↓ NOS | ↓ NO |
| ↓ Phospholipase A₂ ↓ Cyclooxygenase Typ 2 ↑ Annexin-1 | ↓ Prostaglandine ↓ Leukotriene |
| ↓ Adhäsionsmoleküle | verringerter Austritt von Leukocyten aus den Blutgefäßen |
| ↑ Endonucleasen | Auslösen der Apoptose bei Lymphocyten und Eosinophilen |

**Abb. 16.3 Entzündungshemmende Wirkungen der Corticosteroidtherapie.** Corticosteroide regulieren die Expression vieler Gene und wirken insgesamt entzündungshemmend. Erstens verringern sie die Produktion von Entzündungsmediatoren wie Cytokinen, Prostaglandinen und Stickstoffmonoxid. Zweitens blockieren sie die Einwanderung von Entzündungszellen an den Ort der Entzündung, indem sie die Expression der entsprechenden Adhäsionsmoleküle verhindern, und drittens fördern sie bei Leukocyten und Lymphocyten den Zelltod durch Apoptose. Die verschiedenen Ebenen der Komplexität lassen sich anhand der Aktivitäten von Annexin A1 veranschaulichen (das ursprünglich als corticosteroidinduzierter Faktor entdeckt und als Lipocortin bezeichnet wurde). Es hat sich jetzt herausgestellt, dass es an allen Effekten der Corticosteroide beteiligt ist, die in der *linken Spalte* aufgeführt sind. NOS, NO-Synthase

und in anderen Geweben reguliert werden. Im Rahmen der Immunsuppression zeigen Corticosteroide eine Reihe von antiinflammatorischen Effekten, die in ▶ Abb. 16.3 kurz zusammengefasst sind.

Corticosteroide richten sich gegen proinflammatorische Funktionen der Monocyten und Makrophagen und verringern die Anzahl der CD4-T-Zellen. Sie können die Expression bestimmter entzündungshemmender Gene auslösen, beispielsweise *Anxa1*, das den Proteininhibitor der Phospholipase A2 codiert. Dadurch wird verhindert, dass dieses Enzym proinflammatorische **Prostaglandine** und **Leukotriene** produziert (Abschn. 3.1.3 und 14.2.2). Andererseits können Corticosteroide auch die Expression von proinflammatorischen Genen unterdrücken, etwa bei den Genen für IL-1β und TNF-α.

Die therapeutischen Wirkungen von Corticosteroiden sind darauf zurückzuführen, dass sie in Konzentrationen vorliegen, die viel höher sind als die natürlichen Konzentrationen der Corticosteroidhormone, sodass es zu übersteigerten Reaktionen kommt, die sowohl toxische als auch hilfreiche Wirkungen entfalten. Die Nebenwirkungen umfassen das Zurückhalten von Flüssigkeit in den Geweben, Zunahme des Körpergewichts, Diabetes, Mineralverluste der Knochen und eine Abnahme der Hautdicke, sodass zwischen vorteilhaften und schädlichen Wirkungen immer eine genaue Balance gefunden werden muss. Diese Wirkstoffe können mit der Zeit auch ihre Wirksamkeit verlieren. Trotz dieser Nachteile haben sich Corticosteroide zum Einatmen bei der Behandlung von chronischem Asthma schon als ausgesprochen hilfreich erwiesen (Abschn. 14.2.8). Bei der Behandlung von Autoimmunität oder einer Transplantatabstoßung, wenn hohe Dosen an Corticosteroiden oral verabreicht werden müssen, um eine Wirkung zu erzielen, geschieht dies häufig in Kombination mit anderen Immunsuppressiva, um die Corticosteroiddosis und die Nebenwirkungen möglichst gering zu halten. Zu diesen anderen Wirkstoffen gehören Cytotoxika, die immunsuppressiv wirken, indem sie sich rasch teilende Lymphocyten töten, sowie Wirkstoffe, die Signalwege der Lymphocyten spezifischer angreifen.

## 16.1.2 Cytotoxische Wirkstoffe führen zu einer Immunsuppression, indem sie Zellen während ihrer Teilung abtöten, und haben daher schwere Nebenwirkungen

Die drei am häufigsten als Immunsuppressiva verwendeten cytotoxischen Wirkstoffe sind **Azathioprin**, **Cyclophosphamid** und **Mycophenolat**. Alle drei stören die DNA-Synthese und zeigen ihre stärkste pharmakologische Wirkung in Geweben, die sich ständig teilende Zellen enthalten. Sie wurden ursprünglich zur Krebsbekämpfung entwickelt und als man entdeckte, dass sie auch sich teilende Lymphocyten abtöten, erkannte man ihre immunsuppressive Bedeutung. Azathioprin stört auch die Costimulation der T-Zellen über CD28 und fördert so deren Apoptose (Abschn. 7.3.4). Der Einsatz dieser Wirkstoffe wird eingeschränkt durch ihre toxischen Effekte auf alle Körpergewebe, deren Zellen sich teilen, etwa auf die Haut, das den Darm auskleidende Epithel und das Knochenmark. Zu den Auswirkungen gehören außer einer Schwächung der körpereigenen Abwehr auch Anämie, Leukopenie, Thrombocytopenie, Schädigung des Darmepithels, Haarverlust sowie Schädigung oder Tod des Fetus während der Schwangerschaft. Wegen ihrer Toxizität verwendet man Azathioprin und Cyclophosphamid in hoher Dosierung nur, wenn man, wie bei manchen Knochenmarktransplantationen, alle teilungsfähigen Lymphocyten ausschalten möchte. In diesen Fällen benötigen behandelte Patienten anschließend eine Knochenmarktransplantation, um ihre hämatopoetischen Funktionen wieder aufzubauen. Für die Behandlung unerwünschter Reaktionen, wie etwa bei Autoimmunerkrankungen, werden sie in geringeren Dosen und in Kombination mit anderen Wirkstoffen verabreicht, beispielsweise mit Corticosteroiden.

Azathioprin wird *in vivo* in das Purinanalogon 6-Thioguanin (6-TG) umgewandelt, das wiederum zu 6-Thioinosinsäure metabolisiert wird. Dieses Molekül konkurriert mit Inosinmonophosphat und blockiert so die *de novo*-Synthese von Adenosin- und Guanosinmonophosphat und damit auch die DNA-Synthese. 6-TG wird auch anstelle von Guanin in die DNA eingebaut. Die Ansammlung von 6-TG erhöht die Anfälligkeit für Mutationen durch die ultraviolette Strahlung im Sonnenlicht. Deshalb entwickeln Patienten, die längere Zeit mit Azathioprin behandelt werden, als Nebenwirkung ein erhöhtes Risiko für Hautkrebs. Aus Azathioprin entsteht auch 6-Thioguanintriphosphat (6-Thio-GTP), das in T-Zellen an die kleine GTPase RacI bindet, sodass T-Zellen aufgrund der fehlenden Costimulation keine antiapoptotischen Signale erhalten und stattdessen in die Apoptose eintreten. Das **Mycophenolat-Mofetil**, der 2-Morpholinethylester der Mycophenolsäure, ist der neueste Vertreter in der Familie der cytotoxischen Immunsuppressiva und wirkt ähnlich wie Azathioprin. Es wird zu Mycophenolsäure umgesetzt, die ein Inhibitor der Inosinmonophosphat-Dehydrogenase ist. Dadurch wird die *de novo*-Synthese von Guanosinpmonophosphat blockiert.

Azathioprin und Mycophenolat sind weniger toxisch als Cyclophosphamid, das nach der Metabolisierung zu Phosphoramidsenföl DNA alkyliert. Cyclophosphamid gehört zur Familie stickstoffhaltiger Senfölverbindungen, die ursprünglich als chemische Kampfstoffe entwickelt wurden. Zu den hoch toxischen Wirkungen von Cyclophosphamid gehören unter anderem Entzündungen und Blutungen der Harnblase (hämorrhagische Cystitis) sowie Blasenkrebs.

### 16.1.3 Ciclosporin, Tacrolimus, Rapamycin und JAK-Inhibitoren sind wirksame Immunsuppressiva, die verschiedene Signalwege der T-Zellen stören

Es gibt für die cytotoxischen Wirkstoffe drei Alternativen, die nicht toxisch sind. Sie finden heute breite Anwendung bei der Behandlung von Transplantatempfängern. Es sind die drei Immunsuppressiva **Ciclosporin**, **Tacrolimus** (frühere Bezeichnung **FK506**) und **Rapamycin** (andere Bezeichnung **Sirolimus**). Ciclosporin ist ein ringförmiges Dekapeptid aus dem Pilz *Tolypocladium inflatum*, der in norwegischen Bodenproben gefunden wurde. Tacrolimus ist eine Macrolidverbindung aus dem filamentösen Bakterium *Streptomyces tsukabaensis*, das man in Japan entdeckt hat. Macrolide sind Verbindungen mit einem mehrgliedrigen Lactonring, mit ein oder mehrere Desoxyzucker verknüpft sind. Rapamycin ist ein weiteres Macrolid und stammt aus *Streptomyces hygroscopicus*, das von der Osterinsel stammt (polynesisch *Rapa Nui*, daher die Bezeichnung). Alle drei Verbindungen entfalten ihre pharmakologische Wirkung, indem sie an bestimmte intrazelluläre Proteine binden, die die Familie der **Immunophiline** bilden. Dabei entstehen Komplexe, die wichtige Signalwege bei der klonalen Expansion von Lymphocyten stören.

Wie in Abschn. 7.2.8 erläutert, blockieren Ciclosporin und Tacrolimus die Proliferation der T-Zellen, indem sie die Phosphataseaktivität des calciumabhängigen Enzyms **Calcineurin** hemmen, das für die Aktivierung des Transkriptionsfaktors NFAT notwendig ist. Beide Wirkstoffe verringern die Expression mehrerer Cytokingene, die normalerweise bei der T-Zell-Aktivierung induziert werden ( ▸ Abb. 16.4). Dazu gehört **Interleukin-2 (IL-2)**, das ein wichtiger Wachstumsfaktor für T-Zellen ist (Abschn. 9.2.3). Die Hemmung der T-Zell-Proliferation durch Ciclosporin und Tacrolimus erfolgt entweder als Reaktion auf spezifische Antigene oder auf körperfremde Zellen. Beide Wirkstoffe werden klinisch in großem Umfang zur Verhinderung der Organabstoßung bei Transplantationen eingesetzt. Obwohl ihre immunsuppressive Wirkung wahrscheinlich hauptsächlich die Proliferation der T-Zellen hemmt, haben sie noch eine Reihe anderer Effekte auf das Immunsystem ( ▸ Abb. 16.4).

 Video 16.1

Die beiden Wirkstoffe hemmen Calcineurin, indem sie zuerst an ein Immunophilin binden; Ciclosporin bindet an die **Cyclophiline**, Tacrolimus an die **FK-bindenden Proteine** (FKBPs). Immunophiline sind Peptidyl-Prolyl-*cis-trans*-Isomerasen, aber ihre Isomeraseaktivität ist für die immunsuppressive Wirkung der Substanzen, die daran binden, ohne Bedeutung. Die Komplexe aus Immunophilin und dem Wirkstoff binden an die $Ca^{2+}$-aktivierte Serin/Threonin-Phosphatase Calcineurin und hemmen das Enzym. Bei einer nor-

**Teil V**

| immunologische Wirkungen von Ciclosporin und Tacrolimus | |
|---|---|
| **Zelltyp** | **Wirkungen** |
| **T-Lymphocyten** | verringerte Expression von IL-2, IL-3, IL-4, GM-CSF, TNF-$\alpha$<br>verringerte Proliferation nach Abnahme der IL-2-Produktion<br>verringerte $Ca^{2+}$-abhängige Exocytose von granulaassoziierten Serinesterasen<br>Hemmung der von Antigenen ausgelösten Apoptose |
| **B-Lymphocyten** | Hemmung der Proliferation aufgrund der verringerten Cytokinproduktion durch T-Lymphocyten<br>Hemmung der Proliferation nach der Besetzung von Immunglobulinen an der Zelloberfläche durch Liganden<br>Auslösen der Apoptose nach Aktivierung der B-Zelle |
| **Granulocyten** | verringerte $Ca^{2+}$-abhängige Exocytose von granulaassoziierten Serinesterasen |

**Abb. 16.4 Ciclosporin und Tacrolimus hemmen die von Lymphocyten sowie einige der von Granulocyten hervorgerufenen Effekte**

malen Immunantwort aktiviert die Zunahme des Calciumgehalts in der Zelle als Reaktion auf Signale des T-Zell-Rezeptors das calciumbindende Protein Calmodulin, das dann Calcineurin aktiviert (Abb. 7.18). Die Bindung des Immunophilin:Wirkstoff-Komplexes an Calcineurin verhindert dessen Aktivierung durch Calmodulin. Das gebundene Calcineurin kann NFAT nicht mehr dephosphorylieren und dadurch auch nicht aktivieren (▶ Abb. 16.5). Calcineurin kommt nicht nur in T-Zellen, sondern auch in anderen Zellen vor, aber in den T-Zellen in viel geringeren Konzentrationen. Dadurch sind T-Zellen für die inhibitorische Wirkung dieser Wirkstoffe besonders zugänglich.

Ciclosporin und Tacrolimus sind wirksame Immunsuppressiva, aber ihre Verwendung ist nicht unproblematisch. Sie beeinflussen – genau wie die cytotoxischen Substanzen – alle Immunreaktionen ohne Unterschied. Dem lässt sich nur dadurch entgegenwirken, dass man die Dosierung entsprechend dem Verlauf der Immunreaktion genau anpasst. Zum Zeitpunkt einer Organtransplantation sind beispielsweise hohe Dosen notwendig, aber sobald das fremde Gewebe angewachsen ist, kann man sie verringern. So werden erwünschte schützende Immunreaktionen ermöglicht, während das Immunsystem aber noch ausreichend supprimiert ist, um die Transplantatabstoßung zu verhindern. Dieses Gleichgewicht ist schwierig zu erreichen und erfordert eine genaue Beobachtung des Patienten. Die Wirkstoffe wirken sich auf zahlreiche verschiedene Gewebe aus und zeigen daher ein breites Spektrum von Nebenwirkungen, etwa eine Schädigung von Epithelzellen der Nierentubuli. Und schließlich ist die Behandlung mit ihnen relativ teuer, da es sich um komplexe Naturprodukte handelt, die über lange Zeit eingenommen werden müssen. Trotz allem sind sie bei Transplantationen derzeit die Immunsuppressiva der Wahl. Gleichzeitig überprüft man auch ihre Einsatzmöglichkeiten bei der Behandlung zahlreicher Autoimmunerkrankungen, insbesondere bei solchen, die wie Gewebeabstoßungsreaktionen durch T-Zellen vermittelt werden.

Rapamycin zeigt einen anderen Wirkmechanismus als Ciclosporin oder Tacrolimus. Es bindet wie Tacrolimus an Immunophiline der FKBP-Familie. Allerdings hemmt der Rapamycin:Immunophilin-Komplex die Calcineurinaktivität nicht, stattdessen aber die Serin/Threonin-Kinase **mTOR** (*mammalian target of rapamycin*). Diese ist an der Regulation des Zellwachstums und der Proliferation beteiligt (Abschn. 7.2.11). Der mTor-Weg kann durch verschiedene vorgeschaltete Signalwege aktiviert werden, etwa den Ras-MAPK-Weg und den PI-3-Kinase-Weg. Diese Signalwege aktivieren die Kinase **AKT**, die den regulatorischen Komplex **TSC** phosphoryliert und inaktiviert. Dieser Komplex fungiert normalerweise als Inhibitor der kleinen GTPase **Rheb**. Nachdem TSC phosphoryliert wurde, wird Rheb freigesetzt und kann mTOR aktivieren (Abb. 7.22). Mit **mTORC1** und **mTORC2** können zwei unterschiedliche mTOR-Komplexe entstehen, die von den beiden regulatorischen Proteinen **Raptor** (regulatory associated protein of mTOR) beziehungsweise **Rictor**

Teil V

**Abb. 16.5 Ciclosporin und Tacrolimus hemmen die T-Zell-Aktivierung, indem sie die Funktion der Serin/Threonin-spezifischen Phosphatase Calcineurin stören.** *Oben*: Die Signalübertragung über Tyrosinkinasen, die mit dem T-Zell-Rezeptor assoziiert sind, führt dazu, dass sich in der Plasmamembran CRAC-Kanäle (durch Calciumfreisetzung aktivierte Calciumkanäle) öffnen. Dadurch erhöht sich die Calciumkonzentration im Cytoplasma und die Calciumbindung durch das regulatorische Protein wird stimuliert (Abb. 7.18). Calmodulin wird durch die Bindung von Calcium aktiviert und kann sich dann auf viele nachgeschaltete Effektorproteine auswirken, beispielsweise auf die Phosphatase Calcineurin, die durch die Calmodulinbindung aktiviert wird, den Transkriptionsfaktor NFAT zu dephosphorylieren (Abschn. 7.2.8). Dieser tritt daraufhin in den Zellkern ein und bewirkt die Transkription von Genen, die für den Fortschritt der T-Zell-Aktivierung notwendig sind. *Unten*: Wenn Ciclosporin oder Tacrolimus oder beide vorhanden sind, bilden sie Komplexe mit dem jeweils spezifischen Immunophilin, also mit Cyclophilin beziehungsweise mit dem FK-bindenden Protein. Diese Komplexe binden an Calcineurin, das so nicht mehr durch Calmodulin aktiviert werden kann, sodass schließlich die Dephosphorylierung von NFAT verhindert wird

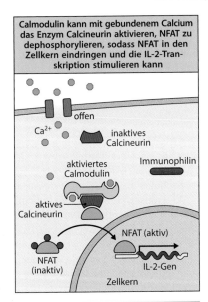

Calmodulin kann mit gebundenem Calcium das Enzym Calcineurin aktivieren, NFAT zu dephosphorylieren, sodass NFAT in den Zellkern eindringen und die IL-2-Transkription stimulieren kann

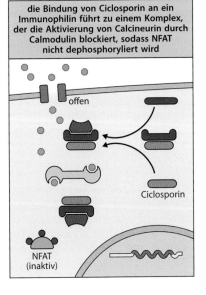

die Bindung von Ciclosporin an ein Immunophilin führt zu einem Komplex, der die Aktivierung von Calcineurin durch Calmodulin blockiert, sodass NFAT nicht dephosphoryliert wird

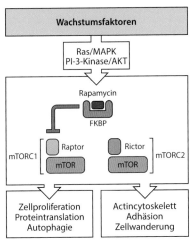

**Abb. 16.6 Rapamycin hemmt das Zellwachstum und die Proliferation, indem es die Aktivierung der Kinase mTOR durch Raptor blockiert.** Rapamycin bindet an das FK-bindende Protein (FKBP), dasselbe Immunophilinprotein, das auch an Tacrolimus (FK506) bindet. Der Rapamycin:FKBP-Komplex hemmt Calcineurin nicht, sondern blockiert stattdessen einen der beiden Komplexe, die mTOR aktivieren. Diese große Kinase reguliert viele Stoffwechselwege. mTOR ist verschiedenen Signalwegen nachgeschaltet, die von Wachstumsfaktoren ausgelöst werden, und bindet an eines der beiden Proteine Raptor oder Rictor. mTORC1, der Komplex mit Raptor, fördert die Zellproliferation, die Translation von Proteinen und die Autophagie. mTORC2, der Komplex mit Rictor, beeinflusst die Adhäsivität und Wanderung der Zellen durch Kontrolle des Actincytoskeletts. Der Rapamycin:FKBP-Komplex hemmt den mTORC1-Komplex, der Raptor enthält, und verringert dadurch selektiv das Wachstum und die Proliferation der Zellen

*(Rapamycin-insensitive companion of mTOR)* kontrolliert werden und verschiedene nachgeschaltete zelluläre Signalwege aktivieren (▶ Abb. 16.6). Rapamycin hemmt anscheinend nur den mTORC1-Komplex, da der Rapamycin:FKBP-Komplex den raptorabhängigen Signalweg selektiv hemmt, der den mTORC1-Komplex reguliert (▶ Abb. 16.6). Die Blockade dieses Signalwegs verringert die Proliferation der T-Zellen deutlich. Die Zellen werden dabei in der $G_1$-Phase des Zellzyklus angehalten und ihre Apoptose wird gefördert. Rapamycin hemmt die Proliferation der Lymphocyten, die von Wachstumsfaktoren wie IL-2, IL-4 und IL-6 stimuliert werden, und erhöht die Anzahl der regulatorischen T-Zellen, möglicherweise weil diese Zellen andere Signalwege als die T-Effektorzellen nutzen. Rapamycin verringert ebenfalls selektiv das Wachstum der T-Effektorzellen, während es aber die Bildung von T-Gedächtniszellen verstärkt. Deshalb denkt man darüber nach, ob sich nicht die Anzahl der T-Gedächtniszellen, die durch einen Impfstoff induziert werden, durch Gabe von Rapamycin erhöhen lässt.

Ein vor Kurzem eingeführter Wirkstoff beeinflusst die Immunantwort, indem er die Wanderung der Immuneffektorzellen zu einem Transplantat oder in Regionen, die von Autoimmunität betroffen sind, reguliert. Damit die Lymphocyten die lymphatischen Gewebe verlassen können, muss der G-Protein-gekoppelte Rezeptor S1PR1 das Lipidmolekül

Teil V

Sphingosin-1-phosphat (S1P) erkennen (Abschn. 9.1.7). **Fingolimod** (FTY720), ein Sphingosin-1-phosphat-Analogon, ist ein relativ neuer Wirkstoff, der die Effektorlymphocyten in den lymphatischen Organen festhält und diese Zellen so daran hindert, in den Zielgeweben ihre Effektoraktivitäten zu entfalten. Fingolimod wurde im Jahr 2010 für die Behandlung der Autoimmunkrankheit multiple Sklerose zugelassen und zeigt auch bei der Behandlung gegen die Gewebeabstoßung nach einer Nierentransplantation und bei Asthma positive Wirkung.

Cytokine aktivieren viele Elemente der Immunantwort und viele Cytokinrezeptoren leiten ihre Signale über **Januskinasen** (**JAKs**) weiter (Abschn. 3.2.2). Die vier Vertreter der JAK-Familie, JAK1, JAK2, JAK3 und TYK2, binden und phosphorylieren die cytoplasmatischen Regionen von Cytokinrezeptoren und setzen die Aktivierung verschiedener STAT-Transkriptionsfaktoren in Gang. Im vergangenen Jahrzehnt hat man selektive JAK-Inhibitoren entwickelt, die die Aktivität einer oder mehrerer Kinasen aus der Familie blockieren können. Da verschiedene JAKs an verschiedene Cytokinrezeptoren binden, können sich JAK-Inhibitoren (**Jakinibs**) in spezifischer Weise auf die Qualität der T-Zell-Entwicklung auswirken. Inzwischen wurden zwei Jakinibs für die Behandlung von inflammatorischen Erkrankungen zugelassen und man testet zurzeit auch, ob sie für die Behandlung von Krebs geeignet sind. So hemmt beispielsweise **Tofacitinib** JAK3 und stört dabei die Signalübertragung von IL-2 und IL-4, hemmt aber auch in geringerem Maß JAK1 und greift dabei in die Signalgebung von IL-6 ein. Tofacitinib ist für die Behandlung von rheumatoider Arthritis zugelassen. **Ruxolitinib** hemmt JAK1 und JAK2 und wird zur Behandlung von Myelofibrose eingesetzt, einer anormalen Proliferation von Knochenmarkvorläuferzellen, die eine Fibrose hervorruft.

### 16.1.4 Mit Antikörpern gegen Zelloberflächenantigene kann man bestimmte Subpopulationen von Lymphocyten beseitigen oder ihre Funktion hemmen

Alle bis hier besprochenen Wirkstoffe hemmen die Immunantwort im Allgemeinen und können schwere Nebenwirkungen hervorrufen. Antikörper jedoch können spezifischer wirken und besitzen eine geringere direkte Toxizität. Die erste therapeutische Anwendung von Antikörpern reicht zurück in das späte 19. Jahrhundert, als man Pferdeserum zur Behandlung von Diphtherie und Tetanus einsetzte. Heute werden zur Behandlung verschiedener primärer und erworbener Immunschwächen vielfach Immunglobuline intravenös verabreicht (intravenöse Immunglobuline, IVIGs), in Form einer Mischung aus polyvalenten IgG-Antikörpern, die von vielen Blutspendern gewonnen wurden. Dies wird auch bei akuten Infektionen angewendet, wo die Wirkung wahrscheinlich darin besteht, dass bestimmte Pathogene und ihre Toxine neutralisiert werden. IVIGs dient auch dazu, bestimmte Autoimmun- und Entzündungskrankheiten zu behandeln, etwa bei der Immunthrombocytopenie und beim Kawasaki-Syndrom. In einigen Fällen zeigen IVIGs auch immunmodulierende Effekte, die durch Wechselwirkungen mit inhibitorischen Fc-Rezeptoren vermittelt werden, die die Aktivierung von Immunzellen hemmen.

Durch die seit neuerer Zeit zunehmende Anwendung von Antikörpern als Therapeutika hat sich deren Funktionalität erweitert, indem sie jetzt nicht nur dem gezielten Angriff auf Pathogene dienen, sondern gegen Komponenten des Immunsystems selbst gerichtet sein können, um einen bestimmten regulatorischen Effekt zu erzielen. Das Potenzial von Antikörpern bei der Beseitigung unerwünschter Lymphocyten lässt sich am Beispiel von **Anti-Lymphocyten-Globulin** demonstrieren. Dabei handelt es sich um ein polyklonales Immunglobulinpräparat aus Kaninchen (früher auch aus Pferden), die gegen Lymphocyten des Menschen immunisiert wurden. Es wird seit vielen Jahren zur Behandlung akuter Abstoßungsreaktionen eingesetzt. Anti-Lymphocyten-Globulin unterscheidet aber nicht zwischen nützlichen Lymphocyten und solchen, die für unerwünschte Reaktionen verantwortlich sind, es führt also zu einer generellen Immunsuppression. Außerdem sind fremde Immunglobuline starke Antigene für den Menschen und die in der Therapie verwendeten hohen Dosierungen des Anti-Lymphocyten-Globulins führen oft zu einer Serumkrankheit, die durch die Bildung von Immunkomplexen aus den Tierimmunglobulinen und Anti-Tierimmunglobulin-Antikörpern des Menschen hervorgerufen wird (Abschn. 14.3.2).

Dennoch werden Anti-Lymphocyten-Globuline immer noch bei akuten Abstoßungen eingesetzt. Wegen der Nachteile sucht man aber intensiv nach monoklonalen Antikörpern (Anhang I, Abschn. A.7) mit einer spezifischeren und gezielteren Wirkungsweise. Ein solcher Antikörper ist **Alemtuzumab** (Campath-1H). Dieser ist gegen das Zelloberflächenprotein CD52 gerichtet, das die meisten Lymphocyten exprimieren. Der Antikörper zeigt eine ähnliche Wirkungsweise wie Anti-Lymphocyten-Globulin, verursacht eine lang anhaltende Lymphopenie und wird auch bei chronischer lymphatischer Leukämie zur Beseitigung von Krebszellen angewendet.

Immunsuppressive monoklonale Antikörper wirken im Allgemeinen auf eine von zwei Weisen. Sogenannte **depletierende Antikörper** (etwa Alemtuzumab) verursachen eine Zerstörung von Lymphocyten *in vivo*, während andere, **nichtdepletierende Antikörper** die Funktion ihres Zielproteins blockieren, ohne die betreffende Zelle zu töten. Depletierende monoklonale IgG-Antikörper binden an Lymphocyten und markieren sie für den Angriff durch Makrophagen oder NK-Zellen, die Fc-Rezeptoren tragen und die Lymphocyten durch Phagocytose beziehungsweise antikörperabhängige zellvermittelte Cytotoxizität (*antibody-dependent cell-mediated cytotoxicity*, ADCC) abtöten. Bei der Zerstörung von Lymphocyten spielt wahrscheinlich auch die komplementvermittelte Lyse eine Rolle.

## 16.1.5 Man kann Antikörper so konstruieren, dass ihre Immunogenität für den Menschen herabgesetzt wird

Ein großes Hindernis für eine Therapie mit monoklonalen Antikörpern hat darin bestanden, dass diese sich am besten durch Immunisierung von nichthumanen Spezies, etwa von Mäusen, herstellen lassen, wenn man Antikörper mit einer gewünschten Spezifität erzeugen will (Anhang I, Abschn. A.7). Menschen können jedoch Antikörperreaktionen gegen solche nichthumanen Antikörper entwickeln, da aggregierte Formen von fremden Antikörpern durchaus immunogen wirken. So wird nicht nur deren Wirkung blockiert, sondern es kommt auch zu allergischen Reaktionen, und wenn die Behandlung fortgeführt wird, kann sogar eine Anaphylaxie (Abschn. 14.2.5) die Folge sein. Sobald ein Patient eine Immunantwort gegen einen Antikörper entwickelt hat, ist eine weitere Behandlung mit dem Antikörper nicht mehr möglich. Dieses Problem kann man im Prinzip umgehen, indem man Antikörper herstellt, die vom Immunsystem des Menschen nicht als fremd erkannt werden. Diesen Vorgang bezeichnet man als **Humanisierung**.

Für die Humanisierung von Antikörpern wurden bereits verschiedene Herangehensweisen getestet. Die variablen Regionen in einem Antikörper von der Maus, die die Determinanten für die Antigenerkennung enthalten, können durch künstliche Genrekombination an die Fc-Regionen eines menschlichen IgG gespleißt werden. Antikörper dieser Art bezeichnet man als chimär. Dabei bleiben allerdings innerhalb der variablen Regionen der Maus Abschnitte erhalten, die möglicherweise Immunantworten auslösen können (▶ Abb. 16.7). Gentechnisch veränderte Mäuse, die eingefügte humane Immunglobulingene in ihrem Immunglobulinlocus tragen, bieten eine Möglichkeit, humane Antikörper durch die Immunisierung von Mäusen zu erhalten. Neuere Verfahren zielen darauf ab, rein humane monoklonale Antikörper direkt von menschlichen Zellen produzieren zu lassen, indem man mithilfe von Viren primäre B-Zell-Linien oder antikörpersezernierende Plasmablasten transformiert oder humane B-Zell-Hybridome erzeugt.

Monoklonale Antikörper gehören zu einer neuen Art von Therapeutika, die man als **Biologika** bezeichnet. Diese umfassen weitere natürliche Proteine wie das Anti-Lymphocyten-Globulin, Cytokine, Proteinfragmente und sogar ganze Zellen, beispielsweise bei der

Teil V

| -omab | -ximab | -zumab | -umab |
|:---:|:---:|:---:|:---:|
| 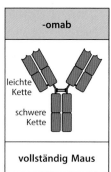 | 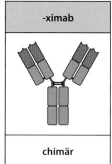 | 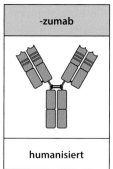 | 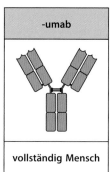 |
| vollständig Maus | chimär | humanisiert | vollständig Mensch |

**Abb. 16.7 Monoklonale Antikörper, die zur Behandlung von Erkrankungen des Menschen eingesetzt werden, können künstlich so verändert werden, dass ihre Immunogenität verringert wird, wobei ihre Antigenspezifität erhalten bleibt.** Antikörper, die vollständig aus der Maus stammen und deren Bezeichnung das Suffix -omab erhält, wirken beim Menschen immunogen. Das führt dazu, dass Patienten dagegen Antikörper produzieren und die Anwendung auf die Dauer begrenzt ist. Diese Immunogenität lässt sich jedoch verringern, indem man chimäre Antikörper erzeugt, bei denen die V-Regionen aus der Maus mit den konstanten Regionen eines humanen Antikörpers verknüpft werden. Solche Antikörper erhalten das Suffix -ximab. Als Humanisierung bezeichnet man den Vorgang, dass nur die komplementaritätsbestimmenden Regionen aus dem Antikörper der Maus in einen humanen Antikörper gespleißt werden, wodurch die Immunogenität weiter verringert wird. Humanisierte Antikörper haben das Suffix -zumab. Mit neuen Methoden ist es heute möglich, rein humane monoklonale Antikörper (-umab) zu erzeugen. Sie sind zurzeit die am wenigsten immunogen wirkenden Antikörper, die bei der Behandlung von Menschen angewendet werden

adoptiven Übertragung von T-Zellen für eine Krebsimmuntherapie. Viele monoklonale Antikörper wurden bereits von der Food and Drug Administration (FAD) der USA für die klinische Anwendung zugelassen (▶ Abb. 16.8), weitere befinden sich auf dem Weg dorthin. Außerdem gibt es ein System zur Bezeichnung der Antikörper aufgrund ihrer Merkmale. Monoklonale Antikörper der Maus erhalten das Suffix **-omab**, wie Muromomab (ursprüngliche Bezeichnung OKT3), ein Antikörper gegen CD3. Chimere Antikörper, bei denen die gesamte variable Region mit der konstanten menschlichen Region verknüpft worden ist, haben das Suffix **-ximab**, ein Beispiel ist Basiliximab, ein Anti-CD25-Antikörper, der für die Behandlung der Gewebeabstoßung bei Transplantationen zugelassen wurde. Humanisierte Antikörper, bei denen die hypervariablen Regionen der Maus in einen humanen Antikörper eingefügt wurden, erhalten das Suffix **-zumab**, etwa Alemtuzumab und bei Natalizumab (Tysabri®). Letzterer ist gegen die Integrinuntereinheit $\alpha_4$ gerichtet und wird zur Behandlung der multiplen Sklerose und von Morbus Crohn eingesetzt. Antikörper, die vollständig aus menschlichen Sequenzen bestehen, tragen das Suffix **-umab**, wie Adalimumab, ein Antikörper, der mittels Phage-Display isoliert wurde und TNF-$\alpha$ bindet. Er wird zur Behandlung verschiedener Autoimmunkrankheiten eingesetzt.

### 16.1.6 Monoklonale Antikörper lassen sich möglicherweise einsetzen, um Transplantatabstoßungen zu verhindern

Um eine Transplantatabstoßung durch Unterdrückung der gefährlichen entzündlichen und cytotoxischen Reaktionen zu verhindern, werden gegen viele verschiedene physiologische Zielstrukturen Antikörper eingesetzt oder ihr Einsatz wird zurzeit erforscht. So wurde beispielsweise Alemtuzumab (Abschn. 16.1.4) zur Behandlung von bestimmten Arten von Leukämie zugelassen, der Antikörper wird aber auch bei der Übertragung von soliden Organen und von Knochenmark angewendet. Bei der Übertragung solider Organe wird Alemtuzumab dem Empfänger etwa zum Zeitpunkt der Transplantation verabreicht, um reife T-Lymphocyten aus dem Kreislauf zu entfernen. Bei einer Knochenmarktransplanta-

| für die Immuntherapie entwickelte monoklonale Antikörper | | | |
|---|---|---|---|
| **Bezeichnung** | **Spezifität** | **Wirkmechanismus** | **zur Anwendung zugelassen für** |
| Rituximab | Anti-CD20 | beseitigt B-Zellen | Non-Hodgkin-Lymphom |
| Alemtuzumab (Campath-1H) | Anti-CD52 | beseitigt Lymphocyten | chronische myeloische Leukämie |
| Muromomab (OKT3) | Anti-CD3 | blockiert T-Zell-Aktivierung | Nierentransplantation |
| Daclizumab | Anti-IL-2R | verringert T-Zell-Aktivierung | |
| Basiliximab | Anti-IL-2R | verringert T-Zell-Aktivierung | |
| Infliximab | Anti-TNF-$\alpha$ | hemmt durch TNF-$\alpha$ hervorgerufene Entzündung | Morbus Crohn |
| Certolizumab | Anti-TNF-$\alpha$ | | rheumatoide Arthritis |
| Adalimumab | Anti-TNF-$\alpha$ | | |
| Golimumab | Anti-TNF-$\alpha$ | | |
| Tocilizumab | Anti-IL-6R | hemmt durch IL-6-Signale hervorgerufene Entzündung | |
| Canakinumab | Anti-IL-1$\beta$ | hemmt durch IL-1 hervorgerufene Entzündung | Muckle-Wells-Syndrom |
| Denosumab | Anti-RANK-L | blockiert Aktivierung von Osteoklasten durch RANK-L | Knochenverlust |
| Ustekinumab | Anti-IL-12/23 | hemmt durch IL-12 und IL-23 hervorgerufene Entzündung | Psoriasis |
| Efalizumab | Anti-CD11a ($\alpha_L$-Integrin-Untereinheit) | blockiert Wanderung der Lymphocyten | Psoriasis (in den USA und in der EU zurückgezogen) |
| Natalizumab | Anti-$\alpha_4$-Integrin | | multiple Sklerose |
| Omalizumab | Anti-IgE | beseitigt IgE-Antikörper | chronisches Asthma |
| Belimumab | Anti-BLyS | verringert B-Zell-Reaktionen | systemischer Lupus erythematodes (Zulassung beantragt) |
| Ipilimumab | Anti-CTLA-4 | verstärkt Reaktionen der CD4-T-Zellen | metastasierende Melanome |
| Raxibacumab | Anti-*Bacillus anthracis protective antigen* (Zellbindungsdomäne des Anthraxtoxins) | verhindert Wirkung der Anthraxtoxine | Anthraxinfektion (Zulassung beantragt) |

**Abb. 16.8 Monoklonale Antikörper, die für Immuntherapien entwickelt wurden.** Antikörper bilden einen bedeutenden Anteil der zurzeit in der Entwicklung befindlichen Pharmazeutika. Weitere Antikörper befanden sich zum Zeitpunkt der Erstellung dieser Liste noch in der Entwicklung oder in klinischen Studien

tion kann Alemtuzumab *in vitro* angewendet werden, um vor der Transfusion die reifen T-Zellen aus dem Knochenmark des Spenders zu entfernen, oder man verabreicht Alemtuzumab *in vivo*, um den Empfänger nach der Infusion zu behandeln. Die Beseitigung der reifen T-Lymphocyten aus dem Knochenmark des Spenders vor der Übertragung auf den Rezipienten ist sehr effektiv und verringert das Risiko einer **Graft-versus-Host-Krankheit** (Abschn. 15.4.8). Bei dieser Krankheit erkennen die T-Lymphocyten im Knochenmark des Spenders die Gewebe des Empfängers als fremd und entwickeln dagegen eine zerstörerische Reaktion, die mit Hautausschlägen, Diarrhö und Hepatitis einhergeht und gelegentlich tödlich verläuft. Knochenmarktransplantationen dienen auch der Behandlung von Leukämie, da die T-Zellen des Transplantats einen Graft-versus-Leukemia-Effekt entwickeln können, indem sie Leukämiezellen als fremd erkennen und sie zerstören. Man war ursprünglich davon ausgegangen, dass die Beseitigung von reifen T-Zellen des Spenders möglicherweise nicht vorteilhaft ist, wenn das Knochenmarktransplantat der Behandlung einer Leukämie dient, da die Anti-Leukämie-Aktivität der Spenderzellen verloren gehen könnte. Es hat sich jedoch herausgestellt, dass dies bei der Verwendung von Alemtuzumab nicht der Fall ist.

Um Phasen der Gewebeabstoßung nach Transplantationen zu behandeln, hat man spezifische Antikörper verwendet, die gegen T-Zellen gerichtet sind. Der Antikörper **Muromomab** (OKT3) aus der Maus ist gegen den CD3-Komplex gerichtet und führt zur Immunsuppression der T-Zellen, indem er die Signalübertragung durch den T-Zell-Rezeptor blockiert. Man hat den Antikörper bei der Transplantation von soliden Organen klinisch angewendet, es kommt jedoch häufig zu einer gefährlichen Nebenwirkung. Dabei wird die Freisetzung von proinflammatorischen Cytokinen stimuliert, sodass er mittlerweile immer seltener angewendet wird. Die Cytokinfreisetzung hängt mit der intakten Fc-Domäne von Muromomab zusammen, die Fc-Rezeptoren durch Quervernetzung aktivieren kann, sodass schließlich die Zellen aktiviert werden, die diese Rezeptoren tragen. Beim Antikörper Teplizumab (oder OKT3$\gamma$1, Ala-Ala) sind die Aminosäuren 234 und 235 in der Fc-Region des humanen IgG1 durch zwei Alaninreste ersetzt worden; dieser Antikörper stimuliert die Cytokinfreisetzung nicht mehr.

Die beiden Antikörper **Daclizumab** und **Basiliximab**, die für die Behandlung der Gewebeabstoßung bei Nierentransplantationen zugelassen sind, richten sich gegen CD25 (eine Untereinheit des IL-2-Rezeptors) und verringern die Aktivierung der T-Zellen, wahrscheinlich indem sie die wachstumsfördernden Signale von IL-2 blockieren.

Ein Primatenmodell für die Abstoßung von Nierentransplantaten zeigte positive Ansätze für die Anwendung von humanisierten monoklonalen Antikörpern gegen den **CD40-Liganden**, der von T-Zellen exprimiert wird (Abschn. 9.2.4). Die schützende Wirkung dieses Antikörpers beruht wahrscheinlich darauf, dass die Aktivierung von dendritischen Zellen durch T-Helferzellen, die Spenderantigene erkennen, blockiert wird. Beim Menschen wurden bis jetzt mit den Anti-CD40-Ligand-Antikörpern nur vorläufige Studien durchgeführt. Ein Antikörper wurde mit thromboembolischen Komplikationen in Verbindung gebracht und daraufhin zurückgezogen. Ein anderer Anti-CD40-Ligand-Antikörper wurde Patienten mit **systemischem Lupus erythematodes** (SLE) verabreicht, ohne dass es zu relevanten Komplikationen kam, die Wirkung war aber offensichtlich ebenfalls gering.

In Versuchsmodellen hat man auch monoklonale Antikörper, die gegen andere Zielstrukturen gerichtet waren, für die Verhinderung einer Gewebeabstoßung mit einem gewissen Erfolg getestet, beispielsweise nichtdepletierende Antikörper, die an den CD4-Corezeptor oder den costimulierenden Rezeptor CD28 auf Lymphocyten binden. In einem ähnlichen Fall hat man Abatacept, ein lösliches, rekombinantes CTLA-4-Ig-Fusionsprotein, das an die costimulierenden B7-Moleküle auf antigenpräsentierenden Zellen bindet und deren Wechselwirkung mit CD28 auf T-Zellen verhindert, für die Behandlung der rheumatoiden Arthritis zugelassen.

Teil V

## 16.1.7 Die Eliminierung von autoreaktiven Lymphocyten kann zur Behandlung von Autoimmunerkrankungen beitragen

Monoklonale Antikörper eignen sich nicht nur dazu, nach einer Transplantation die Gewebeabstoßung zu verhindern, sondern sie lassen sich auch bei der Behandlung bestimmter Autoimmunkrankheiten anwenden. Die verschiedenen Immunmechanismen, die dabei das Ziel sind, werden in den nächsten Abschnitten besprochen. Wir beginnen mit der Anwendung depletierender und nichtdepletierender Antikörper, um Lymphocyten unspezifisch zu eliminieren. Der monoklonale Anti-CD20-Antikörper **Rituximab** war ursprünglich entwickelt worden, um B-Zell-Lymphome zu behandeln, wurde aber auch für die Behandlung bestimmter Autoimmunkrankheiten getestet. Rituximab (Rituxan®, MabThera®) quervernetzt CD20 und erzeugt so ein Signal, das bei den Lymphocyten die Apoptose auslöst und B-Zellen mehrere Monate lang depletiert. Bei einigen Autoimmunkrankheiten geht man davon aus, dass Autoantikörper für die Pathogenese mit verantwortlich sind. Bei einigen Patienten mit einer autoimmunen hämolytischen Anämie, SLE, rheumatoider Arthritis oder gemischter Kryoglobulinämie Typ II ließ sich die Wirksamkeit von Rituximab zeigen. Bei all diesen Erkrankungen treten als Teil der klinischen Symptome Autoantikörper auf. CD20 wird zwar von antikörperproduzierenden Plasmazellen nicht exprimiert, aber ihre Vorläuferzellen werden von Anti-CD20-Antikörpern angegriffen. Dadurch kommt es zu einer deutlichen Verringerung der kurzlebigen Population der Plasmazellen, nicht jedoch der langlebigen Population.

Die Anwendung von Alemtuzumab für die Behandlung von Leukämie wurde oben besprochen, aber dieser Antikörper hat auch bei Studien mit einer geringen Zahl von Patienten mit multipler Sklerose eine gewisse positive Wirkung gezeigt. Unmittelbar nach der Infusion von Alemtuzumab litten die Patienten jedoch an einem beunruhigenden, wenn auch nur kurz anhaltenden Aufflackern der Erkrankung. Hier zeigt sich eine mögliche weitere Komplikation einer Antikörpertherapie. Die Wirkung von Alemtuzumab war wie beabsichtigt. Es wurden über Komplement- und Fc-abhängige Mechanismen Zellen abgetötet. Dadurch wurde jedoch auch die Freisetzung von Cytokinen stimuliert, etwa von TNF-$\alpha$, IFN-$\gamma$ und IL-6. Diese blockierten vorübergehend die Reizleitung in Nervenfasern, die vorher von einer Demyelinisierung betroffen waren. Das führte zu einer vorübergehenden, aber erheblichen Verschlechterung der Symptome. Ob Alemtuzumab in frühen Phasen der Krankheit hilfreich sein kann, wenn die Entzündungsreaktion am stärksten ist, muss jedoch erst noch bewiesen werden.

Man hat versucht, Patienten, die an rheumatoider Arthritis oder multipler Sklerose leiden, mit Anti-CD4-Antikörpern zu behandeln, die Ergebnisse waren allerdings enttäuschend. In kontrollierten Studien zeigten die Antikörper nur eine geringe therapeutische Wirkung, verursachten aber bis über sechs Jahre nach der Behandlung eine Depletierung der T-Lymphocyten im peripheren Blut. Diese unerwünschte Wirkung lässt sich wahrscheinlich dadurch erklären, dass es mit diesen Antikörpern nicht möglich war, die bereits primär geprägten CD4-T-Zellen zu beseitigen, die proinflammatorische Cytokine sezernieren; das eigentliche Ziel wurde also verfehlt. Dieses warnende Beispiel zeigt, dass es zwar möglich ist, große Mengen an Lymphocyten zu eliminieren, es aber überhaupt nicht gelingt, die entscheidenden Zellen zu beseitigen.

## 16.1.8 Biologika, die TNF-$\alpha$, IL-1 oder IL-6 blockieren, eignen sich möglicherweise zur Linderung von Autoimmunerkrankungen

Bei der Therapie gegen eine Entzündung kann man entweder versuchen, die Autoimmunreaktion insgesamt zu beseitigen, etwa mit Immunsuppressiva oder mit depletierenden Antikörpern, oder man versucht, die Schädigung des Gewebes zu verringern, die durch die Immunreaktion hervorgerufen wird. Diese zweite Art der Behandlung bezeichnet man als **immunmodulierende Therapie**. Sie ist gekennzeichnet durch die Verwendung herkömm-

**Teil V**

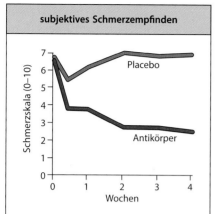

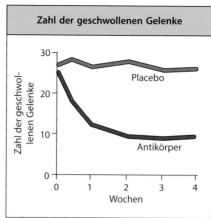

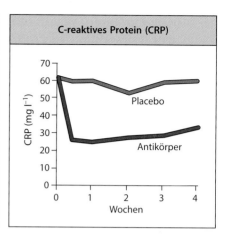

**Abb. 16.9 Entzündungshemmende Effekte einer Therapie mit Anti-TNF-α-Antikörpern bei rheumatoider Arthritis.** Bei 24 Patienten wurde der klinische Verlauf über vier Wochen nach einer Behandlung mit einem monoklonalen Antikörper gegen TNF-α beziehungsweise mit einem Placebo verfolgt. Die Antikörperdosis betrug 10 mg kg⁻¹ Körpergewicht. Die Antikörpertherapie führte zu einer Abnahme sowohl subjektiver als auch objektiver Krankheitsmerkmale – gemessen wurden das Schmerzempfinden anhand einer Skala und die Zahl der tatsächlich geschwollenen Gelenke. Außerdem wurde die Konzentration an C-reaktivem Protein (CRP) als Maß für die akute systemische Entzündungsreaktion bestimmt. Der Antikörper führte zu einer Abnahme dieses für die akute Entzündungsphase charakteristischen Proteins. (Daten mit freundlicher Genehmigung von R. N. Maini)

licher entzündungshemmender Wirkstoffe, beispielsweise Aspirin, entzündungshemmende Nichtsteroide oder niedrig dosierte Corticosteroide. Eine neuere Form der immunmodulierenden Therapie mithilfe von Biologika beinhaltet mehrere von der FDA zugelassene Antikörper, mit denen sich die Aktivität hochwirksamer proinflammatorischer Cytokine blockieren lässt, beispielsweise TNF-α, IL-1 und IL-6.

Die Anti-TNF-Therapie war die erste spezifische biologische Therapieform, die in der Klinik eingeführt wurde. Mithilfe von Anti-TNF-α-Antikörpern ließ sich bei der rheumatoiden Arthritis ein deutliches Nachlassen der Symptome (Remission) erzielen (▶ Abb. 16.9) und bei **Morbus Crohn**, einer entzündlichen Darmkrankheit (Abschn. 15.3.6), verringerte sich das Ausmaß der Entzündungen. In der klinischen Praxis werden vor allem zwei Arten von Biologika als Antagonisten für TNF-α angewendet. Das sind zum einen die Anti-TNF-α-Antikörper wie Infliximab oder Adalimumab, die an TNF-α binden und dadurch dessen Aktivität blockieren. Zum anderen verwendet man das rekombinante Fusionsprotein **Etanercept**, das aus der p75-Untereinheit des TNF-Rezeptors (TNFR) und einer Fc-Region besteht. Es bindet ebenfalls an TNF-α und neutralisiert so dessen Aktivität. Beide sind außerordentlich wirksame entzündungshemmende Moleküle und die Zahl der Erkrankungen, bei denen sie erfolgreich angewendet werden, nimmt mit der Durchführung weiterer klinischer Studien zu. Neben der rheumatoiden Arthritis sprechen auch die rheumatischen Erkrankungen **Spondylitis ankylosans**, **Psoriasis** und juvenile idiopathische Arthritis (die sich von der systemisch einsetzenden Krankheitsform unterscheidet) gut auf eine Blockade von TNF-α an, sodass diese Behandlungsmethode inzwischen regelmäßig angewendet wird.

Die Bedeutung von TNF-α bei der Immunabwehr gegen Infektionen zeigt sich daran, dass eine Blockade von TNF-α ein zwar geringes, aber doch erhöhtes Risiko für die Patienten mit sich bringt, schwerwiegende Infektionen wie Tuberkulose zu entwickeln (Abschn. 3.2.6). Eine Anti-TNF-α-Therapie ist nicht bei allen Erkrankungen erfolgreich. So führte die Blockade von TNF-α bei der **experimentellen autoimmunen Encephalomyelitis (EAE**, dem Mausmodell für die multiple Sklerose) zu einer Besserung der Krankheit, aber bei Patienten mit multipler Sklerose, die mit Anti-TNF-α-Antikörpern behandelt wurden, kam es häufiger zu Rückfällen, möglicherweise aufgrund einer verstärkten Aktivierung der T-Zellen.

Teil V

Antikörper und rekombinante Proteine gegen das proinflammatorische Cytokin IL-1 und seinen Rezeptor haben sich bei der Behandlung der rheumatoiden Arthritis bei Menschen als weniger wirksam erwiesen als die Blockade von TNF-$\alpha$, obwohl beide im Tiermodell für Arthritis in gleicher Weise wirksam waren. Zugelassen wurde auch ein Antikörper gegen IL-1 für die klinische Behandlung des **Muckle-Wells-Syndroms** (Abschn. 13.1.9), einer vererbbaren autoinflammatorischen Erkrankung. Bei Erwachsenen mit einer mittleren bis schweren rheumatoiden Arthritis hat sich auch die Blockade des IL-1$\beta$-Rezeptors durch das rekombinante Protein **Anakinra** (Kineret®) als hilfreich erwiesen.

Ein weiterer Cytokinantagonist für die klinische Anwendung ist der humanisierte Antikörper **Tocilizumab**. Dieser ist gegen den IL-6-Rezeptor gerichtet und blockiert so die Effekte des proinflammatorischen Cytokins IL-6. Das ist bei Patienten mit rheumatoider Arthritis anscheinend genauso wirksam wie eine Anti-TNF-$\alpha$-Behandlung und zeigt auch bei der Behandlung der systemisch einsetzenden juvenilen idiopathischen Arthritis, einer autoinflammatorischen Erkrankung, eine vielversprechende Wirkung.

Interferon-(IFN-)$\beta$ dient der Behandlung von Erkrankungen, die durch Viren ausgelöst werden, da es die Immunität insgesamt stimuliert, es hat sich aber auch bei der Behandlung der multiplen Sklerose als wirksam erwiesen. IFN-$\beta$ mildert den Verlauf und die Schwere der Erkrankung insgesamt und verringert die Anzahl der Rückfälle. Bis vor Kurzem war nicht bekannt, warum es die Immunität abschwächen kann und nicht verstärkt. In Abschn. 3.1.9 haben wir das Inflammasom besprochen, in dem angeborene Sensoren der NLR-Familie die Procaspase 1 aktivieren, das IL-1-Proprotein in die aktive Form des Cytokins zu spalten (▶ Abb. 3.19). Heute wissen wir, dass IFN-$\beta$ auf zwei Ebenen dazu beiträgt, die IL-1-Produktion zu verringern. IFN-$\beta$ hemmt die Aktivität des NALP3-(NLRP3-) und des NLRP1-Inflammasoms und verringert die Expression des IL-1-Proproteins, wodurch für die Caspase 1 weniger Substrat zur Verfügung steht. IFN-$\beta$ begrenzt also die Produktion eines hochwirksamen proinflammatorischen Cytokins. Damit lassen sich möglicherweise die beobachteten Auswirkungen auf die Symptome der multiplen Sklerose erklären.

## 16.1.9 Biologika können die Wanderung der Zellen zu Entzündungsherden blockieren und die Immunantworten abschwächen

Effektorlymphocyten, die das $\alpha_4$:$\beta_1$-**Integrin** (**VLA-4**) exprimieren, binden an **VCAM-1** auf dem Endothel im Zentralnervensystem, andere Effektorlymphocyten, die das $\alpha_4$:$\beta_7$-**Integrin** (*lamina propria associated molecule 1*, LPAM-1) exprimieren, binden hingegen an **MAdCAM-1** auf dem Endothel im Darm. Der humanisierte monoklonale Antikörper **Natalizumab** ist für die $\alpha_4$-Integrinuntereinheit spezifisch und bindet sowohl an VLA-4 als auch an $\alpha_4$:$\beta_7$, sodass beide nicht mit ihren Liganden interagieren können (▶ Abb. 16.10). Dieser Antikörper hat bereits in Studien mit Placebokontrolle bei Patienten mit Morbus Crohn oder multipler Sklerose seine therapeutische Wirkung gezeigt. Diese ersten Hinweise auf eine mögliche Wirksamkeit einer solchen Behandlung deuten darauf hin, dass die Erkrankungen darauf beruhen, dass ständig Lymphocyten, Monocyten und Makrophagen den Kreislauf verlassen und bei der multiplen Sklerose in das Hirngewebe und bei Morbus Crohn in die Darmwand einwandern. Die Blockade des $\alpha_4$:$\beta_1$-Integrins ist jedoch unspezifisch und kann wie die Anti-TNF-Therapie die Immunabwehr gegen Infektionen schwächen. Einige wenige Patienten, die mit Natalizumab behandelt wurden, haben eine **progressive multifocale Leukoencephalopathie** (PML) entwickelt. Dies ist eine opportunistische Infektion durch das JC-Virus, die sogar dazu führte, dass Natalizumab 2005 vorübergehend vom Markt zurückgezogen wurde, wobei im Juni 2006 die erneute Zulassung für multiple Sklerose und Morbus Crohn erfolgte.

Wegen eines ähnlichen Problems mit einer multifocalen Leukoencephalopathie wurde Efalizumab, ein anderer Anti-Integrin-Antikörper, in den USA und in Europa ebenfalls vom Markt genommen. Dieser Antikörper ist gegen die $\alpha_1$-Untereinheit CD11a gerichtet

**Teil V**

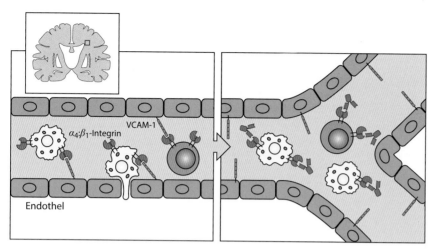

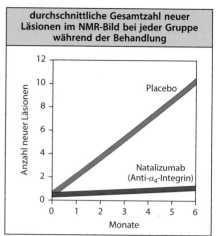

**Abb. 16.10 Die Behandlung mit humanisierten monoklonalen Anti-$\alpha_4$-Integrin-Antikörpern verringert die Zahl der Rückfälle bei der multiplen Sklerose.** *Links*: Die Wechselwirkung zwischen dem $\alpha_4$:$\beta_1$-Integrin (VLA-4) auf Lymphocyten und Makrophagen sowie VCAM-1, das auf Endothelzellen exprimiert wird, ermöglicht die Adhäsion dieser Zellen an das Endothel im Gehirn. So können diese Zellen bei der multiplen Sklerose in die Entzündungsplaques einwandern. *Mitte*: Der monoklonale Antikörper Natalizumab bindet an die $\alpha_4$-Kette des Integrins und blockiert adhäsive Wechselwirkungen zwischen Lymphocyten und Monocyten mit VCAM-1 auf Endothelzellen. Dadurch werden die Immunzellen daran gehindert, in das Gewebe einzudringen und die Entzündung zu verstärken. Die weitere Anwendung dieses Wirkstoffs ist nicht sicher, da sich als Nebenwirkung eine seltene Infektion einstellen kann (siehe Text). *Rechts*: Die Anzahl der neuen Läsionen, die mithilfe einer Kernresonanzspektroskopie (NMR) des Gehirns festgestellt werden, ist bei Patienten, die mit Natalizumab behandelt wurden, deutlich geringer als bei der Placebokontrolle. (Daten aus Miller, D.H., et al. *N. Engl. J. Med.* 2003 348:15–23)

und hat sich schon bei der Behandlung von **Psoriasis** als hilfreich erwiesen. Psoriasis ist eine entzündliche Erkrankung der Haut, die vor allem von T-Zellen ausgeht, die proinflammatorische Cytokine produzieren.

### 16.1.10 Durch die Blockade der costimulierenden Signalwege für die Aktivierung der Lymphocyten lassen sich möglicherweise Autoimmunerkrankungen behandeln

Auch bei der Behandlung von Autoimmunkrankheiten hat man die Blockade von costimulierenden Signalwegen angewendet, wie wir sie bereits im Zusammenhang mit der Verhinderung einer Transplantatabstoßung kennengelernt haben (Abschn. 16.1.6). So blockiert beispielsweise CTLA-4-Ig (Abatacept) die Wechselwirkung von B7, das auf antigenpräsentierenden Zellen exprimiert wird, mit CD28 auf den T-Zellen. Der Wirkstoff ist für die Behandlung der rheumatoiden Arthritis zugelassen, ist aber anscheinend auch bei der Behandlung der Psoriasis hilfreich. Wenn CTLA-4-Ig Patienten mit Psoriasis verabreicht wird, kommt es zu einer Besserung des Ausschlags und histologisch zeigt sich, dass die Aktivierung der Keratinocyten, T-Zellen und dendritischen Zellen in der geschädigten Haut zurückgeht.

Ein weiteres therapeutisches Angriffsziel bei Psoriasis ist die Wechselwirkung zwischen dem Adhäsionsmolekül CD2 auf T-Zellen und CD58 (LFA-3) auf antigenpräsentierenden Zellen. Das rekombinante CD58-IgG1-Fusionsprotein **Alefacept** hemmt dabei die Wechselwirkung zwischen CD2 und CD58 und wird heute routinemäßig und effektiv bei der Behandlung von Psoriasis angewendet. Durch die Therapie werden zwar T-Gedächtniszellen angegriffen, aber Reaktionen auf Impfungen wie gegen Tetanus werden nicht gestört. Alefacept wurde in Deutschland allerdings bisher nicht zugelassen.

## 16.1.11 Einige der häufig angewendeten Wirkstoffe haben immun-modulierende Eigenschaften

Bestimmte bereits verfügbare Wirkstoffe wie Statine und Inhibitoren von ACE (*angioten-sin-converting enzyme*), die zur Vorbeugung und Behandlung von Herzgefäßerkrankungen vielfach angewendet werden, können bei Versuchstieren auch die Immunantwort beein-flussen. **Statine** sind häufig verordnete Wirkstoffe, die das Enzym **3-Hydroxy-3-methyl-glutaryl-Coenzym-A-Reduktase** (**HMG-CoA-Reduktase**) blockieren und dadurch den Cholesterinspiegel senken. Sie können auch bei einigen Autoimmunerkrankungen eine erhöhte Expression von MHC-Klasse-II-Molekülen wieder reduzieren. Diese Auswirkun-gen sind möglicherweise auf eine Veränderung des Cholesteringehalts in den Membranen zurückzuführen, wodurch die Signale der Lymphocyten beeinflusst werden. Diese Wirk-stoffe führen bei Tiermodellen anscheinend auch zu einem Umschalten von der stärker pathogenen $T_H1$-Reaktion auf die besser schützende $T_H2$-Reaktion. Ob das auch bei menschlichen Patienten möglich ist, weiß man noch nicht.

Auch Vitamin $D_3$, das als essenzielles Hormon für die Homöostase von Knochen und Mi-neralien bekannt ist, zeigt immunmodulierende Effekte. Dabei wird die IL-12-Produktion der dendritischen Zellen verringert und es kommt auch zu einer Abnahme der Produktion von IL-2 und IFN-$\gamma$ durch die CD4-T-Zellen. In verschiedenen Tiermodellen für Auto-immunität ließ sich eine gewisse Schutzwirkung nachweisen, etwa bei EAE (Abschn. 15.1.5) und Diabetes mellitus wie auch bei Transplantationen. Der hauptsächliche Nachteil von Vitamin $D_3$ besteht darin, dass seine immunmodulierende Wirkung nur bei Dosierungen eintritt, die beim Menschen zu einer Hypercalcämie und zur Knochenresorption führen würden. Zurzeit wird intensiv nach Strukturanaloga von Vitamin $D_3$ gesucht, die noch die immunmodulierende Wirkung besitzen, aber keine Hypercalcämie auslösen.

## 16.1.12 Mit kontrollierten Antigengaben kann man die Art der antigenspezifischen Immunantwort beeinflussen

Bei einigen Erkrankungen lässt sich das Zielantigen einer unerwünschten Immunantwort feststellen. Dann kann man anstelle von pharmakologischen Wirkstoffen oder Antikörpern das Antigen selbst anwenden, um die Krankheit zu behandeln, da die Art und Weise, wie das Antigen dem Immunsystem präsentiert wird, die Art der Reaktion beeinflusst, kann man die pathogene Antwort gegen das Antigen abschwächen oder ganz ausschalten. Wie in Abschn. 14.2.8 besprochen, benutzt man dieses Prinzip mit einigem Erfolg bei der Be-handlung von Allergien, die durch IgE-Reaktionen auf sehr geringe Antigendosen hervor-gerufen werden. Allergische Patienten werden wiederholt mit immer höheren Allergendo-sen behandelt. Dadurch wird die allergische Reaktion offenbar in eine Antwort umgewandelt, bei der T-Zellen dominieren, die die Produktion von IgG- und IgA-Anti-körpern durch B-Zellen begünstigen. Man nimmt an, dass diese Antikörper eine Desensi-bilisierung des Patienten hervorrufen, indem sie die normalerweise geringen Konzentratio-nen an Allergen abfangen und so die Bindung an IgE verhindern.

Bei den T-Zell-vermittelten Autoimmunkrankheiten konzentriert man sich auf den Einsatz von Peptidantigenen zur Unterdrückung pathologischer Reaktionen. Die Art der durch ein Peptid induzierten CD4-T-Zell-Antwort hängt davon ab, wie das Peptid dem Immunsystem präsentiert wird (Abschn. 9.2.5). Verabreicht man es beispielsweise oral, erfolgt, bevorzugt über die Produktion von TGF-$\beta$, eine Aktivierung von **regulatorischen T-Zellen**, nicht aber eine Aktivierung von $T_H1$-Zellen oder eine systemische Produktion von Antikörpern (Abschn. 12.1.14). Tatsächlich zeigen diese Tierversuche, dass oral aufgenommene Anti-gene vor dem Auslösen einer Autoimmunerkrankung schützen können. Bei Mäusen lassen sich durch Injektion von basischem Myelinprotein oder Typ-II-Kollagen in komplettem Freund-Adjuvans Erkrankungen induzieren, die der multiplen Sklerose beziehungsweise der rheumatoiden Arthritis ähneln (Abschn. 16.3.10). Die orale Verabreichung von basi-

| Therapeutika für die Behandlung von Autoimmunkrankheiten des Menschen | | | | |
|---|---|---|---|---|
| **Angriffsziel** | **Therapeutikum** | **Erkrankungen** | **Auswirkung auf die Erkrankungen** | **Nachteile** |
| Integrine | monoklonaler $\alpha_4{:}\beta_1$-Integrin-spezifischer Antikörper (mAb) | wiederkehrende/ neu aufflammende multiple Sklerose rheumatoide Arthritis entzündliche Darmerkrankung | Verringerung der Rückfallrate; Verzögerung des Krankheitsverlaufs | erhöhtes Infektions-risiko; fortschreitende multizentrische Encephalopathie |
| B-Zellen | CD20-spezifischer mAb | rheumatoide Arthritis systemischer Lupus erythematodes multiple Sklerose | Besserung der Arthritis; möglicherweise auch beim syste-mischen Lupus erythematodes | erhöhtes Infektionsrisiko |
| HMG-CoA-Reduktase | Statine | multiple Sklerose | Verringerung der Krankheitsaktivität | Hepatotoxizität; Rhabdomyolyse |
| T-Zellen | CD3-spezifischer mAb | Diabetes mellitus Typ 1 | Verringerung des Insulinbedarfs | erhöhtes Infektionsrisiko |
| | CTLA-4-Immun-globulin-Fusions-protein | rheumatoide Arthritis Psoriasis multiple Sklerose | Besserung der Arthritis | |
| Cytokine | TNF-spezifischer mAb und lösliches TNFR-Fusions-protein | rheumatoide Arthritis Morbus Crohn Arthritis psoriatica Spondylitis ankylosans | Besserung der Invalidität Gelenkheilung bei Arthritis | erhöhtes Risiko für Tuberkulose und andere Infektionen; etwas erhöhtes Risiko für Lymphome |
| | Antagonist des IL-1-Rezeptors | rheumatoide Arthritis | Besserung der Invalidität | geringe Wirksamkeit |
| | IL-15-spezifischer mAb | rheumatoide Arthritis | mögliche Besserung der Invalidität | erhöhtes Risiko für opportunistische Infektionen |
| | IL-6-Rezeptor-spezifischer mAb | rheumatoide Arthritis | verringerte Krankheits-aktivität | erhöhtes Risiko für opportunistische Infektionen |
| | Typ-I-Interferone | wiederkehrende/ neu aufflammende multiple Sklerose | Verringerung der Rückfallrate | toxisch für die Leber; häufig grippeähn-liches Syndrom |

**Abb. 16.11 Neue Substanzen für die Therapie einer Autoimmunität beim Menschen.** Die Immunsuppressiva, die in ▶ Abb. 16.2 und ▶ Abb. 16.8 aufgeführt sind, entfalten ihre Aktivitäten auf drei verschiedene Weisen. Im ersten Fall (*rot*) können sie an Entzündungsherden Zellen depletieren, sodass es zu einer umfassenden Beseitigung spezifischer Zellen kommt, oder sie blockieren Integrinwechselwirkungen und hemmen so die Mobilität der Lymphocyten. Im zweiten Fall (*blau*) können die Substanzen spezifische zelluläre Wechselwirkungen blockieren oder verschiedene costimulierende Signalwege hemmen. Im dritten Fall (*grün*) sind die am Ende stehenden Effektormechanismen das Ziel der Therapeutika, etwa indem verschiedene proinflammatorische Cytokine neutralisiert werden

schem Myelinprotein (MBP) oder von Typ-II-Kollagen kann bei den Tieren den Krankheitsausbruch verhindern. Eine orale Applikation des gesamten Antigens bei Menschen mit multipler Sklerose oder rheumatoider Arthritis hat jedoch nur eine geringe therapeutische Wirkung gezeigt. In ähnlicher Weise zeigte sich bei einer umfangreichen Untersuchung, die dazu diente festzustellen, ob die parenterale Verabreichung von gering dosiertem Insulin an Personen mit einem hohen Risiko für Diabetes das Einsetzen der Erkrankung verzögern kann, überhaupt keine Schutzwirkung.

Andere Verfahren, um die T-Zell-vermittelten Autoimmunreaktion mithilfe der Anwendung von Antigenen auf eine weniger schädliche $T_H2$-Reaktion zu verlagern, zeigten beim Menschen mehr Erfolg. Der Peptidwirkstoff Glatirameracetat (Copaxone®) ist ein bewährtes Mittel gegen multiple Sklerose; er verringert die Rückfallrate um bis zu 30 %. Der Wirkstoff ist ein Polymer aus den vier Aminosäuren Glutaminsäure, Alanin, Tyrosin und Lysin in einem Verhältnis, das die Aminosäurezusammensetzung von MBP nachbildet, und induziert eine Schutzreaktion vom $T_H2$-Typ. Eine verbesserte Vorgehensweise beinhaltet die Verwendung von **veränderten Peptidliganden** (*altered peptide ligands*, **APLs**), bei denen man im Antigenpeptid spezifische Aminosäuren an Kontaktpositionen zum T-Zell-Rezeptor ausgetauscht hat. APLs können so gestaltet werden, dass sie als partielle Agonisten oder Antagonisten wirken oder regulatorische T-Zellen induzieren. Aber trotz des Erfolgs bei Mäusen bei der Behandlung der EAE, führten Versuche, diese Peptide bei multipler Sklerose anzuwenden, bei einigen Patienten zu einer Verschlechterung des Krankheitsbildes oder zu allergischen Reaktionen, die mit einer starken $T_H2$-Reaktion verbunden waren. So entwickelte man ein Nagetiermodell für Allergien, um in Zukunft neu entwickelte Wirkstoffe auf diese Nebenwirkung zu testen. Der therapeutische Wert muss sich also noch zeigen.

### Zusammenfassung

Die Methoden zur Behandlung von unerwünschten Immunreaktionen wie Transplantatabstoßungen, Autoimmunerkrankungen und Allergien beruhen zum einen auf herkömmlichen Wirkstoffen – entzündungshemmende, cytotoxische und immunsuppressive Substanzen – und auf Biologika wie monoklonale Antikörper und immunmodulierende Proteine. Entzündungshemmende Wirkstoffe, von denen die Corticosteroide am wirksamsten sind, haben ein breites Wirkungsspektrum und auch entsprechend viele toxische Nebenwirkungen. Ihre Dosierung muss deshalb sorgfältig kontrolliert werden. Üblicherweise werden sie deshalb in Kombination mit entweder cytotoxischen oder immunsuppressiven Mitteln eingesetzt. Die Wirkung cytotoxischer Wirkstoffe besteht darin, dass sie alle Arten sich teilender Zellen töten. Sie verhindern dadurch zwar die Proliferation von Lymphocyten, unterdrücken aber auch alle übrigen Immunreaktionen und sind für andere sich teilende Zelltypen ebenso toxisch. Immunsuppressive Wirkstoffe, etwa Ciclosporin und Rapamycin, wirken auf spezifische Signalwege ein und sind allgemein weniger toxisch, aber sie sind sehr viel teurer und auch sie unterdrücken wahllos alle Immunreaktionen.

Heute gibt es verschiedene Arten von Biologika für die klinische Behandlung der Gewebeabstoßung bei Transplantationen und bei Autoimmunkrankheiten (▶ Abb. 16.11). Für die Anwendung bei Menschen wurden inzwischen viele monoklonale Antikörper zugelassen, die dazu dienen, Lymphocyten entweder insgesamt oder selektiv zu depletieren, durch eine Rezeptorblockade die Aktivierung von Lymphocyten zu hemmen oder zu verhindern, dass sie in Gewebe einwandern. Zu den immunmodulierenden Substanzen gehören auch monoklonale Antikörper oder Fusionsproteine, die die Entzündungsaktivitäten von TNF-$\alpha$ unterdrücken, was für die Immuntherapie einen großen Erfolg darstellt.

## 16.2 Der Einsatz der Immunreaktion zur Tumorbekämpfung

Krebs ist eine der drei häufigsten Todesursachen in den industrialisierten Ländern, gefolgt von Infektionskrankheiten und Herz-Kreislauf-Erkrankungen. In gleichem Maße, wie Erfolge bei der Behandlung von Infektionskrankheiten und bei der Vorbeugung von Herz-Kreislauf-Krankheiten erzielt werden und die durchschnittliche Lebenserwartung steigt, nimmt die Wahrscheinlichkeit zu, dass sich Krebs zur häufigsten Todesursache in diesen Ländern entwickelt. Krebs wird durch das unkontrollierte Wachstum der Nachkommen von transformierten Zellen verursacht. Ein bedeutendes Problem bei der Krebsbehandlung besteht darin, die **Metastasenbildung**, also die Ausbreitung der Krebszellen von einer Körperregion in eine andere, damit nicht zusammenhängende Region, unter Kontrolle zu halten. Zur Heilung müssen daher sämtliche bösartige Zellen entfernt oder zerstört werden. Eine elegante Methode, dieses Ziel zu erreichen, wäre die Induktion einer Immunantwort, die zwischen den Tumorzellen und normalen Zellen unterscheiden kann, auf dieselbe Art und Weise, wie die Impfung gegen einen viralen oder bakteriellen Krankheitserreger eine spezifische Immunantwort auslöst. Seit über 100 Jahren versucht man, Krebs mit immunologischen Methoden zu behandeln, aber erst im letzten Jahrzehnt sind die mit einer Immuntherapie von Krebs erzielten Ergebnisse vielversprechend. Ein wichtiger konzeptioneller Fortschritt bestand darin, dass man nun konventionelle Methoden wie chirurgische Eingriffe und Chemotherapien, die die Tumorbelastung grundlegend verringern, mit der Immuntherapie kombiniert.

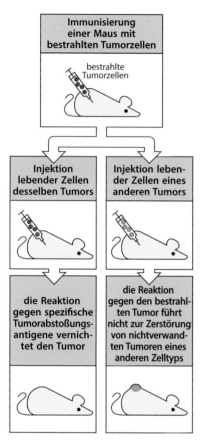

**Abb. 16.12 Tumorabstoßungsantigene sind für jeden Tumor spezifisch.** Mäuse, die man mit bestrahlten Tumorzellen immunisiert hat und denen man anschließend lebende Zellen desselben Tumors injiziert, können manchmal selbst eine eigentlich letale Dosis dieser Tumorzellen abstoßen (*links*). Das beruht auf einer Immunreaktion gegen Tumorabstoßungsantigene. Wenn man lebende Zellen eines anderen Tumors in die Mäuse injiziert, besteht dagegen kein Schutz und die Mäuse sterben (*rechts*)

### 16.2.1 Die Entwicklung von transplantierbaren Tumoren bei Mäusen führte zur Entdeckung, dass Mäuse eine schützende Immunantwort gegen Tumoren entwickeln können

Bei Mäusen lassen sich durch die Behandlung mit chemischen Karzinogenen oder durch Bestrahlung Tumoren induzieren. Gleichzeitig konnte man Mausinzuchtstämme entwickeln, die Schlüsselexperimente zur Entdeckung von Immunantworten auf Tumoren ermöglichten. Diese Tumoren können zwischen Mäusen transplantiert werden und bildeten die Grundlage für die experimentelle Untersuchung der Tumorabstoßung. Wenn ihre MHC-Moleküle für die Mäuse, in die sie übertragen werden, fremd sind, werden die Tumorzellen leicht erkannt und durch das Immunsystem zerstört. Diese Tatsache hat man genutzt, um die ersten MHC-congenen Mausstämme zu entwickeln. Die spezifische Immunität gegen Tumoren muss also innerhalb von Inzuchtstämmen untersucht werden, damit Wirt und Tumor in Bezug auf den MHC-Typ zusammenpassen.

Übertragbare Tumoren bei Mäusen zeigen ein unterschiedliches Wachstumsverhalten, wenn man sie in syngene Empfänger einsetzt. Die meisten Tumoren wachsen progressiv und töten schließlich den Wirt. Wenn man den Mäusen jedoch bestrahlte Tumorzellen injiziert, die nicht wachsen können, so sind die Tiere bei einer weiteren Injektion einer normalerweise tödlichen Dosis von lebensfähigen Zellen desselben Tumors häufig geschützt (▸ Abb. 16.12). Es gibt offenbar ein Spektrum von unterschiedlichen Immunogenitäten bei übertragbaren Tumoren: Injektionen mit bestrahlten Tumorzellen erzeugen anscheinend unterschiedliche Grade einer schützenden Immunität gegen an einer anderen Körperstelle injizierte lebensfähige Tumorzellen. Diese Schutzmechanismen treten bei Mäusen, die keine T-Zellen besitzen, nicht auf. Sie lassen sich aber durch adoptive Übertragung von T-Zellen aus immunen Mäusen erzeugen, was beweist, dass für diese Effekte T-Zellen erforderlich sind.

Diese Beobachtungen zeigen, dass die Tumoren Antigene exprimieren, gegen die sich dann eine tumorzellspezifische T-Zell-Antwort richtet, die den Tumor abstößt. Diese **Tumorabstoßungsantigene** (*tumor rejection antigens*) werden von experimentell induzierten Maustumoren exprimiert (in diesem Zusammenhang bezeichnet man sie häufig auch als tumorspezifische Transplantationsantigene). Sie sind normalerweise nur für einen einzigen Tumor spezifisch. Die Immunisierung mit bestrahlten Tumorzellen aus einem bestimmten Tumor schützt eine syngene Maus nur vor injizierten lebenden Zellen desselben Tumors, aber nicht vor einem anderen syngenen Tumor (▸ Abb. 16.12).

### 16.2.2 Tumoren werden während ihrer Entwicklung durch das Immunsystem „redigiert" und können so auf vielfältige Weise der Abstoßung entgehen

**Paul Ehrlich**, der 1908 den Nobelpreis für seine immunologischen Arbeiten erhielt, hat vielleicht als Erster die Vermutung geäußert, dass das Immunsystem für die Behandlung von angewachsenen Tumoren genutzt werden könnte. Das bedeutet beispielsweise, dass die Moleküle, die wir als Antikörper bezeichnen, dazu dienen können, Toxine gezielt auf Krebszellen zu übertragen. In den 1950er-Jahren formulierten **Frank MacFarlane Burnet**, der 1960 mit dem Nobelpreis ausgezeichnet wurde, und **Lewis Thomas** die Hypothese der **Immunüberwachung** (*immune surveillance*), nach der Zellen des Immunsystems Tumorzellen erkennen und zerstören könnten. Inzwischen hat sich jedoch herausgestellt, dass die Beziehung zwischen dem Immunsystem und Krebs wesentlich komplexer ist. Die Vorstellungen von der Immunüberwachung haben sich verändert und man unterscheidet heute drei Phasen des Tumorwachstums. Die erste ist die **Eliminierungsphase**, in der das Immunsystem potenzielle Tumorzellen erkennt und zerstört; diesen Vorgang bezeichnete man früher als Immunüberwachung (▶ Abb. 16.13). Wenn die Eliminierung nicht vollständig erfolgt, schließt sich daran eine **Gleichgewichtsphase** an, während der sich die Tumorzellen aufgrund des vom Immunsystem ausgehenden Selektionsdrucks verändern oder Mutationen entstehen, die ihr Überleben sichern. Während der Gleichgewichtsphase formt und verändert ein Prozess, den man als **Immun-Editing** bezeichnet, ständig die Eigenschaften der überlebenden Tumorzellen. In der Endphase, der **Entkommensphase**, haben die Tumorzellen die Fähigkeit erworben, der Aufmerksamkeit des Immunsystems zu entgehen. Der Tumor kann nun ungehindert wachsen und wird medizinisch nachweisbar.

Durch Mäuse mit gezielten Gendeletionen oder nach der Behandlung mit Antikörpern, durch die bestimmte Komponenten des angeborenen Immunsystems entfernt wurden, hat man die schlüssigsten Hinweise darauf erhalten, dass die Immunüberwachung die Entwicklung von bestimmten Tumortypen beeinflusst. So treten bei Mäusen, die kein Perforin besitzen, das zum Abtötungssystem der NK-Zellen und cytotoxischen CD8-T-Zellen gehört (Abschn. 9.4.3), häufiger Lymphome auf – Tumoren des Lymphsystems. Mausstämme, denen die Proteine RAG und STAT1 fehlen, sodass die Mäuse keine adaptive Immunität besitzen und auch bestimmte Mechanismen der angeborenen Immunität nicht funktionieren, entwickeln Tumoren des Darmepithels und der Brust. Mäuse ohne T-Lymphocyten, die γ:δ-Rezeptoren exprimieren, zeigen eine deutlich erhöhte Anfälligkeit für Hauttumoren, die durch die topische Verabreichung von Karzinogenen ausgelöst werden. Daran zeigt sich, dass intraepitheliale γ:δ-T-Zellen (Abschn. 6.3.5) bei der Überwachung und dem Abtöten von anormalen Epithelzellen eine Funktion besitzen. Sowohl IFN-γ als auch IFN-α/β sind für die Beseitigung von Tumorzellen von Bedeutung, entweder direkt oder indirekt durch die Aktivitäten von anderen Zellen. Untersuchungen der

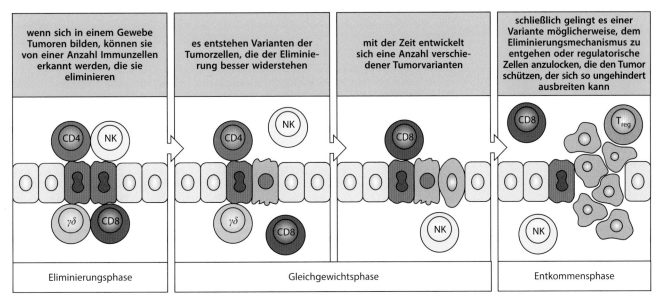

**Abb. 16.13 Die Immunüberwachung kann bösartige Zellen kontrollieren.** Eine Reihe verschiedener Zellen des Immunsystems kann einige Typen von Tumorzellen erkennen und dann eliminieren. Wenn die Tumorzellen nicht vollständig entfernt werden, treten Varianten auf, die dem Immunsystem schließlich entkommen und durch Proliferation einen Tumor bilden

verschiedenen Effektorzellen des Immunsystems haben gezeigt, dass $\gamma{:}\delta$-T-Zellen eine wichtige Quelle für IFN-$\gamma$ sind, was ihre oben erwähnte Bedeutung für die Beseitigung von Krebszellen erklären dürfte.

Nach der Hypothese des Immun-Editings haben die überlebenden Tumorzellen zusätzliche Veränderungen erworben, entweder aufgrund weiterer Mutationen oder aufgrund der Selektion während der Gleichgewichtsphase, sodass sie das Immunsystem nicht mehr eliminieren kann. Bei einem immunkompetenten Individuum werden durch die Immunantwort ständig Tumorzellen entfernt, sodass sich das Tumorwachstum verzögert. Wenn aber das Immunsystem beeinträchtigt ist, geht die Gleichgewichtsphase schnell in die Entkommensphase über, da dann überhaupt keine Tumorzellen mehr eliminiert werden. Ein ausgezeichnetes medizinisches Beispiel, das für das Auftreten der Gleichgewichtsphase spricht, ist die Entstehung von Krebs bei Empfängern von Organtransplantaten. Einer Untersuchung zufolge entwickelte sich zwischen dem ersten und zweiten Jahr nach der Übertragung bei zwei Patienten, die von derselben Spenderin eine Niere erhalten hatten, ein Melanom. Bei der Spenderin war ein malignes Melanom 16 Jahre vor ihrem Tod erfolgreich behandelt worden. Es ist anzunehmen, dass Melanomzellen, die sich bekanntermaßen leicht in andere Organe ausbreiten, in den Nieren der Spenderin zum Zeitpunkt der Transplantation vorhanden waren, sich aber in einer Gleichgewichtsphase mit dem Immunsystem befanden. Das würde darauf hindeuten, dass die Melanomzellen durch das immunkompetente Immunsystem der Spenderin nicht vollständig abgetötet, sondern nur in Schach gehalten wurden. Ein immunkompetentes Immunsystem kann die Anzahl der Zellen niedrig halten. Da die Immunsysteme der Empfänger unterdrückt wurden, um die Gewebeabstoßung zu verhindern, konnten sich die Melanomzellen schnell teilen und in andere Körperregionen ausbreiten.

Bei einer **lymphoproliferativen Erkrankung nach einer Transplantation** handelt es sich ebenfalls um eine Situation, bei der die Immunsuppression zur Tumorentwicklung führen kann. Dazu kommt es beispielsweise bei Patienten, die nach der Übertragung eines soliden Organs immunsupprimiert werden. Die Folge ist im Allgemeinen eine Vermehrung von B-Zellen, die durch das Epstein-Barr-Virus angeregt wird und bei der in den B-Zellen Mutationen auftreten, die zur Malignität führen. Hier wirkt die antivirale Immunität als „krebsfördernde Immunüberwachung", denn normalerweise wird EBV eliminiert, wenn es zur Transformation von B-Zellen führt.

Tumoren können auf verschiedene Weise vermeiden, dass sie eine Immunantwort auslösen, oder sie können der Immunantwort zumindest entkommen; diese unterschiedlichen Strategien sind in ▶ Abb. 16.14 zusammengefasst. Spontan entstehende Tumoren entwickeln möglicherweise zu Beginn keine Mutationen, die neue tumorspezifische Antigene hervorbringen und so eine T-Zell-Reaktion auslösen würden (▶ Abb. 16.14, erstes Bild). Und selbst wenn ein tumorspezifisches Antigen exprimiert und von antigenpräsentierenden Zellen (APCs) aufgenommen und präsentiert wird, wird die antigenpräsentierende Zelle ohne costimulierende Signale eine antigenspezifische naive T-Zelle eher tolerieren, als sie zu aktivieren (▶ Abb. 16.14, zweites Bild). Wie lange solche Tumoren als körpereigen behandelt werden, ist nicht bekannt. Neuere Sequenzierungen vollständiger Tumorgenome zeigen, dass Mutationen etwa 10–15 spezifische Antigenpeptide hervorbringen, die von T-Zellen als fremd erkannt werden könnten. Darüber hinaus geht die zelluläre Transformation häufig mit der Induktion von MHC-Klasse-Ib-Molekülen (beispielsweise MIC-A und MIC-B) einher, die Liganden von NKG2D sind, sodass eine Tumorerkennung durch NK-Zellen möglich ist (Abschn. 6.3.2). Krebszellen neigen jedoch zu genetischer Instabilität, sodass Klone, die durch eine Immunantwort nicht erkannt werden, der Vernichtung entkommen können.

Bei einigen Tumoren wie dem Dickdarm- und dem Gebärmutterhalskrebs wird ein bestimmtes MHC-Klasse-I-Molekül nicht mehr exprimiert (▶ Abb. 16.14, drittes Bild). Wie experimentelle Untersuchungen zeigten, kann ein Tumor, der überhaupt keine MHC-Klasse-I-Moleküle mehr exprimiert (▶ Abb. 16.15), von cytotoxischen T-Zellen nicht mehr erkannt werden, ist dann aber für Angriffe durch natürliche Killerzellen anfällig (▶ Abb. 16.16). Tumoren, die nur ein MHC-Klasse-I-Molekül verlieren, können jedoch eventuell der Erkennung durch spezifische cytotoxische CD8-T-Zellen entgehen und gleichzeitig den natürlichen Killerzellen gegenüber resistent bleiben. Das würde ihnen *in vivo* einen Selektionsvorteil verschaffen.

Tumoren können einem Angriff durch das Immunsystem anscheinend auch dadurch entgehen, dass sie eine Mikroumgebung erzeugen, die allgemein suppressiv wirkt (▸ Abb. 16.14, viertes Bild). Viele Tumoren produzieren immunsuppressive Cytokine. Der transformierende Wachstumsfaktor $\beta$ (TGF-$\beta$) wurde zum ersten Mal im Kulturüberstand eines Tumors nachgewiesen (daher die Bezeichnung). Wie wir bereits erfahren haben, unterdrückt TGF-$\beta$ tendenziell Entzündungsreaktionen von T-Zellen und die zelluläre Immunität, die beide für die Kontrolle des Tumorwachstums erforderlich sind. Hier ist daran zu denken, dass TGF-$\beta$ die Entwicklung der induzierbaren regulatorischen T-Zellen (T$_{reg}$-Zellen, Abschn. 9.2.8) in Gang setzt, die bei einer Reihe verschiedener Krebsarten auftreten und sich wahrscheinlich als Reaktion auf Tumorantigene spezifisch vermehren. Bei Mausmodellen erhöht ein Entfernen der T$_{reg}$-Zellen die Widerstandskraft gegen Krebs, während eine Übertragung dieser Zellen auf ein T$_{reg}$-negatives Empfängertier die Proliferation der Krebszellen verstärkt.

Die Mikroumgebung einiger Tumoren enthält auch Populationen von myeloischen Zellen, die man insgesamt als **MDSCs** (*myeloid-derived suppressor cells*) bezeichnet und die innerhalb eines Tumors die Aktivierung von T-Zellen blockieren können. MDSCs sind wahrscheinlich eine heterogene Gruppe von Zellen, die sowohl monocytische als auch polymorphkernige Zellen umfasst; bis jetzt sind sie nur unzureichend charakterisiert. Bei

| Mechanismen, durch die Tumoren der Immunabwehr entgehen | | | | |
|---|---|---|---|---|
| **geringe Immunität** | **Tumor wird wie körpereigenes Antigen behandelt** | **Veränderung von Antigenen** | **tumorinduzierte Immunsuppression** | **tumorinduzierte privilegierte Region** |
| kein Peptid:MHC-Ligand keine Adhäsionsmoleküle keine costimulierenden Moleküle | Tumorantigene, die von APCs aufgenommen und präsentiert werden, wenn keine Costimulation erfolgt, werden von T-Zellen toleriert | T-Zellen können Tumoren eliminieren, die immunogene Antigene exprimieren, jedoch keine Tumoren, die diese Antigene nicht mehr exprimieren | von Tumorzellen sezernierte Faktoren (z. B. TGF-$\beta$, IL-10, IDO) hemmen T-Zellen direkt; Expression von PD-L1 durch Tumoren | durch Tumorzellen sezernierte Faktoren erzeugen eine physikalische Barriere gegen das Immunsystem |

**Abb. 16.14 Tumoren können der Immunüberwachung auf verschiedene Weise entgehen.** *Erstes Bild*: Tumoren können eine geringe immunogene Wirkung haben. Tumoren tragen möglicherweise keine Antigene, die von T-Zellen erkannt werden, haben ein oder mehrere MHC-Moleküle verloren oder exprimieren inhibitorische Moleküle wie PD-L1, die die T-Zell-Funktion hemmen. *Zweites Bild*: Tumorspezifische Antigene können von dendritischen Zellen in Form einer Kreuzpräsentation und ohne costimulierende Signale dargeboten werden, sodass die T-Zellen einen toleranten Zustand annehmen. *Drittes Bild*: Tumoren können anfangs Antigene exprimieren, die das Immunsystem erkennt. Solche Tumoren können zerstört werden. Die genetische Instabilität von Tumoren ermöglicht die Veränderung von Antigenen während der Gleichgewichtsphase, in der sich Tumorzellen vermehren können, die keine immunogenen Antigene besitzen. *Viertes Bild*: Tumoren produzieren häufig Moleküle wie TGF-$\beta$, IL-10, IDO oder PD-L1, die Immunantworten direkt unterdrücken oder regulatorische T-Zellen anlocken, die ihrerseits immunsuppressiv wirkende Cytokine freisetzen. *Fünftes Bild*: Tumorzellen können Moleküle wie Kollagen sezernieren, die um den Tumor eine physikalische Barriere errichten und so einen Angriff durch Lymphocyten abschirmen

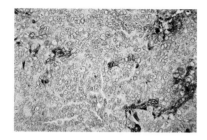

**Abb. 16.15 Verlust der Expression von MHC-Klasse-I-Molekülen bei einem Prostatakarzinom.** Manche Tumoren können der Immunüberwachung dadurch entgehen, dass sie keine MHC-Klasse-I-Moleküle exprimieren und dadurch nicht von CD8-T-Zellen erkannt werden. Hier wurde ein Schnitt durch einen menschlichen Prostatatumor mit peroxidasegekoppeltem Anti-HLA-I-Antikörper angefärbt. Nur die eingedrungenen Lymphocyten und die normalen Stromazellen zeigen eine Braunfärbung, die der Expression von HLA-Klasse-I-Molekülen entspricht. Die Tumorzellen sind nicht gefärbt. (Foto mit freundlicher Genehmigung von G. Stamp)

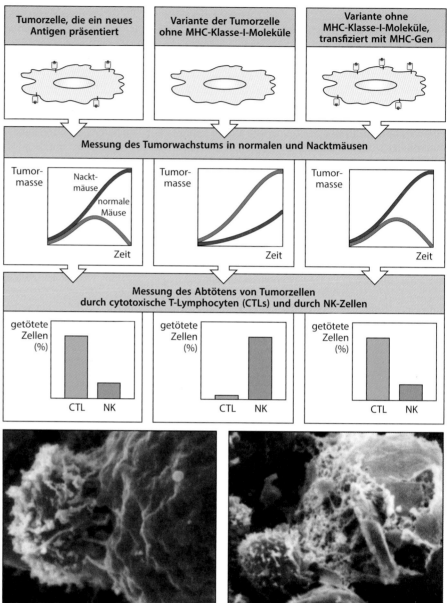

**Abb. 16.16 Tumoren, die keine MHC-Klasse-I-Moleküle mehr exprimieren und dadurch der Immunabwehr entgehen, sind anfälliger für eine Vernichtung durch NK-Zellen.** Das Wachstum transplantierter Tumoren wird größtenteils von cytotoxischen T-Zellen (CTLs) kontrolliert (*links*), die neue Peptide erkennen, welche an MHC-Klasse-I-Moleküle an der Zelloberfläche gebunden sind. NK-Zellen tragen inhibitorische Rezeptoren, die an MHC-Klasse-I-Moleküle binden. Daher werden Tumorvarianten, die nur wenige MHC-Klasse-I-Moleküle tragen, anfällig für NK-Zellen, sind jedoch gegenüber cytotoxischen CD8-T-Zellen weniger empfindlich (*Mitte*). Nacktmäuse besitzen keine T-Zellen, weisen aber mehr NK-Zellen auf als normale Mäuse. Folglich wachsen Tumoren, die für NK-Zellen empfindlich sind, in diesen Mäusen weniger gut. Durch Transfektion mit MHC-Klasse-I-Genen lässt sich sowohl ihre Resistenz gegen NK-Zellen als auch ihre Anfälligkeit für cytotoxische CD8-T-Zellen wiederherstellen (*rechts*). Die *unteren Bilder* zeigen rasterelektronenmikroskopische Aufnahmen von NK-Zellen, die gerade Leukämiezellen angreifen. Die NK-Zelle ist in beiden Bildern die kleinere Zelle auf der linken Seite. *Linkes Bild*: Kurz nach der Bindung an die Zielzelle hat die NK-Zelle bereits zahlreiche Mikrovillifortsätze und eine breite Kontaktzone mit der Leukämiezelle ausgebildet. *Rechtes Bild*: 60 min, nachdem man die beiden Zelltypen zusammengegeben hat, sind lange Mikrovillifortsätze zu sehen, die sich von der NK-Zelle zu der Leukämiezelle erstrecken. Die Leukämiezelle ist stark beschädigt, die Zellmembran hat sich aufgerollt und ist zerrissen. (Fotografien nachgedruckt von Herberman, R., (ed): *Mechanisms of Cytotoxicity by Natural Killer Cells*. Mit Genehmigung von © Elsevier 1985)

mehreren Tumoren, die aus unterschiedlichen Geweben stammen, beispielsweise Melanom, Eierstockkrebs und B-Zell-Lymphom, ließ sich zeigen, dass sie das immunsuppressive Cytokin IL-10 produzieren, welches die Aktivität dendritischer Zellen abschwächen und die Aktivierung von T-Zellen blockieren kann.

Einige Tumoren exprimieren Oberflächenproteine, die Immunantworten direkt hemmen (▶ Abb. 16.14, viertes Bild). So exprimieren beispielsweise einige Tumoren **PD-L1** (*programmed death ligand-1*), ein Protein der B7-Familie und Ligand des inhibitorischen Rezeptors **PD-1**, der von aktivierten T-Zellen exprimiert wird (Abschn. 7.3.4). Darüber hinaus können Tumoren Enzyme produzieren, die lokale Immunantworten unterdrücken. Das Enzym **Indolamin-2,3-Dioxygenase** (IDO) baut die essenzielle Aminosäure Tryptophan ab und bildet so das immunsuppressive Produkt Kynurenin. Die Funktion der IDO besteht anscheinend darin, während einer Infektion die Balance zwischen Immunantworten und Toleranzmechanismen aufrechtzuerhalten; das Enzym kann aber auch in der Gleichgewichtsphase der Tumorentwicklung induziert werden. Und einige Tumoren produzieren Substanzen wie Kollagen, die gegen die Wechselwirkungen mit Zellen des Immunsystems eine physikalische Barriere errichten (▶ Abb. 16.14, letztes Bild).

### 16.2.3 T-Zellen können Tumorabstoßungsantigene erkennen, die für Immuntherapien die Grundlage bilden

Tumorabstoßungsantigene, die durch das Immunsystem erkannt werden, sind Peptide von Tumorzellproteinen, die den T-Zellen von MHC-Molekülen präsentiert werden. Diese Peptide werden zu Zielmolekülen einer tumorspezifischen T-Zell-Reaktion, obwohl sie auch in normalen Geweben vorkommen können. So können Verfahren, mit denen man bei Melanompatienten eine Immunität gegen die geeigneten Antigene erzeugen möchte, in gesunder Haut eine autoimmune Zerstörung von pigmenthaltigen Zellen (Vitiligo) herbeiführen. Es lassen sich mehrere Arten von Tumorabstoßungsantigenen unterscheiden (▶ Abb. 16.17). Die erste Gruppe umfasst ausschließlich **tumorspezifische Antigene**, die durch Punktmutationen oder Genumlagerungen entstehen. Diese treten während der Onkogenese auf und betreffen jeweils ein bestimmtes Genprodukt. Punktmutationen in einem Gen für ein bestimmtes Protein können das Epitop für T-Zellen ändern, indem dadurch bestimmte Reste in einem Peptid geändert werden, das bereits an MHC-Klasse-I-Moleküle binden kann, oder es entstehen einige mutierte Peptide, die nun neu an MHC-Klasse-I-Moleküle binden. Solche Peptide bezeichnet man häufig als **Neoepitope**, da sie neue immunogene Varianten der normalen Proteine sind. Jede Veränderung kann eine neue T-Zell-Reaktion gegen den Tumor hervorrufen. Bei B- und T-Zell-Tumoren, die aus einzelnen Klonen von Lymphocyten hervorgehen, bilden die spezifischen umgelagerten Antigenrezeptoren, die jeweils von einem Klon exprimiert werden, eine eigene Klasse von tumorspezifischen Antigenen. Allerdings werden nicht alle mutierten Peptide korrekt prozessiert oder können an MHC-Moleküle binden, sodass nicht sicher ist, ob sie eine wirksame Immunantwort hervorrufen.

Die zweite Gruppe von Tumorabstoßungsantigenen sind die **Krebs-Hodenantigene**. Diese Proteine werden von Genen codiert, die normalerweise nur in den männlichen Keimzellen in den Hoden exprimiert werden. Männliche Keimzellen exprimieren keine MHC-Moleküle, sodass Peptide aus diesen Molekülen den T-Lymphocyten normalerweise nicht präsentiert werden. Tumorzellen zeigen ein breites Spektrum von Anomalien in der Genexpression, so auch die Aktivierung von Genen für diese Krebs-Hodenantigene, beispielsweise die **melanomassoziierten Antigene** (**MAGEs**) (▶ Abb. 16.17). Wenn diese Keimzellproteine von Tumorzellen exprimiert werden, können daraus abgeleitete Peptide auf MHC-Klasse-I-Molekülen den T-Zellen präsentiert werden. Diese Proteine sind also durch ihre Expression als Antigene in besonderer Weise tumorspezifisch. Das vielleicht immunologisch am besten untersuchte Krebs-Hodenantigen ist **NY-ESO-1** (*New York esophageal squamous cell carcinoma-1*), das hoch immunogen ist und beim Menschen von verschiedenen Tumoren exprimiert wird, beispielsweise von Melanomen.

**Teil V**

| potenzielle Tumorabstoßungsantigene | | | |
|---|---|---|---|
| **Antigentyp** | **Antigen** | **Funktion des Antigens** | **Tumortyp** |
| mutiertes tumorspezifisches Onkogen oder Tumorsuppressorgen | cyclinabhängige Kinase 4 | Zellzyklusregulator | Melanom |
| | β-Catenin | Relaisfunktion bei der Signalübertragung | Melanom |
| | Caspase 8 | Regulator der Apoptose | Schuppenzellkarzinom |
| | Oberflächen-Ig/Idiotyp | spezifischer Antikörper nach Genumlagerungen in einem B-Zell-Klon | Lymphom |
| Krebs-Hoden-Antigene | MAGE-1 MAGE-3 NY-ESO-1 | normale Hodenproteine | Melanom Brustkrebs Gliom |
| Differenzierung | Tyrosinase | Enzym im Biosyntheseweg von Melanin | Melanom |
| anormale Genexpression | HER-2/neu | Rezeptortyrosinkinase | Brustkrebs Ovarialkarzinom |
| | WT1 | Transkriptionsfaktor | Leukämie |
| anormale posttranslationale Modifikation | MUC-1 | hypoglykosyliertes Mucin | Brustkrebs Pankreaskrebs |
| anormale posttranskriptionelle Modifikation | NA17 | Introns bleiben in der mRNA erhalten | Melanom |
| onkovirales Protein | HPV Typ 16 Proteine E6 und E7 | virale transformierende Genprodukte | Zervixkarzinom |

**Abb. 16.17 Proteine, die in humanen Tumoren spezifisch exprimiert werden, sind mögliche Tumorabstoßungsantigene.** Alle hier aufgeführten Moleküle werden von cytotoxischen T-Lymphocyten erkannt, die man aus Patienten mit dem jeweiligen Tumor isoliert hat

Die dritte Gruppe umfasst die **Differenzierungsantigene**, die von Genen codiert werden, welche nur in bestimmten Gewebetypen exprimiert werden. Beispiele dafür sind die Differenzierungsantigene, die von Melanocyten und Melanomzellen. Bei mehreren dieser Antigene handelt es sich um Proteine, die an Reaktionswegen zur Produktion des schwarzen Pigments Melanin beteiligt sind; außerdem gehört das CD19-Antigen dazu, das von B-Zellen exprimiert wird. Die vierte Gruppe besteht aus Antigenen, die im Vergleich zu normalen Zellen in Tumorzellen stark überexprimiert werden. Ein Beispiel hierfür ist HER-2/neu (auch als c-Erb-2 bezeichnet), eine zum Rezeptor EGFR für den epidermalen Wachstumsfaktor (*epidermal growth factor*, EGF) homologe Rezeptortyrosinkinase. HER-2/neu wird vielfach in Adenosarkomen überexprimiert, beispielsweise bei Brust- und Eierstockkrebs, und geht mit einer schlechten klinischen Prognose einher. Man hat festgestellt, dass CD8-T-Lymphocyten in solide Tumoren eindringen, die HER-2/neu überexprimieren, aber *in vivo* solche Tumoren nicht zerstören können. Die fünfte Gruppe von Tumorabstoßungsantigenen besteht aus Molekülen, die anormale posttranslationale Modifikationen enthalten. Ein Beispiel ist das unterglykosylierte Mucin MUC-1, das in verschiedenen Tumoren exprimiert wird, beispielsweise bei Brust- und Bauchspeicheldrüsenkrebs. Die sechste Gruppe umfasst neuartige Proteine, die entstehen, wenn eines oder mehrere Introns in der von einem Gen transkribierten mRNA zurückbleiben, was beispielsweise bei Melanomen der Fall ist. Proteine, die von viralen Onkogenen exprimiert werden, bilden die siebte Gruppe von Tumorabstoßungsantigenen. Diese onkoviralen Proteine sind Virusproteine, die bei der Onkogenese von entscheidender Bedeutung sind und aufgrund ihrer Eigenschaft als Fremdproteine eine T-Zell-Reaktion hervorrufen können. Beispiele für diese Art von Proteinen sind die Typ-16-Proteine E6 und E7 des humanen Papillomvirus, die in Gebärmutterhalskarzinomen exprimiert werden (Abschn. 16.2.6).

Bei Melanomen entdeckte man tumorspezifische Antigene in Kulturen von bestrahlten Tumorzellen zusammen mit autologen Lymphocyten (das Verfahren bezeichnet man als gemischte Lymphocyten-Tumorzellen-Kultur). In solchen Kulturen hat man cytotoxische T-Zellen gefunden, die auf Melanompeptide reagieren und Tumorzellen abtöten können, die das passende tumorspezifische Antigen tragen. Die Untersuchungen zeigten, dass Melanome mindestens fünf verschiedene Antigene besitzen, die von cytotoxischen T-Lymphocyten erkannt werden können. Anscheinend können cytotoxische T-Lymphocyten, die auf Melanomantigene reagieren, *in vivo* ihre Aktivität nicht effektiv entfalten. Das ist möglicherweise auf ein fehlendes Priming, eine ungenügende Effektorfunktion oder auf nachgeschaltete Resistenzmechanismen zurückzuführen. Man kann jedoch melanomspezifische T-Zellen aus peripherem Blut, Lymphknoten oder direkt aus Lymphocyten isolieren, die den Tumor infiltrieren, und dann *in vitro* vermehren. Diese T-Zellen erkennen die Produkte der mutierten Protoonkogene oder Tumorsuppressorgene nicht, stattdessen jedoch Antigene aus Proteinprodukten anderer mutierter Gene oder aus normalen Proteinen, die jetzt von den Tumorzellen in einer ausreichenden Menge präsentiert werden, sodass T-Zellen sie zum ersten Mal wahrnehmen können. Krebs-Hodenantigene wie die MAGE-Antigene von Melanomen (siehe oben) sind wahrscheinlich Antigene, die zu einer frühen Entwicklungsphase gehören und jetzt im Zusammenhang mit der Tumorgenese wieder exprimiert werden. T-Zellen, die auf MAGE-Antigene reagieren, gibt es nur bei einer Minderheit von Melanompatienten, was darauf hindeutet, dass diese Antigene in den meisten Fällen gar nicht exprimiert werden oder zumindest nicht immunogen sind.

Die häufigsten Antigene des malignen Melanoms sind Peptide des Enzyms **Tyrosinase** sowie dreier anderer Proteine – gp100, MART1 und gp75. Es handelt sich um Differenzierungsantigene, die für die Melanocytenzelllinie spezifisch sind. Wahrscheinlich führt ihre Überexpression in den Tumorzellen zu einer ungewöhnlich hohen Dichte an spezifischen Peptid:MHC-Komplexen, wodurch sie erst immunogen werden. Obwohl die Tumorabstoßungsantigene normalerweise als Komplexe von Peptiden mit MHC-Klasse-I-Molekülen präsentiert werden, hat man nachgewiesen, dass bei manchen Melanompatienten die Tyrosinase eine CD4-T-Zell-Reaktion stimuliert. Das liegt wahrscheinlich daran, dass sie von Zellen mit MHC-Klasse-II-Molekülen aufgenommen und präsentiert wird. Wahrscheinlich sind sowohl CD4- als auch CD8-T-Zellen von Bedeutung, um Tumoren immunologisch zu kontrollieren. CD8-T-Zellen können Tumorzellen direkt abtöten, während CD4-T-Zellen bei der Aktivierung von cytotoxischen CD8-T-Zellen und bei der Entwicklung eines immunologischen Gedächtnisses mitwirken. CD4-T-Zellen können ebenfalls Tumorzellen töten, indem sie Cytokine wie TNF-$\alpha$ freisetzen.

Weitere Tumorabstoßungsantigene sind beispielsweise die Produkte der mutierten zellulären Onkogene wie Ras und p53 sowie Fusionsproteine wie die **Bcr-Abl-Tyrosinkinase**, die durch die Chromosomentranslokation (t9;22) bei der chronischen myeloischen Leukämie (CML) gebildet wird. Wenn das HLA-Klasse-I-Molekül HLA-A*0301 auf CML-Zellen vorkommt, kann es ein Peptid präsentieren, das aus der Verknüpfungsstelle zwischen Bcr und Abl stammt. Dieses Peptid wurde durch ein sehr wirksames Verfahren entdeckt, das man als reverse Immungenetik bezeichnet. Dabei isoliert man endogene Peptide aus den Bindungsfurchen von MHC-Molekülen und sequenziert sie mithilfe einer hoch empfindlichen Massenspektrometrie. Mithilfe dieses Verfahrens hat man an HLA gebundene Peptide aus anderen Tumorantigenen bestimmt, beispielsweise Peptide aus den Tumorantigenen MART1 und gp100 von Melanomen, außerdem Sequenzen von Kandidatenpeptiden, um Impfstoffe gegen Infektionskrankheiten zu entwickeln.

T-Zellen, die für das Bcr-Abl-Fusionspeptid spezifisch sind, lassen sich im peripheren Blut von CML-Patienten nachweisen, indem man Tetramere von HLA-A*0301, die das Peptid tragen, als spezifische Liganden für den antigenspezifischen Rezeptor verwendet (Abschn. 7.3.4). Cytotoxische T-Lymphocyten, die für dieses oder andere Tumorantigene spezifisch sind, kann man mithilfe von Peptiden, die aus den mutierten oder fusionierten Bereichen dieser onkogenen Proteine stammen, *in vitro* selektieren. Diese cytotoxischen T-Zellen können Tumorzellen erkennen und abtöten.

Nach einer Knochenmarktransplantation zur CML-Behandlung können reife Lymphocyten aus dem Knochenmark des Spenders, die durch die Infusion übertragen wurden, dazu beitragen, jegliche Resttumoren zu beseitigen. Dieses Verfahren bezeichnet man als **Donor-lymphocyteninfusion (DLI)**. Zurzeit ist jedoch noch nicht geklärt, inwieweit diese medizinische Reaktion auf einen Graft-versus-Host-Effekt zurückzuführen ist, bei dem die Lymphocyten des Spenders auf Alloantigene reagieren, die von den Leukämiezellen exprimiert werden (Abschn. 15.4.8), oder ob es sich um eine spezifische Anti-Leukämie-Reaktion handelt. Es ist jedenfalls ermutigend, dass es gelungen ist, T-Lymphocyten *in vitro* zu trennen, die entweder einen Graft-versus-Host- oder einen Graft-versus-Leukemia-Effekt vermitteln. Wenn man Spenderzellen gegen leukämiespezifische Peptide primär prägen kann, dann lässt sich der Anti-Leukämie-Effekt verstärken, während das Risiko einer Graft-versus-Host-Krankheit minimiert wird.

## 16.2.4 Mit T-Zellen, die chimäre Antigenrezeptoren exprimieren, lassen sich einige Leukämieformen wirksam behandeln

Für die adoptive T-Zell-Therapie muss man tumorspezifische T-Zellen *ex vivo* in großer Zahl vermehren und diese Zellen dem Patienten über eine Infusion zuführen. Die Zellen lassen sich durch verschiedene Methoden *in vitro* vermehren, etwa durch Zugabe von IL-2, CD3-Antikörpern und weiteren Zellen, die allogene Antigene präsentieren und dabei ein costimulierendes Signal liefern. Die adoptive T-Zell-Therapie ist wirkungsvoller, wenn das Immunsystem des Patienten vor der Behandlung unterdrückt wird und indem man systemisch IL-2 verabreicht. Ein weiteres Verfahren, das großes Interesse hervorgerufen hat, ist die Anwendung von retroviralen Vektoren, um vor der Rückinfusion tumorspezifische T-Zell-Rezeptor-Gene auf die Zellen des Patienten zu übertragen. Das kann sehr nachhaltige Auswirkungen haben, da sich die T-Zellen zu Gedächtniszellen entwickeln können. Außerdem ist keine Gewebeverträglichkeit erforderlich, da die übertragenen Zellen aus dem Patienten stammen.

Bei einer anderen Form der adoptiven Immuntherapie verwendet man ebenfalls Retroviren, um in die T-Zellen eines Patienten Gene einzuführen. Dabei wird eine neue Art von Rezeptor exprimiert, den man als **chimären Antigenrezeptor (CAR)** bezeichnet. CARs sind Fusionsrezeptoren, die Signale für Aktivierung und Costimulation liefern. Diese Rezeptoren werden über retrovirale Vektoren in die T-Zellen eingeführt, sodass CAR-T-Zellen entstehen. Dieser Ansatz unterscheidet sich von den herkömmlichen adoptiven T-Zell-Therapien, da man die Spezifität der T-Zelle durch CAR so einstellen kann, dass sie fast jedes Molekül erkennen kann, das auch ein Antikörper erkennt, und nicht nur Peptid:MHC-Komplexe. Vor Kurzem hat man bei diesem Therapieansatz zur Behandlung einer akuten lymphatischen Leukämie (ALL), einer aggressiven Krebsform mit transformierten B-Zellen, CD19 als Tumorabstoßungsantigen genutzt (▶ Abb. 16.18). Der in diesem Fall verwendete CAR enthielt eine extrazelluläre Domäne eines Antikörpers, der das humane CD19 erkennt. Die intrazelluläre Domäne umfasste drei ITAM-Sequenzen aus der $\zeta$-Domäne des T-Zell-Rezeptor-CD3-Komplexes (Kap. 7), die mit der costimulierenden Domäne von 4-1BB, einem Vertreter der TNF-Rezeptor-Superfamilie, verknüpft war. Diese mit CART-19 transduzierten T-Zellen wurden *in vitro* vermehrt und auf den Patienten übertragen. Die Ergebnisse dieses Falls haben, gemeinsam mit denen anderer Fälle, gezeigt, dass CD8-T-Zellen, die CART-19 exprimieren (▶ Abb. 16.18), bei vielen Patienten mit ALL klinische Remissionen effektiv herbeiführen können. Diese Vorgehensweise hat jedoch auch Nebenwirkungen, da dadurch bei den Patienten auch normale B-Zellen beseitigt werden und sie deshalb noch eine Behandlung mit IVIGs benötigen.

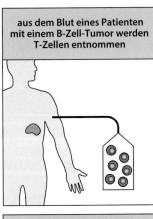
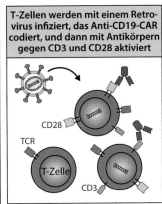
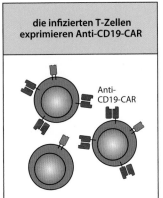
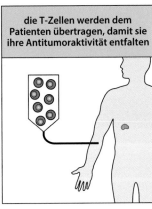

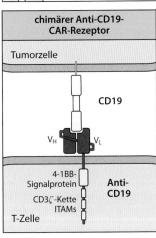

**Abb. 16.18 Chimäre Antigenrezeptoren (CARs), die von T-Zellen exprimiert werden, können den T-Zellen eines Patienten eine Anti-Tumor-Spezifität vermitteln.** *Unteres Bild*: Der chimäre Antigenrezeptor CART-19 enthält einen extrazellulären Antikörper, der aus einer einzigen Kette besteht und an CD19 bindet; dieser ist mit den intrazellulären Signaldomänen von 4-1BB und der CD3ζ-Kette verknüpft. *Obere Bildreihe*: Ein Lentivirus, das zu den Retroviren gehört, dient dazu, das CART-19-Gen in den T-Zellen zu exprimieren, die man aus einem Patienten isoliert hat, bei dem eine ALL diagnostiziert worden war. Nach Aktivierung und Vermehrung *in vitro* werden die transfizierten CART-19-Zellen auf den Patienten übertragen, wo sie gegen CD19-exprimierende Tumorzellen, aber auch gegen nichttransformierte B-Zellen, cytotoxische Aktivitäten entfalten

## 16.2.5 Durch monoklonale Antikörper gegen Tumorantigene – allein oder an Toxine gekoppelt – lässt sich das Tumorwachstum beeinflussen

Teil V

Um monoklonale Antikörper zur Zerstörung von Tumoren einsetzen zu können, müssen an der Oberfläche der Tumorzellen tumorspezifische Antigene exprimiert werden, damit der Antikörper die Aktivität einer cytotoxischen Zelle, eines Toxins oder sogar radioaktiver Nuklide spezifisch auf den Tumor übertragen kann (▶ Abb. 16.19). ▶ Abb. 16.20 fasst einige Zelloberflächenmoleküle zusammen, die in klinischen Studien als Zielmoleküle dienen. Einige dieser Behandlungsverfahren wurden inzwischen zugelassen. Bei der Behandlung von Brustkrebs mit dem humanisierten monoklonalen Antikörper **Trastuzumab** (Herceptin®), hat man die Überlebensraten deutlich verbessert. Trastuzumab ist gegen den Wachstumsfaktorrezeptor HER-2/neu gerichtet, der bei etwa einem Viertel der Patientinnen mit Brustkrebs überexprimiert wird und mit einer schlechten Prognose einhergeht. Die Wirkung von Trastuzumab besteht wahrscheinlich darin, dass der Antikörper die Wechselwirkung zwischen dem Rezeptor und seinem natürlichen (noch unbekannten) Liganden blockiert und die Expression des Rezeptors verringert. Die Effekte lassen sich noch verstärken, indem man Trastuzumab in Kombination mit einer konventionellen Chemotherapie einsetzt. Trastuzumab blockiert

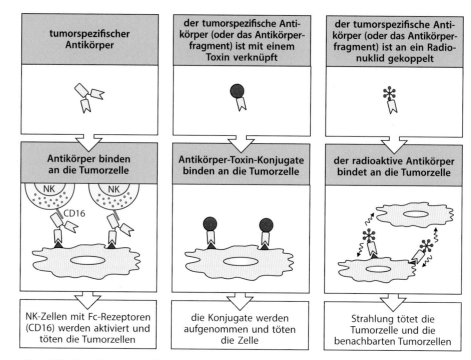

**Abb. 16.19 Monoklonale Antikörper, die tumorspezifische Antigene erkennen, wurden bereits zur Beseitigung von Tumoren genutzt.** Tumorspezifische Antikörper der passenden Isotypen können die Lyse von Tumorzellen durch NK-Zellen gezielt herbeiführen, indem sie die NK-Zellen über ihre Fc-Rezeptoren aktivieren (*links*). Eine andere Vorgehensweise ist die Kopplung des Antikörpers an ein starkes Toxin (Mitte). Hat der Antikörper an die Tumorzelle gebunden und wurde er durch Endocytose aufgenommen, wird das Toxin freigesetzt und kann die Tumorzelle töten. Koppelt man den Antikörper mit einem Radionuklid (*rechts*), kann die Bindung des Antikörpers an die Tumorzelle zu einer lokalen Strahlendosis führen, die hoch genug ist, um die Zelle zu töten. Zusätzlich können auch benachbarte Tumorzellen eine letale Strahlendosis erhalten, selbst wenn der Antikörper nicht an sie gebunden ist. Inzwischen hat man damit begonnen, für die Kopplung von Toxinen oder Radionukliden vollständige Antikörper durch Antikörperfragmente zu ersetzen

| Ursprung des Tumorgewebes | Antigentyp | Antigen | Tumortyp |
|---|---|---|---|
| Lymphom/ Leukämie | Differenzierungs- antigen | CD5 Idiotyp CD52 (Campath-1H) | T-Zell-Lymphom B-Zell-Lymphom T- und B-Zell-Lymphom/ Leukämie |
| | B-Zell-Signal- Rezeptor | CD20 | Non-Hodgkin- B-Zell-Lymphom |
| solide Tumoren | Zelloberflächenantigene Glykoprotein  Kohlenhydrat | CEA, Mucin-1  Lewis$^y$ CA-125 | Epitheltumoren (Brust, Darm, Lunge) Epitheltumoren Ovarialkarzinom |
| | Wachstumsfaktor- rezeptoren | Rezeptor für den epidermalen Wachstumsfaktor HER-2/neu IL-2-Rezeptor vaskulärer endothelialer Wachstumsfaktor | Tumoren in Lunge, Brust, Kopf und Hals Brust-, Ovarialkarzinome T- und B-Zell-Tumoren Dickdarmkrebs Lunge, Prostata, Brust |
| | extrazelluläres Stromaantigen | FAP-$\alpha$ Tenascin Metalloproteinasen | Epitheltumoren Glioblastoma multiforme Epitheltumoren |

**Abb. 16.20 Beispiele für Tumorantigene, die in Therapieexperimenten von monoklonalen Antikörpern erkannt wurden.** CEA, karzinoembryonales Antigen

nicht nur ein Wachstumssignal für die Tumorzellen, sondern ein Teil seiner Antitumorwirkung bezieht wahrscheinlich angeborene und adaptive Immunantworten ein, wofür man bei Versuchen mit Mäusen Hinweise gefunden hat. **Rituximab** ist ein monoklonaler Antikörper, der gegen CD20 gerichtet ist und bei der Behandlung von Non-Hodgkin-B-Zell-Lymphomen ausgezeichnete Ergebnisse erzielt hat. Er bindet an CD20 auf B-Zellen, durch dessen Vernetzung und Clusterbildung ein Signal erzeugt wird, das bei den Zellen die Apoptose auslöst (Abschn. 16.1.7). Wahrscheinlich ist die ADCC ein weiterer Wirkmechanismus von Rituximab, da seine klinische Wirksamkeit offensichtlich mit Polymorphismen gekoppelt ist, die mit der Aktivierung von Fc-Rezeptoren zusammenhängen.

Zu den technischen Schwierigkeiten beim Einsatz monoklonaler Antikörper für die Therapie gehören die Effekte, dass die Tumorzellen nach Bindung des Antikörpers oft nicht abgetötet werden, die Antikörper auch nicht genügend in die Tumormasse eindringen können (Letzteres lässt sich durch die Verwendung kleiner Antikörperfragmente verbessern) und lösliche Zielantigene die Antikörper aufnehmen. Die Wirksamkeit beim Abtöten von Tumorzellen lässt sich verstärken, indem man ein Toxin an den Antikörper bindet. Auf diese Weise entstehen **Immuntoxine** (▶ Abb. 16.19), wobei man als Toxinkomponente vor allem die Ricin-A-Kette und das *Pseudomonas*-Toxin verwendet. Das Konstrukt muss von der Zelle aufgenommen und die Toxinkette im endocytotischen Kompartiment vom Antikörper abgespalten werden, damit das Toxin in die Zelle eindringen und sie abtöten kann. Toxine, die an native Antikörper gebunden waren, zeigten bei der Krebstherapie nur eingeschränkte Erfolge, aber Antikörperfragmente wie einzelkettige Fv-Moleküle (Abschn. 4.1.3) sind offenbar erfolgreicher. Ein Beispiel für ein solches Immuntoxin ist ein rekombinanter Fv-Anti-CD22-Antikörper, der mit einem Fragment des *Pseudomonas*-Toxins verknüpft ist. Dadurch ließ sich bei zwei Dritteln einer Patientengruppe eine vollständige Rückbildung einer bestimmten B-Zell-Leukämie (Haarzellleukämie) erreichen, die sich gegenüber einer konventionellen Chemotherapie als resistent erwiesen hatte.

An monoklonale Antikörper können auch chemotherapeutische Wirkstoffe oder Radionukliden gekoppelt werden. Bei der Verwendung von Konjugaten aus Chemotherapeutika und Antikörpern wird der Wirkstoff durch die Bindung an das Zelloberflächenantigen am Tumor konzentriert. Nach der Aufnahme der Antikörper durch die Zelle wird das Konstrukt in den Endosomen gespalten und der Wirkstoff freigesetzt, sodass er seine cytostatische oder cytotoxische Wirkung entfalten kann. So hat man beispielsweise den Antikörper Trastuzumab mit dem cytotoxischen Molekül Mertansin, das den Zusammenbau der Mikrotubuli blockiert, zum Konjugat **T-DM1** verknüpft. Da HER-2/neu nur in Krebszellen überexprimiert wird, überträgt T-DM1 das Toxin spezifisch auf die Tumorzellen. Ein weiteres Konjugat aus Wirkstoff und Antikörper ist Brentuximab-Vedotin. Hier ist ein Anti-CD30-Antikörper mit einem anderen Mikrotubuliinhibitor gekoppelt; das Konjugat ist für die Behandlung bestimmter Lymphomrezidive zugelassen.

Eine Variante dieses Verfahrens ist, den Antikörper mit einem Enzym zu koppeln, das eine nichttoxische Vorstufe des Wirkstoffs in das aktive cytotoxische Therapeutikum umwandelt. Dieses Verfahren bezeichnet man als **ADEPT** (*antibody directed enzyme/pro-drug-therapy*). Bei diesem Verfahren kann eine geringe Menge an Enzym, die durch den Antikörper in den Tumor gebracht wird, in der unmittelbaren Umgebung viel größere Mengen des cytotoxischen Wirkstoffs erzeugen. Monoklonale Antikörper mit Radionukliden wurden bereits bei der Behandlung eines refraktären B-Zell-Lymphoms mit Anti-CD20-Antikörpern, die mit Yttrium-90 gekoppelt waren (Ibritumomab-Tiuxetan), erfolgreich angewendet. Diese Herangehensweise hat den Vorteil, dass auch benachbarte Tumorzellen getötet werden, da der freigesetzte Wirkstoff oder die emittierte radioaktive Strahlung nicht nur auf die Zellen wirkt, an die der Antikörper bindet. Um Tumoren zu diagnostizieren und ihre Ausbreitung sichtbar zu machen, verwendet man ebenfalls monoklonale Antikörper. Sie sind an Isotope gekoppelt, die $\gamma$-Strahlen aussenden.

## 16.2.6 Die Verstärkung der Immunantwort gegen Tumoren durch eine Impfung ist ein vielversprechender Ansatz in der Krebstherapie

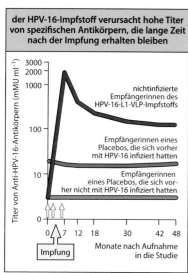

**Abb. 16.21 Ein wirksamer Impfstoff gegen das humane Papillomvirus (HPV) führt zur Produktion von Antikörpern, die vor einer HPV-Infektion schützen.** Der Serotyp HPV 16 ist eng mit der Entwicklung von Gebärmutterhalskrebs verknüpft. In einer klinischen Studie wurden 755 gesunde, nichtinfizierte Frauen mit einem Impfstoff immunisiert, der aus hoch gereinigten nichtinfektiösen virusähnlichen Partikeln (VLPs) hergestellt wurde, die das Capsidprotein L1 von HPV 16 enthielten und mit einem Alum-Adjuvans (in diesem Fall Aluminiumhydroxyphosphatsulfat) versetzt waren. Sehr niedrige Antikörpertiter wurden bei nichtinfizierten Frauen, die nur mit dem Placebo behandelt wurden (*grüne Linie*), oder bei Frauen, die sich vorher mit HPV infiziert hatten und das Placebo erhielten (*blaue Linie*), festgestellt. Die Frauen, die mit dem Impfstoff aus virusähnlichen Partikeln behandelt wurden (*rote Linie*), entwickelten hingegen hohe Antikörpertiter gegen das Capsidprotein L1. In der Folge infizierte sich keine dieser immunisierten Frauen mit HPV 16. Ein Anti-HPV-Impfstoff, ist nun unter der Bezeichnung Gardasil® verfügbar und wird Mädchen und jungen Frauen als Schutzmaßnahme gegen Gebärmutterhalskrebs empfohlen, wobei die Serotypen 6, 11, 16 und 18 abgedeckt sind. mMU, Milli-Merck-Einheiten

Bei der Krebsimmuntherapie gibt es neben den Verfahren auf Grundlage von CAR-T-Zellen und monoklonalen Antikörpern zwei weitere wichtige Ansätze für eine Behandlung. Impfstoffe gegen Krebs beruhen auf der Vorstellung, dass Tumoren von sich aus nur wenig immunogen sind und der Impfstoff die Immunogenität verstärken soll. Eine zweite Methode ist die Checkpoint-Blockade (nächster Abschnitt). Diese geht davon aus, dass das Immunsystem zwar primär angeregt wurde, aber von Toleranzmechanismen in Schach gehalten wird, die dann jedoch durch therapeutische Maßnahmen blockiert werden sollen.

Viele Krebsformen hängen mit Virusinfektionen zusammen und Impfstoffe, die diese Infektionen verhindern, können das Krebsrisiko herabsetzen. Ein großer Durchbruch bei der Krebstherapie gelang im Jahr 2005 mit dem Abschluss einer klinischen Studie mit 12.167 Frauen, bei denen man einen Impfstoff gegen das humane Papillomvirus (HPV) getestet hatte. Dabei zeigte sich, dass ein rekombinanter Impfstoff gegen HPV bei den beiden Hauptstämmen (Serotypen) HPV 16 und HPV 18, die für 70 % aller Fälle von Gebärmutterhalskrebs verantwortlich sind, in der Prävention von Gebärmutterhalskrebs zu 100 % wirksam war. Der Impfstoff verhindert höchstwahrscheinlich eine Infektion des Cervixepithels durch HPV, indem die Bildung von Anti-HPV-Antikörpern induziert wird (▸ Abb. 16.21). Diese Studie zeigte zwar das Potenzial von Impfstoffen, Krebs zu verhindern, aber Versuche, Tumoren mithilfe von Impfstoffen zu behandeln, waren weniger erfolgreich. Im Fall von HPV erweisen jedoch bestimmte Arten von Impfstoffen, die eine stärkere Immunogenität besitzen, um T-Zell-Reaktionen auszulösen, allmählich ihre Wirksamkeit bei der Behandlung von intraepithelialen Neoplasien, die durch das Virus hervorgerufen werden. Auch die Mehrzahl der Fälle von Leberkrebs, die mit einer chronischen Hepatitis einhergehen, wird von Viren ausgelöst. Der Impfstoff gegen Hepatitis B kann zwar die Zahl der Leberkrebsfälle verringern, schützt aber nicht vor Krebsformen, die durch eine Infektion mit anderen Viren hervorgerufen werden, etwa durch Hepatitis C.

Impfstoffe auf der Basis von Tumorantigenen sind im Prinzip ideal für eine durch T-Zellen vermittelte Immuntherapie geeignet, es ist jedoch schwierig, sie zu entwickeln. Die für HPV relevanten Antigene sind bekannt. Bei den meisten spontan auftretenden Tumoren stimmen wahrscheinlich die entscheidenden Peptide aus den Tumorabstoßungsantigenen bei den Tumoren verschiedener Patienten nicht überein und werden auch nur von bestimmten MHC-Allelen präsentiert. Das bedeutet, dass ein wirksamer Tumorimpfstoff eine Reihe von Tumorantigenen enthalten muss. Impfstoffe gegen Krebs sollten also nur dann Anwendung finden, wenn die Tumorlast gering ist, also etwa nach einem wirksamen chirurgischen Eingriff und nach einer Chemotherapie.

Die Antigene für zellbasierte Impfstoffe gegen Krebs werden aus den jeweiligen Tumoren gewonnen, die bei dem chirurgischen Eingriff entfernt werden. Die Impfstoffe werden hergestellt, indem man entweder bestrahlte Tumorzellen oder Tumorextrakte mit abgetöteten Bakterien mischt, etwa mit BCG (Bacille Calmette-Guérin) oder *Corynebacterium parvum* als Adjuvanzien, um die Immunogentät der Tumorantigene zu erhöhen (Anhang I, Abschn. A.41). Die Impfung mit BCG-Adjuvanzien führte zwar früher zu unterschiedlichen Ergebnissen, aber da man jetzt die Wechselwirkung mit Toll-like-Rezeptoren (TLRs) höher bewertet, besteht ein neues Interesse daran. Man hat die Stimulation von TLR-4 durch BCG und weitere Liganden bei Melanomen und anderen soliden Tumoren getestet. Auch CpG-DNA, die an TLR-9 bindet, wurde bereits verwendet, um die Immunogenität von Krebsimpfstoffen zu verbessern. Kennt man mögliche Tumorabstoßungsantigene wie beim Melanom, verwendet man für experimentelle Impfungen ganze Proteine, Peptidimpfstoffe auf der Grundlage von Sequenzen, die von cytotoxischen T-Lymphocyten und T-Helferzellen erkannt werden (und entweder allein verabreicht oder durch die dendritischen Zellen des Patienten präsentiert werden), sowie rekombinante Viren, die diese Peptidepitope codieren.

Das Potenzial von dendritischen Zellen, T-Zell-Reaktionen zu aktivieren, bildet die Grundlage für eine weitere Impfstrategie gegen Tumoren. Die Anwendung von antigenbeladenen dendritischen Zellen für die Stimulation von therapeutisch wirksamen cytotoxischen T-Zell-Reaktionen gegen Tumoren wird jetzt bei Krebspatienten klinisch getestet. Einer dieser Impfstoffe, **Sipuleucel-T** (Provenge®), wurde vor Kurzem für die Behandlung von metastasierendem Prostatakarzinom zugelassen. Bei dieser Therapie werden die Monocyten eines Patienten aus dem peripheren Blut isoliert und in Kultur gehalten. Dabei wird ein Fusionsprotein zugesetzt, das das Antigen **prostataspezifische saure Phosphatase (PAP)** enthält, das von den meisten Prostatakrebsformen exprimiert wird. Außerdem enthält die Kultur das Cytokin GM-CSF (Granulocyten-Makrophagen-Kolonie-stimulierender Faktor), das Monocyten anregt, sich zu dendritischen Zellen zu differenzieren. Die sich so bildenden Zellen werden dem Patienten zurückübertragen, um eine Immunantwort auszulösen, die für das PAP-Antigen spezifisch ist. Diese Behandlung senkt das Sterberisiko auf 22 % und verlängert die Überlebenszeit im Vergleich zur Placebogruppe um etwa vier Monate. Bei anderen Verfahren, die bereits in klinischen Studien getestet werden, belädt man beispielsweise dendritische Zellen *ex vivo* mit DNA, die das Tumorantigen codiert, oder mit mRNA aus den Tumorzellen, oder man verwendet apoptotische oder nekrotische Tumorzellen zur Gewinnung von Antigenen.

## 16.2.7 Eine Checkpoint-Blockade kann Immunreaktionen gegen bereits bestehende Tumoren verstärken

Bei anderen Ansätzen der Tumorimmuntherapie wird versucht, die natürlichen Immunantworten gegen einen Tumor zu verstärken. Das kann auf eine von zwei Weisen geschehen, entweder indem man den Tumor selbst immunogener macht oder indem man die normalen inhibitorischen Mechanismen abschwächt, die diese Immunantworten regulieren. Beim ersten Versuch dieser Art hat man auf Tumorzellen die Expression von costimulierenden Molekülen, etwa von B7-Molekülen, induziert und dann mithilfe dieser Zellen tumorspezifische naive T-Zellen aktiviert. Entsprechend kann man auch Tumorzellen mit dem Gen für GM-CSF transfizieren, um die Reifung der tumorproximalen Monocyten zu monocytenabgeleiteten dendritischen Zellen auszulösen. Sobald sich diese Zellen differenziert haben und Antigene aus dem Tumor aufnehmen, können sie in lokale Lymphknoten wandern und dort tumorspezifische T-Zellen aktivieren. Aus diesen Versuchen ist jedoch bis heute noch keine zugelassene Therapie hervorgegangen. Bei Mäusen sind die B7-transfizierten Zellen anscheinend weniger aktiv als die monocytenabgeleiteten dendritischen Zellen, die sich durch Einwirkung von GM-CSF differenziert haben, sodass sie Anti-Tumor-Reaktionen anregen können. Das liegt wahrscheinlich daran, dass naive T-Zellen neben B7 auch durch andere Moleküle primär geprägt werden, und dass diese Moleküle nur von spezifischen Arten von kreuzpräsentierenden dendritischen Zellen dargeboten werden.

Einen anderen Ansatz bei der Krebsimmuntherapie bezeichnet man als **Checkpoint-Blockade**. Dabei versucht man, die normalen inhibitorischen Signale, die die Lymphocyten regulieren, zu beeinflussen. Immunantworten werden von verschiedenen positiven und negativen Kontrollstellen (Checkpoints) reguliert. Ein positiver Checkpoint für T-Zellen wird von den costimulierenden B7-Rezeptoren kontrolliert, die von professionellen antigenpräsentierenden Zellen, etwa dendritischen Zellen, exprimiert werden (siehe oben). Negative immunologische Kontrollstellen werden von inhibitorischen Rezeptoren gebildet, beispielsweise CTLA-4 und PD-1. CTLA-4 ist eine entscheidende Kontrollstelle für potenziell autoreaktive T-Zellen, indem der Rezeptor an B7-Moleküle auf dendritischen Zellen bindet und ein negatives Signal aussendet, das erst durch andere Signale überschrieben werden muss, bevor T-Zellen aktiviert werden können. Wenn man CTLA-4 mithilfe von Antikörpern blockiert, wird möglicherweise die Schwelle für die T-Zell-Aktivierung gesenkt. Es gibt auch Hinweise darauf, dass Anti-CTLA-4-Antikörper Immunantworten verstärken können, indem sie regulatorische T-Zellen beseitigen, die CTLA-4 an ihrer Oberfläche exprimieren. Wenn diese Kontrollstelle fehlt, werden – unabhängig vom eigentlichen Mechanismus – autoreaktive T-Zellen aktiviert, die normalerweise in

Schach gehalten werden, und lösen eine Autoimmunreaktion aus, die sich gegen mehrere Gewebe richtet; dies lässt sich bei CTLA-4-defekten Mäusen beobachten.

Da die Checkpoint-Blockade darauf beruht, dass das Immunsystem des Patienten gegen die Tumoren aktiviert wird, ist die Wirkung nicht sofort zu erkennen, was für die Auswertung der klinischen Reaktionen auf eine solche Therapie ein Problem darstellt. Die Richtlinien für die Auswertung solcher Reaktionen wurden anhand der unmittelbaren Effekte von Chemotherapeutika oder Bestrahlung entwickelt, während eine Checkpoint-Blockade mehr Zeit erfordert, da erst die Immunhemmung aufgehoben wird und sich dann noch die tumorspezifischen T-Zellen vermehren müssen, die schließlich ihre Wirkung im Tumor entfalten. Als man diese Fragestellungen berücksichtigt hat, war es möglich, klinische Studien zu entwickeln, mit denen sich die Wirkung einer Checkpoint-Blockade dokumentieren lässt, die in Kombination mit herkömmlichen Krebstherapien angewendet wird.

Die Checkpoint-Blockade, die auf dem Anti-CTLA-4-Antikörper **Ipilimumab** basiert, hat sich bei der Behandlung von metastasierenden Melanomen als wirksam erwiesen und vor Kurzem von der FDA für diese Indikation die Zulassung erhalten. Bei Patienten mit metastasierenden Melanomen, die mit Ipilimumab behandelt wurden, nahmen Anzahl und Aktivität der T-Zellen zu, die das Krebs-Hodenantigen NY-ESO-1 erkennen, das von Melanomen exprimiert wird. Insgesamt zeigten nur 15 % der Patienten eine Reaktion auf Ipilimumab, aber die Behandlung löste bei Patienten, die auf die Behandlung ansprachen, anscheinend langfristig eine Remission aus. Eine Nebenwirkung von Ipilimumab bestand bei diesen Patienten anscheinend darin, dass sich ihr Risiko für Autoimmunerkrankungen erhöhte. Das steht jedoch in Einklang mit der Funktion von CTLA-4, die Immuntoleranz autoreaktiver T-Zellen aufrechtzuerhalten.

Ein anderer Checkpoint beinhaltet den inhibitorischen Rezeptor PD-1 und seine Liganden PD-L1 und PD-L2. PD-L1 wird von einer Vielzahl verschiedener Tumoren des Menschen exprimiert. Beim Nierenzellkarzinom geht die PD-L1-Expression mit einer schlechten Prognose einher. Bei Mäusen hat die Transfektion von Tumorzellen mit dem Gen für PD-L1 dazu geführt, dass diese Zellen *in vivo* ein stärkeres Wachstum zeigten und gegenüber der Lyse durch cytotoxische T-Zellen weniger empfindlich waren. Diese Wirkung ließ sich durch Verabreichung von Antikörpern gegen PD-L1 aufheben. Bei Menschen hat sich der Anti-PD-1-Antikörper **Pembrolizumab** bei zuvor bereits behandelten Melanompatienten in 30 % der Fälle als wirksam erwiesen. Die FDA hat Pembrolizumab für die Anwendung nach einer Behandlung mit Ipilimumab oder bei Patienten mit einer BRAF-Mutation nach der Behandlung mit Ipilimumab und einem B-raf-Inhibitor zugelassen. Ein weiterer Anti-PD-1-Antikörper, **Nivolumab**, wurde ebenfalls für die Behandlung von metastasierenden Melanomen zugelassen und kommt auch für die Behandlung des Hodgkin-Lymphoms infrage. Zurzeit durchgeführte klinische Studien sollen die Wirksamkeit der Checkpoint-Blockade durch Antikörper gegen PD-L1 und PD-L2 feststellen.

### Zusammenfassung

Einige Tumoren lösen spezifische Immunreaktionen aus, durch die ihr Wachstum unterdrückt oder verändert wird. Tumoren umgehen oder unterdrücken diese Reaktionen auf verschiedene Weise, indem sie diverse Stadien eines Prozesses durchlaufen, den man als Immun-Editing bezeichnet. Da jetzt die Funktionsweise des Immunsystems bei der Förderung und Hemmung des Wachstums von Tumoren bekannt ist, konnten neue Therapien entwickelt werden, die man nun in der Klinik anwendet. Der Möglichkeit, dass bestimmte Krebsarten bald ausgerottet sein werden, ist man durch die Entwicklung eines wirksamen Impfstoffs gegen spezifische Stämme des krebsauslösenden humanen Papillomvirus einen Schritt näher gekommen. Für die Immuntherapie von Tumoren hat man in mehreren Fällen erfolgreich monoklonale Antikörper entwickelt, beispielsweise Anti-CD20-Antikörper für B-Zell-Lymphome. Ebenso gab es Versuche zur Entwicklung von Impfstoffen durch Übertragung von Peptiden, die aufgrund ihrer Eigenschaften wirksame Reaktionen der cytotoxischen Zellen und T-Helferzellen auslösen können. CAR-T-Zellen, die genetisch so verändert wurden, dass sie auf B-Zellen exprimierte CD19-Moleküle erkennen, sind für die

Behandlung der akuten lymphatischen Leukämie geeignet. Für die Behandlung von Melanomen wurden Checkpoint-Blockaden auf der Basis von CTLA-4 und PD-1 zugelassen. Für andere biologische Ziele werden ähnliche Verfahren entwickelt, um die Antitumorimmunantworten zu stimulieren oder inhibitorische Mechanismen zu blockieren, die solche Reaktionen unterdrücken. Für die Behandlung von Prostatakrebs wurde ein Impfstoff zugelassen, der über dendritische Zellen wirkt, die Tumorantigene präsentieren. Ein aktueller Trend bei der Krebstherapie geht dahin, dass man die Immuntherapie in Kombination mit herkömmlichen Krebstherapien kombiniert, um die Spezifität und die Leistungsfähigkeit des Immunsystems nutzen zu können.

## 16.3 Die Bekämpfung von Infektionskrankheiten durch Schutzimpfungen

Die beiden wichtigsten Beiträge zur Verbesserung des allgemeinen Gesundheitszustands in den letzten 100 Jahren – hygienische Maßnahmen und die Einführung von Schutzimpfungen – haben deutlich dazu beigetragen, die Anzahl der Todesfälle aufgrund von Infektionen zu verringern, aber dennoch sind Infektionskrankheiten weiterhin weltweit die häufigste Todesursache. Die moderne Immunologie entwickelte sich aus den Impferfolgen von **Edward Jenner** und **Louis Pasteur** bei Pocken und Cholera, und ihr größter Triumph war die weltweite Ausrottung der Pocken, die 1980 von der Weltgesundheitsorganisation verkündet wurde. Gegenwärtig ist auch eine globale Kampagne zur völligen Ausrottung der Kinderlähmung (Polio) im Gange. Aufgrund der enormen Fortschritte bei der immunologischen Grundlagenforschung im vergangenen Jahrzehnt, insbesondere auf dem Gebiet der angeborenen Immunität, bestehen nun große Hoffnungen, dass Impfstoffe für weitere bedeutsame Infektionskrankheiten wie Malaria, Tuberkulose und HIV in Reichweite sind. Nach der Vorstellung von Impfstoffforschern kann man zu einer modernen Form der Wirkstoffentwicklung gelangen, also weg von der empirischen Vorgehensweise und hin zu einer tatsächlichen „Pharmakologie des Immunsystems".

Das Ziel einer Impfung besteht darin, einen lang anhaltenden Immunschutz herbeizuführen. Im gesamten Buch haben wir dargestellt, wie das angeborene und das adaptive Immunsystem zusammenwirken, sodass bei einer Infektion die Krankheitserreger beseitigt werden und sich durch das immunologische Gedächtnis ein Immunschutz entwickelt. Tatsächlich genügt meistens (aber nicht immer) eine einzige Infektion, um einen Immunschutz gegen ein Pathogen hervorzubringen. Dieser wichtige Zusammenhang wurde bereits vor über 2000 Jahren erkannt und in Aufzeichnungen über den Peloponnesischen Krieg festgehalten, bei dem Athen von zwei Ausbrüchen der Pest heimgesucht wurde. Der griechische Geschichtsschreiber Thucydides stellte fest, dass Menschen, die den ersten Ausbruch der Infektion überlebt hatten, sich beim zweiten Ausbruch nicht mehr ansteckten.

Die Erkenntnis über diesen Zusammenhang führte möglicherweise zur Einführung der **Variolation** gegen die Pocken. Dabei wurde eine geringe Menge an getrocknetem Material aus einer Pockenpustel verabreicht, um eine milde Form der Infektion hervorzurufen, an die sich dann ein lang anhaltender Schutz vor einer erneuten Infektion anschloss. Die Pocken sind in der medizinischen Literatur seit über 1000 Jahren bekannt. Anscheinend hat man die Variolation in Indien und China bereits seit Hunderten von Jahren praktiziert, bevor die Methode auch im Westen eingeführt wurde (etwa im 15. oder 16. Jahrhundert), und Edward Jenner war damit auch vertraut. Jedoch nahm eine Infektion nach einer Variolation nicht immer einen milden Verlauf; in etwa 3 % der Fälle kam es zu einer lebensbedrohlichen Pockeninfektion, was heutigen Anforderungen an die Sicherheit von Wirkstoffen nicht entsprechen würde. Man hat damals anscheinend aber auch erkannt, dass Melkerinnen, die mit einem Rindervirus in Kontakt kamen, der dem Pockenvirus ähnlich ist und Kuhpocken hervorruft, offensichtlich vor einer Infektion mit Pocken geschützt waren. Es gibt sogar einen historischen Bericht, nach dem schon vor Jenner eine Impfung mit Kuhpocken versucht wurde. Jenners große Leistung bestand nicht nur darin zu erkennen, dass eine Infektion mit Kuhpocken einen Menschen vor einer Pockeninfektion schützen kann, ohne dass ein Risiko für eine gefährliche Erkrankung besteht, sondern er hat auch den experimentellen Beweis dafür geliefert, indem er bei Personen eine Variolation durchführte, die er vorher mit Kuhpocken geimpft hatte. Diese Impfung bezeichnete er als **Vakzinierung** (von dem lateinischen Wort *vacca* für Kuh). Pasteur kommt hingegen das Verdienst zu, die Schutzimpfung noch auf andere Krankheitserreger erweitert zu haben. Menschen sind nicht der natürliche Wirt für Kuhpocken, sodass es nur zu einer kurzen und räumlich begrenzten Infektion unter der Haut kommt. Das Kuhpockenvirus enthält jedoch Antigene, die eine Immunantwort anregen, die welche mit den Pockenantigenen kreuzreagiert und dadurch einen Immunschutz gegen die Erkrankung des Menschen hervorbringt. Seit dem frühen 20. Jahrhundert hat man jedoch für Impfungen das Vacciniavirus verwendet, das sowohl mit dem Kuhpocken- als auch mit dem Pockenvirus verwandt, dessen genaue Herkunft aber unbekannt ist.

Wie wir noch erfahren werden, entsteht bei den heutigen Impfstoffen die Schutzwirkung dadurch, dass die Bildung neutralisierender Antikörper angeregt wird. Diese Aussage enthält jedoch eine zweifache Information. Sie bedeutet auch, dass die Pathogene, für die heutige Impfstoffe wirksam sind, solche Pathogene sein können, bei denen allein Antikörper für einen Immunschutz ausreichen. Bei mehreren bedeutsamen Infektionskrankheiten – Malaria, Tuberkulose und HIV – genügt selbst eine robuste Antikörperreaktion allein nicht für einen vollständigen Immunschutz. Die Beseitigung dieser Pathogene erfordert zusätzliche Effektoraktivitäten, etwa die Erzeugung einer starken und dauerhaften zellulären Immunität, die aber durch die heutigen Impfmethoden nicht effektiv herbeigeführt werden. Damit beschäftigt sich die moderne Impfstoffforschung.

### 16.3.1 Impfstoffe können auf attenuierten Krankheitserregern oder auf Material aus abgetöteten Organismen basieren

In der ersten Hälfte des 20. Jahrhunderts erfolgte die Entwicklung von Impfstoffen nach zwei empirischen Verfahren. Die erste Herangehensweise war die Suche nach **attenuierten** Organismen mit verringerter Pathogenität, die zwar eine schützende Immunität anregen, aber keine Krankheit hervorrufen sollten. Diese Vorgehensweise setzt sich bis heute fort, indem man jetzt genetisch attenuierte Pathogene erzeugt, bei denen die gewünschten Mutationen durch DNA-Rekombinationstechnik in die Organismen eingeführt werden. Dieses Verfahren wird bei bedeutsamen Krankheitserregern angewendet, etwa für Malaria, wobei hier gegenwärtig noch keine Impfstoffe zur Verfügung stehen, aber auch bei der Entwicklung von Impfstoffen gegen Influenza oder HIV kann dies künftig noch eine Rolle spielen.

Die zweite Herangehensweise war die Entwicklung von Impfstoffen auf der Basis von abgetöteten Organismen und in der Folge auch von gereinigten Komponenten der Organismen, die genauso wirksam sein können wie intakte, lebende Organismen. Abgetötete Impfstoffe wurden bevorzugt, da jeder Lebendimpfstoff, beispielsweise auch Vaccinia, bei immunsupprimierten Personen eine tödlich verlaufende systemische Infektion hervorrufen kann. Aus dieser Vorgehensweise heraus wurden auch Impfstoffe entwickelt, bei denen man gereinigte Antigene miteinander verknüpft hat, etwa für *Haemophilus influenzae* (Abschn. 16.3.8). Dieses Verfahren setzt sich in der reversen Immungenetik fort (Abschn. 16.2.3), um Kandidatenpeptidantigene für T-Zellen zu bestimmen, und in Form von Methoden, bei denen man Liganden verwendet, die TLRs oder andere Sensoren der angeborenen Immunität aktivieren, um so die Reaktionen auf einfache Antigene zu verstärken.

Eine Immunisierung mithilfe dieser Methoden gilt heute als sicher und es wird ihr auch eine große Bedeutung beigemessen, sodass die meisten Staaten in den USA verlangen, dass alle Kinder gegen mehrere potenziell tödlich verlaufende Erkrankungen geimpft werden. Dazu gehören Viruserkrankungen wie Masern, Mumps und Polio (Kinderlähmung), für die man attenuierte Lebendimpfstoffe verwendet, außerdem Tetanus (verursacht durch *Clo-*

*stridium tetani*), Diphtherie (*Corynebacterium diphtheriae*) und Keuchhusten (*Bordetella pertussis*), für die die Impfstoffe aus inaktivierten Toxinen oder Toxoiden bestehen, die man aus den jeweiligen Bakterien extrahiert. Seit Neuerem gibt es auch einen Impfstoff gegen *H. influenzae* Typ b (Hib), einer der Erreger von Meningitis, außerdem zwei Impfstoffe gegen Durchfallerkrankungen bei Kindern, die von Rotaviren hervorgerufen werden, sowie einen Impfstoff zur Vorbeugung einer HPV-Infektion, um einen Schutz vor Gebärmutterhalskrebs zu erreichen. Die meisten Impfstoffe werden den Kindern schon im ersten Lebensjahr verabreicht. Die Impfstoffe gegen Masern, Mumps und Röteln (MMR), gegen Windpocken (Varicella) und gegen Influenza werden, sofern empfohlen, normalerweise im Alter zwischen einem und zwei Jahren gegeben.

Diese Fortschritte sind zwar beeindruckend, aber es gibt noch viele Erkrankungen, gegen die ein wirksamer Impfstoff fehlt (▶ Abb. 16.22). Bei vielen Krankheitserregern bringt eine natürliche Infektion anscheinend keinen Immunschutz hervor und Infektionen werden chronisch oder wiederkehrend. Bei vielen Infektionen dieser Art, etwa bei Malaria, Tuberkulose und HIV, reichen Antikörper nicht aus, um das Pathogen zu beseitigen, sodass hier offensichtlich die zelluläre Immunität eine wichtigere Rolle spielt, aber allein auch nicht ausreicht, um einen vollständigen Immunschutz zu bieten. Das Problem besteht nicht darin, dass sich gegen einen Krankheitserreger keine Immunantwort entwickelt, sondern dass die Immunantwort das Pathogen nicht zerstören kann, die Pathogenese nicht unterdrückt oder eine erneute Infektion nicht verhindert.

Eine weitere Schwierigkeit besteht darin, dass ein Impfstoff, wie der gegen Masern, zwar in den Industrieländern wirksam eingesetzt werden kann, aber in den Entwicklungsländern eine umfassende Anwendung durch technische und ökonomische Probleme verhindert wird und gleichzeitig die Sterblichkeit aufgrund dieser Erkrankungen noch sehr hoch ist. So können beispielsweise schon die Kosten für Lagerung und Verteilung die Anwendung von Impfstoffen, die in den ärmeren Ländern bereits vorhanden sind, erheblich behindern. Daher bleiben die Entwicklung und der Einsatz von Impfstoffen ein wichtiges Ziel der Immunologie. Der empirische Ansatz ist in der zweiten Hälfte des 20. Jahrhunderts einem eher rationalen Ansatz auf der Grundlage eines detaillierten molekularen Verständnisses der Pathogenität von Mikroorganismen, der Analyse von Schutzreaktionen des Wirtes auf die pathogenen Keime und der Kenntnis der Regulation des Immunsystems gewichen, um wirkungsvolle Reaktionen von T- und B-Lymphocyten zu erzeugen.

## 16.3.2 Die wirksamsten Impfstoffe führen zur Bildung von Antikörpern, die Schädigungen durch Toxine verhindern oder das Pathogen neutralisieren und die Infektion beenden

Die Voraussetzungen für die Erzeugung einer schützenden Immunität hängen von der Art des infizierenden Organismus ab. Viele effektive Impfstoffe wirken heute dadurch, dass sie die Produktion von Antikörpern gegen das Pathogen anregen. Bei vielen Pathogenen, etwa bei extrazellulären Organismen und Viren, können Antikörper einen Immunschutz gewähren. Das trifft jedoch leider nicht auf alle Pathogene zu; einige erfordern eine zusätzliche zelluläre Immunantwort, beispielsweise durch CD8-T-Zellen.

Bei manchen Mikroorganismen wird ein wirksamer Immunschutz nur dann erzielt, wenn zum Zeitpunkt der Infektion bereits Antikörper vorhanden sind, entweder um Schäden vorzubeugen, die das Pathogen hervorrufen kann, oder um eine erneute Infektion durch das Pathogen insgesamt zu verhindern. Der erste Effekt lässt sich an Impfstoffen gegen Tetanus und Diphtherie veranschaulichen, deren klinische Symptome auf die extrem starken Exotoxine zurückzuführen sind (▶ Abb. 10.31). Zum Schutz vor diesen Krankheiten müssen Antikörper gegen die Exotoxine bereits vor der Infektion existieren. Tatsächlich ist das Tetanusexotoxin so wirksam, dass die sehr geringe Menge, die bereits eine Krankheit auslösen kann, wahrscheinlich nicht ausreicht, um einen Immunschutz hervorzurufen. Das

| einige Infektionskrankheiten, für die es noch keine wirksamen Impfstoffe gibt | |
|---|---|
| **Erkrankung** | **geschätzte Todesfälle pro Jahr** |
| Malaria | 618.248 |
| Bilharziose | 21.797 |
| Infektionen mit Darmwürmern | 3304 |
| Tuberkulose | 934.879 |
| Durchfallerkrankungen | 1.497.724 |
| Atemwegsinfektionen | 3.060.837 |
| HIV/AIDS | 1.533.760 |
| Masern* | 130.461 |

**Abb. 16.22 Einige Krankheiten, für die noch wirksame Impfstoffe fehlen.** *Die gegenwärtig verwendeten Impfstoffe gegen Masern sind zwar wirkungsvoll, aber hitzeempfindlich; das macht ihren Einsatz in tropischen Ländern schwierig, aber die Haltbarkeit bei Hitze wird derzeit verbessert. Die Sterblichkeitsraten sind die neuesten verfügbaren Schätzwerte gemäß den *World Health Estimates 2000–2012* (Weltgesundheitsorganisation, WHO, Juni 2014)

**Teil V**

bedeutet, dass selbst Menschen, die eine Tetanusinfektion überlebt haben, eine Impfung benötigen, um vor einem weiteren Angriff geschützt zu sein.

Der zweite Mechanismus für die Schutzwirkung von Antikörpern besteht darin, dass sie eine zweite Infektion mit dem gleichen Pathogen verhindern, etwa bei bestimmten Virusinfektionen. CD8-T-Zellen können während einer Infektion Zellen töten, die bereits mit Viren infiziert sind, während Antikörper die Infektion einer Zelle durch Viren gleich zu Beginn verhindern können. Diesen Effekt bezeichnet man als **Neutralisierung**. Die Fähigkeit eines Antikörpers, einen Krankheitserreger zu neutralisieren, kann von seiner Affinität, seinem Isotyp, dem Komplementsystem und der Aktivität der phagocytotischen Zellen abhängen. So müssen beispielsweise für einen Schutz vor dem Poliovirus bereits Antikörper vorhanden sein, da das Virus die entscheidenden Zellen in einem kurzen Zeitraum unmittelbar nach dem Eindringen in den Körper infiziert und die einmal etablierte intrazelluläre Infektion von T-Lymphocyten nicht mehr so einfach unter Kontrolle zu bringen ist. Impfstoffe gegen das saisonale Influenzavirus bieten die gleiche Art von Schutz, indem die Bildung von Antikörpern induziert wird, die die Wahrscheinlichkeit einer zweiten Infektion durch denselben Influenzastamm verringern. Bei vielen Viren ist es möglich, dass die Antikörper, die durch eine Infektion oder Impfung gebildet werden, das Virus neutralisieren und eine weitere Ausbreitung der Infektion verhindern, aber das ist nicht immer der Fall. Bei einer HIV-Infektion werden zwar viele Antikörper produziert, die an Epitope an der Virusoberfläche binden, aber die meisten davon können das Virus nicht neutralisieren. Darüber hinaus umfasst HIV viele verschiedene Stämme (Kladen) und die meisten Impfstoffe, die auf HIV-Proteinen basieren, induzieren keine Antikörper, die alle Kladen neutralisieren, was die Entwicklung eines wirksamen Impfstoffs erschwert. Eine vor Kurzem durchgeführte klinische Studie deutet jedoch darauf hin, dass eine mit Proteinen durchgeführte Booster-Impfung von bereits geimpften Personen fünf bis sieben Jahre nach der Immunisierung einige Antikörper hervorbringen kann, die gegen verschiedene Kladen gerichtet sind.

Bei der Immunantwort gegen Krankheitserreger werden gewöhnlich Antikörper gegen zahlreiche Epitope gebildet, von denen jedoch nur manche Schutz gewähren, wenn überhaupt. Die Art der Reaktion kann auch durch die von den T-Zellen erkannten Epitope beeinflusst werden. In Abschn. 10.1.2 haben wir die **gekoppelte Erkennung** besprochen, bei der sich antigenspezifische B- und T-Zellen gegenseitig aktivierende Signale übermitteln, was schließlich zur Affinitätsreifung und zum Isotypwechsel führt, die beide für eine neutralisierende Wirkung erforderlich sein können. Dabei ist es notwendig, dass die B-Zellen ein für T-Zellen geeignetes Epitop präsentieren, und normalerweise ist das T-Zell-Epitop in der Region des Epitops enthalten, das die B-Zellen erkennen. Auch dies ist bei der Entwicklung moderner Impfstoffe zu berücksichtigen. So ruft das bei einer Impfung mit dem respiratorischen Syncytialvirus (RSV) von den T-Zellen hauptsächlich erkannte Epitop eine heftige Entzündungsreaktion hervor, erzeugt aber keine neutralisierenden Antikörper. Die Impfung führt also zu einer pathologischen Reaktion ohne Schutz.

### 16.3.3 Ein wirksamer Impfstoff muss einen lang anhaltenden Immunschutz hervorrufen, außerdem muss er sicher und preisgünstig sein

Ein erfolgreicher Impfstoff muss neben dem Auslösen einer schützenden Immunantwort noch einige weitere Eigenschaften besitzen (▶ Abb. 16.23). Erstens muss er sicher sein. Impfstoffe werden einer enorm großen Zahl von Menschen verabreicht, von denen vermutlich nur wenige an der bestimmten Krankheit, gegen die der Impfstoff gerichtet ist, sterben oder vielleicht auch nur erkranken würden. Selbst eine geringe Toxizität ist daher nicht vertretbar. Zweitens muss der Impfstoff bei einem sehr hohen Prozentsatz der geimpften Menschen eine schützende Immunität herbeiführen. Da es insbesondere in ärmeren Ländern nicht praktikabel ist, großen oder weit verstreuten ländlichen Populationen regelmäßige Impfungen zur Auffrischung zu verabreichen, muss ein erfolgreicher Impfstoff drittens ein langlebiges immunologisches Gedächtnis erzeugen; das heißt, dass sowohl

| Eigenschaften von wirksamen Impfstoffen | |
|---|---|
| Sicherheit | der Impfstoff darf nicht selbst zu Krankheit oder Tod führen |
| Schutzwirkung | der Impfstoff muss vor der Krankheit schützen, die durch den Kontakt mit dem lebenden Pathogen hervorgerufen wird |
| Nachhaltigkeit | der Schutz vor der Krankheit muss mehrere Jahre anhalten |
| Induktion neutralisierender Antikörper | einige Pathogene (etwa das Poliovirus) infizieren Zellen, die nicht ersetzt werden können (z. B. Nervenzellen); um solche Zellen vor einer Infektion zu schützen, sind neutralisierende Antikörper unerlässlich |
| Induktion schützender T-Zellen | einige – vor allem intrazelluläre – Pathogene sind mit zellulären Immunreaktionen besser zu bekämpfen |
| Überlegungen für die Praxis | geringe Kosten pro Dosis biologische Stabilität einfache Verabreichung geringe Nebenwirkungen |

**Abb. 16.23 Verschiedene Kriterien für einen wirksamen Impfstoff**

B- als auch T-Zellen aktiviert werden müssen. Viertens müssen Impfstoffe kostengünstig sein, wenn man viele Menschen behandeln möchte. Wirksame Impfungen gehören zu den kostengünstigsten Maßnahmen im Gesundheitswesen.

Eine wirkungsvolle Impfkampagne verleiht auch der Gesamtbevölkerung einen kollektiven Immunschutz oder eine **Gruppenimmunität**: Durch die Verringerung der Zahl der für eine Infektion empfindlichen Individuen verkleinert sich durch die Impfungen das natürliche Reservoir an infizierten Personen in der Bevölkerung. Damit sinkt die Wahrscheinlichkeit, dass die Infektion übertragen wird. Selbst nichtgeimpfte Angehörige einer Population gewinnen also einen gewissen Schutz vor Infektionen, da die individuelle Wahrscheinlichkeit abnimmt, mit dem Pathogen in Kontakt zu kommen. Eine Gruppenimmunität tritt jedoch nur dann ein, wenn die Impfrate innerhalb einer Population relativ hoch ist. Bei Mumps schätzt man die notwendige Zahl auf etwa 80 %, darunter können sporadisch Krankheitsfälle auftreten. Das zeigte sich bei der deutlichen Zunahme von Mumpsfällen unter jungen Erwachsenen in Großbritannien in den Jahren 2004 und 2005. Ursache war die teilweise Verwendung eines Impfstoffs gegen Masern und Röteln anstelle des kombinierten Impfstoffs gegen Masern, Mumps und Röteln (MMR), der damals in zu geringen Mengen vorrätig war.

## 16.3.4 Virale attenuierte Lebendimpfstoffe sind wirksamer als Impfstoffe aus „abgetöteten" Viren und können mithilfe der Gentechnik noch sicherer gemacht werden

Die meisten derzeit eingesetzten Virusimpfstoffe bestehen entweder aus lebenden attenuierten oder aus inaktivierten Viren. Inaktivierte oder „abgetötete" Viren können also im Cytosol von infizierten Zellen keine Proteine bilden, sodass Peptide aus den viralen Antigenen nicht von MHC-Klasse-I-Molekülen präsentiert werden können. Mit Impfstoffen aus inaktivierten Viren ist es also weder möglich, CD8-T-Zellen effektiv hervorzubringen, noch sind diese überhaupt erforderlich. Im Allgemeinen sind Impfungen mit viralen attenuierten Lebendimpfstoffen weitaus wirksamer: Sie stimulieren eine größere Zahl wichtiger Effektormechanismen, einschließlich der Aktivierung der CD4-T-Zellen und der cytotoxischen CD8-T-Zellen. CD4-T-Zellen wirken bei der Ausformung der Antikörperreaktion mit, die für die spätere Schutzwirkung des Impfstoffs von großer Bedeutung ist. Cytotoxische CD8-T-Zellen vermitteln eine Schutzwirkung, solange die Infektion durch das Virus noch akut ist. Und wenn die Schutzwirkung erhalten bleibt, kann sie zum immunologischen Gedächtnis beitragen. Zu den attenuierten viralen Impfstoffen gehören die üblichen Impfstoffe, die während der Kindheit verabreicht werden, das heißt gegen Polio, Masern, Mumps, Röteln und Windpocken. Weitere attenuierte Lebendimpfstoffe, die für bestimmte Fälle oder bei Populationen mit einem hohem Infektionsrisiko zugelassen sind, umfassen Impfstoffe gegen Influenza, Pocken (Vaccinia) und das Gelbfiebervirus.

Eine Attenuation erzielt man gewöhnlich dadurch, dass man das Virus in Zellkultur wachsen lässt. Man selektiert die Viren, die bevorzugt in nichthumanen Zellen wachsen, bis sie im Verlauf der Selektion immer weniger zum Wachstum in menschlichen Zellen fähig sind (▶ Abb. 16.24). Da sich diese abgeschwächten Virusstämme im Menschen kaum vermehren, führen sie bei einer Impfung zwar zur Immunität, nicht aber zu einer Erkrankung. Obwohl attenuierte Viren eine Vielzahl von Mutationen in einigen ihrer proteincodierenden Gene tragen, besteht doch die Möglichkeit, dass durch eine weitere Reihe von Mutationen erneut ein pathogener Virusstamm entsteht. Beispielsweise unterscheidet sich der Polioimpfstoffstamm Typ-3-Sabin nur in zehn von insgesamt 7429 Nucleotiden von dem ursprünglichen Wildtyp. In extrem seltenen Fällen kann dieser Impfstoff in einen neurovirulenten Stamm umschlagen und bei dem betroffenen Empfänger zur Kinderlähmung führen.

Auch für Empfänger mit einer Immunschwäche bedeuten attenuierte Virusimpfstoffe ein erhöhtes Risiko, denn bei ihnen verursachen sie oft virulente opportunistische Infektionen. Werden Kleinkinder mit einer Immunglobulinschwäche mit lebenden attenuierten Polioviren geimpft, bevor man den ererbten Immunglobulinmangel diagnostiziert hat, so unter-

**Teil V**

| das pathogene Virus wird aus einem Patienten isoliert und in Kulturen humaner Zellen vermehrt | mit dem kultivierten Virus werden Affenzellen infiziert | das Virus erwirbt viele Mutationen, die es ihm ermöglichen, sich in den Affenzellen gut zu vermehren | in menschlichen Zellen kann sich das Virus nicht mehr gut vermehren, es ist abgeschwächt (attenuiert) und kann als Impfstoff verwendet werden |

**Abb. 16.24 Normalerweise werden Viren durch Selektion auf das Wachstum in nichthumanen Zellen abgeschwächt.** Um einen attenuierten Virusstamm herzustellen, muss man das Virus zunächst aus Kulturen humaner Zellen isolieren, in denen es sich vermehrt. Die Anpassung an die Wachstumsbedingungen in der Zellkultur kann selbst zu einer Abschwächung führen. Der Impfstoff gegen Röteln wurde beispielsweise auf diese Weise gewonnen. Im Allgemeinen aber adaptiert man das Virus anschließend an das Wachstum in Zellen anderer Spezies, bis es sich nur noch geringfügig in humanen Zellen vermehren kann. Diese Anpassung ist das Ergebnis von Mutationen – gewöhnlich einer Kombination von mehreren Punktmutationen. Meist ist es schwierig festzustellen, welche Mutationen im Genom des abgeschwächten Virusstamms für die Attenuation entscheidend sind. Ein attenuiertes Virus vermehrt sich kaum noch in einem menschlichen Wirt und führt daher zwar zur Immunität, nicht aber zu einer Erkrankung

liegen sie einem Infektionsrisiko, da sie das Virus nicht aus ihrem Darmtrakt entfernen können. Daher besteht eine größere Wahrscheinlichkeit, dass Mutationen des Virus im Zusammenhang mit seiner fortgesetzten unkontrollierten Vermehrung im Darm zu einer tödlich verlaufenden Lähmung führen.

Für die Attenuation verwendet man auch heute noch empirische Verfahren, die aber schon bald durch zwei neue, gentechnische Methoden verdrängt werden könnten. Eine davon ist die Isolierung und *in vitro*-Mutagenese spezifischer viraler Gene. Mit den mutierten Genen ersetzt man die Wildtypgene in einem rekonstituierten Virusgenom, und diese gezielt attenuierten Viren können dann als Impfstoff verwendet werden (▶ Abb. 16.25). Der Vorteil dieses Verfahrens besteht darin, dass die Mutationen so konstruiert werden können, dass eine Rückmutation zum Wildtyp praktisch unmöglich ist.

Ein solcher Ansatz könnte für die Entwicklung von Grippeimpfstoffen nützlich sein. Wie in Kap. 13 beschrieben wurde, kann das Influenzavirus denselben Menschen mehrmals infizieren, weil es der ursprünglichen Immunreaktion durch einen Antigenshift mehrheitlich entgeht. Bei Erwachsenen, nicht jedoch bei Kindern, besteht aufgrund einer vorherigen Infektion ein schwacher Immunschutz; diesen Effekt bezeichnet man als **heterosubtypische Immunität**. Bei den gegenwärtigen Grippeimpfungen verwendet man Impfstoffe von abgetöteten Viren, die jedes Jahr entsprechend den jeweils vorherrschenden Virusstämmen neu zusammengesetzt werden. Die Impfung ist einigermaßen wirksam. Sie verringert unter älteren Menschen die Grippesterblichkeit sowie bei gesunden Erwachsenen die Erkrankungssymptome. Ein idealer Grippeimpfstoff sollte aus lebenden attenuierten Viren des jeweils aktuell vorherrschenden Stammes bestehen. Die Herstellung eines solchen Impfstoffs ist beispielsweise dadurch möglich, dass man eine Reihe von abschwächenden Mutationen in ein Gen einführt, das die virale Polymerase PB2 codiert. Der mutierte Genabschnitt des attenuierten Virus ließe sich dann gegen den entsprechenden Bereich im Wildtypgen eines Virus austauschen, das die gleichen Antigenvarianten von **Hämagglutinin** und von **Neuraminidase** enthält wie der epidemische oder pandemische Virusstamm. Alternativ kann man im Menschen die Produktion neutralisierender Antikörper mit breitem Bindungsspektrum anregen, die die Rezeptorbindungsdomäne von Hämagglutinin blockieren. Diese würden sich dann als universeller Impfstoff eignen. Vor Kurzem stand eine mögliche Pandemie durch den Vogelgrippevirusstamm H5N1 im Mittelpunkt der öffentlichen Aufmerksamkeit. Dieser Stamm kann vom Vogel auf den Menschen übertragen werden. Die Sterblichkeit ist hoch, aber es würde nur dann zu einer Pandemie kommen, wenn eine Übertragung zwischen Menschen möglich wäre. Einen attenuierten Lebendimpfstoff würde man nur im Fall einer Pandemie anwenden. Bei einer vorherigen Impfkampagne würde man nur neue Gene des Influenzavirus einführen, die dann mit den bereits vorhandenen Influenzaviren rekombinieren könnten.

### 16.3.5 Attenuierte Lebendimpfstoffe lassen sich durch Selektion nichtpathogener Bakterien oder bakterieller Mangelmutanten oder durch Erzeugung genetisch abgeschwächter Parasiten (GAPs) gewinnen

Ähnliche Ansätze wie bei den Viren lassen sich auch bei der Entwicklung von bakteriellen Impfstoffen anwenden. Das wichtigste Beispiel für einen attenuierten Impfstoff ist BCG. Dieser Impfstoff bewirkt bei Kindern einen effektiven Schutz vor der gravierenden disseminierten Tuberkulose, weniger aber bei Erwachsenen gegen die Lungentuberkulose. Der zurzeit verwendete BCG-Impfstoff, der weiterhin der am häufigsten verwendete Impfstoff weltweit ist, wurde aus einem pathogenen Isolat von *Mycobacterium bovis* gewonnen und zu Beginn des 20. Jahrhunderts in Laboren kultiviert. Seit damals haben sich mehrere genetisch unterschiedliche BCG-Stämme entwickelt. Der durch BCG vermittelte Immunschutz ist außerordentlich variabel und reicht vom Wert null in Malawi bis hin zu 50–80 % in Großbritannien.

Angesichts der Tatsache, dass Tuberkulose weltweit eine der häufigsten Todesursachen ist, besteht ein dringender Bedarf für einen neuen Impfstoff. Zwei rekombinante BCG-Impfstoffe (rBCG), die für Personen gedacht waren, die vorher noch keinen Kontakt mit diesen Bakterien hatten, haben vor Kurzem Phase I der klinischen Studien durchlaufen. Einer der Impfstoffe ist so konstruiert, dass ein immundominantes Antigen von *M. tuberculosis* überexprimiert wird, um eine größere Spezifität gegenüber dem Humanpathogen zu erzielen. Der zweite Impfstoff exprimiert das porenbildende Protein Listeriolysin von *Listeria monocytogenes*, um die Passage der BCG-Antigene aus den Phagosomen in das Cytoplasma auszulösen und so eine Kreuzpräsentation auf MHC-Klasse-I-Molekülen zu ermöglichen (Abschn. 6.1.5); auf diese Weise werden BCG-spezifische cytotoxische T-Zellen stimuliert.

Ein ähnlicher Ansatz wird bei der Entwicklung neuer Impfstoffe gegen Malaria verfolgt. Bei der Analyse der verschiedenen Stadien von *Plasmodium falciparum*, dem wichtigsten Erreger der lebensbedrohlichen Malaria, hat man Gene identifiziert, die von den Sporozoiten in den Speicheldrüsen der Stechmücken exprimiert werden, wo sie ihre Infektiosität für die humanen Leberzellen entwickeln. Durch Deletion zweier solcher Gene aus dem Genom von *P. falciparum* waren die Sporozoiten nicht mehr in der Lage, bei Mäusen eine Blutinfektion hervorzubringen. Sie lösten aber trotzdem eine Immunantwort aus, die die Mäuse vor einer anschließenden Infektion mit der Wildtypform von *P. falciparum* schützte. Dieser Schutz war abhängig von CD8-T-Zellen und zu einem gewissen Maß auch von IFN-$\gamma$, was darauf hinweist, dass die zelluläre Immunität für einen Schutz vor Parasiten von großer Bedeutung ist (▶ Abb. 16.26). Und es bestätigt sich hier, wie wichtig es ist, Impfstoffe zu entwickeln, die eine starke zelluläre Immunität hervorrufen können.

### 16.3.6 Die Art der Verabreichung einer Impfung ist für ihren Erfolg wichtig

Im Idealfall führt eine Impfung dazu, dass die Immunabwehr schon dort einsetzt, wo der Krankheitserreger in den Körper gelangt. Deshalb ist die Stimulation der mucosalen Im-

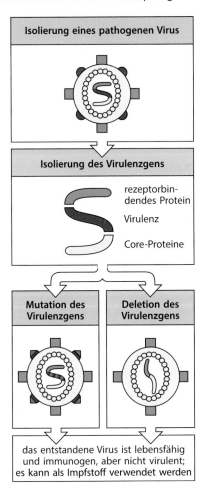

**Abb. 16.25 Mithilfe der Gentechnik lässt sich eine Attenuation schneller und zuverlässiger erreichen.** Wenn man ein virales Gen identifiziert hat, das zwar für die Virulenz, nicht aber für die Vermehrung oder die Immunogenität notwendig ist, kann man dieses Gen mithilfe der Gentechnik entweder in mutierter Form vervielfältigen (*links*) oder es aus dem Genom entfernen (*rechts*). Auf diese Weise entsteht ein avirulentes (nichtpathogenes) Virus, das als Impfstoff eingesetzt werden kann. Die Mutationen im Virulenzgen sind gewöhnlich umfangreich, sodass das Virus nur mit einer sehr geringen Wahrscheinlichkeit zum Wildtyp revertieren kann

**Teil V**

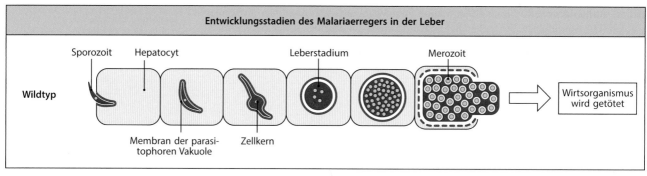

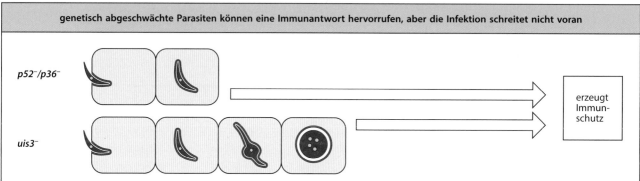

**Abb. 16.26 Genetisch attenuierte Parasiten lassen sich gentechnisch so verändern, dass sie als Lebendimpfstoffe einen Immunschutz hervorrufen.** *Oben*: Sporozoiten des *Plasmodium*-Wildtyps, die durch den Stich einer infizierten Stechmücke übertragen werden, gelangen in den Blutkreislauf und werden zur Leber transportiert, wo sie Hepatocyten infizieren. Die Sporozoiten vermehren sich in der Leber, töten die infizierten Zellen und setzen Tausende Merozoiten frei (das nächste Infektionsstadium). *Unten*: Bei Mäusen mit Sporozoiten, bei denen man wichtige Gene – beispielsweise *p52* und *p36* (*p52⁻/p36⁻*) oder *uis3* (*uis3⁻*) – gezielt inaktiviert hat, zirkulieren die Sporozoiten zwar im Blut und gleichen so einer frühen Infektionsphase, können aber keine produktive Infektion in der Leber etablieren. Die Mäuse bringen jedoch eine Immunantwort gegen die Sporozoiten hervor und sind dadurch gegen eine anschließende Infektion mit Wildtypsporozoiten geschützt

munität ein wichtiges Ziel bei Impfungen gegen Organismen, die über die Schleimhautoberflächen eindringen. Die meisten Impfstoffe werden jedoch immer noch durch Injektion verabreicht. Das hat mehrere Nachteile. Injektionen sind schmerzhaft und unbeliebt, führen zu einer geringeren Aufnahme des Impfstoffs und sind außerdem kostspielig, erfordern Kanülen, Spritzen und eine ausgebildete Person zum Injizieren. Massenimpfungen auf diesem Wege sind eine mühsame Angelegenheit. Der Nachteil aus immunologischer Sicht besteht darin, dass für die meisten Erreger, gegen die man die Impfung durchführt, eine Injektion nicht der wirksamste Weg ist, eine geeignete Immunantwort auszulösen, da für die meisten Krankheitserreger, gegen die eine Impfung erfolgt, der normale Eintrittsweg nicht nachgeahmt wird.

Viele wichtige Krankheitserreger infizieren die Schleimhautoberflächen oder dringen durch sie in den Körper ein. Dazu gehören pathogene Organismen der Atemwege wie *B. pertussis* sowie die Rhino- und Influenzaviren, aber auch Darmparasiten wie *Vibrio cholerae*, *Salmonella* Typhi sowie pathogene Stämme von *Escherichia coli* und *Shigella*. Wenn man einen Lebendimpfstoff gegen das Influenzavirus über die Nase verabreicht, werden mucosale Antikörper produziert, die gegenüber einer Infektion der oberen Atemwege wirksamer sind als systemische Antikörper. Die durch die Injektion induzierten systemischen Antikörper sind jedoch gegen Infektionen der unteren Atemwege wirksam, die auch für die hohe Erkrankungs- und Sterblichkeitsrate bei dieser Krankheit verantwortlich sind. Ein realistisches Ziel für einen Impfstoff gegen eine Influenzapandemie ist demnach die Verhinderung einer Erkrankung der unteren Atemwege, um dafür aber in Kauf zu nehmen, dass eine leichtere Form der Erkrankung nicht vermieden wird.

Wie wirkungsvoll der mucosale Ansatz ist, lässt sich anhand attenuierter Lebendimpfstoffe gegen Polio veranschaulichen. Der oral verabreichte Polioimpfstoff nach Sabin besteht aus drei abgeschwächten, stark immunogenen Poliovirusstämmen. Ebenso wie die Kinderlähmung selbst durch Fäkalienkontamination öffentlicher Schwimmbäder und andere Orte mit schlechter Hygiene übertragen werden kann, lässt sich auch der Impfstoff durch einen solchen orofäkalen Infektionsweg von einem Menschen an den anderen weitergeben. Auch Salmonelleninfektionen stimulieren – außer einer systemischen Immunantwort – eine starke Reaktion in den Schleimhäuten.

Lösliche Proteinantigene, die auf oralem Weg in den Körper gelangen, erzeugen häufig Immuntoleranz. Das ist angesichts der riesigen Menge an Antigenen, die dem Darm und den Atemwegen über die Nahrung und aus der Luft angeboten werden, auch sehr wichtig (Kap. 12). Dennoch ist das Immunsystem der Mucosa imstande, auf Schleimhautinfektionen, die über den oralen Weg in den Körper gelangen, wie Pertussis, Cholera und Polio, zu reagieren und die Erreger zu beseitigen. Deshalb sind Proteine der Erreger, die eine Immunantwort auslösen, von besonderem Interesse. Eine Gruppe solcher für die Schleimhäute stark immunogener Proteine sind bestimmte proteaseresistente Bakterientoxine, die an eukaryotische Zellen binden. Möglicherweise von großer praktischer Bedeutung ist ein neuerer Befund, dass einige dieser Proteine, wie das hitzeempfindliche Toxin von *E. coli* und das Pertussistoxin, Adjuvanseigenschaften besitzen, die selbst dann noch erhalten bleiben, wenn man das Ausgangsmolekül so weit verändert, dass es seine toxischen Eigenschaften verliert. Diese Moleküle können als Adjuvanzien für orale oder nasale Impfstoffe dienen. Wenn man Mäusen eines dieser mutierten Toxine zusammen mit Tetanustoxoid in die Nase sprüht, entwickeln die Tiere einen Schutz gegen eine ansonsten tödlich wirkende Dosis von Tetanustoxin.

### 16.3.7 Die Keuchhustenimpfung zeigt, wie wichtig es ist, dass ein wirksamer Impfstoff auch sicher ist

Die Herausforderungen, denen man sich bei der Entwicklung und Verbreitung eines wirksamen Impfstoffs gegenüber sieht, lassen sich an der Geschichte der Impfungen gegen das Bakterium *Bordetella pertussis*, den Erreger von Keuchhusten, gut veranschaulichen. Außerdem zeigt sich hier, dass in der öffentlichen Meinung azelluläre Konjugatimpfstoffe gegenüber attenuierten lebenden Organismen bevorzugt werden. Zu Beginn des 20. Jahrhunderts starben ungefähr 0,5 % aller amerikanischen Kinder unter fünf Jahren an dieser Krankheit. In den frühen 1930er-Jahren wurde auf den Färöer-Inseln ein Impfstoff mit abgetöteten, ganzen Bakterien getestet, der vor der Krankheit zu schützen schien. Seit den 1940er-Jahren wurde dann in den USA ein solcher Impfstoff aus ganzen *Bordetella*-Zellen in Kombination mit Toxoiden gegen Diphtherie und Tetanus systematisch eingesetzt. Dieser DTP-Impfstoff führte zu einer Abnahme der jährlichen Infektionsrate von 200 auf weniger als zwei pro 100.000 Einwohner. Die Erstimpfung mit DTP erfolgte normalerweise im Alter von drei Monaten.

Die Impfung mit ganzen Pertussiszellen verursacht als Nebenwirkung normalerweise eine Rötung, Schwellung und Schmerzen an der Einstichstelle. Seltener kommt es zu hohem Fieber und anhaltendem Weinen der Kinder, und in ganz seltenen Fällen treten Hustenanfälle oder Zustände von kurzzeitiger Schläfrigkeit oder Ermattung und Reaktionsträgheit auf. Nach einigen unbestätigten Meldungen, dass die Keuchhustenimpfung zu einer Encephalitis mit irreversiblen Hirnschäden führen könnte, breitete sich in den 1970er-Jahren allgemein große Skepsis gegenüber der Impfung aus. In Japan wurden 1972 etwa 85 % aller Kinder mit Pertussisimpfstoff geimpft, wobei aus dem ganzen Land damals weniger als 300 Fälle von Keuchhusten und keine Todesfälle gemeldet wurden. Nachdem es aber 1975 zu zwei Todesfällen nach der Impfung gekommen war, wurde DTP in Japan zeitweilig nicht mehr verabreicht. Später führte man den Impfstoff wieder ein, wobei die Erstimpfung im Alter von zwei Jahren anstatt wie früher von drei Monaten erfolgte. 1979 kam es zu etwa 13.000 Fällen von Keuchhusten, darunter 41 Todesfälle. Man hat die Möglichkeit, dass der Per-

Teil V

tussisimpfstoff in seltenen Fällen schwere Hirnschädigungen hervorrufen kann, sehr sorgfältig untersucht, und die Experten stimmen allgemein darin überein, dass der Impfstoff nicht die primäre Ursache für den Hirnschaden ist. Es kann kein Zweifel daran bestehen, dass die Sterblichkeit durch Keuchhusten höher ist als die durch den Impfstoff.

Die öffentliche, auch in der Ärzteschaft vertretene Meinung, dass Impfungen mit vollständigen Pertussiszellen nicht sicher seien, führte zur vehementen Forderung nach besseren Impfstoffen gegen Keuchhusten. Untersuchungen der natürlichen Reaktion auf *B. pertussis* zeigten, dass bei einer Infektion Antikörper gegen vier Komponenten des Bakteriums gebildet werden, und zwar gegen Pertussistoxin, filamentöses Hämagglutinin, Pertactin und gegen Fimbrienantigene. Mäuse, die mit diesen Antigenen in gereinigter Form immunisiert wurden, waren vor der Krankheit geschützt. Daraufhin hat man **zellfreie Pertussisimpfstoffe** entwickelt, die immer gereinigtes Pertussistoxoid – das durch Behandlung mit Wasserstoffperoxid oder Formaldehyd inaktivierte Toxin – enthalten. Inzwischen verwendet man auch ein gentechnisch verändertes Toxin. In manchen Impfstoffen ist außerdem mindestens eine der drei anderen antigenen Komponenten vorhanden. Nach dem gegenwärtigen Erkenntnisstand sind diese Impfstoffe wahrscheinlich wirksamer als diejenigen aus ganzen Pertussiszellen und sie verursachen offenbar keine der seltenen Nebenwirkungen. Der zellfreie Impfstoff ist jedoch teurer, sodass eine Verwendung in ärmeren Ländern nur eingeschränkt möglich ist.

Aus der Geschichte der Keuchhustenimpfung lassen sich folgende wichtige Lehren ziehen: Erstens müssen Impfstoffe vor allem extrem sicher und ohne Nebenwirkungen sein. Zweitens müssen die öffentliche Meinung und der Ärztestand den Impfstoff auch für sicher halten. Drittens kann die sorgfältige Untersuchung der natürlichen Immunreaktion zur Entwicklung von nichtzellulären Impfstoffen führen, die sicherer als solche aus ganzen Zellen sind, aber genauso wirksam. Bedenken in der Öffentlichkeit gegen Impfungen sind weiterhin zahlreich. Unbegründete Ängste vor einem Zusammenhang zwischen dem attenuierten MMR-Kombinationslebendimpfstoff und Autismus führten in England dazu, dass die Impfrate von einem Maximum mit 92 % in den Jahren 1995 und 1996 auf 84 % in den Jahren 2001 und 2002 abnahm. Kleine gehäufte Ausbrüche von Masern und Mumps im Jahr 2002 veranschaulichen die Bedeutung, die einer hohen Impfrate für einen kollektiven Impfschutz zukommt.

### 16.3.8 Erkenntnisse über das Zusammenwirken von T- und B-Zellen bei der Immunantwort führten zur Entwicklung von Konjugatimpfstoffen

Viele Bakterien, darunter *Neisseria meningitidis* (Meningokokken), *Streptococcus pneumoniae* (Pneumokokken) und *Haemophilus influenzae*, besitzen eine äußere Kapsel, die aus Polysacchariden besteht und für bestimmte Bakterienstämme art- und typspezifisch ist. Der wirksamste Schutz gegen diese Mikroorganismen besteht in einer Opsonisierung der Polysaccharidhülle mit Antikörpern. Das Ziel der Impfung gegen diese Organismen besteht in diesen Fällen also darin, Antikörper gegen die Polysaccharidkapsel der Bakterien zu erzeugen. Aus einem einzigen isolierten Bestandteil eines Mikroorganismus lassen sich jedoch keine wirksamen zellfreien Impfstoffe herstellen, da die Erzeugung einer effektiven Antikörperreaktion die Mitwirkung verschiedener Zelltypen erfordert. Dies führte schließlich zur Entwicklung von **Konjugatimpfstoffen** (▶ Abb. 16.27).

Aus den Wachstumsmedien der Bakterienkulturen lassen sich die **Kapselpolysaccharide** gewinnen. Da es sich bei ihnen um T-Zell-unabhängige Antigene handelt (Abschn. 10.1.1), kann man sie direkt als Impfstoffe einsetzen. Kleinkinder unter zwei Jahren sind aber zu durchgreifenden T-Zell-unabhängigen Immunreaktionen noch nicht fähig und können daher nicht effektiv mit solchen Polysaccharidimpfstoffen (PS-Impfstoffen) geimpft werden. Eine Lösung des Problems besteht in der chemischen Kopplung dieser Bakterienpolysaccharide an Proteinträgermoleküle (▶ Abb. 16.27). Aus diesen entstehen Peptide, die von antigenspezifischen T-Zellen erkannt werden, sodass eine T-Zell-unabhängige Antikörperreaktion

**Abb. 16.27 Konjugatimpfstoffe nutzen die gekoppelte Erkennung, um B-Zell-Reaktionen gegen Polysaccharidantigene zu verstärken.** Der Hib-Impfstoff gegen *Haemophilus influenzae* Typ b ist ein Konjugat aus bakteriellem Polysaccharid und dem Tetanustoxoidprotein. Die B-Zelle erkennt das Polysaccharid, bindet es, nimmt es in sich auf und baut schließlich das gesamte Konjugat ab. Dann werden die aus dem Toxoid abgeleiteten Peptide an MHC-Klasse-II-Moleküle gebunden und gelangen zur Zelloberfläche. T-Helferzellen, die als Reaktion auf eine frühere Impfung gegen das Toxoid gebildet wurden, erkennen den Komplex auf der Oberfläche der B-Zelle und aktivieren diese, Anti-Polysaccharid-Antikörper zu produzieren. Diese Antikörper bieten dann einen Immunschutz gegen eine Infektion mit *H. influenzae* Typ b

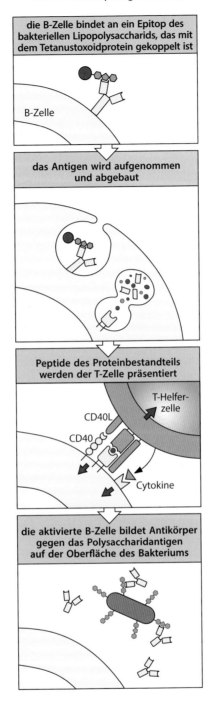

die B-Zelle bindet an ein Epitop des bakteriellen Lipopolysaccharids, das mit dem Tetanustoxoidprotein gekoppelt ist

B-Zelle

das Antigen wird aufgenommen und abgebaut

Peptide des Proteinbestandteils werden der T-Zelle präsentiert

T-Helfer-zelle

CD40L

CD40

Cytokine

die aktivierte B-Zelle bildet Antikörper gegen das Polysaccharidantigen auf der Oberfläche des Bakteriums

gegen die Polysaccharide in eine T-Zell-abhängige umgewandelt wird. Auf die Weise hat man verschiedene, heute häufig verwendete Konjugatimpfstoffe gegen *Haemophilus influenzae* Typ b entwickelt, die Kinder vor den von diesem Erreger hervorgerufenen schweren Atemwegsinfektionen und Hirnhautentzündungen schützen. Auch gegen *N. meningitidis* der Serogruppe C, einen wichtigen Verursacher von Hirnhautentzündung, hat man einen Konjugatimpfstoff entwickelt und beide Impfstoffe finden heute weit verbreitet Anwendung. Der Erfolg des zuletzt genannten lässt sich in ▶ Abb. 16.28 ablesen: Die Häufigkeit von Meningitis C hat sich im Vergleich zur Häufigkeit von Meningitis B, wogegen es zurzeit noch keinen Impfstoff gibt, erheblich verringert. Die endemische Meningitis B ist auf eine Reihe verschiedener Stämme der Serogruppe B zurückzuführen. Ein idealer Impfstoff

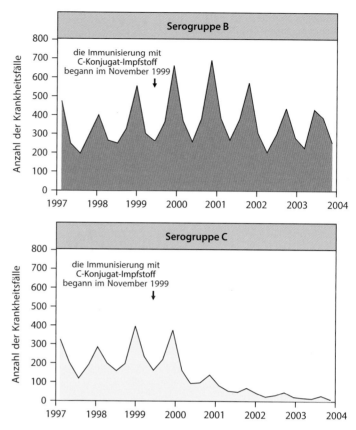

**Abb. 16.28 Auswirkung von Impfungen gegen *Neisseria meningitidis* Gruppe C (Meningokokken) auf die Anzahl der Fälle von Meningokokkenerkrankungen für die Gruppen B und C in England und Wales.** Von Infektionen mit Meningokokken sind in Großbritannien jedes Jahr fünf von 100.000 Menschen betroffen, wobei die Gruppen B und C für fast alle Fälle verantwortlich sind. Vor der Einführung des Impfstoffs gegen Meningitis C trat diese Krankheitsform am zweithäufigsten auf und betraf etwa 40 % aller Fälle. Heute machen Erkrankungen der Gruppe C weniger als 10 % der Fälle aus, Gruppe B hingegen über 80 %. Nach Einführung des Impfstoffs ging die Anzahl der im Labor bestätigten Fälle aus Gruppe C in allen Altersgruppen erheblich zurück. Bei den geimpften Personengruppen war der Effekt mit bis zu 90 % Rückgang in diesen Gruppen am deutlichsten zu erkennen. Auch bei den nichtimmunisierten Personengruppen war mit einem Rückgang von etwa 70 % ein Effekt zu beobachten. Das deutet darauf hin, dass dieser Impfstoff auch eine kollektive Immunität vermittelt

müsste demnach gegen das Kapselpolysaccharid der Serogruppe B gerichtet sein. Ungünstig ist dabei, dass Polysaccharide der Gruppe B mit einigen Polysialylpolysacchariden auf humanen Zellen übereinstimmen und aufgrund der Immuntoleranz gegen diese Autoantigene nur wenig immunogen sind. Man hat Überlegungen angestellt, die Polysaccharide der Gruppe B chemisch zu verändern. Stattdessen hat man jedoch den Schwerpunkt bei der Entwicklung eines Impfstoffs gegen Polysaccharide der *Meningococcus*-Gruppe B auf Nichtkapselantigene verlagert, die allgemein gegen endemische Krankheiten wirksam sind.

### 16.3.9 Auf Peptiden basierende Impfstoffe können einen Immunschutz herbeiführen, sie erfordern jedoch Adjuvanzien und müssen auf die geeigneten Zellen und Zellkompartimente ausgerichtet sein, um wirksam sein zu können

Für ein anderes Verfahren zur Entwicklung von Impfstoffen sind keine vollständigen Organismen erforderlich, weder in abgetöteter noch in attenuierter Form, sondern es werden die T-Zell-Peptidepitope ermittelt, welche die schützende Immunität auslösen. Kandidatenpeptide können auf zwei Weisen bestimmt werden: Zum einen werden überlappende Peptide aus immunogenen Proteinen systematisch synthetisiert und ihr Potenzial, einen Immunschutz hervorzurufen, wird getestet. Zum anderen ist es mithilfe eines immungenetischen Verfahrens (Abschn. 16.2.3) möglich, potenzielle Peptidepitope anhand der Genomsequenz vorherzusagen. Die zuletzt genannte Vorgehensweise hat man für Malaria angewendet, wobei man die vollständige Genomsequenz von *Plasmodium falciparum* einbezogen hat. Ausgangspunkt war der Zusammenhang zwischen dem humanen MHC-Klasse-I-Molekül HLA-B53 und der Resistenz gegen die zerebrale Form der Malaria, eine zwar relativ seltene, aber allgemein lebensbedrohliche Komplikation bei einer Infektion mit *P. falciparum*. Man nahm an, dass HLA-B53 deshalb vor zerebraler Malaria schützen kann, weil das Molekül Peptide präsentiert, die für die Aktivierung naiver cytotoxischer T-Lymphocyten besonders gut geeignet sind. Aus HLA-B53 eluierte Peptide enthalten häufig ein Prolin an der zweiten von insgesamt neun Aminosäurepositionen. Aufgrund dieser Information ist es mithilfe einer reversen genetischen Analyse gelungen, aus vier Proteinen von *P. falciparum* Kandidatenpeptide zu identifizieren, die in der frühen Phase der Hepatocyteninfektion exprimiert werden und die eine schützende Immunität herbeiführen sollten. Für eine wirksame Immunantwort ist es wichtig, diese Phase als Ziel zu wählen. Eines der Kandidatenpeptide ist das Leberstadiumantigen 1, für das sich zeigen ließ, dass es von cytotoxischen T-Zellen erkannt wird, wenn es an HLA-B53 gebunden ist. Möglicherweise ist dieses Peptid für eine Schutzimpfung geeignet.

Auf Peptiden basierende Impfstoffe zeigen zwar eine durchaus positive Wirkung, haben aber auch einige Nachteile. Erstens bindet ein bestimmtes Peptid möglicherweise nicht an alle MHC-Moleküle, die in einer Population vorkommen. Da Menschen im MHC-Locus hochgradig polymorph sind, ist eigentlich ein breites Spektrum an schützenden Peptiden erforderlich, um die meisten Personen einzubeziehen. Zweitens kann es auch ohne Antigenprozessierung zu einem Austausch von kurzen Peptiden auf MHC-Molekülen kommen. Wenn die entsprechenden Antigenpeptide auf anderen als den dendritischen Zellen direkt an MHC-Moleküle gebunden werden, kann dies bei den T-Zellen Immuntoleranz auslösen, und die Immunität wird dadurch nicht stimuliert. Und drittens werden exogene Proteine und Peptide, die durch einen synthetischen Impfstoff in den Körper gelangen, für die Präsentation durch MHC-Klasse-II-Moleküle effizient prozessiert, für die Bindung an MHC-Klasse-I-Moleküle ist jedoch auf bestimmten Arten von dendritischen Zellen eine Kreuzpräsentation erforderlich (Abschn. 6.1.5). Wenn man auf Peptiden basierte Impfstoffe speziell auf solche Zellen ausrichtet, sollte das die Wirksamkeit dieser Impfstoffe erhöhen.

Vor Kurzem entwickelte Impfstoffe auf Peptidbasis haben in klinischen Studien bereits positive Ansätze gezeigt. Patientinnen mit einer vulvären intraepithelialen Neoplasie, einem frühen Stadium des Vulvakarzinoms, das durch das humane Papillomvirus (HPV) hervorgerufen wird, wurden mit einem Impfstoff behandelt, der lange Peptide enthielt, die die gesamte Länge der beiden Onkoproteine von HPV 16 – E6 und E7 – abdeckten. Der Impfstoff wurde in einer Öl-Wasser-Emulsion als Adjuvans verabreicht. Durch die Verwendung sehr langer Peptide mit einer Länge von etwa 100 Aminosäuren lassen sich viele Kandidatenepitope übertragen, die auch von diversen allelspezifischen MHC-Molekülen präsentiert werden können. Offensichtlich sind diese Peptide zu lang, sodass an den Zelloberflächen ein direkter Austausch gegen andere Peptide nicht möglich ist. Die Peptide müssen erst von den dendritischen Zellen prozessiert werden, damit sie von MHC-Klasse-I-Molekülen gebunden werden können. Dieser Impfstoff führte bei einem

Viertel der behandelten Patientinnen zu einer vollständigen klinischen Remission und die Hälfte der Patientinnen zeigte eine deutliche klinische Reaktion, entsprechend den Befunden bei *in vitro*-Versuchen, die auf eine Verstärkung der zellulären Immunität hindeuteten.

### 16.3.10 Adjuvanzien sind ein wichtiges Mittel, um die Immunogenität von Impfstoffen zu erhöhen, aber nur wenige sind für die Anwendung beim Menschen zugelassen

Für Impfstoffe auf Peptidbasis oder gereinigte Proteine sind zusätzliche Bestandteile erforderlich, damit sich nachbilden lässt, wie tatsächliche Infektionen die Immunität aktivieren. Solche Zusätze, die die Immunogenität erhöhen, bezeichnet man definitionsgemäß als **Adjuvanzien** (Anhang I, Abschn. A.41). So ist beispielsweise das Tetanustoxoid in Abwesenheit von Adjuvanzien nicht immunogen. Deswegen enthalten Tetanusimpfstoffe Aluminiumsalze (**Alum**), die in Form nichtkristalliner Gele durch ionische Wechselwirkungen polyvalent an das Toxoid binden und eine selektive Immunantwort auslösen. Das Pertussistoxin hat dagegen selbst Adjuvanseigenschaften. Wenn man es als Toxoid mit den Toxoiden von Tetanus und Diphtherie mischt, führt es nicht nur zu einem Schutz vor Keuchhusten, sondern es wirkt zugleich als zusätzliches Adjuvans für die beiden anderen Toxoide. Diese Mischung bildet den DTP-Dreifachimpfstoff, den man Kindern in ihrem ersten Lebensjahr verabreicht.

Die Antigenbestandteile und Adjuvanzien eines Impfstoffs sind nicht für sich allein zur Anwendung zugelassen, sondern nur in der jeweiligen Zusammensetzung, die dann den Impfstoff bildet. Zurzeit ist Alum das einzige Adjuvans, das die FDA für die in den USA angebotenen Impfstoffe zugelassen hat; einige weitere Impfstoff-Adjuvans-Kombinationen werden allerdings bereits klinisch getestet. Alum ist die gemeinsame Bezeichnung für bestimmte anorganische Aluminiumsalze, wobei Aluminiumhydroxid und Aluminiumphosphat am häufigsten in Adjuvanzien verwendet werden. In Europa verwendet man neben Alum auch eine Öl-(Squalen-)Wasser-Emulsion mit der Bezeichnung **MF-59** als Adjuvans in einem Influenzaimpfstoff; derzeit wird das Adjuvans in klinischen Studien getestet. Wie in Abschn. 3.1.9 beschrieben wurde, besteht die Wirkung von Alum als Adjuvans darin, dass es **NLRP3**, einen der angeborenen Sensormechanismen zur Bakterienerkennung, stimuliert. Dadurch werden das Inflammasom und Entzündungsreaktionen aktiviert, die eine Voraussetzung für eine wirksame adaptive Immunantwort sind.

Bei Tierversuchen wird eine Reihe weiterer Adjuvanzien verwendet, die aber für den Menschen nicht zugelassen sind. Bei vielen dieser Adjuvanzien handelt es sich um nichtinfektiöse Bestandteile von Bakterien, insbesondere aus den Zellwänden. Das **komplette Freund-Adjuvans** ist eine Öl-Wasser-Emulsion, die abgetötete Mykobakterien enthält. Das Muraminsäuredipeptid (ein Peptidoglykan) und Trehalosedimycolat (TDM, ein Glykolipid), die in den Zellwänden der Mykobakterien vorkommen, enthalten einen großen Teil der Adjuvansaktivität, wie sie bei ganzen abgetöteten Mykobakterien vorkommt. Andere bakterielle Adjuvanzien sind abgetötete *B. pertussis*-Bakterien, bakterielle Polysaccharide, bakterielle Hitzeschockproteine und bakterielle DNA. Viele dieser Adjuvanzien verursachen eine ziemlich starke Entzündungsreaktion und sind für die Verwendung in Impfstoffen für den Menschen nicht geeignet.

Die Wirkung von vielen Adjuvanzien besteht anscheinend darin, dass sie die angeborenen Sensorsignalwege für Viren und Bakterien bei den antigenpräsentierenden Zellen (APCs) auslösen. Das geschieht über TLRs und Proteine aus der Familie der NOD-like-Rezeptoren, beispielsweise NLRP3 (Kap. 3). Dadurch werden die APCs aktiviert und lösen schließlich eine adaptive Immunantwort aus. Das **Lipopolysaccharid** (LPS), ein TLR-4-Agonist, wirkt als Adjuvans, seine Anwendung ist jedoch aufgrund der Cytotoxizität begrenzt. Selbst geringe Mengen an injiziertem LPS können einen Schockzustand und eine systemische Entzündung auslösen, die wie eine Sepsis durch gramnegative Bakterien wirkt. Hier stellt sich aber die Frage, ob die Adjuvanswirkung von den toxischen Effekten zu trennen ist. Monophosphoryliertes Lipid A ist ein LPS-Derivat und ebenfalls ein Ligand von TLR-4; mit diesem Molekül ist die Trennung schon teilweise erreicht, indem die Adjuvanswirkung fortbesteht, während die Toxizität deutlich geringer ist als bei LPS. Sowohl **nichtmethylierte CpG-DNA**, die TLR-9 aktiviert, als auch **Imiquimod**, ein niedermolekularer Wirkstoff, der als TLR-7-Agonist wirkt, wurden im Experiment schon als Adjuvanzien eingesetzt, aber beide wurden bis jetzt nicht für Impfstoffe für Menschen zugelassen.

## 16.3.11 Durch Impfstoffe auf DNA-Basis lässt sich ein Immunschutz herbeiführen

Als man im Rahmen einer Gentherapie mit bakteriellen Plasmiden *in vivo* Proteine exprimieren wollte, zeigte sich, dass einige Plasmide eine Immunantwort auslösten. Später stellte sich heraus, dass DNA, die ein virales Immunogen codiert und bei Mäusen in die Muskulatur injiziert wird, Antikörperreaktionen hervorruft und cytotoxische T-Zellen aktiviert, die vor einer anschließenden Infektion mit dem lebensfähigen Virus schützen. Diese Immunantwort schädigt das Muskelgewebe offensichtlich nicht, ist sicher und wirksam, und da der Impfstoff nur auf einem einzigen mikrobiellen Gen oder einem DNA-Abschnitt basiert, der eine Gruppe von Antigenpeptiden codiert, besteht nicht die Gefahr einer aktiven Infektion. Dieses Verfahren bezeichnet man als **DNA-Impfung** und es kann auf verschiedene Weise durchgeführt werden. Bei einer Methode wird die DNA in kleinste Metallpartikel eingebettet, die mithilfe einer sogenannten Genkanone verabreicht werden. Dabei dringen die Partikel durch die Haut und möglicherweise auch einige darunterliegende Muskeln, aber andere Vorgehensweisen sind ebenfalls denkbar, etwa durch Elektroporation. Aufgrund der Stabilität von DNA eignet sich die DNA-Impfung für eine Immunisierung großer Bevölkerungsgruppen. Ein Problem der DNA-basierten Impfstoffe besteht darin, dass ihre Wirkung trotz allem relativ schwach ist. Wenn man Plasmide zusetzt, die Cytokine wie IL-12, IL-23 oder GM-CSF codieren, ist die Immunisierung mit Genen, die schützende Antigene codieren, viel wirksamer. Bei der DNA-Impfung wird das Antigen von den Zellen produziert, die direkt transfiziert werden. etwa in der Haut oder Muskulatur. Für eine Aktivierung der CD8-T-Zellen ist jedoch eine Kreuzpräsentation des Antigens durch dendritische Zellen notwendig. Bei aktuellen Untersuchungen versucht man herauszufinden, wie man die DNA am besten auf diese Populationen der dendritischen Zellen transfizieren kann. Zurzeit werden DNA-Impfstoffe gegen Malaria, Influenza, HIV-Infektionen und Brustkrebs getestet.

## 16.3.12 Impfungen und Checkpoint-Blockaden eignen sich möglicherweise zur Bekämpfung etablierter chronischer Infektionen

Bei vielen chronischen Erkrankungen bleibt die Infektion bestehen, weil das Immunsystem nicht imstande ist, die Krankheitsursache zu beseitigen. Man kann zwei Gruppen solcher Erkrankungen unterscheiden. Bei der ersten kommt es zu einer deutlichen Immunreaktion, die jedoch zur Beseitigung des Erregers nicht ausreicht. Bei der zweiten Gruppe wird die Infektion vom Immunsystem anscheinend nicht erkannt und ruft nur eine kaum messbare Immunantwort hervor.

Bei Erkrankungen der ersten Kategorie sind oft die Immunreaktionen selbst zum Teil für die pathogenen Effekte der Krankheit verantwortlich. Bei Infektionen durch den Wurm *Schistosoma mansoni* erfolgt eine starke Reaktion vom $T_H2$-Typ. Sie ist charakterisiert durch hohe IgE-Konzentrationen, eine Eosinophilie im Blut und Gewebe und eine gefährliche fibrotische Reaktion auf die Wurmeier, die zu einer Leberfibrose führt. Andere ver-

Teil V

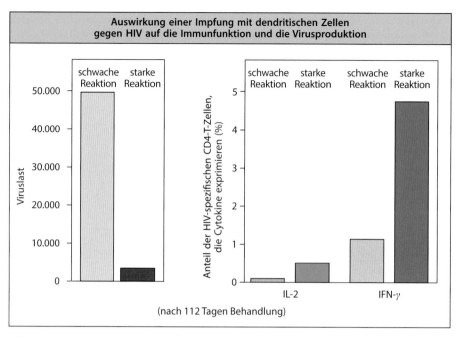

**Abb. 16.29 Impfung mit dendritischen Zellen, die mit HIV beladen sind, verringert die Viruslast und führt zur T-Zell-Immunität.** *Links*: Viruslast bei einer schwachen und zeitlich begrenzten Reaktion nach einer Behandlung (*rosa*); der *rote Balken* steht für Patienten, die eine starke und dauerhafte Reaktion zeigten. *Rechts*: Produktion von IL-2 und Interferon-γ durch CD4-T-Zellen bei Patienten, die eine schwache oder starke Reaktion gezeigt haben. Die Produktion beider Cytokine, die auf eine T-Zell-Aktivität hindeutet, korreliert mit der Reaktion auf die Behandlung

breitete Parasiten wie *Plasmodium*- und *Leishmania*-Arten verursachen bei vielen Patienten Schäden, weil sie nicht wirksam vom Immunsystem beseitigt werden können. Die Mycobakterien, die Tuberkulose und Lepra hervorrufen, erzeugen dauerhafte intrazelluläre Infektionen. Zwar werden diese teilweise durch eine $T_H1$-Reaktion begrenzt, sie führen aber zur Bildung von Granulomen und Nekrosen des Gewebes (▶ Abb. 11.13).

Bei Infektionen mit Hepatitis-B- und Hepatitis-C-Viren bleiben die Viren oft lebenslang erhalten und erzeugen chronische Leberschäden, die schließlich zum Tod durch Hepatitis oder Leberkrebs führen. Wie wir in Kap. 13 festgestellt haben, persistiert HIV bei einer Infektion trotz einer vorhandenen Immunantwort. Bei einer Vorstudie an Patienten mit einer HIV-Infektion hat man dendritische Zellen aus dem eigenen Knochenmark der Patienten isoliert und mit chemisch inaktivierten HIV-Partikeln „beladen". Nach der Immunisierung mit diesen Zellen kam es bei einigen Patienten zu einer starken T-Zell-Reaktion gegen HIV, die mit der Produktion von IL-2 und IFN-γ einherging (▶ Abb. 16.29). Die Viruslast verringerte sich bei diesen Patienten um 80 %. Bei fast der Hälfte dieser Patienten hielt die Unterdrückung der Virämie über ein Jahr an. Dennoch reichten die Reaktionen nicht aus, um die HIV-Infektion zu beseitigen.

Bei der zweiten Kategorie von chronischen Infektionen, die hauptsächlich bei Viruserkrankungen vorkommt, kann das Immunsystem die Erreger nicht beseitigen, weil sie von ihm kaum erkannt werden. Ein gutes Beispiel ist die Infektion mit Herpes simplex Typ 2. Dieses Virus wird durch Geschlechtsverkehr übertragen, bleibt im Nervengewebe latent erhalten und verursacht genitalen Herpes, der in vielen Fällen immer wieder ausbricht. Die Ursache dafür, dass das Virus nicht erkannt wird, ist anscheinend das virale Protein ICP47, das an den TAP-Komplex bindet (Abschn. 6.1.3) und bei den infizierten Zellen den Peptidtransport in das endoplasmatische Reticulum blockiert. Deshalb präsentieren MHC-Klasse-I-Moleküle dem Immunsystem keine viralen Peptide. Ein anderes Beispiel für chronische Infektionen dieser Art sind durch bestimmte Papillomviren hervorgerufene Genitalwarzen, gegen die eine Immunantwort, insbesondere eine zelluläre Reaktion, nahezu ausbleibt. Wie bereits besprochen, zeigten die Ergebnisse einer vor Kurzem durchgeführten klinischen Studie, dass die Anwendung von Impfstoffen mit langen Peptiden gegen HPV 16 zu einer Verstärkung der zellulären Immunantworten auf die Virusantigene führte und die präkarzinogenen Läsionen, die mit einer Infektion durch das humane Papillomvirus (HPV) einhergehen, verringerte oder ganz beseitigte (Abschn. 16.3.9). Diese Ergebnisse sind ein positives Zeichen dafür, dass die Impfstoffe, die bei anderen Pathogenen auf Verstärkung der zellulären Immunantworten abzielen, ähnlich wirksam sein können.

### Zusammenfassung

Der durchaus größte Erfolg der modernen Immunologie sind die Impfungen, die einige Erkrankungen des Menschen stark zurückgedrängt oder sogar ausgerottet haben. Die Impfung ist bis heute die erfolgreichste Manipulation des Immunsystems, da sie sich seine natürliche Spezifität und Induzierbarkeit zunutze macht. Dennoch bleibt noch viel zu tun. Gegen viele bedeutsame Infektionskrankheiten gibt es noch keine wirksamen Schutzimpfungen. Die besten vorhandenen Impfstoffe beruhen auf lebenden Mikroorganismen, aber sie sind nicht ohne ein gewisses Risiko und können bei Menschen, deren Immunsystem unterdrückt oder geschwächt ist, sogar tödlich sein. Deswegen sucht man nach neuen Methoden zur Entwicklung von genetisch attenuierten Pathogenen, um sie als Impfstoffe verwenden zu können, insbesondere gegen Malaria und Tuberkulose. Die meisten heute verwendeten Impfstoffe gegen Viren basieren auf attenuierten, aber noch lebensfähigen Viren, während viele Impfstoffe gegen Bakterien aus Komponenten der Mikroorganismen bestehen, darunter auch Bestandteile der Toxine, die ein solcher Organismus produziert. Die schützende Immunantwort auf Kohlenhydratantigene lässt sich durch Kopplung der Kohlenhydrate mit einem Protein verstärken. Impfstoffe auf der Grundlage von Peptidepitopen, die bei sehr jungen Kindern keine anhaltende Immunität hervorrufen, können durch Konjugation des Kohlenhydrats mit einem Protein in ihrer Wirkung verstärkt werden. Impfstoffe auf der Grundlage von Peptiden, insbesondere mit sehr langen Peptiden, lassen allmählich das Versuchsstadium hinter sich und werden an Menschen getestet. Die Immunogenität eines Impfstoffs hängt oft von Adjuvanzien ab, die direkt oder indirekt dazu beitragen, die zur Auslösung der Immunantwort notwendigen antigenpräsentierenden Zellen zu aktivieren. Adjuvanzien aktivieren diese Zellen, indem sie das angeborene Immunsystem aktivieren und Liganden für die Toll-like-Rezeptoren und andere angeborene Sensoren auf den antigenpräsentierenden Zellen zur Verfügung stellen. Die Entwicklung oral verabreichter Impfstoffe ist besonders zur Stimulation einer Immunität gegen die vielen über die Schleimhäute eindringenden Mikroorganismen von Bedeutung.

# Kapitelzusammenfassung

Eine der großen Herausforderungen der Zukunft ist die Regulation des Immunsystems, sodass unerwünschte Immunreaktionen unterdrückt und erwünschte gefördert werden können. Die derzeitigen Ansätze zur Hemmung unerwünschter Reaktionen beruhen auf Substanzen, die sämtliche adaptiven Immunreaktionen gleichermaßen unterdrücken und dadurch relativ ungeeignet sind. Das Immunsystem kann seine eigenen Reaktionen in antigenspezifischer Weise unterdrücken. Die Erforschung dieser endogenen Regulation hat es schon ermöglicht, Methoden zu entwickeln, die zwar bestimmte Reaktionen verändern, aber die allgemeine Immunkompetenz nicht beeinträchtigen. Neue Behandlungsmethoden, darunter viele mit monoklonalen Antikörpern, wurden inzwischen als klinisch relevante Therapien eingeführt, welche diejenigen Reaktionen selektiv unterdrücken, die zu Allergien, Autoimmunität oder zur Abstoßung eines transplantierten Organs führen. Je mehr wir über Tumoren und infektiöse Organismen wissen, desto bessere Verfahren können wir entwickeln, um das Immunsystem gegen Krebs und Infektionen zu mobilisieren. Hierzu müssen wir die Induktion der Immunantworten und die Biologie des Immunsystems besser erforschen und unser Wissen dann auf die Erkrankungen des Menschen anwenden.

# Aufgaben

**16.1 Multiple Choice:** Welcher der folgenden Immunmodulatoren zeigt einen ähnlichen Mechanismus wie Azathioprin?
A. Mycophenolat
B. Cyclophosphamid
C. Abatacept
D. Rapamycin

**16.2 Bitte zuordnen:** Welcher der folgenden immunmodulierenden Antikörper ist mit welchem Mechanismus beziehungsweise mit welcher Aktivität verbunden?

A. Natalizumab

B. Rituximab
C. Muromomab

D. Tocilizumab

i. verhindert die Abstoßung eines allogenen Transplantats über den CD3-Komplex, der T-Zell-Rezeptor-Signale hemmt
ii. Anti-IL-6-Rezeptor
iii. hemmt die Wanderung von Zellen durch Blockade von VLA-4
iv. Depletion von B-Zellen durch einen Angriff auf CD19

**16.3 Richtig oder falsch:** Zellen, die einen chimären T-Rezeptor (CAR) tragen, werden zur Behandlung von Leukämie mithilfe eines Retrovirus transduziert und produzieren daher einen tumorspezifischen T-Zell-Rezeptor.

**16.4 Multiple Choice:** Welche der folgenden Aussagen ist falsch?
A. Der Impfstoff Provenge® wird mithilfe von patienteneigenen antigenbeladenen dendritischen Zellen gewonnen, um therapeutisch wirksame Antitumor-T-Zell-Reaktionen hervorzurufen.
B. Klinische Studien mit Impfstoffen gegen HPV 16 und HPV 18 (die mit 70 % der Fälle von Gebärmutterhalskrebs assoziiert sind) zeigten bei der Vorbeugung von Gebärmutterhalskrebs, der von diesen Viren verursacht wird, eine Wirksamkeit von 100 %.
C. Für Impfstoffe gegen Krebs auf Zellbasis nutzt man den Tumor des Patienten, um Antigene zu gewinnen. Um die Immunogenität dieser Antigene zu erhöhen, kann man sie mit Adjuvanzien vermischen, beispielsweise mit CpG-DNA, die an TLR-7 bindet.

**16.5 Multiple Choice:** Welche der folgenden Behandlungsmethoden gegen Krebs ist eine Checkpoint-Blockade-Therapie? (Eine oder mehrere Antworten sind richtig.)
A. Ipilimumab (Anti-CTLA-4-Antikörper)
B. Trastuzumab (Anti-Her2/neu-Antikörper)
C. Rituximab (Anti-CD20-Antikörper)
D. Pembrolizumab (Anti-PD-1-Antikörper)
E. Sipuleucel-T (dendritische Zellen des Patienten, die mit dem Tumorantigen prostataspezifische saure Phosphatase und GM-CSF inkubiert und dann wieder auf den Patienten übertragen werden)

**16.6 Richtig oder falsch:** T-Zellen, die den chimären Antigenrezeptor (CAR) tragen, können neben Peptid:MHC-Komplexen auch andere Zielmoleküle erkennen.

**16.7 Bitte zuordnen:** Welche der zurzeit angewendeten Impfstoffe aus den folgenden Organismen sind attenuierte Lebendimpfstoffe (A), Impfstoffe auf Grundlage von Toxinen (T), abgetötete Impfstoffe (K) oder konjugierte Polysaccharide (P)?

A. ___ *Corynebacterium diphtheriae*
B. ___ *H. influenzae* Tyb B
C. ___ Masern/Mumps/Röteln (MMR)
D. ___ Bacille Calmette-Guérin (BCG)
E. ___ Influenza-A-Virus
F. ___ Sabin-Polioimpfstoff

**16.8 Bitte ergänzen:** Impfstoffe zeigen viele Effekte, die vorteilhaft sind und auch genutzt werden. Wenn man beispielsweise eine Antikörperreaktion gegen bakterielles Lipopolysaccharid auslösen will, wird es mit einem Protein konjugiert, um den Effekt der _____ zu nutzen, damit es zu T-Zell-abhängigen Antikörperreaktionen kommt. Darüber hinaus können Impfstoffe auch vor verschiedenen Subtypen eines Virus schützen, etwa beim Influenzavirus. Diesen Effekt bezeichnet man als _____ Immunität. Wenn innerhalb einer Population genügend Personen geimpft sind, kommt es zu einer _____immunität, sodass sogar nichtgeimpfte Personen vor einer Infektion geschützt sind.

**16.9 Kurze Antwort:** Welche hauptsächlichen Nachteile haben Impfstoffe, die auf Peptiden basieren?

**16.10 Richtig oder falsch:** Alle Verabreichungswege für Impfstoffe lösen praktisch identische Immunantworten aus, wenn sie erfolgreich sind.

**16.11 Bitte zuordnen:** Welches Adjuvans stimuliert welchen Immunrezeptor?

A. Alum | i. TLR-9
B. komplettes Freund-Adjuvans | ii. TLR-4
C. Lipopolysaccharid | iii. NLRP3
D. DNA | iv. NOD2
E. Imiquimod | v. TLR-7/8

# Literatur

## Allgemeine Literatur

- Maus, M.V., Fraietta, J.A., Levine, B.L., Kalos, M., Zhao, Y., and June, C.H.: **Adoptive immunotherapy for cancer or viruses.** *Annu Rev Immunol.* 2014, **32**:189–225.
- Feldmann, M.: **Translating molecular insights in autoimmunity into effective therapy.** *Annu. Rev. Immunol.* 2009, **27**:1–27.
- Kappe, S.H., Vaughan, A.M., Boddey, J.A., and Cowman, A. F.: **That was then but this is now: malaria research in the time of an eradication agenda.** *Science* 2010, **328**:862–866.
- Kaufmann, S.H.: **Future vaccination strategies against tuberculosis: thinking outside the box.** *Immunity* 2010, **33**:567–577.
- Korman, A.J., Peggs, K.S., and Allison, J.P.: **Checkpoint blockade in cancer immunotherapy.** *Adv. Immunol.* 2006, **90**:297–339.

Teil V

## Literatur zu den einzelnen Abschnitten

### Abschnitt 16.1.1

- Kampa, M. and Castanas, E.: **Membrane steroid receptor signaling in normal and neoplastic cells.** *Mol. Cell. Endocrinol.* 2006, **246**:76–82.
- Löwenberg, M., Verhaar, A.P., van den Brink, G.R., and Hommes, D.W.: **Glucocorticoid signaling: a nongenomic mechanism for T-cell immunosuppression.** *Trends Mol. Med.* 2007, **13**:158–163.
- Rhen, T. and Cidlowski, J.A.: **Antiinflammatory action of glucocorticoids—new mechanisms for old drugs.** *N. Engl. J. Med.* 2005, **353**:1711–1723.
- Barnes, P.J.: **Glucocorticosteroids: current and future directions.** *Br. J. Pharmacol.* 2011, **163**:29–43.

### Abschnitt 16.1.2

- Aarbakke, J., Janka-Schaub, G., and Elion, G.B.: **Thiopurine biology and pharmacology.** *Trends Pharmacol. Sci.* 1997, **18**:3–7.
- Allison, A.C. and Eugui, E.M.: **Mechanisms of action of mycophenolate mofetil in preventing acute and chronic allograft rejection.** *Transplantation* 2005, **802**:S181–S190.
- O'Donovan, P., Perrett, C.M., Zhang, X., Montaner, B., Xu, Y.Z., Harwood, C.A., McGregor, J.M., Walker, S.L., Hanaoka, F., and Karran, P.: **Azathioprine and UVA light generate mutagenic oxidative DNA damage.** *Science* 2005, **309**:1871–1874.
- Taylor, A.L., Watson, C.J., and Bradley, J.A.: **Immunosuppressive agents in solid organ transplantation: mechanisms of action and therapeutic efficacy.** *Crit. Rev. Oncol. Hematol.* 2005, **56**:23–46.
- Zhu, L.P., Cupps, T.R., Whalen, G., and Fauci, A.S.: **Selective effects of cyclophosphamide therapy on activation, proliferation, and differentiation of human B cells.** *J. Clin. Invest.* 1987, **79**:1082–1090.

### Abschnitt 16.1.3

- Araki, K., Turner, A.P., Shaffer, V.O., Gangappa, S., Keller, S.A., Bachmann, M.F., Larsen, C.P., and Ahmed, R.: **mTOR regulates memory CD8 T-cell differentiation.** *Nature* 2009, **460**:108–112.
- Battaglia, M., Stabilini, A., and Roncarolo, M.G.: **Rapamycin selectively expands CD4+CD25+FoxP3+ regulatory T cells.** *Blood* 2005, **105**:4743–4748.
- Bierer, B.E., Mattila, P.S., Standaert, R.F., Herzenberg, L.A., Burakoff, S.J., Crabtree, G., and Schreiber, S.L.: **Two distinct signal transmission pathways in T lymphocytes are inhibited by complexes formed between an immunophilin and either FK506 or rapamycin.** *Proc. Natl Acad. Sci. USA* 1990, **87**:9231–9235.
- Crabtree, G.R.: **Generic signals and specific outcomes: signaling through $Ca^{2+}$, calcineurin, and NF-AT.** *Cell* 1999, **96**:611–614.
- Crespo, J.L. and Hall, M.N.: **Elucidating TOR signaling and rapamycin action: lessons from Saccharomyces cerevisiae.** *Microbiol. Mol. Biol. Rev.* 2002, **66**:579–591.
- Fleischmann, R, Kremer, J., Cush, J., Schulze-Koops, H., Connell, C.A., Bradley, J.D., Gruben, D., Wallenstein, G.V., Zwillich, S.H., Kanik, K.S. *et al.*: **Placebo-controlled trial of tofacitinib monotherapy in rheumatoid arthritis.** *N. Engl. J. Med.* 2012, **367**:495–507.
- Pesu, M., Laurence, A., Kishore, N, Zwillich, S.H., Chan, G, and O'Shea, J.J.: **Therapeutic targeting of Janus kinases.** *Immunol. Rev.* 2008, **223**:132–142.

Teil V

## Abschnitt 16.1.4

- Graca, L., Le Moine, A., Cobbold, S.P., and Waldmann, H.: **Antibody-induced transplantation tolerance: the role of dominant regulation.** *Immunol. Res.* 2003, **28**:181–191.
- Nagelkerke, S.Q., and Kuijpers, T.W.: **Immunomodulation by IVIg and the role of Fc-gamma receptors: classic mechanisms of action after all?** *Front. Immunol.* 2015, **5**:674.
- Nagelkerke, S.Q. Dekkers, G., Kustiawan, I, van de Bovenkamp, F.S., Geissler, J., Plomp, R., Wuhrer, M., Vidarsson, G., Rispens, T., van den Berg, T.K. *et al.*: **Inhibition of FcγR-mediated phagocytosis by IVIg is independent of IgG-Fc sialylation and FcγRIIb in human macrophages.** *Blood* 2014, **124**:3709–3718.
- Waldmann, H. and Hale, G.: **CAMPATH: from concept to clinic.** *Phil. Trans. R. Soc. Lond. B* 2005, **360**:1707–1711.

## Abschnitt 16.1.5

- Kim, S.J., Park, Y., and Hong, H.J.: **Antibody engineering for the development of therapeutic antibodies.** *Mol. Cell* 2005, **20**:17–29.
- Liu, X.Y., Pop, L.M., and Vitetta, E.S.: **Engineering therapeutic monoclonal antibodies.** *Immunol. Rev.* 2008, **222**:9–27.
- Smith, K., Garman, L., Wrammert, J., Zheng, N.Y., Capra, J.D., Ahmed, R., and Wilson, P.C.: **Rapid generation of fully human monoclonal antibodies specific to a vaccinating antigen.** *Nat. Protocols* 2009, **4**:372–384.
- Traggiai, E., Becker, S., Subbarao, K., Kolesnikova, L., Uematsu, Y., Gismondo, M.R., Murphy, B.R., Rappuoli, R., and Lanzavecchia, A.: **An efficient method to make human monoclonal antibodies from memory B cells: potent neutralization of SARS coronavirus.** *Nat. Med.* 2004, **10**:871–875.
- Winter, G., Griffiths, A.D., Hawkins, R.E., and Hoogenboom, H.R.: **Making antibodies by phage display technology.** *Annu. Rev. Immunol.* 1994, **12**:433–455.

## Abschnitt 16.1.6

- Kirk, A.D., Burkly, L.C., Batty, D.S., Baumgartner, R.E., Berning, J.D., Buchanan, K., Fechner, J.H., Jr, Germond, R.L., Kampen, R.L., Patterson, N.B., *et al.*: **Treatment with humanized monoclonal antibody against CD154 prevents acute renal allograft rejection in nonhuman primates.** *Nat. Med.* 1999, **5**:686–693.
- Li, X.C., Strom, T.B., Turka, L.A., and Wells, A.D.: **T-cell death and transplantation tolerance.** *Immunity* 2001, **14**:407–416.
- Londrigan, S.L., Sutherland, R.M., Brady, J.L., Carrington, E.M., Cowan, P.J., d'Apice, A.J., O'Connell, P.J., Zhan, Y., and Lew, A.M.: **In situ protection against islet allograft rejection by CTLA4Ig transduction.** *Transplantation* 2010, **90**:951–957.
- Masharani, U.B. and Becker, J.: **Teplizumab therapy for type 1 diabetes.** *Expert Opin. Biol. Ther.* 2010, **10**:459–465.
- Pham, P.T., Lipshutz, G.S., Pham, P.T., Kawahji, J., Singer, J.S., and Pham, P.C.: **The evolving role of alemtuzumab (Campath-1H) in renal transplantation.** *Drug Des. Dev. Ther.* 2009, **3**:41–49.
- Sageshima, J., Ciancio, G., Chen, L., and Burke, G.W.: **Anti-interleukin-2 receptor antibodies—basiliximab and daclizumab—for the prevention of acute rejection in renal transplantation.** *Biologics* 2009, **3**:319–336.

## Abschnitt 16.1.7

- Coiffier, B., Lepage, E., Briere, J., Herbrecht, R., Tilly, H., Bouabdallah, R., Morel, P., Van Den Neste, E., Salles, G., Gaulard, P., *et al.*: **CHOP chemotherapy plus rituximab**

Teil V

compared with CHOP alone in elderly patients with diffuse large-B-cell lymphoma. *N. Engl. J. Med.* 2002, **346**:235–242.

- Coles, A., Deans, J., and Compston, A.: **Campath-1H treatment of multiple sclerosis: lessons from the bedside for the bench.** *Clin. Neurol. Neurosurg.* 2004, **106**:270–274.
- Edwards, J.C., Leandro, M.J., and Cambridge, G.: **B lymphocyte depletion in rheumatoid arthritis: targeting of CD20.** *Curr. Dir. Autoimmun.* 2005, **8**:175–192.
- Yazawa, N., Hamaguchi, Y., Poe, J.C., and Tedder, T.F.: **Immunotherapy using unconjugated CD19 monoclonal antibodies in animal models for B lymphocyte malignancies and autoimmune disease.** *Proc. Natl Acad. Sci. USA* 2005, **102**:15178–15783.
- Zaja, F., De Vita, S., Mazzaro, C., Sacco, S., Damiani, D., De Marchi, G., Michelutti, A., Baccarani, M., Fanin, R., and Ferraccioli, G.: **Efficacy and safety of rituximab in type II mixed cryoglobulinemia.** *Blood* 2003, **101**:3827–3834.


## Abschnitt 16.1.8

- Guarda, G., Braun, M., Staehli, F., Tardivel, A., Mattmann, C., Förster, I., Farlik, M., Decker, T., Du Pasquier, R.A., Romero, P., *et al.*: **Type I interferon inhibits interleukin-1 production and inflammasome activation.** *Immunity* 2011, **34**:213–223.
- Feldmann, M. and Maini, R.N.: **Lasker Clinical Medical Research Award. TNF defined as a therapeutic target for rheumatoid arthritis and other autoimmune diseases.** *Nat. Med.* 2003, **9**:1245–1250.
- Hallegua, D.S. and Weisman, M.H.: **Potential therapeutic uses of interleukin 1 receptor antagonists in human diseases.** *Ann. Rheum. Dis.* 2002, **61**:960–967. Karanikolas, G., Charalambopoulos, D., Vaiopoulos, G., Andrianakos, A., Rapti,
- A., Karras, D., Kaskani, E., and Sfikakis, P.P.: **Adjunctive anakinra in patients with active rheumatoid arthritis despite methotrexate, or leflunomide, or cyclosporin-A monotherapy: a 48-week, comparative, prospective study.** *Rheumatology* 2008, **47**:1384–1388.
- Mackay, C.R.: **New avenues for anti-inflammatory therapy.** *Nat. Med.* 2002, **8**:117–118.


## Abschnitt 16.1.9

- Boster, A.L., Nicholas, J.A., Topalli, I., Kisanuki, Y.Y., Pei, W., Morgan-Followell, B., Kirsch, C.F., Racke, M.K., and Pitt, D.: **Lessons learned from fatal progressive multifocal leukoencephalopathy in a patient with multiple sclerosis treated with natalizumab.** *JAMA Neurol.* 2013, **70**:398–402.
- Clifford, D.B., De Luca, A., Simpson, D.M., Arendt, G., Giovannoni, G., and Nath, A.: **Natalizumab-associated progressive multifocal leukoencephalopathy in patients with multiple sclerosis: lessons from 28 cases.** *Lancet Neurol.* 2010, **9**:438–446.
- Cyster, J.G.: **Chemokines, sphingosine-1-phosphate, and cell migration in secondary lymphoid organs.** *Annu. Rev. Immunol.* 2005, **23**:127–159.
- Idzko, M., Hammad, H., van Nimwegen, M., Kool, M., Muller, T., Soullie, T., Willart, M.A., Hijdra, D., Hoogsteden, H.C., and Lambrecht, B.N.: **Local application of FTY720 to the lung abrogates experimental asthma by altering dendritic cell function.** *J. Clin. Invest.* 2006, **116**:2935–2944.
- Kappos, L., Radue, E.W., O'Connor, P., Polman, C., Hohlfeld, R., Calabresi, P., Selmaj, K., Agoropoulou, C., Leyk, M., Zhang-Auberson, L., *et al.*: **A placebo-controlled trial of oral fingolimod in relapsing multiple sclerosis.** *N. Engl. J. Med.* 2010, **362**:387–401.
- Podolsky, D.K.: **Selective adhesion-molecule therapy and inflammatory bowel disease—a tale of Janus?** *N. Engl. J. Med.* 2005, **353**:1965–1968.

## Abschnitt 16.1.10

- Fife, B.T. and Bluestone, J.A.: **Control of peripheral T-cell tolerance and autoimmunity via the CTLA-4 and PD-1 pathways.** *Immunol. Rev.* 2008, **224**:166–182.
- Ellis, C.N. and Krueger, G.G.: **Treatment of chronic plaque psoriasis by selective targeting of memory effector T lymphocytes.** *N. Engl. J. Med.* 2001, **345**:248–255.
- Menter, A.: **The status of biologic therapies in the treatment of moderate to severe psoriasis.** *Cutis* 2009, **84**:14–24.
- Kraan, M.C., van Kuijk, A.W., Dinant, H.J., Goedkoop, A.Y., Smeets, T.J., de Rie, M.A., Dijkmans, B.A., Vaishnaw, A.K., Bos, J.D., and Tak, P.P.: **Alefacept treatment in psoriatic arthritis: reduction of the effector T cell population in peripheral blood and synovial tissue is associated with improvement of clinical signs of arthritis.** *Arthritis Rheum.* 2002, **46**:2776–2784.
- Lowes, M.A., Chamian, F., Abello, M.V., Fuentes-Duculan, J., Lin, S.L., Nussbaum, R., Novitskaya, I., Carbonaro, H., Cardinale, I., Kikuchi, T., *et al.*: **Increase in TNF-α and inducible nitric oxide synthase-expressing dendritic cells in psoriasis and reduction with efalizumab (anti-CD11a).** *Proc. Natl Acad. Sci. USA* 2005, **102**:19057–19062.

## Abschnitt 16.1.11

- Baeke, F., Takiishi, T., Korf, H., Gysemans, C., and Mathieu, C.: **Vitamin D: modulator of the immune system.** *Curr. Opin. Pharmacol.* 2010, **10**:482–496.
- Okwan-Duodu, D., Datta, V., Shen, X.Z., Goodridge, H.S., Bernstein, E.A., Fuchs, S., Liu, G.Y., and Bernstein, K.E.: **Angiotensin-converting enzyme overexpression in mouse myelomonocytic cells augments resistance to Listeria and methicillin-resistant Staphylococcus aureus.** *J. Biol. Chem.* 2010, **285**:39051–39060.
- Ridker, P.M., Cannon, C.P., Morrow, D., Rifai, N., Rose, L.M., McCabe, C.H., Pfeffer, M.A., Braunwald, E.: **Pravastatin or Atorvastatin Evaluation and Infection Therapy-Thrombolysis in Myocardial Infarction 22 (PROVE IT-TIMI 22) Investigators: C-reactive protein levels and outcomes after statin therapy.** *N. Engl. J. Med.* 2005, **352**:20–28.
- Youssef, S., Stuve, O., Patarroyo, J.C., Ruiz, P.J., Radosevich, J.L., Hur, E.M., Bravo, M., Mitchell, D.J., Sobel, R.A., Steinman, L., *et al.*: **The HMG-CoA reductase inhibitor, atorvastatin, promotes a Th2 bias and reverses paralysis in central nervous system autoimmune disease.** *Nature* 2002, **420**:78–84.

## Abschnitt 16.1.12

- Diabetes Prevention Trial: Type 1 Diabetes Study Group: **Effects of insulin in relatives of patients with type 1 diabetes mellitus.** *N. Engl. J. Med.* 2002, **346**:1685–1691.
- Haselden, B.M., Kay, A.B., and Larché, M.: **Peptide-mediated immune responses in specific immunotherapy.** *Int. Arch. Allergy. Immunol.* 2000, **122**:229–237.
- Mowat, A.M., Parker, L.A., Beacock-Sharp, H., Millington, O.R., and Chirdo, F.: **Oral tolerance: overview and historical perspectives.** *Ann. N.Y. Acad. Sci.* 2004, **1029**:1–8.
- Steinman, L., Utz, P.J., and Robinson, W.H.: **Suppression of autoimmunity via microbial mimics of altered peptide ligands.** *Curr. Top. Microbiol. Immunol.* 2005, **296**:55–63.
- Weiner, H.L., da Cunha, A.P., Quintana, F., and Wu, H.: **Oral tolerance.** *Immunol. Rev.* 2011, **241**:241–259.

## Abschnitt 16.2.1

- Jaffee, E.M. and Pardoll, D.M.: **Murine tumor antigens: is it worth the search?** *Curr. Opin. Immunol.* 1996, **8**:622–627.

Teil V

■ Klein, G.: **The strange road to the tumorspecific transplantation antigens (TSTAs).** *Cancer Immun.* 2001, **1**:6.

## Abschnitt 16.2.2

■ Dunn, G.P., Old, L.J., and Schreiber, R.D.: **The immunobiology of cancer immuno-surveillance and immunoediting.** *Immunity* 2004, **21**:137–148.
■ Gajewski,T.F., Meng, Y., Blank, C., Brown, I., Kacha, A., Kline, J., and Harlin, H.: **Immune resistance orchestrated by the tumor microenvironment.** *Immunol. Rev.* 2006, **213**:131–145.
■ Girardi, M., Oppenheim, D.E., Steele, C.R., Lewis, J.M., Glusac, E., Filler, R., Hobby, P., Sutton, B., Tigelaar, R.E., and Hayday, A.C.: **Regulation of cutaneous malignancy by γδ T cells.** *Science* 2001, **294**:605–609.
■ Kloor, M., Becker, C., Benner, A., Woerner, S.M., Gebert, J., Ferrone, S., and von Knebel Doeberitz, M: **Immunoselective pressure and human leukocyte antigen class I antigen machinery defects in microsatellite unstable colorectal cancers.** *Cancer Res.* 2005, **65**:6418–6424.
■ Koblish, H.K., Hansbury, M.J., Bowman, K.J., Yang, G., Neilan, C.L., Haley, P.J., Burn, T.C., Waeltz, P., Sparks, R.B., Yue, E.W., *et al.* : **Hydroxyamidine inhibitors of indoleamine-2,3-dioxygenase potently suppress systemic tryptophan catabolism and the growth of IDO-expressing tumors.** *Mol. Cancer. Ther.* 2010, **9**:489–498.
■ Koebel, C.M., Vermi, W., Swann, J.B., Zerafa, N., Rodig, S.J., Old, L.J., Smyth, M.J., and Schreiber, R.D.: **Adaptive immunity maintains occult cancer in an equilibrium state.** *Nature* 2007, **450**:903–907.
■ Koopman, L.A., Corver, W.E., van der Slik, A.R., Giphart, M.J., and Fleuren, G.J.: **Multiple genetic alterations cause frequent and heterogeneous human histocompatibility leukocyte antigen class I loss in cervical cancer.** *J. Exp. Med.* 2000, **191**:961–976.
■ Munn, D.H. and Mellor, A.L.: **Indoleamine 2,3-dioxygenase and tumor-induced tolerance.** *J. Clin. Invest.* 2007, **117**:1147–1154.
■ Ochsenbein, A. F., Sierro, S., Odermatt, B., Pericin, M., Karrer, U., Hermans, J., Hemmi, S., Hengartner, H., and Zinkernagel, R.M.: **Roles of tumour localization, second signals and cross priming in cytotoxic T-cell induction.** *Nature* 2001, **411**:1058–1064.
■ Peggs, K.S., Quezada, S.A., and Allison, J.P.: **Cell intrinsic mechanisms of T-cell inhibition and application to cancer therapy.** *Immunol. Rev.* 2008, **224**:141–165.
■ Peranzoni, E., Zilio, S., Marigo, I., Dolcetti, L., Zanovello, P., Mandruzzato, S., and Bronte, V.: **Myeloid-derived suppressor cell heterogeneity and subset definition.** *Curr. Opin. Immunol.* 2010, **22**:238–244.
■ Schreiber, R.D., Old. L.J., and Smyth, M.J.: **Cancer immunoediting: integrating immunity's roles in cancer suppression and promotion.** *Science* 2011, **331**:1565–1570.
■ Shroff, R. and Rees, L.: **The post-transplant lymphoproliferative disorder—a literature review.** *Pediatr. Nephrol.* 2004, **19**:369–377.
■ Wang, H.Y., Lee, D.A., Peng, G., Guo, Z., Li, Y., Kiniwa, Y., Shevach, E.M., and Wang, R.F.: **Tumor-specific human CD4⁺ regulatory T cells and their ligands: implications for immunotherapy.** *Immunity* 2004, **20**:107–118.

## Abschnitt 16.2.3

■ Clark, R.E., Dodi, I. A., Hill, S.C., Lill, J.R., Aubert, G., Macintyre, A.R., Rojas, J., Bourdon, A., Bonner, P.L., Wang, L., *et al.*: **Direct evidence that leukemic cells present HLA-associated immunogenic peptides derived from the BCR-ABL b3a2 fusion protein.** *Blood* 2001, **98**:2887–2893.
■ Comoli, P., Pedrazzoli, P., Maccario, R., Basso, S., Carminati, O., Labirio, M., Schiavo, R., Secondino, S., Frasson, C., Perotti, C., *et al.*: **Cell therapy of Stage IV nasopharyngeal carcinoma with autologous Epstein-Barr virus-targeted cytotoxic T lymphocytes.** *J. Clin. Oncol.* 2005, **23**:8942–8949.

Teil V

Disis, M.L., Knutson, K.L., McNeel, D.G., Davis, D., and Schiffman, K.: **Clinical translation of peptide-based vaccine trials: the HER-2/neu model.** *Crit. Rev. Immunol.* 2001, **21**:263–273.

Dudley, M. E., Wunderlich, J.R., Yang, J.C., Sherry, R.M., Topalian, S.L., Restifo, N.P., Royal, R.E., Kammula, U., White, D.E., Mavroukakis, S.A., *et al.*: **Adoptive cell transfer therapy following non-myeloablative but lymphodepleting chemotherapy for the treatment of patients with refractory metastatic melanoma.** *J. Clin. Oncol.* 2005, **23**:2346–2357.

Matsushita, H., Vesely, M.D., Koboldt, D.C., Rickert, C.G., Uppaluri, R., Magrini, V.J., Arthur, C.D., White, J.M., Chen, Y.S., Shea, L.K., *et al.*: **Cancer exome analysis reveals a T-cell-dependent mechanism of cancer immunoediting.** *Nature* 2012, **482**:400–404.

Michalek, J., Collins, R.H., Durrani, H.P., Vaclavkova, P., Ruff, L.E., Douek, D.C., and Vitetta, E.S.: **Definitive separation of graft-versus-leukemia- and graft-versus-host-specific CD4+ T cells by virtue of their receptor β loci sequences.** *Proc. Natl Acad. Sci. USA* 2003, **100**:1180–1184.

Morris, E.C., Tsallios, A., Bendle, G.M., Xue, S.A., and Stauss, H.J.: **A critical role of T cell antigen receptor-transduced MHC class I-restricted helper T cells in tumor protection.** *Proc. Natl Acad. Sci. USA* 2005, **102**:7934–7939.

Schultz, E.S., Schuler-Thurner, B., Stroobant, V., Jenne, L., Berger, T.G., Thielemanns, K., van der Bruggen, P., and Schuler, G.: **Functional analysis of tumor-specific Th cell responses detected in melanoma patients after dendritic cell-based immunotherapy.** *J. Immunol.* 2004, **172**:1304–1310.

## Abschnitt 16.2.4

Grupp, S.A., Kalos, M., Barrett, D., Aplenc, R., Porter, D.L., Rheingold, S.R., Teachey, D.T., Chew, A., Hauck, B., Wright, J.F., *et al.*: **Chimeric antigen receptor-modified T cells for acute lymphoid leukemia.** *N. Engl. J. Med.* 2013, **368**:1509–1518.

Stromnes, I.M., Schmitt, T.M., Chapuis, A.G., Hingorani, S.R., and Greenberg, P.D.: **Re-adapting T cells for cancer therapy: from mouse models to clinical trials.** *Immunol. Rev.* 2014, **257**:145–164.

## Abschnitt 16.2.5

Bradley, A.M., Devine, M., and DeRemer, D.: **Brentuximab vedotin: an anti-CD30 antibody-drug conjugate.** *Am. J. Health Syst. Pharm.* 2013, **70**:589–597.

Hortobagyi, G.N.: **Trastuzumab in the treatment of breast cancer.** *N. Engl. J. Med.* 2005, **353**:1734–1736.

Kreitman, R.J., Wilson, W.H., Bergeron, K., Raggio, M., Stetler-Stevenson, M., FitzGerald, D.J., and Pastan, I.: **Efficacy of the anti-CD22 recombinant immunotoxin BL22 in chemotherapy-resistant hairy-cell leukemia.** *N. Engl. J. Med.* 2001, **345**:241–247.

Park, S., Jiang, Z., Mortenson, E.D., Deng, L., Radkevich-Brown, O., Yang, X., Sattar, H., Wang, Y., Brown, N.K., Greene, M., *et al.*: **The therapeutic effect of anti-HER2/neu antibody depends on both innate and adaptive immunity.** *Cancer Cell* 2010, **18**:160–170.

Tol, J. and Punt, C.J.: **Monoclonal antibodies in the treatment of metastatic colorectal cancer: a review.** *Clin. Ther.* 2010, **32**:437–453.

Veeramani, S., Wang, S.Y., Dahle, C., Blackwell, S., Jacobus, L., Knutson, T., Button, A., Link, B.K., and Weiner, G.J.: **Rituximab infusion induces NK activation in lymphoma patients with the high-affinity CD16 polymorphism.** *Blood* 2011, **118**:3347–3349.

Verma, S., Miles, D., Gianni, L., Krop, I.E., Welslau, M., Baselga, J., Pegram, M., Oh, D.Y., Diéras, V., Guardino, E., *et al.*: **Trastuzumab emtansine for HER2-positive advanced breast cancer.** *N. Engl. J. Med.* 2012, **367**:1783–1791.

Teil V

- Weiner, L.M., Dhodapkar MV, and Ferrone S.: **Monoclonal antibodies for cancer immunotherapy.** *Lancet* 2009, **373**:1033–1040.
- Weng, W.K. and Levy, R.: **Genetic polymorphism of the inhibitory IgG Fc receptor FcgammaRIIb is not associated with clinical outcome in patients with follicular lymphoma treated with rituximab.** *Leuk. Lymphoma* 2009, **50**:723–727.


### Abschnitt 16.2.6

- Kantoff, P.W., Higano, C.S., Shore, N.D., Berger, E.R., Small, E.J., Penson, D.F., Redfern, C.H., Ferrari, A.C., Dreicer, R., Sims, R.B., *et al.*: **Sipuleucel-T immunotherapy for castration-resistant prostate cancer.** *N. Engl. J. Med.* 2010, **363**:411–422.
- Kenter, G.G., Welters, M.J., Valentijn, A.R., Lowik, M.J., Berends-van der Meer, D.M., Vloon, A.P., Essahsah, F., Fathers, L.M., Offringa, R., Drijfhout, J.W., *et al.*: **Vaccination against HPV-16 oncoproteins for vulvar intraepithelial neoplasia.** *N. Engl. J. Med.* 2009, **361**:1838–1847.
- Mao, C., Koutsky, L.A., Ault, K. A., Wheeler, C.M., Brown, D.R., Wiley, D.J., Alvarez, F.B., Bautista, O.M., Jansen, K.U., and Barr, E.: **Efficacy of human papillomavirus-16 vaccine to prevent cervical intraepithelial neoplasia: a randomized controlled trial.** *Obstet. Gynecol.* 2006, **107**:18–27.
- Palucka, K., Ueno, H., Fay, J., and Banchereau, J.: **Dendritic cells and immunity against cancer.** *J. Intern. Med.* 2011, **269**:64–73.
- Vambutas, A., DeVoti, J., Nouri, M., Drijfhout, J.W., Lipford, G.B., Bonagura, V.R., van der Burg, S.H., and Melief, C.J.: **Therapeutic vaccination with papillomavirus E6 and E7 long peptides results in the control of both established virus-induced lesions and latently infected sites in a pre-clinical cottontail rabbit papillomavirus model.** *Vaccine* 2005, **23**:5271–5280.


### Abschnitt 16.2.7

- Ansell, S.M., Lesokhin, A.M., Borrello, I., Halwani, A., Scott, E.C., Gutierrez, M., Schuster, S.J., Millenson, M.M., Cattry, D., Freeman, G.J., *et al.*: **PD-1 blockade with nivolumab in relapsed or refractory Hodgkin's lymphoma.** *N. Engl. J. Med.* 2015, **372**:311–319.
- Bendandi, M., Gocke, C.D., Kobrin, C.B., Benko, F.A., Sternas, L.A., Pennington, R., Watson, T.M., Reynolds, C.W., Gause, B.L., Duffey, P.L., *et al.*: **Complete molecular remissions induced by patient-specific vaccination plus granulocyte-monocyte colony-stimulating factor against lymphoma.** *Nat. Med.* 1999, **5**:1171–1177.
- Egen, J.G., Kuhns, M.S., and Allison, J.P.: **CTLA-4: new insights into its biological function and use in tumor immunotherapy.** *Nat. Immunol.* 2002, **3**:611–618.
- Hamid, O., Robert, C., Daud, A., Hodi, F.S., Hwu, W.J., Kefford, R., Wolchok, J.D., Hersey, P., Joseph, R.W., Weber, J.S., *et al.*: **Safety and tumor responses with lambrolizumab (anti-PD-1) in melanoma.** *N. Engl. J. Med.* 2013, **369**:134–144.
- Hodi, F.S., O'Day, S.J., McDermott, D.F., Weber, R.W., Sosman, J.A., Haanen, J.B., Gonzalez, R., Robert, C., Schadendorf, D., Hassel, J.C. *et al.*: **Improved survival with ipilimumab in patients with metastatic melanoma.** *N. Engl. J. Med.* 2010; **363**:711–723
- Li, Y., Hellstrom, K.E., Newby, S.A., and Chen, L.: **Costimulation by CD48 and B7–1 induces immunity against poorly immunogenic tumors.** *J. Exp. Med.* 1996, **183**:639–644.
- Phan, G.Q., Yang, J.C., Sherry, R.M., Hwu, P., Topalian, S.L., Schwartzentruber, D.J., Restifo, N.P., Haworth, L.R., Seipp, C.A., Freezer, L.J., *et al.*: **Cancer regression and autoimmunity induced by cytotoxic T lymphocyte-associated antigen 4 blockade in patients with metastatic melanoma.** *Proc. Natl Acad. Sci. USA* 2003, **100**:8372–8377.
- Yuan, J., Gnjatic, S., Li, H., Powel, S., Gallardo, H.F., Ritter, E., Ku, G.Y., Jungbluth, A.A., Segal, N.H., Rasalan, T.S., *et al.*: **CTLA-4 blockade enhances polyfunctional**

Teil V

**NY-ESO-1 specific T cell responses in metastatic melanoma patients with clinical benefit.** *Proc. Natl Acad. Sci. USA* 2008, **105**:20410–20415.

## Abschnitt 16.3.1

■ Anderson, R.M., Donnelly, C.A., and Gupta, S.: **Vaccine design, evaluation, and community-based use for antigenically variable infectious agents.** *Lancet* 1997, **350**:1466–1470.

■ Dermer, P., Lee, C., Eggert, J., and Few, B.: **A history of neonatal group B streptococcus with its related morbidity and mortality rates in the United States.** *J. Pediatr. Nurs.* 2004, **19**:357–363.

■ Rabinovich, N.R., McInnes, P., Klein, D.L., and Hall, B.F.: **Vaccine technologies: view to the future.** *Science* 1994, **265**:1401–1404.

## Abschnitt 16.3.2

■ Levine, M.M. and Levine, O.S.: **Influence of disease burden, public perception, and other factors on new vaccine development, implementation, and continued use.** *Lancet* 1997, **350**:1386–1392.

■ Mouque, H., Scheid, J.F., Zoller, M.J., Krogsgaard, M., Ott, R.G., Shukair, S., Artyomov, M.N., Pietzsch, J., Connors, M., Pereyra, F., *et al.*: **Polyreactivity increases the apparent affinity of anti-HIV antibodies by heteroligation.** *Nature* 2010, **467**:591–595.

■ Nichol, K.L., Lind, A., Margolis, K.L., Murdoch, M., McFadden, R., Hauge, M., Palese, P., and Garcia-Sastre, A.: **Influenza vaccines: present and future.** *J. Clin. Invest.* 2002, **110**:9–13.

## Abschnitt 16.3.3

■ Gupta, R.K., Best, J., and MacMahon, E.: **Mumps and the UK epidemic 2005.** *BMJ* 2005, **330**:1132–1135.

■ Hviid, A., Rubin, S., and Mühlemann, K.: **Mumps.** *Lancet* 2008, **371**:932–944.

■ Magnan, S., and Drake, M.: **The effectiveness of vaccination against influenza in healthy, working adults.** *N. Engl. J. Med.* 1995, **333**:889–893.

## Abschnitt 16.3.4

■ Mueller, S.N., Langley, W.A., Carnero, E., García-Sastre, A., and Ahmed, R.: **Immunization with live attenuated influenza viruses that express altered NS1 proteins results in potent and protective memory CD8+ T-cell responses.** *J. Virol.* 2010, **84**:1847–1855.

■ Murphy, B.R. and Collins, P.L.: **Live-attenuated virus vaccines for respiratory syncytial and parainfluenza viruses: applications of reverse genetics.** *J. Clin. Invest.* 2002, **110**:21–27.

■ Pena, L., Vincent, A.L., Ye, J., Ciacci-Zanella, J.R., Angel, M., Lorusso, A., Gauger, P.C., Janke, B.H., Loving, C.L., and Perez, D.R.: **Modifications in the polymerase genes of a swine-like triple-reassortant influenza virus to generate live attenuated vaccines against 2009 pandemic H1N1 viruses.** *J. Virol.* 2011, **85**:456–469.

■ Subbarao, K., Murphy, B.R., and Fauci, A.S.: **Development of effective vaccines against pandemic influenza.** *Immunity* 2006, **24**:5–9.

■ Whittle, J.R., Wheatley, A.K., Wu, L., Lingwood, D., Kanekiyo, M., Ma, S.S., Narpala, S.R., Yassine, H.M., Frank, G.M., Yewdell, J.W., *et al.*: **Flow cytometry reveals that H5N1 vaccination elicits cross-reactive stem-directed antibodies from multiple Ig heavy-chain lineages.** *J. Virol.* 2014, **88**:4047–4057.

### Abschnitt 16.3.5

- Grode, L., Seiler, P., Baumann, S., Hess, J., Brinkmann, V., Nasser Eddine, A., Mann, P., Goosmann, C., Bandermann, S., Smith, D., *et al.*: **Increased vaccine efficacy against tuberculosis of recombinant** *Mycobacterium bovis* **bacille Calmette-Guérin mutants that secrete listeriolysin.** *J. Clin. Invest.* 2005, **115**:2472–2479.
- Guleria, I., Teitelbaum, R., McAdam, R.A., Kalpana, G., Jacobs Jr., W.R., and Bloom, B.R.: **Auxotrophic vaccines for tuberculosis.** *Nat. Med.* 1996, **2**:334–337.
- Labaied, M., Harupa, A., Dumpit, R.F., Coppens, I., Mikolajczak, S.A., and Kappe, S.H.: *Plasmodium yoelii* **sporozoites with simultaneous deletion of P52 and P36 are completely attenuated and confer sterile immunity against infection.** *Infect. Immun.* 2007, **75**:3758–3768.
- Martin, C.: **The dream of a vaccine against tuberculosis; new vaccines improving or replacing BCG?** *Eur. Respir. J.* 2005, **26**:162–167.
- Thaiss, C.A. and Kaufmann, S.H.: **Toward novel vaccines against tuberculosis: current hopes and obstacles.** *Yale J. Biol. Med.* 2010, **83**:209–215.
- Vaughan, A.M., Wang, R., and Kappe, S.H.: **Genetically engineered, attenuated whole-cell vaccine approaches for malaria.** *Hum. Vaccines* 2010, **6**:1–8.

### Abschnitt 16.3.6

- Amorij, J.P., Hinrichs, W.Lj., Frijlink, H.W., Wilschut, J.C., and Huckriede, A.: **Needle-free influenza vaccination.** *Lancet Infect. Dis.* 2010, **10**:699–711.
- Belyakov, I.M. and Ahlers, J.D.: **What role does the route of immunization play in the generation of protective immunity against mucosal pathogens?** *J. Immunol.* 2009, **183**:6883–6892.
- Douce, G., Fontana, M., Pizza, M., Rappuoli, R., and Dougan, G.: **Intranasal immunogenicity and adjuvanticity of site-directed mutant derivatives of cholera toxin.** *Infect. Immun.* 1997, **65**:2821–2828.
- Dougan, G., Ghaem-Maghami, M., Pickard, D., Frankel, G., Douce, G., Clare, S., Dunstan, S., and Simmons, C.: **The immune responses to bacterial antigens encountered in vivo at mucosal surfaces.** *Phil. Trans. R. Soc. Lond. B* 2000, **355**:705–712.
- Eriksson, K. and Holmgren, J.: **Recent advances in mucosal vaccines and adjuvants.** *Curr. Opin. Immunol.* 2002, **14**:666–672.

### Abschnitt 16.3.7

- Decker, M.D. and Edwards, K.M.: **Acellular pertussis vaccines.** *Pediatr. Clin. North Am.* 2000, **47**:309–335.
- Madsen, K.M., Hviid, A., Vestergaard, M., Schendel, D., Wohlfahrt, J., Thorsen, P., Olsen, J., and Melbye, M.: **A population-based study of measles, mumps, and rubella vaccination and autism.** *N. Engl. J. Med.* 2002, **347**:1477–1482.
- Mortimer, E.A.: **Pertussis vaccines**, in Plotkin, S.A., and Mortimer, E.A. (eds): *Vaccines*, 2nd ed. Philadelphia, W.B. Saunders Co., 1994.
- Poland, G.A.: **Acellular pertussis vaccines: new vaccines for an old disease.** *Lancet* 1996, **347**:209–210.

### Abschnitt 16.3.8

- Berry, D.S., Lynn, F., Lee, C.H., Frasch, C.E., and Bash, M.C.: **Effect of O acetylation of Neisseria meningitidis serogroup A capsular polysaccharide on development of functional immune responses.** *Infect. Immun.* 2002, **70**:3707–3713.
- Bröker, M., Dull, P.M., Rappuoli, R., and Costantino, P.: **Chemistry of a new investigational quadrivalent meningococcal conjugate vaccine that is immunogenic at all ages.** *Vaccine* 2009, **27**:5574–5580.

- Levine, O.S., Knoll, M.D., Jones, A., Walker, D.G., Risko, N., and Gilani, Z.: **Global status of *Haemophilus influenzae* type b and pneumococcal conjugate vaccines: evidence, policies, and introductions.** *Curr. Opin. Infect. Dis.* 2010, **23**:236–241.
- Peltola, H., Kilpi, T., and Anttila, M.: **Rapid disappearance of *Haemophilus influenzae* type b meningitis after routine childhood immunisation with conjugate vaccines.** *Lancet* 1992, **340**:592–594.
- Rappuoli, R.: **Conjugates and reverse vaccinology to eliminate bacterial meningitis.** *Vaccine* 2001, **19**:2319–2322.

## Abschnitt 16.3.9

- Alonso, P.L., Sacarlal, J., Aponte, J.J., Leach, A., Macete, E., Aide, P., Sigauque, B., Milman, J., Mandomando, I., Bassat, Q., et al.: **Duration of protection with RTS, S/ AS02A malaria vaccine in prevention of *Plasmodium falciparum* disease in Mozambican children: single-blind extended follow-up of a randomised controlled trial.** *Lancet* 2005, **366**:2012–2018.
- Berzofsky, J.A.: **Epitope selection and design of synthetic vaccines. Molecular approaches to enhancing immunogenicity and cross-reactivity of engineered vaccines.** *Ann. N.Y. Acad. Sci.* 1993, **690**:256–264.
- Davenport, M.P. and Hill, A.V.: **Reverse immunogenetics: from HLA-disease associations to vaccine candidates.** *Mol. Med. Today* 1996, **2**:38–45.
- Hill, A.V.: **Pre-erythrocytic malaria vaccines: towards greater efficacy.** *Nat. Rev. Immunol.* 2006, **6**:21–32.
- Hoffman, S.L., Rogers, W.O., Carucci, D.J., and Venter, J.C.: **From genomics to vaccines: malaria as a model system.** *Nat. Med.* 1998, **4**:1351–1353.
- Ottenhoff, T.H., Doherty, T.M., Dissel, J.T., Bang, P., Lingnau, K., Kromann, I., and Andersen, P.: **First in humans: a new molecularly defined vaccine shows excellent safety and strong induction of long-lived *Mycobacterium tuberculosis*-specific Th1-cell like responses.** *Hum. Vaccin.* 2010, **6**:1007–1015.
- Zwaveling, S., Ferreira Mota, S.C., Nouta, J., Johnson, M., Lipford, G.B., Offringa, R., van der Burg, S.H., and Melief, C.J.: **Established human papillomavirus type 16-expressing tumors are effectively eradicated following vaccination with long peptides.** *J. Immunol.* 2002, **169**:350–358.

## Abschnitt 16.3.10

- Coffman, R.L., Sher, A., and Seder, R.A.: **Vaccine adjuvants: putting innate immunity to work.** *Immunity* 2010, **33**:492–503.
- Hartmann, G., Weiner, G.J., and Krieg, A.M.: **CpG DNA: a potent signal for growth, activation, and maturation of human dendritic cells.** *Proc. Natl Acad. Sci. USA* 1999, **96**:9305–9310.
- Palucka, K., Banchereau, J., and Mellman, I.: **Designing vaccines based on biology of human dendritic cell subsets.** *Immunity* 2010, **33**:464–478.
- Persing, D.H., Coler, R.N., Lacy, M.J., Johnson, D.A., Baldridge, J.R., Hershberg, R.M., and Reed, S.G.: **Taking toll: lipid A mimetics as adjuvants and immunomodulators.** *Trends Microbiol.* 2002, **10**:S32–S37.
- Pulendran, B.: **Modulating vaccine responses with dendritic cells and Toll-like receptors.** *Immunol. Rev.* 2004, **199**:227–250.
- Takeda, K., Kaisho, T., and Akira, S.: **Toll-like receptors.** *Annu. Rev. Immunol.* 2003, **21**:335–376.

## Abschnitt 16.3.11

- Donnelly, J.J., Ulmer, J.B., Shiver, J.W., and Liu, M.A.: **DNA vaccines.** *Annu. Rev. Immunol.* 1997, **15**:617–648.

Teil V

■ Gurunathan, S., Klinman, D.M., and Seder, R.A.: **DNA vaccines: immunology, application, and optimization.** *Annu. Rev. Immunol.* 2000, **18**:927–974.

■ Li, L., Kim, S., Herndon, J.M., Goedegebuure, P., Belt, B.A., Satpathy, A.T., Fleming, T.P., Hansen, T.H., Murphy, K.M., and Gillanders, W.E.: **Cross-dressed CD8α+/CD103+ dendritic cells prime CD8+ T cells following vaccination.** *Proc. Natl Acad. Sci. USA* 2012, **109**:12716–12721.

■ Nchinda, G., Kuroiwa, J., Oks, M., Trumpfheller, C., Park, C.G., Huang, Y., Hannaman, D., Schlesinger, S.J., Mizenina, O., Nussenzweig, M.C., *et al.*: **The efficacy of DNA vaccination is enhanced in mice by targeting the encoded protein to dendritic cells.** *J. Clin. Invest.* 2008, **118**:1427–1436.

■ Wolff, J.A. and Budker, V.: **The mechanism of naked DNA uptake and expression.** *Adv. Genet.* 2005, **54**:3–20.

### Abschnitt 16.3.12

■ Burke, R.L.: **Contemporary approaches to vaccination against herpes simplex virus.** *Curr. Top. Microbiol. Immunol.* 1992, **179**:137–158.

■ Grange, J.M. and Stanford, J.L.: **Therapeutic vaccines.** *J. Med. Microbiol.* 1996, **45**:81–83.

■ Hill, A., Jugovic, P., York, I., Russ, G., Bennink, J., Yewdell, J., Ploegh, H., and Johnson, D.: **Herpes simplex virus turns off the TAP to evade host immunity.** *Nature* 1995, **375**:411–415.

■ Lu, W., Arraes, L.C., Ferreira, W.T., and Andrieu, J.M.: **Therapeutic dendritic-cell vaccine for chronic HIV-1 infection.** *Nat. Med.* 2004, **10**:1359–1365.

■ Modlin, R.L.: **Th1–Th2 paradigm: insights from leprosy.** *J. Invest. Dermatol.* 1994, **102**:828–832.

■ Plebanski, M., Proudfoot, O., Pouniotis, D., Coppel, R.L., Apostolopoulos, V., and Flannery, G.: **Immunogenetics and the design of *Plasmodium falciparum* vaccines for use in malaria-endemic populations.** *J. Clin. Invest.* 2002, **110**:295–301.

■ Reiner, S.L. and Locksley, R.M.: **The regulation of immunity to *Leishmania major*.** *Annu. Rev. Immunol.* 1995, **13**:151–177.

■ Stanford, J.L.: **The history and future of vaccination and immunotherapy for leprosy.** *Trop. Geogr. Med.* 1994, **46**:93–107.

Teil V

# Anhänge

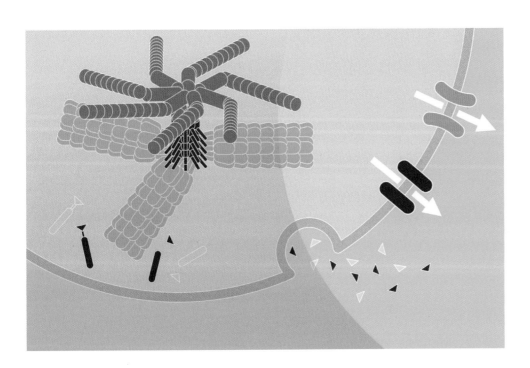

# Anhänge

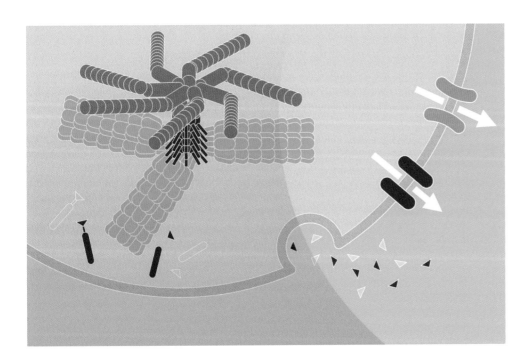

© Springer-Verlag GmbH Deutschland, ein Teil von Springer Nature 2018
K. Murphy, C. Weaver, *Janeway Immunologie*, https://doi.org/10.1007/978-3-662-56004-4_17

# 17.1 Anhang I – Die Werkzeuge der Immunologen

### 17.1.1 Immunisierung

Die natürlichen adaptiven Immunreaktionen richten sich normalerweise gegen Antigene, die von pathogenen Mikroorganismen stammen. Das Immunsystem kann auch dazu gebracht werden, auf einfache „nichtlebende" Antigene zu reagieren. Die experimentelle Immunologie befasst sich mit den Reaktionen auf diese einfachen Antigene, um unser Verständnis von der Immunantwort zu vertiefen. Das absichtliche Auslösen einer Immunreaktion bezeichnet man als **aktive Immunisierung**. Experimentelle Immunisierungen erfolgen durch Injizieren des Testantigens in ein Tier oder einen Menschen. Der Eintrittsweg, die Dosis und die Verabreichungsform entscheiden grundlegend darüber, ob eine Immunantwort überhaupt stattfindet und wie sie ausfällt. Das Auslösen von schützenden Immunantworten gegen häufig vorkommende pathogene Mikroorganismen bezeichnet man als Impfung; der dafür in der englischen Sprache übliche Begriff *vaccination* (Vakzinierung) bezieht sich in der ursprünglichen Bedeutung nur auf die Erzeugung einer Immunantwort auf das Pockenvirus durch Immunisierung mit dem kreuzreaktiven Kuhpockenvirus Vaccinia.

Um das Auftreten einer Immunantwort festzustellen und ihren Verlauf zu verfolgen, beobachtet man bei dem immunisierten Lebewesen, ob spezifische Immunreaktanden gebildet werden. Immunantworten auf die meisten Antigene beinhalten die Produktion löslicher Faktoren, wie Cytokine und spezifische Antikörper, und zelluläre Reaktionen, etwa die Erzeugung spezifischer T-Effektorzellen. Um Cytokin- und Antikörperreaktionen zu untersuchen, analysiert man das grob aufgereinigte **Antiserum** (Plural: Antiseren oder Antisera). Das **Serum** ist der flüssige Überstand von geronnenem Blut nach Zentrifugation; man bezeichnet es als Antiserum, wenn es von einem Individuum stammt, das gegen ein bestimmtes Antigen immunisiert wurde. Um die Immunantworten der T-Zellen zu untersuchen, testet man die Lymphocyten im Blut und aus den lymphatischen Organen, beispielsweise der Milz. Das geschieht jedoch gewöhnlich nur im Tierexperiment und nicht beim Menschen.

Sogar Antiseren, die durch Immunisierung mit einem sehr einfachen Antigen entstanden sind, enthalten viele verschiedene Antikörper, die an das Immunogen in jeweils etwas anderer Weise binden. Darüber hinaus enthalten Antiseren viele Antikörper, die überhaupt nicht an das immunisierende Antigen binden, da sie in dem Individuum bereits vor der Immunisierung vorhanden waren. Diese unspezifischen Antikörper führen bei der Anwendung von Antiseren zum Nachweis eines Immunogens häufig zu Problemen. Um diese zu umgehen, kann man die Antikörper durch Affinitätschromatographie mithilfe des immobilisierten Antigens aufreinigen (Abschn. 17.3). Eine andere Möglichkeit ist die Herstellung monoklonaler Antikörper (Abschn. 17.7).

Als **Immunogen** wird eine Substanz bezeichnet, die eine Immunantwort auslösen kann. Immunogene und Antigene unterscheidet man wie folgt: Immunogene sind Substanzen, die eine adaptive Immunantwort auslösen, während ein **Antigen** als eine Substanz definiert ist, die an einen spezifischen Antikörper binden kann. Demnach besitzen alle Antigene das Potenzial, die Bildung spezifischer Antikörper hervorzurufen, aber nicht alle Antigene sind immunogen. Das zeigt sich besonders deutlich am Beispiel der Proteinantigene. Zwar sind Antikörper gegen Proteine in der experimentellen Biologie und Medizin außerordentlich nützlich, aber aufgereinigte Proteine sind nicht in jedem Fall immunogen. Das liegt daran, dass diese Proteine keine mit Mikroorganismen assoziierten Muster (*microbial associated molecular patterns*, MAMPs) enthalten und deshalb keine angeborene Immunantwort auslösen. Um eine Immunantwort auf ein aufgereinigtes Protein hervorzurufen, muss das Protein zusammen mit einem Adjuvans verabreicht werden (siehe unten).

Gewisse Eigenschaften von Antigenen, die das Auslösen einer adaptiven Immunantwort begünstigen, konnte man durch Untersuchungen von Antikörperreaktionen gegen einfache natürliche Proteine (wie Hühnereiweißlysozym), gegen synthetische Polypeptidantigene und gegen kleine organische Moleküle mit einfacher Struktur feststellen. Die Untersuchung von Antikörperreaktionen auf kleine organische Moleküle wie Phenylarsonate und Nitrophenyle war für die ersten Erkenntnisse über die immunologischen Prinzipien von grundlegender Bedeutung. Wenn diese Moleküle allein injiziert werden, rufen sie keine Antikörperbildung hervor. Diese lässt sich jedoch in Gang setzen, indem das Molekül durch einfache chemische Reaktionen kovalent an ein Trägerprotein gekoppelt wird. Solche kleinen Moleküle bezeichnete der Immunologe **Karl Landsteiner**, der diese Moleküle im frühen 20. Jahrhundert erstmals untersuchte, als **Haptene** (vom griechischen *haptein* für „beschleunigen"). Tiere, die er mit einem Konjugat aus Hapten und Trägerprotein (Carrier) immunisierte, erzeugten drei verschiedene Gruppen von Antikörpern (▶ Abb. 17.1). Der erste Antikörpertyp reagierte mit demselben Hapten auf einem beliebigen Träger und auch mit dem freien Molekül. Der zweite Antikörpertyp sprach auf das nichtmodifizierte Trägerprotein an, da er sowohl das haptengekoppelte als auch das nichtmodifizierte Trägerprotein binden konnte. Die dritte Art von Antikörpern band nur an das spezifische Konjugat, das für die Immunisierung verwendet worden war. Landsteiner untersuchte vor allem die Antikörperantworten auf Haptene, da sich diese kleinen Moleküle in vielen nah verwandten Formen herstellen lassen. Er stellte fest, dass Antikörper gegen ein bestimmtes Hapten nur dieses eine Molekül und nicht einmal Moleküle von sehr ähnlicher chemischer Struktur binden. Die Bindung der Haptene durch Anti-Hapten-Antikörper spielte bei den Untersuchungen über die Genauigkeit der Wechselwirkung zwischen Antigen und Antikörper eine wichtige Rolle. Anti-Hapten-Antikörper sind auch medizinisch von Bedeutung, da sie allergische Reaktionen gegen Penicillin und andere Medikamente verursachen, die an körpereigene Proteine binden und so zu einer Antikörperreaktion führen (Abschn. 14.10).

Der Verabreichungsweg eines Antigens beeinflusst ebenfalls die Stärke und die Art der Antwort. Am häufigsten verabreicht man Antigene, die direkt in das Gewebe gelangen sollen, im Experiment oder bei einer Impfung durch **subkutane (s. c.)** Injektion in die Fettschicht direkt unter der Dermis sowie durch **intradermale (i. d.)** oder **intramuskuläre (i. m.)** Injektion. Direkt in das Blut appliziert man Antigene durch **intravenöse (i. v.)** Injektion oder Transfusion, in den Verdauungstrakt durch **orale** Gabe **(p. o.)** und in die Atemwege über die Nase (**intranasal, i.n.**) oder durch Inhalation.

Subkutan injizierte Antigene lösen im Allgemeinen starke Reaktionen aus, höchstwahrscheinlich weil das Antigen von residenten dendritischen Zellen in der Haut aufgenommen und in den lokalen Lymphknoten effektiv präsentiert wird. Deshalb ist dies die am häufigsten verwendete Methode, wenn man im Experiment eine spezifische Antikörper- oder T-Zell-Antwort erzielen will. Antigene, die durch Injektion oder Transfusion direkt in das Blut gelangten, lösen meist eine Nichtreaktion (Toleranz) aus, sofern sie nicht an Körperzellen binden oder in Form von Aggregaten vorliegen, die von antigenpräsentierenden Zellen leicht aufgenommen werden.

Die Verabreichung von Antigenen über den Verdauungstrakt erfolgt vor allem bei Untersuchungen zu Allergien. Auf diese Weise verabreichte Antigene zeigen deutlich andere Wirkungen. Häufig lösen sie eine lokale Antikörperreaktion im Bindegewebe der Darmschleimhaut aus. Gleichzeitig verursachen sie einen systemischen Toleranzzustand in Form einer verminderten Immunantwort auf dasselbe Antigen, falls es anderweitig in den Körper gelangt (Kap. 12). Eine solche „gespaltene Toleranz" ist möglicherweise wichtig, um Allergien gegen Antigene in der Nahrung zu vermeiden. Dabei hindert die lokale Reaktion diese Antigene daran, überhaupt in den Körper zu gelangen. Die Unterdrückung der systemischen Immunität trägt dazu bei, die Bildung von IgE-Antikörpern auszuschalten, die eine Ursache von Allergien sind (Kap. 14).

Die Immunantwort auf ein Antigen wird auch durch die verabreichte Dosis beeinflusst. Unterhalb einer bestimmten Schwellendosis lösen die meisten Proteine keine Immunantwort aus. Oberhalb dieser Schwellendosis nimmt die Reaktion in dem Maß allmählich zu, in dem die Antigendosis zunimmt, bis ein breites Plateau erreicht ist, um dann bei sehr hohen Antigendosen wieder abzunehmen (▶ Abb. 17.2). Allgemein setzen die sekundären und die weiteren Immunantworten bei niedrigeren Antigendosen ein und erreichen einen höheren Plateauwert. Das sind Anzeichen für ein immunologisches Gedächtnis.

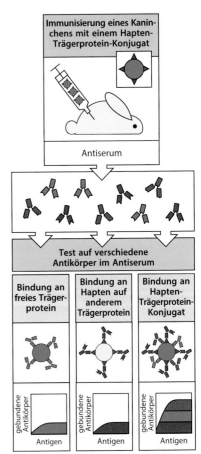

**Abb. 17.1 Kleine chemische Gruppen (Haptene) lösen die Bildung von Antikörpern nur dann aus, wenn sie an ein Trägerprotein gebunden sind.** Nach einer Immunisierung mit einem Konjugat aus Hapten und Trägerprotein entstehen drei Arten von Antikörpern. Die erste, trägerspezifische Gruppe (*blau*) bindet allein das Trägerprotein. Die zweite, haptenspezifische Gruppe (*rot*) bindet das Hapten auf jedem beliebigen Trägerprotein und zwar auch dann, wenn es frei in Lösung vorliegt. Die dritte, konjugatspezifische Gruppe (*violett*) bindet nur das spezifische Konjugat aus Hapten und Trägermolekül, das zur Immunisierung verwendet wurde. Die Bindung erfolgt dabei anscheinend an den Verknüpfungsstellen zwischen beiden Molekülen. Die *Schaubilder unten* zeigen schematisch, in welcher Menge jeder Antikörpertyp im Serum vorhanden ist. Dabei ist zu beachten, dass das ursprünglich verwendete Antigen mehr Antikörper bindet als die Summe aus Anti-Hapten und Anti-Trägerprotein ausmacht, da noch die konjugatspezifischen Antikörper hinzukommen

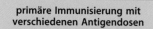

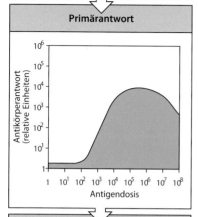

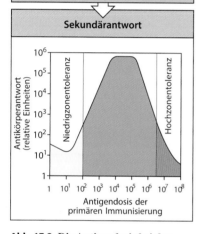

**Abb. 17.2 Die Antigendosis bei der ersten Immunisierung beeinflusst die primäre und die sekundäre Antikörperantwort.** Die typische Dosis-Wirkungs-Kurve eines Antigens veranschaulicht sowohl den Einfluss der Dosis auf die primäre Antikörperantwort (erzeugte Antikörpermenge in relativen Einheiten) als auch die Auswirkung der Dosis bei der primären Immunisierung auf die sekundäre Antikörperantwort (bei einer Antigenmenge von $10^3$ relativen Masseneinheiten). Sehr niedrige Dosen führen zu überhaupt keiner Reaktion. Etwas höhere Dosen hemmen anscheinend die spezifische Antikörperproduktion (Niedrigzonentoleranz). Darüber gibt es einen stetigen Anstieg der Reaktion in Abhängigkeit von der Dosis, bis schließlich ein Optimum erreicht ist. Diese Reaktion bleibt in einem breiten Dosisbereich bestehen. Sehr hohe Antigendosen hemmen die Reaktionsfähigkeit gegenüber dem Antigen (Hochzonentoleranz)

Wenn man Proteine allein verabreicht, wirken die meisten nur schwach oder überhaupt nicht immunogen. Starke adaptive Immunantworten auf Proteinantigene erfordern fast immer, dass das Antigen in einem Gemisch injiziert wird, das man als **Adjuvans** bezeichnet. Dabei kann es sich um jede beliebige Substanz handeln, die die Immunogenität erhöht. In ▶ Abb. 17.3 sind häufig verwendete Adjuvanzien aufgeführt.

Adjuvanzien verstärken die Immunogenität der Proteine allgemein auf zwei Weisen: Erstens können diese Hilfsstoffe lösliche Proteinantigene in partikuläres Material umwandeln, das die phagocytotischen antigenpräsentierenden Zellen wie Makrophagen oder dendritische Zellen schneller aufnehmen. Dies geschieht etwa durch Anlagern der Antigene an Alumini-

| Adjuvanzien, welche die Immunantwort verstärken | | |
|---|---|---|
| **Bezeichnung** | **Zusammensetzung** | **Wirkungsweise** |
| unvollständiges Freund-Adjuvans | Öl-in-Wasser-Emulsion | verzögerte Antigenfreisetzung; verstärkte Aufnahme durch Makrophagen |
| komplettes Freund-Ajuvans | Öl-in-Wasser-Emulsion mit toten Mycobakterien, die die C-Typ-Lektin-Rezeptoren stimulieren | verzögerte Antigenfreisetzung; verstärkte Aufnahme durch Makrophagen; Induktion von Costimulatoren in den Makrophagen |
| Freund-Adjuvans mit MDP | Öl-in-Wasser-Emulsion mit Muraminsäuredipeptid (MDP), einem Bestandteil von Mycobakterien, der NOD-like-Rezeptoren stimuliert | wie komplettes Freund-Adjuvans |
| Alum (Aluminiumhydroxid) | Aluminiumhydroxidgel | verzögerte Antigenfreisetzung; verstärkte Aufnahme durch Makrophagen |
| Alum plus *Bordetella pertussis* | Aluminiumhydroxidgel mit abgetötetem *B. pertussis* | verzögerte Antigenfreisetzung; verstärkte Aufnahme durch Makrophagen; Induktion von Costimulatoren |
| immunstimulierende Komplexe (ISCOM) | Matrix von Quil A mit Virusproteinen | bringt Antigene ins Cytosol; ermöglicht Induktion der cytotoxischen T-Zellen |
| TLR-Agonisten | Lipopolysaccharid, Flagellin, Lipopeptide, dsRNA, nichtmethylierte DNA | Produktion inflammatorischer Cytokine; Induktion von Costimulatoren; verstärkte Antigenpräsentation gegenüber T-Zellen |
| Agonisten des NOD-like-Rezeptors (NLR) | Muraminsäuredipeptid (Bestandteil der Bakterienzellwand) | Produktion inflammatorischer Cytokine; Induktion von Costimulatoren; verstärkte Antigenpräsentation gegenüber T-Zellen |
| Agonisten des C-Typ-Lektin-Rezeptors | Zellwandbestandteil von Mycobakterien Trehalosedimycolat | Produktion inflammatorischer Cytokine |

**Abb. 17.3 Gebräuchliche Adjuvanzien und ihre Anwendung.** Wenn man Antigene mit Adjuvanzien vermischt, werden sie normalerweise in eine partikuläre Form überführt. Dies erhöht die Stabilität im Körper und fördert die Aufnahme durch die Makrophagen. Die meisten Adjuvanzien enthalten ganze Bakterien oder bakterielle Bestandteile, die die Makrophagen und dendritischen Zellen stimulieren. Dadurch wird das Auslösen der Immunantwort unterstützt. Immunstimulierende Komplexe (ISCOMs) sind kleine Micellen, die aus dem Detergens Quil A bestehen. Befinden sich virale Proteine in solchen Micellen, verschmelzen sie anscheinend mit der antigenpräsentierenden Zelle. Dadurch gelangt das Antigen in das Cytosol. So kann die antigenpräsentierende Zelle eine Reaktion auf das virale Protein ähnlich der antiviralen Reaktion auslösen, die das infizierende Virus selbst in der Zelle verursachen würde. Impfstoffe, die eine Immunantwort auf gereinigte Proteine hervorrufen sollen, enthalten häufig Bestandteile, die Mustererkennungsrezeptoren stimulieren, beispielsweise Toll-like-Rezeptoren (TLRs), NOD-like-Rezeptoren (NLRs) und C-Typ-Lektin-Rezeptoren

umpartikel, durch Emulsion in Mineralöl oder durch Einbau in die Kolloidpartikel der immunologisch stimulierenden Komplexe (*immune stimulatory complexes*, ISCOMs). Wichtiger ist noch, dass Adjuvanzien pathogenassoziierte molekulare Muster (PAMPs) enthalten, die eine starke angeborene Immunantwort hervorrufen. Wenn PAMPs in dem Adjuvans von phagocytotischen Zellen aufgenommen werden, stimulieren sie die Produktion inflammatorischer Cytokine und induzieren die Aktivierung der antigenpräsentierenden Zellen. Diese steigern die Produktion großer Mengen an costimulierenden Molekülen, die für die Aktivierung von T-Zellen notwendig sind. Die aktivierten antigenpräsentierenden Zellen produzieren auch große Mengen an MHC-Klasse-I- und -Klasse-II-Proteinen sowie viele weitere Proteine, die für eine effiziente Prozessierung und Präsentation der Antigene wichtig sind (Abschn. 3.12). Aufgrund der starken lokalen Entzündungsreaktionen, die durch Adjuvanzien hervorgerufen werden, die PAMPs enthalten, sind die meisten Adjuvanzien, die bei Tierversuchen angewendet werden, für die Anwendung am Menschen nicht zugelassen.

Einige Impfstoffe für Menschen enthalten jedoch natürliche Antigene von Mikroorganismen, die auch als Adjuvanzien wirkungsvoll sein können. Beispielsweise werden abgetötete Zellen des Bakteriums *Bordetella pertussis* (der Verursacher von Keuchhusten) als Antigen und auch als Adjuvans im Dreifachimpfstoff gegen Diphtherie, Keuchhusten und Tetanus (DPT) verwendet. Darüber hinaus werden verschiedenen Impfstoffen für die Anwendung am Menschen derzeit modifizierte TLR-Liganden zugesetzt, etwa das Monophosphoryllipid A, ein LPS-Derivat, oder Poly(I):Poly(C12U), ein Poly(I:C)-Derivat.

## 17.1.2 Antikörperreaktionen

Der Beitrag der B-Zellen zur adaptiven Immunität besteht in der Freisetzung von Antikörpern. Die Reaktion von B-Zellen auf ein injiziertes Antigen lässt sich normalerweise durch die Analyse der bei einer **humoralen Immunantwort** erzeugten Antikörper bestimmen. Dies erreicht man am einfachsten dadurch, dass man die Antikörper testet, die sich in der flüssigen Phase des Blutes (im **Plasma**) ansammeln. Solche zirkulierenden Antikörper werden normalerweise bestimmt, indem man Blut sammelt, gerinnen lässt und das Serum isoliert. Die Menge und die Eigenschaften der Antikörper im Immunserum lassen sich durch die Methoden ermitteln, die wir weiter unten beschreiben. Da Tests auf Antikörper ursprünglich mit Antiseren aus immunisierten Individuen durchgeführt wurden, bezeichnet man sie als **serologische Tests** und die Verwendung von Antikörpern für diese Tests als **Serologie**.

Die wichtigsten Eigenschaften einer Antikörperantwort sind die Spezifität, die Menge, der Isotyp (oder die Klasse) und die Affinität der erzeugten Antikörper. **Spezifität** nennt man die Fähigkeit, das jeweilige Immunogen von körpereigenen und anderen körperfremden Antigenen zu unterscheiden. Die Menge lässt sich auf verschiedene Weisen bestimmen. Sie ist ein Maß für die Zahl der reagierenden B-Zellen, die Geschwindigkeit der Antikörpersynthese und die Lebensdauer der Antikörper im Plasma und in der extrazellulären Flüssigkeit der Gewebe. Die Lebensdauer hängt vor allem von den erzeugten Isotypen ab (Abschn. 5.12 und 10.14). Jeder Isotyp besitzt *in vivo* eine definierte Halbwertszeit. Die Isotypzusammensetzung einer Antikörperantwort bestimmt auch deren mögliche biologische Funktionen sowie die Körperregionen, in denen sie auftritt. Die Bindungsstärke zwischen dem Antikörper und seinem Antigen in Bezug auf die Bindung zwischen einer einzigen Antigenbindungsstelle und einem monovalenten Antigen nennt man **Affinität** (die gesamte Bindungsstärke eines Moleküls mit mehr als einer Bindungsstelle bezeichnet man als **Avidität**). Die Bindungsstärke ist von großer Bedeutung, denn je höher die Affinität ist, umso weniger Antikörpermoleküle sind für die Beseitigung des Antigens erforderlich. Antikörper mit hoher Affinität binden auch bei einer niedrigen Antigenkonzentration. Mit all diesen Parametern der humoralen Reaktion lässt sich bestimmen, inwieweit eine Immunreaktion für den Infektionsschutz ausreicht.

## 17.1.3 Affinitätschromatographie

Die Spezifität der Wechselwirkungen zwischen Antigen und Antikörper kann dazu dienen, ein spezifisches Antigen aus einem komplexen Gemisch oder im umgekehrten Fall einen spezifischen Antikörper aus einem Antiserum aufzureinigen, das verschiedene Antikörper enthält. Diese Methode bezeichnet man als **Affinitätschromatographie** (▶ Abb. 17.4). Für die Aufreinigung eines Antigens werden antigenspezifische Antikörper (häufig kovalent) an kleine, chemisch selbst nicht sehr reaktive Partikel gebunden, die man in eine

**Abb. 17.4 Die Affinitätschromatographie zur Aufreinigung von Antigenen oder Antikörpern beruht auf der Antigen-Antikörper-Bindung.** Für die Aufreinigung eines spezifischen Antigens aus einem komplexen Gemisch von Molekülen befestigt man einen monoklonalen Antikörper an einer unlöslichen Matrix, beispielsweise an Chromatographiekügelchen. Anschließend schickt man das Molekülgemisch durch die Matrix. Die spezifischen Antikörper binden das gesuchte Antigen, während andere Moleküle ausgewaschen werden. Das spezifische Antigen lässt sich anschließend durch eine Änderung des pH-Werts eluieren, wodurch normalerweise die Bindungen zwischen Antigen und Antikörper gelöst werden. Antikörper kann man entsprechend aufreinigen, indem man das Antigen an einen festen Träger bindet (nicht dargestellt)

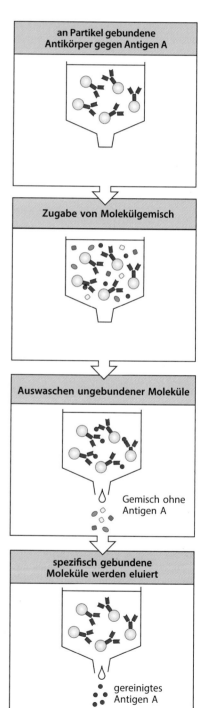

an Partikel gebundene Antikörper gegen Antigen A

Zugabe von Molekülgemisch

Auswaschen ungebundener Moleküle

Gemisch ohne Antigen A

spezifisch gebundene Moleküle werden eluiert

gereinigtes Antigen A

Säule füllt. Dann lässt man das Antigengemisch durch die Säule laufen. Das spezifische Antigen bindet und alle anderen Bestandteile des Gemisches können ausgewaschen werden. Das spezifische Antigen wird üblicherweise dadurch eluiert, dass man den pH-Wert auf 2,5 erniedrigt oder auf über 11 erhöht. Die Antikörperbindung ist unter physiologischen Bedingungen (Salzkonzentration, Temperatur und pH-Wert) stabil, die Bindung ist jedoch reversibel, da sie nicht kovalent ist. Die Affinitätschromatographie eignet sich auch für die Aufreinigung von Antikörpern aus komplexen Antiseren, indem man Partikel verwendet, die mit dem spezifischen Antigen beschichtet sind. Diese Methode bezeichnet man ebenfalls als Affinitätschromatographie, da auch hier die Moleküle aufgrund ihrer Affinität füreinander gereinigt werden.

## 17.1.4 Radioimmunassay (RIA), enzymgekoppelter Immunadsorptionstest (ELISA) und kompetitiver Bindungstest

Der **Radioimmunassay (RIA)** und der **enzymgekoppelte Immunadsorptionstest** (*enzyme-linked immunosorbent assay*, **ELISA**) sind direkte Bindungstests für Antikörper (oder Antigene). Beide basieren auf demselben Prinzip, wobei der Nachweis der spezifischen Bindung auf unterschiedliche Weise erfolgt. Radioimmunassays verwendet man im Allgemeinen zur Bestimmung von Hormonspiegeln in Blut und Gewebeflüssigkeiten, während der ELISA häufig für die Diagnose von Viren genutzt wird, beispielsweise zum Nachweis von Infektionen mit HIV, dem Erreger von AIDS. Für beide Verfahren ist eine reine Präparation entweder eines bekannten Antikörpers oder eines Antigens oder auch von beiden erforderlich, um den Test zu standardisieren. Wir beschreiben hier den Test, den man einsetzt, um die Menge eines spezifischen Antigens in einer Probe zu bestimmen, beispielsweise die Menge des HIV-p24-Proteins im Serum eines Patienten. Dafür benötigt man das Präparat eines aufgereinigten Antikörpers, der für dieses Antigen spezifisch ist. Ein RIA oder ELISA ist auch dafür geeignet, die Menge eines bestimmten Antikörpers in einem Gemisch, etwa einem Serum, zu ermitteln. In diesem Fall benötigt man das gereinigte Antigen als Ausgangsmaterial.

Um die Konzentration eines Antigens mit einem RIA zu bestimmen, wird normalerweise der aufgereinigte Antikörper gegen das Antigen mit $^{125}$I markiert. Für einen ELISA wird der Antikörper chemisch mit einem Enzym verknüpft. Die nichtmarkierte Komponente, in diesem Fall die Lösung mit der unbekannten Menge an Antigen, wird an einen festen Träger gebunden, etwa in den Vertiefungen einer Mikrotiterplatte, deren Oberfläche eine gewisse Menge Antigen absorbiert. Danach gibt man den markierten Antikörper in die Vertiefung und lässt ihn an das nichtmarkierte Antigen binden. Durch entsprechende Versuchsbedingungen verhindert man eine unspezifische Bindung. Nichtgebundene Antikörper und sonstige Proteine werden abgewaschen. Beim RIA erfolgt die Messung der gebundenen Antikörper über die Menge an Radioaktivität, die in den beschichteten Vertiefungen zurückbleibt. Beim ELISA stellt man die Antikörperbindung dagegen mithilfe einer enzymatischen Reaktion fest, die ein farbloses Substrat in ein farbiges Produkt umwandelt (▶ Abb. 17.5). Der Farbwechsel lässt sich direkt im Reaktionsgefäß messen, sodass das Sammeln der Daten sehr einfach ist. So lässt sich die Konzentration des Reaktionsprodukts quantitativ bestimmen. Darüber hinaus vermeidet der ELISA auch die Gefahren der Radioaktivität und wird deshalb allgemein bevorzugt. Bei einer Variante dieses Tests verwendet man bei RIA oder ELISA nach Bindung eines ersten nichtmarkierten Antikörpers an die antigenbeschichteten Oberflächen einen zweiten, markierten Anti-Immunglobulin-Antikörper, der an den ersten antigengebundenen Antikörper bindet (es entsteht sozusagen eine zweite Schicht). Durch diese Vorgehensweise lässt sich das Signal verstärken und somit die Sensitivität erhöhen, da mindestens zwei Moleküle des markierten Anti-Immunglobulin-Antikörpers an jeden nichtmarkierten Antikörper binden. Wie bereits erwähnt, kann man RIA und ELISA auch auf umgekehrte Weise durchführen, wenn das Ziel darin besteht, die Menge an Antikörpern in einer Lösung zu bestimmen. In diesem Fall werden nichtmarkierte Antikörper an den Mikrotiterplatten fixiert, dann wird das markierte Antigen zugegeben und nach einem Waschschritt wird die Menge an gebundenem Antigen ermittelt.

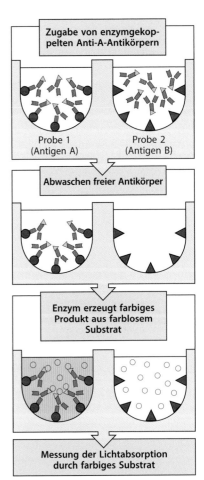

**Abb. 17.5 Grundzüge des enzymgekoppelten Immunadsorptionstests (ELISA).** Zum Nachweis von Antigen A werden aufgereinigte Antikörper gegen das Antigen A chemisch an ein Enzym gekoppelt. Vertiefungen in einer Kunststoffplatte beschichtet man mit den zu testenden Proben, die sich unspezifisch an die Gefäßoberfläche anlagern. Die verbleibenden adhäsiven Stellen werden mit anderen Proteinen blockiert (nicht dargestellt). Nun gibt man den markierten Antikörper in die Gefäße. Die gewählten Bedingungen verhindern eine unspezifische Bindung, sodass nur Antikörper gegen Antigen A an der Oberfläche haften bleiben. Freie Antikörper werden abgewaschen. Gebundene Antikörper lassen sich durch einen enzymabhängigen Farbwechsel nachweisen. Der Test ist in Mikrotiterplatten schnell durchführbar, bei denen sich Reihen von Vertiefungen in Mehrkanalspektrometern mit Glasfaseroptik messen lassen. Abwandlungen des Grundverfahrens ermöglichen auch die Antigen- oder Antikörperbestimmung in unbekannten Proben (▶ Abb. 17.6 und ▶ Abb. 17.25)

Teil VI

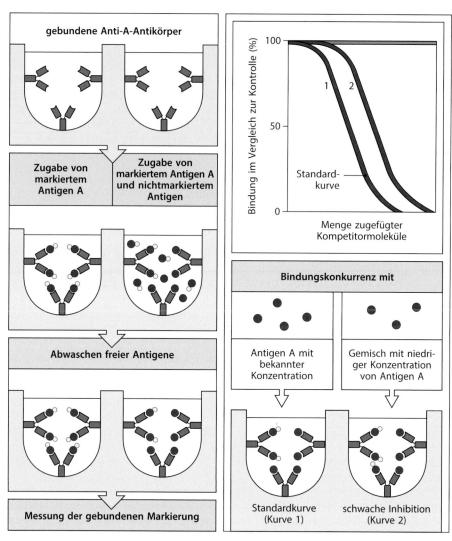

**Abb. 17.6 Kompetitiver Inhibitionstest für Antigene in unbekannten Proben.** Alle Gefäße werden mit derselben Menge an nichtmarkierten Antikörpern beschichtet. Daran bindet man Standardproben des markierten Antigens. Nach Zugabe von nichtmarkierten Standard- oder Testproben lässt sich die Freisetzung des markierten Antigens messen. Das Ergebnis sind charakteristische Inhibitionskurven. Eine Standardkurve erhält man bei Verwendung bekannter Mengen der nichtmarkierten Form jenes Antigens, dessen markierte Form an den Gefäßwänden gebunden ist. Durch Vergleich mit dieser Kurve kann man die Antigenmenge in unbekannten Proben berechnen. Die *grüne Linie* in der Grafik entspricht einer Probe, in der sich kein mit Anti-A-Antikörpern reagierendes Material befindet

Mithilfe einer Abwandlung des ELISA (dem **Sandwich**- oder **Capture-ELISA**) lassen sich sezernierte Produkte wie Cytokine nachweisen. In diesem Fall werden keine Antigene, sondern antigenspezifische Antikörper an den Träger gebunden. Diese können das Antigen mit hoher Affinität binden und so auf der Trägeroberfläche konzentrieren, selbst wenn das Antigen in dem ursprünglichen Gemisch in nur sehr geringer Konzentration vorliegt. Ein weiterer markierter Antikörper, der im Vergleich zum fixierten Antikörper ein anderes Epitop auf dem Antigen erkennt, dient dann dem Nachweis des Antigens.

Eine andere Variante des Sandwich-ELISA, die häufig als **Multiplex**-Assay bezeichnet wird, wurde entwickelt, um die quantitative Messung von mehreren Antigenen in einem einzigen Ansatz durchführen zu können. Die Methode wird oftmals eingesetzt, um die Konzentrationen verschiedener Cytokine in klinischen Serumproben oder in Seren von Versuchstieren zu bestimmen, wenn die Konzentrationen jedes einzelnen Cytokins nicht gemessen werden können. Bei dieser Art von Test werden kleine Reaktionskammern (*mi-*

*crospheres*) mit verschiedenen Fluoreszenzfarbstoffen markiert, die sich aufgrund ihrer Emissionsspektren unterscheiden. Mikrokammern, die mit einem bestimmten Fluoreszenzfarbstoff markiert sind, werden mit Antikörpern beschichtet, die für ein Antigen spezifisch sind, etwa für ein einzelnes Cytokin. Dann werden die bis zu 100 Mikrokammern, die jeweils spezifische Antikörper tragen, mit der Probe versetzt, um das entsprechende Antigen herauszufischen. Das gebundene Antigen wird nachgewiesen, indem man einen zweiten Antikörper zusetzt, der das Antigen an einer eigenen Stelle bindet und mit einem anderen Fluoreszenzfarbstoff verknüpft ist. Die Fluoreszenz in den unterschiedlich markierten Mikrokammern wird gemessen; sie ist ein Maß für die Menge des gebundenen Antigens.

Diese Verfahren veranschaulichen zwei entscheidende Aspekte aller serologischen Tests. Erstens muss mindestens eine der beiden Komponenten in einer aufgereinigten und nachweisbaren Form vorliegen, damit quantitative Aussagen möglich sind. Zweitens müssen sich die nichtgebundenen markierten Moleküle von den gebundenen separieren lassen, damit man die spezifische Bindung bestimmen kann. Das geschieht normalerweise durch Fixierung von nichtmarkierten Molekülen an einen festen Träger, wodurch sich die nicht daran gebundenen markierten Moleküle durch Abwaschen entfernen lassen. In Abb. 17.5 ist das nichtmarkierte Antigen an die Oberfläche der Vertiefung fixiert und der markierte Antikörper lagert sich daran an. Das Abtrennen des freien vom gebundenen Material ist bei allen Antikörpertests ein grundlegender Schritt.

Mit RIA und ELISA ist es nicht möglich, die Menge an Antikörper oder Antigen in einer Probe von unbekannter Zusammensetzung direkt zu bestimmen, da beide Tests ein aufgereinigtes, markiertes Antigen oder einen ebensolchen Antikörper erfordern. Um dieses Problem zu umgehen, gibt es eine Reihe von Verfahren. Eines davon ist der **kompetitive Inhibitionstest** (▶ Abb. 17.6). Hier bestimmt man das Vorhandensein und die Konzentration eines bestimmten Antigens in einer unbekannten Probe durch kompetitive Bindung an einen adsorbierten Antikörper im Vergleich zu einem markierten Referenzantigen. Durch Zugabe verschiedener Mengen eines bekannten, nichtmarkierten Standardpräparats lässt sich eine Standardkurve erstellen. Die Bestimmung der Konzentration in unbekannten Proben erfolgt dann durch Vergleich mit dem Standard. Der kompetitive Bindungstest lässt sich auch für die Antikörperbestimmung in einer unbekannten Probe verwenden. Dabei gibt man ein geeignetes Antigen auf den Träger und stellt fest, inwieweit die Probe die Bindung eines markierten Antikörpers verhindert.

## 17.1.5 Hämagglutination und Blutgruppenbestimmung

Die direkte Bestimmung einer Bindung zwischen Antikörper und Antigen (also einer primären Wechselwirkung) ist Bestandteil der meisten quantitativen serologischen Tests. Einige wichtige Methoden beruhen jedoch darauf, dass die Antikörperbindung den physikalischen Zustand eines Antigens verändert. Diese sekundären Wechselwirkungen lassen sich auf viele Arten nachweisen. Tritt das Antigen beispielsweise an der Oberfläche von Bakterien auf, so können die Antikörper zu einer Verklumpung oder **Agglutination** führen. Dasselbe Prinzip gilt für die Blutgruppenbestimmung. Hier befinden sich die Zielantigene an der Oberfläche der roten Blutkörperchen. Man nennt die Verklumpungsreaktion dann **Hämagglutination** (vom griechischen *haima* für „Blut").

Die Hämagglutination dient der Bestimmung der **AB0-Blutgruppe**, die bei Blutspendern und Transfusionsempfängern durchgeführt wird, indem man eine Verklumpung (Agglutination) mithilfe von Anti-A- oder Anti-B-Antikörpern (Agglutininen) herbeiführt, welche die Substanzen der Blutgruppe A beziehungsweise B binden (▶ Abb. 17.7). Die Blutgruppenantigene befinden sich in zahlreichen Kopien auf der Oberfläche der roten Blutkörperchen, wodurch es bei einer Quervernetzung mit Antikörpern zu einer Agglutination der Zellen kommt. Da die Quervernetzung ein gleichzeitiges Binden der Antikörper an identische Antigene voraussetzt, zeigt diese Reaktion, dass jedes Antikörpermolekül mindestens über zwei identische Antigenbindungsstellen verfügt.

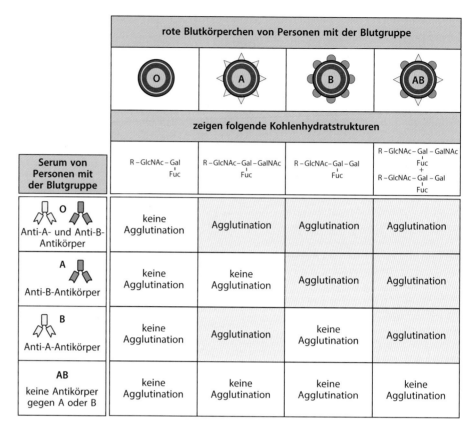

**Abb. 17.7 Die Hämagglutination eignet sich für die Blutgruppenbestimmung und die Zuordnung geeigneter Spender und Empfänger bei einer Bluttransfusion.** Darmbakterien tragen häufig Antigene, die den Blutgruppenantigenen ähnlich sind oder mit ihnen übereinstimmen. Diese Antigene stimulieren die Antikörperproduktion bei Personen, denen die entsprechenden Antigene auf ihren eigenen roten Blutkörperchen fehlen (*links*). Daher besitzen Personen mit der Blutgruppe 0 sowohl Anti-A- als auch Anti-B-Antikörper. Personen mit Blutgruppe AB weisen diese beiden Antikörperarten dagegen nicht auf. Anhand der Agglutination der roten Blutkörperchen eines Spenders oder Empfängers durch Anti-A und/oder Anti-B lässt sich die Blutgruppe dieser Person anhand des AB0-Systems bestimmen. Vor einer Transfusion wird das Blut des Empfängers zudem auf Antikörper getestet, die die Erythrocyten des Spenders agglutinieren können, und umgekehrt (Kreuzprobe). Dadurch ist es möglich, potenziell schädliche Antikörper gegen andere Blutgruppen zu ermitteln, die nicht zum AB0-System gehören

## 17.1.6 Die Coombs-Tests und der Nachweis der Rhesus-Inkompatibilität

Coombs-Tests basieren auf Anti-Immunglobulin-Antikörpern, die zum Nachweis der Antikörper dienen, welche die **fetale Erythroblastose** verursachen. **Robin Coombs** entwickelte als Erster Anti-Immunglobulin-Antikörper und der Coombs-Test zum Feststellen der erwähnten Krankheit trägt immer noch seinen Namen. Die Störung tritt auf, wenn die Mutter für das **Rhesus-** oder **Rh-Blutgruppenantigen** spezifische IgG-Antikörper bildet. Das Antigen wird von den roten Blutkörperchen des Fetus exprimiert. Rh-negative Mütter produzieren die entsprechenden Antikörper, wenn sie fetalen Rh-positiven Erythrocyten ausgesetzt sind, die das väterlich vererbte Rh-Antigen aufweisen. Bei weiteren Schwangerschaften gelangen diese Antikörper durch die Plazenta in den fetalen Blutkreislauf. Dieser ganz normale Vorgang ist eigentlich von Vorteil, da Neugeborene dadurch vor Infektionen geschützt werden. Die Anti-Rhesus-Faktor-Antikörper (Anti-Rh-Antikörper) greifen jedoch die fetalen roten Blutkörperchen an, die dann von phagocytotischen Zellen in der Leber zerstört werden. Dies führt zu einer hämolytischen Anämie beim Fetus und beim Neugeborenen.

Da die Rh-Antigene auf der Oberfläche von roten Blutkörperchen weit voneinander entfernt lokalisiert sind, können die Anti-Rh-Antikörper (IgG) nicht in der korrekten Konformation binden, wodurch eine Anlagerung von Komponenten des Komplementsystems verhindert wird und *in vitro* eine Zelllyse unterbleibt. Im Gegensatz zu Antikörpern gegen die AB0-Antigene können die Antikörper gegen die Rh-Blutgruppenantigene (aus noch nicht ganz geklärten Gründen) die roten Blutkörperchen darüber hinaus nicht agglutinieren. Bevor man in der Lage war, Antikörper gegen Immunglobuline des Menschen herzustellen, war ein Nachweis der Anti-Rh-Antikörper daher schwierig. Heutzutage ist es aber möglich, die an fetale Erythrocyten gebundenen mütterlichen IgG-Antikörper zu bestimmen. Dazu wäscht man die Zellen und entfernt so freie fetale Immunglobuline, die den Nachweis gebundener Antikörper stören. Anschließend setzt man die Anti-Immunglobulin-Antikörper zu, welche die antikörperbehafteten fetalen Erythrocyten agglutinieren. Das Verfahren wird als **direkter Coombs-Test** bezeichnet (▶ Abb. 17.8), da es gebundene Antikörper direkt an der Oberfläche der fetalen roten Blutkörperchen nachweist. Der **indirekte Coombs-Test** bestimmt nichtagglutinierende Anti-Rh-Antikörper. Dabei inkubiert man das Serum zuerst mit Rh-positiven Erythrocyten, die an die Anti-Rh-Antikörper binden. Danach werden die antikörperbehafteten Zellen gewaschen, um freie Immunglobuline zu entfernen. Anti-Immunglobulin-Antikörper führen schließlich die Zellagglutination herbei (▶ Abb. 17.8). Der indirekte Coombs-Test ermöglicht es, Rh-Unverträglichkeiten zu erkennen, die zu einer fetalen Erythroblastose führen könnten, wodurch sich die Krankheit verhindern lässt

**Abb. 17.8 Direkter und indirekter Anti-Immunglobulin-Test für Antikörper gegen Antigene der roten Blutkörperchen (nach Coombs).** Bei der Rh⁻-Mutter eines Rh⁺-Fetus kann es zu einer Immunisierung gegen fetale Erythrocyten kommen, die bei der Geburt in den mütterlichen Kreislauf gelangen. Bei einer erneuten Schwangerschaft dringen IgG-Anti-Rh-Antikörper durch die Plazenta und zerstören im Falle eines Rh⁺-Fetus die fetalen roten Blutkörperchen. Im Gegensatz zu den Anti-Rh-Antikörpern gehören die Anti-AB0-Antikörper zum IgM-Isotyp und können die Plazenta nicht durchqueren, sodass sie keinen Schaden verursachen. Anti-Rhesus-Faktor-Antikörper agglutinieren Erythrocyten nicht. Die Antikörper lassen sich jedoch auf den fetalen roten Blutkörperchen nachweisen, indem man nichtgebundene Immunglobuline abwäscht und dann Antikörper gegen Immunglobulin des Menschen hinzufügt, welche die antikörperbehafteten Blutkörperchen agglutinieren. Anti-Rh-Antikörper sind im Serum der Mutter durch einen indirekten Coombs-Test nachweisbar. Man inkubiert das Serum mit Rh⁺-Blutkörperchen. Eventuell vorhandene Antikörper binden an die Zellen, die wie im direkten Coombs-Test weiterbehandelt werden

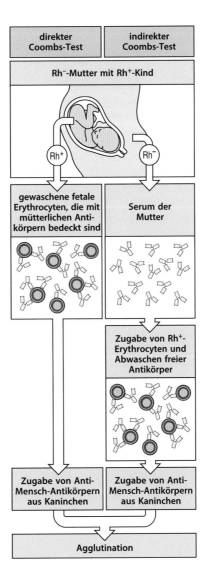

(Abschn. 15.10). Der Coombs-Test findet auch häufig für den Nachweis von Antikörpern gegen Medikamente Verwendung, die an rote Blutkörperchen binden und eine hämolytische Anämie hervorrufen.

## 17.1.7 Monoklonale Antikörper

Die bei einer natürlichen Immunantwort oder nach einer Immunisierung entstehenden Antikörper sind eine Mischung von Molekülen verschiedener Spezifitäten und Affinitäten. Antikörper, die an verschiedene Epitope des immunisierenden Antigens binden, verursachen einen Teil dieser Heterogenität. Aber selbst Antikörper gegen ein Hapten mit einer einzigen Antigendeterminante können auffällig heterogen sein. Dies lässt sich mithilfe der **isoelektrischen Fokussierung** zeigen. Das Verfahren trennt Proteine entsprechend ihres isoelektrischen Punkts auf, also aufgrund des pH-Werts, bei dem die Nettoladung eines Moleküls gleich Null ist. Während der Elektrophorese, die eine gewisse Zeit beansprucht, wandert jedes Molekül im elektrischen Feld, bis es in dem pH-Gradienten den pH-Wert erreicht, an dem es sich elektrisch neutral verhält. An dieser Stelle tritt eine Konzentrierung (Fokussierung) der Moleküle ein. Unterzieht man Anti-Hapten-Antikörper diesem Verfahren und transferiert sie anschließend auf Nitrocellulosepapier, lassen sie sich auf dem Trägermaterial durch die Bindung von markiertem Hapten nachweisen. Das Auftreten von Antikörpern gegen dasselbe Hapten, die verschiedene isoelektrische Punkte aufweisen, zeigt, dass sogar Antikörper heterogen sind, welche dieselbe Antigendeterminante erkennen.

Antiseren sind für zahlreiche biologische Zwecke einsetzbar. Sie weisen jedoch einige Nachteile auf, die durch die Heterogenität der enthaltenen Antikörper bedingt sind. Erstens sind Antiseren immer unterschiedlich, selbst wenn sie in genetisch identischen Tieren mit demselben Antigenpräparat und demselben Immunisierungsprotokoll erzeugt werden. Zweitens lassen sich Antiseren nur in begrenzten Mengen herstellen, sodass für viele oder komplexe Experimente oder für klinische Tests nicht immer dasselbe serologische Material zur Verfügung steht. Drittens können Antikörper selbst nach einer Aufreinigung mittels Affinitätschromatographie (Abschn. 17.3) noch geringe Mengen anderer Antikörper enthalten. Diese führen zu unerwarteten Kreuzreaktionen und erschweren die Auswertung der Experimente. Um diese Probleme zu lösen und das gesamte Potenzial von Antikörpern nutzen zu können, musste eine Methode gefunden werden, mit der sich Antikörpermoleküle mit homogener Struktur und bekannter Spezifität in unbegrenzter Menge herstellen lassen. Dies ließ sich durch die Erzeugung monoklonaler Antikörper in antikörperbildenden Hybridzellen erreichen. Seit Neuestem sind auch gentechnische Verfahren möglich.

Bei der Suche nach einer Möglichkeit zur Herstellung homogener Antikörper analysierten Biochemiker in den 1950er-Jahren zuerst Proteine, die von Patienten mit einem multiplen Myelom (einem häufigen Tumor der Plasmazellen) stammten. Man wusste, dass Plasmazellen normalerweise Antikörper produzieren. Da die Krankheit zu großen Mengen eines homogenen Gammaglobulins (des **Myelomproteins**) im Serum von Patienten führt, war anzunehmen, dass die Myelomproteine als Modellsysteme für gewöhnliche Antikörpermoleküle dienen können. Deshalb stammen viele der ersten Erkenntnisse über die Antikörperstruktur aus solchen Untersuchungen. Ein grundlegender Nachteil dieser Proteine lag jedoch darin, dass ihre Antigenspezifität nicht bekannt war.

**Georges Köhler** und **Cesar Milstein** lösten das Problem, indem sie eine Methode zur Herstellung einer homogenen Antikörperpopulation mit bekannter Spezifität entwickelten. Sie fusionierten Milzzellen einer immunisierten Maus mit Zellen eines Mausmyeloms. So entstanden Hybridzellen, die sich unbegrenzt vermehrten. Gleichzeitig sezernierten die Zellen spezifische Antikörper gegen das Antigen, mit dem die Maus immunisiert worden war, von der die Milz stammte. Die Milzzelle lieferte die Fähigkeit zur Antikörperproduktion, während die Myelomzelle die unbegrenzte Wachstumsfähigkeit und die kontinuierliche Antikörpersekretion beisteuerte. Nimmt man Myelomzellen, die selbst keine Antikörper erzeugen, so stammen die Antikörper der Hybridzelle ausschließlich von der ursprünglichen Milzzelle. Nach der Fusion werden die Hybridzellen mithilfe von Substanzen selektiert, welche die nichtfusionierten Myelomzellen abtöten. Die nichtfusionierten Milzzellen besitzen nur eine begrenzte Lebensdauer und sterben ebenfalls ab, sodass nur die hybriden Myelomzelllinien (**Hybridome**) überleben. Dann sucht man die Hybridome, die Antikörper der gewünschten Spezifität produzieren, und kloniert sie, indem man sie aus einzelnen Zellen kultiviert (▶ Abb. 17.9). Da sich jedes Hybridom als **Klon** von einer einzigen B-Zelle ableitet, besitzen alle erzeugten Antikörpermoleküle dieselbe Struktur, einschließlich der Antigenbindungsstelle, und denselben Isotyp. Solche Antikörper bezeichnet man deshalb auch als **monoklonale Antikörper**. Diese Methode hat die Anwendung von Antikörpern revolutioniert, da jetzt Antikörper mit einer einzigen, bekannten Spezifität und einer homologen Struktur unbegrenzt zur Verfügung stehen. Monoklonale Antikörper sind inzwischen Bestandteil der meisten serologischen Tests. Sie dienen als diagnostische Sonden und als Therapeutika. Bis jetzt werden jedoch nur monoklonale Antikörper der Maus routinemäßig hergestellt, und Versuche, dasselbe Verfahren auch auf humane monoklonale Antikörper anzuwenden, waren wenig erfolgreich. „Vollkommen humane" monoklonale Antikörper für therapeutische Zwecke werden derzeit mithilfe der Phage-Display-Technik hergestellt (Abschn. 17.8), indem man durch DNA-Rekombina-

**Abb. 17.9 Die Erzeugung monoklonaler Antikörper.** Mäuse werden mit Antigen A immunisiert und drei Tage vor der Tötung noch einmal mit einer intravenös applizierten Booster-Dosis behandelt. Auf diese Weise erhält man große Mengen an Milzzellen, die spezifische Antikörper sezernieren, aber normalerweise nach wenigen Tagen in Kultur absterben. Um eine kontinuierliche Quelle von Antikörpern zu generieren, fusioniert man die Zellen in Anwesenheit von Polyethylenglykol (PEG) mit unsterblichen Myelomzellen. Das Ergebnis ist ein Hybridom. Die Myelomzellen hat man so selektiert, dass sie selbst keine Antikörper produzieren und das Enzym Hypoxanthin-Guanin-Phosphoribosyltransferase (HGPRT) nicht exprimieren. Ohne dieses Enzym sind die nichtfusionierten Myelomzellen für ein Hypoxanthin-Aminopterin-Thymidin-Medium (HAT) empfindlich, das dazu dient, Hybridzellen zu selektieren. Das HGPRT-Gen wird jedoch von den Milzzellen beigesteuert und ermöglicht es den gewünschten Hybridzellen, im HAT-Medium zu überleben. Und nur Hybridzellen können in Kultur kontinuierlich wachsen, da sie außerdem das maligne Potenzial der Myelomzellen besitzen, während nichtfusionierte Milzzellen nur eine begrenzte Lebensdauer besitzen. Deshalb sterben reine Myelomzellen und nichtfusionierte Milzzellen im HAT-Medium ab (in der Abbildung Zellen mit dunklen, unregelmäßigen Kernen). Die Hybridome werden jeweils durch Vereinzelung gewonnen und anschließend auf die Antikörperproduktion getestet. Dann werden einzelne Klone mit der gewünschten Spezifität isoliert und vermehrt. Die klonierten Hybridomzellen lässt man in Massenkulturen wachsen und erhält so große Mengen an Antikörpern. Da jedes Hybridom von einer einzigen Zelle abstammt, erzeugen alle Zellen einer Linie die gleichen Antikörpermoleküle (monoklonale Antikörper)

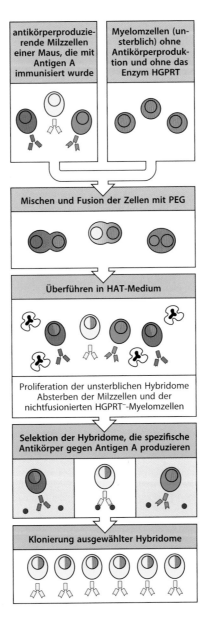

antikörperproduzierende Milzzellen einer Maus, die mit Antigen A immunisiert wurde

Myelomzellen (unsterblich) ohne Antikörperproduktion und ohne das Enzym HGPRT

Mischen und Fusion der Zellen mit PEG

Überführen in HAT-Medium

Proliferation der unsterblichen Hybridome
Absterben der Milzzellen und der nichtfusionierten HGPRT⁻-Myelomzellen

Selektion der Hybridome, die spezifische Antikörper gegen Antigen A produzieren

Klonierung ausgewählter Hybridome

tion Antikörpergene aus humanen Plasmazellen kloniert und exprimiert (Abschn. 17.9). Bei einem anderen Verfahren immunisiert man transgene Mäuse (Abschn. 17.34), die humane Antikörpergene tragen.

### 17.1.8 Phage-Display-Bibliotheken für die Erzeugung von Antikör-per-V-Regionen

Bei dem Verfahren werden antikörperähnliche Moleküle erzeugt, indem man Gensegmente, welche die antigenbindende variable Domäne von Antikörpern codieren, mit Genen für das Hüllprotein eines Bakteriophagen fusioniert. Anschließend infiziert man Bakterien mit Phagen, die solche Fusionsgene enthalten. Die entstehenden Phagenpartikel besitzen nun Hüllen mit dem antikörperähnlichen Fusionsprotein, wobei die antigenbindende Domäne nach außen zeigt. Eine **Phage-Display-Bibliothek** ist eine Sammlung solcher rekombinanter Phagen, von denen jeder eine andere antigenbindende Domäne präsentiert. Analog zur Isolierung von spezifischen Antikörpern aus einem komplexen Gemisch durch die Affinitätschromatographie (Abschn. 17.3) kann man aus solch einer Bibliothek die Phagen isolieren, die an ein bestimmtes Antigen binden. Diese verwendet man zur Infektion weiterer Bakterien. Jeder so isolierte Phage erzeugt ein monoklonales, antigenbindendes Partikel, das einem monoklonalen Antikörper entspricht (▶ Abb. 17.10). Die Gene für die Antigenbindungsstelle, die für jeden Phagen einmalig sind, kann man aus der Phagen-DNA isolieren und zur Konstruktion vollständiger Antikörpergene einsetzen. Dabei werden einfach die Genfragmente für die invarianten Antikörperteile angefügt. Führt man die rekonstruierten Gene in geeignete Zelllinien wie Myelomzellen ein, die keine Antikörper produzieren, können die transfizierten Zellen Antikörper sezernieren. Diese besitzen alle erwünschten Eigenschaften von monoklonalen Antikörpern, wie sie auch von Hybridomzellen erzeugt werden.

| Isolierung einer Genpopulation für die variablen Antikörperregionen | Konstrukt eines Fusionsproteins aus der V-Region und mit einem Hüllprotein des Bakteriophagen | durch Klonierung einer Zufallspopulation variabler Regionen entstehen verschiedene Bakteriophagen – eine Phage-Display-Bibliothek | Selektion von Phagen mit den gewünschten V-Regionen durch spezifische Antigenbindung |

**Abb. 17.10 Die gentechnische Erzeugung von Antikörpern.** Kurze Primer für die Konsensussequenzen in den variablen Bereichen der Gene für die schweren und die leichten Immunglobulinketten dienen der Herstellung einer cDNA-Bibliothek mithilfe der PCR. Ausgangsmaterial ist DNA aus der Milz. Die DNA-Fragmente werden nach dem Zufallsprinzip in filamentöse Phagen kloniert, sodass jeder Phage eine variable Region einer schweren und einer leichten Kette als Oberflächenfusionsprotein exprimiert. Solche Proteine besitzen antikörperähnliche Eigenschaften. Die entstandene Phage-Display-Bibliothek wird in Bakterien vermehrt. Anschließend lässt man die Phagen an Oberflächen binden, die mit Antigenen beschichtet sind. Nach Abwaschen der freien Phagen werden die gebundenen Phagen abgelöst und nach Vermehrung in Bakterien erneut an Antigene gebunden. Nach wenigen Zyklen bleiben nur noch spezifische, hochaffin antigenbindende Phagen übrig. Diese lassen sich nun selbst wie Antikörper verwenden. Alternativ baut man die enthaltenen V-Gene in Gene normaler Antikörper ein (nicht dargestellt). Dieses Verfahren zur Herstellung gentechnisch veränderter Antikörper könnte die Hybridomtechnik für monoklonale Antikörper ersetzen. Der Vorteil liegt darin, dass auch der Mensch als Quelle für die DNA dienen kann

## 17.1.9 Erzeugung von monoklonalen Antikörpern des Menschen mithilfe einer Impfung von Personen

In einigen Fällen ist es möglich, humane monoklonale Antikörper zu erzeugen, indem man die umgelagerten Gensequenzen für die schwere und die leichte Kette aus Plasmazellen kloniert, die man aus geimpften Personen isoliert hat. Mithilfe der Expression von Zelloberflächenmolekülen wie CD27 und CD38 kann man humane Plasmazellen aus dem peripheren Blut von Personen isolieren, die etwa eine Woche zuvor immunisiert worden sind. Dabei werden einzelne Plasmazellen auf Vertiefungen in Mikrotiterplatten verteilt und die Sequenzen der variablen Regionen der schweren und der leichten Ketten werden aus jeder Zelle durch PCR kloniert. Diese Sequenzen werden in DNA-Konstrukte eingefügt, sodass schließlich vollständige Gene für die schwere und die leichte Antikörperkette entstehen. Die Vektoren mit der schweren und leichten Kette werden paarweise in eine immortalisierte humane Zelllinie eingeführt. Die humanen Zellen werden dann darauf getestet, ob sie Antikörper exprimieren, die das immunisierende Antigen binden. Diese immortalisierten Zellen bilden dann eine beständige Quelle für humane Antikörper.

## 17.1.10 Immunfluoreszenzmikroskopie

Da Antikörper stabil und spezifisch an ein Antigen binden, sind sie als Sonden zur Identifizierung bestimmter Moleküle in Zellen, Geweben und biologischen Flüssigkeiten von großem Wert. Mit Antikörpern lassen sich die entsprechenden Zielmoleküle in einzelnen Zellen oder auch in Gewebeschnitten genau lokalisieren. Dafür gibt es eine Reihe unterschiedlicher Markierungstechniken. Wenn man die Antikörper selbst oder die Anti-Immunglobulin-Antikörper, die für ihren Nachweis verwendet werden, mit einem Fluoreszenzfarbstoff (Fluorochrom, Fluorophor) markiert, kann man sie in einem Mikroskop erkennen. Dieses Verfahren bezeichnet man als **Immunfluoreszenzmikroskopie**. Wie bei allen serologischen Methoden binden die Antikörper fest an die Antigene und man kann nichtgebundene Moleküle durch gründliches Waschen entfernen. Antikörper erkennen die Oberflächenmerkmale von nativen, gefalteten Proteinen. Daher müssen diese Strukturen bei dem gesuchten Molekül normalerweise erhalten bleiben. Dies geschieht entweder durch sanfte Fixierungsmethoden oder durch Verwendung tiefgefrorener Gewebeschnitte, die erst nach der Antikörperreaktion fixiert werden. Einige Antikörper binden allerdings auch spezifisch an denaturierte Proteine, also auch an solche in fixierten Gewebeschnitten.

Der Fluoreszenzfarbstoff kann direkt kovalent an den spezifischen Antikörper gekoppelt werden, aber noch häufiger bestimmt man gebundene Antikörper durch fluoreszierende Immunglobuline (**indirekte Immunfluoreszenz**). Die verwendeten Farbstoffe lassen sich durch Licht einer bestimmten Wellenlänge anregen. Dabei handelt es sich normalerweise um blaues oder grünes Licht. Das abgestrahlte Licht liegt in verschiedenen Bereichen des sichtbaren Spektrums. Die am häufigsten verwendeten Fluoreszenzfarbstoffe sind Fluorescein, das grünes Licht aussendet, Texas-Rot und das Peridin-Chlorophyllprotein (PerCP), die beide rotes Licht emittieren, außerdem Rhodamin und Phycoerythrin (PE), die orangefarbenes/rotes Licht abstrahlen (▶ Abb. 17.11). Durch selektive Filter sieht man im Fluoreszenzmikroskop nur Licht des verwendeten Fluoreszenzfarbstoffs (▶ Abb. 17.12). Albert Coons setzte diese Methode erstmals ein, als er die Plasmazelle als Ort der Antikörperproduktion identifizierte. Das Verfahren ist jedoch zur Bestimmung jeglicher Proteinverteilung geeignet. Verknüpft man die verschiedenen Antikörper mit unterschiedlichen Farbstoffen, lassen sich die Verteilungsmuster von mehreren Molekülarten in einer Zelle oder in einem Gewebeschnitt ermitteln (▶ Abb. 17.12).

Das **konfokale Fluoreszenzmikroskop**, das computerunterstützt ultradünne optische Schnitte von Zellen oder Gewebe erzeugt, gewährleistet bei der Immunfluoreszenz auch ohne komplizierte Probenaufbereitung eine hohe Auflösung (< 1 μm). Die anregende Lichtquelle (ein Laser) wird in der Probe auf eine bestimmte Ebene fokussiert. Das emittierte

| Wellenlängen des anregenden und abgestrahlten Lichtes einiger häufig verwendeter Fluoreszenzfarbstoffe | | |
|---|---|---|
| Probe | Anregung (nm) | Emission (nm) |
| Phycoerythrin (PE) | 480; 565 | 578 |
| Fluorescein | 495 | 519 |
| PerCP | 490 | 675 |
| Texas-Rot | 589 | 615 |
| Rhodamin | 550 | 573 |

**Abb. 17.11 Anregende und emittierte Wellenlängen von häufig verwendeten Fluoreszenzfarbstoffen**

Teil VI

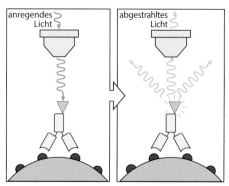

**Abb. 17.12 Immunfluoreszenzmikroskopie.** Mit fluoreszierenden Farbstoffen wie Fluorescein (*grüne Dreiecke*) markierte Antikörper können das Vorhandensein der zugehörigen Antigene in Zellen oder Geweben anzeigen. Die angefärbten Zellen lassen sich mit einem Mikroskop untersuchen, das den Fluoreszenzfarbstoff mit blauem oder grünem Licht anregt. Der Farbstoff emittiert Licht einer bestimmten Wellenlänge, das durch einen selektiven Filter zum Betrachter gelangt. Diese Methode findet in weiten Bereichen der Biologie Anwendung, um Moleküle in Zellen und Geweben zu lokalisieren. Verschiedene Antigene lassen sich in Gewebeschnitten mit unterschiedlich markierten Antikörpern differenziert nachweisen (*rechts*). So färben Antikörper gegen die Glutaminsäure-Decarboxylase (GAD), an die ein *grüner* Farbstoff gekoppelt ist, die β-Zellen der Langerhans-Inseln im Pankreas. Die α-Zellen produzieren dieses Enzym nicht und werden mit Antikörpern gegen das Hormon Glucagon und einem *orangefarbenen* Fluoreszenzfarbstoff markiert. Die GAD ist ein wichtiges Antigen bei Diabetes mellitus Typ 1. Bei dieser Erkrankung werden die insulinsezernierenden β-Zellen durch einen Angriff des Immunsystems auf körpereigenes Gewebe zerstört (Kap. 15). (Foto mit freundlicher Genehmigung von M. Solimena und P. De Camilli)

Licht wird mithilfe einer Lochblende erneut fokussiert, sodass nur Licht aus der gewünschten Ebene im Detektor ankommt und das emittierte Licht oberhalb oder unterhalb der fokussierten Ebene ausgeblendet wird. So erhält man ein schärferes Bild als mit der herkömmlichen Fluoreszenzmikroskopie. Durch aufeinanderfolgende optische Schnitte entlang der „senkrechten" Achse ist es sogar möglich, ein dreidimensionales Bild zu erzeugen. Die konfokale Mikroskopie ist für fixierte Zellen geeignet, die mit fluoreszenzmarkierten Antikörpern gefärbt wurden. Auch lebende Zellen, die Proteine exprimieren, die mit natürlich fluoreszierenden Proteinen gekoppelt wurden, lassen sich so beobachten. Das erste dieser fluoreszierenden Proteine, das zur Anwendung kam, ist das grün fluoreszierende Protein (GFP) aus der Qualle *Aequorea victoria*. Die Liste der fluoreszierenden Proteine, die jetzt routinemäßig angewendet werden, enthält Moleküle, die Fluoreszenzlicht in den Farben Rot, Blau, Türkis oder Gelb emittieren. Indem man Zellen verwendete, die mit Genen für verschiedene Fusionsproteine transfiziert wurden, war es möglich, die Umverteilung von T-Zell-Rezeptoren, Coerezeptoren, Adhäsionsmolekülen und weiteren Signalmolekülen (beispielsweise von CD45) sichtbar zu machen, die erfolgt, wenn eine T-Zelle mit ihrer Zielzelle in Kontakt tritt (▶ Abb. 9.37).

Mit der konfokalen Mikroskopie kann man jedoch nur bis zu 80 $\mu$m tief in ein Gewebe eindringen. Zudem bleicht die Lichtquelle die Fluoreszenzmarkierung bei den Wellenlängen, die normalerweise zur Anregung verwendet werden, relativ schnell aus und schädigt dann die Probe. Die Methode ist also nicht geeignet, lebende Proben längere Zeit zu beobachten, etwa um die Bewegungen von Zellen innerhalb von Geweben zu verfolgen. Das vor Kurzem entwickelte Verfahren der **Zwei-Photonen-Scanning-Fluoreszenzmikroskopie** kann hier Abhilfe schaffen. Dabei verwendet man zur Anregung ultrakurze Laserlichtimpulse mit einer viel größeren Wellenlänge (also mit Photonen von geringerer Energie). Um den Fluorophor anzuregen, müssen zwei dieser Impulse fast gleichzeitig dort ankommen. Deshalb erfolgt die Anregung nur in einem sehr kleinen Bereich im Fokus des Mikroskops, wo der Lichtstrahl am intensivsten ist. Dadurch ist die Fluoreszenzemission auf die Brennebene begrenzt, sodass ein scharfes Bild mit starkem Kontrast entsteht. Licht mit der größeren Wellenlänge schädigt zudem lebende Gewebe weniger als das blaue oder ultraviolette Licht, das man normalerweise bei der konfokalen Mikroskopie verwendet, sodass sich nun die

Bildaufnahmen über einen längeren Zeitraum erstrecken können. Dabei wird auch eine größere Menge des emittierten Lichts als bei der konfokalen Mikroskopie genutzt, und da einzelne Photonen, die im Gewebe gestreut werden, keine Fluoreszenz und in der Folge auch kein Hintergrundrauschen hervorrufen können, sind Darstellungen in größerer Tiefe (bis mehrere 100 $\mu$m) möglich. Wie in der konfokalen Mikroskopie können auch mit der Zwei-Photonen-Mikroskopie dünne optische Schnitte erzeugt werden, aus denen sich ein dreidimensionales Bild generieren lässt.

Um die Bewegung von Molekülen oder Zellen längere Zeit verfolgen zu können, kombiniert man die konfokale oder die Zwei-Photonen-Mikroskopie mit der **Zeitraffervideomikroskopie**, für die man empfindliche Videodigitalkameras verwendet. In der Immunologie hat man mithilfe der Zeitraffer-Zwei-Photonen-Fluoreszenzmikroskopie erfolgreich die Bewegungen und Wechselwirkungen einzelner T- und B-Zellen, die fluoreszierende Proteine exprimieren, in intakten lymphatischen Organen untersuchen können (Kap. 10).

## 17.1.11 Immunelektronenmikroskopie

Antikörper eignen sich auch für die Lokalisierung von intrazellulären Strukturen oder bestimmten Proteinen mit einem hochauflösenden Transmissionselektronenmikroskop. Antikörper gegen das gesuchte Antigen werden mit Goldpartikeln markiert und dann den Ultradünnschnitten zugesetzt. Antikörper, die mit Goldpartikeln von verschiedenen Durchmessern verknüpft wurden, ermöglichen die gleichzeitige Untersuchung von zwei oder mehr Proteinen (▶ Abb. 6.12). Problematisch ist bei dieser Technik allerdings die spezifische Färbung der Ultradünnschnitte, da einige wenige Moleküle bestimmter Antigene überall vorkommen können.

## 17.1.12 Immunhistochemie

Eine Alternative zur Immunfluoreszenz (Abschn. 17.10) für den Nachweis eines Proteins in Gewebeschnitten ist die **Immunhistochemie**. Hier wird der Antikörper an ein Enzym gekoppelt, das ein farbloses Substrat *in situ* in ein farbiges Produkt umwandelt, dessen Ablagerungen im Mikroskop direkt zu beobachten sind. Der Antikörper bindet stabil an das Antigen, sodass sich nichtgebundene Antikörpermoleküle durch sorgfältiges Waschen entfernen lassen. Diese Methode zum Nachweis gebundener Antikörper entspricht dem ELISA (Abschn. 17.4), sodass für die Kopplung auch häufig die gleichen Enzyme Verwendung finden. Der Unterschied beim Nachweis des Farbstoffs besteht vor allem darin, dass bei der Immunhistochemie die farbigen Produkte unlöslich sind und an der Stelle präzipitieren, wo sie entstehen. Am häufigsten benutzt man hier die beiden Enzyme Meerrettichperoxidase und alkalische Phosphatase. Meerrettichperoxidase oxidiert das Substrat Diaminobenzidin, sodass ein braunes Präzipitat entsteht, während die alkalische Phosphatase rote oder blaue Farbstoffe erzeugen kann, abhängig von den verwendeten Substraten. Häufig verwendet man dabei 5-Brom-4-chlor-3-indolylphosphat plus Nitroblautetrazolium (BCIP/NBT), wodurch eine dunkelblaue oder dunkelviolette Färbung entsteht. Wie bei der Immunfluoreszenz muss die native Struktur des gesuchten Proteins erhalten bleiben, damit der Antikörper das Protein erkennen kann. Deshalb verwendet man durch möglichst milde chemische Verfahren fixierte Gewebe oder tiefgefrorene Gewebeschnitte, die erst nach Bindung des Antikörpers fixiert werden.

## 17.1.13 Immun- und Coimmunpräzipitation

Um Antikörper gegen Membranproteine und andere schwer isolierbare zelluläre Strukturen zu erhalten, immunisiert man häufig Mäuse mit ganzen Zellen oder Rohextrakten.

Anschließend erzeugt man mithilfe der immunisierten Mäuse Hybridome, die monoklonale Antikörper produzieren (Abschn. 17.7). Diese binden dann an den Zelltyp, der für die Immunisierung verwendet wurde. Zur Charakterisierung der identifizierten Moleküle werden Zellen desselben Typs radioaktiv markiert und in nichtionischen Detergenzien gelöst, die zwar die Zellmembran aufbrechen, die Wechselwirkungen zwischen Antigen und Antikörper jedoch nicht beeinflussen. So lassen sich die markierten Proteine durch Bindung an den Antikörper bei einer **Immunpräzipitation** isolieren. Der Antikörper ist normalerweise an einem festen Träger immobilisiert, beispielsweise dem Material, das man für die Affinitätschromatographie verwendet (Abschn. 17.3), oder an Protein A, ein Protein aus der Zellwand von *Staphylococcus aureus*, das fest an die Fc-Region von IgG-Antikörpern bindet. Bei der Immunpräzipitationsanalyse gibt es zwei Möglichkeiten der Zellmarkierung. Biosynthetisch lässt sich das gesamte Zellprotein durch radioaktive Aminosäuren markieren. Andererseits kann man sich bei einer radioaktiven Iodierung auf die Proteine der Zelloberfläche beschränken, wenn man Bedingungen wählt, unter denen das Iod nicht durch die Plasmamembran gelangt (▶ Abb. 17.13). Ein weiteres Verfahren ist die Markierung von Membranproteinen mit Biotin, einem kleinen Molekül, das sich durch markiertes Avidin leicht nachweisen lässt. Avidin kommt im Eiklar vor und bindet Biotin mit hoher Affinität.

Wurden die markierten Proteine mithilfe des Antikörpers isoliert, so gibt es verschiedene Möglichkeiten, sie zu analysieren. Die häufigste Methode ist die Polyacrylamidgelelektrophorese (PAGE) von Proteinen, die in dem starken ionischen Detergens Natriumdodecylsulfat (SDS) von den Antikörpern dissoziieren. Das Verfahren nennt man auch abgekürzt **SDS-PAGE**. SDS bindet relativ gleichmäßig an Proteine und verleiht ihnen eine Ladung, die sie im elektrischen Feld durch das Gel wandern lässt. Die Geschwindig-

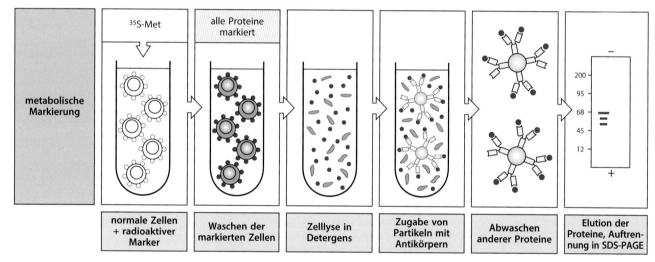

**Abb. 17.13 Zelluläre Proteine, die mit einem Antikörper reagieren, lassen sich durch Immunpräzipitation markierter Zelllysate identifizieren.** Alle aktiv synthetisierten zellulären Proteine lassen sich metabolisch markieren, indem man die Zellen mit radioaktiven Aminosäuren inkubiert (hier Methionin; $^{35}$S-Met). Oberflächenproteine werden hingegen selektiv mit radioaktivem Iod markiert, das die Zellmembran nicht durchdringen kann, oder mit dem kleinen Molekül Biotin, das sich durch die Reaktion mit markiertem Avidin nachweisen lässt (nicht dargestellt). Nach der Zelllyse mit einem Detergens kann man die einzelnen markierten Proteine mit monoklonalen Antikörpern präzipitieren, die an Trägerpartikel fixiert sind. Nach Abwaschen der nichtgebundenen Proteine werden die gebundenen mit dem Detergens Natriumdodecylsulfat (SDS) eluiert, welches das Protein vom Antikörper löst und mit einer stark negativ geladenen Hülle versieht. So kann das Protein in einer Polyacrylamidgelelektrophorese (PAGE) entsprechend seiner Molekülgröße im elektrischen Feld wandern. Die Positionen der markierten Proteine kann man durch Autoradiographie mit einem Röntgenfilm ermitteln. Das Verfahren der SDS-PAGE dient der Bestimmung der Molekülmasse und dem Nachweis von Untereinheiten bei Proteinen. Proteinbanden, die man aufgrund einer metabolischen Markierung nachweist, zeigen im Allgemeinen komplexere Muster als die mit radioaktivem Iod markierten Proteine. Dies ist unter anderem auf Proteinvorstufen zurückzuführen (*rechts*). Die reife Form eines Zelloberflächenproteins lässt sich anhand einer Bande mit der gleichen Größe identifizieren, wie sie bei der Iodierung oder Biotinylierung erscheint (nicht dargestellt)

Figure labels: $^{35}$S-Met · alle Proteine markiert · metabolische Markierung · 200 · 95 · 68 · 45 · 12 · normale Zellen + radioaktiver Marker · Waschen der markierten Zellen · Zelllyse in Detergens · Zugabe von Partikeln mit Antikörpern · Abwaschen anderer Proteine · Elution der Proteine, Auftrennung in SDS-PAGE

keit wird dabei vor allem von der Molekülmasse bestimmt (▶ Abb. 17.13). Proteine mit unterschiedlicher Ladung können mithilfe der isoelektrischen Fokussierung aufgetrennt werden (Abschn. 17.7). Dieses Verfahren kann man mit einer SDS-PAGE kombinieren und erhält so eine **zweidimensionale Gelelektrophorese**. Dazu eluiert man zuerst das immunpräzipitierte Protein mithilfe von nichtionischem Harnstoff in löslicher Form und führt dann in einem mit Polyacrylamidgel gefüllten Röhrchen eine isoelektrische Fokussierung durch. Danach legt man den Gelstreifen oben auf ein SDS-PAGE-Flachgel und trennt die Proteine darin nach ihrer Molekülmasse auf (▶ Abb. 17.14). Dieses leistungsfähige Verfahren ermöglicht die Unterscheidung mehrerer Hundert Proteine in komplexen Gemischen.

Die Immunpräzipitation und das verwandte Verfahren des Western-Blots (Abschn. 17.14) eignen sich gut für die Bestimmung von Molekülmasse und isoelektrischem Punkt eines Proteins. Außerdem kann man seine Häufigkeit und Verteilung bestimmen und untersuchen, ob sich beispielsweise die Molekülmasse und der isoelektrische Punkt als Folge einer Prozessierung in der Zelle verändern.

Die **Coimmunpräzipitation** ist eine Erweiterung der Immunpräzipitation. Mit ihrer Hilfe kann man feststellen, ob ein bestimmtes Protein physikalisch mit einem anderen Protein in Wechselwirkung tritt. Zellextrakte, die den mutmaßlichen Proteinkomplex enthalten, werden zuerst mit Antikörpern gegen eines der Proteine immunpräzipitiert. Das so erhaltene Material testet man anschließend in einem Western-Blot mit einem spezifischen Antikörper gegen das andere Protein auf dessen Vorhandensein.

## 17.1.14 Western-Blot (Immunblot)

Wie die Immunpräzipitation (Abschn. 17.13) verwendet man auch den **Western-Blot (Immunblot)** für den Nachweis bestimmter Proteine in einem Zelllysat. Dabei lässt sich jedoch die problematische radioaktive Markierung von Zellen vermeiden. Man gibt ein Detergens direkt zu nichtmarkierten Zellen, um alle Zellproteine zu solubilisieren, und trennt die Proteine des Lysats mittels SDS-PAGE auf (Abschn. 17.13). Anschließend überträgt man die Proteine aus dem Gel auf einen festen Träger (beispielsweise eine Nitrocellulosemembran) und inkubiert die Membran mit spezifischen Antikörpern, die mit SDS-gelösten Proteinen (das heißt vor allem mit denaturierten Sequenzen) reagieren. Anti-Immunglobulin-Antikörper, die mit Radioisotopen oder Enzymen gekoppelt sind, machen dann die Stellen sichtbar, an denen sich die gebundenen Proteine befinden. Die Bezeichnung Western-Blot entstand in Analogie zum sogenannten Southern-Blot für den Nachweis spezifischer DNA-Sequenzen, der von Ed Southern entwickelt wurde. (Die Bezeichnung Northern-Blot bezieht sich auf die Analyse von nach der Größe aufgetrennten RNA-Fragmenten.) Western-Blots kommen in der Grundlagenforschung und klinischen Diagnose vielfach zur Anwendung, zum Beispiel beim Nachweis von Antikörpern gegen verschiedene Bestandteile des humanen Immunschwächevirus HIV (▶ Abb. 17.15).

## 17.1.15 Verwendung von Antikörpern zur Isolierung und Charakterisierung von Multiproteinkomplexen durch Massenspektrometrie

Viele der Proteine, die in Immunzellen eine Funktion besitzen, sind Bestandteile von Multiproteinkomplexen. Dazu gehören auch die Zelloberflächenrezeptoren, beispielsweise die Antigenrezeptoren der T- und B-Zellen und die meisten Cytokinrezeptoren sowie intrazelluläre Proteine, die bei der Signalübertragung, Genexpression und dem Zelltod mitwirken. Antikörper, die an eine Komponente eines solchen Komplexes binden, lassen sich verwenden, um mithilfe der Coimmunpräzipitation weitere Bestandteile des Komplexes zu identifizieren. Anschließend führt man einen Western-Blot oder eine **Massenspektrometrie** durch.

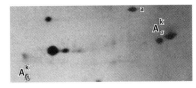
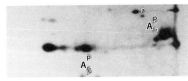

**Abb. 17.14 Zweidimensionale Gelelektrophorese von MHC-Klasse-II-Molekülen.** Proteine in Milzzellen der Maus wurden metabolisch markiert (Abb. 17.13) und mit einem monoklonalen Antikörper gegen das MHC-Klasse-II-Molekül H2-A der Maus präzipitiert. Die Auftrennung erfolgte in der ersten Dimension durch eine isoelektrische Fokussierung und in der zweiten Dimension durch eine SDS-PAGE im rechten Winkel zur ersten Laufrichtung (daher die Bezeichnung der Methode). So ist es möglich, Moleküle mit derselben Molekülmasse aufgrund ihrer Ladung zu unterscheiden. Die aufgetrennten Proteine werden mithilfe einer Autoradiographie sichtbar gemacht. MHC-Moleküle setzen sich aus den beiden Ketten $\alpha$ und $\beta$ zusammen. Die Ketten besitzen bei verschiedenen MHC-Klasse-II-Molekülen unterschiedliche isoelektrische Punkte, was bei Vergleich des *oberen* und des *unteren* Bildes deutlich wird. Die kleinen Buchstaben k und p geben den MHC-Genotyp der Mäuse an. Actin, ein häufiges kontaminierendes Protein, ist mit a bezeichnet. (Foto mit freundlicher Genehmigung von J. F. Babich)

Teil VI

**Abb. 17.15  Im Serum von HIV-infizierten Personen lassen sich Antikörper gegen das humane Immunschwächevirus durch einen Western-Blot nachweisen.** Das Virus wird durch eine SDS-Behandlung in seine Proteinbausteine zerlegt, die man in einer SDS-PAGE auftrennt. Anschließend überträgt man die Proteine auf Nitrocellulose und lässt sie mit dem Testserum reagieren. Anti-HIV-Antikörper des Serums binden an die verschiedenen HIV-Proteine. Ihr Nachweis erfolgt durch einen enzymgekoppelten Anti-Immunglobulin-Antikörper, der mit einem geeigneten Substrat zu einer Farbreaktion führt. Diese häufig verwendete Methode kann zum Nachweis jeder beliebigen Kombination von Antikörper und Antigen dienen. Die denaturierende Wirkung von SDS führt jedoch dazu, dass das Verfahren am zuverlässigsten mit Antikörpern funktioniert, die das denaturierte Antigen erkennen

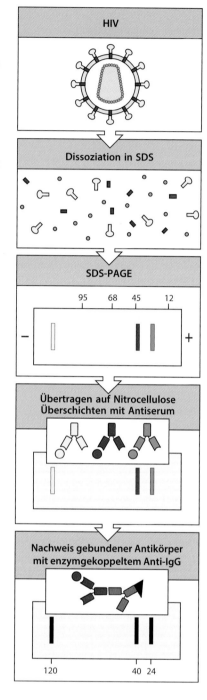

Mit einem Massenspektrometer lassen sich die Massen der Bestandteile in einem Molekülpräparat außerordentlich genau messen. Um in einer Probe, wie man sie beispielsweise durch eine Coimmunpräzipitation erhält, unbekannte Proteine zu bestimmen, wird die Probe oftmals zuerst einer eindimensionalen SDS-PAGE oder einer zweidimensionalen Gelelektrophorese (Abschn. 17.13) unterzogen, um die Proteine des Komplexes für die individuelle Analyse aufzutrennen. Die entsprechenden Gelstücke werden ausgeschnitten und mit einer Protease, etwa mit Trypsin, behandelt, um die Proteine in eine Reihe von Peptiden zu spalten, die dann einfach aus dem Gel eluiert werden können. Das Peptidgemisch wird in ein Massenspektrometer injiziert. Dort werden die Peptide ionisiert, in die Gasphase überführt, um dann im Hochvakuum mithilfe eines Magnetfeldes aufgetrennt zu werden.

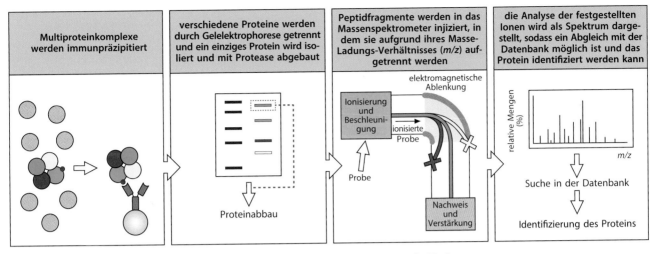

**Abb. 17.16 Charakterisierung von Multiproteinkomplexen durch Massenspektrometrie.** Nach der Immunpräzipitation eines Multiproteinkomplexes mithilfe von Antikörpern, die für eine Komponente des Komplexes spezifisch sind, werden die einzelnen Proteine durch Gelelektrophorese aufgetrennt. Eine einzelne Bande, die einem bestimmten Protein entspricht, wird isoliert und mit einer Protease, beispielsweise Trypsin, behandelt. Die so gespaltene Proteinprobe wird in ein Massenspektrometer injiziert. Dort werden die Peptide ionisiert, in die Gasphase überführt und dann aufgrund der unterschiedlichen Verhältniszahlen von Ladung zu Masse im Hochvakuum und unter Einwirkung eines Magnetfeldes voneinander getrennt. Ein Detektor nimmt für die einzelnen Peptidionen die Signalintensitäten auf und stellt die Daten in einem Histogramm dar. Dieses Histogramm, das man auch als Spektrum bezeichnet, wird mit einer Datenbank abgeglichen, die für alle bekannten Proteinsequenzen die potenziellen Spaltstellen für Proteasen enthält. Auf diese Weise lässt sich das Protein in der Probe identifizieren

Die Trennung basiert auf dem Verhältnis von Masse zu Ladung ($m/z$) der jeweiligen Ionen. Ein Detektor nimmt für die Ionen einzeln die Signalintensitäten auf und zeigt die Daten in Form eines Histogramms an (▶ Abb. 17.16). Dieses Histogramm, das man allgemein als Spektrum bezeichnet, kann mit einer Datenbank abgeglichen werden, die potenzielle Spaltstellen (für das verwendete Enzym) in allen bekannten Proteinsequenzen enthält. Aufgrund der Genauigkeit dieser Messungen und der Informationen über die Peptide, die aus dem ursprünglichen Protein hervorgegangen sind, lässt sich das Spektrum häufig eindeutig einem bestimmten Protein in der Datenbank zuordnen.

Mithilfe eines Tandemmassenspektrometers (MS/MS) heutiger Bauart ist es möglich, Peptidionen nicht nur nach ihrer Masse zu analysieren, sondern auch zu sequenzieren. In diesen Geräten werden die Peptide zunächst aufgetrennt und in einem zweiten Schritt durch Zusammenprall mit anderen Molekülen (häufig in Form eines inerten Gases wie $N_2$) fragmentiert und die hier entstehenden Fragmente werden in einem dritten Schritt nochmals aufgetrennt (▶ Abb. 17.17). Die Spaltung erfolgt vor allem im Peptidrückgrat, sodass sich die Sequenz des Peptids direkt aus dem Massenspektrum des Fragmentgemisches ablesen lässt. Anstelle einer Gelelektrophorese kann man vor der Massenanalyse auch eine Flüssigkeitschromatographie durchführen (LC-MS/MS), um die Peptide vor der Massentrennung zusätzlich zu separieren, sodass sehr komplexe Mischungen aus Tausenden von Peptiden in einem einzigen Lauf sequenziert werden können. Dieses zuletzt beschriebene Verfahren war von zentraler Bedeutung, als man in den ersten Untersuchungen das Repertoire der Peptide analysierte, die auf der Oberfläche von antigenpräsentierenden Zellen an MHC-Moleküle gebunden sind (Kap. 6).

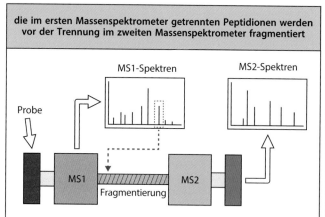

die im ersten Massenspektrometer getrennten Peptidionen werden vor der Trennung im zweiten Massenspektrometer fragmentiert

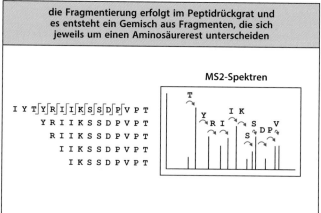

die Fragmentierung erfolgt im Peptidrückgrat und es entsteht ein Gemisch aus Fragmenten, die sich jeweils um einen Aminosäurerest unterscheiden

**Abb. 17.17 Bestimmung der Aminosäuresequenz eines Peptids durch Tandemmassenspektrometrie (MS/MS).** Die Tandemmassenspektrometrie besteht aus zwei hintereinandergeschalteten Massenspektrometern, wobei sich zwischen beiden eine weitere Einheit befindet, in der Ionen gespalten werden. In der ersten Geräteeinheit trennt das Massenspektrometer Peptidionen auf ( ▶ Abb. 17.16). Anschließend wird jedes Peptidion aus dem ersten Trennvorgang in der mittleren Einheit durch Kollision mit anderen Molekülen gespalten (häufig ein inertes Gas wie $N_2$). Da die Fragmentierung vor allem im Peptidrückgrat erfolgt, erhält man ein Gemisch aus Fragmenten, die sich in der Länge jeweils durch eine Aminosäure unterscheiden. Die entstehenden Fragmente werden dann im zweiten Massenspektrometer (der letzten Einheit) aufgetrennt. Aus dem zweiten Massenspektrum kann man die Sequenz des Peptids direkt ablesen. Die Reihenfolge der Aminosäurereste im Peptid lässt sich aufgrund der außerordentlichen Messgenauigkeit und der genau bekannten Massen der möglichen Aminosäuren herleiten

## 17.1.16 Isolierung von Lymphocyten aus dem peripheren Blut mithilfe der Dichtegradientenzentrifugation

Der erste Schritt bei der Erforschung der Lymphocyten ist ihre Isolierung, damit man ihr Verhalten *in vitro* analysieren kann. Lymphocyten des Menschen lassen sich am leichtesten aus dem peripheren Blut mit einer Dichtegradientenzentrifugation isolieren, bei der man einen Stufengradienten aus dem Kohlenhydratpolymer Ficoll-Hypaque® und der iodhaltigen Verbindung Metrizamid einsetzt, die eine hohe Dichte besitzt. Ein Stufengradient für mensch-

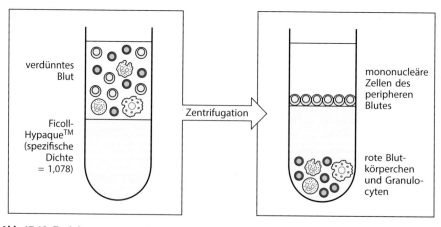

**Abb. 17.18 Periphere mononucleäre Blutzellen lassen sich durch eine Ficoll-Hypaque®-Zentrifugation aus Gesamtblut isolieren.** Verdünntes, gerinnungsunfähig gemachtes Blut (*links*) wird über Ficoll-Hypaque® geschichtet und zentrifugiert. Rote Blutkörperchen und polymorphkernige Leukocyten oder Granulocyten besitzen eine höhere Dichte und passieren die Ficoll-Hypaque®-Schicht, während mononucleäre Zellen (Lymphocyten und einige Monocyten) darüber eine Bande bilden und von der Grenzschicht abgenommen werden können (*rechts*)

| | Evaluierung der zellulären Komponenten des menschlichen Immunsystems | | |
|---|---|---|---|
| | **B-Zellen** | **T-Zellen** | **Phagocyten** |
| normale Zellzahl (× $10^9$ pro Liter Blut) | etwa 0,3 | gesamt 1,0–2,5<br>CD4 0,5–1,6<br>CD8 0,3–0,9 | Monocyten 0,15–0,6<br>polymorphkernige Leukocyten:<br>Neutrophile 3,0–5,5<br>Eosinophile 0,05–0,25<br>Basophile 0,02 |
| Funktionsmessung *in vivo* | Ig-Spiegel im Serum<br>Spiegel der spezifischen Antikörper | Hauttest | — |
| Funktionsmessung *in vitro* | induzierte Antikörperproduktion als Reaktion auf das Pokeweed-Antigen | T-Zell-Proliferation als Reaktion auf Phytohämagglutinin oder Tetanustoxoid | Phagocytose<br>Aufnahme von Nitroblautetrazolium<br>intrazelluläres Abtöten von Bakterien |

| | Evaluierung der humoralen Komponenten des menschlichen Immunsystems | | | | |
|---|---|---|---|---|---|
| | **Immunoglobuline** | | | | **Komplement** |
| Komponente | IgG | IgM | IgA | IgE | |
| Normalspiegel | 600–1400 mg $dl^{-1}$ | 40–345 mg $dl^{-1}$ | 60–380 mg $dl^{-1}$ | 0–200 Einh. $ml^{-1}$ | $CH_{50}$ von 125–300 Einh. $ml^{-1}$ |

**Abb. 17.19 Die wichtigsten zellulären und humoralen Bestandteile des menschlichen Blutes.** Menschliches Blut enthält B-Zellen, T-Zellen und myeloische Zellen sowie hohe Konzentrationen an Antikörpern und Komplementproteinen

liche Zellen wird erzeugt, indem man eine Lösung aus Ficoll-Hypaque® mit einer Dichte von genau 1,077 g/l herstellt und eine Schicht davon auf den Boden eines Zentrifugenröhrchens gibt. Eine Probe von heparinisiertem Blut, die mit Salzlösung versetzt ist (Heparin verhindert die Blutgerinnung), wird vorsichtig oben auf die Ficoll-Hypaque®-Lösung geschichtet. Nach der Zentrifugation von etwa 30 min haben sich die Blutbestandteile aufgrund ihrer Dichte voneinander getrennt. Die obere Schicht enthält das Blutplasma und die Blutplättchen, die während der kurzen Zentrifugation in der obersten Schicht verbleiben. Die roten Blutkörperchen und die Granulocyten besitzen eine höhere Dichte als die Ficoll-Hypaque®-Lösung und sammeln sich am Boden des Röhrchens an. Die gesuchte Population bezeichnet man als **mononucleäre Zellen des peripheren Blutes** (*peripheral blood mononuclear cells*, **PBMCs**); diese reichern sich an der Phasengrenze zwischen dem Blut und der Ficoll-Hypaque®-Schicht an und sie bestehen vor allem aus Lymphocyten und Monocyten (▶ Abb. 17.18). Obwohl sich diese Fraktion leicht isolieren lässt, ist sie für das Lymphsystem nicht unbedingt repräsentativ, da im Blut nur zirkulierende Lymphocyten zu finden sind.

Die „normale" Anzahl der verschiedenen Arten von weißen Blutzellen sowie die normalen Konzentrationen der verschiedenen Antikörperisotypen sind in ▶ Abb. 17.19 zusammengefasst.

## 17.1.17 Isolierung von Lymphocyten aus anderen Geweben

Man kann bei Versuchstieren und gelegentlich beim Menschen Lymphocyten aus den lymphatischen Organen isolieren, so beispielsweise aus der Milz, dem Thymus, den Lymphknoten und den darmassozierten lymphatischen Geweben. Beim Menschen sind dies meist die Gaumenmandeln (▶ Abb. 12.6). In den Oberflächenepithelien kommt eine spezialisierte

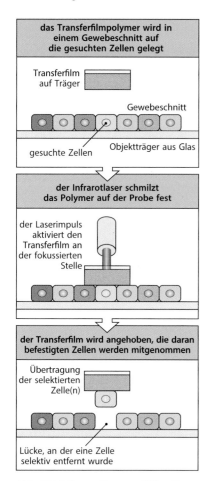

**Abb. 17.20 Laser-Capture-Mikrodissektion.** Nach dem Sichtbarmachen der Zellen im Lichtmikroskop lassen sich spezifische Zellpopulationen aus einer vollständigen Gewebeprobe oder einer histologischen Probe isolieren. Ein Polymer, der sogenannte Transferfilm, wird unter dem Mikroskop über die Probe gelegt und mithilfe des Infrarotlasers an bestimmten Stellen „festgeschweißt". Das Gebilde aus Polymer und Zellen kann dann angehoben und die gewünschten Zellen können isoliert werden. Aus den so gewonnenen Zellen lassen sich dann DNA, RNA oder Proteine präparieren

Population von Lymphocyten vor, die sich durch Fraktionierung der von der Basalmembran abgelösten Epithelschicht isolieren lässt. Bei lokalen Immunantworten kann man die Lymphocyten auch direkt vom Ort der Reaktion erhalten. Beispielsweise isoliert man zur Untersuchung der Autoimmunantwort, die vermutlich für die rheumatoide Arthritis (eine Gelenkentzündung) verantwortlich ist, die Lymphocyten aus Flüssigkeitsabsonderungen der betroffenen Gelenkzwischenräume.

Die **Laser-Capture-Mikrodissektion** ist eine Methode zur Isolierung von spezifischen Zellpopulationen aus einer intakten Gewebeprobe oder aus histologischen Proben, nachdem man die Zellen unter dem Lichtmikroskop sichtbar gemacht hat. Die gewünschten Zellen werden „eingefangen", indem man über die Probe auf dem Objektträger ein Polymer legt und das Polymer dann mithilfe eines Infrarotlasers an bestimmten Stellen auf der Probe „festschweißt". Sobald das Gebilde aus Polymer und Zellen hergestellt ist, kann es angehoben werden und aus den abgetrennten Zellen können DNA, RNA oder Proteine isoliert werden (▶ Abb. 17.20). Bei einer Abwandlung dieses Verfahrens verwendet man anstelle des Infrarotlasers einen Laser für ultraviolettes Licht. Der Laser fungiert dabei als molekulares Schneidewerkzeug. Damit lassen sich unerwünschte Gewebeanteile abtragen oder sogar vollständig entfernen, während der gewünschte Bereich intakt bleibt.

## 17.1.18 Durchflusscytometrie und FACS-Analyse

Ein Durchflusscytometer eignet sich hervorragend zum Sortieren und Zählen von Lymphocyten. Dabei werden einzelne Zellen nachgewiesen und gezählt, die in einem Strom durch einen Laserstrahl wandern. Ein Gerät, das die Zellen gleichzeitig noch auftrennt, ist das **FACS-Gerät** (*fluorescence-activated cell sorter*). Man verwendet diese Instrumente zur Untersuchung der Eigenschaften von verschiedenen Subpopulationen von Zellen, die durch monoklonale Antikörper gegen Proteine auf der Zelloberfläche oder im Inneren der Zelle identifiziert werden. In einer gemischten Zellpopulation werden bestimmte Zellen zuerst durch Behandlung mit spezifischen monoklonalen Antikörpern, an die Fluoreszenzfarbstoffe gekoppelt sind, oder mit spezifischen Antikörpern und anschließend mit fluoreszenzmarkierten Anti-Immunglobulin-Antikörpern markiert. Das Gemisch der markierten Zellen wird anschließend in einem wesentlich größeren Volumen einer Salzlösung aufgenommen, in einem dünnen Flüssigkeitsstrahl zunächst durch eine Mikrokanalküvette geleitet und anschließend durch eine kleine Düse gepresst, sodass kleine Tröpfchen entstehen. Die Zellen in der Küvette passieren einen Laserstrahl, wobei es an den Zellen zu einer Lichtstreuung kommt. Sind Farbstoffmoleküle an eine Zelle gebunden, werden sie zur Fluoreszenz angeregt. Empfindliche Photodetektoren messen sowohl das gestreute als auch das emittierte Licht. Ersteres liefert Informationen über die Größe und die Granularität der Zellen. Die Fluoreszenz ermöglicht Aussagen über die Bindung der markierten monoklonalen Antikörper und damit über die Expression der Oberflächenproteine der Zelle (▶ Abb. 17.21).

Für die Sortierung werden die Zellen anhand der zum Computer gesendeten Signale kurz vor dem Abreißen der Tropfen (von denen jeder im Idealfall nur eine Zelle enthält) an der Düse mit unterschiedlichen elektrischen Ladungen versehen. Die Tropfen passieren das elektrische Feld eines Plattenkondensators und werden entsprechend ihrer Ladung in unterschiedliche Richtungen abgelenkt. Eine negativ geladene Platte zieht positiv geladene Tröpfchen an und umgekehrt. Nach der Ablenkung werden Tröpfchen mit den Zellen in Röhrchen gesammelt. Auf diese Weise lassen sich aus einer gemischten Zellpopulation spezifische Subpopulationen von Zellen abtrennen, die sich aufgrund der Bindung von markierten Antikörpern unterscheiden. Alternativ kann man auch eine Zellpopulation entfernen, indem man verschiedene Antikörper gegen Markerproteine mit einer Fluoreszenzmarkierung versieht, die von den nicht gewünschten Zelltypen exprimiert werden. Mit dem Gerät lassen sich auch die markierten Zellen verwerfen, sodass die nichtmarkierten Zellen übrig bleiben.

Markiert man Zellen mit einem einzigen Fluoreszenzfarbstoff, erscheinen die im Durchflusscytometer gewonnenen Daten durch Auftragung der Fluoreszenzintensität gegen die

**Abb. 17.21 Die Durchflusscytometrie ermöglicht die Identifizierung und das Sortieren von Zellen aufgrund ihrer Oberflächenantigene.** Dazu werden die Zellen zuerst mit Fluoreszenzfarbstoffen markiert (*Bild oben*). Bei der direkten Markierung verwendet man spezifische, gegen Antigene der Zelloberfläche gerichtete Antikörper, an die ein Farbstoffmolekül gekoppelt ist (wie hier zu sehen). Die indirekte Markierung erfolgt mit fluoreszenz-markierten Immunglobulinen, wodurch nichtmarkierte, zellgebundene Antikörper nachgewiesen werden. Die Zellen werden durch eine Kapillare gepresst, sodass ein Strom einzelner Zellen entsteht, der dann von einem Laserstrahl erfasst wird (*zweites Bild*). Photodetektoren messen die Lichtstreuung, die ein Maß für die Größe und die Granularität einer Zelle darstellt, und die Emissionen der verschiedenen Fluoreszenzfarbstoffe. Ein Computer analysiert die Informationen. Untersucht man eine große Zahl von Zellen, lässt sich die Anzahl der Zellen mit bestimmten Eigenschaften genau ermitteln und zudem die Expressionsrate verschiedener Moleküle auf der Zelloberfläche messen. Der *untere Teil der Abbildung* zeigt mögliche Darstellungsformen der Ergebnisse, in diesem Fall der Expression der beiden Oberflächenimmunglobuline IgM und IgD in einer Probe von B-Zellen aus der Milz einer Maus. Bei Expression nur einer Molekülart wählt man normalerweise die Form eines Histogramms (*links*). Histogramme zeigen die Verteilung von Zellen, die durch einen einzigen messbaren Parameter (wie Größe, granuläre Struktur, Intensität der Fluoreszenz) charakterisiert werden sollen. Bei zwei oder mehr Parametern pro Zelle (IgM und IgD) sind verschiedene zweifarbige Darstellungen möglich (*rechts*). Alle vier Diagramme basieren auf denselben Daten. Die Intensität der IgM-Fluoreszenz ist auf der *x*-Achse aufgetragen, die der IgD-Fluoreszenz auf der *y*-Achse. Zweifarbige Diagramme enthalten mehr Informationen als Histogramme: Sie ermöglichen beispielsweise die Unterscheidung von Zellen, die für beide Farben „hell", für eine Farbe „dunkel" und für die andere „hell", für beide Farben „dunkel" oder für beide negativ erscheinen und so weiter. So entspricht die Ansammlung von Punkten im *linken unteren* Bereich immer denjenigen Zellen, die keines der beiden Immunglobuline exprimieren; dabei handelt es sich vor allem um T-Zellen. Das Standardpunktdiagramm (*dot plot, links oben*) setzt für jede Zelle, deren Fluoreszenz gemessen wird, einen einzigen Punkt. Mit diesem Verfahren kann man Zellen isolieren, die nicht den Haupttypen entsprechen. Sind jedoch von einem Typ sehr viele Zellen vorhanden, kann es zu einer Sättigung der Darstellung kommen. Eine weitere Art der Datenpräsentation ist ein Diagramm aus farbigen Punkten (*unten links*). Hier entspricht die Farbdichte der Zelldichte. Bei einem Konturdiagramm (*rechts oben*) werden Linien bei jeweils 5 % „Wahrscheinlichkeit" gezogen, wobei jede Konturlinie nacheinander jeweils 5 % der Population entspricht. Dieses Verfahren liefert die beste monochrome Darstellung von Bereichen mit hoher und niedriger Dichte. Das Konturdiagramm mit 5 % Wahrscheinlichkeit *unten rechts* enthält zusätzlich außerhalb liegende Zellen als Punkte

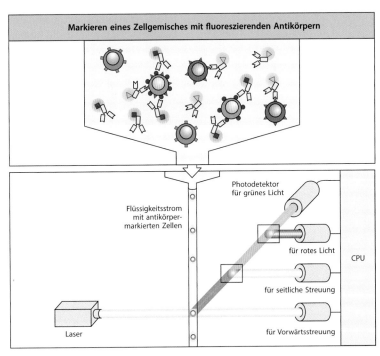

Markieren eines Zellgemisches mit fluoreszierenden Antikörpern

Flüssigkeitsstrom mit antikörper-markierten Zellen — Photodetektor für grünes Licht — für rotes Licht — CPU — für seitliche Streuung — für Vorwärtsstreuung — Laser

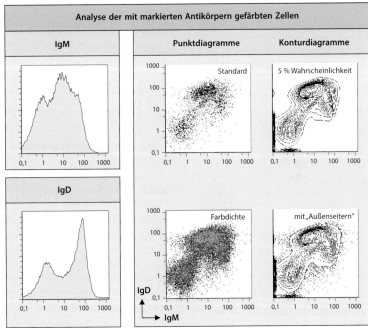

Analyse der mit markierten Antikörpern gefärbten Zellen

IgM · IgD · Punktdiagramme · Konturdiagramme · Standard · 5 % Wahrscheinlichkeit · Farbdichte · mit „Außenseitern" · IgD · IgM

Zellzahl üblicherweise als eindimensionales Histogramm. Bei zwei oder mehreren Antikörpern mit verschiedenen Fluoreszenzfarbstoffen erscheinen die Daten hingegen als zweidimensionales Streudiagramm oder als Konturdiagramm, wobei die Fluoreszenz eines Antikörpers gegen die eines zweiten aufgetragen wird. Auf diese Weise lässt sich eine Zellpopulation, für die ein bestimmter Antikörper spezifisch ist, mithilfe des zweiten Antikörpers weiter unterteilen (▶ Abb. 17.21). Bei großen Zellzahlen liefert das FACS-System

Informationen über die quantitative Verteilung von Zellen mit bestimmten Proteinen. Dazu gehören beispielsweise die Immunglobuline auf der Oberfläche der B-Zellen, das rezeptor-assoziierte CD3-Protein der T-Zellen oder die Corezeptoren CD4 und CD8, anhand derer sich die großen Untergruppen der T-Zellen unterscheiden lassen. Die FACS-Analyse war auch bei der Definition früher Entwicklungsstadien von B- und T-Zellen hilfreich. Als man AIDS zum ersten Mal als Krankheit erkannte, bei der die CD4-T-Zellen selektiv vernichtet werden (Kap. 13), spielte dieses Verfahren ebenfalls eine zentrale Rolle. Durch Fortschritte in der FACS-Technik kann man eine immer größere Anzahl unterschiedlich fluoreszenzmarkierter Antikörper gleichzeitig einsetzen. Für Experimente zur Zellanalyse, weniger zum Sortieren von Zellen, stehen inzwischen Geräte mit vier Lasern zur Verfügung, mit denen sich gleichzeitig 18 verschiedene Fluoreszenzfarbstoffe messen lassen. FACS-Analysen hängen jedoch von den spektralen Eigenschaften der Fluoreszenzfarbstoffe ab, die man für die Kopplung an Antikörper verwenden kann, sodass diese Technik möglicherweise auch an ihre Grenzen kommt.

Eine Alternative zur FACS-Analyse ist ein Verfahren, das auf dem Nachweis von Schwermetallatomen beruht, die an Antikörper gekoppelt sind. Zellpopulationen, die man mit schwermetallmarkierten Antikörpern markiert hat, werden mithilfe eines Geräts mit der Bezeichnung CyTOF® analysiert. Es kombiniert die Fluidik von Flüssigkeiten mit der Massenspektrometrie. Da jede Zelle analysiert wird, lässt sich die Menge an Schwermetall ermitteln, die mit einer bestimmten Art von Zelle verknüpft ist. Damit erhält man ein Maß für die Häufigkeit der Zielzellen der einzelnen Antikörper. Wahrscheinlich ist es mit diesem Verfahren möglich, insgesamt 100 unterschiedliche Schwermetalle zu bestimmen, wodurch der Umfang der derzeit mit FACS möglichen Analysen deutlich erweitert würde. Bei diesem Verfahren werden die Zellen durch die Ionisierung jedoch zerstört, die für die massenspektrometrische Analyse erforderlich ist. CyTOF® kann also nicht zur Zellsortierung eingesetzt werden.

### 17.1.19 Isolierung von Lymphocyten mithilfe von antikörperbeschichteten magnetischen Partikeln

Das FACS-System eignet sich zwar ausgezeichnet für die Isolierung geringer Zellmengen in reiner Form. Benötigt man jedoch schnell größere Mengen an Lymphocyten, so sind mechanische Verfahren zur Zelltrennung vorzuziehen. Eine effektive und genaue Methode besteht in der Verwendung von paramagnetischen Partikeln, die mit Antikörpern gegen charakteristische Oberflächenmoleküle beschichtet sind. Diese antikörperbeschichteten Partikel vermischt man mit den Zellen, die getrennt werden sollen, und gibt sie auf eine Säule mit einem Material, das die paramagnetischen Partikel festhält, wenn man die Säule einem starken Magnetfeld aussetzt. Dabei werden die Zellen zurückgehalten, die an die magnetisch markierten Antikörper binden, wohingegen Zellen ohne das passende Oberflächenmolekül abgewaschen werden (▶ Abb. 17.22). Die festgehaltenen Zellen werden freigesetzt, wenn man die Säule aus dem Magnetfeld entfernt. In diesem Fall werden die gebundenen Zellen aufgrund der Expression des spezifischen Oberflächenmoleküls positiv selektiert, die nichtgebundenen Zellen aufgrund der fehlenden Expression dagegen negativ.

### 17.1.20 Isolierung von homogenen T-Zell-Linien

Die Analyse der Spezifität und Effektorfunktion von T-Zellen beruht auf der Untersuchung von monoklonalen Populationen der T-Lymphocyten. Es gibt vier Möglichkeiten, solche Zellen zu erzeugen – T-Zell-Hybride, klonierte T-Zell-Linien, T-Zell-Tumoren und die limitierende Verdünnungskultur. Entsprechend den B-Zell-Hybridomen (Abschn. 17.7) kann man auch normale T-Zellen, die nach einer spezifischen Reaktion auf ein Antigen proliferieren, mit malignen T-Lymphom-Zellen fusionieren. Das Ergebnis sind **T-Zell-Hybride**. Die Hybride exprimieren den Rezeptor der normalen T-Zellen, aber aufgrund

**Abb. 17.22 Subpopulationen von Lymphocyten lassen sich durch Antikörper, die an paramagnetische Partikel gekoppelt sind, physikalisch auftrennen.**
Ein monoklonaler Antikörper aus der Maus, der für ein bestimmtes Zelloberflächenantigen spezifisch ist, wird an paramagnetische Partikel gekoppelt. Diese werden mit einer heterogenen Lymphocytenpopulation vermischt und auf eine Säule gegeben, die Stahlwolle enthält. Dann legt man ein magnetisches Feld an, sodass die an die Antikörper gebundenen Zellen an der Stahlwolle hängen bleiben, während nichtgebundene Zellen ausgewaschen werden. Diese bezeichnet man als negativ selektiert, da ihnen das gesuchte Molekül fehlt. Die gebundenen Zellen werden durch Abschalten des Magnetfeldes freigesetzt: Man bezeichnet sie als positiv selektiert, da das Antigen vom Antikörper erkannt wurde

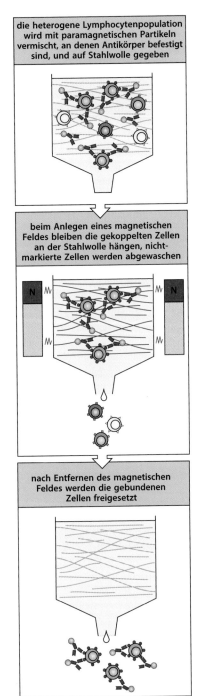

der krebsartigen Eigenschaften der ursprünglichen Lymphomzellen vermehren sie sich unbegrenzt. T-Zell-Hybride lassen sich klonieren, sodass eine Zellpopulation entsteht, die nur einen bestimmten T-Zell-Rezeptor exprimiert. Wenn diese Zellen durch ihr spezifisches Antigen stimuliert werden, setzen sie biologisch aktive Mediatormoleküle frei, beispielsweise den T-Zell-Wachstumsfaktor Interleukin-2 (IL-2). Die Cytokinproduktion dient als Test zur Bestimmung der Spezifität von T-Zell-Hybriden.

T-Zell-Hybride lassen sich ausgezeichnet für Spezifitätsanalysen verwenden, da sie in Suspensionskultur gut wachsen können. Sie sind jedoch nicht geeignet, wenn man die Regulation der antigenspezifischen Proliferation von T-Zellen untersuchen will, da sie sich

**T-Zellen aus einem immunisierten Tier sind eine Mischung aus Zellen verschiedener Spezifitäten**

**die T-Zellen werden mit antigen-präsentierenden Zellen und Antigen inkubiert, antigenspezifische T-Zellen proliferieren, T-Zellen, die das Antigen nicht erkennen, dagegen nicht**

**antigenspezifische T-Zellen lassen sich durch eine limitierende Verdünnung in Gegenwart von IL-2 klonieren**

**Abb. 17.23 Klonierung von T-Zell-Linien.** T-Zellen von einem immunisierten Spender, die verschiedene Spezifitäten umfassen, werden von Antigenen und antigenpräsentierenden Zellen aktiviert. Einzelne reaktive Zellen werden durch limitierende Verdünnung (Abschn. 17.21) in Gegenwart des T-Zell-Wachstumsfaktors IL-2 kultiviert, der selektiv die reaktiven Zellen aktiviert. Daraus leiten sich antigenspezifische Zelllinien ab, die zusammen mit dem Antigen, antigenpräsentierenden Zellen und IL-2 in Kultur vermehrt werden

fortwährend teilen. T-Zell-Hybride lassen sich auch nicht auf Tiere übertragen, um Funktionstests *in vivo* durchzuführen, da sich dann Tumoren ausbilden. Des Weiteren sind jegliche Funktionstests an Hybridzellen nur eingeschränkt möglich, da die malignen Eigenschaften der Zellen deren Verhalten beeinflussen. Deshalb muss man die Regulation des Zellwachstums an **T-Zell-Klonen** untersuchen. Dabei handelt es sich um klonierte Zelllinien, die aus einem einzigen T-Zell-Typ mit einer einzigen Spezifität bestehen und sich aus heterogenen Kulturen von T-Zellen ableiten. Diese wiederum bezeichnet man als **T-Zell-Linien**; ihre Proliferation hängt von der periodisch wiederholten Stimulation mit dem spezifischen Antigen und häufig auch der Zuführung von T-Zell-Wachstumsfaktoren ab (▶ Abb. 17.23). T-Zell-Klone erfordern ebenfalls eine periodisch wiederholte Stimulation mit dem Antigen. Sie sind schwieriger zu vermehren als T-Zell-Hybride. Da ihr Wachstum jedoch auf der spezifischen Antigenerkennung basiert, behalten sie ihre Antigenspezifität, die bei T-Zell-Hybriden oft verloren geht. Zudem kann man mit klonierten T-Zell-Linien die Effektorfunktionen *in vitro* und *in vivo* untersuchen. Die Proliferation der T-Zellen, die bei der klonalen Selektion eine wichtige Rolle spielt, lässt sich zudem nur an klonierten T-Zell-Linien verfolgen, weil dieses Wachstum auf der Antigenerkennung beruht. Daher kommt beiden Typen von monoklonalen T-Zell-Linien, den T-Zell-Hybriden und den antigenabhängigen T-Zell-Klonen für experimentelle Untersuchungen eine große Bedeutung zu.

Untersuchungen von T-Zellen des Menschen beruhen zu einem großen Teil auf klonierten Zelllinien, da es noch keinen geeigneten Fusionspartner für die Herstellung von Zellhybriden gibt. Man hat jedoch eine menschliche T-Zell-Lymphom-Zelllinie (als Jurkat bezeichnet) genauer analysiert. Die Zellen sezernieren Interleukin-2, wenn ihr Antigenrezeptor mit monoklonalen Anti-Rezeptor-Antikörpern quervernetzt wird. Dieses einfache Testsystem hat zahlreiche Informationen über die Signalübermittlung bei T-Zellen geliefert. Eines der interessantesten Merkmale der Jurkat-Zellen findet man auch bei T-Zell-Hybriden: Sie hören auf zu wachsen, wenn ihre Antigenrezeptoren quervernetzt werden. So ist es möglich, Zellmutanten ohne Rezeptoren oder mit Defekten in der Signaltransduktion zu selektieren, weil sie bei Zugabe von Anti-Rezeptor-Antikörpern weiterwachsen. Auf diese Weise lassen sich T-Zell-Tumoren, T-Zell-Hybride und klonierte T-Zell-Linien in der experimentellen Immunologie nutzbringend anwenden.

Schließlich kann man primäre T-Zellen jedes beliebigen Ursprungs durch eine limitierende Verdünnungskultur (Abschn. 17.21) aus jedem beliebigen Ursprung als einzelne antigenpräsentierende Zellen isolieren. Dies ist vorteilhafter als vorher eine gemischte Zellpopulation in Kultur als T-Zell-Linie zu etablieren und dann daraus klonale Subpopulationen heranzuziehen. Während des Wachstums von T-Zell-Linien können sich einzelne T-Zell-Klone in den Kulturen stark vermehren und so die ursprüngliche Probe hinsichtlich Anzahl und Spezifitäten verfälschen. Durch direkte Klonierung von primären T-Zellen lässt sich dieses Artefakt vermeiden.

## 17.1.21 Limitierende Verdünnungskultur

Häufig muss man die Anzahl der antigenspezifischen Zellen, besonders der T-Zellen, kennen, um beispielsweise die Effektivität zu bestimmen, mit der ein Individuum auf ein bestimmtes Antigen reagiert, oder das Ausmaß des etablierten immunologischen Gedächtnisses festzustellen. Dafür gibt es eine Reihe von Methoden. Möglich ist entweder der direkte Nachweis der Zellen aufgrund der Spezifität ihres Rezeptors oder eine Bestimmung der Aktivierung bestimmter Funktionen in den Zellen, beispielsweise die Erzeugung von Cytokinen oder die Cytotoxizität.

Die Reaktion einer Lymphocytenpopulation liefert nur ein Gesamtbild. Die Häufigkeit spezifischer Lymphocyten, die auf ein bestimmtes Antigen reagieren, kann durch eine **limitierende Verdünnungskultur** festgestellt werden. Der Test verwendet die statistische Funktion der Poisson-Verteilung, welche die zufällige Verteilung von Objekten

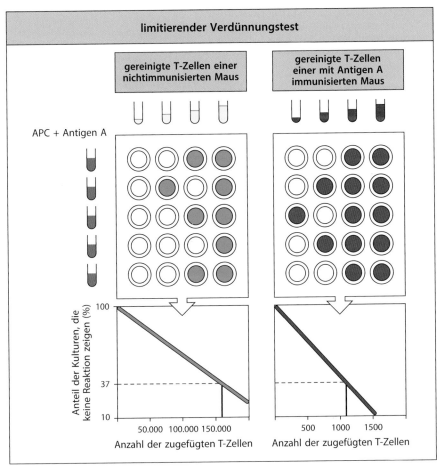

**Abb. 17.24 Durch limitierende Verdünnung lässt sich die Häufigkeit bestimmter Lymphocyten bestimmen.** Man gibt verschiedene Mengen lymphatischer Zellen aus normalen und immunisierten Mäusen in einzelne Vertiefungen von Mikrotiterplatten und stimuliert sie mit einem Antigen und antigenpräsentierenden Zellen (APCs) oder einem polyklonalen Mitogen und Wachstumsfaktoren. Nach mehreren Tagen testet man die spezifischen Antigenreaktionen der Kulturen wie das cytotoxische Abtöten von Zielzellen. Jede Vertiefung, die ursprünglich eine spezifische T-Zelle enthielt, zeigt nun eine Reaktion. Die Poisson-Verteilung legt fest, dass bei einem Anteil von 37 % negativen Kulturen jede Vertiefung zu Beginn durchschnittlich eine einzige spezifische T-Zelle enthalten hat. Im dargestellten Beispiel sind bei den nichtimmunisierten Mäusen 37 % der Kulturen negativ, wenn zu jedem Gefäß 160.000 T-Zellen zugefügt wurden. Also liegt der Anteil an antigenspezifischen Zellen bei 1:160.000. Für die immunisierten Mäuse sind bei nur 1100 zugefügten Zellen 37 % der Kulturen negativ. Der Anteil spezifischer T-Zellen beläuft sich hier also auf 1:1100, was einer Erhöhung der Zahl reaktiver Zellen um den Faktor 150 entspricht

beschreibt. Verteilt man beispielsweise eine Probe von heterogenen T-Zellen gleichmäßig auf kleine Kulturgefäße, gelangen in einige Gefäße keine für das entsprechende Antigen spezifische T-Zellen, in einige Gefäße gelangt eine Zelle, in einige zwei Zellen und so weiter. Die Zellen werden mit dem spezifischen Antigen, antigenpräsentierenden Zellen und Wachstumsfaktoren aktiviert. Nach einigen Tagen, die für das Wachstum und die Differenzierung notwendig sind, testet man die Reaktion auf das Antigen, etwa die Freisetzung von Cytokinen oder das Abtöten spezifischer Zielzellen (▶ Abb. 17.24). Der Test wird mit verschiedenen Anzahlen von T-Zellen in der Probe wiederholt. Man trägt den Logarithmus des Anteils der Gefäße ohne Reaktion gegen die Zahl der Zellen auf, die ursprünglich hineingegeben wurden. Wenn nur ein einziger Zelltyp (meist antigenspezifische T-Lymphocyten aufgrund ihrer Seltenheit) der limitierende Faktor für eine Reaktion ist, ergibt sich daraus eine Gerade. Bei der Poisson-Verteilung gilt, dass pro Vertiefung durchschnittlich eine antigenspezifische Zelle vorhanden ist, wenn der Anteil der negativen Gefäße 37 % beträgt. Dann entspricht der Anteil antigenspezifischer

**Abb. 17.25 Die Häufigkeit von cytokinsezernieren-
den Zellen lässt sich mithilfe des ELISPOT-Assays
bestimmen.** Der ELISPOT-Test ist eine Variante des
ELISA. An eine Kunststoffoberfläche gebundene Antikörper sollen Cytokine binden, die von bestimmten
T-Zellen freigesetzt werden. Normalerweise werden
die cytokinspezifischen Antikörper an die Oberfläche
einer Vertiefung in einer Mikrotiterplatte gebunden
und nichtgebundene Antikörper werden wieder entfernt (*Bild oben*). Dann gibt man aktivierte T-Zellen
dazu und lässt sie auf die antikörperbeschichtete Oberfläche einwirken (*zweites Bild*). Wenn eine T-Zelle das
passende Cytokin exprimiert, bleibt das Molekül an
den befestigten Antikörpermolekülen haften, die sich
in unmittelbarer Umgebung der Zelle befinden (*drittes
Bild*). Nach einer bestimmten Zeit entfernt man die
T-Zellen und weist das spezifische Cytokin mithilfe
eines zweiten Antikörpers nach, der für dasselbe
Cytokin spezifisch ist. Nach der Bindung dieses Antikörpers entsteht ein farbiges Reaktionsprodukt (*viertes
Bild*). Um jede T-Zelle, die ursprünglich das Cytokin
sezerniert hat, bildet sich nun ein farbiger Fleck (Spot;
daher die Bezeichnung der Methode). Im untersten
Bild ist das Ergebnis eines solchen ELISPOT-Assays
dargestellt: T-Zellen wurden auf verschiedene Weise
stimuliert und setzten daraufhin IFN-$\gamma$ frei. Bei diesem
Beispiel behandelte man T-Zellen aus dem Empfänger
eines Stammzellentransplantats mit einem Kontrollpeptid (*obere Bilder*) oder einem Peptid des Cytomegalievirus (*untere Bilder*). In den unteren Bildern
ist eine größere Anzahl von Flecken zu erkennen, die
deutlich anzeigen, dass die T-Zellen des Patienten
auf das Viruspeptid reagieren können und IFN-$\gamma$
produzieren. (Fotos mit freundlicher Genehmigung
von S. Nowack)

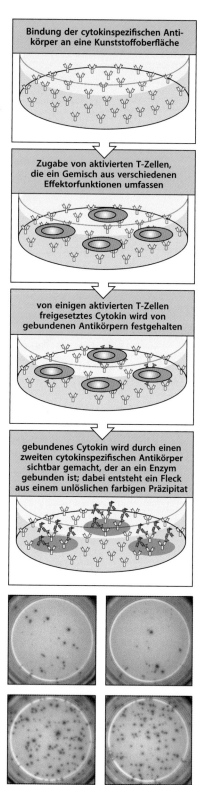

Zellen in einer Population dem Kehrwert der Zellzahl pro Gefäß. Nach der ersten Immunisierung nimmt die Häufigkeit spezifischer Zellen stark zu. Das zeigt, dass das Antigen die
Proliferation antigenspezifischer Zellen fördert. Mit einer limitierenden Verdünnungskultur lässt sich auch die Häufigkeit von B-Zellen ermitteln, die Antikörper gegen ein
bestimmtes Antigen produzieren.

## 17.1.22 ELISPOT-Assay

Eine Variante des Sandwich-ELISA (Abschn. 17.4), den man als **ELISPOT-Assay** bezeichnet, ist für die Bestimmung der Häufigkeit von T-Zell-Reaktionen sehr hilfreich und liefert auch Informationen über die produzierten Cytokine. T-Zell-Populationen werden mit dem ausgesuchten Antigen stimuliert und dann in die Vertiefungen einer Mikrotiterplatte gegeben, wo sich die Zellen absetzen. Die Vertiefungen sind mit Antikörpern gegen das Cytokin beschichtet, das untersucht werden soll (▶ Abb. 17.25). Wenn eine aktivierte T-Zelle dieses Cytokin freisetzt, wird das Molekül von dem Antikörper festgehalten. Nach einiger Zeit entfernt man die Zellen und gibt einen zweiten Antikörper gegen das Cytokin in die Vertiefungen. Dadurch lässt sich um jede aktivierte T-Zelle ein Hof („Spot") von gebundenem Cytokin sichtbar machen. Aufgrund der Zahl der entstandenen Flecken und der bekannten Anzahl der T-Zellen, die man ursprünglich in jede Vertiefung gegeben hat, lässt sich die Häufigkeit von T-Zellen berechnen, die ein bestimmtes Cytokin freisetzen. Der Test eignet sich auch für den Nachweis von sezernierten spezifischen Antikörpern bei B-Zellen. In diesem Fall ist die Oberfläche der Vertiefungen mit Antigen beschichtet und es werden die spezifischen Antikörper festgehalten, die anschließend mit fluoreszenzgekoppelten Immunglobulinen nachgewiesen werden.

## 17.1.23 Identifizierung funktioneller Subpopulationen der T-Zellen aufgrund der Cytokinproduktion oder der Expression von Transkriptionsfaktoren

Ein Problem bei der Bestimmung der Cytokinproduktion besteht darin, dass die Cytokine von den T-Zellen in das umgebende Medium freigesetzt werden, sodass eine direkte Zuordnung des Cytokins zu einer Zelle nicht möglich ist. Um das Cytokinprofil einer beliebigen Zelle zu bestimmen, stehen drei Methoden zur Verfügung. Das erste Verfahren wird als **intrazelluläre Cytokinfärbung** (▶ Abb. 17.26) bezeichnet und basiert auf Stoffwechselgiften, die den Proteinexport aus der Zelle hemmen. So sammelt sich das Cytokin im endoplasmatischen Reticulum und im Vesikelnetzwerk der Zelle an. Wenn die Zellen anschließend fixiert und durch ein mildes Detergens permeabilisiert werden,

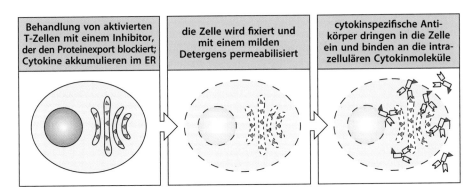

| Behandlung von aktivierten T-Zellen mit einem Inhibitor, der den Proteinexport blockiert; Cytokine akkumulieren im ER | die Zelle wird fixiert und mit einem milden Detergens permeabilisiert | cytokinspezifische Antikörper dringen in die Zelle ein und binden an die intrazellulären Cytokinmoleküle |

**Abb. 17.26 Identifizierung von cytokinsezernierenden Zellen durch intrazelluläre Cytokinfärbung.** Die von aktivierten T-Zellen sezernierten Cytokine lassen sich mithilfe fluoreszenzmarkierter Antikörper bestimmen, die diese akkumulierten Cytokine innerhalb von Zellen erkennen können. Die Akkumulation der Cytokine bis zu einer Konzentration, die für einen Nachweis ausreicht, erzielt man durch Behandlung der aktivierten T-Zellen mit Inhibitoren des Proteinexports. In so behandelten Zellen werden Proteine, die eigentlich sezerniert werden sollen, innerhalb des endoplasmatischen Reticulums zurückgehalten (*links*). Dann fixiert man die Zellen, um die Proteine innerhalb der Zellen und in den Zellmembranen zu vernetzen. So bleiben sie erhalten, wenn die Zellen durch Auflösen der Zellmembranen mithilfe eines milden Detergens permeabilisiert werden (*Mitte*). Nun können fluoreszenzmarkierte Antikörper in die Zellen eindringen und dort an die Cytokine binden (*rechts*). Auf diese Weise kann man Zellen auch mit Antikörpern markieren, die mit Zelloberflächenproteinen reagieren. So lässt sich feststellen, welche Subpopulationen der T-Zellen bestimmte Cytokine sezernieren

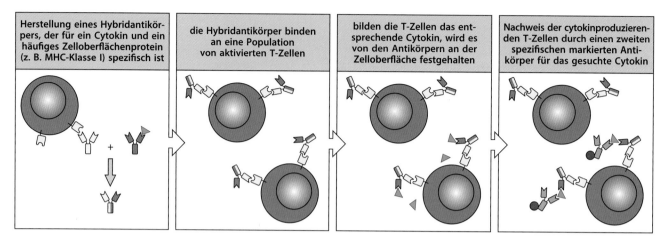

| Herstellung eines Hybridantikörpers, der für ein Cytokin und ein häufiges Zelloberflächenprotein (z. B. MHC-Klasse I) spezifisch ist | die Hybridantikörper binden an eine Population von aktivierten T-Zellen | bilden die T-Zellen das entsprechende Cytokin, wird es von den Antikörpern an der Zelloberfläche festgehalten | Nachweis der cytokinproduzierenden T-Zellen durch einen zweiten spezifischen markierten Antikörper für das gesuchte Cytokin |

**Abb. 17.27 Durch Hybridantikörper mit einer zellspezifischen und einer cytokinspezifischen Bindungsstelle kann man die Cytokinsekretion bei lebenden Zellen testen und Zellen isolieren, die bestimmte Cytokine freisetzen.** Hybridantikörper lassen sich durch die Kombination von Paaren aus der schweren und leichten Kette von Antikörpern verschiedener Spezifitäten herstellen, beispielsweise unter Verwendung eines Antikörpers gegen ein MHC-Klasse-I-Molekül und eines Antikörpers, der für das Cytokin IL-4 spezifisch ist (*erstes Bild*). Die Hybridantikörper gibt man dann zu einer Population aktivierter T-Zellen, wobei die Antikörper mit dem MHC-Klasse-I-spezifischen Arm an alle Zellen binden (*zweites Bild*). Wenn einige Zellen der Population das passende Cytokin (IL-4) sezernieren, wird dieses vom cytokinspezifischen Arm des Hybridantikörpers gebunden (*drittes Bild*). Das Cytokin lässt sich nun beispielsweise durch einen fluoreszenzmarkierten Antikörper sichtbar machen, der für das Cytokin spezifisch ist, aber an einer anderen Stelle bindet als der Hybridantikörper (*letztes Bild*). Auf diese Weise markierte Zellen werden dann mithilfe der Durchflusscytometrie analysiert oder in einem FACS-Gerät isoliert. Alternativ kann man den zweiten, cytokinspezifischen Antikörper an magnetische Partikel koppeln und die cytokinproduzierenden Zellen magnetisch abtrennen

können Antikörper in die intrazellulären Kompartimente gelangen und an das Cytokin binden. In den T-Zellen lassen sich gleichzeitig auch andere Marker anfärben, sodass man beispielsweise die Häufigkeit von IL-10-produzierenden CD25$^+$-CD4-T-Zellen einfach bestimmen kann.

Der Vorteil der zweiten Methode besteht darin, dass die untersuchten Zellen dabei nicht abgetötet werden. Das Verfahren wird als Cytokin-Capture bezeichnet und beruht auf Hybridantikörpern. Bei diesen sind zwei Paare aus schwerer und leichter Kette von zwei verschiedenen Antikörpern zu einem gemischten Antikörpermolekül kombiniert, sodass dessen Antigenbindungsstellen unterschiedliche Liganden erkennen (▶ Abb. 17.27). Bei diesen doppeltspezifischen Antikörpern zum Nachweis der Cytokinproduktion erkennt eine der Antigenbindungsstellen einen Oberflächenmarker der T-Zellen, während die andere Stelle für das gesuchte Cytokin spezifisch ist. Der doppeltspezifische Antikörper bindet über die Bindungsstelle für den Zelloberflächenmarker an die T-Zelle, während die Cytokinbindungsstelle frei bleibt. Wenn die Zelle das entsprechende Cytokin sezerniert, wird dieses von dem gebundenen Antikörper „eingefangen", bevor es sich von der Zelloberfläche lösen kann. Das Cytokin lässt sich dann durch Zugabe eines fluoreszenzmarkierten zweiten Antikörpers zu den Zellen sichtbar machen, der für das Cytokin spezifisch ist.

Eine dritte Methode um festzustellen, welche T-Zellen in einer Population ein bestimmtes Cytokin produzieren, beruht auf Mäusen mit Cytokinreportergenen. Bei diesen Mauslinien wird ein cDNA-Klon, der ein einfach nachweisbares Protein (das Reporterprotein) codiert, in die 3′-nichttranslatierte Region des untersuchten Cytokingens eingefügt, stromabwärts der sogenannten internen Ribosomeintrittsstelle (IRES). Die IRES-Sequenz ermöglicht die Translation des Reporterproteins von derselben mRNA, die auch das Cytokin codiert, das heißt, das Reporterprotein wird nur dann produziert, wenn die Cytokin-mRNA exprimiert wird (▶ Abb. 17.28). Häufig verwendet man bei dieser Anwendung fluoreszierende Proteine als Reporterproteine, etwa das grün fluoreszierende Protein (GFP). Die GFP-Variante, die hier oftmals zum Einsatz kommt, enthält eine Punktmutation, die die Spektraleigen-

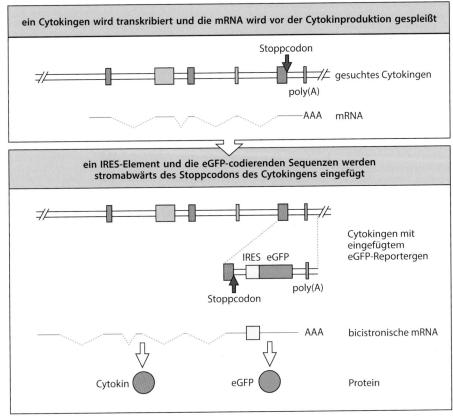

**ein Cytokingen wird transkribiert und die mRNA wird vor der Cytokinproduktion gespleißt**

Stoppcodon

gesuchtes Cytokingen

poly(A)

AAA    mRNA

**ein IRES-Element und die eGFP-codierenden Sequenzen werden stromabwärts des Stoppcodons des Cytokingens eingefügt**

Cytokingen mit eingefügtem eGFP-Reportergen

IRES  eGFP

Stoppcodon          poly(A)

AAA    bicistronische mRNA

Cytokin          eGFP          Protein

**Abb. 17.28 Cytokinexprimierende Zellen können mithilfe von Reportergenen, die in Mäuse einge-schleust wurden, *in vivo* beobachtet werden.** Um Zellen zu erkennen, die in lebenden Versuchstieren ein bestimmtes Cytokin exprimieren, verändert man den Locus, der dieses Cytokin codiert, durch homo-loge Rekombination (Abb. 17.44 und Abschn. 17.35). Dabei wird eine interne Ribosomeneintrittsstelle (IRES) und das Gen für ein fluoreszierendes Protein (beispielsweise eGFP) an der 3′-Seite des letzten Exons des Cytokingens, stromabwärts des Stoppcodons und stromaufwärts des Transkriptionstermi-nators und des Polyadenylierungssignals (Poly(A)-Stelle) eingefügt. Das IRES-Element ermöglicht es dem Ribosom, an einer Stelle innerhalb der mRNA die Translation an einer zweiten proteincodierenden Sequenz in Gang zu setzen. Wenn der veränderte Locus transkribiert und die mRNA dann zu ihrer gereiften Form gespleißt wird, werden sowohl das Cytokin als auch das fluoreszierende Reporterprotein (etwa eGFP) am selben Transkript produziert. Damit lassen sich cytokinexprimierende Zellen erkennen und analysieren, beispielsweise mithilfe der Durchflusscytometrie aufgrund der Erkennung von eGFP

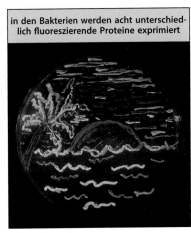

**in den Bakterien werden acht unterschied-lich fluoreszierende Proteine exprimiert**

**Abb. 17.29 Fluoreszierende Proteine gibt es in allen Regenbogenfarben.** GFP-Abkömmlinge und ein rot fluo-reszierendes Korallenprotein erzeugen acht verschiedene Farben. Mit Bakterien-stämmen, die jeweils eines der fluores-zierenden Proteine exprimieren, wurde hier eine Strandszenerie „gemalt". (Mit freundlicher Genehmigung von Roger Tsien)

schaften im Rahmen des Experiments deutlich verbessert. Man bezeichnet sie daher all-gemein als *enhanced* GFP (eGFP). eGFP lässt sich mithilfe der FACS-Methode oder im Fluoreszenzmikroskop erkennen, wobei die technischen Parameter die gleichen sind wie beim Nachweis des häufig gebrauchten Fluoreszenzfarbstoffs FITC. Aufgrund des breiten Anwendungsspektrums dieser fluoreszierenden Proteine hat man durch gentechnische Ver-änderung des ursprünglichen GFP eine Basis für GFP-Derivate geschaffen. Jede abgeleitete GFP-Variante besitzt spezifische Fluoreszenzeigenschaften und kann deshalb immer ein-deutig identifiziert werden. Dadurch kann man diese Proteine miteinander kombinieren, um so Informationen über verschiedene Cytokine gleichzeitig zu erhalten (▶ Abb. 17.29).

Für die Untersuchung der Transkriptionsfaktoren, die von T-Zellen und anderen Lympho-cyten exprimiert werden, hat man mehrere der Methoden für die Messung der Cytokin-expression bei T-Zell-Subpopulationen entsprechend abgewandelt, sodass sich nun die funktionellen Untergruppen der T-Zellen noch auf andere Weise unterscheiden lassen. Bei einer Methode verwendet man Antikörper, die an zelllinienspezifische Transkriptionsfak-toren binden, um permeabilisierte Zellen zu markieren. Wie bei der oben beschriebenen intrazellulären Cytokinfärbung kann man die Zellen dann in der Durchflusscytometrie oder unter dem Fluoreszenzmikroskop untersuchen. Außerdem wurde eine Reihe von Mauslinien

**Teil VI**

**Abb. 17.30 An Streptavidin gekoppelte Peptid:MHC-Komplexe bilden Tetramere, mit denen sich antigenspezifische T-Zellen markieren lassen.** Peptid:MHC-Tetramere stellt man aus rekombinanten, zurückgefalteten Peptid:MHC-Komplexen her, die ein einziges definiertes Peptidepitop enthalten. Man kann zwar Biotin chemisch an MHC-Moleküle koppeln, aber häufiger verknüpft man die rekombinante schwere MHC-Kette mit einer bakteriellen Biotinylierungssequenz, die eine Zielregion des *E. coli*-Enzyms BirA ist. Das Enzym hängt dann eine einzige Biotingruppe an das MHC-Molekül. Streptavidin ist ein Tetramer, wobei jede Untereinheit eine einzelne Bindungsstelle für Biotin enthält. Dadurch erzeugt der Streptavidin/Peptid:MHC-Komplex ein Tetramer von Peptid:MHC-Komplexen (*oben*). Die Affinität zwischen dem T-Zell-Rezeptor und seinem Peptid:MHC-Liganden ist so gering, dass ein einzelner Komplex sich nicht stabil an eine T-Zelle heften kann. Das Tetramer mit seinen vier gleichzeitig bindenden Peptid:MHC-Komplexen kann jedoch eine viel stärkere Wechselwirkung ausbilden und so an T-Zellen binden, deren Rezeptoren für den eingesetzten Peptid:MHC-Komplex spezifisch sind (*Mitte*). Normalerweise verknüpft man die Streptavidinmoleküle mit einem Fluoreszenzfarbstoff, sodass sich die Bindung an die T-Zellen in der Durchflusscytometrie verfolgen lässt. Im *unteren Beispiel* wurden die Zellen gleichzeitig mit Antikörpern gefärbt, die für CD3 und CD8 spezifisch sind, sowie mit einem Tetramer von HLA-A2-Molekülen, die ein Peptid des Cytomegalievirus enthalten. Gezeigt sind nur CD3⁺-Zellen, wobei auf der *y*-Achse die Färbung von CD8 und auf der *x*-Achse die Tetramerfärbung aufgetragen ist. Die CD8⁻-Zellen (vor allem CD4⁺-Zellen) links unten im Bild zeigen keine für das Tetramer spezifische Färbung, ebenso wie der größte Teil der CD8⁺-Zellen (*links oben*). Wie sich zweifelsfrei zeigen lässt, gibt es jedoch eine abgegrenzte Population von tetramerpositiven CD8⁺-Zellen (in der Darstellung *oben rechts*), die etwa 5 % der gesamten CD8⁺-Zellen ausmachen. (Daten mit freundlicher Genehmigung von G. Aubert)

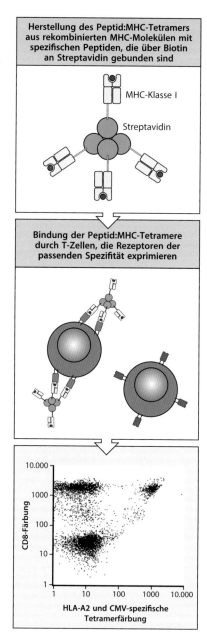

mit Reportergenen erzeugt, bei denen der Genlocus, der einen Transkriptionsfaktor codiert, so verändert wurde, dass er ein fluoreszierendes Protein exprimiert, beispielsweise eGFP. Bei beiden Methoden besteht der Vorteil darin, dass man die Zellen bei der Identifizierung von Lymphocyten mithilfe von Transkriptionsfaktoren vor der Färbung mit Antikörpern nicht mehr stimulieren oder die Expression des Reportergens auslösen muss, da die zelllinienspezifischen Transkriptionsfaktoren konstitutiv exprimiert werden. Deshalb findet diese Herangehensweise bei der Identifizierung von T-Zellen und anderen Untergruppen der Lymphocyten in vollständigen Geweben unter dem Mikroskop breitere Anwendung.

## 17.1.24 Identifizierung der Spezifität von T-Zell-Rezeptoren mithilfe von Peptid:MHC-Tetrameren

Jahrelang war es Immunologen nicht möglich, antigenspezifische T-Zellen direkt aufgrund ihrer Rezeptorspezifität zu identifizieren. Das fremde Antigen ließ sich nicht verwenden, da T-Zellen im Gegensatz zu B-Zellen das Antigen nicht allein, sondern nur als Komplex aus Peptidfragmenten des Antigens und körpereigenen MHC-Molekülen erkennen können. Darüber hinaus erwies sich die Affinität der Wechselwirkung zwischen dem T-Zell-Rezeptor und dem Peptid:MHC-Komplex in der Praxis als so gering, dass Versuche, T-Zellen mit den für sie spezifischen Peptid:MHC-Komplexen zu markieren, regelmäßig scheiterten. Der Durchbruch bei der antigenspezifischen Markierung von T-Zellen kam mit der Idee, Multimere von Peptid:MHC-Komplexen herzustellen und so die Avidität der Wechselwirkung zu erhöhen.

Peptide lassen sich mithilfe des bakteriellen Enzyms BirA biotinylieren, das eine spezifische Aminosäuresequenz erkennt. Für die Herstellung von Peptid:MHC-Komplexen verwendet man rekombinante MHC-Moleküle, welche diese Zielsequenz enthalten, wobei die Komplexe anschließend biotinyliert werden. Avidin oder das bakterielle Analogon Streptavidin enthalten jeweils vier Bereiche, die Biotin mit außerordentlich starker Affinität binden. Mischt man die biotinylierten Peptid:MHC-Komplexe mit Avidin oder Streptavidin, so bilden sich **Peptid:MHC-Tetramere** – vier spezifische Peptid:MHC-Komplexe, die an ein einziges Molekül Streptavidin gebunden sind (▶ Abb. 17.30). Normalerweise ist Streptavidin mit einem Fluoreszenzfarbstoff markiert, sodass sich die T-Zellen sichtbar machen lassen, die das Peptid:MHC-Tetramer binden können.

Mit Peptid:MHC-Tetrameren kann man beispielsweise Populationen von antigenspezifischen T-Zellen bei Patienten mit einer akuten Epstein-Barr-Virus-Infektion (infektiöse Mononucleose) nachweisen und dabei zeigen, dass bei den infizierten Personen bis zu 80 % der peripheren T-Zellen für einen einzigen Peptid:MHC-Komplex spezifisch sein können. Man kann mit diesen Komplexen auch den jahrelangen Verlauf von Immunreaktionen bei HIV-Infektionen oder (wie hier dargestellt) den Verlauf einer Infektion mit dem Cytomegalievirus verfolgen. Außerdem waren die Komplexe beispielsweise für die Identifizierung von Zellen wichtig, die auf nichtklassische Klasse-I-Moleküle wie HLA-E oder HLA-G reagieren. In beiden Fällen zeigte sich, dass diese Moleküle von Untergruppen der NK-Rezeptoren erkannt werden.

## 17.1.25 Biosensortests für die Bestimmung der Geschwindigkeit von Assoziation und Dissoziation zwischen Antigenrezeptoren und ihren Liganden

Bei allen Rezeptor-Ligand-Wechselwirkungen stellen sich die folgenden entscheidenden Fragen: Wie hoch ist die Bindungsstärke (Affinität) der Wechselwirkung und wie hoch ist die Geschwindigkeit von Assoziation und Dissoziation? Diese Parameter werden allgemein mithilfe von aufgereinigten Proteinpräparaten bestimmt. Von Rezeptoren, die in ihrem nativen Zustand als integrale Membranproteine vorliegen, stellt man lösliche Formen her, normalerweise indem man die Proteine verkürzt und ihre membrandurchspannenden Domänen entfernt. Mit diesen gereinigten Proteinen kann man die Bindungsgeschwindigkeiten direkt messen, indem man die Bindung der Liganden an Rezeptoren bestimmt, die an goldbeschichteten Glasplättchen immobilisiert sind. Dabei nutzt man den Effekt der **Oberflächen-Plasmon-Resonanz** (*surface plasmon resonance*, **SPR**) aus (▶ Abb. 17.31). Eine vollständige Erklärung dieses Phänomens würde den Rahmen dieses Buches überschreiten, da die Grundlagen im Bereich der neueren Physik und Quantenmechanik liegen. Kurz gesagt basiert der Effekt auf der vollständigen inneren Reflektion eines Lichtstrahls von der Oberfläche eines goldbeschichteten Glasplättchens. Während das Licht reflektiert wird, regt ein Teil davon Elektronen in der Goldbeschichtung an. Die Elektronen werden von dem elektrischen Feld beeinflusst, das jedes an die Oberfläche der Beschichtung ange-

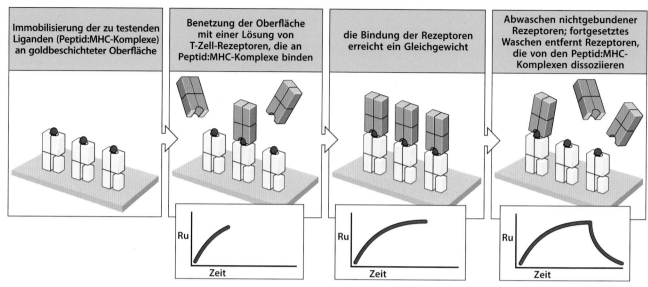

| Immobilisierung der zu testenden Liganden (Peptid:MHC-Komplexe) an goldbeschichteter Oberfläche | Benetzung der Oberfläche mit einer Lösung von T-Zell-Rezeptoren, die an Peptid:MHC-Komplexe binden | die Bindung der Rezeptoren erreicht ein Gleichgewicht | Abwaschen nichtgebundener Rezeptoren; fortgesetztes Waschen entfernt Rezeptoren, die von den Peptid:MHC-Komplexen dissoziieren |

**Abb. 17.31 Messung der Wechselwirkungen zwischen Rezeptor und Ligand.** Biosensoren können die Bindung von Molekülen an der Oberfläche von goldbeschichteten Glasplättchen messen. Ausschlaggebend sind dabei indirekte Effekte der Bindung auf die interne Totalreflexion des Strahls aus polarisiertem Licht an der Oberfläche des Plättchens. Veränderungen des Winkels und der Intensität des reflektierten Strahls werden in Resonanzeinheiten (RE) gemessen und gegen die Zeit aufgetragen; dies bezeichnet man als Sensorgramm. Abhängig von den genauen Eigenschaften des untersuchten Rezeptor-Ligand-Paares wird entweder der Rezeptor oder der Ligand an der Oberfläche des Plättchens immobilisiert. Im hier dargestellten Beispiel werden Peptid:MHC-Komplexe an einer solchen Oberfläche befestigt (*erstes Bild*). Dann benetzt man die Oberfläche mit einer Lösung von T-Zell-Rezeptoren, sodass die Rezeptoren an die immobilisierten Peptid:MHC-Komplexe binden können. In dem Maß, in dem die Bindung an die Rezeptoren erfolgt, spiegelt das Sensorgramm (eingefügte Kurvendarstellungen) das zunehmend gebundene Protein wider. Wenn die Bindung entweder einen Sättigungszustand oder ein Gleichgewicht erreicht (*drittes Bild*), erreicht das Sensorgramm ein Maximum, da kein weiteres Protein mehr bindet. An dieser Stelle können nichtgebundene Rezeptoren ausgewaschen werden. Mit fortgesetztem Waschen dissoziieren auch die gebundenen Rezeptoren und werden durch die Waschlösung entfernt (*letztes Bild*). Das Sensorgramm zeigt jetzt eine abfallende Kurve, die der Geschwindigkeit entspricht, mit der Rezeptor und Ligand dissoziieren

lagerte Molekül trägt. Je mehr Moleküle daran binden, umso stärker sind die Auswirkungen auf die angeregten Elektronen, was wiederum den reflektierten Lichtstrahl verändert. Das reflektierte Licht wird also zu einem empfindlichen Sensor für die Zahl der Atome, die an die Goldoberfläche des Glasplättchens gebunden sind.

Wenn man einen gereinigten Rezeptor an der Oberfläche eines goldbeschichteten Glasplättchens immobilisiert, erhält man einen Biosensorchip. Dann benetzt man die Oberfläche mit einer Lösung des Liganden und verfolgt anschließend die Bindung des Liganden an den Rezeptor, bis ein Gleichgewicht erreicht ist (► Abb. 17.31). Wird danach der Ligand abgewaschen, lässt sich die Dissoziation des Liganden vom Rezeptor ebenso einfach nachvollziehen und die Dissoziationsgeschwindigkeit berechnen. Nun kann man eine Lösung mit einer anderen Konzentration des Liganden verwenden und die Bindung erneut messen. Die Affinität der Bindung lässt sich auf diese Weise in einer Reihe von Durchgängen bestimmen. Im einfachsten Fall ergibt bereits das Verhältnis zwischen Assoziations- und Dissoziationsgeschwindigkeit einen Wert für die Affinität, die sich aber durch die Bindungsmessung mit unterschiedlichen Konzentrationen des Liganden genauer bestimmen lässt. Eine Scatchard-Analyse der Bindungsmessungen im Gleichgewicht liefert dann ein Maß für die Affinität zwischen Ligand und Rezeptor.

## 17.1.26 Testmethoden für die Lymphocytenproliferation

Damit sie bei der adaptiven Immunität ihre Funktion erfüllen können, müssen sich die seltenen antigenspezifischen Lymphocyten erst stark vermehren, bevor sie sich zu funktionellen Effektorzellen differenzieren, denn nur dann stehen ausreichende Zellzahlen für die spezifischen Aufgaben zur Verfügung. Demnach bildet die Analyse der induzierten Lymphocytenproliferation einen zentralen Punkt bei ihrer Erforschung. Allerdings ist es schwierig, das Wachstum normaler Lymphocyten nach einem spezifischen Antigenreiz zu untersuchen, da immer nur ein minimaler Anteil der Zellen zur Teilung angeregt wird. Die Entdeckung von Substanzen, die viele oder sogar alle Lymphocyten eines bestimmten Typs zum Wachstum anregen, ermöglichte daher große Fortschritte bei der Kultivierung von Lymphocyten. Diese Substanzen, die **polyklonalen Mitogene**, können bei Lymphocyten mit ganz unterschiedlicher klonaler Herkunft und Spezifität eine Mitose auslösen. T- und B-Lymphocyten werden jedoch durch unterschiedliche polyklonale Mitogene stimuliert (▶ Abb. 17.32). Polyklonale Mitogene aktivieren anscheinend im Prinzip dieselben Mechanismen einer Wachstumsreaktion wie ein Antigen. Lymphocyten existieren normalerweise als ruhende Zellen in der $G_0$-Phase des Zellzyklus. Nach Stimulation mit einem polyklonalen Mitogen treten sie sofort in die $G_1$-Phase ein und durchlaufen dann den gesamten Zellzyklus. Die meisten Untersuchungen der Lymphocytenproliferation ziehen den Einbau von $^3$H-Thymidin in die zelluläre DNA als Maß für das Zellwachstum heran. Diesen Test verwendet man in der Klinik, um bei Patienten mit einer vermuteten Immunschwäche die Fähigkeit der Lymphocyten zu testen, auf einen unspezifischen Reiz zu reagieren.

Alternativ zur Verwendung eines radioaktiven Isotops kann man die Lymphocytenproliferation auch mithilfe eines Fluoreszenztests (FACS-Analyse) bestimmen. Dafür werden die Lymphocyten mit einem fluoreszierenden Farbstoff inkubiert, etwa mit Carboxyfluorescein-Succimidylester (CFSE). Der Farbstoff dringt in die Zellen ein und wird im Cytosol kovalent an Lysinreste von Zellproteinen gebunden. Bei jeder Zellteilung halbiert sich die Menge an CFSE, da jede Tochterzelle die Hälfte der CFSE-markierten Proteine erhält. Wenn mit einer Population von sich teilenden Zellen eine FACS-Analyse durchgeführt wird, werden Maxima der CFSE-Fluoreszenz ermittelt, die einzelnen Zellen entsprechen, welche jeweils eine bestimmte Anzahl von Teilungen durchlaufen haben (▶ Abb. 17.33). Mit diesem Test lassen sich noch Zellen nachweisen, die sich sieben- oder achtmal geteilt haben; danach reicht die CFSE-Fluoreszenz für eine Messung nicht mehr aus.

Nachdem man die Lymphocytenkultur mithilfe der polyklonalen Mitogene optimiert hatte, konnte man auch anhand der Aufnahme von $^3$H-Thymidin eine spezifische T-Zell-Proliferation nachweisen, wenn der Donor der T-Zellen zuvor mit dem Antigen immunisiert wurde (▶ Abb. 17.34). Dies ist inzwischen zwar der gebräuchliche Test zur Analyse von T-Zell-Reaktionen nach einer Immunisierung, aber die Methode sagt wenig über die funktionellen Fähigkeiten der Zellen aus. Dazu dienen besondere Funktionstests, die in Abschn. 17.28 und A.29 beschrieben werden.

| Mitogen | reagierende Zellen |
|---|---|
| Phytohemagglutinin (PHA) (Feuerbohne) | T-Zellen |
| Concanavalin (ConA) (Jack-Bohne) | T-Zellen |
| Pokeweed-Mitogen (PWM) (Kermesbeere) | T- und B-Zellen |
| Lipopolysaccharid (LPS) (*Escherichia coli*) | B-Zellen (Maus) |

**Abb. 17.32 Polyklonale Mitogene, die oft aus Pflanzen stammen, stimulieren die Proliferation von Lymphocyten in Gewebekultur.** Viele dieser Mitogene dienen dazu, die Proliferationsfähigkeit von Lymphocyten im peripheren Blut des Menschen zu testen

## 17.1.27 Messungen der Apoptose mit dem TUNEL-Test

Apoptotische Zellen lassen sich mithilfe der **TUNEL-Färbung** (*TdT-dependent dUTP-biotin nick end labeling staining*) nachweisen. Bei diesem Verfahren werden die 3′-Enden von DNA-Fragmenten, die in apoptotischen T-Zellen entstehen, durch die Reaktion der Terminalen Desoxyribonucleotidyltransferase (TdT) mit biotinyliertem Uridin markiert. Die Biotinmarkierung kann dann mithilfe von enzymgekoppeltem Streptavidin sichtbar gemacht werden, das an das Biotin bindet. Wenn das farblose Substrat des Enzyms zu einem Gewebeschnitt oder zu einer Zellkultur gegeben wird, kommt es nur bei apoptotischen Zellen zur Bildung eines farbigen Präzipitats (▶ Abb. 17.35).

**Teil VI**

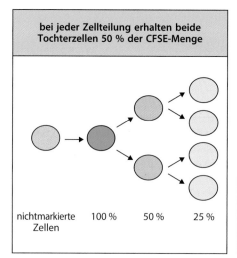

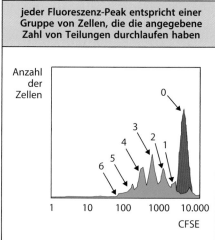

**Abb. 17.33 Durchflusscytometrischer Assay für die Zellproliferation mithilfe der CFSE-Verdünnung.** Zuerst werden die Zellen mit einem Fluoreszenzfarbstoff inkubiert, beispielsweise mit Carboxyfluorescein-Succimidylester (CFSE). Der Farbstoff dringt in die Zellen ein und wird im Cytosol kovalent an Lysinreste von Zellproteinen gebunden. Bei jeder Zellteilung wird die CFSE-Menge um die Hälfte verdünnt, da jede Tochterzelle die Hälfte der CFSE-markierten Proteine erhält. Die Zellteilung lässt sich mithilfe der Durchflusscytometrie analysieren. Dabei zeigt das Histogramm der CFSE-Fluoreszenz eine Abfolge von Maxima, die jeweils einer Zellpopulation entsprechen, die eine bestimmte Anzahl von Teilungen durchlaufen hat. Im Idealfall ist es mit diesem Test möglich, sieben bis acht Zellteilungen nachzuweisen; danach reicht die CFSE-Fluoreszenz für eine Messung nicht mehr aus

Für den Nachweis apoptotischer Zellen in Versuchstieren dienen andere Methoden. Bei einem einfachen Verfahren inkubiert man Zellen mit einem fluoreszenzmarkierten Präparat des Proteins **Annexin V**, das eine hohe Affinität für Phosphatidylserin (PS), ein spezifisches Phospholipid, besitzt. Bei gesunden Zellen kommt PS ausschließlich an der Innenseite der Plasmamembran vor und ist dadurch bei einer extrazellulären Inkubation nicht für Annexin V zugänglich. Wenn Zellen die Apoptose durchlaufen, wird PS an die Außenseite der Zelloberfläche transportiert, wo es von dem fluoreszenzmarkiertem Annexin V gebunden wird und in einer FACS-Analyse nachgewiesen werden kann (▸ Abb. 17.36). Die Färbung mit Annexin V wird häufig durch Zusatz eines Lebendfarbstoffs, beispielsweise Propidiumiodid (PI) oder 7-Aminoactinomycin D (7-AAD), ergänzt. Diese beiden Farbstoffe fluoreszieren, sobald sie an DNA gebunden haben, können aber erst dann in

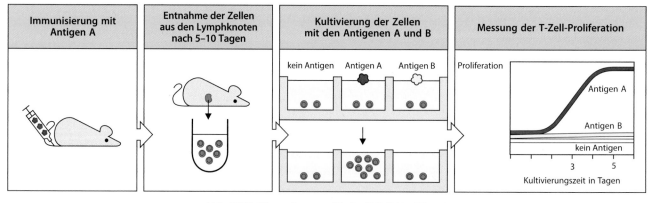

**Abb. 17.34 Die antigenspezifische T-Zell-Proliferation dient häufig als Assay für T-Zell-Antworten.** T-Zellen von Mäusen oder Menschen, die mit einem Antigen A immunisiert wurden, proliferieren, wenn man sie diesem Antigen und antigenpräsentierenden Zellen aussetzt. Auf das nichtverwandte Antigen B reagieren sie nicht. Die Proliferation lässt sich durch den Einbau von ³H-Thymidin in die DNA sich aktiv teilender Zellen messen. Die antigenspezifische Proliferation ist ein Erkennungszeichen der spezifischen CD4-T-Zell-Immunität

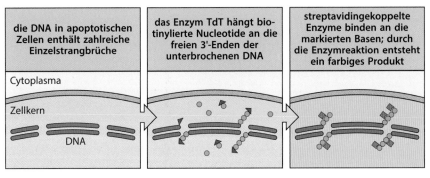

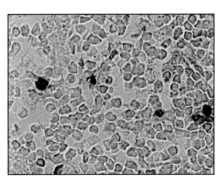

**Abb. 17.35 Beim TUNEL-Test werden zum Nachweis apoptotischer Zellen DNA-Fragmente mithilfe der Terminalen Desoxyribonucleotidyltransferase (TdT) markiert.** Wenn Zellen in die Phase des programmierten Zelltods (Apoptose) eintreten, wird ihre DNA zu Fragmenten abgebaut (*erstes Bild*). Das Enzym TdT kann an den Enden von DNA-Fragmenten Nucleotide anfügen. Bei diesem Test wird biotinmarkiertes dUTP zugesetzt (*zweites Bild*). Die biotinylierte DNA kann man mithilfe von Streptavidin nachweisen, das an Biotin bindet. Streptavidin ist an Enzyme gekoppelt, die ein farbloses Substrat in ein farbiges, unlösliches Produkt umwandeln (*drittes Bild*). Zellen, die auf diese Weise gefärbt wurden, sind im Lichtmikroskop erkennbar, wie das Foto von apoptotischen Zellen zeigt (rot gefärbt im *rechten Bild*). (Foto mit freundlicher Genehmigung von R. Budd und J. Russell)

lebende oder apoptotische Zellen eindringen, wenn die Integrität der Plasmamembran verloren geht. Bei Kombination mit Annexin V sind Zellen in einem frühen Apoptosestadium als Annexin-V-positiv und PI/7-AAD-negativ zu erkennen, während Zellen im späten Apoptosestadium Annexin-V-positiv und PI/7-AAD-positiv sind.

Mithilfe eines weiteren, sehr empfindlichen Tests ist es möglich, apoptotische Zellen durch eine FACS-Analyse zu identifizieren. Der Test basiert auf dem Nachweis der aktivierten

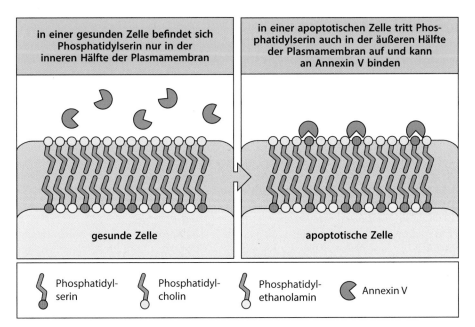

**Abb. 17.36 Nachweis von apoptotischen Zellen mit Annexin V.** In gesunden Zellen ist das Membranphospholipid so orientiert, dass die polare Kopfgruppe zur cytosolischen Seite der Plasmamembran zeigt. Wenn Zellen die Apoptose durchlaufen, ist die Flippase, das Enzym, das die Polarität von Phosphatidylserin aufrechterhält, nicht mehr aktiv. Das führt dazu, dass sich Phosphatidylserin zufällig orientiert, sodass viele Moleküle ihre polare Kopfgruppe an der Außenseite der Plasmamembran darbieten. Das Protein Annexin V bindet fest an das nun zugängliche Phosphatidylserin. Wenn es eine Fluoreszenzmarkierung trägt, kann man apoptotische Zellen in einer FACS-Analyse nachweisen

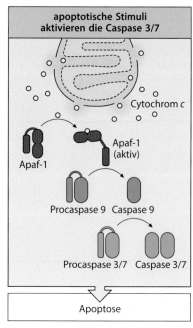

apoptotische Stimuli
aktivieren die Caspase 3/7

Cytochrom *c*

Apaf-1 (aktiv)

Apaf-1

Procaspase 9    Caspase 9

Procaspase 3/7    Caspase 3/7

Apoptose

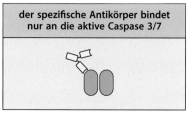

der spezifische Antikörper bindet
nur an die aktive Caspase 3/7

**Abb. 17.37 Nachweis von apoptotischen Zellen durch intrazelluläre Färbung der aktiven Caspasen.** Ein frühes Ereignis der Apoptose ist die Freisetzung von Cytochrom *c* aus den Mitochondrien. Cytochrom *c* bindet an Apaf-1, was zur Spaltung der Procaspase 9 in die aktive Form der Caspase 9 führt. Die Caspase 9 spaltet dann Procaspase 3 und Procaspase 7, wodurch von beiden die jeweils aktive Form entsteht. Dies sind Executor-Caspasen, die den Tod der Zelle befördern. Mit Antikörpern, die die aktiven Caspase 3 oder 7 erkennen, nicht jedoch die Procaspaseformen dieser Enzyme, lassen sich permeabilisierte Zellen nachweisen, die die Apoptose durchlaufen

Markierung der Zielzellen mit $Na_2^{51}CrO_4$

Zugabe von cytotoxischen T-Zellen zu markierten Zielzellen

abgetötete Zellen setzen radioaktives Chrom frei

**Abb. 17.38 Die Aktivität cytotoxischer T-Zellen wird oft anhand der Chromfreisetzung aus markierten Zielzellen gemessen.** Man markiert Zielzellen mit radioaktivem Chrom $Na_2^{51}CrO_4$, wäscht die überschüssige Radioaktivität aus und bringt die Zellen mit cytotoxischen T-Zellen zusammen. Innerhalb von vier Stunden lässt sich die Zerstörung der Zellen als Freisetzung von radioaktivem Chrom messen

Caspase 3, einer Cysteinprotease, die bei der Ausführung des Apoptoseprogramms mitwirkt. Die Caspase 3 wird von den Zellen zuerst in einer inaktiven Vorstufenform synthetisiert, die man als Procaspase bezeichnet. Wenn Zellen in die Apoptose eintreten, wird die Procaspase 3 in zwei Untereinheiten gespalten, die dann dimerisieren und so die aktive Caspase 3 bilden. Es wurden Antikörper für den Nachweis der aktiven Form der Caspase 3, nicht der Procaspase 3, erzeugt. Wenn man diese Antikörper mit einer Fluoreszenzmarkierung verknüpft, kann man apoptotische Zellen nachweisen, die fixiert und permeabilisiert wurden (▶ Abb. 17.37).

### 17.1.28 Tests für cytotoxische T-Zellen

Aktivierte CD8-T-Zellen töten im Allgemeinen alle Zellen, die den von ihnen spezifisch erkannten Komplex aus Peptid und MHC-Klasse-I-Protein präsentieren. Die CD8-Funktion lässt sich darum mit dem einfachsten und schnellsten biologischen T-Zell-Test nachweisen – dem Abtöten der Zielzelle durch eine cytotoxische T-Zelle. Der Test beruht auf der Freisetzung von $^{51}Cr$. Lebende Zellen nehmen radioaktives Natriumchromat $Na_2^{51}CrO_4$ zwar auf, geben es aber nicht spontan wieder ab. Werden die markierten Zellen abgetötet, kann man das Natriumchromat im Überstand messen (▶ Abb. 17.38). Bei einem ähnlichen Test werden proliferierende Zielzellen (Tumorzellen) mit $^3H$-Thymidin markiert, das bei der Replikation in die DNA eingebaut wird. Der Angriff einer cytotoxischen T-Zelle führt schnell zur Fragmentierung der DNA und zu deren Freisetzung in den Überstand. Man kann nun entweder die freien Fragmente oder den verbleibenden Anteil der makromolekularen DNA bestimmen. Beide Verfahren ermöglichen eine schnelle, empfindliche und spezifische Messung der Aktivität cytotoxischer T-Zellen.

Eine Alternative zu Cytotoxizitätstests *in vitro* besteht darin, das Abtöten durch cytotoxische T-Zellen in Versuchstieren zu bestimmen. Dieser Test wird im Allgemeinen mit Mäusen durchgeführt, die mit einem Pathogen infiziert wurden, von dem bekannt ist, dass es eine starke Reaktion der cytotoxischen T-Zellen hervorruft, etwa mit einem Virus. Die Zielzellen werden mit dem Antigenpeptid inkubiert, das an die MHC-Klasse-I-Moleküle auf der Oberfläche der Zielzelle bindet. Diese Zellen werden dann mit einer niedrigen Konzentration von CFSE (Abschn. 17.26) inkubiert. Eine Kontrollpopulation von Zellen, die das Antigenpeptid nicht erhalten haben, wird mit einer hohen Konzentration von CFSE inkubiert, sodass diese Zellen von den antigentragenden Zielzellen zu unterscheiden sind. Die beiden Zellpopulationen werden zu gleichen Teilen gemischt und den Versuchstieren injiziert. Vier Stunden später werden die Milzzellen aus den Tieren isoliert und einer FACS-Analyse unterzogen. Aus dem Verhältnis der beiden CFSE-markierten Zellpopulationen lässt sich die spezifische Lyse der Zielzellen berechnen (▶ Abb. 17.39).

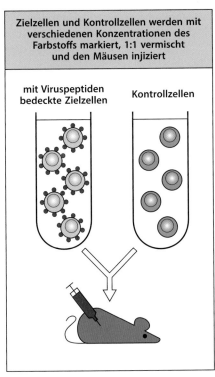
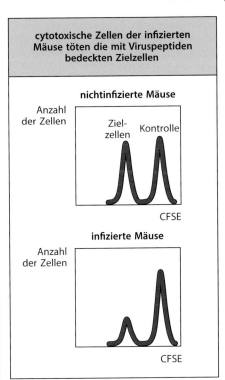

**Abb. 17.39 Test für die Aktivität cytotoxischer T-Zellen mithilfe von CFSE-markierten Zielzellen.** Um die Aktivität der cytotoxischen T-Zellen in Versuchstieren zu messen, injiziert man Mäusen, die vorher mit einem Virus infiziert worden sind, ein Gemisch aus Zielzellen, die mit dem Fluoreszenzfarbstoff CFSE markiert sind. Eine Gruppe der Zielzellen wird mit einem viralen Peptid vorinkubiert, das an die MHC-Klasse-I-Moleküle der Zielzellen bindet, und dann mit einer geringen Konzentration von CFSE markiert. Eine zweite Gruppe von Zellen wird mit einem nicht-viralen Kontrollpeptid inkubiert und mit einer hohen CFSE-Konzentration markiert. Die beiden Zellpopulationen werden zu gleichen Teilen gemischt und den infizierten Mäusen injiziert. Nach vier Stunden werden die Mäuse getötet und die Zielzellen isoliert und einer durchflusscytometrischen Analyse unterzogen. Wenn man das Zahlenverhältnis der beiden Zielzellpopulationen bestimmt, erhält man ein Maß für die spezifische Lyse der Zielzellen, die an ihrer Oberfläche das Viruspeptid tragen

## 17.1.29 Tests für CD4-T-Zellen

Zu den Funktionen von CD4-T-Zellen gehört eher die Aktivierung als das Abtöten antigentragender Zellen. Die Aktivierung der B-Zellen oder Makrophagen durch CD4-T-Zellen erfolgt vor allem mittels der Cytokine, welche die T-Zelle bei der Antigenerkennung freisetzt. Deshalb untersucht man die Funktion der CD4-T-Zellen gewöhnlich durch Bestimmung des Typs und der Menge der Cytokine. Da die verschiedenen T-Effektorzellen unterschiedliche Arten und Mengen von Cytokinen exprimieren, lässt sich das Effektorpotenzial einer T-Zelle feststellen, indem man die Proteine bestimmt, die sie produziert.

Cytokine, die als Wachstumsfaktoren oder -inhibitoren wirken, kann man mit biologischen Zellteilungstests bestimmen. Eine andere, spezifischere Methode mit der Bezeichnung Sandwich-ELISA (oder Capture-ELISA) (Abschn. 17.4) weist die Verknüpfung zweier monoklonaler Antikörper nach, die mit verschiedenen Epitopen auf einem Cytokinmolekül reagieren. Cytokinfreisetzende Zellen lassen sich auch mithilfe des ELISPOT-Assays nachweisen (Abschn. 17.22).

Sandwich-ELISA- und ELISPOT-Assays umgehen ein Hauptproblem biologischer Cytokintests. Es besteht darin, dass verschiedene Cytokine dieselbe Zellreaktion auslösen können. Biologische Tests müssen deshalb immer dadurch bestätigt werden, dass sich die zellulä-

Teil VI

ren Reaktionen durch monoklonale Anti-Cytokin-Antikörper hemmen lassen. Bei einem anderen Verfahren zur Identifizierung von Zellen, die ein bestimmtes Cytokin produzieren, werden die Zellen mit einem fluoreszenzmarkierten monoklonalen Anti-Cytokin-Antikörper gefärbt und durch eine FACS-Analyse identifiziert und gezählt (Abschn. 17.23).

Ein ganz anderes Verfahren für den Nachweis einer Cytokinproduktion ist die qualitative und quantitative Bestimmung der Cytokin-mRNA in stimulierten T-Zellen. Dies ist entweder durch eine *in situ*-Hybridisierung einzelner Zellen oder bei einer Zellpopulation durch eine **RT-PCR** (Polymerasekettenreaktion mit Reverser Transkriptase) möglich. Bestimmte RNA-Viren (zum Beispiel HIV) verwenden das Enzym Reverse Transkriptase, um ihr RNA-Genom in eine DNA-Kopie (cDNA) umzuwandeln. Die aus antigenstimulierten T-Zellen präparierte mRNA kann mithilfe der Reversen Transkriptase in cDNA umgeschrieben werden, aus der sich anschließend unter Verwendung sequenzspezifischer Primer in einer Polymerasekettenreaktion die gewünschte cDNA-Sequenz amplifizieren lässt. Wenn man die Produkte dieser Reaktion durch eine Elektrophorese in einem Agarosegel auftrennt, lässt sich die amplifizierte DNA als Bande sichtbar machen, die einer spezifischen Fragmentgröße entspricht. Die Menge an gebildeter cDNA ist proportional zum Anteil der mRNA. Stimulierte T-Zellen, die ein bestimmtes Cytokin erzeugen, produzieren große Mengen der zugehörigen mRNA, sodass auch bei der RT-PCR große Mengen der entsprechenden cDNA entstehen. Die Konzentration der Cytokin-mRNA im ursprünglichen Gewebe bestimmt man im Allgemeinen, indem man eine RT-PCR mit mRNA von einem in allen Zellen exprimierten sogenannten *housekeeping*-Gen durchführt und die Mengen vergleicht.

## 17.1.30 Übertragung der schützenden Immunität

Die schützende Immunität besteht aus der humoralen Immunität, der zellvermittelten Immunität oder aus beiden. Mithilfe von Experimenten an Versuchstieren wie Inzuchtmäusen lässt sich die Art der schützenden Immunität bestimmen, indem man Serum oder lymphatische Zellen von einem immunisierten Donor auf einen nichtimmunisierten, syngenen Rezipienten überträgt (das heißt auf ein genetisch identisches Tier desselben Inzuchtstammes). Wird die Immunität durch das Serum vermittelt, beruht sie auf freien Antikörpern (**humorale Immunität**). Die Immunitätsübertragung durch ein Antiserum oder aufgereinigte Antikörper verleiht einen sofortigen Schutz gegen viele Krankheitserreger und Toxine wie Tetanus oder Schlangengifte (▶ Abb. 17.40). Der Schutz tritt zwar sofort ein, hält jedoch nur solange an, wie die übertragenen Immunglobuline im Körper des Empfängers aktiv sind. Daher spricht man auch von einer **passiven Immunisierung**, um sie von der **aktiven Immunisierung** mit einem Antigen zu unterscheiden, die eine andauernde Immunität bewirken kann. Ein Nachteil der passiven Immunisierung besteht darin, dass der Empfänger möglicherweise gegen das Antiserum immunisiert wird, mit dem man die Immunität überträgt. Die Anti-Schlangengifte, die beim Menschen Verwendung finden, stammen normalerweise aus Seren von Pferden oder Schafen. Die wiederholte Anwendung kann zu einer Serumkrankheit (Abschn. 14.5) führen oder sogar zu einer Anaphylaxie, wenn der Empfänger auf das fremde Serum allergisch reagiert (Abschn. 14.10).

Bei vielen Erkrankungen lässt sich ein Schutz nicht durch Serum, sondern nur durch lymphatische Zellen eines immunisierten Spenders vermitteln. Eine solche **adoptive Übertragung** auf einen erbgleichen Empfänger (**adoptive Immunisierung**) führt zu einer **adoptiven Immunität**. Eine Immunität, die nur durch lymphatische Zellen übertragen werden kann, nennt man zelluläre Immunität. Bei solchen Zellübertragungen müssen Donor und Rezipient genetisch übereinstimmen, wie es etwa innerhalb eines Inzuchtstammes von Mäusen der Fall ist, damit die Lymphocyten des Donors nicht abgestoßen werden und selbst nicht das Gewebe des Empfängers angreifen. Die adoptive Immunisierung wird für den Menschen nur bei der experimentellen Krebstherapie und als ergänzende Maßnahme bei Knochenmarktransplantationen klinisch angewendet. In diesen Fällen verabreicht man den Patienten entweder die eigenen T-Zellen oder die T-Zellen des jeweiligen Knochenmarkspenders.

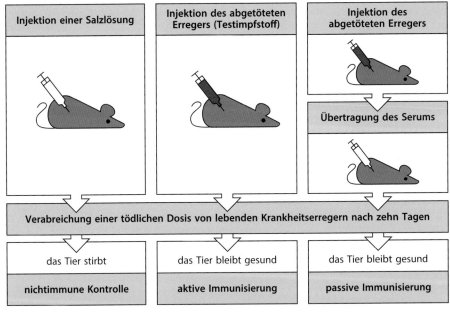

**Abb. 17.40** *In vivo*-**Tests für den Nachweis der schützenden Immunität nach der Impfung eines Tieres.** Man injiziert Mäusen den Testimpfstoff, beispielsweise durch Hitze abgetötete Pathogene, oder eine Kontrollsubstanz, beispielsweise Kochsalzlösung. Dann werden einzelne Gruppen der Tiere mit tödlichen oder pathogen wirkenden Dosen des zu testenden oder eines nichtverwandten Krankheitserregers behandelt. Letzteres dient der Spezifitätskontrolle (hier nicht dargestellt). Tiere ohne Immunisierung sterben oder entwickeln eine gravierende Infektion (*links*). Der spezifische Schutz gegen den Erreger ist ein Zeichen für die erfolgreiche Schutzimpfung einer Maus. Man spricht von einer aktiven Immunität und den zugehörigen Vorgang bezeichnet man als aktive Immunisierung (*Mitte*). Wenn sich die Immunität durch das Serum eines immunen Spendertiers auf normale, syngene Empfängertiere übertragen lässt, liegt eine antikörpervermittelte oder humorale Immunität vor. Den zugehörigen Vorgang nennt man passive Immunisierung (*rechts*). Ist eine Übertragung der Immunität nur durch eine Transfusion lymphatischer Zellen von einem immunen Spender auf einen normalen, syngenen Empfänger möglich, handelt es sich um eine zellvermittelte Immunität, wobei der Übertragungsvorgang als adoptive Immunisierung bezeichnet wird (nicht dargestellt). Die passive Immunität ist kurzlebig, da die Antikörper abgebaut werden. Die adoptive Immunität beruht jedoch auf immunen Zellen, die überleben können und einen längerfristigen Schutz gewährleisten

## 17.1.31 Adoptive Übertragung von Lymphocyten

Ionisierende Röntgen- oder γ-Strahlung tötet lymphatische Zellen in Dosierungen, die andere Körpergewebe nicht angreifen. Deshalb ist es möglich, die Immunfunktionen in einem Empfängertier zu zerstören und anschließend durch eine adoptive Übertragung wiederherzustellen. So kann man die Effekte der transplantierten Zellen in Abwesenheit anderer lymphatischer Zellen untersuchen. **James Gowans** verwendete dieses Verfahren ursprünglich, um die Rolle der Lymphocyten bei der Immunantwort nachzuweisen. Er zeigte, dass sich durch die kleinen Lymphocyten immunisierter Spendertiere alle aktiven Immunreaktionen auf bestrahlte Empfängertiere übertragen ließen.

Eine häufige Anwendung der adoptiven Übertragung bei immunologischen Experimenten beruht auf Mäusen, die für T- oder B-Zell-Rezeptoren transgen sind (▶ Abb. 17.34). Dabei sind die adoptiv übertragenen Lymphocyten eine homogene Population mit einer festgelegten Antigenspezifität. Diese Zellen können auf noch unbehandelte Empfängertiere desselben Inzuchtstammes übertragen werden, ohne dass man das Immunsystem der Empfängertiere zerstören muss, und man kann deren Reaktion auf eine Impfung oder Infektion untersuchen. Ein Vorteil bei diesem Verfahren besteht darin, dass nur relativ geringe Mengen an Zellen übertragen werden müssen. Nachdem sich die Zellen in der Lymphocytenpopulation des Empfängertiers verteilt haben, kann man die Reaktionen dieser Zellen im Zusammen-

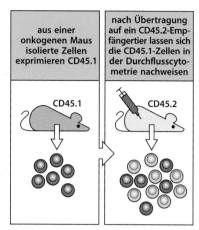

**Abb. 17.41** Adoptive Übertragung von kongen markierten Zellen. Hämatopoetische Zellen können zwischen genetisch identischen (oder fast identischen) Mäusen übertragen werden. Die übertragenen Zellen, die beim Empfängertier normalerweise nur eine zahlenmäßig untergeordnete Population bilden, sind dadurch zu identifizieren, dass sie eine Allelvariante eines Zelloberflächenrezeptors in großen Mengen exprimieren. Dafür wird häufig der Rezeptor CD45 verwendet, von dem es zwei Allele gibt, die durch allelspezifische Antikörper zu unterscheiden sind. Wenn die Zellen einer CD45.1+-Maus auf Mäuse eines (bis auf die Expression von CD45.2) identischen Stammes übertragen werden, lässt sich die Zellpopulation der Spendermaus durch Antikörperfärbung mit anschließender Durchflusscytometrie oder Fluoreszenzmikroskopie einfach erkennen

hang mit der normalen Immunantwort des Empfängertiers untersuchen. Häufig werden die übertragenen Zellen durch eine Allelvariante eines häufigen Zelloberflächenrezeptors „markiert", beispielsweise mit CD45 (▶ Abb. 17.41). Wenn die Spenderlymphocyten eine bestimmte Allelvariante von CD45 exprimieren, die Zellen des Empfängertiers jedoch eine andere, lassen sich die übertragenen Zellen einfach von den Empfängerzellen unterscheiden, indem man sie mit einem Antikörper färbt, der an die eine Variante bindet, nicht jedoch an die andere. Wenn zwei Mausstämme mit Ausnahme eines einzigen Gens identisch sind, bezeichnet man sie als **kongen**. Im oben geschilderten Beispiel bezeichnet man den Spenderstamm und den Empfängerstamm als „CD45-kongen". Hier ist allerdings festzuhalten, dass diese Terminologie bei Mausstämmen, die für T- oder B-Zell-Rezeptoren transgen sind, nicht ganz zutrifft, da in diesem Fall das Vorhandensein von transgener DNA als genetische Unterscheidung sinnvollerweise nicht berücksichtigt wird. Solche Untersuchungen mit adoptiven Übertragungen sind eine wichtige Stütze bei der Erforschung des normalen Immunsystems. Damit steht eine schnelle und praktische Methode zur Verfügung, mit der sich die Auswirkungen von zahlreichen Gendefekten, etwa bei Zelloberflächenrezeptoren, Transkriptionsfaktoren, Cytokinen sowie in Genen für das Überleben oder den Tod der Zellen, auf die Fähigkeit von T- oder B-Zellen, schützende Immunantworten hervorzubringen, untersuchen lassen.

### 17.1.32 Transplantation von hämatopoetischen Stammzellen

Alle Zellen mit hämatopoetischem Ursprung lassen sich durch Behandlung mit hoch dosierter γ- oder Röntgenstrahlung beseitigen, sodass durch Transfusion von Spenderknochenmark oder gereinigten hämatopoetischen Stammzellen eines anderen Tieres ein Austausch des gesamten hämatopoetischen Systems einschließlich der Lymphocyten möglich ist. Die so entstandenen Tiere nennt man **Knochenmarkchimären**. Der Begriff leitet sich vom griechischen Wort *chimera* ab, das ein mythisches Tier mit dem Kopf eines Löwen, dem Körper einer Ziege und dem Schwanz einer Schlange bezeichnet. Das Verfahren dient dazu, die Entwicklung (nicht die Effektorfunktion) von Immunzelllinien und insbesondere von T-Zellen zu untersuchen. Beim Menschen verwendet man prinzipiell dieselbe Methode, um das Knochenmark bei einer Fehlfunktion auszutauschen, wie bei einer aplastischen Anämie oder nach einem atomaren Unfall. Auch bei bestimmten Krebsarten wird auf diese Weise das Knochenmark entfernt und durch gesundes Knochenmark ersetzt. Beim Menschen ist das Knochenmark der wichtigste Ursprung der hämatopoetischen Stammzellen. Jedoch isoliert man sie zunehmend auch aus dem peripheren Blut eines Spenders, nachdem dieser mit hämatopoetischen Wachstumsfaktoren wie GM-CSF behandelt wurde, oder aus Nabelschnurblut, das ebenfalls reich an solchen Stammzellen ist (Kap. 15).

### 17.1.33 Verabreichung von Antikörpern *in vivo*

Antikörper, die man Versuchstieren oder Menschen verabreicht, bilden ein wichtiges Instrument, um das Immunsystem zu beeinflussen. Abhängig vom Zielmolekül, das der Antikörper erkennt, und auch von den sonstigen Eigenschaften der einzelnen Antikörper, ist es mithilfe der *in vivo*-Verabreichung von Antikörpern entweder möglich, die Funktion des Zielmoleküls zu blockieren, oder in bestimmten Fällen eine Zellpopulation zu beseitigen, die das Zielmolekül exprimiert.

Bei Tiermodellen hat man Antikörper gegen einzelne Cytokine verwendet, um bei einer sonst normalen Immunantwort die Cytokinfunktion zu unterdrücken. Durch Experimente dieser Art erhielt man sich erste Hinweise darauf, dass das Cytokin IL-12 für die Polarisierung der CD4+-T-Zellen zur $T_H$1-Linie nach der Infektion mit intrazellulären Protozoen ein wichtiges Signal liefert. Diese Methode hat man auch sehr erfolgreich bei Menschen angewendet. Eine der häufigsten Behandlungsmethoden bei rheumatoider Arthritis, einer entzündlichen Autoimmunkrankheit (Kap. 16), ist die Verabreichung eines Antikörpers, der an das Cytokin TNF-$\alpha$ bindet. Die Blockierung der TNF-$\alpha$-Aktivität lindert bei den Patienten die Symptome der Gelenkentzündung. Die gute Anwendbarkeit dieser Antikörpertherapie führte zur Entwicklung ähnlicher Verfahren, um *in vivo* die Aktivität von Cytokinen zu unterdrücken. Ein erfolgreicher Ansatz ist hier die Erzeugung eines Hybridproteins, bei dem die Ligandenbindungsdomäne des Cytokinrezeptors mit den Domänen der konstanten Region einer schweren Antikörperkette (Fc) verknüpft ist (▶ Abb. 17.42). Dieses Fc-Fusionsprotein besitzt die Stabilität und Langlebigkeit eines Antikörpers und die Bindungseigenschaften eines Cytokinrezeptors. Bei der Verabreichung *in vivo* bindet das Fc-Fusionsprotein an das Cytokin und stört dadurch die Funktion des Moleküls, seine Rezeptoren auf Immunzellen anzuregen. So wurde beispielsweise das Fc-Fusionsprotein, das die Ligandenbindungsdomäne des TNF-Rezeptors enthält, ebenfalls erfolgreich zur Behandlung von Patienten mit rheumatoider Arthritis angewendet.

Antikörper können auch verabreicht werden, um die Immunantwort zu verstärken, indem die Oberflächenrezeptoren der T-Zellen, CTLA-4 oder PD-1, in ihrer Funktion beeinträchtigt werden. Wenn diese Rezeptoren von ihren Liganden gebunden werden, kommt es zu einer Abschwächung der Immunantwort. Bei Versuchen mit Mäusen hat man festgestellt, dass Antikörper, die an diese Rezeptoren binden und sie blockieren, die Immunantworten gegen Tumoren verstärken, sodass es in einigen Fällen sogar zur Zerstörung des Tumors gekommen ist. Zurzeit werden diese Methoden bei Menschen für eine Reihe verschiedener Tumortypen getestet und die ersten Ergebnisse erscheinen vielversprechend.

Die *in vivo*-Verabreichung von Antikörpern kann auch dazu dienen, spezifische Zellpopulationen zu entfernen. Die Wirksamkeit der Antikörper bei einer solchen *in vivo*-Depletierung ist ziemlich unterschiedlich, da der Vorgang auf der **antikörperabhängigen zellvermittelten Cytotoxizität** (*antibody-dependent cell-mediated cytotoxicity*, **ADCC**) basiert (Abschn. 10.23 und ▶ Abb. 10.36). Wenn eine Zelle von Antikörpern bedeckt ist, kann sie von natürlichen Killerzellen (NK-Zellen) angegriffen werden, die den Fc-Rezeptor CD16 (Fc$\gamma$RIII) exprimieren. Die Quervernetzung von Fc$\gamma$RIII veranlasst die NK-Zelle, die mit Antikörpern bedeckte Zielzelle zu töten. Fc$\gamma$RIII ist zwar ein Rezeptor für IgG, bindet aber nicht alle IgG-Subtypen mit der gleichen Affinität. Das bedeutet, dass die Wirksamkeit einer ADCC-Reaktion nach Verabreichung eines bestimmten Antikörpers davon abhängt, inwieweit dieser Fc$\gamma$RIII quervernetzen kann, um das Abtöten durch die NK-Zelle auszulösen. Diese Methode wird beispielsweise häufig angewendet, um mit einem Anti-CD4-Antikörper CD4$^+$-T-Zellen oder mit einem Anti-CD8-Antikörper CD8$^+$-T-Zellen zu beseitigen. Bei menschlichen Patienten, denen ein Organ transplantiert wird, werden durch Verabreichen eines Antikörpers gegen die CD3-Komponente des T-Zell-Rezeptor-Komplexes die T-Zellen vorübergehend depletiert. Dadurch kommt es während der ersten Phase nach der Transplantation zu einer schweren, aber zeitlich begrenzten Immunsuppression. Wie bei allen Depletierungen durch Antikörper *in vivo* regeneriert sich die eliminierte Zellpopulation im Zuge der fortdauernden Lymphocytentwicklung allmählich wieder.

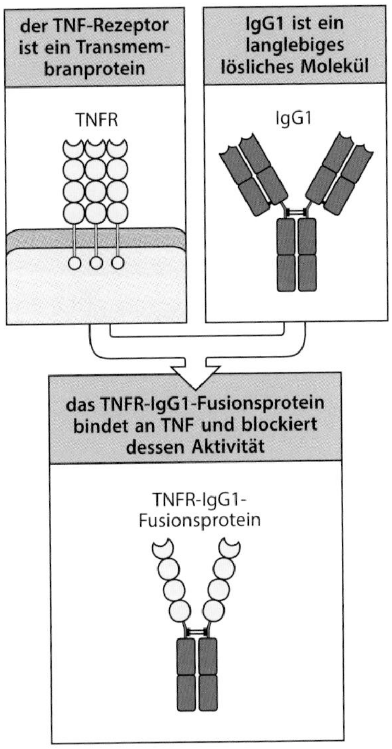

**der TNF-Rezeptor ist ein Transmembranprotein**

TNFR

**IgG1 ist ein langlebiges lösliches Molekül**

IgG1

**das TNFR-IgG1-Fusionsprotein bindet an TNF und blockiert dessen Aktivität**

TNFR-IgG1-Fusionsprotein

**Abb. 17.42 Die Verabreichung von Antikörpern *in vivo* ist eine wirksame Therapie.** Das Cytokin TNF-$\alpha$ ist bei einer Reihe von Krankheiten an der chronischen Entzündung beteiligt, etwa bei rheumatoider Arthritis, indem es an den TNF-Rezeptor (TNFR) bindet und dadurch die Signalgebung auslöst. Zur Behandlung dieser Krankheiten hat man ein Fusionsprotein hergestellt, das aus den Domänen der konstanten Region von IgG1 und der extrazellulären Region des TNFR besteht und unter der Bezeichnung Etanercept als Therapeutikum angewendet wird. Bei Verabreichung an einen Patienten bindet es effektiv an TNF-$\alpha$ und verhindert so die TNFR-Signalgebung, wodurch sich die Entzündung abschwächt

## 17.1.34 Transgene Mäuse

Die Funktion von Genen hat man traditionell aufgrund der Auswirkung von spontanen Mutationen in ganzen Organismen und seit neuestem auch als Folge von gezielten Genveränderungen in Zellkulturen erforscht. Die Entwicklung der Genklonierung und der *in vitro*-Mutagenese ermöglicht inzwischen die Erzeugung spezifischer Mutationen in ganzen Tieren. Mäuse mit zusätzlichen oder veränderten Genkopien in ihrem Genom kann man durch das inzwischen gut etablierte Verfahren der **Transgenese** erzeugen. Die gewünschte DNA wird in den männlichen Pronucleus einer befruchteten Eizelle injiziert, die man dann in den Uterus einer scheinträchtigen weiblichen Maus einsetzt. Bei einigen Eiern wird die DNA zufällig in das Genom integriert und es entsteht eine Maus mit einem zusätzlichen genetischen Merkmal (einem Transgen) bekannter Struktur (▶ Abb. 17.43).

**Teil VI**

**Abb. 17.43 Die Funktion und die Expression von Genen lassen sich *in vivo* an transgenen Mäusen untersuchen.** Zuerst mikroinjiziert man DNA-Fragmente, die ein bestimmtes Protein codieren (hier das MHC-Klasse-II-Protein E$\alpha$ der Maus) in die männlichen Protonuclei von befruchteten Eizellen einer Maus. Die Eizellen werden anschließend in eine scheinträchtige Maus eingesetzt. Bei den Nachkommen wird getestet, ob sich das übertragene Gen in den Zellen befindet. Positive Mäuse dienen als Basis für eine Linie transgener Mäuse, die ein oder mehrere zusätzliche Gene erhalten. Die Funktion des E$\alpha$-Gens wird hier durch eine Übertragung auf C57BL/6-Mäuse untersucht, die kein eigenes E$\alpha$-Gen besitzen

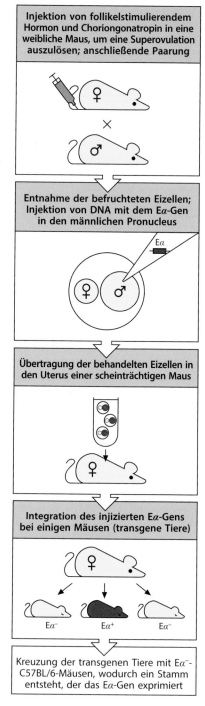

Anschließend kann man die Auswirkungen eines neu entdeckten Gens auf die Entwicklung untersuchen, die regulatorischen Elemente eines Gens für dessen gewebespezifische Expression identifizieren, die Auswirkungen seiner Überexpression oder seiner Expression im falschen Gewebe analysieren und die Folgen von Mutationen für die Genfunktion bestimmen. Transgene Mäuse waren besonders nützlich bei Studien über die Rolle von T- und B-Zell-Rezeptoren während der Entwicklung (Kap. 8). Außerdem steht dadurch eine Quelle für primäre T- und B-Lymphocyten mit bekannter Antigenspezifität zur Verfügung, um adoptive Übertragungen (Abschn. 17.31) untersuchen zu können. Diese Anwendungsmöglichkeit ist vor allem darauf zurückzuführen, dass die Expression der durch übertragene

Gene codierten T- und B-Zell-Rezeptoren die Umlagerung und Expression der endogenen Antigenrezeptorgene während der Entwicklung der T- und B-Zellen von Anfang an verhindert, sodass eine homogene Population von Zellen entsteht, die alle denselben Antigenrezeptor mit einer bekannten Spezifität tragen.

## 17.1.35 Gen-Knockout durch gezielte Unterbrechung

In vielen Fällen kann man die Funktionen eines Gens nur dann vollständig bestimmen, wenn Tiere zur Verfügung stehen, die das Gen aufgrund einer Mutation nicht exprimieren. Während man früher ein Gen meistens als Folge eines mutierten Phänotyps fand, wird jetzt wesentlich häufiger zunächst ein Gen entdeckt und isoliert und dann seine Funktion *in vivo* durch Austausch gegen eine schadhafte Kopie bestimmt. Dieses Verfahren bezeichnet man als **Gen-Knockout**, und es wurde durch zwei recht neue Entwicklungen möglich: eine wirksame Selektionsstrategie für die gesuchte Mutation durch homologe Rekombination sowie die Entwicklung einer kontinuierlich zunehmenden Zahl von Linien pluripotenter **embryonaler Stammzellen** (**ES-Zellen**). Dabei handelt es sich um embryonale Zellen, aus denen nach Einsetzen in eine Blastocyste alle Zelllinien einer chimären Maus hervorgehen können.

Das gezielte Ansteuern von Genen (*gene targeting*) beruht auf einem Phänomen, das man als **homologe Rekombination** bezeichnet (▶ Abb. 17.44). Klonierte Kopien des Zielgens werden so verändert, dass sie ihre Funktion verlieren. Danach schleust man sie in ES-Zellen ein, wo eine Rekombination mit dem homologen Gen des zellulären Genoms erfolgt. Dadurch wird das normale Gen durch eine funktionslose Kopie ersetzt. Die homologe Rekombination tritt in Säugetierzellen sehr selten auf, sodass ein wirksames Selektionsverfahren notwendig ist, um die entsprechenden Zellen zu finden. In den meisten Fällen wird die eingeschleuste Genkopie durch ein eingefügtes Gen für eine Antibiotikaresistenz unterbrochen (zum Beispiel eine Resistenz gegen Neomycin). Wenn ein solches Konstrukt mit der zellulären Kopie des Gens eine homologe Rekombination eingeht, wird das zelluläre Gen unterbrochen, das Gen für die Antibiotikaresistenz behält jedoch seine Funktion. So ist es möglich, aufgrund der Resistenz gegen die neomycinähnliche Substanz G418 diejenigen Zellen einer Zellkultur zu selektieren, die das Gen enthalten. Die Antibiotikaresistenz allein zeigt jedoch nur an, dass die Zellen das Gen für die Neomycinresistenz (*neoʳ*) aufgenommen und in ihr Genom eingebaut haben. Damit man die Zellen selektieren kann, bei denen eine homologe Rekombination stattgefunden hat, befindet sich an den Enden des Konstrukts üblicherweise jeweils die Gensequenz für die Thymidinkinase des Herpes-simplex-Virus (*HSV-tk*). Zellen, in denen die DNA an einer zufälligen Position in das Genom eingebaut worden ist, enthalten im Allgemeinen das vollständige DNA-Konstrukt einschließlich des *HSV-tk*-Gens. Im Gegensatz dazu führt eine homologe Rekombination zwischen dem Konstrukt und der zellulären DNA (das gewünschte Ergebnis) zu einem Austausch der homologen DNA-Sequenzen, sodass die nichthomologen *HSV-tk*-Gene an den Enden des Konstrukts verloren gehen. Zellen, die das *HSV-tk*-Gen enthalten, werden durch die antivirale Substanz Ganciclovir abgetötet. Zellen mit homologer Rekombination sind demnach spezifisch sowohl gegen Neomycin als auch gegen Ganciclovir resistent. So kann man diese Zellen durch Zugabe beider Substanzen zum Medium selektieren (▶ Abb. 17.44).

Das Verfahren eignet sich zur Herstellung homozygot mutierter Zellen, bei denen man untersuchen kann, wie sich die Zerstörung eines bestimmten Gens auswirkt. Zur Selektion diploider Zellen, bei denen beide Kopien eines Gens durch eine homologe Rekombination verändert werden sollen, verwendet man für die Transfektion eine Mischung aus zwei verschiedenen Konstrukten, die jeweils ein Gen für eine andere Antibiotikaresistenz enthalten, um das Zielgen zu unterbrechen. Hat man auf diese Weise eine mutierte Zelle mit einem Funktionsdefekt erzeugt, so kann man diesen Defekt dem veränderten Gen definitiv zuordnen, wenn sich der mutierte Phänotyp durch eine transfizierte Kopie des Wildtypgens rückgängig machen lässt. Ein Wiederherstellen der Genfunktion bedeutet, dass der Defekt in dem mutierten Gen durch das Wildtypgen komplementiert wird. Das Verfahren ist sehr effektiv, da sich das übertragene

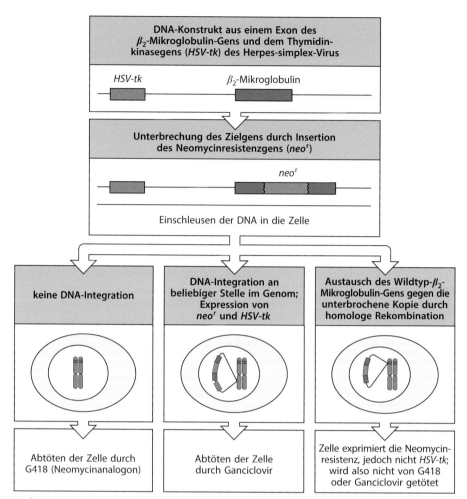

**Abb. 17.44 Homologe Rekombination kann die spezifische Deletion eines Gens bewirken.** Bringt man DNA-Fragmente in Zellen ein, so ist eine Integration in die zelluläre DNA auf zwei Weisen möglich. Bei einem zufälligen Einbau in DNA-Bruchstellen wird normalerweise das ganze Fragment aufgenommen, oft sogar in mehreren Kopien. Extrachromosomale DNA kann jedoch mit der zellulären Kopie des Gens auch homolog rekombinieren. In diesem Fall ist nur der zentrale, homologe Bereich beteiligt. Fügt man ein selektierbares Markergen wie das für die Neomycinresistenz ($neo^r$) in die codierende Genregion ein, so ist eine homologe Rekombination weiterhin möglich. Auf diese Weise lassen sich zwei Ziele erreichen: Erstens ist die Zelle durch die integrierte DNA vor dem neomycin-ähnlichen Antibiotikum G418 geschützt, zweitens unterbricht das $neo^r$-Gen die codierende Sequenz des zellulären Gens, wenn die eingeschleuste DNA mit der homologen DNA in der Zelle rekombiniert. Homologe Rekombinationen lassen sich von zufälligen Insertionen unterscheiden, wenn sich das *HSV-tk*-Gen für die Thymidinkinase des Herpes-simplex-Virus an einem oder beiden Enden des DNA-Konstrukts befindet. Bei einer zufälligen DNA-Integration bleibt die HSV-tk-Aktivität erhalten. Dieses Enzym macht die Zelle empfindlich für die antivirale Substanz Ganciclovir. Das *HSV-tk*-Gen ist jedoch nicht mit der Ziel-DNA homolog, sodass es bei einer homologen Rekombination verloren geht. Nur in einem solchen Fall ist die Zelle sowohl gegen Neomycin als auch gegen Ganciclovir resistent. Sie überlebt demnach in einem Medium, das beide Antibiotika enthält. Die Unterbrechung des Zielgens lässt sich durch einen Southern-Blot oder eine PCR mit Primern für das $neo^r$-Gen und für Bereiche außerhalb des Zielkonstrukts prüfen. Durch die Verwendung zweier verschiedener Resistenzgene kann man beide zelluläre Kopien eines Gens unterbrechen, sodass eine Deletionsmutante entsteht (nicht dargestellt)

Gen sehr genau modifizieren lässt. Auf diese Weise kann man sogar feststellen, welche Teile des zugehörigen Proteins für die Funktion erforderlich sind.

Um ein Gen *in vivo* auszuschalten, reicht es aus, in einer embryonalen Stammzelle eine Kopie des zellulären Gens zu unterbrechen. Diese ES-Zellen werden in eine Blastocyste injiziert, die wieder in den Uterus eingesetzt wird. Die Zellen, die das unterbrochene Gen

**Abb. 17.45 Gen-Knockout bei embryonalen Stammzellen ergibt mutierte Mäuse.** In Gewebekulturen von embryonalen Stammzellen lassen sich Gene durch eine homologe Rekombination spezifisch inaktivieren. Die homologe Rekombination wird durchgeführt wie in Abb. 17.44 beschrieben. In diesem Beispiel wird das Gen für das $\beta_2$-Mikroglobulin in den ES-Zellen durch das gezielte Konstrukt unterbrochen. Dabei genügt es, wenn nur eine Genkopie betroffen ist. ES-Zellen, in denen eine homologe Rekombination stattgefunden hat, werden in Mausblastocysten injiziert. Wenn aus der mutierten ES-Zelle Keimzellen entstehen, wird das mutierte Gen an die Nachkommen weitergegeben (in der Abbildung gestreift dargestellt). Züchtet man die Mäuse, bis das Gen homozygot vorliegt, bildet sich ein mutierter Phänotyp heraus. Diese mutierten Mäuse sind normalerweise Abkömmlinge des Mausstammes 129, der im Allgemeinen für solche Zwecke verwendet wird. In diesem Fall besitzen die homozygot mutierten Mäuse keine MHC-Klasse-I-Moleküle auf ihren Zellen, da diese Proteine nur in Kombination mit dem $\beta_2$-Mikroglobulin an die Zelloberfläche treten. Die defekten Mäuse kann man mit transgenen Mäusen kreuzen, die genauer platzierte Mutationen desselben Gens aufweisen. So lassen sich auch solche Mutanten *in vivo* testen

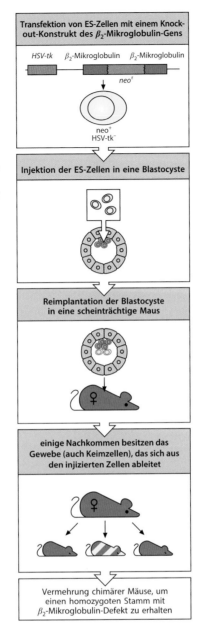

tragen, werden in den sich entwickelnden Embryo integriert und nehmen an der Ausbildung aller Gewebe teil. Auf diese Weise gelangt das mutierte Gen auch in die Keimbahn und wird auf einige der Nachkommen des ursprünglichen, chimären Tieres übertragen. Durch weitere Züchtung entstehen schließlich homozygote Mäuse, denen die Expression des betreffenden Genprodukts vollständig fehlt ( ▶ Abb. 17.45). So lassen sich die Auswirkungen der fehlenden Genfunktion untersuchen. Darüber hinaus kann man die Teile des Gens ermitteln, die für die Funktion essenziell sind, indem man durch Einschleusen unterschiedlich mutierter Kopien des Gens in das Genom (Transgenese) feststellt, ob sich die Funktion wiederherstellen lässt. Die Manipulation des Mausgenoms durch Gen-Knockout und Transgenese erweitert unser Wissen über die Funktion einzelner Gene bei der Entwicklung und der Funktion der Lymphocyten.

Da die am häufigsten verwendeten ES-Zellen aus einem nur wenig charakterisierten Mausstamm (mit der Bezeichnung 129) isoliert wurden, erfordert die Funktionsanalyse eines Gen-Knockout oft zahlreiche Rückkreuzungen mit einem anderen Stamm. Das Vorhandensein des mutierten Gens lässt sich dabei mithilfe des *neo*r-Gens zeigen. Nach einer ausreichenden Zahl von Rückkreuzungen werden die Mäuse untereinander gekreuzt, um die Mutationen in einem stabilen genetischen System zu etablieren.

Wenn die Funktion eines Gens für das Überleben eines Tieres essenziell ist, wird das Gen-Knockout problematisch; in solchen Fällen spricht man von einem **rezessiv letalen Gen** und es lassen sich keine homozygoten Tiere erzeugen. Wenn man die Funktion eines solchen Gens untersuchen will, kann man das Gen gewebespezifisch oder während der Entwicklung reguliert deletieren. Die Methode beruht auf DNA-Sequenzen und Enzymen des Bakteriophagen P1, mit denen sich dieser aus der genomischen DNA einer Wirtszelle herausschneidet. Die integrierte Phagen-DNA wird von Rekombinationssignalsequenzen (*loxP*) flankiert. Die Rekombinase Cre erkennt diese Sequenzen, zerschneidet die DNA und verknüpft die beiden Enden, wodurch die dazwischenliegende DNA in Form eines ringförmigen Moleküls herausgeschnitten wird. Dieser Mechanismus lässt sich so abwandeln, dass die spezifische Deletion von Genen in einem transgenen Tier nur in bestimmten Geweben oder in bestimmten Entwicklungsphasen möglich ist. Zuerst führt man die *loxP*-Stellen, die ein Gen oder auch nur ein einzelnes Exon flankieren, durch homologe Rekombination in das Genom ein (▶ Abb. 17.46). Normalerweise stört die Insertion dieser Sequenzen in genflankierende oder Intron-DNA die normale Funktion eines Gens nicht. Mäuse, die solche *loxP*-mutierten Gene besitzen, werden mit transgenen Mäusen gekreuzt, die das Gen der Cre-Rekombinase tragen. Dieses Gen unterliegt der Kontrolle eines gewebespezifischen oder induzierbaren Promotors. Wenn die Cre-Rekombinase aktiviert wird (entweder im passenden Gewebe oder durch Induktion), schneidet das Enzym die DNA zwischen den eingefügten *loxP*-Stellen heraus und inaktiviert so das Gen oder das Exon. Auf diese Weise ist es beispielsweise mithilfe eines für T-Zellen spezifischen Promotors möglich, ausschließlich in T-Zellen die Expression der Cre-Rekombinase in Gang zu setzen und ein Gen zu deletieren. In allen anderen Zellen des Tieres hingegen bleibt das Gen funktionsfähig. Es handelt sich hier um ein besonders leistungsfähiges gentechnisches Verfahren, mit dem sich bereits die Bedeutung der B-Zell-Rezeptoren für das Überleben der B-Zellen zeigen ließ.

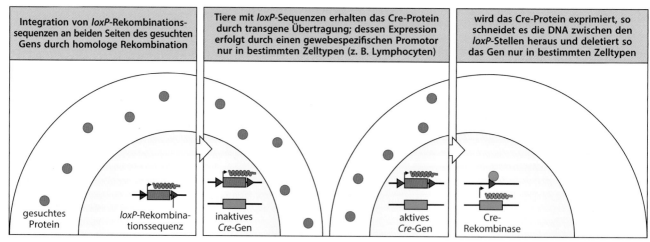

**Abb. 17.46 Mithilfe eines Rekombinationssystems auf der Basis des Bakteriophagen P1 ist es möglich, Gene in bestimmten Zelllinien zu zerstören.** Das Cre-Protein des Bakteriophagen P1 schneidet DNA-Abschnitte heraus, die von den Rekombinationssignalsequenzen *loxP* flankiert werden. Diese lassen sich durch homologe Rekombination an den beiden Enden eines Gens einfügen (*links*). Auf Tiere mit *loxP*-flankierten Genen kann man zusätzlich das Gen für das Cre-Protein übertragen. Dieses Gen steht dabei unter der Kontrolle eines gewebespezifischen Promotors, sodass es nur in bestimmten Zellen oder zu bestimmten Zeiten während der Entwicklung exprimiert wird (*Mitte*). Das Cre-Protein erkennt in den Zellen, in denen es exprimiert wird, die *loxP*-Sequenzen und schneidet die dazwischenliegende DNA heraus (*rechts*). So lassen sich einzelne Gene in bestimmten Zellen oder zu bestimmten Zeiten deletieren. Es ist dadurch möglich, die Funktion bestimmter Gene, die für eine normale Entwicklung der Maus essenziell sind, im entwickelten Tier und/oder in bestimmten Zelltypen zu untersuchen. Gene sind als Balken, RNA als geschraubte Linien und Proteine als farbige Kugeln dargestellt

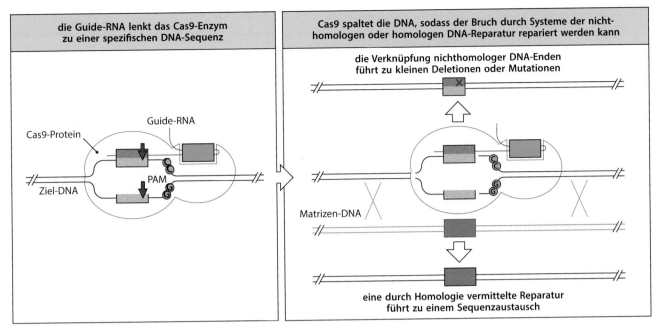

**die Guide-RNA lenkt das Cas9-Enzym zu einer spezifischen DNA-Sequenz**

Cas9-Protein

Guide-RNA

PAM

Ziel-DNA

**Cas9 spaltet die DNA, sodass der Bruch durch Systeme der nicht-homologen oder homologen DNA-Reparatur repariert werden kann**

die Verknüpfung nichthomologer DNA-Enden führt zu kleinen Deletionen oder Mutationen

Matrizen-DNA

eine durch Homologie vermittelte Reparatur führt zu einem Sequenzaustausch

**Abb. 17.47 Gentechnische Veränderungen mithilfe des bakteriellen CRISPR/Cas9-Systems.** Gentechnische Veränderungen lassen sich gezielt in einen spezifischen Genlocus einführen, indem man zwei Komponenten verwendet: das bakterielle Cas9-Enzym und eine Guide-RNA (*links*). Die Guide-RNA ist einzelsträngig und enthält zwei tandemförmige Sequenzregionen. Die erste Region ist zum Zielgen homolog, die zweite wird vom Cas9-Enzym erkannt. Die Guide-RNA lenkt das Enzym zur homologen genomischen Region und ermöglicht so den Bruch der doppelsträngigen DNA durch die Cas9-Endonuclease drei bis vier Nucleotide stromaufwärts der PAM-Sequenz (*protospacer adjacent motif*) (*rechts*). Die Cas9-Endonuclease benötigt die PAM-Sequenz GG (CC auf dem anderen Strang). Wenn der DNA-Doppelstrangbruch durch die Verknüpfung nichthomologer DNA-Enden repariert wird, werden kleine Deletionen oder Punktmutationen in das Zielgen eingeführt, wodurch häufig die Genfunktion verloren geht. Um in einem Zielgen eine spezifische Sequenz zu ersetzen, versetzt man die Zellen neben Cas9 und der Guide-RNA noch mit einer DNA-Matrize. Diese ist eine doppelsträngige DNA-Sequenz, die zum Zielgen homolog ist, aber spezifische veränderte Nucleotide enthält. In Gegenwart dieser Matrize reparieren die Zellen den von Cas9 hervorgerufenen Doppelstrangbruch durch homologe Rekombination und nicht über die Verknüpfung nichthomologer Enden. Dabei wird die ursprüngliche Sequenz durch die Sequenz der Matrizen-DNA ersetzt

Vor Kurzem wurde eine neue Methode entwickelt, um bei Mäusen Gene spezifisch zerstören zu können: das CRISPR/Cas9-System. Das Verfahren wurde aus einem bakteriellen System abgeleitet, bei dem ein RNA-basierter Mechanismus dazu dient, in den Genomen von eindringenden Pathogenen oder Plasmiden DNA-Doppelstrangbrüche zu erzeugen. Dies ist eine Art bakterieller Immunität. Das Cas9-Gen codiert eine Endonuclease. In das Gen hat man einen proteincodierenden Abschnitt für eine Kernlokalisierungssequenz eingefügt, entsprechend der neuen Funktion des Enzyms in eukaryotischen Zellen. Um in ein bestimmtes Gen gezielt Mutationen einzuführen, wird eine synthetische Guide-RNA produziert, die eine kurze Sequenz (etwa 20 Nucleotide) enthält, die zu dem angesteuerten Gen homolog ist, außerdem eine Sequenz, an die das Cas9-Enzym binden kann. Die Guide-RNA lenkt Cas9 zur der Stelle im Genom, wo die Endonuclease einen Doppelstrangbruch erzeugen soll (▶ Abb. 17.47). Wenn der Bruch durch Verknüpfung nichthomologer DNA-Enden repariert wird, kommt es im Allgemeinen zu kurzen Einfügungen oder Deletionen, sodass die ursprüngliche Sequenz zerstört wird.

Mit diesem sehr wirksamen Verfahren lassen sich in Zellkulturen und Zelllinien homozygote Gendefekte erzeugen, aber auch in einem einzigen Schritt homozygote Mausmutanten, was sogar von noch größerer Bedeutung ist. Für die zuletzt genannte Anwendung mischt man RNA-Moleküle, die Cas9 codieren, mit Guide-RNA und injiziert beide in einzellige Zygoten der Maus, wobei man dieselbe Methode anwendet wie bei der Erzeugung trans-

Teil VI

gener Mausstämme (▶ Abb. 17.43). Da das CRISPR/Cas9-System sehr effektiv ist, tragen diese Embryonen die Mutation häufig schon in beiden Allelen des Zielgens. Deshalb sind die Jungmäuse, die nach Übertragung auf das Nährmuttertier aus diesen Embryonen hervorgehen, für diese Mutation bereits homozygot, sodass die Mäuse nicht noch längere Zeit gezüchtet werden müssen. Mithilfe einer neu entwickelten Erweiterung dieser Methode ist es möglich, in einem Zielgen spezifische Nucleotide zu ersetzen und nicht auf zufällige Veränderungen durch die Verknüpfung nichthomologer Enden angewiesen zu sein. Der Nucleotidaustausch wird erreicht, indem man ein DNA-Oligonucleotid zusammen mit der Cas9- und der Guide-RNA in die befruchtete Mauszygote einschleust. Das Oligonucleotid enthält die gewünschten Sequenzveränderungen, die von DNA-Abschnitten flankiert werden, die zum Zielgen homolog sind. Wenn dieses Oligonucleotid in der Zelle präsent ist, wird der von Cas9 herbeigeführte DNA-Doppelstrangbruch bevorzugt durch einen homologieabhängigen Prozess repariert, sodass die beschädigte DNA durch die Sequenz aus dem Oligonucleotid ersetzt wird (▶ Abb. 17.47).

### 17.1.36 Ausschalten der Genexpression durch RNA-Interferenz (RNAi)

In einigen Fällen lässt sich die Funktion eines Gens dadurch ermitteln, dass man in spezifischen Zellen die Expression des Gens verringert oder sogar vollständig ausschaltet. Das lässt sich mithilfe eines Systems erreichen, das man als RNA-Interferenz (RNAi) bezeichnet und das in vielen eukaryotischen Zelltypen vorkommt. Wenn kleine doppelsträngige RNA-Moleküle (siRNAs, *small interfering RNAs*) in die Zellen gelangen, werden die beiden RNA-Stränge voneinander getrennt und einer bindet an den RISC-Enzymkomplex (*RNA-induced silencing complex*). Die gebundene siRNA lenkt den RISC-Komplex zur mRNA, zu der die siRNA homolog ist. Dadurch wird entweder die Translation angehalten oder die mRNA wird abgebaut, sodass die Genexpression abgeschaltet wird (▶ Abb. 17.48). Bei Zellen, bei denen eine direkte Transfektion mit siRNA nicht so einfach möglich ist, etwa bei primären Lymphocyten oder myeloischen Zellen, kann man Gene auch mithilfe von rekombinanten Viren abschalten. Dabei werden Gene, die kurze haarnadelförmige RNAs (*small hairpin RNAs*, shRNAs) codieren, in virale Vektoren eingeschleust, die dann in infektiöse Viruspartikel verpackt werden. Die shRNAs sind kleine RNA-Moleküle, die eine doppelsträngige Haarnadelstruktur bilden. Sie werden in der Zelle von Enzymen prozessiert, sodass siRNAs entstehen, die für das Abschalten eines Gens erforderlich sind (▶ Abb. 17.48). Da sich primäre hämatopoetische Zellen mit rekombinanten Viren, etwa mit Retroviren/Lentiviren, leicht transduzieren lassen, kann man shRNAs effektiv einsetzen, um in diesen Zelltypen Gene abzuschalten.

**Abb. 17.48 Ausschalten der Genexpression mithilfe des RNAi-Reaktionswegs.** Kleine doppelsträngige RNA-Moleküle, die zu einem mRNA-Transkript homolog sind, binden an diese mRNA, sodass sie abgebaut wird oder die Translation anhält. Dieser Reaktionsweg wird durch die Expression einer kurzen haarnadelförmigen RNA (shRNA) ausgelöst, die von einem Expressionsvektor codiert werden kann, der in die Zellen eingeschleust wird, oder durch eine direkte Transfektion von Zellen mit kleinen doppelsträngigen RNA-Molekülen, die man als siRNAs bezeichnet. shRNA-Moleküle werden von dem Enzym Dicer prozessiert, sodass siRNA-Doppelstränge entstehen. Diese binden an den RISC-Komplex, der die beiden RNA-Stränge voneinander trennt, wobei der nicht-codierende Strang der si-RNA an den Komplex gebunden bleibt. Dieser nichtcodierende Strang lenkt den siRNA-RISC-Komplex zur mRNA, sodass die mRNA letztendlich abgebaut wird oder die Translation abbricht

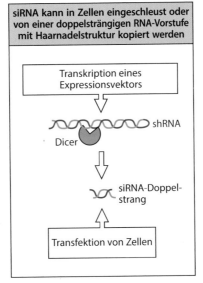

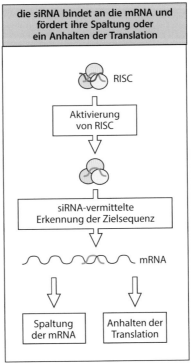

## 17.2 Anhang II – Die CD-Antigene

| CD-Antigen | Zellen, die das Antigen exprimieren | Molekülmasse (kDa) | Funktionen | andere Bezeichnungen | Verwandtschafts-beziehungen |
|---|---|---|---|---|---|
| CD1a, b, c, d | corticale Thymocyten, Langerhans-Zellen, dendritische Zellen, B-Zellen (CD1c), Darmepithel, glatte Muskulatur, Blutgefäße (CD1d) | 43–49 | MHC-Klasse-I-ähnliches Molekül, assoziiert mit $\beta_2$-Mikroglobulin; hat möglicherweise eine besondere Bedeutung bei der Antigenpräsentation | | Immunglobulin |
| CD2 | T-Zellen, Thymocyten, NK-Zellen | 45–58 | Adhäsionsmolekül, das an CD58 (LFA-3) bindet; bindet in der Zelle Lck und aktiviert T-Zellen | T11, LFA-2 | Immunglobulin |
| CD3 | Thymocyten, T-Zellen | $\gamma$: 25–28 $\delta$: 20 $\varepsilon$: 20 | assoziiert mit dem Antigenrezeptor von T-Zellen (TCR); notwendig für die Zelloberflächen-expression und Signalübertragung des TCR | T3 | Immunglobulin |
| CD4 | einige Gruppen von Thymocyten, T-Helferzellen und $T_{reg}$-Zellen, einige ILC3-Zellen (LTi-Zellen), einige NKT-Zellen, einige Monocyten und Makrophagen | 55 | Corezeptor für MHC-Klasse-II-Moleküle; bindet Lck an der cytoplasmatischen Seite der Membran; Rezeptor für gp120 von HIV-1 und HIV-2 | T4, L3T4 | Immunglobulin |
| CD5 | Thymocyten, T-Zellen, eine Untergruppe der B-Zellen | 67 | verstärkt TCR-Signale; verstärkt Akt-Signale in T-Zellen; erforderlich für optimale $T_H2$- und $T_H17$-Differenzierung | T1, Ly1 | Scavenger-Rezeptor |
| CD6 | Thymocyten, T-Zellen, B-Zellen bei chronischer lymphatischer Leukämie | 100–130 | bindet CD166 | T12 | Scavenger-Rezeptor |
| CD7 | pluripotente hämatopoetische Zellen, Thymocyten, T-Zellen | 40 | unbekannt; die cytoplasmatische Domäne bindet bei Quervernetzung die PI-3-Kinase; Marker für akute lymphatische Leukämie der T-Zellen und Leukämien pluripotenter Stammzellen | GP40, TP41, Tp40, LEU-9 | Immunglobulin |
| CD8 | einige Gruppen von Thymocyten, cytotoxische T-Zellen (etwa ein Drittel der peripheren T-Zellen), Homodimer der $\alpha$-Kette wird auf einer Untergruppe der dendritischen Zellen und Darmlymphocyten exprimiert | $\alpha$: 32–34 $\beta$: 32–34 | Corezeptor für MHC-Klasse-I-Moleküle; bindet Lck an der cytoplasmatischen Seite der Membran | T8, Lyt2,3 | Immunglobulin |

| CD-Antigen | Zellen, die das Antigen exprimieren | Molekülmasse (kDa) | Funktionen | andere Bezeichnungen | Verwandtschaftsbeziehungen |
|---|---|---|---|---|---|
| CD9 | Prä-B-Zellen, Monocyten, Eosinophile und Basophile, Blutplättchen, aktivierte T-Zellen, Gehirn und periphere Nerven, glatte Gefäßmuskulatur | 24 | verursacht Aggregation und Aktivierung von Blutplättchen über $Fc\gamma RIIa$; spielt vielleicht eine Rolle bei der Wanderung von Zellen | MIC3, MRP-1, BTCC-1, DRAP-27, TSPAN29 | vierfach die Membran durchspannendes Protein (*tetraspanning membrane protein*); auch als Transmembran-4 (TM4) bezeichnet |
| CD10 | B- und T-Zell-Vorläufer, Zellen des Knochenmarkstromas | 100 | Zink-Metalloproteinase; Marker für akute lymphatische Leukämie der Prä-B-Zellen (ALL) | neutrale Endopeptidase, CALLA (*common acute lymphocytic leukemia antigen*) | |
| CD11a | Lymphocyten, Granulocyten, Monocyten und Makrophagen | 180 | $\alpha$L-Untereinheit des Integrins LFA-1 (assoziiert mit CD18); bindet an CD54 (ICAM-1), CD102 (ICAM-2) und CD50 (ICAM-3) | LFA-1 | Integrin $\alpha$ |
| CD11b | myeloische Zellen und NK-Zellen | 170 | $\alpha$M-Untereinheit des Integrins CR3 (assoziiert mit CD18); bindet CD54, die Komplementkomponente iC3b sowie extrazelluläre Matrixmoleküle | Mac-1, Mac-1a, CR3, CR3A, Ly40 | Integrin $\alpha$ |
| CD11c | myeloische Zellen | 150 | $\alpha$X-Untereinheit des Integrins CR4 (assoziiert mit CD18); bindet Fibrinogen | CR4, gp150, 95 | Integrin $\alpha$ |
| CD11d | Leukocyten | 125 | $\alpha$D-Untereinheiten des Integrins; assoziiert mit CD18; bindet an CD50 | ADB2 | Integrin $\alpha$ |
| CDw12 | Monocyten, Granulocyten, Blutplättchen | 90–120 | unbekannt | | |
| CD13 | myelomonocytische Zellen | 150–170 | Zink-Metalloproteinase | Aminopeptidase N | |
| CD14 | myelomonocytische Zellen | 53–55 | Rezeptor für den Komplex aus Lipopolysaccharid und lipopolysaccharidbindendem Protein (LBP) | | |
| CD15 | Neutrophile und Eosinophile, Monocyten | 59 | endständiges Trisaccharid von Glykolipiden und vielen Glykoproteinen der Zelloberfläche | Lewis$^x$ (Le$^x$) | |
| CD15s | Leukocyten, Endothel | 43 | Ligand von CD62E, P | Sialyl-Lewis$^x$ (sLe$^x$) | Poly-*N*-Acetyllactosamin |
| CD15u | Untergruppe von T-Gedächtniszellen, NK-Zellen | 41 | sulfatiertes CD15 | | Kohlenhydratstrukturen |

Teil VI

| CD-Antigen | Zellen, die das Antigen exprimieren | Molekülmasse (kDa) | Funktionen | andere Bezeichnungen | Verwandtschaftsbeziehungen |
|---|---|---|---|---|---|
| CD16a | NK-Zellen | 50–80 | trägt als Bestandteil des niedrigaffinen Fc-Rezeptors Fc$\gamma$RIII; vermittelt Phagocytose und antikörperabhängige zellvermittelte Cytotoxizität; große Ähnlichkeit mit CD16b | Fc$\gamma$RIIIa | Immunglobulin |
| CD16b | Neutrophile, Makrophagen | 50–80 | Bestandteil des niedrigaffinen Fc-Rezeptors Fc$\gamma$RIII; trägt zur Phagocytose und antikörperabhängigen zellvermittelten Cytotoxizität bei; große Ähnlichkeit mit CD16a | Fc$\gamma$RIIIb | Immuinglobulin |
| CD17 | Neutrophile, Monocyten, Blutplättchen | | Lactosylceramid, ein Glykosphingolipid der Zelloberfläche | | |
| CD18 | Leukocyten | 95 | $\beta_2$-Untereinheit der Integrine; bindet an CD11a, b, c und d | LAD, MF17, MFI7, LCAMB, LFA-1, Mac-1 | Integrin $\beta$ |
| CD19 | B-Zellen | 95 | bildet Komplex mit CD21 (CR2) und CD81 (TAPA-1); Corezeptor für B-Zellen – cytoplasmatische Domäne bindet Tyrosinkinasen im Cytoplasma und die PI-3-Kinase | | Immunglobulin |
| CD20 | B-Zellen | 33–37 | Oligomere von CD20 bilden möglicherweise einen Ca$^{2+}$-Kanal; mögliche Beteiligung an der Regulation der B-Zell-Aktivierung; beteiligt an der Entwicklung von B-Zellen und Differenzierung von B-Plasmazellen | | Transmembran-4 |
| CD21 | reife B-Zellen, follikuläre dendritische Zellen | 145 | Rezeptor für Komplementkomponente C3d und Epstein-Barr-Virus; CD21 bildet zusammen mit CD19 und CD81 einen Corezeptor für B-Zellen | CR2 | komplementregulatorisches Protein (CCP) |
| CD22 | reife B-Zellen | $\alpha$: 130 $\beta$: 140 | bindet Sialylkonjugate | BL-CAM, SIGLEC-3, Lyb8 | Immunglobulin |
| CD23 | reife B-Zellen, aktivierte Makrophagen, Eosinophile, follikuläre dendritische Zellen, Blutplättchen | 45 | niedrigaffiner Rezeptor für IgE; reguliert IgE-Synthese; Ligand für den CD19:CD21:CD81-Corezeptor | Fc$\varepsilon$RII, FCE2, CD23A, CLEC4J, BLAST-2 | C-Typ-Lektin |

| CD-Antigen | Zellen, die das Antigen exprimieren | Molekülmasse (kDa) | Funktionen | andere Bezeichnungen | Verwandtschaftsbeziehungen |
|---|---|---|---|---|---|
| CD24 | B-Zellen, Granulocyten | 35–45 | Sialylglykoprotein, über Glykosylphosphatidyl-inositol-(GPI-)Anker an Zelloberfläche befestigt | möglicherweise das menschliche Pendant zum hitzestabilen Antigen (HSA) der Maus | |
| CD25 | aktivierte T-Zellen, B-Zellen und Monocyten | 55 | $\alpha$-Kette des IL-2-Rezeptors | Tac, IL-2RA | CCP |
| CD26 | aktivierte B- und T-Zellen, Makrophagen; stark exprimiert bei $T_{reg}$-Zellen | 110 | Exopeptidase; spaltet aminoterminale X-Pro- oder X-Ala-Dipeptide von Polypeptiden ab | Dipeptidylpeptidase IV | Transmembranglykoprotein Typ II |
| CD27 | medulläre Thymocyten, T-Zellen, NK-Zellen, einige B-Zellen | 55 | bindet CD70; kann bei T- und B-Zellen als Co-stimulator wirken | S152, Tp55, TNFRSF7 | TNF-Rezeptor |
| CD28 | Untergruppen von T-Zellen, aktivierte B-Zellen | 44 | Aktivierung naiver T-Zellen; Rezeptor für costimulierendes Signal (Signal 2), bindet CD80 (B7.1) und CD86 (B7.2) | Tp44 | Immunglobulin und CD86 (B7.2) |
| CD29 | Leukocyten | 130 | $\beta_1$-Untereinheit der Integrine, assoziiert im VLA-1-Integrin mit CD49a | | Integrin $\beta$ |
| CD30 | aktivierte T-, B- und NK-Zellen, Monocyten | 120 | bindet CD30L (CD153); Vernetzung von CD30 verstärkt die Proliferation von B- und T-Zellen | Ki-1 | TNF-Rezeptor |
| CD31 | Monocyten, Blutplättchen, Granulocyten, Untergruppen von T-Zellen, Endothelzellen | 130–140 | Adhäsionsmolekül, vermittelt sowohl Leukocyten-Endothel- als auch Endothel-Endothel-Wechselwirkungen | PECAM-1 | Immunglobulin |
| CD32 | Monocyten, Granulocyten, B-Zellen, Eosinophile | 40 | niedrigaffiner Fc-Rezeptor für aggregiertes Immunglobulin: Immunkomplexe | Fc$\gamma$RII | Immunglobulin |
| CD33 | myeloische Vorläuferzellen, Monocyten | 67 | bindet Sialylkonjugate | SIGLEC-3 | Immunglobulin |
| CD34 | hämatopoetische Vorläuferzellen, Kapillarendothel | 105–120 | Ligand für CD62L (L-Selektin); befestigt Knochenmarkstammzellen an extrazellulärer Matrix der Stromazellen | | Mucin |
| CD35 | Erythrocyten, B-Zellen, Monocyten, Neutrophile und Eosinophile, follikuläre dendritische Zellen | 250 | Komplementrezeptor 1; bindet C3b und C4b; vermittelt Phagocytose | CR1 | CCP |
| CD36 | Blutplättchen, Monocyten, Endothelzellen | 88 | Adhäsionsmolekül der Blutplättchen; beteiligt an der Erkennung und Phagocytose apoptotischer Zellen | Plättchen-GPIV, GPIIIb | |

| CD-Antigen | Zellen, die das Antigen exprimieren | Molekülmasse (kDa) | Funktionen | andere Bezeichnungen | Verwandtschaftsbeziehungen |
|---|---|---|---|---|---|
| CD37 | reife B-Zellen, reife T-Zellen, myeloische Zellen | 40–52 | unbekannt; mögliche Beteiligung an Signalübertragung und B-Zell-/T-Zell-Wechselwirkungen; bildet Komplexe mit CD53, CD81, CD82 und MHC-Klasse-II-Molekülen | TSPAN26 | Transmembran-4 |
| CD38 | frühe B- und T-Zellen, aktivierte T-Zellen, Keimzentren-B-Zellen, Plasmazellen | 45 | NAD-Glykohydrolase; verstärkt B-Zell-Proliferation | T10 | |
| CD39 | aktivierte B-Zellen, aktivierte NK-Zellen, Makrophagen, dendritische Zellen | 78 | beteiligt an Suppressorfunktion von $CD4^+$-$T_{reg}$-Zellen; vermittelt möglicherweise die Adhäsion von B-Zellen | ENTPD1; ATPDase, NTPDase-1 | |
| CD40 | B-Zellen, Makrophagen, dendritische Zellen, basale Epithelzellen | 48 | bindet CD154 (CD40L); Rezeptor für co-stimulierende Signale für B-Zellen, fördert Wachstum, Differenzierung und Isotypwechsel von B-Zellen; fördert Bildung von Keimzentren und Entwicklung der B-Gedächtniszellen sowie Cytokinproduktion bei Makrophagen und dendritischen Zellen | TNFRSF5 | TNF-Rezeptor |
| CD41 | Blutplättchen, Megakaryocyten | Dimer: GPIIba: 125 GPIIbb: 22 | $\alpha$IIb-Integrin; assoziiert mit CD61 zu GPIIb; bindet Fibrinogen, Fibronectin, Von-Willebrand-Faktor und Thrombospondin | GPIIb | Integrin $\alpha$ |
| CD42a, b, c, d | Blutplättchen, Megakaryocyten | a: 23 b: 135, 23 c: 22 d: 85 | bindet Von-Willebrand-Faktor und Thrombin; wichtig für Adhäsion der Blutplättchen an verletzten Gefäßen | a: GPIX b: GPIb$\alpha$ c: GPIb$\beta$ d: GPV | leucinreiche Sequenzwiederholung |
| CD43 | Leukocyten, außer ruhenden B-Zellen | 115–135 (Neutrophile) 95–115 (T-Zellen) | ausgestreckte Struktur von etwa 45 nm Länge; wirkt möglicherweise antiadhäsiv | Leukosialin, Sialophorin | Mucin |
| CD44 | Leukocyten, Erythrocyten | 80–95 | bindet Hyaluronsäure; vermittelt die Adhäsion der Leukocyten | Hermes-Antigen Pgp-1 | Verbindungsprotein |
| CD45 | alle hämatopoetischen Zellen | 180–240 (mehrere Isoformen) | Tyrosinphosphatase; erhöht die Signalvermittlung über den Antigenrezeptor von B- und T-Zellen; durch alternatives Spleißen entstehen viele Isoformen (s. u.) | LCA (*leukocyte common antigen*), T200, B220 | Proteintyrosinphosphatase (PTP); Fibronectin Typ III |

| CD-Antigen | Zellen, die das Antigen exprimieren | Molekülmasse (kDa) | Funktionen | andere Bezeichnungen | Verwandtschafts-beziehungen |
|---|---|---|---|---|---|
| CD45RO | Untergruppen von T-Zellen (T-Gedächtniszellen) und B-Zellen, Monocyten, Makrophagen | 180 | Isoform von CD45, die weder das A- noch das B- oder C-Exon enthält | | Proteintyrosin-phosphatase (PTP); Fibronectin Typ III |
| CD45RA | B-Zellen, Untergruppen von T-Zellen (naive T-Zellen), Monocyten | 205–220 | Isoformen von CD45 mit A-Exon | | Proteintyrosin-phosphatase (PTP); Fibronectin Typ III |
| CD45RB | Untergruppen von T-Zellen (naive T-Zellen, Maus), B-Zellen, Monocyten, Makrophagen, Granulocyten | 190–220 | Isoformen von CD45 mit B-Exon | T200 | Proteintyrosin-phosphatase (PTP); Fibronectin Typ III |
| CD46 | hämatopoetische und nichthämatopoetische kernhaltige Zellen | 56/66 (Spleiß-varianten) | membranständiges Cofaktorprotein; bindet an C3b und C4b und ermöglicht deren Abbau durch Faktor I | MCP | CCP |
| CD47 | alle Zellen | 47–52 | Adhäsionsmolekül, Thrombospondin-rezeptor | IAP, MER6, OA3 | Immunglobulin |
| CD48 | Leukocyten | 40–47 | mutmaßlicher Ligand für CD244 | Blast-1 | Immunglobulin |
| CD49a | aktivierte T-Zellen, Monocyten, Nervenzellen, glatte Muskulatur | 200 | $\alpha_1$-Integrin, verbindet sich mit CD29; bindet Kollagen und Laminin-1 | VLA-1 | Integrin $\alpha$ |
| CD49b | B-Zellen, Monocyten, Blutplättchen, Megakaryocyten, Nerven-, Epithel- und Endothelzellen, Osteoklasten | 160 | $\alpha_2$-Integrin; verbindet sich mit CD29; bindet Kollagen und Laminin | VLA-2, Blut-plättchen-GPIa | Integrin $\alpha$ |
| CD49c | B-Zellen, viele Adhäsionszellen | 125, 30 | $\alpha_3$-Integrin, verbindet sich mit CD29, bindet Laminin-5, Fibronectin, Kollagen, Entactin, Invasin | VLA-3 | Integrin $\alpha$ |
| CD49d | weit verbreitet, u. a. bei B-Zellen, Thymocyten, Monocyten, Granulocyten, dendritischen Zellen | 150 | $\alpha_4$-Integrin; verbindet sich mit CD29; bindet Fibronectin, MAd-CAM-1, VCAM-1 | VLA-4 | Integrin $\alpha$ |
| CD49e | weit verbreitet, u. a. bei T-Gedächtniszellen, Monocyten, Blutplättchen | 135, 25 | $\alpha_5$-Integrin; verbindet sich mit CD29; bindet Fibronectin, Invasin | VLA-5 | Integrin $\alpha$ |
| CD49f | T-Lymphocyten, Monocyten, Blutplättchen, Megakaryocyten, Trophoblasten | 125, 25 | $\alpha_6$-Integrin; verbindet sich mit CD29; bindet Laminin, Invasin, Merosin | VLA-6 | Integrin $\alpha$ |
| CD50 | Thymocyten, T-Zellen, B-Zellen, Monocyten, Granulocyten | 130 | bindet Integrin CD11a/CD18 | ICAM-3 | Immunglobulin |

| CD-Antigen | Zellen, die das Antigen exprimieren | Molekülmasse (kDa) | Funktionen | andere Bezeichnungen | Verwandtschaftsbeziehungen |
|---|---|---|---|---|---|
| CD51 | Blutplättchen, Megakaryocyten | 125, 24 | αV-Integrin; verbindet sich mit CD61; bindet Vitronectin, Von-Willebrand-Faktor, Fibrinogen und Thrombospondin, möglicherweise Rezeptor für apoptotische Zellen | Vitronectinrezeptor | Integrin α |
| CD52 | Thymocyten, T-Zellen, B-Zellen (außer Plasmazellen), Monocyten, Granulocyten, Spermien | 25 | unbekannt; Zielmolekül für therapeutisch eingesetzte Antikörper zum Abtöten der T-Zellen im Knochenmark | CAMPATH-1, HE5 | |
| CD53 | Leukocyten | 35–42 | trägt zur Übertragung von CD2-Signalen in T- und NK-Zellen bei; mögliche Funktion bei der Wachstumsregulation | MRC OX44 | Transmembran-4 |
| CD54 | hämatopoetische und nichthämatopoetische Zellen | 75–115 | interzelluläres Adhäsionsmolekül 1 (ICAM-1); bindet das CD11a/CD18-Integrin (LFA-1) und das CD11b/CD18-Integrin (Mac-1); Rezeptor für Rhinoviren | ICAM-1 | Immunglobulin |
| CD55 | hämatopoetische und nichthämatopoetische Zellen | 60–70 | DAF (*decay accelerating factor*); bindet C3b; zerlegt die C3/C5-Konvertase | DAF | CCP |
| CD56 | NK-Zellen, einige aktivierte T-Zellen | 135–220 | Isoform des neuronalen Zelladhäsionsmoleküls (NCAM); Adhäsionsmolekül | NKH-I | Immunglobulin |
| CD57 | NK-Zellen, Untergruppen von T-Zellen, B-Zellen und Monocyten | | Oligosaccharid auf vielen Zelloberflächenglykoproteinen | HNK-1, Leu-7 | |
| CD58 | hämatopoetische und nichthämatopoetische Zellen | 55–70 | LFA-3 (*leukocyte function-associated antigen-3*); bindet CD2; Adhäsionsmolekül | LFA-3 | Immunglobulin |
| CD59 | hämatopoetische und nichthämatopoetische Zellen | 19 | bindet die Komplementkomponenten C8 und C9; verhindert die Zusammensetzung des membranangreifenden Komplexes | Protectin, Mac-Inhibitor | Ly-6 |
| CD60a | T-Zellen, Blutplättchen, Keratinocyten, Zellen der glatten Muskulatur | 70 | Disialylgangliosid D3 (GD3) | | Kohlenhydratstrukturen |
| CD60b | T-Zellen, Blutplättchen, Keratinocyten, Zellen der glatten Muskulatur | 70 | 9-*O*-Acetyl-GD3 | | Kohlenhydratstrukturen |
| CD60c | T-Zellen, Blutplättchen, Keratinocyten, Zellen der glatten Muskulatur | 70 | 7-*O*-Acetyl-GD3 | | Kohlenhydratstrukturen |

| CD-Antigen | Zellen, die das Antigen exprimieren | Molekülmasse (kDa) | Funktionen | andere Bezeichnungen | Verwandtschaftsbeziehungen |
|---|---|---|---|---|---|
| CD61 | Blutplättchen, Megakaryocyten, Makrophagen | 110 | $\beta_3$-Untereinheit des Integrins; verbindet sich mit CD41 (GPIIb/IIIa) oder CD51 (Vitronectinrezeptor) | | Integrin $\beta$ |
| CD62E | Endothel | 140 | Endothel-Leukocyten-Adhäsionsmolekül (ELAM); bindet Sialyl-Lewis$^x$; vermittelt das Entlangrollen der Neutrophilen am Endothel | ELAM-1, E-Selektin | C-Typ-Lektin, EGF und CCP |
| CD62L | B-Zellen, T-Zellen, Monocyten, NK-Zellen | 150 | Leukocytenadhäsionsmolekül (LAM); bindet CD34, GlyCAM; vermittelt das Entlangrollen am Endothel | LAM-1, L-Selektin, LECAM-1 | C-Typ-Lektin, EGF und CCP |
| CD62P | Blutplättchen, Megakaryocyten, Endothel | 140 | Adhäsionsmolekül; bindet CD162 (PSGL-1); vermittelt die Interaktion zwischen Blutplättchen und Endothelzellen bzw. Monocyten sowie das Entlangrollen von Neutrophilen am Endothel | P-Selektin, PADGEM | C-Typ-Lektin, EGF und CCP |
| CD63 | aktivierte Blutplättchen, Monocyten, Makrophagen | 53 | unbekannt; ist ein lysosomales Membranprotein, das nach der Aktivierung an die Zelloberfläche verlagert wird | *platelet activation antigen* | Transmembran-4 |
| CD64 | Monocyten, Makrophagen | 72 | hochaffiner Rezeptor für IgG, bindet IgG3 > IgG1 > IgG4 >>> IgG2, vermittelt Phagocytose, Festhalten von Antigenen, ADCC | Fc$\gamma$Rl | Immunglobulin |
| CD65 | myeloische Zellen | 47 | Oligosaccharidkomponente eines Ceramiddodecasaccharids | | |
| CD66a | Neutrophile, NK-Zellen | 160–180 | hemmt NKG2D-vermittelte cytolytische Funktion und Signalgebung bei aktivierten NK-Zellen | C-CAM, BGP1, CEA-1, CEA-7, MHVR1 | Immunglobulin |
| CD66b | Granulocyten | 95–100 | reguliert Adhäsion und Aktivierung der Eosinophilen beim Menschen | CEACAM8, CD67, CGM6, NCA-95 | Immunglobulin |
| CD66c | Neutrophile, Kolonkarzinom | 90 | reguliert CD8$^+$-T-Zell-Reaktionen gegen multiples Myelom | CEACAM6, NCA | Immunglobulin |
| CD66d | Neutrophile | 30 | steuert Phagocytose von verschiedenen Bakterienspezies | CEACAM3, CEA, CGM1, W264, W282 | Immunglobulin |

| CD-Antigen | Zellen, die das Antigen exprimieren | Molekülmasse (kDa) | Funktionen | andere Bezeich-nungen | Verwandtschafts-beziehungen |
|---|---|---|---|---|---|
| CD66e | adultes Kolonepithel, Kolonkarzinom | 180–200 | Abwehr von Infektionen mit Bakterien und Viren in den Atemwegen | CEACAM5 | Immunglobulin |
| CD66f | Makrophagen | | erhöht Arginaseaktivität; und hemmt Produktion von Stickstoffmonoxid bei Makrophagen; induziert alternative Aktivierung von Mono-cyten; unterdrückt T-Zell-Aktivierung, die von akzessorischen Zellen abhängt | PSG1 (*pregnancy specific beta-1-glycoprotein 1*), SP1, B1G1, DHFRP2 | Immunglobulin |
| CD68 | Monocyten, Makropha-gen, Neutrophile und Basophile, große Lym-phocyten | 110 | unbekannt | Makrosialin, GP110, LAMP-4, SCARD1 | lysosomales/endosomales mem-branassoziiertes Glykoprotein (LAMP), Scaven-ger-Rezeptor |
| CD69 | aktivierte T- und B-Zellen, aktivierte Makrophagen und NK-Zellen | 28, 32 (Homo-dimer) | reguliert S1PR1 herunter und fördert so das Zurückhalten in sekundären Lymphgewe-ben; mögliche Betei-ligung an Regulation der Proliferation; überträgt möglicherweise Signale in natürlichen Killer-zellen und Blutplättchen | AIM (*ac-tivation inducer molecule*) | C-Typ-Lektin |
| CD70 | aktivierte B-Zellen, aktivierte T-Zellen, Makrophagen | 75, 95, 170 | Ligand für CD27, mögli-cherweise Costimulation von B- und T-Zellen | Ki-24 | TNF |
| CD71 | alle proliferierenden Zellen, also auch ak-tivierte Leukocyten | 95 (Homodimer) | Transferrinrezeptor | T9 | |
| CD72 | B-Zellen (keine Plasma-zellen) | 42 (Homodimer) | Ligand für SLAM, NKG2 | Lyb-2 | C-Typ-Lektin |
| CD73 | Untergruppen von B- und T-Zellen | 69 | Ekto-5'-Nucleotidase; dephosphoryliert Nucleotide, ermöglicht dadurch Aufnahme der Nucleoside; Marker für Differenzierung von Lymphocyten | NT5E, NT5, NTE, E5NT, CALJA | |
| CD74 | B-Zellen, Makrophagen, Monocyten, MHC-Klasse-II-positive Zellen | 33, 35, 41, 43 (alternative Initiation, alternatives Spleißen) | MHC-Klasse-II-assozi-ierte invariante Kette | Ii, Iγ | |
| CD75 | reife B-Zellen, Unter-gruppen von T-Zellen | 47 | Lactosamine, Ligand von CD22, vermittelt Adhäsion zwischen B-Zellen | | |
| CD75s | | | $\alpha$-2,6-Sialyllactosamine | | Kohlenhydrat-strukturen |

| CD-Antigen | Zellen, die das Antigen exprimieren | Molekülmasse (kDa) | Funktionen | andere Bezeichnungen | Verwandtschaftsbeziehungen |
|---|---|---|---|---|---|
| CD77 | B-Zellen der Keimzentren | 77 | neutrales Glykosphingolipid (Gal$\alpha_1 \rightarrow$ 4Gal$\beta \rightarrow$ 4Galc$\beta_1 \rightarrow$ Ceramid), bindet Shigatoxin, Vernetzung löst Apoptose aus | Globotriaocylceramid (Gb$_3$), Pk-Blutgruppe | |
| CD79$\alpha,\beta$ | B-Zellen | $\alpha$: 40–45 $\beta$: 37 | Komponenten des Antigenrezeptors der B-Zellen, analog zu CD3; notwendig für die Zelloberflächenexpression und Signalvermittlung | Ig$\alpha$, Ig$\beta$ | Immunglobulin |
| CD80 | Untergruppe von B-Zellen | 60 | Costimulator; Ligand für CD28 und CTLA-4 | B7 (jetzt B7.1), BB1 | Immunglobulin |
| CD81 | Lymphocyten | 26 | verbindet sich mit CD19 und CD21 zum B-Zell-Corezeptor | TAPA-1 (*target of antiproliferative antibody*) | Transmembran-4 |
| CD82 | Leukocyten | 50–53 | unbekannt | R2 | Transmembran-4 |
| CD83 | dendritische Zellen, B-Zellen, Langerhans-Zellen | 43 | reguliert Antigenpräsentation; eine lösliche Form des Proteins bindet an dendritische Zellen und hemmt deren Reifung | HB15 | Immunglobulin |
| CD84 | Monocyten, Blutplättchen, zirkulierende B-Zellen | 73 | Wechselwirkung mit SAP (SH2D1A) und FYN; reguliert Blutplättchenfunktion und LPS-induzierte Cytokinfreisetzung durch Makrophagen | CDw84, SLAMP5, Ly9b | Immunglobulin |
| CD85 | dendritische Zellen, Monocyten, Makrophagen und Lymphocyten | | bindet MHC-Klasse-I-Moleküle auf antigenpräsentierenden Zellen; hemmt Aktivierung | UL-R1-9, ILT2, LIR1, MIR7 | Immunglobulin |
| CD86 | Monocyten, aktivierte B-Zellen, dendritische Zellen | 80 | Ligand von CD28 und CTLA-4 | B7.2 | Immunglobulinsuperfamilie |
| CD87 | Granulocyten, Monocyten, Makrophagen, T-Zellen, NK-Zellen, breites Spektrum nicht-hämatopoetischer Zelltypen | 35–59 | Rezeptor für den Urokinase-Plasminogenaktivator | uPAR | Ly-6 |
| CD88 | polymorphkernige Leukocyten, Makrophagen, Mastzellen | 43 | Rezeptor für die Komplementkomponente C5a | C5aR | G-Protein-gekoppelter Rezeptor |
| CD89 | Monocyten, Makrophagen, Granulocyten, Neutrophile, Untergruppen von B- und T-Zellen | 50–70 | IgA-Rezeptor | Fc$\alpha$R | Immunglobulin |

Teil VI

| CD-Antigen | Zellen, die das Antigen exprimieren | Molekülmasse (kDa) | Funktionen | andere Bezeichnungen | Verwandtschaftsbeziehungen |
|---|---|---|---|---|---|
| CD90 | CD34$^+$-Prothymocyten (Mensch); Thymocyten, T-Zellen (Maus), ILCs, einige NK-Zellen | 18 | Adhäsion und Wanderung der Leukocyten zu Entzündungsherden | Thy-1 | Immunglobulin |
| CD91 | Monocyten, viele nicht-hämatopoetische Zellen | 515, 85 | $\alpha_2$-Makroglobulin-rezeptor | | EGF, LDL-Rezeptor |
| CD92 | Neutrophile, Monocyten, Blutplättchen, Endothel | 70 | Transportprotein für Cholin | | |
| CD93 | Neutrophile, Monocyten, Endothel | 120 | interzelluläre Adhäsion und Beseitigung von apoptotischen Zellen und Zellresten | C1QR1 | |
| CD94 | Untergruppen von T-Zellen, NK-Zellen | 43 | reguliert Funktion der NK-Zellen | KLRD1 | C-Typ-Lektin |
| CD95 | eine Vielzahl von Zelllinien; *in vivo*-Verteilung unbekannt | 45 | bindet TNF-ähnlichen Fas-Liganden; induziert Apoptose | Apo-1, Fas | TNF-Rezeptor |
| CD96 | aktivierte T-Zellen, NK-Zellen | 160 | adhäsive Wechselwirkungen von aktivierten T-Zellen und NK-Zellen; beeinflusst möglicherweise Antigenpräsentation | TACTILE (*T-cell activation increased late expression*) | Immunglobulin |
| CD97 | aktivierte B- und T-Zellen, Monocyten, Granulocyten | 75–85 | bindet CD55 | GR1 | EGF, G-Protein-gekoppelter Rezeptor |
| CD98 | T- und B-Zellen, NK-Zellen, Granulocyten, alle Zelllinien des Menschen | 80, 45 (Heterodimer) | Transportprotein für dibasische und neutrale Aminosäuren | SLC3A2, Ly10, 4F2 | |
| CD99 | Lymphocyten des peripheren Blutes, Thymocyten | 32 | Wanderung von Leukocyten; Adhäsion von T-Zellen, Transmembrantransport von Gangliosid GM1 und Proteinen | MIC2, E2 | |
| CD100 | hämatopoetische Zellen | 150 (Homodimer) | Ligand für Plexin B1; Wechselwirkung mit Calmodulin | SEMA4D | Immunglobulin, Semaphorin |
| CD101 | Monocyten, Granulocyten, dendritische Zellen, aktivierte T-Zellen | 120 (Homodimer) | hemmt TCR/CD3-abhängige IL-2-Produktion durch T-Zellen; induziert Produktion von IL-10 durch dendritische Zellen | BPC#4 | Immunglobulin |
| CD102 | ruhende Lymphocyten, Monocyten, Gefäßendothelzellen (dort am stärksten) | 55–65 | bindet CD11a/CD18 (LFA-1), aber nicht CD11b/CD18 (Mac-1) | ICAM-2 | Immunglobulin |
| CD103 | intraepitheliale Lymphocyten, 2–6 % der Lymphocyten des peripheren Blutes | 150, 25 | $\alpha$E-Integrin | HML-1, $\alpha_6$-, $\alpha$E-Integrin | Integrin $\alpha$ |

| CD-Antigen | Zellen, die das Antigen exprimieren | Molekülmasse (kDa) | Funktionen | andere Bezeichnungen | Verwandtschaftsbeziehungen |
|---|---|---|---|---|---|
| CD104 | CD4$^-$CD8$^-$-Thymocyten, Nervenzellen, Epithel- und einige Endothelzellen, Schwann-Zellen, Trophoblasten | 220 | $\beta_4$-Integrin, verbindet sich mit CD49 f, bindet Laminine | $\beta_4$-Integrin | Integrin $\beta$ |
| CD105 | Endothelzellen, aktivierte Monocyten und Makrophagen, Untergruppen von Knochenmarkzellen | 90 (Homodimer) | bindet TGF-$\beta$ | Endoglin | |
| CD106 | Endothelzellen | 100, 110 | Adhäsionsmolekül; Ligand für VLA-4 ($\alpha_4$:$\beta_1$-Integrin) | VCAM-1 | Immunglobulin |
| CD107a | aktivierte Blutplättchen, aktivierte T-Zellen, aktivierte Neutrophile, aktivierte Endothelzellen, NK-Zellen | 110 | beeinflusst Verteilung von Endosomen/Vesikeln; schützt NK-Zellen vor Schädigung durch Degranulierung | lysosomenassoziiertes Membranprotein 1 (LAMP-1) | |
| CD107b | aktivierte Blutplättchen, aktivierte T-Zellen, aktivierte Neutrophile, aktivierte Endothelzellen | 120 | beeinflusst Verteilung von Endosomen/Vesikeln; schützt NK-Zellen vor Schädigung durch Degranulierung | LAMP-2 | |
| CD108 | Erythrocyten, zirkulierende Lymphocyten, Lymphoblasten | 80 | Rezeptor für Plexin C1; beeinflusst Aktivierung/Differenzierung von Monocyten und CD4-T-Zellen | GR2, John-Milton-Hagen-Blutgruppenantigen, SEMA7A | Semaphorin |
| CD109 | aktivierte T-Zellen, aktivierte Blutplättchen, Gefäßendothel | 170 | Bindung und negative Regulation von Signalen des transformierenden Wachstumsfaktors $\beta$ (TGF-$\beta$) | *platelet activation factor*, GR56 | $\alpha_2$-Makroglobulin/Komplement |
| CD110 | Blutplättchen | 71 | Rezeptor für Thrombopoetin | MPL, TPO-R | hämatopoetischer Rezeptor |
| CD111 | myeloische Zellen | 57 | beteiligt bei der Organisation von Adherens und Tight Junctions zwischen Epithel und Endothelzellen | PPR1/Nectin1 | Immunglobulin |
| CD112 | myeloische Zellen | 58 | | PPR2 | |
| CD113 | Nervenzellen | | mögliche Beteiligung an Zelladhäsion und Bildung neuronaler Synapsen; Komponente der Adherens Junctions | NECTIN3, PVRL3 | Immunglobulin |
| CD114 | Granulocyten, Monocyten | 150 | Rezeptor für den Granulocyten-Koloniestimulierenden Faktor (G-CSF) | CSF3R, GCSFR | Immunglobulin, Fibronectin Typ III |
| CD115 | Monocyten, Makrophagen | 150 | Rezeptor für den Makrophagen-Koloniestimulierenden Faktor (M-CSF) | M-CSFR, CSF1R, C-FMS | Immunglobulin, Tyrosinkinase |

Teil VI

| CD-Antigen | Zellen, die das Antigen exprimieren | Molekülmasse (kDa) | Funktionen | andere Bezeichnungen | Verwandtschaftsbeziehungen |
|---|---|---|---|---|---|
| CD116 | Monocyten, Neutrophile und Eosinophile, Endothel | 70–85 | $\alpha$-Kette des Rezeptors für den Granulocyten-Makrophagen-Koloniestimulierenden Faktor (GM-CSF) | GM-CSFR$\alpha$ | Cytokinrezeptor, Fibronectin Typ III |
| CD117 | hämatopoetische Vorläuferzellen | 145 | Rezeptor für den Stammzellfaktor (SCF) | c-Kit | Immunglobulin, Tyrosinkinase |
| CD118 | weit verbreitet | | Rezeptor für Interferon-$\alpha/\beta$ | IFN-$\alpha/\beta$R | |
| CD119 | Makrophagen, Monocyten, B-Zellen, Endothel | 90–100 | Rezeptor für Interferon-$\gamma$ | IFN-$\gamma$R, IFNGR1 | Fibronectin Typ III |
| CD120a | hämatopoetische und nichthämatopoetische Zellen, am stärksten auf Epithelzellen | 50–60 | TNF-Rezeptor; bindet sowohl TNF-$\alpha$ als auch LT | TNFR1 | TNF-Rezeptor |
| CD120b | hämatopoetische und nichthämatopoetische Zellen, am stärksten auf myeloischen Zellen | 75–85 | TNF-Rezeptor; bindet sowohl TNF-$\alpha$ als auch LT | TNFR2 | TNF-Rezeptor |
| CD121a | Thymocyten, T-Zellen | 80 | Typ-I-Interleukin-1-Rezeptor, bindet IL-1$\alpha$ und IL-1$\beta$ | IL-1R Typ I | Immunglobulin |
| CD121b | B-Zellen, Makrophagen, Monocyten | 60–70 | Typ-II-Interleukin-1-Rezeptor bindet IL-1$\alpha$ und IL-1$\beta$ | IL-1R Typ II | Immunglobulin |
| CD122 | NK-Zellen, ruhende Untergruppen von T-Zellen, einige B-Zell-Linien | 75 | $\beta$-Kette des IL-2-Rezeptors | IL-2R$\beta$ | |
| CD123 | Knochenmarkstammzellen, Granulocyten, Monocyten, Megakaryocyten | 70 | $\alpha$-Kette des IL-3-Rezeptors | IL-3R$\alpha$ | Cytokinrezeptor, Fibronectin Typ III |
| CD124 | reife B- und T-Zellen, hämatopoetische Vorläuferzellen | 130–150 | IL-4-Rezeptor | IL-4R | Cytokinrezeptor, Fibronectin Typ III |
| CD125 | Eosinophile und Basophile, aktivierte B-Zellen | 55–60 | IL-5-Rezeptor | IL-5R | Cytokinrezeptor, Fibronectin Typ III |
| CD126 | aktivierte B-Zellen und Plasmazellen (starke Expression), die meisten Leukocyten (schwache Expression) | 80 | $\alpha$-Untereinheit des IL-6-Rezeptors | IL-6R$\alpha$ | Immunglobulin, Cytokinrezeptor, Fibronectin Typ III |
| CD127 | lymphatische Vorläuferzellen im Knochenmark, Pro-B-Zellen, reife T-Zellen, Monocyten | 68–79 (bildet möglicherweise Homodimere) | IL-7-Rezeptor | IL-7R | Fibronectin Typ III |
| CD128a, b | Neutrophile und Basophile, Untergruppen der T-Zellen | 58–67 | IL-8-Rezeptor | IL-8R, CXCR1 | G-Protein-gekoppelter Rezeptor |
| CD129 | Eosinophile und Neutrophile, Thymocyten | 57 | IL-9-Rezeptor | IL-9R | IL-2RG |

| CD-Antigen | Zellen, die das Antigen exprimieren | Molekülmasse (kDa) | Funktionen | andere Bezeichnungen | Verwandtschaftsbeziehungen |
|---|---|---|---|---|---|
| CD130 | bei den meisten Zelltypen, besonders dicht auf aktivierten B-Zellen und Plasmazellen | 130 | gemeinsame Untereinheit der Rezeptoren für IL-6, IL-11, Oncostatin M (OSM) und den leukämieinhibierenden Faktor (LIF) | IL-6R$\beta$, IL-IIR$\beta$, OSMR$\beta$, LIFR$\beta$, IFR$\beta$ | Immunglobulin, Cytokinrezeptor, Fibronectin Typ III |
| CD131 | myeloische Vorläuferzellen, Granulocyten | 140 | gemeinsame $\beta$-Untereinheit der IL-3-, IL-5- und GM-CSF-Rezeptoren | IL-3R$\beta$, IL-5R$\beta$, GM-CSFR$\beta$ | Cytokinrezeptor, Fibronectin Typ III |
| CD132 | B-Zellen, T-Zellen, NK-Zellen, Mastzellen, Neutrophile | 64 | $\gamma$-Kette des IL-2-Rezeptors, gemeinsame Untereinheit der IL-2-, IL-4-, IL-7-, IL-9- und IL-15-Rezeptoren | IL-2RG, SCIDX | Cytokinrezeptor |
| CD133 | Stamm-/Vorläuferzellen | 97 | unbekannt | Prominin-1, AC133 | |
| CD134 | aktivierte T-Zellen | 50 | Rezeptor für CX40L Costimulator für CD4-T-Zellen | OX40 | TNF-Rezeptor |
| CD135 | multipotente Vorläuferzellen, Vorläufer von myeloischen Monocyten und B-Zellen | 130, 155 | Rezeptor für FLT-3L, wichtig für Entwicklung der hämatopoetischen Stammzellen und Leukocytenvorläufer | FTL3, FLK2, STK-1 | Immunglobulin, Tyrosinkinase |
| CD136 | Monocyten, Epithelzellen, zentrales und peripheres Nervensystem | 180 | Chemotaxis, Phagocytose, Zellwachstum und -differenzierung | MSP-R, RON | Tyrosinkinase |
| CD137 | T- und B-Lymphocyten, Monocyten, einige Epithelzellen | | Costimulator der T-Zell-Proliferation | 4-1BB, TNFRSF9 | TNF-Rezeptor |
| CD138 | B-Zellen | | Heparansulfatproteoglykan, bindet Kollagen Typ I | Syndecan-1 | |
| CD139 | B-Zellen | 209, 228 | unbekannt | | |
| CD140a, b | Stromazellen, einige Endothelzellen | a: 180 b: 180 | $\alpha$- und $\beta$-Kette des Rezeptors für PDGF (*platelet derived growth factor*) | | |
| CD141 | Gefäßendothelzellen | 105 | Antikoagulans, bindet Thrombin; der Komplex aktiviert dann Protein C | Thrombomodulin, Fetomodulin | C-Typ-Lektin, EGF |
| CD142 | epidermale Keratinocyten, verschiedene Epithelzellen, Astrocyten, Schwann-Zellen; fehlt bei Zellen, die in direktem Kontakt zum Plasma stehen, wenn keine Induktion durch Entzündungsmediatoren erfolgt ist | 45–47 | wichtiger Initiationsfaktor der Blutgerinnung; bindet Faktor VIIa; dieser Komplex aktiviert die Faktoren VII, IX und X | Gewebefaktor, Thromboplastin | Fibronectin Typ III |

| CD-Antigen | Zellen, die das Antigen exprimieren | Molekülmasse (kDa) | Funktionen | andere Bezeichnungen | Verwandtschaftsbeziehungen |
|---|---|---|---|---|---|
| CD143 | Endothelzellen (außer in großen Blutgefäßen und Niere), Epithelzellen im Bürstensaum der Niere und im Dünndarm, Nervenzellen, aktivierte Makrophagen und einige T-Zellen; lösliche Form im Plasma | 170–180 | $Zn^{2+}$-Metallopeptidase, Dipeptidylpeptidase, spaltet Angiotensin I und Bradykinin aus Molekülvorstufen ab | ACE (*angiotensin converting enzyme*) | |
| CD144 | Endothelzellen | 130 | reguliert Adherens Junctions bei Endothelzellen | Cadherin-5, VE-Cadherin | Cadherin |
| CD145 | Endothelzellen, einige Stromazellen | 25, 90, 110 | unbekannt | | |
| CD146 | Endothel, T-Zellen, mesenchymale Stromazellen (MSCs) | 130 | Stabilisierung der hämatopoetischen Stammzellen und Vorläuferzellen; reguliert möglicherweise Gefäßneubildung | MCAM, MUC18, S-ENDO | Immunglobulin |
| CD147 | Leukocyten, rote Blutkörperchen, Blutplättchen, Endothelzellen | 55–65 | aktiviert einige MMPs; Rezeptor für CyPA, CyPB und einige Integrine | M6, Neurothelin, EMMPRIN, Basigin, OX-47 | Immunglobulin |
| CD148 | Granulocyten, Monocyten, dendritische Zellen, T-Zellen, Fibroblasten, Nervenzellen | 240–260 | Kontaktinhibition des Zellwachstums | HPTPη | Fibronectin Typ III, Proteintyrosinphosphatase |
| CD150 | Thymocyten, aktivierte Megakaryocyten | 75–95 | wichtig für die Signalgebung in T- und B-Zellen; Wechselwirkung mit FYN, PTPN11, SH2D1A (SAP) und SH2D1B | SLAMF1 | Immunglobulin, SLAM |
| CD151 | Blutplättchen, Megakaryocyten, Epithelzellen, Endothelzellen | 32 | verbindet sich mit $\beta_1$-Integrinen | PETA-3, SFA-1 | Transmembran-4 |
| CD152 | aktivierte T-Zellen | 33 | Rezeptor für B7.1 (CD80), B7.2 (CD86); negativer Regulator der T-Zell-Aktivierung | CTLA-4 | Immunglobulin |
| CD153 | aktivierte T-Zellen, aktivierte Makrophagen, Neutrophile, B-Zellen | 38–40 | Ligand für CD30, hemmt Isotypwechsel bei B-Zellen in Keimzentren | CD30L, TNFSF8L | TNF |
| CD154 | aktivierte CD4-T-Zellen | 30 (Trimer) | Ligand für CD40; induziert Proliferation und Aktivierung von B-Zellen | CD40L, TRAP, T-BAM, gp39 | TNF-Rezeptor |
| CD155 | Monocyten, Makrophagen, Thymocyten, Neuronen des ZNS | 80–90 | normale Funktion unbekannt; Rezeptor für Polioviren | Rezeptor für Polioviren | Immunglobulin |
| CD156a | Neutrophile, Monocyten | 69 | Metalloproteinase; spaltet TNF-$\alpha$R1 | ADAM8, MS2 | |

| CD-Antigen | Zellen, die das Antigen exprimieren | Molekülmasse (kDa) | Funktionen | andere Bezeichnungen | Verwandtschaftsbeziehungen |
|---|---|---|---|---|---|
| CD156b | | | TACE (*TNF-α-converting* enzyme); spaltet Pro-TNF-α zur reifen Form | ADAM17 | |
| CD156c | Nervenzellen | | potenzielles Adhäsionsmolekül; prozessiert amyloides Vorläuferprotein | ADAM10 | |
| CD157 | Granulocyten, Monocyten, Stromazellen des Knochenmarks, Endothelzellen der Gefäße, follikuläre dendritische Zellen | 42–45 (50 bei Monocyten) | ADP-Ribosylcyclase, cADP-Ribose-Hydrolase | BST-1 | |
| CD158 | NK-Zellen | | KIR-Familie | | |
| CD158a | Untergruppen von NK-Zellen | 50 oder 58 | hemmt Cytotoxizität von NK-Zellen bei Bindung an MHC-Klasse-I-Moleküle | p50.1, p58.1 | Immunglobulin |
| CD158b | Untergruppen von NK-Zellen | 50 oder 58 | hemmt Cytotoxizität von NK-Zellen bei Bindung an HLA-Cw3 und verwandte Allele | p50.2, p58.2 | Immunglobulin |
| CD159a | NK-Zellen | 26 | bindet CD94 und bildet so den NK-Rezeptor, hemmt Cytotoxität von NK-Zellen bei Bindung an MHC-Klasse-I-Moleküle | NKG2A | |
| CD160 | T-Zellen, NK-Zellen, intraepitheliale Lymphocyten | 27 | bindet klassische und nichtklassische MHC-I-Moleküle; aktiviert die Phosphoinositid-3-Kinase; löst dadurch Cytotoxizität und Cytokinfreisetzung aus | NK1 | |
| CD161 | NK-Zellen, T-Zellen, ILC | 44 | reguliert Cytotoxizität von NK-Zellen | NKRP1 | C-Typ-Lektin |
| CD162 | Neutrophile, Lymphocyten, Monocyten | 120 (Homodimer) | Ligand von CD62P | PSGL-1 | Mucin |
| CD162R | NK-Zellen | | | PEN5 | |
| CD163 | Monocyten, Makrophagen | 130 | Beseitigung von Hämoglobin:Haptoglobin-Komplexen durch Makrophagen; mögliche Funktion als angeborener Immunsensor für Bakterien | M130 | Scavenger-Rezeptor, cysteinreich (SRCR) |
| CD164 | Epithelzellen, Monocyten, Stromazellen des Knochenmarks | 80 | Adhäsionsrezeptor | MUC-24 (*multiglycosylated protein 24*) | Mucin |

| CD-Antigen | Zellen, die das Antigen exprimieren | Molekülmasse (kDa) | Funktionen | andere Bezeichnungen | Verwandtschafts-beziehungen |
|---|---|---|---|---|---|
| CD165 | Thymocyten, Thymus-epithelzellen, Neuronen des ZNS, Inselzellen des Pankreas, Bowman-Kapsel | 37 | Adhäsion zwischen Thymocyten und Thymusepithel | Gp37, AD2 | |
| CD166 | aktivierte T-Zellen, Thymusepithel, Fibro-blasten, Nervenzellen | 100–105 | Ligand für CD6, spielt bei der Neuritenver-längerung eine Rolle | ALCAM, BEN, DM-GRASP, SC-1 | Immunglobulin |
| CD167a | normale und transfor-mierte Epithelzellen | 63, 64 (Dimer) | bindet Kollagen | DDR1, trkE, cak, eddr1 | Rezeptortyrosinki-nase, verwandt mit Discoidin |
| CD168 | Brustkrebszellen | fünf Isofor-men: 58, 60, 64, 70, 84 | Adhäsionsmolekül, Rezeptor für hyaluron-säurevermittelte Beweg-lichkeit und Zellwan-derung | RHAMM | |
| CD169 | Untergruppen von Makrophagen | 185 | Adhäsionsmolekül, bindet sialylierte Koh-lenhydrate; vermittelt möglicherweise die Bindung von Makropha-gen an Granulocyten und Lymphocyten | Sialyladhäsin | Immunglobulin, Sialyladhäsin |
| CD170 | Neutrophile | 67 (Homodimer) | Adhäsionsmolekül; sialinsäurebindendes immunglobulinähnliches Lektin (Siglec); cyto-plasmatischer Schwanz enthält ITIM | Siglec-5, OBBP2, CD33L2 | Immunglobulin, Sialyladhäsin |
| CD171 | Neuronen, Schwann-Zellen, lymphoide und myelomonocytische Zellen, B-Zellen, CD4-T-Zellen (keine CD8-T-Zellen) | 200–220; exakte Masse variiert nach Zelltyp | Adhäsionsmolekül, bindet CD9, CD24, CD56, auch homophile Bindung | L1, NCAM-L1 | Immunglobulin |
| CD172a | | 115–120 | Adhäsionsmolekül; das Transmembranprotein ist Substrat von aktivierten Rezeptortyrosinkinasen (RTKs) und bindet an SH2-Domänen | SIRP, SHPS1, MYD-1, SIRP-$\alpha$-1, PTPNS1 (*proteintyrosine-phosphatase-non-receptor type substrate 1*) | Immunglobulin |
| CD173 | alle Zellen | 41 | Kohlenhydrat der Blut-gruppe H Typ 2 | | |
| CD174 | alle Zellen | 42 | Kohlenhydrat der Lewis-y-Blutgruppe | | |
| CD175 | alle Zellen | | Kohlenhydrat der Tn-Blutgruppe | | |
| CD175s | alle Zellen | | Kohlenhydrat der Sialyl-Tn-Blutgruppe | | |
| CD176 | alle Zellen | | Kohlenhydrat der TF-Blutgruppe | | |

Teil VI

| CD-Antigen | Zellen, die das Antigen exprimieren | Molekülmasse (kDa) | Funktionen | andere Bezeichnungen | Verwandtschaftsbeziehungen |
|---|---|---|---|---|---|
| CD177 | myeloische Zellen | 56–64 | GPI-verknüpftes neutrophilenspezifisches Antigen, das nur bei einer Subpopulation von Neutrophilen in NB1-positiven Erwachsenen vorkommt (97 % aller gesunden Spender); NB1 wird erstmals im Myelocytenstadium bei der Differenzierung myeloischer Zellen exprimiert | NB1 | |
| CD178 | aktivierte T-Zellen | 38–42 | Fas-Ligand, bindet an Fas zur Induktion der Apoptose | FasL | TNF |
| CD179a | frühe B-Zellen | 16–18 | die $\iota$-Kette der Immunglobuline assoziiert nichtkovalent mit CD179b und bildet eine leichte Ersatzkette als Komponente des Prä-B-Zell-Rezeptors, der bei der frühen B-Zell-Differenzierung eine entscheidende Funktion hat | VpreB, IGVPB, IG$\iota$ | Immunglobulin |
| CD179b | B-Zellen | 22 | das Immunglobulin-$\lambda$-ähnliche Polypeptid 1 assoziiert nichtkovalent mit CD179a und bildet eine leichte Ersatzkette, die in den frühen Phasen der B-Zell-Entwicklung selektiv exprimiert wird; Mutationen im CD179b-Gen führen zu einer Störung der B-Zell-Entwicklung und beim Menschen zu einer Agammaglobulinämie | IGLL1, $\lambda$5 (IGL5), IGVPB, 14 | Immunglobulin |
| CD180 | B-Zellen | 95–105 | Typ-1-Membranprotein mit extrazellulären leucinreichen Wiederholungen (LRRs) ist mit dem Molekül MD-1 assoziiert und bildet den Zelloberflächenrezeptorkomplex RP105/MD-1, der zusammen mit TLR-4 die B-Zell-Erkennung und die Signalübertragung von Lipopolysaccharid (LPS) reguliert | LY64, RP105 | Toll-like Rezeptoren (TLRs) |
| CD181 | Neutrophile, Monocyten, NK-Zellen, Mastzellen, Basophile, einige T-Zellen | | Rezeptor für CXCL6, CXCL8 (IL-8); wichtig für die Wanderung der Neutrophilen | CXCR1, IL-8R$\alpha$ | Chemokinrezeptor, GPCR-Klasse A |

Teil VI

| CD-Antigen | Zellen, die das Antigen exprimieren | Molekülmasse (kDa) | Funktionen | andere Bezeichnungen | Verwandtschaftsbeziehungen |
|---|---|---|---|---|---|
| CD182 | Neutrophile und Basophile, Monocyten, NK-Zellen, Mastzellen, einige T-Zellen | | Rezeptor für CXCL1, CXCL2, CXCL3, CXCL5, CXCL6 und CXCL8 (IL-8); Wanderung und Austritt der Neutrophilen aus dem Knochenmark | CXCR2, IL-8R$\beta$ | Chemokinrezeptor, GPCR-Klasse A |
| CD183 | besonders auf malignen B-Zellen von chronischen lymphoproliferativen Störungen | 46–52 | CXC-Chemokin-Rezeptor für die Chemotaxis von malignen B-Lymphocyten; bindet INP10 und MIG[3] | CXCR3, G-Protein-gekoppelter Rezeptor 9 (GPR-9) | Chemokinrezeptoren, G-Protein-gekoppelter Rezeptor |
| CD184 | vor allem auf den weniger gereiften hämatopoetischen CD34+-Stammzellen exprimiert | 46–52 | bindet an SDF-1 (LESTR/Fusin); wirkt als Cofaktor beim Eindringen von T-Zell-Linien-trophischen HIV-1-Stämmen in die Zellen | CXCR4, NPY3R, LESTR, Fusin, HM89 | Chemokinrezeptoren, G-Protein-gekoppelter Rezeptor |
| CD185 | B-Zellen, T$_{FH}$-Zellen, einige CD8-T-Zellen | | Rezeptor für CXCL13, Wanderung der T- und B-Zellen in die B-Zell-Zonen in Lymphgeweben | CXCR5 | Chemokinrezeptor, GPCR-Klasse A |
| CD186 | T$_H$17-Zellen, einige NK-Zellen, einige NKT-Zellen, einige ILC3-Zellen | | Rezeptor für CXCL16 und HIV-Corezeptor | CXCR6 | Chemokinrezeptor, GPCR-Klasse A |
| CD191 | Monocyten, Makrophagen, Neutrophile, T$_H$1-Zellen dendritische Zellen | | Rezeptor für CCL3, CCL5, CCL8, CCL14 und CCL16; beteiligt an verschiedenen Prozessen der Wanderung von angeborenen und adaptiven Immunzellen | CCR1 | Chemokinrezeptor, GPCR-Klasse A |
| CD192 | Monocyten, Makrophagen, T$_H$1-Zellen, Basophile, NK-Zellen | | Rezeptor für CCL2, CCL7, CCL8, CCL12, CCL13 und CCL16; wichtig für Wanderung der Monocyten und T$_H$1-Reaktionen | CCR2 | Chemokinrezeptor, GPCR-Klasse A |
| CD193 | Eosinophile und Basophile, Mastzellen | | Rezeptor für CCL5, CCL7, CCL8, CCL11, CCL13, CCL15, CCL24 und CCL28; beteiligt an der Wanderung der Eosinophilen | CCR3 | Chemokinrezeptor, GPCR-Klasse A |
| CD194 | T$_H$2-Zellen, T$_{reg}$-Zellen, T$_H$17-Zellen, CD8-T-Zellen, Monocyten, B-Zellen | 41 | Rezeptor für CCL17, CCL22, T-Zell-Homing zur Haut und T$_H$2-Reaktion | CCR4 | Chemokinrezeptor, GPCR-Klasse A |

| CD-Antigen | Zellen, die das Antigen exprimieren | Molekülmasse (kDa) | Funktionen | andere Bezeichnungen | Verwandtschaftsbeziehungen |
|---|---|---|---|---|---|
| CD195 | promyelocytische Zellen | 40 | Rezeptor für CC-Chemokine; bindet an MIP-1$\alpha$, MIP-1$\beta$ und RANTES; möglicherweise an der Regulation der Proliferation oder Differenzierung der Granulocytenlinie beteiligt; wirkt als Corezeptor mit CD4 für die primären makrophagentrophischen Isolate von HIV-1 | CMKBR5, CCR5, CKR-5, CC-CKR-5, CKR5 | Chemokinrezeptoren, G-Protein-gekoppelter Rezeptor |
| CD196 | $T_H$17-Zellen, $\gamma$:$\delta$-T-Zellen, NKT-Zellen, NK-Zellen, $T_{reg}$-Zellen, $T_{FH}$-Zellen | | Rezeptor für CCL20 und CCL21; wichtig für die Entwicklung der darmassoziierten lymphatischen Gewebe und $T_H$17-Reaktionen | CCR6 | Chemokinrezeptor, GPCR-Klasse A |
| CD197 | aktivierte B- und T-Lymphocyten, starke Expression in EBV-infizierten B-Zellen und HHV6- oder -7-infizierten T-Zellen | 46–52 | Rezeptor für MIP-3$\beta$-Chemokin; wahrscheinlich Mediator für EBV-Wirkung auf B-Lymphocyten und normale Lymphocytenfunktionen | CCR7, EBI1 (Epstein-Barr-Virus-induziertes Gen 1), CMKBR7, BLR2 | Chemokinrezeptoren, G-Protein-gekoppelter Rezeptor |
| CDw198 | $T_H$2-Zellen, $T_{reg}$-Zellen, $\gamma$:$\delta$-T-Zellen, Monocyten, Makrophagen | | Rezeptor für CCL1, CCL8 und CCL18; notwendig für $T_H$2-Immunität und Thymopoese | CCR8 | Chemokinrezeptor, GPCR-Klasse A |
| CDw199 | T-Zellen des Darms, Thymocyten, B-Zellen, dendritische Zellen | | Rezeptor für CCL25; notwendig für die Entwicklung der darmassoziierten lymphatischen Gewebe und Thymopoese | CCR9 | Chemokinrezeptor, GPCR-Klasse A |
| CD200 | normale Gehirn- und B-Zell-Linien | 41 (Thymocyten aus Ratten), 47 (Rattengehirn) | durch den monoklonalen Antikörper MRCOX-2 erkanntes Antigen; keine linienspezifischen Moleküle, Funktion unbekannt | MOX-2, MOX-1 | Immunglobulin |
| CD201 | Endothelzellen | 49 | Oberflächenrezeptor der Endothelzellen (EPCR) mit hochaffiner Bindung an Protein C; Abnahme der Expression bei Einwirkung des Tumornekrosefaktors auf das Endothel | EPCR | CD1-Haupthistokompatibiltätskomplex |

Teil VI

| CD-Antigen | Zellen, die das Antigen exprimieren | Molekülmasse (kDa) | Funktionen | andere Bezeichnungen | Verwandtschaftsbeziehungen |
|---|---|---|---|---|---|
| CD202b | Endothelzellen | 140 | Rezeptortyrosinkinase, bindet Angiopoietin 1; wichtig für Gefäßbildung, besonders bei der Vernetzung von Endothelzellen; TEK-Defekte korrelieren mit erblichen Missbildungen der Venen; TEK-Signalweg offenbar entscheidend für Kommunikation zwischen Endothelzellen und Zellen der glatten Muskulatur bei der Morphogenese von Venen | VMCM, TEK (Tyrosinkinase, endothelial), TIE2 (Tyrosinkinase mit Ig- und EGF-homologen Domänen), VMCM1 | Immunglobulin, Tyrosinkinase |
| CD203c | myeloische Zellen (Uterus, Basophile, Mastzellen) | 101 | gehört zu einer Reihe von Ektoenzymen für die Hydrolyse von extrazellulären Nucleotiden; katalysieren die Spaltung von Phosphodiester- und Phosphosulfatbindungen bei verschiedenen Molekülen, u. a. Desoxyribonucleotide, NAD und Nucleotidzucker | NPP3, B10, PDNP3, PD-1$\beta$, gp130RB13-6 | Typ-II-Transmembranproteine, Familie der Ektonucleotidpyrophosphatase/Phosphodiesterasen (E-NPP) |
| CD204 | myeloische Zellen | 220 | vermitteln Bindung, Internalisierung und Verarbeitung von zahlreichen verschiedenen Makromolekülen; wahrscheinlich an der pathologischen Ablagerung von Cholesterin an Arterienwänden während der Atherogenese beteiligt | MSR1 (*macrophage scavenger R*) | Scavenger-Rezeptor, kollagenähnlich |
| CD205 | dendritische Zellen | 205 | Lymphocytenantigen 75, mutmaßlicher Rezeptor für Antigenaufnahme auf dendritischen Zellen | LY75, DEC-205, GP200-MR6 | Typ-I-Transmembranprotein |
| CD206 | Makrophagen, Endothelzellen | 175–190 | Typ-I-Membranglykoprotein, einziges bekanntes Beispiel für ein C-Typ-Lektin mit mehreren C-Typ-CRDs (Kohlenhydraterkennungsdomänen); bindet stark mannosehaltige Strukturen an der Oberfläche von potenziell pathogenen Viren, Bakterien und Pilzen | Makrophagenmannoserezeptor (MMR), MRC1 | C-Typ-Lektin |

| CD-Antigen | Zellen, die das Antigen exprimieren | Molekülmasse (kDa) | Funktionen | andere Bezeichnungen | Verwandtschaftsbeziehungen |
|---|---|---|---|---|---|
| CD207 | Langerhans-Zellen | 40 | Typ-II-Transmembranprotein; für Langerhans-Zellen spezifisches C-Typ-Lektin; potenter Auslöser von Membranüberlagerungen und Zusammenführung, die zur Entstehung von Birbeck-Granula (BG) führen | Langerin | C-Typ-Lektin |
| CD208 | interdigitierende (verzahnte) dendritische Zellen in lymphatischen Organen | 70–90 | homolog zu CD68; DC-LAMP ist ein lysosomales Protein, das beim Umbau von spezialisierten antigenprozessierenden Kompartimenten und an der MHC-Klasse-II-spezifischen Antigenpräsentation mitwirkt; erhöhte Expression in reifen dendritischen Zellen nach Induktion durch CD40L, TNF-$\alpha$ und LPS | DC-LAMP (D-Lysosomen-assoziiertes Membranprotein) | Haupthistokompatibilitätskomplex |
| CD209 | dendritische Zellen | 44 | C-Typ-Lektin; bindet ICAM3 und das Glykoprotein gp120 der HIV-1-Hülle; ermöglicht die Bindung des T-Zell-Rezeptors durch Stabilisierung der Kontaktzone zwischen dendritischer und T-Zelle; stimuliert wirksame Infektion in *trans*-Zellen, die CD4 und Chemokinrezeptoren exprimieren; Typ-II-Transmembranprotein | DC-SIGN (*dendritic cell-specific ICAM3-grabbing non-integrin*) | C-Typ-Lektin |
| CD210 | B-Zellen, T-Helferzellen, Zellen der Monocyten-/Makrophagen-Linie | 90–110 | IL-10-Rezeptor $\alpha$ und $\beta$ | IL-10R$\alpha$, IL-10RA, HIL-10R, IL-10R$\beta$, IL-10RB, CRF2-4, CRFB4 | Cytokin-Klasse-II-Rezeptor |
| CD212 | aktivierte CD4-, CD8- und NK-Zellen | 130 | $\beta$-Kette des IL-12-Rezeptors; Typ-I-Transmembranprotein, beteiligt an der IL-12-Signalübertragung | IL-12R, IL-12RB | Rezeptoren für hämatopoetische Cytokine |
| CD213a1 | B-Zellen, Monocyten, Fibroblasten, Endothelzellen | 60–70 | IL-13-Rezeptor mit geringer Affinität; bildet mit IL-4R$\alpha$ funktionellen IL-13-Rezeptor; dient auch als alternatives akzessorisches Protein für die gemeinsame $\gamma$-Kette des Cytokinrezeptors bei der IL-4-Signalgebung | IL-13R$\alpha$1, NR4, IL-13Ra | Rezeptoren für hämatopoetische Cytokine |

Teil VI

| CD-Antigen | Zellen, die das Antigen exprimieren | Molekülmasse (kDa) | Funktionen | andere Bezeichnungen | Verwandtschaftsbeziehungen |
|---|---|---|---|---|---|
| CD213a2 | B-Zellen, Monocyten, Fibroblasten, Endothelzellen | | IL-13-Rezeptor, der IL-13 als Monomer mit hoher Affinität bindet, nicht jedoch IL-4; Humanzellen, die IL-13RA2 exprimieren, zeigen spezifische IL-13-Bindung mit hoher Affinität | IL-13Rα2, IL-13BP | Rezeptoren für hämatopoetische Cytokine |
| CD215 | NK-Zellen, CD8-T-Zellen | | bildet Komplex mit IL-2RB (CD122) und IL-2RG (CD132); verstärkt Zellproliferation und Expression von BCL-2 | IL-15Ra | IL-2G |
| CD217 | aktivierte T-Gedächtniszellen | | IL-17-Rezeptor-Homodimer | IL-17R, CTLA-8 | Chemokin-/Cytokinrezeptoren |
| CD218a | Makrophagen, Neutrophile, NK-Zellen, T-Zellen | | Signale induzieren cytotoxische Reaktion | IL-18Ra | Immunglobulin |
| CD218b | Makrophagen, Neutrophile, NK-Zellen, T-Zellen | | Signale induzieren cytotoxische Reaktion | IL-18Rb | Immunglobulin |
| CD220 | keine zelllinienspezifischen Moleküle | $\alpha$: 130 $\beta$: 95 | Insulinrezeptor; integrales Transmembranprotein aus zwei $\alpha$- und zwei $\beta$-Untereinheiten; bindet Insulin und besitzt Tyrosinkinaseaktivität; Autophosphorylierung aktiviert Kinaseaktivität | Insulinrezeptor | Insulinrezeptorfamilie der Tyrosinkinasen |
| CD221 | keine zelllinienspezifischen Moleküle | $\alpha$: 135 $\beta$: 90 | Rezeptor für den insulinähnlichen Wachstumsfaktor I bindet den Faktor mit hoher Affinität; besitzt Tyrosinkinaseaktivität und wirkt bei Transformationsereignissen entscheidend mit; $\alpha$- und $\beta$-Untereinheit entstehen durch Spaltung der Vorstufe | IGF1R, JTK13 | Insulinrezeptorfamilie der Tyrosinkinasen |
| CD222 | keine zelllinienspezifischen Moleküle | 250 | spaltet und aktiviert membrangebundenen TGF-$\beta$; andere Funktionen sind u. a. Internalisierung von IGF-II, Internalisierung und Verteilung von lysosomalen Enzymen und anderen M6P-haltigen Proteinen | IGF2R, CIMPR, CI-MPR, M6P-R (Mannose-6-phosphat-Rezeptor) | Lektine der Säugetiere |

| CD-Antigen | Zellen, die das Antigen exprimieren | Molekülmasse (kDa) | Funktionen | andere Bezeichnungen | Verwandtschaftsbeziehungen |
|---|---|---|---|---|---|
| CD223 | aktivierte T- und NK-Zellen | 70 | wirkt mit bei Lymphocytenaktivierung; bindet an HLA-Klasse-II-Antigene; Funktion bei der Hemmung der antigenspezifischen Antwort; enge Verwandtschaft zwischen LAG-3 und CD4 | Lymphocytenaktivierungsgen 3 (LAG-3) | Immunglobulin |
| CD224 | keine zelllinienspezifischen Moleküle | 62 (nichtprozessierte Vorstufe) | vor allem ein membrangebundenes Enzym; Schlüsselfunktion im $\gamma$-Glutamyl-Zyklus bei Synthese und Abbau von Glutathion; besteht aus zwei Polypeptidketten, die als Vorstufe in einem einzigen Molekül synthetisiert werden | $\gamma$-Glutamyl-Transferase, GGT1, D22S672, D22S732 | $\gamma$-Glutamyl-Transferase |
| CD225 | Leukocyten und Endothelzellen | 16–17 | interferoninduziertes Transmembranprotein 1; reguliert wahrscheinlich Zellwachstum; Bestandteil eines multimeren Komplexes, der an der Übertragung von antiproliferativen und homotypischen Adhäsionssignalen beteiligt ist | Leu-13, IFITM1, IFI17 | IFN-induzierte Transmembranproteine |
| CD226 | NK-Zellen, Blutplättchen, Monocyten und eine Untergruppe der T-Zellen | 65 | Adhäsionsglykoprotein; vermittelt die Adhäsion zu anderen Zellen, die einen unbekannten Liganden tragen; Vernetzung von CD226 mit Antikörpern führt zur Aktivierung der Zellen | DNAM-1 (PTA1), DNAX, TLiSA1 | Immunglobulin |
| CD227 | Epitheltumoren des Menschen (z. B. Brustkrebs) | 122 (ohne Glykosylierung) | epitheliales Mucin; enthält variable Zahl von Wiederholungen aus 20 Aminosäuren, dadurch viele verschiedene Allele; direkte oder indirekte Wechselwirkung mit dem Actincytoskelett | PUM (*peanut reactive urinary mucin*), MUC.1, Mucin 1 | Mucin |
| CD228 | vor allem bei humanen Melanomen | 97 | tumorassoziiertes Antigen (Melanom); identifiziert durch monoklonale Antikörper 133.2 und 96.5; beteiligt an zellulärer Aufnahme von Eisen | Melanotransferrin, P97 | Transferrin |
| CD229 | Lymphocyten | 90–120 | mögliche Beteiligung an Adhäsionsreaktionen zwischen T-Lymphocyten und akzessorischen Zellen über homophile Wechselwirkungen | Ly9 | Immunglobulin (CD2-Unterfamilie) |

Teil VI

| CD-Antigen | Zellen, die das Antigen exprimieren | Molekülmasse (kDa) | Funktionen | andere Bezeichnungen | Verwandtschaftsbeziehungen |
|---|---|---|---|---|---|
| CD230 | Expression in normalen und infizierten Zellen | 27–30 | unbekannte Funktion; codiert vom zellulären Genom; kommt bei neurodegenerativen Infektionen (übertragbare spongiforme Encephalopathien oder Prionerkrankungen) in großer Menge im Gehirn von Mensch und Tieren vor (Creutzfeld-Jakob-Krankheit, Gerstmann-Sträussler-Scheinker-Syndrom, letale familiäre Insomnie) | CJD, PRIP, Prionprotein (p27-30) | Prion |
| CD231 | akute lymphatische T-Zell-Leukämie, Neuroblastomzellen und normale Neuronen im Gehirn | 150 | möglicherweise an Proliferation und Wanderung der Zellen beteiligt; Zelloberflächenglykoprotein; spezifischer Marker für akute lymphatische T-Zell-Leukämie; auch bei Neuroblastomen | TALLA-1, TM4S2, A15, MXS1, CCG-B7 | Transmembran-4 (TM4SF oder Tetraspanine) |
| CD232 | keine zelllinienspezifischen Moleküle | 200 | Rezeptor für immunologisch aktives Semaphorin (Rezeptor für viruscodiertes Semaphorin) | VESPR, PLXN, PLXN-C1 | Plexin |
| CD233 | erythroide Zellen | 93 | Bande 3 ist ein wichtiges integrales Glykoprotein der Erythrocytenmembran; zwei funktionelle Domänen; integrale Domäne vermittelt 1:1-Austausch von anorganischen Anionen durch die Membran; cytoplasmatische Domäne enthält Bindungsstellen für Proteine des Cytoskeletts, glykolytische Enzyme und Hämoglobin; multifunktionelles Transportprotein | SLC4A1, Diego-Blutgruppe, D1, AE1, EPB3 | Anionenaustauschprotein |
| CD234 | erythroide Zellen und nichterythroide Zellen | 35 | Fγ-Glykoprotein; Duffy-Blutgruppenantigen; unspezifischer Rezeptor für viele Chemokine (z. B. IL-8, GRO, RANTES, MCP-1 und TARC); auch Rezeptor für Malariaparasiten *Plasmodium vivax* und *P. knowlesi*; Bedeutung bei Entzündungsreaktionen und Malariainfektionen | GPD, CCBP1, DARC (Duffy-Antigenrezeptor für Chemokine) | Familie 1 der G-Protein-gekoppelten Rezeptoren, Chemokinrezeptoren |

| CD-Antigen | Zellen, die das Antigen exprimieren | Molekülmasse (kDa) | Funktionen | andere Bezeichnungen | Verwandtschaftsbeziehungen |
|---|---|---|---|---|---|
| CD235a | erythroide Zellen | 31 | wichtiges Sialylglykoprotein mit hohem Kohlenhydratanteil in der Membran humaner Erythrocyten; trägt Antigendeterminanten für MN- und Ss-Blutgruppe; N-terminaler glykosylierter Bereich liegt außerhalb der Membran, besitzt MN-Blutgruppenrezeptoren und bindet auch das Influenzavirus | Glykophorin A, GPA, MNS | Glykophorin A |
| CD235b | erythroide Zellen | GYPD ist kleiner als GYPC (24 kDa/32 kDa) | weniger bedeutendes Sialylglykoprotein in der Membran humaner Erythrocyten; GPB und GPA bilden die Grundlage des MNS-Blutgruppensystems; Ss-Blutgruppenantigene sind auf Glykophorin B lokalisiert | Glykophorin B, GPB, MNS | Glykophorin A |
| CD236 | erythroide Zellen | 24 | Glykophorin C (GPC) und Glykophorin D (GPD) sind eng verwandte Sialylglykoproteine in der Membran humaner Erythrocyten; GPD ist die ubiquitäre gekürzte Form von GPC, entstanden durch alternatives Spleißen desselben Gens; das Webb- und das Dutch-Antigen (Glykophorin D) entstehen durch einzelne Punktmutationen im Glykophorin-C-Gen | Glykophorin D, GPD, GYPD | Typ-III-Membranproteine |
| CD236R | erythroide Zellen | 32 | Glykophorin C (GPC) ist verbunden mit dem Gerbich-(Ge-)Blutgruppendefekt; weniger bedeutender Bestandteil der Erythrocytenmembran etwa 4 % der Sialylglykoproteine in der Membran; geringe Homologien mit den Hauptglykophorinen A und B; wichtige Funktion bei der Regulation der mechanischen Stabilität von Erythrocyten; mutmaßlicher Rezeptor für die Merozoiten von *Plasmodium falciparum* | | Glykophorin C, GPD, GYPC |

Teil VI

| CD-Antigen | Zellen, die das Antigen exprimieren | Molekülmasse (kDa) | Funktionen | andere Bezeichnungen | Verwandtschaftsbeziehungen |
|---|---|---|---|---|---|
| CD238 | erythroide Zellen | 93 | KELL-Blutgruppenantigen; Homologien mit einer Familie von Zink-Metalloglykoproteinen mit Aktivität einer neutralen Endopeptidase; Typ-II-Transmembranglykoprotein | KELL | Peptidasefamilie m13 (Zink-Metalloproteinasen); auch als Neprilysinunterfamilie bezeichnet |
| CD239 | erythroide Zellen | 78 | Typ-I-Membranprotein; das humane F8/G253-Antigen B-CAM ist ein Glykoprotein der Zelloberfläche; Expression mit limitiertem Verteilungsmuster in normalen fetalen und adulten Geweben; stärkere Expression nach maligner Transformation in einigen Zelltypen; Gesamtstruktur ähnelt dem humanen Tumormarker MUC 18 und dem neuronalen Adhäsionsmolekül SC1 bei Hühnern | B-CAM (B-Zell-Adhäsionsmolekül), LU, Lutheranblutgruppe | Immunglobulin |
| CD240CE | erythroide Zellen | 45,5 | Rhesusblutgruppe, CcEe-Antigene; möglicherweise Teil des oligomeren Komplexes, der in der Erythrocytenmembran wahrscheinlich Transport- oder Kanalfunktion besitzt; stark hydrophob und tief in die Membrandoppelschicht eingebettet | RHCE, RH30A, RHPI, Rh4 | Rh |
| CD240D | erythroide Zellen | 45,5 (Produkt–30) | Rhesusblutgruppe, D-Antigen; möglicherweise Teil des oligomeren Komplexes, der in der Erythrocytenmembran wahrscheinlich Transport- oder Kanalfunktion besitzt; fehlt beim RHD-negativen Phänotyp in der europäischstämmigen Bevölkerung | RhD, Rh4, RhPI, RhII, RH30D | Rh |

Teil VI

| CD-Antigen | Zellen, die das Antigen exprimieren | Molekülmasse (kDa) | Funktionen | andere Bezeichnungen | Verwandtschaftsbeziehungen |
|---|---|---|---|---|---|
| CD241 | erythroide Zellen | 50 | rhesusblutgruppenassoziiertes Glykoprotein RH50; Bestandteil des RH:Antigen-Komplexes aus mehreren Untereinheiten; erforderlich für Transport und Zusammenbau des Rh-Membran-Komplexes an der Oberfläche der Erythrocyten; starke Homologie mit 30-kDa-RH-Komponenten; RhAg-Defekte verursachen eine Form von chronischer hämolytischer Anämie, die mit einer Stomatocytose und Sphärocytose, verringerter osmotischer Stabilität und erhöhter Durchlässigkeit für Kationen einhergeht | RhAg, RH50A | Rh |
| CD242 | erythroide Zellen | 42 | interzelluläres Adhäsionsmolekül 4; Landsteiner-Wiener-Blutgruppe; LW-Moleküle sind möglicherweise an Gefäßverschlüssen beteiligt, die bei einer Sichelzellenanämie mit akuten Schmerzepisoden einhergehen | ICAM-4, LW | Immunglobulin, interzelluläre Adhäsionsmoleküle (ICAM) |
| CD243 | Stamm-/Vorläuferzellen | 170 | Mehrfachresistenzprotein 1 (P-Glykoprotein); pumpt unter ATP-Verbrauch hydrophobe Verbindungen (z. B. Medikamente) aus den Zellen, erniedrigt so deren intrazelluläre Konzentration und damit die Toxizität; MDR-1-Gen in mehrfachresistenten Zelllinien amplifiziert | MDR-1, p-170 | ABC-Superfamilie von ATP-bindenden Transportproteinen |
| CD244 | NK-Zellen | 66 | 2B4 ist ein Glykoprotein der Zelloberfläche; verwandt mit CD2; wahrscheinlich beteiligt an der Regulation der Funktion von NK-Zellen und T-Lymphocyten; Primärfunktion ist offenbar die Modulation anderer Rezeptor-Ligand-Wechselwirkungen, um die Aktivierung von Leukocyten zu verstärken | 2B4, NAIL (*NK-cell activation inducing ligand*) | Immunglobulin, SLAM |

Teil VI

| CD-Antigen | Zellen, die das Antigen exprimieren | Molekülmasse (kDa) | Funktionen | andere Bezeichnungen | Verwandtschaftsbeziehungen |
|---|---|---|---|---|---|
| CD245 | T-Zellen | 220–240 | mit Cyclin E/Cdk2 interagierendes Protein p220; NPAT besitzt Schlüsselfunktion in der S-Phase; verknüpft die zyklische Cyclin-E/Cdk2-Kinaseaktivität mit einer replikationsabhängigen Transkription der Histongene; NPAT-Gen ist möglicherweise essenziell für das Überleben der Zellen; könnte zu den *housekeeping*-Genen gehören | NPAT | |
| CD246 | Expression in Dünndarm, Hoden und Gehirn, nicht in normalen Lymphgeweben | 177 (nach Glykosylierung entsteht reifes Glykoprotein mit 200 kDa) | Kinase des anaplastischen Lymphoms (der großen CD30⁺-Zellen); wichtige Funktion bei der Entwicklung des Gehirns; Beteiligung am anaplastischen Non-Hodgkin-Lymphom der Lymphknoten oder der Hodgkin-Krankheit mit Translokation t(2;5)(p23;q35) oder inv2(23;q35); die Onkogenese über die Kinasefunktion wird durch Oligomerisierung von NPM1-ALK aktiviert, die der NPM1-Teil vermittelt | ALK | Insulinrezeptorfamilie der Tyrosinkinasen |
| CD247 | T-Zellen, NK-Zellen | 16 | die $\zeta$-Kette des T-Zell-Rezeptors besitzt wahrscheinlich eine Funktion bei Zusammenbau und Expression des TCR-Komplexes und auch bei der Signalübertragung nach Antigenkontakt; bildet zusammen mit den TCR$\alpha$:$\beta$- und -$\gamma$:$\delta$-Heterodimeren sowie CD3-$\gamma$, -$\delta$ und -$\varepsilon$ den TCR-CD3-Komplex; die $\zeta$-Kette besitzt bei der Kopplung der Antigenerkennung mit verschiedenen intrazellulären Signalübertragungswegen eine wichtige Funktion; niedrige Antigenexpression führt zu einer gestörten Immunantwort | $\zeta$-Kette, CD3Z | Immunglobulin |
| CD248 | Fettzellen, glatte Muskulatur | 80 | Zelladhäsion | CD164L1, Endosialin | C-Typ-Lektin, EGF |
| CD249 | Pericyten und Podocyten in der Niere | 109 | Aminopeptidase | ENPEP, APA, gp160, EAP | Peptidase M1 |

Teil VI

| CD-Antigen | Zellen, die das Antigen exprimieren | Molekülmasse (kDa) | Funktionen | andere Bezeichnungen | Verwandtschaftsbeziehungen |
|---|---|---|---|---|---|
| CD252 | aktivierte B-Zellen, dendritische Zellen | 21 | Aktivierung von T-Zellen | TNFSF4, GP34, OX40L, TXGP1, CD134L, OX-40L, OX40L | TNF |
| CD253 | B-Zellen, dendritische Zellen, NK-Zellen, Monocyten, Makrophagen | 33 | Auslösen der Apoptose | TNFSF10, TL2, APO2L, TRAIL, Apo-2L | TNF |
| CD254 | Osteoblasten, T-Zellen | 35 | Entwicklung und Funktion von Osteoklasten und dendritischen Zellen | TNFSF11, RANKL, ODF, OPGL, sOdf, CD254, OPTB2, TRANCE, hRANKL2 | TNF |
| CD256 | dendritische Zellen, Monocyten, myeloische CD33⁺-Zellen | 27 | Aktivierung von B-Zellen | TNFSF13, APRIL, TALL2, TRDL-1, UNQ383/ PRO715 | TNF |
| CD257 | dendritische Zellen, Monocyten, myeloische CD33⁺-Zellen | 31 | Aktivierung von B-Zellen | TNFSF13B, BAFF, BLYS, TALL-1, TALL1, THANK, TNFSF20, ZTNF4, ΔBAFF | TNF |
| CD258 | B-Zellen, NK-Zellen | 26 | Apoptose; Adhäsion von Lymphocyten | TNFSF14, LTg, TR2, HVEML, LIGHT, LTBR | TNF |
| CD261 | B-Zellen, CD8⁺-T-Zellen | 50 | TRAIL-Rezeptor; löst Apoptose aus | TNFRSF10A, APO2, DR4, MGC9365, TRAILR-1, TRAILR1 | TNF-Rezeptor |
| CD262 | B-Zellen, myeloische CD33⁺-Zellen | 48 | TRAIL-Rezeptor; löst Apoptose aus | TNFRSF10B, DR5, KILLER, KILLER/DR5, TRAIL-R2, TRAILR2, TRICK2, TRICK2A, TRICK2B, TRICKB, ZTNFR9 | TNF-Rezeptor |
| CD263 | verschiedene Zelltypen | 27 | blockiert durch TRAIL ausgelöste Apoptose | TNFRSF10C, DCR1, LIT, TRAILR3, TRID | TNF-Rezeptor |
| CD264 | verschiedene Zelltypen | 42 | blockiert durch TRAIL ausgelöste Apoptose | TNFRSF10D, DCR2, TRAILR4, TRUNDD | TNF-Rezeptor |
| CD265 | Osteoklasten, dendritische Zellen | 66 | Rezeptor für RANKL | TNFRSF11A, EOF, FEO, ODFR, OFE, PDB2, RANK, TRANCER | TNF-Rezeptor |

Teil VI

| CD-Antigen | Zellen, die das Antigen exprimieren | Molekülmasse (kDa) | Funktionen | andere Bezeichnungen | Verwandtschaftsbeziehungen |
|---|---|---|---|---|---|
| CD266 | NK-Zellen, myeloische CD33+-Zellen, Monocyten | 14 | Rezeptor für TWEAK | TNFRSF12A, FN14, TWEAKR, TWEAK | TNF-Rezeptor |
| CD267 | B-Zellen | 32 | leitet APRIL- und BAFF-Signale weiter; Aktivierung von B-Zellen | TNFRSF13B, CVID, TACI, CD267, FLJ39942, MGC39952, MGC133214, TNFRSF14B | TNF-Rezeptor |
| CD268 | B-Zellen | 19 | BAFF-Rezeptor | TNFRSF13C, BAFFR, CD268, BAFF-R, MGC138235 | TNF-Rezeptor |
| CD269 | B-Zellen, dendritische Zellen | 20 | leitet APRIL- und BAFF-Signale weiter; Aktivierung von B-Zellen | TNFRSF17, BCM, BCMA | TNF-Rezeptor |
| CD270 | B-Zellen, dendritische Zellen, T-Zellen, NK-Zellen, myeloische CD33+-Zellen, Monocyten | 30 | Rezeptor für LIGHT | TNFRSF14, TR2, ATAR, HVEA, HVEM, LIGHTR | TNF-Rezeptor |
| CD271 | mesenchymale Stammzellen und einige Krebsarten | 45 | Rezeptor für verschiedene Neutrophine | NGFR, TNFRSF16, p75(NTR) | TNF-Rezeptor |
| CD272 | B-Zellen, T-Zellen (T$_H$1-, $\gamma$:$\delta$-T-Zellen) | 33 | hemmt Aktivierung von B- und T-Zellen | BTLA1, FLJ16065 | Immunglobulin |
| CD273 | dendritische Zellen | 31 | Ligand von PD-1 | PDCD1LG2, B7DC, Btdc, PDL2, PD-L2, PDCD1L2, bA574F11.2 | Immunglobulin |
| CD274 | antigenpräsentierende Zellen | 33 | bindet an PD-1 | PDL1, B7-H, B7H1, PD-L1, PDCD1L1 | Immunglobulin |
| CD275 | antigenpräsentierende Zellen | 33 | bindet an ICOS; diverse Funktionen im Immunsystem | ICOS-L, B7-H2, B7H2, B7RP-1, B7RP1, GL50, ICOSLG, KIAA0653, LICOS | Immunglobulin |
| CD276 | antigenpräsentierende Zellen | 57 | hemmt Aktivität von T-Zellen | B7H3 | Immunglobulin |
| CD277 | T-Zellen, NK-Zellen | 58 | hemmt Aktivität von T-Zellen | BTN3A1, BTF5, BT3.1 | Immunglobulin |
| CD278 | T-Zellen, B-Zellen, ILC2-Zellen, einige ILC3-Zellen | 23 | Rezeptor für ICOSL; diverse Funktionen im Immunsystem | ICOS, AILIM, MGC39850 | Immunglobulin |
| CD279 | T-Zellen, B-Zellen | 32 | inhibitorisches Molekül auf diversen Immunzellen | PD1, PDCD1, SLEB2, hPD-l | Immunglobulin |

| CD-Antigen | Zellen, die das Antigen exprimieren | Molekülmasse (kDa) | Funktionen | andere Bezeichnungen | Verwandtschaftsbeziehungen |
|---|---|---|---|---|---|
| CD280 | verschiedene Zelltypen | 166 | Mannoserezeptor; bindet an extrazelluläre Matrix | MRC2, UPARAP, ENDO180, KIAA0709 | C-Typ-Lektin, Fibronectin Typ II |
| CD281 | viele verschiedene Immunzellen | 90 | bindet bakterielle Lipoproteine; dimerisiert mit TLR-2 | TLR-1, TIL, rsc786, KIAA0012, DKFZp547I0610, DKFZp564I0682 | Toll-like-Rezeptor |
| CD282 | dendritische Zellen, Monocyten, myeloische CD33⁺-Zellen, B-Zellen | 89 | bindet zahlreiche mikrobielle Moleküle | TLR-2, TIL4 | Toll-like-Rezeptor |
| CD283 | dendritische Zellen, NK-Zellen, T-Zellen, B-Zellen | 104 | bindet dsRNA und Poly(IC) | TLR-3 | Toll-like-Rezeptor |
| CD284 | Makrophagen, Monocyten, dendritische Zellen, Epithelzellen | 96 | bindet LPS | TLR-4, TOLL, hToll | Toll-like-Rezeptor |
| CD286 | B-Zellen, Monocyten, NK-Zellen | 92 | bindet bakterielle Lipoproteine; dimerisiert mit TLR-2 | TLR-6 | Toll-like-Rezeptor |
| CD288 | Monocyten, NK-Zellen, T-Zellen, Makrophagen | 120 | bindet ssRNA | TLR-8 | Toll-like-Rezeptor |
| CD289 | dendritische Zellen, B-Zellen, Makrophagen, Neutrophile, NK-Zellen Mikrogliazellen | 116 | bindet CpG-DNA | TLR-9 | Toll-like-Rezeptor |
| CD290 | B-Zellen, dendritische Zellen | 95 | Ligand unbekannt | TLR-10 | Toll-like-Rezeptor |
| CD292 | verschiedene Zelltypen, Skelettmuskulatur | 60 | Rezeptor für BMP | BMPR1A, ALK3, ACVRLK3 | Typ-I-Transmembranprotein |
| CDw293 | | | | BMPR1B | |
| CD294 | NK-Zellen | 43 | Aktivierung durch Prostaglandin D2 | GPR44, CRTH2 | GPCR-Klasse-A-Rezeptor |
| CD295 | mesenchymale Stammzellen | 132 | Rezeptor für Leptin | LEPR, OBR | Immunglobulin, Fibronectin Typ III, IL-6R |
| CD296 | Cardiomyocyten | 36 | ADP-Ribosyltransferase-Aktivität | ART1, ART2, RT6 | |
| CD297 | erythroide Zellen | 36 | ADP-Ribosyltransferase-Aktivität | DO, DOK1, CD297, ART4 | |
| CD298 | verschiedene Zelltypen | 32 | Untereinheit der Na⁺-K⁺-ATPase | ATP1B3, ATPB-3, FLJ29027 | P-Typ-ATPase |
| CD299 | Endothel in Lymphknoten und Leber | 45 | Rezeptor für DC-SIGN; Wechselwirkung zwischen dendritischen Zellen und T-Zellen | CLEC4M, DC-SIGN2, DC-SIGNR, DCSIGNR, HP10347, LSIGN, MGC47866 | C-Typ-Lektin |

Teil VI

| CD-Antigen | Zellen, die das Antigen exprimieren | Molekülmasse (kDa) | Funktionen | andere Bezeichnungen | Verwandtschaftsbeziehungen |
|---|---|---|---|---|---|
| CD300A | B-Zellen, T-Zellen, NK-Zellen, Monocyten, myeloische CD33+-Zellen | 33 | inhibitorischer Rezeptor auf T-, B- und NK-Zellen | CMRF-35-H9, CMRF35H, CMRF35H9, IRC1, IRC2, IRp60 | Immunglobulin |
| CD300C | myeloische CD33+-Zellen, Monocyten | 24 | aktivierender Rezeptor auf diversen Zelltypen | CMRF-35A, CMRF35A, CMRF35A1, LIR | Immunglobulin |
| CD301 | dendritische Zellen, Monocyten, myeloische CD33+-Zellen | 35 | Adhäsion und Wanderung von Makrophagen | CLEC10A, HML, HML2, CLECSF13, CLECSF14 | C-Typ-Lektin |
| CD302 | dendritische Zellen, Monocyten, myeloische CD33+-Zellen | 26 | Adhäsion und Wanderung von Makrophagen | DCL-1, BIM-LEC, KIAA0022 | C-Typ-Lektin |
| CD303 | plasmacytoide dendritische Zellen | 25 | beteiligt an der Funktion plasmacytoiden dendritischen Zellen | CLEC4C, BDCA2, CLECSF11, DLEC, HECL, PRO34150, CLECSF7 | C-Typ-Lektin |
| CD304 | $T_{reg}$-Zellen, plasmacytoide dendritische Zellen | 103 | Wanderung und Überleben von Zellen; auf Thymuszellen häufiger exprimiert als auf induzierten $T_{reg}$-Zellen | Neuropilin-1, NRP1, NRP, VEGF165R | Immunglobulin |
| CD305 | verschiedene hämatopoetische Zellen | 31 | inhibitorischer Rezeptor auf diversen Immunzellen | LAIR1 | Immunglobulin |
| CD306 | NK-Zellen | 16 | unbekannt | LAIR2 | Immunglobulin |
| CD307a | B-Zellen | 47 | Signalgebung und Funktion von B-Zellen | FCRH1, IFGP1, IRTA5, FCRL1 | Immunglobulin |
| CD307b | B-Zellen | 56 | Signalgebung und Funktion von B-Zellen | FCRH2, IFGP4, IRTA4, SPAP1, SPAP1A, SPAP1B, SPAP1C, FCRL2 | Immunglobulin |
| CD307c | B-Zellen, T-Zellen | 81 | Signalgebung und Funktion von B-Zellen | FCRH3, IFGP3, IRTA3, SPAP2, FCRL3 | Immunglobulin |
| CD307d | B-Gedächtniszellen | 57 | Signalgebung und Funktion von B-Zellen | FCRH4, IGFP2, IRTA1, FCRL4 | Immunglobulin |
| CD307e | B-Zellen, dendritische Zellen | 106 | Signalgebung und Funktion von B-Zellen | CD307, FCRH5, IRTA2, BXMAS1, PRO820 | Immunglobulin |
| CD309 | Endothelzellen | 151 | VEGF-Signale; Hämatopoese | KDR, FLK1, VEGFR, VEGFR2 | Immunglobulin, Typ-III-Tyrosinkinase |
| CD312 | dendritische Zellen, NK-Zellen, Monocyten, myeloische CD33+-Zellen | 90 | GPCR; beteiligt an Aktivierung von Neutrophilen | EMR2 | EGF, GPCR-Klasse B |

| CD-Antigen | Zellen, die das Antigen exprimieren | Molekülmasse (kDa) | Funktionen | andere Bezeichnungen | Verwandtschaftsbeziehungen |
|---|---|---|---|---|---|
| CD314 | T-Zellen, NK-Zellen | 25 | Aktivierung von NK- und T-Zellen | KLRK1, KLR, NKG2D, NKG2-D, D12S2489E | C-Typ-Lektin |
| CD315 | glatte Muskulatur | 99 | Wechselwirkung mit CD316 | PTGFRN, FPRP, EWI-F, CD9P-1, SMAP-6, FLJ11001, KIAA1436 | Immunglobulin |
| CD316 | Keratinocyten | 65 | beeinflusst Integrinfunktion | IGSF8, EWI2, PGRL, CD81P3 | Immunglobulin |
| CD317 | verschiedene hämatopoetische Zellen | 20 | IFN-induziertes antivirales Protein | BST2 | |
| CD318 | Epithelzellen | 93 | Zellwanderung und Tumorentwicklung | CDCP1, FLJ22969, MGC31813 | |
| CD319 | B-Zellen, NK-Zellen, dendritische Zellen | 37 | Funktion und Proliferation von B- und NK-Zellen | SLAMF7, 19A, CRACC, CS1 | Immunglobulin |
| CD320 | B-Zellen | 29 | Rezeptor für Transcobalamin | 8D6A, 8D6 | LDL-Rezeptor |
| CD321 | dendritische Zellen, T-Zellen, NK-Zellen, myeloische CD33+-Zellen | 33 | Wechselwirkung zwischen Immunzellen und Endothel; möglicherweise ein Rezeptor für Reoviren | F11R, JAM, KAT, JAM1, JCAM, JAM-1, PAM-1 | Immunglobulin |
| CD322 | Endothelzellen | 33 | Wanderung von Immunzellen durch das Endothel | JAM2, C21orf43, VE-JAM, VEJAM | Immunglobulin |
| CD324 | Endothelzellen | 97 | Zelladhäsion; Entwicklung von Epithelien | E-Cadherin, CDH1, Arc-1, CDHE, ECAD, LCAM, UVO | Cadherin |
| CD325 | Nervenzellen, glatte Muskulatur, Cardiomyocyten | 100 | Zelladhäsion; Entwicklung von Nervenzellen | N-Cadherin, CDH2, CDHN, NCAD | Cadherin |
| CD326 | Epithelzellen | 35 | Wanderung und Signalgebung von Zellen; fördert Proliferation | Ep-CAM, TACSTD1, CO17-1A, EGP, EGP40, GA733-2, KSA, M4S1, MIC18, MK-1, TROP1, hEGP-2 | |
| CD327 | Nervenzellen | 50 | Bindung von Sialinsäure auf diversen Immunzellen | CD33L, CD33L1, OBBP1, SIGLEC-6 | Immunglobulin, sialinsäurebindendes Lektin |
| CD328 | NK-Zellen, myeloische CD33+-Zellen, Monocyten | 51 | Bindung von Sialinsäure auf diversen Immunzellen | p75, QA79, AIRM1, CDw328, SIGLEC-7, p75/AIRM1 | Immunglobulin, sialinsäurebindendes Lektin |

Teil VI

| CD-Antigen | Zellen, die das Antigen exprimieren | Molekülmasse (kDa) | Funktionen | andere Bezeichnungen | Verwandtschaftsbeziehungen |
|---|---|---|---|---|---|
| CD329 | myeloische CD33$^+$-Zellen, Monocyten | 50 | Bindung von Sialinsäure auf diversen Immunzellen | CDw329, OBBP-LIKE, SIGLEC9 | Immunglobulin, sialinsäurebindendes Lektin |
| CD331 | verschiedene Zelltypen | 92 | Proliferation und Überleben von Zellen; Entwicklung des Skeletts | FGFR1, H2, H3, H4, H5, CEK, FLG, FLT2, KAL2, BFGFR, C-FGR, N-SAM | Immunglobulin, FGFR, Tyrosinkinase |
| CD332 | verschiedene Zelltypen | 92 | Proliferation und Überleben von Zellen; Entwicklung des Gesichtsschädels | FGFR2, BEK, JWS, CEK3, CFD1, ECT1, KGFR, TK14, TK25, BFR-1, K-SAM | Immunglobulin, FGFR, Tyrosinkinase |
| CD333 | verschiedene Zelltypen | 87 | Proliferation und Überleben von Zellen; Entwicklung des Skeletts | FGFR3, ACH, CEK2, JTK4, HSFGFR3EX | Immunglobulin, FGFR, Tyrosinkinase |
| CD334 | verschiedene Zelltypen | 88 | Proliferation und Überleben von Zellen; Synthese von Gallensäuren | FGFR4, TKF, JTK2, MGC20292 | Immunglobulin, FGFR, Tyrosinkinase |
| CD335 | NK-Zellen, einige ILC-Zellen | 34 | Funktion von NK-Zellen | NKp46, LY94, NKP46, NCR1 | Immunglobulin |
| CD336 | NK-Zellen | 30 | Funktion von NK-Zellen | NKp44, LY95, NKP44, NCR2 | Immunglobulin |
| CD337 | NK-Zellen | 22 | Funktion von NK-Zellen | NKp30, 1C7, LY117, NCR3 | Immunglobulin |
| CD338 | erythroide Zellen | 72 | ABC-Transporter; Funktion bei Stammzellen | ABCG2, MRX, MXR, ABCP, BCRP, BMDP, MXR1, ABC15, BCRP1, CDw338, EST157481, MGC102821 | Transporter mit ATP-bindender Kassette |
| CD339 | verschiedene Zelltypen | 134 | Ligand des Notch-Rezeptors | JAG1, AGS, AHD, AWS, HJ1, JAGL1 | EGF |
| CD340 | verschiedene Zelltypen, bestimmte aggressive Formen von Brustkrebs | 134 | EGF-Rezeptor; fördert Proliferation | HER2, ERBB2, NEU, NGL, TKR1, HER-2, c-erb B2, HER-2/neu | ERBB, Tyrosinkinase |
| CD344 | Fettzellen | 60 | Wnt- und Norrin-Signale | EVR1, FEVR, Fz-4, FzE4, GPCR, FZD4S, MGC34390 | GPCR-Klasse I |
| CD349 | verschiedene Zelltypen | 65 | Wnt-Signale | FZD9, FZD3 | GPCR-Klasse I |
| CD350 | verschiedene Zelltypen | 65 | Wnt-Signale | FZD10, FzE7, FZ-10, hFz10 | GPCR-Klasse I |
| CD351 | verschiedene Zelltypen | 57 | Fc-Rezeptor für IgA und IgM | FCA/MR, FKSG87, FCAMR | Immunglobulin |

Teil VI

| CD-Antigen | Zellen, die das Antigen exprimieren | Molekülmasse (kDa) | Funktionen | andere Bezeichnungen | Verwandtschaftsbeziehungen |
|---|---|---|---|---|---|
| CD352 | B-Zellen, T-Zellen, NKT-Zellen, NK-Zellen | 37 | Entwicklung und Funktion von T-, B- und NKT-Zellen | SLAMF6, KALI, NTBA, KALIb, Ly108, NTB-A, SF2000 | Immunglobulin |
| CD353 | verschiedene Zelltypen | 32 | Entwicklung von B-Zellen | SLAMF8, BLAME, SBBI42 | Immunglobulin |
| CD354 | myeloische CD33$^+$-Zellen, Monocyten | 26 | verstärkt Entzündung bei myeloischen Zellen | TREM-1 | Immunglobulin |
| CD355 | T-Zellen, NK-Zellen | 45 | TCR-Signalgebung; Cytokinproduktion | CRTAM | Immunglobulin |
| CD357 | aktivierte T-Zellen | 26 | beeinflusst Suppressionsfunktion von $T_{reg}$-Zellen | TNFRSF18, AITR, GITR, GITR-D, TNFRSF18 | TNF-Rezeptor |
| CD358 | dendritische Zellen | 72 | löst Apoptose aus | TNFRSF21, DR6, BM-018, TNFRSF21 | TNF-Rezeptor |
| CD360 | B-Zellen | 59 | Rezeptor für IL-21; zahlreiche Immunfunktionen | IL-21R, NILR | Typ-I-Cytokinrezeptor; Fibronectin Typ III |
| CD361 | verschiedene hämatopoetische Zellen | 49 | unbekannt | EVDB, D17S376, EVI2B | |
| CD362 | Endothelzellen, Fibroblasten, Nervenzellen, B-Zellen | 22 | zelluläre Organisation; Wechselwirkung mit extrazellulärer Matrix | HSPG, HSPG1, SYND2, SDC2 | Syndecan, Proteoglykan |
| CD363 | verschiedene Zelltypen, darunter auch Effektorlymphocyten | 43 | Sphingosin-1-phosphat-Rezeptor 1; Überleben und Wanderung von Immunzellen und deren Austritt aus den Lymphknoten | EDG1, S1P1, ECGF1, EDG-1, CHEDG1 | GPCR-Klasse-A-Rezeptor |
| CD364 | $T_{reg}$-Zellen | | unbekannt | MSMBBP, PI16 | |
| CD365 | T-Zellen | | Aktivierung von T-Zellen | HAVCR, TIM-1 | Immunglobulin |
| CD366 | T-Zellen | | löst Apoptose aus | HAVCR2, TIM-3 | Immunglobulin |
| CD367 | dendritische Zellen | | HIV-Rezeptor; wichtig für Wechselwirkungen zwischen CD8-T-Zellen und dendritischen Zellen beim Kreuz-Priming | DCIR, CLEC4A | C-Typ-Lektin |
| CD368 | Monocyten, Makrophagen | | Rezeptor für Endocytose | MCL, CLEC-6, CLEC4D, CLECSF8 | C-Typ-Lektin |
| CD369 | Neutrophile, dendritische Zellen, Monocyten, Makrophagen, B-Zellen | | Mustererkennungsrezeptor für Immunität gegen Pilze; erkennt Glucane und Kohlenhydrate in den Zellwänden von Pilzen | DECTIN-1, CLECSF12, CLEC7A | C-Typ-Lektin |

Teil VI

| CD-Antigen | Zellen, die das Antigen exprimieren | Molekülmasse (kDa) | Funktionen | andere Bezeichnungen | Verwandtschaftsbeziehungen |
|---|---|---|---|---|---|
| CD370 | dendritische Zellen, NK-Zellen | | wichtig beim Kreuz-Priming von CD8-T-Zellen für Immunität gegen Viren | DNGR1, CLEC9A | C-Typ-Lektin |
| CD371 | dendritische Zellen | | unbekannt | MICL, CLL-1, CLEC12A | C-Typ-Lektin |

Zusammengestellt von Daniel DiToro, Carson Moseley und Jeff Singer, University of Alabama in Birmingham. Die Daten basieren auf den CD-Bezeichnungen, die auf dem *9th Workshop in Human Leukocyte Differentiation Antigens* festgelegt wurden.

Teil VI

# 17.3 Anhang III – Cytokine und ihre Rezeptoren

| Familie | Cytokin (alternative Bezeichnungen) | Größe (Anzahl der Aminosäuren) und Struktur | Rezeptoren (c steht für gemeinsame Untereinheit) | produzierende Zellen | Wirkungen | Effekt des Cytokin- oder Rezeptor-Knockouts (soweit bekannt) |
|---|---|---|---|---|---|---|
| koloniestimulierende Faktoren | G-CSF (CSF-3) | 174, Monomer* | G-CSFR | Fibroblasten und Monocyten | stimuliert Entwicklung und Differenzierung von Neutrophilen | G-CSF, GCSFR: gestörte Bildung und Aktivierung von Neutrophilen |
| | GM-CSF (Granulocyten-Makrophagen-Koloniestimulierender Faktor) | 127, Monomer* | CD116, $\beta$c | Makrophagen, T-Zellen | stimuliert Wachstum und Differenzierung der Myelomonocytenlinie, besonders der dendritischen Zellen | GM-CSF, GM-CSFR: pulmonale Alveolarproteinose |
| | M-CSF (CSF-1) | $\alpha$: 224 $\beta$: 492 $\gamma$: 406 aktive Formen sind Homo- oder Heterodimere | CSF-1R (c-fms) | T-Zellen, Stromazellen im Knochenmark, Osteoblasten | stimuliert Zellwachstum in der Monocytenlinie | Osteopetrose |
| Interferone | IFN-$\alpha$ (mindestens 12 verschiedene Proteine) | 166, Monomer | CD118, IFNAR2 | Leukocyten, plasmacytoide dendritische Zellen, konventionelle dendritische Zellen | antiviral, erhöhte MHC-Klasse-I-Expression | CD118: geschwächte Abwehr von Viren |
| | IFN-$\beta$ | 166, Monomer | CD118, IFNAR2 | Fibroblasten | antiviral, erhöhte MHC-Klasse-I-Expression | IFN-$\beta$: erhöhte Anfälligkeit für bestimmte Viren |
| | IFN-$\gamma$ | 143, Homodimer | CD119, IFNGR2 | T-Zellen, natürliche Killerzellen, Neutrophile, ILC1-Zellen, intraepitheliale Lymphocyten | Aktivierung der Makrophagen, erhöhte Expression von MHC-Molekülen und Komponenten des Antigenprozessierungssystems, Ig-Klassenwechsel, hemmt $T_H$2- und $T_H$17-Zellen | IFN-$\gamma$, CD119: verringerte Resistenz gegen bakterielle Infektionen und Tumoren |

| Familie | Cytokin (alternative Bezeichnungen) | Größe (Anzahl der Aminosäuren) und Struktur | Rezeptoren (c steht für gemeinsame Untereinheit) | produzierende Zellen | Wirkungen | Effekt des Cytokin- oder Rezeptor-Knockouts (soweit bekannt) |
|---|---|---|---|---|---|---|
| Interleukine | IL-1α | 159, Monomer | CD121a (IL-1RI) und CD121b (IL-1RII) | Makrophagen, Epithelzellen | Fieber, T-Zell-Aktivierung, Makrophagen-aktivierung | IL-1RI: verringerte IL-6-Produktion |
| | IL-1β | 153, Monomer | CD121a (IL-1RI) und CD121b (IL-1RII) | Makrophagen, Epithelzellen | Fieber, T-Zell-Aktivierung, Makrophagen-aktivierung | IL-1β: gestörte Akute-Phase-Reaktion |
| | IL-1 RA | 152, Monomer | CD121a | Monocyten, Makrophagen, Neutrophile, Hepatocyten | bindet an IL-1-Rezeptor, ohne ihn zu aktivieren; wirkt als natürlicher Antagonist der IL-1-Funktion | IL-1RA: verringertes Körpergewicht, erhöhte Empfindlichkeit gegen Endotoxine (septischer Schock) |
| | IL-2 (T-Zell-Wachstumsfaktor) | 133, Monomer | CD25α, CD122β, CD132 (γc) | T-Zellen | Stabilisierung und Funktion der $T_{reg}$-Zellen, Proliferation und Differenzierung der T-Zellen | IL-2: deregulierte T-Zell-Proliferation, Colitis IL-2Rα: unvollständige Entwicklung der T-Zellen IL-2Rβ: verstärkte Autoimmunität der T-Zellen IL-2Rγc: schwerer kombinierter Immundefekt |
| | IL-3 (*multicolony CSF*) | 133, Monomer | CD123, βc | T-Zellen, Epithelzellen und Stromazellen des Thymus | synergistische Wirkung bei der Hämatopoese | IL-3: beeinträchtigte Entwicklung von Eosinophilen; Knochenmark unempfindlich für IL-5, GM-CSF |
| | IL-4 (BCGF-1, BSF-1) | 129, Monomer | CD124, CD132 (γc) | T-Zellen, Mastzellen, ILC2 | B-Zell-Aktivierung, IgE-Wechsel, induziert Differenzierung zu $T_H2$-Zellen | IL-4: verringerte IgE-Synthese |

| Familie | Cytokin (alternative Bezeichnungen) | Größe (Anzahl der Aminosäuren) und Struktur | Rezeptoren (c steht für gemeinsame Untereinheit) | produzierende Zellen | Wirkungen | Effekt des Cytokin- oder Rezeptor-Knockouts (soweit bekannt) |
|---|---|---|---|---|---|---|
| | IL-5 (BCGF-2) | 115, Homodimer | CD125, $\beta c$ | T-Zellen, Mastzellen, ILC2 | Wachstum und Differenzierung der Eosinophilen | IL-5: verminderte IgE-, IgG1-Synthese (bei Mäusen); erniedrigte IL-9-, IL-10-Spiegel und Eosinophilenzahl |
| | IL-6 (IFN-$\beta_2$, BSF-2, BCDF) | 184, Monomer | CD126, CD130 | T-Zellen, Makrophagen, Endothelzellen | Wachstum und Differenzierung von T- und B-Zellen, Produktion von Akute-Phase-Proteinen, Fieber | IL-6: verminderte Akute-Phase-Reaktion; erniedrigte IgA-Produktion |
| | IL-7 | 152 (Monomer*) | CD127, CD132 ($\gamma$c) | Nicht-T-Zellen | Wachstum von Prä-B- und Prä-T-Zellen sowie von ILC-Zellen | IL-7: stark eingeschränkte frühe Thymus- und Lymphocytenexpansion |
| | IL-9 | 125, Monomer* | IL-9R, CD132 ($\gamma$c) | T-Zellen | verstärkende Wirkung auf Mastzellen, stimuliert $T_H2$- und ILC2-Zellen | gestörte Mastzellexpansion |
| | IL-10 (*cytokine synthesis inhibitory factor*) | 160, Homodimer | IL-10R$\alpha$, IL-10R$\beta$c (CFR2-4, IL-10R2) | Makrophagen, dendritische Zellen, T- und B-Zellen | wirksamer Inhibitor von Makrophagenfunktionen | IL-10 und IL-20R$\beta$c: vermindertes Wachstum, Anämie, chronische Enterocolitis |
| | IL-11 | 178, Monomer | IL-11R, CD130 | Stromafibroblasten | synergistische Wirkung mit IL-3 und IL-4 bei der Hämatopoese | IL-11R: gestörte Bildung der Dezidua |
| | IL-12 (*NK cell stimulatory factor*) | 197 (p35) und 306 (p40c), Heterodimer | IL-12R$\beta$1c + IL-12R$\beta$2 | Makrophagen, dendritische Zellen | aktiviert NK-Zellen, induziert die Differenzierung von CD4-T-Zellen zu $T_H1$-ähnlichen Zellen | IL-12: gestörte IFN-$\gamma$-Produktion und $T_H1$-Reaktionen |

\* Funktion möglicherweise als Dimer

| Familie | Cytokin (alternative Bezeichnungen) | Größe (Anzahl der Aminosäuren) und Struktur | Rezeptoren (c steht für gemeinsame Untereinheit) | produzierende Zellen | Wirkungen | Effekt des Cytokin- oder Rezeptor-Knockouts (soweit bekannt) |
|---|---|---|---|---|---|---|
| | IL-13 (p600) | 132, Monomer | IL-13R, CD132 ($\gamma$c) (vielleicht auch CD24) | T-Zellen, ILC2-Zellen | Wachstum und Differenzierung der B-Zellen, hemmt $T_H1$-Zellen und die Produktion inflammatorischer Cytokine durch Makrophagen, löst Allergien, Asthma aus | IL-13: gestörte Regulation von isotypspezifischen Reaktionen |
| | IL-15 (T-Zell-Wachstumsfaktor) | 114, Monomer | IL-15R$\alpha$, CD122 (IL-2R$\beta$), CD132 ($\gamma$c) | viele Nicht-T-Zellen | IL-2-ähnlich, stimuliert Wachstum von Darmepithel, T-Zellen und NK-Zellen, verbessert Überleben von CD8-T-Gedächtniszellen | IL-15: verringerte Anzahl von NK-Zellen und CD8$^+$-T-Zellen mit Gedächtnisphänotyp IL-15Ra: Lymphopenie |
| | IL-16 | 130 (Homotetramer) | CD4 | T-Zellen, Mastzellen, Eosinophile | Chemoattraktor für CD4-T-Zellen, Monocyten und Eosinophile, antiapoptotische oder IL-2-stimulierte Zellen | |
| | IL-17A (mCTLA-8) | 150 (Homodimer) | IL-17AR (CD217) | $T_H17$-, CD8-T-Zellen, NK-Zellen, $\gamma$:$\delta$-T-Zellen, Neutrophile, ILC3 | induziert Produktion von Cytokinen und antimikrobiellen Peptiden durch Epithelien, Endothelien und Fibroblasten, proinflammatorisch | IL-17R: verringerte Wanderung der Neutrophilen zu Infektionsherden |
| | IL-17F (ML-1) | 134, Homodimer | IL-17AR (CD217) | $T_H17$-, CD8-T-Zellen, NK-Zellen, $\gamma$:$\delta$-T-Zellen, Neutrophile, ILC3 | induziert Cytokinproduktion durch Epithelien, Endothelien und Fibroblasten, proinflammatorisch | |

| Familie | Cytokin (alternative Bezeichnungen) | Größe (Anzahl der Aminosäuren) und Struktur | Rezeptoren (c steht für gemeinsame Untereinheit) | produzierende Zellen | Wirkungen | Effekt des Cytokin- oder Rezeptor-Knockouts (soweit bekannt) |
|---|---|---|---|---|---|---|
| | IL-18 (IGIF, *interferone-α inducing factor*) | 157, Monomer | Il-1Rrp (mit IL-1R verwandtes Protein) | aktivierte Makrophagen und Kupffer-Zellen | induziert IFN-$\gamma$-Produktion durch T-Zellen und NK-Zellen, fördert $T_H1$-Induktion | gestörte NK-Aktivität und $T_H1$-Reaktionen |
| | IL-19 | 153, Monomer | IL-20R$\alpha$ + IL-10R$\beta$c | Monocyten | induziert IL-6- und TNF-$\alpha$-Expression in Monocyten | |
| | IL-20 | 152 | IL-20R$\alpha$ + IL-10R$\beta$c; IL-22R$\alpha$c + IL-10R$\beta$c | $T_H1$-Zellen, Monocyten, Epithelzellen | stimuliert Proliferation der Keratinocyten und Produktion von TNF-$\alpha$ | |
| | IL-21 | 133 | IL-21R + CD132($\gamma$ c) | $T_H2$-Zellen/ sich entwickelnde $T_H17$-Zellen | induziert Proliferation von B-, T- und NK-Zellen | erhöhte IgE-Produktion |
| | IL-22 (IL-TIF) | 146 | IL-22R$\alpha$c + IL-10R$\beta$c | NK-Zellen, $T_H17$-Zellen, $T_H22$-Zellen, ILC3, Neutrophile, $\gamma$:$\delta$-T-Zellen | induziert Produktion antimikrobieller Peptide; induziert Akute-Phase-Proteine in der Leber und proinflammatorische Faktoren; Epithelbarriere | erhöhte Anfälligkeit für Schleimhautinfektionen |
| | IL-23 | 170 (p19) und 306 (p40c), Heterodimer | IL-12R$\beta$1 + IL-23R | dendritische Zellen, Makrophagen | induziert Proliferation von $T_H17$-Gedächtniszellen, erhöhte IFN-$\gamma$-Produktion | gestörte Entzündung |
| | IL-24 (MDA-7) | 157 | IL-22R$\alpha$c + IL-10R$\beta$c; IL-20R$\alpha$ + IL-10R$\beta$c | Monocyten, T-Zellen | hemmt Tumorwachstum, Wundheilung | |
| | IL-25 (IL-17E) | 145 | IL-17BR (IL-17Rh1) | $T_H2$-Zellen, Mastzellen, Epithelzellen | fördert Produktion von $T_H2$-Cytokinen | gestörte $T_H2$-Reaktion |
| | IL-26 (AK155) | 150 | IL-20R$\alpha$ + IL-10R$\beta$c | T-Zellen ($T_H17$), NK-Zellen | proinflammatorisch; stimuliert Epithelien | |

Teil VI

| Familie | Cytokin (alternative Bezeichnungen) | Größe (Anzahl der Amino-säuren) und Struktur | Rezeptoren (c steht für gemeinsame Untereinheit) | produzierende Zellen | Wirkungen | Effekt des Cytokin- oder Rezeptor-Knockouts (soweit bekannt) |
|---|---|---|---|---|---|---|
| | IL-27 | 142 (p28) und 209 (EBI3), Heterodimer | WSX-1 + CD130c | Monocyten, Makrophagen, dendritische Zellen | induziert IL-12R auf T-Zellen über Induktion von T-bet; induziert IL-10 | EBI3: weniger NK-T-Zellen; WSX-1: Über-reaktion auf Infektion mit *Toxoplasma gondii* und Tod durch Ent-zündung |
| | IL-28A,B (IFN-B502,3) | 175 | IL-28Rαc + IL-10Rβc | dendritische Zellen | antiviral | |
| | IL-29 (IFN-$\lambda$1) | 181 | IL-28Rαc + IL-10Rβc | dendritische Zellen | antiviral | |
| | IL-30 (p28, IL-27A, IL-27p28) | 243 | siehe IL-27 | | | |
| | IL-31 | 164 | IL-31A + OSMR | $T_H2$ | proinflam-matorisch, Hautläsionen | IL-31A: erhöhte OSM-Reaktivität |
| | IL-32 (NK4, TAIF) | 188 | unbekannt | natürliche Killerzellen, T-Zellen, Epithelzellen, Monocyten | induziert TNF-$\alpha$ | |
| | IL-33 (NF-HEV) | 270, Hetero-dimer | ST2 (IL-1RL1) + IL-1RAP | Venolen mit hohem Endo-thel, glatte Muskulatur, Epithelzellen | induziert $T_H2$-Cytokine (IL-4, IL-5, IL-13) | IL-33: abge-schwächte dex-traninduzierte Colitis; abgeschwächte LPS-induzierte systemische Entzündungs-reaktion |
| | IL-34 (C16orf77) | 243, Homodi-mer | CSF-1R | viele Zelltypen | fördert Wachs-tum und Ent-wicklung von myeloischen Zellen/Osteo-klasten | |
| | IL-35 | 197 (IL-12α (p35)) + 229 (EB13), Heterodimer | IL-12RB2 und gp130 (Hetero-dimer) | $T_{reg}$-Zellen, B-Zellen | immunsup-pressiv | |
| | IL-36α, β, λ | (20 kDa) 155–169 | IL-1Rrp2, Acp | Keratinocyten, Monocyten | proinflam-matorisch; stimuliert Makrophagen und dendriti-sche Zellen | |
| | IL-36Ra | | IL-1Rp2, Acp | | Antagonist von IL-36 | |

| Familie | Cytokin (alternative Bezeichnungen) | Größe (Anzahl der Aminosäuren) und Struktur | Rezeptoren (c steht für gemeinsame Untereinheit) | produzierende Zellen | Wirkungen | Effekt des Cytokin- oder Rezeptor-Knockouts (soweit bekannt) |
|---|---|---|---|---|---|---|
| | IL-37 | (17–24 kDa) Homodimer | IL-18Rα? | Monocyten, dendritische Zellen, Epithel-Zellen, Brust-krebszellen | unterdrückt Produktion der Cytokine IL-1, IL-6, IL-12 etc. durch dendritische Zellen/Mono-cyten; TGF-synergistische Wirkung | Ausschalten durch siRNA: erhöhte Freisetzung entzündungs-fördernder Cytokine |
| | TSLP | 140, Monomer | IL-7Rα, TSLPR | Epithelzellen, speziell Lunge und Haut | stimuliert hä-matopoetische Zellen und dendritische Zellen, $T_H2$-Reaktionen auszulösen | TSLP: Aus-lösen von Allergien und asthmatischen Reaktionen wird ver-hindert |
| | LIF (leukämieinhibieren-der Faktor) | 179, Monomer | LIFR, CD130 | Knochenmark-stroma, Fibroblasten | erhält embryo-nale Stamm-zellen wie IL-6, IL-11, OSM | LIFR: Tod bei oder kurz nach der Geburt; verringerte Anzahl häma-topoetischer Stammzellen |
| | OSM (OM, Onco-statin M) | 196, Monomer | OSMR oder LIFR, CD130 | T-Zellen, Makrophagen | stimuliert Kaposi-Sar-kom-Zellen, hemmt das Wachstum von Melanomen | OSMR: defekte Regeneration der Leber |
| | TNF-α (Cachectin) | 157, Trimere | p55 (CD120a), p75 (CD120b) | Makrophagen, NK-Zellen, T-Zellen | fördert Ent-zündungen, Endothelakti-vierung | p55: Resistenz gegen septi-schen Schock, Anfälligkeit für *Listeria*, STNFαR: periodische Fieberanfälle |
| | LT-α (Lymphotoxin) | 171, Trimere | p55 (CD120a), p75 (CD120b) | T-Zellen, B-Zellen | Abtöten, Endo-thelaktivierung und Lymph-knotenent-wicklung | LT-α: Lymph-knotenmangel, weniger Anti-körper, mehr IgM |
| | LT-β | Transmem-branprotein, trimerisiert mit LT-α | LT-βR oder HVEM | T-Zellen, B-Zellen, ILC3-Zellen | Entwicklung der Lymph-knoten | gestörte Ent-wicklung der peripheren Lymphknoten, der Peyer-Plaques und der Milz |

Teil VI

| Familie | Cytokin (alternative Bezeichnungen) | Größe (Anzahl der Amino- säuren) und Struktur | Rezeptoren (c steht für gemeinsame Untereinheit) | produzierende Zellen | Wirkungen | Effekt des Cytokin- oder Rezeptor- Knockouts (soweit bekannt) |
|---|---|---|---|---|---|---|
| | CD40-Ligand (CD40-L) | Trimere | CD40 | T-Zellen, Mastzellen | B-Zell-Ak- tivierung, Iso- typwechsel | CD40L: schwache Antikörper- antwort, kein Isotypwechsel, vermindertes Priming von T-Zellen (Hyper-IgM- Syndrom) |
| | Fas-Ligand (FasL) | Trimere | CD95 (Fas) | T-Zellen, Stroma (?) | Apoptose, $Ca^{2+}$-un- abhängige Cytotoxizität | Fas, FasL: mutierte Formen führen zu Lymphopro- liferation und Autoimmunität |
| | CD27-Ligand (CD27L) | Trimere (?) | CD27 | T-Zellen | stimuliert T-Zell-Pro- liferation | |
| | CD30-Ligand (CD30L) | Trimere (?) | CD30 | T-Zellen | stimuliert T-Zell- und B-Zell-Pro- liferation | CD30: Thymus vergrößert, Alloreaktivität |
| | 4-1BBL | Trimere (?) | 4-1BB | T-Zellen | costimuliert T- und B-Zellen | |
| | Trail (AP0-2L) | 281, Trimere | DR4, DR5, DCR1, DCR2 und OPG | T-Zellen, Monocyten | Apoptose von aktivierten T-Zellen, Tu- morzellen und virusinfizierten Zellen | Neigung zur Tumorbildung |
| | OPG-L (RANK-L) | 316, Trimere | RANK/OPG | Osteoblasten, T-Zellen | stimuliert Osteoklasten und Knochen- resorption | OPG-L, Osteopetrose, Zwergwuchs, Zahnlosig- keit; OPG: Osteoporose |
| | APRIL | 86 | TAC1 oder BCMA | aktivierte T-Zellen | B-Zell-Pro- liferation | gestörter Iso- typwechsel zu IgA |
| | LIGHT | 240 | HVEM, $LT\beta R$ | T-Zellen | Aktivierung dendritischer Zellen | gestörte Ver- mehrung der $CD8^+$-T-Zellen |
| | TWEAK | 102 | TWEAKR (Fn14) | Makrophagen, EBV-transfor- mierte Zellen | Blutgefäß- bildung | |
| | BAFF (CD257, BlyS) | 153 | TAC1 oder BCMA oder BR3 | B-Zellen | B-Zell-Pro- liferation | BAFF: Fehl- funktion der B-Zellen |

| Familie | Cytokin (alternative Bezeichnungen) | Größe (Anzahl der Aminosäuren) und Struktur | Rezeptoren (c steht für gemeinsame Untereinheit) | produzierende Zellen | Wirkungen | Effekt des Cytokin- oder Rezeptor-Knockouts (soweit bekannt) |
|---|---|---|---|---|---|---|
| | TGF-$\beta$1 | 112, Homo- und Heterotrimere | TGF-$\beta$R | Chondrocyten, Monocyten, T-Zellen | Bildung von iT$_{reg}$-Zellen und T$_H$17-Zellen, induziert IgA-Freisetzung | TGF-$\beta$: tödliche Entzündung |
| | MIF | 115, Monomer | MIF-R | T-Zellen, hypophysäre Zellen | hemmt die Wanderung der Makrophagen, stimuliert Makrophagenaktivierung, induziert Steroidresistenz | MIF: Resistenz gegen septischen Schock, Überempfindlichkeit für gramnegative Bakterien |

Zusammengestellt von Robert Schreiber, Washington University School of Medicine, St. Louis, und Daniel DiToro, Carson Moseley und Jeff Singer, University of Alabama in Birmingham.

Teil VI

## 17.4 Anhang IV – Chemokine und ihre Rezeptoren

| Chemokin | häufige Bezeichnung | Chromosom | Zielzellen | spezifischer Rezeptor |
|---|---|---|---|---|
| **CXCLs (†ELR+)** | | | | |
| 1 | GROα | 4 | Neutrophile, Fibroblasten | CXCR2 |
| 2 | GROβ | 4 | Neutrophile, Fibroblasten | CXCR2 |
| 3 | GROγ | 4 | Neutrophile, Fibroblasten | CXCR2 |
| 5 | ENA-78 | 4 | Neutrophile, Endothelzellen | CXCR2>>1 |
| 6 | GCP-2 | 4 | Neutrophile, Endothelzellen | CXCR2>1 |
| 7 | NAP-2 (PBP/CTAP-IIIβ-B44TG) | 4 | Fibroblasten, Neutrophile, Endothelzellen | CXCR2 |
| 8 | IL-8 | 4 | Neutrophile, Basophile, CD8-T-Zell-Untergruppe, Endothelzellen | CXCR1, CXCR2 |
| 14 | BRAK/Bolekin | 5 | T-Zellen, Monocyten, B-Zellen | unbekannt |
| 15 | Lungkin/WECHE | 5 | Neutrophile, Epithel-, Endothelzellen | unbekannt |
| **(†ELR−)** | | | | |
| 4 | PF4 | 4 | Fibroblasten, Endothelzellen | CXCR3B (alternatives Spleißen) |
| 9 | Mig | 4 | aktivierte T-Zellen ($T_H1 > T_H2$), NK-Zellen, Endothelzellen, plasmacytoide dendritische Zellen | CXCR3 A und B |
| 10 | IP-10 | 4 | aktivierte T-Zellen ($T_H1 > T_H2$), NK-Zellen, Endothelzellen | CXCR3 A und B |
| 11 | I-TAC | 4 | aktivierte T-Zellen ($T_H1 > T_H2$), NK-Zellen, Endothelzellen | CXCR3 A und B, CXDR7 |
| 12 | SDF-1α/β | 10 | CD34$^+$-Knochenmarkzellen, Thymocyten, Monocyten/Makrophagen, naive aktivierte T-Zellen, B-Zellen, Plasmazellen, Neutrophile, unreife und reife dendritische Zellen, plasmacytoide dendritische Zellen | CXCR4, CXCR7 |
| 13 | BLC/BCA-1 | 4 | naive B-Zellen, aktivierte CD4-T-Zellen, unreife und reife dendritische Zellen | CXCR5>>CXCR3 |
| 16 | – | 17 | aktivierte T-Zellen, natürliche T-Killerzellen (NKT-Zellen), Endothelzellen | CXCR6 |
| **CCLs** | | | | |
| 1 | I-309 | 17 | Neutrophile (nur TCA-3), T-Zellen, Monocyten | CCR8 |
| 2 | MCP-1 | 17 | T-Zellen ($T_H2 > T_H1$), Monocyten, Basophile, unreife dendritische Zellen, NK-Zellen | CCR2 |

| Chemokin | häufige Bezeichnung | Chromosom | Zielzellen | spezifischer Rezeptor |
|---|---|---|---|---|
| 3 | MIP-1α/LD78 | 17 | Monocyten/Makrophagen, T-Zellen ($T_H1 > T_H2$), NK-Zellen, Basophile Eosinophile, Neutrophile, unreife dendritische Zellen, Astrocyten, Fibroblasten, Osteoklasten | CCR1, 5 |
| 4 | MIP-1β | 17 | Monocyten/Makrophagen, T-Zellen ($T_H1 > T_H2$), NK-Zellen, Basophile, Eosinophile, unreife dendritische Zellen, B-Zellen | CCR5>>1 |
| 5 | RANTES | 17 | Monocyten/Makrophagen, T-Zellen (T-Gedächtniszellen > T-Zellen; $T_H1 > T_H2$), NK-Zellen, Basophile, Eosinophile, unreife dendritische Zellen | CCR1, 3, 5 |
| 6 | C10/MRP-1 | 11 (nur Maus) | Monocyten, B-Zellen, CD4$^+$-T-Zellen, NK-Zellen | CCR1 |
| 7 | MCP-3 | 17 | T-Zellen ($T_H2 > T_H1$), Monocyten, Eosinophile, Basophile, unreife dendritische Zellen, NK-Zellen | CCR1, 2, 3, 5 |
| 8 | MCP-2 | 17 | T-Zellen ($T_H2 > T_H1$), Monocyten, Eosinophile, Basophile, unreife dendritische Zellen, NK-Zellen | CCR1, 2, 5 |
| 9 | MRP-2/MIP-1γ | 11 (nur Maus) | T-Zellen, Monocyten, Fettzellen | CCR1 |
| 11 | Eotaxin | 17 | Eosinophile, Basophile, Mastzellen, $T_H2$-Zellen | CCR3>>CCR5 |
| 12 | MCP-5 | 11 (nur Maus) | Eosinophile, Monocyten, T-Zellen, B-Zellen | CCR2 |
| 13 | MCP-4 | 17 | T-Zellen ($T_H2 > T_H1$), Monocyten, Eosinophile, Basophile, dendritische Zellen | CCR2, 3 |
| 14a | HCC-1 | 17 | Monocyten | CCR1, 3, 5 |
| 14b | HCC-3 | 17 | Monocyten | unbekannt |
| 15 | MIP-5/HCC-2 | 17 | T-Zellen, Monocyten, Eosinophile, dendritische Zellen | CCR1, 3 |
| 16 | HCC-4/LEC | 17 | Monocyten, T-Zellen, NK-Zellen, unreife dendritische Zellen | CCR1, 2, 5, 8 |
| 17 | TARC | 16 | T-Zellen ($T_H2 > T_H1$), unreife dendritische Zellen, Thymocyten, regulatorische T-Zellen | CCR4>>8 |
| 18 | DC-CK1/PARC | 17 | naive T-Zellen > aktivierte T-Zellen, unreife dendritische Zellen, Mantelzonen-B-Zellen | PITPNM3 |
| 19 | MIP-3β/ELC | 9 | naive T-Zellen, reife dendritische Zellen, B-Zellen | CCR7 |
| 20 | MIP-3α/LARC | 2 | T-Zellen (T-Gedächtniszellen, $T_H17$-Zellen), mononucleäre Blutzellen, unreife dendritische Zellen, aktivierte B-Zellen, NKT-Zellen | CCR6 |
| 21 | 6Ckine/SLC | 9 | naive T-Zellen, B-Zellen, Thymocyten, NK-Zellen, reife dendritische Zellen | CCR7 |

Teil VI

| Chemokin | häufige Bezeichnung | Chromosom | Zielzellen | spezifischer Rezeptor |
|----------|--------------------|-----------|-----------|----------------------|
| 22 | MDC | 16 | unreife dendritische Zellen, NK-Zellen, T-Zellen ($T_H2 > T_H1$), Thymocyten, Endothelzellen, Monocyten, regulatorische T-Zellen | CCR4 |
| 23 | MPIF-1/CK-$\beta$\8 | 17 | Monocyten, T-Zellen, ruhende neutrophile Zellen | CCR1, FPRL-1 |
| 24 | Eotaxin-2/MPIF-2 | 7 | Eosinophile, Basophile, T-Zellen | CCR3 |
| 25 | TECK | 19 | Makrophagen, Thymocyten, dendritische Zellen, intraepitheliale Lymphocyten, $IgA^+$-Plasmazellen, mucosale T-Gedächtniszellen | CCR9 |
| 26 | Eotaxin-3 | 7 | eosinophile, basophile Zellen, Fibroblasten | CCR3 |
| 27 | CTACK | 9 | hautspezifische T-Gedächtniszellen, B-Zellen | CCR10 |
| 28 | MEC | 5 | T-Zellen, Eosinophile, $IgA^+$-B-Zellen | CCR10>3 |
| **C und CX3C** | | | | |
| XCL 1 | Lymphotactin | 1 (1) | T-Zellen, NK-Zellen, CD8$\alpha$-Zellen, dendritische Zellen | XCR1 |
| XCL 2 | SCM-1$\beta$ | 1 | T-Zellen, NK-Zellen, CD8$\alpha$-Zellen, dendritische Zellen | XCR1 |
| CX3CL 1 | Fractalkin | 16 | aktivierte T-Zellen, Monocyten, Neutrophile, NK-Zellen, unreife dendritische Zellen, Mastzellen, Astrocyten, Neurone, Mikrogliazellen | CX3CR1 |

## Atypische Chemokinrezeptoren

| Chemokinliganden | Zielzellen | spezifischer Rezeptor |
|------------------|-----------|----------------------|
| Chemerin und Resolvin E1 | Makrophagen, unreife dendritische Zellen, Mastzellen, plasmacytoide dendritische Zellen, Fettzellen, Fibroblasten, Endothelzellen, Epithelzellen im Mund | CMKLR1/chem23 |
| CCL5, CCL19 und Chemerin | alle hämatopoetischen Zellen, Mikrogliazellen, Astrocyten, Lungenepithelzellen | CCRL2/CRAM |
| inflammatorische CC-Chemokine | lymphatische Endothelzellen | D6 |
| verschiedene CXC- und CC-Chemokine | rote Blutkörperchen, Purkinje-Zellen, Blutzellen im Endothel, Nierenepithelzellen | Duffy/DARC |
| CCL18, CCL21, CCL25 | Thymusepithelzellen, Stromazellen der Lymphknoten, Keratinocyten | CCXCKR |

Positionen auf den Chromosomen gelten für den Menschen. Für Chemokine ohne humanes Pendant sind die Mauskoordinaten angegeben.
† ELR bezieht sich auf die drei Aminosäuren vor dem ersten Cysteinrest des CXC-Strukturmotivs. Sind diese Aminosäuren Glu-Leu-Arg ($ELR^+$), ist das Chemokin ein Chemoattraktor für Neutrophile. Sind die Aminosäuren nicht vorhanden ($ELR^-$), wirkt das Chemokin chemotaktisch auf Lymphocyten.

Zusammengestellt von Joost Oppenheim, National Cancer Institute, NIH.

# 17.5 Biografien

**Emil von Behring** (1854–1917) entdeckte gemeinsam mit Shibasaburo Kitasato die Antitoxinantikörper.

**Baruj Benacerraf** (1920–2011) entdeckte für die Immunreaktion verantwortliche Gene und wirkte beim ersten Nachweis der MHC-Restriktion mit.

**Bruce Beutler** (*1957) entdeckte die Funktion der Toll-like-Rezeptoren in der angeborenen Immunität der Mäuse und konnte zeigen, dass Mäuse mit einer spontanen inaktivierenden Mutation in TLR-4 auf die aktivierenden Effekte von LPS keine Reaktion entwickeln.

**Jules Bordet** (1870–1961) entdeckte die Komplementproteine als eine hitzelabile Komponente des normalen Serums, welche die antimikrobielle Wirkung bestimmter Antikörper verstärkte.

**Ogden C. Bruton** (1908–3003) dokumentierte als Erster eine Immunschwächekrankheit bei einem Jungen, der keine Antikörper erzeugen konnte. Da die Vererbung dieser Krankheit X-gekoppelt erfolgt und die Krankheit gekennzeichnet ist durch das Fehlen von Immunglobulinen im Serum, bezeichnet man sie als Bruton-Syndrom oder X-gekoppelte Agammaglobulinämie.

**Frank Macfarlane Burnet** (1899–1985) schlug die erste allgemein akzeptierte Hypothese zur klonalen Selektion bei der adaptiven Immunität vor.

**Robin Coombs** (1921–2006) entwickelte als Erster Anti-Immunglobulin-Antikörper, um Antikörper nachzuweisen, die die fetale Erythroblastose verursachen. Den Test dafür bezeichnet man noch heute als Coombs-Test.

**Jean Dausset** (1916–2009) war einer der Pioniere bei der Untersuchung des menschlichen MHC (oder HLA).

**Peter Doherty** (*1940) und **Rolf Zinkernagel** (*1944) zeigten, dass die Antigenerkennung durch T-Zellen MHC-abhängig ist. Dabei erkannten sie die biologische Bedeutung der Proteine, die vom Haupthistokompatibilitätskomplex codiert werden. Dies wiederum machte die Antigenprozessierung und ihre Rolle bei der Antigenerkennung durch T-Zellen verständlich.

**Gerald Edelman** (1929–2014) trug wesentlich zur Aufklärung der Immunglobulinstruktur bei. Unter anderem entschlüsselte er die erste vollständige Sequenz eines Antikörpermoleküls.

**Paul Ehrlich** (1854–1915) war ein früher Verfechter von Theorien der humoralen Immunität. Er stellte die berühmte Seitenkettentheorie zur Antikörperbildung auf, die verblüffende Ähnlichkeiten zu den aktuellen Vorstellungen von Oberflächenrezeptoren aufweist.

**James Gowans** (*1924) entdeckte, dass die adaptive Immunität durch Lymphocyten vermittelt wird, und lenkte damit die Aufmerksamkeit der Immunologen auf diese kleinen Zellen.

Teil VI

**Michael Heidelberger** (1888–1991) entwickelte den quantitativen Präzipitintest und leitete damit das Zeitalter der quantitativen Immunologie ein.

**Jules Hoffman** (*1941) entdeckte die Funktion der Toll-like-Rezeptoren für die angeborene Immunität bei *Drosophila melanogaster*.

**Charles A Janeway Jr.** (1945–2003) erkannte die Bedeutung der Costimulation für das Auslösen von adaptiven Immunantworten. Er sagte voraus, dass es im angeborenen Immunsystem Rezeptoren geben müsse, die mit Krankheitserregern assoziierte molekulare Muster erkennen und Signale zur Aktivierung des adaptiven Immunsystems auslösen können. Seine Arbeitsgruppe entdeckte den ersten Toll-like-Rezeptor bei Säugern, der diese Funktion besitzt. Er war auch von Anfang an der Hauptautor dieses Buches.

**Edward Jenner** (1749–1823) beschrieb erstmals den erfolgreichen Schutz von Menschen vor einer Pockeninfektion durch Impfung mit dem Kuhpocken- oder Vacciniavirus. Damit begründete er die Immunologie.

**Niels Jerne** (1911–1994) entwickelte den hämolytischen Plaquetest und einige wichtige immunologische Theorien, darunter eine frühe Version der klonalen Selektion, die Vorhersage, dass die Lymphocytenrezeptoren auf eine MHC-Erkennung hin ausgerichtet sind, und die Theorie des idiotypischen Netzwerks.

**Shibasaburo Kitasato** (1892–1931) entdeckte gemeinsam mit Emil von Behring die Antitoxinantikörper.

**Robert Koch** (1843–1910) stellte die Kriterien zur Charakterisierung einer Infektionskrankheit auf, die man auch als die Koch-Postulate bezeichnet.

**Georges Köhler** (1946–1995) gelang zusammen mit César Milstein erstmals die Herstellung monoklonaler Antikörper mithilfe von antikörperbildenden Hybridzellen.

**Karl Landsteiner** (1868–1943) entdeckte die Blutgruppenantigene des AB0-Systems. Außerdem führte er mithilfe von Haptenen als Modellantigene detaillierte Untersuchungen zur Spezifität der Antikörperbindung durch.

**Peter Medawar** (1915–1987) wies mithilfe von Hauttransplantaten nach, dass die Toleranz ein erworbenes Merkmal lymphatischer Zellen ist, und belegte damit eine wichtige Aussage der Theorie der klonalen Selektion.

**Ilja Metchnikoff** (1845–1916) war der erste Verfechter der zellulären Immunologie. Er untersuchte vor allem die zentrale Rolle der Phagocyten bei der Immunabwehr.

**César Milstein** (1927–2002) gelang zusammen mit Georges Köhler erstmals die Herstellung monoklonaler Antikörper mithilfe von antikörperbildenden Hybridzellen.

**Ray Owen** (1915–2014) entdeckte, dass genetisch unterschiedliche Zwillingskälber, die eine gemeinsame Plazenta besitzen und dadurch über einen gemeinsamen Plazentablutkreislauf verfügen, gegenseitig gewebetolerant sind.

**Louis Pasteur** (1822–1895) war ein französischer Mikrobiologe und Immunologe, der das erstmals von Jenner untersuchte Konzept der Immunisierung bestätigte. Er entwickelte Impfstoffe gegen Hühnercholera und Tollwut.

**Rodney Porter** (1917–1985) entdeckte die Polypeptidstruktur der Antikörpermoleküle und lieferte damit die Grundlage für ihre Analyse durch Proteinsequenzierung.

**Ignác Semmelweis** (1818–1865) war ein deutsch-ungarischer Mediziner, der als Erster einen Zusammenhang zwischen der klinischen Hygiene und einer Infektionskrankheit, dem Kindbettfieber, herstellte und in der Folge konsequent antiseptische Maßnahmen in die medizinische Praxis einführte.

**George Snell** (1903–1996) entschlüsselte die Genetik des MHC der Maus und stellte die congenen Stämme her, die zu seiner biologischen Untersuchung notwendig waren. Er legte damit den Grundstein für unser gegenwärtiges Verständnis der Bedeutung des MHC für die Biologie der T-Zellen.

**Ralph Steinman** (1943–2011) entdeckte die dendritischen Zellen als effektvolle Aktivatoren der T-Zell-Reaktionen und untersuchte die verschiedenen Funktionen, durch die diese Zellen die Art und das Ausmaß von Immunantworten auf Pathogene kontrollieren.

**Tomio Tada** (1934–2010) formulierte in den 1970er-Jahren aufgrund von experimentellen Befunden als Erster die Vorstellung, dass die Immunantwort durch „T-Suppressorzellen" reguliert wird. Ob es solche Zellen überhaupt gab, ließ sich damals noch nicht nachweisen, sodass sich seine Hypothese nicht durchsetzen konnte. Tada wurde allerdings in den 1980er-Jahren rehabilitiert, als es anderen Forschern gelang, diese Zellen zu identifizieren, die heute als „regulatorische T-Zellen" bezeichnet werden.

**Susumu Tonegawa** (*1939) entdeckte die somatische Rekombination der Gene für immunologische Rezeptoren, die der Vielfalt der Antikörper und T-Zell-Rezeptoren von Mäusen und Menschen zugrunde liegt.

**Jörg Tschopp** (1951–2011) trug zur Beschreibung des Komplementsystems und der cytolytischen Mechanismen der T-Zellen bei und lieferte grundlegende Erkenntnisse auf dem Gebiet der Apoptose und der angeborenen Immunität, insbesondere durch die Entdeckung des Inflammasoms.

**Don C. Wiley** (1944–2001) ermittelte erstmals die Kristallstruktur eines MHC-Proteins und lieferte so einen interessanten Einblick in den Mechanismus, durch den T-Zellen ihr Antigen im Zusammenhang mit MHC-Molekülen erkennen.

**Rolf Zinkernagel** → Peter Doherty.

Teil VI

# 17.6 Glossar

**2B4** Rezeptor aus der SLAM-Familie (SLAM für *signaling lymphocyte activation molecule*), der von NK-Zellen exprimiert wird und an den CD48-Rezeptor bindet, der ebenfalls zur SLAM-Familie gehört.

**$\alpha$-Defensine** Gruppe von antimikrobiellen Peptiden, die von neutrophilen Zellen und den Paneth-Zellen im Darm produziert werden

**$\alpha$-Galactoceramid ($\alpha$-GalCer)** Immungogenes Glykolipid, das ursprünglich aus Meeresschwämmen isoliert wurde, tatsächlich aber von verschiedenen Bakterien produziert wird und als Ligand von CD1 den unveränderlichen iNKT-Zellen präsentiert wird.

**$\alpha$:$\beta$-Heterodimer** Dimer aus einer $\alpha$- und einer $\beta$-Kette, die Erkennungsdomäne des $\alpha$:$\beta$-T-Zell-Rezeptors

**$\alpha_4$:$\beta_7$-Integrin (LPAM-1) *(lamina propria associated molecule 1)*** Integrin, das an VCAM-1, MAdCAM-1 und Fibronectin bindet und von diversen Zellen exprimiert wird, beispielsweise von den IEL-Zellen, die in die Lamia propria des Darms einwandern.

**$\alpha_4$:$\beta_1$-Integrin (VLA-4, CD49d/CD29)** $\rightarrow$ Integrine; Eigenschaften der einzelnen CD-Antigene sind in Anhang II aufgeführt.

**$\alpha$:$\beta$-T-Zell-Rezeptor** $\rightarrow$ T-Zell-Rezeptor

**$\beta$1i (LMP2), $\beta$2i (MECL-1), $\beta$5i (LMP)** Alternative Untereinheiten des Proteasoms, die die konstitutiven Untereinheiten $\beta$1, $\beta$2 und $\beta$5 ersetzen. Sie werden von Interferon induziert und bilden das Immunproteasom.

**$\beta_2$-Mikroglobulin** Die leichte Kette der MHC-Klasse-I-Proteine, die außerhalb des MHC codiert wird und nichtkovalent an die schwere $\alpha$-Kette bindet.

**$\beta$5t** Alternative Untereinheit des Proteasoms, die von Thymusepithelzellen exprimiert wird. Sie ersetzt $\beta$5, wodurch das Thymoproteasom entsteht, das bei der Erzeugung von Peptiden eine Rolle spielt, mit denen Thymocyten während der Entwicklung in Kontakt kommen.

**$\beta$-Defensine** Antimikrobielle Peptide, die im Prinzip bei allen vielzelligen Organismen vorkommen. Bei den Säugern werden sie von den Epithelien der Atemwege, des Verdauungstrakts, der Haut und der Zunge produziert.

**$\beta$-Faltblatt** Sekundäre Proteinstruktur, die aus $\beta$-Strängen besteht, die durch nichtkovalente Wechselwirkungen zwischen Amid- und Carbonylgruppen zusammengehalten werden. Bei parallelen $\beta$-Faltblättern verlaufen benachbarte Aminosäurestränge in derselben Richtung, bei antiparallelen $\beta$-Faltblättern jeweils in entgegengesetzter Richtung. Alle Immunglobulindomänen bestehen aus zwei antiparallelen $\beta$-Faltblattstrukturen, die in Form eines $\beta$-Fasses (*$\beta$-barrel*) angeordnet sind.

**$\beta$-Sandwich** Sekundärstruktur bei Proteinen, die aus zwei $\beta$-Faltblättern besteht. Diese liegen übereinander, etwa bei der Immunglobulinfaltung.

**$\beta$-Stränge** Sekundärstruktur von Proteinen, bei der das Polypeptidrückgrat mehrerer aufeinanderfolgender Aminosäuren in einer flachen (planaren) Konformation angeordnet ist. $\beta$-Stränge werden häufig mit einem Pfeil dargestellt.

**$\gamma$:$\delta$-T-Zellen** Untergruppe der Lymphocyten, die einen T-Zell-Rezeptor tragen, der aus den Antigenerkennungsproteinketten $\gamma$ und $\delta$ besteht und ein $\gamma$:$\delta$-Heterodimer bildet.

**γ:δ-T-Zell-Rezeptoren** Antigenrezeptoren, die bei einer Untergruppe der T-Lymphocyten vorkommen und sich von den α:β-Rezeptoren unterscheiden. Die γ- und die δ-Kette werden von Genen codiert, die eine Genumlagerung durchlaufen.

**γ-Glutamyldiaminopimelinsäure (iE-DAP)** Abbauprodukt des Peptidoglykans aus gramnegativen Bakterien, das von NOD1 erkannt wird.

**λ5** → leichte Ersatzkette

**λ-Kette** Eine der beiden Klassen oder Isotypen der leichten Ketten der Immunglobuline.

**ζ-Kette** Eine der Signalketten, die mit dem T-Zell-Rezeptor assoziiert sind. Die Kette enthält in der cytoplasmatischen Domäne drei ITAM-Motive.

**Abatacept** Fc-Fusionsprotein, das die extrazelluläre CTLA-4-Domäne enthält und zur Behandlung der rheumatoiden Arthritis angewendet wird; blockiert die Costimulation von T-Zellen durch die Bindung von B7-Molekülen.

**abgeschwächte Krankheitserreger** → attenuierte Krankheitserreger

**ableitender Lymphknoten** Lymphknoten stromabwärts eines Infektionsherdes, von dem dem Lymphknoten über das Lymphsystem Antikörper und Mikroorganismen zugeführt werden. Ableitende Lymphknoten vergrößern sich häufig sehr stark während einer Immunantwort und lassen sich dann abtasten. Früher sprach man dabei von „geschwollenen Drüsen".

**Abwehr *(resistance)*** Allgemeine Strategie des Immunsystems, die darauf abzielt, die Anzahl der Krankheitserreger zu veringern oder sie ganz zu beseitigen (zum Vergleich: → Vermeidung, → Toleranz).

**adaptive Immunität** Immunität gegen eine Infektion, die aufgrund einer adaptiven Immunantwort entsteht.

**Adaptorproteine** Nichtenzymatische Proteine, die zwischen den Faktoren, die an einem Signalweg beteiligt sind, physikalische Verknüpfungen bilden, besonders zwischen einem Rezeptor und anderen Signalproteinen. Sie dienen dazu, die Faktoren eines Signalwegs zu rekrutieren, sodass sie funktionsfähige Proteinkomplexe bilden.

**ADCC** → antikörperabhängige zellvermittelte Cytotoxizität

**ADEPT *(antibody-directed enzyme/pro-drug therapy)*** Behandlungsmethode, bei der ein Antikörper mit einem Enzym gekoppelt ist, das eine nichttoxische Vorstufe eines Wirkstoffs in die cytotoxische Form des Wirkstoffs umwandelt.

**Adenosin-Desaminase-Mangel (ADA-Mangel)** Eine erbliche Erkrankung, die dadurch gekennzeichnet ist, dass das Enzym Adenosin-Desaminase nicht produziert wird, sodass es zu einer Akkumulation toxischer Purinnucleoside und -nucleotide kommt, was den Tod der meisten im Thymus heranreifenden Lymphocyten zur Folge hat. Dieser Enzymdefekt ist die Ursache des → schweren kombinierten Immundefekts (SCID).

**Adhäsine** Proteine auf der Zelloberfläche von Bakterien, die es ihnen ermöglichen, an Wirtszellen zu binden.

**Adjuvanzien** Substanzen, die im Gemisch mit einem Antigen die Immunantwort gegen dieses Antigen verstärken.

**ADRP *(adipose differentiation related protein)*** Protein, das in vielen Zellen die Aufrechterhaltung und Speicherung neutraler Lipidtröpfchen bewirkt.

**afferente Lymphgefäße** Gefäße des Lymphsystems, die extrazelluläre Flüssigkeit aus den Geweben ableiten und Antigene, Makrophagen und dendritische Zellen aus Infektionsherden zu den Lymphknoten transportieren.

**Affinität** Die Stärke, mit der ein Molekül an eine einzelne Stelle eines anderen Moleküls bindet, etwa bei der Anlagerung eines monovalenten Fab-Fragments eines Antikörpers an ein monovalentes Antigen (→ Avidität).

**Affinitätshypothese** Hypothese, die beschreibt, wie die Entscheidung zwischen positiver und negativer Selektion von T-Zellen im Thymus entsprechend der Bindungsstärke zwischen dem T-Zell-Rezeptor und dem Komplex aus körpereigenem Peptid und MHC-Molekül erfolgt. Wechselwirkungen mit geringer Affinität verhindern, dass die Zelle ignoriert wird, Wechselwirkungen mit hoher Affinität lösen die Apoptose aus und bewirken eine negative Selektion.

**Affinitätsreifung** Zunahme der Affinität der Antikörper, die im Verlauf einer adaptiven Immunantwort entstehen, für ihr spezifisches Antigen; besonders ausgeprägt bei sekundären und weiteren Immunisierungen.

**Agammaglobulinämie** Das Fehlen von Antikörpern im Blut → X-gekoppelte Agammaglobulinämie

**Agnatha** Klasse der Vertebraten, zu der auch die kieferlosen Fische gehören. Diese verfügen über keine adaptive Immunität, die auf einer RAG-vermittelten V(D)J-Rekombination basiert, besitzen aber ein eigenes System der adaptiven Immunität, die auf somatisch zusammengesetzten VLRs beruht.

**Agonistenselektion** Vorgang, bei dem T-Zellen im Thymus durch relativ hochaffine Liganden positiv selektiert werden.

**AID, AID-Mangel** → aktivierungsinduzierte Cytidin-Desaminase

**AIDS** → erworbenes Immunschwächesyndrom

**AIM2** *(absent in melanoma 2)* Protein der PYHIN-Unterfamilie der NLRs (NOD-like-Rezeptoren), die eine aminoterminale HIN-Domäne enthalten. AIM2 aktiviert die Caspase 1 als Reaktion auf doppelsträngige Virus-DNA.

*AIRE* Gen für das Autoimmunregulatorprotein, das an der Expression zahlreicher Gene der medullären Epithelzellen beteiligt ist, die dafür zuständig sind, dass T-Zellen während ihrer Entwicklung mit körpereigenen Proteinen aus anderen Geweben in Kontakt kommen und so die Toleranz gegenüber diesen Proteinen erhöhen. Ein *AIRE*-Defekt führt zur Autoimmunkrankheit APECED.

**Akt** Serin/Threonin-Kinase, die stromabwärts der PI-3-Kinase aktiviert wird und viele weitere Zielmoleküle hat, die mit Überleben und Wachstum der Zellen zusammenhängen, beispielsweise durch die Aktivierung der mTOR-Signalwege.

**Aktivatorprotein 1 (AP-1)** Transkriptionsfaktor, der als Ergebnis von intrazellulären Signalen, die von Antigenrezeptoren der Lymphocyten ausgehen, gebildet wird.

**aktive Immunisierung** Immunisierung mit Antigenen, um eine adaptive Immunität zu erzeugen.

**aktivierende Rezeptoren** Rezeptoren auf NK-Zellen, deren Stimulation die Cytotoxizität der Zelle aktiviert (→ inhibitorische Rezeptoren).

**aktivierungsinduzierte Cytidin-Desaminase (AID)** Enzym, das die somatische Hypermutation der variablen Regionen der Immunglobulingene in Gang setzt, indem es die DNA in den V- oder Switch-Regionen der Immunglobuline direkt am Cytosin desaminiert. Bei einem Verlust der AID-Aktivität gehen beide Aktivitäten verloren, sodass sich eine Hyper-IgM-Immunschwäche herausbildet und keine Affinitätsreifung mehr stattfindet.

**aktivierungsinduzierter Zelltod** Der Vorgang, durch den das Absterben von autoreaktiven T-Zellen ausgelöst wird, wenn sie ihre Reifung im Thymus abschließen und in die Peripherie wandern.

**akute Abstoßung** Eintritt der Abstoßung eines Gewebes oder Organs von einem genetisch nicht verwandten Spender innerhalb von 10–13 Tagen nach der Transplantation, wenn keine Behandlung mit Immunsuppressiva erfolgt.

**akute Desensibilisierung** Ein immuntherapeutisches Verfahren, um bei Patienten schnell eine vorläufige Toleranz für einen unbedingt erforderlichen Wirkstoff wie Insulin oder Penicillin zu erreichen, die dagegen allergisch sind; wird auch als schnelle Desensibilisierung bezeichnet. Bei korrekter Anwendung können Symptome einer leichten bis mittleren Anaphylaxie entstehen.

**akute Phase** Bei einer HIV-Infektion kurze Zeit nach der Infektion eines Menschen einsetzendes Stadium, das durch eine grippeähnliche Erkrankung, eine große Anzahl von Viren im Blut und eine Abnahme der zirkulierenden CD4-T-Zellen gekennzeichnet ist (→ Akute-Phase-Reaktion, → Akute-Phase-Proteine).

**Akute-Phase-Proteine** Proteine der angeborenen Immunabwehr, deren Produktion sich bei einer Infektion verstärkt (→ Akute-Phase-Reaktion). Sie zirkulieren im Blut und sind an der frühen Phase der Immunantwort beteiligt. Ein Beispiel ist das → mannosebindende Lektin.

**Akute-Phase-Reaktion** *(acute phase response)* Veränderungen im Blut in der frühen Phase einer Infektionskrankheit. Dazu gehört die zu einem großen Teil in der Leber stattfindende Produktion von → Akute-Phase-Proteinen.

**akzessorische Effektorzellen** Zellen, die bei einer adaptiven Immunantwort helfen, selbst aber keine spezifische Antigenerkennung vermitteln. Beispiele sind Phagocyten, → Mastzellen und → NK-Zellen.

**Alefacept** Rekombinantes CD58-IgG1-Fusionsprotein, das die CD2-Bindung durch CD58 blockiert und bei der Psoriasisbehandlung angewendet wird.

**Alemtuzumab** Antikörper gegen CD52, der für die Depletion von Lymphocyten eingesetzt wird, etwa zur T-Zell-Depletion für eine Knochenmarktransplantation bei chronischer myeloischer Leukämie.

**Allel** Variante eines Gens; viele Gene kommen in der allgemeinen Population in mehreren verschiedenen Formen vor (→ Heterozygotie, → Homozygotie, → Polymorphismus).

**Allelausschluss** *(allelic exclusion)* Bei einem heterozygoten Individuum kann immer nur eines der beiden möglichen Allele für ein bestimmtes Gen exprimiert werden. In der Immunologie bezeichnet man damit die eingeschränkte Expression der einzelnen Ketten der Antigenrezeptorgene. Diese hat beispielsweise zur Folge, dass jeder einzelne Lymphocyt Immunglobuline oder T-Zell-Rezeptoren mit nur einer einzigen Antigenspezifität produzieren kann.

**Allergene** Antigene, die eine allergische Reaktion hervorrufen.

**Allergie** Zustand, in dem eine symptomatische Reaktion auf ein normalerweise harmloses Antigen aus der Umgebung ausgelöst wird. Dabei kommt es zu einer Wechselwirkung zwischen dem Antigen und Antikörpern oder primär aktivierten T-Zellen, die bei einem früheren Kontakt mit demselben Antigen gebildet wurden (zum Vergleich: → angeborene Allergie).

**allergische Bindehautentzündung (Konjunktivitis)** Allergische Reaktion an der Bindehaut des Auges, die empfindliche Personen bei Kontakt mit durch Luft übertragene Allergene entwickeln; eine Konjunktivitis tritt im Allgemeinen zusammen mit Allergien in der Nase auf, etwa bei einer allergischen Entzündung der Nasenschleimhaut oder bei Heuschnupfen.

**allergische Kontaktdermatitis** Eine vor allem von T-Zellen vermittelte immunologische Überempfindlichkeitsreaktion, die mit Hautausschlag an der Kontaktstelle mit dem Allergen einhergeht. Auslöser ist häufig eine chemische Substanz, etwa das Urushiol-Öl aus den Blättern des Kletternden Giftsumachs, das Haptene an normale Körpermoleküle anheftet, die dadurch selbst allergen wirken.

**allergische Reaktion** Eine spezifische Immunantwort auf ein harmloses Umweltantigen oder Allergen aufgrund sensitivierter B- oder T-Zellen; dabei kann eine Reihe von Mechanismen eine Rolle spielen. Meist bindet jedoch ein Allergen an IgE-Antikörper, die an Mastzellen gebunden sind. Dadurch werden von den Zellen Histamin und andere biologisch aktive Molekülen von der Zelle freigesetzt, die die Anzeichen und Symptome von Asthma, Heuschnupfen und anderen verbreiteten allergischen Reaktionen hervorrufen.

**allergische Rhinitis (Heuschnupfen)** Eine allergische Reaktion in der Nasenschleimhaut, die ein Laufen der Nase und Niesen verursacht.

**allergisches Asthma** Allergische Reaktion auf ein eingeatmetes Allergen, bei der sich die Bronchien zusammenziehen, in den Atemwegen verstärkt Schleim produziert wird und es zu Atembeschwerden kommt.

**Alloantigene** Antigene von einem anderen, genetisch nicht identischen Angehörigen derselben Spezies.

**Alloantikörper** Antikörper, die gegen Antigene von einem anderen Angehörigen derselben Spezies erzeugt werden.

**allogen** Zwei Personen oder zwei Mausstämme, die sich in Genen des MHC unterscheiden; der Begriff wird auch für allelische Unterschiede an anderen Loci verwendet (→ syngenes Transplantat, → xenogene Transplantate).

**allogenes Transplantat** Gewebe von einem allogenen (genetisch nicht identischen) Spender derselben Spezies; solche Transplantate werden in jedem Fall abgestoßen, sofern der Empfänger nicht immunsupprimiert ist.

**allogene Transplantatabstoßung** Die immunologisch vermittelte Abstoßung von übertragenen Geweben oder Organen von einem genetisch nicht identischen Spender. Ursache ist vor allem die Erkennung von Nichtselbst-MHC-Molekülen auf dem Transplantat.

**Alloreaktivität** Erkennung von Nichtselbst-MHC-Molekülen durch T-Zellen; die Reaktionen bezeichnet man als Alloreaktionen oder alloreaktive Antworten.

**ALPS** → lymphoproliferatives Autoimmunsyndrom

**alternativ aktivierte Makrophagen** → M2-Makrophagen

**alternativer Weg der Komplementaktivierung** Dieser Signalweg wird durch die spontane Hydrolyse des C3-Proteins ausgelöst. Unter Mitwirkung von Faktor B und Faktor D bildet sich die spezielle C3-Konvertase C3bBb.

**altersbedingte Maculadegeneration** Eine der Hauptursachen für Blindheit bei älteren Menschen. Einzelnucleotidpolymorphismen (SNPs) in den Genen für Faktor H führen zu einem erhöhten Erkrankungsrisiko.

**Alum** Anorganische Aluminiumsalze (beispielsweise Aluminiumphosphat und Aluminiumhydroxyd). Sie wirken als Adjuvanzien, wenn sie mit Antigenen vermischt werden, und gehören zu den wenigen Adjuvanzien, die für den Menschen zugelassen sind.

**amphipathisch** Bezeichnung für Moleküle, die eine positiv geladene (oder hydrophile) und eine davon getrennte hydrophobe Region enthalten.

**Anakinra** Rekombinanter Antagonist für den IL-1-Rezeptor (IL-1RA), der bei der Behandlung einer rheumatoiden Arthritis dazu dient, die Aktivierung des IL-1-Rezeptors zu blockieren.

**anaphylaktischer Schock** → Anaphylaxie

**Anaphylatoxine** Die proinflammatorischen Fragmente der Komplementproteine C5a und C3a, die während der Komplementaktivierung abgespalten werden. Sie werden von spezifischen Rezeptoren erkannt, führen zur Flüssigkeitsansammlung und locken Entzündungszellen zu den Stellen, an denen sie freigesetzt werden.

**Anaphylaxie** Schnell einsetzende und systemische allergische Reaktion auf ein Antigen, etwa wenn das Gift aus einem Insektenstich direkt in den Blutkreislauf gelangt, oder aufgrund bestimmter Nahrungsmittel wie Erdnüsse. Die gravierenden systemischen Reaktionen können durch einen Kreislaufzusammenbruch oder durch Ersticken aufgrund eines Anschwellens der Luftröhre tödlich enden. Ursache sind häufig Antigene, die an IgE-Moleküle binden, die wiederum an Fcε-Rezeptoren auf Mastzellen gebunden sind. So kommt es zur systemischen Freisetzung von inflammatorischen Mediatoren.

**Anergie** Zustand fehlender Reaktivität auf Antigene. Man bezeichnet Personen als anergisch, wenn sie bei Kontakt mit entsprechenden Antigenen keine → Hypersensitivitätsreaktion vom verzögerten Typ ausbilden. T- und B-Zellen sind anergisch, wenn sie auch bei optimaler Stimulation nicht auf ihr spezifisches Antigen reagieren.

**angeborene Erkennungsrezeptoren** Allgemeine Bezeichnung für eine große Gruppe von Proteinen, die viele verschiedene inflammatorische Induktoren erkennen und in der Keimbahn codiert werden. Sie benötigen keine Genumlagerung in den somatischen Zellen, um exprimiert zu werden.

**angeborene Immunität** Die verschiedenen angeborenen Abwehrmechanismen, mit denen ein Krankheitserreger zuerst konfrontiert ist, bevor die adaptive Immunität aktiviert wird. Dazu gehören die anatomischen Barrieren, antimikrobielle Peptide, das Komplementsystem sowie Makrophagen und neutrophile Zellen, die unspezifische Pathogenerkennungsrezeptoren tragen. Die angeborene Immunität ist in allen Individuen und zu jeder Zeit gegeben, sie nimmt selbst bei wiederholtem Kontakt mit dem Erreger nicht zu und unterscheidet zwischen Gruppen von verwandten Krankheitserregern, reagiert aber nicht auf einen bestimmten Krankheitserreger (→ adaptive Immunität).

**angeborene lymphatische Zellen** → ILCs

**Angriff auf Membranen** Effektorsignalweg des Komplementsystems, der auf der Bildung des membranangreifenden Komplexes (MAC) beruht.

**Antigene** Alle Moleküle, die spezifisch an einen Antikörper binden oder Peptidfragmente hervorbringen können, die an einen T-Zell-Rezeptor binden.

**Antigen:Antikörper-Komplexe** Gruppen von nichtkovalent miteinander verbundenen Antigen- und Antikörpermolekülen. Ihre Größe reicht von kleinen, löslichen bis zu großen, unlöslichen Komplexen. Man bezeichnet sie auch als → Immunkomplexe.

**Antigenbindungsstelle** *(antigen binding site, antibody combining site)* Die Stelle am vorderen Ende der beiden Arme eines Antikörpers, die mit dem Antigen in physikalischen

Kontakt tritt und dieses nichtkovalent bindet. Die Antigenspezifität der Bindungsstellen wird durch ihre Form und die dort befindlichen Aminosäuren bestimmt.

**Antigendeterminante** Der Bereich eines Antigenmoleküls, an den die Antigenbindungsstelle eines bestimmten Antikörpers oder Antigenrezeptors bindet. Man nennt diesen Bereich auch → Epitop.

**Antigendrift** Der Vorgang, durch den sich das Influenzavirus von Jahr zu Jahr immer etwas verändert. Dabei führen Punktmutationen in den Genen des Virus zu geringen Strukturveränderungen der viralen Oberflächenantigene.

**Antigenerbsünde** *(original antigenic sin)* Die Tendenz des Menschen, Antikörper nur gegen diejenigen Epitope eines Virus herzustellen, die der erste Stamm dieses Virus, mit dem der Mensch in Kontakt getreten ist, mit den nachfolgenden verwandten Stämmen gemeinsam hat, selbst wenn diese auch andere hoch immunogene Epitope tragen.

**Antigenpräsentation** *(antigen presentation)* Das Vorzeigen von Antigenen in Form von Peptidfragmenten, die an MHC-Moleküle auf der Zelloberfläche gebunden sind. T-Zellen erkennen Antigene in dieser Form.

**antigenpräsentierende Zellen** Hoch spezialisierte Zellen, die Proteinantigene zerlegen können und die Peptidfragmente gemeinsam mit anderen costimulierend wirkenden Proteinen, die für die Aktivierung von naiven T-Zellen notwendig sind, auf ihrer Oberfläche darbieten. Die wichtigsten Zellen, die den naiven T-Zellen Antigene präsentieren, sind → dendritische Zellen, → Makrophagen und → B-Zellen.

**Antigenprozessierung** *(antigen processing)* Das intrazelluläre Zerlegen von Fremdproteinen zu Peptiden, die an MHC-Moleküle binden und von diesen präsentiert werden können. Alle Proteinantigene müssen zu Peptiden zerlegt werden, bevor sie den T-Zellen von MHC-Molekülen präsentiert werden können.

**Antigenshift** Eine grundlegende Veränderung der Oberflächenantigene durch Reorganisation des segmentierten Genoms mit dem Genom eines anderen Influenzavirus, häufig von einem Tier.

**Antigenrezeptor** Rezeptor auf der Oberfläche von Lymphocyten, durch den diese ein Antigen erkennen können. Jeder Lymphocyt trägt Rezeptoren einer einzigen Antigenspezifität.

**Antigenvariabilität** Veränderung der Oberflächenantigene bei einigen Krankheitserregern (etwa den afrikanischen Trypanosomen) von einer Generation zur nächsten, sodass es ihnen gelingt, der adaptiven Immunreaktion zu entgehen.

**Antikörper** Ein Protein, das spezifisch an eine bestimmte Substanz binden kann, das heißt an sein → Antigen. Aufgrund seiner einzigartigen Struktur kann jedes Antikörpermolekül das entsprechende Antigen spezifisch binden. Alle Antikörper haben jedoch dieselbe Gesamtstruktur und man fasst sie unter der Bezeichnung Immunglobuline (Ig) zusammen. Antikörper werden als Reaktion auf eine Infektion oder Immunisierung von differenzierten B-Zellen (Plasmazellen) erzeugt. Sie binden und neutralisieren Krankheitserreger oder bereiten sie für die Aufnahme und Zerstörung durch Phagocyten vor.

**antikörperabhängige zellvermittelte Cytotoxizität (ADCC)** *(antibody-dependent cell-mediated cytotoxicity)* Abtöten von Zellen mit Antikörpern auf ihrer Oberfläche durch Zellen mit Rezeptoren, die die konstante Region der gebundenen Antikörper erkennen. Die ADCC wird meist von NK-Zellen vermittelt, die den Fc-Rezeptor Fc$\gamma$RIII oder CD16 auf ihrer Oberfläche tragen.

**Antikörperrepertoire (Immunglobulinrepertoire)** Die gesamte Vielfalt der Antikörper, die ein Individuum bilden kann.

**Anti-Lymphocyten-Globulin** Antiserum gegen T-Zellen des Menschen, das in einer anderen Spezies erzeugt wurde. Es dient dazu, nach einer Transplantation vorübergehend die Immunantwort zu unterdrücken.

**antimikrobielle Enzyme** Enzyme, die durch ihre Aktivität Mikroorganismen abtöten. Ein Beispiel ist Lysozym, das die Zellwände von Bakterien abbaut.

**antimikrobielle Peptide, antimikrobielle Proteine** Amphipathische Peptide oder Proteine, die von Epithelzellen und Phagocyten produziert werden und unspezifisch eine Reihe verschiedener Mikroorganismen abtöten, vor allem durch Aufbrechen der Zellembranen. Antimikrobielle Peptide beim Menschen sind die Defensine, Cathelicidine, Histatine und RegIIIγ.

**Antiserum** Flüssige Fraktion von geronnenem Blut eines Lebewesens, das mit einem bestimmten Antigen immunisiert wurde. Es enthält verschiedene Antikörper gegen dieses Antigen, die alle eine ganz spezifische Struktur besitzen, unterschiedliche Epitope auf dem Antigen erkennen und mit jeweils verschiedenen anderen Antigenen kreuzreagieren. Aufgrund dieser Heterogenität ist jedes Antiserum einzigartig.

**Antivenine** Antikörper, die gegen das Gift einer Schlange oder eines anderen Lebewesens erzeugt wurden. Man verwendet es für die Sofortbehandlung bei einem Biss, um das Gift zu neutralisieren.

**Aorta-Gonaden-Mesonephros (AGM)** Region in einem Embryo, in der während der Entwicklung hämatopoetische Zellen erzeugt werden.

**AP-1** Heterodimerer Transkriptionsfaktor, der aufgrund intrazellulärer Signale der Antigenrezeptoren von Lymphocyten und der TLRs von Zellen der angeborenen Immunität produziert wird. AP-1 enthält meistens eine Untereinheit aus der Fos-Familie und eine Untereinheit aus der Jun-Familie. Er aktiviert vor allem die Expression von Genen für Cytokine und Chemokine.

**APAR-Rezeptoren** *(agnathan paired receptors resembling Ag receptors)* Multigenfamilie, deren Vertreter bei den Myxiniformes (Schleimaalen) und Neunaugen vorkommen. Diese Rezeptoren enthalten Immunglobulindomänen und sind möglicherweise Vorfahren der Antigenrezeptoren der Säuger.

**APECED-Syndrom** → Autoimmun-Polyendokrinopathie-Candidiasis-ektodermale-Dystrophie-Syndrom

**APLs (veränderte Peptidliganden)** *(altered peptide ligands)* Peptide, bei denen an Kontaktstellen für T-Zell-Rezeptoren Aminosäuresubstitutionen stattgefunden haben, welche die Bindung an den Rezeptor beeinflussen.

**APOBEC1** *(apoplipoprotein B mRNA editing catalytic polypeptide 1)* Ein Enzym für das RNA-Editing, das bei bestimmten mRNAs Cytosin zu Uracil desaminiert, beispielsweise für Apolipoprotein B. APOBEC1 ist verwandt mit dem Enzym AID, das bei der somatischen Hypermutation beteiligt ist.

**Apoptose** Eine bestimmte Form des Zelltods, der im Immunsystem häufig vorkommt. Dabei aktiviert die Zelle ein internes Zerstörungsprogramm. Charakteristisch sind der Abbau der Kern-DNA, die Degeneration und Kondensation des Zellkerns sowie die schnelle Phagocytose der Zellreste. Bei proliferierenden Lymphocyten kommt es während ihrer Entwicklung und bei der Immunantwort zu hohen Apoptoseraten.

**Apoptosom** Großer Proteinkomplex aus mehreren Untereinheiten, der sich während der Apoptose bildet, sobald Cytochrom *c* aus den Mitochondrien freigesetzt wird und an Apaf-1 bindet. Ein Heptamer aus Cytochrom-*c*/Apaf-1-Heterodimeren bildet eine rad-

Teil VI

förmige Struktur, an welche die Procaspase 9 (eine Initiatorcaspase der Caspasekaskade) bindet und aktiviert wird.

**APRIL** Ein mit BAFF verwandtes Cytokin der TNF-Familie, das an die Rezeptoren TACI und BCMA auf B-Zellen bindet und deren Überleben und Differenzierung reguliert.

**apurinische/apyrimidinische Endonuclease 1 (APE1)** Endonuclease für die DNA-Reparatur, die beim Klassenwechsel eine Rolle spielt.

**Artemis** Endonuclease, die bei den Umlagerungen von Genen mitwirkt, aus denen funktionelle Gene für Immunglobuline und T-Zell-Rezeptoren hervorgehen.

**Arthus-Reaktion** Lokale Hautreaktion, die bei sensibilisierten Personen auftritt, die IgG-Antikörper gegen ein bestimmtes Antigen gebildet haben, wenn man ihnen das Antigen in die Haut injiziert. Immunkomplexe des Antigens mit IgG-Antikörpern in den Extrazellularräumen der Haut aktivieren das Komplementsystem und Phagocyten, die dann eine Entzündungsrektion auslösen.

**Arylkohlenwasserstoffrezeptor (AhR)** Ein elementarer Transkriptionsfaktor mit Helix-Schleife-Helix-Struktur, der von verschiedenen aromatischen Liganden aktiviert wird, etwa durch das bekannte Dioxin. Er ist bei der normalen Funktion von verschiedenen Arten von Immunzellen aktiv, etwa in ILC- und IEL-Zellen.

**ASC (PYCARD)** Adaptorprotein, das die Domänen Pyrin und CARD enthält und im Inflammasom die Aktivierung der Caspase 1 unterstützt.

**asymptomatische Phase** Phase der HIV-Infektion, bei der die Infektion teilweise unter Kontrolle gehalten wird und keine Symptome auftreten. Sie kann viele Jahre andauern.

**Ataxia teleangiectatica (AT)** Erkrankung, die gekennzeichnet ist durch taumelnde Bewegungen und fehlerhafte Blutgefäße und häufig mit einer Immunschwäche einhergeht. Ursache ist ein Defekt im ATM-Protein, das bei der DNA-Reparatur mitwirkt, die auch bei der V(D)J-Rekombination und beim Klassenwechsel eine Rolle spielt.

**Atopie** Genetisch bedingte verstärkte Neigung, eine gegen harmlose Substanzen gerichtete → Hypersensitivitätsreaktion vom Soforttyp auszubilden, die von IgE-Antikörper vermittelt wird.

**atopischer Marsch** *(atopic march)* Klinischer Befund, dass Kinder mit atopischem Ekzem später eine allergische Rhinitis und/oder Asthma entwickeln.

**ATP-Bindungskassette (ABC)** Große Proteinfamilie, deren Vertreter eine bestimmte Domäne für die Bindung von Nucleotiden enthalten. Dazu gehören viele Transportproteine wie TAP1 und TAP2, aber auch verschiedene NOD-Proteine.

**Attenuation** Methode, um Krankheitserreger des Menschen oder von Tieren durch Wachstum in Kultur so zu verändern, dass sie sich im Körper vermehren und eine Immunantwort auslösen können, ohne eine schwere Erkrankung hervorzurufen.

**atypisches hämolytisch-urämisches Syndrom** Erkrankung, die gekennzeichnet ist durch eine Schädigung der Blutplättchen und der roten Blutkörperchen wie auch eine Nierenentzündung. Ursache ist eine unkontrollierte Komplementaktivierung bei Personen mit einem erblichen Mangel an komplementregulatorischen Proteinen.

**Autoantigene** Potenzielle Antigene auf Geweben eines Individuums, gegen die sich normalerweise keine Immunreaktioin richtet, außer in Fällen einer Autoimmunität.

**Autoantikörper** Antikörper, die körpereigene Antigene erkennen (→ Autoantigene).

**autogene, autologe Transplantation** Übertragung von Gewebe zwischen verschiedenen Körperbereichen eines Individuums (→ allogene Transplantation).

**Autoimmunerkrankungen** Krankheiten, die von einer Immunreaktion gegen körpereigene Antigene hervorgerufen werden.

**autoimmune hämolytische Anämie** Krankhafter Mangel an roten Blutkörperchen (Anämie) aufgrund von Autoantikörpern, die an Antigene auf der Oberfläche der Erythrocyten binden und diese so für die Zerstörung markieren.

**autoimmune thrombocytopenische Purpura** Autoimmunerkrankung, bei der Antikörper gegen die Blutplättchen eines Patienten entstehen. Die Bindung dieser Antikörper führt dazu, dass die Blutplättchen von Zellen mit Fc- und Komplementrezeptoren aufgenommen werden. So nimmt die Anzahl der Blutplättchen ab und es kommt zu Blutungen (Purpura).

**Autoimmunität** Adaptive Immunität, die für körpereigene Antigene spezifisch ist.

**Autoimmun-Polyendokrinopathie-Candidiasis-ektodermale-Dystrophie-Syndrom (APECED-Syndrom)** *(autoimmune polyendocrinopathy-candidiasis-ectodermal dystrophy)* Syndrom, bei dem die Toleranz gegenüber Autoantigenen verlorengeht, da die negative Selektion im Thymus fehlt. Zurückzuführen ist es auf Defekte im *AIRE*-Gen, das ein regulatorisches Protein für die Transkription codiert. Durch das Protein ist in den Zellen des Thymusepithels die Expression vieler Autoantigene möglich. Die Krankheit bezeichnet man auch als polyglanduläres Autoimmunsyndrom Typ 1 (APS-1).

**autoinflammatorische Erkrankung** Krankheit, die gekennzeichnet ist durch eine nichtregulierte Entzündung ohne Infektion; es gibt eine Reihe verschiedener Ursachen, beispielsweise vererbbare genetische Defekte.

**autokrin** Bezeichnung für ein Cytokin oder ein anderes biologisch aktives Molekül, das auf die Zelle wirkt, die es hervorbringt.

**Autophagie** Abbau der zelleigenen Organellen und Proteine in den Lysosomen. Möglicherweise ist dies ein Mechanismus, durch den cytosolische Proteine für die Präsentation auf MHC-Klasse-II-Molekülen prozessiert werden.

**Autophagosom** Struktur, die von einer Doppelmembran umgeben ist, bei einer Makroautophagie den Inhalt des Cytoplasmas aufnimmt und dann mit den Lysosomen fusioniert.

**Avidität** Gesamtbindungsstärke zwischen zwei Molekülen oder Zellen, die mehrere Bindungen miteinander eingehen können. Im Gegensatz dazu gibt die → Affinität nur die Stärke einer einzelnen Bindung zwischen einem Molekül und seinem Liganden an.

**Azathioprin** Wirksamer cytotoxischer Wirkstoff, der erst *in vivo* in seine aktive Form umgewandelt wird. Er zerstört sich schnell teilende Zellen wie Lymphocyten. Er wird bei Autoimmunerkrankungen und Transplantationen zur Immunsuppression angewendet.

**B7.1, B7.2** Proteine auf der Oberfläche von spezialisierten antigenpräsentierenden Zellen, beispielsweise von dendritischen Zellen. Sie sind die wichtigsten costimulierenden Moleküle der T-Zellen. B7.1 (CD80) und B7.2 (CD86) sind eng verwandt mit Proteinen der Immunglobulinsuperfamilie und binden beide an CD28- und CTLA-4-Moleküle auf T-Zellen. Sie werden in verschiedenen antigenpräsentierenden Zelltypen unterschiedlich exprimiert und können sich auf reagierende T-Zellen unterschiedlich auswirken. Der Begriff B7-Molekül bezieht sich sowohl auf B7.1 als auch auf B7.2.

**BAFF** B-Zell-aktivierender Faktor, der zur TNF-Familie gehört und an die Rezeptoren BAFF-R und TACI bindet und so zum Überleben der B-Zellen beiträgt.

**BAFF-R** Rezeptor für BAFF, der den kanonischen und den nichtkanonischen NFκB-Signalweg aktiviert und so zum Überleben der B-Zellen beiträgt.

**Bakterien** Eine riesige Gruppe von einzelligen prokaryotischen Mikroorganismen, von denen einige beim Menschen und bei Tieren Infektionskrankheiten hervorrufen, während andere den größten Teil der kommensalen Mikroflora des Körpers ausmachen. Pathogene Bakterien können in Extrazellularräumen oder innerhalb von Zellen in zellulären Vesikeln oder im Cytosol leben.

**Basedow-Krankheit** (*Graves' disease*) Autoimmunerkrankung, bei der Antikörper gegen den Rezeptor für das schilddrüsenstimulierende Hormon gebildet werden. Dies führt zu einer Überproduktion von Schilddrüsenhormonen und somit zu dem Krankheitsbild der Hyperthyreose.

**Basenexzisionsreparatur** Eine Form der DNA-Reparatur, die zu einer Mutation führen kann und bei der somatischen Hypermutation und beim Klassenwechsel der B-Zellen beteiligt ist.

**Basiliximab** Antikörper gegen CD25 beim Menschen. Er wird angewendet, um bei der Behandlung gegen die Abstoßung von Nierentransplantaten die Signale des IL-2-Rezeptors der T-Zellen zu blockieren.

**basisches Hauptprotein (MBP)** *(major basic protein)* Protein, das von aktivierten eosinophilen Zellen freigesetzt wird und auf Mastzellen sowie auf basophile Zellen einwirkt, dass diese Zellen die Degranulierung auslösen.

**basophile Zellen** Eine Form der weißen Blutzellen. Sie enthalten Granula, die sich mit basischen Farbstoffen anfärben lassen. Vermutlich haben sie eine ähnliche Funktion wie → Mastzellen.

**BATF3** Transkriptionsfaktor, der von dendritischen Zellen exprimiert wird und wie c-Jun und Fos zur AP1-Familie gehört.

**Bcl-2-Familie** Familie von intrazellulären Proteinen, von denen einige die Apoptose stimulieren (Bax, Bak und Bok), andere hingegen hemmen die Apoptose (Bckl-2, Bcl-W und Bcl-XL).

**Bcl-6** Ein Transkriptionsrepressor, der der Differenzierung von B-Zellen zu Plasmazellen entgegenwirkt.

**BCMA** Rezeptor aus der TNFR-Superfamilie, der das Cytokin → APRIL bindet.

**Bcr-Abl-Tyrosinkinase** Konstitutiv aktive Tyrosinkinase. Ein Fusionsprotein, das auf eine chromosomale Translokation zwischen den Tyrosinkinasegenen *Bcr* und *Abl* zurückzuführen ist (Philadelphia-Chromosom) und einhergeht mit einer chronischen myeloischen Leukämie.

**BDCA-2** *(blood dendritic cell antigen 2)* C-Typ-Lektin, das beim Menschen selektiv als Rezeptor auf der Oberfläche von plasmacytoiden dendritischen Zellen exprimiert wird.

**Becherzellen** Spezialisierte Epithelzellen, die an vielen Stellen im Körper vorkommen und für die Schleimproduktion zuständig sind; wichtig für den Schutz der Epithelien.

**Berlin-Patient** Ein Mann mit HIV, der in Berlin mit einem Transplantat aus hämatopoetischen Stammzellen (HSCs) gegen eine damit nicht zusammenhängende Krankheit (Leukämie) behandelt wurde. Das Transplantat stammte von einem Spender, dem der Corezeptor CCR5 für das Virus fehlte. Man nimmt an, dass die HIV-Infektion dadurch geheilt wurde. Er ist einer der wenigen Patienten, bei denen das Virus vollständig entfernt werden konnte (eine sogenannte sterilisierende Heilung).

**berufsbedingte Allergie** *(occupational allergy)* Allergische Reaktion auf Antigene, denen ein Betroffener am Arbeitsplatz ausgesetzt ist.

**beschleunigte Abstoßung** Die schnellere Abstoßung eines zweiten Transplantats, nachdem das erste bereits abgestoßen wurde. Dies war einer der Hinweise darauf, dass die Gewebeabstoßung auf die adaptive Immunreaktion zurückzuführen ist.

**B-Gedächtniszellen** → Gedächtniszellen

**Biologikatherapie** Behandlungsmethoden mit natürlichen Proteinen, etwa mit Antikörpern und Cytokinen, sowie mit Antiseren oder ganzen Zellen.

**Blau-Syndrom** Vererbbare granulomatöse Erkrankung, die durch Funktionsgewinnmutationen im *NOD2*-Gen hervorgerufen wird.

**BLIMP-1 (B-Lymphocyten-induziertes Reifungsprotein 1)***(B-lymphocyte-induced maturation protein 1)* Transkriptionsrepressor, der die Differenzierung der B-Zellen zu → Plasmazellen stimuliert und dabei die Proliferation unterdrückt. Später unterstützt er auch den Klassenwechsel und die Affinitätsreifung.

**Blinddarm (Appendix)** → darmassoziiertes lymphatisches Gewebe, das sich am Anfang des Dickdarms befindet.

**BLNK** B-Zell-Linker-Protein (→ SLP-65)

**B-Lymphocyten** → B-Zellen

**B-Lymphocyten-Chemokin (BLC)** → CXCL13

**Booster-Immunisierung** → sekundäre Immunisierung

**Bradykinin** Vasoaktives Peptid, das als Folge einer Gewebeschädigung gebildet wird und als Entzündungsmediator wirkt.

**Breitbandantikörper** Antikörper, die eine Infektion durch mehrere Virusstämme bekämpfen können, welche als Folge einer HIV-Infektion auftritt. Diese Antikörper blockieren die Bindung des Virus an CD4- und/oder Chemokincorezeptoren.

**bronchienassoziiertes lymphatisches Gewebe (BALT)** *(bronchial-associated lymphoid tissue)* Organisiertes Lymphgewebe, das bei einigen Tieren in den Bronchien vorkommt. Erwachsene Menschen verfügen in den Atemwegen normalerweise nicht über ein solches organisiertes Lymphgewebe, aber bei einigen Kleinkindern und älteren Kindern kann es zu finden sein.

**Bruton-Syndrom** → X-gekoppelte Agammaglobulinämie

**Bruton-Tyrosinkinase (Btk)** Tyrosinkinase aus der Tec-Familie, die für die Signalübertragung von B-Zellen von Bedeutung ist. Btk ist bei der humanen Immunschwächekrankheit → X-gekoppelte Agammaglobulinämie mutiert.

**B-und-T-Lymphocyten-Attenuator (BTLA)** Inhibitorischer, mit CD28 verwandter Rezeptor, der in B- und T-Lymphocyten exprimiert wird und mit dem Eintrittsmolekül des Herpesvirus (HVEM) interagiert. Er gehört zur TNF-Rezeptor-Familie.

**Bursa Fabricii** Lymphatisches Organ der Hühner, das mit dem Darm assoziiert ist und in dem sich die B-Lymphocyten entwickeln.

**Buttersäure (Butyrat)** Kurzkettige Fettsäure, die beim anaeroben Abbau von Kohlenhydraten durch die kommensalen Bakterien im Darm in großer Menge gebildet wird und

Teil VI

die Körperzellen auf verschiedene Weise beeinflusst. Butyrat dient den Enterocyten als Energiequelle und fungiert als Inhibitor der Histon-Deacetylasen.

**B-Zell-Antigenrezeptor, B-Zell-Rezeptor (BCR)** Rezeptor auf der Oberfläche von B-Zellen, der das spezifische Antigen erkennt. Der Rezeptor besteht aus einem membrandurchspannenden Immunglobulinmolekül, das ein Antigen erkennen kann und mit den invarianten → Igα- und → Igβ-Ketten, die eine Signalfunktion besitzen, assoziiert ist. Nach der Aktivierung durch ein Antigen differenzieren B-Zellen zu Plasmazellen, die Antikörper produzieren, welche dieselbe Antigenspezifität besitzen wie der Rezeptor.

**B-Zell-Corezeptor** Transmembranrezeptor auf der Oberfläche von B-Zellen, der Signale übermittelt und aus den Proteinen CD19, CD81 und CD21 (Komplementrezeptor 2) besteht. Er bindet Komplementfragmente auf bakteriellen Antigenen, die auch vom B-Zell-Rezeptor gebunden werden. Die Zusammenlagerung dieses Komplexes mit dem B-Zell-Antigenrezeptor erhöht die Empfindlichkeit für Antigene etwa um das 100-Fache.

**B1-Zellen** Gruppe von atypischen, sich selbst erneuernden B-Zellen, die man auch als CD5-B-Zellen bezeichnet. Sie kommen bei Erwachsenen vor allem in der Peritoneal- und in der Pleurahöhle vor und werden mehr der angeborenen als der adaptiven Immunität zugeordnet. Sie verfügen über ein wesentlich weniger vielfältiges Antigenrezeptorrepertoire als konventionelle B-Zellen und sie sind der Hauptlieferant für die natürlichen Antikörper (→ follikuläre B-Zellen).

**B-Zellen, B-Lymphocyten** Eine der beiden Formen der antigenspezifischen Lymphocyten, die für die adaptiven Immunreaktionen verantwortlich sind (die andere Form bilden die T-Zellen). Die Funktion der B-Zellen besteht darin, Antikörper zu produzieren. B-Zellen lassen sich in zwei Klassen einteilen: Die konventionellen B-Zellen verfügen über ein vielfältiges Repertoire von Antigenrezeptoren. Sie werden während des gesamten Lebens im Knochenmark neu gebildet und gelangen danach ins Blut und in die Lymphgewebe. B1-Zellen besitzen eine wesentlich geringere Vielfalt von Antigenrezeptoren. Sie bilden eine Population von sich selbst erneuernden B-Zellen in der Peritoneal- und Pleurahöhle.

**B-Zellen der Randzonen** *(marginal zone B cells)* Eine eigene Population von B-Zellen, die in den Randzonen der Milz vorkommen. Sie zirkulieren nicht und unterscheiden sich von den konventionellen B-Zellen durch eine besondere Zusammensetzung der Oberflächenproteine.

**B-Zell-Mitogene** Substanzen, die B-Zellen zur Teilung anregen.

**C1, C1-Komplex** Proteinkomplex, der als erster Schritt des klassischen Komplementwegs aktiviert wird und aus C1q sowie je zwei Molekülen der Proteasen C1r und C1s besteht. Die Bindung eines Pathogens oder Antikörpers an C1q aktiviert die C1r-Protease, die wiederum die C1s-Protease spaltet und aktiviert, die dann C4 und C2 spaltet.

**C1-Inhibitor (C1INH)** Inhibitorprotein für C1, das die C1r:C1s-Enzymaktivität blockiert. Ein Defekt von C1INH ist die Ursache des → erblichen angioneurotischen Ödems, bei dem die Aktivität von gefäßaktiven Peptiden zu Schwellungen unter der Haut und am Kehlkopf führt.

**C2** Komplementprotein des klassischen und des Lektinwegs, das durch den C1-Komplex in C2b und C2a gespalten wird. C2a ist eine aktive Protease und eine Untereinheit der klassischen C3-Konvertase C4bC2a.

**C3** Komplementprotein, in dem alle Komplementaktivierungswege zusammenlaufen. Durch Spaltung von C3 entsteht C3b, das dann kovalent an mikrobielle Oberflächen bindet, wo es die Zerstörung der Mikroorganismen durch Phagocyten stimuliert.

**C3a** → Anaphylatoxine

**C3b** → C3

**C3b₂Bb** C5-Konvertase des alternativen Weges der Komplementaktivierung.

**C3bBb** C3-Konvertase des alternativen Weges der Komplementaktivierung.

**C3dg** Abbauprodukt von iC3b. Es bleibt auf der Oberfläche von Mikroorganismen haften und bindet dort an den Komplementrezeptor CR2.

**C3f** Kleines Fragment von C3b, das von Faktor I und MCP entfernt wird, sodass iC3b auf der Oberfläche des Mikroorganismus übrigbleibt.

**C3-Konvertase** Enzymkomplex, der auf der Oberfläche von Pathogenen C3 in C3b und C3a spaltet. Die C3-Konvertase des klassischen und des Lektinwegs entsteht durch die Zusammenlagerung des membrangebundenen C4b-Proteins mit der Protease C2a zu einem Komplex. Die C3-Konvertase des alternativen Weges wird von dem membrangebundenen C3b-Protein und der Protease Bb gebildet.

**C3-Konvertase der flüssigen Phase (C3(H₂O)Bb)** Kurzlebige C3-Konvertase des alternativen Komplementwegs, die im Plasma ständig auf niedrigem Niveau produziert wird und die Aktivierung des alternativen Komplementwegs in Gang setzen kann.

**C4** Komplementprotein des klassischen und des Lektinwegs. C4 wird von C1s zu C4b gespalten. C4b ist eine Untereinheit der klassischen C3-Konvertase.

**C4b₂a** C3-Konvertase des klassischen und des Lektinwegs der Komplementaktivierung.

**C4b₂3b** C5-Konvertase des klassischen und des Lektinwegs der Komplementaktivierung.

**C4b-bindendes Protein (C4BP)** Komplementregulatorisches Protein, das die C3-Konvertase des klassischen Weges inaktiviert, wenn sie sich auf der Oberfläche von Körperzellen bildet. Dadurch wird C2a aus dem C4b:C2a-Komplex verdrängt. C4BP bindet an C4b-Moleküle auf den Körperzellen, jedoch nicht an C4b-Moleküle auf der Oberfläche von Krankheitserregern.

**C5a** → Anaphylatoxine

**C5a-Rezeptor** Zelloberflächenrezeptor für das proinflammatorische C5a-Fragment des Komplementsystems, das auf Makrophagen und neutrophilen Zellen vorkommt.

**C5b** Fragment von C5, das die Bildung des membranangreifenden Komplexes (MAC) in Gang setzt.

**C5-Konvertase** Enzym, das C5 zu C5a und C5b spaltet.

**C5L2 (GPR77)** „Köder"-Rezeptor (*decoy receptor*) für C5a, der aber keine Signale aussendet und von Phagocyten exprimiert wird.

**C6, C7, C8, C9** Komplementproteine, die zusammen mit C5b den membranangreifenden Komplex bilden.

**Calcineurin** Cytosolische Serin/Threonin-Phosphatase, die bei der Signalübertragung über den T-Zell-Rezeptor von entscheidender Bedutung ist. Die Immunsuppressiva → Ciclosporin und → Tacrolimus inaktivieren Calcineurin und unterdrücken so T-Zell-Reaktionen.

**Calmodulin** Calciumbindendes Protein, das durch die Bindung von Ca²⁺ aktiviert wird. Es kann dann an eine Vielzahl von Enzymen binden und ihre Aktivität regulieren.

Teil VI

**Calnexin** Chaperonprotein, das im endoplasmatischen Reticulum vorkommt. Es bindet an teilweise gefaltete Proteine der Immunglobulinsuperfamilie und hält sie im endoplasmatischen Reticulum zurück, bis sie ihre endgültige Konformation eingenommen haben.

**Calprotectin** Komplex aus Heterodimeren der antimikrobiellen Peptide S100A8 und S100A9, die Zink und Mangan aus Mikroorganismen abziehen. Der Komplex wird von neutrophilen Zellen in großer Menge und von Makrophagen und Epithelzellen in geringer Menge produziert.

**Calreticulin** Chaperonprotein im endoplasmatischen Reticulum, das zusammen mit ERp57 und Tapasin einen Peptidbeladungskomplex bildet, der Peptide an neu synthetisierte MHC-Klasse-I-Moleküle heftet.

**Capping** Ein Vorgang im Zellkern, bei dem das modifizierte Purin 7-Methylguanosin an die 5′-Phosphatgruppe des ersten Nucleotids des RNA-Transkripts befestigt wird.

**Carboxypeptidase N (CPN)** Metalloproteinase, die C3a und C5a inaktiviert. Ein CPN-Defekt führt zu rezidivierenden Angioödemen.

**Cardiolipin** Lipid, das bei vielen Bakterien und an der inneren Mitochondrienmembran vorkommt und von einigen $\gamma{:}\delta$-T-Zellen als Ligand erkannt wird.

**Caspase 8** Initiatorcaspase, die durch unterschiedliche Rezeptoren aktiviert wird und die Apoptose einleitet.

**Caspase 11** Diese Caspase ist zu den Caspasen-4 und -5 beim Menschen homolog. Die Expression wird von TLR-Signalen induziert.

**CARD** *(caspase recruitment domain)* Proteindomäne, die in einigen Rezeptorschwänzen vorkommt und mit anderen Proteinen, die CARD-Domänen enthalten, dimerisieren kann, etwa mit Caspasen, die dadurch für Signalwege aktiviert werden.

**Caspasen** Familie von Cysteinproteasen, die Proteine an Asparaginsäureresten spalten. Sie besitzen wichtige Funktionen bei der Prozessierung von inaktiven Cytokinvorstufen.

**Cathelicidine** Familie von antimikrobiellen Peptiden, die beim Menschen nur einen einzigen Vertreter umfasst.

**Cathelin** Ein Cathepsin-L-Inhibitor

**Cathepsine** Familie von Proteasen, die in ihrem aktiven Zentrum einen Cysteinrest enthalten und häufig bei der Prozessierung von Antigenen mitwirken, die in den vesikulären Weg aufgenommen wurden.

**CC-Chemokine** Eine der beiden Hauptgruppen der Chemokine, die sich durch zwei benachbarte Cysteinreste (CC) im Aminoterminus von denen der anderen Hauptgruppe unterscheiden. Sie werden mit CCL1, CCL2 und so weiter bezeichnet. In Anhang IV sind Chemokine im Einzelnen aufgeführt.

**CCL9 (MIP-1$\gamma$)** Chemokin, das von follikelassoziierten Epithelzellen produziert wird, an CCR6 bindet und aktivierte T- und B-Zellen, NK-Zellen und dendritische Zellen zu den GALT-Geweben dirigiert.

**CCL19** Chemokin, das von dendritischen Zellen und Stromazellen in den T-Zell-Bereichen der Lymphknoten erzeugt wird, an CCR7 bindet und naive T-Zellen anlockt.

**CCL20** Chemokin, das von follikelassoziierten Epithelzellen erzeugt wird, an CCR6 bindet und aktivierte T- und B-Zellen, NK-Zellen und dendritische Zellen zu den GALT-Geweben dirigiert.

**CCL21** Chemokin, das von dendritischen Zellen und Stromazellen in den T-Zell-Bereichen der Lymphknoten erzeugt wird, an CCR7 bindet und naive T-Zellen anlockt.

**CCL25 (TECK)** Chemokin, das von Epithelzellen im Dünndarm produziert wird, an CCR9 bindet, um den Darm ansteuernde T- und B-Zellen zu rekrutieren.

**CCL28 (MEC, mucosales Epithelchemokin)** Chemokin, das von Dickdarmzellen, in den Speicheldrüsen und von den Milchdrüsenzellen der Säuger erzeugt wird, an CCR10 bindet und B-Lymphocyten aktiviert, in diesen Geweben IgA zu produzieren.

**CCR1** Chemokinrezeptor, der von neutrophilen Zellen, Monocyten, B-Zellen und dendritischen Zellen exprimiert wird und verschiedene Chemokine bindet, etwa CCL6 und CCL9.

**CCR6** Chemokinrezeptor, der von B-Zellen in den Follikeln und Randzonen und von dendritischen Zellen exprimiert wird und CCL20 bindet.

**CCR7** Chemokinrezeptor, der von allen naiven T- und B-Zellen, auch von einigen T- und B-Gedächtniszellen (etwa den zentralen T-Gedächtniszellen) exprimiert wird. CCR7 bindet CCL19 und CCL21, die in den Lymphgeweben von dendritischen Zellen und Stromazellen erzeugt werden.

**CCR9** Chemokinrezeptor, der von dendritischen Zellen, T-Zellen und Thymocyten sowie von einigen $\gamma{:}\delta$-T-Zellen exprimiert wird. CCR9 bindet das Chemokin CCL25, das Zellen rekrutiert, die den Darm ansteuern.

**CCR10** Chemokinrezeptor, der von vielen Zellen exprimiert wird und CCL27 und CCL28 bindet, die im Darm B-Lymphocyten rekrutieren, welche wiederum IgA sezernieren.

**CD1** Kleine Familie von MHC-Klasse-I-ähnlichen Proteinen, die nicht im MHC codiert sind und den CD4-T-Zellen Glykolipidantigene präsentieren.

**CD3-Komplex** Die unveränderlichen Proteine CD3$\gamma$, $\delta$, und $\varepsilon$ sowie die dimeren $\zeta$-Ketten, die zusammen den Signalkomplex des T-Zell-Rezeptors bilden. Jede Untereinheit enthält ein oder mehrere ITAM-Signalmotive in den cytoplasmatischen Domänen.

**CD4** Der Corezeptor für T-Zell-Rezeptoren, die Peptidantigene erkennen, welche an MHC-Klasse-II-Moleküle gebunden sind. CD4 bindet an die Seitenfläche der MHC-Moleküle.

**CD4-T-Effektorzellen** Untergruppe der differenzierten T-Effektorzellen, die den CD4-Corezeptor tragen. Dazu gehören die $T_H1$-, $T_H2$- und $T_H17$-Zellen sowie die regulatorischen T-Zellen.

**CD4-T-Helferzellen** CD4-T-Effektorzellen, die B-Zellen stimulieren (ihnen „helfen"), nach einem Antigenkontakt Antikörper zu produzieren. Die Untergruppen – $T_H2$-, $T_H1$- und $T_{FH}$-Zellen – können diese Funktion übernehmen.

**CD8** Der Corezeptor für T-Zell-Rezeptoren, die an MHC-Klasse-I-Moleküle gebundene Peptidantigene erkennen. CD8 bindet an die Seitenfläche der MHC-Moleküle.

**CD11b ($\alpha_M$-Integrin)** Von Makrophagen und einigen dendritischen Zellen exprimiertes Integrin, das zusammen mit dem $\beta2$-Integrin (CD18) als Komplementrezeptor 3 (CR3) fungiert.

**CD19** → B-Zell-Corezeptor

**CD21** Andere Bezeichnung für den Komplementrezeptor 2 (CR2) → B-Zell-Corezeptor

**CD22** Inhibitorischer Rezeptor auf B-Zellen, der sialinsäuremodifizierte Glykoproteine erkennt, die auf Säugerzellen häufig vorkommen. CD22 enthält in der cytoplasmatischen Domäne ein ITIM-Motiv.

**CD23** Fc-Rezeptor für IgE mit geringer Affinität.

**CD25** Wird auch als IL-2-Rezeptor $\alpha$ (IL-2R$\alpha$) bezeichnet. Es ist die IL-2-Rezeptor-Komponente mit hoher Affinität. IL-2R enthält zudem IL-2R$\beta$ und die gemeinsame $\gamma$-Kette. Der IL-2-Rezeptor wird von aktivierten T-Zellen hochreguliert und von $T_{reg}$-Zellen konstitutiv exprimiert, sodass die Empfindlichkeit für IL-2 zunimmt.

**CD27** Protein der TNF-Rezeptor-Familie, das von naiven T-Zellen konstitutiv exprimiert wird, an CD70 auf dendritischen Zellen bindet und ein starkes costimulierendes Signal an T-Zellen in der frühen Aktivierungsphase übermittelt.

**CD28** Aktivierender Rezeptor auf T-Zellen, der die costimulierenden B7-Moleküle bindet, die auf spezialisierten antigenpräsentierenden Zellen wie den dendritischen Zellen vorkommen. CD28 ist der hauptsächliche costimulierende Rezeptor auf naiven T-Zellen.

**CD30, CD30-Ligand** CD30 auf B-Zellen und der CD30-Ligand (CD30L) auf T-Helferzellen sind costimulierende Moleküle, die bei der Anregung der Proliferation von antigenaktivierten naiven B-Zellen mitwirken.

**CD31** Zelladhäsionsmolekül, das sowohl auf Lymphocyten als auch an den Zellverbindungen der Endothelzellen vorkommt. CD31-CD31-Wechselwirkungen ermöglichen es wahrscheinlich den Leukocyten, Blutgefäße zu verlassen und in Gewebe einzudringen.

**CD40, CD40-Ligand** CD40 auf B-Zellen und der CD40-Ligand (CD40L, CD154) auf aktivierten T-Helferzellen sind costimulierende Moleküle, deren Wechselwirkung für die Proliferation und den Klassenwechsel von aktivierten naiven B-Zellen erforderlich sind. CD40 wird auch von dendritischen Zellen exprimiert. Hier liefert die CD40-CD40L-Wechselwirkung costimulierende Signale für naive T-Zellen.

**CD40-Ligand-Defekt** Immunschwächekrankheit, bei der wenig oder überhaupt keine IgG-, IgE- oder IgA-Antikörper produziert werden. IgM-Antworten fehlen zwar auch, aber im Serum ist der IgM-Titer normal bis erhöht. Ursache ist ein Defekt im Gen für den CD40-Liganden (CD154), sodass kein Klassenwechsel stattfinden kann. Man bezeichnet diese Krankheit auch als X-gekoppeltes Hyper-IgM-Syndrom, was darauf verweisen soll, dass das CD40L-codierende Gen auf dem X-Chromosom liegt und sich der Phänotyp in einem gegenüber den übrigen Immunglobulinen erhöhten IgM-Titer zeigt.

**CD44** Wird auch als phagocytotisches Glykoprotein 1 (Pgp1) bezeichnet. CD44 ist ein Glykoprotein auf der Zelloberfläche. Es wird von naiven Lymphocyten exprimiert und von aktivierten T-Zellen hochreguliert. Es handelt sich um einen Rezeptor für Hyaluronsäure, der an der Adhäsion zwischen den Zellen und zwischen den Zellen und der extrazellulären Matrix beteiligt ist. Eine hohe CD44-Expression ist ein Marker für T-Effektor- und T-Gedächtniszellen.

**CD45** Transmembrantyrosinphosphatase, die bei allen Leukocyten vorkommt. Das Enzym wird auf unterschiedlichen Zelltypen, etwa bei den verschiedenen Untergruppen der T-Zellen, in verschiedenen Isoformen exprimiert. Man bezeichnet CD45 auch als gemeinsames Leukocytenantigen und es ist ein generischer Marker für hämatopoetische Zellen, mit Ausnahme der Erythrocyten.

**CD45RO** Alternativ gespleißte Variante von CD45, die als Marker für T-Gedächtniszellen dient.

**CD48** $\rightarrow$ 2B4

**CD59, Protectin** Zelloberflächenprotein, das Körperzellen vor Schäden durch das Komplement schützt, indem es die Bindung von C9 an den C5b678-Komplex verhindert, sodass die Bildung des membranangreifenden Komplexes nicht möglich ist.

**CD69** Zelloberflächenprotein, das von T-Zellen nach ihrer Aktivierung durch ein Antigen schnell exprimiert wird. Seine Funktion besteht darin, die Expression des Sphingosin-1-phosphat-Rezeptors 1 (S1PR1) abzuschwächen, sodass aktivierte T-Zellen in den T-Zell-Zonen von sekundären lymphatischen Geweben zurückgehalten werden, wo sie sich teilen und sich zu T-Effektorzellen differenzieren.

**CD70** Ligand für CD27. Es wird von aktivierten dendritischen Zellen exprimiert und liefert ein starkes costimulierendes Signal für T-Zellen in der frühen Aktivierungsphase.

**CD81** → B-Zell-Corezeptor

**CD84** → SLAM

**CD86 (B7.2)** Transmembranprotein aus der Immunglobulinsuperfamilie, das von antigenpräsentierenden Zellen exprimiert wird und an CD28 bindet, das wiederum von T-Zellen exprimiert wird.

**CD94** C-Typ-Lektin; Untereinheit des KLR-Rezeptors der NK-Zellen.

**CD103** $\alpha_E{:}\beta_7$-Integrin, ein Zelloberflächenmarker auf einer Untergruppe der dendritischen Zellen im Gastrointestinaltrakt, die dazu beitragen, dass sich gegenüber der Nahrung und der kommensalen Mikroflora eine Immuntoleranz entwickelt.

**CD127** Wird auch als IL-7-Rezeptor $\alpha$ (IL-7 $\alpha$) bezeichnet und bildet zusammen mit der gemeinsamen $\gamma$-Kette aus der IL-2-Rezeptor-Familie den IL-7-Rezeptor. Es wird von naiven T-Zellen und einem Teil der T-Gedächtniszellen exprimiert und trägt zu deren Überleben bei.

**Centroblasten** Große, sich schnell teilende aktivierte B-Zellen in den dunklen Zonen der → Keimzentren in den Follikeln der peripheren lymphatischen Organe.

**Centrocyten** Kleine B-Zellen in den → Keimzentren in den Follikeln der peripheren lymphatischen Organe, die sich von den → Centroblasten ableiten. Centrocyten kommen in den hellen Zonen der Keimzentren vor.

**cGas** *(cyclic GAMP synthase)* Enzym im Cytosol, das von doppelsträngiger DNA aktiviert wird und dann zyklisches Guanosinmonophosphat-Adenosinmonophosphat bildet (→ zyklische Dinucleotide, CDNs).

**Checkpoint-Blockade** Ansatz in der Tumortherapie, bei dem versucht wird, in die normalen inhibitorischen Signale einzugreifen, durch die Lymphocyten reguliert werden.

**Chediak-Higashi-Syndrom** Funktionsdefekt bei Phagocyten aufgrund eines Proteins, das bei der Vesikelfusion innerhalb der Zelle von Bedeutung ist. Die Lysosomen können nicht richtig mit den Phagosomen fusionieren, sodass das Abtöten von aufgenommenen Bakterien gestört ist.

**Chemokine** Kleine Chemoattraktorproteine, die besonders die Wanderung und Aktivierung von Phagocyten und Lymphocyten stimulieren. Chemokine sind für Entzündungsreaktionen von zentraler Bedeutung. Eigenschaften der einzelnen Chemokine sind in Anhang IV aufgeführt.

**Chemotaxis** Zelluläre Bewegung als Reaktion auf chemische Signale in der Umgebung.

Teil VI

**chimäre Antigenrezeptoren (CARs)** Künstliche Fusionsproteine, die aus extrazellulären antigenspezifischen Rezeptoren (beispielsweise Einzelkettenantikörper) und intrazellulären Signaldomänen zusammengesetzt sind. Sie dienen der Aktivierung und Costimulation, werden in T-Zellen exprimiert und in der Krebsimmuntherapie angewendet.

**chronische Abstoßung** Spät einsetzendes Versagen eines übertragenen Organs aufgrund immunologischer und nichtimmunologischer Ursachen.

**chronische Allograftvaskulopathie** Chronische Schädigungen, die zu einem spät einsetzenden Versagen transplantierter Organe führen können. Die Arteriosklerose von transplantierten Blutgefäßen führt zu einer Unterversorgung des Transplantats und schließlich zu einer Fibrose und Atrophie.

**chronische Granulomatose** → septische Granulomatose

**Ciclosporin** Wirksamer nichtcytotoxischer, immunsuppressiver Wirkstoff. Er hemmt die Signalübertragung über den → T-Zell-Rezeptor und verhindert dadurch die Aktivierung der T-Zellen, sodass sie ihre Effektorfunktionen nicht ausüben können. Ciclosporin bindet an Cyclophilin und dieser Komplex inaktiviert wiederum die Serin/Threonin-Phosphatase (→ Calcineurin).

**CINCA-Syndrom** *(chronic infantile neurologic cutaneous and articular syndrome)* Autoinflammatorische Erkrankung aufgrund eines Defekts im *NLRP3*-Gen, das eine Komponente des Inflammasoms codiert.

**CLIP (Klasse-II-assoziiertes Peptid der invarianten Kette)***(class II-associated invariant chain peptide)* Ein Peptid mit variabler Länge, das von Proteasen von der invarianten Kette (li) abgespalten wird. Es bleibt mit dem MHC-Klasse-II-Molekül instabil verbunden, bis es durch das HLA-DM-Protein entfernt wird.

***Clostridium difficile*** Grampositives, anaerobes, toxigenes, sporenbildendes Bakterium, das häufig mit schweren Koliken in Zusammenhang steht, die nach einer Behandlung mit bestimmten Breitbandantibiotika auftreten können.

**c-Maf** Transkriptionsfaktor, der bei der Entwicklung der $T_{FH}$-Zellen eine Rolle spielt.

**codierende Verknüpfungssequenz** DNA-Verknüpfungsstelle, die während der Rekombination von Genen für Immunglobulin- oder T-Zell-Rezeptoren durch ungenaues Zusammenfügen eines V-Gen-Segments mit einem (D)J-Gen-Segment entsteht (→ Signalverknüpfungssequenz).

**codominant** Situation, in der beide Allele eines Gens in einem heterozygoten Individuum annähernd gleich stark exprimiert werden. Dies ist bei den meisten Genen der Fall, auch bei den hoch polymorphen MHC-Genen.

**Colitis ulcerosa** Eine der beiden Hauptformen der entzündlichen Darmerkrankung, die wahrscheinlich aufgrund einer anormalen Überreaktion auf die kommensale Mikroflora (→ Morbus Crohn) entsteht.

**Corezeptor** Zelloberflächenprotein, das die Empfindlichkeit eines Antigenrezeptors für sein Antigen erhöht, indem es an benachbarte Liganden bindet und an der Signalkaskade mitwirkt. Die Antigenrezeptoren auf den T- und B-Zellen sind in Verbindung mit den Corezeptoren CD4 oder CD8 auf T-Zellen beziehungsweise mit einem Corezeptorkomplex aus drei Proteinen bei den B-Zellen aktiv.

**Cortex** Der äußere Bereich eines Gewebes oder Organs. Bei den Lymphknoten bezieht sich der Begriff auf die Follikel, die vor allem aus B-Zellen bestehen.

**Corticosteroide** Gruppe von Wirkstoffen, die mit den natürlichen Steroiden wie Cortison verwandt sind. Corticosteroide können Lymphocyten und besonders heranreifende → Thymocyten abtöten, indem sie eine → Apoptose auslösen. Man setzt sie als entzündungshemmende und immunsuppressive Wirkstoffe und gegen lymphatische Tumoren ein.

**costimulierende Moleküle** Proteine auf der Oberfläche von antigenpräsentierenden Zellen, die an naive T-Zellen costimulierende Signale übermitteln. Beispiele sind die B7-Moleküle auf dendritischen Zellen, die für CD28 auf naiven T-Zellen Liganden sind.

**costimulierende Rezeptoren** Rezeptoren auf der Oberfläche von naiven Lymphocyten, durch welche die Zellen zusätzlich zu den Signalen aus dem Antigenrezeptor weitere Signale erhalten. Die costimulierenden Rezeptoren sind für die vollständige Aktivierung der Lymphocyten notwendig. Beispiele sind CD30 und CD40 auf B-Zellen sowie CD27 und CD28 auf T-Zellen.

**CR1 (CD35)** Von phagocytotischen Zellen exprimierter Rezeptor, der C3b bindet. Er stimuliert die Phagocytose und blockiert die Bildung der C3-Konvertase auf der Oberfläche von Körperzellen.

**CR2 (CD21)** Komplementrezeptor, der Teil des B-Zell-Corezeptor-Komplexes ist. CD21 bindet Antigene, an die verschiedene Abbauprodukte von C3b gebunden haben, insbesondere C3dg. Durch Quervernetzung mit dem B-Zell-Rezeptor erhöht es die Empfindlichkeit für ein Antigen um mindestens das 100-Fache. Auch das Epstein-Barr-Virus nutzt CR2, um in B-Zellen einzudringen.

**CR3 (CD11b:CD18)** Komplementrezeptor 3. Ein $\beta_2$-Integrin, das als Adhäsionsmolekül und als Komplementrezeptor wirkt. CR3 bindet auf Phagocyten iC3b und stimuliert die → Phagocytose.

**CR4 (CD11c:CD18)** Ein $\beta_2$-Integrin, das als Adhäsionsmolekül und als Komplementrezeptor wirkt. CR4 auf Phagocyten bindet an iC3b (ein Abbauprodukt von C3b auf der Oberfläche von Pathogenen) und stimuliert die → Phagocytose.

**CRAC-Kanäle** *(calcium release-activated calcium channels)* Kanäle in der Plasmamembran von Lymphocyten, die sich öffnen, wenn ein Lymphocyt auf ein Antigen reagiert, und so Calcium in die Zelle strömen lassen. Das Öffnen des Kanals wird durch die Freisetzung von Calcium aus dem endoplasmatischen Reticulum ausgelöst.

**C-reaktives Protein** → Akute-Phase-Protein, das an Phosphatidylcholin bindet, das seinerseits Bestandteil des C-Polysaccharids (daher die Bezeichnung C-reaktiv) des Bakteriums *Streptococcus pneumoniae* und vieler anderer Bakterien ist. Das C-reaktive Protein kann die Bakterien daher opsonisieren und für eine schnelle Endocytose durch Phagocyten vorbereiten.

**CRIg (Komplementrezeptor der Immunglobulinfamilie)** Komplementrezeptor, der inaktivierte Formen von C3b bindet.

**Cryptidine** $\alpha$-Defensine (antimikrobielle Polypeptide), die von den Paneth-Zellen des Dünndarms produziert werden.

**Cryptoplaques** *(cryptopatches)* Aggregate aus Lymphgewebe in der Darmwand, aus denen wahrscheinlich isolierte Lymphfollikel hervorgehen.

**CstF-64** Untereinheit des CstF-Faktors *(cleavage stimulation factor)*, der die Polyadenylierung an $pA_S$ unterstützt, sodass die sezernierte Form von IgM gebildet wird.

**cTEC** → Thymuscortex

**C-terminale Src-Kinase (Csk)** Kinase, die das C-terminale Tyrosin der Src-Kinasen in Lymphocyten phosphoryliert und die Src-Kinasen dadurch inaktiviert.

**CTLA-4** Ein hochaffiner inhibitorischer Rezeptor für B7-Moleküle auf T-Zellen. Durch seine Bindung wird die Aktivierung einer T-Zelle blockiert.

**C-Typ-Lektine** Eine große Gruppe von kohlenhydratbindenden Proteinen, die für die Bindung $Ca^{2+}$ benötigen. Viele dieser Proteine sind bei der angeborenen Immunität aktiv.

**CVID** → variables Immundefektsyndrom

**CXR3R1** Chemokinrezeptor, der von Monocyten, Makrophagen, NK-Zellen und aktivierten T-Zellen exprimiert wird und CXCL1 (Fractalin) bindet.

**CXC-Chemokine** Eine der beiden Hauptgruppen der Chemokine, die deren besonderes Merkmal das Cys-X-Cys-(CXC-)Motiv in der Nähe des Aminoterminus ist. Man bezeichnet sie mit CXCL1, CXCL2 und so weiter. Eine Liste der einzelnen Chemokine findet sich in Anhang IV.

**CXCL12 (SDF-1)** Chemokin, das von den Stromazellen in der dunklen Zone des Keimzentrums gebildet wird und CXCR4 bindet, das von Centroblasten exprimiert wird.

**CXCL13** Chemokin, das in den Follikeln und hellen Zonen der Keimzentren produziert wird und an den CXR4-Rezeptor bindet, der von Centroblasten exprimiert wird.

**CXCR5** Chemokinrezeptor, der von zirkulierenden B-Zellen und aktivierten T-Zellen exprimiert wird, das Chemokin CXCL13 bindet und wandernde Zellen in die Follikel dirigiert.

**Cyclophiline** Familie von Polyisomerasen, welche die Proteinfaltung beeinflussen und Ciclosporin binden. Der so entstehende Komplex bindet an Calcineurin und verhindert so dessen Umwandlung in Calmodulin.

**Cyclophosphamid** DNA-alkylierendes Agens, das häufig als → Immunsuppressivum eingesetzt wird. Es tötet schnell proliferierende Zellen ab, darunter auch Lymphocyten, die sich infolge eines Antigenkontakts teilen.

**cystische Fibrose** Krankheit, die durch einen Defekt im *CFTR*-Gen verursacht wird. Dadurch kommt es zur Absonderung von dickem, klebrigem Schleim und zu rezidivierenden Infektionen der Lunge.

**Cytidin-Desaminase-Aktivität (CDA)** Enzymatische Aktivität der Proteine aus der AID-APOBEC-Familie bei Spezies der kieferlosen Vertebraten (Agnatha). Diese Proteine bewirken wahrscheinlich die Umlagerung und das Zusammensetzen der gesamten VLR-Gene.

**Cytokine** Von Zellen gebildete Proteine, die das Verhalten anderer Zellen beeinflussen, vor allem das der Immunzellen. Von Lymphocyten produzierte Cytokine nennt man auch oft → Interleukine (abgekürzt IL). Eine Auflistung der verschiedenen Cytokine und ihrer Rezeptoren findet sich in Anhang III (→ Chemokine; Anhang IV).

**Cytosol** Eines von mehreren Hauptkompartimenten innerhalb einer Zelle. Es enthält Bestandteile wie das Cytoskelett und die Mitochondrien und ist durch Membranen von den eigenständigen Kompartimenten, beispielsweise dem Zellkern oder dem vesikulären System, abgegrenzt.

**cytotoxische T-Zellen** T-Zellen, die andere Zellen abtöten können. Das sind vor allem die CD8-T-Zellen, die intrazelluläre Krankheitserreger bekämpfen, die im Cytosol leben oder sich dort vermehren. Aber auch CD4-T-Zellen können in manchen Fällen andere Zellen abtöten.

**Daclizumab** Antikörper gegen das CD25-Protein beim Menschen. Der Antikörper wird eingesetzt, um bei der Behandlung einer Abstoßung von transplantierem Nierengewebe die Signale des IL-2-Rezeptors der T-Zellen zu blockieren.

**DAF (CD55)** *(decay-accelerating factor)* Zelloberflächenprotein, das Zellen vor der Lyse durch das → Komplementsystem schützt. Fehlt dieser Faktor, kommt es zu einer paroxysmalen nächtlichen Hämoglobinurie.

**DAG** → Diacylglycerin

**DAMPs** *(damage-associated molecular patterns)* → pathogenassoziierte molekulare Muster (PAMPs)

**DAP10, DAP12** Signalproteinketten, die ITAM-Motive enthalten und bei NK-Zellen mit den Schwänzen einiger aktivierender Rezeptoren assoziiert sind.

**darmassoziierte lymphatische Gewebe (GALT)** *(gut-associated lymphoid tissues)* Lymphgewebe, die eng mit dem Gastrointestinaltrakt verbunden sind. Dazu zählen die → Peyer-Plaques, der Blinddarm und die isolierten Lymphfollikel in der Darmwand, wo adaptive Immunantworten ausgelöst werden. Die GALT sind außerdem über die Lymphgefäße mit den mesenterialen Lymphknoten verbunden.

**DC-SIGN** *(dendritic cell-specific ICAM3-grabbing non-integrin)* Lektin auf der Oberfläche von dendritischen Zellen, das ICAM-3 mit hoher Affinität bindet.

**DDX41 (DEAD-Box-Polypeptid 41)** Mutmaßlicher DNA-Sensor aus der RLR-Familie, der anscheinend Signale über den STING-Weg überträgt.

**DED** → Todeseffektordomäne

**Dectin-1** Der phagocytotische Rezeptor auf neutrophilen Zellen und Makrophagen erkennt $\beta$-1,3-glykosidisch verknüpfte Glucane, die als Zellwandbestandteile bei Pilzen vorkommen.

**defekte ribosomale Produkte (DRiPs)** Peptide, die von Introns in ungenau gespleißten mRNAs translatiert werden, außerdem Translationsprodukte mit Rasterverschiebungen sowie ungenau gefaltete Proteine, die erkannt und durch Ubiquitin für einen Abbau durch die Proteasomen markiert werden

**Defensine** → $\alpha$-Defensine, → $\beta$-Defensine

**dendritische epidermale T-Zellen (dETCs)** Spezialisierte Klasse der $\gamma$:$\delta$-T-Zellen, die man in der Haut von Mäusen und einigen anderen Tierarten findet, nicht aber bei Menschen. Sie exprimieren $V_\gamma 5$:$V_\delta 1$ und interagieren wahrscheinlich mit bestimmten Liganden wie dem Skint-1-Faktor, der von Keratinocyten exprimiert wird.

**dendritische Zellen** Aus dem Knochenmark abstammende Zellen, die in den meisten Geweben vorkommen, so auch in den Lymphgeweben. Konventionelle dendritische Zellen nehmen in den peripheren Geweben Antigene auf, werden durch den Kontakt mit Krankheitserregern aktiviert und wandern zu den peripheren lymphatischen Organen, wo sie als die wirkungsvollsten Stimulatoren der T-Zell-Antworten fungieren. Plasmacytoide dendritische Zellen nehmen auch Antigene auf und präsentieren sie, aber ihre Hauptfunktion bei einer Infektion besteht darin, dass sie nach einem Kontakt mit Krankheitserregern große Mengen an antiviralen Interferonen produzieren. Diese beiden Typen von dendritischen Zellen unterscheiden sich von den → follikulären dendritischen Zellen, die den B-Zellen in den Lymphfollikeln Antigene präsentieren.

**Dephosphorylierung** Das Entfernen einer Phosphatgruppe von einem Molekül, normalerweise von einem Protein.

**depletierende Antiköper** Immunsuppressive monoklonale Antikörper, die *in vivo* die Zerstörung von Lymphocyten auslösen. Man verwendet sie, um akute Fälle von Gewebeabstoßung zu behandeln.

**Desensibilisierung** Ein immuntherapeutisches Verfahren, das entweder darauf abzielt, eine allergische Immunreaktion so zu verändern, dass sie zu einer symptomfreien, nicht-allergischen Reaktion wird, oder die Entwicklung einer immunologischen Toleranz für ein Allergen anstrebt, welches unangenehme Krankheitssymptome verursacht hat. Zu dem Verfahren gehört auch, dass man einer allergischen Person zunehmende Allergendosen verabreicht.

**Diabetes mellitus Typ 1** Krankheit, bei der die $\beta$-Zellen in den Langerhans-Inseln der Bauchspeicheldrüse zerstört werden, sodass kein Insulin mehr produziert werden kann. Man nimmt an, dass die Erkrankung auf einer Autoimmunreaktion gegen die $\beta$-Zellen beruht. Man bezeichnet die Krankheit auch als insulinabhängigen Diabetes mellitus (IDDM), da sich die Symptome durch Injektion von Insulin verbessern lassen.

**Diacylglycerin (DAG)** Intrazelluläres Signallipidmolekül, das aus Inositolphospholipiden der Membranen durch die Aktivität der Phospholipase C-$\gamma$ entsteht. Die DAG-Bildung wird durch die Aktivierung zahlreicher verschiedener Rezeptoren ausgelöst. DAG bleibt in der Membran, wo es die cytosolische Proteinkinase C und RasGRP aktiviert, die das Signal weitertragen.

**Diacyl- und Triacyllipopeptide** Liganden für die Toll-like-Rezeptoren TLR-1:TLR-2 und TLR-2:TLR-6.

**Diapedese** Wanderung von Blutzellen, besonders von Leukocyten, durch die Gefäßwände ins Gewebe

**disseminierte intravaskuläre Gerinnung (DIG)** Blutgerinnung, die als Reaktion auf die disseminierte Freisetzung von TNF-$\alpha$ in kleinen Blutgefäßen gleichzeitig überall im Körper erfolgt und zu einem massiven Verbrauch von Blutgerinnungsproteinen führt, sodass die Blutgerinnung des Patienten nicht mehr richtig funktioniert. DIG tritt beim septischen Schock auf.

**Differenzierungsantigene** Eine bestimmte Gruppe von Genen mit eingeschränkten Expressionsmustern, deren Produkte bei einer Immuntherapie gegen Krebs als Antigene angegriffen werden können.

**DiGeorge-Syndrom** Genetisch bedingte, rezessiv vererbte Immunschwächeerkrankung. Die Patienten besitzen kein ausdifferenziertes Thymusepithel. Auch Nebenschilddrüsen fehlen und es treten Anomalien der Blutgefäße auf.

**direkte Allogenerkennung** Erkennung eines transplantierten Gewebes durch den Empfängerorganismus, bei der antigenpräsentierende Zellen des Spenders das Transplantat verlassen, über die Lymphflüssigkeit zu regionalen Lymphknoten wandern und dort T-Zellen des Empfängers aktivieren, die die entsprechenden T-Zell-Rezeptoren besitzen.

**direkte Präsentation** Vorgang, bei dem aus Proteinen, die von einer Zelle produziert wurden, Peptide entstehen, die von MHC-Klasse-I-Molekülen präsentiert werden. Dabei kann es sich um antigenpräsentierende Zellen, beispielsweise dendritische Zellen, handeln, aber auch um Nichtimmunzellen, die jeweils von cytotoxischen T-Lymphocyten gezielt angegangen werden.

**DISC (*death-inducing signaling complex*)** Multienzymkomplex, der sich aufgrund von Signalen von Proteinen der Todesrezeptorfamilie bildet, die zelluläre apoptoseinduziere Rezeptoren umfasst (zum Beispiel Fas). DISC aktiviert die Caspasekaskade und löst so die Apoptose aus.

**Dislokation** Abbau von neu synthetisierten MHC-Klasse-I-Molekülen im Zusammenhang mit Abwehrmechanismen von Viren.

**Diversionscolitis** Entzündung und Nekrose von Enterocyten als Folge einer chirurgischen Stilllegung von Abschnitten des Dickdarms, sodass der normale Fluss des Darminhalts nicht mehr stattfindet. Dadurch fehlen die kurzkettigen Fettsäuren, die sonst von der Mikroflora geliefert werden.

**Diversitätsgensegmente ($D_H$)** Kurze DNA-Sequenzen, die in den Genen für die schwere Kette der Immungloguline die V- und J-Gen-Segmente sowie in den Genen für den → T-Zell-Rezeptor die Segmente für die $\beta$- und $\delta$-Kette miteinander verbinden (→ Gensegmente).

**Vielfalt der Verknüpfungsstellen** → junktionale Diversität

**DN1, DN2, DN3, DN4** Zwischenstadien bei der Entwicklung von doppelt positiven CD4$^+$CD8$^+$-T-Zellen im Thymus. Die Umstrukturierung des Locus der TCR$\beta$-Kette beginnt in der Phase DN2 und ist in DN4 abgeschlossen.

**DNA-abhängige Proteinkinase (DNA-PK)** Proteinkinase im DNA-Reparatur-Signalweg, die bei der Umstrukturierung der Immunglobulin- und T-Zell-Rezeptor-Gene eine Rolle spielt.

**DNA-Impfung** Impfung in die Haut oder die Muskulatur mit DNA, die ein bestimmtes Antigen codiert. Das exprimierte Protein kann Antikörper und T-Zell-Reaktionen hervorrufen.

**DNA-Ligase IV** Enzym, das die Enden von doppelsträngiger DNA miteinander verknüpft, wodurch bei der V(D)J-Rekombination die codierende Verknüpfungssequenz entsteht.

**DNA-Transposons** Genetische Elemente, die ihre eigene Transposase codieren und sich eigenständig in genomische DNA einfügen und auch wieder herausschneiden können.

**Donorlymphocyteninfusion (DLI)** Übertragung von reifen Lymphocyten (das heißt T-Zellen) von einem Spender auf Patienten bei einer Knochenmarktransplantation zur Krebsbehandlung, um noch vorhandene Tumorreste zu beseitigen.

**doppelsträngige RNA (dsRNA)** Chemische Struktur, die bei der Vermehrung zahlreicher Viren eine Zwischenstufe darstellt und von TLR-3 erkannt wird.

**doppelt negative Thymocyten** Unreife T-Zellen im Thymus, die keinen der beiden → Corezeptoren, CD4 und CD8, exprimieren. Sie sind die Vorläufer der übrigen T-Zellen, die sich im Thymus entwickeln. In einem normalen Thymus befinden sich etwa 5 % der Thymocyten in diesem Zustand.

**doppelt positive Thymocyten** Unreife T-Zellen im Thymus, die durch die Expression sowohl des CD4- als auch des CD8-Corezeptors gekennzeichnet sind. Sie machen die Mehrzahl (etwa 80 %) der Thymocyten aus und sind die Vorläufer der reifen CD4- und CD8-T-Zellen.

**Doppelstrangbruchreparatur (DSBR)** Verknüpfung nichthomologer Enden bei der DNA-Reparatur zum Abschluss des Isopenwechsels.

**Down-Syndrom-Zelladhäsionsmolekül (Dscam)** Protein der → Immunglobulinsuperfamilie. Man nimmt an, dass es bei Insekten die Opsonisierung von eindringenden Bakterien bewirkt und die Aufnahme der Bakterien durch Phagocyten unterstützt. Es kann aufgrund von alternativem Spleißen in vielen verschiedenen Formen vorkommen.

**DR4, DR5** Proteine der TNFR-Superfamilie, die von vielen Zelltypen exprimiert werden. Sie werden durch das TRAIL-Protein aktiviert, sodass sie die Apoptose einleiten können.

**dunkle Zone** → Keimzentren

**Dysbiose** Veränderung des Gleichgewichts zwischen Spezies der Mikroorganismen, welche die Mikroflora bilden. Dafür kann es eine Reihe von Ursachen geben (beispielsweise Antibiotika, genetisch bedingte Störungen). Häufig geht damit das übermäßige Wachstum von pathogenen Organismen einher, beispielsweise *Clostridium difficile*.

*dysregulated self* Veränderte Expression von Zelloberflächenrezeptoren, die bei infizierten oder malignen Zellen auftritt und durch das angeborene Immunsystem erkannt werden kann.

**E3-Ubiquitin-Ligase** Enzymaktivität, welche die Übertragung eines Ubiquitinmoleküls vom E2-Ubiquitin-verknüpfenden Enzym auf ein spezifisches Zielprotein katalysiert.

**EBI2 (GPR183)** Chemokinrezeptor, der Oxysterine bindet und während der frühen Phasen der B-Zell-Aktivierung in den Lymphgeweben die Wanderung der B-Zellen zu den äußeren follikulären und interfollikulären Bereichen reguliert.

**E-Cadherin** Integrin, das von Epithelzellen exprimiert wird und für die Bildung der Adherens Junctions zwischen benachbarten Zellen von Bedeutung ist.

**Effektorcaspasen** Proteasen in der Zelle, die infolge eines apoptotischen Signals aktiviert werden und die zellulären Veränderungen in Gang setzen, die mit der Apoptose zusammenhängen. Sie sind von den Initiatorcaspasen zu unterscheiden, die stromaufwärts der Effektorcaspasen aktiv sind und die Caspasekaskade auslösen.

**Effektorgedächtniszellen** Gedächtniszellen, die zwischen Blut und peripheren Geweben zirkulieren und darauf spezialisiert sind, schnell zu T-Effektorzellen heranzureifen, nachdem sie in nichtlymphatischen Geweben erneut von dem Antigen stimuliert wurden.

**Effektormechanismen** Prozesse, durch die Krankheitserreger zerstört und aus dem Körper entfernt werden. Bei der angeborenen und der erworbenen Immunantwort stimmen die meisten Effektormechanismen zur Beseitigung von Krankheitserregern überein.

**Effektorzellen** Zellen, die nach einer ersten Aktivierung durch ein Antigen aus den naiven Lymphocyten durch Differenzierung hervorgehen. Sie können ohne weitere Differenzierung Krankheitserreger im Körper beseitigen und unterscheiden sich von den Gedächtniszellen, die eine zusätzliche Differenzierung durchlaufen müssen, um Effektorlymphocyten zu werden.

**eIF2$\alpha$** Untereinheit des eukaryotischen Initiationsfaktors 2 (eIF2), der die Bildung des Präinitiationskomplexes unterstützt, mit dem dann die Translation der mRNA beginnt. Wenn eIF2$\alpha$ von der PKR (eine Serin/Threonin-Kinase) phosphoryliert wird, ist die Proteintranslation blockiert.

**eIF3** Proteinkomplex aus mehreren Untereinheiten, der bei der Bildung des 43S-Präinitiationskomplexes aktiv ist. eIF3 kann an interferoninduzierte Transmembranproteine (IFITs) binden, wodurch die Translation viraler Proteine blockiert wird.

**einfach positive Thymocyten** Reife T-Zellen, die entweder den CD4- oder den CD8-Corezeptor, aber nicht beide exprimieren.

**Einzelkettenantikörper** *(single chain antibody)* IgG mit nur einer schweren Kette, die anders als konventionelle Antikörper keine leichte Kette enthalten und von den Camelidae und Haifischen exprimiert werden.

**Einzelnucleotidpolymorphismus (SNPs)** *(single nucleotide polymorphism)* Positionen im Genom, die sich bei verschiedenen Individuen nur in einer einzigen Base unterscheiden.

**einzelsträngige RNA (ssRNA)** Kommt normalerweise nur im Zellkern und im Cytoplasma vor. Wenn diese normale molekulare Form im Inneren von Endosomen vorkommt, etwa im Zusammenhang mit dem Vermehrungszyklus eines Virus, ist sie ein Ligand für TLR-7, TLR-8 und TLR-9.

**Eiter** Dickflüssiges Material von gelblich-weißer Farbe, das an Infektionsherden von einigen Bakterienspezies auftritt und aus den Überresten von toten neutrophilen Zellen und anderen Zellen besteht.

**eiterbildende Bakterien** Verkapselte Bakterien, die an Infektionsherden die Eiterbildung hervorrufen. Sie werden auch als pyogene Bakterien bezeichnet.

**elektrostatische Wechselwirkungen** Chemische Wechselwirkungen zwischen geladenen Atomen, wie sie beispielsweise in geladenen Aminosäureseitenketten und in Ionenbindungen vorkommen.

**Eliminierungsphase** Stadium der Immunantwort gegen Tumoren, in der Krebszellen vernichtet werden. Man bezeichnet dies auch als → Immunüberwachung (*immune surveillance*).

**Elite-Controller** Gruppe von HIV-Infizierten, bei denen die Krankheit nicht voranschreitet und die ohne antivirale Therapie keinen klinisch diagnostizierbaren Titer aufweisen (→ *long-term nonprogressors*).

**ELL2** Elongationsfaktor der Transkription, der die Polyadenylierung an $pA_S$ begünstigt, sodass die sezernierte Form von IgM gebildet wird.

**endogene Pyrogene** → Cytokine, die eine Erhöhung der Körpertemperatur verursachen können.

**endokrin** Aktivität von biologisch aktiven Molekülen, beispielsweise Hormone oder Cytokine, die von einem Gewebe in das Blut sezerniert werden und auf ein entferntes Gewebe wirken (→ autokrin, → parakrin).

**Endosteum** Bereich im Knochenmark, der an die innere Oberfläche des Knochens angrenzt. Hier befinden sich die frühesten Stadien der hämatopoetischen Stammzellen.

**Endothel** Epithel, das die Zellwände der Blutkapillaren und die innere Auskleidung größerer Blutgefäße bildet.

**Endothelaktivierung** Veränderungen der Endothelwände von kleinen Blutgefäßen als Folge einer Entzündung, etwa die erhöhte Durchlässigkeit und die verstärkte Produktion von Zelladhäsionsmolekülen und Cytokinen.

**Endothelprotein-C-Rezeptor (EPCR)** Nichtklassisches MHC-Klasse-I-Protein, das von Endothelzellen induziert wird und mit dem Blutgerinnungsfaktor XIV (Protein C) in Wechselwirkung tritt und von einigen $\gamma$:$\delta$-T-Zellen erkannt wird.

**Endothelzelle** Zelltyp, der das Endothel, also das Epithel einer Blutgefäßwand, bildet.

**Endotoxine** Toxine, die sich aus der bakteriellen Zellwand ableiten und von geschädigten Zellen freigesetzt werden. Sie sind wirksame Auslöser der Cytokinsynthese. Wenn sie in großer Zahl im Blut vorkommen, kann es zu einer systemischen Reaktion kommen, die man als endotoxischen Schock bezeichnet.

**enteroadhäsive *Escherichia coli*** Eine Gruppe von *E. coli*-Stämmen, die sich an die Zellen der Mikrovilli im Darm anheften können und diese infizieren und zerstören, sodass es zu einer Colitis und Durchfall kommt.

**Entkommensphase** Endstadium einer Immunantwort gegen einen Tumor, wenn die Expression der Zielantigene durch Immun-Editing beseitigt wurde, sodass die Krebszellen nun nicht mehr vom Immunsystem erkannt werden.

**Entry-Inhibitoren** Wirkstoffe, die verhindern, dass HIV in Wirtszellen eindringt.

**entzündliche Darmerkrankung (IBD)** *(inflammatory bowel disease)* Allgemeine Bezeichnung für eine Reihe von Entzündungskrankheiten des Darms, beispielsweise Morbus Crohn und Colitis ulcerosa, die einen immunologischen Hintergrund haben.

**Entzündung (Inflammation)** Allgemeine Bezeichnung für eine lokale Ansammlung von Flüssigkeit, Plasmaproteinen und weißen Blutzellen, die durch Verletzungen, Infektionen oder eine lokale Immunreaktion verursacht wird.

**Entzündungszellen** Zellen wie Makrophagen, neutrophile Zellen und $T_H1$-Effektorzellen, die in entzündete Gewebe einwandern und zur Entzündung beitragen.

**Eomesodermin** Transkriptionsfaktor, der bei der Entwicklung und Funktion bestimmter Arten von NK-Zellen, ILC- und CD8-T-Zellen eine Rolle spielt.

**eosinophile Zellen** Weiße Blutzellen, die Granula enthalten, die sich mit Eosin anfärben lassen. Sie sind vermutlich vor allem bei der Abwehr von parasitischen Infektionen wichtig, sind aber auch als Effektorzellen bei allergischen Reaktionen medizinisch von Bedeutung.

**Eosinophilie** Anormal hohe Zahl an eosinophilen Zellen im Blut.

**Eotaxine** CC-Chemokine, die vor allem auf eosinophile Zellen wirken. Dazu gehören CCL11 (Eotaxin-1), CCL24 (Eotaxin-2) und CCL26 (Eotaxin-3).

**Epitop** Stelle auf einem Antigen, die von einem Antikörper oder einem Antigenrezeptor erkannt wird. T-Zell-Epitope sind kurze Peptide, die an → MHC-Moleküle gebunden sind. B-Zell-Epitope sind normalerweise Strukturmotive auf der Oberfläche von Antigenen. Man bezeichnet Epitope auch als Antigendeterminanten.

**Epitoperweiterung** Zunehmende Diversifikation von Immunreaktionen auf Autoantigene, wenn solche Reaktionen persistieren. Das liegt an den Reaktionen, die sich gegen andere Epitope als das ursprüngliche Epitop richten.

**erbliche Hämochromatose** Krankheit, die durch Defekte im *HFE*-Gen verursacht wird und durch eine anormale Rückhaltung von Eisen in der Leber und in anderen Organen gekennzeichnet ist.

**erbliches Angioödem (HAE)** Genetischer Defekt des → C1-Inhibitors des → Komplementsystems. Ist der C1-Inhibitor nicht vorhanden, kann eine spontane Aktivierung des Komplementsystems den Austritt von Flüssigkeit aus den Blutgefäßen verursachen. Die schwerwiegendste Folge dieses Flüssigkeitsaustritts ist das Anschwellen des Kehldeckels und die damit verbundene Erstickungsgefahr.

**ERAAP** *(endoplasmatic reticulum aminopeptidase associated with antigen processing)* Aminopeptidase für Antigenprozessierung im endoplasmatischen Reticulum, die längere Polypeptide auf eine Größe zurechtschneidet, mit der sie an MHC-Klasse-I-Moleküle binden können.

**ERAD** *(endoplasmic reticulum-associated degradation)* System von Enzymen im endoplasmatischen Reticulum, das unvollständig oder falsch gefaltete Proteine erkennt und schließlich deren Abbau herbeiführt.

**Erk** Extrazelluläre signalgekoppelte Kinase; eine Proteinkinase, die bei einem Modul des T-Zell-Rezeptor-Signalwegs als MAPK-Kinase fungiert. Erk ist auch bei anderen Rezeptoren in anderen Zelltypen aktiv.

**ERp57** Chaperonmolekül, das an der Beladung von → MHC-Klasse-I-Molekülen mit Peptiden im endoplasmatischen Reticulum beteiligt ist.

**erworbene Immunität** → adaptive Immunität

**erythematöse Quaddelbildung** *(wheal-and-flare-reaction)* Hautreaktion bei einem Menschen mit einer Allergie, wenn man geringe Mengen des betreffenden Allergens in die Dermis injiziert. Dabei entstehen flüssigkeitsgefüllte Schwellungen in der Haut und ein sich ausbreitender, geröteter Bereich, der Juckreiz verursacht.

**Escape-Mutante** Mutanten von Krankheitserregern, die sich so verändert haben, dass sie der Immunantwort, die gegen das ursprüngliche Pathogen gerichtet ist, entgehen können.

**E-Selektin** → Selektine

**Etanercept** Fc-Fusionsprotein, das die p75-Untereinheit des TNF-Rezeptors enthält und TNF-$\alpha$ neutralisiert. Es wird bei der Behandlung der rheumatoiden Arthritis und anderen Entzündungskrankheiten angewendet.

**eukaryotischer Initiationsfaktor 2** → eIF2$\alpha$

**eukaryotischer Initiationsfaktor 3** → eIF3

**exogenes Pyrogen** Substanz von außerhalb des Körpers, die Fieber hervorrufen kann, etwa das bakterielle Lipopolysaccharid (LPS) (→ endogenes Pyrogen).

**Exotoxin** Proteintoxin, das von Bakterien sezerniert wird.

**experimentelle autoimmune Encephalomyelitis (EAE)** Entzündliche Erkrankung des Zentralnervensystems bei Mäusen. Sie entwickelt sich, wenn man die Mäuse mit neuralen Antigenen in einem starken → Adjuvans immunisiert. Die EAE wird auch als experimentelle allergische Encephalomyelitis bezeichnet.

**extrachromosomale DNA** DNA, die nicht in Chromosomen enthalten ist, beispielsweise die ringförmige DNA, die durch die V(D)J-Rekombination zwischen RSS-Sequenzen in übereinstimmender chromosomaler Orientierung entsteht und schließlich in der Zelle verloren geht.

**Extravasation** Wanderung von Zellen oder Flüssigkeit aus dem Lumen der Blutgefäße in das umgebende Gewebe.

**extrinsischer Apoptoseweg** Der Signalweg wird von extrazellulären Liganden ausgelöst, die an spezifische Rezeptoren auf der Zelloberfläche (Todesrezeptoren) binden, welche dann der Zelle das Signal übermitteln, in den programmierten Zelltod einzutreten.

**Fab-Fragment** Antikörperfragment, das einen einzigen antigenbindenden Arm des Antikörpers ohne die Fc-Region umfasst, entstanden durch Spaltung eines IgG-Moleküls mit dem Enzym Papain. Das Fragment besteht aus einer vollständigen leichten Kette und der aminoterminalen variablen Region wie auch der ersten konstanten Region der schweren Kette, die durch eine Disulfidbrücke zwischen den Ketten verknüpft sind (→ Fc-Fragment).

**F(ab')$_2$-Fragment** Antikörperfragment, das aus zwei verknüpften antigenbindenden Armen (Fab-Fragmenten) ohne Fc-Region besteht und durch Spaltung von IgG mit Pepsin entstanden ist.

Teil VI

**Faktor B** Protein des alternativen Weges der Komplementaktivierung, bei dem es in Ba und die aktive Protease Bb gespalten wird. Letztere bindet an C3b und bildet so die C3-Konvertase C3bBb des alternativen Weges.

**Faktor D** Serinprotease des alternativen Weges der Komplementaktivierung, die Faktor B in Ba und Bb spaltet.

**Faktor H** Komplementregulatorisches Protein im Plasma, das an C3b bindet und mit Faktor B konkurriert und so Bb von der Konvertase verdrängen kann.

**Faktor-H-bindendes Protein (fHbp)** Protease, die von *Neisseria meningitidis* produziert wird und die Faktor H zur Membran des Bakteriums dirigiert. Dadurch wird das C3b-Protein inaktiviert, das an die bakterielle Oberfläche angelagert wurde, und das Bakterium entkommt der Zerstörung durch das Komplement.

**Faktor I** Komplementregulatorische Protease im Plasma, die C3b zur inaktiven Form iC3b spaltet und so die Bildung einer C3-Konvertase verhindert.

**Faktor-I-Mangel** Genetisch bedingtes Fehlen des regulatorischen Komplementproteins Faktor I. Der Mangel führt zu einer unkontrollierten Komplementaktivierung, sodass die Komplementproteine schnell ausgedünnt werden und die Patienten an wiederholten bakteriellen Infektionen leiden, vor allem mit den zahlreich vorkommenden pyogenen Bakterien.

**Faktor P** Plasmaprotein, das von aktivierten neutrophilen Zellen freigesetzt wird und die C3-Konvertase C3bBb des alternativen Weges stabilisiert.

**familiäre hämophagocytische Lymphohistiocytose (FHL)** Gruppe von progressiven und potenziell letal verlaufenden Entzündungserkrankungen, die von einem vererbbaren Mangel an einem von mehreren Proteinen, die bei der Bildung oder Freisetzung der cytolytischen Granula beteiligt sind, hervorgerufen wird. Viele CD8-positive polyklonale T-Zellen akkumulieren in den lymphatischen und in anderen Organen. Das geht einher mit einer Aktivierung der Makrophagen, die Blutzellen phagocytieren, darunter Erythrocyten und Leukocyten.

**familiäres Mittelmeerfieber (FMF)** Schwere autoinflammatorische Erkrankung, die autosomal rezessiv vererbt wird. Ursache ist eine Mutation im *MEFV*-Gen, welches das von Granulocyten und Monocyten exprimierte Protein Pyrin codiert. Bei Patienten mit dieser Krankheit aktiviert das defekte Pyrin wahrscheinlich spontan das Inflammasom.

**Farmerlunge** Hypersensitivitätserkrankung; Ursache ist die Reaktion von IgG-Antikörpern mit großen Mengen inhalierter Antigene in den Alveolarwänden der Lunge. Sie führt zu einer Entzündung der Alveolarwände und beeinträchtigt dadurch die Atmung.

**Fc-Fragment, Fc-Region** Die carboxyterminalen Hälften von zwei schweren Ketten eines IgG-Moleküls, die in der übrig gebliebenen Gelenkregion über eine Disulfidbrücke miteinander verknüpft sind. Das Fc-Fragment entsteht durch Spaltung von IgG mit Papain. Im vollständigen Antikörper bezeichnet man diesen Teil auch als Fc-Region (→ Fab-Fragment).

**FCAS** *(familial cold autoinflammatory syndrome)* Episodenhaft auftretende inflammatorische Erkrankung, die von Mutationen im *NLRP3*-Gen hervorgerufen wird, welches das NLRP3-Protein codiert. NLRP3 gehört zur Familie der NOD-like-Rezeptoren und ist eine Komponente des Inflammasoms. Die Symptome werden durch Kälte ausgelöst.

**Fc-Rezeptoren** Familie von Rezeptoren auf der Zelloberfläche, die an die Fc-Regionen der verschiedenen Immunglobuline binden. Für die einzelnen Isotypen gibt es unterschiedliche Rezeptoren. Fcγ-Rezeptoren binden beispielsweise IgG, Fcε-Rezeptoren binden IgE.

**FcεRI** Hochaffiner Rezeptor für die Fc-Region von IgE, der vor allem auf der Oberfläche von → Mastzellen und basophilen Zellen exprimiert wird. Wenn ein multivalentes Antigen an dieses IgE bindet, das an FcεRI gebunden ist und in der Nähe befindliche Rezeptoren vernetzt, kommt es zur Aktivierung der Zelle, die diese Rezeptoren trägt.

**FcγRI (CD64)** Fc-Rezeptor, der von Monocyten und Makrophagen stark exprimiert wird und die stärkste Affinität der Fc-Rezeptoren für IgG besitzt.

**FcγRII-B1** Inhibitorischer Rezeptor auf B-Zellen, der die Fc-Region von Antikörpern erkennt. FcγRII-B1 enthält in seiner cytoplasmatischen Domäne ein ITIM-Motiv.

**FcγRIII** Zelloberflächenrezeptoren, die an die Fc-Domäne von IgG-Molekülen binden. Die meisten Fcγ-Rezeptoren binden IgG nur in aggregierter Form, können also zwischen gebundenem und freiem Antikörper unterscheiden. Man findet sie auf Phagocyten, B-Lymphocyten, NK-Zellen und follikulären dendritischen Zellen. Als Bindeglied zwischen Antikörperbindung und Effektorzellfunktionen spielen sie eine Schlüsselrolle bei der → humoralen Immunität.

**FcRn (neonataler Fc-Rezeptor)** Rezeptor, der IgG von der Mutter durch die Placenta zum Fetus transportiert, aber auch durch andere Epithelien, etwa im Darm.

**fehleranfällige Transläsions-DNA-Polymerasen** DNA-Polymerasen, die bei der DNA-Reparatur aktiv sind, beispielsweise Polη, die eine grundlegende Schädigung beheben kann, indem sie ohne Matrize Nucleotide in einen neu gebildeten DNA-Strang einfügt.

**Fehlpaarungsreparatur** *(mismatch repair)* Eine Form der DNA-Reparatur, bei der es zu Mutationen kommen kann. Sie spielt bei den somatischen Hypermutationen und beim Klassenwechsel der B-Zellen eine Rolle.

**fetale Erythroblastose** Schwere Form der Rhesushämolyse, bei der mütterliche Anti-Rh-Antikörper in den Fetus gelangen und eine hämolytische Anämie auslösen. Diese ist so gravierend, dass das periphere Blut des Fetus fast nur unreife Erythroblasten enthält.

**FHL** → familiäre hämophagocytische Lymphohistiocytose

**fibrinogenverwandte Proteine (FREPs)** *(fibrinogen-related proteins)* Proteine aus der Immunglobulinsuperfamilie, die wahrscheinlich bei der angeborenen Immunität der Süßwasserschnecke *Biomphalaria glabrata* eine Funktion besitzen.

**Ficoline** Proteine, die Kohlenhydrate binden und den Lektinweg der Komplementaktivierung einleiten. Sie gehören zur Kollektinproteinfamilie und binden an *N*-Acetylglucosamin, das auf der Oberfläche einiger Krankheitserreger vorkommt.

**Fingolimod** Immunsuppressiver Wirkstoff mit geringer Molekülgröße, der die Wirkung von Sphingosin stört, sodass T-Effektorzellen in den lymphatischen Organen zurückgehalten werden.

**FK506** → Tacrolimus

**FK-bindende Proteine (FKBPs)** Gruppe von Prolylisomerasen, die mit den Cyclophilinen verwandt sind und den immunsuppressiven Wirkstoff FK506 (→ Tacrolimus) binden.

**Flagellin** Protein, das den Hauptbestandteil der Flagelle bildet, einer schwanzförmigen Struktur, die Bakterien zur Fortbewegung nutzen. TLR-5 erkennt das intakte Flagellinprotein, das sich von der Flagelle abgelöst hat.

**fMet-Leu-Phe-(fMLF-)Rezeptor** Mustererkennungsrezeptor auf neutrophilen Zellen und Makrophagen für das Peptid fMet-Leu-Phe, das für Bakterien spezifisch ist. fMet-Leu-Phe wirkt als Chemoattraktor.

Teil VI

**Follikel** Region in den peripheren lymphatischen Organen (etwa im Lymphknoten), in der sich vor allem B-Zellen, aber auch follikuläre dendritische Zellen aufhalten.

**follikelassoziiertes Epithel** Spezialisiertes Epithel, das die Lymphgewebe der Darmwand vom Darmlumen trennt. Neben Enterocyten kommen hier auch Mikrofaltenzellen vor, durch die Antigene in die lymphatischen Organe des Darms gelangen können.

**follikuläre B-Zellen** Größte Population der langlebigen zirkulierenden konventionellen B-Zellen. Sie kommen im Blut, in der Milz und in den Lymphknoten vor; werden auch als B2-Zellen bezeichnet ($\rightarrow$ B1-Zellen).

**follikuläre dendritische Zellen (FDCs)** Ein Zelltyp mit unbekanntem Ursprung in den B-Zell-Follikeln der peripheren lymphatischen Organe. Die Zellen halten mithilfe von Fc-Rezeptoren, die nicht internalisiert werden, Antigen:Antikörper-Komplexe fest und präsentieren diese den B-Zellen, die die Komplexe aufnehmen und und während der Keimzentrumsreaktion prozessieren.

**follikuläre T-Helferzellen (T$_{FH}$-Zellen)** T-Effektorzellen, die sich in den Lymphfollikeln aufhalten und die B-Zellen bei der Antikörperproduktion und beim Klassenwechsel unterstützen.

**Folsäure** Ein B-Vitamin; Abkömmlinge der Folsäure, die von diversen Bakterien produziert werden, können von dem nichtklassischen MHC-Klasse-Ib-Protein MR1 für die Erkennung durch MAIT-Zellen gebunden werden.

**Freund-Adjuvans, komplettes** Emulsion aus Öl und Wasser, das abgetötete Mycobakterien enthält und dazu dient, im Experiment Immunantworten gegen Antigene zu verstärken.

**frühe Pro-B-Zellen** $\rightarrow$ Pro-B-Zellen

**funktionelle Leukocytenantigene (LFAs)** *(leukocyte functional antigens)* Zelladhäsionsmoleküle, die man ursprünglich mithilfe von monoklonalen Antikörpern bestimmt hat. LFA-1 ist ein $\beta$2-Integrin; LFA-2 (heute auch als CD2 bezeichnet) gehört zur Immunglobulinsuperfamilie, genauso wie LFA-3, das man jetzt als CD58 bezeichnet. LFA-1 ist besonders bei der Adhäsion der T-Zellen an Endothelzellen und antigenpräsentierende Zellen von Bedeutung.

**Fyn** $\rightarrow$ Src-Familie der Tyrosinkinasen

**GALT** $\rightarrow$ darmassoziierte lymphatische Gewebe

**GAP** $\rightarrow$ GTPase-aktivierendes Protein

**Gaumenmandeln** Beidseitig des Pharynx liegende, strukturierte Lymphgewebe, in denen eine adaptive Immunantwort ausgelöst werden kann. Sie gehören zum mucosalen Immunsystem (zum Vergleich: $\rightarrow$ Zungenmandeln).

**Gedächtniszellen** B- und T-Lymphocyten, die für das immunologische Gedächtnis verantwortlich sind. Sie reagieren auf Antigene empfindlicher als naive Lymphocyten und reagieren schnell bei einem erneuten Kontakt mit dem Antigen, das sie ursprünglich aktiviert hat.

**GEFs** $\rightarrow$ Guaninnucleotidaustauschfaktoren

**Gegenregulationshypothese** $\rightarrow$ Hygienehypothese

**gekoppelte Erkennung** *(linked recognition)* Regel, nach der von $\rightarrow$ B-Zellen und $\rightarrow$ T-Helferzellen erkannte $\rightarrow$ Epitope von demselben Antigen stammen müssen, also ursprünglich physikalisch miteinander verbunden gewesen sind, damit die T-Helferzellen die B-Zellen aktivieren können.

**Gelenkregion** *(hinge)* Flexible Domäne zwischen den Fab-Armen und dem Fc-Teil eines Immunglobulins. Bei IgG- und IgA-Antikörpern ist das Gelenk sehr flexibel, sodass die beiden Fab-Arme viele verschiedene Winkel einnehmen und an weit voneinander entfernte Epitope binden können.

**gemeinsame β-Kette** Transmembranpolypeptid (CD131), das eine gemeinsame Untereinheit der Rezeptoren für die Cytokine IL-3, IL-5 und GM-CSF ist.

**gemeinsame γ-Kette (γc)** Transmembranprotein (CD132), das einer Untergruppe von Cytokinrezeptoren gemeinsam ist.

**gemeinsame lymphatische Vorläuferzellen (CLPs)** *(common lymphoid progenitors)* Stammzellen, aus denen alle Lymphocyten hervorgehen, mit Ausnahme der angeborenen lymphatischen Zellen (ILCs).

**gemeinsames mucosales Immunsystem** Der Begriff bezieht sich darauf, dass Lymphocyten, die in einem Abschnitt des mucosalen Systems zum ersten Mal mit ihrem Antigen in Kontakt getreten sind, als Effektorzellen auch in die anderen Bereiche des mucosalen Systems gelangen können.

**gemeinsame myeloische Vorläuferzellen (CMPs)** *(common myeloid progenitors)* Stammzellen, aus denen die myeloischen Zellen des angeborenen Immunsystems – Makrophagen, Granulocyten, Mastzellen und dendritische Zellen – hervorgehen. Aus diesen Stammzellen entstehen außerdem die Megakaryocyten und die roten Blutkörperchen. Man bezeichnet sie auch als gemeinsame Knochenmarkvorläuferzellen.

**gemischte essenzielle Kryoglobulinämie** *(mixed essential cryoglulinemia)* Erkrankung, die auf die Produktion von Kryoglobulinen (durch Kälte ausfällbare Immunglobuline) zurückzuführen ist. Diese werden manchmal als Reaktion auf eine chronische Infektion (beispielsweise Hepatitis C) gebildet und es kommt zur Ablagerung von Immunkomplexen in Gelenken und Geweben.

**gemischte Lymphocytenreaktion (MLR)** *(mixed lymphocyte reaction)* Histokompatibiltätstest, bei dem Lymphocyten von Spender und Empfänger gemeinsam kultiviert werden. Wenn die beiden Personen nicht histokompatibel sind, erkennen die T-Zellen des Empfängers die allogenen → MHC-Moleküle auf den fremden Zellen und proliferieren.

**Genlocus** Ort eines Gens auf einem Chromosom. Bei den Genen für die Ketten der Immunglobuline und T-Zell-Rezeptoren bezieht sich der Begriff des Locus auf die gesamte Gruppe der Gensegmente und C-Regionen einer bestimmten Kette.

**genomweite Assoziationsstudien (GWASs)** *(genome-wide association studies)* Genetische Assoziationsstudien in der allgemeinen Population, die nach einer Korrelation zwischen der Häufigkeit von Krankheiten und variablen Allelen suchen, indem die Genome zahlreicher Personen nach informativen Einzelnucleotidpolymorphismen *(single nucleotide polymorphisms,* SNPs) durchsucht werden.

**Gensegmente** Gruppen von kurzen DNA-Sequenzen an den Genloci der Immunglobuline und T-Zell-Rezeptoren, die verschiedene Regionen der variablen Domänen der Antigenrezeptoren codieren. Wir unterscheiden drei Typen solcher Gensegmente: Die → V-Gen-Segmente codieren die ersten 95 Aminosäuren, die D-Gen-Segmente(→ Diversitätsgensegmente) (nur in den Loci der schweren Kette und der TCRα-Kette) etwa fünf Aminosäuren und die → J-Gen-Segmente bilden die letzten 10–15 Aminosäuren der variablen Region. Die DNA der Keimzellen enthält zahlreiche Kopien dieser Gensegmente, aber zur Bildung einer variablen Domäne wird von jedem Typ immer nur ein Segment verwendet.

**Genumlagerung** Somatische Rekombination von Gensegmenten in den Loci der Immunglobuline und T-Zell-Rezeptoren, wodurch jeweils ein funktionelles Gen entsteht. Durch diesen Vorgang bildet sich die Diversität der variablen Regionen der Immunglobuline und T-Zell-Rezeptoren heraus.

**Gerüstproteine** *(scaffolds)* Adaptorproteine mit mehreren Bindungsstellen für andere Proteine. Sie bringen spezifische Proteine zu einem funktionsfähigen Signalkomplex zusammen.

**Gerüstregionen** *(framework regions)* Relativ unveränderliche Bereiche, die für die hypervariablen Regionen der V-Domänen von Immunglobulinen und T-Zell-Rezeptoren ein Proteingerüst bilden.

**Gewebeabstoßung** allogene Transplantatabstoßung

**geweberesidente T-Gedächtniszellen (TRM-Zellen)** *(tissue-resident memory T cells)* Gedächtniszellen, die nach dem Einnisten in Gewebebarrieren nicht wandern, sondern dort lange Zeit festgehalten werden. Sie haben sich anscheinend an Stellen, wo Krankheitserreger ins Gewebe eindringen, auf Effektorfunktionen spezialisiert, die nach einem erneuten Kontakt mit ihrem Antigen oder mit Cytokinen schnell einsetzen.

**Gicht** Die Erkrankung wird durch das Mononatriumsalz der Harnsäure ausgelöst, das sich im Knorpelgewebe der Gelenke einlagert und eine Entzündung auslöst. Harnsäurekristalle aktivieren das NLRP3-Inflammasom, das proinflammatorische Cytokine induziert.

**Gleichgewichtsphase** Stadium einer Immunantwort gegen einen Tumor, wenn es durch Immun-Editing möglich ist, dass die Immunantwort die antigenen Eigenschaften der Tumorzellen kontinuierlich nachvollzieht.

**Glykosylphosphatidylinositol-(GPI-)Anker** Modifikation von Proteinen mit einem Glykolipid, das die Verankerung in der Zellmembran ohne Transmembrandomäne ermöglicht.

**GNBPs** *(Gram negative binding proteins)* Erkennungsproteine für Krankheitserreger bei der Immunabwehr von *Drosophila* im Toll-Signalweg.

**gnotobiotische Mäuse** → keimfreie Mäuse

**Gnathostomata** Kiefermünder; systematische Überklasse bei den Vertebraten

**Goodpasture-Syndrom** → Autoimmunerkrankung, bei der → Autoantikörper gegen Typ-IV-Kollagen (das in den Basalmembranen vorkommt) gebildet werden, was zu einer starken Entzündung der Nieren und Lungen führt.

**G-Proteine** Intrazelluläre GTPasen, die in Signalwegen als molekulare Schalter fungieren. Die Proteine binden GTP und erhalten dadurch ihre aktive Konformation, die wieder verloren geht, sobald GTP zu GDP hydrolysiert wird. Es gibt zwei Typen von G-Proteinen: die heterotrimeren ($\alpha$-, $\beta$-, $\gamma$-Untereinheit) rezeptorassoziierten G-Proteine und die kleinen G-Proteine (zum Beispiel Ras und Raf), die im Anschluss an viele Signalübertragungen durch die Membran aktiv sind.

**G-Protein-gekoppelte Rezeptoren (GPCRs)** Große Gruppe von Zelloberflächenrezeptoren mit sieben membrandurchspannenden Abschnitten, die nach der Bindung von Liganden mit heterotrimeren G-Proteinen in der Zelle assoziieren und das Signal durch Aktivierung der G-Proteine übertragen. Ein wichtiges Beispiel sind die Chemokinrezeptoren.

**G-Quadruplex-Struktur** Struktur in G-reichen DNA-Regionen, in der vier Guaninbasen ein planares Netzwerk bilden, das von Wasserstoffbrücken zusammengehalten wird. Diese Guanintetrade kann sich mit weiteren Guanintetraden übereinanderstapeln. G-Quadruplex-

Strukturen, die aus dem RNA-Intron der Switch-Region stammen, können wahrscheinlich beim Isotypwechsel das AID-Enzym zur Switch-Region dirigieren.

**Graft-versus-Host-Krankheit (GvHD, Transplantat-gegen-Wirt-Krankheit)** *(graft-versus-host disease)* Angriff von reifen T-Zellen aus dem übertragenen Knochenmark des Spenders, der mit dem Empfänger genetisch nicht identisch ist, wodurch verschiedene Symptome ausgelöst werden können.

**Graft-versus-Leukemia-Effekt (Transplantat-gegen-Leukämie-Effekt)** Vorteilhafte Nebenwirkung einer Knochenmarktransplantation zur Behandlung einer Leukämie, bei der reife T-Zellen des Spenderknochenmarks Nebenhistokompatibilitätsantigene oder tumorspezifische Antigene auf den Leukämiezellen des Empfängers erkennen und angreifen.

**gramnegative Bakterien** Bakterien, die sich aufgrund ihrer dünnen Peptidoglykanschicht nicht anfärben lassen, wenn man sie mit Kristallviolett behandelt und anschließend mit Alkohol auswäscht.

**Granulocyten** Weiße Blutzellen mit stark gelappten Kernen (daher auch polymorphkernige Leukocyten) und cytoplasmatischen Granula. Zu ihnen gehören die neutrophilen, eosinophilen und basophilen Zellen.

**Granulocyten-Makrophagen-Kolonie-stimulierender Faktor (GM-CSF)** Cytokin, das bei Wachstum und Differenzierung von Zellen der myeloischen Zelllinie, beispielsweise von dendritischen Zellen, Monocyten, Gewebemakrophagen und Granulocyten, eine Rolle spielt.

**Granulome** Orte einer chronischen Entzündung, die normalerweise auf persistierende Krankheitserreger wie Mycobakterien oder nichtzersetzbare Fremdkörper zurückgeht. Das Zentrum der Granulome besteht aus → Makrophagen, die häufig zu vielkernigen Riesenzellen verschmolzen sind. Es ist von T-Lymphocyten umgeben.

**Grass** Serinprotease bei *Drosophila*, die stromabwärts der PGRPs (Peptidoglykanerkennungsproteine) und der GNBPs *(Gram-negative binding proteins)* aktiv ist und die proteolytische Kaskade auslöst, die zur Aktivierung des Toll-Signalwegs führt.

**Graves' disease** → Basedow-Krankheit

**Griscelli-Syndrom** Vererbbare Immunschwächekrankheit, die den Reaktionsweg für die Sekretion der Lysosomen beeinflusst. Sie wird verursacht durch eine Mutation in der kleinen GTPase Rab27a, die die Bewegung der Vesikel innerhalb der Zellen kontrolliert.

**große Prä-B-Zellen** Entwicklungsstadium der B-Zellen direkt nach dem Stadium der Pro-B-Zellen. Die Zellen exprimieren den → Prä-B-Zell-Rezeptor und durchlaufen mehrere Zellteilungen.

**Gruppe-I-ILC (ILC1)** Untergruppe der angeborenen lymphatischen Zellen, deren besonderes Merkmal die Produktion von IFN-$\gamma$ ist.

**Gruppenimmunität** *(herd immunity)* Schutz für nicht geimpfte Personen in einer Bevölkerungsgruppe, der durch Impfung der übrigen Personen und die Verkleinerung des natürlichen Infektionsreservoirs entsteht.

**GTPase-aktivierende Proteine (GAPs)** Regulatorische Proteine, die die intrinsische GTPase-Aktivität von G-Proteinen steigern und so die Umwandlung von G-Proteinen vom aktiven Zustand (mit gebundenem GTP) in den inaktiven Zustand (mit gebundenem GDP) erleichtern.

Teil VI

**Guaninnucleotidaustauschfaktoren (GEFs)** *(guanine nucleotide exchange factors)* Proteine, die gebundenes GDP von kleinen G-Proteinen entfernen. So kann GTP wieder binden und das G-Protein aktivieren.

**Gürtelrose** Krankheit, die durch das Herpes-zoster-Virus, den Erreger der Windpocken, hervorgerufen wird, wenn das Virus im späteren Leben eines Menschen, der an Windpocken erkrankt war, aktiviert wird.

**GvHD** → Graft-versus-Host-Krankheit

**H-2-Locus, H-2-Gene** Haupthistokompatibilitätskomplex der Maus. Die Haplotypen werden durch hochgestellte Kleinbuchstaben wie bei H-2$^b$ gekennzeichnet.

**H-2DM** → HLA-DM-Protein

**H-2O** → HLA-DO

**H2-M3** Nichtklassisches MHC-Klasse-Ib-Protein bei Mäusen, das Peptide binden und präsentieren kann, die einen *N*-formylierten Aminoterminus besitzen und so von CD8-T-Zellen erkannt werden können.

**H5N1-Virus** Hochgradig pathogener Subtyp des Influenzavirus, der die Vogelgrippe hervorruft.

**HAART** → hochaktive antiretrovirale Therapie

**Hämagglutinine (HAs)** Substanzen, welche die Verklumpung der Erythrocyten (Hämagglutination) verursachen, beispielsweise Antikörper im Blut des Menschen, die die AB0-Blutgruppenantigene auf den roten Blutkörperchen erkennen. Influenzaviren besitzen ein Hämagglutinin, das heißt ein Glykoprotein, das bei der Verschmelzung der Viren mit endosomalen Membranen beteiligt ist.

**Hämatopoetinsuperfamilie** Große Gruppe von strukturell verwandten Cytokinen. Dazu zählen Wachstumsfaktoren und viele Interleukine, die sowohl bei der adaptiven als auch bei der angeborenen Immunität von Bedeutung sind.

**hämatopoetische Stammzellen (HSCs)** Pluripotente Zellen im Knochenmark, aus denen alle Arten von Blutzellen hervorgehen.

**Hämochromatoseprotein** Von Darmepithelzellen exprimiertes Protein, das die Aufnahme und den Transport von Eisen reguliert, indem es mit dem Transferrinrezeptor interagiert und dadurch dessen Affinität für das eisenbeladene Transferrin verringert.

**hämophagocytische Lymphohistiocytose (HLH-Syndrom)** Nichtregulierte Vermehrung von CD8-positiven Lymphocyten, einhergehend mit einer Aktivierung der Makrophagen. Die aktivierten Makrophagen phagocytieren Blutzellen, beispielsweise Erythrocyten und Leukocyten.

**Haploinsuffizienz** Situation, in der das Vorhandensein von nur einem normalen Allel eines Gens für die normale Funktion nicht ausreicht.

**Haptene** Kleine Moleküle, die zwar von einem spezifischen Antikörper erkannt werden, allein jedoch keine Immunantwort auslösen können. Um eine Antikörperbildung oder eine T-Zell-Antwort hervorzurufen, müssen Haptene an Carrierproteine gebunden sein.

**Hapten-Carrier-Effekt** Produktion von Antikörpern gegen eine kleine chemische Gruppe, das Hapten, das an ein Carrierprotein gebunden ist und gegen das eine Immunantwort ausgelöst wurde.

**Hashimoto-Thyreoiditis** Autoimmunerkrankung, die durch einen fortdauernd hohen Spiegel von Antikörpern gegen schilddrüsenspezifische Antigene gekennzeichnet ist. Die Antikörper locken NK-Zellen in die Schilddrüse, sodass es zu Schädigungen und Entzündungen kommt.

**Haupthistokompatibilitätskomplex (MHC)** *(major histocompatibility complex)* Gruppe von Genen auf Chromosom 6 des Menschen. Der MHC codiert auch Proteine für die Prozessierung von Antigenen und andere Funktionen der Immunabwehr. Die Gene für die MHC-Moleküle bilden den am stärksten polymorphen Gencluster im Humangenom und sie umfassen zahlreiche Allele an den verschiedenen Loci.

**hcIgG** *(heavy-chain-only IgG)* Antikörper, die von einigen Spezies der Camelidae produziert werden und nur aus einem Dimer der schweren Kette ohne assoziierte leichte Ketten bestehen, aber Antigene binden können.

**Helferzellen** → CD4-T-Helferzellen

**Helicard** → MDA-5

**helle Zone** → Keimzentrum

**hepatobiliärer Weg** → Leber-Gallen-Weg

**Heptamer** Konservierte DNA-Sequenz aus sieben Nucleotiden in den Rekombinationssignalsequenzen (RSSs), welche die Loci der Immunglobuline und der T-Zell-Rezeptoren flankieren.

**HER-2/neu** Rezeptortyrosinkinase, die bei vielen Krebsarten, besonders bei Brustkrebs, überexprimiert wird; Angriffsziel für Trastuzumab (Herceptin®), das man in der Krebstherapie anwendet.

**heterosubtypische Immunität** Schützende Immunität gegen einen Krankheitserreger aufgrund der Infektion mit einem bestimmten Krankheitserreger, häufig im Zusammenhang mit Influenza-A-Serotypen.

**heterotrimere G-Proteine** → G-Proteine

**heterozygot** Personen, die zwei verschiedene Allele eines Gens besitzen, eines von der Mutter und eines vom Vater.

**Heuschnupfen** → allergische Rhinitis

**HFE** → Hämochromatoseprotein

**HIP/PAP** Antimikrobielles C-Typ-Lektin, das beim Menschen von Darmzellen sezerniert wird. Eine andere Bezeichnung dafür ist RegIIIα.

**Histamin** Vasoaktives Amin, das in den Granula von → Mastzellen gespeichert wird. Es wird freigesetzt, wenn Antigene an IgE-Moleküle auf Mastzellen binden, und verursacht eine lokale Dilatation der Blutgefäße und eine Konstriktion der glatten Muskulatur. Damit ist es für einige Symptome von IgE-vermittelten allergischen Reaktionen verantwortlich. Antihistaminika sind Wirkstoffe, die die Histaminwirkung bekämpfen.

**Histatine** Antimikrobielle Peptide, die in den Ohr-, Unterzungen- und Unterkieferspeicheldrüsen in der Mundhöhle produziert werden. Sie wirken gegen pathogene Pilze wie *Cryptococcus neoformans* und *Candida albicans*.

**HIV** → humanes Immunschwächevirus

Teil VI

**H-Kette** → schwere Kette

**HLA-Protein** *(human leukocyte antigen)* Genetische Bezeichnung für humane → Haupt-histokompatibilitätskomplexe. Die einzelnen Genloci sind durch Großbuchstaben gekenn-zeichnet, wie HLA-A, und die Allele durch Zahlen, zum Beispiel HLA-A*0201.

**HLA-DM** Invariantes MHC-Protein des Menschen, das MHC-Klasse-II-Molekülen ähnelt und an der Beladung von MHC-Klasse-II-Molekülen mit Peptiden beteiligt ist. Das homo-loge Protein bei Mäusen trägt die Bezeichnung H-2M (gelegentlich auch H2-DM).

**HLA-DO** Invariantes MHC-Klasse-II-Molekül, das HLA-DM bindet und die Freisetzung von CLIP aus MHC-Klasse-II-Molekülen in intrazellulären Vesikeln verhindert. Ein ho-mologes Protein bei Mäusen trägt die Bezeichnung H-2O oder H2-DO.

**hochaktive antiretrovirale Therapie (HAART)** Kombination von Wirkstoffen, die dazu dienen, eine HIV-Infektion unter Kontrolle zu bringen. Sie umfassen Nucleosidanaloga, die die reverse Transkription verhindern, und Wirkstoffe, die die virale Protease hemmen.

**Homing** Zielgerichtete Wanderung eines Lymphocyten zu einem bestimmten Gewebe.

**Homing-Rezeptoren** Rezeptoren auf Lymphocyten für Chemokine, Cytokine und Ad-häsionsmoleküle, die für bestimmte Gewebe spezifisch sind. Diese ermöglichen es den Lymphocyten, in das jeweilige Gewebe einzudringen.

**homöostatische Chemokine** Chemokine, die in einem Fließgleichgewicht produziert werden und die Lokalisierung der Immunzellen in den Lymphgeweben steuern.

**Homozygot** Zwei identische Allele eines bestimmten Gens, die von verschiedenen Eltern-teilen stammen.

**Host-versus-Graft-Krankheit (HvGD, Wirt-gegen-Transplantat-Krankheit)** *(host-ver-sus-graft disease)* Andere Bezeichnung für die Abstoßung eines allogenen Transplantats. Man verwendet diesen Begriff vor allem im Zusammenhang mit Knochenmarktransplan-tationen, wenn Immunzellen des Empfängers das übertragene Knochenmark oder die über-tragenen hämatopoetischen Stammzellen erkennen und angreifen.

**humanes Immunschwächevirus (HIV)** Erreger des → erworbenen Immunschwäche-syndroms *(acquired immunodeficiency syndrome*, AIDS). HIV ist ein Retrovirus aus der Familie der Lentiviren, das selektiv Makrophagen und CD4-T-Zellen infiziert und sie nach und nach zerstört. Schließlich kommt es zu einer schwerwiegenden Immunschwäche. Es gibt zwei Hauptstämme des Virus, HIV-1 und HIV-2, wobei HIV-1 weltweit die meisten Krankheitsfälle verursacht. HIV-2 tritt in Westafrika endemisch auf, breitet sich aber aus.

**humanes Leukocytenantigen** → HLA-Protein

**Humanisierung** Einbau der hypervariablen Schleifen aus Antikörpern der Maus mit der gewünschten Spezifität in ansonsten rein humane Antikörper, um sie als therapeutisch wirk-same Moleküle einzusetzen. Solche Antikörper verursachen mit geringerer Wahrscheinlich-keit eine Immunreaktion, als wenn man einen Menschen mit Antikörpern behandelt, die vollständig aus der Maus stammen.

**humoral** Effektormoleküle im Blut und anderen Körperflüssigkeiten, beispielsweise Anti-körper der adaptiven Immunität oder Komplementproteine der angeborenen Immunität.

**humorale Immunität, humorale Immunantwort** Immunität, die durch im Blut zirku-lierende Proteine vermittelt wird, etwa durch Antikörper (bei der adaptiven Immunität) oder das Komplementsystem (bei der angeborenen Immunität). Die adaptive humorale Immunität kann durch Transfusion von Serum, das spezifische Antikörper enthält, auf einen nichtimmunisierten Empfänger übertragen werden.

**HVEM** *(herpes virus entry molecule)* → B-und-T-Lymphocyten-Attenuator

**HvGD** → Host-versus-Graft-Krankheit

**hydrophobe Wechselwirkung** Chemische Wechselwirkung zwischen benachbarten hydrophoben Gruppen unter Ausschluss von Wassermolekülen.

**21-Hydroxylase** Ein Enzym ohne Immunfunktion, das aber aber im MHC-Locus codiert wird und für die normale Cortisolsynthese in der Nebenniere erforderlich ist.

**3-Hydroxy-3-methylglutaryl-Coenzym-A-(HMG-CoA-)Reduktase** Enzym, das die geschwindigkeitsbestimmende Reaktion bei der Cholesterinsynthese katalysiert und Angriffsziel für cholesterinsenkende Wirkstoffe wie die Statine ist.

**Hygienehypothese** Im Jahr 1989 postulierte Hypothese, die besagt, dass der seltenere Kontakt mit Mikroorganismen aus der Umwelt für die steigenden Zahlen von Patienten mit Allergien in der zweiten Hälfte des 20. Jahrhunderts verantwortlich ist.

**hyperakute Transplantatabstoßung** Sofort einsetzende Abstoßungsreaktion, die von den natürlicherweise vorhandenen Antikörpern ausgeht, die mit den Antigenen auf dem transplantierten Organ reagieren. Die Antikörper binden an das Endothel und lösen eine Gerinnungskaskade aus. Dadurch kommt es zu einem Blutstau und zu einer Blutleere im Organ, was schnell zu dessen Absterben führt.

**Hypereosinophiliesyndrom** Erkrankung, die mit einer Überproduktion von eosinophilen Zellen einhergeht.

**Hyper-IgE-Syndrom (HIES)** Erkrankung, die mit rezidivierenden Infektionen der Lunge und der Haut und mit hohen IgE-Konzentrationen im Blut einhergeht. Sie wird auch als Job-Syndrom bezeichnet.

**Hyper-IgM-Syndrom** Eine Gruppe genetischer Krankheiten, bei denen es neben anderen Symptomen zu einer Überproduktion von IgM-Antikörpern kommt. Sie sind auf Defekte in verschiedenen Genen zurückzuführen, die Proteine für den Klassenwechsel codieren, beispielsweise den CD40-Ligand und das AID-Enzym (→ aktivierungsinduzierte Cytidin-Desaminase, → CD40-Ligand-Defekt).

**Hyper-IgM-Immunschwäche Typ 2** → aktivierungsinduzierte Cytidin-Desaminase

**Hypersensitivität der Atemwege** Eine Erkrankung, bei der die Atemwege für immunologische Reize (Allergene) und nichtimmunologische Reize (kalte Luft, Rauch, Duftstoffe) pathologisch empfindlich sind. Diese Überempfindlichkeit geht im Allgemeinen einher mit chronischem Asthma.

**Hypersensitivitätsreaktionen vom Soforttyp** Allergische Reaktionen, die innerhalb von Sekunden nach dem Kontakt mit einem Antigen eintreten und vor allem durch die Aktivierung von Mastzellen und basophilen Zellen hervorgerufen werden.

**Hypersensitivitätsreaktionen vom verzögerten Typ** Eine Form der → zellulären Immunantwort, die von Antigenen in der Haut ausgelöst wird. Sie wird von → CD4-$T_H$1-Zellen und CD8-T-Zellen vermittelt. Als verzögert bezeichnet man die Reaktion, weil sie erst Stunden oder Tage nach der Injektion des Antigens eintritt. Die Reaktion wird nach der historischen Einteilung von Gell und Coombs auch als Hypersensitivitätsreaktion vom Typ IV bezeichnet (→ Hypersensitivitätsreaktionen vom Soforttyp).

**hypervariable Regionen (HVs)** → komplementaritätsbestimmende Regionen

**hypomorphe Mutationen** Mutationen, die zu einer Abnahme der Genfunktion führen.

Teil VI

**IκB** Cytoplasmatisches Protein, das konstitutiv mit dem NFκB-Homodimer assoziiert ist und aus den Untereinheiten p50 und p65 besteht. Wenn die aktivierte IκB-Kinase (IKK) IκB phosphoryliert, wird IκB abgebaut, und das NFκB-Dimer wird als aktiver Transkriptionsfaktor freigesetzt.

**IκB-Kinase** → IKK

**iC3b** Inaktives Komplementfragment, das aus der Spaltung von C3b hervorgeht.

**ICAMs** ICAM-1, ICAM-2, ICAM-3. Zelladhäsionsmoleküle der Immunglobulinsuperfamilie, die an das Leukocytenintegrin CD11a:CCD18 (LFA-1) binden. Sie sind für die Bindung der Lymphocyten und anderer Leukocyten an antigenpräsentierende Zellen und Endothelzellen von entscheidender Bedeutung.

**ICOS** *(inducible co-stimulator)* Mit CD28 verwandter costimulierender Rezeptor, der von aktivierten T-Zellen induziert wird und T-Zell-Antworten verstärken kann. Er bindet einen costimulierenden Liganden mit der Bezeichnung ICOSL (ICOS-Ligand), der sich von den B7-Molekülen unterscheidet.

**ICOSL** → ICOS

**IFI16 (IFN-γ-induzierbares Protein 16)** Protein der PYHIN-Unterfamilie in der NLR-Familie (NLR für NOD-like-Rezeptoren), das eine aminoterminale HIN-Domäne enthält. Es aktiviert den STING-Signalweg als Reaktion auf doppelsträngige DNA.

**IFIT (interferoninduzierte Proteine mit Tetratricopeptidwiederholungen)** Kleine Familie von körpereigenen Proteinen, die durch Interferon induziert werden und die Proteintranslation während einer Infektion über die Wechselwirkung mit eIF3 zum Teil regulieren.

**IFITM (interferoninduzierte Transmembranproteine)** Kleine Familie von Transmembranproteinen der Körperzellen, die durch Interferone induziert werden und in zellulären Vesikeln verschiedene Schritte der Virusreplikation hemmen können.

**IFN-α, IFN-β** Antivirale Cytokine, die von zahlreichen verschiedenen Zellen als Reaktion auf eine Virusinfektion produziert werden und auch gesunde Zellen dabei unterstützen, der Virusinfektion zu widerstehen. Sie wirken über denselben Rezeptor, der die Signale über eine Tyrosinkinase aus der → Januskinasen-Familie weiterleitet. Man bezeichnet IFN-α und -β auch als Typ-I-Interferone.

**IFN-γ** Cytokin aus der strukturellen Interferonfamilie, das von CD4-$T_H$1-Effektorzellen, CD8-T-Zellen und NK-Zellen produziert wird. Seine Hauptfunktion ist die Aktivierung von Makrophagen und es wirkt über einen anderen Rezeptor als die Typ-I-Interferone.

**IFN-γ-induzierte lysosomale Thiolreduktase (GILT)** Enzym in den Endosomen von vielen antigenpräsentierenden Zellen, das Disulfidbrücken denaturiert und so zum Abbau und und zur Prozessierung von Proteinen beiträgt.

**IFN-λ** Cytokine, die auch als Typ-III-Interferone bezeichnet werden. Zu dieser Familie gehören IL-28A, IL-28B und IL-29, die an einen gemeinsamen Rezeptor binden, der von einer begrenzten Zahl von Epithelien exprimiert wird.

**IFN-λ-Rezeptor** Rezeptor, der aus der speziellen IL-28Rα-Untereinheit und der β-Untereinheit des IL-10-Rezeptors besteht und IL-28A, IL-28B sowie IL-29 erkennt.

**Igα, Igβ** → B-Zell-Rezeptor

**IgA** Klasse der Immunglobuline mit der schweren $\alpha$-Kette. IgA-Antikörper können als Monomer oder als Polymer (meist als Dimer) vorkommen. IgA in polymerer Form ist der wichtigste Antikörper, der von den Lymphgeweben der Schleimhäute sezerniert wird.

**IgA-Defekt** Häufigste Form einer Immunschwäche.

**IgD** Klasse der Immunglobuline mit der schweren $\delta$-Kette. IgD kommt als Oberflächenimmunglobulin bei reifen naiven B-Zellen vor.

**IgE** Klasse der Immunglobuline mit der schweren $\varepsilon$-Kette. IgE ist an der Bekämpfung von Infektionen durch Parasiten und an allergischen Reaktionen beteiligt.

**IgG** Klasse der Immunglobuline mit der schweren $\gamma$-Kette. IgG ist die am häufigsten vorkommende Klasse von Immunglobulinen im Plasma.

**IgM** Klasse der Immunglobuline mit der schweren $\mu$-Kette. IgM ist das erste Immunglobulin, das auf der Oberfläche von B-Zellen erscheint und das sezerniert wird.

**IgNAR** *(immunoglobuline new antigen receptor)* Eine Form von Ig-Molekülen nur mit schweren Ketten, die bei einigen Haifischspezies vorkommen.

**IgW** Ein Isotyp der schweren Kette, der bei Knorpelfischen vorkommt und aus sechs Immunglobulindomänen besteht.

**IKK** Die I$\kappa$B-Kinase IKK ist ein Proteinkomplex aus den Untereinheiten IKK$\alpha$, IKK$\beta$ und IKK$\gamma$ (oder NEMO).

**IKK$\varepsilon$** Kinase, die bei der Phosphorylierung von IRF3 stromabwärts im TLR-3-Signalweg mit der TANK-bindenden Kinase 1 (TBK1) interagiert.

**IL-1-Familie** Eine von vier Hauptfamilien der Cytokine. Diese Familie umfasst elf Proteine, die IL-1$\alpha$ ähnlich sind und größtenteils proinflammatorisch wirken.

**IL-1$\beta$** Cytokin, das von aktiven Makrophageen produziert wird und bei der Immunantwort viele Wirkungen hervorruft, etwa die Aktivierung des Gefäßendothels, die Aktivierung von Lymphocyten und das Auslösen von Fieber.

**IL-6** Interleukin-6: ein Cytokin, das von aktivierten Makrophagen produziert wird und viele Wirkungen hervorruft, wie die Aktivierung von Lymphocyten, Stimulation der Antikörperproduktion und das Auslösen von Fieber.

**IL-7-Rezeptor** $\alpha$ **(IL-7R$\alpha$)** $\rightarrow$ CD127

**IL-21** Von T-Zellen (wie $T_{FH}$-Zellen) produziertes Cytokin, das STAT3 aktiviert und das Überleben und die Proliferation besonders der B-Zellen in den Keimzentren unterstützt.

**ILCs (angeborene lymphatische Zellen)** *(innate lyphoid cells)* Dies ist die Gruppe der angeborenen Immunzellen, die einige gemeinsame Merkmale mit T-Zellen aufweisen, aber keinen Antigenrezeptor besitzen. Sie entstehen in Form mehrerer Gruppen: ILC1, ILC2, ILC3 und NK-Zellen, die in etwa ähnliche Merkmale aufweisen wie $T_H$1-, $T_H$2-, $T_H$17 und CD8-T-Zellen.

**ILC1** Untergruppe von angeborenen lymphatischen Zellen, die durch die Produktion von IFN-$\gamma$ gekennzeichnet sind.

**Imd-Weg** *(immunodeficiency pathway)* Bei Insekten ein Abwehrmechanismus gegen gramnegative Bakterien. Dabei werden antimikrobielle Peptide produziert wie Diptericin, Attacin und Cecropin.

**Imiquimod** Wirkstoff (Aldara®), der für die Behandlung von Basalmembrankarzinomen, Genitalwarzen und Strahlenkeratosen zugelassen ist. Er aktiviert TLR-7, ist aber nicht als Adjuvans für Impfstoffe zugelassen.

**immundominante Epitope** Epitope in einem Antigen, die von T-Zellen bevorzugt erkannt werden, sodass spezifische T-Zellen die Immunreaktion für diese Epitope dominieren.

**Immuneffektormodule (Effektormodule)** Eine Reihe von Immunmechanismen, die entweder zellulär oder humoral, angeboren oder adaptiv sein können und bei der Beseitigung von bestimmten Gruppen von Krankheitserregern zusammenwirken.

**Immunevasine** Virusproteine, die verhindern, dass Peptid:MHC-Klasse-I-Komplexe auf einer infizierten Zelle erscheinen, sodass die Erkennung von virusinfizierten Zellen durch cytotoxische T-Zellen nicht möglich ist.

**Immunevasion** Mechanismen von Krankheitserregern, die dazu dienen, der Erkennung und Vernichtung durch das Immunsystem des Wirtes zu entgehen.

**immunglobulinähnliche Domäne** Proteindomäne, die strukturell mit der Immunglobulindomäne verwandt ist.

**immunglobulinähnliche Proteine** Proteine, die eine oder mehrere immunglobulinähnliche Domänen enthalten.

**Immunglobulindomäne** Proteindomäne, die erstmals bei Antikörpern (Immunglobulinen) beschrieben wurde, aber in vielen Proteinen vorkommt.

**Immunglobulin A** → IgA

**Immunglobulin D** → IgD

**Immunglobulin E** → IgE

**Immunglobuline (Ig)** Proteinfamilie, zu der Antikörper und T-Zell-Rezeptoren gehören.

**Immunglobulinfaltung** Tertiärstruktur einer Immunglobulindomäne, bestehend aus einem „Sandwich" von zwei $\beta$-Faltblättern, die von einer Disulfidbrücke zusammengehalten werden.

**Immunglobulin G** → IgG

**Immunglobulinklassen** → Isotypen

**Immunglobulin M** → IgM

**Immunglobulinpolymerrezeptor (Poly-Ig-Rezeptor, pIgR)** Rezeptor für die polymeren Immunglobuline IgA und IgM auf der basolateralen Oberfläche von mucosalen und Drüsenepithelzellen, der IgA (oder IgM) in freizusetzende Sekrete transportiert.

**Immunglobulinrepertoire** Die gesamte Vielfalt von antigenspezifischen Immunglobulinen (Antikörpern und B-Zell-Rezeptoren), die bei einem Individuum vorhanden sind. Es wird auch als Antikörperrepertoire bezeichnet.

**Immunglobulinsuperfamilie** Große Familie von Proteinen mit mindestens einer Ig- oder Ig-ähnlichen-Domäne, von denen viele bei der Antigenerkennung oder Zell-Zell-Wechselwirkungen im Immunsystem und in anderen biologischen Systemen eine Rolle spielen.

**Immunität vom Typ 1** Effektoraktivitäten, die darauf abzielen, intrazelluläre Krankheitserreger zu beseitigen.

**Immunität vom Typ 2** Effektoraktivitäten, die darauf abzielen, Parasiten zu beseitigen und die barrierenspezifische und die mucosale Immunität zu verstärken.

**Immunität vom Typ 3** Effektoraktivitäten, die darauf abzielen, extrazelluläre Krankheitserreger wie Bakterien oder Pilze zu beseitigen.

**Immunkomplexe** Komplexe, die durch die Bindung von Antikörpern an ihre zugehörigen Antigene entstehen. Aktivierte Komplementproteine, vor allem C3b, sind häufig in Immunkomplexen gebunden. Sind genügend Antikörpermoleküle vorhanden, um multivalente Antigene querzuvernetzen, so entstehen große Immunkomplexe. Diese werden schnell von Zellen des reticuloendothelialen Systems, die Fc-Rezeptoren und Komplementrezeptoren tragen, beseitigt. Bei einem Überschuss an Antigenen bilden sich kleine, lösliche Immunkomplexe, die sich in kleinen Blutgefäßen ablagern und diese beschädigen können ($\rightarrow$ Antigen:Antikörper-Komplexe).

**Immunmodulation** Versuch, den Verlauf einer Immunantwort gezielt zu verändern, beispielsweise durch Verschiebung der Dominanz von $T_H1$- oder $T_H2$-Zellen.

**immunmodulierende Therapie** Behandlungsmethoden, die darauf abzielen, eine Immunantwort in vorteilhafter Weise zu beeinflussen, beispielsweise die Verringerung oder Verhinderung einer Autoimmunantwort oder einer allergischen Reaktion.

**Immunogen** Jedes Molekül, das nach Injektion in einen Menschen oder ein Tier eine adaptive Immunantwort auslösen kann.

**Immunologie** Erforschung aller Aspekte der Verteidigung gegen infektiöse Organismen und auch der schädlichen Auswirkungen der Immunantwort.

**immunologische Ignoranz** Form der Selbst-Toleranz, bei der reaktive Lymphocyten und ihre Zielantigene gleichzeitig im selben Individuum vorkommen, ohne dass jedoch eine Autoimmunreaktion stattfindet.

**immunologisch privilegierte Regionen** Bestimmte Körperbereiche wie etwa das Gehirn, in denen $\rightarrow$ allogene Gewebetransplantate keine Abstoßungsreaktion verursachen. Das kann zum einen an physischen Barrieren liegen, die die Wanderung von Antigenen und Zellen verhindern, zum anderen am Vorhandensein immunsuppressiver Cytokine.

**immunologische Synapse** Die hochgradig organisierte Kontaktstelle, die sich zwischen einer T-Zelle und einer Zielzelle entwickelt, entsteht durch die Bindung von T-Zell-Rezeptoren an Antigene und die Bindung von Zelladhäsionsmolekülen an ihre Gegenstücke auf der jeweils anderen Zelle. Die immunologische Synapse wird auch als supramolekularer Adhäsionskomplex bezeichnet.

**immunologische Toleranz** Die Unfähigkeit, auf ein Antigen zu reagieren. Die Toleranz gegenüber körpereigenen Antigenen ist eine zentrale Eigenschaft des Immunsystems. Ist diese Toleranz nicht gegeben, kann das Immunsystem körpereigenes Gewebe zerstören, wie es bei Autoimmunerkrankungen geschieht ($\rightarrow$ Vermeidung, $\rightarrow$ Abwehr).

**Immunophiline** $\rightarrow$ Cyclophiline, $\rightarrow$ FK-bindende Proteine

**Immunproteasom** Bestimmte Form des Proteasoms, die in Zellen vorkommt, welche mit Interferonen in Kontakt gekommen sind. Es enthält drei andere Untereinheiten als das normale Proteasom.

**Immunsystem** Die Gewebe, Zellen und Moleküle, die zur $\rightarrow$ angeborenen und $\rightarrow$ adaptiven Immunität beitragen.

**Immuntoleranz** → Toleranz

**Immuntoxine** Antikörper, an die man chemisch toxische Moleküle aus Pflanzen oder Mikroorganismen gebunden hat. Der Antikörper bringt das Toxin zu seinen Zielzellen.

**Immunüberwachung *(immune surveillance)*** Erkennung und in bestimmten Fällen Vernichtung von Tumorzellen durch das Immunsystem, bevor sie klinisch nachweisbar werden.

**Impfung** Beabsichtiges Auslösen der → adaptiven Immunität durch einen Krankheitserreger, indem man eine abgetötete oder attenuierte (nichtpathogene) lebende Form des Krankheitserregers oder seine Antigene (also einen Impfstoff) verabreicht.

**indirekte Allogenerkennung** Erkennung eines übertragenen Gewebes, bei der die antigenpräsentierenden Zellen des Empfängers allogene Proteine aufnehmen und sie den T-Zellen durch eigene MHC-Moleküle präsentieren.

**Indolamin-2,3-Dioxygenase (IDO)** Von Immunzellen und einigen Tumoren exprimiertes Enzym, das Tryptophan in Kynureninmetaboliten umwandelt, die immunsuppressiv wirken.

**induzierbares costimulierendes Protein** → ICOS

**induzierte pluripotente Stammzellen (iPS-Zellen)** Pluripotente Stammzellen, die sich durch ein injiziertes Gemisch von Transkriptionsfaktoren aus adulten somatischen Zellen entwickeln.

**infantile Sarcoidose** Erkrankung, die mit aktivierenden Mutationen von NOD2 zusammenhängt und durch Gewebeentzündungen, beispielsweise der Leber, gekennzeichnet ist.

**infektiöse Mononucleose** Weit verbreitete Infektionskrankheit, die durch das Epstein-Barr-Virus hervorgerufen wird. Symptome sind Fieber, Unwohlsein und geschwollene Lymphknoten. Die Erkrankung wird auch als Pfeiffer'sches Drüsenfieber bezeichnet.

**Inflammasom** Proinflammatorischer Proteinkomplex, der sich nach der Stimulation von intrazellulären NOD-like-Rezeptoren bildet. Die Erzeugung einer aktiven Caspase im Komplex wandelt inaktive Cytokinvorstufen in aktive Cytokine um.

**inflammatorische Chemokine** Chemokine, die als Reakton auf eine Infektion oder Verletzung produziert werden, um Immunzellen zu Entzündungsherden zu dirigieren.

**inflammatorische Induktoren** Chemische Substanzen, die das Vorhandensein eingedrungener Mikroorganismen oder einer Zellschädigung anzeigen, beispielsweise bakterielle Lipopolysaccharide, extrazelluläres ATP oder Harnsäurekristalle.

**inflammatorische Mediatoren** Chemische Substanzen, die von Immunzellen produziert werden und auf Zielzellen einwirken, wodurch die Bekämpfung von Mikroorganismen stimuliert wird, beispielsweise Cytokine.

**inflammatorische Monocyten** Aktivierte Form von Monocyten, die eine Reihe verschiedener proinflammatorischer Cytokine produzieren.

**inflammatorische Reaktion** → Entzündung

**Infliximab** Chimärer Antikörper gegen TNF-$\alpha$ für die Behandlung von Entzündungskrankheiten wie Morbus Crohn oder rheumatoide Arthritis.

**inhibitorische Rezeptoren** NK-Zellen-Rezeptoren, deren Stimulation dazu führt, dass die cytotoxische Aktivität der Zelle blockiert wird (→ aktivierende Rezeptoren).

**Initiatorcaspasen** Proteasen, welche die Apoptose fördern, indem sie andere Caspasen spalten und aktivieren.

**iNKT** → invariante NKT-Zellen

**Inositol-1,4,5-trisphosphat (IP$_3$)** Löslicher Second Messenger, der bei der Spaltung von membrangebundenen Inositolphospholipiden durch das Enzym Phospholipase C-$\gamma$ entsteht. IP$_3$ wirkt auf Rezeptoren im endoplasmatischen Reticulum und löst die Freisetzung von Ca$^{2+}$ aus intrazellulären Speichern in das Cytosol aus.

**Integraseinhibitoren** Wirkstoffe, die die Aktivität der HIV-Integrase blockieren, sodass sich das Virus nicht in das Genom einer Wirtszelle integrieren kann.

**Integrine** Heterodimere Zelloberflächenproteine, die an Zell-Zell- und Zell-Matrix-Wechselwirkungen beteiligt sind. Sie sind wichtig für die Adhäsion zwischen Lymphocyten und antigenpräsentierenden Zellen sowie für die Anheftung von Lymphocyten und Leukocyten an die Gefäßwände und ihre Wanderung in das Gewebe.

**interdigitierende dendritische Zellen** → dendritische Zellen

**Interferone (IFN)** Mehrere verwandte Familien von Cytokinen, die ursprünglich danach benannt wurden, dass sie die Vermehrung von Viren stören (*interference*). → IFN-$\alpha$ und → IFN-$\beta$ zeigen antivirale Effekte, → IFN-$\gamma$ hat im Immunsystem andere Funktionen.

**Interferon-$\alpha$-Rezeptor (IFNAR)** Dieser Rezeptor erkennt IFN-$\alpha$ und IFN-$\beta$ und aktiviert STAT1 und STAT2 sowie die Expression von vielen → interferonstimulierten Genen.

**interferoninduzierte Transmembranproteine** → IFITM-Familie

**interferonproduzierende Zellen (IPCs)** → plasmacytoide dendritische Zellen

**interferonstimulierte Gene (ISGs)** Verschiedene Gene, deren Expression von Interferon angeschaltet wird. Dazu gehören Gene, welche die angeborene Immunantwort gegen Krankheitserreger unterstützen, beispielsweise die Gene für die Oligoadenylat-Synthetase, die PKR sowie die Mx-, IFIT- und IFITM-Proteine.

**Interleukine (ILs)** Übergeordnete Bezeichnung für die von Leukocyten produzierten → Cytokine. In diesem Buch verwenden wir meist den allgemeineren Begriff Cytokine. Die Bezeichnung Interleukin dient nur zur Benennung bestimmter Cytokine wie Interleukin-2 (IL-2). Einige wichtige Interleukine sind im Glossar unter ihren Abkürzungen aufgeführt, beispielsweise IL-1$\beta$ und IL-2. Cytokine sind in Anhang III aufgelistet.

**interzelluläre Adhäsionsmoleküle** → ICAMs

**intraepitheliale Lymphocyten (IELs)** Lymphocyten im Oberflächenepithel der Schleimhäute (wie etwa im Darm). Es handelt sich vor allem um T-Zellen, im Darm sind CD8-T-Zellen vorherrschend.

**intrathymale dendritische Zellen** → dendritische Zellen

**intrinsischer Apoptoseweg** Signalweg, der als Reaktion auf schädliche Reize wie UV-Strahlen, Chemotherapeutika, Hunger oder den Mangel an Wachstumsfaktoren, die zum Überleben erforderlich sind, die Apoptose auslöst. Die Apoptose beginnt mit einer Schädigung der Mitochondrien. Man bezeichnet diesen Mechanismus auch als den mitochondrialen Apoptoseweg.

**invariante (oder unveränderliche) Kette (Ii, CD74)** Polypeptid, das an den peptidbindenden Spalt von neu synthetisierten MHC-Klasse-II-Molekülen im endoplasmatischen

Reticulum bindet und dadurch verhindert, dass andere Peptide binden können. Ii wird im Endosom abgebaut, sodass Antigenpeptide dort binden können.

**invariante NKT-Zellen (iNKT-Zellen)** ILC-ähnliche Lymphocyten, die einen T-Zell-Rezeptor mit einer invarianten $\alpha$-Kette und eine $\beta$-Kette mit eingeschränkter Variabilität tragen. Der Rezeptor erkennt Glykolipidantigene, die von CD1-MHC-Klasse-Ib-Molekülen präsentiert werden. Dieser Zelltyp trägt auch den Oberflächenmarker NK1.1, der normalerweise bei NK-Zellen vorkommt.

**IPCs** → interferonproduzierende Zellen

**IPEX-Syndrom (Immunderegulation, Polyendokrinopathie, Enteropathie, X-gekoppeltes Syndrom)** Sehr seltene vererbbare Krankheit, bei der die regulatorischen CD4-CD25-T-Zellen fehlen. Ursache ist eine Mutation im Gen für den Transkriptionsfaktor FoxP3, durch die sich eine Autoimmunität entwickelt.

**Ipilimumab** Antikörper gegen humanes CTLA-4, der zur Behandlung von Melanomen und als Blockade des ersten Kontrollpunkts (*checkpoint*) bei einer Immuntherapie angewendet wird.

**IRAK1, IRAK4** Proteinkinasen in den intrazellulären Signalwegen, die von TLR-Rezeptoren ausgehen.

**IRAK4-Defekt** Immunschwäche, die durch wiederkehrende Bakterieninfektionen gekennzeichnet ist. Ursache sind inaktivierende Mutationen im *IRAK4*-Gen, die zu einer Blockade der TLR-Signale führen.

**IRFs (*interferon regulatory factors*)** Familie von neun Transkriptionsfaktoren, die eine Reihe verschiedener Immunantworten regulieren. Beispielsweise werden IRF3 und IRF7 durch Signale von TLR-Rezeptoren aktiviert. Mehrere IRFs stimulieren die Expression von Genen für Typ-I-Interferone.

**IRF9** Transkriptionsfaktor aus der IRF-Familie, der mit der aktivierten Form von STAT1 und STAT2 interagiert und so den ISGF3-Komplex bildet, der die Transkription von zahlreichen → interferonstimulierten Genen induziert.

**Ir-Gene (*immune response genes*)** Frühere Bezeichnung für einen genetischen Polymorphismus, der die Intensität einer Immunantwort auf ein bestimmtes Antigen reguliert. Nach heutiger Erkenntnis beeinflussen die unterschiedlichen Allele der MHC-Moleküle, besonders bei den MHC-Klasse-II-Molekülen, wie die Peptide jeweils gebunden werden.

**IRGM3 (*immune-related GTPase family M protein 3*)** Protein, das in vielen Zelltypen neutrale Lipidtröpfchen stabilisiert und speichert und mit dem → ADRP assoziiert ist.

**IR-SCID (*irradiation-sensitive SCID*)** Form eines schweren kombinierten Immundefekts aufgrund von Mutationen in Proteinen des DNA-Reparatursystems, beispielsweise Artemis. Dadurch kommt es zu einer anormalen Empfindlichkeit für ionisierende Strahlung und zu Defekten bei der V(D)J-Rekombination.

**ISGF3** → IRF9

**Isoformen** Unterschiedliche Formen des gleichen Proteins, wenn beispielsweise unterschiedliche Allele eines bestimmten Gens diese Formen codieren.

**isolierte Lymphfollikel** Strukturiertes Gewebe der Darmschleimhaut, das vor allem aus B-Zellen besteht.

**Isolierungsmembran** → Phagophor

**Isotyp** Die Festlegung einer Immunglobulinkette durch die Art ihrer konstanten Region. Die leichten Ketten können entweder zum $\kappa$- oder zum $\lambda$-Isotyp gehören. Schwere Ketten können die Isotypen $\mu$, $\delta$, $\gamma$, $\alpha$ oder $\varepsilon$ besitzen. Die verschiedenen Isotypen der schweren Kette besitzen unterschiedliche Effektorfunktionen und legen die Klasse wie auch die funktionellen Eigenschaften der Antikörper (IgM, IgD, IgG, IgA beziehungsweise IgE) fest.

**Isotypausschluss** Die unterschiedliche Verwendung der beiden Isotypen der leichten Kette, $\kappa$ oder $\lambda$, durch eine bestimmte B-Zelle oder in einem bestimmten Antikörper.

**Isotypwechsel** → Klassenwechsel

**ITAM** *(immunoreceptor tyrosine-based activation motif)* Sequenzmotive in den Signalketten von aktivierenden Rezeptoren, an denen nach der Aktivierung des Rezeptors die Tyrosinphosphorylierung erfolgt, beispielsweise in den Antigenrezeptoren der Lymphocyten. Dadurch werden weitere Signalproteine rekrutiert.

**ITIM** *(immunoreceptor tyrosine-based inhibition motif)* Sequenzmotive in den Signalketten von inhibitorischen Rezeptoren, an denen nach der Aktivierung des Rezeptors die Tyrosinphosphorylierung erfolgt. Dadurch wird ein inhibitorisches Signal erzeugt, etwa durch die Aktivierung von Phosphatasen, die Phosphatgruppen wieder entfernen, welche von Tyrosinkinasen angehängt wurden.

**ITSM** *(immunoreceptor tyrosine-based switch motif)* Sequenzmotiv in den cytoplasmatischen Domänen einiger inhibitorischer Rezeptoren.

**JAK-Inhibitoren** Kleine Moleküle als Kinaseinhibitoren, die für eine oder mehrere JAK-Kinasen relativ spezifisch sind.

**Januskinasen-(JAK-)Familie** Enzyme der intrazellulären JAK-STAT-Signalwege, die viele Cytokinrezeptoren mit der Transkription im Zellkern koppeln. Die Kinasen phosphorylieren STAT-Proteine im Cytosol, die dann in den Zellkern wandern und eine Reihe verschiedener Gene aktivieren.

**J-Kette** Kleines Polypeptid, das von B-Zellen produziert wird und das über Disulfibrücken an die polymeren Immunglobuline IgM und IgA bindet. Die J-Kette ist für die Ausformung der Antigenbindungsstelle bei den polymeren Immunglobulinrezeptoren von entscheidender Bedeutung.

**J-Gen-Segmente** *(joining gene segments)* Kurze DNA-Sequenzen, welche die J-Regionen der variablen Regionen der Immunglobuline und T-Zell-Rezeptoren codieren. In einem umgelagerten Gen für die leichte Kette, für TCR$\alpha$ oder für TCR$\gamma$ ist das J-Gen-Segment mit dem V-Gen-Segment verknüpft. In einem umgelagerten Gen für die schwere Kette, für TCR$\beta$ oder für TCR$\delta$ ist das J-Gen-Segment mit dem D-Gen-Segment verknüpft.

**JNK** → Jun-Kinase

**Job-Syndrom** →Hyper-IgE-Syndrom

**junktionale Diversität** *(junctional diversity)* Vielfalt der Verknüpfungsstellen der V-, D- und J-Gen-Segmente, die sich bei der Verbindung der V-, D- und J-Gen-Segmente herausbildet und auf eine ungenaue Verknüpfung und das Einfügen von nicht in der DNA-Sequenz enthaltenen Nucleotiden zurückzuführen ist.

**K63-Verknüpfungen** In Polyubiquitin die kovalente Verknüpfung zwischen der Aminogruppe an Lysin-63 des einen Ubiquitinproteins mit dem Carboxyterminus eines zweiten Ubiquitinproteins. Diese Art der Verknüpfung tritt vor allem im Zusammenhang mit der Signalübertragung auf, indem ein Gerüst gebildet wird, das von Signaladaptorproteinen, beispielsweise TAB1/2, erkannt wird.

Teil VI

**Kapselpolysaccharide** → verkapselte Bakterien

**katalytischer 20S-Core-Komplex** *(20S catalytic core)* Komponente des Proteasoms, die aus mehreren Untereinheiten besteht und für den Proteinabbau zuständig ist.

**Kation-π-Wechselwirkungen** Chemische Wechselwirkungen zwischen einem Kation (etwa Na$^+$) und dem π-Elektronensystem einer aromatischen Gruppe.

**Keimbahntheorie** Eine inzwischen auszuschließende Hypothese, nach der die Antikörpervielfalt durch separate Gene für jeden einzelnen Antikörper entsteht. Auf die meisten Vertebraten trifft die Hypothese nicht zu, wobei einige Knorpelfische umgelagerte Gene für die V-Region besitzen.

**keimfreie Mäuse** Mäuse, die unter vollständiger Abwesenheit einer Darmflora oder anderer Mikroorganismen aufwachsen. Solche Mäuse verfügen nur über ein sehr reduziertes Immunsystem, aber sie können auf praktisch jedes spezifische Antigen normal reagieren, wenn es mit einem starken Adjuvans gemischt wird.

**Keimzentren** Bereiche, die sich während einer Antikörperantwort in den Lymphfollikeln entwickeln und in denen Proliferation, Differenzierung, somatische Hypermutation und Klassenwechsel von B-Zellen in intensiver Form stattfinden.

**κ-Kette** Eine der beiden Klassen oder Isotypen der leichten Ketten der Immunglobuline.

**killerzellenimmunglobulinähnliche Rezeptoren (KIRs)** Große Familie von Rezeptoren, die auf NK-Zellen vorkommen und die an der Regulation der cytotoxischen Aktivität der Zellen beteiligt sind. Die Familie umfasst sowohl aktivierende als auch inhibitorische Rezeptoren.

**killerzellenlektinähnliche Rezeptoren (KLRs)** Große Familie von Rezeptoren, die auf NK-Zellen vorkommen und die an der Regulation der cytotoxischen Aktivität der Zellen beteiligt sind. Die Familie umfasst sowohl aktivierende als auch inhibitorische Rezeptoren.

**Kinasesuppressor von Ras (KSR)** Gerüstprotein in der Raf/MEK1/Erk-MAP-Kinasekaskade, das nach einem Antigenrezeptorsignal an alle drei Komponenten bindet. Dadurch können diese interagieren und die Signalkaskade wird beschleunigt.

**Kininsystem** Enzymkaskade von Plasmaproteinen, die durch Gewebeschädigungen aktiviert wird und dann mehrere Entzündungsmediatoren erzeugt, beispielsweise das gefäßaktive Peptid Bradykinin.

**Klassen** Die Klasse eines Antikörpers wird durch den Typ der schweren Kette bestimmt, die Teil des Antikörpers ist. Es gibt fünf Hauptklassen von Antikörpern: IgA, IgD, IgM, IgG und IgE, jeweils mit einer schweren α-, δ-, μ-, γ- beziehungsweise ε-Kette. Die IgG-Klasse umfasst mehrere Unterklassen (→ Isotypen).

**Klasse-I-Cytokinrezeptoren** Gruppe von Rezeptoren für die Hämatopoetinsuperfamilie der Cytokine. Dazu gehören Rezeptoren, welche die gemeinsame γ-Kette enthalten und IL-2, IL-4, IL-7, IL-15 und IL-21 erkennen, sowie Rezeptoren mit einer gemeinsamen β-Kette für GM-CSF, IL-3 und IL-5.

**Klasse-II-Cytokinrezeptoren** Gruppe von heterodimeren Rezeptoren für eine Cytokinfamilie, zu der Interferon-(IFN-)α, IFN-β, IFN-γ und IL-10 gehören.

**Klassenwechsel, Klassenwechselrekombination** Rekombinationsprozess von somatischen Genen in aktivierten B-Zellen, bei dem eine konstante Region der schweren Kette gegen einen anderen Isotyp ausgetauscht wird. Der produzierte Isotyp der Antikörper ändert sich von IgM zu IgG, IgA oder IgE. Das beeinflusst die Effektorfunktionen der Antikörper, nicht aber ihre Antigenspezifität. Eine andere Bezeichnung dafür ist der Isotypwechsel (→ somatische Hypermutation).

**klassische C3-Konvertase** Komplex aus den aktivierten Komplementfaktoren C4b$_2$a, der im klassischen Weg der Komplementaktivierung C3 auf der Oberfläche von Krankheitserregern zu C3b spaltet.

**klassische MHC-Klasse-I-Gene** MHC-Klasse-I-Gene, deren Proteinprodukte Peptidantigene für die Erkennung durch T-Zellen präsentieren (→ nichtklassische MHC-Klasse-Ib-Gene).

**klassische Monocyten** Hauptform der Monocyten im Blutkreislauf, die zu Infektionsherden dirigiert werden und sich zu Makrophagen differenzieren können.

**klassischer aktivierter Makrophage** → M1-Makrophage

**klassischer Weg der Komplementaktivierung** Reaktionskette, die durch die Bindung von C1 direkt an eine Bakterienoberfläche oder einen an die Oberfläche gebundenen Antikörper in Gang gesetzt wird. Bakterien werden dadurch als fremd markiert (→ alternativer Weg, → Lektinweg).

**kleine G-Proteine** G-Proteine wie Ras, die aus einem einzigen Peptidmolekül bestehen. Sie wirken bei zahlreichen verschiedenen Transmembransignalen stromabwärts als intrazelluläre Signalmoleküle. Man bezeichnet sie auch als kleine GTPasen.

**kleine Prä-B-Zellen** Entwicklungsstadium der B-Zellen direkt nach dem Stadium der → großen Prä-B-Zellen. Die Zellproliferation endet und die Umlagerung der Gene für die leichte Kette beginnt.

**Klon** Population von Zellen, die alle von einer gemeinsamen Vorläuferzelle abstammen.

**klonale Deletion** Eliminierung unreifer Lymphocyten, wenn sie körpereigene Antigene erkennen, entsprechend der Theorie der → klonalen Selektion. Die klonale Deletion ist der wichtigste Mechanismus der → zentralen Toleranz und kann auch bei der → peripheren Toleranz eine Rolle spielen.

**klonale Expansion** Proliferation antigenspezifischer Lymphocyten als Reaktion auf eine Stimulation durch das entsprechende Antigen. Sie geht der Differenzierung der Lymphocyten zu Effektorzellen voraus. Die klonale Expansion ist ein wichtiger Mechanismus der → adaptiven Immunität. Sie ermöglicht eine rasche Erhöhung der Anzahl zuvor seltener antigenspezifischer Zellen, sodass diese den auslösenden Krankheitserreger effektiv bekämpfen können.

**klonale Selektion** → Theorie der klonalen Selektion

**klonotypisch** Eigenschaft, die nur bei den Zellen eines bestimmten Klons zu finden ist. So bezeichnet man beispielsweise die Verteilung der Antigenrezeptoren in der Population der Lymphocyten als klonotypisch, da alle Zellen eines bestimmten Klons identische Antigenrezeptoren besitzen.

**Knochenmark** Das Gewebe, in dem primär alle zellulären Bestandteile des Blutes aus hämatopoetischen Stammzellen gebildet werden – Erythrocyten, weiße Blutzellen und → Blutplättchen. Bei Säugern findet dort auch die weitere Entwicklung der B-Zellen statt. Darüber hinaus ist es der Ursprungsort der Stammzellen, die in den Thymus wandern und dort zu T-Zellen heranreifen. Daher kann eine Knochenmarktransplantation alle zellulären Elemente des Blutes wiederherstellen, auch diejenigen, die für eine → adaptive Immunantwort notwendig sind.

**Koagulationssystem** Eine Reihe von Proteasen und weiteren Proteinen im Blut, welche die Blutgerinnung auslösen, wenn Blutgefäße verletzt werden.

**Kollektine** Familie calciumabhängiger zuckerbindender Proteine oder Lektine, die kollagenähnliche Sequenzen enthalten. Ein Beispiel ist das → mannosebindende Lektin (MBL).

**kombinatorische Vielfalt** Vielfalt der Antigenrezeptoren, die durch die Kombination von getrennten Einheiten mit zwei verschiedenen Arten von genetischer Information gebildet werden. Zuerst werden Abschnitte von Rezeptorgenen in zahlreichen verschiedenen Kombinationen zusammengefügt, sodass die vielen unterschiedlichen Rezeptorketten entstehen können. Anschließend werden zwei verschiedene Rezeptorketten (bei Immunglobulinen eine schwere und eine leichte Kette, bei T-Zell-Rezeptoren $\alpha$ und $\beta$ oder $\gamma$ und $\delta$) miteinander verbunden und bilden zusammen die Antigenerkennungsstelle.

**kommensale Mikroorganismen, kommensale Mikroflora** Mikroorganismen (vor allem Bakterien), die normalerweise mit ihrem Wirt harmlos in Symbiose leben (beispielsweise die Darmbakterien beim Menschen und bei Tieren). In vielen Fällen haben die Wirte davon einen Nutzen.

**Komplement, Komplementsystem** Eine Reihe von Plasmaproteinen, die gemeinsam Krankheitserreger im Extrazellularraum angreifen. Ein Pathogen wird mit Komplementproteinen umgeben, die dessen Beseitigung durch Phagocyten ermöglichen; bestimmte Pathogene können auch direkt getötet werden. Die Komplementaktivierung kann auf verschiedene Weise erfolgen (→ klassischer Weg, → Lektinweg, → alternativer Weg der Komplementaktivierung).

**Komplementaktivierung** Die Aktivierung der normalerweise inaktiven Proteine des Komplementsystems, die bei einer Infektion erfolgt (→ klassischer Weg, → Lektinweg, → alternativer Weg der Komplementaktivierung).

**komplementaritätsbestimmende Regionen (CDRs)** *(complementarity determining regions)* Bereiche der V-Domänen von Immunglobulinen und T-Zell-Rezeptoren, die deren Antigenspezifität bestimmen und mit dem Liganden in Kontakt treten. Die CDRs sind die variabelsten Bereiche der Rezeptoren und tragen zu deren Vielfalt bei. In jeder V-Domäne gibt es drei solcher Regionen (CDR1, CDR2 und CDR3).

**Komplementproteine** → C1, → C2, → C3 und so weiter

**komplementregulatorische Proteine** Proteine, welche die Komplementaktivität regulieren und verhindern, dass das Komplementsystem auf der Oberfläche von Körperzellen aktiviert wird.

**Komplementrezeptoren (CRs)** Oberflächenproteine verschiedener Art. Sie erkennen und binden Komplementproteine, die ihrerseits an ein Antigen wie beispielsweise einen Krankheitserreger gebunden sind. Komplementrezeptoren auf Phagocyten ermöglichen es diesen Zellen, mit Komplementproteinen bedeckte Krankheitserreger zu erkennen, aufzunehmen und zu vernichten (→ CR1, → CR2, → CR3, → CR4, → CRIg und der → C1-Komplex).

**Konformationsepitope, diskontinuierliche Epitope** Antigenstrukturen (Epitope) auf einem Proteinantigen, die bei der Faltung des Proteinantigens aus voneinander entfernten Bereichen der Peptidkette gebildet werden. Antikörper, die für Konformationsepitope spezifisch sind, erkennen nur native, gefaltete Proteine (→ kontinuierliches Epitop).

**Konjugatimpfstoffe** Antibakterielle Impfstoffe; werden aus den Polysacchariden von Bakterienkapseln hergestellt, die an Proteine mit bekannter Immunogenität gebunden sind wie das Tetanustoxoid.

**konstante Ig-Domänen (C-Domänen)** Bestimmte Art von Proteindomänen, aus denen die konstanten Regionen in jeder Peptidkette eines Immunglobulinmoleküls bestehen.

**konstante Region, C-Region** Der Teil eines Immunglobulins oder T-Zell-Rezeptors, der bei verschiedenen Molekülen eine relativ konstante Aminosäuresequenz besitzt und auch als Fc-Region eines Antikörpers bezeichnet wird. Die konstante Region eines Antikörpers bestimmt seine spezifische Effektorfunktion (→ variable Region).

**kontinuierliches, lineares Epitop** Antigenstruktur auf einem Protein, die aus einem einzigen kurzen Stück der Peptidkette besteht. Antikörper, die kontinuierliche Epitope erkennen, können ein denaturiertes Protein binden. Von T-Zellen erkannte Epitope sind kontinuierlich; man bezeichnet sie auch als lineare Epitope.

**konventionelle (klassische) dendritische Zellen (cDCs)** Linie der dendritischen Zellen, die vor allem bei der Antigenpräsentation gegenüber naiven T-Zellen und deren Aktivierung mitwirken (→ plasmacytoide dendritische Zellen).

**Kostmann-Syndrom** Schwere angeborene Neutropenie. Es handelt sich um eine vererbbare Erkrankung, die mit einer niedrigen Zahl von neutrophilen Zellen einhergeht. Ursache ist ein Defekt des mitochondrialen HAX1-Proteins, der bei sich entwickelnden myeloischen Zellen zur Apoptose und zu einer persistierenden Neutropenie führt.

**Krebs-Hodenantigene** Von Krebszellen exprimierte Proteine, die normalerweise nur von männlichen Keimzellen in den Hoden exprimiert werden.

**Krebs-Immun-Editing** Ein Vorgang während der Entwicklung von Krebs, wenn sich Mutationen anhäufen, die das Überleben des Tumors begünstigen, da er einer Immunantwort entgehen kann, wenn Krebszellen mit diesen Mutationen für das Überleben und Wachstum selektiert werden.

**Kreuzpräsentation** Der Vorgang, bei dem extrazelluläre Proteine, die von dendritischen Zellen aufgenommen wurden, zur Erzeugung von Peptiden führen, die dann von MHC-Klasse-I-Molekülen präsentiert werden. Dadurch ist es möglich, dass Antigene mit extrazellulärem Ursprung von MHC-Klasse-I-Molekülen präsentiert werden und CD8-T-Zellen aktivieren.

**Kreuz-Priming** Aktivierung von CD8-T-Zellen durch dendritische Zellen, bei denen das durch MHC-Klasse-I-Moleküle (das heißt durch → Kreuzpräsentation) dargebotene Antigenpeptid von einem exogenen Protein stammt und nicht innerhalb der dendritischen Zellen direkt erzeugt wurde (→ direkte Präsentation).

**Kreuzprobe** *(cross-matching)* Test, mit dem man bei Bluttypisierungen und Histokompatibilitätstests feststellt, ob ein Spender oder Empfänger Antikörper gegen die Zellen des jeweils anderen besitzt, die bei Transfusionen oder Transplantationen zu Schwierigkeiten führen könnten.

**kryptisches Epitop** Jedes Epitop, das von keinem Lymphocytenrezeptor erkannt werden kann, solange das zugehörige Antigen nicht abgebaut und prozessiert wurde.

**KSR** → Kinasesuppressor von Ras

**Ku** DNA-Reparaturprotein, das für die Umlagerung der Immunglobulin- und T-Zell-Rezeptoren erforderlich ist.

**Kupffer-Zellen** Phagocyten in der Leber. Sie kleiden die Lebersinusoide aus und entfernen Zellabfälle und sterbende Zellen aus dem Blut. Soweit bisher bekannt ist, lösen sie keine Immunreaktionen aus.

**kutanes lymphocytenassoziiertes Antigen (CLA)** *(cutaneous lymphoid antigen)* Zelloberflächenmolekül, das beim Menschen den Lymphocyten dabei hilft, die Haut gezielt anzusteuern (→ Homing).

Teil VI

**Kynureninmetaboliten** Unterschiedliche Molekülkomponenten, die durch die Aktivität der Enzyme Indolamin-2,3-Dioxygenase (IDO) oder Tryptophan-2,3-Dioxygenase (TDO) entstehen. Die Enzyme werden von verschiedenen Immunzellen und in der Leber produziert.

**lamelläre Granula** Lipidreiche sekretorische Organellen in Keratinocyten und Pneumocyten der Lunge, die $\beta$-Defensine in den Extrazellularraum freisetzen.

**Lamina propria** Schicht aus Bindegewebe, die unter einem Schleimhautepithel liegt. Sie enthält Lymphocyten und andere Zellen des Immunsystems.

**LAT** → Linker für aktivierte T-Zellen

**Latenz** Zustand eines Virus, das eine Zelle infiziert, sich aber nicht repliziert.

**Lck** Tyrosinkinase der Src-Familie, die mit den cytoplasmatischen Schwänzen von CD4 und CD8 assoziiert ist und die die cytoplasmatischen Schwänze der Signalketten der T-Zell-Rezeptoren phosphoryliert. Das trägt dazu bei, die Signale aus dem T-Zell-Rezeptor-Komplex zu aktivieren, sobald ein Antigen gebunden hat.

**Leber-Gallen-Weg (häpatobiliärer Weg)** Einer der Wege, über den dimere IgA-Moleküle, die in den Schleimhäuten produziert werden, in die Pfortader in der Lamina propria aufgenommen und in die Leber transportiert werden, von wo aus sie über eine Transcytose in den Gallengang gelangen. Dieser Weg besitzt beim Menschen keine große Bedeutung.

**Lektine** Kohlenhydratbindende Proteine.

**Lektinweg** Signalweg der Komplementaktivierung, der durch mannosebindende Lektine (MBLs) und durch Ficoline ausgelöst wird, die an Bakterien gebunden sind.

**leichte Ersatzkette** Protein in Prä-B-Zellen, das aus den zwei Untereinheiten VpreB und $\lambda 5$ besteht. Diese Kette kann sich mit einer vollständigen schweren Kette und den Signalproteinen Ig$\alpha$ und Ig$\beta$ zusammenlagern. Der Komplex vermittelt Signale für die B-Zell-Differenzierung.

**leichte Kette, L-Kette** Die kleinere der beiden Polypeptidketten, aus denen ein Immunglobulinmolekül aufgebaut ist. Sie besteht aus einer V- und einer C-Domäne und ist über Disulfidbrücken an die → schwere Kette gebunden. Es gibt zwei Klassen oder Isotypen der leichten Ketten, die man auch als $\kappa$- und $\lambda$-Kette bezeichnet. Sie werden von unterschiedlichen Loci produziert.

**Lentiviren** Gruppe von Retroviren, zu der auch das humane Immunschwächevirus (HIV) gehört. Sie lösen erst nach einer langen Inkubationszeit eine Krankheit aus.

**Letalfaktor** Endopeptidase, die von *Bacillus anthracis* produziert wird und NLRP1 spaltet. Das führt zum Tod der infizierten Zelle, im Allgemeinen ein Makrophage.

**leucinreiche Wiederholungen (LRRs)** *(leucine-rich repeats)* Sich mehrfach wiederholende Proteinmotive, die beispielsweise die extrazellulären Bereiche von → Toll-like-Rezeptoren bilden.

**Leukocyten** Weiße Blutzellen. Dazu zählen → Lymphocyten, → polymorphkernige Leukocyten und → Monocyten.

**Leukocytenadhäsionsdefekte (LADs)** Gruppe von Immunschwächekrankheiten, bei denen die Fähigkeit der Leukocyten beeinträchtigt ist, zu Infektionsherden mit extrazellulären Bakterien zu wandern, sodass die Infektionen nicht mehr effektiv bekämpft werden können. Es gibt dafür verschiedene Ursachen, etwa ein Mangel an der gemeinsamen $\beta$-Kette der Leukocytenintegrine.

**Leukocytenadhäsionsdefekt Typ 2** Erkrankung aufgrund einer gestörten Produktion der sulfatierten Sialyl-Lewis$^x$-Einheit, sodass neutrophile Zellen nicht mehr mit den P- und E-Selektinen interagieren und dadurch nicht mehr zu Infektionsherden gelangen können.

**Leukocytenrezeptorkomplex (LRC)** Großer Cluster mit Genen für immunglobulinähnliche Rezeptoren, beispielsweise für die → killerzellenimmunglobulinähnlichen Rezeptoren (KIRs).

**Leukocytose** Vorhandensein einer erhöhten Anzahl von Leukocyten im Blut. Sie tritt im Allgemeinen bei akuten Infektionen auf.

**Leukotriene** Lipidmediatoren von Entzündungen, die von der Arachidonsäure abstammen. Sie werden von Makrophagen und anderen Zellen produziert.

**LFA-1** → funktionelle Leukocytenantigene

**LGP2** Protein aus der RLR-Familie. Es wirkt bei der Erkennung von Virus-RNA mit RIG-1 und MDA-5 zusammen.

**lineares Epitop** → kontinuierliches Epitop

**Linker für aktivierte T-Zellen (LAT)** Cytoplasmatisches Adaptorprotein mit mehreren Tyrosinresten, die durch die Tyrosinkinase ZAP-70 phosphoryliert werden. Es koordiniert die Weiterleitung von Signalen der T-Zell-Aktivierung.

**LIP10** Abgespaltenes Fragment der invarianten Kette, welche die Transmembranregion enthält und an MHC-Klasse-II-Proteine gebunden bleibt.

**LIP22** Das zuerst abgespaltene Fragment der invarianten Kette, die an MHC-Klasse-II-Moleküle gebunden ist.

**Lipidgranula** Speicherorganellen mit einem hohen Anteil an neutralen Fetten im Cytoplasma.

**Lipocalin-2** Antimikrobielles Peptid, das von neutrophilen Zellen und Schleimhautepithelzellen in großen Mengen produziert wird und das Wachstum von Bakterien und Pilzen hemmt, indem es die Verfügbarkeit von Eisen einschränkt.

**Lipopeptidantigene** Vielgestaltige Gruppe von Antigenen, die aus mikrobiellen Lipiden abgeleitet sind und normalerweise von nichtklassischen MHC-Klasse-II-Molekülen wie CD1 den Populationen der invarianten T-Zellen, beispielsweise den iNKT-Zellen, präsentiert wird.

**Lipopolysaccharid (LPS)** Lipopolysaccharid auf der Oberfläche von gramnegativen Bakterien, das TLR-4 auf Makrophagen und dendritischen Zellen stimuliert (→ Endotoxin).

**Lipoteichonsäuren** Bestandteile der bakteriellen Zellwand, die von den Toll-like-Rezeptoren erkannt werden.

**Lizenzierung** Die Aktivierung einer dendritischen Zelle, wodurch sie in die Lage versetzt wird, naiven T-Zellen Antigene zu präsentieren und sie dabei zu aktivieren.

**L-Kette** → leichte Kette

*long-term nonprogressors* Mit HIV infizierte Personen, die eine Immunantwort entwickelt haben, welche die Viruslast unter Kontrolle hält, sodass sich AIDS nicht entwickeln kann, obwohl keine antiretrovirale Therapie verabreicht wird (→ Elite-Controller).

Teil VI

**LPS-bindendes Protein (LBP)** Protein im Blut und in der extrazellulären Flüssigkeit, das bakterielle Lipopolysaccharide (LPS) bindet, die sich von Bakterien abgelöst haben.

**LRRs** → leucinreiche Wiederholungen

**L-Selektin (CD62L)** Adhäsionsmolekül der Selektinfamilie, das auf Lymphocyten vorkommt. L-Selektin bindet an CD34 und GlyCAM-1 auf postkapillären Venolen mit hohem Endothel und löst so die Wanderung naiver Lymphocyten in Lymphgewebe aus.

**LTi-Zellen** →Lymphgewebeinduktorzellen

**Ly49-Rezeptoren** Familie von C-Typ-Lektinen, die von NK-Zellen bei Mäusen, aber nicht beim Menschen exprimiert werden. Sie können entweder aktivierend oder inhibitorisch wirken.

**Ly49a, Ly49H** → Ly49-Rezeptoren

**Ly108** → SLAM

**lymphatische Organe** Strukturierte Gewebe, in denen sehr viele Lymphocyten mit einem nichtlymphatischen Stroma wechselwirken. Die zentralen oder primären lymphatischen Organe, in denen Lymphocyten gebildet werden, sind der → Thymus und das → Knochenmark. Die wichtigsten sekundären lymphatischen Organe, in denen adaptive Immunantworten ausgelöst werden, sind die → Lymphknoten, die → Milz sowie die mucosaassoziierte lymphatischen Organe wie die → Gaumenmandeln oder die → Peyer-Plaques.

**Lymphflüssigkeit** Extrazelluläre Flüssigkeit, die sich in Geweben ansammelt und von den Lymphgefäßen zum Ductus thoracicus und in das Blut geleitet wird.

**Lymphgefäße** Dünnwandige Gefäße, in denen die Lymphflüssigkeit transportiert wird.

**Lymphgewebe** Gewebe, das aus einer großen Zahl von Lymphocyten besteht.

**Lymphgewebeinduktorzellen (LTi-Zellen)** *(lymphoid tissue inducer cells)* Blutzellen, die in der fetalen Leber entstehen und mit dem Blut in bestimmte Regionen gelangen, wo sie Lymphknoten und andere periphere lymphatische Organe bilden.

**Lymphknoten** Periphere lymphatische Organe. Sie befinden sich überall im Körper an den Stellen, wo → Lymphgefäße zusammenkommen.

**Lymphoblast** Ein noch nicht vollständig differenzierter Lymphocyt, der sich nach der Aktivierung vergrößert hat und dessen RNA- und Proteinsyntheserate erhöht ist.

**Lymphocyten** Klasse von weißen Blutzellen, die variable Rezeptoren für Antigene auf der Zelloberfläche tragen und für die adaptiven Immunantworten zuständig sind. Es gibt zwei Hauptklassen der Lymphocyten: B-Lymphocyten (B-Zellen) und T-Lymphocyten (T-Zellen), die für die humorale beziehungsweise die zelluläre Immunität verantwortlich sind. Kleine Lymphocyten besitzen nur wenig Cytoplasma, und ihr Chromatin im Zellkern ist kondensiert. Bei Kontakt mit einem Antigen vergrößern sich die Zellen zu → Lymphoblasten, teilen sich und differenzieren sich zu antigenspezifischen → Effektorzellen.

**Lymphocytenrezeptorrepertoire** Gesamtheit der hoch variablen Antigenrezeptoren der B- und T-Lymphocyten.

**Lymphopenie** Anormal geringer Titer an Lymphocyten im Blut.

**Lymphopoese** Differenzierung von lymphatischen Zellen aus einer gemeinsamen lymphatischen Vorläuferzelle.

**lymphoproliferative Erkrankung nach einer Transplantation** *(post-transplant lymphoproliferative disorder)* Vermehrung von B-Zellen, die durch das Epstein-Barr-Virus (EBV) stimuliert wird, wobei die B-Zellen Mutationen entwickeln und bösartig werden können. Mögliche Folge bei immunsupprimierten Patienten nach einer Organtransplantation.

**lymphoproliferatives Autoimmunsyndrom (ALPS)** *(autoimmune lymphoproliferative syndrome)* Vererbbare Krankheit, bei der ein Defekt im Fas-Gen zu einem Versagen der normalen Apoptose führt, sodass unregulierte Immunreaktionen die Folge sind, darunter auch Autoimmunreaktionen.

**Lymphotoxine (LTs)** Cytokine der Tumornekrosefaktor-(TNF-)Familie, die auf einige Zellen unmittelbar toxisch wirken. Sie kommen als Trimere aus LT-$\alpha$-Ketten (LT-$\alpha_3$) und Heterotrimere aus LT- $\alpha$- und LT-$\beta$-Ketten (LT-$\alpha_2$:LT-$\beta_1$) vor.

**Lymphsystem** Das System aus den Lymphgefäßen und peripheren lymphatischen Geweben, die Flüssigkeit aus den Geweben über den $\rightarrow$ Ductus thoracicus in das Blut leiten.

**lysogene Phase** Die Phase im viralen Lebenszyklus, in der das Virusgenom in das zelluläre Genom integriert wird und dort in einem Ruhezustand verbleibt. Dabei werden Mechanismen aktiviert, die eine Zerstörung der Wirtszelle verhindern.

**Lysozym** Antimikrobielles Enzym, das die Zellwände von Bakterien abbaut.

**lytische Phase, produktive Phase** Die Phase im viralen Lebenszyklus, in der eine aktive Virusvermehrung stattfindet und an die sich die Zerstörung der infizierten Zelle anschließt, wenn die Viren freigesetzt werden, um weitere Zellen zu infizieren.

**M1-Makrophagen** Gelegentlich verwendete Bezeichnung für die „klassischen" aktivierten Makrophagen, die sich im Zusammenhang mit Typ-1-Reaktionen entwickeln. Sie besitzen proinflammatorische Eigenschaften.

**M2-Makrophagen** Gelegentlich verwendete Bezeichnung für die „alternativen" aktivierten Makrophagen, die sich im Zusammenhang mit Typ-2-Reaktionen entwickeln (etwa bei einer Infektion mit Parasiten). Sie unterstützen den Wiederaufbau und die Reparatur des Gewebes.

**MAdCAM-1** Mucosales Zelladhäsionsmolekül 1, ein mucosales Adressin, das von den Oberflächenproteinen $\rightarrow$ L-Selektin und VLA-4 der Lymphocyten erkannt wird. Es ermöglicht das $\rightarrow$ Homing der Lymphocyten in $\rightarrow$ mucosaassoziierte lymphatische Gewebe.

**MAIT-Zellen** Mucosaassoziierte invariante T-Zellen.

**Makroautophagie** Aufnahme von großen Mengen des zelleigenen Cytoplasmas in die Lysosomen, wo es abgebaut wird.

**Makrophagen** Große, einkernige, phagocytierende Zellen, die in den meisten Geweben vorkommen und viele Funktionen besitzen, etwa als Scavenger-Zellen (Fresszellen), Erkennungszellen für Krankheitserreger sowie als Quelle für proinflammatorische Cytokine. Makrophagen entstehen sowohl während der Embryonalpahase als auch aus Vorläuferzellen im Knochenmark während des gesamten Lebens.

**Makrophagen mit anfärbbarem Zellkörper** Phagocyten, die apoptotische B-Zellen aufnehmen. Während des Höhepunkts der Immunantwort kommen solche B-Zellen in den Keimzentren sehr häufig vor.

**Makropinocytose** Ein Vorgang, bei dem große Mengen an extrazellulärer Flüssigkeit in ein intrazelluläres Vesikel aufgenommen werden. Dies ist eine Möglichkeit für dendritische Zellen, aus der Umgebung viele Antigene aufzunehmen.

Teil VI

**MAL** Adaptorprotein, das bei Signalen von TLR-2:TLR-1, TLR-6:TLR-2 und TLR-4 mit MyD88 assoziiert.

**MALT** → mucosaassoziierte lymphatische Gewebe

**Mandeln** → Gaumenmandeln, → Zungenmandeln

**mannosebindendes Lektin (MBL)** Mannosebindendes Protein im Blut. Es kann Krankheitserreger opsonisieren, die Mannosereste auf ihrer Oberfläche tragen, und das → Komplementsystem über den Lektinweg aktivieren, der ein wichtiger Teil der → angeborenen Immunität ist.

**Mannoserezeptor (MR)** Rezeptor auf Makrophagen, der für mannosehaltige Kohlenhydrate spezifisch ist, die auf der Oberfläche von Krankheitserregern, nicht aber auf Körperzellen vorkommen.

**Mantelzone** Schicht aus B-Lymphocyten, die die → Lymphfollikel umgibt.

**Mantoux-Test** Ein Screening-Test für Tuberkulose, bei dem ein sterilfiltrierter Glycerinextrakt von *Mycobacterium tuberculosis*-Bakterien in die Haut injiziert wird und das Ergebnis 48–72 h danach erkennbar ist. Eine Verhärtung beziehungsweise harte Schwellung durch Entzündungszellen, die in die Haut einwandern, deutet auf einen früheren Kontakt mit den Bakterien hin, entweder aufgrund einer früheren Impfung oder einer akuten Infektion mit *M. tuberculosis*. Allgemein gilt, wenn die Verhärtung an der Injektionsstelle größer ist als 10 mm im Durchmesser, sollten weitere Tests durchgeführt werden, um festzustellen, ob eine Tuberkuloseinfektion vorliegt.

**MAP-Kinasen (MAPKs)** → mitogenaktivierte Proteinkinasen

**MARCO (Makrophagenrezeptor mit Kollagenstruktur)** → Scavenger-Rezeptoren

**Mastzellen** Große Zellen mit vielen Granula, die über den ganzen Körper verteilt im Bindegewebe vorkommen. Am häufigsten findet man sie in der Submucosa und der Oberhaut. In ihren Granula sind bioaktive Moleküle gespeichert, wie die vasoaktive Substanz Histamin, die bei Aktivierung der Mastzellen freigesetzt werden. Mastzellen wirken wahrscheinlich bei der Abwehr von Parasiten mit und sie spielen eine entscheidende Rolle bei allergischen Reaktionen.

**Mastocytose** Überproduktion von Mastzellen.

**MAVS (mitochondriales antivirales Signalprotein)** Adaptorprotein mit CARD-Domäne, das an der äußeren Mitochondrienmembran verankert ist und Signale an RIG-I und MDA-5 sendet, sodass als Reaktion auf eine Virusuínfektion IRF3 und NFκB aktiviert werden.

**MBL** → mannosebindendes Lektin

**MBL-assoziierte Serinproteasen** Serinproteasen (MASP-1, MASP-2, MASP-3) des klassischen und des Lektinwegs der Komplementaktivierung; sie binden an C1q, Ficoline und das mannosebindende Lektin und spalten in ihrer aktiven Form C4.

**MD-2** Akzessorisches Protein für die TLR-4-Aktivität.

**MDA-5** *(melanoma differentiation-associated 5)* Dieses Protein enthält, vergleichbar mit RIG-I, eine RNA-Helikase-ähnliche Domäne und erkennt doppelsträngige RNA, die durch eine intrazelluläre Virusinfektion freigesetztwerden kann. MDA-5 wird auch als Helicard bezeichnet.

**MDSCs** *(myeloid-derived suppressor cells)* Zellen in Tumoren, welche die Aktivierung von T-Zellen innerhalb des Tumors blockieren können.

**Medulla (Mark)** Der zentrale oder zusammenführende Bereich eines Organs. Als Thymusmedulla bezeichnet man die zentrale Region eines Thymuslappens oder Lobulus. Sie enthält zahlreiche antigenpräsentierende Zellen, die aus dem Knochenmark stammen, sowie Zellen aus dem abgegrenzten medullären Epithel. In der Medulla eines Lymphknotens sind Makrophagen und Plasmazellen konzentriert, da hier die Lymphe auf ihrem Weg zu den efferenten Lymphgefäßen hindurchfließt.

**MEK1** MAP-Kinase im Raf/MEK1/Erk-MAP-Modul, das zu einem Signalweg in den Lymphocyten gehört, der schließlich zur Aktivierung des Transkriptionsfaktors AP-1 führt.

**melanomassoziierte Antigene (MAGEs)** Heterogene Gruppe von Proteinen mit einer Reihe unbekannter Funktionen, die nur von Tumoren (beispielsweise von Melanomen) oder von Keimzellen in den Hoden exprimiert werden.

**membranassoziiertes Ringfingerprotein (C3HC4) 1, MARCH-1** Eine E3-Ligase, die von B-Zellen, dendritischen Zellen und Makrophagen exprimiert wird. Sie induziert den konstitutiven Abbau von MHC-Klasse-II-Molekülen und reguliert so deren Expression, die sich in einem Fließgleichgewicht befindet.

**membranangreifender Komplex (MAC)** *(membrane-attack complex)* Proteinkomplex aus C5b bis C9, der in der Zellmembran von Krankheitserregern eine membrandurchspannende hydrophile Pore bildet, was zur Lyse der Zelle führt.

**Membrancofaktor der Proteolyse (MCP oder CD46)** Komplementregulatorisches Protein beziehungsweise Membranprotein der Körperzellen, das zusammen mit Faktor I das C3b-Protein in die inaktive Form iC3b spaltet und so die Bildung der Konvertase verhindert.

**Membranimmunglobulin (mIg)** Transmembranimmunglobulin der B-Zellen, der B-Zell-Rezeptor für ein Antigen.

**mesenteriale Lymphknoten** Lymphknoten im Bindegewebe, das den Darm an der rückseitigen Wand des Abdomens befestigt. Sie entleeren die → darmassoziierten lymphatischen Gewebe (GALT).

**Metastasenbildung** Ausbreitung eines Tumors von seinem ursprünglichen Standort auf entfernt liegende Organe im Körper, durch das Blut oder die Lymphgefäße oder durch direkte Ausdehnung.

**2′-O-Methyltransferase (MTase)** Enzym, das eine Methylgruppe auf die 2′-Hydroxylgruppe des ersten und zweiten Riboserestes in der mRNA überträgt. Viren, die das MTasecodierende Gen besitzen, können ihre Transkripten mit Cap-1- und Cap-2-Strukturen versehen, die dadurch der Restriktion durch IFIT1 entgehen.

**MF-59** Gesetzlich geschütztes Adjuvans auf der Grundlage von Squalen und Wasser, das in Europa in Verbindung mit Influenzaimpfstoffen angewendet wird.

**MHC-Abhängigkeit** → MHC-Restriktion

**MHC-Klasse I, MHC-Klasse II** → Haupthistokompatibilitätskomplex

**MHC-Haplotyp** Der Satz von Allelen im MHC-Locus, der von einem Elternteil unverändert (also ohne Rekombination) vererbt wird.

Teil VI

**MHC-Klasse-I-Defekt** Immunschwächekrankheit, bei der an den Zelloberflächen keine MHC-Klasse-I-Moleküle vorkommen. Ursache ist im Allgemeinen ein vererbbarer Defekt in TAP-1 oder TAP-2.

**MHC-Klasse-I-Moleküle** Polymorphe Zelloberflächenmoleküle, die im MHC-Locus codiert und von den meisten Zellen exprimiert werden. Sie präsentieren den CD8-T-Zellen Antigenpeptide, die im Cytosol erzeugt werden, und binden auch den Corezeptor CD8.

**MHC-Klasse-II-Vesikel (CIIV)** Frühes endocytotisches Kompartiment in dendritischen Zellen, das MHC-Klasse-II-Moleküle enthält.

**MHC-Klasse-II-Defekt** Seltene Immunschwächekrankheit, bei der an den Zelloberflächen keine MHC-Klasse-II-Moleküle vorkommen. Ursache ist einer von mehreren vererbbaren Defekten. Die Patienten leiden an einer schweren Immunschwäche und besitzen nur wenige CD4-T-Zellen.

**MHC-Klasse-II-Kompartiment (MIIC)** Zelluläre Vesikel, in denen sich MHC-Klasse-II-Moleküle ansammeln, auf HLA-DM treffen und Antigenpeptide binden, bevor sie an die Zelloberfläche wandern.

**MHC-Klasse-II-Moleküle** Polymorphe Zelloberflächenproteine, die im MHC-Locus codiert und primär auf spezialisierten antigenpräsentierenden Zellen exprimiert werden. Sie präsentieren den CD4-T-Zellen Antigenpeptide, die aus aufgenommenen extrazellulären Krankheitserregern stammen, und binden auch an den Corezeptor CD4.

**MHC-Klasse-II-Transaktivator (CIITA)** Protein, das die Transkription der MHC-Klasse-II-Gene aktiviert. Defekte im *CIITA*-Gen sind eine Ursache der MHC-Klasse-II-Defizienz.

**MHC-Moleküle** Hoch polymorphe Zelloberflächenproteine, die von den MHC-Klasse-I- und -Klasse-II-Genen codiert werden und bei der Präsentation von Antigenpeptiden gegenüber den T-Zellen von Bedeutung sind. Man bezeichnet sie auch als Histokompatibilitätsantigene.

**MHC-Restriktion** Die Tatsache, dass ein Peptidantigen nur von einer bestimmten T-Zelle erkannt werden kann, wenn es an ein bestimmtes körpereigenes MHC-Molekül gebunden ist. Die MHC-Restriktion ist die Folge von Ereignissen während der T-Zell-Entwicklung.

**MIC-A, MIC-B** MHC-Klasse-Ib-Moleküle, die bei Stress, einer Infektion oder Transformation von vielen Zelltypen erzeugt und vom NKG2D-Rezeptor erkannt werden.

**mIg** → Membranimmunglobulin

**MIIC** → MHC-Klasse-II-Kompartiment

**Mikroautophagie** Die ständige Aufnahme von Cytosol in das vesikuläre System.

**mikrobielle Glykolipide** Unterschiedliche Arten von Antigenen, die CD1-Moleküle häufig den iNKT-Zellen präsentieren.

**Mikrobiom, Mikrobiota** → kommensale Mikroorganismen

**Mikrocluster** Zusammenlagerung einer geringen Zahl von T-Zell-Rezeptoren, die wahrscheinlich während der Initiation der T-Zell-Rezeptor-Aktivierung in naiven T-Zellen eine Rolle spielt.

**Mikrofaltenzellen** → M-Zellen

**Mikrogliazellen** Eine aus der Embryonalphase stammende Form von Gewebemakrophagen im Zentralnervensystem, die während des gesamten Lebens für die lokale Selbsterneuerung von IL-34 abhängig sind.

**Milz** Ein Organ, das sich links oben in der Bauchhöhle befindet. Es besteht unter anderem aus einer roten Pulpa, die an der Beseitigung alter Blutzellen beteiligt ist, und einer weißen Pulpa mit lymphatischen Zellen. Diese reagieren auf Antigene, die mit dem Blut in die Milz gelangen.

**Mls-Antigene** *(minor lymphocyte stimulating antigens)* Alte Bezeichnung für Nicht-MHC-Antigene, die für ungewöhnlich starke T-Zell-Antworten auf Zellen von unterschiedlichen Mäusestämmen verantwortlich sind. Heute kennt man sie als Superantigene, die von endogenen Retroviren exprimiert werden.

*missing self* Verlust der Zelloberflächenmoleküle, die mit den inhibitorischen Rezeptoren der NK-Zellen interagieren, sodass es zu einer Aktivierung der NK-Zellen kommt.

**mitogenaktivierte Proteinkinasen (MAP-Kinasen)** Gruppe von Proteinkinasen, die nach einer Stimulation der Zelle durch unterschiedliche Liganden phosphoryliert und aktiviert werden. Sie bewirken die Expression neuer Gene, indem sie die entscheidenden Transkriptionsfaktoren phosphorylieren. Die MAP-Kinasen sind an vielen Signalwegen beteiligt, vor allem an denen, die zu einer Zellproliferation führen. Sie werden bei verschiedenen Organismen auf unterschiedliche Weise bezeichnet.

**molekulare Mimikry** Ähnlichkeit zwischen Antigenen von Krankheitserregern und körpereigenen Antigenen, sodass Antikörper und T-Zellen, die gegen Krankheitserreger gebildet wurden, auch Körpergewebe angreifen können. Dadurch kann es in bestimmten Fällen zu einer Autoimmunreaktion kommen.

**Monocyten** Weiße Blutzellen mit einem bohnenförmigen Kern. Sie sind die Vorläuferzellen der Gewebemakrophagen (→ Makrophagen).

**monoklonale Antikörper** Antikörper, die von einem einzigen B-Zell-Klon produziert werden, sodass sie alle identisch sind.

**monomorph** Eigenschaft eines Gens, das nur in einer einzigen Form existiert.

**Morbus Crohn** Chronische Entzündung des Darms und wahrscheinlich die Folge einer anormalen Überreaktion auf die kommensale Darmflora.

*motheaten* Mutation in der SHP-1-Phosphatase, wodurch die Funktion einiger inhibitorischer Rezeptoren gestört ist, etwa von Ly49. Das führt zu einer übermäßigen Aktivierung bestimmter Zellen, beispielsweise der NK-Zellen. Mäuse mit dieser Mutation sehen aufgrund der chronischen Entzündung aus, als seien sie von Motten angefressen.

**MR1 (MHC-related protein 1)** „Nichtklassisches" MHC-Klasse-Ib-Molekül, das bestimmte Stoffwechselprodukte der Folsäure bindet, die von Bakterien produziert werden. Die mucosaassoziierten invarianten T-Zellen (MAIT-Zellen) können diese dann erkennen.

**MRE11A** *(meiotic recombination 11 homolog a)* Protein, das bei Mechanismen zur Schädigung und Reparatur von DNA eine Rolle spielt. Es erkennt auch dsDNA im Cytoplasma und kann den STING-Signalweg aktivieren.

**MSH2, MSH6** Proteine der Fehlpaarungsreparatur, die Uridinreste erkennen und Nucleasen aktivieren, das beschädgte Nucleotid und einige benachbarte Nucleotide zu entfernen.

**mTOR** *(mammalian target of rapamycin)* Serin/Threonin-Kinase, die zahlreiche Komponenten des Zellmetabolismus und der Zellfunktionen in einem Komplex mit den regulatorischen Proteinen Raptor und Rictor beeinflusst. Der Raptor:mTOR-Komplex (mTORC1) wird vom Immunsuppressivum Rapamycin gehemmt.

**mTORC1, mTORC2** Aktive Komplexe, die mTOR mit den regulatorischen Proteinen Raptor beziehungsweise Rictor bildet.

**Mucine** Stark glykosylierte Zelloberflächenproteine. Beim Homing der Lymphocyten werden mucinähnliche Proteine von L-Selektin gebunden.

**Muckle-Wells-Syndrom** Vererbbare, episodisch auftretende autoinflammatorische Krankheit, die durch Mutationen im Gen für Cryopyrin (*CIAS1*) hervorgerufen wird. Dieses Gen codiert NLRP3, eine Komponente des Inflammasoms.

**mucosaassoziierte invariante T-Zellen (MAIT-Zellen)** Vor allem $\gamma{:}\delta$-T-Zellen mit eingeschränkter Diversität, die im mucosalen Immunsystem vorkommen und auf bakterielle Folsäurederivate reagieren, welche vom nichtklassischen MHC-Klasse-Ib-Molekül MR1 präsentiert werden.

**mucosaassoziierte lymphatische Gewebe (MALT)** *(mucosa-associated lymphoid tissue)* Allgemeine Bezeichnung für alle strukturierten Lymphgewebe unter Schleimhautoberflächen, in denen eine adaptive Immunantwort ausgelöst werden kann. Dazu gehören GALT (*gut-associated lymphoid tissues*), BALT (*bronchial-associated lymphoid tissues*) und NALT (*nasal-associated lymphoid tissue*).

**mucosale Epithelien** Schleimbedeckte Epithelien, welche die inneren Körperhöhlen auskleiden, die mit der Außenwelt in Verbindung stehen (beispielsweise Darm, Atemwege, Vaginaltrakt).

**mucosales Immunsystem** Das Immunsystem, das die inneren mucosalen Oberflächen (Schleimhäute) schützt, etwa die Auskleidung des Darms, der Atemwege und des Urogenitaltrakts. Über sie können praktisch alle Krankheitserreger und andere Antigene in den Körper gelangen (→ mucosaassoziierte lymphatische Gewebe).

**mucosale Mastzellen** Spezialisierte Mastzellen, die in der Mucosa vorkommen. Sie erzeugen nur wenig Histamin, aber große Mengen an anderen Entzündungsmediatoren wie Prostaglandine und Leukotriene.

**mucosale Toleranz** Unterdrückung von spezifischen systemischen Immunreaktionen gegen ein Antigen, indem man dieses Antigen vorher über eine Schleimhaut verabreicht.

**Mucus (Schleim)** „Klebrige" Lösung von Proteinen (Mucinen), die von den Becherzellen der inneren Epithelien produziert werden und auf der Oberfläche der Epithelien eine Schutzschicht bilden.

**multiple Sklerose** Neurologische Autoimmunkrankheit, die durch fokale Demyelinisierung im Zentralnervensystem, den Eintritt von Lymphocyten ins Gehirn und einen chronischen progressiven Verlauf gekennzeichnet ist.

**multipotente Vorläuferzellen (MPPs)** *(multipotent progenitorcells)* Knochenmarkzellen, aus denen sowohl lymphatische als auch myeloische Zellen hervorgehen können, sie sind jedoch keine sich selbst erneuernden Stammzellen mehr.

**Muraminsäuredipeptid (MDP)** Bestandteil im Peptidoglykan der meisten Bakterien; wird vom intrazellulären Sensor NOD2 erkannt.

**Muromomab** Antikörper von der Maus gegen das humane CD3-Protein, mit dem man eine Transplantatabstoßung behandeln kann. Dies war der erste monoklonale Antikörper, der für Menschen als Wirkstoff zugelassen wurde.

Teil VI

**Mustererkennungsrezeptoren (PRRs)** *(pattern recognition rerceptors)* Rezeptoren des angeborenen Immunsystems, die gemeinsame Molekülmuster auf der Oberfläche von Krankheitserregern erkennen.

**Mutualismus** Symbiotische Beziehung zwischen zwei Lebewesen, von der beide einen Nutzen haben, etwa die Beziehung zwischen einem Menschen und seinen normalerweise im Darm vorkommenden (kommensalen) Mikroorganismen.

**Mx-Proteine (Myxomaresistenzproteine)** Durch Interferon induzierbare Proteine, die erforderlich sind, um die Replikation des Influenzavirus in der Zelle zu verhindern.

**Myasthenia gravis** Autoimmunerkrankung, bei der Autoantikörper gegen den Acetylcholinrezeptor auf Skelettmuskelzellen die Signalübertragung an neuromuskulären Synapsen blockieren. Die Krankheit führt zu einer langsam an Intensität zunehmenden Ermüdungslähmung und schließlich zum Tod.

**Mycophenolat** Inhibitor der Synthese von Guanosinmonophosphat. Es wirkt als cytotoxisches Immunsuppressivum durch schnelles Abtöten von sich rasch teilenden Zellen, etwa von Lymphocyten, die als Reaktion auf ein Antigen proliferieren.

**Mycophenolat-Mofetil** Wirkstoffvorstufe für die Behandlung von Krebs, die im Stoffwechsel in Mycophenolat umgewandelt wird, das wiederum als Inhibitor der Inosinmonophosphat-Dehydrogenase wirkt, sodass die Bildung von Guanosinmonophosphat und damit die DNA-Synthese gestört ist.

**MyD88** Adaptorprotein bei der Signalübertragung von TLR-Proteinen mit Ausnahme von TLR-3.

**Myeloide** Zelllinie der Blutzellen, die alle Leukocyten mit Ausnahme der Lymphocyten umfasst.

**myelomonocytische Linie** Angeborene Immunzellen, die aus den myelomonocytischen Vorläuferzellen im Knochenmark hervorgehen, die neutrophilen, basophilen und eosinophilen Zellen sowie Monocyten und dendritische Zellen.

**M-Zellen (Mikrofaltenzellen)** Spezialisierte Epithelzellen im Darmepithel in den Peyer-Plaques, durch die Antigene und Krankheitserreger aus dem Darm in den Körper gelangen.

**Nackte-Lymphocyten-Syndrom** *(bare lymphocyte syndrome)* → MHC-Klasse-I-Defekt, → MHC-Klasse-II-Defekt

**Nacktmäuse** → *nude*-Mutation

**M-Zellen** Spezialisierte Epithelzellen im Darmepithel oberhalb der Peyer-Plaques. Durch die M-Zellen gelangen Antigene und Krankheitserreger in den Darm.

**NADPH-Reduktase** Enzym mit mehreren Untereinheiten, das in stimulierten Phagocyten in der Membran der Phagolysosomen zusammengesetzt und aktiviert wird. Das Enzym produziert Superoxid in einer sauerstoffabhängigen Reaktion, die man als respiratorischen Burst bezeichnet.

**NAIP2** NLR-Protein, das zusammen mit NLRC4 das PrgJ-Protein des Injektionssystems von *Salmonella l.c.* Typhimurium Typ III erkennt und als Reaktion auf die Infektion einen Inflammasomsignalweg auslöst.

**NAIP5** NLR-Protein, das zusammen mit NLRC4 intrazelluläres Flagellin erkennt und als Reaktion auf die Infektion einen Inflammasomsignalweg auslöst.

**naive oder ungeprägte Lymphocyten** T-Zellen oder B-Zellen, die im Thymus oder im Knochenmark ihre normale Entwicklung durchlaufen haben, aber noch nicht von einem fremden (oder körpereigenen) Antigen aktiviert wurden.

**naive T-Zellen** Lymphocyten, die noch keinen Kontakt mit ihrem spezifischen Antigen hatten und somit auch noch nie auf ihr Antigen reagiert haben. Darin unterscheiden sie sich von Gedächtnis- oder Effektorlymphocyten.

**nasenassoziiertes lymphatisches Gewebe (NALT)** Strukturiertes Lymphgewebe in den oberen Atemwegen beim Menschen. Dieses umfasst den Waldeyer-Rachenring, zu denen die Rachenmandeln, die Gaumen- und die Zungenmandeln gehören, sowie weitere ähnlich strukturierte Lymphgewebe im Rachenraum. NALT gehört zum mucosalen Immunsystem.

**Natalizumab** Humanisierter Antikörper gegen das $\alpha4$-Integrin. Natalizumab wird bei der Behandlung von Morbus Crohn und multipler Sklerose angewendet und blockiert die Ahäsion der Lymphocyten an das Endothel, um so deren Eindringen in Gewebe zu verhindern.

**natürliche Antikörper** Antikörper, die vom Immunsystem produziert werden, wenn keine erkennbare Infektion vorhanden ist. Sie besitzen ein breites Spezifitätsspektrum für körpereigene und mikrobielle Antigene, können mit vielen Krankheitserregern reagieren und das Komplementsystem aktivieren.

**natürliche Cytotoxizitätsrezeptoren (NCRs)** Aktivierende Rezeptoren auf NK-Zellen, die infizierte Zellen erkennen und das Abtöten der Zellen durch die NK-Zelle stimulieren.

**natürliche interferonproduzierende Zellen** $\rightarrow$ plasmacytoide dendritische Zellen

**natürliche Killerzellen, NK-Zellen** Eine Form der ILC-Zellen, die bei der angeborenen Immunität gegen Viren und andere intrazelluläre Krankheitserreger sowie bei der $\rightarrow$ antikörperabhängigen zellvermittelte Cytotoxizität (ADCC) eine wichtige Rolle spielen. NK-Zellen exprimieren aktivierende und inhibitorische Rezeptoren, aber keine antigenspezifischen Rezeptoren der T- und B-Zellen.

**Nebenhistokompatibilitätsantigene** *(minor histocompatibility antigens)* Peptide aus polymorphen zellulären Proteinen, die an MHC-Moleküle gebunden sind und zur Transplantatabstoßung führen können, wenn sie von T-Zellen erkannt werden.

**negative Selektion** Der Vorgang, durch den während der Entwicklung der T-Zellen im $\rightarrow$ Thymus autoreaktive $\rightarrow$ Thymocyten aus dem Repertoire entfernt werden. Autoreaktive B-Zellen durchlaufen einen vergleichbaren Prozess im Knochenmark.

**Nekrose** Absterben von Zellen aufgrund von schädlichen Einwirkungen, beispielsweise Nährstoffmangel, physikalische Schädigungen oder Infektionen. Der Prozess unterscheidet sich von der $\rightarrow$ Apoptose, bei der die Zelle ein inneres (intrinsisches) Programm aktiviert, das zum Zelltod führt, etwa bei Immunzellen, wenn sie keine Überlebenssignale erhalten.

**NEMO** $\rightarrow$ IKK

**NEMO-Defekt** $\rightarrow$ X-gekoppelte hypohidrotische ektodermale Dysplasie mit Immunschwäche

**Neoepitop** Tumorabstoßungsantigen, das durch Mutationen in einem Protein entsteht, das von körpereigenen MHC-Molekülen den T-Zellen präsentiert werden kann.

**neonataler Fc-Rezeptor** $\rightarrow$ FcRn

**NET** *(neutrophile extracellular trap)* Ein Gespinst aus Zellkernchromatin, das von neutrophilen Zellen, die an einem Infektionsherd eine Apoptose durchlaufen, in den Extrazellularraum abgegeben wird. Es dient als Gerüst, das extrazelluläre Bakterien festhält und dadurch die Phagocytose der übrigen Phagocyten unterstützt.

**Neuraminidase** Protein des Influenzavirus, das Sialinsäure von den Körperzellen abspalten kann, sodass sich das Virus von der Zelle ablösen kann; weit verbreitete Antigendeterminante und ein Angriffsziel für antivirale Neuraminidaseinhibitoren.

**Neutralisierung** Hemmung der Infektiosität eines Virus oder der Toxizität eines Toxinmoleküls durch die Bindung von Antikörpern.

**neutralisierende Antikörper** Antikörper, welche die Infektiosität eines Virus oder die Toxizität eines Giftstoffs hemmen.

**Neutropenie** Anormal niedrige Zahl von neutrophilen Zellen im Blut.

**neutrophile Zellen** Die häufigsten weißen Blutzellen im peripheren Blut des Menschen. Sie besitzen einen stark gelappten Kern und Granula, die sich mit neutralen Farbstoffen anfärben lassen. Sie dringen in infizierte Gewebe ein, nehmen extrazelluläre Krankheitserreger auf und töten sie.

**Neutrophilen-Elastase** Proteolytisches Enzym, das in den Granula der neutrophilen Zellen gespeichert wird und bei der Prozessierung von antimikrobiellen Peptiden eine Rolle spielt.

**NFATs** *(nuclear factors of activated T cells)* Familie von Transkriptionsfaktoren, die als Reaktion auf eine erhöhte Calciumkonzentration im Cytoplasma aktiviert werden, was wiederum eine Folge von Signalen der Lymphocytenantigenrezeptoren ist.

**Nfil3** Transkriptionsfaktor, der während der Entwicklung von einigen Typen der Immunzellen, etwa bestimmter Typen von NK-Zellen, eine wichtige Rolle spielt.

**NF$\kappa$B** Heterodimerer Transkriptionsfaktor, der durch die Stimulation von Toll-like-Rezeptoren und Signale von Antigenrezeptoren aktiviert wird. Er besteht aus den beiden Untereinheiten p50 und p65.

**NHEJ** $\rightarrow$ Verknüpfung nichthomologer Enden

**nicht codierende Kontrollregionen** *(intergenic control regions)* Nichtcodierende Abschnitte zwischen den Genen, die deren Expression und Umstrukturierung steuern, indem sie mit Transkriptionsfaktoren und chromatinmodifizierenden Proteinen interagieren.

**nichtdepletierende Antikörper** Immunsuppressive Antikörper, welche die Funktion von Zielproteinen auf den Zellen blockieren, ohne dass die Zellen dadurch zerstört werden.

**nichtkanonisches Inflammasom** Alternative Form des Inflammasoms, die nicht von Caspase 1, sondern von Caspase 11 (bei Mäusen) oder Caspase 4 oder 5 (beim Menschen) abhängt.

**nichtkanonischer NF$\kappa$B-Signalweg** Signalweg für die Aktivierung von NF$\kappa$B, der sich von dem Signalweg unterscheidet, der durch Signale von Antigenrezeptoren aktiviert wird. Der alternative Weg führt zur Aktivierung der NF$\kappa$B-induzierenden Kinase (NIK), die wiederum die I$\kappa$B-Kinase $\alpha$ (IKK$\alpha$) aktiviert. Dadurch wird die Spaltung der NF$\kappa$B-Proteinvorstufe p100 ausgelöst und die aktive p52-Untereinheit freigesetzt.

**nichtklassische MHC-Gene** Eine Klasse von Proteingenen im MHC-Locus, deren Produkte mit MHC-Klasse-I-Molekülen verwandt, aber nicht so hochgradig polymorph sind und nur eine begrenzte Zahl von Antigenen präsentieren.

Teil VI

**nichtmethylierte CpG-Dinucleotide** Während die Genome der Säuger in den CpG-Sequenzen einen hohen Anteil an methylierten Cytosinresten aufzuweisen haben, ist die nichtmethylierte CpG-Sequenz eher ein Merkmal der bakteriellen Genome. CpG wird im Endosom von TLR-9 erkannt.

**nichtproduktive Genumlagerungen** → unproduktive Genumlagerungen

**Nivolumab** Anti-PD-1-Antikörper des Menschen; wird bei der Behandlung von metastasierenden Melanomen zur Checkpoint-Blockade angewendet.

**NKG2** Familie von C-Typ-Lektinen, die bei den NK-Zellen eine der Untereinheiten in den Rezeptoren der KLR-Familie beisteuern.

**NKG2D** Aktivierender C-Typ-Lektin-Rezeptor auf NK-Zellen, cytotoxischen T-Zellen und $\gamma$:$\delta$-T-Zellen, der die Stressproteine MIC-A und MIC-B erkennt.

**NK-Zellen** → natürliche Killerzellen

**NK-Zell-Rezeptor-Komplex (NKC)** Cluster von Genen, die eine Familie von Rezeptoren der NK-Zellen codieren.

**NLRC4** Vertreter der NLR-Familie, der mit NAIP2 und NAIP5 zusammenwirkt.

**NLRP-Familie** Gruppe von 14 NOD-like-Rezeptoren (NLRs), die eine Pyrindomäne enthalten und bei der Bildung des Inflammasomsignalkomplexes eine Rolle spielen.

**NLRP3** Protein aus der Familie der intrazellulären NOD-like-Rezeptoren, die eine Pyrindomäne enthalten. NLRP3 wirkt als Sensor für zelluläre Schädigungen und ist Bestandteil des Inflammasoms. Eine andere Bezeichnung ist NALP3.

**N-Nucleotide** Nicht in der DNA-Matrize enthaltene Nucleotide, die bei der Umlagerung der Gensegmente von dem Enzym Terminale Desoxyribonucleotidyltransferase in die Verknüpfungsstellen zwischen den Gensegmenten eingefügt werden, welche die V-Regionen der schweren Ketten der Immunglobuline und T-Zell-Rezeptoren codieren. Durch die Translation dieser N-Regionen erhöht sich die Vielfalt dieser Rezeptorketten erheblich.

**NOD-Unterfamilie** Untergruppe der NLR-Proteine, die eine CARD-Domäne enthalten, welche stromabwärts gerichtete Signale überträgt.

**NOD1, NOD2** Proteine der NOD-Unterfamilie in der Zelle, die eine LRR-Domäne enthalten, welche an Bestandteile von Mikroorganismen bindet, wodurch der NF$\kappa$B-Weg aktiviert wird und Entzündungsreaktionen ausgelöst werden.

**NOD-like-Rezeptoren (NLRs)** Große Familie von Proteinen, die eine nucleotidbindende Oligomerisierungsdomäne (NOD) enthalten, die mit verschiedenen anderen Domänen assoziiert ist. Diese Rezeptoren können Mikroorganismen und Anzeichen für zellulären Stress erkennen.

**Nonamer** Konservierte DNA-Sequenz aus neun Nucleotiden in den Rekombinationssignalsequenzen (RSSs), welche die Gensegmente in den T-Zell-Rezeptor- und Immunglobulinloci flankieren.

**N-Regionen** → N-Nucleotide

**NS1 (Nichtstrukturprotein 1)** Protein des Influenza-A-Virus, welches das zwischengeschaltete Signalprotein TRIM25 stromabwärts der Virussensoren RIG-I und MDA-5 hemmt, sodass das Virus der angeborenen Immunität entkommt.

**nucleotidbindende Oligomerisierungsdomäne (NOD)** Konservierte Domäne, die ursprünglich in ABC-(*ATP-binding cassette*-)Transportern entdeckt wurde und in zahlreichen Proteinen vorkommt, aber auch die Homooligomerisierung von Proteinen bewirkt.

***nude*-Mutation** Mutation, die zu Haarlosigkeit und einer gestörten Bildung der Stromazellen im Thymus führt, sodass Mäuse mit einer homozygoten Form dieser Mutation über keine reifen T-Zellen verfügen.

**NY-ESO-1 *(New York esophageal squamous cell carcinoma-1)*** Besonders hochgradig immunogenes Krebs-Hodenantigen, das beim Menschen von vielen Tumoren exprimiert wird, etwa von Melanomen.

**Oberflächenimmunglobulin** Membrangebundenes Immunglobulin, das auf B-Zellen als Antigenrezeptor fungiert.

**Ödem** Schwellung, die durch Flüssigkeit und Zellen, die aus dem Blut in Gewebe eindringen; eines der Hauptmerkmale einer Entzündung.

**Oligoadenylat-Synthetase** Enzym, das von Zellen als Reaktion auf eine Stimulation durch Interferon produziert wird. Es synthetisiert ungewöhnliche Nucleotidpolymere, die ihrerseits eine Ribonuclease aktivieren. Diese baut dann virale RNA ab.

**-omab** Suffix für vollständig aus der Maus abgeleitete monoklonale Antikörper, die für Therapien beim Menschen angewendet werden.

**Omenn-Syndrom** Schwere Immunschwächekrankheit, die durch Defekte in einem der beiden *RAG*-Gene gekennzeichnet ist. Betroffene können nur geringe Mengen eines funktionsfähigen RAG-Proteins produzieren, sodass nur eine kleine Anzahl von V(D)J-Rekombinationen möglich ist.

**Ophthalmia sympathica** Autoimmunreaktion, durch die bei Schädigung des einen Auges auch das andere Auge beeinträchtigt wird.

**Opsonisierung** Bedeckung der Oberfläche eines Krankheitserregers mit Antikörpern und/ oder Komplementproteinen, sodass er von Phagocyten aufgenommen werden kann.

**orale Toleranz** Unterdrückung von spezifischen systemischen Immunantworten auf ein Antigen, indem man dieses Antigen vorher oral (auf enterischem Weg) verabreicht.

**p50** Untereinheit von NF$\kappa$B

**p65** Untereinheit von NF$\kappa$B

**PA28-Proteasomaktivatorkomplex** Der Proteinkomplex besteht aus mehreren Untereinheiten, wird von Interferon-$\gamma$ induziert und nimmt die Stelle der regulatorischen 19S-Cap des Proteasoms ein, wodurch sich die Rate erhöht, mit der die Peptide den katalytischen Kernbereich des Proteasoms verlassen.

**PAF** → plättchenaktivierender Faktor

**PALS-Region *(periarteriolar lymphoid sheath)*** Bestandteil des inneren Bereichs der weißen Pulpa in der Milz; enthält hauptsächlich T-Zellen.

**PAMPs** → pathogenassoziierte molekulare Muster

**Paneth-Zellen** Spezialisierte Epithelzellen an der Basis der Krypten im Dünndarm, die antimikrobielle Peptide sezernieren.

**PAPA** → pyogene Arthritis, Pyoderma gangraenosum und Akne

Teil VI

**Papain** Protease, die das IgG-Antikörpermolekül an der aminoterminalen Seite der Disulfidbrücken spaltet, wodurch zwei Fab-Fragmente und ein Fc-Fragment entstehen.

**Paracortex, Paracorticalzone** T-Zell-Region der → Lymphknoten.

**parakrin** Beschreibung für ein Cytokin oder ein anderes biologisch aktives Molekül, das auf Zellen einwirkt, die in der Nähe der Zelle, die das Molekül produziert, lokalisiert sind.

**Parasiten** Organismen, die auf Kosten eines lebenden Wirtes existieren und ihn dabei schädigen können. In der Immunologie beschränkt sich die Bezeichnung auf Würmer und Protozoen. Mit ihnen befasst sich die Parasitologie.

**paroxysmale nächtliche Hämoglobinurie (PNH)** Krankheit, bei der die komplementregulatorischen Proteine defekt sind, sodass die Aktivierung von Komplementfaktoren, die an rote Blutkörperchen binden, zu Episoden spontaner Hämolyse führt.

**passive Immunisierung** Injektion von Antikörpern oder eines Immunserums in einen ungeschützten Empfänger, um einen spezifischen Immunschutz zu übertragen (→ aktive Immunisierung).

**Pathogen** Mikroorganismus, der normalerweise eine Krankheit hervorruft, wenn er einen Wirtsorganismus infiziert.

**pathogenassoziierte molekulare Muster (PAMPs)** *(pathogen-associated molecular patterns)* Moleküle, die mit bestimmten Gruppen von Krankheitserregern assoziiert sind und von den Zellen des angeborenen Immunsystems erkannt werden (→ Mustererkennungsrezeptoren).

**Pathogenese** Ursprung oder Ursache eines Krankheitsbildes

**pathogene Mikroorganismen** Infektiöse Mikroorganismen, die bei ihrem Wirt eine Erkrankung verursachen.

**patrouillierende Monocyten** Bestimmte zirkulierende Monocyten, die sich an das Gefäßendothel heften und es überwachen. Sie unterscheiden sich von den klassischen Monocyten durch ihre geringe Expression von Ly6C.

**PD-1** *(programmed death 1)* Rezeptor auf T-Zellen, der bei Bindung seiner Liganden PD-L1 und PD-L2 die Signalübertragung des Antigenrezeptors hemmt. PD-1 enthält in seiner cytoplasmatischen Domäne ein ITIM-Motiv. Es ist ein Zielmolekül für Krebstherapien, die T-Zell-Antworten gegen Tumoren stimulieren sollen.

**PD-L1 (B7-H1)** *(programmed death ligand-1)* Transmembranrezeptor, der an den inhibitorischen Rezeptor PD-1 bindet. PD-L1 wird von vielen Zelltypen exprimiert und seine Expression von inflammatorischen Cytokinen gesteigert.

**PD-L2 (B7-DC)** *(programmed death ligand-2)* Transmembranrezeptor, der an den inhibitorischen Rezeptor PD-1 bindet und vor allem von dendritischen Zellen exprimiert wird.

**PECAM** → CD31

**Pembrolizumab** Humanisierter Anti-PD-1-Antikörper des Menschen; wird bei der Behandlung von metastasierenden Melanomen zur Checkpoint-Blockade angewendet.

**Pemphigus vulgaris** Autoimmunerkrankung, die durch starke Blasenbildung der Haut und Schleimhäute gekennzeichnet ist.

**pentameres IgM** Hauptform der IgM-Antikörper, die durch die Aktivität der J-Kette entsteht und eine höhere Avidität für Antigene besitzt.

**Pentraxine** Familie von → Akute-Phase-Proteinen, die sich aus fünf identischen Untereinheiten zusammensetzen und zu denen auch das → C-reaktive Protein und das Serumamyloidprotein gehören.

**Pepsin** Protease, die Proteine an mehreren Stellen an der carboxyterminalen Seite von Disulfidbrücken spaltet. Dabei entstehen das $F(ab')_2$-Fragment und mehrere Fragmente der Fc-Region.

**peptidbindender Spalt** Der Längsspalt auf der Oberfläche der Spitze eines MHC-Moleküls, in dem das Antigenpeptid gebunden ist; wird auch als Peptidbindungsfurche bezeichnet.

**Peptid-Editing** Im Zusammenhang mit der Prozessierung und Präsentation von Antigenen das Entfernen von instabil gebundenen Peptiden aus MHC-Klasse-II-Molekülen durch HLA-DM.

**Peptidbeladungskomplex (PLC)** *(peptide loading complex)* Proteinkomplex im endoplasmatischen Reticulum, der MHC-Klasse-I-Moleküle mit Peptiden belädt.

**Peptid:MHC-Tetramere** Vier spezifische Peptid:MHC-Komplexe, die an ein einzelnes Streptavidinmolekül mit Fluoreszenzmarkierung gebunden sind. Der Komplex wird verwendet, um Populationen von antigenspezifischen T-Zellen zu identifizieren.

**Peptidoglykan** Bestandteil von bakteriellen Zellwänden, der von bestimmten Rezeptoren des angeborenen Immunsystems erkannt wird.

**Peptidoglykanerkennungsproteine (PGRPs)** Familie von Proteinen bei *Drosophila*, die Peptidoglykane von bakteriellen Zellwänden binden und die proteolytische Kaskade des Toll-Signalwegs auslösen.

**periphere lymphatische Gewebe, periphere lymphatische Organe** → Lymphknoten, Milz und mucosaassoziierte lymphatische Gewebe, in denen Immunreaktionen ausgelöst werden. Man bezeichnet sie auch als sekundäre lymphatische Organe und -gewebe. In den → zentralen lymphatischen Organen findet dagegen die Entwicklung der Lymphocyten statt.

**periphere Toleranz** Die von reifen Lymphocyten in den peripheren Geweben entwickelte Toleranz. Im Vergleich dazu bezieht sich der Begriff → zentrale Toleranz auf die Toleranz, die im Zuge der Lymphocytenreifung entwickelt wird.

**Peyer-Plaques** Strukturierte lymphatische Organe unter dem Dünndarmepithel, besonders im Ileum (Krummdarm), in denen adaptive Immunantworten ausgelöst werden können. Sie enthalten Lymphfollikel und T-Zell-Zonen und sind Teil der darmassoziierten lymphatischen Gewebe.

**Phagocytenoxidase** → NADPH-Oxidase

**phagocytotisches Glykoprotein 1 (Pgp1)** → CD44

**Phagocytose** Die Aufnahme von Partikeln durch Zellen in Form einer Einstülpung. Dabei umschließt die Zellmembran das Material und bildet schließlich ein intrazelluläres Vesikel (Phagosom), welches das aufgenommene Material enthält.

**Phagolysosom** Intrazelluläres Vesikel, das durch die Fusion eines Phagosoms (mit aufgenommenem Material) mit einem Lysosom entsteht und in dem das Material abgebaut wird.

**Phagophor** Cytoplasmatische Struktur, die von einer Doppelmembran umgeben ist und die Form einer Tasse hat (sichelförmig im Querschnitt).

Teil VI

**Phagosom** Intrazelluläres Vesikel, das bei der Aufnahme von Partikeln in eine phagocytotische Zelle entsteht.

**Phosphatidylinositol-3-Kinase (PI-3-Kinase)** Enzym, das an intrazellulären Signalwegen beteiligt ist. Es phosphoryliert das Membranphospholipid Phosphatidylinositol-3,4-bisphosphat (PIP$_2$), sodass Phosphatidylinositol-3,4,5-trisphosphat (PIP$_3$) entsteht. PIP$_3$ wiederum kann Signalproteine, die pleckstrinhomologe (PH-)Domänen enthalten, zur Membran lenken.

**Phosphatidylinositolkinasen** Enzyme, welche die Inositolkopfgruppe von Membranlipiden phosphorylieren. Die so erzeugten phosphorylierten Molekülformen besitzen bei der intrazellulären Signalübertragung eine Reihe verschiedener Funktionen.

**Phospholipase C-$\gamma$ (PLC-$\gamma$)** Schlüsselenzym bei intrazellulären Signalwegen, die von vielen verschiedenen Rezeptoren ausgehen können. Es wird durch Bindung an eine Membran und durch Tyrosinphosphorylierung aktiviert, die wiederum aufgrund der Ligandenbindung an Rezeptoren erfolgt. Die aktivierte Phospholipase C-$\gamma$ spaltet Phosphatidylinositol-4,5-bisphosphat (PIP$_2$) zu Inositol-1,4,5-trisphosphat (IP$_3$) und Diacylglycerin (DAG).

**Phosphorylierung** Anhängen einer Phosphatgruppe an ein Molekül, im Allgemeinen an ein Protein, katalysiert von Enzymen, die man als Kinasen bezeichnet.

**Phycoerythrin** Lichtsammelndes Pigmentprotein, das von Algen produziert und in der Durchflusscytometrie verwendet wird. Auch wird es von einigen $\gamma$:$d$-T-Zell-Rezeptoren als Ligand erkannt.

**physiologische Entzündung** Normalzustand des gesunden Darms, dessen Wand eine große Zahl von Effektorlymphocyten und weitere Zellen enthält, wahrscheinlich als Folge einer ständigen Stimulation durch kommensale Organismen und Antigene in der Nahrung.

**Pilin** Adhäsin von *Neisseria gonorrhoeae*, mit dem sich die Bakterien an eine Epithelzelle im Urogenitaltrakt heften und diese infizieren können.

**Pilze** Ein- oder vielzellige eukaryotische Organismen wie Hefen und Schimmelpilze, die eine Reihe von Krankheiten verursachen können. Die Immunantworten gegen Pilze sind komplex und bestehen aus humoralen und zellulären Reaktionen.

**PiP$_2$** Phosphatidylinositol-4,5-bisphosphat; ein Phospholipid in der Membran, das von der Phospholipase C-$\gamma$ gespalten wird. Dabei entstehen die Signalmoleküle Diacylglycerin (DAG) und Inositoltrisphosphat (IP$_3$). PIP$_2$ kann auch von der PI-3-Kinase phosphoryliert werden, sodass PIP$_3$ entsteht.

**PiP$_3$** Phosphatidylinositol-3,4,5-trisphosphat; ein Phospholipid in der Membran, das intrazelluläre Signalmoleküle mit pleckstrinhomologen (PH-)Domänen zur Membran rekrutieren kann.

**PKR** Serin/Threonin-Kinase, die von IFN-$\alpha$ und IFN-$\beta$ aktiviert wird. Das Enzym phosphoryliert den eukaryotischen Initiationsfaktor der Proteinsynthese eIF2. Dadurch wird die Translation gehemmt, was zur Blockierung der viralen Replikation beiträgt.

**plättchenaktivierender Faktor (PAF)** *(platelet activating factor)* Lipidmediator, der die Blutgerinnungskaskade und einige andere Komponenten des angeborenen Immunsystems aktiviert.

**Plasmablasten** B-Zellen in einem Lymphknoten, die bereits einige Merkmale einer → Plasmazelle zeigen.

**Plasmazellen** Ausdifferenzierte aktivierte B-Lymphocyten. Sie sind die wichtigsten antikörperbildenden Zellen des Körpers. Man findet sie in der → Medulla der → Lymphknoten, in der roten Pulpa der → Milz, im → Knochenmark und in den mucosalen Geweben.

**plasmacytoide dendritische Zellen (pDCs)** Eine eigene Linie von dendritischen Zellen. Nach einer Aktivierung durch Krankheitserreger und ihre Produkte, die von bestimmten Rezeptoren wie Toll-like-Rezeptoren vermittelt wird, sezernieren sie große Mengen an Interferon (→ konventionelle dendritische Zellen).

**pluripotent** Die Fähigkeit einer Vorläuferzelle, alle möglichen Zelllinien des Organsystems hervorzubringen.

**PMNs** → Granulocyten

**P-Nucleotide** Kurze palindromische Nucleotidsequenzen, die zwischen den rekombinierten Gensegmenten für die V-Region der Antigenrezeptoren, die durch die asymmetrische Auflösung einer haarnadelförmigen Zwischenstufe während der RAG-abhängigen Genumlagerung entstehen.

**Polη** Fehleranfällige Transläsions-DNA-Polymerase, die bei der Reparatur von DNA-Schäden aufgrund von UV-Strahlen und bei der somatischen Hypermutation eine Rolle spielt.

**polygen** Das Vorhandensein mehrerer getrennter Loci, die Proteine mit derselben Funktion codieren; trifft beispielsweise auf den MHC zu (→ polymorph).

**Poly-Ig-Rezeptor** → Immunglobulinpolymerrezeptor

**polyklonale Aktivierung** Aktivierung von Lymphocyten durch ein Mitogen, unabhängig von der Antigenspezifität. Dadurch werden viele Zellklone mit unterschiedlicher Spezifität aktiviert.

**Polymeraseverzögerung (*polymerase stalling*)** Das Anhalten der RNA-Polymerase während der Transkription eines Gens an Stellen innerhalb des Genlocus in Form eines regulierten Vorgangs. Dieser Mechanismus ist beim Klassenwechsel von Bedeutung.

**polymorph** Existenz eines Objekts in mehreren verschiedenen Formen. Beispielsweise umfasst ein polymorphes Gen eine Reihe verschiedener Allele.

**Polymorphismus** Variabilität an einem Genlocus, wenn alle Varianten mit einer Häufigkeit von über 1 % auftreten.

**polymorphkernige neutrophile Leukocyten (PMNs)** → Granulocyten

**Polysaccharidkapseln** Spezielle Struktur bei einigen Bakterien – sowohl bei gramnegativen als auch bei grampositiven –, die außerhalb der Zellmembran und Zellwand liegt und die direkte Phagocytose durch Makrophagen, ohne Antikörper oder Komplementfaktoren, verhindern kann.

**Polyubiquitin** Polymer aus Ubiquitin, das über einen Lysinrest in dem einem Ubiquitinmolekül mit dem Carboxyterminus des jeweils nächsten Ubiquitinmoleküls kovalent verbunden ist.

**PorA** Protein der äußeren Membran von *Neisseria meningitidis*, das an C4BP bindet und dadurch das auf der bakteriellen Oberfläche abgelagerte C3b inaktiviert.

**positive Selektion** Vorgang, der im Thymus stattfindet und bei dem nur diejenigen sich entwickelnden T-Zellen reifen, deren Rezeptoren Antigene erkennen, die von körpereigenen MHC-Molekülen präsentiert werden.

**Prä-B-Zell-Rezeptor** Rezeptor der Prä-B-Zellen, der eine schwere Immunglobulinkette, die Proteine der leichten Ersatzkette sowie die Signalmoleküle Igα und Igβ umfasst. Signale dieses Rezeptors führen dazu, dass die Prä-B-Zelle in den Zellzyklus eintritt, die *RAG*-Gene abschaltet, die RAG-Proteine abbaut und mehrere Zellteilungen durchläuft.

**Prä-T-Zell-Rezeptor** Rezeptorprotein, das von sich entwickelnden T-Lymphocyten im Stadium der Prä-T-Zelle gebildet wird. Es besteht aus TCRβ-Ketten, die an die α-Ersatzkette (Prä-T-Zell-α, pTα) binden. Der Prä-T-Zell-Rezeptor ist außerdem mit CD3-Signalketten assoziiert. Signale dieses Rezeptors induzieren die Proliferation der Prä-T-Zellen und die Expression von CD4 und CD8, während die Umlagerung der TCR-β-Kette endet.

**Prednison** Synthetisches Steroid mit entzündungshemmender und immunsuppressiver Wirkung. Man setzt es ein, um akute Abstoßungsreaktionen bei Transplantationen, Autoimmunerkrankungen und lymphatische Tumoren zu behandeln.

**PREX1** Guaninaustauschfaktor (GEF), der stromabwärts von kleinen G-Proteinen als Reaktion auf die Aktivierung von GPCR-Rezeptoren (etwa durch den fMLP- oder den C5a-Rezeptor) aktiviert wird.

**PrgJ** Proteinkomponente des inneren Stabes des Typ-III-Sekretionssystems von *Salmonella* Typhimurium, mit dem das Bakterium eukaryotische Zellen infiziert. Dieses Protein wird von den NLR-Proteinen NAIP2 und NLRC4 erkannt.

**Primärfokus** Bereich in der medullären Rinde in den Lymphknoten, wo eine früh einsetzende Antikörperproduktion durch Plasmablasten stattfindet. Diese geht der Keimzentrenreaktion und der Differenzierung zu Plasmazellen voraus.

**primäre Granula** Granula der neutrophilen Zellen, die den Lysosomen entsprechen und antimikrobielle Peptide, wie Defensine, und andere antimikrobielle Faktoren enthalten.

**primäre Immunantwort** Adaptive Immunreaktion infolge eines ersten Antigenkontakts.

**primäre Immunisierung, Priming** Der erste Kontakt mit einem bestimmten Antigen, das die adaptive primäre Immunantwort auslöst.

**primäre Immunschwächekrankheiten** Fehlende Immunfunktion aufgrund eines genetischen Defekts.

**primäre lymphatische Organe** → zentrale lymphatische Organe

**primäre Lymphfollikel** Zusammenlagerungen von ruhenden B-Lymphocyten in den peripheren lymphatischen Organen (→ sekundäre Lymphfollikel).

**Pro-B-Zellen** Stadium in der Entwicklung der B-Lymphocyten, in dem die Zellen zwar bereits B-Zell-spezifische Oberflächenproteine tragen, bei denen jedoch die Gene für die schwere Kette noch nicht rekombiniert sind.

**Procaspase 1** Inaktive Form der Caspase 1 und Bestandteil des NLRP3-Inflammasoms.

**Profilin** Actinbindendes Protein, das Actinmonomere abzieht. Die Profiline der Protozoen enthalten Sequenzen, die von TLR-11 und TLR-12 erkannt werden.

**programmierter Zelltod** → Apoptose

**progressive multifocale Leukoencephalopathie (PML)** Krankheit bei Patienten mit einem geschwächten Immunsystem, die aufgrund einer opportunistischen Infektion mit dem JC-Virus hervorgerufen wird.

**proinflammatorisch** entzündungsfördernd.

**Propeptid** Inaktive Vorstufe von Polypeptiden oder Peptiden, die zur Erzeugung des aktiven Peptids prozessiert werden muss.

**Properdin** → Faktor P

**Prostaglandine** Lipidprodukte des Arachidonsäuremetabolismus. Sie zeigen eine Reihe von Wirkungen auf die Gewebe, beispielsweise als Entzündungsmediatoren.

**prostataspezifische saure Phosphatase (PAP)** Enzym, das von Prostatakrebszellen exprimiert wird und im Impfstoff Sipuleucel-T (Provenge®) als Tumorabstoßungsantigen genutzt wird.

**Proteasom** Große intrazelluläre Protease mit vielen Untereinheiten, die Proteine abbaut und dabei Peptide produziert.

**Proteininhibitoren für aktivierte STAT-Faktoren (PIASs)** Kleine Familie von Proteinen, die Transkriptionsfaktoren der STAT-Familie hemmen.

**Proteinkinasen** Enzyme, die an bestimmten Aminosäureresten (Tyrosin, Threonin oder Serin) Phosphatgruppen an Proteine hängen (→ Tyrosinkinasen, → Tyrosinphosphatasen, → Serin/Threonin-Kinasen).

**Proteinkinase C-$\theta$ (PKC-$\theta$)** Serin/Threonin-Kinase, die als Bestandteil von Antigenrezeptorsignalwegen in Lymphocyten durch Diacylglycerin aktiviert wird.

**Proteinphosphatasen** Enzyme, die Phosphatgruppen aus Proteinen entfernen, die durch Proteinkinasen an Tyrosin-, Threonin- oder Serinresten phosphoryliert wurden.

**Proteinwechselwirkungsdomänen, Proteinwechselwirkungsmodule** Proteindomänen, die normalerweise selbst keine enzymatische Aktivität besitzen, aber spezifisch mit bestimmten Stellen (beispielsweise phosphorylierten Tyrosinresten, prolinreichen Regionen, Membranphospholipiden) auf anderen Proteinen oder Zellstrukturen interagieren.

**proteolytische Untereinheiten $\beta$1, $\beta$2, $\beta$5** Konstitutive Bestandteile der katalytischen Kammer des Proteasoms.

**Provirus** DNA-Form eines Retrovirus nach seiner Integration in das Genom einer Wirtszelle, wo es möglicherweise über einen langen Zeitraum hinweg keine aktive Transkription zeigt.

**PRRs** → Mustererkennungsrezeptoren

**pseudodimere Peptid:MHC-Komplexe** Hypothetische Komplexe aus einem Antigenpeptid:MHC-Molekül und einem Selbst-Peptid:MHC-Molekül auf der Oberfläche einer antigenpräsentierenden Zelle, die möglicherweise die T-Zell-Aktivierung in Gang setzen.

**Pseudogene** Genelemente, welche die Fähigkeit verloren haben, ein funktionsfähiges Protein zu codieren, aber im Genom noch erhalten geblieben sind und vielleicht weiterhin normal transkribiert werden.

**P-Selektin** → Selektine

**P-Selektin-Glykoprotein-Ligand 1 (PSGL-1)** Protein, das von aktivierten T-Effektorzellen exprimiert wird und ein Ligand für P-Selektin auf Endothelzellen ist; kann aktivierten T-Zellen die Fähigkeit verleihen, in geringer Zahl in alle Gewebe einzudringen.

**Psoriasis** Chronische Autoimmunkrankheit, die wahrscheinlich von T-Zellen ausgeht und Symptome auf der Haut zeigt, aber auch die Finger- und Zehennägel und Gelenke betreffen kann.

Teil VI

**psoriatrische Gelenkschäden** → Psoriasis

**pTα** → Prä-T-Zell-Rezeptor

**purinerger Rezeptor P2X7** Von ATP aktivierter Ionenkanal, der bei aktivierten Zellen einen Kaliumausstrom bewirkt. Als Reaktion auf einen starken intrazellulären ATP-Überschuss kann dadurch das Inflammasom aktiviert werden.

**Purinnucleotidphosphorylase-(PNP-)Mangel** Enzymdefekt, der zu einem → schweren kombinierten Immundefekt führt. Eine ungenügende Aktivität des Enzyms führt zur Anhäufung von Purinnucleosiden, die für reifende T-Zellen toxisch sind und dadurch eine Immunschwäche verursachen.

**PYHIN** Familie aus vier intrazellulären Sensorproteinen, die anstelle der LRR-Domäne, wie sie bei den meisten NLR-Proteinen vorkommt, eine H-Inversionsdomäne (HIN) enthalten. Die HIN-Domäne kann cytoplasmatische dsDNA erkennen. Beispiele sind AIM2 und IFI16.

**pyogene Arthritis, Pyoderma gangraenosum und Akne (PAPA)** Autoinflammatorisches Syndrom, das auf Mutationen in einem Protein zurückzuführen ist, das mit Pyrin in Wechselwirkung tritt.

**pyogene Bakterien** → eiterbildende Bakterien

**Pyrin** Eine von mehreren → Proteinwechselwirkungsdomänen. Sie ist strukturell mit den CARD-, TIR-, DD- und DED-Domänen verwandt, aber doch unterschiedlich.

**Pyroptose** Eine Form des programmierten Zelltods, der mit einem Überschuss an proinflammatorischen Cytokinen einhergeht, beispielsweise IL-1$\beta$ und IL-18, die durch die Aktivierung des Inflammasoms produziert werden.

**Quasispezies** Die unterschiedlichen genetischen Formen bestimmter RNA-Viren, die im Verlauf einer Infektion durch Mutationen entstehen.

**Rac** → Rho-Familie kleiner GTPasen

**Rachenmandeln** Beidseitig vorhandene, schleimhautassoziierte lymphatische Gewebe in der Nasenhöhle.

**RAE1-Familie** *(retinoic acid early inducible 1)* Mehrere MHC-Klasse-Ib-Proteine bei Mäusen, die zu den Proteinen der RAET1-Familie beim Menschen ortholog sind, beispielsweise H60 und MULT1; bei Mäusen Liganden für NKG2D.

**RAET1** Familie mit zehn MHC-Klasse-Ib-Proteinen, die Liganden von NKG2D sind. Dazu gehören mehrere UL16-bindende Proteine (ULBPs).

**Raf** Erste Proteinkinase in der Raf/MEK1/Erk-Signalkaskade; wird von der kleinen GTPase Ras aktiviert.

**RAG-1, RAG-2** Proteine, die von den rekombinationsaktivierenden Genen *RAG-1* und *RAG-2* codiert werden. Sie bilden ein Dimer, das die V(D)J-Rekombination in Gang setzt.

**Randsinus** *(marginal sinus)* Ein mit Blut gefülltes Netzwerk von Gefäßen, das sich von der zentralen Arteriole ausgehend verzweigt und jeden Bereich der weißen Pulpa in der Milz umgibt.

**Randzone** *(marginal zone)* Bereich des Lymphgewebes an der Grenze der weißen Pulpa in der Milz (→ B-Zellen der Randzone).

**Rapamycin** Immunsuppressivum, das intrazelluläre Signalwege blockiert, an denen die Serin/Threonin-Kinase → mTOR beteiligt ist. Diese Signalwege sind erforderlich, um die Apoptose zu hemmen und die Vermehrung der T-Zellen anzuregen. Eine andere Bezeichnung für Rapamycin ist Sirolimus.

**Raptor** → mTORC1

**Ras** Kleine GTPase mit wichtigen Funktionen in den intrazellulären Signalwegen, beispielsweise der Antigenrezeptoren von Lymphocyten.

**Reaktion der späten Phase** Allergische Reaktion, die einige Stunden nach dem ersten Kontakt mit dem Antigen einsetzt. Wahrscheinlich werden dabei die verschiedenen Untergruppen der Leukocyten zur Antigenkontaktstelle dirigiert.

**reaktive Sauerstoffspezies (ROS)** Superoxidanion $O_2^-$ und Wasserstoffperoxid ($H_2O_2$), die von Phagocyten, beispielsweise von neutrophilen Zellen und Makrophagen, nach der Aufnahme von Mikroorganismen produziert werden und die Zerstörung der Mikroorganismen unterstützen.

**12/23-Regel** Die Beobachtung, dass Genabschnitte der Immunglobuline beziehungsweise der T-Zell-Rezeptoren nur dann miteinander verknüpft werden können, wenn einer der Abschnitte eine Erkennungssignalsequenz mit einem Zwischenstück (Spacer) von 12 bp (Basenpaare) und der andere ein Zwischenstück mit 23 bp enthält.

**RegIIIγ** Antimikrobielles Protein aus der C-Typ-Lektin-Familie, das im Darm von Mäusen von den Paneth-Zellen produziert wird.

**regulatorischer 19S-Cap-Komplex** *(19S regulatory cap)* Komponente des Proteasoms, die aus mehreren Untereinheiten besteht und ubiquitinierte Proteine für den Abbau im katalytischen Core-Komplex bindet.

**regulatorische T-Zellen** CD4-T-Effektorzellen, die T-Zell-Reaktionen hemmen, bei der Kontrolle von Immunreaktionen mitwirken und einer Autoimmunität entgegenwirken. Man unterscheidet mehrere verschiedene Untergruppen, insbesondere die Linie der natürlichen regulatorischen T-Zellen, die im Thymus gebildet wird, und die induzierten regulatorischen T-Zellen, die in der Peripherie in bestimmten Cytokinumgebungen durch Differenzierung aus naiven CD4-T-Zellen hervorgehen.

**regulatorische Toleranz** Toleranz aufgrund der Aktivität von regulatorischen T-Zellen.

**reife B-Zellen** B-Zellen, die IgM und IgD auf ihrer Oberfläche tragen und auf Antigene reagieren können.

**Rekombinationssignalsequenzen (RSSs)** DNA-Sequenzen auf einer oder auf beiden Seiten der V-, D-, und J-Gen-Segmente, die von der RAG-1:RAG-2-Rekombinase erkannt werden. Sie bestehen aus jeweils einer konservierten Heptamer- und Nonamersequenz, die durch zwölf oder 23 Basenpaare voneinander getrennt sind.

**Relish** Spezielles Protein der NFκB-Familie von Transkriptionsfaktoren, das als Reaktion auf gramnegative Bakterien die Expression verschiedener antimikrobieller Peptide induziert.

**Remodellierung der Atemwege** Eine Verdickung der Wände der Luftwege, die bei chronischem Asthma aufgrund einer übermäßigen Entwicklung und Vergrößerung der Schicht der glatten Muskulatur und der Schleimdrüsen entsteht und letztendlich zur Ausbildung einer Fibrose führt. Häufig kommt es zu einer irreversiblen Abnahme der Lungenfunktion.

**respiratorischer Burst** Sauerstoffabhängige Veränderung des Stoffwechsels bei neutrophilen Zellen und Makrophagen, die durch Phagocytose opsonisierte Partikel aufgenommen haben, etwa mit Komplementproteinen oder Antikörpern bedeckte Bakterien. Durch die Entladung werden toxische Metaboliten gebildet, die bei der Abtötung aufgenommener Mikroorganismen von Bedeutung sind.

**Restriktionsfaktoren** Körpereigene Proteine, welche die Vermehrung von Retroviren wie HIV auf zellulär autonome Weise hemmen.

**Retinsäure** Signalmolekül, das sich von Vitamin A ableitet und im Körper viele Funktionen besitzt. Wahrscheinlich ist es auch an der Induktion einer immunologischen Toleranz im Darm beteiligt.

**Retrotranslokation** Rückkehr von Proteinen des endoplasmatischen Reticulums in das Cytosol.

**Retrovirus** Virus mit einzelsträngiger RNA, das mithilfe des viralen Enzyms Reverse Transkriptase sein Genom in eine DNA-Zwischenstufe umkopiert und zur Replikation in das Genom der Wirtszelle integriert.

**Reverse Transkriptase** Virale, RNA-abhängige DNA-Polymerase, die bei Retroviren vorkommt und die RNA des Virusgenoms in DNA transkribiert (beispielsweise bei HIV).

**rezeptorassoziierte Kinasen** Cytoplasmatische Proteinkinase, die mit den intrazellulären Schwänzen von signalgebenden Rezeptoren assoziieren und zur Erzeugung von Signalen beitragen, aber kein intrinsischer Bestandteil der Rezeptoren sind.

**Rezeptor-Editing** Austausch der leichten oder schweren Kette eines autoreaktiven Antigenrezeptors auf ungereiften B-Zellen gegen eine neu umgelagerte Kette, die keine Autoreaktivität verursacht.

**Rezeptor-Serin/Threonin-Kinasen (RSTKs)** Rezeptoren, die in ihrer cytoplasmatischen Domäne eine intrinsische Serin/Threonin-Kinase-Aktivität enthalten.

**Rezeptortyrosinkinasen (RTKs)** Rezeptoren, die in ihrer cytoplasmatischen Domäne eine intrinsische Tyrosinkinaseaktivität enthalten.

**rezeptorvermittelte Endocytose** Aufnahme von Molekülen, die an Oberflächenrezeptoren der Zelle gebunden sind, in Endosomen.

**Rheb** Kleine GTPase, die mit gebundenem GTP die mTOR-Kinase aktiviert. Rheb wird durch den GTPase-aktivierenden (GAP-)Proteinkomplex TSC1/2 inaktiviert.

**Rheumafaktoren** Anti-IgG-Antikörper der IgM-Klasse; wurden zuerst bei Patienten mit rheumatoider Arthritis entdeckt, kommen aber auch bei gesunden Personen vor.

**rheumatisches Fieber** Durch Antikörper, die bei einer Infektion mit *Streptococcus*-Spezies entstehen, verursachte Krankheit. Diese Antikörper zeigen Kreuzreaktionen mit Nieren-, Gelenk- und Herzantigenen.

**rheumatoide Arthritis (RA)** weit verbreitete entzündliche Gelenkerkrankung, die wahrscheinlich auf einer Autoimmunreaktion beruht.

**Rho** → Rho-Familie der kleinen GTPasen

**Rho-Familie der kleinen GTPasen** Mehrere kleine GTPasen, die als Reaktion auf verschiedene Rezeptosignale das Actincytoskelett regulieren. Beispiel sind Rac, Rho und Cdc42.

**Rictor** → mTORC2

**RIG-I** → RIG-I-like-Rezeptoren

**RIG-I-like-Rezeptoren (RLRs)** Kleine Familie von intrazellulären Virussensoren, die mithilfe einer carboxyterminalen RNA-Helikase-ähnlichen Domäne verschiedene Formen von Virus-RNA erkennen. Diese Rezeptoren vermitteln ihre Signale über MAVS, wodurch die antivirale Immunität aktiviert wird. Beispiele sind RIG-I, MDA-5 und LGP2.

**RIP2** CARD-Domäne, die eine Serin/Threonin-Kinase enthält, welche bei der Signalübertragung durch NOD-Proteine mitwirkt und dabei zur Aktivierung des Transkriptionsfaktors NFκB beiträgt.

**Riplet** E3-Ubiquitin-Ligase, die bei der Signalübertragung durch RIG-I und MDA-5 zur Aktivierung von MAVS eine Rolle spielt.

**Rituximab** Chimärer Antikörper gegen CD20, der dazu dient, bei der Behandlung eines Non-Hodgkin-Lymphoms B-Zellen zu beseitigen.

**RNA-Exosom** Komplex aus mehreren Untereinheiten, der bei der Prozessierung und beim Editing von RNA eine Rolle spielt.

**rote Pulpa** Nichtlymphatischer Bereich der Milz, in dem die roten Blutkörperchen abgebaut werden.

**R-Schleifen** Strukturen, die sich bilden, wenn transkribierte RNA den Nichtmatrizenstrang der DNA-Doppelhelix an Switch-Regionen im Gencluster der konstanten Regionen der Immunglobuline verdrängt. R-Schleifen unterstützen wahrscheinlich die Rekombination beim Klassenwechsel.

**RSSs** → Rekombinationssignalsequenzen

**RS-SCID** *(radiation-sensitive SCID)* Schwerer kombinierter Immundefekt aufgrund einer Störung in der DNA-Reparatur, sodass die Zellen keine V(D)J-Rekombination durchführen und auch keine strahleninduzierten DNA-Schäden reparieren können.

**Ruxolitinib** Inhibitor der JAK1- und JAK2-Kinase, der für die Behandlung der Myelofibrose zugelassen ist.

**saisonale Rhinitis allergica** Durch IgE hervorgerufene allergische Rhinitis und Konjunktivitis durch Kontakt mit spezifischen jahreszeitlich auftretenden Antigenen, beispielsweise Pollen von Gräsern oder Kräutern; wird allgemein als Heuschnupfen bezeichnet.

**SAP (SLAM-assoziertes Protein)** Intrazelluläres Adaptorprotein, das bei der Signalgebung durch das signalübertragende Lymphocytenaktivierungsmolekül (SLAM) mitwirkt. Inaktivierende Mutationen im SAP-Gen führen zum X-gekoppelten lymphoproliferativen (XLP-)Syndrom.

**Scavenger-Rezeptoren** Rezeptoren auf Makrophagen und anderen Zellen, die zahlreiche Liganden binden, beispielsweise Bestandteile von bakteriellen Zellwänden, und aus dem Blut entfernen. Die → Kupffer-Zellen der Leber tragen besonders viele von diesen Rezeptoren. Beispiele sind SR-A I und SR-A II und MARCO.

**scherkraftresistentes Rollen** Die Fähigkeit der neutrophilen Zellen, sich auch bei hohen Strömungsgeschwindigkeiten, die starke Scherkräfte hervorrufen, an das Gefäßendothel anzuheften. Grund dafür sind spezialisierte Fortsätze der Plasmamembran, die man als Schlingen bezeichnet.

**Schlingen** → scherkraftresistentes Rollen

**Schock** Kreislaufzusammenbruch, der durch die systemischen Wirkungen von Cytokinen wie TNF-α hervorgerufen wird und tödlich verlaufen kann.

**Schutzimpfung** → Impfung

**schwere angeborene Neutropenie (SCN)** *(severe congenital neutropenia)* Vererbbare Krankheit, bei der die Anzahl der neutrophilen Zellen ständig extrem niedrig ist. Damit unterscheidet sie sich von der zyklischen Neutropenie, bei der die Anzahl der neutrophilen Zellen von fast normal bis extrem niedrig oder vollständig fehlend schwankt, wobei ein Zyklus 21 Tage dauert.

**schwere Kette, H-Kette** Eine der beiden Arten von Proteinketten in einem Immunglobulinmolekül, die andere wird als leichte Kette bezeichnet. Es gibt verschiedene Klassen oder → Isotypen der schweren Kette (α, δ, β, γ, ε und μ), die dem Antikörper jeweils eine eigene Funktion geben. Jedes Immunglobulinmolekül enthält zwei identische schwere Ketten (→ *heavy-chain-only IgG*).

**schwerer kombinierter Immundefekt (SCID)** Form einer Immunschwäche (die auf verschiedene Ursachen zurückzuführen sein kann), bei der sowohl B-Zell-(Antikörper-) und T-Zell-Reaktionen fehlen. Bei Nichtbehandlung endet die Krankheit tödlich.

*scid*-**Mutation** Mutation bei Mäusen, die einen schweren kombinierten Immundefekt hervorruft. Diese Mutation wurde im Zusammenhang mit einer Mutation des DNA-Reparaturproteins DNA-PK entdeckt.

**SCID** → schwerer kombinierter Immundefekt

**Sec61** Transmembranprotein-Porenkomplex aus mehreren Untereinheiten in der Membran des endoplasmatischen Reticulums, der Peptiden die Translokation aus dem ER-Lumen in das Cytoplasma ermöglicht.

**Second Messenger** Kleine Moleküle oder Ionen (zum Beispiel $Ca^{2+}$), die als Reaktion auf ein Signal produziert werden und deren Wirkung darin besteht, dass sie das Signal verstärken und das Signal in der Zelle die nächste Phase erreicht. Second Messenger wirken allgemein dadurch, dass sie an Enzyme binden und deren Aktivität verändern.

**segmentierte filamentöse Bakterien (SFBs)** Kommensale grampositive Spezies der Firmicutes, die zur Familie der *Clostridiaceae* gehören. Die Bakterien heften sich an die Darmwand von Nagetieren und verschiedenen anderen Spezies und lösen $T_H17$- und IgA-Reaktionen aus.

**sekretorisches IgA (sIgA)** Polymerer IgA-Antikörper (vor allem in Form von Dimeren), der eine gebundene J-Kette und die → sekretorische Komponente enthält; die vorherrschende Form der Immunglobuline in den meisten Sekreten des Menschen.

**sekretorische Komponente (SC)** Fragment des polymeren Immunglobulinrezeptors, das bei der Spaltung übrigbleibt und nach dem Transport durch Epithelzellen an das sezernierte IgA-Molekül gebunden bleibt.

**sekretorische Phospholipase A2** Antimikrobielles Enzym in der Tränenflüssigkeit und im Speichel; wird auch von den Paneth-Zellen im Darm sezerniert.

**sekundäre Granula** Form von Granula bei den neutrophilen Zellen, die bestimmte antimikrobielle Peptide speichern.

**sekundäre Immunantwort** Immunantwort, die als Reaktion auf den zweiten Kontakt mit einem Antigen erfolgt. Im Vergleich zur primären Immunantwort setzt sie nach dem Kontakt schneller ein, bringt höhere Antikörpertiter hervor und führt bei den Antikörpern zu einem Klassenwechsel. Sie wird durch Aktivierung der Gedächtniszellen ausgelöst.

**sekundäre Immunisierung** Eine zweite oder Booster-Injektion des gleichen Antigens, die einige Zeit nach der ersten Immunisierung verabreicht wird. Sie regt eine sekundäre Immunantwort an.

**sekundäre Immunschwächekrankheiten** Defekte der Immunfunktion als Folge einer Infektion (beispielsweise einer HIV-Infektion), anderer Erkrankungen (zum Beispiel Leukämie), Mangelernährung und so weiter.

**sekundäre lymphatische Gewebe** → periphere lymphatische Gewebe

**sekundäre lymphatische Organe** → periphere lymphatische Organe

**sekundäres Lymphfollikel** Follikel während einer adaptiven Immunantwort, das ein Keimzentrum mit proliferierenden B-Zellen enthält.

**Selbst-Antigene** → Autoantigene

**Selbst-Toleranz** Das Phänomen, dass gegen körpereigene Antigene keine Immunantwort ausgelöst wird.

**Selektine** Familie von Adhäsionsmolekülen auf der Oberfläche von Leukocyten und Endothelzellen. Sie binden an Zuckereinheiten bestimmter Glykoproteine mit mucinähnlichen Eigenschaften.

**Sensibilisierung** Akute adaptive Immunantwort bei anfälligen Individuen, wenn sie zum ersten Mal mit einem Allergen in Kontakt kommen. Bei einigen Individuen löst ein weiterer Kontakt mit dem Allergen eine allergische Reaktion aus.

**sensibilisiert** Bei Allergien Bezeichnung für ein Individuum, bei dem durch einen ersten Kontakt mit einem Antigen aus der Umgebung eine IgE-Antwort ausgelöst wurde und sich IgE-produzierende B-Gedächtniszellen gebildet haben. Spätere Kontakte mit dem Allergen können eine allergsiche Reaktion auslösen.

**Sepsis (Blutvergiftung)** Bakterielle Infektion des Blutes, die gravierende Auswirkungen hat und oft tödlich verläuft.

**septische Granulomatose** Immunschwächekrankheit, bei der sich aufgrund einer unzureichenden Zerstörung von Bakterien durch phagocytierende Zellen zahlreiche Granulome bilden. Ursache ist ein Defekt im NADPH-Oxidase-System der Enzyme, welche die für die Abtötung der Bakterien wichtigen Superoxidradikale bilden.

**septischer Schock** Systemische Schockreaktion als Folge einer Infektion des Blutes mit gramnegativen Bakterien. Diese wird durch die systemische Freisetzung des → Cytokins TNF-$\alpha$ und anderer Cytokine hervorgerufen. Eine andere Bezeichnung ist endotoxischer Schock.

**Sequenzmotiv** Abfolge von Nucleotiden oder Aminosäuren, die in verschiedenen Genen oder Proteinen mit oft ähnlichen Funktionen vorkommt.

**Serinproteaseinhibitor (Serpin)** Gruppe von Proteinen, die verschiedene Proteasen hemmen; ursprünglich nur auf Inhibitoren bezogen, die für Serinproteasen spezifisch sind.

**Serokonversion** Phase einer Infektion, in der Antikörper gegen den Krankheitserreger zum ersten Mal im Blut nachweisbar sind.

**Serotypen** Bezeichnung für bestimmte Bakterienstämme und andere Krankheitserreger, die sich aufgrund spezifischer Antikörper von anderen Stämmen derselben Spezies unterscheiden lassen.

Teil VI

**Serumkrankheit** Eine normalerweise von selbst endende immunologische Überempfindlichkeitsreaktion, die man ursprünglich als Reaktion auf die therapeutische Injektion von großen Mengen eines fremden Serums beobachtet hat (wird heute vor allem durch die Injektion von pharmakologischen Wirkstoffen wie Penicillin hervorgerufen). Ursache ist die Bildung von → Immunkomplexen aus den injizierten Antigenen und den gegen diese gebildeten Antikörper, die im Gewebe, vor allem in den Nieren, abgelagert werden.

**SH2-Domäne (Src-Homologiedomäne 2)** → Src-Familie der Tyrosinkinasen

**SHIP** *(SH2-containing inositol phosphatase)* Inositolphosphatase, die eine SH2-Domäne enthält und die von $PIP_3$ eine Phosphatgruppe entfernt, sodass $PIP_2$ entsteht.

**SHP** *(SH2-containing phosphatase)* Proteinphosphatase, die eine SH2-Domäne enthält.

**Signalgerüst** Eine Konfiguration aus Proteinen und Modifikationen, etwa durch Phosphorylierung oder Ubiquitinierung, die eine Signalübertragung ermöglicht, indem verschiedene Enzyme und ihre Substrate daran binden.

**Signalpeptid** Die kurze aminoterminale Peptidsequenz, die dafür sorgt, dass neu synthetisierte Proteine in den sekretorischen Weg eintreten.

**Signaltransduktoren und Aktivatoren der Transkription (STATs)** → Januskinasen-Familie

**Signalverknüpfungssequenz** Nichtcodierende Verknüpfungsstelle, die während der V(D)J-Rekombination durch die Rekombination von RSS-Sequenzen in der DNA entsteht (→ codierende Verknüpfungssequenz).

**Sipuleucel-T (Provenge®)** Immuntherapie auf zellulärer Basis für die Behandlung von Prostatakrebs, bei der die prostataspezifische saure Phosphatase als Tumorabstoßungsantigen dient, das von den dendritischen Zellen präsentiert wird, die man von den Monocyten des Patienten abgeleitet hat.

**Sirolimus** → Rapamycin

**Sjögren-Syndrom** Autoimmunkrankheit, bei der exokrine Drüsen, insbesondere die Tränendrüsen des Auges und die Speicheldrüsen im Mund, vom Immunsystem geschädigt werden. Dadurch kommt es zu Trockenheit in den Augen und im Mund.

**Skint-1** Protein aus der Transmembranimmunglobulin-Superfamilie, das von Stromazellen im Thymus und Keratinocyten exprimiert wird und für die Entwicklung der epidermalen dendritischen T-Zellen (eine Form der $\gamma{:}\delta$-T-Zellen) erforderlich ist.

**SLAM (signalübertragende Lymphocytenaktivierungsmoleküle)** *(signaling lymphocyte activation molecules)* Familie verwandter Zelloberflächenrezeptoren, die für die Adhäsion zwischen den Lymphocyten verantwortlich sind, beispielsweise SLAM, 2B4, CD84, Ly106, Ly9 und CRACC.

**SLP-65** Gerüstprotein der B-Zellen, das Proteine rekrutiert, die am intrazellulären Signalweg des Antigenrezeptors beteiligt sind; wird auch mit BLNK bezeichnet.

**SLP-76** Gerüstprotein, das zum Antigenrezeptorsignalweg der Lymphocyten gehört.

**SMAC** → supramolekularer Aktivierungskomplex

**SNPs** → Einzelnucleotidpolymorphismus

**somatische Diversifikation, Theorien** Allgemeine Hypothesen, die besagten, dass sich das Immunglobulinrepertoire aus einer geringen Anzahl von V-Genen bildet, deren Diversifikation in den somatischen Zellen erfolgt ($\rightarrow$ Keimbahntheorie).

**somatische DNA-Rekombination** DNA-Rekombination in somatischen Zellen (die sich von der Rekombination während der Meiose bei der Gametenbildung unterscheidet).

**somatische Gentherapie** Einschleusen von funktionellen Genen in somatische Zellen, um eine Krankheit zu behandeln.

**somatische Hypermutation** Mutationen in den umgelagerten Immunglobulingenen in der DNA für die V-Region. Dadurch wird eine Vielzahl verschiedener Antikörper gebildet, von denen einige das Antigen mit erhöhter Affinität binden. Auf diese Weise kann die Affinität der Antikörperreaktion zunehmen. Diese Mutationen betreffen nur somatische Zellen und werden nicht über die Keimbahn weitervererbt.

**Spacer** $\rightarrow$ 12/23-Regel

**späte Pro-B-Zelle** Stadium der B-Zell-Entwicklung, in dem es zur Verknüpfung zwischen $V_H$ und $DJ_H$ kommt.

**Spaltungsstimulationsfaktor (CstF)** *(cleavage stimulation factor)* Proteinkomplex aus mehreren Untereinheiten, der bei der Modifikation des 3′-Endes von Prä-mRNA vor dem Anhängen des Poly(A)-Schwanzes beteiligt ist.

**Sphingolipide** Gruppe von Membranlipiden, die Sphingosin (2-Amino-4-oktadecen-1,3-diol) enthalten, einen Aminoalkohol mit einer einfach ungesättigten Kette aus 18 Kohlenstoffatomen.

**Sphingosin-1-phosphat (S1P)** Phospholipid mit chemotaktischer Aktivität, das den Austritt von T-Zellen aus den Lymphknoten kontrolliert.

**Sphingosin-1-phosphat-Rezeptor (S1P-Rezeptor)** Ein G-Protein-gekoppelter Rezeptor, der von Sphingosin-1-phosphat aktiviert wird. Dies ist ein Lipidmediator im Blut, der verschiedene physiologische Prozesse reguliert, etwa die Wanderung von naiven Lymphocyten aus den Geweben in das Blut.

**Spondylitis ankylosans** Entzündliche Erkrankung der Wirbelsäule, die zur Verschmelzung von Wirbeln führt; starke Kopplung an HLA-B27.

**S1PR1** G-Protein-gekoppelter Rezeptor, der von zirkulierenden Lymphocyten exprimiert wird und das chemotaktische Phospholipid Sphingosin-1-phosphat bindet, das einen Gradienten bildet. Dieser stimuliert das Auswandern von nichtaktivierten Lymphocyten aus den sekundären lymphatischen Geweben in die efferenten Lymphgefäße ($\rightarrow$ CD69).

**S-Protein (Vitronectin)** Plasmaprotein, das an unvollständige MAC-Komplexe bindet, beispielsweise C5b67, sodass zerstörerische Nebeneffekte des Komplementsystems auf die körpereigenen zellulären Membranen verhindert werden.

**Spt5** Elongationsfaktor der Transkription, der beim Isotypwechsel der B-Zellen notwendig ist. Für seine Funktion assoziiert er mit der RNA-Polymerase, wodurch die aktivierungs-induzierte Cytidin-Desaminase AID zu ihren Zielstellen im Genom rekrutiert wird.

**SR-A I, SR-A II** $\rightarrow$ Scavenger-Rezeptoren

**Staphylokokken-Komplementinhibitor (SCIN)** Protein der Staphylokokken, das die Aktivität der klassischen und der alternativen C3-Konvertase hemmt, sodass die Bakterien der Vernichtung durch das Komplementsystem entkommen können.

Teil VI

**Staphylokokken-Enterotoxine (SEs)** Von einigen Staphylokken freigesetzte Toxine, die Lebensmittelvergiftungen verursachen und darüber hinaus viele T-Zellen stimulieren, indem sie an MHC-Klasse-II-Moleküle und die $V_\beta$-Domäne der T-Zell-Rezeptoren binden. Die Staphylokokken-Enterotoxine wirken also als Superantigene.

**Staphylokokkenprotein A (Spa)** Protein der Staphylokokken, das die Bindung der Antikörper-Fc-Region an C1 blockiert und dadurch die Komplementaktivierung verhindert.

**Staphylokinase (SAK)** Protease der Staphylokokken, die an ihre bakteriellen Oberflächen gebundene Immunglobuline spaltet und dadurch die Komplementaktivierung verhindert.

**STATs** *(signal transducers and activators of transcription)* Familie mit sieben Transkriptionsfaktoren (etwa STAT3, STAT6), die durch zahlreiche Rezeptoren für Cytokine und Wachstumsfaktoren aktiviert werden (→Januskinasen-Familie).

**Statine** Medikamentöse Inhibitoren der HMG-CoA-Reduktase zur Senkung des Cholesterinspiegels.

**sterile Verletzung** Schädigung von Gewebe durch Traumata, Sauerstoffmangel, metabolischen Stress oder eine Autoimmunreaktion. Wie bei einer Infektion treten auch hier viele Mechanismen des Immunsystems in Erscheinung.

**sterilisierende Immunität** Immunantwort, die einen Krankheitserreger vollständig beseitigt.

**Stickstoffmonoxid** Reaktives molekulares Gas, das während einer Infektion von den Zellen – besonders von Makrophagen – produziert wird. Es ist toxisch für Bakterien und intrazelluläre Mikroorganismen.

**STIM1** Transmembranprotein, das im endoplasmatischen Reticulum als $Ca^{2+}$-Sensor fungiert. Wenn $Ca^{2+}$ aus dem endoplasmatischen Reticulum entfernt wird, wird STIM1 aktiviert und induziert das Öffnen der CRAC-Kanäle in der Plasmamembran.

**STING (Stimulator von Interferongenen)** Dimerer Proteinkomplex im Cytoplasma, der an der ER-Membran verankert ist und bei der intrazellulären Erkennung von Infektionen eine Rolle spielt. STING wird von spezifischen zyklischen Dinucleotiden aktiviert und aktiviert dann die TBK1-Kinase, die wiederum IRF3 phosphoryliert, wodurch die Transkription der Typ-I-Interferon-Gene stimuliert wird.

**stressinduzierte körpereigene Rezeptoren** → *dysregulated self*

**Stromazellen** Nichtlymphatische Zellen in den zentralen und peripheren lymphatischen Geweben, die zellgebundene und lösliche Signale vermitteln, die für Entwicklung, Überleben und Wanderung der Lymphocyten notwendig sind.

**subkapsulärer Sinus (SCS)** Die Eintrittstelle eines Lymphgefäßes in einen Lymphknoten, die mit Phagocyten ausgekleidet ist, darunter auch subkapsuläre Makrophagen, die partikelförmige und opsonisierte Antigene einfangen, die aus den Geweben abgeleitet werden.

**sulfatierte Sialyl-Lewis$^x$-Einheit** Sulfatiertes Tetrasaccharid, das an viele Proteine auf der Zelloberfläche gebunden ist. Das Molekül bindet an P-Selektine und E-Selektine auf der Oberfläche anderer Zellen, etwa bei den neutrophilen Zellen, und vermittelt so Wechselwirkungen mit dem Endothel.

**Superoxid-Dismutase (SOD)** Enzym, welches das Superoxidanion, das im Phagolysosom gebildet wird, in Wasserstoffperoxid umwandelt. Dieses wiederum ist ein Substrat für weitere reaktive antimikrobielle Metaboliten.

**Suppressoren der Cytokinsignale (SOCS)** Regulatorische Proteine, die mit den JAK-Kinasen interagieren und dabei die Signale von aktivierten Rezeptoren hemmen.

**supramolekularer Aktivierungskomplex (SMAC)** Organisierte Struktur an der Kontaktstelle zwischen einer T-Zelle und ihrer Zielzelle, bei der die Antigenrezeptoren mit gebundenen Liganden mit anderen Signal- und Adhäsionsmolekülen auf der Zelloberfläche zusammengebracht werden. Eine andere Bezeichnung ist supramolekularer Adhäsionskomplex (→ immunologische Synapse).

**Surfactant-Proteine A und D** Akute-Phase-Proteine, die die Epitheloberflächen der Lunge vor Infektionen schützen.

**Switch-Regionen** Genomische Bereiche mit einer Länge von jeweils mehreren Kilobasen, die zwischen der JH-Region und den $C\mu$-Genen (oder in entsprechenden anderen Genregionen stromaufwärts von C-Genen) der schweren Kette liegen (mit Ausnahme von $C\delta$). Sie enthalten Hunderte von G-reichen Sequenzwiederholungen, die bei der Rekombination während eines Klassenwechsels von Bedeutung sind.

**Syk** Tyrosinkinase im Cytoplasma von B-Zellen, die im Signalweg des B-Zell-Antigenrezeptors aktiv ist.

**Symbiose** Beziehung zwischen zwei normalerweise sehr unterschiedlichen Spezies, die beiden Vorteile bringt.

**syngenes Transplantat** Transplantat von einem genetisch identischen Spender. Es wird vom Immunsystem nicht als fremd erkannt.

**systemischer Lupus erythematodes (SLE)** Autoimmunkrankheit, bei der Autoantikörper gegen DNA, RNA und mit Nucleinsäuren assoziierte Proteine Immunkomplexe bilden, die besonders in den Nieren kleine Blutgefäße schädigen.

**systemisches Immunsystem** Gelegentlich verwendete Bezeichnung für die Lymphknoten und die Milz, um sie vom mucosalen Immunsystem zu unterscheiden.

**T3SS** → Typ-III-Sekretionssystem

**T10, T22** MHC-Klasse-Ib-Proteine bei Mäusen, die von aktivierten Lymphocyten exprimiert und von einer Untergruppe der $\gamma{:}\delta$-T-Zellen erkannt werden.

**TAB1, TAB2 (TAK-bindendes Protein)** Adaptorproteinkomplex, der an K63-verknüpfte Polyubiquitinketten bindet. TAB1/2 bildet einen Komplex mit der TAK1-Kinase, die so zu den Signalgerüsten dirigiert wird, wo sie Substrate wie IKK$\alpha$ phosphoryliert.

**TACE (TNF-$\alpha$-konvertierendes Enzym)** Protease, welche die membrangebundene Form von TNF-$\alpha$ spaltet, sodass das Cytokin in seine lösliche Form umgewandelt wird, die dann systemisch in den Blutkreislauf gelangt.

**TACI** Auf B-Zellen exprimierter Rezeptor für BAFF, der den kanonischen NF$\kappa$B-Signalweg aktiviert.

**Tacrolimus** Immunsuppressiver Polypeptidwirkstoff, der FK-bindende Proteine bindet und T-Zellen inaktiviert, indem er Calcineurin hemmt. Dadurch wird die Aktivierung des NFAT-Transkriptionsfaktors blockiert. Eine andere Bezeichnung für Tacrolimus ist FK506.

**TAK1** Serin/Threonin-Kinase, die durch Phosphorylierung durch den IRAK-Komplex aktiviert wird und daraufhin stromabwärts verschiedene Zielmoleküle aktiviert, beispielsweise die IKK$\beta$ und die MAPKs.

Teil VI

**Talin** Intrazelluläres Protein, das bei der Verknüpfung von aktivierten Integrinen (etwa LFA-1) mit dem Cytoskelett eine Rolle spielt. Dadurch verändern sich Mobilität und Migrationsverhalten der Zellen, etwa bei der Diapedese der neutrophilen Zellen durch das Gefäßendothel.

**TAPhy1 und TAP-2** *(transporters associated with antigen processing)* Transportproteine, die mit antigenprozessierenden ATP-Bindungskassettenproteinen assoziiert sind. Sie bilden in der Membran des endoplasmatischen Reticulums einen heterodimeren TAP-1:TAP-2-Komplex. Durch diesen werden kurze Peptide vom Cytosol in das Lumen des endoplasmatischen Reticulums transportiert, wo die Peptide an MHC-Klasse-I-Moleküle binden.

**Tapasin** Das TAP-assoziierte Protein erfüllt eine Schlüsselfunktion beim Zusammensetzen von MHC-Klasse-I-Molekülen. Eine Zelle, der dieses Protein fehlt, besitzt auf der Oberfläche nur instabile MHC-Klasse-I-Moleküle.

**T-bet** Transkriptionsfaktor, der in vielen Immunzelltypen aktiv ist und vor allem mit den ILC1- und $T_H$1-Funktionen im Zusammenhang steht.

**TBK1 (TANK-bindende Kinase)** Serin/Threonin-Kinase, die während der Signalübertragung von TLR-3 und MAVS aktiviert wird und dann IRF3 phosphoryliert und aktiviert, wodurch die Expression der Typ-I-Interferon-Gene stimuliert wird.

**T-DM1** Konjugat aus dem Antikörper Trastuzumab (Herceptin®) und dem Wirkstoff Mertansin zur Behandlung von rezidivierendem Brustkrebs, der vorher mit einem anderen Trastuzumab-Wirkstoff-Konjugat behandelt wurde.

**TdT** → Terminale Desoxyribonucleotidyltransferase

**T-Effektorgedächtniszellen ($T_{EM}$-Zellen)** *(tissue-resident memory T cells)* Gedächtniszellen, die zwischen Blut und peripheren Geweben zirkulieren und darauf spezialisiert sind, schnell zu T-Effektorzellen heranzureifen, nachdem sie in nichtlymphatischen Geweben erneut durch ein Antigen stimuliert wurden.

**TEPs** → thioesterhaltige Proteine

**T-Effektorzellen** T-Zellen, die die Funktionen einer Immunantwort ausführen wie das Abtöten und die Aktivierung von Zellen, wodurch der Krankheitserreger aus dem Körper entfernt wird. Es gibt mehrere verschiedene Untergruppen, die alle bei den Immunreaktionen eine spezifische Funktion besitzen.

**Terminale Desoxyribonucleotidyltransferase (TdT)** Enzym, das nicht in der DNA-Martize enthaltene → N-Nucleotide in die Verknüpfungssequenzen zwischen den Gensegmenten für die V-Region der → schweren Ketten der T-Zell-Rezeptoren und → Immunglobuline einfügt.

**tertiäre Immunantwort** Adaptive Immunantwort auf ein zum dritten Mal injiziertes Antigen. Die Reaktion setzt schneller ein und ist stärker als die primäre Immunantwort.

**$T_H$1-Zellen** Untergruppe der CD4-T-Effektorzellen, die durch die Cytokine charakterisiert sind, die sie erzeugen. Sie wirken vor allem an der Aktivierung von Makrophagen mit.

**$T_H$2-Zellen** Untergruppe der CD4-T-Effektorzellen, die durch die Cytokine charakterisiert sind, die sie erzeugen. Sie wirken vor allem an der Aktivierung von B-Zellen mit. Man bezeichnet sie auch als → CD4-T-Helferzellen.

**T-Helferzellen** → CD4-T-Helferzellen

**T$_H$17-Zellen** Untergruppe der CD4-T-Zellen. Ihr besonderes Merkmal ist die Produktion des Cytokins IL-17. Sie unterstützen wahrscheinlich die Rekrutierung von neutrophilen Zellen zu Infektionsherden.

**Theorie der klonalen Selektion** Zentrales Paradigma der → adaptiven Immunität. Sie besagt, dass adaptive Immunantworten auf einzelnen antigenspezifischen Lymphocyten beruhen, die den eigenen Körper nicht angreifen. Bei Kontakt mit einem Antigen teilen sich diese und differenzieren sich zu antigenspezifischen Effektorzellen, die den auslösenden Krankheitserreger eliminieren, und zu Gedächtniszellen, die die Immunität aufrechterhalten. Diese Theorie wurde zunächst von Niels Jerne und David Talmage aufgestellt und in ihrer heutigen Form von Sir Macfarlane Burnet formuliert.

**thioesterhaltige Proteine (TEPs)** Zur Komplementkomponente C3 homologe Proteine. Sie kommen in Insekten vor und sind dort wahrscheinlich für die angeborene Immunität von Bedeutung.

**Thioredoxin (TRX)** Gruppe von Sensorproteinen, die normalerweise an das thioredoxinbindende Protein (*thioredoxine interacting protein*, TXNIP) gebunden sind. Oxidativer Stress führt dazu, dass Thioredoxin TXNIP freisetzt, das dann stromabwärts gerichtete Aktivitäten zeigt.

**thioredoxinbindendes Protein (TXNIP)** → Thioredoxin

**T-Lymphocyten** → T-Zellen

**Thymektomie** Das chirurgische Entfernen des Thymus.

**Thymocyten** Sich entwickelnde T-Zellen im Thymus. Dabei handelt es sich hauptsächlich um heranreifende T-Zellen, wobei auch einige Thymocyten bereits funktionsfähig sind.

**Thymoproteasom** Spezialisierte Form eines Proteasoms, das anstelle von $\beta$5i (LMP7) die eigene Untereinheit $\beta$5t enthält, die in der katalytischen Kammer mit $\beta$1i und mit $\beta$2i assoziiert.

**Thymus** Ein zentrales lymphatisches Organ und der Ort der T-Zell-Entwicklung. Er befindet sich im oberen Teil des Brustkorbs, direkt hinter dem Brustbein.

**thymusabhängige (*thymus-dependent*) Antigene (TD-Antigene)** Antigene, die nur bei solchen Tieren oder Menschen eine Immunreaktion auslösen, die T-Zellen besitzen.

**Thymusanlage** Gewebe, aus dem während der Embryonalentwicklung das Thymusstroma hervorgeht.

**Thymuscortex** Äußerer Bereich der einzelnen Thymuslobuli. Hier erfolgt die Proliferation der Vorläuferzellen (Thymocyten), die Umlagerung der Gene für den T-Zell-Rezeptor und die Thymusselektion der sich entwickelnden T-Zellen, besonders die positive Selektion der Epithelzellen des Thymuscortex.

**Thymusleukämieantigen (TL)** Nichtklassisches MHC-Klasse-Ib-Molekül, das von Epithelzellen des Darms produziert wird und Ligand für CD8$\alpha$:$\alpha$ ist.

**Thymusstroma** Epithelzellen und Bindegewebe des Thymus. Diese beiden Zelltypen bilden die notwendige Mikroumgebung für die Entwicklung der T-Zellen.

**thymusstromales Lymphopoetin (TSLP)** Aus dem Thymusstroma stammendes Lymphopoetin. Ein Cytokin, das wahrscheinlich die Entwicklung der B-Zellen in der embryonalen Leber unterstützt. TSLP wird auch von mucosalen Epithelzellen als Reaktion auf eine Infektion mit Helminthen produziert und es fördert aufgrund seiner Wirkung auf Makrophagen, ILC2-Zellen sowie T$_H$2-Zellen Immunantworten vom Typ 2.

Teil VI

**thymusunabhängige** *(thymus-independent)* **Antigene (TI-Antigene)** Antigene, die Immunantworten in Abwesenheit von T-Zellen hervorrufen können. Es gibt zwei Typen von TI-Antigenen: Die TI-1-Antigene verfügen über die intrinsische Fähigkeit zur Aktivierung von B-Zellen, während die TI-2-Antigene viele identische Epitope besitzen und die B-Zellen offenbar durch Vernetzen der B-Zell-Rezeptoren aktivieren.

**TI-1-Antigene, TH-2-Antigene** → thymusunabhängige Antigene

*tickover* Die Erzeugung von C3b auf niedrigem Niveau, die ohne Vorliegen einer Infektion im Blut stattfindet.

**TIR-(Toll-IL-1-Rezeptor-)Domäne** Domäne in den cytoplasmatischen Schwänzen der TLRs und des IL-1-Rezeptors, die mit ähnlichen Domänen in intrazellulären Signalproteinen interagiert.

**TLR-1** Toll-like-Rezeptor auf der Zelloberfläche, der mit TLR-2 ein Heterodimer bildet und Lipoteichonsäure und bakterielle Lipoproteine erkennt.

**TLR-2** Toll-like-Rezeptor, der mit TLR-1 oder TLR-6 ein Heterodimer bildet und Lipoteichonsäure und Lipoproteine erkennt.

**TLR-3** Endosomaler Toll-like-Rezeptor, der doppelsträngige RNA von Viren erkennt.

**TLR-4** Toll-like-Rezeptor auf der Zelloberfläche, der in Verbindung mit den akzessorischen Proteinen MD-2 und CD14 bakterielle Lipopolysaccharide und Lipoteichonsäuren erkennt.

**TLR-5** Toll-like-Rezeptor auf der Zelloberfläche, der das Flagellinprotein der bakteriellen Flagellen erkennt.

**TLR-6** Toll-like-Rezeptor auf der Zelloberfläche, der mit TLR-2 ein Heterodimer bildet und Lipoteichonsäure und bakterielle Lipoproteine erkennt.

**TLR-7** Endosomaler Toll-like-Rezeptor, der einzelsträngige RNA von Viren erkennt.

**TLR-8** Endosomaler Toll-like-Rezeptor, der einzelsträngige RNA von Viren erkennt.

**TLR-9** Endosomaler Toll-like-Rezeptor, der DNA erkennt, die nichtmethylierte CpG-Dinucleotide enthält.

**TLR-11, 12** Toll-like-Rezeptor der Maus, der Profilin und profilinähnliche Proteine erkennt.

**T-Lymphocyten** → T-Zellen

**TNF-Familie** Cytokinfamilie, deren „Prototyp" der Tumornekrosefaktor $\alpha$ (TNF oder TNF-$\alpha$) ist. Zu dieser Familie gehören sowohl sezernierte (etwa TNF-$\alpha$ und Lymphotoxin) als auch membrangebundene (zum Beispiel der CD40-Ligand) Moleküle.

**TNF-Rezeptoren (TNFRs)** Familie von Cytokinrezeptoren, von denen einige eine Apoptose bei den Zellen auslösen, die sie exprimieren (beispielsweise Fas und TNFR1), während andere eine Aktivierung herbeiführen.

**TNF-Rezeptor-assoziiertes periodisches Syndrom (TRAPS)** Autoinflammatorische Erkrankung, die mit periodischen Episoden von Entzündungen und Fieber einhergeht. Ursache sind Mutationen in einem Gen, das den TNF-Rezeptor 1 codiert. Die defekten TNFR1-Proteine falten sich anormal und sammeln sich in den Zellen in einer Weise an, dass sie spontan die Produktion von TNF-$\alpha$ in Gang setzen (→ familiäres Mittelmeerfieber).

Teil VI

**Tocilizumab** Humanisierter Anti-IL-6-Rezeptor, der für die Behandlung der rheumatoiden Arthritis angewendet wird.

**Todeseffektordomäne (DED)** *(death effector domain)* Diese Proteindomäne für Wechselwirkungen wurde ursprünglich bei Proteinen entdeckt, die beim programmierten Zelltod (Apoptose) eine Rolle spielen. Als Teil der intrazellulären Domäne von einigen Adaptorproteinen wirken Todeseffektordomänen bei der Übertragung von proinflammatorischen und/oder proapoptotischen Signalen mit.

**Todesrezeptoren** Rezeptoren auf der Zelloberfläche, die durch extrazelluläre Liganden aktiviert werden. Das führt in der Zelle, die solche Rezeptoren trägt, zum programmierten Zelltod ($\rightarrow$ Apoptose).

**Tofacitinib** Inhibitor von JAK3 und JAK1, der für die Behandlung der rheumatoiden Arthritis angewendet und für die Behandlung weiterer Entzündungskrankheiten erforscht wird.

**tolerant** Zustand der immunologischen Toleranz, sodass ein Individuum nicht auf ein bestimmtes Antigen reagiert.

**tolerogen** Antigen oder eine bestimmte Art von Antigenkontakt, die Toleranz hervorrufen.

**Toll** Rezeptorprotein bei *Drosophila*, das den Transkriptionsfaktor NF$\kappa$B aktiviert und so die Produktion von antimikrobiellen Peptiden in Gang setzt.

**Toll-like-Rezeptoren (TLRs)** Rezeptoren des angeborenen Immunsystems auf Makrophagen und dendritischen Zellen sowie auf einigen weiteren Zellen, die Krankheitserreger und ihre Produkte wie bakterielle Lipopolysaccharide erkennen. Die Erkennung stimuliert die Zelle, die den Rezeptor trägt, Cytokine zu produzieren und eine Immunantwort einzuleiten.

**toxischer Schock** $\rightarrow$ toxisches Schocksyndrom

**toxisches Schocksyndrom** Systemische toxische Reaktion, die durch die umfangreiche Produktion von Cytokinen durch CD4-T-Zellen verursacht wird. Die Zellen wiederum werden durch das von *Staphylococcus aureus* sezernierte bakterielle Superantigen TSST-1 aktiviert.

**Toxoide** Inaktivierte Toxine, die zwar nicht mehr toxisch, aber noch immer immunogen sind. Sie eignen sich daher gut zur Immunisierung.

**TRAF3** E3-Ligase, die im TLR-3-Signalweg ein K63-Polyubiquitin-Signalgerüst produziert, wodurch die Expression von Typ-I-Interferon-Genen ausgelöst wird.

**TRAF6 (TNF-Rezeptor-assoziierter Faktor 6)** E3-Ligase, die im TLR-4-Signalweg ein K63-Polyubiquitin-Signalgerüst produziert, wodurch der NF$\kappa$B-Signalweg aktiviert wird.

**TRAIL** *(tumor necrosis factor-related apoptosis-inducing ligand)* Protein der TNF-Cytokinfamilie, das auf der Oberfläche einiger Zellen (beispielsweise von NK-Zellen) exprimiert wird. Der Ligand induziert den Zelltod der Zielzellen, indem er die Todesrezeptoren DR4 und DR5 aktiviert.

**TRAM** Adaptorprotein, das im TLR-4-Signalweg an TRIF bindet.

**Transcytose** Aktiver Transport von Molekülen (beispielsweise sezerniertes IgA) durch Epithelzellen von einer Seite auf die andere.

**Transib** Superfamilie von Transposonelementen, die mithilfe eines Computers identifiziert wurden, deren Ursprung wahrscheinlich mehr als 500 Mio. Jahre zurückreicht und aus denen die Transposons bei diversen Spezies hervorgegangen sein können.

Teil VI

**transitionale Immunität** Erkennung von Nichtpeptidliganden, die als Folge einer Infektion exprimiert werden, durch eine Komponente des Immunsystems (beispielsweise MAIT, γ:δ-T-Zellen), beispielsweise verschiedene MHC-Klasse-Ib-Moleküle.

**transitionale Stadien** Definierte Phasen bei der Entwicklung von unreifen B-Zellen zu reifen B-Zellen in der Milz, nach denen die B-Zellen die B-Zell-Corezeptorkomponente CD21 exprimieren.

**Transposase** Enzym, das DNA schneiden kann und so das Einfügen und Herausschneiden genetischer Elemente innerhalb des Wirtsgenoms ermöglicht.

**Trastuzumab** Humanisierter Antikörper gegen HER-2/neu für die Behandlung von Brustkrebs.

**TRECs** *(T-cell receptor excision circles)* → T-Zell-Rezeptor-Exzisionsringe

**TRIF** Adaptorprotein, das als Einzelmolekül im TLR-3-Signalweg und in Assoziation mit TRAM im TLR-4-Signalweg aktiv ist.

**TRIKA1** Komplex der E2-Ubiquitin-Ligase UBC13 mit dem Cofaktor Uve1A, der stromabwärts von MyD88 mit TRAF6 bei der Erzeugung von K63-Polyubiquitin-Signalgerüsten interagiert.

**TRIM21** *(tripartite motif-containing 21)* Fc-Rezeptor und E3-Ligase im Cytosol, die durch IgG aktiviert werden und Virusproteine ubiquitinieren können, nachdem ein mit Antikörpern bedecktes Virus in das Cytoplasma gelangt ist.

**TRIM25** E3-Ubiquitin-Ligase, die bei der Signalübertragung durch RIG-I und MDA-5 für die Aktivierung von MAVS eine Rolle spielt.

**Tropismus** Die Charakterisierung eines Krankheitserregers in Bezug auf die Zelltypen, die er infiziert.

**TSC** Proteinkomplex, der im nichtphosphorylierten Zustand als GTPase-aktivierendes Protein (GAP) für → Rheb fungiert. TSC wird über Phosphorylierung durch → Akt inaktiviert.

**TSLP** → thymusstromales Lymphopoetin

**TSST-1** *(toxic shock syndrome toxin 1)* → toxisches Schocksyndrom

**Tumorabstoßungsantigene (TRAs)** *(tumor rejection antigens)* Antigene auf der Oberfläche von Tumorzellen, die von T-Zellen erkannt werden, was zum Angriff auf die Tumorzellen führt. Dabei handelt es sich um Peptide aus mutierten oder überexprimierten zellulären Proteinen, die an MHC-Klasse-I-Moleküle auf der Oberfläche der Tumorzellen gebunden sind.

**Tumornekrosefaktor α(TNF-α)** → TNF-Familie

**Tumornekrosefaktor β(TNF-β)** → Lymphotoxin

**Typ-I-Interferone** Die antiviralen Interferone IFN-α und IFN-β.

**Typ-II-Interferon** Das antivirale Interferon IFN-γ.

**Typ-III-Sekretionssystem (T3SS)** Spezialisierte Anhängsel bei gramnegativen Bakterien, die bei der Infektion eukaryotischer Zellen mitwirken, indem sie Effektorproteine direkt ins Cytoplasma injizieren.

**Tyrosinase** Enzym im Melaninsyntheseweg, häufig ein → Tumorabstoßungsantigen bei Melanomen.

**Tyrosinphosphatasen** Enzyme, die Phosphatgruppen von phosphorylierten Tyrosinresten auf Proteinen entfernen (→ CD45).

**Tyrosinkinasen** Enzyme, die Tyrosinreste in Proteinen spezifisch phosphorylieren. Diese Enzyme spielen in den Signalwegen, die zur Aktivierung von T- und B-Zellen führen, eine entscheidende Rolle (→Januskinasen-Familie, → Tyrosinkinasen der Src-Familie).

**Tyrosinkinasen der Src-Familie** Rezeptorassoziierte Tyrosinkinasen mit mehreren Domänen, die man als Src-Homologiedomänen (SH1, SH2 und SH3) bezeichnet. Die SH1-Domäne enthält die Kinase, die SH2-Domäne kann an Phosphotyrosinreste binden und die SH3-Domäne ist an Wechselwirkungen mit prolinhaltigen Domänen von anderen Proteinen beteiligt. Bei den T- und B-Zellen sind die Src-Proteinkinasen an der Weiterleitung von Signalen des Antigenrezeptors beteiligt.

**T-Zell-Antigenrezeptor** → T-Zell-Rezeptor

**T-Zellen, T-Lymphocyten** Eine der beiden Untergruppen der antigenspezifischen Lymphocyten, die für die adaptive Immunantwort verantwortlich sind; die andere Gruppe sind die B-Zellen. T-Zellen sind für die zellulären adaptiven Immunantworten zuständig. T-Zellen entstehen im Knochenmark, durchlaufen aber den größten Teil ihrer Entwicklung im Thymus. Den hoch variablen Antigenrezeptor der T-Zellen bezeichnet man als T-Zell-Rezeptor. Dieser erkennt einen Komplex aus einem Antigenpeptid, das an ein MHC-Molekül an einer Zelloberfläche gebunden ist. Es gibt bei den T-Zellen zwei Hauptlinien: Zellen mit $\alpha{:}\beta$-Rezeptoren und Zellen mit $\gamma{:}\delta$-Rezeptoren. T-Effektorzellen führen bei einer Immunantwort eine Reihe verschiedener Funktionen aus. Das geschieht immer, indem sie antigenspezifisch mit einer anderen Zelle interagieren. Einige T-Zellen aktivieren Makrophagen, einige unterstützen B-Zellen bei der Antikörperproduktion und einige T-Zellen töten Zellen, die mit Viren oder anderen intrazellulären Krankheitserregern infiziert sind.

**T-Zell-Plastizität** Flexibilität der programmierten Entwicklung von CD4-T-Zellen, sodass die Untergruppen der T-Effektorzellen reversibel an ihre Funktion und das damit zusammenhängende Transkriptionsnetzwerk gebunden sind.

**T-Zell-Rezeptor (TCR)** Der Antigenrezeptor auf der Zelloberfläche von T-Lymphocyten. Er ist ein Heterodimer aus je einer hoch variablen $\alpha$- und $\beta$-Kette, die über Disulfidbrücken miteinander verbunden sind und mit den nichtvariablen Proteinen CD3 und $\zeta$, die eine Signalfunktion besitzen, einen Komplex bilden. T-Zellen, die diese Art von Rezeptor tragen, bezeichnet man häufig als $\alpha{:}\beta$-T-Zellen. Eine Untergruppe der T-Zellen trägt einen Rezeptor, der aus je einer variablen $\gamma$- und $\delta$-Kette im Komplex mit CD3 und $\zeta$ besteht.

**T-Zell-Rezeptor $\alpha$ (TCR$\alpha$) und $\beta$ (TCR$\beta$)** Die beiden Ketten des $\alpha{:}\beta$-T-Zell-Rezeptors.

**T-Zell-Rezeptor-Exzisionsringe (TRECs) *(T-cell receptor excision rings)*** Ringförmige DNA-Fragmente, die bei der V(D)J-Rekombination in sich entwickelnden T-Lymphocten aus dem Chromosom herausgeschnitten werden. Sie bleiben noch kurz in den T-Zellen erhalten, wenn diese den Thymus verlassen haben.

**T-Zell-Zonen** Regionen in den peripheren lymphatischen Organen, die zahlreiche naive T-Zellen enthalten und sich von den Follikeln unterscheiden. In den T-Zell-Zonen setzt die adaptive Immunantwort ein.

**UBC13** → TRIKA1

**Überempfindlichkeitsreaktionen** → Hypersensitivitätsreaktionen

**Teil VI**

**Ubiquitin** Kleines Protein, das an andere Proteine gebunden werden kann. Es fungiert als Proteinwechselwirkungsmodul oder markiert Proteine für den Abbau in den Proteasomen.

**Ubiquitinierung** Der Vorgang, bei dem eine oder viele Untereinheiten von Ubiquitin an ein Zielprotein gebunden werden. Diese vermitteln entweder den Abbau durch das Proteasom oder die Bildung von Signalgerüsten, was von der Art der Verknüpfung abhängt.

**Ubiquitin-Ligase** Enzym, das Ubiquitin kovalent an zugänglichen Lysinresten auf der Oberfläche von anderen Proteinen befestigt.

**Ubiquitin-Proteasom-System (UPS)** System zur Qualitätskontrolle in der Zelle, das eine K48-verknüpfte Ubiquitinierung der Zielproteine beinhaltet. Die Zielproteine werden dann vom Proteasom erkannt und abgebaut.

**UL16-bindendes Protein (ULBP)** → RAET1

**UL16** Nichtessenzielles Glykoprotein des Cytomegalievirus, das von angeborenen Rezeptoren auf den NK-Zellen erkannt wird.

**ULBP4** → RAET1

**-umab** Suffix für vollständig aus dem Menschen abgeleitete monoklonale Antikörper, die für Therapien beim Menschen angewendet werden.

**Umlagerung durch Inversion** *(rearrangement by inversion)* Umlagerung von Gensegmenten, die RSS-Elemente in umgekehrter Orientierung enthalten, wodurch die Reaktion anhält.

**UNC93B1** Transmembranprotein mit mehreren membrandurchspannenden Einheiten, das für den normalen Transport von TLR-3, TLR-7 und TLR-9 aus dem ER, wo sie zusammengesetzt werden, zum Endosom, wo sie ihre Funktion ausführen, erforderlich ist.

**ungeprägte Lymphocyten** → naive Lymphocyten

**unproduktive Umlagerungen** Umlagerungen der Gene für die B- und T-Zell-Rezeptoren, wenn aufgrund eines verschobenen Leserasters keine funktionsfähigen Proteine gebildet werden können.

**unreife B-Zellen** B-Zellen, bei denen bereits eine Umlagerung der Gene für die V-Region der schweren und leichten Ketten stattgefunden hat. Sie exprimieren IgM-Rezeptoren auf ihrer Oberfläche, sind aber noch nicht ausreichend weit gereift, um auch einen IgD-Oberflächenrezeptor zu exprimieren.

**Uracil-DNA-Glykosylase (UNG)** Enzym, das in einem DNA-Reparaturweg Uracilbasen aus der DNA entfernt, was zu einer somatischen Hypermutation, einer Klassenwechselrekombination oder Genkonversion führen kann.

**Urticaria** Medizinische Bezeichnung für Nesselsucht. Typische Symptome sind juckende Quaddeln, die im Allgemeinen durch eine allergische Reaktion entstehen.

**Uve1A** → TRIKA1

$V_\alpha$ Variable Region der TCRα Kette

$V_\beta$ Variable Region der TCRβ Kette

**Variabilitätsplot** Messung der Unterschiede zwischen den Aminosäuresequenzen verschiedener Varianten eines bestimmten Proteins. Die am stärksten variablen Proteine, die wir kennen, sind Antikörper und T-Zell-Rezeptoren.

**variable Gensegmente** → V-Gen-Segmente

**variable Ig-Domänen (V-Domänen)** Die aminoterminalen Proteindomänen der Polypeptidketten von Immunglobulinen und T-Zell-Rezeptoren und gleichzeitig die variabelsten Abschnitte dieser Ketten.

**variables Immundefektsyndrom (CVID)** *(common variable immunodeficiency)* Eine verhältnismäßig häufige Krankheit, die auf einem Defekt der Antikörperproduktion beruht und bei der nur einer oder wenige Isotypen betroffen sind. Als Ursache kommen verschiedene genetische Defekte infrage; auch als Antikörpermangelsyndrom bezeichnet.

**variable Lymphocytenrezeptoren (VLRs)** Variable Nichtimmunglobulinrezeptoren mit LRRs sowie sezernierte Proteine, die von lymphocytenähnlichen Zellen des Neunauges exprimiert werden. Sie werden durch eine somatische Genumlagerung erzeugt.

**variable Region (V-Region)** Die Region eines Immunglobulins oder T-Zell-Rezeptors, die aus den aminoterminalen Domänen der Polypeptidketten besteht, aus denen es/er zusammengesetzt ist. Die Domänen bezeichnet man als variabel (V-Domänen). Es handelt sich dabei um die Proteinbereiche mit der größten Variabilität; sie enthalten die Antigenbindungsstellen.

**variable Region der leichten Kette (V$_L$)** *(light-chain variable region)* V-Region der leichten Kette in einem Immunglobulin.

**variable Region der schweren Kette (V$_H$)** *(heavy-chain variable region)* V-Region der schweren Kette in einem Immunglobulin.

**Variolation** Vorgang, bei dem beabsichtigt Material aus den Hautläsionen von pockeninfizierten Personen eingeatmet oder in die Haut injiziert wird, um eine schützende Immunität hervorzurufen.

**VCAM-1 (vaskuläres Adhäsionsmolekül 1)** *(vascular cell adhäsion molecule 1)* Adhäsionsmolekül, das vom Gefäßendothel in Entzündungsherden exprimiert wird. Es bindet das Integrin VLA-4, das es T-Effektorzellen ermöglicht, zu Infektionsherden zu gelangen.

**V(D)J-Rekombinase** Multiproteinkomplex, der RAG-1 und RAG-2 sowie weitere Proteine enthält, die bei der zellulären DNA-Reparatur aktiv sind.

**V(D)J-Rekombination** Dieser Prozess kommt ausschließlich in den Lymphocyten der Wirbeltiere vor. Er ermöglicht die Rekombination von verschiedenen Genabschnitten zu Sequenzen, die vollständige Proteinketten von Immunglobulinen und T-Zell-Rezeptoren codieren.

**V-Domäne** → variable Ig-Domäne

**V-Gen-Segmente** Gensegmente an den Loci der Immunglobuline und T-Zell-Rezeptoren, welche die Information für die ersten 95 Aminosäuren der variablen Domänen der Immunglobuline und T-Zell-Rezeptoren enthalten. Im Keimbahngenom gibt es eine Reihe von verschiedenen V-Gen-Segmenten. Damit ein vollständiges Exon entsteht, das eine V-Domäne codiert, muss ein V-Gen-Segment mit einem J- oder einem rekombinierten DJ-Gen-Segment verbunden werden.

**Venolen mit hohem Endothel (HEVs)** *(high endothelial venules)* Spezialisierte Venolen in Lymphgeweben. Lymphocyten wandern aus dem Blut in das Lymphgewebe, indem sie sich an die hohen Endothelzellen dieser Gefäße heften und zwischen ihnen die Gefäßwand durchdringen.

**veränderte Peptidliganden** → APLs

Teil VI

**Verankerungsreste** *(anchor residues)* Spezifische Aminosäurereste in Antigenpeptiden, welche die Bindungsspezifität der MHC-Klasse-I-Moleküle bestimmen. Es gibt auch Verankerungsreste bei MHC-Klasse-II-Molekülen, aber weit weniger ausgeprägt.

**vererbbare Immunschwächekrankheiten** → primäre Immunschwächekrankeiten

**verkapselte Bakterien** Bakterien, die von einer Polysaccharidkapsel umgeben sind, die der Aktivität von Phagocyten widersteht. Am Infektionsherd kommt es dadurch zur Eiterbildung. Man bezeichnet diese Bakterien auch als pyogen (eiterbildend).

**Verknüpfung nichthomologer Enden (NHEJ)** *(nonhomologous end joining)* DNA-Reparaturmechanismus, der Brüche in doppelsträngiger DNA ohne Verwendung einer homologen Matrize direkt ligiert.

**Vermeidung** *(avoidance)* Mechanismen, die verhindern, dass der Körper mit Mikroorganismen in Kontakt kommt, beispielsweise anatomische Barrieren oder bestimmte Verhaltensweisen (→ Abwehr, → Toleranz).

**vesikuläre Kompartimente** Einer von mehreren Hauptbereichen innerhalb der Zellen, bestehend aus dem endoplasmatischen Reticulum, dem Golgi-Apprat, den Endosomen und den Lysosomen.

**virale Protease** Enzym, das vom humanen Immunschwächevirus codiert wird und die langen Polypeptidprodukte der viralen Gene in einzelne Proteine spaltet.

**viraler Setpoint** Bei einer Infektion mit dem humanen Immunschwächevirus die Anzahl der HIV-Virionen, die im Blut nach Abklingen der akuten Infektionsphase übrigbleiben.

**Virus** Pathogen, das aus einem Nucleinsäuregenom mit einer Proteinhülle besteht. Viren können sich nur in lebenden Zellen vermehren, da sie keinen eigenen Stoffwechsel für eine unabhängige Existenz besitzen.

**virusneutralisierende Antikörper** Antikörper, die ein Virus daran hindern, in den Zellen eine Infektion zu etablieren.

**Vitronectin** → S-Protein

**VLRs** Variable Lymphocytenrezeptoren

**VpreB** → leichte Ersatzkette

**WAS** → Wiskott-Aldrich-Syndrom

**WASp (Wiskott-Aldrich-Syndrom-Protein)** Defektes Protein bei Patienten mit Wiskott-Aldrich-Syndrom. Wenn WASp aktiviert wird, stimuliert es die Actinpolymerisierung.

**Weibel-Palade-Körperchen** Granula in Endothelzellen, die P-Selektin (→ Selektine) enthalten.

**weiße Pulpa** Die abgegrenzten Bereiche des Lymphgewebes in der Milz.

**Wiskott-Aldrich-Syndrom (WAS)** Immunschwächekrankheit, die gekennzeichnet ist durch Defekte im Cytoskelett der Zellen aufgrund einer Mutation im Protein WASp, das an Wechselwirkungen des Actincytoskeletts beteiligt ist. Patienten mit dieser Erkrankung sind für Infektionen mit eitererregenden Bakterien sehr anfällig, da die Wechselwirkungen der → follikulären T-Helferzellen mit den B-Zellen gestört sind.

**XBP1 (X-Box-bindendes Protein 1)** Transkriptionsfaktor, der Gene aktiviert, die für eine optimale Proteinsekretion der Plasmazellen verantwortlich sind. Außerdem ist XBP1

Bestandteil der *unfolded protein*-Reaktion. Die XBP1-mRNA wird bei Signalen, die durch ER-Stress ausgelöst werden, von der inaktiven zur aktiven Form gespleißt.

**XCR1** Chemokinrezeptor, der nur von einer Untergruppe der dendritischen Zellen exprimiert wird, die auf die Kreuzpräsentation spezialisiert sind und für deren Entwicklung der Transkriptionsfaktor BATF3 erforderlich ist.

**xenogene Transplantate** Transplantierte Organe von einer anderen Spezies.

**Xeroderma pigmentosum** Mehrere autosomal-rezessive Erkrankungen, die durch Defekte bei der Reparatur von UV-induzierten DNA-Schäden hervorgerufen werden. Defekte der Polη führen zu Xeroderma pigmentosum Typ V.

**Xenoimmunität** Bei einer Immunerkrankung die Immunität gegenüber fremden Antigenen von nichtmenschlichen Spezies, beispielsweise bakterielle Antigene aus der kommensalen Mikroflora, die bei der entzündlichen Darmerkrankung (*inflammatory bowl disease*) Angriffsziele darstellen.

**X-gekoppelte Agammaglobulinämie (XLA)** Genetisch bedingte Erkrankung, bei der die Entwicklung der B-Zellen im Stadium der → Prä-B-Zellen endet, also keine reifen B-Zellen oder Antikörper gebildet werden. Die Krankheit beruht auf einem Defekt in dem Gen für die Tyrosinkinase Btk, die auf dem X-Chromosom codiert ist.

**X-gekoppeltes Hyper-IgM-Syndrom** → CD40-Ligand-Defekt

**X-gekoppelte hypohidrotische ektodermale Dysplasie mit Immunschwäche (HED-ID)** Syndrom, das einige Merkmale aufweist, die dem Hyper-IgM-Syndrom ähnlich sind. Die Krankheit wird durch Defekte im NEMO-Protein verursacht, das ein Bestandteil des NFκB-Signalwegs ist. Man bezeichnet das Syndrom auch als NEMO-Defekt.

**X-gekoppelter Immundefekt (XID)** Immunschwächekrankheit bei Mäusen, die auf Defekte in der Tyrosinkinase Btk zurückzuführen sind. Es handelt sich zwar um den gleichen Gendefekt wie bei der X-gekoppelten Agammaglobulinämie des Menschen, der B-Zell-Defekt ist jedoch weniger stark ausgeprägt.

**X-gekoppeltes lymphoproliferatives Syndrom (XLP-Syndrom)** Seltene Immunschwäche aufgrund von Mutationen im *SH2D1A*-Gen (XLP1) oder im *XIAP*-Gen (XLP2). Jungen mit dieser Schädigung entwickeln im Allgemeinen während der Kindheit übermäßige Infektionen mit dem Epstein-Barr-Virus, manchmal auch Lymphome.

**X-gekoppelter schwerer kombinierter Immundefekt (X-gekoppelter SCID, X-SCID)** Immunschwächekrankheit, bei der die Entwicklung der T-Zellen bereits in einem frühen Stadium im Thymus endet, außerdem werden weder reife T-Zellen noch T-Zell-abhängige Antikörper gebildet. Die Erkrankung beruht auf einem Defekt in einem Gen, das die $\gamma_c$-Kette codiert. Diese Kette ist Bestandteil der Rezeptoren für mehrere verschiedene Cytokine.

**XID** → X-gekoppelter Immundefekt

**-ximab** Suffix für zusammengesetzte (chimäre) monoklonale Antikörper (etwa von Maus und Mensch), die für Therapien beim Menschen angewendet werden.

**XLP** → X-gekoppeltes lymphoproliferatives Syndrom

**XRCC4** Protein, das bei der NHEJ-DNA-Reparatur von Doppelstrangbrüchen mit der DNA-Ligase IV und Ku70/80 in Wechselwirkung tritt.

Teil VI

**ZAP-70 (ζ-Ketten-assoziiertes Protein)** Cytoplasmatische Tyrosinkinase in den T-Zellen, die an die phosphorylierte ζ-Kette des T-Zell-Rezeptors bindet und das entscheidende Enzym für die Signalübertragung der T-Zell-Aktivierung ist.

**ZFP318** Protein des Spleißosoms, das in reifen und aktivierten B-Zellen exprimiert wird und das Spleißen des umgelagerten VDJ-Exons der schweren Immunglobulinkette an das Cδ-Exon begünstigt, sodass die Expression von IgD auf der Oberfläche stimuliert wird.

**Zelladhäsionsmoleküle** Verschiedene Arten von Zelloberflächenproteinen, welche die Bindung einer Zelle an andere Zellen oder an Proteine der zellulären Matrix vermitteln. Integrine, Selektine und die Genprodukte der → Immunglobulinsuperfamilie (zum Beispiel ICAM-1) sind Zelladhäsionsmoleküle, die bei der Immunabwehr eine wichtige Rolle spielen.

**zellfreie Pertussisimpfstoffe** Impfstoffe gegen Wundsrtarrkrampf, die chemisch inaktivierte Antigene enthalten, darunter auch das Pertussistoxin.

**Zellkernfaktoren aktivierter T-Zellen** → NFATs

**zelluläre Hypersensitivitätsreaktionen** Überempfindlichkeitsreaktionen, die vor allem von antigenspezifischen T-Lymphocyten vermittelt werden.

**zelluläre Immunantworten** → Adaptive Immunantworten, bei denen antigenspezifische T-Effektorzellen eine zentrale Rolle spielen. Die gegen eine Infektion gerichtete Immunität, die auf solchen Reaktionen beruht, bezeichnet man als zelluläre Immunität. Eine primäre zelluläre Immunreaktion ist die T-Zell-Antwort, die entsteht, wenn ein bestimmtes Antigen zum ersten Mal auftritt (→ humorale Immunität).

**zelluläre Immunologie** Wissenschaft der zellulären Grundlagen der Immunität.

**zentrale lymphatische Organe, zentrale lymphatische Gewebe** Die Bereiche, in denen sich die Lymphocyten entwickeln, beim Menschen im → Knochenmark und im → Thymus. Die B-Zellen entwickeln sich im Knochenmark, während sich die T-Zellen im Thymus aus Vorläuferzellen bilden, die ihrerseits dem Knochenmark entstammen. Man bezeichnet sie auch als primäre lymphatische Organe.

**zentrale Gedächtniszellen** *(central memory T-cells) ($T_{CM}$-Zellen)* Lymphocytische Gedächtniszellen, die CCR7 exprimieren und ähnlich den naiven T-Zellen zwischen dem Blut und den sekundären lymphatischen Geweben zirkulieren. Sie benötigen eine erneute Stimulation in den sekundären lymphatischen Geweben, um vollständig zu T-Effektorzellen heranzureifen.

**zentrale Toleranz** Immuntoleranz von Lymphocyten, die sich in den → zentralen lymphatischen Organen entwickeln, gegenüber Autoantigenen (→ periphere Toleranz).

**Zöliakie** Chronische Erkrankung des oberen Dünndarms, die durch eine Immunreaktion gegen Gluten, einen Komplex aus Proteinen in Weizen, Hafer und Gerste, hervorgerufen wird. Dabei kommt es zu einer chronischen Entzündung der Darmwand, die Villi werden zerstört und die Fähigkeit des Darms, Nährstoffe zu absorbieren, wird beeinträchtigt. Sie wird auch als Heubner-Herter-Krankheit bezeichnet.

**zoonotisch** Bezeichnung für eine Krankheit, die von Tieren auf den Menschen übertragen werden kann.

**-zumab** Suffix für humanisierte monoklonale Antikörper, die für Therapien beim Menschen angewendet werden (→ Humanisierung).

**Zungenmandeln** Beidseitig vorhandene, strukturierte periphere lymphatische Gewebe an der Zungenbasis, in denen adaptive Immunantworten ausgelöst werden können. Sie gehören zum mucosalen Immunsystem (→ Gaumenmandeln).

**zyklische Dinucleotide (CDNs)** Ringförmige Dimere von Adenosin- und/oder Guanosin-monophosphaten, die von verschiedenen Bakterien als Second Messenger produziert und von STING erkannt werden.

**zyklische Neutropenie** Dominant vererbbare Krankheit, bei der die Anzahl der neutrophilen Zellen innerhalb eines Zyklus von 21 Tagen zwischen normal und sehr niedrig oder null schwankt. Davon ist die schwere angeborene Neutropenie zu unterscheiden, bei welcher der vererbbare Defekt dauerhaft zu einer niedrigen Anzahl der neutrophilen Zellen führt.

**zyklischer Wiedereintritt, Modell** Erklärung für das Verhalten von B-Zellen in den Lymphfollikeln. Es postuliert, dass aktivierte B-Zellen in den Keimzentren die Expression des Chemokinrezeptors CXCR4 an- und abschalten und sich so unter der Einwirkung des Chemokins CXCL12 aus der hellen in die dunkle Zone und zurück bewegen können.

**zyklisches Guanosinmonophosphat-Adenosinmonophosphat (zyklisches GMP-AMP oder cGAMP)** → zyklische Dinucleotide

**Zymogen** Inaktive Form eines Enzyms, häufig einer Protease, das auf bestimmte Weise modifiziert werden muss, etwa durch selektive Spaltung der Proteinkette, bevor die Enzyme aktiv sein können.

# Stichwortverzeichnis